法定药用植物志

华东篇
（第五册）

Legal Medicinal Flora

The Eastern Part of China

Volume V

赵维良 / 主编

科学出版社
北京

内 容 简 介

《法定药用植物志》华东篇共收载我国历版国家标准、各省（自治区、直辖市）地方标准及其附录收载药材饮片的基源植物，即法定药用植物在华东地区有分布或栽培的共1230种（含种下分类群）。科属按植物分类系统排列。内容有科形态特征、科属特征成分和主要活性成分、属形态特征、属种检索表。每种法定药用植物记载中文名、拉丁学名、别名、形态、分布与生境、原植物彩照、药名与部位、采集加工、药材性状、质量要求、药材炮制、化学成分、药理作用、性味与归经、功能与主治、用法与用量、药用标准、临床参考、附注及参考文献等内容。

本书适用于中药鉴定分析、药用植物、植物分类、植物化学、中药药理、中医等专业从事研究、教学、生产、检验、临床等有关人员及中医药、植物爱好者参考阅读。

Brief Introduction

There are 1230 species of legal medicinal plants in the collection of the *Chinese Legal Medicinal Flora* in Eastern China, that have met the national and provincial as well as local municipal standards of Chinese medicinal materials. Families and genera are arranged taxonomically. This includes morphology, characteristic chemical constituents of the families and genera, as well as the indexes of genera and species. The description of the species are followed by Chinese names, Latin names, synonymy, morphology, distribution and habitat, the original color photos of the plants, name of the crude drug which the medicinal plant used as, the medicinal part of the plant, collection and processing, description, quality control, chemistry, pharmacology, meridian tropism, functions and indications, dosing and route of administration, clinical references, other items and literature, etc.

It provides the guidance for those who are in the fields of research, teaching, industrial production, laboratory and clinical application, as well as enthusiasts, with regard to the identification and analysis of the traditional Chinese medicines, medicinal plants, phytotaxonomy, phytochemistry and pharmacology.

图书在版编目（CIP）数据

法定药用植物志.华东篇.第五册/赵维良主编.—北京：科学出版社，2020.7
ISBN 978-7-03-065703-9

Ⅰ.①法… Ⅱ.①赵… Ⅲ.①药用植物-植物志-华东地区 Ⅳ.①Q949.95

中国版本图书馆CIP数据核字(2020)第128142号

责任编辑：刘 亚 / 责任校对：王晓茜
责任印制：肖 兴 / 封面设计：黄华斌

科学出版社 出版
北京东黄城根北街16号
邮政编码：100717
http://www.sciencep.com

北京汇瑞嘉合文化发展有限公司 印刷
科学出版社发行 各地新华书店经销

*

2020年7月第 一 版 开本：889×1194 1/16
2020年7月第一次印刷 印张：55 1/4
字数：1 570 000

定价：558.00元

（如有印装质量问题，我社负责调换）

法定药用植物志 华东篇 第五册 编委会

主　　编　赵维良

顾　　问　陈时飞　洪利娅

副 主 编　杨秀伟　马临科　沈钦荣　闫道良　周建良
　　　　　　张芬耀　郭增喜　戚雁飞　陈时飞　洪利娅
　　　　　　谢　恬　陈碧莲

编　　委（按姓氏笔画排序）

　　　　　　马临科　王　钰　王娟娟　方翠芬　史行幸
　　　　　　史煜华　闫道良　严爱娟　杨　欢　杨秀伟
　　　　　　何　佳　沈钦荣　张文婷　张立将　张如松
　　　　　　张芬耀　陈　浩　陈时飞　陈琦军　陈碧莲
　　　　　　范志英　依　泽　周建良　郑　成　赵维良
　　　　　　洪利娅　徐　敏　徐　普　郭增喜　黄文康
　　　　　　黄盼盼　黄琴伟　戚雁飞　董晓宇　谢　恬
　　　　　　谭春梅

审　　稿　来复根　汪　琼　宣尧仙　徐增莱

序　一

中医药是中华民族的瑰宝，我国各族人民在长期的生产、生活实践和与疾病的抗争中积累并发展了中医药的经验和理论，为我们民族的繁衍生息和富强昌盛做出了重要贡献，也在世界传统医药学的发展中起到了不可或缺的作用。

华东地区人杰地灵，既涌现出华佗、朱丹溪等医学大家，亦诞生了陈藏器、赵学敏等本草学界的翘楚，又孕育了陆游、徐渭、章太炎等亦医亦文的大师。该地区自然条件优越，气候温暖，雨水充沛，自然植被繁茂，中药资源丰富，中药材种植历史悠久，为全国药材重要产地之一。"浙八味"、金银花、瓜蒌、天然冰片、沙参、丹参、太子参等著名的药材就主产于这片大地。

已出版的《中国法定药用植物》一书把国家标准和各省、自治区、直辖市中药材（民族药）标准收载的中药材饮片的基源植物，定义为法定药用植物，这一概念，清晰地划定了植物和法定药用植物、药用植物和法定药用植物之间的界限。

为继承和发扬中药传统经验和理论，并充分挖掘法定药用植物资源，浙江省食品药品检验研究院组织有关专家，参考历版《中国药典》等国家标准，以及各省、自治区、直辖市中药材（民族药）标准，根据华东地区地方植物志，查找华东地区有野生分布或较大量栽培的法定药用植物种类，参照《中国植物志》和《中国法定药用植物》等著作，对基源植物种类和植物名、拉丁学名进行考订校对归纳，共整理出法定药用植物1230种（含种以下分类单位），再查阅了大量的学术文献资料，编著成《法定药用植物志》华东篇一书。

该书收录华东地区有分布的法定药用植物有关植物分类学、中药学、化学、药理学、中医临床等内容，每种都有收载标准和原植物彩照，整体按植物分类系统排列。这是我国第一部法定药用植物志，是把中药标准、中药和药用植物三者融为一体的综合性著作。该书内容丰富、科学性强，是一本供中医药学和植物学临床、科研、生产、管理各界使用的有价值的参考书。相信该书的出版，将更好地助力我国中医药事业的传承与发展。

对浙江省食品药品检验研究院取得的这项成果深感欣慰，故乐为之序！

第十一届全国人大常委会副委员长
中国药学会名誉理事长　
中国工程院院士
2017年12月

序 二

我国有药用植物12 000余种，而国家标准及各省、自治区、直辖市标准收载药材饮片的基源植物仅有2965种，这些标准收载的药用植物为法定药用植物，为药用植物中的精华，系我国中医药及各民族医药经验和理论的结晶。

华东地区的地质地貌变化较大，湖泊密布，河流众多，平原横亘，山脉纵横，丘陵起伏，海洋东临，是药用植物生长的理想环境，出产中药种类众多，仅各种标准收载的药材饮片的基源植物即法定药用植物就多达1230种，分布于175科，占我国法定药用植物的三分之一强，且类别齐全，菌藻类、真菌类、地衣类、苔藓类、蕨类、裸子植物和被子植物中的双子叶植物、单子叶植物均有分布，囊括了植物分类系统中的所有重要类群。

法定药用植物比之一般的药用植物，其研究和应用的价值更大，经历了更多的临床应用和化学、药理的实验研究，故临床疗效更确切。药品注册管理的有关法规规定，中药新药研究中，有标准收载的药用植物，可以免做药材临床研究等资料。《法定药用植物志》华东篇一书收集的药用植物皆为我国国家标准和各省、自治区、直辖市标准收载的药材基源植物，并在华东地区有野生分布或较大量栽培，其中很多植物种类在华东地区以外的更大地域范围广泛存在。

植物和中药一样，同名异物或同物异名现象广泛存在，不但在中文名中，在拉丁学名中也同样如此。该书对此进行了考证归纳。编写人员认真严谨、一丝不苟，无论是文字的编写，还是植物彩照的拍摄，都是精益求精。所有文字和彩照的原植物，均经两位相关专业的专家审核鉴定，以确保内容的正确无误。

该书收载内容丰富，包含法定药用植物的科属特征、科属特征成分、种属检索、植物形态、生境分布、原植物彩照、收载标准、化学成分、药理作用、临床参考，以及用作药材的名称、性状、药用部位、性味归经、功能主治及用法用量等，部分种的本草考证、近似种、混淆品等内容，列于附注中，学术专业涉及植物分类、化学、中药鉴定、中药分析、中药药理、中医临床等。

这部《法定药用植物志》华东篇，既有学术价值，也有科普应用价值，相信该丛书的出版，将为我国中医药和药用植物的研究应用做出贡献。

欣然为序！

中国工程院院士 王永炎

2018年1月

前　言

　　人类在数千年与疾病的斗争中，凭借着智慧和勤奋，积累了丰富而有效的传统药物和天然药物知识，这对人类的发展和民族的昌盛起到了非常重要的作用。尤其是我国，在远古时期，就积累了丰富的中医中药治病防病经验，并逐渐总结出系统的理论，为中华民族的繁荣昌盛做出了不可磨灭的贡献。

　　我国古代与中药有关的本草著作可分两类，一为政府颁布的类似于现代药典和药材标准的官修本草，二为学者所著民间本草，而后者又可分以药性疗效为主的中药本草和以药用植物形态为主的植物本草。但无论是官修本草、中药本草，还是植物本草，其记载的药用植物，在古代皆可用于临床，其区别在于官修本草更多地为官方御用，而民间本草更多的应用于下层平民，中药本草偏重于功能主治，而植物本草更多注重形态。当然，三类著作间内容和功能亦有重复，不如现代三类著作间的界限清晰而明确。

　　官修本草在我国始于唐代，唐李勣等于公元659年编著刊行《新修本草》，实际载药844种，在《本草经集注》的基础上新增114种，为我国以国家名义编著的首部药典，亦为全球第一部药典。官修本草在宋代发展到了高峰，宋开宝六年（公元973年）刘翰、马志等奉诏编纂《开宝本草》，宋嘉祐五年（公元1060年）校正医书局编纂《嘉祐补注神农本草》（《嘉祐本草》）、嘉祐六年（公元1061年）校正医书局苏颂编纂《本草图经》，另南宋绍兴年间校订《绍兴校定经史证类备急本草》，这四版均为宋朝官方编纂、校订刊行的药典，且每版均有药物新增，《开宝本草》并有宋太祖为之序，宋代的官修本草为中国医药学的发展起了极大地促进作用。明弘治十八年（公元1505年）太医院刘文泰、王磐等修编《本草品汇精要》（《品汇精要》），收载药物1815种，并增绘彩图。清宫廷编《本草品汇精要续集》，此书为综合性的本草拾遗补充，其在规模和质量上均无大的建树。

　　民国年间，政府颁布了《中华药典》，其收载内容很大程度上汲取了西方的用药，与古代官修本草相比，更侧重于西药，其中植物药部分虽有我国古代本草使用的少量中药，但亦出现了部分我国并无分布和栽培的植物药，类似现在的进口药材，总体《中华药典》洋为中用的味道更为浓厚。

　　1949年中华人民共和国成立后，制定了较为完备的中药、民族药标准体系。这些标准，尽管内容和体例与古代本草相比有了很大的变化和发展，但性质还是与古代的官修本草类似，总体分为国家标准和地方标准两大类，前者为全国范围普遍应用，主要有1953～2015年共10版《中华人民共和国药典》（简称《中国药典》），1953年版中西药合为一部，从1963年版至2015年版，中药均独立收载于一部。另有原国家卫生部和国家食品药品监督管理总局颁布的中药材标准、中药成方制剂（附录中药材目录）、藏药、维药、蒙药成册标准及个别零星颁布的标准。后者为各省、自治区、直辖市根据本地区及各民族特点制定颁布的历版成册中药材和民族药地方标准，如北京市中药材标准、四川省中药材标准，以及西藏、新疆、内蒙古、云南、广西等省（自治区）的藏药、维药、蒙药、瑶药、壮药、傣药、彝药、苗药、畲药标准。截至目前，我国各类中药材成册标准共有130余册，另有个别零星颁布的标准；此外尚有国家和各省、自治区、直辖市颁布的中药饮片炮制规范，一般而言，炮制规范收载的为已有药材标准的植物种类。这些标准收载的中药材约85%来源于植物，即法定药用植物，其种类丰富，包含了藻类、菌类、地衣、苔藓、蕨类、裸子植物和被子植物等所有的植物种类，共计2965种。

　　中药本草在数量上占绝对多数。著名的如东汉末年（约公元200年）的《神农本草经》，共收录药物365种，其中植物药252种；另有南北朝陶弘景约公元490年编纂的《本草经集注》、唐陈藏器公元739年编纂的《本草拾遗》、宋苏颂公元1062年编纂的《图经本草》及唐慎微公元1082年编纂的《经史证类备急本草》；明李时珍1578年编纂的《本草纲目》，共52卷，200余万字，载药1892种，新增药物374种，是一部集大成的药学巨著；清代赵学敏《本草纲目拾遗》对《本草纲目》所载种类进行补充。

民国年间出版的本草书籍有《现代本草生药学》、《中国新本草图志》、《祁州药志》、《本草药品实地的观察》及《中国药学大辞典》等。

中华人民共和国成立后，中药著作大量编著出版。重要的有中国医学科学院药物研究所等于1959～1961年出版的《中药志》四册，收载常用中药500余种，还于1979～1998年陆续出版了第二版共六册，并于2002～2007年编著了《新编中药志》；南京药学院药材学教研组于1960年出版的《药材学》，收载中药材700余种，并附图1300余幅，全国中草药汇编编写组于1975年和1978年出版的《全国中草药汇编》上、下册，记载中草药2300种，并出版了有1152幅彩图的专册，王国强、黄璐琦等于2014年编辑出版了第三版，增补了大量内容；江苏新医学院于1977年出版的《中药大辞典》收载药物5767种，其中植物性药物4773种；还有吴征镒等于1988～1990年出版的《新华本草纲要》共三册，共收载包括低等、高等植物药达6000种；此外，楼之岑、徐国钧、徐珞珊等于1994～2003年出版的《常用中药材品种整理和质量研究》北方编和南方编，亦为重要的著作。图谱类著作有原色中国本草图鉴编辑委员会于1982～1984年编著的《原色中国本草图鉴》。民族药著作有周海钧、曾育麟于1984年编著的《中国民族药志》和刘勇民于1999年编著的《维吾尔药志》。值得一提的是1999年由国家中医药管理局《中华本草》编辑委员会编著的《中华本草》，共34卷，其中中药30卷，藏药、蒙药、维药、傣药各1卷。收载药物8980味，内容有正名、异名、释名、品种考证、来源、原植物（动物、矿物）、采收加工、药材产销、药材鉴别、化学成分、药理、炮制、药性、功能与主治、应用与配伍、用法用量、使用注意、现代临床研究、集解、附方及参考文献，该著作系迄今中药和民族药著作的集大成者。

植物本草在古代相对较少。这类著作涉及对原植物形态的描述、药物（植物）采集及植物图谱。例如，梁代《七录》收载的《桐君采药录》，唐代《隋书·经籍志》著录的《入林采药法》、《太常采药时月》等，而宋王介编绘的《履巉岩本草》，是我国现存最早的彩绘地方本草类植物图谱。明朱橚的《救荒本草》记载可供食用的植物400多种，明代另有王磐的《野菜谱》和周履靖的《茹草编》，后者收载浙江的野生植物102种，并附精美图谱。清吴其濬刊行于1848年的《植物名实图考》收载植物1714种，新增519种，加上《植物名实图考长编》，两书共载植物2552种，介绍各种植物的产地生境、形态及性味功用等，所附之图亦极精准，并考证澄清了许多混乱种，学术价值极高，为我国古代植物本草之集大成者。其他尚有《群芳谱》《花镜》等多种植物本草类书籍。

植物本草相当于最早出现于民国时期的"药用植物"，著作有1939年裴鉴的《中国药用植物志》（第二册）、王道声的《药用植物图考》、李承祜的《药用植物学》、第二军医大学生药教研室的《中国药用植物图志》等，均为颇有学术价值的药用植物学著作。

中华人民共和国成立后，曾组织过多次全国各地中草药普查。1961年完成的首部《中国经济植物志》（上、下册），其中药用植物章收载植物药466种；于1955～1956年和1985年出版齐全的《中国药用植物志》共9册，收载药用植物450种，并有图版，新版的《中国药用植物志》目前正在陆续编辑出版。

"药用植物"一词应用广泛，但植物和药用植物间的界限却无清晰的界定。不同的著作以及不同的中医药学者，对何者是药用植物、何者是不供药用的普通植物的回答并不一致；况且某些植物虽被定义为药用植物，但因其不属于法定标准收载中药材的植物基源，根据有关医药法规，其采集加工炮制后不能正规的作为中药使用，导致了药用植物不能供药用的情况。为此，《中国法定药用植物》一书首先提出了"法定药用植物"（Legal Medicinal Plants）的概念，其狭义的定义为我国历版国家标准和各省、自治区、直辖市历版地方标准及其附录收载的药材饮片的基源植物，即"中国法定药用植物"的概念。而广义的法定药用植物为世界各国药品标准收载的来源于植物的传统药、植物药、天然药物的基源植物，包含世界各国各民族传统医学和现代医学使用药物的基源植物。例如，美国药典（USP）收载了植物药100余种，英国药典（BP）收载了植物药共300余种，欧洲药典（EP）共收载植物药约300种，日本药局方（JP）共收载植物药200余种，其基源植物可分别定义为美国法定药用植物、英国法定药用植物等。

另外，法国药典、印度药典、非洲等国的药典均收载传统药物、植物药或天然药物，其收载的基源植物，均可按每个国家和地区的名称命名。全球各国药典或标准收载的传统药、植物药和天然药物的所有基源植物，可总称为"国际法定药用植物"（The International Legal Medicinal Plants）。相应地，对法定药用植物分类鉴定、基源考证、道地性、栽培、化学成分、药理作用、中医临床及各国法定药用植物种类等各方面进行研究的学科，可定义为"法定药用植物学"（Legal Medicinal Botany）。

法定药用植物为官方认可的药用植物，为药用植物中的精华。全球法定药用植物的数量尚无精确统计，初步估计约5000种，而全球植物种数达10余万种。我国法定药用植物数量属全球之冠，达2965种，药用植物约有12 000种，而普通的仅维管植物种数就约达35 000种。法定药用植物在标准的有效期内和有效辖地范围内，可采集加工炮制或提取成各类传统药物、植物药或天然药物，合法正规地供临床使用，并在新药研究注册方面享有优惠条件，如在中国，如果某一植物为法定药材标准收载，则在把其用于中药新药研究时，该植物加工炮制成的药材，可直接作为原料使用。一般而言，如某一植物为非标准收载的药用植物，则仅能采集加工成为民间经验使用的草药，可进行学术研究，但不能正规地应用于医院的临床治疗，其使用不受法律法规的保护。

随着近现代科学技术的日益发展，学科间的分工愈加精细，官方的药典（标准）、学者的中药著作和药用植物学著作三者区分清晰。但近代以来，尚无一部把三者的内容相结合的学术著作，随着《中国法定药用植物》一书的出版，开始了三者有机结合的开端，为进一步把药典（标准）、中药学和药用植物学的著作文献做有机结合，并把现代的研究成果反映在学术著作中，浙江省食品药品检验研究院酝酿编著《法定药用植物志》一书，并率先出版华东篇。希望本书能为法定药用植物的研究起到引导作用，并奠定一定的基础。

承蒙桑国卫院士和王广基院士为本书撰写序言，徐增莱、丁炳扬、叶喜阳、浦锦宝、徐跃良、张方钢等植物分类专家对彩照原植物进行鉴定，国家中医药管理局中药资源普查试点工作办公室提供了部分原植物彩照，还得到了浙江省食品药品检验研究院相关部门的大力协助，在此谨表示衷心的感谢！

由于水平所限，疏漏之处，敬请指正。

赵维良
2017年10月于西子湖畔

编 写 说 明

一、《法定药用植物志》华东篇收载我国历版国家标准，各省、自治区、直辖市地方标准及其附录收载药材饮片的基源植物，即法定药用植物，在华东地区有自然分布或大量栽培的共1230种（含种下分类群）。共分6册，每册收载约200种，第一册收载蕨类、裸子植物、被子植物木麻黄科至毛茛科，第二册木通科至豆科，第三册酢浆草科至柳叶菜科，第四册五加科至唇形科，第五册茄科至菊科，第六册香蒲科至兰科、藻类、真菌类、地衣类和苔藓类。每册附有该册收录的法定药用植物中文名与拉丁名索引，第六册并附所有六册收载种的中文名与拉丁名索引。

二、收载的法定药用植物排列顺序为蕨类植物按秦仁昌分类系统（1978），裸子植物按郑万钧分类系统（1978），被子植物按恩格勒分类系统（1964），真菌类按《中国真菌志》，藻类按《中国海藻志》，苔藓类按陈邦杰（1972）系统。

三、各科内容有科形态特征，该科植物国外和我国的属种数及分布，我国和华东地区法定药用植物的属种数，该科及有关属的特征化学成分和主要活性成分，含3个属以上的并编制分属检索表。

四、科下各属内容有属形态特征，该属植物国外和我国的种数及分布，该属法定药用植物的种数，含3个种以上的并编制分种检索表。

五、植物种的确定基本参照《中国植物志》，如果《中国植物志》与 *Flora of China*（FOC）或《中国药典》不同的，则根据植物种和药材基源考证结果确定。例如，《中国植物志》楝 *Melia azedarach* L. 和川楝 *Melia toosendan* Sieb. et Zucc. 各为两个独立种，而 FOC 将其合并为一种，《中国药典》中该两种亦独立，川楝为药材川楝子的基源植物，楝却不作为该药材的基源植物，故本书按《中国植物志》和《中国药典》，把二者作为独立的种。

六、每种法定药用植物记载的内容有中文名、拉丁学名、原植物彩照、别名、形态、生境与分布、药名与部位、采集加工、药材性状、质量要求、药材炮制、化学成分、药理作用、性味与归经、功能与主治、用法与用量、药用标准、临床参考、附注及参考文献。未见文献记载的项目阙如。

七、中文名一般同《中国植物志》，如果《中国植物志》与《中国药典》（2015年版）不同，则根据考证结果确定。例如，*Alisma orientale*（Samuel.）Juz. 的中文名，《中国植物志》为东方泽泻，《中国药典》为泽泻，根据 orientale 的意义为东方，且 FOC 及其他地方植物志均称该种为东方泽泻，故本书使用东方泽泻为该种的中文名，如此亦避免与另一植物泽泻 *Alisma plantago-aquatica* Linn. 相混淆。

八、拉丁学名按照国际植物命名法规，一般采用《中国植物志》的拉丁学名，《中国植物志》与 FOC 或《中国药典》（2015年版）不同的，则根据考证结果确定。例如，FOC 及《中国药典》绵萆薢的拉丁学名为 *Dioscorea spongiosa* J. Q. Xi，M. Mizuno et W. L. Zhao，《中国植物志》为 *Dioscorea septemlobn* Thunb.，据考证，*Dioscorea septemlobn* Thunb. 为误定，故本书采用前者。另外标准采用或文献常用的拉丁学名，且为《中国植物志》或 FOC 异名的，本书亦作为异名加括号列于正名后。

九、别名项收载中文通用别名、地方习用名或民族药名。药用标准或地方植物志作为正名收载，但与《中国植物志》或《中国药典》名称不同的，亦列入此项，标准误用的名称不采用。

十、形态项描述该植物的形态特征，并尽量对涉及药用部位的植物形态特征进行重点描述。

十一、生境与分布项叙述该植物分布的生态环境，在华东地区、我国及国外的分布。

十二、药名与部位指药用标准收载该植物用作药材的名称及药用部位，《中国药典》和其他国家标准收载的名称及药用部位在前，华东地区各省市标准其次，其余各省、自治区、直辖市按区域位置排列。

十三、采集加工项叙述该植物用作药材的采集季节、方法及产地加工方法。

十四、药材性状项描述该植物用作药材的形态、大小、表面、断面、质地、气味等。

十五、质量要求项对部分常用法定药用植物用作药材的传统经验质量要求进行简要叙述。

十六、药材炮制项简要叙述该植物用作药材的加工炮制方法，全国各地炮制方法有别的，一般选用华东地区的方法。

十七、化学成分项叙述该植物所含的至目前已研究鉴定的化学成分。按药用部位叙述成分类型及单一成分的中英文名称。

对仅有英文通用名而无中文名的，则根据词根含义翻译中文通用名，一般按该成分首次被发现的原植物拉丁属名和种加词，结合成分结构类型意译，尽量少用音译。对有英文化学名而无中文名的，则根据基团和母核的名称，按化学命名原则翻译中文化学名。

对个别仅有中文名的，则根据上述相同的原则翻译英文名。

新译名在该成分名称右上角以"*"标注。

十八、药理作用项叙述该植物或其药材饮片、提取物、提纯化学成分的药理作用。相关毒理学研究的记述不单独立项，另起一段记录于该项下。未指明新鲜者，均指干燥品。

十九、性味与归经、功能与主治、用法与用量各项是根据中医理论及临床经验对标准收载药材拟定的内容，主要内容源自收载该药材的标准，用法未说明者，一般指水煎口服。

二〇、药用部位和药材未指明新鲜或鲜用者，均指干燥品。

二一、药用标准项列出收载该植物的药材标准简称，药材标准全称见书中所附标准简称及全称对照。

二二、临床参考项汇集文献报道及书籍记载的该植物及其药材饮片、提取物、成分或复方的临床试验或应用的经验，仅供专业中医工作者参考，其他人员切勿照方试用。古代医籍中的剂量，仍按原度量单位两或钱。

二三、附注项主要记述本草考证、近似种、种的分类鉴定变化、地区习用品、混淆品、毒性及使用注意等。

二四、参考文献项分别列出化学成分、药理作用、临床参考和个别附注项所引用的参考文献。参考文献报道的该植物和或药材的基源均经仔细查考，确保引用文献的可靠性。

二五、所有植物种均附野外生长状态拍摄的全株或枝叶、花果（孢子）原植物彩照，原植物均经两位分类专家鉴定。另标注整幅照片的拍摄者，加"等"字者表示枝叶及花果（孢子）的特写与整幅照片为不同人员所拍摄。

二六、上述项目内容因引自不同的参考文献及著作，互不匹配之处在所难免，很多内容有待进一步研究完善。

**临床参考内容仅供中医师参考
其他人员切勿照方试用**

华东地区自然环境及植物分布概况*

我国疆域广阔，陆地面积约 960 万 km^2，位于欧亚大陆东南部，太平洋西岸，海岸线漫长，西北深入亚洲腹地，西南与南亚次大陆接壤，内陆纵深。漫长复杂的地壳构造运动，奠定了我国地形和地貌的基本轮廓，构成了全国地形的"三大阶梯"。最高级阶梯是从新生代以来即开始强烈隆起的海拔 4000～5000m 的青藏高原，由极高山、高山组成的第一级阶梯。青藏高原外缘至大兴安岭、太行山、巫山和雪峰山之间为第二级阶梯，主要由海拔 1000～2000m 的广阔的高原和大盆地所组成，包括阿拉善高原、内蒙古高原、黄土高原、四川盆地和云贵高原以及天山、阿尔泰山及塔里木盆地和准噶尔盆地。我国东部宽阔的平原和丘陵是最低的第三级阶梯，自北向南有低海拔的东北平原、黄淮海平原、长江中下游平原，东面沿海一带有海拔 2000m 以下的低山丘陵。由于"三大阶梯"的存在，特别是西南部拥有世界上最高大的青藏高原，其突起所形成的大陆块，对中国植被地理分布的规律性起着明显的作用。所以出现一系列的亚热带、温带的高寒类型的草甸、草原、灌丛和荒漠，高原东南的横断山脉还残留有古地中海的硬叶常绿阔叶林。

我国纬度和经度跨越范围广阔，东半部从北到南有寒温带（亚寒带）、温带、亚热带和热带，植被明显地反映着纬向地带性，因而相应地依次出现落叶针叶林带、落叶阔叶林带、常绿阔叶林带和季雨林、雨林带。我国的降水主要来自太平洋东南季风和印度洋的西南季风，总体上东部和南部湿润，西北干旱，两者之间为半干旱过渡地带；从东南到西北的植被分布的经向地带明显，依次出现森林带、草原带和荒漠带。由于我国东部大面积属湿润亚热带气候，且第四纪冰期的冰川作用远未如欧洲同纬度地区强烈而广泛，故出现了亚热带的常绿阔叶林、落叶阔叶—常绿阔叶混交林及一些古近纪和新近纪残遗的针叶林，如杉木林、银杉林、水杉林等。

此外，全国地势变化巨大，从东面的海平面，到青藏高原，其间高山众多，海拔从数百米到 8000m 以上不等，所以呈现了层次不一的山地植被垂直带现象。另全国各地地质构造各异、地表物质组成和地形变化又造成了局部气候、水文状况和土壤性质等自然条件丰富多样。再由于中国人口众多，历史悠久，人类活动频繁，故次生植被和农业植被也是多种多样。

上述因素为植物的生长创造了各种良好环境，决定了在中国境内分布了欧洲大陆其他地区所没有的植被类型，几乎可以见到北半球所有的自然植被类型。故我国的植物种类繁多，高等植物种类达 3.5 万种之多，仅次于印度尼西亚和巴西，居全球第三。药用植物约达 1.2 万种，各类药材标准收载的基源植物即法定药用植物达 2965 种，居全球首位。

一、华东地区概述

华东地区在行政区划上由江苏、浙江、安徽、福建、江西、山东和上海六省一直辖市组成，面积约 77 万 km^2，位于我国东部，东亚大陆边缘，太平洋西岸，陆地最东面为山东荣成，东经 122.7°，最南端为福建东山，北纬 23.5°，最西边为江西萍乡，东经 113.7°，最北侧为山东无棣，北纬 38.2°，属低纬度地区。东北接渤海，东临黄海和东海，我国最长的两大河流长江和黄河穿越该区入海。总体地形为

---

* 华东地区自然地理概念上包含台湾，但本概况暂未述及。

平原和丘陵，为我国最低的第三级阶梯，自北向南主要有华东平原、黄淮平原、长江中下游平原及海拔2000m以下的低山丘陵。本区属吴征镒植物区系（吴征镒等，中国种子植物区系地理，2010）华东地区、黄淮平原亚地区和闽北山地亚地区的全部，赣南—湘东丘陵亚地区、辽东—山东半岛亚地区、华北平原亚地区及南岭东段亚地区的一部分。

华东各地理小区自北向南气候带可细分为暖温带，年均温8～14℃；北亚热带，年均温15～20℃；中亚热带，年均温18～21℃；半热带，年均温20～24℃。年降水量北侧较少，向东南雨量渐高。山东及淮河—苏北灌溉总渠以北地区年降水量一般600mm左右或稍高，年雨日60～70天，连续无雨日可达100天或稍多，属旱季显著的湿润区。长江中下游平原、江南丘陵、浙闽丘陵地区年降水量一般为1000～1700mm，东南沿海可达2000mm，年雨日100～150天，属旱季较不显著的湿润区。

由于大气环流的变化，季风及气团进退所引起的主要雨带的进退，导致各地区在一年内各季节的降水量很不均匀。绝大部分地区的降水集中在夏季风盛行期，随着夏季风由南往北，再由北往南的循序进退，主要降雨带的位置也作相应的变化。一般来说，最大雨带4～5月出现在长江以南地区，6～7月在江淮流域，8月可达到山东北部，9月起又逐步往南移。例如，长江中下游及以南地区春季降水较多，约占全年的30%或稍多；秋冬两季降水量也不少。山东一带夏季的降水量大，一般占全年降水量的50%以上，冬季最少，不到5%，所以春旱严重。

山地的降水量一般较平原为多，由山麓向山坡循序增加到一定高度后又降低，如江西九江的年降水量为1400mm，而相近的庐山则达2500mm；山东泰安的年降水量为720mm，而同地的泰山则为1160mm。同一山地的降水量也与坡向有关，一般是迎风坡多于背风坡，如福建武夷山的迎风坡年降水量达2000mm，而附近背风坡为1500mm。

华东地区土壤种类复杂，北部平原地区为原生和次生黄土，河谷和较干燥地区为冲积性褐土，山地和丘陵区为棕色森林土。中亚热带地区为红褐土、黄褐土及沿海地区的盐碱土等。南部亚热带地区主要是黄棕壤、黄壤和红壤，以及碳酸盐风化壳形成的黑色石灰岩土、紫色土，闽浙丘陵南部以红壤和砖红壤为主。

本地区自然分布或栽培的主要法定药用植物有忍冬（*Lonicera japonica* Thunb.）、紫珠（*Callicarpa bodinieri* Lévl.）、酸枣［*Ziziphus jujuba* Mill. var. *spinosa*（Bunge）Hu ex H. F. Chow］、枸杞（*Lycium chinense* Mill.）、中华栝楼（*Trichosanthes rosthornii* Harms）、防风［*Saposhnikovia divaricata*（Trucz.）Schischk.］、地黄［*Rehmannia glutinosa*（Gaetn.）Libosch.ex Fisch. et Mey.］、丹参（*Salvia miltiorrhiza* Bunge）、槐（*Sophora japonica* Linn.）、沙参（*Adenophora stricta* Miq.）、山茱萸（*Cornus officinalis* Siebold et Zucc.）、党参［*Codonopsis pilosula*（Franch.）Nannf.］、侧柏［*Platycladus orientalis*（Linn.）Franco］、乌药［*Lindera aggregata*（Sims）Kosterm］、前胡（*Peucedanum praeruptorum* Dunn）、浙贝母（*Fritillaria thunbergii* Miq.）、菊花［*Dendranthema morifolium*（Ramat.）Tzvel.］、麦冬［*Ophiopogon japonicus*（Linn. f.）Ker-Gawl.］、铁皮石斛（*Dendrobium officinale* Kimura et Migo）、白术（*Atractylodes macrocephala* Koidz.）、延胡索（*Corydalis yanhusuo* W.T.Wang ex Z.Y.Su et C.Y.Wu）、芍药（*Paeonia lactiflora* Pall.）、光叶菝葜（*Smilax glabra* Roxb.）、水烛（*Typha angustifolia* Linn.）、菖蒲（*Acorus calamus* Linn.）、满江红［*Azolla imbricata*（Roxb.）Nakai］、凹叶厚朴（*Magnolia officinalis* Rehd.et Wils. var. *biloba* Rehd.et Wils.）、吴茱萸［*Evodia rutaecarpa*（Juss.）Benth.］、木通［*Akebia quinata*（Houtt.）Decne.］、樟［*Cinnamomum camphora*（Linn.）Presl］、银杏（*Ginkgo biloba* Linn.）、柑橘（*Citrus reticulata* Blanco）、酸橙（*Citrus aurantium* Linn.）、淡竹叶（*Lophatherum gracile* Brongn.）、八角（*Illicium verum* Hook.f.）、狗脊［*Woodwardia japonica*（Linn. f.）Sm.］、龙眼（*Dimocarpus longan* Lour.）等。

二、华东各地理小区概述

华东地区大致可分为暖温带落叶阔叶林、亚热带落叶阔叶—常绿阔叶混交林、亚热带常绿阔叶林、半热带雨林性常绿阔叶林及海边红树林四个地带。结合地貌，划分为下述四个地理小区。在华东地区，针叶林多为次生林，故仅在具体分布中述及。

1. 山东丘陵及华北黄淮平原区

本区包含山东和安徽淮河至江苏苏北灌溉总渠以北部分，北部属吴征镒植物区系辽东—山东半岛亚地区及华北平原亚地区的一部分，南部平原地区为黄淮平原亚地区。东北濒渤海，东临黄海，南界淮河，黄河穿越山东入海。山东丘陵呈东北—西南走向，其中胶东丘陵，有昆嵛山、崂山等，鲁中为泰山、沂蒙山山地丘陵，中夹胶莱平原，鲁西有东平湖、微山湖等湖泊。该地区大部分海拔200～500m，仅泰山、鲁山、崂山等个别山峰海拔超过1000m，鲁西北为华北平原一部分。华北黄淮平原区是海河、黄河、淮河等河流共同堆积的大平原，地势低平，是我国最大的平原区的一部分，海拔50～100m，堆积的黄土沉积物深厚，黄河冲积扇保存着黄河决口改道所遗留下的沙岗、洼地等冲积、淤积地形，淮河平原水网稠密、湖泊星布。

淮河以北到山东半岛、鲁中南山地和平原一带，夏热多雨，温暖，冬季晴朗干燥，春季多风沙。年均温为11～14℃，最冷月均温为-5～1℃，绝对最低温达-28～-15℃，最热月均温24～28℃，全年无霜期为180～240天，日均温≥5℃的有210～270天，≥10℃的有150～220天，年积温3500～4600℃。降水量一般在600～900mm，沿海个别地区达1000mm以上，属暖温带半湿润季风区。

土壤为原生和次生黄土，沿海、河谷和较干燥的地区多为冲积性褐土和盐碱土，山地和丘陵区为棕色森林土。

本区属暖温带落叶阔叶林植被分布区，并分布有次生的常绿针叶林。山东一带的植物起源于北极古近纪和新近纪植物区系，由于没受到大规模冰川的直接影响，残留种类较多，本区植物与日本中北部、朝鲜半岛植物区系有密切联系。建群树种有喜酸的油松（*Pinus tabuliformis* Carr.）、赤松（*Pinus densiflora* Siebold et Zucc.）和喜钙的侧柏等。这些针叶林现多为阔叶林破坏后的半天然林或人工栽培林，但它们都有一定的分布规律。赤松林只见于较湿润的山东半岛近海丘陵的棕壤上，而油松和侧柏分布于半湿润、半干旱区的内陆山地。

在石灰性或中性褐土上分布有榆科植物、黄连木（*Pistacia chinensis* Bunge）、天女木兰（*Magnolia sieboldii* K.Koch）、山胡椒［*Lindera glauca*（Siebold et Zucc.）Blume］、三桠乌药（*Lindera obtusiloba* Blume）等落叶阔叶杂木林，其间夹杂黄栌（*Cotinus coggygria* Scop.）、鼠李（*Rhamnus davurica* Pall.）等灌木；这些树种破坏后阳坡上则见有侧柏疏林。另有次生的荆条［*Vitex negundo* Linn.var.*heterophylla*（Franch.）Rehd.］、鼠李、酸枣、胡枝子（*Lespedeza bicolor* Turcz.）、河北木蓝（*Indigofera bungeana* Walp.）、细叶小檗（*Berberis poiretii* Schneid.）、枸杞等灌丛，而草本植物以黄背草［*Themeda japonica*（Willd.）Tanaka］、白羊草［*Bothriochloa ischaemum*（Linn.）Keng］为优势群落，在阴坡还有黄栌灌丛矮林。

另在微酸性或中酸性棕壤上分布的地带性植被类型为多种栎属（*Quercus* Linn.）落叶林，有辽东栎（*Quercus wutaishanica* Mayr）林、槲栎（*Quercus aliena* Blume）林及槲树（*Quercus dentata* Thunb.）林。海边或南向山麓为栓皮栎（*Quercus variabilis* Blume）林、麻栎（*Quercus acutissima* Carruth.）林。上述多种组成暖温性针阔叶混交林或落叶阔叶林。

山东半岛有辽东—山东半岛亚地区特有类群，如山东柳（*Salix koreensis* Anderss.var.*shandongensis* C.F.Fang）、胶东椴（*Tilia jiaodongensis* S. B. Liang）、胶东桦（*Betula jiaodogensis* S. B. Liang）等。南部丘陵和山地残存落叶和常绿阔叶混交林，常绿阔叶树种分布较少，仅在低海拔局部避风向阳温暖的谷地有较耐旱的青冈［*Cyclobalanopsis glauca*（Thunb.）Oerst.］、苦槠［*Castanopsis sclerophylla*（Lindl.）Schott.］、冬青（*Ilex chinensis* Sims）等；落叶阔叶树种有麻栎、茅栗（*Castanea seguinii* Dode）、化香树（*Platycarya strobilacea* Sieb. et Zucc.）、山槐［*Albizia kalkora*（Roxb.）Prain］等。

平原地区由于人口密度大，农业历史悠久，长期开发，多垦为农田，原生性森林植被保存很少，大多为荒丘上次生疏林和灌木丛呈零星状分布，海滩沙地亦有部分植物分布。

本区为我国地道药材"北药"的产区之一，除自然分布外，还有大面积栽培的法定药用植物，主要有文冠果（*Xanthoceras sorbifolium* Bunge）、臭椿［*Ailanthus altissima*（Mill.）Swingle］、构树［*Broussonetia papyrifera*（Linn.）L' Hér. ex Vent.］、旱柳（*Salix matsudana* Koidz.）、垂柳（*Salix babylonica* Linn.）、毛白杨（*Populus tomentosa* Carr.）、槐、忍冬、蔓荆（*Vitex trifolia* Linn.）、紫珠、栝楼、防风、地黄、香附（*Cyperus rotundus* Linn.）、荆条、柽柳（*Tamarix chinensis* Lour.）、锦鸡儿［*Caragana sinica*（Buc'hoz）Rehd.］、酸枣、黄芩（*Scutellaria baicalensis* Georgi）、知母（*Anemarrhena asphodeloides* Bunge）、牛膝（*Achyranthes bidentata* Blume）、连翘［*Forsythia suspensa*（Thunb.）Vahl］、薯蓣（*Dioscorea opposita* Thunb.）、中华栝楼、芍药、沙参、菊花、丹参、苹果（*Malus pumila* Mill.）、白梨（*Pyrus bretschneideri* Rehd.）、桃（*Amygdalus persica* Linn.）、葡萄（*Vitis vinifera* Linn.）、胡桃（*Juglans regia* Linn.）、枣、柿（*Diospyros kaki* Thunb.）、山楂（*Crataegus pinnatifida* Bunge）、樱桃［*Cerasus pseudocerasus*（Lindl.）G.Don］、栗（*Castanea mollissima* Blume）、珊瑚菜（*Glehnia littoralis* Fr.Schmidt ex Miq.）等。

2. 长江沿岸平原丘陵区

本区包含上海、江苏靠南大部、浙江北部、安徽中部和江西北部，包括鄱阳湖平原、苏皖沿江平原、里下河平原、长江三角洲及长江沿岸低山丘陵等。本区属吴征镒植物区系的华东地区的大部。本区地势低平，水网交织，湖泊星布，是我国主要的淡水湖分布区，有鄱阳湖、太湖、高邮湖、巢湖等。本区平原海拔多在50m以下，山地丘陵海拔一般数百米，气候温暖而湿润，四季分明，夏热冬冷，但无严寒。年均温14～18℃，最冷月均温为2.2～4.8℃，最热月均温为27～29℃，全年无霜期230～260天，日均温≥5℃的有240～270天，≥10℃的有220～240天，年积温4500～5000℃。年均降水量在800～1600mm。

土壤主要是黄棕壤和红壤。黄棕壤分布于苏、皖二省沿长江两岸的低山丘陵，淮河与长江之间为黄棕壤、黄褐土，长江以南为红壤、黄壤、紫色土、黑色石灰岩土，低山丘陵多属红壤和山地红壤。

本区北部属南暖温带，南部为北亚热带，植被区系组成比较丰富，兼有我国南北植物种类，长江以北，既有亚热带的常绿阔叶树，又有北方的落叶阔叶树，亦有次生的常绿针叶树，植被类型主要为落叶阔叶—常绿阔叶混交林，靠南地区为亚热带区旱季较不显著的常绿阔叶林小区。且可能是银杏属（*Ginkgo* Linn.）、金钱松属（*Pseudolarix* Gord.）和白豆杉属（*Pseudotaxus* Cheng）的故乡，银杏在浙江天目山仍处于野生和半野生状态。

在平原边缘低山丘陵岗酸性黄棕壤上主要分布有落叶阔叶树，以壳斗科栎属最多，如小叶栎、麻栎、栓皮栎等。此外还混生有枫香（*Liquidambar formasana* Hance）、黄连木、化香树（*Platycarya strobilacea* Siebold et Zucc.）、山槐［*Albizia kalkora*（Roxb.）Prain］、盐肤木（*Rhus chinensis* Mill.）、灯台树［*Bothrocaryum controversum*（Hemsl.）Pojark.］等落叶树；林中夹杂分布的常绿阔叶树有女贞（*Ligustrum lucidum* Ait.）、青冈［*Cyclobalanopsis glauca*（Thunb.）Oerst.］、柞木［*Xylosma racemosum*（Siebold et Zucc.）Miq.］、冬青（*Ilex chinensis* Sims）等。原生林破坏后次生或栽培为马尾松林和引进的黑松林，另湿地松（*Pinus elliottii* Engelm.）生长良好；次生灌木有白鹃梅［*Exochorda racemosa*（Lindl.）Rehd.］、连翘、栓皮栎、化香树等。偏北部有耐旱的半常绿的槲栎林和华山松林。

在石灰岩上生长有榆属（*Ulmus* Linn.）、化香树、枫香及黄连木落叶阔叶林和次生的侧柏疏林，其间分布有箬竹［*Indocalamus tessellatus*（Munro）Keng f.］、南天竹（*Nandina domestica* Thunb.）、小叶女贞（*Ligustrum quihoui* Carr.）等常绿灌木。森林破坏后次生为荆条、马桑（*Coriaria nepalensis* Wall.）、黄檀（*Dalbergia hupeana* Hance）、黄栌灌丛或矮林。另外亚热带的马尾松（*Pinus massoniana* Lamb.）、杉木［*Cunninghamia lanceolata*（Lamb.）Hook.］、毛竹（*Phyllostachys pubescens* Mazel ex Lehaie）分布相当普遍。上述植被分布的过渡性十分明显。

典型的亚热带常绿阔叶树主要分布在长江以南。最主要的是锥属［*Castanopsis*（D.Don）Spach］、青冈属（*Cyclobalanopsis* Oerst.）、柯属（*Lithocarpus* Blume）等三属植物，杂生的落叶阔叶树有木荷（*Schima superba* Gardn. et Champ.）、马蹄荷［*Exbucklandia populnea*（R.Br.）R.W.Brown］等，并有杉木、马尾松等针叶树种。林间还有藤本植物和附生植物。另有古近纪和新近纪残余植物，如连香树（*Cercidiphyllum japonicum* Siebold et Zucc.）和鹅掌楸［*Liriodendron chinense*（Hemsl.）Sargent.］等的分布。

落叶果树如石榴（*Punica granatum* Linn.）、桃、无花果（*Ficus carica* Linn.）均生长良好。另亦栽培油桐［*Vernicia fordii*（Hemsl.）Airy Shaw］、漆［*Toxicodendron verniciflumm*（Stokes）F.A.Barkl.］、乌桕［*Sapium sebiferum*（Linn.）Roxb.］、油茶（*Camellia oleifera* Abel.）、茶［*Camellia sinensis*（Linn.）O.Ktze.］、棕榈［*Trachycarpus fortunei*（Hook.）H.Wendl.］等，本区为这些植物在我国分布的北界。

本区主要是冲积平原的耕作区，气候适宜、土质优良，适用于很多种类药材的栽种，且湖泊星罗棋布，水生植物十分丰富，另有部分丘陵地貌，故分布着许多水生、草本和藤本法定药用植物，是我国地道药材"浙药"等的产区。自然分布和栽培的法定药用植物有莲（*Nelumbo nucifera* Gaertn.）、芡实（*Euryale ferox* Salisb. ex Konig et Sims）、睡莲（*Nymphaea tetragona* Georgi）、眼子菜（*Potamogeton distinctus* A.Benn.）、水烛、黑三棱［*Sparganium stoloniferum*（Graebn.）Buch.-Ham.ex Juz.］、苹（*Marsilea quadrifolia* Linn.）、菖蒲、满江红、地黄、番薯［*Ipomoea batatas*（Linn.）Lam.］、独角莲（*Typhonium giganteum* Engl.）、温郁金（*Curcuma wenyujin* Y. H. Chen et C. Ling）、芍药、牡丹（*Paeonia suffruticosa* Andr.）、白术、薄荷（*Mentha canadensis* Linn.）、延胡索、百合（*Lilium brownii* F.E.Br.var.*viridulum* Baker）、天门冬［*Asparagus cochinchinensis*（Lour.）Merr.］、菊花、红花（*Carthamus tinctorius* Linn.）、白芷［*Angelica dahurica*（Fisch. ex Hoffm.）Benth.et Hook.f.ex Franch.et Sav.］、藿香［*Agastache rugosa*（Fisch.et Mey.）O.Ktze.］、丹参、玄参（*Scrophularia ningpoensis* Hemsl.）、牛膝、三叶木通［*Akebia trifoliata*（Thunb.）Koidz.］、百部［*Stemona japonica*（Blume）Miq.］、海金沙［*Lygodium japonicum*（Thunb.）Sw.］、何首乌（*Polygonum multiflorum* Thunb.）等。

3. 江南丘陵和闽浙丘陵区

本区包含浙江南部、福建靠北大部、安徽南部、江西南面大部，地貌包括闽浙丘陵和南岭以北、长江中下游平原以南的低山丘陵，本区包含吴征镒植物区系赣南—湘东丘陵亚地区的一部分和闽北山地亚地区的全部。区内河流众多，且多独流入海，如闽江、瓯江、飞云江等。江南名山多含其中，如浙江天目山、雁荡山、福建武夷山、戴云山，安徽黄山、大别山，江西庐山、武功山等。该区的山峰不少海拔超过1500m，其中武夷山最高峰黄岗山达2161m。这一带年均温18～21℃，最冷月均温5～12℃，最热月均温28～30℃，年较差17～23℃，全年无霜期为270～300天，日均温≥5℃的有240～300天，≥10℃的有250～280天，年积温5000～6500℃。雨量较多，年平均降水量1200～1900mm。旱季较不显著，属东部典型湿润的亚热带（中亚热带）山地丘陵，夏季高温，冬季不甚寒冷，闽浙丘陵依山濒海，气候受海洋影响甚大。

土壤为红壤和黄壤。

本区典型植被为湿性常绿阔叶林、马尾松林、杉木林和毛竹林等。

在酸性黄壤上生长的植物以壳斗科常绿的栎类林为主，有青冈栎林、甜槠［*Castanopsis eyrei*（Champ.）Tutch.］林、苦槠［*Castanopsis sclerophylla*（Lindl.）Schott.］林、柯林或它们的混交林；偏南地区为常绿栎类、樟科、山茶科、金缕梅科所组成的常绿阔叶杂木林，树种有米槠［*Castanopsis carlesii*（Hemsl.）Hay.］、甜槠、紫楠［*Phoebe sheareri*（Hemsl.）Gamble］、木荷、红楠（*Machilus thunbergii* Siebold et Zucc.）、栲（*Castanopsis fargesii* Franch.）等。阔叶林破坏后，在排水良好、阳光充足处，次生着大量马尾松林和杜鹃（*Rhododendron simsii* Planch.）、檵木［*Loropetalum chinense*（R.Br.）Oliver］、江南越橘（*Vaccinium mandarinorum* Diels）、柃木（*Eurya japonica* Thunb.）、白栎（*Quercus fabri* Hance）等灌丛；地被植物主要为铁芒萁［*Dicranopteris linearis*（Burm.）Underw.］。偏南区域尚分布桃金娘［*Rhodomyrtus tomentosa*（Ait.）Hassk.］和野牡丹（*Melastoma candidum* D.Don）等。在土层深厚、阴湿处则分布着杉木及古老的南方红豆杉［*Taxus chinensis*（Pilger）Rchd.var.*mairei*（Lemée et H.Lév.）Cheng et L.K.Fu］、三

尖杉（*Cephalotaxus fortunei* Hook.f.）等针叶树；另分布种类丰富的竹林。

在石灰岩上分布着落叶阔叶树—常绿阔叶树混交林。落叶阔叶树多属榆科、胡桃科、漆树科、山茱萸科、桑科、槭树科、豆科、无患子科等，以榆科种类最多，另有枫香树（*Liquidambar formosana* Hance）、青钱柳［*Cyclocarya paliurus*（Batal.）Iljinsk.］等，常绿阔叶树以壳斗科的青冈最有代表性，另有化香树、黄连木、元宝槭（*Acer truncatum* Bunge）、鹅耳枥（*Carpinus turczaninowii* Hance）等。偏南的混交林出现许多喜暖的树种，落叶阔叶树种有大戟科的圆叶乌桕（*Sapium rotundifolium* Hemsl.）、漆树科的南酸枣［*Choerospondias axillaris*（Roxb.）Burtt et Hill.］，常绿阔叶树种有桑科的榕属（*Ficus* Linn.）、芸香科的假黄皮（*Clausena excavata* Burm.f.）等。石灰岩地带混交林破坏后次生或栽培为柏木疏林及南天竹、檵木、野蔷薇（*Rosa multiflora* Thunb.）、荚蒾（*Viburnum dilatatum* Thunb.）等灌丛；沿海丘陵平原上还有多种榕树分布。

本区普遍栽培农、药两用的甘薯［*Dioscorea esculenta*（Lour.）Burkill］、陆地棉（*Gossypium hirsutum* Linn.）、苎麻［*Boehmeria nivea*（Linn.）Gaudich.］、栗、柿、胡桃、油桐、油茶、杨梅［*Myrica rubra*（Lour.）Siebold et Zucc.］、枇杷［*Eriobotrya japonica*（Thunb.）Lindl.］和柑橘类等。

本区野生及栽培的主要法定药用植物有凹叶厚朴、吴茱萸、樟、柑橘、皱皮木瓜［*Chaenomeles speciosa*（Sweet）Nakai］、钩藤［*Uncaria rhynchophylla*（Miq.）Miq. ex Havil.］、杜仲（*Eucommia ulmoides* Oliver）、银杏、大血藤［*Sargentodoxa cuneata*（Oliv.）Rehd. et Wils.］、木通、越橘（*Vaccinium bracteatum* Thunb.）、淡竹叶、前胡、翠云草［*Selaginella uncinata*（Desv.）Spring］、桔梗［*Platycodon grandiflorus*（Jacq.）A.DC.］、阔叶麦冬（*Ophiopogon platyphyllus* Merr.et Chun）、浙贝母、东方泽泻［*Alisma orientale*（Samuel.）Juz.］、忍冬、明党参（*Changium smyrnioides* Wolff）、杭白芷（*Angelica dahurica* 'Hangbaizhi'）、党参、川芎（*Ligusticum chuanxiong* Hort.）、防风、牛膝、补骨脂（*Psoralea corylifolia* Linn.）、云木香［*Saussurea costus*（Falc.）Lipech.］、宁夏枸杞（*Lycium barbarum* Linn.）、茯苓［*Poria cocos*（Schw.）Wolf］、天麻（*Gastrodia elata* Blume）、青羊参（*Cynanchum otophyllum* C.K.Schneid.）、丹参、白术、石斛（*Dendrobium nobile* Lindl.）、黄连（*Coptis chinensis* Franch.）、半夏［*Pinellia ternata*（Thunb.）Breit.］等。

4. 闽浙丘陵南部区

本区位于福建省东南沿海，闽江口以南沿戴云山脉东南坡到平和的九峰以南部分，为吴征镒植物区系南岭东段亚地区的一部分。有晋江、九龙江等众多独流入海的河流，地形西部为多山丘陵，东部沿海有泉州、漳州等小平原。

本区是亚热带与热带之间的过渡地带，由于武夷山和戴云山两大山脉的屏障及台湾海峡暖流的作用，气候更加暖热，使本区既有亚热带的特色，又显露出热带的某些植被，故又称半热带。年均温20～24℃，最冷月均温12～14℃，最热月均温28～30℃，年较差16～12℃，日均温全年≥5℃和≥10℃的均有300天以上，年积温6500～8000℃或8500℃，无霜期260～325天。年平均降水量1400～2000mm，东部可达2000～3000mm。本区属旱季较不显著的热带季雨林、雨林气候小区。

土壤以红壤、砖红壤、黄壤为主，盆地为水稻土。

从植被地理的角度而言，这一带已属热带范围。山谷中的雨林性常绿阔叶林（常绿季雨林），海边的红树林，次生灌丛的优势种和典型的热带植物几无差别。

半热带的酸性砖红壤性土壤上生长着大戟科、罗汉松科等热带树种，雨林性常绿阔叶林中，小乔木层和灌木层几乎全属热带树木，如热带种类的青冈属植物毛果青冈［*Cyclobalanopsis pachyloma*（Seem.）Schott.］、栎子青冈［*Cyclobalanopsis blakei*（Skan）Schott.］等，樟科植物也渐增多，山茶科、金缕梅科亦较多。阔叶林破坏后，次生为马尾松疏林及桃金娘、岗松（*Baeckea frutescens* Linn.）、野牡丹、大沙叶（*Pavetta arenosa* Lour.）灌丛。

石灰岩上为半常绿季雨林，主要由榆科、椴树科、楝科、藤黄科、无患子科、大戟科、梧桐科、漆树科、桑科等一些喜热好钙的树种组成，如蚬木[*Excentrodendron hsienmu*(Chun et How)H.T.Chang et R.H.Miau]、闭花木［*Cleistanthus sumatranus*（Miq.）Muell.Arg.］、金丝李（*Garcinia paucinervis* Chun et How）、肥牛树［*Cephalomappa sinensis*（Chun et How）Kosterm.］等。木质藤本植物很多，并有相当数量的热带成分，如鹰爪花［*Artabotrys hexapetalus*（Linn.f.）Bhandari］、紫玉盘（*Uvaria microcarpa* Champ.ex Benth.）等。

海边的盐性沼泽土上分布着硬叶常绿阔叶稀疏灌丛（红树林），高 0.5～2.0m，多属较为耐寒的种类，如老鼠簕（*Acanthus ilicifolius* Linn.）、蜡烛果[*Aegiceras corniculatum*(Linn.)Blanco]，间有秋茄树[*Kandelia candel*（Linn.）Druce］等。

本区广泛栽培热带果树如荔枝（*Litchi chinensis* Sonn.）、龙眼、黄皮［*Clausena lansium*（Lour.）Skeels］、芒果（*Mangifera indica* Linn.）、橄榄［*Canarium album*（Lour.）Raeusch.］、乌榄（*Canarium pimela* Leenh.）、阳桃（*Averrhoa carambola* Linn.）、木瓜［*Chaenomeles sinensis*（Thouin）Koehne］、番荔枝（*Annona squamosa* Linn.）、香蕉（*Musa nana* Lour.）、番木瓜（*Carica papaya* Linn.）、菠萝［*Ananas comosus*（Linn.）Merr.］、芭蕉（*Musa basjoo* Siebold et Zucc.）等，另普遍栽培木棉（*Bombax malabaricum* DC.），亦能栽培经济作物如剑麻（*Agave sisalana* Perr.ex Engelm.）等。在亚热带作为一年生草本植物的辣椒（*Capsicum annuum* Linn.）在本区可越冬长成多年生灌木，蓖麻（*Ricinus communis* Linn.）长成小乔木。

本区是我国道地药材"南药"的部分产区。法定药用植物有肉桂（*Cinnamomum cassia* Presl）、八角、山姜［*Alpinia japonica*（Thunb.）Miq.］、红豆蔻［*Alpinia galangal*（Linn.）Willd.］、狗脊、淡竹叶、龙眼、巴戟天（*Morinda officinalis* How）、广防己（*Aristolochia fangchi* Y.C.Wu ex L.D.Chow et S.M.Hwang）、蒲葵［*Livistona chinensis*（Jacq.）R.Br.］等。

三、山地植被的垂直分布

1. 安徽大别山

约位于北纬 31°、东经 116°，是秦岭向东的延伸部分。主峰白马尖海拔 1777m。从海拔 100m 的山麓到山顶可分为下列植被垂直带：海拔 100～1400m 为落叶阔叶树—常绿阔叶树混交林和针叶林带，在海拔 100～700m 地段，有含青冈、苦槠、樟的栓皮栎林和麻栎林以及含檵木、乌饭树、山矾（*Symplocos sumuntia* Buch.-Ham.ex D.Don）等的马尾松林和杉木林。在海拔 700～1400m 地段，山脊上有茅栗（*Castanea seguinii* Dode）、化香树林和黄山松林，山谷中有榉栎林。海拔 1400～1750m 的山顶除有黄山松林外，还有落叶—常绿灌丛和大油芒（*Spodiopogon sibiricus* Trin.）、芒（*Miscanthus sinensis* Anderss.）及草甸。

2. 安徽黄山

约位于北纬 30°、东经 118°，最高峰莲花峰海拔 1860m，可分为下列植被垂直带：海拔 600m 以下的低山、切割阶地与丘陵、山间盆地及小冲积平原，以马尾松和栽培植物为多，自然分布有三毛草［*Trisetum bifidum*（Thunb.）Ohwi］、鼠尾粟［*Sporobolus fertilis*（Steud.）W.D.Clayt.］等，草本植物有白茅［*Imperata cylindrica*（Linn.）Beauv.］等。海拔 600～1300m 为常绿阔叶林与落叶阔叶林带，有少量常绿阔叶林占绝对优势的群落地段，以甜槠、青冈、细叶青冈（*Cyclobalanopsis gracilis*）为主，林中偶见乌药等；常绿与落叶阔叶混交林中，以枫香树、糙叶树［*Aphananthe aspera*（Thunb.）Planch.］、甜槠、青冈为主，其中夹杂着南天竹、八角枫［*Alangium chinense*（Lour.）Harms］、醉鱼草（*Buddleja lindleyana* Fortune）等灌木。海拔 1300～1700m 为落叶阔叶林带，主要为黄山栎（*Quercus stewardii* Rehd.）等，也有昆明山海棠［*Tripterygium hypoglaucum*（Lévl.）Hutch］、黄连、三枝九叶草［*Epimedium sagittatum*（Siebold et Zucc.）Maxim.］、黄精（*Polygonatum sibiricum* Delar. ex Redoute）等。海拔 1700～1800m 为灌丛带，灌木及带有灌木习性群落的主要有黄山松（*Pinus taiwanensis* Hayata）、黄山栎、白檀［*Symplocos paniculata*（Thunb.）Miq.］等群落。海拔 1800～1850m 为山地灌木草地带，有野古草（*Arundinella anomala* Steud.）、龙胆（*Gentiana scabra* Bunge）等。

3. 浙江天目山

位于北纬30°、东经119°，主峰西天目山海拔为1497m。海拔300m以下，低山河谷地段散生的乔木有垂柳、枫杨（*Pterocarya stenoptera* C. DC.）、乌桕、楝（*Melia azedarach* Linn.）等；灌木有山胡椒、白檀、算盘子［*Glochidion puberum*（Linn.）Hutch.］、枸骨（*Ilex cornuta* Lindl. et Paxt.）等；山脚常见香附、鸭跖草（*Commelina communis* Linn.）、萹蓄（*Polygonum aviculare* Linn.）、石蒜［*Lycoris radiata*（L' Her.）Herb.］、葎草［*Humulus scandens*（Lour.）Merr.］、益母草（*Leonurus japonicus* Houtt.）等草本。海拔300～800m，为低山常绿—落叶阔叶林，主体为人工营造的毛竹林、柳杉林、杉木林，其他主要有青冈、樟、猴樟（*Cinnamomum bodinieri* H.Lévl.）、木荷、银杏、响叶杨（*Populus adenopoda* Maxim.）、金钱松［*Pseudolarix amabilis*（Nelson）Rehd.］、檵木、石楠、南天竹、三叶木通等；地被植物主要有吉祥草［*Reineckia carnea*（Andr.）Kunth］、麦冬、前胡、蓬蘽（*Rubus hirsutus* Thunb.）、地榆（*Sanguisorba officinalis* Linn.）等。海拔800～1200m植物为常绿—落叶针阔叶混交林，乔木主要有青钱柳、柳杉（*Cryptomeria fortunei* Hooibrenk ex Otto et Dietr.）、金钱松、银杏、杉木、黄山松、青冈、天目木兰［*Yulania amoena*（W.C.Cheng）D.L.Fu］、紫荆（*Cercis chinensis* Bunge）、马尾松、云锦杜鹃（*Rhododendron fortunei* Lindl.）等；灌木有野鸦椿［*Euscaphis japonica*（Thunb.）Dippel］、马银花［*Rhododendron ovatum*（Lindl.）Planch.ex Maxim.］、南天竹、金缕梅（*Hamamelis mollis* Oliver）等；地被植物有忍冬、石菖蒲（*Acorus tatarinowii* Schott）、紫萼（*Teucrium tsinlingense* C.Y.Wu et S.Chow var. *porphyreum* C.Y.Wu et S.Chow）、蕺菜（*Houttuynia cordata* Thunb）、及己［*Chloranthus serratus*（Thunb.）Roem et Schult］、孩儿参［*Pseudostellaria heterophylla*（Miq.）Pax］、麦冬、七叶一枝花（*Paris polyphylla* Sm.）等。海拔1200m以上，木本植物主要为暖温带落叶灌木及乔木，主要有四照花［*Cornus kousa* F. Buerger ex Hance subsp.*chinensis*（Osborn）Q.Y.Xiang］、川榛（*Corylus heterophylla* Fisch.var.*sutchuenensis* Franch.）、大叶胡枝子（*Lespedeza davidii* Franch.）等，另有大血藤、华中五味子（*Schisandra sphenanthera* Rehd.et Wils.）、穿龙薯蓣（*Dioscorea nipponica* Makino）、草芍药（*Paeonia obovata* Maxim.）、玄参、孩儿参、野菊（*Chrysanthemum indicum* Linn.）等。

4. 福建武夷山

位于北纬27°～28°、东经118°，最高峰黄岗山海拔2161m，可分为下列山地植被垂直带。海拔800m以下为常绿阔叶林，以甜槠、苦槠、钩锥（*Castanopsis tibetana* Hance）、木荷等杂木林为主。海拔800～1400m以较耐寒的青冈等常绿栎林为主；阔叶林破坏后次生马尾松林、杉木林、柳杉林和毛竹林。海拔1400～1800m为针叶林、常绿阔叶树—落叶阔叶树混交林、针叶林带，有铁杉［*Tsuga chinensis*（Franch.）Pritz.］、木荷、水青冈混交林和黄山松林。海拔1800～2161m为山顶落叶灌丛草甸带，有茅栗灌丛和野古草、芒等。

5. 江西武功山

约位于北纬27°、东经114°，主峰武功山海拔1918m。海拔200～800m（南坡）、200～1100m（北坡）为常绿阔叶林、针叶林带；常绿阔叶林以稍耐寒的青冈、甜槠、苦槠等常绿栎类林为主，林中混生有喜湿气落叶的水青冈（*Fagus longipetiolata* Seem.），针叶林有马尾松林和杉木林，还有毛竹林。海拔800（南坡）～1600m，或1100（北坡）～1600m为中山常绿阔叶树—落叶阔叶树混交林、针叶林带，下段混交林中的常绿阔叶树有较耐寒的蚊母树（*Distylium racemosum* Sieb.）等，落叶树种有椴树（*Tilia tuan* Szyszyl.）、水青冈等。海拔1400～1600m排水良好的浅层土上分布有常绿—落叶混交矮林和黄山松林。海拔1600～1918m为山顶灌丛草甸带；有落叶—常绿混交的杜鹃灌丛和野古草、芒等禾草。

赵维良

2017年12月于西子湖畔

标准简称及全称对照

药典 1953　　中华人民共和国药典.1953年版.中央人民政府卫生部编.上海：商务印书馆.1953

药典 1963　　中华人民共和国药典.1963年版一部.中华人民共和国卫生部药典委员会编.北京：人民卫生出版社.1964

药典 1977　　中华人民共和国药典.1977年版一部.中华人民共和国卫生部药典委员会编.北京：人民卫生出版社.1978

药典 1985　　中华人民共和国药典.1985年版一部.中华人民共和国卫生部药典委员会编.北京：人民卫生出版社、化学工业出版社.1985

药典 1990　　中华人民共和国药典.1990年版一部.中华人民共和国卫生部药典委员会编.北京：人民卫生出版社、化学工业出版社.1990

药典 1995　　中华人民共和国药典.1995年版一部.中华人民共和国卫生部药典委员会编.广州：广东科技出版社、化学工业出版社.1995

药典 2000　　中华人民共和国药典.2000年版一部.国家药典委员会编.北京：化学工业出版社.2000

药典 2005　　中华人民共和国药典.2005年版一部.国家药典委员会编.北京：化学工业出版社.2005

药典 2010　　中华人民共和国药典.2010年版一部.国家药典委员会编.北京：中国医药科技出版社.2010

药典 2015　　中华人民共和国药典.2015年版一部.国家药典委员会编.北京：中国医药科技出版社.2015

部标 1963　　中华人民共和国卫生部药品标准(部颁药品标准)1963年.中华人民共和国卫生部编.北京：人民卫生出版社.1964

部标维药 1999　　中华人民共和国卫生部药品标准·维吾尔药分册.中华人民共和国卫生部药典委员会编.乌鲁木齐：新疆科技卫生出版社.1999

部标藏药 1995　　中华人民共和国卫生部药品标准·藏药·第一册.中华人民共和国卫生部药典委员会编.1995

部标进药 1977　　进口药材质量暂行标准.中华人民共和国卫生部编.1977

局标进药 2004　　儿茶等43种进口药材质量标准.国家药品监督管理局注册标准.2004

部标成方五册 1992 附录　　中华人民共和国卫生部药品标准中药成方制剂·第五册·附录.中华人民共和国卫生部药典委员会编.1992

部标成方十五册 1998 附录　　中华人民共和国卫生部药品标准中药成方制剂·第十五册·附录.中华人民共和国卫生部药典委员会编.1998

北京药材 1998　　北京市中药材标准.1998年版.北京市卫生局编.北京：首都师范大学出版社.1998

山西药材 1987　　山西省中药材标准.1987年版.山西省卫生厅编.1988

内蒙古蒙药 1986　　内蒙古蒙药材标准.1986年版.内蒙古自治区卫生厅编.赤峰：内蒙古科学技术出版社.1987

内蒙古药材 1988　　内蒙古中药材标准.1988年版.内蒙古自治区卫生厅编.1987

辽宁药材 2009　　辽宁省中药材标准·第一册.2009年版.辽宁省食品药品监督管理局编.沈阳：辽宁科学技术出版社.2009

吉林药品 1977　　吉林省药品标准.1977年版.吉林省卫生局编.1977

黑龙江药材 2001　　黑龙江省中药材标准.2001年版.黑龙江省药品监督管理局编.2001

上海药材 1994　　上海市中药材标准.1994年版.上海市卫生局编.1993

上海药材 1994 附录　　上海市中药材标准.1994年版·附录.上海市卫生局编.1993

江苏药材 1989　　江苏省中药材标准.1989年版.江苏省卫生厅编.南京：江苏省科学技术出版社

浙江药材 2000　　浙江省中药材标准.浙江省卫生厅文件.浙卫发［2000］228号.2000

浙江药材 2006　　浙江省中药材标准.浙江省食品药品监督管理局文件.浙药监注［2006］51号、56号、186号、189号.2006

浙江炮规 2005　　浙江省中药炮制规范.2005年版.浙江省食品药品监督管理局编.杭州：浙江科学技术出版社.2006

浙江炮规 2015　　浙江省中药炮制规范.2015年版.浙江省食品药品监督管理局编.北京：中国医药科技出版社.2016

山东药材 1995　　山东省中药材标准.1995年版.山东省卫生厅编.济南：山东友谊出版社.1995

山东药材 2002	山东省中药材标准.2002年版.山东省药品监督管理局编.济南：山东友谊出版社.2002
山东药材 2012	山东省中药材标准.2012年版.山东省食品药品监督管理局编.山东科学技术出版社.2012
江西药材 1996	江西省中药材标准.1996年版.江西省卫生厅编.南昌：江西科学技术出版社.1997
江西药材 2014	江西省中药材标准.江西省食品药品监督管理局编.上海：上海科学技术出版社.2014
福建药材 1990	福建省中药材标准（试行稿）第一批.1990年版.福建省卫生厅编.1990
福建药材 2006	福建省中药材标准.2006年版.福建省食品药品监督管理局.福州：海风出版社.2006
河南药材 1991	河南省中药材标准.1991年版.河南省卫生厅编.郑州：中原农民出版社.1992
河南药材 1993	河南省中药材标准.1993年版.河南省卫生厅编.郑州：中原农民出版社.1994
湖北药材 2009	湖北省中药材质量标准.2009年版.湖北省食品药品监督管理局编.武汉：湖北科学技术出版社.2009
湖南药材 1993	湖南省中药材标准.1993年版.湖南省卫生厅编.长沙：湖南科学技术出版社.1993
湖南药材 2009	湖南省中药材标准.2009年版.湖南省食品药品监督管理局编.长沙：湖南科学技术出版社.2010
广东药材 2004	广东省中药材标准·第一册.广东省食品药品监督管理局编.广州：广东科技出版社.2004
广东药材 2011	广东省中药材标准·第二册.广东省食品药品监督管理局编.广州：广东科技出版社.2011
广西药材 1990	广西中药材标准.1990年版.广西壮族自治区卫生厅编.南宁：广西科学技术出版社.1992
广西药材 1996	广西中药材标准·第二册.1996年版.广西壮族自治区卫生厅编.1996
广西壮药 2008	广西壮族自治区壮药质量标准·第一卷.2008年版.广西壮族自治区食品药品监督管理局编.南宁：广西科学技术出版社.2008
广西壮药 2011 二卷	广西壮族自治区壮药质量标准·第二卷.2011年版.广西壮族自治区食品药品监督管理局编.南宁：广西科学技术出版社.2011
广西瑶药 2014 一卷	广西壮族自治区瑶药材质量标准·第一卷.2014年版.广西壮族自治区食品药品监督管理局编.南宁：广西科学技术出版社.2014
海南药材 2011	海南省中药材标准·第一册.海南省食品药品监督管理局编·海口：南海出版公司.2011
四川药材 1979	四川省中草药标准（试行稿）第二批.1979年版.四川省卫生局编.1979
四川药材 1987	四川省中药材标准.1987年版.四川省卫生厅编.1987
四川药材 1987 增补	四川省中药材标准.1987年版增补本.四川省卫生厅编.成都：成都科技大学出版社.1991
四川药材 2010	四川省中药材标准.2010年版.四川省食品药品监督管理局编.成都：四川科学技术出版社.2011
四川藏药 2014	四川省藏药材标准.四川省食品药品监督管理局编.成都：四川科学技术出版社.2014
贵州药材 1965	贵州省中药材标准规格·上集.1965年版.贵州省卫生厅编.1965
贵州药材 1988	贵州省中药材质量标准.1988年版.贵州省卫生厅编.贵阳：贵州人民出版社.1990
贵州药品 1994	贵州省药品标准.1994年版修订本.贵州省卫生厅批准.1994
贵州药材 2003	贵州省中药材、民族药材质量标准.2003年版.贵州省药品监督管理局编.贵阳：贵州科技出版社.2003
贵州药材 2003 附录	贵州省中药材、民族药材质量标准.2003年版附录
云南药品 1974	云南省药品标准.1974年版.云南省卫生局编
云南药品 1996	云南省药品标准.1996年版.云南省卫生厅编.昆明：云南大学出版社.1998
云南彝药 2005 二册	云南省中药材标准.2005年版·第二册.彝族药.云南省食品药品监督管理局编.昆明：云南科技出版社.2007
云南傣药 2005 三册	云南省中药材标准.2005年版·第三册.傣族药.云南省食品药品监督管理局编.昆明：云南科技出版社.2007
云南彝药Ⅱ 2005 四册	云南省中药材标准.2005年版·第四册.彝族药（Ⅱ）.云南省食品药品监督管理局编.昆明：云南科技出版社.2008
云南傣药Ⅱ 2005 五册	云南省中药材标准.2005年版·第五册.傣族药（Ⅱ）.云南省食品药品监督管理局编.昆明：云南科技出版社.2005
云南彝药Ⅲ 2005 六册	云南省中药材标准.2005年版·第六册.彝族药（Ⅲ）.云南省食品药品监督管理局编.昆明：云南科技出版社.2005
云南药材 2005 七册	云南省中药材标准.2005年版·第七册.云南省食品药品监督管理局编.昆明.云南科技出版社.2013
藏药 1979	藏药标准·第一版第一、二分册合编本.西藏、青海、四川、甘肃、云南、新疆卫生局编.1979

宁夏药材 1993　宁夏中药材标准.1993 年版.宁夏回族自治区卫生厅编.银川：宁夏人民出版社.1993
甘肃药材 (试行)1991　八月炸等十五种甘肃省中药材质量标准 (试行).甘卫药发［1991］95 号.甘肃省卫生厅编
甘肃药材 (试行)1992　水飞蓟等二十二种甘肃省中药材质量标准 (试行).甘卫药字 (92) 第 417 号.甘肃省卫生厅编
甘肃药材 (试行)1995　甘肃省 40 种中药材质量标准 (试行).甘卫药发 (95) 第 049 号.甘肃省卫生厅
甘肃药材 2009　甘肃省中药材标准.2009 年版.甘肃省食品药品监督管理局编.兰州：甘肃文化出版社.2009
青海药品 1976　青海省药品标准.1976 年版.青海省卫生局编.1976
青海藏药 1992　青海省藏药标准.1992 年版.青海省卫生厅编.1992
新疆维药 1993　维吾尔药材标准・上册.新疆维吾尔自治区卫生厅编.乌鲁木齐：新疆科技卫生出版社 (K).1993
新疆药品 1980 一册　新疆维吾尔自治区药品标准・第一册.1980 年版.新疆维吾尔自治区卫生局编.1980
新疆药品 1980 二册　新疆维吾尔自治区药品标准・第二册.1980 年版.新疆维吾尔自治区卫生局编.1980
新疆药品 1987　新疆维吾尔自治区药品标准.1987 年版.新疆维吾尔自治区卫生厅编.1987
中华药典 1930　中华药典.卫生部编印.上海：中华书局印刷所.1930(中华民国十九年)
香港药材一册　香港中药材标准・第一册.香港特别行政区政府卫生署中医药事务部编制.2005
香港药材二册　香港中药材标准・第二册.香港特别行政区政府卫生署中医药事务部编制.2008
香港药材三册　香港中药材标准・第三册.香港特别行政区政府卫生署中医药事务部编制.2010
香港药材四册　香港中药材标准・第四册.香港特别行政区政府卫生署中医药事务部编制.2012
香港药材五册　香港中药材标准・第五册.香港特别行政区政府卫生署中医药事务部编制.2012
香港药材六册　香港中药材标准・第六册.香港特别行政区政府卫生署中医药事务部编制.2013
香港药材七册　香港中药材标准・第七册.香港特别行政区政府卫生署中医药事务部编制.2015
台湾 1980　中华中药典."行政院卫生署"中华药典编修委员会编.台北："行政院卫生署".1980
台湾 1985 一册　"中华民国"中药典范 (第一辑全四册)・第一册."行政院卫生署"中医药委员会、中药典编辑委员会编.台北：达昌印刷有限公司.1985
台湾 1985 二册　"中华民国"中药典范 (第一辑全四册)・第二册."行政院卫生署"中医药委员会、中药典编辑委员会编.台北：达昌印刷有限公司.1985
台湾 2004　中华中药典."行政院卫生署"中华药典中药集编修小组编.台北："行政院卫生署".2004
台湾 2013　中华中药典."行政院卫生署"中华药典编修小组编.台北："行政院卫生署".2013

目 录

序一
序二
前言
编写说明
华东地区自然环境及植物分布概况
标准简称及全称对照

被子植物门

双子叶植物纲……………………………… 2686

后生花被亚纲……………………………… 2686

 一〇七　茄科……………………………… 2686

  酸浆属……………………………… 2687
   839. 酸浆……………………………… 2687
   840. 苦蘵……………………………… 2690
  茄属……………………………… 2695
   841. 白英……………………………… 2695
   842. 千年不烂心……………………………… 2703
   843. 阳芋……………………………… 2705
   844. 龙葵……………………………… 2709
   845. 茄……………………………… 2717
  枸杞属……………………………… 2722
   846. 宁夏枸杞……………………………… 2722
   847. 枸杞……………………………… 2728
  辣椒属……………………………… 2735
   848. 辣椒……………………………… 2735
  颠茄属……………………………… 2742
   849. 颠茄……………………………… 2742
  天仙子属……………………………… 2744
   850. 天仙子……………………………… 2745
  曼陀罗属……………………………… 2749
   851. 毛曼陀罗……………………………… 2749
   852. 洋金花……………………………… 2752
   853. 曼陀罗……………………………… 2763

 一〇八　玄参科……………………………… 2770

  泡桐属……………………………… 2772
   854. 白花泡桐……………………………… 2772
   855. 毛泡桐……………………………… 2775
  毛蕊花属……………………………… 2780
   856. 毛蕊花……………………………… 2781
  野甘草属……………………………… 2785
   857. 野甘草……………………………… 2785
  婆婆纳属……………………………… 2790
   858. 蚊母草……………………………… 2791
   859. 水苦荬……………………………… 2793
   860. 水蔓菁……………………………… 2795
  玄参属……………………………… 2797
   861. 玄参……………………………… 2797
  腹水草属……………………………… 2803
   862. 爬岩红……………………………… 2804
   863. 毛叶腹水草……………………………… 2806
  马先蒿属……………………………… 2807
   864. 返顾马先蒿……………………………… 2807
  阴行草属……………………………… 2809
   865. 阴行草……………………………… 2809
  鹿茸草属……………………………… 2813
   866. 沙氏鹿茸草……………………………… 2813
  黑草属……………………………… 2816
   867. 黑草……………………………… 2816
  独脚金属……………………………… 2818
   868. 独脚金……………………………… 2818
  地黄属……………………………… 2820
   869. 地黄……………………………… 2820
  毛地黄属……………………………… 2830
   870. 毛地黄……………………………… 2831

一〇九 紫葳科 ……… 2836
梓属 ……… 2836
871. 梓 ……… 2836
凌霄属 ……… 2842
872. 凌霄 ……… 2842
873. 厚萼凌霄 ……… 2847

一一〇 胡麻科 ……… 2850
胡麻属 ……… 2850
874. 芝麻 ……… 2850

一一一 列当科 ……… 2858
列当属 ……… 2858
875. 列当 ……… 2858

一一二 苦苣苔科 ……… 2862
吊石苣苔属 ……… 2862
876. 吊石苣苔 ……… 2862

一一三 爵床科 ……… 2868
水蓑衣属 ……… 2869
877. 大花水蓑衣 ……… 2869
878. 水蓑衣 ……… 2870
黄猄草属 ……… 2872
879. 菜头肾 ……… 2872
板蓝属 ……… 2874
880. 板蓝 ……… 2874
穿心莲属 ……… 2878
881. 穿心莲 ……… 2878
观音草属 ……… 2888
882. 九头狮子草 ……… 2889
爵床属 ……… 2891
883. 爵床 ……… 2892

一一四 车前科 ……… 2897
车前属 ……… 2897
884. 车前 ……… 2897
885. 大车前 ……… 2904

一一五 茜草科 ……… 2908
水团花属 ……… 2911
886. 水团花 ……… 2911
887. 细叶水团花 ……… 2914
钩藤属 ……… 2918
888. 钩藤 ……… 2919
玉叶金花属 ……… 2925
889. 玉叶金花 ……… 2925
鸡矢藤属 ……… 2929
890. 鸡矢藤 ……… 2929
891. 毛鸡矢藤 ……… 2936
栀子属 ……… 2938
892. 栀子 ……… 2938
893. 大花栀子 ……… 2949
894. 小果栀子 ……… 2950
九节属 ……… 2953
895. 九节 ……… 2953
896. 蔓九节 ……… 2955
虎刺属 ……… 2957
897. 短刺虎刺 ……… 2958
898. 虎刺 ……… 2959
白马骨属 ……… 2962
899. 六月雪 ……… 2962
900. 白马骨 ……… 2964
红芽大戟属 ……… 2967
901. 红大戟 ……… 2967
蛇根草属 ……… 2971
902. 日本蛇根草 ……… 2971
耳草属 ……… 2972
903. 伞房花耳草 ……… 2973
904. 白花蛇舌草 ……… 2976
905. 金毛耳草 ……… 2984
拉拉藤属 ……… 2986
906. 拉拉藤 ……… 2987
907. 猪殃殃 ……… 2988
908. 六叶葎 ……… 2990
909. 蓬子菜 ……… 2991

一一六 忍冬科 ……… 2997
接骨木属 ……… 2998
910. 接骨草 ……… 2998
911. 接骨木 ……… 3001
荚蒾属 ……… 3007
912. 南方荚蒾 ……… 3007
忍冬属 ……… 3010
913. 金银忍冬 ……… 3011
914. 忍冬 ……… 3014
915. 淡红忍冬 ……… 3024
916. 菰腺忍冬 ……… 3026
917. 灰毡毛忍冬 ……… 3027
918. 盘叶忍冬 ……… 3030

一一七 败酱科 ……… 3032

败酱属	3032
919. 败酱	3033
920. 墓头回	3039
921. 糙叶败酱	3043
922. 攀倒甑	3046
缬草属	3052
923. 宽叶缬草	3052

一一八 川续断科 ... 3057
川续断属	3057
924. 日本续断	3057

一一九 葫芦科 ... 3061
苦瓜属	3063
925. 苦瓜	3063
926. 木鳖子	3078
茅瓜属	3082
927. 茅瓜	3083
马㼎儿属	3085
928. 马㼎儿	3086
黄瓜属	3087
929. 甜瓜	3087
930. 黄瓜	3091
葫芦属	3096
931. 葫芦	3096
932. 小葫芦	3101
933. 瓠瓜	3102
934. 瓠子	3104
冬瓜属	3105
935. 冬瓜	3105
南瓜属	3109
936. 笋瓜	3110
937. 南瓜	3112
938. 西葫芦	3116
丝瓜属	3119
939. 丝瓜	3119
940. 广东丝瓜	3125
盒子草属	3127
941. 盒子草	3128
栝楼属	3129
942. 王瓜	3129
943. 栝楼	3132
西瓜属	3142
944. 西瓜	3142
绞股蓝属	3146
945. 绞股蓝	3146
雪胆属	3161
946. 马铜铃	3161

一二〇 桔梗科 ... 3164
半边莲属	3165
947. 半边莲	3165
沙参属	3169
948. 中华沙参	3170
949. 沙参	3171
950. 轮叶沙参	3173
党参属	3174
951. 党参	3175
952. 羊乳	3181
桔梗属	3186
953. 桔梗	3186
蓝花参属	3193
954. 蓝花参	3194

一二一 草海桐科 ... 3197
离根香属	3197
955. 离根香	3197

一二二 菊科 ... 3199
下田菊属	3208
956. 下田菊	3208
藿香蓟属	3210
957. 藿香蓟	3210
泽兰属	3214
958. 佩兰	3215
959. 白头婆	3219
960. 三裂叶白头婆	3223
961. 林泽兰	3223
一枝黄花属	3227
962. 一枝黄花	3228
马兰属	3231
963. 马兰	3231
东风菜属	3235
964. 东风菜	3235
紫菀属	3239
965. 白舌紫菀	3240
966. 仙白草	3241
967. 紫菀	3242
白酒草属	3247

968. 小蓬草 … 3247
苍耳属 … 3251
  969. 苍耳 … 3251
豨莶属 … 3256
  970. 毛梗豨莶 … 3256
  971. 豨莶 … 3260
鳢肠属 … 3266
  972. 鳢肠 … 3267
蟛蜞菊属 … 3274
  973. 蟛蜞菊 … 3274
向日葵属 … 3278
  974. 向日葵 … 3279
大丽花属 … 3285
  975. 大丽花 … 3286
鬼针草属 … 3287
  976. 婆婆针 … 3288
  977. 金盏银盘 … 3295
  978. 鬼针草 … 3297
  979. 狼杷草 … 3304
  980. 大狼杷草 … 3307
蓍属 … 3310
  981. 高山蓍 … 3310
石胡荽属 … 3313
  982. 石胡荽 … 3313
母菊属 … 3319
  983. 母菊 … 3319
菊属 … 3323
  984. 野菊 … 3323
  985. 甘菊 … 3331
  986. 菊花 … 3333
匹菊属 … 3339
  987. 除虫菊 … 3339
蒿属 … 3341
  988. 牡蒿 … 3342
  989. 茵陈蒿 … 3344
  990. 猪毛蒿 … 3349
  991. 黄花蒿 … 3352
  992. 青蒿 … 3358
  993. 奇蒿 … 3361
  994. 白莲蒿 … 3364
  995. 萎蒿 … 3367
  996. 艾 … 3369
  997. 矮蒿 … 3373
  998. 五月艾 … 3375
款冬属 … 3378
  999. 款冬 … 3378
菊三七属 … 3384
  1000. 菊三七 … 3385
一点红属 … 3388
  1001. 一点红 … 3388
兔儿伞属 … 3391
  1002. 兔儿伞 … 3392
千里光属 … 3394
  1003. 千里光 … 3394
狗舌草属 … 3398
  1004. 狗舌草 … 3398
大吴风草属 … 3400
  1005. 大吴风草 … 3400
地胆草属 … 3402
  1006. 地胆草 … 3403
蓝刺头属 … 3408
  1007. 华东蓝刺头 … 3408
苍术属 … 3411
  1008. 苍术 … 3411
  1009. 白术 … 3419
牛蒡属 … 3426
  1010. 牛蒡 … 3426
飞廉属 … 3435
  1011. 丝毛飞廉 … 3435
水飞蓟属 … 3438
  1012. 水飞蓟 … 3438
蓟属 … 3444
  1013. 蓟 … 3444
  1014. 刺儿菜 … 3449
风毛菊属 … 3454
  1015. 风毛菊 … 3454
麻花头属 … 3456
  1016. 华麻花头 … 3456
红花属 … 3458
  1017. 红花 … 3459
艾纳香属 … 3471
  1018. 柔毛艾纳香 … 3472
鼠麴草属 … 3473
  1019. 鼠麴草 … 3474

1020. 秋鼠麴草 ············ 3478
1021. 细叶鼠麴草 ············ 3480
旋覆花属 ············ 3481
1022. 土木香 ············ 3482
1023. 线叶旋覆花 ············ 3485
天名精属 ············ 3488
1024. 天名精 ············ 3488
1025. 烟管头草 ············ 3492
1026. 金挖耳 ············ 3495
兔儿风属 ············ 3498
1027. 杏香兔儿风 ············ 3498
1028. 灯台兔儿风 ············ 3502

大丁草属 ············ 3503
1029. 大丁草 ············ 3503
1030. 毛大丁草 ············ 3505
蒲公英属 ············ 3508
1031. 蒲公英 ············ 3508
苦苣菜属 ············ 3514
1032. 苣荬菜 ············ 3514
1033. 长裂苦苣菜 ············ 3517
1034. 苦苣菜 ············ 3519
莴苣属 ············ 3522
1035. 莴苣 ············ 3522

参考书籍 ············ 3526

中文索引 ············ 3528

拉丁文索引 ············ 3531

被子植物门 ANGIOSPERMAE

双子叶植物纲 DICOTYLEDONEAE

后生花被亚纲 METACHLAMYDEAE

一○七 茄科 Solanaceae

一年生或多年生草本或灌木,稀为小乔木。茎直立、匍匐或攀援,有时具皮刺。叶互生,单叶或羽状复叶,全缘或分裂;无托叶。花单生、簇生或排成蝎尾状聚伞花序,有时为总状花序,顶生、腋生或腋外生;花两性,或有时杂性,常辐射对称,5基数;花萼通常5裂,花后不增大或极度增大;花冠辐射状、漏斗形、钟形或高脚杯状,5裂;雄蕊与花冠裂片同数而互生,花药基着或背着;子房2室,稀3~4室。蒴果或浆果。种子圆盘形或肾形。

约95属,2300种。中国20属,101种,南北各地均有分布,法定药用植物12属,33种2变种。华东地区法定药用植物7属,15种。

茄科法定药用植物主要含生物碱类、香豆素类、黄酮类等成分。生物碱包括莨菪烷类、甾体类、吡啶类等,如东莨菪碱（hyoscine）、莨菪碱（hyoscyamine）、番茄碱（tomatine）、石榴皮碱（pelletierine）等;香豆素类如东莨菪素（scopoletin）、东莨菪苷（scopolin）、伞花内酯（umbelliferone）等;黄酮类多为黄酮醇,如芦丁（rutin）、棉花苷（quercimeritrin）等。

颠茄属含生物碱类、香豆素类、黄酮类等成分。生物碱多为莨菪烷类,如颠茄碱（belladonnine）、莨菪碱（hyoscyamine）等;香豆素类如东莨菪素（scopoletin）、东莨菪苷（scopolin）等;黄酮类多为黄酮醇,如芦丁（rutin）、槲皮素-3-O-半乳糖基-(6→1)鼠李糖基-7-O-葡萄糖苷［quercetin-3-O-galactosyl(6→1)rhamnosyl-7-O-glucoside］等。

曼陀罗属含生物碱类成分。生物碱多为莨菪烷类,如东莨菪碱（hyoscine）、莨菪碱（hyoscyamine）、红古豆碱（cuscohygrine）、陀罗碱（meteloidine）、巴豆酰莨菪碱（tigloidine）等。

分属检索表

1. 浆果,多汁液或少汁液,不开裂。
 2. 花萼在花后显著增大,果萼完全包围浆果……………………………………………………1. 酸浆属 Physalis
 2. 花萼在花后不显著增大,果萼仅基部贴生或不包围浆果。
  3. 花排列成聚伞花序,极稀单生…………………………………………………………………2. 茄属 Solanum
  3. 花单生或近簇生。
   4. 小灌木,具枝刺;花冠漏斗状…………………………………………………………………3. 枸杞属 Lycium
   4. 草本或半灌木,无枝刺;花冠宽钟状或辐射状。
    5. 花萼具5短齿;花冠辐状,通常为白色;浆果形状各式,少汁液……4. 辣椒属 Capsicum
    5. 花萼5深裂,裂片三角形,果时呈星芒状向外展开;花冠管状钟形,紫色;浆果球形,多汁液……………………………………………………………………………………5. 颠茄属 Atropa
1. 蒴果,盖裂或瓣裂。

6. 花在茎枝中下部单生叶腋，在上部密集成聚伞或穗状花序；蒴果盖裂，果萼宿存，萼齿先端具硬针刺 ·· 6. 天仙子属 Hyoscyamus
6. 花单生于叶腋；蒴果瓣裂，果萼常脱落 ·· 7. 曼陀罗属 Datura

1. 酸浆属 Physalis Linn.

一年生或多年生草本。茎直立或披散，有时基部稍木质，无毛或被柔毛，稀被星状柔毛。单叶互生，或2叶聚生，全缘或有不规则短齿，稀羽状深裂。花单生叶腋或腋上生；具梗；花萼钟状，5浅裂或中裂，花后增大呈膀胱状，完全包围浆果，具10条纵肋，5棱或10棱角，膜质或近革质；花冠辐射状或辐射状钟形，白色或黄色；雄蕊5枚，较花冠短，着生于花冠筒近基部；花盘不明显或无；子房2室，胚珠每室多数，花柱丝状，柱头为不明显2浅裂。浆果球形，多汁。种子多数，扁平，盘状或肾形，具网纹状凹穴。

约75种，主要分布于美洲热带及温带地区，少数在欧亚大陆。中国5种2变种，南北均有，法定药用植物3种1变种。华东地区法定药用植物2种。

839. 酸浆（图839）• *Physalis alkekengi* Linn.

图 839　酸浆　　　　　摄影　李华东

【别名】挂金灯（浙江）。

【形态】多年生草本。茎基部常匍匐生根，稍木质，粗壮，分枝稀疏或不分枝，节部稍膨大，常被柔毛。叶片卵形至阔卵形，有时为菱状卵形，长5～15cm，宽2～8cm，顶端渐尖，基部为不对称楔形而下延于柄上，全缘或波状或有时有粗齿，通常两面被毛。花单生于叶腋，花梗长6～15mm，近无毛或被稀疏柔毛；花萼阔钟状，萼齿三角形，被毛；花冠辐射状，白色，裂片阔而短，近无毛，花冠筒被疏毛；雄蕊5枚，连同花柱较花冠为短，花药黄色。浆果球形，橙红色，柔软多汁；宿萼卵形，近革质，网脉明显，具10条纵肋，成熟时橙色至火红色，无毛或近无毛，顶端闭合，基部凹陷。花期5～9月，果期6～10月。

【生境与分布】华东有栽培。多分布于云南、贵州、四川、湖北、河南、陕西、甘肃等省区；欧亚大陆广布。

【药名与部位】酸浆（锦灯笼），带宿萼的成熟果实。

【采集加工】秋季果实成熟、宿萼呈红色或红黄色时采摘，晒干。

【药材性状】呈三角形灯笼状，多压扁，长约3cm，宽约3cm。基部略平截而内凹，中央有果柄着生，先端渐尖而开裂。表面红色或红黄色，有5条明显的纵棱，棱间有网状的细脉纹。质轻薄而柔韧，中空，或内有橙红色果实一枚。果实圆形，多压扁，直径1～1.5cm，果皮皱缩，内含多数种子。气特异，宿萼味苦，果实味甘微酸。

【质量要求】个大整齐，色红，洁净，不带果柄。

【药材炮制】除去杂质，去柄。

【化学成分】果实含苯丙素类：咖啡酸（caffeic acid）[1]；酚酸类：原儿茶酸（protocatechuic acid）[1]；香豆素类：秦皮乙素（aesculetin）和7-羟基香豆素（7-hydroxycoumarin）[1]；醇酸类：奎宁酸（quinic acid）和苦苣菜丁烯酮苷C（sonchuionoside C）[1]；多元羧酸类：辛二酸（suberic acid）[1]；甾体类：酸浆苦素A、B、C、L、M、N、O、K、Z（physalin A、B、C、L、M、N、O、K、Z）、5, 6α-环氧酸浆苦素C（5, 6α-epoxy-physalin C）、6-羟基-4, 5-二去氢-7-去氧酸浆苦素A（6-hydroxy-4, 5-didehydro-7-deoxyphysalin A）、5-乙氧基-6-羟基-5, 6-二氢酸浆苦素B（5-ethoxy-6-hydroxy-5, 6-dihydrophysalin B）、4, 7-二去氢-7-去氧新酸浆苦素A（4, 7-didehydro-7-deoxyneophysalin A）、异酸浆苦素B（iso-physalin B）、25, 27-二去氢酸浆苦素L（25, 27-didehydrophysalin L）、4, 7-二去氢新酸浆苦素B（4, 7-didehydroneophysalin B）、7β-羟基酸浆苦素L（7β-hydroxyphysalin L）、7β-羟基-25, 27-二去氢酸浆苦素L（7β-hydroxy-25, 27-didehydrophysalin L）[1]和酸浆苦素D（physalin D）[2]；黄酮类：槲皮素-3-O-葡萄糖苷（quercetin-3-O-glucoside）、槲皮苷（quercitrin）、木犀草素-7-O-葡萄糖苷（luteolin-7-O-glucoside）、木犀草素（luteolin）、木犀草素-4'-O-葡萄糖苷（luteolin-4'-O-glucoside）、芹菜素（apigenin）和金圣草素（chrysoeriol）[1]；胡萝卜素类：α-隐黄质（α-cryptoxanthin）、β-隐黄质（β-cryptoxanthin）、顺式-β-隐黄质（cis-β-cryptoxanthin）、隐黄质酯（cryptoxanthin ester）、β-胡萝卜素（β-carotene）、叶黄素（lutein）、叶黄素单酯（xanthophyll monoester）、叶黄素双酯（xanthophyll diester）和多羟基叶黄素（polyhydroxy xanthophyll）[3]。

叶含黄酮类：木犀草素（luteolin）和木犀草素-7-O-β-D-吡喃葡萄糖苷（luteolin-7-O-β-D-glucopyranoside）[4]。

茎含糖类：酸浆水溶性多糖（WSPA）[5]。

地上部分含生物碱类：酸浆双古豆碱（phygrine）[6]；甾体类：酸浆萨内酯（physalactone）[7]和酸浆素D（physalin D）[8]。

根含生物碱类：3α-巴豆酰氧基托品烷（3α-tigloyloxytropane）[9]、托品碱（tropine）、巴豆酰伪托品碱（tigloidine）[9]和酸浆双古豆碱（phygrine）[6]。

全草（不含果实）含苯丙素类：3-咖啡酰奎宁酸（3-caffeoylquinic acid）、咖啡酰甘油（caffeoylglycerol）、对香豆酸（p-coumaric acid）和3, 4-二咖啡酰奎宁酸（3, 4-dicaffeoylquinic acid）[1]；黄酮类：牡荆素（vitexin）、木犀草素（luteolin）、芹菜素-7-O-葡萄糖苷（apigenin-7-O-glucoside）、芍药素-3-O-葡萄糖苷（peonidin-3-O-glucoside）和金圣草素（chrysoeriol）；甾体类：酸浆苦素G（physalin G）、25-羟基酸浆苦素F（25-hydroxyphysalin F）和25-羟基酸浆苦素J（25-hydroxyphysalin J）[1]。

【药理作用】1.抗菌 地上部分的甲醇提取物对革兰氏阴性菌、革兰氏阳性菌、念珠杆菌均具较好抗菌作用，特别对革兰氏阳性菌的抗菌效果尤佳[1]；宿萼的醇提取物对金黄色葡萄球菌、甲型链球菌、乙型链球菌、蜡样芽孢杆菌、枯草芽孢杆菌的生长均有抑制作用[2]。2.抗炎 地上部分水煎液能降低二甲苯致小鼠耳肿胀度、蛋清及甲醛致大鼠足爪的肿胀度，并对小鼠实验性腹膜炎及大鼠实验性皮肤炎症有明显的抑制作用，作用呈剂量依赖关系[3]。3.抗肿瘤 带宿萼的成熟果实的水煎液能明显诱导人肺腺癌SPC-A-1细胞的凋亡，引起周期阻滞，其抑制程度呈时间梯度和浓度梯度依赖性下降[4]；地上部分的醇提取物能明显抑制人食管癌EC-1.71细胞的增殖,诱导肿瘤细胞凋亡,并将细胞周期阻滞在S期[5]。4.镇痛　果实的水提取液在灌胃后60min能抑制小鼠的扭体反应,并能显著延长小鼠舔爪的潜伏期和抑制大鼠的嘶叫反应[6]。

【性味与归经】酸,寒。

【功能与主治】清热,解毒,消痰,利水。用于骨蒸劳热,热咳咽痛,黄疸,小便不利;外治天泡湿疮。

【用法与用量】煎服7.5～15g;外用鲜者适量,捣烂敷,或干者适量研末油调敷患处。

【药用标准】药典1963。

【临床参考】1.急性肠炎:全草50g,加生姜10g、红糖20g,加水500ml,煎20min,每次服100ml,每日服3次,每日1剂[1]。

2.细菌性痢疾:鲜根茎洗净,切断(约2cm长),加水煎1h,每500g鲜根茎取煎液500ml,过滤,每日服3～4次,每次服15ml[2]。

3.咽喉肿痛:浆果或全草15g,加甘草6g,水煎服。

4.天疱疮、黄水疮:鲜全草适量,捣烂外敷患处,或果实、全草晒干,研粉,香油调敷。(3方、4方引自《浙江药用植物志》)

【附注】本种始载于《神农本草经》。《本草经集注》云:"处处人家多有,叶亦可食,子作房,房中有子如梅李大,皆黄赤色。"《嘉祐本草》名苦耽,云:"生故墟垣堑间,高二、三尺,子作角如撮口袋,中有子如珠,熟则赤色。"《本草图经》载:"酸浆苗似水茄而小,叶亦可食;实作房如囊,囊中有子,如梅李大,皆赤黄色,小儿食之尤有益,可除热;根似菹芹,色白,绝苦。"《本草衍义》载:"酸浆苗如天茄子,开小白花,结青壳,熟则深红,壳中子大如樱,亦红色,樱中复有细子,如落苏之子,食之有青草气。"《本草纲目》载:"酸浆开小花黄白色,紫心白蕊,其花如杯状,无瓣,但有尖,结一铃壳,凡五棱,一枝一颗,下悬如灯笼之状。壳中一子,状如龙葵子,生青熟赤。"即为本种及其变种挂金灯 Physalis alkekengi Linn.var. franchetii (Mast.) Makino。

本种的果实和根有催产作用,孕妇禁服[1],脾胃虚泄泻者禁服。

本种的根及全草民间也作药用。

【化学参考文献】

[1] 张嫱.酸浆体内降糖活性及其化学成分的研究[D].武汉:湖北大学硕士学位论文,2017.

[2] Laczkó-Zöld E, Forgó P, Zupkó I, et al. Isolation and quantitative analysis of physalin D in the fruit and calyx of *Physalis alkekengi* L [J]. Acta Biologica Hungarica, 2017, 68 (3): 300-309.

[3] Zold E, Esianu S, Daood H, et al. Chromatographic analysis of carotenoids from a *Physalis alkekengi* L. Crop [J]. Olaj Szappan Kozmetika, 2003, 52 (4): 143-145.

[4] Jana M, Raynaud J. Flavonoid pigments of *Physalis alkekengi* (Solanaceae) [J]. Plantes Medicinales et Phytotherapie, 1971, 5 (4): 301-304.

[5] Yang J, Yang F, Yang H, et al. Water-soluble polysaccharide isolated with alkali from the stem of *Physalis alkekengi* L.: Structural characterization and immunologic enhancement in DNA vaccine [J]. Carbohydr Polym, 2015, 121: 248-253.

[6] Basey K, McGaw B A, Woolley J G. Phygrine, an alkaloid from *Physalis* species Phytochemistry, 1992, 31 (12): 4173-4176.

[7] Maslennikova VA, Tursunova R N, Abubakirov N K. Physalis withanolides. I. Physalactone [J]. Khim Prir Soedin, 1977, (4): 531-534.

[8] Helvaci S, Koekdil G, Kawai M, et al. Antimicrobial activity of the extracts and physalin D from *Physalis alkekengi* and evaluation of antioxidant potential of physalin D [J]. Pharm Biol, 2010, 48 (2): 142-150.

[9] Basey K, Woolley J. Alkaloids of *Physalis alkekengi* [J]. Phytochemistry, 1973, 12 (10): 2557-2559.

【药理参考文献】

[1] Helvaci S, Kökdil G, Kawai M, et al. Antimicrobial activity of the extracts and physalin D from *Physalis alkekengi* and evaluation of antioxidant potential of physalin D [J]. Pharmaceutical Biology, 2010, 48 (2): 142-150.

[2] 甄清, 李静, 李勇, 等. 锦灯笼宿萼提取物体外抗菌作用研究[J]. 天然产物研究与开发, 2006, 18: 273-274.
[3] 王灿岭, 翁何霞. 酸浆水提取物的抗炎作用研究[J]. 中医研究, 2007, 20(1): 17-18.
[4] 辛秀琴, 刘峰, 黄淑玉, 等. 锦灯笼体外抗肺癌作用[J]. 中国老年学杂志, 2010, 30(17): 2486-2487.
[5] 孔静, 邵世和, 陈浩宁, 等. 酸浆醇提取物对食管癌 EC-1.71 细胞增殖的抑制作用[J]. 江苏大学学报(医学版), 2011, 21(3): 233-236.
[6] 龚珊, 单立冬, 张玉英, 等. 挂金灯镇痛作用的实验观察[J]. 苏州大学学报(医学版), 2002, 22(4): 380-382.

【临床参考文献】
[1] 罗光富. 酸浆草生姜汤治疗急性肠炎 120 例[J]. 云南中医中药杂志, 2005, 26(1): 54.
[2] 李煊民. 酸浆煎剂治疗细菌性痢疾[J]. 中级医刊, 1966, (5): 311.

【附注参考文献】
[1] 李煊民. 酸浆煎剂治疗细菌性痢疾[J]. 中级医刊, 1966, (5): 311.

840. 苦蘵(图840) • *Physalis angulata* Linn.

图 840　苦蘵　　　　　摄影　张芬耀等

【别名】灯笼草(安徽)。

【形态】一年生草本, 高 30～50cm。茎多分枝, 疏被短柔毛或近无毛。叶片卵形至卵状椭圆形, 长 2～6cm, 宽 1～4cm, 顶端渐尖或急尖, 基部阔楔形或锲形, 全缘或有不等大的齿, 两面近无毛; 叶柄长 1～5cm。花单生于叶腋, 花梗长 5～12mm; 花萼钟状, 5 中裂, 裂片披针形, 连同花梗被短柔毛; 花冠淡黄色, 5 浅裂, 喉部常有紫色斑点, 长 4～6mm; 雄蕊 5 枚, 花药蓝紫色或黄色。浆果球形, 直径约 1.2cm; 宿萼卵球形, 薄纸质, 长 2～3cm, 直径 1.5～2.5cm, 成熟时淡绿色或浅麦秆色, 基部稍凹入, 完全包围浆果。种子圆盘状。花果期 5～12 月。

【生境与分布】多生于山野路旁、荒山荒地及荒田草丛中。华东各地均有分布, 另华南、西南、及华中地区亦有分布; 日本、印度及大洋洲、美洲也有分布。

苦蘵与酸浆的区别点：苦蘵为一年生草本，无根状茎；花冠淡黄色，辐射状钟形，花药紫色；果萼熟时草绿色或淡黄绿色，具细柔毛。酸浆为多年生草本，基部常匍匐生根；花冠白色，辐状，花药黄色；果萼熟时橙色至火红色，无毛或近无毛。

【药名与部位】挂金灯，成熟带宿萼的果实。灯笼草，全草。

【采集加工】挂金灯：夏、秋两季果实近成熟时采收，干燥或鲜用。灯笼草：夏秋季采挖带有果实的全草，晒干或鲜用。

【药材性状】挂金灯：宿萼膨大略似灯笼状，常皱缩或压扁，长 1.5～2.5cm，直径 1～1.5cm。表面淡黄绿色，有 5 条明显突出的纵棱，棱间有纵脉及网状的细脉纹，被细毛，顶端渐尖而开裂，基部略平截，中心凹陷处着果梗。体轻，质柔韧。内有果实 1 枚或中空。果实类球形，多压扁，直径 0.5～0.8cm，果皮皱缩，棕黄色或淡黄绿色，内含种子多数。气微，宿萼味苦，果实味甘、微酸。

灯笼草：主根细圆锥形，直径 1～1.5cm，外表灰黄色。茎常曲折，外表黄绿色，具细棱线及细柔毛或光滑，中空。叶多皱缩破碎，展平后呈卵圆形至卵状椭圆形，先端短尖，基部阔楔形，全缘或有不等大的齿，近无毛。果萼卵球形，直径约 1.5cm，具 5 条棱线，棱间网状脉纹明显，薄纸质，顶端常开裂，内有浆果，常呈球形。种子多数，圆盘状。气弱，味微酸。

【质量要求】挂金灯：个整而大，色黄。内果实饱满。

【药材炮制】挂金灯：除去杂质。

【化学成分】全草含甾体类：酸浆素 A（physalin A）[1,2]，酸浆素 B（physalin B）[2,3]，酸浆素 C、D（physalin C、D）[2]，酸浆素 E（physalin E）[1]，酸浆素 F、H、I、O（physalin F、H、I、O）[2]，酸浆素 P（physalin P）[1]，酸浆素 G（physalinG）[4,5]，酸浆素 J、T、W（physalin J、T、W）[4]，酸浆素 U、V（physalin U、V）[4,6]，酸浆素 X（physalin X）、芳香酸浆素*B（aromaphysalin B）[7]，5α-乙氧基-6β-羟基-5,6-二氢酸浆素 B（5α-ethoxy-6β-hydroxy-5,6-dihydrophysalin B）[1]，菜籽甾醇（brassicasterol）、豆甾-5-烯-3β-醇（stigmast-5-en-3β-ol）、麦角甾-5,24(28)-二烯-3β-醇[ergost-5,24(28)-diene-3β-ol]、菜籽甾醇（brassicaaterol）、豆甾烷-22-烯-3,6-二酮（stigmasta-22-en-3,6-dione）、孕甾-5-烯-3-醇-20-羧酸（pregn-5-en-3-ol-20-carboxylic acid）、麦角甾-5,24(28)-二烯-3β,23S-二醇[ergost-5,24(28)-dien-3β,23S-diol]、麦角甾-5,25(26)-二烯-3β,24ξ-二醇[ergost-5,25(26)-dien-3β,24ξ-diol][1]，β-谷甾醇（β-sitosterol）[1]，灯笼果素 A（physapruin A）、羟基睡茄内酯 E（dihydrowithanolide E）、睡茄酸浆素 A（withaphysalin A）、睡茄酸浆诺内酯（withaphysanolide）[4]，5β-羟基-6α-氯代-5,6-二氢酸浆素 B（5β-hydroxy-6α-chloro-5,6-dihydrophysalin B）、氨基酸浆素 A（aminophysalin A）、5α-乙氧基-6β-羟基-5,6-二氢酸浆素 B（5α-ethoxy-6β-hydroxy-5,6-dihydrophysalin B）[5]，酸浆诺内酯 A（physanolide A）[4,6]，睡茄苦蘵素 A（withangulatin A）[8]，睡茄苦蘵素 B、C、D、E、F、G、H（withangulatin B、C、D、E、F、G、H）[4]，睡茄苦蘵素 I（withangulatin I）[9]，苦蘵利定 A、B、C（physangulidine A、B、C）[10]，苦蘵内酯 A（physanolide A）[11]，(22R)-13,14-环氧-14,15,28-三羟基-1-羰基-13,14-裂环睡茄-3,5,24-三烯-18,20：22,26-二内酯[(22R)-13,14-epoxy-14,15,28-trihydroxy-1-oxo-13,14-secowitha-3,5,24-trien-18,20：22,26-diolide]、(17S,20R,22R)-5β,6β-环氧-18,20-二羟基-1-氧代睡茄-24-烯内酯[(17S,20R,22R)-5β,6β-epoxy-18,20-dihydroxy-1-oxowitha-24-enolide]、5α-乙氧基-6β-羟基-5,6-二氢酸浆素 B（5α-ethoxy-6β-hydroxy-5,6-dihydrophysalin B）、苦蘵内酯 K（physagulin K）[12]和酸浆素 XI（physalin XI）[13]；胺类：2-羧基苯胺羰酸甲酯（methyl 2-carboxyoxanilate）和 2-(乙酰氨基)-苯甲酸[2-(acetamino)-benzoic acid][2]；三萜类：齐墩果酸（oleanolic acid）[14]；脂肪酸类：正十六酸（n-hexadecanoic acid）和正十七酸（n-heptadecanoic acid）[1]。

地上部分含甾体类：苦蘵内酯 A、B、C（physagulin A、B、C）[15]，苦蘵内酯 D（physagulin D）[16,17]，苦蘵内酯 F、H、I（physagulin F、H、I）[15]，苦蘵内酯 J、K（physagulin J、K）[15,17]，苦蘵内酯 L、M、N（physagulin L、M、N）[16,17]，苦蘵内酯 O（physagulin）O[17]，魏察苦蘵素 A（withagulatin A）[15,17]，

睡茄小酸浆素（withaminimin）、睡茄苦O（physagulin O）、毛酸浆新内酯（pubesenolide）[17]，睡茄苦藏内酯（physagulide P）和睡茄苦藏素A（withangulatin A）[18]；黄酮类：槲皮素-3-O-鼠李糖基-（1→6）-半乳糖苷［quercetin-3-O-rhamnosyl-（1→6）-galactoside］[16]。

茎叶含甾体类：酸浆苦素B、D、F、G（physalin B、D、F、G）[19]，酸浆素E、H、I（physalin E、H、I）[20]，酸浆苦素J（physalin J）[21]，酸浆苦素K（physalin K）[22]，苦藏素A、B、D（physagulin A、B、D）[23]，苦藏素C（physagulin C）[24]，5,6-二羟基二氢酸浆苦素B（5,6-dihydroxydihydrophysalin B）[25]，芳香酸浆素*A（aromaphysalin A）[26]，苦藏睡茄甾素A、B、C、D、E、F、G、H、I、J、K、L、M、N（physangulatin A、B、C、D、E、F、G、H、I、J、K、L、M、N）、魏察酸浆苦素Y、Z（withaphysalin Y、Z）[27]，酸浆苦素V、VI、VII、VIII、IX（physalin V、VI、VII、VIII、IX）、25β-羟基酸浆苦素D（25β-hydroxyphysalin D）、酸浆苦素D_1、P、H、I、R（physalin D_1、P、H、I、R）和异酸浆苦素B（iso-physalin B）[28]；黄酮类：杨梅素3-O-新橘皮糖苷（myricetin-3-O-neohesperidoside）[29]；酚苷类：炮仔草苷A*（physanguloside A）、冬绿苷（gaultherin）和愈创木基-β-D-樱草糖苷（guaiacyl-β-D-primeveroside）[30]；醇苷类：苯乙醇-β-巢菜糖苷（phenethanol-β-vicianoside）和苯甲醇-O-α-L-吡喃阿拉伯糖（1→6）-β-D-吡喃葡萄糖苷［benzylalcohol-O-α-L-arabinopyranosyl（1→6）-β-D-glucopyranoside］[30]。

叶含甾体类：24,25-环氧睡茄内酯D（24,25-epoxywithanolide D）、14α-羟基黏果酸浆内酯（14α-hydroxyixocarpanolide）[31]，睡茄曼陀罗诺内酯（vamonolide）[32]，苦藏内酯（physangulide）[33]，黏果酸浆内酯（ixocarpanolide）、（5α,6α,7α,22R,25R）-6,7-环氧-5,14,20,22-四羟基-1-氧代-麦角甾-2-烯-26-酸-δ-内酯［（5α,6α,7α,22R,25R）-6,7-epoxy-5,14,20,22-tetrahydroxy-1-oxo-ergost-2-en-26-oic acid-δ-lactone］、睡茄曼陀罗内酯（withastramonolide）、曼陀罗内酯（daturalactone）、（4β,5β,6β,22R,24S,25S）-5,6：24,25-二环氧-4,20,22-三羟基-1-氧代-麦角甾-2-烯-26-酸-δ-内酯［（4β,5β,6β,22R,24S,25S）-5,6：24,25-diepoxy-4,20,22-trihydroxy-1-oxo-ergost-2-en-26-oic acid-δ-lactone］、（3β,4β,22S,24S,25R）-5,6-环氧-3,4,20,22,24,25-六羟基-1-氧代-麦角甾-26-酸-δ-内酯［（3β,4β,22S,24S,25R）-5,6-epoxy-3,4,20,22,24,25-hexahydroxy-1-oxo-ergostan-26-oic acid-δ-lactone］和睡茄内酯T（withanolide T）[34]；黄酮类：杨梅素-3-O-新橙皮糖苷（myricetin-3-O-neohesperidoside）[29]，槲皮素（quercetin）、芦丁（rutin）、异槲皮苷（iso-quercitrin）和槲皮苷（quercitrin）[34,35]；酚酸类：咖啡酸（caffeic acid）、鞣花酸（ellagic acid）、绿原酸（chlorogenic acid）和没食子酸（gallic acid）[35]。

花萼含甾体类：炮仔草内酯B（physangulide B）[36]。

果实含甾体类：苦藏素E、F、G（physagulin E、F、G）[37]；生物碱类：乙酰胆碱（acetylcholine）[38]。

根含生物碱类：酸浆双古豆碱（phygrine）[39]。

【药理作用】1.抗肿瘤 苦藏中提取的酸浆苦素B（physalin B）对人肝癌HepG2细胞和胃癌SGC7901细胞的增殖具有抑制作用，并具有一定的时间剂量依赖关系，且高浓度时作用优于阳性对照药物羟基喜树碱[1]；苦藏地上部分得到的酸浆苦素B和酸浆苦素D（physalin D）在体外和体内均能明显抑制肉瘤180肿瘤细胞的生长[2]；全草提取物可诱导乳腺癌细胞G_2/M期阻滞，其机制可能为激活Chk2进而磷酸化/灭活Cdc 25C，或通过上调细胞周期蛋白依赖性激酶抑制因子p21Wafl/Cipl和p27Kipl的表达，使癌细胞生长停滞于G_2/M期[3]；全草乙醇提取物对肝癌细胞的生长具有潜在的抑制作用，并与线粒体功能障碍引起的细胞凋亡有关[4]。2.免疫调节 从茎分离的酸浆苦素B、F、G（physalin B、F、G）加入到培养的被伴刀豆球蛋白激活的小鼠脾细胞，可产生浓度依赖性的抑制细胞增殖的作用，酸浆苦素B能抑制刀豆蛋白A（Con A）激活的脾细胞白细胞介素-2（IL-2）的产生，酸浆苦素B、F、G处理心脏移植的小鼠后，小鼠的移植排斥反应受到抑制，表明酸浆苦素B、F、G能有效抑制体外脾细胞活性和器官移植免疫反应[5]；从茎分离的酸浆苦素B、F、G能抑制巨噬细胞活化作用，且酸浆苦素B能抑制内毒素引起的细胞死亡[6]。3.抗炎 地上部分离的酸浆苦素E对佛波酯（TPA）和唑酮引起的小鼠皮炎有很好的抗炎作用，可有效抑制佛波酯和唑酮诱发的皮炎，使耳水肿明显减少，降低促炎细胞因子和髓过氧化物酶

（MPO）的含量[7]。

【性味与归经】 挂金灯：酸，平。灯笼草：酸，平。

【功能与主治】 挂金灯：清热解毒，利咽、化痰、利尿。用于咽痛音哑，痰热咳嗽，小便不利；外治天疱疮，湿疹。灯笼草：清热解毒，利尿止血。用于咽喉肿痛，腮腺炎，尿道炎；急性肝炎；牙龈肿痛。

【用法与用量】 挂金灯：煎服3～6g；外用鲜品适量。捣敷患处。灯笼草：煎服30～35g；鲜草捣汁涂敷疱疮患处。

【药用标准】 挂金灯：江苏药材1989；灯笼草：上海药材1994。

【临床参考】 菌痢、急性胃肠炎：全草30g，水煎服。（《浙江药用植物志》）

【附注】《尔雅》郭璞注："蒇草，叶似酸浆，花小而白，中心黄，江东以作葅食。"苦蒇药用始见于《本草拾遗》，陈藏器在"苦菜"条下云："叶极似龙葵，但龙葵子无壳，苦蒇子有壳，……，子有实，形如皮弁，子圆如珠。"《本草纲目》载："酸浆、苦蒇一种二物也，但大者为酸浆，小者为苦蒇，以此为别。"即为本种。

本种的根、果实孕妇及脾胃虚泄泻者禁服。

本种的根及全草民间也作药用。

【化学参考文献】

[1] 杨燕军，陈梅果，胡玲，等．苦蒇的化学成分研究［J］．中国药学杂志，2013，48（20）：1715-1718.

[2] 樊佳佳，郑希龙，夏欢，等．苦蒇的化学成分及其细胞毒活性研究［J］．中草药，2017，48（6）：1080-1086.

[3] Yang H J, Sha C W, Chen M G, et al. Extraction and crystal structure of physalin B［J］. Chin J Struct Chem, 2014, 33（5）：795-800.

[4] Damu A G, Kuo P C, Su C R, et al. Isolation, structures, and structure-cytotoxic activity relationships of withanolides and physalins from *Physalis angulata*［J］. J Nat Prod, 2007, 70（7）：1146-1152.

[5] Men R Z, Li N, Ding W J, et al. Unprecedented aminophysalin from *Physalis angulata*［J］. Steroids, 2014, 88：60-65.

[6] Kuo P C, Kuo T H, Damu A G, et al. Physanolide A, a novel skeleton steroid, and other cytotoxic principles from *Physalis angulata*［J］. Org Lett, 2006, 8（14）：2953-2956.

[7] Sun C P, Oppong M B, Zhao F, et al. Unprecedented 22, 26-seco physalins from *Physalis angulata* and their anti-inflammatory potential［J］. Org Biomol Chem, 2017, 15：8700-8704.

[8] Chen C M, Chen Z T, Hsieh C H, et al. Constituents of formosan antitumor folk medicine. III. Withangulatin A, a new withanolide from *Physalis angulata*［J］. Heterocycles, 1990, 31（7）：1371-1375.

[9] Lee S W, Pan M H, Chen C M, et al. Withangulatin I, a new cytotoxic withanolide from *Physalis angulata*［J］. Chem Pharm Bull, 2008, 56（2）：234-236.

[10] Jin Z, Mashuta M S, Stolowich N J, et al. Physangulidines A, B, and C: Three new antiproliferative withanolides from *Physalis angulata* L［J］. Org Lett, 2012, 14（5）：1230-1233.

[11] Kuo P C, Kuo T H, Damu A G, et al. Physanolide A, a novel skeleton steroid, and other cytotoxic principles from *Physalis angulata*［J］. Org Lett, 2006, 8（14）：2953-2956.

[12] Meng Q H, Zhang Y L, Hua E B, et al. Cytotoxic withanolides from the whole herb of *Physalis angulata* L［J］. Molecules, 2019, 24（8）：1806.

[13] Boonsombat J, Mahidol C, Ruchirawat, et al. A new 22, 26-seco physalin steroid from *Physalis angulata*［J］. Natural Product Research, 2019, 2018, 10：1080-1087.

[14] Shim J S, Park K M, Chung J Y, et al. Antibacterial activity of oleanolic acid from *Physalis angulata* against oral pathogens［J］. Nutraceuticals and Food, 2002, 7（2）：215-218.

[15] Nagafuji S, Okabe H, Akahane H, et al. Trypanocidal constituents in plants 4. Withanolides from the aerial parts of *Physalis angulata*［J］. Biol Pharm Bull, 2004, 27（2）：193-197.

[16] Abe F, Nagafuji S, Okawa M, et al. Trypanocidal constituents in plants 6. Minor withanolides from the aerial parts of *Physalis angulata*［J］. Chem Pharm Bull, 2006, 54（8）：1226-1228.

[17] He Q P, Ma L, Luo J Y, et al. Cytotoxic withanolides from *Physalis angulata* L［J］. Chem Biodiversity, 2007, 4（3）：

443-449.

[18] Gao C, Li R, Zhou M, et al. Cytotoxic withanolides from *Physalis angulata* [J]. Nat Prod Res, 2018, 32(6): 676-681.

[19] Meira C S, Guimaras E T, Bastos T M, et al. Physalins B and F, seco-steroids isolated from *Physalis angulata* L. strongly inhibit proliferation, ultrastructure and infectivity of *Trypanosoma cruzi* [J]. Parasitology, 2013, 140: 1811-1821.

[20] Row L R, Sarma N, Matsuura T, et al. New physalins from *Physalis angulata* and *P. lancifolia*. Part 1. Physalins E and H, new physalins from *Physalis angulata* and *P. lancifolia* [J]. Phytochemistry, 1978, 17(9): 1641-1645.

[21] Row L R, Sarma N S, Reddy K S, et al. New physalins from *Physalis angulata* and *P. lancifolia*. Part 2. the structure of physalins F and J from *Physalis angulata* and *P. lancifolia* [J]. Phytochemistry, 1978, 17(9): 1647-1650.

[22] Row L R, Reddy K S, Sarma N S, et al. New physalins from *Physalis angulata* and *Physalis lancifolia* structure and reactions of physalins D, I, G, and K [J]. Phytochemistry, 1980, 19(6): 1175-1181.

[23] Shingu K, Yahara S, Nohara T, et al. Constituents of solanaceous plants. 21. Three new withanolides, physagulins A, B and D from *Physalis angulata* L [J]. Chem Pharm Bull, 1992, 40(8): 2088-2091.

[24] Shingu K, Marubayashi N, Ueda I, et al. Constituents of solanaceous plants. XXI. Physagulin C, a new withanolide from *Physalis angulata* L [J]. Chem Pharm Bull, 1991, 39(6): 1591-1593.

[25] Sankara S S, Subramanian S, Sethi P D, et al. Physalin B from *Physalis angulata* [J]. Indian Journal of Pharmacy, 1970, 32(6): 163-164.

[26] Sun C P, Kutateladze A G, Zhao F, et al. A novel withanolide with an unprecedented carbon skeleton from *Physalis angulata* [J]. Org Biomol Chem, 2017, 15: 1110-1114.

[27] Sun C P, Qiu C Y, Yuan T, et al. Antiproliferative and anti-inflammatory withanolides from *Physalis angulata* [J]. J Nat Prod, 2016, 79(6): 1586-1597.

[28] Sun C P, Qiu C Y, Zhao F, et al. Physalins V-IX, 16, 24-cyclo-13, 14-seco withanolides from *Physalis angulata* and their antiproliferative and anti-inflammatory activities [J]. Sci Rep, 2017, 7: 4057.

[29] Ismail N, Alam M. A novel cytotoxic flavonoid glycoside from *Physalis angulata* [J]. Fitoterapia, 2001, 72(6): 676-679.

[30] Sun C P, Nie X F, Kang N, et al. A new phenol glycoside from *Physalis angulata* [J]. Nat Prod Res, 2017, 31(9): 1059-1065.

[31] Vasina O E, Maslennikova V A, Abdullaev N D, et al. Vitasteroids of Physalis. VII. 14α-Hydroxyixocarpanolide and 24, 25-epoxyvitanolide D [J]. Khim Prir Soedin, 1986, (5): 596-602.

[32] Vasina O E, Abdullaev N D, Abubakirov N K. Vitasteroids of *Physalis*. VIII. vamonolide [J]. Khim Prir Soedin, 1987, (6): 856-858.

[33] Vasina O E, Abdullaev N D, Abubakirov N K, et al. Vitasteroids of *Physalis*. IX. physangulide, the first natural 22S-vitasteroid [J]. Khim Prir Soedin, 1990, (3): 366-371.

[34] Moiseeva G P, Vasina O E, Abubakirov N K, et al. Vitasteroids of *Physalis*. X. circular dichroism of vitasteroids from plants of the genus *Physalis* [J]. Khim Prir Soedin, 1990, (3): 371-376.

[35] Akomolafe S A, Oyeleye S I, Olasehinde T A, et al. Phenolic characterization, antioxidant activities, and inhibitory effects of *Physalis angulata* and *Newbouldia laevis* on enzymes linked to erectile dysfunction [J]. International Journal of Food Properties, 2018, 21(1): 645-654.

[36] Maldonado E, Hurtado N E, Pérez-Castorena A L, et al. Cytotoxic 20, 24-epoxywithanolides from *Physalis angulata* [J]. Steroids, 2015, 104: 72-78.

[37] Shingu K, Yahara S, Okabe H, et al. Constituents of solanaceous plants. XXIV. three new withanolides, physagulins E, F and G from *Physalis angulata* L [J]. Chem Pharm Bull, 1992, 40(9): 2448-2451.

[38] Cesario de Mello A, Afiatpour P. Presence of acetylcholine in the fruit of *Physalis angulata* (Solanaceae) [J]. Ciencia e Cultura (Sao Paulo), 1985, 37(5): 799-805.

[39] Basey K, McGaw B A, Woolley J G. et al. Phygrine, an alkaloid from *Physalis species* [J]. Phytochemistry, 1992, 31(12): 4173-4176.

【药理参考文献】

[1] 方春生，杨燕军. 酸浆苦素B的体外抗肿瘤活性研究[J]. 广州中医药大学学报，2015，32（4）：652-655，660.

[2] Hemerson I M, Veras M L, Márcia R T, et al. In-vitro and in-vivo antitumour activity of physalins B and D from *Physalis angulata*[J]. Journal of Pharmacy and Pharmacology, 2006, 58（2）：235-241.

[3] Hsieh W T, Huang K Y, Lin H Y, et al. *Physalis angulata* induced G_2/M phase arrest in human breast cancer cells[J]. Food and Chemical Toxicology, 2006, 44（7）：974-983.

[4] Wu S J, Ng L T, Chen C H, et al. Antihepatoma activity of *Physalis angulata* and *P. peruviana* extracts and their effects on apoptosis in human Hep G2 cells[J]. Life Sciences, 2004, 74（16）：2061-2073.

[5] Soares M P, Brustolim D, Santos L A, et al. Physalins B, F and G, seco-steroids purified from *Physalis angulata* L. inhibit lymphocyte function and allogeneic transplant rejection[J]. International Immunopharmacology, 2006, 6（3）：408-414.

[6] Soares M B P, Bellintani M C, Ribeiro I M, et al. Inhibition of macrophage activation and lipopolysaccharide-induced death by seco-steroids purified from *Physalis angulata* L.[J]. European Journal of Pharmacology, 2003, 459（1）：107-112.

[7] Pinto N B, Morais T C, Carvalho K M B, et al. Topical anti-inflammatory potential of Physalin E from *Physalis angulata* on experimental dermatitis in mice[J]. Phytomedicine, 2010, 17（10）：740-743.

2. 茄属 *Solanum* Linn.

草本、灌木或藤本，稀为小乔木。无刺或有刺，无毛或被单毛、腺毛、树枝状毛、星状毛及具柄星状毛。叶互生，稀双生，全缘、波状或各种分裂，稀为羽状复叶。花组成顶生、腋生、腋外生或与叶对生的聚伞、伞形或圆锥花序，少数单生；花萼4～5裂，果时增大或稍增大，宿存；花冠辐状或浅钟状，通常5裂；雄蕊4～5枚，着生于花冠筒的喉部，花丝短，无毛或在内侧具多细胞的长毛，花药内向，顶端延长或不延长，常贴合成一圆筒，顶孔开裂；子房2室，胚珠多数，花柱单一，柱头钝圆，稀2浅裂。浆果大小不等，常为近球形、椭圆形、扁圆形至倒梨形。种子多数，近卵形至肾形，常两侧压扁，外面具网纹状凹穴。

约1200种，分布于世界热带及亚热带地区，少数分布于温带地区，主产于南美热带。中国41种，南北均产，法定药用植物12种。华东地区法定药用植物5种。

分种检索表

1. 茎蔓性或匍匐；茎下部的叶片，常在基部3～5裂。
　2. 叶片基部常为戟形或琴形，3～5裂·················白英 *S. lyratum*
　2. 叶片近全缘，心形或长卵形，少数为戟形3裂，基部心形··········千年不烂心 *S. cathayanum*
1. 茎直立；叶不裂或为羽状复叶。
　3. 具块茎；奇数羽状复叶·······················阳芋 *S. tuberosum*
　3. 不具块茎；单叶。
　　4. 蝎尾状花序近伞形状；果实球形，直径不超过1cm，紫黑色············龙葵 *S. nigrum*
　　4. 花常单生；果实形状多样，直径远超过1cm，深紫色或白绿色···········茄 *S. melongena*

841. 白英（图841）• *Solanum lyratum* Thunb.

【别名】白毛藤（浙江），千年不烂心、苦茄、白毛藤（江苏南部）。

【形态】多年生草质藤本，长0.5～1m。茎、小枝、叶柄、总花梗均密被多节的长柔毛。叶互生，

图 841　白英　　　　摄影　张芬耀

叶片常为琴形或大多基部为戟形，长 2.5～8cm，宽 1.5～6cm，顶端渐尖，基部常 3～5 深裂，少数全缘，侧裂片顶端圆钝，向基部的愈小，中裂片较大，卵形，两面均被白色长柔毛。聚伞花序顶生或腋外生，疏花，总花梗长 1～2.5cm，被具节的长柔毛；花萼杯状，无毛，顶端 5 浅裂，裂片先端圆形；花冠蓝紫色或白色，花冠筒隐存于花萼内，冠檐 5 深裂，裂片椭圆状披针形，先端被微柔毛。浆果球形，成熟时红色。种子近盘状，扁平。花果期 7～11 月。

【生境与分布】多生于山坡、沟谷路旁草丛中或屋旁田边。分布于华东各省市，另华南、西南、华中及西北等地均有分布；日本、朝鲜、中南半岛也有分布。

【药名与部位】白英（排风藤），全草。

【采集加工】夏、秋二季采收，干燥。

【药材性状】长 1～4m，全体被毛，幼枝及叶上尤多。根较细，稍弯曲，浅棕黄色。茎圆柱形，稍有棱，灰绿色或灰黄色。叶互生，叶片皱缩易碎，完整者展平后呈长卵形，长 3～8cm，宽 1～3.5cm；先端渐尖，基部心形，全缘或下部 2 浅裂至中裂，裂片耳状或戟状；上表面棕绿色，下表面绿灰色；叶柄长 2～4cm。聚伞花序与叶对生，花序梗折曲状，花冠 5 裂，长约 5mm，棕黄色。浆果球形，直径约 1.2cm，绿棕色。种子近圆形，扁平。气微，味淡。

【药材炮制】除去杂质，抢水洗净，切段，干燥。

【化学成分】全草含甾体类：4-甲基胆甾-7-烯-3β-醇（4-methylcholesta-7-en-3β-ol）[1]，薯蓣皂苷元（diosgenin）、替告皂苷元（tigogenin）、替告皂苷元酮（tigogenone）、薯蓣皂苷元-3-O-α-L-吡喃鼠李糖基-(1→2)-β-D-吡喃葡萄醛酸甲酯[diosgenin-3-O-α-L-rhamnopyranosyl-(1→2)-β-D-glucuroniduronic acid methyl ester][1,2]，(25R)-5α-螺甾-3β-醇-3-O-β-D-吡喃葡萄糖基-(1→2)-β-D-吡喃葡萄糖基-(1→4)-β-D-吡喃半乳糖苷[(25R)-5α-spirost-3β-ol-3-O-β-D-glucopyranosyl-(1→2)-β-D-glucopyranosyl-

（1→4）-β-D-galactopyranoside］、（25R）-5（6）-烯-螺甾-3β-醇-3-O-β-D-吡喃葡萄糖基-（1→2）-β-D-吡喃葡萄糖基-（1→4）-β-D-吡喃半乳糖苷［（25R）-5（6）-en-spirost-3β-ol-3-O-β-D-glucopyranosyl-（1→2）-β-D-glucopyranosyl-（1→4）-β-D-galactopyranoside］、（25R）-5α-螺甾-3β-醇-3-O-β-D-吡喃葡萄糖基-（1→3）-［β-D-吡喃葡萄糖基-（1→2）］-β-D-吡喃葡萄糖基-（1→4）-β-D-吡喃半乳糖苷｛（25R）-5α-spirost-3β-ol-3-O-β-D-glucopyranosyl-（1→3）-［β-D-glucopyranosyl-（1→2）］-β-D-glucopyranosyl-（1→4）-β-D-galactopyranoside｝、（25R）-26-O-β-D-吡喃葡萄糖基-5α-20（22）-烯-呋甾-3β,26-二羟基［（25R）-26-O-β-D-glucopyranosyl-5α-20（22）-en-furost-3β,26-diol］、（25R）-5（6）-烯-螺甾-3β-羟基-3-O-β-D-吡喃木糖-（1→3）-［β-D-吡喃葡萄糖基-（1→2）］-β-D-吡喃葡萄糖基-（1→4）-β-D-吡喃半乳糖苷｛（25R）-5（6）-en-spirost-3β-ol-3-O-β-D-xylopyranosyl-（1→3）-［β-D-glucopyranosyl-（1→2）］-β-D-glucopyranosyl-（1→4）-β-D-galactopyranoside｝、（25R）-5α-螺甾-3β-醇-3-O-β-D-吡喃木糖-（1→3）-［β-D-吡喃葡萄糖基-（1→2）］-β-D-吡喃葡萄糖基-（1→4）-β-D-吡喃半乳糖苷｛（25R）-5α-spirost-3β-ol-3-O-β-D-xylopyranosyl-（1→3）-［β-D-glucopyranosyl-（1→2）］-β-D-glucopyranosyl-（1→4）-β-D-galactopyranoside｝和16,23-环氧-22,26-环亚胺-胆甾醇-22（N）,23,25-三烯-3β-醇-3-O-β-D-吡喃葡萄糖基-（1→2）-β-D-吡喃葡萄糖基-（1→6）-β-D-吡喃半乳糖苷［16,23-epoxy-22,26-epimino-cholest-22（N）,23,25-trien3β-ol-3-O-β-D-glucopyranosyl-（1→2）-β-D-glucopyranosyl-（1→6）-β-D-galactopyranoside］[3]，薯蓣皂苷元-3-O-β-D-吡喃葡萄糖醛酸（diosgenin-3-O-β-D-glucopyranosiduronic acid）、薯蓣皂苷元-3-O-β-D-吡喃葡萄糖醛酸甲酯（diosgenin-3-O-β-D-glucuroniduronic acid methyl ester）、薯蓣皂苷元-3-O-α-L-吡喃鼠李糖基-（1→2）-β-D-吡喃葡萄糖醛酸苷［diosgenin-3-O-α-L-rhamnopyranosyl-（1→2）-β-D-glucopyranosiduronic acid］[4]、16-去氢孕烯醇酮-3-O-α-L-吡喃鼠李糖基-（1→2）-β-D-吡喃葡萄糖醛酸苷［16-dehydropregnenolone-3-O-α-L-rhamnopyranosyl-（1→2）-β-D-glucopyranosiduronic acid］、16-去氢孕烯醇酮（16-dehydropregnenolone）、别孕烯醇酮（allopregenolone）[5]、β-谷甾醇（β-sitosterol）、胡萝卜苷（daucosterol）[6,7]、（25R）-26-O-β-D-吡喃葡萄糖基-5（6）,20（22）-二烯-呋甾-3β,26-二羟基［（25R）-26-O-β-D-glucopyranosyl-5（6）,20（22）-dien-furost-3β,26-diol］、（25R）-5（6）-烯-螺甾-3β-醇-3-O-β-D-吡喃葡萄糖基-（1→4）-［α-L-吡喃鼠李糖基-（1→2）]-β-D-吡喃半乳糖苷｛（25R）-5（6）-en-spirost-3β-ol-3-O-β-D-glucopyranosyl-（1→4）-［α-L-rhmanopyranosyl-（1→2）］-β-D-galactopyranoside｝[3,8]、16,23-环氧-22,26-环亚胺胆甾-22（N）,23,25（26）-三烯-3β-醇-3-O-β-D-吡喃葡萄糖基-（1→2）-β-D-吡喃葡萄糖基-（1→4）-β-D-吡喃半乳糖苷［16,23-epoxy-22,26-epiminocholest-22（N）,23,25（26）-trien-3β-ol-3-O-β-D-glucopyranosyl-（1→2）-β-D-glucopyranosyl-（1→4）-β-D-galactopyranoside］、26-O-β-D-吡喃葡萄糖基-（25R）-5α-呋甾-20（22）-烯-3β,26-二醇［26-O-β-D-glucopyranosyl-（25R）-5α-furost-20（22）-en-3β,26-diol］、卵形玉簪甾苷*D（funkioside D）、蜘蛛抱蛋苷（aspidistrin）、去葡糖基替告皂苷Ⅱ（desglucolanatigonin Ⅱ）、去半乳糖基替告皂苷（degalactotigonin）、替告皂苷元-3-O-β-D-卢科三糖苷（tigogenin-3-O-β-D-lucotrioside）[8]、3-O-β-D-吡喃葡萄糖基-（1→2）-β-D-吡喃葡萄糖基-（1→4）-β-D-吡喃半乳糖苷-（25ξ）-茄甾-3β,23β-二醇［3-O-β-D-glucopyranosyl-（1→2）-β-D-glucopyranosyl-（1→4）-β-D-galactopyranoside-（25ξ）-solanidan-3β,23β-diol］[9]和24α-甲基胆甾-7,22-二烯-3β,5α,6β-三醇（24α-methylcholest-7,22-dien-3β,5α,6β-triol）[10]；脑苷类：大豆脑苷Ⅰ（soya-cerebroside Ⅰ）[1]、1-O-β-D-吡喃葡萄糖基-（2S,3R,4E,8Z）-2-［（2-羟基十六酰）氨基］-4,8-十八碳二烯基-1,3-二醇｛1-O-β-D-glucopyranosyl-（2S,3R,4E,8Z）-2-［（2-hydroxyhexadecanoyl）amido］-4,8-octadecadiene-1,3-diol｝和1-O-β-D-吡喃葡萄糖基-（2S,3R,4E,8E）-2-［（2-羟基十六酰）氨基］-4,8-十八碳二烯基-1,3-二醇｛1-O-β-D-glucopyranosyl-（2S,3R,4E,8E）-2-[（2-hydroxyhexadecanoyl）amido］-4,8-octadecadiene-1,3-diol｝[2]；胺类：N-顺式阿魏酰酪胺（N-cis-feruloyltyramine）、N-反式阿魏酰酪胺（N-trans-feruloyltyramine）、N-反式阿魏酰章鱼胺（N-trans-feruloyloctopamine）[2]、N-反式-对羟基苯乙基阿魏酰胺（N-trans-p-hydroxy-phenethylferolamide）[7]、

N- 反式 - 阿魏酰丁酸（N-trans-feruloyl butyric acid）[10]，N-（4- 氨基正丁基）-3-（3- 羟基 -4- 甲氧基苯基）-E- 丙烯酰胺［N-（4-amino-butyl）-3-（3-hydroxy-4-methoxyphenyl）-E-acrylamine］、N-（4- 氨基正丁基）-3-（3- 羟基 -4- 甲氧基苯基）-Z- 丙烯酰胺［N-（4-amino-butyl）-3-（3-hydroxy-4-methoxyphenyl）-Z-acrylamine］[11]，N- 对香豆酰基酪胺（N-p-coumaroyltyramine）、N- 反式 - 阿魏酰基 -3- 甲基多巴胺（N-trans-feruloyl-3-methyldopamine）[12]，N-（对羟基苯乙基）- 对香豆酰胺［N-（p-hydroxyphenethyl）-p-coumaramide］[13]，澳洲茄胺（solasodine）、二氢马铃薯叶甲定（dihydroleptinidine）和 3-（4- 羟基 -3- 甲氧基苯基）-N-［2- 对羟基苯基 -2- 甲氧基乙基］- 丙烯酰胺 {3-（4-hydroxy-3-methoxyphenyl）-N-［2-（4-hydroxyphenyl）-2-methoxyethyl］-acrylamide}[14]；苯丙素类：二十二烷阿魏酸酯（docosylferulate）[1]，咖啡酸（caffeic acid）[7]，3- 甲氧基 -5-［（8′S）-3′- 甲氧基 -4′- 羟基 - 苯丙醇］-E- 苯丙烯醇 -4-O-β-D- 吡喃葡萄糖苷 {3-methoxy-5-［（8′S）-3′-methoxy-4′-hydroxy-phenylpropyl alcohol］-E-cinnamic alcohol-4-O-β-D-glucopyranoside}[11]，隐绿原酸（cryptochlorogenic acid）、绿原酸（chlorogenic acid）和新绿原酸（neochlorogenic acid）[15]；酚酸类：异香荚兰素（iso-vanillin）[1]，香草酸（vanillic acid）、原儿茶酸（protocatechuic acid）[2]，丁香酸（syringic acid）、4- 羟基苯甲醛（4-hydroxybenzaldehyde）[6]，丁香醛（syringaldehyde）[6,16]，4- 羟基苯甲醛（4-hydroxybenzaldehyde）[16] 和葛根呋喃（puerariafuran）[17]；黄酮类：刺槐素 -7-O- 芸香糖苷（acacetin-7-O-rutinoside）[1]，5, 7- 二羟基 -8- 甲氧基黄酮（5, 7-dihydroxy-8-methoxyflavone）[3]，槲皮素（quercetin）[7]，蒙花苷（linarin）[9]，芹菜素 -7-O-β-D- 呋喃芹糖基 -（1→2）-β-D- 吡喃葡萄糖苷［apigenin-7-O-β-D-apiofuranosyl-（1→2）-β-D-glucopyranoside］、芹菜素 -7-O-β-D- 吡喃葡萄糖苷（apigenin-7-O-β-D-glucopyranoside）[11]，染料木素（genistein）、芹菜素（apigenin）、大豆苷元（daidzein）[12]，芦丁（rutin）[13]，芒柄花苷（ononin）、染料木苷（genistin）、5- 羟基芒柄花苷（5-hydroxyonon in）、芒柄花素（formononetin）、大豆苷（daidzin）[18]，柚皮素（naringenin）[19]，白英亭 A、B、C（lyratin A、B、C）和 4, 7, 2′- 三羟基 -4′- 甲氧基异黄烷（4, 7, 2′-trihydroxy-4′-methoxyisoflavan）[20]；木脂素类：二氢松柏酰阿魏酸酯（dihydroconiferyl ferulate）、二氢芥子酰阿魏酸酯（dihydrosinapyl ferulate）[10]，赤式 -1, 2- 双 -（4- 羟基 -3- 甲氧苯基）-1, 3- 丙二醇［erythro-1, 2-bis-（4-hydroxy-3-methoxyphenyl）-1, 3-propanediol］、丁香脂素（syringaresinol）、赤式 -2, 3- 双 -（4- 羟基 -3- 甲氧苯基）-3- 甲氧基丙醇［erythro-2, 3-bis-（4-hydroxy-3-methoxyphenyl）-3-methoxypropanol］、鹅掌楸苷（liriodendrin）、苏式 -1, 2- 双 -（4- 羟基 -3- 甲氧苯基）-1, 3- 丙二醇［threo-1, 2-bis-（4-hydroxy-3-methoxyphenyl）-1, 3-propanediol］和苏式 -2, 3- 双 -（4- 羟基 -3- 甲氧苯基）-3- 甲氧基丙醇［threo-2, 3-bis-（4-hydroxy-3-methoxyphenyl）-3-methoxypropanol］[15]；生物碱类：β- 吲哚羧酸（β-indole carboxylic acid）[2]，7- 氧化澳洲茄胺（7-oxosolasodine）、5α- 茄甾 -3β, 16- 二醇（5α-solanidane-3β, 16-diol）、（22R, 25R）-3β- 羟基 -22α-N- 螺甾醇 -5- 烯 -7- 酮［（22R, 25R）-3β-hydroxy-22α-N-spirosol-5-en-7-one］、4- 番茄烯胺 -3- 酮（4-tomatiden-3-one）、1, 4- 澳洲茄胺二烯 -3- 酮（1, 4-solasodadien-3-one）、番茄烯胺（tomatidenol）、澳洲茄胺（solasodine）[10]，二氢莱普替尼定（dihydroleptinidine）[14]，士的宁（strychnine）、边茄碱（solamargine）和蜀羊泉次碱（soladulcidine）[21]；蒽醌类：1, 3, 5- 三羟基 -7- 甲基蒽醌（1, 3, 5-trihydroxy-7-methyl anthraquinone）、1, 5- 二羟基 -3- 甲氧基 -7- 甲基蒽醌（1, 5-dihydroxy-3-methoxy-7-methyl anthraquinone）和大黄素甲醚 -8-O-β-D- 葡萄糖苷（physcion-8-O-β-D-glucopyranoside）[1]；香豆素类：北美大叶木兰苷（magnolioside）[2]，东莨菪内酯（scopoletin）[6]，白英素 A（solalyratin A）、香豆雌酚（coumestrol）和 9- 羟基 -2′, 2′- 二甲基吡喃并［5′, 6′: 2, 3］- 香豆烷（9-hydroxy-2′, 2′-dimethylpyrano［5′, 6′: 2, 3］-coumestan）[17]；芪类：白藜芦醇（resveratrol）[19]；苯并呋喃类：香豆雌酚（coumestrol）和 9- 羟基 -2′, 2′- 二甲基吡喃［5′, 6′: 2, 3］- 香豆雌烷 {9-hydroxy-2′, 2′-dimethylpyrano［5′, 6′: 2, 3］-coumestan}[17]；大柱香波龙烷类：布卢竹柏醇 A、C（blumenol A、C）、3β- 羟基 -5α, 6α- 环氧 -7- 大柱香波龙烯 -9- 酮（3β-hydroxy-5α, 6α-epoxy-7-megastigmen-9-one）[22]，去氢催吐萝芙木醇（dehydrovomifoliol）[23]，柳叶波氏木素（boscialin）、蚱蜢酮（grasshopper ketone）和白英醇 E、F（lyratol E、F）[24]；倍半萜类：江西白英素*A、B、C（solajiangxin A、B、C）[25]，江西白

英素*D、E（solajiangxin D、E）、2-羟基江西白英素 E（2-hydroxysolajiangxin E）[26]，江西白英素*F、G（solajiangxin F、G）[27]，江西白英素*H、I（solajiangxin H、I）、7-羟基江西白英素 I（7-hydroxylsolajiangxin I）[28]，白英醇 A、B（lyratol A、B）[29]，白英醇 C、D（lyratol C、D）[23]，白英醇 E、F（lyratol E、F）[24]，白英醇 G（lyratol G）[30]，（1′S, 2R, 5S, 10R）-2-（1′, 2′-二羟基 -1′-甲基乙基）-6, 10-二甲基螺环［4, 5］癸 -6-烯 -8-酮 {（1′S, 2R, 5S, 10R）-2-（1′, 2′-dihydroxy-1′-methylethyl）-6, 10-dimethylspiro［4, 5］dec-6-en-8-one}、（1′R, 2R, 5S, 10R）-2-（1′, 2′-二羟基 -1′-甲基乙基）-6, 10-二甲基螺环［4, 5］癸 -6-烯 -8-酮 {（1′R, 2R, 5S, 10R）-2-（1′, 2′-dihydroxy-1′-methylethyl）-6, 10-dimethylspiro［4, 5］dec-6-en-8-one}、2-（1′, 2′-二羟基 -1′-甲基乙基）-6, 10-二甲基 -9-羟基螺环［4, 5］癸 -6-烯 -8-酮 {2-（1′, 2′-dihydroxy-1′-methylethyl）-6, 10-dimethyl-9-hydroxyspiro［4, 5］dec-6-en-8-one}[22] 和 1β-羟基 -1, 2-二氢 -α-山道年（1β-hydroxy-1, 2-dihydro-α-santonin）[22, 30]；二萜类：白英素*B（solalyratin B）[17]；三萜类：熊果酸（ursolic acid）[3]；核苷类：腺苷（adenosine）[11]，尿苷（uridine）、尿嘧啶（uracil）和胸苷（thymidine）[18]；糖类：赤藓糖醇（erythritol）、甘露醇（mannitol）[6] 和 α-D-呋喃阿拉伯糖苷乙酯（ethyl-α-D-arabinofuranoside）[18]；挥发油类：水杨酸甲酯（methyl salicylate）、1-（6-甲氧基 -2-萘基）乙酮［1-（6-methoxy-2-naphthyl）ethanone］和十六烷酸（hexadecanoic acid）等[19]。

茎含甾体类：（25ξ）-5-烯 -茄甾烯 -3β, 23β-二醇 -3-O-β-D-吡喃葡萄糖基 -（1→2）-O-β-D-吡喃葡萄糖基 -（1→4）-β-D-吡喃半乳糖苷［（25ξ）-5-en-solaniden-3β, 23β-diol-3-O-β-D-glucopyranosyl-（1→2）-O-β-D-glucopyranosyl-（1→4）-β-D-galactopyranoside］、（25ξ）-茄甾 -3β, 23β-二醇 -3-O-β-D-吡喃葡萄糖基 -（1→2）-［β-D-吡喃木糖基 -（1→3）］-O-β-D-吡喃葡萄糖基 -（1→4）-β-D-吡喃半乳糖苷 {（25ξ）-solanidan-3β, 23β-diol-3-O-β-D-glucopyranosyl-（1→2）-［β-D-xylopyranosyl-（1→3）］-O-β-D-glucopyranosyl-（1→4）-β-D-galactopyranoside]}、（25ξ）-茄甾 -3β, 23β-二醇 -3-O-β-D-吡喃葡萄糖基 -（1→2）-O-β-D-吡喃葡萄糖基 -（1→4）-β-D-吡喃半乳糖苷［（25ξ）-solanidan-3β, 23β-diol-3-O-β-D-glucopyranosyl-（1→2）-O-β-D-glucopyranosyl-（1→4）-β-D-galactopyranoside］、（25ξ）-5-烯 -茄甾烯 -3β, 23β-二醇 -3-O-β-D-吡喃葡萄糖基 -（1→2）-［β-D-吡喃木糖基 -（1→3）］-O-β-D-吡喃葡萄糖基 -（1→4）-β-D-吡喃半乳糖苷 {（25ξ）-5-en-solaniden-3β, 23β-diol-3-O-β-D-glucopyranosyl-（1→2）-［β-D-xylopyranosyl-（1→3）］-O-β-D-glucopyranosyl-（1→4）-β-D-galactopyranoside]}[31]，新替告皂苷元 -3-O-β-D-吡喃葡萄糖基 -（1→2）-β-D-吡喃葡萄糖基 -（1→4）-β-D-吡喃半乳糖苷［neotigogenin-3-O-β-D-glucopyranosyl-（1→2）-β-D-glucopyranosyl-（1→4）-β-D-galactopyranoside］、替告皂苷元 -3-O-β-D-吡喃葡萄糖基 -（1→2）-β-D-吡喃葡萄糖基 -（1→4）-β-D-吡喃半乳糖苷［tigogenin-3-O-β-D-glucopyranosyl-（1→2）-β-D-glucopyranosyl-（1→4）-β-D-galactopyranoside］、薯蓣皂苷元 -3-O-β-D-吡喃葡萄糖基 -（1→2）-β-D-吡喃葡萄糖基 -（1→4）-β-D-吡喃半乳糖苷［diosgenin-3-O-β-D-glucopyranosyl-（1→2）-β-D-glucopyranosyl-（1→4）-β-D-galactopyranoside］、亚莫皂苷元 -3-O-β-D-吡喃葡萄糖基 -（1→2）-β-D-吡喃葡萄糖基 -（1→4）-β-D-吡喃半乳糖苷［yamogenin-3-O-β-D-glucopyranosyl-（1→2）-β-D-glucopyranosyl-（1→4）-β-D-galactopyranoside］、新替告皂苷元 -26-O-β-D-吡喃葡萄糖苷（neotigogenin-26-O-β-D-glucopyranoside）[32]，麦角甾醇过氧化物（ergosterol peroxide）和 9, 11-去氢麦角甾醇过氧化物（9, 11-dehydroergosterol peroxide）[33]；倍半萜类：白术内酯 I（atractylenolide I）和去氢假虎刺酮（dehydrocarissone）[33]。

叶含甾体类：去半乳糖替告皂苷（desgalactotigonin）[34]；生物碱类：欧白英定 -3-O-β-D-吡喃葡萄糖基 -（1→2）-β-D-吡喃木糖基 -（1→3）-β-D-吡喃葡萄糖基（1→4）-β-D-吡喃半乳糖苷［soladulcidine-3-O-β-D-glucopyranosyl-（1→2）-β-D-xylopyranosyl-（1→3）-β-D-glucopyranosyl-（1→4）-β-D-galactopyranoside］[34]。

新鲜未成熟果实含甾体类：甲基原蜘蛛抱蛋苷（methylprotoaspidistrin）、26-O-β-D-吡喃葡萄糖基 -

（22ξ, 25R）-3β, 22, 26- 三羟基呋甾 -5- 烯 -3-O-α-L- 吡喃鼠李糖基 -（1→2）-[β-D- 吡喃葡萄糖基 -（1→3）]-β-D- 吡喃葡萄糖醛酸苷 {26-O-β-D-glucopyranosyl-（22ξ, 25R）-3β, 22, 26-trihydroxyfurost-5-en-3-O-α-L-rhamnopyranosyl-（1→2）-[β-D-glucopyranosyl-（1→3）]-β-D-glucuronopyranoside} 和蜘蛛抱蛋苷（aspidistrin）[35]。

地上部分含生物碱类：白英碱 A、B（solalyratine A、B）[36]；甾体类：26-O-β-D- 吡喃葡萄糖 -（22ξ, 25R）-3β, 26- 二羟基 -22- 甲氧基呋甾 -5- 烯 -3-O-α-L- 吡喃鼠李糖基 -（1→2）-β-D- 吡喃葡萄糖醛酸苷 [26-O-β-D-glucopyranosyl-（22ξ, 25R）-3β, 26-dihydroxy-22-methoxyfurost-5-en-3-O-α-L-rhamnopyranosyl-（1→2）-β-D-glucuronopyranoside]、26-O-β-D- 吡喃葡萄糖 -（22ξ, 25S）-3β, 26- 二羟基 -22- 甲氧基呋甾 -5- 烯 -3-O-α-L- 吡喃鼠李糖 -（1→2）-β-D- 吡喃葡萄糖醛酸苷 [26-O-β-D-glucopyranosyl-（22ξ, 25S）-3β, 26-dihydroxy-22-methoxyfurost-5-en-3-O-α-L-rhamnopyranosyl-（1→2）-β-D-glucuronopyranoside][37]、$\Delta^{3,5}$- 去氧替告皂苷元（$\Delta^{3,5}$-deoxytigogenin）、薯蓣皂苷元（diosgenin）[38]、薯蓣皂苷元 -3-O-α-L- 吡喃鼠李糖基 -（1→2）-β-D- 吡喃葡萄糖醛酸 [diosgenin-3-O-α-L-rhamnopyranosyl-（1→2）-β-D-glucopyranosiduronic acid]、替告皂苷元 -3-O-β-D- 吡喃葡萄糖苷（tigogenin-3-O-β-D-glucopyranoside）[36,39]、26-β-D- 吡喃葡萄糖氧基 -22α- 甲氧基呋甾 -5- 烯 -3β-O-α-L- 吡喃鼠李糖基）-（1→2）-β-D- 吡喃葡萄糖醛酸 [26-β-D-glucopyranosyloxy-22α-methoxyfurost-5-en-3β-O-α-L-rhamnopyranosyl）-（1→2）-β-D-glucopyranosiduronic acid][36]、（22R）-3β, 16β, 22, 26- 四羟基胆甾 -5- 烯 -3-O-α-L- 吡喃鼠李糖基 -（1→2）-β-D- 吡喃葡萄糖醛酸苷 [（22R）-3β, 16β, 22, 26-tetrahydroxycholest-5-en-3-O-α-L-rhamnopyranosyl-（1→2）-β-D-glucuronopyranoside][40]、豆甾 -5, 23- 二烯 -3β- 醇（stigmasta-5, 23-dien-3β-ol）和胡萝卜苷（daucosterol）[39]；酚酸类：2- 羟基 -3- 甲氧基苯甲酸 - 吡喃葡萄糖基酯苷（2-hydroxy-3-methoxybenzoic acid-glucopyranosyl ester）[38]；黄酮类：芦丁（rutin）[39]；香豆素类：东莨菪内酯（scopoletin）[41]；脂肪酸类：棕榈酸甲酯（methyl palmitate）、二十二酸甲酯（methyl docosanoate）、二十三酸甲酯（methyl tricosanoate）、二十四酸甲酯（methyl tetracosanoate）和二十六酸甲酯（methyl hexacosanoate）[39]；烷烃类：8- 己基十五烷（8-hexylpentadecane）、2, 6, 10, 15- 四甲基十七烷（2, 6, 10, 15-tetramethyl heptadecane）、二十烷（eicosane）、二十三烷（tricosane）、二十四烷（tetracosane）、二十五烷（pentacosane）、二十二烷（docosane）、三十五烷（pentatriacontane）、三十六烷（hexatriacontane）、二十六烷（hexacosane）和三十一烷（hentriacontane）[39]；多糖类：白毛藤多糖（SLPS）[42]。

【药理作用】1. 抗肿瘤 全草的水提取物对人黑色素瘤 A375 细胞、人宫颈癌 HeLa 细胞的生长有抑制作用，其半数抑制浓度（IC_{50}）分别为 0.95g/L 和 0.99g/L，对小鼠纤维肉瘤 L929 细胞抑制作用次之，其半数抑制浓度为 2.0g/L，水提取物中、高剂量组对小鼠 S180 肉瘤和小鼠肝癌 H22 细胞的抑制作用与对照组相比，具有非常显著的差异（$P<0.01$），且各剂量组对两种小鼠移植性肿瘤的抑制作用均呈良好的剂量 - 效应关系，表明具有明显的抗肿瘤作用[1]；全草的乙醇提取物对人肝癌 BEL-7402 细胞及人胃腺癌 SGC-7901 细胞的增殖有抑制作用，且均呈良好的浓度 - 效应依赖关系，作用 48h 的半数抑制浓度分别为（287.40±5.84）μg/ml 和（176.14±5.18）μg/ml，在体内对小鼠 S180 肉瘤和 H22 肝癌肿瘤的生长均有显著的抑制作用，且呈良好的剂量 - 效应关系，高剂量组的抑瘤率分别达到（41.15±4.54）% 和（45.00±7.37）%[2]。2. 抗氧化 全草的水提取物可显著提高过氧化物酶（POD）含量及血、肝、肾的超氧化物歧化酶（SOD）含量，并减少血、肝、肾组织中脂质过氧化产物（MDA）的含量[3]。3. 增强免疫 全草的脂溶性提取物能有效地增加正常小鼠的脾淋巴细胞转化率，增强小鼠迟发型变态反应、自然杀伤（NK）细胞、抗体形成细胞的作用，并能提高小鼠腹腔巨噬细胞吞噬鸡红细胞的能力，且随提取物溶液浓度增高而增强[4]。4. 护肝 地上部分分离得到的莨菪亭（scopoletin）能减少四氯化碳（CCl_4）肝损伤模型中谷丙转氨酶（ALT）和山梨醇脱氢酶的释放，能保留 50% 的谷胱甘肽（GSH）以及超氧化物歧化酶（SOD）的含量，并同时抑制丙二醛（MDA）的含量[5]。5. 镇痛抗炎 全草的水提取物和乙醇提取物可减少乙酸所致小鼠扭体次数，延长小鼠舔足时间，减轻二甲苯所致小鼠的耳廓肿胀程度，减轻角

叉菜胶所致足跖肿胀程度，且水提取物作用强于乙醇提取物[6]。6.抗菌　全草的水提取物在体外对大肠杆菌和金黄色葡萄球菌的生长均有抑制作用，且对大肠杆菌的抑制效果明显于金黄色葡萄球菌[7]。

毒性　果实能引起小猪先天颜面畸形，且发生率高，服用未成熟果实后可出现毒性反应[8]。

【性味与归经】微苦，平。归肝、胆经。

【功能与主治】清热解毒，利湿，消肿。用于风热感冒，发热，咳嗽，黄疸型肝炎，胆囊炎，白带，痈肿，风湿性关节炎。

【用法与用量】15～30g。

【药用标准】药典1977、浙江炮规2015、上海药材1994、湖北药材2009、湖南药材2009、贵州药材2003、河南药材1993、广西药材1996、北京药材1998、甘肃药材2009和四川药材2010。

【临床参考】1.盖诺化疗所致静脉炎：全草50g，水煎至1000ml，放入冰片10g搅匀，待药液温度至40～45℃时外敷患处，每日2次[1]。

2.顽固类风湿性关节炎：白英合剂（根，加金鸡儿、楤木皮、鸡血藤等药味组成）口服，每次100ml，每日2次，12天为1疗程，同时服用黄酒50ml、红糖50g、水煮猪蹄1只，喝汤及依食欲吃肉适量，每蹄服3天[2]。

3.急性放射性直肠炎：全草，加百合、败酱草、天冬、鱼腥草，水煎，待液温合适后保留灌肠，每次200ml，每日1次[3]。

4.白带：全草，加全当归，按10∶3比例配合，煎煮2次，药汁浓缩后加入白糖，配制成15%的糖浆，口服，每次25ml，每日早晚各1次[4]。

5.放疗后口腔干燥症：全草15g，加百合、天冬、冬虫夏草、鱼腥草各12g，水煎服，每日1剂，每次200ml，早晚分服[5]。

6.慢性前列腺炎：全草20g，加半枝莲、生地、败酱草、王不留行、蒲公英、车前子各15g，茯苓10g，桔梗、丹皮各8g，每日1剂，水煎2次，上、下午各服1次；剩余药渣再加水2500ml，煎20min后倒入盆中，先熏蒸会阴部及肛门等处，待药温至43℃左右时坐浴30min，每日1次，4周为1疗程[6]。

7.流行性感冒：全草30g，加筋骨草30g，水煎服。

8.湿热黄疸、阴道炎、子宫颈糜烂：鲜全草60～120g，水煎服。

9.风湿性关节炎：全草或根30g，加白茅根30g、瘦猪肉适量同煎，以酒为引，服汤食肉。（7方至9方引自《浙江药用植物志》）

【附注】本种以白英之名始载于《神农本草经》，列为上品。《名医别录》云："白英生益州山谷，春采叶，夏采茎，秋采花，冬采根。"《新修本草》云："此鬼目草也。蔓生，叶似王瓜，小长而五桠。实圆若龙葵子，生青，熟紫黑。"《本草纲目》收于草部，载："此俗名排风子是也。正月生苗，白色，可食。秋开小白花，子如龙葵子，熟时紫赤色。"《百草镜》云："白毛藤，多生人家园圃中墙壁上，春生冬槁，结子小如豆而软，红如珊瑚，霜后叶枯，惟赤子累累，缀悬墙壁上，俗呼毛藤果。"《本草纲目拾遗》云："茎、叶皆有白毛，八、九月开花藕合色，结子生青熟红，鸟雀喜食之。"即为本种。

本种有小毒，不宜过量服用，否则会出现咽喉灼热感及恶心、呕吐、眩晕、瞳孔散大等中毒反应；另白英有引起婴儿肠源性青紫的报道[1]。

本种的果实（鬼目）及根民间也作药用。

【化学参考文献】

[1] 杨丽，冯锋，高源.白英的化学成分研究[J].中国中药杂志，2009，34(14)：1805-1808.

[2] 尹海龙，李建，董俊兴.白英的化学成分研究(II)[J].军事医学，2013，37(4)：279-282.

[3] 吕佳.白英化学成分研究[D].长春：长春中医药大学硕士学位论文，2012.

[4] Sun L X, Fu W W, Li W, et al. Diosgenin glucuronides from *Solanum lyratum* and their cytotoxicity against tumor cell lines [J]. Zeitschrift fuer Naturforschung, C: Journal of Biosciences, 2006, 61(3/4): 171-176.

[5] Sun L X, Fu W W, Ren J, et al. Cytotoxic constituents from *Solanum lyratum* [J]. Arch Pharm Res, 2006, 29 (2): 135-139.

[6] Ren Y, Zhang D W, Dai S J. Chemical constituents from *Solanum lyratum* [J]. Chin J Nat Med, 2009, 7 (3): 203-205.

[7] 孙立新, 李凤荣, 王承军, 等. 白英化学成分的分离与鉴定 [J]. 沈阳药科大学学报, 2008, 25 (5): 364-366.

[8] Xu Y L, Lv J, Wang W F, et al. New steroidal alkaloid and furostanol glycosides isolated from *Solanum lyratum* with cytotoxicity [J]. Chin J Nat Med, 2018, 16 (7): 499-504.

[9] 齐伟. 抗肿瘤中药白英化学成分及药物动力学研究 [D]. 沈阳: 沈阳药科大学硕士学位论文, 2009.

[10] 杨颖达. 三种植物的化学成分和生物活性研究 [D]. 武汉: 华中科技大学博士学位论文, 2014.

[11] 李瑞玲. 白英化学成分的提取、分离和结构鉴定 [D]. 郑州: 郑州大学硕士学位论文, 2006.

[12] 任燕, 沈莉, 戴胜军. 白英中的黄酮及酰胺类化合物 [J]. 中国中药杂志, 2009, 34 (6): 721-723.

[13] 杨敬芝, 郭贵明, 周立新, 等. 白英化学成分的研究 [J]. 中国中药杂志, 2002, 27 (1): 42-43.

[14] Sun L X, Qi W, Yang H Y, et al. Nitrogen-containing compounds from *Solanum lyratum* Thunb [J]. Biochem Syst Ecol, 2011, 39 (3): 203-204.

[15] 赫军, 张迅杰, 马秉智, 等. 白英水提取物的化学成分研究 [J]. 中国药学杂志, 2015, 50 (23): 2035-2038.

[16] 任燕, 张德武, 戴胜军. 白英的化学成分 [J]. 中国天然药物, 2009, 7 (3): 203-205.

[17] Zhang D W, Yang Y, Yao F, et al. Solalyratins A and B, new anti-inflammatory metabolites from *Solanum lyratum* [J]. J Nat Med, 2012, 66 (2): 362-366.

[18] 尹海龙, 李建, 李箐晟, 等. 白英的化学成分研究 [J]. 军事医学, 2010, 34 (1): 65-67.

[19] 王林江. 抗癌抗疟疾中草药化学成分的研究 [D]. 郑州: 郑州大学硕士学位论文, 2004.

[20] Zhang D W, Li G H, Yu Q Y, et al. New anti-inflammatory 4-hydroxyisoflavans from *Solanum lyratum* [J]. Chem Pharm Bull, 2010, 58 (6): 840-842.

[21] Jia Y R, Tian X L, Liu K, et al. Simultaneous determination of four alkaloids in *Solanum lyratum* Thunb by UPLC-MS/MS method [J]. Pharmazie, 2012, 67 (2): 111-115.

[22] 岳喜典, 姚芳, 张雷, 等. 白英中的倍半萜类化合物 [J]. 中国中药杂志, 2014, 39 (3): 453-456.

[23] Ren Y, Shen L, Zhang D W, et al. Two new sesquiterpenoids from *Solanum lyratum* with cytotoxic activities [J]. Chem Pharm Bull, 2009, 57 (4): 408-410.

[24] Yue X D, Qu G W, Li B F, et al. Two new C_{13}-norisoprenoids from *Solanum lyratum* [J]. J Asian Nat Prod Res, 2012, 14 (5): 486-490.

[25] Yao F, Song Q L, Zhang L, et al. Solajiangxins A-C, three new cytotoxic sesquiterpenoids from *Solanum lyratum* [J]. Fitoterapia, 2013, 89: 200-204.

[26] Yao F, Song Q L, Zhang L, et al. Three new cytotoxic sesquiterpenoids from *Solanum lyratum* [J]. Phytochem Lett, 2013, 6 (3): 453-456.

[27] Li G S, Yao F, Zhang L, et al. Two new cytotoxic sesquiterpenoids from *Solanum lyratum* [J]. Chin Chem Lett, 2013, 24 (11): 1030-1032.

[28] Li G S, Yao F, Zhang L, et al. New sesquiterpenoid derivatives from *Solanum lyratum* and their cytotoxicities [J]. J Asian Nat Prod Res, 2014, 16 (2): 129-134.

[29] Dai S J, Shen L, Ren Y. Two new eudesmane-type sesquiterpenoids from *Solanum lyratum* [J]. Nat Prod Res, 2009, 23 (13): 1196-1200.

[30] Nie X P, Yao F, Yue X D, et al. New eudesmane-type sesquiterpenoid from *Solanum lyratum* with cytotoxic activity [J]. Nat Prod Res, 2014, 28 (9): 641-645.

[31] Kotaro M, Ezima H, Takaishi Y, et al. Studies on the constituents of *Solanum* plants. V. the constituents of *S. lyratum* Thunb. II [J]. Chem Pharm Bull, 1985, 33 (1): 67-73.

[32] Murakami K, Saijo R, Nohara T, et al. Studies on the constituents of *Solanum* plants. I. On the constituents of the stem parts of *Solanum lyratum* Thunb [J]. Yakugaku Zasshi, 1981, 101 (3): 275-279.

[33] Yu S M, Kim H J, Woo E R, et al. Some sesquiterpenoids and 5α, 8α-epidioxysterols from *Solanum lyratum* [J]. Arch

Pharm Res，1994，17（1）：1-4.

[34] Ye W C，Wang H，Zhao S X，et al. Steroidal glycoside and glycoalkaloid from *Solanum lyratum*［J］. Biochem Syst Ecol，2001，29（4）：421-423.

[35] Yahara S，Murakami N，Yamasaki M，et al. Studies on the constituents of *Solanum* plants. Part 6. furostanol glucuronide from *Solanum lyratum*［J］. Phytochemistry，1985，24（11）：2748-2750.

[36] Lee Y Y，Hsu F L，Nohara T. Studies on the solanaeous plants. IVX. two new soladulcidine glycosides from *Solanum lyratum*［J］. Chem Pharm Bull，1997，45（8）：1381-1382.

[37] Yahara S，Morooka M，Ikeda M，et al. Two new steroidal glucuronides from *Solanum lyratum*，II［J］. Planta Med，1986，52（6）：496-498.

[38] Kang S Y，Sung S H，Park J H，et al. A phenolic glucoside and steroidal sapogenins of *Solanum lyratum*［J］. Yakhak Hoechi，2000，44（6）：534-538.

[39] Shim K H，Young H S，Lee T W，et al. Chemical components and antioxidative effect of *Solanum lyratum*［J］. Saengyak Hakhoechi，1995，26（2）：130-138.

[40] Yahara S，Ohtsuka M，Nakano K，et al. Studies on the constituents of solanaceous plants. XIII. a new steroidal glucuronide from Chinese *Solanum lyratum*［J］. Chem Pharm Bull，1989，37（7）：1802-1804.

[41] Kang S Y，Sung S H，Park J H，et al. Hepatoprotective activity of scopoletin, a constituent of *Solanum lyratum*［J］. Arch Pharm Res，1998，21（6）：718-722.

[42] 毛建山，吴亚林，黄静，等.白毛藤多糖的分离、纯化和鉴定［J］.中草药，2005，36（5）：654-656.

【药理参考文献】

[1] 孙立新，任靖，王敏伟，等.白英水提取物抗肿瘤作用的初步研究［J］.中草药，2006，37（1）：98-100.

[2] 任靖，冯国楠，王敏伟，等.白英乙醇提取物抗肿瘤作用初步研究［J］.中国中药杂志，2006，31（6）：497-500.

[3] 谢永芳，廖系晗，梁亦龙，等.白英提取物的抗氧化作用研究［J］.时珍国医国药，2006，17（6）：899-900.

[4] 谢永芳，梁亦龙，舒坤贤，等.白英提取物的免疫调节作用研究［J］.时珍国医国药，2007，18（2）：386-387.

[5] Kang S Y，Sung S H，Park J H，et al. Hepatoprotective activity of scopoletin, a constituent of *Solanum lyratum*［J］. Archives of Pharmacal Research，1998，21（6）：718.

[6] 费逸明，龚纯贵.白英提取物镇痛抗炎作用的实验研究［J］.药学实践杂志，2009，27（2）：111-114.

[7] 赵锦慧，师杨，葛红莲，等.中草药白英提取物的体外抑菌作用研究［J］.周口师范学院学报，2012，29（2）：87-88.

[8] 张秀娟，马悦.白英的药理作用研究进展［J］.亚太传统医药，2008，4（1）：54-57.

【临床参考文献】

[1] 王红娟.白英冰片洗剂治疗盖诺化疗所致静脉炎［J］.护理学杂志，2008，23（17）：68.

[2] 张慈禄，应渊，水端英，等.白英合剂治疗顽固类风湿性关节炎［J］.中国康复医学杂志，1989，4（6）：35-37.

[3] 尹礼烘，张晓平，赵凤达.白英汤保留灌肠防治急性放射性直肠炎临床观察［J］.江西医药，2014，49（12）：1348-1350.

[4] 杨必金.白英糖浆治疗白带［J］.四川中医，1989，（2）：46.

[5] 周先富.加味白英汤防治鼻咽癌三维适型放疗后患者口腔干燥症30例［J］.浙江中医杂志，2017，52（7）：496.

[6] 高丽明，周梁，周静昱.腺清方内服结合坐浴治疗慢性前列腺炎68例［J］.陕西中医，2008，29（8）：1049.

【附注参考文献】

[1] 李天芸，温蜀筠，王荔.白英引起婴儿肠源性青紫［J］.四川中医，1988，（8）：11.

842. 千年不烂心（图842）• *Solanum cathayanum* C. Y. Wu et S. C. Huang.

【别名】排风藤。

【形态】多年生草质藤本。茎多分枝，长0.5～1m，与叶密被多节的长柔毛。叶互生；叶片心形或长卵形，长2～6（～9）cm，宽1.5～3（～4）cm，先端渐尖或长渐尖，基部心形或戟形，全缘，

图 842　千年不烂心　　　　　　　　　　　摄影　张芬耀

少数基部3裂，裂片全缘，侧裂片短而先端钝，中裂片卵形或卵状披针形，先端渐尖，两面有短柔毛，下面较密；叶柄长1～2.5（～5）cm，密被多节的长柔毛。聚伞花序疏花，顶生或腋外生；总花梗长2～2.5cm，密被多节长柔毛及短柔毛；花梗无毛，基部具关节；花萼杯状，无毛，萼齿5；花冠蓝紫色或白色，辐状，花冠筒藏于萼内，5裂；花丝短；子房球形，花柱细长。浆果红色，圆球形；果梗无毛，常作弧形弯曲。种子近圆形，两侧压扁，具凸起的细网纹。花期7～8月，果期8～10月。

【生境与分布】生于灌木丛中、山坡路旁及山谷等阴湿处。分布于山东、安徽、江苏、浙江、上海及江西，另河南、山西、陕西、甘肃等省也有分布。

【药名与部位】排风藤，全草。

【采集加工】夏、秋二季采收，干燥。

【药材性状】藤茎呈细长圆柱形，常微弯曲，长可至数米，直径0.5～2cm，表面灰褐色或灰绿色，有细纵条纹和皮孔，节部稍膨大，有分枝或分枝痕。体轻，质硬脆，易折断，断面不平坦，具放射状纹理。叶多皱缩、破碎，完整叶片多心形，先端渐尖，基部心形或戟形，全缘，少数基部1～2深裂，被短柔毛。气微，味苦。

【药材炮制】除去杂质，洗净，切段，干燥。

【性味与归经】苦、辛，平。归心、脾经。

【功能与主治】清热解毒，利湿消肿。用于癥积，痈肿，风湿疼痛，热淋，带下色黄等。

【用法与用量】煎服 15～30g；外用适量。

【药用标准】湖北药材 2009。

【临床参考】1. 新生儿破伤风：全草 6g，加蜈蚣 1 条（约 1.5g，微火焙黄）、全蝎、僵蚕、蝉衣、白芍、防风、薄荷、甘草各 3g，钩藤、五匹风各 6g，每日 1 剂，水煎分 3 次服[1]。

2. 头颈肿瘤放射损伤：根，加百合、冬虫夏草、天冬、鱼腥草，水煎服，每次 200ml，每日 2 次[2]。

3. 肿瘤：根 15g，加蛇莓 15g，随证加减，水煎服[3]。

4. 流行性感冒：全草 30g，加筋骨草 30g，水煎服。

5. 湿热黄疸、阴道炎、子宫颈糜烂：鲜全草 60～120g，水煎服。

6. 风湿性关节炎：全草或根 30g，加白茅根 30g，瘦猪肉适量，同煎，以酒为引，服汤食肉。（4 方至 6 方引自《浙江药用植物志》）

【附注】千年不烂心始载于《植物名实图考》蔓草类，云："千年不烂心，产建昌山中，蔓生如木根，茎坚硬，就老茎发软枝，附枝生叶微似山药，叶色淡绿，背青黄。枝结圆实攒簇，生碧熟红。"据以上所述及附图考，即为本种。

Flora of China 把本种并入白英 Solanum lyratum Thunb.

【临床参考文献】

[1] 成仲文. 撮风散加减治愈三例新生儿破伤风[J]. 中医杂志，1965，(8)：36.

[2] 尹礼烘，黄小陆，周荣伟. 白英汤防治头颈肿瘤放射损伤的临床研究[J]. 时珍国医国药，2009，20（11）：2827-2828.

[3] 刘玉勤，李慧杰，齐元富. 齐元富运用蛇莓配伍白英治疗肿瘤经验[J]. 湖南中医杂志，2014，30（2）：22，28.

843. 阳芋（图 843）• *Solanum tuberosum* Linn.

【别名】洋芋（浙江），马铃薯。

【形态】多年生草本，高 30～80cm，无毛或被疏柔毛。地下茎块状，扁圆形或长圆形不等，外皮白色、淡红色或淡紫色。奇数羽状复叶，小叶片 6～8 对，大小常不相等，卵形至长圆形，最大的长达 6cm，最小的长和宽均不及 1cm，顶端略弯，基部稍不相等，全缘，两面均被白色疏柔毛；叶柄长 2.5～5cm，小叶柄长 1～8mm。伞形花序顶生，后侧生；花冠白色或蓝紫色；花萼钟形，外面疏被柔毛，顶端 5 裂，裂片披针形；花冠辐射状，花冠筒包于萼内，檐部 5 裂，裂片三角形；子房卵圆形，无毛。浆果圆球形，平滑。花果期 8～10 月。

【生境与分布】原产于热带美洲，现广泛栽培于全球温带地区。华东各省市及我国其他地区均有种植。

【药名与部位】淀粉，块茎中多糖类物质。

【化学成分】块茎含花青素类：矮牵牛素-3-芸香糖基-5-葡萄糖苷（petunidin-3-rutinosyl-5-glucoside）、芍药素-3-丙酰-芸香糖基-5-葡萄糖苷（peonidin-3-propionyl-rutinosyl-5-glucoside）、矮牵牛素-3-咖啡酰-芸香糖基-5-葡萄糖苷（petunidin-3-caffeoyl-rutinosyl-5-glucoside）、芍药素-3-咖啡酰-槐糖基-5-葡萄糖苷（peonidin-3-caffeoyl-sophorosyl-5-glucoside）、芍药素-3-咖啡酰-芸香糖基-5-葡萄糖苷（peonidin-3-caffeoyl-rutinosyl-5-glucoside）、天竺葵素-3-芸香糖基-5-葡萄糖苷（pelargonidin-3-rutinosyl-5-glucoside）、天竺葵素-3-咖啡酰-芸香糖基-5-葡萄糖苷（pelargonidin-3-caffeoyl-rutinosyl-5-glucoside）、天竺葵素-3-对香豆酰-芸香糖基-5-葡萄糖苷（pelargonidin-3-*p*-coumaroyl-rutinosyl-5-glucoside）[1]、飞燕草素-3-*O*-芸香糖苷（delphinidin-3-*O*-rutinoside）、茄色苷（nasunin）、碧冬茄宁（petanin）、芍药色素（peonanin）、矢车菊宁苷（cyananin）、碧冬茄素-3-*O*-[(4‴-*O*-反式-阿魏酰基)-α-L-吡喃鼠李糖基-(1‴→6″)-β-D-吡喃葡萄糖苷]-5-*O*-β-D-吡喃葡萄糖苷 {petunidin-3-*O*-[(4‴-*O*-*trans*-feruloyl)-α-L-rhamnopyranosyl-(1‴→6″)-β-D-glucopyranoside]-5-*O*-β-D-glucopyranoside}[2]、天竺葵素-3-*O*-[(4‴-*O*-对香豆酰

图 843　阳芋　　　　　　　　　　　　　　摄影　李华东

基)-α-L-吡喃鼠李糖基)-(1‴→6″)-β-D-吡喃葡萄糖苷]-5-O-β-D-吡喃葡萄糖苷 {pelargonidin-3-O-[(4‴-O-p-coumaroyl)-α-L-rhamnopyranosyl)-(1‴→6″)-β-D-glucopyranoside]-5-O-β-D-glucopyranoside}[3,4]，锦葵素-3-O-[(4‴-O-对香豆酰基)-α-L-吡喃鼠李糖基)-(1‴→6″)-β-D-吡喃葡萄糖苷]-5-O-β-D-吡喃葡萄糖苷 {malvidin-3-O-[(4‴-O-p-coumaroyl)-α-L-rhamnopyranosyl)-(1‴→6″)-β-D-glucopyranoside]-5-O-β-D-glucopyranoside}[3] 和天竺葵素-3-O-[(4‴-O-反式-阿魏酰基)-α-L-吡喃鼠李糖基)-(1‴→6″)-β-D-吡喃葡萄糖苷]-5-O-β-D-吡喃葡萄糖苷 {pelargonidin-3-O-[(4‴-O-trans-feruloyl)-α-L-rhamnopyranosyl)-(1‴→6″)-β-D-glucopyranoside]-5-O-β-D-glucopyranoside}[4]；类胡萝卜素类：β-胡萝卜素（β-carotene）、堇黄质（violaxanthin）、新黄质 A（neoxanthin A）、叶黄素（lutein）、玉米黄质（zeaxanthin）、花药黄质（antheraxanthin）和β-隐黄质（β-cryptoxanthin）[2]；生物碱类：α-边茄碱（α-solamargine）、α-澳洲茄碱（α-solasonine）、α-查茄碱（α-chaconine）、α-茄碱（α-solanine）[5]，垂茄定（demissidine）、茄啶（solanidine）、番茄定烯醇（tomatidenol）、番茄定（tomatidine）[6]，N-反式-阿魏酰酪胺二聚体（N-trans-feruloyltyramine dimer）、N-反式-阿魏酰酪胺（N-trans-feruloyltyramine）、N-反式-阿魏酰章鱼胺（N-trans-feruloyloctopamine）、N-顺式-阿魏酰酪胺（N-cis-feruloyltyramine）、N-顺式-阿魏酰章鱼胺（N-cis-feruloyloctopamine）、N-顺式-阿魏酰酪胺二聚体（N-cis-feruloyltyramine dimer）[7]，地骨皮素 A（kukoamine A）、N^1,N^4,N^{12}-三(二氢咖啡酰基)精胺 [N^1,N^4,N^{12}-tris (dihydrocaffeoyl) spermine]、N^1,N^8-二(二氢咖啡酰基)亚精胺 [N^1,N^8-bis (dihydrocaffeoyl) spermidine] 和 N^1,N^4,N^8-三(二氢咖啡酰基)亚精胺 [N^1,N^4,N^8-tris (dihydrocaffeoyl) spermidine][8]；黄酮类：槲皮素（quercetin）、山柰酚（kaempferol）、异鼠李素（iso-rhamnetin）、杨

梅素（myricetin）[9]，芦丁（rutin）和山柰酚 -3- 芸香糖苷（kaempferol-3-rutinoside）[2]；苯丙素类：新绿原酸（neochlorogenic acid）、隐绿原酸（cryptochlorogenic acid）、咖啡酸（caffeic acid）和绿原酸（chlorogenic acid）[6]；酚类：α- 生育酚（α-tocopherol）[2]；氨基酸类：L- 酪氨酸（L-Tyr）、L- 色氨酸（L-Try）[2]、赖氨酸（Lys）、缬氨酸（Val）、苏氨酸（Thr）、苯丙氨酸（Phe）、亮氨酸（Leu）、异亮氨酸（Ile）和蛋氨酸（Met）[10]；脂肪酸类：棕榈酸（palmatic acid）、亚油酸（linoleic acid）、15- 甲基十六酸酯（15-methylhexadecanoate）和 α- 亚麻酸（α-linolenic acid）[11]。

块茎皮含花青素类：矮牵牛素 -3-O- 芸香糖基 -5-O- 葡萄糖苷（petunidin-3-O-rutinosyl-5-O-glucoside）、天竺葵素 -3-O- 芸香糖基 -5-O- 葡萄糖苷（pelargonidin-3-O-rutinosyl-5-O-glucoside）、芍药素 -3-O- 芸香糖基 -5-O- 葡萄糖苷（peonidin-3-O-rutinosyl-5-O-glucoside）、锦葵素 -3-O- 芸香糖基 -5-O- 葡萄糖苷（malvidin-3-O-rutinosyl-5-O-glucoside）、矮牵牛素 -3-O- 对香豆酰芸香糖基 -7-O- 葡萄糖苷（petunidin-3-O-p-coumaroyl-rutinosyl-7-O-glucoside）、飞燕草素 -3-O- 对香豆酰芸香糖基 -5-O- 葡萄糖苷（delphinidin-3-O-p-coumaroyl-rutinosyl-5-O-glucoside）、矢车菊素 -3-O- 对香豆酰芸香糖基 -5-O- 葡萄糖苷（cyanidin-3-O-p-coumaroyl-rutinosyl-5-O-glucoside）、矮牵牛素 -3-O- 对香豆酰芸香糖基 -5-O- 葡萄糖苷（petunidin-3-O-p-coumaroyl-rutinosyl-5-O-glucoside）、矮牵牛素 -3-O- 阿魏酰芸香糖基 -5-O- 葡萄糖苷（petunidin-3-O-feruloyl-rutinosyl-5-O-glucoside）、芍药素 -3-O- 对香豆酰芸香糖基 -5-O- 葡萄糖苷（peonidin-3-O-p-coumaroyl-rutinosyl-5-O-glucoside）、锦葵素 -3-O- 对香豆酰芸香糖基 -5-O- 葡萄糖苷（malvidin-3-O-p-coumaroyl-rutinosyl-5-O-glucoside）、芍药素 -3-O- 阿魏酰芸香糖基 -5-O- 葡萄糖苷（peonidin-3-O-feruloyl-rutinosyl-5-O-glucoside）和锦葵素 -3-O- 阿魏酰芸香糖基 -5-O- 葡萄糖苷（malvidin-3-O-feruloyl-rutinosyl-5-O-glucoside）[12,13]。

块茎芽含生物碱类：α- 卡茄碱（α-chaconine）、α- 茄碱（α-solanine）、α- 澳洲茄边碱（α-solamargine）和 α- 澳洲茄碱（α-solasonine）[14]。

叶含生物碱类：茄啶（solanidine）、茄二烯（solanidiene；solanthrene）[15]、α- 查茄碱（α-chaconine）、α- 茄碱（α-solanine）[16]、降肾上腺素（norepinephrine）、多巴胺（dopamine）、降变肾上腺素（normetanephrine）[17]和 5- 羟色胺（serotonin）[18]；降倍半萜类：马铃薯酮酸甲酯 -O-β-D- 吡喃葡萄糖苷（methyl tuberonate-O-β-D-glucopyranoside）[19]和马铃薯酮酸 -O-β-D- 吡喃葡萄糖苷（tuberonic acid-O-β-D-glucopyranoside）[19,20]；挥发油类：2- 二十八醇（2-octacosanol）、1- 二十八醇（1-octacosanol）、2- 二十六醇（2-hexacosanol）、二十九酮（nonacosanone）、2- 二十九醇（2-nonacosanol）、1- 二十五醇（1-pentacosanol）、2- 二十五醇（2-pentacosanol）、1- 二十六醇（1-hexacosanol）、1- 二十七醇（1-heptacosanol）、2- 二十七醇（2-heptacosanol）、1- 二十九醇（1-nonacosanol）、三十一烷酮（hentriacontanone）、三十三烷酮（tritriacontanone）、2- 二十七酮（2-heptacosanone）、2- 三十三烷酮（2-tritricontanone）和 2- 二十九酮（2-nonacosanone）[21]；甾体类：β- 谷甾醇（β-sitosterol）和胆甾醇（cholesterol）[21]；三萜类：β- 香树脂醇（β-amyrin）等[21]。

花含黄酮类：槲皮素 -3-O- 葡萄糖基鼠李糖基葡萄糖苷（quercetin-3-O-glucosylrhamnosylglucoside）、山柰酚 -3-O- 葡萄糖基鼠李糖基葡萄糖苷（kaempferol-3-O-glucosylrhamnosylglucoside）、山柰酚 -3-O- 二吡喃葡萄糖苷（kaempferol-3-O-diglucopyranoside）、槲皮素 -3-O-β-D- 吡喃葡萄糖苷（quercetin-3-O-β-D-glucopyranoside）、山柰酚 -3-O-β-D- 吡喃葡萄糖苷（kaempferol-3-O-β-D-glucopyranoside）、山柰酚 -3-O- 鼠李糖基葡萄糖苷（kaempferol-3-O-rhamnosylglucoside）、槲皮素 -3-O- 二吡喃葡萄糖苷（quercetin-3-O-diglucopyranoside）、槲皮素 -3-O- 鼠李糖基葡萄糖苷（quercetin-3-O-rhamnosylglucoside）和杨梅素 -3-O- 鼠李糖基葡萄糖苷（myricetin-3-O-rhamnosylglucoside）[22]。

种子含黄酮类：山柰酚 -3-O-β-D- 三吡喃葡萄糖苷 -7-O-α-L- 吡喃鼠李糖苷（kaempferol-3-O-β-D-triglucopyranoside-7-O-α-L-rhamnopyranoside）和山柰酚 -3-O-β-D- 二吡喃葡萄糖苷 -7-O-α-L- 吡喃鼠李糖苷（kaempferol-3-O-β-D-diglucopyranoside-7-O-α-L-rhamnopyranoside）[22]。

果实含生物碱类：5- 羟色胺（serotonin）[18]。

【药理作用】 毒性　马铃薯块茎和芽中含有有毒生物碱类，可导致少数人突发性中毒，其主要成分是 α-卡茄碱（α-chaconine）与 α-茄碱（α-solanine），主要通过抑制胆碱酯酶的活性而引起中枢毒性，以及干扰 Na^+ 和 Ca^{2+} 跨细胞膜运输、影响脂质代谢等作用引发胃肠道毒性，还可透过睾丸屏障进而引发生殖毒性，导致精子畸形以及对孕鼠胚胎的致畸性等[1]。

【药用标准】 药典 1953、药典 1963、中华药典 1930 和台湾 2006。

【附注】 马铃薯，原名阳芋，首载于《植物名实图考》，云："黔滇有之。绿茎青叶，叶大小、疏密、长圆形状不一，根多白须，下结圆实，压其茎则根实繁如番薯，茎长则柔弱如蔓，盖即黄独也。疗饥救荒，贫民之储，秋时根肥连缀，味似芋而甘，似薯而淡，……，无不宜之。叶味如豌豆苗，按酒侑食，清滑隽永。"本种原产南美洲，形似山芋，故得名洋芋、洋番薯，因其地下块茎似球形，故名土豆。其味如山药而形似蛋，故又称山药蛋。马铃，即马粪也，因形近而名马铃薯。

发芽的马铃薯，其带青色的块根中含有茄碱，服后会有严重的胃肠道反应，故禁服。

【化学参考文献】

[1] 罗弦，杨雄，苏跃，等．彩色马铃薯品种块茎花色苷 HPLC-MS 分析[J]．种子，2013，32（7）：30-34.

[2] Andre C M, Oufir M, Guignard C, et al. Antioxidant profiling of native andean potato tubers (*Solanum tuberosum* L.) reveals cultivars with high levels of β-carotene, α-tocopherol, chlorogenic acid, and petanin [J]. J Agric Food Chem, 2007, 55 (26): 10839-10849.

[3] Eichhorn S, Winterhalter P. Anthocyanins from pigmented potato (*Solanum tuberosum* L.) varieties [J]. Food Research International, 2005, 38 (8-9): 943-948.

[4] Koichi N, Umemura Y, Mori M, et al. Acylated pelargonidin glycosides from a red potato [J]. Phytochemistry, 1997, 47 (1): 109-112.

[5] Maciej S, Matysiak-Kata I, Franski R, et al. Monitoring changes in anthocyanin and steroid alkaloid glycoside content in lines of transgenic potato plants using liquid chromatography/mass spectrometry [J]. Phytochemistry, 2003, 62 (6): 959-969.

[6] Laurila J, Laakso I, Vaeaenaenen T, et al. Determination of solanidine-and tomatidine-type glycoalkaloid aglycons by gas chromatography/mass spectrometry [J]. J Agric Food Chem, 1999, 47 (7): 2738-2742.

[7] Russell R K, King R R, Calhoun L A. Characterization of cross-linked hydroxycinnamic acid amides isolated from potato common scab lesions [J]. Phytochemistry, 2005, 66 (20): 2468-2473.

[8] Parr A J, Mellon F A, Colquhoun I J, et al. Dihydrocaffeoyl polyamines (kukoamine and allies) in potato (*Solanum tuberosum*) tubers detected during metabolite profiling [J]. J Agric Food Chem, 2005, 53 (13): 5461-5466.

[9] Malene S, Christensen J H, Nielsen J, et al. Pressurised liquid extraction of flavonoids in onions. method development and validation [J]. Talanta, 2009, 80 (1): 269-278.

[10] 刘兴亚，蓝旅滨，丁秋月，等．苏州地区 100 种食物的氨基酸分析[J]．营养学报，1986，8（4）：374-376.

[11] Dobson G, Griffiths D W, Davies H V, et al. Comparison of fatty acid and polar lipid contents of tubers from two potato species, *Solanum tuberosum* and *Solanum phureja* [J]. J Agric Food Chem, 2004, 52 (20): 6306-6314.

[12] 方芳，吴奇辉，郭慧，等．紫色马铃薯皮花色苷的结构鉴定[J]．现代食品科技，2014，30（5）：92-97.

[13] 方芳．紫色马铃薯花色苷提取物体外抗前列腺癌研究[D]．杭州：浙江大学硕士学位论文，2014.

[14] 李盛钰．甾体皂苷糖链结构修饰及抗肿瘤构效关系研究[D]．长春：东北师范大学博士学位论文，2007.

[15] Laurila J, Laakso I, Valkonen J P T, et al. Formation of parental-type and novel glycoalkaloids in somatic hybrids between Solanum brevidens and *S. tuberosum* [J]. Plant Science, 1996, 118 (2): 145-155.

[16] Brown M S, McDonald G M, Friedman M, et al. Sampling leaves of young potato (*Solanum tuberosum*) plants for glycoalkaloid analysis [J]. J Agric Food Chem, 1999, 47 (6): 2331-2334.

[17] Jan S, Wilczynski G, Fiehn O, et al. Identification and quantification of catecholamines in potato plants (*Solanum tuberosum*) by GC-MS [J]. Phytochemistry, 2001, 58 (2): 315-320.

[18] Engstroem K, Lundgren L, Samuelsson G. Bioassay-guided isolation of serotonin from fruits of *Solanum tuberosum* L. [J]. Acta Pharmaceutica Nordica, 1992, 4 (2): 91-92.

[19] Ivan S, Omer E A, Ewing E, et al. Tuberonic (1 2-hydroxyjasmonic) acid glucoside and its methyl ester in potato Phytochemistry, 1996, 43: 727-730.

[20] Yoshihara T, Omer E S A, Koshino H, et al. Structure of a tuber-inducing stimulus from potato leaves (*Solanum tuberosum* L.) [J]. Agric Biol Chem, 1989, 53 (10): 2835-2837.

[21] Beata M S, Synak E E. Cuticular waxes from potato (*Solanum tuberosum*) leaves [J]. Phytochemistry, 2006, 67 (1): 80-90.

[22] Harborne J B. Plant polyphenols. VI. The flavonol glycosides of wild and cultivated potatoes [J]. Biochemical Journal, 1962, 84: 100-106.

【药理参考文献】

[1] 季宇彬. 马铃薯中生物碱生殖毒性及致畸性研究进展 [C]. 中国环境诱变剂学会中国环境诱变剂学会第14届学术交流会议论文集, 2009: 4.

844. 龙葵（图844）· *Solanum nigrum* Linn.

图 844 龙葵   摄影 赵维良等

【别名】野辣虎（江苏苏州），飞天龙（江西）。

【形态】一年生直立草本，高30~100cm。茎多分枝，无棱或棱不明显，近无毛或被微柔毛。叶卵形，长 2.5～10cm，宽 1.5～5.5cm，先端短尖，基部楔形至阔楔形，下延至叶柄，全缘或有不规则粗齿，两面无毛或均被稀疏短柔毛；叶柄长 1～2cm。蝎尾状花序腋外生，有花 3～6（10）朵，总花梗长 1～2.5cm，花梗长约 5mm，近无毛或被短柔毛；花萼小浅杯状，萼齿卵圆形；花冠白色，花冠筒隐存于花萼内，檐部 5 深裂，裂片卵圆形，花丝短，花药黄色，顶孔向内开裂；子房卵形，中部以下被白色绒毛，柱头小。浆果球形，直径 4～8mm，熟时黑色。种子多数，近卵形，两侧压扁。花果期 3～12 月。

【生境与分布】生于田边、路边、荒坡及房前屋后。分布于华东各地，另我国其他各地均有分布；欧洲、亚洲、美洲也有分布。

【药名与部位】龙葵，地上部分。龙葵果，近成熟果实。

【采集加工】龙葵：夏、秋二季采割，干燥。龙葵果：夏季近成熟时采摘，晒干。

【药材性状】龙葵：茎呈圆柱形，有分枝，长 20～60cm，直径 0.2～1cm；表面绿色或黄绿色，抽皱呈沟槽状；质硬而脆，断面黄白色，中空。叶对生，皱缩或破碎，完整者展平后呈卵形，长 2.5～10cm，宽 1.5～5.5cm；暗绿色，全缘或有不规则的波状粗齿；两面光滑或疏被短柔毛；叶柄长 1～2cm。聚伞花序侧生，花 4～10 朵，多脱落，花萼杯状，棕褐色，花冠棕黄色。浆果球形，直径约 6mm，表面棕褐色或紫黑色，皱缩。种子多数，棕色。气微，味淡。

龙葵果：呈类球形，皱缩，直径 2～5mm。表面黑褐色、橙红色或黄绿色，顶端有一圆形花柱残痕，下端有时带一细果柄，体轻易破碎，种子多数圆扁形，黄白色。气微，味酸微苦。

【药材炮制】龙葵：除去杂质，抢水洗净，润软，切段，干燥。

【化学成分】全草含甾体皂苷类：（22α, 25R）-26-O-β-D- 吡喃葡萄糖基 -22- 羟基 - 呋甾 -5- 烯 -3β, 26- 二醇 -3-O-β-D- 吡喃葡萄糖基 -（1→2）-O-［β-D- 吡喃木糖基 -（1→3）］-O-β-D- 吡喃葡萄糖基 -（1→4）-O-β-D- 吡喃半乳糖苷 {（22α, 25R）-26-O-β-D-glucopyranosyl-22-hydroxy-furost-5-en-3β, 26-diol-3-O-β-D-glucopyranosyl-（1→2）-O-［β-D-xylopyranosyl-（1→3）］-O-β-D-glucopyranosyl-（1→4）-O-β-D-glucopyranoside}、（22α, 25R）-26-O-β-D- 吡喃葡萄糖基 -22- 甲氧基 - 呋甾 -5- 烯 -3β, 26- 二醇 -3-O-β-D- 吡喃葡萄糖基 -（1→2）-O-［β-D- 吡喃木糖基 -（1→3）］-O-β-D- 吡喃葡萄糖基 -（1→4）-O-β-D- 吡喃半乳糖苷 {（22α, 25R）-26-O-β-D-glucopyranosyl-22-methoxy-furost-5-en-3β, 26-diol-3-O-β-D-glucopyranosyl-（1→2）-O-［β-D-xylopyranosyl-（1→3）］-O-β-D-glucopyranosyl-（1→4）-O-β-D-galactopyranoside}、（5α, 22α, 25R）-26-O-β-D- 吡喃葡萄糖基 -22- 甲氧基 - 呋甾 -3β, 26- 二醇 -3-O-β-D- 吡喃葡萄糖基 -（1→2）-O-［β-D- 吡喃葡萄糖基 -（1→3）］-O-β-D- 吡喃葡萄糖基 -（1→4）-O-β-D- 吡喃半乳糖苷 {（5α, 22α, 25R）-26-O-β-D-glucopyranosyl-22-methoxy-furost-3β, 26-diol-3-O-β-D-glucopyranosyl-（1→2）-O-［β-D-glucopyranosyl-（1→3）］-O-β-D-glucopyranosyl-（1→4）-O-β-D-galactopyranoside}、（5α, 22α, 25R）-26-O-β-D- 吡喃葡萄糖基 -22- 羟基 - 呋甾 -3β, 26- 二醇 -3-O-β-D- 吡喃葡萄糖基 -（1→2）-O-［β-D- 吡喃葡萄糖基 -（1→3）］-O-β-D- 吡喃葡萄糖基 -（1→4）-O-β-D- 吡喃半乳糖苷 {（5α, 22α, 25R）-26-O-β-D-glucopyranosyl-22-hydroxy-furost-3β, 26-diol-3-O-β-D-glucopyranosyl-（1→2）-O-［β-D-glucopyranosyl-（1→3）］-O-β-D-glucopyranosyl-（1→4）-O-β-D-galactopyranoside}、（5α, 20S）-3β, 16β- 二羟基孕甾 -22- 羧酸 -（22, 16）- 内酯 -3-O-β-D- 吡喃葡萄糖基 -（1→2）-O-［β-D- 吡喃木糖基 -（1→3）］-O-β-D- 吡喃葡萄糖基 -（1→4）-O-β-D- 吡喃半乳糖苷 {（5α, 20S）-3β, 16β-dihydroxypregn-22-carboxylic acid-（22, 16）-lactone-3-O-β-D-glucopyranosyl-（1→2）-O-［β-D-xylopyranosyl-（1→3）］-O-β-D-glucopyranosyl-（1→4）-O-β-D-galactopyranoside}、灌木天冬苷（dumoside）、龙葵皂苷 A（uttroside A）[1]、龙葵皂苷 B（uttroside B）[1,2]、粉背薯蓣苷 H（hypoglaucin H）、去半乳糖替告皂苷（desgalactotigonin）、替告皂苷元 -3-O-β-D- 吡喃葡萄糖基 -（1→2）-O-［β-D- 吡喃葡萄糖基 -（1→3）］-O-β-D- 吡喃葡萄糖基 -（1→4）-O-β-D- 吡喃半乳糖苷 {tigogenin-3-O-β-D-glucopyranosyl-（1→2）-O-［β-D-glucopyranosyl-（1→3）］-O-β-D-glucopyranosyl-（1→4）-O-β-D-galactopyranoside}、龙葵苷 A、B、C、D、E、F、G、H、I、J、K、L、M、N、O、P、Q、R、S、T、U、V、W、X（solanigroside

A、B、C、D、E、F、G、H、I、J、K、L、M、N、O、P、Q、R、S、T、U、V、W、X)[3]、5α-孕甾-16-烯-3β-醇-20-酮石蒜四糖苷（5α-pregn-16-en-3β-ol-20-one lycotetraoside）、龙葵素 I（nigrumnin I）[3]、龙葵素 II（nigrumnin II）[4]、孕甾-5,16-二烯-3β-醇-20-酮-3-O-α-L-吡喃鼠李糖基-（1→2)-O-[α-L-吡喃鼠李糖基-（1→4）]-O-β-D-吡喃葡萄糖苷{pregna-5, 16-dien3β-ol-20-one-3-O-α-L-rhamnopyranosyl-（1→2)-O-[α-L-rhamnopyranosyl-（1→4）]-O-β-D-glucopyranoside}[5]、（3β, 12β, 22α, 25R）-3,12-二羟基螺甾醇-5-烯-27-酸［（3β, 12β, 22α, 25R）-3, 12-dihydroxyspirosol-5-en-27-oic acid］[6]、龙葵宁 A（uttronin A）、薤白苷 A（macrostemonoside A）[4,7]、酸浆素 B、F、G、H、K（physalin B、F、G、H、K）、异酸浆素 B（iso-physalin B）[8]和 β-谷甾醇（β-sitosterol）[9]；生物碱类：β₁-澳洲茄碱（β₁-solasonine）、β₂-澳洲茄碱（β₂-solasonine）、β₂-边茄碱（β₂-solamargine）、（3β, 12β, 22α, 25R)-3, 12-二羟基螺甾醇-5-烯-27-酸［（3β, 12β, 22α, 25R）-3, 12-dihydroxyspirosol-5-en-27-oic acid］[3]、ε-龙葵碱（ε-solanine）[10]、澳洲茄边碱（solamargine）、澳洲茄碱（solasonine）[3,10,11]、澳洲茄胺-3-O-β-D-吡喃葡萄糖苷（solasodine-3-O-β-D-glucopyranoside）[12]和 γ-边茄碱（γ-solamargine）[13]；木脂素类：（+)-松脂素［（+）-pinoresinol］、（+）-丁香树脂酚［（+）-syringaresinol］、（+）-水曲柳树脂酚［（+）-medioresinol］[14]、丁香脂素-4-O-β-D-吡喃葡萄糖苷（syringaresinol-4-O-β-D-glucopyranoside）和松脂素-4-O-β-D-吡喃葡萄糖苷（pinoresinol-4-O-β-D-glucopyranoside）[15]；香豆素类：东莨菪内酯（scopoletin）[14]、6-甲氧基-7-羟基香豆素（6-methoxy-7-hydroxycoumarin）[15]；脂肪酸类：棕榈酸（palmitic acid）、油酸（oleic acid）、亚油酸（linolic acid）[7]和二十四烷酸（tetracosanoic acid）[14]；酚酸类：3, 4-二羟基苯甲酸（3, 4-dihydroxybenzoic acid）、对羟基苯甲酸（p-hydroxybenzoic acid）和 3-甲氧基-4-羟基苯甲酸（3-methoxy-4-hydroxybenzoic acid）[15]；核苷类：腺苷（adenosine）[15]；多糖类：龙葵多糖 WP-1、WP-2、AP-1、AP-2（SNLWP-1、WP-2、AP-1、AP-2）[16,17]。

地上部分含生物碱类：澳洲茄碱（solasonine）、β₁-澳洲茄碱（β₁-solasonine）、澳洲茄边碱（solamargine）、龙葵苷 P（solanigroside P）、β₂-澳洲茄边碱（β₂-solamargine）和 γ-澳洲茄边碱（γ-solamargine）[18]；甾体类：龙葵宁 A、B（uttronin A、B）[19]和龙葵莫苷 A（nigrumoside A）[20]；乙基糖苷类：β-D-吡喃黄花夹竹桃糖基-（1→4）-β-D-吡喃夹竹桃糖基乙苷［ethyl β-D-thevetopyranosyl-（1→4）-β-D-oleandropyranoside］和 β-D-吡喃黄花夹竹桃糖基-（1→4）-α-D-吡喃夹竹桃糖基乙苷［ethyl β-D-thevetopyranosyl-（1→4）-α-D-oleandropyranoside］[21]。

果实含皂苷类：菱果龙葵苷 A（inunigroside A）[22]、（25R）-26-O-β-D-吡喃葡萄糖-胆甾-5（6）-烯-3β, 26-二醇-16, 22-二酮-3-O-α-L-吡喃鼠李糖基-（1→2）-[β-D-吡喃葡萄糖基-（1→3）]-β-D-吡喃半乳糖苷{（25R）-26-O-β-D-glucopyranosyl cholest-5（6）-en-3β, 26-diol-16, 22-dione-3-O-α-L-rhamnopyranosyl-（1→2）-[β-D-glucopyranosyl-（1→3）]-β-D-galactopyranoside}、（25R）-26-O-β-D-吡喃葡萄糖基-胆甾-5（6）-烯-3β, 26-二醇-16, 22-二酮-3-O-α-L-吡喃鼠李糖基-（1→4）-β-D-吡喃葡萄糖苷［（25R）-26-O-β-D-glucopyranosyl-cholest-5（6）-en-3β, 26-diol-16, 22-dione-3-O-α-L-rhamnopyranosyl-（1→4）-β-D-glucopyranoside］、（25S）-26-O-β-D-吡喃葡萄糖基胆甾-5（6）-烯-3β, 26-二醇-16, 22-二酮-3-O-α-L-吡喃鼠李糖基-（1→2）-[α-L-吡喃鼠李糖基-（1→4）]-[β-D-吡喃葡萄糖基-（1→6）]-β-D-吡喃葡萄糖苷{（25S）-26-O-β-D-glucopyranosyl cholest-5（6）-en-3β, 26-diol-16, 22-dione-3-O-α-L-rhamnopyranosyl-（1→2）-[α-L-rhamnopyranosyl-（1→4）]-[β-D-glucopyranosyl-（1→6）]-β-D-glucopyranoside}、（25R）-26-O-β-D-吡喃葡萄糖基-（1→2）-β-D-吡喃葡萄糖基胆甾-5（6）-烯-3β, 26-二醇-16, 22-二酮-3-O-α-L-吡喃鼠李糖基-（1→2）-[α-L-吡喃鼠李糖基-（1→4）]-[β-D-吡喃葡萄糖基-（1→6）]-β-D-吡喃葡萄糖苷{（25R）-26-O-β-D-glucopyranosyl-（1→2）-β-D-glucopyranosyl cholest-5（6）-en-3β, 26-diol-16, 22-dione-3-O-α-L-rhamnopyranosyl-（1→2）-[α-L-rhamnopyranosyl-（1→4）]-[β-D-glucopyranosyl-（1→6）]-β-D-glucopyranoside}、（25S）-26-O-β-D-吡喃葡萄糖基胆甾-5（6）-烯-3β, 26-二醇-16, 22-二酮-3-O-β-D-吡喃葡萄糖基-（1→6）-β-D-吡喃葡萄糖基-（1→3）-[α-L-

吡喃鼠李糖基-（1→2）]-β-D-吡喃半乳糖苷｛（25S）-26-O-β-D-glucopyranosyl cholest-5（6）-en-3β, 26-diol-16, 22-dione-3-O-β-D-glucopyranosyl-（1→6）-β-D-glucopyranosyl-（1→3）-[α-L-rhamnopyranosyl-（1→2）]-β-D-galactopyranoside｝、（25R）-26-O-β-D-吡喃葡萄糖基-（1→2）-β-D-吡喃葡萄糖基胆甾-5（6）-烯-3β, 26-二醇-16, 22-二酮-3-O-α-吡喃鼠李糖基-（1→2）-[β-D-吡喃葡萄糖基-（1→3）]-β-D-吡喃半乳糖苷｛（25R）-26-O-β-D-glucopyranosyl-（1→2）-β-D-glucopyranosyl cholest-5（6）-en-3β, 26-diol-16, 22-dione-3-O-α-Lrhamnopyranosyl-（1→2）-[β-D-glucopyranosyl-（1→3）]-β-D-galactopyranoside｝、（25R）-26-O-β-D-吡喃葡萄糖基胆甾-5α-3β, 26-二醇-16, 22-二酮-3-O-β-D-吡喃葡萄糖基-（1→2）-[β-D-吡喃葡萄糖基-（1→3）]-β-D-吡喃葡萄糖基-（1→4）-β-D-吡喃半乳糖苷｛（25R）-26-O-β-D-glucopyranosyl cholest-5α-3β, 26-diol-16, 22-dione-3-O-β-D-glucopyranosyl-（1→2）-[β-D-glucopyranosyl-（1→3）]-β-D-glucopyranosyl-（1→4）-β-D-galactopyranoside｝、（25R）-26-O-β-D-吡喃葡萄糖基胆甾-5（6）-烯-3β, 26-二醇-16, 22-二酮-3-O-α-L-吡喃鼠李糖基-（1→2）-[α-L-吡喃鼠李糖基-（1→4）]-β-D-吡喃葡萄糖苷｛（25R）-26-O-β-D-glucopyranosyl cholest-5（6）-en-3β, 26-diol-16, 22-dione-3-O-α-L-rhamnopyranosyl-（1→2）-[α-L-rhamnopyranosyl-（1→4）]-β-D-glucopyranoside｝、（25S）-26-O-β-D-吡喃葡萄糖基胆甾-5（6）-烯-3β, 26-二醇-16, 22-二酮-3-O-α-L-吡喃鼠李糖基-（1→2）-[α-L-吡喃鼠李糖基-（1→4）]-β-D-吡喃葡萄糖苷｛（25S）-26-O-β-D-glucopyranosyl cholest-5（6）-en-3β, 26-diol-16, 22-dione-3-O-α-L-rhamnopyranosyl-（1→2）-[α-L-rhamnopyranosyl-（1→4）]-β-D-glucopyranoside｝、（20S）-3β, 16β, 20-三羟基孕甾-5-烯-20-羧酸-（22, 16）-内酯-3-O-α-L-吡喃鼠李糖基-（1→2）-[α-L-吡喃鼠李糖基-（1→4）]-β-D-吡喃葡萄糖苷｛（20S）-3β, 16β, 20-trihydroxypregn-5-en-20-carboxylic acid-（22, 16）-lactone-3-O-α-L-rhamnopyranosyl-（1→2）-[α-L-rhamnopyranosyl-（1→4）]-β-D-glucopyranoside｝[23]、龙葵苷 Y_1、Y_2、Y_3、Y_4、Y_5、Y_6、Y_7、Y_8、Y_9（solanigroside Y_1、Y_2、Y_3、Y_4、Y_5、Y_6、Y_7、Y_8、Y_9）[24]、去半乳糖替告皂苷（desgalactotigonin）、26-O-（β-D-吡喃葡萄糖基）-22-甲氧基-25D, 5α-呋甾-3β, 26-二醇-3-O-β-石蒜四糖苷［26-O-（β-D-glucopyranosyl）-22-methoxy-25D, 5α-furostan-3β, 26-diol-3-O-β-lycotetraoside］、替告皂苷元四糖苷（tigogenin tetraoside）[25]、螺甾-5-烯-3β, 12β-二醇（spirost-5-en-3β, 12β-diol）和 β-谷甾醇（β-sitosterol）[26]；生物碱类：7α-羟基喀西茄碱（7α-hydroxykhasianine）、7α-羟基澳洲茄边碱（7α-hydroxysolamargine）、7α-羟基澳洲茄碱（7α-hydroxysolasonine）、澳洲茄胺（solasodine）、喀西茄碱（khasianine）、$β_2$-澳洲茄碱（$β_2$-solasonine）、澳洲茄碱（solasonine）、澳洲茄边碱（solamargine）、12β, 27-二羟基澳洲茄胺（12β, 27-dihydroxysolasodine）[27]、茄碱 A（solanine A）[27, 28]、茄碱（solanine）、茄啶（solanidine）[27]、澳洲茄醇（solanaviol）、12β-羟基-26-降澳洲茄胺-26-羧酸（12β-hydroxy-26-norsolasodine-26-carboxylic acid）、澳洲茄醇-3-O-β-茄三糖苷（solanaviol-3-O-β-solatrioside）、12β, 27-二羟基澳洲茄胺-3-β-马铃薯三糖苷（12β, 27-dihydroxysolasodine-3-β-chacotrisoide）[29]、澳洲茄胺（solasodine）[29, 30]、12β-羟基澳洲茄胺（12β-hydroxysolasodine）、N-甲基澳洲茄胺（N-methylsolasodine）、番茄定烯醇（tomatidenol）、珊瑚樱碱（solanocapsine）、替告皂苷元（tigogenin）[30]、乙酰胆碱（acetylcholine）[31, 32]、N-反式-阿魏酰酪胺（N-trans-feruloyltyramine）、（R）-3-（4-羟基-3-甲氧基苯基）-N-[2-（4-羟基苯基）-2-甲氧基乙基]-丙烯酰胺｛（R）-3-（4-hydroxy-3-methoxyphenyl）-N-[2-（4-hydroxyphenyl）-2-methoxyethyl]-acrylamide｝、4-氨基-3-甲氧基苯酚（4-amino-3-methoxyphenol）和色氨醇乙酸酯（tryptophol acetate）[28]；苯丙素类：咖啡酸（caffeic acid）、愈创木甘油-β-阿魏酸醚（guaiacylglycerol-β-ferulate）、反式-咖啡酸乙酯（ethyl-trans-caffeate）、绿原酸（chlorogenic acid）、芥子酸甲酯（methyl sinapate）和 4-羟基-3-甲氧基桂皮酰乙酯（ethyl 4-hydroxy-3-methoxycinnamate）[28]；单萜类：德氏田菁醇（drummondol）和 2α, 9-二羟基-1, 8-桉树脑（2α, 9-dihydroxy-1, 8-cineole）[28]；三萜类：3-O-乙酰白桦脂酸（3-O-acetyl-betulinic acid）[13]；胡萝卜素类：α-胡萝卜素（α-carotene）[33]；元素：钾（K）、钠（Na）、钙（Ca）、镁（Mg）、铜（Cu）、铁（Fe）、锰（Mn）、锌（Zn）、铬（Cr）、钼（Mo）、硒（Si）、碘（I）、

磷（P）和硅（Si）[34]；维生素类：维生素 C（vitamin C）、维生素 B_1（vitamin B_1）、维生素 B_2（vitamin B_2）和维生素 A（vitamin A）[34]；氨基酸类：天冬氨酸（Asp）、丝氨酸（Ser）、谷氨酸（Glu）、甘氨酸（Gly）、丙氨酸（Ala）、蛋氨酸（Met）、异亮氨酸（Ile）、亮氨酸（Leu）、酪氨酸（Tyr）、苯丙氨酸（Phen）、赖氨酸（Lys）、组氨酸（His）、精氨酸（Arg）、脯氨酸（Pro）和γ-氨基丁酸（γ-Ami）[35]；挥发油：伞形萜酮（umbellulone）、水杨酸甲酯（methyl salicylate）、桃金娘烯醛（myrtenal）和百里香酚（thymol）等[14]；蛋白质类：植物凝集素（lectin）[36]。

叶含硫代葡萄糖苷：1-硫代-β-D-吡喃葡萄糖-1-[（R）-3-羟基-2-乙基-N-羟基磺酰氧基丙酰胺酯]{1-thio-β-D-glucopyranose-1-[（R）-3-hydroxy-2-ethyl-N-hydroxysulfonyloxy propanimidate]}[37]；挥发油类：磷酸三乙酯（triethyl phosphate）、1,2-二羧酸苯（1,2-benzenedicarboxylic acid）、月桂酸（dodecanoic acid）、1-十九烯（1-nonadecene）[38]、（5Z,9E）-金合欢基丙酮[（5Z,9E）-farnesyl acetone]、（E）-β-香堇酮[（E）-β-ionone]、桉叶酸甲酯（methyl eudesmate）和百里香酚（thymol）[39]；生物碱类：澳洲茄碱（solasonine）、边茄碱（solamargine）[40]和23-O-乙酰基-12β-羟基澳洲茄胺（23-O-acetyl-12β-hydroxysolasodine）[41]；黄酮类：槲皮素-3-O-α-L-吡喃鼠李糖基-（1→2）-β-D-吡喃半乳糖苷[quercetin-3-O-α-L-rhamnopyranosyl-（1→2）-β-D-galactopyranoside]、槲皮素-3-O-β-D-吡喃葡萄糖基-（1→6）-β-D-吡喃半乳糖苷[quercetin-3-O-β-D-glucopyranosyl-（1→6）-β-D-galactopyranoside]、槲皮素-3-O-龙胆二糖苷（quercetin-3-O-gentiobioside）、槲皮素-3-O-β-D-吡喃半乳糖苷（quercetin-3-O-β-D-galactopyranoside）、槲皮素-3-O-β-D-吡喃葡萄糖苷（quercetin-3-O-β-D-glucopyranoside）和槲皮素-3-[O-α-L-吡喃鼠李糖-（1→2）]-O-[β-D-吡喃葡萄糖基-（1→6）]-β-D-吡喃半乳糖苷{quercetin-3-[O-α-L-rhamnopyranosyl-（1→2）]-O-[β-D-glucopyranosyl-（1→6）]-β-D-galactopyranoside}[42]；三萜类：龙葵羊毛脂烯酮（nigralanostenone）[43]；酚类：1-羟基-3,5-二乙氧基苯（1-hydroxy-3,5-diethoxybenzene）[43]。

根和茎含甾体类：龙葵螺苷 A（uttronin A）[44]、龙葵螺苷 B（uttronin B）[45]、龙葵皂苷 A（uttroside A）和龙葵皂苷 B（uttroside B）[44]。

【药理作用】1. 抗肿瘤　地上部分的醇提取物对多发性骨髓瘤 U266 细胞有细胞毒作用，其半数抑制浓度（IC_{50}）约为 117mg/L，并可影响 U266 细胞周期，减少 G_0/G_1 期细胞，增加 S 期、G_2/M 期细胞和细胞凋亡，其作用机制部分是诱导细胞凋亡[1]；全草 90% 醇提取物能有效延长荷瘤小鼠的生存时间，最大生命延长率为 83.46%，对 S180 瘤的生长有明显的抑制作用[2]；1% 全草水提取物喂养的动物瘤体重量比对照组轻 50% 以上，肺转移结节也相对减少，并能显著抑制细胞迁移和侵袭，其机制可能是通过降低 Akt 的活性，促进 PKCα、RAS 和核转录因子（NF-κB）蛋白的表达[3]。2. 抗菌　果实乙醇和水提取物对变异链球菌的生长有一定的抑制作用；乙酸乙酯、正丁醇、乙醇及水提取物对变异链球菌生物膜形成有一定的抑制作用；氯仿、乙酸乙酯提取物对大肠杆菌生物膜形成有不同程度的抑制作用，浓度为 1.0mg/ml 时，其抑制率分别为 89.24%、80.27%[4]；果实水提取物对金黄色葡萄球菌、绿脓杆菌、大肠杆菌和白色念珠菌的生长均有一定程度的抑制作用，其最低抑菌浓度（MIC）分别为 31.3mg/ml、125mg/ml、62.5mg/ml 和 62.5mg/ml，最低杀菌浓度（MLC）分别为 62.5mg/ml、250mg/ml、125mg/ml 和 125mg/ml[5]。3. 护肾　全草提取物可使给药组动物 24h 尿蛋白排出明显减少，血清尿素氮（BUN）及血清肌酐（Crea）含量显著降低，大鼠肾小管内的蛋白管型大小和数量明显减少，灶性出血明显少于模型组，表明龙葵提取物对小牛血清白蛋白所致大鼠实验性肾炎有明显的防治作用[6]。4. 护肝　地上部分的水提取物高剂量组可使四氯化碳（CCl_4）所致小鼠急性肝损伤的谷丙转氨酶（ALT）、天冬氨酸氨基转移酶（AST）和丙二醛（MDA）含量、超氧化物歧化酶（SOD）和谷胱甘肽过氧化物酶（GSH-Px）的含量趋近于正常水平[7]；全草中提取的多糖对四氯化碳所致的肝损伤也具有保护作用，可降低天冬氨酸氨基转移酶、谷丙转氨酶含量，提高肝组织匀浆超氧化物歧化酶含量，降低丙二醛含量，其机制可能与增加肝组织抗氧化能力有关[8]。5. 镇痛　全草水煎剂可明显提高热板法所致小鼠的痛阈值，与生理盐水对照组比较和自身给药前比较差异均有统计学意义，表明龙葵水煎剂具有明显的镇痛作用[9]。

【性味与归经】龙葵：苦，寒；有小毒。归肺、膀胱经。龙葵果：二级干寒（维医）。

【功能与主治】龙葵：清热解毒，散结，利尿。用于咽喉肿痛，肋间神经痛，痈肿疔毒，水肿，小便不利。龙葵果：调血解毒，清热止渴，收敛消肿。用于热性气管炎、咽炎、胃炎、肝炎。外敷或外洗治疗头痛、脑膜炎、耳鼻眼疾；捣碎外敷胃脘部，可消肿止痛，治疗胃痛、胃胀；煎汁漱口治疗牙龈肿痛。

【用法与用量】龙葵：9～15g。龙葵果：6～10g。亦可和果汁、菊苣汁各半饮服。

【药用标准】龙葵：药典1977、浙江炮规2015、山西药材1987、贵州药材2003、河南药材1991、北京药材1998、上海药材1994、甘肃药材2009、山东药材2002、湖南药材2009、湖北药材2009和四川药材2010；龙葵果：部标维药1999和新疆维药1993。

【临床参考】1. 过敏性紫癜：果实12g，加鱼腥草15g，路路通、蒲公英、漏芦根、净甘松各10g，生甘草6g，水煎服，每日1剂[1]。

2. 中晚期肝癌：全草30g，加熟地20g，山药、枸杞、杜仲、附子各15g，山茱萸10g，炙甘草6g，肉桂3g，水煎浓缩配制成合剂口服，每次30ml，每日3次，配合常规治疗[2]。

3. 崩漏症：全草30g，水煎服，每日1剂，一般服2～3剂[3]。

4. 慢性腹泻：鲜全草30～50g，热性腹泻加白糖，寒性腹泻加红糖，寒热并存加红、白糖，水煎，每日1剂，分2次服[4]。

5. 跌打扭筋肿痛：鲜叶30～50g，加连须葱白7个，切碎，加酒酿糟适量，同捣烂敷患处，每日换1～2次。（《江西民间草药》）

6. 慢性气管炎：全草30g，加桔梗9g、甘草3g，水煎或制成片剂，分3次服完，10天为1疗程；或果实250g，用白酒500ml浸泡20～30天后取酒服用，每日3次，每次15ml；或果实18g，加白芥子（炒）9g、附子6g、细辛3g，水煎，每日1剂，分2次服。

7. 多发性疖肿、毛囊炎：全草研细粉，加冰片、石膏适量，拌匀外敷（切开排脓后用），外贴膏药，每日换1次。

8. 阑尾炎、阑尾脓肿：全草15g，加大血藤、鬼针草各15g，紫花地丁、半边莲、筋骨草各12g，水煎分3次服。

9. 皮疹瘙痒：鲜全草60g，水煎服。（6方至9方引自《浙江药用植物志》）

【附注】本种始载于《药性论》。《新修本草》载："即关河间谓之苦菜者。叶圆，花白，子若牛李子，生青熟黑。"《本草图经》云："龙葵，旧云所在有之，今近处亦稀，惟北方有之。北人谓之苦葵，叶圆似排风而无毛，花白。实若牛李子，生青熟黑，亦似排风子，但堪煮食，不任生啖。其实赤者名赤珠，服之变白令黑，不与葱薤同食。根亦入药用。"《本草纲目》云："四月生苗，嫩时可食，柔滑，渐高二三尺，茎大如箸，似灯笼草而无毛。叶似茄叶而小。五月以后，开小白花，五出黄蕊，结子正圆，大如五味子，上有小蒂，数颗同缀，其味酸。中有细子，亦如茄子之子。但生青熟黑者为龙葵。"即为本种。

本种的根民间也作药用，龙葵根凡虚寒而无实热者禁服。

同属植物青杞 *Solanum septemlobum* Bunge 的地上部分在河南作蜀羊泉药用。

【化学参考文献】

[1] 周新兰，何祥久，周光雄，等. 龙葵全草皂苷类化学成分研究[J]. 中草药，2006，37（11）：1618-1621.

[2] Nath L R, Gorantla J N, Thulasidasan A K T, et al. Evaluation of uttroside B, a saponin from *Solanum nigrum* Linn, as a promising chemotherapeutic agent against hepatocellular carcinoma [J]. Sci Rep, 2016, 6: 36318.

[3] 周新兰. 中药龙葵抗癌活性成分研究[D]. 沈阳：沈阳药科大学博士学位论文，2006.

[4] Ikeda T, Tsumagari H, Nohara T. Steroidal oligoglycosides from *Solanum nigrum* [J]. Chem Pharm Bull, 2000, 48（7）：1062-1064.

[5] Zhou X L, He X J, Zhou G X, et al. Pregnane glycosides from *Solanum nigrum* [J]. J Asian Nat Prod Res, 2007, 9（6）：517-523.

[6] 周新兰. 中药龙葵抗癌活性成分研究. 沈阳：沈阳药科大学博士学位论文，2006.

[7] Wang L Y, Gao G L, Bai Y, et al. Fingerprint quality detection of *Solanum nigrum* using high-performance liquid chromatography--evaporative light scattering detection [J]. Pharm Biol, 2011, 49(6): 595-601.

[8] Arai M A, Uchida K, Sadhu S K, et al. Physalin H from *Solanum nigrum* as an Hh signaling inhibitor blocks GLI1-DNA-complex formation [J]. Beilstein J Org Chem, 2014, 10: 134-140.

[9] 赵莹, 刘飞, 娄红祥, 等. 龙葵化学成分研究 [J]. 中药材, 2010, 33(4): 555-556.

[10] 姚运香. 龙葵体外抗肿瘤活性部位的筛选及化学成分研究 [D]. 南京: 南京农业大学硕士学位论文, 2009.

[11] Chen Y, Li S F, Han H, et al. *In vivo* antimalarial activities of glycoalkaloids isolated from Solanaceae plants [J]. Pharm Biol, 2010, 48(9): 1018-1024.

[12] Li Y, Chang W, Zhang M, et al. Natural product solasodine-3-O-β-D-glucopyranoside inhibits the virulence factors of *Candida albicans* [J]. FEMS Yeast Research, 2015, 15(6): 1-8.

[13] Ding X, Zhu F S, Yang Y, et al. Purification, antitumor activity in vitro of steroidal glycoalkaloids from black nightshade (*Solanum nigrum* L.) [J]. Food Chem, 2013, 141(2): 1181-1186.

[14] 赵莹, 刘飞, 娄红祥. 龙葵化学成分研究 [J]. 中药材, 2010, 33(4): 555-556.

[15] 王立业, 王乃利, 姚新生. 龙葵中的非皂苷类成分 [J]. 中药材, 2007, 30(7): 792-794.

[16] 李冠业. 龙葵多糖分离纯化、结构鉴定及抗H22肿瘤活性研究 [D]. 南京: 南京农业大学硕士学位论文, 2010.

[17] 莫海洪, 曾和平. 龙葵水溶性成分的初步研究 [J]. 华南师范大学学报: 自然科学版, 1995, 2: 41-45.

[18] Ding X, Zhu F, Yang Y, et al. Purification, antitumor activity *in vitro* of steroidal glycoalkaloids from black nightshade (*Solanum nigrum* L.) [J]. Food Chemistry, 2013, 141: 1181-1186.

[19] Benidze M M. Steroidal glycosides of *Solanum nigrum* [J]. Khim Prir Soedin, 1994, (5): 683-684.

[20] Zhu X H, Tsumagari H, Honbu T, et al. Peculiar steroidal saponins with opened E-ring from Solanum genera plants [J]. Tetrahedron Lett, 2001, 42: 8043-8046.

[21] Chen R, Feng L, Li H D, et al. Two novel oligosaccharides from *Solanum nigrum* [J]. Carbohydr Res, 2009, 344(13): 1775-1777.

[22] Ohno M, Murakami K, El-Aasr M, et al. New spirostanol glycosides from *Solanum nigrum* and *S. jasminoides* [J]. J Nat Med, 2012, 66: 658-663.

[23] Xiang L, Wang Y, Yi X, et al. Anti-inflammatory steroidal glycosides from the berries of, *Solanum nigrum* L. (European black nightshade) [J]. Phytochemistry, 2018, 148: 87-96.

[24] Wang Y, Xiang L, Yi X, et al. Potential anti-inflammatory steroidal saponins from the berries of *Solanum nigrum* L. (European Black Nightshade) [J]. J Agric Food Chem, 2017, 65(21): 4262-4272.

[25] Gheewala N K, Saralaya M G, Sonara G B, et al. Phytochemical evaluation of total glycoalkaloid of dried fruit of *Solanum nigrum* Linn [J]. Current Pharma Research, 2013, 3(4): 1010-1013.

[26] Cai X F, Chin Y W, Oh S R, et al. Anti-inflammatory constituents from *Solanum nigrum* [J]. Bull Korean Chem Soc, 2010, 31(1): 199-201.

[27] Gu X Y, Shen X F, Wang L, et al. Bioactive steroidal alkaloids from the fruits of *Solanum nigrum* [J]. Phytochemistry, 2018, 147: 125-131.

[28] Lin Z, Lun W, Di S N, et al. Steroidal alkaloid solanine A from, *Solanum nigrum* Linn. exhibits anti-inflammatory activity in lipopolysaccharide/interferon γ-activated murine macrophages and animal models of inflammation [J]. Biomedicine & Pharmacotherapy, 2018, 105: 606-615.

[29] Yoshida K, Yahara S, Saijo R, et al. Studies on the constituents of Solanum plants. Part 8. Changes caused by included enzymes in the constituents of *Solanum nigrum* berries [J]. Chem Pharm Bull, 1987, 35(4): 1645-1651.

[30] Doepke W, Duday S, Matos N. Alkaloids and sapogenins from *Solanum nigrum* [J]. Zeitschrift fuer Chemie, 1987, 27(2): 64.

[31] Cesario de Melo A, Perec C J, Rubio M C. Acetylcholine-like activity in the fruit of the black nightshade (Solanaceae) [J]. Acta Physiologica Latinoamericana, 1978, 28(4-5): 171-178.

[32] De Melo A C, Perec C J, Rubio M C. Acetylcholine-like activity in the fruit of the black nightshade (Solanaceae) [J]. Acta Physiologica Latino Americana, 1978, 28(4-5): 19-26.

[33] Dan M S, Dan S S, Mukhopadhayay P. Chemical examination of three indigenous plants [J]. J Indian Chem Soc, 1982, 59(3): 419-420.
[34] 那顺孟和, 杨秋林, 米拉, 等. 野生龙葵果中矿物质及维生素含量的分析研究 [J]. 内蒙古农业大学学报, 2000, 21(3): 35-38.
[35] 孙晓秋, 陈丹, 初丽伟. 龙葵中氨基酸及无机元素的分析 [J]. 中国野生植物资源, 1995, 14(2): 48-51.
[36] Colceag J. Purification and some properties of a lectin from Solanum nigrum (Solanaceae) [J]. Revue Roumaine de Biochimie, 1985, 22(2): 101-106.
[37] Rawani A, Ghosh A, Laskar S, et al. Glucosinolate from leaf of Solanum nigrum L. (Solanaceae) as a new mosquito larvicide [J]. Parasitol Res, 2014, 113(12): 4423-4430.
[38] Rawani A, Ray A S, Ghosh A, et al. Larvicidal activity of phytosteroid compounds from leaf extract of Solanum nigrum against Culex vishnui group and Anopheles subpictus [J]. BMC Res Notes, 2017, 10(1): 135.
[39] Aburjai T A, Oun I M, Auzi A A, et al. Olatile oil constituents of fruits and leaves of Solanum nigrum L. growing in Libya [J]. Journal of Essential Oil-Bearing Plants, 2014, 17(3): 397-404.
[40] Tomova M. Examination of Solanum and Lycopersicon for glycoalkaloid content. II. Solanum nigrum [J]. Farmatsiya (Sofia, Bulgaria), 1962, 12(5): 16-19.
[41] Doepke W, Duday S, Matos N. 23-O-acetyl-12β-hydroxysolasodine, a new alkaloid from Solanum nigrum L [J]. Zeitschrift fuer Chemie, 1988, 28(5): 185-186.
[42] Nawwar M M, El-Mousallamy A D, Barakat H H. Quercetin 3-glycosides from the leaves of Solanum nigrum [J]. Phytochemistry, 1989, 28(6): 1755-1762.
[43] Aeri V, Rajkumari, Mujeeb M, et al. Isolation of 1-hydroxy-3, 5-diethoxybenzene and nigralanostenone from leaves of Solanum nigrum [J]. Indian J Nat Prod, 2005, 21(4): 40-42.
[44] Sharma S C, Chand R, Sati O P, et al, Oligofurostanosides from Solanum nigrum [J]. Phytochemistry, 1983, 22(5): 1241-1248.
[45] Sharma S C, Chand R, Sati O P. Uttronin B-a new spirostanoside from Solanum nigrum L [J]. Pharmazie, 1982, 37(12): 870.

【药理参考文献】

[1] 王蔚, 陆道培. 龙葵总提取物对多发性骨髓瘤 U266 细胞株的作用 [J]. 北京大学学报 (医学版), 2005, 37(3): 240-244.
[2] 王胜惠, 从云峰, 梁明, 等. 龙葵 90% 醇提取物对荷瘤肝癌小鼠生存时间及肉瘤瘤重影响 [J]. 黑龙江医学, 2005, 29(6): 421-422.
[3] Wang H C, Wu D H, Chang Y C, et al. Solanum nigrum Linn. water extract inhibits metastasis in mouse melanoma cells in vitro and in vivo [J]. Journal of Agricultural and Food Chemistry, 2010, 58(22): 11913-11923.
[4] 王春霞, 田莉, 田树革, 等. 龙葵果提取物的体外抑菌效果 [J]. 湖北农业科学, 2012, 51(17): 3748-3750, 3754.
[5] 朱明, 薛志琴, 宫海燕, 等. 维吾尔药龙葵果提取物的抑菌实验研究 [J]. 中国民族民间医药, 2009, 18(22): 21-22.
[6] 吴军, 陈晨, 王宇环. 龙葵提取物对小牛血清白蛋白所致大鼠实验性肾炎的影响 [J]. 时珍国医国药, 2009, 20(5): 1236-1237.
[7] 刘颖姝, 刘芳萍, 李昌文, 等. 龙葵对四氯化碳致小鼠急性肝损伤的保护作用 [J]. 中国兽药杂志, 2012, 46(9): 15-17.
[8] 郑岳, 孙伟, 卢坤玲, 等. 龙葵多糖对四氯化碳致小鼠肝损伤的保护作用及其机制 [J]. 山东医药, 2016, 56(8): 23-25.
[9] 严珂, 周细根, 罗勇, 等. 龙葵水煎剂对小鼠的镇痛作用 [J]. 实用临床医学, 2012, 13(8): 15-16.

【临床参考文献】

[1] 刘蕤, 郑福祚, 郭峰斌. 龙葵败毒汤治疗过敏性紫癜 30 例临床观察 [J]. 沈阳医学院学报, 2000, 2(1): 33-34.
[2] 吕苑忠, 孔庆志, 熊振芳. 龙葵补肾合剂治疗中晚期肝癌临床疗效观察 [J]. 湖北中医杂志, 2009, 31(11): 7-8.
[3] 朱敏英. 龙葵治疗崩漏症的临床观察 [J]. 中国民族民间医药杂志, 2004, 12(3): 163-164.

[4]戴明喜. 鲜龙葵治疗慢性腹泻48例[J]. 中国民间疗法, 2001, 9(1): 45.

845. 茄（图 845） • *Solanum melongena* Linn.（*Solanum melongena* Linn. var. *esculentum* Nees.）

图 845 茄   摄影 赵维良等

【别名】茄子（通称），落苏（浙江、江苏），大圆茄。

【形态】一年生直立草本或亚灌木，高达 1m。幼枝、叶、叶柄及花梗和花萼均被星状绒毛，小枝常为紫色，老后毛渐脱落，野生者常有短小皮刺。叶片卵形至长圆状卵形，长 5～18cm，宽 3～11cm，顶端钝，基部偏斜，边缘浅波状或深波状圆齿；叶柄长 1～4.5cm。花紫色或白色；孕性花单生，花梗长 1～1.8cm，花后常下垂；不孕花生于蝎尾状花序上与孕性花并出；花萼近钟形，顶端 5 裂，裂片披针形；花冠的冠檐 5 裂，裂片三角形，长约 1cm；子房圆形，顶端密被星状毛。浆果形状大小变异极大，有圆形和长圆柱形两类，成熟时也有白、红、紫等色彩，直径均在 5cm 以上，花萼宿存。花期 4～8 月。果期 5～10 月。

【生境与分布】原产于亚洲热带。华东各地有栽培，另我国南北各地均有栽培。

【药名与部位】白茄根（茄根），根及老茎。茄蒂，宿萼。白茄子，成熟果实。

【采集加工】白茄根：秋季采挖，洗净，干燥。茄蒂：果实即将成熟时采收或从作蔬菜的茄果实上剥下，晒干。白茄子：夏季果实近成熟时采收，晒干。

【药材性状】白茄根：主根通常不发达，略呈短圆锥形，常弯曲，其周围并具侧根及多数错综弯曲生长的须根，表面浅灰黄色，质坚实，不易折断，断面黄白色。茎近圆柱形，直径 0.8～1.5cm，长约

3cm，表面黄白色至淡棕褐色，有细密的纵皱纹，并散布有点状皮孔；体轻，质坚实，不易折断，切面淡黄色，纤维性，具放射状纹理，有的中空或可见膜质节片状的髓。质坚实。气微，味淡。

茄蒂：大多不完整，完整者略呈浅钟状或星状，灰黑色，先端5裂，裂片宽三角形，略向内卷。萼筒喉部类圆形，直径1.2～2cm，内面灰白色，基部具长梗，有纵直纹。质坚脆。气微，味淡。

白茄子：呈不规则球形或卵形，长2.5～3.5cm，宽1.2～2.5cm。表面棕黄色或暗黄色，极度皱缩，顶端略凹陷，基部略尖，有时有宿萼。质较坚韧，不易折断。内有极多灰棕色种子，种子肾形而扁，长2～4mm，宽2～3mm。气微，味淡。

【质量要求】白茄根：无细枝残叶。茄蒂：无霉蛀。白茄子：种子粒壮，无杂。

【药材炮制】白茄根：除去杂质，洗净，润软，切厚片，干燥。

【化学成分】根含木脂素酰胺类：菜椒酰胺（grossamide）、菜椒酰胺K（grossamide K）、大麻酰胺丁、己、庚（cannabisin D、F、G）[1,2]、茄根酰胺A、B、C、D（melongenamide A、B、C、D）[2]、茄根酰胺E、F、G（melongenamide E、F、G）和石菖蒲酰胺*B（tataramide B）、[3]；内酯类：茄根内酯甲（melongenolide A）[1]；苯丙酰胺类：N-反式-阿魏酰去甲辛弗林（N-trans-feruloyloctopamine）、3-（4-羟苯基）-N-[2-（4-羟苯基）-2-甲氧乙基]丙烯酰胺{3-（4-hydroxyphenyl）-N-[2-（4-hydroxyphenyl）-2-methoxyethyl]acrylamide}、N-反式-3-甲氧基酪胺（N-trans-3-methoxytyramine）、N-反式-芥子酰酪胺（N-trans-sinapoyltyramine）、N-反式-芥子酰去甲辛弗林（N-trans-sinapoyloctopamine）、N-反式-咖啡酰去甲辛弗林（N-trans-caffeoyloctopamine）、N-反式-对香豆酰去甲肾上腺素（N-trans-p-coumaroylnoradrenline）、N-反式-阿魏酰去甲肾上腺素（N-trans-feruloylnoradrenline）[1]、1,2-二氢-6,8-二甲氧基-7-羟基-1-（3,5-二甲氧基-4-羟基苯基）-N^1,N^2-二-[2-（4-羟基苯基）乙基]-2,3-萘二酰胺{1,2-dihydro-6,8-dimethoxy-7-hydroxy-1-（3,5-dimethoxy-4-hydroxyphenyl）-N^1,N^2-bis-[2-（4-hydroxyphenyl）ethyl]-2,3-naphthalene dicarboxamide}[2]、N-顺式-阿魏酰去甲辛弗林（N-cis-feruloyloctopamine）、N-顺式-对香豆酰去甲辛弗林（N-cis-p-coumaroyloctopamine）、N-顺式-阿魏酰酪胺（N-cis-feruloyltyramine）、N-反式对香豆酰酪胺（N-trans-p-coumaroyltyramine）、N-反式-阿魏酰酪胺（N-trans-feruloyltyramine）、N-反式-对香豆酰去甲辛弗林（N-trans-p-coumaroyloctopamine）[1,3]、N-顺式-香豆酰酪胺（N-cis-coumaroyltyramine）、N-顺式-阿魏酰基-3'-甲氧基酪胺（N-cis-feruloyl-3'-methoxytyramine）、N-反式-阿魏酰甲氧基酪胺（N-trans-feruloylmethoxytyramine）、N-阿魏酰去甲变肾上腺素（N-feruloylnormetanephrine）和N-[2-（3,4-二羟基苯基）-2-羟基乙基]-3-（4-甲氧基苯基）丙-2-烯酰胺{N-[2-（3,4-dihydroxyphenyl）-2-hydroxyethyl]-3-（4-methoxyphenyl）prop-2-enamide}[3]；生物碱类：澳洲茄碱（solasonine）和边茄碱（solamargine）[4]；黄酮类：山柰酚-3-O-（2″,6″-二-O-反式-对香豆酰基）-β-D-葡萄糖苷[kaempferol-3-O-（2″,6″-di-O-p-trans-coumaroyl）-β-D-glucoside][1]；木脂素类：（+）-丁香树脂酚[（+）-syringaresinol]、（+）-南烛木树脂酚[（+）-lyoniresinol]、5,5'-二甲氧基落叶松脂醇（5,5'-dimethoxy-lariciresinol）和4-羟基-3,3',5'-三甲氧基-8',9'-二去甲-8,4'-氧代新木脂素-7,9-二醇-7'-醛（4-hydroxy-3,3',5'-trimethoxy-8',9'-dinor-8,4'-oxyneoligna-7,9-diol-7'-aldehyde）[1]和榕醛（ficusal）[5]；三萜类：阿江榄仁酸（arjunolic acid）[1]；甾体类：β-谷甾醇（β-sitosterol）[1]，苘麻叶茄甾苷*G、P、Q、R、S、T、U（abutiloside G、P、Q、R、S、T、U）、（25R）3β,16α,26-三羟基-5-烯-胆甾烷-22-酮[（25R）3β,16α,26-trihydroxy-5-en-cholestan-22-one]、长春茄甾苷*B（solaviaside B）、茄果甾酮*B（tumacone B）[6]、甲基原薯蓣皂苷（methylprotodioscin）、原薯蓣皂苷（protodioscin）、薯蓣皂苷元（diosgenin）、豆甾醇（stigmasterol）、豆甾醇-O-β-D-吡喃葡萄糖苷（stigmasterol-O-β-D-glucopyranoside）和胡萝卜苷[7]；酚酸类：香草酸（vanillic acid）[1]；香豆素类：滨蒿内酯（scoparone），即6,7-二甲氧基香豆素（6,7-dimethoxycoumarin）[1,5]；苯丙素类：反式-阿魏醛（trans-ferulaldehyde）[5]。

叶含黄酮类：山柰酚-3-O-芸香糖苷（kaempferol-3-O-rutinoside）和槲皮素-3-O-α-L-吡喃鼠李糖苷（quercetin-3-O-α-L-rhamnopyranoside）[8]；苯丙素类：绿原酸（chlorogenic acid）、反式-咖啡酸

（trans-caffeic acid）和氢化咖啡酸（hydrocaffeic acid）[9]；酚酸类：4-乙基儿茶酚（4-ethylcatechol）和原儿茶酸（protocatechuic acid）[9]。

果实含黄酮类：花翠素-3-芸香糖苷（delphinidin-3-rutinoside）[10]；糖类：茄多糖（SMPS）[11]；生物碱类：水苏碱（stachydrine）、葫芦巴碱（trigonelline）、茄碱（solanine）[12]，二羟基桂皮酰胺（dihydroxycinnamoyl amide）、N-咖啡酰氧基腐胺（N-caffeoylputrescine）和N, N'-二咖啡酰氧基亚精胺（N, N'-dicaffeoylspermidine）[13]；花青素类：紫苏宁（shisonin）、飞燕草苷（delphin）、飞燕草素-3-O-β-D-吡喃葡萄糖苷（delphinidin-3-O-β-D-glucopyranoside）和飞燕草素-3-O-[4-(对香豆酰)-α-L-吡喃鼠李糖基-(1→6)-吡喃葡糖苷]-5-O-β-D-吡喃葡萄糖苷{delphinidin-3-O-[4-(p-coumaroyl)-α-L-rhamnopyranosyl-(1→6)-glucopyranoside]-5-O-β-D-glucopyranoside}[12]，反式-茄色苷（trans-nasunin）、顺式-茄色苷（cis-nasunin）[14,15]和郁金香宁（tulipanin）[15]；苯丙素类：对香豆酸（p-coumaric acid）[12]，4-咖啡酰氧基奎宁酸（4-caffeoylquinic acid）、5-顺式-咖啡酰奎宁酸（5-cis-caffeoylquinic acid）、3, 5-二咖啡酰奎宁酸（3, 5-dicaffeoylquinic acid）、3-乙酰基-5-咖啡酰氧基奎宁酸（3-acetyl-5-caffeoylquinic acid）、4, 5-二咖啡酰奎宁酸（4, 5-dicaffeoylquinic acid）、3-乙酰基-4-咖啡酰氧基奎宁酸（3-acetyl-4-caffeoylquinic acid）[13]，绿原酸（chlorogenic acid）、新绿原酸（neochlorogenic acid）[13,16]和咖啡酸（caffeic acid）[16]；三萜类：羽扇豆醇（lupeol）、α-香树脂醇（α-amyrin）和β-香树脂醇（β-amyrin）[17]；甾体类：β-谷甾醇（β-sitosterol）和豆甾醇（stigmasterol）[17]；低碳羧酸类：甲羟戊酸（mevalonic acid）[18]。

果皮含花青素类：飞燕草素-3-咖啡酰芦丁糖苷-5-葡萄糖苷（delphinidin-3-caffeoylrutinoside-5-glucoside）[19]，飞燕草素-3, 5-二葡萄糖苷（delphinidin-3, 5-diglucoside）、飞燕草素-3-芸香糖苷（delphinidin-3-rutinoside）、飞燕草素-3-葡萄糖苷（delphinidin-3-glucoside）[20]和茄色苷（nasunin）[21]。

种子含甾体类：替告皂苷元（tigogenin）、薯蓣皂苷元（diosgenin）[22]，茄甾苷A、B、E、F、G、H（melongoside A、B、E、F、G、H）[23]，菜油甾醇（campesterol）、豆甾醇（stigmasterol）、胆甾醇（cholesterol）、β-谷甾醇（β-sitosterol）、异岩藻甾醇（iso-fucosterol）、牡蛎甾醇（ostreasterol）、柠檬甾二烯醇（citrostadienol）、豆甾-5, 25-二烯-3β-醇（stigmasta-5, 25-dien-3β-ol）和14-甲基-5α-胆甾-9 (11)-烯-3β-醇[14-methyl-5α-cholest-9 (11)-en-3β-ol][24]；三萜类：环木菠萝烯醇（cycloartenol）、二氢羊毛脂醇（dihydrolanosterol）、24-亚甲基鸡冠柱烯醇（24-methylenelophenol）、24-乙基鸡冠柱烯醇（24-ethylophenol）、鸡冠柱烯醇（lophenol）、24-亚甲基环木菠萝烷醇（24-methylenecycloartanol）[24]，羊毛脂-8-烯-3β-醇（lanost-8-en-3β-ol）、24-亚甲基羊毛脂-8-烯-3β-醇（24-methylenelanost-8-en-3β-ol）、羊毛脂醇（lanosterol）、β-香树脂醇（β-amyrin）和羽扇豆醇（lupeol）[25]。

地上部分含酰胺类：N-对香豆酰去甲辛弗林（N-p-coumaroyloctopamine）、N-反式-芥子酰酪胺（N-trans-sinapoyltyramine）、N-反式-阿魏酰-3-甲氧基酪胺（N-trans-feruloyl-3-methoxytyramine）、N-反式阿魏酸酰酪胺（N-trans-feruloyltyramine）、N-对羟基-反式-香豆酰酪胺（N-p-hydroxy-trans-coumaroyltyramine）[26]，N-反式对香豆酰酪胺（N-trans-p-coumaroyltyramine）、N-反式-阿魏酰酪胺（N-trans-feruloyltyramine）、N-顺式-阿魏酰酪胺（N-cis-feruloyltyramine）、N-反式-阿魏酰去甲辛弗林（N-trans-feruloyloctopamine）、N-反式-阿魏酰-3-甲氧基酪胺（N-trans-feruloyl-3-methoxytyramine）、N-顺式-阿魏酰-3-甲氧基酪胺（N-cis-feruloyl-3-methoxytyramine）、N-反式-芥子酰酪胺（N-trans-sinapoyltyramine）、N-顺式-芥子酰酪胺（N-cis-sinapoyltyramine）、7'-(3', 4'-二羟苯基)-N-[(4-甲氧苯基)乙基]丙烯酰胺{7'-(3', 4'-dihydroxyphenyl)-N-[(4-methoxyphenyl)ethyl]propenamide}、N-反式-阿魏酰-4'-O-甲基多巴胺（N-trans-feruloyl-4'-O-methyldopamine）、2-吡咯烷酮（2-pyrrolidone）和氧脯氨酸（2-pyrrolidone-5-carboxylic acid）[27]；黄酮类：槲皮素（quercetin）、木犀草素（luteolin）、山柰酚（kaempferol）和柚皮素（naringenin）[27]；香豆素类：东莨菪素（scopoletin）和滨蒿内酯（scoparone）[26]；木脂素类：(+)-丁香脂素[(+)-syringaresinol][26]和(+)-松脂素[(+)-pinoresinol][27]；脂肪酸及酯类：二十四烷酸（tetracosanoic acid）、十六烷酸单甘油酯（glyceryl monodaturate）、十八烷酸单

甘油酯（glyceryl monostearate）、亚油酸单甘油酯（monolinoleoyl glycerol）、二十二烷酸单甘油酯（glyceryl monodocosanoate）[26]，9, 10, 13-三羟基-11-十八碳烯酸（9, 10, 13-trihydroxy-11-octadecenoic acid）和棕榈酸（hexadecenoic acid）[27]；甾醇类：β-谷甾醇（β-sitosterol）、胡萝卜苷（daucosterol）[26]和3-O-β-D-吡喃葡萄-24（S）-乙基-22E-二氢胆甾醇［3-O-β-D-glucopyranosyl-24（S）-ethyl-22E-dihydrocholesterol］[27]；酚酸类：对香豆酸对羟基苯乙醇酯（p-hydroxyphenylethanol p-coumarate）[26]。

【药理作用】1.抗炎镇痛 根水提取液和醇提取物可提高小鼠热板痛阈值，抑制二甲苯所致小鼠的耳廓肿胀，增加小鼠耳廓毛细血管交叉数，并可抑制子宫和肠道平滑肌的收缩，其对子宫平滑肌的抑制作用与阻断胆碱受体和组胺受体有关[1]。2.降血脂 根的酸性组分能显著降低实验型高血脂动物的甘油三酯（TG）、低密度脂蛋白（LDL）含量，提高高密度脂蛋白（HDL）与低密度脂蛋白比例[2]。3.镇静催眠 根水提取液有一定的镇静催眠作用，可提高戊巴比妥钠所致小鼠的入睡率，对抗尼可刹米引起的惊厥[3]。4.改善血循环 根中提取的总生物碱可延长小鼠的凝血时间，还可缓解脑垂体后叶素引起的家兔心肌缺血[4]；茎的水提液能明显增加小鼠的血小板，但对红细胞和白细胞没有明显影响[5]。5.免疫抑制 果实的水提取物可抑制免疫或非免疫引起的过敏反应，抑制组胺释放，抑制肥大细胞分泌肿瘤坏死因子-α（TNF-α）[6]。6.抗氧化 果皮红色素具有明显清除自由基的作用，对羟自由基（·OH）和超氧阴离子自由基（O_2^-·）的清除作用强于抗坏血酸[7]。

【性味与归经】白茄根：甘，平。茄蒂：甘，寒。白茄子：甘，凉。

【功能与主治】白茄根：祛风通络，活血止血。用于风湿痹痛，肠风下血，尿血。茄蒂：祛风止血，解毒。用于肠风下血，痈肿疮毒，口疮，牙痛。白茄子：清热，活血，止痛，消肿。用于肠风下血，热毒疮痈，皮肤溃疡。

【用法与用量】白茄根：15～30g。茄蒂：煎服6～19g；或烧存性研末，外用。白茄子：煎服4.5～6g；外用适量。

【药用标准】白茄根：浙江炮规2015、上海药材1994、贵州药材2003、江苏药材1989、湖南药材2009、山东药材2012、北京药材1998和湖北药材2009；茄蒂：上海药材1994；白茄子：上海药材1994。

【临床参考】1.胫腓骨疲劳性骨膜炎：根（干、鲜均可）250g，切碎用纱布包裹，加适量水煮开，先熏后洗患肢，每日1次，每次30min，3～4次为1疗程，熏洗后休息，每250g根可依上法重复使用2次[1]。

2.久咳、慢性支气管炎：果实50～60g，洗净切碎，煮熟去渣，药汁与蜂蜜拌匀，每天早晚各服1次，连用3～5剂[2]。

3.风湿性关节炎：根5000g，加虎杖根1000g，洗净切片，狗骨500g洗净后置文火上烘烤至黄，趁热打碎，拌入红花汁适量，将上述三味投入60°白酒5kg内，密封缸口浸泡15天后启用，成人每次服25～30ml，分早晚服，亦可在进餐时服，儿童酌减[3]。

4.荨麻疹：根50g（鲜根100g），洗净切碎，放入60°白酒300ml内浸泡1周，用时药液涂擦患处[4]。

5.增生性骨关节炎：根100g，加寻骨风、威灵仙、生半夏各100g，浸入食醋2000ml中2～3h，煮沸15min，过滤去渣，再加入樟脑100g，摇匀，将消毒纱布浸入药液后敷贴患处，塑料膜覆盖，药液干后将纱布重新浸湿再敷，每晚1次，与针罐法间隔12h，配合中药内服[5]。

6.风湿性关节炎、类风湿性关节炎：根15g，水煎服；或根90g，浸白酒500ml，3天后开始服，每次15ml，每天2次。

7.冻疮（未溃）：根120g，水煎洗患部，每天1～2次。

8.便血：果实带花萼（过霜后采用），烧存性研细粉，每天6g，空腹黄酒冲服。（6方至8方引自《浙江药用植物志》）

【化学参考文献】

[1]孙晶.茄根的抗炎活性成分及其质量标准研究［D］.北京：北京中医药大学硕士学位论文，2015.

[2] Sun J, Gu Y F, Su X Q, et al. Anti-inflammatory lignanamides from the roots of *Solanum melongena* L.［J］. Fitoterapia, 2014, 98: 110-116.

[3] Yang B Y, Yin X, Liu Y, et al. Bioassay-guided isolation of lignanamides with potential anti-inflammatory effect from the roots of *Solanum melongena* L［J］. Phytochem Lett, 2019, 30: 160-164.

[4] Ahmed K M. Constituents of the aerial parts and roots of some *Solanum melongena* varieties［J］. Egyptian J Pharm Sci, 1996, 37（1-6）: 37-44.

[5] Liu X C, Luo J G, Kong L Y. Phenylethyl cinnamides as potential α-glucosidase inhibitors from the roots of *Solanum melongena*［J］. Nat Prod Commun, 2011, 6（6）: 851-853.

[6] Yang B Y, Yin X, Liu Y, et al. New steroidal saponins from the roots of *Solanum melongena* L.［J］. Fitoterapia, 2018, 128: 12-19.

[7] Chiang H C, Chen Y Y. Xanthine oxidase inhibitors from the roots of eggplant（*Solanum melongena* L.）［J］. Journal of Enzyme Inhibition, 1993, 7（3）: 225-235.

[8] Barnabas C G G, Nagarajan S. Chemical and pharmacological studies on the leaves of *Solanum melongena*［J］. Fitoterapia, 1989, 60（1）: 77-78.

[9] Yoshihara T, Sato Y, Sakamura S. Isolation and identification of polyphenolic compounds in the leaves of eggplant（*Solanum melongena* L.）［J］. Nippon Nogei Kagaku Kaishi, 1978, 52（2）: 101-103.

[10] Casati L, Pagani F, Fibiani M, et al. Potential of delphinidin-3-rutinoside extracted from *Solanum melongena* L. as promoter of osteoblastic MC3T3-E1 function and antagonist of oxidative damage［J］. Eur J Nutr, 2018, 58: 1019-1032.

[11] Ojha A K, Chandra K, Ghosh K, et al. Structural analysis of an immunoenhancing heteropolysaccharide isolated from the green（unripe）fruits of *Solenum melongena*（Brinjal）［J］. Carbohydr Res, 2009, 344（17）: 2357-2363.

[12] 中国医学科学院药物研究所. 中草药有效成分的研究（第一分册）. 第2版. 北京: 人民卫生出版社, 1972: 407-419.

[13] Whitaker B D, Stommel J R. Distribution of hydroxycinnamic acid conjugates in fruit of commercial eggplant（*Solanum melongena* L.）cultivars［J］. J Agric Food Chem, 2003, 51（11）: 3448-3454.

[14] Ichiyanagi T, Kashiwada Y, Shida Y, et al. Nasunin from eggplant consists of cis-trans isomers of delphinidin 3-［4-（*p*-coumaroyl）-L-rhamnosyl（1→6）glucopyranoside］-5-glucopyranoside［J］. J Agric Food Chem, 2005, 53（24）: 9472-9477.

[15] Honda T, Zushi K, Matsuzoe N. Inheritance of anthocyanin pigment and photosensitivity in eggplant（*Solanum melongena* L.）fruit［J］. Environment Control in Biology（Fukuoka, Japan）, 2012, 50（1）: 75-80.

[16] Sakamura S, Obata Y. Anthocyanase and anthocyanins occurring in eggplant, *Solarium melongena* L. Part II. isolation and identification of chlorogenic acid and related compounds from eggplant［J］. Agric Biol Chem, 1963, 27: 121-127.

[17] Bauer S, Schulte E. Thier H P. Composition of the surface waxes from bell pepper and eggplant［J］. Eur Food Res Technol, 2005, 220（1）: 5-10.

[18] Wills R B H, Scurr E V. Mevalonic acid concentrations in fruit and vegetable tissues［J］. Phytochemistry, 1975, 14（7）: 1643.

[19] Azuma K, Ohyama A, Ippoushi K, et al. Structures and antioxidant activity of anthocyanins in many accessions of eggplant and its related species［J］. J Agric Food Chem, 2008, 56（21）: 10154-10159.

[20] Chatterjee D, Jadhav N T, Bhattacharjee P. Solvent and supercritical carbon dioxide extraction of color from eggplants: characterization and food applications［J］. LWT-Food Science and Technology, 2013, 51（1）: 319-324.

[21] Noda Y, Kneyuki T, Igarashi K, et al. Antioxidant activity of nasunin, an anthocyanin in eggplant peels［J］. Toxicology, 2000, 148（2-3）: 119-123.

[22] Apsamatova R A, Denikeeva M F, Koshoev K K. Study of sapogenins from eggplant seeds［J］. Org Khim Puti Razvit Khim Proizvod Kirg, 1976, 55-56.

[23] Kintya P K, Shvets S A. Steroid glycosides of *Solanum melongena* seeds. Structure of melongosides A, B, E, F, and H［J］. Khim Prir Soedin, 1984, （5）: 610-614.

[24] Farines M, Cocallemen S, Soulier J. Triterpene alcohols, 4-methylsterols and 4-desmethylsterols of eggplant seed oil:

a new phytosterol [J]. Lipids, 1988, 23 (4): 349-354.
- [25] Itoh T, Tamura T, Matsumoto T. Triterpene alcohols in the seeds of Solanaceae [J]. Phytochemistry, 1977, 16 (11): 1723-1730.
- [26] 孙元伟, 唐万侠, 赵明, 等. 紫茄地上部分化学成分研究 [J]. 齐齐哈尔大学学报, 2012, 28 (2): 15-18.
- [27] 赵莹. 两种茄属植物化学成分分离、微生物转化及生物活性研究 [D]. 济南: 山东大学博士学位论文, 2010.

【药理参考文献】
- [1] 朱曲波, 杨琼, 石米扬, 等. 茄根的镇痛、抗炎作用研究 [J]. 中药药理与临床, 2003, 19 (4): 26-28.
- [2] 汪鋆植, 容辉, 翟文海. 茄根酸性组分降血脂作用研究 [J]. 中国民族医药杂志, 2007, (2): 53-54.
- [3] 白建平, 于肯明, 李月英, 等. 茄根对中枢神经系统的影响 [J]. 大同医学专科学校学报, 2000, (3): 8-9.
- [4] 汪鋆植, 叶红. 茄子根总生物碱活血止痛作用的实验研究 [J]. 中国中医药科技, 1999, 6 (6): 381-382.
- [5] 蒙根, 李峰, 杜风珍, 等. 茄杆对小鼠血小板红细胞白细胞的作用 [J]. 时珍国医国药, 2001, 12 (1): 3-4.
- [6] Lee Y M, Jeong H J, Na H J, et al. Inhibition of immunologic and nonimmunologic stimulation-mediated anaphylactic reactions by water extract of white eggplant (Solanum melongena) [J]. Pharmacological Research, 2001, 43 (4): 405-409.
- [7] 赵芳, 边丽, 胡栋梁. 茄子皮红色素抗氧化活性研究 [J]. 食品与机械, 2008, 24 (2): 62-64.

【临床参考文献】
- [1] 杨明, 孙全洪. 白茄根熏洗治疗胫腓骨疲劳性骨膜炎60例效果观察 [J]. 中国运动医学杂志, 2005, 24 (2): 221.
- [2] 罗林钟, 张智. 蜂蜜白茄汁治疗久咳 [J]. 蜜蜂杂志, 2016, 36 (7): 35.
- [3] 江俊桃. 虎茄狗骨酒治疗风湿性关节炎 [J]. 基层医刊, 1982, (2): 32-33.
- [4] 孙保顶. 茄根酒外用治疗荨麻疹 [J]. 赤脚医生杂志, 1979, (1): 8, 24.
- [5] 丰建萍, 于力强. 三联法治疗增生性骨关节炎84例 [J]. 职业与健康, 2005, 21 (11): 1855.

3. 枸杞属 Lycium Linn.

灌木，常有棘刺，稀无刺。单叶互生或簇生，叶片条形或卵状披针形，全缘；有柄或近无柄。花单生于叶腋或簇生于极度短缩的侧枝上；花萼钟形，3～5不等裂，在花蕾期镊合状排列，花后宿存，不增大；花冠漏斗状或近钟状，先端5裂，裂片在花蕾期覆瓦状排列；雄蕊5枚，着生于花冠筒中部或中部以下，花丝基部稍上处常有1毛环，花药短，纵裂；子房2室，胚珠每室多数，花柱丝状，柱头浅2裂。浆果，长圆形或卵圆形，熟时红色，具肉质的果皮；种子扁平，密布网纹状凹穴。

约80种，主要分布于南美洲，少数种类分布于欧亚大陆温带。中国7种3变种，主要分布于北部和西北部，法定药用植物3种1变种。华东地区法定药用植物2种。

846. 宁夏枸杞（图846）· Lycium barbarum Linn.

【形态】落叶灌木，高达2m。枝灰白色或灰黄色，有纵条纹，具长棘刺。叶在长枝上互生，短枝上丛生，披针形或椭圆形，连柄长1.5～4.5cm，宽0.3～0.8cm，先端急尖，基部楔形，下延成细长柄。花在短枝上2～6朵与叶丛生，在长枝上单生叶腋；花梗长约1cm,结果时多伸长；花萼钟形，长3～4mm，一般2中裂，裂片三角形，或2～3齿裂；花冠紫红色，漏斗形，长10～14mm，冠筒自中部以上渐扩大，远出于花萼之外，裂片卵形，边缘无缘毛；花丝近基部及冠筒内同一水平处密生一圈绒毛。浆果红色，形状多样，长0.8～2cm。种子多数。花果期5～10月。

【生境与分布】华东地区没有野生分布，有少量栽培。分布于我国西北、华北。

【药名与部位】枸杞子，成熟果实。枸杞柄，带宿萼的果梗。枸杞茶，叶。地骨皮，根皮。

【采集加工】枸杞子：夏、秋二季果实呈红色时采收，热风烘干，除去果梗，或晾至皮皱后，晒干，除去果梗。枸杞柄：夏、秋二季采收果实，干燥后，收集与果实分离的果柄。枸杞茶：夏、秋二季采摘

图 846　宁夏枸杞　　　　摄影　刘军等

新鲜绿叶，炒制成茶。地骨皮：春初或秋后采剥，干燥。

【药材性状】枸杞子：呈类纺锤形，略扁，长 6～18mm，直径 3～8mm。表面鲜红色或暗红色。顶端有突起的花柱痕，基部有白色的果梗痕，有的可见通常为 2 中裂的宿存花萼。果皮柔韧，皱缩；果肉肉质，柔润而有黏性。种子多数，略呈三棱状扁肾形，长约 2mm。气微，味甘。

枸杞柄：呈长圆锥形，长 1～2.5cm，直径 0.05～0.1cm。向顶端渐粗，顶端宿萼膨大成钟状，萼片 2 裂或破碎成不规则齿状，萼筒内基部具果实脱落的圆形疤痕。果梗具纵皱纹；无毛。质轻脆。气微，味微咸。

枸杞茶：皱缩呈弯曲的长条状，深绿色至黑绿色。部分叶片已破碎，完整者展开后呈狭披针形或披针形，长 4～10cm，宽 1～2cm，先端尖，基部楔形，稍下延，全缘，无毛。主脉稍突起，侧脉不明显；叶片稍厚，略韧。叶柄长 0.3～0.5cm。气微，味微咸。

地骨皮：呈筒状或槽状，长 3～10cm，宽 0.5～1.5cm，厚 0.1～0.3cm。外表面灰黄色至棕黄色，粗糙，有不规则纵裂纹，易成鳞片状剥落。内表面黄白色至灰黄色，较平坦，有细纵纹。体轻，质脆，易折断，断面不平坦，外层黄棕色，内层灰白色。气微，味微甘而后苦。

【质量要求】枸杞子：肉厚肥壮，色红，籽少，质柔，味甜。

【药材炮制】枸杞子：除去残留果梗等杂质及霉黑者。盐枸杞子：取盐，置热锅中翻动，炒至滑利，投入枸杞子，炒至表面鼓起时，取出，筛去盐，摊凉。

枸杞柄：除去幼果、枯叶及其他杂质。

地骨皮：除去杂质及残余木心，洗净，晒干或低温干燥。

【化学成分】果实含酚酸类：4′-羟基苯乙酮（4′-hydroxyacetophenone）、原儿茶酸（protocatechuic acid）[1]，邻苯二甲酸二甲酯（dimethylphthalate）、邻苯二甲酸二丁酯（dibutyl phthalate）[2]和鹰爪花烯酮（artamenone）[3]；苯丙素类：二氢异阿魏酸（dihydroisoferulic acid）、咖啡酸（cafeic acid）、E-对羟基肉桂酸（E-p-hydroxy cinnamic acid）、Z-对羟基肉桂酸（Z-p-hydroxy-cinnamic acid）、反式肉桂酸（trans-cinnamic acid）[1]，N-反式阿魏酸酪酰胺（N-trans-feruloyltyramine）、4-O-（对甲氧基肉桂酰基）-β-D-吡喃葡萄糖苷［4-O-（methoxypcinnamoyl）-β-D-glucopyranoside］[2]，4-O-（甲氧基桂皮酰基）-β-D-吡喃葡萄糖苷［4-O-（methoxycinnamoyl）-β-D-glucopyranoside］[4]和反式松柏醇（trans-coniferyl alcohol）[2,4]；黄酮类：槲皮素（quercetin）[3,4]；生物碱类：4-［甲酰基-5-（甲氧基甲基）-1H-吡咯-1-基］丁酸｛4-［formyl-5-（methoxymethyl）-1H-pyrrol-1-yl］butanoic acid｝[1]，烟酰胺（nicotinamide）[2]，2-糠醇-（5′-11）-1,3-环戊二烯［5,4-c］-1H-邻二氮杂萘｛2-furylcarbinol-（5′-11）-1,3-cyclopentadiene［5,4-c］-1H-cinnoline｝[3,5]，N-E-香豆酰酪胺（N-E-coumaroyl tyramine）、二氢-N-咖啡酰酪胺（dihydro-N-caffeoyl tyramine）、反式-N-咖啡酰酪胺（trans-N-caffeoyl tyramine）、N-E-阿魏酰酪胺（N-E-feruloyl tyramine）、枸杞酰胺A、B、C（lyciumamide A、B、C）[5]甜菜碱（betaine）[6,7,8]阿托品（atropine）[3]，烟酰胺（nicotinamide）[3,4]，N-反式-阿魏酰酪胺（N-trans-feruloyltyramine）[4]，4-［甲酰基-5-（羟甲基）-1H-吡咯-1-基］丁酸｛4-［formyl-5-（hydroxymethyl）-1H-pyrrol-1-yl］butanoic acid｝、烟酸（nicotinic acid）[7,9]和天仙子胺（hyoscyamine）[8]；香豆素类：七叶树内酯（esculetin）[1]，异东莨菪内酯（iso-scopoletin）[2]，东莨菪内酯（scopoletin）和东莨菪苷（scopolin）[4]；甾体类：β-谷甾醇（β-sitosterol）、胡萝卜苷（daucosterol）[6]和麦角甾醇（ergosterol）[10]；类胡萝卜素类：β-胡萝卜素（β-carotene）、玉米黄质（zeaxanthin）、新黄质（neoxanthin）、9-顺式-玉米黄质（9-cis-zeaxanthin）、13-顺式-玉米黄质（13-cis-zeaxanthin）、13′-顺式-玉米黄质（13′-cis-zeaxanthin）、15-顺式-玉米黄质（15-cis-zeaxanthin）、15′-顺式-玉米黄质（15′-cis-zeaxanthin）、全反式-玉米黄质（all-trans-zeaxanthin）、9′-顺式-玉米黄质（9′-cis-zeaxanthin）、全反式-β-隐黄质（all-trans-β-cryptoxanthin）、9-顺式-β-隐黄质（9-cis-β-cryptoxanthin）、9′-顺式-β-隐黄质（9′-cis-β-cryptoxanthin）、13-顺式-β-胡萝卜素（13-cis-β-carotene）、13′-顺式-β-胡萝卜素（13′-cis-β-carotene）、全反式-β-胡萝卜素（all-trans-β-carotene）、9-顺式-β-胡萝卜素（9-cis-β-carotene）、9′-顺式-β-胡萝卜素（9′-cis-β-carotene）、玉米黄质-单棕榈酸酯（zeaxanthin-monopalmitate）、β-隐黄质-单棕榈酸酯（β-cryptoxanthin-monopalmitate）和玉米黄质-二棕榈酸酯（zeaxanthin-dipalmitate）[11]；甘油糖脂类：（2S）-1-O-棕榈酰基-2-O-亚麻酰基-3-O-［α-D-吡喃半乳糖基-（1″→6″）-（3″-O-亚麻酰基）-β-D-吡喃半乳糖基］甘油｛（2S）-1-O-palmitoyl-2-O-linolenoyl-3-O-［α-D-galactopyranosyl-（1″→6″）-（3″-O-linolenoyl）-β-D-galactopyranosyl］glycerol｝、（2S）-1-O-棕榈酰基-2-O-亚麻酰基-3-O-［α-D-吡喃半乳糖基-（1″→6′）-（3″-O-亚麻酰基）-β-D-吡喃半乳糖基］甘油｛（2S）-1-O-palmitoyl-2-O-linolenoyl-3-O-［α-D-galactopyranosyl-（1″→6′）-（3″-O-linoleoyl）-β-D-galactopyranosyl］glycerol｝、（2S）-1-O-棕榈酰基-2-O-亚麻酰基-3-O-［α-D-吡喃半乳糖基-（1″→6′）-（3″-O-棕榈酰基）-β-D-吡喃半乳糖基］-甘油｛（2S）-1-O-palmitoyl-2-O-linolenoyl-3-O-［α-D-galactopyranosyl-（1″→6′）-（3″-O-palmitoyl）-β-D-galactopyranosyl］-glycerol｝、（2S）-1-O-棕榈酰基-2-O-亚油酰基-3-O-［α-D-吡喃半乳糖基-（1″→6′）-（3″-O-棕榈酰基）-β-D-吡喃半乳糖基］甘油｛（2S）-1-O-palmitoyl-2-O-linoleoyl-3-O-［α-D-galactopyranosyl-（1″→6′）-（3″-O-palmitoyl）-β-D-galactopyranosyl］glycerol｝、（2S）-1-O-棕榈酰基-2-O-棕榈酰基-3-O-［α-D-吡喃半乳糖基-（1″→6′）-（3″-O-棕榈酰基）-β-D-吡喃半乳糖基］-甘油｛（2S）-1-O-palmitoyl-2-O-palmitoyl-3-O-［α-D-galactopyranosyl-（1″→6′）-（3″-O-palmitoyl）-β-D-galactopyrano-syl］-glycerol｝、（2S）-1-O-棕榈酰基-2-O-棕榈酰基-3-O-［α-D-

吡喃半乳糖基-（1″→6′）-β-D-吡喃半乳糖基］甘油 {(2S)-1-O-palmitoyl-2-O-palmitoyl-3-O-[α-D-galactopyranosyl-(1″→6′)-β-D-galactopyranosyl] glycerol}、(2S)-1-O-亚麻酰基-2-O-亚麻酰基-3-O-［α-D-吡喃半乳糖基-（1″→6′）-β-D-吡喃半乳糖基］甘油 {(2S)-1-O-linolenoyl-2-O-linolenoyl-3-O-[α-D-galactopyranosyl-(1″→6′)-β-D-galactopyranosyl] glycerol}、(2S)-1-O-亚麻酰基-2-O-亚油酰基-3-O-［α-D-吡喃半乳糖基-（1″→6′）-β-D-吡喃半乳糖基］甘油 {(2S)-1-O-linolenoyl-2-O-linoleoyl-3-O-[α-D-galactopyranosyl-(1″→6′)-β-D-galactopyranosyl] glycerol}、(2S)-1-O-棕榈酰基-2-O-亚麻酰基-3-O-［α-D-吡喃半乳糖基-（1″→6′）-β-D-吡喃半乳糖基］甘油 {(2S)-1-O-palmitoyl-2-O-linolenoyl-3-O-[α-D-galactopyranosyl-(1″→6′)-β-D-galactopyranosyl] glycerol}、(2S)-1-O-棕榈酰基-2-O-亚油酰基-3-O-［α-D-吡喃半乳糖基-（1″→6′）-β-D-吡喃半乳糖基］甘油 {(2S)-1-O-palmitoyl-2-O-linoleoyl-3-O-[α-D-galactopyranosyl-(1″→6′)-β-D-galactopyranosyl] glycerol}、(2S)-1-O-棕榈酰基-2-O-油酰基-3-O-［α-D-吡喃半乳糖基-（1″→6′）-β-D-吡喃半乳糖基］甘油 {(2S)-1-O-palmitoyl-2-O-oleoyl-3-O-[α-D-galactopyranosyl-(1″→6′)-β-D-galactopyranosyl] glycerol}、(2S)-1-O-硬脂酰基-2-O-亚油酰基-3-O-［α-D-吡喃半乳糖基-（1″→6′）-β-D-吡喃半乳糖基］甘油 {(2S)-1-O-stearoyl-2-O-linoleoyl-3-O-[α-D-galactopyranosyl-(1″→6′)-β-D-galactopyranosyl] glycerol}、(2S)-1-O-棕榈酰基-2-O-亚麻酰基-3-O-β-D-吡喃半乳糖基甘油［(2S)-1-O-palmitoyl-2-O-linolenoyl-3-O-β-D-galactopyranosylglycerol］、(2S)-1-O-棕榈酰基-2-O-亚油酰基-3-O-β-D-吡喃半乳糖基甘油［(2S)-1-O-palmitoyl-2-O-linoleoyl-3-O-β-D-galactopyranosylglycerol］和(2S)-1-O-棕榈酰基-2-O-油酰基-3-O-β-D-吡喃半乳糖基甘油［(2S)-1-O-palmitoyl-2-O-oleoyl-3-O-β-D-galactopyranosylglycerol］[12]；脂肪酸类：棕榈酸（palmitic acid）、油酸（oleic acid）、亚油酸（linolic acid）、α-亚油酸（α-linolenic acid）、γ-亚油酸（γ-linolenic acid）、9,12-十八碳二烯酸（9,12-Octadecadienoic acid）、蜡酸（cerotic acid）、褐煤酸（montanic acid）[6]，花生酸（arachidic acid）[7]，二十烷酸（eicosanoic acid）[10]，十二酸甲酯（methyl dodecanoate）和壬二酸甲酯（methyl nonanedioate）[13]；多糖类：宁夏枸杞多糖2（Lbp2）[14]，宁夏枸杞多糖A_3（$LBPA_3$）、宁夏枸杞多糖B_1（$LBPB_1$）、宁夏枸杞多糖C_2（$LBPC_2$）和宁夏枸杞多糖C_4（$LBPC_4$）[15]；维生素类：核黄素（riboflavin）、维生素C（vitamin C）、硫胺素（thiamine）和2-O-β-D-吡喃葡萄糖基抗坏血酸（2-O-β-D-glucopyranosyl ascorbic acid）[16]。

叶含酚酸类：对甲氧基苯甲酸（4-methoxybenzoic acid）、对羟基苯乙酮（p-hydroxy-acetophenone）、羟基苯甲醛（p-hydroxybenzaldehyde）[17]，云杉素（picein）、原儿茶酸酯（protocatechuate）、2,4-二羟基苯甲酸二甲基酰胺(2,4-dihydroxybenzoic acid dimethylamide)和2,4-二羟基苯甲酸(2,4-dihydroxybenzoic acid)[18]；多元羧酸类：(Z)-2-亚乙基-3-丁甲基丁二酸［(Z)-2-ethylidene-3-methylsuccinic acid］[17]；黄酮类：槲皮素（quercetin）、芦丁（rutin）[17]，刺槐素（acacetin）[18]和山奈酚（kaempferol）[19]；苯丙素类：对甲氧基肉桂酸（4-methoxycinnamic acid）[17]，绿原酸（chlorogenic acid）[19]，3-O-咖啡酰奎宁酸（3-O-caffeoylquinic acid）和4-O-咖啡酰奎宁酸（4-O-caffeoylquinic acid）[18]；香豆素类：东莨菪内酯（scopoletin）和东莨菪苷（scopolin）[17]；核苷类：腺苷（adenosine）[20]；元素：砷（As）、钛（Ti）、钙（Ca）、镁（Mg）、锰（Mn）、硒（Se）、锌（Zn）、钴（Co）、铁（Fe）、钼（Mo）、铝（Al）、铜（Cu）和铬（Gr）[21]。

种子含甾体类：β-谷甾醇（sitosterol）、胡萝卜苷（daucosterol）和豆甾醇（stigmasterol）[20]；香豆素类：东莨菪内酯（scopoletin）和东莨菪苷（scopolin）[20]；脂肪酸类：棕榈酸（palmitic acid）[20]；三萜类：山楂酸（maslinic acid）[20]；苯丙素类：阿魏醛（feruladehyde）[20]；氨基酸类：天冬氨酸（Asp）、脯氨酸（Pro）、丙氨酸（Ala）、亮氨酸（Leu）、苯丙氨酸（Phe）、丝氨酸（Ser）、甘氨酸（Gly）、谷氨酸（Glu）、半胱氨酸（Cys）、赖氨酸（Lys）、精氨酸（Arg）、异亮氨酸（Ile）、苏氨酸（Thr）、组氨酸（His）、酪氨酸（Tyr）、色氨酸（Try）和蛋氨酸（Met）[22]。

根含生物碱类：阿托品（atropine）和天仙子胺（hyoscyamine）[23]。

【药理作用】1. 免疫调节　果实粉末水混悬液可明显增加小鼠血清溶血素抗体积数、溶血空斑数、腹腔单核-巨噬细胞对鸡红细胞的吞噬指数、脾脏自然杀伤（NK）细胞活性和淋巴细胞转化试验吸光度差值等指标水平，显示出免疫增强作用[1]；果实提取物对分别经植物血凝素（PHA）和佛波酯酸（PMA）活化的扁桃体淋巴细胞增殖有显著的促进作用，表明对活化的T、B淋巴细胞的增殖有促进作用，并可导致$CD4^-CD8^+$和$CD4^+CD8^+$细胞比例明显下降，$CD4^+CD8^-$细胞比例显著增加，显示出免疫促进作用[2]。2. 抗氧化　从果实水提醇沉物分离的4种多糖均能增加正常小鼠红细胞超氧化物歧化酶（SOD）和全血谷胱甘肽过氧化物酶（GSH-Px）含量，明显降低四氯化碳中毒小鼠肝组织丙二醛（MDA）含量[3]；果实水提取和醇提取物在体外对1,1-二苯基-2-三硝基苯肼（DPPH）自由基、羟基自由基（·OH）均具有清除作用，其作用未脱脂枸杞子大于脱脂枸杞子，水提取物大于醇提取物，且随乙醇浓度的提高而抗氧化能力降低[4]。3. 改善记忆　果实乙醇提取物可明显改善D-半乳糖衰老模型小鼠的学习记忆能力，使记忆获得障碍有所逆转，明显降低跳台错误次数，明显提高衰老模型小鼠的胸腺脏器系数、红细胞超氧化物歧化酶（SOD）、皮肤中羟脯氨酸含量，降低心、肝、脑中的脂褐素含量，显示有一定的延缓衰老作用[5]；果实水煎液对老年小鼠连续给药17周，Morris水迷宫试验显示可明显改善老年小鼠的空间学习记忆能力，可明显增加小鼠海马结构内毒蕈碱型乙酰胆碱受体M1亚型含量[6]。4. 抗疲劳　果实粉末水混悬液可明显延长小鼠负重游泳时间，增加游泳运动后小鼠血乳酸浓度消除幅度，降低运动后血清尿素氮浓度[1]。5. 抗肿瘤　果实水提醇沉物对大鼠肉瘤W256荷瘤大鼠的移植型肿瘤的生长有一定的抑制作用，抑瘤率最高达37.7%，对艾氏腹水癌荷瘤小鼠有延长生命的作用，其生命延长率最高达35.8%[7]。6. 护肝　果实提取的枸杞多糖（LBP）对四氯化碳（CCl_4）所致小鼠的肝损伤有修复作用，表现为肝小叶损伤区域缩小，肝细胞中脂滴减少、细胞核增大、RNA及核仁增多、糖原增加，粗面内质网恢复平行排列、线粒体形态结构恢复、数量增加等，提示其修复机理可能是通过阻止内质网的损伤，促进蛋白质合成及解毒作用，恢复肝细胞的功能，并促进肝细胞的再生[8]。7. 解热　根皮乙醇提取物对角叉菜胶致热大鼠有明显的解热作用[9]。

【性味与归经】枸杞子：甘，平。归肝、肾经。枸杞柄：甘，平。枸杞茶：甘，平。地骨皮：甘，寒。归肺、肝、肾经。

【功能与主治】枸杞子：滋补肝肾，益精明目。用于虚劳精亏，腰膝酸痛，眩晕耳鸣，内热消渴，血虚萎黄，目昏不明。枸杞柄：滋补肝肾，养血益精，明目润肺。用于肝肾阴虚，精血不足，腰膝酸软，眩昏耳鸣，面色萎黄，须发早白，失眠多梦，遗精不育，内热消渴，目昏不明，肺痨久咳。枸杞茶：滋补肝肾，养血益精，明目润肺。用于肝肾阴虚，精血不足，腰膝酸软，眩晕耳鸣，面色萎黄，须发早白，失眠多梦，遗精不育，内热消渴，目昏不明，肺痨久咳。地骨皮：凉血除蒸，清肺降火。用于阴虚潮热，骨蒸盗汗，肺热咳嗽，咯血，衄血，内热消渴。

【用法与用量】枸杞子：6～12g。枸杞柄：10～15g；代茶饮适量。枸杞茶：10～15g；代茶饮适量。地骨皮：9～15g。

【药用标准】枸杞子：药典1963—2015、浙江炮规2015、青海药品1976、新疆药品1980二册、内蒙古蒙药1986和台湾2013；枸杞柄：宁夏药材1993；枸杞茶：宁夏药材1993；地骨皮：药典1977—2015、浙江炮规2015、新疆药品1980二册和台湾2013。

【临床参考】1. 高泌乳素血症：果实20g，加当归15g，每日用200ml沸水浸泡后分2次服，连续服用1个月（含月经期）[1]。

2. 肝肾不足、头晕盗汗、迎风流泪：果实12g，加菊花、熟地黄、怀山药各12g，山萸肉、丹皮、泽泻各9g，水煎服。

3. 目干涩、视力减退、夜盲：果实6～15g，分2次嚼服。

4. 体弱腰痛：果实30g，加蜂蜜30g，水煎服。

5. 肾虚腰痛：果实12g，加金狗脊12g，水煎服。（2方至5方引自《浙江药用植物志》）

【附注】枸杞入药始载于《神农本草经》，列为上品。其后《名医别录》、《本草图经》亦有记载，从所载产地及形态来看，与茄科植物枸杞 Lycium chinense Mill. 一致。《梦溪笔谈》载："枸杞，陕西极边生者，高丈余，大可柱。叶长数寸，无刺，根皮如厚朴，甘美异于他处者。"《千金翼方》载："甘州者为真，叶厚大者是。"《本草纲目》云："古者枸杞、地骨皮取常山者为上，其他丘陵阪岸者可用，后世惟取陕西者良，而又以甘州者为绝品。今陕西之兰州、灵州、九原以西，枸杞并是大树，其叶厚、根粗；河西及甘肃者，其子圆如樱桃，暴干紧小，少核，干亦红润甘美，味如葡萄，可作果食，异于他处者。"由上述记载可知，古代所用枸杞以甘肃、陕西产者质量最好。从所述树形、叶及果实的特征来看，与本种完全一致。

药材枸杞子脾虚便溏者慎服。

北方枸杞 Lycium chinense Mill. var. potaninii（Pojark）A. M. Lu 及新疆枸杞（毛蕊枸杞）Lycium dasystemum Pojark. 的果实民间也作枸杞子药用。

【化学参考文献】

［1］冯美玲，王书芳，张兴贤.枸杞子的化学成分研究［J］.中草药，2013，44（3）：265-268.
［2］徐飞，王晓中，孙杨，等.宁夏枸杞醋酸乙酯部位化学成分研究［J］.中草药，2012，43（12）：2361-2364.
［3］高凯，汤海峰，陆云阳，等.宁夏枸杞子乙酸乙酯部分的化学成分研究［J］.中南药学，2014，12（4）：324-327.
［4］徐飞，王晓中，孙杨，等.宁夏枸杞醋酸乙酯部位化学成分研究［J］.中草药，2012，43（12）：2361-2364.
［5］高凯.宁夏枸杞子的活性成分研究和应用开发［D］.西安：第四军医大学硕士学位论文，2014.
［6］谢忱，徐丽珍，李宪铭，等.枸杞子化学成分的研究［J］.中国中药杂志，2001，26（5）：233-234.
［7］逯海龙，刘仕丽，苏亚伦，等.宁夏枸杞子化学成分的研究［J］.解放军药学学报，2012，28（6）：475-476，498.
［8］难波恒雄.生药学概论.东京：日本南江堂，1990：232.
［9］齐宗绍，李淑芳，吴继平.枸杞子和枸杞叶化学成分的研究——第1报 枸杞子和枸杞叶的营养成分［J］.中药通报，1986，11（3）：41.
［10］逯海龙，刘仕丽，苏亚伦，等.宁夏枸杞子化学成分的研究［J］.解放军药学学报，2012，28（6）：475-476，498.
［11］Stephen I B，Lu H，Hung C F，et al.Determination of carotenoids and their esters in fruits of Lycium barbarum Linnaeus by HPLC-DAD-APCI-MS［J］.J Pharm Biomed Anal，2008，47（4-5）：812-818.
［12］Gao Z P，Ali Z，Khan I A.Glycerogalactolipids from the fruit of Lycium barbarum［J］.Phytochemistry，2008，69（16）：2856-2861.
［13］房嬛，孟仟祥，孙敏卓，等.宁夏枸杞中脂肪酸的分布特征及意义［J］.甘肃科学学报，2009，21（1）：37-39.
［14］Peng X M，Tian G Y.Structural characterization of the glycan part of glycoconjugate LbGp2 from Lycium barbarum L.［J］.Carbohydr Res，2001，331（1）：95-99.
［15］赵春久，李荣芷，何云庆，等.枸杞多糖的化学研究［J］.北京医科大学学报，1997，29（3）：231-233.
［16］Toyoda-ono Y，Maeda M，Nakao M，et al.2-O-（β-D-glucopyranosyl）ascorbic acid，a novel ascorbic acid analogue isolated from Lycium fruit［J］.J Agric Food Chem，2004，52（7）：2092-2096.
［17］姚遥，水栋，田建英，等.宁夏枸杞叶中的化学成分［J］.北京中医药大学学报，2016，39（6）：498-501.
［18］Fan M X，Jiang L，Yu R T，et al.Chemical Constituents of the Leaves of Lycium barbarum［J］.Chemistry of Natural Compounds，2018，54（6）：1154-1156.
［19］Dong J Z，Gao W S，Lu D Y，et al.Simultaneous extraction and analysis of four polyphenols from leaves of Lycium barbarum L.［J］.J Food Biochem，2011，35（3）：914-931.
［20］高聪.宁夏枸杞籽化学成分的研究［J］.成都：西南科技大学硕士学位论文，2013.
［21］Chen C，Shao Y，Li Y L，et al.Trace elements in Lycium barbarum L.leaves by inductively coupled plasma mass spectrometry after microwave assisted digestion and multivariate analysis［J］.Spectrosc Lett，2015，48（10）：775-780.
［22］李春生，杜桂芝，赵全成，等.枸杞子化学成分的研究［J］.中国中药杂志，1990，15（3）：43-44.
［23］Harsh M L.Tropane alkaloids from Lycium barbarum Linn.，in vivo and in vitro［J］.Current Science，1989，58（14）：817-818.

【药理参考文献】

［1］潘京一，杨隽，潘喜华，等.枸杞子抗疲劳与增强免疫作用的实验研究［J］.上海预防医学杂志，2003，15（8）：

377-379.
[2] 胡国俊, 白惠卿, 杜守英, 等. 枸杞对T、B淋巴细胞增殖和T细胞亚群变化的调节作用[J]. 中国免疫学杂志, 1995, 11(3): 163-166.
[3] 李岩, 王丽华, 邹英杰. 枸杞子多糖增强免疫与抗脂质过氧化作用的实验研究[J]. 中医药学报, 2003, 31(2): 25.
[4] 张自萍, 黄文波, 廖国玲, 等. 枸杞子提取液抗氧化活性的研究[J]. 西北植物学报, 2007, 27(5): 943-946.
[5] 高南南, 田泽, 李玲玲, 等. 枸杞乙醇提取物对D-半乳精所致衰老小鼠的改善作用[J]. 中药药理与临床, 1996, (1): 24-25.
[6] 晏林, 张静, 刘翔宇, 等. 枸杞子提取物对改善小鼠学习记忆影响[J]. 中国公共卫生, 2015, 31(12): 1613-1615.
[7] 罗建宁, 张金妹, 高风辉. 枸杞精抗恶性肿瘤作用的研究[J]. 现代应用药学, 1995, 12(3): 10-72.
[8] 边纶, 沈新生, 王燕蓉, 等. 枸杞多糖对四氯化碳所致小鼠肝损伤修复作用的形态学研究[J]. 宁夏医学杂志, 1996, 18(4): 196-198.
[9] 黄小红, 周兴旺, 王强, 等. 3种地骨皮类生药对白鼠的解热和降血糖作用[J]. 福建农业大学学报, 2000, 29(2): 229-232.

【临床参考文献】
[1] 郑慕阳, 钟柏茹, 罗世东, 等. 中药当归枸杞子汤调节高泌乳素血症临床观察[J]. 蛇志, 2014, 26(1): 45-46, 51.

847. 枸杞（图847）• *Lycium chinense* Mill.

图847 枸杞　　　　　　　摄影　李华东

【别名】枸杞子（上海），枸杞菜（江西），红珠仔刺（福建），牛吉力（浙江）。

【形态】落叶灌木，高1～2m。主根长，外皮黄褐色。茎多分枝，枝条细弱，先端下垂，灰白色，有纵条纹，具棘刺，小枝顶端锐尖成棘刺状。单叶互生或 2～4 枚簇生于短枝上，叶片卵形、卵状菱形、卵状披针形，长 2.5～5cm，宽 1～2cm，先端急尖或钝，基部渐狭成短柄，全缘，侧脉不明显。花单生或 2 至数朵簇生；花梗细，长 1～1.4cm；花萼钟状，长 3～4mm，5 浅裂；花冠紫色，漏斗状，5 深裂，裂片边缘有缘毛，基部有深紫色的放射斑纹；雄蕊 5 枚；子房上位，2 室。浆果长圆形，长 0.5～1.5cm，鲜红色。花果期 6～11 月。

【生境与分布】 生于山坡、路旁、旷野及宅旁。分布于华东各地，中国其他各地均有分布；朝鲜、日本、欧洲也有分布。

枸杞与宁夏枸杞的区别点：枸杞叶片卵形、卵状菱形、卵状披针形；花萼 5 浅裂，花冠裂片边缘有缘毛。宁夏枸杞叶片披针形或长椭圆状披针形；花萼常 2 中裂，花冠裂片边缘无缘毛。

【药名与部位】 枸杞根，根。枸杞子（川枸杞），成熟果实。枸杞叶，嫩茎及叶。地骨皮，根皮。

【采集加工】 枸杞根：冬季采挖，洗净，晒干。枸杞子：夏、秋二季果实呈橙红色时采收，晾至皮皱后，再暴晒至外皮干硬，果肉柔软，除去果梗。枸杞叶：春、夏采收，风干。地骨皮：春初或秋后采剥，干燥。

【药材性状】 枸杞根：呈圆柱形，弯曲，长短不一，有时有分枝，直径 0.5～4cm，有时可连有粗大的根茎。表面土黄色，有纵裂纹；质脆，易折断，断面黄色，颗粒性，皮部内侧类白色。气微香，味稍甜。

枸杞子：呈类纺锤形，略扁，长 6～18mm，直径 3～8mm。表面鲜红色或暗红色。顶端有突起的花柱痕，基部有白色的果梗痕，有的可见通常为 2 中裂的宿存花萼。果皮柔韧，皱缩；果肉肉质，柔润而有黏性。种子多数，略呈三棱状扁肾形，长约 2mm。气微，味甘。

枸杞叶：嫩茎多干缩。叶互生，偶见簇生，叶片多卷曲，展开后呈卵形、卵状菱形或卵状披针形，长 1.5～5.5cm，宽 0.5～2cm，全缘，表面淡绿色至棕黄色，下表面主脉明显突出。气微，味微甜。

地骨皮：呈筒状或槽状，长 3～10cm，宽 0.5～1.5cm，厚 0.1～0.3cm。外表面灰黄色至棕黄色，粗糙，有不规则纵裂纹，易成鳞片状剥落。内表面黄白色至灰黄色，较平坦，有细纵纹。体轻，质脆，易折断，断面不平坦，外层黄棕色，内层灰白色。气微，味微甘而后苦。

【质量要求】 地骨皮：肉厚无木心。

【药材炮制】 枸杞子：筛去杂质，除去残留果梗和蒂。

地骨皮：除去杂质及残余木心，洗净，晒干或低温干燥。

【化学成分】 根含生物碱类：克罗酰胺 K（grossamide K）、克罗酰胺（grossamide）、二氢克罗酰胺（dihydrogrossamide）、大麻酰胺 H（cannabisin H）、1, 2- 二氢 -6, 8- 二甲氧 -7- 羟基 -1- (3, 4- 二羟基苯基) -N^1, N^2- 双 [2- (4- 羟基苯基) 乙基] -2, 3- 萘二甲酰胺 {1, 2-dihydro-6, 8-dimethoxy-7-hydroxy-1- (3, 4-dihydroxyphenyl) -N^1, N^2-bis [2- (4-hydroxyphenyl) ethyl] -2, 3-naphthalene dicarboxamide}、大麻酰胺 D、F（cannabisin D、F）、(E) -2-{4, 5- 二羟基 -2- [3- (4- 羟基苯乙基氨基) -3- 丙酰] 苯基}-3- (4- 羟基 -3- 甲氧苯基) -N- (4- 乙酰胺基丁基) 丙烯酰胺 {(E) -2-{4, 5-dihydroxy-2- [3- (4-hydroxyphenethyl amino) -3-oxopropyl] phenyl}-3- (4-hydroxy-3-methoxyphenyl) -N- (4-acetamidobutyl) acrylamide}、(E) -2-{4, 5- 二羟基 -2- [3- (4- 羟基苯乙基氨基) -3- 丙酰] 苯基}-3- (4- 羟基 -3, 5- 二甲氧基苯基) -N- (4- 羟基苯乙基) 丙烯酰胺) {(E) -2-{4, 5-dihydroxy-2- [3- (4-hydroxyphenethyl amino) -3-oxopropyl] phenyl}-3- (4-hydroxy-3, 5-dimethoxyphenyl) -N- (4-hydroxyphenethyl) acrylamide)}[1]、N- 反式阿魏酰酪胺（N-trans-feruloyltyramine）[2]、二氢 -N- 咖啡酰酪胺（dihydro-N-caffeoyltyramine）[3]、烟酸（nicotinic acid）、反式 -N- 对羟基香豆酰酪胺（N-trans-p-hydroxy coumaroyl tyramine）[4]、打碗花碱 B_1、B_2、B_3、C_1（calystegine B_1、B_2、B_3、C_1）[5]、打碗花碱 A_3、A_5、A_6、A_7、B_4、C_2、N_1（calystegine A_3、A_5、A_6、A_7、B_4、C_2、N_1）、N- 甲基打碗花碱 B_2、B_5、C_1（N-methylcalystegine B_2、B_5、C_1）、荞麦碱（fagomine）、1β- 氨基 -3β, 4β, 5α- 三羟基环庚烷（1β-amino-3β, 4β, 5α-trihydroxycycloheptane）和 6- 去氧荞麦碱（6-deoxyfagomine）[6]，木脂素类：(+) - 南烛木树脂酚 -3α-O-β-D- 吡喃葡萄糖 [(+) -lyoniresinol-3α-O-β-D-glucopyranoside]、(−) - 南烛木树脂酚 -3α-O-β-D- 吡喃葡萄糖 [(−) -lyoniresinol-3α-O-β-

D-glucopyranoside][1],（+）-南烛木树脂酚-2α-O-β-D-吡喃葡萄糖苷[（+）-lyoniresinol-2α-O-β-D-glucopyranoside]和（-）-南烛木树脂酚-3α-O-β-D-吡喃葡萄糖苷[（-）-lyoniresinol-3α-O-β-D-glucopyranoside][5]；酚酸类：香草酸（vanillic acid）[3]，阿魏酸（ferulic acid）、对羟基香豆素（p-hydroxycinnamic acid）、3-羟基-1-（4-羟基苯基）-丙-1-酮[3-hydroxy-1-（4-hydroxyphenyl）-1-propanone]、3,4-二羟基苯丙酸（3,4-dihydroxybenzenepropionic acid）、3,4-二羟基苯丙酸甲酯（methyl 3,4-dihydroxybenzenepropionate）、对羟基苯甲酸（p-hydroxybenzoic acid）和4-甲氧基水杨酸（4-methyoxysalicylic acid）[4]；脂肪酸酯类：亚油酸甲酯（methyl linoleate）[2]；蒽醌类：2-甲基-1,3,6-三羟基-9,10-蒽醌（2-methyl-1,3,6-trihydroxy-9,10-anthraquinone）和2-甲基-1,3,6-三羟基-9,10-蒽醌-3-O-（6′-O-乙酰基）-α-鼠李糖基（1→2）-β-葡萄糖苷[2-methyl-1,3,6-trihydroxy-9,10-anthraquinone-3-O-（6′-O-acetyl）-α-rhamnosyl-（1→2）-β-glucoside][3]；香豆素类：东莨菪素（scopoletin）[3]；黄酮类：芹菜素（apigenin）[4]；氨基酸类：L-苯丙氨酸（L-Phe）；核苷类：鸟苷（guanosine）[5]；其他尚含：尿囊素（allanton）[5]。

根皮含生物碱：（E）-3-{（2,3-反式）-2-（4-羟基-3-甲氧基苯基）-3-羟甲基-2,3-二氢苯并[b][1,4]二氧杂芑-6-基}-N-（4-羟基苯乙基）丙烯酰胺{（E）-3-{（2,3-trans）-2-（4-hydroxy-3-methoxyphenyl）-3-hydroxymethyl-2,3-dihydrobenzo[b][1,4]dioxin-6-yl}-N-（4-hydroxyphenethyl）acrylamide}、（Z）-3-{（2,3-反式）-2-（4-羟基-3-甲氧基苯基）-3-羟甲基-2,3-二氢苯并[b][1,4]二氧杂芑-6-基}-N-（4-羟基苯乙基）丙烯酰胺{（Z）-3-{（2,3-trans）-2-（4-hydroxy-3-methoxyphenyl）-3-hydroxymethyl-2,3-dihydrobenzo[b][1,4]dioxin-6-yl}-N-（4-hydroxyphenethyl）acrylamide}、（2,3-反式）-3-（3-羟基-5-甲氧基苯基）-N-（4-羟基苯乙基）-7-{（E）-3-[（4-羟基苯乙基）氨基]-3-氧代丙-1-烯-1-基}-2,3-二氢苯并[b][1,4]二氧杂芑-2-甲酰胺{（2,3-trans）-3-（3-hydroxy-5-methoxyphenyl）-N-（4-hydroxyphenethyl）-7-{（E）-3-[（4-hydroxyphenethyl）amino]-3-oxoprop-1-en-1-yl}-2,3-dihydrobenzo[b][1,4]dioxine-2-carboxamide}、（2,3-反式）-3-（3-羟基-5-甲氧基苯基）-N-（4-羟基苯乙基）-7-{（Z）-3-[（4-羟基苯乙基）氨基]-3-氧代丙-1-烯-1-基}-2,3-二氢苯并[b][1,4]二氧杂芑-2-甲酰胺{（2,3-trans）-3-（3-hydroxy-5-methoxyphenyl）-N-（4-hydroxyphenethyl）-7-{（Z）-3-[（4-hydroxyphenethyl）amino]-3-oxoprop-1-en-1-yl}-2,3-dihydrobenzo[b][1,4]dioxine-2-carboxamide}、（E）-2-（4,5-二羟基-2-{3-[（4-羟基苯乙基）氨基]-3-氧代丙基}苯基）-3-（4-羟基-3,5-二甲氧基苯基）-N-（4-羟基苯乙基）丙烯酰胺{（E）-2-（4,5-dihydroxy-2-{3-[（4-hydroxyphenethyl）amino]-3-oxopropyl}phenyl）-3-（4-hydroxy-3,5-dimethoxyphenyl）-N-（4-hydroxyphenethyl）acrylamide}、（E）-2-（4,5-二羟基-2-{3-[（4-羟基苯乙基）氨基]-3-氧代丙基}苯基）-3-（4-羟基-3,5-二甲氧基苯基）-N-（4-乙酰胺丁基）丙烯酰胺{（E）-2-（4,5-dihydroxy-2-{3-[（4-hydroxyphenethyl）amino]-3-oxopropyl}phenyl）-3-（4-hydroxy-3,5-dimethoxyphenyl）-N-（4-acetamidobutyl）acrylamide}、（E）-2-（4,5-二羟基-2-{3-[（4-羟基苯乙基）氨基]-3-氧代丙基}苯基）-3-（4-羟基-3-甲氧基苯基）-N-（4-乙酰胺丁基）丙烯酰胺{（E）-2-（4,5-dihydroxy-2-{3-[（4-hydroxyphenethyl）amino]-3-oxopropyl}phenyl）-3-（4-hydroxy-3-methoxyphenyl）-N-（4-acetamidobutyl）acrylamide}、（1,2-反式）-N^3-（4-乙酰胺丁基）-1-（3,4-二羟基苯基）-7-羟基-N^2-（4-羟基苯乙基）-6,8-二甲氧基-1,2-二氢萘-2,3-二甲酰胺[（1,2-trans）-N^3-（4-acetamidobutyl）-1-（3,4-dihydroxyphenyl）-7-hydroxy-N^2-（4-hydroxyphenethyl）-6,8-dimethoxy-1,2-dihydronaphthalene-2,3-dicarboxamide]、反式-N-羟基桂皮酰酪胺（trans-N-hydroxycinnamoyltyramine）、反式-N-异阿魏酰酪胺（trans-N-isoferuloyltyramine）、顺式-N-阿魏酰章鱼胺（cis-N-feruloyloctopamine）、银钩花酰胺B（thoreliamide B）、7-羟基-1-（3,4-二羟基）-N^2,N^3-二（4-羟基苯乙基）-6,8-二甲氧基-1,2-二氢萘-2,3-二甲酰胺[7-hydroxy-1-（3,4-dihydroxy）-N^2,N^3-bis（4-hydroxyphenethyl）-6,8-dimethoxy-1,2-dihydronaphthalene-2,3-dicarboxamide][7]，甜菜碱（betaine）[8]，地骨皮素A（kukoamine A）[9]，地骨皮素B（kukoamine B）[10]，反式-N-阿魏酰章鱼胺（trans-N-feruloyloctopamine）[11]，反式-N-咖啡酰酪胺（trans-N-caffeoyltyramine）、二氢-N-咖啡酰酪

胺（dihydro-N-caffeoyltyramine）、顺式-N-咖啡酰酪胺（cis-N-caffeoyltyramine）[12]和2-（1H-吲哚-3-基）乙基-6-O-β-D-吡喃木糖基-β-D-吡喃葡萄糖苷[2-（1H-indol-3-yl）ethyl-6-O-β-D-xylopyranosyl-β-D-glucopyranoside][13]；单萜类：{2-羟基-6,6-二甲基双环[3.1.1]庚-2-基}-甲基-O-β-D-呋喃芹糖基-（1→6）-β-D-吡喃葡萄糖苷{{2-hydroxy-6,6-dimethylbicyclo[3.1.1]hept-2-yl}-methyl-O-β-D-apiofuranosyl-（1→6）-β-D-glucopyranoside}[13]；二萜类：枸杞苷I、II、III（lyciumoside I、II、III）[13]和柳杉酚（sugiol）[14]；二肽类：枸杞素A、B、C、D（lyciumin A、B、C、D）[13]和枸杞酰胺（lyciumamide）[15]；甾体类：β-谷甾醇（β-sitosterol）[8]，（3β,5α,22α,25R）-26-（β-D-吡喃葡萄糖氧基）-22-羟基呋甾-3-O-β-D-吡喃葡萄糖基-（1→2）-β-D-吡喃半乳糖苷[（3β,5α,22α,25R）-26-（β-D-glucopyranosyloxy）-22-hydroxyfurostan-3-O-β-D-glucopyranosyl-（1→2）-β-D-galactopyranoside][13]和5α-豆甾烷-3,6-二酮（5α-stigmastane-3,6-dione）[14]；苯丙素类：咖啡酸（caffeic acid）、二氢咖啡酸（dihydrocaffeic acid）、对香豆酸（p-coumaric acid）、芥子酸（sinapic acid）和阿魏酸（ferulic acid）[7]，香豆素类：东莨菪苷（scopolin）、异东莨菪内酯（isoscopoletin）和白蜡树定（fraxidin）[7]；黄酮类：山奈素（kaempferide）、木犀草素（luteolin）和芹菜苷元（apigenin）[7]；酚酸类：龙胆酸（gentisic acid）和香荚兰酸（vanillic acid）[7]；脂肪酸类：亚油酸（linoleic acid）[8]；木脂素类：沉香木脂素（aquillochin）[7]，（+）-南烛树脂醇-3α-O-β-D-吡喃葡萄糖苷[（+）-lyoniresinol-3α-O-β-D-glucopyranoside][12,16]。

叶含倍半萜类：（-）-1,2-去氢-α-莎草酮[（-）-1,2-dehydro-α-cyperone]和马铃薯香根草酮（solavetivone）[17]；二萜类：枸杞苷I、II、III、IV、V、VI、VII、IX（lyciumoside I、II、III、IV、V、VI、VII、IX）[18]；甾体类：睡茄内酯A、B（withanolide A、B）[19]；香豆素类：东莨菪内酯（scopoletin）[20]；酚酸类：香荚兰酸[20]；大柱香波龙烷类：反式-β-紫罗酮-5,6-环氧化物（trans-β-ionone-5,6-epoxide）、香堇醇（ionol）、β-香堇酮（β-ionone）[21]和（+）-3-羟基-7,8-去氢-β-香堇酮[（+）-3-hydroxy-7,8-dehydro-β-ionone][22]；糖类：果糖（fructose）、葡萄糖（glucose）、蔗糖（sucrose）和麦芽糖（maltose）[21]；氨基酸类：脯氨酸（Pro）、组氨酸（His）、丙氨酸（Ala）、亮氨酸（Leu）、缬氨酸（Val）、异亮氨酸（Ile）和天冬氨酸（Asp）[21]；低碳羧酸类：柠檬酸（citric acid）、草酸（oxalic acid）、丙二酸（malonic acid）、苹果酸（malic acid）、琥珀酸（succinic acid）、富马酸（fumaric acid）、乳酸（lactic acid）、2,4-戊二烯酸（2,4-pentadienoic acid）、3-甲基-1-丁酸（3-methyl-1-butanoic acid）、己酸（hexanoic acid）和2-乙基-己酸（2-ethylhexanoic acid）[21]；挥发油类：2-戊烯-1-醇（2-penten-1-ol）、1-己醇（1-hexanol）、3-己烯-1-醇（3-hexen-1-ol）、2-己烯-1-醇（2-hexen-1-ol）、1-辛烯-3-醇（1-octen-3-ol）、橙花叔醇（nerolidol）、2,4-二甲基苯甲醇（2,4-dimethylbenzenemethanol）、苄醇（benzyl alcohol）、薄荷醇（menthol）、反式-香叶醇（trans-geraniol）、9,12-十八碳二烯-1-醇（9,12-octadecadien-1-ol）、2,3-二氢-2,2-二甲基-7-苯并呋喃醇（2,3-dihydro-2,2-dimethyl-7-benzofuranol）、9-十八碳烯-1-醇（9-octadecen-1-ol）、植醇（phytol）、2-甲基丁醛（2-methylbutanal）、3-甲基丁醛（3-methylbutanal）、2,4二甲基庚醛（2,4-dimethylpentanal）、4-戊烯醛（4-pentenal、苯乙醛（benzeneacetaldehyde）、2,4-壬二烯醛（2,4-nonadienal）、9,12,12-十八碳三烯醛（9,12,12-octadecatrienal）、十二酸甲酯（dodecanoic acid methyl ester）、亚油酸甲酯（linoleic acid methyl ester）、2-乙基呋喃（2-ethylfuran）、2-戊基呋喃（2-pentylfuran）、2,3-二氢苯并呋喃（2,3-dihydrobenzofuran）、柠檬烯（limonene）、1-戊烯-2,2,6-三甲环己烷（1-pentene-2,2,6-trimethylcyclohexane）、3-乙基-1,4-己二烯（3-ethyl-1,4-hexadiene）、十三烷（tridecane）、1-（2,4,6-三甲基苯基）丁-1,3-二烯[1-（2,4,6-trimethylphenyl）buta-1,3-diene]、苯乙腈（benzeneacetonitrile）、2,6,11-三甲基十二烷（2,6,11-trimethyldodecane）、3-十六碳烯（3-hexadecene）、6,10-二甲基-2-十一烷（6,10-dimethyl-2-undecane）、2-（1,1-二甲基乙基）-3-环氧丙烷[2-（1,1-dimethylethyl）-3-methyloxirane]和1,2-二甲基-1H-咪唑（1,2-dimethyl-1H-imidazole）[21]。

果实含氨基酸类：L-脯氨酸（L-Pro）、亮氨酸（Leu）、L-缬氨酸（L-Val）、L-异亮氨酸（L-Ile）、L-天冬氨酸（L-Asp）、L-丙氨酸（L-Ala）、L-蛋氨酸（L-Met）、L-苯丙氨酸（L-Phe）、L-苏氨酸

（L-Thr）、L-精氨酸（L-Arg）、焦谷氨酸（Pyr）、甘氨酸（Gly）、L-谷氨酸（L-Glu）、L-色氨酸（L-Try）和β-丙氨酸（β-Ala）[23]；维生素类：α-生育酚（α-tocopherol）、β-生育酚（β-tocopherol）、γ-生育酚（γ-tocopherol）和δ-生育酚（δ-tocopherol）[23]；糖类：蔗糖（sucrose）、D-果糖（D-fructose）、D-半乳糖（D-galactose）、D-甘露糖（D-mannose）、D-木糖（D-xylose）、海藻糖（trehalose）和苏糖酸（threonic acid）[23]；多元醇类：肌-肌醇（myo-inositol）和甘油（glycerol）[23]；低碳羧酸类：柠檬酸（citric acid）、乳酸（lactic acid）、乙醇酸（glycolic acid）、富马酸（fumaric acid）、奎宁酸（quinic acid）、甘油酸（glyceric acid）、丙酮酸（pyruvic acid）、琥珀酸（succinic acid）和苹果酸（malic acid）[23]；胡萝卜素类：玉米黄质（zeaxanthin）、β-隐黄质（β-cryptoxanthin）、β-胡萝卜素（β-carotene）、反式-叶黄素（trans-lutein）、新黄质（neoxanthin）[23]和玉米黄质二棕榈酸酯（zeaxanthin dipalmitate）[24]；脑苷类：1-O-β-D-吡喃葡萄糖基-（2S,3R,4E,8Z）-2-N-（2′-羟基棕榈酰基）十八碳鞘氨-4,8-二烯醇［1-O-β-D-glucopyranosyl-（2S,3R,4E,8Z）-2-N-（2′-hydroxypalmitoyl）octadecasphinga-4,8-dienine］和1-O-β-D-吡喃葡萄糖基-（2S,3R,4E,8Z）-2-N-棕榈酰十八碳鞘氨-4,8-二烯醇［1-O-β-D-glucopyranosyl-（2S,3R,4E,8Z）-2-N-palmitoyloctadecasphinga-4,8-dienine］[25]；生物碱类：乙醇胺（ethanolamine）、烟酸（nicotinic acid）、L-谷氨酰胺（L-glutamine）[23]、4-（甲酰基-5-羟甲基-1H-吡咯-1-基）丁酸［4-（formyl-5-hydroxymethyl-1H-pyrrol-1-yl）butanoic acid］、4-［甲酰基-5-（甲氧基甲基）-1H-吡咯-1-基］丁酸｛4-［formyl-5-（methoxymethyl）-1H-pyrrol-1-yl］butanoic acid｝和4-［甲酰基-5-（甲氧基甲基）-1H-吡咯-1-基］丁酯｛4-［formyl-5-（methoxymethyl）-1H-pyrrol-1-yl］butanoate｝[26]；脂肪酸类：19,21-二甲基三十碳-17,22,24,26,28-五烯-1-酸（19,21-dimethyltriacont-17,22,24,26,28-pentaene-1-oic acid）、正二十四醇十八碳-9-烯酸酯（n-tetracosanyloctadec-9-enoate）[27]、二十酸（eicosanoic acid）、正十三醇正十八碳-9,12-二烯酸酯（n-tridecanyl n-octadec-9,12-dienoate）、正三十碳-11-烯酸（n-triacont-11-enoic acid）、正二十六-5,8,11-三烯酸（n-hexacos-5,8,11-trienoic acid）、十八碳-9,12-二烯酸丁酯（butyl octadec-9,12-dienoate）[28]、甘油基-1-十八碳-9′,12′,15′-三烯酰基-2-十八碳-9″,12″-二烯酰基-3-十六酸酯（glyceryl-1-octadec-9′,12′,15′-trienoyl-2-octadec-9″,12″-dienoyl-3-hexadecanoate）、吡喃葡萄糖基-1-十八碳-9′,12′,15′-三烯酰基-6-十八碳-9″,12″-二烯酸酯（glucopyranosyl-1-octadec-9′,12′,15′-trienoyl-6-octadec-9″,12″-dienoate）和甘油基-1-十八碳-9′,12′,15′-三烯酰基-2-十八碳-9″-烯酰基-3-二十碳酸酯（glyceryl-1-octadec-9′,12′,15′-trienoyl-2-octadec-9″-enoyl-3-eicosanoate）[29]；三萜类：β-香树脂醇（β-amyrin）和α-香树脂醇（α-amyrin）[23]；四萜类：1（6），11（12），13（14），1′（6′），11′（12′），13′（14′）-十二氢-β-胡萝卜烯-4β,4′β-二醇-4β-L-吡喃阿拉伯糖基-（2a→1b）-β-L-吡喃阿拉伯糖基-（2b→1c）-β-D-阿拉伯糖苷-4′β-L-阿拉伯糖基-（2d→1e）-β-L-阿拉伯糖基-（2e→1f）-β-D-阿拉伯糖苷［1（6），11（12），13（14），1′（6′），11′（12′），13′（14′）-dodecahydro-β-caroten-4β,4′β-diol-4β-L-arabinopyranosyl-（2a→1b）-β-L-arabinopyranosyl-（2b→1c）-β-D-arabinopyranoside-4′β-L-arabinopyranosyl-（2d→1e）-β-L-arabinopyranosyl-（2e→1f）-β-D-arabinopyranoside］和枸杞四萜六阿拉伯糖苷（lyciumtetraterpenic hexaarabinoside）[30]；酚酸类：香荚兰酸（vanillic acid）[23]；苯丙素类：阿魏酸（ferulic acid）[23]和4-羟基-反式-桂皮酸（4-hydroxy-trans-cinnamic acid）[31]；黄酮类：芦丁（rutin）[31]；甾体类：β-谷甾醇（β-sitosterol）、豆甾醇（stigmasterol）、菜油甾醇（campesterol）[23]、胡萝卜苷（daucosterol）和豆-5-烯-3β-醇-3-O-β-D-（2′-正三十酰基）-吡喃葡萄糖苷［stigmast-5-en-3β-ol-3-O-β-D-（2′-n-triacontanoyl）-glucopyranoside］[31]。

【药理作用】 1.抗氧化 果实水提取物可升高大鼠脑组织中的一氧化氮（NO）、谷胱甘肽过氧化物酶（GSH-Px）含量，降低脑组织中脂褐质（LIP）含量，具有抗氧化作用[1]；叶炒成茶后制备的茶汁可明显升高大鼠血清中超氧化物歧化酶（SOD）、谷胱甘肽过氧化物酶含量[2]。2.抗炎 根皮水提液可降低脂多糖（LPS）诱导的急性肺损伤小鼠的肺泡灌洗液（BALF）中炎症细胞的数目，升高超氧化物歧化酶含量，降低丙二醛（MDA）含量，并可有效减轻脂多糖（LPS）所致肺组织病理学变化[3]。3.解热 根皮乙醇提取物对角叉菜胶致热大鼠有明显的解热作用[4]。4.降血糖　根皮乙醇提取物对四氧嘧啶糖尿病小鼠有明显的降血糖作用[4]。5.防辐射　根皮乙醇提取物添加到饲料中喂饲对经4.5Gy照射小鼠，可增加外周血细胞总数及B细胞和骨髓前体B细胞及未成熟B细胞，减少骨髓细胞总数、造血干细胞和祖细胞，提示可促进辐射损伤后造血干细胞动员及分化，加速造血系统的恢复[5]。

【性味与归经】枸杞根：甘、淡，寒。枸杞子：甘，平。枸杞叶：苦、甘，凉。地骨皮：甘，寒。归肺、肝、肾经。

【功能与主治】枸杞根：祛风、清热。用于高血压。枸杞子：滋肾，润肺，益肝，明目。用于肝肾阴虚，腰膝酸软，目昏多泪，虚劳咳嗽，消渴，遗精。枸杞叶：补虚益精，清热，止渴，祛风明目。用于虚劳发热，烦渴，目赤昏痛，障翳夜盲，崩漏带下，热毒疮肿。地骨皮：凉血除蒸，清肺降火。用于阴虚潮热，骨蒸盗汗，肺热咳嗽，咯血，衄血，内热消渴。

【用法与用量】枸杞根：15～30g。枸杞子：7.5～15g。枸杞叶：煎服20～60g；外用煎水洗。地骨皮：9～15g。

【药用标准】枸杞根：上海药材1994；枸杞子：药典1963、四川药材1979和台湾2013；枸杞叶：上海药材1994。地骨皮：药典1963—2015、浙江炮规2015、新疆药品1980二册和台湾2013。

【临床参考】1.更年期崩漏：炒根皮60g（以甜酒汁100ml拌炒至黑），加干荔枝10g（连壳）捣烂，水煎服，每日1剂，连服3剂；或炒根皮60g，加生地、山药、黄芪、丹参各12g，山茱萸、茯苓、泽泻、白芍、炒茜草各10g，丹皮6g，水煎服，每日1剂，连服3剂[1]。

2.功能性发热：根皮50g（鲜品100～150g），加水煎汤1000ml代茶饮，每次150～200ml，每日4～6次，1～4周为1疗程[2]。

3.疮疡：生根皮50g，炒根皮50g，分别研粉，装瓶备用，疮疡初起用生者，已破溃者生、炒各半合用，敷于疮面纱布固定，每日换药1次[3]；或鲜根捣烂敷于患处，每日1次[4]。

4.湿疹：根（去皮的木部）烧炭，研粉，香油调糊外涂患处，每日1次，10次为1个疗程[5]。

5.阴虚潮热：根皮9g，加知母、银柴胡各9g，鳖甲12g，水煎服。

6.疟疾：鲜根皮30g，加茶叶3g，水煎，于发前2～3h服。

7.癫痫：根30g，水煎服，每天1剂，连续服用。

8.白带：根30～60g，水煎服。

9.下肢溃疡：根皮炒黄，加入等量白蜡（川蜡），研粉和匀，搽患处，每天1次，连用1个月。

10.毛囊炎：根皮炒黄研粉，香油调涂患处。

11.肺热咳嗽：根皮12g，加桑白皮、知母各9g，黄芩、甘草各6g，水煎服。（5方至11方引自《浙江药用植物志》）

【附注】地骨皮之名始载于《外台秘要》，《神农本草经》原作地骨，列为上品。《名医别录》云："生常山平泽及丘陵阪岸。冬采根，春、夏采叶，秋采茎、实，阴干。"《本草图经》云："今处处有之。春生苗，叶如石榴叶而软薄，堪食，俗呼为甜菜，其茎干高三五尺，作丛，六月、七月生小红紫花，随便结红实，形微长如枣核。"以上所述产地及形态特征，并参考《本草图经》所附"茂州枸杞"图及《本草纲目》、《植物名实图考》附图，与本种基本一致。

药材枸杞根、枸杞叶和地骨皮脾虚便溏者慎服，枸杞叶不宜与乳酪同服。

同属植物北方枸杞 *Lycium chinense* Mill. var. *potaninii*（Pojark）A. M. Lu 及截萼枸杞 *Lycium truncatum* Y. C. Wang 的根皮在甘肃作地骨皮药用；新疆枸杞（毛蕊枸杞）*Lycium dasystemum* Pojark. 的果实民间也作枸杞子药用。

【化学参考文献】

[1]陈芳,郑新恒,王瑞,等.枸杞根化学成分研究[J].中草药,2018,49（5）：1007-1012.

[2]赵晓玲.中药材地骨皮的质量评价方法研究[D].北京：北京协和医学院药用植物研究所硕士学位论文,2013.

[3] 李友宾，李萍，屠鹏飞，等．地骨皮化学成分的分离鉴定［J］．中草药，2004，35（10）：1100-1101.

[4] 孟令杰，刘百联，张英，等．地骨皮化学成分研究［J］．中草药，2014，45（15）：2139-2142.

[5] 霍揽明，郑新恒，陈芳，等．地骨皮水提取物的化学成分［J］．暨南大学校报（自然科学与医学版），2017，5（38）：443-448.

[6] Asano N, Kato A, Miyauchi M, et al. Specific α-galactosidase inhibitors, N-methylcalystegines. Structure/activity relationships of calystegines from Lycium chinense［J］. Eur J Biochem, 1997, 248（2）: 296-303.

[7] Zhang J X, Guan S H, Feng R H, et al. Neolignanamides, lignanamides, and other phenolic compounds from the root bark of Lycium chinense［J］. J Nat Prod, 2013, 76（1）: 51-58.

[8] Mizobuchi K, Inoue Y, Kiuchi T, et al. Constituents of box thorn. II. Chemical components of the root bark of box thorn［J］. Shoyakugaku Zasshi, 1963, 17: 16.

[9] Funayama S, Yoshida K, Konno C, et al. Structure of kukoamine A, a hypotensive principle of Lycium chinense root barks［J］. Tetrahedron Lett, 1980, 21（14）: 1355-1356.

[10] Funayama S, Zhang G R, Nozoe S. Kukoamine B, a spermine alkaloid from Lycium chinense［J］. Phytochemistry, 1995, 38（6）: 1529-1531.

[11] Lee D G, Park Y K, Kim M R, et al. Anti-fungal effects of phenolic amides isolated from the root bark of Lycium chinense［J］. Biotechnology Letters, 2004, 26（14）: 1125-1130.

[12] Han S H, Lee H H, Lee I S, et al. A new phenolic amide from Lycium chinense Miller［J］. Arch Pharm Res, 2002, 25（4）: 433-437.

[13] Yahara S, Shigeyama C, Ura T, et al. Studies on the solanaceous plants. XXVI. Cyclic peptides, acyclic diterpene glycosides and other compounds from Lycium chinense Mill.［J］. Chem Pharm Bull, 1993, 41（4）: 703-709.

[14] Noguchi M, Mochida K, Shingu T, et al. Sugiol and 5α-stigmastane-3, 6-dione from the Chinese drug 'Ti-ku-pi'（Lycii Radicis Cortex）［J］. J Nat Prod, 1985, 48（2）: 342-343.

[15] Noguchi M, Mochida K, Shingu T, et al. Constituents of a Chinese drug, Ti Ku Pi. I. Isolation and structure of lyciumamide, a new dipeptide［J］. Chem Pharm Bull, 1984, 32（9）: 3584-3587.

[16] Lee D G, Jung H J, Woo E R. Antimicrobial property of（+）-lyoniresinol-3α-O-β-D-glucopyranoside isolated from the root bark of Lycium chinense Miller against human pathogenic microorganisms［J］. Arch Pharm Res, 2005, 28（9）: 1031-1036.

[17] Sannai A, Fujimori T, Kato K. Isolation of（-）-1, 2-dehydro-α-cyperone and solavetivone from Lycium chinense［J］. Phytochemistry, 1982, 21（12）: 2986-2987.

[18] Terauchi M, Kanamori H, Nobuso M, et al. New acyclic diterpene glycosides, lyciumosides IV-IX from Lycium chinense Mill［J］. Nat Med, 1998, 52（2）: 167-171.

[19] Haensel R, Huang J T. Lycium chinense, II. semiquantitative determination of withanolides［J］. Archiv der Pharmazie（Weinheim, Germany）, 1977, 310（1）: 35-38.

[20] Haensel R, Huang J T. Lycium chinense, III. isolation of scopoletin and vanillic acid［J］. Archiv der Pharmazie（Weinheim, Germany）, 1977, 310（1）: 38-40.

[21] Kim S Y, Lee K H, Chang K S, et al. Taste and flavor compounds in box thorn（Lycium chinense Miller）leaves［J］. Food Chem, 1997, 58（4）: 297-303.

[22] Sannai A, Fujimori T, Uegaki R, et al. Isolation of 3-hydroxy-7, 8-dehydro-β-ionone from Lycium chinense M［J］. Agric Biol Chem, 1984, 48（6）: 1629-1630.

[23] Park S Y, Park W T, Park Y C, et al. Metabolomics for the quality assessment of Lycium chinense fruits［J］. Biosci Biotechnol Biochem, 2012, 76（12）: 2188-2194.

[24] Kim S Y, Kim H P, Huh H, et al. Antihepatotoxic zeaxanthins from the fruits of Lycium chinense［J］. Arch Pharm Res, 1997, 20（6）: 529-532.

[25] Kim S Y, Choi Y H, Huh H, et al. New antihepatotoxic cerebroside from Lycium chinense fruits［J］. J Nat Prod, 1997, 60（3）: 274-276.

[26] Chin Y W, Lim S W, Kim S H, et al. Hepatoprotective pyrrole derivatives of Lycium chinense fruits［J］. Bioorg Med Chem Lett, 2003, 13（1）: 79-81.

[27] Jung W S, Chung I M, Ali M, et al. New steroidal glycoside ester and aliphatic acid from the fruits of *Lycium chinense* [J]. J Asian Nat Prod Res, 2012, 14（4）：301-307.
[28] Song H K, Chung I M, Lim J D, et al. Chemical constituents from the fruits of *Lycium chinense* [J]. Asian J Chem, 2013, 25（17）：9879-9882.
[29] Chung I M, Praveen N, Kim S J, et al. Chemical constituents from the fruits of *Lycium chinense* and antioxidant activity [J]. Asian J Chem, 2012, 24（2）：885-889.
[30] Chung I M, Ali M, Kim E H, et al. New tetraterpene glycosides from the fruits of *Lycium chinense* [J]. J Asian Nat Prod Res, 2013, 15（2）：136-144.
[31] 热娜·卡斯木, 龚灿, 王晓梅, 等. 新疆枸杞子化学成分的研究 [J]. 新疆医科大学学报, 2011, 34（6）：582-583.

【药理参考文献】
[1] 包海花, 袁晓环, 王春涛. 枸杞对老年大鼠脑 NO、GSH-PX、LIP 含量影响的实验研究 [J]. 牡丹江医学院学报, 2007, 28（6）：18-20.
[2] 戈娜, 许秀举. 强化硒锌枸杞叶茶对大鼠脂质过氧化的影响 [J]. 食品研究与开发, 2007, 28（3）：15-18.
[3] 张天柱, 张景龙, 郝彬彬, 等. 地骨皮水提液对脂多糖诱导小鼠急性肺损伤的保护作用机制 [J]. 中国实验方剂学杂志, 2014, 20（22）：147-150.
[4] 黄小红, 周兴旺, 王强, 等. 3 种地骨皮类生药对白鼠的解热和降血糖作用 [J]. 福建农业大学学报, 2000, 29（2）：229-232.
[5] 石桂英, 白琳. 枸杞对小鼠辐射损伤后造血系统修复的促进作用 [J]. 中国比较医学杂志, 2015, 25（2）：38-66.

【临床参考文献】
[1] 文智. 大剂地骨皮为主治疗更年期崩漏体会 [J]. 湖南中医杂志, 1996, 12（5）：44.
[2] 赵新泉. 单味地骨皮饮治疗功能性发热 [J]. 现代保健（医学创新研究）, 2007, 4（23）：30.
[3] 徐建华. 单味地骨皮治疗疮疡 [J]. 山东中医杂志, 1996, 15（4）：185.
[4] 牛德兰. 鲜枸杞根皮治疗感染创面的体会 [J]. 中华护理杂志, 1986,（4）：2.
[5] 刘惠芸. 验方地骨散治疗湿疹 [J]. 中国民间疗法, 2008, 16（5）：27.

4. 辣椒属 *Capsicum* Linn.

一年生、多年生草本或半灌木。茎直立，多分枝。单叶互生，卵形或椭圆形，全缘或浅波状。花单朵或数朵簇生于叶腋或枝腋；花梗直立或俯垂；花萼钟状至杯状，短，顶端截平或具 5 小齿，果时通常稍增大；花冠辐状，顶端 5 深裂；雄蕊 5 枚，着生于花冠筒基部或近基部，花丝丝状，花药分离，较花丝为短，纵裂；子房 2 室，稀 3 室，花柱细长，柱头棒状，有时具不明显的 2 或 3 裂；花盘不显著。浆果无汁，果皮肉质或近革质，常有辛辣味；种子多数，扁圆盘形。

约 25 种，分布于南美洲。中国栽培 1 种，法定药用植物 1 种。华东地区法定药用植物 1 种。

848. 辣椒（图 848） • *Capsicum annuum* Linn.（*Capsicum frutescens* Linn. var. *longum* L. H. Bailey；*Capsicum frutescens* auct.non Linn.）

【别名】番椒、牛角椒、长辣椒（江苏）、小米辣。

【形态】一年生草本，高达 1m。茎无毛或被微柔毛，多分枝，基部稍木质化。叶互生，在枝顶的常双生或簇生状，卵形或卵状披针形，长 2～13cm，宽 1～4cm，顶端渐尖或尖，基部狭楔形至楔形，全缘或略呈波状；叶柄长 1～7cm。花单生于叶腋或枝腋，花梗俯垂；花萼杯状，具 5 不显著小齿，疏被柔毛；花冠白色，裂片卵形；雄蕊 5 枚，花药紫色。浆果直立或下垂，常为长指状、球状或圆锥状或纺锤状，顶端渐尖，且常弯曲，果初时绿色，成熟时红色、橙色或紫红色，味辣，果梗粗壮，俯垂；种子扁肾形，

图848 辣椒　　　　　　　　　　　　　摄影　赵维良等

淡黄色，多数。花期 5～9 月。果期 7～11 月。

【生境与分布】原产于中美洲墨西哥至哥伦比亚，现世界各地普遍栽培。华东及我国各地普遍栽培。

【药名与部位】辣椒，成熟果实。

【采集加工】夏、秋二季果皮变红色时采收，除去枝梗，晒干。

【药材性状】呈圆锥形、类圆锥形，略弯曲。表面橙红色、红色或深红色，光滑或较皱缩，显油性，基部微圆，常有绿棕色、具 5 裂齿的宿萼及果柄。果肉薄。质较脆，横切面可见中轴胎座，有菲薄的隔膜将果实分为 2～3 室，内含多数种子。气特异，味辛、辣。

【化学成分】叶含黄酮类：芹菜素（apigenin）、芹菜素 -7-O-β-D- 吡喃葡萄糖苷（apigenin-7-O-β-D-glucopyranoside）[1]，花翠素 -3- [4- 反式 - 肉桂酰基 -L- 鼠李糖基 -（1→6）- 吡喃葡萄糖苷] -5-O- 吡喃葡萄糖苷 {delphinidin-3- [4-trans-coumaroyl-L-rhamnosyl-（1→6）-glucopyranoside] -5-O-glucopyranoside}、木犀草素 -7-O- 呋喃芹糖基 -（1→2）- 吡喃葡萄糖苷 [luteolin-7-O-apiofuranosyl-（1→2）-glucopyranoside]、木犀草素 -7-O- 吡喃葡萄糖苷（luteolin-7-O-glucopyranoside）、芹菜素 -7-O- 呋喃芹糖基 -（1→2）- 吡喃葡萄糖苷 [apigenin-7-O-apiofuranosyl（1→2）-glucopyranoside] 和芹菜素 -7-O- 吡喃葡萄糖苷（apigenin-7-O-glucopyranoside）[2]；生物碱类：N- 咖啡酰腐胺（N-caffeoylputrescine）[2]；脂肪酸类：顺式 -15- 十八烯酸（15-cis-octadecenoic acid）和棕榈酸（palmitic acid）[1]；醇酸类：5-O- 咖啡酰奎宁酸（5-O-caffeoylquinic acid）、5-O- 咖啡酰奎宁酸甲酯（methyl-5-O-caffeoylquinate）和 5-O- 咖啡酰奎宁酸丁酯（butyl-5-O-caffeoylquinate）[2]；甾醇类：β- 谷甾醇（β-sitosterol）和豆甾醇 -3-O-β-D- 吡喃葡萄糖苷（stigmasterol-3-O-β-D-glucopyranoside）[1]；烷醇类：（2S, 3S, 4R, 10E）-2- [（2R）-2- 羟基二十四

烷酰氨基]-10-十八烷-1,3,4-三醇{(2S,3S,4R,10E)-2-[(2R)-2-hydroxytetracosanoylamino]-10-octadecene-1,3,4-triol}和十一烷醇(l-undecanol)[1];维生素类:维生素E(α-tocopherol)[1];糖类:α-曲二糖(α-kojibiose)[1]。

果实含生物碱类:降二氢辣椒素(nordihydrocapsaicin)、辣椒素(capsaicin)、二氢辣椒素(dihydrocapsaicin)、高辣椒素(homocapsaicin)[3],反式-8-甲基-N-香草基-6-壬烯基酰胺(trans-8-methyl-N-vanillyl-6-nonenamide)、高二氢辣椒素(homodihydrocapsaicin)、降辣椒素(norcapsaicin)、N-香草基癸酰胺(N-vanillyldecanamide)、N-香草基辛酰胺(N-vanillyloctanamide)、N-香草基庚酰胺(N-vanillylheptanamide)[4],二氢辣椒素-β-D-吡喃葡萄糖苷(dihydrocapsaicin-β-D-glucopyranoside)、辣椒素-β-D-吡喃葡萄糖苷(capsaicin-β-D-glucopyranoside)[4]、ω-羟基辣椒素(ω-hydroxycapsaicin)、6″,7″-二羟基-5′,5‴-双辣椒素(6″,7″-dihydro-5′,5‴-dicapsaicin)[5]和磷脂酰胆碱(phosphatidylcholine)[6];黄酮类:辣椒黄酮苷A(capsicuoside A)[7],槲皮素-3-O-鼠李糖苷-7-O-葡萄糖苷(quercetin-3-O-rhamnoside-7-O-glucoside)、槲皮素-3-O-鼠李糖苷(quercetin-3-O-rhamnoside)[8]、夏佛塔雪轮苷(schaftoside)、槲皮素(quercetin)、木犀草素-7-O-[2-(β-D-呋喃芹糖基)-β-D-吡喃葡萄糖苷]{luteolin-7-O-[2-(β-D-apiofuranosyl)-β-D-glucopyranoside]}、木犀草素-6-C-β-D-吡喃葡萄糖苷-8-C-α-L-吡喃阿拉伯糖苷(luteolin-6-C-β-D-glucopyranoside-8-C-α-L-arabinopyranoside)和木犀草素-7-O-(2-β-D-呋喃芹糖基-4-β-D-吡喃葡萄糖基-6-丙二酰基)-β-D-吡喃葡萄糖苷[luteolin-7-O-(2-β-D-apiofuranosyl-4-β-D-glucopyranosyl-6-malonyl)-β-D-glucopyranoside][9];核苷类:肌苷(inosine)[6],尿苷(uridine)和腺苷(adenosine)[7];苯丙素类:7-羟基-6-甲氧基桂皮酸乙酯(7-hydroxy-6-methoxycinnamic acid ethyl ester)、7-羟基桂皮酸乙酯(ethyl-7-hydroxycinnamate)[7],(E)-芥子酰-β-O-吡喃葡萄糖苷[(E)-sinapoyl-β-O-glucopyranoside][8],反式-对阿魏酰基-β-D-吡喃葡萄糖苷(trans-p-feruloyl-β-D-glucopyranoside)、反式-对芥子酰基-β-D-吡喃葡萄糖苷(trans-p-sinapoyl-β-D-glucopyranoside)、反式-阿魏酸(trans-ferulic acid)、反式-对阿魏醇-4-O-[6-(2-甲基-3-羟基丙酰基)]-吡喃葡萄糖苷{trans-p-ferulyl alcohol-4-O-[6-(2-methyl-3-hydroxypropionyl)]-glucopyranoside}、反式-芥子酸(trans-sinapic acid)[9]和4-O-(6′-O-对羟基苯甲酰基-β-D-吡喃葡萄糖基)-顺式-对香豆酸[4-O-(6′-O-p-hydroxybenzoyl-β-D-glucopyranosyl)-cis-p-coumaric acid][10];糖类:酚酸酯化多糖(polysaccharide esterified by phenolic acids)[11];脂肪酸类:氧脂素(oxylipin)和3-O-(9,12,15-十八碳三烯酰)-甘油-β-D-吡喃半乳糖苷[3-O-(9,12,15-octadecatrienoyl)-glyceryl-β-D-galactopyranoside][6];单萜类:黑麦草内酯(loliolide)[6];倍半萜类:辣椒二醇(capsidiol)[6];大柱香波龙烷类:布卢竹柏醇-C-β-D-吡喃葡萄糖苷(blumenol-C-β-D-glucopyranoside)[6];二萜类:辣椒萜苷(capsianoside I)[6,12,13],辣椒萜苷II(capsianoside II)[12,13],辣椒萜苷III(capsianoside III)[6,12,13],辣椒萜苷IV(capsianoside IV)[13],辣椒萜苷V(capsianoside V)[6,13],辣椒萜苷VI(capsianoside VI)[15],辣椒萜苷VIII、IX(capsianoside VIII、IX)[6,14],辣椒萜苷X(capsianoside X)[14,15],辣椒萜苷XV、XVI(capsianoside XV、XVI)[14],辣椒萜苷A、B(capsianoside A、B)[13],辣椒萜苷C、D、E、F(capsianoside C、D、E、F)[12,13],辣椒萜苷G、H(capsianoside G、H)[15],辣椒萜苷L(capsianoside L)和辣椒萜苷I甲酯(capsianoside I methyl ester)[6];类胡萝卜素类:玉米黄质(zeaxanthin)、β-隐黄质(β-cryptoxanthin)、β-胡萝卜素(β-carotene)、辣椒玉红素-月桂酸酯(capsorubin-laurate)、辣椒玉红素-肉豆蔻酸酯(capsorubin-myristate)、辣椒红素-月桂酸酯(capsanthin-laurate)、辣椒红素-肉豆蔻酸酯(capsanthin-myristate)、玉米黄质-肉豆蔻酸酯(zeaxanthin-myristate)、辣椒红素-棕榈酸酯(capsanthin-palmitate)、玉米黄质-棕榈酸酯(zeaxanthin-palmitate)、β-隐黄质-月桂酸酯(β-cryptoxanthin-laurate)、辣椒玉红素-月桂酸盐-肉豆蔻酸酯(capsorubin-laurate-myristate)、β-隐黄质-肉豆蔻酸酯(β-cryptoxanthin-myristate)、β-隐黄质-棕榈酸酯(β-cryptoxanthin-palmitate)、辣椒红素-月桂酸酯-肉豆蔻酸酯(capsanthin-laurate-myristate)、辣椒红素-双月桂酸酯(capsanthin-dilaurate)、辣椒玉红素-二肉豆蔻酸酯(capsorubin-dimyristate)、

玉米黄质-二肉豆蔻酸酯（zeaxanthin-dimyristate）、辣椒玉红素-肉豆蔻酸酯-棕榈酸酯（capsorubin-myristate-palmitate）、辣椒红素-月桂酸酯-棕榈酸酯（capsanthin-laurate-palmitate）、玉米黄质-月桂酸酯-肉豆蔻酸酯（zeaxanthin-laurate-myristate）、辣椒红素-棕榈酸酯-肉豆蔻酸酯（capsanthin-palmitate-myristate）、辣椒红素-肉豆蔻酸酯-棕榈酸酯（capsanthin-myristate-palmitate）、玉米黄质-月桂酸酯-棕榈酸酯（zeaxanthin-laurate-palmitate）、辣椒红素-二棕榈酸酯（capsanthin-dipalmitate）、玉米黄质-二棕榈酸酯（zeaxanthin-dipalmitate）、玉米黄质-肉豆蔻酸酯-棕榈酸酯（zeaxanthin-myristate-palmitate）[13]，隐辣椒素（cryptocapsin）、南瓜黄质（cucurbitaxanthin A）、环堇黄质（cycloviolaxanthin）、南瓜色素（cucurbitachrome）、辣椒红素-3,6-环氧化物（capsanthin-3,6-epoxide）、辣椒酮（capsanthone）、辣椒红素（capsanthin）、辣椒玉红素（capsorubin）、花药黄质（antheraxanthin）、三色堇变位黄质（mutatoxanthin）、堇黄质（violaxanthin）、黄体黄质（luteoxanthin）、辣椒酮-3,6-环氧化物（capsanthone-3,6-epoxide）、堇金黄质（auroxanthin）、新黄质（neoxanthin）、α-隐黄质（α-cryptoxanthin）[15]，离-9-玉米黄质酮（apo-9-zeaxanthinone）、离-11-玉米黄质醛（apo-11-zeaxanthinal）、离-15-玉米黄质醛（apo-15-zeaxanthinal）、离-12′-玉米黄质醛（apo-12′-zeaxanthinal）、9,9′-二离-10,9′-全反-胡萝卜素-9,9′-二酮（9,9′-diapo-10,9′-retro-carotene-9,9′-dione）、离-10′-玉米黄质醛（apo-10′-zeaxanthinal）、离-8′-玉米黄质醛（apo-8′-zeaxanthinal）、离-8′-辣椒玉红素醛（apo-8′capsorubinal）、离-12′-辣椒玉红素醛（apo-12′-capsorubinal）、离-13-玉米黄质酮（apo-13-zeaxanthinone）、离-14′-玉米黄质醛（apo-14′-zeaxanthinal）[15,16]，3′-去氧辣椒红素（3′-deoxycapsanthin）和（5′R）-3,4-二去羟基-β,κ-胡萝卜烯-6′-酮［（5′R）-3,4-didehydroxy-β,κ-caroten-6′-one］[17]；酚类：降二氢辣椒素酯（nordihydrocapsiate）[18]；挥发油类：1-壬烯-4-酮（1-nonen-4-one）、（3E）-3-庚烯-2-酮［（3E）-3-hepten-2-one］、（2E）-2-壬烯-4-酮［（2E）-2-nonen-4-one］、（2E,5E）-2,5-壬二烯-4-酮［（2E,5E）-2,5-nonadien-4-one］和2-甲氧基-3-异丁基胡椒嗪（2-methoxy-3-isobutylpyrazine）[19]；硫化物：庚烷-2-硫醇（heptane-2-thiol）、2-巯基-4-庚酮（2-mercapto-4-heptanone）、4-巯基-2-庚酮（4-mercapto-2-heptanone）、（E）-3-庚烯-2-硫醇［（E）-3-heptene-2-thiol］、（E）-4-庚烯-2-硫醇［（E）-4-heptene-2-thiol］、（Z）-4-庚烯-2-硫醇［（Z）-4-heptene-2-thiol］、2-巯基-4-庚醇（2-mercapto-4-heptanol）、4-巯基-2-庚醇（4-mercapto-2-heptanol）、2,4-庚烷-二硫醇（2,4-heptane-dithiol）、4-甲基巯基-2-庚烷硫醇（4-methylthio-2-heptanethiol）、2-壬烷硫醇（2-nonanethiol）、4-壬烷硫醇（4-nonanethiol）、2-甲巯基-4-庚硫醇（2-methylthio-4-heptanethiol）、（E）-4-壬烯-2-硫醇［（E）-4-nonene-2-thiol］、（Z）-4-壬烯-2-硫醇［（Z）-4-nonene-2-thiol］、壬烯-4-硫醇（1-nonene-4-thiol）、（E）-2-壬烯-4-硫醇［（E）-2-nonene-4-thiol］、2,4-壬烷-二硫醇（2,4-nonane-dithiol）、3-甲基-5-戊基-1,2-二硫烷（3-methyl-5-pentyl-1,2-dithiolane）、4-巯基-2-壬醇（4-mercapto-2-nonanol）、3-甲基-5-丙基-1,2-二硫烷（3-methyl-5-propyl-1,2-dithiolane）和1-（2-噻吩基）-2-戊烷硫醇［1-（2-thienyl）-2-pentanethiol］[19]。

种子含硫胺类：蒜硫胺（allithiamine）[20]；甾体类：辣椒苷A、B、C、D（capsicoside A、B、C、D）和原去半乳糖替告皂苷（protodesgalactotigonin）[21]。

茎含酰胺类：N-反式-对香豆酰酪胺（N-trans-p-coumaroyltyramine）、7′-（4′-羟基苯基）-N-［（4-甲氧基苯基）乙基］丙烯酰胺{7′-（4′-hydroxyphenyl）-N-［（4-methoxyphenyl）ethyl］propenamide}、N-反式-咖啡酰酪胺（N-trans-caffeoyltyramine）和7′-（3′,4′-二羟基苯基）-N-［（4-甲氧基苯基）-乙基］丙烯酰胺{7′-（3′,4′-dihydroxyphenyl）-N-［（4-methoxyphenyl）ethyl］propenamide}[22]；苯丙素类：阿魏酸（ferulic acid）、氢化阿魏酸（hydroferulic acid）和5-羟基-3,4-二甲氧基桂皮酸（5-hydroxy-3,4-dimethoxycinnamic acid）[22]；酚酸类：异香荚兰酸（iso-vanillic acid）、香荚兰酸（vanillic acid）、藜芦酸（veratric acid）和丁香酸（syringic acid）[22]；木脂素类：（+）-丁香树脂酚［（+）-syringaresinol］[22]；甾体类：β-谷甾烯酮（β-sitostenone）[22]；其他尚含：脱镁叶绿甲酯酸a（pheophorbide a）[22]。

茎叶含二萜类：辣椒萜苷Ⅱ、Ⅵ、A、B、C、D、G、H（capsianoside Ⅱ、Ⅵ、A、B、C、D、G、H）[23]。

地上部分含二萜类：辣椒萜苷 I、II、XIV、XVII（capsianoside I、II、XIV、XVII）和辣椒苷 V 甲酯（capsicoside V methyl ester）[24]。

根含倍半萜类：辣椒倍半萜醇 A、B、C、D、E、F、G、H、I、J（canusesnol A、B、C、D、E、F、G、H、I、J）、辣椒二醇（capsidiol）、罗必明醇（lubiminol）、13-羟基辣椒二醇（13-hydroxycapsidiol）和德氏田菁醇（drummondol）[25]；酰胺类：N-顺式-对香豆酰酪胺（N-cis-p-coumaroyltyramine）[25]、N-顺式-阿魏酰酪胺（N-cis-feruloyltyramine）、N-反式-阿魏酰酪胺（N-trans-feruloyltyramine）、N-反式-对香豆酰酪胺（N-trans-p-coumaroyltyramine）[25]；木脂素类：落叶松脂醇（lariciresinol）[25]；甾体类：辣椒苷 A（capsicoside A）[26]、辣椒苷 A_1（capsicoside A_1）[27]、辣椒苷 A_2、A_3（capsicoside A_2、A_3）[26]、辣椒苷 B（capsicoside B）[26]、辣椒苷 B_1（capsicoside B_1）[27]、辣椒苷 B_2、B_3（capsicoside B_2、B_3）[26]、辣椒苷 C（capsicoside C）[26]、辣椒苷 C_1（capsicoside C_1）[27]、辣椒苷 C_2、C_3（capsicoside C_2、C_3）[28]、辣椒苷 D（capsicoside D）[26]、辣椒苷 D_1（capsicoside D_1）[29]、辣椒苷 E_1（capsicoside E_1）[29,30]、原去半乳糖替告皂苷（protodesgalactotigonin）[26] 和替告皂苷（tigonin）[30]。

【药理作用】1. 保护胃黏膜　果实水提取液有促进盐酸（HCl）所致大鼠急性胃黏膜损伤愈合的作用[1]；25% 以下果实水提取液对 0.6mol/L 盐酸所致胃黏膜急性病变具有细胞保护作用，并能轻微减少胃壁结合黏液，但 25% 以上辣椒煎液能使 0.6mol/L 盐酸所致胃黏膜损伤加重，当结扎胃左动脉主干时更加明显，前列腺素 E_2（PGE_2）及胃壁结合黏液也明显减少，胃黏膜病变发生过程中，其主要通过增加前列腺素 E_2，对胃黏膜起保护作用[2]。2. 促消化　果实提取物低（0.025g/kg）、中（0.05g/kg）、高（0.1g/kg）剂量可显著促进小鼠胃排空和小肠推进的作用，且中剂量对小鼠的胃排空作用更强，高剂量反而起到抑制小鼠胃排空的作用，随着剂量的增大，对小鼠小肠的推进作用也逐步地减小，在阿托品对豚鼠离体回肠抑制后加入辣椒提取物能使抑制后的回肠开始兴奋；辣椒提取物有促进大鼠胃酸和胃蛋白酶分泌的作用[3]。3. 止吐　果实对顺铂、阿朴吗啡、盐酸苯甲双胍（PBG）导致的水貂呕吐有抑制作用，对水貂胃窦组织 P 物质的释放有抑制作用，其机制可能与外周组织 5-羟色胺（5-HT）、P 物质的释放及其相应受体有关[4]。4. 利胆　果实水煎液能增强豚鼠离体胆囊的收缩运动，且呈剂量效应关系，其作用可被消炎痛明显减弱，但不被阿托品所阻断[5]。5. 降血脂　辣椒中的主要成分辣椒素能显著降低实验性高脂血症豚鼠的胆固醇（TC）和甘油三脂（TG）含量[6]。6. 镇痛　果实的丙酮温浸提取物能明显延长小鼠的疼痛反应潜伏期，减少小鼠扭体次数，且作用呈剂量相关性[7]。7. 抗炎　果实的乙醇浸泡液对二甲苯、巴豆油所致小鼠的耳廓肿胀有预防作用[8]。

【性味与归经】辛，热。归心、脾经。

【功能与主治】温中散寒，开胃消食。用于寒滞腹痛，呕吐，泻痢，冻疮。

【用法与用量】煎服 0.9～2.4g；外用适量。

【药用标准】药典 1953、药典 2010、药典 2015、部标蒙药 1998、部标藏药 1995、内蒙古蒙药 1986、山西药材 1987、河南药材 1991、新疆维药 1993、山东药材 2002、云南药材 2005 一册、湖北药材 2009、湖南药材 2009、贵州药材 2003、中华药典 1930、藏药 1979 和青海藏药 1992。

【临床参考】1. 过敏性鼻炎：辣椒酒浸液 5ml，加颠茄 5g，樟脑 8g，冬青油 10ml，橡胶 5g 作辅料，混匀成膏状，备用；裁成小块状，睡前贴双侧肺俞穴、迎香穴，每晚 1 次，7 天为 1 疗程，间歇 3 天后继续第 2 个疗程[1]。

2. 胃寒疼痛：种子 1.5g，加荞麦叶、贝母各 6g，捣烂，开水冲服。

3. 风湿性关节炎初起、游走性关节疼痛：先取花椒 30g，水煎 30min，加入果实 20～30 只，煮软取出，将皮撕开，贴于痛处，贴三层，并用纱布浸花椒水热敷于辣椒皮上，30min 去掉，每晚临睡前 1 次，连用 1 周。

4. 冻疮初起：果实适量，煎水烫洗或浸酒外搽患处。

5. 腮腺炎、蜂窝组织炎、下肢溃疡、多发性疖肿：将果实放于铁锅内烤焦存性，研粉，撒于患处，

每天1次；或调凡士林外涂，每天2次。（2方至5方引自《浙江药用植物志》）

【附注】本种始见于《食物本草》，称为番椒。《本草纲目拾遗》名辣茄，引《药检》云："苗叶似茄叶而小，茎高尺许；至夏乃花，白色五出，倒垂如茄花，结实青色。其实有如柿形，如秤锤形，有小如豆者，有大如橘者，有仰生如顶者，有倒垂叶下者，种类不一。入药惟取细长如象牙，又如人指者。"《花镜》云："番椒，一名海疯藤，俗名辣茄。本高一二尺，丛生白花，秋深结子，俨如秃笔头倒垂，初绿后朱红，悬挂可观。其味最辣，人多采用。研极细，冬月取以代胡椒。收子待来春再种。"《植物名实图考》蔬类辣椒条引《遵义府志》云："番椒通呼海椒，一名辣角，每味不离，长者曰牛角，仰者曰纂椒，味尤辣，柿椒或红或黄，中盆玩，味之辣至此极矣。"以上所述均为本种及其变种。

药材辣椒阴虚火旺者禁服。

有食用本种果实后出现过敏性休克、妊娠期急性肝损伤报道[1,2]。

本种的茎、叶及根民间也作药用。

同属植物小米辣 Capsicum frutescens Linn. 在云南及海南民间也将果实作辣椒药用，Flora of China 把该种并入辣椒。

【化学参考文献】

[1] 陈娜. 辣椒叶化学成分及抗氧化活性研究[D]. 北京：北京中医药大学硕士学位论文，2012.

[2] Kim W R, Kim E O, Kang K, et al. Antioxidant activity of phenolics in leaves of three red pepper (Capsicum annuum) cultivars[J]. J Agric Food Chem, 2013, 62(4): 850-859.

[3] 金莎. 辣椒中辣椒素类成分的分离及辣椒抗肿瘤活性的研究[D]. 长春：吉林农业大学硕士学位论文，2011.

[4] Higashiguchi F, Nakamura H, Hayashi H, et al. Purification and structure determination of glucosides of capsaicin and dihydrocapsaicin from various capsicum fruits[J]. J Agric Food Chem, 2006, 54(16): 5948-5953.

[5] Ochi T, Takaishi Y, Kogure K, et al. Antioxidant activity of a new capsaicin derivative from Capsicum annuum[J]. J Nat Prod, 2003, 66(8): 1094-1096.

[6] De Marino S, Borbone N, Gala F, et al. New constituents of sweet Capsicum annuum L. fruits and evaluation of their biological activity[J]. J Agric Food Chem, 2006, 54(20): 7508-7016.

[7] 陈慧鑫，耿长安，曹团武，等. 辣椒黄酮苷A的化学结构[J]. 中国中药杂志，2013，38(12)：1934-1937.

[8] Materska M, Konopacka M, Rogoliński J, et al. Antioxidant activity and protective effects against oxidative damage of human cells induced by X-radiation of phenolic glycosides isolated from pepper fruits Capsicum annuum L[J]. Food Chem, 2015, 168: 546-553.

[9] Materska M, Perucka I. Antioxidant activity of the main phenolic compounds isolated from hot pepper fruit (Capsicum annuum L.)[J]. J Agric Food Chem, 2005, 53(5): 1750-1756.

[10] Lee D G, Lee D Y, Song M C, et al. A new phenolic glycoside from the fruits of Capsicum annuum[J]. Chemistry of Natural Compounds, 2010, 46(3): 338-339.

[11] Majee S K, Ray S, Ghosh K, et al. Isolation and structural features of an antiradical polysaccharide of Capsicum annuum that interacts with BSA[J]. Int J Biol Macromol, 2015, 75: 144-151.

[12] Lee J H, Kiyota N, Ikeda T, et al. Acyclic diterpene glycosides, capsianosides C, D, E, F and III, from the fruits of hot red pepper Capsicum annuum L. used in Kimchi and their revised structures[J]. Chem Pharm Bull, 2007, 55(8): 1151-1156.

[13] Schweigger U, Kammerer D R, Carle R, et al. Characterization of carotenoids and carotenoid esters in red pepper pods (Capsicum annuum L.) by high-performance liquid chromatography/atmospheric pressure chemical ionization mass[J]. Rapid Commun Mass Spectrom, 2005, 19(18): 2617-2628.

[14] Lee J H, Kiyota N, Ikeda T, et al. Acyclic diterpene glycosides, capsianosides VIII, IX, X, XIII, XV and XVI from the fruits of Paprika Capsicum annuum L. var. grossum BAILEY and Jalapeno Capsicum annuum L. var. annuum[J]. Chem Pharm Bull, 2006, 54(10): 1365-1369.

[15] Maoka T, Fujiwara Y, Hashimoto K, et al. Capsanthone 3,6-epoxide, a new carotenoid from the fruits of the red paprika Capsicum annuum L[J]. J Agric Food Chem, 2001, 49(8): 3965-3968.

[16] Maoka T, Fujiwara Y, Hashimoto K, et al. Isolation of a series of apocarotenoids from the fruits of the red paprika *Capsicum annuum* L.[J]. J Agric Food Chem, 2001, 49(3): 1601-1606.

[17] Maoka T, Akimoto N, Fujiwara Y, et al. Structure of new carotenoids with the 6-oxo-κ end group from the fruits of paprika, *Capsicum annuum*[J]. J Nat Prod, 2004, 67(1): 115-117.

[18] Kobata K, Sutoh K, Todo T, et al. Nordihydrocapsiate, a new capsinoid from the fruits of a nonpungent pepper, *Capsicum annuum*[J]. J Nat Prod, 1999, 62(2): 335-336.

[19] Naef R, Velluz A, Jaquier A et al. New volatile sulfur-containing constituents in a simultaneous distillation-extraction extract of red bell peppers (*Capsicum annuum*)[J]. J Agric Food Chem, 2008, 56(2): 517-527.

[20] Biro A, Stundl L, Remenyik J, et al. Isolation of allithiamine from Hungarian red sweet pepper seed (*Capsicum annuum* L.)[J]. Heliyon, 2018, 4(12): e00997.

[21] Yahara S, Ura T, Sakamoto C, et al. Steroidal glucosides from *Capsicum annuum*[J]. Phytochemistry (Oxford), 1994, 37(3): 831-835.

[22] Chen C Y, Yeh Y T, Yang W L. Amides from the stem of *Capsicum annuum*[J]. Nat Prod Commun, 2011, 6(2): 227-229.

[23] Yahara S, Kobayashi N, Izumitani Y, et al. New acyclic diterpene glycosides, capsianosides VI, G and H from the leaves and stem of *Capsium annuum* L.[J]. Chem Pham Bull, 1991, 39(12): 3258-3260.

[24] Lee J H, Kiyota N, Ikeda T, et al. Three new acyclic diterpene glycosides from the aerial parts of paprika and pimiento[J]. Chem Pham Bull, 2008, 56(4): 582-584.

[25] Kawaguchi Y, Ochi T, Takaishi Y, et al. New sesquiterpenes from *Capsicum annuum*[J]. J Nat Prod, 2004, 67(11): 1893-1896.

[26] Gutsu E V, Kintya P K, Lazur'evskii G V. Steroid glycosides of *Capsicum annuum* root. Part II. structure of capsicosides[J]. Khim Prir Soedin, 1987, (2): 242-246.

[27] Gutsu E V, Kintya P K, Shvets S A, et al. Steroid glycosides of *Capsicum annuum* root. I. the structure of capsicosides A_1, B_1, and C_1[J]. Khim Prir Soedin, 1986, (6): 708-712.

[28] Gutsu E, Kintya P K. Steroidal glycosides from the root of *Capsicum annuum*. IV. structure of capsicosides C_2 and C_3[J]. Khim Prir Soedin, 1989, (4): 582-584.

[29] Gutsu E V, Shvets S A, Kintya P K, et al. Steroidal glycosides of *Capsicum annuum* L. roots. the structure of capsicosines D_1, E_1[J]. F. E. C. S. Int Conf Chem Biotechnol Biol Act Nat Prod, 1987, 5: 436-440.

[30] Gutsu E V, Shvets S A, Kintya P K, et al. Steroid glycosides of *Capsicum annuum* root. Part III. structure of capsicoside E_1[J]. Khim Prir Soedin, 1987, (2): 307-309.

【药理参考文献】

[1] 蒋海清, 侯奕, 黄晓焰, 等. 辣椒治疗胃粘膜损伤及溃疡的实验与临床研究[J]. 赣南医学院学报, 2003, 23(4): 369-372.

[2] 姜昌镐, 李成日. 辣椒煎液对大鼠胃粘膜的影响[J]. 延边医学院学报, 1992, 15(1): 11-15.

[3] 盛平, 陈锦雄, 王晖, 等. 辣椒提取物的健胃和消食作用研究[J]. 中国现代药物应用, 2009, 3(15): 16-18.

[4] 杨志宏, 岳旺, 刘占涛, 等. 辣椒的止呕作用研究[J]. 中国药房, 2010, 21(23): 2113-2115.

[5] 滕敏昌, 侯奕, 孙庆伟. 辣椒对豚鼠离体胆囊收缩运动的影响[J]. 江西中医学院学报, 2002, 14(2): 15-16.

[6] 孟立科, 杨思远, 刘琳, 等. 辣椒素对高脂血症豚鼠肝脏胆固醇和甘油三脂的影响[J]. 中国生化药物杂志, 2012, 33(4): 417-419.

[7] 张莉, 胡迎庆, 郭鹏, 等. 辣椒丙酮温浸提取物镇痛作用研究[J]. 武警医学院学报, 2005, 14(4): 261-263.

[8] 汪泳, 肖安菊, 李倩. 辣椒酒预防炎症产生的作用研究[J]. 时珍国医国药, 2006, 17(7): 1217.

【临床参考文献】

[1] 姚岱君. 辣椒膏外敷治疗过敏性鼻炎25例[J]. 辽宁中医杂志, 1998, 2(4): 13.

【附注参考文献】

[1] 安琪, 鲁玉修. 食用辣椒致过敏性休克1例[J]. 人民军医, 2012, 55(3): 282.

[2] 赵荣江, 高丽梅, 姚春美. 辣椒致妊娠期急性肝损伤1例[J]. 肝脏, 2016, 21(9): 802-803.

5. 颠茄属 *Atropa* Linn.

多年生草本。茎直立，上部 2 叉分枝。叶互生或大小不等的 2 叶双生；叶片全缘。花大，单生于叶腋，具梗，通常稍下垂；花萼宽钟状，5 深裂，裂片常向外展开，在花蕾时覆瓦状排列，果时稍增大，但不包围果实，仅宿存果实基部；花冠管状钟形，5 浅裂；雄蕊 5 枚，生于花冠筒基部，内藏，花药椭圆形，纵裂；花盘明显，子房 2 室，花柱常伸出花冠外，柱头 2 浅裂，胚珠多数。浆果球形，多汁液。种子多数，扁平，有多数网状凹穴。

约 4 种，分布于亚洲中部至欧洲。中国栽培 1 种，南北各省区均有引种栽培，法定药用植物 1 种。华东地区法定药用植物 1 种。

849. 颠茄（图 849）• *Atropa belladonna* Linn. [*Atropa acuminata* Royle ex Lindl.]

图 849　颠茄　　　　　　　　　摄影　陈浩

【形态】多年生草本，常作一年生栽植。茎直立，带紫色，高 0.5～1.5m，上部叉状分枝，嫩枝多腺毛，老时逐渐脱落。叶片宽卵形、卵状椭圆形或椭圆形，长 5～20cm，宽 3～11cm，先端渐尖或急尖，基部楔形，并下延到叶柄，全缘，两面沿叶脉均有白色柔毛。花单生于叶腋，俯垂；花梗细弱，长 2～3cm，密被腺毛；花萼钟状，长约为花冠的一半，5 深裂，裂片果时呈星芒状开展；花冠筒状钟形，上部淡紫色，中、下部淡绿色，5 浅裂，花时裂片向外反折，外面有腺毛；雄蕊 5，花药纵裂；柱头 2 浅裂；花盘明显，生于子房基部。浆果球形，直径1～2cm，熟后紫黑色，光滑。种子扁平肾形，表面具细网纹。花期5～7月，果期6～9月。

【生境与分布】原产于欧洲。山东、安徽、江苏、浙江、上海等地有引种栽培。

【药名与部位】颠茄根，根与根茎。颠茄草（颠茄），全草。

【采集加工】颠茄根：秋季采收，干燥。颠茄草：在开花至结果期内采挖，除去粗茎和泥沙，切段干燥。

【药材性状】颠茄根：呈类圆柱形。分叉极少。市售品多数为纵裂或横断的碎片。外面淡灰棕色；有纵长的细皱纹；柔软的周皮多数已磨去。内面淡黄色至淡棕色。折断面平坦。折断时，有多数由淀粉组成的细末飞散。干燥品几乎无臭，用水湿润，即有一种特殊的臭气。味初微甜，后苦、辛。

颠茄草：根呈圆柱形，直径5～15mm，表面浅灰棕色，具纵皱纹；老根木质，细根易折断，断面平坦，皮部狭，灰白色，木质部宽广，棕黄色，形成层环纹明显；髓部白色。茎扁圆柱形，直径3～6mm，表面黄绿色，有细纵皱纹和稀疏的细点状皮孔，中空，幼茎有毛。叶多皱缩破碎，完整叶片卵状椭圆形，黄绿色至深棕色。花萼5裂，花冠钟状。果实球形，直径5～8mm，具长梗，种子多数。气微，味微苦、辛。

【化学成分】叶含生物碱类：天仙子胺N-氧化物（hyoscyamine N-oxide）、天仙子碱N-氧化物（hyoscine N-oxide）[1-6]、东莨菪碱（scopolamine）、天仙子胺，即莨菪碱（hyoscyamine）和阿托品（atropine）[2]；黄酮类：7-甲基槲皮素（7-methyl quercetin）、3-甲基槲皮素（3-methyl quercetin）、槲皮素-3-鼠李糖葡萄糖苷（quercitin-3-rhamnoglucoside）、山柰酚-3-鼠李糖半乳糖苷（kaempferol-3-rhamnogalactoside）、槲皮素-7-葡萄糖苷（quercetin-7-glucoside）、山柰酚-7-葡萄糖苷（kametmpferol-7-glucoside）、槲皮素-7-葡萄糖基-3-鼠李葡萄糖苷（quercitin-7-glucosyl-3-rhamnoglucoside）、山柰酚-7-葡萄糖基-3-鼠李糖半乳糖苷（kamepferol-7-glucosyl-3-rhamnogalactoside）、山柰酚-7-葡萄糖-3-鼠李糖葡萄糖（kaempferol-7-glucosyl-3-rhamnoglucoside）[1]和芦丁（rutin）[7]。

根含生物碱类：阿托品（atropine）、红古豆碱（cucohygrine）[1,3]和天仙子胺N-氧化物（hyoscyamine N-oxide）[1,2]；黄酮类：山柰酚（kaempferol）[4]；苯丙素类：对香豆酸（p-coumaric acid）、咖啡酸（caffeic acid）[4]和对羟基苯乙基-反式-阿魏酸酯（p-hydroxy-phenethyl-trans-ferulate）[5]；酚酸类：对水杨酸（p-salicylic acid）和间甲氧基对羟基苯甲酸（m-methoxy-p-hydroxybenzoic acid）[4]；三萜类：齐墩果酸（oleanolic acid）、2α, 3α, 24, 28-四羟基齐墩果-12-烯（2α, 3α, 24, 28-tetrahydroxyolean-12-ene）和2α, 3α, 24-三羟基齐墩果-12-烯-28, 30-二羧酸（2α, 3α, 24-trihydroxyolean-12-en-28, 30-dioic acid）[5]；甾体类：胡萝卜苷（daucosterol）[5]。

茎含生物碱类：天仙子胺N-氧化物（hyoscyamine N-oxide）[2]。

花含黄酮类：槲皮素-7-甲醚（quercetin-7-methyl ether）、山柰酚（kaempferol）和槲皮素-3-O-甲醚（quercetin-3-O-methyl ether）[4]。

果实含生物碱类：阿托品（atropine）和东莨菪碱（scopolamine）[3]。

种子含生物碱类：天仙子胺N-氧化物（hyoscyamine N-oxide）[2]；甾体类：颠茄苷A、B、C、D、E、F、G、H（atroposide A、B、C、D、E、F、G、H）[8]。

【药理作用】1.抗菌 根乙醇提取物对金黄色葡萄球菌、大肠杆菌的生长有抑制作用，其中对金黄色葡萄球菌的抑制作用尤为明显，而对鼠伤寒沙门氏杆菌无作用[1]。2.抗氧化 根乙醇提取物、甲醇提取物对1,1-二苯基-2-三硝基苯肼（DPPH）自由基均有清除作用，其中甲醇提取物的作用强于乙醇提取物[1]。3.行为改善 乙醇提取物、甲醇提取物可明显改善明暗箱试验中应激小鼠转至明箱的次数，减少在明箱中的滞留时间，并可逆转应激小鼠行为的改变，使站立和攀爬次数增加[2]。4.护胃 乙醇提取物、甲醇提取物可逆转小鼠因应激而导致的淋巴细胞、中性粒细胞、嗜碱粒细胞和单核细胞数的明显减少，对应激诱导的小鼠胃损伤产生具有保护作用，保护率为81%，提示其免疫保护和胃保护作用与其神经和抗焦虑作用有关[2]。

【药用标准】颠茄根：药典1953、中华药典1930、台湾1980和台湾2006；颠茄草：药典1953、药典 1977—2015、中华药典 1930 和台湾 2006。

【临床参考】1.氯氮平所致流涎反应：复方颠茄片（颠茄浸膏 10mg、苯巴比妥 15mg）口服，每次 1～3 片，每日 3 次[1]。

2.肠易激综合征：颠茄片（提取物）口服，每次 20mg，每日 3 次，同时氟哌噻吨美利曲辛片口服，每次 1 片，每日 2 次[2]。

3.婴幼儿腹泻：6%颠茄合剂口服，每次 0.2ml/kg，每日 3 次，同时盐酸异丙嗪片口服，每次 0.5mg/kg，每日 3 次，配合常规综合疗法[3]。

4.6个月内婴儿排便困难：颠茄合剂（颠茄酊 6ml，加苏打 6g，陈皮糖 12ml，蒸馏水 90ml）口服，每次 0.2～0.4ml/kg，治疗数天后，可根据患儿的病情酌情增减用药剂量，2 周为 1 疗程[4]。

【附注】用本种各部位加工的药材青光眼患者禁服。

【化学参考文献】

[1] 国家中医药管理局《中华本草》编委会.中华本草（7）[M].上海：上海科学技术出版社，1999：248-249.

[2] Phillipson J D, Handa S S. Natural occurrence of tropane alkaloid N-oxides [J]. J Pharm Pharmacol, 1973, 25: 116-118.

[3] Wilms J, Roeder E, Kating H. Gas-chromatographic determination of tropan alkaloids in organs of *Atropa belladonna* [J]. Planta Med, 1977, 31 (3): 249-256.

[4] Clair G, Drapier-Laprade D, Paris R R. On the polyphenols (phenolic acids and flavonoids) of varieties of *Atropa belladonna* L. [J]. Comptes Rendus des Seances de l'Academie des Sciences, Serie D: Sciences Naturelles, 1976, 282 (1): 53-56.

[5] Mehmood A, Malik A, Anis I, et al. Highly oxygenated triterpenes from the roots of *Atropa acuminate* [J]. Nat Prod Lett, 2002, 16 (6): 371-376.

[6] Phillipson J D, Handa S S. *N*-oxides of hyoscyamine and hyoscine in the Solanaceae [J]. Phytochemistry, 1975, 14 (4): 999-1003.

[7] Steinegge E, Sonanin D, Tsingarida K. Solanceae flavones. III. flavonoids of *Atropa belladonna* leaf [J]. Pharmaceutica Acta Helvetiae, 1963, 38: 119-124.

[8] Shvets S A, Latsterdis N V, Kintia P K. A chemical study on the steroidal glycosides from *Atropa belladonna* L. seeds [J]. Advances in Experimental Medicine and Biology, 1996, 404: 475-483.

【药理参考文献】

[1] Munir N, Iqbal A S, Altaf I, et al. Evaluation of antioxidant and antimicrobial potential of two endangered plant species *Atropa belladonna* and *Matricaria chamomilla* [J]. Afr J Tradit Complement Altern Med, 2014, 11 (5): 111-117.

[2] 朱益，高博.低剂量颠茄、常绿钩藤和 Poumon 组胺对应激小鼠的向神经、免疫及胃的作用[J].国外医药·植物药分册，2002，17（4）：169.

【临床参考文献】

[1] 李飞.颠茄治疗氯氮平所致流涎反应[J].上海精神医学，1998，10（4）：228.

[2] 高宝林.颠茄片联合黛力新治疗肠易激综合征 68 例观察[J].基层医学论坛，2013，17（S1）：53-54.

[3] 胡庆安.盐酸异丙嗪联合颠茄合剂治疗婴幼儿腹泻的疗效分析[J].中国处方药，2014，12（1）：48-49.

[4] 陈发明，陈玲妹，杜毓城，等.颠茄合剂治疗 6 个月内婴儿排便困难的临床效果研究[J].当代医学，2019，25（2）：110-111.

6. 天仙子属 *Hyoscyamus* Linn.

一年生、二年生或多年生草本。茎直立或匍匐，常具毛。叶互生，边缘具波状齿或缺刻或羽状分裂，稀全缘，有极短柄或无柄。花在茎下部的单生于叶腋，在茎上端逐渐密集成聚伞或穗状花序，无梗或具短梗，花萼筒状钟形、坛形或倒圆锥形，顶端 5 浅裂，花后增大包围蒴果，具明显的纵肋，裂片开张，顶端成硬针刺；花冠钟状或漏斗状，顶端 5 浅裂，裂片大小不等；雄蕊 5 枚，着生于花冠筒近中部，常伸出花冠外，花药纵裂；无花盘或花盘不明显；子房 2 室，胚珠每室多数，花柱丝状，柱头头状，2 浅裂。蒴果自中部稍上处盖裂。种子肾形或圆盘状，稍扁，具多数网状凹穴。

约20种，分布于地中海至亚洲东部。中国2种，分布于西南部及北部，华东地区有栽培，法定药用植物1种。华东地区法定药用植物1种。

850. 天仙子（图850）• *Hyoscyamus niger* Linn.

图850　天仙子　　　　　　　　　　　　　　摄影　徐克学

【别名】莨菪（浙江）。

【形态】二年生草本，高达1m。全株被黏质腺毛。根粗壮，肉质。茎基部木质化，中空。基生叶大，长达30cm，呈莲座状，茎生叶互生，叶片卵状披针形或长圆形，长4～10cm，宽2～6cm，顶端锐尖，基部心形，边缘有不规则粗齿或羽状浅裂，上部叶无柄半抱茎，下部叶具长达5cm的叶柄。花单生于茎中部以下叶腋，在茎上部的则单生于苞状叶腋内而集成穗状花序；花萼筒状钟形，密被细腺毛和长柔毛；花冠黄绿色，钟状，基部具紫堇色脉纹，长约为花萼的1倍。蒴果长卵圆形，包藏于宿萼内，熟时盖裂。种子近圆盘状，直径约1mm，表面具细网纹。花期5～7月，果期6～8月。

【生境与分布】生于山坡、路旁及河岸沙地。华东各地有栽培或逸为野生，另我国华北、西北及西南地区均有分布；欧洲南部、非洲北部及蒙古国、俄罗斯、印度也有分布。

【药名与部位】天仙子（莨菪子），种子。莨菪叶，叶或带花、果的枝梢。

【采集加工】天仙子：夏、秋间果皮变黄时，采收果实，打下种子，筛去果皮、枝梗，干燥。莨菪叶：开花期采集，干燥。

【药材性状】天仙子：呈类扁肾形或扁卵形，直径约 1mm。表面棕黄色或灰黄色，有细密的网纹，略尖的一端有点状种脐。切面灰白色，油质，有胚乳，胚弯曲。气微，味微辛。

莨菪叶：多数为皱缩、破碎并缠结的叶片。常夹杂有茎与带花、果的枝梢。完整的叶显不等边的卵形或长卵形；顶端尖锐；柄长达 30cm；亦有无柄的；边缘为不规则的锯齿形或羽状分裂，裂片显锐三角形；侧脉与中脉成广阔的角，末端延伸至裂片的尖端；两面均有腺毛，下面较密；上面显灰黄绿色；下面显淡灰黄色。茎显灰绿色，有毛，成长圆柱形或稍压缩的长圆柱形，有纵长的皱纹，直径 2～7mm。花几乎无梗。花萼显壶形，长约 1.5cm，有毛，分裂成 5 个不等的三角形齿。花冠显两边微相等的漏斗形，分裂成 5 片，长 2.5～3cm，口上宽 2～2.5cm，黄色，有紫蓝色的脉纹。雄蕊 5 枚，柱头显头形，分成两片。果实为盖果，内分 2 室，包藏在花萼内。种子的种皮有明显的波状网纹。臭强烈、特殊，久储即渐减退。味苦、微辛。

【药材炮制】天仙子：除去杂质，筛去灰屑。

【化学成分】种子含挥发油：己醛（hexanal）、十一烷（undecane）、2-庚酮（2-heotanone）、庚醛（heptanal）和 2-壬酮（2-nonanone）等[1]；脂肪酸类：棕榈酸（hexadecanoic acid）、油酸（oleic acid）和 9, 12-十八碳二烯酸（9, 12-octadecadienoic acid）[1]；生物碱：莨菪碱（hyoscyamine）、东莨菪碱（scopolamine）、阿托品（atropine）、脱水东莨菪碱（aposcopolamine）、羟莨菪碱（hydroxyhyoscyamine）、脱水阿托品（apoatropine）、茵芋碱（skimmianine）[2]、菜椒酰胺（grossamide）、N-反式-阿魏酰酪胺（N-trans-feruloyltyramine）[3]、天仙子酰胺（hyoscyamide）[3,4]，大麻素 D（cannabisin D）[3,4]，大麻素 E（cannabisin E）[4]，大麻素 G（cannabisin G）[4]，大麻素 K、L（cannabisin K、L）[4]，顺式-大麻素 E（cis-cannabisin E）、N-反式-菜椒酰胺（N-trans-grossamide）、N-顺式-菜椒酰胺（N-cis-grossamide）和天芥菜酰胺（heliotropamide）[4]；木脂素类：天仙子明（hyosmin）[5]，黄花草素 A、B（cleomiscosin A、B）、金露花素 A（durantin A）、天仙子灵（hyosgerin）[6]，蛇菰宁（balanophonin）和天仙子醛（hyoscyamal）[7]；苯丙素类：1, 24-二十四烷二醇二阿魏酸酯（1, 24-tetracosanediol diferulate）[3]；黄酮类：芦丁（rutin）[3] 和水黄皮苷 C、D（pongamoside C、D）[7]；甾体类：β-谷甾醇（β-sitosterol）、胡萝卜苷（daucosterol）[3]，天仙子内醚醇（hyoscyamilactol）、16α-乙酰天仙子内醚醇（16α-acetoxyhyoscyamilactol）[8]，颠茄苷 A、C、E（atroposide A、C、E）、曼陀罗内酯-4（daturalactone-4）、麦冬皂苷 C′（ophiopogonin C′）、碧冬茄甾苷 L、N（petunioside L、N）、（25R）-5α-螺甾-3β-O-α-L-吡喃鼠李糖基-（1→2）-β-D-吡喃葡萄糖苷［（25R）-5α-spirostan-3β-O-α-L-rhamnopyranosyl-（1→2）-β-D-glucopyranoside］、（25R）-5α-螺甾-3β-O-β-D-吡喃葡萄糖基-（1→3）-β-D-吡喃半乳糖苷［（25R）-5α-spirostan-3β-O-β-D-glucopyranosyl-（1→3）-β-D-galactopyranoside］、（25R）-5α-螺甾-3β-O-β-D-吡喃葡萄糖基-（1→3）-[β-D-吡喃葡萄糖基-（1→2）]-β-D-吡喃半乳糖苷｛（25R）-5α-spirostan-3β-O-β-D-glucopyranosyl-（1→3）-[β-D-glucopyranosyl-（1→2）]-β-D-galactopyranoside｝[9]，天仙子苷 E、F₁、G（hyoscyamoside E、F₁、G）[10] 和天仙子苷 F（hyoscyamoside F）[11]；甘油酯类：1-O-（9Z, 12Z-十八碳二烯酰基）甘油［1-O-（9Z, 12Z-octadecadienoyl）glycerol］、1-O-十八酰基甘油（1-O-octadecanoylglycerol）、1-O-（9Z, 12Z-十八碳二烯酰基）-3-O-十九酰基甘油［1-O-（9Z, 12Z-octadecadienoyl）-3-O-nonadecanoylglycerol］、1-O-（9Z, 12Z-十八碳二烯酰基）-2-O-（9Z, 12Z-十八碳二烯酰基）甘油［1-O-（9Z, 12Z-octadecadienoyl）-2-O-（9Z, 12Z-octadecadienoyl）glycerol］和 1-O-（9Z, 12Z-十八碳二烯酰基-3-O-（9Z-十八碳烯酰基）甘油［1-O-（9Z, 12Z-octadecadienoyl）-3-O-（9Z-octadecenoyl）glycerol］[3]；酚酸类：香荚兰酸（vanillic acid）[3]；脂肪酸类：硬脂酸（stearic acid）、棕榈酸（palmitic acid）、亚油酸（linoleic acid）、油酸（oleic acid）、二十酸（eicosanoic acid）、α-亚麻酸（α-linolenic acid）、山萮酸（behenic acid）和二十四碳烷酸（tetracarboxylic acid）[12]。

地上部分含生物碱类：天仙子胺（hyoscyamine）、茵芋碱（skimmianine）、天仙子碱（hyoscine）、托品碱（tropine）、离天仙子碱（apohyoscine）、α-颠茄宁（α-belladonnine）和 β-颠茄宁（β-belladonnine）[13]。

全草含生物碱类：打碗花碱 A_3、A_5、A_6、B_1、B_2、B_3、N_1（calystegine A_3、A_5、A_6、B_1、B_2、B_3、N_1）[14]。

叶含生物碱类：东莨菪碱（scopolamine）、天仙子胺（hyoscyamine）和阿托品（atropine）[15]。

根含生物碱类：四甲基丁二胺（tetramethyl diaminobutane）、离阿托品（apoatropine）和红古豆碱（cuscohygrine）[15]。

【药理作用】1. 镇痛　种子生品、清炒品及醋制品的水煎液或甲醇提取物可提高热板所致小鼠的痛阈值，减少乙酸所致小鼠的扭体次数[1]。2. 抗炎　种子生品、清炒品及醋制品的水煎液或甲醇提取物可有效抑制二甲苯所致小鼠的耳廓肿胀，其中醋制品水煎液抑制效果最好[1]；种子甲醇提取物可明显增加小鼠热板反应时间，减少乙酸所致小鼠扭体次数，有效抑制角叉菜胶所致大鼠的足肿胀和棉球所致大鼠的肉芽肿[1]。3. 解热　种子生品、清炒品及醋制品的水煎液或甲醇提取物对酵母水溶液诱导的小鼠发热模型有明显的解热作用[2]。4. 抗肿瘤　种子提取物的石油醚、氯仿、乙酸乙酯、正丁醇部分在体外对人肺癌 95-D 细胞的增殖均有一定的抑制作用，其中氯仿提取物抑制率最高，最高达到 80.77%[3]。5. 抗菌　种子水煎液对金黄色葡萄球菌和大肠杆菌的生长均有明显的抑制作用，对乙型副伤寒杆菌的抑制作用不明显，对链球菌无抑制作用[4]。

毒性　小鼠分别经口给予种子生品、清炒品及醋制品的水煎液，在给药后均表现出活动明显减少、静卧不动、闭目、对刺激的反应性减弱、低头、呼吸稍慢。种子生品、清炒品及醋制品水煎液对小鼠口服最大耐受量分别为 200g/kg、190g/kg 和 192g/kg 剂量[1]。

【性味与归经】天仙子：苦、辛，温；有大毒。归心、胃、肝经。

【功能与主治】天仙子：解痉止痛，安神定痛。用于胃痉挛疼痛，喘咳，癫狂。

【用法与用量】天仙子：0.06～0.6g。

【药用标准】天仙子：药典 1963、药典 1977、药典 1990-2015、浙江炮规 2005、藏药 1979、新疆药品 1987、内蒙古蒙药 1986、山西药材 1987 和内蒙古药材 1988；莨菪叶：药典 1953 和中华药典 1930。

【临床参考】1. 耳廓假性囊肿：种子 3～8g，少量生理盐水调成团状药膏备用，无菌注射器穿刺抽尽囊液，红外线照射囊肿部位 20min 后，用药膏填塞患处，按耳廓形状铺实加压成形，无菌纱布包扎固定，每日 1 次，连用 5～7 日[1]。

2. 糖尿病皮肤溃疡：种子适量，加 0.1% 利凡诺液适量调匀成面团状，以稍湿不滴水为度，取合适大小紧贴创面，消毒棉垫包扎保护，溃疡面深且分泌物多者，每日换药 2 次，待溃疡面变浅，分泌物减少，改每日换药 1 次，同时配合抗感染、降血糖、营养支持等治疗[2]。

3. 癫狂初起：种子，加大黄、厚朴、枳实、当归各适量，水煎服。

4. 胃痛：种子研粉，每次 0.9g，开水送服，每天 2 次。

5. 蛀牙疼痛：种子研粉，取少许（约 0.15g）塞蛀孔，每日 2 次；或种子 3g，加细辛、甘草各 6g，白芷、升麻各 9g，水煎漱口，不可吞咽。（3 方至 5 方引自《浙江药用植物志》）

【附注】始载于《神农本草经》，原名莨菪子，列入下品。《名医别录》云："生海滨川谷及雍州，五月采子。"《蜀本草》云："叶似王不留行、菘蓝等，茎叶有细毛，花白，子壳作罂子形，实扁细，若粟米许，青黄色。"《本草图经》载："今处处有之，苗茎高二三尺。叶似地黄、王不留行、红（菘）蓝等而三指阔，四月开花，紫色，苗英茎有白毛。五月结实，有壳作罂子状，如小石榴。房中子至细，青白色，如米粒。"《本草纲目》载："叶圆而光，有毒，误食令人狂乱，状如中风，或吐血，以甘草汁解之。"综上所述，并参考附图，其特征均与本种一致。

本种有大毒，内服宜慎，不可过量及连续服用。孕妇、青光眼患者及心脏病患者禁服。中毒主要症状为口渴、咽喉灼痛、吞咽困难、皮肤干热潮红、瞳孔散大、精神错乱、说胡话，严重者发生惊厥，最后出现昏迷或呼吸衰竭。解救方法：洗胃，导泻，若体温高者则物理降温，兴奋者用溴化物、水合氯醛，抑制者用咖啡因；保护眼结膜及口鼻黏膜，可涂石蜡油；毛果芸香碱 2～4mg 皮下注射，15min 1 次，直至瞳孔缩小，症状减轻为止；呼吸中枢抑制时，可用呼吸兴奋剂并保暖，必要时给氧或行人工呼吸。

本种的根民间也作药用，其外形颇似胡萝卜，须防误食中毒。中毒表现以精神症状为主，如颜面潮红、瞳孔散大、步伐不稳、平衡失调、意识不清、出现视幻觉等。

同属植物中亚天仙子（矮莨菪）*Hyoscyamus pusillus* Linn. 的种子在西藏及新疆民间也作天仙子药用。

【化学参考文献】

［1］王秀琴，王岩，李军，等. GC-MS 分析天仙子及其炮制品中挥发油成分［J］. 中华中医药学刊，2013，31（5）：1044-1047.

［2］祁文娟，王兆基，吴志成，等. 毒性中药天仙子有效成分的液相色谱-质谱法定性定量分析［J］. 药物分析杂志，2012，32（4）：599-602.

［3］Ma C Y, Liu W K, Che C T. Lignanamides and nonalkaloidal components of *Hyoscyamus niger* seeds［J］. J Nat Prod, 2002, 65（2）：206-209.

［4］Zhang W N, Zhang W N, Luo J G, et al. Phytotoxicity of lignanamides isolated from the seeds of *Hyoscyamus niger*［J］. J Agric Food Chem, 2012, 60（7）：1682-1687.

［5］Begum A S, Verma S, Sahai M, et al. Hyosmin, a new lignan from *Hyoscyamus niger* L.［J］. J Chem Res, 2006, 10：675-677.

［6］Sajeli B, Sahai M, Suessmuth R, et al. Hyosgerin, a new optically active coumarinolignan, from the seeds of *Hyoscyamus niger*［J］. Chem Pharm Bull, 2006, 54（4）：538-541.

［7］Begum A S, Verma S, Sahai M, et al. Hyoscyamal, a new tetrahydrofurano lignan from *Hyoscyamus niger* Linn.［J］. Nat Prod Res, 2009, 23（7）：595-600.

［8］Ma C Y, Williams I D, Che C T. Withanolides from *Hyoscyamus niger* seeds［J］. J Nat Prod, 1999, 62（10）：1445-1447.

［9］Lunga I, Bassarello C, Kintia P, et al. Steroidal glycosides from the seeds of *Hyoscyamus niger* L.［J］. Nat Prod Commun, 2008, 3（5）：731-734.

［10］Zhang W N, Zhang W, Luo J G, et al. A new steroidal glycoside from the seeds of *Hyoscyamus niger*［J］. Nat Prod Res, 2013, 27（21）：1971-1974.

［11］Chirilov A, Svet S, Chintea P, et al. 3-O-{ β-D-glucopyranosyl（1 → 4）］-［β-D-glucopyranosyl（1 → 3）］-β-D-galactopyranoside}-（25R）-5α-furostan-3β, 22α, 26-triol-［26-O-β-D-glucopyranoside］ from *Hyosciamus niger* seeds, as a plant transpiration inhibitor［P］. Mold, 2005, MD 2892 F1 20051130.

［12］孙刚. 天仙子籽油中脂肪酸组成的研究［J］. 青海科技，2000，7（1）：24-25.

［13］Sharova E G, Aripova S Y, Abdilalimov O A. Alkaloids of *Hyoscyamus niger* and *Datura stramonium*［J］. Khim Prir Soedin, 1977, 13（1）：126-127.

［14］Asano N, Kato A, Yokoyama Y, et al. Calystegin N1, a novel nortropane alkaloid with a bridgehead amino group from *Hyoscyamus niger*：structure determination and glycosidase inhibitory activities［J］. Carbohydr Res, 1996, 284（2）：169-178.

［15］张素芹，彭广芳，陈萍，等. 天仙子的研究概况［J］. 时珍国药研究，1997，8（4）：324-325.

【药理参考文献】

［1］王岩. 天仙子炮制原理初步探讨［D］. 沈阳：辽宁中医药大学硕士学位论文，2009.

［2］Begum S, Saxena B, Goyal M, et al. Study of anti-inflammatory, analgesic and antipyretic activities of seeds of *Hyoscyamus niger* and isolation of a new coumarinolignan［J］. Fitoterapia, 2010, 81（3）：178-184.

［3］石虎有，毕倩楠. 天仙子对肿瘤细胞的抑制作用［J］. 辽宁中医杂志，2010，37（5）：895-896.

［4］黄红芳. 天仙子煎剂的抑菌作用研究［J］. 右江民族医学院学报，2009，31（2）：186-187.

【临床参考文献】

［1］王罕，谢建红，席海蓉. 红外线外照射加天仙子外敷治疗耳廓假性囊肿的疗效观察［J］. 江西医药，2008，43（12）：1393-1394.

［2］黄少薇. 天仙子外敷治疗糖尿病皮肤溃疡的疗效观察［J］. 齐齐哈尔医学院学报，2001，22（12）：1397.

7. 曼陀罗属 *Datura* Linn.

草本、半灌木或小乔木状。单叶互生，具叶柄。花大，常单生于枝叉处或叶腋，直立、斜升或下垂；花萼长管状，萼筒具5棱或圆筒状，贴近于花冠筒或膨大而不贴近于花冠筒，顶端5浅裂或偶有同时在一侧深裂，花后自基部稍上处环状断裂而仅基部宿存部分扩大或自基部全部脱落；花冠长漏斗状或高脚碟状，白色、黄色或淡紫色，花冠筒长，5浅裂，在蕾中折合而旋转；雄蕊5枚，花药纵裂；子房2室，每室因背缝线伸出的假隔膜而形成假4室；花柱丝状，柱头膨大，2浅裂。蒴果，规则或不规则的4瓣裂，或为浆果状，表面具硬针刺或无针刺而平滑；种子多数，扁肾形或近圆形，胚极弯曲。

约11种，多数分布于热带和亚热带地区，少数在温带。中国4种，各地皆有，野生或栽培，法定药用植物3种。华东地区法定药用植物3种。

分种检索表

1. 果实斜生、横向生或俯垂生，熟时不规则瓣裂；种子淡褐色；萼筒不具5棱；花冠长14～17cm。
  2. 全株密生细腺毛及短柔毛；蒴果俯垂，表面密生细长针刺及灰白色柔毛……………毛曼陀罗 *D. innoxia*
  2. 全株无毛或幼嫩部分有稀疏短柔毛；蒴果斜生至横向生，表面疏生短硬刺……………洋金花 *D. metel*
1. 果实直立，熟时规则4瓣裂；种子黑色；萼筒具5棱；花冠长6～7.5cm……………曼陀罗 *D. stramonium*

851. 毛曼陀罗（图851）• *Datura innoxia* Mill.

【形态】一年生直立草本，高1～2m。全株密被白色细腺毛和短柔毛。茎分枝灰绿色或微带紫色。叶互生；叶片宽卵形，长8～18cm，宽4～15cm，先端急尖，基部不对称圆形，全缘而微波状或有不规则波状疏齿。花单生于枝叉间或叶腋，直立或斜升；花梗花后向下弓曲；花萼管状而不具棱角，顶端5裂，花后宿存部分随果增大呈五角形，果时向外反折；花冠长漏斗状，长15～17cm，上部白色，下半部淡绿色，花开放后喇叭状，边缘有10尖头；雄蕊5枚；子房疏生白色针状毛。蒴果俯垂，卵球形，直径3～4cm，密生等长细针刺及白色柔毛，成熟后近顶端不规则开裂。种子扁肾形，黄褐色。花果期6～11月。

【生境与分布】生于海拔600m以下的村边路旁、荒地，也见栽培。分布于山东、江苏、华东其他各地有栽培，另湖北、河北、河南、新疆等地也有分布；欧亚大陆及美洲广泛分布。

【药名与部位】曼陀罗子，种子。洋金花（风茄花），花。

【采集加工】曼陀罗子：夏季果实成熟时采收果实，除去果皮，取出种子，晒干。洋金花：4～8月采摘初开的花，晾晒七、八成干后，捆把，晒干或微火烘干，称北洋金花。

【药材性状】曼陀罗子：略呈肾形而稍扁，长3～4.5mm，宽2～2.5mm，厚约1mm。表面褐色或黄白色，中央凹下，边缘隆起，并有一条下凹的边线，形成双边状。侧面一边稍凸出，具种脐。质硬，不易破碎。胚弯曲，黄白色，胚根明显，白色，子叶2枚，白色。无臭，味淡，嚼之稍香。

洋金花：具有萼筒，多分散或捆成小把。花筒状，皱缩，花瓣上细折成缕。表面黄棕色或淡棕色。萼筒上有5个棱角，长3～4.5cm，灰绿色而发暗，外面有灰白色柔毛。质脆，破开内有5枚雄蕊，基部附着花瓣。气微，味苦涩。

【药材炮制】曼陀罗子：除去杂质，用时捣碎。

洋金花：除去杂质，除去柄。

【化学成分】花含甾体类：洋金花苷C、D、G（daturameteloside C、D、G）、魏察白曼陀罗素C、E、G（withametelin C、E、G）、睡茄重瓣曼陀罗素F、E（withafastuosin F、E）和睡茄苷Ⅲ（withanoside

图 851　毛曼陀罗　　　　　　摄影　郭增喜等

Ⅲ）[1]；黄酮类：山柰酚 -7-O-α-L- 吡喃鼠李糖苷（kaempferol-7-O-α-L-ramnopyranoside）、山柰酚 -7-O-β-D- 吡喃葡萄糖苷（kaempferol-7-O-β-D-glucopyranoside）、山柰酚 -3-O-β-D- 吡喃葡萄糖基 -7-O-α-L- 吡喃鼠李糖苷（kaempferol-3-O-β-D-glucopyranosyl-7-O-α-L-ramnopyranoside）、山柰酚 -3-O-β-D- 吡喃葡萄糖基 -（1→2）-β-D- 吡喃葡萄糖苷［kaempferol-3-O-β-D-glucopyranosyl-（1→2）-β-D-glucopyranoside］、山柰酚 -3-O-β-D- 吡喃葡萄糖基 -（1→2）-β-D- 吡喃葡萄糖基 -7-O-α-L- 吡喃鼠李糖苷［kaempferol-3-O-β-D-glucopyranosyl-（1→2）-β-D-glucopyranosyl-7-O-α-L-ramnopyranoside］、山柰酚 -3-O-β-D- 吡喃葡萄糖基 -（1→2）-β-D- 吡喃葡萄糖基 -7-O-β-D- 吡喃葡萄糖苷［kaempferol-3-O-β-D-glucopyranosyl-（1→2）-β-D-glucopyranosyl-7-O-β-D-ramnopyranoside］[1]、7-O-α-L- 吡喃鼠李糖基山柰酚（7-O-α-L-ramnopyranosyl kaempferol）、7-O-β-D- 吡喃葡萄糖基山柰酚（7-O-β-D-glucopyranosyl kaempferol）、3-O-β-D- 吡喃葡萄糖基 -7-O-α-L- 吡喃鼠李糖基山柰酚（3-O-β-D-glucopyranosyl-7-O-α-L-ramnopyranosyl kaempferol）、3-O-β-D- 吡喃葡萄糖基（1→2）-β-D- 吡喃葡萄糖基山柰酚［3-O-β-D-glucopyranosyl-（1→2）-β-D-glucopyranosyl kaempferol］、3-O-β-D- 吡喃葡萄糖基（1→2）-β-D- 吡喃葡萄糖基 -7-O-α-L- 吡喃鼠李糖基山柰酚［3-O-β-D-glucopyranosyl（1→2）-β-D-glucopyranosyl-7-O-α-L-ramnopyranosyl kaempferol］和 3-O-β-D- 吡喃葡萄糖基（1→2）-β-D- 吡喃葡萄糖基 -7-O-β-D- 吡喃葡萄糖基山柰酚［3-O-β-D-glucopyranosyl（1→2）-β-D-glucopyranosyl-7-O-β-D-glucopyranosyl kaempferol］[2]；醇及其苷类：酪醇（tyrosol）、苯乙醇 -O-β-D- 吡喃葡萄糖基（1→2）-β-D- 吡喃葡萄糖苷［phenethyl alcohol-O-β-D-glucopyranosyl-（1→2）-β-D-glucopyranoside］和无刺枣苄苷Ⅰ（zizybeoside Ⅰ）[1]；倍半萜类：（6S, 9R）-3- 酮 -α- 紫

罗兰醇-9-*O*-β-D-吡喃葡萄糖苷［(6*S*, 9*R*)-3-oxo-α-ionol-9-*O*-β-D-glucopyranoside］、(6*S*, 9*R*)-6-羟基-3-酮-α-紫罗兰醇-9-*O*-β-D-葡萄糖苷［(6*S*, 9*R*)-6-hydroxyl-3-oxo-α-ionol-9-*O*-β-D-glucoside］和(6*S*, 9*R*)-6-羟基-3-酮-α-紫罗兰醇［(6*S*, 9*R*)-6-hydroxyl-3-oxo-α-ionol］[1]；木脂素类：(+)-松脂酚-*O*-β-D-双吡喃葡萄糖苷［(+)-pinoresinol-*O*-β-D-diglucopyranoside］、(+)-松脂酚-*O*-β-D-吡喃葡萄糖苷［(+)-pinoresinol-*O*-β-D-glucopyranoside］、异落叶松脂素（*iso*-lariciresinol）[1]，(+)-松脂酚-*O*-β-D-二吡喃葡萄糖苷［(+)-pinoresinol-*O*-β-D-diglucopyranoside］、(+)-松脂酚-*O*-β-D-吡喃葡萄糖苷［(+)-pinoresinol-*O*-β-D-glucopyranoside］和(+)-异落叶松脂素［(+)-*iso*-lariciresinol］[3]；酚苷类：愈创木酚-*O*-β-D-双吡喃葡萄糖苷（guaiacol-*O*-β-D-diglucopyranoside）[1]；酚酸酯类：反式-*S*-反式-对羟基苯乙醇-对桂皮酸酯（*trans*-*S*-*trans*-*p*-hydroxy-phenylethanol-*p*-cinnamate）、反式-*S*-顺式-对羟基苯醇-对桂皮酸酯（*trans*-*S*-*cis*-*p*-hydroxy-phenylethanol-*p*-cinnamate）、苯丙醇乙酸酯（phenylpropyl acetate）和对羟基苯甲酸甲酯（methyl-*p*-hydroxybenzonate）[1]。

叶含脂肪酸类：己酸（hexanoic acid）、十六烷酸（hexadecanoic acid）和十八烷酸（octadecanoic acid）[4]；苯丙素类：反式-咖啡酸（*trans*-caffeic acid）、反式-阿魏酸（*trans*-ferulic acid）、顺式-咖啡酸（*cis*-caffeic acid）、顺式-4-羟基桂皮酸（*cis*-4-hydroxy-cinnamic acid）、反式-4-羟基桂皮酸（*trans*-4-hydroxy-cinnamic acid）和反式芥子酸（*trans*-sinapic acid）[4]；黄酮类：木犀草素（luteolin）和槲皮素（quercetin）[4]。

根含脂肪酸类：己酸（hexanoic acid）、十六烷酸（hexadecanoic acid）和十八烷酸（octadecanoic acid）[4]；苯丙素类：反式-咖啡酸（*trans*-caffeic acid）、反式-阿魏酸（*trans*-ferulic acid）、顺式-咖啡酸（*cis*-caffeic acid）、顺式-4-羟基桂皮酸（*cis*-4-hydroxy-cinnamic acid）、反式-4-羟基桂皮酸（*trans*-4-hydroxy-cinnamic acid）和反式芥子酸（*trans*-sinapic acid）[4]；黄酮类：木犀草素（luteolin）和槲皮素（quercetin）[4]。

【药理作用】抗菌　地上部分的甲醇提取物对枯草芽孢杆菌、肠球菌和金黄色葡萄球菌的生长均有抑制作用[1]。

【性味与归经】曼陀罗子：辛，苦，温；有毒。归肝、脾经。洋金花：辛，温；有毒。

【功能与主治】曼陀罗子：平喘，祛风，止痛。用于喘咳，惊痫，风寒湿痹，泻痢，脱肛，跌打损伤。洋金花：平喘，止咳，定痛。用于哮喘，咳嗽，风寒湿痹及各种疼痛。

【用法与用量】曼陀罗子：0.15～0.30g。洋金花：5～7.5g，水泡或浸酒内服；治哮喘，除内服外，可将花瓣作卷烟燃吸。

【药用标准】曼陀罗子：山东药材2002、江西药材2014和贵州药材2003；洋金花：药典1963。

【附注】本种的花及种子有毒，用量过大易致中毒，出现口干、皮肤潮红、瞳孔散大、心动过速、眩晕头痛、烦躁、谵语、幻觉、甚至昏迷，最后可因呼吸麻痹而死亡。内服宜慎；外感及痰热喘咳、青光眼、高血压、心脏病及肝肾功能不全者和孕妇禁用。

【化学参考文献】

[1] 刘高峰. 北洋金花的非生物碱化学成分及指纹图谱研究[D]. 哈尔滨：黑龙江中医药大学博士学位论文，2005.

[2] 太成梅. 北洋金花的化学成分研究[D]. 哈尔滨：黑龙江中医药大学硕士学位论文，2004.

[3] 刘高峰，张艳海，杨炳友，等. 北洋金花中木脂素类化学成分研究[J]. 中医药信息，2010，27(6)：9-10.

[4] Rahmoune B，Zerrouk I Z，Morsli A，et al. Phenylpropanoids and fatty acids levels in roots and leaves of Datura stramonium and *Datura innoxia*[J]. International Journal of Pharmacy and Pharmaceutical Sciences，2017，9(7)：150-154.

【药理参考文献】

[1] Eftekhar F，Yousefzadi M，Tafakori V. Antimicrobial activity of *Datura innoxia* and *Datura stramonium*[J]. Fitoterapia，2005，76(1)：118-120.

852. 洋金花（图852） • *Datura metel* Linn.（*Datura fastuosa* Linn.）

图852 洋金花　　　　　摄影　郭增喜

【别名】白花曼陀罗、白曼陀罗（通称），枫茄子、枫茄花（上海），风茄花、喇叭花（江西、江苏）。

【形态】一年生直立草本或半灌木状，全体近无毛，高0.5～1.5m。茎基部稍木质化。叶互生或茎上部近对生；叶片卵形或广卵形，长5～20cm，宽4～15cm，顶端渐尖，基部不对称圆形、截形或楔形，全缘或微波状，或具不规则的锯齿或浅裂；叶柄长2～5cm。花单生于枝叉间或叶腋，具花梗；花萼筒状，顶端裂片狭三角形或披针形，果时宿存部分增大成浅盘状；花冠白色或淡紫色，或在栽培中有重瓣；花冠长漏斗状，长14～20cm，花冠筒中部以下较细，向上扩大呈喇叭形，裂片顶端有小尖头；雄蕊5枚；

子房疏生短刺毛。蒴果近球形或扁球形,直径约 3cm,疏生粗短刺,成熟时不规则 4 瓣裂。种子淡褐色。花期 7～10 月,果期 9～12 月。

【生境与分布】生于海拔 2100m 以下的向阳山坡草地或村前屋后荒地上,常栽培。华东多有栽培,分布于广东、广西、云南、贵州、台湾;热带及亚热带地区也有分布。

【药名与部位】醉仙桃,果实。曼陀罗子(白花曼陀罗子),种子。洋金花(风茄花),花。

【采集加工】醉仙桃:夏、秋二季果实成熟时采收,晒干。曼陀罗子:夏季果实成熟时采收果实,除去果皮,取出种子,晒干。洋金花:夏、秋二季花初开时采收,低温干燥。

【药材性状】醉仙桃:呈球形或卵球形,长 2～5cm,直径 2～3.5cm。表面黄绿色、黄棕色或棕褐色,具针刺,长短不一。顶端 4 瓣裂,基部残留部分宿萼及果柄。果皮质坚韧,易纵向撕裂,内含多数种子。种子略呈三角形或肾形,扁平,宽 0.3～0.4cm,表面黑褐色。气微,味苦。

曼陀罗子:略呈肾形而稍扁,长 3～4.5mm,宽 2～2.5mm,厚约 1mm。表面褐色或黄白色,中央凹下,边缘隆起,并有一条下凹的边线,形成双边状。侧面一边稍凸出,具种脐。质硬,不易破碎。胚弯曲,黄白色,胚根明显,白色,子叶 2,白色。无臭,味淡,嚼之稍香。

洋金花:多皱缩成条状,完整者长 9～15cm。花萼呈筒状,长为花冠的 2/5,灰绿色或灰黄色,先端 5 裂,基部具纵脉纹 5 条,表面微有茸毛;花冠呈喇叭状,淡黄色或黄棕色,先端 5 浅裂,裂片有短尖,短尖下有明显的纵脉纹 3 条,两裂片之间微凹;雄蕊 5 枚,花丝贴生于花冠筒内,长为花冠的 3/4;雌蕊 1 枚,柱头棒状。烘干品质柔韧,气特异;晒干品质脆,气微,味微苦。

【药材炮制】醉仙桃:除去杂质,用时捣碎。

曼陀罗子:除去杂质,用时捣碎。

洋金花:除去杂质,筛去灰屑。

【化学成分】根含木脂素类:淫羊藿次苷 E_5(icariside E_5)、日本八角枫倍半萜素*A(alangisesquin A)、五叶山小桔苷*F(glycopentoside F)、肿柄雪莲木脂素苷*(conicaoside)、单叶蔓荆脂醇*A(vitrifol A)、(7S, 8R)-脱氢二松柏醇-9′-O-β-吡喃葡萄糖苷[(7S, 8R)-dehydroconiferyl alcohol-9′-O-β-glucopyranoside]、7R, 8R-苏式-4, 7, 9-三羟基-3, 3′-二甲氧基-8-O-4′-新木脂素-9′-O-β-D-吡喃葡萄糖苷[7R, 8R-threo-4, 7, 9-trihydroxy-3, 3′-dimethoxy-8-O-4′-neolignan-9′-O-β-D-glucopyranoside]、落叶松脂醇-4′-O-β-D-吡喃葡萄糖苷(lariciresinol-4′-O-β-D-glucopyranoside)、日本落叶松脂醇*D(leptolepisol D)、日向当归苷 IIIb(hyuganoside IIIb)、琉璃苣木脂素苷*(officinalioside)、落叶松脂醇-9-O-β-D-吡喃葡萄糖苷(lariciresinol-9-O-β-D-glucopyranoside)、紫薇木脂素苷*A(stroside A)、赤式-醉鱼草醇 B(erythro-buddlenol B)、大血藤木脂素苷*D(sargentodoside D)、5′-甲氧基落叶松脂醇(5′-methoxylariciresinol)、脱氢二松柏醇-4-O-β-D-吡喃葡萄糖苷(dehydrodiconiferyl alcohol-4-O-β-D-glucopyranoside)、(+)-(7S, 8S)-4-羟基-3, 3′, 5′-三甲氧基-8′, 9′-二去甲-8, 4′-氧代-新木脂素-7, 9-二醇-7′-酸[(+)-(7S, 8S)-4-hydroxy-3, 3′, 5′-trimethoxy-8′, 9′-dinor-8, 4′-oxy-neolignan-7, 9-diol-7′-oic acid][1],苏式-2, 3-二-(4-羟基-3-甲氧基苯基)-3-甲氧基丙醇[thero-2, 3-bis-(4-hydroxy-3-methoxypheyl)-3-methoxypropanol]、赤式-2, 3-二-(4-羟基-3-甲氧基苯基)-3-甲氧基丙醇[eythero-2, 3-bis-(4-hydroxy-3-methoxypheyl)-3-methoxypropanol]、(+)-(7R, 7′R, 7″R, 7″′R, 8S, 8′S, 8″S, 8″′S)-4″, 4″′-二羟基-3, 3′, 3″, 3″′, 5, 5′-六甲氧基-7, 9′; 7′, 9-二环氧-4, 8″; 4′, 8″′-二氧代-8, 8′-二新木脂素-7″, 7″′, 9″, 9″′-四醇[(+)-(7R, 7′R, 7″R, 7″′R, 8S, 8′S, 8″S, 8″′S)-4″, 4″′-dihydroxy-3, 3′, 3″, 3″′, 5, 5′-hexamethoxy-7, 9′; 7′, 9-diepoxy-4, 8″; 4′, 8″′-bisoxy-8, 8′-dineolignan-7″, 7″′, 9″, 9″′-tetraol][1,2]、(-)去-4′, 4″-O-二甲基表木兰脂素 A[(-)-de-4′, 4″-O-dimethylepimagnolin A]、蛇菰宁 B(balanophonin B)和波棱瓜脂醇*B、C(herpetol B、C)[2];苯丙素类:(8R)-2′-乙酰氧基-7-苯基-9-丙醇[(8R)-2′-acetoxyl-7-phenyl-9-propanol]、ω-羟丙愈创木酮*(ω-hydroxypropioguaiacone)[2]和松柏苷(coniferin)[3];生物碱类:N-反式-阿魏酰酪胺(N-trans-feruloyltyramine)、N-反式-香豆酰酪胺(N-trans-coumaroyltyramine)、N-反式-对香豆酰章胺(N-trans-

p-coumaroyloctopamine）、*N*-［2-（3,4-二羟基苯基）-2-羟基乙基］-3-（4-甲氧基苯基）丙-2-烯酰胺｛*N*-［2-（3,4-dihydroxyphenyl）-2-hydroxyethyl］-3-（4-methoxyphenyl）prop-2-enamide｝、*N*-顺式-对香豆酰章胺（*N-cis-p*-coumaroyloctopamine）、*N*-顺式-阿魏酰章胺（*N-cis*-feruloyloctopamine）、*N*-顺式-香豆酰酪胺（*N-cis*-coumaroyltyramine）、*N*-苯甲酰-L-苯基氨基丙醇（*N*-benzoyl-L-phenylalaninol）、大麻酰胺 F、G、H（cannabisin F、G、H）[2]、大麻酰胺 D、E（cannabisin D、E）、茄酰胺 B（melongenamide B）[3]、天仙子胺（hyoscyamine）、东莨菪碱（scopolamine）、托品碱（tropine）、伪托品碱（pseudotropine）和二巴豆酰氧基托品烷（ditigloyloxytropane）[4]；单萜类：芍药苷（paeoniflorin）[3]；倍半萜类：柑橘苷 A（citroside A）、（6*R*,7*E*,9*R*）-9-羟基-4,7-大柱香波龙二烯-3-酮-9-*O*-［α-L-吡喃阿拉伯糖基-（1→6）-β-D-吡喃葡萄糖苷］｛（6*R*,7*E*,9*R*）-9-hydroxy-4,7-megastigmadien-3-one-9-*O*-［α-L-arabinopyranosyl-（1→6）-β-D-glucopyranoside］｝和（1*R*,7*R*,10*R*,11*R*）-12-羟基安徽银莲花烯醇*［（1*R*,7*R*,10*R*,11*R*）-12-hydroxylanhuienosol］[3]；二萜类：贝壳杉酸糖苷 A（kaurane acid glycoside A）和对映-2-氧代-15,16-二羟基海松-8（14）-烯-16-*O*-β-吡喃葡萄糖苷［*ent*-2-oxo-15,16-dihydroxypimar-8（14）-en-16-*O*-β-glucopyranoside］[3]；三萜类：人参皂苷 Re（ginsenoside Re）、人参皂苷 Rg$_1$（ginsenoside Rg$_1$）和三七皂苷 R$_1$（notoginsenosides R$_1$）[3]；酚类：红景天苷（salidroside）和 2,6-二甲氧基-4-羟基苯酚-1-*O*-β-D-吡喃葡萄糖苷（2,6-dimethoxy-4-hydroxyphenol-1-*O*-β-D-glucopyranoside）[3]；碳苷类：正丁基-*O*-β-D-呋喃果糖苷（*n*-butyl-*O*-β-D-fructofuranoside）、己基-β-槐糖苷（hexyl-β-sophoroside）、苄基-*O*-β-D-吡喃木糖基-（1→6）-β-L-吡喃葡萄糖苷［benzyl-*O*-β-D-xylopyranoxyl-（1→6）-β-D-glucopyranoside］和（*Z*）-3-己烯基-*O*-α-L-吡喃阿拉伯糖基-（1→6）-β-L-吡喃葡萄糖苷［（*Z*）-3-hexenyl-*O*-α-L-arabinopyranosyl-（1→6）-β-D-glucopyranoside］[3]。

茎含生物碱类：*N*-［2-（3,4-二羟基苯基-2-羟乙基）］-3-（4-甲氧基苯基）-2-丙烯酰胺｛*N*-［2-（3,4-dihydroxyphenyl-2-hydroxyethyl）］-3-（4-methoxyphenyl）prop-2-enamide｝、3-（4-羟基-3-甲氧基苯基）-*N*-［2-（4-羟基苯基）-2-甲氧基乙基丙烯酰胺｛3-（4-hydroxy-3-methoxyphenyl）-*N*-［2-（4-hydroxyphenyl）-2-methoxyethyl］acrylamide｝、*N*-反式-对-香豆酰基章鱼胺（*N-trans-p*-coumaroyloctopamine）、*N*-顺式阿魏酰基酪胺（*N-cis*-feruloyl tyramine）、*N*-反式-阿魏酰基-3′,4′-二羟基苯基二乙胺（*N-trans*-feruloyl-3′,4′-dihydroxyphenylethylamine）、*N*-反式阿魏酰基酪胺（*N-trans*-feruloyl tyramine）和 *N*-反式-对-香豆酰基酪胺（*trans-N-p*-coumaroyltyramine）[5]；脂肪酸类：9,12,13-三羟基-10,15-十八碳二烯酸甲酯（methyl-9,12,13-trihydroxyoctadeca-10,15-dienoate）和（9*E*）-8,11,12-三羟基-十八碳烯酸甲酯［methyl-（9*E*）-8,11,12-trihydroxyoctadecenoate］[5]；甾体类：曼陀罗苷 A（daturataturin A）、白曼陀罗苷 H（baimantuoluoside H）和白曼陀罗素 A（daturametelin A）[5]；酚苷类：草夹竹桃苷（androsin）[5]；醇苷类：柑橘苷 A（citroside A）[5]。

茎皮含生物碱类：阿托品（atropine）[6]；二萜类：曼陀罗冷杉三烯（daturabietatriene）[6]；甾体类：24β-甲基胆甾-4-烯-22-酮-3α-醇（24β-methylcholest-4-en-22-one-3α-ol）、β-谷甾醇（β-sitosterol）和胡萝卜苷（daucosterol）[6]。

叶含生物碱类：金线连碱（anoectochine）、萘异噁唑 A（naphthisoxazol A）、东莨菪碱（hyoscine）[7]、阿托品（atropine）、白曼陀罗碱（datumetine）[8]、2β-（3,4-二甲基-2,5-二氢-1H-吡咯-2-基）-1′-甲基乙基戊酸酯［2β-（3,4-dimethyl-2,5-dihydro-1H-pyrrol-2-yl）-1′-methylethylpentanoate］[9]、天仙子胺（hyoscyamine）[10]、5′,7′-二甲基-6′-羟基-3′-苯基-3α-氨基-β-炔-谷甾醇（5′,7′-dimethyl-6′-hydroxy-3′-phenyl-3α-amine-β-yne-sitosterol）[11]、1,7-二羟基-1-甲基-6,8-二甲氧基-β-咔啉（1,7-dihydroxy-1-methyl-6,8-dimethoxy-β-carboline）[12]和 *N*-（对羟基苯乙基）-对羟基桂皮酰胺［*N*-（*p*-hydroxyphenylethyl）-*p*-hydroxycinnamamide］[13]；氨基酸类：L-色氨酸（L-Try）[7]；甾体类：洋金花叶素 A、C（daturafolisin A、C）、洋金花叶苷 B（daturafoliside B）[7]、枸杞物质 B（lycium substance B）[13]、洋金花叶苷 A、B、C、D、E、F、G、H、I（daturafoliside A、B、C、D、E、F、G、H、I）、（22*R*）-27-羟基-7α-

甲氧基-1-氧代睡茄-3, 5, 24-三烯内酯-27-O-β-D-吡喃葡萄糖苷［(22R)-27-hydroxy-7α-methoxy-1-oxowitha-3, 5, 24-trienolide-27-O-β-D-glucopyranoside］、12-去氧魏察曼陀罗内酯(12-deoxywithastramonolide)、白曼陀罗苷B(baimantuoluoside B)[14]、洋金花叶苷J、K、L(daturafoliside J、K、L)、洋金花叶苷M、N、O、P、Q、R、S、T、U(daturafoliside M、N、O、P、Q、R、S、T、U)[15]、洋金花素A、B、C、D(dmetelin A、B、C、D)、7α, 27-二羟基-1-氧代-睡茄-2, 5, 24-三烯内酯(7α, 27-dihydroxy-1-oxo-witha-2, 5, 24-trienolide)[16]、魏察白曼陀罗素Q(withametelin Q)、12α-白曼陀罗素B(12α-hydroxydaturametelin B)[17]、曼陀罗灵(daturilin)[18]、睡茄白曼陀罗素(withametelin)[19,20]、异睡茄白曼陀罗素(iso-withametelin)[20]、洋金花林素(datumelin)[21]、曼陀罗灵醇(daturilinol)[22]、白曼陀罗林素(datumetelin)[23,24]、印度小酸浆醇A(physalindicanol A)[25]、白曼陀罗素A(daturametelin A)[26]、白曼陀罗素B(daturametelin B)[27]、白曼陀罗素J(daturametelin J)[28]、12α-羟基白曼陀罗素B(12α-hydroxydaturametelin B)[26]、12-去氧睡茄曼陀罗内酯(12-deoxywithastramonolide)[25,28]、睡茄白曼陀罗素A、B、C、D、E、F、G、H、I(withametelin A、B、C、D、E、F、G、H、I)、曼陀罗苷A、B(daturataturin A、B)、白曼陀罗苷B(baimantuoluoside B)、(22R)-27-羟基-7α-甲氧基-1-氧代睡茄-3, 5, 24-三烯内酯-27-O-β-D-吡喃葡萄糖苷［(22R)-27-hydroxy-7α-methoxy-1-oxowitha-3, 5, 24-trienolide-27-O-β-D-glucopyranoside］[28]、裂环睡茄白曼陀罗素(secowithametelin)[29]、豆甾醇(stigmasterol)、豆甾醇-3-O-β-D-吡喃葡萄糖苷(stigmasterol-3-O-β-D-glucopyranoside)[30]和β-谷甾醇(β-sitosterol)[31]；倍半萜类：(6S, 7E, 9S)-9-β-D-吡喃葡萄糖氧基-大柱香波龙-4, 7-二烯-3-酮［(6S, 7E, 9S)-9-[(β-D-glucopyranosyl)-oxy]megastigma-4, 7-dien-3-one］、(6S, 9R)-6-羟基-3-氧代-α-香堇醇-9-O-β-D-吡喃葡萄糖苷［(6S, 9R)-6-hydroxy-3-oxo-α-ionol-9-O-β-D-glucopyranoside］、二氢催吐萝芙木醇-O-β-D-吡喃葡萄糖苷(dihydrovomifoliol-O-β-D-glucopyranoside)[30]、省沽油香堇苷D(staphylionoside D)、二氢吐叶醇-O-β-D-吡喃葡萄糖苷(dihydrovomifolio-O-β-D-glucopyranoside)和柑橘苷A(citroside A)[7]；黄酮类：槲皮素-3-O-2(E-咖啡酰基)-α-L-吡喃阿拉伯糖基-(1→2)-β-D-吡喃葡萄糖苷-7-O-β-D-吡喃葡萄糖苷［quercetin-3-O-2(E-caffeoyl)-α-L-arabinopyranosyl-(1→2)-β-D-glucopyranoside-7-O-β-D-glucopyranoside］、山奈酚-3-O-半乳糖基-(2→1)-葡萄糖苷［kaempferol-3-O-galactosyl-(2→1)-glucoside］、山奈酚-3, 7-二-O-β-D-吡喃葡萄糖苷(kaempferol-3, 7-di-O-β-D-glucopyranoside)、山奈酚-7-O-β-D-吡喃葡萄糖苷(kaempferol-7-O-β-D-glucopyranoside)和槲皮素-7-O-β-D-吡喃葡萄糖苷(quercetin-7-O-β-D-glucopyranoside)[7]；木脂素类：异落叶松脂素［(+)-iso-lariciresinol］[31]；多元羧酸类：苄甲基琥珀酸(benzyl methyl succinate)[17]；挥发油类：3-己基-3-甲基环戊基苯［(3-hexyl-3-methylcyclopentyl)benzene］、3-氨基-2-苯丙酸(3-amino-2-benzylpropanoic acid)、5-烯丙基-4-甲氧基-3-甲基-2-(3, 4, 5-三甲氧基苯基)-3, 3α-苯并二氢呋喃-6(2H)-酮[5-allyl-4-methoxy-3-methyl-2-(3, 4, 5-trimethoxyphenyl)-3, 3α-dihydrobenzofuran-6(2H)-one]、9, 12, 13-三羟基-10, 15-十八碳二烯酸(9, 12, 13-trihydroxy-10, 15-octadecaenoic acid)和叶绿醇(phytol)等[31]；含苯羧酸类：托品酸(tropic acid)[7]；脑苷类：(4E, 8Z)-1-O-(β-D-吡喃葡萄糖基)-N-(2'-羟基十六酰基)-鞘氨-4, 8-二烯［(4E, 8Z)-1-O-(β-D-glucopyranosyl)-N-(2'-hydroxyhexadecanoyl)-sphinga-4, 8-dienine］[32]；碳苷类：正丁基-O-α-D-呋喃果糖苷(n-butyl-O-α-D-fructofuranoside)[7]；其他尚含：刺龙芽糖苷I(congmuyaglyeoside I)[7]。

花含木脂素类：(+)-松脂酚-O-β-D-二吡喃葡萄糖苷［(+)-pinoresinol-O-β-D-diglucopyranoside］、(+)-松脂酚-O-β-D-吡喃葡萄糖苷［(+)-pinoresinol-O-β-D-glucopyranoside］[33]、异落叶松脂醇(iso-lariciresinol)、(+)-松脂酚-O-β-D-双葡萄吡喃糖苷［(+)-pinoresinol-O-β-D-diglucopyranoside］和(+)-松脂酚-O-β-D-葡萄吡喃糖苷［(+)-pinoresinol-O-β-D-glucopyranoside］[34,35]；生物碱类：顺式-N-香豆酰酪胺(cis-N-coumaroyltyramine)、反式-N-对-香豆酰酪胺(trans-N-p-coumaroyltyramine)[33]、洋金花酰胺A、B(daturametelamide A、B)[34]、曼陀罗碱(meteloidine)、莨菪碱(hyoscyamine)、去水阿托品(apoatropine)、山莨菪碱(anisodamine)、东莨菪碱(hyoscine)、降骆驼蓬满碱(norharman)[36]、(E)-4-[3-(4-羟

基苯基）-N-甲基丙烯酰胺]丁酰甲酯{methyl(E)-4-[3-(4-hydroxyphenyl)-N-methylacrylamido]butanoate}、6,7-二甲基-1-D-核糖基-喹噁啉-2,3(1H,4H)-二酮-5'-O-β-D-吡喃葡萄糖苷[6,7-dimethyl-1-D-ribityl-quinoxaline-2,3(1H,4H)-dione-5'-O-β-D-glucopyranoside][37]、降莨菪碱（norhycscyamine）、红古豆碱（cuscohygrine）、3α,6β-双巴豆酰氧托品-7-醇（3α,6β-ditigloyloxytropane-7-ol）、阿托品（atropine）、（-）3α,6β-双巴豆酰氧托品烷[（-）3α,6β-ditigloyloxytropane]、巴豆酰伪托品碱（tigloidine）、3α-巴豆酰氧基托品烷（3α-tigloyloxytropane）、伪托品碱（pseudotropine）、托品烷-3α,6β-二醇（tropane-3α,6β-diol）、（-）6β-巴豆酰氧基托品-3α-醇[（-）6β-tigloyloxytropane-3α-ol]、（-）3α-巴豆酰氧基托品-6β-醇[（-）3α-tigloyloxytropan-6β-ol]、6β-巴豆酰氧基托品-3α,7β-二醇（6β-tigloyloxytropan-3α,7β-diol）和离天仙子碱（apohyoscine）[38]；黄酮类：山奈酚-3-O-β-D-吡喃葡萄糖基-(1→2)-β-D-吡喃半乳糖基-7-O-α-L-吡喃鼠李糖苷[kaempferol-3-O-β-D-glucopyranosyl-(1→2)-β-D-galactopyranosyl-7-O-α-L-rhamnopyranoside]、山奈酚-3-O-β-D-吡喃葡萄糖基-(1→2)-β-D-吡喃半乳糖基-7-O-β-D-吡喃葡萄糖苷[kaempferol-3-O-β-D-glucopyranosyl-(1→2)-β-D-galactopyranosyl-7-O-β-D-glucopyranoside][33]、山奈酚（kaempferol）、7-O-α-L-吡喃鼠李糖基-山奈酚（7-O-α-L-rhamnopyranosyl-kaempferol）、7-O-β-D-吡喃葡萄糖基-山奈酚（7-O-β-D-glucopyranosyl-kaempferol）、3-O-β-D-吡喃葡萄糖基-7-O-α-L-吡喃鼠李糖基-山奈酚（3-O-β-D-glucopyranosyl-7-O-α-L-glucopyranosyl-kaempferol）、3-O-α-L-吡喃鼠李糖基(1→6)-β-D-吡喃葡萄糖基-7-O-β-D-吡喃葡萄糖基-山奈酚[3-O-α-L rhamnopyranosyl(1→6)-β-D-glucopyranosyl-7-O-β-D-glucopyranosyl-kaempferol][39]、山奈酚-3-O-β-D-吡喃葡萄糖基-(1→2)-β-D-吡喃葡萄糖苷-7-O-α-L-吡喃鼠李糖苷[kaempferol-3-O-β-D-glucopyranosyl-(1→2)-β-D-glucopyranoside-7-O-α-L-rhamnopyranoside]、山奈酚-3-O-β-D-吡喃葡萄糖基-(1→2)-β-D-吡喃葡萄糖苷[kaempferol-3-O-β-D-glucopyranosyl-(1→2)-β-D-glucopyranoside]和山奈酚-3-O-β-D-吡喃葡萄糖基-(1→2)-β-D-吡喃葡萄糖苷-7-O-β-D-吡喃葡萄糖苷[kaempferol-3-O-β-D-glucopyranosyl-(1→2)-β-D-glucopyranoside-7-O-β-D-glucopyranoside][40]；甾体类：睡茄素B（lucium substance B）[41]、5α,12β,27-三羟基-6α,7α-环氧-1-酮-醉茄-2,24-二烯内酯（5α,12β,27-trihydroxy-6α,7α-epoxy-1-oxo-witha-2,24-dienolide）、5α,6β-二羟基-21,24-环氧-1-酮-醉茄-2,25(27)-二烯内酯[5α,6β-dihydroxy-21,24-epoxy-1-oxo-witha-2,25(27)-dienolide]、1α,3β,5α,27-四羟基-6α,7α-环氧-醉茄-24-烯内酯-3-O-β-D-葡萄吡喃糖苷（1α,3β,5α,27-tetrahydroxy-6α,7α-epoxy-witha-24-enolide-3-O-β-D-glucopyranoside）、5α,27-二羟基-6α,7α-环氧-1-酮-醉茄-2,24-二烯内酯（5α,27-dihydroxy-6α,7α-epoxy-l-oxo-witha-2,24-dienolide）、5α,12β,27-三羟基-6α,7α-环氧-1-酮-醉茄-2,24-二烯内酯（5α,12β,27-trihydroxy-6α,7α-epoxy-1-oxo-witha-2,24-dienolide）、5α,12α,27-三羟基-6α,7α-环氧-(20R,22R)-1-酮-醉茄-2,24-二烯内酯-27-O-β-D-吡喃葡萄糖苷[5α,12α,27-trihydroxy-6α,7α-epoxy-(20R,22R)-1-oxo-witha-2,24-dienolide-27-O-β-D-glucopyranoside]、5α,6β,21-三羟基-1-酮-醉茄-24-烯内酯（5α,6β,21-trihydroxy-1-oxo-witha-24-enolide）、5α,6β-二羟基-21,24-环氧-1-酮-醉茄-2,25-二烯内酯（5α,6β-dihydroxy-21,24-epoxy-1-oxo-witha-2,25-dienolide）、1α,3β,5α,27-四羟基-6α,7α-环氧-醉茄-24-烯内酯-3-O-β-D-吡喃葡萄糖苷（1α,3β,5α,27-tetrahydroxy-6α,7α-epoxy-witha-24-enolide-3-O-β-D-glucopyranoside）、洋金花素A、B、C、D、E、F、G、H（daturameteline A、B、C、D、E、F、G、H）、洋金花苷B、C、D、E、F、G、H、I、J（daturameteloside B、C、D、E、F、G、H、I、J）[34]、5α,6β,21,27-四羟基-1-酮-醉茄-2,24-二烯内酯（5α,6β,21,27-tetrahydroxy-1-oxo-witha-2,24-dienolide）、5α,6β,21-三羟基-1-酮-醉茄-24-烯内酯（5α,6β,21-trihydroxy-1-oxo-witha-24-enolide）[34,35]、毛酸浆烯甾醇A（alkesterol A）[41]、5α,12α,27-三羟基-6α,7α-环氧-1-酮-22R-醉茄-2,24-二烯内酯（5α,12α,27-trihydroxy-6α,7α-epoxy-1-oxo-22R-witha-2,24-dienolide）、1α,3β,27-三羟基-22R-醉茄-5,24-二烯内酯-3,27-O-β-D-二吡喃葡萄糖苷（1α,3β,27-trihydroxy-22R-witha-5,24-dienolide-3,27-O-β-D-diglucopyranoside）[42]、洋金花素K、L、M（daturameteline K、L、M）[43]、白曼陀罗苷A、B、C（baimantuoluoside

A、B、C)[44], 白曼陀罗苷 D、E、F、G (baimantuoluoside D、E、F、G)[45], 1α, 3β, 5α, 6β, 27- 五羟基 - (20R, 22R)- 醉茄 -7, 24- 二烯内酯 -3-O-β-D- 吡喃葡萄糖苷 [1α, 3β, 5α, 6β, 27-pentahydroxy- (20R, 22R)-witha-7, 24-dienolide-3-O-β-D-glucopyranode][46], 白曼陀罗灵 A、B、C (baimantuoluoline A、B、C)[47,48], 白曼陀罗灵 D、E、F (baimantuoluoline D、E、F)[49], 睡茄白曼陀罗素 C (withametelin C)[47], 睡茄重瓣曼陀罗素 E (withafastuosin E)[47], 睡茄重瓣曼陀罗素 F (withafastuosin F)、睡茄曼陀罗素 D (withatatulin D)[49], 睡茄白曼陀罗素 F (withametelin F)[50], 睡茄白曼陀罗素 G (withametelin G)[49,50], 睡茄白曼陀罗素 I、J、K、L、M、N、O、P (withametelin I、J、K、L、M、N、O、P)、1, 10- 裂环睡茄白曼陀罗素 B (1, 10-secowithametelin B) 和 12β- 羟基 -1, 10- 裂环睡茄白曼陀罗素 B (12β-hydroxy-1, 10-secowithametelin B)[51]; 倍半萜类: (3S, 5R, 8R)-3, 5- 二羟基 - 大柱香波龙烷 -6, 7- 二烯 -9- 酮 -3-O-β-D- 吡喃葡萄糖苷 [(3S, 5R, 8R)-3, 5-dihydroxy-megastigman-6, 7-dien-9-one-3-O-β-D-glucopyranoside], 即淫羊藿次苷 B_1 (icariside B_1)[22], (6S, 9R)-6- 羟基 -3- 酮 -α- 紫罗兰醇 [(6S, 9R)-6-hydroxyl-3-oxo-α-ionol], 即吐叶醇 (vomifoliol)、(6R, 9R)-3- 酮 -α- 紫罗兰醇 -9-O-β-D- 吡喃葡萄糖苷 [(6R, 9R)-3-oxo-α-ionol-9-O-β-D-glucopyranoside][34], 洋金花素 N (daturameteline N)、洋金花苷 N (daturameteloside N)[43], (6S, 9R)-6- 羟基 -3- 酮 -α- 紫罗兰醇 -9-O-β-D- 吡喃葡萄糖苷 [(6S, 9R)-6-hydroxy-3-oxo-α-ionol-9-O-β-D-glucopyranoside]、(6S, 9R)-3- 酮 -α- 紫罗兰醇 -9-O-β-D- 吡喃葡萄糖苷 [(6S, 9R)-3-oxo-α-ionol-9-O-β-D-glucopyranoside]、(6R, 9R)-3- 酮 -α- 紫罗兰醇 -9-O-β-D- 吡喃葡萄糖苷 [(6R, 9R)-3-oxo-α-ionol-9-O-β-D-glucopyranoside][52], 蚱蜢酮 (grasshopper ketone)[22,53], 柑橘苷 A (citroside A) 和 (6S, 9R)-6- 羟基 -3- 酮 -α- 紫罗兰醇 -9-O-β-D- 吡喃葡萄糖苷 [(6S, 9R)-6-hydroxy-3-oxo-α-ionol-9-O-β-D-glucopyranoside][53]; 酚及芳香基醇类: 酪醇 (tyrosol)[33,52], 苯乙醇 -O-β-D- 吡喃葡萄糖基 -(2→1)-O-β-D- 吡喃葡萄糖苷 [phenethyl alcohol-O-β-D-glucopyranosyl-(2→1)-O-β-D-glucopyranoside][33], 苯丙醇乙酯 (phenylpropyl acetate)、对羟基苯甲酸对羟基苯乙醇酯 (p-hydroxyphenethyl-p-hydroxybenzoate)、苯乙醇 -O-β-D- 吡喃葡萄糖基 -(2→1)-O-β-D- 吡喃葡萄糖苷 [phenethylalcohol-O-β-D-glucopyranosyl-(2→1)-O-β-D-glucopyranoside][52], 反式 - 对羟基苯乙醇对 -β- 香豆酸酯 (trans-p-hydroxyphenylethanol p-β-coumarate)、顺式 - 对羟基苯乙醇对 -β- 香豆酸酯 (cis-p-hydroxyphenylethanol p-β-coumarate)[34], 对羟基苯甲酸甲酯 (methyl p-hydroxybenzonate)[23,34], 洋金花灵 A (yangjinhualine A)[53], β-D- 吡喃葡萄糖基 -(1→2)-β-D- 吡喃葡萄糖基苯乙醇 [β-D-glucopyranosyl(1→2)-β-D-glucopyranosyl phenethyl alcohol][54] 和苄醇 -O-β-D- 吡喃葡萄糖基 -(1→2)-O-β-D- 吡喃葡萄糖苷 [benzyl alcohol-O-β-D-glucopyranosyl-(1→2)-O-β-D-glucopyranoside][55]; 糖酯类: 2, 3- 二 -O- 己酰基 -α- 吡喃葡萄糖 (2, 3-di-O-hexanoyl-α-glucopyranose) 和 1, 2, 3- 三 -O- 己酰基 -α- 吡喃葡萄糖 (1, 2, 3-tri-O-hexanoyl-α-glucopyranose)[56]; 酰胺类: 4- 羟基 -N- (4- 羟基苯乙基) 苯甲酰胺 [4-hydroxy-N-(4-hydroxyphenethyl) benzamide]。

种子含生物碱类: 蚤缀碱 D (arenarine D)、N- 阿魏酰酪胺 (N-feruloyltyramine)[57], 大麻酰胺 D、E、F、G、L (cannabisin D、E、F、G、L)、顺式大麻酰胺 E (cis-cannabisin E)、菜椒酰胺 K (grossamide K)、N- 反式阿魏酰色胺 (N-trans-feruloyl tryptamine)[58], 顺式菜椒酰胺 K (cis-grossamide K)、茄酰胺 D (melongenamide D)[59], 阿托品 (atropine)、东莨菪碱 (scopolamine), 即天仙子碱 (hyoscine) 和天仙子胺 (hyoscyamine)[60]; 甾体类: β- 谷甾醇 (β-sitosterol)[57], 天仙子内醚醇 (hyoscyamilactol)[58], 洋金花叶苷 G (daturafoliside G)[59,61], 白曼陀罗苷 E (baimantuoluoside E)[59], 白曼陀罗素 H (daturametelin H)[62], 白曼陀罗素 I、J (daturametelin I、J)、曼陀罗苷 A、B (daturataturin A、B)[59], 白曼陀罗灵 K (baimantuoluoline K)、白曼陀罗苷 H (baimantuoluoside H)、(22R)-27-O-β-D- 吡喃葡萄糖基 -7α- 甲氧基 -1- 氧代睡茄 -3, 5, 24- 三烯内酯 [(22R)-27-O-β-D-glucopyranosyl-7α-methoxy-1-oxowitha-3, 5, 24-trienolide][63], 柠檬甾二烯醇 (citrostadienol)、4α- 甲基胆甾 -8- 烯醇 (4α-methylcholest-8-enol)[64], 洋金花素苷*A、B、C (meteloside A、B、C)、(25S)-3β-{β-D- 吡喃葡萄糖基 -(1→4)-[α-L- 吡喃鼠李糖基 -(1→2)-

β-D-吡喃葡萄糖基氧基}螺甾-5-烯-27-醇{(25S)-3β-{β-D-glucopyranosyl-(1→4)-[α-L-rhamnopyranosyl-(1→2)]-β-D-glucopyranosyloxy}spirost-5-en-27-ol}、节花茄醇*V(cilistol V)、嗖都茄苷A(solasodoside A)[65]和洋金花素苷*F、G(meteloside F、G)[65]；香豆素类：滨蒿内酯(scoparone)、东莨菪内酯(scopoletin)[57]、异嗪皮啶(iso-fraxidin)[57,59]、秦皮素(fraxetin)[58]和臭矢菜素A(cleomiscosin A)[59]；木脂素类：(-)开环异落叶松脂素-4-O-β-D-吡喃葡萄糖苷[(-)secoisolariciresinol-4-O-β-D-glucopyranoside]、落叶松脂醇-4'-O-β-D-葡萄糖苷(lariciresinol-4'-O-β-D-glucoside)和落叶松树脂醇-9-O-β-D-吡喃葡萄糖苷(lariciresinol-9-O-β-D-glucopyranoside)和野长蒲里胺C*(thoreliamide C)[59]；三萜类：曼陀罗萜二醇(daturadiol)[57,61]、曼陀罗醇酮(daturaolone)[58]、鸡冠柱烯醇(lophenol)、环桉烯醇(cycloeucalenol)、钝叶决明醇(obtusifoliol)、31-降羊毛脂-9(11)-烯醇[31-norlanost-9(11)-enol]、31-降羊毛脂-8-烯醇(31-norlanost-8-enol)和降羊毛脂醇(norlanosterol)[64]；酚类：对苯二酚(1,4-benzenediol)和香草醛(vanillin)[57]；半萜苷类：盐沼苷I(foliachinenoside I)[61]；脂肪酸类：油酸(oleic acid)和亚油酸(linoleic acid)[64]；其他尚含：莨菪内半缩醛(hyoscyamilactol)[58]和邻苯二甲酸二丁酯(dibutyl phthalate)[62]。

果实含生物碱类：褪黑素(melatonin)、5-羟色胺(serotonin)[11]、东莨菪碱(scopolamine)和离阿托品(apoatropine)[66]；三萜类：曼陀罗醇酮(daturaolone)和曼陀罗萜二醇(daturadiol)[67]。

地上部分含甾体类：白曼陀罗素C、D、E、F、G(daturametelin C、D、E、F、G)[68]、白曼陀罗素H、I、J(daturametelin H、I、J)、曼陀罗苷A(daturataturin A)、7,27-二羟基-1-氧代睡茄-2,5,24-三烯内酯(7,27-dihydroxy-1-oxowitha-2,5,24-trienolide)[69]、睡茄重瓣曼陀罗素A、B(withafastuosin A、B)[70]和睡茄重瓣曼陀罗素C(withafastuosin C)[27]。

全草含甾体类：白曼陀罗素A、B(daturametelin A、B)[70]、洋金花素苷*A、B、C、D、E(meteloside A、B、C、D、E)和棉萆薢甾苷*(dioscoroside)[71]；倍半萜类：1β,5α,7β-愈创木烯-4β,10α,11-三醇(1β,5α,7β-guaiene-4β,10α,11-triol)、1α,5α,7α-11-愈创木烯-2α,3β,4α,10α,13-五醇(1α,5α,7α-11-guaiene-2α,3β,4α,10α,13-pentaol)、臭灵丹三醇*B(pterodontriol B)和花盘飞蛾藤三醇*(disciferitriol)[72]；三萜类：苦丁茶冬青苷C(ilekudinoside C)[71]；生物碱类：东莨菪碱(scopolamine)[72]；核苷类：腺苷(adenosine)和胸苷(thymidine)[72]；木脂素类：松脂素-4″-O-β-D-吡喃葡萄糖苷(pinoresinol-4″-O-β-D-glucopyranoside)、(7R,8S,7'S,8'R)-4,9,4',7'-四羟基-3,3'-二甲氧基-7,9'-环氧木脂素-4-O-β-D-吡喃葡萄糖苷[(7R,8S,7'S,8'R)-4,9,4',7'-tetrahydroxy-3,3'-dimethoxy-7,9'-epoxylignan-4-O-β-D-glucopyranoside]和(7S,8R,7'S,8'S)-4,9,4',7'-四羟基-3,3'-二甲氧基-7,9'-环氧木脂素-4-O-β-D-吡喃葡萄糖苷[(7S,8R,7'S,8'S)-4,9,4',7'-tetrahydroxy-3,3'-dimethoxy-7,9'-epoxylignan-4-O-β-D-glucopyranoside][72]；黄酮类：山奈酚-3-O-β-D-葡萄糖基-(1→2)-β-D-半乳糖苷-7-O-β-D-葡萄糖苷[kaempferol-3-O-β-D-glucosyl-(1→2)-β-D-galactoside-7-O-β-D-glucoside]和山奈酚-3-O-β-吡喃葡萄糖基-(1→2)-β-吡喃葡萄糖苷-7-O-α-吡喃鼠李糖苷[kaempferol-3-O-β-glucopyranosyl-(1→2)-β-glucopyranoside-7-O-α-rhamnopyranoside][72]。

【药理作用】1.抗癫痫　生粉灌胃给药可延长美解眠诱发大鼠惊厥的潜伏期，降低大鼠死亡率，并对海马神经元起保护作用[1]。2.改善微循环　花制成的注射液可改善大鼠气管微循环，表现为气管血管扩张、增多、延长，并对肠系膜小动脉、静脉有扩张作用[2]。3.抗氧化　总生物碱能提高犬肠缺血再灌注模型血液中超氧化物歧化酶(SOD)含量，抑制体内脂质过氧化物的生成，降低血液和肠中丙二醛(MDA)含量[3]。4.调节免疫　所含的醉茄内酯类化合物通过影响肠道中Th17/Treg细胞免疫平衡而起到防止银屑病的作用[4]；叶所含的醉茄内酯成分具有免疫抑制作用[5]；叶中分离得到的白曼陀罗素A(daturametelin A)为醉茄内酯类成分，具有一定的免疫抑制作用，具体表现为能抑制脂多糖刺激Raw264.7细胞引起的一氧化氮(NO)释放，增加抑制炎症因子肿瘤坏死因子-α(TNF-α)、白细胞介素-6(IL-6)和前列腺素E_2(PGE_2)的分泌[6]。5.抗肿瘤　果皮70%乙醇提取物中分离得到的环(苯丙氨酸-酪氨酸)[cyclo

（Phe-Tyr）]、9-羟基铁尿米-6-酮（9-hydroxycanthin-6-one）、菜椒酰胺（grossamide）、大麻酰胺F（cannabisin F）和反式-N-p-香豆酰酪胺（trans-N-p-coumaroyl tyramine）在体外对肝癌HepG2细胞、肺癌A549细胞及胃癌SGC-7901细胞的生长均具有较强的抑制作用[7]；叶中分离得到12α-羟基白曼陀罗素B（12α-hydroxydaturametelin B）在体外对人肺癌A549细胞和人结肠癌DLD-1细胞具有细胞毒作用，其半数抑制浓度（IC_{50}）分别为7μmol/L和2.0μmol/L；白曼陀罗素B（daturametelin B）和魏察白曼陀罗素（withametelin）对DLD-1细胞的细胞毒作用较明显，其半数抑制浓度分别为0.6μmol/L和0.7μmol/L[8]。

6. 抑制单胺氧化酶B 花的乙醇提取物对单胺氧化酶B（MAO-B）有抑制作用，可能是治疗帕金森病的作用机制[9]。7. 抗炎 叶中分离得到的醉茄内酯类化合物洋金花叶苷1、2（daturafoliside 1、2）、白曼陀罗苷B（baimantuoluoside B）、12-去氧魏察曼陀罗内酯（12-deoxywithastramonolide）在体外对亚硝酸盐有明显的抑制作用，其半数抑制浓度分别为20.9μmol/L、17.7μmol/L、17.8μmol/L、18.4μmol/L；洋金花叶苷3、4、6（daturafoliside 3、4、6）、和曼陀罗苷（daturataturin B）对亚硝酸盐有一定的抑制作用，其半数抑制浓度分别为59.0μmol/L、52.8μmol/L、71.2μmol/L、53.1μmol/L[10]。

【性味与归经】醉仙桃：辛、苦，温；有毒。归肺、肝经。曼陀罗子：辛、苦，温；有毒。归肝、脾经。洋金花：辛，温；有毒。归肺、肝经。

【功能与主治】醉仙桃：平喘止咳，祛风止痛。用于喘咳，惊风，风湿痹痛，跌打损伤，泻痢，脱肛。曼陀罗子：平喘，祛风，止痛。用于喘咳，惊痫，风寒湿痹，泻痢，脱肛，跌打损伤。洋金花：平喘止咳，镇痛，解痉。用于哮喘咳嗽，脘腹冷痛，风湿痹痛，小儿慢惊；外科麻醉。

【用法与用量】醉仙桃：煎服0.15～0.30g；外用适量，煎水洗或浸酒涂擦。曼陀罗子：0.15～0.30g。洋金花：0.3～0.6g，宜入丸散，亦可作卷烟，分次燃吸（一日量不超过1.5g）；外用适量。

【药用标准】醉仙桃：江西药材2014；曼陀罗子：山东药材2002、福建药材2006和贵州药材2003；洋金花：药典1963—2015、浙江炮规2005和新疆药品1980二册。

【临床参考】1. 慢性支气管炎：花15g（或种子20～25g）研为极细末，加纯60°粮食白酒500ml，摇匀，密存7天后开始服用，每日3次，每次服1～2ml，最大剂量不超过2ml[1]。

2. 纤维肌痛综合征：洋金花酒（花10g，加黄芪100g，川断、淫羊藿、桂枝、独活、赤芍、羌活、防风、威灵仙各50g，红花、穿山甲、当归、忍冬藤各30g，地龙、全蝎、川乌、草乌、制乳香、制没药各20g，白花蛇3条，加白酒2000ml泡浸1个月）口服，每日2次，每次10～20ml，饭后服，有效后改为每日1次，上述酒液加适量酒精同时涂擦患处[2]。

3. 类风湿性关节炎：组方、服法与第2条同，3个月为1疗程，一旦有轻度不适或出现中毒现象，应减量或停药，服药20天无好转即判为无效而停药[3]。

4. 老年梅尼埃病眩晕：患侧耳后局部用75%乙醇擦试后，取洋金花透皮贴膏（主要成分为花提取物）1片，贴敷于耳后翳风穴处，3天1换，10贴为1疗程[4]。

5. 哮喘：全草，加细辛等中药浓缩提取为浸膏，加渗透剂制成胶布橡胶膏，按中医辨证选穴贴敷，以胸背部穴位为主，每日1次[5]；或花0.4g，加甘草3g，远志4g，研细粉和匀，分成10份，每次1～3份，睡前或发作前1h顿服，每次不超过3份；或叶0.3g切碎和烟丝共卷成烟，每天吸2～3次。（《浙江药用植物志》）

6. 慢性气管炎：花0.1g，加金银花0.5g，甘草0.5g，炼蜜为丸，每次1丸，吞服，每日2次，连服10日。

7. 胃肠及胆道绞痛：叶晒干研粉，每次1g，开水冲服。

8. 风湿痛：种子3～4粒，吞服；或取茎梗、艾叶、臭梧桐叶各60g，煎水洗患处。

9. 疖肿、毒蛇咬伤：鲜叶适量，捣烂敷患处。（6方至9方引自《浙江药用植物志》）

【附注】三国时期有华佗使用"麻沸散"进行外科手术的记载，有人认为麻沸散的主药就是洋金花。宋代洋金花已有较多药用。周去非《岭外代答》云："广西曼陀罗花，遍生原野，大叶白花，结实如茄子，而遍生小刺，乃药人草也。盗贼采，干而末之，以置人饮食，使之醉闷，则挈箧而趋。"《本草纲目》

云："曼陀罗生北土，人家亦栽之。春生夏长，独茎直上，高四五尺，生不旁引，绿茎碧叶，叶如茄叶。八月开白花，凡六瓣，状如牵牛花而大。攒花中坼，骈叶外包，而朝开夜合。结实圆而有丁拐，中有小子。"以上所述形态特征及麻醉作用，并参考宋《履巉岩本草》附图，与本种基本一致。

全株有毒，种子尤剧，具有竞争性拮抗乙酰胆碱对 M 胆碱受体等作用，过量服用洋金花可出现意识模糊、胡言乱语、烦躁不安、瞳孔散大、心动过速等毒副反应[1]；另也见肾毒性的报道[2]。注意事项同毛曼陀罗。

本种的根及叶民间也作药用。

同属植物木本曼陀罗 Datura arborea Linn. 的花在民间也作洋金花药用。

【化学参考文献】

[1] 杨炳友，杨春丽，刘艳，等.洋金花根中苯丙素类化学成分研究[J].中草药，2017，48（14）：2820-2826.

[2] Yang B Y, Luo Y M, Liu Y, et al. New lignans from the roots of Datura metel L. [J]. Phytochem Lett, 2018, 28: 8-12.

[3] 杨炳友，杨春丽，刘艳.洋金花根化学成分研究[J].中国中药杂志，2018，43（8）：1654-1661.

[4] Shah C S, Khanna P N. Alkaloid estimation of roots of Datura metel and Datura metel var. fastuosa [J]. Lloydia, 1965, 28（1）: 71-72.

[5] 杨炳友，卢震坤，刘艳，等.洋金花茎化学成分的分离鉴定[J].中国实验方剂学杂志，2017，23（17）：34-40.

[6] Ali M, Shuaib M. Characterization of the chemical constituents of Datura metel Linn. [J]. Indian J Pharm Sci, 1996, 58（6）: 243-245.

[7] 李婷.洋金花叶化学成分研究[D].哈尔滨：黑龙江中医药大学硕士学位论文，2014.

[8] Siddiqui S, Sultana N, Ahmed S S, et al. Isolation and structure of a new alkaloid datumetine from the leaves of Datura metel [J]. J Nat Prod, 1986, 49（3）: 511-513.

[9] Dabur R, Ali M, Singh H, et al. A novel antifungal pyrrole derivative from Datura metel leaves [J]. Pharmazie, 2004, 59（7）: 568-570.

[10] Tantivatana P, Bavovada R, Jirawongse V. Alkaloids of the leaves of Datura metel Linn. growing in Thailand [J]. Journal of the National Research Council of Thailand, 1978, 10（1）: 77-84.

[11] Okwu D E, Igara E C. Isolation, characterization and antibacterial activity of alkaloid from Datura metel Linn leaves [J]. African Journal of Pharmacy and Pharmacology, 2009, 3（5）: 277-281.

[12] Okwu D E, Igara E C. Isolation, characterization and antibacterial activity screening of a new β-carboline alkaloid from Datura metel Linn. [J]. Chemica Sinica, 2011, 2（2）: 261-267.

[13] Gupta M, Manickam M, Sinha S, et al. Withanolides. Part 22. Withanolides of Datura metal [J]. Phytochemistry, 1992, 31（7）: 2423-2425.

[14] Yang B Y, Guo R, Li T, et al. New anti-inflammatory withanolides from the leaves of Datura metel L. [J]. Steroids, 2014, 87: 26-34.

[15] Guo R, Liu Y, Xu Z P, et al. Withanolides from the leaves of Datura metel L. [J]. Phytochemistry, 2018, 155: 136-146.

[16] Yang B Y, Guo R, Li T, et al. Five withanolides from the leaves of Datura metel L. and their inhibitory effects on nitric oxide production [J]. Molecules, 2014, 19（4）: 4548-4559.

[17] Bellila A, Tremblay C, André Pichette, et al. Cytotoxic activity of withanolides isolated from Tunisian Datura metel L. [J]. Phytochemistry, 2011, 72（16）: 2031-2036.

[18] Siddiqui S, Sultana N, Ahmad S S, et al. A novel withanolide from Datura metel [J]. Phytochemistry, 1987, 26（9）: 2641-2643.

[19] Oshima Y, Bagchi A, Hikino H, et al. Steroids. Part 35. C28-Steroidal lactones. Part 16. withametelin, a hexacyclic withanolide of Datura metel [J]. Tetrahedron Lett, 1987, 28（18）: 2025-2028.

[20] Sinha S, Kundu S, Maurya R, et al. Withanolides. 19. Structures of withametelin and isowithametelin, withanolides of Datura metel leaves [J]. Tetrahedron, 1989, 45（7）: 2165-2176.

[21] Siddiqui S, Ahmad S S, Mahmood T. Datumelin: a new withanolide from Datura metel L. [J]. Pakistan Journal of

Scientific and Industrial Research, 1987, 30(8): 567-568.

[22] Mahmood T, Ahmad S S, Siddiqui S. Daturilinol: A new withanolide from the leaves of *Datura metel* [J]. Heterocycles, 1988, 27(1): 101-103.

[23] Mahmood T, Ahmad S S, Fazal A. A new withanolide datumetelin from the leaves of *Datura metel* L. [J]. J Indian Chem Soc, 1988, 65(7): 526-527.

[24] Mahmood T, Ahmad S S, Fazal A. A new withanolide, datumetelin, from the leaves of *Datura metel* [J]. Planta Med, 1988, 54(5): 468-469.

[25] Gupta M, Bagchi A, Ray A B. Withanolides. Part 21. Additional withanolides of *Datura metel*[J]. J Nat Prod, 1991, 54(2): 599-602.

[26] Bellila A, Tremblay C, Pichette A, et al. Cytotoxic activity of withanolides isolated from Tunisian *Datura metel* L. [J]. Phytochemistry, 2011, 72(16): 2031-2036.

[27] Manickam M, Kumar S, Sinha-Bagchi A, et al. Withametelin H and withafastuosin C, two new withanolides from the leaves of *Datura* species [J]. J Indian Chem Soc, 1994, 71(6-8): 393-399.

[28] Yang B Y, Guo R, Li T, et al. New anti-inflammatory withanolides from the leaves of *Datura metel* L. [J]. Steroids, 2014, 87: 26-34.

[29] Kundu S, Sinha S C, Bagchi A, et al. Withasteroids. Part 17. Secowithametelin, a withanolide of *Datura metel* leaves [J]. Phytochemistry, 1989, 28(6): 1769-1770.

[30] 杨炳友, 李婷, 郭瑞, 等. 洋金花叶化学成分研究（Ⅰ）[J]. 中草药, 2013, 44(20): 2803-2807.

[31] 郭瑞, 刘艳, 杨炳友, 等. 洋金花叶小极性成分GC-MS分析[J]. 中医药信息, 2018, 35(3): 77-80.

[32] Sahai M, Manickam M, Gupta M, et al. Characterisation of a cerebroside isolated from the leaves of *Datura metel* [J]. J Indian Chem Soc, 1999, 76(2): 95-97.

[33] 杨炳友, 夏永刚, 陈东, 等. 洋金花的化学成分（英文）[J]. 中国天然药物, 2010, 8(6): 429-432.

[34] 杨炳友. 洋金花治疗银屑病有效部位的化学成分和药理作用研究[D]. 哈尔滨: 黑龙江中医药大学博士学位论文, 2005.

[35] 马旭. 洋金花治疗银屑病有效部位的化学成分研究[D]. 哈尔滨: 黑龙江中医药大学硕士学位论文, 2005.

[36] 李振宇, 杨炳友, 夏永刚, 等. 洋金花中生物碱类成分的分离与鉴定[J]. 中医药学报, 2010, 38(5): 92-93.

[37] Yang B Y, Xia Y G, Wang Q H, et al. Two new amide alkaloids from the flower of *Datura metel* L. [J]. Fitoterapia, 2010, 81(8): 1003-1005.

[38] 李英霞, 彭广芳, 张素芹, 等. 洋金花研究概况[J]. 山东医药工业, 1989, 8(1): 40-43.

[39] 唐玲. 洋金花中治疗银屑病有效部位的化学成分研究[D]. 哈尔滨: 黑龙江中医药大学硕士学位论文, 2003.

[40] 杨炳友, 唐玲, 太成梅, 等. 洋金花化学成分的研究（Ⅰ）中草药, 2006, 37(8): 1147-1149.

[41] 王欣, 刘艳, 夏永刚, 等. 洋金花的化学成分研究（Ⅴ）[J]. 中医药信息, 2013, 30(3): 17-19.

[42] 陈东. 洋金花治疗银屑病有效部位的化学成分研究[D]. 哈尔滨: 黑龙江中医药大学硕士学位论文, 2007.

[43] 魏娜. 洋金花治疗银屑病有效部位的化学成分研究[D]. 哈尔滨: 黑龙江中医药大学硕士学位论文, 2006.

[44] Kuang H X, Yang B Y, Tang L, et al. Baimantuoluosides A-C, three new withanolide glucosides from the flower of *Datura metel* L. [J]. Helv Chim Acta, 2009, 92(7): 1315-1323.

[45] Yang B Y, Xia Y G, Wang Q H, et al. Baimantuoluosides D-G, four new withanolide glucosides from the flower of *Datura metel* L. [J]. Arch Pharm Res, 2010, 33(8): 1143-1148.

[46] 马秋丽. 洋金花杀灭鱼类指环虫的活性成分研究[D]. 咸阳: 西北农林科技大学硕士学位论文, 2007.

[47] Yang B Y, Wang Q H, Xia Y G, et al. Withanolide compounds from the flower of *Datura metel* L. [J]. Helv Chim Acta, 2007, 90(8): 1522-1528.

[48] Yang B Y, Wang Q H, Xia Y G, et al. Withanolide compounds from the flower of *Datura metel* L. [J]. Helv Chim Acta, 2008, 91(5): 964-971.

[49] Yang B Y, Wang Q H, Xia Y G, et al. Baimantuoluolines D-F, three new withanolides from the flower of *Datura metel* L. [J]. Helv Chim Acta, 2008, 91(5): 964-971.

[50] Jahromi M A F, Manickam M, Gupta M, et al. Withanolides. 23. withanmetelins F and G, two new withanolides of

Datura metel［J］. Journal of Chemical Research，Synopses，1993，（6）：234-235.

［51］Pan Y H，Wang X C，Hu X M. Cytotoxic withanolides om the flowers of *Datura metel*［J］. J Nat Prod，2007，70（7）：1127-1132.

［52］张鹏. 洋金花的化学成分研究［D］. 哈尔滨：黑龙江中医药大学硕士学位论文，2005.

［53］Kuang H X，Yang B Y，Xia Y G，et al. Chemical constituents from the flower of *Datura metel* L.［J］. Arch Pharm Res，2008，31（9）：1094-1097.

［54］唐玲. 洋金花中治疗银屑病有效部位的化学成分研究［D］. 哈尔滨：黑龙江中医药大学硕士学位论文，2003.

［55］杨炳友，唐玲，肖洪彬，等. 洋金花化学成分的研究（Ⅲ）［J］. 中国中医药科技，2006，13（4）：253-254.

［56］King R R，Calhoun L A. 2，3-Di-*O*-and 1，2，3-tri-*O*-acylated glucose esters from the glandular trichomes of *Datura metel*［J］. Phytochemistry，1988，27（12）：3761-3763.

［57］韩晓琳，王恒，张之慧，等. 新疆产白花曼陀罗种子化学成分研究［J］. 中药材，2015，38（8）：1646-1648.

［58］杨炳友，刘艳，王欣，等. 洋金花种子的化学成分研究（Ⅰ）［J］. 中草药，2013，44（14）：1877-1880.

［59］杨炳友，姜海冰，刘艳，等. 洋金花种子化学成分研究（Ⅳ）［J］. 中药材，2018，41（1）：93-98.

［60］Kundu D，Sarkar A K. Identification of a new alkaloid in the seed of *Datura metel* Linn.［J］. Indian J Pharmacol，1991，23（3）：177-178.

［61］杨炳友，余现，刘艳，等. 洋金花种子的化学成分研究（Ⅲ）［J］. 中医药学报，2015，43（4）：7-9.

［62］刘艳，王欣，杨炳友，等. 洋金花种子的化学组成［J］. 中医药学报，2013，41（2）：49-51.

［63］Yang B Y，Xia Y G，Liu Y，et al. New antiproliferative and immunosuppressive withanolides from the seeds of *Datura metel*［J］. Phytochem Lett，2014，8：92-96.

［64］Itoh T，Ishii T，Tamura T，et al. Four new and other 4α-methylsterols in the seeds of Solanaceae［J］. Phytochemistry，1978，17（5）：971-977.

［65］Yang B Y，Jiang H B，Liu Y，et al. Steroids from the seeds of *Datura metel*［J］. J Asian Nat Prod Res，2018，10：1553164-1553170.

［66］Bi F，Kapadia Z，Qureshi W，et al. A study of the alkaloidal content of *Datura metel*（Solanaceae）grown in Pakistan［J］. Pakistan Journal of Scientific and Industrial Research，1982，25（3）：66.

［67］Bhattacharya T K，Vedantham T N C，Subramanian S S. Triterpenoids from *Datura metel* fruits［J］. Indian Journal of Pharmacy，1977，39（5）：119-120.

［68］Shingu K，Furusawa Y，Nohara T. Solanaceous studies. XIV. New withanolides，daturametelins C，D，E，F and G-Ac from *Datura metal* L.［J］. Chem Pharm Bull，1989，37（8）：2132-2135.

［69］Ma L，Xie C M，Li J，et al. Daturametelins H，I，and J：3 new withanolide glycosides from *Datura metel* L.［J］. Chem Biodiversity，2006，3（2）：180-186.

［70］Shingu K，Kajimoto T，Furusawa Y，et al. Studies on the constituents of Solanaceous plants. Part 9. the structures of daturametelin A and B［J］. Chem Pharm Bull，1987，35（10）：4359-4361.

［71］Nguyen T M，Nguyen T C，Anh H L，et al. Steroidal saponins from *Datura metel*［J］. Steroids，2017，121：1-9.

［72］Nguyen T M，Nguyen T C，Anh H L，et al. Two new guaiane sesquiterpenes from *Datura metel* L. with anti-inflammatory activity［J］. Phytochem Lett，2017，19：231-236.

【药理参考文献】

［1］刘慧霞，刘汉勇. 洋金花抗癫痫作用的实验研究［J］. 山西中医学院学报，2006，7（2）：11-12.

［2］杨家粹，陈厚昌，芦才俊，等. 洋金花对大白鼠气管表面微循环的作用［J］. 第一军医大学学报，1985，5（1）：43-45.

［3］何丽娅，玉梅娟，李映红，等. 洋金花总生物碱抗氧化作用的实验研究［J］. 中药药理与临床，1994，（3）：32-34.

［4］苏阳，任文晨，李珊珊，等. 基于肠-免疫-皮肤轴探讨洋金花对银屑病小鼠肠道Th17/Treg轴的影响［J］. 现代中药研究与实践，2018，32（5）：27-30.

［5］杨炳友，李婷，郭瑞，等. 洋金花叶醉茄内酯组分对小鼠免疫功能的影响［J］. 中医药信息，2013，30（5）：52-54.

［6］林晓影. 洋金花叶醉茄内酯类单体Daturametelins A对LPS刺激Raw264.7细胞的免疫增强的作用［C］. 中国免疫学会第十届全国免疫学学术大会汇编，2015：1.

［7］杨炳友，周永强，刘艳，等. 洋金花果皮中生物碱成分及抗肿瘤活性研究［J］. 中医药信息，2017，34（3）：5-8.

[8] Bellila A, Tremblay C, André P, et al. Cytotoxic activity of withanolides isolated from Tunisian *Datura metel* L. [J]. Phytochemistry, 2011, 72 (16): 2031-2036.

[9] 李冰, 宫彬彬, 王亮亮. 洋金花提取物对单胺氧化酶 B 的抑制作用研究 [J]. 中国实用医药, 2018, 13 (1): 196-198.

[10] Yang B Y, Guo R, Li T, et al. New anti-inflammatory withanolides from the leaves of *Datura metel* L. [J]. Steroids, 2014, 87: 26-34.

【临床参考文献】

[1] 刘康平. 洋金花酊剂治疗慢性支气管炎 118 例临床观察 [J]. 黑龙江中医药, 1992, (1): 18-19, 57.

[2] 郑春雷. 洋金花酒内服外治纤维肌痛综合征 132 例 [J]. 四川中医, 2001, 19 (10): 24-25.

[3] 郑春雷. 洋金花酒治疗类风湿性关节炎 118 例 [J]. 山西中医, 2001, 17 (6): 20.

[4] 王林娥, 赵福兰, 王东. 洋金花透皮贴膏治疗中老年梅尼埃病眩晕疗效观察 [J]. 中国中西医结合耳鼻咽喉科杂志, 2001, 9 (4): 193-194.

[5] 魏中海, 徐秀峰, 陈振生, 等. 洋金花止喘膏治疗哮喘 48 例 [J]. 中医药研究, 1994, (1): 31, 40.

【附注参考文献】

[1] 赵奎, 秦建平, 蒋明德, 等. 急性洋金花中毒诊治体会 [J]. 药物流行病学杂志, 2008, 17 (2): 129.

[2] 魏秀文, 邹声金. 洋金花致肾损害的临床报告 [J]. 首都医药, 2000, 7 (6): 28.

853. 曼陀罗（图 853）• *Datura stramonium* Linn. (*Datura tatula* Linn.)

图 853 曼陀罗　　摄影　郭增喜等

【别名】 枫茄花（上海），万桃花（福建），野麻子、醉心花（江苏），紫花曼陀罗、无刺曼陀罗（浙江）。

【形态】 一年生草本或半灌木状，全株无毛或幼嫩部分有短柔毛。茎直立，高0.5～1.5m，粗壮，圆柱形，基部木质化。叶片宽卵形，长6.5～15cm，宽4.5～10cm，先端渐尖，基部不对称楔形，叶缘不规则波状浅裂或有疏齿，侧脉3～5对，直达裂片顶端；叶柄长3～5cm。花大，常单生于枝杈间或叶腋，花萼管状，呈5棱角，顶端5浅裂；花冠紫色或白色，漏斗状，长6～10cm，5浅裂，裂片先端具短尖；雄蕊5枚，生于花冠筒下方；子房2室或不完全4室。蒴果直立，卵球形，表面有坚硬不等长针刺或有时无刺而近平滑，4瓣裂。种子扁平，黑色。花期6～10月，果期7～11月。

【生境与分布】 生于宅旁、路旁、山坡上或杂草丛中，也有栽培作药用或观赏。华东各地多栽培或逸为野生。世界温带至热带广泛分布。

【药名与部位】 醉仙桃，果实。曼陀罗子，种子。洋金花，花。曼陀罗叶，叶。风茄梗，茎。

【采集加工】 醉仙桃：夏、秋二季果实成熟时采收，晒干。曼陀罗子：夏季果实成熟时采收果实，除去果皮，取出种子，晒干。洋金花：夏、秋二季花初开时采收，低温干燥。曼陀罗叶：7～8月采摘，晒干或烘干。风茄梗：秋季果实采摘时同时收集，除去杂质，晒干。

【药材性状】 醉仙桃：呈球形或卵球形，长2～5cm，直径2～3.5cm。表面黄绿色、黄棕色或棕褐色，具针刺，长短不一。顶端4瓣裂，基部残留部分宿萼及果柄。果皮质坚韧，易纵向撕裂，内含多数种子。种子略呈三角形或肾形，扁平，宽0.3～0.4cm，表面黑褐色。气微，味苦。

曼陀罗子：呈肾形，略扁，长3～4mm，宽2.5～3.2mm。表面黑色或棕黑色，具隆起的网纹，遍布小凹点。种脐位于一侧，平坦。气微，味辛辣。

洋金花：多皱缩成条状，完整者长5～7.5cm。花萼呈筒状，长为花冠的1/3～1/2，灰绿色或灰黄色，具5棱；花冠呈喇叭状，淡黄色或黄棕色，先端5浅裂，裂片有短尖，短尖下有明显的纵脉纹3条，两裂片之间微凹；雄蕊5枚，花丝贴生于花冠筒内，长为花冠的3/4；雌蕊1枚，柱头头状。烘干品质柔韧，气特异；晒干品质脆，气微，味微苦。

曼陀罗叶：多皱缩、破碎，完整者有柄，叶片展平后呈卵形，长8～20cm，宽4～15cm，先端渐尖，基部不对称楔形，边缘有不规则波状浅裂，两面均无毛，上表面淡绿色或灰绿色，下表面色较浅。质脆。气微，味苦、涩。

风茄梗：呈长圆柱形，多分枝，长50～100cm，粗端直径0.5～0.8cm，表面淡黄色至棕黄色，光滑无毛；嫩茎常皱缩，形成纵向的沟槽。常见残留的皱缩叶，偶见花及果实。质地轻泡，易折断，断面不平坦，中央有白色的髓或呈中空状。无臭，味微苦。

【药材炮制】 醉仙桃：除去杂质，用时捣碎。

曼陀罗子：除去杂质，用时捣碎。

洋金花：除去杂质，筛去灰屑。

曼陀罗叶：除去杂质，略洗，切碎，干燥。

【化学成分】 叶含挥发油类：二十二烷（docosane）、二十三烷（tricosane）、二十四烷（tetracosane）、2,5-己二酮（2,5-hexanedione）、3-甲基-5-氨基吡唑（5-amino-3-methylpyrazole）、正十六烷（hexadecane）、正十七烷（n-heptadecane）、2,6,10-三甲基十二烷（2,6,10-trimethyl dodecane）、十八烷（octadecane）[1]、邻苯二甲酸单-(2-乙基己基)酯[mono-(2-ethylhexyl) phthalate]、肉豆蔻醛（myristicin aldehyde）、6,10,14-三甲基-2-十五烷酮（6,10,14-trimethyl-2-pentadecanone）和叶绿醇（phytol）等[2]；低碳羧酸及脂肪酸类：己酸（hexanoic acid）、十六烷酸（hexadecanoic acid）和十八烷酸（octadecanoic acid）[3]；苯丙素类：反式-咖啡酸（trans-caffeic acid）、顺式-咖啡酸（cis-caffeic acid）、反式-阿魏酸（trans-ferulic acid）、顺式-4-羟基桂皮酸（cis-4-hydroxycinnamic acid）、反式-4-羟基桂皮酸（trans-4-hydroxycinnamic acid）和反式芥子酸（trans-sinapic acid）[3]；黄酮类：木犀草素（luteolin）、槲皮素（quercetin）[3]、山柰酚（kaempferol）和白杨素（chrysin）[4]；生物碱类：甲基东

莨菪碱（methylscopolamine）、天仙子碱（hyoscine）、3α-原托品酰氧基托品烷（3α-apotropoyloxytropane）、托品酸（tropic acid）、3-托品酰氧基托品烷（3-tropoyloxytropane）、天仙子胺（hyoscyamine）、红古豆碱（cuscohygrine）、3-托品酰氧基-6,7-环氧托品烷（3-tropoyloxy-6,7-epoxytropane）[5]、东莨菪碱（scopolamine）、6-羟基天仙子胺（6-hydroxyhyoscyamine）、6-羟基离阿托品（6-hydroxyapoatropine）、离东莨菪碱（aposcopolamine）、离阿托品（apoatropine）、3-(3′-甲氧基托品酰氧基)-托品烷[3-(3′-methoxytropoyloxy)-tropane]、7-羟基天仙子胺（7-hydroxyhyoscyamine）、东莨菪林碱（scopoline）、3-苯乙酰氧基-6,7-环氧托品烷（3-phenylacetoxy-6,7-epoxytropane）、东莨菪品碱（scopine）、6,7-去氢天仙子胺（6,7-dehydrohyoscyamine）、托品碱（tropine）、6,7-去氢-3-原托品酰氧基托品烷（6,7-dehydro-3-apotropoyloxytropane）、托品酮（tropinone）、3-苯乙酰氧基托品烷（3-phenylacetoxytropane）、环托品碱（cyclotropine）、3α-羟基-6β-巴豆酰氧基托品烷（3α-hydroxy-6β-tigloyloxytropane）、3β-羟基-6β-巴豆酰氧基托品烷（3β-hydroxy-6β-tigloyloxytropane）和古豆碱（hygrine）[6]；甾体类：睡茄曼陀罗内酯（withastramonolide）、曼陀罗内酯（daturalactone）[7]、睡茄曼陀罗素（withatatulin）和印度小酸浆醇A（physalindicanol A）[8]。

花含生物碱类：东莨菪碱（hyoscine）、莨菪碱（hyoscyamine）[9]，离东莨菪碱（aposcopolamine）、6-羟基天仙子胺（6-hydroxyhyoscyamine）、6,7-去氢天仙子胺（6,7-dehydrohyoscyamine）、7-羟基天仙子胺（7-hydroxyhyoscyamine）、二氢离东莨菪碱（dihydroaposcopolamine）、离阿托品（apoatropine）、3-苯乙酰氧基-6,7-环氧托品烷（3-phenylacetoxy-6,7-epoxytropane）、东莨菪品碱（scopine）、3-(2′-苯丙酰氧基)-托品烷[3-(2′-phenylpropionyloxy)-tropane]、东莨菪林碱（scopoline）、3-苯乙酰氧基托品烷（3-phenylacetoxytropane）、托品碱（tropine）[10]，东莨菪碱（scopolamine）、天仙子胺（hyoscyamine）[11]和阿托品（atropine）[12]；甾体类：睡茄曼陀罗素B、C、D（withatatulin B、C、D）[13]。

果实含挥发油类：邻苯二甲酸单(2-乙基己基)酯[mono-(2-ethylhexyl)phthalate]、棕榈酸（palmitic acid）、二十一烷（heneicosane）、正二十三烷（n-tricosane）、亚油酸（linoleic acid）、肉豆蔻醛（myristicin aldehyde）[2]、6-戊基-5,6-二氢化吡喃-2-酮（6-pentyl-5,6-dihydro-2H-pyran-2-one）、(E)-3,7,11,15-四甲基-2-十六碳烯-1-醇[(E)-3,7,11,15-tetramethyl-2-hexadecen-1-ol]、二苯酮（benzophenone）和1-己醇（1-hexanol）等[14]。

种子含生物碱类：N-反式-阿魏酰色胺（N-trans-feruloyl tryptamine）、N-反式阿魏酰酪胺（N-trans-feruloyl tyramine）、东莨菪碱（hyoscine）、1-乙酰基-7-羟基-β-咔啉（1-acetyl-7-hydroxy-β-carboline）、7-羟基-β-咔啉-1-丙酸（7-hydroxy-β-carboline-1-propionic acid）[15]，天仙子胺（hyoscyamine）、阿托品（atropine）、3α-苯乙酰氧基托品烷（3α-phenylacetoxytropane）、3β-苯乙酰氧托品烷（3β-phenylacetoxytropane）、3-原托品酰氧基-6,7-环氧托品烷（3-apotropoyloxy-6,7-epoxytropane）、3-托品酰氧基-6,7-环氧托品烷（3-tropoyloxy-6,7-epoxytropane）、3β-原托品酰氧基托品烷（3β-apotropoyloxytropane）、3α-原托品酰氧基托品烷（3α-apotropoyloxytropane）、3-托品酰氧基托品烷（3-tropoyloxytropane）[5]，离东莨菪碱（aposcopolamine）、离降东莨菪碱（aponorscopolamine）、离阿托品（apoatropine）、6,7-去氢-3-原托品酰氧基托品烷（6,7-dehydro-3-apotropoyloxytropane）、东莨菪林碱（scopoline）、6-羟基天仙子胺（6-hydroxyhyoscyamine）、7-羟基天仙子胺（7-hydroxyhyoscyamine）、6-羟基离阿托品（6-hydroxyapoatropine）、托品碱（tropine）、托品酮（tropinone）、3-(3′-甲氧基托品酰氧基)-托品烷[3-(3′-methoxytropoyloxy)-tropane]、环托品碱（cyclotropine）、6,7-去氢天仙子胺（6,7-dehydrohyoscyamine）、东莨菪品碱（scopine）、3-苯乙酰氧基-6,7-环氧托品烷（3-phenylacetoxy-6,7-epoxytropane）、3α-羟基-6β-巴豆酰氧基托品烷（3α-hydroxy-6β-tigloyloxytropane）、3β-巴豆酰氧基托品烷（3β-tigloyloxytropane）、3α-巴豆酰氧基托品烷（3α-tigloyloxytropane）、伪托品碱（pseudotropine）、6,7-去氢托品碱（6,7-dehydrotropine）[6]，东莨菪碱（scopolamine）[6,16]，N-反式-阿魏酰酪胺（N-trans-feruloyltyramine）、N-反式-阿魏酰色胺（N-trans-feruloyltryptamine）、1-乙酰基-7-羟基-β-咔啉

（1-acetyl-7-hydroxy-β-carboline）和 7- 羟基 -β- 咔啉 -l- 丙酸（7-hydroxy-β-carboline-l-propionic acid）[16]；香豆素类：东莨菪内酯（scopoletin）、5- 甲氧基东莨菪内酯（5-methoxyscopletin），即乌咔啉*（umckalin）、黄花草素 A（cleomiscosin A）[15]、5, 6- 二甲氧基 -7- 羟基香豆素（5, 6-dimethoxy-7-hydroxycoumarin）和白蜡树亭（fraxetin）[16]；三萜类：曼陀罗萜醇酮（daturaolone）、曼陀罗萜二醇（daturadiol）[15]、羽扇豆醇（lupeol）、柠檬甾二烯醇（citrostadienol）、钝叶决明醇（obtusifoliol）、鸡冠柱烯醇（lophenol）、环桉烯醇（cycloeucalenol）、β- 香树脂醇（β-amyrin）、24- 亚甲基环木菠萝烯醇（24-methylenecycloartenol）、环木菠萝烯醇（cycloartenol）、31- 降羊毛脂醇（31-norlanosterol）、羊毛脂 -8- 烯 -3β- 醇（lanost-8-en-3β-ol）、31- 降环木菠萝烯醇（31-norcycloartenol）、羊毛脂醇（lanosterol）、环木菠萝烷醇（cycloartanol）、禾本甾醇（gramisterol）、31- 降羊毛脂 -8- 烯醇（31-norlanost-8-enol）、31- 降羊毛脂 -9（11）- 烯醇［31-norlanost-9（11）-enol］和 24- 亚甲基羊毛脂 -8- 烯醇（24-methylenelanost-8-enol）[17]；甾体类：天仙子内醚醇（hyoscyamilactol）[15]、菜油甾醇（campesterol）、豆甾醇（stigmasterol）、胆甾醇（cholesterol）、胆甾 -7- 烯醇（cholest-7-enol）、24- 亚甲基胆甾醇（24-methylenecholesterol）、4α- 甲基胆甾 -8- 烯醇（4α-methylcholest-8-enol）、28- 异岩藻甾醇（28-isofucosterol）和 β- 谷甾醇（β-sitosterol）[17]；脂肪酸类：1, 20- 二十碳二酸（1, 20-eicosanebioic acid）、1, 2- 二去氢 - 克里南 -3α- 醇［1, 2-didehydro-crinan-3α-ol］、8, 11- 十八碳二烯酸（8, 11-octadecadienoic acid）、（Z, Z, Z）8, 11, 14- 二十碳三烯酸［（Z, Z, Z）8, 11, 14-eicosatrienoic acid］、2, 3, 3- 三甲基辛烷（2, 3, 3-trimethyl-octane）、7, 10- 十八碳二烯酸（7, 10-octadecadienoic acid）、亚油酸乙脂（ethyl linoleate）和 α- 亚麻酸（α-octadecatrienoic acid）等[18]。

茎含生物碱类：离阿托品（apoatropine）、3- 苯乙酰氧基 -6, 7- 环氧托品烷（3-phenylacetoxy-6, 7-epoxytropane）、6, 7- 去氢天仙子胺（6, 7-dehydrohyoscyamine）、3α- 羟基 -6β- 巴豆酰氧基托品烷（3α-hydroxy-6β-tigloyloxytropane）、3- 苯乙酰氧基托品烷（3-phenylacetoxytropane）、古豆碱（hygrine）、环托品碱（cyclotropine）、6, 7- 去氢托品碱（6, 7-dehydrotropine）、东莨菪林碱（scopoline）、3- 羟基 -6- 异丁酰氧基托品烷（3-hydroxy-6-isobutyryloxytropane）、伪托品碱（pseudotropine）、托品碱（tropine）、托品酮（tropinone）、甲基芽子碱（methylecgonine）、6, 7- 去氢 -3- 原托品酰氧基托品烷（6, 7-dehydro-3-apotropoyloxytropane）、东莨菪品碱（scopine）、3-（3′- 甲氧基托品酰氧基）- 托品烷［3-（3′-methoxytropoyloxy）-tropane］、离东莨菪碱（aposcopolamine）、离降东莨菪碱（aponorscopolamine）、6- 羟基离阿托品（6-hydroxyapoatropine）、阿托品（atropine）、东莨菪碱（scopolamine）、甲基东莨菪碱（methylscopolamine）、7- 羟基天仙子胺（7-hydroxyhyoscyamine）和 6- 羟基天仙子胺（6-hydroxyhyoscyamine）[6]。

地上部分含甾体类：（22R）-27- 羟基 -7α- 甲氧基 -1- 氧代睡茄 -3, 5, 24- 三烯内酯［（22R）-27-hydroxy-7α-methoxy-1-oxowitha-3, 5, 24-trienolide］、（22R）-27 羟基 -7α- 甲氧基 -1- 氧代睡茄 -3, 5, 24- 三烯内酯 -27-O-β-D- 吡喃葡萄糖苷［（22R）-27-hydroxy-7α-methoxy-1-oxowitha-3, 5, 24-trienolide-27-O-β-D-glucopyranoside］、（22R）-7α, 27- 二羟基 -1- 氧代睡茄 -2, 5, 24- 三烯内酯［（22R）-7α, 27-dihydroxy-1-oxowitha-2, 5, 24-trienolide］、（22E, 24R）-5α, 8α- 表二氧麦角甾 -6, 22- 二烯 -3β- 醇［（22E, 24R）-5α, 8α-epidioxyergosta-6, 22-dien-3β-ol］、（22E, 24R）-5α, 8α- 表二氧麦角甾 -6, 9（11）, 22- 三烯 -3β- 醇［（22E, 24R）-5α, 8α-epidioxyergosta-6, 9（11）, 22-trien-3β-ol］、麦角甾 -5, 24（28）- 二烯 -3β- 醇［ergosta-5, 24（28）-dien-3β-ol］[19]、睡茄曼陀罗素 E（withatatulin E）[20]和曼陀罗苷 A、B（daturataturin A、B）[21]；内酯类：（3R, 5R, 7Z）-3- 羟基 -7- 烯 -δ- 癸内酯［（3R, 5R, 7Z）-3-hydroxy-7-en-δ-decanolactone］和（R）- 晚香玉种内酯［（R）-tuberolactone］[22]；脂肪酸类：亚油酸单甘油酯（monolinoleoyl glycerol）和亚油酸（linoleic acid）[22]；三萜类：曼陀罗萜二醇（daturadiol）[22]；色素类：叶黄素（lutein）[22]。

根含脂肪酸类：己酸（hexanoic acid）、十六烷酸（hexadecanoic acid）和十八烷酸（octadecanoic acid）[3]；苯丙素类：反式 - 咖啡酸（trans-caffeic acid）、反式 - 阿魏酸（trans-ferulic acid）、顺式 - 咖啡酸（cis-caffeic acid）、顺式 -4- 羟基桂皮酸（cis-4-hydroxycinnamic acid）、反式 -4- 羟基桂皮酸（trans-4-hydroxycinnamic acid）和反式芥子酸（trans-sinapic acid）[4]；黄酮类：木犀草素（luteolin）和

槲皮素（quercetin）[3]；生物碱类：3-乙酰基-6-羟基托品烷（3-acetoxy-6-hydroxytropane）、3-巴豆酰氧基-6-异丁酰氧基托品烷（3-tigloyloxy-6-isobutyryloxytropane）、3-巴豆酰氧基-6-羟基托品烷（3-tigloyloxy-6-hydroxytropane）、3,6-二巴豆酰氧基托品烷（3,6-ditigloyloxytropane）、3-巴豆酰氧基-6-甲基丁酰氧基托品烷（3-tigloyloxy-6-methylbutyryloxytropane）、3α-原托品酰氧基托品烷（3α-apotropoyloxytropane）、3β,6β-二巴豆酰氧基-7β-羟基托品烷（3β,6β-ditigloyloxy-7β-hydroxytropane）、3α,6β-二巴豆酰氧基-7β-羟基托品烷（3α,6β-ditigloyloxy-7β-hydroxytropane）、3-托品酰氧基-6,7-环氧降托品烷（3-tropoyloxy-6,7-epoxynortropane）、3-托品酰氧基-6,7-环氧托品烷（3-tropoyloxy-6,7-epoxytropane）、3-（3'-乙酰氧基托品酰氧基）-托品烷［3-（3'-acetoxytropoyloxy）-tropane］和3-（2'-羟基巴豆酰氧基）-托品烷［3-（2'-hydroxytropoyloxy）-tropane］[5]，托品碱（tropine）、托品酮（tropinone）、伪托品碱（pseudotropine）、古豆碱（hygrine）、东莨菪品碱（scopine）、6,7-去氢托品碱（6,7-dehydrotropine）、东莨菪林碱（scopoline）、环托品碱（cyclotropine）、3-乙酰氧基托品烷（3-acetoxytropane）、甲基芽子碱（methylecgonine）、3,6-二羟基托品烷（3,6-dihydroxytropane）、3-羟基-6-乙酰氧基托品烷（3-hydroxy-6-acetoxytropane）、3-羟基乙酰氧基托品烷（3-hydroxyacetoxytropane）、6,7-去氢-3-巴豆酰氧基托品烷（6,7-dehydro-3-tigloyloxytropane）、3,7-二羟基-6-丙酰氧基托品烷（3,7-dihydroxy-6-propionyloxytropane）、3-甲基丁酰氧基托品烷（3-methylbutyryloxytropane）、3,6-二乙酰氧基托品烷（3,6-diacetoxytropane）、3β-巴豆酰氧基托品烷（3β-tigloyloxytropane）、3α-巴豆酰氧基-6,7-二羟基托品烷（3α-tigloyloxy-6,7-dihydroxytropane）、3-羟基-6-异丁酰氧基托品烷（3-hydroxy-6-isobutyryloxytropane）、3-羟基-6-（2'-甲基丁酰氧基）托品烷［3-hydroxy-6-（2'-methylbutyryloxy）tropane］、3-异戊酰氧基-6-羟基托品烷（3-isovaleroyloxy-6-hydroxytropane）、3α-巴豆酰氧基托品烷（3α-tigloyloxytropane）、3-羟基-6-甲基丁酰氧基托品烷（3-hydroxy-6-methylbutyryloxytropane）、3-巴豆酰氧基-6-乙酰氧基托品烷（3-tigloyloxy-6-acetoxytropane）、3α-羟基-6β-巴豆酰氧基托品烷（3α-hydroxy-6β-tigloyloxytropane）、3-巴豆酰氧基-6,7-环氧托品烷（3-tigloyloxy-6,7-epoxytropane）、3-巴豆酰氧基-6-丙酰氧基-7-羟基托品烷（3-tigloyloxy-6-propionyloxy-7-hydroxytropane）、3,7-二羟基-6-（2'-甲基丁酰氧基）托品烷［3,7-dihydroxy-6-（2'-methylbutyryloxy）tropane］、3-巴豆酰氧基-6-异丁酰氧基托品烷（3-tigloyloxy-6-isobutyryloxytropane）、离阿托品（apoatropine）、3-苯乙酰氧基托品烷（3-phenylacetoxytropane）、3-巴豆酰氧基-6-丙酰氧基托品烷（3-tigloyloxy-6-propionyloxytropane）、3-巴豆酰氧基-6-（2'-甲基丁酰氧基）托品烷［3-tigloyloxy-6-（2'-methylbutyryloxy）tropane］、3,7-二羟基-6-巴豆酰氧基托品烷（3,7-dihydroxy-6-tigloyloxytropane）、3-苯乙酰氧基-6,7-环氧托品烷（3-phenylacetoxy-6,7-epoxytropane）、6,7-去氢天仙子胺（6,7-dehydrohyoscyamine）、离东莨菪碱（aposcopolamine）、海螺碱（littorine）、3-苯乙酰氧基-6-羟基托品烷（3-phenylacetoxy-6-hydroxytropane）、阿托品（atropine）、3-巴豆酰氧基-6-异丁酰氧基-7-羟基托品烷（3-tigloyloxy-6-isobutyryloxy-7-hydroxytropane）、3α-巴豆酰氧基-6-异戊酰氧基-7-羟基托品烷（3α-tigloyloxy-6-isovaleroyloxy-7-hydroxytropane）、6-羟基离阿托品（6-hydroxyapoatropine）、东莨菪碱（scopolamine）、3β-巴豆酰氧基-6-异戊酰氧基-7-羟基托品烷（3β-tigloyloxy-6-isovaleroyloxy-7-hydroxytropane）、7-羟基天仙子胺（7-hydroxyhyoscyamine）、4'-羟基海螺碱（4'-hydroxylittorine）、3-托品酰氧基-6-异丁酰氧基托品烷（3-tropoyloxy-6-isobutyryloxytropane）、3-托品酰氧基-6-乙酰氧基托品烷（3-tropoyloxy-6-acetoxytropane）、6-羟基天仙子胺（6-hydroxyhyoscyamine）、3β-托品酰氧基-6β-异戊酰氧基托品烷（3β-tropoyloxy-6β-isovaleroyloxytropane）、3α-托品酰氧基-6β-异戊酰氧基托品烷（3α-tropoyloxy-6β-isovaleroyloxytropane）和3-托品酰氧基-6-巴豆酰氧基托品烷（3-tropoyloxy-6-tigloyloxytropane）[6]。

全株含挥发油类：5,6-二氢-6-戊基-2H-吡喃-2-酮（5,6-dihydro-6-pentyl-2H-pyran-2-one）、二苯胺（diphenyl amine）、四十四烷（tetratetracontane）、二十烷（eicosane）、（E）-3-己烯-1-醇［（E）-3-hexen-1-ol］和3,7,11,15-四甲基-2-十六碳烯-1-醇（3,7,11,15-tetramethyl-2-hexadecen-1-ol）等[23,24]。

【药理作用】 1.抗菌　种子水提取物对大肠杆菌、枯草芽孢杆菌、金黄色葡萄球菌和酵母菌的生长均具有明显的抑制作用[1]；水浸提液对革兰氏阳性菌和革兰氏阴性菌的生长均有抑制作用[2]。2.抗利什曼虫　种子甲醇提取物具有抗利什曼虫的作用，其半数抑制浓度（IC_{50}）为155.15μg/ml，其作用虽比对照制剂米替福新弱，但毒性相对较低[3]。

毒性　犬连续3个月给予种子提取物，对犬中枢神经系统、消化系统、血液系统、心脏均具有一定的毒性[4]。

【性味与归经】 醉仙桃：辛、苦，温；有毒。归肺、肝经。曼陀罗子：辛，苦、温；有毒。归肺、肝经。洋金花：辛，温；有毒。归肺、肝经。曼陀罗叶：苦，辛；有大毒。风茄梗：辛，温；有毒。

【功能与主治】 醉仙桃：平喘止咳，祛风止痛。用于喘咳，惊风，风湿痹痛，跌打损伤，泻痢，脱肛。曼陀罗子：平喘止咳，祛风止痛。用于喘咳，惊风，风湿痹痛，跌打损伤，泻痢，脱肛。洋金花：平喘止咳，镇痛，解痉。用于哮喘咳嗽，脘腹冷痛，风湿痹痛，小儿慢惊，外科麻醉。曼陀罗叶：麻醉，镇痛平喘，止咳。用于喘咳，痹痛，脚气，脱肛。风茄梗：止痛，定喘。用于胃痛，风湿痛，寒哮气喘，冻疮。

【用法与用量】 醉仙桃：煎服0.15～0.30g；外用适量，煎水洗或浸酒涂擦。曼陀罗子：煎服0.15～0.3g；外用适量，煎水洗或浸酒涂擦。洋金花：0.3～0.6g，宜入丸散，亦可作卷烟，分次燃吸（一日量不超过1.5g）；外用适量。曼陀罗叶：煎服0.3～0.6g；外用适量。风茄梗：煎服50g，外用适量，煎水洗手足患处。

【药用标准】 醉仙桃：江西药材2014；曼陀罗子：部标维药1999、上海药材1994和贵州药材2003；洋金花：浙江炮规2005；曼陀罗叶：药典1953、部标维药1999、广西药材1996和云南药材2005一册；风茄梗：上海药材1994。

【附注】 误食种子的主要毒副反应为阻断乙酰胆碱引起，如视物不清、意识模糊、皮肤黏膜潮红、干燥和躁动不安、手舞足蹈等，可使中枢神经先兴奋后抑制[1]；注意事项和毒性同毛曼陀罗。

【化学参考文献】

[1] 郁浩翔，郁建平.曼陀罗叶挥发油成分的提取及分析[J].山地农业生物学报，2011，30（5）：455-457.

[2] 龚敏，王燕，张玉，等.海南曼陀罗果叶挥发油化学成分的GC-MS分析[J].中国农业信息，2014，1：159-160.

[3] Rahmoune B, Zerrouk I Z, Morsli A, et al. Phenylpropanoids and fatty acids levels in roots and leaves of *Datura stramonium* and *Datura innoxia*[J]. International Journal of Pharmacy and Pharmaceutical Sciences, 2017, 9（7）: 150-154.

[4] Lakshmi S, Krishnamoorthy T V. Flavanoids in the leaves of *Datura stramonium* Linn.[J]. Indian J Pharm Sci, 1991, 53（3）: 94-97.

[5] Philipov S, Berkov S. GC-MS investigation of tropane alkaloids in *Datura stramonium*[J]. Naturforsch, 2002, 57（5/6）: 559-561.

[6] Bazaoui E A, Bellimam M A, Soulaymani A. Nine new tropane alkaloids from *Datura stramonium* L. identified by GC/MS[J]. Fitoterapia, 2011, 82（2）: 193-197.

[7] Maslennikova V A, Tursunova R N, Abubakirov N K. Structure of two novel vitanolides-physalactone and vitastramonolide[J]. Tezisy Dokl-Sov-Indiiskii Simp Khim Prir Soedin, 1978, 5: 53.

[8] Manickam M, Awasthi S B, Sinha-Bagchi A, et al. Withanolides from *Datura tatula*[J]. Phytochemistry, 1996, 41（3）: 981-983.

[9] 王其灏，罗宏敏.内蒙古曼陀罗有效成分的研究[J].内蒙古大学学报：自然科学版，1988，19（1）：139-142.

[10] Sonanini D, Rzadkowska-Bodalska H, Steinegger E. Solanaceae flavones. 7. Flavonol glycosides from *Folium stramonii*[J]. Pharmaceutica Acta Helvetiae, 1970, 45（2）: 153-156.

[11] Xiao P G, He L Y. Ethnopharmacologic investigation on tropane-containing drugs in Chinese solanaceous plants[J]. J Ethnopharmacol, 1983, 8（1）: 1-18.

[12] 金斌，金蓉鸾，何宏贤.反相离子对HPLC法测定洋金花类生药中的东莨菪碱和阿托品[J].中国药科大学学报，1991，22（3）：181-183.

[13] Srivastava A, Manickam M, Sinha-Bagchia A, et al. Withasteroids. 28. novel withanolides from the flowers of

[14] 金振国，周春生，李丹青，等．气相色谱/质谱法分析曼陀罗果实挥发油的化学成分［J］．分析科学学报，2007，23（6）：697-700．
[15] 李建文，高洪杰．曼陀罗种子化学成分研究［J］．中国中药杂志，2012，37（3）：319-322．
[16] 李建文，林彬彬，王国凯，等．曼陀罗种子化学成分研究［J］．中国中药杂志，2012，37（3）：319-322．
[17] Jeong TM, Yang M S, Nah H H. Sterol compositions in three solanaceous seed oils ［J］. Han'guk Nonghwa Hakhoe-chi, 1978, 21 （1）: 51-57.
[18] 张宏利，韩崇选，王明春，等．曼陀罗种子油脂肪酸化学成分研究［J］．西北植物学报，2008，28（12）：2538-2542．
[19] Fang S T, Liu X, Kong N N, et al. Two new withanolides from the halophyte *Datura stramonium* L. ［J］. Natural Product Letters, 2013, 27 （21）: 1965-1970.
[20] Manickam M, Ray A B. Withasteroids. 29. Structure of withatatulin E, a minor withanolide of *Datura tatula* ［J］. Ind J Chem, Sect B, 1996, 35B （12）: 1311-1313.
[21] Shingu K, Yahara S, Nohara T. Constituents of solanaceous plants. XX. New withanolides, daturataturins A and B from *Datura tatura* L. ［J］. Chem Pharm Bull, 1990, 38 （12）: 3485-3487.
[22] 方圣涛，刘霞，孔娜娜，等．曼陀罗中1个新的精油成分［J］．中草药，2013，44（15）：2035-2038．
[23] 金振国，苏智魁，任有良，等．GC-MS法分析曼陀罗挥发油的化学成分［J］．西北植物学报，2007，27（9）：1905-1908．
[24] 金振国．曼陀罗植株和果实挥发油化学成分对比分析［J］．商洛学院学报，2008，22（2）：30-34．

【药理参考文献】
[1] 尚天翠．曼陀罗总生物碱抑菌活性的初步研究［J］．辽宁化工，2017，46（9）：852-854．
[2] 王颖，余佳琳，白丽，等．新疆有毒植物抑菌作用的研究初报［J］．新疆农业科技，1996，19（3）：82-84．
[3] Nikmehr B, Ghaznavi H, Rahbar A, et al. *In vitro* anti-leishmanial activity of methanolic extracts of *Calendula officinalis* flowers, *Datura stramonium* seeds, and *Salvia officinalis* leaves［J］. Chinese Journal of Natural Medicines, 2014, 12 （6）: 423-427.
[4] 李治建，凯赛尔·阿不都克热木，阿布都吉力力·阿不都艾尼，等．曼陀罗子提取物对Beagle犬长期毒性实验研究［J］．医药导报，2011，30（4）：419-422．

【附注参考文献】
[1] 吴景莲，陈靖华，南淑娟．曼陀罗中毒2例报告［J］．山东医药，2001，41（16）：15．

一〇八　玄参科 Scrophulariaceae

草本或灌木，少为乔木。单叶，对生，较少互生或轮生，无托叶。花序总状、穗状或聚伞状，常组成圆锥花序；花两性，通常两侧对称；花萼 4～5 裂，常宿存；花冠为辐射状、宽钟状或有圆柱状的管，4～5 裂，裂片多少不等或作二唇形，上唇 2 裂，下唇 3 裂；雄蕊常 4 枚，少有 2～5 枚，其中可有 1～2 枚退化；子房上位，2 室，极少仅有 1 室，每室有胚珠多粒，少数仅 2 粒，柱头头状或 2 裂。果为蒴果，少有浆果状，室间、室背或顶孔开裂，极少数不裂。种子多数，细小，有时具翅或有网状种皮。

约 200 属，3000 种，广布于全世界各地。中国约 56 属 600 多种，分布几遍及全国，法定药用植物 25 属，44 种 1 变种 2 亚种。华东地区法定药用植物 13 属，16 种 1 亚种。

玄参科法定药用植物主要含环烯醚萜类、强心苷类、黄酮类、蒽醌类、生物碱类、皂苷类、苯丙素类、苯乙醇类、生物碱类等成分，其中强心苷类为洋地黄属的特征成分。环烯醚萜类如囊状毛蕊花苷（saccatoside）、桃叶珊瑚苷（aucubin）、梓醇（catalpol）、胡黄连苦苷 I（picroside I）等；强心苷类如洋地黄毒苷（digitoxin）、地高辛（digoxin）、夹竹桃双糖苷 G（odorobioside G）、地基朴洛苷（digiproside）等；黄酮类包括黄酮、黄酮醇、二氢黄酮、二氢黄酮醇等，如柳穿鱼苷（pectolinarin）、蒙花苷（linarin）、刺槐素 -7-O-β-D- 吡喃葡萄糖苷（acacetin-7-O-β-D-glucopyranoside）、高北美圣草素（homoeriodictyol）、血桐黄烷酮 D（tanariflavanone D）、6- 异戊烯基 -3'-O- 甲基花旗松素（6-isopentenyl-3'-O-methyltaxifolin）等；蒽醌类如洋地黄蒽醌（digitoquinone）等；生物碱类包括酰胺类、异喹啉类、吲哚类、吡咯烷类、吡啶类等，如蕨内酰胺（pterolactam）、异喹啉 -7- 醇（isoquinolin-7-ol）、异色啉（isoxerine）、6- 甲氧基苯并噁唑啉酮（6-methoxybenzoxazolinene）、槐定碱（sophoridine）、骆驼蓬碱（peganine）等；皂苷类多为三萜皂苷，包括齐墩果烷型、熊果烷型、羽扇豆烷型、达玛烷型等，如柴胡皂苷元 A（saikogenin A）、山楂酸（maslinic acid）、蕨麻苷（anserinoside）、坡模酸（pomolic acid）、白桦脂酸（betulinic acid）、20，24，25- 三羟基达玛烷 -3- 酮（20，24，25-trihydroxydammarane-3-one）等；苯丙素类如丁香苷（syringin）、松柏苷（coniferin）、肉苁蓉苷 D、F（cistanoside D、F）、玄参苷 A、B、C（ningposide A、B、C）等；苯乙醇类如玄参夫苷（scrophuside）、肉苁蓉苷 D（cistanoside D）、去酰异角胡麻苷（deacylisomartynoside）等。

泡桐属含黄酮类、皂苷类、木脂素类等成分。黄酮类如沟酸浆酮（diplacone）、3'-O- 甲基沟酸浆酮（3'-O-methyldiplacone）、沟酸浆隆酮（mimulone）等；皂苷为三萜类，如蕨麻苷（anserinoside）、熊果酸（ursolic acid）、坡模酸（pomolic acid）等；木脂素类如（+）- 辣薄荷醇［（+）-piperitol］、泡桐素（paulownin）、芝麻素（sesamin）等。

玄参属含环烯醚萜类、苯丙素类、皂苷类、黄酮类、苯乙醇类、生物碱类等成分。环烯醚萜类如 6'-O- 乙酰哈巴苷（6'-O-acetylharpagoside）、桃叶珊瑚苷（aucubin）、地黄新萜 H（frehmaglutoside H）、地黄素 A、B、C、D（rehmaglutin A、B、C、D）等；苯丙素类如桂皮酸（cinnamic acid）、肉苁蓉苷 B、F（cistanoside B、F）等；皂苷类如熊果酸（ursolic acid）、齐墩果酮酸（oleanonic acid）等；黄酮类包括黄酮、黄酮醇、异黄酮等，如香叶木素（diosmetin）、木犀草素 -7-O-β-D- 葡萄糖醛酸苷（luteolin-7-O-β-D-glucuronide）、高车前苷（homoplantaginin）、7, 3'- 二羟基 -5'- 甲氧基异黄酮（7, 3'-dihydroxy-5'-methoxyisoflavone）等；苯乙醇类如益母草诺苷 F（leonoside F）、异地黄苷（isorehmannioside）、角胡麻苷（martynoside）等；生物碱类如蕨内酰胺（pterolactam）、3- 吲哚甲酸（3-indolecarboxylic acid）、5- 羟甲基吡咯 -2- 甲醛（5-hydroxymethyl-pyrrole-2-carbaldehyde）、异喹啉 -7- 醇（isoquinolin-7-ol）、6- 甲基 -3- 吡啶醇（6-methyl-3-pyridinol）等。

腹水草属含环烯醚萜类、苯丙素类、皂苷类、黄酮类等成分。环烯醚萜类如桃叶珊瑚苷（aucubin）等；苯丙素类如桂皮酸（cinnamic acid）、爬岩红苷 A、B、C（axillaside A、B、C）、北玄参苷 C_1（buergeriside C_1）等；皂苷类如乙酰齐墩果酸（acetyl oleanolic acid）等；黄酮类如刺槐素（acacetin）、木犀草素（luteolin）、金合欢素（acacetin）等。

马先蒿属含环烯醚萜类、苯丙素类、黄酮类等成分。环烯醚萜类如桃叶珊瑚苷（aucubin）、山栀子苷 A（caryoptoside A）等；苯丙素类如肉苁蓉苷 D（cistanoside D）、异毛蕊花糖苷（isoverbascoside）等；黄酮类包括黄酮、黄酮醇等，如木犀草素（luteolin）、槲皮素（quercetin）等。

地黄属含环烯醚萜类、苯乙醇类、木脂素类、多糖类等成分。环烯醚萜类为本属的主要成分，如筋骨草醇（ajugol）、梓醇（catalpol）、10-去氧杜仲醇（10-deoxyeucommiol）、地黄新萜 H（frehmaglutoside H）、地黄素 A、B、C、D（rehmaglutin A、B、C、D）等；苯乙醇类如松果菊苷（echinacoside）、对羟基苯乙醇苷（4-hydroxyphenylglycolate）、地黄苷（rehmannioside）；木脂素类如地黄新木脂素 A、B（rehmalignan A、B）、反式橄榄树脂素（*trans*-olivil）等；多糖如地黄多糖 SA、SB（rehmannan SA、SB）、地黄多糖 FS-I、FS-II（rehmannan FS-I、FS-II）等。

洋地黄属含强心苷类、苯乙醇苷类等成分。强心苷类属于甾体类，为本属的特征成分，如洋地黄毒苷（digitoxin）、别洋地黄苷（allodigitalin）、夹竹桃双糖苷 G（odorobioside G）、葡萄地基朴洛苷（glucodigiproside）、地基毒苷基单地基毒苷（digitoxigenin monodigitoxoside）、地基毒苷基双地基毒苷（gitoxigenin bisdigtoxoside）等；苯乙醇苷类如 3,4-二羟基苯乙醇-6-*O*-咖啡酰基-β-D-葡萄糖苷（3,4-dihydroxyphenethylalcohol-6-*O*-caffeoyl-β-D-glucoside）、洋地黄叶苷 A、B、C（purpureaside A、B、C）、毛蕊花糖苷（acteoside）等。

分属检索表

1. 乔木 ·· 1. 泡桐属 *Paulownia*
1. 草本，有时基部木质化，稀灌木。
  2. 花冠辐射状。
    3. 叶互生，基生叶莲座状 ·· 2. 毛蕊花属 *Verbascum*
    3. 叶对生或轮生，少数互生，无基生叶。
      4. 叶上常有腺点；花腋生；蒴果球形或卵圆形 ·· 3. 野甘草属 *Scoparia*
      4. 叶上无腺点；花顶生或腋生；蒴果形状各式各样 ·· 4. 婆婆纳属 *Veronica*
  2. 花冠多少二唇形。
    5. 能育雄蕊 4 枚，并有 1 枚退化雄蕊位于花上唇中央，花药汇合成 1 室，肾形，横生 ··· 5. 玄参属 *Scrophularia*
    5. 能育雄蕊 2、4 或 5 枚，退化雄蕊如存在则为 2 枚且位于花冠前方，花药 2 室或汇合为 1 室，不横生。
      6. 雄蕊 2 枚，无退化雄蕊；花冠裂片略呈二唇形 ·· 6. 腹水草属 *Veronicastrum*
      6. 雄蕊 4 枚，如 2 枚则有 2 枚退化雄蕊存在；花冠裂片明显二唇形。
        7. 花冠上唇多少向前方弓曲而呈盔状。
          8. 花萼下面无小苞片 ·· 7. 马先蒿属 *Pedicularis*
          8. 花萼下面具一对小苞片。
            9. 叶长卵形掌状三深裂或广卵形二回羽状全裂 ·· 8. 阴行草属 *Siphonostegia*
            9. 叶披针形至条形，全缘 ·· 9. 鹿茸草属 *Monochasma*
        7. 花冠上唇伸直或向后翻卷，不呈盔状。
          10. 花梗或花萼下有一对小苞片；寄生或半寄生草本。
            11. 叶片倒卵形，下部叶宽而具粗齿，上部叶较窄而全缘 ······························ 10. 黑草属 *Buchnera*
            11. 叶片狭披针形或条形，全缘，极少有齿 ·· 11. 独脚金属 *Striga*
          10. 花梗上或花萼下无小苞片；自养草本。

12. 花萼5浅裂；花冠5裂片近相等……………………………………………12. 地黄属 Rehmannia
12. 花萼5深裂几达基部；花冠下唇裂片较长………………………………13. 毛地黄属 Digitalis

1. 泡桐属 *Paulownia* Sieb. et Zucc.

落叶乔木。除老枝外，其余枝全部被毛。单叶，对生，大而有长柄，全缘或3浅裂，无托叶。花大，3～5朵呈小聚伞花序，再排列呈顶生的圆锥花序；花萼革质，5裂，裂片肥厚；花冠筒长，裂片5枚，二唇形；雄蕊4枚，二强，花丝在近基部扭曲，花药分叉；子房2室。蒴果，室背开裂成2爿或不完全4爿，果皮木质化。种子小而多数，有膜质翅。

7种，分布于中国、日本、越南、老挝等地。中国7种，分布于除东北北部、西藏、新疆、内蒙古外的各地，法定药用植物2种。华东地区法定药用植物2种。

854. 白花泡桐（图854）• *Paulownia fortunei* (Seem.) Hemsl.

图 854　白花泡桐　　　　　　　　　　摄影　李华东等

【别名】大果泡桐（安徽、山东），泡桐（上海、江苏），福都泡桐（江苏）。

【形态】落叶乔木，高达30m。树冠圆锥形，主干直，树皮灰褐色；幼枝、叶、花序各部和幼果均被黄褐色星状绒毛，但叶柄、叶片上表面和花梗老时无毛。叶片长卵状心形或卵状心形，长达20cm，先端长渐尖或急尖，新叶下面有星毛及腺，成熟叶片下面密被绒毛，有时毛很稀疏至近无毛；叶柄长达12cm。花序狭长几成圆柱形，长约25cm，小聚伞花序有花3～8朵，总花梗与花梗近等长；花萼倒圆锥形，长2～2.5cm，分裂至1/4处或1/3处，萼齿卵圆形至三角状卵圆形，至果期变为狭三角形，花后毛迅速脱落；

花冠筒状漏斗形，白色至浅紫色，长 8～12cm，筒部在基部以上逐渐向上扩大，外被有星状毛，内部密布紫色细斑块；雄蕊长 3～3.5cm，有疏腺；子房有腺，有时具星状毛，花柱长约 5.5cm。蒴果长圆形或长圆状椭圆形，长 6～10cm，顶端之喙长达 6mm，宿萼开展或漏斗状，果皮木质。种子连翅长 6～10mm。花期 3～4 月，果期 7～8 月。

【生境与分布】生于低海拔的山坡、林中、山谷及荒地。分布或栽培于山东、安徽、福建、江西、江苏、浙江，另湖北、湖南、云南、贵州、四川、广东、广西、河南、河北、陕西等地均有分布或栽培。

【药名与部位】桐叶，叶。

【采集加工】5～6 月采收，除去叶柄及杂质，晒干。

【药材性状】多皱缩、破碎，完整者展平后呈心状卵圆形至心状长卵形，长 15～20cm，全缘。上表面少毛或无毛，下表面密被毛。叶脉于下表面突出。气微，味淡。

【药材炮制】除去杂质，洗净，干燥。

【化学成分】叶含黄酮类：沟酸浆酮（mimulone）、洋芹素（apigenin）和木犀草素（luteolin）[1]；三萜类：2α, 3β, 19β- 三羟基 - 熊果 -28-O-β-D- 吡喃半乳糖苷酯（2α, 3β, 19β-trihydroxyurs-28-O-β-D-galactonopyranosyl ester），即蕨麻苷（anserinoside）[1]，熊果酸（ursolic acid）、3α- 羟基熊果酸（3α-hydroxyl ursolic acid）[1,2]，2α, 3β, 19β- 三羟基 - 熊果 -28-O-β-D- 吡喃半乳糖苷酯（2α, 3β, 19β-trihydroxy-urs-28-O-β-D-galactopyranosyl ester）、19α- 羟基熊果酸（19α-dihydroxyursolic acid），即坡模酸（pomolic acid）、23- 羟基熊果酸（23-hydroxyursolic acid）、2α, 3α- 二羟基 -12- 烯 -28- 熊果酸（2α, 3α-dihydroxyurs-12-en-28-oic acid）、3β, 28- 二羟基熊果烷（3β, 28-dihydroxyursane）、2α, 3α, 23- 三羟基 -12- 烯 -28- 熊果酸（2α, 3α, 23-trihydroxyurs-12-en-28-oic acid）、2α, 3β, 19, 23- 四羟基熊果 -12- 烯 -28- 酸（2α, 3β, 19, 23-tetrahydroxyurs-12-en-28-oic acid）、2α- 羟基 - 齐墩果酸（2α-hydroxyoleanolic acid），即山楂酸（maslinic acid）和阿江榄仁酸（arjunic acid）[2]；甾体类：β- 谷甾醇（β-sitosterol）和胡萝卜苷（dancosterol）[1]；脂肪酸类：棕榈酸（palmitic acid）和 1- 乙酰氧基 -3- 羟基丙烷 -2-（3′- 羟基）- 十八酸酯［1-acetoxy-3-hydroxypropan-2-（3′-hydoxy）-octadecanoate］[3]。

花含黄酮类：沟酸浆酮（diplacone）、3′-O- 甲基沟酸浆酮（3′-O-methyldiplacone）、沟酸浆隆酮（mimulone）[4]、3′-O- 甲基沟酸浆醇（3′-O-methyldiplacol）、高北美圣草素（homoeriodictyol）、6- 牻牛儿基 -3, 3′, 5, 7- 四羟基 -4′- 甲氧基黄烷酮（6-geranyl-3, 3′, 5, 7-tetrahydroxy-4′-methoxyflavanone）、3′- 甲氧基木犀草素 -7-O-β-D- 葡萄糖苷（3′-methoxyluteolin-7-O-β-D-glucoside）、5, 7, 4′- 三羟基 -3′- 甲氧基黄酮（5, 7, 4′-trihydroxy-3′-methoxyflavone）、芹菜素 -7-O-β-D- 葡萄糖苷（apigenin-7-O-β-D-glucoside）、山奈酚 -7-O-β-D- 葡萄糖苷（kaempferol-7-O-β-D-glucoside）、山奈酚 -3-O-β-D- 葡萄糖苷（kaempferol-3-O-β-D-glucoside）、槲皮素 -3-O-β-D- 葡萄糖苷（quercetin-3-O-β-D-glucoside）、槲皮素 -7-O-β-D- 葡萄糖苷（quercetin-7-O-β-D-glucoside）、木犀草素 -7-O-β-D- 吡喃葡萄糖苷（luteolin-7-O-β-D-glucopyranoside）[5]，金圣草素（chryseriol）、木犀草素（luteolin）、黄芪苷（astragalin）[6]，泡桐酮*D、E、F、G（paulownione D、E、F、G）[7]，芹黄素（apigenin）、橙皮素（hesperetin）和柚皮素 -7-O-β-D- 葡萄糖苷（naringenin-7-O-β-D-glucoside）[8]；三萜类：熊果酸（ursolic acid）[4]；甾体类：β- 谷甾醇（β-sitosterol）和胡萝卜苷（dancosterol）[4]；苯乙醇类：3, 4- 二羟基 -β- 甲氧基苯乙醇（3, 4-dihydroxy-β-methoxyphenethyl alcohol）、2-（4- 羟苯基）- 乙醇［2-（4-hydroxyphenyl）-ethanol］和 3, 4- 二羟基苯乙醇（3, 4-dihydroxyphenylethyl alcohol）[6]；苯丙素类：（+）-1-（4- 甲氧基苯基）-1, 2, 3- 丙三醇［（+）-1-（4-methoxyphenyl）-1, 2, 3-propanetriol］、1- 苯丙 -1, 2, 3- 三醇（1-phenylpropane-1, 2, 3-triol）和 3-（4- 羟基 -3, 5- 二甲氧基苯基）-1, 2- 丙二醇［3-（4-hydroxy-3, 5-dimethoxyphenyl）-propane-1, 2-diol］；芳香烃类：2-（3- 甲氧基 -4- 羟基苯基）- 丙烷 -1, 3- 二醇［2-（3-methoxy-4-hydroxyphenyl）-propane-1, 3-diol］[6]；酚酸类：3, 4- 二羟基苯甲酸甲酯（methyl 3, 4-dihydroxybenzoate）、香草酸（vanillic acid）和对羟基苯甲酸（p-hydroxybenzoic acid）[6]；倍半萜类：落叶酸（abscisic acid）[8]；维生素类：烟酸（nicotinic acid）[6]；核苷类：脱氧

胸腺嘧啶核苷（thymidine）和胸腺嘧啶（thymine）[6]；酚苷类：熊果苷（arbutin）和 4- 羟基苄基 -β-D- 葡萄糖苷（4-hydroxybenzyl-β-D-glucoside）[8]；脂肪酸酯类：1- 乙酰基 -3- 羟基丙烷 -2- 基 -3′- 羟基戊酸酯（1-acetoxy-3-hydroxypropan-2-yl-3′-hydroxypentanoate）[8]；生物碱类：1-（3- 吲哚）-2, 3- 二羟基丙 -1- 酮［1-（3-indolyl）-2, 3-dihydroxypropan-1-one］和 5-（4′- 羟苄基）乙内酰脲［5-（4′-hydroxybenzyl）hydantoin］[6]；多糖类：白花泡桐花多糖*（PFFPS）[9]。

木材含苯丙素类：反式 - 阿魏酸（trans-ferulic acid）[10]；木脂素类：芝麻素（sesamin）和泡桐素（paulownin）[10]；甾体类：豆甾醇（stigmasterol）、β- 谷甾醇（β-sitosterol）和菜油甾醇（campesterol）[10]；脂肪酸类：硬脂酸（stearic acid）、棕榈酸（palmitic acid）、十九酸（nonadecanoic acid）、二十酸（eicosanoic acid）、二十一酸（heneicosanoic acid）、二十二酸（docosanoic acid）、二十三酸（tricosanoic acid）、二十四酸（tetracosanoic acid）、11- 反式 - 十八烯酸（11-trans-octadecenoic acid）和 2- 羟基二十三酸（2-hydroxytricosanoic acid）[10]；烷醇类：正十八醇（1-octadecanol）、9- 顺式 - 十八烯醇（9-cis-octadecenol）、正十六醇（1-hexadecanol）和甘油（glycerol）[10]。

【药理作用】1. 增强免疫　花中分离得到的水溶性多糖（92.5% 组分分子量在 500kDa 以下，含半乳糖、鼠李糖、葡萄糖和阿拉伯糖）在很低剂量下对鸡免疫器官功能有促进作用，可增加白细胞数量和淋巴细胞比例，提高鸡新城疫病毒抗体效价，另外可增加十二指肠中的白细胞介素 -2（IL-2）、诱生干扰素（IFN-γ）和分泌型免疫球蛋白 A（SIGA）的浓度，还可降低环磷酰胺引起的免疫抑制[1]。2. 抗炎　花中分离得到的黄酮类成分白花泡桐酮*D、E、F、G（paulownione D、E、F、G）在 H9c2 心肌细胞中对脂多糖诱导的炎症具有保护作用[2]。3. 调节脂质代谢　花中提取的含黄酮的提取物具有降低肥胖老鼠的高血脂、脂肪肝和胰岛素含量的作用，其作用机制可能与调节 AMPK 通路有关[3]。

【性味与归经】苦，寒。归心、肝经。

【功能与主治】清热解毒，止血消肿。用于痈疽，疔疮，烧烫伤，创伤出血等。

【用法与用量】煎服 15～30g；外用适量。

【药用标准】湖南药材 2009。

【临床参考】1. 腮腺炎：花 24g，水煎，冲白糖 30g，口服。

2. 跌打损伤、骨折：根皮适量，加韭菜适量，共捣烂，敷患处，包扎固定。（1 方、2 方引自《河南中草药手册》）

3. 玻璃体混浊：花，加酸枣仁、玄明粉、羌活各等量，共研细末，每次 6g，每日 3 次，布包煎服。

4. 手脚肿痛：叶，加赤小豆、冬瓜藤（或皮）适量，水煎浸浴患部；另用叶 15g，加赤小豆 30g，水煎服。（3 方、4 方引自《安徽中草药》）

5. 便血、痔疮出血：根皮 15g，加仙鹤草、陈艾各 15g，水煎服。（《四川中药志》）

6. 腰扭伤：鲜根 60g，加鸡 1 只或猪脚爪适量水炖，服汤食肉。（《福建药物志》）

【附注】《神农本草经》载有桐。《本草纲目》云："桐华成筒，故谓之桐。其材轻虚，白色而有绮文，故俗谓之白桐、泡桐。"又云："《齐民要术》云：白桐，即泡桐也，叶大径尺，最易生长，皮色粗白，其木轻虚，不生虫蛀……二月开花，如牵牛花而白色。结实大如巨枣，长寸余，壳内有子片，轻虚如榆荚、葵实之状，老则壳裂，随风飘扬……"。陈翥《桐谱》云："白花桐，文理粗而体性慢，喜生朝阳之地……叶圆大而尖长有角，光滑而毳。先花后叶，花白色，花心微红。其实大二三寸，内为两房，房内有肉，肉上有薄片，即其子也。"《三农纪》云："植艺：春初掘根，埋润土中，现头频浇，即生树。伐后遍地生苗，可移植。谚云：家有一千桐，一生不受穷。言其伐而易长茂。"《植物名实图考》云："桐，即俗呼泡桐。开花如牵牛花，色白，结实如皂荚子，轻如榆钱，其木轻虚，作器不裂，作琴瑟者即此。"即为本种。

本种的树皮及根民间也作药用。

同属植物毛泡桐 Paulownia tomentosa（Thunb.）Steud. 的树皮民间也作药用。

【化学参考文献】

[1] 李晓强，武静莲，曹斐华，等.白花泡桐叶化学成分的研究[J].中药材，2008，31（6）：850-852.
[2] 张德莉，李晓强，李冲.白花泡桐叶三萜类化学成分研究[J].中国药学杂志，2011，46（7）：504-506.
[3] 梁峰涛.白花泡桐叶石油醚部分的化学成分研究[J].天然产物研究与开发，2007，19（B11）：396-397.
[4] 段文达，张坚，谢刚，等.白花泡桐花的化学成分研究[J].中药材，2007，30（2）：168-170.
[5] 张培芬，李冲.白花泡桐花黄酮类化学成分研究[J].中国中药杂志，2008，33（22）：2629-2632.
[6] 冯卫生，张靖柯，吕锦锦，等.泡桐花化学成分研究[J].中国药学杂志，2018，53（18）：1547-1551.
[7] Zhang J K, Li M, Li M, et al. Four C-geranyl flavonoids from the flowers of *Paulownia fortunei* and their anti-inflammatory activity [J]. Natural Product Research, DOI: 10.1080/14786419.2018.1556263.
[8] 李晓强，张培芬，段文达，等.白花泡桐花的化学成分研究[J].中药材，2009，32（8）：1227-1229.
[9] Wang Q J, Meng X Y, Zhu L, et al. A polysaccharide found in *Paulownia fortunei* flowers can enhance cellular and humoral immunity in chickens [J]. Int J Biol Macromol, DOI: 10.1016/j.ijbiomac.2019.01.168.
[10] Silvestre J D, Evtuguin D V, Mendes S P, et al. Lignans from a hybrid *Paulownia* wood [J]. Biochem Syst Ecol, 2005, 33（12）: 1298-1302.

【药理参考文献】

[1] Wang Q J, Meng X Y, Zhu L, et al. A polysaccharide found in *Paulownia fortunei* flowers can enhance cellular and humoral immunity in chickens [J]. Int J Biol Macromol, 2019, 1（168）: 1-23.
[2] Zhang J K, Li M, Li M, et al. Four C-geranyl flavonoids from the flowers of *Paulownia fortunei* and their anti-inflammatory activity [J]. Natural Product Research, 2019, DOI:org/10.1018/14786419.2018.1556263.
[3] Liu C M, Ma J Q, Sun J M, et al. Flavonoid-rich extract of *Paulownia fortunei* flowers attenuates diet-induced hyperlipidemia, hepatic steatosis and insulin resistance in obesity mice by AMPK pathway [J]. Nutrients, 2017, 9（9）: 959-959.

855. 毛泡桐（图855）• *Paulownia tomentosa*（Thunb.）Steud.

【别名】日本泡桐（江苏），绒毛泡桐（山东），锈毛泡桐。

【形态】落叶乔木，高达20m。树冠宽大伞形，树皮褐灰色；小枝有明显皮孔，幼时常具黏质短腺毛。叶片心形，长达40cm，先端急尖，全缘或波状浅裂，上表面毛稀疏，下表面毛密或较疏，老叶下面的灰褐色分支状毛常具柄和3～12条细长丝状分支，新枝上的叶较大，其毛常不分支，有时具黏质腺毛；叶柄常有黏质短腺毛。花序为金字塔形或狭圆锥形，长可达50cm，小聚伞花序的总花梗长1～2cm，几与花梗等长，具花3～5朵；花萼浅钟形，长约1.5cm，外面绒毛不脱落，分裂至中部或超过中部，萼齿卵状长圆形，在花期急尖或稍钝至果期变钝；花冠紫色，漏斗状钟形，长5～7.5cm，在离基部5mm处向上突然膨大，外面被腺毛，内面几无毛；雄蕊长达2.5cm；子房卵圆形，有腺毛，花柱短于雄蕊。蒴果卵圆形，幼时密生黏质腺毛，长3～4.5cm，宿萼不反卷。种子连翅长2.5～4mm。花期4～5月，果期8～9月。

【生境与分布】山东、安徽、江苏、江西、浙江等地有野生或栽培，另辽宁、河北、河南、湖北等地均有栽培；日本、朝鲜、欧洲及北美洲也有引种栽培。

毛泡桐与白花泡桐的区别点：毛泡桐叶心形，叶柄被黏质短腺毛，花萼长2cm以下，且花后毛不脱落。白花泡桐叶长卵状心形，叶柄老时无毛，花萼长2～2.5cm且花后毛迅速脱落。

【药名与部位】泡桐果，近成熟果实。

【采集加工】秋季果实近成熟时采收，晒干。

【药材性状】呈卵圆形，长3～4cm，直径2～3cm。表面红褐色或黑褐色，顶端尖嘴状，基部圆形，两侧各有纵沟1条，另两侧各有棱线1条，常沿棱线裂成2瓣；内表面淡棕色，各有1纵隔。果皮较硬而脆，

图 855 毛泡桐　　　　摄影　郭增喜等

革质。宿萼 5 中裂，呈五角星形，裂片三角形。果梗扭曲，长 2～3cm，近果实一端较粗壮。种子多数，细小，扁而有翅。气微，味微甘、苦。

【化学成分】茎含呋喃醌类：5-羟基-二萘并 [1, 2-2′3′] 呋喃-7, 12-二酮-6-羧酸甲酯 {methyl 5-hydroxy-dinaphtho [1, 2-2′3′] furan-7, 12-dione-6-carboxylate}[1,2]；苯乙醇苷类：角胡麻苷（martynoside）、凌霄新苷 I、II（campneoside I、II）和毛蕊花苷（verbascoside）[3]。

树皮含环烯醚萜类：梓醇（catalpol）[4]；苯丙素类：丁香苷（syringin）和松柏苷（coniferin）[4]；苯乙醇苷类：毛蕊花苷（verbascoside）[4]。

木质部含木脂素类：(+)-辣薄荷醇 [(+)-piperitol] [5]，泡桐素（paulownin）和芝麻素（sesamin）[6]；酚类：丁香醛（syringaldehyde）和香草醛（vanillin）[7]；苯丙素类：咖啡酸糖酯 A、B（caffeic acid sugar ester A、B）[8]。

叶含黄酮类：洋芹素（apigenin）、木犀草素（luteoline）和高北美圣草素（homoeriodictyol）[9]；三萜类：3α-羟基熊果酸（3α-hydroxyursolic acid）、熊果酸（ursolic acid）、坡模酸（pomolic acid）、2α, 3α-二羟基熊果烷-12-烯-28-羧酸（2α, 3α-dihydroxyurs-12-en-28-oic acid）和山楂酸（maslinic acid）[9]；甾体类：胡萝卜苷（daucosterol）和 β-谷甾醇（β-sitosterol）[9]；苯乙醇苷类：毛蕊花苷（verbascoside）和异毛蕊花苷（isoverbascoside）[10]；环烯醚萜类：毛泡桐苷（tomentoside）、7-羟基毛泡桐苷（7-hydroxytomentoside）[11]，桃叶珊瑚苷（aucubin）和泡桐苷（paulownioside）[12]。

花含黄酮类：5-羟基-7, 3′, 4′-三甲氧基黄烷酮（5-hydroxy-7, 3′, 4′-trimenthoxyflavanone）[13]，沟酸浆酮（diplacone）、5, 4′-二羟基-7, 3′-二甲氧基黄烷酮（5, 4′-dihydroxy-7, 3′-dimenthoxyflavanone）、沟酸浆隆酮（mimulone）[13,14] 和芹菜素（apigenin）[15]；倍半萜类：异滨藜叶珍珠菊内酯巴豆酸酯（isoatriplicolide tiglate）[13]；三萜类：熊果酸（ursolic acid）[15]；苯丙素类：对香豆酸（p-coumaric acid）和咖啡酸（caffeic acid）[15]；酚酸类：对羟基苯甲酸（p-hydroxybenzoic acid）[15]；甾体类：β-谷甾醇（β-sitosterol）、菜油甾醇（campesterol）、豆甾醇（stigmasterol）和胡萝卜苷（daucosterol）[15]；生物碱类：氨基-5-磷酰基戊酸（amino-5-phosphonovaleric acid）和6-氰基-7-硝基喹喔啉-2,3-二酮（6-cyano-7-nitroquinoxaline-2,3-dione）[13]；挥发油类：苯甲醇（benzyl alcohol）、1,2,4-三甲氧基苯（1,2,4-trimethoxybenzene）、2-甲氧基-3-（2-丙烯基）-苯酚［2-methoxy-3-（2-propenyl）-phenol］、二十三烷（tricosane）、二十五烷（pentacosane）[16]、1-辛烯-3-醇（1-octen-3-ol）、氢醌二甲醚（hydroquinone dimethyl ether）、l-芳樟醇（l-linalool）、顺式-3-己烯-1-醇（cis-3-hexen-1-ol）、苯甲醛（benzaldehyde）、苯乙醇（phenethyl alcohol）、茴芹醛（anisaldehyde）、3,4-二甲氧基苯酚（3,4-dimethoxyphenol）、苯酚（phenol）[15]、十六烷基环氧乙烷（hexadecyl oxirane）、9,19-环羊毛脂-24-烯-3-醇（9,19-cyclolanost-24-en-3-ol）、3,7,11,15-四甲基十六-1,6,10,14-四烯-3-醇（3,7,11,15-tetramethylhexadeca-1,6,10,14-tetraen-3-ol）[17]、对甲氧基茴香醚（p-methoxyanisole）、3-辛酮（3-octanone）、莳萝脑（anethole）、茴芹酸甲酯（methyl anisate）、Δ-杜松醇（Δ-cadinol）、罗勒烯（ocimene）、β-没药烯（β-bisabolene）和α-雪松烯（α-cedrene）[18]；脂肪酸类：棕榈酸乙酯（ethyl palmitate）[15]和十六酸（palmitic acid）[17]。

果实含有黄酮类：芹菜素（apigenin）、5,7,4'-三羟基-3'-甲氧基黄酮（5,7,4'-trihydroxy-3'-methoxyflavone）、3'-甲氧基木犀草素-7-O-β-D葡萄糖苷（3'-methoxyluteolin-7-O-β-D-glucoside）[19]、木犀草素（luteolin）、小麦黄素-7-O-β-D-葡萄糖苷（tricin-7-O-β-D-glucoside）、3',4',5,7-四羟基-6-［7-羟基-3,7-二甲基-2(E)-辛烯］二氢黄酮｛3',4',5,7-tetrahydroxy-6-［7-hydroxy-3,7-dimethyl-2(E)-octenyl］flavanone｝[20]、槲皮素（quercetin）[21]、毛泡桐灵酮*A、B、C（paucatalinone A、B、C）、异毛泡桐灵酮*B（isopaucatalinone B）[22]、沟酸浆隆酮B（mimulone B）、毛泡桐沟酸浆隆醇*（tomentomimulol）[23]、假防己亭A、B、D、E、F、G、H、I、J（tomentin A、B、D、E、F、G、H、I、J）、血桐黄烷酮D（tanariflavanone D）、冲绳蜂胶酮*（prokinawan）、5,7-二羟基-6-（7-羟基-3,7-二甲基辛基-2-烯-1-基）-2S-（4-羟苯基）-3,4-二氢-2H-1-苯并吡喃-4-酮［5,7-dihydroxy-6-（7-hydroxy-3,7-dimethyloct-2-en-1-yl）-2S-（4-hydroxyphenyl）-3,4-dihydro-2H-1-benzopyran-4-one］、6-香叶基-5,7,3',5'-四羟基-4'-甲氧基黄烷酮（6-geranyl-5,7,3',5'-tetrahydroxy-4'-methoxyflavanone）、3'-O-甲基-5'-O-甲基沟酸浆酮（3'-O-methyl-5'-O-methyldiplacone）、（2S）-5-羟基-2-（4-羟苯基）-8-（4-羟基-4-甲基苯基）-8-甲基-2,3,7,8-四氢吡喃-［3,2-g］-色-4-（6H）-酮｛（2S）-5-hydroxy-2-（4-hydroxyphenyl）-8-（4-hydroxy-4-methylphenyl）-8-methyl-2,3,7,8-tetrahydropyrano-［3,2-g］-chromen-4-（6H）-one｝、（2S）-6-（7-羟基-7-二甲基辛基-2-烯）-5,7,4'-三羟基-3',5'-二甲氧基黄烷酮［（2S）-6-（7-hydroxy-7-dimethyloctyl-2-en）-5,7,4'-trihydroxy-3',5'-dimethoxyflavanone］[24]、3'-O-甲基沟酸浆醇（3'-O-methyldiplacol）[24,25]、毛泡桐沟酸浆酮（tomentodiplacone）、毛泡桐沟酸浆酮B（tomentodiplacone B）、3'-O-甲基-5'-羟基沟酸浆酮（3'-O-methyl-5'-hydroxydiplacone）[25]、沟酸浆酮（diplacone）[19,25]、毛泡桐沟酸浆酮G、H、L、M、N（tomentodiplacone G、H、L、M、N）、3',4'-O-二甲基-5'-羟基沟酸浆酮（3',4'-O-dimethyl-5'-hydroxydiplacone）、沟酸浆隆酮F、G、H（mimulone F、G、H）、毛泡桐酮*A、B（paulownione A、B）、吡喃毛泡桐酮*（tomentone）、3',4',5'-三甲氧基黄酮烷（3',4',5'-trimethoxyflavanone）、6-香叶基-5,7-二羟基-3',4'-二甲氧基黄酮（6-geranyl-5,7-dihydroxy-3',4'-dimethoxyflavanone）、6-异戊二烯基-3'-O-甲基依代克醇*（6-prenyl-3'-O-methyleriodyctiol）、沟酸浆隆酮（mimulone）、博南尼酮*B（bonannione B）、3'-O-甲基-5'-甲氧基沟酸浆酮（3'-O-methyl-5'-methoxydiplacone）[26]、猥草烯酮*C（schizolaenone C）、6-异戊烯基3'-O-甲基花旗松素（6-isopentenyl-3'-O-methyltaxifolin）[27]、5,7-二羟基-6-香叶基色酮（5,7-dihydroxy-6-geranylchromone）、3'-O-甲基-5'-O-羟基沟酸浆酮（3'-O-methyl-5'-O-hydroxydiplacone）、花旗松素（taxifolin），即双氢槲皮素（dihydroquercetin）、5,7,4'-三羟基黄酮烷（5,7,4'-trihydroxyflavanone）[28]、毛泡桐沟酸浆醇（tomentodiplacol）、3'-O-甲基-5'-甲氧基沟酸浆醇（3'-O-methyl-5'-methoxydiplacol）、6-异戊烯基-3'-O-甲基花旗松素（6-isopentenyl-3'-O-methyltaxifolin）、二氢小麦黄素（dihydrotricin）[29]、3'-O-甲基沟酸浆酮（3'-O-methyldiplacone）[24,29]、毛泡桐沟酸浆酮C、D、E、F、I（tomentodiplacone C、D、E、F、

I)和沟酸浆隆酮C、D、E(mimulone C、D、E)[30];三萜类:2α,3α,19α-三羟基-12-烯-28-熊果酸(2α,3α,19α-trihydroxyurs-12-en-28-oic acid)、熊果酸(ursolic acid)[19,20]和20,24,25-三羟基达玛烷-3-酮(20,24,25-trihydroxydammarane-3-one)[21];木脂素类:泡桐素(paulownin)[19],芝麻素(sesamin)[20],洋丁香酚苷(acteoside)和异洋丁香酚苷(isoacteoside)[28];酚酸类:香草酸(vanillic acid)、异香草酸(isovanillic acid)和对羟基苯甲酸(4-hydroxybenzoic acid)[19];甾体类:β-谷甾醇(β-sitosterol)、胡萝卜苷(daucosterol)[19]和豆甾醇(stigmasterol)[20];脂肪酸类:十六烷酸(palmitic acid)[21]。

果实表面分泌物含黄酮类:6-香叶-4',5,7-三羟基-3',5'-二甲氧基黄烷酮(6-geranyl-4',5,7-trihydroxy-3',5'-dimethoxyflavanone)、6-香叶基-3',5,7-三羟基-4'-甲氧基黄烷酮(6-geranyl-3',5,7-trihydroxy-4'-methoxyflavanone)、6-香叶基-5,7-二羟基-3',4'-二甲氧基黄烷酮(6-geranyl-5,7-dihydroxy-3',4'-dimethoxyflavanone)、6-香叶基-3,3',5,7-四羟基-4'-甲氧基黄烷酮(6-geranyl-3,3',5,7-tetrahydroxy-4'-methoxyflavanone)、4',5,5',7-四羟基-6-[6-羟基-3,7-二甲基-2(E),7-辛二烯基]-3'-甲氧基黄烷酮{4',5,5',7-tetrahydroxy-6-[6-hydroxy-3,7-dimethyl-2(E),7-octadienyl]-3'-methoxyflavanone}、6-香叶基-4',5,5',7-四羟基-3'-甲氧基黄烷酮(6-geranyl-4',5,5',7-tetrahydroxy-3'-methoxyflavanone)、3,3',4',5,7-五羟基-6-[7-羟基-3,7-二甲基-2(E)-辛烯基]黄烷酮{3,3',4',5,7-pentahydroxy-6-[7-hydroxy-3,7-dimethyl-2(E)-octenyl]flavanone}、3,3',4',5,7-五羟基-6-[6-羟基-3,7-二甲基-2(E),7-辛二烯基]黄烷酮{3,3',4',5,7-pentahydroxy-6-[6-hydroxy-3,7-dimethyl-2(E),7-octadienyl]flavanone}、6-香叶基-4',5,7-三羟基-3'-甲氧基黄烷酮(6-geranyl-4',5,7-trihydroxy-3'-methoxyflavanone)、3,4',5,5',7-五羟基-3'-甲氧基-6-(3-甲基-2-丁烯基)黄烷酮[3,4',5,5',7-pentahydroxy-3'-methoxy-6-(3-methyl-2-butenyl)flavanone]、3',4',5,7-四羟基-6-[6-羟基-3,7-二甲基-(2E),7-辛二烯基]黄烷酮{3',4',5,7-tetrahydroxy-6-[6-hydroxy-3,7-dimethyl-(2E),7-octadienyl]flavanone}、6-香叶-3,4',5,7-四羟基-3'-甲氧基黄烷酮(6-geranyl-3,4',5,7-tetrahydroxy-3'-methoxyflavanone)、6-香叶基-3,3',4',5,7-五羟基黄烷酮(6-geranyl-3,3',4',5,7-pentahydroxyflavanone)、3',4',5,7-四羟基-6-[7-羟基-3,7-二甲基-2(E)-辛烯基]黄烷酮{3',4',5,7-tetrahydroxy-6-[7-hydroxy-3,7-dimethyl-2(E)-octenyl]flavanone}和6-香叶-3',4',5,7-四羟基黄烷酮(6-geranyl-3',4',5,7-tetrahydroxyflavanone)[31]。

【药理作用】 1. 抗病毒 茎皮的甲醇提取物对1型和3型脊髓灰质炎病毒具有抑制作用,分离得到的成分甲基-5-羟基-二萘酚[1,2-2',3']呋喃-7,12-二酮-6-羧酸甲酯{methyl-5-hydroxy-dinaphthol[1,2-2',3']furan-7,12-dione-6-carboxylate}可显著降低病毒细胞的病理效应[1]。2. 抗菌 果实的乙醇提取物中分离得到的天然香叶基黄酮类化合物毛泡桐沟酸浆酮(tomentodiplacone)、3'-O-甲基-5'-O-羟基沟酸浆酮(3'-O-methyl-5'-O-hydroxydiplacone)、3'-O-甲基-5'-O-甲基沟酸浆酮(3'-O-methyl-5'-O-methyldiplacone)、甲基沟酸浆醇(methyldiplacol)、3'-O-甲基沟酸浆酮(3'-O-methyldiplacone)、沟酸浆隆酮(mimulone)、沟酸浆酮(diplacone)对6种革兰氏阳性菌(蜡样芽孢杆菌、枯草杆菌、肠球菌、李斯特菌、金黄色酿脓葡萄球菌、表皮葡萄球菌)的生长均具有抑制作用,其中毛泡桐沟酸浆酮的抑制作用较弱,对除枯草杆菌和肠球菌外的4种革兰氏阳性菌的生长也显示有抑制作用,最低抑菌浓度(MIC)为16~32μg/ml,其他6种化合物对6种革兰氏阳性菌的最低抑菌浓度为2~8μg/ml,其中3'-O-甲基-5'-甲基沟酸浆酮的作用最强[2]。3. 抗炎 果实乙酸乙酯提取部位及从中分离成分能显著降低肿瘤坏死因子-α(TNF-α)诱导的促炎细胞因子白细胞介素-8(IL-8)和白细胞介素-6(IL-6)的含量;另外,分离得到的16个黄酮类化合物均能抑制人中性粒细胞弹性蛋白酶作用,其半数抑制浓度(IC_{50})范围为(2.4±1.0)μmol/L~(74.7±8.5)μmol/L,6-香叶基-5,7,3',5'-四羟基-4'-甲氧基黄烷酮(6-geranyl-5,7,3',5'-tetrahydroxy-4'-methoxyflavanone)在动态化酶试验中表现出较强的非竞争性抑制作用(K_i=3.2μmol/L)[3];3',4'-O-甲基-5'-羟基沟酸浆酮(3',4'-O-dimethyl-5'-hydroxydiplacone)、沟酸浆隆酮H(mimulone H)、毛泡桐沟酸浆酮N(tomentodiplacone N)、3'-O-甲基沟酸浆酮(3'-O-methyldiplacone)和沟酸浆酮(diplacone)在体外能降低炎症细胞肿瘤坏死因子-α和相关mRNA的表达水平[4]。4. 抗氧化 果实的正丁醇乙酸乙酯和甲醇提取物对1,1-二苯基-2-

三硝基苯肼(DPPH)自由基和过氧亚硝酸盐具有清除作用[5]；果实中分离得到的沟酸浆酮和3'-O-甲基-5'-羟基沟酸浆酮（3'-O-methyl-5'-hydroxydiplacone）具有较强的抗氧化作用[6,7]。5. 抗肿瘤 果实中分离得到的化合物具有一定的细胞毒作用，其中洋丁香酚苷（acteoside）对烟草BY-2细胞毒作用最强，沟酸浆酮对人类红细胞白血病K562细胞毒作用最强[8]。

【性味与归经】淡、微甘，温。

【功能与主治】止咳，祛痰，平喘。用于慢性支气管炎，咳喘痰多。

【用法与用量】60～90g。

【药用标准】药典1977。

【化学参考文献】

[1] Park Y, Kong J Y, Cho H. A furanquinone from *Paulownia tomentosa* stem for a new cathepsin K inhibitor [J]. Phytotherapy Res, 2010, 24（1）: 1485-1488.

[2] Park I Y, Kim B K, Kim Y B. Constituents of *Paulownia tomentosa* stem（III）: the crystal structure of methyl 5-hydroxy-dinaphtho [1, 2-2′, 3′] furan-7, 12-dione-6-carboxylate [J]. Arch Pharm Res, 1992, 15（1）: 52-57.

[3] Kang K H, Jang S K, Kim B K, et al. Antibacterial phenylpropanoid glycosides from *Paulownia tomentosa* Steud. [J]. Arch Pharm Res, 1994, 17（6）: 470-475.

[4] Sticher O, Lahloub M F. Phenolic glycosides of *Paulownia tomentosa* bark [J]. Planta Med, 1982, 46（3）: 145-148.

[5] Hiroji I, Ono M, Sashida Y, et al. (+)-Piperitol from *Paulownia tomentosa* [J]. Planta Med, 1987, 53（5）: 504.

[6] Takagawa K, Tanabe Y, Kobayashi K, et al. Constituents of medical plants. IV. Structure of paulownin, a component of wood of *Paulownia tomentosa* [J]. Yakugaku Zasshi, 1963, 83: 1101-1105.

[7] Yamasaki T, Hata K, Higuchi T. Isolation and characterization of syringyl component rich lignin [J]. Holzforschung, 1978, 32（2）: 44-47.

[8] Michikazu T A, Taneda K. The chemistry of color changes in kiri wood（*Paulownia tomentosa* Steud.）. I. caffeic acid sugar esters responsible for color changes [J]. Mokuzai Gakkaishi, 1989, 35（5）: 438.

[9] 张德莉, 李晓强. 毛泡桐叶化学成分研究 [J]. 中药材, 2011, 34（2）: 232-234.

[10] Schilling G, Huegel M, Mayer W. Verbascoside and isoverbascoside from *Paulownia tomentosa* Steud. [J]. Z Naturforsch B: Anorg Chem Org Chem, 1982, 37B（12）: 1633-1635.

[11] Soren D, Jensen S R. Tomentoside and 7-hydroxytomentoside, two iridoid glucosides from *Paulownia tomentosa* [J]. Phytochemistry, 1993, 34（6）: 1636-1638.

[12] Adriani C, Bonini C, Javarone C, et al. Isolation and characterization of paulownioside, a new highly oxygenated iridoid glucoside from *Paulownia tomentosa* [J]. J Nat Prod, 1981, 44（6）: 739-744.

[13] Kim S K, Cho S B, Moon H I. Neuroprotective effects of a sesquiterpene lactone and flavanones from *Paulownia tomentosa* Steud. against glutamate-induced neurotoxicity in primary cultured rat cortical cells [J]. Phytotherapy Res, 2010, 24（12）: 1898-1900.

[14] 杜欣, 师彦平, 李志刚, 等. 毛泡桐花中黄酮类成分的分离与结构确定 [J]. 中草药, 2004, 35（3）: 245-247.

[15] Kurihara T, Kikuchi M. Studies on the constituents of flowers. VIII. on the components of the flower of *Paulownia tomentosa* Steudel [J]. Yakugaku Zasshi, 1978, 98（4）: 541-544.

[16] 王晓, 程传格, 刘建华, 等. 泡桐花精油化学成分分析 [J]. 林产化学与工业, 2005, 25（2）: 99-102.

[17] 魏希颖, 张延妮, 白玲玲, 等. 泡桐花油的GC-MS分析及抑菌作用 [J]. 研究天然产物研究与开发, 2008, 20（1）: 87-90.

[18] 郑敏燕, 魏永生, 古元梓, 等. 固相微萃取-气相色谱-质谱法分析毛泡桐花挥发性成分 [J]. 质谱学报, 2009, 30（2）: 88-93.

[19] 李传厚, 王晓静, 唐文照, 等. 毛泡桐果化学成分研究 [J]. 食品与药品, 2014, 16（1）: 12-14.

[20] 高天阳, 李传厚, 唐文照, 等. 毛泡桐果实化学成分研究 [J]. 中药材, 2015, 38（3）: 524-526.

[21] 李传厚. 毛泡桐果化学成分及药理活性研究 [D]. 济南: 济南大学硕士学位论文, 2014.

[22] 高天阳. 毛泡桐果化学成分及药理活性研究 [D]. 济南: 济南大学硕士学位论文, 2015.

[23] Schneiderová K, Slapetová T, Hrabal R, et al. Tomentomimulol and mimulone B: two new C-geranylated flavonoids from *Paulownia tomentosa* fruits [J]. Nat Prod Res, 2012, 27 (7): 613-618.

[24] Ryu H W, Park Y J, Lee S U, et al. Potential anti-inflammatory effects of the fruits of *Paulownia tomentosa* [J]. J Nat Prod, 2017, 80: 2659-2665.

[25] Smejkal K, Stanislav C, Kloucek P, et al. Antibacterial C-geranylflavonoids from *Paulownia tomentosa* fruits [J]. J Nat Prod, 2008, 71 (4): 706-709.

[26] Hanáková Z, Hosek J, Babula P, et al. C-geranylated flavanones from *Paulownia tomentosa* fruits as potential anti-inflammatory compounds acting via inhibition of TNF-α production [J]. J Nat Prod, 2015, 78 (4): 850-863.

[27] Zima A, Hosek J, Treml J, et al. Antiradical and cytoprotective activities of several C-geranyl-substituted flavanones from *Paulownia tomentosa* fruit [J]. Molecules, 2010, 15 (9): 6035-6049.

[28] Smejkal K, Babula P, Slapetová T, et al. Cytotoxic activity of C-geranyl compounds from *Paulownia tomentosa* fruits [J]. Planta Med, 2008, 74 (12): 1488-1491.

[29] Šmejkal K, Grycová L, Marek R, et al. C-geranyl compounds from *Paulownia tomentosa* fruits [J]. J Nat Prod, 2007, 70 (8): 1244-1248.

[30] Navrátilová A, Schneiderová K, Veselá D, et al. Minor C-geranylated flavanones from *Paulownia tomentosa* fruits with MRSA antibacterial activity [J]. Phytochemistry, 2013, 89: 104-113.

[31] Asai T, Hara N, Kobayashi S, et al. Geranylated flavanones from the secretion on the surface of the immature fruits of *Paulownia tomentosa* [J]. Phytochemistry, 2008, 69 (5): 1234-1241.

【药理参考文献】

[1] Kang K H, Huh H, Kim B K, et al. An antiviral furanoquinone from *Paulownia tomentosa* Steud. [J]. Phytotherapy Research Ptr, 2015, 13 (7): 624-626.

[2] Smejkal K, Stanislav C, Kloucek P, et al. Antibacterial C-geranylflavonoids from *Paulownia tomentosa* fruits [J]. Journal of Natural Products, 2008, 71 (4): 706-709.

[3] Ryu H W, Park Y J, Lee S U, et al. Potential anti-inflammatory effects of the fruits of *Paulownia tomentosa* [J]. Journal of Natural Products, 2017, 80: 2659-2665

[4] Hanáková Z, HoŠEk J, Babula P, et al. C-geranylated flavanones from *Paulownia tomentosa* fruits as potential anti-inflammatory compounds acting via inhibition of TNF-α production [J]. Journal of Natural Products, 2015, 78 (4): 850-863.

[5] Smejkal K, Holubova P, Zima A, et al. Antiradical activity of *Paulownia tomentosa* (Scrophulariaceae) extracts [J]. Molecules, 2007, 12 (6): 1210-1219.

[6] Karel Š, Lenka G, Radek M, et al. C-geranyl compounds from *Paulownia tomentosa* fruits [J]. Journal of Natural Products, 2007, 70 (8): 1244-1248.

[7] Zima A, HoŠEk J, Treml J, et al. Antiradical and cytoprotective activities of several C-geranyl-substituted flavanones from *Paulownia tomentosa* fruit [J]. Molecules, 2010, 15 (9): 6035-6049.

[8] Smejkal K, Babula P, Tereza S, et al. Cytotoxic activity of C-geranyl compounds from *Paulownia tomentosa* fruits [J]. Planta Medica, 2008, 74 (12): 1488-1491.

2. 毛蕊花属 *Verbascum* Linn.

草本。主根粗壮。植株密被柔毛。叶通常为单叶，互生，基生叶常呈莲座状；叶片全缘或有钝齿或羽状分裂。花排成顶生的穗状、总状或圆锥状花序；花萼5裂；花冠通常黄色，少紫色，具短花冠筒，5裂，裂片几等长，呈辐射状；雄蕊5或4枚，花丝通常具毛，花药汇合成1室；花柱顶端扁平，子房2室，具中轴胎座。果为蒴果，圆球形至卵球形，室间开裂；种子多数，细小，锥状圆柱形，具6～8条纵棱和沟，在棱面上有细横槽。

约300种，分布于欧洲、亚洲的温带地区。中国6种，分布于华南、西南及新疆，法定药用植物1种。华东地区法定药用植物1种。

856. 毛蕊花（图 856） • *Verbascum thapsus* Linn.

图 856　毛蕊花　　摄影　徐克学等

【形态】二年生草本，高达 1.5m。全株被密而厚的浅灰黄色星状毛。基生叶和下部的茎生叶倒披针状长圆形，基部渐狭成短柄状，长达 15cm，宽达 6cm，边缘具浅圆齿；上部茎生叶逐渐缩小而渐变为矩圆形至卵状长圆形，基部下延成狭翅。穗状花序圆柱状，顶生，长达 30cm，直径达 2cm，结果时可伸长和变粗，花密集，花梗极短；花萼 5 裂达基部，裂片披针形；花冠黄色，直径 1～2cm；雄蕊 5 枚，后 3 枚的花丝有毛，前 2 枚的花丝无毛，花药基部多少下延而成个字形。蒴果卵形，约与宿存的花萼等长。种子多数，细小，粗糙。花期 6～8 月，果期 7～10 月。

【生境与分布】生于海拔 300～3200m 的山坡草地、河边草地。分布于江苏、浙江，另新疆、西藏、云南、四川等地均有分布。

【药名与部位】一柱香，全草。

【采集加工】夏、秋季采收，除去杂质，干燥。

【药材性状】根呈长圆锥形，有分枝，长 6～25cm，直径 0.5～2cm，外表面黄褐色，纵皱明显，质坚硬，不易折断，断面不平整，皮部窄，黑褐色，易与木质部分离，木质部灰白色；茎圆柱形，具纵棱，长 20～40cm，直径 0.5～3cm，全体密被绒毛，断面髓部较大，白色。叶互生，叶片展平后呈长卵圆形至卵状披针形，长 5～12cm，宽 1～5cm，全缘，上下表面均密被绒毛。穗状花序。气微，味微苦、涩。

【化学成分】全草含环烯醚萜类：囊状毛蕊花苷（saccatoside）、毛蕊花苷 A（verbascoside A）、伞序臭黄荆苷 B（premnacorymboside B）、被粉毛蕊花苷 I（pulverulentoside I）、6-O-［α-L-（3″-反式-咖啡酰基）-吡喃鼠李糖基］-梓醇 {6-O-［α-L-（3″-trans-caffeoyl）-rhamnopyranosyl］-catalpol}、6-O-香草酰筋骨草醇（6-O-vanilloylajugol）、6-O-对羟基苯甲酰筋骨草醇（6-O-p-hydroxybenzoylajugol）、6-O-［α-L-（2″-反式-咖啡酰基）-吡喃鼠李糖基］-梓醇 {6-O-［α-L-（2″-trans-caffeoyl）-rhamnopyranosyl］-catalpol}、6-O-［α-L-（3″-O-异阿魏酰基）-吡喃鼠李糖基］-梓醇 {6-O-［α-L-（3″-O-isoferuloyl）-rhamnopyranosyl］-catalpol}、6-O-［α-L-（2″-O-反式-对甲氧基桂皮酰基）-吡喃鼠李糖基］-梓醇 {6-O-［α-L-（2″-O-trans-p-methoxycinnamoyl）-rhamnopyranosyl］-catalpol}、6-O-［α-L-（4″-O-反式-对香豆酰基）-吡喃鼠李糖基］-梓醇 {6-O-［α-L-（4″-O-trans-p-coumaroyl）-rhamnopyranosyl］-catalpol}、6-O-［α-L-（2″-反式-阿魏酰基）-吡喃鼠李糖基］-梓醇 {6-O-［α-L-（2″-trans-feruloyl）-rhamnopyranosyl］-catalpol}、6-O-［α-L-（2″-O-反式-对甲氧基桂皮酰基-4″-乙酰氧基）-吡喃鼠李糖基］-梓醇 {6-O-［α-L-（2″-O-trans-p-methoxycinnamoyl-4″-acetoxy）-rhamnopyranosyl］-catalpol}、6-O-［α-L-（4″-反式-阿魏酰基）-吡喃鼠李糖基］-梓醇 {6-O-［α-L-（4″-trans-feruloyl）-rhamnopyranosyl］-catalpol}、6-O-［α-L-（3-O-反式-对甲氧基桂皮酰基）-吡喃鼠李糖基］-梓醇 {6-O-［α-L-（3-O-trans-p-methoxycinnamoyl）-rhamnopyranosyl］-catalpol}、6-O-［α-L-（4″-咖啡酰基）-吡喃鼠李糖基］-梓醇 {6-O-［α-L-（4″-caffeoyl）-rhamnopyranosyl］-catalpol}、6-O-［α-L-（4″-异阿魏酰基）-吡喃鼠李糖基］-梓醇 {6-O-［α-L-（4″-isoferuloyl）-rhamnopyranosyl］-catalpol}、6-O-［α-L-（2″-3‴,4‴-二甲氧基桂皮酰基）-吡喃鼠李糖基］-梓醇 {6-O-［α-L-（2″-3‴,4‴-dimethoxycinnamoyl）-rhamnopyranosyl］-catalpol}、6-O-丁香酰筋骨草醇（6-O-syringoylajugol）、6-O-［α-L-（3″-3‴,4‴-二甲氧基桂皮酰基）-吡喃鼠李糖基］-梓醇 {6-O-［α-L-（3″-3‴,4‴-dimethoxycinnamoyl）-rhamnopyranosyl］-catalpol}[1]，侧花玄参苷（laterioside）、钩果草酯苷（harpagoside）[1,2]，胡黄连苷 IV（picroside IV）、（+）-京尼平［（+）-genipin］、筋骨草醇（ajugol）、α-栀子酯二醇（α-gardiol）、β-栀子酯二醇（β-gardiol）[2]，6-O-β-木糖基桃叶珊瑚苷（6-O-β-xyloxylaucubin）和桃叶珊瑚苷（aucubin）[3]；倍半萜类：醉鱼草萜 A、B（buddlindeterpene A、B）[2,4] 和［1S-（4aβ）］-十氢-6β-羟基-2α,5,5,8aα-四甲基-1α-萘羧酸甲酯 {［1S-（4aβ）］-decahydro-6β-hydroxy-2α,5,5,8aα-tetramethyl-1α-naphthalenecarboxylic acid methyl ester}[3]；二萜类：醉鱼草萜 C（buddlindeterpene C）[2]；苯乙醇苷类：毛蕊花苷（verbascoside）[2]；黄酮类：穗花杉黄酮（amentoflavone）[2] 和木犀草素-5-O-α-L-吡喃鼠李糖基-（1→3）-［β-D-吡喃葡萄糖基-（1→6）］-β-D-吡喃葡萄糖苷 {luteolin-5-O-α-L-rhamnopyranosyl-（1→3）-［β-D-glucuronopyranosyl-（1→6）］-β-D-glucopyranoside}[4]；甾体类：24α-甲基-5α-胆甾-3-酮（24α-methyl-5α-cholestan-3-one）、（24R）-5α-麦角甾-3-酮［（24R）-5α-ergostan-3-one］、24-乙基-5α-胆甾-3-酮（24-ethyl-5α-cholestan-3-one）、24-乙基粪甾酮（24-ethylcoprostanone）、（5β,22E,24ξ）-豆甾-22-烯-3-酮［（5β,22E,24ξ）-stigmast-22-en-3-one］、（5α,22E,24ξ）-豆甾-22-烯-3-酮［（5α,22E,24ξ）-stigmast-22-en-3-one］和 24-乙基胆甾-7-烯-3-酮（24-ethylcholest-7-en-3-one）[3]。

根含环烯醚萜类：筋骨草醇（ajugol）、桃叶珊瑚苷（aucubin）、钩果草酯苷（harpagoside）和侧花玄参苷（laterioside）[5]；糖类：水苏糖（stachyose）、毛蕊花糖（verbascose）、庚糖（heptaose）、辛糖（octaose）、壬糖（nonaose）[6]、甘露三糖（manninotriose）、O-α-D-吡喃半乳糖基-（1→6）-O-α-D-吡喃半乳糖基-（1→6）-O-α-D-吡喃半乳糖基-（1→6）-O-α-D-吡喃半乳糖基-（1→6）-O-α-D-吡喃半乳糖基-（1→6）-O-α-D-吡喃葡萄糖基-（1→2）-O-β-D-呋喃果糖［O-α-D-galactopyranosyl-（1→6）-O-α-D-galactopyranosyl-（1→6）-O-α-D-galactopyranosyl-（1→6）-O-α-D-galactopyranosyl-（1→6）-O-α-D-galactopyranosyl-（1→6）-O-α-D-glucopyranosyl-（1→2）-O-β-D-fructofuranoside］、O-α-D-吡喃半乳

糖基-（1→6）-O-α-D-吡喃半乳糖基-（1→6）-O-α-D-吡喃半乳糖基-（1→6）-O-α-D-吡喃半乳糖基-（1→6）-O-α-D-吡喃半乳糖基-（1→6）-O-α-D-吡喃半乳糖基-（1→6）-O-α-D-吡喃半乳糖基-（1→6）-O-α-D-吡喃葡萄糖基-（1→2）-O-β-D-呋喃果糖［O-α-D-galactopyranosyl-（1→6）-O-α-D-galactopyranosyl-（1→6）-O-α-D-galactopyranosyl-（1→6）-O-α-D-galactopyranosyl-（1→6）-O-α-D-galactopyranosyl-（1→6）-O-α-D-galactopyranosyl-（1→6）-O-α-D-glucopyranosyl-（1→2）-O-β-D-fructofuranoside］、O-α-D-吡喃半乳糖基-（1→6）-O-α-D-吡喃半乳糖基-（1→6）-O-α-D-吡喃半乳糖基-（1→6）-O-α-D-吡喃半乳糖基-（1→6）-O-α-D-吡喃半乳糖基-（1→6）-O-α-D-吡喃半乳糖基-（1→6）-O-α-D-吡喃半乳糖基-（1→6）-O-α-D-吡喃葡萄糖基-（1→2）-O-β-D-呋喃果糖［O-α-D-galactopyranosyl-（1→6）-O-α-D-galactopyranosyl-（1→6）-O-α-D-galactopyranosyl-（1→6）-O-α-D-galactopyranosyl-（1→6）-O-α-D-galactopyranosyl-（1→6）-O-α-D-galactopyranosyl-（1→6）-O-α-D-glucopyranosyl-（1→2）-O-β-D-fructofuranoside］[7]和果胶（pectin）[8]。

叶含黄酮类：鱼藤酮（rotenone）[9]；糖类：棉子糖（raffinose）和蔗糖（sucrose）[10]。

茎叶含黄酮类：槲皮素（quercetin）、菜蓟苷（cynaroside）、木犀草素（luteolin）、芦丁（rutin）、山柰酚（kaempferol）和刺槐素-7-O-β-D-吡喃葡萄糖苷（acacetin-7-O-β-D-glucopyranoside）[11]。

花含三萜类：齐墩果酸（oleanolic acid）[12]；甾体类：麦角甾醇过氧化物（ergosterol peroxide）和β-谷甾醇（β-sitosterol）[12]；脂肪酸类：二十二酸（docosanoic acid）[12]；挥发油：柠檬烯（limonene）、D-茴香酮（D-fenchone）、1,8-桉树脑（1,8-cineole）、β-石竹烯（β-caryophyllene）、α-葎草烯（α-humulene）、α-蒎烯（α-pinene）和辣薄荷烯酮氧化物（piperitenone oxide）等[13]。

种子含三萜类：毛蕊花皂苷元A、B（celsiogenin A、B）和柴胡皂苷元A（saikogenin A）[14]；甾体类：α-菠菜甾醇（α-spinasterol）、（E）-5α-豆甾-7,22-二烯-3β-醇［（E）-5α-stigmasta-7,22-dien-3β-ol］、5α-豆甾-7,22-二烯-3β-醇（5α-stigmasta-7,22-dien-3β-ol）[14]、麦角甾-7-烯-3β-醇（ergosta-7-en-3β-ol）和β-谷甾醇（β-sitosterol）[15]；酚酸类：藜芦酸（veratric acid）[14]；脂肪酸类：花生酸（arachidic acid）、辣木子油酸（behenic acid）、棕榈酸（palmitic acid）、硬脂酸（stearic acid）、亚麻酸（linolenic acid）、亚油酸（linoleic acid）和油酸（oleic acid）[15]；糖类：蔗糖（sucrose）[15]；其他尚含：5-（乙氧基甲基）糠醛［5-(ethoxymethyl) furfural］和苯甲醇（phenyl alcohol）[14]。

地上部分含环烯醚萜类：8-桂皮酰苦槛蓝苷（8-cinnamoylmyoporoside）、筋骨草醇（ajugol）和玄参苷（harpagoside）[16]；单萜类：浙玄参苷元（ningpogenin）、毛蕊花辛A（verbathasin A）、胶地黄内酯（jioglutolide）、10-去氧杜仲醇（10-deoxyeucommiol）和6β-羟基-2-氧杂双环［4.3.0］$\Delta^{8,9}$-壬烯-1-酮{6β-hydroxy-2-oxabicyclo［4.3.0］$\Delta^{8,9}$-nonen-1-one}[16]；三萜类：3-O-吡喃海藻糖基柴胡皂苷元F（3-O-fucopyranosylsaikogenin F）[16]；黄酮类：大波斯菊苷（cosmosiin）、芹菜素（apigetrin）和木犀草素（luteolin）[16]；挥发油类：6,10,14-三甲基-2-十五酮（6,10,14-trimethyl-2-pentadecanone）、（E）-植醇［（E）-phytol］、香桧烯（sabinene）、对伞花烃（p-cymene）和正壬醛（n-nonanal）等[17]。

【药理作用】1. 抗病毒 地上部分的甲醇提取物在体外具有较强的抗流感病毒A作用[1]；全草甲醇提取物在体外具有抗伪狂犬病病毒RC/79（PrV）的作用[2]。2. 抗肿瘤 地上部分分离得到的成分毛蕊花辛A（verbathasin A）、浙玄参苷元（ningpogenin）、胶地黄内酯（jioglutolide）、6β-羟基-2-氧杂双环［4.3.0］$\Delta^{8,9}$-壬烯基-1-酮{6β-hydroxy-2-oxabicyclo［4.3.0］$\Delta^{8,9}$-nonen-1-one}、8-桂皮酰苦槛蓝苷（8-cinnamoylmyoporoside）、玄参苷（harpagoside）、木犀草素（luteolin）、芹菜素（apigetrin）和3-O-吡喃岩藻糖基柴胡苷元F（3-O-fucopyranosylsaikogenin F）具有抗血管生成和抗恶性肿瘤细胞增殖的作用，其中木犀草素和3-O-吡喃岩藻糖基柴胡苷元F对肺癌A549细胞具有明显的诱导凋亡作用[3]。3. 抗炎 叶的水、甲醇和乙醇提取物对肺炎克雷伯菌、金黄色葡萄球菌、表皮葡萄球菌和大肠杆菌的生长均具有抑制作用，其中水提取物作用最为明显[4]；从地上部分提取的挥发油对枯草芽孢杆菌、金黄色葡萄球菌、伤寒沙门氏菌、铜绿假单胞菌和黑曲霉菌的生长抑制作用表现出浓度依赖性，但对大肠杆菌和白色念珠菌的生长无抑制作用[5]。

【性味与归经】苦，寒。有小毒。归肺、心、大肠经。

【功能与主治】清热解毒，活血止血。用于肺热咳嗽，湿热痹痛，肠痈，疮毒，湿疹，跌打损伤，创伤出血。

【用法与用量】煎服 10～20g；外用适量。

【药用标准】云南彝药Ⅲ 2005 六册。

【临床参考】1. 肺炎：全草 9g，水煎服。

2. 外伤出血：全草研成细粉，撒敷伤处。（1方、2方引自《浙江药用植物志》）

【化学参考文献】

[1] Warashina T, Miyase T, Ueno A, et al. Iridoid glycosides from *Verbascum thapsus* L. [J]. Chem Pharm Bull, 1991, 39 (12): 3261-3264.

[2] Hussain H, Aziz S, Miana G A, et al. Minor chemical constituents of *Verbascum thapsus* [J]. Biochem Syst Ecol, 2009, 37: 124-126.

[3] Khuroo M A, Qureshi M A, Razdan T K, et al. Sterones, iridoids and a sesquiterpene from *Verbascum thapsus* [J]. Phytochemistry, 1988, 27 (11): 3541-3544.

[4] Mehrotra R, Ahmed B, Vishwakarma R A, et al. Verbacoside: a new luteolin glycoside from *Verbascum thapsus* [J]. J Nat Prod, 1989, 52 (3): 640-643.

[5] Pardo F, Perich F, Torres R, et al. Phytotoxic iridoid glucosides from the roots of *Verbascum thapsus* [J]. J Chem Ecol, 1998, 24 (4): 645-653.

[6] Murakami S. Constitution of verbascose, a new pentasaccharide [J]. Proceedings of the Imperial Academy (Tokyo), 1940, 16: 12-14.

[7] Hattori S, Hatanaka S. Oligosaccharides in *Verbascum thapsus* L. [J]. Shokubutsugaku Zasshi, 1958, 71: 417-423.

[8] Verdon E. The pectins of the roots of *Verbascum thapsus* L. and of the leaves of *Kalmia latifolia* L. [J]. Journal de Pharmacie et de Chimie, 1912, 5: 347-353.

[9] Obdulio F, Lobete M P. Distribution of rotenone in *Verbascum thapsus* [J]. Farmacia Nueva, 1943, 8: 204-206.

[10] Webb K L, Burley J W A. Stachyose translocation in plants [J]. Plant Physiology, 1964, 39 (6): 973-977.

[11] Danchul T Y, Khanin V A, Shagova L I, et al. Flavonoids of some species of the genus *Verbascum* (Scrophulariaceae) [J]. Rastitel'nye Resursy, 2007, 43 (3): 92-102.

[12] 张长城，王静萍，祝风池. 毛蕊花化学成分的研究 [J]. 中草药，1996，27（5）：261-262.

[13] 董爱君，刘华臣，黄龙，等. 毛蕊花挥发油成分分析及其在卷烟中的应用 [J]. 香料香精化妆品，2012，（2）：10-13.

[14] De P T, Diaz F, Grande M. Components of *Verbascum thapsus* L. I. triterpenes [J]. Anales de Quimica (1968—1979), 1978, 74 (2): 311-314.

[15] De P T, Diaz F, Grande M. Components of *Verbascum thapsus* L. II. seed oil [J]. Anales de Quimica (1968—1979), 1978, 74 (12): 1566-1567.

[16] Zhao Y L, Wang S F, Li Y, et al. Isolation of chemical constituents from the aerial parts of *Verbascum thapsus* and their antiangiogenic and antiproliferative activities [J]. Arch Pharm Res, 2011, 34 (5): 703-707.

[17] Morteza-Semnani K, Saeedi M, Akbarzadeh M. Chemical composition and antimicrobial activity of the essential oil of *Verbascum thapsus* L. [J]. J Essent Oil Bear Pl, 2012, 15 (3): 373-379.

【药理参考文献】

[1] Rajbhandari1 M, Mentel R, Jha P K, et al. Antiviral activity of some plants used in Nepalese traditional medicine [J]. eCAM, 2009, 6 (4): 517-522.

[2] Franco M E, María C S, Silvia M Z, et al. Antiviral effect and mode of action of methanolic extract of *Verbascum thapsus* L. on pseudorabies virus (strain RC/79) [J]. Natural Product Research, 2012, 26 (17): 1621-1625.

[3] Zhao Y L, Wang S F, Li Y, et al. Isolation of chemical constituents from the aerial parts of *Verbascum thapsus* and their

antiangiogenic and antiproliferative activities [J]. Archives of Pharmacal Research, 2011, 34 (5): 703-707.

[4] Turker A U, Camper N D. Biological activity of common mullein, a medicinal plant [J]. Journal of Thnopharmacology, 2002, 82 (2): 117-125.

[5] Katayoun M S, Majid S, Mohammad A. Chemical composition and antimicrobial activity of the essential oil of *Verbascum thapsus* L. [J]. Journal of Essential Oil Bearing Plants, 2012, 15 (3): 373-379.

3. 野甘草属 *Scoparia* Linn.

多枝草本或小灌木。叶对生或轮生，全缘或有齿，常有腺点。花具细梗，单生或常成对生于叶腋；萼4～5裂，裂片覆瓦状，卵形或披针形；花冠几无管而近辐射状，喉部生有密毛，裂片4枚，覆瓦状；雄蕊4枚，几等长，药室分离；子房球形，内含多粒胚珠，花柱顶生稍膨大。蒴果球形或卵圆形，室间开裂，果爿薄，缘内卷。种子小，倒卵圆形，有棱角，种皮贴生，有蜂窝状孔纹。

约10种，分布于墨西哥和南美洲及全球热带。中国1种，分布于广东、广西、云南、福建，法定药用植物1种。华东地区法定药用植物1种。

857. 野甘草（图857）• *Scoparia dulcis* Linn.

【形态】直立草本，高可达1m。茎多分枝，枝有棱角及狭翅，无毛。叶对生或轮生，菱状卵形至菱状披针形，长达4cm，宽达2cm，先端钝，基部长渐狭，全缘而成短柄，前半部有齿，有时近全缘，两面无毛，具腺点。花小，单朵或多朵成对生于叶腋；花梗细，长5～10mm，无毛；无小苞片，花萼分生，萼齿4枚，卵状长圆形，长约2mm，先端稍钝；花冠白色，直径约4mm，有极短的管，喉部生有密毛，花瓣4枚，上方1枚稍稍较大；雄蕊4枚，近等长，花药箭形，花柱挺直，柱头截形或凹入。蒴果卵圆形至球形，直径2～3mm，室间、室背均开裂，中轴胎座宿存。花期3～5月，果期7～8月。

【生境与分布】生于荒地、路旁、山坡。分布于福建，另广东、广西、海南、云南、台湾均有分布。

【药名与部位】野甘草（冰糖草），全草。

【采集加工】全年均可采收，除去杂质，鲜用或晒干。

【药材性状】长20～80cm。干燥品呈黄绿色，主根圆柱形，平直或略弯曲，长10～15cm，直径5～8mm，表面淡黄色，有细纵皱纹，往往分生侧根，再生细根。茎多分枝，有数条明显纵棱。叶对生或轮生，叶片披针形至椭圆形或近于菱形，长0.5～3cm，基部渐狭成短柄，中部以下全缘，上部边缘具单或重齿，干后叶多已皱缩。花小，单生或成对生于叶腋。蒴果球形。干燥多开裂，易散出极小粉状种子。

【药材炮制】除去杂质，切段。

【化学成分】全草含三萜类：无羁萜（friedelin）、欧洲桤木醇（glutinol）、α-香树脂醇（α-amyrin）、白桦脂酸（betulinic acid）、伊夫巨盘木酮酸（ifflaionic acid）和野甘草种酸（dulcioic acid）[1]；二萜类：野甘草属酸A、B、C（scoparic acid A、B、C）、野甘草酸A、B（scopadulcic acid A、B）、野甘草林素（scopadulin）、野甘草属二醇（scopadiol）、野甘草西醇（scopadulciol）[2]、野甘草属酸D（scoparic acid D）[3]、野甘草诺醇（dulcinol）和野甘草醇（scoparinol）[4]；生物碱类：2-羟基-2H-1, 4-苯并噁唑嗪-3-酮（2-hydroxy-2H-1, 4-benzoxazin-3-one）[5]和6-甲氧基苯并噁唑啉酮（6-methoxybenzoxazolinene）[6]；黄酮类：5, 7-二羟基-3′, 4′, 6, 8-四甲氧基黄酮（5, 7-dihydroxy-3′, 4′, 6, 8-tetramethoxyflavone）[6]、木犀草素（luteolin）、高黄芩素（scutellarein）、柳穿鱼苷（linarin）、牡荆素（vitexin）、高黄芩苷（scutellarin）、异牡荆素（isovitexin）、芹菜苷元（apigenin）、3′, 4′, 5′, 5, 7, 8-六羟基黄酮-7-O-β-D-吡喃葡萄糖醛酸苷（3′, 4′, 5′, 5, 7, 8-hexahydroxyflavone-7-O-β-D-glucopyranosiduronic acid）、木犀草素-7-O-吡喃葡萄糖苷（luteolin-7-O-glucopyranoside）、6, 8-二-C-β-D-吡喃葡萄糖基芹菜苷元（6, 8-di-C-β-D-glucopyranosylapigenin）、4′, 5, 6-三羟基黄酮-7-O-β-D-吡喃葡萄糖醛酸甲酯（4′, 5, 6-trihydroxyflavone-7-O-β-D-glucopyranosiduronic acid

图 857　野甘草　　　摄影　徐克学

methyl ester）[7]和滨蓟黄苷（cirsimarin；cirsitakaoside）[8]；苯丙素类：对香豆酸（p-coumaric acid）[7]。

地上部分含二萜类：野甘草酸 A、B、C（scopadulcic acid A、B、C）、4-表野甘草酸 B（4-epi-scopadulcic acid B）、异野甘草诺醇（isodulcinol）[9]，野甘草属二醇（scopadiol）[10]，野甘草诺醇（dulcinol）[11]，野甘草二醇（scopadiol）[11,12]，野甘草拉醛（scopanolal）[10,12]，野甘草西醇（scopadulciol）[12]，7α-羟基野甘草二醇（7α-hydroxyscopadiol）、4-表-7α-O-乙酰野甘草酸 A（4-epi-7α-O-acetylscoparic acid A）、7α-O-乙酰基-8,17β-环氧野甘草酸 A（7α-O-acetyl-8,17β-epoxyscoparic acid A）、新野甘草诺醇（neo-dulcinol）、野甘草酸 A（scoparic acid A）、4-表-7α-羟基野甘草诺醛-13-酮（4-epi-7α-hydroxydulcinodal-13-one）、野甘草诺醛-13-酮（dulcinodal-13-one）、（7S）-4-表-7-羟基野甘草酸 A［（7S）-4-epi-7-hydroxyscoparic acid A］、4-表野甘草西酸 B（4-epi-scopadulcic acid B）[13]，野甘草西酸 C（scopadulcic acid C）、4-表-野甘草西酸（4-epi-scopadulcic acid）[14]，异野甘草诺醇（isodulcinol）[12,14]，野甘草西二醇（dulcidiol）[9,12,14]，野甘草诺二醇（dulcinodiol）、野甘草诺醛（dulcinodal）和野甘草二醇癸酸酯（scopadiol decanoate）[15]；三萜类：白桦脂酸（betulinic acid）[13,14]，羽扇豆醇（lupeol）[14]，蒲公英赛醇（taraxerol）、野甘草种酸（dulcioic acid）[16]，欧洲桤木醇（glutinol）[12,17]和无羁萜（friedelin）[18]；生物碱类：6-甲氧基苯并

噁唑啉酮（6-methoxybenzoxazolinone）[9]、6-甲氧基苯并噁唑啉酮（6-methoxybenzoxazolinene）[12,14]、肾上腺素（adrenalin）[14]、2-羟基-2H-1, 4-苯并噁唑嗪-3-酮（2-hydroxy-2H-1, 4-benzoxazin-3-one）[18]、（2R）-7-甲氧基-2H-1, 4-苯并噁唑嗪-3（4H）-酮-2-O-β-吡喃半乳糖苷［（2R）-7-methoxy-2H-1, 4-benzoxazin-3（4H）-one-2-O-β-galactopyranoside］、（2R）-7-甲氧基-2H-1, 4-苯并噁唑嗪-3（4H）-酮-2-O-吡喃葡萄糖苷［（2R）-7-methoxy-2H-1, 4-benzoxazin-3（4H）-one-2-O-glucopyranoside］、3, 6-二甲氧基苯并噁唑啉-2（3H）-酮［3, 6-dimethoxybenzoxazolin-2（3H）-one］、6-甲氧基-苯并噁唑啉-2（3H）-酮［6-methoxy-benzoxazolin-2（3H）-one］、1-羟基-6-甲氧基-2-苯并噁唑啉酮［1-hydroxy-6-methoxy-2-benzoxazolinone］和3-羟基-6-甲氧基2-苯并噁唑啉酮（3-hydroxy-6-methoxy-2-benzoxazolinone）[19]；黄酮类：4′, 5-二羟基-3, 7-二甲氧基黄酮（4′, 5-dihydroxy-3, 7-dimethoxyflavone）、金合欢素（acacetin）、3′-羟基-4′, 5, 7-三甲氧基黄酮（3′-hydroxy-4′, 5, 7-trimethoxyflavone）[9]、高车前苷（homoplantaginin）、芹菜苷元-8-C-α-L-吡喃阿拉伯糖苷（apigenin-8-C-α-L-arabinopyranoside）、五桠果素-3-O-（6″-O-对香豆酰基）-β-D-吡喃葡萄糖苷［dillenetin-3-O-（6″-O-p-coumaroyl）-β-D-glucopyranoside］、果胶柳穿鱼苷（pectolinarin）、针叶依瓦菊素（acerosin）[13]、芹菜素（apigenin）、粗毛豚草素（hispidulin）、木犀草素（luteolin）、野黄芩素（scutellarein）、滨蓟黄苷（cirsimarin）、木犀草苷（cynaroside）、蒙花苷（linarin）、灯盏花乙素（scutellarin）、牡荆素（vitexin）、新西兰牡荆苷（vicenin）[16]、灯盏花乙素钠（sodium scutellarin）、野黄芩素-7-O-β-葡萄糖醛酰胺（scutellarein-7-O-β-glucuronamide）[19]、5, 6, 4′-三羟基黄酮-7-O-α-L-2, 3-二-O-乙酰吡喃鼠李糖基-（1→6）-β-D-吡喃葡萄糖苷［5, 6, 4′-trihydroxyflavone-7-O-α-L-2, 3-di-O-acetylrhamnopyranosyl-（1→6）-β-D-glucopyranoside］、芹菜素-7-O-α-L-3-O-乙酰吡喃鼠李糖基-（1→6）-β-D-吡喃葡萄糖苷［apigenin-7-O-α-L-3-O-acetylrhamnopyranosyl-（1→6）-β-D-glucopyranoside］和芹菜素-7-O-α-L-2, 3-二-O-乙酰吡喃鼠李糖基-（1→6）-β-D-吡喃葡萄糖苷［apigenin-7-O-α-L-2, 3-di-O-acetylrhamnopyranosyl-（1→6）-β-D-glucopyranoside］[20]；苯丙素类：对香豆酸（p-coumaric acid）[19]和丁香酚-β-D-吡喃葡萄糖苷（eugenyl-β-D-glucopyranoside）[20]；木脂素类：珠子草次素（nirtetralin）和珠子草素（niranthin）[9]；苯乙醇苷类：毛蕊花苷（acteoside）[19]；甾体类：胡萝卜苷（daucosterol）、谷甾醇（sitosterol）和豆甾醇（stigmasterol）[16]；糖类：果糖（fructose）和葡萄糖（glucose）[19]。

枝叶含黄酮类：刺槐素（acacetin）[21]；二萜类：野甘草西醇（scopadulciol）[21]；三萜类：欧洲桤木醇（glutinol）[21]；生物碱类：6-甲氧基苯并噁唑啉酮（6-methoxybenzoxazolinone）[21]。

根含生物碱类：6-甲氧基苯并噁唑啉酮（6-methoxybenzoxazolinone）、N-乙酰基-6-甲氧基苯并噁唑啉酮（N-acetyl-6-methoxybenzoxazolinone）、N-甲基-6-甲氧基苯并噁唑啉酮（N-methyl-6-methoxybenzoxazolinone）[22]和薏仁素（coixol）[23]；三萜类：依弗酸（ifflaionic acid）[22]和白桦脂酸（betulinic acid）[23]；甾体类：β-谷甾醇（β-sitosterol）[24]；烷醇类：D-甘露醇（D-mannitol）和二十六醇（hexacosanol）[24]。

【药理作用】1. 抗氧化 全草水提的多酚类物质对1,1-二苯基-2-三硝基苯肼（DPPH）自由基有较强的清除作用，对Fe^{3+}有较强的还原能力[1]；从全草提取的多糖可清除羟自由基（·OH），且清除能力强于抗坏血酸[2]；多糖成分可有效清除氧自由基[2]。2. 降血糖 全草的甲醇提取物对链脲佐菌素（STZ）诱导的糖尿病大鼠的血糖有显著抑制作用[1]；叶的甲醇提取的黄酮类化合物对正常、葡萄糖负荷和链脲佐菌素诱导的糖尿病大鼠的血糖均具有显著的抑制作用，其作用与格列本脲相当[3]；全草水提取物可通过影响胰岛素受体结合影响血浆胰岛素水平，可使链脲佐菌素诱导的糖尿病大鼠的红细胞膜上减少的胰岛素受体结合位点和降低的受体亲和力恢复正常水平，增加血浆胰岛素含量[4]；全草水提取物对糖尿病大鼠并发症发病中的氧化应激反应具有抑制作用，大鼠口服可降低链脲佐菌素诱导糖尿病大鼠的血糖和硫代巴比妥钠含量，并提高血浆胰岛素、胰超氧化物歧化酶（SOD）和过氧化氢酶（CAT）的含量，降低谷胱甘肽（GSH）含量，该提取物在体外可抑制链脲佐菌素诱导大鼠的胰岛瘤RINm5F细胞的脂质过氧化、细胞毒性及一氧化氮（NO）的生成[5]。3. 抗肿瘤　全草提取分离的二萜类化合物野甘草西酸 B（scopadulcic acid B）在低浓度（1μmol/L）时可通过抑制细胞中 DNA 合成而抑制细胞生长，且可抑制单纯性疱疹病毒和艾氏腹水瘤的活性[6]；将从全草提取的二萜类化合物野甘草醇（scopadulciol）应用于重组腺病毒腺病毒人端粒酶逆转录酶启动子 - 单纯疱疹病毒胸苷激酶基因（Ad-hTERT-HSV-tk）系统，通过细胞实验及裸鼠体内实验证实野甘草醇对人端粒酶逆转录酶启动子——单纯疱疹病毒胸苷激酶基因联合更昔洛韦（GCV）治疗人前列腺癌裸鼠移植瘤的生长有明显的抑制作用[7]。4. 抗溃疡　全草乙醇提取的野甘草酸 B 对乙酸烧灼法制成的胃溃疡模型大鼠 H^+、K^+- 腺苷三磷酸酶（H^+，K^+-ATPase）的活性和日本大耳白兔胃内 pH 值可剂量依赖性地抑制大鼠胃 H^+、K^+- 腺苷三磷酸酶的活性和大耳白兔的胃酸分泌，提示提取物对大鼠试验性胃溃疡有抑制作用[8, 9]；全草水提取物口服可抑制吲哚美辛引起的大鼠胃损伤[10]；全草提取分离的野甘草西醇、欧洲桤木醇（glutinol）、刺槐素（acacetin）等均具有抑制 H^+，K^+- 腺苷三磷酸酶的作用[11]；提取的野甘草酸 B（scoparic acid B）也具有抑制 K^+- 腺苷三磷酸酶和质子向胃肠道转运的作用[12]。5. 镇静催眠　全草乙醇提取物在空穴交叉和旷场试验中可抑制小鼠的运动活动，此外也减少了小鼠旋转杆性能和孔板试验中的头部倾角数，并可延长小鼠的睡眠时间，提示具有较强的镇静催眠作用[13]；全草水和乙醇提取物及乙醇提取的三萜欧洲桤木醇（glutinol）均具有抗炎镇痛作用，水和乙醇提取物可延长戊巴比妥诱导的小鼠睡眠时间，乙醇提取物比水提取物更明显，口服乙醇提取物和三萜欧洲桤木醇可减少由乙酸引起的小鼠扭体次数，并可减轻由角叉菜胶诱发的足肿胀和胸膜炎程度，乙醇提取物还可减轻由右旋糖酐或组胺引起的足肿胀[14]。6. 抗炎镇痛　全草的乙醇提取物可减轻角叉菜胶诱导的大鼠足水肿和胸膜炎，在 1g/kg 剂量时可减轻由葡聚糖或组胺诱导的大鼠足水肿[14]；全草 70% 乙醇提取物可降低 λ- 角叉菜胶诱导足水肿模型小鼠的环氧合酶 -2（COX-2）、一氧化氮（NO）、肿瘤坏死因子 -α（TNF-α）和白细胞介素 -1β（IL-1β）含量，升高小鼠肝脏中超氧化物歧化酶（SOD）含量，并通过增加肝脏中的超氧化物歧化酶、谷胱甘肽过氧化物酶（GSH-Px）和谷胱甘肽还原酶（GSH-Rd）的含量抑制丙二醛（MDA）含量[15]。7. 抗菌　全草甲醇和三氯甲烷提取物对沙门菌、金黄色葡萄球菌、大肠杆菌、枯草芽孢杆菌、铜绿假单胞菌和变形杆菌的生长均具有较好的抑制作用，并对大孢链格孢菌、白色念珠菌、黑曲霉菌和尖孢镰刀菌等真菌的繁殖也具有较强的抑制作用[16]。

【性味与归经】甘，平。

【功能与主治】清热解毒，利水消肿，散风止痒。用于感冒发热，肺热咳嗽，暑热泄泻，脚气浮肿，小儿麻疹，皮肤湿疹，热痱，喉炎，丹毒。

【用法与用量】内服：10～30g（鲜品 30～90g），煎汤。外用：捣敷。

【药用标准】福建药材 2006、广东药材 2011、云南傣药 2005 三册和广西壮药 2011 二卷。

【临床参考】1. 湿疹：鲜全草捣汁外擦。（《广西中药志》）

2. 喉炎：鲜全草 120g，捣汁调蜜服。

3. 丹毒：鲜全草 60g，食盐少许，同捣烂，水煎服。（2 方、3 方引自《福建中草药》）

4. 小儿肝炎烦热：鲜全草 15g，酌加冰糖，开水炖服。

5. 脚气浮肿：鲜全草 30g，加红糖 30g，水煎，饭前服，每日 2 次。（4 方、5 方引自《福建民间草药》）

【化学参考文献】

[1] Mahato S B, Das M C, Sahu N P. Triterpenoids of *Scoparia dulcis* [J]. Phytochemistry, 1981, 20 (1): 171-173.

[2] Hayashi T. Biologically active diterpenoids from *Scoparia dulcis* L. (Scrophulariaceae) [J]. Studies in Nat Prod Chem, 2000, 21: 689-727.

[3] Latha M, Pari L, Ramkumar K M, et al. Antidiabetic effects of scoparic acid D isolated from *Scoparia dulcis* in rats with streptozotocin-induced diabetes [J]. Nat Prod Res, 2009, 23 (16): 1528-1540.

[4] Ahmed M, Jakupovic J. Diterpenoids from *Scoparia dulcis* [J]. Phytochemistry, 1990, 29 (9): 3035-3037.

[5] Kamperdick C, Sung T V, Adam G. 2-Hydroxy-2H-1, 4-benzoxazin-3-one from *Scoparia dulcis* [J]. Pharmazie, 1997, 52 (12): 965-966.

[6] Hayashi T, Uchida K, Hayashi K, et al. A cytotoxic flavone from *Scoparia dulcis* L. [J]. Chem Pharm Bull, 1988, 36（12）: 4849-4851.

[7] Kawasaki M, Hayashi T, Arisawa M, et al. 8-Hydroxytricetin 7-glucuronide, a β-glucuronidase inhibitor from *Scoparia dulcis* [J]. Phytochemistry, 1988, 27（11）: 3709-3711.

[8] Pereira-Martins S R, Takahashi C S, Tavares D C, et al. In vitro and *in vivo* study of the clastogenicity of the flavone cirsitakaoside extracted from *Scoparia dulcis* L.（Scrophulariaceae）[J]. Teratog Carcinog Mutagen, 1998, 18（6）: 293-302.

[9] Giang P M, Son P T, Matsunami K, et al. Chemical and biological evaluation on scopadulane-type diterpenoids from *Scoparia dulcis* of Vietnamese origin [J]. Cheminform, 2010, 54（4）: 546-549.

[10] Ahsan M, Islam S K, Gray A I, et al. Cytotoxic diterpenes from *Scoparia dulcis* [J]. J Nat Prod, 2003, 66（7）: 958-961.

[11] Hayashi T, Okamura K, Tamada Y, et al. A new chemotype of *Scoparia dulcis* [J]. Phytochemistry, 1993, 32（2）: 349-352.

[12] Ahmed M, Islam S N, Gray A I, et al. Cytotoxic diterpenes from *Scoparia dulcis* [J]. J Nat Prod, 2003, 66（7）: 958-961.

[13] Liu Q, Yang Q M, Hu H J, et al. Bioactive diterpenoids and flavonoids from the aerial parts of *Scoparia dulcis* [J]. J Nat Prod, 2014, 77（7）: 1594-1600.

[14] Phan M G, Phan T S, Matsunami K, et al. Chemical and biological evaluation on scopadulane-type diterpenoids from *Scoparia dulcis* of Vietnamese origin [J]. Chem Pharm Bull, 2006, 54（4）: 546-549.

[15] Ahsan M, Haque M R, Islam S K N, et al. New labdane diterpenes from the aerial parts of *Scoparia dulcis* L. [J]. Phytochem Lett, 2012, 5（3）: 609-612.

[16] Babincová M, Schronerová K, Sourivong P. Antiulcer activity of water extract of *Scoparia dulcis* [J]. Fitoterapia, 2008, 79（7）: 587-588.

[17] Ferous A J, Ferous A J, Mamun M A, et al. Glut-5（6）-en-3β-ol from the aerial parts of *Scoparia dulcis* [J]. Fitoterapia, 1993, 64（5）: 469.

[18] Kamperdick C, Lien T P, Sung T V, et al. 2-hydroxy-2H-1, 4-benzoxazin-3-one from *Scoparia dulcis* [J]. Pharmazie, 1997, 52（12）: 965-966.

[19] Wu W H, Chen T Y, Lu R W, et al. Benzoxazinoids from *Scoparia dulcis*,（sweet broomweed）with antiproliferative activity against the DU-145 human prostate cancer cell line [J]. Phytochemistry, 2012, 83（6）: 110-115.

[20] Li Y, Chen X, Satake M, et al. Acetylated flavonoid glycosides potentiating NGF action from *Scoparia dulcis* [J]. J Nat Prod, 2004, 67（4）: 725-727.

[21] Hayashi T, Asano S, Mizutani M, et al. Scopadulciol, an inhibitor of gastric hydrogen ion/potassium-ATPase from *Scoparia dulcis*, and its structure-activity relationships [J]. J Nat Prod, 1991, 54（3）: 802-809.

[22] Chen C M, Chen M T. 6-methoxybenzoxazolinone and triterpenoids from roots of *Scoparia dulcis* [J]. Phytochemistry, 1976, 15（12）: 1997-1999.

[23] 李奇勋, 李运昌, 聂瑞麟, 等. 野甘草的薏苡素和白桦脂酸 [J]. 植物分类与资源学报, 1981, 3（4）: 475-477.

[24] Satynarayana K. Chemical examination of *Scoparia dulcis* [J]. J Indian Chem Soc, 1969, 46（8）: 765-766.

【药理参考文献】

[1] Mishra M R, Mishra A, Pradhan D K, et al. Antidiabetic and antioxidant activity of *Scoparia dulcis* Linn. [J]. Indian Journal of Pharmaceutical Sciences, 2013, 75（5）: 610-614.

[2] 刘满红, 王如阳. 植物活性多糖清除羟自由基的抗氧化性能研究 [J]. 云南中医中药杂志, 2009, 30（6）: 57-58.

[3] Sharma V J, Shah U D. Antihyperglycemic activity of flavonoids from methanolic extract of aerial parts of *Scoparia dulcis* in streptozotocin induced diabetic rats [J]. International Journal of Chemtech Research, 2010, 2（1）: 974-4290.

[4] Pari L, Latha M, Rao C A. Effect of *Scoparia dulcis* extract on insulin receptors in streptozotocin induced diabetic rats: studies on insulin binding to erythrocytes [J]. J Basic Clin Physiol Pharmacol, 2004, 15（3-4）: 223-240.

[5] Latha M, Pari L, Sitasawad S, et al. *Scoparia dulcis*, a traditional antidiabetic plant, protects against streptozotocin induced oxidative stress and apoptosis *in vitro* and *in vivo*[J]. Journal of Biochemical & Molecular Toxicology, 2004, 18(5): 261-272.

[6] 郑意端. 野甘草中Scopadulcic Acid的细胞毒活性和抗肿瘤活性[J]. 国外医药·植物药分册, 1992, (6): 278-278.

[7] 杨彩云, 薛文勇, 齐进春, 等. 野甘草醇对胸腺激酶依赖的更昔洛韦在前列腺癌裸鼠体内的增效作用[J]. 河北医科大学学报, 2015(12): 1397-1399.

[8] 刘波. 野甘草乙醇提取物对大鼠胃溃疡的治疗作用及对胃H/K-ATP酶活性作用的研究[D]. 沈阳: 中国医科大学硕士学位论文, 2002.

[9] 刘波, 陆明, 刘凡. 野甘草乙醇提取物治疗大鼠胃溃疡作用的研究[J]. 现代中西医结合杂志, 2007, 16(19): 2654-2654.

[10] Babincová M, Schronerová K, Sourivong P. Antiulcer activity of water extract of *Scoparia dulcis*[J]. Fitoterapia, 2008, 79(7): 587-588.

[11] Hayashi T, Asano S, Mizutani M, et al. Scopadulciol, an inhibitor of gastric H^+, K^+-ATPase from *Scoparia dulcis*, and its structure-activity relation-ships[J]. Journal of Natural Products, 1991, 54(3): 802-809.

[12] Hayashi T, Okamura K, Kakemi M, et al. Scopadulcic acid B, a new tetracyclic diterpenoid from *Scoparia dulcis* L. its structure, H^+, K^+-adenosine triphosphatase inhibitory activity and pharmacokinetic behaviour in rats[J]. Chemical & Pharmaceutical Bulletin, 1990, 38(10): 2740-2745.

[13] Moniruzzaman M, Rahman M A, Ferdous A. Evaluation of sedative and hypnotic activity of ethanolic extract of *Scoparia dulcis* Linn.[J]. Evidence-Based Complementary and Alternative Medicine, 2015, DOI: org/10.1155/2015/873954.

[14] Freire S F, José A, Antonio J L, et al. Analgesic and antiinflammatory properties of *Scoparia dulcis* L. extracts and glutinol in rodents[J]. Phytotherapy Research, 2010, 7(6): 408-414.

[15] Tsai J C, Peng W H, Chiu T H, et al. Anti-inflammatory effects of *Scoparia dulcis* L. and betulinic acid[J]. The American Journal of Chinese Medicine, 2014, 39(5): 943-956.

[16] Pari L, Ramkumar K M, Damodaran P N, et al. Phytochemical and antimicrobial study of an antidiabetic plant: *Scoparia dulcis* L.[J]. Journal of Medicinal Food, 2006, 9(3): 391-394.

4. 婆婆纳属 *Veronica* Linn.

多年生草本, 具根茎或一至二年生草本无根茎, 有时基部木质化。叶多数为对生, 少轮生或互生。花排成顶生或腋生的总状花序或穗状花序, 或有时单生; 花萼深裂, 裂片4~5枚; 花冠具很短的筒部, 近辐射状, 4~5裂, 裂片常开展, 不等宽, 后方一枚最宽, 前方一枚最窄, 有时稍呈二唇形; 雄蕊2枚, 花丝下部贴生于花冠筒后方, 药室叉开或并行, 顶端汇合; 花柱宿存, 柱头头状。蒴果扁平或肿胀, 两面各有一条沟槽, 顶端微凹或明显凹缺, 室背开裂。种子每室1至多粒, 卵圆形、球形、扁平面两面稍膨, 或为舟状。

约250种, 广布于全球。中国61种, 分布于各地, 多数分布于西南地区, 法定药用植物5种1亚种1变型。华东地区法定药用植物2种1亚种。

分种检索表

1. 植株矮小, 高10~20cm; 叶小, 长1~2cm, 宽2~4mm ··················· 蚊母草 *V. peregrina*
1. 植株较高, 高15~90cm; 叶较大, 长2cm以上, 宽5~20mm。
    2. 叶长圆状披针形或披针形, 叶缘具疏浅的齿, 基部呈耳状抱茎 ··················· 水苦荬 *V. undulata*
    2. 叶宽条形至椭圆状条形, 叶缘具较密且明显的齿, 基部不抱茎 ··················· 水蔓菁 *V. linariifolia* subsp. *dilatata*

858. 蚊母草（图 858）· *Veronica peregrina* Linn.

图 858　蚊母草　　　　　　　　　　　　摄影　张芬耀

【别名】仙桃草（浙江）。

【形态】一至二年生草本，株高 10～20cm。通常自基部多分枝，呈丛生状，主茎直立，侧枝披散，全体无毛或疏生柔毛。叶无柄，茎下部叶倒披针形，上部叶长圆形，长 1～2cm，宽 2～4mm，全缘或中上部有三角状锯齿。花单生于上部叶腋，苞片与叶同形而略小；花梗极短；花萼 4 深裂，裂片长圆形至卵形；花冠白色或浅蓝色，长 2mm，裂片长圆形至卵形；雄蕊短于花冠。蒴果倒心形，明显侧扁，长 3～4mm，边缘生短腺毛。种子矩圆形。花期 4～6 月，果期 6～7 月。

【生境与分布】生于海拔 3000m 以下潮湿的荒地、路边。分布于华东各地，另东北、华中、西南各地均有分布；朝鲜、日本、俄罗斯也有分布。

【药名与部位】仙桃草，带虫瘿的全草。

【采集加工】夏初虫瘿膨大略带红色时采收，干燥。

【药材性状】长 10～20cm，呈黄褐色，根须状。茎多分枝，直径 0.5～2mm，表面有细纵纹，断面中空。叶对生，无柄，易脱落；叶片皱缩、卷曲，质脆，易碎，完整者展平后呈倒披针形或条状披针形，长 5～15mm，宽 2～4mm，全缘或有疏浅齿。花小，宿萼 4 深裂。蒴果扁圆倒心形，长约 2mm，直径约0.3cm，果皮膜质；种子多数，细小。果内常有小虫寄生，形成虫瘿，肿胀似桃，黑色。气微，味淡。

【药材炮制】除去杂质，喷潮，切段，干燥。

【化学成分】全草含黄酮类：金圣草酚-7-葡萄糖醛酸苷（chrysoeriol-7-glucuronide）[1]，木犀草素（luteolin）、金圣草素（chrysoeriol）[2]、香叶木素（diosmetin）和芹菜苷元（apigenin）[3]；酚酸类：对羟基苯甲酸甲酯（methyl p-hydroxybenzoate）[1]，原儿茶酸（protocatechuic acid）、香草酸（vanillic acid）[2]和对羟基苯甲酸（p-hydroxybenzoic acid）[3,4]；苯丙素类：咖啡酸甲酯（methyl caffeate）[3]；环烯醚萜类：梓苷（catalposide）、婆婆纳苷（veronicoside）、婆婆纳普苷（verproside）、婆婆纳柯苷（minecoside）、婆婆纳诺苷（verminoside）、毛子草苷（amphicoside）、黄金树苷（specioside）和6-O-顺式-对香豆酰梓醇（6-O-cis-p-coumaroylcatalpol）[1]；多元醇类：甘露醇（mannitol）[2]。

【药理作用】1. 抗氧化　全草甲醇提取物中乙酸乙酯部位分离得到的部分化合物木犀草素（luteolin）、婆婆纳苷（veronicoside）、婆婆纳普苷（minecoside）、毛子草苷（amphicoside）、6-O-顺式-对香豆酰梓醇（6-O-cis-p-coumaroylcatalpol）、金圣草酚-7-O-葡萄糖醛酸苷（chrysoeriol-7-O-glucuronide）对诱导的过氧自由基具有一定的消除作用，结合抗氧化能力指数测定，表明具有一定的抗氧化作用[1]。2. 促凝血　带虫瘿的干燥全草含有的原儿茶酸（protocatechuic acid）、木犀草素等成分在体外具有明显的促凝血作用[2]。3. 促骨愈合　带虫瘿的干燥全草的水提取液对骨折兔模型血管内皮生长因子的表达有促进作用，达到促进骨折愈合的效果[3]。

【性味与归经】微苦，温。归肺经。

【功能与主治】活血祛瘀，止血，止痛。用于跌扑损伤，咯血，胃痛，咽喉肿痛。

【用法与用量】9～15g。

【药用标准】药典1977、浙江炮规2015、上海药材1994、贵州药材2003、河南药材1993、湖北药材2009、湖南药材2009和福建药材2006。

【临床参考】1. 血小板减少性紫斑：全草30g，加旱莲草、地榆各30g，生地18g、地锦草15g、党参12g，当归6g，水煎服，每日1剂[1]。

2. 外伤：全草研末白酒送服，每次3g，每日3次，另用全草10g浸白酒30ml，炖热外揉患处[2]。

3. 肺结核伴咯血：全草100g，切碎，加水500ml浸泡10min，文火煮沸10min，温服，每日2～3次，直至咯血完全消失，同时常规西药抗结核治疗[3]。

4. 上消化道出血：全草制成冲剂口服，每次20g，每日4次[4]。

5. 血小板减少症：全草500g，加水2000ml，煎3h，过滤，加冰糖适量，浓缩成500ml，每次口服15ml，每日2次。

6. 胃痛：全草9g，加橘核6g，水煎服。

7. 跌打损伤：全草12～15g，水煎服；或加骨碎补9g，水煎，冲黄酒服。

8. 咯血、吐血、便血：全草30g，水煎服；或研粉，每次6g，冷开水送服。（5方至8方引自《浙江药用植物志》）

【附注】本种以水蓑衣之名首载于《救荒本草》，云："生水泊边，叶似地梢瓜叶而窄，每叶间皆结小青蓇葖。"《植物名实图考》亦名水蓑衣，并云："按此草江西沙洲多有之，唯叶间青蓇葖略带淡红色。余取破之，其中皆有一小虫踡伏其中。"又云："又小说家谓有仙桃草，四五月麦田中蔓生，叶绿茎红，实大如椒，形如桃，中有一小虫，宜在小暑节十五日内取之，先期则无虫，后时则虫飞出。"《本草求原》载："英桃草，叶似螵蜞菊，蔓生稻田中，四月开花结子，大如豆，形似桃，内有小虫。"即为本种。

药材仙桃草孕妇忌服。

【化学参考文献】

[1] Kwak J H, Kim H J, Lee K H, et al. Antioxidative iridoid glycosides and phenolic compounds from *Veronica peregrine* [J]. Arch Pharm Res, 2009, 32 (2): 207-213.

[2] 金继曙，于在东，种明才．仙桃草化学成分的分离［J］．中草药，1982，13（4）：10-12．

[3] Ahn D, Lee S I, Yang J H, et al. Superoxide radical scavengers from the whole plant of *Veronica peregrine* [J]. Nat Prod Sci, 2011, 17（2）: 142-146.

[4] Kim D K, Jeon H, Cha D S. 4-Hydroxybenzoic acid-mediated lifespan extension in *Caenorhabditis elegans* [J]. Journal of Functional Foods, 2014, 7: 630-640.

【药理参考文献】

[1] Kwak J H, Kim H J, Lee K H, et al. Antioxidative iridoid glycosides and phenolic compounds from *Veronica peregrina* [J]. Archives of Pharmacal Research, 2009, 32（2）: 207-213.

[2] 都述虎，金继曙．仙桃草主要化学成分体外促凝血作用［J］．中草药，1996，27（7）：416-417．

[3] 方芳，王平珍，邱芸．仙桃草促进骨折愈合机制探讨［J］．中国民族民间医药，2014，（21）：15．

【临床参考文献】

[1] 李良．治疗血小板减少性紫斑二例介绍［J］．贵阳中医学院学报，1984，（2）：53．

[2] 杨启权．仙桃草散治外伤［J］．四川中医，1985，（7）：42．

[3] 朱恒兴．仙桃草治疗肺结核咯血90例［J］．江苏中医，2000，21（10）：19．

[4] 张少鹤，周宜轩．仙桃草冲剂治疗上消化道出血52例［J］．中西医结合杂志，1985，（1）：26．

859. 水苦荬（图859）• *Veronica undulata* Wall.

图859　水苦荬　　　　　　摄影　李华东等

【别名】芒种草（山东）。

【形态】一年生或二年生草本，稍肉质，无毛。茎、花序轴、花梗、花萼和蒴果上多少被腺毛。茎直立，高15～40cm，中空。叶对生，长圆状披针形或披针形，长3～8cm，宽0.5～1.5cm，先端急尖，基部圆形或心形呈耳状略抱茎，边缘有锯齿。花朵排成疏散的总状花序；苞片条形，近等长于花梗；花萼4深裂，裂片狭长圆形，先端钝；花冠白色、淡红色、淡蓝紫色，直径约5mm；花柱长1～1.5mm。蒴果圆形，直径约3mm。花果期4～6月。

【生境与分布】生于水边及沼泽地。分布于华东各地，另全国各地均有分布；朝鲜、日本、尼泊尔、印度、巴基斯坦也有分布。

【药名与部位】水苦荬（仙桃草），带虫瘿的地上部分。

【采集加工】5～6月采割带虫瘿的地上部分，除去杂质，晒干。

【药材性状】长20～50（～80）cm，根茎斜走。茎上部圆柱形，常皱缩而呈纵棱状，基部类四方形，具纵沟，表面浅黄绿色至浅棕黄色；质柔韧，不易折断，切面黄白色，中空。叶对生，皱缩，易破碎，完整叶展平后呈狭卵状矩圆形至条状披针形，长2～8cm，宽0.5～2cm，顶端渐尖或钝尖，基部无柄而稍抱茎，脱落后留有环状残痕，两面均无毛。总状花序腋生，果梗与花序轴排列几乎呈直角。蒴果近圆形，直径2～3mm；顶端微凹，种子多数，细小。茎、花序轴、花梗、花萼和果实多少有大头针状腺毛。果实为扁心形，多被小虫寄生而成虫瘿，形如小桃。气微，味淡。

【化学成分】全草含苯乙醇苷类：角胡麻苷（martynoside）和异雪赫柏苷B（isochionoside B）[1]；环烯醚萜类：婆婆纳苷（veronicoside）、婆婆纳普苷（verproside）、婆婆纳诺苷（verminoside）和婆婆纳柯苷（minecoside）[1]。

【性味与归经】苦、寒。

【功能与主治】止血，止痛，活血，消肿。用于咯血，胃痛，风湿痛，跌打损伤，痛经，痈肿。

【用法与用量】9～30g。

【药用标准】上海药材1994和贵州药材1965。

【临床参考】1. 咯血：全草30g，加仙鹤草、藕节各30g，水煎服。

2. 跌打损伤：全草15g，加金雀根、接骨木、落得打各15g，水煎服。

3. 咽喉肿痛：鲜全草30g或根21g，水煎服。

4. 疖肿、无名肿毒：鲜全草、鲜蒲公英各适量，捣烂敷患处。

5. 月经不调、痛经：全草15g，加益母草12g，当归9g，水煎服。（1方至5方引自《浙江药用植物志》）

【附注】水苦荬之名始见于《本草图经》。《本草纲目拾遗》以接骨仙桃之名收载，云："生田野间，似鳢肠草。结子如桃，熟则微红，小如绿豆大，内有虫者佳。"又引《百草镜》云："仙桃草近水处田塍多有之，谷雨后生苗，叶光长类旱莲，高尺许，茎空，摘断不黑亦不香。立夏后开细白花，亦类旱莲，而成穗结实如豆，大如桃子，中空，内有小虫在内，生翅，穴孔而出。采时须俟实将红，虫未出生翅时收用，药力方全。"从上述记载来看，特征与本种基本一致。此外，《救荒本草》所载水莴苣也为本种。

《贵州省中药材标准规格》上集（1965）收载水苦荬带虫瘿的地上部分作为药材仙桃草，但其学名为 *Veronica anagallis* Linn.，该学名《中国植物志》和 *Flora of China* 均未见收载，本种学名应为 *Veronica undulata* Wall.。

同属植物北水苦荬 *Veronica anagallis-aquatica* Linn. 的地上部分在内蒙古也作水苦荬药用。

【化学参考文献】

[1] Aoshima H, Miyase T, Ueno A. Phenylethanoid glycoside from *Veronica undulata* [J]. Phytochemistry, 1994, 36（6）: 1157-1158.

860. 水蔓菁（图860）· *Veronica linariifolia* Pall. ex Link subsp. *dilatata* (Nakai et Kitag.) D. Y. Hong [*Pseudolysimachion linariifolium* (Pall. ex Link) T. Yamaz. subsp. *dilatatum* (Nakai et Kitag.) D. Y. Hong]

图 860　水蔓菁　　　摄影　张芬耀等

【别名】水蔓青（安徽、浙江），细叶婆婆纳、一枝香（江苏），水蔓箐。

【形态】多年生草本，被有细短柔毛。茎直立，高30～90cm，单生，常不分枝，通常有白色而多卷曲的柔毛。叶对生，稀上部互生，宽条形至条状椭圆形，长2.5～6cm，宽0.5～2cm，边缘有锯齿，先端短尖，基部窄狭成柄。总状花序单支或数支复出，长穗状，顶生；花梗长2～4mm；苞片狭披针形至条形；花萼4裂，裂片卵圆形或楔形，稍有毛；花冠蓝色、紫色，少白色，4裂，后方裂片卵圆形，其余3枚卵形，长5～6mm；花丝无毛，伸出花冠。蒴果扁圆，长2～3.5mm，顶端微凹。花期4～6月，果期8～10月。

【生境与分布】生于草地、草甸、灌丛及疏林下。分布于福建、浙江、江西、安徽，另甘肃、云南、陕西、山西、河北均有分布。

一〇八 玄参科 Scrophulariaceae

【药名与部位】水蔓菁（勒马回），全草。

【采集加工】夏、秋二季采挖，除去杂质，干燥。

【药材性状】长20～100cm。根呈须状，浅灰褐色。地上部分被细绒毛。茎圆柱形，质脆，易折断，断面中空。叶对生或互生，无柄或有柄，叶片多卷缩、破碎，完整者展平后呈狭卵形或宽披针形，长2.5～6cm，宽0.6～2cm，黄绿色或暗绿色，基部渐狭，边缘有锯齿。穗状花序顶生，蒴果扁圆形，种子细小。气微，味苦。

【药材炮制】除去杂质，切段。

【化学成分】全草含黄酮类：木犀草素（luteolin）、芹菜素（apigenin）、芹菜素-7-O-β-D-葡萄糖醛酸苷甲酯（apigenin-7-O-β-D-glucuronide methyl ester）、芹菜素-7-O-β-D-葡萄糖醛酸苷乙酯（apigenin-7-O-β-D-glucuronide ethyl ester）、芹菜素-7-O-β-D-葡萄糖醛酸苷丁酯（apigenin-7-O-β-D-glucuronide butyl ester）、3′,4′,5,6,7-五羟基黄酮-7-O-β-D-葡萄糖基-(1″→2′)-β-D-葡萄糖苷［3′,4′,5,6,7-pentahydroxyflavone-7-O-β-D-glucopyraosyl-(1″→2′)-β-D-glucoside］、4′,5,7-三羟基-3′,6-二甲氧基黄酮-7-O-β-D-葡萄糖苷（4′,5,7-trihydroxy-3′,6-dimethoxyflavone-7-O-β-D-glucoside）[1]、木犀草素-7-O-β-D-吡喃葡萄糖基-(1→2)-β-D-吡喃葡萄糖苷［luteolin-7-O-β-D-glucopyranosyl-(1→2)-β-D-glucopyranoside］、芹菜素-7-O-α-吡喃鼠李糖苷（apigenin-7-O-α-rhamnopyranoside）和水蔓菁苷（linariifolioside）[2]；蒽醌类：大黄素（emodin）[1]；酚酸类：原儿茶酸（protocatechuic acid）、原儿茶酸乙酯（ethyl protocatechuate）、对羟基苯甲酸（p-hydroxybenzoic acid）、香草酸（vanillic acid）、儿茶酚（catechol）[1]和α-生育酚（α-tocopherol）[3]；苯丙素类：异阿魏酸（isoferulic acid）[1]；环烯醚萜类：胡黄连苷（picroside）、梓苷（catalposide）、婆婆纳普苷（verproside）和婆婆纳诺苷（verminoside）[4]；挥发油类：4-亚甲基-1-(1-甲基乙基)-环己烯［4-methylene-1-(1-methylethyl)-cyclohexene］、β-蒎烯（β-pinene）、1S-α-蒎烯（1S-α-pinene）、β-水芹烯（β-phellandrene）、β-月桂烯（β-myrene）和大根香叶烯D（germacrene D）等[5]；烷烃类：三十一烷（hentriacontane）[3]；甾体类：β-谷甾醇（β-sitosterol）[3]；脂肪酸类：亚油酸（linoleic acid）[3]。

【性味与归经】苦，微寒。

【功能与主治】清热解毒，利尿，止咳化痰。用于支气管炎，肺脓疡，急性肾炎，尿路感染，疖肿。外用治痔疮，皮肤湿疹，风疹瘙痒。

【用法与用量】煎服15～30g；外用适量，煎水洗患处。

【药用标准】药典1977、山东药材2002和山西药材1987。

【临床参考】1. 老年慢性支气管炎：勒马回胶囊（每粒含生药0.3g）口服，每次0.6g，每日3次，连服7天，同时口服头孢克肟胶囊，每次0.2g，每日2次[1]。

2. 泌尿系统感染：勒马回片口服，每次4～6片，每日3次[2]。

【附注】Flora of China已将本亚种的学名修订为 *Pseudolysimachion linariifolium*（Pall. ex Link）T. Yamaz. subsp. *dilatatum*（Nakai et Kitag.）D. Y. Hong。

【化学参考文献】

[1] 洪俊丽, 秦民坚, 吴刚, 等. 水蔓菁的酚性成分[J]. 中国天然药物, 2008, 6（2）: 126-129.

[2] 马翠英, 朱开贤, 杨丁铭, 等. 水蔓菁中黄酮类化合物的研究[J]. 药学学报, 1991, 26（3）: 203-208.

[3] 张利梅, 胡占兴, 徐必学, 等. 勒马回化学成分的研究[J]. 安徽医药, 2015, 19（6）: 1033-1034.

[4] 朱开贤, 杨丁铭, 河野功, 等. 水蔓菁的化学成分研究[J]. 中草药, 1989, 20（11）: 6, 47.

[5] 李峰. 水蔓菁挥发油成分的气相色谱/质谱分析[J]. 分析化学研究简报, 2002, 30（7）: 822-825.

【临床参考文献】

[1] 许勇明. 勒马回胶囊联合头孢克肟胶囊治疗老年慢性支气管炎的临床观察[J]. 深圳中西医结合杂志, 2015, 25（23）: 132-134.

[2] 曹醒婷. 勒马回片治疗泌尿系统感染疗效观察[J]. 中成药, 1997, 19（6）: 49.

5. 玄参属 Scrophularia Linn.

一年生或多年生草本。叶对生或茎上部的叶互生，叶片常具透明腺点。聚伞花序圆锥状顶生，少数单生于叶腋；花萼 5 裂；花冠筒球形或卵形，膨大，5 裂，上面 4 裂片直立，下面 1 裂片开展；能育雄蕊 4，二强，内藏或伸出于花冠之外，花丝基部贴生于花冠筒，花药汇合成 1 室，横生于花丝顶端；子房具 2 室，中轴胎座，胚珠多粒。蒴果圆卵形，有短尖或喙，室间开裂。种子多数，圆卵形，粗糙。

200 种以上，主要分布于欧亚大陆的温带，美洲也有少数种类。中国约 30 种，主要分布于西南各地，法定药用植物 2 种。华东地区法定药用植物 1 种。

861. 玄参（图 861） • Scrophularia ningpoensis Hemsl.

图 861 玄参　　　　　　　　　　　　　　摄影　张芬耀等

【别名】浙玄参（安徽、江苏），黑玄参、乌玄参（江苏南通），八秽麻（江西）。

【形态】多年生高大草本，高可达 1m 以上。支根数条，纺锤形或胡萝卜状膨大。茎直立，四棱形，有浅槽，无毛或多少有白色卷毛，常分枝。叶在茎下部多对生，上部叶有时互生；叶片多变化，多为卵形，有时上部叶为卵状披针形至披针形，长 7～20cm，宽 4.5～12cm，先端渐尖，基部楔形、圆形或近心形，边缘具细锯齿，稀为不规则的细重锯齿；下表面被稀疏细毛。花序为疏散的大圆锥花序，由顶生和腋生的聚伞圆锥花序组成，花梗长 3～30mm，有腺毛；花萼长 2～3mm，裂片圆形，边缘稍膜质；花冠暗紫色，长 8～9mm，花冠筒多少球形，上唇长于下唇；雄蕊稍短于下唇，花丝肥厚，退化雄蕊 1；花柱稍长于子房。蒴果卵圆形，连同短喙长 8～9mm。花期 7～8 月，果期 8～9 月。

【生境与分布】生于海拔 1700m 以下的竹林、溪旁、草丛中。分布或栽培于福建、江西、江苏、浙江、安徽，另湖北、湖南、贵州、四川、广东、河南、河北、山西、陕西等地均有分布和栽培。

【药名与部位】玄参，根。

【采集加工】冬季茎叶枯萎时采挖，除去根茎等杂质，晒或烘至半干，堆放3～6天，反复数次至干燥。

【药材性状】呈类圆柱形，中间略粗或上粗下细，有的微弯曲，长6～20cm，直径1～3cm。表面灰黄色或灰褐色，有不规则的纵沟、横长皮孔样突起和稀疏的横裂纹和须根痕。质坚实，不易折断，断面黑色，微有光泽。气特异似焦糖，味甘、微苦。

【质量要求】无泥杂，无芦头，不空泡。

【药材炮制】除去芦头等杂质，洗净，润软，切厚片，干燥。

【化学成分】根含甾体类：蝉翼藤甾苷（securisteroside）、3-O-（6′-O-棕榈酰基-β-D-葡萄糖基）-菠甾-7,22-二烯[3-O-（6′-O-palmitoyl-β-D-glucosyl）-spinasta-7,22-diene]、β-谷甾醇（β-sitosterol）[1]，β-谷甾醇-3-O-β-D-吡喃葡萄糖苷（β-sitosterol-3-O-β-D-glucopyranoside）[2]和β-谷甾醇葡萄糖苷（β-sitosterol glucoside）[3]；脂肪酸类：油酸（oleic acid）[1]，丁二酸（succinic acid）[4]，棕榈酸（palmitic acid）、亚油酸（linoleic acid）、α-亚麻酸（α-linolenic acid）和γ-亚麻酸（γ-linolenic acid）[5]；糖类：鼠李糖（rhamnose）、蔗糖（sucrose）[1]、葡萄糖（gluose）、果糖（fructose）[2]和麦芽糖（maltose）[6]；苯丙素类：咖啡酸（caffeic acid）[1]，肉桂酸（cinnamic acid）[2]，对甲氧基肉桂酸（p-methoxycinnamic acid）、4-羟基-3-甲氧基肉桂酸（4-hydroxy-3-methoxycinnamic acid）、3-O-乙酰基-2-O-阿魏酰基-α-L-鼠李糖苷（3-O-acetyl-2-O-feruloyl-α-L-rhamnoside）、3-O-乙酰基-2-O-对羟基肉桂酰基-α-L-鼠李糖苷（3-O-acetyl-2-O-p-hydroxycinnamoyl-α-L-rhamnoside）[3]，对羟基肉桂酸（p-hydroxycinnamic acid）[4]，阿魏酸（ferulic acid）、丁香酚（eugenol）、异丁香酚甲醚（isoeugenol methyl ether）[7]，6-O-阿魏酰-β-呋喃果糖-（2→1）-O-α-吡喃葡萄糖-（6→1）-O-α-吡喃葡萄糖糖苷[6-O-feruloyl-β-fructofuranosyl-（2→1）-O-α-glucopyranosyl-（6→1）-O-α-glucopyranoside]、6-O-肉桂酰-β-呋喃果糖-（2→1）-O-α-吡喃葡萄糖基-（6→1）-O-α-吡喃葡萄糖糖苷[6-O-cinnamoyl-β-fructofuranosyl-（2→1）-O-α-glucopyranosyl-（6→1）-O-α-glucopyranoside][8]，顺式-斩龙剑苷A（cis-sibirioside A）[9]，4-O-（对甲氧基肉桂酰基）-α-L-吡喃鼠李糖苷[4-O-（p-methoxycinnamoyl）-α-L-rhamnopyranoside][10]，玄参苷D（ningposide D）[11]，玄参苷A、B、C（ningposide A、B、C）、斩龙剑苷A（sibirioside A）、肉苁蓉苷D、F（cistanoside D、F）、安格洛苷C（angoroside C）[12]，6-O-咖啡酰基-β-D-呋喃果糖基-（2→1）-α-D-吡喃葡萄糖苷[6-O-caffeoyl-β-D-fructofuranosyl-（2→1）-α-D-glucopyranoside][13]，6-O-桂皮酰基-β-D-吡喃葡萄糖（6-O-cinnamoyl-β-D-glucopyranose）、6-O-桂皮酰基-α-D-吡喃葡萄糖（6-O-cinnamoyl-α-D-glucopyranose）[14]，反式-4-羟基桂皮酸甲酯（methyl trans-4-hydroxycinnamate）和反式-咖啡酸甲酯（methyl trans-caffeate）[15]；苯乙醇苷类：2-（3-羟基-4-甲氧基苯基）-乙基-O-α-吡喃阿拉伯糖-（1→6）-O-α-吡喃鼠李糖基-（1→3）-O-β-吡喃葡萄糖苷[2-（3-hydroxy-4-methoxyphenyl）-ethyl O-α-arabinopyranosyl-（1→6）-O-α-rhamnopyranosyl-（1→3）-O-β-glucopyranoside][8]，毛蕊花糖苷（verbascoside），即类叶升麻苷（acteoside）、去咖啡酰毛蕊花糖苷（decaffeoyl acteoside）[12,16]，玄参夫苷（scrophuside）、达伦代黄芩苷B（darendoside B）、肉苁蓉苷D（cistanoside D）、反式-肉苁蓉苷D（trans-cistanoside D）、安格洛苷C（angroside C）[17]，2-（3-羟基-4-甲氧基苯基）-乙基-O-α-L-吡喃阿拉伯糖基-（1→6）-O-α-L-吡喃鼠李糖基-1-（1→3）-O-β-D-吡喃葡萄糖苷[2-（3-hydroxy-4-methoxyphenyl）-ethyl-O-α-L-arabinopyranosyl-（1→6）-O-α-L-rhamnopyranosyl-1-（1→3）-O-β-D-glucopyranoside][18,19]，2-（3-羟基-4-甲氧基苯基）-乙基-O-α-L-吡喃阿拉伯糖基-（1→6）-β-D-吡喃葡萄糖苷[2-（3-hydroxy-4-methoxyphenyl）ethyl-O-α-L-arabinopyranosyl-（1→6）-β-D-glucopyranoside]、去酰异角胡麻苷（deacylisomartynoside）[19]和4‴-乙酰安格洛苷C（4‴-acetylangroside C）[20]；黄酮类：甘草素（liquiritigenin）[6]；酚酸及苷类：邻苯二甲酸二（2-乙基己）酯[di-（2-ethylhexyl）phthalate][6]，4-羟基-3-甲氧基苯甲酸（4-hydroxy-3-methoxybenzoic acid）、苯甲酸（benzoic acid）、丁香酸（syringic acid）、邻苯二甲酸二丁酯（dibutyl phthalate）、丁香酸-4-*O*-α-L-吡喃鼠李糖苷（syringic acid-4-*O*-α-L-rhamnopyranoside）、香草酰吡喃鼠李糖苷（vanilloyl rhamnopyranoside）、香草醛（vanillin）[7]，3-甲基苯基-6-*O*-β-吡喃木糖基-(1→6)-*O*-β-吡喃葡萄糖苷［3-methylphenyl-6-*O*-β-xylopyranosyl-(1→6)-*O*-β-glucopyranoside］、2-(3-羟基-4-甲氧基苯基)-乙基-*O*-α-吡喃阿拉伯糖基-(1→6)-［α-吡喃鼠李糖基-(1→3)］-*O*-β-吡喃葡萄糖苷［2-(3-hydroxy-4-methoxyphenyl)-ethyl-*O*-α-arabinopyranosyl-(1→6)-*O*-［α-rhamnopyranosyl-(1→3)］-*O*-β-glucopyranoside］、苯基-*O*-β-吡喃木糖基-(1→6)-*O*-β-吡喃葡萄糖苷［phenyl-*O*-β-xylopyranosyl-(1→6)-*O*-β-glucopyranoside］[8]，3-羟基-4-甲氧基苯甲酸（3-hydroxy-4-methoxybenzoic acid）[11]，2-(3-羟基-4-甲氧基苯基)-乙基-6-*O*-α-L-吡喃阿拉伯糖基-β-D-吡喃葡萄糖苷［2-(3-hydroxy-4-methoxyphenyl)-ethyl-6-*O*-α-L-arabinopyranosyl-β-D-glucopyranoside］[17]，3'-羟基苯乙酮（3'-hydroxyacetophenone）、4'-羟基苯乙酮（4'-hydroxyacetophenone）、3',5'-二甲氧基-4'-羟基苯乙酮（3',5'-dimethoxy-4'-hydroxyacetophenone）、高香草醇（homovanillic alcohol）、3'-甲氧基-4'-羟基苯乙酮（3'-methoxy-4'-hydroxyacetophenone）、6-羟基茚-1-酮（6-hydroxyindan-1-one）、4-甲基儿茶酚（4-methylcatechol）、4-羟基苯甲醛（4-hydroxybenzaldehyde）和2,6-二甲氧基-4-甲氧基甲基苯酚（2,6-dimethoxy-4-methoxymethylphenol）[15]；香豆素类：8-羟基香豆素（8-hydroxycoumarin）[15]；三萜类：熊果酸（ursolic acid）、羽扇豆醇（lupeol）、东北铁线莲皂苷E（clematomandshurica saponin E）[1]，齐墩果酮酸（oleanonic acid）[11]和3β-*O*-(β-D-吡喃木糖基-(1→2)-［β-D-吡喃葡萄糖基-(1→4)-β-D-吡喃葡萄糖基-(1→3)］-β-D-吡喃海藻糖基齐墩果-11,13(18)-二烯-23α,28-二醇｛3β-*O*-(β-D-xylopyranosyl-(1→2)-［β-D-glucopyranosyl-(1→4)-β-D-glucopyranosyl-(1→3)］-β-D-fucopyranosyl olean-11,13(18)-dien-23α,28-diol｝[19]；二萜类：柳杉酚（sugiol）[1]和14-去氧-12(*R*)-磺酸基穿心莲内酯［14-deoxy-12(*R*)-sulfoandrographolide］[4]；倍半萜类：α-丁香烯（α-caryophyllene）和α-雪松醇（α-cedrol）[1]；单萜类：浙玄参苷元（ningpogenin）[2,6]和玄参醚萜苷A、B（scrophularianoid A、B）[21]；环烯醚萜类：玄参苷A₄（scrophuloside A₄）[1]，6'-*O*-乙酰哈巴苷（6'-*O*-acetylharpagoside）、哈巴苷（harpagoside）、京尼平苷（geniposide）[2]，筋骨草醇（ajugol）、哈帕苷（harpagide）、6-*O*-α-L-鼠李糖基桃叶珊瑚苷（6-*O*-α-L-rhamnopyranosylaucubin）、6-*O*-甲基梓醇（6-*O*-methyl catalpol）[6]，6"-*O*-咖啡酰哈帕苷（6"-*O*-caffeoylharpagide）、6"-*O*-阿魏酰哈帕苷（6"-*O*-feruloylharpagide）、6"-*O*-β-吡喃葡萄糖哈巴苷（6"-*O*-β-glucopyranosylharpagoside）、6"-*O*-α-D-吡喃半乳糖基哈巴苷（6"-*O*-α-D-galactopyranosyl harpagoside）、6"-*O*-(对香豆酰)哈帕苷［6"-*O*-(*p*-coumaroyl)harpagide］[8]，8-*O*-(苏式-2,3-二羟基-3-苯基丙酰基)-哈帕苷［8-*O*-(*threo*-2,3-dihydroxyl-3-phenylpropionoyl)-harpagide］[9]，士可玄参苷A（scropolioside A）[10]，玄参苷B₄（scrophuloside B₄）[11]，8-*O*-(对香豆酰)钩果草苷［8-*O*-(*p*-coumaroyl)harpagide］[13]，赫卡尼亚香科科苷（teuhircoside）、北玄参素B（buergerinin B）、6'-*O*-桂皮酰钩果草苷（6'-*O*-cinnamoylharpagide）[14]，玄参苷I、II（ningposide I、II）[17]，玄参萜苷*A（scrophulninoside A）、卷柏苷（globularin）、6-异阿魏酰基筋骨草醇（6-*iso*-feruloylajugol）[22]，玄参萜A、B（scrophularianoid A、B）[23]，8-*O*-阿魏酰哈帕苷（8-*O*-feruloylharpagide）、8-*O*-(2-羟基肉桂酰)-哈帕苷［8-*O*-(2-hydroxycinnamoyl)-harpagide］、6-*O*-α-D-吡喃半乳糖基哈巴苷（6-*O*-α-D-galactopyranosy lharpagoside）、虹臭蚁内酯（iridolactone）[24]，桃叶珊瑚苷（aucubin）、浙玄参A、B（ningpogoside A、B）[25]，浙玄参苷元（ningpogenin A、B）[26]，4'-乙酰基-3'-桂皮酰基-2'-对甲氧基桂皮酰基-6-*O*-鼠李糖基梓醇（4'-acetyl-3'-cinnamoyl-2'-*p*-methoxycinnamoyl-6-*O*-rhamoylcatalpol）[27]，6-*O*-甲基梓醇（6-*O*-methylcatalpol）[14,28]和环烯醚萜内酯（iridoilacton）[29]；生物碱类：玄参宁碱A、B、C（scrophularianine A、B、C）[15]，异色啉*（isoxerine）[20]和玄参新碱A、B、C（ningpoensine A、B、C）[30]；多元醇类：丙三醇（glycerol）[6]；核苷类：腺苷（adenosine）[7]；呋喃类：5-羟甲基糠醛（5-hydroxymethylfurfural）[3]。

根茎含环烯醚萜类：1β,6β-二甲氧基二氢梓醇苷元（1β,6β-dimethoxy-dihydrocatalpolgenin）、浙玄参醚萜*（ningpogeniridoid）、1-乙氧基-3-羟基-2,3-裂环浙玄参苷元（1-ethyoxyl-3-hydroxy-2,

3-seconingpogenin)、玄参醚萜苷*A、B(ningpopyrroside A、B)、1β- 羟基 -6β- 甲氧基 - 二氢梓醇苷元(1β-hydroxy-6β-methoxy-dihydrocatalpolgenin)、1α- 羟基 -6β- 甲氧基 - 二氢梓醇苷元(1α-hydroxy-6β-methoxy-dihydrocatalpolgenin)、美观马先蒿内酯(pedicularis lactone)和虹彩内酯(iridolactone)[31];生物碱类:5-(甲氧基甲基)-1H- 吡咯 -2- 甲醛[5-(methoxymethyl)-1H-pyrrole-2-carbaldehyde]、5- 甲氧基吡咯烷 -2- 酮(5-methoxypyrrolidin-2-one)和玄参碱*A(scrophularianine A)[31]。

叶含三萜类:科兹玄参苷 A、B(scrokoelziside A、B)[28];环烯醚萜类:罗氏小米草托苷(eurostoside)[28];黄酮类:荆芥苷(nepitrin,i.e.nepetrin)和高车前苷(homoplantaginin)[28]。

【药理作用】1. 保护心血管　根的水提取物和乙醇提取物口服给药 3～21 周可显著降低自发性高血压大鼠(SHR)的血压,显著降低大鼠血清去甲肾上腺素(NA)、血管紧张素 II(AngII)、血栓烷 A_2(TXA$_2$)及内皮素 -1(ET-1)的含量,改善自发性高血压大鼠腹主动脉组织的病理形态学变化,并显著降低其中膜厚度/内腔半径值,抑制其血管壁的增厚,显示出良好的降血压作用和抗动脉硬化作用[1];根乙醇提取物能明显增加离体兔心冠脉流量,对垂体后叶素所致家兔实验性心肌缺血有保护作用,能增强小白鼠耐缺氧能力,并能增加离体兔耳灌流量,对氯化钾和肾上腺素所致兔主动脉血管痉挛有一定的缓解作用,提示其根部具有显著的降血压作用[2];根乙醇提取物可抑制血管紧张素 II、前列环素 $F_{2α}$(PGF$_{2α}$)、多巴胺、血管加压素收缩血管的作用,在 1000mg/L 剂量下可显著抑制无钙高钾液中由 Ca^{2+} 内流引起的血管收缩,500mg/L 剂量可抑制无钙液中苯肾上腺素(PE)血管收缩强度,提示其具有非内皮依赖性血管舒张作用,机制与影响血管平滑肌上钾通道有关,部分与阻断钙通道、调节细胞内 Ca^{2+} 浓度相关[3];根中提取的总苷可改善大鼠因中动脉缺血所致的行为障碍,缩小脑部缺血大鼠的脑梗死面积,降低梗死率,并可降低中动脉栓塞模型大鼠的脑组织含水量,提示其有抗脑缺血损伤作用[4];根的醚、醇、水提取物有显著抑制血小板聚集、增强纤维蛋白溶解的作用[5];根中提取的苯丙素苷和环烯醚萜苷组分对二磷酸腺苷和花生四烯酸体外诱导的血小板聚集均有不同程度的作用,苯丙素苷明显优于环烯醚萜苷[6];根中提取的苯丙素苷能抑制血小板聚集和大鼠中性白细胞花生四烯酸(AA)代谢物白三烯 B4(LTB4)的生成,同时对血浆血栓素 B_2(TXB$_2$)和 6- 酮前列腺素(6-keto-PGF10)均有降低作用[7]。2. 抗菌　茎叶、根的提取物对烟草黑胫病菌和烟草炭疽病菌的生长均有不同程度的抑制作用,其抑制作用随提取物浓度增大而增强[8,9];叶和根的提取物对金黄色葡萄球菌的生长有较强的抑制作用,叶的抑制作用明显大于根,而二者对白喉杆菌、伤寒杆菌、乙型链球菌等病菌的抑制作用相当[10]。3. 抗疲劳　根的醇提取物给小鼠灌胃能明显延长小鼠在水中负重游泳的存活时间,在常压密闭耐缺氧实验中玄参醇提取物能明显延长小鼠在常压缺氧条件下的存活时间[11];从根提取的多糖成分可降低运动后小鼠的血清尿素氮(BUN)、血乳酸含量,增加小鼠肝糖原含量,具有抗疲劳的作用[12]。4. 抗炎镇痛　根的色素提取物[13]和乙醇提取物[14]能提高热板致痛小鼠的痛阈值,减少冰醋酸刺激致痛小鼠的扭体次数,对二甲苯致小鼠耳廓肿胀、冰醋酸致腹腔毛细血管通透性增高均有明显的抑制作用;根的破壁粉粒[15]能抑制小鼠耳廓肿胀度,提示具有较好的抗炎作用。5. 抗氧化　根的 20%、40% 乙醇提取物对 1, 1- 二苯基 -2- 三硝基苯肼(DPPH)自由基均具有明显的清除作用[16];提取的多糖可升高运动后小鼠的心肌、肝组织、脾脏和股四头肌的谷胱甘肽过氧化物酶(GSH-Px)的含量,降低丙二醛(MDA)含量[17];超声波辅助 - 热水提取法提取纯化的多糖对羟自由基(·OH)、超氧阴离子自由基(O_2·)及亚硝酸盐具有不同程度的清除作用,对植物油的抗氧化作用强于抗坏血酸[18];从根提取的环烯醚萜类成分能显著清除 1, 1- 二苯基 -2- 三硝基苯肼自由基、羟自由基及超氧阴离子自由基,并可抑制过氧化氢(H_2O_2)诱导的小鼠血红细胞氧化溶血,提示其具有较好的体外抗氧化作用[19];总三萜提取物浓度为 38mg/L 时对羟自由基的清除率为 50%,当总三萜提取物浓度为 12mg/L 时,对植物油的保护率为 20.5%,对动物油的保护率为 29%,相同条件下玄参总三萜提取物对动物油的抗氧化作用强于没食子酸和维生素 C(VC),对植物油的抗氧化作用与没食子酸和维生素 C 相当[20]。6. 护肝　从根中提取的苯丙素苷可明显抑制 D- 氨基半乳糖(D-Gal)造成的急性肝损伤模型大鼠肝细胞凋亡,上调 Bcl-2 蛋白的表达,下调 Fas/FasL 的表达,提示玄参中苯丙素苷抗肝损伤细胞凋亡可能与其调控肝细胞凋亡相关基因有关[21]；苯丙素苷在体外能提高肝原代培养细胞的存活率，降低乳酸脱氢酶（LDH）含量，体内能降低肝衰竭大鼠的谷丙转氨酶（ALT）和天冬氨酸氨基转移酶（AST）含量，提示苯丙素苷对 D- 氨基半乳糖造成的肝细胞损伤具有明显的保护作用[22]。7. 抗肿瘤 根中提取的多糖可明显提高荷瘤小鼠的脾脏指数和胸腺指数，低、中、高剂量的多糖对 Eca-109 实体瘤的抑瘤率分别可达 18.59%、26.13%、36.17%，且各剂量组均可显著延长 S180 腹水型荷瘤小鼠的存活时间，其中中、高剂量组尤为明显[23]。8. 抗抑郁 根的乙醇提取物对精神抑郁小鼠的精神状态改善及记忆能力的提高具有显著的作用，并随着剂量的提高躲避失败率降低，当剂量达 20mg/kg 时其作用与抗抑郁西药氟西汀相当[24]。

【性味与归经】甘、苦、咸，微寒。归肺、胃、肾经。

【功能与主治】凉血滋阴，泻火解毒。用于热病伤阴，舌绛烦渴，温毒发斑，津伤便秘，骨蒸劳嗽，目赤，咽痛，瘰疬，白喉，痈肿疮毒。

【用法与用量】9～15g。

【药用标准】药典 1963—2015、浙江炮规 2015、贵州药材 1965、新疆药品 1980 二册、香港药材四册和台湾 2013。

【临床参考】1. 功能性子宫出血及卵巢早衰：根 10g，加首乌、熟地、生地各 15g，茜草、海螵蛸各 10g，每日 1 剂，水煎分 2 次服，10 日为 1 疗程[1]。

2. 急性放射性食管炎：根 6g，加桔梗 3g、麦冬 6g、甘草 2g，每日 1 剂，泡饮，至放疗结束[2]。

3. 慢性咽炎：根 30g，加山药 30g，牛蒡子、麦冬、当归、夏枯草、山豆根、瓜蒌子、瓜蒌皮各 15g，法半夏、桔梗、川芎、香附各 12g，甘草 10g，每日 1 剂，水煎分 2 次服，10 日为 1 疗程，连服 3 疗程；兼感风寒者加白芷、防风；兼感风热者加薄荷、金银花；痰中带血者加白茅根、藕节；痰黏难咯者加浮海石、贝母；咽部黏膜增厚及咽后壁淋巴滤泡增生显著者加海藻、昆布、生牡蛎、三棱、莪术；咽部黏膜干燥变薄者加百合、沙参、天门冬；口苦咽干、五心烦热、自汗或盗汗者，加鳖甲，重用玄参；久服不效者，可加少许肉桂、附片[3]。

4. 咽喉肿痛：根 30g，水煎服；或开水冲泡代茶饮；或根 9g，加桔梗 6g、甘草 3g，水煎服。

5. 颈淋巴结核初起：根，加贝母、煅牡蛎研末制蜜丸，每次 9g，温开水送服，每日 2 次；或根 30g，水煎服，另用鲜根 30g，捣烂外敷。

6. 栓塞性脉管炎：根 90g，加金银花 90g、当归 60g、生甘草 30g，水煎服。

7. 关节扭伤：鲜根适量，捣烂外敷。（4 方至 7 方引自《浙江药用植物志》）

【附注】本种始载于《神农本草经》，列为中品。《本草经集注》云："今出近道，处处有，茎似人参而长大，根甚黑，亦微香。"《开宝本草》云："玄参茎方大，高四五尺，紫赤色而有细毛，叶如掌大而尖长。根生青白，干即紫黑。"《本草图经》云："二月生苗。叶似脂麻，又如槐柳，细茎青紫色。七月开花，青碧色，八月结子，黑色。亦有白花，茎方大，紫赤色而有细毛。有节若竹者，高五六尺……，一根可生五七枚。"《本草纲目》云："花有紫白二种。"综上所述，并参考《本草图经》的衡州玄参及《本草纲目》之附图，其特征与本种基本相符。

药材玄参脾虚便溏有湿者禁服；不宜与藜芦同用。

泡桐属植物北玄参 *Paulownia buergeriana* Miq. 的根民间也作为玄参药用。

【化学参考文献】

[1] 李媛，宋宝安，杨松，等. 中草药玄参化学成分的研究[J]. 天然产物研究与开发，2012，24（1）：47-51.

[2] 邹臣亭，杨秀伟. 玄参中一个新的环烯醚萜糖苷化合物[J]. 中草药，2000，31（4）：241-243.

[3] 高文运，李医明，蒋山好，等. 玄参的脂溶性化学成分[J]. 药学学报，1999，34（6）：448-450.

[4] 姜守刚，蒋建勤，祖元刚. 玄参的化学成分研究[J]. 植物研究，2008，28（2）：254-256.

[5] Miyazawa M, Okuno Y. Volatile components from the roots of *Scrophularia ningpoensis* Hemsl.[J]. Flavour and

Fragrance Journal，2003，18：398-400.

[6] 季新宇，刘慧，刘斌. 玄参化学成分研究［J］. 天然产物研究与开发，2014，26（11）：1775-1779，1848.

[7] 薛刚强，杜婧，潘新艳，等. 玄参化学成分研究［J］. 中药材，2014，37（9）：1597-1599.

[8] Chen B，Liu Y，Liu H W，et al. Iridoid and aromatic glycosides from *Scrophularia ningpoensis* Hemsl. and their inhibition of [Ca^{2+}]$_i$ increase induced by KCl［J］. Chemistry & Biodiversity，2008，5（9）：1723-1735.

[9] Zhang J，Fanny C F，Liang Y，et al. A new iridoid glycoside and a new cinnamoyl glycoside from *Scrophularia ningpoensis* Hemsl.［J］. Nat Prod Res，2017，31（20）：2361-2368.

[10] 张雯洁，刘玉青. 中药玄参的化学成分［J］. 植物分类与资源学报，1994，16（4）：407-412.

[11] Nguyen A T，Fontaine J，Malonne H，et al. A sugar ester and an iridoid glycoside from *Scrophularia ningpoensis*［J］. Phytochemistry，2005，66（10）：1186-1191.

[12] Li Y M，Jiang S H，Gao W Y，et al. Phenylpropanoid glycosides from *Scrophularia ningpoensis*［J］. Phytochemistry，2000，54（8）：923-925.

[13] Chen B，Wang N L，Huang J H，et al. Iridoid and phenylpropanoid glycosides from *Schrophularia ningpoensis* Hemsl.［J］. Asian J Tradit Med，2007，2（3）：118-123.

[14] Niu Z R，Wang R F，Shang M Y，et al. A new iridoid glycoside from *Scrophularia ningpoensis*［J］. Nat Prod Res，2009，23（13）：1181-1188.

[15] Zhu L J，Hou Y L，Shen X Y，et al. Monoterpene pyridine alkaloids and phenolics from *Scrophularia ningpoensis* and their cardioprotective effect［J］. Fitoterapia，2013，88：44-49.

[16] 李医明，蒋山好，高文运，等. 玄参中的苯丙素苷成分［J］. 中草药，1999，30（7）：487-490.

[17] Hua J，Qi J，Yu B Y. Iridoid and phenylpropanoid glycosides from *Scrophularia ningpoensis* Hemsl. and their α-glucosidase inhibitory activities［J］. Fitoterapia，2014，93：67-73.

[18] 李医明，蒋山好，高文运，等. 玄参的脂溶性化学成分［J］. 药学学报，1999，34（6）：448-450.

[19] 张刘强，郭夫江，王顺春，等. 玄参根中的一个新三萜四糖苷［J］. 药学学报，2012，47（10）：1358-1362.

[20] Huo Y F，Wang H L，Wei E H，et al. Two new compounds from the roots of *Scrophularia ningpoensis* and their anti-inflammatory activities［J］. J Asian Nat Prod Res，2019，DOI：org/10.1080/10286020.2018.1513919.

[21] Zhu L J，Qiao C，Shen X Y，et al. Iridoid glycosides from the roots of *Scrophularia ningpoensis* Hemsl.［J］. Chin Chem Lett，2014，25（10）：1354-1356.

[22] Chen X，Liu Y H，Chen P. Iridoid glycosyl esters from *Scrophularia ningpoensis.*［J］. Nat Prod Res，2007，21（13）：1187-1190.

[23] Zhu L J，Qiao C，Shen X Y，et al. Iridoid glycosides from the roots of *Scrophularia ningpoensis* Hemsl.［J］. Chinese Chem Lett，2014，25（10）：1354-1356.

[24] Li Y M，Jiang S H，Gao W Y，et al. Iridoid glycosides from *Scrophularia ningpoensis*［J］. Phytochemistry，1999，50（1）：101-104.

[25] Qian J F，Hunkler D，Rimpler H. Iridoid-related aglycone and its glycosides from *Scrophularia ningpoensis*［J］. Phytochemistry，1992，31（3）：905-911.

[26] Zhang W，Liu P，Ji X Y，et al. A pair of new non-glycosidic iridoid epimers from *Scrophularia ningpoensis*［J］. Heterocycles，2018，96（11）：1991-1998.

[27] Kajimoto T，Hidaka M，Shoyama K，et al. Iridoids from *Scrophularia ningpoensis*［J］. Phytochemistry，1989，28（10）：2701-2704.

[28] Li J，Huang X Y，Du X J，et al. Study of chemical composition and antimicrobial activity of leaves and roots of *Scrophularia ningpoensis*［J］. Nat Prod Res，2009，23（8）：775-780.

[29] 李医明，蒋山好，朱大元，等. 玄参中微量单萜和二萜成分［J］. 解放军药学学报，2000，16（1）：22-24.

[30] Zhang J，Ip F C F，Tong E P S，et al. Ningpoensines A-C：unusual zwitterionic alkaloids from *Scrophularia ningpoensis*［J］. Tetrahedron Lett，2015，56（40）：5453-5456.

[31] Ma Q J，Han L，Mu Y，et al. New iridoids from *Scrophularia ningpoensis*［J］. Chem Pharm Bull，2017，65（9）：869-873.

【药理参考文献】

[1] 陈婵, 陈长勋, 吴喜民, 等. 玄参提取物降低自发性高血压大鼠血压的作用机制[J]. 中西医结合学报, 2012, 10(9): 1009-1017.

[2] 龚维桂, 钱伯初, 许衡钧, 等. 玄参对心血管系统药理作用的研究[J]. 浙江医学, 1981, 3(1): 11-13, 10.

[3] 李亚娟, 刘云, 华晓东, 等. 玄参提取物舒张血管作用及机制研究[J]. 上海中医药杂志, 2014(1): 68-73.

[4] 陈磊. 玄参总苷对电凝法致实验性大鼠局灶性脑缺血模型的实验研究[J]. 南京中医药大学学报, 2009, 25(3): 230-232.

[5] 倪正, 蔡雪珠, 黄一平, 等. 玄参提取物对大鼠血液流变性、凝固性和纤溶活性的影响[J]. 中国微循环, 2004, 8(3): 152-153.

[6] 玄参中环烯醚萜甙和苯丙素甙对LTB-4产生及血小板聚集的影响[J]. 第二军医大学学报, 1999, 20(5): 301-303.

[7] 黄才国, 李医明, 贺祥, 等. 玄参中苯丙素苷XS-8对兔血小板cAMP和兔血浆中PGI-2/TXA-2的影响[J]. 第二军医大学学报, 2004, 25(8): 920-921.

[8] 何大敏, 陈阳, 杨水平, 等. 3种药用作物对烟草黑胫病菌的抑菌效果研究[J]. 中国中药杂志, 2017, 42(18): 3509-3515.

[9] 王军, 何大敏, 陈廷智, 等. 大蒜与3种药用作物对烟草炭疽病菌的抑菌效果[J]. 西南大学学报(自然科学版), 2018, 40(2): 3509-3515.

[10] 陈少英, 贾丽娜, 刘德发, 等. 玄参叶的抗菌和毒性作用[J]. 福建中医药, 1986, (4): 57.

[11] 张舜波, 游秋云, 张晓明, 等. 玄参醇提物对小鼠抗疲劳及耐缺氧作用的实验研究[J]. 湖北中医杂志, 2013, 35(4): 21-22.

[12] 王珲, 陈平, 张丽萍, 等. 玄参多糖成分抗疲劳活性的研究[J]. 植物科学学报, 2009, 27(1): 118-120.

[13] 王珲, 陈平, 张丽萍, 等. 玄参总色素提取物抗炎镇痛活性的研究[J]. 中国医院药学杂志, 2008, 28(17): 1456-1458.

[14] 张琳, 张磊, 张毅达. 秦岭玄参与玄参的生药学和抗炎镇痛活性比较研究[J]. 西北药学杂志, 2014(3): 264-267.

[15] 刘瑶, 张洪利, 成金乐, 等. 玄参破壁粉粒的抗炎作用与急毒实验研究[J]. 江西中医药大学学报, 2012, 24(1): 52-54.

[16] 刘质净, 李丽, 王晶, 等. 玄参中多酚类化合物的抗氧化活性研究[J]. 时珍国医国药, 2010, 21(4): 796-798.

[17] 王震, 宋健. 玄参多糖对运动小鼠组织抗氧化能力的影响[J]. 食品科学, 2010, 31(17): 385-387.

[18] 陈莉华, 廖微, 肖斌, 等. 玄参多糖体外清除自由基和抗氧化作用的研究[J]. 食品工业科技, 2013, 34(7): 86-89.

[19] 乐文君. 玄参环烯醚萜类成分的体外抗氧化活性研究[J]. 浙江中医药大学学报, 2011, 35(3): 412-414.

[20] 陈莉华, 吴玲, 李林芝, 等. 玄参总三萜提取物制备及其抗氧化生物活性研究[J]. 林产化学与工业, 2013, 33(6): 85-90.

[21] 黄才国, 李医明, 贺祥, 等. 玄参中苯丙素苷对大鼠肝损伤细胞凋亡的影响[J]. 中西医结合肝病杂志, 2004, 14(3): 160-161.

[22] 孙奎, 姜华. 玄参中苯丙素苷对肝细胞损伤保护作用的研究[J]. 药学实践杂志, 2002, 20(4): 234-235.

[23] 邹霞, 易萍, 曹江. 玄参多糖抗肿瘤作用的实验研究[J]. 中国医药指南, 2015(10): 69-70.

[24] Chen X, Lan L, Ren X T. Antidepressant effect of three traditional Chinese medicines in the learned helplessness model[J]. Journal of Ethnopharmacology, 2004, 91(2): 345-349.

【临床参考文献】

[1] 熊荣梅. 分析玄参二地汤治疗功血及卵巢早衰的临床疗效[J]. 中国医药指南, 2014, 12(13): 308-309.

[2] 陈延春, 孙鹏摇, 陆林, 等. 玄参甘桔汤治疗急性放射性食管炎临床研究[J]. 中医学报, 2017, 32(10): 1864-1866.

[3] 吴步炳, 王燕平. 玄参牛子利咽汤治疗慢性咽炎疗效观察[J]. 人民军医, 2009, 52(12): 815.

6. 腹水草属 *Veronicastrum* Heist. ex Fabr.

多年生草本。根幼嫩时通常密被黄色茸毛。茎直立或伏卧地面。叶互生、对生或轮生；叶片宽披针形或长圆形, 有锯齿。穗状花序顶生或腋生, 花通常极为密集；花萼4～5深裂, 裂片条状披针形；花冠紫红色，筒状，伸直或稍稍弓曲，内面常密生一圈柔毛，少近无毛，顶端4裂，辐射对称或多少二唇形；雄蕊2枚，着生于花冠筒后方，伸出花冠，花丝下部通常被柔毛，药室并连而不汇合；花柱细长，柱头小。蒴果圆锥状卵形，稍侧扁，有两条沟纹，4片裂。种子多粒，椭圆形或长圆形，具网纹。

约20种，分布于东亚和北美。中国14种，分布于南北各地，法定药用植物5种。华东地区法定药用植物2种。

862. 爬岩红（图862）• *Veronicastrum axillare*（Sieb.et Zucc.）Yamazaki

图862　爬岩红　　　　　　　　　　摄影　李华东

【别名】钓鱼杆、多穗草（安徽），腋生腹水草（江苏）。

【形态】多年生草本。根茎短而横走。茎弓曲，顶端着地生根，圆柱形，中上部有棱，无毛或极少在棱处有疏毛。叶互生，纸质，无毛，卵形至卵状披针形，长5～12cm，宽2.5～5cm，先端渐尖，基部圆形至宽楔形，边缘具偏斜的三角状锯齿。花序腋生，少顶生，长1～3cm；苞片和花萼裂片条状披针形，无毛或有疏睫毛；花冠紫色或紫红色，长5～6mm，狭三角形；雄蕊略伸出至伸出达2mm。蒴果卵圆形，长约3mm。种子长圆状，有不甚明显的网纹。花期7～9月，果期9～11月。

【生境与分布】生于林下、林缘草地及山谷阴湿处。分布于福建、江苏、浙江、江西、安徽，另广东、台湾均有分布；日本也有分布。

【药名与部位】腹水草，全草。

【采集加工】7～8月花期采挖，除去杂质，晒干。

【药材性状】茎细长，圆柱形，外表棕黑色，无毛或被疏短毛。叶互生，多皱缩破碎，展平后呈长卵形或长椭圆形，长4～12cm，宽2～5cm，上面绿淡褐色，下面淡褐色，边缘有锯齿，先端渐尖，基部圆形或圆楔形；叶柄短。穗状花为腋生，长1～4cm。气微，味苦。

【化学成分】全草含酚酸类：原儿茶醛（protocatechuic aldehyde）、1,2,4-苯三酚（1,2,4-benzenetriol）、对羟基苯甲酸（p-hydroxybenzoic acid）、原儿茶酸（protocatechuic acid）、香草酸（vanillic acid）、异香草酸（isovanillic acid）[1]、熊果苷（arbutin）、对苯二酚（hydroquinone）[2]和6′-O-(3,4,-二甲氧基桂皮酰基)-熊果苷[6′-O-(3,4-dimethoxycinnamoyl)-arbutin][3]；苯丙素类：肉桂酸（cinnamic acid）、3,4-二甲氧基肉桂酸（3,4-dimethoxcinnamic acid）、对羟基肉桂酸（p-hydroxycinnamic acid）、咖啡酸（caffeic acid）、阿魏酸（ferulic acid）、阿魏酸甘油酯（glyceryl ferulate）[1]、爬岩红苷A、B、C（axillaside A、B、C）、平卧钩果草苷A（procumboside A）和北玄参苷C_1（buergeriside C_1）[4]；木脂素类：丁香树脂醇（syringaresinol）[1]；黄酮类：5-羟基-7,4′-二甲氧基黄酮（5-hydroxy-7,4′-dimethoxyflavone）、金合欢素（acacetin）、5,7,4′-三羟基-8-甲氧基黄酮（5,7,4′-trihydroxy-8-methoxyflavone）、5,7,3′三羟基-4′-甲氧基黄酮（5,7,3′-trihydroxy-4′-methoxyflavone）、木犀草素（luteolin）[1]和芹菜素（apigenin）[4]；香豆素类：爬岩红内酯*A（axillactone A）[4]；环烯醚萜类：桃叶珊瑚苷（aucubin）[2]；二萜类：爬岩红内酯*B（axillactone B）[4]；生物碱类：吲哚-3-羧酸（indole-3-carboxylic acid）[4]；单萜类：爬岩红缩醛*A（axillacetal A）、伞花牡荆醛（tarumal）[5]和爬岩红缩醛*B（axillacetal B）[3]；甾体类：β-谷甾醇（β-sitosterol）[1]和胡萝卜苷（daucosterol）[2]；脂肪酸类：油酸（oleic acid）[1]；多元醇类：D-甘露醇（D-mannitol）[1]；糖类：蔗糖（sucrose）[1]。

【药理作用】1.抗溃疡　全草水提取液可降低乙醇所致胃溃疡模型大鼠血清和组织中的丙二醛（MDA）含量，升高血清一氧化氮（NO）和超氧化物歧化酶（SOD）的含量，降低组织中的一氧化氮，提高组织表皮生长因子（EGF）含量，提示水提取液具有抗大鼠乙醇型胃溃疡的作用，其作用机制可能为减少自由基生成、促进氧自由基清除及抗脂质过氧化反应[1,2]。2.护胃　全草水提取液可显著减轻乙醇对人胃上皮细胞（GES-1）的损伤，对人胃上皮细胞有保护作用，其保护机制与下调PKA、CREB的表达及上调AQP1的表达有关[3]。

【性味与归经】苦、辛、凉；有小毒。

【功能与主治】逐水消肿，清热解毒。用于水肿；腹水，疮疡肿痛。

【用法与用量】煎服4.5～9g；外用适量，捣敷。

【药用标准】上海药材1994。

【临床参考】1.肝硬化：全草30g，加过路黄30g、茵陈蒿20g，栀子、生大黄各15g，绣花针、白马骨、茯苓各12g，猪苓、泽泻、丹参、怀山药各10g，胸胁闷胀痛较甚者，加柴胡、香附、郁金、青皮；腹胀较重、尿少者，加厚朴、苍术、大腹皮、枳壳；脘腹坚满、青筋显露、面色晦暗黧黑者，加三棱、莪术、鳖甲、赤芍、当归；大便色黑，加参三七、茜草、侧柏叶；齿鼻衄血者，加鲜茅根、藕节、仙鹤草。水煎服，每日1剂，分2次服，2个月为1疗程。黄疸消失，肝功能正常，腹水减少后改服全草15g，加过路黄15g、茵陈蒿10g，水煎代茶饮[1]。

2.大叶性肺炎胸腔积液：鲜全草20g，加鱼腥草30g，水煎服[2]。

3.肾炎水肿：鲜全草30～60g，或加半边莲15g，水煎服。

4.菌痢：全草30～60g，水煎，1日分4次服完。

5.渗出性胸膜炎：全草30g，加丹参30g，水煎服。

6.结膜炎：鲜全草30g，水煎服。

7.烫伤、外伤出血：全草洗净切碎捣烂，加水煎煮1h，取浓汁加等量麻油，再煮30min，外搽烫伤创面；或全草95%，加千里光5%，研极细粉，敷在外伤处，包扎。（3方至7方引自《浙江药用植物志》）

【附注】本种以毛叶仙桥之名始载《本草纲目拾遗》，一名翠梅草，引《百草镜》云："春月发苗，叶狭尖糙涩，微有毛，三月开花碧色，至五月间，其茎蔓延，粘土生根，两头如桥，故名。"又引《李氏草秘》云：

"仙桥草，形似桥，倒地生根，叶似柳，厚背紫色者多，秋开紫花一条……"根据其形态特征，应为本种。本种善治腹水，故又名腹水草。"仙桥"者，其茎蔓延，着土生根，两头如桥，故名。

药材腹水草孕妇及体弱者慎服。

同属植物宽叶腹水草 Veronicastrum latifolium（Hemsl.）Yamazaki、腹水草 Veronicastrum stenostachyum（Hemsl.）Yamazaki 及铁钓竿 Veronicastrum villosulum（Miq.）Yamazaki var.glabrum Chinet Hong 的全草民间也作腹水草药用。

【化学参考文献】

[1] 邓雪红，郑承剑，吴宇，等.爬岩红化学成分研究［J］.中国药学杂志，2013，48（10）：777-781.
[2] 刘玥，王峥涛，徐国钧.爬岩红的化学成分研究［J］.中草药，1999，30（7）：490-491.
[3] 邓雪红.腹水草（爬岩红）的化学成分及抗炎活性研究.福州：福建中医药大学硕士学位论文，2013.
[4] Zheng C J, Deng X H, Wu Y, et al. Antiinflammatory effects and chemical constituents of Veronicastrum axillare［J］. Phytother Res, 2015, 28（10）: 1561-1566.
[5] Deng X H, Fang F F, Zheng C J, et al. Monoterpenoids from the whole herb of Veronicastrum axillare［J］. Pharm Biol, 2014, 52（5）: 661-663.

【药理参考文献】

[1] 沈贵芳，郭伟，赵伟春，等.腹水草抗大鼠乙醇型胃溃疡的作用及机制研究［J］.中国中西医结合杂志，2012，32（10）：1370-1373.
[2] 杜勇，赵伟春，沈文文，等.腹水草抗大鼠乙醇型胃溃疡的作用及其对NO、iNOS和VEGF表达的影响［J］.浙江中医药大学学报，2013，37（10）：1151-1155.
[3] 徐艳山，赵伟春，王丹依，等.腹水草对人胃上皮细胞GES-1的保护作用及其对PKA、CREB、AQP1的调控研究［J］.浙江中医药大学学报，2016，40（3）：173-178.

【临床参考文献】

[1] 舒军.过路黄腹水草治疗肝硬化110例［J］.实用中医内科杂志，2005，19（2）：148.
[2] 吴金辉.腹水草治疗胸腔积液［J］.浙江中医杂志，2003，38（1）：33.

863. 毛叶腹水草（图863）• Veronicastrum villosulum（Miq.）Yamazaki

【形态】多年生草本，全体密被棕色多节长腺毛。根茎极短。茎圆柱形，拱曲，有时上部有狭棱，顶端着地生根。叶互生：叶片常卵状菱形，长7～12cm，宽3～7cm，先端急尖至渐尖，基部常宽楔形，稀圆形，边缘具三角状锯齿。花序近头状，腋生，长1～1.5cm；苞片披针形，与花冠近等长或较短，密生棕色多细胞长腺毛和睫毛；花萼裂片钻形，短于苞片，密被硬睫毛；花冠紫色或紫蓝色，长6～7mm，裂片短，长仅1mm，正三角形；雄蕊明显伸出，花药长1.2～1.5mm。蒴果卵形，长2.5mm。种子黑色，球状。花期6～8月，果期9～10月。

【生境与分布】生于林下。分布于安徽、江西、浙江；日本也有分布。

毛叶腹水草与爬岩红的区别点：毛叶腹水草叶卵状菱形，被毛，花萼裂片密被睫毛，花冠裂片占花冠1/6～1/4。爬岩红叶卵形至卵状披针形，无毛，花萼裂片疏被睫毛或无毛，花冠裂片占花冠1/3或更多。

【药名与部位】腹水草，地上部分。

【采集加工】夏、秋二季采收，除去杂质，洗净，干燥或鲜用。

【药材性状】全体灰黑色，密被多细胞长柔毛。茎圆柱形，有致密的细纵纹及互生的叶柄痕。叶片边缘有细锯齿。穗状花序近圆球形，腋生。气微，味苦。

【药材炮制】除去杂质，抢水洗净，切段，干燥。

【化学成分】地上部分含甾体类：毛叶腹水草苷A、B（villoside A、B）[1]。

【性味与归经】苦，寒。归肝、肺、肾经。

图863 毛叶腹水草　　　　摄影　李华东

【功能与主治】逐水消肿，清热解毒。用于急性结膜炎，急性肾炎，肝硬化腹水，黄疸型肝炎；外用于疮疡肿毒。

【用法与用量】煎服9～15g；外用鲜品适量捣敷患处。

【药用标准】浙江炮规2015。

【化学参考文献】

[1] Nohara T, Nakano A, El-Aasr M, et al.Study of constituents of *Veronicastrum villosulum*［J］.J Nat Med, 2010, 64（4）: 510-513.

7. 马先蒿属 *Pedicularis* Linn.

多年生，稀一年生草本，通常半寄生。叶互生、对生或轮生；全缘或羽状分裂。总状或穗状花序，顶生；花萼筒状，5裂；花冠变化大，二唇形，上唇头盔状，下唇三裂，广展，筒部圆柱形；雄蕊4枚，二强，花药包藏在盔瓣中，两两相对，药隔分离，相等而平行，基部有时具刺尖；子房2室，胚珠多粒。蒴果室背开裂。种子多粒，种皮具网纹、蜂窝状孔纹或线纹。

约500种，多分布于北半球，生于寒带及高山上。中国约330种，广布全国各地，主要分布于西南，法定药用植物6种。华东地区法定药用植物1种。

864. 返顾马先蒿（图864）• *Pedicularis resupinata* Linn.

【形态】多年生草本，干时不变黑色。茎直立，高30～70cm，常单生，上部多分枝，粗壮而中空，多方形有棱，有疏毛或几无毛。叶互生或有时下部或中部者对生，膜质至纸质，卵形至长圆状披针形，

一〇八　玄参科 Scrophulariaceae

图 864　返顾马先蒿　　摄影　李华东等

先端渐狭，基部广楔形或圆形，边缘有钝圆的重齿，齿上有浅色的胼胝或刺状尖头，常反卷；叶长 2～7cm，宽 1～2cm，渐上渐小而变为苞片，两面无毛或有疏毛，叶柄短至近于无柄。花单生于茎枝端叶腋，无梗或有短梗；萼长 6～9mm，长卵圆形，多少膜质，脉有网结，几无毛，裂片 2 枚，宽三角形，全缘或略有齿，光滑或有微缘毛。花冠长 20～25mm，淡紫红色，筒部伸直，近顶端处略扩大，自基部起即向右扭旋，使下唇及盔部呈回顾状，盔的上部作两次多少膝状拱曲，顶端形成圆锥形短喙，下唇稍长于盔，3 裂，中裂片较小，宽卵形。蒴果斜长圆状披针形，稍长于萼。花期 6～8 月，果期 7～9 月。

【生境与分布】生于海拔 300～2000m 的湿润草地及林缘。分布于山东、浙江、安徽，另四川、河北、山西、陕西、甘肃、内蒙古、黑龙江、吉林、辽宁均有分布；日本、朝鲜、蒙古国、俄罗斯也有分布。

【药名与部位】返顾马先蒿，地上部分。

【采集加工】夏秋二季花开时采割，除去老茎，阴干。

【药材性状】茎呈类方形，直径 2～4mm；表面绿色或紫色；质脆，易折断，断面皮部浅黄绿色，髓部类白色，有的中空。叶多脱落或破碎，完整叶披针形，长 2～8cm，宽 0.6～1.5cm，先端尖，基部广楔形，边缘具钝圆的羽状重齿，背面具白色斑点，两面被疏毛或无毛。苞片叶状。花萼长卵形，长约 7mm，一边深裂；花冠紫色，长 2～2.5cm，旋转扭曲。蒴果斜圆状披针形。气微，味微苦。

【性味与归经】苦，凉、钝、燥、轻、柔（蒙药）。
【功能与主治】拢敛扩散之毒，清胃火，止泻，用于眼花，胃胀，痧症，肉毒症。
【用法与用量】3～6g。
【药用标准】部标蒙药1998和内蒙古蒙药1986。
【附注】马先蒿之名首见于《神农本草经》，列为中品，一名马屎蒿。《名医别录》云："生南阳川泽。"《新修本草》云："此叶大如茺蔚，花红白色，实八月九月熟，俗谓之虎麻是也，所在有之。茺蔚苗短小，子夏中熟，而初生二种极相似也。"《新修本草》所云："花红白色，实八月九月熟。"与本种相似。

本种的根民间也作药用。

8. 阴行草属 *Siphonostegia* Benth.

一年生高大草本，常被腺毛。茎直立，中空，基部多少木质化，上部常多分枝，分枝对生，细长。叶对生，或上部互生，全缘或羽状分裂。总状花序生于茎枝顶端，有时极长；苞片不裂或叶状而具深裂；花梗短，顶端具一对条状披针形小苞片；萼管筒状钟形而长，具10条脉，5裂，裂片多少披针形而全缘；花冠筒圆柱状或稍偏肿，二唇形，上唇直立，盔状，全缘，下唇3裂；雄蕊4枚，二强，内藏。蒴果长椭圆状条形，顶端尖锐，包藏于宿存的花萼筒内，室背开裂。种子多粒，种皮一侧有一条多少龙骨状而肉质的厚翅，翅的顶端常向后卷曲。

4种，分布于亚洲。中国2种，广布南北各地，法定药用植物1种。华东地区法定药用植物1种。

865. 阴行草（图865）• *Siphonostegia chinensis* Benth.

【别名】刘寄奴（山东），灵茵陈（安徽），吊钟草、灵茵陈（江苏），金钟茵陈。
【形态】一年生草本，干时变为黑色，密被锈色短毛。茎直立，高30～80cm，中空，基部常有少数宿存膜质鳞片，上部多分枝。叶对生，茎上部的叶互生；叶片厚纸质，宽卵形或三角形，长0.8～5cm，宽0.4～6cm，二回羽状全裂，裂片约3对，条状披针形，先端急尖。花对生于茎枝上部，或有时假对生，构成疏稀的总状花序；苞片叶状，较萼短，羽状深裂或全裂，密被短毛；花梗短，长1～2mm，纤细，被毛；花萼管部很长，顶端稍缩紧，长10～15mm，有主脉10条，显著凸出，5裂，披针形，近于相等；花冠伸直，长约2.5cm，稍伸出花萼筒外，黄色，二唇形，上唇镰状拱曲，紫红色，下唇约与上唇等长或稍长，顶端3裂。蒴果披针状长圆形，被包于宿存的萼内，约与萼管等长。种子多粒，长卵圆形，黑色，具纵横凸起，将种皮隔成许多横长的网眼。花期7～8月，果期9～10月。
【生境与分布】生于海拔100～3400m的干山坡与草地中。分布于华东各地，另内蒙古及东北、华北、华中、华南、西南等地均有分布；日本、朝鲜、俄罗斯也有分布。
【药名与部位】北刘寄奴（阴行草、灵茵陈），全草。
【采集加工】秋季采收，除去杂质，晒干。
【药材性状】长30～80cm，全体被短毛。根短而弯曲，稍有分枝。茎圆柱形，有棱，有的上部有分枝，表面棕褐色或黑棕色；质脆，易折断，断面黄白色，中空或有白色髓。叶对生，多脱落破碎，完整者羽状深裂，黑绿色。总状花序顶生，花有短梗，花萼长筒状，黄棕色至黑棕色，有明显10条纵棱，先端5裂，花冠棕黄色，多脱落。蒴果狭卵状椭圆形，较萼稍短，棕黑色。种子细小。气微，味淡。
【药材炮制】除去杂质，洗净，切段，干燥。
【化学成分】全草含黄酮类：芹菜素（apigenin）、木犀草素（luteolin）[1-3]，芹菜苷（apigentrin）、木犀草素-7-*O*-β-D-吡喃葡萄糖苷（luteolin-7-*O*-β-D-glucopyranoside）、槲皮素-3-*O*-β-D-吡喃葡萄糖苷（quercetin-3-*O*-β-D-glucopyranoside）、槲皮素-3-*O*-α-L-吡喃鼠李糖苷（quercetin-3-*O*-α-L-rhamnopyranoside）、

一〇八 玄参科 Scrophulariaceae

图 865　阴行草　摄影　中药资源办等

异高黄芩素 -8-O-β-D- 葡萄糖醛酸苷（isoscutellarein-8-O-β-D-glucuronide）、大豆苷元（daidzein）[2]，5, 3'- 二羟基 -6, 7, 4'- 三甲氧基黄酮（5, 3'-dihydroxy-6, 7, 4'-trimethoxyflavone）、5, 7- 二羟基 -3', 4'- 二甲氧基黄酮（5, 7-dihydroxy-3', 4'-dimethoxyflavone）和木犀草苷（galuteolin）[3]；环烯醚萜类：10- 对香豆酰桃叶珊瑚苷（10-p-coumaroylaucubin）、8- 表马钱苷（8-epiloganin）[4]，阴行草环烯醚萜*A、B、C（siphonoid A、B、C）、10-O- 反式对香豆酰鸡屎藤次苷［10-O-*trans-p*-coumaroylscandoside］、罗氏小米草托苷（eurostoside）、齿叶草苷（odontoside）、马钱子苷（loganoside）、京尼平苷（geniposide）、玉叶金花苷（mussaenoside）、二氢京尼平苷（dihydrogeniposide）、阴行草醇（siphonostegiol）、獐牙菜苷（sweroside）和巴茨草苷（bartsioside）[5]；苯乙醇苷类：毛蕊花苷（verbascoside）[4,6]，异毛蕊花苷（isoverbascoside）、圆齿列当苷（crenatoside）、β- 氧代毛蕊花苷（β-oxoverbascoside）、去咖啡酰毛蕊花苷（decaffeoylverbascoside）和丁香酯苷 A-3'-O-α-L- 吡喃鼠李糖苷（syringalide A-3'-O-α-L-rhamnopyranoside）[6]；苯丙素类：对香豆酸（p-coumaric acid）[1]，3, 4- 二 -O- 咖啡酰奎宁酸（3, 4-di-O-caffeoylquinic acid）、灰毡毛忍冬素 F（macranthoin F）、3, 4, 5- 三 -O- 咖啡酰奎宁酸甲酯（3, 4, 5-tri-O-caffeoylquinic acid methyl este）[7]，咖啡酸（caffeic acid）、反式对羟基桂皮酸（*trans-p*-hydroxycinnamic acid）、丁香苷（syringin）[8]和异

阿魏酸（isoferulic acid）[6]；木脂素类：（7S, 8R）- 去氢二松柏醇 -9′-β- 吡喃葡萄糖苷 [（7S, 8R）-dehydrodiconiferyl alcohol-9′-β-glucopyranoside][5,8]，雪松素 -9-O-β-D- 吡喃葡萄糖苷（cedrusin-9-O-β-D-glucopyranoside）、（7R, 8S）- 赤式 -7, 9, 9′- 三羟基 -3, 3′- 二甲氧基 -8-O-4′- 新木脂素 -4-O-β-D- 葡萄糖苷 [（7R, 8S）-erythro-7, 9, 9′-trihydroxy-3, 3′-dimethoxy-8-O-4′-neolignan-4-O-β-D-glucoside] 和雪松素 -4-O-β-D- 吡喃葡萄糖苷（cedrusin-4-O-β-D-glucopyranoside）[5]；酚酸类：香草醇 -4-O-β-D- 吡喃葡萄糖苷（vanillyl alcohol-4-O-β-D-glucopyranoside）、2, 6- 二甲氧基 -4- 羟基苯酚 -1-O- 吡喃葡萄糖苷（2, 6-dimethoxy-4-hydroxyphenol-1-O-glucopyranoside）和 3, 5- 二甲氧基 -4- 羟基苄醇 -4-O-β-D- 吡喃葡萄糖苷（3, 5-dimethoxy-4-hydroxybenzyl alcohol-4-O-β-D-glucopyranoside）[8]；香豆素类：治疝草素（7-methoxycoumarin）和 7- 羟基香豆素（7-hydroxycoumarin）[9]；大柱香波龙烷类：相对 -5-（3S, 8S- 二羟基 -1R, 5S- 二甲基 -7- 氧杂 -6- 氧代双环 [3, 2, 1] - 辛 -8- 基）-3- 甲基 -2Z, 4E- 戊二烯酸 {rel-5-（3S, 8S-dihydroxy-1R, 5S-dimethyl-7-oxa-6-oxobicyclo[3, 2, 1]-oct-8-yl）-3-methyl-2Z, 4E-pentadienoic acid} 和（6S, 9R）- 长春花苷 [（6S, 9R）-roseoside][8]；单萜类：1R, 2R, 4R- 三羟基对薄荷烷（1R, 2R, 4R-trihydroxy-p-menthane）[9]；糖类：D- 甘露糖（D-mannitol）[1]；甾体类：β- 谷甾醇（β-sitosterol）[1,9] 和 β- 胡萝卜苷（β-daucosterol）[9]；脂肪酸类：3- 羟基 -6- 甲基十七酸（3-hydroxy-6-methylheptadecanoic acid）[10]；烷烃类：三十四烷（tetratriacontane）和三十五烷（pentatriacontante）[10]；萘类：茜草萘苷 A（rubinaphthin A）[8]。

地上部分含单萜类：黑麦草内酯（loliolide）[11] 和异香茶菜英碱（isocantleyine）[12]；环烯醚萜类：阴行草醇（siphonostegiol）[13]；木脂素类：丁香脂素（syringaresinol）[14]；挥发油类：α- 柠檬烯（α-llimonene）、1, 8- 桉叶素（1, 8-cineole）、己醇 -1（1-hexanol）、辛醇 -3（3-octanol）、正癸醛（n-decanal）、薄荷酮（menthone）、异薄荷酮（isomenthone）、l- 薄荷醇（l-menthol）、唇萼薄荷酮（pulegone）、己酸（hexanoic acid）、3- 甲基双环 [2.2.2] 辛酮 {3-methyl bicyclo [2.2.2] octanone}、芳樟醇（linalool）、苯甲醛（benzaldehyde）、戊基环丙酮（pentylcyclopropane）、1- 顺式 -2- 反式 -4- 三甲基环戊烷（1-cis-2-trans-4-trimethylcyclopentane）、1- 辛烯 -3- 醇（1-octen-3-ol）、反式 - 丁香烯（trans-caryophyllene）、香叶醇（geraniol）、α- 松油醇（α-terpineol）、6- 甲基 -(E)-3, 5- 庚二烯 -2- 酮 [6-methyl-(E)-3, 5-heptadien-2-one]、苄醇（benzyl alcohol）、苯乙醇（phenethyl alcohol）、1- 苯氧基 -2, 3- 丙二醇（1-phenoxy-2, 3-propanediol）、雪松醇（cedrol）、γ- 壬内酯（γ-nonalactone）、丁香酚（eugenol）、6, 10- 二甲基 -2- 十一烷酮（6, 10-dimethyl-2-undecanone）、桉叶油醇（eudesmol）、愈创木醇（guaiol）、4- 叔丁基 -1, 2- 苯二酚（4-tert-butyl-1, 2-benzenediol）、香柏酮（nootkatone）、二氢猕猴桃内酯（dihydroactinidiolide）、2, 3- 二氢苯并呋喃（2, 3-dihydrobenzofuran）和驱蛔素（ascaridole）[15]。

【药理作用】1. 护肝　全草的水提取物能降低四氯化碳（CCl_4）诱导肝损伤小鼠的谷丙转氨酶（ALT）含量，降低正常小鼠血清胆固醇含量[1]；提取的总生物碱和总黄酮可显著降低棉酚诱导的肝损伤大鼠的谷丙转氨酶含量，但不能明显拮抗四氯化碳肝损伤引起的谷丙转氨酶升高[2]。2. 抗凝血　地上部分的水提取物可延长小鼠凝血时间（CT）、大鼠血浆复钙时间（PRT）、凝血酶时间（TT）、凝血酶原时间（PT）、白陶土部分凝血活酶时间，缩短血栓长度[3]。3. 抗菌　全草水提取物对宋内痢疾杆菌、志贺氏痢疾杆菌、福氏痢疾杆菌、鲍氏痢疾杆菌、大肠杆菌、变形杆菌的生长均有一定的抑制作用[4]。4. 抗炎　全草的乙醇提取物中分离的阴行草环烯醚萜 A、B（siphonoids A、B）、10-O- 反式 - 对香豆酰鸡矢藤次苷（10-O-trans-p-coumaroylscandoside）、罗氏小米草托苷（eurostoside）和齿叶草苷（odontoside）对炎症相关的核转录因子（NF-κB）信号通路有轻微的抑制作用[5]。

【性味与归经】苦，寒。归脾、胃、肝、胆经。

【功能与主治】活血祛瘀，通经止痛，凉血，止血，清热利湿。用于跌打损伤，外伤出血，瘀血经闭，月经不调，产后瘀痛，癥瘕积聚，血痢，血淋，湿热黄疸，水肿腹胀，白带过多。

【用法与用量】6～9g。

【药用标准】 药典1977、药典2010、药典2015、浙江炮规2005、甘肃药材2009、辽宁药材2009、北京药材1998、湖南药材2009、湖北药材2009、山东药材2002、上海药材1994、山西药材1987、河南药材1991、新疆药品1980二册和内蒙古药材1988。

【临床参考】 1. 功能性子宫出血：全草20g，加益母草20g、马齿苋18g、黄芪30g，枳壳、川续断、贯众炭各15g，气虚、血失统摄者加炙黄芪、党参；肾阳虚明显者加鹿角霜、炙附片（先煎）、炒艾叶；阴虚明显者加生地、女贞子、旱莲草、何首乌；瘀血明显者加蒲黄、五灵脂。水煎服，每日1剂，分早晚2次服，5日为1个疗程[1]。

2. 烧伤：全草与炉甘石等份，碎为细末（120目），调成膏状，烧伤面用消毒生理盐水淋洗洁净后，将膏调敷患处，每日1次[2]。

3. 急性黄疸型肝炎：全草60g，加仙鹤草60g，水煎服。

4. 胆囊炎：全草15g，加地耳草、大青叶、海金沙、白花蛇舌草、穿破石各15g，水煎服。

5. 痢疾：鲜全草30～60g，水煎，调蜜服。

6. 热淋、尿血：全草18g，水煎服；或鲜全草30g，加淡竹叶、鲜灯心草各15g，水煎服。

7. 声哑：鲜全草30g，水煎，加鸡蛋2个，煮熟，食蛋喝汤。

8. 跌打损伤、瘀血肿痛：全草9g，加延胡索、骨碎补各9g，水煎服；或全草研末敷伤口。（3方至8方引自《浙江药用植物志》）

【附注】 本种以"金钟茵陈"之名始载于《滇南本草》，《植物名实图考》名阴行草，载云："阴行草，丛生，茎硬有节，褐黑色，有微刺，细叶，花苞似小罂，上有歧，瓣如金樱子形而深绿；开小黄花，略似豆花。……湖南呼黄花茵陈，其茎叶颇似蒿，故名。……滇南谓之金钟茵陈，既肖其实行，亦闻名易晓。"按其形态特征及附图，与本种一致。

许多地区将其全草或地上部分用作药材刘寄奴（山西、河南、贵州等）及铃茵陈（上海）。

同属植物腺毛阴行草 Siphonostegia laeta S.Moore 的全草民间也与本种同供药用。

据报道，临床2例分别服用全草60g和250g水煎剂，数小时即出现严重消化道症状，颜面下肢浮肿、球结膜水肿，少尿，尿常规出现蛋白质、颗粒管型、血尿素氮、肌酐升高，提示有肾功能损害[1]。

【化学参考文献】

[1] 张树花，佟玉兰，尹文惠，等. 阴行草的化学成分研究（I）[J]. 中草药，1993，24（5）：274-275.

[2] 张祎，李春梅，吴春华，等. 中药北刘寄奴中黄酮类成分的分离与鉴定 [J]. 沈阳药科大学学报，2012，29（6）：434-437，478.

[3] 张达，姜宏梁，杨学东，等. 北刘寄奴中黄酮类化学成分的研究 [J]. 中草药，2002，33（11）：974-975.

[4] 贺震旦，曹云霞，杨崇仁，等. 金钟茵陈的本草学和化学成分研究 [J]. 云南植物研究，1991，13（2）：197-204.

[5] Cao J X, An R, Tang Y, et al. Three new iridoid glycosides isolated from the traditional herb Siphonostegia chinensis with NF-κB inhibitory activity [J]. Phytochem Lett，2017，22：261-265.

[6] 张祎，李春梅，吴春华，等. 北刘寄奴中苯乙醇苷类成分的分离与鉴定 [J]. 沈阳药科大学学报，2013，30（2）：95-99.

[7] 姜宏梁，徐丽珍，杨学东，等. 北刘寄奴中奎尼酸酯类化学成分研究 [J]. 中国中药杂志，2002，27（12）：923-926.

[8] 李春梅，吴春华，王涛，等. 中药北刘寄奴中化学成分的分离与鉴定 [J]. 沈阳药科大学学报，2012，29（5）：331-336.

[9] 姜宏梁，杨学东，张达，等. 中药北刘寄奴的化学成分研究 [J]. 中国药学杂志，2003，38（2）：97-99.

[10] 李椿华，方乍浦. 阴行草化学成分 [J]. 中草药，1988，19（12）：566-567.

[11] 朱元元，李连瑞. 阴行草化学成分的研究 [J]. 天津第二医学院学报，1994，3：24-26.

[12] 张慧燕，阎文玫，陈德昌. 吡啶单萜烯 isocantleyine 的结构测定药学学报，1992，27（2）：113-116.

[13] Zhang H Y, Yan W M, Cheng D C. An iridoid from Siphonostegia chinensis [J]. Phytochemistry，1992，31（9）：3268-3269.

[14] 张慧燕，阎文玫，吕杨，等.阴行草中木脂素类成分的研究［J］.中国中药杂志，1995，20（4）：230-231.
[15] 薛敦渊，李兆琳，陈耀祖.阴行草中挥发油的分析［J］.高等学校化学学报，1986，7（10）：905-908.

【药理参考文献】
[1] 刘焱文，陈树和，夏曦.金钟茵陈与茵陈蒿的药理作用比较［J］.中药材，1994，17（6）：38-40.
[2] 车锡平，刘军保，吕东，等.刘寄奴总生物碱和总黄酮对动物高血清谷丙转氨酶的影响［J］.中草药，1985，（6）：46-47.
[3] 孙文忠，潘颖宜，郭忻，等.南北刘寄奴活血化瘀药理作用的比较研究［J］.成都中医药大学学报，1997，20（3）：51-53.
[4] 黄科军，张涛.刘寄奴抗菌作用的实验研究［J］.河南中医，1986，（6）：41.
[5] Cao J X, An R, Tang Y, et al. Three new iridoid glycosides isolated from the traditional herb *Siphonostegia chinensis* with NF-κB inhibitory activity［J］. Phytochemistry Letters，2017，22：261-265.

【临床参考文献】
[1] 杨援朝.宫血净汤治疗功能性子宫出血75例临床观察［C］.中华中医药学会第九次全国中医妇科学术大会论文集，2009：3.
[2] 廉清冰，崔春玲.北刘寄奴治疗烧伤［J］.中医函授通讯，1997，16（3）：45.

【附注参考文献】
[1] 吴华，崔玉奎.铃茵陈致肾功能损害2例报告［J］.中西医结合临床杂志，1993，3（3）：39.

9. 鹿茸草属 Monochasma Maxim. ex Franch. et Sav.

多年生草本。茎丛生，多基部倾卧而弯曲上升，草质或稍木质化，节间短，向上逐渐加长，被棉毛、腺毛或柔毛。叶对生，无柄，披针形至条形，全缘，下部叶鳞片状。花腋生成总状花序或单生茎顶；小苞片2枚，条状披针形；萼筒状，主肋9条，4～5裂，裂片条形；花冠白色或粉红色，二唇形，上唇多少反卷或略作盔状，下唇三裂，常有缘毛，中裂通常较侧裂为长；雄蕊4枚，二强，药背着，二室，分离，下端细长而具一小尖；子房不完全二室，胚珠多粒。蒴果卵形，包藏于花萼内，沿上缝线全长室背开裂，裂片反卷。种子多数，小而卵形，种皮上常有微刺毛。

3种，分布于中国和日本。中国3种，分布于华中、华东及华南各地，法定药用植物1种。华东地区法定药用植物1种。

866. 沙氏鹿茸草（图866） · *Monochasma savatieri* Franch. ex Maxim.

【别名】绵毛鹿茸草（浙江、江苏），白毛鹿茸草（江苏），鹿茸草。

【形态】多年生草本，全体密被灰白色棉毛，上部近花处还具腺毛。茎多数，丛生，高15～30cm，基部多倾卧或弯曲，老时木质化，通常不分枝。叶交互对生，下部者间距极短，密集，向上逐渐疏离；下部叶鳞片状，向上则逐渐增大，呈狭披针形，通常长12～20mm，宽2～3mm，先端急尖，基部渐狭，多少下延于茎成狭翅，中脉面凹背凸，两面均密被灰白色锦毛。花少数，单生于叶腋，呈顶生总状花序状；叶状小苞片2枚，生于萼管基部；花萼筒状，膜质，被毛，上有9条凸起的粗肋，4裂，条形，与萼管等长或稍长；花冠淡紫色或几白色，长2～2.5cm，花管细长，近喉处扩大，二唇形，上唇盔状，二裂，下唇三裂，中裂片稍大；雄蕊4枚，二强，前方一对较长；子房长卵形，花柱细长，先端弯向前方，柱头长圆形。蒴果长圆形，先端渐细而成一稍弯的尖嘴。花果期4～9月。

【生境与分布】生于山坡向阳处杂草中。分布于江苏、浙江、江西、福建；日本也有分布。

【药名与部位】鹿茸草，全草。

【采集加工】夏、秋二季收，洗净，干燥。

【药材性状】全体灰白色，密被白色绵毛。茎圆柱形。叶对生；叶片长圆状披针形，叶脉不明显。

图 866　沙氏鹿茸草　　　　　摄影　张芬耀等

花有时可见；花萼筒状，具 9 条粗肋，萼齿 4；花冠二唇形，稍带紫色。蒴果长圆柱形。气微，味淡。

【药材炮制】除去杂质，下半段洗净，上半段喷潮，润软，切段，干燥。筛去灰屑。

【化学成分】全草含苯乙醇苷类：毛蕊花糖苷（acteoside）、沙氏鹿茸草苷*A、E（savatiside A、E）、异毛蕊花糖苷（isoacteoside）[1]，蝴蝶草苷 B（torenoside B）[2]，毛蕊花苷（verbascoside）、异毛蕊花苷（isoverbascoside）[3]，绵毛鹿茸草苷 A、B、C、D、E（savaside A、B、C、D、E）、肉苁蓉苷 D（cistanoside D）、广防风苷 A（epimeridinoside A）和小花水苏苷 B（parvifloroside B）[3,4]；黄酮类：甘草苷元（liquiritigenin）[5]；苯丙素类：对羟基桂皮酸（p-hydroxycinnamic acid）[5]；酚酸类：2- 羟基 -4- 甲氧基苯甲酸（2-hydroxy-

4-methoxybenzoic acid）、对羟基苯乙醇（p-hydroxyphenylethanol）和原儿茶酸（protocatechuic acid）[5]；单萜类：7, 8-去氢草苁蓉内酯（7, 8-dehydroboschnialactone）和阿盖草醇（argyol）[5]；甾体类：β-谷甾醇（β-sitosterol）[5]。

地上部分含环烯醚萜类：玉叶金花苷（mussaenoside）、7-O-乙酰马钱酸（7-O-acetyllogamic acid）[6]，梓醇（catalpol）、巴茨草苷（bartsioside）、桃叶珊瑚苷（aucubin）[6,7]，去甲基玉叶金花苷（demethyl mussaenoside）和 7-O-乙酰基-8-表马钱酸（7-O-acetyl-8-epiloganic acid）[7]；苯乙醇苷类：毛蕊花苷（verbascoside）和去氢毛蕊花苷（dehydroverbascoside）[6,7]。

【药理作用】1. 抗菌　全草中提取的苯乙醇苷类化合物对金黄色葡萄球菌、粪肠球菌、大肠杆菌、肺炎链球菌和铜绿假单胞菌的生长具有抑菌或杀菌作用，最小抑菌浓度（MIC）为 0.5～2mg/ml，对大肠杆菌、金黄色葡萄球菌和铜绿假单胞菌的最小杀菌浓度（MBC）分别为 8mg/ml、16mg/ml 和 2mg/ml；苯乙醇苷类化合物（60mg/kg、120mg/kg、180mg/kg）可延长铜绿假单胞菌或金黄色葡萄球菌感染诱导的败血症小鼠的存活率；苯乙醇苷类化合物（180mg/kg）可减少肺组织的细菌菌落数[1]。2. 抗炎　全草中提取的苯乙醇苷类化合物（60～180mg/kg）可显著抑制二甲苯诱导的小鼠耳肿胀和棉球诱导的小鼠肉芽肿形成[1]。3. 抗补体　全草中提取的 11 种苯乙醇苷类化合物绵毛鹿茸草苷 A、B、C、D、E（savaside A、B、C、D、E）、异毛蕊花苷（isoverbascoside）、毛蕊花苷（verbascoside）、蝴蝶草苷 B（torenoside B）、肉苁蓉苷 D（cistanoside D）、广防风苷 A（epimeridinoside A）和小花水苏苷 B（parvifloroside B）具有抑制补体经典途径的作用，其半数抑制浓度（IC_{50}）为（96.3±4.2）～（134.2±6.3）μmol/L[2]。

【性味与归经】苦，平。

【功能与主治】凉血，止血，解毒。用于外感咳嗽，咯血，小儿高热惊风，乳痈，多发性疖肿。

【用法与用量】15～30g。

【药用标准】浙江炮规 2015、上海药材 1994 和湖南药材 2009。

【临床参考】1. 脑肿瘤：全草 30g，加牛尾菜 40g，天葵子 20g，阴地蕨、葛根、铁扫帚各 30g，僵蚕 15g，藏红花 2g（可用红花 10g 代），珍珠粉 1 瓶（2 分 1 瓶，冲服），脑动脉瘤加川芎、白芍；脑静脉瘤加升麻、金银花；头痛、头晕加炒玳瑁（研末冲服）、蜈蚣、全蝎（均研末冲服）；癫痫状发作加枳实、半夏、赤石脂；呕吐加大黄、生姜；半身不遂加黄芪、川芎；视力障碍加枸杞子、菊花；听力障碍加磁石、石菖蒲；吞咽困难加威灵仙、僵蚕；脑垂体瘤加花椒；尿崩症加威灵仙；脑胶质瘤加薏苡仁、制附片；脑膜瘤加玳瑁粉、煅石决明；脑外伤加王不留行、三七粉（冲服）[1]。

2. 脑瘤型脑血吸虫病：全草 20g，加天葵子 20g，赤芍 15g，川芎、当归、僵蚕、地龙各 10g，全蝎 6g、蜈蚣 2 条，每日 1 剂，水煎 2 次，分早、中、晚服，配合西药治疗[2]。

3. 肺炎：全草 15g，加白英 15g，阴地蕨 12g，钩藤根 30g，野紫苏 9g，水煎服。

4. 牙龈炎、牙髓炎：全草 30g，加南天竹 30g，水煎服。

5. 肺虚咳血：全草 60g，加麦冬 15g，川贝 6g，水煎服。

6. 乳腺炎：鲜全草 30g，加酒酿同捣烂，取汁服，每日 3 次，渣外敷。

7. 多发性疖肿：全草 30～45g，水煎服。（3 方至 7 方引自《浙江药用植物志》）

【附注】《植物名实图考》载："鹿茸草生山石上。高四五寸，柔茎极嫩，白茸如粉。四面生叶，攒密上抱，叶纤如小指甲。春开四瓣桃红花，三瓣似海棠花，微尖下垂，一瓣上翕，两边交掩，黄心全露。"根据以上形态、生境之描述，并观其图，与本种一致。

【化学参考文献】

[1] Shi M, He W, Liu Y, et al. Protective effect of total phenylethanoid glycosides from *Monochasma savatieri* Franch on myocardial ischemia injury [J]. Phytomedicine, 2013, 20 (14): 1251-1255.

[2] 崔言坤, 杨世林, 许琼明, 等. 鹿茸草中 3 种苯乙醇苷的分离制备工艺研究 [J]. 中草药, 2017, 48 (2): 288-293.

[3] Li M, Shi M F, Liu Y L, et al. Phenylethanoid glycosides from *Monochasma savatieri* and their anticomplement activity

through the classical pathway［J］．Planta Med，2012，78（12）：1381-1386.
［4］Li M，Shi M F，Liu Y L，et al. Phenylethanoid glycosides from *Monochasma savatieri* and their anticomplement activity through the classical pathway［J］．Planta Med，2013，79（15）：1485-1486.
［5］郑巍，谭兴起，郭良君，等．鹿茸草的化学成分［J］．中国天然药物，2012，10（2）：102-104.
［6］Yahara S，Nohara T，Koda H，et al. Study on the constituents of *Monochasma savatieri* Franch. ex Maxim.［J］．Yakugaku Zasshi，1986，106（8）：725.
［7］Kohda H，Tanaka S，Yamaoka Y，et al. Studies on lens-aldose-reductase inhibitor in medicinal plants. II. active constituents of *Monochasma savatierii* Franch. et Maxim.［J］．Chem Pharm Bull，1989，37（11）：3153-3154.

【药理参考文献】
［1］Liu Y L，He W J，Mo L，et al. Antimicrobial，anti-inflammatory activities and toxicology of phenylethanoid glycosides from *Monochasma savatieri* Franch. ex Maxim.［J］．Journal of Ethnopharmacology，2013，149（2）：431-437.
［2］Li M，Shi M F，Liu Y L，et al. Phenylethanoid glycosides from *Monochasma savatieri* and their anticomplement activity through the classical pathway［J］．Planta Med，2012，78（12）：1381-1386.

【临床参考文献】
［1］陈锐．陈茂梧脑瘤合剂治疗脑肿瘤验案［J］．中国社区医师，2012，28（12）：22.
［2］钟礼勇．中药为主治脑瘤型脑血吸虫病4例［J］．江西中医药，1999，30（5）：26.

10. 黑草属 *Buchnera* Linn.

一年生草本，干时变黑，多为寄生。茎直立，刚硬，粗糙。茎下部的叶对生，上部的叶互生，狭而全缘，最下部的常具粗齿。花无梗，单生苞腋，有时排成密集或多少疏离的四棱形穗状花序，小苞片2枚；萼筒状，具10脉，有时其中有5脉凸起成肋，或所有的脉均不明显，5短裂；花冠筒纤细，伸直或多少向前弯曲；花冠裂片5枚，彼此近于相等；雄蕊4枚，二强，内藏；花药1室，直立，背着，先端有时具短尖；花柱增粗或上部棍棒状，柱头全缘或具缺刻，胚珠多粒。蒴果长圆形，室背开裂。种子多粒，种皮具网纹或条纹，近于背腹扁。

约60种，广布于热带、亚热带。中国1种，分布于南部各地，法定药用植物1种。华东地区法定药用植物1种。

867. 黑草（图867）• *Buchnera cruciata* Hamilt.

【别名】鬼羽箭（福建、安徽）。

【形态】一年生草本，全体干时变黑。茎直立，高8～50cm，全体被弯曲短毛，圆柱形，纤细而粗糙，不分枝或上部多少分枝。基生叶排列成莲座状，倒卵形，长2～3cm，宽1～1.5cm，先端急尖或钝，基部渐狭，无明显的柄；茎生叶条形或条状长圆形，无柄，通常长1.5～4.5cm，宽3～5mm，全缘或偶有锯齿；下部叶通常较宽，有时宽可达1.2cm，常具2至数枚钝齿。穗状花序圆柱状而略带四棱形，顶生；苞片卵形，先端渐尖；花萼5短裂，萼齿狭三角形，彼此近于相等，先端渐尖，两面与萼筒外面及小苞片同被柔毛；花冠蓝紫色，狭筒状，多少具棱，稍弯曲，长6～7mm，喉部收缩，整个筒的内面及伸出萼外部分的外面均被柔毛；花冠裂片倒卵形或倒披针形。蒴果长圆状卵形，室背二片裂。种子多粒，三角状卵形或椭圆形，具多少螺旋状的条纹。花果期4月至翌年1月。

【生境与分布】生于旷野、山坡及疏林中。分布于福建、浙江、江西、江苏，另云南、贵州、广西、广东、湖南、湖北均有分布。

【药名与部位】鬼羽箭，全草。

【采集加工】秋季采收，除去杂质，晒至半干，收回堆放，用麻布包覆盖，焖2天后，晒干。

图 867　黑草　　　　摄影　林广旋

【药材性状】全长 15～45cm。被疏柔毛，全体黑色或黑褐色。茎呈圆柱形，上方略呈方柱形。质脆，易折断，断面中空。叶皱缩，多破碎，完整者展平后，基生叶倒卵形或椭圆形，茎生叶卵圆形至线性。穗状花序四棱形如箭羽。气微，味微苦。

【药材炮制】除去杂质，洗净，切段，干燥。

【化学成分】全草含黄酮类：芹菜素（apigenin）、木犀草素（luteolin）和香叶木素（diosmetin）[1]；甾体类：β-谷甾醇（β-sitosterol）和胡萝卜苷（daucosterol）[1]；脂肪酸类：棕榈酸（palmitic acid）和 2-十八碳烯酸（2-octadecenoic acid）[1]；烷醇类：正二十七烷醇（n-heptacosanol）和植醇（phytol）[1]；正三十九烷醇（n-triacontanol）[2]；多元醇类：D-甘露醇（D-mannitol）[2]；烷烃类：二十九烷（nonacosane）[1]。

【药理作用】1. 抗凝血　全草醇提取物和水提取物均能延长凝血时间，发挥抗凝血的作用[1,2]。2. 抗炎　醇提取物和水提取物均能减轻巴豆油所致小鼠耳廓肿胀程度[1,2]。3. 镇痛　全草醇提取物和水提取物均能减少乙酸所致小鼠扭体次数，发挥镇痛作用[1,2]。4. 抗过敏　全草醇提取物和水提取物在小鼠被动皮肤过敏试验中均能降低皮肤过敏反应，发挥抗过敏作用[1,2]。

【性味与归经】微苦、淡，凉。归肝经。

【功能与主治】清热祛风，凉血解毒。用于时疫感冒，中暑腹痛，斑痧发热，夹色伤寒，癫痫，皮肤风毒肿痈。

【用法与用量】10～15g。
【药用标准】广东药材 2011。
【临床参考】1. 湿热证发热：全草 12g，加白豆蔻、石菖蒲、川贝母各 6g，藿香、苦瓜干各 12g，绵茵陈 15g、滑石 30g、川射干 10g、黄芩、连翘各 9g、木通、薄荷各 3g，湿重于热者去川射干，加苍术、薏苡仁；热重于湿者加金银花、扁豆花，水煎 2 次共得 1000ml，每日分 3 次温服，连用 3～5 天[1]。

2. 流行性感冒、感冒、中暑：鲜全草 15～30g，水煎服。

3. 小儿烦热：全草 9～15g，冰糖少许，水炖服。（2 方、3 方引自《浙江药用植物志》）

【附注】药材鬼羽箭体虚寒者及孕妇忌服。

【化学参考文献】
[1] 卢文杰，牙启康，陈家源，等. 黑草的化学成分研究[J]. 中草药，2012，43（6）：1079-1081.
[2] 刘吉成. 广西民族药黑草化学成分及质量控制的研究[D]. 南宁：广西中医学院硕士学位论文，2010.

【药理参考文献】
[1] 钟正贤，李燕婧，张颖，等. 黑草水提物的药理作用研究[J]. 云南中医中药杂志，2010，31（10）：50-51.
[2] 李燕婧，钟正贤，张颖，等. 黑草醇提取物的药理作用研究[J]. 广西中医药，2012，35（1）：49-51.

【临床参考文献】
[1] 庞科明. 甘露消毒丹加味治疗湿热证发热 62 例[J]. 广西中医药，2006，29（2）：28-29.

11. 独脚金属 *Striga* Lour.

一年生草本，常寄生。全株被硬毛，干时通常变黑。茎下部叶对生，上部叶互生。花无梗，单生叶腋或集成穗状花序，常有一对小苞片；花萼筒状，具有 5～15 条明显的纵棱，5 裂；花冠高脚碟状，花冠筒在中部或中部以上弯曲，顶部开展，二唇形，上唇短、全缘、微凹或 2 裂，下唇 3 裂；雄蕊 4 枚，二强，花药仅 1 室，顶端有突尖，基部无距；柱头棒状。蒴果长圆状，室背开裂。种子多粒，卵状或长圆状，种皮具网纹。

约 20 种，广布于亚洲、非洲和大洋洲的热带及亚热带地区。中国 3 种，分布于南部各地，法定药用植物 1 种。华东地区法定药用植物 1 种。

868. 独脚金（图 868） • *Striga asiatica* (Linn.) O.Kuntze

【别名】矮脚子（江西）。

【形态】一年生半寄生草本，全体被刚毛。茎直立，高 10～20cm，单生，少分枝。下部叶对生，上部叶互生，叶仅基部者为狭披针形，其余的为条形，长 0.5～2cm，有时鳞片状。花单朵腋生或在茎顶端形成穗状花序；花萼筒状，有棱 10 条，长 4～8mm，5 裂几达中部，裂片钻形；花冠通常黄色，少红色或白色，长 1～1.5cm，花冠筒顶端急剧弯曲，上唇短 2 裂，下唇 3 裂。蒴果卵状，包藏于宿存的萼内。花果期 8～11 月。

【生境与分布】生于农地、荒草地或灌草丛中，寄生于寄主的根上。分布于福建、浙江、江西，另云南、贵州、广西、广东、湖南均有分布。

【药名与部位】独脚金，全草。

【采集加工】夏、秋二季采收，洗净，晒干。

【药材性状】长 10～25cm，表面黄褐色、绿褐色或灰黑色。茎细，单一或略有分枝，粗糙，被灰白色糙毛。叶小，条形或披针形，长约 1.5cm 或更短，多数脱落。中部以上为稀疏的穗状花序，偶见数个未脱落的棕黄色或黄白色花冠，萼管状，蒴果黑褐色，内藏于萼筒中，花柱残存，种子细小，黄棕色。质脆，易碎断。气无，味微甘。

图 868 独脚金　　　　　　　　　摄影　钟建平等

【药材炮制】除去杂质，洗净，切段，干燥。

【化学成分】全草含黄酮类：芹菜素-7-半乳糖醛酸苷（apigenin-7-galacturonide）、芹菜素-7-O-β-D-吡喃葡萄糖醛酸苷（apigenin-7-O-β-D-glucopyranuronide）、槲皮苷（quercitrin）、刺槐素-7-O-β-D-葡萄糖醛酸苷（acacetin-7-O-β-D-glucuronide）[1]，5-羟基-7,3′,4′-三甲氧基黄酮（5-hydroxy-7,3′,4′-trimethoxyflavanone）、刺槐素-7-O-B-D-葡萄糖醛酸苷（acacetin-7-O-β-D-glucuronide）[2]，木犀草素-3′,4′-二甲醚（luteolin-3′,4′-dimethyl ether）、木犀草素-7,3′,4′-三甲醚（luteolin-7,3′,4′-trimethyl ether）、刺槐素-7-甲醚（acacetin-7-methyl ether）[2,3]，刺槐素（acacetin）、金圣草素（chrysoeriol）、木犀草素（luteolin）、芹菜素（apigenin）和香叶木素（diosmetin）[2-4]；生物碱类：喜树次碱（venoterpine）[2]；苯乙醇苷类：木通苯乙醇苷 A（calceolarioside A）[2]，毛蕊花糖苷（acteoside）和异毛蕊花糖苷（isoacteoside）[2,4]；环烯醚萜类：桃叶珊瑚苷（aucubin）和玉叶金花苷酸（mussaenosidic acid）[2]；大柱香波龙烷类：布卢竹柏醇 A（blumenol A）[4]；甾体类：β-谷甾醇（β-sitosterol）[2]；酚酸类：莽草酸（shikimic acid）[2]和香豆酸（coumaric acid）[2,5]；挥发油：(-)-石竹烯[(-)-caryophyllene]和 β-石竹烯氧化物（β-caryophyllene oxide）等[6]；脂肪酸类：棕榈酸（palmitic acid）[2,5]和十六烷酸（hexadecanoic acid）[6]。

【药理作用】1. 抗氧化　从全草提取的多糖在体外对羟自由基（·OH）和 1,1-二苯基-2-三硝基苯肼（DPPH）自由基具有较好的清除作用，发挥抗氧化作用[1]。2. 抗炎镇痛　全草水提取物对二甲苯所致小鼠耳廓肿胀、角叉菜胶所致大鼠足趾肿胀、乙酸所致小鼠扭体反应均有显著的抑制作用，对小鼠热刺激痛阈值有一定的提高作用，对炎性组织中一氧化氮（NO）、前列腺素 E_2（PGE_2）、肿瘤坏死因子-α（TNF-α）含量有一定的降低作用，其抗炎作用是通过抑制炎症介质和促炎症因子的分泌而发挥作用的[2]。

【性味与归经】甘，平。归肝、脾、肾经。

【功能与主治】健脾，平肝消积，清热利尿。用于小儿伤食，疳积，小便不利。

【用法与用量】9～15g。

【药用标准】广东药材2004、海南药材2011和广西药材1990。

【临床参考】1. 小儿消化不良：全草30g，加鲫鱼1条、稻米100g，文火炖1h，脾虚胃寒者，加生姜2片，作晚餐服用，隔1天服用1次，同时饭后温水送服双歧杆菌四联活菌片，1～6岁幼儿每日2～3次，每次2片；6～12岁儿童每日3次，每次2～3片[1]。

2. 恶性肿瘤化疗后食欲减退：全草10g，加党参20g、茯苓15g、白术10g、甘草6g、陈皮6g，水煎服，每日1剂，分2次服，连服7天[2]。

3. 小儿食积：全草8g，加五谷虫5g，海螵蛸、白术、使君子各6g，淮山药、山楂、胡芦茶、布渣叶各8g，腹痛夜啼甚者加槟榔3g；腹胀满加莱菔子6g或谷芽8g；便结加枳壳4g；积久化热加胡黄连3g；气虚加党参5g，水煎服，每日1剂[3]。

【化学参考文献】

[1] 黄松，陈吉航，龚明，等. 独角金黄酮类化学成分研究[J]. 中药材，2010，33（7）：1089-1091.

[2] 羊青，王祝年，李万蕊，等. 独角金的研究进展[J]. 中成药，2017，39（9）：1908-1912.

[3] Nakanishi T, Ogaki J, Inada A, et al. Flavonoids of *Striga asiatica* [J]. J Nat Prod, 1985, 48（3）: 491-493.

[4] Huang W, Wu S B, Wang Y L, et al. Chemical constituents from *Striga asiatica* and its chemotaxonomic study [J]. Biochem Syst Ecol, 2013, 48: 100-106.

[5] 张昆，陈耀祖. 广东干草化学成分的研究[J]. 化学研究与应用，1995，7（3）：329-331.

[6] Jia R F, Zhu J, Zhai R X, et al. Chemical composition of essential oil of *Striga asiatica*（L.）O. Kuntze [J]. Asian Journal of Chemistry, 2016, 28（2）: 467-468.

【药理参考文献】

[1] 刘杰，阿西娜，包瑛，等. 独脚金水溶性多糖的提取工艺优化及抗氧化活性研究[J]. 中央民族大学学报（自然科学版），2015，24（1）：88-92.

[2] 林汝秀，林莹波. 独脚金提取物的抗炎镇痛作用及机制研究[J]. 中医药导报，2017，23（20）：63-65.

【临床参考文献】

[1] 李国伟，张贵锋. 独脚金联合双歧杆菌四联活菌片治疗小儿消化不良[J]. 现代中西医结合杂志，2014，23（20）：2256-2258.

[2] 李永浩. 独脚金治疗恶性肿瘤化疗后食欲减退的临床观察[J]. 中国医药导报，2010，7（29）：134.

[3] 江毅文. 健儿汤治小儿积滞[J]. 新中医，1994，26（7）：48.

12. 地黄属 Rehmannia Libosch. ex Fisch. et C. A. Mey.

多年生草本，植物体被多细胞长柔毛和腺毛。根茎肉质。茎直立，单一或自基部分枝。叶具柄，在茎上互生或同时有基生叶存在，在顶端的常缩小成苞片，叶形变化很大，边缘具齿或浅裂，通常被毛。小苞片缺失或存在，存在时通常为2枚；花具短梗，单生于叶腋或有时在顶部排列成总状花序；萼卵状钟形，5浅裂，大小不等；花冠紫红色或黄色，筒状，稍弯或伸直，筒部一侧稍扩大，多少背腹扁，裂片通常5枚，二唇形，下唇基部有2褶直达筒的基部。蒴果具宿萼，室背开裂。种子小，具网眼。

约6种，分布于东亚。中国6种，分布于西北部、西南部、中部至北部各地，法定药用植物1种。华东地区法定药用植物1种。

869. 地黄（图869）• *Rehmannia glutinosa*（Gaetn.）Libosch. ex Fisch. et C. A. Mey.

【别名】胡面莽、生地、蜜罐果、婆婆丁、野生地、野地黄（江苏）。

【形态】多年生草本。块根肉质肥厚，橙黄微带红色。茎直立，高10～30cm，密被灰白色多细胞长柔毛和腺毛。叶通常在茎基部集成莲座状，向上则缩小成苞片，或逐渐缩小而在茎上互生；叶片卵形

图 869　地黄　　　　摄影　郭增喜等

至长椭圆形，上表面绿色，皱缩，下表面略带紫色或呈紫红色，长 2～12cm，宽 1～6cm，边缘具不规则圆齿或钝锯齿；叶脉在上表面凹陷，下表面隆起。花梗细弱，长 0.5～3cm，弯曲而后上升，在顶部略排列成总状花序，或几全部单生叶腋而分散在茎上；萼钟状，长 1～1.5cm，5 裂，裂片三角形，密被多细胞长柔毛和白色长毛，具 10 条隆起的脉，萼齿长圆状披针形或卵状披针形；花冠长 3～4.5cm；花冠筒多少弓曲，外面紫红色，内面黄色有紫斑。蒴果卵形至长卵形，长 1～1.5cm。花期 4～6 月，果期 7～8 月。

【生境与分布】生于海拔 1100m 以下的砂质壤土、荒山坡、山脚、墙边、路旁等处。分布或栽培于山东、江苏、浙江，另辽宁、湖北、甘肃、内蒙古、河南、河北、山西、陕西等地均有分布或栽培。

【药名与部位】地黄，块根。地黄叶，叶。

【采集加工】地黄：秋季采挖，除去芦头、须根及泥沙，鲜用者为"鲜地黄"；或烘至约八成干，至内部呈棕黑色，习称"生地黄"。地黄叶：初秋采摘，除去杂质，晒干。

【药材性状】鲜地黄：呈纺锤形或条状，长 8～24cm，直径 2～9cm。外皮薄，表面浅红黄色，具弯曲的纵皱纹、芽痕、横长皮孔样突起及不规则疤痕。肉质，易断，断面皮部淡黄白色，可见橘红色油点，木质部黄白色，导管呈放射状排列。气微，味微甜、微苦。

生地黄：多呈不规则的团块状或长圆形，中间膨大，两端稍细，有的细小，长条状，稍扁而扭曲，长 6～12cm，直径 2～6cm。表面棕黑色或棕灰色，极皱缩，具不规则的横曲纹。体重，质较软而韧，不易折断，断面棕黑色或乌黑色，有光泽，具黏性。气微，味微甜。

地黄叶：多皱缩，破碎。完整叶展开后呈长椭圆形，长 3～10cm，宽 1.5～5cm，灰绿色，被灰白色柔毛及腺毛，先端钝，基部渐狭，下延成长柄，边缘有不整齐钝齿，质脆、气微、味淡。

【质量要求】 地黄：体质柔实，肉感明显。

【药材炮制】 鲜地黄：用时取鲜原药，除去杂质，洗净，切段。生地黄：除去杂质，洗净，润润，切厚片，干燥。生地黄炭：取生地黄，炒至浓烟上冒，表面鼓起而呈炭黑色，内部棕褐色时，微喷水，灭尽火星，取出，晾干。熟地黄：取以水润软的生地黄，置适宜容器内，蒸 6～8h，焖过夜，至内外均滋润黑色时，取出，晾至七八成干，干燥；或取生地黄，加黄酒拌匀，闷透炖至酒吸尽，取出，晾晒至外皮黏液稍干时，切厚片或块，干燥。炒熟地黄：取熟地黄饮片，炒至微鼓起时，取出，摊凉，筛去灰屑。熟地黄炭：取熟地黄，炒至浓烟上冒，表面鼓起而呈焦黑色，内部棕褐色时，微喷水，灭尽火星，取出，晾干。地黄叶：除去杂质，搓碎。

【化学成分】 块根含环烯醚萜类：筋骨草醇（ajugol）、梓醇（catalpol）、10-去氧杜仲醇（10-deoxyeucommiol）、地黄新萜 H（frehmaglutoside H）、8-表番木鳖酸（8-epiloganic acid）、6-O-香草酰基筋骨草醇（6-O-vanilloylajugol）、胶地黄呋喃醛二甲缩醛（jiofuraldehyde dimethyl acetal）、6-O-反式-阿魏酰基筋骨草醇（6-O-trans-feruloylajugol）、6-O-（4″-O-α-L-吡喃鼠李糖基）香草酰筋骨草醇[6-O-(4″-O-α-L-rhamnopyranosyl)vanilloylajugol]、6-O-裂环羟基筋骨草醇（6-O-seco-hydroxyaeginetoylajugol）[1]、6-O-E-阿魏酰筋骨草醇（6-O-E-feruloylajugol）[2]、地黄新苷 L（rehmaglutoside L）、(8S)-7,8-二氢京尼平苷 [(8S)-7,8-dihydrogeniposide]、单假蜜蜂花苷（monomelittoside）、玉叶金花苷（mussaenoside）[3]、地黄素 A、B、C、D（rehmaglutin A、B、C、D）[4]、益母草苷（leonuride）、假蜜蜂花苷（melittoside）、二氢梣木苷（dihydrocornin）、氯化梓醇（glutinoside）[5]、京尼平苷酸（geniposidic acid）、京尼平苷（geniposide）、6-O-裂羟基野菰内酯基筋骨草醇（6-O-secohydroxyaeginetoylajugol）[6]、野菰内酯基筋骨草醇-5″-O-β-D-鸡纳糖苷（aeginetoylajugol-5″-O-β-D-quinovoside）[7]、5-去氧龙头花苷（5-deoxyantirrhinoside）、5-去氧野芝麻醇（5-deoxylamiol）、野芝麻醇（lamiol）、栀子新苷（gardoside）、京尼平-龙胆二糖苷（genipin-gentiobioside）、美洲京尼帕木苷 C（genameside C）、6β-羟基-2-氧杂双环[4.3.0]Δ$^{8-9}$-壬烯-1-酮{6β-hydroxy-2-oxabicyclo[4.3.0]Δ$^{8-9}$-nonen-1-one}、焦地黄素 D、E（jioglutin D、E）[8]、桃叶珊瑚苷（aucubin）、地黄苷 A、B、C、D（rehmannioside A、B、C、D）[9]、6-O-Z-阿魏酰筋骨草醇（6-O-Z-feruloylajugol）、筋骨草苷（ajugoside）、6-O-对香豆酰筋骨草醇（6-O-p-coumaroylajugol）、胶地黄苷 A、B、C（jioglutoside A、B、C）[10]和胶地黄素 F（jioglutin F）[11]；苯乙醇类：益母草诺苷 F（leonoside F）、松果菊苷（echinacoside）、对羟基苯乙醇苷（4-hydroxyphenylglycolate）、地黄苷（rehmannioside）、毛蕊花糖苷（verbascoside）、异毛蕊花糖苷（isoverbascoside）[1]、酪醇（tyrosol）、异角胡麻苷（isomartynoside）、异地黄苷（isorehmannioside）、洋地黄叶苷 C（purpureaside C）、焦地黄苯乙醇苷 A$_1$、B$_1$（jionoside A$_1$、B$_1$）、达伦代黄芩苷 A（darendoside A）[2]、角胡麻苷（martynoside）、黄花香茶菜苷（sculponiside）、2-苯乙基-O-β-D-吡喃木糖基-(1→6)-β-D-吡喃葡萄糖苷[2-phenylethyl-O-β-D-xylopyranosyl-(1→6)-β-D-glucopyranoside]、焦地黄苯乙醇苷 D（jionoside D）、去乙酰角胡麻苷（deacyl martynoside）、3,4-二羟基-β-苯乙基-O-α-L-吡喃鼠李糖基-(1→3)-O-β-D-吡喃半乳糖基-(1→6)-4-O-咖啡酰基-β-D-吡喃葡萄糖苷[3,4-dihydroxy-β-phenethyl-O-α-L-rhamnopyranosyl-(1→3)-O-β-D-galacopyranosyl-(1→6)-4-O-caffeoyl-β-D-glucopyranoside][8]、天人草苷 A（leucosceptoside A）、红景天苷（salidroside）[8,12]、地黄苷 A、C（rehmaionoside A、C）[12]、3,4-二羟基苯乙醇（3,4-hydroxyphenyl alcohol）、苯乙醇-8-O-β-D-葡萄糖苷（phenylethyl-8-O-β-D-glucopyranoside）、肉苁蓉苷 C、D（cistanoside C、D）、异肉苁蓉苷 F（isocistanoside F）、焦地黄苯乙醇苷 C（jionoside C）、庭芥欧夏至草苷（alyssonoside）、海州常山苷（clerodendronoside）[13]、去咖啡酰基毛蕊花糖苷（decaffeoyl acteoside）[14]、焦地黄苯乙醇苷 A、B（jionoside A、B）、肉苁蓉苷 A（cistanoside A）[15]和肉苁蓉苷 F（castanoside F）[13,15]；木脂素类：地黄新木脂素 A、B（rehmalignan A、B）、反式橄榄树脂素（transolivil)、(7R, 8S)-4, 9, 3'- 三羟基 -3- 甲氧基 -7, 8- 二氢苯骈呋喃 -1'- 丙醛基新木脂素 [(7R, 8S)-4, 9, 3'-trihydroxy-3-methoxy-7, 8-dihydrobenzofuran-1'-propionaldehyde neolignan][1]、(7R, 8S)-4, 9- 二羟基 -3, 3'- 二甲氧基 -7, 8- 二氢苯并呋喃 -1'- 丙醛新木脂素 [(7R, 8S)-4, 9-dihydroxy-3, 3'-dimethoxy-7, 8-dihydrobenzofuran-1'-propanalneolignan][3]、(7R, 8S, 7'R, 8'S)-4, 9, 4', 9'- 四羟基 -3, 3'- 二甲氧基 -7, 7'- 环氧木脂素 -9-O-β-D- 吡喃葡萄糖苷 [(7R, 8S, 7'R, 8'S)-4, 9, 4', 9'-tetrahydroxy-3, 3'-dimethoxy-7, 7'-epoxylignan-9-O-β-D-glucopyranoside]、1-(4- 甲基 -2- 呋喃基)-2-(5- 甲基 -5- 乙烯基 -2- 四氢呋喃基)- 丙烷 -1- 酮 [1-(4-methyl-2-furanyl)-2-(5-methyl-5-ethenyl-2-tetrahydrofuranyl)-propan-1-one][8]、落叶松树脂酚(lariciresinol)、落叶松树脂酚 -4'-O-β-D- 吡喃葡萄糖苷(lariciresinol-4'-O-β-D-glucopyranoside)、含生草脂素 D(hierochin D)和野木瓜苷 YM1(yemuoside YM1)[14];酚酸类:1, 2, 4- 苯三酚(1, 2, 4-benzenetriol)、香草酰吡喃鼠李糖酯苷(vanilloylrhamnopyranoside)、对羟基苯乙酸(p-hydroxyphenylacetic acid)、邻苯二甲酸二丁酯(dibutyl phthalate))[1]、苯基 -6-O-β-D- 吡喃木糖基 -O-β-D- 吡喃葡萄糖苷(phenyl-6-O-β-D-xylopyranosyl-O-β-D-glucopyranoside)[3],紫丁香酸 -4-O-α-L- 吡喃鼠李糖苷(syringic acid-4-O-α-L-rhamnopyranoside)、直葫苔苷(tachioside)、异直葫苔苷(isotachioside)、2- 甲氧基 -4- 甲基苯基 -O-β-D- 呋喃芹糖基 -(1→6)-β-D- 吡喃葡萄糖苷 [2-methoxy-4-methylphenyl-O-β-D-apiofuranosyl-(1→6)-β-D-glucopyranoside][8]、香草酸(vanillic acid)[14]和 2-[4- 羟基苯基]- 乙基二十六烷酸酯 {2-[4-hydroxyphenyl]-ethyl hexacosanoate}[16];苯丙素类:阿魏酸甲酯(methyl ferulate)、对羟基桂皮酸甲酯(methyl p-hydroxy cinnamate)、3- 甲氧基 -4- 羟基桂皮醛(3-methoxy-4-hydroxycinnamic aldehyde)[1],紫丁香苷(syringin)[3]、氢化阿魏酸(hydroferulic acid)[14]、阿魏酸(ferulic acid)[16]、3- 甲氧基 -4- 羟基桂皮醛(3-methoxy-4-hydroxycinnamic aldehyde)和松柏苷(coniferin)[17];生物碱类:蕨内酰胺(pterolactam)、3- 吲哚甲酸(3-indolecarboxylic acid)、4-[2'- 甲酰基 -5'-(羟甲基)-1H- 吡咯 -1- 基] 丁酸 {4-[2'-formyl-5'-(hydroxymethyl)-1H-pyrrole-1-yl] butanoic acid}、1, 2, 3, 4- 四氢 -β- 咔啉 -3- 羧酸(l, 2, 3, 4-tetrahydro-β-carboline-3-carboxylic acid)[1]、5- 羟甲基吡咯 -2- 甲醛(5-hydroxymethyl-pyrrole-2-carbaldehyde)[2]、地黄碱*A、B、C(rehmanalkaloid A、B、C)[3]、地黄定(rehmannidine)、1, 2, 5, 6- 四氢 -1- 甲基 -2- 氧代 -4- 吡啶乙酸(1, 2, 5, 6-tetrahydro-1-methyl-2-oxo-4-pyridine acetic acid)、1- 甲基 -1, 2, 3, 4- 四氢 -β- 咔啉 -3- 羧酸(1-methyl-1, 2, 3, 4-tetrahydro-β-carboline-3-carboxylic acid)[8]、7- 羟基异喹啉醇(7-isoquinolinol)、6- 甲基 -3- 吡啶醇(6-methyl-3-pyridinol)和 5- 羟基 -2- 吡啶甲醇(5-hydroxy-2-pyridinemethanol)[12];单萜/大柱香波龙烷类:地黄苦苷元 A(rehmapicrogenin A)、3- 甲氧基 -2, 6, 6- 三甲基环己 -1- 烯酸(3-methoxy-2, 6, 6-trimethylcyclohex-1-enecarboxylic acid)、三羟基 -β- 紫罗兰酮(trihydroxy-β-ionone)、地黄新萜 G(frehmaglutoside G)、裂环羟基野菰酸(secohydroxyaeginetic acid)、二羟基 -β- 紫罗兰酮(dihydroxy-β-ionone)[1]、5, 6- 二羟基 -β- 香堇酮(5, 6-dihydroxy-β-ionone)[2]、地黄苦苷元单甲酯(rehmapicrogenin monomethyl eater)、野菰酸(aeginetic acid)、地黄新素*A、B、C、D、E(frehmaglutin A、B、C、D、E)、新地黄苷*(neorehmannioside)、地黄大柱香波龙烷(rehmamegastigmane)[17]、氧化地黄苷 B(oxy-rehmaionoside B)[18]、地黄苦苷(rehmapicroside)、地黄紫罗兰苷 A、B、C(rehmaionoside A、B、C)[19]、胶地黄素 A、B、C(jioglutin A、B、C)、胶地黄呋喃(jiofuran)、胶地黄内酯(jioglutolide)[20] 和地黄苦苷元(rehmapicrogenin)[21];倍半萜类:野菰酸 -5-O-β-D- 鸡纳糖苷(aeginetic acid-5-O-β-D-quinovoside)[7]、二聚角蒿隆酮 A(diincarvilone A)[8] 和 1-(4- 甲基 -2- 呋喃基)-2-(5- 甲基 -5- 乙烯基 -2- 四氢呋喃基)- 丙 -1- 酮 [l-(4-methyl-2-furanyl)-2-(5-methyl-5-ethenyl-2-tetrahydrofuranyl)-propan-l-one][22];三萜类:地黄酸(glutinolic acid)[7]和地黄内酯 A(glutinosalactone A)[17];甾体类:β- 谷甾醇(β-sitosterol)、胡萝卜苷(daucosterol)、5α, 6β- 二羟基胡萝卜苷(5α, 6β-dihydroxy daucosterol)[1]和豆甾醇(stigmasterol)[16];核苷类:腺苷(adenosine)、鸟苷(guanosine)[1]、腺嘌呤(adenine)和尿嘧啶核苷(uridine)[12];脂肪酸及低碳烷酸类:9, 12, 13- 三羟基 -10- 十八烯酸(9, 12, 13-trihydroxy-10-octadecenoic acid)、油酸(oleic acid)[1]、十七烷酸(heptadecanoic acid)[12]、棕榈酸(palmitic acid)、4- 丁酸(4-butanoic acid)[17]和

丁二酸（succinic acid）[23]；呋喃类：地黄酮 A、B、C（rehmanone A、B、C）[24]；苯烷醇类：对苯乙醇（p-henylethyl alcohol）和苏式 -1-（4- 羟基 -3- 甲氧基苯基）-1, 2, 3- 丙三醇［threo-1-（4-hydroxy-3-methoxyphenyl）-1, 2, 3-propanetriol］[14]；糖类：地黄多糖 SA、SB（rehmannan SA、SB）[25]，地黄多糖 FS-I、FS-II（rehmannan FS-I、FS-II）[26]、D- 葡萄糖（D-glucose）、D- 半乳糖（D-galactose）、D- 果糖（D-fructose）、蔗糖（sucrose）、棉子糖（raffinose）、水苏糖（stachyose）、甘露三糖（mannotriose）、毛蕊花糖（verbascose）、D- 甘露醇（D-mannitol）[27] 和乙基 -β-D- 半乳糖苷（1-ethyl-β-D-galacetoside）[28]；呋喃类：5- 羟甲基糠醛（5-hydroxymethylfurfural）[2]；其他尚含：焦地黄脑苷酯（jio-cerebroside）[4] 和 D- 葡萄糖胺（D-glucosamine）[27]。

叶含三萜类：地黄酸（glutinolic acid）、齐墩果酸（oleanolic acid）、2β, 3β, 19α- 三羟基齐墩果 -12- 烯 -13, 28- 二酸（2β, 3β, 19α-trihydroxyolean-12-en-13, 28-dioic acid）、2α, 3β- 二羟基齐墩果 -12- 烯 -28- 酸（2α, 3β-dihydroxyolean-12-en-28-oic acid）、熊果酸（ursolic acid）、齐墩果酮酸（oleanonic acid）[29-31] 和地黄内酯 A、B、C（glutinosalactone A、B、C）[30, 31]；环烯醚萜类：8- 表马钱酸（8-epiloganic acid）、筋骨草醇（ajugol）、梓醇（catalpol）[29], 6-O- 香草酰基筋骨草醇（6-O-vanilloylajugol）和 6-O-E- 阿魏酰基筋骨草醇（6-O-E-feruloylajugol）[31]；酚酸类：对羟基苯乙醇（p-hydroxyphenylethyl alcohol）、3, 4- 二羟基苯乙醇（3, 4-dihydroxyphenvlethyl alcohol）[29]、龙胆酸（gentisic acid）、对羟基苯甲酸（p-hydroxybenzoic acid）、原儿茶酸（protocatechuic acid）、1, 2, 4- 三羟基苯（1, 2, 4-trihydroxybenzene）[29, 31] 和苯甲酸（benzoic acid）[32]；香豆素类：6, 7- 二羟基香豆素（6, 7-dihydroxycoumarin）[29, 31]；黄酮类：木犀草素 -7-O-β-D- 葡萄糖醛酸苷（luteolin-7-O-β-D-glucuronide）、香叶木素（diosmetin）、芹菜素（apigenin）和木犀草素（luteolin）[29, 31]；苯乙醇类：β- 羟基毛蕊花苷（β-hydroxyverbascoside）、松果菊苷（echinacoside）、毛蕊花苷（verbascoside）、异毛蕊花苷（isoverbascoside）、胶地黄诺苷 B_1（jionoside B_1）[29]，去咖啡酰基毛蕊花糖苷（decaffeoylacteoside）、焦地黄苯乙醇苷 B（jionoside B）和达伦代黄芩苷 B（darendoside B）[31]；甾体类：胡萝卜苷（daucosterol）和 β- 谷甾醇（β-sitosterol））[29, 31]；多元醇类：D- 甘露醇（D-mannitol）[32]；脂肪酸和低碳烷酸类：9, 12, 13- 三羟基 -10- 十八烯酸（9, 12, 13-trihydroxy-10-octadecenoic acid）[31] 和丁二酸（succinic acid）[32]。

地上部分含木脂素类：(+)-(7′S, 8S, 8′S)-9′-O-［β- 吡喃葡萄糖苷］- 芝麻酮 {(+)-(7′S, 8S, 8′S)-9′-O-［β-glucopyranoside］-sesaminone}[33] 和 (+) - (7S, 8S, 8′S) -9-O-［β-D- 葡萄糖基］- 阿斯利诺酮 {(+) - (7S, 8S, 8′S)-9-O-［β-D-glucopyranoyl］-asarininone}[34]；三萜类：2α, 3β, 19α, 23- 四羟基齐墩果 -12- 烯 -28- 酸（2α, 3β, 19α, 23-tetrahydroxyolean-12-en-28-oic acid）[33, 34] 和地黄内酯 A（glutinosalactone A）[33, 35]；大柱香波龙烷类：野菰酸（aeginetic acid）[33, 34]；黄酮类：7, 3′- 二羟基 -5′- 甲氧基异黄酮（7, 3′-dihydroxy-5′-methoxyisoflavone）[33, 34]、芹菜素（apigenin）、木犀草素（luteolin）和金圣草黄素（chrysoeriol）[33, 35]；苯丙素类：肉桂酸（cinnamic acid）[33]；酚酸类：3- 羟基 -4-［4-（2- 羟基乙基）- 苯氧基］苯甲醛 {3-hydroxy-4-［4-（2-hydroxyethyl）-phenoxy］benzaldehyde}、异香草酸（isovanillic acid）和焦儿茶酚（pyrocatechol）[35]；脂肪酸类：石珊瑚脂肪酸 B（corchorifatty acid B）和松油酸（pinellic acid）[34]。

叶愈伤组织含苯乙醇苷类：毛蕊花苷（verbascoside）、3, 4- 二羟基 -β- 苯乙基 -O-β-D- 吡喃葡萄糖基 -（1→3）-4-O- 咖啡酰基 -β-D- 吡喃葡萄糖苷［3, 4-dihydroxy-β-phenethyl-O-β-D-glucopyranosyl-（1→3）-4-O-caffeoyl-β-D-glucopyranoside］和 3, 4- 二羟基 -β- 苯乙基 -O-β-D- 吡喃葡萄糖基 -（1→3）-O-α-L- 吡喃鼠李糖基 -（1→6）-4-O- 咖啡酰基 -β-D- 吡喃葡萄糖苷［3, 4-dihydroxy-β-phenethyl-O-β-D-glucopyranosyl-（1→3）-O-α-L-rhamnopyranosyl-（1→6）-4-O-caffeoyl-β-D-glucopyranoside］[36]；木脂素类：连翘酯苷（forsythiaside）[36]。

【药理作用】1. 改善记忆　块根水提取物通过提高 C-fos 和神经生长因子在海马的表达，调节脑组织谷氨酸（GGO）和 γ- 氨基丁酸（GABA）含量，提高 N- 甲基 -D- 天冬氨酸受体和 γ- 氨基丁酸在海马的表达，抑制血浆皮质酮含量和海马糖皮质激素受体表达，改善氯化铝拟痴呆小鼠模型和谷氨酸单钠毁损下丘脑弓状核痴呆大鼠的学习记忆能力，并可延长跳台实验潜伏期，减少错误次数，缩短水迷宫实验寻台时间[1-3]；根中提取的活性成分梓醇（catalpol）可使模型小鼠大脑中谷胱甘肽过氧化物酶（GSH-Px）、超氧化物歧化酶（SOD）含量升高，丙二醛（MDA）含量降低，并使谷胱甘肽硫转移酶（GSTs）、谷氨酸合成酶、肌酸激酶（CK）、乳酸脱氢酶（LDH）等指标恢复正常[4]；根乙醇浓缩提取的地黄寡糖可剂量依赖性地增强缺血再灌注损伤大鼠的学习记忆能力，降低海马葡萄糖（GLU）含量，提高海马磷酸化细胞信号调节激酶2（p-ERK2）含量[5]以及提高海马乙酰胆碱含量[6]；根的水提取物可显著改善卵巢去势大鼠的学习能力减退，降低海马内胱天蛋白酶-3（caspase-3）的含量和活性，抑制细胞核DNA降解[7]。

2. 抗抑郁　根的乙醇提取物及其药渣提取物通过小鼠的悬尾试验、强迫游泳实验和开场实验发现两者均有抗抑郁作用，其作用机制可能涉及单胺能神经系统[8]；根水提取物对慢性轻度不可预见性应激抑郁小鼠具有抗抑郁作用，在2.5g/kg剂量时可恢复该模型小鼠的运动机能，而5g/kg剂量无此作用，此外，根提取物还可减轻抑郁小鼠的胃溃疡程度，抗氧化作用是其抗抑郁作用的机制之一，可使总的抗氧化能力，以及谷胱甘肽（GSH）、超氧化物歧化酶和过氧化氢酶（CAT）的含量提高，使肝中丙二醛（MDA）含量降低[9]。3. 保护神经元　从根提取的梓醇给砂土鼠分别腹腔注射1mg/kg、5mg/kg和10mg/kg剂量可抑制局部缺血再灌注损伤砂土鼠模型的CA1海马神经元的损失，在行为学测试中可减少活动错误，无论是缺血后的较短时间（12天）还是较长时间（35天），其神经保护作用依然存在[10]；梓醇在体外通过抑制自由基的产生提高抗氧化能力，对缺糖缺氧再灌注诱导的原代培养星形胶质细胞损伤具有防治作用[11]；梓醇通过上调衰老大鼠海马突触前蛋白质水平及蛋白激酶C（PKC）和脑源性神经营养因子（BDNF）水平，对提高衰老大鼠海马神经可塑性发挥一定的作用[12]；梓醇还能防止MPP^+对线粒体复合物I的抑制作用以及线粒体膜势能下降，降低脂质过氧化物的含量以及提高谷胱甘肽过氧化物酶和超氧化物歧化酶的含量[13]；梓醇对脂多糖（LPS）诱导的中脑神经胶质细胞损伤也具有防治作用，其机制与抑制脂多糖诱导小鼠神经胶质细胞激活以及降低促炎性细胞因子如肿瘤坏死因子-α（TNF-α）和一氧化氮（NO）的释放有关[14]；根中提取的地黄寡糖用4mg/L、20mg/L及100mg/L浓度预处理可使葡萄糖损伤的细胞存活率由70.4%分别上升为77.8%、85.2%、92.6%，同时也改善了神经细胞形态并减少乳酸脱氢酶（LDH）的漏出，提示地黄寡糖对葡萄糖引起的神经元损伤有保护作用，这种保护作用可能与其抑制神经元对葡萄糖的过度摄入有关[15]。4. 免疫调节　鲜根汁和鲜根水提取物给醋酸泼尼松龙诱导的免疫低下小鼠灌胃，能增强类阴虚小鼠的脾淋巴细胞碱性磷酸酶的表达；鲜根汁对甲状腺素造成的小鼠阴虚模型可增强刀豆蛋白A（ConA）诱导的脾淋巴细胞增殖能力；根水提取物对类阴虚小鼠的脾脏B淋巴细胞功能也有明显的增强作用[16]；从根提取的活性成分地黄苷A（rehmannioside A）可明显提高免疫功能低下小鼠的血清溶血素水平，增强小鼠迟发性变态反应，而对腹腔巨噬细胞吞噬指数和吞噬系数无明显影响[17]。

5. 保护心肌　根水提取液浓缩物可对抗L-甲状腺素诱导的大鼠心肌肥厚，抑制心、脑线粒体Ca^+、Mg^{2+}-腺苷三磷酸（ATP）酶活性，从而保护心脑组织避免腺苷三磷酸酶耗竭和缺血损伤[18]；根水提取物通过抑制caspase-3的激活、上调Bcl-2表达和下调Bax表达，提高Mn-超氧化物歧化酶表达，防治脂质过氧化，提高细胞内还原型谷胱甘肽的含量对阿霉素致H9C2心肌细胞损伤具有防治作用[19]；从根提取的浸膏对缺氧大鼠的心、脑、肾线粒体有明显的保护作用，并呈剂量依从关系，其中对肾脏的保护作用相对心、脑较强[20]；根中提取的地黄寡糖还可诱导骨髓间充质干细胞定向分化为心肌样细胞，与5-氮胞苷联合应用后其诱导MSCs内心肌特异性物质表达的作用较单药更强[21]。6. 抗脑缺血　根茎水提取物可抑制异丙肾上腺素造成的大鼠脑缺血模型中Ca^+，Mg^{2+}-腺苷三磷酸酶含量升高，防止脑组织缺血损伤和腺苷三磷酸酶耗竭[22]。7. 抗血小板聚集　根水提取物可显著降低肾上腺素结合冰水浴建立的急性血瘀症模型大鼠的血液流变学相关指标，延长凝血酶时间、凝血活酶时间和凝血酶原时间，降低纤维蛋白原含量，提示水提取物通过降低红细胞压积和红细胞沉积、缩短血小板聚集时间、延长凝血酶时间和降低纤维蛋白原含量，改善急性血瘀症大鼠的血液流变性和凝血功能[23]。8. 调节血压　根水提取物对急性、实验性高血压大鼠有明显降血压作用，而对正常大鼠血压则有稳定作用，从而显示地黄对血压有双向调节作用[24]。

9. 调节血脂　根中提取的地黄寡糖可降低食饵性高脂所致2型糖尿病伴高血脂大鼠的脂质代谢紊乱，降低2型糖尿病伴高血脂大鼠甘油三酯（TG）、胆固醇（TC）、低密度脂蛋白（LDL）含量，升高高密度脂蛋白（HDL）含量[25]。10. 降血糖　根水提取液可使高热量饲料加链脲佐菌素建立的2型糖尿病模型大鼠resistin基因mRNA和蛋白质表达显著降低，各治疗组空腹血浆葡萄糖（FPG）、空腹胰岛素（FINS）、甘油三酯、低密度脂蛋白的含量及胰岛素抵抗指数（IR）显著降低，而高密度脂蛋白则显著升高，提示根水提取液通过抑制脂肪组织抵抗素基因的表达，降低血胰岛素抵抗水平、改善脂代谢紊乱，从而降低2型糖尿病大鼠的血糖[26,27]；根中提取的地黄寡糖在高、低剂量下可增加长期高脂肪饲料饲养加小剂量链脲佐菌素诱导的2型糖尿病雌性大鼠的体重和脾脏重量，并均可增加外周血白细胞和淋巴细胞数量，以高剂量组最为明显，并有增加血小板和单核细胞数量的趋势，此外，黄寡糖可增加血浆胰岛素含量，促进2型糖尿病大鼠胰岛细胞形态恢复，可影响2型糖尿病大鼠的体重和脾脏重量，促进外周血细胞和胰岛恢复，提高胰岛素水平[28]；地黄寡糖对去胸腺大鼠及老年大鼠受损的糖代谢也有改善作用，可基本逆转去胸腺大鼠糖代谢变化，使之向正常发展，使肝糖原由高向正常转化，使去胸腺大鼠血浆胰岛素含量恢复正常，使血浆皮质酮含量恢复上升，可逆转因去胸腺引起的脾淋巴细胞增殖下降等变化[29,30]；地黄寡糖能促进胰岛素抵抗HepG2细胞中的PPAR-α、IR、GLUT4 mRNA的表达，能够明显降低GLUT2基因mRNA的表达。提示地黄寡糖对HepG2胰岛素抵抗具有明显的改善作用[31]；根中提取分离的地黄苷D（rehmannioside D）可使阴虚模型小鼠体重明显增加、血浆腺苷-3',5'-环化-磷酸（cAMP）含量明显降低，可明显升高血虚模型小鼠白细胞数、血小板数、网织红细胞数和骨DNA含量及体重[32]；根中提取的梓醇以200mg/kg、100mg/kg、50mg/kg剂量灌胃能明显降低四氧嘧啶致糖尿病小鼠的血糖含量、改善糖耐量和血脂水平，并呈剂量依赖关系，提示提取的梓醇对四氧嘧啶所致糖尿病小鼠有显著的降血糖作用[33]。11. 护肺　块根中成分能抑制大鼠肺间质成纤维细胞ColⅠ、ColⅢ的表达，是其对肺纤维化起治疗作用的机制之一[34]。12. 保护胃黏膜　块根水提取物胃饲6g/kg剂量或用乙醇除杂质的水提取物均能显著保护大鼠胃黏膜免受随后给予无水乙醇所致的损伤，先胃饲无水乙醇后经十二指肠注射12g/kg用乙醇除杂质的水提取物，能显著减轻胃黏膜损伤，其保护机制可能与胃黏膜内辣椒辣素敏感神经元传入冲动增多有关[35]。13. 抗肿瘤　根提取分离的地黄多糖b（RPS-b）可明显提高正常小鼠T淋巴细胞的增殖反应能力，促进白细胞介素-2（IL-2）的分泌，腹腔注射或灌胃给药可抑制实体瘤S的生长，腹腔注射给药对肺癌Lewis细胞、黑素瘤B16细胞和肝癌H22细胞的生长也有抑制作用，同时地黄多糖b在体外对S180细胞和HL60细胞具有直接的细胞毒作用，其机制是增强机体的细胞免疫功能而抑制肿瘤的生长[36]；从根提取的多糖中分离的低分子量地黄多糖（LRPS）对小鼠肺癌Lewis细胞的生长有明显的抑制作用，可使小鼠肺癌Lewis细胞内的p53基因和c-fos基因表达明显增加，c-myc基因表达明显减少[37,38]。14. 调节肾功能　根水提取物对缺血再灌注诱导的大鼠急性肾衰竭具有防治作用，可缓解缺血再灌注使肾水通道蛋白2表达下调导致的多尿症状，使模型大鼠肾髓质和皮质中Na^+、K^+-腺苷三磷酸酶α_1和β_1亚型的表达恢复正常，此外还可使模型大鼠血COX-1的表达上调降低[39]；根提取物对阿霉素肾病大鼠的肾脏有一定的保护作用，其机制与下调肾组织纤维连接蛋白的表达、抑制肾小球系膜过度增殖有关[40]。15. 抗氧化　从根提取的梓醇可使D-半乳糖致衰老小鼠的肝和脾中谷胱甘肽（GSH）、超氧化物歧化酶、谷胱甘肽过氧化物酶和丙二醛含量恢复正常，同时还能改善小鼠肝或脾中能量代谢障碍[41]。

【性味与归经】地黄：鲜地黄甘、苦，寒。归心、肝、肾经。生地黄甘，寒。归心、肝、肾经。地黄叶：甘、淡，寒。归心、肝、肾经。

【功能与主治】地黄：鲜地黄清热生津，凉血，止血。用于热病伤阴，舌绛烦渴，温毒发斑，吐血，衄血，咽喉肿痛。生地黄清热凉血，养阴，生津。用于热病舌绛烦渴，阴虚内热，骨蒸劳热，内热消渴，吐血，衄血，发斑发疹。地黄叶：益气养阴，补肾，活血。用于少气乏力，面色无华，口干咽燥，气阴两虚证。外用于恶疮，手足癣。

【用法与用量】地黄：鲜地黄 12～30g；生地黄：9～15g。地黄叶：煎服 10～20g；外用适量，捣汁涂或揉搓。

【药用标准】地黄：药典 1963—2015、浙江炮规 2015、贵州药材 1965、新疆药品 1980 二册、香港药材三册和台湾 2013；地黄叶：北京药材 1998。

【临床参考】1. 中风后遗症：块根 20g，加山茱萸、茯苓各 12g，麦冬 15g，五味子、远志、石菖蒲、西洋参、巴戟天、铁皮石斛各 6g，肉苁蓉 10g，肉桂 2g，水煎 2 次取 200ml，分 2 次服[1]。

2. 糖尿病周围神经病变：块根 12g，制成熟地黄，加山茱萸、山药各 12g，牡丹皮、泽泻、茯苓各 5g，金银花、玄参各 30g，当归 18g，甘草 15g，三七 9g，水煎服，每日 1 剂，分早、中、晚饭后用，30 天 1 疗程，连服 2 疗程[2]。

3. 百草枯中毒：全草 500g，文火水煎 1h，每次 1 剂，每日 3 次，配合常规治疗[3]。

4. 阿尔茨海默病：块根 12g，制成熟地黄，加紫河车 4.5g，丹参、龟甲胶、茯神各 15g，石菖蒲、益智仁各 12g，水煎服，每日 1 剂，治疗 6 个月，同时盐酸多奈哌齐片口服，每次 5～10mg，每日 1 次[4]。

5. 干眼症：块根制成熟地黄，加枸杞子、菊花、山茱萸、牡丹皮、山药、茯苓、泽泻制成杞菊地黄丸，口服，每次 8 粒，每日 3 次，10 天 1 个疗程，连用 3 个疗程[5]。

6. 风湿性关节炎、类风湿性关节炎：块根 90g，水煎服。（《浙江药用植物志》）

【附注】本种始载于《神农本草经》。《名医别录》云："生咸阳川泽，黄土地者佳，二月、八月采根。"《本草图经》云："二月生叶，布地便出似车前，叶上有皱纹而不光，高者及尺余，低者三四寸。其花似油麻花而红紫色，亦有黄花者。其实作房如连翘，子甚细而沙褐色。根如人手指，通黄色，粗细长短不常，二月、八月采根。"《本草衍义》云："叶如甘露子，花如脂麻花，但有细斑点，北人谓之牛奶子。花、茎有微细短白毛。"《本草纲目》载："今人惟以怀庆地黄为上。亦各处随时兴废不同尔。地黄初生塌地。叶如山白菜而毛涩，叶面深青色，又似小芥叶而颇厚，不叉丫。叶中撺茎，上有细毛。茎梢开小筒子花，红黄色，结实如小麦粒。根长三四寸，细如手指，皮赤黄色，如羊蹄根及胡罗卜根。"即为本种。所述根细如手指者，系指野生品，现河南等地栽培者，根粗壮肥厚。

药材生地黄胃虚食少，脾虚有湿者慎用；熟地黄脾胃虚弱，气滞痰多，腹满便溏者禁服。

【化学参考文献】

[1] 李孟. 生地黄化学成分研究[D]. 郑州：河南中医学院硕士学位论文，2014.

[2] 李行诺，周孟宇，沈培强，等. 生地黄化学成分研究[J]. 中国中药杂志，2011，36（22）：3125-3129.

[3] Li M，Wang X，Zhang Z，et al. Three new alkaloids and a new iridoid glycoside from the roots of *Rehmannia glutinosa*[J]. Phytochem Lett，2017，21：157-162.

[4] Kitagawa I，Fukuda Y，Taniyama T，et al. Chemical studies on crude drug processing VII. on the constituents of *Rehmanniae radix*.（1）：absolute stereostructures of rehmaglutins A，B，and D isolated from Chinese *Rehmanniae radix* the dried root of *Rehmannia glutinosa* Libosch.[J]. Chem Phorm Bull，1991，39（5）：1171-1176.

[5] Kitagawa I，Fukuda Y，Taniyama T，et al. Chemical studies on crude drug processing VIII. on the constituents of *Rehmanniae radix*.（2）：absolute stereostructures of rehmaglutin C and glutinoside isolated from Chinese *Rehmanniae radix*，the dried root of *Rehmannia glutinosa* Libosch.[J]. Chem Phorm Bull，1995，43（7）：1096-1100.

[6] Fu G M，Shi S P，Fanny C F，et al. A new carotenoid glycoside from *Rehmannia glutinosa*[J]. Natural Product Letters，2011，25（13）：1213-1218.

[7] Lee S Y，Kim J S，Choi R J，et al. A new polyoxygenated triterpene and two new aeginetic acid quinovosides from the roots of *Rehmannia glutinosa*[J]. Chem Phorm Bull，2011，59（6）：742-746.

[8] 刘彦飞，梁东，罗桓，等. 地黄的化学成分研究[J]. 中草药，2014，45（1）：16-22.

[9] Oshio H，Inouye H. Iridoid glycosides of *Rehmannia glutinosa*[J]. Phytochemistry，1982，21（1）：133-138.

[10] Moroto T，Sasaki H，Nishimura H，et al. Chemical and biological studies on *Rehmanniae radix*. Part 4. two iridoid glycosides from *Rehmannia glutinosa*[J]. Phytochemistry，1989，28（8）：2149-2153.

[11] Moroto T，Sasaki H，Sugama K，et al. Chemical and biological studies on *Rehmanniae radix*. Part 6. two nonglycosidic

iridoids from *Rehmannia glutinosa*［J］．Phytochemistry，1990，29（2）：523-526．
［12］郭丽娜，白皎，裴月湖．生地黄化学成分的分离与鉴定［J］．沈阳药科大学学报，2013，30（7）：506-508．
［13］高映，彭财英，陈祥云，等．鲜地黄中苯乙醇类化合物分离与鉴定［J］．中药材，2017，40（9）：2073-2076．
［14］Feng W，Lv Y，Zheng X，et al. A new megastigmane from fresh roots of *Rehmannia glutinosa*［J］．Acta Pharm Sin B，2013，3（5）：333-336．
［15］Sasaki H，Nishimura H，Morota T，et al. Immunosuppressive principles of *Rehmannia glutinosa* var. *hueichingensis*［J］．Planta Med，1989，55（5）：458-462．
［16］孟洋，彭柏源，毕志明，等．生地黄化学成分研究［J］．中药材，2005，28（4）：293-294．
［17］冯卫生，李孟，郑晓珂，等．生地黄化学成分研究［J］．中国药学杂志，2014，49（17）：1496-1502．
［18］Liu Y F，Liang D，Luo H，et al. Ionone glycosides from the roots of *Rehmannia glutinosa*［J］．J Asian Nat Prod Res，2014，16（1）：11-19．
［19］Yoshikawa M，Fukuda Y，Taniyama T，et al. Absolute configurations of rehmaionosides A，B，and C and rehmapicroside three new ionone glucosides and a new monoterpene glucoside from *Rehmanniae Radix*［J］．Chem Pharm Bull，1986，34（5）：2294-2297．
［20］Moroto T，Nishimura H，Sasaki H，et al. Chemical and biological studies on *Rehmanniae Radix*. Part 5. Five cyclopentanoid monoterpenes from *Rehmannia glutinosa*［J］．Phytochemistry，1989，28（9）：2385-2391．
［21］Sasaki H，Morota T，Nishimura H，et al. Chemical and biological studies on *Rehmanniae Radix*. Part 8. norcarotenoids of *Rehmannia glutinosa* var. *hueichingensis*［J］．Phytochemistry，1991，30（6）：1997-2001．
［22］Oshima Y，Tanaka K，Hikino H. Sesquiterpenoid from *Rehmannia glutinosa* roots［J］．Phytochemistry，1993，33（1）：233-234．
［23］倪慕，边宝林．干地黄化学成分的研究［J］．中国中药杂志，1992，17（5）：297-298．
［24］Li Y S，Chen Z J，Zhu D Y. A novel bis-furan derivative，two new natural furan derivatives from *Rehmannia glutinosa* and their bioactivity［J］．Nat Prod Res，2005，19（2）：165-170．
［25］Tomoda M，Miyamoto H，Shimizu N，et al. Characterization of two polysaccharides having activity on the reticuloendothelial system from the root of *Rehmannia glutinosa*［J］．Chem Pharm Bull，1994，42（3）：625-629．
［26］Tomoda M，Miyamoto H，Shimizu N，et al. Two acidic polysaccharides having reticuloendothelial system-potentiating activity from the raw root of *Rehmannia glutinosa*［J］．Biol Pharm Bull，1994，17（11）：1456-1459．
［27］Tomoda M，Kato S，Onuma M. Water-soluble constituents of *Rehmanniae Radix*. I. carbohydrates and acids of *Rehmannia glutinosa* f. *hueichingensis*［J］．Chem Pharm Bull，1971，19（7）：1455-1460．
［28］吴寿金，徐实枚，李雅臣，等．怀庆地黄化学成分的研究［J］．中草药，1984，15（7）：6-8．
［29］张艳丽，冯志毅，郑晓珂，等．地黄叶的化学成分研究［J］．中国药学杂志，2014，49（1）：15-21．
［30］Zhang Y L，Feng W S，Zheng X K，et al. Three new ursane-type triterpenes from the leaves of *Rehmannia glutinosa*［J］．Fitoterapia，2013，89：15-19．
［31］张艳丽．地黄叶的化学成分研究［D］．哈尔滨：黑龙江中医药大学博士学位论文，2013．
［32］周燕生，倪慕云．鲜地黄叶化学成分的研究［J］．中国中药杂志，1994，19（3）：162-163，191．
［33］邹妍．地黄地上部分化学成分的研究［D］．哈尔滨：黑龙江中医药大学硕士学位论文，2015．
［34］张蕾，邹妍，续洁琨，等．地黄地上部分化学成分的研究［J］．中国中药杂志，2015，40（16）：3214-3219．
［35］邹妍，张蕾，续洁琨，等．地黄地上部分中一个新苯甲醛类化合物［J］．中国中药杂志，2015，40（7）：1316-1319．
［36］Shoyama Y，Matsumoto M，Nishioka I. Four caffeoyl glycosides from callus tissue of *Rehmannia glutinosa*［J］．Phytochemistry，1986，25（7）：1633-1636．

【药理参考文献】

［1］崔瑛，侯士良，颜正华，等．熟地黄对动物学习记忆障碍及中枢氨基酸递质、受体的影响［J］．中国中药杂志，2003，28（9）：862．
［2］崔瑛，侯士良，颜正华，等．熟地黄对毁损下丘脑弓状核大鼠学习记忆及海马c-fos、NGF表达的影响［J］．中国中药杂志，2003，28（4）：362．
［3］崔瑛，颜正华，侯士良，等．熟地黄对毁损下丘脑弓状核大鼠学习记忆及下丘脑-垂体肾上腺-海马轴的影响［J］．

中药材，2004，27（8）：589-592.

[4] Zhang X L，An L J，Bao Y M，et al. d-galactose administration induces memory loss and energy metabolism disturbance in mice: protective effects of catalpol [J]. Food & Chemical Toxicology，2008，46（8）：2888-2894.

[5] 杨菁，石海燕，李莹，等. 地黄寡糖对脑缺血再灌注所致痴呆大鼠学习记忆功能的影响 [J]. 中国药理学与毒理学杂志，2008，22（3）：165-169.

[6] 石海燕，李莹，史佳琳，等. 地黄寡糖对血管性痴呆大鼠学习记忆能力及海马乙酰胆碱的影响 [J]. 中药药理与临床，2008，24（2）：27-29.

[7] 李龙宣，赵斌，许志恩，等. 熟地黄对去势大鼠海马神经元凋亡的抑制作用 [J]. 华中科技大学学报（医学版），2006，35（6）：751-754.

[8] 王君明，冯卫生，崔瑛，等. 地黄醇提物及其药渣水提物抗抑郁作用的比较研究 [J]. 中国药学杂志，2014，49（23）：2073-2076.

[9] Zhang D，Wen X S，Wang X Y，et al. Antidepressant effect of Shudihuang on mice exposed to unpredictable chronic mild stress [J]. Journal of Ethnopharmacology，2009，123：55-60.

[10] Li D Q，Li Y，Liu Y，et al. Catalpol prevents the loss of CA1 hippocampal neurons and reduces working errors in gerbils after ischemia-reperfusion injury [J]. Toxicon，2005，46（8）：845-851.

[11] Li Y，Bao Y，Jiang B，et al. Catalpol protects primary cultured astrocytes from in vitro ischemia-induced damage [J]. International Journal of Developmental Neuroscience，2008，26（3-4）：309-317.

[12] Liu J，He Q J，Zou W，et al. Catalpol increases hippocampal neuroplasticity and up-regulates PKC and BDNF in the aged rats [J]. Brain Research，2006，1123（1）：68-79.

[13] Tian Y Y，Jiang B，An L J，et al. Neuroprotective effect of catalpol against MPP$^+$-induced oxidative stress in mesencephalic neurons [J]. European Journal of Pharmacology，2007，568（1-3）：142-148.

[14] Tian Y Y，An L J，Jiang L，et al. Catalpol protects dopaminergic neurons from LPS-induced neurotoxicity in mesencephalic neuron-glia cultures [J]. Life Sciences，2006，80（3）：193-199.

[15] 杨菁，史佳琳，白剑，等. 地黄寡糖对谷氨酸诱导的海马神经元损伤及葡萄糖摄入的影响 [J]. 中国药理学与毒理学杂志，2009，23（2）：99-103.

[16] 梁爱华，薛宝云，王金华. 鲜地黄与干地黄止血和免疫作用比较研究 [J]. 中国中药杂志，1999，24（11）：663-666.

[17] 王军，于震，李更生，等. 地黄苷A对"阴虚"及免疫功能低下小鼠的药理作用 [J]. 中国药学杂志，2002，37（1）：20-22.

[18] 陈丁丁，戴德哉. 地黄煎剂消退L-甲状腺素诱发的大鼠心肌肥厚并抑制其升高的心、脑线粒体 Ca^{2+}，Mg^{2+}-ATP 酶活力 [J]. 中药药理与临床，1997，13（4）：27-28.

[19] Chae H J，Kim H R，Kim D S，et al. Saeng-Ji-Hwang has a protective effect on adriamycin-induced cytotoxicity in cardiac muscle cells [J]. Life Sciences，2005，76（18）：2027-2042.

[20] 汤依群，戴德哉，黄宝. 地黄对缺氧大鼠心脑肾线粒体呼吸功能的保护作用 [J]. 中草药，2002，33（10）：915-917.

[21] 王新华，王士雯，李泱，等. 地黄低聚糖诱导骨髓间充质干细胞向心肌样细胞分化的实验研究 [J]. 解放军医学杂志，2009，34（4）：412-414.

[22] 陈丁丁，戴德哉，章涛. 地黄煎剂抑制异丙肾上腺素诱发的缺血大鼠脑 Ca^+，Mg^{2+}-ATP 酶活力升高 [J]. 中药药理与临床，1996，（5）：22-24.

[23] 刘若轩，李常青，邓志军，等. 熟地黄对急性血瘀症大鼠血液流变性和凝血功能的改善作用 [J]. 广东药科大学学报，2015，31（5）：621-624.

[24] 常吉梅，刘秀玉，常吉辉. 地黄对血压调节作用的实验研究 [J]. 时珍国医国药，1998，9（5）：416-417.

[25] 马新华，岳军. 地黄寡糖对2型糖尿病大鼠降脂作用研究 [J]. 陕西医学杂志，2009，38（7）：802-804.

[26] 吕秀芳，孟庆宇，郭新民. 地黄水提液对2型糖尿病大鼠胰岛素抵抗及 resistin 基因 mRNA 和蛋白表达的影响 [J]. 中国中药杂志，2007，32（20）.

[27] 孟庆宇，吕秀芳，金秀东. 地黄水提液对2型糖尿病大鼠 proinsulin 基因表达的影响 [J]. 中药材，2008，31（3）：

[28] 张汝学, 贾正平, 李茂星, 等. 地黄寡糖对2型糖尿病大鼠外周血像、激素水平和胰岛病理学的影响[J]. 西北国防医学杂志, 2009, 30(3): 161-164.
[29] 张汝学, 周金黄, 张永祥, 等. 去胸腺对大鼠糖代谢的影响及地黄寡糖对其的调节作用[J]. 中国药理学通报, 2002, 18(2): 194-197.
[30] 张汝学, 贾正平, 谢景文, 等. 老年大鼠糖代谢变化及地黄寡糖对其的改善作用[J]. 中国老年学杂志, 2002, 22(5): 408-409.
[31] 张汝学, 贾正平, 李茂星, 等. 地黄寡糖改善HepG2细胞胰岛素抵抗的分子机制研究[J]. 中草药, 2008, 39(8): 1184-1187.
[32] 于震, 王军, 李更生, 等. 地黄贰D滋阴补血和降血糖作用的实验研究[J]. 辽宁中医杂志, 2001, 28(4): 240-242.
[33] 赵素容, 卢兖伟, 陈金龙, 等. 地黄梓醇降糖作用的实验研究[J]. 时珍国医国药, 2009, 20(1): 71-172.
[34] 刘力, 唐岚, 徐德生, 等. 生地对大鼠肺间质成纤维细胞Ⅰ、Ⅲ型胶原表达的作用[J]. 中成药, 2008, 30(2): 175-178.
[35] 李林, 王竹立. 辣椒辣素敏感神经元介导干地黄胃粘膜保护效应[J]. 中山大学学报(医学科学版), 2000, 21(2): 133-136.
[36] 陈力真, 冯杏婉, 周金黄. 地黄多糖b对正常及S180荷瘤小鼠T淋巴细胞功能的影响[J]. 中国药理学与毒理学杂志, 1994, 8(2): 125-127.
[37] 魏小龙, 茹祥斌, 刘福君, 等. 低分子量地黄多糖对癌基因表达的影响[J]. 中国药理学与毒理学杂志, 1998, 12(2): 159-160.
[38] 魏小龙, 茹祥斌. 低分子质量地黄多糖体外对Lewis肺癌细胞p53基因表达的影响[J]. 中国药理学通报, 1998, 14(3): 245-248.
[39] Kang D G, Sohn E J, Moon M K, et al. Rehmannia glutinose ameliorates renal function in the ischemia/reperfusion-induced acute renal failure rats[J]. Biological & Pharmaceutical Bulletin, 2005, 28(9): 1662-1667.
[40] 陈敏广, 林瑞霞, 杨青, 等. 地黄提取物对阿霉素肾病大鼠的肾脏保护作用[J]. 中华中医药学刊, 2009, 27(10): 2114-2116.
[41] Zhang X, Zhang A, Jiang B, et al. Further pharmacological evidence of the neuroprotective effect of catalpol from Rehmannia glutinosa[J]. Phytomedicine, 2008, 15: 484-490.

【临床参考文献】

[1] 陈建斌, 连建伟. 连建伟运用地黄饮子经验撷菁[J]. 中华中医药杂志, 2017, 32(12): 5407-5409.
[2] 冯蕾, 李兴波. 六味地黄四妙勇安汤治疗DPN的临床观察[J]. 西南国防医药, 2017, 27(4): 340-342.
[3] 冉蕾, 陈航, 李晶, 等. 地黄全株水煎剂治疗百草枯中毒的临床分析[J]. 新医学, 2015, 46(3): 187-189.
[4] 顾超, 袁灿兴, 沈婷, 等. 地黄益智方联合盐酸多奈哌齐片治疗阿尔茨海默病患者50例临床观察[J]. 中医杂志, 2014, 55(6): 482-485.
[5] 林秋霞, 韦企平. 杞菊地黄丸治疗干眼症的临床研究[J]. 中国中医眼科杂志, 2012, 22(3): 172-175.

13. 毛地黄属 *Digitalis* Linn.

草本, 稀基部木质化。茎单一或基部分枝。叶互生或基部丛生, 全缘或具齿。花常排列成朝向一侧而下垂的总状花序, 顶生; 萼5裂, 裂片覆瓦状排列; 花冠倾斜, 紫色、淡黄色或白色, 有时内面具斑点, 喉部被髯毛; 花冠筒一面膨胀成钟状, 常在子房以上处收缩; 花冠裂片多少二唇形, 上唇短, 微凹缺或二裂, 下唇三裂; 雄蕊4枚, 二强, 通常均藏于花冠筒内; 花药成对靠近; 药室叉开, 顶部汇合; 花柱丝状, 先端浅二裂, 胚珠多粒。蒴果卵形, 室间开裂, 裂片边缘内折。种子多数, 小, 长圆形、近卵形或具棱, 表面有蜂窝状网纹。

约25种, 分布于欧洲和亚洲的中部与西部。中国2种, 各地均有栽培, 法定药用植物2种。华东地区法定药用植物1种。

870. 毛地黄（图 870） · *Digitalis purpurea* Linn.

图 870 　毛地黄　　　摄影　张芬耀等

【别名】自由钟、紫红毛地黄、德国金钟（上海），洋地黄（江苏），紫花洋地黄、紫花毛地黄。

【形态】一年生或多年生草本，除花冠外，全体被灰白色短柔毛和腺毛，有时茎上几无毛。茎单生或数条成丛，高 60～120cm。叶互生，基生叶多数呈莲座状，叶柄具狭翅，长可达 15cm；叶片卵形或长椭圆形，先端尖或钝，基部楔形，边缘具带短尖的圆齿；下部茎生叶与基生叶同形，向上渐变小，叶柄短直至无柄而成为苞片。总状花序顶生；萼钟状，长约 1cm，果期略增大，5 裂几达基部，裂片长圆状卵形，不等大；花冠紫红色，钟状偏扁，内面具斑点，长 3～4.5cm，裂片很短，先端被白色柔毛。蒴果圆卵形，长约 1.5cm。种子短棒状，表面被蜂窝状网纹，有极细的柔毛。花期 5～6 月，果期 6～7 月。

【生境与分布】华东各地有栽培，另全国其他各地均有栽培。

【药名与部位】洋地黄叶（毛地黄、洋地黄），叶。

【采集加工】初夏花未开放时采收，低温迅速干燥。

【药材性状】多皱缩、破碎，完整叶片展平后呈卵状披针形至宽卵形，长 10～40cm，宽 4～10cm。

叶缘具钝锯齿，上表面暗绿色，微有毛，叶脉下凹；下表面淡灰绿色，多毛，叶脉显著突出呈网状。基生叶有长柄，茎生叶有短柄或无柄，叶柄有翼，横切面扁三角形。质脆。气微，味苦。

【化学成分】叶含强心苷类：洋地黄新苷（digcorin）[1]，葡萄地基朴洛苷（gluco-digiproside）[2]，紫花洋地黄苷 A、B（purpurea-glykoside A、B）、洋地黄毒苷（digitoxin）、吉他洛苷（gitaloxin）、羟基洋地黄毒苷（gitoxin）、美丽毒毛旋花子苷（strospeside）[3]、洋地黄次苷（strospeside）[4]、洋地黄苷（digitalin）[5]、吉托林（gitorin）[6]、吉他洛苷（gitaloxin）[7]、夹竹桃苷 H（odoroside H）[8]、葡萄糖渥洛多苷（glucoverodoxin）[9]、渥洛多苷（verodoxin）[3,9]、吉托苷（gitoroside）、毛花毛地黄多苷（lanadoxin）[10]、洋地黄毒苷元葡萄糖岩藻糖苷（glucodigifucoside）[11]、羟基洋地黄毒苷元单洋地黄毒糖苷（gitoxigenin monodigitoxoside）、羟基洋地黄毒苷元双洋地黄毒糖苷（gitoxigenin bisdigitoxoside）、吉他洛苷元单洋地黄毒糖苷（gitaloxigenin monodigitoxoside）、吉他洛苷元双洋地黄毒糖苷（gitaloxigenin bisdigitoxoside）、洋地黄毒苷元单洋地黄毒糖苷（digitoxigenin monodigitoxoside）、洋地黄毒苷元双洋地黄毒糖苷（digitoxigenin bisdigitoxoside）[12]、葡萄糖吉他洛苷（glucogitaloxin）[13]、新吉托司廷（neogitostin）[14]、吉托纤维二糖苷（gitorocellobioside）、吉托辛纤维二糖苷（gitoxin cellobioside）、洋地黄岩藻糖纤维二糖苷（digifucocellobioside）[15]、吉托辛（gitoxin）[16]、洋地黄普苷（digiproside）、洋地黄洛苷（digitalonin）[17]、葡萄糖洋地黄叶苷（glucodigifolein）、葡萄糖洋地黄宁苷（glucodiginin）[18]、F-吉托宁（F-gitonin）、去半乳糖替告皂苷（desgalactotigonin）[19]、去葡萄糖洋地黄皂苷（desglucodigitonin）[20]、替告皂苷元（tigogenin）、替告皂苷（tigonin）[21]、洋地黄普宁苷（digipronin）、紫花洋地黄宁苷（purpnin）[22,23]、紫花洋地黄普宁苷（purpronin）[23]、洋地黄乙酰宁苷（digacetinin）[24]、洋地黄宁苷（diginin）[25]、紫花洋地黄灵苷（digipurpurin）、洋地黄叶苷（digifolein）[26]、毛花毛地黄叶苷（lanafolein）、紫花洋地黄宁苷元（purpnigenin）[27] 和紫花洋地黄灵苷元（digipurpurogenin）[28]；苯乙醇苷类：3,4-二羟基苯乙醇-6-O-咖啡酰基-β-D-葡萄糖苷（3,4-dihydroxyphenethylalcohol-6-O-caffeoyl-β-D-glucoside）、洋地黄叶苷 A、B、C（purpureaside A、B、C）、毛蕊花糖苷（acteoside）[29]、连翘属苷（forsythiaside）[29-32]、3,4-二羟基苯乙醇-6-O-咖啡酰基-β-D-葡萄糖苷（3,4-dihydroxyphenethylalcohol-6-O-caffeoyl-β-D-glucoside）[30]、去鼠李糖基毛蕊花苷（desrhamnosyl acteoside）[29,30]、2-（3-羟基-4-甲氧基苯基）-乙基-O-（α-L-鼠李糖基）-（1→3）-O-（α-L-鼠李糖基）-（1→6）-4-O-（E）-阿魏酰基-β-D-吡喃葡萄糖苷［2-（3-hydroxy-4-methoxyphenyl）-ethyl-O-（α-L-rhamnosyl）-（1→3）-O-（α-L-rhamnosyl）-（1→6）-4-O-（E）-feruloyl-β-D-glucopyranoside］、蒲包花苷 A、B（calceolarioside A、B）、车前因苷（plantainoside）[31]、紫花洋地黄瑞苷 D、E（purpureaside D、E）和藏黄连苷 D（scroside D）[32]；环己乙醇类：山茱萸诺苷（cornoside）[33]；蒽醌类：洋地黄叶黄素（digitolutein）、4-羟基洋地黄叶黄素（4-hydroxydigitolutein）、洋地黄蒽醌（digitopurpone）、茎点霉素（phomarin）、茎点霉素-6-甲醚（phomarin-6-methyl ether）和异大黄酚（isochrysophanol）[34]；黄酮类：洋地黄黄素（digicitrin）[35]、芹菜素（apigenin）、毛花毛地黄亭（dinatin）、金圣草酚（chrysoeriol）和荆芥素（nepetin）[36]；内酯类：洋地黄普内酯（digiprolactone），即黑麦草内酯（loliolide）[37]；多元醇类：山梨醇（sorbitol）[38]；糖类：葡萄糖（glucose）和果糖（fructose）等[38]。

种子含强心苷类：吉托司廷（gitostin）[39]、洋地黄毒苷元葡萄糖岩藻糖苷（glucodigifucoside）[40]、别洋地黄苷（allodigitalin）[41]、夹竹桃双糖苷 G（odorobioside G）[42]、别新吉托司廷（alloneogitostin）[43]、洋地黄苷-20-乙酸酯（digitalin-20-acetate）、乙酰葡萄糖吉托苷（acetylglucogitoroside）、紫毛花洋地黄苷 A、B（purlanoside A、B）[44]、葡萄糖吉托苷（glucogitoroside）[45]、洋地黄加洛苷元（digalogenin）、洋地黄加洛苷（digalonin）[46]、洋地黄苷（digitalin）、新吉托司廷（neogitostin）、葡萄糖吉托岩藻糖苷（glucogitofucoside）、紫花洋地黄苷 A、B（purpurea glycoside A、B）、洋地黄毒苷元-3-O-β-D-吡喃葡萄糖基-（1→4）-β-D-吡喃洋地黄毒素糖基-（1→4）-3-O-乙酰基-β-D-吡喃洋地黄毒素糖苷［digitoxigenin-3-O-β-D-glucopyranosyl-（1→4）-β-D-digitoxopyranosyl-（1→4）-3-O-acetyl-β-D-digitoxopyranoside］、洋地黄毒苷元-3-O-β-D-吡喃葡萄糖基-（1→3）-β-D-吡喃葡萄糖基-（1→4）-

β-D-吡喃毛地黄糖苷［digitoxigenin-3-O-β-D-glucopyranosyl-（1→3）-β-D-glucopyranosyl-（1→4）-β-D-digitalopyranoside］[47]、洋地黄毒苷元-3-O-β-D-吡喃葡萄糖基-（1→4）-β-D-吡喃葡萄糖基-（1→4）-3-O-乙酰基-β-D-吡喃洋地黄毒素糖苷［digitoxigenin-3-O-β-D-glucopyranosyl-（1→4）-β-D-glucopyranosyl-（1→4）-3-O-acetyl-β-D-digitoxopyranoside］和3'-O-乙酰葡萄糖暗紫卫矛单糖苷（3'-O-acetylglucoevatromonoside）[47,48]；三萜类：24-亚甲基鸡冠柱烯醇（24-methylenelophenol）、环木菠萝烯醇（cycloartenol）、24-亚甲基环木菠萝烯醇（24-methylenecycloartenol）、24-亚乙基冠影掌烯醇（24-ethylidenelophenol）和环桉烯醇（cycloeucalenol）等[49]；甾体类：24-亚甲基胆甾醇（24-methylenecholesterol）、7-烯-胆甾烯醇（7-en-cholestenol）、胆甾烷醇（cholestanol）、豆甾醇（stigmasterol）、岩藻甾醇乙酯（fucosteryl acetate）、28-异岩藻甾醇乙酯（28-isofucosteryl acetate）和β-谷甾醇（β-sitosterol）等[49]。

全草含强心苷类：地基朴洛苷（digiproside）、葡萄地基朴洛苷（glucodigiproside）、地基毒苷基单地基毒苷（digitoxigenin monodigitoxoside）、地基毒苷基双地基毒苷（gitoxigenin bisdigtoxoside）、基妥司丁（gitostin）、地基毒苷基单地基毒苷（gitoxigenin monodigitoxoside）、葡萄糖吉他洛苷（glucogitaloxin）和葡萄糖渥洛多苷（glucoverodoxin）[2]。

组织培养物含苯乙醇苷类：毛蕊花苷（verbascoside）和紫花洋地黄瑞苷A、B、C（purpureaside A、B、C）[30]；强心苷类：葡萄糖暗紫卫矛单糖苷（glucoevatromonoside）[50]。

【药理作用】1. 调节心肌　叶的提取物可显著增强球囊封堵法建立的小型AMI合并急性心衰模型猪的心肌收缩力，缩小左室容积，显著改善血液动力学效应，其机制主要是通过抑制心肌细胞膜上Na^+, K^+-腺苷三磷酸（ATP）酶的活性，进而抑制心肌细胞将Na^+泵出到细胞外，引起心肌细胞内Na^+浓度升高，促使心肌细胞内过多的Na^+通过细胞膜上的Na^+-Ca^{2+}交换机制而被泵出细胞外，同时将细胞外的Ca^{2+}摄入心肌细胞内，进而提高心肌细胞内可利用Ca^{2+}的浓度，最终导致心肌细胞的兴奋收缩偶联作用增强，表现为心肌收缩力增加，达到强化机体心肌功能的作用[1]；叶提取物还可增加细胞内糖原含量、减少乳酸（Lac）含量[2]。2. 抗肿瘤　从叶提取的强心苷成分在1μmol/L和10μmol/L作用下可抑制雄激素依赖性前列腺LNCaP细胞和雄激素非依赖性前列腺PC3细胞的增殖[3]。

【功能与主治】强心。

【药用标准】药典1953—1995、中华药典1930和台湾2006。

【化学参考文献】

[1] 郭世江. 自洋地黄叶中又发现一种新强心苷[J]. 中国药学杂志, 1953, 1（5）: 204.

[2] Stoll A, 近藤嘉和. 毛地黄的强心苷类[J]. 药学进展, 1961, z1: 49-50.

[3] 叶三多. 毛地黄叶在不同温度和方法干燥后, 有效成分变异的研究[J]. 药学进展, 1960, 3: 2-4.

[4] Okano A, Hoji K, Miki T, et al. Studies on the constituents of Digitalis purpurea L. V. on the acetates of some cardiotonic glycosides[J]. Pharm Bull, 1957, 5（2）: 171-176.

[5] Kiliani H. Digitalin[J]. Arch Pharm, 1892, 230: 250-261.

[6] Okada M. Cardiotonic components in the water-soluble fraction of the dried leaves of Digitalis purpurea II. Isolation of gitorin（gitoxigenin monoglucoside）[J]. Yakugaku Zasshi, 1953, 73: 1123-1126.

[7] Haack E, Kaiser F, Spingler H. Gitaloxin, a new main glycoside of Digitalis purpurea[J]. Naturwissenschaften, 1955, 42（15）: 441-442.

[8] Haack E, Kaiser F, Spingler H. Odoroside H as component of the extract of leaves of Digitalis purpurea[J]. Naturwissenschaften, 1955, 42（15）: 442.

[9] Haack E, Kaiser F, Gube M, et al. Genuine glycosides in the leaves and seeds of Digitalis purpurea[J]. Naturwissenschaften, 1956, 43（13）: 301-302.

[10] Kaiser F. Chromatographic analysis of a cardiac glycoside from Digitalis species[J]. Archiv der Pharmazieund Berichte der Deutschen Pharmazeutischen Gesellschaft, 1966, 299（3）: 263-274.

[11] Okano A. Studies on the constituents of *Digitalis purpurea* L. VI. glucodigifucoside, a new cardiotonic glycoside [J]. Pharmaceutical Bulletin, 1957, 5（3）: 272-276.

[12] Kaiser F, Haack E, Spingler H. Heart glycosides. VIII. the mono-and bis（digitoxoside）of digitoxigenin, gitoxigenin, and gitaloxigenin [J]. Liebigs Ann Chem, 1957, 603: 75-88.

[13] Haack E, Gube M, Kaiser F, et al. Cardiac glucosides. XII. the isolation of glucogitaloxin from the leaves of *Digitalis purpurea* [J]. Chem Ber, 1958, 91（8）: 1758-1763.

[14] Okano A. Studies on the constituents of *Digitalis purpurea* L. VIII. the isolation of neogitostin, a new cardiotonic glycoside [J]. Chem Pharm Bull, 1958, 6（2）: 173-177.

[15] Okano A, Hoji K, Miki T, et al. Constituents of *Digitalis purpurea* XII. new cardiotonic glycosides, gitorocellobioside, glucogitoroside, and gitoxincellobioside [J]. Chem Pharm Bull, 1959, 7（2）: 226-232.

[16] Kraft F. Glucosides of the leaves of *Digitalis purpurea* [J]. Arch Pharm, 1912, 250: 118-141.

[17] Sato D, Ishii H, Oyama Y, et al. Digitalis glycosides. VI. isolation of odoroside H, digiproside, and digitalonin [J]. Pharmaceutical Bulletin, 1956, 4（4）: 284-291.

[18] Liedtke S, Wichtl M. Digitanol glycosides from *Digitalis lanata* and *Digitalis purpurea*. Part 2. glucodiginin and glucodigifolein from *Digitalis purpurea* [J]. Pharmazie, 1997, 52（1）: 79-80.

[19] Kawasaki T, Nishioka I. Digitalis saponins. II. leaf saponins of *Digitalis purpurea* [J]. Chem Pharm Bull, 1964, 12（11）: 1311-1315.

[20] Tschesche R, Wulff G. Saponins of the spirostanol series. IX. constitution of digitonin [J]. Tetrahedron, 1963, 19（4）: 621-634.

[21] Jacobs W A, Fleck E E. Tigogenin, a digitalis sapogenin [J]. J Biol Chem, 1930, 88（2）: 545-550.

[22] Tschesche R, Lipp G, Grimmer G. Digitanol glycosides. II. information on digipronin and purpnin [J]. Justus Liebigs Annalen der Chemie, 1957, 606: 160-165.

[23] Sato D, Ishii H, Oyama Y, et al. Digitalis glycosides. XI. isolation of digipronin, purpnin, and purpronin [J]. Chem Pharm Bull, 1962, 10（1）: 37-42.

[24] Tschesche R, Hammerschmidt W, Grimmer G. Digitanol glycosides. III. digacetinin, a new digitanol glycoside [J]. Justus Liebigs Annalen der Chemie, 1958, 614: 136-140.

[25] Sato D, Ishii H, Oyama Y. Glycosides of *Digitalis purpurea* [J]. Yakugaku Zasshi, 1955, 75: 1025-1026.

[26] Tschesche R, Grimmer G. Plant cardiac poisons. XXX. new glycosides from leaves of *Digitalis purpurea* and *Digitalis lanata* [J]. Chem Ber, 1955, 88（10）: 1569-1576.

[27] Ishii H. Structure of purpnigenin [J]. Chem Pharm Bull, 1961, 9（5）: 411-412.

[28] Tschesche R, Bruegmann G, Marquardt H W, et al. Digitanolglycosides. VII. constitution of digipurpurogenin [J]. Justus Liebigs Annalen der Chemie, 1961, 648: 185-195.

[29] Matsumoto M, Koga S, Shoyama Y, et al. Phenolic glycoside composition of leaves and callus cultures of *Digitalis purpurea* [J]. Phytochemistry, 1987, 26（12）: 3225-3227.

[30] Matsumoto M, Koga S, Shoyama Y, et al. Phenolic glycoside composition of leaves and callus cultures of *Digitalis purpurea* [J]. Phytochemistry, 1987, 26（12）: 3225-3227.

[31] Zhou B N, Bahler B D, Hofmann G A, et al. Phenylethanoid glycosides from *Digitalis purpurea* and *Penstemon linarioides* with PKCα-inhibitory activity [J]. J Nat Prod, 1998, 61（11）: 1410-1412.

[32] Jin Q L, Jin H G, Shin J E, et al. Phenylethanoid glycosides from *Digitalis purpurea* L. [J]. Bull Korean Chem Soc, 2011, 32（5）: 1721-1724.

[33] Taskova R M, Gotfredsen C H, Jensen S R. Chemotaxonomic markers in Digitalideae（Plantaginaceae）[J]. Phytochemistry, 2005, 66（12）: 1440-1447.

[34] Thomson R H, Brew E C. Naturally occurring quinones. XX. anthraquinones in *Digitalis purpurea* [J]. Journal of the Chemical Society [Section] C: Organic, 1971, （10）: 2007-2010.

[35] Meier W, Fuerst A. Digicitrin, a new flavone from the leaves of the red foxglove [J]. Helv Chim Acta, 1962, 45（1）: 232-239.

[36] Kartnig T, Boehm J, Hiermann A. Flavonoids in the leaves of *Digitalis purpurea* [J]. Planta Med, 1977, 32(4): 347-349.

[37] Wada T. Digitalis glycosides. XXII. structure of digiprolactone [J]. Chem Pharm Bull, 1965, 13(1): 43-49.

[38] Raymakers A. Carbohydrates in *Digitalis purpurea* at various stages of development [J] Phytochemistry, 1973, 12(10): 2331-2334.

[39] Miyatake K, Okano A, Hoji K, et al. Constituents of *Digitalis purpurea*. III. gitostin, a new cardiotonic glycoside from digitalis seeds [J]. Chem Pharm Bull, 1957, 5(2): 163-167.

[40] Okano A. Constituents of *Digitalis purpurea*. VI. glucodigifucoside, a new cardiotonic glycoside [J]. Chem Pharm Bull, 1957, 5(3): 272-276.

[41] Miyatake K, Okano A, Hoji K, et al, Constituents of *Digitalis purpurea*. XXI. allodigitalinum verum, a new glycoside from digitalis seeds [J]. Chem Pharm Bull, 1961, 9(5): 375-378.

[42] Hoji K, Miki T, Sakashita A, et al. Constituents of *Digitalis purpurea*. XVII. isolation of several new glycosides from fraction PGB of digitalis seeds [J]. Chem Pharm Bull, 1961, 9(4): 276-288.

[43] Miyatake K, Okano A, Hoji K, et al. Constituents of *Digitalis purpurea*. XXII. alloneogitostin, a new glycoside from digitalis seeds [J]. Chem Pharm Bull, 1961, 9(7): 519-523.

[44] Hoji K. Constituents of *Digitalis purpurea*. XIX. new cardiotonic glycosides, purlanoside-A and purlanoside-B from *Digitalis* seeds [J]. Chem Pharm Bull, 1961, 9: 291-295.

[45] Okano A, Hoji K, Miki T, et al. Constituents of *Digitalis purpurea* XI. digifucocellobioside, a new cardiotonic glycoside from digitalis seeds [J]. Chem Pharm Bull, 1959, 7(2): 222-225.

[46] Tschesche R, Wulff G. Sapogenins of the spirostanol series. VII. digalogenin from the seeds of *Digitalis purpurea* [J]. Chemische Berichte, 1961, 94(8): 2019-2026.

[47] Kuroda M, Kubo S, Matsuo Y, et al. New cardenolide glycosides from the seeds of *Digitalis purpurea* and their cytotoxic activity [J]. Biosci Biotechnol Biochem, 2013, 77(6): 1186-1192.

[48] Fujino T, Kuroda M, Matsuo Y, et al. Cardenolide glycosides from the seeds of *Digitalis purpurea* exhibit carcinoma-specific cytotoxicity toward renal adenocarcinoma and hepatocellular carcinoma cells [J]. Biosci Biotechnol Biochem, 2015, 79(2): 177-184.

[49] Evans F J. The sterols and tetracyclic triterpenoids of *Digitalis purpurea* L. seeds [J]. J Pharm Pharmacol, 2011, 24(3): 227-234.

[50] Kartnig T, Russheim U, Maunz B. Observations on the occurrence and formation of cardenolides in tissue cultures of *Digitalis purpurea* and *Digitalis lanata* I. cardenolides in surface cultures of cotyledons and leaves of *Digitalis purpurea* [J]. Planta Med, 1976, 29(3): 275-282.

【药理参考文献】

[1] 黄军, 顾晓龙, 董正华, 等. 洋地黄对小型猪急性心肌梗死合并急性心力衰竭后左室重塑的影响 [J]. 中国生化药物杂志, 2015, 35(2): 21-23.

[2] 夏卫新. 洋地黄的应用 [J]. 现代中西医结合杂志, 2001, 10(13): 1300-1302.

[3] 白强, 冷静, 陈方, 等. 洋地黄对雄激素依赖和非依赖性前列腺癌细胞的抑制作用 [J]. 中国男科学杂志, 2004, 18(2): 37-39.

一〇九　紫葳科 Bignoniaceae

乔木、灌木或木质藤本，稀为草本。叶对生、互生或轮生，单叶或复叶；无托叶或具叶状假托叶；叶柄基部或脉腋处常有腺体。花两性，左右对称，通常大而美丽，组成顶生、腋生的聚伞花序、圆锥花序或总状花序，苞片及小苞片存在或早落；花萼钟状、筒状、平截，或 2～5 齿裂；花冠合瓣，钟状或漏斗状，常二唇形，4～5 裂，裂片覆瓦状或镊合状排列；能育雄蕊通常 4 枚，具 1 枚后方退化雄蕊，有时能育雄蕊 2 枚，稀 5 枚雄蕊均能育，着生于花冠筒上；花盘存在，环状，肉质；子房上位，2 室而为中轴胎座或 1 室而为侧膜胎座；胚珠多数，倒生；花柱丝状，柱头 2 裂。蒴果，室间或室背开裂，稀为肉质不开裂。种子通常具翅或两端有束毛，薄膜质，极多数。

约 120 属，650 种，分布于热带、亚热带，少数延伸到温带。中国 12 属，约 35 种，多分布于南方各地，法定药用植物 4 属，7 种。华东地区法定药用植物 2 属，3 种。

紫葳科法定药用植物科特征成分鲜有报道。

梓属含环烯醚萜类、黄酮类、萘醌类、酚酸类、苯丙素类、苯乙醇类等成分。环烯醚萜类如梓醇（catalpol）、6-O- 顺式对香豆酰 -7- 脱氧地黄素 A（6-O-cis-p-coumaroyl-7-deoxyrehmaglutin A）、梓实苷（catalposide）、胡黄连苷 II（picroside II）等；黄酮类包括黄酮、黄酮醇等，如木犀草素（luteolin）、蓟黄素（cirsimaritin）等；萘醌类如梓烯醌（catalpalenone）、9- 甲氧基 -α- 风铃木醌（9-methoxy-α-lapachone）等；酚酸类如对羟基苯甲酸（p-hydroxybenzoic acid）、对羟基苯基阿魏酸酯（p-hydroxyphenyl ferulate）等；苯丙素类如荷花山桂花糖 B（arillatose B）、梓皮苷 A、B、C、D、E、F（ovatoside A、B、C、D、E、F）等；苯乙醇类如达伦代黄芩苷 A、B（darendoside A、B）、大花糙苏苷（phlomisethanoside）等。

凌霄属含环烯醚萜类、皂苷类、黄酮类、香豆素类等成分。环烯醚萜类如凌霄醇（cachinol）、凌霄苷 I（cachineside I）、凌霄西苷（campsiside）等；皂苷类多为五环三萜皂苷，包括齐墩果烷型、熊果烷型等，如阿江榄仁酸（arjunolic acid）、山楂酸（maslinic acid）、熊果酸（ursolic acid）、委陵菜酸（tormentic acid）等；黄酮类包括黄酮、黄酮醇、二氢黄酮等，如 6- 羟基木犀草素（6-hydroxyluteolin）、槲皮素 -3- 甲基醚（quercetin-3-methyl ether）、二氢山柰酚 -3-O-α-L- 吡喃鼠李糖苷（dihydrokaempferol-3-O-α-L-rhamnopyranoside）等；香豆素类如 2′, 3′- 栓翅芹烯酮环氧化物（2′, 3′-epoxide pabulenone）、栓翅芹香豆素（alloimperatorine）等。

1. 梓属 *Catalpa* Scop.

落叶乔木。单叶对生，稀 3 叶轮生，揉之有臭气味，叶全缘或 3～5 裂，基出脉 3～5 条，叶下表面脉腋间通常具紫色腺点。花两性，组成顶生圆锥花序、伞房花序或总状花序；花萼二唇形或不规则开裂，花蕾期花萼封闭成球状体；花冠钟状，二唇形，上唇 2 裂，下唇 3 裂；能育雄蕊 2 枚，内藏，着生于花冠基部，退化雄蕊 2～3 枚；花盘明显，子房 2 室，胚珠多粒。蒴果细长柱形，2 爿开裂，果爿薄而脆；隔膜纤细，圆柱形。种子多粒，圆形，薄膜状，两端具束毛。

约 13 种，分布于美洲和东亚。中国 5 种 1 变型，多分布于长江以北各地，法定药用植物 1 种。华东地区法定药用植物 1 种。

871. 梓（图 871）· *Catalpa ovata* G.Don

【别名】梓树（通称），河楸（山东），大叶梧桐（上海），木角豆（浙江杭州），梓木（江苏）。

【形态】落叶乔木，高达 15m；树冠伞形，主干通直，嫩枝具稀疏柔毛。叶对生或近于对生，有时轮生，

图 871 梓　　　　　　　摄影　赵维良等

叶片阔卵形，长宽近相等，长约 25cm，先端渐尖，基部心形，全缘或浅波状，常 3 浅裂，叶片两面均粗糙，微被柔毛或近于无毛，基出脉 5～7 条；叶柄长 6～18cm。顶生圆锥花序；花序梗微被疏毛；花萼蕾时圆球形，二唇开裂；花冠钟状，淡黄色，内面具 2 条黄色条纹及紫色斑点，长约 2.5cm；能育雄蕊 2 枚，花丝插生于花冠筒上，花药叉开；退化雄蕊 3 枚；子房上位，棒状，花柱丝形，柱头 2 裂。蒴果条形，下垂，长 20～30cm。种子长椭圆形，长 6～8mm，两端具有平展的长毛。花期 5～6 月，果期 8～10 月。

【生境与分布】栽培于村庄附近及公路两旁。栽培于华东各地，另内蒙古、东北、华北等地有分布；日本也有分布。

【药名与部位】梓实，果实。

【化学成分】叶含黄酮类：蓟黄素（cirsimaritin）、木犀草素（luteolin）和芹菜素（apigenin）[1]；环烯醚萜类：（2E, 6R）-2, 6-二甲基-8-羟基-2-辛烯酸-8-O-[6′-O-(E)-对香豆酰]-β-D-吡喃葡萄糖苷 {(2E, 6R)-2, 6-dimethyl-8-hydroxy-2-octenoic acid-8-O-［6′-O-(E)-p-coumaroyl］-β-D-glucopyranoside}、梓醚酸甲酯*-7-O-(6′-O-对羟基苯甲酰)-β-D-吡喃葡萄糖苷［methyl ovatate-7-O-(6′-O-p-hydroxybenzoyl)-

β-D-glucopyranoside]、7-O-对羟基苯甲酰梓醚醇*-1-O-(6'-O-对羟基苯甲酰)-β-D-吡喃葡萄糖苷[7-O-p-hydroxybenzoylovatol-1-O-(6'-O-p-hydroxybenzoyl)-β-D-glucopyranoside]、6'-O-对羟基苯甲酰梓实苷(6'-O-p-hydroxybenzoylcatalposide)[2],6-O-反式-对香豆酰-7-脱氧地黄素A(6-O-trans-p-coumaroyl-7-deoxyrehmaglutin A)、6-O-顺式对香豆酰-7-脱氧地黄素A(6-O-cis-p-coumaroyl-7-deoxyrehmaglutin A)、6-O-反式对香豆酰-3α-O-甲基-7-脱氧地黄素A(6-O-trans-p-coumaroyl-3α-O-methyl-7-deoxyrehmaglutin A)、6-O-顺式对香豆酰-3α-O-甲基-7-脱氧地黄素A(6-O-cis-p-coumaroyl-3α-O-methyl-7-deoxyrehmaglutin A)、6-O-反式对香豆酰-3β-O-甲基-7-脱氧地黄素A(6-O-trans-p-coumaroyl-3β-O-methyl-7-deoxyrehmaglutin A)、6-O-顺式对香豆酰-3β-O-甲基-7-脱氧地黄素A(6-O-cis-p-coumaroyl-3β-O-methyl-7-deoxyrehmaglutin A)、6-O-反式对香豆酰-1β-O-甲基梓树呋喃酸甲酯(6-O-trans-p-coumaroyl-1β-O-methylovatofuranic acid methyl ester)和6-O-顺式对香豆酰-1β-O-甲基梓树呋喃酸甲酯(6-O-cis-p-coumaroyl-1β-O-methylovatofuranic acid methyl ester)[3];单萜类:梓树内酯*-7-O-(6'-对羟基苯甲酰)-β-D-吡喃葡萄糖苷[ovatolactone-7-O-(6'-p-hydroxybenzoyl)-β-D-glucopyranoside][4]和(-)-黑麦草内酯[(-)-loliolide][5];倍半萜类:4,9-二羟基-α-风铃木醌(4,9-dihydroxy-α-lapachone)[5];二萜类:12-羟基-8,11,13-冷杉三烯-19-醛(12-hydroxy-8,11,13-abietatrien-19-al)、19-羟基锈色罗汉松酚(19-hydroxyferruginol)和兰伯罗汉松酸(lambertic acid)[5];三萜类:暹罗树脂酸(siaresinolic acid)和果渣酸(pomolic acid)[5];木脂素类:(+)-芝麻素[(+)-sesamin]、阿婆套甘酮(aptosimone)、(+)-泡桐素[(+)-paulownin]、(+)-辣薄荷醇[(+)-piperitol]、5,5'-[(1S,3R,3aS,4S,6aR)-四氢-3-甲氧基-1H,3H-呋喃并[3,4-c]呋喃-1,4-二基]二-1,3-苯并二氧杂茂{5,5'-[(1S,3R,3aS,4S,6aR)-tetrahydro-3-methoxy-1H,3H-furo[3,4-c]furan-1,4-diyl]bis-1,3-benzodioxole}和5,5'-[(1S,3S,3aS,4S,6aR)-四氢-3-甲氧基-1H,3H-呋喃并[3,4-c]呋喃-1,4-二基]二-1,3-苯并二氧杂茂{5,5'-[(1S,3S,3aS,4S,6aR)-tetrahydro-3-methoxy-1H,3H-furo[3,4-c]furan-1,4-diyl]bis-1,3-benzodioxole}[5];苯丙素类:反式对香豆酸甲酯(methyl trans-p-coumarate)、顺式对香豆酸甲酯(methyl cis-p-coumarate)[5]和1,6-二-O-反式-对香豆酰基-β-D-吡喃葡萄糖苷{1,6-di-O-trans-p-coumaroyl-β-D-glucopyranoside}[6];苯乙醇苷类:角胡麻苷(martynoside)和2-(3-羟基-4-甲氧基苯基)-乙基-O-α-L-吡喃鼠李糖基-(1→3)-(4-O-顺式阿魏酰基)-β-D-吡喃葡萄糖苷[2-(3-hydroxy-4-methoxyphenyl)-ethyl O-α-L-rhamnopyranosyl-(1→3)-(4-O-cis-feruloyl)-β-D-glucopyranoside][6];酚酸类:4-羟基苯甲酸(4-hydroxybenzoic acid)、1,6-二-O-对羟基苯甲酰-β-D-吡喃葡萄糖苷(1,6-di-O-p-hydroxybenzoyl-β-D-glucopyranoside)[4]、甲基-(6-O-对羟基苯甲酰基)-β-D-吡喃葡萄糖苷[methyl-(6-O-p-hydroxybenzoyl)-β-D-glucopyranoside]、乙基-(6-O-对羟基苯甲酰基)-β-D-吡喃葡萄糖苷[ethyl-(6-O-p-hydroxybenzoyl)-β-D-glucopyranoside]和1,6-二-O-对羟基苯甲酰基-β-D-吡喃葡萄糖苷(1,6-di-O-p-hydroxybenzoyl-β-D-glucopyranoside)[6]。

茎含萘醌类:梓烯醌*(catalpalenone)、α-风铃木醌(α-lapachone)、9-羟基-α-风铃木醌(9-hydroxy-α-lapachone)、4,9-二羟基-α-风铃木醌(4,9-dihydroxy-α-lapachone)、9-甲氧基-α-风铃木醌(9-methoxy-α-lapachone)、4-酮基-α-风铃木醌(4-oxo-α-lapachone)、9-甲氧基-4-酮基-α-风铃木醌(9-methoxy-4-oxo-α-lapachone)[7],去氢-α-风铃木醌(dehydro-α-lapachone)[8]、8-甲氧基去氢-异-α-风铃木醌(8-methoxydehydro-iso-α-lapachone)、3-羟基去氢-异-α-风铃木醌(3-hydroxydehydro-iso-α-lapachone)和(4S,4aR,10R,10aR)-4,10-二羟基-2,2-二甲基-2,3,4,4a,10,10a-六氢苯[g]-色烯-5-酮{(4S,4aR,10R,10aR)-4,10-dihydroxy-2,2-dimethyl-2,3,4,4a,10,10a-hexahydrobenzo[g]chromen-5-one}[9];萘酮类:梓酚(catalponol)和二氢甲基丁烯基萘二酮(dihydromethyl butenyl naphthalenedione),即梓桐酮(catalponone)[7];苯酞类:梓木内酯(catalpalactone)[7];酚酸类:对羟基苯甲酸(p-hydroxybenzoic acid)和对羟基苯基阿魏酸酯(p-hydroxyphenyl ferulate)[10];苯丙素类:6-O-(E)-阿魏酰基-α-吡喃葡萄糖苷[6-O-(E)-feruloyl-α-glucopyranoside]、1-O-对阿魏酰基-β-D-吡喃葡萄糖(1-O-p-coumaroyl-β-D-glucopyranose)和荷花山桂花糖B(arillatose B)[10];环烯醚萜类:梓实苷(catalposide)、6-O-反

式阿魏酰-5,7-二去氧毛猫爪藤苷*[6-O-trans-feruloyl-5,7-bisdeoxycynanchoside][10]、胡黄连苷Ⅲ（picroside Ⅲ）[11,12]、6-O-[（E）-阿魏酰基]焦地黄素D{6-O-[（E）-feruloyl]jioglutin D}、6-O-（4-羟基苯甲酰基）焦地黄素D[6-O-（4-hydroxybenzoyl）jioglutin D]、胡黄连苷Ⅱ（picroside Ⅱ）[12]、婆婆纳柯苷（minecoside）[10,12]和黄金树苷（specioside）[11,12]；苯乙醇苷类：去羟毛蕊花糖苷（dehydroacteoside）[10]和角胡麻苷（martynoside）[12]。

木质部含萘酮类：7-羟基梓酚（7-hydroxycatalponol）、（4S）-3,4-二氢-4-羟基-2-[（2R）-2,3-二羟基-3-甲基亚丁基]萘-1（2H）-酮{（4S）-3,4-dihydro-4-hydroxy-2-[（2R）-2,3-dihydroxy-3-methylbutylidene]naphthalen-1（2H）-one}、（6S）-5,6-二氢-6-羟基-2,2-二甲基-2H-苯并[h]色烯-4（3H）-酮{（6S）-5,6-dihydro-6-hydroxy-2,2-dimethyl-2H-benzo[h]chromen-4（3H）-one}、（2R,3R,4R）-3,4-二氢-3,4-二羟基-2-（3-甲基-2-丁烯）萘-1（2H）-酮[（2R,3R,4R）-3,4-dihydro-3,4-dihydroxy-2-（3-methyl-2-butenyl）naphthalen-1（2H）-one]、（2S,3R,4R）-3,4-二氢-3,4-二羟基-2-（3-甲基-2-丁烯）萘-1（2H）-酮[（2S,3R,4R）-3,4-dihydro-3,4-dihydroxy-2-（3-methyl-2-butenyl）naphthalen-1（2H）-one]、梓酚（catalponol）和表梓酚（epi-catalponol）[13]；苯酞类：（±）-3-（5-羟基-5-甲基-2-氧化己-3-烯-1-基）异苯并呋喃-1（3H）-酮[（±）-3-（5-hydroxy-5-methyl-2-oxohex-3-en-1-yl）isobenzofuran-1（3H）-one]和梓木内酯（catalpalactone）[13]；萘醌类：9-甲氧基-α-拉帕醌（9-methoxy-α-lapachone）[13]、梓酮（catalponone）和去氧风铃木醇（deoxylapachol）[14]；脂肪酸类：1-二十八酸甘油酯（glycerol 1-octacosanoate）[14]；酚酸酯类：阿魏酸二十六醇酯（hexacosyl ferulate）[14]。

茎皮含萘醌类：9-甲氧基-4-氧化-α-风铃木醌（9-methoxy-4-oxo-α-lapachone）、8-甲氧基去氢-异-α-风铃木醌（8-methoxydehydro-iso-α-lapachone）、（4S,4aR,10R,10aR）-4,10-二羟基-2,2-二甲基-2,3,4,4R,10,10α-六氢苯并[g]色烯-5-酮{（4S,4aR,10R,10aR）-4,10-dihydroxy-2,2-dimethyl-2,3,4,4R,10,10α-hexahydrobenzo[g]chromen-5-one}、3-羟基去氢-异-α-风铃木醌（3-hydroxydehydro-iso-α-lapachone）、4,9-二羟基-α-风铃木醌（4,9-dihydroxy-α-lapachone）、4-羟基-α-风铃木醌（4-hydroxy-α-lapachone）和9-甲氧基-α-风铃木醌（9-methoxy-α-lapachone）[15]；苯酞类：梓木内酯（catalpalactone）[15]；环烯醚萜类：6,10-O-二-反式阿魏酰梓醇（6,10-O-di-trans-feruloylcatalpol）、黄金树苷（specioside）、6,6'-O-二-反式阿魏酰梓醇（6,6'-O-di-trans-feruloylcatalpol）、梓实苷（catalposide）、3,4-二氢-6-O-二-反式-阿魏酰梓醇（3,4-dihydro-6-O-di-trans-feruloyl catalpol）、6-O-反式-阿魏酰梓醇（6-O-trans-feruloyl catalpol）、6-O-（4-甲氧基-反式肉桂酰）梓醇[6-O-（4-methoxy-trans-cinnamoyl）catalpol]、4'-甲氧基梓实苷（4'-methoxycatalposide）、香草酰梓醇（vanilloyl catalpol）、6-O-藜芦酰梓醇（6-O-veratroyl catalpol）、3,4-二氢梓实苷（3,4-dihydrocatalposide）、6-O-反式阿魏酰-5,7-二去氢毛猫爪藤苷（6-O-trans-feruloyl-5,7-bisdeoxycynanchoside）、6-O-反式异阿魏酰-5,7-二去氧毛猫爪藤苷（6-O-trans-isoferuloyl-5,7-bisdeoxycynanchoside）、6-O-（4-羟基苯甲酰）-5,7-二去氧毛猫爪藤苷[6-O-（4-hydroxybenzoyl）-5,7-bisdeoxycynanchoside]、6-O-（4-羟基苯甲酰）筋骨草醇[6-O-（4-hydroxybenzoyl）ajugol]和6-O-（4-羟基苯甲酰）列当属苷*[6-O-（4-hydroxybenzoyl）phelipaeside][16]；酚酸类：8,5'-二阿魏酸（8,5'-diferulic acid）[16]；木脂素类：（8R,7'S,8'R）-落叶松酯醇-9'-O-β-D-（6-O-反式阿魏酰）-吡喃葡萄糖苷[（8R,7'S,8'R）-lariciresinol-9'-O-β-D-（6-O-trans-feruloyl）-glucopyranoside][16]；苯丙素类：梓皮苷*A、B、C、D、E、F（ovatoside A、B、C、D、E、F）和灰叶稠李苷*A（grayanoside A）[16]；苯乙醇苷类：达伦代黄芩苷A、B（darendoside A、B）、2-（4-羟苯基）乙基[5-O-（4-羟基甲酰基）]-O-β-D-呋喃芹糖基-（1→2）-β-D-吡喃葡萄糖苷{2-（4-hydroxyphenyl）ethyl[5-O-（4-hydroxybenzoyl）]-O-β-D-apiofuranosyl-（1→2）-β-D-glucopyranoside}、大花糙苏苷（phlomisethanoside）[16]和梓苷（catalposide）[17]。

果实含环烯醚萜类：梓苷（catalposide）、梓醇（catalpol）[18]、梓素（catalpin）[19]、3-甲氧基梓素（3-methoxycatalpin）、表梓素（epicatalpin）、3-甲氧基表梓素（3-methoxyepicatalpin）、梓实烯醇A、B（kisasagenol A、B）[20]、地黄素C（rehmaglutin C）、去对羟基苯甲酰基-3-去氧梓素（des-p-hydroxybenzoyl-3-deoxycatalpin）[21]，6-O- 对羟基苯甲酰地黄诺苷（6-O-p-hydroxybenzoylglutinoside）、去对羟基苯甲酰梓实烯醇 B（des-p-hydroxybenzoyl kisasagenol B）、6-O- 对羟基苯甲酰十万错苷 E（6-O-p-hydroxybenzoyl asystasioside E）和 6-O- 顺式对香豆酰梓醇（6-O-cis-p-coumaroylcatalpol）[22]；苯并呋喃类：梓呋新（catalpafurxin）[23]；三萜类：熊果酸（ursolic acid）[18]；甾体类：β- 谷甾醇（β-sitosterol）和胡萝卜苷（daucosterol）[18]；烷烃类：二十九烷（nonacosane）[18]。

种子含黄酮类：5,6- 二羟基 -7,4′- 二甲氧基黄酮（5,6-dihydroxy-7,4′-dimethoxyflavone）[24]。

【药理作用】1. 抗炎　从树皮中分离的梓苷（catalposide）能抑制脂多糖（LPS）诱导的 RAW264.7 巨噬细胞的肿瘤坏死因子 -α（TNF-α）、白细胞介素 -1β（IL-1β）、白细胞介素 -6（IL-6）的表达和生成，抑制核转录因子（NF-κB）活化，减少巨噬细胞核转录因子 p65 蛋白核转移[1]；树皮的甲醇提取物可抑制肿瘤坏死因子 -α 和一氧化氮（NO）的产生[2]，其机制可能是通过明显降低脂多糖诱导的巨噬细胞的肿瘤坏死因子 -α 和诱生型一氧化氮合酶（NOS）的 mRNA 水平；梓苷可抑制肠上皮细胞的促炎基因表达，同时可减轻三硝基苯磺酸诱导的结肠炎小鼠的炎症反应[3]；树皮的甲醇提取物对粉尘螨提取物（dermatophagoides farinae extract）诱导的 Nc/Nga 小鼠特应性皮炎具有保护作用，可抑制上皮细胞肥大或过度角质化、抑制细胞水肿，减少炎性细胞渗透，减少血清中的促炎细胞因子、Th2 细胞因子、Th2 趋化因子 TARC 和促 Th2 细胞因子 TSLP 的含量[4]。2. 抗菌　根皮中提取的总黄酮对大肠杆菌、枯草芽孢杆菌、金黄色葡萄球菌的生长有非常明显的抑制作用，对青霉菌、酿酒酵母菌的生长也有明显的抑制作用，对金黄色葡萄球菌的最低抑菌浓度（MIC）为（6.25±0.25）mg/ml，对枯草芽孢杆菌、大肠杆菌的最低抑菌浓度为（12.50±0.36）mg/ml，对酿酒酵母、青霉菌的最低抑菌浓度为（25.00±0.27）mg/ml[5]。3. 抗肿瘤　梓苷对小鼠移植性肉瘤 S180 和肝癌 Heps 细胞的生长均有明显的抑制作用，并不影响小鼠的免疫功能[6]；从叶的甲醇提取物的乙酸乙酯萃取部位中分离的 4- 羟基苯甲酸（4-hydroxybenzoic acid）、梓树内酯*-7-O-（6′- 对羟基苯甲酰）-β-D- 吡喃葡萄糖苷［ovatolactone-7-O-（6′-p-hydroxybenzoyl）-β-D-glucopyranoside］、1,6- 二 -O- 对羟基苯甲酸 -β-D- 吡喃葡萄糖苷（1,6-di-O-p-hydroxybenzoyl-β-D-glucopyranoside）能剂量依赖性地抑制白血病 U937、HL60、Molt-4 细胞的增殖；1,6- 二 -O-p- 羟基苯甲酸 -β-D- 吡喃葡萄糖苷对白血病 Molt-4 细胞具有轻微的细胞毒作用，可提高 p53 和白细胞介素 -4（IL-4）的含量，降低白细胞介素 -2（IL-2）和诱生 γ 干扰素（IFN-γ）的含量[7]。4. 抗氧化　心材中分离的梓酚（catalponol）和表梓酚（epi-catalponol）对细胞具有抗氧化保护作用，其机制可能是通过直接清除细胞内的活性氧自由基（ROS）和诱导抗氧化酶的活性[8]。

【药用标准】新疆药品 1980 一册。

【临床参考】1. 浮肿：果实 15g，水煎服[1]。

2. 腰肌劳损：根（盐水炒）9g，水煎冲黄酒服。

3. 耳鸣：根白皮 30g，加核桃 1 枚（捣碎），水煎服。

4. 热疮、疥疮、皮肤瘙痒：根白皮适量，煎水洗患处。

5. 跌打损伤：根白皮，加泡桐、博落回各适量，捣烂，加酒调敷。

6. 慢性肾炎、浮肿、蛋白尿：果实 15g，水煎服。

7. 烦热、呕吐：根白皮 6～12g，水煎服。（2 方至 7 方引自《浙江药用植物志》）

【附注】本种始载于《神农本草经》，云："梓白皮，主热，去三虫，叶捣传猪创，饲猪肥大三倍，生山谷。"《名医别录》云："梓白皮……生河内。"《本草图经》载："梓，近道皆有之，官寺人家园亭亦多植之。木似桐而叶小，花紫。"《本草纲目》云："梓木处处有之，有三种，木理白者为梓……"《花镜》云："梓，一名木王，林中有梓树，诸木皆内拱，叶似梧桐，差小而无歧。春开紫白花如帽，极其烂嫚。生荚细如箸，长尺许。冬底叶落，荚独在树。"即为本种。

本种的根白皮、木材及叶民间也作药用。

本种的果实有毒。（《浙江药用植物志》）

【化学参考文献】

[1] Xu H, Hu G, Dong J, et al. Antioxidative activities and active compounds of extracts from *Catalpa* plant leaves [J]. Scientific World Journal, 2014, DOI: org/10.1155/2014/857982.

[2] Machida K, Ando M, Yaoita Y, et al. Studies on the constituents of *Catalpa* species. VI. monoterpene glycosides from the fallen leaves of *Catalpa ovata* G. Don [J]. Chem Pharm Bull, 2001, 49（6）: 732-736.

[3] Machida K, Hishinuma E, Kikuchi M. Studies on the constituents of *Catalpa* species. IX. iridoids from the fallen leaves of *Catalpa ovata* G. DON [J]. Chem Pharm Bull, 2004, 52（5）: 618-21.

[4] Oh C H, Kim N S, Yang J H, et al. Effects of isolated compounds from *Catalpa ovata* on the T cell-mediated immune responses and proliferation of leukemic cells [J]. Arch Pharm Res, 2010, 33（4）: 545-550.

[5] Machida K, Shioda K, Yaoita Y, et al. Studies on the constituents of *Catalpa* species. 8. constituents of the leaves of *Catalpa ovata* G. DON [J]. Nat Med, 2001, 55（3）: 147-148.

[6] Machida K, Ando M, Yaoita Y, et al. Phenolic compounds of the leaves of *Catalpa ovata* G. DON [J]. Nat Med, 2001, 55（2）: 64-67.

[7] Park B M, Hong S S, Lee C, et al. Naphthoquinones from *Catalpa ovata* and their inhibitory effects on the production of nitric oxide [J]. Arch Pharm Res, 2010, 33（3）: 381-385.

[8] Cho J Y, Kim H Y, Choi G J, et al. Dehydro-alpha-lapachone isolated from *Catalpa ovata* stems: activity against plant pathogenic fungi [J]. Pest Manag Sci, 2010, 62（5）: 414-418.

[9] Fujiwara A, Mori T, Iida A, et al. Antitumor-promoting naphthoquinones from *Catalpa ovata* [J]. J Nat Prod, 1998, 61（5）: 629-632.

[10] Park S, Shin H, Park Y, et al. Characterization of inhibitory constituents of NO production from *Catalpa ovata*, using LC-MS coupled with a cell-based assay [J]. Bioorga Chem, 2018, 80: 57-63.

[11] Oh H, Pae H O, Oh G S, et al. Inhibition of inducible nitric oxide synthesis by catalposide from *Catalpa ovata* [J]. Planta Med., 2002, 68（8）: 685-689.

[12] Han X H, Lee C, Lee J W, et al. Two new iridoids from the stem of *Catalpa ovata* [J]. Helv Chim Acta, 2015, 98（3）: 381-385.

[13] Kil Y S, So Y K, Choi M J, et al. Cytoprotective dihydronaphthalenones from the wood of *Catalpa ovata* [J]. Phytochemistry, 2017, 147: 14-20.

[14] Inoue K, Shiobara Y, Chen C C, et al. Quinones and related compounds in higher plants. VII. supplementary studies on the constituents of the wood of *Catalpa ovata* [J]. Yakugaku Zasshi, 1979, 99（5）: 500-504.

[15] Fujiwara A, Mori T, Iida A, et al. Antitumor-promoting naphthoquinones from *Catalpa ovata* [J]. J Nat Prod, 1998, 61（5）: 629-632.

[16] Kil Y S, Kim S M, Kang U, et al. Peroxynitrite-scavenging glycosides from the stem bark of *Catalpa ovata* [J]. J Nat Prod, 2017, 80（8）: 2240-2251.

[17] An S J, Pae H O, Oh G S, et al. Inhibition of TNF-α, IL-1β, and IL-6 productions and NF-κB activation in lipopolysaccharide-activated RAW 264.7 macrophages by catalposide, an iridoid glycoside isolated from *Catalpa ovata* G. Don (Bignoniaceae) [J]. International Immunopharmacology, 2002, 2: 1173-1181.

[18] 王奇志, 梁敬钰. 梓实化学成分研究 [J]. 中草药, 2005, 36（1）: 15-17.

[19] Nozaka T, Watanabe F, Ishino M, et al. A mutagenic new iridoid in the water extract of Catalpae Fructus [J]. Chem Pharm Bull, 1989, 37（10）: 2838-2840.

[20] Kanai E, Machida K, Kikuchi M. Studies on the constituents of Catalpa species. I. Iridoids from Catalpae Fructus [J]. Chem Pharm Bull, 1996, 44（8）: 1607-1609.

[21] Machida K, Ikeda C, Kakuda R, et al. Studies on the constituents of Catalpa species. V. iridoids from Catalpae Fructus [J]. Nat Med, 2001, 55（2）: 61-63.

[22] Machida K, Ogawa M, Kikuchi M. Studies on the constituents of Catalpa species. II. iridoids from Catalpae Fructus [J]. Chem Pharm Bull, 1998, 46（6）: 1056-1057.

[23] 王奇志, 梁敬钰. 梓实中的新苯并呋喃 [J]. 中草药, 2005, 36（2）: 164-166.

[24] Markham K R, Hirshman J L, Kupfermann H, et al. Microchemical investigation of medicinal plants. VII. proposed

structure and crystal forms of yellow compound I from the *Catalpa* seed [J]. Mikrochim Acta, 1970 (3): 590-599.

【药理参考文献】

[1] An S J, Pae H O, Oh G S, et al. Inhibition of TNF-α, IL-1β, and IL-6 productions and NF-κB activation in lipopolysaccharide-activated RAW 264. 7 macrophages by catalposide, an iridoid glycoside isolated from *Catalpa ovata* G. Don (Bignoniaceae) [J]. International Immunopharmacology, 2002, 2: 1173-1181.

[2] Pae H O, Oh G S, Choi B M, et al. Inhibitory effects of the stem bark of *Catalpa ovata* G. Don. (Bignoniaceae) on the productions of tumor necrosis factor-α and nitric oxide by the lipopolisaccharide-stimulated RAW 264. 7 macrophages [J]. Journal of Ethnopharmacology, 2003, 88: 287-291.

[3] Kim S W, Choi S C, Choi E Y, et al. Catalposide, a compound isolated from *Catalpa ovata*, attenuates induction of intestinal epithelial proinflammatory gene expression and reduces the severity of trinitrobenzene sulfonic acid-induced colitis in mice [J]. Inflammatory Bowel Diseases, 2004, 10 (5): 564-572.

[4] Yang G, Choi C H, Lee K, et al. Effects of *Catalpa ovata* stem bark on atopic dermatitis-like skin lesions in NC/Nga mice [J]. Journal of Ethnopharmacology, 2013, 145: 416-423.

[5] 邵金华, 何福林, 陈霞, 等. 梓树根皮总黄酮分离纯化及其抑菌活性研究 [J]. 食品与机械, 2017, 33 (2): 140-144, 220.

[6] 王奇志, 管福琴, 孙浩, 等. 梓苷的抗肿瘤活性研究 [J]. 中成药, 2012, 34 (12): 2381-2384.

[7] Oh C H, Kim N S, Yang J H, et al. Effects of isolated compounds from *Catalpa ovata* on the T cell-mediated immune responses and proliferation of leukemic cells [J]. Arch Pharm Res, 2010, 33 (4): 545-550.

[8] Kil Y S, So Y K, Choi M J, et al. Cytoprotective dihydronaphthalenones from the wood of *Catalpa ovata* [J]. Phytochemistry, 2017, 147: 14-20.

【临床参考文献】

[1] 何绍奇. 梓 [N]. 中国中医药报, 2002-09-16 (008).

2. 凌霄属 *Campsis* Lour.

落叶攀援木质藤本，通常有气生根。叶对生，奇数一回羽状复叶，小叶有粗锯齿。花大，红色或橙红色，组成顶生花束或短圆锥花序；花萼钟状，近革质，不等的5裂；花冠钟状漏斗形，檐部微呈二唇形，5裂，裂片大而开展，半圆形；能育雄蕊4枚，二强，弯曲，内藏；子房2室，基部围以一大花盘。蒴果，室背开裂，由隔膜上分裂为2果瓣。种子多粒，扁平，两端有半透明的膜质翅。

2种，分布于美洲和东亚。中国2种，长江以南各地均有引种栽培，法定药用植物2种。华东地区法定药用植物2种。

凌霄属与梓属的区别点：凌霄属为攀援木质藤本，奇数一回羽状复叶。梓属为乔木，单叶。

872. 凌霄（图872） • *Campsis grandiflora* (Thunb.) Schum. [*Campsis chinensis* (Lam.) Voss.; *Tecoma grandiflora* Loisel.]

【别名】紫葳，苕华，红花倒水莲（福建、江西），九龙下海（江西），无爪龙、喇叭花（江苏），上树龙（安徽）。

【形态】落叶攀援藤本。茎木质，表皮脱落，枯褐色，具气生根。叶对生，奇数羽状复叶；小叶7~9枚，卵形至卵状披针形，先端尾状渐尖，基部阔楔形，两侧不等大，长3~7cm，宽1.5~3cm，侧脉6~7对，两面无毛，边缘有粗锯齿。顶生疏散的短圆锥花序；花萼钟状，长3cm，5裂至中部，裂片披针形，长约1.5cm；花冠内面鲜红色，外面橙黄色，长约5cm，5裂，裂片半圆形；雄蕊着生于花冠筒近基部，花丝细长，花药黄色，丁字形着生；花柱条形，长约3cm，柱头扁平，2裂。蒴果长如豆荚，顶端钝。花期6~8月，果期11月。

图 872　凌霄　　　　　　　　　　　　　　　　　　　　　　　　　　摄影　张芬耀等

【生境与分布】华东各地均有栽培，另长江流域各地及河北、河南、广东、广西、陕西、台湾等地均有栽培；日本、越南、印度、巴基斯坦亦有栽培。

【药名与部位】凌霄根（紫葳根），根。凌霄花，花。

【采集加工】凌霄根：全年均可采挖，洗净，晒干。凌霄花：夏、秋二季花开放时采收，干燥。

【药材性状】凌霄根：为长圆柱形，常扭曲或弯曲，直径 1～3cm。外表土黄色或土红色，有纵皱纹，并有稀疏支根与支根的断痕。断面纤维性，有丝状物，外围为棕色，中心为淡黄色。气微，味淡。

凌霄花：多皱缩卷曲，黄褐色或棕褐色，完整花朵长 4～5cm。萼筒钟状，长 2～2.5cm，裂片 5，裂至中部，萼筒基部至萼齿尖有 5 条纵棱。花冠先端 5 裂，裂片半圆形，下部联合呈漏斗状，表面可见细脉纹，内表面较明显。雄蕊 4，着生在花冠上，2 长 2 短，花药个字形，花柱 1，柱头扁平。气清香，味微苦、酸。

【药材炮制】凌霄根：除去杂质，洗净，润透，切段，干燥。

凌霄花：除去花梗、枝及叶等杂质，筛去灰屑。

【化学成分】叶含三萜类：齐墩果酸（oleanolic acid）、常春藤皂苷元（hederagenin）、熊果酸（ursolic acid）、委陵菜酸（tormentic acid）和万花酸（myrianthic acid）[1]；环烯醚萜类：凌霄醇（cachinol）、1-O-甲基凌霄醇（1-O-methylcachinol）、凌霄苷 I（cachineside I）[2]，5-羟基凌霄诺苷（5-hydroxycampenoside）、凌霄诺苷（campenoside）[3]，凌霄西苷（campsiside）、5-羟基凌霄西苷（5-hydroxycampsiside）[4]，凌霄苷 III、IV、V（cachineside III、IV、V）[5] 和黄钟花苷（tecomoside）[6]；生物碱类：草苁蓉碱（boschniakine）[4]；苯乙醇苷类：凌霄新苷 I、II（campneoside I、II）和毛蕊花苷（verbascoside）[7]；黄酮类：柚皮苷元 -7-O-α-L- 吡喃鼠李糖基 -（1→4）-α-L- 吡喃鼠李糖苷 [naringenin-7-O-α-L-rhamnopyranosyl-（1→4）-α-L-rhamnopyranoside] 和二氢山柰酚 -3-α-L- 吡喃鼠李糖苷 -5-O-β-D- 吡喃葡萄糖苷

（dihydrokaempferol-3-α-L-rhamnopyranoside-5-O-β-D-glucopyranoside）[8]。

花含三萜类：齐墩果酸（oleanolic acid）、熊果酸（ursolic acid）、山楂酸（maslinic acid）、黄麻酸（corosolic acid）、23-羟基熊果酸（23-hydroxyursolic acid）、阿江榄仁酸（arjunolic acid）和熊果醛（ursolic aldehyde）[9]；环烯醚萜类：凌霄西醇（campsinol）、7-O-（Z）-对香豆酰凌霄苷 V［7-O-（Z）-p-coumaroyl cachineside V］、7-O-（E）-对香豆酰凌霄苷 I［7-O-（E）-p-coumaroyl cachineside I］、龙船花苷（ixoroside）、8-羟基紫葳苷（8-hydroxycampenoside），即凌霄西苷（campsiside）、凌霄苷 I（cachineside I）、5-羟基紫葳苷（5-hydroxycampenoside）和 5-羟基凌霄西苷（5-hydroxycampsiside）[10]；苯乙醇苷类：毛蕊花糖苷（acteoside）和天人草苷 A（leucosceptoside A）[10]；黄酮类：芹菜苷元（apigenin）[11]；环己乙醇类：凌霄缩酮素（campsiketalin）、凌霄酮（campsione）、吊钟木酮（halleridone）、吊钟木酯酮（hallerone）、4-羟基-5-甲氧基-3,4-（氧乙叉基）-环己酮［4-hydroxy-5-methoxy-3,4-（epoxyethano）-cyclohexanone］和 4-羟基-4-（2-羟乙基）-环己酮［4-hydroxy-4-（2-hydroxyethyl）-cyclohexanone］[12]。

【药理作用】1. 改善血液　叶的甲醇提取物中分离纯化的 5 个五环三萜类化合物齐墩果酸（oleanolic acid）、常春藤皂苷元（hederagenin）、熊果酸（ursolic acid）、委陵菜酸（tormentic acid）和万花酸（myrianthic acid）对肾上腺素诱导的血小板凝聚均具有抑制作用，作用近似于阿司匹林[1]；花的水提取物对离体猪冠状动脉具有抑制收缩作用，且作用强于丹参注射液，作用缓慢且持久，对大鼠血栓形成有抑制作用，并能加快红细胞电泳，增加红细胞电泳率，使血液红细胞处于分散状态[2]；花的水提醇沉粗提物对老龄大鼠微循环具有较好的改善作用，能加快老龄大鼠血流速度，扩张小血管管径，增加毛细血管网交叉点，抑制红细胞和血小板聚集，降低血液黏度，改善红细胞功能[3]；花的甲醇提取物对致敏小鼠血流量降低有显著的改善作用，其中甲醇提取物的乙酸乙酯萃取部位中分离的 Fr Ⅲ（6：1 洗脱部位）作用最强[4]；花的水提取物、醇提取物和水提醇沉上清液均能延长小鼠血浆复钙时间（PRT）和小鼠出血时间（BT），具有抗凝血活性，作用大小为水提醇沉上清液＞水提取物＞醇提取物，其中水提醇沉上清液经过大孔树脂后 10% 乙醇部位作用最显著[5]。2. 降血脂　花的 80% 甲醇提取物中分离的山楂酸（maslinic acid）、黄麻酸（corosolic acid）、23-羟基熊果酸（23-hydroxyursolic acid）和阿江榄仁酸（arjunolic acid）在 100μg/ml 浓度时有抑制人酰基辅酶 A：胆固醇酰基转移酶 -1（hACAT-1）的作用，抑制率分别为（46.2±1.1）%、（46.7±0.9）%、（41.5±1.3）%、（60.8±1.1）%[6]。3. 调节子宫　花的水提取物能非常显著地抑制未孕小鼠子宫收缩，能显著降低收缩强度，减慢收缩频率，降低收缩作用，对离体孕子宫能增加收缩频率及增强收缩强度，增强收缩作用[2]。4. 护脑　花中提取的总黄酮对短暂性脑缺血再灌注大鼠具有一定的保护作用，能降低血清中神经元特异性烯醇化酶（NSE）的水平，升高脑组织中抗炎细胞因子白细胞介素 -10（IL-10）、转化生长因子 -β$_1$（TGF-β$_1$）的含量[7]；明显降低炎性因子白细胞介素 -6（IL-6）、白细胞介素 -1β（IL-1β）、单核细胞趋化因子 -1（MCP-1）和激活调节细胞因子（RANTES）的含量，抑制骨髓过氧化物酶（MPO）活性[8]；减轻炎性反应，其机制可能与抑制核转录因子 / 一氧化氮合酶 - 环氧合酶（NF-κB/iNOS-COX-2）信号通路的激活有关[9]。5. 抗氧化　花的乙酸乙酯提取物对过氧化氢（H_2O_2）诱导的 PC12 细胞氧化损伤具有保护作用，提高小鼠脑组织中超氧化物歧化酶（SOD）、谷胱甘肽过氧化物酶（GSH-Px）的含量并减少组织中丙二醛（MDA）的含量[10]；花的 50% 乙醇提取物能清除 1,1-二苯基 -2-三硝基苯肼（DPPH）自由基和超氧化物自由基，其半数抑制浓度（IC_{50}）分别为 20μg/ml 和 52μg/ml[11]。6. 抗抑郁　花的乙酸乙酯提取物能减轻慢性轻度不可预见性应激（CUMS）抑郁模型小鼠的抑郁样症状，缩短静止期[10]。7. 抗炎　花的 50% 乙醇提取物能剂量依赖性地抑制花生四烯酸（AA）和佛波酯（TPA）诱导的小鼠耳肿胀[11]。

【性味与归经】凌霄根：甘、酸，寒。凌霄花：甘、酸，寒。归肝、心包经。

【功能与主治】凌霄根：凉血，祛风，行瘀。用于血热生风，身痒，腰脚不遂，痛风。凌霄花：行血祛瘀，凉血祛风。用于经闭癥瘕，产后乳肿，风疹发红，皮肤瘙痒，痤疮。

【用法与用量】凌霄根：6～9g。凌霄花：5～9g。

【药用标准】凌霄根：上海药材 1994；凌霄花：药典 1963—2015、浙江炮规 2005、新疆药品 1980 二册和台湾 1985 二册。

【临床参考】1. 失眠：黄芪凌霄胶囊（花，加黄芪、水蛭、桃仁、红花、泽泻、石菖蒲、胆南星等组成）口服，每次 5 粒，每日 3 次，连服 30 天为 1 疗程[1]。

2. 儿童（12～16 岁）支气管哮喘：花 10g，加银杏 8 枚，地龙、仙灵脾各 12g，川芎、黄芩各 10g，细辛 3g、炙麻黄 9g，痰涎壅塞加莱菔子、瓜蒌仁；痰黄浓稠加炙百部、鱼腥草；胸闷喘息不得平卧加桂枝、降香、丹参；哮喘缓解可加济生肾气汤。水煎服[2]。

3. 荨麻疹：花 30g，加土茯苓 20g，生地黄、白鲜皮、蒲公英各 15g，地肤子、防风、连翘、栀子、金银花各 12g，蝉蜕 9g、甘草 6g，水煎，分 4 次服，小孩酌减[3]。

4. 婴幼儿腹泻：根 5kg，加干姜 0.6kg，煎煮 2 次，第 1 次加水浸过药面，煮沸 2h，过滤，第 2 次同前法，煮沸 1h，过滤，合并滤液，加入白糖，浓缩至 400ml，加 0.3‰尼泊金装瓶备用，口服，6 个月内的婴儿每次 5～10ml，每日 2～3 次；6 个月以上每次 20～30ml，每日 3～4 次，温服，疗程 2～3 天，病情重者配合西药治疗[4]。

5. 带下量多色黄味臭：花 10g，加荷叶、苍术、黄柏、女贞子、鱼腥草、槟榔、甘草各 10g，薏苡仁 15g、忍冬藤、土茯苓各 20g，水煎服[5]。

6. 产后乳痛乳汁不下：花 15g，加野菊花、夏枯草、玄参各 15g，醋柴胡、当归尾、赤芍、茯苓、瓜蒌皮、青皮、浙贝、莪术各 10g、甘草 6g，水煎服[5]。

7. 输卵管阻塞不孕：花 10g，加当归、白芍、白术、泽泻、路路通各 10g，土茯苓、穿破石各 20g，川芎、甘草各 6g，水煎服[5]。

8. 崩漏：花 15g，加延胡索、当归、红花、赤芍各 10g，水煎服；或花研末温酒送服[6]。

9. 糜烂型脚癣：鲜花，捣烂取汁外搽[6]。

10. 酒糟鼻：花适量研末，加蛋清调成糊状敷患处，1 周为 1 疗程[6]。

11. 痔疮出血：花 5g，加槐角 15g、地榆炭 20g，水煎服[6]。

12. 高血压：花 20g，加马齿苋 20g，水煎服[6]。

13. 月经不调、瘀滞经闭：花 3g，研末，黄酒送服；或花 9g，加月季花 9g、丹参 15g、益母草 15g、红花 6g，水煎服。

14. 风疹：花 3～9g，水煎服。

15. 风湿痹痛：根 9～30g，水煎服；或根 500g，浸于 2.5kg 烧酒中，密封 20 天，每日早晚服 20～30ml。（13 方至 15 方引自《浙江药用植物志》）

【附注】以紫葳之名始载于《神农本草经》，列为中品。《新修本草》云："此即凌霄也，花及茎叶俱用。"《本草图经》云："紫葳，凌霄花也。多生山中，人家园圃亦或种莳，初作藤蔓生依大木，岁久引延至巅而有花，其花黄赤，夏中乃盛。"《本草衍义》云："紫葳，今蔓延而生，谓之为草，又有木身，谓之为木，又须物而上。然干不逐冬毙，亦得木之多也……其花赭黄色。"《本草纲目》在草部中云："凌霄野生，蔓才数尺，得木而上，即高数丈，年久者藤大如杯。初春生枝，一枝数叶，尖长有齿，深青色。自夏至秋开花，一枝十余朵，大如牵牛花，而头开五瓣，赭黄色，有细点，秋深更赤。八月结荚如豆荚，长三寸许，其子轻薄如榆仁、马兜铃仁。其根长亦如马兜铃根状。"即为本种。

药材凌霄花气血虚弱、内无瘀热及孕妇慎服；凌霄根孕妇禁服。

本种的茎叶民间也作药用，孕妇禁服，体虚者慎服。

【化学参考文献】

[1] Jin J L, Lee Y Y, Heo J E, et al. Anti-platelet pentacyclic triterpenoids from leaves of *Campsis grandiflora* [J]. Arch Pharm Res, 2004, 27 (4): 376-380.

[2] Jin J L, Lee S, Lee Y Y, et al. Two new non-glycosidic iridoids from the leaves of *Campsis grandiflora* [J]. Planta Med,

2005, 71（6）：578-580.

[3] Kobayashi S, Imakura Y, Yamahara Y, et al. New iridoid glucosides, campenoside and 5-hydroxycampenoside, from *Campsis chinensis* Voss [J]. Heterocycles, 1981, 16（9）：1475-1478.

[4] Imakura Y, Kobayashi S, Yamahara Y, et al. Studies on constituents of Bignoniaceae plants. IV. isolation and structure of a new iridoid glucoside, campsiside, from *Campsis chinensis* [J]. Chem Pharm Bull, 1985, 33（6）：2220-2227.

[5] Imakura Y, Kobayashi S. Structures of cachineside III, IV and V, iridoid glucosides from *Campsis chinensis* Voss [J]. Heterocycles, 1986, 24（9）：2593-2601.

[6] Imakura Y, Kobayashi S, Kida K, et al. Iridoid glucosides from *Campsis chinensis* [J]. Phytochemistry, 1984, 23（10）：2263-2269.

[7] Imakura Y, Kobayashi S, Mima A. Bitter phenyl propanoid glycosides from *Campsis chinensis* [J]. Phytochemistry, 1985, 24（1）：139-146.

[8] Ahmad M, Jain N, Kamil M, et al. Isolation and characterization of two new flavanone disaccharides from the leaves of *Tecoma grandiflora* Bignoniaceae [J]. Journal of Chemical Research, Synopses, 1991,（5）：109-112.

[9] Kim D H, Han K M, Chung I S, et al. Triterpenoids from the flower of *Campsis grandiflora* K. Schum. as human acyl-CoA：cholesterol acyltransferase inhibitors [J]. Arch Pharm Res, 2005, 28（5）：550-556.

[10] Han X H, Oh J H, Hong S S, et al. Novel iridoids from the flowers of *Campsis grandiflora* [J]. Arch Pharm Res, 2012, 35（2）：327-332.

[11] 陈敬炳，林贤琦，周成萍.凌霄花成分的研究[J].中草药，1981，12（8）：372-374.

[12] Kim D H, Han K M, Bang M H, et al. Cyclohexylethanoids from the flower of *Campsis grandiflora* [J]. Bull Korean Chem Soc, 2007, 28（10）：1851-1853.

【药理参考文献】

[1] Jin J L, Lee Y Y, Heo J E, et al. Anti-platelet pentacyclic triterpenoids from leaves of *Campsis grandiflora* [J]. Archives of Pharmacal Research, 2004, 27（4）：376-380.

[2] 沈琴，郭济贤，邵以德.中药凌霄花的药理学考察[J].天然产物研究与开发，1995，7（2）：6-11.

[3] 李建平，侯安继.凌霄花粗提物对老龄大鼠微循环的影响[J].医药导报，2007，26（2）：136-138.

[4] 岩冈惠实子.凌霄花改善致敏小鼠血液循环的作用[J].国际中医中药杂志，2006，28（6）：364.

[5] 田璐璐，方昱，祝德秋.凌霄花提取物抗凝血活性部位研究[J].药物评价研究，2014，37（1）：17-20.

[6] Kim D H, Han K M, Chung I S, et al. Triterpenoids from the flower of *Campsis grandiflora* K. Schum. as human acyl-CoA：cholesterol acyltransferase inhibitors [J]. Archives of Pharmacal Research, 2005, 28（5）：550-556.

[7] 方晓艳，吴宿慧，王琳琳，等.凌霄花总黄酮对脑缺血再灌注损伤大鼠的保护作用[J].中国实验方剂学杂志，2016，22（16）：109-113.

[8] 方晓艳，栗俞程，刘丹丹，等.凌霄花总黄酮对脑缺血大鼠脑组织中炎性因子及趋化因子的影响[J].中华中医药杂志，2016，31（9）：3481-3483.

[9] 方晓艳，左艇，王灿，等.凌霄花总黄酮对脑缺血再灌注损伤大鼠NF-κB/iNOS-COX-2信号通路的影响[J].中华中医药杂志，2016，31（8）：3321-3324.

[10] Yu H C, Wu J, Zhang H X, et al. Antidepressant-like and anti-oxidative efficacy of *Campsis grandiflora* flower [J]. Journal of Pharmacy & Pharmacology, 2016, 67：1705-1715.

[11] Cui X Y, Kim J H, Zhao X, et al. Antioxidative and acute anti-inflammatory effects of *Campsis grandiflora* flower [J]. Journal of Ethnopharmacology, 2006, 103：223-228.

【临床参考文献】

[1] 付革新.黄芪凌霄胶囊治疗失眠100例临床观察[J].中西医结合心脑血管病杂志，2005，3（11）：70.

[2] 程越明.银龙凌霄汤治疗少儿支气管哮喘55例[J].辽宁中医杂志，1998，25（4）：22.

[3] 黄梅生.凌霄花合剂治疗荨麻疹95例[J].广西中医药，1994，17（3）：7.

[4] 福建省长汀县医院小儿科，福建省长汀县医药研究所，福建省长汀县涂坊公社中心卫生院.凌霄花糖浆治疗婴幼儿腹泻（200例疗效观察）[J].赤脚医生杂志，1978，（7）：14.

[5] 钟以林.班秀文教授用凌霄花治妇科病经验[J].医学文选，1994，（1）：20.

[6]章茂森.祛风止痒凌霄花[N].中国中医药报,2006-05-11(007).

873. 厚萼凌霄(图873)• *Campsis radicans*(Linn.)Seem. [*Bignonia radicans* Linn.; *Tecoma radicans*(Linn.)Juss. ex DC.]

图873 厚萼凌霄　　　　摄影 赵维良

【别名】美国凌霄(山东),杜凌霄(江苏),美洲凌霄。

【形态】落叶攀援藤本。茎木质,具气生根。叶对生,奇数羽状复叶,小叶9～11枚,椭圆形至卵状椭圆形,长3.5～6.5cm,宽2～4cm,先端尾状渐尖,基部楔形,边缘具齿,上表面深绿色,下表面淡绿色,被毛,至少沿中脉被短柔毛。顶生短圆锥花序;花萼钟状,长约2cm,5浅裂至萼筒的1/3处,裂片卵状三角形,外向微卷,无凸起的纵肋;花冠筒细长,漏斗状,橙红色至鲜红色,筒部为花萼长的3倍,6～9cm,直径约4cm。蒴果长圆柱形,长8～12cm,顶端具喙尖,沿缝线具龙骨状突起,具柄,硬壳质。花期7～10月,果期11月。

【生境与分布】浙江、江苏、安徽、山东均有栽培,另广西、湖南等地有栽培;越南、印度、巴基斯坦也有栽培。

厚萼凌霄与凌霄的区别点:厚萼凌霄小叶9～11枚,叶下被毛,花萼裂至1/3处,裂片卵状三角形。凌霄小叶7～9枚,叶下无毛,花萼裂至1/2处,裂片披针形。

【药名与部位】凌霄根(紫葳根),根。凌霄花,花。

【采集加工】凌霄根:全年均可采挖,洗净,晒干。凌霄花:夏、秋二季花开放时采收,干燥。

【药材性状】凌霄根:为长圆柱形,常扭曲或弯曲,直径1～3cm。外表土黄色或土红色,有纵皱纹,并有稀疏支根与支根的断痕。断面纤维性，有丝状物，外围为棕色，中心为淡黄色。气微，味淡。

凌霄花：多皱缩卷曲，黄褐色或棕褐色，完整花朵长 6～9cm。萼筒钟状，长 1.5～2cm，硬革质，先端 5 齿裂，裂片短三角状，长约为萼筒的 1/3，萼筒外无明显的纵棱；花冠内表面具明显的深棕色脉纹。花冠先端 5 裂，裂片半圆形，下部联合呈漏斗状，表面可见细脉纹。雄蕊 4 枚，着生在花冠上，2 长 2 短，花药个字形，花柱 1 枚，柱头扁平。气清香，味微苦、酸。

【药材炮制】凌霄根：除去杂质，洗净，润透，切段，干燥。

凌霄花：除去花梗、枝及叶等杂质，筛去灰屑。

【化学成分】花含黄酮类：芹菜素（apigenin）、金圣草酚（chrysoeriol）、鼠李柠檬素（rhamnocitrin）、槲皮素（quercetin）和木犀草素（luteolin）[1,2]；三萜类：熊果醇（uvaol）、3β- 羟基 -18,19α- 熊果 -20- 烯 -28- 酸（3β-hydroxy-18, 19α-urs-20-en-28-oic acid）、熊果酸（ursolic acid）、齐墩果酸（oleanolic acid）、19α- 羟基熊果酸（19α-hydroxyursolic acid）、常春藤皂苷元（hederagenin）、山楂酸（maslinic acid）、科罗索酸（corosolic acid）、委陵菜酸（tormentic acid）、蔷薇酸（euscaphic acid）、铁冬青酸（rotundic acid）和阿江榄仁树葡萄糖苷 II（arjunglucoside II）[1]；酚酸类：3- 羟基 -4- 甲氧基 - 苯甲酸（3-hydroxy-4-methoxy-benzoic acid）和原儿茶酸（protocatechuic acid）[2]；苯丙素类：反式对羟基桂皮酸（trans-p-hydroxycinamic acid）和咖啡酸（caffeic acid）[1]；脂肪酸类：正十六烷酸（n-hexadecanoic acid）和正十九烷酸（n-nonadecanoic acid）[1]；甾体类：β- 谷甾醇（β-sitosterol）和胡萝卜苷（daucosterol）[1]；乙基环己醇类：连翘环己醇酮（rengyolone）[1]；苯并呋喃酮类：（3αR）- 六氢 -3α- 羟基 - 苯并呋喃 -6（2H）- 酮 [（3αR）-hexahydro-3α-hydroxybenzofuran-6（2H）-one][1]；花青素类：矢车菊素 -3- 芸香糖苷（cyanidin-3-rutinoside）[3]；四萜类：辣椒红素（capsanthin）[4]。

叶含苯丙素类：阿魏酸（ferulic acid）和 3,4,5- 三甲氧基桂皮酸（3,4,5-trimethoxycinnamic acid）[5]；酚酸类：水杨酸（salicylic acid）[5]；三萜类：熊果酸（ursolic acid）[5]；挥发油：1- 壬醇（1-nonanol）、4,8- 二甲基 -2- 十六醇（4,8-dimethyl-2-hexadecanol）、2- 乙基 -1- 癸醇（2-ethyl-1-decanol）和植醇（phytol）等[6]。

地上部分含黄酮类：木犀草素（luteolin）、槲皮素 -3- 甲醚（quercetin-3-methyl ether）、芹菜素（apigenin）、6- 羟基木犀草素（6-hydroxyluteolin）和金圣草酚（chrysoeriol）[5,6]；香豆素类：17- 甲基沟斜菊素（17-methylbothrioclinin）、栓翅芹烯酮（pabulenone）、多花佩雷菊素 B（pereflorin B）和 2′,3′- 环氧别欧前胡素（2′,3′-epoxide alloimperatorin）[7]；色原酮类：前胡宁 -7- 甲醚（peucenin-7-methyl ether）[7]；生物碱类：草苁蓉碱（boschniakine）[8]。

【药理作用】1. 抗凝血　花的 70% 乙醇提取物具有抗凝血作用，能剂量依赖性地延长小鼠毛细管凝血时间（CT）、尾出血时间（BT），并剂量依赖性地缩短小鼠肺栓塞时间（PET），其不同萃取层中水层能显著延长小鼠毛细管凝血时间、尾出血时间，并能延长体外凝血酶时间（TT）、凝血酶原时间（PT）和血浆复钙时间（PRT），粗多糖能够延长小鼠毛细管凝血时间、尾出血时间，并能延长活化部分凝血激酶时间（APTT）、凝血酶原时间、血浆复钙时间，水层和粗多糖为抗凝血的作用部位[1]。2. 舒张血管　花的水提取物对离体猪冠状动脉条具有抑制收缩的作用[2]。3. 调节子宫收缩　花的水提取物能非常显著地抑制未孕小鼠子宫收缩，显著降低收缩强度，减慢收缩频率，降低收缩作用，对离体孕子宫能增加收缩频率及增强收缩强度，增强收缩作用，呈节律性的兴奋和抑制作用[2]。

【性味与归经】凌霄根：甘、酸、寒。凌霄花：甘、酸、寒。归肝、心包经。

【功能与主治】凌霄根：凉血，祛风，行瘀。用于血热生风，身痒，腰脚不遂，痛风。凌霄花：行血祛瘀，凉血祛风。用于经闭癥瘕，产后乳肿，风疹发红，皮肤瘙痒，痤疮。

【用法与用量】凌霄根：6～9g。凌霄花：5～9g。

【药用标准】凌霄根：上海药材 1994；凌霄花：药典 1985—2015 和浙江炮规 2005。

【附注】药材凌霄花气血虚弱、内无瘀热者及孕妇慎服；凌霄根孕妇禁服。

本种的茎叶民间也作药用，孕妇禁服，体虚者慎服。

【化学参考文献】

[1] 韩海燕. 美洲凌霄花化学成分研究 [D]. 苏州：苏州大学硕士学位论文，2013.

[2] 韩海燕, 褚纯隽, 姚士, 等. 美洲凌霄花的化学成分研究 [J]. 华西药学杂志，2013，28（3）：241-243.

[3] Harborne J B. Comparative biochemistry of the flavonoids. VI. flavonoid patterns in the Bignoniaceae and the Gesneriaceae [J]. Phytochemistry, 1967, 6（12）: 1643-1651.

[4] Grangaud R, Garcia I. Application of paper chromatography to study of the flower pigments of *Tecoma radicans* sabelle [J]. Compt Rend Soc Biol, 1952, 146: 1577-1579.

[5] Hashem F A. Free radical scavenging activity of the flavonoids isolated from *Tecoma radicans* [J]. Journal of Basic & Applied Sciences, 2007, 3（1）: 49-53.

[6] Hashem F A. Free radical scavenging activity of the flavonoids isolated from *Tecoma radicans* [J]. Journal of Herbs, Spices & Medicinal Plants, 2007, 13（2）: 1-10.

[7] Hashem F A. Investigation of free radical scavenging activity by ESR for coumarins isolated from *Tecoma radicans* [J]. Journal of Medical Sciences（Faisalabad, Pakistan）, 2007, 7（6）: 1027-1032.

[8] Gross D, Berg W, Schuette H R. Monoterpenoid pyridine alkaloids in *Actinidia arguta* and *Tecoma radicans* [J]. Phytochemistry, 1972, 11（10）: 3082-3083.

【药理参考文献】

[1] 韩海燕, 姚士, 褚纯隽, 等. 美洲凌霄花抗凝血功能研究 [J]. 中医药导报，2012，18（9）：75-77.

[2] 沈琴, 郭济贤, 邵以德. 中药凌霄花的药理学考察 [J]. 天然产物研究与开发，1995，7（2）：6-11.

一一○ 胡麻科 Pedaliaceae

一年生或多年生草本，稀为灌木。叶对生或上部叶互生，全缘、有齿缺或分裂。花两侧对称，单生、腋生或组成顶生的总状花序，稀簇生；花梗短，苞片缺或极小；花萼4～5深裂；花冠筒状，一边肿胀，呈不明显二唇形，檐部5裂；雄蕊4枚，二强，常有1枚退化，花药2室，内向，纵裂；花盘肉质，子房上位或很少下位，2～4室，很少为假一室，中轴胎座，花柱丝形，柱头2浅裂，胚珠多粒，倒生。蒴果不开裂，常覆以硬钩刺或翅。

约14属，50种，分布于旧大陆热带与亚热带的沿海地区及沙漠地带。中国2属，2种，各地均有栽培，法定药用植物1属，1种。华东地区法定药用植物1属，1种。

胡麻科法定药用植物主要含木脂素类、黄酮类、环烯醚萜类、苯乙醇类、醌类等成分。木脂素类如（+）-芝麻素［（+）-sesamin］、（+）-芝麻林素酚-4′-O-β-D-吡喃葡萄糖苷［（+）-sesamolinol-4′-O-β-D-glucopyranoside］、表芝麻素（episesamin）等；黄酮类包括黄酮、黄酮醇、黄烷等，如胡麻苷（pedaliin）、芹菜素-7-O-葡萄糖醛酸（apigenin-7-O-glucuronic acid）、山柰酚-3-O-［2-O-（反式对香豆酰）-3-O-α-L-吡喃鼠李糖基］-β-D-吡喃葡萄糖苷 {kaempferol-3-O-［2-O-（trans-p-coumaroyl）-3-O-α-L-rhamnopyranosyl］-β-D-glucopyranoside}、表没食子儿茶素（epigallocatechin）等；环烯醚萜类如宽叶波苏茜素（latifonin）、山栀苷甲酯（shanzhiside methyl ester）等；苯乙醇类如肉苁蓉苷 F（cistanoside F）、毛蕊花糖苷（acteoside）、地黄苷（martynoside）等；醌类包括蒽醌、萘醌等，如蒽胡麻酮 A、B、C、D、E、F（anthrasesamone A、B、C、D、E、F）、氯化胡麻酮（chlorosesamone）等。

1. 胡麻属 *Sesamum* Linn.

直立或匍匐草本。下部叶对生，其他的互生或近对生，全缘、有齿缺或分裂。花腋生、单生或数朵丛生，具短柄；花萼小，5深裂；花冠筒状，基部稍肿胀，檐部5裂，裂片圆形，近轴的2片较短；雄蕊4枚，二强，着生于花冠筒近基部，花药箭头形，药室2；花盘微凸，子房2室，每室再由一假隔膜分为2室，每室具有多粒叠生的胚珠；蒴果矩圆形，室背开裂为2果爿。种子多数。

约30种，分布于非洲和亚洲热带地区。中国1种，各地均有栽培，法定药用植物1种。华东地区法定药用植物1种。

874. 芝麻（图874） • *Sesamum indicum* Linn.

【别名】脂麻、胡麻（通称），黑麻、白麻、油麻（福建），黑芝麻、胡麻子（江苏苏州）。

【形态】一年生直立草本。高60～150cm，分枝或不分枝，茎中空或具有白色髓部，微有毛。叶矩圆形或卵形，长3～10cm，宽2.5～4cm，下部叶常掌状三裂，中部叶有齿缺，上部叶近全缘；叶柄长1～5cm。花单生或2～3朵生于叶腋；花萼裂片披针形，长5～8mm，被柔毛；花冠长2.5～3cm，筒状，白色而常有紫红色或黄色的彩晕；雄蕊4枚，内藏；子房上位，4室，被柔毛。蒴果矩圆形，长2～3cm，有纵棱，直立，被毛，分裂至中部或基部。种子有黑白之分。花果期6～9月。

【生境与分布】华东各地有栽培，另全国其他各地均有栽培。

【药名与部位】芝麻杆，带果壳的茎。黑芝麻（胡麻仁），黑色种子。

【采集加工】芝麻杆：在收取芝麻的同时，取其茎秆，去根及杂质，晒干或扎把后晒干。黑芝麻：秋季果实成熟时采收，取出种子，干燥。

【药材性状】芝麻杆：茎呈方柱形，长30～60cm，淡黄褐色至黄绿褐色，被白色柔毛。体轻，质坚脆。

图 874　芝麻　　　　　　　　摄影　赵维良

易折断，断面纤维性，中央髓部白色或中空。果实（壳）单个或数个着生于叶腋处，具短梗，长椭圆形，具四棱，长约 2.5cm，2～4 开裂，中空，外表褐黄色，密被柔毛。质脆易碎。气微，味淡。

黑芝麻：呈扁卵圆形，长约 3mm，宽约 2mm。表面黑色，平滑或有网状皱纹。一端尖，有棕色点状种脐，另端圆。种皮薄，子叶 2，白色，富油性。气微，味甘，有油香气。

【质量要求】黑芝麻：粒粗，无秕子泥屑。

【药材炮制】黑芝麻：除去杂质，洗净，干燥，用时捣碎。

【化学成分】种子含蒽醌类：蒽胡麻酮F（anthrasesamone F）[1]；木脂素类：（+）-芝麻林素[（+）-sesamolin]、（+）-芝麻素[（+）-sesamin][2,3]、（+）-芝麻素醚[（+）-disaminyl ether]、（+）-辣薄荷醇[（+）-piperitol]、（+）-芝麻林素酚-4'-O-β-D-吡喃葡萄糖苷[（+）-sesamolinol-4'-O-β-D-glucopyranoside]、（+）-芝麻素酚[（+）-sesaminol]、（+）-芝麻林素酚[（+）-sesamolinol]、（+）-表芝麻素酮[（+）-episesaminone]、（+）-松脂酚[（+）-pinoresinol]、（+）-芝麻半素[（+）-samine]、（+）-芝麻素酚-2-O-β-D-吡喃葡萄糖苷[（+）-sesaminol-2-O-β-D-glucopyranoside]、（+）-芝麻素酚-2'-O-β-D-吡喃葡萄糖基-（1→2）-O-β-D-吡喃葡萄糖苷[（+）-sesaminol-2'-O-β-D-glucopyranosyl-（1→2）-O-β-D-glucopyranoside][3]和表芝麻素（episesamin）[4]；酚类：芝麻酚（sesamol）[5]；挥发油类：（E）-3-甲基-1-丁烯-1-硫醇[（E）-3-methyl-1-butene-1-thiol]、2-甲基-1-丙烯-1-硫醇（2-methyl-1-propene-1-thiol）、（Z）-3-甲基-1-丁烯-1-硫醇[（Z）-3-methyl-1-butene-1-thiol]、（Z）-2-甲基-1-丁烯-1-硫醇[（Z）-2-methyl-1-butene-1-thiol]、（E）-2-甲基-1-丁烯-1-硫醇[（E）-2-methyl-1-butene-1-thiol]和4-巯基-3-己酮（4-mercapto-3-hexanone）[5]；甾体类：胡萝卜苷（daucosterol）[2]；胺类：尿囊素（allantoin）[2]；甲基糖苷类：β-D-甲基半乳糖苷（β-D-methyl-galactopyranoside）和α-D-甲基半乳糖苷（α-D-methyl-galactopyranoside）[2]；糖类：蔗糖（sucrose）[2]。

外胚乳含木脂素类：（+）-芝麻素[（+）-sesamine]、（+）-芝麻素酚[（+）-sesaminol]、（+）-表芝麻酮[（+）-episesaminone]、（-）-马台树脂醇[（-）-matairesinol]、（-）-7-羟基马台树脂醇[（-）-7-hydroxymatairesinol]、（+）-芝麻半素酚[（+）-saminol]、（+）-落叶松树脂醇[（+）-lariciresinol]、（+）-5'-甲氧基落叶松树脂醇[（+）-5'-methoxylariciresinol]、（+）-表芝麻素酚-6-儿茶酚[（+）-episesaminol-6-catechol]、（-）-芝麻酚乳糖醇[（-）-sesamolactol]和（+）-松脂素[（+）-pinoresinol][6]；黄酮类：（+）-粗毛淫羊藿苷[（+）-acuminatin][6]；单萜类：（+）-薄荷醇[（+）-piperitol][6]。

种皮含木脂素类：芝麻素（sesamin）、（+）-芝麻林素[（+）-sesamolin]、（+）-表芝麻素酮[（+）-episesaminone]、（-）-芝麻酚乳糖醇[（-）-sesamolactol]、（+）-芝麻素酚二葡萄糖苷[（+）-sesaminol diglucoside]、（+）-芝麻半素酚[（+）-saminol]、（+）-表芝麻素酮-9-O-β-D-槐糖苷[（+）-episesaminone-9-O-β-D-sophoroside]、（+）-表芝麻素酚-6-儿茶酚[（+）-episesaminol-6-catechol]、辣薄荷醇（piperitol）、（+）-松脂酚[（+）-pinoresinol]、（-）-穗罗汉松树脂酚[（-）-matairesinol]、（+）-粗毛淫羊藿苷[（+）-acuminatin]、（-）-7-羟基穗罗汉松树脂酚[（-）-7-hydroxymatairesinol]、（+）-5'-甲氧基落叶松脂醇[（+）-5'-methoxylariciresinol]、（+）-落叶松脂醇[（+）-lariciresinol]和（+）-松脂酚葡萄糖苷[（+）-pinoresinolglucoside][7]。

叶含黄酮类：山柰酚-3-O-[2-O-（反式对香豆酰）-3-O-α-L-吡喃鼠李糖基]-β-D-吡喃葡萄糖苷{kaempferol-3-O-[2-O-（trans-p-coumaroyl）-3-O-α-L-rhamnopyranosyl]-β-D-glucopyranoside}、表没食子儿茶素（epigallocatechin）[8]、胡麻苷（pedaliin）、胡麻黄素（pedalitin）和胡麻黄素-6-O-昆布二糖苷*（pedalitin-6-O-laminaribioside）[9]；三萜类：3-表玉蕊精酸（3-epibartogenic acid）[8]；苯乙醇苷类：毛蕊花糖苷（acteoside）、异毛蕊花糖苷（isoacteoside）和地黄苷（martynoside）[9]；苯丙素类：肉苁蓉苷F（cistanoside F）[9]；酚酸类：绿原酸（chlorogenic acid）[9]；环烯醚萜类：野芝麻苷（lamalbid）、芝麻糖苷（sesamoside）和山栀苷甲酯（shanzhiside methyl ester）[9]。

花含环烯醚萜类：宽叶波苏茜素（latifonin）[10]；酰胺类：苦瓜脑苷（momor-cerebroside）、大豆脑苷Ⅱ（soya-cerebroside Ⅱ）、1-O-β-D-吡喃葡萄糖基-（2S, 3S, 4R, 5E, 9Z）-2-N-（2'-羟基二十四碳酰基）-1, 3, 4-三羟基-十八碳-5, 9-二烯[1-O-β-D-glucopyranosyl-（2S, 3S, 4R, 5E, 9Z）-2-N-（2'-hydroxytetracosanoyl）-1, 3, 4-trihydroxy-5, 9-octadienine]、1-O-β-D-吡喃葡萄糖基-（2S, 3S, 4R, 8Z）-2-N-（2'-羟基二十四碳酰基）-3, 4-二羟基-8-十八碳烯[1-O-β-D-glucopyranosyl-（2S, 3S, 4R, 8Z）-2-N-（2'-hydroxytetracosanoyl）-3, 4-dihydroxy-8-octadecene][9]和（2S, 1″S）-橙酰胺乙酸酯[（2S, 1″S）-aurantiamide acetate][10]；

苯乙醇苷类：苄醇-O-（2'-O-β-D-吡喃木糖基-3'-O-β-D-吡喃葡萄糖苷）-β-D-吡喃葡萄糖苷［benzyl alcohol-O-（2'-O-β-D-xylopyrnaosyl-3'-O-β-D-glucopyranoside）-β-D-glucopyrnaoside］[10]；黄酮类：半日花鼬瓣花亭（ladanetin）、胡麻素（pedalitin）、半日花鼬瓣花亭-6-O-β-D-葡萄糖苷（ladanetin-6-O-β-D-glucoside）、芹菜素（apigenin）、芹菜素-7-O-葡萄糖醛酸（apigenin-7-O-glucuronic acid）和胡麻素-6-O-葡萄糖苷（pedalitin-6-O-glucoside）[11]；单萜类：宽叶波苏茜素（latifonin）[10]；甾体类：β-谷甾醇（β-sitosterol）和胡萝卜苷（daucosterol）[9]；糖类：D-半乳糖醇（D-galacititol）[9]。

全草含苯乙醇苷类：毛蕊花糖苷（acteoside）、毛蕊花糖苷异构体（acteoside isomer）、去咖啡酰基毛蕊花糖苷（decaffeoyl acteoside）、肉苁蓉苷F（cistanoside F）和紫葳新苷Ⅰ、Ⅱ（campneoside Ⅰ、Ⅱ）[12]。

根含蒽醌类：蒽胡麻酮A（anthrasesamone A）、（E）-2-（4-甲基戊-1,3-二烯）蒽醌［（E）-2-（4-methylpenta-1,3-dienyl）anthraquinone］[13]，蒽胡麻酮B、C、D、E（anthrasesamone B、C、D、E）、2-（4-甲基戊-3-烯基）蒽醌［2-（4-methylpent-3-enyl）anthraquinone］[14]，羟基胡麻酮（hydroxysesamone）和2,3-环氧胡麻酮（2,3-epoxysesamone）[15]；萘醌类：氯化胡麻酮（chlorosesamone）[16]。

毛状根含蒽醌类：2-［（Z）-4-甲基戊-1,3-二烯-1-基］-蒽醌｛2-［（Z）-4-methylpenta-1,3-dien-1-yl］-anthraquinone｝[17,18]和去氢蒽胡麻酮A、B（dehydroanthrasesamone A、B）[19]；萘醌类：2-香叶-1,4-萘醌（2-geranyl-1,4-nathphoquinone）[17,18]。

【药理作用】1.调节血脂血糖　种子中提取的油能降低动脉粥样硬化模型兔的血脂含量，降低低密度脂蛋白（LDL）进而降低总胆固醇（TC）[1]；种子中分离的芝麻蛋白能降低血浆胆固醇含量，增加高密度脂蛋白胆固醇（HDL-C）含量，也可降低正常喂养和高胆固醇喂养大鼠的血浆和红细胞膜脂质过氧化作用[2]；脱脂种子的乙醇提取物在喂养量为500mg/kg时，对低脂喂养和高脂喂养模型小鼠总胆固醇（TC）、甘油三酯（TG）、低密度脂蛋白（LDL）均具有明显的降低作用，对高密度脂蛋白（HDL）均具有明显的升高作用[3]；种子中分离的芝麻素（sesamin）可调节高脂血症大鼠的脂代谢，缓解机体的氧化应激，改善高脂血症大鼠肝脏的脂肪变性[4]；芝麻素对肾性高压伴高脂高糖饮食大鼠具有抗脂毒作用，其机制可能与肝细胞脂质沉积减轻、脂肪依赖炎症因子肿瘤坏死因子-α（TNF-α）和白细胞介素-6（IL-6）的释放减少以及减轻胰岛素抵抗有关[5]；芝麻素可调节高脂血症大鼠脂代谢紊乱下的糖代谢，改善高脂血症时机体的胰岛素抵抗（IR）状态[6]；脱脂种子的热水提取物（HES）及其经HP-20树脂后的甲醇洗脱部分（MFH）均能有效降低2型糖尿病小鼠（KK-A^{y}小鼠）的血糖水平，机制可能与延缓对葡萄糖的吸收有关[7]。2.抗动脉粥样硬化　种子中提取的油可降低动脉粥样硬化模型兔血清中的总胆固醇和低密度脂蛋白含量，减少内皮下脂质颗粒的蓄积，抑制低密度脂蛋白氧化修饰，减少氧化低密度脂蛋白（OX-LDL）生成，具有降血脂和预防动脉粥样硬化的作用[8]；芝麻素能减少主动脉粥样硬化斑块形成，降低主动脉壁VCAM-1的表达[9]，明显减轻主动脉中膜的厚度[10]。3.改善心肌　种子中提取的芝麻素可抑制代谢综合征（MS）大鼠心肌损伤，减轻大鼠的体重（BW）、全心湿重（HWW）和左心室湿重（LVWW），可明显降低心肌羟脯氨酸（HYP）含量，心肌纤维变细，不同程度改善心肌病理性损伤，其机制可能与抑制氧化应激和提高抗氧化能力有关[11]；芝麻素具有改善MS大鼠心肌重构的作用，其机制除抗氧化应激外，还与下调核转录因子（NF-κB）和基质金属蛋白酶-9（MMP-9）的表达有关[12]；芝麻素具有改善MS大鼠[13]和链脲佐菌素（STZ）诱导的2型糖尿病大鼠[14]的主动脉内皮功能障碍，其机制可能与其降低氧自由基生成、上调主动脉一氧化氮合酶（NOS）含量、增加和/或恢复一氧化氮（NO）的生物活性有关；芝麻素具有明显的保护MS大鼠肾病的作用，减轻肾小球与肾间质胶原沉积，逆转肾小球硬化和肾间质纤维化，改善肾功能，其机制可能与降血糖、降血脂、降血压和抗氧化应激功能密切相关[15]。4.降血压　种子中所含的芝麻木脂素（sesame lignan）类成分具有降低肾性高血压大鼠的血压和心率作用，其机制可能是通过抗氧化作用，升高一氧化氮含量，降低内皮素（ET）含量，调整体内一氧化氮与内皮素平衡状态，从而达到降低血压、保护内皮细胞的作用[16]；种子中分离的芝麻素能显著降低肾性高血压伴高血脂大鼠（RHHR）的尾动脉收缩压（SBP），改善RHHR主动脉内皮依赖性和非依赖性舒张功能障碍[17]。

5. 护肝　种子中分离的芝麻素能显著降低四氯化碳（CCl_4）所致大鼠慢性肝损血清中谷丙转氨酶（ALT）、天冬氨酸氨基转移酶（AST）含量，升高四氯化碳所致大鼠慢性肝损肝组织中超氧化物歧化酶（SOD）含量，并能降低丙二醛（MDA）的含量，减轻慢性肝损伤的程度[18]；种子水提取物对雄性大鼠酒精性肝损伤具有保护作用，可显著抑制硫代巴比妥酸（TBARS）含量，修复谷胱甘肽（GSH）水平，提高过氧化氢酶（CAT）、谷胱甘肽过氧化物酶（GPx）、超氧化物歧化酶和谷胱甘肽转移酶（GST）含量，降低血清中升高的甘油三酯（TG）、谷丙转氨酶和天冬氨酸氨基转移酶含量[19]。6. 抗氧化　种子油中分离的芝麻素酚（sesaminol）对过氧化氢（H_2O_2）诱导 PC12 细胞氧化损伤具有保护作用[20]；种子的水提取物对镉暴露致大鼠心脏氧化损伤具有保护作用[21]；种子的生品及炮制品均具有清除羟自由基（·OH）和1,1-二苯基-2-三硝基苯肼（DPPH）自由基的作用，清除作用与炮制次数呈负相关[22]。7. 抗肿瘤　种子中分离的芝麻素对肝癌 H22 细胞的增殖具有明显的抑制作用[23]；芝麻素低浓度组（3mg/kg）对 S180 细胞的生长有一定的抑制作用，但对人体正常的免疫细胞无杀伤作用[24]；花的乙醇提取物的石油苯和乙醚萃取部位对人宫颈癌 HeLa 细胞、人鼻咽癌 CNE-2 细胞、人肝癌 SMMC-7721 细胞和食管癌 KYSE-410 细胞具有细胞毒作用[25]。8. 调节肠道　种子生品、九蒸九晒品、九蒸九晒后炒黄品均具有润肠通便的作用，黑便排出时间显著降低，肠道含水量显著增加，大鼠的体重显著增加，精神状态也有明显改善[26]。9. 促黑色素合成　种子的水提取物在体外能直接刺激 B16 黑素瘤细胞黑色素的合成，机制可能与促进酪氨酸酶和 MITF 的基因转录及蛋白质表达有关[27]。

【性味与归经】芝麻杆：甘，平。黑芝麻：甘，平。归肝、肾、大肠经。

【功能与主治】芝麻杆：治咳嗽哮喘等症。黑芝麻：补肝肾，益精血，润肠燥。用于头晕眼花，耳鸣耳聋，须发早白，病后脱发，肠燥便秘。

【用法与用量】芝麻杆：15～30g。黑芝麻：9～15g。

【药用标准】芝麻杆：上海药材1994；黑芝麻：药典1977—2015、浙江炮规2005、内蒙古蒙药1986、新疆维药1993、新疆药品1980二册、藏药1979和台湾2013。

【临床参考】1. 小儿慢性腹泻：种子50g，炒熟，研末，加红糖20g，水150ml，文火煮沸5 min，早、中、晚各1～2匙，温服[1]。

2. 子宫肌瘤术后腹胀：芝麻油150ml，5min 内喝完，服后下床活动30min[2]。

3. 扁平疣：鲜花7～10朵，先将疣体逐个擦破皮，将花揉碎涂擦疣体，使患处皮肤发热微红，保持数天不洗[3]。

4. 急慢性咽炎：鲜叶洗净，嚼烂后慢慢吞咽，每次4～6片，每日3次，连服3～5天[4]。

5. 阴虚血燥、眩晕耳鸣：种子120g，加桑叶120g，研末，炼蜜制成桑麻丸，口服，每次9g，每日2次。（《医方集解》）

6. 病后大便燥结：种子洗净炒熟，或加胡桃粉研末，酌加蜂蜜或白糖，每次2汤匙，每日1～2次。

7. 脂溢性脱发：带果壳的茎30～60g，加垂柳嫩枝叶适量，水煎洗，连用1～2月。

8. 慢性风湿性关节炎：叶30g，水煎服。

9. 咽后壁滤泡增殖：鲜叶5～7片，嚼烂慢慢咽服。（5方至9方引自《浙江药用植物志》）

【附注】本种始载于《神农本草经》，列为上品，名胡麻。《本草经集注》云："淳黑者名巨胜……本生大宛，故名胡麻。又茎方名巨胜，茎圆名胡麻。"《新修本草》云："此麻以角作八棱者为巨胜，四棱者名胡麻，都以乌者良，白者劣尔。"《本草图经》云："胡麻，巨胜也……今并处处有之。皆园圃所种，稀复野生。苗梗如麻，而叶圆锐光泽。"《本草衍义》云："胡麻，诸家之说参差不一，止是今脂麻，更无他义。盖其种出于大宛，故言胡麻。今胡地所出者皆肥大，其纹鹊，其色紫黑，故如此区别。取油亦多。"《本草纲目》云："胡麻即脂麻也。有迟、早二种，黑、白、赤三色，其茎皆方。秋开白花，亦有带紫艳者。节节结角，长者寸许。有四棱、六棱者，房小而子少；七棱、八棱者，房大而子多，皆随土地肥瘠而然……其茎高者三四尺。有一茎独上者，角缠而子少，有开枝四散者，角繁而子多，皆因苗之稀稠而然也。其叶有本团而末锐者，有本团而末分三叉如鸭掌形者。"即为本种。

药用取种子为黑色者。

药材黑芝麻便溏者忌服。

【化学参考文献】

[1] Kim K S, Park S H. Anthrasesamone F from the seeds of black *Sesamum indicum* [J]. Biosci Biotechnol Biochem, 2008, 72: 1626-1627.

[2] 王军宪, 宋莉, 尤晓娟, 等. 芝麻化学成分研究 [J]. 中草药, 2004, 35 (7): 744, 802.

[3] Grougnet R, Magiatis P, Laborie H, et al. Sesamolinol glucoside, disaminyl ether, and other lignans from sesame seeds [J]. J Agric Food Chem, 2012, 60 (1): 108-111.

[4] Moazzami A A, Haese S L, Kamal-Eldin A. Lignan contents in sesame seeds and products [J]. Eur J Lipid Sci Technol, 2007, 109 (10): 1022-1027.

[5] Tamura H, Fujita A, Steinhaus M, et al. Identification of novel aroma-active thiols in pan-roasted white sesame seeds [J]. J Agric Food Chem, 2010, 58 (12): 7368-7375.

[6] Grougnet R, Magiatis P, Mitaku S, et al. New lignans from the perisperm of *Sesamum indicum* [J]. J Agric Food Chem, 2006, 54 (20): 7570-7574.

[7] Grougnet R, Magiatis P, Mitaku S, et al. New lignans from the perisperm of *Sesamum indicum* [J]. J Agric Food Chem, 2006, 54 (20): 7570-7574.

[8] Nguyen T D, Nguyen D H, Le N T. New flavonoid and pentacyclic triterpene from *Sesamum indicum* leaves [J]. Nat Prod Res, 2016, 30: 311-315.

[9] Fuji Y, Uchida A, Fukahori K, et al. Chemical characterization and biological activity in young sesame leaves (*Sesamum indicum* L.) and changes in iridoid and polyphenol content at different growth stages [J]. Plos One, 2018, 13 (3): e0194449.

[10] 胡永美, 叶文才, 殷志琦, 等. 芝麻花化学成分的研究 [J]. 药学学报, 2007, 42 (3): 286-291.

[11] 胡永美, 杜彰礼, 汪豪, 等. 芝麻花黄酮类化学成分研究 [J]. 中国中药杂志, 2007, 32 (7): 603-605.

[12] Suzuki N, Miyase T, Ueno A. Phenylethanoid glycosides of *Sesamum indicum* [J]. Phytochemistry, 1993, 34: 729-732.

[13] Furumoto T, Iwata M, Feroj H M, et al. Anthrasesamones from roots of *Sesamum indicum* [J]. Phytochemistry, 2003, 64: 863-866.

[14] Furumoto T, Takeuchi A, Fukui H. Anthrasesamones D and E from *Sesamum indicum* roots [J]. Biosci Biotechnol Biochem, 2006, 70: 1784-1785.

[15] Feroj Hasan A F M, Furumoto T, Begum S, et al. Hydroxysesamone and 2, 3-epoxysesamone from roots of *Sesamum indicum* [J]. Phytochemistry, 2001, 58 (8): 1225-1228.

[16] Hasan A F, Begum S, Furumoto T, et al. A new chlorinated red naphthoquinone from roots of *Sesamum indicum* [J]. Biosci Biotechnol Biochem, 2000, 64: 873-874.

[17] Furumoto T, Jindai A. Isolation and photoisomerization of a new anthraquinone from hairy root cultures of *Sesamum indicum* [J]. Biosci Biotechnol Biochem, 2008, 72 (10): 2788-2790.

[18] Toshio F, Furumoto T, Ohara T, et al. 2-Geranyl-1, 4-naphthoquinone, a possible intermediate of anthraquinones in a *Sesamum indicum* hairy root culture [J]. Biosci Biotechnol Biochem, 2007, 71 (10): 2600-2602.

[19] Furumoto T, Hoshikuma A. Dehydroanthrasesamones A and B, anthraquinone derivatives containing a dienyl side-chain from *Sesamum indicum* hairy roots [J]. Biosci Biotechnol Biochem, 2013, 77 (2): 419-421.

【药理参考文献】

[1] 张锦玉, 关立克. 黑芝麻油对大白耳兔血脂的调节作用 [J]. 吉林医学, 2007, 28 (1): 19-20.

[2] Arundhati B, Pubali D, Santinath G. Antihyperlipidemic effect of sesame (*Sesamum indicum* L.) protein isolate in rats fed a normal and high cholesterol diet [J]. Journal of Food Science, 2010, 75 (9): H274-H279.

[3] Ghani N A, Shawkat M S, Umran M A. Effect of ethanol extract of *Sesamum indicum* seeds on lipid profile *in vivo* [J]. Journal of Biological Sciences, 2012, 4 (2): 159-163.

[4] 安建博, 张瑞娟. 芝麻素对高脂血症大鼠脂代谢的作用[J]. 西安交通大学学报(医学版), 2010, 31(1): 67-70.
[5] 吴向起, 杨解人. 芝麻素对肾性高压伴高脂高糖饮食大鼠的抗脂毒作用[J]. 药学学报, 2012, 47(1): 58-65.
[6] 安建博, 张瑞娟, 周玲. 芝麻素对高脂血症大鼠糖代谢的作用[J]. 营养学报, 2010, 32(2): 145-148.
[7] Takeuchi H, Mooi L Y, Inagaki Y, et al. Hypoglycemic effect of a hot-water extract from defatted sesame (*Sesamum indicum* L.) seed on the blood glucose level in genetically diabetic KK-A^y mice[J]. Bioscience, Biotechnology, and Biochemistry, 2001, 65(10): 2318-2321.
[8] 关立克, 王淑兰. 黑芝麻油对兔实验性动脉粥样硬化血管壁的影响[J]. 山东医药, 2007, 47(32): 47-48.
[9] 关立克. 芝麻素对动脉硬化斑块形成及VCAM-1表达的影响[J]. 山东医药, 2008, 48(32): 52-53.
[10] 关立克, 王淑兰. 芝麻素对动脉粥样硬化斑块及主动脉壁VCAM-1表达的影响[J]. 山东医药, 2009, 49(36): 18-20.
[11] 黄凯, 杨解人, 周勇. L-芝麻素对代谢综合征大鼠心肌损伤的抑制作用[J]. 中国药理学与毒理学杂志, 2008, 22(5): 341-347.
[12] 孔祥, 杨解人, 张明义, 等. 芝麻素对代谢综合症大鼠心肌NT、NF-κB和MMP-9蛋白表达的影响[J]. 中国药理学通报, 2011, 27(3): 373-377.
[13] 杨解人, 周勇, 黄凯, 等. 芝麻素对代谢综合征大鼠主动脉内皮功能损伤的保护作用及机制[J]. 中国实验方剂学杂志, 2009, 15(3): 48-52.
[14] 郭莉群, 杨解人, 孔祥. 芝麻素对2型糖尿病大鼠主动脉内皮功能的保护作用[J]. 中国药理学通报, 2012, 28(3): 392-396.
[15] 杨解人. 芝麻素的抗氧化作用及其对代谢综合征大鼠肾病的影响[J]. 中国药理学通报, 2008, 24(8): 1065-1069.
[16] 李先伟, 杨解人. 芝麻木酚素对肾性高血压大鼠降压作用及其机制的实验研究[J]. 中国中医药科技, 2006, 13(5): 330-332.
[17] 孔祥, 杨解人, 郭莉群, 等. 芝麻素对肾性高血压伴高血脂大鼠主动脉舒张功能的影响[J]. 中国临床药理学与治疗学, 2013, 18(4): 366-370.
[18] 徐芳, 蔡缨. 芝麻素对大鼠慢性肝损伤的保护作用[J]. 中国高等医学教育, 2010, (5): 133-135.
[19] Oyinloye B E, Nwozo S O, Amah G H, et al. Prophylactic effect of aqueous extract of *Sesamum indicum* seeds on ethanol-induced toxicity in male rats[J]. Nutrition Research and Practice, 2014, 8(1): 54-58.
[20] Cao W M, Dai M J, Wang X, et al. Protective effect of sesaminol from *Sesamum indicum* Linn. against oxidative damage in PC12 cells[J]. Cell Biochemistry and Function, 2013, 31: 560-565.
[21] Oyinloye B E, Ajiboye B O, Ojo O A, et al. Cardioprotective and antioxidant influence of aqueous extracts from *Sesamum indicum* seeds on oxidative stress induced by cadmium in Wistar rats[J]. Pharmacognosy Magazine, 2016, 12(2): S170-S174.
[22] 李淑军, 刘鹏, 付智慧, 等. 黑芝麻炮制前后芝麻素含量变化与抗氧化活性研究[J]. 特产研究, 2016(4): 24-27, 43.
[23] 魏艳静, 卞红磊, 余文静, 等. 芝麻素对肝癌H_{22}细胞增殖及H_{22}荷瘤小鼠肿瘤生长的影响[J]. 中草药, 2008, 39(8): 1222-1224.
[24] 魏艳静, 卞红磊, 余文静, 等. 芝麻素对S180荷瘤小鼠的抗肿瘤作用研究[J]. 时珍国医国药, 2008, 19(5): 1075-1076.
[25] Xu H, Wen Y P, Zhao W, et al. *In vitro* antitumour activity of *Sesamum indicum* Linn. flower extracts[J]. Tropical Journal of Pharmaceutical Research, 2010, 9(5): 455-462.
[26] 刘鹏, 孙美玲, 李淑军, 等. 炮制对黑芝麻油脂的理化性质及润肠通便作用的影响[J]. 特产研究, 2017, 39(4): 17-20.
[27] 姜泽群, 徐继敏, 吴琼, 等. 黑芝麻提取物促B16黑素瘤细胞黑素合成及其机制的研究[J]. 时珍国医国药, 2009, 20(9): 2143-2145.

【临床参考文献】

[1] 张春玲，孙德会.熟芝麻红糖治疗小儿消化不良引起的慢性腹泻［J］.中国民间疗法，2012，20（10）：78.

[2] 邓捱花，程莉.口服芝麻油缓解子宫肌瘤术后腹胀的临床研究［J］.中国民族民间医药，2011，20（5）：110+112.

[3] 顾崇尧.芝麻花治扁平疣［N］.民族医药报，2006-07-21（002）.

[4] 盛芳，原晓红.鲜芝麻叶治疗急慢性咽炎［J］.山东中医杂志，2003，22（4）：241.

一一一 列当科 Orobanchaceae

多年生、二年生或一年生寄生草本，不含或几乎不含叶绿素。茎常不分枝或少数种有分枝。叶鳞片状，螺旋状排列，或在茎的基部排列密集成近覆瓦状。花多数，沿茎上部排列成总状或穗状花序，或簇生于茎端成近头状花序，极少花单生茎端；苞片1枚，常与叶同形，在苞片上方有2枚小苞片或无小苞片，小苞片贴生于花萼基部或生于花梗上；花萼佛焰苞状，或3~5裂，裂片分离或合生；花冠左右对称，常弯曲，二唇形，上唇龙骨状、全缘或拱形，顶端微凹或2浅裂，下唇顶端3裂，或花冠筒状钟形或漏斗状，顶端5裂而裂片近等大。果实为蒴果，室背开裂，常2爿裂，外果皮稍硬。种子细小，种皮具凹点或网状纹饰，极少具沟状纹饰。

15属，约150种，分布于北温带。中国9属，40种3变种，主要分布于西部，法定药用植物3属，7种。华东地区法定药用植物1属，1种。

列当科法定药用植物主要含苯乙醇类、环烯醚萜类、木脂素类、苯丙素类等成分。苯乙醇类如肉苁蓉苷A、B、C（cistanoside A、B、C）、乙酰类叶升麻苷（acetylacteoside）、红景天苷（rhodioloside）、圆齿列当苷（crenatoside）等；环烯醚萜类如梓醇（catalpol）、8-表番木鳖酸（8-epiloganic acid）等；木脂素类如鹅掌楸苷（liriodendrin）、杜仲脂素A（eucommin A）等；苯丙素类如肉苁蓉苷F（cistanoside F）、芥子酰基-4-O-β-D-吡喃葡萄糖苷（sinapoyl-4-O-β-D-glucopyranoside）等。

列当属含苯乙醇类、木脂素类、苯丙素类、黄酮类等成分。苯乙醇类如黑风藤苷（fissistigmoside）、列当苷（orobanchoside）等；木脂素类如异杜仲脂素A（isoeucommin A）、(+)-1-羟基松脂酚-4′-O-β-D-吡喃葡萄糖苷［(+)-1-hydroxypinoresinol-4′-O-β-D-glucopyranoside］等；苯丙素类如绿原酸（chlorogenic acid）、咖啡酸（caffeic acid）等；黄酮类如木犀草素（luteolin）、香叶木素（diosmetin）等。

1. 列当属 Orobanche Linn.

多年生、二年生或一年生肉质寄生草本，植株常被蛛丝状长绵毛、长柔毛或腺毛，极少近无毛。茎常不分枝或有分枝，圆柱状，常在基部稍增粗。叶鳞片状，螺旋状排列，或生于基部的叶通常紧密排列成覆瓦状，卵形、卵状披针形或披针形。花多数，排列成穗状或总状花序，极少单生于茎端；苞片1枚，常与叶同形，苞片上方有小苞片2枚或无，小苞片常贴生于花萼基部，极少生于花梗上；花萼杯状或钟状，顶端4浅裂或近4~5深裂，偶见5~6齿裂，或花萼2深裂至基部，萼裂片全缘或先端又2齿裂；花冠弯曲，二唇形，上唇龙骨状，全缘，或呈穹形而顶端微凹或2浅裂，下唇顶端3裂。蒴果卵球形或椭圆形，2爿开裂。种子小，多数，长圆形或近球形，种皮表面具网状纹饰，网眼底部具细网状纹饰或具蜂巢状小穴。

100多种，主要分布于北温带。中国23种3变种1变型，多分布于西北部，法定药用植物3种。华东地区法定药用植物1种。

875. 列当（图875） • Orobanche coerulescens Steph.

【别名】紫花列当。

【形态】二年生或多年生寄生草本，株高15~50cm，全株密被蛛丝状长绵毛。茎直立，不分枝，具明显的条纹，基部常稍膨大。叶干后黄褐色，生于茎下部的较密集，上部的渐变稀疏，卵状披针形，长1.5~2cm，宽5~7mm。花多数，排列成穗状花序，长10~20cm，顶端钝圆或呈锥状；苞片与叶同形并近等大，先端尾状渐尖；花萼2深裂达近基部，每裂片中部以上再2浅裂，小裂片狭披针形；花

图 875　列当　　　　　摄影　周欣欣等

冠深蓝色、蓝紫色或淡紫色,长2~2.5cm,筒部在花丝着生处稍上方缢缩,口部稍扩大;上唇2浅裂,下唇3裂,裂片近圆形或长圆形,先端钝圆,边缘具不规则小圆齿。蒴果卵状椭圆形,长约1cm。种子多数,干后黑褐色,不规则椭圆形或长卵形,表面具网状纹饰,网眼底部具蜂巢状凹点。花期4~7月,果期7~9月。

【生境与分布】生于海拔4000m以下的沙丘、山坡、沟边草地及海边。分布于浙江、江苏、山东,另四川、云南、西藏、山西、甘肃、内蒙古、辽宁、吉林、黑龙江均有分布;日本也有分布。

【药名与部位】列当,全草。

【采集加工】5~8月采收,除去泥土,晒干。

【药材性状】茎单一,直径0.5~1cm,长15~35cm。表面暗黄褐色至褐色,粗糙,有纵状沟棱。质硬脆,较易折断,断面中空,内层类白色,中层棕色。叶互生,鳞片状。花序穗状,下部较疏,上部较密,花冠淡紫色或黄褐色。质脆,易碎。无臭,无味。

【药材炮制】除去杂质。

【化学成分】根茎含脂肪酸类:琥珀酸(succinic acid)[1];苯丙素类:咖啡酸(caffeic acid)[1],肉苁蓉苷F(cistanoside F)和芥子酰基-4-O-β-D-吡喃葡萄糖苷(sinapoyl-4-O-β-D-glucopyranoside)[1];

苯乙醇苷类：圆齿列当苷（crenatoside）、毛蕊花苷（verbascoside）和异毛蕊花苷（isoverbascoside）[2]；甾体类：β-谷甾醇（β-sitosterol）和胡萝卜苷（daucosterol）[1]；多元醇类：甘露醇（D-mannitol）[1]；酚类：原儿茶醛（protocatechuicaldehyde）[1]；核苷类：腺苷（adenosine）[2]。

全草含脂肪酸类：二十烷酸-1-甘油酯（glyceryl-1-arachidate）和琥珀酸（succinic acid）[3]；甾体类：β-谷甾醇（β-sitosterol）、胡萝卜苷（daucosterol）、豆甾醇（tigmasterol）和麦角甾苷（acteoside）[3]；苯乙醇苷类：2-（3-甲氧基-4-羟基）-苯乙醇-1-O-α-L-［（1→3）-4-O-乙酰基-吡喃鼠李糖基-4-O-阿魏酰基］-O-β-D-吡喃葡萄糖苷 {2-（3-methoxy-4-hydroxy）-phenyl ethanol-1-O-α-L-［（1→3）-4-O-acetyl rhamnopyranosyl-4-O-feruloyl］-O-β-D-glucopyranoside}[4]、红景天苷（rhodioloside）、异圆齿列当苷（isocrenatoside）、去咖啡酰圆齿列当苷（descaffeoyl crenatoside）、2-苯乙基-β-樱草糖苷（2-phenylethyl-β-primeveroside）[5]、圆齿列当苷（crenatoside）、毛蕊花苷（verbascoside）[3,5]和列当苷A（orobancheoside A）[6]；苯丙素类：肉苁蓉苷F（cistanoside F）[5]、绿原酸（chlorogenic acid）[7]和毛蕊花糖苷（acteoside）[8]；多元醇类：D-甘露醇（D-mannitol）和D-松醇（D-pinitol）[3]；糖类：阿拉伯糖（arabinose）、岩藻糖（fucose）、木糖（xylose）、半乳糖（galactose）和葡萄糖（glucose）[7]。

【药理作用】1.护肝　全草中分离的毛蕊花糖苷（acteoside）可有效降低卡介苗/脂多糖（BCG/LPS）诱导的免疫性肝损伤小鼠的肝脏指数、肝脏匀浆天冬氨酸氨基转移酶（AST）和谷丙转氨酶（ALT）含量及肝脏一氧化氮（NO）和丙二醛（MDA）含量，恢复肝脏超氧化物歧化酶（SOD）含量，降低小鼠免疫性肝损伤（ILI）程度[1]。2.降血糖　全草中提取的多糖和醇提取物的低剂量、水提取物中剂量均可显著降低四氧嘧啶糖尿病小鼠的血糖值；多糖低剂量、醇提取物和水提取物的高剂量可提高四氧嘧啶糖尿病小鼠的体重[2]。3.降血脂　全草中提取的多糖、醇提取物和水提取物可降低四氧嘧啶糖尿病小鼠的血脂[2]。4.抗病毒　全草中提取的多糖可抑制鸡胚成纤维细胞中新城疫病毒的增殖[3]。5.抗氧化　全草中提取的苯基前列腺素葡萄糖苷类成分能抑制由于Cu^{2+}介导所引发的人低密度脂蛋白（LDL）氧化损伤[4]。

【性味与归经】甘，温。

【功能与主治】补肾助阳，强筋骨。用于性神经衰弱，腰腿酸软；外用治小儿消化不良性腹泻，肠炎。

【用法与用量】煎服 10～15g；外用适量，沸水浸后或煎后外洗。

【药用标准】吉林药品 1977、甘肃药材（试行）1995 和新疆药品 1987。

【临床参考】1.小儿泄泻：全草 50g，加水 1500ml，煮沸 20min，待水温适宜，将小儿脚放入水中用毛巾包裹浸泡 20～30min，早晚各 1 次[1]。

2.婴幼儿腹泻：鲜全草 100g（干品 50g），加水 3000ml，水煎去渣，温度适宜，将患儿坐浴 10min，后站立擦洗患儿臀部以下 3～5min，每日 2～3 次[2]；或全草 30g，水煎取液，温度适宜，浸泡患儿脚 30min，每日 2～3 次[3]。

【附注】列当始载于《开宝本草》，云："又名栗当、草苁蓉、花苁蓉。生山南岩石上，如藕根。"《图经本草》载："草苁蓉根与肉苁蓉极类，刮去花压扁以代肉苁蓉，功力殊劣，即列当也。"《蜀本草》载："原州、秦州、渭州、灵州皆有之，暮春抽苗，四月中旬采取。长五六寸至一尺以来，茎圆紫色。"《群芳谱》云："一名草苁蓉，一名花苁蓉，一名栗列，采取压扁，日干。以其功劣于肉苁蓉，故谓之列当。"《植物名实图考》云："列当，生原州、秦州等州，即草苁蓉。治劳伤，补腰肾，代肉苁蓉。"即为本种。

同属植物分枝列当 Orobanche aegyptiaca Pers. 的全草在新疆作列当药用。

【化学参考文献】

[1] 赵军，闫明，黄毅，等.紫花列当化学成分的研究[J].中药材，2007，30（10）：1255-1257.

[2] 赵军，闫明，黄毅，等.紫花列当水溶性成分的研究[J].天然产物研究与开发，2009，21（4）：619-621.

[3] 邵红霞，杨九艳，鞠爱华.蒙药列当的化学成分研究[J].中华中医药杂志，2011，26（1）：129-131.

[4] 王李俊，杨琴，王飞，等.列当中 1 个新的苯乙醇苷化合物[J].中草药，2016，47（8）：1269-1271.

[5] Murayama T，Yangisawa Y，Kasahara A，et al. A novel phenylethanoid, isocrenatoside isolated from the whole plant of

Orobanche coerulescens［J］．Nat Med，1998，52（5）：455-458.
［6］王李俊，杨琴，王飞，等．列当中1个新的苯乙醇苷化合物［J］．中草药，2016，47（8）：1269-1271.
［7］马凤霞，赵权．列当多糖的提取与组成分析［J］．特产研究，2003，25（2）：43-44.
［8］Zhao J，Liu T，Ma L，et al. Protective effect of acteoside on immunological liver injury induced by Bacillus Calmette-Guerin plus lipopolysaccharide［J］．Planta Medica，2009，75（14）：1463-1469.

【药理参考文献】
［1］Zhao J，Liu T，Ma L，et al. Protective effect of acteoside on immunological liver injury induced by Bacillus Calmette-Guerin plus lipopolysaccharide［J］．Planta Medica，2009，75（14）：1463-1469.
［2］胡安古丽·努尔别克，赛福丁·阿不拉，那尔胡兰·再肯，等．列当不同提取物降糖作用研究［J］．食品安全质量检测学报，2017，8（8）：3080-3084.
［3］阿得力江·吾斯曼，米克热木·沙衣布扎提，阿依姑丽·买买提明，等．列当多糖对鸡新城疫病毒在鸡成纤维细胞中增殖的抑制作用［J］．动物医学进展，2016，37（12）：60-65.
［4］Lin L C，Chiou W F，Chou C J. Phenylpropanoid glycosides from *Orobanche caerulescens*［J］．Planta Medica，2004，70（1）：50-53.

【临床参考文献】
［1］朱林，朱立厚．列当煮水泡脚治小儿泄泻7例［J］．中医外治杂志，2015，24（6）：60.
［2］范云鹏，杨吉超．列当煎汤洗浴治疗婴幼儿腹泻88例［J］．中国民间疗法，1999，（1）：24.
［3］何文芳，赵淑嫦．列当煎液洗脚治疗婴幼儿腹泻的体会［J］．河北中医，1982，（1）：47-48.

一一二　苦苣苔科 Gesneriaceae

多年生草本，少数为灌木，常具根茎、块茎或匍匐茎。叶基生，或在茎上对生或轮生，稀互生；叶片等大或不等大，全缘或有齿，稀羽状分裂或为羽状复叶，无托叶。各式聚伞花序或总状花序，顶生或腋生；花两性，两侧对称；花萼筒状，5 裂；花冠钟状或筒状，5 裂而呈二唇形，上唇 2 裂，下唇 3 裂；雄蕊通常 4 枚，二强，着生于花冠筒上；花盘位于花冠及雌蕊之间，环状或杯状；子房上位或下位，胚珠多粒，倒生，花柱 1 枚。蒴果，室背或室间开裂。种子多而小。

140 属，2000 余种，分布于亚洲、非洲、欧洲南部、大洋洲、南美洲等地区。中国 56 属，413 种，自西藏南部、云南、华南至河北及辽宁西南部广布，法定药用植物 3 属，4 种。华东地区法定药用植物 1 属，1 种。

苦苣苔科法定药用植物主要含黄酮类、醌类、苯乙醇类、皂苷类、酚酸类等成分。黄酮类包括黄酮、黄酮醇、查耳酮、二氢黄酮等，如石吊兰素 -7-O-β-D- 吡喃葡萄糖苷（nevadensin-7-O-β-D-glucopyranoside）、粗毛豚草素（hispidulin）、锦葵花素（malvidin）、蹄纹天竺素（pelargonidin）等；醌类包括萘醌、蒽醌等，如 α- 邓氏链果苣苔醌（α-dunnione）、2- 甲基 -9, 10- 蒽醌（2-methyl-9, 10-anthraquinone）等；苯乙醇类如毛蕊花糖苷（verbascoside）、异毛蕊花苷（isoverbascoside）等；皂苷类为三萜，多为齐墩果烷型、熊果烷型，如 12- 齐墩果二烯 -28- 酸（12-oleanadien-28-oic acid）、3- 表熊果酸（3-epiursolic acid）、坡模酮酸（pomolic acid）等；酚酸类如罗布麻宁（apocynin）、对羟基苯甲酸（p-hydroxybenzoic acid）等。

吊石苣苔属含黄酮类、苯乙醇类、醌类、酚酸类等成分。黄酮类包括黄酮、黄酮醇、查耳酮等，如石吊兰素（nevadensin）、针依瓦菊素（acerosin）、粗毛豚草素 -7-O-β-D- 吡喃葡萄糖苷（hispidulin-7-O-β-D-glucopyranoside）、4- 羟基 -2, 4- 二甲氧基二氢查耳酮（4-hydroxy-2, 4-dimethoxydihydrochalcone）等；苯乙醇类如毛蕊花苷（acteoside）、α-（3, 4- 二羟基苯基）- 乙基 -（2′-O-β-L- 吡喃鼠李糖基 -3′-O-β-D- 呋喃芹糖基 -4′-O-E- 咖啡酰基）-β-D- 吡喃葡萄糖苷［α-（3, 4-dihydroxyphenyl）-ethyl-（2′-O-β-L-rhamnopyranosyl-3′-O-β-D-apiofuranosyl-4′-O-E-caffeoyl）-β-D-glucopyranoside］等；醌类如 6, 8- 二羟基 -2, 7- 二甲氧基 -3-（1, 1- 二甲基丙 -2- 烯基）-1, 4- 萘醌［6, 8-dihydroxy-2, 7-dimethoxy-3-（1, 1-dimethylprop-2-enyl）-1, 4-naphthoquinone］等；酚酸类如双 -（2- 乙基己基）邻苯二甲酸酯［bis-（2-ethylhexyl）phthalate］、丁香酸（syringic acid）等。

1. 吊石苣苔属 Lysionotus D.Don

小灌木或亚灌木，通常附生，稀攀援并具木栓。叶对生或 3～4 片轮生，稀互生，通常有短柄。聚伞花序顶生或腋生；苞片对生，条形或卵形，常较小；花萼 5 裂达或近基部，宿存；花冠白色、紫色或黄色，细漏斗状，檐部二唇形；雄蕊下方 2 枚能育，内藏，花丝着生于花冠筒近中部处或基部之上，条形，常扭曲；退化雄蕊位于上方，2～3 枚，小；花盘环状或杯状，雌蕊内藏，常与雄蕊近等长，子房条形，侧膜胎座 2，胚珠多粒。蒴果条形，室背开裂成 2 爿，以后每爿又纵裂为 2 爿。种子纺锤形，两端各有 1 枚附属物。

约 30 种，主要分布于亚洲。中国 28 种 8 变种，分布于秦岭以南各地，法定药用植物 1 种。华东地区法定药用植物 1 种。

876. 吊石苣苔（图 876）• Lysionotus pauciflorus Maxim.

【别名】石吊兰（通称），石苦参（安徽），石杨梅、岩头三七（浙江），竹勿刺、地枇杷（福建）。

【形态】附生小灌木。茎长 8～35cm，分枝或不分枝，无毛或上部疏被短毛。叶 3 枚轮生；叶片革质，

图 876　吊石苣苔　　　　　　　摄影　张芬耀

形状变化大，条形、条状倒披针形、狭长圆形或倒卵状长圆形，少有为狭倒卵形或长椭圆形，长 1.5～5.8cm，宽 0.4～2cm，先端急尖或钝，基部楔形，边缘在中部以上有少数钝锯齿，有时全缘；两面无毛，中脉于上表面下陷，侧脉每侧 3～5 条，不明显；叶柄上面常被短伏毛。聚伞花序顶生；苞片披针状条形，早落；花萼长 3～4mm，近无毛或疏被短伏毛，5 裂至近基部，裂片狭三角形；花冠白色带淡紫色条纹，长 3.5～4.8cm，无毛；筒细漏斗状，二唇形，上唇 2 浅裂，下唇 3 裂；能育雄蕊 2 枚，退化雄蕊 3 枚；花盘杯状，有尖齿。蒴果条形，长 5.5～9cm，宽 2～3mm，无毛。种子纺锤形，顶端有 1 根长毛。花期 7～8 月，果期 9～10 月。

【生境与分布】生于海拔 300～2000m 的丘陵或山地林中或阴处石崖上，分布于浙江、江苏、安徽、江西、福建，另四川、云南、贵州、湖南、湖北、陕西、广东、广西、台湾均有分布；越南及日本也有分布。

【药名与部位】石吊兰（岩豇豆），地上部分。

【采集加工】夏、秋二季叶茂盛时采割，除去杂质，晒干。

【药材性状】茎呈圆柱形，长 15～50cm，直径 0.2～0.5cm；表面淡棕色或灰褐色，有纵皱纹，节膨大，常有不定根；质脆，易折断，断面黄绿色或黄棕色，中心有空隙。叶轮生或对生，有短柄；叶多脱落，脱落后叶柄痕明显；叶片披针形至狭卵形，长 1.5～6cm，宽 0.5～1.5cm，边缘反卷，边缘上部有齿，两面灰绿色至灰棕色。气微，味苦。

【药材炮制】除去杂质，洗净，润软，切段，干燥。

【化学成分】全草含酚酸类：阿魏酸（ferulic acid）、邻苯二甲酸二异丁酯（di-isobutylphthalate）[1]、丁香酸（syringic acid）、双-（2-乙基己基）邻苯二甲酸酯［bis（2-ethylhexyl）phthalate］[2]，咖啡酸（caffeic acid）、β-羟基丙基丁香酮（β-hydroxypropiosyringone）和 α, β-二羟基丙基丁香酮（α, β-dihydroxypropiosyringone）[3]；黄酮类：5, 7-二羟基-6, 8, 4′-三甲氧基黄酮（5, 7-dihydroxy-6, 8, 4′-

trimethoxyflavone）、5,7-二羟基-6,8,4′-三甲氧基黄酮醇（5,7-dihydroxy-6,8,4′-trimethoxyflavonol）、7-羟基-6,8,4′-三甲氧基-5-O-β-D-吡喃葡萄糖黄酮苷（7-hydroxy-6,8,4′-trimethoxy-5-O-β-D-glucopyranosylflavone）、7-羟基-6,8,4′-三甲氧基-5-O-［β-D-吡喃葡萄糖基-（1→6）］-β-D-吡喃葡萄糖黄酮苷｛7-hydroxy-6,8,4′-trimethoxy-5-O-［β-D-glucopyranosyl-（1→6）］-β-D-glucopyranosylflavone｝、4′,5-二羟基-7-甲氧基-6-C-β-D-吡喃葡萄糖基黄酮（4′,5-dihydroxy-7-methoxy-6-C-β-D-glucopyranosylflavone）、4′,5-二羟基-6,7-二甲氧基-8-C-β-D-吡喃葡萄糖黄酮（4′,5-dihydroxy-6,7-dimethoxy-8-C-glucopyranosylflavone）[2]，石吊兰素（nevadensin）[4]，5,6,4′-三羟基-7,8-二甲氧基黄酮（5,6,4′-trihydroxy-7,8-dimethoxyflavone）、5,7-二羟基-6,8,4′-三甲氧基黄酮（5,7-dihydroxy-6,8,4′-trimethoxyflavone）、5-羟基-6,8,4′-三甲氧基黄酮-7-O-β-D-吡喃葡萄糖苷（5-hydroxy-6,8,4′-trimethoxyflavone-7-O-β-D-glycopyranoside）[5]，吊石苣苔奥苷A、B、C、D、F（lysioside A、B、C、D、F）、4′,5,7-三羟基-7,8-二甲氧基黄酮（4′,5,7-trihydroxy-7,8-dimethoxyflavone），即去甲氧基苏打基亭（demethoxysudachitin）、粗毛豚草素-7-O-β-D-吡喃葡萄糖苷（hispidulin-7-O-β-D-glucopyranoside）[6]，石吊兰素-7-O-β-D-吡喃葡萄糖苷（nevadensin-7-O-β-D-glucopyranoside）、石吊兰素-7-O-［α-L-吡喃鼠李糖基-（1→6）］-β-D-吡喃葡萄糖苷｛nevadensin-7-O-［α-L-rhamnopyranosyl-（1→6）］-β-D-glucopyranoside｝[7]，吊石苣苔苷（paucifloside）[8]，石吊兰素-5-O-β-D-吡喃葡萄糖苷（nevadensin-5-O-β-D-glucopyranoside）、石吊兰素-5-O-β-D-吡喃葡萄糖基-（1→6）-β-D-吡喃葡萄糖苷［nevadensin-5-O-β-D-glucopyranosyl-（1→6）-β-D-glucopyranoside］[9]，4-羟基-2,4-二甲氧基二氢查耳酮（4-hydroxy-2,4-dimethoxydihydrochalcone）、去甲氧基苏打基亭（demethoxysudachitin）、针依瓦菊素（acerosin）、5,7,3,4-四羟基-6,8-二甲氧基黄酮（5,7,3,4-tetrahydroxy-6,8-dimethoxyflavone）、7-O-β-D-吡喃葡萄糖基-5-羟基-6,8,4-三甲氧基黄酮（7-O-β-D-glucopyranosyl-5-hydroxy-6,8,4-trimethoxyflavone）、石吊兰素-7-接骨木二糖苷（nevadensin-7-sambubioside）、意卡瑞苷B（ikarisoside B）和2-O-鼠李糖基淫洋藿苷II（2-O-rhamnosylicariside II）[10]；甾体类：β-谷甾醇（β-sitosterol）[1]，γ-谷甾醇（γ-sitosterol）、豆甾醇（stigmasterol）和β-扶桑甾醇氧化物（β-sitostenone）[11]；苯乙醇苷类：毛蕊花苷（acteoside）[6,7,10]，异毛蕊花苷（isoverbascoside）[6]和α-（3,4-二羟基苯基）-乙基-（2′-O-β-L-吡喃鼠李糖基-3′-O-β-D-呋喃芹糖基-4′-O-E-咖啡酰基）-β-D-吡喃葡萄糖苷［α-（3,4-dihydroxyphenyl）-ethyl-（2′-O-β-L-rhamnopyranosyl-3′-O-β-D-apiofuranosyl-4′-O-E-caffeoyl）-β-D-glucopyranoside］[7]；倍半萜类：1R,3S,4R,5R,10R-3,10-二羟基菖蒲酮烯-3-O-β-D-吡喃葡萄糖苷（1R,3S,4R,5R,10R-3,10-dihydroxyacoronene-3-O-β-D-glucopyranoside）[3]和3,10-二羟基菖蒲螺酮烯（3,10-dihydroxyacoronene）[12]；三萜类：熊果酸（ursolic acid）[13]；酚酸及酯类：罗布麻宁（apocynin）、邻苯二甲酸二异丁酯（diisobutylphthalate）[1]，丁香酸（syringic acid）、双（2-乙基己基）邻苯二甲酸酯［bis（2-ethylhexyl）phthalate］[2]，对羟基苯甲酸（p-hydroxybenzoic acid）、香荚兰酸（vanillic acid）[3]和双（2-丁基己基）邻苯二甲酸酯［bis（2-butylhexyl）phthalate］[12]；萘醌类：6,8-二羟基-2,7-二甲氧基-3-(1,1-二甲基丙-2-烯基)-1,4-萘醌［6,8-dihydroxy-2,7-dimethoxy-3-（1,1-dimethylprop-2-enyl）-1,4-naphthoquinone］、（2R）-6,8-二羟基-α-邓氏链果苣苔醌［（2R）-6,8-dihydroxy-α-dunnione］和（2R）-6,8-二羟基-7-甲氧基-α-邓氏链果苣苔醌［（2R）-6,8-dihydroxy-7-methoxy-α-dunnione］[4]；芪类：3′,5′-二甲氧基-4-羟基-反式-芪（3′,5′-dimethoxy-4-hydroxy-trans-stilbene）[12]；糖类：D-（+）-棉子糖［D-（+）-raffinose］[1]；木脂素类：南烛树脂醇（lyoniresinol）[2]；脂肪酸类：棕榈酸（palmitic acid）和硬脂酸（stearic acid）[6]；烷醇类：二十九-15-醇（nonacosan-15-ol）和正三十醇（n-triscontanol）[13]；挥发油类：植醇（phytol）、（E）-十八碳-9-二烯酰胺［（E）-octadec-9-enamide］、反式角鲨烯（trans-squalene）、2,2′-联噻吩（2,2′-bithiophene）、三反油酸甘油酯（trielaidoylglycerol）、三十一烷（hentriacontane）[11]，己醛（hexanal）、苯乙醛（benzeneacetaldehyde）、芳樟醇（linalool）、1-辛烯-3-醇（1-octen-3-ol）、3-辛醇（3-octanol）、2-正戊基呋喃（2-pentylfuran）、二异丁基邻苯二甲酸酯（diisobutylphthalate）、2-羟基苯甲酸甲酯（methyl 2-hydroxybenzoate）、反式-β-金合欢烯（trans-β-farnesene）、香叶基丙酮（geranylacetone）、α-松油醇（α-terpineol）、反式-2-已烯

醛（trans-2-hexenal）和六氢假香堇酮（hexahydropseudoionone）[14]。

地上部分含黄酮类：石吊兰素-5-O-β-D-葡萄糖苷（nevadensin-5-O-β-D-glucoside）、石吊兰素-5-O-β-D-葡萄糖基（1→6）β-D-葡萄糖苷［nevadensin-5-O-β-D-glucosyl（1→6）β-D-glucoside］[15]，石吊兰素-7-O-β-D-葡萄糖苷（nevadensin-7-O-β-D-glucoside）和石吊兰素-7-O-［α-L-鼠李糖基（1→6）］β-D-葡萄糖苷｛nevadensin-7-O-［α-L-rhamnosyl（1→6）］-β-D-glucoside｝[16]；苯丙素类：α-（3,4-二羟基苯基）-乙基-（2′-O-α-L-吡喃鼠李糖基-3′-O-β-D-呋喃芹糖基-4′-O-E-咖啡酰基）-β-D-吡喃葡萄糖苷［α-（3,4-dihydroxyphenyl）-ethyl-（2′-O-α-L-rhamnopyranosyl-3′-O-β-D-apiofuranosyl-4′-O-E-caffeoyl）-β-D-glucopyranoside］[16]和吊石苣苔苷（paucifloside）[17]。

【药理作用】1.抗氧化　全草正丁醇、乙酸乙酯部位对超氧阴离子自由基（$O_2^-\cdot$）和羟自由基（·OH）均具有清除作用[1]，从全草提取的总多酚具有较强的还原能力，对羟自由基以及1,1-二苯基-2-三硝基苯肼（DPPH）自由基的清除能力均强于维生素C[2]。2.抗炎　从全草提取的石吊兰素可抑制琼脂、五羟色胺、甲醛、高岭土所致大鼠实验性关节炎炎症发展和促进肿胀消退的作用，对大鼠棉球肉芽肿也有抑制作用[3]。3.抗菌　全草正丁醇提取物对大肠杆菌、金黄色葡萄球菌、多杀性巴氏杆菌的生长均具有抑制作用；乙酸乙酯提取物对大肠杆菌、金黄色葡萄球菌、枯草芽孢杆菌和多杀性巴氏杆菌的生长均具有抑制作用；石油醚提取物仅对金黄色葡萄球菌的生长有较弱抑制作用；水浸提物对大肠杆菌、多杀性巴氏杆菌的生长有抑制作用[4]；全草中分离的5,7-二羟基-6,8,4′-三甲氧基黄酮（5,7-dihydroxy-6,8,4′-trimethoxyflavone）对金黄色葡萄球菌（SA）、耐甲氧西林葡萄球菌（MRSA）和β-内酰胺酶阳性的金黄色葡萄球菌的生长有抑制作用[5]。4.抗肿瘤　全草醇提取液具有抑制S180实体瘤生长及提高荷瘤小鼠胸腺指数和脾指数，提高荷瘤小鼠血清中白细胞介素-2（IL-2）含量[6]。5.抗结核　从全草分离的石吊兰素在体外有显著抗结核分枝杆菌的作用，体内试验也表明有一定的作用[7,8]。6.降血压　从全草分离的石吊兰素具有降低大鼠动脉血压的作用，降低收缩压的作用较强于降低舒张压的作用[9]。7.抗动脉粥样硬化　从全草分离的脂肪酸能明显降低高脂血症小鼠血清胆固醇（TC）、低密度脂蛋白胆固醇（LDL-C）及胆固醇（TC）/高密度脂蛋白胆固醇（HDL-C）和低密度脂蛋白胆固醇（LDL-C）/高密度脂蛋白胆固醇（HDL-C），亦能显著升高高密度脂蛋白胆固醇（HDL-C），高剂量治疗组病理检查可见主动脉粥样硬化（AS）症状明显减轻，且在一定程度上可抑制肠道中胆固醇微胶粒的形成[10]。8.强心　从全草分离的石吊兰素可使豚鼠、家兔和蟾蜍的心脏停搏及用氯化钾致心脏停搏的心脏复搏[11]。

【性味与归经】苦，温。归肺经。

【功能与主治】软坚散结，止咳化痰。用于淋巴结结核，慢性支气管炎。

【用法与用量】15～30g。

【药用标准】药典1977、药典2010、药典2015、浙江炮规2015和贵州药材2003。

【临床参考】1.骨结核：煎剂和片剂同服，全草适量，水煎，每次50ml，每日2次；片剂（每片含生药4g）口服，每次4片，每日3次，6个月为1疗程，临床痊愈后服用1年维持量[1]。

2.慢性支气管炎：全草30～60g，加紫苏、凤尾草、、野菊花根、金银花藤叶各20g，桑白皮、猕猴桃根各25g，加水文火煎煮，取药液100～150ml，加米酒10～15ml热服，每日1剂，每日3次，7日为1疗程，据病情休息2天再服，可酌情用2～3个疗程[2]；或鲜全草120g，水煎服。（《浙江药用植物志》）

3.肺结核：石吊兰片（每片含生药4g）口服，每次4片，每日3次，3个月为1疗程，病变范围大、病情重的病例，加用异烟肼口服[3]。

4.颈淋巴结结核兼有热象：石吊兰片（每片含生药0.28g）口服，每次4片，每日3次，3个月为1疗程；兼有寒象者，石吊兰、夏枯草、野生艾叶按2∶1∶1制成复方石吊兰颗粒，每袋5g，口服，每次1袋，每日3次，3个月为1疗程[4]。

5.风湿痹痛：全草30g，水煎，黄酒适量冲服。

6. 外因瘙痒：全草30g，加瘦猪肉30g，水煎，食肉喝汤；另取杠板归、白英适量，水煎外洗。

7. 淋巴结结核：全草30～60g，水煎服，连服数月。

8. 无名肿痛、跌打损伤：全草30～60g，水煎服；或鲜全草捣烂敷患处。

9. 钩端螺旋体病：全草60g，加金钱草15g，水煎服。（5方至9方引自《浙江药用植物志》）

【附注】石吊兰始载于《植物名实图考》石草类，云："石吊兰产信广、宝庆山石上。根横赭色，高四五寸。就根发小茎生叶，四五叶排生，攒簇光润，厚劲有锯齿，大而疏，面深绿，青淡，中唯直纹一缕，叶下生长须数条，就石上生根。"按上述形态、生境之描述及附图，与本种一致。

药材石吊兰孕妇忌服。

【化学参考文献】

[1] 冯卫生，李倩，郑晓珂. 吊石苣苔的化学成分研究[J]. 中国药学杂志，2007，42（5）：337-338.

[2] 冯卫生，李倩，郑晓珂，等. 吊石苣苔中的化学成分[J]. 天然产物研究与开发，2006，18（4）：617-620.

[3] Wen Y Y, Du H J, Tu Y B, et al. A new sesquiterpene glucoside from *Lysionotus pauciflorus*[J]. Nat Prod Commun, 2014, 9（8）: 1125-1126.

[4] Zhong Y J, Wen Q F, Li C Y, et al. Two new naphthoquinone derivatives from *Lysionotus pauciflorus*[J]. Helv Chim Acta, 2013, 96（9）: 1750-1756.

[5] 魏金凤，陈林，王金梅，等. 髯丝蛛毛苣苔和吊石苣苔抗菌活性成分研究[J]. 中国中药杂志，2011，36（14）：1975-1978.

[6] 房秀华. 苦苣苔科药用植物化学成分研究及化学系统学初探[D]. 北京：中国协和医科大学博士学位论文，1997.

[7] Liu Y, Wagner H, Bauer R. Phenylpropanoids and flavonoid glycosides from *Lysionotus pauciflorus*[J]. Phytochemistry, 1998, 48（2）: 339-343.

[8] Liu Y, Seligmann O, Wagner H, et al. Paucifloside, a new phenylpropanoid glycoside from *Lysionotus pauciflorus*[J]. Nat Prod Lett, 1995, 7（1）: 23-28.

[9] Liu Y, Wagner H, Bauer R. Nevadensin glycosides from *Lysionotus pauciflorus*[J]. Phytochemistry, 1996, 42（4）: 1203-1205.

[10] Luo W, Wen Y Y Tu Y B, et al. A new flavonoid glycoside from *Lysionotus pauciflorus*[J]. Nat Prod Commun, 2016, 11（5）: 621-622.

[11] 张海，陈珍娥，陈国江，等. 贵州苗药吊石苣苔挥发油成分分析[J]. 中药材，2015，38（12）：2554-2556.

[12] Wen Q F, Zhong Y J, Su X H, et al. A new acoranesesquiterpene from *Lysionotus pauciflorus*[J]. Chin J Nat Med, 2013, 11（2）: 185-187.

[13] 杨付梅，杨小生，罗波，等. 苗药岩豇豆化学成分的研究[J]. 天然产物研究与开发，2003，15（6）：508-509.

[14] 李计龙，刘建华，高玉琼，等. 石吊兰挥发油成分的研究[J]. 中国药房，2011，22（27）：2560-2562.

[15] Liu Y, Wagner H, Bauer R. Nevadensin glycosides from *Lysionotus pauciflorus*[J]. Phytochemistry, 1996, 42（4）: 1203-1205.

[16] Liu Y, Wagner H, Bauer R. Phenylpropanoids and flavonoid glycosides from *Lysionotus pauciflorus*[J]. Phytochemistry, 1998, 48（2）: 339-343.

[17] Liu Y, Seligmann O, Wagner H, et al. Paucifloside, a new phenylpropanoid glycoside from *Lysionotus pauciflorus*[J]. Nat Prod Lett, 1995, 7（1）: 23-28.

【药理参考文献】

[1] 赖灵妍，王健，汪志勇. 苗药吊石苣苔提取物的体外抗氧化活性研究[J]. 广州化工，2015，43（17）：51-52.

[2] 荀体忠，唐文华，任永权，等. 石吊兰总多酚体外抗氧化活性研究[J]. 食品工业科技，2015，36（5）：73-77.

[3] 何修泽，罗桂英，王卓娜，等. 石吊兰素的抗炎作用研究[J]. 中国中药杂志，1985（11）：36-38.

[4] 汪志勇，江峰，徐红，等. 苗药吊石苣苔的抑菌活性研究[J]. 安徽农业科学，2015，43（22）：64-65，75.

[5] 魏金凤，陈林，王金梅，等. 髯丝蛛毛苣苔和吊石苣苔抗菌活性成分研究[J]. 中国中药杂志，2011，36（14）：1975-1978.

[6] 胡晓，黄贤华，谭晓彬. 石吊兰醇提取液抗S180实体瘤作用和对荷瘤小鼠免疫功能的影响[J]. 中国组织工程研究，

2007, 11（16）：3097-3099.
[7] 徐垠, 胡之璧, 冯胜初, 等. 石吊兰抗结核有效成分的研究——Ⅰ. 石吊兰素的分离和鉴定[J]. 药学学报, 1979, 14(7)：447-448.
[8] 唐才芳, 奚国良, 顾坤健, 等. 具有抗结核活性的石吊兰素及其类似物的合成[J]. 中国药学杂志, 1981, 16（3）：183-184.
[9] 廖伟锋, 王振昌, 李桂华, 等. 石吊兰素降压效应及其机制的实验研究[J]. 临床医学工程, 2012, 19（12）：2120-2122.
[10] 彭罡, 覃冬云. 岩豇豆脂肪酸对高脂血症小鼠动脉粥样硬化的治疗作用[J]. 中国现代医药杂志, 2009, 11（10）：13-16.
[11] 宋杰云, 刘亚平, 胡菊英, 等. 石吊兰素对心脏的作用[J]. 贵州医药, 1985, （6）：30.

【临床参考文献】
[1] 上海市长宁区武夷地段医院. 石吊兰治疗10例骨结核的临床初步观察[J]. 上海医学, 1978, （6）：11.
[2] 李承佳. 侗药石吊兰治疗慢性支气管炎52例临床观察[J]. 中国民族医药杂志, 2004, （S1）：36.
[3] 上海市纺织工业局第一医院肺科. 石吊兰为主治疗肺结核11例[J]. 上海医学, 1978, （6）：29.
[4] 孙利华. 石吊兰制剂治疗颈淋巴结核32例[J]. 河北中医, 2006, 28（1）：31.

一一三　爵床科 Acanthaceae

草本、灌木或藤本，稀为小乔木。叶对生；无托叶；叶片、小枝、花萼上常含有钟乳体。花序总状、穗状、聚伞状伞形或头状，有时单生或簇生；花两性，两侧对称；花萼 4～5 裂；花冠筒喉部通常扩大，冠檐常 5 裂，近相等或二唇形；雄蕊 2 或 4 枚，稀 5 枚，着生于花冠筒内或喉部，花丝分离或基部联合；子房上位，其下常有花盘，2 室，每室含 2 至多粒倒生胚珠。果实为蒴果，室背开裂为 2 果爿。种子通常生于上弯的种钩上，成熟时借种钩弹出，仅少数属无种钩。

约 250 属，2450 余种，分布于亚洲、非洲、大洋洲、南美洲等地区。中国 68 属，311 种，多分布于长江以南各地，法定药用植物 12 属，21 种。华东地区法定药用植物 6 属，7 种。

爵床科法定药用植物科特征成分鲜有报道。

黄猄草属含三萜类、萘类、烷烃及烯烃类成分。三萜类如羽扇豆醇（lupeol）、羽扇-20（29）-烯-11,3β-二醇［lup-20（29）-en-11, 3β-diol］、白桦脂酸（betulinic acid）等；烷烃及烯烃类常成环如 3a, 4, 7, 7a-四氢-4, 7-亚甲基-1H-茚（3a, 4, 7, 7a-tetrahydro-4, 7-methano-1H-indene）、4, 7, 7-三甲基双环［2.2.1］庚烷-2-酮｛4, 7, 7-trimethylbicyclo［2.2.1］heptan-2-one｝等；萘类如萘（naphthalene）、4, 8a-二甲基-6-（1-甲基乙烯基）-3, 5, 6, 7, 8, 8a-六氢-2（1H）萘酮［4, 8a-dimethyl-6-（1-methylethenyl）-3, 5, 6, 7, 8, 8α-hexahydro-2（1H）naphthalenone］等。

板蓝属仅 1 种，主要含生物碱类成分，另含木脂素类等成分。生物碱类如靛玉红（indirubin）、靛蓝（indigo）、板蓝根碱 A、B（baphicacanthin A、B）、2-苯并噁唑啉酮（2-benzoxazolinone）等；木脂素类如松脂酚-4-*O*-β-D-芹糖基-（1→2）-β-D-吡喃葡萄糖苷［pinoresinol-4-*O*-β-D-apiosyl-（1→2）-β-D-glucopyranoside］、（＋）-9-*O*-β-D-吡喃葡萄糖基南烛木树脂酚［（＋）-9-*O*-β-D-glucopyranosyllyoniresinol］、愈创木基甘油-β-阿魏酸酯（guaiacylglycerol-β-ferulate）等。

穿心莲属含萜类、黄酮类、苯丙素类、环烯醚萜类等成分。萜类多为二萜内酯，如穿心莲内酯（andrographolide）、脱氢穿心莲内酯（dehydroandrographolide）、双穿心莲内酯 B（bisandrographolide B）等；黄酮类包括黄酮、二氢黄酮、查耳酮等，如芹菜素-7-*O*-葡萄糖苷（apigenin-7-*O*-glucoside）、金合欢素-7-*O*-β-D-葡萄糖醛酸苷（acacetin-7-*O*-β-D-glucuronide）、5, 7, 2′, 3′-四甲氧基黄烷酮（5, 7, 2′, 3′-tetramethoxy-flavanone）、2′-羟基-2, 4′, 6′-三甲氧基查耳酮（2′-hydroxy-2, 4′, 6′-trimethoxychalcone）等；苯丙素类如 3, 4-二咖啡酰奎尼酸（3, 4-dicaffeoylquinic acid）、阿魏酸（ferulic acid）等；环烯醚萜类如平卧钩果草别苷（procumbide）、火焰花苷 F（curvifloruside F）等。

爵床属含木脂素类、皂苷类、黄酮类等成分。木脂素类如卧爵床脂定 A（prostalidin A）、爵床脂定 B（justicidin B）、异落叶松树脂酚（isolariciresinol）、台湾杉脂素（savinin）等；皂苷类多为五环三萜，包括齐墩果烷型、熊果烷型、羽扇豆烷型等，如乙酸羽扇豆醇酯（lupeol acetate）、无羁萜醇（friedelanol）、委陵菜酸（tormentic acid）等；黄酮类包括黄酮、黄酮醇等，如木犀草素-7-*O*-葡萄糖苷（luteolin-7-*O*-glucoside）、槲皮素-7-*O*-α-L-吡喃鼠李糖苷（quercetin-7-*O*-α-L-rhamnopyranoside）等。

分属检索表

1. 雄蕊 4 枚。
    2. 花萼裂片等大，花冠管直立。
        3. 子房每室具 4 粒以上胚珠···1. 水蓑衣属 Hygrophila
        3. 子房每室具 2～4 粒胚珠···2. 黄猄草属 Championella
    2. 花萼裂片不等大，后方 1 枚常较大，花冠管稍弯曲·······················3. 板蓝属 Baphicacanthus

1. 雄蕊 2 枚。
    4. 叶表面无钟乳体，花序为聚伞花序或圆锥花序。
       5. 花冠管筒状或膨大，冠檐上唇 2 裂，下唇 3 裂……………………………4. 穿心莲属 Andrographis
       5. 花冠管细长，冠檐上唇常伸展，全缘或微缺，下唇常直立，齿状 3 裂……5. 观音草属 Peristrophe
    4. 叶表面常见粗大、通常横列的钟乳体；穗状花序……………………………6. 爵床属 Rostellularia

1. 水蓑衣属 Hygrophila R. Br.

灌木或草本。叶对生，全缘或具不明显小齿。花无梗，簇生于叶腋；花萼筒状，5 裂，裂片等大或近等大；花冠浅蓝色或淡紫色，二唇形，上唇直立，2 浅裂，下唇近直立或略伸展，有喉凸，3 浅裂，裂片旋转状排列；雄蕊 4 枚，2 长 2 短，花丝基部常有下沿的膜相连，花药 2 室等大，平排，基部无附属物或有时具不明显短尖；子房每室有 4 至多粒胚珠，花柱条状，柱头 2 裂。蒴果长椭圆形至条形，2 室，每室有种子 4 至多粒。种子宽卵形或近圆形，两侧压扁，被紧贴有弹性的长白毛。

约 25 种，广布于热带及亚热带地区。中国 6 种，分布于东部至西南部各地，法定药用植物 2 种。华东地区法定药用植物 2 种。

877. 大花水蓑衣（图 877）• *Hygrophila megalantha* Merr.

图 877　大花水蓑衣　　　　摄影　汤睿

【形态】一年生或二年生草本。茎直立，4 棱形，高 30～60cm，常分枝，无毛。叶狭矩圆状倒卵形至倒披针形，长 4～8cm，宽 8～15mm，先端圆或钝，基部渐狭，全缘。花少数，1～3 朵生于叶腋内；苞片矩圆状披针形，顶端钝，长约 1cm，小苞片狭矩圆形，长约 6mm；萼裂片狭条状披针形，尾状渐尖，约与萼筒等长，有短睫毛；花冠紫蓝色，长可达 2.5cm，外被疏柔毛，冠管下部圆柱形，上部肿胀，上唇钝，下唇短 3 裂。蒴果长柱形，长 1～1.5cm。花期冬季。

【生境与分布】生于江边湿地。分布于福建，另广东、香港均有分布。

【药名与部位】广天仙子（南天仙子），种子。

【采集加工】秋后果实成熟时割取果枝，晒干打下种子，除去杂质，晒干。

【药材性状】略呈扁平心脏形，一端略尖，基部有种脐，直径 0.6～1mm。表面棕红色或暗褐色，平滑，具贴伏的黏液化表皮毛，遇水则膨胀竖立，蓬松散开，并释放黏液，黏性及强。气微，味淡而粘舌。

【性味与归经】苦、辛，微热。

【功能与主治】清热、消肿。用于痈肿，恶疮，消炎拔脓。

【用法与用量】35～50g。主供外用，加水后呈黏糊状，敷于痈种和恶疮外。

【药用标准】局标进药 2004、部标进药 1977、上海药材 1994 和内蒙古药材 1988。

【附注】Flora of China 已将本种归并至水蓑衣 Hygrophila ringens（Linn.）R. Brown ex Sprengel。

878. 水蓑衣（图 878）• *Hygrophila salicifolia*（Vahl）Nees

【别名】大青草（江苏），水簑衣，水柳草（江苏常熟）。

【形态】一年生或二年生草本。茎 4 棱形，高 80cm，幼枝被白色长柔毛，不久脱落近无毛或无毛。叶近无柄，纸质，长椭圆形、披针形、条形，长 4～12cm，宽 6～15mm，先端钝，基部渐狭，下延至柄；两面被白色长硬毛，下表面沿脉较密。花 2～7 朵簇生于叶腋，无梗，苞片披针形，长约 1cm，外面被柔毛，小苞片细小，条形，外面被柔毛，内面无毛；花萼圆筒状，被短糙毛，5 深裂至中部，裂片稍不等大，渐尖，被通常皱曲的长柔毛；花冠淡紫色或粉红色，长 1～1.2cm，被柔毛，上唇卵状三角形，下唇长圆形，喉凸上有疏而长的柔毛。蒴果条形或长圆形，长约 1cm，干时淡褐色，无毛。花果期 9～11 月。

【生境与分布】生于溪沟边，洼地等潮湿处，分布于浙江、安徽、江西、福建、江苏，另四川、云南、湖南、湖北、广东、广西、海南、香港、台湾均有分布。

水蓑衣与大花水蓑衣的区别点：水蓑衣花小，长 1～1.2cm。大花水蓑衣花大，长达 2.5cm。

【药名与部位】广天仙子（南天仙子），种子。大青草，地上部分。

【采集加工】广天仙子：秋后果实成熟时割取果枝，晒干打下种子，除去杂质，晒干。大青草：夏、秋季采收，割取地上部分，除去杂质，晒干。

【药材性状】广天仙子：略呈扁平心脏形，直径约 1mm。表面棕红色或暗褐色，略平滑，无网纹，黏液化的表皮毛贴伏呈薄膜状，遇水膨胀竖立，呈胶状黏结成团；基部有种脐，脐点微凹。无臭，味淡，粘舌。

大青草：茎略呈方形，长 20～50cm，直径 1.5～4mm。绿色或深褐色，表面具纵棱，质硬脆，易折断，断面中空，白色。叶对生，多皱缩或破碎，部分已脱落，完整的叶近无柄，叶片条形或披针状条形，长 3～14cm，宽 4～15mm，纸质，全缘或微波状，上表面深绿黑色，下表面灰绿色，具横生细脉。花无柄，簇生于叶腋。气微，味微咸。

【药理作用】1. 护肝　全草提取物可降低四氯化碳（CCl_4）诱导的急性肝损伤小鼠血清天冬氨酸氨基转移酶（AST）和谷丙转氨酶（ALT）含量，减轻急性肝损伤小鼠肝细胞坏死和肝细胞变性[1]。2. 抗肿瘤　全草提取物可明显减小裸鼠 SMMC-7721 移植瘤的体积，显著减轻移植瘤质量，组织学检查肿瘤细胞体积缩小，偶见核分裂，瘤组织中出血、坏死多见，降低血清中谷丙转氨酶、天冬氨酸氨基转移酶、乳

图 878　水蓑衣　　摄影　张芬耀

酸脱氢酶（LDH）和肌酐（CRE）含量[2]。3.利尿　全草甲醇提取物以剂量依赖性方式引起 Na^+、K^+、Cl^- 和尿液体积的增加，其高剂量甲醇提取物显示出与呋塞米相当的等效利尿作用[3]。

【性味与归经】广天仙子：甘、微苦，凉。大青草：甘、微苦，凉。

【功能与主治】广天仙子：清热健胃，消肿止痛。用于消化不良，咽喉炎，乳腺炎，蛇虫咬伤，疮疖。大青草：清热解毒，凉血。用于热病邪入血分，高热神昏，热毒发斑，丹毒，咽喉肿痛。

【用法与用量】广天仙子：煎服 3～9g；外用适量。大青草：煎服 4.5～9g；外用适量。

【药用标准】广天仙子：上海药材 1994、江西药材 1996、广西药材 1990 和内蒙古药材 1988；大青草：上海药材 1994。

【临床参考】1.外伤吐血：鲜叶 60g，捣烂绞汁，冲黄酒服。

2.预防流行性脑脊髓膜炎、流行性感冒：地上部分 18g，加丹参、夏枯草各 9g，水煎服。（1方、2方引自《浙江药用植物志》）

【附注】水蓑衣始载于明代《救荒本草》，云："水蓑衣生水泊边，叶似地梢瓜叶而窄，每叶间皆结小青菁荚，其叶味苦。"所述及附图，与本种相一致。

Flora of China 已将大花水蓑衣 *Hygrophila megalantha* Merr. 归并至本种，并将学名改为 *Hygrophila ringens*（Linn.）R.Brown ex Sprengel。

药材大青草胃寒者慎服；广天仙子（南天仙子）疮疖脓成或已溃者忌外敷。

同属植物毛水蓑衣 *Hygrophila phlomoides*（Wall.）Nees（《中国植物志》学名为 *Hygrophila phlomiodes* Nees，疑有误）民间与本种同供药用。

【药理参考文献】

[1] 冯大明，王双，唐雅玲，等. 水蓑衣提取物对 CCl_4 诱导的小鼠急性肝损伤的保护作用 [J]. 世界华人消化杂志，2005，13（9）：56-59.

[2] 冯大明，王双，冬毕华，等. 水蓑衣提取物对裸鼠肝癌移植瘤生长的影响 [J]. 世界华人消化杂志，2005，13（7）：864-866.

[3] Mehul K B，Nehal S. Acute toxicity，*in vitro* urolithiatic and diuretic evaluation of methanolic extract of *Hygrophila salicifolia*，whole herb in rat [J]. Int J Pharm Sci Drug Res，2016，8（2）：111-116.

2. 黄猄草属 *Championella* Bremek.

多年生草本或亚灌木，具同型叶。花无梗，单生于苞腋，组成顶生、紧密短缩的穗状花序；花序轴常于开花后伸长；苞片叶状，具羽状脉，宿存；花萼5深裂，裂片近等大，条形，急尖；花冠浅瑰红色、淡白色或白色，花冠管直，向上逐渐扩大，喉部钟形或漏斗形，内具2列支撑花柱的毛，冠檐5裂，冠檐裂片近等大，倒心形或近圆形；雄蕊4枚，二强，内藏，全直立，被硬毛；子房被簇毛，每室有胚珠2粒，花柱密被短硬毛。蒴果纺锤状或条状长圆形，珠柄钩延伸成针刺。种子每室2粒，两侧呈压扁状。

约9种，主要分布于中国。法定药用植物1种。华东地区法定药用植物1种。

879. 菜头肾（图879）• *Championella sarcorrhiza* C. Ling [*Strobilanthes sarcorrhiza*（C. Ling）C. Z. Cheng ex Y. F. Deng et N. H. Xia]

【别名】 肉根马蓝、土太子参（浙江）。

【形态】 多年生草本。根茎短粗，侧根肉质增厚。茎高20～40cm，微粗糙，节稍膨大。叶对生，无柄或几无柄；叶片长圆状披针形，长4～18cm，宽1.5～3cm，先端渐尖，基部狭楔形，侧脉7～9对，上表面无毛，钟乳体短条状，下表面脉上被微毛，边缘具钝齿或微波状。花序短穗状或半球形，顶生；苞片倒卵状椭圆形，长约1.5cm，宿存；花萼5深裂，裂片条形，不等长；苞片、小苞片和萼片均密生白色或淡褐色多节长柔毛；花冠淡紫色，漏斗形，长3.5～4.5cm，花冠中部弯而下部极收缩，外面无毛，里面有2列微毛，裂片5枚，近相等；雄蕊4枚，二强，花丝有短柔毛。蒴果长圆形，无毛。种子4粒。花期7～8月，果期9～11月。

【生境与分布】 生于低山区林下或丘陵地带阴湿处，特产浙江。

【药名与部位】 菜头肾，根。

【药材炮制】 除去杂质，洗净，润软，切段，干燥。

【化学成分】 根含三萜类：羽扇豆醇（lupeol）、羽扇-20（29）-烯-11,3β-二醇 [lup-20（29）-en-11,3β-diol]、22（29）-何帕烯 [hop-22（29）-ene]、3α-羟基-22（29）-何帕烯 [3α-hydroxyhop-22（29）-ene]、羽扇豆-20（29）-烯-3-酮 [lup-20（29）-en-3-one] 和白桦脂酸（betulinic acid）[1]；甾体类：（24R）-5α-豆甾-3,6-二酮 [（24R）-5α-stigmast-3,6-dione][1]、（24R）-豆甾-7,22（E）-二烯-3α-醇 [（24R）-stigmast-7,22（E）-dien-3α-ol]、（24R）-5α-豆甾-3,6-二酮 [（24R）-5α-stigmast-3,6-dione]、β-谷甾醇（β-sitosterol）[1]、3-乙氧基-（3β）-胆甾-5-烯 [3-ethoxy-（3β）-cholest-5-ene] 和豆甾-5,22-二烯-3β-醇乙酸酯（stigmasta-5,22-dien-3β-ol acetate）[2]；环烃类：3a,4,7,7a-四氢-4,7-亚甲基-1H-

图 879 菜头肾　　　　　　　　　　　　　摄影　张芬耀

茚（3a, 4, 7, 7a-tetrahydro-4, 7-methano-1H-indene）、4- 甲基 -3- 环己烯 -1- 甲醛（4-methyl-3-cyclohexane-1-carboxaldehyde）、4- 羟基环己酮（4-hydroxy-cyclohexanone）和 4, 7, 7- 三甲基双环 [2.2.1] 庚烷 -2- 酮 {4, 7, 7-trimethylbicyclo [2.2.1] heptan-2-one}[2]；萘类：萘（naphthalene）和 4, 8a- 二甲基 -6-（1- 甲基乙烯基）-3, 5, 6, 7, 8, 8a- 六氢 -2（1H）萘酮 [4, 8a-dimethyl-6-（1-methylethenyl）-3, 5, 6, 7, 8, 8α-hexahydro-2（1H）naphthalenone][2]；烷烃及烯烃类：癸烷（decane）和角鲨烯（squalene）[2]；酚酸类：2- 辛基 - 邻苯二甲酸酯（dinoctyl phthalate）、3- 甲基 -1- 乙基苯酚（3-methyl-1-ethylbenzene）、邻苯二甲酸酯二正辛酯（di-n-octyl phthalate）和 2- 甲基烯丙基邻苯二甲酸乙酯（2-methylallyl phthalic acid ethyl ester）[2]；杂环类：9- 羟基 -9- 硼杂双环 [3.3.1] 壬烷 {9-hydroxy-9-borabicyclo [3.3.1] nonane}、2- 甲基 -3-（3- 甲基 - 丁二烯基）-2-（4- 甲基 -3- 戊烯基）环氧丁烷 [2-methyl-3-（3-methyl-but-2-enyl）-2-（4-methyl-pent-3-enyl）-oxetane] 和 2, 2, 6- 三甲基 -1-（3- 甲基 -1, 3- 丁二烯基）-5- 亚甲基 -7- 氧杂三环 [4.1.0] 庚烷 {2, 2, 6-trimethyl-1-（3-methyl-1, 3-butadienyl）-5-methylene-7-oxabicyclo [4.1.0] heptane}[2]；元素：钾（K）、钙（Ca）、镁（Mg）、磷（P）、硫（S）、铝（Al）、钠（Na）、铁（Fe）和锰（Mn）等[3]。

【功能与主治】养血补肾，清热解毒。

【药用标准】浙江炮规 2005。

【临床参考】1. 肾虚腰痛：根 9～15g，加扶芳藤、石血、梵天花、龙芽草、野荞麦、蔓茎鼠尾草各 9～15g，水煎服。

2. 阴虚牙龈肿痛：根 15～30g，加石英 15～30g，水煎服。

3. 疖肿：鲜全草适量，捣烂敷患处。（1 方至 3 方引自《浙江药用植物志》）

【附注】Flora of China 已将本种的学名改为 Strobilanthes sarcorrhiza（C. Ling）C. Z. Zheng ex Y. F. Deng et N. H. Xia

药材菜头肾脾胃虚寒者慎服。

【化学参考文献】

[1] 董建勇, 田丽莉, 林晨, 等. 菜头肾的化学成分研究[J]. 中国药学杂志, 2010, 45 (19): 1460-1462.

[2] 谢自新, 张园, 蔡进章, 等. 菜头肾脂溶性成分研究[J]. 温州医科大学学报, 2011, 41 (4): 376-379.

[3] 张森尧, 倪利锋, 姚振生. ICP-AES 法测定菜头肾中多种微量元素[J]. 广东微量元素科学, 2008, 15 (6): 39-42.

3. 板蓝属 *Baphicacanthus* Bremek.

多年生草本。茎直立，多分枝，基部木质化。叶对生。花序穗状，顶生或腋生；苞片叶状，具羽状脉，倒卵形，基部狭，具短柄；花萼5裂，裂片不等大，条形，急尖，后方一枚裂片常较大；花冠堇色、玫瑰红色或白色，圆筒状，顶端内弯，喉部扩大呈窄钟形，稍弯曲，内表面有两列支撑花柱的毛，冠檐5裂，裂片倒心形，近相等；雄蕊4枚，二强，内藏，直立；花柱光滑无毛，子房上半部被毛，每室有胚珠2粒。蒴果棒状，上端稍大，稍具4棱，每室具2粒种子。

1种，分布于印度、缅甸至我国南亚热带线以南。中国1种，分布于南部及西南部各地，法定药用植物1种。华东地区法定药用植物1种。

880. 板蓝（图880）• *Baphicacanthus cusia* (Nees) Bremek. [*Strobilanthes cusia* (Nees) Kuntze]

【别名】马蓝、南板蓝根、大青叶、蓝靛（福建），靛青根（浙江），大青叶（安徽）。

【形态】草本，多年生一次性结实。茎直立或基部匍匐，高约1m，基部稍木质化，多分枝，节部膨大。叶对生，柔软，纸质，椭圆形或卵形，长7～20cm，宽4～9cm，先端短渐尖，基部楔形，边缘有稍粗的锯齿，两面无毛，干时黑色，上表面有稠密的条形钟乳体；侧脉5～6对，两面均凸起；叶柄长1～3cm。穗状花序顶生或腋生；苞片叶状对生；花萼5深裂，裂片条形，其中一枚较长而呈匙形，均被短柔毛；花冠漏斗状，淡紫色，筒部稍弯曲，冠檐5裂，裂片近相等。蒴果长1.5～2.2cm，无毛。种子4粒，有微毛。花期6～11月，果期11～12月。

【生境与分布】生于潮湿处。浙江、福建有栽培或分布，另四川、云南、贵州、广东、广西、海南、香港、台湾均有分布；日本、越南、印度也有分布。

【药名与部位】南板蓝根，根及根茎。马蓝，全草。南大青叶，叶。青黛，叶或茎叶经加工制得的干燥粉末、团块或颗粒。

【采集加工】南板蓝根：夏、秋季采挖，洗净，干燥。马蓝：全年均可采收，洗净，晒干。南大青叶：夏秋二季枝叶茂盛时采收，除去茎枝及杂质，阴干或低温烘干或鲜用。

【药材性状】南板蓝根：根茎呈类圆形，多弯曲，有分枝，长10～30cm，直径0.1～1cm。表面灰棕色，具细纵纹；节膨大，节上长有细根或茎残基；外皮易剥落，呈蓝灰色。质硬而脆，易折断，断面不平坦，皮部蓝灰色，木质部灰蓝色至淡黄褐色，中央有髓。根粗细不一，弯曲有分枝，细根细长而柔韧。气微，味淡。

马蓝：根茎呈圆柱形，直径2～6mm。表面暗棕褐色，节膨大，节上有细根，上部有地上茎。质脆，易折断，断面黄白色，略显纤维状，中央有灰蓝色或灰白色的髓。叶片展开后呈椭圆形或倒卵形，顶端短尖，边缘有浅齿，上表面无毛，有细线条形钟乳体，下表面近无毛。叶柄长0.6～2cm，被微毛。气微，味微苦。

南大青叶：多皱缩卷曲，有的破碎。完整叶片展开后呈椭圆状披针形或倒卵圆形，长3～15cm，宽1.5～5.5cm；墨绿色至暗棕黑色，先端渐尖，基部楔形，边缘有浅锯齿；背面稍明显。叶柄长1～2cm。常具嫩枝。质脆，易碎。气微，味涩而微苦。

图 880　板蓝　　　　摄影　郭增喜等

青黛：为深蓝色的粉末，体轻，易飞扬；或呈不规则多孔性的团块、颗粒，用手搓捻即成细末。微有草腥气，味淡。

【质量要求】 南板蓝根：条长，粗细均匀。南大青叶：色绿黑，无茎梗。青黛：色蓝黑，体轻能浮于水，火烧紫红色烟雾发生时间长，无砂粒杂质。

【药材炮制】 南板蓝根：除去杂质，洗净，润透，切厚片，干燥。

马蓝：除去杂质，润透，切段，晒干。

南大青叶：除去杂质，淋润，切丝，干燥。

青黛：除去杂质；团块状者研成细粉。

【化学成分】 根含木脂素类：松脂酚 -4-O-β-D- 芹糖基 -（1→2）-β-D- 吡喃葡萄糖苷［pinoresinol-4-O-β-D-apiosyl-（1→2）-β-D-glucopyranoside］[1]，（+）-5, 5′- 二甲氧基 -9-O-β-D- 吡喃葡萄糖基落叶松脂醇［（+）-5, 5′-dimethoxy-9-O-β-D-glucopyranosyllariciresinol］、（+）-9-O-β-D- 吡喃葡萄糖基南烛木树脂酚［（+）-9-O-β-D-glucopyranosyllyoniresinol］、（+）- 南烛木树脂酚 -3α-O-β-D- 呋喃芹糖基 -（1→2）-β-D- 吡喃葡萄糖苷［（+）-lyoniresinol-3α-O-β-D-apiofuranosyl-（1→2）-β-D-glucopyranoside］、（+）-5, 5′- 二甲氧基 -9-O-β-D- 吡喃葡萄糖基开环异落叶松脂醇［（+）-5, 5′-dimethoxy-9-O-β-D-glucopyr anosylsecoisolariciresino] [2,3]，愈创木基甘油 -β- 阿魏酸酯（guaiacylglycerol-β-ferulate）、（2S, 3R, 4S）- 南烛木树脂酚 -3α-O-β-D- 吡喃葡萄糖苷 [（2S, 3R, 4S）-lyoniresinol-3α-O-β-D-glucopyranoside] 和（2R, 3S, 4R）- 南烛木树脂酚 -3α-O-β-D- 吡喃葡萄糖苷 [（2R, 3S, 4R）-lyoniresinol-3α-O-β-D-glucopyranoside] [3]；生物碱类：板蓝根碱*A、B（baphicacanthin A、B）、2- 苯并噁唑啉酮（2-benzoxazolinone）、色胺酮（tryptanthrin）、2- 羟基 -1, 4- 苯并噁嗪 -3- 酮（2-hydroxy-1, 4-benzoxazin-3-one）、3-（2′- 羟苯基）-4（3H）- 喹唑啉酮 [3-（2′-hydroxyphenyl）-4（3H）-quinazolinone]、1H- 吲哚 -3- 甲醛（1H-indole-3-carbaldehyde）、2, 4- 喹唑啉二酮（quinazolin-2, 4-dione）、2H-1, 4- 苯并噁嗪 -3- 酮（2H-1, 4-benzoxazin-3-one）、3- 羧基吲哚（3-carboxyindole）、垂花老鼠簕苷*（acanthaminoside）、垂花老鼠簕苷异构体（acanthaminoside isomer）、4（3H）- 喹唑啉酮 [4（3H）-quinazolinone]、脱氧鸭嘴花碱酮（deoxyvasicinone） [3]、2（3H）- 苯并噁唑啉酮 [2（3H）-benzoxazolinone] [4]、（2R）-2-O-β-D- 吡喃葡萄糖基 -2H-1, 4- 苯并噁嗪 -3（4H）- 酮 [（2R）-2-O-β-D-glucopyranosyl-2H-1, 4-benzoxazin-3（4H）-one]、（2R）-2-O-β-D- 吡喃葡萄糖基 -4- 羟基 -2H-1, 4- 苯并噁嗪 -3（4H）- 酮 [（2R）-2-O-β-D-glucopyranosyl-4-hydroxy-2H-1, 4-benzoxazin-3（4H）-one] [1,5]、靛玉红（indirubin）和靛蓝（indigo） [6]；核苷类：尿苷（uridine） [1] 和腺苷（adenosine） [6]；苯乙醇及苷类：酪醇（tyrosol） [3]、毛蕊花苷（acteoside）和板蓝苷 A、B（cusianoside A、B） [2]；三萜类：羽扇豆醇（lupeol） [2,7]、白桦酯醇（botulin）、熊果酸（ursolic acid）、羽扇 -20（29）- 烯 -3β, 30- 二醇 [lup-20（29）-en-3β, 30-diol]、马斯里酸（maslinicacid） [3]、白桦脂酸（betulinic acid） [3,7] 和羽扇豆烯酮（lupenone） [7]；单萜类：黑麦草内酯（loliolide） [3]；香豆素类：板蓝根香豆素*A（strobilanthe A） [4]；黄酮类：高车前苷（hispiduloside） [3]；酚酸类：β- 羟基苯并戊酸（β-hydroxy-benzenepentanoic acid） [3]；苯丙素类：板蓝苷 A、B（cusianoside A、B） [2]；蒽醌类：大黄酚（chrysophanol） [8]；甾体类：β- 谷甾醇（β-sitosterol） [7]、豆甾醇 -3-O-β-D- 吡喃葡萄糖苷（stigmasterol-3-O-β-D-glucopyranoside）、菠菜甾醇 -3-O-β-D- 吡喃葡萄糖苷（spinasterol-3-O-β-D-glucopyranoside） [9]、豆甾 -5, 22- 二烯 -3β, 7β- 二醇（stigmasta-5, 22-dien-3β, 7β-diol）和豆甾 -5, 22- 二烯 -3β, 7α- 二醇（stigmasta-5, 22-dien-3β, 7α-diol） [10]；糖类：蔗糖（sucrose） [9]。

叶含生物碱类：靛玉红（indirubin）、1H- 吲哚 -3- 羧酸（1H-indole-3-carboxylic acid）、4（3H）- 喹唑酮 [4（3H）-quinazolinone]、2- 氨基苯甲酸（2-aminobenzoic acid） [11]、色胺酮（tryptanthrin） [11,12] 和靛蓝（indigo） [13]；黄酮类：5, 7, 4′- 三羟基 -6- 甲氧基黄酮（5, 7, 4′-trihydroxy-6-methoxyflavone）和 5, 7, 4′- 三羟基 -6- 甲氧基黄酮 -7-O-β-D- 吡喃葡萄糖苷（5, 7, 4′-trihydroxy-6-methoxyflavone-7-O-β-D-glucopyranoside） [11]；单萜类：（-）- 黑麦草内酯 [（-）-loliolide] 和（+）- 异黑麦草内酯 [（+）-isololiolide] [11]；甾体类：β- 谷甾醇（β-sitosterol）和 γ- 谷甾醇（γ-sitosterol） [13]。

地上部分含吲哚类生物碱：板蓝碱*A、B、C（strobilanthoside A、B、C）、头蕊兰吲哚碱*C（cephalandole C）、N′-β-D- 吡喃葡萄糖靛玉红（N′-β-D-glucopyranosylindirubin） [14]、靛蓝唑 A、B、C（indigodole A、B、C）、色胺酮（tryptanthrin）、靛玉红（indirubin）和 2- 苯并噁唑啉酮（2-benzoxazolinone） [15]；苯乙醇苷类：焦地黄苯乙醇苷 D（jionoside D）、毛蕊花糖苷（acteoside）、地黄苷（martynoside）、异地黄苷（isomartynoside）和 3, 4- 二羟基苯乙氧基 -O-α-L- 吡喃鼠李糖基 -（1→3）-β-D-（4-O- 咖啡酰基）- 半乳糖苷 [3, 4-dihydroxyphenethoxy-O-α-L-rhamnopyranosyl-（1→3）-β-D-（4-O-caffeoyl）-galactopyranoside] [14]；三萜类：白桦脂醇（betulin） [15]；酚类：对羟基苯甲醛（p-hydroxybenzaldehyde）和对羟基苯乙酮（p-hydroxyacetophenone） [15]；苯丙素类：板蓝苷 A、B（cusianoside A、B） [2]；甾体类：β- 谷甾醇（β-sitosterol） [15]。

全草含三萜类：羽扇豆醇（lupeol）、白桦脂醇（betulin）和羽扇烯酮（lupenone） [5]；生物碱类：靛蓝（indigo）、靛玉红（indirubin）、4（3H）- 喹唑酮 [4（3H）-quinazolone] 和 2, 4（1H, 3H）- 喹唑二酮 [2, 4（1H, 3H）-quinazolinedione] [5]。

【药理作用】1. 抗炎解热　叶的甲醇提取物可显著抑制小鼠的扭体反应，并以剂量依赖的方式减少福尔马林试验早期和晚期的舔食时间,减少大鼠角叉菜胶引起的足水肿,减弱由脂多糖诱导的发热[1]。2.抗菌 叶的甲醇、乙醇提取物对金黄色葡萄球菌、枯草芽孢杆菌、产气肠杆菌、大肠杆菌和肺炎克雷伯氏菌的生长均有抑制作用[2];根中提取的多糖对支原体、链球菌、大肠杆菌及金黄色葡萄球菌的生长均有一定的抑制作用[3]。3.免疫调节 根中提取的多糖可使小鼠巨噬细胞吞噬能力增强,并协同促进淋巴细胞增殖[3]。4.抗流感病毒 根中分离得到的化合物板蓝根香豆素A(strobilanthe A)和2(3H)苯并噁唑啉酮[2(3H)-benzoxazolinone]可抑制流感病毒[4];根凝集素具有凝血的作用及抗流感病毒的功效[5]。

【性味与归经】南板蓝根:苦,寒。归心、胃经。马蓝:苦,寒。南大青叶:苦,寒。归心、胃经。青黛:咸,寒。归肝经。

【功能与主治】南板蓝根:清热解毒,凉血消斑。用于温疫时毒,发热咽痛,温毒发斑,丹毒。马蓝:清热解毒,凉血消肿。用于温病发热,痄腮,丹毒,痈肿,火眼,疮疹。南大青叶:清热,解毒,凉血。用于温病发斑发疹,痄腮,流行性感冒,乙型脑炎,喉痹,丹毒,痈肿。青黛:清热解毒,凉血,定惊。用于温毒发斑,血热吐衄,胸痛咳血,口疮,痄腮,喉痹,小儿惊痫。

【用法与用量】南板蓝根:9～15g。马蓝:9～15g。南大青叶:9～15g;鲜品30～60g。外用鲜品适量,捣敷患处。青黛:1.5～3g,宜入丸散用;外用适量。

【药用标准】南板蓝根:药典1985—2015、部标中药材1992、浙江炮规2005、广西壮药2008、湖南药材1993、四川药材1987、贵州药材1988、云南药品1974、香港药材五册和台湾2013;马蓝:广西药材1990;南大青叶:四川药材2010;青黛:药典1963—2015、浙江炮规2005、新疆药品1980二册和台湾2013。

【临床参考】1.流行性腮腺炎:鲜叶连同嫩枝80g,洗净捣烂外敷患处,早、中、晚换药3次,药干后喷洒酿造食醋保持湿润,连敷3天[1]。

2.痔疮:鲜叶40g,捣烂后包敷患处,每日换药2～3次,连敷3天[1]。

3.头癣:鲜叶连同嫩枝50g,捣绞取汁,涂于患处,每日3次以上;再取鲜叶30g,捣烂绞汁,温水冲服,可调蜜少许,每日1次,1周为1疗程[1]。

【附注】本种的果实称蓝实,始载于《神农本草经》,列为上品。《名医别录》云:"其茎叶可以染青,生河内。"又云:"此即今染襟碧所用者,以尖叶者为胜。"《本草图经》云:"马蓝,连根采之,焙捣下筛,酒服钱匕,治妇人败血甚佳。"《本草纲目》云:"蓝凡五种,其中之马蓝者即是本种。"以上所指及《植物名实图考》中图蓝二,均应是本种。

Flora of China 已将本种的学名改为 *Strobilanthes cusia*(Nees)Kuntze。

药材南板蓝根、马蓝、南大青叶和青黛脾胃虚寒者禁服。

蓼蓝 *Polygonum tinctorium* Ait. 及菘蓝 *Isatis indigotica* Fort. 的叶或茎叶经加工制得干燥粉末或团块均作青黛药用;野青树 *Indigofera suffruticosa* Mill. 的叶或茎叶也曾用作制作青黛的原料。

【化学参考文献】

[1] 魏欢欢,吴萍,魏孝义,等.板蓝根中甙类成分的研究[J].热带亚热带植物学报,2005,13(2):171-174.

[2] Tanaka T, Ikeda T, Kaku M, et al. A new lignan glycoside and phenylethanoid glycosides from *Strobilanthes cusia* Bremek[J]. Chem Pharm Bull, 2004, 52(10): 1242-1245.

[3] Feng Q T, Zhu G Y, Gao W N, et al. Two new alkaloids from the roots of *Baphicacanthus cusia*[J]. Chem Pharm Bull, 2016, 64(10): 1505-1508.

[4] Gu W, Wang W, Li X N, et al. A novel isocoumarin with anti-influenza virus activity from *Strobilanthes cusia*[J]. Fitoterapia, 2015, 107: 60-62.

[5] 李玲,梁华清,廖时萱,等.马蓝的化学成分研究[J].药学学报,1993,28(3):238-240.

[6] Liau B C, Jong T T, Lee M R, et al. LC-APCI-MS method for detection and analysis of tryptanthrin, indigo, and indirubin in Daqingye and Banlangen[J]. J Pharm Biomed Anal, 2007, 43(1): 346-351.

[7] 陈熔,陆哲雄,关德棋,等.南板蓝根化学成分研究[J].中草药,1987,18(11):488-490.

[8] 陈熔, 江山. 南板蓝根中大黄酚的分离鉴定 [J]. 中药材, 1990, 13 (5): 29-30.
[9] Pei Y, Shi C, Nie J L, et al. Studies on chemical constituents of the *Baphicacanthus cusia* (Nees) Bremek root [J]. Advanced Materials Research, 2012, 550-553: 1759-1762.
[10] 吴煜秋, 钱斌, 张荣平, 等. 南板蓝根的化学成分研究 [J]. 中草药, 2005, 36 (7): 982-983.
[11] 刘远, 欧阳富, 于海洋, 等. 马蓝叶化学成分研究 [J]. 中国药物化学杂志, 2009, 19 (4): 273-275.
[12] Honda G, Tabata M. Isolation of antifungal principle tryptanthrin, from *Strobilanthes cusia* O. Kuntze [J]. Planta Med, 1979, 36 (5): 85-86.
[13] 杨秀贤, 吕曙华, 吴寿金, 等. 马蓝叶化学成分的研究 [J]. 中草药, 1995, 26 (12): 622.
[14] Gu W, Zhang Y, Hao X J, et al. Indole alkaloid glycosides from the aerial parts of *Strobilanthes cusia* [J]. J Nat Prod, 2014, 77 (12): 2590-2594.
[15] Lee C L, Wang C M, Hu H C, et al. Indole alkaloids indigodoles A-C from aerial parts of *Strobilanthes cusia* in the traditional Chinese medicine Qing Dai have anti-IL-17 properties [J]. Phytochemistry, 2019, 162: 39-46.

【药理参考文献】

[1] Ho Y L, Kao K C, Tsai H Y, et al. Evaluation of antinociceptive, anti-inflammatory and antipyretic effects of *Strobilanthes cusia* leaf extract in male mice and rats [J]. American Journal of Chinese Medicine, 2003, 31 (1): 61-69.
[2] Shahni R, Handique P J. Antibacterial properties of leaf extracts of *Strobilanthes cusia* (Nees) Kuntze, a rare ethnomedicinal plant of Manipur, India [J]. Int J Pharm Tech Res, 2013, 5 (3): 1281-1285.
[3] 张明, 朱道玉. 3个产地板蓝根多糖作用的比较研究 [J]. 动物医学进展, 2008, 29 (3): 32-35.
[4] Gu W, Wang W, Li X N, et al. A novel isocoumarin with anti-influenza virus activity from *Strobilanthes cusia* [J]. Fitoterapia, 2015 (107): 60-62.
[5] 胡兴昌, 程佳蔚, 刘士庄, 等. 板蓝根凝集素效价与抑制感冒病毒作用关系的实验研究 [J]. 上海中医药大学学报, 2001, 15 (3): 56-57.

【临床参考文献】

[1] 郑红梅. 临床应用马蓝叶鲜药验案3则 [J]. 湖南中医杂志, 2015, 31 (2): 91-92.

4. 穿心莲属 *Andrographis* Wall. ex Nees

草本或亚灌木。叶对生, 全缘。花序顶生或腋生, 通常组成疏松的圆锥花序或聚伞花序, 具苞片, 小苞片有或有时无; 花萼5深裂, 裂片狭, 等大; 花冠管筒状或膨大, 冠檐2唇形或稍呈2唇形, 上唇2裂, 下唇3裂, 裂片覆瓦状排列; 雄蕊2枚, 伸出或内藏, 花丝多少被毛, 花药2室; 子房每室有胚珠3至多粒, 花柱细长, 柱头齿状2裂。蒴果条状长圆形或条状椭圆形, 两侧呈压扁状。种子6至多数, 通常长圆形。

约20种, 分布于亚洲热带地区。中国2种, 分布于南部各地, 法定药用植物1种。华东地区法定药用植物1种。

881. 穿心莲 (图881) • *Andrographis paniculata* (Burm.f.) Nees

【别名】一见喜 (通称)。

【形态】一年生草本。茎高50~80cm, 4棱形, 下部多分枝, 节处膨大。叶对生, 纸质, 卵状长圆形至长圆状披针形, 长4~10cm, 宽1.5~3cm, 先端渐尖, 基部渐狭, 全缘, 两面无毛。总状花序顶生和腋生, 再集成大型圆锥花序; 苞片和小苞片微小, 长约1mm; 花萼5深裂, 裂片三角状披针形, 长约3mm, 被腺毛和微毛; 花冠白色而小, 下唇带紫色斑纹, 外被腺毛和短柔毛, 2唇形, 上唇外弯, 微裂, 下唇直立, 3深裂, 花冠筒与唇瓣等长; 雄蕊2枚, 花丝一侧有柔毛。蒴果扁平, 中有一沟, 疏生腺毛。种子12粒, 四方形, 有皱纹。花期5~9月, 果期9~12月。

【生境与分布】浙江、江西、福建、江苏有栽培, 另云南、广东、广西、海南均有栽培。

【药名与部位】穿心莲, 地上部分。穿心莲叶, 叶。

图 881　穿心莲　　　　　　　　　　　　　　　摄影　李华东等

【采集加工】穿心莲：夏、秋二季茎叶茂盛时采收，干燥。穿心莲叶：秋初茎叶茂盛时采摘，晒干。

【药材性状】穿心莲：茎呈方柱形，多分枝，长 50～70cm，节稍膨大；质脆，易折断。单叶对生，叶柄短或近无柄；叶片皱缩、易碎，完整者展平后呈披针形或卵状披针形，长 3～12cm，宽 2～5cm，先端渐尖，基部楔形下延，全缘或波状；上表面绿色，下表面灰绿色，两面光滑。气微，味极苦。

穿心莲叶：单叶对生，叶柄短或近无柄，叶片皱缩、易碎，完整者展开后呈披针形或卵状披针形，长 3～12cm，宽 2～5cm，先端渐尖，基部楔形下延，全缘或波状；上表面绿色，下表面灰绿色，两面光滑。气微，味极苦。

【药材炮制】穿心莲：除去杂质，洗净，切段，干燥。

穿心莲叶：除去杂质，洗净，干燥。

【化学成分】全草含二萜类：14-去氧-14,15-脱氢穿心莲内酯（14-deoxy-14,15-dehydroandrographolide）、19-O-乙酰基-14-去氧-11,12-二脱氢穿心莲内酯（19-O-acetyl-14-deoxy-11,12-didehydroandrographolide）、14-去氧-11,12-二脱氢穿心莲内酯（14-deoxy-11,12-didehydroandrographolide）、穿心莲内酯（andrographolide）、3,19-二氧半日花烷-8（17），11E,13-三烯-16,15-内酯 [3,19-dioxolabda-8（17），11E,13-trien-16,15-olide]、六氢-14-去羟基穿心莲内酯（hexahydro-14-dehydroxyandrographolide）、3,19-O-二乙酰脱水穿心莲内酯（3,19-O-diacetylanhydroandrographolide）、19-O-乙酰脱水穿心莲内酯（19-O-acetylanhydroandrographolide）[1]、异穿心莲内酯（isoandrographolide）、14-去氧-11,12-二氢穿心莲内酯（14-deoxy-11,12-dihydroandrographolide）、去氧穿心莲内酯苷（deoxyandrographiside）、新穿心莲内酯（neoandrographolide）、14-去氧-12-甲氧基穿心莲内酯（14-deoxy-12-methoxyandrographolide）、14-去氧穿心莲内酯（14-deoxyandrographolide）[2]、14-去氧穿心莲内酯-19-β-D-葡萄糖苷（14-deoxyandrographolide-19-β-D-glucoside）[3]、穿心莲苷（andropanoside）、新穿心莲内酯苷（neoandrographiside）、穿心莲内酯苷（andrographiside）、

14-去氧-11,12-二脱氢穿心莲内酯苷（14-deoxy-11,12-didehydroandrographiside）[4]、14-去氧-15-异亚丙基-11,12-二去氢穿心莲内酯（14-deoxy-15-isopropylidene-11,12-didehydroandrographolide）、14-去氧-11-羟基穿心莲内酯（14-deoxy-11-hydroxyandrographolide）和穿心莲内酯苷（andrographoside）[5]；苯丙素类：3,4-二咖啡酰奎尼酸（3,4-dicaffeoylquinic acid）、甲基-3,4-二咖啡酰奎尼酸（methyl-3,4-dicaffeoylquinate）[2]、桂桂皮酸（cinnamic acid）、咖啡酸（caffeic acid）、阿魏酸（ferulic acid）和绿原酸（chlorogenic acid）[5]；木脂素类：无梗五加苷B（acanthoside B）[4]；黄酮类：5-羟基-7,8-二甲氧基黄酮（5-hydroxy-7,8-dimethoxyflavone）、5-羟基-7,8-二甲氧基黄烷酮（5-hydroxy-7,8-dimethoxyflavanone）[1]、异当药黄素（isoswertisin）、穿心莲黄酮素*A（andropaniculosin A）、穿心莲酮苷*A（andropaniculoside A）、芹菜素-7-O-β-D-甲基葡萄糖醛酸苷（apigenin-7-O-β-D-methylglucuronide）、大波斯菊苷（cosmosiin）、7-O-甲基汉黄芩素（7-O-methylwogonin）、黄芩新素I（skullcapflavone I）、槲皮素（quercetin）、芹菜素（apigenin）、（-）-欧斯灵*[（-）-onysilin]、5-羟基-7,8,2',5'-四甲氧基黄酮（5-hydroxy-7,8,2',5'-tetramethoxyflavone）、黄芩素-6-O-β-D-葡萄糖苷-7-甲醚（scutellarin-6-O-β-D-glucoside-7-methyl ether）[2]、穿心莲黄酮苷G、A（andrographidine G、A）和（2R）-5-羟基-7,8-二甲氧基黄烷酮-5-O-β-D-吡喃葡萄糖苷［（2R）-5-hydroxy-7,8-dimethoxyflavanone-5-O-β-D-glucopyranoside］[4]、7-O-甲基二氢汉黄芩素（7-O-methyldihydrowogonin）、二氢黄芩黄酮I（dihydroskullcapflavone I）、5-羟基-2',5',7,8-四甲氧基黄酮（5-hydroxy-2',5',7,8-tetramethoxyflavone）、5-羟基-7,8,2',5'-四甲氧基黄酮（5-hydroxy-7,8,2',5'-tetramethoxyflavone）、5-羟基-7,2',6'-三甲氧基黄酮（5-hydroxy-7,2',6'-trimethoxyflavone）、黄芩黄酮I-2'-甲醚（skullcapflavone I-2'-methyl ether）、7-O-甲基汉黄芩素-5-葡萄糖苷（7-O-methylwogonin-5-glucoside）和黄芩黄酮I-2'-葡萄糖苷（skullcapflavone I-2'-glucoside）[5]；环烯醚萜苷类：平卧钩果草别苷（procumbide）、平卧钩果草苷（procumboside）、6-表-8-O-乙酰哈帕苷（6-epi-8-O-acetylharpagide）和火焰花苷F（curvifloruside F）[4]；甾体类：β-谷甾醇（β-sitosterol）、豆甾醇（stigmasterol）和麦角甾醇过氧化物（ergosterol peroxide）[1]。

叶含二萜类：穿心莲甲素，即去氧穿心莲内酯（deoxyandrographolide）、穿心莲乙素，即穿心莲内酯（andrographolide）、穿心莲丙素，即新穿心莲内酯（neoandrographolide）[6]、穿心莲内酯苷（andrographiside）[7]、去氧穿心莲内酯-19-β-D-葡萄糖苷（deoxyandrographolide-19-β-D-glucoside）、新穿心莲内酯（neoandrographolide）[8]、宁穿心莲内酯（ninandrographolide）[9]、异穿心莲内酯（isoandrographolide）、穿心莲素（andrograpanin）、14-脱氧-11,12-二脱氢穿心莲内酯（14-deoxy-11,12-didehydroandrographolide）[10]、14-去氧穿心莲内酯（14-deoxyandrographiside）[11]、8-甲基穿心莲素（8-methylandrograpanin）、3-脱氢脱氧穿心莲内酯（3-dehydrodeoxyandrographolide）、穿心莲素（andrograpanin）和8（17），13-对映半日花烷二烯-15→16-内酯-19-羧酸［8（17），13-ent-labdadien-15→16-lactone-19-oicacid］[12]、（13R,14R）-3,13,14,19-四羟基-对映半日花-8（17），11-二烯-16,15-内酯［（13R,14R）-3,13,14,19-tetrahydroxy-ent-labda-8（17），11-dien-16,15-olide］、3,19-异亚丙基-14-去氧-对映半日花-8（17），13-二烯-16,15-内酯［3,19-isopropylidene-14-deoxy-ent-labda-8（17），13-dien-16,15-olide］、8-甲基穿心莲内酯（8-methylandrographolide）、穿心莲苷（andrographoside）[13]、21-降-3,19-异次丙基-14-去氧-对映半日花-8（17），13-二烯-16,15-内酯［21-nor-3,19-isopropylidine-14-deoxy-ent-labda-8（17），13-dien-16,15-olide］、14-去氧-12-羟基穿心莲内酯（14-deoxy-12-hydroxyandrographolide）[14]、穿心莲素（andrograpanin）[13,15]、14-去氧-12-甲氧基穿心莲内酯（14-deoxy-12-methoxyandrographolide）[15]、3,7,9-三羟基-8,11,13-对映半日花三烯-15,16-内酯（3,7,9-trihydroxy-8,11,13-ent-labdtrien-15,16-olide）和8α,17β-环氧-3,19-二羟基-11,13-对映半日花三烯-15,16-内酯（8α,17β-epoxy-3,19-dihydroxy-11,13-ent-labdatrien-15,16-olide）[16]；黄酮类：黄芩新素I（skullcapflavone I）、5-羟基-7,8-二甲氧基黄酮（5-hydroxy-7,8-dimethoxyflavone）[10]、5,4'5,4'-二羟基黄酮-7-O-β-D-吡喃葡萄糖醛酸丁酯（5,4'5,4'-dihydroxyflavonoid-7-O-β-D-pyranglucuronate butyl ester）和 7,8-二甲氧基 -2′-羟基 -5-O-β-D-吡喃葡萄糖基氧化黄酮（7,8-dimethoxy-2′-hydroxy-5-O-β-D-glucopyranosyloxyflavon）[11]，木蝴蝶素 A（oroxylin A）和汉黄芩素（wogonin）[17]；苯丙素类：桂皮酸（cinnamic acid）、阿魏酸（ferulic acid）[14]、咖啡酸（caffeic acid）和绿原酸（chlorogenic acid）[18]；甾体类：β-谷甾醇（β-sitosterol）和胡萝卜苷（daucosterol）[12]；糖类：芸香糖苷（roseooside）[11]，穿心莲果胶（andrographis pectin）[19-21]；挥发油：6-甲基庚醇（6-methylheptan-ol）、（E）-十四碳 -3-烯［（E）-tetradec3-ene］、十一烷 -5-苯（undecan-5-ylbenzene）、十一烷 -2-苯（undecan-2-ylbenzene）、十一烷 -5-苯（dodecan-5-ylbenzene）、2-甲基十一烷 -6-苯（2-methylundecan-6-ylbenzene）和二辛基酞酸酯（dioctylphthalate）等[22]。

地上部分含二萜类：14-去氧穿心莲内酯苷（14-deoxyandrographoside）、穿心莲内酯苷（andrographiside）[23]、穿心莲酯素*B（andropanolide B）、穿心莲酯素*（andropanolide）、14-去氧穿心莲内酯苷（14-deoxyandrographiside）、穿心莲素（andrograpanin）、新穿心莲内酯（neoandrographolide）、14-脱氧 -11-羟基穿心莲内酯（14-deoxy-11-hydroxyandrographolide）、穿心莲内酯（andrographolide）[24]、14-去氧 -11,12-二脱氢穿心莲内酯（14-deoxy-11,12-didehydroandrographolide）[25]、14-去氧 -12-羟基穿心莲内酯（14-deoxy-12-hydroxyandrographolide）、14-去氧穿心莲内酯（14-deoxyandrographolide）[26]、异穿心莲内酯（isoandrographolide）[27,28]、14-表穿心莲内酯（14-epiandrographolide）、去氧穿心莲内酯（deoxyandrographolide）、14-去氧 -12-甲氧基穿心莲内酯（14-deoxy-12-methoxyandrographolide）、12-表 -14-去氧 -12-甲氧基穿心莲内酯（12-epi-14-deoxy-12-methoxyandrographolide）、14-去氧 -11,12-二脱氢穿心莲内酯苷（14-deoxy-11,12-didehydroandrographiside）、6′-乙酰基新穿心莲内酯（6′-acetylneoandrographolide）、双穿心莲内酯 A、B、C、D（bisandrographolide A、B、C、D）[29]、7R-羟基 -14-去氧穿心莲内酯（7R-hydroxy-14-deoxyandrographolide）、7S-羟基 -14-去氧穿心莲内酯（7S-hydroxy-14-deoxyandrographolide）、12S,13S-羟基穿心莲内酯（12S,13S-hydroxyandrographolide）、12R,13R-羟基穿心莲内酯（12R,13R-hydroxyandrographolide）、3,14-二去氧穿心莲内酯（3,14-dideoxyandrographolide）、3-酮基 -14-去氧穿心莲内酯（3-oxo-14-deoxyandrographolide）、3-酮基 -14-去氧 -11,12-二脱氢穿心莲内酯（3-oxo-14-deoxy-11,12-didehydroandrographolide）、15-甲氧基 -3,19-二羟基 -8（17），11,13-对映日花烷三烯 -16,15-内酯［15-methoxy-3,19-dihydroxy-8（17），11,13-ent-labdatrien-16,15-olide］、8（17），13-对映半日花烷二烯 -15,16,19-三醇［8（17），13-ent-labdadien-15,16,19-triol］、3,15,19-三羟基 -8（17），13-对映半日花烷二烯 -16-羧酸［3,15,19-trihydroxy-8（17），13-ent-labdadien-16-oic acid］、3,19-二羟基 -14,15,16-三去甲 -8（17），11-对映半日花烷二烯 -13-羧酸［3,19-dihydroxy-14,15,16-trinor-8（17），11-ent-labdadien-13-oic acid］、3,12,19-三羟基 -13,14,15,16-四去甲对映半日花烷 -8（17）-烯［3,12,19-trihydroxy-13,14,15,16-tetranor-ent-labd-8（17）-ene］[30]、3-O-β-D-吡喃葡萄糖 -14,19-二去氧穿心莲内酯（3-O-β-D-glucopyranosyl-14,19-dideoxyandrographolide）、14-去氧 -17-羟基穿心莲内酯（14-deoxy-17-hydroxyandrographolide）、19-O-［β-D-呋喃芹糖基（1→2）-β-D-吡喃葡萄糖］-3,14-二去氧穿心莲内酯｛19-O-［β-D-apiofuranosyl（1→2）-β-D-glucopyranoyl］-3,14-dideoxyandrographolide｝、3-O-β-D-吡喃葡萄糖穿心莲内酯（3-O-β-D-glucopyranosylandrographolide）、12S-羟基穿心莲内酯（12S-hydroxyandrographolide）、穿心莲萜苷*（andrographatoside）、8,17-环氧 -14-去氧穿心莲内酯（8,17-epoxy-14-deoxyandrographolide）、14-去氧 -11,12-二氢穿心莲内酯苷（14-deoxy-11,12-dihydroandrographiside）、穿心莲诺苷（andropanoside）、14-去氧 -11-氧化穿心莲内酯（14-deoxy-11-oxoandrographolide）[31]、3-去氧穿心莲内酯苷（3-deoxyandrographoside）、14-去氧 -15-甲氧基穿心莲内酯（14-deoxy-15-methoxyandrographolide）[32]、3-O-β-D-葡萄糖基 -14-去氧穿心莲内酯苷（3-O-β-D-glucosyl-14-deoxyandrographiside）、3-O-β-D-葡萄糖基 -14-去氧 -11,12-二去氧穿心莲内酯苷（3-O-β-D-glucosyl-14-deoxy-11,12-didehydroandrographiside）[33]、19-羟基 -8（17），13-半日花烷二烯 -15,16-内酯［19-hydroxy-8（17），13-labdadien-15,16-olide］[34]、14-去氧 -（12S）-羟基穿心莲内酯［14-deoxy-（12S）-hydroxyandrographolide］[35]、3,14-二去氧穿心莲内酯葡萄糖苷（3,

14-dideoxyandropholide glucoside）[36]，双穿心莲内酯醚（bis-andrographolide ether）[37]，穿心莲酸镁（magnesium andrographate）、穿心莲酸二钠（disodium andrographate）、穿心莲酸二钾-19-O-β-D-葡萄糖苷（dipotassium andrographate-19-O-β-D-glucoside）[38]，穿心莲酸（andrographolic acid）[39]，去氢穿心莲内酯（dehydroandropholide）、去氧穿心莲苷（deoxyandrographiside）、19-O-β-D-吡喃葡萄糖基-对映半日花-8（17），13-二烯-15，16，19-三醇［19-O-β-D-glucopyranosyl-ent-labda-8（17），13-dien-15，16，19-triol］[40]，3，7，19-三羟基-8，11，13-对映半日花三烯-15，16-内酯（3，7，19-trihydroxy-8，11，13-ent-labdatrien-15，16-olide）[41]，8α-甲氧基-14-去氧-17β-羟基穿心莲内酯（8α-methoxy-14-deoxy-17β-hydroxyandropholide）[42]，穿心莲佛内酯（andrographolactone）[43]，（8S，12S）-异穿心莲内酯［（8S，12S）-isoandrographolide］、（8S，12R）-异穿心莲内酯［（8S，12R）-isoandrographolide］、（8R，12R）-异穿心莲内酯［（8R，12R）-isoandrographolide］、（8R，12S）-异穿心莲内酯［（8R，12S）-isoandrographolide］[44]和穿心莲酸（andrographic acid）[45]；黄酮类：5-羟基-7，8-二甲氧基黄烷酮（5-hydroxy-7，8-dimethoxyflavanone）、5-羟基-7，8-二甲氧基黄酮（5-hydroxy-7，8-dimethoxyflavone）[37]，三色堇黄苷（violanthin）、芹菜素-7-O-β-D-葡萄糖苷（apigenin-7-O-β-D-glucoside）[38]，5-羟基-7，8-二甲氧基黄烷酮-（2R）-5-O-β-D-吡喃葡萄糖苷［5-hydroxy-7，8-dimethoxyflavanone-（2R）-5-O-β-D-glucopyranoside］、7，8，2′，5′-四甲氧基黄酮-5-O-β-D-吡喃葡萄糖苷（7，8，2′，5′-tetramethoxyflavone-5-O-β-D-glucopyranoside）、穿心莲黄酮苷A（andrographidine A）[39]，芹菜素-7-O-β-D-葡萄糖醛酸丁酯（apigenin-7-O-β-D-glycuronate butyl ester）、芹菜素-7-O-β-D-葡萄糖醛酸乙酯（apigenin-7-O-β-D-glycuronate ethyl ester）、木犀草素-7-O-β-D-葡萄糖醛酸苷（luteolin-7-O-β-D-glucuronide）、金合欢素-7-O-β-D-葡萄糖醛酸苷（acacetin-7-O-β-D-glucuronide）、芹菜素-7-O-β-D-葡萄糖醛酸苷（apigenin-7-O-β-D-glucuronide）、异高黄芩素-8-O-β-D-葡萄糖醛酸苷（isoscutellarein-8-O-β-D-glucuronide）、6-C-β-D-葡萄糖基-8-C-β-D-半乳糖基芹菜素（6-C-β-D-glucosyl-8-C-β-D-galactosyl apigenin）[45]，5，7，4′-三羟基黄酮（5，7，4′-trihydroxyflavone）、5-羟基-7，8，2′，3′-四甲氧基黄酮（5-hydroxy-7，8，2′，3′-tetramethoxyflavone）、5，4′-二羟基-7，8，2′，3′-四甲氧基黄酮（5，4′-dihydroxy-7，8，2′，3′-tetramethoxyflavone）[46]，7，8-二甲氧基-5-羟基黄酮葡萄糖苷（7，8-dimethoxy-5-hydroxyflavonoid glucoside）[47]，5，4′-二羟基-7-甲氧基黄酮-6-O-β-D-葡萄糖苷（5，4′-dihydroxy-7-methoxyflavone-6-O-β-D-glucoside）、5，4′-二羟基-7-甲氧基黄酮-8-O-β-D-葡萄糖苷（5，4′-dihydroxy-7-methoxyflavone-8-O-β-D-glucoside）[48]，7，8-二甲氧基-2′-羟基-5-O-β-D-吡喃葡萄糖基氧化黄酮（7，8-dimethoxy-2′-hydroxy-5-O-β-D-glucopyranosyl oxyflavone）、7-O-甲基汉黄芩素（7-O-methylwogonin）、7-O-甲基二氢汉黄芩素（7-O-methyl dihydrowogonin）、5-羟基-7，8，2′，5′-四甲氧基黄酮（5-hydroxy-7，8，2′，5′-tetramethoxyflavone）、黄芩新素I-2′-甲氧基醚（skullcapflavone I-2′-methoxylether）、5，4′-二羟基-7-甲氧基-8-O-β-D-吡喃葡萄糖基氧化黄酮（5，4′-dihydroxy-7-methoxy-8-O-β-D-glucopyranosyl oxyflavone）、2(S)-5，7，8-三甲氧基二氢黄酮［2(S)-5，7，8-trimethoxydihydroflavone］、穿心莲黄酮苷C（andrographidine C）、芹菜素（apigenin）、木犀草素（luteolin）、7，8，2′，5′-四甲基-5-O-β-D-吡喃葡萄糖基氧化黄酮（7，8，2′，5′-tetramethoxy-5-O-β-D-glucopyranosyl oxyflavone）、5，4′-二羟基-7-O-β-D-吡喃糖醛酸丁酯（5，4′-dihydroxy-7-O-β-D-pyranglycuronate butyl ester）、5，4′-二羟基-7-O-β-D-吡喃葡萄糖基氧化黄酮（5，4′-dihydroxy-7-O-β-D-glucopyranosyl oxyflavone）、穿心莲黄酮苷G（andrographidine G）[49]，二氢黄芩新素（dihydroskullcapflavone）、5，2′-二羟基-7，8-二甲氧基黄酮（5，2′-dihydroxy-7，8-dimethoxyflvone）、5，7，3′，4′-四羟基黄酮（5，7，3′，4′-tetrahydroxyflavone）[50]，5，4′-二羟基-7-甲氧基-8-O-β-D-葡萄糖黄酮苷（5，4′-dihydroxy-7-methoxy-8-O-β-D-glucosyl flavone）、6，8-二-C-β-D-葡萄糖白杨素（6，8-di-C-β-D-glucosylchrysin）和异高黄芩素（isoscutellarein）[51]；环烯醚萜类：6-表哈帕苷（6-epiharpagide）和平卧钩果草别苷（procumbide）[38]；苯丙素类：绿原酸（chlorogenic acid）[45]，5-咖啡酰基奎宁酸（5-caffeoylquinic acid）、3，4-二咖啡酰基奎宁酸（3，4-dicaffeoylquinic acid）、3，4-二咖啡酰基奎宁酸甲酯（3，4-dicaffeoylquinic acid methyl ester）、3，4-二咖啡酰基奎宁酸丁酯（3，4-dicaffeoylquinic acid butyl ester）、4,5-二咖啡酰基奎宁酸甲酯（4,5-dicaffeoylquinic acid methyl ester）、咖啡酸（caffeic acid）、对羟基桂皮酸（p-hydroxy-coumaric acid）和阿魏酸（ferulic acid）[51]；核苷类：鸟嘌呤核苷（guanosine）和尿嘧啶核苷（uridine）[38]；酚酸类：原儿茶酸（protocatechuic acid）[51]；低碳羧酸类：富马酸单乙酯（ethyl fumarate）[51]；甾体类：豆甾醇（stigmasterol）[52]；单糖类：蔗糖（sucrose）[52]。

茎含黄酮类：5-羟基-7,8,2′-三甲氧基黄酮（5-hydroxy-7,8,2′-trimethoxyflavone）、5-羟基-7,8-二甲氧基黄酮（5-hydroxy-7,8-dimethoxyflavone）和5-羟基-7,8,2′,5′-四甲氧基黄酮（5-hydroxy-7,8,2′,5′-tetramethoxyflavone）[53]。

根含黄酮类：1,8-二羟基-3,7-二甲氧基叫酮（1,8-dihydroxy-3,7-dimethoxyxanthone）、4,8-二羟基-2,7-二甲氧基叫酮（4,8-dihydroxy-2,7-dimethoxyxanthone）、1,2-二羟基-6,8-二甲氧基叫酮（1,2-dihydroxy-6,8-dimethoxyxanthone）、3,7,8-三甲氧基-1-羟基叫酮（3,7,8-trimethoxy-1-hydroxyxanthone）[54]、5,5′-二羟基-7,8,2′-三甲氧基黄酮（5,5′-dihydroxy-7,8,2′-trimetroxyflavone）、5-羟基-7,8,2′,6′-四甲氧基黄酮（5-hydroxy-7,8,2′,6′-tetramethoxyflavone）、5,3′-二羟基-7,8,4′-三甲氧基黄酮（5,3′-dihydroxy-7,8,4′-trimethoxyflavone）、2′-羟基-5,7,8-三甲氧基黄酮（2′-hydroxy-5,7,8-trimethoxyflavone）、5-羟基-7,8,2′,3′,4′-五甲氧基黄酮（5-hydroxy-7,8,2′,3′,4′-pentamethoxyflavone）、维特穿心莲素（wightin）、5,2′,6′三羟基-7-甲氧基黄酮-2′-O-β-D-吡喃葡萄糖苷（5,2′,6′-trihydroxy-7-methoxyflavone-2′-O-β-D-glucopyranoside）、5,7,8,2′-四甲氧基黄酮（5,7,8,2′-tetramethoxyflavone）、5-羟基-7,8-二甲氧基二氢黄酮（5-hydroxy-7,8-dimethoxyflavanone）、5-羟基-7,8-二甲氧基黄酮（5-hydroxy-7,8-dimethoxyflavone）、5,2′-二羟基-7,8-二甲氧基黄酮（5,2′-dihydroxy-7,8-dimethoxyflavone）、5-羟基-7,8,2′,5′-四甲氧基黄酮（5-hydroxy-7,8,2′,5′-tetramethoxyflavone）、5-羟基-7,8,2′,3′-四甲氧基黄酮（5-hydroxy-7,8,2′,3′-tetramethoxyflavone）、5-羟基-7,8,2′-三甲氧基黄酮（5-hydroxy-7,8,2′-trimethoxyflavone）、5,4′-二羟基-7,8,2′,3′-四甲氧基黄酮（5,4′-dihydroxy-7,8,2′,3′-tetramethoxyflavone）、二氢黄芩新素（dihydroneobaicalein）、5,2′-二羟基-7,8-二甲氧基黄酮-2′-O-β-D-吡喃葡萄糖苷（5,2′-dihydroxy-7,8-dimethoxyflavone-2′-O-β-D-glucopyranoside）、穿心莲黄酮苷A、B、C（andrographidine A、B、C）[55]和穿心莲黄酮苷D、E、F（andrographidine D、E、F）[56]；苯丙素类：反式肉桂酸（trans-cinnamic acid）和4-羟基-2-甲氧基肉桂醛（4-hydroxy-2-methoxycinnamaldehyde）[55]；环烯醚萜苷类：穿心莲醚萜A、B、C、D、E（andrographidoids A、B、C、D、E）和火焰花苷F（curvifloruside F）[57]；二萜类：穿心莲素（andrograpanin）、新穿心莲内酯（neoandrographolide）和穿心莲内酯（andrographolide）[55]；三萜类：齐墩果酸（oleanolic acid）[55]；甾体类：β-谷甾醇（β-sitosterol）和胡萝卜苷（daucosterol）[55]。

【药理作用】1.抗菌 地上部分的水提取物对大肠杆菌、金黄色葡萄球菌、绿脓杆菌、甲型链球菌和乙型链球菌的生长均有明显的抑制作用[1]；地上部分的50%乙醇提取物对大肠杆菌、沙门氏菌和水生生物常见致病真菌的生长均有较强的抑制作用[2]；全草中分离的穿心莲内酯（andrographolide）、14-去氧-11,12-二脱氢穿心莲内酯（14-deoxy-11,12-didehydroandrographolide）、14-去氧穿心莲内酯（14-deoxyandrographolide）和3,14-二去氧穿心莲内酯（3,14-dideoxyandrographolide）对幽门螺杆菌均具有抑制作用，最低抑制浓度（MIC）分别为9μg/ml、11μg/ml、10μg/ml、12μg/ml[3]；地上部分的水提取物对含大肠杆菌有一定的抑制作用和杀灭作用，并与抗菌药联用后，可明显增强头孢菌素类、青霉素类、氟喹诺酮类、喹啉类、磺胺类、氨基糖苷类、酰胺醇类和磷霉素对耐药菌的抑制作用[4]。2.抗炎镇痛 地上部分的乙醇提取物能剂量依赖性地抑制IIA型分泌型磷脂酶A_2（$sPLA_2$-IIA）活性及其相关炎症反应[5]；叶的乙醇提取物和水提取物均能抑制角叉菜胶和组胺诱导的大鼠足肿胀，明显减少乙酸致痛小鼠的扭体次数，提高小鼠的痛阈值，降低福尔马林致痛小鼠的舔足时间，乙醇提取物的抗炎、镇痛作用强于水提取物[6]；从地上部分分离的穿心莲内酯能显著降低脂多糖（LPS）诱导的小鼠巨噬细胞RAW264.7中炎症因子一氧化氮（NO）、肿瘤坏死因子-α（TNF-α）和白细胞介素-6（IL-6）的含量，抑制炎症反应[7]。3.护肝 从地上部分分离的穿心莲内酯可降低由可卡因诱导的肝毒性小鼠血清中的谷丙转氨酶（ALT）、乳酸脱氢酶（LDH）和天冬氨酸氨基转移酶（AST）含量，并改善肝脏的病理学损害，其机制可能与抑制脂质过氧化反应，降低组织中氧自由基的生成有关[8]；穿心莲内酯可通过下调核转录因子（NF-κB）炎症通路，抑制炎症反应减轻脓毒血症大鼠肝损伤[9]；穿心莲内酯能调控肝内炎性病变进而减缓硫代乙酰胺（TAA）诱导的小鼠肝纤维化[10]；全株的乙醇提取物能促进四氯化碳（CCl₄）诱导的大鼠肝损伤的修复，其机制与抗氧化作用有关[11]。4. 抗病毒　地上部分的水提取物对Ⅰ型疱疹病毒的感染有抑制病毒生长和对病毒颗粒有直接杀伤的作用[12]；地上部分水提取物可通过保护细胞，抑制病毒的增殖，直接杀灭病毒等途径发挥抗柯萨奇病毒 B3（CVB3）的作用[13]；叶的 90% 乙醇提取物能抑制 A549 细胞中猿类逆转录病毒（SRV）的滴度[14]。5. 增强免疫　叶的 90% 乙醇提取物（1μg/ml）能刺激淋巴细胞增殖[14]；穿心莲内酯可促进免疫活性细胞的增殖，增强巨噬细胞的吞噬作用和游走指数，提高 LAK 细胞 CD3、CD4、CD8 的细胞比例，增强免疫功能[15]。6. 抗血小板聚集　地上部分的水提醇沉物的乙酸乙酯萃取部位具有抑制腺苷二磷酸（ADP）诱导的人体外血小板聚集作用[16]，穿心莲内酯对腺苷二磷酸诱导血小板聚集有剂量依赖性的抑制作用[17]。7. 护脑　穿心莲内酯能明显提高脑缺血 - 再灌注后海马结构中超氧化物歧化酶（SOD）、Na⁺, K⁺-ATP 酶、Ca²⁺-ATP 酶、谷胱甘肽过氧化物酶（GSH-Px）含量，降低脂质过氧化产物丙二醛（MDA）含量[18]。8. 抗肿瘤　穿心莲内酯可显著抑制人食管癌 Ec9706 细胞的增殖，其半数抑制浓度（IC₅₀）为 28.6μg/ml，并可显著抑制 Ec9706 细胞的克隆形成，半数抑制浓度为 1.7μg/ml，阻滞细胞周期于 G_0/G_1 期并诱导细胞凋亡[19]，其机制主要通过下调 Bcl-2 蛋白表达，激活 caspase-9、caspase-3 诱导 Ec9706 细胞凋亡[20]；穿心莲内酯对人急性早幼粒白血病 HL-60 细胞具有抑制作用，可通过线粒体途径诱导肿瘤细胞凋亡[21]；全草中分离的穿心莲多糖通过线粒体途径诱导人肝癌 HepG2 细胞凋亡[22]；全草的水提取物通过抑制 TM4SF3 基因的表达和敏化细胞凋亡作用从而实现对食管癌 EC-109 和 KYSE-520 细胞的迁移和耐氧化能力的抑制作用，及对内皮细胞的增殖和活力的抑制作用[23]。9. 抗原虫　根中分离的 1, 2- 二羟基 -6, 8- 二甲氧基𠮿酮（1，2-dihydroxy-6，8-dimethoxyxanthone）对布氏锥虫（Trypanosoma bruceibrucei）和婴儿利什曼虫（Leishmania infantum）的生长有较好的抑制作用，其半数抑制浓度分别为 4.6μg/ml 和 8μg/ml[24]。10. 改善糖尿病　叶的甲醇水提取物和穿心莲内酯具有剂量依赖性地减轻链脲佐菌素诱导的糖尿病大鼠的认知障碍，降低乙酰胆碱酯酶含量、氧化应激，改善糖尿病高血糖和胰岛素缺乏症[25]。

【性味与归经】穿心莲：苦，寒。归心、肺、大肠、膀胱经。穿心莲叶：苦，寒。归心、肺、大肠、膀胱经。

【功能与主治】穿心莲：清热解毒，凉血，消肿。用于感冒发热，咽喉肿痛，口舌生疮，顿咳劳嗽，泄泻痢疾，热淋涩痛，痈肿疮疡，毒蛇咬伤。穿心莲叶：清热解毒，凉血消肿。用于感冒发热，咽喉肿痛，口舌生疮，顿咳劳嗽，泄泻痢疾，热淋涩痛，痈肿疮疡，毒蛇咬伤。

【用法与用量】穿心莲：煎服 6～9g；外用适量。穿心莲叶：煎服 6～9g；外用适量。

【药用标准】穿心莲：药典 1977—2015、浙江炮规 2005、广西壮药 2008、新疆药品 1980 二册和香港药材三册；穿心莲叶：广东药材 2011 和湖南药材 2009。

【临床参考】1. 呼吸系统等感染：全草 6～9g，水煎服，每日 1 剂；或穿心莲片（每片相当原生药 1g）口服，每次 4～8 片，每日 3～4 次[1]。

2. 皮肤化脓性感染创面：叶研末，制成 1：4 水溶液外敷[1]。

3. 钩端螺旋体病：从叶提取的有效成分制成片剂，每片 0.05g，成人口服每次 0.1～0.2g，每日 4～6 次[1]；预防钩端螺旋体病：全草研细粉，每日 3g，1～2 次分服，每周连服 3 天，共服 5 周。（《浙江药用植物志》）

4. 菌痢：全草 12g，加鱼腥草 12g，黄柏 6g，水煎服，每日 2 次，每日 1 剂[1]。

5. 化脓性中耳炎：全草干粉 5g，加纯甘油 50ml，20% 乙醇 50ml，制成滴剂，每日滴耳 3～4 次，滴前用 3% 过氧化氢洗耳，拭干脓液，个别病例可配合穿心莲片剂内服，每次 3 片，每日 3 次[1]。

6. 牙痛：穿心莲片口服，每次 2 片，每日 3 次，连服 7 天，并联合甲硝唑片口服，每次 0.2g，每日 3

次饭后服，保持口腔洁净，服药期间不过食膏粱厚味，忌烟酒、辛辣、鱼腥食物，不宜服用滋补性中药[2]。

7. 急性肾盂肾炎：穿心莲片口服，每次7～10片，每日3次，10日为1疗程，联合肾脏病常规护理，高热及毒血症较重者，补液和对症治疗，尿呈酸性者加等量碳酸氢钠片同服[3]。

8. 伤寒：全草15g，加白花蛇舌草、葫芦茶、金银花各15g，水煎服，至退热后第7天停服。

9. 内痔：全草1g，加一枝黄花1g，紫珠草0.5g、王不留行0.5g，共研细末，加入尼泊金乙酯0.01g，适量的糯米粉、粳米粉和水捏成浆状，蒸熟后再搓成长约3cm的钉状物，阴干后插入痔核。

10. 支气管肺炎：全草15g，加十大功劳15g，陈皮6g，水煎服。

11. 慢性肠炎：全草、鸡眼草各等份，研末吞服，每次1.2g，每日4次。

12. 蜂窝组织炎、丹毒：全草、芙蓉叶各等份，研成细末，用饴糖或蜂蜜调成厚糊状（皮肤皲裂者用凡士林调用），外搽患处。（8方至12方引自《浙江药用植物志》）

【附注】 本种以春莲秋柳之名首载于《岭南采药录》，云："能解蛇毒，又能理内伤咳嗽。"《泉州本草》又称："一见喜，能清热解毒，消炎退肿。"

药材穿心莲和穿心莲叶阳虚症患者及脾胃虚寒者慎服。

【化学参考文献】

[1] Chao W W, Kuo Y H, Lin B F. Anti-inflammatory activity of new compounds from *Andrographis paniculata* by NF-kappaB transactivation inhibition [J]. J Agric Food Chem, 2010, 58（4）：2505-2512.

[2] Wu T S, Chern H J, Damu A G, et al. Flavonoids and ent-labdane diterpenoids from *Andrographis paniculata* and their antiplatelet aggregatory and vasorelaxing effects [J]. J Asian Nat Prod Res, 2008, 10（1）：17-24.

[3] 张云峰, 魏东, 郭祀远, 等. 应用高速逆流色谱对穿心莲活性成分进行分离 [J]. 华南理工大学学报（自然科学版），2008, 36（4）：127-132.

[4] Hapuarachchi S D, Ali Z, Abe N, et al. Andrographidine G, a new flavone glucoside from *Andrographis paniculata* [J]. Nat. Prod Commun, 2013, 8（3）：333-334.

[5] Rao Y K, Vimalamma G, Rao C V, et al. Flavonoids and andrographolides from *Andrographis paniculata* [J]. Phytochemistry, 2004, 65（16）：2317-2321.

[6] 四川省中药研究所防治钩端螺旋体病药物研究组. 穿心莲有效成分的研究 [J]. 新医药学杂志, 1973, 7：32-36.

[7] Kapil A, Koul I B, Banerjee S K, et al. Antihepatotoxic effects of major diterpenoid constituents of *Andrographis paniculata* [J]. Biochem Pharmacol, 1993, 46（1）：182-185.

[8] Chen W M, Liang X T. Deoxyandrographolide-19beta-D-glucoside from the leaves of *Andrographis paniculata* [J]. Planta Med, 1982, 45（4）：245-246.

[9] 孟正木. 穿心莲中一种新二萜内酯甙的分离和鉴定 [J]. 南京药学院学报, 1982, 1：15-20.

[10] Chandrasekaran C V, Thiyagarajan P, Sundarajan K, et al. Evaluation of the genotoxic potential and acute oral toxicity of standardized extract of *Andrographis paniculata* (Kalm Cold™) [J]. Food Chem Toxicol, 2009, 47（8）：1892-1902.

[11] Zhang L, Liu Q, Yu J, et al. Separation of five compounds from leaves of *Andrographis paniculata* (Burm. f.) Nees by off-line two-dimensional high-speed counter-current chromatography combined with gradient and recycling elution [J]. J Sep Sci, 2015, 38（9）：1476-1483.

[12] 王国才, 胡永美, 张晓琦, 等. 穿心莲的化学成分 [J]. 中国药科大学学报, 2005, 36（5）：405-407.

[13] Xu C, Chou G X, Wang Z T. A new diterpene from the leaves of *Andrographis paniculata* Nees [J]. Fitoterapia, 2010, 81（6）：610-613.

[14] Radhika P, Prasad Y R, Sowjanya K. A new diterpene from the leaves of *Andrographis paniculata* Nees [J]. Nat Prod Commun, 2012, 7（4）：485-486.

[15] Fujita T, Fujitani R, Takeda Y, et al. On the diterpenoids of *Andrographis paniculata*: x-ray crystallographic analysis of andrographolide and structure determination of new minor diterpenoids [J]. Chem Pharm Bull, 1984, 32（6）：2117-2125.

[16] Ma X C, Zhang B J, Deng S, et al. A new ent-labdane diterpenoid lactone from *Andrographis paniculata* [J]. Chin

Chem Lett, 2009, 20（3）：317-319.
[17] 朱品业, 刘国樵. 穿心莲叶中黄酮化合物的分离和鉴定 [J]. 中草药, 1984, 15（8）：375.
[18] Satyanarayana D, Mythirayee C, Krishnamurthy V. Polyphenols of *andrographis paniculata* Nees [J]. Leather Science, 1978, 25：250-251.
[19] 李治平. 穿心莲多糖的研究（Ⅰ）[J]. 东北师大学报（自然科学版）, 1986, 1：81-88.
[20] 李治平. 穿心莲多糖的研究（Ⅱ）：穿心莲果胶的纯化与鉴定 [J]. 东北师大学报（自然科学版）, 1987, 2：35-39.
[21] 李治平, 张甲生. 穿心莲多糖的研究（Ⅲ）：穿心莲果胶的结构 [J]. 东北师大学报（自然科学版）, 1988, 4：103-107.
[22] Bhagyalakshmi, Leelavinodh K S, Jegatheesan K, et al. Chemical characterization from GC-MS studies of ethanolic extract of 'Andrographis paniculata' for the authentication and quality control [J]. International Journal for Pharmaceutical Research Scholars, 2013, 2（3）：151-156.
[23] 胡昌奇, 周炳南. 穿心莲中两种新的二萜内酯甙的分离和结构测定 [J]. 药学学报, 1982, 17（6）：435-440.
[24] Wang C H, Li W, Qiu R X, et al. A new diterpenoid from the aerial parts of *Andrographis paniculata* [J]. Nat Prod Commun, 2014, 9（1）：13-14.
[25] Sharma V, Kapoor K K, Mukherjee D, et al. Camphor sulphonic acid mediated quantitative 1, 3-diol protection of major Labdane diterpenes isolated from *Andrographis paniculata* [J]. Nat Prod Res, 2018, 32（15）：1751-1759.
[26] Awang K, Abdullah N H, Hadi H A, et al. Cardiovascular activity of labdane diterpenes from *Andrographis paniculata* in isolated rat hearts [J]. J Biomed Biotechnol, 2012（11）：876458.
[27] 李景华, 赵炎葱, 焦文温, 等. 穿心莲二萜内酯有效部位的化学成分研究 [J]. 河南大学学报（医学版）, 2014, 33（3）：167-184.
[28] 李景华, 许笑笑, 赵炎葱, 等. 穿心莲二萜内酯有效部位化学成分的液质联用法鉴定及其初步药效学研究 [J]. 中国中药杂志, 2014, 39（23）：4642-4646.
[29] Matsuda T, Kuroyanagi M, Sugiyama S, et al. Cell differentiation-inducing diterpenes from *Andrographis paniculata* Nees. [J]. Chem Pharm Bull, 1994, 42（6）：1216-1225.
[30] Chen L Z, Zhu H J, Wang R, et al. ent-Labdane diterpenoid lactone stereoisomers from *Andrographis paniculata* [J]. J Nat Prod, 2008, 71（5）：852-855.
[31] Shen Y H, Li R T, Xiao W L, et al. ent-Labdane diterpenoids from *Andrographis paniculata* [J]. J Nat Prod, 2006, 69（3）：319-322.
[32] Wang G Y, Wen T, Liu F F, et al. Two new diterpenoid lactones isolated from *Andrographis paniculata* [J]. Chinese J Nat Med, 2017, 15（6）：458-462.
[33] Zhou K L, Chen L X, Zhuang Y L, et al. Two new ent-labdane diterpenoid glycosides from the aerial parts of *Andrographis paniculata* [J]. J Asian Nat Prod Res, 2008, 10（10）：939-943.
[34] 陈丽霞, 曲戈霞, 邱峰. 穿心莲二萜内酯类化学成分的研究 [J]. 中国中药杂志, 2006, 31（19）：1594-1597.
[35] 张树军, 安东政义. 穿心莲中一种新内酯的立体结构研究 [J]. 中国药物化学杂志, 1997, 7（4）：270-273.
[36] 任秀华, 杜光, 周剑, 等. 两个穿心莲内酯苷的波谱学研究 [J]. 分析化学, 2007, 35（2）：304-308.
[37] Reddy L N, Reddy S M, Ravikanth V, et al. A new bis-andrographolide ether from *Andrographis paniculate* Nees and evaluation of anti-HIV activity [J]. Nat Prod Res, 2005, 19（3）：223-230.
[38] 钟德新, 宣利江, 徐亚明, 等. 穿心莲中的三个二萜酸盐 [J]. 植物学报（英文版）, 2001, 43（10）：1077-1080.
[39] Li W K, Xu X D, Zhang H J, et al. Secondary metabolites from *Andrographis paniculata* [J]. Chem Pharm Bull, 2007, 55（3）：455-458.
[40] Zou Q Y, Li N, Dan C, et al. A new ent-labdane diterpenoid from *Andrographis paniculata* [J]. Chin Chem Lett, 2010, 21（9）：1091-1093.
[41] Ma X C, Zhang B J, Deng S, et al. A new *ent*-labdane diterpenoid lactone from *Andrographis paniculata* [J]. Chin Chem Lett, 2009, 20（3）：317-319.
[42] Ma X C, Gou Z P, Wang C Y, et al. A new *ent*-labdane diterpenoid lactone from *Andrographis paniculata* [J]. Chin Chem Lett, 2010, 21（5）：587-589.

[43] Wang G C, Wang Y, Williams I D, et al. Andrographolactone, a unique diterpene from *Andrographis paniculata*[J]. Tetrahedron Lett, 2009, 50(34): 4824-4826.
[44] Hu Y M, Wang G C, Wang Y, et al. Diastereoisomeric *ent*-labdane diterpenoids from *Andrographis paniculata*[J]. Helv Chim Acta, 2012, 95(1): 120-126.
[45] 靳鑫, 时圣明, 张东方, 等. 穿心莲化学成分的研究[J]. 中草药, 2012, 43(1): 47-50.
[46] Kotewong R, Duangkaew P, Srisook E, et al. Structure-function relationships of inhibition of mosquito cytochrome P450 enzymes by flavonoids of *Andrographis paniculata*[J]. Parasitology Res, 2014, 113(9): 3381-3392.
[47] 王金兰, 张树军. 穿心莲地上部分生理活性成分的分离及结构分析[J]. 齐齐哈尔大学学报, 1999, 15(2): 36-38.
[48] 任秀华, 杜光, 周冰峰, 等. 穿心莲中两个黄酮苷的波谱学研究[J]. 化学学报, 2007, 65(14): 1399-1402.
[49] Chen L X, He H, Xia G Y, et al. A new flavonoid from the aerial parts of *Andrographis paniculata*[J]. Nat Prod Res, 2014, 28(3): 138-143.
[50] 陈丽霞, 曲戈霞, 邱峰. 穿心莲黄酮类化学成分的研究[J]. 中国中药杂志, 2006, 31(5): 391-395.
[51] 靳鑫, 时圣明, 张东方, 等. 穿心莲化学成分的研究(II)[J]. 中草药, 2014, 45(2): 164-169.
[52] 褚晨亮. 穿心莲药材的化学成分和质量控制研究[D]. 广州: 广东药学院硕士学位论文, 2013.
[53] Radhika P, Prasad Y R, Lakshmi K R. Flavones from the stem of *Andrographis paniculata* Nees[J]. Nat Prod Commun, 2010, 5(1): 59-60.
[54] Dua V K, Ojha V P, Roy R, et al. Anti-malarial activity of some xanthones isolated from the roots of *Andrographis paniculata*[J]. J Ethnopharmacol, 2004, 95(2-3): 247-251.
[55] 徐冲, 王峥涛. 穿心莲根的化学成分研究[J]. 药学学报, 2011, 46(3): 317-321.
[56] Kuroyanagi M, Sato M, Ueno A, et al. Flavonoids from *Andrographis paniculata*[J]. Chem Pharm Bull, 1987, 35(11): 4429-4435.
[57] Xu C, Chou G X, Wang C H, et al. Rare noriridoids from the roots of *Andrographis paniculata*[J]. Phytochemistry, 2012, 77: 275-279.

【药理参考文献】

[1] 卢炜, 邱世翠, 王志强, 等. 穿心莲体外抑菌作用研究[J]. 时珍国医国药, 2002, 13(7): 392-393.
[2] 廖延智, 辛少蓉, 张丹烘, 等. 穿心莲中抑菌物质的提取及抑菌效果的研究[J]. 广东轻工职业技术学院学报, 2013, 12(3): 30-34.
[3] Shaikh R U, Dawane A A, Pawar R P, et al. Inhibition of helicobacter pylori and its associate urease by labdane diterpenoids isolated from *Andrographis paniculata*[J]. Phytotherapy Research, 2016, 30(3): 412-417.
[4] 吴永继, 宋剑武, 孙燕杰, 等. 穿心莲水提取物联合抗菌药对含 fosA3 大肠杆菌的作用[J]. 江苏农业科学, 2016, 44(6): 348-351.
[5] Kishore V, Yarla N S, Zameer F, et al. Inhibition of group IIA secretory phospholipase A2 and its inflammatory reactions in mice by ethanolic extract of *Andrographis paniculata*, a well-known medicinal food[J]. Pharmacognosy Research, 2016, 8(3): 213-216.
[6] Adedapo A A, Adeoye B O, Sofidiya M O, et al. Antioxidant, antinociceptive and anti-inflammatory properties of the aqueous and ethanolic leaf extracts of *Andrographis paniculata* in some laboratory animals[J]. Journal of Basic and Clinical Physiology and Pharmacology, 2015, 26(4): 1-8.
[7] 李明, 陈伟强, 胡太平, 等. 穿心莲内酯对巨噬细胞炎症因子表达的影响[J]. 广东药学院学报, 2010, 26(4): 423-425.
[8] 姚青, 高岭, 贾凤兰, 等. 穿心莲内酯对可卡因致小鼠肝毒性的保护作用[J]. 宁夏医学杂志, 2007, 29(3): 208-209.
[9] 杨新娟. 穿心莲内酯对脓毒血症大鼠肝损伤的保护作用[J]. 中成药, 2015, 37(10): 2296-2298.
[10] 刘志勇, 易坚, 邹小明. 穿心莲内酯调控硫代乙酰胺诱发小鼠肝纤维化的作用机制[J]. 华西药学杂志, 2016, 31(4): 368-374.
[11] Subramaniam S, Khan B H, Elumalai N, et al. Hepatoprotective effect of ethanolic extract of whole plant of *Andrographis*

[12] 刘妮, 孟以蓉, 赵昉. 穿心莲水提取物的抗Ⅰ型单纯疱疹病毒作用 [J]. 热带医学杂志, 2006, 6 (10): 1098-1099, 1107.

[13] 王小燕, 张美英, 王亚峰, 等. 穿心莲水提取物体外抗柯萨奇病毒B3作用的研究 [J]. 江苏中医药, 2009, 41 (5): 71-72.

[14] Churiy A H, Pongtuluran O B, Rofaani E, et al. Antiviral and immunostimulant activities of *Andrographis paniculata* [J]. Hayati Journal of Biosciences, 2015, 22 (2): 67-72.

[15] 陈牧, 孙振华, 徐立春. 穿心莲内酯与rIL2促进LAK细胞生长及细胞表型变化的研究 [J]. 深圳中西医结合杂志, 2001, 11 (1): 8-10.

[16] 任秀华, 杜光, 宗凯, 等. 穿心莲提取物抗血小板聚集作用的有效部位研究 [J]. 中国医院药学杂志, 2014, 34 (2): 116-118.

[17] 方淑贤, 郑恒, 刘东, 等. 穿心莲内酯对二磷酸腺苷诱导血小板聚集的拮抗作用 [J]. 医药导报, 2004, 23 (11): 13-14.

[18] 郑敏, 尹时华, 吴基良, 等. 穿心莲内酯对大鼠脑缺血-再灌注损伤的影响 [J]. 医药导报, 2004, 23 (10): 708-710.

[19] 戴桂馥, 王俊峰, 徐海伟, 等. 穿心莲内酯对人食管癌Ec9706细胞增殖和凋亡的影响 [J]. 中国新药杂志, 2006, 15 (16): 1363-1365.

[20] 戴桂馥, 赵进, 王庆端, 等. 穿心莲内酯诱导人食管癌Ec9706细胞凋亡机制研究 [J]. 中国药理学通报, 2009, 25 (2): 173-176.

[21] Cheung H Y, Cheung S H, Li J, et al. Andrographolide isolated from *Andrographis paniculata* induces cell cycle arrest and mitochondrial-mediated apoptosis in human leukemic HL-60 cells [J]. Planta Medica, 2005, 71 (12): 1106-1111.

[22] Zhou Y M, Xiong H, Xiong H H, et al. A polysaccharide from *Andrographis paniculate* induces mitochondrial-mediated apoptosis in human hepatoma cell line (HepG2) [J]. Tumor Biology, 2015, 36 (7): 5179-5186.

[23] Yue G G, Lee J K, Li L, et al. *Andrographis paniculata* elicits anti-invasion activities by suppressing TM4SF3 gene expression and by anoikis-sensitization in esophageal cancer cells [J]. American Journal of Cancer Research, 2015, 5 (12): 3570-3587.

[24] Dua V K, Verma G, Dash A P. In vitro antiprotozoal activity of some xanthones isolated from the roots of *Andrographis paniculata* [J]. Phytotherapy Research, 2009, 23: 126-128.

[25] Thakur A K, Rai G, Chatterjee S S, et al. Beneficial effects of an *Andrographis paniculata* extract and andrographolide on cognitive functions in streptozotocin-induced diabetic rats [J]. Pharmaceutical Biology, 2016, 54 (9): 1528-1538.

【临床参考文献】

[1] 笪卿. 穿心莲的临床应用十款 [N]. 民族医药报, 2008-12-05 (003).

[2] 刘丽莉, 司继新. 甲硝唑与穿心莲片联用治疗牙痛疗效观察 [J]. 中国民康医学, 2012, 24 (2): 184, 211.

[3] 高文武. 穿心莲治疗急性肾盂肾炎64例临床疗效观察 [J]. 白求恩医科大学学报, 1979, (4): 72-74.

5. 观音草属 *Peristrophe* Nees

草本或灌木。叶对生, 通常全缘或稍具齿。聚伞状或伞形花序由2至数个头状花序组成, 顶生或腋生, 头状花序具总花梗, 总花梗单生或有时簇生; 总苞片2枚, 稀3或4枚, 对生, 通常比花萼大, 内有花3至数朵, 仅1朵发育, 其余的退化, 仅存花萼和小苞片; 花萼5深裂, 裂片等大, 条形或披针形; 花冠淡红色或紫色, 扭转, 冠管细长, 圆柱状, 冠檐二唇形, 上唇常伸展, 全缘或微缺, 下唇常直立, 齿状3裂; 雄蕊2枚, 着生于花冠喉部两侧, 花丝下部被微毛, 花药2室, 药室一上一下, 下方一室较小; 子房每室有胚珠2粒, 花柱条形, 柱头稍膨大或2浅裂。蒴果椭圆形, 被毛, 开裂时胎座不弹起。种子每室2粒, 两侧呈压扁状, 表面有多数小凸点。

约40种, 主产亚洲热带及亚热带地区。中国约11种, 多为室内栽培观赏, 法定药用植物1种。华东地区法定药用植物1种。

882. 九头狮子草（图 882）• *Peristrophe japonica*（Thunb.）Bremek.

图 882　九头狮子草　　　　　　　　　　摄影　郭增喜等

【形态】多年生草本。茎直立，高 20～50cm，有棱及纵沟，被倒生伏毛。叶卵状长圆形至披针形，长 5～12cm，宽 2.5～5cm，先端渐尖或尾尖，基部楔形，两面有钟乳体及少数平贴硬毛。花序顶生或腋生于上部叶腋，由 2～10 个聚伞花序组成，每个聚伞花序下托以 2 枚总苞状苞片，一大一小，内有 1～4 花；花萼 5 裂，裂片钻形，长约 3mm；花冠粉红色至微紫色，长 2.5～3cm，外疏生短柔毛，冠檐二唇形，上唇 2 裂，下唇浅 3 裂，近基部处有紫斑点；雄蕊 2 枚，着生于花冠筒内，花丝细长，伸出，被柔毛。蒴果椭圆形，长约 1.2cm，疏生短柔毛，开裂时胎座不弹起。种子 4 粒，两侧呈压扁状，黑褐色，有小疣状突起。花期 7～10 月，果期 10～11 月。

【生境与分布】生于路边、草地或林下。分布于安徽、江苏、浙江、江西、福建，另河南、湖北、湖南、广东、广西、重庆、贵州、云南均有分布；日本也有分布。

【药名与部位】九头狮子草，全草。

【采集加工】夏、秋二季采收，除去杂质，鲜用或晒干。

【药材性状】长 30～50cm。根须状，浅棕褐色。地上部分暗绿色，被毛。茎有棱，节膨大。叶对生，有柄，叶片多皱缩，展平后呈卵形、卵状长圆形或披针形，长 5～10cm，宽 3～4cm，先端渐尖，基部楔形，全缘。聚伞花序顶生或腋生于上部，总梗短，叶状苞片 2 枚，大小不一。气微，味微苦、涩。

【化学成分】全草含挥发油类：植酮（phytone）、丁香油酚甲醚（eugenol methyl ether）、β- 石竹烯（β-caryophyllene）、肉豆蔻醚（myristicin）、3- 甲基 -2-（3, 7, 11- 三甲基十二烷基）呋喃［3-methyl-2-（3,

7,11-trimethyldodecyl）furan]、2-戊基呋喃（2-amyl furan）和氧化石竹烯（caryophyllene oxide）等[1]；甾体类：β-麦角甾醇（β-ergosterol）、胡萝卜苷（daucosterol）[2]，胆甾-5-烯-3β-氧基十六烷酸（cholest-5-en-3β-oxylhexadecanoate）、β-谷甾醇（β-sitosterol）[3]和豆甾醇（stigmasterol）[4]；脂肪酸类：琥珀酸（succinicacid）[2]，硬脂酸（octadecanoicacid）和软脂酸（palmiticacid）[3]；木脂素类：芝麻素（sesamine）[2]；黄酮类：汉黄芩素（wogonin）[2]；烷烃类：正十八烷（n-octadecane）[3]；烷醇类：三十三烷醇（tritridecanol）[3]和正二十八烷醇（n-octacosanol）[4]；生物碱类：尿囊素（dallantion）[3]。

地上部分含三萜类：羽扇豆醇（lupeol）[5]；生物碱类：3,5-吡啶二甲酰胺（3,5-pyridinedicarboxamide）和尿囊素（allantoin）[1]；甾体类：β-谷甾醇（β-sitosterol）、豆甾醇（stigmasterol）、豆甾醇葡萄糖苷（stigmasterolglucoside）和胡萝卜苷（daucosterol）[1]。

【药理作用】1.抗菌　全草的80%乙醇提取物和水提取物对金黄色葡萄球菌、溶血性链球菌、绿脓杆菌、肺炎克雷伯菌的生长有较强的抑制作用，醇提取物的抗菌作用强于水提取物[1]，抑制作用对金黄色葡萄球菌最强，对溶血性链球菌、绿脓杆菌次之，对肺炎克雷伯氏菌较弱[2]；全草的70%乙醇提取物对金黄色葡萄球菌、肺炎链球菌、绿脓杆菌、大肠杆菌的生长有不同程度的抑制作用[3]；全草乙醇提取物的不同大孔树脂洗脱部位（水、80%乙醇、丙酮）均有不同程度的抗菌作用，其中丙酮洗脱部位抗菌作用最强，脂肪酸及其衍生物是其主要的抗菌有效成分[4]。2.抗炎　全草的70%乙醇提取物能降低二甲苯所致的小鼠耳廓肿胀度，提高肿胀抑制率，能降低新鲜鸡蛋清所致小鼠的足跖肿胀度，提高肿胀抑制率，还能显著降低炎性足前列腺素E_2（PGE_2）含量，提高前列腺素E_2的抑制率，具有显著的抗炎作用[3]。3.镇咳、祛痰　全草的70%乙醇提取物可延长浓氨水、二氧化硫诱发的小鼠咳嗽潜伏期，减少咳嗽次数，可使小鼠气管酚红排泌量增加[2]。4.解热　全草的70%乙醇提取物可降低酵母制热大鼠的体温[2]；全草的水提取液也具有明显的解热作用，其作用机制可能是通过降低下丘脑体温调节中枢发热介质环状核苷酸（cAMP）含量实现的[5]；全草的水提取液及其石油醚部位和水部位均具有解热作用，石油醚部位及水部位的解热作用强于九头狮子草水提取液，石油醚部位的解热作用可能是通过抑制白细胞介素-6（IL-6）的生成进而阻断前列腺素E_2、环状核苷酸等中枢发热介质或直接对抗白细胞介素-6的作用而发挥解热作用的[6]。5.止痒　全草的70%乙醇提取物可降低右旋糖酐所致小鼠的瘙痒次数及瘙痒持续总时间，并提高磷酸组胺所致豚鼠的致痒阈，具有显著的止痒作用[3]。6.护肝　全草的乙醇提取物和水提取物均可明显抑制大鼠血清中的谷丙转氨酶（ALT）和天冬氨酸氨基转移酶（AST）含量的升高，乙醇提取物的正丁醇部位可抑制D-半乳糖胺所致肝损伤所引起的转氨酶升高，是护肝作用的有效部位[7]；全草水提取物的含药血清在体外细胞培养中对2.2.15细胞分泌HBsAg、HBeAg及HBV DNA复制均有较好的抑制作用，10%浓度含药血清的抑制作用优于5%、15%浓度[8]。7.增强免疫　全草的水提取物可激活小鼠网状内皮系统，增加小鼠血清溶血素的含量，具有一定的增强机体免疫力的作用[9]。

【性味与归经】辛、微苦，凉。归肺、肝经。

【功能与主治】祛风清热，凉肝定惊，散瘀解毒。用于感冒发热，肺热咳喘，肝热目赤，小儿惊风，咽喉肿痛，痈肿疔毒，乳痈，聤耳，瘰疬，痔疮，蛇虫咬伤，跌打损伤。

【用法与用量】煎服15～30g；外用适量，鲜品捣烂敷。

【药用标准】药典1977、湖南药材2009、贵州药材2003和湖北药材2009。

【临床参考】1.肺热咳嗽：鲜全草30g，加冰糖适量，水煎服[1]。

2.支气管肺炎：鲜全草30～60g，捣烂绞汁，调少许食盐服[1]。

3.咽喉肿痛：鲜全草60g，水煎或捣烂绞汁，调蜜服[1]。

4.白带崩漏：全草120g，炖猪肉喝汤食肉[1]。

5.小儿惊风：全草15g，水煎服。

6.口腔炎：全草9～15g，水煎服，忌食鱼腥、韭菜和刺激性食物。

7. 中耳炎：鲜全草适量，加入食盐少许捣烂取汁，滴耳。

8. 风湿性关节炎：全草15g，加五加根皮、虎杖根、木防己、凌霄根各15g，水煎服。

9. 尿路感染：全草15g，加车前草15g，水煎服。

10. 疔疮：鲜全草适量，捣烂敷患处。（5方至10方引自《浙江药用植物志》）

【附注】本种始载于《植物名实图考》，云："九头狮子草产湖南岳麓山坡间，江西庐山亦有之。丛生数十本为簇。附茎对叶如凤仙花叶稍阔，色浓绿无齿，茎有节如牛膝，秋时梢头节间先发两片绿苞，宛如榆钱，大如指甲，攒簇极密，旋从苞中吐出两瓣粉红花，如秋海棠而长，上小下大，中有细红须一二缕，花落苞存，就结实；摘其茎插之即活，亦名接骨草。俚医以其根似细辛，遂呼土细辛，用以发表。"图文皆指本种。

【化学参考文献】

[1] 蒋小华, 谢运昌, 宾祝芳. GC-MS分析九头狮子草挥发油的化学成分[J]. 广西植物, 2014, 32（2）：170-173.

[2] 刘香, 杨洁, 郭琳, 等. 九头狮子草化学成分的研究[J]. 药物分析杂志, 2007, 27（7）：1011-1013.

[3] 皮慧芳, 杨希雄, 阮汉利, 等. 九头狮子草化学成分的研究[J]. 天然产物研究与开发, 2008, 20：269-270.

[4] 刘香, 杨洁, 郭琳, 等. 九头狮子草脂溶性成分的研究[J]. 贵阳医学院学报, 2006, 31（4）：368-369.

[5] Wang C C, Kuoh C S, Wu T S. Constituents of *Peritrophe japonica*（Thunb.）Bremk[J]. J Chin Chem Soc（Taipei）, 1992, 39（4）：351-353.

【药理参考文献】

[1] 覃容贵, 李淑芳. 九头狮子草的抗菌作用研究[J]. 贵阳医学院学报, 2000, 25（2）：130-131.

[2] 覃容贵, 罗忠圣. 九头狮子草醇提物药效学的实验研究[J]. 中药材, 2006, 29（9）：961-963.

[3] 罗忠圣, 周镁, 黄秀平, 等. 九头狮子草对小鼠的抑菌、止痒、抗炎作用[J]. 中国老年学杂志, 2016, 36（3）：555-557.

[4] 张丽娟, 王正, 廖尚高. 九头狮子草抗菌有效组分分析[J]. 食品与机械, 2017, 33（11）：38-40, 46.

[5] 覃容贵, 李淑芳, 罗忠圣. 九头狮子草对发热大鼠体温及下丘脑cAMP含量的影响[J]. 贵州医科大学学报, 2005, 30（1）：53-54, 60.

[6] 覃容贵, 范菊娣, 龙庆德, 等. 九头狮子草有效部位解热作用及其作用机制研究[J]. 中国实验方剂学杂志, 2012, 18（21）：211-214.

[7] 杨希雄, 杨成雄, 王锦军, 等. 九头狮子草保肝护肝有效部位的筛选[J]. 中国医院药学杂志, 2006, 26（12）：1461-1463.

[8] 杨成雄, 潘朝旺, 王洪林, 等. 九头狮子草水浸膏对2.2.15细胞中对HBsAg、HBeAg的分泌和HBV DNA复制的抑制作用[J]. 中西医结合肝病杂志, 2010, 20（5）：294-296.

[9] 覃容贵, 李淑芳, 罗忠圣. 九头狮子草对小鼠免疫功能的影响[J]. 贵州医科大学学报, 2003, 28（5）：405-406.

【临床参考文献】

[1] 洪文旭. 祛风解毒九头狮子草[N]. 中国中医药报, 2012-06-01（005）.

6. 爵床属 *Rostellularia* Reichenb.

草本。叶对生，表面散布粗大、通常横列的钟乳体。花无梗，组成顶生或腋生的穗状花序；苞片交互对生，每苞片中有花1朵；小苞片、花萼裂片与苞片相似，均被缘毛；花萼4～5裂，裂片狭小；花冠短，二唇形，上唇平展，浅2裂，具花柱槽，槽的2缘被缘毛，下唇有隆起的喉凸；雄蕊2枚，着生于花冠喉部，外露，花丝扁平，无毛，花药2室，药室一上一下，下方一室有尾状附属物；花盘坛状，子房被丛毛，柱头2裂，裂片不等长。蒴果小，卵形或长圆形。种子每室2粒，两侧呈压扁状，种皮皱缩。

约10种，主要分布于亚洲的热带及亚热带地区。中国约6种，多分布于云南、海南、台湾，法定药用植物1种。华东地区法定药用植物1种。

883. 爵床（图883）• *Rostellularia procumbens*（Linn.）Nees（*Justicia procumbens* Linn.）

图883 爵床　　　　　　　　　　　　　　　　　　　　摄影 张芬耀等

【别名】小青草（浙江、江苏），阴牛郎（江苏南京），大鸭草（江苏泰州），六角英、麦穗癀（闽南）。

【形态】一年生草本，茎基部匍匐，通常有短硬毛，高20～60cm。叶椭圆形至椭圆状长圆形，长1.5～5cm，宽1.3～2cm，先端急尖或钝，基部宽楔形，上表面贴生横列的粗大钟乳体，两面常被短硬毛。穗状花序顶生或生上部叶腋，长1～3cm；苞片1枚，小苞片2枚，披针形，有缘毛；花萼4裂，条形，约与苞片等长，有膜质边缘和缘毛；花冠粉红色，长7mm，2唇形，下唇3浅裂；雄蕊2枚，药室不等高，下方一室有距。蒴果条形，长约5mm，上部具种子4粒，下部实心似柄状。种子表面有瘤状皱纹。花期8～11月，果期10～11月。

【生境与分布】生于旷野草地、山坡林间草丛中。分布于山东、江苏、安徽、江西、浙江、福建，另四川、云南、贵州、西藏、广东、广西、海南、台湾均有分布；亚洲南部至澳大利亚也有分布。

【药名与部位】爵床（小青草、疳积草），全草。

【采集加工】夏、秋二季茎叶茂盛时采挖，除去杂质，干燥或鲜用。

【药材性状】长20～60cm。根细而弯曲。茎多具纵棱6条，表面深黄色至浅棕黄色，有毛，节膨大呈膝状，近基部节上有须状根；质韧。叶互生，具柄；叶片多皱缩，易脱落，展平后叶片椭圆形或卵形，长1.5～4cm，宽1～2cm，浅绿色，先端尖，全缘，有毛。穗状花序顶生或腋生，苞片条状披针形，被白色长毛。蒴果长卵形，上部有种子 4 粒，下部实心似柄状。气微，味微苦。

【药材炮制】除去杂质，切段。

【化学成分】全草含木脂素类：爵床脂定 A、C、D、E（justicidin A、C、D、E）、山荷叶素（diphyllin）、新爵床脂素 A、B（neojusticin A、B）[1]、爵床脂定 B（justicidin B）、台湾脂素 E 甲醚（taiwanin E methyl ether）、金不换萘酚甲醚（chinensinaphthol methyl ether）、台湾脂素 E（taiwanin E）、金不换萘酚（chinensinaphthol）、4′- 去甲基金不换萘酚甲醚（4′-demethylchinensinaphthol methyl ether）[2]、爵床苷 A（procumbenoside A）、缘毛爵床苷 A、B（ciliatoside A、B）、开环异落叶松脂醇（secoisolariciresinol）、瘤状芸香草素（tuberculatin）[3]、爵床萘内酯 A（procumphthalide A）、爵床苷 B（procumbenoside B）、缘毛爵床萘内酯 B（cilinaphthalide B）[4]、爵床林素 A（rostellulin A）、缘毛爵床萘内酯 A（cilinaphthalide A）[5]、新爵床脂素 C（neojusticin C）、爵床苷 C、D（procumbenoside C、D）、爵床定苷 B、C（justicidinoside B、C）、山荷叶素 -1-O-β-D- 芹菜呋喃糖苷（diphyllin-1-O-β-D-apiofuranoside）[6]、6′- 羟基爵床脂定 B（6′-hydroxy justicidin B）[7]、新爵床萘内酯 A（pronaphthalide A）、爵床烯（procumbiene）、爵床苷 J（procumbenoside J）、紫爵床定（juspurpudin）、5′- 甲氧基倒金不换素*（5′-methoxyretrochinensin）、6′-羟基爵床脂定 A（6′-hydroxyjusticidin A）、台湾脂素 C（taiwanin C）、松脂醇（pinoresinol）、（-）- 丁香脂素［（-）-syringaresinol］[8]、6′- 羟基爵床脂定 C（6′-hydroxyjusticidin C）[9]、爵床苷 I、K、L、M（procumbenoside I、K、L、M）、闭花木苷 B（cleistanthin B）、爵床定苷 A（justicidinoside A）[10]、木脂素 J_1（lignan J_1）[11]、爵床苷 E（procumbenoside E）[12]、6′- 羟基爵床脂定 A（6′-hydroxy justicidin A）[13]、爵床苷 F（procumbenoside F）[14]、爵床苷 H（procumbenoside H）[15]、6′- 羟基爵床脂素 B、C（6′-hydroxyjusticin B、C）[16]、爵床亭 A、B、C（justin A、B、C）、2，3- 去甲氧基开环异木脂四氢萘乙酸酯（2，3-demethoxysecoisolintetralin acetate）、开环异落叶松脂醇二甲醚（secoisolariciresinol dimethyl ether）、5- 甲氧基 -4，4- 二 -O- 甲基开环落叶松脂醇（5-methoxy-4，4-di-O-methylsecolariciresinol）、开环异落叶松脂醇二甲醚二乙酸酯（secoisolariciresinol dimethyl ether diacetate）、5- 甲氧基 -4，4- 二 -O- 甲基开环落叶松脂醇二乙酯（5-methoxy-4，4-di-O-methylsecolariciresinol diacetate）、（-）- 二氢克氏胡椒素二乙酸酯［（-）-dihydroclusin diacetate］[17]、异山荷叶素（isodiphyllin）[18] 和鹅掌楸苷（liriodendrin）[19]；三萜类：熊果酸（ursolic acid）、蔷薇酸（euscaphic acid）、2α- 羟基熊果酸（2α-hydroxyursolic acid）、委陵菜酸（tormentic acid）[5]、羽扇豆醇乙酸酯（lupenyl acetate）、环桉烯醇（cycloeucalenol）、木栓酮（friedelin）、表木栓醇（epi-friedelinol）和积雪草酸（asiatic acid）[20]；黄酮类：5，7，4,- 三羟基 -3′，5′- 二甲氧基黄酮（5，7，4,-trihydroxy-3′，5′-dimethoxy flavone）[13]、陆地棉苷（hirsutrin）、异鼠李素 -3-O-β-D- 芸香糖苷（isorhamnetin-3-O-β-D-rutinoside）[14]、芹菜素（apigenin）、槲皮素 -7-O-α-L- 吡喃鼠李糖苷（quercetin-7-O-α-L-rhamnopyranoside）、木犀草素 -7-O-β-D- 吡喃葡萄糖苷（luteolin-7-O-β-D-glucopyranoside）、芹菜素 -7-O-β-D- 吡喃葡萄糖苷（apigenin-7-O-β-D-glucopyranoside）、木犀草素（luteolin）、槲皮素（quercetin）、芹菜素 -7-O- 新橙皮苷（apigenin-7-O-neo-hesperidin）[20]、山柰酚（kaempferol）、山柰酚 -3-O-β-D- 芸香糖苷（kaempferol-3-O-β-D-rutinoside）和山柰酚 -3-O-（2-O-α-L- 吡喃鼠李糖基 -6-O-β-D- 吡喃木糖基）-β-D- 吡喃葡萄糖苷［kaempferol-3-O-（2-O-α-L-rhamnopyranosyl-6-O-β-D-xylopyranosyl）-β-D-glucopyranoside］[19]；香豆素类：东莨菪内酯（scopoletin）[20]；苯丙素类：阿魏酸（ferulic acid）[14]；核苷类：去氧尿苷（deoxyuridine）、腺嘌呤（adenine）[14]、尿嘧啶核苷（uridine）[19] 和尿嘧啶（uracil）[21]；酚酸类：香草酸（vanillic acid）、异直萹苔苷（tachioside）[14] 和邻苯二甲酸二（2- 甲基丙普格尔）酯［phathalic acid bis（2-methylpropgl）ester］[22]；环肽类：爵床环肽 A（justicianene A）[15]；甾体类：豆甾醇 -3-O-β-D- 吡喃葡萄糖苷（stigmasterol-3-O-β-D-glucopyranoside）[3]、胡萝卜苷（daucosterol）、β- 谷甾醇（β-sitosterol）[13]、豆甾醇（stigmasterol）[16] 和胆甾醇（cholesterol）[23]；脂肪酸类：棕榈酸（palmitic acid）[16]；糖类：1，6-β-D- 脱水吡喃葡萄糖（1，

6-anhydro-β-D-glucopyranose）和 D- 吡喃葡萄糖（D-glucopyranose）[19]。

地上部分含木脂素类：爵床定 A、B、C（justin A、B、C）、（-）- 二氢克氏胡椒脂素二乙酯［（-）-dihydroclusin diacetate］、开环异落叶松脂素二甲醚二乙酸酯（secoisolariciresinol dimethyl ether diacetate）、5- 甲氧基 -4，4'- 二 -O- 甲基开环落叶松脂素二乙酯（5-methoxy-4，4'-di-O-methylsecolariciresinol diacetate）、2，3- 去甲氧基开环异珠子草四氢萘林乙酯（2，3-demethoxysecisolintetralin acetate）、开环异落叶松脂素二甲醚（secoisolariciresinol dimethyl ether）、5- 甲氧基 -4，4'- 二 -O- 甲基开环落叶松脂素（5-methoxy-4，4'-di-O-methylsecolariciresinol）[24]、爵床脂定 A、B（justicidin A、B）、山荷叶素（diphyllin）、山荷叶素芹菜糖苷（diphyllin apioside）和山荷叶素芹菜糖苷 -5- 乙酸酯（diphyllin apioside-5-acetate）[25]。

【药理作用】1. 抗菌　叶、茎、花序和根的甲醇及水提取物对大肠杆菌、金黄色葡萄球菌和假单胞菌的生长均有不同程度的抑制作用[1]。2. 抗病毒　从地上部分分离的爵床脂定 A、B（justicidin A、B）、山荷叶素（diphyllin）、山荷叶素芹菜糖苷（diphyllin apioside）和山荷叶素芹菜糖苷 -5- 乙酸酯（diphyllin apioside-5-acetate）对囊泡性口炎病毒具有较强的抗病毒作用，其最低抑菌浓度（MIC）均小于 $0.25\mu g/ml$ [2]。3. 抗血小板凝集　从全草分离的新爵床脂素（neojusticin A）、爵床脂定 B、台湾杉素 E 甲醚（taiwanin E methyl ether）和台湾杉素 E（taiwanin E）具有显著抑制血小板凝集的作用[3]；全草中分离的缘毛爵床萘内酯 B（cilinaphthalide B）、爵床脂定 A 和台湾杉素 E 甲醚对肾上腺素诱导的血小板聚集具有抑制作用[4]。4. 抗肿瘤　全株的甲醇提取物对 BDF1 雄性小鼠 P-388 恶性淋巴细胞性白血病细胞的生长具有显著的抑制作用，并在体外对人鼻咽癌 9-KB 细胞具有显著的细胞毒作用[5]；全草中分离的 6'- 羟基爵床定 A（6'-hydroxy justicidin A）通过 caspase 依赖通路诱导人膀胱癌 EJ 细胞凋亡[6]，且通过干预人膀胱癌 EJ 细胞内氧化还原系统平衡抑制细胞的增殖，外源性超氧化物歧化酶（SOD）可拮抗 JR6 对敏感细胞的增殖具有抑制作用[7]；全草中分离的 6'- 羟基爵床定 C（6'-hydroxy justicidin C）通过 caspase 依赖通路诱导人白血病 K562 细胞凋亡[8]。5. 抗炎　全草的乙醇提取物（100mg/kg）具有抗炎作用，能抑制福尔马林诱导的大鼠足肿胀[9]；全株的无水乙醇提取物可有效抑制哮喘模型小鼠气道炎症反应和气道高反应性，降低气道上皮厚度，选择性地降低小鼠脾细胞中 Th2 细胞因子，并通过下调不同炎症细胞和 Th2 细胞因子的肺浸润来改善卵清蛋白诱导的气道炎症[10]。

【性味与归经】微苦，寒。归肺、胃、肝、肾、膀胱经。

【功能与主治】清热解毒，利湿消积，活血止痛。用于感冒发热、咳嗽、咽喉肿痛、目赤肿痛、疳积、湿热泻痢、疟疾、黄疸、浮肿、小便淋浊、筋骨疼痛、跌打损伤、痈疽疔疮、湿疹。

【用法与用量】煎服 10～15g，鲜品 30～60g；外用鲜品适量，捣敷，或煎汤洗浴。

【药用标准】药典 1977、上海药材 1994、湖南药材 2009、贵州药品 1994 和贵州药材 2003。

【临床参考】1. 带状疱疹：鲜全草适量，捣烂加麻油搅匀，外敷患处，每日 3 次，联合口服阿昔洛韦 200mg，6h 1 次，连续用药至痊愈[1]。

2. 脓血便、高热：全草 50g，加白芍 30g，黄连、黄芩、肉桂、当归、木香、槟榔各 10g，水煎服，每 4h 1 次[2]。

3. 温热病初起火热炽盛：全草 200g，水煎服；或全草 50g，加银翘散原方（金银花、连翘、淡竹叶、荆芥、牛蒡子、豆豉、薄荷），水煎服[2]。

4. 病毒性肝炎阳黄症：全草 60g，加茵陈 50g，栀子 15g，大黄 10g，水煎服，每 4～6h 饮 400～500ml[2]。

5. 肝硬化腹水：鲜全草 80g，加水适量煮 20min，取药 450ml，每日 1 剂，分 3 次服；伴发热、腹痛者，加蒲公英 30g、柴胡和白芍各 12g，并配合抗生素治疗；伴明显乏力、纳差者，加黄芪 30g、大枣 15g；腹胀严重、小便量少、色黄者，加金钱草 30g、白茅根 20g；便血、呕血者，加紫珠根 20g、生大黄 5g，并配合垂体后叶素静脉滴注、心得安口服，服药期低盐、低脂清淡饮食，注意休息[3]。

6. 小儿厌食症：全草 10～30g，加胡黄连 3～6g，草薢 6～15g，炒苍术 5～15g，使君子肉 5～15g，太子参 10～20g，山药 10～20g，炙甘草 3～5g，木香 3～10g，陈皮 6～15g，鸡内金 6～15g，生山楂 6～15g，

水煎服，每日1剂，分3次饭前1h服，7天为1疗程[4]。

7. 顽固性久泄：全草500g，加水浸泡，文火煎两次，去渣，取两次煎汁浓缩成1000ml，灭菌后装瓶备用，成人每次30～40ml，每日3次，温服，小儿减半[5]。

8. 流行性感冒：地上部分30g，加入白英、一枝黄花各30g，水煎服。

9. 痢疾：地上部分30g，加秀丽野海棠花、金鸡脚各30g，水煎服。

10. 乳糜尿：地上部分60～90g，加地锦草、狗肝菜、车前草、野花生各30g，水煎服。

11. 疟疾：鲜全草90g，加水3碗煎至1碗，发作前3～4h服。

12. 疳积：鲜全草30～45g，水煎服。

13. 疔疮痈肿：鲜全草60～120g，水煎服或捣烂敷患处。（8方至13方引自《浙江药用植物志》）

【附注】爵床始载于《神农本草经》，列为中品。《名医别录》云："爵床生汉中川谷及田野。"《新修本草》云："此草似香菜，叶长而大，或如荏且细，生平泽熟田近道旁，甚疗血胀下气。又主杖疮，汁涂立瘥。俗名赤眼老母草。"《本草纲目》云："爵床，原野甚多，方茎对节，与大叶香薷一样，但香薷搓之有香气，而爵床搓之不香，微臭，以此为别。"《本草纲目拾遗》："小青草，五月生苗，叶短小，多茎，不甚高，开花成簇，红色两瓣，与大青同，但细小耳。"对照《植物名实图考》所绘附图可确认是本种。

Floro of China 已将本种的学名改为 *Justicia procumbens* Linn.。

药材爵床脾胃虚寒者忌服。

【化学参考文献】

［1］Fukamiya N, Lee K H. Antitumor agents, 81. justicidin A and diphyllin, two cytotoxic principles from *Justicia procumbens*［J］. J Nat Prod, 1986, 49（2）：348-350.

［2］Chen C C, Hsin W C, Ko F N, et al. Antiplatelet arylnaphthalide lignans from *Justicia procumbens*［J］. J Nat Prod, 1996, 59（12）：1149-1150.

［3］Day S H, Lin Y C, Tsai M L, et al. Potent cytotoxic lignans from *Justicia procumbens* and their effects on nitric oxide and tumor necrosis factor-α production in mouse macrophages［J］. J Nat Prod, 2002, 65（3）：379-381.

［4］Weng J R, Ko H H, Yeh T L, et al. Two new arylnaphthalide lignans and antiplatelet constituents from *Justicia procumbens*［J］. Arch Pharm Pharm Med Chem, 2004, 337（4）：207-212.

［5］Zhang Y L, Bao F K, Hu J J, et al. Antibacterial lignans and triterpenoids from *Rostellularia procumbens*［J］. Planta Med, 2007, 73（15）：1596-1599.

［6］Liu G R, Wu J, Si J Y, et al. Complete assignments of ^{1}H and ^{13}C NMR data for three new arylnaphthalene lignan from *Justicia procumbens*［J］. Magn Reson Chem, 2008, 46（3）：283-286.

［7］吴和珍，张雅奇，张炳武，等. 爵床化学成分研究［J］. 湖北中医杂志，2013，35（5）：68-69.

［8］Jin H, Yin H L, Liu S J, et al. Cytotoxic activity of lignans from *Justicia procumbens*［J］. Fitoterapia, 2014, 94：70-76.

［9］Luo J Y, Kong W J, Yang M H. HJC, a new arylnaphthalene lignan isolated from *Justicia procumbens*, causes apoptosis and caspase activation in K562 leukemia cells［J］. J Pharmacol Sci, 2014, 125（4）：355-363.

［10］Jin H, Yang S, Dong J X. New lignan glycosides from *Justicia procumbens*［J］. J Asian Nat Prod Res, 2017, 19（1）：1-8.

［11］Zhou P J, Luo Q J, Ding L J, et al. Preparative isolation and purification of lignans from *Justicia procumbens* using high-speed counter-current chromatography in stepwise elution mode［J］. Molecules, 2015, 20（4）：7048-7058.

［12］Jiang J J, Dong H J, Wang T, et al. A strategy for preparative separation of 10 lignans from *Justicia procumbens* L. by high-speed counter-current chromatography［J］. Molecules, 2017, 22（12）：2204-2213.

［13］张永利. 爵床和牛蒡子化学成分的研究［D］. 郑州：河南中医学院硕士学位论文，2007.

［14］吴威巍，缪刘萍，王鑫杰. 爵床化学成分研究［J］. 中成药，2013，35（5）：985-988.

［15］Jin H, Chen L, Tian Y, et al. New cyclopeptide alkaloid and lignan glycoside from *Justicia procumbens*［J］. J Asian Nat Prod Res, 2015, 17（1）：33-39.

［16］张雅奇. 爵床乙酸乙酯部位化学成分及其质量分析研究［D］. 武汉：湖北中医药大学硕士学位论文，2013.

［17］Chen C C, Hsin W C, Huang Y L. Six new diarylbutane lignans from *Justicia procumbens*［J］. J Nat Prod, 1998, 61（2）：

227-229.

[18] Yang M H, Wu J, Cheng F, et al. Complete assignments of ^{1}H and ^{13}C NMR data for seven arylnaphthalide lignans from *Justicia procumbens*[J]. Magn Reson Chem, 2006, 44(7): 727-730.

[19] 苏文炀. 爵床正丁醇部位的化学成分研究[D]. 武汉：湖北中医药大学硕士学位论文, 2014.

[20] 张爱莲, 戚华溢, 叶其, 等. 爵床的化学成分研究[J]. 应用与环境生物学报, 2006, 12(2): 170-175.

[21] 吴威巍, 缪刘萍, 王鑫杰, 等. 爵床中一个新的木脂体苷-爵床苷E[J]. 中国医药工业杂志, 2012, 43(8): 669-672.

[22] 刘国瑞. 爵床化学成分研究[D]. 北京：中国协和医科大学硕士学位论文, 2008.

[23] 陈清杰. 爵床抗慢性肾炎活性成分初步研究[D]. 武汉：湖北中医药大学硕士学位论文, 2012.

[24] Chen C C, Hsin W C, Huang Y L. Six new diarylbutane lignans from *Justicia procumbens*[J]. J Nat Prod, 1998, 61(2): 227-229.

[25] Asano J, Chiba K, Tada M, et al. Antiviral activity of lignans and their glycosides from *Justicia procumbens*[J]. Phytochemistry, 1996, 42(3): 713-717.

【药理参考文献】

[1] Pandey B. Study of antibacterial activity of *Justicia procumbens* VAR. extracts[J]. Indian J L Sci, 2015, 5(1): 7-11.

[2] Asano J, Chiba K, Tada M, et al. Antiviral activity of lignans and their glycosides from *Justicia procumbens*[J]. Phytochemistry, 1996, 42(3): 713-717.

[3] Chen C C, Hsin W C, Ko F N, et al. Antiplatelet arylnaphthalide lignans from *Justicia procumbens*[J]. Journal of Natural Products, 1996, 59: 1149-1150.

[4] Weng J R, Ko H H, Yeh T L, et al. Two new arylnaphthalide lignans and antiplatelet constituents from *Justicia procumbens*[J]. Archiv Der Pharmazie, 2004, 337: 207-212.

[5] Fukamiya N, Lee K H. Antitumor agents, 81. justicidin-A and diphyllin, two cytotoxic principles from *Justicia procumbens*[J]. Journal of Natural Products, 1986, 49(2): 348-350.

[6] He X L, Zhang P, Dong X Z, et al. JR6, a new compound isolated from *Justicia procumbens*, induces apoptosis in human bladder cancer EJ cells through caspase-dependent pathway[J]. Journal of Ethnopharmacology, 2012, 144: 284-292.

[7] 张鹏, 周伟勤, 董宪喆, 等. 6'-羟基爵床定A对肿瘤细胞的抑制活性及其对肿瘤细胞氧化还原系统的影响[J]. 中国药理学与毒理学杂志, 2010, 24(3): 207-213.

[8] Luo J, Kong W, Yang M. HJC, a new arylnaphthalene lignan isolated from *Justicia procumbens*, causes apoptosis and caspase activation in K562 leukemia cells[J]. Journal of Pharmacological Sciences, 2014, 125: 355-363.

[9] Mruthyunjayaswamy H M, Rudersh K, Swamy K S, et al. Antiinflammatory activity of alcohol extract of *Justicia procumbens*(Acanthaceae)[J]. Indian Journal of Pharmaceutial Sciences, 1998, (6): 173-175.

[10] Youm J, Lee H, Chang H B, et al. *Justicia procumbens* extract (DW2008) selectively suppresses Th2 cytokines in splenocytes and ameliorates ovalbumin-induced airway inflammation in a mouse model of asthma[J]. Biological Pharmaceutical Bulletin, 2017, 40(9): 1416-1422.

【临床参考文献】

[1] 邬志国, 顾益达. 中药爵床治疗带状疱疹35例[J]. 中医外治杂志, 2011, 20(1): 21.

[2] 赵鸿汉. 一味中草药爵床的临床妙用[J]. 中外医疗, 2008, 27(33): 80.

[3] 郑显华. 中草药爵床治疗肝硬化腹水32例[J]. 中西医结合肝病杂志, 2006, 16(2): 118-119.

[4] 王波, 王漪. 王春生爵床胃喜汤治疗小儿厌食症300例体会[J]. 江西中医药, 2002, 33(3): 4.

[5] 储亚庚, 潘林福. 单味爵床煎剂治疗顽固性久泄36例[J]. 中医研究, 1993, 6(4): 30-31.

一一四 车前科 Plantaginaceae

一年生或多年生草本。单叶,通常基生,基部常呈鞘状;叶片全缘或具齿缺,叶脉通常近平行。花小,两性,辐射对称,组成穗状花序,生于花葶上;花萼4裂,裂片覆瓦状排列,宿存;花冠干膜质,合瓣,3~4裂,裂片覆瓦状排列;雄蕊4枚,着生于花冠筒上,并与花冠裂片互生,花丝细长,花药2室,纵列;子房上位,1~4室,每室胚珠1至多粒。蒴果,盖裂。

3属,200余种,广布于全世界。中国1属,20种,广布于全国各地,法定药用植物1属,4种。华东地区法定药用植物1属,2种。

车前科中国仅1属,法定药用植物主要含黄酮类、苯乙醇类、环烯醚萜类、生物碱类、皂苷类、酚酸类等成分。黄酮类包括黄酮、黄酮醇、二氢黄酮等,如6-羟基木犀草素-7-O-葡萄糖苷(6-hydroxyluteolin-7-O-glucoside)、芹菜苷元(apigenin)、高车前苷(homoplantaginin)、车前子苷(plantagoside)等;苯乙醇类如洋丁香酚苷(acteoside)、角胡麻苷(martynoside)、肉苁蓉苷F(cistanoside F)、车前草苷A、B、C、D、E、F(plantainoside A、B、C、D、E、F)等;环烯醚萜类如桃叶珊瑚苷(aucubin)、大车前草苷(majoroside)、地黄苷D(rehmannioside D)、京尼平苷酸(geniposidic acid)等;生物碱包括吲哚类、酰胺类、胍类等,如烟酰胺(nicotinamide)、3-甲氧基羰基吲哚(3-methoxycarbonyl indole)、车前碱A、B、C、D(plasiaticine A、B、C、D)、车前胍酸(plantagoguanidinic acid)、吲哚-3-甲酸(indolyl-3-carboxylic acid)等;皂苷类多为三萜皂苷,包括齐墩果烷型、熊果烷型等,如齐墩果酸(oleanolic acid)、坡模醇酸(pomolic acid)、熊果酸(ursolic acid)等;酚酸类如没食子酸(gallic acid)、1,2,3-三-O-没食子酰基-β-D-葡萄糖(1,2,3-tri-O-galloyl-β-D-glucose)等。

1. 车前属 *Plantago* Linn.

一年生、二年生或多年生草本。叶通常基生,叶脉近平行。花小,无柄,两性或杂性,组成顶生的穗状花序,生于花葶上;花萼4裂,裂片近相等或两片较大;花冠筒圆管状,或在喉部收缩,和花萼等长或稀比花萼长,花冠裂片4枚,等大,开展而反折;雄蕊4枚,常伸出于花冠;子房2室或假3~4室,每室具1至多粒胚珠。蒴果膜质,在中部或近基部盖裂。种子有棱,近圆球形或背部呈扁压状。

约190种,广布于世界温带及热带地区。中国20种,全国各地均有分布,法定药用植物4种。华东地区法定药用植物2种。

884. 车前(图884)• *Plantago asiatica* Linn.

【别名】蛤蟆草(浙江、福建),牛耳朵草(江苏),猪耳棵子(江苏徐州),猪耳草(江苏铜山),车前草。

【形态】二年生或多年生草本。须根多数,根茎短而稍粗。叶基生呈莲座状,平卧、斜展或直立;叶片薄纸质或纸质,宽卵形至宽椭圆形,长4~12cm,宽2.5~9cm,先端钝圆至急尖,基部楔形,边缘波状、全缘或有浅齿;叶柄长2~27cm,基部扩大成鞘,疏生短柔毛。花葶3~10个,直立或弓曲上升,高20~60cm,有纵条纹,疏生白色短柔毛;穗状花序细圆柱状,长3~40cm;苞片宽三角形;萼片先端钝圆或钝尖,苞片与萼片都具有绿色的龙骨状突起;花冠白色,无毛。蒴果椭圆形,于基部上方周裂。种子6~8粒,卵状或椭圆状多角形,黑褐色至黑色。花期4~8月,果期6~9月。

【生境与分布】生于草地、田边、路边,分布于华东各地,全国其他各地均有分布;朝鲜、俄罗斯、日本、尼泊尔、马来西亚、印度尼西亚也有分布。

图 884　车前　　　　　　　　　　　　　　　摄影　李华东等

【药名与部位】车前子，种子。车前草，全草。

【采集加工】车前子：夏、秋二季果实成熟时采收，取出种子，干燥。车前草：夏季采收，除去泥沙，干燥或鲜用。

【药材性状】车前子：呈椭圆形、不规则长圆形或三角状长圆形，略扁，长约 2mm，宽约 1mm。表面黄棕色至黑褐色，有细皱纹，一面有灰白色凹点状种脐。质硬。气微，味淡。

车前草：根丛生，须状。叶基生，具长柄；叶片皱缩，展平后呈卵状椭圆形或宽卵形，长 5～13cm，宽 2.5～8cm；表面灰绿色或污绿色，具明显弧形脉 5～7 条；先端钝或短尖，基部宽楔形，全缘或有不规则波状浅齿。穗状花序数条，花茎长。蒴果盖裂，萼宿存。气微香，味微苦。

【质量要求】车前子：粒壮，无白子、泥沙。车前草：色绿，无杂。

【药材炮制】车前子：除去杂质。炒车前子：取车前子饮片，炒至表面鼓起，有爆裂声时，取出，摊凉，筛去灰屑。盐车前子：取车前子饮片，炒至表面鼓起，有爆裂声时，喷淋盐水，炒干，取出，摊凉，筛去灰屑。

车前草：除去杂质，洗净，切段，干燥。

【化学成分】全草含苯乙醇苷类：去鼠李糖基毛蕊花苷（desrhamnosyl acteoside）、木通苯乙醇苷 B（calceorioside B）、2-（3，4-二羟基苯）-乙基-3-O-β-D-吡喃阿洛糖基-6-O-咖啡酰基-β-D-吡喃葡萄糖苷［2-（3，4-dihydroxyphenyl）-ethyl-3-O-β-D-allopyranosyl-6-O-caffeoyl-β-D-glucopyranoside］、大车前苷（plantamajoside）[1]、异大车前苷（isoplantamajoside）、车前酯苷（hellicoside）、毛蕊花苷（acteoside）、β-氧代毛蕊花苷（β-oxoacteoside）、β-羟基毛蕊花苷（β-hydroxyacteoside）、紫葳苷（campenoside）[2]、

车前草苷 A、B、C、D、E、F（plantainoside A、B、C、D、E、F）、毛蕊花苷（verbascoside）、异毛蕊花苷（isoverbascoside）、米团花苷 A（leucosceptoside A）、角胡麻苷（martynoside）、异角胡麻苷（isomartynoside）和蒲包花苷 B（calceolarioside B）[3]；木脂素类：（7S, 8R）-脱氢二松柏醇 -9′-β-D-吡喃葡萄糖苷 [（7S, 8R）-dehydrodiconiferyl alcohol 9′-β-D-glucopyranoside][1]；酚酸类：香草酸（vanillic acid）和对羟基苯甲酸（p-hydroxybenzoic acid）[1]；环烯醚萜类：3, 4- 二氢珊瑚木苷（3, 4-dihydroaucubin）和 6′-O-3- 葡萄糖基珊瑚木苷（6′-O-3-glucosylaucubin）[4]；三萜类：熊果酸（ursolic acid）[5]；烷烃类：正三十一烷（n-hentriacontane）[5]。

叶含挥发油类：香芹酚（carvacrol）、1-辛烯-3-醇（1-octen-3-ol）、芳樟醇（linalool）、乙酸香叶酯（geranyl acetate）、α-蒎烯（α-pinene）、莰烯（camphene）、柠檬烯（limonene）、正己醇（n-hexanol）、3-己烯-1-醇（3-hexen-1-ol）、樟脑（camphor）、1-松油烯-4-醇（1-terpinen-4-ol）、β-石竹烯（β-caryophyllene）、α-松油醇乙酸酯（α-terpinyl acetate）、橙花叔醇（nerolidol）、愈创木酚（guaiacol）和甲酚（cresol）等[6]；黄酮类：高车前苷（homoplantaginin）[7]和车前苷（plantaginin）[8]。

花含挥发油类：香芹酚（carvacrol）、1-辛烯-3-醇（1-octen-3-ol）、芳樟醇（linalool）、乙酸香叶酯（geranyl acetate）、α-蒎烯（α-pinene）、莰烯（camphene）、柠檬烯（limonene）、正己醇（n-hexanol）、3-己烯-1-醇（3-hexen-1-ol）、樟脑（camphor）、1-松油烯-4-醇（1-terpinen-4-ol）、β-石竹烯（β-caryophyllene）、α-松油醇乙酸酯（α-terpinyl acetate）、橙花叔醇（nerolidol）、愈创木酚（guaiacol）和甲酚（cresol）等[6]。

种子含环烯醚萜类：去乙酰胡克车前苷（desacetylhookerioside）、蜜力特苷（melittoside）、京尼平苷酸（geniposidic acid）、10-O-乙酰基京尼平苷酸（10-O-acetyl geniposidic acid）和高山车前苷（alpinoside）[9]；黄酮类：车前子苷（plantagoside）[10]，5, 7-二羟基色原酮（5, 7-dihydroxychromone）、圣草酚（eriodictyol）、木犀草素（luteolin）和金圣草素（chrysoeriol）[11]；生物碱类：车前胍酸（plantagoguanidinic acid）[12]，车前碱 A、B、C、D（plasiaticine A、B、C、D）、(+)-(R)-3-氰甲基-3-羟基氧化吲哚 [(+)-(R)-3-cyanomethyl-3-hydroxyoxindole]、吲哚-3-羧酸（indolyl-3-carboxylic acid）[13]，车前碱 H（plasiaticine H）[14]和车前酚碱*（plasiatine）[15]；木脂素类：(+)-(7R, 7″R, 8S, 8′S)-新橄榄树脂素 [(+)-(7R, 7″R, 8S, 8′S)-neolivil]、(+)-古柯愈创木基甘油-β-阿魏酸乙酯 [(+)-erythro-guaiacylglycerol-β-ferulic acid ether][11]和车前碱 F（plasiaticine F）[14]；苯乙醇苷类：毛蕊花苷（acteoside）、异毛蕊花苷（isoacteoside）[16,17]和去咖啡酰基毛蕊花苷（decaffeoylacteoside）[16]；苯丙素类：阿魏酸（ferulic acid）[11]；酚酸类：羟基酪醇（hydroxytyrosol）、(E)-3, 4-二羟基苯亚甲基丙-2-酮 [(E)-3, 4-dihydroxyphenyl buten-2-one][11]和双（2-乙基己基）-苯-1, 2-二羧酸酯 [bis(2-ethythexyl)-benzene-1, 2-dicarboxylate][16]；生物碱类：车前碱 G、I（plasiaticine G、I）[14]；多糖类：车前多糖（PL-PS）[17]，车前糖（PLP）[18,19]，车前糖-3（PLP-3）[20]，车前黏多糖 H（PMH）[21]和车前黏多糖 A（plantago mucilage A）[22]；甾体类：β-谷甾醇（β-sitosterol）[9]和胆甾-5-烯-3β醇（cholest-5-en-3β-ol）[23]；脂肪酸类：肉豆蔻酸（tetradecanoic acid）[16]；香豆素类：香豆素-7-O-β-吡喃葡萄糖苷（coumarin-7-O-β-glucopyranoside）[23]。

地上部分含苯乙醇苷类：车前酚苷（plantasioside）[24]，大车前苷（plantamajoside）、毛蕊花苷（acteoside）、异毛蕊花苷（isoacteoside）[25]，3, 4-二羟基苯乙醇-6-O-咖啡酰基-β-D-葡萄糖苷（3, 4-dihydroxyphenethyl alcohol-6-O-caffeoyl-β-D-glucoside）、3, 4, 7-三羟基-β-苯乙基-O-β-D-吡喃葡萄糖基-(1→3)-4-O-咖啡酰基-β-D-吡喃葡萄糖苷 [3, 4, 7-trihydroxy-β-phenethyl-O-β-D-glucopyranosyl-(1→3)-4-O-caffeoyl-β-D-glucopyranoside][26]，车前新苷*A（plantalide A）、去鼠李糖基毛蕊花苷（desrhamnosylacteoside）、角胡麻苷（martynoside）、丁座草苷 B（himaloside B）、去鼠李糖异毛蕊花苷（desrhamnosylisoacteoside）和车前草苷 D（plantainoside D）[27]；黄酮类：车前苷（plantaginin）[26]；环烯醚萜类：β-苯甲酰基-α-甲氧基丙酸甲酯（methyl β-benzoyl-α-methoxypropionate）、车前新苷 C（plantalide C）和 10-乙酰氧基大车前洛苷（10-acetoxymajoroside）[27]；苯丙醇苷类：脱氢松柏醇-9′-β-吡喃葡萄糖苷（dehydroconiferyl alcohol-9′-β-glucopyranoside）[27]；三萜类：熊果酸（ursolic acid）和坡模醇酸（pomolic acid）[27]；

倍半萜类：（6R, 9R）-3-氧化-α-紫罗兰醇-9-O-β-D-吡喃葡萄糖苷［（6R, 9R）-3-oxo-α-ionol-9-O-β-D-glucopyranoside］[27]；单萜类：黑麦草内酯（loliolide）[27]；甾体类：胡萝卜苷（daucosterol）[27]；生物碱类：烟酰胺（nicotinamide）、3-甲氧基羰基吲哚（3-methoxycarbonylindole）和吲哚-3-乙醛（indole-3-aldehyde）[27]；酚酸类：对羟基苯甲酸甲酯（methyl p-hydroxybenzoate）和反式异阿魏酸（trans-isoferulic acid）[27]；挥发油类：对羟基苯甲醇（4-hydroxybenzyl alcohol）、酪醇（tyrosol）、羟基酪醇（hydroxytyrosol）、吐叶醇（vomifoliol）、对苯甲醛（p-benzaldehyde）、苯乙酮（acetophenone）和蚱蜢酮（grasshopper ketone）[27]。

根茎含甾体类：β-谷甾醇（β-sitosterol）和胡萝卜苷（daucosterol）[28]；三萜类：熊果酸（ursolic acid）[28]。

根含挥发油类：香芹酚（carvacrol）、1-辛烯-3-醇（1-octen-3-ol）、芳樟醇（linalool）、乙酸香叶酯（geranyl acetate）、α-蒎烯（α-pinene）、莰烯（camphene）、柠檬烯（limonene）、正己醇（n-hexanol）、3-己烯-1-醇（3-hexen-1-ol）、樟脑（camphor）、1-松油烯-4-醇（1-terpinen-4-ol）、β-石竹烯（β-caryophyllene）、α-松油醇乙酸酯（α-terpinyl acetate）、橙花叔醇（nerolidol）、愈创木酚（guaiacol）和甲酚（cresol）等[6]。

【药理作用】1.抗菌　全草的粗提物（60%、70%、80%、90%乙醇提取物及80%乙醇的石油醚、氯仿、正丁醇和水部分）对金黄色葡萄球菌、大肠杆菌、青霉菌和假丝酵母菌的生长均有显著的抑制作用[1]；全草的不同溶剂提取物均有一定的抗菌作用，其中无水乙醇提取物作用最强，乙醚提取物和无水甲醇提取物次之，对金黄色葡萄球菌和大肠杆菌的抑制作用最为明显，对绿脓杆菌的抑制作用较好[2]。2.抗病毒　全草醇提取液在Hep-2细胞中对呼吸道合胞病毒（RSV）有明显的抑制作用，既能抑制病毒的吸附和增殖，又能直接杀死病毒[3]。3.增强免疫　全草中提取的粗多糖可增强环磷酰胺所致免疫低下小鼠的免疫功能[4]；种子中分离的多糖（PLP-2）可通过Toll样受体4（TLR4）诱导树突状细胞成熟[5]；种子中分离的毛蕊花苷（acteoside）、异毛蕊花苷（isoacteoside）和多糖通过诱导树突状细胞成熟而具有显著的免疫增强作用[6]。4.抗氧化　种子中分离的多糖在浓度为0.75mg/ml时，对超氧化物和1,1-二苯基-2-三硝基苯肼（DPPH）自由基的清除率分别为79.7%和81.4%；多糖对2,2'-联氮-二（3-乙基-苯并噻唑-6-磺酸）二铵盐（ABTS）自由基、过氧化氢（H_2O_2）具有清除作用，对亚铁离子有螯合作用[7]；从全草的80%乙醇提取物及其分离的麦角甾苷、异麦角甾苷和大车前苷（plantamajoside）均具有良好的抗氧化作用，具有清除1,1-二苯基-2-三硝基苯肼自由基的作用，清除作用为麦角甾苷＞异麦角甾苷＞大车前苷＞80%乙醇提取物[8]。5.利尿　种子和全草的乙醇提取物均能增加大鼠排尿量和尿中Na^+、K^+和Cl^-含量，具有利尿作用，种子的利尿作用强于全草[9]；全草中提取的总黄酮具有明显收缩大鼠离体膀胱平滑肌、舒张离体尿道平滑肌的作用，既有利尿作用，又可显著增强膀胱的排泄作用[10]。6.降尿酸　全草的60%乙醇提取物能降低急性高尿酸血症大鼠的血尿酸水平[11]；种子、全草和取种子后废弃的植株三个不同部位的水提取物对黄嘌呤氧化酶均具有较好的抑制作用，且取种子后废弃的植株对黄嘌呤氧化酶的体外抑制率高达42.60%[12]。7.护肾　全草的水提取物对实验性肾小球肾炎（GN）大鼠具有保护作用，其机制可能与清除氧自由基，抑制脂质过氧化反应，抑制肾小球纤维化有关[13]；可通过增强蛋白质分子CD2AP和nephrin的表达，稳定肾组织足细胞的生物学功能，从而减轻肾小球病理损害[14]；全草的水提取物能明显减轻糖尿病肾病（DN）大鼠的肾脏损伤程度，其机制可能与p38 MAPK通路受到抑制及PPAR-γ通路被激活有关[15]。8.降血脂血糖　种子中分离的多糖成分对2型糖尿病大鼠的高血糖、高脂血症具有明显的抑制作用，可能与调节肠道菌群和提高短链脂肪酸（SCFA）含量有关[16]；全草的甲醇提取物和分离的大车前苷具有抑制糖基化终产物（AGEs）形成的作用[17]；全草中提取的挥发油可抑制3-羟基-3-甲基戊二酰辅酶A（HMG-CoA）在体内外的表达，并能降低小鼠的胆固醇（TC）含量[18]。9.抗球虫　全草的50%乙醇提取物具有对抗小鸡柔嫩艾美耳球虫（Eimeria tenella）感染，其主要活性成分为苯乙醇苷类[19]。10.抗肿瘤　种子中分离的β-谷甾醇（β-sitosterol）、胆甾-5-烯-3β-醇（cholest-5-en-3β-ol）、芦丁（rutin）和香豆素-7-O-β-吡喃葡萄糖苷（coumarin-7-O-β-glucopyranoside）对人骨肉瘤癌KHOS-NP细胞、表皮癌A431细胞、人胃癌SNU-1细胞和人大肠癌SNU-C4细胞均有不同程度的细胞毒作用[20]。

【性味与归经】 车前子：甘，寒。归肝、肾、肺、小肠经。车前草：甘，寒。归肝、肾、肺、小肠经。

【功能与主治】 车前子：清热利尿，渗湿通淋，明目，祛痰。用于水肿胀满，热淋涩痛，暑湿泄泻，目赤肿痛，痰热咳嗽。车前草：清热利尿，祛痰，凉血，解毒。用于水肿尿少，热淋涩痛，暑湿泻痢，痰热咳嗽，吐血衄血，痈肿疮毒。

【用法与用量】 车前子：9～15g；入煎剂宜包煎。车前草：9～30g，鲜品30～60g；煎服或捣汁服；外用鲜品适量，捣敷患处。

【药用标准】 车前子：药典1963—2015、浙江炮规2015、藏药1979、内蒙古蒙药1986、新疆药品1980二册、新疆维药1993、香港药材五册和台湾2013；车前草：药典1977—2015、浙江炮规2005、贵州药材1965、新疆药品1980二册和台湾2013。

【临床参考】 1. 急性结膜炎：全草50g，加薄荷叶10g，分两次水煎，共取药汁500～600ml，待凉后用消毒纱布蘸药洗患眼，洗时拨开上下眼睑，使药物进入眼球结膜，每日1剂，每日3～5次[1]。

2. 流行性腮腺炎：全草15～30g（鲜品30～60g），水煎2次，第1次加水300ml取药汁150ml，第2次加水200ml取药汁100ml，将2次药液混合分2次服，每次加白酒5ml，每日1剂[1]。

3. 梅尼埃病：全草18g，加夏枯草、法半夏各18g，生赭石46g，水煎，每日1剂，分2次服[1]。

4. 细菌性痢疾：鲜叶适量，制成100%浓度的煎剂口服，每次60～120ml（可多至200ml），每日3～4次，连服7～10天[1]。

5. 咳嗽：全草适量，加水浓煎，过滤，使药物浓度达60%左右（100ml中含车前草60g），每次口服20～40ml，每日3次[1]。

6. 高血压病：鲜全草20～30株，水煎，每日1剂，分3次服[1]。

7. 痛风：全草40g，水煎服，每日2次，每次200ml[1]。

8. 慢性前列腺炎：全草100g，加鱼腥草、萹蓄各30g，半边莲、茯苓各15g，红花、泽兰各10g，滑石、瞿麦各20g，桂枝、甘草各6g，水煎服[1]。

9. 老年帕金森病便秘：车前番泻颗粒（种子中提取的纤维素和黏浆，加番泻果实中成分番泻果苷制成的颗粒型药物）口服，每次5g，每日2次[2]。

10. 儿童迁延性肺炎：全草10g，加沙参、麦冬、黄芩、桔梗、橘红各10g，瓜蒌15g、百部9g、蚤休9g、甘草6g，水煎服，每日1剂，每日2次[3]。

11. 儿童尿血：鲜全草150～250g，洗净捣烂绞汁，每次30～50ml，炖温空腹服，每日2次，平时全草煎汤代茶饮[3]。

12. 儿童夏令感冒：全草15g，加桑叶、菊花、蝉衣、白芷、藿香、桔梗各10g，薄荷6g，水煎服，每日1剂[3]。

13. 青光眼：种子30g，水煎服，每日1剂，每服5日，停药1日，连服15天至1月。

14. 新生儿脱脐流水：种子适量，炒黄研末，麻油调敷患处。

15. 气管炎：全草15～21g，或加甘草6g，水煎服。

16. 急性无黄疸型肝炎：全草15g，加马蹄金、凤尾草各15g，水煎冲白糖服；或鲜全草30g，洗净捣汁服，连服7天。

17. 小儿急性肾炎：全草30g，加白茅根30g、破铜钱15g，水煎服；或用叶加毛茛捣烂敷于内关穴发泡；若小便不通，用鲜全草、马蹄金各等量，蒜瓣1枚，烧酒少许，共捣烂，烘热敷脐上，至小便通即去药。

18. 急性尿道炎、膀胱炎：种子15g，水煎服；或研粉，每次6g，开水送服，每日2次。

19. 尿路结石：全草30g，加金钱草30g，水煎服。

20. 肠炎：全草9～15g，水煎服。（13方至20方引自《浙江药用植物志》）

【附注】 车前初以种子入药始载于《神农本草经》。《名医别录》并用叶及根，《本草经集注》云：

"人家路边甚多。"《本草图经》云："……今江湖、淮甸、近京、北地处处有之。春初生苗，叶布地如匙面累年者长及尺余，如鼠尾，花甚细，青色微赤；结实如葶苈，赤黑色"，并绘"滁州车前子"图。即为本种。

药材车前子和车前草凡阳气下陷、肾虚遗精及内无湿热者禁服。

按《中国药典》2015年版一部规定，平车前 Plantago depressa Willd. 的全草和种子与本种同供药用。

【化学参考文献】

[1] Amakura Y, Yoshimura A, Yoshimura M, et al. Isolation and characterization of phenolic antioxidants from *Plantago* herb [J]. Molecules, 2012, 17 (12): 5459-5466.

[2] Deyama T, Kobayashi H, Nishibe S, et al. Isolation, structure elucidation and bioactivities of phenylethanoid glycosddes from *Cistanche*, *Forsythia* and *Plantago* plants [J]. Nat Prod Chem, 2006, 33: 645-674.

[3] Miyase T, Ishino M, Akahori C, et al. Phenylethanoid glycosides from *Plantago asiatica* [J]. Phytochemistry, 1991, 30 (6): 2015-2018.

[4] Oshio H, Inouye H. Two new iridoid glucosides of *Plantago asiatica* [J]. Planta Med, 1982, 44 (4): 204-206.

[5] Torigoe Y. Studies on the constituent of *Plantago asiatica* Linne. (1). on the acidic and neutral components [J]. Yakugaku Zasshi, 1965, 85 (2): 176-178.

[6] Kameoka H, Wang C, Yokoyama K. The constituents of the essential oil from *Plantago asiatica* L. [J]. Yakugaku Zasshi, 1979, 99 (1): 95-97.

[7] Aritomi M. Homoplantaginin, a new flavonoid glycoside in leaves of *Plantago asiatica* Linnaeus [J]. Chem Pharma Bull, 1967, 15 (4): 432-434.

[8] Long C, Lee H S, Ahn J S, et al. Protein tyrosine phosphatase 1B inhibitors from *Plantago asiatica* [J]. Chinese Herb Med, 2011, 3 (2): 136-139.

[9] Nakaoki T, Morita N, Asaki M. Studies on the medicinal resources. XX. component of the leaves of *Plantago asiatica* L. [J]. Yakugaku Zasshi, 1961, 81 (12): 1697-1699.

[10] Yamada H, Nagai T, Takemoto N, et al. Plantagoside, a novel alpha-mannosidase inhibitor isolated from the seeds of *Plantago asiatica*, suppresses immune response [J]. Biochem Bioph Res Commun, 1989, 165 (3): 1292-1298.

[11] 许兵兵, 张丽, 曾金祥, 等. 车前子酚类成分的研究 [J]. 中成药, 2017, 39 (3): 544-547.

[12] Goda Y, Kawahara N, Kiuchi F, et al. A guanidine derivative from seeds of *Plantago asiatica* [J]. J Nat Med, 2009, 63 (1): 58-60.

[13] Gao Z H, Kong L M, Zou X S, et al. Four new indole alkaloids from *Plantago asiatica* [J]. Nat Prod Bioprospect, 2012, 2 (6): 249-254.

[14] Gao Z H, Zhang L, Kong L M, et al. Four new minor compounds from seeds of *Plantago asiatica* [J]. Nat Prod Commun, 2016, 11 (5): 667-670.

[15] Gao Z H, Shi Y M, Qiang Z, et al. Plasiatine, an unprecedented indole-phenylpropanoid hybrid from *Plantago asiatica* as a potent activator of the nonreceptor protein tyrosine phosphatase shp2 [J]. Sci Rep-UK, 2016, 6: 24945.

[16] 曾金祥, 毕莹, 许兵兵, 等. 车前子化学成分研究 [J]. 中药材, 2015, 38 (5): 985-987.

[17] Huang D F, Tang Y F, Nie S P, et al. Effect of phenylethanoid glycosides and polysaccharides from the seed of *Plantago asiatica* L. on the maturation of murine bone marrow-derived dendritic cells [J]. Eur J Pharmacol, 2009, 620 (1-3): 105-111.

[18] Hu J L, Nie S P, Li C, et al. *In vitro* effects of a novel polysaccharide from the seeds of *Plantago asiatica* L. on intestinal function [J]. Int J Biol Macromol, 2013, 54 (2): 264-269.

[19] Nie Q X, Hu J L, Gao H, et al. Polysaccharide from *Plantago asiatica* L. attenuates hyperglycemia, hyperlipidemia and affects colon microbiota in type 2 diabetic rats [J]. Food Hydrocolloid, 2017, 86: 34-42.

[20] Yin J Y, Lin H X, Nie S P, et al. Methylation and 2D NMR analysis of arabinoxylan from the seeds of *Plantago asiatica* L. [J]. Carbohyd Polym, 2012, 88 (4): 1395-1401.

[21] Niu Y G, Li N, Alaxi S, et al. A new heteropolysaccharide from the seed husks of *Plantago asiatica* L. with its thermal and antioxidant properties [J]. Food Funct, 2017, 8 (12): 4611-4618.

[22] Yamada H, Nagai T, Cyong Jong C, et al. Relationship between chemical structure and activating potencies of complement by an acidic polysaccharide, Plantago-mucilage A, from the seed of *Plantago asiatica*[J]. Carbohydr Res, 1986, 156(15): 137-145.

[23] Moon H I, Zee O P. Anticancer compounds of *Plantago asiatica* L.[J]. Korean J Medicinal Crop Sci, 1999, 7(2): 143-146.

[24] Nishibe S, Tamayama Y, Sasahara M, et al. A phenylethanoid glycoside from *Plantago asiatica*[J]. Phytochemistry, 1995, 38(3): 741-743.

[25] Li L, Liu C M, Liu Z Q, et al. Isolation and purification of phenylethanoid glycosides from plant extract of *Plantago asiatica* by high performance centrifugal partition chromatography[J]. Chinese Chem Lett, 2008, 19(11): 1349-1352.

[26] Ravn H, Nishibe S, Sasahara M, et al. Phenolic compounds from *Plantago asiatica*[J]. Phytochemistry, 1990, 29(11): 3627-3631.

[27] Ahn J H, Jo Y H, Kim S B, et al. Identification of antioxidant constituents of the aerial part of *Plantago asiatica* using LC-MS/MS coupled DPPH assay[J]. Phytochemistry Lett, 2018, 26: 20-24.

[28] 李明红, 张永鹤, 朴惠善, 等. 车前根茎脂溶性化学成分的分离及结构鉴定[J]. 延边医学院学报, 1995, 18(2): 85-87.

【药理参考文献】

[1] 孔阳, 马养民, 李彦军, 等. 车前草提取物抗菌活性的研究[J]. 中国酿造, 2010, 29(10): 151-153.

[2] 陈红云, 申元英. 车前草的不同提取物抗菌活性比较研究[J]. 安徽农业科学, 2012, 40(14): 8155-8156.

[3] 黄筱钧, 张朝贵. 车前草对呼吸道合胞病毒体外抑制作用的研究[J]. 湖北民族学院学报(医学版), 2015, 32(2): 1-3.

[4] 董升, 梁晗业, 王禹捷, 等. 车前草粗多糖对环磷酰胺所致免疫低下小鼠的免疫增强作用[J]. 食品工业科技, 2018, 39(18): 289-293.

[5] Huang D, Nie S, Jiang L, et al. A novel polysaccharide from the seeds of *Plantago asiatica* L. induces dendritic cells maturation through toll-like receptor 4[J]. International Immunopharmacology, 2014, 18: 236-243.

[6] Huang D F, Tang Y F, Nie S P, et al. Effect of phenylethanoid glycosides and polysaccharides from the seed of *Plantago asiatica* L. on the maturation of murine bone marrow-derived dendritic cells[J]. European Journal of Pharmacology, 2009, 620: 105-111.

[7] Ye C L, Hu W L, Dai D H. Extraction of polysaccharides and the antioxidant activity from the seeds of *Plantago asiatica* L.[J]. International Journal of Biological Macromolecules, 2011, 49(4): 466-470.

[8] 李丽, 刘质净, 时东方, 等. 车前草中苯乙醇苷类化合物的抗氧化活性研究[J]. 江苏农业科学, 2010, (1): 275-277.

[9] 耿放, 孙虔, 杨莉, 等. 车前子与车前草利尿作用研究[J]. 上海中医药杂志, 2009, 43(8): 72-74.

[10] 彭璐, 李玉山. 车前草总黄酮对大鼠膀胱和尿道平滑肌收缩反应的影响[J]. 中医杂志, 2015, 56(21): 1875-1879.

[11] 钱莺, 白海波, 扈荣. 车前草醇提液降大鼠血尿酸作用的研究[J]. 中国现代应用药学, 2011, 28(5): 406-408.

[12] 李晶, 刘雯, 陈超, 等. 车前三个不同部位中主要化学成分含量差异及其黄嘌呤氧化酶体外抑制作用比较[J]. 实用中西医结合临床, 2018, 18(7): 174-176.

[13] 陈兰英, 王昌芹, 罗园红, 等. 车前草水提物对肾小球肾炎大鼠的保护作用研究[J]. 时珍国医国药, 2015, 26(12): 2874-2877.

[14] 陈兰英, 王昌芹, 骆瑶, 等. 车前草水提物对肾小球肾炎大鼠肾组织及相关蛋白分子CD2AP和nephrin的影响[J]. 中药新药与临床药理, 2015, 26(5): 605-609.

[15] 李新旗, 王超, 杨寒, 等. 基于p38 MAPK/PPAR-γ通路研究车前草水提物对糖尿病肾病大鼠纤维化的影响[J]. 中国中西医结合肾病杂志, 2018, 19(10): 42-44, 102.

[16] Nie Q, Hu J, Gao H, et al. Polysaccharide from *Plantago asiatica* L. attenuates hyperglycemia, hyperlipidemia and affects colon microbiota in type 2 diabetic rats[J]. Food Hydrocolloids, 2017, 86: 34-42.

[17] Choi S Y, Jung S H, Lee H S, et al. Glycation inhibitory activity and the identification of an active compound in *Plantago asiatica* extract[J]. Phytotherapy Research, 2010, 22(3): 323-329.

[18] Chung M J, Woo Park K, Heon Kim K, et al. Asian plantain (*Plantago asiatica*) essential oils suppress 3-hydroxy-3-methyl-glutaryl-co-enzyme A reductase expression *in vitro* and *in vivo* and show hypocholesterolaemic properties in mice[J].

British Journal of Nutrition, 2008, 99 (1): 67-75.
[19] Hong S, Oh G W, Kang W G, et al. Anticoccidial effects of the *Plantago asiatica* extract on experimental *Eimeria tenella* infection [J]. Laboratory Animal Research, 2016, 32 (1): 65-69.
[20] Moon H I, Zee O P. Anticancer compounds of *Plantago asiatica* L. [J]. Korean J Medicinal Crop Sci, 1999, 7 (2): 143-146.

【临床参考文献】
[1] 陈鹏. 浅谈车前草的临床应用 [J]. 中国民间疗法, 2017, 25 (3): 62.
[2] 张莉, 代小松. 车前番泻颗粒治疗老年帕金森病便秘的临床疗效研究 [J]. 四川医学, 2012, 33 (8): 1325-1327.
[3] 徐鑫. 车前草儿科临床应用举隅 [J]. 陕西中医, 1998, 19 (8): 376-377.

885. 大车前（图885）• *Plantago major* Linn.

图885 大车前　　　　　摄影　李华东

【别名】车前（江苏）。

【形态】二年生或多年生草本。须根多数，根茎粗短。叶基生呈莲座状，平卧、斜展或直立；叶片厚纸质，宽卵形至宽椭圆形，长3～30cm，宽2～11cm，先端钝圆，基部渐狭，边缘波状或有不整齐的锯齿，两面有柔毛，叶柄长3～9cm，基部鞘状，常被毛。花葶1至数条，高15～20cm，近直立；穗状花序长4～9cm，密生花；苞片宽卵状三角形，无毛或先端疏生短毛；花萼裂片椭圆形，萼裂片先端圆形，无毛或疏生短缘毛，边缘膜质，苞片与萼片都具有绿色的龙骨状突起；花冠白色，无毛。蒴果圆锥状，于中部或稍低处周裂。种子12～24粒，卵形、菱形、具角，黄褐色。花期4～5月，果期5～7月。

【生境与分布】生于山坡路旁、田边或荒地中。分布于华东各地，另全国各地均有分布。

大车前与车前的区别点：大车前叶片厚纸质，长 3～30cm，蒴果于基部上方周裂，种子 6～8 粒。车前叶片薄纸质，长 4～12cm，蒴果于中部或稍低处周裂，种子 12～24 粒。

【药名与部位】浙车前子（车前子），种子。浙车前草（大车前子），全草。

【采集加工】车前子：夏、秋二季果实成熟时采收，取出种子，干燥。大车前草：夏、秋二季采收，除去泥沙，干燥。

【药材性状】车前子：呈卵形、菱形或多角形，长 0.8～2mm，宽 0.5～1mm，厚 0.4～0.5mm。表面棕褐色，中央有 1 条明显的淡黄色带，腹面稍隆起或略平坦，具较清晰的辐射状排列的细皱纹。

大车前草：主根直而长，须根丛生。叶片卵状椭圆形，表面灰绿色或污绿色，具弧形脉 5～7 条，先端钝或短尖，基部宽楔形。穗状花序花密生。蒴果盖裂，内含种子 8～15（18）粒，萼宿存。气微香，味微苦。

【药材炮制】车前子：炒车前子：取原药，除去杂质，炒至表面鼓起，有爆裂声时，取出，摊凉。筛去灰屑。盐车前子：取原药，除去杂质，炒至表面鼓起，有爆裂声时，喷淋盐水，炒干，取出，摊凉。筛去灰屑。

大车前草：除去杂质，洗净，切段，干燥。

【化学成分】全草含三萜类：熊果酸（ursolic acid）、齐墩果酸（oleanolic acid）和 18β-甘草次酸（18β-glycyrrhetinic acid）[1]。

叶含多糖类：大车前多糖 II（PMII）[2]，车前黏多糖 II（plantago mucilage II）[3] 和车前黏多糖 Ia（plantago mucilage Ia）[4]；黄酮类：黄芩素（baicalein）、高黄芩素（scutellarein）、黄芩苷（baicalin）和木犀草素[5]；苯乙醇苷类：大车前苷（plantamajoside）[6]；单萜类：黑麦草内酯（loliolide）[7]；脂肪酸类：富马酸（fumaric acid）[7]；酚酸类：丁香酸（syringic acid）、香草酸（vanillic acid）、苯甲酸（benzoic acid）、对羟基苯甲酸（p-hydroxybenzoic acid）、水杨酸（salicylic acid）、酪醇（tyrosol）和龙胆酸（gentisic acid）[7]；苯丙素类：阿魏酸（ferulic acid）、对香豆酸（p-coumaric acid）、3, 4-二羟基肉桂酸甲酯（methyl 3, 4-dihydroxycinnamate）和 3, 4-二羟基肉桂酸乙酯（ethyl 3, 4-dihydroxycinnamate）[7]；环烯醚萜类：10-羟基大车前洛苷（10-hydroxymajoroside）[8]。

花含环烯醚萜类：车叶草苷（asperuloside）[9]。

种子含苯乙醇苷类：毛蕊花糖苷（verbascoside）[10]；黄酮类：车前子苷（plantagoside）和 5, 7, 3′, 4′, 5′-五羟基黄烷酮（5, 7, 3′, 4′, 5′-pentahydroxyflavanone）[11]；脂肪酸类：9β-羟基-顺-11-十八烯酸（9β-hydroxy-cis-11-octadecenoic acid）[12]；环烯醚萜类：桃叶珊瑚苷（aucubin）[13]。

地上部分含环烯醚萜类：大车前萜苷（majoroside）、桃叶珊瑚苷（aucubin）、梓醇（catalpol）、京尼平苷酸（geniposidic acid）、栀子酮苷（gardoside）、假蜜蜂花苷（melittoside）[14]，10-乙酰氧基大车前草苷（10-acetoxymajoroside）[15, 16]，对叶车前苷（plantarenaloside）、龙船花苷（ixoroside）、车叶草苷（asperuloside）和山萝花苷（melampyroside）[17]；黄酮类：木犀草素（luteolin）、异鼠李素（isorhamnetin）、芦丁（rutin）、金丝桃苷（hyperoside）和槲皮素（quercetin）[18]；酚酸类：没食子酸（gallic acid）[18]；鞣质类：1, 2, 3-三-O-没食子酰基-β-D-葡萄糖（1, 2, 3-tri-O-galloyl-β-D-glucose）、1, 2, 3, 4, 6-五-O-没食子酰基-β-D-葡萄糖（1, 2, 3, 4, 6-penta-O-galloyl-β-D-glucose）、1, 3, 4, 6-四-O-没食子酰基-β-D-葡萄糖（1, 3, 4, 6-tetra-O-galloyl-β-D-glucose）、六羟基二苯氧基-1-（O-2-O-没食子酰基-β-D-吡喃葡萄糖苷）-1-（O-β-D-吡喃木糖苷）二酯 [hexahydroxydiphenoyl-1-（O-2-O-galloyl-β-D-glucopyranoside）-1-（O-β-D-xylopyranoside）diester] 和六羟基联苯二甲酰基-1-（O-β-D-吡喃葡萄糖苷）-2-（O-4-O-没食子酰基-β-D-吡喃葡萄糖苷）二酯 [hexahydroxydiphenoyl-1-（O-β-D-glucopyranoside）-2-（O-4-O-galloyl-β-D-glucopyranoside）diester] [18]。

【药理作用】1. 抗菌　叶的丙酮提取物对蜡状芽孢杆菌、枯草芽孢杆菌、金黄色葡萄球菌、表皮葡萄球菌、大肠杆菌、肺炎克雷伯氏菌、铜绿假单胞菌、奇异变形杆菌和肠炎沙门氏菌的生长均具有明显的抑制作用，但乙醇提取物仅对大肠杆菌和蜡状芽孢杆菌的生长有抑制作用[1]；叶中分离的多糖对小鼠肺炎球菌感染具有保护作用，其作用与先天免疫系统的刺激有关[2]。2.抗氧化　全草的70%乙醇提取物中提取的黄酮类化合物对1,1-二苯基-2-三硝基苯肼（DPPH）自由基有较强的清除作用，在浓度为47.84μg/L时其清除作用最强，清除率可达44.98%[3]；地上部分的50%乙醇提取物（0.1mg/ml）具有显著清除1,1-二苯基-2-三硝基苯肼自由基的作用，保护t-Booh诱导的肝线粒体氧化损伤，保护细胞膜免受脂质氧化[4]。3.抗炎镇痛　叶的水提取物可减少乙酸致痛小鼠的扭体反应，抑制角叉菜胶和巴豆油诱导的大鼠足肿胀，但对葡聚糖诱导的足肿胀无明显作用，抗炎镇痛作用与抑制前列腺素的合成有关[5]。4.护肾　全株的70%乙醇提取物对阿奇霉素诱导的肾组织损伤具有保护作用，其机制可能与抗氧化和抗炎作用有关[6]。5.抗肿瘤　叶的水提取物对Balb/C小鼠埃希氏腹水瘤（EAT）有抑制作用，并呈剂量依赖性[7]。6.降血压　叶中分离的10-羟基大车前洛苷（10-hydroxymajoroside）对血管紧张素I转化酶具有抑制作用[8]。

【性味与归经】车前子：甘，微寒。归肝、肾、肺、小肠经。大车前草：甘，寒。归肝、肾、肺、小肠经。

【功能与主治】车前子：清热利尿，渗湿通淋，明目，祛痰。用于水肿胀满，热淋涩痛，暑湿泄泻，目赤肿痛，痰热咳嗽。大车前草：清热利尿，祛痰，凉血，解毒。用于水肿尿少，热淋涩痛，暑湿泻痢，痰热咳嗽，吐血衄血，痈肿疮毒。

【用法与用量】车前子：9～15g；入煎剂宜包煎。大车前草：9～30g。

【药用标准】车前子：浙江炮规2015和新疆维药1993；大车前草：浙江炮规2015和四川藏药2014。

【化学参考文献】

[1] Ringbom T, Segura L, Noreen Y, et al. Ursolic acid from *Plantago major*, a selective inhibitor of cyclooxygenase-2 catalyzed prostaglandin biosynthesis [J]. J Nat Prod, 1998, 61（10）: 1212-1215.

[2] Samuelsen A B, Cohen E H, Paulsen B, et al. Structural studies of a pectic polysaccharide from *Plantago major* L. [J]. Pectins and Pectinases, 1996, 14: 619-622.

[3] Samuelsen A B, Paulsen B S, Wold J, et al. Characterization of a biologically active pectin from *Plantago major* L. [J]. Carbohydr Polym, 1996, 30（1）: 37-44.

[4] Samuelsen A B, Paulsen B S, Wold J K, et al. Characterization of a biologically active arabinogalactan from the leaves of *Plantago major* L. [J]. Carbohydr Polym, 1998, 35（3-4）: 145-153.

[5] Chiang, L C, Ng L T, Chiang W, et al. Immunomodulatory activities of flavonoids, monoterpenoids, triterpenoids, iridoid glycosides and phenolic compounds of *Plantago* species [J]. Planta Med, 2003, 69（7）: 600-604.

[6] Ravn H, Ravn H, Brimer L. Structure and antibacterial activity of plantamajoside, a caffeic acid sugar ester from *Plantago major* subsp. *major* [J]. Phytochemistry, 1988, 27（11）: 3433-3435.

[7] Pailer M, Haschke-Hofmeister E. Components of *Plantago major* [J]. Planta Med, 1969, 17（2）: 139-141.

[8] Nhiem N X, Tai B H, Kiem P V, et al. Inhibitory activity of *Plantago major* L. on angiotensin I-converting enzyme [J]. Archives of Pharmacal Reseach, 2011, 34（3）: 419-423.

[9] Bianco A, Guiso M, Passacantilli P. Iridoid and phenypropanoid glycosides from new sources [J]. J Nat Prod, 1984, 47（5）: 901-902.

[10] Tsa E, Galkina T G, Balashova T A, et al. Phenolic glycoside isolated from seeds of the greater plantain (*Plantago major* L.) [J]. Dokl Biochem Biophys, 2004, 396（1）: 113-116.

[11] Matsuura N, Aradate T, Kurosaka C, et al. Potent protein glycation inhibition of plantagoside in *Plantago major* seeds [J]. Biomed Res Int, 2015, 2014: 208539/1-208539/5.

[12] Ahmad M S, Ahmad M U, Osman S M. A new hydroxyolefinic acid from *Plantago major* seed oil [J]. Phytochemistry, 1980, 19（10）: 2137-2139.

[13] Andrzejewska G E, Swiatek L. Chemotaxonomic studies on the genus *Plantago* I. analysis of the iridoid fraction [J]. Herba Polonica, 1984, 30（1）: 9-16.

[14] Murai M, Takenaka T, Nishibe S. Iridoids from *Plantago major* [J]. Nat Med, 1996, 50（4）: 306-308.
[15] Taskova R, Handjieva N, Evstatieva L, et al. Iridoid glucosides from *Plantago cornuti*, *Plantago major* and *Veronica cymbalaria* [J]. Phytochemistry, 1999, 52（8）: 1443-1445.
[16] Taskova R, Handjieva N, Evstatieva L, et al. Iridoid glucosides from *Plantago cornuti*, *Plantago major* and *Veronica cymbalaria* [J]. Phytochemistry, 1999, 52（8）: 1443-1445.
[17] Afifi M S, Salama O M, Maatooq G T. Phytochemical study of two *Plantago* species. Part II: iridoid glucosides [J]. Mansoura Journal of Pharmaceutical Sciences, 1990, 6（4）: 16-25.
[18] Makhmudov R R, Abdulladzhanova N G, Kamaev F G. Phenolic compounds from P*lantago major* and *P. lanceolata* [J]. Chem Nat Compd, 2011, 47（2）: 288-289.

【药理参考文献】

[1] Metiner K, Özkan O, Ak S. Antibacterial effects of ethanol and acetone extract of *Plantago major* L. on gram positive and gram negative bacteria [J]. Kafkas Univ Vet Fak Derg, 2012, 18（3）: 503-505.
[2] Hetland G, Samuelsen A B, M. Loslash V, et al. Protective effect of *Plantago major* L. pectin polysaccharide against systemic *Streptococcus pneumoniae* infection in mice [J]. Scandinavian Journal of Immunology, 2000, 52（4）: 348-355.
[3] 王毅红, 方玉梅, 谭萍, 等. 车前草黄酮类化合物清除DPPH自由基的作用 [J]. 贵州农业科学, 2010, 38（8）: 50-52.
[4] Joyce M, Mariano G, Vivian M, et al. Protective effect of *Plantago major* extract against, t-BOOH-induced mitochondrial oxidative damage, and cytotoxicity [J]. Molecules, 2015, 20: 17747-17759.
[5] Marí N G, José S E, Souccar C, et al. Analgesic and anti-inflammatory activities of the aqueous extract of *Plantago major* L. [J]. Pharmaceutical Biology, 1997, 35（2）: 99-104.
[6] Naji Y Z, Hosseinian S, Shafei M N, et al. Protection against doxorubicin-induced nephropathy by *Plantago major* in rat [J]. Iranian Journal of Kidney Diseases, 2018, 12（2）: 99-106.
[7] Ozaslan M, I Didem K, Kalender M E, et al. In vivo antitumoral effect of *Plantago major* L. extract on Balb/C mouse with ehrlich ascites tumor [J]. The American Journal of Chinese Medicine, 2007, 35（5）: 841-851.
[8] Nhiem N X, Tai B H, Kiem P V, et al. Inhibitory activity of *Plantago major* L. on angiotensin I-converting enzyme [J]. Archives of Pharmacal Reseach, 2011, 34（3）: 419-423.

一一五　茜草科 Rubiaceae

草本、灌木或乔木，有时为藤本。单叶，对生或轮生，常全缘；托叶各式，通常生于叶柄间，较少生于叶柄内，有时与叶同形，宿存或脱落。花两性，稀单性，辐射对称，有时稍两侧对称，组成各式花序或单生；萼筒与子房合生，4～5裂，有时有些裂片扩大呈花瓣状；花冠合瓣，4～6裂；雄蕊与花冠裂片同数而互生，子房下位，通常2室，每室有1至多粒胚珠。果为蒴果、浆果或核果，或干燥而不开裂，或为分果，有时为双果爿。种子各式，极少具翅。

约500属，6000余种，主要分布于热带及亚热带。中国75属，约500种，主要分布于西南部至东南部各地，法定药用植物25属，55种2亚种7变种1变型。华东地区法定药用植物12属，18种1亚种5变种。

茜草科法定药用植物主要含生物碱类、环烯醚萜类、黄酮类、醌类、皂苷类、木脂素类、香豆素类等成分。生物碱类型多样，包括喹啉类、异喹啉类、吲哚类、嘌呤类、酰胺类等，如奎宁（quinine）、吐根碱（emetine）、钩藤碱（rhynchophylline）、咖啡因（caffeine）、小蔓长春花酰胺（vincosamide）、吐根酚碱（cephaeline）等；环烯醚萜类如栀子苷（jasminoidin）、车叶草苷（asperuloside）、白花蛇舌草醚萜苷A、B、C（hedyoiridoidside A、B、C）等；黄酮类包括黄酮、黄酮醇、二氢黄酮、二氢黄酮醇、异黄酮、黄烷、双黄酮、花色素等，如金丝桃苷（hyperoside）、山柰酚-3-O-葡萄糖苷（kaempferol-3-O-glucoside）、花旗松素（taxifolin）、圣草酚（eriodictyol）、染料木素（genistein）、（-）表儿茶素[（-）-epicatechin]、穗花杉双黄酮（amenloflavone）、棕矢车菊素（jaceosidin）等；醌类包括苯醌、萘醌、蒽醌等，如2,6-二甲氧基-1,4-苯醌（2,6-dimethoxyl-1,4-benzoquinone）、九节素（psychorubrin）、茜素（alizarin）、异茜草素（purpuroxanthin）、大黄素甲醚（physcion）等；皂苷类多为五环三萜，包括齐墩果烷型、熊果烷型、羽扇豆烷型等，如表白桦脂酸（epibetulinic acid）、6β,6β,23-三羟基齐墩果-12-烯-28-酸（6β,6β,23-trihydroxyl olean-12-en-28-oic）、鸡纳酸-3β-D-吡喃葡萄糖苷（quinovic acid-3-β-D-glucopyranoside）、鸡纳酸（quinovic acid）、坡模酮酸（pomolic acid）等；木脂素类如紫丁香脂素（syrinyaresinol）、臭矢菜素D、B（cleomiscosin D、B）等；香豆素类如七叶内酯（esculetin）、滨蒿内酯（scoparone）、欧前胡素（imperatorin）等。

水团花属含黄酮类、皂苷类、环烯醚萜类、蒽醌类、木脂素类、香豆素类、生物碱类等成分。黄酮类包括黄酮醇、二氢黄酮等，如槲皮素-3-O-葡萄糖苷（quercetin-3-O-glycoside）、柚皮素-7-O-β-D-葡萄糖苷（naringenin-7-O-β-D-glucoside）、圣草酚（eriodictyol）等；皂苷类多为三萜皂苷，包括齐墩果烷型、熊果烷型、羽扇豆烷型等，如白桦脂酸（betulinic acid）、鸡纳酸-3β-D-吡喃葡萄糖苷（quinovic acid-3β-D-glucopyranoside）、鸡纳酸（quinovic acid）、3-乙酰齐墩果酸（3-acetyloleanolic acid）等；环烯醚萜类如獐牙菜苷（sweroside）、马钱素（loganin）、瓶子草素（sarracenin）等；蒽醌类如2-羟基-3-甲基蒽醌（2-hydroxy-3-methyl anthraquinone）、3,8-二羟基-1-甲氧基-2-甲氧基亚甲基-9,10-蒽醌（3,8-dihydroxy-1-methoxy-2-methoxymethylene-9,10-anthraquinone）等；木脂素类如（+）-南烛木树脂酚-3α-O-β-D-吡喃葡萄糖苷[（+）-lyoniresinol-3α-O-β-D-glucopyranoside]、（6S,7R,8R）-7α-[（β-D-吡喃葡萄糖）氧基]南烛木树脂酚{（6S,7R,8R）-7α-[（β-D-glucopyranosyl）oxy]lyoniresinol}、香豆素类如七叶内酯（esculetin）、东莨菪苷（scopolin）等；生物碱类如蛇根草苷（lyaloside）、哈尔满-3-甲酸（harman-3-carboxylic acid）、直夹竹桃胺酸（strictosidinic acid）等。

钩藤属含生物碱类、皂苷类、黄酮类、木脂素类、香豆素类、醌类等成分。生物碱包括酰胺类、吲哚类等，如长春花苷内酰胺（vincoside lactam）、小蔓长春花酰胺（vincosamide）、钩藤碱（rhynchophylline）、3-异阿马里新（3-isoajmalicine）、柯诺辛碱（corynoxine）、18,19-去氢柯楠诺辛碱酸B（18,19-dehydrocorynoxinic acid B）、吲哚[2,3-α]喹嗪-2-乙酸{indolo[2,3-α]quinolizine-2-acetic acid}

阿枯米京碱（akuammigine）等；皂苷类多为齐墩果烷型和熊果烷型，如 3β, 6β, 19α, 24- 四羟基熊果酸（3β, 6β, 19α, 24-tetrahydroxyursolic acid）、欧夹竹桃内酯（oleanderolide）、β- 香树脂醇（β-amyrenol）、钩藤酸 G、H、I、J（uncarinic acid G、H、I、J）、坡模酮酸（pomolic acid）、6β, 6β, 23- 三羟基齐墩果酸 -12- 烯 -28- 酸（6β, 6β, 23-trihydroxyolean-12-en-28-oic）等；黄酮类包括黄酮醇、二氢黄酮等，如金丝桃苷（hyperoside）、山柰酚 -3-O-β-D- 吡喃半乳糖苷（kaempferol-3-O-β-D-galactopyranoside）、（—）表儿茶素［（—）-epicatechin］等；木脂素类如臭矢菜素 D、B（cleomiscosin D、B）等；香豆素类如东莨菪内酯（scopoletin）等；醌类包括苯醌、蒽醌等，如 3- 二乙胺 -5- 甲氧基 -1, 2- 苯醌（3-diethylamino-5-methoxy-1, 2-benzoquinone）、3- 乙胺 -5- 甲氧基 -1, 2- 苯醌（3-ethylamino-5-methoxy-1, 2-benzoquinone）、大黄素甲醚（physcion）、红灰青霉素（erythroglaucin）等。

玉叶金花属含皂苷类、环烯醚萜类、黄酮类等成分。皂苷类包括环木菠萝烷型、齐墩果烷型、熊果烷型、羽扇豆烷型等，如玉叶金花苷 G、K（mussaendoside G、K）、3β, 19α- 二羟基齐墩果 -12- 烯 -28- 酸（28→1）-β-D- 吡喃葡萄糖酯［3β, 19α-dihydroxy-olean-12-en-28-oic acid（28→1）-β-D-glucopyranosyl ester］、羽扇豆醇（lupeol）、毛冬青皂苷 A（ilexsaponin A）等；环烯醚萜类如玉叶金花苷酸甲酯（mussaenoside）、山栀子苷甲酯（shanzhiside methyl ester）、玉叶金花苷 S（mussaendoside S）、6α- 羟基京尼平苷（6α-hydroxygeniposide）、4- 乙酰氧基 -7- 甲氧基开环马钱子苷（4-acetoxy-7-methoxysecologanin）等；黄酮类包括黄酮醇、二氢黄酮醇等，如山柰酚 -3- 芸香糖苷（kaempferol-3-rutinoside）、黄杞苷（engeletin）等。

鸡矢藤属含环烯醚萜类、蒽醌、挥发油类等成分。环烯醚萜类为本属的主要成分，如鸡屎藤苷（paederoside）、鸡屎藤次苷甲酯（scandoside methyl ester）、鸡屎藤苷酸甲酯（methyl paederosidate）、鸡屎藤苷酸（paederosidic acid）等；蒽醌类如 1- 甲基 -2, 4- 二甲氧基 -3- 羟基蒽醌（1-methyl-2, 4-dimethoxy-3-hydroxyanthraquinone）、2- 羟基 -3- 甲基蒽醌（2-hydroxy-3-methylanthraquinone）、甲基异茜草素（rubiadin）、1, 3, 4- 三甲氧基 -2- 羟基蒽醌（1, 3, 4-trimethoxy-2-hydroxyanthraquinone）、蒽醌 -2- 甲酸（anthraquinone-2-carboxylic acid）等；挥发油类如 β- 葑醇（β-fenchyl alcohol）、3- 甲硫基丙醛（3-methylthio-propionaldehyde）、二甲基二硫化物（dimethyl disulfide）、顺式 -3- 己烯基 -1- 醇（cis-3-hexenyl-1-ol）等。

栀子属含环烯醚萜类、皂苷类、黄酮类、生物碱类、香豆素类、木脂素类、苯丙素类、蒽醌类等成分。环烯醚萜类如京尼平苷（geniposide）、栀子苷（jasminoidin）、车叶草苷（asperuloside）等；皂苷类为三萜类，包括环木菠萝烷型、齐墩果烷型、熊果烷型、羽扇豆烷型等，如 9, 19- 环木菠萝烷 -3, 24- 二酮（9, 19-cycloartane-3, 24-dione）、常春藤皂苷元 -3-O-β-D- 吡喃葡萄糖醛酸苷 -6'-O- 甲酯（hederagenin-3-O-β-D-glucuronopyranoside-6'-O-methyl ester）、泰国树脂酸（siaresinolic acid）、桦木酸（betulinic acid）、3α- 羟基熊果酸（3α-hydroxyursolic acid）等；黄酮类包括黄酮、黄酮醇、异黄酮等，如栀子素（gardenin）、3', 4'- 二羟基汉黄芩素（3', 4'-dihydroxywogonin）、槲皮素 -3-O- 葡萄糖苷（quercetin-3-O-glucoside）、染料木素（genistein）等；生物碱包括哌啶类、酰胺类等，如 3, 4- 二羟基哌啶酸（3, 4-dihydroxypipecolic acid）、3- 羟基哌啶酸（3-hydroxypipecolic acid）、栀子酰胺（gardenamide）、2- 羟乙基栀子酰胺 A（2-hydroxyethylgardenamide A）等；香豆素类如东莨菪内酯（scopoletin）、滨蒿内酯（scoparone）、欧前胡素（imperatorin）等；木脂素类如杜仲树脂酚（medioresinol）、环橄榄素（cycloolivil）、八角枫木脂苷 D（alangilignoside D）、南烛木树脂酚（lyoniresinol）等；苯丙素类如 3, 4- 二咖啡酰基奎宁酸（3, 4-dicaffeoylquinic acid）、绿原酸（chlorogenic acid）、芥子酸苷（sinapyglucoside）等；蒽醌类如大黄素（emodin）、大黄素甲醚（physcion）等。

九节属含生物碱类、皂苷类、黄酮类、香豆素类、环烯醚萜类、萘醌类、神经鞘氨类成分。生物碱包括吲哚类、喹啉类、酰胺类等，如（-）- 腊梅碱［（-）-calycanthine］、山腊梅碱（chimonanthine）、比川九节木定碱（psychotridine）、吐根酚碱（cephaeline）、九节酰胺（psychotramide）等；皂苷类如乙酸羽扇豆醇酯（lupeol acetate）、α-香树脂醇（α-amyrin）等；黄酮类包括黄酮、黄酮醇、二氢黄酮、二氢黄酮醇、花色素等，如木犀草素-7-芸香糖苷（luteolin-7-rutinoside）、6-羟基木犀草素-7-芸香糖苷（6-hydroxyluteolin-7-rutinoside）、柽柳黄素-O-芸香糖苷（tamarixetin-O-rutinoside）、棕矢车菊素（jaceosidin）、花旗松素（taxifolin）、圣草酚（eriodictyol）等；香豆素类如补骨脂素（psoralen）、伞形花内酯（umbelliferon）等；环烯醚萜类如6α-羟基京尼平苷（6α-hydroxygeniposide）、车叶草苷酸（asperulosidic acid）、九节醚萜素A（psyrubrin A）等；萘醌类如九节素（psychorubrin）等；神经鞘氨类如蔓九节神经鞘氨E、F、G（psychotramide E、F、G）。

白马骨属含皂苷类、木脂素类、黄酮类、环烯醚萜类、蒽醌类等成分。皂苷类多为五环三萜，包括齐墩果烷型、熊果烷型、羽扇豆烷型等，如乙酰齐墩果酸（acetyl oleanolic acid）、3-羰基熊果酸（3-carbonyl ursolic acid）、羽扇豆醇（lupeol）等；木脂素类如（+）-丁香树脂酚单葡萄糖苷［（+）-syringaresinol monoglucoside］、（+）-杜仲树脂酚［（+）-medioresinol］等；黄酮类包括黄酮、黄酮醇等，如牡荆素（vitexin）、淫羊藿次苷 F_2（icariside F_2）等；环烯醚萜类如去乙酰车叶草苷酸（deacetyl asperulosidic acid）、鸡屎藤苷酸（paederosidic acid）等；蒽醌类如3-羟基-1,2-二甲氧基蒽醌（3-hydroxy-1,2-dimethoxyanthraquinone）、1,4-二羟基-6-甲基蒽醌（1,4-dihydroxy-6-methyl anthraquinone）、大黄素（emodin）等。

耳草属含黄酮类、环烯醚萜类、生物碱类、醌类、皂苷类、香豆素类、木脂素类等成分。黄酮类多为黄酮、黄酮醇、双黄酮等，如异高山黄芩素（isoscutellarein）、山柰酚-3-O-葡萄糖苷（kaempferol-3-O-glucoside）、水仙苷（narcissin）、穗花杉双黄酮（amenloflavone）、耳草酮B（hedyotiscone B）等；环烯醚萜类如钩果草苷（harpagoside）、车叶草苷酸（asperulosidic acid）、鸡屎藤次苷甲酯（scandoside methyl ester）、耳草苷（hedyoside）、白花蛇舌草醚萜苷A、B、C（hedyoiridoidside A、B、C）等；生物碱如黄毛耳草碱（chrysotricine）、橙胡椒酰胺乙酸酯（aurantiamide acetate）、白花蛇舌草碱A（hedyotis A）、橙黄胡椒酰胺醇酯（aurantiamide acetate）等；醌类包括苯醌、蒽醌等，如2,6-二甲氧基-1,4-苯醌（2,6-dimethoxyl-1,4-benzoquinone）、金毛耳草蒽醌（hydrotanthraquinone）、2-羟基-6-甲基蒽醌（2-hydroxy-6-methylanthraquinone）、甲基异茜草素（rubiadin）、羟基蒽醌（hydroxytanthraquinone）等；皂苷类多为三萜皂苷，包括齐墩果烷型、熊果烷型、羽扇豆烷型等，如表白桦脂酸（epibetulinic acid）、熊果酸（ursolic acid）、齐墩果酸（oleanolic acid）等；香豆素类如东莨菪内酯（csopoletin）、七叶内酯（aesculetin）、耳草酮A（hedyotiscone A）等；木脂素类如异落叶松树酯醇（isolarisiresinol）、紫丁香脂素（syrinyaresinol）等。

分属检索表

1. 乔木、灌木、匍匐状小灌木、攀援灌木、攀援或缠绕木质或半木质藤本。
  2. 花极多数，组成球形的头状花序。
    3. 乔木或直立灌木，植株无钩状刺；花具小苞片··············1. 水团花属 Adina
    3. 攀援灌木，茎上常具钩状刺；花无小苞片··············2. 钩藤属 Uncaria
  2. 花少数或多数，但不为头状花序。
    4. 萼檐裂片相等或不等大，其中有些花的萼檐裂片中有1枚极发达呈花瓣状··············3. 玉叶金花属 Mussaenda
    4. 萼檐裂片全部正常，等大，无1枚扩大而呈花瓣状。
      5. 缠绕藤本，无气根··············4. 鸡矢藤属 Paederia
      5. 乔木、直立灌木或具气根的蔓生攀附灌木。
        6. 子房每室具2至多粒胚珠··············5. 栀子属 Gardenia
        6. 子房每室仅有1粒胚珠。

7. 花组成伞房或圆锥式聚伞花序，顶生···6. 九节属 Psychotria
7. 花单生或数朵簇生，通常腋生。
　　8. 植株通常具针状刺；托叶三角形或先端齿裂·································7. 虎刺属 Damnacanthus
　　8. 植株不具针状刺；托叶分裂呈刺毛状···8. 白马骨属 Serissa
1. 草本，直立、攀援、蔓生或匍匐。
　9. 叶对生。
　　10. 子房每室仅 1 粒胚珠···9. 红芽大戟属 Knoxia
　　10. 子房每室具 2 至多粒胚珠。
　　　11. 花常组成二歧分枝的聚伞花序，花 5 数···································10. 蛇根草属 Ophiorrhiza
　　　11. 花不如上述，花 4 数···11. 耳草属 Hedyotis
　9. 叶轮生···12. 拉拉藤属 Galium

1. 水团花属 Adina Salisb.

灌木或小乔木。叶对生；托叶窄三角形，深 2 裂达全长 2/3 以上，常宿存。头状花序顶生或腋生，或两者兼有；小苞片条形；花萼筒相互分离，萼檐 5 裂，萼裂片条形至条状棒形或匙形，宿存；花冠高脚碟状至漏斗状，花冠裂片在芽内镊合状排列，但顶部常近覆瓦状；雄蕊 4～5 枚，着生于花冠管的上部，花丝短，无毛，花药基着，内向，突出冠喉外；花柱伸出，柱头球形，子房 2 室，每室胚珠多达 40 粒，悬垂。果序中的小蒴果疏松；小蒴果具硬的内果皮，室背室间 4 爿开裂，宿存萼裂片留附于蒴果的中轴上。种子卵球状至三角形，两面扁平，顶部略具翅。

3 种，分布于日本、越南及中国。中国 2 种，分布于长江以南各地，法定药用植物 2 种。华东地区法定药用植物 2 种。

886. 水团花（图 886）• Adina pilulifera (Lam.) Franch. ex Drake

【别名】水杨梅（福建、江西赣州）。

【形态】常绿灌木至小乔木，高达 7m。叶对生，厚纸质，椭圆形至椭圆状披针形，或有时倒卵状长圆形至倒卵状披针形，长 4～12cm，宽 1.5～3cm，先端渐尖至略钝，基部楔形，上表面无毛，下表面无毛或脉腋被束毛；侧脉 6～12 对；叶柄长 2～9mm，无毛或被微毛；托叶 2 裂，裂片三角状披针形。头状花序腋生，直径约 10mm；小苞片条形至条状棒形，无毛；总花梗纤细，长 3～4.5cm，被微柔毛，中部以下有轮生小苞片 5 枚；花萼筒基部有毛，上部有疏散的毛，萼檐 5 裂，裂片条状长圆形或匙形；花冠白色，窄漏斗状，花冠管被微柔毛，顶端 5 裂，花冠裂片卵状长圆形。蒴果楔形，长 2～5mm，具纵棱。种子长圆形，两端有狭翅。花期 6～8 月，果期 9～11 月。

【生境与分布】生于海拔 700m 以下的山谷疏林下或旷野路旁，分布于江苏、福建、江西、浙江，另广东、广西、贵州、海南、湖南均有分布；越南、日本也有分布。

【药名与部位】水团花，地上部分。

【采集加工】随时可采，鲜用或晒干。

【药材性状】为干燥带叶、果的茎枝，茎圆柱形，具灰黄色皮孔，叶对生，叶质薄，倒披针形或长圆状椭圆形，长 4～12cm，宽 1.5～3cm，两面无毛，侧脉 8～10 条，叶柄长 3～10mm；头状花序单生于叶腋，绒球形，直径 0.5～2cm；总花梗长 2.5～4.5cm；萼片 5，条状长圆形；花冠白色，长漏斗状；气微。

【药材炮制】除去杂质，洗净，晒干。

图 886 水团花　　　　　　　　　　　　摄影　张芬耀

【化学成分】根含甾体类：β-谷甾醇（β-sitosterol）和胡萝卜苷（daucosterol）[1]；蒽醌类：芦荟大黄素（aloeemodin）[1]；色原酮类：去甲丁香色原酮（noreugenin）[1]，5,7-二羟基-2-甲基色酮-7-O-β-D-呋喃芹糖基-（1→6）-β-D-吡喃葡萄糖苷［5,7-dihydroxy-2-methyl chromone-7-O-β-D-apiofuranosyl-（1→6）-β-D-glucopyranoside］和小黄钟花苷B（undulatoside B）[1,2]；三萜类：鸡纳酸（quinovic acid）、鸡纳酸-3-β-D-吡喃葡萄糖苷（quinovic acid-3-β-D-glucopyranoside）、鸡纳酸-3-β-D-吡喃葡萄糖苷-（28→1）-β-D-吡喃葡萄糖苷［quinovic acid-3-β-D-glucopyranoside-（28→1）-β-D-glucopyranoside］、鸡纳酸-3-β-D-吡喃葡萄糖基-（1→3）-吡喃鼠李糖苷［quinovic acid-3-β-D-glucopyranosyl-（1→3）-rhamnopyranoside］[1]，3β-O-β-D-吡喃木糖基-（1→3）-α-L-吡喃鼠李糖基焦金鸡纳酸-28-O-β-D-吡喃葡萄糖基-（1→6）-β-D-吡喃葡萄糖酯苷［3β-O-β-D-xylopyranosyl-（1→3）-α-L-rhamnopyranosyl pyrocincholic acid-28-O-β-D-glucopyranosyl-（1→6）-β-D-glucopyranosyl ester］、3β-O-β-D-吡喃木糖基-（1→3）-α-L-吡喃鼠李糖基金鸡勒酸-28-O-β-D-吡喃葡萄糖酯苷［3β-O-β-D-xylopyranosyl-（1→3）-α-L-rhamnopyranosyl cincholic acid-28-O-β-D-glucopyranosyl ester］、3-氧代熊果-12-烯-27,28-二酸（3-oxours-12-en-27,28-dioic acid）、3β-O-β-D-吡喃岩藻糖基鸡纳酸（3β-O-β-D-fucopyranosyl quinovic acid）、3β-O-β-D-吡喃奎诺糖基鸡纳酸（3β-O-β-D-quinovopyranosyl quinovic acid）、3β-O-α-L-吡喃鼠李糖基鸡纳酸（3β-O-α-L-rhamnopyranosyl quinovic acid）、鸡纳酸-（28→1）-O-β-D-吡喃葡萄糖酯苷［quinovic acid-（28→1）-O-β-D-glucopyranoside］、3β-O-β-D-吡喃木糖基-（1→3）-α-L-吡喃鼠李糖基鸡纳酸［3β-O-β-D-xylopyranosyl-（1→3）-α-L-rhamnopyranosyl quinovic acid］、3β-O-β-D-吡喃岩藻糖基鸡纳酸-28-O-β-D-吡喃葡萄糖酯苷［3β-O-β-D-fucopyranosyl quinovic acid-28-O-β-D-glucopyranosyl ester〕、3β-O-β-D-吡喃奎诺糖基鸡纳酸-28-O-β-D-吡喃葡萄糖酯苷〔3β-O-β-D-quinovopyranosyl quinovic acid-28-O-β-D-glucopyranosyl ester〕、3β-O-β-D-吡喃木糖基-（1→3）-α-L-吡喃鼠李糖基鸡纳酸-28-O-β-D-吡喃葡萄糖酯苷〔3β-O-β-D-xylopyranosyl-（1→3）-α-L-rhamnopyranosyl quinovic acid-28-O-β-D-glucopyranosyl ester〕和3β-O-β-D-吡喃葡萄糖基-（1→2）-β-D-吡喃葡萄糖基鸡纳酸-28-O-β-D-吡喃葡萄糖酯苷〔3β-O-β-D-glucopyranosyl-（1→2）-β-D-glucopyranosyl quinovic acid-28-O-β-D-glucopyranosyl ester〕；环烯醚萜类：獐牙菜苷（sweroside）、马钱苷（loganin）[1]和7β-莫罗忍冬苷（7β-morroniside）[3]。

根茎含色原酮类：去甲丁香色原酮（noreugenin）和7-O-β-D-葡萄糖基去甲丁香色原酮（7-O-β-D-glucosyl noreugenin）[4]；蒽醌类：2-羟基-3-甲基蒽醌（2-hydroxy-3-methyl anthraquinone）和3,8-二羟基-1-甲氧基-2-甲氧基亚甲基-9,10-蒽醌（3,8-dihydroxy-1-methoxy-2-methoxymethylene-9,10-anthraquinone）[4]；三萜类：鸡纳酸（quinovic acid）[4]。

全株含色原酮类：2-甲基-5,7-二羟基色原酮（2-methyl-5,7-dihydroxychromone）[5]和2-甲基-5-羟基-7-O-咖啡酸乙酯色原酮（2-methyl-5-hydroxy-7-O-ethyl caffeate chromome）[6]；环烯醚萜类：瓶子草素（sarracenin）和莫罗忍冬苷（morroniside）[7]；黄酮类：柚皮素（naringenin）、圣草酚（eriodictyol）、圣草酚-7-O-α-D-葡萄糖苷（eriodictyol-7-O-α-D-glucoside）、槲皮素（quercetin）、槲皮素-3-O-β-D-葡萄糖苷（quercetin-3-O-β-D-glucoside）[6]、柚皮素-7-O-β-D-葡萄糖苷（hesperetin-7-O-β-D-glucoside）[6,8]和圣草酚-7-O-β-D-葡萄糖苷（eriodictyol-7-O-β-D-glucoside）[8]；苯丙素类：2-甲基-6-羟基苯丙烯酸甲酯（2-methyl-6-hydroxyphenyl methacrylate）[6]。

【药理作用】1.平喘祛痰止咳　全株醇提取物对乙酰胆碱所致的豚鼠离体肠肌收缩、离体气管收缩有明显的松弛作用，对乙酰胆碱致豚鼠哮喘模型有明显的平喘作用，平喘率40%，对氨水致小鼠咳嗽模型有显著的止咳作用，明显提高小鼠酚红排出量[1]。2.抗菌　地上部分的乙醇粗提物的乙酸乙酯部位对金黄色葡萄球菌、藤黄微球菌、铜绿假单胞杆菌、枯草芽孢杆菌和猪霍乱沙门氏菌的生长均有不同程度的抑制作用；乙酸乙酯部位中分离得的槲皮素-3-O-β-D-葡萄糖苷（quercetin-3-O-β-D-glucoside）有较好的抑菌作用[2]；醇提取物对大肠杆菌、绿脓杆菌、弗氏杆菌、伤寒杆菌、枯草杆菌、腊样杆菌、八叠球菌和金黄色葡萄球菌的生长均有抑制作用[1]。3.抗病毒　全株乙醇提取物的乙酸乙酯部位分离得的柚皮素（naringenin）、圣草酚（eriodictyol）、槲皮素（quercetin）3种黄酮苷元在体外均具有不同程度的抑制呼吸道合胞病毒（RSV）和柯萨奇B3型病毒（CVB3）活性[3]。4.抗肿瘤　全株乙醇粗体物及石油醚部位、乙酸乙酯部位、正丁醇部位在体外对人喉癌Hep-2细胞、结肠癌LOVO细胞、肝癌BEL-7402细胞、人肺癌H460细胞和人肺腺癌A549细胞的生长均有不同程度的抑制作用，其中乙酸乙酯部位抑制作用最强[4]。

毒性　全株醇提取物对小鼠急性毒性的半数致死剂量（LD_{50}）为（332.8±12.1）g/kg。犬毒性试验中，按临床拟用日剂量（1.5g/kg）的80倍、160倍单次灌胃给药，以及按13.5倍及20倍连续灌胃给药5天，除出现呕吐反应外，未出现其他症状，脏器未见异常[1]。

【性味与归经】微苦，凉。归肝、脾大肠经。

【功能与主治】清热利湿，疏风形气，消肿解毒。用于骨折肿痛，创伤出血，烫伤，疔疮痈肿。

【用法与用量】内服9～15g；鲜用捣汁敷患处。

【药用标准】福建药材2006。

【临床参考】1.面神经麻痹：根100g，加米酒200g、白毛鸡1只，炖汤喝，3天1次，连服6次，症状重者可加量[1]。

2.肝炎：鲜根30g，加鲜薏仁根、鲜虎杖根各30g，水煎服。

3.风火牙痛：地上部分12g，加茅莓12g、山芝麻9g、两面针9g、石膏30g，水煎服。

4.外伤出血：鲜叶适量，捣烂外敷。（2方至4方引自《浙江药用植物志》）

【附注】《本草纲目拾遗》载有水团花，谓："生溪涧近水处，叶如蜡梅树，皮似大叶杨，五六月开白花，圆如杨梅，叶皮皆可用。治金刃伤，年久烂脚疮，捣皮叶罨上一宿即痂（草秘）。"所述应为本种。

本种的根民间也作药用。

【化学参考文献】

[1] 郭跃伟，黄伟晖，陈雯婷，等．水团花化学成分的研究 [J]．中国现代中药，2012，14（3）：15-19．

[2] 郭跃伟，黄伟晖，宋国强，等．中药水团花（Adina pilulifera）中2个色酮苷的NMR化学位移全归属 [J]．波谱学杂志，2003，20（3）：265-269．

[3] Shi H M，Min Z D．Two new triterpenoid saponiins from Adina pilulifera [J]．J Asian Nat Prod Res，2003，5（1）：11-16．

[4] 林绥，阙慧卿，钱丽萍，等．水团花根茎醋酸乙酯部位的化学成分研究 [J]．现代药物与临床，2012，27（4）：353-355．

[5] 薛珺一，李药兰，范兆永，等．水团花化学成分研究 [J]．中药材，2007，30（9）：1084-1086．

[6] 范兆永．水团花化学成分及其生物活性的初步研究 [D]．广州：暨南大学硕士学位论文，2006．

[7] 薛珺一，李药兰，范兆永，等．水团花化学成分研究 [J]．中药材，2007，30（9）：1085-1086．

[8] 李药兰，王辉，范兆永，等．水团花黄酮类成分及其体外抗病毒活性 [J]．天然产物研究与开发，2009，21（5）：740-743．

【药理参考文献】

[1] 洪庚辛，顾以保，陈学芬，等．水团花醇提物平喘作用的研究 [J]．中草药，1980，11（3）：119-141．

[2] 白雪，林晨，李药兰，等．水杨梅和水团花提取物体外抑菌活性的实验研究 [J]．中草药，2008，39（10）：1532-1535．

[3] 李药兰，王辉，范兆永，等．水团花黄酮类成分及其体外抗病毒活性 [J]．天然产物研究与开发，2009，21：740-765．

[4] 范兆永．水团花化学成分及其生物活性的初步研究 [D]．广州：暨南大学硕士学位论文，2006．

【临床参考文献】

[1] 庄淑梅，许秀貌．水团花治疗面神经麻痹 [J]．中国民间疗法，2001，9（3）：61．

887. 细叶水团花（图887） • *Adina rubella* Hance

【别名】 水杨梅（通称），水红桃（江苏南京）。

【形态】 落叶灌木，高1～3m。小枝红褐色，具稀疏皮孔，嫩枝密被短柔毛。叶对生，近无柄，薄革质，卵状披针形或卵状椭圆形，全缘，长2.5～4cm，宽8～12mm，先端渐尖或短渐尖，基部阔楔形；侧脉5～7对，上表面沿中脉被柔毛，下表面沿脉被疏柔毛；托叶小，2深裂，裂片披针形，早落。头状花序直径6～10mm，单生，顶生或少有腋生，总花梗略被柔毛；小苞片条形或条状棒形或无；花萼筒疏被短柔毛，萼檐5裂，裂片匙形或匙状棒形；花冠淡紫红色，长2～3mm，顶端5裂，裂片三角状卵形。蒴果长卵状楔形，长3～4mm。花期6～7月，果期8～10月。

【生境与分布】 生于溪边、河边、沙滩等湿润地区，分布于江西、福建、浙江、江苏，另广东、广西、湖南、陕西均有分布；朝鲜也有分布。

细叶水团花与水团花的区别点：细叶水团花叶长2.5～4cm，宽8～12mm，无柄。水团花叶长4～12cm，宽1.5～3cm，有柄。

【药名与部位】 水杨梅根（水高丽），根。水杨梅，带花果序。

【采集加工】 水杨梅根：全年均可采挖，除去泥沙及须根，洗净，干燥；或趁鲜切厚片，晒干。水杨梅：9～11月果实未完全成熟时采摘，除去枝叶及杂质，干燥。

【药材性状】 水杨梅根：常切成不规则片状，厚薄不一。栓皮灰褐色，有时脱落而显现棕色的光滑皮部。皮部黄棕色，纤维性强，厚2～5mm，有时与木质部分离。木质部发达，坚硬，横断面多为浅黄色，少

图887 细叶水团花　　摄影　徐跃良等

数心材显棕色,气微,味微苦。

水杨梅:由多数小花果密集而成,呈球形,形似杨梅,直径0.3～1cm。表面棕黄色至棕褐色,粗糙,细刺状。轻搓小蒴果即脱落,露出球形坚硬的果序轴。小蒴果楔形,长0.3～0.4cm,淡黄色,顶端有棕色的花萼,5裂,裂片突出呈刺状,内有种子数粒。气微,味微苦涩。

【药材炮制】水杨梅根:除去杂质,洗净,润软,切厚片,干燥;已切厚片者,筛去灰屑。

【化学成分】根含木脂素类:(+)-南烛木树脂酚-3α-O-β-D-吡喃葡萄糖苷[(+)-lyoniresinol-3α-O-β-D-glucopyranoside]和(6S, 7R, 8R)-7α-[(β-D-吡喃葡萄糖)氧基]南烛木树脂酚{(6S, 7R, 8R)-7α-[(β-D-glucopyranosyl)oxy]lyoniresinol}[1];香豆素类:东莨菪苷(scopolin)[1];色原酮类:5,7-二羟基-2-甲基色原酮-7-O-β-D-吡喃葡萄糖苷(5,7-dihydroxy-2-methylchromone-7-O-β-D-glucopyranoside)[1],5-羟基-2-甲基色原酮-7-O-β-D-吡喃木糖基-(1→6)-β-D-吡喃葡萄糖苷[5-hydroxy-2-methylchromone-7-O-β-D-xylopyranosyl-(1→6)-β-D-glucopyranoside]和5-羟基-2-甲基色原酮-7-O-β-D-呋喃芹糖基-(1→6)-β-D-吡喃葡萄糖苷[5-hydroxy-2-methyl chromone-7-O-β-D-apiofuranosyl(1→6)-β-D-glucopyranoside][2];酚苷类:2,4,6-三甲氧基苯酚-1-O-β-D-呋喃芹糖基(1→6)-β-D-吡喃葡萄糖苷[2,4,6-trimethoxyphynol-1-O-β-D-apiofuranosyl(1→6)-β-D-glucopyranoside][2];生物碱类:蛇根草苷(lyaloside)、哈尔满-3-甲酸(harman-3-carboxylic acid)[1]和直夹竹桃胺酸(strictosidinic acid)[2];环烯醚萜苷类:马钱素(loganin)[2];糖类:2-O-α-D-吡喃葡萄糖-D-葡萄糖(2-O-α-D-glucopyranosyl-D-glucose)[2];三萜类:3-酮基鸡纳酸(3-oxoquinovic acid)、齐墩果酸(oleanolic acid)、3-乙酰齐墩果酸(3-acetyloleanolic acid)、鸡纳酸-3-O-β-D-吡喃葡萄糖基-28-O-β-L-吡喃鼠李糖基酯苷(quinovic acid-3-O-β-D-glucopyranosyl-28-O-β-L-rhamnopyranosyl ester)、鸡纳酸-3-O-β-D-吡

喃葡萄糖基-28-O-β-L-吡喃葡萄糖基酯苷（quinovic acid-3-O-β-D-glucopyranosiyl-28-O-β-L-glucopyranosyl ester）、焦金鸡纳酸-3-O-α-L-吡喃鼠李糖基-28-[β-D-吡喃葡萄糖基-（1→6）-O-β-D-吡喃葡萄糖基]酯苷{pyrocincholic acid-3-O-α-L-rhamnopyranosyl-28-[β-D-glucopyranosyl-（1→6）-O-β-D-glucopyranosyl ester]}[1]、焦金鸡纳酸（pyrocincholic acid）、鸡纳酸-3β-O-β-D-吡喃岩藻糖基-（28→1）-β-D-吡喃葡萄糖酯苷[quinovic acid-3β-O-β-D-fucopyranosyl-（28→1）-β-D-glucopyranosyl ester]、鸡纳酸-3β-O-α-吡喃鼠李糖基-（28→1）-β-D-吡喃葡萄糖基酯苷[quinovic acid-3β-O-α-rhamnopyranosyl-（28→1）-β-D-glucopyranosyl ester]、鸡纳酸-3β-O-β-D-吡喃葡萄糖基-（1→2）-β-D-吡喃葡萄糖苷[quinovic acid-3β-O-β-D-glucopyranosyl-（1→2）-β-D-glucopyranoside][3]、鸡纳酸-3-O-β-D-吡喃葡萄糖基-（1→4）-β-D-吡喃岩藻糖苷[quinovic acid-3-O-β-D-glucopyranosyl-（1→4）-β-D-fucopyranoside]、鸡纳酸-3-O-β-D-吡喃葡萄糖基-（1→4）-β-D-吡喃岩藻糖苷-（28→1）-β-D-吡喃葡萄糖基酯苷[quinovic acid-3-O-β-D-glucopyranosyl-（1→4）-β-D-fucopyranoside-（28→1）-β-D-glucopyranosyl ester]、鸡纳酸-3-O-β-D-吡喃葡萄糖基-（1→4）-α-L-吡喃鼠李糖基-（28→1）-β-D-吡喃葡萄糖酯苷[quinovic acid-3-O-β-D-glucopyranosyl-（1→4）-α-L-rhamnopyranosyl-（28→1）-β-D-glucopyranosyl ester]、鸡纳酸-3-O-β-D-吡喃葡萄酯苷-（1→2）-β-D-吡喃葡萄糖基-（28→1）-β-D-吡喃葡萄糖基酯[quinovic acid-3-O-β-D-glucopyranosyl-（1→2）-β-D-glucopyranosyl-（28→1）-β-D-glucopyranosyl ester][4]、焦金鸡纳酸-3β-O-α-L-吡喃鼠李糖基-（28→1）-β-D-吡喃葡萄糖基酯苷[pyrocincholic acid-3β-O-α-L-rhamnopyranosyl-（28→1）-β-D-glucopyranosyl ester]、焦金鸡纳酸-3β-O-β-D-吡喃葡萄糖基-（1→2）-β-D-吡喃岩藻糖基-（28→1）-β-D-吡喃葡萄糖基-（1→6）-β-D-吡喃葡萄糖酯苷[pyrocincholic acid-3β-O-β-D-glucopyranosyl-（1→2）-β-D-fucopyranosyl-（28→1）-β-D-glucopyranosyl-（1→6）-β-D-glucopyranosyl ester]、焦金鸡纳酸-3β-O-β-D-吡喃葡萄糖基-（1→2）-β-D-吡喃葡萄糖基-（28→1）-β-D-吡喃葡萄糖基-（1→6）-β-D-吡喃葡萄糖酯苷[pyrocincholic acid-3β-O-β-D-glucopyranosyl-（1→2）-β-D-glucopyranosyl-（28→1）-β-D-glucopyranosyl-（1→6）-β-D-glucopyranosyl ester][5]、3β-O-[α-L-吡喃鼠李糖基-（1→2）-β-D-吡喃葡萄糖基-（1→2）-β-D-吡喃葡萄糖醛酸苷-6-O-甲基酯]-28-O-β-D-吡喃葡萄糖苷{3β-O-[α-L-rhamnopyranosyl-（1→2）-β-D-glucopyranosyl-（1→2）-β-D-glucuronopyranoside-6-O-methyl ester]-28-O-β-D-glucopyranoside}、水团花酸-3β-O-[α-L-吡喃鼠李糖基-（1→2）-β-D-吡喃葡萄糖基-（1→2）-β-D-吡喃葡萄糖醛酸苷-6-O-丁基酯]-28-O-β-D-吡喃葡萄糖苷[adinaic acid-3β-O-[α-L-rhamnopyranosyl-（1→2）-β-D-glucopyranosyl-（1→2）-β-D-glucuronopyranoside-6-O-butyl ester]-28-O-β-D-glucopyranoside]、水团花酸（adinaic acid）和27-羟基熊果酸-3β-O-[β-L-吡喃鼠李糖基-（1→2）-β-D-吡喃葡萄糖基-（1→2）-β-D-吡喃葡萄糖醛酸苷-6-O-甲酯]-28-O-β-D-吡喃葡萄糖苷{27-hydroxyursolic acid-3β-O-[β-L-rhamnopyranosyl-（1→2）-β-D-glucopyranosyl-（1→2）-β-D-glucuronopyranoside-6-O-methyl ester]-28-O-β-D-glucopyranoside}[6]、鸡纳酸-3-O-β-D-吡喃葡萄糖基-（1→4）-β-D-吡喃果糖苷[quinovic acid-3-O-β-D-glucopyranosyl-（1→4）-β-D-fucopyranoside][3]、鸡纳酸（quinovic acid）和3-酮基熊果-12-烯-27,28-二酸（3-oxours-12-en-27,28-dioic acid）[7]；甾体类：β-谷甾醇（β-sitosterol）[7]。

叶含黄酮类：槲皮素-3-芸香糖苷（quercetin-3-rutinoside）、山奈酚-3-O-α-L-吡喃鼠李糖基-（1→6）-β-D-吡喃葡萄糖苷[kaempferol-3-O-α-L-rhamnopyranosyl-（1→6）-β-D-glucopyranoside]和金丝桃苷（hyperoside）[8]；苯丙素类：咖啡酸（caffeic acid）、绿原酸（chlorogenic acid）、绿原酸甲酯（methyl chlorogenate）和大花花闭木苷（grandifloroside）[8]。

带花枝条含三萜类：齐墩果酸（oleanolic acid）和熊果酸（ursolic acid）[9]；色原酮类：7-O-D-葡萄糖去甲丁香色原酮（7-O-D-glucosyl noreugenin）[9]；甾体类：β-谷甾醇（β-sitosterol）[9]；二萜类：尾叶香茶菜素K（excisanin K）、（E）-植醇[（E）-phytol]和（Z）-植醇[（Z）-phytol][9]；苯丙素类：5-O-

咖啡酰基奎宁酸丁酯（butyl 5-O-caffeoylquinate）、反式对羟基肉桂酸（trans-p-hydroxoycinnamic acid）和反式-4′-羟基-2′-肉桂醛（trans-4′-hydroxy-2′-cinnamaldehyde）[9]；酚类：α-生育酚（α-tocopherol）[9]；环烯醚萜苷类：7-表沃格闭花苷（7-epi-vogeloside）[9]；烷烃类：二十三烷（tricosane）和二十六烷（hexacosane）[9]。

全株含香豆素类：七叶内酯（esculetin）、东莨菪内酯（scopoletin）和东莨菪苷（scopolin）[10]；色原酮类：5-羟基-2-甲基色原酮-7-O-β-吡喃木糖基-（1→6）-β-D-吡喃葡萄糖苷［5-hydroxy-2-methylchromone-7-O-β-D-xylopyranosyl-（1→6）-β-D-glucopyranoside］、7-O-β-D-葡萄糖基-去甲丁香色原酮（7-O-β-D-glucosyl noreugenin）[10]和2-甲基-5,7-二羟基色原酮（2-methyl-5,7-dihydroxychromone）[11]；酚酸类：异香草酸（isovanillic acid）和咖啡酸（caffeic acid）[10]。

茎含二萜类：尾叶香茶菜素K（excisanin K）、E-植醇（E-phytol）和Z-植醇（Z-phytol）[12]；三萜类：齐墩果酸（oleanolic aicd）和熊果酸（ursolic acid）[12]；苯丙素类：反式-4′-羟基-2′-甲氧基桂皮醛（trans-4′-hydroxy-2′-methoxycinnamaldehyde）、反式对羟基桂皮酸（trans-p-hydroxycinnamic acid）和5-O-咖啡酰奎宁酸丁酯（butyl 5-O-caffeoylquinate）[12]；色原酮类：7-O-β-D-葡萄糖基去甲丁香色原酮（7-O-β-D-glucosylnoreugenin）[12]；环烯醚萜类：7-表沃格闭花苷（7-epi-vogeloside）[12]；甾体类：β-谷甾醇（β-sitosterol）[12]。

【药理作用】1. 抗菌　全株乙醇粗提物的乙酸乙酯部位对金黄色葡萄球菌、藤黄微球菌、铜绿假单胞菌、枯草芽孢杆菌和猪霍乱沙门氏菌的生长均有不同程度的抑制作用[1]；乙醇粗提物的各溶剂萃取部位对铜黄微球菌、金黄色葡萄球菌、枯草芽孢杆菌、铜绿假单胞菌、猪霍乱沙门氏菌的生长均有一定的抑制作用，石油醚部位分离得到的甾体混合物的抑菌效果最好，对革兰氏阳性菌的抑制效果优于对革兰氏阴性菌的抑制效果，在革兰氏阳性菌中对球菌的抑制效果最佳[2]。2. 抗病毒　全株的乙醇粗提物以及石油醚部位、乙酸乙酯部位、正丁醇部位均显示有一定的抗呼吸道合胞病毒（RSV）的作用；其中乙酸乙酯部位抗呼吸道合胞病毒的作用最明显[3]。3. 抗肿瘤　根水提取物的乙酸乙酯部位在体外对人直肠癌LS174T细胞有较强的抑制作用，呈剂量依赖性[4]；水提取物中的总黄酮对S180荷瘤小鼠肿瘤生长有直接的抑制作用[5]。4. 抗凝血抗血栓　根乙醇提取物中分离得的黄酮类成分可显著提高5′-二磷酸腺苷（ADP）诱导的急性肺栓塞大鼠的存活率，延长尾部出血模型小鼠的尾部凝血时间，抑制动静脉旁路血栓模型大鼠的血栓形成，抑制5′-二磷酸腺苷所诱导的血小板聚集，其机制可能与血小板标记蛋白CD41/PI3K/Akt信号通路调控相关[6]。

【性味与归经】水杨梅根：微苦、涩，凉。归肺、肝、大肠经。水杨梅：苦、涩，凉。归胃、大肠经。

【功能与主治】水杨梅根：清热解毒、散瘀止痛。用于肺热咳嗽，湿热泻痢，跌打损伤，外用治疮肿，下肢溃疡。水杨梅：清热解毒。用于细菌性痢疾，肝炎，阴道滴虫病。

【用法与用量】水杨梅根：煎服30～60g；外用适量捣敷。水杨梅：9～15g。

【药用标准】水杨梅根：上海药材1994、浙江炮规2015、湖南药材2009、广东药材2004和贵州药材2003；水杨梅：药典1977和湖南药材2009。

【临床参考】1. 风火牙痛（牙肉肿痛）：根12g，加蛇泡簕12g、山芝麻9g、入地金牛9g、石膏30g，清水二碗煎至半碗，1次服下，每日1剂[1]；枝叶12g，加茅莓12g、山芝麻9g、二面针9g、石膏30g，水煎服。（《浙江药用植物志》）

2. 晚期大肠癌：根30g，加当归、生地各15g、白芍12g、川芎9g、藤梨根、野葡萄根、黄芪各30g，每日1剂，连服3周，配合化疗[2]。

3. 手足口病：根20g，加千里光、菊花、蒲公英、紫花地丁、土茯苓各20g，每日1剂，水煎取汁1000～1500ml，微温，熏洗手心、足心及肛周皮疹处[3]。

4. 菌痢、肠炎：枝叶30g，或带花果序15g，水煎服；或根30g，加枫树叶、水辣蓼各30g，水煎分2～3次服。

5. 多发性疖肿：根皮125g，水煎冲酒服，渣外敷。

6. 雷公藤中毒辅助治疗：根60～150g，水煎服。（4方至6方引自《浙江药用植物志》）

【附注】本种始载于《本草纲目》，云："生水边，条叶甚多，生子如杨梅状。"《植物名实图考》云："按此草，江西池泽边甚多，花老为絮，土人呼为水杨柳。与所引庚辛玉册地椒开黄花不类。"该条还附有较精确之附图。据此生长环境、形态特征描述和附图，可确定与本种一致。

上海药材1994和贵州药材2003两标准收载本种的学名为Adina rubella (Sieb.et Zucc.) Hance，其定名人与《中国植物志》有别。

本种的茎皮、枝叶民间也作药用。

【化学参考文献】

[1] 张磊，高颖，蒋云涛，等.水杨梅根的化学成分[J].中国药科大学学报，2015，46（5）：556-560.

[2] 樊高骏.水杨梅化学成分的研究（Ⅲ）[J].中草药，1997，28（4）：195-198.

[3] 何直昇.水杨梅化学成分的研究（Ⅳ）[J].中草药，1998，29（3）：151-153.

[4] Fan G J, He Z S. Triterpenoid glycosides from Adina rubella [J]. Phytochemistry，1997，44（6）：1139-1143.

[5] He Z S, Fan G J. 27-Nor-triterpenoid glycosides from Adina rubella Hance [J]. Studies in Plant Science (Advances in Plant Glycosides, Chemistry and Biology)，1999，6：171-175.

[6] Fan G J, He Z S, Wu H M, et al. 27-Ald-triterpenoid saponins from Adina rubella [J]. Chin J Chem，1997，15（5）：431-437.

[7] 林绶.细叶水团花的化学成分研究（Ⅱ）[J].中草药，1999，22（9）：456-457.

[8] Jun Y, Jun H, Yoon H, et al. Inhibitory activities of phenolic compounds isolated from Adina rubella leaves against 5α-reductase associated with benign prostatic hypertrophy [J]. Molecules，2016，21（7）：887.

[9] 张一冰.细叶水团花活性成分研究[D].开封：河南大学硕士学位论文，2014.

[10] 袁宁宁，黄伟欢，邱瑞霞，等.水杨梅化学成分研究[J].暨南大学学报（自然科学与医学版），2009，30（3）：302-304.

[11] 邱瑞霞.瑶药水杨梅（Adina rubella Hance）化学成分及生物活性研究[D].广州：暨南大学硕士学位论文，2006.

[12] Zhang Y B, Wang S F Kang W Y. Chemical Constituents of Adina rubella [J]. Chem Nat Compd，2016，52（1）：181-182.

【药理参考文献】

[1] 白雪，林晨，李药兰，等.水杨梅和水团花提取物体外抑菌活性的实验研究[J].中草药，2008，39（10）：1532-1535.

[2] 邱瑞霞.瑶药水杨梅（Adina rubella Hance）化学成分及生物活性研究[D].广州：暨南大学硕士学位论文，2006.

[3] 袁宁宁.六耳铃[Blumea laciniata (Roxb.) DC.]和水杨梅（Adina rubella Hance）的化学成分及体外抗病毒活性研究[D].广州：暨南大学硕士学位论文，2007.

[4] 叶勇，涂先琴，宋兴文，等.水杨梅根提取物的体外抗肿瘤活性[J].浙江中医药大学学报，2007，31（3）：372-373.

[5] 张蓓，余潇苓，覃开羽.水杨梅总黄酮灌胃对S180荷瘤小鼠肿瘤生长及免疫系统的影响研究[J].亚太传统医药，2018，14（7）：12-14.

[6] 方晴霞，邹小舟，俞文英，等.水杨梅根黄酮类成分抑制血小板聚集和血栓形成的作用及机制研究[J].中国临床药理学与治疗学，2018，23（6）：640-645.

【临床参考文献】

[1] 广东省花县炭步公社卫生院.水杨梅方剂治疗风火牙痛（牙肉肿痛）143例观察[J].新医药通讯，1972，（3）：45.

[2] 孙在典，张爱琴.复方四物汤配合化疗治疗晚期大肠癌48例[J].中国中医药科技，2008，15（3）：183.

[3] 刘昕，李艳.中药熏洗治疗手足口病119例[J].河南中医，2014，34（9）：1717-1718.

2. 钩藤属 Uncaria Schreber

木质藤本，营养侧枝常变态成钩刺。叶对生；托叶全缘或有缺刻，2裂。头状花序顶生于侧枝上，常单生，稀分枝为复聚伞圆锥花序状；总花梗具稀疏或稠密的毛；小苞片条状或条状匙形；花萼筒纺锤形，无毛或有稠密的毛，萼檐5裂；花冠管状漏斗形，顶端5裂，蕾时覆瓦状排列；雄蕊5枚，着生于花冠管喉部，伸出，花丝短；花柱伸出，柱头球形或长棒形，顶部有疣，子房2室，每室胚珠多粒。蒴果2室，室背开裂。种子小，多数，中央具网状纹饰，两端有长翅。

34种，多分布于亚洲热带地区。中国11种1变型，分布于福建、江西、浙江、广东、广西、云南、四川、湖北、湖南、贵州、陕西、甘肃、西藏、台湾等地，法定药用植物8种。华东地区法定药用植物1种。

888. 钩藤（图888） · *Uncaria rhynchophylla*（Miq.）Miq. ex Havil.

图888 钩藤　　　　　　　　　　　　摄影　郭增喜等

【别名】双钩藤（福建）。

【形态】常绿攀援灌木。小枝方柱形或略有4棱角，无毛。叶纸质，椭圆形或椭圆状长圆形，长5~12cm，宽3~7cm，无毛，先端渐尖，基部圆形至宽楔形；侧脉4~8对，脉腋窝陷有黏液毛；叶柄长5~15mm，无毛；托叶狭三角形，2深裂，裂片条形至三角状披针形。头状花序单生叶腋，或几个组成顶生的总状花序；小苞片条形或条状匙形；花萼筒被毛，萼裂片近三角形，长0.5mm；花冠黄色，裂片卵圆形，边缘具柔毛；花柱伸出冠喉外，柱头棒状。蒴果长5~6mm，被短柔毛，倒圆锥形，宿存萼裂片近三角形，星状辐射。花期6~7月，果期8~10月。

【生境与分布】生于山谷溪边的疏林或灌丛中，分布于江西、福建、浙江，另广东、广西、湖北、湖南、贵州、云南均有分布；日本也有分布。

【药名与部位】钩藤，带钩茎枝。钩藤根，根。

【采集加工】钩藤：秋、冬二季采收当年新枝，除去杂质，干燥。钩藤根：全年均可采收，除去杂质，切段，干燥。

【药材性状】钩藤：茎枝呈圆柱形或类方柱形，长 2～3cm，直径 0.2～0.5cm。表面红棕色至紫红色者具细纵纹，光滑无毛；黄绿色至灰褐色者有的可见白色点状皮孔，被黄褐色柔毛。多数枝节上对生两个向下弯曲的钩（不育花序梗），或仅一侧有钩，另一侧为突起的疤痕；钩略扁或稍圆，先端细尖，基部较阔；钩基部的枝上可见叶柄脱落后的窝点状痕迹和环状的托叶痕。质坚韧，断面黄棕色，皮部纤维性，髓部黄白色或中空。气微，味淡。

钩藤根：呈圆柱形，稍弯曲，须根偶可见，直径 0.3～2.5cm。表面灰红棕色至灰褐色，粗糙，具纵皱纹，可见横向皮孔，表皮脱落处呈深褐色。质硬，不易折断。断面皮部厚，棕黄色至红棕色；木质部浅棕黄色，具密集小孔。气微，味苦。

【药材炮制】钩藤：除去杂质及枯钩、结状风钩，洗净，切段，干燥。

钩藤根：除去杂质，清洗，切片，干燥。

【化学成分】根含生物碱类：异钩藤碱（isorhynchophylline）和钩藤碱（rhynchophyline）[1]；黄酮类：槲皮素（quercetin）和金丝桃苷（hyperin）[1]；蒽醌类：大黄素甲醚（physcion）[1]；甾体类：β-谷甾醇（β-sitosterol）、豆甾醇（stigmasterol）和胡萝卜苷（daucosterol）[1]；三萜类：齐墩果酸（oleanolic acid）[1]；酚酸类：香草酸（vanillic acid）和对苯二酚（p-hydroquinone）[1]。

叶含生物碱类：长春花苷内酰胺（vincoside lactam）[2]，小蔓长春花酰胺 A（vincosamide A）、18, 19-羟基小蔓长春花酰胺（18, 19-hydroxyvincosamide）、直立拉齐木酰胺（strictosamide）、小蔓长春花酰胺（vincosamide）[3]，钩藤碱（rhynchophylline）、异钩藤碱（isorhynchophylline）、异去氢钩藤碱（isocorynoxeine）、去氢钩藤碱（corynoxeine）[2,4]，18, 19-去氢柯楠诺辛碱酸 B（18, 19-dehydrocorynoxinic acid B）、18, 19-去氢柯楠诺辛碱酸（18, 19-dehydrocorynoxinic acid）、二岐河谷木胺（vallesiachotamine）[5]，2′-O-β-D-吡喃葡萄糖基-11-羟基长春花苷内酰胺（2′-O-β-D-glucopyranosyl-11-hydroxyvincoside lactam）、22-O-去甲基-22-O-β-D-吡喃葡萄糖基异柯楠赛因碱（22-O-demethyl-22-O-β-D-glucopyranosylisocorynoxeine）、(4S)-柯楠赛因碱-N-氧化物［(4S)-corynoxeine-N-oxide］、异柯楠赛因碱-N-氧化物（isocorynoxeine-N-oxide）、钩藤碱-N-氧化物（rhynchophylline-N-oxide）、异钩藤碱-N-氧化物（isorhynchophylline-N-oxide）、二氢柯楠因碱（dihydrocorynantheine）和直立拉齐木西定（strictosidine; isovincoside）[6]；三萜类：熊果酸（ursolic acid）、熊果酸内酯（ursolic acid lactone）[3]，6β-羟基熊果酸（6β-hydroxyursolic acid）、3β, 6β, 19α-三羟基熊果-12-烯-28-酸（3β, 6β, 19α-trihydroxyurs-12-en-28-oic acid）和 3β, 6β, 23-三羟基熊果-12-烯-28-酸（3β, 6β, 23-trihydroxyurs-12-en-28-oic acid）[7]；黄酮类：槲皮素（quercetiu）、表儿茶素（epicatechin）、槲皮素-3-O-洋槐糖苷（quercetin-3-O-robinobioside）、芦丁（rutin）[3]，车轴草苷（trifolin）[5]，金丝桃苷（hyperoside）[5,7]，槲皮素-3-O-α-L-吡喃鼠李糖基-(1→6)-β-D-吡喃半乳糖苷［quercetin-3-O-α-L-rhamnopyranosyl-(1→6)-β-D-galactopyranoside］、山奈酚-3-O-α-L-吡喃鼠李糖基-(1→6)-β-D-吡喃半乳糖苷［kaempferol-3-O-α-L-rhamnopyranosyl-(1→6)-β-D-galactopyranoside］、山奈酚-3-O-β-D-吡喃半乳糖苷（kaempferol-3-O-β-D-galactopyranoside）[7]，钩藤酮醇*A、B、C、D（uncariol A、B、C、D）和辛可耐因 Ia、Ib、Ic、Id（cinchonain Ia、Ib、Ic、Id）[8]；甾体类：β-谷甾醇（β-sitosterol）和胡萝卜苷（daucosterol）[7]；酚酸及其酯类：原儿茶酸酯（protocatechuate）、绿原酸乙酯（ethyl chlorogenate）、咖啡酸甲酯（methyl caffeate）和 α-生育酚（α-tocopherol）[3]；单萜类：二氢猕猴桃内酯（dihydroactinidiolide）[3]；其他尚含：α-生育螺环 A（α-tocospiro A）、3, 4-去羟基茶螺酮（3, 4-dehydrotheaspirone）和花叶假杜鹃脂素*A（chakyunglupulin A）[3]。

枝叶含香豆素类：东莨菪内酯（scopoletin）[9]；生物碱类：柯楠诺辛碱（corynoxine）、柯楠诺辛碱 B（corynoxine B）和钩藤碱（rhynchophylline）[10]；三萜类：3β, 19α-二羟基熊果-5, 12-二烯-28-

酸（3β, 19α-dihydroxyurs-5, 12-dien-28-oic acid）、3β, 6β, 19α- 三羟基 -23- 酮基 - 熊果 -12- 烯酸（3β, 6β, 19α-trihydroxy-23-oxo-urs-12-en-oic acid）、3β- 羟基熊果 -12- 烯 -27, 28- 二酸（3β-hydroxyurs-12-en-27, 28-dioic acid）[9]、3β, 6β, 19α- 三羟基 -12- 烯 -28- 酸（3β, 6β, 19α-trihydroxyurs-12-en-28-oic acid），即钩藤酸（uncaric acid）、常春藤皂苷元（hederagenin）、钩藤苷元 A、B、C（uncargenin A、B、C）[11] 和钩藤苷元 D（uncargenin D）[9]；甾体类：β- 谷甾醇（β-sitosterol）[9]。

带钩茎枝含三萜类：熊果酸（ursolic acid）[12]、3β- 羟基熊果 -12- 烯 -27, 28- 二羧酸（3β-hydroxyurs-12-en-27, 28-dioic acid）、6β, 19α- 二羟基熊果 -3- 酮基 -12- 烯 -28- 酸（6β, 19α-dihydroxyurs-3-oxo-12-en-28-oic acid）、3β, 6β, 19α, 24- 四羟基熊果 -12- 烯 -28- 酸（3β, 6β, 19α, 24-tetrahydroxyurs-12-en-28-oic acid）、3β, 19α, 23- 三羟基 -6- 酮基 - 齐墩果 -12- 烯 -28- 酸（3β, 19α, 23-trihydroxy-6-oxo-olean-12-en-28-oic acid）、3β, 19α, 24- 三羟基熊果 -12- 烯 -28- 酸（3β, 19α, 24-trihydroxyurs-12-en-28-oic acid）、钩藤苷元 C（uncargenin C）、苏门树脂酸（sumaresinolic acid）、3β, 6β, 19α- 三羟基熊果 -23- 醛 -12- 烯 -28- 酸（3β, 6β, 19α-trihydroxyurs-23-aldehyde-12-en-28-oic acid）[13]、齐墩果酸（oleanic acid）、β- 香树脂醇（β-amyrenol）[14]、钩藤酸 C（uncarinic acid C）[15]、钩藤酸 G、H、I、J（uncarinic acid G、H、I、J）、3β, 6β, 19α- 三羟基 -23- 甲酯基 - 熊果 -12- 烯 -28- 酸（3β, 6β, 19α-trihydroxy-23-methoxycarbonyl-urs-12-en-28-oic acid）、3β, 6β, 19α- 三羟基 - 齐墩果 -12- 烯 -28- 酸（3β, 6β, 19α-trihydroxy-olean-12-en-28-oic acid）、3β- 羟基 -27-（E）- 香豆酰基 - 熊果 -12- 烯 -28- 酸 [3β-hydroxy-27-（E）-coumaroyl-urs-12-en-28-oic acid]、3β- 羟基 -27-（E）- 香豆酰基 - 齐墩果 -12- 烯 -28- 酸 [3β-hydroxy-27-（E）-coumaroyl-oleanen-12-en-28-oic acid][16]、3β, 6β, 19α- 三羟基熊果 -23- 酮基 -12- 烯 -28- 酸（3β, 6β, 19α-trihydroxyurs-23-oxo-12-en-28-oic acid）和 3β, 6β, 19α- 三羟基熊果 -12- 烯 -28- 酸（3β, 6β, 19α-trihydroxyurs-12-en-28-oic acid）[13,16]；生物碱类：柯诺辛碱（corynoxine）、钩藤碱（rhynchophylline）[12]、硬毛钩藤碱（hirsutine）、哈尔满碱（harmane）、缝籽木嗪甲醚（geissoschizine methyl ether）、卡丹宾碱（cadambine）[14]、去氢钩藤碱（corynoxeine）、异去氢钩藤碱（isocorynoxeine）、普鲁托品（protopine）、卡丹宾碱（cadambine）、3α- 二氢卡丹宾碱（3α-dihydrocadambine）、长春花苷内酰胺（vincoside lactam）、异长春花苷内酰胺（strictosamide）[17]、异钩藤碱（isorhynchophylline）[18]、毛钩藤碱*E（villocarine E）、9- 去甲氧基 -l4- 酮 -l9- 烯 -3, 4, 5, 6, - 去氢美丽帽柱木碱*（9-desmethoxy-l4-one-l9-en-3, 4, 5, 6, -dehydromitragynine）、脱甲氧基二氢柯楠因碱（O-demethyldihydrocorynantheine）、二氢柯楠因碱（dihydrocorynantheine）、瓦来西亚朝它胺（vallesiachotamine）、柯楠因碱（corynantheine）、吲哚 [2, 3-α] 喹嗪 -2- 乙酸 {indolo [2, 3-α] quinolizine-2-acetic acid}[19]、硬毛钩藤碱（hirsutine）、去氢硬毛钩藤碱（hirsuteine）、2'-O- [β-D- 吡喃葡萄糖 -（1→6）-β-D- 吡喃葡萄糖]-11- 羟基小蔓长春花酰胺 {2'-O- [β-D-glucopyranosyl-（1→6）-β-D-glucopyranosyl]-11-hydroxyvincosamide}、卡丹宾碱（cadambine）[20]、缝籽木嗪酸（geissoschizic acid）、缝籽木嗪酸 -N_4- 氧化物（geissoschizic acid-N_4-oxide）、3β- 西特斯日钦碱 -N_4- 氧化物（3β-sitsirikine-N_4-oxide）、西特斯日钦碱（sitsirikine）、（4S）- 阿枯米京碱 -N- 氧化物 [（4S）-akuammigine-N-oxide]、（4S）- 钩藤碱 -N- 氧化物 [（4S）-rhynchophylline-N-oxide]、异钩藤碱 -N_4- 氧化物（isorhynchophylline-N_4-oxide）、（4S）- 异去氢钩藤碱 -N- 氧化物 [（4S）-isocorynoxeine-N-oxide]、（4S）- 去氢钩藤碱 -N- 氧化物 [（4S）-corynoxeine-N-oxide]、缝籽木嗪甲醚 -N_4- 氧化物（geissoschizine methyl ether-N_4-oxide）、阿枯米京碱（akuammigine）、（4R）- 阿枯米京碱 -N- 氧化物 [（4R）-akuammigine-N-oxide]、二氢柯楠因碱（dihydrocorynantheine）、硬毛钩藤碱 -N- 氧化物（hirsutine-N-oxide）、二氢柯楠因碱 -N- 氧化物（dihydrocorynantheine-N-oxide）、去氢硬毛钩藤碱 -N- 氧化物（hirsuteine-N-oxide）、硝基团花碱*（nitrocadambine B）、奥古斯碱（augustine）、3- 表 - 缝籽木嗪甲醚（3-epi-geissoschizine methyl ether）[21]、钩藤萜碱*A、B、C、D（rhynchophyllionium A、B、C、D）、毛钩藤碱 A（villocarine A）、缝籽木嗪甲醚 -N- 氧化物（geissoschizine methyl ether-N-oxide）[22]、（±）钩藤灵*A [（±）-uncarilin A]、（±）钩藤灵 B [（±）-uncarilin B][23]、3β- 异二氢 - 卡丹宾碱（3β-isodihydro-cadambine）、4- 去氢硬毛钩藤碱 -N-

氧化物（4-hirsuteine-N-oxide）、4-缝籽木嗪-N-氧化物甲醚（4-geissoschizine-N-oxide methyl ether）[24]和3-表-缝籽木嗪甲醚（3-epi-geissoschizine methyl ether）[21,24]；木脂素类：臭矢菜素D、B（cleomiscosin D、B）[13]；香豆素类：东莨菪内酯（scopoletin）[14]；色原酮类：去甲丁香色原酮（noreugenin）[13]；酚、酚酸类：丁香酸（syringic acid）[13]、3,4-二羟基苯甲酸乙酯（ethyl 3,4-dihydroxy benzoate）[14]和异香兰素（isovanillin）[19]；黄酮类：芦丁（rutinum）、槲皮素（quercetin）、L-表儿茶素（L-epicatechin）[14]和金丝桃苷（hyperoside）[17]；蒽醌类：大黄素甲醚（rheochrysidin）和红灰青霉素（erythroglaucin）[14]；苯醌类：3-二乙胺-5-甲氧基-1,2-苯醌（3-diethylamino-5-methoxy-1,2-benzoquinone）和3-乙基二乙胺-5-甲氧基-1,2-苯醌（3-ethylamino-5-methoxy-1,2-benzoquinone）[25]；苯丙素类：4-羟基肉桂酸甲酯（4-hydroxy-cinnamic acid methyl ester）、阿魏酸甲酯（methyl ferulate）[13]、迷迭香酸甲酯（methyl rosmarinate）、咖啡酸乙酯（ethyl caffeate）[14]、绿原酸（chlorogenic acid）[17]和3-(4-甲氧苯基)-2-丙烯酸乙酯[3-(4-methoxyphenyl)-2-propenoic acid ethyl ester][26]；脂肪酸及酯类：单棕榈酸甘油酯（glycerol monopalmitate）[13]、十六碳酸（palmitic acid）[14]和棕榈酸（palmitic acid）[26]；甾体类：胡萝卜苷（daucosterol）[12]和β-谷甾醇（β-sitosterol）[27]；烷烃类：二十四烷（tetracosane）[14]；二氢苯并吡喃类：2-(羟甲基)-7-甲氧基色满-4-醇[2-(hydroxymethyl)-7-methoxychroman-4-ol][19]；烯酮类：1-(4-甲氧基苯基)乙烯酮[1-(4-methoxyphenyl)ethenone][19]。

钩刺含三萜类：钩藤酸A、B（uncarinic acid A、B）[28]，钩藤酸C、D、E（uncarinic acid C、D、E）、3β-羟基-27-对-(Z)-香豆酰氧基齐墩果-12-烯-28-酸[3β-hydroxy-27-p-(Z)-coumaroyloxyolean-12-en-28-oic acid]、3β-羟基-27-对-(E)-香豆酰氧基齐墩果-12-烯-28-酸[3β-hydroxy-27-p-(E)-coumaroyloxyursan-12-en-28-oic acid]、3β-羟基-27-对-(Z)-香豆酰氧基熊果-12-烯-28-酸[3β-hydroxy-27-p-(Z)-coumaroyloxyursan-12-en-28-oic acid][29]，齐墩果酸（oleanolic acid）、大叶桉酸（robustanic acid）、欧夹竹桃内酯（oleanderolide）、熊果酸（ursolic acid）、3β,6β,19α-三羟基熊果-12-烯-28-酸（3β,6β,19α-trihydroxyurs-12-en-28-oic acid）、3β,6β-二羟基熊果-12-烯-28-酸（3β,6β-dihydroxyurs-12-en-28-oic acid）、3β,19α-二羟基-6-酮基熊果-12-烯-28-酸（3β,19α-dihydroxy-6-oxours-12-en-28-oic acid）和β-香树脂醇（β-amyrin）[30]；降倍半萜类：布卢门醇A（blumenol A）[30]；单萜类：黑麦草内酯（loliolide）[30]；苯丙素类：反式桂皮酸（trans-cinnamic acid）、阿魏酸（ferulic acid）、咖啡酸甲酯（methyl caffeate）和咖啡酸乙酯（ethyl caffeate）[30]；色原酮类：去甲丁香色原酮（noreugenin）[30]；酚酸及酯类：水杨酸（salicylic acid）、邻苯甲酸二丁酯（dibutyl phthalate）、对酞酸二(2-乙基己基)酯[p-terephthalic acid bis(2-ethyl hexyl)ester]、(S)-5-羟基-3,4-二甲基-5-戊基呋喃-2(5H)-酮[(S)-5-hydroxy-3,4-dimethyl-5-pentylfuran-2(5H)-one]、3,3′,5,5′-四叔丁基-2,2′-二羟基联苯（3,3′,5,5′-tetra-t-butyl-2,2′-dihydroxydiphenyl）和3,4-二羟基苯乙酯（ethyl 3,4-dihydroxybenzoate）[30]；生物碱类：苯并[d]噻唑-2(3H)-酮{benzo[d]thiazol-2(3H)-one}[30]；其他尚含：钩藤海因素A（uncariarhyine A）[30]。

地上部分含生物碱类：17-O-甲基-3,4,5,6-四去氢缝籽木嗪（17-O-methyl-3,4,5,6-tetradehydrogeissoschizine）、O-(17)-去甲基二氢柯楠因碱[O-(17)-demethyl dihydrocorynantheine]、二氢柯楠因碱（dihydrocorynantheine）、4-去氢硬毛钩藤碱-N-氧化物（4-hirsuteine-N-oxide）、瓦来西亚朝它胺（vallesiachotamine）、柯楠因（corynantheine）、缝籽木嗪甲醚（gessoschizine methyl ether）、吲哚[23-α]喹嗪-α-乙酸{indole[23-α]quinolizine-α-acetic acid}[31]、叠籽木嗪甲醚-N-氧化物（geissoschizine methyl ether-N-oxide）、钩藤碱（rhynchophylline）、异长春钦碱（isositsirikine）、直立拉齐木酰胺（strictosamide）、小蔓长春花酰胺（vincosamide）、即长春花苷内酰胺（vincoside lactam）、团花碱（cadambine）、3α-二氢团花碱（3α-dihydrocadambine）、毛帽蕊木烯碱-N-氧化物（hirsuteine-N-oxide）、异柯楠赛因碱-N-氧化物（isocorynoxeine-N-oxide）、(4S)-柯楠赛因碱-N-氧化物[(4S)-corynoxeine-N-oxide][32]，柯楠赛因碱（corynoxeine）、毛帽蕊木烯碱（hirsuteine）、二歧河谷木胺（vallesiachotamine）、叠籽木嗪甲醚（geissoschizine methyl ether）、毛帽蕊木碱（hirsutine）[32,33]，异柯楠赛因碱（isocorynoxeine）和异钩藤

碱（isorhynchophylline）[33]。

【药理作用】 1. 抗肿瘤　带钩茎枝采用酸提碱沉法所得的总生物碱在体外对人肝癌HepG2细胞的增殖有明显的抑制作用，呈浓度和时间依赖性，可使HepG2细胞周期出现S期阻滞，促进肿瘤细胞凋亡[1]。2. 抗抑郁　根茎乙醇提取物分离出的总生物碱对束缚在特制塑料离心管中的慢性束缚小鼠抑郁模型有较好的抗抑郁样作用，可抑制束缚应激导致的小鼠体重降低、缩短抑郁小鼠强迫游泳的不动时间、升高抑郁小鼠糖水偏爱率[2]。3. 镇静催眠　带钩茎枝乙醇提取物中分离得到的生物碱可显著减少小鼠自主活动，其中1种生物碱对戊巴比妥钠阈值下剂量小鼠催眠有协同作用[3]。4. 保护神经　带钩茎枝乙醇提取物中分离得到的生物碱[3]或钩甲醇提取物[4]对过氧化氢（H_2O_2）诱导大鼠的肾上腺嗜铬细胞瘤PC12细胞的氧化损伤均有保护作用。

【性味与归经】 钩藤：甘，凉。归肝、心包经。钩藤根：甘，微寒。归肝经。

【功能与主治】 钩藤：清热平肝，息风定惊。用于头痛眩晕，感冒夹惊，惊痫抽搐，妊娠子痫；高血压。钩藤根：清热镇痉，平肝熄火。用于感冒发热，高热抽搐，高血压，头晕，疼痛，目眩。

【用法与用量】 钩藤：3～12g，入煎剂宜后下。钩藤根：煎服15～30g；外用适量。

【药用标准】 钩藤：药典1963—2015、浙江炮规2015、新疆药品1980二册、广西壮药2008、广西瑶药2014一卷、贵州药材1965和台湾2013；钩藤根：广西瑶药2014一卷。

【临床参考】 1. 后循环缺血性眩晕：带钩茎枝12g，加天麻90g、川牛膝12g、生决明18g、茯神、益母草、夜交藤、山栀、桑寄生、杜仲、黄芩各9g，水煎，分早晚2次温服，连服14天，头痛剧烈者加牡蛎、龙骨、羚羊角；烦躁者加夏枯草、龙胆草；脉弦而细者加何首乌、枸杞子、生地黄，并联合甲磺酸倍他司汀饭后口服，每次1～2片（6～12mg），每日3次[1]。

2. 小儿抽动症：带钩茎枝10g，加蝉蜕、菊花、黄芩、白芍、板蓝根各10g，全蝎、甘草各3g，玄参、苍耳子、辛夷各6g，清咽样动作明显者加射干10g、山豆根6g；眨眼明显者加青葙子10g、夏枯草10g；口角抽动、摇头、面部肌肉抽动者加天麻6g、防风10g；抽动幅度大、频率快者加龙骨15g、珍珠母30g、磁石10g；烦躁易怒者加柴胡10g、郁金6g、龙胆草10g；心慌、注意力不集中者加石菖蒲10g、远志10g。水煎，浓缩成100ml，早晚分服，1个月1疗程，治疗2疗程[2]。

3. 帕金森病：带钩茎枝12g，加怀牛膝、生赭石各30g，石决明（先煎）18g，生龙骨、生牡蛎、生龟板、生白芍、玄参、天冬各15g，川牛膝12g，天麻、栀子、黄芩、杜仲、益母草、桑寄生、夜交藤、茯神各9g，川楝子、生麦芽、茵陈各6g，甘草4.5g，肝火偏盛、焦虑心烦者加龙胆草、夏枯草；痰多者加竹沥、天竺黄；肾阴不足、虚火上扰、眩晕耳鸣者加知母、黄柏、牡丹皮；心烦失眠健忘者加炒酸枣仁、菖蒲、远志、柏子仁、淮小麦、五味子、丹参；颤动不止者加僵蚕、全蝎；强直明显者加葛根、木瓜；血虚生风者加生地黄、当归、鸡血藤；纳差口淡、口流痰涎者加党参、白术；多思多虑者加合欢皮、郁金。水煎，浓缩成200ml，早晚2次分服，连服3个月为1疗程，并联合美多巴、安坦口服治疗[3]。

4. 高血压：带钩茎枝（后下）15g，加天麻12g，石决明（先煎）、益母草各30g，焦山栀、黄芩各9g，川牛膝、杜仲、夜交藤、桑寄生、茯神各15g，水煎浓缩至200ml，分2次温服，连服1个月为1疗程[4]；或带钩茎枝30g，加夏枯草、地骨皮、侧柏叶各15g，水煎服。（《浙江药用植物志》）

5. 小儿惊风：带钩茎枝9g，加鸭跖草15g，水煎服；或带钩茎枝6g，加桑叶、蝉衣各3g，水煎服。

6. 精神分裂症：带钩茎枝30g，加石菖蒲9g，水煎服。

7. 面神经麻痹：带钩茎枝60g，加鲜何首乌藤120g，水煎服。

8. 神经性头痛、风湿性关节炎、坐骨神经痛：带钩茎枝6～9g，水煎服。

9. 荨麻疹：带钩茎枝18g，水煎，冲冰糖服。（5方至9方引自《浙江药用植物志》）

【附注】 本种以钓藤之名始载于《名医别录》，云："钓藤，出建平。"《新修本草》云："出梁州，叶细长，茎间有刺若钓钩者是。"《本草衍义》谓："钓藤中空，二经不言之。长八九尺或一二丈者，湖南、（湖）北、江南、江西山中皆有之。"《本草纲目》云："状如葡萄藤而有钩，紫色。古方多用皮，后世多用钩，取其力锐尔。"即与本种基本一致。

钩藤和钩藤根脾胃虚寒者忌服。

同属植物毛钩藤 Uncaria hirsuta Havil.、大叶钩藤 Uncaria macrophylla Wall.、白钩藤 Uncaria sessilifructus Roxb. 及华钩藤 Uncaria sinensis (Oliv.) Havil. 的带钩茎枝在云南、广西、贵州及新疆等地也作钩藤药用。

【化学参考文献】

[1] 段少卿. 钩藤化学成分及抗氧化活性研究 [D]. 桂林：广西师范大学硕士学位论文，2010.
[2] 汪冰，袁丹，马斌，等. 钩藤叶化学成分的研究 [J]. 中国药物化学杂志，2006，16 (6)：369-372.
[3] 李汝鑫，程锦堂，焦梦娇，等. 钩藤叶化学成分研究 [J]. 中草药，2017，48 (8)：1499-1505.
[4] Yuan D, Ma B, Wu C F, et al. Alkaloids from the leaves of Uncaria rhynchophylla and their inhibitory activity on NO production in lipopolysaccharide-activated microglia [J]. J Nat Prod, 2008, 71 (7): 1271-1274.
[5] Aimi N, Shito T, Fukushima K, et al. Studies on plants containing indole alkaloids. VIII. indole alkaloid glycosides and other constituents of the leaves of Uncaria rhynchophylla Miq. [J]. Chem Pharm Bull, 1982, 30 (11): 4046-4051.
[6] Ma B, Wu C F, Yang J Y, et al. Three new alkaloids from the leaves of Uncaria rhynchophylla [J]. Helv Chim Acta, 2009, 92 (8): 1575-1585.
[7] Ma B, Liu S K, Xie Y Y, et al. Flavonol glycosides and triterpenes from the leaves of Uncaria rhynchophylla (Miq.) Jacks [J]. Asian J Tradit Med, 2009, 4 (3): 85-91.
[8] Li R, Cheng J, Jiao M, et al. New phenylpropanoid-substituted flavan-3-ols and flavonols from the leaves of Uncaria rhynchophylla [J]. Fitoterapia, 2017, 116: 17-23.
[9] 张峻，杨成金，吴大刚. 钩藤的化学成分研究 (Ⅱ) [J]. 中草药，1998，45 (10)：649-651.
[10] 张竣，杨成金. 钩藤的化学成分研究 (Ⅲ) [J]. 中草药，1999，20 (1)：12-14.
[11] 杨成金，张峻，吴大刚. 钩藤的三萜成分 [J]. 云南植物研究，1995，17 (2)：209-214.
[12] 韩敏珍，陈旭冰，陈光勇. 钩藤的化学成分研究 [J]. 安徽农业科学，2012，7：4088-4089.
[13] 邓美彩，焦威，董玮玮，等. 钩藤化学成分的研究 [J]. 天然产物研究与开发，2009，21 (2)：242-245.
[14] 池雨锋. 钩藤化学成分的系统分离 [D]. 济南：山东中医药大学硕士学位论文，2017.
[15] Yoshioka T, Murakami K, Ido K, et al. Semisynthesis and structure-activity studies of uncarinic acid C isolated from Uncaria rhynchophylla as a specific inhibitor of the nucleation phase in amyloid β42 aggregation [J]. J Nat Prod, 2016, 79 (10): 2521-2529.
[16] Zhang Y B, Yang W Z, Yao C L, et al. New triterpenic acids from Uncaria rhynchophylla: chemistry, NO-inhibitory activity, and tandem mass spectrometric analysis [J]. Fitoterapia, 2014, 96: 39-47.
[17] 吴伟明，李志峰，欧阳辉，等. 钩藤化学成分分析 [J]. 中国实验方剂学杂志，2015，21 (18)：56-58.
[18] 谢堂光. 钩藤对大鼠脑缺血模型的治疗作用及化学成分分析 [D]. 北京：首都师范大学硕士学位论文，2009.
[19] 傅淋然. 三种药用植物的化学成分及生物防治活性研究 [D]. 南京：南京农业大学博士学位论文，2015.
[20] Zhang J G, Huang X Y, Ma Y B, et al. Dereplication-guided isolation of a new indole alkaloid triglycoside from the hooks of Uncaria rhynchophylla by LC with ion trap time-of-flight MS [J]. J Sep Sci, 2018, 41 (7): 1532-1538.
[21] Wei X, Jiang L P, Guo Y, et al. Indole alkaloids inhibiting neural stem cell from Uncaria rhynchophylla [J]. Nat Prod Bioprosp, 2017, 7 (5): 413-419.
[22] Guo Q, Yang H, Liu X, et al. New zwitterionic monoterpene indole alkaloids from Uncaria rhynchophylla [J]. Fitoterapia, 2018, 127: 47-55.
[23] Geng C A, Huang X Y, Ma Y B, et al. (±)-Uncarilins A and B, dimeric isoechinulin-type alkaloids from Uncaria rhynchophylla [J]. J Nat Prod, 2017, 80: 959-964.
[24] Qi W, Yue S J, Sun J H, et al. Alkaloids from the hook-bearing branch of Uncaria rhynchophylla and their neuroprotective effects against glutamate-induced HT22 cell death [J]. J Asian Nat Prod Res, 2014, 16 (8): 876-883.
[25] Zhang Q, Chen L, Hu L J, et al. Two new ortho benzoquinones from Uncaria rhynchophylla [J]. Chinese J Nat Med, 2016, 14 (3): 232-235.
[26] 廖彭莹. 钩藤超临界 CO_2 流体萃取物化学成分的 GC-MS 分析 [J]. 广州化工，2016，1：121-124.
[27] 温欣. 钩藤化学成分、提取工艺及药理活性研究 [D]. 济南：山东中医药大学硕士学位论文，2009.

[28] Lee J S, Yang M Y, Yeo H S, et al. Uncarinic acids: phospholipase Cγ1 inhibitors from hooks of *Uncaria rhynchophylla* [J]. Biootg Med Chem Lett, 1999, 9 (10): 1429-1432.

[29] Lee J S, Kim J W, Kim B Y, et al. Inhibition of phospholipase Cγ1 and cancer cell proliferation by triterpene esters from *Uncaria rhynchophylla* [J]. J Nat Prod, 2000, 63 (6): 753-756.

[30] Wang Y L, Dong P P, Liang J H, et al. Phytochemical constituents from *Uncaria rhynchophylla* in human carboxylesterase 2 inhibition: kinetics and interaction mechanism merged with docking simulations [J]. Phytomedicine, 2018, 51: 120-127.

[31] Kong F, Ma Q, Huang S, et al. Tetracyclic indole alkaloids with antinematode activity from *Uncaria rhynchophylla* [J]. Nat Prod Res, 2017, 31 (12), 1403-1408.

[32] Jiang W W, Su J, Wu X D, et al. Geissoschizine methyl ether *N*-oxide, a new alkaloid with antiacetylcholinesterase activity from *Uncaria rhynchophylla* [J]. Nat Prod Res, 2015, 29 (9): 842-847.

[33] Yang Z D, Duan D Z, Du J, et al. Geissoschizine methyl ether, a corynanthean-type indole alkaloid from *Uncaria rhynchophylla* as a potential acetylcholinesterase inhibitor [J]. Nat Prod Res, 2012, 26 (1): 22-28.

【药理参考文献】

[1] 黄宝媛, 曾常青, 曾宇, 等. 钩藤总生物碱对HepG$_2$细胞增殖和凋亡的影响及机制研究 [J]. 中药材, 2017, 40 (3): 707-710.

[2] 刘松林. 钩藤总生物碱的抗抑郁作用及其血清药物化学初步研究 [D]. 广州: 广东药科大学硕士学位论文, 2017.

[3] 韦芳芳. 两类钩藤生物碱在催眠及其神经细胞保护中作用研究 [D]. 广州: 广东药学院硕士学位论文, 2014.

[4] Chang C L, Lin C S, Lai G H. Phytochemical characteristics, free radical scavenging activities, and neuroprotection of five medicinal plant extracts [J]. Evidence-Based Complementary and Alternative Medicine, 2012, DOI: 10.1155/2012/984295.

【临床参考文献】

[1] 苏秀坚, 张文敏, 文龙龙. 天麻钩藤饮结合甲磺酸倍他司汀治疗后循环缺血性眩晕的临床效果观察 [J]. 成都中医药大学学报, 2016, 39 (1): 54-56, 60.

[2] 甄润平. 钩藤蝉蝎饮治疗小儿抽动症临床研究 [J]. 光明中医, 2013, 28 (12): 2572-2573.

[3] 陈小兵, 张瑞, 张佳佳, 等. 天麻钩藤饮合镇肝熄风汤治疗帕金森病临床观察 [J]. 新疆中医药, 2013, 31 (5): 13-16.

[4] 王宏献. 天麻钩藤饮治疗高血压病的临床研究 [J]. 中华中医药学刊, 2008, 26 (2): 338-340.

3. 玉叶金花属 Mussaenda Linn.

乔木、灌木或缠绕藤本。叶对生或数枚轮生；托叶生叶柄间，全缘或2裂，常脱落。聚伞花序顶生；苞片和小苞片脱落；花萼筒长圆形或陀螺形，萼檐5裂，脱落或宿存，其中有些花的萼裂片中有1枚极发达呈花瓣状，白色或其他颜色，且有长柄；花冠黄色、红色或稀为白色，高脚碟状，花冠管通常较长，外面常被毛，喉部密生黄色棒形毛，花冠裂片5枚，在蕾时摄合状排列；雄蕊5枚，着生于花冠管的喉部，内藏，花丝很短或无，花药条形；子房2室，花柱条状，内藏或伸出，胚珠极多数。浆果肉质，近球形或近椭圆形，萼裂片宿存或脱落。种子多粒，极小，种皮有小孔穴状纹。

约120种，分布于热带亚洲、非洲和太平洋岛屿。中国约31种1变种1变型，分布于西南部至东部以及台湾，法定药用植物1种。华东地区法定药用植物1种。

889. 玉叶金花（图889）• *Mussaenda pubescens* Ait.f.

【别名】白纸扇（浙江），白蝴蝶（福建漳州），凉茶藤（福建福州、福建三明市），毛玉叶金花。

【形态】落叶攀援灌木。嫩枝密被贴伏短柔毛。叶对生或轮生，膜质或薄纸质，卵状长圆形或卵状披针形，长5~8cm，宽2~2.5cm，先端渐尖，基部楔形，上面近无毛或疏被毛，下面密被短柔毛；叶

图 889　玉叶金花　　　　　　　　　　　　　摄影　李华东等

柄长 3～8mm，被柔毛；托叶三角形，长 5～7mm，2 深裂，裂片钻形，长 4～6mm。聚伞花序顶生，密花；花梗极短或无梗；花萼筒陀螺形，被柔毛，萼裂片条形，长为萼筒 2 倍以上，基部密被柔毛，向上毛渐稀疏；花瓣状萼裂片宽椭圆形；花冠黄色，花冠管长约 2cm，外面被贴伏短柔毛，内面喉部密被棒形毛，花冠裂片长圆状披针形，内面密生金黄色小疣突。浆果近球形，直径 6～7.5mm，疏被柔毛，顶部有萼檐脱落后的环状疤痕。花期 6～7 月，果期 8～11 月。

【生境与分布】生于灌丛、溪谷、山坡或村旁。分布于福建、江西、浙江，另广东、广西、湖南、海南、香港、台湾均有分布。

【药名与部位】玉叶金花，茎和根。山甘草，茎叶。

【采集加工】玉叶金花：全年均可采收，洗净，切段，晒干。山甘草：全年可采收，除去杂质，及时干燥。

【药材性状】玉叶金花：根呈圆柱形，直径 6～20mm，表面红棕色或淡绿色。具细侧根，长 3～12cm，直径 1～3mm。质坚硬，不易折断，断面黄白色或淡黄色。茎呈圆柱形，直径 3～10mm。表面棕色或棕褐色，具细纵皱纹、点状皮孔及叶柄痕。质坚硬，不易折断，断面黄白色或淡黄绿色，髓部明显，白色。气微，味淡。

山甘草：茎呈长圆柱形，稍弯曲，有的分枝，表面灰棕色或灰褐色，有的有浅纵纹，直径 0.4～1.5cm；质硬，断面黄色或黄白色，髓部明显。叶多卷曲破碎，卵状矩圆形或卵状披针形，全缘，气微，味微苦。

【药材炮制】山甘草：除去杂质，洗净，切段，干燥。

【化学成分】全株含三萜类：玉叶金花苷 O、P、Q（mussaendoside O、P、Q）[1]，玉叶金花苷 G、K（mussaendoside G、K）[2]，玉叶金花苷 M、N（mussaendoside M、N）[3]，熊果酸（ursolic acid）[4]，3β,19α- 二羟基齐墩果 -12- 烯 -28- 酸（28→1）-β-D- 吡喃葡萄糖酯［3β,19α-dihydroxyolean-12-en-28-oic acid（28→1）-β-D-glucopyranosyl ester]、玉叶金花苷 R、U、V（mussaendoside R、U、V）[5]和玉叶金花苷 S（mussaendoside S）[6]；甾体类：β-谷甾醇（β-sitosterol）和乙基降麦角甾烯醇（aplysterol）[4]；烷醇类：月桂醇（dodecanol）[4]；香豆素类：东莨菪素（scopoletin）[4]；酚酸类：水杨酸（salicylic acid）[4]；环烯醚萜类：玉叶金花苷酸甲酯（mussaenoside）和山栀子苷甲酯（shanzhiside methyl ester）[4]。

地上部分含三萜类：玉叶金花苷 U、V（mussaendoside U、V）、毛冬青皂苷 A（ilexsaponin A）、山柳酸（clethric acid）[7]，玉叶金花苷 D、E、H、S（mussaendoside D、E、H、S）[8]，玉叶金花三萜苷 F、O（mussaendoside F、O）[9]和玉叶金花苷 I、J（mussaendoside I、J）[10]；环烯醚萜类：玉叶金花苷酸甲酯（mussaenoside）、6α-羟基京尼平苷（6α-hydroxygeniposide）、8-O-乙酰基山栀子苷甲酯（8-O-acetylshanzhiside methyl ester）和山栀子苷甲酯（shanzhiside methyl ester）[9]；单萜类：玉叶金花一萜苷 A、B、C（mussaenin A、B、C）[11]；酚苷类：玉叶金花苷 L（mussaendoside L）[12]。

茎含三萜类：玉叶金花苷 R、Q、G、U（mussaendoside R、Q、G、U）[13]和阿江榄仁酸（arjunolic acid）[14]；苯丙素类：咖啡酸甲酯（caffeic acid methyl ester）[13]；甾体类：豆甾醇（stigmasterol）[13,14]和 β-谷甾醇（β-sitosterol）[14]。

枝叶含三萜类：熊果酸（ursolic acid）[15]；甾体类：β-谷甾醇（β-sitosterol）和 β-谷甾醇-D-葡萄糖苷（β-sitosterol-D-glucoside）[15]；苯丙素类：咖啡酸（caffeic acid）、对羟基桂皮酸（p-hydroxycinnamic acid）和阿魏酸（ferulic acid）[15]；环烯醚萜类：山栀子苷甲酯（shanzhiside methyl ester）[15]。

叶含环烯醚萜类：山栀子苷甲酯（shanzhiside methyl ester）[15]；三萜类：熊果酸（ursolic acid）[15]；甾体类：豆甾醇（stigmasterol）[14]，β-谷甾醇（β-sitosterol）和胡萝卜苷（daucosterol）[15]；挥发油类：2-甲基-丁醛（2-methyl-butanal）、正己醇（n-hexanol）、苯甲醛（benzaldehyde）、2-戊基呋喃（2-pentylfuran）、6-甲基-5-庚烯-2-醇（6-methyl-5-hepten-2-ol）、柠檬烯（limonene）、苯乙醛（benzeneacetaldehyde）、芳樟醇（linalool）、2,6-二甲基环己醇（2,6-dimethyl cyclohexanol）、β-环柠檬醛（β-cyclocitral）、橙花叔醇（nerol）、喹诺林（quinoline）、α-古巴烯（α-copaene）、β-丁香烯（β-caryophyllene）、（Z）-13-十八碳烯醛[（Z）-13-octadecenal]、α-香堇酮（α-ionone）、β-香堇酮（β-ionone）、（E,Z）-2-己烯酸-3-己烯酯[（E,Z）-2-hexenoic acid-3-hexenyl ester]、（E）-己烯酸-2-丁酯[（E）-hexenoic acid-2-butyl ester]、α-葎草烯（α-humulene）、香叶基丙酮（geranylacetone）、早熟素 1（precocene 1）、β-香堇酮环氧化物（β-ionone epoxide）、（E,E）-2-己烯酸-2-己烯酯[（E,E）-2-hexenoic acid-2-hexenyl ester]、β-杜松烯（β-cadinene）、二氢猕猴桃内酯（dihydroactindiolide）、十五烷醛（pentadecanal）和 α-葎草烯环氧化物（α-humulene epoxide）[16]。

【药理作用】1. 抗炎　茎叶水提取物的中、高剂量能显著减轻二甲苯所致小鼠的耳肿胀和角叉菜胶引起大鼠的足肿胀，也能显著抑制大鼠棉球肉芽肿[1]；茎叶水提取物的乙酸乙酯萃取部位、正丁醇萃取部位及水溶性部位可显著减轻二甲苯所致小鼠的耳肿胀及角叉菜胶引起大鼠的足肿胀[2]；茎叶中分离的玉叶金花苷酸甲酯（methyl mussaenosidate）的中、高剂量（0.10g/kg、0.15g/kg）能显著减轻二甲苯所致小鼠的耳肿胀[3]，能显著减少脂多糖（LPS）诱导的 RAW264.7 细胞一氧化氮（NO）的产生和释放[4]。2. 抗菌　茎叶水提取物对金黄色葡萄球菌、大肠杆菌、肺炎球菌、链球菌、痢疾杆菌的生长均有抑制作用，其最低抑菌浓度（MIC）分别为 125mg/kg、31.3mg/kg、15.7mg/kg、62.5mg/kg、62.5mg/kg[1]；玉叶金花苷酸甲酯对金黄色葡萄球菌、大肠杆菌、肺炎克雷伯菌、伤寒杆菌、痢疾杆菌、铜绿假单胞菌、阴沟肠杆菌的生长均有抑制作用，其最低抑菌浓度分别为 2.5mg/ml、10mg/ml、0.3125mg/ml、1.25mg/ml、1.25mg/ml、10mg/ml、0.625mg/ml[3]。3. 抗胆碱　根和茎中分离的玉叶金花皂苷 U（mussaendoside U）能降低肠平滑肌收缩力，使溴化乙酰胆碱终质量浓度与肌收缩力之间的量-效反应曲线右移，降低小肠碳末推进率，瞳孔直径扩大明显，唾液腺分泌量明显减少，表明玉叶金花皂苷 U 能抑制 M 胆碱能神经兴奋[5]。4. 抗生育　茎叶水提取液和 81% 醇沉物对小鼠妊娠初期具有抑制作用[6]。

【性味与归经】玉叶金花：甘、微苦，凉。归肝、脾经。山甘草：甘、淡，凉。归膀胱、肺、大肠经。

【功能与主治】玉叶金花：清热解毒，利湿消肿。用于感冒，中暑，肠炎，肾炎水肿，咽喉肿痛，支气管炎。山甘草：解表，清暑，利湿，解毒，活血。用于感冒，中暑，发热，咳嗽，咽喉肿痛，暑湿泻泄，痢疾，痈疡脓肿，跌打，蛇咬伤。

【用法与用量】玉叶金花：煎服 15～30g；外用适量。山甘草：25～50g。

【药用标准】玉叶金花：湖南药材 2009、广西药材 1990、广西壮药 2008 和广西瑶药 2014 一卷；山甘草：福建药材 2006。

【临床参考】1. 风热感冒、扁桃体炎、尿路感染：玉叶解毒颗粒（玉叶金花、金银花为主药，加野菊花、山芝麻等组成）口服，每次 2 包，每日 4 次[1]。

2. 中暑：预防用藤 60～90g，水煎当茶饮；治疗用藤，加牡荆叶等量，加薄荷少许，开水泡服，当茶饮。

3. 咽喉肿痛：鲜叶，加食盐少许捣烂绞汁，口含数分钟再咽下。

4. 暑热、腹泻：藤、叶 15～30g，水煎服，或藤 60g，加大叶桉 18g，水煎服。

5. 小便不利：藤 30g，加忍冬藤 30g、车前草 30g，水煎服。（2 方至 5 方引自《浙江药用植物志》）

【附注】民间有用做抗生育者，另可治断肠草、木薯、野菌中毒。（《全国中草药汇编》）

同属植物展枝玉叶金花 Mussaenda divaricata Hutch. 在民间也作玉叶金花或山甘草药用。

【化学参考文献】

[1] Zhao W M, Xu J P, Qin G W, et al. New triterpenoid saponins from *Mussaenda pubescens* [J]. J Nat Prod, 1994, 57（12）：1613-1618.

[2] Zhao W M, Xu R S, Qin G W, et al. Saponins from *Mussaenda pubescens* [J]. Phytochemistry, 1996, 42（4）：1131-1134.

[3] Xu J P, Xu R S, Luo Z, et al. Mussaendosides M and N, new saponins from *Mussaenda pubescens* [J]. J Nat Prod, 1992, 55（8）：1124-1128.

[4] 周中林，孙继燕，潘利明，等. 玉叶金花化学成分研究 [J]. 广东药科大学学报，2017，33（2）：184-186.

[5] 张颖，李嘉，姜平川. 玉叶金花化学成分研究 [J]. 中药新药与临床药理，2013，24（3）：278-281.

[6] Zhao W M, Xu J P, Qin G W, et al. Saponins from *Mussaenda pubescens* [J]. Phytochemistry, 1995, 39（1）：191-193.

[7] Zhao W M, Wolfender J L, Hostettmann K, et al. Triterpenes and triterpenoid saponins from *Mussaenda pubescens* [J]. Phytochemistry, 1997, 45（5）：1073-1078.

[8] Zhao W M, Wang P, Xu R S, et al. Saponins from *Mussaenda pubescens* [J]. Phytochemistry, 1996, 42（3）：827-830.

[9] Zhao W M, Xu R S, Qin G W, et al. Chemical constituents from *Mussaenda pubescens* [J]. Nat Prod Sci, 1995, 1（1）：61-65.

[10] Zhao W M, Zhao W M, Yang G J, et al. New saponins from *Mussaenda pubescens* [J]. Nat Prod Sci, 1996, 8（2）：119-126.

[11] Zhao W M, Yang G J, Xu R S, et al. Three monoterpenes from *Mussaenda pubescens* [J]. Phytochemistry, 1996, 41（6）：1553-1555.

[12] Zhao W M, Xu R S, Qin G W, et al. A new phenolic glycoside from *Mussaenda pubescens* [J]. Nat Prod Sci, 1996, 2（1）：14-18.

[13] 王遥. 玉叶金花化学成分及其体外抗流感病毒抗炎活性研究 [D]. 广州：广州中医药大学硕士学位论文，2017.

[14] Cava M P, Hui W H, Szeto S K, et al. Rubiaceae of Hong Kong. V [J]. Phytochemistry, 1967, 6（9）：1299-1300.

[15] 刘星堦，梁国建，蔡雄，等. 山甘草化学成分及其抗生育活性研究 [J]. 上海医科大学学报，1986，13（4）：273-277.

[16] Wang J M, Kang W Y. Aroma volatile compounds in *Mussaenda pubescens* [J]. Chem Nat Compd, 2013, 49（2）：358-359.

【药理参考文献】

[1] 潘利明，林励，胡旭光. 玉叶金花水提物的抗炎抑菌作用 [J]. 中国实验方剂学杂志，2012，18（23）：248-251.

[2] 潘利明，林励. 玉叶金花水提物不同萃取部位的抗炎活性研究 [J]. 广东药学院学报，2013，29（5）：530-532.

[3] 潘利明，林励. 玉叶金花苷酸甲酯抗炎、镇痛、抑菌作用研究 [J]. 中成药，2015，37（3）：633-636.

[4] 潘利明，林励. 玉叶金花苷酸甲酯对 LPS 诱导 RAW264.7 巨噬细胞 NO 分泌量的影响 [J]. 中医药导报，2014，

［5］曾宪彪，李嘉，韦桂宁，等．玉叶金花皂苷 U 对 M 胆碱能神经支配器官的影响［J］．中国实验方剂学杂志，2015，21（20）：159-162.
［6］刘星堦，梁国建，蔡雄，等．山甘草化学成分及其抗生育活性研究［J］．上海医科大学学报，1986，（4）：273-277.

【临床参考文献】

［1］易瑞云，章少华，邹节明，等．玉叶解毒冲剂的临床应用［J］．中成药，1993，（5）：22-23+48-49.

4. 鸡矢藤属 *Paederia* Linn.

柔弱缠绕灌木或藤本，揉之有强烈的臭味。茎圆柱形，蜿蜒状。叶对生，很少3枚轮生，具柄，通常膜质；托叶在叶柄间，三角形，脱落。花排成腋生或顶生的圆锥花序或圆锥花序式的聚伞花序；萼筒陀螺形或卵形，萼檐4～5齿裂，裂片宿存；花冠管漏斗形或管形，被毛，顶部4～5裂，裂片扩展，镊合状排列，边缘皱褶；雄蕊4～5枚，生于冠管喉部，内藏，花丝极短，花药背着或基着，条状长圆形，顶部钝，内藏；花盘肿胀，子房下位，2室，柱头2，纤毛状，旋卷；胚珠每室1粒。果球形或扁球形，外果皮膜质，脆而光亮，分裂为2个圆形或长圆形小坚果；小坚果圆形或长圆形，背面平凸，腹面略凹。

20～30种，大部分分布于亚洲热带地区。中国 11 种 1 变种，分布于西南、中南至东部各地，法定药用植物 1 种 1 变种。华东地区法定药用植物 1 种 1 变种。

890. 鸡矢藤（图 890）• *Paederia scandens* (Lour.) Merr. [*Paederia foetida* Thunb.; *Paederia chinensis* Hance; *Paederia scandens* (Lour.) Merr f. *mairei* (H.Léveillé) Nakai; *Paederia scandens* (Lour.) Merr var. *mairei* (H.Léveillé) H. Hara]

图 890　鸡矢藤　　　　　摄影　赵维良

【别名】牛皮冻、臭藤子、鸡粪藤（江苏），解暑藤（福建），天仙藤（闽南），玉明砂（福建宁德），鸡屎藤，女青。

【形态】柔弱半木质缠绕藤本。茎长 3～5m，幼时被毛，后渐脱落。叶对生，纸质，形状变化很大，卵形、卵状长圆形至披针形，长 5～15cm，宽 3～9cm，先端急尖或短渐尖，基部心形至圆形，有时浅心形，两面无毛或近无毛，有时下表面脉腋内有束毛；侧脉 4～6 对；叶柄长 1.5～7cm；托叶长 3～5mm。圆锥状聚伞花序腋生或顶生，扩展，被疏柔毛；萼筒陀螺形，长 1～2mm，萼檐 5 裂，裂片三角形；花冠浅紫色，管长 7～10mm，外面被粉末状柔毛，内面被绒毛，顶短 5 裂。果球形，成熟时蜡黄色，有光泽，平滑，直径 5～7mm，顶冠具宿存的萼檐裂片和花盘。小坚果无翅，浅黑色。花期 5～8 月，果期 9～11 月。

【生境与分布】生于海拔 2000m 以下的山坡、林中、林缘、沟谷边灌丛中或缠绕在灌木上。分布于华东各地，另陕西、甘肃、河南、湖南、广东、香港、海南、广西、四川、贵州、云南、台湾均有分布；日本、朝鲜、印度、缅甸、泰国、马来西亚、印度尼西亚、越南、柬埔寨、老挝也有分布。

【药名与部位】鸡矢藤（天仙藤、鸡屎藤），地上部分。

【采集加工】夏、秋二季采收，阴干。

【药材性状】茎呈扁圆柱形，直径 2～5mm；老茎灰白色，无毛，有纵皱纹或横裂纹，嫩茎黑褐色，被柔毛；质韧，不易折断，断面纤维性，灰白色或浅绿色。叶对生，有柄；多卷缩或破碎，完整叶片展平后呈卵形或椭圆状披针形，长 5～12cm，宽 3～8cm；先端尖，基部圆形，全缘，两面被柔毛或仅下表面被毛，主脉明显。气特异，味甘、涩。

【药材炮制】除去杂质，洗净，切段，干燥。

【化学成分】根含环烯醚萜类：3,4-二氢-3-甲氧基鸡屎藤苷（3,4-dihydro-3-methoxypaederoside）、鸡屎藤苷酸甲酯（methyl paederosidate）、鸡屎藤苷（paederoside）、车叶草苷（asperuloside）、鸡屎藤苷酸（paederosidic acid）、车叶草苷酸（asperulosidic acid）、京尼平苷（geniposide）、鸡屎藤苷酸鸡屎藤苷酸甲酯二聚体（paederosidic acid paederosidic acid methyl ester dimer）和鸡屎藤苷鸡屎藤苷酸二聚体（paederoside paederosidic acid dimer）[1]；蒽醌类：1,3-二羟基-2,4-二甲氧基蒽醌（1,3-dihydroxy-2,4-dimethoxy-anthraquinone）、1-羟基-2-羟甲基蒽醌（1-hydroxy-2-hydroxymethyl anthraquinone）、1-甲氧基-2-甲氧甲基-3-羟基蒽醌（1-methoxy-2-methoxymethyl-3-hydroxyanthraquinone）和 2-羟基-1,4-二甲氧基蒽醌（2-hydroxy-1,4-dimethoxyanthraquinone）[2]；脂肪烃糖苷类：3-甲基-1-丁烯-3-基-6-O-β-吡喃木糖基-β-D-吡喃葡萄糖苷（3-methyl-1-buten-3-yl-6-O-β-xylopyranosyl-β-D-glucopyranoside）[3]。

茎含环烯醚萜类：鸡屎藤苷 B（paederoside B）、鸡屎藤苷（paederoside）、鸡屎藤苷酸（paederosidic acid）[4]、染木树苷*E（saprosmoside E）[4,5]、鸡矢藤次苷（paederoscandoside）、染木树苷*D（saprosmoside D）[5]、鸡屎藤苷酸甲酯（methyl paederosidate）[4,6]、6β-O-β-D-葡萄糖基鸡屎藤苷酸（6β-O-β-D-glucosylpaederosidic acid）和去乙酰车叶草苷酸甲酯（deacetyl asperulosidic acid methyl ester）[6]。

茎叶含环烯醚萜类：鸡屎藤苷（paederoside）、鸡屎藤苷酸（paederosidic acid）、鸡屎藤苷酸甲酯（methyl paederosidate）、染木树苷*E（saprosmoside E）、去乙酰车叶草苷酸甲酯（deacetyl asperulosidic acid methyl ester）[7]和车叶草苷（asperuloside）[8]；黄酮类：紫云英苷（astragalin）、白杨苷（populnin）、芦丁（rutin）、棉花苷（quercimeritrin）、烟花苷（nicotiflorin）、槲皮素-3-O-芸香糖苷-7-O-葡萄糖苷（quercetin-3-O-rutinoside-7-O-glucoside）、山奈酚 3-O-β-芸香糖苷 7-O-β-D-葡萄糖苷（kaempferol-3-O-β-rutinoside-7-O-β-D-glucoside）、槲皮素-3-O-芸香糖苷-7-O-木糖基葡萄糖苷（quercetin-3-O-rutinoside-7-O-xylosylglucosidic）和异槲皮苷（isoquercitroside）[9]；挥发油类：乙氧基戊烷（1-ethoxyl pentane）、乙酸异戊酯（isopentyl acetate）、苯甲醛（benzaldehyde）[10]、β-丙内酯（β-propiolactone）、二甲基砜（dimethyl sulphone）、乙偶姻（analgin）[11]、2-己烯醛（2-hexenal）、3-己烯-1-醇（3-hexen-1-ol）、2-己烯-1-醇（2-hexen-1-ol）[12]和 2-乙氧基丁烷（2-ethoxybutane）等[13]；烯酮类：2,3-二甲基-2,4,6-环庚三烯-1-酮（2,3-dimethyl-2,4,6-cycloheptatrien-1-one）、3-丁烯-2-酮（3-buten-2-one）和 4-丁二

醇丙烯酸酯（4-butanediol monoacrylate）[11]；环氧萜烷类：反式-1, 2：4, 5-二环氧对萜烷（trans-1, 2：4, 5-diepoxy-p-menthane）[11]；咪唑类：N-甲磺酸咪唑（N-methanesulfonylimidazole）[11]；其他尚含：乙偶姻（acetoin）和安乃近（analgin）[11]。

叶含脂肪烯醇类：角鲨烯（squalene）和植物醇（phytol）[11]；脂肪酸类：亚麻酸（linolenic acid）、花生酸甲酯（methyl arachidate）和棕榈酸（palmitic acid）等[11]；甾体类：豆甾醇（stigmasterol）[14]。

果实含环烯醚萜类：鸡屎藤苷酸（paederosidic acid）、鸡屎藤素（paederinin）[15]和鸡屎藤内酯（paederia lactone）[16]；三萜类：熊果酸（ursolic acid）[17]和齐墩果酸（oleanolic acid）[18]；黄酮类：槲皮素（quercetin）和山奈酚（kaempferol）[17]；苯丙素类：咖啡酸（caffeic acid）[17]；挥发油类：苯乙醇（phenethyl alcohol）、苯甲醇（benzyl alcohol）、二甲基二硫化物（dimethyl disulfide）、顺式-3-己烯基-1-醇（cis-3-hexenyl-1-ol）和水杨酸甲酯（methyl salicylate）[17]；醌类：氢醌（hydroquinone）[18]；烷烃类：蜂花烷（triacontane）[18]；其他尚含：熊果苷（arbutin）等[18]。

地上部分含环烯醚萜类：6β-O-芥子酰鸡屎藤次苷甲酯（6β-O-sinapinoyl scandoside methyl ester）、鸡屎藤苷鸡屎藤苷二聚体（paederoside-paederoside dimer）、鸡屎藤苷（paederoside）、鸡屎藤次苷甲酯（scandoside methyl ester）[19], 6'-O-(E)-阿魏酰水晶兰苷[6'-O-(E)-feruloylmonotropein]、10-O-(E)-阿魏酰水晶兰苷[10-O-(E)-feruloylmonotropein]、交让木苷（daphylloside）、鸡屎藤苷酸甲酯（methyl paederosidate）、去乙酰车叶草苷（deacetylasperuloside）、6α-羟基京尼平苷（6α-hydroxygeniposide）、鸡屎藤苷酸（paederosidic acid）[20], 车叶草苷酸（asperulosidic acid）[21], 车叶草苷（asperuloside）[22-24], 去乙酰交让木苷（deacetyldaphylloside）、鸡屎藤苷酸甲酯（methyl paederosidate）、鸡屎藤苷酸乙酯（ethyl paederosidate）、鸡屎藤苷酸甲酯二聚物（methyl paederosidate dimer）、鸡屎藤苷酸二聚物（paederosidic acid dimer）、染木树苷E（saprosmoside E）[24]和鸡屎藤次苷（paederoscandoside）[25]；三萜类：表无羁萜醇（epifriedelanol）[26]；香豆素类：东莨菪内酯（scopoletin）[25]；木脂素类：臭矢菜素D（cleomiscosin D）和鹅掌楸苷（liriodendrin）[25]；醌类：1-甲基-2, 4-二甲氧基-3-羟基蒽醌（1-methyl-2, 4-dimethoxy-3-hydroxyanthraquinone）、1-甲氧基-3-羟基-2-乙氧基甲基蒽醌（1-methoxy-3-hydroxy-2-ethoxymethyl anthraquinone）、2-羟基-3-甲基蒽醌（2-hydroxy-3-methylanthraquinone）、甲基异茜草素（rubiadin）、1, 3, 4-三甲氧基-2-羟基蒽醌（1, 3, 4-trimethoxy-2-hydroxyanthraquinone）、2-羟基甲基蒽醌（2-hydroxymethyl anthraquinone）、蒽醌-2-甲酸（anthraquinone-2-carboxylic acid）、2-羟甲基-3-羟基蒽醌（2-hydroxymethyl-3-hydroxyanthraquinone）、锈色洋地黄醌醇（digiferruginol）[21]和酸藤子酚（embelin）[26]；黄酮类：槲皮素（quercetin）、异槲皮苷（isoquercitrin）[21], 芦丁（rutin）[21,27]和山奈酚-3-O-芸香糖苷（kaempferol-3-O-rutinoside）[27]；苯丙素类：鸡矢藤丙素醇A（paederol A）和反式阿魏酰基-β-D-[1'-O-(2″, 3″, 4″-三羟基丁基）吡喃葡萄糖苷]酯{trans-feruloyl-β-D-[1'-O-(2″, 3″, 4″-trihydroxybutyl）glucopyranoside] ester}[27]；酚酸类：水杨酸（salicylic acid）、香草醛（vanillin）、香草酸（vanillic acid）、对羟基苯甲酸（4-hydroxybenzoic acid）[21], 3-羟基-4-甲氧基苯甲醛（3-hydroxy-4-methoxybenzaldehyde）、o-羟基苯甲酸（o-hydroxylbenzoic acid）、2, 5-二羟基苯甲酸甲酯（methyl 2, 5-dihydroxybenzoate）[25], (E)-三甲基-1-羟基-3-[3-(4-羟基-3-甲氧基苯基）丙烯酰氧基]戊烷-1, 3, 5-三羧酸酯{(E)-trimethyl-1-hydroxy-3-[3-(4-hydroxy-3-methoxyphenyl）acryloyloxy]pentane-1, 3, 5-tricarboxylate}和鸡矢藤氧烷A、B（paederoxepane A、B）[28]；甾体类：β-谷甾醇（β-sitosterol）[26]；烷烃类：蜂花烷（melissane）、三十一烷（hentriacontane）、三十二烷（dotriacontane）和三十三烷（triatricontane）[26]。

全草含环烯醚萜类：鸡屎藤苷（paederoside）[29], 染木树苷*E（saprosmoside E）、鸡屎藤次苷（paederoscandoside）[30], 鸡屎藤苷酸丁酯（butyl paederosidate）[31], 鸡屎藤苷B（paederoside B）[32], 乙酰车叶草苷酸甲酯（deacetyl asperulosidic acid methyl ester）、3, 4-二羟基-3β-甲氧基鸡屎藤苷（3, 4-dihydro-3β-methoxypaederoside）、鸡屎藤苷酸-鸡屎藤苷酸甲酯二聚体（paederosidic acid-methyl paederosidate dimer）、鸡屎藤苷酸-鸡屎藤苷二聚体（paederosidic acid-paederoside dimer）、鸡屎藤苷酸

二聚体（paederosidic acid-paederosidic acid dimer）[33]，染木树苷*E（saprosmoside E）[34]，鸡屎藤苷酸甲酯（methyl paederosidate）[34,35]，鸡屎藤苷酸（paederosidic acid）[36]和车叶草苷（asperuloside）[37]；脂肪酸类：反式-丁烯二酸（trans-butenedioic acid）[31]，正十六烷酸（n-hexadecanoic acid）、亚油酸（linoleic acid）、亚麻酸乙酯（ethyl linolenate）[33]，二十三烷酸（tricosanoic acid）、α-亚麻酸（α-linolenic acid）[37,38]，琥珀酸（succinic acid）[37,39]，杜鹃花酸（azelaic acid）[39]，棕榈酸（palmitic acid）[37,38,40]和油酸（oleic acid）等[40]；烷烃类：正三十二烷（n-dotriacotane）[39]；酚酸类：对羟基苯甲酸（p-hydroxyl-benzoicacid）[30]，3,5-二甲氧基-4-羟基苯甲酸（3,5-dimethoxyl-4-hydroxylbenzoic acid）[32]和水杨酸（salicylic acid）[37]；苯丙素类：香豆酸（coumaric acid）、咖啡酸（caffeic acid）和咖啡酸-4-O-β-D-吡喃葡萄糖苷（caffeicacid-4-O-β-D-glucopyranoside）[30]；甾体类：胡萝卜苷（daucosterol）、博拉丝苷*E（borassoside E）[29]，β-谷甾醇（β-sitosterol）[30]，（24R）-豆甾-4-烯-3-酮[（24R）-stigmast-4-en-3-one][32]，豆甾醇（stigmasterol）[33]和3,7-二羟基豆甾-5-烯（3,7-dihydroxystigmast-5-ene）[38]；木脂素类：臭矢菜素B、D（cleomiscosin B、D）、异落叶松树脂醇（isolariciresinol）[30]，去氢二松柏醇-4-O-β-D-吡喃葡萄糖苷（dehydrodiconiferyl alcohol-4-O-β-D-glucopyranoside）、银线草苷C（yinxiancaoside C）、臭矢菜素A-4′-O-β-D-吡喃葡萄糖苷（cleomiscosin A-4′-O-β-D-glucopyranoside）和右旋松脂酚葡萄糖苷[（R）-pinoresinol glucoside][31]；香豆素类：异东莨菪内酯（isoscopoletin）[29]和5-羟基-8-甲氧基吡喃香豆素（5-hydroxyl-8-methoxyl coumarin）[32]；黄酮类：大豆苷元（daidzein）和蒙花苷（linarin）[30,32]；三萜类：齐墩果酸（oleanolic acid）、熊果酸（ursolic acid）[30]，3-O-β-D-吡喃葡萄糖基熊果烷（3-O-β-D-glucopyranosylursane）[32]，3-酮基熊果-12-烯-28-酸（3-oxours-12-en-28-oic acid）、蒲公英赛醇（taraxerol）[37]，3β,13β-二羟基熊果-11-烯-28-酸（3β,13β-dihydroxyurs-11-en-28-oic acid）、2α,3β,13β-三羟基熊果-11-烯-28-酸（2α,3β,13β-trihydroxyurs-11-en-28-oic acid）、2α-羟基熊果酸（2α-hydroxyursolic acid）[38]和3-O-乙酰齐墩果酸（3-O-acetyloleanolic acid）[39]；蒽醌类：茜根定-1-甲醚（rubiadin-1-methylether）[29]，大黄素-8-β-D-吡喃葡萄糖苷（emodin-8-β-D-glucopyranoside）、2-羟基-3-羟甲基蒽醌（2-hydroxy-3-hydroxymethyl anthraquinone）、2-羟基-3-甲基蒽醌（2-hydroxy-3-methylanthraquinone）和芦荟苷A（feroxin A）[31]；萘类：8-二羟基-3-甲氧萘-l-O-β-D（L）-葡萄糖苷［8-dihydroxy-3-methoxynaphthalene-l-O-β-D（L）-glucoside］[31]；挥发油类：反式-氧化芳樟醇（trans-linalool oxide）、氧化芳樟醇（linalool oxide）、β-莳醇（β-fenchyl alcohol）和3-甲硫基丙醛（3-methylthio-propionaldehyde）[41]。

【药理作用】 1. 抗痛风　地上部分提取物对尿酸钠诱导的大鼠急性痛风性关节炎具有一定的防治作用，具体表现为可降低踝关节肿胀度，减轻踝关节的组织水肿，减少关节组织炎性细胞浸润，显著降低肿瘤坏死因子-α（TNF-α）和白细胞介素-1β（IL-1β）的含量，对关节病理损伤也有一定的改善作用[1,2]；地上部分提取物可抑制家兔急性尿酸性关节炎滑膜细胞环氧化酶-2（COX-2）mRNA表达，减少滑膜液前列腺素E_2（PGE_2）的生成[3]；地上部分提取物还可显著降低酵母膏和氧嗪酸钾致高尿酸血症小鼠的血清尿酸含量，其作用机制可能与抑制肝脏黄嘌呤氧化酶和腺苷脱氨酶作用有关[4,5]。2. 抗尿酸　从地上部分分离的环烯醚萜苷类成分对大鼠尿酸性肾病具有保护作用，可明显抑制血清黄嘌呤氧化酶活性，降低血尿酸含量，促进尿酸排泄，减少肾组织内尿酸盐沉积物，改善肾功能，降低肾指数[6]。3. 镇痛抗炎　地上部分水提取液具有明显的抗炎和镇痛作用，可以显著降低乙酸所致小鼠腹腔毛细血管通透性，抑制二甲苯所致小鼠耳肿胀，减少乙酸刺激所致的小鼠扭体反应次数[7]；从地上部分分离的鸡屎藤苷酸甲酯（methyl paederosidate）对小鼠疼痛模型具有中枢和外周双重调节作用[8]；从地上部分分离的环烯醚萜苷类成分具有明显的镇痛作用，连续用药无成瘾性，作用机制可能与抑制一氧化氮（NO）的生成有关[9]；从地上部分分离的环烯醚萜苷类成分对保留神经损伤大鼠神经性疼痛有镇痛作用[10]，且对尿酸肾病大鼠具抗炎和免疫调节作用[11]；全草中分离的鸡屎藤苷酸（paederosidic acid）及其甲酯对大鼠具有镇痛作用[12]。4. 护肝　地上部分制成的颗粒剂通过抑制骨桥蛋白（OPN）和转化生长因子-$β_1$（TGF-$β_1$）mRNA的表达起到减缓肝纤维化进程的作用[13]；从地上部分提取的挥发油在体外具有抗乙肝病毒的作用[14]。5. 抗

糖尿病　地上部分60%乙醇提取物可降低糖尿病小鼠血糖，作用机制可能与提高机体肝组织的抗氧化能力、提高小鼠糖耐量、促进胰岛素释放、改善胰腺组织的形态结构有关[15,16]；地上部分乙醇提取物能有效降低糖尿病肾病小鼠血糖，改善肾功能状态，作用机制可能与降低晚期糖基化终产物（AGE）积聚、改善组织的氧化应激状态有关[17]。6.抗肿瘤　从地上部分分离的环烯醚萜苷类成分对人胃癌SGC7901细胞，人宫颈癌HeLa细胞，人结肠癌HCT-116、COLO205细胞，人乳腺癌BT-549、MCF7细胞的生长具有抑制作用，其中对人胃癌SGC7901细胞的抑制作用最强，其半数抑制浓度(IC_{50})为156.6μg/ml[18]。7.抗菌　从地上部分分离的多糖对铜绿假单胞菌的生长具有抑制作用[19]。8.兴奋子宫　地上部分鸡尿藤苷的提取物对小鼠子宫有显著的兴奋作用，表现为增加离体子宫的收缩张力、收缩强度、收缩频率及子宫活动力[20]。9.护肾　从地上部分分离的环烯醚萜苷类成分能抑制酵母诱导尿酸肾病大鼠血清尿酸的增加，改善肾功能[21]。10.抗惊厥和镇静　从全草分离的鸡尿藤苷酸对大鼠和小鼠具有抗惊厥和镇静作用[22]。

【性味与归经】甘、涩，平。归脾、胃、肝经。

【功能与主治】除湿，消食，止痛，解毒。用于消化不良，胆绞痛，脘腹疼痛；外治湿疹，疮疡肿痛。

【用法与用量】煎服30～60g；外用适量。

【药用标准】药典1977、上海药材1994、福建药材2006、湖南药材2009、广西壮药2008、贵州药材2003、河南药材1993、湖北药材2009、海南药材2011和四川药材2010。

【临床参考】1.慢性阑尾炎：地上部分60g（或鲜品150g），加败酱草60g（或鲜品150g），水煎，每日1剂，分4次服，10天为1疗程[1]。

2.糖尿病足：鲜地上部分200～250g洗净（或干品100g），先浸泡1h，加水3000ml煮沸，改用文火煮30min，去渣加少许盐，待药液温度为37～40℃时，患脚浸泡（将溃疡面全部浸泡于药液中）10～15min，自然凉干，无菌纱布覆盖溃疡面，每日浸泡2次，4周为1疗程，同时西药降糖、抗感染治疗[2]。

3.疥疮：鲜全草750g，洗净，加水1200ml（或取干品500g，加水1300ml浸泡20min），煎30min，取汁擦洗患处，严重至中度者早晚1次，轻度者每日1次，每次洗10～15min，5天为1疗程，用药前先用温水肥皂冲洗全身[3]。

4.小儿疳积：全草适量，研细粉，放锅中微火炒黄，装瓶密闭备用，需用时，取一汤匙药粉，开水冲服，亦可加入奶粉中混合服用[4]。

5.功能性消化不良：鲜全草150g（干品60g），加鲜天胡荽150g（干品60g）、生姜30g、陈皮15g，每日1剂，水煎，分4次服[5]。

6.神经性皮炎、湿疹、周身瘙痒症：嫩芽或叶擦患处，每次5min，每日2～3次。

7.骨髓炎：全草15g，加薯莨15g，水煎红糖冲服；另以全草、雷公藤、野苎麻共捣烂加少许食盐外敷，每日1次；收口时先在伤口外放些冰片，再用叶、雷公藤等药捣烂外敷。（6方、7方引自《浙江药用植物志》）

【附注】鸡矢藤原名皆治藤，始载于《本草纲目拾遗》，云："蔓延墙壁间，长丈余，叶似泥藤。"又引臭藤根条项下，《草宝》云："此草二月发苗，蔓延地上，不在树间，系草藤也。叶对生，与臭梧桐叶相似。六、七月开花，粉红色，绝类牵牛花，但口不甚放开。搓其叶嗅之，有臭气，未知正名何物，人因其臭，故名为臭藤。其根入药。"又引《李氏草秘》云："臭藤一名却节，对叶延蔓，极臭。"《植物名实图考》卷十九蔓草类载有牛皮冻和鸡矢藤，分别云："牛皮冻，湖南园圃林薄极多。蔓生绿茎，长叶如腊梅花叶，浓绿光亮。叶间秋开白筒子花，小瓣五出，微卷向外，黄紫色。结青实有汁。鸡矢藤产南安。蔓生，黄绿茎。叶长寸余，后宽前尖，细纹无齿。藤梢秋结青黄实，硬壳有光，圆如绿豆粒大，气臭。"综上所述之产地、生境及形态，并观其附图，应与本种一致。

本种的果实、叶、花及根民间分别作药用。

Flora of China 将本种、毛鸡矢藤 *Paederia scandens*（Lour.）Merr. var. *tomentosa*（Bl.）Hand.-Mazz. 和臭鸡矢藤 *Paederia foetida* Linn. 归并为鸡矢藤 *Paederia foetida* Linn.，而把 *Paederia scandens*（Lour.）Merr. 和 *Paederia scandens*（Lour.）Merr. var. *tomentosa*（Bl.）作为鸡矢藤的异名。

【化学参考文献】

[1] Quang D N, Hashimoto T, Tanaka M, et al. Iridoid glucosides from roots of Vietnamese *Paederia scandens*[J]. Phytochemistry, 2002, 60（5）: 505-514.

[2] Dang N Q. Anthraquinones from the roots of *Paederia scandens*[J]. Tap Chi Hoa Hoc, 2009, 47（1）: 95-98.

[3] Dang N Q, Nguyen X D. 3-methyl-1-buten-3-yl-6-*O*-β-xylopyranosyl-β-D-glucopyranoside from *Paederia scanders*[J]. Tap Chi Hoa Hoc, 2006, 44（1）: 88-90.

[4] Zou X, Peng S L, Liu X, et al. Sulfur-containing iridoid glucosides from *Paederia scandens*[J]. Fitoterapia, 2006, 77: 374-377.

[5] Lu C C, Wang J H, Fang D M, et al. Analyses of the iridoid glucoside dimers in *Paederia scandens* using HPLC-ESI-MS/MS[J]. Phytochem Anal, 2013, 24（4）: 407-412.

[6] He D H, Chen J S, Wang X L, et al. A new iridoid glycoside from *Paederia scandens*[J]. Chin Chem Lett, 2010, 21（4）: 437-439.

[7] 陈劲松, 赵晓娟, 丁克毅. 鸡屎藤中环烯醚萜化合物的制备与鉴定[J]. 西南民族大学学报（自然科学版）, 2010, 36（5）: 777-779.

[8] Inouye H, Inouye S, Shimokawa N, et al. Monoterpene glucosides. VII. iridoid glucosides of *Paederia scandens*[J]. Chem Pharm Bull, 1969, 17（9）: 1942-1948.

[9] Nariyuki I, Ishikura N, Yang Z Q, Yoshitama K, et al. Flavonol glycosides from *Paederia scandens* var. *mairei*[J] J Biosci, 1990, 45（11-12）: 1081-1085.

[10] 马养民, 毛远, 傅建熙. 鸡屎藤挥发油化学成分的研究[J]. 西北植物学报, 2000, 20（1）: 145-148.

[11] 刘信平, 张驰, 田大厅, 等. 富硒野菜鸡屎藤的挥发性活性成分研究[J]. 食品科学, 2007, 28（10）: 468-470.

[12] 何开家, 刘布鸣, 董晓敏, 等. 广西鸡屎藤挥发油化学成分 GC-MS-DS 分析研究[J]. 广西科学, 2010, 2: 138-140.

[13] 钟可, 刘芃. 黔产苗药鸡矢藤和贵州鸡矢藤挥发化学成分的研究[J]. 中国民族医药杂志, 2008, 14（8）: 34-36.

[14] 尹桂豪, 王明月, 曾会才, 等. 鸡屎藤叶中挥发油的超临界萃取及气相色谱-质谱分析[J]. 食品科技, 2009, 34（12）: 303-304, 307.

[15] Suzuki S, Endo K. The constituents of *Paederia scandens* fruits isolation and structure determination of paederinin[J]. Annual Report of the Tohoku College of Pharmacy, 1993, 40: 73-81.

[16] Suzuki S, Endo Y. Studies on the constituents of the fruits of *Paederia scandens* structure of a new iridoid, paederia lactone[J]. Journal of Tohoku Pharmaceutical University, 2004, 51: 17-21.

[17] Kurihara T, Kikuchi M, Suzuki S. Constituents of fruits of *Paederia chinensis* II[J]. Yakugaku Zasshi, 1975, 95（11）: 1380-1383.

[18] Kurihara T, Iino N. The constituents of *Paederia chinensis*[J]. Yakugaku Zasshi, 1964, 84（5）: 479-481.

[19] Otsuka H. Two new iridoid glucosides from *Paederia scandens*（Lour.）Merr. var. *mairei*（Leveille）Hara[J]. Natural Medicines, 2002, 56（2）: 59-62.

[20] Kim Y L, Chin Y W, Kim J, et al. Two new acylated iridoid glucosides from the aerial parts of *Paederia scandens*[J]. Chem Pharm Bull, 2004, 52（11）: 1356-1357.

[21] Zhang X, Zhou H F, Li M Y, et al. Three new anthraquinones from aerial parts of *Paederia scandens*[J]. Chemistry of Natural Compounds, 2018, 54（2）: 245-248.

[22] Hou S X, Zhu W J, Pang M Q, et al. Protective effect of iridoid glycosides from *Paederia scandens*（Lour.）Merrill.（Rubiaceae）on uric acid nephropathy rats induced by yeast and *Potassium oxonate*[J]. Food Chem Toxicol, 2014, 64: 57-64.

[23] Liu M, Zhou L, Chen Z, et al. Analgesic effect of iridoid glycosides from *Paederia scandens*（Lour.）Merrill.（Rubiaceae）on spared nerve injury rat model of neuropathic pain[J]. Pharmacol Biochem Behav, 2012, 102（3）: 465-470.

[24] Zhu W, Pang M, Dong L, et al. Anti-inflammatory and immunomodulatory effects of iridoid glycosides from *Paederia*

scandens (Lour.) Merrill. (Rubiaceae) on uric acid nephropathy rats [J]. Life Sci, 2012, 91: 369-376.
[25] Zhuang C L, Wang X J, Miao L P, et al. Chemical constituents of *Paederia scandens* [J]. Chem Nat Compd, 2013, 49 (2): 379-380.
[26] Ahmad M U, Islam M R, Huq E, et al. Chemical investigation of the aerial parts of *Paederia foetida* Linn. [J]. Journal of Bangladesh Academy of Sciences, 1991, 15 (1): 19-22.
[27] Chin Y W, Yoon K D, Ahn M J, et al. Two new phenylpropanoid glycosides from the aerial parts of *Paederia scandens* [J]. Bull Korean Chem Soc, 2010, 31 (4): 1070-1072.
[28] Chin Y W, Yoon K D, Kim J W. Novel oxooxepane derivatives and new phorbic acid derivative from *Paederia scandens* [J]. Bull Korean Chem Soc, 2013, 34 (2): 683-685.
[29] 王林, 王文兰, 吴昊, 等. 鸡矢藤化学成分研究 [J]. 西南民族大学学报 (自然科学版), 2010, 36 (5): 780-783.
[30] 邹旭, 梁健, 丁立生, 等. 鸡屎藤化学成分的研究 [J]. 中国中药杂志, 2006, 31 (17): 1436-1441.
[31] 邓红洁. 鼠妇和鸡屎藤的化学成分研究 [D]. 广州: 广东药学院硕士学位论文, 2015.
[32] 邹旭. 西藏胡黄连和鸡矢藤的化学成分及黄芪多糖的提取工艺研究 [D]. 北京: 中国科学院研究生院硕士学位论文, 2006.
[33] 陈宇峰. 鸡屎藤 (*Paederia scandens*) 活性物质和镇痛药理活性研究 [D]. 上海: 第二军医大学博士学位论文, 2009.
[34] Zhou Y, Zou X, Liu X, et al. Multistage electrospray ionization mass spectrometry analyses of sulfur-containing iridoid glucosides in *Paederia scandens* [J]. Rapid Commun Mass Spectrom, 2007, 21 (8): 1375-1385.
[35] Chen Y F, Huang Y, Tang W Z, et al. Antinociceptive activity of paederosidic acid methyl ester (PAME) from the *n*-butanol fraction of *Paederia scandens* in mice [J]. Pharmacol Biochem Behav, 2009, 93 (2): 97-104.
[36] Yang T, Kong B, Gu J W, et al. Anticonvulsant and sedative effects of paederosidic acid isolated from *Paederia scandens* (Lour.) Merrill. in mice and rats [J]. Pharmacol Biochem Behav, 2013, 111 (4): 97-101.
[37] 喻晓雁. 鸡矢藤化学成分研究 [J]. 中草药, 2011, 42 (4): 661-663.
[38] 王珺. 鸡屎藤化学成分及其抗菌活性研究 [D]. 西安: 陕西科技大学硕士学位论文, 2015.
[39] 王珺, 马养民, 李婷, 等. 秦岭地区鸡屎藤中的化学成分 [J]. 中国实验方剂学杂志, 2014, 20 (24): 98-101.
[40] 任竹君, 赵鸿宾, 姜艳萍, 等. 鸡屎藤挥发油化学成分分析 [J]. 黔南民族医专学报, 2011, 24 (3): 168-170.
[41] 余爱农, 龚发俊, 刘定书. 鸡屎藤鲜品挥发油化学成分的研究 [J]. 湖北民族学院学报 (自然科学版), 2003, 21 (1): 41-43.

【药理参考文献】

[1] 胡寒, 乐心逸, 周海凤, 等. 鸡矢藤提取物对尿酸钠诱导的大鼠急性痛风性关节炎的影响 [J]. 中国医药工业杂志, 2018, 49 (2): 213-218.
[2] 马颖, 颜海燕, 刘梅, 等. 鸡矢藤提取物对尿酸钠晶体诱导大鼠急性痛风性关节炎影响的研究 [J]. 中国药房, 2008, 19 (6): 411-414.
[3] 吕心蕊, 许哲昊, 马颖, 等. 环氧化酶-2 与家兔 UA 及鸡矢藤提取物的干预作用 [J]. 安徽医科大学学报, 2017, 52 (10): 1504-1507, 1512.
[4] 颜海燕, 马颖, 刘梅, 等. 鸡矢藤提取物对酵母膏致小鼠高尿酸血症的影响 [J]. 中药药理与临床, 2007, 23 (5): 115-118.
[5] 颜海燕, 马颖, 刘梅, 等. 鸡矢藤提取物对酵母膏和氧嗪酸钾致小鼠高尿酸血症的影响 [J]. 安徽医科大学学报, 2007, 42 (6): 676-678.
[6] 金辉, 庞明群, 苏宇, 等. 鸡矢藤环烯醚萜苷对尿酸性肾病大鼠的防治作用 [J]. 安徽医科大学学报, 2011, 46 (10): 1026-1028.
[7] 王昶, 周琼, 姜宜. 鸡矢藤水煎液抗炎与镇痛作用的研究 [J]. 中医临床研究, 2012, 4 (19): 21-22.
[8] 居飀. 鸡矢藤苷酸甲酯对模型小鼠镇痛活性研究 [J]. 社区医学杂志, 2015, 13 (17): 16-18.
[9] 刘梅, 周兰兰, 王璐, 等. 鸡矢藤环烯醚萜总苷的镇痛作用及其机制初探 [J]. 中药药理与临床, 2008, 24 (6): 43-45.

[10] Liu M, Zhou L L, Chen Z W, et al. Analgesic effect of iridoid glycosides from *Paederia scandens*(Lour.)Merrill (Rubiaceae) on spared nerve injury rat model of neuropathic pain [J]. Pharmacology, Biochemistry and Behavior, 2012, 102: 465-470.

[11] Zhu W J, Pang M Q, Dong L Y, et al. Anti-inflammatory and immunomodulatory effects of iridoid glycosides from *Paederia scandens*(Lour.)Merrill (Rubiaceae) on uric acid nephropathy rats [J]. Life Sciences, 2012, 91: 369-376.

[12] Chen Y F, Huang Y, Tang W Z, et al. Antinociceptive activity of paederosidic acid methyl ester(PAME)from the n-butanolfraction of *Paederia scandens* in mice [J]. Pharmacology, Biochemistry and Behavior, 2009, 93: 97-104.

[13] 袁勇.鸡矢藤颗粒剂干预大鼠肝纤维化模型OPN与TGF-β1水平表达的试验研究[J].食品与机械, 2018, 34(8): 16-18.

[14] 朱宁, 黄迪南, 侯敢, 等.鸡矢藤挥发油体外抗乙型肝炎病毒作用研究[J].时珍国医国药, 2010, 21(11): 2754-2756.

[15] 王绍军, 吴闯, 赵赶.鸡矢藤提取物对糖尿病模型小鼠的保护作用[J].中国实验方剂学杂志, 2015, 21(11): 150-152.

[16] 王绍军, 吴闯, 赵赶.鸡矢藤提取物对糖尿病小鼠血糖、糖耐量和胰岛素分泌的影响[J].中药药理与临床, 2015, 31(4): 147-150.

[17] 王绍军, 吴闯, 赵赶.鸡矢藤提取物对STZ致糖尿病小鼠肾脏的氧化应激作用和晚期糖基化终产物的影响[J].中国医院药学杂志, 2017, 37(15): 1459-1462.

[18] 李红霞, 杨磊, 陈小丽, 等.鸡矢藤环烯醚萜苷体外抗肿瘤活性研究[J].中国药师, 2017, 20(12): 2117-2122.

[19] 冉靓, 张桂玲, 杨小生, 等.鸡矢藤多糖的分离纯化及体内抗菌活性[J].中国实验方剂学杂志, 2014, 20(8): 59-63.

[20] 查力, 谭显和, 岳明远.鸡矢藤提取物对小白鼠离体子宫的作用[J].贵阳医学院学报, 1988, 13(3): 355-358.

[21] Hou S X, Zhu W J, Pang Mi Q, etal. Protective effect of iridoid glycosides from *Paederia scandens*(Lour.)Merrill (Rubiaceae) on uric acid nephropathy rats induced by yeast and potassium oxonate [J]. Food and Chemical Toxicology, 2014, 64: 57-64.

[22] Yang T, Kong B, Gu J W, et al. Anticonvulsant and sedative effects of paederosidic acid isolated from *Paederia scandens*(Lour.)Merrill. in mice and rats [J]. Pharmacology, Biochemistry and Behavior, 2013, 111: 97-101.

【临床参考文献】

[1] 何耀东.鸡矢藤败酱草治疗慢性阑尾炎临床体会[J].中国社区医师(医学专业), 2010, 12(23): 8-9.

[2] 彭丽环, 黄友陆, 卢艳芳, 等.鸡矢藤煎液浸泡辅助治疗糖尿病足32例效果观察[J].现代医院, 2008, 8(6): 82-83.

[3] 丘惠连.鸡矢藤治疗疥疮82例[J].右江民族医学院学报, 2000, 22(6): 960.

[4] 金秀春, 蔡月芹, 王艳丽.鸡矢藤治疗小儿痔积[J].中国民间疗法, 2016, 24(10): 10.

[5] 何耀东.中草药治疗功能性消化不良肝胃不和型32例[J].中国民族民间医药, 2010, 19(14): 48, 52.

891. 毛鸡矢藤(图891)• *Paederia scandens*(Lour.)Merr. var. *tomentosa*(Blume)Hand.-Mazz.

【形态】本变种与原变种的区别在于,茎被灰白色柔毛;叶片上表面散被粗毛,下表面密被柔毛,沿脉尤甚;花序密被柔毛。花期8~9月,果期9~11月。

【生境与分布】生于海拔2000m以下的山坡、林中、林缘、沟谷边灌丛中或缠绕在灌木上,分布于浙江、江西、福建,另广东、香港、海南、广西、云南均有分布。

【药名与部位】毛鸡矢藤(鸡矢藤),地上部分。

【采集加工】夏、秋二季采割,除去杂质,干燥或鲜用。

图 891　毛鸡矢藤　　　　　　　　　　　　摄影　徐跃良等

【**药材性状**】常弯曲成团。茎呈类圆柱形，直径 1～6mm；老茎表面灰白色至灰褐色，光滑无毛，有纵皱纹；嫩茎表面棕色，密被柔毛；质韧，不易折断，断面纤维性。叶对生，具柄，叶片卵形、卵状矩圆形至披针形，先端渐尖，基部浅心形，全缘，叶脉明显，叶两面及柄均密被柔毛，有时可见卵状披针形的托叶。圆锥花序腋生及顶生，分枝为蝎尾状的聚伞花序。果球形，黄色。具特异臭气，味甘、涩。

【**药材炮制**】除去杂质，抢水洗净，稍润，切段，干燥。

【**化学成分**】全草含蒽醌类：2, 3- 二羟基 -1- 甲氧基蒽醌（2, 3-dihydroxy-1-methoxylanthraquinone）、1, 4- 二甲氧基 -2- 羟基蒽醌（1, 4-dimethoxyl-2-hydroxyanthraquinone）和 1, 3, 4- 三甲氧基 -2- 羟基蒽醌（1, 3, 4-trimethoxyl-2-hydroxyanthraquinone）[1]；酚酸类：邻苯二甲酸二异丁酯（diisobutyl phthalate）和水杨酸（salicylic acid）[1]；苯丙素类：反式阿魏酸（*trans*-ferulic acid）[1]；甾体类：β- 谷甾醇（β-sitosterol）[1]；三萜类：熊果酸（ursolic acid）和齐墩果酸（oleanolic acid）[1]；醚类：邻甲基苯乙醚（*o*-methylphenetole）[1]；环烯醚萜类：鸡屎藤苷酸甲酯（methyl paederosidate）、鸡屎藤苷（paederoside）、车叶草苷酸（asperuloside acid）[2]、车叶草苷（asperuloside）、去乙酰车叶草苷酸甲酯（deacetyl asperulosidic acid methyl ester）[2, 3]、巴戟天环烯醚萜内酯（morindolide）、车叶草苷酸（asperulosidic acid）、去乙酰车叶草苷酸（deacetylasperulosidic acid）和交让木苷（daphylloside）[3]；降倍半萜类：布卢门醇 A（blumenol A）[3]。

【**药理作用**】护肝　全草分离得到的环烯醚萜苷类化合物对肝脏有保护作用，可明显降低四氯化碳（CCl_4）引起急性肝损伤小鼠的谷氨酸转氨酶（ALT）和天冬氨酸氨基转移酶（AST）含量，减轻肝组织损伤程度，另外可增加谷胱甘肽（GSH）、过氧化氢酶（CAT）和超氧化物歧化酶（SOD）的含量，降低丙二醛（MDA）含量[1]。

【**性味与归经**】甘、苦，微寒。归脾、胃、肝经。

【**功能与主治**】利湿退黄，消食化积，解毒止痛。用于湿热黄疸，泻痢腹痛，食积不化。外治湿疹，疮疡肿痛。

【用法与用量】煎服30～60g；外用适量，煎水外洗或鲜品捣烂敷患处。

【药用标准】江西药材1996和四川药材2010。

【附注】本种以臭皮藤之名始载于《植物名实图考》，云："臭皮藤，江西多有之，一名臭茎子，又名迎风子。蔓延墙屋，弱茎纠缠。叶圆如马蹄而有尖，浓纹细密。秋结青黄实成簇，破之有汁甚臭。土人以洗疮毒。"据此描述并观其附图，应与本种一致。

Flora of China 将本变种归并至鸡矢藤 Paederia scandens（Lour.）Merr.，并将学名改为 Paederia foetida Linn.。

本种的果实、叶、花及根民间分别作药用。

【化学参考文献】

[1] 李洋，郑承剑，秦路平. 毛鸡屎藤全草的化学成分研究[J]. 中草药，2012，43（4）：658-660.

[2] Peng W, Qiu X Q, Shu Z H, et al. Hepatoprotective activity of total iridoid glycosides isolated from *Paederia scandens*（Lour.）Merr. var. *tomentosa*[J]. J Ethnopharmacol, 2015, 174（4）：317-321.

[3] Li Y, Zheng C J, Qin L P. Iridoids and a norisoprenoid from *Paederia scandens* var. *tomentosa*[J]. Chem Nat Compd, 2013, 48（6）：1094-1095.

【药理参考文献】

[1] Peng W, Qiu X Q, Shu Z H, et al. Hepatoprotective activity of total iridoid glycosides isolated from *Paederia scandens*（Lour.）Merr. var. *tomentosa*[J]. Journal of Ethnopharmacology, 2015, DOI. org. /10. 1016/j. jep. 2015. 08. 032.

5. 栀子属 *Gardenia* Ellis

灌木或小乔木。叶对生或3叶轮生，托叶生于叶柄内，三角形，基部常合生。花大，腋生或顶生，单生、簇生或很少组成伞房状聚伞花序；萼筒常为卵形或倒圆锥形，具纵棱，萼檐管状或佛焰苞状，顶部常5～8裂，宿存；花冠高脚碟状、漏斗状或钟状，裂片5～12，扩展或外弯，旋转排列；雄蕊与花冠裂片同数，着生于花冠喉部，花丝极短或缺，花药背着，内藏或伸出；子房下位，1室，胚珠多粒，2列，着生于2～6个侧膜胎座上。浆果革质或肉质，平滑或具纵棱，卵形或圆柱形，不规则开裂，顶端有宿存的萼裂片。种子多粒，常与肉质的胎座胶结而成一球状体，扁平或肿胀，种皮革质或膜质。

约250种，分布于东半球热带和亚热带地区。中国5种3变种1变型，分布于中部以南各地，法定药用植物1种3变种1变型。华东地区法定药用植物1种2变种。

分种检索表

1. 直立灌木，高通常1m以上，叶较大，长4～14cm，宽1.5～4cm。
  2. 花直径4～6cm；果实长1.5～2.5cm·················栀子 *G. jasminoides*
  2. 花直径7～8cm；果实长3～4cm················大花栀子 *G. jasminoides* var. *grandiflora*
1. 匍匐灌木，高通常不及0.6m，叶较小，长5cm，宽0.8～1.5cm······小果栀子 *G. jasminoides* var. *radicans*

892. 栀子（图892）• *Gardenia jasminoides* Ellis [*Gardenia augusta*（Linn.）Merrill]

【别名】黄栀子（上海、福建），黄叶下（福建），山栀子（浙江），栀子花、大花栀子花（江苏）。

【形态】常绿直立灌木，通常高1m以上。嫩枝常被短毛，枝圆柱形，灰色。叶对生，少为3枚轮生，革质，叶形多样，通常为长圆状披针形、倒卵状长圆形、倒卵形或椭圆形，长4～14cm，宽1.5～4cm，

图 892　栀子　　　　　　　　　　　　　　　　　　摄影　郭增喜等

先端渐尖至急尖，基部楔形，两面常无毛；侧脉 8～15 对，在下表面凸起；托叶鞘状。花芳香，通常单生于枝顶；萼筒倒圆锥形，长 8～25mm，有纵棱，萼檐管状，膨大，5～8 裂，裂片条状披针形，长 10～30mm，果期增长，宿存；花冠白色，高脚碟状，直径 4～6cm，喉部有疏柔毛，冠管狭圆筒形，长 3～5cm，顶部 5～8 裂，通常 6 裂，裂片广展，倒卵形或倒卵状长圆形，长 1.5～4cm，宽 0.6～2.8cm。果卵形，黄色至橙红色，长 1.5～3cm，直径 1.2～2cm，有翅状纵棱 5～9 条，顶部的宿存萼片长达 4cm。花期 5～7 月，果期 8～11 月。

【生境与分布】生于海拔 1500m 以下的旷野、丘陵、山谷、山坡、溪边的灌丛或林中。分布于江西、福建、浙江、江苏、山东、安徽，另湖北、湖南、广东、香港、广西、海南、四川、贵州、云南、台湾均有分布，河北、陕西、甘肃有栽培；日本、朝鲜、越南、柬埔寨、老挝、印度、尼泊尔、巴基斯坦、太平洋岛屿、美洲北部也有分布。

【药名与部位】栀子根，根及根茎。栀子（大栀子），成熟果实。

【采集加工】栀子根：全年均可采收，洗净，切段，晒干。栀子：秋季果实成熟或近成熟时采收，除去杂质，蒸至上汽或置沸水中略烫后，取出，干燥。

【药材性状】栀子根：呈圆柱形，有的分枝，直径 0.5～2cm。表面灰黄色或灰褐色，有的具瘤状突起的须根痕。质坚硬，断面皮部薄；木质部发达，白色或灰白色，具放射状纹理。气微，味微苦涩。

栀子：呈长卵圆形或椭圆形，长 1.5～3cm，直径 1～1.5cm。成熟者表面红黄色或棕红色（近成熟者表面灰棕色至灰褐色），具 6 条翅状纵棱，棱间常有一条纵脉纹。果皮薄而脆，内壁有光泽，具 2～3 条隆起的隔膜。种子多数，扁卵圆形，集结成团，成熟者深红色或红黄色（近成熟者黄棕色至灰褐色），表面密具细小疣状突起。气微，味微酸、苦。

【药材炮制】栀子根：除去杂质，洗净，润透，切厚片，干燥。

栀子：除去果梗、宿萼等杂质；筛去灰屑。用时捣碎。炒栀子：取栀子饮片，炒至表面黄褐色，内部色加深时，取出，摊凉。焦栀子：取栀子饮片，炒至浓烟上冒，表面焦黑色，内部棕褐色时，微喷水，灭尽火星，取出，晾干。

【化学成分】根含三萜类：桦木酸（betulinic acid）、齐墩果酸（oleanolic acid）、齐墩果酸-3-O-β-D-吡喃葡萄糖醛酸苷-6′-O-甲酯（oleanolic acid-3-O-β-D-glucuronopyranoside-6′-O-methyl ester）、常春藤皂苷元-3-O-β-D-吡喃葡萄糖醛酸苷-6′-O-甲酯（hederagenin-3-O-β-D-glucuronopyranoside-6′-O-methyl ester）、竹节参苷IVa（chikusetsusaponin IVa）[1]、栀三萜苷A、B、C（gardeniside A、B、C）、竹节参皂苷IVa甲酯（chikusetsusaponin IVa methyl ester）、竹节参皂苷IVa丁酯（chikusetsusaponin IVa butyl ester）、齐墩果酸-3-O-β-D-吡喃葡萄糖醛酸苷（oleanolic acid-3-O-β-D-glucuropyranoside）和泰国树脂酸-28-O-β-D-吡喃葡萄糖酯苷（siaresinolic acid-28-O-β-D-glucopyranosyl ester）[1,2]；环烯醚萜类：京尼平苷（geniposide）、10-O-反式咖啡酰基-6α-羟基京尼平苷（10-O-trans-caffeoyl-6α-hydroxygeniposide）和6α-羟基京尼平苷（6α-hydroxygeniposide）[3]；酚酸类：香草酸（vanillic acid）和丁香酸（syringic acid）[1]；苯丙素类：淫羊藿苷E_5（icariside E_5）[3]；甾体类：豆甾醇（stigmasterol）、β-谷甾醇（β-sitosterol）和胡萝卜苷（daucosterol）[1]。

果实含三萜类：卢比皂苷元*（erubigenin）、迪卡麻利苷A*（dikamaliartane A）、栀子酸B（gardenic acid B）、四角风车子酸E（quadrangularic acid E）、熊果酸（ursolic acid）、齐墩果酸（oleanolic acid）、9,19-环羊毛脂烷-24-烯-3,23-二酮（9,19-cyclolanost-24-en-3,23-dione）[4]、19α-羟基-3-乙酰熊果酸（19α-hydroxy-3-acetylursolic acid）、异蒲公英赛醇（isotaraxerol）、铁冬青酸（rotundic acid）、马尾柴酸（barbinervic acid）、山柳酸（clethric acid）、万花酸（myrianthic acid）[5]、栀子花乙酸（gardenolic acid B）、3-乙酰栀子花甲酸（3-acetylgardenolic acid A）、3α-羟基熊果酸（3α-hydroxyursolic acid）、常春藤皂苷元（hederagenin）[6]和3-羟基熊果-12-烯-11-酮（3-hydroxyurs-12-en-11-ketone）[7]；三萜类：铁线蕨-5-烯-3α-醇（adian-5-en-3α-ol）和（23Z）-环木菠萝-23-烯-3β,25-二醇［（23Z）-cycloart-23-en-3β,25-diol］[8]；环烯醚萜类：8-表阿普色苷*（8-epiapodantheroside）、6′-O-反式-香豆酰京尼平苷酸（6′-O-trans-coumaroylgeniposidic acid）、6′-O-反式-芥子酰栀子新苷（6′-O-trans-sinapoylgardoside）、6″-O-反式-芥子酰京尼平龙胆二糖苷（6″-O-trans-sinapoylgenipingentiobioside）、6″-O-对-香豆酰基京尼平龙胆二糖苷（6″-O-p-coumaroyl genipingentiobioside）、6″-O-反式-阿魏酰基京尼平龙胆二糖苷（6″-O-trans-feruloyl genipingentiobioside）、6′-O-反式-香豆酰京尼平苷（6′-O-trans-coumaroyl geniposide）、栀子新苷（gardoside）、鸡屎藤次苷甲酯（scandoside methyl ester）、7α,8β-环氧-8α-二氢京尼平苷（7α,8β-epoxy-8α-dihydrogeniposide）、龙船花苷（ixoroside）、京尼平（genipin）、10-O-乙酰京尼平苷（10-O-acetyl geniposide）[4]、栀子苷（gardenoside）、栀子阿勒苷*（gardaloside）[7]、6α-羟基京尼平苷（6α-hydroxygeniposide）、京尼平龙胆二糖苷（genipingentiobioside）[8]、京尼平苷（geniposide）[8,9]、京尼平-1β-O-龙胆双糖苷（genipin-1β-O-gentiobioside）、京尼平-1,10-二-O-β-D-吡喃葡萄糖苷（genipin-1,10-di-O-β-D-glucopyranoside）、去乙酰车叶草苷酸甲酯（methyl deacetyl asperulosidate）、栀子新苷甲酯（gardoside methyl ester）、栀子酸（geniposidic acid）、山栀子苷（shanzhiside）、6-甲氧基鸡屎藤次苷甲酯（6-methoxyscandoside methyl ester）[9]、（10R,11R）-栀子二醇［（10R,11R）-gardendiol］、（10S,11S）-栀子二醇［（10S,11S）-gardendiol］、（5S,9S）-栀子酯A*［（5S,9S）-gardenate A］、（5R,9R）-栀子酯A*［（5R,9R）-gardenate A］[10]、6′-O-芥子酰京尼平苷（6′-O-sinapoylgeniposide）、6″-O-[（E）-对香豆酰]-京尼平龙胆二糖苷{6″-O-[（E）-p-coumaroyl]-genipingentiobioside}、6″-O-反式-对-肉桂酸基京尼平龙胆二糖苷（6″-O-trans-p-cinnamoyl genipingentiobioside）[11]、6″-O-反式-芥子酰基京尼平龙胆二糖苷（6″-O-trans-sinapoyl genipingentiobioside）[12]、6-甲氧基去乙酰车叶草苷酸甲酯（6-methoxydeacetyl asperulosidic acid methyl ester）[13]、拉马鲁比酸（lamalbidic acid）、4-羧基桃叶珊瑚苷酸（4-carboxyl aucubin acid）、4-羧基梓醇酸（4-carboxyl catalpol acid）、玉叶金花

苷酸（mussaenosidic acid）、筋骨草醇（ajugol）、6″-O-［7‴-甲氧基-（E）-咖啡酰基］-京尼平龙胆二糖苷｛6″-O-［7‴-methoxy-（E）-caffeoyl］-genipingentiobioside｝、4″-O-［（E）-对-香豆酰基］-京尼平龙胆二糖苷｛4″-O-［（E）-p-coumaroyl］-genipingentiobioside｝、6″-O-［（E）-阿魏酸基］-京尼平龙胆二糖苷｛6″-O-［（E）-feruloyl］-genipingentiobioside｝[14]，（E）-2′（4″-对羟基桂皮酰基）玉叶金花苷酸［（E）-2′（4″-hydroxycinnamoyl）mussaenosidic acid］和（Z）-2′（4″-对羟基桂皮酰基）-玉叶金花苷酸［（Z）-2′（4″-hydroxy-cinnamoyl）mussaenosidic acid］[15]，去乙酰车叶草苷酸（deacetyl asperulosidic acid）[16]，6β-羟基京尼平苷［6β-hydroxygeniposide］[17,18]，京尼平-1-O-β-D-呋喃芹糖基-（1→6）-β-D-吡喃葡萄糖苷［genipin-1-O-β-D-apiofuranosyl-（1→6）-β-D-glucopyranoside］、京尼平-1-O-α-D-吡喃木糖基-（1→6）-β-D-吡喃葡萄糖苷［genipin-1-O-α-D-xylopyranosyl-（1→6）-β-D-glucopyranoside］、6β-羟基京尼平（6β-hydroxygenipin）、京尼平-1-O-α-L-吡喃鼠李糖苷-（1→6）-β-D-吡喃葡萄糖苷［genipin-1-O-α-L-rhamnopyranosyl-（1→6）-β-D-glucopyranoside］、京尼平-1-O-β-D-异麦芽糖苷（genipin-1-O-β-D-isomaltoside）、美洲格尼茜草苷C、D（genameside C、D）[18]，6α-丁氧基京尼平苷（6α-butoxygeniposide）、6β-丁氧基京尼平苷（6β-butoxygeniposide）[19]，8-O-甲基水晶兰苷甲酯（8-O-methylmonotropein methyl ester）[20]，10-O-（4″-O-甲基丁二酰）京尼平苷［10-O-（4″-O-methylsuccinoyl）geniposide］[21]，6′-O-乙酰京尼平苷（6′-O-acetylgeniposide）[17,22]，10-O-丁二酰京尼平苷（10-O-succinoylgeniposide）、11-（6-O-反式芥子酰葡萄糖基）-栀子二醇［11-（6-O-trans-sinapoylglucopyranosyl）-gardendiol］、10-（6-O-反式芥子酰吡喃葡萄糖基）-栀子二醇［10-（6-O-trans-sinapoylglucopyranosyl）-gardendiol］[22]，10-O-反式芥子酰京尼平苷（10-O-trans-sinapoylgeniposide）[20,23]，日栀苷B（japonicaside B）、栀子京尼苷A、B（jasmigeniposide A、B）、2′-O-反式阿魏酰栀子新苷（2′-O-trans-caffeoylgardoside）[24]，栀子萜烯醛I、II、III（gardenal I、II、III）、6α-甲氧基京尼平苷（6α-methoxygeniposide）、鸡屎藤苷（feretoside）、拉马鲁比酸（lamalbidic acid）[25]，6′-O-反式咖啡酰基-去乙酰车叶草苷酸甲酯（6′-O-trans-caffeoyl deacetylasperulosidic acid methyl ester）、巴尔蒂苷（bartsioside）、6″-O-顺式-对香豆酰京尼平龙胆二糖苷（6″-O-cis-p-coumaroylgenipin gentiobioside）[26]和美洲格尼茜草苷B（genameside B）[27]；单萜类：素馨苷A、D、R、T（jasminoside A、D、R、T）、6′-O-反式-芥子酰素馨苷A、C、L（6′-O-trans-sinapoyljasminoside A、C、L）、栀子酮（gardenone）[4]，素馨苷I（jasminoside I）[7]，素馨苷B、E、G（jasminoside B、E、G）、素馨二醇*（jasminodiol）、番红花亭C（crocusatin C）、（7S）-6-羟甲基-1,1,5-三甲基环己-3-烯酮［（7S）-6-hydroxymethyl-1,1,5-trimethylcyclohex-3-enone］、龙脑-6-O-β-D-吡喃木糖基-β-D-吡喃葡萄糖苷（bornyl-6-O-β-D-xylopyranosyl-β-D-glucopyranoside）、5,6-二羟甲基-1,1-二甲基环己-4-烯酮（5,6-dihydroxymethyl-1,1-dimethylcyclohex-4-enone）[10]，表素馨苷A（epijasminoside A）[13]，6′-O-芥子酰栀素馨苷（6′-O-sinapoyljasminoside）、栀素馨苷Q（jasminoside Q）[17]，栀素馨苷S（jasminoside S）[18]，栀素馨苷C（jasminoside C）[19]，地黄苦苷元（rehmapicrogenin）、表栀素馨苷H（epijasminoside H）、栀素馨苷F、H、K（jasminoside F、H、K）[20]，6′-O-反式芥子酰栀素馨苷L（6′-O-trans-sinapoyljasminoside L）[20,21]，6′-O-反式芥子酰栀素馨苷B（6′-O-trans-sinapoyljasminoside B）、栀素馨醇E（jasminol E）、圣地红景天新苷B（sacranoside B）、栀素馨苷J、K、M、N、P（jasminoside J、K、M、N、P）[21]和栀素馨苷F（jasminoside F）[28]；倍半萜类：（1R,7R,8S,10R）-7,8,11-三羟基愈创-4-烯-3-酮-8-O-β-D-吡喃葡萄糖苷（（1R,7R,8S,10R）-7,8,11-trihydroxyguai-4-en-3-one-8-O-β-D-glucopyranoside）[28]，（1R,7R,10S）-11-O-β-D-吡喃葡萄糖基-4-愈创木烯-3-酮［（1R,7R,10S）-11-O-β-D-glucopyranosyl-4-guaien-3-one］和（1R,7R,10S）-7-羟基-11-O-β-D-吡喃葡萄糖基-4-愈创木烯-3-酮［（1R,7R,10S）-7-hydroxy-11-O-β-D-glucopyranosyl-4-guaien-3-one］[29]；甾体类：豆甾醇（stigmasterol）、豆甾醇-3-O-β-D-吡喃葡萄糖苷（stigmasterol-3-O-β-D-glucopyranoside）、β-谷甾醇（β-sitosterol）、胡萝卜苷（daucosterol）[6]，7α-羟基谷甾醇（7α-hydroxysitosterol）和5,8-表二氧豆甾-6,22-二烯-3-醇（5,8-epidioxystigmasta-6,22-dien-3-ol）[8]；黄酮类：金丝桃苷（hyperoside）、染料木素（genistein）、5,7,3′,

4′-四羟基-6,8-二甲氧基黄酮（5,7,3′,4′-tetrahydroxy-6,8-dimethoxyflavone）、4′,5,6,7-四羟基-3,3′,5′-三甲氧基黄酮（4′,5,6,7-tetrahydroxy-3,3′,5′-trimethoxyflavone）[4]、5,4′-二羟基-7,3′,5′-三甲氧基黄酮（5,4′-dihydroxyl-7,3′,5′-trimethoxyflavone）、5,7,3′,4′,5′-五甲氧基黄酮（5,7,3′,4′,5′-pentamethoxyflavone）、3,5,6,4′-四羟基-3′,5′-二甲氧基黄酮（3,5,6,4′-tetrahydroxy-3′,5′-dimethoxyflavone）[7]、槲皮素（quercetin）、芦丁（rutin）、乌摩亨哥素（umuhengerin）、烟花苷（nicotiflorin）、异槲皮苷（isoquercitrin）[30]、5-羟基-7,3′,4′,5′-四甲氧基黄酮（5-hydroxy-7,3′,4′,5′-tetramethoxyflavone）[31]、槲皮素-3-O-β-D-吡喃葡萄糖苷（quercetin-3-O-β-D-glucopyranoside）、5,3′-二羟基-7,4′,5′-三甲氧基黄酮（5,3′-dihydroxy-7,4′,5′-trimethoxyflavone）、5,7-二羟基-3′,4′,5′-三甲氧基黄酮（5,7-dihydroxyl-3′,4′,5′-trimethoxyflavone）、5,7,3′-三羟基-8,4′,5′-三甲氧基黄酮（5,7,3′-trihydroxyl-8,4′,5′-trimethoxyflavone）、5,7,4′-三羟基-8-甲氧基黄酮（5,7,4′-trihydroxyl-8-methoxyflavone）、5,7,4′-三羟基-6-甲氧基黄酮（5,7,4′-trihydroxyl-6-methoxyflavone）、5-羟基-6,7,3′,4′,5′-五甲氧基黄酮（5-hydroxyl-6,7,3′,4′,5′-pentamethoxyflavone）、5,7,3′,5′-四羟基-6,4′-二甲氧基黄酮（5,7,3′,5′-tetrahydroxyl-6,4′-dimethoxyflavone）、5,7,4′-三羟基-3′,5′-二甲氧基黄酮（5,7,4′-trihydroxyl-3′,5′-dimethoxyflavone）[32]、甘草苷（liquiritoside）[33]和木犀草素-7-O-β-D-吡喃葡萄糖苷（luteolin-7-O-β-D-glucopyranoside）[34]；酚酸类：1,2,4-苯三酚（1,2,4-benzenetriol）、3,4-二甲氧基苯甲酸（3,4-dimethoxy-benzoic acid）、邻苯二甲酸二丁酯（dibutyl phthalate）、邻苯二甲酸二异丁酯（diisobutyl phthalate）[7]、3-甲氧基-4-羟基苯酚（3-methoxy-4-hydroxyphenol）[12]、4-羟基苯甲醇-O-β-D-吡喃葡萄糖基-（1→6）-β-D-吡喃葡萄糖苷［4-hydroxyphenylmethol-O-β-D-glucopyranosyl-（1→6）-β-D-glucopyranoside］、3,4-二羟基苯甲醇-O-β-D-吡喃葡萄糖基-（1→6）-β-D-吡喃葡萄糖苷［3,4-dihydroxyphenylmethol-O-β-D-glucopyranosyl-（1→6）-β-D-glucopyranoside］、3-羟基-4-甲氧基苯甲醇-O-β-D-吡喃葡萄糖基-（1→6）-β-D-吡喃葡萄糖苷［3-hydroxy-4-methoxyphenylmethol-O-β-D-glucopyranosyl-（1→6）-β-D-glucopyranoside］、3-羟基-4-甲氧基苯甲醇-O-β-D-吡喃葡萄糖苷（3-hydroxy-4-methoxyphenylmethol-O-β-D-glucopyranoside）、3,4-二甲氧基苯甲酸（3,4-dimethoxybenzoic acid）[13]、丁香醛（syringaldehyde）、香草酸（vanillic acid）、3-羟基香草酸（3-hydroxyvanilic acid）、3,4,5-三甲氧基苯酚（3,4,5-trimethoxyphenol）、4-羟基-3,5-二甲氧基苯酚（4-hydroxy-3,5-dimethoxyphenol）、4-甲氧基苯甲醛（4-methoxybenzaldehyde）[35]、原儿茶酸（protocatechuic acid）[30]和丁香酸（syringic acid）[31,36]；苯丙素类：芥子酸苷（sinapyglucoside）、3,5-二-O-咖啡酰奎宁酸（3,5-di-O-caffeoylquinic acid）、5-O-咖啡酰基-4-O-芥子酰奎宁酸（5-O-caffeoyl-4-O-sinapoylquinic acid）、5-O-咖啡酰基-3-O-芥子酰奎宁甲酯（methyl-5-O-caffeoyl-3-O-sinapoylquinate）[4]、3-O-咖啡酰基-4-O-芥子酰奎宁酸（3-O-caffeoyl-4-O-sinapoylquinic acid）、绿原酸（chlorogenic acid）[12]、4,5-二-O-咖啡酰奎宁酸甲酯（methyl 4,5-di-O-caffeoylquinate）、香草酸-4-O-β-D-（6′-O-反式芥子酰基）吡喃葡萄糖苷［vanillic acid-4-O-β-D-（6′-O-trans-sinapoyl）glucopyranoside］[23]、3,4-二-O-咖啡酰奎宁酸（3,4-di-O-caffeoylquinic acid）、3-咖啡酰基-4-芥子酰奎宁酸甲酯（methyl 3-caffeoyl-4-sinapoylquinate）、3-咖啡酰基-5-芥子酰奎宁酸甲酯（methyl 3-caffeoyl-5-sinapoylquinate）、3,4-二咖啡酰-5-（3-羟-3-甲基）戊二酰奎宁酸［3,4-di-caffeoyl-5-（3-hydroxy-3-methyl）glutaroylquinic acid］、3,5-二咖啡酰基-4-（3-羟基-3-甲基）戊二酰奎宁酸［3,5-di-caffeoyl-4-（3-hydroxy-3-methyl）-glutaroylquinic acid］[30]、3,5-O-二咖啡酰奎宁酸甲酯（methyl 3,5-O-dicaffeoylquinatte）、3,4-O-二咖啡酰奎宁酸（3,4-O-dicaffeoylquinic acid）[33]、3,4-二-O-咖啡酰奎宁酸甲酯（methyl 3,4-di-O-caffeoylquinate）[23,34]、2-甲基-L-赤藓糖醇-4-O-（6-O-反式芥子酰基）-β-D-吡喃葡萄糖苷［2-methyl-L-erythritol-4-O-（6-O-trans-sinapoyl）-β-D-glucopyranoside］、2-甲基-L-赤藓糖醇-1-O-（6-O-反式芥子酰基）-β-D-吡喃葡萄糖苷［2-methyl-L-erythritol-1-O-（6-O-trans-sinapoyl）-β-D-glucopyranoside］、3,5-二-O-咖啡酰-4-O-（3-羟基-3-甲基）戊二酰奎宁酸甲酯［3,5-di-O-caffeoyl-4-O-（3-hydroxy-3-methyl）glutaroyl glutaroylquinic acid methyl ester］、5-O-咖啡酰基-4-O-芥子酰甲酯（methyl 5-O-caffeoyl-4-O-sinapoylquinate）[34]、4-羟基肉桂酸甲

酯（methyl 4-hdyroxycinnamate）、3,5-二甲氧基-4-羟基-肉桂酸甲酯（3,5-dimethoxy-4-hydroxy-cinnamic acid methyl ester）、伞形花腺果藤酚*II（pisoninol II）、7-羟基朝鲜白头翁脂素*A（7-hydroxy-orebiusin A）、（E）-3（4'-羟基苯基）-丙烯酸丁酯［（E）-3（4'-hydroxyphenyl）-acrylic acid butyl ester］、（E）-3-（4'-甲氧基苯基）-丙烯酸丁酯［（E）-3-（4'-methoxyphenyl）-acrylic acid butyl ester］和4-甲氧基苯基丙醇丁醚（4-methoxyl phenylpropanol butyl ether）[37]；环己烯酸类：莽草酸（shikimic acid）[7]；苯基醇类：苯甲醇（phenylmethol）[13]；糖类：β-D-吡喃木糖基-（1→6'）-O-β-D-吡喃葡萄糖苷［β-D-xylopyranosyl-（1→6'）-O-β-D-glucopyranoside］和β-D-吡喃半乳糖基-（1→6'）-O-β-D-吡喃葡萄糖苷［β-D-galactopyranosyl-（1→6'）-O-β-D-glucopyranoside］[16]；呋喃类：密穗马先蒿素*D（densispicnin D）[16]；生物碱类：3,4-二羟基哌啶酸（3,4-dihydroxypipecolic acid）、3-羟基哌啶酸（3-hydroxypipecolic acid）、α-D-吡喃葡萄糖基-（1→1'）-3'-氨基-3'-去氧-β-D-吡喃葡萄糖苷［α-D-glucopyranosyl-（1→1'）-3'-amino-3'-deoxy-β-D-glucopyranoside］[16]，栀子酰胺（gardenamide）[19]和2-羟乙基栀子酰胺A（2-hydroxyethylgardenamide A）[28]；香豆素类：东莨菪内酯（scopoletin）、滨蒿内酯（scoparone）[12]，欧前胡素（imperatorin）和异欧前胡素（isoimperatorin）[31]；木脂素类：杜仲树脂酚（medioresinol）、5'-甲氧基异落叶松脂醇-3α-O-β-D-吡喃葡萄糖苷（5'-methoxyisolariciresinol-3α-O-β-D-glucopyranoside）[12]，（+）-（7S,8R,8'R）-南烛木树脂酚-9-O-β-D-（6''-O-反式芥子酰基）-吡喃葡萄糖苷［（+）-（7S,8R,8'R）-lyoniresinol-9-O-β-D-（6''-O-trans-sinapoyl）-glucopyranoside］[23]，环橄榄素（cycloolivil）[37]，丁香脂素（syringaresinol）、松脂素（pinoresinol）、栀子脂素甲（gardenianan A）、丁香脂素-4-O-β-D-吡喃葡萄糖苷（syringaresinol-4-O-β-D-glucopyranoside）、落叶松脂素（lariciresinol）、八角枫木脂苷D（alangilignoside D）、南烛木树脂酚（lyoniresinol）、落叶脂素-9-O-β-D-吡喃葡萄糖苷（lyoniresinol-9-O-β-D-glucopyranoside）、蛇菰宁（balanophonin）、山橘脂酸（glycosmisic acid）、榕醛（ficusal）、肥牛木素（ceplignan）和南烛木树脂酚-9-O-β-D-吡喃葡萄糖苷（lyoniresinol-9-O-β-D-glucopyranoside）[38]；胡萝卜素类：藏花酸-β-D-葡萄糖基-β-龙胆二糖基酯苷（crocetin-β-D-glucosyl-β-gentiobiosyl ester）[18,39]，龙胆二糖基葡萄糖基藏花酸（gentiobiosyl glucosyl crocetin）、单龙胆二糖基藏花酸（monogentiobiosyl crocetin）[39]，西红花苷-1（crocin-1）[15,35]，西红花苷-2（crocin-2）[4,35]，西红花酸单乙酯（crocetin monoethyl ester）、西红花苷-4（crocin-4）[4]，西红花酸（crocetin）、西红花苷（crocin）[18,31,39]，西红花苷-3（crocin-3）[31]，苦藏红花酸（picrocrocinic acid）[18,40]，13-顺式-西红花苷-1（13-cis-crocin-1）[40]，新西红花苷*B、C、D、E、F、G、H、I、J（neocrocin B、C、D、E、F、G、H、I、J）和13-顺式-西红花酸-8'-O-β-D-龙胆二糖苷（13-cis-crocetin-8'-O-β-D-gentiobioside）[41]；萘酚类：苏丹III（sudan III）[31]；脂肪酸类：3-羟基-3-甲基-戊二酸（3-hydroxy-3-methyl glutaric acid）[14]，8-羟基十五烷二酸（8-hydroxypentadecanoic diacid）[16]，油酸（oleic acid）、十八烷酸（octadecanoic acid）[36]，棕榈酸（palmitic acid）和亚油酸（linoleic acid）[42,43]；烯醛类：反式,反式-2,4-癸二烯醛（trans,trans-2,4-decadienal）等[42,44]；多元醇类：肌醇（myo-inositol）[16]和D-甘露醇（D-mannitol）[45]；色原酮类：7-羟基-5-甲氧基色原酮（7-hydroxy-5-methoxychromone）[35]和2-甲基-3,5-二羟基色原酮（2-methyl-3,5-dihydroxychromone）[31]；吡喃类：1-羟基-7-羟甲基-1,4a,5,7a-四氢化环戊二烯并吡喃-4-甲醛{1-hydroxy-7-hydroxymethyl-1,4a,5,7a-tetrahydrocyclopenta dien[c]pyran-4-carbaldehyde}[9]；其他尚含：5,6-二羟甲基-1,1-二甲基环己-4-烯酮（5,6-dihydroxymethyl-1,1-dimethylcyclohex-4-enone）[10]和橙花叔醇（nerolidol）[30]。

花含黄酮类：5,7,3'-三羟基-6,4',5'-三甲氧基黄酮（5,7,3'-trihydroxy-6,4',5'-trimethoxyflavone）、5,7,3',5'-四羟基-6,4'-二甲氧基黄酮（5,7,3',5'-tetrahydroxy-6,4'-dimethoxyflavone）、山奈酚（kaempferol）、槲皮素（quercetin）[46]、芦丁（rutin）、3,5,6,4'-四羟基-3',5'-二甲氧基黄酮（3,5,6,4'-tetrahydroxy-3',5'-dimethoxyflavone）、5,7,4'-三羟基-3',5'-二甲氧基黄酮（5,7,4'-trihydroxy-3',5'-dimethoxyflavone）、5,7,3'-三羟基-8,4',5'-三甲氧基黄酮（5,7,3'-trihydroxy-8,4',5'-trimethoxyflavone）、5,4'-二羟基-7,3',5'-三甲氧基黄酮（5,4'-dihydroxy-7,3',5'-trimethoxyflavone）、5,3'-二羟基-7,4',5'-三

甲氧基黄酮（5,3′-dihydroxy-7,4′,5′-trimethoxyflavone）、5-羟基-6,7,3′,4′,5′-五甲氧基黄酮（5-hydroxy-6,7,3′,4′,5′-pentamethoxyflavone）[47]，山奈酚-3-O-β-D-吡喃葡萄糖苷（kaempferol-3-O-β-D-glucopyranoside）、山奈酚-3-O-β-D-吡喃半乳糖苷（kaempferol-3-O-β-D-galactopyranoside）、山奈酚-3-O-洋槐糖苷（kaempferol-3-O-robinobioside）、山奈酚-3-O-芸香糖苷（kaempferol-3-O-rutinoside）[48]，3′,5,5′,7-四羟基-4′-甲氧基黄酮（3′,5,5′,7-tetrahydroxy-4′-methoxyflavone）和5,5′,7-三羟基-3,4′,6-三甲氧基黄酮（5,5′,7-trihydroxy-3,4′,6-trimethoxyflavone）[49]；色原酮类：7-羟基-5-甲氧基色原酮（7-hydroxy-5-methoxychromone）[47]；环烯醚萜类：山栀子苷（shanzhiside）、素馨苷B（jasminoside B）[47]，京尼平苷（geniposide）[47,49]，山栀子苷B（gardenoside B）、6β-羟基京尼平苷（6β-hydroxygeniposide）、6α-羟基京尼平（6α-hydroxygenipin）、6α-羟基京尼平苷（6α-hydroxygeniposide）、7β,8β-环氧-8α-二氢京尼平苷（7β,8β-epoxy-8α-dihydrogeniposide）、京尼平-1-O-β-D-异麦芽糖苷（genipin-1-O-β-D-isomaltoside）、京尼平-1,10-二-O-β-D-吡喃葡萄糖苷（genipin-1,10-di-O-β-D-glucopyranoside）、6α-丁氧基京尼平苷（6α-butoxygeniposide）、栀子明（garjasmine）、6β-乙氧基京尼平苷（6β-ethoxygeniposide）、2′-O-反式-香豆酰栀子酮苷（2′-O-trans-coumaroylgardoside）、2′-O-反式-香豆酰山栀子苷（2′-O-trans-coumaroylshanzhiside）、6′-O-反式-香豆酰山栀子苷（6′-O-trans-coumaroylshanzhiside）、8α-丁基山栀子苷B（8α-butylgardenoside B）、6α-甲氧基京尼平（6α-methoxygenipin）[49]，栀子茜醚烯萜（garjasmine）、绣球茜醚萜（dunnisin）、α-卡卢二醇（α-gardiol）、β-卡卢二醇（β-gardiol）、6′-O-反式对香豆酰京尼平苷（6′-O-trans-p-coumaroylgeniposide）、白花蛇舌草醚萜苷A、B（diffusoside A、B）、京尼平苷（geniposide）、去乙酰车叶草苷酸甲酯（deacetyl asperulosidic acid methyl ester）、鸡屎藤次苷甲酯（scandoside methyl ester）、羟异栀子苷（gardenoside）、京尼平龙胆二糖苷（genipin gentiobioside）、美洲格尼茜草苷C（genameside C）、去乙酰车叶草苷酸（deacetyl asperulosidic acid）和山栀子苷（shanzhiside）[50]；三萜类：3β,23-二羟基熊果-12-烯-28-酸（3β,23-dihydroxyurs-12-en-28-oic acid）、3β,19α-二羟基熊果-12-烯-28-酸（3β,19α-dihydroxyurs-12-en-28-oic acid）、3β,19α,23-三羟基熊果-12-烯-28-酸（3β,19α,23-trihydroxyurs-12-en-28-oic acid）[46]，常春藤皂苷元（hederagenin）、19α-羟基-3-乙酰熊果酸（19α-hydroxy-3-acetyl ursonic acid）、3-羟基熊果-12-烯-11-酮（3-hydroxyurs-12-en-11-one）、栀子花乙酸（gardenolic acid B）、3-乙酰栀子花甲酸（3-acetyl gardenolic acid A）和3α-羟基熊果酸（3α-hydroxyursonic acid）[47]；降倍半萜类：黄麻紫罗苷C（corchoionoside C）[48]；胡萝卜素类：西红花苷-1（crocin-1）[46]；蒽醌类：大黄素（emodin）和大黄素甲醚（physcion）[46]；苯丙素类：绿原酸（chlorogenic acid）、4-羟基桂皮酸甲酯（methyl 4-hydroxycinnamate）[47]，咖啡酸（caffeic acid）、反式对羟基肉桂酸甲酯（methyl trans-p-hydroxycinnamate）[48]，5-（3-羟丙基）-2-甲氧基苯基-β-D-吡喃葡萄糖苷［5-（3-hydroxypropyl）-2-methoxyphenyl-β-D-glucopyranoside］和4,5-二咖啡酰奎宁酸（4,5-diferuloylquinic acid）[49]；生物碱类：烟酸（niacin）[49]；香豆素类：滨蒿内酯（scoparone）和东莨菪素（scopoletin）[47]；酚酸类：香草酸（vanillic acid）[47]，香草醛（vanillin）和原儿茶酸（protocatechuic acid）[48]；甾体类：胡萝卜苷（daucosterol）和β-谷甾醇（β-sitosterol）[46]；挥发油类：惕各酸顺-3-已烯酯（cis-3-hexenyl tiglate）、香苇醇（carveol）、芳樟醇（linalool）、苯甲酸甲酯（methyl benzoate）[51]，（Z）-戊烯酸叶醇酯［（Z）-3-hexenyl pentenoate］、α-法呢烯（α-farnesene）[52]，莰烯（camphene）、α-石竹烯（α-caryophyllene）和香叶醇（geraniol）[53]；脂肪酸类：硬脂酸（stearic acid）、棕榈酸（palmitic acid）、油酸（oleic acid）[46]，9,12-十八碳二烯酸（9,12-octadecadienoic acid）和亚油酸乙酯（ethyl linoleate）等[54]。

叶含黄酮类：山奈酚（kaempferol）和槲皮素（quercetin）[55]；环烯醚萜类：京尼平苷（geniposide）、栀子苷（gardenoside）、β-栀子酯二醇（β-gardiol）和α-gardiol（α-栀子酯二醇）[55]；甾体类：β-谷甾醇（β-sitosterol）和胡萝卜苷（daucosterol）[55]；挥发油类：1,2,3,4,5,6,7,8α-八氢化-1,4-二甲基-7-（1-甲基乙烯基）-薁［1,2,3,4,5,6,7,8α-octahydro-1,4-dimethyl-7-（1-methylethenyl）-azulene］、甲苯（toluene）和［1S-（1α,4α,7α）］-1,2,3,4,5,6,7,8-八氢-1,4-二甲基-7-（1-甲基乙烯基）-薁｛［1S-

（1α, 4α, 7α）］-1, 2, 3, 4, 5, 6, 7, 8-octahydro-1, 4-dimethyl-7-（1-methylethenyl）-azulene} 等[56]。

茎含挥发油类：4, 8, 12, 15, 15- 五甲基双环 ［9.3.1］十五烷 -3, 7- 二烯 -12- 醇 {4, 8, 12, 15, 15-pentamethyl bicyclo［9.3.1］pentadeca-3, 7-dien-12-ol}、1, 2, 3, 4, 5, 6, 7, 8α- 八氢 -1, 4- 二甲基 -7-（1- 甲基乙烯基）- 薁［1, 2, 3, 4, 5, 6, 7, 8α-octahydro-1, 4-dimethyl-7-（1-methylethenyl）-azulene］和龙脑（borneol）等[56]。

【药理作用】1. 护肝利胆　果实提取物可通过促进动物体内磷酸尿苷的生物合成，抑制 D- 半乳糖胺（D-GlaN）与尿苷的结合，促进胆汁的排泄，使对 D-GLaN 诱导的急性肝损伤模型小鼠谷丙转氨酶（ALT）含量降低，肝细胞坏死、肝细胞变性等明显改善[1]；果实中分离的栀子苷（jasminoidin）可增加正常大鼠以及由异硫氰酸 -1- 萘脂所致的肝损伤大鼠的胆汁分泌量[2]；果实中分离的京尼平苷（geniposide）能降低四氯化碳（CCl_4）所致急性肝损伤小鼠血清中谷丙转氨酶和天冬氨酸氨基转移酶（AST）的含量，增加肝脏内谷胱甘肽（GSH）的含量；京尼平苷对正常小鼠肝微粒体内 CYP4502E1 具有明显的抑制作用，并能增强肝脏内谷胱甘肽还原酶（GR）以及谷胱甘肽 -S- 转移酶活性，以上 3 个酶与自由基形成及清除有关[3]。2. 护胃　果实中分离的栀子总苷对小剂量阿司匹林诱发大鼠胃黏膜损伤具有保护作用，可升高胃黏膜局部血流量，同时减轻胃组织炎细胞浸润，明显改善胃黏膜的病理组织学变化[4]。3. 调节胃肠　果实水提取物可显著减少首次排出稀便的时间，6h 内排出的稀便粒数显著增加，与空白组比较，栀子的胃排空率与肠推进率显著减少，表明其有明显泻下作用，且服用日久对胃肠运动有抑制作用[5]。4. 降血脂　果实的水提取物能显著降低高脂血症小鼠的血清总胆固醇（TC）、甘油三酯（TG）、低密度脂蛋白胆固醇（LDL-C）含量，显著提高高密度脂蛋白胆固醇（HDL-C）含量[6]。5. 抗抑郁　果实粗提物高剂量组可使小鼠蔗糖饮水量明显增加、强迫游泳不动时间明显缩短、神经元核抗原抗体（NeuN）阳性表达升高、5- 溴脱氧尿嘧啶核苷（BrdU）阳性细胞的面数密度亦显著增加，认为栀子粗提物对抑郁模型小鼠行为有明显改善作用，并能显著促进海马区神经元发生[7]。6. 抗炎　果实甲醇提取浸膏可显著抑制乙酸诱发血管通透性增加，高、低剂量的抑制率分别为 44.7% 和 25.6%；可显著抑制角叉菜胶所致大鼠足肿胀，第 6 小时的抑制率分别为 33.6% 和 25.4%；显著抑制棉球肉芽组织增生，抑制率分别为 54.1% 和 33.0%；对乙酸诱发的小鼠扭体反应有一定的抑制作用，抑制率分别为 26.8% 和 18.9%[8]。7. 抗疲劳　果实中分离的栀子黄色素能延长小鼠常压密闭抗缺氧时间，与模型组相比，栀子黄色素高剂量组具有显著性差异；栀子黄色素能延长在低压、低氧环境下小鼠力竭游泳时间，栀子黄色素中剂量组和高剂量组均能显著延长小鼠力竭游泳时间[9]。8. 抗血栓　果实水提取物可延长小鼠出血时间、凝血时间和血浆复钙时间，高剂量组对凝血酶原时间（PT）、活化部分凝血活酶时间（APTT）有延长作用；栀子提取物各剂量组对凝血酶时间（TT）均有延长作用，可显著降低动静脉旁路血栓模型及 三氯化铁（$FeCl_3$）致颈动脉模型血栓质量、降低二磷酸腺苷（ADP）诱导血小板聚集的最大聚集率、抑制血小板聚集，提示栀子抗血栓作用机制与内源性凝血系统、凝血过程第 3 阶段和血小板功能有关[10]。

毒性　高剂量的果实水提取物、醇提取物和栀子苷均可导致肝重增加、肝指数增大、谷丙转氨酶（ALT）、天冬氨酸氨基转移酶（AST）和总胆红素（TBIL）含量增高，光镜下可见明显的肝细胞肿胀、坏死、大量炎症细胞浸润等形态改变，表明水提取物、醇提取物、栀子苷具有肝毒性，栀子苷是肝毒性的主要物质基础[11]；果实粉末浓缩液连续灌胃给药 6 天，结果光镜下胃黏膜结构失去完整性及连续性，腺体完全被破坏，各层细胞排列紊乱，薄膜糜烂、出血，间质可见大量的炎性细胞浸润，部分区域黏膜坏死、脱落，表明长时间大剂量灌服栀子水提取物可引起明显的胃毒性[12]。

【性味与归经】栀子根：味甘、苦，性寒。归肝、胆、胃经。栀子：苦，寒。归心、肺、三焦经。

【功能与主治】栀子根：清热利湿，凉血止血。主治湿热黄疸，吐血，衄血，疮痈肿毒，跌打损伤。栀子：泻火除烦，清热利尿，凉血解毒。用于热病心烦，黄疸尿赤，血淋涩痛，血热吐衄，目赤肿痛，火毒疮疡；外用于扭挫伤痛。

【用法与用量】栀子根：煎服 15～30g；外用适量，捣敷。栀子：煎服 6～9g；外用生品适量，研末调敷。

【药用标准】栀子根：浙江药材 2006 和湖南药材 2009；栀子：药典 1963、药典 1985—2015、贵州药材 1965、四川药材 1979、湖南药材 1993、内蒙古蒙药 1986 和台湾 2004。

【临床参考】1. 甲状腺功能亢进症：果实 10g，加柴胡 15g、夏枯草、浙贝母、牡丹皮、陈皮、川芎、茯苓各 10g，生龙骨、生牡蛎各 30g，白芍 12g，炙甘草 6g，每日 1 剂，水煎煮，分 2 次温服，同时甲巯咪唑片等口服[1]。

2. 糖尿病性便秘：果实 10g，加茵陈、大黄、槟榔、莱菔子、火麻仁、枳实、厚朴各 10g，阴虚者加生地、麦冬；气虚者加黄芪，并重用白术至 24g。每日 1 剂，水煎，分 2 次温服，同时常规降糖治疗[2]。

3. 心肾不交型失眠：果实 10g，加淡豆豉 20g、茯神 30g、白术 15g、生龙骨 40g（先煎）、生牡蛎 40g（先煎）、山药 20g，炙甘草 5g，平素畏寒、尿频者，加淫羊藿、巴戟天、杜仲、菟丝子以温补肾阳；彻夜不眠者，加酸枣仁、柏子仁、远志、磁石以养心镇惊安神；胃脘胀闷不适、纳呆、恶心者，加陈皮、砂仁、白蔻仁、厚朴、枳壳以理气化痰、健脾燥湿；伴头痛、头晕者，可加川芎、桂枝、川牛膝、白芍以行气养血、活血止痛。水煎，每日 1 剂，取汁 400ml，分早晚温服，2 周为 1 疗程[3]。

4. 反流性食管炎：果实 10g，加甘草 6g、香豉 10g，嗳气者加蔻仁、竹茹各 10g；便秘者加大黄 10g；腹胀者加厚朴、莱菔子各 10g。每日 1 剂，水煎，分早晚 2 次服，常规西药同服[4]。

5. 神经性皮炎：果实 9g，加川芎、当归、牡丹皮、黄芩、甘草各 6g，柴胡、白芍各 9g，黄连 3g，心烦易怒、失眠者，加珍珠母（先煎）、生龙骨（先煎）、生牡蛎（先煎）各 30g，重用白芍至 30g；病程日久、皮损多局限、舌苔薄白或白腻、脉濡缓者，加全蝎、皂角刺各 6g，防风 10g，去黄芩、黄连，本种果实减量至 3g；素体虚弱、气短健忘、舌质淡、脉沉细者，加夜交藤、鸡血藤各 30g，丹参 15g，去黄芩、黄连，本种果实减量至 3g。水煎，每日 1 剂，分 2 次服用，药渣放凉后湿敷患处[5]。

6. 急性缺血性卒中：果实研细粉（过 80 目筛）3g，80 岁以内，每日 2 次，80 岁以上每日 1 次，水煎服，配合常规西药治疗[6]。

7. 湿热黄疸：果实 15g，加鸡骨草、田基黄各 35g，水煎，分 3 次服。(《广西中草药》)

【附注】本种始载于《神农本草经》，列为中品。《名医别录》云："生南阳川谷，九月采实，暴干。"《本草经集注》云："处处有，亦两三种小异，以七棱者为良。经霜乃取之。今皆入染用。"《本草图经》云："今南方及西蜀州郡皆有之。木高七八尺，叶似李而厚硬，又似樗蒲子，二、三月生白花，花皆六出，甚芬香，俗说即西域詹葡也。夏秋结实，如诃子状，生青熟黄，中人深红……此亦有两三种，入药者山栀子，方书所谓越桃也。皮薄而圆小，刻房七棱至九棱者为佳。"《本草纲目》云："卮子叶如兔耳，厚而深绿，春荣秋瘁。入夏开花，大如酒杯，白瓣黄蕊，随即结实，薄皮细子有须。霜后收之。"综上所述，即为本种。

药材栀子脾虚便溏，胃寒作痛者慎用。

本种近成熟的果实仅供加工炒栀子和焦栀子用。栀子花及叶民间也作药用。

长果栀子（本种的长果变型）Gardenia jasminoides Ellis f. longicarpa Z. W. Xie et Okada 的成熟果实在内蒙古作大栀子药用。

【化学参考文献】

[1] 曹百一，刘润祥，王晶，等. 栀子根化学成分的分离与鉴定[J]. 沈阳药科大学学报，2011，28（10）：784-787.

[2] Wang J, Lu J C, Lv C N, et al. Three new triterpenoid saponins from root of Gardenia jasminoides Ellis [J]. Fitoterapia, 2012, 83（8）：1396-1401.

[3] 施湘君，于海宁，占扎君，等. 畲药山栀黄根的苷类成分研究[J]. 浙江工业大学学报，2010，38（2）：142-144.

[4] Wang L, Liu S, Zhang X, et al. A strategy for identification and structural characterization of compounds from Gardenia jasminoides by integrating macroporous resin column chromatography and liquid chromatography-tandem mass spectrometry combined with ion-mobility spectrometry [J]. J Chromatogr A, 2016, 1452：47-57.

[5] 付小梅，王峥涛. 栀子中的三萜类成分[J]. 中国实验方剂学杂志，2011，17（16）：106-109.

[6] 张忠立，左月明，罗光明，等. 栀子三萜类化学成分研究[J]. 时珍国医国药，2013，24（2）：338-339.

[7] 罗扬婧，左月明，张忠立，等. 栀子化学成分研究（III）[J]. 中药材，2014，37（7）：1196-1199.

[8] Huang T, Mu S Z, Hao X J, et al. Chemical components in Fructus Gardeniae [J]. Medicinal Plant, 2015, 6（7-8）：

15-16，20.
[9] 蔡财军，张忠立，左月明，等.栀子环烯醚萜类化学成分研究［J］.时珍国医国药，2013，24（2）：342-343.
[10] 左月明，张忠立，杨雅琴，等.栀子果实中单萜类化学成分研究［J］.中草药，2013，44（13）：1730-1733.
[11] 廖辉，王林，单晓庆，等.栀子中五个环烯醚萜苷的研究［J］.西南民族大学学报（自然科学版），2009，35（6）：1228-1232.
[12] 蔡妙婷，左月明，张忠立，等.栀子化学成分（Ⅳ）［J］.中国实验方剂学杂志，2014，20（22）：88-91.
[13] 张忠立，左月明，罗光明，等.栀子化学成分研究（Ⅱ）［J］.中药材，2013，36（3）：401-403.
[14] 左月明，严欢，张忠立，等.栀子化学成分研究（Ⅵ）［J］.中药材，2017，40（3）：596-599.
[15] 毕志明，周小琴，李萍，等.栀子果实的化学成分研究［J］.林产化学与工业，2008，28（6）：67-69.
[16] 刘电航，左月明，张忠立，等.栀子化学成分研究（Ⅴ）［J］.中国实验方剂学杂志，2016，22（7）：46-49.
[17] Akihisa T，Watanabe K，Yamamoto A，et al. Melanogenesis inhibitory activity of monoterpene glycosides from *Gardeniae Fructus*［J］. Chem Biodiversity，2012，9（8）：1490-1499.
[18] Peng K F，Yang L G，Zhao S Z，et al. Chemical constituents from the fruit of *Gardenia jasminoides* and their inhibitory effects on nitric oxide production［J］. Bioorg Med Chem Lett，2013，23（4）：1127-1131.
[19] Machida K，Onodera R，Furuta K，et al. Studies of the constituents of *Gardenia* species. I. monoterpenoids from *Gardeniae Fructus*［J］. Chem Pharm Bull，1998，46（8）：1295-1300.
[20] Yang L G，Peng K F，Zhao S Z，et al. Monoterpenoids from the fruit of G*ardenia jasminoides* Ellis（Rubiaceae）［J］. Biochem Syst Ecol，2013，50：435-437.
[21] Yu Y，Gao H，Dai Y，et al. Monoterpenoids from the Fruit of *Gardenia jasminoides*［J］. Helv Chim Acta，2010，93（4）：763-771.
[22] Yu Y，Xie Z L，Gao H，et al. Bioactive iridoid glucosides from the fruit of *Gardenia jasminoides*［J］. J Nat Prod，2009，72（8）：1459-1464.
[23] Yu Y，Feng X L，Gao H，et al. Chemical constituents from the fruits of *Gardenia jasminoides* Ellis［J］. Fitoterapia，2012，83（3）：563-567.
[24] Li H B，Yu Y，Wang Z Z，et al. Iridoid and bis-iridoid glucosides from the fruit of *Gardenia jasminoides*［J］. Fitoterapia，2013，88：7-11.
[25] Sridhar R A，Shankara C J，Merugu R. Iridoids from *Gardenia jasminoides* Ellis［J］. International Journal of ChemTech Research，2013，5（1）：418-421.
[26] Fu X M，Chou G X，Wang Z T. Iridoid glycosides from *Gardenia jasminoides* Ellis［J］. Helv Chim Acta，2008，91（4）：646-653.
[27] Chang W L，Wang H Y，Shi L S，et al. Immunosuppressive iridoids from the fruits of *Gardenia jasminoides*［J］. J Nat Prod，2005，68（11）：1683-1685.
[28] Machida K，Oyama K，Ishii M，et al. Studies of the constituents of *Gardenia* species. II. terpenoids from Gardeniae Fructus［J］. Chem Pharm Bull，2000，48（5）：746-748.
[29] Yu Y，Gao H，Dai Y，et al. Guaiane-type sesquiterpenoid glucosides from *Gardenia jasminoides* Ellis［J］. Magn Reson Chem，2011，49（5）：258-261.
[30] 付小梅，俞桂新，王峥涛，等.栀子的化学成分［J］.中国天然药物，2008，6（6）：418-420.
[31] 陈红，肖永庆，李丽，等.栀子化学成分研究［J］.中国中药杂志，2007，32（11）：1041-1043.
[32] 张忠立，左月明，杨雅琴，等.栀子中的黄酮类化学成分研究［J］.中国实验方剂学杂志，2013，19（4）：79-81.
[33] Wang X，Wang G C，Rong J，et al. Identification of steroidogenic components derived from *Gardenia jasminoides* Ellis potentially useful for treating postmenopausal syndrome［J］. Front Pharmacol，2018，9：390/1-390/19.
[34] Yang L G，Peng K F，Zhao S Z，et al. 2-Methyl-L-erythritol glycosides from *Gardenia jasminoides*［J］. Fitoterapia，2013，89：126-130.
[35] 左月明，张忠立，杨雅琴，等.栀子化学成分研究［J］.中药材，2013，36（2）：225-227.
[36] 唐娜娜，张静.药用栀子化学成分研究［J］.中国药师，2014，17（3）：381-383.
[37] 左月明，徐元利，张忠立，等.栀子苯丙素类化学成分研究［J］.中药材，2015，38（11）：2311-2313.
[38] 于洋，高昊，戴毅，等.栀子中的木脂素类成分研究［J］.中草药，2010，41（4）：509-514.

[39] Hong Y J, Yang K S. Anti-inflammatory activities of crocetin derivatives from processed *Gardenia jasminoides* [J]. Arch Pharm Res, 2013, 36(8): 933-940.
[40] 贾琳. 栀子的质量标准及化学成分研究 [D]. 成都: 四川大学硕士学位论文, 2005.
[41] Ni Y, Li L, Zhang W, et al. Discovery and LC-MS characterization of new crocins in *Gardeniae Fructus* and their neuroprotective potential [J]. J Agric Food Chem, 2017, 65(14): 2936-2946.
[42] 吉力, 徐植灵, 潘炯光. 栀子果实挥发油的 GC-MS 分析 [J]. 中国药学杂志, 1993, 28(7): 398-400.
[43] 杨云. 栀子果实油脂的成分分析 [J]. 广西化工, 1991(4): 37-39.
[44] 张家骊, 钱华丽, 王利平, 等. 中药栀子超临界萃取物的挥发性成分研究 [J]. 食品与生物技术学报, 2006, 25(6): 87-92.
[45] 任强, 孙丽华, 刘新民, 等. 栀子的化学成分及抗白血病活性研究 [J]. 广东药学院学报, 2009, 25(2): 141-143.
[46] 宋家玲, 杨永建, 戚欢阳, 等. 栀子花化学成分研究 [J]. 中药材, 2013, 36(5): 752-755.
[47] 严欢, 左月明, 袁恩, 等. 基于 UHPLC-Q-TOF-MS 技术分析栀子花中的化学成分 [J]. 中药材, 2018, 41(6): 1359-1364.
[48] 冯宁, 卢成淑, 南国, 等. 栀子花的化学成分研究 [J]. 中草药, 2016, 47(2): 200-203.
[49] Zhang H, Feng N, Xu Y T, et al. Chemical constituents from the flowers of wild *Gardenia jasminoides* J. Ellis [J]. Chemistry & Biodiversity, 2017, DOI: 10.1002/cbdv.201600437.
[50] Song J L, Wang R, Shi Y P, et al. Iridoids from the flowers of *Gardenia jasminoides* Ellis and their chemotaxonomic significance [J]. Biochem Syst Ecol, 2014, 56: 267-270.
[51] 郭振德, 刘莉玫, 金波, 等. 超临界 CO_2 提取栀子花头香精油组成研究 [J]. 天然产物研究与开发, 1991, 3(3): 74-78.
[52] 蔡杰, 赵超, 程力, 等. 黔产栀子花挥发油化学成分 SPME-GC-MS 分析 [J]. 贵州科学, 2008, 26(3): 51-53.
[53] 甘秀海, 赵超, 赵阳, 等. 栀子花精油化学成分及抗氧化作用的研究 [J]. 食品工业科技, 2013, 34(1): 77-79.
[54] Ahmed W T, Wanlun C, Hongxia H. Repellency, toxicity, and anti-oviposition of essential oil of *Gardenia jasminoides* and its four major chemical components against whiteflies and mites [J]. Sci Rep, 2018, 8(1): 9375.
[55] 李运, 王晓丽, 宋家玲, 等. 栀子叶化学成分 [J]. 中国实验方剂学杂志, 2016, 22(13): 68-70.
[56] 卫强, 徐飞. 栀子叶、茎挥发油成分及其抑制豆腐致腐细菌作用研究 [J]. 食品与发酵工业, 2016, 42(6): 123-130.

【药理参考文献】

[1] 陈明, 龙子江, 王靓. 栀子提取物保肝利胆作用的实验研究 [J]. 中医药临床杂志, 2006, 18(6): 610-612.
[2] 孙旭群, 赵新民, 杨旭. 栀子苷利胆作用实验研究 [J]. 安徽中医学院学报, 2004, 23(5): 33-36.
[3] 张立明, 何开泽, 任治军, 等. 栀子中京尼平甙对 CCl_4 急性小鼠肝损伤保护作用的生化机理研究（英文）[J]. 应用与环境生物学报, 2005, 11(6): 669-672.
[4] 马燕, 张睿, 周丽, 等. 栀子总苷对小剂量阿司匹林诱发大鼠胃粘膜损伤的保护作用研究 [J]. 中药药理与临床, 2009, 25(6): 47-49.
[5] 李飞艳, 陈斌, 李福元. 栀子泻下及对胃肠运动影响的实验研究 [J]. 光明中医, 2010, 25(4): 608-610.
[6] 沈毅, 宋增杰, 冯晓红. 栀子水煎液对高脂血症小鼠血脂代谢影响的实验研究 [J]. 甘肃中医学院学报, 2015, 32(2): 5-7.
[7] 郝文宇, 杨楠, 高云周, 等. 栀子粗提物对抑郁模型小鼠行为学及海马神经发生的影响 [J]. 中国比较医学杂志, 2009, 19(10): 11-14, 31, 84.
[8] 朱江, 蔡德海, 芮菁. 栀子的抗炎镇痛作用研究 [J]. 中草药, 2000, 31(3): 40-42.
[9] 毛婷, 李茂星, 王先敏, 等. 栀子中抗缺氧耐疲劳活性组分的筛选研究 [J]. 解放军药学学报, 2017, 33(1): 33-36.
[10] 王欣, 张海燕, 刘星星, 等. 栀子水提取物的抗血栓作用 [J]. 中国新药杂志, 2015, 24(8): 912-916, 923.
[11] 杨洪军, 付梅红, 吴子伦, 等. 栀子对大鼠肝毒性的实验研究 [J]. 中国中药杂志, 2006, 31(13): 1091-1093.
[12] 刘江亭, 李慧芬, 崔伟亮. 大剂量栀子水煎液对大鼠胃毒性研究 [J]. 山东中医杂志, 2013, 32(4): 276-277.

【临床参考文献】

[1] 梁绮婷. 柴胡栀子汤治疗甲状腺功能亢进症的临床疗效观察 [J]. 四川中医, 2017, 35(5): 128-131.
[2] 尹社省, 孙燕萍. 茵陈栀子大黄汤治疗糖尿病性便秘 47 例疗效分析 [J]. 中医临床研究, 2016, 8(6): 61-62.

[3] 李晓靖, 孙西庆. 栀子豉汤加减治疗心肾不交型失眠 45 例临床观察 [J]. 世界最新医学信息文摘, 2018, 18（54）: 138-139.
[4] 梁国强. 栀子甘草豉汤治疗反流性食管炎临床疗效及预后研究 [J]. 亚太传统医药, 2017, 13（7）: 120-121.
[5] 王同庆. 栀子清肝汤加减治疗神经性皮炎 78 例疗效观察 [J]. 北京中医药, 2013, 32（10）: 782-783.
[6] 乌兰, 白玉亮. 栀子汤治疗急性缺血性卒中的疗效观察 [J]. 中国民族医药杂志, 2016, 22（12）: 70-71.

893. 大花栀子（图 893）• *Gardenia jasminoides* Ellis var. *grandiflora* (Lour.) Nakai [*Gardenia grandiflora* Lour.; *Gardenia jasminoides* Ellis f. *grandiflora* (Lour.) Makino.]

图 893　大花栀子　　　　　　　　　　摄影　郭增喜等

【别名】玉荷花（上海）。

【形态】本变种与原变种区别为：花型较大，直径 7～8cm。果实长 3～4cm。

【生境与分布】生于海拔 900m 以下的山谷溪边及路旁林下灌丛中，分布于安徽、浙江，另广东也有分布。

【药名与部位】栀子根，根。建栀（大花栀子），成熟果实。玉荷花，花蕾。

【采集加工】栀子根：全年均可采收，洗净，切段，晒干。建栀：10 月左右采集果实，剪去宿存的花萼头，晒干或煮后晒干或烘干。玉荷花：5～7 月开花前采集花蕾，晒干。

【药材性状】栀子根：呈圆柱形，有的分枝，直径 0.5～2cm。表面灰黄色或灰褐色，有的具瘤状突起的须根痕。质坚硬，断面皮部薄；木质部发达，白色或灰白色，具放射状纹理。气微，味微苦涩。

建栀：呈长椭圆形，长 3～7cm，直径 1～1.5～1.8cm；表面黄棕色或红棕色，微有光泽，有翅状纵棱 6 条，两翅棱间有纵脉 1 条，有的顶端有宿萼，先端有 6 条长形裂片；果实基部收缩成果柄，末端有圆形果柄痕；果皮薄，内表面鲜黄色有光泽，具有 2 条假隔膜并可见网脉纹分布；折断面鲜黄色，种子多数，扁长圆形，聚成团块状，表面红棕色，有细而密的小点。气微、味微酸，苦。

玉荷花：常卷缩成不规则的长圆锥形或椭圆形。长 4～7cm，宽 1.5～3cm。黄褐色。花萼深褐色，6 裂，裂片条状，具细的纵脉纹；花冠旋卷式排列，高脚碟形，花冠一般为 4 轮，外轮 6 裂，其余 5～7 裂，裂片广倒披针形；花冠合生部位脉纹明显；雄蕊 6，花药条形，黄色，长 1～1.5cm，柱头棒状，黑色。质脆易碎。微有香气，味微苦。

【化学成分】果实含烯酸类：（4R）-4- 羟基 -2, 6, 6- 三甲基 -1- 环己烯 -1- 甲酸［（4R）-4-hydroxyl-2, 6, 6-trimethyl-1-cyclohexenyl-1-formic acid］[1]；胡萝卜素类：藏花酸（crocetin）和西红花苷 -1、2、3、4（crocin-1、2、3、4）[1]；环烯醚萜类：京尼平苷（geniposide）和京尼平 -1-β-D- 龙胆二糖苷（genipin-1-β-D-gentiobioside）[1]。

花含挥发油：2, 5, 5- 三甲基 -1, 3, 6- 庚三烯（2, 5, 5-trimethyl-1, 3, 6-heptatriene）[2]。

【性味与归经】栀子根：味甘、苦，性寒。归肝、胆、胃经。建栀：苦，寒。玉荷花：苦，甘，温。

【功能与主治】栀子根：清热利湿，凉血止血。主治湿热黄疸，吐血，衄血，疮痈肿毒，跌打损伤。建栀：消肿活络。用于治跌扑损伤扭挫伤，皮肤青肿疼痛。玉荷花：收敛止血。用于吐血，咳嗽；外用于湿疮。

【用法与用量】栀子根：煎服 15～30g；外用适量，捣敷。建栀：捣敷后供外用。玉荷花：煎服 1.5～3g；外用适量。

【药用标准】栀子根：浙江药材 2006；建栀：上海药材 1994；玉荷花：上海药材 1994。

【化学参考文献】
[1] 顾乾坤，周小琴，毕志明，等. 大花栀子果实的化学成分研究［J］. 林产化学与工业，2009，29（6）：61-64.
[2] Lee J M, Han S, Lee S L, et al. GC/MS analysis of volatile constituents from *Zizyphus jujuba* var. *inermis*, *Zanthoxylum piperitum*, *Gardenia jasminoides* form. *grandiflora* and *Pinus koraiensis*［J］. Weon'ye Gwahag Gi'sulji，2008，26（3）：338-343.

894. 小果栀子（图 894） • *Gardenia jasminoides* Ellis var. *radicans*（Thunb.）Makino

【别名】水栀子、雀舌花（浙江）。

【形态】本变种与原变种区别为：匍匐状小灌木，多分枝，高不及 0.6m；叶片倒披针形，长约 5cm，宽 0.8～1.5cm；花较小。

【生境与分布】生于海拔 250m 以下的山坡谷地及溪边路旁灌丛中或石隙中。分布于浙江，另全国各地多有栽培；日本也有分布。

【药名与部位】栀子，成熟果实。

【采集加工】9～10 月果实成熟呈红黄色时采收，除去果梗及杂质，蒸至上汽或置沸水中略烫，取出，干燥。

【药材性状】呈长卵圆形或椭圆形，长 1.5～3.5cm，直径 1～1.5cm。表面红黄色或棕红色，具 6 条翅状纵棱，棱间常有 1 条明显的纵脉纹，并有分枝。顶端残存萼片，基部稍尖，有残留果梗。果皮薄而脆，略有光泽；破开后内表面色较浅，有光泽，具 2～3 条隆起的假隔膜。种子多数，集结成团。种子扁卵圆形，深红色或红黄色，表面密具细小疣状突起。气微，味微酸而苦。

【药材炮制】栀子：除去杂质，打碎。炒栀子：取栀子饮片，炒至表面黄褐色，内部色加深时，取出，摊凉。焦栀子：取栀子饮片，炒至浓烟上冒，表面焦黑色，内部棕褐色时，微喷水，灭尽火星，取出，晾干。

【化学成分】果实含环烯醚萜类：京尼平苷（geniposide）、6′-O- 芥子酰京尼平苷（6′-O-sinapoylgeniposide）[1]，2′-O- 反式 - 对香豆酰栀子酮苷（2′-O-*trans-p*-coumaroylgardoside）、2′-O- 反式 - 阿魏酰栀子

图 894　小果栀子　　　　　摄影　陈征海

酮苷（2'-O-trans-feruloylgardoside）、6''-O-反式-阿魏酰京尼平龙胆二糖苷（6''-O-trans-feruloylgenipin gentiobioside）[2]，6α-去乙酰车叶草苷酸甲酯（methyl 6α-deacetyl asperulosidate）、6β-去乙酰车叶草苷酸甲酯（methyl 6β-deacetyl asperulosidate）、6α-甲氧鸡屎藤次苷甲酯（6α-methoxyscandoside methyl ester）、6β-甲氧鸡屎藤次苷甲酯（6β-methoxyscandoside methyl ester）、2'-O-反式-咖啡酰栀子酮苷（2'-O-trans-caffeoylgardoside）、栀子酮苷（gardoside）、6''-O-反式-对香豆酰基京尼平龙胆二糖苷（6''-O-trans-p-coumaroylgenipin genitiobioside）[3]，10-O-反式-对香豆酰京尼平苷酸（10-O-trans-p-coumaroylgeniposidic acid）、6''-O-反式-肉桂酰京尼平龙胆二糖苷（6''-O-trans-cinnamoylgenipin gentiobioside）[4,5]，6α-京尼平苷（6α-hydrogeniposide）、6β-京尼平苷（6β-hydrogeniposide）、6α-甲氧基京尼平苷（6α-methoxygeniposide）、6β-甲氧基京尼平苷（6β-methoxygeniposide）、6''-O-反式-对-芥子酰京尼平龙胆二糖苷（6''-O-trans-p-sinapoylgenipingenitiobioside）[6]和 2'-O-反式-对香豆酰驱虫金合欢苷酸（2'-O-trans-p-coumaroylmussaenosidic acid）[3,6]；单萜类：素馨苷 B、O、M、V（jasminoside B、O、M、V）、地黄苦苷元（rehmapicrogenin）、6'-O-反-芥子酰素馨苷 A（6'-O-trans-sinapoyljasminoside A）[4]和栀子萜酮 A*（gardeterpenone A）[7]；三萜类：熊果酸（ursolic acid）[1]，山柳酸（clethric acid）、旌节花酸（stachlic acid）、3α,16β,23,24-四羟基-28-去甲熊果-12,17,19,21-四烯（3α,16β,23,24-tetrahydroxy-28-nor-ursane-12,17,19,21-tetraene）[3,4]和 3α,16β,23,24-四羟基-28-去甲-熊果-12,17,19,21-四烯（3α,16β,23,24-tetrahydroxy-28-nor-ursane-12,17,19,21-tetraen）[8]；黄酮类：芦丁（rutin）、5,7,3',5'-四羟基-6,4'-二甲氧基黄酮（5,7,3',5'-tetrahydroxy-6,4'-dimethoxyflavone）[1]，苜蓿素（tricin）、伞花耳草素（corymbosin）[4]，槲皮素-3-O-β-D-吡喃葡萄糖苷（quercetin-3-O-β-D-glucopyranoside）[4,6]，乌摩亨哥素（umuhengerin）、汉黄芩素（wogonin）、山奈酚-3-O-β-D-吡喃葡萄糖苷（kaempferol-3-O-β-D-glucopyranoside）[7,9]，槲皮素-3-O-[2-O-反-咖啡酰-α-L-吡喃鼠李糖-（1→6）-β-D-吡喃葡萄糖苷］

{quercetin-3-O-[2-O-trans-caffeoyl-α-L-rhamnopyranosyl-(1→6)-β-D-glucopyranoside]}、槲皮素-3-O-[2-O-反-咖啡酰-β-L-吡喃鼠李糖基-(1→6)-β-D-吡喃葡萄糖苷]{quercetin-3-O-[2-O-trans-caffeoyl-β-L-rhamnopyranosyl-(1→6)-β-D-glucopyranoside]}、5-羟基-6,7,3′,4′,5′-五甲氧基黄酮(5-hydroxy-6,7,3′,4′,5′-pentamethoxyflavone)和5,7-二羟基-8-甲氧基黄酮(5,7-dihydroxy-8-methoxyflavone)[9];香豆素类:香豆素-7-O-β-D-吡喃葡萄糖苷(coumarin-7-O-β-D-glucopyranoside)、5,8-二-(3-甲基-2,3-二羟基氧基丁基补骨脂素[5,8-di-(3-methyl-2,3-dihydroxybutyloxypsoralen]和3-O-α-D-吡喃葡萄糖基-(1→4)-β-D-吡喃葡萄糖氧基水合前胡素[3-O-α-D-glucopyranosyl-(1→4)-β-D-glucopyranosyloxypeucedanin hydrate][10];胡萝卜素类:西红花苷-1、2、3(crocin-1、2、3)和藏红花酸(crocetin)[1];苯丙素类:阿魏酰基-2-β-D-葡萄糖(feruloyl-2-β-D-glucose)[4]、3,5-O-二咖啡酰基-4-O-(3-羟基-3-甲基)-戊二酰奎宁酸甲酯[3,5-di-O-caffeoyl-4-O-(3-hydroxy-3-methyl)-glutaroylquinic acid methyl ester]、3,5-O-二咖啡酰基-4-O-(3-羟基-3-甲基)戊二酰奎宁酸[3,5-di-O-caffeoyl-4-O-(3-hydroxyl-3-methyl)glutaroylquinic acid][4,6]、1-O-对香豆酰基葡-β-D-吡喃葡糖苷(1-O-p-coumaroyl-β-D-glucopyranose)[5]、1-O-反式-对香豆酰-β-D-吡喃葡萄糖(1-O-trans-p-coumaroyl-β-D-glucopyranose)[7]和肉桂酸(cinnamic acid)[10];木脂素类:松脂素(pinoresinol)和丁香脂素(syringaresinol)[5,7];二元羧酸类:丁二酸(succinic acid)[4];烯酸类:2-甲基-6-酮基-2,4-庚二烯酸-O-β-D-龙胆二糖苷(2-methyl-6-oxo-2,4-heptadienoic acid-O-β-D-gentiobioside)[5,7];核苷类:尿嘧啶(uracil)[10];酚酸类:3,5-二甲氧基-4-羟基-苯甲醛(3,5-dimethoxy-4-hydroxy-benzaldehyde)、6,7-二甲氧基-4-羟基-1-萘甲酸(6,7-dimethoxy-4-hydroxy-1-naphthoic acid)[5,7]和邻苯二甲酸二丁酯(dibutylphthalate)[7];多元醇类:D-甘露醇(D-mannitol)[4];呋喃类:5-羟甲基糠醛(5-hydroxymethylfurfural)[5,7];烯酮类:(5R,2E)-5-羟基-2-甲基庚-2-烯-1,6-二酮[(5R,2E)-5-hydroxy-2-methyl hepta-2-en-1,6-dione][5,7]。

地下部分含苯丙素类:阿魏酸(ferulic acid)[11];香豆素类:5,8-二-(3-甲基-2,3-二羟基丁氧基补骨脂素)[5,8-di-(3-methyl-2,3-dihydroxybutyloxypsoralen)]、3-O-α-D-吡喃葡萄糖基-(1→4)-β-D-吡喃葡萄糖氧基水合前胡素[3-O-α-D-glucopyranosyl-(1→4)-β-D-glucopyranosyloxypeucedanin hydrate]和茵芋苷(skimmin)[11];核苷类:尿嘧啶(uracil)[11]。

【性味与归经】苦,寒。归心、肺、三焦经。

【功能与主治】泻火除烦,清热利湿,凉血散瘀。用于热病心烦,黄疸,目赤,衄血,吐血,尿血,热毒疮疡;外治扭挫伤,瘀血肿痛。

【用法与用量】煎服6～9g;外用适量,研末调敷。

【药用标准】药典1977和新疆药品1980二册。

【化学参考文献】

[1] 刘素娟,张现涛,王文明,等.水栀子化学成分的研究[J].中草药,2012,43(2):238-241.

[2] Qin F M, Meng L J, Zou H L, et al. Three new iridoid glycosides from the fruit of *Gardenia jasminoides* var. *radicans*[J]. Chem Pharm Bull, 2013, 61(10):1071-1074.

[3] Qin F M, Liu B L, Zhang Y, et al. A new triterpenoid from the fruits of *Gardenia jasminoides* var. *radicans* Makino[J]. Nat Prod Res, 2015, 29(7):633-637.

[4] 覃芳敏.水栀子化学成分研究[D].广州:暨南大学硕士学位论文,2014.

[5] 余绍福,周兴栋,邹惠亮,等.水栀子果实化学成分研究(Ⅱ)[J].天然产物研究与开发,2015,27(1):63-66.

[6] 覃芳敏,孟令杰,袁红娥,等.水栀子化学成分的研究[J].中国药学杂志,2014,49(4):275-278.

[7] 余绍福.水栀子果实化学成分研究[D].广州:暨南大学硕士学位论文,2015.

[8] Qin F M, Liu B L, Zhang Y, et al. A new triterpenoid from the fruits of *Gardenia jasminoides* var. *radicans* Makino[J]. Natural Product Research, 2015, 29(7):633-637.

[9] Yu S F, Fu S N, Liu B L, et al. Two new quercetin glycoside derivatives from the fruits of *Gardenia jasminoides* var. *radicans*[J]. Nat Prod Lett, 2015, 29(14):1336-1341.

[10] Moon H I, Oh J S, Kim J S, et al. Phytochemical compounds from the underground parts of *Gardenia jasminoides* var. *radicans* Makino [J]. Korean J Pharm, 2002, 33（1）：1-4.

[11] Moon H I, Oh J S, Kim J S, et al. Phytochemical compounds from the underground parts of *Gardenia jasminoides* var. *radicans* Makino [J]. Saengyak Hakhoechi, 2002, 33（1）：1-4.

6. 九节属 *Psychotria* Linn.

灌木或小乔木，有时为以气根攀援的藤本。叶对生，很少3～4片轮生，顶端全缘或2裂，脱落或宿存。花组成伞房花序式或圆锥花序式的聚伞花序，顶生，稀腋生；萼筒短，萼檐4～6裂，萼裂片脱落或宿存；花冠漏斗状、管状或近钟状，冠筒直，短或延长，花冠裂片5枚，稀4或6枚，蕾时镊合状排列；雄蕊与花冠裂片同数，着生于花冠筒喉部，花丝短或稍长，花药近基部背着，条形或长圆形，顶端钝；花盘各式；子房2室，每室有胚珠1粒，柱头2裂。浆果或核果，平滑或具纵棱，有小核2个或分裂为2个分果爿，分果爿通常在内面纵裂。种子2粒，与小核同形，背面凸起，平滑或具纵棱，腹面平或凹陷，种皮薄。

约1100种，广布于热带及亚热带。中国15种，分布于南部、西南部各地，法定药用植物3种。华东地区法定药用植物2种。

895. 九节（图895） • *Psychotria rubra*（Lour.）Poir.

图 895 九节　　　　摄影 郭增喜等

【别名】九节木、山大颜。

【形态】常绿直立灌木或小乔木，高0.5～5m。叶对生，纸质，长圆形、椭圆状长圆形或倒卵状长圆形，有时稍歪斜，长 8～18cm，宽 2～9cm，先端短渐尖或急尖，基部楔形，全缘，鲜时稍光亮，干时下表面褐红色而上表面淡绿色，侧脉 5～15 对，脉腋内常有束毛，弯拱向上，近叶缘处不明显联结；叶柄长 0.7～5cm，无毛或极稀有极短的柔毛；托叶膜质，短鞘状，顶部不裂，脱落。聚伞花序通常顶生，多花，总花梗常极短，长 2～10cm；萼筒倒圆锥形，长约 2mm，檐部扩大，近截平或不明显 5 齿裂；花冠白色，喉部被白色长柔毛，花冠裂片近三角形，开放时反折；雄蕊与花冠裂片互生，花药长圆形，伸出，花丝长 1～2mm；柱头 2 裂，伸出或内藏。核果球形或宽椭圆形，直径 4～7mm，有纵棱，成熟时红色。花期 5～7 月，果期 7～11 月。

【生境与分布】生于海拔 20～1500m 的平地、丘陵、山坡、山谷溪边的灌丛或林中。分布于浙江、福建，另广东、广西、香港、海南、云南、贵州、湖南、台湾均有分布；日本、朝鲜、越南、柬埔寨、老挝、泰国也有分布。

【药名与部位】山大颜，叶及嫩枝。

【采集加工】全年均可采收，晒干或鲜用。

【药材性状】嫩枝近四棱形，老枝近圆柱形，茎节略膨大，可见环状托叶痕及对生的三角形叶痕，髓部中空。表面棕褐色，有细纵皱纹，皮部易剥离，木质部淡棕色。叶纸质，皱缩，完整叶片展开后呈长圆形、椭圆形或披针状长圆形，长 8～20cm，宽 2～8cm；先端渐尖，基部渐狭成柄；表面暗红色，或上表面暗绿色、下表面微红色；下表面网脉突出明显，侧脉腋内可见簇生短柔毛，托叶有时残存。气微，味淡。

【药材炮制】除去杂质，切段。

【化学成分】根含环烯醚萜类：车叶草苷酸（asperulosidic acid）、6-甲氧基京尼平酸（6-methoxygeniposidic acid）、去乙酰车叶草苷酸（deacetylasperulosidic acid）、车叶草苷（asperuloside）[1]，九节醚萜素 A（psyrubrin A）[2] 和 6α-羟基京尼平苷（6α-hydroxygeniposide）[1,2]；黄酮类：木犀草素-7-O-芸香糖苷（luteolin-7-O-rutinoside）和 6-羟基木犀草素-7-O-芸香糖苷（6-hydroxyluteolin-7-O-rutinoside）[2]；糖酯类：1-O-乙酰基-β-D-蔗糖苷（1-O-acetyl-β-D-sucroside）、1-O-乙酰基-β-D-葡萄糖苷（1-O-acetyl-β-D-glucoside）[1]；醌类：九节素（psychorubrin）[3]；萜类：堆心菊素（helenalin）[3]；糖类：蔗糖（sucrose）[1]。

茎含萘醌类：九节素（psychorubrin）[4]；倍半萜类：堆心菊素（helinalin）[4]。

【药理作用】1. 改善记忆　根的乙酸乙酯提取物和水提取物具有改善学习记忆能力的作用，能延长小鼠跳台实验的潜伏期，减少错误次数，缩短小鼠寻找平台时间，并且能降低乙酰胆碱酯酶（AChE）、过氧化脂酶（LPO）、丙二醛（MDA）含量，提高超氧化物歧化酶（SOD）含量[1,2]；根叶的提取物能增强小鼠的记忆，并改善老年痴呆模型小鼠的血清超氧化物歧化酶和脑内胆碱乙酰转移酶（ChAT）活力，表明其具有抗老年痴呆的作用[3]。2. 抗抑郁　地上部分的乙醇提取物能显著缩短小鼠悬尾和游泳不动时间，对利血平所致小鼠体温的下降和眼睑下垂有明显改善作用[4]。3. 抗菌　根、茎和叶的醇提取物对金黄色葡萄球菌、大肠杆菌、铜绿假单胞菌、枯草芽孢杆菌、藤黄微球菌、粪肠球菌 6 种细菌的生长均有较好的抑制作用，其作用强弱为茎＞叶＞根，茎的不同极性部位中，以乙酸乙酯部位的抑制作用最强，尤其是对金黄色葡萄球菌，其抑菌圈直径为（38.93±0.12）mm，最低抑菌浓度（MIC）、最低杀菌浓度（MBC）均为 0.39mg/ml，能逐步破坏其细胞壁和细胞膜的完整性[5]。

【性味与归经】味苦，性凉。归肝、肺、脾、胃经。

【功能与主治】清热解毒，祛风除湿，接骨生肌。用于扁桃体炎、白喉、喉痛、疮疡肿毒、风湿疼痛、跌打损伤。

【用法与用量】煎服 15～30g；外用适量，煎水熏洗、研末调敷，或取鲜品捣烂外敷。

【药用标准】海南药材 2011。

【临床参考】1. 慢性皮肤溃疡：根连皮研粉（过 80～120 目筛），高压消毒后备用，将溃疡面用生理盐水洗净，如能用草药黑面神枝叶煎水洗更佳，除去溃疡面的腐肉异物，用药粉外敷，每日换药1～2次，1周为1疗程[1]。

2. 白喉：预防用嫩叶30～150g，水煎服；治疗用根30～90g，水煎服。

3. 肠伤寒：根、叶研粉，每次2～3g，吞服，每日3次。

4. 跌打损伤：鲜根适量，捣烂，加酒炒热，敷于伤处；亦可浸酒内服。

5. 风火牙痛：鲜根30g，捣烂冲温开水取汁含漱。

6. 外伤出血：鲜根适量，捣烂外敷，或晒干研粉外敷伤处。

7. 疮疖：鲜叶，加鲜土牛膝叶各适量，共捣烂，调酒外敷。（2方至7方引自《浙江药用植物志》）

【附注】Frola of China 已把毛叶九节 Psychotria rubra（Lour.）Poir. var. pilosa（Pitard）W. C. Chen 归并至本种，学名改为 Psychotria asiatica Linn.，而后一学名原为美果九节 Psychotria calocarpa Kurz 的异名。同属植物美果九节 Psychotria calocarpa Kurz 的叶及嫩枝在广东作山大颜药用。

【化学参考文献】

[1] 卢海啸，黄晓霞，苏爱秋，等. 九节根的化学成分研究[J]. 中药材，2017，40（4）：858-860.

[2] Lu H X, Liu L Y, Li D P, et al. A new iridoid glycoside from the root of Psychotria rubra[J]. Biochem Syst Ecol, 2014, 57: 133-136.

[3] Wall M, Wani M, Cook C, et al. Antitumor agents 89-Psychorubrin, a new cytotoxic naphthoquinone from Psychotria rubra and its structure-activity relationships[J]. J Med Chem, 1987, 30（11）: 2005-2008.

[4] Hayashi T, Smith F T, Lee K H. Antitumor agents. 89. psychorubrin, a new cytotoxic naphthoquinone from Psychotria rubra and its structure-activity relationships[J]. J Med Chem, 1987, 30（11）: 2005-2008.

【药理参考文献】

[1] 卢海啸，李家洲，勾玲，等. 九节木不同极性提取物对小鼠学习记忆能力的影响[J]. 中国实验方剂学杂志，2014，20（7）：140-143.

[2] 卢海啸，勾玲，李典鹏. 九节木的抗阿尔茨海默病活性部位筛选[J]. 玉林师范学院学报，2015，36（5）：43-47.

[3] 张金花，卢海啸，李家洲. 山大颜抗老年痴呆作用的实验研究[J]. 中国药师，2011，14（3）：365-366.

[4] 卢海啸，李家洲，叶荃，等. 九节木地上部分抗抑郁作用的实验研究[J]. 玉林师范学院学报，2011，32（5）：95-98.

[5] 罗晓东，魏丽芳，钟昳，等. 山大颜根、茎、叶提取物的体外抑菌活性评价及其作用机制研究[J]. 中国药房，2019，30（1）：73-77.

【临床参考文献】

[1] 陈彬. 九节木粉外敷治疗慢性皮肤溃疡32例[J]. 安徽中医学院学报，1994，13（3）：41.

896. 蔓九节（图896）• Psychotria serpens Linn.

【别名】穿根藤（浙江），匍匐九节目（福建）。

【形态】常绿攀援或匍匐藤本，常以气根攀附于树干或岩石上。嫩枝稍扁，无毛或被短柔毛，有细直纹。叶对生，纸质，叶形变化很大，通常卵形或长卵形，长0.7～9cm，宽0.5～3.8cm，先端急尖而略钝，基部楔形或稍圆，全缘而干后稍反卷，干时上表面苍绿色，下表面暗红褐色；侧脉4～10对，不明显；叶柄长1～10mm，无毛或被短柔毛；托叶膜质，短鞘状，脱落。聚伞花序顶生，长1.5～5cm，总花梗长达3cm；花萼筒倒圆锥形，长约2.5mm，与花冠外面有时被短柔毛，檐部扩大，顶端5浅裂，裂片三角形；花冠白色，顶端5裂，冠管与花冠裂片近等长，花冠裂片长圆形，喉部被白色长柔毛；花丝长约1mm，花药长圆形，伸出。浆果状核果球形或椭圆形，具纵棱，成熟时白色，直径2.5～6mm。花期5～7月，果期6～12月。

【生境与分布】生于海拔1360m以下的平地、丘陵、山地、山谷水旁的灌丛或林中。分布于浙江、福建、

一一五 茜草科 Rubiaceae

图 896　蔓九节　　　　　　　　　　　　摄影　李华东等

另广东、广西、香港、海南、台湾均有分布；日本、朝鲜、越南、柬埔寨、老挝、泰国也有分布。

蔓九节与九节的区别点：蔓九节为具气根的藤本，叶片较小，长 0.7～9cm，宽 0.5～3.8cm，叶柄长 1～10mm，果实成熟时白色。九节为直立小乔木或灌木，叶片较大，长 8～17cm，宽 2～9cm，叶柄长 0.7～5cm，果实成熟时红色。

【药名与部位】穿根藤，全草。

【采集加工】全年均可采收，除去杂质，晒干。

【药材性状】枝条粗者直径可达 1cm，黑褐色，着生不定根，质韧，折断面纤维状；断面中央有髓，常中空，皮部黑褐色，木质部淡黄白色。叶对生，叶片卵形、倒卵形或倒披针形，长 1～6cm，宽 0.8～2.5cm，先端短尖或钝。枝端常带有花序或果实，果实棕褐色，表面有棱线，顶端具宿萼。气微，味微苦。

【药材炮制】除去杂质，洗净，切段，干燥。

【化学成分】藤茎含神经鞘氨类：蔓九节神经鞘氨（psychotramide）[1]；环烯醚萜类：车叶草苷（asperuloside）、车叶草苷酸甲酯（methyl asperulosidate）和去乙酰车叶草苷酸甲酯（deacetyl asperulosidie acid methyl ester）[1]；黄酮类：槲皮素（quercetin）、山奈酚（kaempferol）、5, 7, 3′- 三羟基 -4′- 甲氧基黄酮醇（5, 7, 3′-trihydroxy-4′-methoxyflavonol）、5, 7, 3′- 三羟基 -4′- 甲氧基黄酮醇 -3-O- 芸香糖苷（5, 7, 3′-trihydroxy-4′-methoxy-flavonol-3-O-rutinoside）、芦丁（rutin）、山奈酚 -3-O- 芸香糖苷（kaempferol-3-O-rutinoside）和槲皮素 -3-O-（2′-β-D- 吡喃木糖芸香糖苷）［quercetin-3-O-（2′-β-D-xylopyranosylrutinoside）］[1]；甾体类：豆甾醇 -3-O-β-D- 吡喃葡萄糖苷（stigmasterol-3-O-β-D-glucopyranoside）[1]。

茎叶含黄酮类：白杨素（chrysin）、刺槐素（acacetin）、芫花素（genkwanin）、金圣草黄素（chrysoeriol）、鼠李柠檬素（rhamnocitrin）、异鼠李素（isorhamnetin）、小麦黄素（tricin）、棕矢车菊素（jaceosidin）、五桠果素（dillenetin）、华良姜素（kumatakenin）、阿亚黄素（ayanin）、异樱花素（isosakuranetin）、

圣草酚（eriodictyol）、高圣草酚（homoeriodictyol）和花旗松素（taxifolin）[2]；三萜类：坡模酮酸（pomonic acid）、覆盆子酸（fupenzic acid）和蔷薇酸（euscaphic acid）[2]。

全草含三萜类：熊果酸（ursolic acid）[3]；蒽醌类：2-甲基蒽醌（2-methylanthraquinone）[4]；甾体类：豆甾醇（stigmasterol）和β-谷甾醇（β-sitosterol）[4]；黄酮类：槲皮素（quercetin）、山柰酚（kaempferol）、芦丁（rutin）、柽柳黄素-3-O-芸香糖苷（tamarixetin-3-O-rutinoside）、槲皮素-3-O-（2′-β-D-吡喃木糖基芸香糖苷）〔quercetin-3-O-（2′-β-D-xylopyranosylrutinoside）〕和柽柳黄素-O-芸香糖苷（tamarixetin-O-rutinoside）[5]；神经鞘氨类：蔓九节神经鞘氨 E、F、G（psychotramide E、F、G）[6]。

【药理作用】1. 抗病毒　乙醇提取物具有抑制单纯疱疹病毒1型（HSV-1）的作用，其中分离得到的 PS-A-6 成分能抑制单纯疱疹病毒1型的增殖而没有明显的细胞毒性[1]。2. 抗氧化　水和甲醇提取物对超氧阴离子自由基（$O_2^-\cdot$）具有很强的清除作用[2]。

【性味与归经】辛、苦，平。归心、肝经。

【功能与主治】祛风除湿，舒筋活络，消肿止痛。用于风湿关节痛，坐骨神经痛，跌打损伤，骨结核，咽喉肿痛，多发性脓肿，蛇咬伤。

【用法与用量】煎服 15～30g；外用适量。

【药用标准】福建药材 2006。

【化学参考文献】

[1] 钟莹. 岭南草药蔓九节、山大颜化学成分研究 [D]. 广州：广州中医药大学硕士学位论文，2012.

[2] 周北斗，张项林，牛海渊，等. 蔓九节枝叶中化学成分研究 [J]. 中国中药杂志，2018，43（24）：4878-4883.

[3] Lee K H, Lin Y M, Wu T S, et al. The cytotoxic principles of *Prunella vulgaris*, *Psychotria serpens*, and *Hyptis capitata*: ursolic acid and related derivatives [J]. Planta Med, 1988, 54（4）: 308-311.

[4] Hui W H, Yee C W. Rubiaceae of Hong Kong. III [J]. Phytochemistry, 1967, 6（3）: 441-442.

[5] Lin C Z, Wu A Z, Zhong Y, et al. Flavonoids from *Psychotria serpens* L., a herbal medicine with anti-cancer activity [J]. Journal of Cancer Research Updates, 2015, 4（2）: 60-64.

[6] Wang Y M, Wu A Z, Zhong Y, et al. New glycosylsphingolipids from *Psychotria serpens* L. [J]. Nat Prod Res, 2019, 10（1080）: 1574789/1-1574789/6.

【药理参考文献】

[1] Kuo Y C, Chen C C, Tsai W J, et al. Regulation of herpes simplex virus type 1 replication in VERO cells by *Psychotria serpens*: relationship to gene expression, DNA replication, and protein synthesis [J]. Antiviral Research, 2001, 51（2）: 95-109.

[2] Ohsugi M, Fan W, Hase K, et al. Active-oxygen scavenging activity of traditional nourishing-tonic herbal medicines and active constituents of *Rhodiola sacra* [J]. Journal of Ethnopharmacology, 1999, 67（1）: 111-119.

7. 虎刺属 *Damnacanthus* C.F.Gaertn.

灌木，具合轴分枝。根念珠状或不定位缢缩，肉质。枝具针状刺或无刺。叶对生，全缘，卵形，长圆状披针形或披针状条形；托叶生叶柄间，三角形，上部常具 2～4 锐尖，易落。花小，单生或 2～3 朵簇生，腋生；苞片小，鳞片状；萼小，杯状或钟状，萼檐 4～5 裂，裂齿三角形或钻形，宿存；花冠白色，漏斗状，外面无毛，内面喉部密生柔毛，花冠 4 裂，裂片三角状卵形，蕾时镊合状排列；雄蕊 4 枚，着生于冠管上部，花丝短，花药有宽药隔；子房下位，2～4 室，每室胚珠 1 粒，花柱丝状，2～4 裂。核果红色，球形，直径 7～10mm，具 1～4 分核。种子角质，平凸状，盾形。

约 13 种 2 变种，主要分布于东亚温带地区。中国 11 种，分布于南岭山脉至长江流域及台湾，法定药用植物 4 种。华东地区法定药用植物 2 种。

897. 短刺虎刺（图 897） • *Damnacanthus giganteus*（Mak.）Nakai ［*Damnacanthus subspinosus* Hand.-Mazz.］

图 897　短刺虎刺　　　　　摄影　李华东等

【别名】大叶虎刺（浙江）。

【形态】常绿灌木，高 0.5～2m。根肉质、链珠状。幼枝疏被微毛，后变灰黄色，无毛，刺极短，长 1～4mm，通常仅见于顶节托叶腋，有时因刺宿存而大多数节具刺。叶革质，披针形或长圆状披针形，长 4～12cm，宽 1.5～4cm，先端渐尖至长渐尖，基部楔形或近圆形，边缘全缘，干后微反卷，上表面略具光泽，下表面密布疣状突起；叶柄长 2～5mm，初时被与幼枝相同的毛，后变无毛；托叶生叶柄间，初时上部二裂，后合生、加厚呈三角形或半圆形，早落。花 2～3 朵簇生于叶腋；苞片小，鳞片状；花梗长约 2mm；花萼钟状，长 2～3mm，外被短毛，萼檐 4 裂，裂片三角形；花冠白色，革质，管状漏斗形，长 15～18mm，外面无毛，内面自喉部至花管上部密被柔毛，花冠 4 裂，裂片卵形。核果熟时红色，近球形，直径 5～8mm。花期 3～5 月，果期 8～11 月。

【生境与分布】生于山地林下和灌丛中。分布于福建、安徽、江西、浙江，另云南、贵州、广东、广西、湖南均有分布；日本也有分布。

【药名与部位】虎刺根，根。

【采集加工】全年均可采收，洗净，晒干。

【药材炮制】除去杂质，洗净，润软，切厚片，干燥；已切厚片者，筛去灰屑。

【化学成分】根含蒽醌类：茜根定-1-甲醚（rubiadin-1-methyl ether）、1-甲氧基-2-羟基-3-乙氧甲基蒽醌（1-methoxy-2-hydroxy-3-ethoxymethyl anthraquinone），即短刺虎刺素（subspinosin）、1-甲氧基-2,8-二羟基-3-乙氧甲基蒽醌（1-methoxy-2,8-dihydroxy-3-ethoxymethyl anthraquinone），即8-羟基短刺虎刺素（8-hydroxysubspinosin）[1]、1-甲氧基-2-乙氧甲基-3,5-二羟基蒽醌（1-methoxy-2-ethoxymethyl-3,5-dihydroxyanthraquinone），即5-羟基虎刺素-ω-乙醚（5-hydroxydamnacanthol-ω-ethyl ether）[2]和1-甲氧基-2-乙氧甲基-3,8-二羟基蒽醌（1-methoxy-2-ethoxymethyl-3,8-dihydroxyanthraquinone），即8-羟基虎刺素-ω-乙醚（8-hydroxydamnacanthol-ω-ethyl ether）[3]。

【药理作用】抗肿瘤　根乙醇提取物对大鼠移植性肿瘤 W-256 细胞的生长有显著抑制作用，抑瘤率在 50%～78%[1]；根中分离的成分 8-羟基（短刺）虎刺素-ω-乙基醚（8-hydroxysubspinosin-ω-ethylether）对人宫颈癌 HeLa 细胞的生长及 DNA 合成均有抑制作用，并随着药物浓度的增加及作用时间的延长而作用增强[2]；根所含的虎刺醛（damnacanthal）对肝癌 HepG2 细胞的生长具有明显的抑制作用，其作用机制可能为破坏 HepG2 细胞内应力纤维[3]。

【功能与主治】清热利湿，舒筋活血。

【药用标准】浙江炮规 2005。

【化学参考文献】

[1] 利国威，赵志远，徐任生，等. 短刺虎刺化学成分的研究：Ⅰ. 短刺虎刺素与 8-羟基短刺虎刺素的分离和结构鉴定[J]. 药学学报，1981，16（8）：576-581.

[2] 利国威，潘启超，杨小平，等. 短刺虎刺中 5-羟基虎刺素-ω-乙基醚的分离和结构鉴定[J]. 药学学报，1986，21（4）：303-305.

[3] 利国威，潘启超，杨小平，等. 短刺虎刺中 8-羟基虎刺素-ω-乙基醚的分离和结构鉴定[J]. 药学学报，1984，19（9）：681-685.

【药理参考文献】

[1] 潘启超，利国威，刘宗潮，等. 短刺虎刺（岩石羊）抗癌研究初步报告[J]. 中山医学院学报，1980，1（1）：59-63.

[2] 杨小平，潘启超，利国威. 8-羟基虎刺素-ω-乙基醚对 HeLa 细胞生长及 DNA 合成的抑制作用[J]. 癌症，1986，5（3）：247-249.

[3] 丁兰，柳志军，令利军，等. 虎刺醛对人肝癌细胞 HepG2 生长抑制、细胞迁移抑制及其机制的研究[J]. 中国细胞生物学学报，2013，35（4）：442-449.

898. 虎刺（图 898）• *Damnacanthus indicus*（Linn.）Gaertn.f.

【别名】绣花针（通称），伏牛花（福建、安徽、上海），鸟不踏（福建永泰、南平），黄脚鸡（江西武宁），黄鸡卵（江西），黄鸡脚（江西新建）。

【形态】常绿小灌木，高可达 1m。具肉质链珠状根。茎上部密集多回二叉分枝，幼枝密被短粗毛；节上托叶腋常生 1 针状刺，刺长 4～20mm。叶常大小叶间隔生长，革质或亚革质，卵形至宽卵形，长 1～3cm，宽 0.8～1.5cm，先端急尖，基部圆形略偏斜；上表面光亮，无毛，下表面仅脉处有疏短毛；叶柄长约 1mm，被短柔毛；托叶生叶柄间，初时呈 2-4 浅至深裂，后合生成三角形或戟形，易脱落。花两性，1～2 朵生于叶腋；花梗短，基部两侧各具苞片 1 枚；苞片小，披针形或条形；花萼钟状，长约 3mm，绿色或具紫红色斑纹，几无毛，萼檐 4～5 裂，裂片三角形或钻形，宿存；花冠白色，管状漏斗形，长 0.9～1.5cm，外面无毛，内面自喉部至冠管上部密被毛，花冠 4 裂，裂片三角状卵形。核果熟时红色，近球形，直径 4～6mm。花期 3～5 月，果期 7～11 月。

图898　虎刺　　　　　　　　　　　　　　　　　摄影　李华东等

【生境与分布】生于山地和丘陵的林下和石岩灌丛中。分布于江苏、安徽、江西、浙江、福建，另西藏、云南、贵州、四川、广东、湖南、广西、湖北、台湾均有分布；印度、日本也有分布。

虎刺与短刺虎刺的区别点：虎刺针刺长 4～20mm，叶较小，长 1～3cm，宽 0.8～1.5cm。短刺虎刺针刺极短，长 1～4mm，叶较大，长 4～12cm，宽 1.5～4cm。

【药名与部位】虎刺，全草。

【采集加工】全年均可采收，除去杂质，洗净，晒干。

【药材性状】根近圆柱形，有的呈连珠状，暗棕色。茎圆柱形，直径可达 1cm，表面灰褐色，有纵皱纹；质硬，不易折断，断面不整齐，皮部薄，木质部灰白色，有髓。小枝着生多数成对的细针刺，刺长 0.5～1.5cm。叶对生，有短柄；叶片卵圆形，长 1～2.5cm，宽 0.7～1.5cm，先端短尖，基部圆形，全缘，侧脉 3～4 对；革质。气微，味微苦甘。

【药材炮制】除去杂质，洗净，润透，切段，干燥。

【化学成分】根含蒽醌类：茜草定（rubiadin）、茜草定 -1- 甲醚（rubiadin-1-methy ether）、1- 羟基 -2- 羟甲基蒽醌（1-hydroxy-2-hydroxymethyl anthraquinone）、1, 3- 二羟基 -2- 甲氧基蒽醌（1, 3-dihydroxy-2-methoxyanthraquinone）、1, 4- 二羟基 -2- 甲基蒽醌（1, 4-dihydroxy-2-methylanthraquinone）、1- 甲氧基 -2- 羟基蒽醌（1-methoxyl-2-hydroxyanthraquinone）、1, 4- 二甲氧基 -2- 羟基蒽醌（1, 4-dimethoxyl-2-hydroxyanthraquinone）[1]、1, 3- 二羟基 -2- 乙氧基羰基 -9, 10- 蒽醌（1, 3-dihydroxy-2-carboethoxy-9, 10-anthraquinone）、1, 3, 5- 三羟基 -2- 乙氧基羰基 -9, 10- 蒽醌（1, 3, 5-trihydroxy-2-carboethoxy-9, 10-anthraquinone）和 1, 5- 二羟基 -2- 甲氧基 -9, 10- 蒽醌（1, 5-dihydroxy-2-methoxy-9, 10-anthraquinone）[2]。

根茎含蒽醌类：5-羟基-1,2-亚甲二氧基蒽醌（5-hydroxy-1,2-methylene dioxyanthraquinone）、虎刺醛（damnacanthal）、羟基虎刺醌（juzuno）和虎刺醇（damnacanthol）[3]。

【药理作用】1. 抗肿瘤　所含虎刺醛（damnacanthal）对肝癌 HepG2 细胞的生长具有明显的抑制作用，作用机制可能为破坏 HepG2 细胞内应力纤维[1]。2. 护肝　75%乙醇提取物和水部位能明显降低四氯化碳（CCl_4）所致肝损伤小鼠血清中谷丙转氨酶（ALT）和天冬氨酸氨基转移酶（AST）含量，表现出明显的护肝作用，其中水部位作用最强[2]。3. 抗炎　根提取物具有一定的抗炎作用，其中水提取物和醇提取物的中（1.2g/kg）、高（2.4g/kg）剂量组能有效抑制小鼠耳肿胀；根水提取物各剂量组能显著抑制大鼠足肿胀；水提取物各剂量组和醇提取物中（0.8g/kg）、高（1.6g/kg）剂量组能抑制肿瘤坏死因子-α（TNF-α）、白细胞介素-1β（IL-1β）含量[3]；根水提取物和醇提取物具有一定的抗风湿性关节炎作用，表现为能抑制佐剂性关节炎大鼠足肿胀，降低炎性因子肿瘤坏死因子-α（TNF-α）、白细胞介素-1β（IL-1β）、白细胞介素-6（IL-6）含量，升高白细胞介素-10（IL-10）含量[4]。

【性味与归经】甘、苦，平。

【功能与主治】祛风利湿，活血消肿。用于痛风，风湿痹痛，荨麻疹，痰饮咳嗽，肺痈，水肿，肝脾肿大，跌扑损伤及黄疸型病毒性肝炎。

【用法与用量】15～30g。

【药用标准】药典1977、浙江炮规2005和上海药材1994。

【临床参考】1. 急性黄疸型传染性肝炎：鲜根30～60g，水煎，待药沸时加入黄酒一小杯，每日分2次服，3～6剂为1疗程[1]；或根30g，加茵陈9g，水煎服；或鲜根30g，加阴行草9g、车前草15g，水煎服。（《浙江药用植物志》）

2. 坐骨神经痛：根15g，加红叶铁树叶、丹参、白芍、鸡血藤、木瓜各15g，黄芪30g，桂枝、杜仲、牛膝各12g，乳香、没药各10g，甘草6g，水煎服，每日1剂[2]；或全株30g，加楤木30g、钩藤、桑寄生、锦鸡儿根、卫矛、络石藤各15g，威灵仙9g，水煎服；或根15g，加木防己根、五加皮、薜荔藤各15g，青木香3g，酒水各半煎服。（《浙江药用植物志》）

3. 跌打损伤、荨麻疹：根15g，水煎冲黄酒服。（《浙江药用植物志》）

4. 肺痈：根90g，猪肚炖汤，以汤煎药服，每日1剂。

5. 风湿关节肌肉痛：全草30～90g，酒水各半煎，2次分服。（4方、5方引自《江西民间草药》）

6. 痰饮咳嗽：鲜根60～90g，水煎服。（《福建中草药》）

【附注】刺虎始载于《本草图经》，云："刺虎生睦州。味甘。其叶凌冬不凋。"《花镜》云："虎刺，一名寿庭木。生于苏、杭、萧山。叶微绿而光，上有一小刺。夏开小白花，花开时子犹未落，花落后复结子，红如珊瑚。其子性坚，虽严冬厚雪不能败。性畏日喜阴，本不易大，百年者，止高二三尺。"上述形态特征及《植物名实图考》"伏牛花"条附图与本种完全一致。

同属植物大卵叶虎刺（大叶虎刺）*Damnacanthus major* Sieb.et Zucc 及短刺虎刺 *Damnacanthus giganteus*（Mak.）Nakai（*Damnacanthus subspinosus* Hand.-Mazz.）的根在浙江作虎刺根药用。

【化学参考文献】

[1] 杨燕军，舒惠一，闵知大. 巴戟天和恩施巴戟的蒽醌化合物[J]. 药学学报，1992，27（5）：358-364.

[2] Lee S W, Kuo S C, Chen Z T, et al. Novel anthraquinones from *Damnacanthus indicus*[J]. J Nat Prod，1994，57（9）：1313-1315.

[3] Koyama J, Okatani T, Tagahara K, et al. Anthraquinones of *Damnacanthus indicus*[J]. Phytochemistry，1992，31（2）：709-710.

【药理参考文献】

[1] 丁兰，柳志军，令利军，等. 虎刺醛对人肝癌细胞 HepG2 生长抑制、细胞迁移抑制及其机制的研究[J]. 中国细胞生物学学报，2013，35（4）：442-449.

[2] 王丹, 马瑞丽, 张蓉, 等. 虎刺提取物对 CCl_4 致肝损伤的保护作用 [J]. 中国野生植物资源, 2015, 34 (6): 20-23.
[3] 吴增艳, 马哲龙, 谢晨琼, 等. 虎刺提取物抗炎作用的初步研究 [J]. 中国中医药科技, 2019, 26 (1): 36-39.
[4] 吴增艳, 马哲龙, 谢晨琼, 等. 虎刺提取物对佐剂性关节炎大鼠治疗作用及机制探讨 [J]. 中国中医药科技, 2018, 25 (5): 649-652, 655.

【临床参考文献】

[1] 浙江定海县洋番公社胜利大队医疗站. 虎刺鲜根等治疗急性黄疸型传染性肝炎 [J]. 新医学, 1973, (8): 422.
[2] 李平. 铁虎饮治疗坐骨神经痛 50 例 [J]. 蚌埠医学院学报, 1999, (6): 466.

8. 白马骨属 Serissa Comm.ex A.L.Juss.

小灌木，多分枝，揉之发出臭气。叶对生，近无柄，通常聚生于短小枝上，近革质，卵形；托叶与叶柄合生成一短鞘，有 3～8 条刺毛，不脱落。花腋生或顶生，单生或簇生，无梗；萼筒倒圆锥形，萼檐 4～6 裂，裂片锥形，宿存；花冠漏斗形，顶部 4～6 裂，裂片短，蕾时镊合状排列；雄蕊 4～6 枚，生于冠管上部，花丝条形，略与冠管连生，花药近基部背着，内藏；花盘大；子房 2 室，花柱条形，每室有 1 粒胚珠，柱头 2 裂。核果球形，干燥，蒴果状。

2 种，分布于中国和日本。中国 2 种，分布于长江以南各地，法定药用植物 2 种。华东地区法定药用植物 2 种。

899. 六月雪（图 899）• Serissa japonica (Thunb.) Thunb. (Serissa foetida Comm.)

图 899 六月雪

摄影 李华东等

【别名】满天星、节节草（江苏苏州）。

【形态】小灌木，高 60～90cm。叶革质，卵形至倒披针形，长 6～22mm，宽 3～6mm，先端短尖至长尖，全缘，具缘毛，后渐脱落，上表面沿中脉被短柔毛，下表面沿脉疏被柔毛，后渐脱落，叶柄极短；托叶基部宽，先端分裂成刺毛状。花单生或数朵簇生，顶生或腋生；苞片膜质，具缘毛，边缘浅波状；萼檐 4～6 裂，裂片三角形，被毛；花冠淡红色或白色，长 6～12mm，裂片扩展，顶端 3 裂。花期 5～6 月，果期 7～8 月。

【生境与分布】生于河溪边或丘陵的杂木林内。分布于江苏、安徽、江西、浙江、福建，另广东、香港、广西、四川、云南均有分布；日本、越南也有分布。

【药名与部位】六月雪（白马骨），全草。

【采集加工】全年均可采挖，除去泥沙，晒干。

【药材性状】长 40～100cm。根细长，灰白色。茎圆柱形，多分枝，直径 3～8mm，表面深灰色，有纵裂隙，外皮易剥离；嫩枝灰色，微有茸毛。叶对生或丛生，有短柄；叶片狭卵形，长 7～20mm，绿黄色，全缘。小花无梗，苞片及萼片非刺毛状，灰绿色，花冠漏斗状，白色。核果近球形。气微，味淡。

【药材炮制】除去杂质，洗净，润软，切段，干燥。

【化学成分】全株含蒽醌类：3-羟基-1,2-二甲氧基蒽醌（3-hydroxy-1,2-dimethoxyanthraquinone）、1,2,4-三甲氧基-3-羟基-6-甲基蒽醌（1,2,4-trimethoxy-3-hydroxy-6-methylanthraquinone）和大黄素（emodin）[1]；黄酮类：淫羊藿次苷 F_2（icariside F_2）[1]；酚苷类：4-羟基-3-甲氧基苯基-β-D-吡喃葡萄糖苷（4-hydroxy-3-methoxyphenyl-β-D-glucopyranoside）[1]；酚酸类：没食子酸（gallic acid）[1]；苯丙素类：咖啡酸甲酯（methyl caffeate）[1]；三萜类：羽扇豆醇（lupeol）[2]；木脂素类：松脂素（pinoresinol）、杜仲树脂酚（medioresinol）、（7S,8R）-苯并二氢呋喃新木脂素-4-O-β-D-吡喃葡萄糖苷［（7S,8R）-dihydrobenzofuran-neolignan-4-O-β-D-glucopyranoside］[1]，（+）-异落叶松脂素［（+）-isolariciresinol］、（+）-环橄榄树脂素［（+）-cycloolivil］、（-）-川木香醇 D［（-）-vladinol D］、（-）-（7S,8S,8$'R$）-4,4'-二羟基-3,3',5,5'-四甲氧基-7',9-环氧木脂烷-9'-醇-7-酮［（-）-（7S,8S,8$'R$）-4,4'-dihydroxy-3,3',5,5'-tetramethoxy-7',9-epoxylignan-9'-ol-7-one］、（+）-8-羟基松脂酚［（+）-8-hydroxypinoresinol］、（+）-8-羟基杜仲树脂酚［（+）-8-hydroxymedioresino］、（+）-表丁香树脂酚［（+）-episyringaresinol］、（+）-表松脂醇［（+）-epipinoresinol］、（-）-丁香树脂酚［（-）-episyringaresinol］和（-）-（7R,7$'R$,7$''R$,8S,8$'S$,8$''S$）-4',4''-二羟基-3,3',3'',5'-五甲氧基-7,9'：7',9-双氧环-4,8''-氧-8,8'-倍半新木脂烷-7'',9''-二醇［（-）-（7R,7$'R$,7$''R$,8S,8$'S$,8$''S$）-4',4''-dihydroxy-3,3',3'',5'-pentamethoxy-7,9'：7',9-diepoxy-4,8''-oxy-8,8'-sesquineolignan-7'',9''-diol］[2,3]。

【药理作用】1.抗病毒　茎叶水提取物具有抗单纯疱疹病毒和抗腺病毒的作用[1]。2.抗炎　全株 70% 乙醇提取物可抑制一氧化氮（NO）和白细胞介素-6（IL-6）的分泌，其抗炎的主要活性成分为丁香树脂酚（syringaresinol）、（7$'S$,8S,8$'R$）-4,4'-二羟基-3,3',5,5'-四甲氧基-7',9-环氧木脂烷-9'-醇-7-酮［（7$'S$,8S,8$'R$）-4,4'-dihydroxy-3,3',5,5'-tetramethoxy-7',9-epoxylignan-9'-ol-7-one］和（7R,7$'R$,7$'R$,8S,8$'S$,8$'S$）-4',4'-二羟基-3,3',3'',5-四甲氧基-7,9'：7',9-双氧环-4,8'-氧-8,8'-倍半新木脂烷-7',9'-二醇［（7R,7$'R$,7$'R$,8S,8$'S$,8$'S$）-4',4'-dihydroxy-3,3',3'',5-tetramethoxy-7,9'：7',9-diepoxy-4,8'-O-8,8'-sesquineolignan-7',9'-diol］[2]。

【性味与归经】淡、微辛，凉。

【功能与主治】健脾利湿，疏肝活血。用于小儿疳积，急、慢性肝炎，经闭，白带，风湿腰痛。

【用法与用量】15～30g。

【药用标准】药典 1977、浙江炮规 2015、山东药材 2002、贵州药材 2003 和湖南药材 2009。

【临床参考】1.慢性肾功能不全：全株 15g，加黄芪、生地、熟地、苍术、白术、紫苏、败酱草、黄精、巴戟天、车前子、制大黄各 15g，薏苡仁、煅龙骨、煅牡蛎各 30g，每日 1 剂，水煎服，配合常规西药治疗[1]。

2. 慢性肾功能衰竭：全株 30g，加生大黄（后下）15g、煅牡蛎（先煎）、煅龙骨（先煎）、蒲公英各 30g，丹参 20g，浓缩煎至 200ml，保留灌肠，每日 1 次，配合西药治疗[2]。

【附注】本种始载于《花镜》，云："六月雪，一名悉茗，一名素馨，六月开细白花。树最小而枝叶扶疏，大有逸致，可作盆玩。喜清阴，畏太阳，深山丛木之下多有之。春间分种，或黄梅雨时扦插，宜浇浅茶。其性喜阴，故所主皆热证。"即为本种。

本种的根及叶民间也作药用。

【化学参考文献】

[1] 韩晶晶，柳航，郭培，等. 六月雪全草化学成分研究[J]. 中药材，2016，39（1）：94-97.
[2] 郭培，柳航，朱怀军，等. 六月雪木脂素成分的研究[J]. 中成药，2016，38（10）：2192-2197.
[3] 郭培. 六月雪化学成分及抗炎药理活性研究[D]. 南京：南京中医药大学硕士学位论文，2017.

【药理参考文献】

[1] Chiang L C，Cheng H Y，Liu M C，et al. *In vitro* anti-herpes simplex viruses and anti-adenoviruses activity of twelve traditionally used medicinal plants in Taiwan[J]. Biological & Pharmaceutical Bulletin，2003，26（11）：1600-1604.
[2] 郭培，柳航，朱怀军，等. 六月雪提取物及其单体成分对 LPS 刺激 RAW 264.7 巨噬细胞分泌 NO 和 IL-6 的影响[J]. 中国医药导报，2017，14（10）：43-47.

【临床参考文献】

[1] 王斌. 陈以平教授治疗慢性肾功能不全经验探讨[J]. 福建中医药，2003，34（5）：17.
[2] 张庆霞. 中药灌肠治疗慢性肾功能衰竭 53 例[J]. 浙江中医杂志，2013，48（11）：812.

900. 白马骨（图 900） • *Serissa serissoides*（DC.）Druce

图 900　白马骨　　　　摄影　赵维良等

【别名】六月雪（福建、山东），满天星（上海），山地六月雪（浙江），千年矮（江西吉安），天星木、路边姜（江苏南通）。

【形态】小灌木，通常高达1m。小枝灰白色，幼枝被短毛，后毛脱落变无毛。叶薄纸质，倒卵形或倒披针形，长1.5～4cm，宽0.7～1.3cm，先端急尖，具短尖头，基部楔形，收狭成一短柄，上表面沿中脉被短柔毛，下表面沿脉被疏毛；托叶具锥形裂片，长2mm，基部阔，膜质，被疏毛。花无梗，簇生于小枝顶部；苞片膜质，斜方状椭圆形，具疏散小缘毛；萼檐裂片5，披针状锥形，长4mm，具缘毛；花冠白色，漏斗状，长约4mm，外面无毛，喉部被毛，顶端4～6裂，长圆状披针形，长2.5mm。花期4～8月，果期8～10月。

【生境与分布】生于荒地或草坪。分布于江苏、安徽、江西、浙江、福建，另广东、香港、广西、湖北、台湾均有分布；日本也有分布。

白马骨与六月雪的区别点：白马骨叶薄纸质，倒卵形或倒披针形，长1.5～4cm，宽0.7～1.3cm，先端短尖或近短尖。六月雪叶革质，卵形至倒披针形，长6～22mm，宽3～6mm，先端短尖至长尖。

【药名与部位】六月雪（白马骨），全草。

【采集加工】夏、秋二季采收，干燥。

【药材性状】长40～100cm。根细长，灰白色。茎圆柱形，多分枝，直径0.3～0.8cm，表面深灰色，有纵裂隙，外皮易剥离；嫩枝灰色，微有茸毛。叶对生或丛生，有短柄；叶片卵形至长卵圆形，长1.5～3cm，宽0.8～1cm，绿黄色，全缘。小花无梗，苞片及萼片刺毛状，灰绿色，花冠漏斗状，白色。核果近球形。气微，味淡。

【药材炮制】除去杂质，洗净，略浸，润软，切段，干燥。

【化学成分】根含木脂素类：(+)-松脂素[(+)-pinoresinol]、(-)-丁香脂素[(-)-syringaresinol]、(+)-杜仲树脂酚[(+)-medioresinol]和(-)-橄榄脂素[(-)-olivil][1]；甾体类：β-谷甾醇（β-stitosterol）和胡萝卜苷（daucosterol）[1]；三萜类：齐墩果酸（oleanolic acid）[1]。

地上部分含挥发油类：甲基亚麻酸酯（methyl linolenate）、库贝醇（cubenol）、2-甲氧-4-乙烯基苯酚（2-methoxy-4-vinylphenol）、Δ-9(10)-四氢广木香内酯-1-酮[Δ-9(10)-tetrahydrocostunolide-1-keto]和吉马烯D（germacrene D）等[2]。

全株含木脂素类：左旋丁香树脂酚[(-)-syringaresinol]、右旋杜仲树脂酚[(+)-medioresinol]和左旋丁香树脂酚-4-O-β-D-吡喃葡萄糖苷[(-)-syringaresinol-4-O-β-D-glucopyranoside][3]；环烯醚萜类：10-去乙酰车叶草苷酸（10-deacetyl asperulosidic acid）和鸡屎藤苷酸（paederosidic acid）[3]；黄酮类：牡荆素（vitexin）[3]；糖类：D-甘露醇（D-mannitol）[3]；苯醌类：2,6-二甲氧基对苯醌（2,6-dimethoxy-pbenzoquinone）[4]；三萜类：科罗索酸（corosolic acid）、熊果-12-烯-28-醇（urs-12-en-28-ol）、熊果酸（ursolic acid）[4]、齐墩果酸（oleanolic acid）[5]、3-乙酰基齐墩果酸（3-acetoxyoleanolic acid）、3-羰基熊果酸（3-one-ursolic acid）和齐墩果酮酸（oleanonic acid）[6]；甾体类：β-谷甾醇（β-stitosterol）、胡萝卜苷（daucosterol）[3]和豆甾醇（stigmasterol）[7]；酚酸类：对羟基间甲氧基苯甲酸（4-hydroxy-3-methoxybenzoic acid）[4]和邻苯二甲酸二乙酯（diethyl phthalate）[7]；呋喃类：5-乙酰基-6-羟基-2-异丙烯苯并呋喃（5-acetyl-6-hydroxy-2-isopropenylbenzofuran）[7]；蒽醌类：1,4-二羟基-6-甲基蒽醌（1,4-dihydroxy-6-methyl anthraquinone）和1,3,5,7-四甲氧基蒽醌（1,3,5,7-tetramethoxyanthraquinone）[8]；挥发油类：石竹烯氧化物（caryophyllene oxid）[9]、2-呋喃甲醇（2-furanmethanol）和反-香叶基丙酮（trans-geranylacetone）[10]；脂肪酸类：正十六酸（n-hexadecanoic acid）、(Z,Z)-9,12-十八碳二烯酸[(Z,Z)-9,12-octadecadienoic acid][9]和棕榈酸（palmitic acid）[11]；多糖类：白马骨多糖（SSP）[12]；氧杂环烯酮类：(E)-1-{4-(1,2-二羟基丙烷-2-基)-5-羟基-2H-苯并[b]氧杂环亚丁烯-2-基}丙烷-2-酮{(E)-1-{4-(1,2-dihydroxypropan-2-yl)-5-hydroxy-2H-benzo[b]oxet-2-ylidene}propan-2-one}[13]。

茎含寡糖类：葡甘露聚糖（glucomannan）[14]。

叶含木脂素类：（+）- 松脂素［（+）-pinoresinol］和（+）- 杜仲树脂酚［（+）-medioresinol］[15]；三萜类：齐墩果酸（oleanolic acid）[15]；甾体类：β- 谷甾醇（β-stitosterol）和胡萝卜苷（daucosterol）[15]。

【药理作用】1. 护肝　全株的水提取物对四氯化碳（CCl_4）致小鼠急性肝损伤有明显的保护作用，具体表现为可抑制肝组织中的白细胞介素 -1β（IL-1β）、肿瘤坏死因子 -α（TNF-α）、白细胞介素 -6（IL-6）含量的升高和核转录因子（NF-κB）的表达，改善受损肝脏病理特征[1]；茎的正丁醇萃取物对四氯化碳造成的小鼠肝损伤有一定的保护作用，各个剂量组的谷丙转氨酶（ALT）和天冬氨酸氨基转移酶（AST）含量均显著低于模型对照组[2]；全株水提取物具有抗乙型肝炎的作用，表现为可下调 HBV EnhII 和 BCP 对 *PreC+C* 基因的表达启动，降低乙肝 e 抗原（HBeAg）含量[3]。2. 护胃黏膜　全株水提取物对大鼠乙醇诱发的胃黏膜损伤具有明显的修复作用，表现为可保护人胃黏膜上皮 GES-1 细胞，增加 bFGF 的蛋白质表达水平，其作用机制可能与清除羟自由基（·OH）有关[4-6]。3. 抗病毒　地上部分醇提取物的乙酸乙酯萃取部位、正丁醇萃取部位及水部位均有不同程度的抗单纯疱疹病毒 -1（HSV-1）的作用[7]。4. 抗菌解热　全株提取物对大肠杆菌、金黄色葡萄球菌、枯草杆菌、绿脓杆菌、肠炎球菌的生长有一定的抑制作用，对绿脓杆菌所致的感染可产生明显的对抗作用，对干酵母所致大鼠发热、内毒素所致家兔发热的解热作用最强[8]。5. 抗肿瘤　地上部分乙醇提取物的乙酸乙酯萃取部位对人大肠癌 Lovo 细胞和人肺癌 H460 细胞的生长具有较强的抑制作用，其半数抑制浓度（IC_{50}）分别为 15.6μg/ml 和 31.25μg/ml[7]。

【性味与归经】苦、辛，凉。归肝、肺、大肠经。

【功能与主治】活血，利湿，健脾。用于肝炎，肠炎腹泻，小儿疳积。

【用法与用量】15～30g。

【药用标准】药典1977、上海药材1994、湖南药材2009、湖北药材2009、广西瑶药2014 一卷、贵州药材2003和山东药材2002。

【临床参考】1. 胃痛：根500g，加干姜、徐长卿、糯稻根各250g，青木香60g，研粉和匀，水泛为丸，每次服9g，每日2次。

2. 肾炎：根60g，加鸭跖草30g，水煎，连服1～2月。

3. 白带过多、闭经：根250g，水煎服或酌加黄酒冲服。（1方至3方引自《浙江药用植物志》）

4. 咽喉炎：全草10～15g，水煎，每日1剂，分2次服。（《中草药新医疗法处方集》）

5. 感冒：全草15g，水煎服。（《湖南药物志》）

6. 肝炎：根150g，加算盘子根150g、白茅根30g，水煎服（《浙江药用植物志》）；或全草15g，加茵陈30g、山栀子10g、大黄10g，水煎服（《湖南药物志》）。

【附注】白马骨始载于《本草纲目拾遗》，云："白马骨生江东，似石榴而短小，对节。"《植物名实图考》第二十一卷蔓草类的白马骨条中亦云："按白马骨，《本草纲目》入于有名未用，今建昌土医以治热证，疮痔妇人白带，余取视之，即六月雪。小叶白花，矮科木茎，与拾遗所述形状颇肖，盖一草也。"《岭南采药录》云："小灌木，茎高三四尺，多分小枝桠，相集甚密，叶小椭圆形，常对生，亦有丛生者，春夏开花，花无柄，通常白色，微带淡红，花冠五裂，下部作筒状，雄蕊五枚，子房二室，室含一胚珠。出产于阳春。"上述描述与本种相符。

本种的根及叶民间也作药用。

【化学参考文献】

[1] 张强，孙隆儒. 白马骨根的化学成分研究[J]. 中药材，2006，29（8）：786-788.

[2] 倪士峰，傅承新，吴平，等. 不同季节山地六月雪挥发油成分比较研究[J]. 中国中药杂志，2004，29（1）：54-58.

[3] 王敏，梁敬钰，刘雪婷，等. 白马骨的化学成分[J]. 中国天然药物，2006，4（3）：198-201.

[4] 李药兰，王冠，薛珺一，等. 白马骨化学成分研究[J]. 中国中药杂志，2007，32（7）：605-608.

[5] 王少芳，李广义，杨国华，等. 六月雪化学成分的研究[J]. 中国中药杂志，1989，14（9）：33-34.

[6] 都姣娇，武冰峰，杨娟. 白马骨中三萜类成分研究[J]. 时珍国医国药，2008，19（2）：341-342.

[7]韦万兴,黄美艳.六月雪化学成分研究[J].广西大学学报(自然科学版),2008,33(2):148-150.
[8]冯顺卿,王冠,岑颖洲,等.瑶药白马骨的化学成分研究[C].中国化学会第四届有机化学学术会议,2005.
[9]冯顺卿,洪爱华,岑颖洲,等.白马骨挥发性化学成分研究[J].天然产物研究与开发,2006,18(5):784-786.
[10]冯顺卿.白马骨的化学成分及生物活性研究[D].广州:暨南大学硕士学位论文,2004.
[11]王冠.瑶药白马骨(Serissa serissoides)化学成分及生物活性初步研究[D].广州:暨南大学硕士学位论文,2006.
[12] Huang M Y, Wei W X. Studies of isolation and structural characterization on a polysaccharide from Serissa serissoides (DC.) Druce[J].分析试验室,2007,26(增刊):224-225.
[13]黄美艳.六月雪化学成分研究[D].南宁:广西大学硕士学位论文,2008.
[14] Zhao H M, Zhou M, Huang M Y, et al. Glucomannans of Serissa serissoides stem[J]. Chem Nat Compd, 2011, 47(2): 176-178.
[15]张强,孙隆儒.白马骨叶的化学成分研究[J].中草药,2006,37(5):672-673.

【药理参考文献】
[1]高雅,王刚,杜沛霖,等.白马骨水提取物对急性肝损伤小鼠氧化应激及炎症反应的影响[J].中国实验方剂学杂志,2017,23(21):135-140.
[2]张强.白马骨植物的次生代谢产物和保肝活性研究[D].济南:山东大学硕士学位论文,2006.
[3]白羽,夏方娜,邹淑慧,等.中药对HBV增强子Ⅱ和核心启动子的调节作用[J].时珍国医国药,2015,26(6):1534-1536.
[4]李洪亮,程齐来,范小娜,等.六月雪水提取物对实验性胃黏膜损伤的修复作用[J].时珍国医国药,2009,20(2):333-334.
[5]李洪亮,许仙赟,范小娜.六月雪水提取物对乙醇损伤的人胃黏膜上皮细胞的保护作用[J].湖北农业科学,2016,55(8):2035-2038,2034.
[6]李洪亮,周漫,丁冶春,等.六月雪水提取物体外清除羟自由基活性的实验研究[J].赣南医学院学报,2016,36(1):27-30.
[7]王冠.瑶药白马骨(Serissa serissoides)化学成分及生物活性初步研究[D].广州:暨南大学硕士学位论文,2006.
[8]王红爱,黄位耀,张云,等.六月雪不同组分提取物的抗菌解热作用研究[J].临床合理用药杂志,2011,4(10B):3-5.

9. 红芽大戟属 Knoxia Linn.

一年生或多年生直立草本或亚灌木。叶对生,具柄;托叶与叶柄合生成一短鞘,全缘或顶部有刺毛数条。花小,无梗或具极短的梗;萼筒卵形,萼檐4齿裂,宿存;花冠高脚碟状,裂片镊合状排列;雄蕊4枚,生于冠管喉部,花丝短,花药条形,背着;花盘肿胀;子房2室,每室有由室顶倒垂的胚珠1粒,花柱2裂,突出或内藏。果小,干燥,近球形,由2个不开裂的果爿组成,成熟时连中轴一齐脱落或仅从宿存的中轴上脱落。种子具1粗厚的种柄。

约9种,分布于亚洲热带及大洋洲地区。中国3种,分布于南部各地,法定药用植物2种。华东地区法定药用植物1种。

901. 红大戟(图901)• Knoxia valerianoides Thorel ex Pitard [Knoxia roxburghii (Sprengel) M.A.Rau]

【别名】假缬草(浙江)。

【形态】直立草本,高30～70cm。全株被毛,有肥大、肉质、纺锤形的根。叶近无柄,披针形或长圆状披针形,长7～10cm,宽3～5cm,先端渐尖,基部渐狭;侧脉每边5～7对,不明显;托叶短鞘状,基部阔,顶端有细小、披针形的裂片。聚伞花序密集成半球形,单个或3～5个组成聚伞花序式,有长3～12cm的总花梗;萼筒近无毛,萼檐4裂,裂片三角形,极小;花冠紫红色、淡紫红色至白色,

图 901　红大戟　　　　　　　　　　　　　　　　　　　　摄影　周重建

高脚碟形，冠管长 3mm，内有浓密的柔毛，花冠裂片长 5mm；花丝缺，花药长圆形；花柱纤细，柱头 2 裂，叉开。蒴果细小，近球形。

【生境与分布】生于山坡草地。分布于浙江、福建，另广东、广西、云南、海南均有分布；柬埔寨也有分布。

【药名与部位】红大戟（大戟），块根。

【采集加工】秋、冬二季采挖，除去须根，洗净，置沸水中略烫，干燥。

【药材性状】略呈纺锤形，偶有分枝，稍弯曲，长 3～10cm，直径 0.6～1.2cm。表面红褐色或红棕色，粗糙，有扭曲的纵皱纹。上端常有细小的茎痕。质坚实，断面皮部红褐色，木质部棕黄色。气微，味甘、微辛。

【药材炮制】红大戟：取原药，除去残茎等杂质，洗净，润透，切厚片，干燥。醋红大戟：取红大戟饮片，与醋拌匀，稍闷，炒至表面棕褐色时，取出，摊凉。

【化学成分】根含三萜类：红大戟酸 A（knoxivalic acid A），即 3- 酮基 -2, 19- 二羟基 -24- 去甲熊果 -1, 4, 12- 三烯 -28- 酸（3-oxo-2, 19-dihydroxy-24-nor-urs-1, 4, 12-trien-28-oic acid）[1]，熊果酸（ursolic acid）、齐墩果酸（oleanolic acid）、3β, 19α- 二羟基 -2-O- 熊果 -12- 烯 -28- 酸（3β, 19α-dihydroxy-2-O-ursa-12-en-28-acid）、坡模酸（pomolic acid）、山楂酸（maslinic acid）、3β, 19α, 24- 三羟基熊果 -12- 烯 -28- 酸（3β, 19α, 24-dihydroxyursa-12-en-28-acid）、委陵菜酸（tormentic accid）、救必应酸 -3, 23- 缩丙酮（rotundic acid-3, 23-acetonide）、2α, 3β, 19α, 23- 四羟基齐墩果 -12- 烯 -28- 酸（2α, 3β, 19α, 23-tetrahydroxyolean-12-en-28-acid）、2α, 3β, 19α, 23- 四羟基熊果 -12- 烯 -28- 酸（2α, 3β, 19α, 23-tetrahydroxyursa-12-en-28-acid）[2]、阿江榄仁酸（arjunolic acid）、山香酸 A、B（hyptatic acid A、B）、2α, 3β, 24- 三羟基熊果 -12- 烯 -28- 酸（2α, 3β, 24-trihydroxyurs-12-en-28-oic acid）和 2α, 3β, 23- 三羟基熊果 -12- 烯 -28- 酸（2α, 3β, 23-trihydroxyurs-

12-en-28-oic acid）[3,4]；蒽醌类：1，2，3-三羟基蒽醌（1，2，3-trihydroxyanthraquinone）、1-甲氧基-3，6-二羟基-2-羟甲基蒽醌（1-methoxy-3，6-dihydroxy-2-hydroxymethyl anthraquinone）、1，3-二羟基-2-羧基-9，10-蒽醌（1，3-dihydroxy-2-carboxy-9，10-anthraquinone），即茜草色素（munjistin）[3,4]、3，6-二羟基-2-甲氧甲基蒽醌（3，6-dihydroxy-2-methoxymethyl anthraquinone）、1，2，3，6-四羟基蒽醌（1，2，3，6-tetrahydroxy-anthraquinone）、1，2，3，5，6-五羟基蒽醌（1，2，3，5，6-pentahydroxy-anthraquinone）、（2S）-8-羧基-9-羟基-2-（2-羟基丙烷-2-基）-1，2-二氢蒽［2，1-b］呋喃-6，11-二酮｛（2S）-8-carboxy-9-hydroxy-2-（2-hydroxypropan-2-yl）-1，2-dihydroanthra［2，1-b］furan-6，11-dione｝[4]、去甲虎刺醛（nordamnacanthal）、1，3-二羟基-2-乙氧甲基-9，10-蒽醌（1，3-dihydroxy-2-ethoxymethyl-9，10-anthraquinone）、茜草定（rubiadin）、虎刺醇（damnacanthol）、1，3，5-三羟基-2-乙氧甲基-6-甲氧基-9，10-蒽醌（1，3，5-trihydroxy-2-ethoxymethyl-6-methoxy-9，10-anthraquinone）、3-羟基巴戟醌（3-hydroxymorindone）、红大戟素（knoxiadin）、1，3，5-三羟基-2-甲酰基-6-甲氧基-9，10-蒽醌（1，3，5-trihydroxy-2-formyl-6-methoxy-9，10-anthraquinone）、芦西丁（lucidin）、黄紫茜素（xanthopurpurin）、1，3-二羟基-2-甲氧基-9，10-蒽醌（1，3-dihydroxy-2-methoxy-9，10-anthraquinone）、1，3-二羟基-2-甲氧甲基-9，10-蒽醌（1，3-dihydroxy-2-methoxymethyl-9，10-anthraquinone）、1-羟基-2-羟甲基-9，10-蒽醌（1-hydroxy-2-hydroxymethyl-9，10-anthraquinone）、3-羟基-2-甲基-9，10-蒽醌（3-hydroxy-2-methyl-9，10-anthraquinone）、3-羟基-1-甲氧基-2-甲基-9，10-蒽醌（3-hydroxy-1-methoxy-2-methyl-9，10-anthraquinone）、1，3-二羟基-2-乙氧甲基-6-甲氧基-9，10-蒽醌（1，3-dihydroxy-2-ethoxymethyl-6-methoxy-9，10-anthraquinone）、1，3，6-三羟基-2-甲基-9，10-蒽醌（1，3，6-trihydroxy-2-methyl-9，10-anthraquinone）、1，3-二羟基-2-羟甲基-6-甲氧基-9，10-蒽醌（1，3-dihydroxy-2-hydroxy methyl-6-methoxy-9，10-anthraquinone）、1，3，6-三羟基-2-甲氧甲基-9，10-蒽醌（1，3，6-trihydroxy-2-methoxymethyl-9，10-anthraquinone）、3，6-二羟基-2-羟甲基-9，10-蒽醌（3，6-dihydroxy-2-hydroxymethyl-9，10-anthraquinone）、1，6-二羟基-2-甲基-9，10-蒽醌（1，6-dihydroxy-2-methyl-9，10-anthraquinone）[5]、1，3，6-三羟基-5-乙氧甲基蒽醌（1，3，6-trihydroxy-5-ethoxymethyl anthraquinone）、1，3-二羟基-2-甲基蒽醌（1，3-dihydroxy-2-methyl anthraguinone）[6]、1，3，5-三羟基-2-乙氧甲基-6-甲氧基蒽醌（1，3，5-trihydroxy-2-ethoxymethyl-6-methoxyanthraquinone）、1，3-二羟基-2-乙氧甲基蒽醌（1，3-dihydroxy-2-ethoxymethyl anthraquinone）[7]、（2S）-7，9-二羟基-2-（丙-1-烯-2-基）-1，2-二羟基蒽［2，1-b］呋喃-6，11-二酮｛（2S）-7，9-dihydroxy-2-（prop-1-en-2-yl）-1，2-dihydroanthra［2，1-b］furan-6，11-dione｝、1，3-二羟基-6-甲氧基-2-甲基-9，10-蒽醌（1，3-dihydroxy-6-methoxy-2-methyl-9，10-anthraquinone）、1，3-二羟基-6-甲氧基-2-甲氧甲基-9，10-蒽醌（1，3-dihydroxy-6-methoxy-2-methoxymethyl-9，10-anthraquinone）、1，3，6-三羟基-2-乙氧基甲基-9，10-蒽醌（1，3，6-trihydroxy-2-ethoxymethyl-9，10-anthraquinone）、1，3，6-三羟基-2-甲酰基-9，10-蒽醌（1，3，6-trihydroxy-2-formyl-9，10-anthraquinone）[8]、虎刺醛（damnacanthal）[9]、虎刺醇-ω-乙醚（damnacanthol-ω-ethyl ether）、3-羟基-2-羟甲基蒽醌（3-hydroxy-2-hydroxymethyl anthraquinone）[10]、2-羟甲基红大戟素（2-hydroxymethyl knoxiavaledin）、2-甲酰基红大戟素（2-formylknoxiavaledin）、2-乙氧甲基红大戟素（2-ethoxymethyl knoxiavaledin）、3-甲基茜素（3-methyllalizarin）[11]、1，3-二羟基-2-乙氧甲基蒽醌（1，3-dihydroxy-2-ethoxymethyl anthraquinone），即屈曲花蒽醌*（ibericin）[7,11]、（2S）-1，2-二氢-7，9-二羟基-2-（1-甲基乙烯基）-蒽［2，1-b］呋喃-6，11-二酮｛（2S）-1，2-dihydro-7，9-dihydroxy-2-（1-methylethenyl）-anthra［2，1-b］furan-6，11-dione｝、9，10-二氢-1，3，6-三羟基-2-甲醛蒽醌（9，10-dihydro-1，3，6-trihydroxy-2-carboxaldehyde anthraquinone）[12]、1，3-二羟基-6-甲氧基蒽醌（1，3-dihydroxy-6-methoxy-anthraquinone）、3，6-二羟基-1-甲氧基八蒽醌（3，6-dihydroxy-1-methoxy-anthraquinone）、3，5，6-三羟基-2-羟甲基蒽醌（3，5，6-trihydroxy-2-hydroxymethyl anthraquinone）、1，3，5，6-四羟基-2-乙氧甲基蒽醌（1，3，5，6-tetrahydroxy-2-ethoxymethyl anthraquinone）、1，3，5-三羟基-6-甲氧基-2-甲氧甲基-蒽醌（1，3，5-trihydroxy-6-methoxy-2-methoxymethyl anthraquinone）、1，3，6-三羟基-2-羟甲基-9，10-蒽醌-3-羟基-2-羟甲基-丙

酮化物（1,3,6-trihydroxy-2-hydroxymethyl-9,10-anthraquinone-3-hydroxy-2-hydroxymethyl acetonide）、1,3,5-三羟基-2-羟甲基-6-甲氧基-9,10-蒽醌-3-羟基-2-羟甲基丙酮化物（1,3,5-trihydroxy-2-hydroxymethyl-6-methoxy-9,10-anthraquinone-3-hydroxy-2-hydroxymethyl acetonide）和1,3-二羟基-2-羟甲基-9,10-蒽醌-3-羟基-2-羟甲基丙酮化物（1,3-dihydroxy-2-hydroxymethyl-9,10-anthraquinone-3-hydroxy-2-hydroxymethyl acetonide）[13]；甾体类：（24R）-24-豆甾-4,22-二烯-3-酮[（24R）-24-ethylcholesta-4,22-dien-3-one]、（24R）-24-豆甾-4-烯-3-酮[（24R）-24-ethylcholesta-4-en-3-one]，即3-酮基-4-烯-谷甾醇（3-oxo-4-en-sitosterone）、（24R）-24-乙基胆甾-3β-羟基-5,22-二烯-7-酮[（24R）-24-ethylcholesta-3β-hydroxy-5,22-dien-7-one]，即7-酮基豆甾醇（7-oxostigmasterol）、（24R）-24-豆甾-3β-羟基-5-烯-7-酮[（24R）-24-ethylcholesta-3β-hydroxy-5-en-7-one]，即7-酮基-β-谷甾醇（7-oxo-β-sitosterol）[2]和胡萝卜苷（daucosterol）[3]；木脂素类：桉脂素（eudesmin）和刺五加酮（ciwujiatone）[2]；香豆素类：异珊瑚菜素（cnidilin）[2]；酚酸类：3-羟基-4-甲氧基苯甲酸（3-hydroxy-4-methoxybenzoic acid）、苯甲酸（benzoic acid）、2-羟基-5-甲氧基-桂皮醛（2-hydroxy-5-methxoy-cinnamaldehyde）[2]和丁香酸（syringic acid）[9]；呋喃类：5-羟甲基呋喃醛（5-hydroxymethylenefural）[2]。

【药理作用】抗菌　根的水、甲醇、乙酸乙酯、氯仿、石油醚5种溶剂的提取物对结核杆菌H37RV均有不同程度的抑制作用，石油醚、氯仿提取物中的成分抑菌作用较强[1]。

毒性　根的醇提取物和水提取物对家兔眼和破损皮肤均无刺激性[2]。

【性味与归经】苦，寒；有小毒。归肺、脾、肾经。

【功能与主治】泻水逐饮，攻毒消肿散结。用于胸腹积水，二便不利，痈肿疮毒，瘰疬痰核。

【用法与用量】1.5～3g。

【药用标准】药典1977—2015、浙江炮规2015、新疆药品1980二册、云南药品1974和台湾1985一册。

【临床参考】1. 精神分裂症：根醋炒，研细粉，每日3g，分2次服，热结阳明者以大承气汤加减；肝郁气滞者以柴胡疏肝散加减；痰火蒙窍者以礞石滚痰丸加减。每日1剂，分2次服，3个月为1疗程[1]。

2. 水肿、痰饮喘急：根研粉，每次1.5～3g，开水送服，每日不超过3g。

3. 痈疮肿毒：鲜根捣烂外敷。（2方、3方引自《广西本草选编》）

【附注】红大戟药用始载于近代药学著作《药物出产辨》，名红芽大戟。据考，红芽大戟之"芽"应为"牙"，为误用大戟科京大戟的别称，因而两者常有混用。现已明确，古代本草记载和方书应用的大戟均为大戟科京大戟，两者功效有所不同，宜注意区别。

Flora of China 中本种的学名为 Knoxia roxburghii（Sprengel）M. A. Rau。

药材红大戟体虚者及孕妇禁用，不宜与甘草同用。

【化学参考文献】

[1] 赵峰，马丽，孙居锋，等. 红大戟中的1个新降碳三萜[J]. 中草药，2014，45（1）：28-30.

[2] 赵峰，王素娟，吴秀丽，等. 红大戟中的非蒽醌类化学成分[J]. 中国中药杂志，2012，37（14）：2092-2099.

[3] 洪一郎，马丽，王垣芳，等. 红大戟中的蒽醌和三萜类化学成分[J] 中国中药杂志，2014，39（21）：4230-4233.

[4] Zhao F，Zhao S，Han J T，et al. Antiviral anthraquinones from the roots of Knoxia valerianoides [J] Phytochem Lett，2015，11：57-60.

[5] 赵峰，王素娟，吴秀丽，等. 红大戟中的蒽醌类化学成分[J]. 中国中药杂志，2011，36（21）：2980-2986.

[6] 袁珊琴，赵毅民. 红芽大戟的化学成分[J]. 药学学报，2006，41（8）：735-737.

[7] 袁珊琴，赵毅民. 红芽大戟化学成分的研究[J]. 药学学报，2005，40（5）：432-434.

[8] Zhao F，Wang S J，Lin S，et al. Anthraquinones from the roots of Knoxia valerianoides [J]. J Asian Nat Prod Res，2011，13（11）：1023-1029.

[9] 王雪芬，陈家源，卢文杰，等. 红芽大戟化学成分的研究[J]. 药学学报，1985，20（8）：615-618.

[10] Yang X，Chou G X，Ji L L，et al. Anthraquinones from the roots of Knoxia valerianoides and their anticancer activity [J]. Latin American Journal of Pharmacy，2013，32（1）：96-100.

[11] Zhou Z, Jiang S H, Zhu D Y, et al. Anthraquinones from *Knoxia valerianoides* [J]. Phytochemistry, 1994, 36(3): 765-768.
[12] Zhao F, Zhao F, Wang S J, et al. Anthraquinones from the roots of *Knoxia valerianoides* [J]. J Asian Nat Prod Res, 2011, 13(11): 1023-1029.
[13] Zhao F, Wang S J, Lin S, et al. Natural and unnatural anthraquinones isolated from the ethanol extract of the roots of *Knoxia valerianoides* [J]. Acta Pharm Sin B, 2012, 2(3): 260-266.

【药理参考文献】
[1] 秦海宏, 贾琳钰, 高阳. 红大戟提取物对结核杆菌的抑制作用观察 [J]. 山东医药, 2013, 53(10): 77-78.
[2] 李兴华, 钟丽娟, 王晶晶. 京大戟与红大戟的急性毒性和刺激性比较研究 [J]. 中国药房, 2013, 24(3): 208-210.

【临床参考文献】
[1] 邹长东. 红大戟为主辨证组方治疗精神分裂症40例 [J]. 河南中医, 2011, 31(12): 1429-1431.

10. 蛇根草属 *Ophiorrhiza* Linn.

多年生草本或半灌木。叶对生，具柄；托叶小，生于叶柄间，宿存或早落。花序顶生或腋生，通常为二歧或多歧分枝的聚伞花序；萼管短，陀螺形或近球形，通常具棱或槽，萼檐5裂，裂片小，宿存；花冠管状、漏斗状，檐部5裂，裂片蕾时镊合状排列；雄蕊5枚，着生于花冠筒喉部以下，内藏或少有伸出，花药背着；花盘大，肉质；子房下位，2室，每室有胚珠多粒，花柱条形，柱头2裂。蒴果扁，顶部附有宿存的花盘和萼裂片，中部被宿存萼包围。种子小，具棱。

约200种，广布于亚洲的热带和亚热带以及大洋洲少数地区。中国72种，分布于长江以南各地，法定药用植物1种。华东地区法定药用植物1种。

902. 日本蛇根草（图902）• *Ophiorrhiza japonica* Blume

【别名】蛇根草（通称），蛇足草（福建三明市），向日红（福建南平）。

【形态】多年生草本。茎下部匍地生根，上部直立，近圆柱状，高可达40cm，有2列柔毛。叶片膜质或薄纸质，卵形、椭圆状卵形或披针形，长2.5～8cm，宽1～3cm，先端渐尖或短渐尖，基部楔形或近圆钝，下表面沿脉被短柔毛；侧脉6～8对，纤细，弧状上升；叶柄长1～2cm，密被柔毛。花序顶生，二歧分枝，密被柔毛，有小花7～20朵；萼筒宽陀螺状球形，长1.5mm，外面密被柔毛，萼檐裂片三角形；花冠白色，漏斗状，管长1～1.3cm，花冠裂片三角状卵形，内面密被微柔毛；雄蕊内藏。蒴果棱形，近无毛。花期11月至翌年5月，果期4～6月。

【生境与分布】生于常绿阔叶林下的沟谷阴湿地。分布于江西、安徽、福建、浙江，另广东、广西、陕西、湖北、湖南、贵州、四川、云南、台湾均有分布；日本也有分布。

【药名与部位】蛇根草，全草。

【药材炮制】除去杂质，洗净，切段，干燥。

【化学成分】全草含生物碱类：莱氏微花木苷酸（lyalosidic acid）、10-羟基莱氏微花木苷酸（10-hydroxylyalosidic acid）[1]，蛇根草碱A、B（ophiorine A、B）、6-羟基骆驼蓬满碱（6-hydroxyharman）、莱氏微花木苷（lyaloside）、蛇根草碱A甲酯（ophiorine A methyl ester）和蛇根草碱B甲酯（ophiorine B methyl ester）[2]。

【功能与主治】活血，散瘀。

【药用标准】浙江炮规2005。

【临床参考】1.卵巢囊肿：全草20g，加白花蛇舌草、香附各12g，茯苓、赤芍各15g，桂枝、桃仁、牡丹皮、水蛭各10g，白芥子8g，瘀血甚者加三棱、莪术；腹胀甚者加枳实、厚朴；湿热者加大血藤、

图 902　日本蛇根草　　　　　　摄影　徐跃良等

紫花地丁；气虚者加黄芪、党参。每日 1 剂，水煎分 2 次服[1]。

2. 慢性支气管炎：全草 24g，水煎服。

3. 流火：全草 15g，加珍珠菜 15g，水煎服，另取鲜全草适量，捣烂外敷。

4. 扭伤、脱臼：全草 30g，水煎冲黄酒服；另取鲜全草适量，加醋捣烂外敷。

5. 劳伤咳血：全草 15g，加杏香兔耳风、抱石莲各 15g，水煎服。（2 方至 5 方引自《浙江药用植物志》）

【化学参考文献】

[1] Aimi N，Murakami H，Tsuyuki T，et al. Hydrolytic degradation of β-carboline-type monoterpenoid glucoindole alkaloids：a possible mechanism for harman formation in *Ophiorrhiza* and related rubiaceous plants[J]. Chem Pharm Bull，1986，34（7）：3064-3066.

[2] Aimi N，Tsuyuki T，Murakami H，et al. Studies on the β-carboline type glucosidic alkaloids of *Ophiorrhiza* spp. [J]. Tennen Yuki Kagobutsu Toronkai Koen Yoshishu，1986，28：129-136.

【临床参考文献】

[1] 沈乐，沈绍英. 二蛇消癥汤治疗卵巢囊肿[J]. 河北中医，2011，33（4）：578.

11. 耳草属 *Hedyotis* Linn.

草本、亚灌木或灌木，直立或攀援。茎圆柱形或方形。叶对生，罕有轮生或丛生状；托叶分离或基部联合成鞘状。花序顶生或腋生，通常为聚伞花序或组成其他花序或简化为单花；萼管形状各式，萼檐宿存，通常 4 裂或 5 裂，稀有 2～3 裂或截平；花冠管状、漏斗状或辐射状，檐部 4～5 裂，稀有 2～3 裂，裂片蕾时，镊合状排列；雄蕊与花冠裂片同数，花药背着；花盘通常小，4 浅裂；子房 2 室，花柱条形，柱头常 2 裂，子房每室有胚珠数粒，极少 1 粒。果小，膜质、脆壳质或革质，成熟时不开裂、室间或室背开裂，内有种子 2 至多数，少有 1 粒。种子小，具棱角或平凸，种皮平滑或有窝孔。

400多种，主要分布于热带及亚热带地区，少数分布至温带。中国60种3变种，主要分布于长江以南各地，法定药用植物5种。华东地区法定药用植物3种。

分种检索表

1. 叶片条形或条状披针形，宽1～3mm。
   2. 伞房花序具2～4花，具长5～10mm的纤细总花梗……………………伞房花耳草 *H. corymbosa*
   2. 花单生或成对着生，花梗短粗，长2～5mm……………………………………白花蛇舌草 *H. diffusa*
1. 叶片阔披针形、椭圆形或卵形，宽6～12mm……………………………………金毛耳草 *H. chrysotricha*

903. 伞房花耳草（图903） · *Hedyotis corymbosa*（Linn.）Lam.（*Oldenlandia corymbosa* Linn.）

图903 伞房花耳草　　　　　　　　　　　　　　　摄影　李华东

【别名】水线草。

【形态】一年生柔弱草本。茎分枝多，蔓生状，高10～40cm，四棱形，无毛或棱上疏被短柔毛。叶对生，近无柄，膜质，条形，罕有狭披针形，长1～2cm，宽1～3mm，先端短急尖，基部楔形，干时边缘反卷，两面略粗糙或上表面中脉上有稀疏短柔毛；中脉在上表面下陷，下表面平坦或稍凸。花序腋生，伞房花序式排列，有花2～4朵，罕有退化为单花，具长5～10mm的纤细总花梗；小花有长2～5mm的花梗；萼筒球形，被极稀疏柔毛，萼檐4裂，裂片狭三角形，具缘毛；花冠白色或粉红色，管状，长2.2～2.5mm，喉部无毛，花冠裂片长圆形。蒴果膜质，球形，有不明显纵棱数条，成熟时顶部室背开裂。

花期 6～8 月，果期 9～10 月。

【生境与分布】生于水田和田埂或湿润的草地上。分布于福建、浙江，另广东、广西、贵州、四川、海南、台湾均有分布。

【药名与部位】水线草，全草。

【采集加工】夏、秋季采收，除去杂质，晒干或鲜用。

【药材性状】全长 10～40cm。根呈细圆柱形，弯曲，长 10～15mm，直径 1mm 左右，灰褐色，须根众多。茎四棱柱形，灰绿色，粗约 1mm，棱上被疏散短毛。单叶对生，无柄，多卷曲，展开后呈条形或条状披针形，长 1～2.5cm，宽 1～3mm，黑绿色，托叶膜质，顶端有数条刺。伞房花序腋生，也有花单生，花序柄长 5～10mm，条状，极纤弱。蒴果 2～5 个近球形，长和宽相等，约 2mm，淡黄绿色，种子多数细小，呈三角形。无臭，味淡。

【药材炮制】除去杂质，洗净，切段，干燥。

【化学成分】全草含大柱香波龙烷类：（＋）-催吐萝芙叶醇［（＋）-vomifoliol］、（－）-二氢催吐萝芙叶醇［（－）-dihydrovomifoliol］和 S-（＋）-去氢催吐萝芙叶醇［S-（＋）-dehydrovomifoliol］[1]；三萜类：α-香树脂醇（α-amyrin）[2]，桦木酸，即白桦脂酸（betulinic acid）[3]，熊果酸（ursolic acid）[4]和齐墩果酸（oleanolic acid）[5]；环烯醚萜苷类：鸡屎藤次苷甲酯（scandoside methyl ester）、去乙酰车叶草苷酸（deacetyl asperulosidic acid）、去乙酰车叶草苷酸甲酯（deacetyl methyl asperulosidate）、交让木苷（daphylloside）、10-O-苯甲酰基去乙酰车叶草苷酸甲酯（methyl 10-O-benzoyl deacetyl asperulosidate）、10-O-苯甲酰基鸡屎藤苷甲酯（methyl 10-O-benzoyl paederosidate）[5,6]，伞房花耳草苷 A、B、C（hedycoryside A、B、C）、10-O-（对羟基苯甲酰基）鸡屎藤次苷甲酯［10-O-（p-hydroxybenzoyl）scandoside methyl ester］、10-O-反式-对香豆酰鸡屎藤次苷甲酯（10-O-trans-p-coumaroylscandoside methyl ester）和 10-O-苯甲酰基去乙酰基车叶草苷酸甲酯（10-O-benzoyldeacetyl asperulosidic acid methyl ester）[7]；木脂素类：（＋）-南烛木树脂酚 -3α-O-β-D-吡喃葡萄糖苷［（＋）-lyoniresinol-3α-O-β-D-glucopyranoside］[1]；酚酸类：对羟基苯甲酸（p-hydroxybenzoic acid）、原儿茶酸（protocatechuic acid）、香草酸（vanillic acid）、丁香酸（syringic acid）[1]，4-甲氧基 -1,2-苯二酚（4-methoxy-1,2-dihydroxybenzene）和对羟基苯甲醛（p-hydroxybenzaldehyde）[5]；苯丙素类：Z-4-羟基肉桂酸（Z-4-hydroxycinnamic acid）和 E-4-羟基肉桂酸（E-4-hydroxycinnamic acid）[5,6]；甾体类：β-谷甾醇（β-sitosterol）[2]，胡萝卜苷（daucosterol）和 β-谷甾醇（β-sitosterol）[5]；香豆素类：七叶树内酯（esculetin）、东莨菪内酯（scopoletin）[1]和耳草酮 A（hedyotiscone A）[6,8]；蒽醌类：茜素 -1-甲醚（alizarin-1-methyl ether）[1]，1-甲氧基 -2-羟基蒽醌（1-methoxy-2-hydroxyanthraquinone）[5,6]，2-羟基 -3-甲基蒽醌（2-hydroxy-3-mehylanthraquinone）[9]，甲基异茜草素 -1-甲醚（rubiadin-1-methyl ether）和虎刺醛（damnacanthal）[10]；黄酮类：槲皮素（quercetin）[1]，5,6,7,4′-四甲氧基黄酮（5,6,7,4′-tetramethoxyflavone）、7-羟基 -5,6,4′-三甲氧基黄酮（7-hydroxy-5,6,4′-trimethoxyflavone）、3′,4′,5,6,7-五甲氧基黄酮（3′,4′,5,6,7-pentamethoxyflavone）、5,7,4′-三羟基 -6-甲氧基黄酮（5,7,4′-trihydroxy-6-methoxyflavone）、5,4′-二羟基 -6,7-二甲氧基黄酮（5,4′-dihydroxy-6,7-dimethoxyflavone）[2]，槲皮素 -3-O-槐糖苷（quercetin-3-O-sophoroside）、槲皮素 -3-O-［2-O-（6-O-E-芥子酰基）-β-D-吡喃葡萄糖基］-β-D-吡喃葡萄糖苷｛quercetin-3-O-［2-O-（6-O-E-sinapoyl）-β-D-glucopyranosyl］-β-D-glucopyranoside｝、槲皮素 -3-O-［（6-O-反式阿魏酸酰基 -β-吡喃葡萄糖基）-（1→2）-β-吡喃阿拉伯糖苷］-7-O-β-吡喃葡萄糖苷｛quercetin-3-O-［（6-O-trans-feruloyl-β-glucopyranosyl）-（1→2）-β-arabinopyranoside］-7-O-β-glucopyranoside｝和槲皮素 -3-O-［（6-O-反式 -对 -羟基肉桂酰基 -β-吡喃葡萄糖基）-（1→2）-β-吡喃阿拉伯糖苷］-7-O-β-吡喃葡萄糖苷｛quercetin-3-O-［（6-O-trans-p-hydroxycinnamoyl-β-glucopyranosyl）-（1→2）-β-arabinopyranoside］-7-O-β-glucopyranoside｝[9]；氨基酸类：天冬氨酸（Asp）、谷氨酸（Glu）和亮氨酸（Leu）等[11]；挥发油及脂肪酸类：（$9R^*$, $10S^*$, $7E$）-6,9,10-三羟基 -7-十八碳烯酸［（$9R^*$, $10S^*$, $7E$）-6,9,10-trihydroxyoctadec-7-enoic acid］[5]，肉豆蔻酸（myristic acid）、十五酸（pentadecylic acid）、十六酸（hexadecanoic acid）、十八酸（octadecanoic acid）和亚油酸（linoleic acid）等[12]；元素：锰（Mn）、铬（Cr）、锶（Sr）、锌（Zn）、铷（Rb）、硼（B）、镍（Ni）、铜（Cu）、钒（V）、锡（Sn）、砷（As）、钼（Mo）、硒（Se）和钴（Co）[13]。

【药理作用】1. 抗肿瘤　全草丙酮提取物和乙醇提取对人结肠癌 HCT-8 细胞和 LoVo 细胞的增殖均有显著的抑制作用，其中乙醇提取物的抑制作用大于丙酮提取物，水提取物、丙酮提取物、乙醇提取物对鸡胚绒毛尿囊膜血管生成均有抑制作用，推断其可抑制肿瘤组织的新生血管形成[1]；全草乙醇提取物中分离得的耳草酮A（hedyotiscone A）对人肝癌 HepG2 细胞以及多药耐药株 R-HepG2 细胞的增殖均有明显的抑制作用，对耐药株细胞的抑制作用与诱导细胞凋亡以及抑制P-糖蛋白表达有关[2]。2. 镇痛　地上部分乙醇提取液能提高热板法和甩尾试验中小鼠的痛阈值，减少乙酸所致小鼠扭体次数，分别减少谷氨酸盐和福尔马林所致小鼠疼痛引起的舔脚次数，且均具有剂量依赖性[3]。3. 抗氧化　地上部分甲醇提取物对铁离子的还原性优于阳性对照 2，6-二叔丁基对甲苯酚（BHT），对 1，1-二苯基-2-三硝基苯肼（DPPH）自由基、2，2′-联氮-二（3-乙基-苯并噻唑-6-磺酸）二铵盐（ABTS）自由基、一氧化氮（NO）自由基、羟自由基（•OH）的清除作用与 2，6-二叔丁基对甲苯酚类似，其中对 1，1-二苯基-2-三硝基苯肼自由基的清除作用最强，上述抗氧化作用均呈浓度依赖性[4]。4. 护肝　全草甲醇提取物能抑制 D-氨基半乳糖导致大鼠的肝损伤，降低天冬氨酸氨基转移酶（AST）、谷丙转氨酶（ALT）、碱性磷酸酶（ALP）、总胆红素（TBL）、γ-谷氨酰转肽酶（γ-GT）含量，阻止脂质过氧化物（LPO）升高，增加谷胱甘肽（GSH）、过氧化氢酶（CAT）、超氧化物歧化酶（SOD）含量[5]。5. 抗疟疾　地上部分甲醇提取物在体外对两种恶性疟原虫（氯喹敏感株 MRC-pf-20 和氯喹耐受株 MRC-pf-303）的生长均有明显的抑制作用，对伯氏疟原虫（*Plasmodium berghei*）感染的小鼠可明显减低寄生虫血症的发生率、延缓动物死亡，与穿心莲提取物或姜黄素联用可增强其抗疟疾作用[6]。

【性味与归经】性寒、味微苦。归脾、肺经。

【功能与主治】清热解毒。用于疟疾，肠痈，肿毒，烫伤。

【用法与用量】15～30g，水煎服。外用鲜品适量，煎水洗。

【药用标准】上海药材 1994、广东药材 2004 和海南药材 2011。

【临床参考】1. 慢性胃炎：全草 30g，加蒲公英、半枝莲各 30g，藿香根、紫苏根、制香附、炙甘草各 9g，厚朴 6～9g，茯苓、白芍各 15g，幽门螺杆菌阳性者加黄连 6～9g，乌梅 6g；或鸡内金 15g，虎杖 15g，制大黄 9g，水煎服，每日 2 次，两顿饭之间服，3 个月为 1 疗程，伴中重度肠化生或增生者服用 2～4 疗程，忌食生冷、腌制品及刺激性食物[1]。

2. 溃疡性结肠炎：全草 30～60g，加半枝莲、川黄柏、乳香、没药、五倍子各 15g，马齿苋 30g，白及粉 6g，牛黄粉 0.5g（另包，冲入药汁内）等，水煎，取 40～100ml 药液，待温度至 37～38℃，保留灌肠，每日 1 次，10 天为 1 疗程，间隙 5 天后可进行第 2 疗程[2]。

3. 化脓感染性疾病：鲜全草适量，洗净，捣烂敷患处，每日换药 1 次；或全草研末制成药膏，涂患处，已破溃出脓的化脓性外伤感染效果不佳[3]。

4. 阑尾炎：全草 30～60g，水煎服。

5. 烫伤、无名肿毒：全草适量，煎水洗，每日数次。（4 方、5 方引自《浙江药用植物志》）

【附注】本种始载于《植物名实图考》，谓："水线草生水滨，处处有之。丛生，细茎如线，高五六寸。叶亦细长，茎间结青实如绿豆大，颇似牛毛粘而茎稍韧。叶微大，赭根有须。俚医以洗无名肿毒。"所述与本种相符。

【化学参考文献】

[1] 旷丽莎，江炜，侯爱君，等. 水线草的化学成分研究[J]. 中草药，2009，7（7）：1020-1024.

[2] 姚海萍，梁振纲，杨先会，等. 水线草的化学成分[J]. 海南大学学报（自然科学版），2013，31（4）：313-316.

[3] 胡松. 水线草中三萜酸成分的提取与分离[J]. 医药导报，2007，26（3）：281-282.

[4] 陈武，邹盛勤，李开泉. 伞房花耳草中乌索酸的提取与鉴定（VI）[J]. 宜春学院学报, 2004, 26（6）: 1-3.
[5] 李洪权. 水线草化学成分及质量标准研究[D]. 长沙：湖南中医药大学硕士学位论文, 2015.
[6] Li H Q, Li C, Xia B H, et al. A chemotaxonomic study of phytochemicals in *Hedyotis corymbosa* [J]. Biochem System Ecol, 2015, 62: 173-177.
[7] Jiang W, Kuang L S, Hou A J, et al. Iridoid glycosides from *Hedyotis corymbosa* [J]. Helv Chim Acta, 2007, 90（7）: 1296-1301.
[8] Yue G G, Lee J K, Cheng L, et al. Reversal of P-glycoprotein-mediated multidrug resistance in human hepatoma cells by hedyotiscone A, a compound isolated from *Hedyotis corymbosa* [J]. Xenobiotica, 2012, 42（6）: 562-570.
[9] 陈智华. 白花蛇舌草与水线草化学成分比较分析[D]. 沈阳：辽宁师范大学硕士学位论文, 2011.
[10] Lai K D, Tran V S, Pham G D. Two anthraquinones from *Hedyotis corymbosa* and *Hedyotis diffusa* [J]. Tâp San Hóa Hóc, 2002, 40（3）: 66-68, 87.
[11] 孙玉峰. 水线草的药理作用及其相关的物质基础研究[D]. 广州：广州中医药大学硕士学位论文, 2000.
[12] 王丽，周诚，麦惠珍. 白花蛇舌草及水线草挥发性成分分析[J]. 中药材, 2003, 26（8）: 563-564.
[13] 王亚茹，李雅萌，周柏松，等. ICP-MS法测定白花蛇舌草与水线草中的人体必需微量元素[J]. 特产研究, 2018, 1: 26-31.

【药理参考文献】

[1] 丛蓉，旷丽莎，冯静，等. 水线草初提物药理作用的初步研究[J]. 华东师范大学学报（自然科学版）, 2007, 2: 137-140.
[2] Yue G G, Lee J K, Cheng L, et al. Reversal of P-glycoprotein-mediated multidrug resistance in human hepatoma cells by hedyotiscone A, a compound isolated from *Hedyotis corymbosa* [J]. Xenobiotica, 2012, 42（6）: 562-570.
[3] Moniruzzaman M, Ferdous A, Irin S. Evaluation of antinociceptive effect of ethanol extract of *Hedyotis corymbosa* Linn. whole plant in mice [J]. Journal of Ethnopharmacology, 2015, 161: 82-85.
[4] Sasikumar J M, Maheshu V, Aseervatham G S, et al. *In vitro* antioxidant activity of *Hedyotis corymbosa*（L.）Lam. aerial parts [J]. Indian Journal of Biochemistry & Biophysics, 2010, 47: 49-52.
[5] Ramesh K G, Rajnish K S, Sudhansu R S, et al. Anti-hepatotoxic potential of *Hedyotis corymbosa* against D-galactosamine-induced hepatopathy in experimental rodents [J]. Asian Pacific Journal of Tropical Biomedicine, 2012,（2012）: S1542-S1547.
[6] Mishra K, Dash A P, Swain B K, et al. Anti-malarial activities of *Andrographis paniculata* and *Hedyotis corymbosa* extracts and their combination with curcumin [J]. Malar J, 2009, 8: 26-34.

【临床参考文献】

[1] 王佩芳，沈辉，唐红敏. "水线胃安"治疗慢性胃炎[J]. 中国中医药信息杂志, 1998, 5（4）: 50-51.
[2] 沈麒麟，王佩芳. 自拟水线肠愈方治疗溃疡性结肠炎118例[J]. 上海中医药杂志, 1995,（2）: 22-23.
[3] 都安瑶族自治县大化公社卫生院科研小组. 伞房花耳草治疗化脓感染性疾病[J]. 广西赤脚医生, 1976,（4）: 19.

904. 白花蛇舌草（图904）• *Hedyotis diffusa* Willd. [*Oldenlandia diffusa*（Willd.）Roxb.]

【别名】二叶葎（浙江），蛇总管（福建），蛇舌草。

【形态】一年生纤细草本。茎多分枝，高20～50cm，稍扁，小枝具纵棱。叶对生，无柄，膜质，条形，长1～3cm，宽1～3mm，先端短急尖，边缘干后常反卷，上表面无毛，下表面有时粗糙；中脉于上表面下陷，侧脉不明显。花单生或双生于叶腋；花梗略粗壮，长2～5mm，有时可达10mm；萼筒球形，萼檐4裂，裂片长圆状披针形，具缘毛；花冠白色，管状，长3.5～4mm，喉部无毛，花冠裂片卵状长圆形，顶端钝。蒴果膜质，扁球形，成熟时顶部室背开裂。花期6～7月，果期8～10月。

【生境与分布】多生于水田、田埂和湿润的旷地。分布于安徽、福建、浙江，另广东、广西、香港、

图 904　白花蛇舌草　　　　摄影　张芬耀

海南、云南、台湾等地均有分布；日本也有分布。

【药名与部位】白花蛇舌草，全草。

【采集加工】秋季采收，除去杂质，干燥。

【药材性状】交错呈团状，灰绿色或灰棕色。主根单一，略弯曲，直径 1～3mm，须根多。茎纤细，长短不一，多分枝，圆柱形。叶对生，无柄，具托叶，多破碎或脱落，完整叶片呈条状或条状披针形，长 1～3cm，宽 1～3mm，顶端渐尖，边缘略反卷。花细小白色，单生或成对生于叶腋，具短柄或近无柄。蒴果扁球形，直径 2～3mm，种子细小。气微，味淡。

【药材炮制】除去杂质，喷潮，润软，切段，干燥；或取白花蛇舌草饮片，称重，压块。

【化学成分】地上部分含环烯醚萜类：白花蛇舌草醚萜苷*A、B、C（hedyoiridoidside A、B、C）、车叶草苷酸（asperulosidic acid）、鸡屎藤次苷（scandoside）、车叶草苷（asperuloside）、E-6-O-对香豆酰鸡屎藤次苷甲酯（E-6-O-p-coumaroyl scandoside methyl ester）、E-6-O-对甲氧基香豆酰鸡屎藤次苷甲酯（E-6-O-p-methoxycinnamoyl scandoside methyl ester）[1]，6-O-对香豆酰鸡屎藤次苷甲酯（6-O-p-coumaroyl scandoside methyl ester）、6-O-对甲氧基桂皮酰鸡屎藤次苷甲酯（6-O-p-methoxycinnamoyl scandoside methyl ester）、6-O-对-阿魏酰基鸡屎藤次苷甲酯（6-O-p-feruloyl scandoside methyl ester）[2]，蜘蛛香环烯醚萜素 E（jatamanin E）、11-甲氧基毛荚蒾醛（11-methoxyviburtinal）[3]，白花蛇舌草苷 A、B（diffusoside A、B）[4]，Z-6-O-对甲氧基桂皮酰鸡屎藤次苷甲酯（Z-6-O-p-methoxycinnamoyl scandoside methyl ester）、Z-6-O-对阿魏酰鸡矢藤次苷甲酯（Z-6-O-p-feruloyl scandoside methyl ester）、Z-6-O-对香豆酰鸡屎藤次苷甲酯（Z-6-O-p-coumaroyl scandoside methyl ester）[5]，舌草环烯醚萜苷 A、B、C（shecaoiridoidside A、B、C）[3,6]，11-甲氧基地中海荚蒾醛（11-methoxyviburtinal）、蜘蛛香环烯醚萜素 E（jatamanin E）[6]，败酱苷（patrinoside）、卡罗可苷 A（kanokoside A）、悬垂荚蒾内酯 F（suspensolide F）和 15-去甲基异

鸡蛋花苷（15-demethylisoplumieride）[3,6]；脑苷脂类：白花蛇舌草脑苷*F、G（hedyocerenoside F、G）、白花蛇舌草酰胺*A、B（hedyoceramide A、B）[1]和舌草脑苷*A（shecaocerenoside A）[3,6]；环肽类：白花蛇舌草环肽 DC₁、DC₂、DC₃（diffusa cyclotide DC$_1$、DC$_2$、DC$_3$）[7]。

全草含蒽醌类：2-羟基-3-甲基-1-甲氧基蒽醌（2-hydroxy-3-methyl-1-methoxyanthraquinone）、2-羟基-7-甲基-3-甲氧基蒽醌（2-hydroxy-7-methyl-3-methoxyanthraquinone）[8], 2, 6-二羟基-3-甲基-4-甲氧基蒽醌（2, 6-dihydroxy-3-methyl-4-methoxyanthraquinone）、2-羟基-7-羟甲基-3-甲氧基蒽醌（2-hydroxy-7-hydroxymethyl-3-methoxyanthraquinone）[9]，1, 3-二羟基-2-甲基蒽醌（1, 3-dihydroxy-2-methylanthraquinone）、粗壮金鸡纳醌 D（robustaquinone D）[10]，2-羟基-1-甲氧基蒽醌（2-hydroxy-1-methoxyanthraquinone）[11]，2-甲基-3-羟基-4-甲氧基蒽醌（2-methyl-3-hydroxy-4-methoxyanthraquinone）[12]，2-羟基-1, 3-二甲氧基蒽醌（2-hydroxy-1, 3-dimethoxyanthraquinone）[13]，2-甲基-3-羟基蒽醌（2-methyl-3-hydroxyanthraquinone）[14]，2-羟基-1-甲氧基-3-甲基蒽醌（2-hydroxy-1-methyl-3-methylanthraquinone）、甲基异茜草素（rubiadin）、2-羟基-3-羟甲基蒽醌（2-hydroxy-3-hydroxymethylanthraquinone）[15]，1-甲醛-4-羟基蒽醌（1-formaldehyde-4-hydroxyl anthraquinone）[16]，2-羟基-3-甲氧基-7-甲基蒽醌（2-hydroxy-3-methoxy-7-methylanthraquinone）、2-羟基-6-甲基蒽醌（2-hydroxy-6-methylanthraquinone）、1, 3-二甲氧基-2-羟基蒽醌（1, 3-dimethoxy-2-hydroxyanthraquinone）[17], 2, 6-二羟基-3-甲基-4-甲氧基蒽醌（2, 6-dihydroxy-3-methyl-4-methoxyanthraquinone）、2-羟基-7-羟甲基-3-甲氧基蒽醌（2-hydroxy-7-hydroxymethyl-3-methoxyanthraquinone）[18]，1-甲氧基-2-羟基蒽醌（1-methoxy-2-hydroxyanthraquinon）[19]，2-羟基-3-甲基蒽醌（2-hydroxy-3-methylanthraquinone）[20], 1, 7-二羟基-6-甲氧基-2-甲基蒽醌（1, 7-dihydroxy-6-methoxy-2-methylanthraquinone）[21], 2, 7-二羟基-3-甲基蒽醌（2, 7-dihydroxy-3-methylanthraquinone）[22]，2-羟基-3-甲氧基-6-甲基蒽醌（2-hydroxy-3-methoxy-6-methylanthraquinone）[23]和 2, 3-二甲氧基-6-甲基蒽醌（2, 3-dimethoxy-6-methylanthraquinone）[24]；黄酮类：山奈酚（kaempferol）[9]，槲皮素（quercetin）、山奈酚-3-O-[2″-O-（反式-6‴-O-阿魏酰基）-β-D-吡喃葡萄糖基]-β-D-半乳糖苷{kaempferol-3-O-[2″-O-(E-6‴-O-feruloyl)-β-D-glucopyranosyl]-β-D-galactopyranoside}[11]，槲皮素-3-O-[2-O-(6-O-E-芥子酰)-β-D-吡喃葡萄糖]-β-D-吡喃葡萄糖苷{quercetin-3-O-[2-O-(6-O-E-sinapoyl)-β-D-glucopyranoside]-β-D-glucopyranoside}、山奈酚-3-O-(2-O-β-D-吡喃葡萄糖苷)-β-D-吡喃半乳糖苷[kaempferol-3-O-(2-O-β-D-glucopyranoside)-β-D-galactopyranoside]、槲皮素-3-O-[2-O-(6-O-E-阿魏酰)-β-D-吡喃葡萄糖基]-β-D-吡喃葡萄糖苷{quercetin-3-O-[2-O-(6-O-E-feruloyl)-β-D-glucopyranosyl]-β-D-glucopyranoside}[12]，穗花杉双黄酮（amenloflavone）[13]，耳草酮 B（hedyotiscone B）[15]，槲皮素-3-O-[2″-O-(E-6-O-阿魏酰基)-β-D-吡喃葡萄糖基]-β-D-吡喃葡萄糖苷{quercetin-3-O-[2″-O-(E-6-O-feruloyl)-β-D-glucopyranosyl]-β-D-glucopyranoside}[16], 5-羟基-6, 7, 3′, 4′-四甲氧基黄酮（5-hydroxy-6, 7, 3′, 4′-tetramethoxyflavone）[25]，槲皮素-3-O-[2-O-(6-O-E-阿魏酰)-β-D-吡喃葡萄糖基]-β-D-吡喃葡萄糖苷{quercetin-3-O-[2-O-(6-O-E-feruloyl)-β-D-glucopyranosyl]-β-D-glucopyranoside}、槲皮素-3-O-[2″-O-β-D-吡喃葡萄糖基]-β-D-吡喃葡萄糖苷{quercetin-3-O-[2″-O-β-D-glucopyranosyl]-β-D-glucopyranoside}、山奈酚-3-O-[2-O-(6-O-E-阿魏酰基)-β-D-吡喃葡萄糖基]-β-D-吡喃半乳糖苷{kaempferol-3-O-[2-O-(6-O-E-feruloyl)-β-D-glucopyranosyl]-β-D-galactopyranoside}、山奈酚-3-O-[2-O-β-D-吡喃葡萄糖基]-β-D-吡喃半乳糖苷{kaempferol-3-O-[2-O-β-D-glucopyranosyl]-β-D-galactopyranoside}、槲皮素-3-O-[2-O-β-D-吡喃葡萄糖基]-β-D-吡喃半乳糖苷{quercetin-3-O-[2-O-β-D-glucopyranosyl]-β-D-galactopyranoside}[26], 山奈酚-3-O-[2-O-(6-O-E-阿魏酰)-β-D-吡喃葡萄糖基]-β-吡喃半乳糖苷{kaempferol-3-O-[2-O-(6-O-E-feruloyl)-β-D-glucopyranosyl]-β-galactopyranoside}、槲皮素-3-O-(2-O-β-D-吡喃葡萄糖苷)-β-D-吡喃葡萄糖苷[quercetin-3-O-(2-O-β-D-glucopyranoside)-β-D-glucopyranoside]、槲皮素-3-O-接骨双苷*（quercetin-3-O-scambubioside）[27]，芦丁（rutin）[28,29]，山奈酚-3-β-D-槐糖苷（kaempferol-3-β-D-sophoroside）、槲皮素-3-O-[2-O-(6-O-E-阿魏酰基)-β-D-吡喃葡萄糖基]-β-D-

吡喃半乳糖苷 {quercetin-3-O-[2-O-(6-O-E-feruloyl)-β-D-glucopyranoside]-β-D-galactopyranoside}、山奈酚-3-O-[2-O-(6-O-阿魏酰基)-β-D-吡喃葡萄糖基]-β-D-吡喃半乳糖苷 {kaempferol-3-O-[2-O-(6-O-feruloyl)-β-D-glucopyranosyl]-β-D-galactopyranoside}[30]、山奈酚-3-O-β-D-吡喃葡萄糖苷（kaempferol-3-O-β-D-glucopyranoside）、山奈酚-3-O-(6″-鼠李糖基)-β-D-吡喃葡萄糖苷 [kaempferol-3-O-(6″-O-rhamnosyl)-β-D-glucopyranoside]、槲皮素-3-O-β-D-吡喃葡萄糖苷（quercertin-3-O-β-D-glucopyranoside）、槲皮素-3-O-(2″-O-吡喃葡萄糖基)-β-D-吡喃葡萄糖苷 [quercertin-3-O-(2″-O-glucopyranosyl)-β-D-glucopyranoside][31]、3-甲氧基-5,7-二羟基黄酮醇（3-methoxy-5,7-dihydroxyflavonol）、5,7,4′-三羟基黄酮醇（5,7,4′-trihydroxy flavonol）[32]、异高黄芩素（isoscutellarein）、水韭素（isoetin）[33]和槲皮素-3-O-β-D-吡喃葡萄糖苷（quercetin-3-O-β-D-glucopyranoside）[34]；环烯醚萜类：(E)-6-O-对甲氧基肉桂酰基鸡屎藤次苷甲酯 [(E)-6-O-p-methoxycinnamoyl scandoside methyl ester]、(E)-6-O-对香豆酰基鸡屎藤次苷甲酯 [(E)-6-O-p-coumaroylscandoside methyl ester][8]、车叶草苷酸甲酯（methyl asperulosidate）[9]、(Z)-6-O-对甲氧基肉桂酰基鸡屎藤次苷甲酯 [(Z)-6-O-p-methoxycinnamoyl scandoside methyl ester][12]、6α-O-反式对香豆酰京尼平苷（6α-O-p-trans-coumaroyl geniposide）[16]、10-O-苯甲酰基-1-O-(6-O-α-L-吡喃阿拉伯糖基)-β-D-吡喃葡萄糖基京尼平苷酸 [10-O-benzoyl-1-O-(6-O-α-L-arabinopyranosyl)-β-D-glucopyranosyl geniposidic acid]、(E)-6-O-阿魏酰基鸡屎藤次苷甲酯 [(E)-6-O-feruloyl scandoside methyl ester]、(Z)-6-O-对香豆酰基鸡屎藤次苷甲酯 [(Z)-6-O-p-coumaroyl scandoside methyl ester]、车叶草酸（asperulosidic acid）、车叶草酸甲酯（methyl asperulosidate）、6-甲氧基去乙酰车叶草酸甲酯（methyl 6-O-methyl deacetylasperulosidate）、6-乙氧基去乙酰车叶草酸甲酯（methyl 6-ethoxydeacetyl asperulosidate）、4-表巴戟醚萜（4-epiborreriagenin）[26]、(Z)-6-O-对甲氧基肉桂酰基鸡屎藤次苷甲酯 [(Z)-6-O-p-methoxycinnamoyl scandoside methyl ester][31]、10-乙酰基鸡屎藤次苷（10-acetylscandoside）[32]、鸡屎藤次苷甲酯（scandoside methyl ester）[9,35]、10-去氢京尼平苷（10-dehydrogeniposide）[16,35]、水晶兰苷甲酯（monotropein methyl ester）[26,35]、车叶草苷（asperuloside）、去乙酰车叶草苷（deacetyl asperuloside）、京尼平苷（geniposide）、交让木苷（daphylloside）、白花蛇舌草环烯醚萜苷*A、B（diffusoside A、B）、松柏苷（coniferin）、乙酰鸡屎藤次苷甲酯（acetylscandoside methyl ester）、去乙酰车叶草酸苷甲酯（methyl deacetylasperulosidate）、羟异栀子苷（gardenoside）、水晶兰苷甲基-10-乙酯（galioside-10-acetate）[35]、6α-O-(2-羟基丙基)京尼平苷 [6α-O-(2-hydroxy-propyl)geniposide]、6β-O-(2-羟基丙基)京尼平苷 [6β-O-(2-hydroxypropyl)geniposide]、6α-O-(1-羟甲基乙基)京尼平苷 [6α-O-(1-hydroxymethylethyl)geniposide]、6α-O-乙基京尼平苷（6α-O-ethyl geniposide）、6β-O-乙基京尼平苷（6β-O-ethyl geniposide）[36]、(E)-6-O-阿魏酰基鸡屎藤次苷甲酯 [(E)-6-O-feruloylscandoside methyl ester][37]、10-去乙酰车叶草酸（10-deacetyl asperulosidic acid）[38]、(E)-6-O-对甲氧基肉桂酰鸡屎藤次苷甲酯 [(E)-6-O-p-methoxycinnamoyl scandoside methyl ester]、(E)-6-O-对阿魏酰基鸡屎藤次苷甲酯 [(E)-6-O-p-feruloylscandoside methyl ester]、(E)-6-O-对香豆酰基鸡屎藤次苷甲酯 [(E)-6-O-p-coumaroylscandosidemethyl ester]、(Z)-6-O-对香豆酰基鸡屎藤次苷甲酯 [(Z)-6-O-p-coumaroylscandoside methyl ester][39]、去乙酰基-6-乙氧基车叶草苷酸甲酯（deacetyl-6-ethoxyasperulosidic acid methyl ester）、6-O-甲基去乙酰车叶草苷酸甲酯（6-O-methyldeacetyl asperulosidic acid methyl ester）[40]、京尼平苷酸（geniposidic acid）和鸡屎藤次苷（scandoside）[41]；单萜类：地芝普内酯（loliolide）[35]；木脂素类：去氢二松柏醇（dehydrodiconiferyl alcohol）[26]和(+)-新橄榄脂素 [(+)-neoolivil][35]；香豆素类：东莨菪内酯（scopoletin）[9]、东莨菪苷（scopolin）[19]、七叶树内酯（esculetin）[33]、7-羟基香豆素（7-hydroxycoumarin）和2′-异丙基-5-β-D-吡喃半乳糖基-7,8-呋喃香豆素（2′-isopropyl-5-β-D-galactopyranoyl-7,8-furocoumarin）[42]；甾体类：胡萝卜苷（daucosterol）[4]、豆甾醇（stigmasterol）[43]、6-羟基豆甾-4,22-二烯-3-酮（6-hydroxystigmasta-4,22-dien-3-one）、3-羟基豆甾-5,22-二烯-7-酮（3-hydroxystigmasta-5,22-dien-7-one）[33]、β-谷甾醇（β-sitosterol）[44]、豆甾-5,22-二烯-3β,7β-二醇（stigmasta-5,22-dien-3β,7β-diol）[45]

和豆甾 -5, 22- 二烯 -3β, 7α- 二醇（stigmasta-5, 22-dien-3β, 7α-diol）[46]；三萜类：齐墩果酸（oleanolic acid）[12]，羽扇豆醇乙酸酯（lupenyl acetate）[21]，丝石竹酸（gypsogenic acid）[33]，羊毛脂烷 -8- 烯 -3β- 羟基 -21- 酸（lanost-8-en-3β-hydroxy-21-oic acid）[42] 和熊果酸（ursolic acid）[47]；核苷类：胸腺嘧啶 -2′- 脱氧核苷（2′-deoxythymidine）、2′-O- 甲基肌苷（2′-O-methylinosine）、肌苷（inosine）、尿苷（uridine）、鸟苷（guanosine）和 β- 腺苷（β-adenosine）[48]；苯丙素类：对 - 香豆酸甲酯（methyl p-coumarate）[9]，E- 对香豆酸十八酯（octadecyl E-p-coumarate）、E- 对 - 甲氧基桂皮酸（E-p-methoxycinnamicacid）[10]，阿魏酸（ferulic acid）[14]，阿魏酸二糖苷（ferulic acid diglycoside）、甲氧基肉桂酰基糖苷（methoxycinnamoyl glucoside）[21]，咖啡酸（caffeic acid）[25]，对甲氧基肉桂酸（p-methoxycinnamic acid）[45]，对香豆酸（p-coumaric acid）[49,50] 和对羟基香豆酸（p-hydroxycoumaric acid）[51]；生物碱类：橙黄胡椒酰胺乙酸酯（aurantiamide acetate）、N-(N′- 苯甲酰基 -S- 苯丙氨基)-S- 苯丙氨醇乙酸酯 [N-(N′-benzoyl-S-phenylalanyl)-S-phenylalaninol acetate][10]，白花蛇舌草碱*A（hedyotis A）[30]，橙黄胡椒酰胺醇酯（aurantiamide acetate）和葡萄糖乙氧苯胺（glucophenetidin）[45]；酚酸类：香草酸（vanillic acid）[11]，邻苯二甲酸二丁酯（dibutylphthalate）[15]，3, 4- 二羟基苯甲酸（3, 4-dihydroxybenzoic acid）[25]，原儿茶酸（protocatechuic acid）、3- 甲氧基 -4- 羟基苯甲酸（3-methoxy-4-hydroxybenzoic acid）[30]，对羟基苯甲酸（p-hydroxybenzoic acid）、4- 羟基 -3, 5- 二甲氧基苯甲酸（4-hydroxy-3, 5-dimethoxybenzoic acid）和 4- 羟基 -3- 甲氧基苯甲酸（4-hydroxy-3-methoxybenzoic acid）[37]；烷烃类：正十六烷（n-hexadecane）[15] 和三十一烷（hentriacontane）[52]；二元羧酸类：琥珀酸（succinic acid）[10]；脂肪酸类：α- 亚麻酸（α-linolenic acid）[11]，二十四烷酸（lignoceric acid）和二十四烷醇乙酸酯（tetracosanol acetate）[12]；萘酸类：4- 羟基 -6, 7- 二羟甲基 -1- 萘酸（4-hydroxy-6, 7-hymethoxy-1-naphthoic acid）[30]；呋喃类：2- 醛基 -5- 羟甲基呋喃（2-formyl-5-hydroxymethylfuran）[49]；糖类：白花蛇舌草多糖*（hedyotisdiffusa polysaccharides, HDP）[53,54]；挥发油类：对羟基苯乙醇（p-hydroxyphenethyl alcohol）[11]，四十一烷醇（1-hentetracontanol）[12]，3, 4- 二羟基苯甲醛（3, 4-dihydroxybenzaldehyde）[30]，D- 甘露醇（D-mannitol）[38]，芳樟醇（linalool）、冰片（bormeol）、α- 松油醇（α-terpineol）和乙酸香叶酯（geranyl acetate）等 [55]；环己二酸类：4, 4′- 二羟基 -α- 古柯间二酸（4, 4′-dihydroxy-α-truxillic acid）[56]。

【药理作用】1. 抗肿瘤　全草的水提取液可抑制人肝癌 HepG2 细胞裸鼠皮下移植瘤的生长，降低裸鼠体内磷酸酰肌醇 3 激酶（PI3K）、总蛋白激酶 B（Akt）和磷酸化 Akt（p-Akt）蛋白表达水平[1]；全草的乙醇提取物在体外对结肠癌、黑素瘤和乳腺癌细胞的生长具有一定的抑制作用，而对乳腺癌细胞的作用更强[2]；全草的水提取物对 S180 实体瘤荷瘤小鼠的肿瘤细胞没有明显的抑制作用，而乙醇提取物和脱脂水提醇沉物对 S180 肿瘤细胞均有显著的抑制作用[3]。2. 抗菌　全草所含的黄酮和有机酸对金色葡萄球菌、大肠杆菌、巴氏杆菌、链球菌、沙门氏菌的生长均有较强的抑制作用，对金色葡萄球菌的抑菌 / 杀菌作用最明显[4]。3. 抗炎　全草的乙醇提取物对二甲苯所致小鼠耳肿胀有抑制作用，对羧甲基纤维素钠引起的小鼠腹腔白细胞游走有显著的抑制作用，且均具有剂量依赖性[5]。4. 抗氧化　全草的乙醇提取物中的总黄酮具有较强的总还原力和 Fe^{2+} 螯合力，对羟自由基（·OH）和超氧阴离子自由基（O_2·）有较强的清除作用[6]；全草的乙醇粗提物的乙酸乙酯、正丁醇、石油醚萃取物对 1, 1- 二苯基 -2- 三硝基苯肼（DPPH）自由基具有较强的清除作用和铁离子还原能力[7]；水、乙醇、丙酮、氯仿、乙醚、石油醚提取物均对 70℃花生油有抗氧化作用，其中以丙酮提取物的抗氧化作用最强，其抗氧化成分以黄酮、萜类、羟基蒽醌、酚类化合物为主[8]。5. 免疫调节　全草的超微粉悬液可显著提高小鼠机体的细胞免疫、体液免疫和非特异性免疫功能，并增高脾脏指数[9]；全草的水提取物对小鼠脾细胞的增殖有促进作用，增强小鼠脾细胞和人淋巴细胞中杀伤性 T 细胞（CTL）对人白血病 MT-2 细胞的特异性杀伤作用，增强 B 细胞免疫球蛋白 IgG 的产生，刺激单核细胞的细胞因子肿瘤坏死因子 -α（TNF-α）、白细胞介素 -6（IL-6）及白细胞介素 -1（IL-1）的产生，并增强单核细胞对肿瘤细胞的吞噬功能[10]。6. 护肝　全草的乙醇提取物白花蛇舌草黄酮对四氯化碳（CCl_4）诱导的小鼠急性肝损伤有显著的保护作用，可显著降低血清谷丙转氨酶（ALT）、天冬氨酸氨基转移酶（AST）、碱性磷酸酶（ALP）和谷氨酰转移酶（GGT）含量，显著提高肝组织中超氧化物歧化酶（SOD）、过氧化氢酶（CAT）和谷胱甘肽过氧化物酶（GSH-PX）含量，降低肝组织丙二醛（MDA）含量[11]。

毒性　全草的水提取物对小鼠急性毒性的最大耐受量（MTD）＞10g/kg；Ames试验、小鼠骨髓微核试验、小鼠精子畸形试验三项遗传毒性试验均为阴性；大鼠90天喂养试验显示，在8g/kg剂量下对仅出现体重增重略减缓、食量减少，未见血液学、生化学、脏器系数、组织病理学的明显影响[12]。

【性味与归经】甘、淡，凉。归胃、大肠、小肠经。

【功能与主治】清热解毒，消肿止痛。用于阑尾炎，气管炎，尿路感染，毒蛇咬伤，肿瘤，肠风下血。

【用法与用量】9～15g。

【药用标准】浙江炮规2015、上海药材1994、北京药材1998、福建药材2006、广东药材2004、广西药材1996、广西壮药2008、海南药材2011、贵州药材2003、河南药材1993、湖北药材2009、江苏药材1989、江西药材1996、山东药材2012、四川药材2010、新疆药品1980二册、内蒙古药材1988、湖南药材2009和台湾2013。

【临床参考】1. 肝经湿热型带状疱疹：唐草片（全草，加老鹳草、金银花、瓜蒌皮、柴胡、香薷、石榴皮、菱角、银杏叶等组成）口服，每次6片，每日3次，14天为1个疗程[1]。

2. 鼻咽癌放疗后口腔黏膜炎：全草40～60g，用沸水泡，代茶饮[2]。

3. 寻常痤疮：全草，加栀子、黄芩、生地黄、枇杷叶、桑白皮、当归、赤芍、白芷、菊花、知母、黄柏、牡蛎，制成颗粒剂，每包15g（相当于生药15g），16岁以上每次2包，每日2次，16岁以下每次1包，每日3次[3]。

4. 慢性萎缩性胃炎癌前病变：全草30～60g，脾胃湿热者，加黄连、蒲公英、银花、薏苡仁；脾胃气虚者，加黄芪、党参、白术；气滞血瘀者，加郁金、延胡索、丹参、赤芍，或血府逐瘀汤化裁；肝胃不和者，加柴胡、川楝子、槟榔；气血郁久化热化火、泛酸者，加吴茱萸、瓦楞子；脾胃虚寒者，加高良姜、肉桂、甘松等；胃阴不足者，加玉竹、麦冬、石斛。每日1剂，加水适量，每次煎25～30min，连续煎2次后将药汁混合装在保温瓶内，分别在上午9～10时，下午3～4时服用，2个月为1疗程[4]。

5. 急性阑尾炎、阑尾脓肿：全草30g，加紫花地丁、大血藤各30g，水煎，1日分3次服。

6. 急慢性胆囊炎、胆石症：全草30g，加马蹄金、活血丹各30g，凤尾草、紫花地丁各15g，水煎服。

7. 盆腔炎、附件炎：全草45g，加两面针9g，或再加莨芝根15g，水煎服。

8. 乳腺炎：鲜全草适量，加烧酒捣烂，外敷患处。

9. 尿路感染：全草9g，加野菊花、金银花、石韦各9g，白茅根15g水煎服；或全草30g，加车前草30g，杠板归或金银花、阔叶十大功劳茎各15g，水煎服。

10. 寻常疣：取鲜全草在疣上搽擦，1天数次。

11. 肺脓疡：鲜全草60g，加美丽胡枝子根30g，水煎服。

12. 肠癌、子宫颈癌及其他腹部癌放射治疗后直肠反应：全草30～120g，加白茅根30～120g，赤砂糖适量，水煎服。（5方至12方引自《浙江药用植物志》）

【附注】同属植物纤花耳草 Hedyotis tenelliflora Blum.（《中国植物志》该种的学名为 Hedyotis tenellifloa Blume，疑有误）、松叶耳草 Hedyotis pinifolia Wall.ex G.Don 及伞房花耳草（水线草）Hedyotis corymbosa（Linn.）Lam. 的全草民间也作白花蛇舌草（蛇舌草）药用，用以治疗癌症。

药材白花蛇舌草孕妇慎服。

【化学参考文献】

［1］Wang C，Xin P，Wang Y，et al. Iridoids and sfingolipids from *Hedyotis diffusa*［J］. Fitoterapia，2018，124：152-159.

［2］Nishihama Y，Masuda K，Yamaki M，et al. Three new iridoid glucosides from *Hedyotis diffusa*［J］. Planta Med，1981，43（1）：28-33.

[3] Wang C F, Zhou X G, Wang Y Z, et al. The antitumor constituents from *Hedyotis diffusa* Willd. [J]. Molecules, 2017, 22(12): 2101.

[4] Zhang Y, Chen Y, Fan C, et al. Two new iridoid glucosides from *Hedyotis diffusa* [J]. Fitoterapia, 2010, 81(6): 515-517.

[5] Wu H M, Tao X L, Chen Q, et al. Iridoids from *Hedyotis diffusa* [J]. J Nat Prod, 1991, 54(1): 254-256.

[6] Wang C F, Zhou X G, Wang Y Z, et al. The antitumor constituents from *Hedyotis diffusa* Willd. [J]. Molecules, 2017, 22(12): 2101/1-2101/10.

[7] Hu E P, Wang D G, Chen J Y, et al. Novel cyclotides from *Hedyotis diffusa* induce apoptosis and inhibit proliferation and migration of prostate cancer cells [J]. Int J Clin Exp Med, 2015, 8(3): 4059-465.

[8] 康兴东. 白花蛇舌草的化学成分 [J]. 沈阳药科大学学报, 2007, 24(8): 479-481.

[9] 康兴东. 白花蛇舌草的化学成分研究 [D]. 沈阳: 沈阳药科大学硕士学位论文, 2007.

[10] 黄卫华, 李友宾, 蒋建勤. 白花蛇舌草化学成分研究 [J]. 中国中药杂志, 2008, 33(5): 524-526.

[11] 张秋梅, 孙增玉. 白花蛇舌草化学成分研究 [J]. 中药材, 2014, 37(12): 2216-2218.

[12] 张轲. 白花蛇舌草化学成分研究 [D]. 北京: 中国中医科学院硕士学位论文, 2016.

[13] 吴孔松, 曾光尧, 谭桂山, 等. 白花蛇舌草化学成分的研究 [J]. 中国中药杂志, 2005, 39(11): 817-818.

[14] 斯建勇, 陈迪华, 潘瑞乐, 等. 白花蛇舌草的化学成分研究 [J]. 天然产物研究与开发, 2006, 18(6): 942-944.

[15] 于亮, 姜洁, 刘勇, 等. 白花蛇舌草氯仿部位的化学成分研究 [J]. 中国药房, 2017, 28(3): 107-110.

[16] 曾永长, 梁少瑜, 吴俊洪, 等. 白花蛇舌草化学成分及其抗肿瘤活性 [J]. 中成药, 2018, 40(8): 106-110.

[17] Huang W H, Yu S H, Li Y B, et al. Four anthraquinones from *Hedyotis diffusa* [J]. J Asian Nat Prod Res, 2008, 10(9): 887-889.

[18] Kang X D, Li X, Zhao C C, et al. Two new anthraquinones from *Hedyotis diffusa* W. [J]. J Asian Nat Prod Res, 2008, 10(2): 193-197.

[19] Shi Y, Wang C H, Gong X G. Apoptosis-inducing effects of two anthraquinones from *Hedyotis diffusa* Willd. [J]. Biol Pharm Bull, 2008, 31(6): 1075-1078.

[20] Wang N, Li D Y, Niu H Y, et al. 2-hydroxy-3-methylanthraquinone from *Hedyotis diffusa* Willd. induces apoptosis in human leukemic U937 cells through modulation of MAPK pathways [J]. Arch Pharm Res, 2013, 36: 752-758.

[21] 杨晓静. 传统中药材白花蛇舌草、五味子中化学成分的提取分离及活性研究 [D]. 长春: 长春师范大学硕士学位论文, 2016.

[22] 于莉, 李俊明, 姜珍, 等. 白花蛇舌草中的一个新蒽醌 [J]. 中国药物化学杂志, 2008, 18(4): 298-299.

[23] Huang W H, Yu S H, Li Y B, et al. Four anthraquinones from *Hedyotis diffusa* [J]. J Asian Nat Prod Res, 2008, 10(9): 887-889.

[24] Ho T I, Chen G P, Lin Y C, et al. An anthraquinone from *Hedyotis diffusa* [J]. Phytochemistry, 1986, 25(8): 1988-1989.

[25] 刘晶芝, 王莉. 白花蛇舌草化学成分研究 [J]. 河北医科大学学报, 2007, 28(3): 188-190.

[26] 丁博. 白花蛇舌草化学成分研究 [D]. 广州: 暨南大学硕士学位论文, 2010.

[27] 任风芝, 刘刚叁, 张丽, 等. 白花蛇舌草黄酮类化学成分研究 [J]. 中国药学杂志, 2005, 40(7): 502-504.

[28] 周应军, 吴孔松, 曾光尧, 等. 白花蛇舌草化学成分的研究 [J]. 中国中药杂志, 2007, 32(7): 590-593.

[29] 周应军, 吴孔松, 申璀, 等. 白花蛇舌草化学成分及其抗肿瘤活性的研究 [C]. 全国药用植物和植物药学学术研讨会, 2005.

[30] 李方丽. 白花蛇舌草化学成分及其体外抗肿瘤活性研究 [D]. 济南: 山东中医药大学硕士学位论文, 2013.

[31] 张海娟. 白花蛇舌草和虎杖的化学成分研究 [D]. 昆明: 云南师范大学硕士学位论文, 2004.

[32] 杨亚滨, 杨雪琼, 丁中涛. 白花蛇舌草化学成分的研究 [J]. 云南大学学报(自然科学版), 2007, 29(2): 187-189.

[33] 黄卫华, 李友宾, 蒋建勤, 等. 白花蛇舌草化学成分研究(Ⅱ) [J]. 中国中药杂志, 2009, 34(6): 712-714.

[34] 张海娟, 陈业高, 黄荣. 白花蛇舌草黄酮成分的研究 [J]. 中药材, 2005, 28(5): 385-387.

[35] 马河, 李方丽, 王芳, 等. 白花蛇舌草化学成分研究 [J]. 中药材, 2016, 39(1): 98-102.

[36] 张永勇. 白花蛇舌草化学成分的研究 [D]. 广州: 南方医科大学博士学位论文, 2008.

[37] 梁少瑜, 陈飞龙, 汤庆发, 等. 白花蛇舌草化学成分研究 [J]. 中药新药与临床药理, 2012, 23 (6): 655-657.
[38] 岳峻威. 白花蛇舌草中水溶性化学成分的研究 [D]. 长春: 吉林大学硕士学位论文, 2008.
[39] Xu G H, Kim Y H, Chi S W, et al. Evaluation of human neutrophil elastase inhibitory effect of iridoid glycosides from Hedyotis diffusa [J]. Bioorg Med Chem Lett, 2010, 20 (2): 513-515.
[40] Ding B, Ma W W, Dai Y, et al. Biologically active iridoids from Hedyotis diffusa [J]. Helv Chim Acta, 2010, 93 (12): 2488-2494.
[41] Takagi, S, Yamaki M, Nishihama Y, et al. Iridoid glucosides of the Chinese drug Bai Hua She She Cao (Hedyotis diffusa Willd.) [J]. Shoyakugaku Zasshi, 1982, 36 (4): 366-369.
[42] 许军, 陈浩, 彭红, 等. 白花蛇舌草化学成分的提取和免疫活性的考察 [C]. 2010 年中国药学大会暨第十届中国药师周论文集, 2010.
[43] 张永勇, 罗佳波. 白花蛇舌草化学成分研究 [J]. 中药材, 2008, 31 (4): 522-524.
[44] 刘志刚. 白花蛇舌草化学成分研究及抑瘤活性成分筛选 [D]. 广州: 第一军医大学硕士学位论文, 2005.
[45] 孙东东, 闫秋莹, 沈卫星, 等. 基于 HPLC-ESI-Q-TOF-MS 技术分析白花蛇舌草二氯甲烷部位化学成分 [J]. 中华中医药杂志, 2016, 31 (2): 388-391.
[46] 谭宁华, 王双明, 杨亚滨, 等. 白花蛇舌草的抗肿瘤活性和初步化学研究 [J]. 天然产物研究与开发, 2002, 14 (5): 33-36.
[47] 傅丰永, 徐宗沛, 李明道, 等. 白花蛇舌草化学成分的研究 [J]. 药学学报, 1963, 10 (10): 619-621.
[48] 马河, 李方丽, 王芳, 等. 白花蛇舌草核苷类化学成分分离 [J]. 中国实验方剂学杂志, 2016, 22 (14): 57-59.
[49] 张永勇, 罗佳波. 白花蛇舌草化学成分的研究 [J]. 南方医科大学学报, 2008, 28 (1): 127-128.
[50] 张玉娜. 白花蛇舌草中脂溶性化学成分的研究 [D]. 长春: 吉林大学硕士学位论文, 2009.
[51] 董颖. 白花蛇舌草的化学成分及其质量研究 [D]. 北京: 首都师范大学硕士学位论文, 2006.
[52] 蔡楚伧, 钱秀丽, 李志和, 等. 白花蛇舌草的化学成分研究 II [J]. 药学学报, 1964, 11 (12): 809-814.
[53] Lin L, Cheng K, Xie Z, et al. Purification and characterization a polysaccharide from Hedyotis diffusa and its apoptosis inducing activity toward human lung cancer cell line A549 [J]. Int J Biol Macromol, 2019, 122: 64-71.
[54] Wu C, Luo H, Ma W, et al. Polysaccharides isolated from Hedyotis diffusa inhibits the aggressive phenotypes of laryngeal squamous carcinoma cells via inhibition of Bcl-2, MMP-2, and μPA [J]. Gene, 2017, 637: 124-129.
[55] 王丽, 周诚, 麦惠珍. 白花蛇舌草及水线草挥发性成分分析 [J]. 中药材, 2003, 26 (8): 563-564.
[56] 吕华冲, 何军. 白花蛇舌草化学成分的研究 [J]. 天然产物研究与开发, 1996, 8 (1): 34-37.

【药理参考文献】

[1] 章尤权, 王清泰, 陈旭征, 等. 白花蛇舌草对人肝癌 HepG2 细胞裸鼠皮下移植瘤 PI3K/Akt 信号通路的影响 [J]. 肿瘤基础与临床, 2015, 28 (4): 277-280.
[2] 谭宁华, 王双明, 杨亚滨, 等. 白花蛇舌草的抗肿瘤活性和初步化学研究 [J]. 天然产物研究与开发, 2002, 14 (5): 33-35.
[3] 赵浩如, 李瑞, 林以宁, 等. 白花蛇舌草不同提取工艺对抗肿瘤活性的影响 [J]. 中国药科大学学报, 2002, 33 (6): 510-513.
[4] 何湘蓉, 李彩云, 易金娥, 等. 白花蛇舌草有效成分提取及抗菌作用研究 [J]. 中兽医药杂志, 2008, 1: 27-29.
[5] 高红瑾, 陆姗姗. 白花蛇舌草乙醇提取物抗炎作用研究 [J]. 中国现代药物应用, 2017, 11 (15): 195-196.
[6] 张俊霞, 王应玲, 姜宁, 等. 白花蛇舌草总黄酮提取工艺及其抗氧化活性研究 [J]. 湖北农业科学, 2017, 56 (18): 3523-3527.
[7] 许海顺, 蒋剑平, 徐攀, 等. 白花蛇舌草不同萃取物的抗氧化作用研究 [J]. 甘肃中医学院学报, 2012, 29 (2): 48-50.
[8] 于新, 杜志坚, 陈悦娇, 等. 白花蛇舌草提取物抗氧化作用的研究 [J]. 食品与发酵工业, 2002, 28 (3): 10-12.
[9] 王航, 汤承, 岳华, 等. 白花蛇舌草超微粉对小鼠免疫功能的影响 [J]. 中国畜牧兽医, 2014, 14 (3): 166-169.
[10] 单保恩, 张金艳, 杜肖娜, 等. 白花蛇舌草的免疫学调节活性和抗肿瘤活性 [J]. 中国中西医结合杂志, 2001, 21 (5): 370-374.
[11] 郑岳, 徐梅梅, 孙伟, 等. 白花蛇舌草粗黄酮对小鼠肝损伤保护作用的研究 [J]. 重庆医学, 2016, 45 (24):

3340-3342.

[12] 张静, 唐慧, 张艳美, 等. 白花蛇舌草的毒理学安全性研究 [J]. 毒理学杂志, 2014, 28（3）: 249-252.

【临床参考文献】

[1] 娄芳, 王军文. 中西医结合治疗肝经湿热型带状疱疹 50 例临床观察 [J]. 湖南中医杂志, 2014, 30（2）: 42-44.

[2] 黄春兰, 刘华之, 王丽萍. 白花蛇舌草在鼻咽癌放疗后口腔黏膜炎的临床应用 [J]. 赣南医学院学报, 2013, 33（6）: 950.

[3] 贾中华, 董玉池, 魏克勤, 等. 复方白花蛇舌草冲剂治疗寻常痤疮的临床观察 [J]. 中国麻风皮肤病杂志, 2002, 18（1）: 58-59.

[4] 陆霞, 伊春锦. 白花蛇舌草为主治疗慢性萎缩性胃炎癌前病变 86 例 [J]. 福建中医药, 2001, 32（3）: 37-38.

905. 金毛耳草（图 905）• *Hedyotis chrysotricha*（Palib.）Merr. [*Anotis chrysotricha* Palib.; *Oldenlandia chrysotricha*（Palib.）Chun]

图 905　金毛耳草　　　　　　　　　　　　　　摄影　李华东等

【别名】铺地蜈蚣（福建、浙江），黄毛耳草（安徽、江苏），地蜈蚣（江苏）。

【形态】多年生匍匐草本，基部木质，被金黄色硬毛。叶对生，具短柄，薄纸质，阔披针形、椭圆形或卵形，长 10～28mm，宽 6～13mm，先端急尖，基部楔形或阔楔形，上面疏被短硬毛，下面被浓密黄色绒毛，脉上较密；侧脉每边 2～3 对；托叶短合生，先端齿裂，裂片不等长。聚伞花序腋生，有花 1～3 朵，近无梗；花萼被柔毛，萼筒钟形，长约 13mm，萼檐裂片披针形，比管长；花冠白色或紫色，漏斗状，长 5～6mm，4 裂，裂片长圆形，与冠筒等长或略短；雄蕊内藏，花丝极短或缺；花柱条状，柱头棒状 2 裂。蒴果球形，直径约 2mm，被扩展硬毛，具数条纵棱及宿存的萼裂片，成熟时不开裂。花期 6～8 月，果期 7～9 月。

【生境与分布】生于山谷杂木林下或山坡灌木丛中。分布于福建、江西、江苏、浙江、安徽、广东、广西、湖北、湖南、贵州、云南、台湾均有分布。

【药名与部位】黄毛耳草（金毛耳草），全草。

【采集加工】夏、秋二季采收，除去杂质，干燥。

【药材性状】茎细而稍扭曲，表面黄绿色或绿褐色，被黄色或灰白色短柔毛，有时节上生不定根，基部稍木化。叶对生，具短柄；叶片多反卷，完整者展平后呈卵形至椭圆状披针形，长1～2.5cm，宽0.5～1.5cm，全缘，上面绿褐色，被疏毛或无毛，下面黄绿色，被黄色短柔毛；托叶短，合生，先端具长突尖。花小，1～3朵生于叶腋，几无梗；萼檐和花冠均4裂；雄蕊着生于花冠筒的喉部，与花冠裂片同数互生；子房下位。蒴果球形，被疏毛，直径约2mm，具数条纵棱，不开裂。气微，味微苦。

【药材炮制】除去杂质，抢水洗净，略润，切段，干燥。

【化学成分】全草含环烯醚萜类：鸡屎藤苷甲酯（scandoside methyl ester）、车叶草酸（asperulosidic acid）、去乙酰车叶草酸（deacetyl asperulosidic acid）、马钱子素（loganin）、去乙酰车叶草苷（deacetylasperuloside）、乙酰鸡屎藤苷甲酯（acetyl scandoside methyl ester）、6β-羟基京尼平（6β-hydroxygenipin）、耳草苷（hedyoside）、6′-乙酰车叶草苷（6′-acetyl asperuloside）[1]、车叶草酸乙酯（ethyl asperulosidate）、6′-乙酰去乙酰车叶草苷（6′-acetyl deacetylasperuloside）[2]、6′-乙酰车叶草苷（6′-acetyl asperuloside）、车叶草苷（asperuloside）[1,3]、乙酰鸡屎藤次苷甲酯（acetyl scandoside methyl ester）[3]和6β-羟基京尼平苷（6β-hydroxygeniposide）[4]；黄酮类：烟花苷（nicotiflorin）、芦丁（rutin）、水仙苷（narcissin）[3,5]和异鼠李素-3-O-(6-O-α-L-鼠李糖基)-β-D-葡萄糖苷 [isorhamnetin-3-O-(6-O-α-L-rhamnosyl)-β-D-glucoside][6]；香豆素类：东莨菪内酯（csopoletin）、七叶内酯（aesculetin）[3,4]和6-甲氧基-7-羟基香豆素（6-methoxy-7-hydroxycoumarin）[7]；木脂素类：异落叶松树脂醇（isolarisiresinol）[3,5]和紫丁香脂素（syrinyaresinol）[7]；苯醌类：2,6-二甲氧基-1,4-苯醌（2,6-dimethoxyl-1,4-benzoquinone）[3,5]；生物碱类：黄毛耳草碱（chrysotricine）[3,8]；蒽醌类：金毛耳草蒽醌（hydrotanthraquinone）[7]；苯丙素类：咖啡酸（caffeic acid）[3,5]；甾体类：β-谷甾醇（β-sitosterol）、胡萝卜苷（daucosterol）[3,5]和(24S)-麦角甾烷-3β,5α,6β-三醇 [(24S)-ergostane-3β,5α,6β-triol][4]；三萜类：熊果酸（ursolic acid）[4,5]，果渣酸（pomolic acid）、3β,6β,23-三羟基熊果-12-烯-28-羧酸（3β,6β,23-trihydroxyurs-12-en-28-oic acid）[4]、白桦脂酸（betulinic acid）[9]和齐墩果酸（oleanolic acid）[9,10]；脂肪酸类：棕榈酸十六醇酯（hexadecyl palmitate）和三十二酸（dotriacontanoic acid）[9]；生物碱类：地蜈蚣草碱（chrysotricine）[11]。

【药理作用】抗肿瘤　全草中分离的地蜈蚣草碱（chrysotricine）对人急性髓性白血病HL60细胞的生长具有抑制作用[1]；全草中分离的(24S)-麦角甾烷-3β,5α,6β-三醇 [(24S)-ergostane-3β,5α,6β-triol]对人肝癌SK-HEP-1细胞具有细胞毒作用，对SK-HEP-1细胞的迁移有抑制作用[2]。

【性味与归经】辛、苦，平。

【功能与主治】清热利湿。用于暑热泄泻，湿热黄疸，急性肾炎，白带。

【用法与用量】15～30g。

【药用标准】浙江药材2000、上海药材1994、江苏药材1989、福建药材2006和江西药材2014。

【临床参考】1. 急性肝炎：全草20～50g，加虎刺根15～40g、胡颓子根15～40g、虎杖根15～35g、阴行草15g、地耳草15～40g，便秘加重虎杖根；胁痛者重用八月札；口苦口干尿黄者，加白茅根、车前草；迁延不愈者加醋鳖甲、野丹参；气血虚弱者加黄芪、野灵芝。水煎服，每日1剂，10天1疗程[1]。

2. 慢性乙型肝炎：全草适量，加樟脑、叶下珠、血蝎、凤尾草、广丹、绿矾、芝麻油各适量，制成贴敷药，每次贴药前洗净皮肤，神阙穴和期门穴各贴1张，每10天换1次，同时服用肌苷、肝泰乐、维生素C片[2]。

3. 病毒性肝炎：全草30g，加猕猴桃根、虎刺各30g、紫金牛12g、江南卷柏9g、生栀子15g，每日1剂，水煎分2次服，连服1～3月[3]。

4. 急性胃肠炎：全草30g，加茅莓根12g、凤尾草15g、乌梅5枚，水煎服。

5. 湿热黄疸：鲜全草30～60g，水煎服，连服3～7天。（4方、5方引自《浙江药用植物志》）

【化学参考文献】

[1] 彭江南, 冯孝章. 耳草属植物的化学研究 II. 黄毛耳草中环烯醚萜甙的分离和鉴定 [J]. 药学学报, 1997, 32 (12): 908-913.

[2] Peng J N, Feng X Z, Liang X T. Two new iridoids from *Hedyotis chrysotricha* [J]. J Nat Prod, 1999, 62 (4): 611-612.

[3] 彭江南, 冯孝章, 梁晓天. 黄毛耳草化学成分的研究 [J]. 中国新药杂志, 1999, 8 (11): 741-743.

[4] Ye M, Su J J, Liu S T, et al. (24S)-Ergostane-3β, 5α, 6β-triol from *Hedyotis chrysotricha* with inhibitory activity on migration of SK-HEP-1 human hepatocarcinoma cells [J]. Nat Prod Res, 2013, 27 (12): 1136-1140.

[5] 彭江南, 冯孝章, 梁晓天. 耳草属植物的化学研究 VIII. 黄毛耳草化学成分的分离和鉴定 [J]. 中草药, 1999, 30 (3): 170-172.

[6] 尚海涛. 液质联用分析黄毛耳草中的黄酮类化合物 [J]. 畜牧与饲料科学, 2009, 30 (6): 26-27.

[7] 林隆泽, 张金生, 胥传凤, 等. 金毛耳草蒽醌的分离和鉴定 [J]. 植物学报, 1988, 30 (5): 670-672.

[8] Peng J N, Feng X Z, Zheng Q T, et al. A β-carboline alkaloid from *Hedyotis chrysotricha* [J]. Phytochemistry, 1997, 46 (6): 1119-1121.

[9] 方乍浦, 杨义芳, 周贵生. 黄毛耳草化学成分的分离与鉴定 [J]. 中国中药杂志, 1992, 17 (2): 98-100, 127.

[10] 尹智军. 黄毛耳草中三萜的提取纯化及其活性的研究 [D]. 合肥: 安徽农业大学硕士学位论文, 2015.

[11] Peng J N, Feng X Z, Zhang Q T, et al. A β-carboline alkaloid from *Hedyotis chrysotricha* [J]. Phytochemistry, 1997, 46 (6): 1119-1121.

【药理参考文献】

[1] Peng J N, Feng X Z, Zhang Q T, et al. A β-carboline alkaloid from *Hedyotis chrysotricha* [J]. Phytochemistry, 1997, 46 (6): 1119-1121.

[2] Ye M, Su J J, Liu S T, et al. (24 S)-Ergostane-3β, 5α, 6β-triol from *Hedyotis chrysotricha* with inhibitory activity on migration of SK-HEP-1 human hepatocarcinoma cells [J]. Natural Product Research, 2012, 27 (12): 1136-1140.

【临床参考文献】

[1] 晏友金, 何月兆. 家传三根三草汤治疗急性肝炎 32 例 [J]. 江西中医药, 2005, 36 (9): 59.

[2] 吴忠珍. 乙肝贴外用治疗慢性乙型肝炎 272 例临床观察 [J]. 现代医药卫生, 2004, 20 (11): 1021-1022.

[3] 浙江省德清县雷甸公社雷甸大队医疗站. 黄毛耳草合剂治疗病毒性肝炎 362 例 [J]. 赤脚医生杂志, 1978, (6): 6.

12. 拉拉藤属 *Galium* Linn.

一年生或多年生草本,有时基部木质化。直立、攀援或匍匐;茎通常柔弱,分枝或不分枝,常具 4 角棱,无毛、具毛或具小皮刺。叶 3 至多片轮生,稀对生。花小,两性,组成腋生或顶生的聚伞花序,常再排成圆锥花序式,稀单生,无总苞;萼筒卵形或球形,萼檐不明显;花冠辐射状,通常 4 深裂,裂片镊合状排列,冠管常很短;雄蕊与花冠裂片同数且互生,花丝短,花药双生;花盘环状;子房下位,2 室,每室有胚珠 1 粒。果为小坚果,小,革质或近肉质,通常由 2 个孪生状的分果组成,平滑或有小瘤状凸起,无毛或有毛,毛常为钩状硬毛。

约 300 种,广布全世界。中国 58 种 1 亚种 38 变种,分布于全国各地,法定药用植物 1 种 1 亚种 2 变种。华东地区法定药用植物 1 种 1 亚种 2 变种。

分种检索表

1. 茎、叶缘、叶脉上均有倒生的小刺毛。
  2. 植株高 30~90cm;聚伞花序具花 3~10 朵··············拉拉藤 *G. aparine* var. *echinospermun*
  2. 植株矮小,柔弱;花序常单花···猪殃殃 *G. aparine* var. *tenerum*
1. 茎、叶缘、叶脉上无倒生的小刺毛或为其他形态的柔毛。
  3. 茎光滑,基部草质;叶 4~6 片轮生···六叶葎 *G. asperuloides* subsp. *hoffmeisteri*
  3. 茎被短柔毛或秕糠状毛,基部稍木质;叶 6~10 片轮生·······································蓬子菜 *G. verum*

906. 拉拉藤（图906）· *Galium aparine* Linn. var. *echinospermun*（Wallr.）Cuf.（*Galium aparine* auct.non Linn.）

图 906 　拉拉藤　　　　　　摄影　张芬耀

【别名】猪殃殃（福建）。

【形态】多枝、蔓生或攀援状草本，通常高 30～90cm。茎有 4 棱角；棱上、叶缘、叶脉上均有倒生的小刺毛。叶纸质或近膜质，6～8 片轮生，稀为 4～5 片，长圆状倒披针形，长 1～5cm，宽 2～7mm，先端有针状凸尖头，基部渐狭，两面常有紧贴的刺状毛，近无柄。聚伞花序腋生或顶生，花小，4 数，花梗纤细；花萼被钩毛，萼檐近截平；花冠黄绿色或白色，辐射状，裂片长圆形，极小，镊合状排列；子房被毛，花柱 2 裂至中部，柱头头状。果干燥，由 2 个分果组成，直径达 5.5mm，肿胀，密被钩毛。花期 3～7 月，果期 4～11 月。

【生境与分布】生于海拔 4600m 以下的山坡、旷野、沟边、河滩、田中、林缘、草地。分布于华东各地，另全国各地均有分布；日本、俄罗斯、欧洲、非洲、美洲也有分布。

【药名与部位】猪殃殃，全草。

【采集加工】夏季花果期采收，除去杂质，晒干。

【药材性状】全草纤细，表面灰绿色或绿褐色。茎具四棱，直径 1～1.5mm，可见多枚叶片轮生排列，棱上有多数倒生刺；质脆，易折断，断面中空，叶片多卷缩破碎，完整者展平后呈披针形或条状披针形，长 1.5～4cm，宽 2～6mm，边缘及下表面中脉有倒生小刺。聚伞花序腋生或顶生，具数朵花；花小，易脱落。果小，二心皮稍分离，各呈半球形，深褐色或绿褐色密生白色钩毛。气微，味淡。

【药材炮制】除去杂质，洗净，切段，干燥。

【性味与归经】辛，微寒。归肺、膀胱经。

【功能与主治】清解热毒，利水消肿，止血散瘀。用于水肿，尿路感染，痢疾，跌扑损伤，痈肿疔疮，虫蛇咬伤。

【用法与用量】15～30g。

【药用标准】浙江炮规 2015 和四川藏药 2014。

【附注】《植物名实图考》第二十一卷蔓草类中载有拉拉藤，云："拉拉藤，到处有之。蔓生，有毛刺人衣，其长至数尺，纠结如乱丝。五六叶攒生一处，叶间梢头，春结青实如粟。"其后附有一图。根据其形态描述，并观其附图，可确定为本变种。

Flora of China 将本变种与猪殃殃 Galium aparine Linn.var.tenerum（Gren.et Godr.）Rchb. 合并作为独立的种，名称为猪殃殃 Galium spurium Linn.。

同属植物楔叶葎（粗叶拉拉藤、八仙草）Galium asperifolium Wall. ex Roxb. 及四叶葎（四叶拉拉藤）Galium bungei（Blum.）Steud. 的全草民间也作拉拉藤药用。

907. 猪殃殃（图 907） • Galium aparine Linn.var.tenerum（Gren.et Godr.）Rchb.

图 907　猪殃殃　　　摄影　张芬耀等

【形态】本变种与拉拉藤的区别为：植株矮小，柔弱；花序常单花。花期 3～7 月，果期 4～9 月。

【生境与分布】生于山坡、旷野、沟边、湖边、林缘、草地。分布于山东、江苏、安徽、江西、浙江、福建，另辽宁、河北、山西、陕西、甘肃、青海、新疆、湖北、湖南、广东、四川、云南、西藏、台湾均有分布；日本、朝鲜、巴基斯坦也有分布。

【药名与部位】猪殃殃，全草或地上部分。

【采集加工】夏季花果期采收，除去杂质，晒干或鲜用。

【药材性状】全草纤细、卷曲，易破碎，表面灰绿色或绿褐色。全草具倒生的细刺毛，触之粗糙。茎有四棱角，易折断，断面中空。叶片纸质或近膜质，常卷缩，完整者条状倒披针形至椭圆状披针形，顶端有刺尖，两面常有刺状毛，基部渐狭，无柄。聚伞花序顶生或腋生，花小，黄绿色，常退化至单花。果球形，稍肉质，成熟后不开裂，表面密生白色钩。气微，味淡。

【药材炮制】除去杂质，喷淋清水，稍润，切段，干燥。

【化学成分】全草含黄酮类：金圣草素（chrysoeriol）、芹菜素（apigenin）、木犀草素（luteolin）、槲皮素（quercetin）、芹菜素-7-O-β-D-葡萄糖苷（apigenin-7-O-β-D-glucoside）、木犀草素-4′-O-β-D-葡萄糖苷（luteolin-4′-O-β-D-glucoside）、槲皮素-7-O-α-L-吡喃鼠李糖苷（quercetin-7-O-α-L-rhamnopyranoside）、木犀草素-7-O-β-D-吡喃葡萄糖苷（luteolin-7-O-β-D-glucopyranoside）[1]和金圣草素-7-O-β-D-葡萄糖苷（chrysoeriol-7-O-β-D-glucoside）[2]；色原酮类：7-羟基-6-甲氧基色原酮（7-hydroxy-6-methoxychromone）[3]；苯丙素类：对羟基桂皮酸（p-hydroxycinamic acid）[1]，二氢咖啡酸乙酯（ethyl dihydrocaffeate）、顺式咖啡酸乙酯（ethyl cis-caffeate）和1-丙烯酸-3-（3,4-二羟苯基）戊酯［1-propenoic acid-3-（3,4-dihydroxyphenyl）-pentyl ester］[3]；酚酸类：对羟基苯乙酮（p-hydroxyacetophenone）、香草酸（vanillic acid）[1]，1-（3,4-二羟基苯）丙酮［1-（3,4-dihydroxyphenyl）acetone］、对苯二甲酸二丁酯（p-dibutyl phthalate）、原儿茶酸正丁酯（n-butyl protocatechuate）、原儿茶酸乙酯（ethyl protocatechuate）、没食子酸甲酯（methyl gallate）[3]，3,4-二羟基苯甲酸（3,4-dihydroxybenzoic acid）、没食子酸（gallic acid）和4-羟基古柯间二酸（4-hydroxytruxillic acid）[4]；甾体类：β-谷甾醇（β-sitosterol）和胡萝卜苷（daucosterol）[1]；三萜类：熊果酸（ursolic acid）[1]；挥发油类：正十六酸（n-hexadecanoic acid）、芳樟醇（linlool）、α-松油醇（α-terpineol）、植醇（phytol）、己醛（hexanal）、（E）-2-己烯醛［（E）-2-hexenal］、6,10,14-三甲基-2-十五烷酮（6,10,14-trimethyl-2-pentadecanone）[1]，（Z）-香叶醇［（Z）-geraniol］和3-乙基-1,4-己二烯（3-ethyl-1,4-hexadiene）等[5]。

【药理作用】1. 抗肿瘤　全草乙醇提取物的乙醚、正丁醇、二氯甲烷、氯仿和乙酸乙酯组分对白血病K562细胞的生长均具有一定的抑制作用[1,2]。2. 抗菌　全草水提取物和75%乙醇提取物对大肠杆菌和金黄色葡萄球菌的生长均有不同程度的抑制作用[3]。

【性味与归经】辛，微寒。归脾、膀胱经。

【功能与主治】清解热毒，利尿消肿。用于水肿，淋证，痢疾，跌打损伤，痈肿疔疮，蛇虫咬伤。

【用法与用量】煎服 15～30g；外用鲜品捣敷。

【药用标准】湖北药材 2009、上海药材 1994 和藏药 1979。

【临床参考】1. 小儿腹泻：全草 250g（鲜品加倍），切碎，加水 2000ml，煎取 1500ml，温度适宜后泡足 10min，每日 2 次，连用 3 天，慢性腹泻连用 5～7 天[1]。

2. 菌痢：全草 15～60g，水煎服。

3. 尿路感染：全草 15g，加海金沙、活血丹、凤尾草各 15g，水煎分 3 次服。

4. 粒细胞性白血病：全草 60～120g，加猕猴桃根 30g，喜树果 9～30g，水煎服。

5. 跌打损伤：全草 30～60g，水煎，冲黄酒服，药渣捣烂敷患处。

6. 痈疽疔疮：鲜全草适量，捣烂外敷。（2 方至 6 方引自《浙江药用植物志》）

7. 急性阑尾炎：全草 90g，加鬼针草、草红藤各 30g，水煎服。（《四川中药志》）

【附注】猪殃殃之名始载于《野菜谱》，歌云："猪殃殃，胡不详。猪不食，遗道旁。我拾之，充饑粮。"并有一草图，似为本变种。

同属植物东北猪殃殃 *Galium davuricum* Turcz.ex Ledeb. var. *manshuricum*（Kitagawa）Hara（*Galium manshuricum* Kitag.）的全草在东北民间也作猪殃殃药用。

"药理作用"部分的三篇参考文献均将猪殃殃和八仙草的学名写为 *Galium aparine* Linn.，该学名的相应植物为原拉拉藤，我国无分布。据分析，该三篇文献所称的猪殃殃和八仙草均应为本变种猪殃殃 *Galium aparine* Linn.var.*tenerum*（Gren.et Godr.）Rchb.。

Flora of China 将拉拉藤 *Galium aparine* Linn.var.*echinospermun*（Wallr.）Cuf. 合并至猪殃殃，作为独立的种，学名改为 *Galium spurium* Linn.。

【化学参考文献】
[1] 蔡小梅.猪殃殃化学成分的研究[D].贵阳：贵州大学硕士学位论文，2009.
[2] 蔡小梅，杨娟，饶琼娟.猪殃殃黄酮类成分研究[J].中国药学杂志，2009，44（19）：1475-1477.
[3] 范亚，吴丽，尹娴，等.猪殃殃酚类成分研究[J].华中师范大学学报（自然科学版），2017，51（4）：461-464.
[4] 杨娟，蔡小梅，穆淑珍，等.猪殃殃酚性成分研究[J].中国中药杂志，2009，34（14）：1802-1804.
[5] 蔡小梅，王道平，杨娟.猪殃殃挥发油化学成分的GC-MS分析[J].天然产物研究与开发，2010，22（6）：1031-1035，1068.

【药理参考文献】
[1] 时国庆.猪殃殃提取物不同极性部位抗白血病活性比较[J].安徽农业科学，2011，39（20）：12149-12150.
[2] 胡水涛，赵文恩，时国庆，等.八仙草生物碱的提取及活性成分分析[J].河南化工，2010，27（3）：44-46.
[3] 赵锦慧，赖颖，胡春红.八仙草提取物对两种常见致病菌的抑制效果[J].时珍国医国药，2013，24（2）：390-391.

【临床参考文献】
[1] 李兆久.猪殃殃治小儿腹泻[J].中医外治杂志，1995，5（1）：46.

908. 六叶葎（图908）• *Galium asperuloides* Edgew. subsp. *hoffmeisteri*（Klotzsch）Hara [*Galium asperuloides* Edgew. var. *hoffmeisteri*（Hook. f.）Hand.-Mazz.]

图 908　六叶葎　　　　摄影　张芬耀

【形态】一年生草本。根红色，丝状。常直立，有时披散状，高10～60cm，近基部分枝。茎具四棱，光滑。叶片薄，纸质或膜质，生于茎中部以上的常6片轮生，生于茎下部的常4～5片轮生，长椭圆状倒卵形，长1～3.2cm，宽4～13mm，先端急尖而具短尖头，基部楔形，上表面边缘散生糙伏毛，下表面无毛，近无柄。聚伞花序顶生，单生或2～3个簇生；苞片小，披针形；萼檐不明显；花冠白色或黄绿色，4深裂，裂片卵形；雄蕊伸出；花柱顶部2裂。果近球形，分果通常单生，密被钩毛。花期4～8月，果期5～9月。

【生境与分布】生于山坡、沟边、河滩、草地的草丛或灌丛中及林下。分布于江苏、安徽、江西、浙江，另黑龙江、河北、山西、陕西、甘肃、河南、湖北、湖南、四川、贵州、云南、西藏均有分布；印度、巴基斯坦、尼泊尔、不丹、缅甸、日本、朝鲜、俄罗斯也有分布。

【药名与部位】猪殃殃，地上部分。

【药用标准】四川藏药2014。

【附注】Flora of China 已将本亚种提升为独立的种，学名为 Galium hoffmeisteri（Klotzsch）Ehrend. et Schonb. -Tem. ex R. R. Mill。

909. 蓬子菜（图909） • *Galium verum* Linn.

图909　蓬子菜　　　　　　　　　　　　摄影　李华东

【形态】多年生直立草本，基部稍木质，高25～60cm。茎有四棱，被短柔毛或秕糠状毛，中空。叶纸质，6～10片轮生，条形，通常长1.5～3cm，宽1～1.5mm，先端短尖，基部下延，边缘极反卷，上表面无毛，稍有光泽，下表面沿中脉被短柔毛，无柄。聚伞花序顶生和腋生，较大，多花，通常在枝顶结成圆锥状花序；总花梗密被短柔毛；花小，稠密；萼筒无毛，萼檐具不明显4裂；花冠黄色，4深裂，裂片卵形，顶端稍钝，花药黄色，花丝长约0.6mm；花柱长约0.7mm，顶部2裂。果小，球形，直径约2mm，由2个分果组成，无毛。花期4～8月，果期5～10月。

【生境与分布】生于山地、河滩、旷野、沟边、草地、灌丛或林下。分布于山东、江苏、安徽、浙江，另黑龙江、吉林、辽宁、内蒙古、河北、山西、陕西、宁夏、甘肃、青海、新疆、河南、湖北、四川、西藏均有分布；日本也有分布。

【药名与部位】蓬子菜，全草。

【药材性状】茎具四棱，较细，长40～100cm，直径0.2～0.5cm，灰棕色至紫褐色。叶6～10枚轮生，条形或狭条形，边缘反卷，表面光滑无毛，叶背面有柔毛。圆锥花序顶生，花小。果实为扁球形，黄褐色。气微，味微苦。

【化学成分】全草含苯丙素类：咖啡酸（caffeic acid）、绿原酸（chlorogenic acid）、芥子酸（sinapic acid）、咖啡酸正丁酯（n-butyl caffeate）[1]、阿魏酸（ferulic acid）和香豆酸三十二烷酯（trans-dotriacontyl coumarate）[2]；酚酸类：丁香酸（syringic acid）、原儿茶酸（protocatechuic acid）、4-羟基苯甲酸（4-hydroxybenzoic acid）[1]，对羟基苯丙酸（p-hydroxyphenyl propionic acid）[2]，邻苯二甲酸双-（2-乙基己基）酯［phthalic acid bis-（2-ethyl hexyl）ester］[3]和水杨酸（salicylic acid）[4]；黄酮类：山柰酚（kaempferol）、槲皮素（quercetin）、香叶木素-7-O-β-D-吡喃木糖基-（1→6）-β-D-吡喃葡萄糖苷［diosmetin-7-O-β-D-xylopyranosyl-（1→6）-β-D-glucopyranoside］、香叶木素-7-O-α-L-吡喃鼠李糖基-（1→2）-［β-D-吡喃木糖基-（1→6）］-β-D-吡喃葡萄糖苷{diosmetin-7-O-α-L-rhamnopyranosyl-（1→2）-[β-D-xylopyranosyl-（1→6）]-β-D-glucopyranoside}[3]、芦丁（rutin）、香叶木苷（diosmin）、喇叭茶苷（palustroside）[4]、3,5,7,3′,4′,3″,5″,7″,3‴,4‴-十羟基-［8-CH$_2$-8″］双黄酮{3,5,7,3′,4′,3″,5″,7″,3‴,4‴-decahydroxy-[8-CH$_2$-8″]-bioflavone}[5]、异鼠李素（isorhamnetin）、香叶木素（diosmetin）、异鼠李素-3-O-α-L-吡喃鼠李糖基-（1→6）-β-D-吡喃葡萄糖苷［isorhamnetin-3-O-α-L-rhamnopyranosyl-（1→6）-β-D-glucopyranoside］、香叶木素-7-O-β-D-吡喃葡萄糖苷（diosmetin-7-O-β-D-glucopyranoside）、异槲皮苷（isoquercitrin）[6]、鸢尾苷（iridin）、柴胡异黄酮苷*A（saikoisoflavonoside A）、山柰酚-3-O-新橙皮糖苷（kaempferol-3-O-neohesperidoside）、牡荆素鼠李糖苷（rhamnosylvitexin）、槲皮素-3-O-β-D-吡喃葡萄糖苷（quercetin-3-O-β-D-glucopyranoside）、芹菜素（apigenin）、5,4′-二羟基-3,6,7,8,3′-五甲氧基黄酮（5,4′-dihydroxy-3,6,7,8,3′-pentamethoxyflavone）[7]、异槲皮素（isoquercitrin）、异鼠李素-3-O-β-D-吡喃葡萄糖苷（isorhamnetin-3-O-β-D-glucopyranoside）、芹菜素-7-O-芸香糖苷（apigenin-7-O-rutinoside）、刺槐素-7-O-芸香糖苷（acacetin-7-O-rutinoside）[8]、黄华柳苷（salicapreoside）[9]，香叶木素-β-D-葡萄糖基-（6→1）-β-D-木糖苷［diosmetin-β-D-glucosyl-（6→1）-β-D-xyloside］、香叶木素-β-D-吡喃葡萄糖基-（2→1）-α-L-吡喃鼠李糖苷［diosmetin-β-D-glucopyranosyl-（2→1）-α-L-rhamnopyranoside］、香叶木素-7-O-β-D-葡萄糖苷（diosmetin-7-O-β-D-glucoside）[10]和芹菜素-7-O-（3,4-二-O-乙酰基）-α-L-吡喃鼠李糖基-（1→6）-β-D-吡喃葡萄糖苷［apigenin-7-O-（3,4-di-O-acetyl）-α-L-rhamnopyranosyl-（1→6）-β-D-glucopyranoside］[11]；色原酮类：5,7-二羟基-2-羟甲基色原酮（5,7-dihydroxy-2-hydroxymethyl chromone）[7]；萘类：6-羟基-4-（4-羟基-3-甲氧基苯基）-3-羟甲基-7-甲氧基-3,4-二氢-（3R,4S）-2-萘醛［6-hydroxy-4-（4-hydroxy-3-methoxyphenyl）-3-hydroxymethyl-7-methoxy-3,4-dihydro-（3R,4S）-2-naphlhaldehyde］[7]；香豆素类：东莨菪内酯（scopoletin）[3]；蒽醌类：2,8-二羟基-1-甲氧基蒽醌（2,8-dihydroxy-1-methoxyanthraquinone）、大黄素甲醚（physcion）[3]、2,5-二羟基-1-甲氧基蒽醌（2,5-dihydroxy-1-methoxyanthraquinone）、1-羟基-2-羟甲基-3-甲氧基蒽醌（1-hydroxy-2-hydroxymethy-3-methoxyanthraquinone）[12]、1,3-二羟基-2-甲基蒽醌（1,3-dihydroxy-2-methylanthraquinone）、2-羟基-1,3-二甲氧基蒽醌（2-hydroxy-1,3-dimethoxyanthraquinone）和2,5-二羟基-1,3-二甲氧基蒽醌（2,5-dihydroxy-1,3-dimethoxyanthra-quinone）[13]；木脂素类：（+）-松脂素-4,4′-O-二-β-D-吡喃葡萄糖苷［（+）-pinoresinol-4,4′-O-bis-β-D-glucopyranoside］、（+）-表松脂素［（+）-epipinoresinol］、松脂素［（+）-medioresinol］[3]、表松脂醇（epipinoresinol）、右旋杜仲树脂酚［（+）-medioresinol］[6]、

和蓬子菜苷*A（galiveroside A）[8]；环烯醚萜类：巴戟天环烯醚萜内酯（morindolide）、去乙酰车叶草苷酸（deacetylasperulosidic acid）、去乙酰车叶草苷（deacetyl asperuloside）[3]，水晶兰苷（monotropen）、6α-羟基-京尼平苷（6α-hydroxygeniposide）[12]和车叶草苷（asperuloside）[14]；三萜类：熊果酸（ursolic acid）、茜草萜酸（rubifolic acid）和熊果醛（ursolic aldehyde）[3]；甾体类：β-谷甾醇（β-sitosterol）和胡萝卜苷（daucosterol）[3]；元素：磷（P）、铁（Fe）、镁（Mg）和铜（Cu）等[15]；烷烃类：正三十二烷醇（n-dotriacontanol）[3]；氧杂环类：2,6-双（5-甲氧基-3,4-亚甲二氧苯基）-3,7-二氧杂双环［3.3.0］辛烷{2,6-bis（5-methoxy-3,4-methylenedioxyphenyl）-3,7-dioxabicyclo［3.3.0］octane}[8]。

叶和花含黄酮类：3-O-芸香糖基槲皮素（3-O-rutinosylquercetin）、3-O-β-D-吡喃葡萄糖基槲皮素（3-O-β-D-glucopyranosylquercetin）、7-O-β-D-吡喃葡萄糖基槲皮素（7-O-β-D-glucopyranosylquercetin）、3,7-O-β-D-二吡喃葡萄糖基槲皮素（3,7-O-β-D-diglucopyranosylquencetin）和7-O-β-D-吡喃葡萄糖基木犀草素（7-O-β-D-glucopyranosylluteolin）[16]。

花含挥发油类：芳樟醇（linalool）、顺式-氧化芳樟醇（cis-linalool oxide）、反式-氧化芳樟醇（trans-linalool oxide）、顺式-环氧芳樟醇（cis-epoxy-linalool）、反式-环氧芳樟醇（trans-epoxylinalool）、α-松油醇（α-terpineol）、龙脑（borneol）、樟脑（camphora）、角鲨烯（squalene）[17]、3-甲基-2-丁酮（3-methyl-2-butanone）、戊烯-3-醇（penten-3-ol）、2-戊酮（2-pentanone）、羟基丁酮（acetoin）、3-甲基-2-丁烯-1-醇（3-methyl-2-buten-1-ol）、2-甲基-2-戊醇（2-methyl-2-pentanol）、3-甲基-3-戊醇（3-methyl-3-pentanol）、2,4-戊二酮（2,4-pentadione）、1-甲基环戊醇（1-methylcyclopentanol）、3-甲基环戊酮（3-methylcyclopentanone）、顺式-3-己烯-1-醇（cis-3-hexen-1-ol）和苄基氰（benzylnitrile）等[18]。

地上部分含黄酮类：紫云英苷（astragalin）、芦丁（rutin）[19]，芹菜素-4′-O-α-吡喃鼠李糖苷（apigenin-4′-O-α-rhamnopyranoside）和反式-2′,3,4,4′,6′-五羟基查耳酮（trans-2′,3,4,4′,6′-pentahydroxychalcone）[20]；单萜类：桦木苷A（betulalbuside A）和（2E）-2,6-二甲基-2,7-辛二烯-1,6-二醇-6-O-β-吡喃葡萄糖苷［（2E）-2,6-dimethyl-2,7-octadien-1,6-diol-6-O-β-glucopyranoside］[19]；环烯醚萜类：车叶草苷酸（asperulosidic acid）、去乙酰车叶草苷酸（deacetylasperulosidic acid）、水晶兰苷（monotropein）、6-O-表-乙酰鸡屎藤苷（6-O-epi-acetylscandoside）[19]，去乙酰交让木苷（deacetyldaphylloside）[19,21]，6-O-乙酰鸡屎藤苷（6-O-acetylscandoside）、屎藤苷甲酯（scandoside methyl ester）、京尼平苷（geniposide）[21]，交让木苷（daphylloside）[19,22]，车叶草苷（asperuloside）[22]，蓬子菜环烯醚萜V_1、V_3（galium verum iridoid V_1、V_3）[22]和蓬子菜环烯醚萜V_2（galium verum iridoid V_2）[23]；酯类：2-乙氧基丙基-2-乙基己酸酯（2-ethoxypropyl-2-ethylhexanoate）[20]。

【药理作用】1. 抗炎　全草提取制成的注射液对右旋糖酐所致大鼠的足肿胀有显著的抑制作用，并呈一定的量效平行关系[1]；全草水提取物可降低动脉粥样硬化模型大鼠主动脉管壁内核转录因子（NF-κB）蛋白在病变组织中的表达，降低AS大鼠血清中细胞黏附分子（ICAM-1）、血管细胞黏附分子-1（VCAM-1）、血小板选择素（P-seletin）的含量，并与剂量呈正相关，提示其水提取物能通过抑制核转录因子信号通路的激活，有效地阻止内皮细胞黏附分子-1（ICAM-1）、血管内皮细胞黏附分子-1（VCAM-1）及血小板选择素的表达，抑制单核细胞与内皮细胞的黏附，进而阻止单核细胞向内膜下迁移形成泡沫细胞，从而发挥保护血管内皮延缓动脉粥样硬化斑块形成及进展的作用[2]；从地上部分提取的总黄酮可明显下调脂多糖（LPS）诱导的炎症因子和黏附分子的分泌，同时也降低了血小板选择素和E-选择素（E-seletin）的表达，降低核转录因子、P-IκB的蛋白质表达量，提示脂多糖对脐静脉内皮细胞（HUVEC）有抑制作用，呈剂量和时间依赖性，给予提取物总黄酮和木犀草苷后损伤有明显改善[3]；从全草提取的活性成分香叶木素能不同程度降低急性血瘀模型大鼠的全血黏度、血浆黏度、红细胞比容、红细胞沉降率及红细胞聚集指数，明显改善血瘀大鼠血液流变学指标，显著降低炎症因子血浆炎症因子C反应蛋白（CRP）、肿瘤坏死因子-α（TNF-α）和白细胞介素-1β（IL-1β）水平，提示提取的香叶木素可有效改善急性血瘀大鼠血液流变学异常,减少炎症因子释放,从而治疗急性血瘀及静脉炎症,改善微循环[4]。2. 护肝 从全草提取的总黄酮能改善四氯化碳（CCl_4）所致的小鼠急性肝损伤,降低血清中天冬氨酸氨基转移酶（AST）、谷丙转氨酶（ALT）以及肝肾中丙二醛（MDA）含量,提高肝肾超氧化物歧化酶（SOD）、谷胱甘肽（GSH）含量,降低血清中肿瘤坏死因子-α和白细胞介素-6的含量,结果提示其总黄酮能通过清除自由基、抑制脂质过氧化,保护细胞膜和线粒体膜的完整性,同时减少肿瘤坏死因子-α和白细胞介素-6的含量,改善急性肝损伤[5]。3. 抗菌 全草的水提取液对金黄色葡萄球菌的生长有较强的抑制作用,水提醇沉液的抑制作用较弱,醇提取液几乎无抑制作用[6]。4. 抗肿瘤 从全草提取的黄酮类成分对小鼠宫颈癌U14细胞的生长有抑制作用,呈剂量-时间依赖性,且口服给予GVL-F后对小鼠实体瘤和腹水瘤生长均有明显的抑制作用,说明其黄酮提取物在体内外均有较强抗宫颈癌的作用[7]；从全草提取的黄酮类成分在50μg/ml、100μg/ml和200μg/ml浓度下能抑制急性早幼粒细胞白血病NB4细胞的增殖,细胞形态学可见明显的细胞凋亡特征,DNA琼脂糖凝胶电泳显示典型的DNA"梯形"凋亡条带,且RT-PCR实验表明黄酮类成分下调了抑制细胞凋亡基因 Bcl-2 mRNA的表达,并上调促凋亡基因 Bax mRNA的表达,其作用与剂量和时间呈依赖关系,提示其黄酮成分可抗急性早幼粒细胞白血病NB4细胞的增殖并诱导其凋亡,其作用机制与调节Bcl-2/Bax表达有关[8]；全草的总黄酮中分离提取的单体化合物香叶木素能明显抑制人肝癌HepG2细胞的增殖,有诱导其凋亡的作用,其作用机制与调控Bax/Bcl-2的表达有关[9]；从全草提取的黄酮类化合物处理13天后荷瘤小鼠体重减轻的症状有明显改善,与对照组相比,高剂量组和低剂量组均可提高荷瘤小鼠血清中总抗氧化能力（T-AOC）,高剂量组小鼠血清超氧化物歧化酶含量与对照组相比显著升高,高低剂量组处理均可以显著降低小鼠血清丙二醛含量[10]。5. 抗凝血 从全草提取的活性成分香叶木苷（diosmin）能明显改善血瘀模型大鼠的凝血功能,延长凝血酶原时间（PT）,活化部分凝血活酶时间（APTT）和凝血酶时间（TT）,降低纤维蛋白原（FIB）及细胞黏附因子sICAM-1、sVCAM-1的含量,结果提示活性成分香叶木苷可改善急性血瘀大鼠凝血功能,有效减少细胞黏附因子的释放,具抗凝血作用,并可改善血管内皮功能[11,12]。6. 抗细胞损伤 全草的70%乙醇提取的总黄酮（FGV）可显著降低过氧化氢（H_2O_2）损伤的人脐静脉内皮模型细胞的增殖抑制率,降低丙二醛、血栓调节蛋白（TM）和血管内皮细胞生长因子（VEGF）分泌水平以及核转录因子（NF-κB）mRNA的表达,提高超氧化物歧化酶含量,提示FGV具有明显的抗氧化损伤及保护人脐静脉内皮细胞（HUVECs）的作用[13]。7. 保护心肌 全草甲醇提取物能保护心肌缺血再灌注损伤小鼠的心脏收缩和舒张功能,并减少缺血后心脏的结构损伤[14]。

【**性味与归经**】微辛、苦,寒。

【**功能与主治**】清热解毒,利胆,行瘀,止痒。主治急性荨麻疹,水田皮炎,静脉炎,痈疖疔疮,肝炎,扁桃体炎,跌打损伤。

【**用法与用量**】15～30g。

【**药用标准**】黑龙江药材2001。

【**临床参考**】髋部大手术后下肢深静脉血栓：康脉胶囊（全草,加茯苓、黄柏、苍术、三棱、莪术、甘草制成,每粒含生药0.3g）口服,每次5粒,每日3次,手术当天及术后第1天停用,术后第2天服,连服2周,术后第2天加低分子肝素钙400单位皮下注射,每日1次,连用1周[1]。

【**附注**】蓬子菜始载于《救荒本草》,云："蓬子菜,生田野中,所在处处有之。其苗嫩时茎有红紫线棱,叶似碱蓬叶微细,苗老结子,叶则生出叉刺,其子独如扫子大,苗叶味甜……"据此描述并观其附图,即为本种。

【**化学参考文献**】

[1] 邵建华,刘墨祥,赵春超. 蓬子菜中酚酸类成分的分离与鉴定[J]. 扬州大学学报（自然科学版）,2011,14（3）：45-47.

[2] 邵建华,张玉伟,王金辉,等. 蓬子菜的化学成分[J]. 中国药物化学杂志,2009,19（4）：288-289.

［3］赵春超.凤眼草和蓬子菜化学成分及生物活性研究［D］.沈阳：沈阳药科大学博士学位论文，2007.
［4］于晓敏.蓬子菜有效成分的化学研究［D］.哈尔滨：黑龙江中医药大学硕士学位论文，2004.
［5］赵春超，邵建华，李铣.蓬子菜中的一个新双黄酮［J］.中国药物化学杂志，2006，16（6）：386.
［6］赵春超，邵建华，刘墨祥，等.蓬子菜化学成分研究［J］.扬州大学学报（农业与生命科学版），2009，34（11）：2761-2764.
［7］孙志伟，李国玉，张志国，等.蓬子菜化学成分研究［J］.时珍国医国药，2018，29（6）：1323-1325.
［8］Chen J，Zhao C C，Shao J H，et al. A new insecticidal lignan glucoside from *Galium verum*［J］. Chem Nat Compd，2017，53（4）：1-3.
［9］马英丽，卢卫红，于晓敏，等.蓬子菜的化学成分研究（Ⅰ）［J］.中草药，2005，36（10）：1464-1466.
［10］史国玉.蓬子菜有效部位中黄酮类化合物的化学研究［D］.哈尔滨：黑龙江中医药大学硕士学位论文，2005.
［11］Zhao C C，Shao J H，Zhao C J，et al. A new flavonoid glycoside from *Galium verum*［J］. Chemistry of Natural Compounds，2011，47（4）：545-546.
［12］赵春超，邵建华，张玉伟，等.蓬子菜的化学成分［J］.沈阳药科大学学报，2009，26（11）：904-906.
［13］Zhao C C，Shao J H，Li X，et al. A new anthraquinone from *Galium verum* L.［J］. Nat Prod Res，2006，20（11）：981-984.
［14］Borisov M I，Kovalev V N，Zaitsev V G. Chemical composition of *Galium verum*［J］. Khim Prir Soedin，1971，7（4）：529-530.
［15］Mathe I，Vadasz A，Mathe I. Variation in the asperuloside production of *Galium verum*［J］. Planta Med，1982，45（7）：158-158.
［16］Raynaud J，Mnajed H. Flavone glycosides from *Galium verum*（Rubiaceae）［J］. Comptes Rendus des Seances de l'Academie des Sciences，Serie D：Sciences Naturelles，1972，274（11）：1746-1748.
［17］Ilyina T V，Goryachaya O V，Kovalyova A M，et al. Terpenoid composition of *Galium verum* L. flowers［J］. Visnik Farmatsii，2008，（4）：25-27.
［18］Il'ina T V，Kovaleva A M，Goryachaya O V，et al. Essential oil from *Galium verum* flowers［J］. Chem Nat Compd，2009，45（4）：587-588.
［19］Demirezer L O，Gurbuz F，Guvenalp Z，et al. Iridoids，flavonoids and monoterpene glycosides from *Galium verum* subsp. *verum*［J］. Turkish Journal of Chemistry，2006，30（4）：525-534.
［20］Shafaghat A，Salimi F，Aslaniyan N，et al. Flavonoids and an ester derivative isolated from *Galium verum* L.［J］. World Applied Sciences Journal，2010，11（4）：473-477.
［21］Kocsis A，Szabo L，Tetenyi P. Further iridoid glycosides of *Galium verum* L.［J］. FECS Int Conf Chem Biotechnol Biol Act Nat Prod，1987，4：131-134.
［22］Bojthe-Horvath K，Hetenyi F，Kocsis A，et al. Iridoid glycosides from *Galium verum*［J］. Phytochemistry，1982，21（12）：2917-2919.
［23］Bojthe-Horvath K，Kocsis A，Parkanyi L，et al. A new iridoid glycoside from *Galium verum* L. first x-ray analysis of a tricyclic iridoid glycoside［J］. Tetrahedron Lett，1982，23（9）：965-966.

【药理参考文献】

［1］张景欣，王宽宇，孟祥河.蓬子菜注射液抑制大鼠足肿胀作用的研究［J］.工企医刊，2002，15（3）：32-32.
［2］薛凤，苑海刚，赵钢.蓬子菜水煎液对AS大鼠主动脉NF-κB表达及血清中ICAM-1、VCAM-1、P-seletin影响［J］.辽宁中医药大学学报，2016（10）：31-34.
［3］宁馨，董坤，孙超，等.蓬子菜有效成分对脂多糖诱导的人脐静脉内皮细胞炎症损伤的保护作用［J］.中医药信息，2017，34（1）：17-21.
［4］董坤，寇韩旭，宁馨，等.蓬子菜中香叶木苷抗急性血瘀作用及机制研究［J］.药物评价研究，2016（2）：207-210.
［5］向秋玲，李雪兰.蓬子菜总黄酮对四氯化碳诱导的小鼠肝损伤的保护作用及机制［J］.中国现代应用药学，2017（10）：32-36.
［6］谷继卜，武双祥.蓬子菜不同溶媒提取物抑菌实验研究［J］.黑龙江医药科学，1994，17（4）：22-23.
［7］赵蕊，陈志宝，蔡亚平，等.蓬子菜黄酮体内外抗宫颈癌作用的研究［J］.黑龙江畜牧兽医，2013，（3）：132-167.

[8] 董晶, 马英丽, 李海霞, 等. 蓬子菜总黄酮诱导NB4细胞株凋亡作用 [J]. 中国公共卫生, 2014, 30 (7): 906-909.
[9] 李海霞, 马英丽, 史灵恩, 等. 蓬子菜黄酮类化合物对人肝癌HepG2细胞增殖及凋亡的机制研究 [J]. 中草药, 2013, 44 (10): 1290-1294.
[10] 赵蕊, 陈志宝, 贾桂燕, 等. 蓬子菜黄酮对老龄荷瘤小鼠抗氧化防御体系的影响 [J]. 中国老年学杂志, 2011, 31 (14): 2684-2686.
[11] 董坤, 寇韩旭, 宁馨, 等. 蓬子菜中香叶木苷对急性血瘀及血管内皮功能影响的实验研究 [J]. 中医药信息, 2015, 32 (6): 20-22.
[12] 万晓晨, 董坤, 寇韩旭, 等. 蓬子菜中香叶木苷抗血栓形成作用的实验研究 [J]. 中医药信息, 2014, 31 (6): 4-7.
[13] 张紫阳, 马英丽, 董晶, 等. 蓬子菜总黄酮对氧化损伤人脐静脉内皮细胞NF-κB/IκB信号途径的影响 [J]. 中国实验方剂学杂志, 2015, 21 (1): 107-111.
[14] Jovana B, Nevena J, Anica P, et al. Cardioprotective effects of *Galium verum* L. extract against myocardial ischemia-reperfusion injury [J]. Archives of Physiology and Biochemistry, 2019, DOI: org/10.1080/13813455.2018.1551904.

【临床参考文献】

[1] 李为, 信铁锋, 黄艳洪. 综合防治髋部大手术后下肢深静脉血栓形成31例 [J]. 中国中医药科技, 2008, 15 (6): 412.

一一六　忍冬科 Caprifoliaceae

灌木或木质藤本，有时为小乔木或多年生草本。茎干有时有皮孔，有时树皮纵裂，常有发达的髓部。叶对生，稀轮生，多为单叶，有时为羽状复叶；有叶柄，有时两叶柄基部联合，通常无托叶，有时托叶小或退化成腺体。聚伞花序或轮伞花序，或由聚伞花序集合成各式复花序，少数仅具1或2朵花。苞片和小苞片有或无，极少增大成膜质的翅。花两性，极少杂性；花萼合生，萼筒常贴生于子房，萼齿（2）4或5枚，宿存或脱落，少数于花开后增大；花冠合生，裂片（3）4或5枚，有时二唇形，上唇2裂，下唇3裂，或上唇4裂，下唇单一；有或无蜜腺；雄蕊5枚，或为4枚而二强，着生于花冠筒上，与花冠裂片互生，内藏或伸出花冠筒；花药1或2室，纵裂，通常内向，很少外向，子房半下位或下位，1～5（7～10）室，中轴胎座，每室含胚珠1粒至多数，部分子房室不发育。浆果、核果或蒴果。种子1至多数。

13属，约500种，主要分布于北温带和热带山地。中国12属，200余种，广布于全国各地，以西南地区最多，法定药用植物4属，21种。华东地区法定药用植物3属，9种。

忍冬科法定药用植物主要含黄酮类、皂苷类、苯丙素类、木脂素类、环烯醚萜类、苯乙醇类、氰苷类等成分。黄酮类包括黄酮、黄酮醇、双黄酮、花色素类，如木犀草素-7-O-β-D-半乳糖苷（luteolin-7-O-β-D-galactoside）、山柰酚-3-O-葡萄糖苷（kaempferol-3-O-glucoside）、三-O-甲基穗花双黄酮（tri-O-methylamentoflavone）、矢车菊素-3-O-葡萄糖苷（cyanidin-3-O-glucoside）等；皂苷多为五环三萜类，包括齐墩果烷型、熊果烷型、羽扇豆烷型等，如灰毡毛忍冬皂苷甲（macranthoidin A）、忍冬苦苷（lonicerin）、羽扇豆醇棕榈酸酯（lupeol palmitate）、α-香树脂醇（α-amyrin）、山楂酸（maslinic acid）等；苯丙素类如3,4-二-O-咖啡酰基奎宁酸（3,4-di-O-caffeoylquinic acid）、灰毡毛忍冬素G（macranthoin G）等；木脂素类如（+）-杜仲树脂酚［(+)-medioresinol］、接骨脂素A、B、C（sambucasinol A、B、C）、异落叶松树脂酚（isolariciresinol）等；环烯醚萜类如番木鳖苷A（loganin）、獐牙菜苷（sweroside）、山栀子苷A（caryoptoside）等；苯乙醇类如红景天苷（salidroside）、女贞苷（ligstroside）等；氰苷类如吉莉苷（zierin）、野樱苷（prunasine）等。

接骨木属含黄酮类、皂苷类、环烯醚萜类、木脂素类、苯乙醇类、苯丙素类、氰苷类等成分。黄酮类包括黄酮、黄酮醇、花色素等，如木犀草素（luteolin）、槲皮素-3-O-葡萄糖苷（quercetin-3-O-glycoside）、山柰酚-3-O-葡萄糖苷（kaempferol-3-O-glucoside）、矢车菊素-3-O-葡萄糖苷（cyanidin-3-O-glucoside）等；皂苷类包括齐墩果烷型、熊果烷型、羽扇豆烷型等，如羽扇豆醇棕榈酸酯（lupeol palmitate）、α-香树脂醇（α-amyrin）、β-香树脂醇乙酸酯（β-amyrin acetate）、山楂酸（maslinic acid）等；环烯醚萜类如莫罗忍冬苷（morroniside）、山栀子苷A（caryoptoside）、α-莫诺苷（α-morroniside）等；木脂素类如接骨脂素A、B、C（sambucasinol A、B、C）、异落叶松树脂酚（isolariciresinol）、丁香树脂醇（syringaresinol）、鹅掌楸树脂酚A（lirioresinol A）等；苯乙醇类如红景天苷（salidroside）、女贞苷（ligstroside）等；苯丙素类如乙基阿魏酸（ethyl ferulate）、咖啡酸（caffeic acid）等；氰苷类如吉莉苷（zierin）、野樱苷（prunasine）等。

忍冬属含黄酮类、苯丙素类、皂苷类等成分。黄酮类包括黄酮、黄酮醇、双黄酮、花色素等，如金连木黄酮-7″-O-β-D-吡喃葡萄糖苷（ochnaflavone-7″-O-β-D-glucopyranoside）、木犀草素-7-O-β-D-半乳糖苷（luteolin-7-O-β-D-galactoside）、槲皮素-3-O-β-D-吡喃葡萄糖苷（quercetin-3-O-β-D-glucopyranoside）、异鼠李素-3-β-D-葡萄糖苷（isorhamnetin-3-β-D-glucoside）、六羟基穗花双黄酮（hexahydroxyamentoflavone）、矢车菊素-3-(2‴-木糖基葡萄糖苷)-5-葡萄糖苷［cyanidin-3-(2‴-xylosyl glucoside)-5-glucoside］等；苯丙素类如新绿原酸（neochlorogenic acid）、3,4-二-O-咖啡酰基奎宁酸（3,4-di-O-caffeoylquinic acid）、灰毡毛忍冬素G（macranthoin G）等；皂苷类多为五环三萜皂苷，包括齐墩果烷型、熊果烷型等，如齐墩果酸-3-O-α-L-吡喃阿拉伯糖苷（oleanolic acid-3-O-α-L-arabinopyranoside）、冬青苷B（ilexoside B）、灰毡毛忍冬皂苷甲（macranthoidin A）、淡红忍冬苷A、B、C、D（acuminataside A、B、C、D）、忍冬苦苷（lonicerin）等。

一一六 忍冬科 Caprifoliaceae

分属检索表

1. 花冠辐射对称，花柱短或几无；浆果状核果。
　　2. 奇数羽状复叶；核果通常具 3～5 枚核 ··· 1. 接骨木属 Sambucus
　　2. 单叶；核果具单核 ··· 2. 荚蒾属 Viburnum
1. 花冠通常两侧对称，花柱细长；浆果 ·· 3. 忍冬属 Lonicera

1. 接骨木属 *Sambucus* Linn.

落叶乔木或灌木，少有草本。茎干粗壮，具发达的髓，茎皮通常有皮孔。奇数羽状复叶，对生；小叶片边缘有锯齿或分裂；托叶叶状或退化成腺体。复伞房花序或圆锥花序顶生，由多数小聚伞花序集合而成；花小，白色或黄白色，整齐；萼筒短，萼齿 5 枚；花冠辐射状，5 裂；雄蕊 5 枚，开展，很少直立，花丝短，花药外向；子房 3～5 室，花柱短或几无，柱头 2 或 3 裂。核果浆果状，红色或黑色，具核 3～5 枚。种子三棱状或椭圆状。

20 余种，广布于北半球温带和亚热带地区。中国约 5 种，法定药用植物 4 种。华东地区法定药用植物 2 种。

910. 接骨草（图 910） • *Sambucus chinensis* Lindl.

图 910 接骨草　　　　　　摄影 郭增喜等

【别名】陆英、蒴藋（通称），走马风、赶山虎、马鞭三七（江苏镇江），走马箭（江苏溧阳）。

【形态】高大草本或亚灌木。株高 1～2m。茎有棱，髓白色。羽状复叶的托叶叶状或有时退化成蓝色的腺体；小叶 2 或 3 对，对生或互生，狭卵形，长 6～13cm，幼时叶面被疏长柔毛，先端长渐尖，基部钝圆，两侧不等，边缘具细锯齿，近基部或中部以下边缘常有 1 或数枚腺齿；顶生小叶片卵形或倒卵形，基部楔形，有时与第一对小叶相连，小叶无托叶。复伞房花序顶生，大而疏散，总花梗基部具叶状总苞片，分枝 3～5 出，纤细，被黄色疏柔毛；杯形不孕性花不脱落，可孕花小。萼筒杯状，萼齿三角形；花冠白色，仅基部联合，花药黄色或紫色；子房 3 室，花柱极短或几无，柱头 3 裂。果实红色，近圆形，直径 3～4mm；核 2 或 3 个，卵形，表面有小疣状突起。花期 7～8 月，果期 9～11 月。

【生境与分布】生于山坡林下、沟边和草丛，海拔 300～2600m。分布于安徽、浙江、江苏、江西、福建，另甘肃、广东、广西、贵州、海南、河南、湖北、湖南、陕西、四川、西藏、云南、台湾等地均有分布；日本也有分布。

【药名与部位】陆英（走马风），全草。

【采集加工】夏秋季采收，除去杂质，晒干。

【药材性状】根茎呈圆柱形，略扁，长而扭曲，直径 0.2～1cm，节稍膨大，上生须根。茎类圆柱形而粗壮，直径可达 1cm，多分枝，表面有纵棱，褐紫色灰褐色；质坚脆，易折断，断面可见白色或淡棕色广阔髓部。羽状复叶对生，小叶 5～9 枚，绿褐色，多皱缩，展平后叶片呈长椭圆形状披针形，长 7～13cm，宽 3～5cm，尖端渐尖，基部偏斜稍圆至阔楔形，边缘有锐锯齿。有时可见顶生的复伞房花序。气微，味微苦。

【药材炮制】除去杂质，洗净，稍润，切段，干燥。

【化学成分】全草含三萜类：熊果酸（ursolic acid）、齐墩果酸（oleanolic acid）[1]，α-香树脂醇（α-amyrin）[2]，3β-香树酯醇乙酸酯（3β-amyrin acetate）[3]，山楂酸（maslinic acid）、12α,13-二羟基齐墩果-3-氧代-28-酸（12α,13-dihydroxyolean-3-oxo-28-oic acid）、13-羟基齐墩果-3-氧代-28-酸（13-hydroxyolean-3-oxo-28-oic acid）、3-氧代齐墩果酸（3-oxo oleanlic acid）和科罗索酸（corosolic acid）[4]；黄酮类：山奈酚-3-O-β-D-吡喃葡萄糖苷（kaempferol-3-O-β-D-glucopyranoside）[1]，木犀草素（luteolin）、槲皮素（quercetin）、山奈酚（kaempferol）[2]，山奈酚-3-O-β-D-（6-O-乙酰基吡喃葡萄糖）-7-O-β-D-吡喃葡萄糖苷［kaempferol-3-O-β-D-（6-O-acetyl glucopyranose）-7-O-β-D-glucopyranoside］、山奈酚-3-O-β-D-吡喃葡萄糖-7-O-β-D-吡喃葡萄糖苷（kaempferol-3-O-β-D-glucopyranose-7-O-β-D-glucopyranoside）[5]，山奈酚-3-O-β-D-吡喃半乳糖苷（kaempferol-3-O-β-D-galactopyranoside）、山奈酚-3-O-（6″-乙酰基）-β-D-吡喃半乳糖苷［kaempferol-3-O-（6″-acetyl）-β-D-galactopyranoside］、山奈酚-7-O-β-D-吡喃葡萄糖苷-3-O-（6″-乙酰基）-β-D-吡喃葡萄糖苷［kaempferol-7-O-β-D-glucopyranoside-3-O-（6″-acetyl）-β-D-glucopyranoside］[6]，槲皮素-3-O-β-D-木糖基-（1→2）-β-D-半乳糖苷［quercetin-3-O-β-D-xylosyl-（1→2）-β-D-galactoside］和槲皮素-3-O-β-D-葡萄糖苷（quercetin-3-O-β-D-glucoside）[7]；酚酸类：对羟基苯甲酸（p-hydroxybenzoic acid）[1]；苯丙素类：绿原酸（chlorogenic acid）[2]，咖啡酸乙酯（ethyl caffeate）[4]，阿魏酸（ferilic acid）、乙基阿魏酸（ethyl ferulate）、咖啡酸（caffeic acid）、乙基咖啡酸（ethyl caffeate）和对香豆酸（p-coumaric acid）[6]；甾体类：β-谷甾醇（β-sitosterol）、胡萝卜苷（daucosterol）和豆甾醇（stigmasterol）[2]；香豆素类：东莨菪内酯（scopoletin）[2]；木脂素类：落叶松脂醇（larisiresinol）[2]和丁香树脂醇（syringaresinol）[6]；脂肪酸酯类：单棕榈酸甘油酯（monopalmitate）[2]和十七烷酸对羟基苯乙酯（p-hydroxyphenyl ethylheptanoate）[7]；蒽醌类：2-羟基-3-甲基蒽醌（2-hydroxy-3-methyl anthraxquinone）[6]；二萜类：（E）-植醇环氧化物［（E）-phytol epoxide］和植醇（phytol）[7]；挥发油类：3-甲基丁酸（3-methyl butyric acid）、33-甲基戊酸（33-methyl valeric acid）、3,7-二甲基-1,6-辛二烯-3-醇（3,7-dimethyl-1,6-octadien-3-ol）、苄腈（benzonitrile）、1-甲氧基-4-（2-烯丙基）苯［1-methoxy-4-（2-allyl）benzene］、2,3-二甲氧基甲苯（2,3-dimethoxytoluene）和石竹烯（caryophyllene）等[8]；烷醇类：正二十五烷醇（n-pentacosanol）和正三十五

烷醇（n-tridecyl alcohol）。

叶含甾体类：β-谷甾醇（β-sitosterol）、胡萝卜苷（daucosterol）[9]、油菜甾醇（campesterol）和豆甾醇（stigmasterol）[10]；三萜类：熊果酸（ursolic acid）、齐墩果酸（oleanic acid）[9]和α-香树脂醇棕榈酸酯（α-amyrin palmitate）[10]；烯烃类：鲨烯（squalene）[9]；二萜类：植醇（phytol）[9]；烷醇类：正二十五烷醇（n-pentacosanol）[9]；脂肪酸酯类：十七烷酸对羟基苯乙酯（4-hydroxyphenethyl heptadecanoate）[9]。

【药理作用】1. 护肝　全草75%乙醇提取物可显著对抗四氯化碳（CCl_4）所致的小鼠肝损伤，且乙酸乙酯萃取部分能减少四氯化碳所致小鼠的肝损伤，效果明显弱于75%乙醇总提物，石油醚、正丁醇和水萃取部分则无明显效果，75%乙醇提取物经大孔吸附树脂纯化后30%、60%和95%乙醇洗脱液的高剂量和低剂量组均能对抗四氯化碳所致小鼠的肝损伤，30%乙醇洗脱液的作用最明显，并呈现剂量依赖性[1]；全草75%乙醇的洗脱液提取分离的活性部位[2]和全草提取物制成的颗粒[3]对四氯化碳所致小鼠急性肝损伤有明显的保护作用，各剂量组均能显著对抗四氯化碳所致小鼠急性肝损伤导致的血清中谷丙转氨酶（ALT）、天冬氨酸氨基转移酶（AST）含量的升高，显著降低四氯化碳所致小鼠急性肝损伤时的肝脏丙二醛（MDA）含量，对D-半乳糖胺盐酸盐所致大鼠急性肝损伤和刀豆蛋白A（ConA）所致小鼠急性肝损伤也有明显的保护作用；全草的85%乙醇提取分离的成分熊果酸（ursolic acid）对四氯化碳所致大鼠的急性肝损伤有保护作用[4]；全草的脂溶性部分提取的乌索酸能使急性肝损伤大鼠血清谷丙转氨酶及肝的甘油三脂（TG）含量明显下降，血清甘油三脂及肝糖原含量明显增加，并能减轻肝细胞变性、坏死，对急性肝损伤有显著保护和治疗作用[5]。2. 抗炎镇痛　全草醇提取物的正丁醇和氯仿部位都能抑制乙酸刺激小鼠腹腔黏膜引起的疼痛反应，前者镇痛效果好于后者[6]；全草水提取液对小鼠热板致痛的痛阈值有不同程度的提高作用，对小鼠乙酸致痛引起的扭体次数有明显的减少作用[7]。3. 活血化瘀　全草的水提取液及分离的熊果酸对小鼠的出血时间（BT）、凝血酶时间（TT）均有明显的延长作用[8]；全草水提取物的高、中、低剂量组均可降低冰水浴复加皮下注射肾上腺素所致的急性血瘀模型大鼠的切变率，升高红细胞沉降率，提示其能降低全血黏度、红细胞沉降率，并随剂量的增加作用更明显[9]。4. 抗菌　叶花果实乙醇提取的石油醚和乙酸乙酯萃取部位对肺炎克雷伯菌和铜绿假单胞菌的繁殖和生长均有较强的抑制作用[10]。5. 利胆　从全草提取的熊果酸可增加正常大鼠和异硫氰酸苯酯（APIT）模型大鼠的胆汁流量，提高胆汁中胆红素（BIL）含量，明显降低血清胆红素含量，提示其有明显的利胆和促进胆红素排泄的作用[11]。

【性味与归经】甘、酸，温，归肝经。

【功能与主治】疏肝健脾，活血化瘀，利尿消肿。用于急性病毒性肝炎，肾炎水肿，跌扑损伤，骨折。

【用法与用量】煎服15～30g；外用适量，捣敷患处。

【药用标准】部标中药材1992、浙江炮规2005、广西药材1990、广西壮药2008和广西瑶药2014一卷。

【临床参考】1. 软组织损伤、血肿：鲜根适量，洗净，捣烂敷患处（皮肤破损者不用），每日换药1次。

2. 肾炎水肿：全草30～60g，水煎服。

3. 烫伤：鲜叶适量，捣汁涂伤面。

4. 各种疼痛（小手术切口痛、牙痛、腹痛、腰痛、三叉神经痛）：全草晒干研粉，每次0.6g，吞服或装胶囊服，每日2次。

5. 慢性气管炎：鲜茎叶120g，水煎服。（1方至5方引自《浙江药用植物志》）

【附注】以陆英之名始载于《神农本草经》，列为下品。陆英与《名医别录》所载蒴藋的异同问题，历代本草学者争议颇多，陶弘景、马志认为两者性味不同，或认为生长环境也不同，应为两种。甄权、苏颂等认为是同一物。《本草纲目》载："陶苏本草、甄权药性论，皆言陆英即蒴藋，必有所据。马志、寇宗奭虽破其说，而无的据，仍当是一物，分根茎花叶用，如苏颂所云也。"据《本草图经》所载"生田野，今所在有之。春抽苗，茎有节，节间生枝，叶大似水芹及接骨"的描述及所附"蜀州陆英"图考证，与本种形态一致。另外《植物名实图考》所附陆英图，亦为本种。

Flora of China 已将本种的学名改为 Sambucus javanica Blume。

本种的根及果实民间也作药用。

药材陆英（走马风）孕妇禁用。

【化学参考文献】

[1] 马建苹，张庆. 接骨草花乙酸乙酯部位化学成分研究[J]. 中国食品工业，2015（7）：58-59.
[2] 李胜华，李爱民，伍贤进. 接骨草化学成分研究[J]. 中草药，2011，42（8）：1502-1504.
[3] 杨燕军，林洁红. 陆英化学成分的研究（Ⅰ）[J]. 中药材，2004，27（7）：491-492.
[4] 陶佳颐，方唯硕. 陆英中化学成分的研究[J]. 中国中药杂志，2012，37（10）：1399-1401.
[5] 廖琼峰，谢社平，陈晓辉，等. 陆英的化学成分研究[J]. 中药材，2006，29（9）：916-918.
[6] 张天虹. 陆英的化学成分和质量控制方法研究[D]. 沈阳：沈阳药科大学博士学位论文，2010.
[7] 赵湘婷. 中药接骨草化学成分研究[D]. 兰州：兰州理工大学硕士学位论文，2014.
[8] 蒋道松，裴刚，周朴华，等. 八棱麻挥发性成分分析[J]. 中药材，2003，26（2）：102-103.
[9] 马建苹，赵湘婷，晋玲，等. 接骨草叶石油醚部位化学成分[J]. 中国实验方剂学杂志，2014，20（21）：103-105.
[10] Inoue T, Nakahata F. Constituents of *Sambucus chinensis* [J]. Chem Pharm Bull，1969，17（1）：124-127.

【药理参考文献】

[1] 朱少璇，廖琼峰，王茜莎，等. 陆英不同工艺提取物对四氯化碳致小鼠肝损伤的影响实验研究[J]. 中药材，2008，32（8）：1216-1219.
[2] 王敏伟. 陆英提取物对急性化学性肝损伤的保护作用[J]. 沈阳药科大学学报，2006，23（8）：524-528.
[3] 杨威，王茜莎，王敏伟，等. 陆英颗粒对急性实验性肝损伤的保护作用研究[J]. 中药材，2005，28（12）：1085-1089.
[4] 王明时，李景荣，徐丽仙，等. 陆英抗肝炎活性成分的化学研究[J]. 中国药科大学学报，1985，16（3）：15-17.
[5] 陈武，李开泉，熊筱娟，等. 陆英抗肝炎活性成分的研究[J]. 南昌大学学报（理科版），2001，25（2）：239-241.
[6] 袁志军，易增兴. 陆英的不同提取分离物对小鼠镇痛作用的影响[J]. 中外医疗，2011，30（36）：17.
[7] 吴丽霞，吴铁松，郑敏. 陆英煎剂对小鼠镇痛作用的实验研究[J]. 今日药学，2012，22（8）：481-483.
[8] 易增兴，熊筱娟，李四玲. 陆英及其提取物乌索酸对小鼠出血和凝血时间的影响[J]. 宜春学院学报，2011，33（8）：77-78.
[9] 黄电波，黄清松. 陆英与乌索酸对大鼠全血黏度和红细胞沉降率的影响[J]. 实用临床医学，2012，13（6）：10-12.
[10] 马建苹，赵湘婷，晋玲，等. 陆英提取物体外抗菌活性的研究[C]. 全国方剂组成原理高峰论坛. 2012.
[11] 熊筱娟，陈蔚云，崔江龙，等. 乌索酸对大鼠胆汁的影响[J]. 中医药学报，2003，31（4）：54-55.

911. 接骨木（图911）• *Sambucus williamsii* Hance（*Sambucus racemosa* auct. non Linn.）

【别名】续骨草、九节风（江苏睢宁），木蒴藋，接骨丹（安徽），土梓木（江苏宿迁），舒筋草（江苏连云港、灌南）、对节草（江苏吴江）。

【形态】落叶灌木至小乔木。株高达5～6m。老枝具明显的长椭圆形皮孔，髓部黄棕色。羽状复叶，搓揉后有臭气；小叶（1）2～3（～5）对，侧生小叶片卵圆形、狭椭圆形至倒矩圆状披针形，长5～15cm，顶端尖、渐尖至尾尖，边缘具不整齐锯齿，基部楔形或圆形，有时心形，两侧不对称，最下一对小叶有时具短柄；托叶狭带形，或退化成带蓝色的突起。花与叶同出；圆锥花序顶生，具总花梗，花序分枝多呈直角开展；花小而密。萼筒杯状，萼齿三角状披针形；花冠蕾时带粉红色，开后白色或淡黄色，冠筒短，裂片矩圆形或长卵圆形；雄蕊与花冠裂片等长，开展；子房3室，柱头3裂。果实红色，极少蓝紫黑色，卵圆球状或近圆球状，直径3～5mm；分核2或3个，略有皱纹。花期4～5月，果期6～7月。

图 911　接骨木　　　　　　　　　　　　　　　　摄影　李华东

【生境与分布】生于山坡灌丛、溪边、路旁或村舍旁，海拔 500～1600m。分布于华东各地，另甘肃、广东、广西、贵州、河北、黑龙江、河南、湖北、湖南、吉林、辽宁、陕西、山东、山西、四川、云南等地均有分布。

接骨木和接骨草的区别点：接骨木为木本；花序圆锥状，花间无腺体。接骨草为高大草本至亚灌木；花序复伞房状，花间杂有杯状腺体。

【药名与部位】接骨木（续骨木、扦扦活），带叶茎枝。

【采集加工】秋季采割当年生茎枝，晒干或切段后晒干，或鲜用。

【药材性状】茎呈圆柱形，长 15～35cm，直径 1～5cm，表面黄棕色或绿褐色，有纵裂纹及多数圆点状皮孔。质坚硬，不易折断，断面不平坦，皮部薄，木质部黄白色至黄色，髓部疏松，呈棕黄色海绵状。奇数羽状复叶交互对生，小叶常 3～7 枚。倒卵形至狭椭圆形，先端渐尖，边缘具细锯齿，叶脉羽状，在背面隆起。质脆，易碎。气微，味淡。

【化学成分】根皮含环烯醚萜类：α- 莫诺苷（α-morroniside）、β- 莫诺苷（β-morroniside）[1] 和山栀子苷 A（caryoptoside）[2]；木脂素类：（7S, 8R）-4, 9, 9'- 三羟基 -3, 3'- 二甲氧基 -7, 8- 二氢苯并呋喃 -1'- 丙醇基新木脂素 [（7S, 8R）-4, 9, 9'-trihydroxy-3, 3'-dimethoxy-7, 8-dihydrobenzofuran-1'-propanolneolignan] [1]；甾体类：β- 谷甾醇（β-sitosterol）[1] 和胡萝卜苷（daucosterol）[2]；苯乙醇类：女贞苷（ligstroside）[1]。

茎和枝含三萜类：羽扇豆醇 -3- 棕榈酸酯（lupeol-3-palmitate）、熊果酸（ursolic acid）、α- 香树脂醇（α-amyrin）[3]，接骨木烷 A（sambucusan A）、3- 羰基齐墩果酸（3-oxo-oleanolic acid）、齐墩果酸（oleanolic acid）、白桦酸（betulinic acid）[4] 和白桦醇（betulin）[5]；甾体类：β- 谷甾醇（β-sitosterol）、β- 谷甾醇 -β-D- 吡喃葡萄糖苷（β-sitosterol-β-D-glucopyranoside）[3]，豆甾醇（stigmasterol）和胡萝卜苷（daucosterol）[5]；烷醇类：正二十八醇（n-octacosanol）[4]；木脂素类：苏式愈创木基甘油 -β-O-4'-

松柏醚（threo-guaiacylglycerol-β-O-4'-conifery ether）、鹅掌楸树脂酚 A（lirioresinol A）、1-羟基松脂酚（1-hydroxypinoresinol）、5-甲氧基蛇菰宁（5-methoxybalanophonin）、蛇菰宁（balanophonin）、5-甲氧基-反式-二氢脱氢二松柏醇（5-methoxy-trans-dihydrodehydro-diconiferyl alcohol）[6]，脱氢二松柏醇-4-O-β-D-吡喃葡萄糖苷（dehydrodiconiferyl alcohol-4-O-β-D-glucopyranoside）、二氢脱氢二松柏醇-4-O-β-D-吡喃葡萄糖苷（dihydrodehydro-diconiferyl alcohol-4-O-β-D-glucopyranoside）、(7S, 8R)-二氢-3'-羟基-8-羟基甲基-7-(4-羟基-3-甲氧基苯基)-1'-苯并呋喃丙醇[(7S, 8R)-dihydro-3'-hydroxy-8-hydroxymethyl-7-(4-hydroxy-3-methoxyphenyl)-1'-benzofuranpropanol]、赤式-1-(4-羟基-3-甲氧基苯基)-2-[2-羟基-4-(3-羟丙基)苯氧基]-1,3-丙二醇{erythro-1-(4-hydroxy-3-methoxyphenyl)-2-[2-hydroxy-4-(3-hydroxypropyl)phenoxy]-1,3-propanediol}、苏式-1-(4-羟基-3-甲氧基苯基)-2-[2-羟基-4-(3-羟丙基)苯氧基]-1,3-丙二醇{threo-1-(4-hydroxy-3-methoxyphenyl)-2-[2-hydroxy-4-(3-hydroxypropyl)phenoxy]-1,3-propanediol}[7]、赤式-愈创木基甘油-β-O-4'-介子醚（erythro-guaiacylglycerol-β-O-4'-sinapyl ether）、1-(4'-羟基-3'-甲氧苯基)-2-[4''-(3-羟丙基)-2'',6''-二甲氧基苯氧基]-1,3-丙二醇{1-(4'-hydroxy-3'-methoxyphenyl)-2-[4''-(3-hydroxypropyl)-2'',6''-dimethoxyphenoxy]propane-1,3-diol}、异落叶松树脂醇（isolariciresinol）、裂榄木脂素（burselignan）、南烛木树脂酚（lyoniresinol）、5-甲氧基异落叶松树脂醇（5-methoxy-isolariciresinol）[8]，接骨木脂苷*（samwiside）、接骨木脂醇*（samwinol）、接骨木倍半苷*（samsesquinoside）、(7R, 8R, 8'R)-4'-愈创木甘油基楝叶吴茱萸素 B[(7R, 8R, 8'R)-4'-guaiacylglyceryl evofolin B]、(7R, 8S)-榕醛[(7R, 8S)-ficusal]、(7R, 8S)-肥牛木素[(7R, 8S)-ceplignan]、(7R, 8S)-脱氢二松柏醇[(7R, 8S)-dehydrodiconiferyl alcohol]、(7R, 8S)-脱氢二松柏醇-γ'-甲醚[(7R, 8S)-dehydrodiconiferyl alcohol-γ'-methyl ether]、(7S, 8R)-含生草脂素 D[(7S, 8R)-hierochin D]、(7R, 8S, 8'S, 7''R, 8''S)-2,3-二氢-2-(4-羟基-3-甲氧基苯基)-7-甲氧基-5-{[四氢-5-(4-羟基-3-甲氧基苯基)-4-羟甲基-3-呋喃基]甲基}-3-苯并呋喃甲醇{(7R, 8S, 8'S, 7''R, 8''S)-2,3-dihydro-2-(4-hydroxy-3-methoxyphenyl)-7-methoxy-5-{[tetrahydro-5-(4-hydroxy-3-methoxyphenyl)-4-(hydroxymethyl)-3-furanyl]methyl}-3-benzofuranmethanol}、(7R, 8S, 7'R, 8'S, 8''S)-2,3-二氢-2-(4-羟基-3-甲氧基苯基)-7-甲氧基-5-{四氢-4-[(4-羟基-3-甲氧基苯基)甲基]-3-(羟甲基)-2-呋喃基}-3-苯并呋喃甲醇{(7R, 8S, 7'R, 8'S, 8''S)-2,3-dihydro-2-(4-hydroxy-3-methoxyphenyl)-7-methoxy-5-{tetrahydro-4-[(4-hydroxyl-3-methoxyphenyl)methyl]-3-(hydroxylmethyl)-2-furanyl}-3-benzofuranmethanol}、(7R, 8S, 7'R, 8'S)-三花蔓荆脂醇 A[(7R, 8S, 7'R, 8'S)-vitrifol A]和(7R, 8S, 7'R, 8'S, 8''S)-倍半木脂素望江南二醇 A[(7R, 8S, 7'R, 8'S, 8''S)-seslignanoccidentaliol A][9]；酚酸类：对羟基苯甲醛（p-hydroxybenzaldehyde）[6]，香草醛（vanillin）、丁香醛（syring aldehyde）、对羟基苯甲酸（p-hydroxybenzoic acid）、原儿茶酸（protocatechuic acid）、香草乙酮（acetovanillone）[10]和香草酸（vanillic acid）[11]；苯丙素类：对羟基肉桂酸（p-hydroxycinnamic acid）、松柏醛（coniferyl aldehyde）[10]，(2R, 3S)-接骨木委素*[(2R, 3S)-samwirin]、(2R, 3R)-接骨木苯酚*[(2R, 3R)-samwiphenol]、8R-楝叶吴茱萸素 B（8R-evofolin B）、阿魏酸（ferulic acid）、咖啡酸甲酯（methyl caffeate）和松柏醇（coniferol）[11]；香豆素类：伞形花内酯（umbelliferon）[11]；倍半萜类：2β, 4β, 10α-三羟基-1αH, 5βH-愈创木-6-烯（2β, 4β, 10α-trihydroxy-1αH, 5βH-guaia-6-ene）[11]；脂肪酸类：棕榈酸（palmitic acid）[4]；环烯醚萜类：莫诺苷（morroniside）[7]。

细枝含木脂素类：接骨脂素 A、B、C（sambucasinol A、B、C）、落叶脂素（lariciresinol）、(7αH, 8'αH)-4, 4', 8α, 9-四羟基-3, 3'-二甲氧基-7, 9'-环氧木脂素[(7αH, 8'αH)-4, 4', 8α, 9-tetrahydroxy-3, 3'-dimethoxy-7, 9'-epoxylignan]、勾儿茶素（berchemol）、7-羟基落叶脂素（7-hydroxylariciresinol）、7R, 8S-二氢脱氢二松柏醇[7R, 8S-dihydrodehydrodiconiferyl alcohol]、(−)-杜仲树脂酚[(−)-medioresinol]、(−)-松脂酚[(−)-pinoresinol][12]。

果实含苯乙醇类：红景天苷（salidroside）、2-(4-羟基苯基)-乙醇-O-β-D-吡喃葡萄糖基-(1→2)-O-β-D-吡喃葡萄糖苷[2-(4-hydroxyphenyl)-ethanol-O-β-D-glucopyranosyl-(1→2)-O-β-D-glucopyranoside]、2-(4-

羟基苯基）-乙醇-3-O-β-D-吡喃葡萄糖基-（1→6）-O-β-D-吡喃葡萄糖苷［2-（4-hydroxyphenyl）-ethanol-3-O-β-D-glucopyranosyl-（1→6）-O-β-D-glucopyranoside］、4-羟基-1-（2-羟基乙基）-苯基-3-O-β-D-吡喃葡萄糖苷［4-hydroxy-1-（2-hydroxyethyl）-phenyl-3-O-β-D-glucopyranoside］和3-（O-β-D-吡喃葡萄糖基）-α-（O-β-D-吡喃葡萄糖基）-4-羟基苯乙醇［3-（O-β-D-glucopyranosyl）-α-（O-β-D-glucopyranosyl）-4-hydroxyphenyl ethanol］[13]；苯丙素类：赤式-愈创木甘油基-8-O-β-D-吡喃葡萄糖苷（erytho-guaiacylglycerol-8-O-β-D-glucopyranoside）、2-（4-羟基苯基）-丙烷-1,3-二醇-1-O-β-D-吡喃葡萄糖苷［2-（4-hydroxyphenyl）-propane-1,3-diol-1-O-β-D-glucopyranoside］、反式-咖啡酸（trans-caffeic acid）、松柏苷（coniferin）和川楝苷B（meliadanoside B）[13]；酚酸类：香草酸-4-O-β-D-吡喃葡萄糖苷（vanillic acid-4-O-β-D-glucopyranoside）、4-羟基-3-甲氧基苯基-β-D-吡喃木糖基-（1→6）-O-β-D-吡喃葡萄糖苷［4-hydroxy-3-methoxyphenyl-β-D-xylopyranosyl-（1→6）-O-β-D-glucopyranoside］和4-羟基苄基-β-D-吡喃葡萄糖苷（4-hydroxybenzyl-β-D-glucopyranoside）[13]；黄酮类：芦丁（rutin）、异鼠李素-3-O-β-D-芸香糖苷（isorhamnetin-3-O-β-D-rutinoside）、山柰酚-3-O-α-L-吡喃鼠李糖基-（1→2）-β-D-吡喃葡萄糖苷［kaempferol-3-O-α-L-rhamnopyranosyl-（1→2）-β-D-glucopyranoside］、异鼠李素-3-O-α-L-吡喃鼠李糖基-（1→6）-［α-L-吡喃鼠李糖基-（1→2）］-β-D-吡喃半乳糖糖苷{isorhamnetin-3-O-α-L-rhamnopyranosyl-（1→6）-［α-L-rhamnopyranosyl-（1→2）］-β-D-galactopyranoside}[13]；氨基酸类：天冬氨酸（Asp）、谷氨酸（Glu）、甘氨酸（Gly）、丙氨酸（Ala）和丝氨酸（Ser）等[14]；元素：钾（K）、钙（Ca）和磷（P）等[14]。

茎含倍半萜类：1β,4α,13-三羟基桉叶-11（12）-烯［1β,4α,13-trihydroxyeudesm-11（12）-ene］[15]；木脂素类：接骨木醇A、B（sambucunol A、B）、醉鱼草醇G（buddlenol G）、（-）-丁香脂素［（-）-syringaresinol］、（-）-松脂醇［（-）-pinoresinol］、1,2-二-（4-羟基-3-甲氧基苯）-1,3-丙二醇［1,2-bis-（4-hydroxy-3-methoxyphenyl）-1,3-propanediol］、（-）-赤式-1-（4-羟基-3-甲氧基苯）-2-［4-（3-羟基丙基）-2-甲氧基苯氧基］-1,3-丙二醇{（-）-erythro-1-（4-hydroxy-3-methoxyphenyl）-2-［4-（3-hydroxypropanyl）-2-methoxyphenoxy］-1,3-propanediol}、（-）-苏式-1-（4-羟基-3-甲氧基苯）-2-［4-（3-羟基丙基）-2-甲氧基苯氧基］-1,3-丙二醇{（-）-threo-1-（4-hydroxy-3-methoxyphenyl）-2-［4-（3-hydroxypropanyl）-2-methoxyphenoxy］-1,3-propanediol}、（-）-二氢脱氢双松柏醇［（-）-dihydrodehydroconiferyl alcohol］、（-）-落叶松脂素［（-）-lariciresinol］、（-）-赤式-1-（4-羟基-3-甲氧基苯基）-2-［4-（3-羟基丙烷基）-2-甲氧基苯氧基］-1,3-丙二醇{（-）-erythro-1-（4-hydroxy-3-methoxyphenyl）-2-［4-（3-hydroxypropanyl）-2-methoxyphenoxy］-1,3-propanediol}和（-）-苏式-1-（4-羟基-3-甲氧基苯基）-2-［4-（3-羟基丙烷基）-2-甲氧基苯氧基］-1,3-丙二醇{（-）-threo-1-（4-hydroxy-3-methoxyphenyl）-2-［4-（3-hydroxypropanyl）-2-methoxyphenoxy］-1,3-propanediol}[16]；脂肪酸类：天师酸（tianshic acid）和天师酸甲基酯（methyl tianshate）[15]。

【药理作用】1.抗炎镇痛　根皮提取物可明显抑制二甲苯所致小鼠的耳肿胀和鸡蛋清所致大鼠的足肿胀，并可使热板法所致小鼠痛阈值明显提高，提示其具有较强的抗炎镇痛作用[1]；叶的60%乙醇提取的正丁醇部分对10%鸡蛋清所致的大鼠足肿胀有较强的抑制作用[2]；根皮50%乙醇提取分离的环烯醚萜组分和木脂素组分可显著抑制鸡蛋清所致大鼠的足肿胀程度，对渗出性炎症也有明显的抑制作用[3]；带叶茎枝提取物制成的总苷片在高、中、低剂量下均可增加模型大白兔骨密度（BMD）和骨矿含量（BMC），使模型兔骨折断端接近消失，骨膜反应密度加深，骨痂量增多、增深，中剂量可增加模型兔Area，且高、中、低剂量均可减轻模型小鼠的耳肿胀，降低模型大鼠的足肿胀率，提高1h内模型小鼠的痛阈值[4]。2.抗菌　从全株提取的多酚化合物对革兰氏阳性菌和阴性菌均具抑制作用，对金黄色葡萄球菌作用最强，对大肠杆菌次之，对志贺氏菌最弱，最低抑菌浓度（MIC）分别为1.62mg/ml、2.12mg/ml和3.38mg/ml[5]；叶的乙酸乙酯和乙醇提取物对灰葡萄孢菌菌丝的生长均有抑制作用，且随提取物浓度的增大而增强，乙酸乙酯的抑菌效果较好，而乙醇提取物则表现为先促进后抑制，在2000mg/L浓度时的抑菌效果最好，为29.92%[6]。3. 抗氧化　叶的乙醇提取的乙酸乙酯、氯仿、正丁醇、水的组分对1, 1-二苯基-2-三硝酸苯肼（DPPH）自由基和2, 2′-联氮-二（3-乙基-苯并噻唑-6-磺酸）二铵盐（ABTS）自由基均有一定的清除作用，其中乙酸乙酯萃取组分的清除作用最强[7]；茎的95%乙醇浸提的黄酮类化合物对1, 1-二苯基-2-三硝酸苯肼自由基具有较强的清除作用，随着浓度的增加清除作用增强[8]；通过乙醇浸提法从果实中提取的花青素在质量浓度为200μg/ml时对1, 1-二苯基-2-三硝酸苯肼自由基的清除率最高达89.40%，相当于维生素C的96.28%，提示其具有较强的抗氧化作用[9]；种子油对1, 1-二苯基-2-三硝酸苯肼自由基具有较强的清除作用[10]。4. 降血脂　种子油的高、中、低剂量均可降低高血脂模型动物血清中的总胆固醇（TC）、甘油三酯（TG）和低密度脂蛋白胆固醇（LDL-C）含量，显著升高高密度脂蛋白胆固醇（HDL-C）含量，说明其种子油能有效降低高血脂小鼠血清中的总胆固醇、甘油三酯、低密度脂蛋白胆固醇的含量，有效升高高密度脂蛋白胆固醇的含量，具有较强的降血脂作用[10]；从果实提取的果油可明显降低高血脂小鼠和鸡血清中的总胆固醇、低密度脂蛋白（LDL）及动脉硬化指数，也可降低甘油三酯，增加高密度脂蛋白（HDL）及高密度脂蛋白/总胆固醇值[11]。5. 抗骨质疏松　茎枝60%乙醇提取物可有效治疗大鼠摘除卵巢后造成的骨质疏松[12]；茎枝60%的乙醇提取的三萜苷元类化合物白桦醇（betulin）、白桦酸（betulinic acid）[13]和酚酸类化合物丁香醛（syringaldehyde）[14]可促进大鼠类成骨UMR106细胞的增殖，且白桦醇也能提高UMR106细胞碱性磷酸酶（ALP）的含量；全株总60%乙醇提取物均能显著促进原代培养大鼠成骨样细胞的增殖，且呈剂量依赖性，在100μg/ml浓度下对成骨细胞的增殖较溶剂对照组增长，其氯仿萃取部分在12.5μg/ml和25μg/ml浓度时均可显著刺激大鼠颅骨成骨细胞的生长增殖，且其促细胞生长的能力强于同浓度的总提取物，其乙酸乙酯萃取部分在25μg/ml和50μg/ml浓度时可明显促进大鼠颅骨成骨细胞的生长[15]；茎的60%乙醇提取的氯仿和乙酸乙酯部分可通过调节成骨UMR106细胞中骨保护蛋白（OPG）和核转录因子（NF-κB）配体受体激活剂（RANKL）mRNA的表达来抑制破骨细胞的形成，并可增加大鼠股骨硬度，呈剂量依赖性[16]；根皮50%乙醇提取物可通过增强BMP-2和Runx2 mRNA的表达加速股骨骨折大鼠的愈合[17]。6. 改善记忆　从果实提取的果油对小鼠东莨菪碱所致记忆获得障碍、氯霉素所致记忆巩固障碍及40%乙醇所致记忆再现障碍均有明显的改善作用，提示其果油可提高学习记忆能力[18]。7. 抗肿瘤　从果实提取的果油可抑制小鼠S180荷瘤实体瘤及小鼠H22肝癌实体瘤的生长，虽抗肿瘤效果不如环磷酰胺，但其对H22腹水型肝癌小鼠的生命延长率比环磷酰胺明显，提示果实具有一定的抗肿瘤作用[19]。8. 护肝　从果实的乙醇溶液萃取的正丁醇部分分离的化合物芦丁（rutin）、异鼠李素-3-O-α-L-吡喃鼠李糖基（1→6）-[a-L-吡喃鼠李糖基-（1→2）]-β-D-吡喃半乳糖苷 {isorhamnetin-3-O-α-L-rhamnopyranosyl（1→6）-[a-L-rhamnopyranosyl-（1→2）]-β-D-galactopyranoside 和反式咖啡酸（trans-caffeic acid）对原代培养的小鼠肝细胞中D-半乳糖胺（D-GalN）诱导的细胞毒性具有保护作用[20]。

【性味与归经】甘、苦，平。归肝、肾经。

【功能与主治】接骨续筋，祛风通络，消肿止痛。用于骨折，跌打损伤，风湿痹痛，腰痛，肾病水肿，皮肤瘙痒。

【用法与用量】煎服10～20g；外用适量；或鲜品捣烂敷患处。

【药用标准】部标蒙药1998、上海药材1994、湖南药材2009、内蒙古蒙药1986、内蒙古药材1988、贵州药材2003、湖北药材2009、云南彝药2005二册和黑龙江药材2001。

【临床参考】1. 骨关节炎：根15g，加熟地、桑寄生、狗脊各30g，木瓜、巴戟天、五加皮各20g，怀牛膝、川断各15g，当归、桂枝、木香各10g，制附片9g，甘草6g，每日1剂，水煎服[1]。

2. 风湿性关节炎、痛风：鲜茎枝120g，加鲜豆腐120g，酌加水、黄酒炖服。（江西《草药手册》）

3. 预防麻疹：茎枝120g，水煎服，每日2次。（《吉林中草药》）

4. 湿脚气：全株60g，水煎熏洗。（《湖南药物志》）

5. 跌打损伤：茎枝25g，加乳香5g、当归25g、川芎25g，研细粉，每次10g，用酒调敷患处。（《长

白山植物志》)

【附注】接骨木始载于《新修本草》，云："叶如陆英，花亦相似，但作树高一二丈许，木轻虚无心，斫枝插之便生。"此外《本草图经》及《植物名实图考》卷三十五"接骨木"均指本种。《植物名实图考》卷九铁骨散云："赭茎有节，对叶排比，似接骨草而微短亦宽，面绿，背微黄。"从其形态尤其是附图看，亦当是本种或为其幼苗。

本种的根、叶、花及果实民间也药用。

同属植物西伯利亚接骨木 Sambucus sibirica Nakai 的茎枝在内蒙古也作接骨木药用。

药材接骨木（续骨木）孕妇禁服，体质虚弱者慎服。

【化学参考文献】

[1] 宋丹丹，杨炳友，杨柳，等. 接骨木根皮的化学成分研究 [J]. 中医药信息，2014，45（3）：1367-1372.

[2] 韩美华. 接骨木根皮化学成分及其复方制剂成型工艺的研究 [D]. 哈尔滨：黑龙江中医药大学硕士学位论文，2003.

[3] 郭学敏，章玲. 接骨木化学成分的研究 [J]. 中草药，1998，45（11）：727-729.

[4] 许蒙蒙，段营辉，戴毅，等. 接骨木中1个新的降三萜成分 [J]. 中草药，2013，44（19）：2639-2641.

[5] 杨序娟，王乃利，黄文秀，等. 接骨木中的三萜类化合物及其对类成骨细胞 UMR106 的作用 [J]. 沈阳药科大学学报，2005，22（6）：449-452，457.

[6] 许蒙蒙，段营辉，肖辉辉，等. 接骨木中的木脂素类化学成分及其对 UMR106 细胞增殖作用的影响 [J]. 中国中药杂志，2014，39（14）：2684.

[7] Ouyang F, Liu Y, Rong L I, et al. Five lignans and an iridoid from Sambucus williamsii [J]. Chin J Nat Med, 2011, 9（1）: 26-29.

[8] 欧阳富，刘远，肖辉辉，等. 接骨木中木脂素类化学成分研究 [J]. 中国中药杂志，2009，34（10）：1225-1227.

[9] Xiao H H, Dai Y, Wong M S, et al. New lignans from the bioactive fraction of Sambucus williamsii Hance and proliferation activities on osteoblastic-like UMR106 cells [J]. Fitoterapia, 2014, 94: 29-35.

[10] 杨序娟. 接骨木中的酚酸类化合物及其对大鼠类成骨细胞 UMR106 增殖及分化的影响 [J]. 中草药，2005，36（11）：1604-1607.

[11] Xiao H H, Dai Y, Wong M S, et al. Two new phenylpropanoids and one new sesquiterpenoid from the bioactive fraction of Sambucus williamsii [J]. J Asian Nat Prod Res, 2015, 17（6）: 625-632.

[12] Suh W S, Subedi L, Kim S Y, et al. Bioactive lignan constituents from the twigs of Sambucus williamsii [J]. Bioorg Med Chem Lett, 2016, 26（8）: 1877-1880.

[13] Kuang H X, Tang Z Q, Wang X G, et al. Chemical constituents from Sambucus williamsii Hance fruits and hepatoprotective effects in mouse hepatocytes [J]. Nat Prod Res, 2018, 32（17）: 2008-2016.

[14] 杜凤国，孙广仁，刘继宏. 接骨木果实营养成分的分析 [J]. 自然资源，1996，18（4）：45-48.

[15] Yang X J, Wong M S, Wang N L, et al. A new eudesmane derivative and a new fatty acid ester from Sambucus williamsii [J]. Chem Pharm Bull, 2006, 54（5）: 676-678.

[16] Yang X J, Wong M S, Wang N L, et al. Lignans from the stems of Sambucus williamsii and their effects on osteoblastic UMR106 cells [J]. J Asian Nat Prod Res, 2007, 9（7）: 583-591.

【药理参考文献】

[1] 董培良，闫雪莹，匡海学，等. 接骨木根皮抗炎镇痛作用的实验研究 [J]. 中医药学报，2008，36（5）：18-20.

[2] 杨洪梅，郑尹佳，戴赟. 接骨木抗炎活性部位及活性成分的初步研究 [J]. 时珍国医国药，2012，23（2）：338-339.

[3] 林晓影，杨炳友，何娅雯，等. 接骨木根皮促进骨折愈合有效部位拆分及抗炎作用的研究 [J]. 中医药信息，2016，33（3）：29-32.

[4] 杨炳友，何娅雯，朱晓清，等. 接骨木总苷片促进骨折愈合与抗炎作用研究 I [J]. 中国药房，2014，25（35）：3269-3272.

[5] 张奇. 酶法辅助乙醇提取制备接骨木多酚及其活性研究 [J]. 香料香精化妆品，2018，（2）：39-47.

[6] 张涛，孙华，王桂清. 接骨木提取物对灰葡萄孢菌的离体抑菌活性研究 [J]. 聊城大学学报（自然科学版），2011，24（3）：43-46.

[7] 苏新芳，闫晓荣，闫桂琴．接骨木叶黄酮提取工艺及体外抗氧化活性研究［J］．食品工业科技，2016，37（16）：242-247.
[8] 李安林，熊双丽．接骨木茎总黄酮的提取及 DPPH 自由基清除活性［J］．中国食品添加剂，2010，（5）：113-116.
[9] 冯文娟，崔玮琪，徐泽平，等．接骨木花青素的纯化工艺及清除 DPPH 自由基活性的研究［J］．中国酿造，2017，36（11）：134-137.
[10] 胡伟，李辉，刘克武．接骨木籽油抗氧化、降血糖和降血脂生物活性的研究［J］．中国林副特产，2018，（1）：1-7.
[11] 刘铮，吴静生，王敏伟，等．接骨木油的降血脂和抗衰老作用研究［J］．沈阳药科大学学报，1995，12（2）：127-129.
[12] 杨序娟．接骨木中抗骨质疏松活性成分的研究［D］．沈阳：沈阳药科大学硕士学位论文，2005.
[13] 杨序娟，王乃利，黄文秀，等．接骨木中的三萜类化合物及其对类成骨细胞 UMR106 的作用［J］．沈阳药科大学学报，2005，22（6）：449-457.
[14] 杨序娟．接骨木中的酚酸类化合物及其对大鼠类成骨细胞 UMR106 增殖及分化的影响［J］．中草药，2005，36（11）：1604-1607.
[15] 解芳．接骨木提取物抗骨质疏松作用及作用机理研究［D］．沈阳：沈阳药科大学博士学位论文，2005.
[16] Xie F，Wu C F，Zhang Y，et al. Increase in bone mass and bone strength by *Sambucus williamsii* Hance in ovariectomized rats［J］．Biological & Pharmaceutical Bulletin，2005，28（10）：1879-1885.
[17] Yang B，Lin X，Tan J，et al. Root bark of *Sambucus williamsii* Hance promotes rat femoral fracture healing by the BMP-2/Runx2 signaling pathway［J］．Journal of Ethnopharmacology，2016，191：107-114.
[18] 沈刚哲，胡荣．接骨木果油对小鼠学习记忆的影响［J］．中国中医药科技，2000（2）：103-104.
[19] 李铉万，沈刚哲，张善玉，等．接骨木果油抗癌作用的实验研究［J］．中国中医药科技，2000，7（2）：103.
[20] Kuang H，Tang Z，Wang X，et al. Chemical constituents from *Sambucus williamsii* Hance fruits and hepatoprotective effects in mouse hepatocytes［J］．Natural Product Research，2018，32（17）：2008-2016.

【临床参考文献】
[1] 赵明敬．接骨木配方治疗骨关节炎经验［J］．中国民族民间医药，2010，19（14）：212.

2. 荚蒾属 *Viburnum* Linn.

灌木，有时为小乔木。植株常被星状毛或簇状毛，有时无毛或被短柔毛。茎干有皮孔。冬芽裸露或有鳞片。单叶，对生，偶有 3 枚轮生；叶片全缘或有锯齿或牙齿，有时掌状分裂；叶有柄；托叶微小或不存在。花序顶生或侧生，通常由聚伞花序排成伞形、圆锥或伞房式复花序，很少紧缩成簇状，有时有白色大型的不孕边花或全部由大型不孕花组成；苞片和小苞片通常微小而早落；花小，两性；萼齿 5 枚；花冠白色，稀淡红色，辐射状、钟状、漏斗状或高脚碟状，裂片 5 枚，通常开展；雄蕊 5 枚，花药内向；子房 1 室，花柱粗短，柱头头状或（2）3 浅裂；胚珠 1 粒。核果卵球状或球状，具宿存的萼齿和花柱；果核扁平，内含 1 粒种子。

约 200 种，分布于温带和亚热带地区，亚洲和南美洲种类较多。中国约有 80 种，广泛分布于全国各地，以西南部种类最多，法定药用植物 2 种。华东地区法定药用植物 1 种。

912. 南方荚蒾（图 912）• *Viburnum fordiae* Hance

【别名】东南荚蒾。

【形态】落叶灌木或小乔木，高达 5m。幼枝、芽、叶柄、花序、花萼和花冠外面均被暗黄色或黄棕色星状绒毛。茎皮浅棕色，小枝灰棕色或黑褐色。冬芽卵球状，具 2 对鳞片。叶对生；叶片纸质至稍革质，宽卵形或菱状卵形，长 4～7（～9）cm，顶端钝或短尖至短渐尖，基部圆形至截形或宽楔形，边缘有小尖齿，基部常全缘，叶面初时被星状或叉状毛，有时散生具柄的红褐色微小腺体，后仅脉上有毛，稍光亮，

图 912　南方荚蒾　　　　　　　　　　　摄影　徐克学

叶背毛较密，侧脉 5～7（～9）对，直达齿端；叶柄长 5～15mm；无托叶。聚伞花序排成复伞形，顶生或生于具 1 对叶的侧生小枝顶端，直径 3～8cm；总花梗长 1～3.5cm，稀近无梗，辐射枝轮生，第一级通常 5 条，花生于第三至第四级辐射枝上；萼筒倒圆锥形，萼齿钝三角形；花冠白色，辐射状，直径（3.5～）4～5mm，裂片卵形，较筒长；雄蕊与花冠等长或略长，花药近圆形；花柱高出萼齿，柱头头状。果实红色，卵圆形，长 6～7mm；果核扁，有 2 条腹沟和 1 条背沟。花期 4～5 月，果期 10～11 月。

【生境与分布】生于山坡疏林或灌丛中，海拔数十米至 1300m。分布于安徽、浙江、江苏、江西、福建、另湖南、广东、广西、贵州、云南等地均有分布。

【药名与部位】满山红，根。

【采集加工】全年均可采收，洗净，切片，晒干。

【药材性状】呈不规则块片状。表面淡棕色或土黄色，较粗糙，具纵向细皱纹，外皮易脱落，直径 0.5～5.8cm，厚 0.5～0.8cm。质坚硬，断面皮部薄，灰棕色，木质部宽，类白色或红棕色，心材颜色较深，导管放射状。气微臭，味苦、涩。

【药材炮制】除去杂质，洗净，切厚片，干燥。

【化学成分】根含挥发油类：安息香酸（benzoic acid）、对 - 甲氧基桂皮酸乙酯（ethyl *p*-methoxycinnamate）、对 - 甲氧基桂皮酸甲酯（methyl *p*-methoxycinnamate）、α- 桉叶油醇（α-eudesmol）、大茴香醚（anethole）、枯茗醛（cumaldehyde）和 γ- 桉叶油醇（γ-eudesmol）等[1]。

茎含降倍半萜类：（3*R*, 9*R*）-3- 羟基 -7, 8- 二去氢 -β- 紫罗兰基 -9-*O*-α-D- 吡喃阿拉伯糖基 -（1→6）-β-D- 吡喃葡萄糖苷［（3*R*, 9*R*）-3-hydroxy-7, 8-didehydro-β-ionyl -9-*O*-α-D-arabinopyranosyl-（1→6）-β-D-glucopyranoside］、八角枫香堇苷 C（alangionoside C）和豌豆香堇苷（pisumionoside）[2]；酚苷类：裸柄吊钟花苷（koaburaside）、2-（4-*O*-β-D- 吡喃葡萄糖基）丁香酚基丙烷 -1, 3- 二醇［2-（4-*O*-β-D-glucopyranosyl syringylpropane-1, 3-diol〕、3, 5- 二甲氧基苄醇 -4-O-β-D- 吡喃葡萄糖苷（3, 5-dimethoxy benzyl alcohol-4-O-β-D-glucopyranoside）、3, 4, 5- 三甲氧基苄基 -β-D- 吡喃葡萄糖苷（3, 4, 5-trimethoxybenzyl-β-D-glucopyranoside）、熊果苷（arbutin）、红景天苷（salidroside）[2]、(7R, 8R) - 愈创木基甘油 -4-O-β-D-（6-O- 香草酰基）- 吡喃葡萄糖苷〔(7R, 8R)-guaiacylglycerol-4-O-β-D-(6-O-vanilloyl)-glucopyranoside〕、(7S, 8S) - 愈创木基甘油 -4-O-β-D-（6-O- 香草酰基）- 吡喃葡萄糖苷〔(7S, 8S)-guaiacylglycerol-4-O-β-D-(6-O-vanilloyl)-glucopyranoside〕、(7S, 8R) - 愈创木基甘油 -4-O-β-D-（6-O- 香草酰基）吡喃葡萄糖苷〔(7S, 8R)-guaiacylglycerol-4-O-β-D-(6-O-vanilloyl) glucopyranoside〕和松柏醇 -4-O-〔6-O-（4-O-β-D- 吡喃葡萄糖基）- 香草酰基〕-β-D- 吡喃葡萄糖苷 {coniferyl alcohol-4-O-〔6-O-（4-O-β-D-glucopyranosyl）-vanilloyl〕-β-D-glucopyranoside}[3]；木脂素类：7- 去甲芳基 -4′, 7- 环氧 -8, 5′- 新木脂素糖苷（7-noraryl-4′, 7-epoxy-8, 5′-neolignan glycoside）和去氢二松柏醇 -9′-O-β-D- 吡喃葡萄糖苷（dehydrodiconiferyl alcohol-9′-O-β-D-glucopyranoside）[3]。

叶含酚及其苷类：南方荚蒾酚苷（fordioside）、水杨苷（salicin）、土大黄苷元（rhapontigenin）和八角枫木脂苷 D（alangilignoside D）[4]。

果实含木脂素类：南方荚蒾木脂苷 A、B、C、D、E、F、G、H、I（viburfordoside A、B、C、D、E、F、G、H、I）、南方荚蒾新木脂素 A、B（fordiane A、B）、珊瑚菜苷 H（glehlinoside H）、去氢二松伯醇 -9′-O-β-D- 吡喃葡萄糖苷（dehydrodiconiferyl alcohol-9′-O-β-D-glucopyranoside）、(7S, 8R)-4, 9′- 二羟基 -3, 3′- 二甲氧基 -7, 8- 二氢苯并呋喃 -1′- 丙基新木脂素〔(7S, 8R)-4, 9′-dihydroxyl-3, 3′-dimethoxyl-7, 8-dihydrobenzofuran-1′-propylneolignan〕、(7R, 8S) - 愈创木基甘油 -8-O-4′- 芥子醇醚〔(7R, 8S)-guaiacylglycerol-8-O-4′-synapyl alcoholether〕、(7S, 8S) - 愈创木基甘油 -8-O-4′- 芥子醇醚〔(7S, 8S)-guaiacylglycerol-8-O-4′-synapyl alcoholether〕、(7S, 8S) - 愈创木基甘油 -8-O-4′- 芥子醇醚〔(7S, 8S)-guaiacylglycerol-8-O-4′-synapyl alcoholether〕、牛蒡酚 A（lappaol A）和异牛蒡酚 A（isolappaol A）[5]。

地上部分含木脂素类：南方荚蒾木脂醇 A、B、C（fordianole A、B、C）和（+）- 异落叶松树脂醇〔(+)-isolariciresinol〕[6]；酚及醇类：3-（4- 羟基 -3- 甲氧基苯基）丙烷 -1, 2- 二醇〔3-（4-hydroxy-3-methoxyphenyl）propane-1, 2-diol〕、1-（4- 羟基 -3- 甲氧基苯基）-1- 甲氧基丙烷 -2- 醇〔1-（4-hydroxy-3-methoxyphenyl）-1-methoxypropan-2-ol〕、苄醇（benzyl alcohol）和 3-（3, 4- 二羟基苯基）-4- 戊内酯〔3-（3, 4-dihydroxyphenyl）-4-pentanolide〕[6]；三萜类：熊果醇（uvaol）、古柯二醇（erythrodiol）、28- 去甲熊果 -12- 烯 -3β, 17β- 二醇（28-nor-urs-12-en-3β, 17β-diol）、2, 3-O- 异丙叉 -2α, 3α, 19α- 三羟基熊果 -12- 烯 -28- 酸（2, 3-O-isopropylidenyl-2α, 3α, 19α-trihydroxyurs-12-en-28-oic acid）、齐墩果酸（oleanolic acid）和羽扇豆醇（lupeol）[6]；降倍半萜类：大柱香波龙二烯 -3, 9- 二酮（megastigmadien-3, 9-dione）[6]；单萜类：黑麦草内酯（loliolide）、去氢黑麦草内酯（dehydrololiolide）和 2α- 羟基桉油素（2α-hydroxycineole）[6]；香豆素类：伞形花内酯（umbelliferone）[6]；酚醛及酸类：松柏醛（coniferyl aldehyde）、对羟基桂皮醛（p-hydroxylcinnamaldehyde）、3, 4- 二羟基苯甲酸甲酯（methyl 3, 4-dihydroxybenzoate）、原儿茶酸酯（protocatechuate）、香草醛（vanillin）、丁香醛（syringaldehyde）、（+）-2- 羟基 -1-（4- 羟基 -3- 甲氧基苯基）- 丙烷 -1- 酮〔(+)-2-hydroxy-1-（4-hydroxy-3-methoxypheny）-propan-1-one〕、对羟基苯甲醛（p-hydroxybenzaldehyde）和水杨酸（salicylic acid）[6]；醌类：氢醌（hydroquinone）[6]。

根和茎含酚类：7, 8- 双 -O- 异亚丙基 - 二氢丁香酚（7, 8-bis-O-isopropylidene-dihydroeugenol）[7]。

【药理作用】1. 抗氧化　叶中分离的化合物南方荚蒾苷（fordioside）、八角枫木脂苷 D（alangilignoside D）、水杨苷（salicin）和土大黄苷元（rhapontigenin）对 1, 1- 二苯基 -2- 三硝基苯肼（DPPH）自由基和超氧化物歧化酶（SOD）自由基具有很强的清除作用[1]；从地上部分分离的化合物南方荚蒾木脂醇 A、B（fordianole A、B）及 3-（3, 4- 二羟基苯）-4- 戊内酯〔3 -（3, 4-dihydroxyphenyl）-4-pentanolide〕对 1, 1- 二苯基 -2- 三硝基苯肼自由基、2, 2′- 联氮 - 二（3- 乙基 - 苯并噻唑 -6- 磺酸）二铵盐（ABTS）自由基均有一定的清除作用[2]。2. 抗炎　从地上部分分离的化合物 3-（3, 4- 二羟基苯）-4- 戊内酯、

（+）- 异落叶松树脂醇 [（+）-isolariciresinol]、松柏醛（coniferylaldehyde）、对羟基肉桂醛（*p*-hydroxyl cinnamaldehyde）和氢醌（hydroquinone）对脂多糖（LPS）诱导的 RAW264.7 细胞一氧化氮（NO）的释放有抑制作用[2]。**3. 抗真菌**　分离得到的化合物 7, 8- 二氧 - 异亚丙基 - 二羟基丁香油酚（7, 8-bis-*O*-isopropylidene-dihydroeugenol）对黑曲霉的生长具有一定的抑制作用[3]。

【**性味与归经**】苦，涩，凉。归肺、脾经。

【**功能与主治**】祛风清热，散瘀活血。用于感冒、发热、月经不调、风湿痹痛、跌打损伤、骨折、湿疹。

【**用法与用量**】15 ～ 30g，水煎服或泡酒服；外用适量，捣碎外敷或煎水洗。

【**药用标准**】广西壮药 2011 二卷。

【**化学参考文献**】

[1] 朱小勇，卢汝梅，陆桂枝，等 . 南方荚蒾挥发油化学成分的气相色谱 - 质谱联用分析 [J]. 时珍国医国药，2011，22（2）：317-318.

[2] Shao J H，Chen J，Zhao C C，et al. Insecticidal and α-glucosidase inhibitory activities of chemical constituents from *Viburnum fordiae* Hance [J]. Natl Prod Res，2019，33（18）：2662-2667.

[3] Chen J，Shao J H，Zhao C H，et al. A novel norneolignan glycoside and four new phenolic glycosides from the stems of *Viburnum fordiae* Hance [J]. Holzforschung，2018，72（4）：259-266.

[4] Wu B，Zheng X T，Qu H B，et al. Phenolic glycosides from *Viburnum fordiae* Hance and their antioxidant activities [J]. Letters in Organic Chemistry，2008，5（4）：324-327.

[5] Zhao C C，Chen J，Shao J H，et al. Neolignan constituents with potential beneficial effects in prevention of type 2 diabetes from *Viburnum fordiae* Hance fruits [J]. J Agric Food Chem，2018，66（40）：10421-10430.

[6] Chen J，Shao J H，Zhao C C，et al. Chemical constituents from *Viburnum fordiae* Hance and their anti-inflammatory and antioxidant activities [J]. Arch Pharm Res，2018，41（6）：625-632.

[7] Chen J，Huang X H，Shan J H，et al. A new phenolic compound with antifungal activity from *Viburnum fordiae* [J]. Chem Nat Compd，2016，52（2）：222-223.

【**药理参考文献**】

[1] Wu B. Phenolic glycosides from *Viburnum fordiae* Hance and their antioxidant activities [J]. Letters in Organic Chemistry，2010，5（4）：324-327.

[2] Chen J，Shao J，Zhao C，et al. Chemical constituents from *Viburnum fordiae* Hance and their anti-inflammatory and antioxidant activities [J]. Archives of Pharmacal Research，2018，41（6）：625-632.

[3] Chen J，Huang X H，Shao J H，et al. A new phenolic compound with antifungal activity from *Viburnum fordiae* [J]. Chemistry of Natural Compounds，2016，52（2）：222-223.

3. 忍冬属 *Lonicera* Linn.

直立或矮小灌木，有时为缠绕藤本，稀小乔木状，落叶或常绿。枝髓部白色或黑褐色，有时中空，老枝树皮常呈条状剥落。冬芽有 1 至多对鳞片，顶芽有时退化而代以 2 侧芽。叶对生，稀 3（4）枚轮生，全缘，极少具齿或分裂；无托叶，稀具叶柄间托叶或呈条状凸起，有时花序下的 1 ～ 2 对叶相连成盘状。花通常成对生于腋生的花序梗顶端，称"双花"，或花无柄而 3 ～ 6 朵轮生于小枝顶；每双花有苞片和小苞片各 1 对，小苞片有时联合成杯状或坛状而包被萼筒，稀缺失；相邻两萼筒分离或部分至全部联合，萼檐 5 裂，常不相等；花冠白色、黄色、淡红色或紫红色，钟状、筒状或漏斗状，整齐或近整齐，（4）5 裂，或二唇形而上唇 4 裂，花冠筒基部常一侧肿大呈囊状，很少有长距；雄蕊 5 枚，花药丁字着生；子房 2 或 3（～ 5）室。浆果红色、蓝黑色或黑色，具少数至多数种子。

约 180 种，分布于亚洲、欧洲、北美洲和非洲北部的温带和亚热带地区。中国 57 种，广布于全国各地，以西南最多，法定药用植物 14 种。华东地区法定药用植物 6 种。

分种检索表

1. 花双生于花序梗顶端，稀 1 枚不发育，对生二叶均不相连成盘状。
   2. 直立灌木 ·· 金银忍冬 L. maackii
   2. 木质藤本。
      3. 叶下面无毛或多少被糙毛，毛间有空隙。
         4. 苞片大，叶状 ·· 忍冬 L. japonica
         4. 苞片小，非叶状。
            5. 花冠长 3cm 以下 ·· 淡红忍冬 L. acuminata
            5. 花冠长 3.5～4.5cm ·· 菰腺忍冬 L. hypoglauca
      3. 叶下面被灰白色或有时带灰黄色短糙毛，毛间无空隙 ··············· 灰毡毛忍冬 L. macranthoides
1. 花呈轮生状，通常每轮 6 枚，1 至数轮集成头状花序生于小枝顶端，花序下的 1～2 对叶片常相连成盘状 ··· 盘叶忍冬 L. tragophylla

913. 金银忍冬（图 913）• *Lonicera maackii*（Rupr.）Maxim.

图 913　金银忍冬　　　　摄影　李华东

【别名】金银木（通称），鸡骨头（江苏），胯把树（安徽、江苏）。

【形态】落叶灌木，株高达 6m。幼枝、叶两面脉上、叶柄、苞片、小苞片及萼檐外面都被短柔毛和微腺毛。小枝初时髓黑褐色，后变中空。冬芽卵球形，有数对鳞片。叶片纸质，通常卵状椭圆形至卵状披针形，长3～8cm，顶端渐尖或长渐尖，基部宽楔形至圆形；叶柄长2～5（～9）mm。花芳香，双生于幼枝叶腋；花序梗较叶柄短；苞片条形，有时叶状；小苞片多少联合成对，约1mm，顶端截形，有缘毛；相邻两萼筒分离，萼钟状，萼齿宽三角形，不相等；花冠白色，后变黄色，二唇形，长（1～）2cm，筒长4～5mm，上唇4裂，下唇下弯；雄蕊与花柱伸出花冠筒外，短于花冠，花药黄色，条形，丁字着生。浆果暗红色，圆形，直径5～6mm；种子具蜂窝状微小浅凹点。花期5～6月，果期8～10月。

【生境与分布】生于林中或林缘灌木丛中，海拔100～1800（～3000）m。分布于安徽、江苏、山东、浙江、另甘肃、贵州、河北、黑龙江、河南、湖北、湖南、吉林、辽宁、陕西、山西、四川、西藏、云南等地均有分布；朝鲜、日本和俄罗斯远东地区也有分布。

【药名与部位】忍冬果，成熟果实。金银忍冬叶，叶。

【采集加工】忍冬果：秋冬季果实成熟时采集，除去杂质，晾干或晒干。

【药材性状】忍冬果：呈圆形或椭圆形，直径约5mm。表面皱缩，橘红色，顶端有花被残基，基部有果梗，果皮薄。气芳香，味甘、微苦。

金银忍冬叶：多破碎，叶片完整者卵状椭圆形至卵状披针形，长4～8cm，宽2.5～4cm，先端长渐尖，基部阔楔形，全缘，沿脉有疏短毛。叶柄长3～5mm，有腺毛及柔毛。

【药材炮制】忍冬果：除去杂质，阴干。金银忍冬叶：除去杂质，洗净，切丝，干燥。

【化学成分】花含黄酮类：芦丁（rutin）、金丝桃苷（hyperoside）、忍冬苷（lonicerin）和木犀草苷（luteoloside）[1]；挥发油类：（-）-异长叶醇[（-）-isolongifolol]、2,7,10-三甲基十二烷（2,7,10-trimethyl dodecane）和邻苯二甲酸二丁酯（dibutyl phthalate）[2]；脂肪酸酯类：二十四烷酸甲酯（methyl tetracosanoate）等[2]；环烯醚萜类：马钱酸（logaric acid）、马钱苷，即马钱素（loganin）、莫诺苷（morroniside）、开环氧化马钱素（secoxyloganin）、8-表马钱苷（8-epiloganin）、7-表马钱苷（7-epiloganin）、马钱子苷（cuchiloside）、沃格闭花木苷（vogeloside）和表沃格闭花木苷（epi-vogeloside）[1]；苯丙素类：5-O-咖啡酰基奎宁酸（5-O-caffeoyl quinic acid）、异绿原酸A、B、C（isochlorogenic acid A、B、C）[1]和绿原酸（chlorogenic acid）[1,3]；三萜类：3β-羟基齐墩果-12-烯-27-酸（3β-hydroxyolean-12-en-27-oic acid）、3β-羟基齐墩果-12-烯-27-酸乙酯（3β-hydroxyolean-12-en-27-oic acid ethyl ester）、3β-羟基熊果-12-烯-28-酸乙酯（3β-hydroxyurs-12-en-28-oic acid ethyl ester）、高根二醇（erythrodiol）和熊果醇（uvaol）[3]；甾体类：胡萝卜苷（daucosterol）[3]。

叶含黄酮类：木犀草素（luteolin）、金圣草素（chrysoeriol）、山柰酚-3-O-β-D-吡喃葡萄糖苷（kaempferol-3-O-β-D-glucopyranoside）、芦丁（rutin）[4]、山柰酚（kaempferol）、芹菜素（apigenin）、金丝桃苷（hyperoside）、芹菜素-7-O-β-D-吡喃葡萄糖苷（apigenin-7-O-β-D-glucopyranoside）、金圣草素-4'-O-β-D-葡萄糖苷（chrysoeriol-4'-O-β-D-glucoside）[5]、柚皮素（naringenin）、六羟基穗花双黄酮（hexahydroxyamentoflavone）、5,7,4'-三羟基黄酮（5,7,4'-trihydroxyflavone）、单-O-甲基穗花双黄酮（mono-O-methylamentoflavone）、二-O-甲基穗花双黄酮（di-O-methylamentoflavone）、三-O-甲基穗花双黄酮（tri-O-methylamentoflavone）[6]、翠雀花素-3-葡萄糖苷（delphinidin-3-glucoside）、矢车菊素-3-（2″-木糖基葡萄糖苷）-5-葡萄糖苷[cyanidin-3-（2″-xylosyl glucoside）-5-glucoside][7]、木犀草素-7-O-β-D-吡喃葡萄糖苷（luteolin-7-O-β-D-glucopyranoside）[5,8]和橙皮素-7-O-葡萄糖苷（hesperetin-7-O-glucoside）[8]；环烯醚萜类：开环马钱素酸（secologanin acid）、獐牙菜苷（sweroside）[5]、开环马钱素二甲基缩醛（secologanin dimethylacetal）、表-断马钱子苷半缩醛内酯（epi-vogeloside）和断马钱子苷半缩醛内酯（vogeloside）[8]；苯丙素类：绿原酸甲酯（methyl chlorogenate）、绿原酸（chlorogenic acid）[4]和3,5-O-二咖啡酰基奎宁酸甲酯（methyl 3,5-O-dicaffeoylquinate）[5]；三萜类：齐墩果酸（oleanolic acid）[5]；甾体类：β-谷甾醇（β-sitosterol）和胡萝卜苷（daucosterol）[5]；香豆素类：滨蒿内酯（scoparone）[2]。

挥发油类：（-）-异长叶醇[（-）-isolongifolol]、2,7,10-三甲基十二烷（2,7,10-trimethyl dodecane）、（E）-乙基-3-己烯碳酸酯[（E）-ethyl-3-hexenyl carbonate]、2,3-二氢-4,4-二甲基吲哚-4-醇-2-酮（2,3-dihydro-4,4-dimethyl indole-4-ol-2-one）、苯乙醛（benzeneacetaldehyde）、5-（1-甲基-丙基）壬烷[5-（1-methyl propyl）nonane]、1,2,3,4-四甲基苯（1,2,3,4-tetramethyl benzene）、萘（naphthalene）和2-（1-甲基乙基）-环己醇[2-（1-methyl ethyl）-cyclohexanol]等[2]。

果实含三萜类：熊果酸乙酯（ethyl ursolate）、古柯二醇（erythrodiol）、3β-羟基齐墩果-12-烯-27-酸（3β-hydroxyolean-12-en-27-oic acid）、3β-羟基-12-烯-27-齐墩果乙酯（ethyl 3β-hydroxyolean-12-en-27-oate）、熊果醇（uvaol）[9]、长春藤皂苷元（hederagenin）、4-表长春藤皂苷元（4-epihederagenin）和齐墩果酸（oleanolic acid）[9,10]；甾体类：胡萝卜苷（daucosteol）[9]、β-谷甾醇（β-sitosterol）和豆甾醇（stigmasterol）[9,10]；糖类：葡萄糖（glucose）和蔗糖（sucrose）[10]；脂肪酸酯类：1,3-二羟基丙基（9Z,12Z）-十八-9,12-二烯酸酯[1,3-dihydroxylpropyl（9Z,12Z）-octadeca-9,12-dienate]、1,3-二羟基丙基（9E,12E）-十八-9,12-二烯酸酯[1,3-dihydroxylpropyl（9E,12E）-octadeca-9,12-dienate]和软脂酸甘油酯（tripalmitin）[9]；环烯醚萜类：开环马钱素二甲基缩醛（secologanin dimethylaceta）、开环马钱素（secologanin）和开环氧化马钱素（secoxyloganin）[11]；醇苷类：苯甲基-O-β-D-吡喃木糖基-（1→6）-β-D-吡喃葡萄糖苷[benzyl-O-β-D-xylopyranosyl-（1→6）-β-D-glucopyranoside][11]；挥发油类：3,7-二甲基-3,8-二氢辛烯（3,7-dimethyl-3,8-dihydro-octene）、（E）-2,6-二甲基辛-2,7-二烯-1-醇[（E）-2,6-dimethylocta-2,7-dien-1-ol]和1-乙酰-2-甲基-5-（2-乙烯环氧乙烷-2-基）戊酯[1-acetyl-2-methyl-5-（2-vinyloxiran-2-yl）pentan ester][9]。

【药理作用】1.抗氧化　果实中分离的多糖可有效清除羟自由基（•OH）、超氧阴离子自由基（O_2^-•）、1,1-二苯基-2-三硝基苯肼（DPPH）自由基，且多糖浓度越大其清除作用越明显，说明其具有抗氧化作用[1]；邻二氮菲-Fe^{2+}氧化法实验发现，果实中黄酮类化合物的抗氧化作用明显优于一定浓度的维生素C（VC）[2]。2.抗菌　鲜叶及鲜花的正己烷提取物对金黄色葡萄球菌、大肠杆菌和枯草芽孢杆菌的生长具有一定的抑制作用[3]。

【性味与归经】忍冬果：甘、微苦、凉。归心、肝经。金银忍冬叶：辛、苦。归肺、脾经。

【功能与主治】忍冬果：清热解毒。用于热毒疮痈，温病热扰心神之心烦失眠。金银忍冬叶：镇咳，消炎，祛痰，平喘。用于急、慢性支气管炎，感冒咳嗽。

【用法与用量】忍冬果：15～20g。金银忍冬叶：15～25g。

【药用标准】忍冬果：四川药材2010；金银忍冬叶：黑龙江药材2001。

【临床参考】小儿肺炎：果实加黄芩制成颗粒（每包相当于生药11g）口服，每次小儿1岁服半包（按年龄递增），每日3次[1]。

【化学参考文献】

[1] 朱姮, 崔莉, 刘倩, 等. HPLC-DAD-ESI-Q-TOFMS法测定金银忍冬花中的化学成分[J]. 中草药, 2017, 48（11）：2300-2305.

[2] 高欣妍, 王海英, 刘志明, 等. 金银忍冬提取物的挥发性成分及抑菌活性分析[J]. 生物质化学工程, 2018, 52（1）：10-16.

[3] Yong J P, Lu C H, Huang S J. Chemical Constituents of *Lonicera maackii*[J]. Chem Nat Compd, 2014, 50（5）：945-947.

[4] 马俊利. 金银忍冬叶化学成分的分离与鉴定[J]. 亚太传统医药, 2013, 9（2）：33-34.

[5] 马俊利, 李金双. 金银忍冬叶的化学成分研究[J]. 现代药物与临床, 2013, 28（4）：476-479.

[6] Sultana S, Kamil M, Ilyas M. Chemical investigation of *Lonicera maackii*[J]. J Indian Chem Soc, 1984, 61（8）：730.

[7] Jordheim M, Giske N H, Andersen O M. Anthocyanins in Caprifoliaceae[J]. Biochem Syst Ecol, 2007, 35（3）：153-159.

[8] Kim S M, Won Y H, Jeong K, et al. Chemical constituents of *Lonicera maackii* leaves [J]. Saengyak Hakhoechi, 2016, 47(2): 117-121.

[9] 王玉莉, 杨立, 罗国安, 等. 金银忍冬果实非环烯醚萜苷类化学成分研究 [J]. 天然产物研究与开发, 2007, 19(1): 51-54.

[10] Yong J P, Wu X Y, Lu C Z. Chemical constituents isolated from the fruits of *Lonicera maackii* [J]. Chem Nat Compd, 2014, 50(4): 765-766.

[11] 王广树, 周小平, 袁升杰, 等. 金银忍冬果实中化学成分的研究 [J]. 中国药物化学杂志, 2010, 20(3): 211-213.

【药理参考文献】

[1] 王英臣. 金银木果实中多糖的提取及其抗氧化性 [J]. 贵州农业科学, 2012, 40(7): 92-93.

[2] 李蜀眉, 付忠实, 李玲, 等. 金银木果中黄酮类化合物的提取及性能的研究 [J]. 内蒙古农业大学学报(自然科学版), 2012(5-6): 237-240.

[3] 高欣妍, 王海英, 刘志明, 等. 金银忍冬提取物的挥发性成分及抑菌活性分析 [J]. 生物质化学工程, 2018, 52(1): 10-16.

【临床参考文献】

[1] 焦玉成, 卢志. "金银忍冬冲剂"治疗小儿肺炎100例疗效观察 [J]. 黑龙江中医药, 1986, (5): 38.

914. 忍冬(图914) • *Lonicera japonica* Thunb.

图914 忍冬　　　　摄影　赵维良等

【别名】金银花(通称), 银花藤(江西婺源、浮梁), 金银藤(江西铅山), 二宝花、双花(江苏),

二色花藤（上海），子风藤（浙江丽水），蜜桶藤（江西铅山），鸳鸯藤（福建）。

【形态】半常绿藤本。小枝、叶柄和花序梗常密被开展的黄褐色硬毛，并散生长腺毛。叶片纸质，卵形或长圆形至披针形，长3～8cm，顶端尖或渐尖，少有钝齿、圆齿或微凹缺，基部圆形或近心形，有糙缘毛，幼叶通常两面密被短糙毛；叶柄长3～8mm。花芳香，常成对生于小枝上部叶腋，花序梗与叶柄等长或稍短；苞片大，叶状，长达2～3cm；小苞片顶端圆形或截形，长约1mm，有短糙毛和腺毛；萼筒长约2mm，无毛，萼齿顶端尖，有长毛，外面和边缘都有密毛；花冠二唇形，白色，有时基部带紫红色，后逐渐变成黄色，长2～5cm，外面散生长腺毛，筒稍长于唇瓣，上唇常不规则4裂，裂片顶端钝，下唇带状而下弯；雄蕊和花柱无毛，近等于或超出花冠。浆果球形，直径6～7mm，熟时黑色，有光泽。花期4～6月，果期10～11月。

【生境与分布】生于山坡路边、灌丛、疏林中或石砾坡，海拔可达1500m。分布于华东各地，另甘肃、广东、广西、贵州、河北、河南、湖北、湖南、吉林、辽宁、陕西、山西、四川、云南、台湾等地均有分布，也常栽培；日本和朝鲜也有分布，在北美洲逸生为入侵植物。

【药名与部位】银花子，成熟果实。金银花，花蕾或带初开花。金银花叶（忍冬叶），叶。忍冬藤（金银藤），茎枝。

【采集加工】银花子：8～9月果实成熟时采收，晒干。金银花：夏初花开放前采收，干燥。金银花叶：夏、秋二季采摘花蕾后采收，晒干。忍冬藤：秋、冬二季采割，干燥。

【药材性状】银花子：呈卵圆形、椭圆形或圆球形，直径0.5～1cm。表面棕黑色至黑色，具网状皱纹，顶端有花柱残基，基部具果梗痕。果壳质硬而脆，种子多数，棕褐色，扁卵圆形或椭圆形。气微，味微甘。

金银花：呈棒状，上粗下细，略弯曲，长2～4cm，上部直径约3mm，下面直径约1.5mm。花冠黄白色或绿白色，储久色渐深，密被短柔毛和长柄腺毛。花萼绿色，萼筒无毛，萼齿5，有毛。开放者花冠筒状，先端二唇形；雄蕊5，附于筒壁，黄色；雌蕊1，花柱无毛。气清香，味淡、微苦。

金银花叶：多皱缩或破碎。完整叶展平后呈卵圆形或长卵形，长2～8cm，宽1～5cm。先端尖，基部圆钝，边缘整齐。上表面绿色或带紫褐色，下表面灰绿色，主脉淡黄色，于下表面突起，侧脉羽状，小脉网状。叶柄短，两面、边缘和叶柄均被短柔毛。纸质，易破碎。气微，味微苦。

忍冬藤：呈长圆柱形，多分枝，常缠绕成束，直径1.5～6mm。表面棕红色至暗棕色，有的灰绿色，光滑或被茸毛；外皮易剥落。枝上多节，节间长6～9cm，有残叶和叶痕。质脆，易折断，断面黄白色，中空。气微，老枝味微苦，嫩枝味淡。

【质量要求】金银花：色金黄或淡黄，无梗、叶。忍冬藤：色青白，无霉黑。

【药材炮制】金银花：除去叶等杂质。筛去灰屑。炒金银花：取金银花饮片，炒至表面微具焦斑时，取出，摊凉。金银花炭：取金银花饮片，炒至浓烟上冒，表面焦黑色时，微喷水，灭尽火星，取出，晾干。

忍冬藤：除去叶等杂质及直径1cm以上者，洗净，润软，切段，干燥。

【化学成分】花和花蕾含酚酸及醇苷类：原儿茶酸（protocatechuic acid）[1,2]，(−)-2-羟基-5-甲氧基苯甲酸-2-O-β-D-(6-O-苄基)-吡喃葡萄糖苷[(−)-2-hydroxy-5-methoxybenzoic acid-2-O-β-D-(6-O-benzoyl)-glucopyranoside]、(−)-4-羟基-3,5-二甲氧基苯甲酸-4-O-β-D-(6-O-苄基)-吡喃葡萄糖苷[(−)-4-hydroxy-3,5-dimethoxybenzoic acid-4-O-β-D-(6-O-benzoyl)-glucopyranoside]、(−)-4-羟基-3-甲氧基苯酚-β-D-{6-O-[4-O-(7S,8R)-(4-羟基-3-甲氧基苯基甘油-8-基)-3-甲氧基苯甲酰基]}-吡喃葡萄糖苷{(−)-4-hydroxy-3-methoxyphenol-β-D-{6-O-[4-O-(7S,8R)-(4-hydroxy-3-methoxyphenylglycerol-8-yl)-3-methoxybenzoyl]}-glucopyranoside}[3]、苄醇-β-D-吡喃葡萄糖苷（benzyl alcohol-β-D-glucopyranoside）、对羟基苯甲醛（4-hydroxybenzaldehyde）[4]，香草酸-4-O-β-D-(6-O-苯甲酰基)-吡喃葡萄糖苷[vanillic acid-4-O-β-D-(6-O-benzoyl)-glucopyranoside][5]，苄基-2-O-β-D-吡喃葡萄糖基-2,6-二羟基苯甲酸酯（benzyl-2-O-β-D-glucopyranosyl-2,6-dihydroxybenzoate）、龙胆酸-5-O-β-D-吡喃葡萄糖苷（gentisic acid-5-O-β-D-glucopyranoside）[4,5]，对羟基苯甲酸（p-hydroxybenzoic acid）[6]和苯乙醇-β-D-吡喃木糖基-

（1″→6′）-β-D-吡喃葡萄糖苷［benzyl alcohol β-D-xylopyranosyl-（1″→6′）-β-D-glucopyranoside］[7]；黄酮类：芹菜素（apigenin）、5-羟基-6,7,8,4′-四甲氧基黄酮（5-hydroxy-6,7,8,4′-tetramethoxyflavone）[2]，芹菜素-7-O-α-L-吡喃鼠李糖苷（apigenin-7-O-α-L-rhamnopyranoside）、木犀草素-3′-O-L-鼠李糖苷（luteolin-3′-O-L-rhamnoside）[4]、忍冬黄酮D（Japoflavone D）[8]、金丝桃苷（hyperoside）[2,9]、槲皮素-3-O-β-D-葡萄糖苷（quercetin-3-O-β-D-glucoside）[10,11]、芦丁（rutin）[9,11]、槲皮素-7-O-β-D-葡萄糖苷（quercetin-7-O-β-D-glucoside）[11]、木犀草素-7-O-葡萄糖苷（luteolin-7-O-glucoside）、山奈酚-3-O-葡萄糖苷（kaempferol-3-O-glucoside）[12]、木犀草素（luteolin）、槲皮素（quercetin）[9,11,12]、5-羟基-7,3′,4′-三甲氧基黄酮（5-hydroxy-7,3′,4′-trimethoxyflavone）[2,13]、5-羟基-7,4′-二甲氧基黄酮（5-hydroxyl-7,4′-dimethoxyflavone）、忍冬苷（lonicerin）、5,7,3′,4′-四羟基黄酮醇-3-O-β-D-葡萄糖苷（5,7,3′,4′-tetrahydroxyflavonol-3-O-β-D-glucoside）[13]、野漆树苷（rhoifolin）、黄槲寄生苷B（flavoyadorinin B）[14]、小麦黄素（tricin）、刺槐素（acacetin）、槲皮素-3′-O-甲酯（quercetin-3′-O-methyl ether）[15]、金圣草素（chrysoeriol）、金圣草素-7-O-β-D-吡喃葡萄糖苷（chrysoeriol-7-O-β-D-glucopyranoside）、异鼠李素-3-O-β-D-吡喃葡萄糖苷（isorhamnetin-3-O-β-D-glucopyranoside）[16]、次大风子素（hydnocarpin）[17]和5-羟基-7,3′,4′,5′-四甲氧基黄酮（5-hydroxy-7,3′,4′,5′-tetramethoxyflavone），即伞花耳草素（corymbosin）[13,18]；倍半萜和降倍半萜类：脱落酸（abscisic acid）[4]、刺马钱子苷*（stryspinoside）、水团花苷*A（adinoside A）[4,5]，（R）-去羟基脱落醇-β-D-呋喃芹糖基-（1″→6′）-β-D-吡喃葡萄糖苷［（R）-dehydroxyabscisic alcohol-β-D-apiofuranosyl-（1″→6′）-β-D-glucopyranoside］和（-）-（1S,2R,6R,7R）-1,2,6-三甲基-8-羟甲基三环［5.3.1.02,6］-十一碳-8-烯-10-酮-β-D-呋喃芹糖基-（1″→6′）-β-D-吡喃葡萄糖苷｛（-）-（1S,2R,6R,7R）-1,2,6-trimethyl-8-hydroxymethyltricyclic［5.3.1.02,6］-undec-8-en-10-one-β-D-apiofuranosyl-（1″→6′）-β-D-glucopyranoside｝[19]；环烯醚萜类：二甲基裂环药代马钱子苷（dimethyl secoxyloganoside）、酮基马钱子苷（ketologanin）[5]、开环氧化马钱苷（secoxyloganin）、开环马钱子酸（secologanic acid）、7-O-乙基当药苷（7-O-ethylsweroside）、马钱苷（loganin）、当药苷（swertianolin）、醛醇裂环马钱子苷（aldosecologanin）[12]、7-表马钱子苷（7-epiloganin）、獐牙菜苷（sweroside）、7-表裂环马钱子苷半缩醛内酯（7-epi-vogeloside）[6]、裂环马钱苷（secologanin）、裂环马钱子苷二甲基乙缩醛（secologanin dimethyl acetal）、四乙酰断马钱子苷-7-甲酯（secologanoside-7-methyl ester）、金吉苷（kingiside）、莫诺苷（morroniside）、忍冬属环烯醚萜内酯A、B（loniceracetalide A、B）、8-表马钱子苷（8-epi-loganin）、裂环马钱子苷半缩醛内酯（vogeloside）、表裂环马钱子苷半缩醛内酯（epi-vogeloside）[20]、二甲基四乙酰裂环番木鳖苷（dimethylsecologanoside）[21]、四乙酰裂环番木鳖苷（secologanoside）、裂环番木鳖酸（secologanic acid）[22]、去氢莫诺苷（dehydromorroniside）[23]和忍冬苯基环烯醚萜*A、B、C、D（loniphenyruviridoside A、B、C、D）[24]；三萜类：熊果酸（ursolic acid）[4]、3-O-［α-L-鼠李吡喃糖基（1→2）-α-L-阿拉伯吡喃糖基］-28-O-［β-D-吡喃葡萄糖基（1→6）-β-吡喃葡萄糖基齐墩果酸｛3-O-[α-L-rhamnopyranosy(1→2)-α-L-arabinopyranosyl]-28-O-[β-D-glucopyranosyl(1→6)-β-glucopyranosyl] oleanolic acid｝[13]、齐墩果酸-28-O-α-L-吡喃鼠李糖基-（1→2）-[β-D-吡喃木糖基-（1→6）]-β-D-吡喃葡萄糖基酯｛oleanolic acid-28-O-α-L-rhamnopyranosyl-（1→2）-[β-D-xylopyranosyl-（1→6）]-β-D-glucopyranosyl ester｝[16]、忍冬苦苷A、B、C、D、E（loniceroside A、B、C、D、E）[25]、3-O-β-D-吡喃葡萄糖基-（1→4）-β-D-吡喃葡萄糖基-（1→3）-α-L-吡喃鼠李糖基-（1→2）-α-L-吡喃阿拉伯糖基常春皂苷元-28-O-β-D-吡喃葡萄糖基-（1→6）-β-D-吡喃葡萄糖基酯［3-O-β-D-glucopyranosyl-（1→4）-β-D-glucopyranosyl-（1→3）-α-L-rhamnopyranosyl-（1→2）-α-L-arabinopyranosyl hederagenin-28-O-β-D-glucopyranosyl-（1→6）-β-D-glucopyranosyl ester］、常春皂苷元-3-O-α-L-吡喃鼠李糖基-（1→2）-α-L-吡喃阿拉伯糖苷［hederagenin-3-O-α-L-rhamnopyranosyl-（1→2）-α-L-arabinopyranoside］、3-O-α-L-吡喃鼠李糖基-（1→2）-α-L-吡喃阿拉伯糖基常春皂苷元-28-O-β-D-吡喃木糖基-（1→6）-β-D-吡喃葡萄糖基酯［3-O-α-L-rhamnopyranosyl-（1→2）-α-L-arabinopyranosyl hederagenin-28-O-β-D-xylopyranosyl-

（1→6）-β-D-glucopyranosyl ester］、3-O-α-L- 吡喃鼠李糖基 -（1→2）-α-L - 吡喃阿拉伯糖基常春皂苷元 -28-O-β-D- 吡喃葡萄糖基 -（1→6）-β-D- 吡喃葡萄糖基酯［3-O-α-L-rhamnopyranosyl-（1→2）-α-L-arabinopyranosyl hederagenin-28-O-β-D-glucopyranosyl-（1→6）-β-D-glucopyranosyl ester］、3-O-α-L- 吡喃鼠李糖基 -（1→2）-α-L- 吡喃阿拉伯糖基常春皂苷元 -28-O-α-L- 吡喃鼠李糖基 -（1→2）-［β-D- 吡喃木糖基 -（1→6）］-β-D- 吡喃葡萄糖基酯 {3-O-α-L-rhamnopyranosyl-（1→2）-α-L-arabinopyranosyl hederagenin-28-O-α-L-rhamnopyranosyl-（1→2）-［β-D-xylopyranosyl-（1→6）］-β-D-glucopyranosyl ester}、3-O-β-D- 吡喃葡萄糖基 -（1→3）-α-L- 吡喃鼠李糖基 -（1→2）-α-L- 吡喃阿拉伯糖基常春皂苷元 -28-O-β-D- 吡喃葡萄糖基 -（1→6）-β-D- 吡喃葡萄糖基酯［3-O-β-D-glucopyranosyl-（1→3）-α-L-rhamnopyranosyl-（1→2）-α-L-arabinopyranosyl hederagenin-28-O-β-D-glucopyranosyl-（1→6）-β-D-glucopyranosyl ester］[26]和野甘草酸（dulcioic acid）[27]；木脂素类：（-）- 南烛木树脂酚 -9-O-β-D- 吡喃葡萄糖苷［（-）-lyoniresinol-9-O-β-D-glucopyranoside］和（+）- 南烛木树脂酚 -9-O-β-D- 吡喃葡萄糖苷［（+）-lyoniresinol-9-O-β-D-glucopyranoside］[4]；苯丙素类：阿魏酸（ferulic acid）[1]，4- 羟基桂皮酸（4-hydroxycinnamic acid）、咖啡酸乙酯（ethyl caffeate）[2]，（-）-（E）-3, 5- 二甲氧基苯基丙烯酸 -4-O-β-D-（6-O- 苄基）- 吡喃葡萄糖苷［（-）-（E）-3, 5-dimethoxyphenylpropenoic acid-4-O-β-D-（6-O-benzoyl）-glucopyranoside］、（-）-（7S, 8R）-4- 羟基苯基甘油 -9-O-β-D-［6-O-（E）-4- 羟基 -3, 5- 二甲氧基苯基丙烯酰基］- 吡喃葡萄糖苷 {（-）-（7S, 8R）-4-hydroxyphenylglycerol-9-O-β-D-［6-O-（E）-4-hydroxy-3, 5-dimethoxyphenylpropenoyl］-glucopyranoside}、（-）-（7S, 8R）-4- 羟基 -3- 甲氧基苯基甘油 -9-O-β-D-［6-O-（E）-4- 羟基 -3, 5- 二甲氧基苯基丙烯酰基］- 吡喃葡萄糖苷 {（-）-（7S, 8R）-4-hydroxy-3-methoxyphenylglycerol-9-O-β-D-［6-O-（E）-4-hydroxy-3, 5-dimethoxyphenylpropenoyl］-glucopyranoside}[3]，丁香酚 -β-D- 吡喃葡萄糖苷（eugenyl-β-D-glucopyranoside）、丁香酚 -β- 吡喃木糖基 -（1→6）-β- 吡喃葡萄糖苷［eugenyl-β-xylopyranosyl-（1→6）-β-glucopyranoside］、反式桂皮酸（trans-cinnamic acid）[4]、咖啡酸（caffeic acid）、绿原酸（chlorogenic acid）[1,5]、绿原酸甲酯（methyl chlorogenate）、3, 4- 二 -O- 咖啡酰奎尼酸（3, 4-di-O-caffeoylquinic acid）、咖啡酸 -4-O-β-D- 吡喃葡萄糖苷（caffeic acid-4-O-β-D-glucopyranoside）、紫丁香苷（syringin）[5]、4-O- 咖啡酰奎尼酸（4-O-caffeoylquinic acid）、5-O- 咖啡酰奎尼酸（5-O-caffeoylquinic acid）、3, 5- 二 -O- 咖啡酰奎尼酸（3, 5-di-O-caffeoylquinic acid）[5,12]、异绿原酸（isochlorogenic acid）[9]，3-O- 咖啡酰奎尼酸（3-O-caffeoylquinic acid）、4, 5-O- 二咖啡酰奎尼酸（4, 5-O-dicaffeoylquinic acid）[12]，反式 -3-O- 咖啡酰基奎宁酸（trans-3-O-caffeoyl-quinic acid）、3-O- 咖啡酰基奎宁酰甲酯（3-O-caffeoylquinic acid methyl ester）、3, 5- 双咖啡酰基奎宁酰甲酯（3, 5-dicaffeoylquinic acid methyl ester）和 3, 5- 双咖啡酰基奎宁酰丁酯（3, 5-di-caffeoylquinic acid buthyl ester）[28]；生物碱类：忍冬碱苷 A、B、C（lonijaposide A、B、C）[29]，忍冬碱苷 D、E、F、G、H、I、J、K、L、M、N（lonijaposide D、E、F、G、H、I、J、K、L、M、N）[24]和忍冬碱苷 O、P、Q、R、S、T、U、V、W（lonijaposide O、P、Q、R、S、T、U、V、W）[5]；核苷类：鸟苷（guanosine）、5- 甲氧基尿嘧啶（5-methyluracil）[4]，腺苷（adenosine）、5′-O- 甲基腺苷（5′-O-methyladenosine）[5]和尿嘧啶（uracil）[21]；甾体类：β- 谷甾醇 -3-O-β-D- 葡萄糖苷 -6′-O- 棕榈酸酯（β-sitosteryl-3-O-β-D-glucopyranoside-6′-O-palmitate）[4]，β- 谷甾醇（β-sitosterol）、豆甾醇（stigmasterol）和豆甾醇 -D- 葡萄糖苷（stigmasteryl-D-glucoside）[30]；烯醇类：1-O-β-D- 吡喃葡萄糖基 -（2S, 3S, 4R, 8E/Z）-2-［（2R）-2- 羟基二十二碳酰基氨］-8- 十八烯 -1, 3, 4- 三醇 {1-O-β-D-glucopyranosyl-（2S, 3S, 4R, 8E/Z）-2-［（2R）-2-hydroxydocosanoyl amino］-8-octadecene-1, 3, 4-triol}、1-O-β-D- 吡喃葡萄糖基 -（2S, 3S, 4R, 8E/Z）-2-［（2R）-2- 羟基二十三碳酰氨］-8- 十八烯 -1, 3, 4- 三醇 {1-O-β-D-glucopyranosyl-（2S, 3S, 4R, 8E/Z）-2-［（2R）-2-hydroxytricosanoyl amino］-8-octadecene-1, 3, 4-triol}、1-O-β-D- 吡喃葡萄糖基 -（2S, 3S, 4R, 8E/Z）-2-［（2R）-2- 羟基二十四碳酰氨］-8- 十八烯 -1, 3, 4- 三醇 {1-O-β-D-glucopyranosyl-（2S, 3S, 4R, 8E/Z）-2-［（2R）-2-hydroxytetracosanoylamino］-8-octadecene-1, 3, 4-triol} 和 1-O-β-D- 吡喃葡萄糖基 -（2S, 3S, 4R, 8E/Z）-2-

[（2R）-2-羟基二十五碳酰氨]-8-十八烯-1, 3, 4-三醇 {1-O-β-D-glucopyranosyl-（2S, 3S, 4R, 8E/Z）-2-[（2R）-2-hydroxypentacosanoylamino]-8-octadecene-1, 3, 4-triol}[21]；烷醇类：三十五烷醇（pentatriacontanol）和二十五烷醇（pentacosanol）[1]；脂肪酸和脂肪醇类：2（E）-3-乙氧基丙烯酸 [2（E）-3-ethoxypropenoic acid][1]、月桂酸乙酯（ethyl laurate）[2]、银杏醇（ginnol）[30]、肉豆蔻酸（myristic acid）[18, 31]、月桂酸（lauric acid）、3-己烯-1-醇（3-hexen-1-ol）、棕榈酸（palmitic acid）、亚油酸（linoleic acid）和油酸（oleic acid）等[31]；多元醇类：D-甘露醇（D-mannitol）[21]、5-戊基-1, 3-苯二醇（1, 3-benzenediol, 5-pentyl）[31] 和内消旋-肌醇（meso-inositol）[32]；烯酸类：2E-3-乙氧基丙烯酸（2E-3-ethoxyacrylic acid）和 2-（2-O-丙烯基）-乙醛 [2-（2-O-propenyl）-acetaldehyde][1]；内酯类：（2E, 6S）-8-[α-L-吡喃阿拉伯糖基-（1″→6′）-β-D-吡喃葡萄糖氧基]-2, 6-二甲基辛-2-烯醇-1, 2″-内酯 {（2E, 6S）-8-[α-L-arabinopyranosyl-（1″→6′）-β-D-glucopyranosyloxy]-2, 6-dimethyloct-2-enol-1, 2″-lactone}[7]；糖类：蔗糖（sucrose）[13]；呋喃类：5-羟甲基-2-糠醛（5-hydroxymethyl-2-furfural）[16]。

茎叶含甾体类：β-谷甾醇（β-sitosterol）和β-胡萝卜苷（β-daucosterol）[33]；苯丙素类：咖啡酸乙酯（ethyl caffeate）、绿原酸（chlorogenic acid）[33]、3, 4-O-双咖啡酰基奎宁酸（3, 4-O-dicaffeoylquinic acid）和咖啡酸-4-O-β-D-吡喃葡萄糖苷（caffeic acid-4-O-β-D-glucopyranoside）[34]；酚苷类：它乔糖苷（tachioside）[34]；黄酮类：槲皮素-7-O-β-D-葡萄糖苷（quercetin-7-O-β-D-glucoside）和香叶木苷（diosmin）[34]；木脂素类：（+）-松脂酚-4-O-β-D-吡喃葡萄糖苷 [（+）-pinoresinol-4-O-β-D-glucopyranoside][34]；环烯醚萜类：马钱子酸（loganic acid）、马钱苷（lofanin）、当药苷（swertianolin）、大花花闭木苷（grandifloroside）[34]、L-苯基丙氨酰基裂环马钱子苷（L-phenylalaninoseco-loganin）、6′-O-（7α-O-羟基獐牙菜基马钱子苷 [6′-O-（7α-O-hydroxyswerosyl）-loganin]、7-O-（4-O-β-D-吡喃葡萄糖基-3-甲氧基苯甲酰）裂环马钱子酸 [7-O-（4-O-β-D-glucopyranosyl-3-methoxybenzoyl）secologanolic acid]、（Z）-醛醇裂环马钱子苷 [（Z）-aldosecologanin] 和（E）-醛醇裂环马钱子苷 [（E）-aldosecologanin][35]；环烷醇类：肌醇（mesoinositol）[34]；核苷类：尿嘧啶核苷（uridine）[34]；糖类：葡萄糖（glucose）[34]；挥发油类：芳樟醇（linlool）、丹皮酚（paeonol）、苯甲醛（benzaldehyde）、壬醛（nonanal）、3-乙烯基吡啶（3-methoxy pyridine）、正庚醛（n-heptanal）和 3-羟基-1-辛烯 [3-hydroxy-1-octene] 等[36]。

叶含环烯醚萜类：开环氧化马钱苷（secoxyloganin）、去甲开环马钱醇（demethylsecologanol）、獐芽菜苷（sweroside）、开环马钱素二甲基乙缩醛（secologanin dimethyl acetal）、开环马钱子苷（secologanoside）和开环马钱素（secologanin）[37-39]；甾体类：β-谷甾醇（β-sitosterol）和胡萝卜苷（daucosterol）[37]；苯丙素类：绿原酸（chlorogenic acid）、1, 5-O-二咖啡酰基奎宁酸甲酯（methyl 1, 5-O-dicaffeoylquinate）[38]、5-O-咖啡酰基奎宁酰甲酯（methyl 5-O-caffeoylquinate）、3, 4-二-O-咖啡酰基奎宁酸（3, 4-di-O-caffeoylquinic acid）、3, 4-二-O-咖啡酰基奎宁酰甲酯（methyl 3, 4-di-O-caffeoylquinate）、1, 3-二-O-咖啡酰基奎宁酸（1, 3-di-O-caffeoylquinic acid）[40] 和咖啡酰甲酯（methyl caffeate）[41]；黄酮类：白杨素（chrysin）、小麦黄素（tricin）[38]、木犀草素-7-鼠李糖基葡萄糖苷（luteolin-7-rhamnoglucoside）[42, 43]、木犀草素-7-O-β-D-吡喃葡萄糖苷（luteolin-7-O-β-D-glucopyranoside）[42, 44]、5, 7, 4′-三羟基-8-甲氧基黄酮（5, 7, 4′-trihydroxy-8-methoxyflavone）、山柰酚-7-O-β-D-吡喃葡萄糖苷（kaempferol-7-O-β-D-glucopyranoside）、芹菜素-7-O-β-D-吡喃葡萄糖苷（apigenin-7-O-β-D-glucopyranoside）、香叶木素-7-O-β-D-吡喃葡萄糖苷（diosmetin-7-O-β-D-glucopyranoside）、木犀草素（luteolin）[44]、忍冬苷（lonicerin）、大风子素（hydnocarpin）、金连木黄酮（ochnaflavone）、金连木黄酮-7-O-β-D-吡喃葡萄糖苷（ochnaflavone-7-O-β-D-glucopyranoside）[45]、金连木黄酮-7″-O-β-D-吡喃葡萄糖苷（ochnaflavone-7″-O-β-D-glucopyranoside）[46]、忍冬黄酮（loniflavone）、3′-O-甲基忍冬黄酮（3′-O-methylloniflavone）[47]、香叶木素（diosmetin）[38, 48]、槲皮素（quercetin）、小麦黄素-7-O-β-D-吡喃葡萄糖苷（tricin-7-O-β-D-glucopyranoside）、槲皮素-3-O-β-D-吡喃葡萄糖苷（quercetin-3-O-β-D-glucopyranoside）和芦丁（rutin）[48]；酚酸类：香草酸（vanillic acid）[41]；生物碱类：喜树次碱（venoterpine）[41]；三萜类：忍冬苦苷 A、B（loniceroside A、B）[48]。

茎含苯丙素类：绿原酸（chlorogenic acid）[49]和咖啡酸（caffeic acid）[50]；木脂素类：忍冬属苯丙素醇（lonicerinol）、（-）-表松脂醇［（-）-epipinoresinol］、（-）-松脂醇［（-）-pinoresinol］、9α-羟基松脂醇（9α-hydroxypinoresinol）、（7R,8S）-二氢去氢双松柏醇［（7R,8S）-dihydrodehydrodiconiferyl alcohol］、（±）-新橄榄脂素［（±）-neoolivil］、（+）-异落叶松脂素［（+）-isolariciresinol］、3-甲氧基-8,4′-氧代新木脂素-3′,4,7,9,9′-五醇（3-methoxy-8,4′-oxyneoligna-3′,4,7,9,9′-pentol）和（-）-松脂醇-4-O-葡萄糖苷［（-）-pinoresinol-4-O-glucoside］[51]；黄酮类：槲皮素（quercetin）、芹菜素（apigenin）、忍冬苷（lonicerin）、野漆树苷（rhoifolin）、大风子素D（hydnocarpin D）、木犀草素-7-O-β-D-吡喃葡萄糖苷（luteolin-7-O-β-D-glucopyranoside）、异鼠李素-7-O-β-D-吡喃葡萄糖苷（isorhamnetin-7-O-β-D-glucopyranoside）、香叶木素-7-O-β-D-吡喃葡萄糖苷（diosmetin-7-O-β-D-glucopyranoside）[50]和木犀草素（luteolin）[50,52]；环烯醚萜苷类：马钱子苷（loganin）[50]；香豆素类：七叶内酯（esculetin）[50]；酚酸类：原儿茶酸（protocatechuic acid）[50]。

叶和枝含环烯醚萜类：开环马钱子苷二丁基乙缩醛（secologanin dibutyl acetal）和7-O-丁基开环马钱子酸（7-O-butylsecologanic acid）[53]。

叶和花含三萜皂苷类：常春藤皂苷元-3-O-α-L-吡喃鼠李糖基-（1→2）-β-D-吡喃木糖苷［hederagenin-3-O-α-L-rhamnopyranosyl-（1→2）-β-D-xylopyranoside］、常春藤皂苷元-3-O-α-L-吡喃阿拉伯糖苷（hederagenin-3-O-α-L-arabinopyranoside）和常春藤皂苷元-3-O-α-L-吡喃鼠李糖基-（1→2）-α-L-吡喃阿拉伯糖苷［hederagenin-3-O-α-L-rhamnopyranosyl-（1→2）-α-L-arabinopyranoside］[54]；脂肪酸类：亚麻酸甲酯（methyl linoleate）和亚油酸甲酯（methyl linolineate）[54]；烷烃类：十八烷（octadecane）和二十一烷（heneicosane）[54]。

果实含黄酮类：槲皮素（quercetin）、木犀草苷（luteoloside）和苜蓿素（tricin）[55]；挥发油类：（E）-2-己烯-1-醇［（E）-2-hexen-1-ol］、（E）-橙花叔醇［（E）-nerolidol］、芳樟醇（linalool）、叶醇（leaf alcohol）、2-己烯醛（2-hexenal）和1-石竹烯（1-caryophyllene）等[56]；苯丙素类：咖啡酸（caffeic acid）[39]；脂肪酸类：棕榈酸（palmitic acid）和亚油酸（linoleic acid）[56]；三萜类：熊果酸（ursolic acid）和齐墩果酸（oleanolic acid）[55]；酚酸类：原儿茶酸（protocatechuic acid）[55]；环烯醚萜类：金吉苷（kingiside）、马钱素（loganin）、7-酮基马钱素（7-ketologanin）、獐牙菜苷（swerosid）、去甲基开环马钱醇（demethylsecologanol）和开环氧化马钱素（secoxyloganin）[57]；胡萝卜素类：六氢番茄红素（phytofluene）、β-胡萝卜素（β-carotene）、ξ-胡萝卜素（ξ-carotene）、γ-胡萝卜素（γ-carotene）、番茄红素（lycopene）、隐黄素（cryptoxanthine）、玉米黄素（zeaxanthin）和金黄素（auroxanthin）[58]。

地上部分含环烯醚萜类：开环马钱子苷半缩醛内酯（vogeloside）[59]；黄酮类：忍冬苷（lonicerin）、香叶木素-7-O-β-D-吡喃葡萄糖苷（diosmetin-7-O-β-D-glucopyranoside）[59]，次大风子素（hydnocarpin）、槲皮素（quercetin）、野漆树苷（rhoifolin）、金连木黄酮（ochnaflavone）、金连木黄酮-4′-O-甲酯（ochnaflavone-4′-O-methylether）、黄芪苷（astragalin）和异槲皮素（isoquercetin）[60]；三萜皂苷类：忍冬苦苷A、B（loniceroside A、B）[61]，忍冬苦苷C（loniceroside C）[62]，续断皂苷A、B（dipsacus saponin A、B）、葳岩仙皂苷A、C（cauloside A、C）、木通皂苷D、F、PE（akebia saponin D、F、PE）、3β-O-（2-O-β-D-吡喃葡萄糖基-α-L-吡喃阿拉伯糖基）-齐墩果-12-烯-28-酸-6-O-β-D-吡喃葡萄糖基-β-D-吡喃葡萄糖基酯苷［3β-O-（2-O-β-D-glucopyranosyl-α-L-arabinopyranosyl）-olean-12-en-28-oic acid-6-O-β-D-glucopyranosyl-β-D-glucopyranosyl ester］、3β-O-α-L-吡喃阿拉伯糖基-齐墩果-12-烯-28-酸-6-O-β-D-吡喃葡萄糖基-β-D-吡喃葡萄糖基酯苷（3β-O-α-L-arabinopyranosyl-olean-12-en-28-oic acid-6-O-β-D-glucopyranosyl-β-D-glucopyranosyl ester）、（4α）-3β-O-（2-O-α-L-吡喃鼠李糖基-α-L-吡喃阿拉伯糖基）-23-羟基齐墩果-12-烯-28-羧酸-β-D-吡喃葡萄糖基酯苷［（4α）-3β-O-（2-O-α-L-rhamnopyranosyl-α-L-arabinopyranosyl）-23-hydroxyolean-12-en-28-oic acid-β-D-glucopyranosyl ester］、3β-O-（2-O-α-L-吡喃鼠李糖基-α-L-吡喃阿拉伯糖基）齐墩果-12-烯-28-酸-6-O-β-D-吡喃葡萄糖基-β-D-

吡喃葡萄糖基酯苷［3β-O-（2-O-α-L-rhamnopyranosyl-α-L-arabinopyranosyl）olean-12-en-28-oic acid-6-O-β-D-glucopyranosyl-β-D-glucopyranosyl ester］和（4α）-3β-O-（2-O-α-L-吡喃鼠李糖基-α-L-吡喃阿拉伯糖基）-23-羟基齐墩果-12-烯-28-酸-6-O-（6-O-乙酰基-β-D-吡喃葡萄糖基）-β-D-吡喃葡萄糖基酯苷［（4α）-3β-O-（2-O-α-L-rhamnopyranosyl-α-L-arabinopyranosyl）-23-hydroxyolean-12-en-28-oic acid-6-O-（6-O-acetyl-β-D-glucopyranosyl）-β-D-glucopyranosyl ester］[63]。

根含苯丙素类：绿原酸（chlorogenic acid）[49]。

【药理作用】1. 抗炎镇痛　茎的提取物可有效抑制巴豆油和花生四烯酸诱发的小鼠耳廓肿胀，缓解角叉菜胶诱导的小鼠足爪肿痛，其抗炎镇痛作用可能与抑制环氧合酶-2（COX-2）产生5-LO和一氧化氮合酶（NOS）的作用有关[1]；花蕾提取得到的部分酚酸类化合物对脂多糖（LPS）刺激的巨噬细胞炎症因子（如一氧化氮、肿瘤坏死因子-α及白细胞介素-6）均具有不同程度的抑制作用[2]；花蕾或初开花的水提取物在较大剂量条件下对二甲苯所致的耳廓炎症、乙酸所致小鼠腹腔毛细血管通透性升高具有明显的抑制作用[3]。2. 解热　花蕾或初开花的水提取物在一定浓度下对内毒素、二硝基酚所致的发热模型大鼠具有解热作用[3]。3. 降糖　花蕾或初开花的甲醇提取物在一定条件下可抑制α-糖苷酶，从而发挥降糖的作用[4]；藤茎的提取物对高脂饮食喂养和低剂量链脲佐菌素诱导的糖尿病模型大鼠可降低血糖含量，并对胰腺受损β-胰岛细胞具有一定的改善作用，其机制可能与对过氧化物酶体增殖物激活受体γ的调节作用有关[5]。4. 抗菌　叶中酚酸类成分对金黄色葡萄球菌和大肠杆菌的生长具有抑制作用[6]。5. 抗过敏　花蕾中分离的绿原酸（chlorogenic acid）和环烯醚萜衍生物利用鸡卵蛋白溶菌酶对小鼠尾静脉血流量的作用来监测其抗过敏作用，结果发现，具有一定的抗过敏作用[7]，果实醇提取物和醇提取物的不同极性部位对金黄色葡萄球菌枯草芽孢杆菌、大肠杆菌和痢疾志贺氏菌菌株均为中度敏感，且以乙酸乙酯部位的作用最强[8]。6. 神经保护　花蕾水提取物的乙酸乙酯萃取物能显著抑制过氧化氢（H_2O_2）诱导的Akt、JNK、p38 MAPK、ERK1/2磷酸化，并改善细胞活力，抑制细胞毒性和凋亡，并降低了活性氧和核凝结的升高，从而发挥神经保护作用[9]。7. 抗肿瘤　花蕾或初开花的多酚粗提物能抑制肺癌细胞增殖，促进肺癌细胞凋亡，诱导细胞周期阻滞，其机制可能与下调Bcl-2蛋白的表达，上调Bax蛋白的表达，激活caspase级联反应有关[10]。

【性味与归经】银花子：甘，凉。金银花：甘，寒。归肺、心、胃经。金银花叶：甘，寒。归心、肺经。忍冬藤：甘，寒。归肺、胃经。

【功能与主治】银花子：解毒止痢。用于热疮肿毒，痢疾。金银花：清热解毒，凉散风热。用于痈肿疔疮，喉痹，丹毒，热毒血痢，风热感冒，温病发热。金银花叶：清热解毒。主治温病发热，热毒血痢，传染性肝炎，疮痈肿毒。忍冬藤：清热解毒，疏风通络。用于温病发热，热毒血痢，痈肿疮疡，风湿热痹，关节红肿热痛。

【用法与用量】银花子：4.5～9g。金银花：6～15g。金银花叶：煎服10～30g；外用适量，煎水熏洗、熬膏贴或研末调敷。忍冬藤：9～30g。

【药用标准】银花子：上海药材1994；金银花：药典1963—2015、浙江炮规2015、云南药品1996、内蒙古蒙药1986、新疆药品1980二册、香港药材七册和台湾2013；金银花叶：山东药材2012和广东药材2011；忍冬藤：药典1963—2015、浙江炮规2005、新疆药品1980二册、香港药材五册和台湾2013。

【临床参考】1. 新生儿红斑：花250g，加水3000ml煮沸，去渣，药水凉至37～40℃，使用消毒毛巾浸润药水，反复擦洗患儿皮肤10min左右[1]。

2. 膝骨关节炎：带叶茎枝30g，加草薢、海桐皮、豨莶草、秦艽各15g，桑枝30g、丝瓜络20g、赤芍、威灵仙各12g，制成200ml水煎剂2袋，每次1袋，每日2次，分早晚饭后服用，4周为1疗程[2]。

3. 类风湿性关节炎：带叶茎枝9g，加雷公藤18g、鸡血藤15g、海风藤12g，络石藤、怀牛膝各10g，淫羊藿、桂枝各9g，制川乌6g、制草乌3g，热偏重者加知母、生石膏；疼痛剧烈者可加蜈蚣、地龙。水煎服，每日1次，1个月为1疗程，连用3疗程[3]。

4.慢性前列腺炎：花50g，加生地、菟丝子、荔枝核、当归各15g，海金沙、乌药各12g，穿山甲、王不留行、车前子各10g，小茴香6g，湿热内盛者加石菖蒲、黄柏、萆薢；腰酸乏力者加桑寄生、杜仲、牛膝；瘀血阻滞者加桃仁、延胡索、红花、丹参；肾虚者加远志、山药、川断、熟地；水煎，取汁500ml，每次250ml，每日2次，每日1剂；同时，花60g，加败酱草、苦参、红花各15g，土茯苓30g，水煎取汁2500ml，坐浴，每次20min，每日1次，连续治疗12周[4]。

5.预防流行性脑脊髓膜炎、流行性小儿哮喘性肺炎：花9g，加野菊花、蒲公英、板蓝根各9g，水煎服。

6.风热感冒：花，加连翘、牛蒡子、薄荷、荆芥等制成中成药银翘解毒片，每次4～6片，温开水送服，每日2次。

7.疔痈、疮疖：花9g，加生甘草9g，酒水各半煎服；或花6～9g，加紫花地丁、野菊花、蒲公英、天葵子各6～9g，水煎服。

8.泻痢：花炒炭或生用，浓煎内服；或加白芍、生甘草等，水煎服。

9.关节酸痛：带叶茎枝9g，加桑枝9g，水煎服。（5方至9方引自《浙江药用植物志》）

【附注】忍冬始载于《名医别录》，列为上品。《本草经集注》云："今处处皆有，似藤生，凌冬不凋，故名忍冬。"《新修本草》载："此草藤生，绕覆草木上，苗茎赤紫色，宿者有薄白皮膜之，其嫩茎有毛。叶似胡豆，亦上下有毛。花白蕊紫。"《本草纲目》亦载："忍冬在处有之。附树延蔓，茎微紫色，对节生叶。叶似薜荔而青，有涩毛。三四月开花，长寸许，一蒂两花二瓣，一大一小，如半边状，长蕊。花初开者，蕊瓣俱色白，经二三日，则色变黄。新旧相参，黄白相映，故呼金银花，气甚芬芳。"《本草纲目》并有附图一幅。以上记述及附图，与本种相符。

药材金银花、金银花叶（忍冬叶）和忍冬藤（金银藤）脾胃虚寒及疮疡属虚证者慎服。

寄生于本种茎基部的锈革孔菌科真菌茶藨子叶孔菌 Phylloporia ribis（Schumach. Fr.）Ryvarden 的子实体用作药材金芝，收载于山东药材2012。于夏、秋二季采收。呈半圆形、扇形或不规则形，无菌柄；边缘较薄，常内卷；长3～7cm，宽1～4cm，厚0.5～2cm。菌盖有的单层，有的多层，成覆瓦状叠生；上表面棕褐色或黑褐色，有同心环状棱纹，下表面深棕色或棕褐色。质坚韧，不易折断，断面有黄褐色纵向的菌丝纹理。气微，味淡。其性甘，平；归脾、肺经。功能清热解毒，消肿利咽；用于急、慢性咽炎、咽喉炎、扁桃体炎、癌症等。

【化学参考文献】

[1] 毕跃峰，田野，裴珊珊，等.金银花化学成分研究[J].郑州大学学报（理学版），2007，39（2）：184-186.
[2] 姜南辉.金银花化学成分研究[J].中药材，2015，38（2）：315-317.
[3] Wang F, Jiang Y P, Wang X L, et al. Aromatic glycosides from the flower buds of Lonicera japonica[J]. J Asian Nat Prod Res, 2013, 15（5）: 492-501.
[4] 王芳，蒋跃平，王晓良，等.金银花的化学成分研究[J].中国中药杂志，2013，38（9）：1378-1385.
[5] Yu Y, Zhu C G, Wang S J, et al. Homosecoiridoid alkaloids with amino acid units from the flower buds of Lonicera japonica[J]. J Nat Prod, 2013, 76（12）: 2226-2233.
[6] 李会军，李萍.忍冬花蕾的化学成分研究[J].林产化学与工业，2005，25（3）：29-32.
[7] Kakuda R, Imai M, Machida K, et al. A new glycoside from the flower buds of Lonicera japonica[J]. Nat Med, 2000, 54（6）: 314-317.
[8] Wan H Q, Ge L L, Li J M, et al. Effects of a novel biflavonoid of Lonicera japonica flower buds on modulating apoptosis under different oxidative conditions in hepatoma cells[J]. Phytomedicine, 2019, 57: 282-291.
[9] 刘恩荔，李青山.金银花的研究进展[J].山西医科大学学报，2006，37（3）：331-334.
[10] 刘佳川，于丽丽.金银花的化学成分研究[J].渤海大学学报（自然科学版），2006，27（2）：109-110.
[11] 陈秋竹，林瑞超，王钢力，等.金银花提取物化学成分研究[C].中药与健康产业发展国际论坛，2009.
[12] 张丽媛，李遇伯，李利新，等.RRLC-Q-TOFMS分析金银花的化学成分[J].中南药学，2012，10（3）：204-208.
[13] 荆俊波，李会军，李萍，等.忍冬花蕾化学成分研究[J].中国新药杂志，2002，11（11）：856-859.
[14] Lee E J, Kim J S, Kim H P, et al. Phenolic constituents from the flower buds of Lonicera japonica and their 5-lipoxygenase

inhibitory activities [J]. Food Chem，2010，120（1）：134-139.

[15] Phan M G，Nguyen T M H，Phan T S. Phenolic constituents of *Lonicera japonica* Thunb.，Caprifoliaceae，of Vietnam [J]. Tap Chi Hoa Hoc，2005，43（4）：489-493，502.

[16] Choi C W，Jung H A，Kang S S，et al. Antioxidant constituents and a new triterpenoid glycoside from *Flos Lonicerae* [J]. Arch Pharm Res，2007，30（1）：1-7.

[17] Kim Y L，Kim Y M，Kim J W. Isolation of flavonoids from herbs of *Ludwigia prostrata* and flowers of *Lonicera japonica* [J]. Soul Taehakkyo Yakhak Nonmunjip，1997，22：43-54.

[18] 黄丽瑛，吕植桢，李继彪，等. 中药金银花化学成分的研究 [J]. 中草药，1996，27（11）：645-647.

[19] Xu J R，Li G F，Wang J Y，et al. Gout prophylactic constituents from the flower buds of *Lonicera japonica* [J]. Phytochem Lett，2016，15：98-102.

[20] Kakuda R，Imai M，Yaoita Y，et al. Secoiridoid glycosides from the flower buds of *Lonicera japonica* [J]. Phytochemistry，2000，55（8）：879-881.

[21] Lee E J，Lee J Y，Kim J S，et al. Phytochemical studies on *Lonicerae Flos*（1）-isolation of iridoid glycosides and other constituents [J]. Nat Prod Sci，2010，16（1）：32-38.

[22] 毕跃峰，田野，裴姗姗，等. 金银花中裂环环烯醚萜苷类化学成分研究 [J]. 中草药，2008，39（1）：18-21.

[23] 李会军，李萍，王闽川，等. 金银花中一个新的裂环环烯醚萜苷 [J]. 中国天然药物，2003，1（3）：132-133.

[24] Yu Y，Song W X，Zhu C G，et al. Homosecoiridoids from the flower buds of *Lonicera japonica* [J]. J Nat Prod，2011，74（10）：2151-2160.

[25] Lin L M，Zhang X G，Zhu J J，et al. Two new triterpenoid saponins from the flowers and buds of *Lonicera japonica* [J]. J Asian Nat Prod Res，2008，10（10）：925-929.

[26] 陈昌祥，王薇薇，倪伟，等. 金银花花蕾中的新三萜皂甙 [J]. 云南植物研究，2000，22（2）：201-208.

[27] Phan M G，Phan T S. A pentacyclic triterpenoid acid from *Lonicera japonica* Thunb.，Caprifoliaceae，of Vietnam [J]. Tap Chi Hoa Hoc，2003，41（1）：108-109.

[28] Peng L Y，Mei S X，Jiang B，et al. Constituents from *Lonicera japonica* [J]. Fitoterapia，2000，71（6）：713-715.

[29] Song W X，Li S，Wang S J，et al. Pyridinium alkaloid-coupled secoiridoids from the flower buds of *Lonicera japonica* [J]. J Nat Prod，2008，71（5）：922-925.

[30] Sim K S，Moon C K，Ryu C K，et al. Ginnol，sterols and sterol glycosides from *Lonicerae Flos* [J]. Soul Taehakkyo Yakhak Nonmunjip，1979，4：79-89.

[31] 李会军，张重义，李萍. 忍冬不同药用部位挥发油成分分析 [J]. 中药材，2002，25（7）：476-477.

[32] Nakaoki T. Components of the flowers of *Lonicera japonica* II [J]. Yakugaku Zasshi，1949，69：320-321.

[33] 韩树，张云，霍阿丽，等. 忍冬茎叶化学成分的研究 [J]. 西北农业学报，2009，18（5）：363-364.

[34] 马荣，殷志琦，张聪，等. 忍冬藤正丁醇萃取部位的化学成分 [J]. 中国医科大学学报，2010，41（4）：333-336.

[35] Machida K，Sasaki H，Iijima T，et al. Studies on the constituents of *Lonicera* species. XVII. new iridoid glycosides of the stems and leaves of *Lonicera japonica* Thunb. [J]. Chem Pharm Bull，2002，50（8）：1041-1044.

[36] 杨迺嘉，刘文炜，霍昕，等. 忍冬藤挥发性成分研究 [J]. 生物技术，2008，18（3）：53-55.

[37] 陈静娴，耿岩玲，于金倩，等. 忍冬叶环烯醚萜苷类化学成分研究 [J]. 山东科学，2016，29（2）：1-3.

[38] 朱姮，陈静娴，文蕾，等. 忍冬叶化学成分的研究进展 [J]. 中药与天然活性产物，2016，29（6）：30-39.

[39] 马俊利，肖楠，宋琨. 忍冬叶中的环烯醚萜苷类成分 [J]. 中国实验方剂学杂志，2011，17（9）：121-123.

[40] 马俊利，李宁，李铣. 忍冬叶中咖啡酰奎宁酸类化学成分 [J]. 中国中药杂志，2009，34（18）：2346-2348.

[41] Kunitomo J，Oshikata M，Miyata K，et al. On the constituents of *Lonicerae Folium* [J]. Shoyakugaku Zasshi，1983，37（3）：294-296.

[42] 姜洪芳，张卫明，张玖. 忍冬叶黄酮类化合物的提取分离与结构鉴定 [J]. 安徽农业科学，2008，36（27）：11795，11797.

[43] Nakaoki T，Morita N，Isetani A，et al. Medicinal resources. XVIII. component of the leaves of *Lonicera japonica* [J]. Yakugaku Zasshi，1961，81：558-559.

[44] 马俊利，李宁，李铣. 忍冬叶中黄酮类成分的分离与鉴定 [J]. 沈阳药科大学学报，2010，27（1）：37-39.

[45] 马俊利，李宁，李铣，等．忍冬叶的化学成分［J］．沈阳药科大学学报，2009，26（11）：868-870，895.
[46] 马俊利，李宁，李铣，等．忍冬叶中的一个新双黄酮苷［J］．中国药物化学杂志，2009，19（1）：63-64.
[47] Kumar N, Singh B, Bhandari P, et al. Biflavonoids from *Lonicera japonica* [J]. Phytochemistry, 2005, 66 (23): 2740-2744.
[48] 马俊利．忍冬叶化学成分研究［J］．中国实验方剂学杂志，2013，19（8）：95-97.
[49] 张永清，程炳嵩，李华宝，等．忍冬根茎叶中绿原酸的含量及其分布［J］．中国药学杂志，1991，26（3）：145-147.
[50] 张聪，殷志琦，叶文才，等．忍冬藤的化学成分研究［J］．中国中药杂志，2009，34（23）：3051-3053.
[51] Yean M H, Kim J S, Lee J H, et al. Lignans from *Lonicerae Caulis* [J]. Nat Prod Sci, 2010, 16 (1): 15-19.
[52] 赵娜夏，韩英梅，付晓丽，等．忍冬藤的化学成分研究［J］．中草药，2007，38（12）：1774-1776.
[53] Tomassini L, Cometa M F, Serafini M, et al. Isolation of secoiridoid artifacts from *Lonicera japonica* [J]. J Nat Prod, 1995, 58 (11): 1756-1758.
[54] Kumar N, Bhandari P, Singh B, et al. Saponins and volatile constituents from *Lonicera japonica* growing in the western Himalayan region of India [J]. Nat Prod Commun, 2007, 2 (6): 633-636.
[55] 李静，王集会，潘少斌，等．忍冬（*Lonicera japonic* Thunb.）果实抑菌活性及化学成分研究［J］．四川农业大学学报，2016，34（1）：85-90.
[56] 毕淑峰，任慧芳，陈文静，等．忍冬果实挥发油的化学成分分析及其体外抗氧化活性［J］．中成药，2015，37（5）：1021-1025.
[57] 李静，潘少斌，王集会，等．忍冬（*Lonicera japonic* Thunb.）果实中的环烯醚萜苷类成分［J］．四川农业大学学报，2016，34（2）：190-193.
[58] Goodwin T W. Carotenoids of the berries of *Lonicera japonica* [J]. Biochem J, 1952, 51: 458-463.
[59] Son K H, Kim J S, Kang S S, et al. Isolation of flavonoids from *Lonicera japonica* [J]. Saengyak Hakhoechi, 1994, 25 (1): 24-27.
[60] Son K H, Park J O, Chung K C, et al. Flavonoids from the aerial parts of *Lonicera japonica* [J]. Arch Pharm Res, 1992, 15 (4): 365-370.
[61] Son K H, Jung K Y, Chang H W, et al. Triterpenoid saponins from the aerial parts of *Lonicera japonica* [J]. Phytochemistry, 1994, 35 (4): 1005-1008.
[62] Kwak W J, Han C K, Chang H W, et al. Loniceroside C, an antiinflammatory saponin from *Lonicera japonica* [J]. Chem Pharm Bull, 2003, 51 (3): 333-335.
[63] Kawai H, Kuroyanagi M, Umehara K, et al. Studies on the saponins of *Lonicera japonica* Thunb. [J]. Chem Pharm Bull, 1988, 36 (12): 4769-4775.

【药理参考文献】

[1] Ho R K, In R H, Hyon K J, et al. Anti-inflammatory and analgesic activities of SKLJI, a highly purified and injectable herbal extract of *Lonicera japonica* [J]. Bioscience, Biotechnology and Biochemistry, 2010, 74 (10): 2022-2028.
[2] 宋亚玲，王红梅，倪付勇，等．金银花中酚酸类成分及其抗炎活性研究［J］．中草药，2015，46（4）：490-495.
[3] 雷玲，李兴平，白筱璐，等．金银花抗内毒素、解热、抗炎作用研究［J］．中药药理与临床，2012，28（1）：115-117.
[4] Zhang Z, Luo A, Zhong K, et al. α-Glucosidase inhibitory activity by the flower buds of *Lonicera japonica* Thunb. [J]. Journal of Functional Foods, 2013, 5 (3): 1253-1259.
[5] Han J M, Kim M H, Choi Y Y, et al. Effects of *Lonicera japonica* Thunb. on type 2 diabetes via PPAR-γ activation in rats [J]. Phytotherapy Research Ptr, 2015, 29 (10): 1616-1621.
[6] Xiong J, Li S, Wang W, et al. Screening and identification of the antibacterial bioactive compounds from *Lonicera japonica* Thunb. leaves [J]. Food Chemistry, 2013, 138 (1): 327-333.
[7] Oku H, Ogawa Y, Iwaoka E, et al. Allergy-preventive effects of chlorogenic acid and iridoid derivatives from flower buds of *Lonicera japonica* [J]. Biological & Pharmaceutical Bulletin, 2011, 34 (8): 1330-1333.
[8] 李静，王集会，潘少斌，等．忍冬（*Lonicera japonica* Thunb.）果实抑菌活性及化学成分研究［J］．四川农业大学学报，

2016，34（1）：85-90.

[9] Kwon S H, Hong S I, Kim J A, et al. The neuroprotective effects of *Lonicera japonica* Thunb. against hydrogen peroxide-induced apoptosis via phosphorylation of MAPKs and PI3K/Akt in SH-SY5Y cells [J]. Food & Chemical Toxicology, 2011, 49（4）: 1011-1019.

[10] 陈垒，张伟，杜亚明. 金银花的多酚粗提物诱导人肺癌 H1299 细胞凋亡作用及机制研究 [J]. 中药药理与临床，2018，34（3）：89-93.

【临床参考文献】

[1] 王宁. 金银花治疗新生儿红斑的疗效与护理 [J]. 世界最新医学信息文摘，2016，16（61）：358，361.

[2] 老元飞，卓士雄，何挺. 忍冬萆薢汤治疗湿热痹型膝骨关节炎的临床疗效观察 [J]. 中医临床研究，2014，6（34）：91-92，94.

[3] 岳双林. 五藤汤加减对类风湿性关节炎的治疗效果研究 [J]. 内蒙古中医药，2016，35（3）：3.

[4] 石磊. 重用金银花对慢性前列腺炎的治疗的疗效分析 [J]. 临床医药文献电子杂志，2016，3（29）：5775-5776.

915. 淡红忍冬（图915）• *Lonicera acuminata* Wall.（*Lonicera henryi* Hemsl.）

图915 淡红忍冬　　　　摄影　徐跃良等

【别名】巴东忍冬（福建、安徽），渐尖忍冬（安徽）。

【形态】半常绿藤本。小枝、叶柄和花序梗通常密被卷曲或开展的棕黄色硬毛，有时散生长腺毛，有时脱落变无毛。叶对生，偶3枚轮生；叶片薄革质至革质，卵形或长圆形至条状披针形，长2.5～13cm，顶端渐尖至尾状渐尖，基部圆形至近心形，两面被糙毛或至少上面中脉有棕黄色短糙伏毛，有缘毛；叶柄长 2～15mm。花成对生于小枝上部叶腋，有时集合成圆锥状，花序梗长 4～23mm；苞片钻形，偶呈叶状，长 2～4mm；小苞片卵形，长约 1mm；花萼长 4～4.5mm，萼齿卵形至狭三角形，有缘毛或无，有时具腺毛；花冠二唇形，白色，略带红色，后变黄色带橙色或紫色，漏斗状，长 1.5～2.4cm，外面无毛至密被短柔毛，有时有腺毛，筒长 9～12mm，上唇不规则 4 裂，裂片圆卵形，下唇反曲，基部有囊；雄蕊略高出花冠，花药长 4～5mm；花柱除顶端外均有糙毛。果实蓝黑色，卵球形，直径 6～7mm。花期 5～7 月，果期 10～11 月。

【生境与分布】生于山坡林中或灌丛中，海拔 100～3200m，分布于安徽、浙江、江西、福建，另甘肃、广东、广西、贵州、河南、湖北、湖南、陕西、四川、西藏、云南、台湾均有分布；喜马拉雅东部经缅甸至苏门答腊、爪哇、巴厘岛和菲律宾地区也有分布。

【药名与部位】川银花，花蕾或带初开的花。

【采集加工】夏初晴天早上花开放前采收，蒸、炒杀青后干燥。

【药材性状】花蕾呈短棒状，长 1～2cm，上部膨大，直径 1.5～3.5mm，下部直径 0.6～1.5mm。表面黄绿色、棕黄色、淡紫色至紫棕色，疏被毛或无毛，萼筒、萼齿均无毛或萼筒上部及萼齿疏被毛。质稍硬。杂有少量幼枝及总花梗，常被卷曲的黄褐色糙毛及糙伏毛。

【药材炮制】除去杂质、梗叶。

【化学成分】花含黄酮类：槲皮素-3-O-β-D-吡喃葡萄糖苷（quercetin-3-O-β-D-glucopyranoside）、槲皮素-3-O-α-L-吡喃阿拉伯糖苷-（1→6）-β-D-吡喃葡萄糖苷［quercetin-3-O-α-L-arabinopyranosyl-（1→6）-β-D-glucopyranoside］、芦丁（rutin）和山柰酚-3-O-α-L-吡喃阿拉伯糖苷-（1→6）-β-D-吡喃葡萄糖苷［kaempferol-3-O-α-L-arabinopyranosyl-（1→6）-β-D-glucopyranoside］[1]；皂苷类：冬青苷（ilexoside B）、齐墩果酸-3-O-α-L-吡喃阿拉伯糖苷（oleanolic acid-3-O-α-L-arabinopyranoside）、3-O-α-L-吡喃阿拉伯糖-齐墩果酸-28-O-β-D-吡喃葡萄糖-（1→6）-β-D-吡喃葡萄糖苷［3-O-α-L-arabopyranose-oleanolic acid-28-O-β-D-glucopyranose-（1→6）-β-D-glucopyranoside］、3-O-β-D-吡喃葡萄糖-（1→2）-α-L-吡喃阿拉伯糖-28-O-β-D-吡喃葡萄糖-（1→6）-β-D-吡喃葡萄糖-齐墩果酸［3-O-β-D-glucopyranosyl-（1→2）-α-L-arabinopyranosyl-28-O-β-D-glucopyranosyl-（1→6）-β-D-glucopyranosyl-oleanolic acid］、3-O-β-D-吡喃葡萄糖基-（1→3）-α-L-吡喃阿拉伯糖-28-O-β-D-吡喃葡萄糖-（1→6）-β-D-葡萄糖基-齐墩果酸［3-O-β-D-glucopyranosyl-（1→3）-α-L-arabinopyranosyl-28-O-β-D-glucopyranosyl-（1→6）-β-D-glucopyranosyl-oleanolic acid］、冬青苷ⅤⅢ（ilexoside ⅤⅢ）、杠柳酸 E（glycoside E）、鹅掌草皂苷 B（flaccidin B）、云南紫菀皂苷 F（asteryunnanoside F）、淡红忍冬苷 A、B、C、D（acuminataside A、B、C、D）和通泉草皂苷 Ⅱ（mazusaponin Ⅱ）[1]；苯丙素类：灰毡毛忍冬素 G、F（macranthoin G、F）、绿原酸（chlorogenic acid）和绿原酸甲酯（methyl chlorogenate）[1]；甾体类：β-谷甾醇（β-sitosterol）和胡萝卜苷（daucosterol）[1]；糖类：葡萄糖（glucopyranoside）和蔗糖（sucrose）[1]；脂肪酸类：花生酸（araclidie acid）[1]；烷醇类：正二十九烷醇（n-nonacosanol）[1]。

花蕾含挥发油：棕榈酸（hexadecanoicaci）、亚油酸（linoleicaci）、二十一烷（heneicosan）、肉豆蔻酸（tetradecanoic acid）、（9Z,12Z,15Z）-十八碳三烯酸甲酯、［methyl（9Z,12Z,15Z）-octadecatrienoate］和 11,14,17-二十碳三烯酸甲酯（methyl 11,14,17-eicosatrienoate）等[2]。

【性味与归经】甘，寒。归肺、心、胃经。

【功能与主治】清热解毒，凉散风热。用于痈肿疔疮，喉痹，丹毒，热毒血痢，风热感冒，温热发病。

【用法与用量】6～15g。

【药用标准】四川药材 2010。

【化学参考文献】

[1] 董璐. 宽果紫金龙和淡红忍冬的化学成分研究 [D]. 昆明：云南中医学院硕士学位论文，2013.

[2] 苟占平，万德光. 米子银花挥发油成分分析 [J]. 时珍国医国药，2008，19（2）：417-418.

916. 菰腺忍冬（图 916） • *Lonicera hypoglauca* Miq.

图 916　菰腺忍冬　　　　　　　　摄影　张芬耀

【别名】大叶金银花（江西安福）。

【形态】落叶藤本。幼枝、叶柄和花序梗均被灰色短柔毛，有时具糙毛。叶片纸质，卵形至卵状矩圆形，长6～9（～11.5）cm，顶端渐尖，基部近圆形或带心形，叶背灰白色，有大型无柄橙色腺体；叶柄长5～12mm。双花常生于侧生短枝上，或于小枝顶集合成总状；花序梗比叶柄短或有时较长；苞片条状披针形，与萼筒几等长，外面有短糙毛和缘毛；小苞片卵圆形，顶端钝，很少卵状披针形而顶端尖，长约为萼筒的1/3，有缘毛；萼筒无毛或有时略有毛，萼齿三角状披针形，长为筒的1/2～2/3，有缘毛；花冠二唇形，白色，有时略带红色，后变黄色，长3～4cm，筒比唇瓣稍长，外面疏生倒伏毛，并常具无柄或有短柄的腺体；雄蕊与花柱均稍伸出，无毛。浆果黑色，近球形，有时具白粉，直径7～8mm。花期4～5（～6）月，果期10～11月。

【生境与分布】生于灌丛或疏林中，海拔200～700（～1800）m。分布于安徽、浙江、江西、福建，另湖北、湖南、广东、广西、四川、贵州、云南、台湾均有分布；日本也有分布。

【药名与部位】山银花（金银花），花蕾或带初开的花。浙忍冬藤，茎。

【采集加工】山银花：夏初花开放前采收，干燥。浙忍冬藤：秋、冬二季采收，干燥。

【药材性状】山银花：呈棒状，上粗下细，略弯曲，长2.5～4.5cm，直径0.8～2mm。花冠黄白色至黄棕色，无毛或疏被毛，有的可见少量黄白色至橘红色的腺点。花萼绿色，萼筒无毛，萼齿5枚，萼裂片长三角形，被毛。开放者花冠筒状，先端二唇形，花冠裂片不及全长之半；雄蕊5枚，附于筒壁，黄色；雌蕊1枚，花柱无毛。质稍硬，手捏之稍有弹性。气清香。味微苦甘。

浙忍冬藤：呈长圆柱形。表面棕红色、灰黄色或灰绿色，无毛或被短柔毛，外皮易剥落，有的有节，节上具对生的叶痕。切面木质部黄白色，有年轮及致密的放射状纹理，导管孔细小。气微，味微苦。

【药材炮制】山银花：除去叶等杂质。筛去灰屑。炒山银花：取山银花饮片，炒至表面微具焦斑时，取出，摊凉。山银花炭：取山银花饮片，炒至浓烟上冒，表面焦黑色时，微喷水，灭尽火星，取出，晾干。浙忍冬藤：除去叶等杂质及直径1cm以上者，洗净，润软，切段，干燥。

【化学成分】花蕾含脂肪酸类：棕榈酸（palmitic acid）、亚油酸（linoleic acid）、硬脂酸（stearic acid）、（Z,Z,Z）-9,12,15-十八碳三烯酸甲酯［methyl（Z,Z,Z）-9,12,15-octadecatrienoate］和（Z,Z）-9,12-十八碳二烯酸［（Z,Z）-9,12-octadecatrienoic acid］[1]；挥发油类：二十二烷（docosane）、1-十九烯（1-nonadecene）和二十烷（eicosane）等[1]；皂苷类：灰毡毛忍冬皂苷乙（macranthoidin B）[2]；黄酮类：山奈酚（kaempferol）[2]；环烯醚萜类：马钱子苷（cuchiloside）[2]；甾体类：豆甾醇（stigmasterol）[2]；酚酸类：3,3'-二甲氧基鞣花酸（3,3'-dimethoxyellagic acid）[2]；苯丙素类：阿魏酸（ferulic acid）[2]。

藤茎含皂苷类：地榆皂苷Ⅱ（ziyuglycoside Ⅱ）、灰毡毛忍冬皂苷甲（macranthoidin A）和灰毡毛忍冬皂苷乙（macranthoidin B）[3]；香豆素类：东莨菪素（scopoletin）[3]；苯丙素类：绿原酸（chlorogenic acid）[3]；环烯醚萜类：裂环氧代马钱子苷（secoxyloganin）、马钱子苷（loganin）、獐牙菜苷（sweroside）、裂环马钱子苷半缩醛内酯（vogeloside）和裂环马钱子苷（secologanin）[4]。

叶含脂肪酸类：棕榈酸（palmitic acid）和亚麻酸甲酯（methyl linolenate）[5]；挥发油类：植醇（phytol）、芳樟醇（linalool）、二十六烷（hexacosane）和反式角鲨烯（trans-squalene）等[5]；三萜类：熊果酸（ursolic acid）[5]；黄酮类：5,7,3',4',5'-五甲氧基黄酮（5,7,3',4',5'-pentamethoxyflavone）[5]；苯丙素类：绿原酸（chlorogenic acid）[5]。

叶和茎含叶绿素类：脱镁叶绿素a（pheophytin a）[6]。

【药理作用】抗病毒　叶和茎乙醇提取物中分离得到的脱镁叶绿素a（pheophytin a）可抑制慢性丙型肝炎病毒感染及病毒蛋白和RNA表达[1]。

【性味与归经】山银花：甘，寒。归肺、心、胃经。浙忍冬藤：甘，寒。归肺、胃经。

【功能与主治】山银花：清热解毒，凉散风热。用于痈肿疔疮，喉痹，丹毒，热毒血痢，风热感冒，温病发热。浙忍冬藤：清热解毒，疏风通络。用于温病发热，热毒血痢，痈肿疮疡，风湿热痹，关节红肿热痛。

【用法与用量】山银花：6～15g。浙忍冬藤：9～30g。

【药用标准】山银花：药典1977—2015、浙江炮规2015、新疆药品1980二册、内蒙古蒙药1986、广西壮药2008和台湾2013；浙忍冬藤：浙江炮规2015。

【化学参考文献】

[1] 苟占平，万德光.红腺忍冬干燥花蕾挥发油成分研究［J］.中国现代应用药学杂志，2005，22（6）：475-476.

[2] 姚彩云，宋志军，李汉浠，等.红腺忍冬基源山银花的化学成分［J］.天水师范学院学报，2014，34（5）：10-12.

[3] 贺清辉，李会军，毕志明，等.红腺忍冬藤茎的化学成分［J］.中国天然药物，2006，4（5）：385-386.

[4] 贺清辉，田艳艳，李会军，等.红腺忍冬藤茎中环烯醚萜苷类化合物的研究［J］.中国药学杂志，2006，41（9）：656-658.

[5] 郭睿.红腺忍冬叶化学成分与质量控制研究［D］.南宁：广西中医学院硕士学位论文，2010.

[6] Wang S Y, Tseng C P, Tsai K C, et al. Bioactivity-guided screening identifies pheophytin a as a potent anti-hepatitis C virus compound from *Lonicera hypoglauca* Miq.［J］. Biochemical and Biophysical Research Communications，2009，385（2）：230-235.

【药理参考文献】

[1] Wang S Y, Tseng C P, Tsai K C, et al. Bioactivity-guided screening identifies pheophytin a as a potent anti-hepatitis C virus compound from *Lonicera hypoglauca* Miq.［J］. Biochemical and Biophysical Research Communications，2009，385（2）：230-235.

917. 灰毡毛忍冬（图917）· *Lonicera macranthoides* Hand.-Mazz.

【别名】拟大花忍冬、灰绒忍冬（安徽），左转藤（江西遂川）。

图917　灰毡毛忍冬　　　　　　　　　　摄影　张芬耀等

【形态】半常绿藤本。幼枝、叶柄和花序梗被开展的黄褐色长硬毛或薄绒状糙伏毛，并散生短腺毛；老枝栗褐色。叶片厚纸质或近革质，卵形至宽披针形，长6～14cm，顶端长渐尖、渐尖或锐尖，基部圆或微心形，边缘有长糙睫毛，上面中脉有糙毛，下面通常密被灰白色糙伏毛，并散生微腺毛，网脉隆起；叶柄长3～10mm。花微香，双花腋生，常密集于小枝顶呈圆锥状；总花梗长0.5～3mm；苞片披针形至条形，长2～4（～5）mm；小苞片卵形，长约1mm；萼筒长约2mm，无毛或有时被短糙毛，萼齿长三角状披针形至三角形，长1～2mm；花冠二唇形，白色，后变黄色，长3.5～7（～9）cm，外面被开展的糙毛和小腺毛，筒纤细，与唇瓣等长或略较长，内面有密柔毛，上唇分裂，下唇反卷；雄蕊和花柱均略超出花冠，无毛。果实黑色，常有蓝白色粉，圆形或椭圆形，长8～12mm。花期4～5月，果期7～8月。

【生境与分布】生于山谷和山坡林中或灌丛中，海拔300～1800m。分布于浙江、江西、福建，另湖南、广东、广西、四川、贵州、云南、西藏、台湾均有分布；尼泊尔、不丹、印度北部至缅甸和越南也有分布。

【药名与部位】山银花（金银花、长吊子银花），花蕾或初开的花。浙忍冬藤，茎。

【采集加工】山银花：夏初花开放前采收，干燥。浙忍冬藤：秋、冬二季采收，干燥。

【药材性状】山银花（灰毡毛忍冬）：呈棒状而稍弯曲，长3～6cm，上部直径约2mm，下部直径约1mm。表面黄色或黄绿色。总花梗集结成簇，开放者花冠裂片不及全长之半。质稍硬，手捏之稍有弹性。气清香。味微苦甘。

浙忍冬藤：呈长圆柱形。表面棕红色、灰黄色或灰绿色，无毛或被短柔毛，外皮易剥落，有的有节，节上具对生的叶痕。切面木质部黄白色，有年轮及致密的放射状纹理，导管孔细小。气微，味微苦。

【药材炮制】山银花：除去叶等杂质。筛去灰屑。炒山银花：取山银花饮片，炒至表面微具焦斑时，取出，摊凉。山银花炭：取山银花饮片，炒至浓烟上冒，表面焦黑色时，微喷水，灭尽火星，取出，晾干。

浙忍冬藤：除去叶等杂质及直径1cm以上者，洗净，润软，切段，干燥。

【化学成分】花蕾含黄酮类：槲皮素（quercetin）、苜蓿素-7-O-β-D-葡萄糖苷（tricin-7-O-β-D-glucoside）、槲皮素-3-O-β-D-葡萄糖苷（quercetin-3-O-β-D-glucoside）、木犀草素-7-O-β-D-半乳糖苷（luteolin-7-O-β-D-galactoside）[1]、山奈酚-3-O-β-D-葡萄糖苷（kaempferol-3-O-β-D-glucoside）、芦丁（rutin）、木犀草素-7-O-β-D-葡萄糖苷（luteolin-7-O-β-D-glucoside）[2]、异鼠李素-3-O-β-D-葡萄糖苷（isorhamnetin-3-O-β-D-glucoside）、山奈酚-3-O-β-D-葡萄糖苷（kaempferol-3-O-β-D-glucoside）[3]、金圣草素-7-O-β-D-吡喃葡萄糖苷（chrysoeriol-7-O-β-D-glucopyranoside）、槲皮素-3-O-β-D-吡喃葡萄糖苷（quercetin-3-O-β-D-glucopyranoside）[4]、异槲皮苷（isoquercetrin）和金丝桃苷（hyperoside）[5]；皂苷类：常春藤皂苷元-28-O-β-D-吡喃葡萄糖基-（1→6）-β-D-吡喃葡萄糖酯苷［hederagenin-28-O-β-D-glucopyranosyl-（1→6）-β-D-glucopyranoside］、常春藤皂苷元-3-O-α-L-吡喃鼠李糖-（1→2）-α-L-吡喃阿拉伯糖苷［hederagenin-3-O-α-L-rhamnopyranosyl-（1→2）-α-L-arabinopyranoside］、灰毡毛忍冬次皂苷甲（macranthoside A）、灰毡毛忍冬次皂苷乙（macranthoside B）、川续断皂苷乙（dipsacoside B）、灰毡毛忍冬皂苷甲（macranthoidin A）、灰毡毛忍冬皂苷乙（macranthoidin B）[2]、齐墩果酸-28-O-β-D-吡喃葡萄糖基-（1→6）-O-β-D-吡喃葡萄糖苷［oleanolic acid-28-O-β-D-glucopyranosyl-（1→6）-O-β-D-glucopyranoside］[3]、3-O-β-D-吡喃葡萄糖基（1-3）-α-L-吡喃阿拉伯糖基-常春藤皂苷元-28-O-β-D-吡喃葡萄糖酯苷［3-O-β-D-glucopyranosyl（1-3）-α-L-arabinopyranosyl-hederagenin-28-O-β-D-glucopyranoside］[4]和熊果酸（ursolic acid）[5,6]；萜苷类：（2E,6E）-3,7-二甲基-8-羟基八二烯-1-O-β-D-葡萄糖苷［（2E,6E）-3,7-dimethyl-8-hydroxyoctadien-1-O-β-D-glucoside］[3]和反式-芳樟醇-3,7-氧化物-6-O-β-D-吡喃葡萄糖苷（trans-linalool-3,7-oxide-6-O-β-D-glucopyranoside）[5]；苯丙素类：1-O-咖啡酰基奎宁酸（1-O-caffeoyl quinic acid）、4-O-咖啡酰基奎宁酸（4-O-caffeoyl quinic acid）、5-O-咖啡酰基奎宁酸丁酯（5-O-caffeoyl quinic acid butyl ester）[1]、绿原酸甲酯（methyl chlorogenate）、绿原酸（chlorogenic acid）[4]、咖啡酸丁酯（butlycaffeic acid）、3-O-咖啡酰奎尼酸丁酯（3-O-butly caffeoylquinic acid）、3,5-O-双咖啡酰奎尼酸甲酯（3,5-O-methyldicaffeoylquinic acid）和3,4-O-双咖啡酰奎尼酸甲酯（3,4-O-methyl dicaffeoyl quinic acid）[7]；脂肪酸类：棕榈酸（palmitic acid）[6]；酚醛类：原儿茶醛（protocatechuic aldehyde）[7]；香豆素类：东莨菪苷（scopolin）和茵芋苷（skimmin）[3]；醇类：肌醇（mesoinositol）、正十九烷醇（1-nonadecanol）[1]、白果醇（ginnol）、正三十烷醇（n-triacontanol）、3-辛烷基-3-癸烷基二十二烷醇（3-decyl-3-octyldocosan-1-ol）和3-壬烷基-3-十二烷基二十二烷醇（3-dodecyl-3-dodecyldocosan-1-ol）[6]；甾体类：β-谷甾醇（β-sitosterol）[1,6]和胡萝卜苷（daucosterol）[6]；烷烃类：正三十烷（n-triacontane）[6]；糖类：葡萄糖（glucose）[1]。

【药理作用】1.抗菌　花蕾及初开花中分离出的酚酸类、苷类、黄酮类及挥发油类成分对金黄色葡萄球菌、大肠杆菌和铜绿假单胞菌的生长均有不同程度的抑制作用，其酚酸类成分的抑菌效果明显高于其他三类成分[1]。2.抗病毒　从花蕾及初开的花提取的黄酮对伪狂犬病病毒具有明显的阻断其吸附、抑制病毒增殖和中和病毒包膜蛋白的作用[2]。3.抗氧化　从花蕾及初开花提取的黄酮成分对羟自由基（·OH）、超氧阴离子自由基（O_2^-·）有一定的清除作用，同时，对Fe^{3+}具有一定的还原能力[3]；花蕾及初开花的提取物有一定的还原能力和较好的清除1,1-二苯基-2-三硝基苯肼（DPPH）自由基的作用[4]。4.解热　花蕾及初开花的提取物对新鲜啤酒酵母菌所致发热模型大鼠有显著抑制大鼠的发热趋势，明显降低大鼠体温[5]。5.抗动脉粥样硬化　花蕾及初开花的提取物可使载脂蛋白E（ApoE）基因敲除小鼠（替代常规高脂饲养的方法）动脉粥样硬化斑块面积明显缩小，主动脉面积与斑块面积的比值减少，仅病变血管内膜增厚，小鼠动脉粥样硬化病变程度明显减轻；油红O染色观察发现其可明显减少荷脂细胞中脂滴的含量，降低细胞内总胆固醇、游离胆固醇和胆固醇酯的含量[6]。

【性味与归经】山银花：甘，寒。归肺、心、胃经。浙忍冬藤：甘，寒。归肺、胃经。

【功能与主治】山银花：清热解毒，凉散风热。用于痈肿疔疮，喉痹，丹毒，热毒血痢，风热感冒，温病发热。浙忍冬藤：清热解毒，疏风通络。用于温病发热，热毒血痢，痈肿疮疡，风湿热痹，关节红肿热痛。

【用法与用量】山银花：6～15g。浙忍冬藤：9～30g。

【药用标准】山银花：药典2005—2015、浙江药材2000、湖南药材1993、贵州药材2003和广西壮药2008；浙忍冬藤：浙江炮规2015。

【附注】Flora of China 已将本种归并至大花忍冬 Lonicera macrantha（D. Don）Spreng.，本书依据《中国药典》和《中国植物志》，仍采用灰毡毛忍冬 Lonicera macranthoides Hand.-Mazz. 为独立种的观点。

【化学参考文献】

[1] 许小方，李会军，李萍，等．灰毡毛忍冬花蕾中的化学成分[J]．中国天然药物，2006，4（1）：45-48.

[2] 陈君，许小方，柴兴云，等．灰毡毛忍冬花蕾的化学成分[J]．中国天然药物，2006，4（5）：347-351.

[3] 陈雨，冯煦，贾晓东，等．灰毡毛忍冬花蕾的化学成分研究[J]．中草药，2008，39（6）：823-825.

[4] 贾晓东，冯煦，赵兴增，等．灰毡毛忍冬的化学成分研究[J]．中草药，2008，39（11）：1635-1636.

[5] 陈雨，赵兴增，贾晓东，等．灰毡毛忍冬的化学成分及抗肿瘤活性研究进展[C]．全国第8届天然药物资源学术研讨会，2008.

[6] 贾晓东，赵兴增，王鸣，等．灰毡毛忍冬化学成分研究[J]．中药材，2008，31（7）：988-990.

[7] 肖世基，甘佳玉，张茂生．灰毡毛忍冬花蕾正丁醇部位化学成分的研究[J]．遵义医学院学报，2016，39（4）：350-352.

【药理参考文献】

[1] 刘岚，李荣．山银花药用成分的提取及抑菌活性研究[J]．中南医学科学杂志，2012（3）：298-300.

[2] 王林青，崔保安，张红英．金银花、山银花黄酮类提取物体外抗伪狂犬病病毒作用研究[J]．中国畜牧兽医，2011，38（3）：183-187.

[3] 张伟敏，魏静，胡振，等．灰毡毛忍冬提取纯化物抗氧化性研究[J]．食品科学，2008，29（3）：109-112.

[4] 刘亚敏，刘玉民，李琼，等．超声波辅助提取山银花绿原酸工艺及其抗氧化性研究[J]．食品工业科技，2014，35（1）：186-190.

[5] 雷志钧，周日宝，曾嵘，等．灰毡毛忍冬与正品金银花解热作用的比较研究[J]．湖南中医学院学报，2005，25（5）：14-15.

[6] 李荣，周玉生，匡双玉，等．山银花提取物抗动脉粥样硬化成分研究[J]．中国现代应用药学，2011，28（2）：92-95.

918. 盘叶忍冬（图918） • Lonicera tragophylla Hemsl.（Lonicera harmsii Graebn. ex Diels）

【别名】叶藏花（浙江）。

【形态】落叶藤本。小枝无毛。叶片纸质，卵形或椭圆形至披针形，长4～12cm，顶端钝或急尖，基部楔形，叶面无毛，叶背有白粉，被白色糙硬毛或至少中脉下部两侧密生黄色短糙毛，稀无毛，中脉基部有时带紫红色；小枝顶端的1～2对叶基部相联成盘状，盘两端通常钝或锐尖；叶柄短或无。花轮生，每轮6朵，通常2～4轮集成头状生于小枝顶端；花无梗；苞片狭卵形，约1mm；小苞片微小，无毛；萼筒壶状，长约3mm，无毛，萼齿小，三角形或卵形，顶端钝；花冠二唇形，黄色至橙黄色，上部外面略带红色，长5～9cm，外面无毛，筒细长，通常2～3倍于唇瓣，内面疏生柔毛，上唇4浅裂，下唇狭长圆形；雄蕊和花柱外露，无毛。浆果成熟时深红色，近球形，直径约1cm。花期6～7月，果期9～10月。

【生境与分布】生于林下、灌丛中或河滩旁岩缝中，海拔（700～）1000～2000（～3000）m。分布于安徽、浙江，另河北、山西、陕西、宁夏、甘肃、河南、湖北、四川、贵州北部均有分布。

【药名与部位】甘肃金银花，花蕾。

图 918　盘叶忍冬　　　　　摄影　李华东等

【药理作用】1. 抗菌　花的水提取物可降低金黄色葡萄球菌和大肠杆菌感染小鼠的死亡率，对金黄色葡萄球菌和大肠杆菌的生长亦具有抑制作用[1]。2. 解热　花蕾和带叶嫩枝水提取物可显著降低干酵母所致发热模型大鼠的肛温[2]。3. 抗炎　叶的水提浓缩物可显著抑制小鼠的毛细血管通透性[3]。4. 镇痛　水提取物可提高热板所致小鼠的痛阈值，延长小鼠的扭体潜伏期[4]。

毒性　叶水提取物对小鼠的半数致死剂量（LD_{50}）为 86.6g/kg[5]。

【药用标准】甘肃药材（试行）1991。

【药理参考文献】

[1] 高晓东，李雪萍，李永辉，等. 甘肃金银花（盘叶忍冬）抗菌作用实验研究 [J]. 西部中医药，2015，28（11）：17-19.

[2] 刘岩峥，李雪萍，张永东，等. 甘肃金银花（盘叶忍冬）对干酵母致大鼠发热作用研究 [J]. 甘肃医药，2012，31（8）：617-618.

[3] 李雪萍，张永东，王兰，等. 甘肃产盘叶忍冬抗炎作用药理研究 [J]. 甘肃医药，2009，28（6）：421-422.

[4] 李雪萍，高晓东，张永东，等. 甘肃产盘叶忍冬对小鼠镇痛作用的实验研究 [J]. 卫生职业教育，2010，28（8）：139-140.

[5] 杨莉芬，李雪萍. 甘肃产盘叶忍冬的急性毒性实验研究 [J]. 甘肃医药，2009，28（1）：33-34.

一一七　败酱科 Valerianaceae

二年生或多年生草本，稀一年生草本或亚灌木，有时根茎或茎基部木质化；根和根茎常有强烈气味。茎直立，常中空，稀蔓生。叶对生，有时基部丛生，叶片羽状分裂或不裂，边缘常具锯齿；基生叶与茎生叶常不同形；无托叶。花序顶生，由聚伞花序组成的密集或开展的伞房状、复伞房状或圆锥状复花序，稀为头状花序，具总苞片。花小，两性，有时杂性或单性；具小苞片；花萼小，萼筒贴生于子房，萼齿小，宿存，果时常稍增大或成羽毛状冠毛；花冠钟状或筒状，黄色、白色、粉红色或淡紫色，基部呈囊状或具长距，裂片3～5枚，稍不等形；雄蕊3或4枚，有时退化为1～2枚，着生于花冠筒基部，花药2室，内向，纵裂；子房下位，3室，仅1室发育，花柱单一，柱头头状或盾状，有时2～3浅裂。瘦果，有时顶端具冠毛状宿存萼齿，呈翅果状。种子1粒。

12属，约300种，大多数分布于北温带，有些种类分布于亚热带或寒带；中国3属，约30种，分布于全国各地。法定药用植物3属，7种1变种。华东地区法定药用植物2属，4种1变种。

败酱科法定药用植物主要含皂苷类、黄酮类、环烯醚萜类、香豆素类、木脂素类、生物碱类等成分。皂苷类多为五环三萜，包括齐墩果烷型、熊果烷型等，如败酱皂苷E、F、G、H（patrinoside E、F、G、H）、齐墩果酸-28-O-β-D-吡喃葡萄糖苷（oleanolic acid-28-O-β-D-glucopyranoside）、黄花败酱皂苷D、E、F、G（scabioside D、E、F、G）、委陵菜酸（tormentic acid）等；黄酮类包括黄酮、黄酮醇等，如木犀草素（luteolin）、山柰酚-7-鼠李糖苷（kaempferol-7-rhamnoside）等；环烯醚萜类如缬草苦苷（valerosidatum）、8-甲基缬草三酯（8-methylvalepotriate）、墓头回苷B、C（patriheterdoid B、C）等；香豆素类如东莨菪素（scopoletin）、松脂酚（pinoresinol）等；木脂素类如松脂酚（pinoresinol）、青木香苷A（lanicepside A）、（+）-松脂酚-4-O-β-D-吡喃葡萄糖苷［（+）-pinoresinol-4-O-β-D-glucopyranoside］等；生物碱包括单萜类、吡啶类等，如缬草碱（valerianine）、猕猴桃碱（actinidine）等。

败酱属含皂苷类、黄酮类、香豆素类、环烯醚萜类、苯乙酮类等成分。皂苷类为三萜类，包括齐墩果烷型、熊果烷型等，如黄花败酱皂苷A（scabioside A）、齐墩果酸-28-O-β-D-吡喃葡萄糖苷（oleanolic acid-28-O-β-D-glucopyranoside）、委陵菜酸（tormentic acid）、黄花败酱皂苷D、E、F、G（scabioside D、E、F、G）、巨头刺草皂苷D（giganteaside D）等；黄酮类包括黄酮、黄酮醇等，如洋芹素（celereoin）、槲皮素（quercetin）、山柰酚-7-鼠李糖苷（kaempferol-7-rhamnoside）等；香豆素类如东莨菪素（scopoletin）、亚洲络石脂内酯（nortrachelogenin）等；环烯醚萜类如瓶子草素（sarracenin）、糙叶败酱醇（patriscabrol）、墓头回苷B、C（patriheterdoid B、C）、去乙酰异缬草素（deacetylisovaltrate等；苯乙酮类如白前酮A（cynanchone A）、白前二酮A（cynandione A）等。

缬草属含环烯醚萜类、木脂素类、倍半萜类、生物碱类等成分。环烯醚萜类如缬草苦苷（valerosidatum）、8-甲基缬草三酯（8-methylvalepotriate）、缬草聚素A（volvalerine A）等；木脂素类如松脂酚（pinoresinol）、小蜡苷Ⅰ（sinenoside Ⅰ）、青木香苷A（lanicepside A）、（+）-松脂酚-4-O-β-D-吡喃葡萄糖苷［（+）-pinoresinol-4-O-β-D-glucopyranoside］等；倍半萜类如缬草萜酮（valeranone）、佛术烯（eremophilene）等；生物碱多为单萜类、吡啶类，如缬草碱（valerianine）、猕猴桃碱（actinidine）等。

1. 败酱属 *Patrinia* Juss.

多年生直立草本，稀为二年生。常有根茎，茎基部有时木质化，根或根茎具有特殊恶臭味。叶对生或基部丛生，羽状分裂或不裂，边缘呈粗锯齿状或牙齿状，稀全缘。二歧聚伞花序排列成圆锥状或伞房状；总苞片叶状，小苞片宿存。花小，花萼5浅裂，稍不等长；花冠钟形或漏斗状，黄色或淡黄色，稀白色，冠筒较裂片稍长，有时近等长或略短，内面具长柔毛，基部一侧常膨大呈囊肿，其内密生蜜腺，裂片5，稍不等形；雄蕊通常4枚，不等长，常伸出花冠，花药长圆形，丁字着生；子房下位，3室，柱头头状或盾状。瘦果，卵球状或倒卵形长圆状，仅一室发育，内有种子1粒，果苞翅状。

约20种，主要分布在亚洲的中部和东部。中国11种，全国各地均产，法定药用植物4种。华东地区法定药用植物4种。

分种检索表

1. 苞片在果期退化，不呈翅状；花序梗仅上部一侧密被硬毛··败酱 P. scabiosifolia
1. 苞片在果期增大，呈翅状；花序梗两侧密被短毛或硬毛。
  2. 茎生叶通常羽状分裂，很少全缘；花黄色。
    3. 叶纸质，较薄；花冠长3～4.5mm··墓头回 P. heterophylla
    3. 叶革质，较厚；花冠长6.5～9mm··糙叶败酱 P. scabra
  2. 茎生叶通常不裂或有时具1～3对侧裂片；花白色··攀倒甑 P. villosa

919. 败酱（图919）• Patrinia scabiosifolia Link（Patrinia scabiosaefolia Fisch. ex Trevir.）

图919　败酱　　　　摄影　李华东

【别名】黄花龙芽（通称），苦菜（江西、福建），鸡肫苗（安徽），黄花苦菜（浙江西天目山），山芝麻（山东蒙山），麻鸡婆（江西新建），将军草（江苏云台山），黄花败酱（浙江）。

【形态】多年生草本，高30～100（～200）cm。根茎横卧或斜生；茎直立，黄绿色至黄棕色，有时淡紫色，下部毛被通常脱落，上部具糙硬毛或疏被2列纵向短糙毛。基生叶莲座状，花时枯萎，叶片卵形至椭圆状披针形，长1.8～10.5cm，不分裂至羽状全裂，顶端钝或尖，基部楔形，两面被糙伏毛或几无毛，边缘全缘至具粗锯齿，有缘毛；叶柄长3～12cm；茎生叶对生，无柄，叶片宽卵形至披针形，长5～15cm，常羽状深裂或全裂，侧裂片2～5对，顶生裂片最大，边缘具粗锯齿；上部叶逐渐退化。花序顶生，由聚伞花序排成大型伞房状，具5～7级分支；花序梗上部一侧被开展白色粗糙毛；总苞片和苞片小；花小，萼齿不明显；花冠黄色，钟状，长约3mm，上部5裂；雄蕊4枚，2长2短；子房椭圆状长圆形，花柱长2.5mm，柱头盾状。瘦果长圆状，长3～4mm，具3棱，不发育2室退化形成窄边；无翅状苞片。种子1粒，椭圆状，扁平。花期7～9月，果期9～10月。

【生境与分布】生于山坡林下、林缘、灌丛以及草地和路旁，海拔（50～）400～2600m。分布于华东各地，另除广东、海南、宁夏、青海、新疆和西藏外的全国各地均有分布；日本、韩国、蒙古国、俄罗斯远东和西伯利亚地区也有分布。

【药名与部位】败酱草（败酱），全草。

【采集加工】夏季花开前采挖，晒至半干，扎成束，再阴干或鲜用。

【药材性状】全长50～100cm。根茎呈圆柱形，多向一侧弯曲，直径0.3～1cm；表面暗棕色至紫棕色，有节，节间长多不超过2cm，节上有细根。茎圆柱形，直径0.2～0.8cm；表面黄绿色至黄棕色，节明显，常有倒生粗毛；质脆，断面中部有髓或呈细小空洞。叶对生，叶片薄，多卷缩或破碎，完整者展平后呈羽状深裂至全裂，有5～11裂片，先端裂片较大，长椭圆形或卵形，两侧裂片狭椭圆形至条形，边缘有粗锯齿，上表面深绿色或黄棕色，下表面色较浅，两面疏生白毛，叶柄短或近无柄，基部略抱茎；茎上部叶较小，常3裂，裂片狭长，有的枝端带有伞房状聚伞圆锥花序。气特异，味微苦。

【药材炮制】除去杂质，下半段洗净，上半段喷潮，润软，切段，干燥；筛去灰屑。

【化学成分】根和根茎含三萜皂苷类：巨头刺草皂苷D（giganteaside D）[1]，齐墩果酸-3-O-β-D-吡喃葡萄糖基-（1→3）-α-L-吡喃鼠李糖基-（1→2）-β-D-吡喃木糖苷［oleanolic acid-3-O-β-D-glucopyranosyl-（1→3）-α-L-rhamnopyranosyl-（1→2）-β-D-xylopyranoside］[2]，常春藤皂苷元-3-O-β-D-吡喃葡萄糖基-(1→3′)-(2′-O-乙酰基)-α-L-吡喃阿拉伯糖苷［hederagenin-3-O-β-D-glucopyranosyl-（1→3′）-（2′-O-acetyl）-α-L-arabinopyranoside］[3]，常春藤皂苷元-28-O-β-D-吡喃葡萄糖基-（1→6）-β-D-吡喃葡萄糖酯苷［hederagenin-28-O-β-D-glucopyranosyl-（1→6）-β-D-glucopyranosyl ester］[4]，齐墩果酸（oleanolic acid）、常春藤皂苷元（hederagenin）、常春藤皂苷元-3-O-（2′-O-乙酰基）-α-L-吡喃阿拉伯糖苷［hederagenin-3-O-（2′-O-acetyl）-α-L-arabinopyranoside］[5]和3-O-（2′-O-乙酰基）-α-L-吡喃阿拉伯糖基常春藤皂苷元-28-O-β-D-吡喃葡萄糖基-（1→6）-β-D-吡喃葡萄糖酯苷［3-O-（2′-O-acetyl）-α-L-arabinopyranosyl hederagenin-28-O-β-D-glucopyranosyl-（1→6）-β-D-glucopyranosyl ester］[6]，齐墩果酸-28-O-β-D-吡喃葡萄糖苷（oleanolic acid-28-O-β-D-glucopyranoside）、常春藤皂苷元-3-O-α-L-吡喃阿拉伯糖基-(1→3)-β-D-吡喃木糖苷［hederagenin-3-O-α-L-arabinopyranosyl-（1→3）-β-D-xylopyranoside］、齐墩果酸-3-O-α-L-吡喃鼠李糖基-（1→2）-β-D-吡喃木糖苷［oleanolic acid-3-O-α-L-rhamnopyranosyl-（1→2）-β-D-xylopyranoside］[7]，齐墩果酮酸（oleanonic acid）[8]和败酱苷A_1、B_1、C_1、D_1、E、F、G、H、J、K、L、M（patrinoside A_1、B_1、C_1、D_1、E、F、G、H、J、K、L、M）[9]；倍半萜类：败酱烯（patrinene）和异败酱烯（isopatrinene）[10]；环烯醚萜类：败酱苷（patrinoside）[11]。

根含三萜皂苷类：黄花败酱皂苷A、B、C（scabioside A、B、C）[12]，黄花败酱皂苷D、E、F、G（scabioside D、E、F、G）[13]，齐墩果酸-3-O-α-L-吡喃阿拉伯糖苷（oleanolic acid-3-O-α-L-arabinopyranoside）、常春藤皂苷元-3-O-α-L-吡喃阿拉伯糖苷（hederagenin-3-O-α-L-arabinopyranoside）、齐墩果酸（oleanolic acid）、

常春藤皂苷元（hederagenin）、2′-O-乙酰基-3-O-α-L-吡喃阿拉伯糖基常春藤皂苷元（2′-O-acetyl-3-O-α-L-arabinopyranosylhederagenin）[14]，α-常春藤皂苷（α-hederin），即常春藤皂苷元-3-O-α-L-吡喃鼠李糖基-（1→2）-α-L-吡喃阿拉伯糖苷［hederagenin-3-O-α-L-rhamnopyranosyl-（1→2）-α-L-arabinopyranoside］、齐墩果酸-3-O-α-L-吡喃鼠李糖基-（1→2）-α-L-吡喃阿拉伯糖苷［oleanolic acid-3-O-α-L-rhamnopyranosyl-（1→2）-α-L-arabinopyranoside］[15]，3-O-α-L-吡喃阿拉伯糖基常春藤皂苷元-28-O-β-D-吡喃葡萄糖基-（1→6）-β-D-吡喃葡萄糖苷［3-O-α-L-arabinopyranosylhederagenin-28-O-β-D-glucopyranosyl-（1→6）-β-D-glucopyranoside］、3-O-α-L-吡喃阿拉伯糖基常春藤皂苷元-28-O-β-D-吡喃葡萄糖基-（1→6）-β-D-吡喃葡萄糖苷-2′乙酸酯［3-O-α-L-arabinopyranosylhederagenin-28-O-β-D-glucopyranosyl-（1→6）-β-D-glucopyranoside-2′-acetate］、3-O-β-D-吡喃葡萄糖基-（1→3）-α-L-吡喃鼠李糖基-（1→2）-α-L-吡喃阿拉伯糖基齐墩果酸-28-O-β-D-吡喃葡萄糖基-（1→6）-β-D-吡喃葡萄糖苷［3-O-β-D-glucopyranoxyl-（1→3）-α-L-rhamnopyranosyl-（1→2）-α-L-arabinopyranosyloleanolic acid-28-O-β-D-glucopyranosyl-（1→6）-β-D-glucopyranoside］[16,17]和败酱萜内酯A（patrinolide A），即11β,21β-二羟基-3-酮基-齐墩果烷-28,13β-甲酯（11β,21β-dihydroxy-3-oxo-oleanan-28,13β-olide）[18]；香豆素类：东莨菪内酯（scopoletin）和七叶树内酯（esculetin）[15]；甾体类：β-谷甾醇（β-sitosterol）和菜油甾醇-β-D-葡萄糖苷（campesterol-β-D-glucoside）[14]；环烯醚萜类：黄花败酱醚萜Ⅰ、Ⅱ（patriscadoid Ⅰ、Ⅱ）[19]。

根茎含皂苷类：β-常春藤素（β-hederin）[20]；挥发油：石竹烯（caryophyllene）、油酸乙酯（ethyl oleate）、十八碳烯酸（octadecenoic acid）和十四烷酸（tetradecanoic acid）等[21]。

地上部分含三萜皂苷类：败酱属皂苷H_3（patrinia saponin H_3），即3-O-β-D-吡喃葡萄糖基-（1→3）-α-L-吡喃鼠李糖基-（1→2）-α-L-吡喃阿拉伯糖基常春藤皂苷元-28-O-α-L-吡喃鼠李糖基-（1→4）-β-D-吡喃葡萄糖基-（1→6）-β-D-吡喃葡萄糖基酯苷［3-O-β-D-glucopyranosyl-（1→3）-α-L-rhamnopyranosyl-（1→2）-α-L-arabinopyranosylhederagenin-28-O-α-L-rhamnopyranosyl-（1→4）-β-D-glucopyranosyl-（1→6）-β-D-glucopyranosyl ester］[22]，α-常春藤皂苷元（α-hederin）、刺楸皂苷B（kalopanax saponin B）和23-羟基熊果酸（23-hydroxyursolic acid）[23]，黄酮类：芦丁（rutin）[23]。

种子含三萜皂苷类：败酱属糖苷A-I（patrinia-glycoside A-I），即3-O-［α-L-吡喃鼠李糖基-（1→2）-α-L-吡喃阿拉伯糖基］熊果酸｛3-O-［α-L-rhamnopyranosyl-（1→2）-α-L-arabinopyranosyl］ursolic acid｝、败酱属糖苷B-I（patrinia-glycoside B-I），即3-O-｛α-L-吡喃鼠李糖基-（1→2）-［β-D-吡喃葡萄糖基-（1→3）］-α-L-吡喃阿拉伯糖基｝熊果酸｛3-O-｛α-L-rhamnopyranosyl-（1→2）-［β-D-glucopyranosyl-（1→3）］-α-L-arabinopyranosyl｝ursolic acid｝、败酱属糖苷B-Ⅱ（patrinia-glycoside B-Ⅱ），即3-O-｛α-L-吡喃鼠李糖基-（1→2）-［β-D-吡喃葡萄糖基-（1→3）］-α-L-吡喃阿拉伯糖基｝齐墩果酸｛3-O-｛α-L-rhamnopyranosyl-（1→2）-［β-D-glucopyranosyl-（1→3）］-α-L-arabinopyranosyl｝oleanolic acid｝、3-O-［β-D-吡喃葡萄糖基-（1→3）-α-L-吡喃阿拉伯糖基］熊果酸｛3-O-［β-D-glucopyranosyl-（1→3）-α-L-arabinopyranosyl］ursolic acid｝、3-O-［α-L-吡喃鼠李糖基-（1→2）-α-L-吡喃阿拉伯糖基］齐墩果酸｛3-O-［α-L-rhamnopyranosyl-（1→2）-α-L-arabinopyranosyl］oleanolic acid｝、3-O-［β-D-吡喃葡萄糖基-（1→3）-α-L-吡喃阿拉伯糖基］齐墩果酸｛3-O-［β-D-glucopyranosyl-（1→3）-α-L-arabinopyranosyl］oleanolic acid｝[24]和硫酰基败酱皂苷Ⅰ、Ⅱ（sulfapatrinoside Ⅰ、Ⅱ）[25]；脂肪酸类：羊油酸（caproic acid）、羊脂酸（caprylic acid）、月桂酸（lauric acid）、羊蜡酸（capric acid）、肉豆蔻酸（myristic acid）、花生酸（arachidic acid）、棕榈油酸（palmitoleic acid）、棕榈酸（palmitic acid）、硬脂酸（stearic acid）、油酸（oleic acid）、亚油酸（linoleic acid）、亚麻酸（linolenic acid）、丁酸（butyric acid）、二十二碳二烯酸（docosadienoic acid）、十五烷酸（pentadecanoic acid）和真珠酸（margaric acid）[26]；苯丙素类：芥子酸（erucic acid）[26]。

全草含三萜皂苷类：3-O-β-D-吡喃木糖基-（1→3）-α-L-吡喃鼠李糖基-（1→2）-β-D-吡喃木糖基-12β,

30-二羟基齐墩果-28,13β-内酯［3-O-β-D-xylopyranosyl-（1→3）-α-L-rhamnopyranosyl-（1→2）-β-D-xylopyranosyl-12β, 30-dihydroxy-olean-28, 13β-olide］、3-O-α-L-吡喃鼠李糖基-（1→2）-β-D-吡喃木糖基-12β, 30-二羟基齐墩果-28, 13β-内酯［3-O-α-L-rhamnopyranosyl-（1→2）-β-D-xylopyranosyl-12β, 30-dihydroxy-olean-28, 13β-olide］、3-O-β-D-吡喃木糖基-（1→2）-β-D-吡喃葡萄基-12β, 30-二羟基齐墩果-28, 13β-内酯［3-O-β-D-xylopyranosyl-（1→2）-β-D-glucopyranosyl-12β, 30-dihydroxyolean-28, 13β-olide］、3-O-β-D-吡喃葡萄糖基-（1→4）-β-D-吡喃木糖基-（1→3）-α-L-吡喃鼠李糖基-（1→2）-β-D-吡喃木糖基齐墩果酸-28-O-β-D-吡喃葡萄糖苷［3-O-β-D-glucopyranosyl-（1→4）-β-D-xylopyranosyl-（1→3）-α-L-rhamnopyranosyl-（1→2）-β-D-xylopyranosyl oleanolic acid-28-O-β-D-glucopyranoside］、3-O-β-D-吡喃木糖基-（1→3）-α-L-吡喃鼠李糖基-（1→2）-α-L-吡喃阿拉伯糖基齐墩果酸-28-O-β-D-吡喃葡萄糖酯苷［3-O-β-D-xylopyanosyl-（1→3）-α-L-rhamnopyanosyl-（1→2）-α-L-arabinopyanosyl oleanolic acid-28-O-β-D-glucopyranosyl ester］、3-O-β-D-吡喃木糖基-（1→3）-α-L-吡喃鼠李糖基-（1→2）-β-D-吡喃木糖基齐墩果酸-28-O-β-D-吡喃葡萄糖基-（1→6）-β-D-吡喃葡萄糖苷［3-O-β-D-xylopyranosyl-（1→3）-α-L-rhamnopyranosyl-（1→2）-β-D-xylopyranosyl oleanolic acid-28-O-β-D-glucopyranosyl-（1→6）-β-D-glucopyranoside］、3-O-β-D-吡喃葡萄糖基-（1→4）-β-D-吡喃木糖基-（1→3）-α-L-吡喃鼠李糖基-（1→2）-β-D-吡喃木糖基齐墩果酸-28-O-β-D-吡喃葡萄糖基-（1→6）-β-D-吡喃葡萄糖苷［3-O-β-D-glucopyranosyl-（1→4）-β-D-xylopyranosyl-（1→3）-α-L-rhamnopyranosyl-（1→2）-β-D-xylopyranosyl oleanolic acid-28-O-β-D-glucopyranosyl-（1→6）-β-D-glucopyranoside］、3-O-β-D-吡喃葡萄糖基-（1→4）-β-D-吡喃木糖基-（1→3）-α-L-吡喃鼠李糖基-（1→2）-α-L-吡喃阿拉伯糖齐墩果酸-28-O-β-D-吡喃葡萄糖基-（1→6）-β-D-吡喃葡萄糖苷酯［3-O-β-D-glucopyranosyl-（1→4）-β-D-xylopyanosyl-（1→3）-α-L-rhamnopyranosyl-（1→2）-α-L-arabinopyanosyl oleanolic acid-28-O-β-D-glucopyranosyl-（1→6）-β-D-glucopyranosyl ester］、3-O-α-L-吡喃鼠李糖基-（1→2）-α-L-吡喃阿拉伯糖基常春藤皂苷元-28-O-α-L-吡喃阿拉伯糖基-（1→4）-β-D-吡喃葡萄糖基-（1→6）-β-D-吡喃葡萄糖苷［3-O-α-L-rahmnopyanosyl-（1→2）-α-L-arabinopyanosyl hederagenin-28-O-α-L-arabinopyanosyl-（1→4）-β-D-glucopyranosyl-（1→6）-β-D-glucopyranoside］、3-O-β-D-吡喃木糖基-（1→3）-α-L-吡喃鼠李糖基-（1→2）-α-L-吡喃阿拉伯糖基常春藤皂苷元-28-O-α-L-吡喃阿拉伯糖基-（1→4）-β-D-吡喃葡萄糖基-（1→6）-β-D-吡喃葡萄糖苷［3-O-β-D-xylopyanosyl-（1→3）-α-L-rhamnopyanosyl-（1→2）-α-L-arabinopyanosyl hederagenin-28-O-α-L-arabinopyanosyl-（1→4）-β-D-glucopyranosyl-（1→6）-β-D-glucopyranoside］[27]，2α-羟基熊果酸（2α-hydroxyursolic acid）、2α, 3β, 23-三羟基齐墩果-12-烯-28-酸（2α, 3β, 23-trihydroxyolean-12-en-28-oic acid）、2α, 3β, 19α, 23-四羟基齐墩果-12-烯-28-酸（2α, 3β, 19α, 23-tetrahydroxyolean-12-en-28-oic acid）、齐墩果酸-3-O-α-L-吡喃鼠李糖基-（1→2）-α-L-吡喃阿拉伯糖苷［oleanolic acid 3-O-α-L-rhamnopyranosyl-（1→2）-α-L-arabinopyranoside］、齐墩果酸-3-O-β-D-吡喃葡萄糖基-（1→3）-α-L-吡喃鼠李糖基-（1→2）-α-L-吡喃阿拉伯糖苷［oleanolic acid-3-O-β-D-glucopyranosyl-（1→3）-α-L-rhamnopyranosyl-（1→2）-α-L-arabinopyranoside］、3-O-β-D-吡喃葡萄糖基-（1→3）-α-L-吡喃鼠李糖基-（1→2）-α-L-吡喃阿拉伯糖基齐墩果酸-28-O-β-D-吡喃葡萄糖基-（1→6）-β-D-吡喃葡萄糖苷［3-O-β-D-glucopyranosyl-（1→3）-α-L-rhamnopyranosyl（1→2）-α-L-arabinopyranosyl oleanolic acid-28-O-β-D-glucopyranosyl-（1→6）-β-D-glucopyranoside］[28]，齐墩果酸-3-O-β-D-吡喃葡萄糖基-（1→3）-α-L-阿拉伯吡喃糖苷［oleanolic acid-3-O-β-D-glucopyranosyl-（1→3）-α-L-arabinopyranoside］[29]，2α-羟基齐墩果酸（2α-hydroxyoleanolic acid）、齐墩果酸-3-O-β-D-吡喃木糖苷（oleanolic acid-3-O-β-D-xylopyranoaide）[30]，败酱萜内酯 B、C、D（patrinolide B、C、D）、3β-羟基-24-降-熊果烷-4（3β-hydroxy-24-nor-urs-4）、3β-羟基-20（30）-烯-28-熊果酸［3β-hydroxy-urs-20（30）-en-28-oic acid］、委陵菜酸（tormentic acid）、齐墩果酸（oleanolic acid）、23-羟基-3-氧-12-烯-28-熊果酸（23-hydroxy-3-oxo-urs-12-en-28-oic acid）[31]，无患子皂苷 A（sapindoside A）、巨头刺草皂苷

D（giganteaside D）、常春藤皮皂苷 C（hederasaponin C）、异株五加苷 A（sieboldianoside A）和原皂苷元 CP$_3$（prosapogenin CP$_3$）[32]；酚酸类：3,4-二羟基苯甲酸（3,4-dihydroxybenzoic acid）[28]；苯丙素类：咖啡酸（caffeic acid）[28]；香豆素类：东莨菪内酯（scopoletin）[28]；甾体类：β-谷甾醇（β-sitosterol）[28] 和 β-胡萝卜苷（daucostarine）[30]；环烯醚萜类：败酱醚萜素*K、L（patriscabioin K、L）[31]，败酱醚萜素*A、B、C、D、E、F、J（patriscabioin A、B、C、D、E、F、J）、狭翅缬草醚萜素*A（stenopterin A）、蜘蛛香环烯醚萜酯 P（jatamanvaltrate P）、蜘蛛香环烯醚萜素 A（jatamanin A）、长毛败酱醇（villosol）、（1S,3R,5S,7S,8S,9S）-3,8-环氧-7-羟基-1-丁氧基-4,11-二氢荆芥烷［（1S,3R,5S,7S,8S,9S）-3,8-epoxy-7-hydroxy-1-butoxy-4,11-dihyronepetane］、（1S,3R,5S,7S,8S,9S）-3,8-环氧-7-羟基-1-甲氧基-4,11-二氢荆芥烷［（1S,3R,5S,7S,8S,9S）-3,8-epoxy-7-hydroxy-1-methoxy-4,11-dihyronepetane］和 6-羟基-7-羟甲基-4-亚甲基六氢-环戊［c］吡喃-1（3H）-酮 {6-hydroxy-7-hydroxymethyl-4-methylenehexahydrocyclopenta［c］pyran-1（3H）-one}[33]。

【药理作用】1. 抗肿瘤　乙醇提取物可显著减小移植人结肠癌 HT-29 小鼠的瘤体积，降低肿瘤组织中瘤内微血管密度，抑制人脐静脉内皮细胞增殖、迁移及血管生成[1]；从根茎分离的总皂苷对荷艾腹水癌小鼠的存活时间有一定的延长作用[2]；全草的 80% 乙醇提取物可显著抑制大肠癌 5-FU 耐药细胞的生长和活力，同时具有增加阿霉素在耐药细胞中的蓄积作用[3]；全草的水提取物可显著减少血道转移肝癌 H22 模型小鼠肺部转移灶数，显著增加小鼠体重和免疫器官重量[4]。2. 镇静　全草 70% 乙醇提取物的石油醚、乙酸乙酯和正丁醇萃取部位可显著延长戊巴比妥钠诱导小鼠睡眠潜伏期及睡眠时间，其中正丁醇组睡眠时间最长[5]。3. 抗菌　全草水蒸馏液对金黄色葡萄球菌和链球菌的生长具有明显的抑制作用[6]；全草超临界萃取物对沙门氏菌、福氏痢疾杆菌、金黄色葡萄球菌的生长均有明显的抑制作用[7]。

【性味与归经】辛、苦，凉。归肝、胃、大肠经。

【功能与主治】清热解毒，祛瘀排脓。用于阑尾炎，痢疾，肠炎，肝炎，眼结膜炎，产后瘀血腹痛，痈肿，疔疮。

【用法与用量】煎服 9～15g；外用鲜品适量，捣烂敷患处。

【药用标准】药典 1977、浙江炮规 2015、新疆药品 1980 二册、四川药材 2010、贵州药材 2003、河南药材 1993、湖南药材 2009、山东药材 2002、辽宁药材 2009 和黑龙江药材 2001。

【临床参考】1. 失眠：黄花龙芽精胶囊（根茎经水蒸气蒸馏提取挥发油，每粒胶囊含挥发油 20mg），每午、晚各服 1 粒（或每晚睡前服 2 粒），连服 5 天，然后每日服 1 粒，连服 10 天[1]。

2. 无名肿毒：鲜全草 30～60g，酒水各半煎服，渣捣烂敷患处。（《闽东本草》）

【附注】败酱始载于《神农本草经》，列为中品。《名医别录》云："败酱，生江夏川谷，八月采根。"《本草经集注》云："出近道，叶似稀莶，根形似柴胡，气如败豆酱，故以为名。"《新修本草》云："此药不出近道，多生岗岭间，叶似水茛及薇衔，丛生，花黄，根紫，作陈酱色，其叶殊不似稀莶也。"上述描述中，包含本种及攀倒甑（白花败酱），其中所载"花黄根紫"的特征，与本种一致。此外，《植物名实图考》所载的"黄花龙芽"当也为本种。

本种在《中国植物志》《中华本草》等专著中学名为 *Patrinia scabiosaefolia* Fisch. ex Trev.，经考证，该学名不是合法名称，故本书采用 *Patrinia scabiosifolia* Fisch. ex Trevir. 一名。

药材败酱草（败酱）脾胃虚寒及孕妇慎服。

【化学参考文献】
[1] 杨波, 丁立新. 黄花败酱中一个皂苷的分离鉴定［J］. 中药材, 1999, 22（4）: 189-190.
[2] 杨波, 陈英杰. 黄花败酱中新皂苷的分离和鉴定［J］. 中草药, 2000, 31（1）: 1-2.
[3] 杨波, 沈德凤, 丁立新, 等. 黄花败酱中酰化新皂苷的分离与鉴定［J］. 中草药, 2002, 33（8）: 685-687.
[4] 杨波, 佟丽华, 金梅, 等. 黄花败酱中一个三萜酯苷成分的分离与鉴定［J］. 中药材, 1998, 10: 513-514.
[5] 杨波, 樊国锋, 许典哲. 黄花败酱中苷元与单糖链皂苷的分离鉴定［J］. 黑龙江医药科学, 2000, 23（2）: 8-9.
[6] 杨波, 许典哲, 樊国峰. 黄花败酱中三糖皂苷的分离鉴定［J］. 黑龙江医药科学, 1999,（6）: 19-20.

[7] 杨东辉, 魏璐雪, 蔡少青, 等. 黄花败酱根及根茎化学成分的研究 [J]. 中国中药杂志, 2000, 25 (1): 39-41.
[8] 杨波, 金梅, 佟丽华, 等. 黄花败酱中齐墩果酮酸的分离鉴定 [J]. 中药材, 1999, 22 (1): 23-24.
[9] Sidorovich T N. Saponins of *Patrinia scabiosaefolia* [J]. Aptechnoe Delo, 1966, 15 (6): 38-42.
[10] 北京医学院药学系中草药化学师资进修班黄花败酱专题组和药学系72届工农兵学员毕业实践黄花败酱研制组. 黄花败酱的镇静作用和催眠疗效的研究——I. 镇静有效成分的化学 [J]. 北京医学院学报, 1976, (1): 17-22.
[11] Taguchi H, Endo T. Patrinoside, a new iridoid glycoside from *Patrinia scabiosaefolia* [J]. Chem Pharm Bull, 1974, 22: 1935-1937.
[12] Bukharov V G, Karlin V V, Sidorovich T N. Triterpene glycosides of *Patrinia scabiosofolia* I [J]. Khimiya Prirodnykh Soedinenii, 1970, 6 (1): 69-74.
[13] Bukharov V G, Karlin V V. Triterpenic glycosides from *Patrinia scabiosofolia* II [J]. Khimiya Prirodnykh Soedinenii, 1970, 6 (2): 211-214.
[14] Woo W S, Choi J S, Seligmann O, et al. Sterol and triterpenoid glycosides from the roots of *Patrinia scabiosaefolia* [J]. Phytochemistry, 1983, 22 (4), 1045-1047.
[15] Choi J S, Woo W S. Coumarins and triterpenoid glycosides from the roots of *Patrinia scabiosaefolia* [J]. Arch Pharm Res, 1984, 7 (2): 121-126.
[16] Woo W S, Choi J S, Shin K H. Isolation of toxic saponins from the roots of *Patrinia scabiosaefolia* [J]. Saengyak Hakhoechi, 1986, 16 (4) 248-252.
[17] Choi J S, Woo W S. Triterpenoid glycosides from the roots of *Patrinia scabiosaefolia* [J]. Planta Med, 1987, 53 (1): 62-65.
[18] Yang M Y, Choi Y H, Yeo H S, et al. A new triterpene lactone from the roots of *Patrinia scabiosaefolia* [J]. Arch Pharm Res, 2001, 24 (5): 416-417.
[19] Choi E J, Liu Q H, Jin Q L, et al. New iridoid esters from the roots of *Patrinia scabiosaefolia* [J]. Bull Korean Chem Soc, 2009, 30 (6): 1407-1409.
[20] 杨波, 佟丽华, 何勇. 黄花败酱皂甙的分离鉴定 [J]. 黑龙江医药科学, 1998, 5: 31-32.
[21] 杨波, 沈德凤, 赵萍, 等. 黄花败酱超临界萃取物的化学成分研究 [J]. 时珍国医国药, 2007, 18 (11): 2706-2707.
[22] Kang S S, Kim J S, Kim Y H, et al. A triterpenoid saponin from *Patrinia scabiosaefolia* [J]. J Nat Prod, 1997, 60: 1060-1062.
[23] Kim Y H. Studies on components of *Patrinia scabiosaefolia* [J]. Saengyak Hakhoechi, 1997, 28 (2): 93-98.
[24] Nakanishi T, Tanaka K, Murata H, et al. Phytochemical studies of seeds of medicinal plants. III. ursolic acid and oleanolic acid glycosides from seeds of *Patrinia scabiosaefolia* Fischer [J]. Chem Pharm Bull, 1993, 41 (1): 183-186.
[25] Inada A, Yamada M, Murata H, et al. Phytochemical studies of seeds of medicinal plants. I. Two sulfated triterpenoid glycosides, sulfapatrinosides I and II, from seeds of *Patrinia scabiosaefolia* Fischer [J]. Chem Pharm Bull, 1988, 36 (11): 4269-4274.
[26] Fursa N S, Dolya V S, Litvinenko V I, et al. Phytochemical analysis of the seeds of *Valeriana exalta* and *Patrinia scabiosaefolia* [J]. Farmatsevtichnii Zhurnal, 1984, (3): 69-70.
[27] Gao L, Zhang L, Li N, et al. New triterpenoid saponins from *Patrinia scabiosaefolia* [J]. Carbohydr Res, 2011, 346: 2881-2885.
[28] 夏明文, 谭菁菁, 杨琳, 等. 黄花败酱化学成分研究 [J]. 中草药, 2010, 41 (10): 1612-1615.
[29] 姜泓, 初正云, 王虹霞, 等. 黄花败酱化学成分 [J]. 中草药, 2003, 34 (11): 978-980.
[30] 李延芳, 李明慧, 楼凤昌, 等. 黄花败酱的化学成分研究 [J]. 中国药科大学学报, 2002, 33 (2): 101-103.
[31] Liu Z H, Ma R J, Yang L, et al. Triterpenoids and iridoids from *Patrinia scabiosaefolia* [J]. Fitoterapia, 2017, 119: 130-135.
[32] 李延芳, 楼凤昌. 黄花败酱中三萜皂苷类成分的分离鉴定 [J]. 华西药学杂志, 2007, 22 (5): 483-486.
[33] Liu Z H, Hou B, Yang L, et al. Iridoids and bis-iridoids from *Patrinia scabiosaefolia* [J]. RSC Advances, 2017, 7 (40): 24940-24949.

【药理参考文献】

[1] Chen L，Liu L，Ye L，et al. *Patrinia scabiosaefolia* inhibits colorectal cancer growth through suppression of tumor angiogenesis［J］. Oncology Reports，2013，30（3）：1439-1443.

[2] 沈德风，杨波，李进京. 黄花败酱总皂苷提取物抗肿瘤作用的实验研究［J］. 黑龙江医药科学，2007，30（3）：35-35.

[3] 周庄，刘望予，娄云云，等. 败酱草抑制大肠癌HCT-8/5-FU细胞耐药的作用研究［J］. 福建中医药，2018，49（2）：33-35.

[4] 李玉基，张淑娜，李洁，等. 黄花败酱草对小鼠肝癌细胞血道转移的影响［J］. 食品与药品，2013，15（4）：248-250.

[5] 肖珍，彭向东. 黄花败酱草提取物镇静活性部位的研究［C］. 广东省药师周大会，2011：53-55.

[6] 谭超，孙志良，周可炎，等. 黄花败酱化学成分及镇静、抑菌作用研究［J］. 中兽医医药杂志，2003，22（4）：3-5.

[7] 董岩，祁伟. 黄花败酱超临界萃取物的化学成分及其抑菌活性研究［J］. 中国药学杂志，2014，49（9）：717-720.

【临床参考文献】

[1] 罗和春，崔玉华，楼之芩. 中药黄花败酱镇静安眠作用的临床观察与药理药化研究［J］. 北京中医，1982，（3）：30-33.

920. 墓头回（图920） · *Patrinia heterophylla* Bunge

图920　墓头回　　　　　　摄影　李华东

【别名】异叶败酱（浙江、安徽）。

【形态】多年生草本，株高 15～100cm。根茎横走，长于 20cm；茎直立，密被糙伏毛或近无毛。基生叶丛生，叶片纸质，狭椭圆形，长 3～8cm，羽状半裂至全裂，边缘有粗大的锯齿或圆齿，具叶柄；茎生叶对生，近无柄或具叶柄；下部叶羽状全裂，具 2～6 对裂片，中部和上部叶常通常不裂，或具 1 或 2 对羽状小裂片。伞房聚伞花序顶生，花序梗密被短硬毛；总苞片常具 1 或 2（～4）对条形裂片，分枝下部苞片不裂，条形，与花序近等长或稍长；萼齿 5 枚，明显或不明显；花冠黄色，钟状，长 3～4.5mm，冠筒基部一侧具浅囊肿，上部 5 裂；雄蕊 4 枚，2 长 2 短，伸出花冠外；子房倒卵形或长圆形，花柱稍弯曲，柱头盾状或截头状。瘦果长圆形或倒卵形；翅状苞片卵圆形，干膜质，具 2 或 3 条脉。花期 7～9 月，果期 8～10 月。

【生境与分布】生于疏林、草坡和路旁，海拔 100～2600m。分布于浙江、江苏、安徽、山东、江西，另重庆、甘肃、贵州、河北、河南、湖北、湖南、吉林、辽宁、内蒙古、宁夏、青海、陕西、山西、四川等地均有分布。

【药名与部位】墓头回，根。

【采集加工】春、秋二季采挖，除去茎苗及泥沙，干燥。

【药材性状】呈细圆柱形，有分枝，长短不一，常弯曲，直径 0.4～5cm。根头部粗大，有的分枝。表面粗糙，黄褐色，有细纵纹及点状支根痕，有的具瘤状突起。栓皮易剥落，脱落后呈棕黄色。折断面纤维性，具放射状裂隙。质硬，断面黄白色，呈破裂状。具特异臭气，味微苦。

【药材炮制】除去杂质，洗净，润软，切厚片，干燥。

【化学成分】全草含三萜类：3-O-［β-D-吡喃葡萄糖基-（1→2）-α-L-吡喃阿拉伯糖基］-齐墩果酸-28-O-［β-D-吡喃葡萄糖基-（1→6）-β-D-吡喃葡萄糖基］酯苷｛3-O-［β-D-glucopyranosyl-（1→2）-α-L-arabinopyranosyl］-oleanolic acid-28-O-［β-D-glucopyranosyl-（1→6）-β-D-glucopyranosyl］ester｝、3-O-［β-D-吡喃葡萄糖基-（1→2）-α-L-吡喃阿拉伯糖基］-常春藤皂苷元-28-O-（β-D-吡喃葡萄糖基）酯苷｛3-O-［β-D-glucopyranosyl-（1→2）-α-L-arabinopyranosyl］-hederagenin-28-O-（β-D-glucopyranosyl）ester｝[1]，木栓酮（friedelin）、齐墩果酸（oleanolic acid）、熊果酸（ursolic acid）、常春藤皂苷元（hederagenin）、海棠果醇（canophyllol）、齐墩果酸-3-O-α-L-吡喃阿拉伯糖苷（oleanolic acid-3-O-α-L-arabinopyranoside）、β-香树脂醇（β-amyrin）和α-香树脂醇（α-amyrin）[2]；甾体类：β-谷甾醇（β-sitosterol）和胡萝卜苷（daucosterol）[2]；黄酮类：鼠李柠檬素-3-O-［α-L-吡喃鼠李糖基-（1→4）-O-α-L-吡喃鼠李糖基-（1→6）］-β-D-吡喃半乳糖苷｛rhamnocitrin-3-O-［α-L-rhamnopyranosyl-（1→4）-O-α-L-rhamnopyranosyl-（1→6）］-β-D-galactopyranoside｝[1]，（4aS，10aR，E）-10a-乙酰-6-羟基-3-（1-羟基-2-甲基亚丁基）-7-异丁酰-8-甲氧基-4a，9-二甲基-4a，5-二氢-3H-吡喃［2，3-b］色烯-2，4-二酮｛（4aS，10aR，E）-10a-acetyl-6-hydroxy-3-（1-hydroxy-2-methylbutylidene）-7-isobutyryl-8-methoxy-4a，9-dimethyl-4a，5-dihydro-3H-pyrano［2，3-b］chromene-2，4-dione｝和（4aS，10aR，E）-10a-乙酰-7-丁酰-6-羟基-3-（1-羟基-2-甲基亚丁基）-8-甲氧基-4a，9-二甲基-4a，5-二氢-3H-吡喃［2，3-b］色烯-2，4-二酮｛（4aS，10aR，E）-10a-acetyl-7-butyryl-6-hydroxy-3-（1-hydroxy-2-methylbutylidene）-8-methoxy-4a，9-dimethyl-4a，5-dihydro-3H-pyrano［2，3-b］chromene-2，4-dione｝[3]；香豆素类：3-（4-甲氧基苯乙基）-8-羟基-［3，4，5-三羟基-6-（羟甲基）-四氢-2H-吡喃-2-氧基］-3，4-二氢异色酮｛3-（4-methoxyphenethyl）-8-hydroxy-［3，4，5-trihydroxy-6-（hydroxymethyl）-tetrahydro-2H-pyran-2-yloxy］-3，4-dihydroisochromen-1-one｝[3]；环烯醚萜类：（4S，4aS，6R，7R，7aS）-6-羟基-7-羟甲基-4-甲基六氢环戊［c］吡喃-3（1H）-酮｛（4S，4aS，6R，7R，7aS）-6-hydroxy-7-hydroxymethyl-4-methyl hexahydrocyclopenta［c］pyran-3（1H）-one｝、（4S，4aS，6R，7R，7aS）-六氢-2′，2′，4-三甲基-1′，3′-二氧杂环［6，7］环戊［c］吡喃-3（1H）-酮｛（4S，4aS，6R，7R，7aS）-hexahydro-2′，2′，4-trimethyl-1′，3′-dioxane［6，7］cyclopenta［c］pyran-3（1H）-one｝、（6R，7R，7Ra）-6-羟基-7-羟甲基-4-亚甲基六氢环戊［c］吡喃-1（3H）-酮｛（6R，7R，7Ra）-6-hydroxy-7-

(hydroxymethyl)-4-methylene hexahydrocyclopenta[c]pyran-1(3H)-one}[1]，瓶子草素（sarracenin）和糙叶败酱醇（patriscabrol）[4]；香豆素类：东莨菪内酯（scopoletin）[4]；苯丙素类：咖啡酸乙酯（ethyl caffeate）、松柏醛（coniferaldehyde）、反式-对-香豆基甲醛（trans-p-coumaryl aldehyde）、咖啡酸甲酯（methyl caffeate）和3，4-二羟基桂皮酸（3，4-dihydroxycinnamic acid）[4]；苯乙酮类：1-（2，4-二羟基苯基）乙酮[1-(2，4-dihydroxyphenyl)ethanone]、2′，5′-二羟基苯乙酮（2′，5′-dihydroxyacetophenone）、白前酮A（cynanchone A）和白前二酮A（cynandione A）[4]；酚类：香草醛（vanillin）和儿茶酚（catechol）[4]；烷烃类：二十四烷（tetracosane）[4]。

地上部分含黄酮类：金丝桃苷（hyperoside）和异槲皮苷（isoquercitrin）[5]。

根和根茎含环烯醚萜类：墓头回苷A（patriheterdoid A）[6]，墓头回苷*B、C（patriheterdoid B、C）和去乙酰异缬草素（deacetylisovaltrate）[7]；三萜类：齐墩果酸（oleanolic acid）、异叶败酱皂苷A（patrihetoside*A），即齐墩果酸-3-O-β-D-吡喃葡萄糖基-（1→4）-α-L-吡喃阿拉伯糖苷[oleanolic acid-3-O-β-D-glucopyranosyl-（1→4）-α-L-arabinopyranoside]、异叶败酱皂苷B（patrihetoside*B），即齐墩果酸-3-O-β-D-吡喃葡萄糖基-（1→3）-α-L-吡喃鼠李糖基-（1→2）-α-L-吡喃阿拉伯糖苷[oleanolic acid-3-O-β-D-glucopyranosyl-（1→3）-α-L-rhamnopyranosyl-（1→2）-α-L-arabinopyranoside][8]，常春藤皂苷元（hederagenin）、齐墩果酸-3-O-α-L-吡喃阿拉伯糖苷（oleanolic acid-3-O-α-L-arabinopyranoside）、α-香树脂醇（α-amyrin）、β-香树脂醇（β-amyrin）、木栓酮（friedelin）、熊果酸（ursolic acid）和海棠果醇（canophyllol）[9]。

【药理作用】抗肿瘤 提取得到的多糖可抑制人宫颈癌HeLa细胞的生长，促进细胞凋亡并将其阻止在G_0/G_1期，下调Bcl-2基因表达，上调p53及Bax基因表达[1]；根及根茎的80%乙醇提取物可显著抑制人前列腺癌PC-3细胞的增殖，且具有量效及时效性，可抑制小鼠移植肉瘤180及肝癌22的增殖[2]；异叶败酱提取物处理的白血病K562细胞有23个蛋白质点发生了明显改变[3]，促进细胞凋亡，将细胞周期阻滞在G_0/G_1期[4]；全草中提取的多糖可显著降低宫颈癌（U14）实体瘤模型小鼠的瘤重量，促进肿瘤细胞凋亡，显著降低血清乳酸脱氢酶（LDH）含量、突变型p53和Bcl-2蛋白表达，显著升高Bax蛋白表达[5]；抑制人宫颈癌HeLa细胞的增殖，促进细胞凋亡，将细胞周期阻滞在G_0/G_1期，显著增强细胞激活胱天蛋白酶-3（caspase-3）的活性，且随处理时间的延长而增强，显著上调p53、Bax的mRNA表达，显著下调Bcl-2的mRNA表达，明显抑制HeLa细胞端粒酶的活性[6]；异叶败酱提取物能下调鸡胚翅芽发育过程中的基因Myf5、Myod和PCNA的表达[7]；分离得到的三萜化合物常春藤皂苷元（hederagenin）在低浓度时对人早幼粒白血病HL-60细胞的生长具有良好的抑制作用，在较高浓度下，具有致死作用，同时具有周期阻滞及凋亡诱导作用[8]；根及根茎中提取的环烯醚萜类化合物可抑制人胃癌AGS和HGC-27细胞的集落形成，G_2/M期阻滞，降低p-CHK1蛋白表达，下调CDC25c及CDC2蛋白表达，改变线粒体膜通透性，激活胱天蛋白酶-3[9]。

【性味与归经】辛、苦，微寒。归心、肝经。

【功能与主治】清热燥湿，祛瘀止痛。用于崩漏，赤白带下，跌打损伤。

【用法与用量】煎服6～15g；外用适量，煎汤洗患处。

【药用标准】浙江炮规2015、山东药材2012、上海药材1994、甘肃药材2009、北京药材1998、新疆药品1980二册和河南药材1993。

【临床参考】1.带下病：根30g，加适量水煎2次，早晚分服，连服10天[1]。

2.小儿肺炎：根15g，加土茯苓、白花蛇舌草、桑白皮、炒槟榔各10g，败酱草12g，炙麻黄、桔梗各6g，葶苈子、茯苓各8g，水煎，每日1剂，分3～4次服[2]。

【附注】墓头回始载于《本草纲目》。《救荒本草》地花菜有"墓头灰"之别名，谓："生密县山野中，苗高尺余，叶似野菊花叶而窄细，又似鼠尾草，叶亦瘦细，梢寸间开五瓣小黄花，其叶味微苦。"并有附图。明《本草原始》载有墓头回，谓："山谷处处有之，根如地榆，长条黑色，闻之极臭，俗呼鸡粪草。"

又云"根色黑,气臭,用此草干久益善。"并有附图,《植物名实图考》卷八亦有墓头回的记载,谓:"生山西五台山。绿茎肥嫩,微似水芹,叶歧细齿,梢际结实,攒簇如椒,有毛。《五台志》载入药类,盖俚方习用者。"并有附图,从其药用部位、形态、色泽、气味及附图等看,可以认定其为败酱属植物中之粗根类型,当包含本种及糙叶败酱 Patrinia rupestris(Pall.) Juss. subsp. scabra(Bunge) H. J. Wang (Patrinia scabra Bunge)。

药材墓头回虚寒诸证者慎服。

【化学参考文献】

[1] Mu L H, Wang Y N, Liu L, et al. New iridoids from the whole plant of Patrinia heterophylla [J]. Chem Nat Compd, 2019, 55(1): 32-35.
[2] 丁兰,徐福春,王瀚,等. 异叶败酱化学成分的研究及体外细胞毒性检测[J]. 西北师范大学学报(自然科学版), 2007, 43(3): 62-65.
[3] Lu X, Li D, Dalley N K, et al. Structure elucidation of compounds extracted from the Chinese medicinal plant Patrinia heterophylla [J]. Nat Prod Res, 2007, 21: 677-685.
[4] Sheng L, Yang Y, Zhang Y, et al. Chemical constituents of Patrinia heterophylla Bunge and selective cytotoxicity against six human tumor cells [J]. J Ethnopharmacol, 2019, 236: 129-135.
[5] 雷海民,朱蓉,吕居娴,等. 异叶败酱黄酮类成分的研究[J]. 西北药学杂志, 1995, 4: 154-156.
[6] Yang B, Wang Y Q, Cheng R B, et al. A new cytotoxic iridoid from the rhizomes and roots of Patrinia heterophylla [J]. Chem Nat Compd, 2014, 50(4): 661-664.
[7] Yang B, Cheng R B, Wang Y Q, et al. Two new cytotoxic iridoid esters from the rhizomes and roots of Patrinia heterophylla Bunge [J]. Nat Prod Res, 2013, 27(22): 2105-2110.
[8] 雷海民,朱蓉. 异叶败酱化学成分的研究[J]. 中国药学杂志, 1997, 32(5): 271-273.
[9] Ding L, Xu F C, Wang H, et al. Studies on chemical constituents from Patrinia heterophylla Bunge and their cytotoxicity in vitro [J]. Journal of Northwest Normal University(Natural Science), 2007, 43: 62-65.

【药理参考文献】

[1] Lu W, Li Q, Li J, et al. Polysaccharide from Patrinia heterophylla Bunge inhibits HeLa cell proliferation through induction of apoptosis and cell cycle arrest [J]. Laboratory Medicine, 2009, 40(3): 161-166.
[2] Yang B, Li N, Wang Y Q, et al. Preliminary evaluation of antitumor effect and induction apoptosis in PC-3 cells of extract from Patrinia heterophylla [J]. Revista Brasileira De Farmacognosia, 2011, 21(3): 471-476.
[3] 卫东锋,赵春燕,程卫东,等. 异叶败酱提取物对白血病K562细胞作用的蛋白质组学研究[J]. 北京中医药大学学报, 2012, 35(4): 246-250.
[4] 刘俐,穆丽华,刘屏. 异叶败酱提取物对白血病细胞体外抑制作用的实验研究[J]. 中国药物应用与监测, 2017, 14(3): 150-153.
[5] 耿果霞,陆文总,李青旺,等. 异叶败酱多糖的体内抗肿瘤活性研究[J]. 西北农林科技大学学报(自然科学版), 2010, 38(11): 14-18.
[6] 陆文总. 异叶败酱草多糖抗宫颈癌作用及机理研究[D]. 咸阳:西北农林科技大学, 2009.
[7] 胡燕,程卫东,赵望泓,等. 初探异叶败酱提取物对鸡胚翅芽发生中基因表达模式的作用[J]. 中药材, 2010, 33(11): 1764-1767.
[8] 丁兰,侯茜,徐福春,等. 异叶败酱中三萜化合物常春藤皂苷元对人早幼粒白血病细胞HL-60的增殖抑制、周期阻滞及凋亡诱导作用[J]. 西北师范大学学报(自然科学版), 2009, 45(1): 88-93.
[9] 张丹. 异叶败酱提取物DI对胃癌细胞的抑制作用及机制研究[D]. 杭州:浙江中医药大学, 2015.

【临床参考文献】

[1] 李安荣,李安平,石允家. 墓头回治疗带下病100例疗效观察[J]. 现代中西医结合杂志, 1999, 8(9): 1482.
[2] 张民肃. 墓头回汤治疗小儿肺炎102例疗效观察[J]. 湖北中医杂志, 2003, 25(8): 32.

921. 糙叶败酱（图921）• *Patrinia scabra* Bunge [*Patrinia rupestris*（Pall.）Juss. subsp. *scabra*（Bunge）H. J. Wang]

图 921　糙叶败酱　　　摄影　黄健等

【别名】粗叶败酱。

【形态】多年生草本，高30～60cm。根茎肉质，稍斜升；茎多数丛生，密被短糙毛。基生叶开花时常枯萎，叶片倒披针形，长2～7cm，羽状半裂，裂片2～4对；茎中部叶革质，粗糙，叶片卵状披针形，长4～10cm，羽状深裂至全裂，通常具3～6对侧生裂片，裂片条形、长圆状披针形或条状披针形，常疏具缺刻状钝齿或全缘，羽状半裂至全裂，具1～5对侧裂片；顶裂片较大，倒披针形；侧裂片镰刀状条形，全缘；叶柄长1～2cm；上部叶无柄。顶生伞房状聚伞花序，具3或4条分枝，花序梗具糙硬毛，总苞片条形；花小，密生；萼齿5枚，极小；花冠黄色，漏斗状钟形，直径达5～6.5mm，长6.5～9mm，基部一侧有浅的囊肿，上部5浅裂；雄蕊4枚，2长2短，花药长圆形；子房圆柱状，花柱约4mm，柱头盾状。瘦果倒卵圆柱状，长2.4～2.6mm，果柄长0.5～1mm；苞片宽卵形或长圆形，长达8mm，宽6～8mm，网脉，具2条主脉，极少为3条主脉。花期7～8月，果期8～9月。

【生境与分布】生于山坡林缘和阳坡草丛中，海拔 300～1700m。分布于山东，另河北、河南、吉林、辽宁、内蒙古、陕西、山西均有分布。

【药名与部位】墓头回，根。

【采集加工】春、秋二季采挖，除去茎苗及泥沙，干燥。

【药材性状】呈不规则圆柱形，长短不一，常弯曲，直径 0.4～5cm。根头部粗大，有的分枝。表面粗糙，棕褐色，皱缩，有的具瘤状突起。栓皮易剥落，脱落后呈棕黄色。折断面纤维性，具放射状裂隙。体轻，质松。具特异臭气，味微苦。

【药材炮制】除去杂质，洗净，润软，切厚片，干燥。

【化学成分】根及根茎含环烯醚萜类：7α-莫诺苷（7α-morroniside）、7β-莫诺苷（7β-morroniside）、长毛败酱醇（villosol）、异糙叶败酱苷 I（isopatriscabroside I）、糙叶败酱苷 I（patriscabroside I）、败酱烯苷（patrinioside）和白花败酱醇苷（villosolside）[1]；苯丙素类：5-O-阿魏酰奎宁酸（5-O-feruloylquinic acid）[1]；酚酸类：原儿茶酸（protocatechuic acid）[1]；甾体类：胡萝卜苷（daucosterol）[1]；木脂素类：松脂醇-4,4′-二-O-β-D-吡喃葡萄糖苷（pinoresinol-4,4′-di-O-β-D-glucopyranoside）、落叶松脂醇-4′-O-β-D-吡喃葡萄糖苷（lariciresinol-4′-O-β-D-glucopyranoside）[1]，落叶松脂醇（lariciresinol）、异落叶松树脂酚（isolariciresinol）、去甲络石糖苷（nortracheloside）和 4-[1-乙氧基-1-(4′-羟基-3′-甲氧基)苯基]甲基-2-(4-羟基-3-甲氧基)苯基-3-羟甲基四氢呋喃 {4-[1-ethoxyl-1-(4′-hydroxy-3′-methoxy)benzyl]methyl-2-(4-hydroxy-3-methoxy)benzyl-3-hydroxymethyl tetrahydrofuran}[2]；挥发油类：(1S,5S)-(-)-β-蒎烯[(1S,5S)-(-)-β-pinene]、3-甲基-3-环己烯-1-酮（3-methyl-3-cyclohexene-1-one）、α-古芸烯（α-curjunene）、1-石竹烯（l-caryophyllene）、β-柏木烯（β-cedrene）、(Z)-β-法尼烯[(Z)-β-farnesene]、β-愈创木烯（β-guaiene）、(+)-喇叭烯[(+)-ledene]、氧化石竹烯（caryophyllene oxide）和 4,5,9,10-去氢异长叶烯（4,5,9,10-dehydroisolongifolene）等[3]。

根含木脂素类：败酱新木脂素*A、B（patrineolignan A、B）、安息香木脂素内酯 D、E（styraxlignolide D、E）、(+)-去甲络石苷元[(+)-nortrachelogenin]、(2S,3S)-2α-(4″-羟基-3″-甲氧苄基)-3β-(4′-羟基-3′-甲氧苄基)-γ-丁内酯[(2S,3S)-2α-(4″-hydroxy-3″-methoxybenzyl)-3β-(4′-hydroxy-3′-methoxybenzyl)-γ-butyrolactone]、落叶松树脂酚（lariciresinol）、(+)-松脂素-4-O-β-D-吡喃葡萄糖苷[(+)-pinoresinol-4-O-β-D-glucopyranoside]、(+)-松脂素[(+)-pinoresinol][4]和丁香树脂醇（syringaresinol）[5]；环烯醚萜类：败酱环烯醚萜苷*D、E、H、I（patriridoside D、E、H、I）、糙叶败酱酚*A（scabrol A）、败酱烯苷（patrinioside）、蜘蛛香环烯醚萜素 A（jatamanin A）、(3S,4S,5S,7S,8S,9S)-3,8-环氧-7-羟基-4,8-二甲基全氢化环戊烯并[c]吡喃 {(3S,4S,5S,7S,8S,9S)-3,8-epoxy-7-hydroxy-4,8-dimethyl perhydrocyclopenta[c]pyran}、(3S,4R,5S,7S,8S,9S)-3,8-环氧-7-羟基-4,8-二甲基全氢化环戊烯并[c]吡喃 {(3S,4R,5S,7S,8S,9S)-3,8-epoxy-7-hydroxy-4,8-dimethyl perhydrocyclopenta[c]pyran}、7α-O-甲基莫诺苷（7α-O-methylmorroniside）、7β-O-甲基莫诺苷（7β-O-methylmorroniside）、7α-羟基莫诺苷（7α-hydroxymorroniside）、7β-羟基莫诺苷（7β-hydroxymorroniside）、獐牙菜苷（sweroside）[6]，3-甲基丁酸-7-羟基-7-羟甲基-4-(3-甲基丁酰氧基甲基)-6-酮基-1,6,7,7a-四氢环戊烯并[c]吡喃-1-酯 {3-methylbutyric acid-7-hydroxy-7-hydroxymethyl-4-(3-methyl butyryloxymethyl)-6-oxo-1,6,7,7a-tetrahydro-cyclopenta[c]pyran-1-ester}、6-羟基-7-甲基六氢环戊烯并[c]吡喃-3-酮 {6-hydroxy-7-methylhexahydro-cyclopenta[c]pyran-3-one}[7]，糙叶败酱醚萜素 A、B、C、D、E（patriscabrin A、B、C、D、E）[8]、异黄花败酱醇（isopatriscabrol）、糙叶败酱苷 I、III（patriscabroside I、III）[6,9]，异糙叶败酱苷 I、II（isopatriscabroside I、II）[9]，1,3-二甲氧基-7-羟甲基-4-(3-甲基丁酰氧甲基)-1-氢化环戊烷-4,7-二烯[c]吡喃-6-酮 {1,3-dimethyloxy-7-hydroxymethyl-4-(3-methyl butyryloxymethyl)-1-hydrocyclopenta-4,7-dien[c]pyran-6-one}、1,3-二甲氧基-7-羟甲基-4-甲氧基甲基-1-氢化环戊-4,7-二烯[c]吡喃-6-酮（1,3-dimethyloxy-7-hydroxymethyl-4-methyloxymethyl-1-hydrocyclopenta-4,7-dien

[c]pyran-6-one)[10]、黄花败酱醇（patriscabrol）[6,9,11]、长毛败酱醇（villosol）[8,11]、异长毛败酱醇（isovillosol）、1,3-二甲氧基-4,7-二甲基八氢环戊[c]吡喃-6,7-二醇{1,3-dimethoxy-4,7-dimethyl octahyro-cyclopenta[c]pyran-6,7-diol}[11]、11-乙氧基地中海荚蒾醛（11-ethoxyviburtinal）和糙叶败酱醚萜素 F、G、H、I、J（patriscabrin F、G、H、I、J）[12]；三萜类：3-O-（4′-异戊酰）-O-β-D-木糖基-12,30-二羟基齐墩果烷-28,13-内酯-22-O-β-D-葡萄糖苷〔3-O-（4′-isovaleryl）-O-β-D-xylosyl-12,30-dihydroxyoleanane-28,13-lactone-22-O-β-D-glucoside〕、刺五加皂苷 CP$_3$（acanthopanax saponin CP$_3$）、香唐松草苷 C（foetoside C）[13]和齐墩果酸（oleanolic acid）[14]；苯丙素类：阿魏酸（ferulic acid）[5]；香豆素类：东莨菪内酯（scopoletin）[5]；黄酮类：槲皮素（quercitrin）[5]、5,7-二羟基黄酮（5,7-dihydroxyflavone）和山奈酚（kaempferol）[15]；酚类：弯孢霉菌素（curvularin）[15]；生物碱类：糙叶败酱碱（patriscabratine）[14]；甾体类：β-谷甾醇（β-sitosterol）和胡萝卜苷（daucosterol）[15]；脂肪酸酯类：十六烷酸-α-单甘油酯（hexadecylic acid-α-monoglyceride）[14]和棕榈酸甲酯（methyl palmitate）等[16]；挥发油类：氧化石竹烯 Ⅰ、Ⅱ（caryophyllene oxide I、Ⅱ）等[16]。

茎含挥发油：（1S,5S）-（-）-β-蒎烯〔（1S,5S）-（-）-β-pinene〕、2-正戊基呋喃（2-n-pentylfuran）、桉叶油醇（eucalyptol）、异松油烯（terpinolene）、突厥酮（damascone）、β-榄香烯（β-elemene）、α-古芸烯（α-curjunene）、1-石竹烯（l-caryophyllene）、葎草烯（humulene）、（+）-喇叭烯〔（+）-ledene〕和氧化石竹烯（caryophyllene oxide）等[3]。

叶含挥发油：（1S,5S）-（-）-β-蒎烯〔（1S,5S）-（-）-β-pinene〕、2-正戊基呋喃（2-n-pentylfuran）、突厥酮（damascone）、β-榄香烯（β-elemene）、α-古芸烯（α-curjunene）、1-石竹烯（l-caryophyllene）、葎草烯（humulene）、β-愈创木烯（β-guaiene）、月桂酸（lauric acid）和氧化石竹烯（caryophyllene oxide）等[3]。

【药理作用】1.抗肿瘤　从根及根茎提取的总木脂素对人慢性粒细胞白血病 K562 细胞的生长有明显的抑制作用，且具有时间-剂量依赖关系[1]；根的水提取物的大孔吸附树脂分离部位可延长荷瘤小鼠的存活时间，改善免疫，增加 CD35 和 CD44s 数量[2]，降低肿瘤细胞的 DNA、RNA 含量，显著促进肿瘤细胞凋亡，同时改善细胞间通信功能状况，升高肿瘤细胞[Ca^{2+}][3]；从根及根茎分离的总木脂素、总皂苷对体外培养的人肺源腺癌 SPCA-1 细胞、人肝癌 HepG2 细胞及人慢性髓系白血病 K562 细胞的生长均有抑制作用[4]；根中分离的环烯醚萜苷类成分可显著抑制小鼠结肠癌 C26 细胞的生长，显著减轻荷瘤鼠瘤重，并具有一定的剂量依赖关系[5]；环烯醚萜苷元成分可显著抑制人前列腺癌 DU145 和 PC3 细胞的生长，并具有一定的时间-剂量依赖关系[6]；根的水提取物可升高 S180 腹水荷瘤小鼠血清白细胞介素-2（IL-2）和 γ-干扰素（IFN-γ）含量，降低白细胞介素-6（IL-6）和白细胞介素-10（IL-10）的含量[7]。2.镇静　根及根茎中提取得到的挥发油可显著延长由戊巴比妥钠引起的小鼠睡眠时间[8]。

【性味与归经】辛、苦，微寒。归心、肝经。

【功能与主治】清热燥湿，祛瘀止痛。用于崩漏，赤白带下，跌打损伤。

【用法与用量】煎服 6～15g；外用适量，煎汤洗患处。

【药用标准】浙江炮规 2015、山东药材 2012、上海药材 1994、甘肃药材 2009、北京药材 1998、新疆药品 1980 二册、山西药材 1987 和河南药材 1993。

【化学参考文献】

[1] 马趣环, 石晓峰, 范彬, 等. 糙叶败酱正丁醇部位化学成分研究[J]. 中草药, 2015, 46（11）: 1593-1596.

[2] 李廷钊, 张卫东, 顾正兵, 等. 糙叶败酱中木脂素成分研究[J]. 药学学报, 2003, 38（7）: 520-522.

[3] 刘云召, 石晋丽, 刘勇, 等. GC-MS 分析糙叶败酱不同部位的挥发油成分[J]. 华西药学杂志, 2012, 27（1）: 56-60.

[4] Di L, Yan G Q, Wang L Y, et al. Two new neolignans from *Patrinia scabra* with potent cytotoxic activity against HeLa and MNK-45 cells[J]. Arch Pharm Res, 2013, 36: 1198-203.

[5] 顾正兵，陈新建，杨根金，等.糙叶败酱活性成分的研究[J].中药材，2002，25（3）：178-180.

[6] Li N, Di L, Gao W C, et al. Cytotoxic iridoids from the roots of *Patrinia scabra* [J]. J Nat Prod, 2012, 75（10）: 1723-1728.

[7] Yang G J, Gu Z B, Liu W Y, et al. Two new iridoids from *Patrinia scabra* [J]. J Asian Nat Prod Res, 2004, 6（4）: 277-280.

[8] Lee D H, Shin J S, Kang S Y, et al. Iridoids from the roots of *Patrinia scabra* and their inhibitory potential on LPS-induced nitric oxide production [J]. J Nat Prod, 2018, 81: 1468-1473.

[9] Kouno I, Yasuda I, Mizoshiri H, et al. Two new iridolactones and their glycosides from the roots of *Patrinia scabra* [J]. Phytochemistry, 1994, 37（2）: 467-472.

[10] Liu R H, Zhang W D, Gu Z B, et al. Two new iridoids from roots of *Patrinia scabra* Bunge [J]. Nat Prod Res, 2006, 20（9）: 866-870.

[11] Shi X F, Ma Q H, Yao Z Y, et al. Further iridoids from the roots of *Patrinia scabra* [J]. Phytochem Lett, 2015, 13: 152-155.

[12] Lee D H, Shin J S, Lee J S, et al, Non-glycosidic iridoids from the roots of *Patrinia scabra* and their nitric oxide production inhibitory effects [J]. Arch Pharm Res, 2019, 42（9）: 766-772.

[13] Feng F, Xu X Y, Liu F L, et al. Triterpenoid saponins from *Patrinia scabra* [J]. Chin J Nat Med, 2014, 12: 43-46.

[14] 顾正兵，杨根金，李廷钊，等.糙叶败酱碱的分离与结构鉴定[J].药学学报，2002，37（11）：867-869.

[15] 顾正兵，杨根金，丛海英，等.糙叶败酱化学成分的研究[J].中草药，2002，33（9）：781-782.

[16] Sun H, Sun C, Pan Y. Cytotoxic activity and constituents of the volatile oil from the roots of *Patrinia scabra* Bunge [J]. Chem Biodiver, 2010, 2（10）: 1351-1357.

【药理参考文献】

[1] 陈茹，赵健雄，王学习，等.糙叶败酱总木脂素对K562细胞体外生长的影响[J].四川中医，2007，25（5）：14-17.

[2] 王学习，赵健雄，程卫东，等.糙叶败酱大孔吸附树脂提取物对荷瘤小鼠红细胞膜CD35和CD44s的影响[J].中药材，2007，30（11）：1414-1417.

[3] 王学习，路莉，王敏，等.糙叶败酱大孔吸附树脂提取物对小鼠移植性肿瘤细胞间通讯和[Ca^{2+}]的影响[J].中药材，2012，35（12）：1995-1999.

[4] 陈茹，赵健雄，王学习.糙叶败酱提取物的体外抗肿瘤活性比较[J].四川中医，2011，29（1）：50-52.

[5] 毛俊琴，李铁军，邱彦，等.糙叶败酱中环烯醚萜苷元成分抗结肠癌作用的实验研究[J].药学实践杂志，2007，25（1）：10-12.

[6] 李铁军，邱彦，芮耀诚，等.糙叶败酱中新的环烯醚萜苷元成分体外抗肿瘤作用研究[J].解放军药学学报，2004，20（2）：101-102.

[7] 陈建华，王学习.糙叶败酱提取物对荷瘤小鼠血清细胞因子水平的影响[J].中药材，2008，31（11）：1689-1691.

[8] 齐治，田珍.糙叶败酱挥发油镇静作用的研究[J].天然产物研究与开发，1989，（1）：82-84.

922. 攀倒甑（图922）• *Patrinia villosa*（Thunb.）Juss.

【别名】白花败酱（通称），败酱、苦叶菜（浙江），苦斋（福建西部、江西遂川、四川长寿），苦菜（浙江、江西大余），萌菜（浙江普陀、乐清），胭脂麻（江苏）。

【形态】二年生或多年生草本，株高50～120cm。根茎长而横走，偶在地表匍匐生长；茎密被白色倒生粗毛或仅沿两侧各有1纵列倒生短粗伏毛，有时脱落。基生叶丛生，叶片卵形、宽卵形或卵状披针形至长圆状披针形，长4～25cm，先端渐尖，基部楔形下延，边缘有粗锯齿或羽状半裂，叶柄较叶片稍长；茎生叶对生，与基生叶同形或菱状卵形，叶柄长1～3cm；上部叶较窄小，常不分裂，近无柄。聚伞花序组成顶生圆锥花序或伞房花序，分枝达5～6级，花序梗密被长粗糙毛或仅二纵列粗糙毛；总苞叶卵

图 922　攀倒甑　　　摄影　李华东等

状披针形至条状披针形或条形；花萼小，萼齿 5 枚，被短糙毛，有时疏生腺毛；花冠白色，钟形，直径 4～6mm，5 深裂，裂片不等大，冠筒常比裂片稍长；雄蕊 4 枚，伸出花冠外；子房下位，花柱较雄蕊稍短。瘦果倒卵形，与宿存增大苞片贴生；果苞倒卵形、卵形、椭圆形或圆形，具主脉 2 条，极少 3 条。花期 8～10 月，果期 9～11 月。

【生境与分布】生于海拔（50～）400～1500（～2000）m 的山地林下、林缘或灌丛中、草丛中。分布于浙江、安徽、江苏、江西、福建，另重庆、广东、广西、贵州、河南、湖北、湖南、辽宁、台湾均有分布；日本也有分布。

【药名与部位】败酱草（败酱），全草。

【采集加工】夏季花开前采挖，晒至半干，扎成束，再阴干或鲜用。

【药材性状】全长 50～100cm。根茎呈圆柱形，多向一侧弯曲，直径 0.3～1cm；表面暗棕色至紫棕色，有节，节间长 3～6cm，着生数条粗壮的根。茎圆柱形，不分枝，直径 0.2～0.8cm；表面黄绿色至黄棕色，节明显，有倒生的白色长毛及纵向纹理，断面中空。质脆，断面中部有髓或呈细小空洞。叶对生，叶片薄，多卷缩或破碎。茎生叶多不分裂，基生叶常有 1～4 对侧裂片；叶柄长 1～4cm，有翼。

有的枝端带有伞房状聚伞圆锥花序。气特异，味微苦。

【药材炮制】除去杂质，下半段洗净，上半段喷潮，润软，切段，干燥；筛去灰屑。

【化学成分】全草含黄酮类：树紫藤醇B（bolusanthol B）、茅果豆素（orotinin）、（2S）-5, 7, 2', 6'-四羟基-6, 8-二异戊烯基-二氢黄酮［（2S）-5, 7, 2', 6'-tetrahydroxyl-6, 8-diprenyl flavanone］、3'-异戊烯基芹菜素（3'-prenyl apigenine）、木犀草素（luteolin）、槲皮素（quercetin）、芹菜素（apigenin）、（2S）-5, 7, 2', 6'-四羟基-6-薰衣草酯基二氢黄酮［（2S）-5, 7, 2', 6'-tetrahydroxyl-6-lavandulyl flavanone］[1]、（2S）-5, 2', 6'-三羟基-2", 2"-二甲基吡喃并［5", 6": 6, 7］二氢黄酮{（2S）-5, 2', 6'-trihydroxy-2", 2"-dimethylpyrano［5", 6": 6, 7］flavanone}、茅果豆素-5-甲醚（orotinin-5-methyl ether）[2]、5-羟基-7, 4'-二甲氧基黄酮（5-hydroxyl-7, 4'-dimethoxy flavone）、5-羟基-7, 3', 4'-三甲氧基黄酮（5-hydroxyl-7, 3', 4'-trimethoxyflavone）[3]、异牡荆苷（isovitexin）、异荭草素（isoorientin）[4]、四翅槐醇I（tetrapterol I）[5]、甘草发根菌查耳酮B（licoagrochalcone B）[6]、山奈酚-3-O-β-D-吡喃葡萄糖苷（kaempferol-3-O-β-D-glucopyranoside）、山奈酚-3-O-β-D-吡喃葡萄糖苷-（6→1）-α-L-鼠李糖苷［kaempferol-3-O-β-D-glucopyranoside-（6→1）-α-L-rhamnoside］[7]、白花败酱黄素A、B（villosin A、B）[8]、8-C-葡萄糖基樱黄素（8-C-glucosylprunetin）[9]、芦丁（rutin）[10]、8-［7"R-（3", 4"-二羟基苯基）乙基］-3', 4', 5, 7-四羟基黄酮{8-［7"R-（3", 4"-dihydroxyphenyl）ethyl］-3', 4', 5, 7-tetrahydroxyflavone}、7-O-β-D-葡萄糖醛酸苷甲酯-8-［7"R-（3", 4"-二羟基苯基）乙基］-3', 4', 5-三羟基黄酮{7-O-β-D-glucuronide methyl ester-8-［7"R-（3", 4"-dihydroxyphenyl）ethyl］-3', 4', 5-trihydroxyflavone}、7-O-β-D-葡萄糖醛酸苷甲酯-8-［7"S-（3", 4"-二羟基苯基）乙基］-3', 4', 5-三羟基黄酮{7-O-β-D-glucuronide methyl ester-8-［7"S-（3", 4"-dihydroxyphenyl）ethyl］-3', 4', 5-trihydroxyflavone}、7-O-β-D-葡萄糖醛酸苷甲酯-6-［7"S-（3", 4"-二羟基苯基）乙基］-3', 4', 5-三羟基黄酮{7-O-β-D-glucuronide methyl ester-6-［7"S-（3", 4"-dihydroxyphenyl）ethyl］-3', 4', 5-trihydroxyflavone}、7-O-β-D-葡萄糖醛酸苷甲酯-6-［7"R-（3", 4"-二羟基苯基）乙基］-3', 4', 5-三羟基黄酮{7-O-β-D-glucuronide methyl ester-6-［7"R-（3", 4"-dihydroxyphenyl）ethyl］-3', 4', 5-trihydroxyflavone}、木犀草素-7-O-芸香糖苷（luteolin-7-O-rutinoside）、木犀草素-7-O-β-D-葡萄糖醛酸苷甲酯（luteolin-7-O-β-D-glucuronide methyl ester）、木犀草素-7-O-β-D-葡萄糖醛酸苷乙酯（luteolin-7-O-β-D-glucuronide ethyl ester）和芹菜素-7-O-β-D-葡萄糖醛酸苷甲酯（apigenin-7-O-β-D-glucuronide methyl ester）[11]；单萜类：白花败酱内酯A、B（patrinialactone A、B）、黑麦草内酯（loliolide）、异黑麦草内酯（isololiolide）、（E）-4-羟基-3, 3, 5-三甲基-4-（3-氧代丁-1-烯-1-基）环己烷-1-酮［（E）-4-hydroxy-3, 3, 5-trimethyl-4-（3-oxobut-1-en-1-yl）cyclohexan-1-one］和3S, 4R-（+）-4-羟基蜂蜜曲菌素［3S, 4R-（+）-4-hydroxymellein］[12]；降倍半萜类：布卢门醇A（blumenol A）、（+）-去氢催吐萝芙木醇［（+）-dehydrovomifoliol］、蚱蜢酮（grasshopper ketone）、（3R, 5S, 6S, 7E, 9S）-大柱香波龙-7-烯-3, 5, 6, 9-四醇［（3R, 5S, 6S, 7E, 9S）-megastiman-7-en-3, 5, 6, 9-tetrol］和柑橘苷A（citroside A）[12]；倍半萜类：桉叶内酯（eudesmanolide）[13]；环烯醚萜类：獐牙菜苷（sweroside）、败酱苷苷元（patrinoside aglucone）[12]、败酱阿洛糖苷（patrinalloside）[7, 12]、白花败酱醇（villosol）[10, 14]和白花败酱苷（villosolside）[14]；三萜类：熊果酸（ursolic acid）[7, 10]和齐墩果酸（oleanolic acid）[9]；酚酸类：3, 4, 5-三-O-对-羟基苯基乙酰基奎宁酸甲酯（3, 4, 5-tri-O-p-hydroxylphenyl acetylquinic acid methyl ester）[13]；苯丙素类：阿魏酸（ferulic acid）[10]、绿原酸正丁酯（n-butyl chlorogenate）和3, 4-二-O-咖啡酰奎宁酸甲酯（3, 4-di-O-caffeoylquinic acid methyl ester）[14]；木脂素类：（7R, 8R）-苏式-7, 9, 9'-三羟基-3, 3'-二甲氧基-8-O-4'-新木脂素-4-O-β-D-吡喃葡萄糖苷［（7R, 8R）-threo-7, 9, 9'-trihydroxy-3, 3'-dimethoxy-8-O-4'-neolignan-4-O-β-D-glucopyranoside］、（7S, 8R）-赤式-7, 9, 9'-三羟基-3, 3'-二甲氧基-8-O-4'-新木脂素-4-O-β-D-吡喃葡萄糖苷［（7S, 8R）-erythro-7, 9, 9'-trihydroxy-3, 3'-dimethoxy-8-O-4'-neolignan-4-O-β-D-glucopyranoside］、赤式-（7S, 8R）-愈创木基甘油-β-O-4'-二氢松柏醚-7-O-β-D-吡喃葡萄糖苷［erythro-（7S, 8R）-guaiacyl glycerol-β-O-4'-dihydroconiferyl ether-7-O-β-D-glucopyranoside］、赤式-（7S, 8R）-愈创木基甘油-β-O-4'-二氢松柏醚-9'-O-β-D-吡喃葡萄糖苷［erythro-

（7S, 8R）-guaiacyl glycerol-β-O-4′-dihydroconiferyl ether-9′-O-β-D-glucopyranoside]、苏式-（7R, 8R）-愈创木基甘油-β-O-4′-二氢松柏醚-9′-O-β-D-吡喃葡萄糖苷［threo-（7R, 8R）-guaiacyl glycerol-β-O-4′-dihydroconiferyl ether-9′-O-β-D-glucopyranoside]、赤式-(7S, 8R)-愈创木基甘油-β-O-4′-二氢松柏醚［erythro-（7S, 8R）-guaiacyl glycerol-β-O-4′-dihydroconiferyl ether]、赤式-（7R, 8S）-愈创木基甘油-β-O-4′-二氢松柏醚［erythro-（7R, 8S）-guaiacyl glycerol-β-O-4′-dihydroconiferyl ether]、苏式-（7R, 8R）-愈创木基甘油-β-O-4′-二氢松柏醚［threo-（7R, 8R）-guaiacyl glycerol-β-O-4′-dihydroconiferyl ether]和苏式-（7R, 8R）-1-（4-羟基-3-甲氧基苯基）-2-{4-[（E）-3-羟基-1-丙烯基]-2-甲氧基苯氧基}-1, 3-丙二醇{threo-（7R, 8R）-1-（4-hydroxy-3-methoxyphenyl）-2-{4-[（E）-3-hydroxy-1-propenyl]-2-methoxyphenoxy}-1, 3-propanediol}[15]；酰胺类：橙黄胡椒酰胺乙酯（aurentiamide acetate）[9]；甾体类：β-谷甾醇（β-sitosterol）、7β-羟基-β-谷甾醇（7β-hydroxy-β-sitosterol）、豆甾醇（strgmasterol）[9]和β-胡萝卜苷（β-daucosterol）[10]；脂肪酸类：棕榈酸（palmitic acid）、正三十二碳酸（n-dotriacontanoic acid）[9]，十一酸（undecylic acid）、十四酸（myristic acid）、十五酸（pentadecanoic aci）、十六酸（hexadecanoic acid）和亚油酸（linoleic acid）[16]；烷醇类：正三十二烷醇（n-dotriacontanol）[16]。

叶含黄酮类：败酱二氢黄酮A（patriniaflavanone A）[17]，（2S）-5, 7, 2′, 6′-四羟基-6, 8-二（γ, γ-二甲基烯丙基）二氢黄酮［（2S）-5, 7, 2′, 6′-tetrahydroxy-6, 8-di（γ, γ-dimethylallyl）flavanone]、（2S）-5, 7, 2′, 6′-四羟基-6-薰衣草黄烷酮［（2S）-5, 7, 2′, 6′-tetrahydroxy-6-lavandulylated flavanone]、（2S）-5, 7, 2′, 6′-四羟基-4′-薰衣草黄烷酮［（2S）-5, 7, 2′, 6′-tetrahydroxy-4′-lavandulylated flavanone]、（2S）-5, 2′, 6′-三羟基-2″, 2″-二甲基吡喃［5″, 6″: 6, 7］黄烷酮{（2S）-5, 2′, 6′-trihydroxy-2″, 2″-dimethylpyrano［5″, 6″: 6, 7］flavanone}、（2S, 3″S）-5, 2′, 6′-三羟基-3″-γ, γ-二甲基烯丙基-2″, 2″-二甲基-3″, 4″-二氢吡喃［5″, 6″: 6, 7］黄烷酮{（2S, 3″S）-5, 2′, 6′-trihydroxy-3″-γ, γ-dimethylallyl-2″, 2″-dimethyl-3″, 4″-dihydropyrano［5″, 6″: 6, 7］flavanone}、甘草发根菌查耳酮B（licoagrochalcone B）[18]，木犀草素-7-O-葡萄糖苷酸-6″-甲酯（luteolin-7-O-glucuronide-6″-methyl ester）、败酱二氢黄酮A（patriniaflavanone A）[17]，木犀草素（luteolin）和槲皮素（quercetin）[19]；木脂素类：2, 6, 2′, 6′-四甲氧基-4, 4′-双（1, 2-反式-2, 3-环氧-1-羟基丙基）双苄［2, 6, 2′, 6′-tetramethoxy-4, 4′-bis（1, 2-trans-2, 3-epoxy-1-hydroxypropyl）biphenyl]和2, 6, 2′, 6′-四甲氧基-4, 4′-双（1, 2-顺式-2, 3-环氧-1-羟基丙基）双苄［2, 6, 2′, 6′-tetramethoxy-4, 4′-bis（1, 2-cis-2, 3-epoxy-1-hydroxypropyl）biphenyl][19]；生物碱类：1H-吲哚-3-甲醛（1H-indole-3-carbaldehyde）[19]；酚酸类：对羟基苯乙酸甲酯（methyl p-hydroxyphenylacetate）[17]；苯丙素类：反式-咖啡酸（trans-caffeic acid）和反式-咖啡酸甲酯（methyl trans-caffeate）[17]；糖酯类：7-O-葡萄糖苷酸-6″-甲酯（7-O-glucuronide-6″-methyl ester）[17]。

茎叶含挥发油：2-甲基-5-乙基呋喃（2-ethyl-5-methylfuran）、己二硫醚（hexyl disulfide）、正己硫醇（n-hexanethiol）、紫苏醛（perillaldehyde）、紫苏醇（perilla alcohol）、葎草烷-1, 6-二烯-3-醇（humulane-1, 6-dien-3-ol）、（Z, E）-α-法呢烯［（Z, E）-α-farnesene]、反式-石竹烯（trans-caryophyllene）、亚麻酰甲酯（methyl linolenate）、邻苯二甲酰二异丁酯（diisobutyl phthalate）、（-）-樟脑［（-）-camphor]、α-雪松醇（α-cedrol）、邻苯二甲酰单-2-乙基酯（phthalic acid mono-2-ethyl ester）、龙脑（borneol）和6-氨基异喹啉（6-aminoisoquinoline）等[20]。

地上部分含黄酮类：攀倒甑苷*1、2（patriviloside 1、2）、山奈酚-3-O-4‴-乙酰鼠李糖苷（kaempferol-3-O-4‴-acetylrhamninoside）、泻鼠李苷（catharticin）和山奈酚-3-O-鼠李糖苷（kaempferol-3-O-rhamninoside）[21]；环烯醚萜类：败酱醚萜酯*（patrinovalerosidate）、马钱苷（loganin）、缬草苦苷（valerosidate）和马钱苷酸（loganic acid）[21]；三萜皂苷类：攀倒甑皂苷*A、B（patrinoviloside A、B）[21]。

地下部分含环烯醚萜类：白花败酱苷（villoside）、马钱素（loganin）和莫诺苷（morroniside）[22]。

种子含黄酮类：黄酮白花败酱苷（flavovilloside）和山奈酚-3-O-β-鼠李糖苷（kaempferol-3-O-β-rhamninoside）[23]；三萜类：硫酰基败酱皂苷Ⅰ、Ⅱ（sulfapatrinoside Ⅰ、Ⅱ）、3β-羟基齐墩果酸-23-硫酰

酯（3β-hydroxyoleanolic acid-23-sulfate）和3β-羟基熊果酸-23-硫酰酯（3β-hydroxyursolic acid-23-sulfate）[23]。

【药理作用】1.抗炎镇痛　根的水提取物可显著抑制蛋白酶激活受体-2（PAR2）所致大鼠的足肿胀及血管通透性[1]；70%乙醇提取物可显著减轻小鼠耳肿胀、角叉菜所致大鼠的足肿胀及乙酸所致的大鼠扭体反应，显著降低血清白细胞介素-6（IL-6）、白细胞介素-8（IL-8）及肿瘤坏死因子-α（TNF-α）的含量[2]；从全草提取的黄酮类化合物可显著降低病原体所致的盆腔炎症模型大鼠的肿瘤坏死因子-α、白细胞介素-6及白细胞介素-1β（IL-1β）的含量，升高白细胞介素-10（IL-10）的含量[3]。2.抗菌　从全草提取的黄酮类化合物可抑制石膏样小孢子菌、须毛癣菌、红色毛癣菌[4]、金黄色葡萄球菌及大肠杆菌的生长[5]。3.促血管生成　水提取物可促进人脐静脉内皮细胞增殖、迁移和毛细血管样结构形成，显著降低后肢缺血模型小鼠后肢坏死率，促进血管生成[6]。4.抗哮喘　水提取物可有效抑制卵清蛋白过敏的Balb/c小鼠肺中支气管肺泡灌洗液、B220 + IgE +、CD11b + Gr-1 +的炎性细胞浸润，降低血清中白细胞介素-4（IL-4）及白细胞介素-5（IL-5）的含量[7]。5.抗肿瘤　全株的95%乙醇提取物中分离得到的总皂苷和总黄酮可显著抑制鼠淋巴细胞性白血病细胞的增殖，且具有剂量依赖性，抑制细胞周期蛋白D1及CDK4的表达[8]，可显著抑制人子宫鳞癌Siha细胞的生长[9]。6.调节中枢神经　全草提取物可显著抑制小鼠自发活动，显著加速戊巴比妥钠的入睡时间，延长戊巴比妥钠的睡眠时间[10]。7.抗前列腺增生　全草提取物可显著抑制丙酸睾丸酮所致小鼠的前列腺增生，显著降低小鼠血清睾丸酮（T）和雌二醇（E2）含量[11]。8.抗氧化　全草乙醇提取物可显著升高小鼠心、脑、肝等组织中超氧化物歧化酶（SOD）的含量，显著降低心、脑、肝等组织中的丙二醛（MDA）含量[12]；从叶提取的挥发油可显著清除1,1-二苯基-2-三硝基苯肼（DPPH）自由基[13]。

【性味与归经】辛、苦，凉。归肝、胃、大肠经。

【功能与主治】清热解毒，祛瘀排脓。用于阑尾炎，痢疾，肠炎，肝炎，眼结膜炎，产后瘀血腹痛，痈肿，疔疮。

【用法与用量】煎服9～15g；外用鲜品适量，捣烂敷患处。

【药用标准】药典1977、浙江炮规2015、湖南药材2009、山东药材2002、新疆药品1980二册、四川药材2010、河南药材1993、贵州药材2003、辽宁药材2009、黑龙江药材2001和台湾1985一册。

【临床参考】1.流行性感冒：全草制成冲剂，每次1包（每包17g，含生药13g），温开水冲服，每日3次，连服2日[1]。

2.流行性腮腺炎：全草20g，水煎服，每日2次[2]。

3.痈疽、疮疖：全草适量，水煎洗患处。（《浙江药用植物志》）

【附注】败酱始载于《神农本草经》，列为中品。《名医别录》云："败酱，生江夏川谷，八月采根。"《本草经集注》云："出近道，叶似稀莶，根形似柴胡，气如败豆酱，故以为名。"《图经本草》云："攀倒甑生宜州郊处，……，茎圆，枝微紫，对节生叶，梢头开小黄白花如粟米。"《本草纲目》云："处处原野有之，俗名苦菜，野人食之，江东人每采收储焉。春初生苗，深冬始凋，初时叶布地生，似菘菜叶而狭长，有锯齿，绿色，面深背浅。夏秋茎高二、三尺而柔弱，数寸一节。节间生叶，四散如伞。颠顶开白花成簇，如芹花、蛇床子花状。结小实成簇。其根白紫，颇似柴胡。"以上所述包含本种及败酱（黄花败酱），其中开白花者，与本种特征相符。

脾胃虚寒及孕妇慎服。

同属植物岩败酱 Patrinia rupestris（Pall.）Juss. 的全草在东北民间也作败酱药用。

【化学参考文献】

[1] 彭金咏，范国荣，吴玉田.白花败酱草化学成分的分离与结构鉴定[J].药学学报，2006，41（3）：236-240.

[2] 彭金咏，范国荣，吴玉田，等.反相制备液相色谱分离白花败酱草异戊烯基黄酮[J].分析化学，2006，34（7）：983-986.

[3] 彭金咏，范国荣，吴玉田.白花败酱草黄酮类成分的高速逆流色谱快速制备[J].中国药学杂志，2006，41（13）：

977-979.

［4］Peng J, Fan G, Hong Z, et al. Preparative separation of isovitexin and isoorientin from *Patrinia villosa* Juss by high-speed counter-current chromatography［J］. J Chromatogr A, 2005, 1074（1）: 111-115.

［5］Peng J, Yang G, Fan G, et al. Preparative isolation and separation of a novel and two known flavonoids from *Patrinia villosa* Juss by high-speed counter-current chromatography［J］. J Chromatogr A, 2005, 1092（2）: 235-240.

［6］Jinyong P. Efficient new method for extraction and isolation of three flavonoids from *Patrinia villosa* Juss. by supercritical fluid extraction and high-speed counter-current chromatography［J］. J Chromatogr A, 2006, 1102（1）: 44-50.

［7］黄龙, 张如松, 王彩芳, 等. 白花败酱化学成分研究［J］. 中药材, 2007, 30（4）: 415-417.

［8］Peng J Y, Fan G R, Wu Y T. Two new dihydroflavanoids from *Patrinia villosa* Juss（Ⅱ）［J］. Chin Chem Lett, 2006, 17（4）: 485-488.

［9］彭金咏, 范国荣, 吴玉田. 白花败酱草化学成分研究［J］. 中国中药杂志, 2006, 28（2）: 128-130.

［10］李娜, 赵斌, 余娅芳, 等. 白花败酱抗炎作用化学成分研究［J］. 中药材, 2008, 31（1）: 51-53.

［11］Feng Y, Li N, Ma H M, et al. Undescribed phenylethyl flavones isolated from *Patrinia villosa* show cytoprotective properties via the modulation of the mir-144-3p/Nrf2 pathway［J］. Phytochemistry, 2018, 153: 28-35.

［12］Bai M, Liu S F, Wang W, et al. Two new lactones from whole herbs of *Patrinia villosa* Juss［J］. Phytochem Lett, 2017, 22: 145-148.

［13］Yang Y F, Ma H M, Chen G, et al. A new sesquiterpene lactone glycoside and a new quinic acid methyl ester from *Patrinia villosa*［J］. J Asian Nat Prod Res, 2016, 18（10）: 945-951.

［14］徐成俊, 曾宪仪, 于德泉. 白花败酱的化学成分研究［J］. 药学学报, 1985, 20（9）: 652-657.

［15］Xiang Z, Zhao S S, Zhao Y, et al. Chemical constituents from *Patrinia villosa*（Thunb.）Juss.［J］. Latin American Journal of Pharmacy, 2017, 36（12）: 2425-2430.

［16］俞锋, 周晓明, 王斌, 等. 白花败酱挥发油化学成分的GC/MS分析［J］. 中外医疗, 2007, 1: 49.

［17］Xiang Z, Chen N, Xu Y, et al. New flavonoid from *Patrinia villosa*［J］. Pharm Biol, 2016, 54（7）: 1219-1222.

［18］Peng J, Fan G, Wu Y. Preparative isolation of four new and two known flavonoids from the leaf of *Patrinia villosa* Juss. by counter-current chromatography and evaluation of their anticancer activities *in vitro*［J］. J Chromatogr A, 2006, 1115（1）: 103-111.

［19］Yan X J, Liu W, Ying Z, et al. A new biphenyl neolignan from leaves of *Patrinia villosa*（Thunb.）Juss.［J］. Pharmacognosy Magazine, 2016, 12（45）: 1-7.

［20］刘信平, 张驰, 谭志伟, 等. 败酱草挥发性化学成分研究［J］. 安徽农业科学, 2008, 36（2）: 410, 593.

［21］Lee J Y, Kim J S, Kim Y S, et al. Glycosides from the aerial parts of *Patrinia villosa*［J］. Chem Pharm Bull, 2013, 61（9）: 971-978.

［22］Taguchi H, Yokokawa Y, Endo T. Constituents of *Patrinia villosa*［J］. Yakugaku Zasshi, 1973, 93（5）: 607-611.

［23］Inada A, Murata H, Tanaka K, et al. Phytochemical studies of seeds of medicinal plants Ⅳ. flavonoids and triterpenoids from *Patrinia villosa*（Thunb.）Juss.［J］. Shoyakugaku Zasshi, 1993, 47（3）: 301-304.

【药理参考文献】

［1］Lim J P, Xun C. Anti-inflammatory effect of *Patrinia villosa* extract on proteinase-activated receptor-2, mediated paw edema［J］. Korean Journal of Medicinal Crop Science, 2004, 12（1）: 47-52.

［2］Zheng Y, Jin Y, Zhu H B, et al. The anti-inflammatory and anti-nociceptive activities of *Patrinia villosa* and its mechanism on the proinflammatory cytokines of rats with pelvic inflammation［J］. African Journal of Traditional Complementary & Alternative Medicines Ajtcam, 2012, 9（3）: 295.

［3］Li X X, Hao C F, He Y Q, et al. Effects of flavonoids extracted from the whole plant of *Patrinia villosa*（Thunb.）Juss. in a rat model of chronic pelvic inflammation［J］. Tropical Journal of Pharmaceutical Research, 2017, 16（10）: 2395-2401.

［4］Zheng N, Wang Z, Shi Y, et al. Evaluation of the antifungal activity of total flavonoids extract from *Patrinia villosa* Juss. and optimization by response surface methodology［J］. African Journal of Microbiology Research, 2012, 6（3）: 586-593.

[5] 黄素华, 林标声, 邱丰艳, 等. 白花败酱草总黄酮的提取及功能活性研究 [J]. 龙岩学院学报, 2016, 34 (5): 117-119.
[6] Jongwook J. Aqueous extract of the medicinal plant *Patrinia villosa* Juss. induces angiogenesis via activation of focal adhesion kinase [J]. Microvascular Research, 2010, 80 (3): 303-309.
[7] Cha J T, Lee J C, Lee Y C. Comparitive study on anti-asthmatic activities of *Patrinia scabiosaefolia* Fischer ex Link and *Patrinia villosa* Jussieu in a mouse model of asthma [J]. Korea Journal of Herbology, 2012, 27 (3): 75-82.
[8] Guo L X. Antitumor effects and mechanisms of total saponin and total flavonoid extracts from *Patrinia villosa* (Thunb.) Juss. [J]. African Journal of Pharmacy & Pharmacology, 2013, 7 (5): 165-171.
[9] 朴成玉, 房城, 张颖, 等. 白花败酱草抗妇科肿瘤有效部位对 Siha 细胞体外抑制作用研究 [J]. 黑龙江科学, 2015, 6 (2): 10-11.
[10] 钟星明, 蒋绍祖, 黄玉珊, 等. 白花败酱草提取物对小鼠睡眠功能和自发活动的影响 [J]. 中国组织工程研究, 2004, 8 (30): 6688-6689.
[11] 郭晓秋, 徐洁, 曾玲, 等. 白花败酱草提取物对小鼠前列腺增生的实验研究 [J]. 中国当代医药, 2013, 20 (33): 33-34.
[12] 何光华, 曾靖, 谭晓彬, 等. 白花败酱草乙醇提取物对小鼠抗氧化作用的影响 [J]. 中国当代医药, 2015 (18): 4-5.
[13] 黄晓冬, 黄晓昆, 李洁桢, 等. 白花败酱叶挥发物化学成分及其 DPPH·自由基清除活性 [J]. 食品科技, 2012, 37 (10): 187-191.

【临床参考文献】

[1] 江西省宜春地区防治流感科研协作组. 白花败酱治疗流行性感冒 401 例效果观察 [J]. 中级医刊, 1981, (3): 39-41.
[2] 万德安, 杜成. 白花败酱草治疗流行性腮腺炎 [J]. 上海中医药杂志, 1985, (11): 30.

2. 缬草属 *Valeriana* Linn.

多年生草本。根或根茎具有浓烈气味。叶对生，羽状分裂或不分裂，全缘或具锯齿。聚伞花序顶生，花后多少扩展。花两性，有时杂性；花萼裂片花时向内卷曲，不显著；花小，白色或玫红色，花冠筒基部一侧偏突呈囊距状，花冠裂片5枚；雄蕊3枚；子房下位，3室，仅1室发育，胚珠1粒。瘦果扁平，顶端具冠毛状宿存花萼。

约300种，主要分布在亚洲、欧洲和南北美洲。中国21种，法定药用植物3种。华东地区法定药用植物1变种。

缬草属和败酱属的区别点：缬草属的根或根茎具有浓烈香气；雄蕊通常3枚；瘦果顶端具冠毛状宿存花萼。败酱属的根或根茎具有特殊恶臭味；雄蕊通常4枚；瘦果顶端无冠毛。

923. 宽叶缬草（图923）• *Valeriana officinalis* Linn. var. *latifolia* Miq.

【别名】广州拔地麻。

【形态】多年生草本，株高可达150cm。主根退化，侧根多数，簇生，有浓烈气味；茎中空，有纵棱，毛被较密，节部更甚，老时近无毛。基生叶在花期常枯萎；茎生叶对生，具叶柄或无柄，叶片卵形至宽卵形，长5～15cm，羽状深裂至全裂，裂片7～15枚，中央裂片与两侧裂片近同形，顶端渐窄，基部下延，全缘或有疏锯齿，两面及叶柄多少有毛。伞房花序顶生，呈三出聚伞圆锥状，下面具叶状总苞片；小苞片长圆形、倒披针形或条状披针形，先端芒状突尖，边缘具鳞片状缘毛。花萼内卷；花冠淡紫红色、粉红色或白色，长约5mm，5裂，裂片椭圆形；雄蕊和花柱明显伸出花冠外。瘦果长卵状，长4～5mm，基部近平截，顶端有羽状冠毛。花期5～7月，果期6～10月。

图 923　宽叶缬草　　　　　　　　　　　摄影　张芬耀

【生境与分布】生于山坡草地、林缘、路边，海拔2500m以下，在西南地区可分布至4000m。分布于华东各地，广泛分布于我国东北至西南诸省，各地药圃常有栽培；日本、俄罗斯、欧洲亦产。

【药名与部位】宽叶缬草，根及根茎。

【采集加工】秋季采挖，除去杂质，阴干。

【药材性状】根茎极短，根呈圆柱形，稍扭曲，下部渐细，长10～15cm，直径0.3～0.6cm，表面灰褐色或棕褐色，有纵皱纹及支根痕。体实，质略软，断面灰白色，气芳香浓烈，味辛凉。

【化学成分】根含倍半萜类：缬草聚素A（volvalerine A）、1-羟基-1,11,11-三甲基十氢环丙烷薁-10-酮（1-hydroxy-1,11,11-trimethyldecahy-drocyclopropane azulene-10-one）[1]，缬草倍半萜二聚体A、B、C（valeriadimer A、B、C）[2]，宽叶缬草内酯*A、B（volvalerelactone A、B）[3]，宽叶缬草醛A、B、C、D、E（volvalerenal A、B、C、D、E）、宽叶缬草酸*A、B、C（volvalerenic acid A、B、C）[4]，宽叶缬草酸*D（volvalerenic acid D）、宽叶缬草醛F、G（volvalerenal F、G）[5]，宽叶缬草醛K（volvalerenal K）[6]，宽叶缬草素*A、B、C、D（valeneomerin A、B、C、D）[7]，二羟基橄榄烷（dihydroxymaaliane）、马兜铃萜A、F（madolin A、F）和柯索酮*A（kissoone A）[8]；单萜类：甘西鼠尾甲苷A（ganxinoside A）、（-）-当归棱子芹醇-2-O-β-D-吡喃葡萄糖苷[（-）-angelicoidenol-2-O-β-D-glucopyranoside]和（-）-当归棱子芹醇-2-O-β-D-呋喃芹菜糖基-（1→6）-β-D-吡喃葡萄糖苷[（-）-angelicoidenol-2-O-β-D-apiofuranosyl-（1→6）-β-D-glucopyranoside][5]；环烯醚萜类：缬草环烯醚萜*P（valeriridoid P）[8]，6-羟基-7-羟甲基-4-亚甲基六氢环戊并[c]吡喃-1-（3H）-酮{6-hydroxy-7-hydroxymethyl-4-methylene hexahydrocyclopenta[c]pyran-1（3H）-one}、缬草苷A（kanokoside A）[9]，（5S,7S,8S,9S）-7-羟基-8-异戊酰氧基-$\Delta^{4,11}$-二氢假荆芥内酯[（5S,7S,8S,9S）-7-hydroxy-8-isovaleroyloxy-$\Delta^{4,11}$-dihydronepetalactone]、（5S,7S,8S,9S）-7-羟基-10-异戊酰氧基-$\Delta^{4,11}$-二氢假荆芥内酯[（5S,7S,8S,9S）-7-hydroxy-10-isovaleroyloxy-$\Delta^{4,11}$-dihydronepetalactone]、（5S,8S,

9S)-10-异戊酰氧基-$\Delta^{4,11}$-二氢假荆芥内酯[(5S,8S,9S)-10-isovaleroyloxy-$\Delta^{4,11}$-dihydronepetalactone]、(5S,6S,8S,9R)-6-异戊酰氧基-$\Delta^{4,11}$-1,3-二醇[(5S,6S,8S,9R)-6-isovaleroyloxy-$\Delta^{4,11}$-1,3-diol]、(5S,6S,8S,9R)-1,3-异戊酰氧基-$\Delta^{4,11}$-1,3-二醇[(5S,6S,8S,9R)-1,3-isovaleroxy-$\Delta^{4,11}$-1,3-diol]和(5S,6S,8S,9R)-3-异戊酰氧基-6-异戊酰氧基-$\Delta^{4,11}$-1,3-二醇[(5S,6S,8S,9R)-3-isovaleroxy-6-isovaleroyloxy-$\Delta^{4,11}$-1,3-diol][10];木脂素类:青刺尖木脂醇-4-O-β-D-吡喃葡萄糖苷(prinsepiol-4-O-β-D-glucopyranoside)、(+)-松脂酚-4-O-β-D-吡喃葡萄糖苷[(+)-pinoresinol-4-O-β-D-glucopyranoside]、(+)-1-羟基松脂酚-1-O-β-D-葡萄糖苷[(+)-1-hydroxypinoresinol-1-O-β-D-glucoside]、(+)-松脂酚-4,4′-O-二吡喃葡萄糖苷[(+)-pinoresinol-4,4′-O-bisglucopyranoside]、小蜡苷Ⅰ(sinenoside Ⅰ)、青木香苷A(lanicepside A)、(+)-环橄榄脂素-6-O-β-D-吡喃葡萄糖苷[(+)-cyclooliviI-6-O-β-D-glucopyranoside][9],二氢去氢二松柏醇-9-异戊酸酯(dihydrodehydrodiconiferyl alcohol-9-isovalerate)、橄榄脂素(olivil)、8-羟基松脂酚(8-hydroxypinoresinol)、松脂酚(pinoresinol)、青刺尖木脂醇(prinsepiol)和8-羟基-7-表松脂酚(8-hydroxy-7-epipinoresinol)[11];苯丙素类:松柏苷(coniferin)[9],反式-对-羟基苯基丙烯酸(trans-p-hydroxyphenyl propenoic acid)、顺式-对-羟基苯基丙烯酸(cis-p-hydroxyphenyl propenoic acid)、阿魏酸(ferulic acid)和异阿魏酸(isoferulic acid)[11];酚醛类:异香草醛(isovanillin)[11];挥发油类:β-蒎烯(β-pinene)、α-蒎烯(α-pinene)、莰烯(camphene)、柠檬烯(limonene)、龙脑(borneol)、月桂烯醇(myrcenol)、樟脑(camphor)、月桂烯(myrcene)、蛇麻烯(humulene)和百里香甲醚(thymol methyl ether)等[12]。

【**药理作用**】1.抑制血管内膜增生 根制成的水针剂可显著抑制球囊拖伤兔腹主动脉及髂动脉内皮所致的动脉狭窄模型血管内膜增生[1]。2.护肾 根的挥发油可显著降低高脂饲料所致高脂血症大鼠血清总胆固醇(TC)、低密度脂蛋白(LDL)、尿素氮(BUN)和肌酐(Crea),同时减轻肾小球系膜病变和细胞外基质产生,降低肾小球α-平滑肌动蛋(α-SMA)表达[2]。3.降血脂 提取的挥发油可显著降低高胆固醇饲料所致高血脂模型兔的总胆固醇(TC)、甘油三酯(TG)和低密度脂蛋白胆固醇(LDL-C)含量,升高高密度脂蛋白胆固醇(HDL-C)含量[3]。4.抗氧化 提取的挥发油可降低血清丙二醛(MDA)含量,升高超氧化物歧化酶(SOD)含量[3]。5.调节平滑肌 挥发油可显著抑制体外培养的6月龄引产胎儿主动脉平滑肌细胞的迁移,且具有剂量依赖性[4];挥发油可显著抑制大鼠胸主动脉中层平滑肌细胞血管紧张素Ⅱ所致的细胞收缩,抑制^{3}H-TdR和^{3}H-Leucine的参入,且呈剂量依赖性[5]。6.松弛平滑肌 挥发油对离体肠、兔耳血管平滑肌有明显松弛和解痉作用,对支气管平滑肌有一定的舒张作用,对豚鼠胆囊平滑肌能部分对抗乙酰胆碱的兴奋作用;非挥发性水提取物对肠平滑肌显示有兴奋作用[6];水提取液可降低枕大池二次注血法所致蛛网膜下腔出血模型兔基底动脉收缩期峰值的血流速度,扩大基底动脉管径,减轻内弹力膜皱折[7]。7.调节血压与心率 从根提取的挥发油及非挥发水提取物可短暂降低兔血压,其中以舒张压降低为主,减慢兔心率,延长心电图ST段和T波持续时间,降低肾上腺素引起的心率加快和血压升高,且呈剂量依赖性[8],非挥发性成分减慢心率的作用强于挥发性成分[6]。8.改善痴呆 挥发油可显著缩短反复夹闭双侧颈总动脉结合腹腔注射硝普钠的方法复制的拟血管性痴呆模型小鼠的跳台实验潜伏期及受电击总时间,显著升高海马CA1区神经元数量[9];根茎中分离纯化得到的倍半萜类化合物宽叶缬草醛K(volvalerenal K)可显著缩短水迷宫实验中APPswe/PS1E9双转基因阿尔茨海默病小鼠的逃避潜伏期,增加穿越平台次数,延长小鼠在第一象限停留时间及游泳距离,提高小鼠脑组织中乙酰胆碱(ACh)及胆碱乙酰化酶含量,降低乙酰胆碱酯酶(AChE)含量[10]。9.改善脑组织 酊剂可显著减少线栓法所致可复流大脑中动脉闭塞模型大鼠大脑海马各区C-Fos、C-Jun阳性细胞数[11],显著减少脑梗死体积比,减轻海马各区及大脑皮层神经元损伤[12]。10.抗癫痫 根及茎中提取的环烯醚萜酯的类化合物可显著抑制戊四氮所致的癫痫模型大鼠的GAT-1 mRNA表达,显著减少大鼠癫痫发作次数,且缩短发作时间[13],抑制大鼠海马苔藓纤维发芽[14]。

【**性味与归经**】辛、苦,温。归心、肝经。

【功能与主治】理气止痛，祛风除湿，宁心安神。用于脘腹胀痛，风湿痹痛，腰膝酸软，失眠。

【用法与用量】3～6g。

【药用标准】贵州药材2003。

【临床参考】1.冠心病：须根分馏提取挥发油制成胶丸（每胶丸含20mg），每日300～360mg，分3次口服，1周为1疗程[1]。

2.心悸、失眠：根及根茎6g，加五味子6g，水煎服。

3.癔病：根及根茎9g，加陈皮6g，水煎服。（2方、3方引自《浙江药用植物志》）

【附注】其原变种缬草 Valeriana officinalis Linn. 和同属植物小缬草 Valeriana tangutica Bat. 的根及根茎（或全草）在甘肃、湖北、北京、四川及内蒙古等地作缬草药用；黑水缬草 Valeriana amurensis Smir.ex Kom. 的根及根茎在东北民间作缬草药用。

《中国植物志》记载分布于安徽、江苏、浙江、江西等华东各地的野生种为本变种，但经考证，其原变种分布广，形态变异极大，故 Flora of China 将本变种并入原变种缬草 Valeriana officinalis Linn.。

【化学参考文献】

[1] Wang P C, Ran X H, Luo H R, et al. Volvalerine A, an unprecedented N-containing sesquiterpenoid dimer derivative from Valeriana officinalis var. latifolia [J]. Fitoterapia, 2016, 109：174-178.

[2] Han Z Z, Ye J, Liu Q X, et al. Valeriadimer A-C, three sesquiterpenoid dimers from valeriana officinalis var. latifolia [J]. RSC Advances, 2015, 5（8）：5913-5916.

[3] Wang P C, Ran X H, Luo H R, et al. Volvalerelactones A and B, two new sesquiterpenoid lactones with an unprecedented skeleton from Valeriana officinalis var. latifolia [J]. Org Lett, 2011, 13（12）：3036.

[4] Wang P C, Ran X H, Chen R, et al. Germacrane-type sesquiterpenoids from the roots of Valeriana officinalis var. latifolia [J]. J Nat Prod, 2010, 73：1563-1567.

[5] Chen H W, Chen L, Li B, et al. Three new germacrane-type sesquiterpenes with NGF-potentiating activity from Valeriana officinalis var. latiofolia [J]. Molecules, 2013, 18（11）：14138-14147.

[6] 陈恒文，王阶. 宽叶缬草中volvalerenal K对APP双转基因痴呆小鼠学习记忆的改善[J]. 中国新药杂志，2016，25（13）：1466-1470.

[7] Han Z Z, Zu X P, Wang J X, et al. Neomerane-type sesquiterpenoids from Valeriana officinalis var. latifolia [J]. Tetrahedron, 2014, 70（4）：962-966.

[8] 王金鑫，韩竹箴，李慧梁，等. 宽叶缬草中1个新的环烯醚萜类化合物[J]. 中草药，2015，46（1）：11-14.

[9] 祖先鹏，张卫东，韩竹箴，等. 宽叶缬草水溶性化学成分研究[J]. 第二军医大学学报，2014，35（2）：161-170.

[10] Han Z Z, Yan Z H, Liu Q X, et al. Acylated iridoids from the roots of Valeriana officinalis var. latifolia [J]. Planta Med, 2012, 78（15）：1645-1650.

[11] Wang P C, Ran X H, Luo H R, et al, Phenolic compounds from the roots of Valeriana officinalis var. latifolia [J]. J Brazilian Chem Soc, 2013, 24（9）：1544-1548.

[12] 龙春焯，肖汉良，彭家骑. 贵州宽叶缬草油的化学成分[J]. 云南植物研究，1987，9（1）：109-112.

【药理参考文献】

[1] 陈柏华，李晓华，张群林. 宽叶缬草对兔动脉损伤后内膜增生的抑制作用研究[J]. 数理医药学杂志，2004，17（4）：316-318.

[2] 司晓芸，贾汝汉，黄从新，等. 宽叶缬草对高脂血症大鼠肾小球α-平滑肌肌动蛋白表达的影响[J]. 医药导报，2003，22（4）：222-224.

[3] 胡昌兴，张道斌，李华，等. 宽叶缬草对高脂血症家兔血脂代谢的影响[J]. 南京军医学院学报，1999，21（2）：65-68.

[4] 王俊峰，杨桂元. 宽叶缬草对培养的人动脉平滑肌细胞迁移能力的影响[J]. 湖北医药学院学报，1999，18（4）：196-197.

[5] 杨桂元，徐青，王俊峰. 宽叶缬草对动脉平滑肌细胞收缩及生长的影响[J]. 湖北医药学院学报，2002，21（6）：324-326.

[6] 任世兰, 于龙顺, 裴宁, 等. 宽叶缬草对平滑肌和心血管的药理研究 [J]. 中草药, 1982, 13 (3): 23-26.

[7] 罗国君, 席刚明, 范华燕, 等. 宽叶缬草对兔蛛网膜下腔出血后基底动脉管径和血流速度的影响 [J]. 中国中医药科技, 2001, 8 (5): 310-311.

[8] 周小珍, 康亮, 唐珏, 等. 宽叶缬草对兔心率和动脉血压的影响 [J]. 辽宁中医药大学学报, 2009, 11 (12): 188-189.

[9] 严洁, 潘庆敏, 刘伟. 宽叶缬草对血管性痴呆小鼠学习记忆及海马区神经元病理学改变的影响 [J]. 中国临床神经科学, 2005, 13 (1): 24-26.

[10] 陈恒文, 王阶. 宽叶缬草中 volvalerenal K 对 APP 双转基因痴呆小鼠学习记忆的改善 [J]. 中国新药杂志, 2016, 25 (13): 1466-1470.

[11] 王云甫, 严洁, 孙圣刚, 等. 宽叶缬草对大鼠局灶性脑缺血后 C-Fos、C-Jun 表达的影响 [J]. 广西医科大学学报, 2004, 21 (1): 10-12.

[12] 王云甫, 严洁, 罗国君, 等. 宽叶缬草治疗局灶性脑缺血的实验研究 [J]. 中国康复, 2004, 19 (3): 137-138.

[13] 罗国君, 何国厚, 王晓勋, 等. 宽叶缬草提取物抗戊四氮致大鼠癫痫的作用机理研究 [J]. 上海中医药杂志, 2004, 38 (12): 45-48.

[14] 罗国君, 何国厚, 王云甫. 宽叶缬草提取物对戊四氮致癫大鼠海马苔藓纤维发芽的影响 [J]. 中药药理与临床, 2005, 21 (4): 47-49.

【临床参考文献】

[1] 杨桂元, 王玮. 宽叶缬草治疗冠心病的临床研究 [J]. 中国中西医结合杂志, 1994, 14 (9): 540-542.

一一八　川续断科 Dipsacaceae

一年生、二年生或多年生草本，或呈亚灌木状，稀为灌木。茎光滑、被长柔毛或有刺，少数具腺毛。单叶，对生，偶有轮生，基部相连；叶片全缘至深裂，稀为羽状复叶；无托叶。花序为头状花序或间断的穗状轮伞花序，有时成疏松聚伞圆锥花序；花小，两性，稍两侧对称，同形或边缘花与中央花异形，每花外围具以2个小苞片结合形成的小总苞副萼，花萼整齐，杯状或不整齐筒状，上口斜裂，边缘有刺或全裂成5～20条针刺状或羽毛状刚毛；花冠漏斗状，4～5裂，裂片近相等或成二唇形；雄蕊4枚，有时退化成2枚，着生在花冠管上，和花冠裂片互生；子房下位，1室，心皮2枚，花柱条形，柱头单一或2裂。瘦果，外被宿存小总苞，顶端具宿存萼裂片。

约10属，250种；主产地中海地区、亚洲及非洲南部。中国4属，约17种，主要分布于东北、华北、西北、西南及台湾等地，法定药用植物5属，9种2变种。华东地区法定药用植物1属，1种。

川续断科法定药用植物主要含皂苷类、环烯醚萜类、黄酮类、苯丙素类、生物碱类等成分。皂苷类多为齐墩果烷型，如灰毡毛忍冬皂苷甲（macranthoidin A）、日本续断皂苷 E_1（japondipsaponin E_1）、刺楸根皂苷A（kalopanax saponin A）、木通皂苷 D、X、XII（akebia saponin D、X、XII）等；环烯醚萜类如番木鳖苷A（loganin）、獐牙菜苷（sweroside）、大花双参苷A（triplostoside A）、马钱苷（loganin）等；黄酮类包括黄酮、黄酮醇等，如香叶木苷（diosmin）、芹菜素-4′-O-β-D-葡萄糖苷（apigenin-4′-β-D-glucoside）、槲皮素-3-O-葡萄糖苷（quercetin-3-O-glycoside）等；苯丙素类如3,4-二咖啡酰基奎宁酸（3,4-dicaffeoylquinic acid）、咖啡酸（caffeic acid）等；生物碱多为吡啶类，如龙胆碱（gentianine）、龙胆次碱（gentianidine）等。

川续断属含皂苷类、环烯醚萜类、生物碱类、酚酸类等成分。皂苷类多为齐墩果烷型，如葳岩仙皂苷A（cauloside A）、灰毡毛忍冬皂苷甲（macranthoidin A）、日本续断皂苷 E_1（japondipsaponin E_1）等；环烯醚萜类如断马钱子苷（secologanin）、獐牙菜苷（sweroside）等；生物碱类如坎特莱因碱（cantleyine）、龙胆碱（gentianine）、喜树次碱（venoterpine）等。

1. 川续断属 *Dipsacus* Linn.

二年生或多年生草本。茎直立，具棱和槽，棱上通常有刺和糙硬毛。基生叶具长柄，不分裂至羽状深裂，叶缘常具粗齿；茎生叶对生，具柄或无柄，常为3～5裂，叶两面常被刺毛或具乳头状刺毛，稀光滑。头状花序顶生，呈长圆形、卵圆形或球形，基部具叶状总苞片1～2层，小苞片多数，顶端尖，芒刺状；花萼整齐，浅盘状，顶端4裂；花冠白色、淡黄色、紫红色或黑紫色，基部常紧缩成细管状，先端4裂，裂片不相等，呈二唇形；雄蕊4枚，雌蕊由2枚心皮组成，子房下位，包于囊状小总苞内。瘦果，外被囊状小总苞，具4～8棱，瘦果顶端具宿存萼。

20余种，主要分布于欧洲、北非和亚洲。中国7种，其中2种为特有种，主产西南各地，法定药用植物2种。华东地区法定药用植物1种。

924. 日本续断（图924）• *Dipsacus japonicus* Miq.

【别名】续断（安徽、浙江、江苏）。

【形态】多年生草本，株高可达1.5m。主根坚硬，黄褐色。茎中空，分枝，具4～6棱，棱上具钩刺。基生叶莲座状，具长柄，叶片长椭圆形，不分裂或羽状全裂；茎生叶对生，具长柄至近无柄，叶片椭圆

一一八 川续断科 Dipsacaceae

图 924　日本续断　　摄影　张芬耀等

状卵形至椭圆形，长 8～25cm，羽状全裂或半裂，稀不分裂，顶生裂片远大于侧裂片，边缘有锯齿，上面被糙硬毛，背面脉上和叶柄有疏的钩刺和刺毛。头状花序顶生，近球状，长 1.5～3.2cm；总苞片条形，具刺毛；小苞片倒卵形，顶端具喙，两侧常有长刺毛；花萼盘状，4 裂，被白色柔毛；花冠蓝白色或紫红色，4 裂，裂片不等大，外被白色柔毛，花冠管长 5～8mm，基部细；雄蕊 4 枚，稍伸出花冠外；子房下位，包于囊状小总苞内，小总苞具 4 棱，顶端具 8 齿。瘦果楔状椭圆形。花期 8～9 月，果期 9～11 月。

【生境与分布】生于山坡草丛及路旁，海拔 2600m 以下。分布于安徽、山东、江苏、浙江、江西，另重庆、甘肃、河北、河南、湖北、湖南、辽宁、陕西、山西、四川等地均有分布；朝鲜和日本也有分布。

【药名与部位】巨胜子，成熟果实。续断，根。

【采集加工】巨胜子：秋、冬二季采收，打下果实，晒干。续断：秋季采挖，除去根头、尾梢及须根，洗净泥土，阴干或炕干。

【药材性状】巨胜子：呈类长方形，两端略小，有四棱，长约 0.6cm，直径约 0.2cm。表面灰褐色或灰黄色，棱与棱之间有 1 条明显的线，线与棱之间近于平行，两头方形，质轻，内有种子，气无，味微苦。

续断：呈长圆柱形，下端渐细，或稍弯曲，长 6～12cm，直径 0.6～1.5cm。外皮灰褐色或黄褐色，有扭曲的纵皱及浅沟纹。质硬脆，易折断，断面不平坦，周边呈褐色，中心呈黑绿色，并有黄色花纹。无臭味，味苦微涩。

【质量要求】续断：条粗，质坚，易折断，外皮黄褐色，断面黑绿色为佳。

【药材炮制】巨胜子：除去杂质及灰屑。

续断：除去根头等杂质，洗净，润透，切片，干燥。

【化学成分】根含三萜皂苷类：日本续断皂苷 E_1（japondipsaponin E_1）[1]，日本续断皂苷 E_2（japondipsaponin E_2）[2]，3-O-［β-D-吡喃葡萄糖基-（1→4）］［α-L-吡喃鼠李糖基-（1→3）］-β-D-吡喃葡萄糖基-（1→3）-α-L-吡喃鼠李糖基-（1→2）-α-L-吡喃阿拉伯糖基齐墩果酸｛3-O-［β-D-glucopyranosyl-（1→4）］［α-L-rhamnopyranosyl-（1→3）］-β-D-glucopyranosyl-（1→3）-α-L-rhamnopyranosyl-（1→2）-α-L-arabinopyranosyl oleanoic acid｝[3]，3-O-［β-D-吡喃葡萄糖基-（1→4）］［α-L-吡喃鼠李糖基-（1→3）］-β-D-吡喃葡萄糖基-（1→3）-α-L-吡喃鼠李糖基-（1→2）-α-L-吡喃阿拉伯糖常春藤苷元｛3-O-［β-D-glucopyranosyl-（1→4）］［α-L-rhamnopyranosyl-（1→3）］-β-D-glucopyranosyl-（1→3）-α-L-rhamnopyranosyl-（1→2）-α-L-arabinopyranosyl hederagenin｝[4]，3-O-α-L-吡喃鼠李糖基-（1→3）-β-D-吡喃葡萄糖基-（1→3）-α-L-吡喃鼠李糖基-（1→2）-α-L-吡喃阿拉伯糖基常春藤苷元-28-O-β-吡喃葡萄糖酯苷［3-O-α-L-rhammopyranosyl-（1→3）-β-D-glycopranosyl-（1→3）-α-L-rhammopyranosyl-（1→2）-α-L-arabinopyranosyl hederagenin-28-O-β-glycopranoside］[5]和木通皂苷D、X、XII（akebia saponin D、X、XII）[6]；环烯醚萜类：大花双参苷A（triplostoside A），即茶茱萸苷二甲基缩醛*（cantleyoside dimethylacetal）、马钱酸（loganic acid）、马钱苷（loganin）、茶茱萸苷（cantleyoside）和獐牙菜苷（sweroside）[7]；生物碱类：5-酮基脯氨酸甲酯（5-oxo-proline methyl ester）[6]。

地上部分含挥发油类：芳樟醇（linalool）、1,8-桉树脑（1,8-cineole）、α-松油醇（α-terpineol）、反式-香叶醇（trans-geraniol）、β-石竹烯（β-caryophyllene）、β-桉叶烯（β-selinene）和匙叶桉油烯醇（spathulenol）等[8]。

【药理作用】促骨愈合　根水提取物能提高成骨细胞的活性和数量、促进基质钙化、促进骨痂生长、加快骨痂的改建[1]。

【性味与归经】巨胜子：微苦，平。归肝、肾经。续断：苦、辛，微温。

【功能与主治】巨胜子：补肝肾，活血。用于筋骨伤痛，腰痛，崩漏带下，遗精。续断：补肝肾，续筋骨，通血脉。用于腰膝疼痛，胎漏，崩漏，带下，遗精，金疮，跌打损伤，痈疽肿毒。

【用法与用量】巨胜子：9～15g。续断：7.5～15g。

【药用标准】巨胜子：北京药材1998；续断：药典1963和贵州药材1965。

【化学参考文献】

[1] 魏峰，楼之岑，高明，等.用核磁共振新技术测定日本续断皂甙 E_1 的结构［J］.药学学报，1995，30（11）：831-837.

[2] 魏峰，刘丽梅，楼之岑.用核磁共振技术研究日本续断皂苷E2的结构［J］.沈阳药科大学学报，1998，15（2）：120-124.

[3] 缪振春，冯锐，周永新，等.日本续断中新五糖皂甙的结构及其核磁共振光谱［J］.植物学报，2000，42（4）：421-426.

[4] 缪振春，冯锐，周永新，等.日本续断中新五糖常春藤皂苷的结构和NMR研究［J］.波谱学杂志，1999，16（4）：289-294.

[5] 缪振春，周永新，冯锐，等.日本续断中新的双糖链三萜皂苷的结构研究［J］.有机化学，2000，20（1）：81-87.

[6] Trinh T T, Tran V S, Adam G, et al. Study on chemical constituents of *Dipsacus japonicus*. II. triterpene glycosides［J］. Tap Chi Hoa Hoc，2002，40（3）：13-19.

[7] Trinh T T, Tran V S, Guenter A. Study on chemical constituent of *Dipsacus japonicus*. I. iridoid and bis-iridoid glycosides［J］. Tap Chi Hoa Hoc，1999，37（2）：64-69.

［8］Liu Z L，Jiang G H，Zhou L，et al. Analysis of the essential oil of *Dipsacus japonicus* flowering aerial parts and its insecticidal activity against *Sitophilus zeamais* and *Tribolium castaneum*［J］. Zeitschrift für Naturforschung C，2013，68（1-2）：13-18.

【药理参考文献】

［1］洪定钢，时光达.续断对实验性骨折愈合影响的骨组织形态计量学研究［J］.中国中医骨伤科杂志，1999，7（3）：4-7.

一一九 葫芦科 Cucurbitaceae

一年生或多年生草质或木质藤本。茎匍匐、缠绕或攀援，通常具卷须，卷须侧生于叶柄基部，单一，或2至多歧。单叶、鸟足状或指状复叶，互生，无托叶；叶不分裂、掌状浅裂或深裂；掌状脉。花单性，雌雄同株或异株；单生、簇生或组成总状、圆锥、伞形或伞房花序。雄花花萼辐射状、钟状或筒状，5裂，裂片张开或覆瓦状排列；花冠筒状或钟状，离瓣或合瓣，5裂，裂片全缘或边缘呈流苏状；雄蕊通常3枚，稀2枚或5枚，着生于萼筒基部、近中部或檐部，花丝分离或合生成柱状，花药分离或靠合，1室或2室，药室通直、弯曲或呈"S"形折曲至多回折曲，纵裂；雌花花萼和花冠与雄花同形；子房下位，稀半下位，通常由3枚心皮组成，侧膜胎座，胚珠通常多数，稀少数；花柱1枚，柱头膨大，2裂或流苏状。果通常为肉质浆果或果皮木质，不裂或成熟后盖裂或3瓣纵裂。种子多数，通常扁平，稀少数或仅1粒；无胚乳；子叶大，扁平，富含油脂。

约123属，800余种，大部分种类分布于热带和亚热带地区，少数种类分布至温带地区。中国35属，约154种，法定药用植物18属，40种3变种。华东地区法定药用植物13属，19种3变种。

葫芦科法定药用植物主要含皂苷类、黄酮类、酚酸类、香豆素类、木脂素类、环烯醚萜类、生物碱类等成分。皂苷类多为四环三萜及五环三萜，包括葫芦烷型、达玛烷型、齐墩果烷型、熊果烷型、羽扇豆烷型等，如广东丝瓜苷A、B、C、D、E、F、G（acutoside A、B、C、D、E、F、G）、人参皂苷 Rg_1（ginsenoside Rg_1）、人参皂苷 Re（ginsenoside Re）、葫芦素B（cucurbitacin B）、栝楼萜二醇（karounidiol）、7-氧代二氢栝楼萜二醇（7-oxodihydrokarounidiol）、α-香树脂醇乙酸酯（α-amyrin acetate）、羽扇豆醇乙酸酯（lupeol acetate）、α-香树脂醇（α-amyrin）等；黄酮类包括黄酮、黄酮醇、二氢黄酮、二氢黄酮醇、双黄酮等，如木犀草素-7-O-β-D-半乳糖苷（luteolin 7-O-β-D-galactoside）、山奈酚-3-β-D-葡萄糖基-7-α-L-鼠李糖苷（kaempferol-3-β-D-glucosyl-7-α-L-rhamnoside）、桑色素-3-O-木糖苷（morin-3-O-xyloside）、野黄芩素（scutellarein）、落新妇苷（astilbin）、儿茶素（catechin）、穗花双黄酮（amentoflavone）等；酚酸类如鞣花酸（ellagic acid）、龙胆酸（gentisic acid）、愈创木酚（guaiacol）等；香豆素类如东莨菪内酯（scopoletin）、4-羟基香豆素（4-hydroxycoumarin）、蜂蜜曲菌素（mellein）等；木脂素类如喷瓜木脂酚（ligballinol）、尔雷酚C（ehletianol C）等；环烯醚萜类如筋骨草醇（ajugol）、胡黄连苷Ⅰ、Ⅱ（picroside Ⅰ、Ⅱ）、梓醇苷（catalposide）等；生物碱包括吲哚类、吡咯类、吡啶类等，如吲哚-3-乙醛（indole-3-aldehyde）、1-去氧-1-［2′-氧化-1′-吡咯烷基］-2-正丁基-α-呋喃果糖苷{1-deoxy-1-［2′-oxo-1′-pyrrolidinyl］-2-n-butyl-α-fructofuranoside}、吲哚-3-甲酸（indole-3-carboxylic acid）、烟酰胺（nicotinamide）等。

苦瓜属含皂苷类、萜类、生物碱类等成分。皂苷类多为四环三萜及五环三萜，包括葫芦烷型、齐墩果烷型等，如苦瓜素Ⅰ（momordicine Ⅰ）、苦瓜皂苷Ⅰ（momordicoside Ⅰ）、α-香树脂醇乙酸酯（α-amyrin acetate）、苦瓜子苷A、B（momorcharaside A、B）等；萜类包括单萜、倍半萜、降倍半萜等，如圣地红景天苷A（sacranoside A）、布鲁门醇A（blumenol A）、（6S, 9R）-长春花苷［（6S, 9R）-roseoside］、3-酮基-α-香堇醇-9-O-β-D-吡喃葡萄糖苷（3-oxo-α-ionol-9-O-β-D-glucopyranoside）等；生物碱类如1-甲基-1, 2, 3, 4-四氢-β-咔啉-3-甲酸（1-methyl-1, 2, 3, 4-tetrahydro-β-carboline-3-carboxylic acid）、烟酰胺（nicotinamide）、野豌豆碱（vicine）、蚕豆苷（vincine）、苦瓜亭（charantin）等。

黄瓜属含皂苷类、黄酮类、甾体类等成分。皂苷为三萜类，如多花白树烯醇（multiflorenol）、α-香树脂醇（α-amyrin）、β-香树脂醇（β-amyrin）、蒲公英赛醇（taraxerol）、环木菠萝烯醇（cycloartenol）、25-去乙酰葫芦素A（25-deacetylcucurbitacin A）等；黄酮类如山奈酚-3-O-吡喃鼠李糖苷（kaempferol-3-O-rhamnopyranoside）、槲皮素-3-O-吡喃葡萄糖苷（quercetin-3-O-glucopyranoside）、异牡荆素（isovitexin）、皂草黄苷（saponarin）等；甾体如24ξ-乙基-5α-胆甾-7, 22-二烯-3β-醇（24ξ-ethyl-5α-cholesta-7, 22-dien-3β-ol）、胆甾醇（cholesterol）、24ξ-乙基-5α-胆甾-7-烯（24ξ-ethyl-5α-cholesta-7-ene）、24ξ-

甲基胆甾醇（24ξ-methylcholesterol）等。

葫芦属含三萜类、苯丙素类、甾体类等成分。三萜类如泻根醇（bryonolol）、20-表泻根醇酸（20-epibryonolic acid）、3β-O-（E）-阿魏酰-D：C-弗瑞德齐墩果烷-7,9（11）-二烯-29-醇［3β-O-（E）-feruloyl-D：C-friedooleana-7,9（11）-dien-29-ol］等；苯丙素类如咖啡酸（caffeic acid）、3,4-二甲氧基肉桂酸（3,4-dimethoxycinnamic acid）、6-O-咖啡酰基-α-葡萄糖（6-O-caffeoyl-α-glucose）、6-O-阿魏酰基-α-葡萄糖（6-O-feruloyl-α-glucose）、6-O-对-香豆酰基-α-葡萄糖（6-O-p-coumaroyl-α-glucose）等；甾体类如岩藻甾醇（fucosterol）、豆甾醇（stigmasterol）、3β-羟基-24-乙基胆甾-5-烯（3β-hydroxy-24-ethylcholest-5-ene）、栗甾酮（castasterone）等。

丝瓜属含皂苷类、苯丙素类、黄酮类等成分。皂苷为三萜类，如丝瓜皂苷A、B、C、D、E、F、G、H（lucyoside A、B、C、D、E、F、G、H）等；苯丙素类如绿原酸（chlorogenic acid）、羟基咖啡酸（hydroxycaffeic acid）、二氢阿魏酸（dihydroferulic acid）、咖啡酸（caffeic acid）、对香豆酸（p-coumaric acid）等；黄酮类如香叶木素-7-O-β-D-葡萄糖苷酸甲酯（diosmetin-7-O-β-D-glucuronide methyl ester）、柯伊利素-7-O-β-D-葡萄醛酸苷甲酯（chrysoeriol-7-O-β-D-glucuronide methyl ester）等。

栝楼属含皂苷类、黄酮类、木脂素类、生物碱类、酚酸类等成分。皂苷类多为四环三萜及五环三萜，包括葫芦烷型、齐墩果烷型等，如葫芦素B、R（cucurbitacin B、R）、异葫芦素B（isocucurbitacin B）、栝楼萜二醇（karounidiol）、泻根醇酸（bryonolic acid）等；黄酮类包括黄酮、黄酮醇等，如香叶木素-7-O-葡萄糖苷（diosmetin-7-O-glucoside）、槲皮素-3-O-α-核糖苷（quercetin-3-O-α-ribose）、山柰酚-3-O-葡萄糖苷（kaempferol-3-O-glucoside）等；木脂素类如栝楼苯并木脂素（trichobenzolignan）、尔雷酚C（ehletianol C）等；生物碱类如4-［甲酰基-5-（甲氧基甲基）-1H-吡咯-1-基］-丁酸｛4-［formyl-5-（methoxymethyl）-1H-pyrrol-1-yl］-butanoic acid｝、1-去氧-1-［2′-酮基-1′-吡咯烷基］-2-正丁基-α-呋喃果糖苷｛1-deoxy-1-［2′-oxo-1′-pyrrolidinyl］-2-n-butyl-α-fructofuranoside｝、4-羟基烟酸（4-hydroxynicotinic acid）等；酚酸类如对羟基苯甲酸（p-hydroxybenzoic acid）、香草酸-4-O-β-D-葡萄糖苷（vanillic acid-4-O-β-D-glucoside）等。

绞股蓝属主要含三萜类皂苷类，另含黄酮类等成分。三萜皂苷如绞股蓝苷I、II、III、IX、V、VI、VII（gypenoside I、II、III、IX、V、VI、VII）等；黄酮类如槲皮素-3-新橘皮糖苷（quercetin-3-neohesperidoside）、山柰酚-3-O-α-L-吡喃鼠李糖基-（1→2）-β-D-吡喃葡萄糖苷［kaempferol-3-O-α-L-rhamnopyranosyl-（1→2）-β-D-glucopyranoside］、异鼠李素-7-O-β-D-吡喃葡萄糖苷（isorhamnetin-7-O-β-D-glucopyranoside）、牡荆素（vitexin）等。

雪胆属含皂苷类成分。皂苷类多为三萜皂苷，包括葫芦烷型、齐墩果烷型，如葫芦素B（cucurbitacin B）、23,24-双氢葫芦苦素F（23,24-dihydrocucurbitacin F）、齐墩果酸-28-O-β-D-吡喃葡萄糖苷（oleanolic acid-28-O-β-D-glucopyranoside）、雪胆素甲（hemslecin A）、竹节参苷IVa、V（chikusetsusaponin IVa、V）等。

分属检索表

1. 单叶。
    2. 卷须单一，稀兼有2歧。
        3. 叶掌状3～7浅裂至深裂；花梗具苞片；果实具瘤状突起或刺状突起·········1. 苦瓜属 *Momordica*
        3. 叶全缘或3～5浅裂至深裂；花梗无苞片；果实平滑或具刺状突起。
            4. 茎纤细，无毛或近无毛；花冠钟状。
                5. 叶柄通常长不超过1cm；花冠裂片三角形或宽三角形·········2. 茅瓜属 *Solena*
                5. 叶柄通常长2.5cm以上；花冠裂片椭圆状卵形·········3. 马㼎儿属 *Zehneria*
            4. 茎较粗壮，密被糙硬毛或长柔毛状硬毛；花冠辐射状·········4. 黄瓜属 *Cucumis*

2. 卷须 2 歧至多歧。
　　6. 植株被黏毛；叶柄顶端具 2 枚腺体；花萼筒漏斗形·················5. 葫芦属 *Lagenaria*
　　6. 植株无黏毛；叶柄顶端无腺体；花萼筒辐射状或钟状。
　　　　7. 叶全缘，或掌状 3～7 浅裂或深裂。
　　　　　　8. 花冠黄色或白色，花瓣全缘或皱褶。
　　　　　　　　9. 花黄色；雄蕊 3 枚或 5 枚；果实不开裂。
　　　　　　　　　　10. 雄花单生。
　　　　　　　　　　　　11. 花梗细长；花冠辐射状，分裂至基部·················6. 冬瓜属 *Benincasa*
　　　　　　　　　　　　11. 花梗粗短；花冠钟状，分裂至中部·················7. 南瓜属 *Cucurbita*
　　　　　　　　　　10. 雄花数朵成总状花序·················8. 丝瓜属 *Luffa*
　　　　　　　　9. 花白色；雄蕊 5 枚；果实环状盖裂·················9. 盒子草属 *Actinostemma*
　　　　　　8. 花冠白色，花瓣边缘流苏状·················10. 栝楼属 *Trichosanthes*
　　　　7. 叶一至二回羽状分裂·················11. 西瓜属 *Citrullus*
1. 鸟足状复叶。
　　12. 小叶 3～7 枚；圆锥花序；果实圆球形·················12 绞股蓝属 *Gynostemma*
　　12. 小叶 5～9 枚；二歧聚伞花序；果实筒状倒圆锥形·················13. 雪胆属 *Hemsleya*

1. 苦瓜属 *Momordica* Linn.

一年生或多年生攀援或匍匐状草本。卷须单一，或 2 歧。单叶；叶近圆形、卵圆形或卵状心形，掌状 3～7 浅裂至深裂，稀不裂，裂片全缘或具锯齿；叶柄上有时具腺体。花单性，雌雄同株。雄花单生或成总状花序，花梗上具兜状圆肾形苞片；花萼筒短，钟形，5 裂；花冠黄色或白色，辐射状或宽钟状，5 深裂至基部，稀 5 浅裂；雄蕊 3 枚，极稀 2 枚或 5 枚，花丝短，离生，花药 1 枚 1 室，另 2 枚各 2 室，药室扭曲，药隔不伸长；退化雌蕊腺体状或缺；雌花单生；花梗上具苞片或无；花萼和花冠与雄花同形；花柱细长，柱头 3 枚，不裂或 2 裂；胚珠多数，水平着生。果实常具小瘤体或刺状突起，成熟时不裂或 3 片裂。种子多数。

约 45 种，多数种类分布于非洲热带地区，少数种类在温带地区有栽培。中国 3 种，法定药用植物 2 种。华东地区法定药用植物 2 种。

925. 苦瓜（图 925）• *Momordica charantia* Linn.

【别名】凉瓜（通称），癞葡萄（江苏、山东），红羊（福建厦门、泉州），癞瓜（江苏）。

【形态】一年生攀援草质藤本。茎多分枝，被柔毛；卷须单一。叶柄长 4～6cm；叶卵状肾形或近圆形，长、宽均 4～12cm，掌状 5～7 深裂，裂片卵状长圆形，边缘具粗齿或有不规则小裂片，基部弯缺成半圆形，两面疏被短毛或近无毛；叶脉掌状。雄花单生于叶腋；花梗中部或中下部具兜状圆肾形叶状苞片 1 枚；花萼裂片小，卵状披针形；花冠黄色，裂片倒卵形，长 1.5～2cm；雄蕊 3 枚，离生；雌花单生叶腋；柱头 3 枚，2 裂。果实纺锤形或圆柱形，两端渐尖，长 8～30cm，密生纵向瘤状突起，成熟时橙黄色，顶端常 3 片裂。种子多数，具红色多汁假种皮，两端各具 3 小齿，两面具雕纹。花果期 5～10 月。

【生境与分布】华东各地均有栽培，另我国南北各地普遍栽培；广泛栽培于世界热带至温带地区。

【药名与部位】苦瓜（苦瓜干），近成熟果实。野苦瓜叶，地上部分。

【采集加工】苦瓜：夏、秋季采收，对半纵剖，去瓤和种子，干燥。野苦瓜叶：4～8 月采收，切段，干燥。

图 925　苦瓜　　　　　　　　　　　　　　　　　　　摄影　郭增喜等

【药材性状】苦瓜：呈椭圆形或矩圆形，长 5～18cm，宽 0.4～2.0cm，厚 2～8mm。全体皱缩、弯曲，有时带有果柄。果皮浅灰棕色、黄棕色或灰绿色，皱缩，具纵沟及瘤状样突起。内层黄白色，中间有时夹有种子或除去种子后留下的空洞。质脆，易折断，断面不平整。气微，味苦。

野苦瓜叶：茎呈圆柱形，表面绿色或灰绿色，具 5～6 个纵棱，密被白色短柔毛，卷须不分歧或分 2 歧；质稍脆，断面黄绿色，皮部窄；木质部可见成束导管孔，髓部不明显。叶多卷缩成团或破碎，上表面深绿色，有刺状细毛，下表面色较浅，无毛，边缘具刺毛。偶见果实碎片，果皮多皱缩。气微，味微苦。果实味苦。

【药材炮制】苦瓜：拣去杂质、脉络和种子。苦瓜粉：取苦瓜，研细粉。

【化学成分】茎和叶含三萜皂苷类：苦瓜素Ⅰ（momordicine Ⅰ）、23-乙基苦瓜素Ⅰ（23-ethyl momordicine Ⅰ）[1]，7-乙基苦瓜素Ⅰ（7-ethyl momordicine Ⅰ）[2]，α-香树素乙酸酯（α-amyrin acetate）、苦瓜素Ⅳ（momordicin Ⅳ）、（19S, 23E）-5β, 19-环氧-19-甲氧基葫芦-6, 23-二烯-3β, 25-二醇［（19S, 23E）-5β, 19-epoxy-19-methoxycucurbita-6, 23-dien-3β, 25-diol］、（19R, 23E）-5β, 19-环氧-19-甲氧基葫芦-6, 23-二烯-3β, 25-二醇［（19R, 23E）-5β, 19-epoxy-19-methoxycucurbita-6, 23-dien-3β, 25-diol］、3β, 7β, 25-三羟基葫芦-5, 23-二烯-19-醛基（3β, 7β, 25-trihydroxycucurbita-5, 23-dien-19-al）、3β, 7β, 25-三羟基葫芦-5, 23-二烯-19-醛基-3-O-β-D-吡喃葡萄糖苷（3β, 7β, 25-trihydroxycucurbita-5, 23-dien-19-al-3-O-β-D-glucopyranoside）[3], 26, 27-二羟基羊毛脂-7, 9（11），24-三烯-3, 16-二酮［26, 27-dihydroxylanosta-7, 9（11），24-trien-3, 16-dione］、苦瓜皂苷Ⅰ（momordicoside Ⅰ）、羊毛脂-9（11）-烯-3α, 24S, 25-三醇［lanosta-9（11）-en-3α, 24S, 25-triol］、（24R）-环菠萝蜜烷-3α, 24R, 25-三醇［（24R）-cycloartane-3α,

24R, 25-triol）]^[4]，苦瓜素Ⅱ（momordicine Ⅱ）、苦瓜亭A、B（charantin A、B）、3β, 7β, 25-三羟基-19-醛基-5,（23E）葫芦二烯［3β, 7β, 25-trihydroxycucurbita-5,（23E）-dien-19-al］、苦瓜苷K（momordicoside K）^[5]，5β, 19S-环氧-19-甲氧基葫芦-6, 23E-二烯-3β, 25-二醇（5β, 19S-epoxy-19-methoxycucurbita-6, 23E-dien-3β, 25-diol）、5β, 19R-环氧-19-甲氧基葫芦-6, 23E-二烯-3β, 25-二醇（5β, 19R-epoxy-19-methoxycucurbita-6, 23E-dien-3β, 25-diol）、3β, 7β, 25-三羟基葫芦-5, 23-二烯-19-醛-3-O-β-D-吡喃葡萄糖苷（3β, 7β, 25-trihydroxycucurbita-5, 23-dien-19-al-3-O-β-D-glucopyranoside）^[6]，苦瓜辛E、F、G、H、I、J、K、L、M、N、O、P、Q、R、S（kuguacin E、F、G、H、I、J、K、L、M、N、O、P、Q、R、S）、3β, 7β-二羟基-25-甲氧基葫芦-5,（23E）-二烯-19-醛［3β, 7β-dihydroxy-25-methoxycucurbita-5,（23E）-dien-19-al］、5β, 19-环氧葫芦-6, 23-二烯-3β, 19, 25-三醇（5β, 19-epoxycucurbita-6, 23-dien-3β, 19, 25-triol）、苦瓜洛苷元D（karavilagenin D）^[7]、苦瓜洛苷元F（karavilagenin F）、苦瓜洛苷Ⅻ、ⅩⅢ（karaviloside Ⅻ、ⅩⅢ）、苦瓜素Ⅵ、Ⅶ、Ⅷ（momordicine Ⅵ、Ⅶ、Ⅷ）、5β, 19-环氧-25-甲氧基葫芦-6, 23-二烯-3β, 19-二醇（5β, 19-epoxy-25-methoxycucurbita-6, 23-dien-3β, 19-diol）、（19R, 23E）-5β, 19-环氧-19-甲氧基葫芦-6, 23, 25-三烯-3β-醇［（19R, 23E）-5β, 19-epoxy-19-methoxycucurbita-6, 23, 25-trien-3β-ol］^[8]、苦瓜素Ⅲ（momordicine Ⅲ）^[9]、羊毛脂-9（11）-烯-3α, 24S, 25-三醇［lanost-9（11）-en-3α, 24S, 25-triol］和24R-环木菠萝-3α, 24R, 25-三醇（24R-cycloartane-3α, 24R, 25-triol）^[10]；脑苷类：大豆脑苷I（soya-cerebroside I）^[3]；酚类：2, 4-二-（2-苯基丙烷）苯酚［2, 4-bis-（2-phenylpropane）phenol］^[11]；挥发油类：α-蒎烯（α-pinene）、β-蒎烯（β-pinene）、青枝烯（geijerene）、二甲基环癸三烯（pregeijerene）和大根香叶烯D（germacrene D）等^[12]；倍半萜类：催吐萝芙叶醇（vomifoliol）^[1]；甾体类：α-菠甾醇（α-spinasterol）、β-谷甾醇（β-sitosterol）和胡萝卜苷（daucosterol）^[3]；单环醇类：苦瓜醇（momordol）^[10]。

茎含三萜皂苷类：3β, 9β, 25-三羟基-7β-甲氧基-19-去甲葫芦-5, 23（E）-二烯［3β, 9β, 25-trihydroxy-7β-methoxy-19-nor-cucurbita-5, 23（E）-diene］、（23E）-3β, 25-二羟基-7β-甲氧基葫芦-5, 23-二烯-19-醛［（23E）-3β, 25-dihydroxy-7β-methoxycucurbita-5, 23-dien-19-al］、3, 7-二羟基-25-甲氧基葫芦-5, 23-二烯-19-醛（3, 7-dihydroxy-25-methoxycucurbita-5, 23-dien-19-al）、19（R）-甲氧基-5β, 19-环氧-6, 23-二烯-3β, 25-葫芦二醇［19（R）-methoxy-5β, 19-epoxycucurbita-6, 23-dien-3β, 25-diol］、苦瓜根素R（kuguacin R）、（19S, 23E）-5β, 19-环氧-19甲氧基-6, 23-二烯-3 β, 25-葫芦二醇［（19S, 23E）-5β, 19-epoxy-19-methoxycucurbita-6, 23-dien-3β, 25-diol］和（23E）-5β, 19-环氧-25-甲氧基-6, 23-二烯-9β, 19-葫芦二醇［（23E）-5β, 19-epoxy-25-methoxycucurbita-6, 23-dien-9β, 19-diol］^[13]、3β-羟基多花白树-8-烯-17-酸（3β-hydroxymultiflora-8-en-17-oic acid）、葫芦-1（10）, 5, 22, 24-四烯-3α-醇［cucurbita-1（10）, 5, 22, 24-tetraen-3α-ol］、5β, 19β-环氧葫芦-6, 22, 24-三烯-3α-醇（5β, 19β-epoxycucurbita-6, 22, 24-trien-3α-ol）^[14]、葫芦-5, 23（E）-二烯-3β, 7β, 25-三醇［cucurbita-5, 23（E）-dien-3β, 7β, 25-triol］、3β-乙酰氧基-7β-甲氧基葫芦-5, 23（E）-二烯-25-醇［3β-acetoxy-7β-methoxycucurbita-5, 23（E）-dien-25-ol］、葫芦-5（10）, 6, 23（E）-三烯-3β, 25-二醇［cucurbita-5（10）, 6, 23（E）-trien-3β, 25-diol］、葫芦-5, 24-二烯-3, 7, 23-三酮（cucurbita-5, 24-dien-3, 7, 23-trione）、3β, 25-二羟基-7β-甲氧基葫芦-5, 23（E）-二烯［3β, 25-dihydroxy-7β-methoxycucurbita-5, 23（E）-diene］、3β-羟基-7β, 25-二甲氧基葫芦-5, 23（E）-二烯［3β-hydroxy-7β, 25-dimethoxycucurbita-5, 23（E）-diene］、3β, 7β, 25-三羟基葫芦-5, 23（E）-二烯-19-醛［3β, 7β, 25-trihydroxycucurbita-5, 23（E）-dien-19-al］、25-甲氧基-3β, 7β-二羟基葫芦-5, 23（E）二烯-19-醛［25-methoxy-3β, 7β-dihydroxycucurbita-5, 23（E）-dien-19-al］^[15]，（23E）-25-甲氧基葫芦-23-烯-3β, 7β-二醇［（23E）-25-methoxycucurbit-23-en-3β, 7β-diol］、（23E）-葫芦-5, 23, 25-三烯-3β, 7β-二醇［（23E）-cucurbita-5, 23, 25-trien-3β, 7β-diol］、（23E）-25-羟基葫芦-5, 23-二烯-3, 7-二酮［（23E）-25-hydroxycucurbita-5, 23-dien-3, 7-dione］、（23E）-葫芦-5, 23, 25-三烯-3, 7-二酮［（23E）-cucurbita-5, 23, 25-trien-3, 7-dione］、（23E）-5β, 19-环氧葫芦-6, 23-二烯-3β, 25-二醇

［（23E）-5β,19-epoxycucurbita-6,23-dien-3β,25-diol］、（23E）-5β,19-环氧-25-甲氧基葫芦-6,23-二烯-3β-醇［（23E）-5β,19-epoxy-25-methoxy-cucurbita-6,23-dien-3β-ol］[16]、23,25-二羟基-5β,19-环氧葫芦-6-烯-3,24-二酮（23,25-dihydroxy-5β,19-epoxycucurbit-6-en-3,24-dione）、（23E）-7β-甲氧基葫芦-5,23,25-三烯-3β-醇［（23E）-7β-methoxycucurbita-5,23,25-trien-3β-ol］、3α-［（E）-阿魏酰氧基］-D: C-无羁齐墩果-7,9（11）-二烯-29-酸{3α-［（E）-feruloyloxy］-D: C-friedooleana-7,9（11）-dien-29-oic acid}、3β-［（E）-阿魏酰氧基］-D: C-无羁齐墩果-7,9（11）-二烯-29-酸{3β-［（E）-feruloyloxy］-D: C-friedooleana-7,9（11）-dien-29-oic acid}、3-酮基-D: C-无羁齐墩果-7,9（11）-二烯-29-酸［3-oxo-D: C-friedooleana-7,9（11）-dien-29-oic acid］[17]、22-羟基-23,24,25,26,27-五降葫芦-5-烯-3-酮（22-hydroxy-23,24,25,26,27-pentanorcucurbit-5-en-3-one）、3,7-二氧代-23,24,25,26,27-五降葫芦-5-烯-22-酸（3,7-dioxo-23,24,25,26,27-pentanorcucurbit-5-en-22-oic acid）、25,26,27-三降葫芦-5-烯-3,7,23-三酮（25,26,27-trinorcucurbit-5-en-3,7,23-trione）[18]、八降葫芦素A、B、C、D（octanorcucurbitacin A、B、C、D）、苦瓜辛M（kuguacin M）[19]和台湾苦瓜辛A、B（taiwacin A、B）[20]；甾体类：3-O-（β-D-吡喃葡萄糖基）-24β-乙基-5α-胆甾-7,22,25（27）-三烯-3β-醇［3-O-（β-D-glucopyranosyl）-24β-ethyl-5α-cholesta-7,22,25（27）-trien-3β-ol］[20]、5α,6α-环氧-3β-羟基-（22E,24R）-麦角甾-8,22-二烯-7-酮［5α,6α-epoxy-3β-hydroxy-（22E,24R）-ergosta-8,22-dien-7-one］、5α,6α-环氧-（22E,24R）-麦角甾-8,22-二烯-3β,7α-二醇［5α,6α-epoxy-（22E,24R）-ergosta-8,22-dien-3β,7α-diol］、5α,6α-环氧-（22E,24R）-麦角甾-8,22-二烯-3β,7β-二醇［5α,6α-epoxy-（22E,24R）-ergosta-8,22-dien-3β,7β-diol］、5α,6α-环氧-（22E,24R）-麦角甾-8（14）,22-二烯-3β,7α-二醇［5α,6α-epoxy-（22E,24R）-ergosta-8（14）,22-dien-3β,7α-diol］、3β-羟基-（22E,24R）-麦角甾-5,8,22-三烯-7-酮［3β-hydroxy-（22E,24R）-ergosta-5,8,22-trien-7-one］、麦角甾醇过氧化物（ergosterol peroxide）、赪桐甾醇（clerosterol）、脱皮松藻甾醇（decortinol）和脱皮松藻甾酮（decortinone）[21]；挥发油类：桃金娘烯醇（myrtenol）、顺式-3-己烯醇（cis-3-hexenol）和苯甲醇（benzylalcohol）等[22]。

叶含三萜皂苷类：苦瓜素Ⅰ、Ⅱ（momordicine Ⅰ、Ⅱ）[23]、苦瓜素Ⅳ、Ⅴ（momordicine Ⅳ、Ⅴ）、3-O-丙二酸单酰苦瓜素Ⅰ（3-O-malonylmomordicine Ⅰ）[24]、3β,7β,25-三羟基葫芦-5,23（E）-二烯-19-醛［3β,7β,25-trihydroxycucurbita-5,23（E）-dien-19-al］、3β,7β,23-三羟基葫芦-5,24-二烯-7-O-β-D-吡喃葡萄糖苷（3β,7β,23-trihydroxycucurbita-5,24-dien-7-O-β-D-glucopyranoside）[25]、3β,7β-二羟基-25-甲氧基葫芦-5,23（E）-二烯-19-醛［3β,7β-dihydroxy-25-methoxycucurbita-5,23（E）-dien-19-al］、（23E）-3β,25-二羟基-7β-甲氧基葫芦-5,23-二烯-19-醛［（23E）-3β,25-dihydroxy-7β-methoxycucurbita-5,23-dien-19-al］、（23E）-3β-羟基-7β,25-二甲氧基葫芦-5,23-二烯-19-醛［（23E）-3β-hydroxy-7β,25-dimethoxycucurbita-5,23-dien-19-al］、（23S*）-3β-羟基-7β,23-二甲氧基葫芦-5,24-二烯-19-醛［（23S*）-3β-hydroxy-7β,23-dimethoxycucurbita-5,24-dien-19-al］、（23R*）-23-O-甲基苦瓜素Ⅳ［（23R*）-23-O-methylmomordicine Ⅳ］、（25ξ）-26-羟基苦瓜苷L［（25ξ）-26-hydroxymomordicoside L］、25-氧代-27-降苦瓜苷L（25-oxo-27-normomordicoside L）、25-O-甲基苦瓜洛苷元D（25-O-methylkaravilagenin D）、苦瓜苷G、K、L（momordicoside G、K、L）、苦瓜糖苷C（kuguaglycoside C）、苦瓜洛苷Ⅵ（karaviloside Ⅵ）、日本木瓜糖苷a、b（goyaglycoside a、b）[26]、苦瓜糖苷D（kuguaglycoside D）、苦瓜洛苷元D（karavilagenin D）、苦瓜洛苷Ⅷ、Ⅹ、Ⅺ（karaviloside Ⅷ、Ⅹ、Ⅺ）、（23E）-25-甲氧基葫芦-5,23-二烯-3β,7β,19-三醇-7-O-β-D-吡喃葡萄糖苷［（23E）-25-methoxycucurbita-5,23-dien-3β,7β,19-triol-7-O-β-D-glucopyranoside］、（23E）-3β,7β,15β,25-四羟基葫芦-5,23-二烯-19-醛［（23E）-3β,7β,15β,25-tetrahydroxycucurbita-5,23-dien-19-al］、3β,7β,22,23-四羟基葫芦-5,24-二烯-19-醛（3β,7β,22,23-tetrahydroxycucurbita-5,24-dien-19-al）、3β,7β,23,24-四羟基葫芦-5,25-二烯-19-醛（3β,7β,23,24-tetrahydroxycucurbita-5,25-dien-19-al）、（23S）-3β,7β,23-三羟基葫芦-5,24-二烯-19-醛-7-O-β-D-吡喃葡萄糖苷［（23S）-3β,7β,23-trihydroxycucurbita-5,24-dien-19-al-7-O-β-D-glucopyranoside］、（23E）-

葫芦 -5, 23- 二烯 -3β, 7β, 19, 25- 四醇 -7-O-β-D- 吡喃葡萄糖苷［（23E）-cucurbita-5, 23-dien-3β, 7β, 19, 25-tetrol-7-O-β-D-glucopyranoside］、（23E）-3β, 7β- 二羟基 -25- 甲氧基葫芦 -5, 23- 二烯 -19- 醛 -3-O-β-D- 吡喃阿洛糖苷［（23E）-3β, 7β-dihydroxy-25-methoxycucurbita-5, 23-dien-19-al-3-O-β-D-allopyranoside］[27]、苦瓜辛 J（kuguacin J）[28]、苦瓜亭 A、B（charantin A、B）[29] 和苦瓜醛（charantal）[30]；降倍半萜苷类：（6S, 9R）- 长春花苷［（6S, 9R）-roseoside］和 3- 酮基 -α- 香堇醇 -9-O-β-D- 吡喃葡萄糖苷（3-oxo-α-ionol-9-O-β-D-glucopyranoside）[31]；单萜类：（4ξ）-α- 松油醇 -8-O-［α-L- 吡喃阿拉伯糖基 -（1→6）-β-D- 吡喃葡萄糖苷］{（4ξ）-α-terpineol-8-O-［α-L-arabinopyranosyl-（1→6）-β-D-glucopyranoside］}、圣地红景天苷 A（sacranoside A）、桃金娘烯醇 -10-O-［β-D- 呋喃芹糖基 -（1→6）-β-D- 吡喃葡萄糖苷］{myrtenol-10-O-［β-D-apiofuranosyl-（1→6）-β-D-glucopyranoside］} 和桃金娘烯醇 -10-O-β-D- 吡喃葡萄糖苷（myrtenol-10-O-β-D-glucopyranoside）[31]；烯醇苷类：己 -3- 烯 -1- 醇 -1-O-β-D- 吡喃葡萄糖苷（hex-3-en-1-ol-1-O-β-D-glucopyranoside）[31]；苯甲醇类：苯甲醇 -1-O-［α-L- 吡喃阿拉伯糖基 -（1→6）-β-D- 吡喃葡萄糖苷］{benzyl alcohol-1-O-［α-L-arabinopyranosyl-（1→6）-β-D-glucopyranoside］}[31]；酚类：2, 4- 二 -（2- 苯基丙烷 -2- 基）苯酚［2, 4-bis-（2-phenylpropan-2-yl）phenol］[30]；甾体类：α- 菠菜甾醇（α-spinasterol）、β- 谷甾醇（β-sitosterol）、胡萝卜苷（daucosterol）[3]、7- 豆甾烯 -3β- 醇（7-stigmasten-3β-ol）、7, 25- 豆甾二烯 -3β- 醇（7, 25-stigmastadien-3β-ol）和 5, 25- 豆甾二烯 -3β- 醇吡喃葡萄糖苷（5, 25-stigmastadien-3β-ol-glucopyranoside）[25]；其他尚含：大豆脑苷 I（soyacerebroside I）[3]，二十八烷（octacosane）和三十醇（triacontanol）[25]。

种子含生物碱类：1- 甲基 -1, 2, 3, 4- 四氢 -β- 咔啉 -3- 羧酸（1-methyl-1, 2, 3, 4-tetrahydro-β-carboline-3-carboxylic acid）、烟酰胺（nicotinamide）、尿嘧啶（uracil）、野豌豆碱（vicine）和 6-（2, 3- 二羟基 -4- 羟甲基四氢呋喃 -1- 基）- 环戊烯［c］吡咯 -1, 3- 二醇 {6-（2, 3-dihydroxyl-4-hydromethyl tetrahydrofuran-1-yl）-cyclopentene［c］pyrrole-1, 3-diol}[32]；降倍半萜苷类：（6S, 7E, 9S）-6, 9, 10- 三羟基 -4, 7- 大柱香波龙二烯 -3- 酮［（6S, 7E, 9S）-6, 9, 10-trihydroxy-4, 7-megastigmadien-3-one］和（6R, 9S）长寿花糖苷［（6R, 9S）-roseoside］[32]；木脂素类：表松脂酚 -4, 4′- 二 -O-β-D- 吡喃吡喃葡萄糖苷（epipinoresinol-4, 4′-di-O-β-D-glucopyranoside）和外源凝集素（lectin）[32]；甾体类：24β- 乙基 -5α- 胆甾 -7- 反式 -22E, 25（27）- 三烯烃 -3β- 羟基 -3-O-β-D- 吡喃葡萄糖苷［24β-ethyl-5α-cholest-7-trans-22E, 25（27）-triolefin-3β-hydroxy-3-O-β-D-glucopyranoside］[32]，钝叶决明醇（obtusifoliol）、环桉烯醇（cycloeucalenol）、4α- 甲基酵母甾醇（4α-methylzymosterol）、鸡冠柱烯醇（lophenol）、菜油甾醇（campesterol）、24β- 乙基 -5α- 胆甾 -7- 反式 -22- 二烯 -3β- 醇（24β-ethyl-5α-cholesta-7-trans-22-dien-3β-ol）、豆甾醇（stigmasterol）、豆甾 -7, 22, 25- 三烯醇（stigmasta-7, 22, 25-trienol）、菠菜甾醇（campesterol）、豆甾 -7, 25- 二烯醇（stigmasta-7, 25-dienol）和 24β- 乙基 -5α- 胆甾 -7- 反式 -22, 25（27）- 三烯 -3β- 醇［24β-ethyl-5α-cholesta-7-trans-22, 25（27）-trien-3β-ol］[33]；三萜皂苷类：苦瓜苷 A、B（momordicoside A、B）[34]，苦瓜苷 C、D、E（momordicoside C、D、E）[35]，苦瓜子苷 A、B（momocharaside A、B）、3-O-{［β-D- 半乳吡喃糖基 -（1→6）］-O-β-D- 半乳吡喃糖基 }-23（R）, 24（R）, 25- 三羟基葫芦 -5- 烯 {3-O-{［β-D-galactopyranosyl（1→6）］-O-β-D-galactopyranosyl}-23（R）, 24（R）, 25-trihydroxycucurbit-5-ene}、日本苦瓜皂苷* I、II（goyasaponin I、II）、3-O-［β-D- 吡喃半乳糖］-25-O-β-D- 吡喃半乳糖 -7（R）, 22（S）, 23（R）, 24（R）, 25- 五羟基葫芦 -5- 烯 {3-O-［β-D-galactopyranosyl］-25-O-β-D-galactopyranosyl-7（R）, 22（S）, 23（R）, 24（R）, 25-pentahydroxycucurbit-5-ene}[36]，28-O-β-D- 吡喃木糖基 -（1→3）-β-D- 吡喃木糖基 -（1→4）-α-L- 吡喃鼠李糖基 -（1→2）-［α-L- 吡喃鼠李糖基 -（1→3）］-β-D- 吡喃岩藻糖基 - 丝石竹皂苷元 -3-O-β-D- 吡喃葡萄糖糖基 -（1→2）-β-D- 吡喃葡萄糖醛酸 {28-O-β-D-xylopyranosyl-（1→3）-β-D-xylopyranosyl-（1→4）-α-L-rhamnopyranosyl-（1→2）-［α-L-rhamnopyranosyl-（1→3）］-β-D-fucopyranosyl gypsogenin-3-O-β-D-glucopyranosyl-（1→2）-β-D-glucopyranosiduronic acid}、28-O-β-D- 吡喃木糖基 -（1→4）-α-L- 吡喃鼠李糖基 -（1→2）-［α-L- 吡喃鼠李糖基 -（1→3）］-β-D- 吡喃岩藻糖基丝石竹皂

苷元-3-O-β-D-吡喃葡萄糖糖基-(1→2)-β-D-吡喃葡萄糖醛酸 {28-O-β-D-xylopyranosyl-(1→4)-α-L-rhamnopyranosyl-(1→2)-[α-L-rhamnopyranosyl-(1→3)]-β-D-fucopyranosyl gypsogenin-3-O-β-D-glucopyranosyl-(1→2)-β-D-glucopyranosiduronic acid}[37]、环木菠萝烯醇（cycloartenol）、10α-葫芦-5,24-二烯-3β-醇（10α-cucurbita-5, 24-dien-3β-ol）、蒲公英赛醇（taraxerol）、24-亚甲基环木菠萝烷醇（24-methylenecycloartanol）和β-香树脂醇（β-amyrin）[38]；糖类：海藻糖（mycose）[34]；挥发油类：顺式二氢葛缕醇（cis-dihydrocarveol）、大根香叶烯 D（germacrene D）、反式橙花叔醇（trans-nerolidol）和芹菜脑（apiole）等[39]；酚类：酚酞（phenolphthalein）[40]；肽类：α-苦瓜素（α-momorcharin）[41]、β-苦瓜素（β-momorcharin）[42]、γ-苦瓜素（γ-momorcharin）[43]，苦瓜肽定 I、II（momordin I、II）[44]和苦瓜肽 h-1、h-2、TI-I、TI-II、TI-III（MCh-1、MCh-2、MCTI-I、MCTI-II、MCTI-III）[45]。

果实含三萜皂苷类：苦瓜二醇 A（charantadiol A）、(3β, 20R, 23R)-3-[O-6-脱氧-α-L-吡喃甘露糖-(1→2)-O-β-D-吡喃木糖-(1→3)-6-O-乙酰基-β-D-吡喃葡萄糖氧基]-20, 23-二羟基-24-达玛烯-21-酸-21, 23-内酯 {(3β, 20R, 23R)-3-[O-6-deoxy-α-L-mannopyranosyl-(1→2)-O-β-D-xylopyranosyl-(1→3)-6-O-acetyl-β-D-glucopyranosyloxy]-20, 23-dihydroxydammar-24-en-21-oic acid-21, 23-lactone}[46]、苦瓜二醇 A（charantadiol A）、宽叶葱苷元 D（karatavilagenin D）、5β, 19-环氧葫芦-6, 23-二烯-3β-19, 25-三醇（5β, 19-epoxycucurbita-6, 23-dien-3β-19, 25-triol）、苦瓜皂苷 L 苷元 [aglycone of momordicoside L][47]、苦瓜皂苷元 F_1（aglycone of momordicoside F_1）、苦瓜皂苷元 I（aglycone of momordicoside I）、苦瓜苷（charantin）[48]、苦瓜苷 A、B（momordicoside A、B）[49]、苦瓜素苷 F_1、G、I（momordicoside F_1、G、I）[50,51]、苦瓜苷 C、K（momordicoside C、K）[52]、苦瓜苷 F_2、L、U（momordicoside F_2、L、U）[53]、苦瓜苷 M、N（momordicoside M、N）[54]、苦瓜苷 O（momordicoside O）[55]、苦瓜苷 P（momordicoside P）[56]、苦瓜苷 Q、R、S、T（momordicoside Q、R、S、T）[57]、苦瓜苷 V、W（momordicoside V、W）[58]、日本木瓜糖苷 a、b、c、d、e、f、g、h（goyaglycoside a、b、c、d、e、f、g、h）、日本木瓜皂苷 I、II、III（goyasaponin I、II、III）[52]、苦瓜奥苷 A、B、C、D（kuguaoside A、B、C、D）、7β, 25-二羟基葫芦-5, 23(E)-二烯-19-醛-3-O-β-D-吡喃阿洛糖苷 [7β, 25-dihydroxycucurbita-5, 23(E)-dien-19-al-3-O-β-D-allopyranoside]、25-羟基-5β, 19-环氧葫芦-6, 23-二烯-19-酮-3β-醇-3-O-β-D-吡喃葡萄糖苷（25-hydroxy-5β, 19-epoxycucurbita-6, 23-dien-19-one-3β-ol-3-O-β-D-glucopyranoside）[53]、19R-正丁氧基-5β, 19-环氧葫芦-6, 23-二烯-3β, 25-二醇-3-O-β-吡喃葡萄糖苷（19R-n-butanoxy-5β, 19-epoxycucurbita-6, 23-dien-3β, 25-diol-3-O-β-glucopyranoside）、23-O-β-吡喃阿洛糖基葫芦-5, 24-二烯-7α, 3β, 22S, 23S-四醇-3-O-β-吡喃阿洛糖苷（23-O-β-allopyranosyl cucurbita-5, 24-dien-7α, 3β, 22S, 23S-tetraol-3-O-β-allopyranoside）、23R, 24S, 25-三羟基葫芦-5-烯-3-O-[β-吡喃葡萄糖基-(1→6)-O-β-吡喃葡萄糖基]-25-O-β-吡喃葡萄糖苷 {23R, 24S, 25-trihydroxycucurbit-5-en-3-O-[β-glucopyranosyl-(1→6)-O-β-glucopyranosyl]-25-O-β-glucopyranoside}、苦瓜洛苷 II、III（karaviloside II、III）[54]、苦瓜洛苷 I（karaviloside I）、苦瓜苷 I、II、III、IV、V、VI、VII、VIII（charantoside I、II、III、IV、V、VI、VII、VIII）[59]、苦瓜洛苷 IV、V（karaviloside IV、V）、苦瓜洛苷元 A、B、C（karavilagenin A、B、C）、5β, 19-环氧葫芦-6, 23-二烯-3β, 25-二醇（5β, 19-epoxycucurbita-6, 23-dien-3β, 25-diol）[60]、苦瓜洛苷元 D、E（karavilagenin D、E）、苦瓜洛苷 IV、V、VI、VII、VIII、IX、X、XI（karaviloside IV、V、VI、VII、VIII、IX、X、XI）[61]、毒莴苣醇乙酸酯（germanicyl acetate）[62]、苦瓜辛（momordicin）、苦瓜宁（momordicinin）、苦瓜灵（momordicilin）、苦瓜烯醇（momordenol）[63]、19R-羰基-25-二甲氧基-5β-5, 19-环氧葫芦-6, 23-二烯-3-醇-3-O-β-D-吡喃葡萄糖苷（19R-carbonyl-25-dimethoxy-5β-5, 19-epoxycucrbita-6, 23-dien-3-ol-3-O-β-D-glucopyranoside）[64]、7β, 25-二甲氧基葫芦-5(6), 23E-二烯-19-醛-3-O-β-D-吡喃阿洛糖苷 [7β, 25-dimethoxycucurbita-5(6), 23E-dien-19-al-3-O-β-D-allopyranoside]、25-甲氧基葫芦-5(6), 23E-二烯-19-醇-3-O-β-D-吡喃阿洛糖苷 [25-methoxycucurbita-5(6), 23E-dien-19-ol-3-O-β-D-allopyranoside][65]、19R, 5β, 19-环氧葫芦-6, 23, 25-三烯-3β, 19-二醇（19R, 5β, 19-epoxycucurbita-6, 23, 25-trien-3β, 19-diol）、19S-5β, 19-环氧葫芦-6,

23,25-三烯-3β,19-二醇（19S-5β,19-epoxycucurbita-6,23,25-trien-3β,19-diol）、5β,19-环氧葫芦-6,23,25-三烯-3-醇-3-O-吡喃葡萄糖苷（5β,19-epoxycucurbita-6,23,25-trien-3-ol-3-O-glucopyranoside）、5β,19-环氧葫芦-6,23,25-三烯-3-醇-3-O-吡喃阿洛糖苷（5β,19-epoxycucurbita-6,23,25-trien-3-ol-3-O-allopyranoside）[66]、3β,25-二羟基-7β-甲氧基葫芦-5,23（E）-二烯［3β,25-dihydroxy-7β-methoxycucurbita-5,23（E）-diene］、3β-羟基-7β,25-二甲氧基葫芦-5,23（E）-二烯［3β-hydroxy-7β,25-dimethoxycucurbita-5,23（E）-diene］、3-O-β-D-吡喃阿洛糖基-7β,25-二羟基葫芦-5,23（E）-二烯-19-醛［3-O-β-D-allopyranosyl-7β,25-dihydroxycucurbita-5,23（E）-dien-19-al］、3β,7β,25-三羟基葫芦-5,23（E）-二烯-19-醛［3β,7β,25-trihydroxycucurbita-5,23（E）-dien-19-al］、5β,19-环氧-19-甲氧基葫芦-6,23（E）-二烯-3β,25-二醇［5β,19-epoxy-19-methoxycucurbita-6,23（E）-dien-3β,25-diol］[67]、3β-羟基-7β-甲氧基葫芦-5,23E,25-三烯-19-醛（3β-hydroxy-7β-methoxycucurbita-5,23E,25-trien-19-al）、（5β,19R）-环氧-19,25-二甲氧基葫芦-6,23（E）-二烯-3β-醇［（5β,19R）-epoxy-19,25-dimethoxycucurbita-6,23（E）-dien-3β-ol］、5β,19R-环氧-19-甲氧基葫芦-6,23（E）,25-三烯-3β-醇［5β,19R-epoxy-19-methoxycucurbita-6,23（E）,25-trien-3β-ol］、3β-羟基-7β,25-二甲氧基葫芦-5,23（E）-二烯-19-醛［3β-hydroxy-7β,25-dimethoxycucurbita-5,23（E）-dien-19-al］、5β,19-环氧-19R-甲氧基葫芦-6,23（E）-二烯-3β,25-二醇［5β,19-epoxy-19R-methoxycucurbita-6,23（E）-dien-3β,25-diol］[68]、苦瓜苷A、B、C（charantoside A、B、C）[69]、苦瓜苷D、E、F、G（charantoside D、E、F、G）[70]、新苦瓜糖苷（neokuguaglucoside）[71]、苦瓜根素X（kuguacin X）、苦瓜糖苷I（kuguaglycoside I）、苦瓜皂苷G（momordicacoside G）[72]、25ξ-异丙烯基胆甾-5,（6）-烯-3-O-β-D-吡喃葡萄糖苷［25ξ-isopropenylchole-5,（6）-en-3-O-β-D-glucopyranoside］[73]、（23E）-5β,19-环氧葫芦-6,23,25-三烯-3β-醇［（23E）-5β,19-epoxycucurbita-6,23,25-trien-3β-ol］、（19R,23E）-5β,19-环氧-19-乙氧基葫芦-6,23-二烯-3β,25-二醇［（19R,23E）-5β,19-epoxy-19-ethoxycucurbita-6,23-dien-3β,25-diol］[74]、5β,19-环氧-23（R）-甲氧基葫芦-6,24-二烯-3β-醇［5β,19-epoxy-23（R）-methoxycucurbita-6,24-dien-3β-ol］、5β,19-环氧-23（S）-甲氧基葫芦-6,24-二烯-3β-醇［5β,19-epoxy-23（S）-methoxycucurbita-6,24-dien-3β-ol］、3β-羟基-23（R）-甲氧基葫芦-6,24-二烯-5β,19-内酯［3β-hydroxy-23（R）-methoxycucurbita-6,24-dien-5β,19-olide］[75]、25-甲氧基葫芦-5,23（E）-二烯-3β,19-二醇［25-methoxycucurbita-5,23（E）-dien-3β,19-diol］、7β-乙氧基-3β-羟基-25-甲氧基葫芦-5,23（E）-二烯-19-醛［7β-ethoxy-3β-hydroxy-25-methoxycucurbita-5,23（E）-dien-19-al］、3β,7β,25-三羟基葫芦-5,（23E）-二烯-19-醛［3β,7β,25-trihydroxycucurbita-5,（23E）-dien-19-al］、3β-羟基-25-甲氧基葫芦-6,23（E）-二烯-19,5β-内酯［3β-hydroxy-25-methoxycucurbita-6,23（E）-dien-19,5β-olide］[76]、苦瓜皂苷A、B、C、D、E、F、G、H（kuguasaponin A、B、C、D、E、F、G、H）[77]、（20R,23R）-3β-O-［α-L-吡喃鼠李糖基-（1→2）-O-β-D-吡喃木糖基-（1→3）-6-O-乙酰基-β-D-吡喃葡萄糖氧基］-20,23-二羟基达玛-24-烯-21-酸-21,23-内酯{（20R,23R）-3β-O-［α-L-rhamnopyranosyl-（1→2）-O-β-D-xylopyranosyl-（1→3）-6-O-acetyl-β-D-glucopyranosyloxy］-20,23-dihydroxydammar-24-en-21-oic acid-21,23-lactone}[78]、（19R,23E）-5β,19-环氧-19-甲氧基葫芦-6,23-25-三烯-3β-醇-3-O-β-D-吡喃阿洛糖苷［（19R,23E）-5β,19-epoxy-19-methoxycucurbita-6,23-25-trien-3β-ol-3-O-β-D-allopyranoside］和苦瓜苷元E（charantagenin E）[79]；倍半萜/降倍半萜类：布鲁门醇A（blumenol A）[47]，二氢菜豆酸-3-O-β-D-吡喃葡萄糖苷（dihydrophaseic acid-3-O-β-D-glucopyranoside）和6,9-二羟基大柱香波龙烷-4,7-二烯-3-酮（6,9-dihydroxy-megastigman-4,7-dien-3-one）[80]；甾体类：β-谷甾醇（β-sitosterol）、胡萝卜苷（daucosterol）[46]、5,25-豆甾二烯-3-醇（5,25-stigmastadien-3-ol）[48]、24R-豆甾-3β,5α,6β-三醇-25-烯-3-O-β-吡喃葡萄糖苷（24R-stigmastan-3β,5α,6β-triol-25-en-3-O-β-D-glucopyranoside）[54]、α-菠菜甾醇-3-O-β-D-吡喃葡萄糖苷（α-spinasterol-3-O-β-D-glucopyranoside）[66]、豆甾-5,25-二烯-3β-醇（stigmasta-5,25-dien-3β-ol）、豆甾-5,25-二烯-3β-O-β-D-葡萄糖苷（stigmasta-5,25-dien-3β-O-β-D-glucoside）[81]、3-O-（6′-O-棕榈酰基-β-D-葡萄糖基）-豆甾-5,25（27）-二烯［3-O-（6′-O-palmitoyl-β-D-glucosyl）-stigmasta-5,25（27）-diene］、3-O-（6′-O-硬脂酰基-β-D-葡萄糖基）-豆甾-5,25（27）-

二烯［3-O-（6′-O-stearyl-β-D-glucosyl）-stigmasta-5, 25（27）-diene］[82]、薯蓣皂苷元（diosgenin）、豆甾醇（stigmasterol）[83]和25ξ-异丙烯胆甾-5,（6）-烯-3-O-β-D-吡喃葡萄糖苷［25ξ-isopropenylchole-5,（6）-en-3-O-β-D-glucopyranoside］[84]；木脂素类：（+）-桉脂素［（+）-eudesmin］[47]；黄酮类：柚皮苷（naringin）[46]；脑苷类：大豆脑苷Ⅰ（soya-cereboiside Ⅰ）[46]和苦瓜脑苷Ⅰ（momor-cerebroside Ⅰ）[85]；酚及其苷类：对甲氧基苯甲酸（p-methoxybenzoic acid）[67]，苦瓜酚苷A（monordicophenoide A）[80]和1-（4-羟基苯甲酰基）葡萄糖［1-（4-hydroxybenzoyl）glucose］[86]；生物碱类：蚕豆苷（vincine）[49]，苦瓜亭（charantin）[85]和1, 2, 3, 4-四氢-1-甲基-β-咔啉-3-羧酸（1, 2, 3, 4-tetrahydro-1-methyl-β-carboline-3-carboxylic acid）[86]；核苷类：鸟苷（guanosine）、腺苷（adenosine）、尿嘧啶（uracil）和胞嘧啶（cytosine）[80]；挥发油类：1-辛烯（1-octylene）、1, 1, 2, 3-四甲基环丁烷（1, 1, 2, 3-tetramethyl cyclobutane）、1-丁基-2-乙基环丁烷（1-butyl-2-ethyl cyclobutane）、3-甲基-1-庚烯（3-methyl-1-heptylene）、3, 7-二甲基-1-辛烷（3, 7-dimethyl-1-octane）、2, 5-二甲基庚烷（2, 5-dimethyl-1-heptane）、十一烷（undecane）和十二烷（dodecane）等[87]；脂肪酸类：α-桐酸（α-eleostearic acid）、亚麻酸（linolenic acid）和棕榈酸（palmitic acid）等[88]；糖类：海藻糖（mycose）[49]；其他尚含：苦瓜内酯（momordicolide）[80]，苦瓜烃醇（momordol）[63]，核黄素（riboflavin）、苯丙氨酸（Phe）和甘露醇（mannitol）[86]。

地上部分含三萜皂苷类：6, 24-葫芦二烯-3β, 23-二醇-19, 5β-内酯（cucurbita-6, 24-dien-3β, 23-diol-19, 5β-olide）、（19R）-5β, 19-环氧-19-甲氧基-6, 24-葫芦二烯-3β, 23-二醇［（19R）-5β, 19-epoxy-19-methoxycucurbita-6, 24-dien-3β, 23-diol］、（19S）-5β, 19-环氧-19-甲氧基-6, 24-葫芦二烯-3β, 23-二醇［（19S）-5β, 19-epoxy-19-methoxy-6, 24-cucurbitadien-3β, 23-diol］、（19R）-5β, 19-环氧-19-异丙氧基-6, 24-葫芦二烯-3β, 23-二醇、［（19R）-5β, 19-epoxy-19-isopropoxy-6, 24-cucurbitadien-3β, 23-diol］、3β, 23-二羟基-5-甲氧基-6, 24-葫芦二烯-19-醛（3β, 23-dihydroxy-5-methoxy-6, 24-cucurbitadien-19-al）、（19R）-7β, 19-环氧-19-甲氧基-5, 24-葫芦二烯-3β, 23-二醇［（19R）-7β, 19-epoxy-19-methoxy-5, 24-cucurbitadien-3β, 23-diol］、（23E）-3β, 7β-二羟基-25-甲氧基-5, 23-葫芦二烯-19-醛［（23E）-3β, 7β-dihydroxy-25-methoxy-5, 23-cucurbitadien-19-al］和（23E）-3β, 7β, 25-三羟基-5, 23-葫芦二烯-19-醛［（23E）-3β, 7β, 25-trihydroxy-5, 23-cucurbitadien-19-al］[89]。

全草含三萜皂苷类：苦瓜皂苷U（momordicoside U）、3β, 7β, 25-三羟基5, 23（E）葫芦二烯-19-醛［3β, 7β, 25-trihydroxy-5, 23（E）-cucurbitadien-19-al］、苦瓜素Ⅰ、Ⅱ（momordicine Ⅰ、Ⅱ）、苦瓜糖苷G（kuguaglycoside G）和3-羟基葫芦-5, 24-二烯-19-醛-7, 23-二-O-β-吡喃葡萄糖苷（3-hydroxycucurbita-5, 24-dien-19-al-7, 23-di-O-β-glucopyranoside）[90]；苯丙素类：桂皮酸（cinnamic acid）[85]、咖啡酸（caffeic acid）、绿原酸（chlorogenic acid）和阿魏酸（ferulic acid）[91]；酚酸类：没食子酸（gallic acid）[91]。

根含三萜皂苷类：苦瓜糖苷A、B、C、D、E、F、G、H（kuguaglycoside A、B、C、D、E、F、G、H）、3β, 23-二羟基葫芦-5, 24-二烯-7β-O-β-D-吡喃葡萄糖苷（3β, 23-dihydroxycucurbita-5, 24-dien-7β-O-β-D-glucopyranoside）、苦瓜洛苷Ⅲ、Ⅴ、ⅩⅠ（karaviloside Ⅲ、Ⅴ、ⅩⅠ）、苦瓜苷K（momordicoside K）[92]、苦瓜辛A、B、C、D、E（kuguacin A、B、C、D、E）、3β, 7β, 25-三羟基葫芦-5,（23E）-二烯-19-醛［3β, 7β, 25-trihydroxycucurbita-5,（23E）-dien-19-al］、3β, 25-二羟基-5β, 19-环氧葫芦-6,（23E）-二烯［3β, 25-dihydroxy-5β, 19-epoxycucurbita-6,（23E）-diene］和苦瓜素Ⅰ（momordicine Ⅰ）[93]。

【药理作用】1. 降血糖　从果实提取的多糖可抑制α-葡萄糖苷酶活性并存在显著基因型差异[1]；提高四氧嘧啶（ALX）诱发的血糖升高小鼠的超氧化物歧化酶（SOD）含量，改善高血糖小鼠肝内的糖代谢紊乱，降低血糖值[2]，降低链脲佐菌素诱导糖尿病小鼠空腹血糖值，提高糖尿病小鼠血清胰岛素含量[3]，胰岛素抵抗指数显著升高，胰岛素敏感指标显著降低[4]，降低链脲佐菌素诱导糖尿病小鼠的血糖葡萄糖耐量及肝糖原的含量[5, 6]；从未成熟果实提取的总皂苷对肾上腺素性高血糖小鼠和四氧嘧啶性糖尿病家兔有显著的降血糖作用[7, 8]，升高小鼠的肝糖原，使受损的胰岛β细胞恢复正常的分泌功能[9]，明显降低2型糖尿病大鼠稳态胰岛素抵抗评价指数，明显增高蛋白激酶B（Akt-2）和腺苷酸活化蛋白激酶（AMPK）的 mRNA 和蛋白质表达量[10]，降低 2 型糖尿病大鼠细胞因子信号抑制物 3（SOCS-3）和 c-Jun 氨基末端激酶（JNK）的 mRNA 和蛋白质表达量，降低蛋白酪氨酸磷酸酶 1B（PTP-1B）的 mRNA 表达量[11]；果实总皂苷和水提取物可增高 2 型糖尿病大鼠骨骼肌 GLUT4 表达量，胰岛素分泌颗粒和肝脏糖原颗粒数量[12,13]；从果实提取的多肽原液可降低糖尿病小鼠的血糖值[14]；叶的 60% 乙醇提取物可降低链脲佐菌素诱导的糖尿病大鼠的血糖、肝脏葡萄糖 -6- 磷酸酶和果糖 -1,6- 二磷酸酶含量[15]；种子水提取物可显著降低血浆葡萄糖（GLU）、硫代巴比妥酸反应性物质、脂质 - 氢过氧化物和 α- 生育酚含量，显著改善抗坏血酸、还原型谷胱甘肽（GSH）和胰岛素[16]。2. 抗肿瘤　果实提取物可显著降低人乳腺癌 MCF-7 和 MDA-MB-231 细胞，以及原代人乳腺上皮细胞的增殖，诱导凋亡细胞死亡[17]；种子中分离的碱性糖蛋白质可减轻荷瘤小鼠肿瘤质量，降低荷瘤小鼠血清基质金属蛋白酶 MMP-2、MMP-9 的含量，下调酶原表达，明显下调细胞因子白细胞介素 -6（IL-6）及肿瘤坏死因子 -α（TNF-α）的表达[18]；种子水提取物对人胚肾 293T（HEK293T）细胞和人结肠瘤 116（HCT1116）细胞的生长也有明显的抑制作用[19]；果实甲醇提取物对鼻咽喉癌 Hone-1 细胞、胃癌 AGS 细胞、结肠癌 HCT-116 细胞和肺癌 CL1-0 细胞均具有细胞毒作用[20]；叶的乙醇提取物能延缓前列腺癌细胞的转移[21]；果实乙酸乙酯提取物能激活鼠肝癌 H4IIEC3 细胞过氧化物酶体增殖剂激活受体（PPAR）并上调乙酰辅酶 A（AcCo A）和相关蛋白基因的表达[22]。3. 抗氧化　种子水提取物可显著降低链脲佐菌素诱导的糖尿病大鼠的空腹血糖、肝和肾硫代巴比妥酸反应性物质和氢过氧化物，显著增加糖尿病大鼠肝脏和肾脏中还原型谷胱甘肽、超氧化物歧化酶、过氧化氢酶（CAT）、谷胱甘肽过氧化物酶（GSH-Px）和谷胱甘肽 -S- 转移酶[23]；果实提取物能显著提高糖尿病小鼠血清和肝脏组织的超氧化物歧化酶含量，降低血清 HbA1c 含量，降低血清和肝脏组织的丙二醛（MDA）含量[24]；从果实提取的黄酮类成分对猪油的氧化有明显的抑制作用[25]；从果实提取的多糖和黄酮类成分对羟自由基（•OH）具有清除作用[2,26]；皂苷能显著降低 Wistar 大鼠剧烈运动后各组织丙二醛含量升高的幅度，升高各组织超氧化物歧化酶的含量和升高血清、肝脏中谷胱甘肽过氧化物酶的含量；皂苷也能升高超氧化物歧化酶的含量，降低丙二醛含量[8,27]。4. 抗菌　从果实提取的黄酮对金黄色葡萄球菌、枯草芽孢杆菌、大肠杆菌和酵母菌的生长均具有抑制作用[28,29]；多糖、皂苷和蛋白质对金黄色葡萄球菌、大肠杆菌、枯草芽孢杆菌、藤黄八叠球菌的生长有明显的抑制作用[30,31]。5. 抗肥胖　果实的正丁醇提取物能明显减少 3T3-L1 脂肪细胞脂肪沉积，抑制转录因子 CCAAT 增强子结合蛋白（C/EBPα）、过氧化物酶体增殖物激活受体 γ（PPARγ）和固醇调节元件结合蛋白 -1C（SREB-1C）的 mRNA 表达，抑制脂肪酸代谢基因葡萄糖转运蛋白（GLUT4）、乙酰辅酶 A 羧化酶 1（ACC1）、脂肪酸合酶（Fasn）、脂肪细胞蛋白 2（AP2）和脂蛋白脂酶（lipoprotein lipase，LPL）的 mRNA 表达[32]；果汁可减轻高胰岛素血症高脂肪饮食大鼠的体重，减少内脏脂肪含量，改善胰岛素抵抗，降低血清胰岛素和瘦素，升高血清游离脂肪酸[33]；果实干粉可减少肥胖和糖尿病小鼠脂肪组织巨噬细胞和肥大细胞的特征基因 F4/80 和 mMCP-6 的表达[34]；果实水提取物可显著提高拘束应激小鼠甘油三酯（TG）的清除率，提高其脂肪代谢能力，提高肠系膜脂肪组织的脂肪酶和血清和肠系膜脂肪组织的 LPL 活性，减少拘束应激组小鼠的脂质过氧化产物丙二醛含量，提高体内总抗氧化水平[35]；果实 75% 乙醇提取物可抑制肥胖大鼠的体重增长速度，降低其体重和附睾下脂肪量，升高血清中血清高密度脂蛋白（HDL）含量，降低血清天冬氨酸氨基转移酶（AST）含量，抑制肝细胞脂肪变性[36]；从果实提取的总皂苷可降低高脂血症模型小鼠血清中的总胆固醇（TC）、甘油三酯、低密度脂蛋白（LDL）含量，减少病理切片中肝细胞质中脂肪数量[37]。6. 抗炎　果实干粉可降低肥胖和糖尿病小鼠炎性因子单核细胞趋化因子 -1（MCP-1）、IL-6、肿瘤坏死因子 -α（TNF-α）的表达[34]；果实水提取物可升高拘束应激组小鼠的脂质过氧化产物丙二醛含量，提高其体内总抗氧化能力[35]；总皂苷干预 3T3-L1 胰岛素可抵抗脂肪细胞，显著增高葡萄糖摄取量，显著降低肿瘤坏死因子 -α 和白细胞介素 -6 的表达和蛋白质分泌[38]。7. 护肝　果实 70% 乙醇提取物可抑制对高脂膳食诱导肥胖大鼠的肝细胞脂肪变性[36]；从果实提取的多糖能清除超氧阴离子自由基，并降低肝损伤小鼠血清中的谷丙转氨酶（ALT）和天冬氨酸氨基转移酶含量，提高肝匀浆中超氧化物歧化酶和谷胱甘肽过氧化物酶的含量[39]；从果实提取的甾醇可降低对乙酰氨基酚所致肝损伤小鼠血清中谷丙转氨酶、天冬氨酸氨基转移酶含量，升高白蛋白（ALB）、总蛋白（TP）含量，降低肝组织中的丙二醛含量，提高超氧化物歧化酶、谷胱甘肽过氧化物酶含量[40]。8.免疫调节　果实水提取物可升高正常 BALB/c 小鼠免疫球蛋白 G（IgG）、IL-4 和 IL-6 含量[41]；从果实提取的皂苷可升高衰老小鼠吞噬指数，升高血清 IL-2 含量，明显增加胸腺中 CD8$^+$T 细胞数，显著降低胸腺和脾脏中 CD$^+$CD8$^+$ 双阳性 T 细胞数，皂苷在体外不但可促进脾脏分泌 IL-2，还可显著增强腹腔巨噬细胞分泌肿瘤坏死因子 -α，但不影响胸腺细胞凋亡百分率[42]。9.护肾　从果实提取的皂苷可上调糖尿病肾病小鼠肾脏组织中负调控基因 PTEN 的表达，抑制 PI3K/Akt 通路的活化[43]。

【性味与归经】苦瓜：苦，寒。归心、脾、肝经。野苦瓜叶：微苦、甘、凉。归肺、胃、大肠、膀胱经。

【功能与主治】苦瓜：清暑涤热，明目，解毒。用于暑热烦渴，消渴，赤眼疼痛，痢疾，疮痈肿毒。野苦瓜叶：清热解毒，消肿排脓，生津止渴，安蛔止痛。用于小儿发热、咽喉肿痛、口舌生疮；脘腹疼痛，蛔虫症；消渴，小便热痛；赤白下痢；疔疮痈疖，鹅掌风；虫蛇咬伤。

【用法与用量】苦瓜：6～15g。野苦瓜叶：煎服 15～30g，儿童 5～15g；外用适量。

【药用标准】苦瓜：湖南药材 2009、广东药材 2004、海南药材 2011、贵州药材 2003、广西药材 1990 和甘肃药材 2009；野苦瓜叶：云南傣药Ⅱ 2005 五册。

【附注】苦瓜首载于《救荒本草》，原名锦荔枝，云："人家园篱边多种，苗引藤蔓延，附草木生。茎长七八尺，茎有毛涩，叶似野葡萄叶，而花叉多，叶间生细丝蔓，开五瓣黄碗子花，结实如鸡子大，尖鮪纹皱，状似荔枝而大，生青熟黄，内有红瓤，味甜。"《本草纲目》亦云："苦瓜原出南番，今闽广皆种之。五月下子，出苗引蔓，茎叶卷须并如葡萄而小，七、八月开小黄花，五瓣如碗形，结瓜长者四五寸，短者二三寸，青色，皮上痱瘰如癞及荔枝壳状，熟则黄自裂，内有红瓤裹子。瓤味甜甘可食，其子形扁如瓜子，亦有痱瘰。"根据以上所述，并参考附图，即为本种。

药材苦瓜脾胃虚寒者慎服。

本种的根及花民间也作药用。

【化学参考文献】

[1] 杨振容，成睿珍，李玥，等.苦瓜茎叶醋酸乙酯部位的化学成分研究[J].现代药物与临床，2014，4：346-348.

[2] 杨振容，成睿珍，李玥，等.苦瓜茎叶的化学成分研究[J].现代药物与临床，2013，5：665-667.

[3] 李雯，陈燕芬，吴楠，等.苦瓜叶的化学成分研究[J].中草药，2012，43（9）：1712-1715.

[4] 成兰英，唐琳，颜钫，等.苦瓜茎叶化学成分分离及结构研究[J].四川大学学报（自然科学版），2008，45（3）：645-650.

[5] Zhang Y B, Liu H, Zhu C Y, et al. Cucurbitane-type triterpenoids from the leaves of Momordica charantia [J]. J Asian Nat Prod Res, 2014, 16（4）：358-363.

[6] 向亚林，凌冰，王国才，等.苦瓜茎叶中葫芦烷三萜化合物对小菜蛾幼虫的拒食作用[J].华南农业大学学报，2009，30（3）：13-17.

[7] Chen J C, Liu W Q, Lu L, et al. Kuguacins F-S, cucurbitane triterpenoids from Momordica charantia [J]. Phytochemistry, 2009, 70（1）：133-140.

[8] Zhao G T, Liu J Q, Deng Y Y, et al. Cucurbitane-type triterpenoids from the stems and leaves of Momordica charanti [J]. Fitoterapia, 2014, 95：75-82.

[9] Yasuda M, Iwamoto M, Okabe H, et al. Structures of momordicines I, II and III, the bitter principles in the leaves and vines of Momordica charantia L. [J]. Chem Pharm Bull, 1984, 32（5）：2044-2047.

[10] 成兰英，唐琳，颜钫，等.苦瓜茎叶化学成分分离及结构研究[J].四川大学学报（自然科学版），2008，45（3）：645-650.

[11] Panlilio B G, Macabeo A P G, Knorn M, et al. A lanostane aldehyde from Momordica charantia [J]. Phytochem Lett, 2012, 5（3）：682-684.

[12] Owolabi M S, Omikorede O E, Yusuf K A, et al. The leaf essential Oil of Momordica charantia from Nigeria is dominated

by geijerene and pregeijerene [J]. J Essent Oil Bear Pl, 2013, 16 (3): 377-381.
[13] Li Y C, Xu X J, Yang J, et al. One new 19-nor cucurbitane-type triterpenoid from the stems of *Momordica charantia* [J]. Nat Prod Res, 2016, 30 (8): 973-978.
[14] Liu C H, Yen M H, Tsang S F, et al. Antioxidant triterpenoids from the stems of *Momordica charantia* [J]. Food Chem, 2010, 118 (3): 751-756.
[15] Chang C I, Chen C R, Liao Y W, et al. Cucurbitane-type triterpenoids from the stems of *Momordica charantia* [J]. J Nat Prod, 2008, 71 (8): 1327-1330.
[16] Chang C I, Chen C R, Liao Y W, et al. Cucurbitane-type triterpenoids from *Momordica charantia* [J]. J Nat Prod, 2006, 69 (8): 1168-1171.
[17] Chen C R, Liao Y W, Shih W L, et al. Triterpenoids from the stems of *Momordica charantia* [J]. Helv Chim Acta, 2010, 93 (7): 1355-1361.
[18] Chen CR, Liao Y W, Wang L, et al. Cucurbitane triterpenoids from *Momordica charantia* and their cytoprotective activity in tert-butyl hydroperoxide-induced hepatotoxicity of HepG2 cells [J]. Chem Pharm Bull, 2010, 58 (12): 1639-1642.
[19] Chang C I, Chen C R, Liao Y W, et al. Octanorcucurbitane triterpenoids protect against tert-butyl hydroperoxide-induced hepatotoxicity from the stems of *Momordica charantia* [J]. Chem Pharm Bull, 2010, 58 (2): 225-229.
[20] Lin K W, Yang S C, Lin C N. Antioxidant constituents from the stems and fruits of *Momordica charantia* [J]. Food Chem, 2011, 127 (2): 609-614.
[21] Liao Y W, Chen C R, Hsu J L, et al. Sterols from the stems of *Momordica charantia* [J]. J Chin Chem Soc, 2011, 58 (7): 893-898.
[22] Binder R G, Flath R A, Mon T R. Volatile components of bittermelon [J]. J Agric Food Chem, 1989, 37 (2): 418-420.
[23] Fatope M O, Takeda Y, Yamashita H, et al. New cucurbitane triterpenoids from *Momordica charantia* [J]. J Nat Prod, 1990, 53 (6): 1491-1497.
[24] Kashiwagi T, Mekuria D B, Dekebo A, et al. A new oviposition deterrent to the leafminer, *Liriomyza trifolii*: cucurbitane glucoside from *Momordica charantia* [J]. Zeitschrift Fuer Naturforschung, C: Journal of Biosciences, 2007, 62 (7/8): 603-607.
[25] Ulubelen A, Sankawa U. Steroids and hydrocarbons of the leaves of *Momordica charantia* [J]. Revista Latinoamericana de Quimica, 1979, 10 (4): 171-173.
[26] Zhang J, Huang Y, Kikuchi T, et al. Cucurbitane triterpenoids from the leaves of *Momordica charantia*, and their cancer chemopreventive effects and cytotoxicities [J]. Chem Biodiversity, 2012, 9 (2): 428-440.
[27] Cheng B H, Chen J C, Liu J Q, et al. Cucurbitane-type triterpenoids from *Momordica charantia* [J]. Helv Chim Acta, 2013, 96 (6): 1111-1120.
[28] Pitchakarn P, Suzuki S, Ogawa K, et al. Kuguacin J, a triterpenoid from *Momordica charantia* leaf, modulates the progression of androgen-independent human prostate cancer cell line, PC3 [J]. Food Chem Toxicol, 2012, 50 (3-4): 840-847.
[29] Zhang Y B, Liu H, Zhu C Y, et al. Cucurbitane-type triterpenoids from the leaves of *Momordica charantia* [J]. J Asian Nat Prod Res, 2014, 16 (4): 358-363.
[30] Panlilio B G, Macabeo A P G, Knorn M, et al. A lanostane aldehyde from *Momordica charantia* [J]. Phytochem Lett, 2012, 5 (3): 682-684.
[31] Kikuchi T, Zhang J, Huang Y, et al. Glycosidic inhibitors of melanogenesis from leaves of *Momordica charantia* [J]. Chem Biodiversity, 2012, 9 (7): 1221-1230.
[32] 余爱花, 吉腾飞, 苏亚伦, 等. 苦瓜子非皂苷类成分研究 [J]. 中国实验方剂学杂志, 2013, 19 (22): 88-91.
[33] Ishikawa T, Kikuchi M, Iida T, et al. Fatty acids and sterols from seed oils of *Momordica charantia* L. [J]. Nihon Daigaku Kogakubu Kiyo, Bunrui A: Kogaku Hen, 1986, 27: 99-105.
[34] 朱照静, 钟炽昌, 罗泽渊, 等. 苦瓜子有效成分研究 [J]. 药学学报, 1990, 25 (12): 898-903.
[35] Miyahara Y, Okabe H, Yamauchi T. et al. Studies on the constituents of *Momordica charantia* L. II. isolation and

characterization of minor seed glycosides, momordicosides C, D and E [J] Chem Pharm Bull, 1981, 29 (6): 1561-1566.

[36] Ma L, Yu A H, Sun L L, et al. Two new cucurbitane triterpenoids from the seeds of *Momordica charantia* [J]. J Asian Nat Prod Res, 2014, 16 (5): 476-482.

[37] Ma L, Yu A H, Sun L L, et al. Two new bidesmoside triterpenoid saponins from the seeds of *Momordica charantia* L. [J]. Molecules, 2014, 19 (2): 2238-2246.

[38] Kikuchi M, Ishikawa T, Iida T, et al. Triterpene alcohols in the seed oils of *Momordica charantia* L. [J]. Agric Biol Chem, 1986, 50 (11): 2921-2922.

[39] Braca A, Siciliano T, Manuela D A, et al. Chemical composition and antimicrobial activity of *Momordica charantia* seed essential oil [J]. Fitoterapia, 2008, 79 (2): 123-125.

[40] Patil S A, Patil S B, Satyanarayan N D. Isolation of phytoestrogen from *momordica charantia* seeds (bitter melon) [J]. Current Topics in Nutraceutical Research, 2011, 9 (1/2): 61-66.

[41] Yao X C, Li J, Deng N H, et al. Immunoaffinity purification of α-momorcharin from bitter melon seeds (*Momordica charantia*) [J]. J Sep Sci, 2011, 34 (21): 3092-3098.

[42] Ye G J, Lu B Y, Jin S W, et al. Primary structure of β-momorcharin, a ribosome-inactivating protein from the seeds of *Momordica Charantia* Linn. (Cucurbitaceae) [J]. Chin J Chem, 1999, 17 (6): 658-673.

[43] Parkash A, Ng T B, Tso W W. et al. Purification and characterization of charantin, a napin-like ribosome-inactivating peptide from bitter gourd (*Momordica charantia*) seeds [J]. Journal of Peptide Research, 2002, 59 (5): 197-202.

[44] Valbonesi P, Barbieri L G, Bolognesi A, et al. Preparation of highly purified momordin II without ribonuclease activity [J]. Life Sci, 1999, 65 (14): 1485-1491.

[45] He W J, Chan L Y, Clark R J, et al. Novel inhibitor cystine knot peptides from *Momordica charantia* [J]. PLoS One, 2013, 8 (10): e75334.

[46] 王虎, 李吉来, 李伟佳, 等. 苦瓜化学成分研究 [J]. 中国实验方剂学杂志, 2011, 17 (16): 54-57.

[47] 张瑜, 崔炯谟, 朴虎日, 等. 苦瓜中新化合物的化学研究 [J]. 中草药, 2009, 40 (4): 509-512.

[48] 关健, 赵余庆. 苦瓜化学成分的研究 [J]. 中草药, 2007, 38 (12): 1777-1779.

[49] 谢慧媛, 吴忠. 中药苦瓜化学成分研究 [J]. 中药材, 1998, 9: 458-459.

[50] 常风岗. 苦瓜的化学成分研究 (I) [J]. 贵阳医学院学报, 1994, 19 (2): 198.

[51] 常风岗. 苦瓜的化学成分研究 (II) [J]. 中草药, 1995, 26 (10): 507-510.

[52] Murakami T, Emoto A, Matsuda H, et al. Medicinal foodstuffs. XXI. structures of new cucurbitane-type triterpene glycosides, goyaglycosides-a, -b, -c, -d, -e, -f, -g, and -h, and new oleanane-type triterpene saponins, goyasaponins I, II, and III, from the fresh fruit of Japanese *Momordica charantia* L. [J]. Chem Pharm Bull, 2001, 49 (1): 54-63.

[53] Hsiao P C, Liaw C C, Hwang S Y, et al. Antiproliferative and hypoglycemic cucurbitane-type glycosides from the fruits of *Momordica charantia* [J]. J Agric Food Chem, 2013, 61 (12): 2979-2986.

[54] Liu J Q, Chen J C, Wang C F, et al. New cucurbitane triterpenoids and steroidal glycoside from *Momordica charantia* [J]. Molecules, 2009, 14 (12): 4804-4813.

[55] Li Q Y, Chen H B, Liu Z M, et al. Cucurbitane triterpenoids from *Momordica charantia* [J]. Magn Reson Chem, 2007, 45 (6): 451-456.

[56] Li Q Y, Liang H, Chen H B, et al. A new cucurbitane triterpenoid from *Momordica charantia* [J]. Chin Chem Lett, 2007, 18 (7): 843-845.

[57] Tan M J, Ye J M, Turner N, et al. Antidiabetic activities of triterpenoids isolated from bitter melon associated with activation of the AMPK pathway [J]. Chem Biol, 2008, 15 (3): 263-273.

[58] Nguyen X N, Kiem P V, Minh C V, et al. Cucurbitane-type triterpene glycosides from the fruits of *Momordica charantia* [J]. Magn Reson Chem, 2010, 48 (5): 392-396.

[59] Akihisa T, Higo N, Tokuda H, et al. Cucurbitane-type triterpenoids from the fruits of *Momordica charantia* and their cancer chemopreventive effects [J]. J Nat Prod, 2007, 70 (8): 1233-1239.

[60] Nakamura S, Murakami T, Nakamura J, et al. Structures of new cucurbitane-type triterpenes and glycosides,

karavilagenins and karavilosides, from the dried fruit of *Momordica charantia* L. in Sri Lanka[J]. Chem Pharm Bull, 2006, 54(11): 1545-1550.

[61] Matsuda H, Nakamura S, Murakami T, et al. Structures of new cucurbitane-type triterpenes and glycosides, karavilagenins D and E, and karavilosides VI, VII, VIII, IX, X, and XI, from the fruit of *Momordica charantia*[J]. Heterocycles, 2007, 71(2): 331-341.

[62] 潘辉, 赵余庆. 苦瓜化学成分的研究[J]. 中草药, 2007, 38(1): 9-11.

[63] Begum S, Ahmed M, Siddiqui B S, et al. Triterpenes, a sterol and a monocyclic alcohol from *Momordica charantia*[J]. Phytochemistry, 1997, 44(7): 1313-1320.

[64] 石雪萍, 姚惠源, 张卫明. 苦瓜皂甙的分离以及PTP1B抑制活性[J]. 陕西师范大学学报(自然科学版), 2008, 36(4): 63-67, 71.

[65] Liu Y, Ali Z, Khan I A, et al. Cucurbitane-type triterpene glycosides from the fruits of *Momordica charantia*[J]. Planta Med, 2008, 74(10): 1291-1294.

[66] 关健, 潘辉, 赵余庆, 等. 苦瓜中新葫芦烷型皂苷的研究[J]. 中草药, 2007, 38(8): 1133-1135.

[67] Harinantenaina L, Tanaka M, Takaoka S, et al. *Momordica charantia* constituents and antidiabetic screening of the isolated major compounds[J]. Chem Pharm Bull, 2006, 54(7): 1017-1021, 1022.

[68] Kimura Y, Akihisa T, Yuasa N, et al. Cucurbitane-type triterpenoids from the fruit of *Momordica charantia*[J]. J Nat Prod, 2005, 68(5): 807-809.

[69] Nguyen X N, Kiem P V, Minh C V, et al. α-Glucosidase inhibition properties of cucurbitane-type triterpene glycosides from the fruits of *Momordica charantia*[J]. Chem Pharm Bull, 2010, 58(5): 720-724.

[70] Yen P H, Dung Dg T, Nguyen X N, et al. Cucurbitane-type triterpene glycosides from the fruits of *Momordica charantia*[J]. Nat Prod Commun, 2014, 9(3): 383-386.

[71] Liu J Q, Chen J C, Wang C F, et al. One new cucurbitane triterpenoid from the fruits of *Momordica charantia*[J]. Eur J Chem, 2010, 1(4): 294-296.

[72] Li Z J, Chen J C, Deng Y Y, et al. Two new cucurbitane triterpenoids from immature fruits of *Momordica charantia*[J]. Helv Chim Acta, 2015, 98(10): 1456-1461.

[73] Liu P, Jian-Feng L U, Kang L P, et al. A new C30 sterol glycoside from the fresh fruits of *Momordica charantia*[J]. Chin J Nat Medicines, 2012, 10(2): 88-91.

[74] Cao J Q, Zhang Y, Cui J M, et al. Two new cucurbitane triterpenoids from *Momordica charantia* L.[J]. Chin Chem Lett, 2011, 22(5): 583-586.

[75] Liao Y W, Chen C R, Kuo Y H, et al. Cucurbitane-type triterpenoids from the fruit pulp of *Momordica charantia*[J]. Nat Prod Commun, 2012, 7(12): 1575-1578.

[76] Liao Y W, Chen C R, Chuu J J, et al. Cucurbitane triterpenoids from the fruit pulp of *Momordica charantia* and their cytotoxic activity[J]. J Chin Chem Soc(Weinheim, Germany), 2013, 60(5): 526-530.

[77] Zhang L J, Liaw C C, Hsiao P C, et al. Cucurbitane-type glycosides from the fruits of *Momordica charantia* and their hypoglycaemic and cytotoxic activities[J]. Journal of Functional Foods, 2014, 6: 564-574.

[78] 王虎, 李吉来, 李伟佳, 等. 苦瓜化学成分研究[J]. 中国实验方剂学杂志, 2011, 17(16): 54-57.

[79] Cao X L, Sun Y J, Lin Y F, et al. Antiaging of cucurbitane glycosides from fruits of *Momordica charantia* L.[J]. Oxidative Medicine and Cellular Longevity, 2018, 10: 1538632/1-1538632/10.

[80] 李清艳, 梁鸿, 王邠, 等. 苦瓜的化学成分研究[J]. 药学学报, 2009, 44(9): 1014-1018.

[81] Sucrow W. Constituents of *Momordica charantia*. I. $\Delta^{5,25}$-stigmastadien-3β-ol and its β-D-glucoside[J]. Chemische Berichte, 1966, 99(9): 2765-2777.

[82] Guevara A P, Lim-Sylianco C Y, Dayrit F M, et al. Acylglucosyl sterols from *Momordica charantia*[J]. Phytochemistry, 1989, 28(6): 1721-1724.

[83] Khanna P, Mohan S. Isolation and identification of diosgenin and sterols from fruits and *in vitro* cultures of *Momordica charantia*[J]. Ind J Exp Biol, 1973, 11(1): 58-60.

[84] 刘芃, 陆剑锋, 康利平, 等. 新鲜苦瓜中的一个新C30甾醇苷[J]. 中国天然药物, 2012, 10(2): 88-91.

[85] 肖志艳, 陈迪华, 斯建勇. 苦瓜的化学成分研究[J]. 中草药, 2000, 31(8): 571-573.
[86] 田宝泉, 杨益平, 何直升, 等. 苦瓜水溶性部位化学成分的研究[J]. 中草药, 2005, 36(5): 657-658.
[87] 路平, 邱国福, 肖生强, 等. 苦瓜果肉挥发油成分研究[J]. 南京中医药大学学报, 1999, 15(4): 219.
[88] Yuwai K E, Rao K S, Kaluwin C, et al. Chemical composition of *Momordica charantia* L. fruits[J]. J Agric Food Chem, 1991, 39(10): 1762-1763.
[89] Jiang Y, Peng X R, Yu M Y, et al. Cucurbitane-type triterpenoids from the aerial parts of *Momordica charantia* L. [J]. Phytochem Lett, 2016, 16: 164-168.
[90] Ma J, Whittaker P, Keller A C, et al. Cucurbitane-type triterpenoids from *Momordica charantia*[J]. Planta Med, 2010, 76(15): 1758-1761.
[91] Singh U P, Maurya S, Singh A, et al. Phenolic acids in some Indian cultivars of *Momordica charantia* and their therapeutic properties[J]. Journal of Medicinal Plants Research, 2011, 5(15): 3558-3560.
[92] Chen J C, Lu L, Zhang X M, et al. Eight new cucurbitane glycosides, kuguaglycosides A-H, from the root of *Momordica charantia* L. [J]. Helv Chim Acta, 2008, 91(5): 920-929.
[93] Chen J C, Tian R R, Qiu M H, et al. Trinorcucurbitane and cucurbitane triterpenoids from the roots of *Momordica charantia*[J]. Phytochemistry, 2008, 69(4): 1043-1048.

【药理参考文献】

[1] 邓媛元, 张名位, 刘接卿, 等. 不同品种苦瓜多糖含量及其抗氧化和α-葡萄糖苷酶抑制活性比较[J]. 现代食品科技, 2014, 30(9): 102-108.
[2] 陈红漫, 李寒雪, 阚国仕, 等. 苦瓜多糖的抗氧化活性与降血糖作用相关性研究[J]. 食品工业科技, 2012, 33(18): 349-351.
[3] 徐斌, 董英, 张慧慧, 等. 苦瓜多糖对链脲佐菌素诱导糖尿病小鼠的降血糖效果[J]. 营养学报, 2006, 28(5): 401-403.
[4] 宋金平. 苦瓜多糖对糖尿病小鼠的降血糖作用和胰岛素水平的影响[J]. 中国实用医药, 2012, 7(3): 250-251.
[5] 董英, 张慧慧. 苦瓜多糖降血糖活性成分的研究[J]. 营养学报, 2008, 30(1): 54-56.
[6] 张慧慧, 董英. 苦瓜碱提多糖降小鼠血糖功能的实验研究[J]. 食品研究与开发, 2006, 27(7): 7-9.
[7] 柴瑞华, 肖春莹, 关健, 等. 苦瓜总皂苷降血糖作用的研究[J]. 中草药, 2008, 39(5): 746-747.
[8] 李健, 张令文, 黄艳, 等. 苦瓜总皂苷降血糖及抗氧化作用的研究[J]. 食品科学, 2007, 28(9): 518-520.
[9] 石雪萍, 姚惠源. 苦瓜皂甙降糖机理研究[J]. 食品科学, 2008, 29(2): 366-368.
[10] 马春宇, 于洪宇, 王慧娇, 等. 苦瓜总皂苷对改善2型糖尿病大鼠胰岛素抵抗关键因子的影响[J]. 中国临床药理学杂志, 2015, 31(15): 1522-1525.
[11] 马春宇, 王慧娇, 于洪宇, 等. 苦瓜总皂苷对2型糖尿病大鼠胰岛素信号转导通路的影响[J]. 中药新药与临床药理, 2015, 26(3): 289-294.
[12] 马春宇, 于洪宇, 王慧娇, 等. 苦瓜总皂苷对2型糖尿病大鼠降血糖作用机制的研究[J]. 天津医药, 2013, 42(4): 321-324.
[13] Miura T, Itoh C, Iwamoto N, et al. Hypoglycemic activity of the fruit of the *Momordica charantia* in type 2 diabetic mice[J]. Journal of Nutritional Science and Vitaminology, 2001, 47(5): 340-344.
[14] 伍曾利. 苦瓜多肽降血糖功能研究[J]. 轻工科技, 2013, 29(7): 13-14.
[15] Shibib B A, Khan L A, Rahman R. Hypoglycaemic activity of *Coccinia indica* and *Momordica charantia* in diabetic rats: depression of the hepatic gluconeogenic enzymes glucose-6-phosphatase and fructose-1, 6-bisphosphatase and elevation of both liver and red-cell shunt enzyme glucose-6-phosp[J]. The Biochemical journal, 1993, 292(Pt 1): 267-270.
[16] Sathishsekar D, Subramanian S. Beneficial effects of *Momordica charantia* seeds in the treatment of STZ-induced diabetes in experimental rats[J]. Biological & Pharmaceutical Bulletin, 2005, 28(6): 978-983.
[17] Ray R B, Raychoudhuri A, Steele R, et al. Bitter melon (*Momordica charantia*) extract inhibits breast cancer cell proliferation by modulating cell cycle regulatory genes and promotes apoptosis[J]. Cancer Research, 2010, 70(5): 1925-1931.
[18] 熊术道, 尹丽慧, 李景荣, 等. 苦瓜蛋白抗肿瘤作用及其分子机制[J]. 中草药, 2008, 39(3): 408-411.

[19] Chipps E S, Jayini R, Ando S, et al. Cytotoxicity analysisof active components in bitter melon (*Momordica charantia*) seed extracts using human embryonic kidney and colontumor cells [J]. Natural Product Communications, 2012, 7 (9): 1203-1208.

[20] Li C J, Tsang S F, Tsai C H, et al. *Momordica charantia* extract induces apoptosis in human cancer cells through caspase- and mitochondria-dependent pathways [J]. Evidence-Based Complementray and Alternative Medicine, 2012, DOI: 10.1155/2012/261971.

[21] Pitchakarn P, Ogawa K, Suzuki S, et al. *Momordica charantia* leaf extract suppresses rat prostate cancer progression *in vitro* and *in vivo* [J]. Cancer Science, 2010, 101 (10): 2234-2240.

[22] Chao C Y, Huang C J. Bitter gourd (*Momordica charantia*) extract activates peroxisome proliferator-activated receptors and upregulates the expression of the acyl CoA oxidase gene in H4IIEC3 hepatoma cells [J]. Journal of Biomedical Science, 2003, 10 (6): 782-791.

[23] Sathishsekar D, Subramanian S. Antioxidant properties of *Momordica charantia* (bitter gourd) seeds on streptozotocin induced diabetic rats [J]. Asia Pacific Journal of Clinical Nutrition, 2005, 14 (2): 153-158.

[24] 王颖, 张桂芳, 徐炳政, 等. 苦瓜提取物对糖尿病小鼠的抗氧化作用 [J]. 中国老年学杂志, 2014, 34 (3): 699-701.

[25] 李志洲. 苦瓜中黄酮类化合物的提取及抗氧化性研究 [J]. 中国生化药物杂志, 2007, 28 (4): 264-266.

[26] 文良娟, 刘苇芬. 苦瓜黄酮的提取条件及其抗氧化活性研究 [J]. 食品科学, 2007, 28 (9): 183-186.

[27] 王先远, 蒋与刚, 金宏, 等. 苦瓜皂甙的抗氧化作用初探 [J]. 解放军预防医学杂志, 2001, 19 (5): 317-320.

[28] 何爱丽, 肖付刚, 魏珂, 等. 苦瓜黄酮提取及抑菌性研究 [J]. 农业机械, 2012, 10 (30): 102-104.

[29] 张雅静, 文良娟, 王娇, 等. 苦瓜抑菌作用的研究 [J]. 食品工业科技, 2013, 34 (18): 132-136.

[30] 耿丽晶, 周围, 张丽艳, 等. 苦瓜总皂甙最小抑菌浓度和最佳抑菌条件的研究 [J]. 食品工业科技, 2012, 33 (11): 79-82.

[31] 张平平, 刘金福, 王昌禄, 等. 苦瓜提取物的抑菌活性研究 [J]. 天然产物研究与开发, 2008, 20 (4): 721-724.

[32] 屈玮, 陈彦光, 吴祖强, 等. 苦瓜提取物抑制3T3-L1脂肪细胞脂肪沉积研究 [J]. 食品科学, 2014, 35 (5): 188-192.

[33] Chen Q, Chan L, Li E. Bitter melon (*Momordica charantia*) reduces adiposity, lowers serum insulin and normalizes glucose tolerance in rats fed a high fat diet [J]. Journal of Nutrition, 2003, 133 (4): 1088.

[34] 鲍斌, 陈彦光, 刘健. 苦瓜降低脂肪组织炎性改善肥胖小鼠糖脂代谢紊乱 [J]. 食品科学, 2013, 34 (15): 246-251.

[35] 汤琴, 邓媛元, 张瑞芬, 等. 苦瓜水提物对拘束应激小鼠脂代谢紊乱的改善作用 [J]. 中国农业科学, 2014, 47 (16): 3300-3307.

[36] 曾珂, 吴晓骏, 曹家庆, 等. 苦瓜提取物对高脂饲料诱导肥胖大鼠的减肥作用 [J]. 沈阳药科大学学报, 2012, 29 (6): 473-478.

[37] 莫灼康, 香富强. 苦瓜总皂苷对高血脂模型小鼠的影响 [J]. 中国社区医师 (医学专业), 2012, 14 (12): 8-10.

[38] 肖莹, 马春宇. 苦瓜总皂苷对3T3-L1胰岛素抵抗脂肪细胞炎症因子的影响 [J]. 中药新药与临床药理, 2016, 27 (5): 672-676.

[39] 周锐, 涂年影, 丛咪, 等. 苦瓜多糖的分离纯化及保肝活性研究 [J]. 食品科技, 2013, 38 (2): 173-176.

[40] 杨志刚, 潘龙银, 王心睿. 苦瓜甾醇对对乙酰氨基酚致小鼠肝损伤的保护作用 [J]. 天然产物研究与开发, 2015, 27 (12): 2031-2034.

[41] 方瑾, 梁春来, 王伟, 等. 苦瓜提取物对BALB/c小鼠免疫功能的影响 [J]. 中国食品卫生杂志, 2014, 26 (3): 223-226.

[42] 王先远, 金宏, 许志勤, 等. 苦瓜皂甙对衰老小鼠免疫功能的影响 [J]. 营养学报, 2001, 23 (3): 263-266.

[43] 张雅琴, 李小宁, 吴萍萍, 等. 苦瓜皂苷对糖尿病肾病PI3K/Akt信号通路的影响 [J]. 江苏医药, 2015, 41 (7): 750-753.

926. 木鳖子（图926）• *Momordica cochinchinensis*（Lour.）Spreng.（*Momordica macrophylla* Gage）

图926 木鳖子　　　　　　　　　　摄影　徐克学等

【别名】木鳖（福建），番木鳖。

【形态】多年生大型粗壮藤本。全株近无毛或被微短柔毛。卷须单一。叶卵状心形或宽卵状圆形，3～5中裂至深裂，稀不裂，叶近基部两侧边缘各具1～2枚腺体；叶柄长5～10cm，基部或中部常具2～4枚腺体。花大，单性，雌雄异株。雄花单生于叶腋或3～4朵组成极短的总状花序；花梗顶端具兜状圆肾形苞片1枚，苞片长3～5cm，宽5～8cm；花萼裂片宽披针形或长圆形，长1.2～2cm，先端短渐尖；花冠黄色，裂片卵状长圆形，长5～6cm；雄蕊3枚；雌花单生；花梗近中部具兜状苞片1枚。果实卵圆形，直径8～15cm，表面具刺状突起，成熟时红色，肉质。种子卵形或近方形，长2.6～2.8cm。花期6～8月，果期8～10月。

【生境与分布】生于海拔450～1100m的山沟、林缘或路旁。分布于安徽（西部）、江西（西北部）、福建（南部）、江苏有栽培，另河南（西南部）、广东、海南、广西、湖北、贵州、云南、西藏（东南部）、四川和陕西（西南部）、台湾等地均有分布；中南半岛及印度半岛有分布。

木鳖子与苦瓜的区别点：木鳖子叶近基部两侧各具1～2枚腺体；苞片花瓣状，着生于花梗顶端；果实卵圆形，表面具刺状突起。苦瓜叶近基部两侧无腺体；苞片叶状，着生于花梗中部或中下部；果实纺锤形或圆柱形，表面具瘤状突起。

【药名与部位】木鳖子，种子。

【采集加工】秋末冬初采收成熟果实，取出种子，干燥。

【药材性状】呈扁平卵形或近方形,中间稍隆起或微凹陷,直径2~3cm,厚约0.5cm。表面灰棕色至黑褐色,有网状花纹,在边缘较大的一个齿状突起上有浅黄色种脐。外种皮质硬而脆,内种皮灰绿色,绒毛样。子叶2,黄白色,富油性。有特殊的油腻气,味苦。

【药材炮制】木鳖子仁:洗净,干燥。用时去壳,捣碎。木鳖子霜:取木鳖子仁,研成糊状,用吸水纸包裹,压榨,间隔一日剥去纸,研散。如此反复多次,至油几尽,质地松散时,研成粉末。

【化学成分】种子含三萜类:棉根皂苷元 3-O-D-吡喃半乳糖基(1→2)-[α-L-吡喃鼠李糖基-(1→3)]-β-D-吡喃葡萄糖醛酸苷{gypsogenin-3-O-D-galactopyranosyl-(1→2)-[α-L-rhamnopyranosyl-(1→3)]-β-D-glucuronopyranoside}、皂皮酸-3-O-D-吡喃半乳糖基-(1→2)-[α-L-吡喃鼠李糖基(1→3)]-β-D-吡喃葡萄糖醛酸苷{quillaic acid-3-O-D-galactopyranosyl-(1→2)-[α-l-rhamnopyranosyl-(1→3)]-β-D-glucuronopyranoside}[1]、齐墩果酸(oleanolic acid)、熊果酸(ursolic acid)[2]、3-O-β-D-呋喃葡萄糖醛酸-6,3-内酯棉根皂苷元(3-O-β-D-glucofuranosidurono-6,3-lactone gypsogenin)、3-O-α-L-吡喃鼠李糖基-(1→3)-6'-O-甲基-β-D-吡喃葡萄糖醛酸棉根皂苷元[3-O-α-L-rhamnopyranosyl-(1→3)-6'-O-methyl-β-D-glucuronopyranosyl gypsogenin]、3-O-6'-O-甲基-β-D-吡喃葡萄糖醛酸棉根皂苷元(3-O-6'-O-methyl-β-D-glucuronopyranosyl gypsogenin)、阿江榄仁酸(arjunolic acid)、丝石竹酸(gypsogenic acid)、3-O-6'-O-甲基-β-D-吡喃葡萄糖醛酸-28-O-甲基棉根皂苷元(3-O-6'-O-methyl-β-D-glucuronopyranosyl-28-O-methyl gypsogenin)、3-O-β-D-吡喃葡萄糖醛酸棉根皂苷元(3-O-β-D-glucuronopyranosyl gypsogenin)、常春藤皂苷元(hederagenin)、3-O-6'-O-甲基-β-D-吡喃葡萄糖醛酸皂树皮酸(3-O-6'-O-methyl-β-D-glucuronopyranosyl quillaic acid)、3-O-β-D-吡喃半乳糖基-(1→2)-6'-甲基-β-D-吡喃葡萄糖醛酸棉根皂苷元[3-O-β-D-galactopyranosyl-(1→2)-6'-methyl-β-D-glucuronopyranosyl gypsogenin]、3-O-β-D-吡喃半乳糖基-(1→2)-6'-O-甲基-β-D-吡喃葡萄糖醛酸皂皮酸[3-O-β-D-galactopyranosyl-(1→2)-6'-O-methyl-β-D-glucuronopyranosyl quillaic acid]、3-O-β-D-吡喃半乳糖基-(1→2)-[β-D-吡喃半乳糖基-(1→3)]-β-D-吡喃葡萄糖醛酸皂树皮酸{3-O-β-D-galactopyranosyl-(1→2)-[β-D-galactopyranosyl-(1→3)]-β-D-glucuronopyranosyl quillaic acid}、3-O-β-D-吡喃半乳糖基-(1→2)]-[α-L-吡喃鼠李糖基(1→3)]-6'-O-甲基-β-D-吡喃葡萄糖醛酸棉根皂苷元{3-O-β-D-galactopyranosyl-(1→2)-[α-L-rhamnopyranosyl(1→3)]-6'-O-methyl-β-D-glucuronopyranosyl gypsogenin}、3-O-β-D-吡喃半乳糖基-(1→2)-6'-O-甲基-β-D-吡喃葡萄糖醛酸-28-O-β-D-吡喃半乳糖基棉根皂苷元{3-O-β-D-galactopyranosyl-(1→2)-6'-O-methyl-β-D-glucuronopyranosyl-28-O-β-D-galactopyranosyl gypsogenin}、α-D-吡喃半乳糖醛酸棉根皂苷元(α-D-galacturopyranosyl gypsogenin)、3-O-β-D-吡喃半乳糖基-(1→2)-[α-L-吡喃鼠李糖基(1→3)]-6'-O-甲基-β-D-吡喃葡萄糖醛酸皂皮酸{3-O-β-D-galactopyranosyl-(1→2)-[α-L-rhamnopyranosyl-(1→3)]-6'-O-methyl-β-D-glucuronopyranosyl quillaic acid}[3]、栝楼仁二醇(karounidiol)、异栝楼仁二醇(isokarounidiol)、5-脱氢栝楼仁二醇(5-dehydrokarounidiol)、7-氧化二氢栝楼仁二醇(7-oxodihydrokarounidiol)[4]、3,29-二-O-(对甲氧基苯甲酰基)多花白树-8-烯-3α,29-二醇-7-酮[3,29-di-O-(p-methoxybenzoyl)multiflora-8-en-3α,29-diol-7-one][5]、棉根皂苷元(gypsogenin)[3,6]和木鳖子皂苷 I(momordica saponin I)[6];生物碱类:槲寄生酰胺(viscumamide)[6];木脂素类:木鳖子脂素 A、B、C、D、E(mubiesin A、B、C、D、E)、拉克萨爵床脂醇(laxanol)、落叶松脂素-4,4'-二-O-β-D-吡喃葡萄糖苷(lariciresinol-4,4'-di-O-β-D-glucopyranoside)、尔雷酚 C(ehletianol C)、苏式-1-(4-羟基苯基)-2-{4-[2-甲酰基-(E)-乙烯基]-2-甲氧基苯氧基}-丙烷-1,3-二醇{threo-1-(4-hydroxyphenyl)-2-{4-[2-formyl-(E)-vinyl]-2-methoxyphenoxyl}-propane-1,3-diol}、构树脂素*A、E、F、G、I(chushizisin A、E、F、G、I)、探戈脂醇(tanegool)、(7R,8R,8'R)-4'-愈创木甘油基棟叶吴茱萸素 B[(7R,8R,8'R)-4'-guaiacylglyceryl evofolin B]和(7R,8S,8'R)-4,4',9-三羟基-7,9'-环氧-8,8'-木脂素[(7R,8S,8'R)-4,4',9-trihydroxy-7,9'-epoxy-8,8'-lignan][6];酚酸类:对羟基苯甲酸(p-hydroxybenzoic acid)、木脂巴林酮(ligballinone)、胡桃宁 D(juglanin D)和 3-[2-(4-羟基苯基)-3-羟基苯基-2,

3-二氢-1-苯并呋喃-5-基〕丙烷-1-醇{3-〔2-(4-hydroxyphenyl)-3-hydroxyphenyl-2, 3-dihydro-1-benzofuran-5-yl〕propane-1-ol}[6];苯丙素类:苏式-1-(4-羟基苯基)-1-乙氧基-2, 3-丙二醇〔threo-1-(4-hydroxyphenyl)-1-ethoxy-2, 3-propanediol〕[6];甾体类:豆甾-4-烯-3β, 6α-二醇(stigmast-4-en-3β, 6α-diol)[2]、胡萝卜苷(daucosterol)[3]、β-谷甾醇(β-sitosterol)、豆甾-7-烯-3β-醇(stigmast-7-en-3β-ol)、豆甾-7, 22-二烯-3β-醇(stigmast-7, 22-dien-3β-ol)[4]、α-菠菜甾醇(α-spinasterol)和α-菠菜甾醇-3-O-β-D-葡萄糖苷(α-spinasterol-3-O-β-D-glucoside)[6];挥发油类:正丁醇(1-butanol)、乙烯基正丁醚〔1-(ethenyloxy)-butane〕、1, 1-二乙氧基乙烷(1, 1-diethoxyethane)、戊醛(pentanal)、4-甲基-1, 3-二氧杂环己烷(4-methyl-1, 3-dioxane)、2-乙氧丙烷(2-ethoxypropane)、2, 3-二氢-3, 5-二羟基-6-甲基-4H-吡喃-4-酮(2, 3-dihydro-3, 5-dihydroxy-6-methyl-4H-pyran-4-one)、1-戊醇(1-pentanol)、2-乙氧基丁烷(2-ethoxybutane)、正己醛(n-hexanal)、3-甲氧基-1, 2-丙二醇(3-methoxy-1, 2-propanediol)、戊酸乙酯(ethyl valerate)、乙酸戊酯(1-acetoxypentane)、2-戊醇(2-pentanol)、乙二醇二乙酯(ethanediol diacetate)、2-丙醇甲醚醋酸酯(1-methoxy-2-propyl acetate)、乙酸乙酯(ethyl acetate)、1, 3-二氧戊烷(1, 3-dioxolane)、丁二酸单甲酯(monomethyl butanedioate)、1, 3-二噁烷-5-醇(1, 3-dioxan-5-ol)、1, 2-二甲基环氧乙烷(1, 2-dimethyloxirane)、2-甲氧基-1, 3-二氧戊烷(2-methoxy-1, 3-dioxolane)、丙酮醛(methylglyoxal)、5-甲基-5-壬醇(5-methyl-5-nonanol)、1-(1-甲基乙氧基)-2-丙醇〔1-(1-methylethoxy)-2-propanol〕、1, 3-丁二醇(1, 3-butanediol)、2, 4-二甲基-4-辛醇(2, 4-dimethyl-4-octanol)、2-庚醇(2-heptanol)、1, 1-二乙氧基戊烷(1, 1-diethoxypentane)、2-甲基-1-丁醇(2-methyl-1-pentanol)、2-丁基-3-甲基乙酯(2-butanol-3-methylacetate)、1-(1-乙氧基乙氧基)-丁烷〔1-(1-ethoxyethoxy)-butane〕、5-乙基-2-庚醇(5-ethyl-2-heptanol)、1-(1-乙氧基乙氧基)戊烷〔1-(1-ethoxyethoxy) pentane〕、2, 6-二甲基-3, 5-庚二酮(2, 6-dimethyl-3, 5-heptanedione)、1, 1, 2-三甲基-3-亚甲基环丙烷(1, 1, 2-trimethyl-3-methylenecyclopropane)、庚醛(heptanal)、3-羟基丁醛(3-hydroxybutanal)、苯乙酸基-α, 3, 4-三(三甲基硅氧基)三甲基硅酯〔benzeneacetic acid-α, 3, 4-tris(trimethylsilyl-oxy)-trimethylsilyl ester〕[7]、己醛(hexanal)、己酸(hexanoic acid)、4-辛酮(4-octanone)、壬醛(nonanal)、庚酸(heptanoic acid)、壬酮(5-nonanone)、5-壬醇(5-nonanol)、1-戊醇(1-pentanol)、5-癸酮(5-decanone)、异硫氰酸环己烷(isothiocyanato cyclohexane)、反-2-辛烯醛(trans-2-octenal)、(E, E)-2, 4-壬二烯醛〔(E, E)-2, 4-nonadienal〕、2-乙基己烯醛(2-ethylhexenal)、4-十三烯(4-tridecene)、5-十一烷酮(5-undecanone)、2-丁基-2-辛烯醛(2-butyl-2-octenal)、甲基-3-异丙基-1-环己烯(methyl-3-isopropyl-1-cyclohexene)、2-丁基-2-辛烯醛(2-butyl-2-octenal)、2-丙基-2-庚烯醛(2-propyl-2-heptenal)、(R)-(+)-3-甲基环戊酮〔(R)-(+)-3-methyl cyclopentanone〕、3-乙基环戊酮(3-ethyl cyclopentanone)、5-甲基-2-(1-甲基乙基)-2-己烯醛〔5-methyl-2-(1-dimethylethyl)-2-hexenal〕和1-甲基环癸烯(1-methyl cycloundecene)等[8];烷烃类:十四烷(tetradecane)、二十八烷(octacosane)、十五烷(pentadecane)、十六烷(hexadecane)、十三烷(tridecane)、2, 6, 10-三甲基十五烷(2, 6, 10-trimethyl pentadecane)、2-甲基十六烷(2-methyl hexadecane)[8]和正二十七烷(n-heptacosane)[2];蛋白质和肽类:棒曲霉肽 C(clavatustide C)[6]、木鳖子蛋白 B(cochinin B)[9]和木鳖子肽-1、2(MCoCC-1、2)[10];脂肪酸类:硬脂酸(stearic acid)[2]和棕榈酸(palmitic acid)[6];烷酮类:18-三十五酮(18-pentatriacontanone)[2]。

果皮含黄酮类:杨梅素(myricetin)、木犀草素(luteolin)、槲皮素(quercetin)和芹菜苷元(apigenin)[11];酚酸类:没食子酸(gallic acid)和对羟基苯甲酸(p-hydroxybenzoic acid)[11];苯丙素类:绿原酸(chlorogenic acid)、咖啡酸(caffeic acid)、对香豆酸(p-coumaric acid)、阿魏酸(ferulic acid)和芥子酸(sinapic acid)[11]。

果肉含黄酮类:芦丁(rutin)、山奈酚(kaempferol)、杨梅素(myricetin)、槲皮素(quercetin)、木犀草素(luteolin)和芹菜苷元(apigenin)[11];酚酸类:原儿茶酸(protocatechuic acid)、丁香酸(syringic acid)、没食子酸(gallic acid)和对羟基苯甲酸(p-hydroxybenzoic acid)[11];苯丙素类:咖啡酸(caffeic acid)、对香豆酸（*p*-coumaric acid）、阿魏酸（ferulic acid）和芥子酸（sinapic acid）[11]。

假种皮含黄酮类：芦丁（rutin）、杨梅素（myricetin）、木犀草素（luteolin）、槲皮素（quercetin）和芹菜苷元（apigenin）[11]；酚酸类：没食子酸（gallic acid）、对羟基苯甲酸（*p*-hydroxybenzoic acid）、原儿茶酸（protocatechuic acid）和丁香酸（syringic acid）[11]；苯丙素类：绿原酸（chlorogenic acid）、咖啡酸（caffeic acid）、对香豆酸（*p*-coumaric acid）、阿魏酸（ferulic acid）和芥子酸（sinapic acid）[11]。

叶含烷醇类：1-十八烷醇（1-octadecanol）、1-十四烷醇（1-tetradecanol）、1-二十八烷醇（1-nonacosanol）、1-十烷醇（1-decanol）、1-十二烷醇（1-dodecanol）、1-十三烷醇（1-tridecanol）、1-十五烷醇（1-pentadecanol）、1-十六烷醇（1-hexadecanol）、1-十七烷醇（1-heptadecanol）、1-十九烷醇（1-nonadecanol）、1-二十烷醇（1-eicosanol）、1-二十二烷醇（1-docosanol）、1-二十四烷醇（1-tetracosanol）、1-二十六烷醇（1-hexacosanol）、1-二十七烷醇（1-heptacosanol）、1-二十九烷醇（1-nonacosanol）和1-三十烷醇（1-triacontanol）[12]；脂肪酸类：月桂酸（lauric acid）、十三酸（tridecanoic acid）、肉豆蔻酸（myristic acid）、十五酸（pentadecanoic acid）、棕榈酸（palmitic acid）、棕榈油酸（palmitoleic acid）、十七酸（heptadecanoic acid）、硬脂酸（stearic acid）、油酸（oleic acid）、亚油酸（linoleic acid）、α-亚麻酸（α-linolenic acid）、十九酸（nonadecanoic acid）和花生酸（arachidic acid）[13]。

藤茎含三萜类：木鳖子三萜苷 A、B（mocochinoside A、B）、竹节参皂苷 IVa 乙酯（chikusetsusaponin IVa ethyl ester）、木鳖子皂苷 Ib、II、IIb（momordin Ib、II、IIb）、金盏菊苷 G、H（calenduloside G、H）、辽东楤木皂苷 A、C（elatoside A、C）、金盏菊糖苷 C-6'-O-7-丁酯（calendulaglycoside C 6'-O-7-butyl ester）和常春藤皂苷元-3-O-β-D-葡萄糖醛酸苷（hederagenin-3-O-β-D-glucuronopyranoside）[14]。

根含三萜类：苦瓜定 I、II、III（momordin I、II、III）[15]、苦瓜定 Ia、Ib、Ic、Id、Ie、IIa、IIb、IIc、IId、IIe（momordin Ia、Ib、Ic、Id、Ie、IIa、IIb、IIc、IId、IIe）[16]和（4β,16β）-16-羟基-1-酮基-24-降齐墩果-12-烯-28-酸［（4β,16β）-16-hydroxy-1-oxo-24-norolean-12-en-28-oic acid］[17]；甾体类：α-菠菜甾醇-3-β-D-吡喃葡萄糖苷（α-spinasterol-3-β-D-glucopyranoside）[17]。

【性味与归经】苦、微甘，凉；有毒；归肝、脾、胃经。

【功能与主治】散结消肿，攻毒疗疮。用于疮疡肿毒，乳痈，瘰疬，痔漏，干癣，秃疮。

【用法与用量】煎服 0.9～1.2g；外用适量，研末，用油或醋调涂患处。

【药用标准】药典 1963—2015、浙江炮规 2005、贵州药材 1965、云南药品 1974、新疆药品 1980 二册和内蒙古蒙药 1986。

【临床参考】1. 甲沟炎：种子 1 粒，加麻油 50g 浸泡 24h，文火加热至种子炸枯，取出种子，麻油中加入少许蜂蜡拌匀，将油涂抹患处，每日 2 次，若形成脓肿，及时切开引流[1]。

2. 脓性指头炎：种子 1 粒，加麻油 60g 浸泡 24h，文火熬枯即成，用时将油温热，熏洗患指，每日 1～2 次，每次 30min，若形成脓肿，及时切开引流[2]。

3. 中耳炎：种子 3 粒，加黄连 3g、麻油 20ml，炸至色黑弃去，将油置入玻璃瓶备用，用时滴耳，2～4h 1 次，每次 3 滴，耳中脓液多者先用 3% 过氧化氢清洗后再滴[3]。

4. 乳腺炎：种子 3g，去壳取仁捣碎，装入鸡蛋内，以面包裹烧熟食之，每日 2 次，每次服蛋 1 个，配合外敷法，先将患处用温水洗 1 次，再将鲜仙人掌、鲜蒲公英等分捣成泥状，敷于患处，每日 1 次，连敷 3 日[4]。

5. 癣：种子 3g，去壳，加米醋 10ml 研磨备用，患处用盐开水洗净，消毒棉球蘸药糊涂癣面，睡前涂更佳，每日或隔日 1 次[5]。

6. 斑秃：种子 45g，加忍冬藤 60g，防风、生姜各 30g，花椒、苦参各 15g，细辛、甘草各 10g，加水 3L，煎煮 1h，取药液先熏患部，待药液温后再泡洗，泡洗后擦干不再冲洗，每日 1 剂，可煎 2 次熏洗，药液有小毒，勿入口眼[6]。

7. 痔疮：种子，以水（或陈醋）磨汁，搽患处。

8. 深部血管瘤：种子焙干研粉，每次 1.5～3g，与鸡蛋调匀，蒸成蛋糕服，早、晚各服 1 次，连服 20 天为 1 疗程。（7 方、8 方引自《浙江药用植物志》）

【化学参考文献】

[1] Yu J S, Roh H S, Lee S, et al. Antiproliferative effect of Momordica cochinchinensis seeds on human lung cancer cells and isolation of the major constituents [J]. Rev Bra Farmacogn, 2017, 27: 329-333.

[2] 刘涛, 石军飞, 吴晓忠. 蒙药木鳖子的化学成分研究 [J]. 内蒙古医学院学报, 2010, 32（4）: 390-393.

[3] 范戎. 木鳖子和防城茶的化学成分及生物活性研究 [D]. 昆明: 云南中医学院硕士学位论文, 2015.

[4] 阚连娣, 胡全, 巢志茂, 等. 木鳖子脂肪油不皂化物质的化学成分研究 [J]. 中国中药杂志, 2006, 17: 1441-1444.

[5] De Shan M, Hu L H, Chen Z L. A new multiflorane triterpenoid ester from Momordica cochinchinensis Spreng [J]. Nat Prod Lett, 2001, 15（2）: 139-145.

[6] Wang M Y, Zhan Z B, Xiong Y, et al. Cytotoxic and anti-inflammatory constituents from Momordica cochinchinensis seeds [J]. Fitoterapia, 2019, 139: 104360.

[7] 邢炎华, 周蕊, 高忠彦. 木鳖子挥发油化学成分 GC-MS 分析 [J]. 中医药通报, 2016, 15（4）: 56-58.

[8] 林杰, 卢金清, 江汉美, 等. HS-SPME-GC-MS 联用分析木鳖子挥发性成分 [J]. 中药材, 2014, 37（12）: 2231-2233.

[9] Chuethong J, Oda K, Sakurai H, et al. Cochinin B, a novel ribosome-inactivating protein from the seeds of Momordica cochinchinensis [J]. Biol Pharm Bull, 2007, 30（3）: 428-432.

[10] Chan L Y, Chan L Y, Wang C K L, et al. Isolation and characterization of peptides from Momordica cochinchinensis seeds [J]. J Nat Prod, 2009, 72（8）: 1453-1458.

[11] Kubola J, Siriamornpun S. Phytochemicals and antioxidant activity of different fruit fractions (peel, pulp, aril and seed) of Thai gac (Momordica cochinchinensis Spreng) [J]. Food Chem, 2011, 127（3）: 1138-1145.

[12] Mukherjee A, Barik A. Long-chain primary alcohols in Momordica cochinchinensis Spreng leaf surface waxes [J]. Bulletin De La Société Botanique De France, 2016, 163（1）: 61-66.

[13] Mukherjee A, Sarkar N, Barik A. Long-chain free fatty acids from Momordica cochinchinensis leaves as attractants to its insect pest, Aulacophora foveicollis Lucas (Coleoptera: Chrysomelidae) [J]. Journal of Asia-Pacific Entomology, 2014, 17（3）: 229-234.

[14] Huang H T, Lin Y C, Zhang L J, et al. Anti-inflammatory and anti-proliferative oleanane-type triterpene glycosides from the vine of Momordica cochinchinensis [J]. Nat Prod Res, 2019, DOI: 10.1080/14786419. 2019. 1666383.

[15] Iwamoto M, Okabe H, Yamauchi T. Studies on the constituents of Momordica cochinchinensis Spreng. II. isolation and characterization of the root saponins, momordins I, II and III [J]. Chem Pharm Bull, 1985, 33（1）: 1-7.

[16] Kawamura N, Watanabe H, Oshio H. Saponins from roots of Momordica cochinchinensis [J]. Phytochemistry, 1988, 27（11）: 3585-3591.

[17] Nguyen T P, Nguyen T H, Nguyen N H, et al. A new momoric acid from the root of Vietnamese Momordica cochinchinensis [J]. Tap Chi Hoa Hoc, 2006, 44（5）: 654-659.

【临床参考文献】

[1] 张海燕, 孙敏敏. 木鳖子油治疗甲沟炎 [J]. 中国民间疗法, 2017, 25（10）: 53.

[2] 刘元梅. 木鳖子油治疗脓性指头炎 [J]. 中国民间疗法, 2002, 10（10）: 19.

[3] 葛银燕. 黄连木鳖子油治疗中耳炎 [J]. 中国民间疗法, 1999, 7（1）: 47.

[4] 朱智娟. 中草药内服外治乳腺炎临床体会 [J]. 中国民间疗法, 1997, 5（4）: 50.

[5] 伍国健. 木鳖子治癣有良效 [J]. 新中医, 1994, 26（12）: 48.

[6] 何剑荣. 中药熏洗治疗斑秃 60 例 [J]. 新中医, 1999, 31（4）: 43.

2. 茅瓜属 Solena Lour.

多年生攀援草质藤本，具块状根。茎纤细；卷须单一，不分歧。单叶；叶全缘或分裂；叶柄短或近无柄。雌雄异株或同株；雄花呈伞形或伞房状花序；萼筒钟状，5裂，裂片近钻形；花冠钟状，5裂，裂片三角形或宽三角形；雄蕊3枚，花药2枚各2室，另1枚1室，花丝短，花药长圆形，药室呈弧曲或"之"字形折曲；雌花单生，胚珠少数，水平着生；退化雄蕊3枚，着生于花萼筒基部。果实长圆形或卵圆形，平滑，不开裂。种子少数，圆球形。

3种，分布于印度半岛和中南半岛。中国1种，法定药用植物1种。华东地区法定药用植物1种。

927. 茅瓜（图927）• *Solena amplexicaulis* (Lam.)Gandhi[*Melothria heterophylla* (Lour.) Cogn. ; *Bryonia amplexicaulis* Lam.]

图 927　茅瓜　　　　摄影　张芬耀等

【别名】老鼠瓜（江西），老鼠拉冬瓜（福建）。

【形态】多年生草质攀援藤本。卷须单一，不分歧。叶薄革质，卵形、长圆形、卵状三角形或戟形，全缘或3～5浅裂至深裂，长8～12cm，宽1～5cm；叶柄长0.5～1cm。花单性，雌雄异株；雄花花序伞房状，花具短梗；萼筒钟状，裂片小，近钻形；花冠黄色，裂片小，三角形；雌花单生于叶腋；花梗长 0.5～1cm。果实长圆形或近球形，长 2～6cm，近平滑，成熟时褐色。种子数粒，灰白色，近球形或倒卵形，长 0.5～0.7cm。花期 5～8 月，果期 8～11 月。

【生境与分布】生于海拔 600～2600m 的山坡路旁、林下、疏林中或灌丛中。分布于福建（南部）、浙江（南部）和江西（南部），另广东、香港、海南、广西、云南、贵州（南部）、四川（南部）、西藏和台湾均有分布；越南、尼泊尔、印度和印度尼西亚（爪哇）也有分布。

【药名与部位】杜瓜，块根。

【采集加工】全年均可采收，洗净，晒干或切厚片，干燥。

【药材性状】呈纺锤形或块状的根，长 3～10cm，直径 1～2cm，表面皱缩，灰黄棕色，有横环纹，多切成片。质脆易断，断面不平坦，黄白色，富含淀粉及纤维，气微，味微苦。

【药材炮制】除去杂质，洗净，切斜片后晒干。

【化学成分】茎含挥发油类：1,3-环戊二酮（1,3-cyclopentanedione）、正十一烷（n-undecane）、4-羟基苯基-3-硝基苯甲酸酯（4-hydroxyphenyl-3-nitrobenzoate）、4-（4-乙氧基苯基）丁-3-烯-2-酮［4-(4-ethoxyphenyl)but-3-en-2-one］、6-羟基-2,3-二甲基-4-甲氧基-苯甲醛（6-hydroxy-2,3-dimethyl-4-methoxy-benzaldehyde）、(Z)-9-烯-十四醇乙酸酯［(Z)-9-tetradecen-1-ol acetate］、1-甲基-3-乙基金刚烷（1-methyl-3-ethyl adamantane）和 2-硝基-二氨基亚甲基腙-苯甲醛（2-nitro-diaminomethylidenhydrazone-benzaldehyde）[1]；脂肪酸类：(Z)-9-十八烯酸甲酯［methyl (Z)-9-octadecenoate］、十六酸甲酯（methyl hexadecanoate）和 10-甲基十七酸甲酯（methyl 10-methyl-heptadecanoate）等[1]；糖类：D-甘油-D-塔罗-庚糖（D-glycero-D-tallo-heptose）和海藻糖（trehalose）[1]；生物碱类：六氢-1,2,4-三嗪酮［5,6-E］［1,2,4］-三嗪-3,6-二酮 {hexahydro-1,2,4-triazino [5,6-E] [1,2,4]-triazine-3,6-dione} 和甲双二嗪（taurolidine）[1]。

叶含挥发油类：蒈烷（carane）、3-(1-金刚烷基)-2,4-戊二酮［3-(1-adamantyl)pentane-2,4-dione］和植醇（phytol）等[1]；生物碱类：1-甲基-4-[4,5-二羟基苯基]-六氢吡啶 {1-methyl-4-[4,5-dihydroxyphenyl]-hexahydropyridine}、1-辛胺（1-octanamine）和 1-十四烷胺（1-tetradecanamine）[1]；二萜类：毛喉鞘蕊花林素（forskolin）[2]。

块根含挥发油类：二-(2-甲基丙基)-1,2-苯二酸酯［bis-(2-methylpropyl)-1,2-benzenedicarboxylate］、2-己基-1-癸醇（2-hexyl-1-decanol）、10,13-十六烯二酸甲酯（methyl 10,13-hexadecenedioate）、反式-13-十八烯酸甲酯（methyl trans-13-octadecenoate）、(Z,Z)-9,12-十八二烯酸［(Z,Z)-9,12-octadecadienoic acid］、(Z)-11,19-二十烯醛［(Z)-11,19-eicoseneadienal］、二-(2-丙基苯基)-邻苯二甲酸酯［di-(2-propylpentyl) phthalate］和 9-乙基-9,10-二氢 10-叔丁基蒽（9-ethyl-9,10-dihydro-10-tert-butylanthracene）[1]；脂肪酸类：月桂酸（dodecanoic acid）、十四烷酸（tetradecanoic acid）、14-甲基十五烷酸甲酯（methyl 14-methyl pentadecanoate）和正十六烷酸（n-hexadecanoic acid）[1]；生物碱类：囊尾蚴素*（cystodytin）和 4-去羟基-N-(4,5-亚甲二氧基-2-硝基苯亚甲基)酪胺［4-dehydroxy-N-(4,5-methylenedioxy-2-nitrobenzylidene) tyramine］[1]。

地上部分含黄酮类：桑色素-3-O-木糖苷（morin-3-O-xyloside）和桑色素-3-O-葡萄糖苷（morin-3-O-glucoside）[3]。

【药理作用】1. 抗菌　块根的粗提取物对革兰氏阳性菌株（粪链球菌、化脓性链球菌、枯草芽孢杆菌、苏云金芽孢杆菌、金黄色葡萄球菌和粪肠球菌）、革兰氏阴性菌株（肺炎克雷伯菌、甲型副伤寒沙门氏菌、大肠杆菌、普通变形杆菌、奇异变形杆菌、黏质沙雷菌和铜绿假单胞菌）等 15 种细菌的生长繁殖均有抑制作用，并对烟曲霉、黑曲霉、白色念珠菌、淡紫拟青霉、绿色木霉、蜡蚧轮枝菌、毛霉菌属 1 种和镰刀菌属 2 种等 9 种真菌的生长繁殖均具有抑制作用[1]；叶所含的长链伯醇化合物对致病菌沙门氏菌的生长有抑制作用[2]。2. 护肝　块根甲醇提取物可降低四氯化碳（CCl_4）中毒大鼠的谷丙转氨酶（ALT）、天冬氨酸氨基转移酶（AST）、碱性磷酸酶（ALP）和总胆红素（TB）含量，增加总蛋白（TP）和白蛋白（ALB）含量[3]。3. 抗氧化　根乙醇提取物对 1，1- 二苯基 -2- 三硝基苯肼（DPPH）自由基和脂质过氧化物具有清除作用[4]。4. 镇痛　根乙醇提取物可减少腹腔注入 1% 乙酸诱导小鼠的扭体次数[4]。5. 抗炎　根乙醇提取物可抑制瑞士白化大鼠的足水肿[4]。

毒性　根乙醇提取物对小鼠的半数致死剂量（LD_{50}）为 81.54mg/kg[4]。

【性味与归经】甘、苦，寒。归心、肾经。

【功能与主治】清热化痰，利湿，散结消肿。用于热咳，痢疾，淋病，尿路感染，酒疸，风湿痹痛，喉痛，目赤，湿疹，痈肿。

【用法与用量】内服：煎汤，15～25g；或浸酒；外用：研末调敷或煎水洗。

【药用标准】福建药材 2006。

【临床参考】1. 胃肠炎、扁桃体炎、泌尿道感染：根研粉 3～6g，冷开水冲服，每日 1～3 次[1]。

2. 肺痈：根 45g，加玉叶金花 15g，糖适量，水煎服。

3. 背痈：根 30g，加一枝黄花 30g，酒水各半炖服。

4. 烫火伤：根，焙干研末，调麻油涂患处。（2 方至 4 方引自《福建药物志》）

5. 红斑狼疮：根 9～18g，水煎，每日 1 剂，分 2 次，冲蜜糖少许，温服。（《壮族民间用药选编》）

6. 疮痈、淋巴结核：根 15～30g，水煎服；并用鲜根捣烂敷患处。（《广西本草选编》）

7. 痔漏：鲜根 30g，酌加猪大肠，水煎服。（《福建中草药》）

8. 水肿：根 6g，加厚朴花 6g，煎甜酒服；或以根 3g，研末，开水冲服。（《贵州民间药物》）

9. 游走性关节炎：根 30～60g，水煎，酌加酒服，或炖猪脚服。（福建《中草药手册》）

【附注】Flora of China 已将本种的学名改为 Solena heterophylla Lour.

【化学参考文献】

[1] Krishnamoorthy K, Subramaniam P. Phytochemical profiling of leaf, stem, and tuber parts of Solena amplexicaulis (Lam.) Gandhi using GC-MS [J]. Int Scholarly Res Notices, 2014, 2014 (2): 1-13.

[2] Venkatachalapathi A, Thenmozhi K, Karthika K, et al. Evaluation of a labdane diterpene forskolin isolated from Solena amplexicaulis (Lam.) Gandhi (Cucurbitaceae) revealed promising antidiabetic and antihyperlipidemic pharmacological properties [J]. Saudi Journal of Biological Sciences, 2018, DOI: org/10.1016/j.sjbs.2018.08.007.

[3] Mondal A, Maity T K. Isolation of cytotoxic monomeric protein and morin derivatives from Solena amplexicaulis (Lam.) Gandhi [J]. Nat Prod Res, 2019, DOI: org/10.1080/14786419.2019.1652287.

【药理参考文献】

[1] Karthika K M, Paulsamy S. Antimicrobial potential of tuber part of the traditional medicinal climber, Solena amplexicaulis (Lam.) Gandhi. against certain human pathogens [J]. Journal of Drug Delivery & Therapeutics, 2014, 4 (3): 113-117.

[2] Chatterjee S, Karmakar A, Azmi S A, et al. Antibacterial activity of long-chain primary alcohols from Solena amplexicaulis leaves [J]. Proceedings of the Zoological Society, 2017, DOI: 10.1007/s12595-017-0208-0.

[3] Parameshwar H, Narsimha R Y, Ravi K B, et al. Hepatoprotective effect of Solena amplexicaulis (tuber) on acute carbon tetrachloride induced hepatotoxicity [J]. International Journal of Pharmacy & Technology, 2010, 2 (2): 375-384.

[4] Kabir M, Rahman M, Ahmed N, et al. Antioxidant, antimicrobial, toxicity and analgesic properties of ethanol extract of Solena amplexicaulis root [J]. Biological Research, 2014, 47: 36-47.

【临床参考文献】

[1] 轶名. 茅瓜治疗多种炎症效果好 [J]. 新医学, 1972 (12): 57.

3. 马㼎儿属 Zehneria Endl.

一年生或多年生草质藤本。茎纤细；卷须单一，稀 2 歧。叶具柄；叶片膜质或纸质，全缘或 3～5 浅裂至深裂。雌雄同株或异株；雄花花序总状或近伞房状，稀兼有单生；花萼钟状，5 裂；花冠钟状，5

裂，裂片椭圆状卵形；雄蕊3枚，花药全为2室或2枚2室，另1枚1室，药室直或微弓曲，具退化雌蕊；雌花单生或数朵呈伞房状；花萼和花冠与雄花同形；子房卵圆形或纺锤形，3室，胚珠多数，水平着生，花柱柱状，基部具环状花盘，柱头3枚。果实圆球形或长圆形，平滑，不开裂。种子多数，扁平。

约55种，分布于非洲和亚洲热带至亚热带。中国4种，法定药用植物1种。华东地区法定药用植物1种。

928. 马㼎儿（图928）• *Zehneria indica*（Lour.）Keraudren（*Melothria indica* Lour.）

图928 马㼎儿　　摄影 徐克学等

【别名】野梢瓜（浙江）。

【形态】一年生草质攀援或匍匐草本。茎纤细，具棱沟，无毛；卷须单一，不分歧。叶柄细，长2.5～5cm；叶膜质，叶形多变，通常三角状宽卵形、卵状心形或戟形，不分裂或3～5浅裂，长2～7cm，宽2～8cm，顶端急尖或渐尖，基部心形或近平截，边缘常疏生波状齿，稀近全缘，两面具瘤基状毛。雌雄同株；雄花单生，稀2～3枚组成短总状花序；花萼小，宽钟形，萼齿钻形；花冠淡黄色或白色，裂片小；雌花单生于与雄花同一叶腋内，稀双生；花冠宽钟形，裂片披针形；子房有疣状凸起。果实卵形或近球形，长 1～1.5cm，无毛，成熟时橘红色或红色；果柄纤细，长 2～3cm。种子灰白色，卵形。花期 4～7 月，果期 7～10 月。

【生境与分布】生于海拔 50～1600m 的山地路边、水沟边、田边或灌丛中。分布于安徽、江苏、浙江、江西、福建，另河南、湖北、湖南、广东、海南、广西、贵州、云南、四川、台湾均有分布；日本、越南、朝鲜、印度半岛、印度尼西亚及菲律宾也有分布。

【药名与部位】马㼎儿，地上部分。

【采集加工】夏季采收，除去杂质，晒干。

【药材性状】常缠结成团。茎纤细而略扭曲，有不分叉的卷须，无毛；表面淡黄绿色或淡黄棕色，具沟棱。叶互生，多皱缩，展平后叶片呈三角形状卵形或戟形，不分裂或 3～5 浅裂，长宽约相等，顶端急尖，基部截形或心形，边缘具波状疏齿；上表面粗糙，有极短柔毛，下表面叶脉处疏被短毛；叶柄细，长 1.5～3.5cm，无或有疏毛。果实长圆形或卵形；种子卵形，灰白色，有不甚明显的环边。气微，味淡。

【化学成分】根含三萜类：齐墩果酸（oleanolic acid）[1]；甾体类：α-菠甾醇（α-spinasterol）[1]。

【性味与归经】甘、苦，凉。

【功能与主治】清热解毒，消肿散结。用于咽喉肿痛，结膜炎；外用治疮疡肿毒，淋巴结核，睾丸炎，皮肤湿疹。

【用法与用量】煎服 15～18g；外用适量捣烂敷患处。

【药用标准】上海药材 1994。

【临床参考】1. 红斑性狼疮：根 60g，水煎服。

2. 蜂窝组织炎、疖肿：鲜全草，加鲜旱莲草、鲜积雪草、鲜龙葵各适量，捣烂敷患处。（1 方、2 方引自《浙江药用植物志》）

【附注】本种以马㼎之名首载于《救荒本草》，云："生田野中，就地拖秧而生。叶似甜瓜叶极小。茎蔓亦细。开黄花。结实比鸡弹微小，味微酸，救饥摘取马㼎熟者食之。"《植物名实图考》名野苦瓜，云："野苦瓜产建昌。蔓生细茎，一叶一须。叶作三角，有疏齿，微似苦瓜叶无花杈。就茎发小枝，结青实有汁，大如衣扣，故又名扣子草。"以上两书所述特征及附图形态均与本种相似。

Flora of China 已将本种的学名改为 Zehneria japonica（Thunberg）H. Y. Liu。

【化学参考文献】

[1] 郭丽冰. 广东白敛化学成分的分离与鉴定 [J]. 广东药学院学报，1997，13（1）：5-6.

4. 黄瓜属 Cucumis Linn.

一年生攀援或蔓生草本。茎、枝有棱沟，密被粗硬毛。卷须纤细，单一，不分歧。叶 3～7 浅裂或不裂，边缘具锯齿，两面粗糙，被刚毛。花单性，雌雄同株，间或有两性花，具短柄。雄花簇生，稀单生；萼筒钟状或近陀螺状，5 裂；花冠辐射状，黄色，5 裂；雄蕊 3 枚，离生，花丝短，花药长圆形，花药 1 枚 1 室，另 2 枚各 2 室，药室条形，折曲，稀弓曲，药隔伸出呈乳头状；退化雌蕊腺体状；雌花单生，稀簇生；花萼和花冠与雄花同形；退化雄蕊缺；花柱短，柱头 3～5 枚，靠合，胚珠多数，水平着生。果实圆形、卵圆形或长椭圆形，肉质或质硬，平滑或具瘤状突起，不开裂。种子多数，扁平。

约 32 种，分布于世界热带至温带地区，非洲种类较多。中国 4 种 3 变种，法定药用植物 2 种。华东地区法定药用植物 2 种。

929. 甜瓜（图 929）· Cucumis melo Linn.

【别名】香瓜（通称）。

一一九　葫芦科 Cucurbitaceae

图 929　甜瓜　　　　　　　　　　摄影　郭增喜

【形态】一年生匍匐状或攀援草本。卷须纤细，单一，不分歧。叶圆卵形或近肾形，长、宽均 8～15cm，先端常圆钝，基部心形，3～7 浅裂或不裂，边缘具波状锯齿，叶两面被白色糙硬毛；叶柄长 8～12cm，被刚毛。雄花数朵簇生叶腋；花梗长 0.5～2cm，被柔毛；花萼筒狭钟形，密被长柔毛，裂片近钻形；花冠黄色，直径约 2cm，裂片卵形长圆形；花丝极短，药隔顶端伸出；雌花单生叶腋，花梗长 1～2cm，被柔毛；花萼和花冠与雄花同形；子房长椭圆形，被长柔毛及长糙硬毛。果实形状和色泽因品种而异，通常卵圆形或长椭圆形。果皮平滑，具纵沟纹或斑纹。果肉绿色、黄色或白色，有香甜味。种子卵形或长圆形，扁平，有白色、黄色或红色等颜色。花果期夏季。

【生境与分布】华东各地均有栽培，另我国各地普遍栽培；世界温带至热带地区广泛栽培。

【药名与部位】甜瓜子（新疆甜瓜子），种子。甜瓜蒂（苦丁香），果柄。

【采集加工】甜瓜子：夏、秋二季果实成熟时采收，收集种子，洗净，干燥。甜瓜蒂：夏、秋二季采收，收集果柄蒂，洗净，干燥。

【药材性状】甜瓜子：呈扁平长卵形，长 5～9mm，宽 2～4mm。表面黄白色、浅棕红色或棕黄色，平滑，微有光泽。一端稍尖，另端钝圆。种皮较硬而脆，内有膜质胚乳和子叶 2 片。气微，味淡。

甜瓜蒂：呈圆柱形，多扭曲，长 3～5cm，直径 2～4mm。表面黄绿色或黄褐色，具纵棱，微皱缩。一端渐膨大，边缘反卷。质硬而韧，断面纤维性。气微，味苦。

【质量要求】甜瓜子：清洁色白，粒饱满。

【药材炮制】甜瓜子：除去杂质，洗净，干燥。用时捣碎。

甜瓜蒂：除去杂质，筛去灰屑。

【化学成分】叶含黄酮类：甜瓜苷*A、L、I、a（meloside A、L、I、a）[1]。

果实含多糖类：果胶（pectin polysaccharides）[2]；挥发油类：乙酸乙酯（ethyl acetate）、乙酸异丁酯（isobutyl acetate）和 2-甲基丁基乙酸酯（2-methylbutyl acetate）等[3]。

种子含酚酸类：没食子酸（gallic acid）和原儿茶酸（protocatechuic acid）[4]；苯丙素类：咖啡酸（caffeic acid）和迷迭香酸（rosmarinic acid）[4]；黄酮类：木犀草素-7-O-葡萄糖苷（luteolin-7-O-glycoside）、柚皮素（naringenin）、芹黄素（apigenin）、2-苯基色原酮（2-phenyl chromone）和穗花双黄酮（amentoflavone）[4]；环烯醚萜苷类：橄榄苦苷（oleuropein）[4]；木脂素类：松脂醇（pinoresinol）[4]；脂肪酸类：棕榈酸（palmitic acid）、棕榈烯酸（palmitoleic acid）、十八酸（stearic acid）、油酸（oleic acid）和亚油酸（linoleic acid）[5]；三萜类：多花白树烯醇（multiflorenol）、异多花白树烯醇（isomultiflorenol）、α-香树脂醇（α-amyrin）、β-香树脂醇（β-amyrin）、蒲公英赛醇（taraxerol）、羽扇豆醇（lupeol）、环木菠萝烯醇（cycloartenol）、24-亚甲基环木菠萝烷醇（24-methylenecycloartanol）、24-甲基-25（27）-去氢木菠萝烷醇［24-methyl-25（27）-dehydrocycloartanol］、24-亚甲基-24-二氢羊毛脂醇（24-methylene-24-dihydrolanosterol）、大戟二烯醇（euphol）、24-亚甲基-24-二氢乳脂醇（24-methylene-24-dihydroparkeol）、甘遂醇（tirucallol）[6]、7-氧代二氢栝楼二醇-3-苯甲酸酯（7-oxodihydrokarounidiol-3-benzoate）、栝楼二醇-3-苯甲酸酯（karounidiol-3-benzoate）、栝楼二醇（karounidiol）、5-去氢栝楼二醇（5-dehydrokarounidiol）、7-氧代二氢栝楼二醇（7-oxodihydrokarounidiol）、泻根醇（bryonol）、异栝楼二醇（isokarounidiol）和桑寄生醇（loranthol）[7]；甾体类：异岩藻甾醇（isofucosterol）、22-二氢菜籽甾醇（22-dihydrobrassicasterol）、24ξ-甲基羊毛索甾醇（24ξ-methyllathosterol）、刺松藻甾醇（codisterol）、赪桐甾醇（clerosterol）、燕麦甾醇（avenasterol）、24-亚甲基胆甾醇（24-methylenecholesterol）、25（27）-去氢多孔甾醇［25（27）-dehydroporiferasterol］、22-二氢菠菜甾醇（22-dihydrospinasterol）、25（27）-去氢真菌甾醇［25（27）-dehydrofungisterol］、25（27）-去氢鸡肝海绵甾醇［25（27）-dehydrochondrillasterol］、菠菜甾醇（spinasterol）、24β-乙基-25（27）-去氢胆甾烯醇［24β-ethyl-25（27）-dehydrolathosterol］、豆甾醇（stigmasterol）、菜油甾醇（campesterol）和 β-谷甾醇（β-sitosterol）[8]；脂类：卵磷脂（lecithin）、脑磷脂（cephalin）和脑苷脂（cerebroside）[9]；脂肪酸类：亚油酸（linoleic acid）[9]、油酸（oleic acid）、棕榈酸（palmitic acid）、硬脂酸（stearic acid）、辛酸（caprylic acid）、羊蜡酸（capric acid）、月桂酸（lauric acid）、豆蔻酸（myristic acid）和十六烯酸（hexadecenoic acid）[10]。

果皮含酚酸类：没食子酸（gallic acid）、原儿茶酸（protocatechuic acid）、4-羟基苯甲酸（4-hydroxybenzoic acid）、异香草酸（isovanillic acid）、3-羟基苯甲酸（3-hydroxybenzoic acid）和苯乙酸（phenylacetic acid）[11]；苯丙素类：间-香豆酸（m-coumaric acid）和绿原酸（chlorogenic acid）[11]；环烯醚萜苷类：橄榄苦苷（oleuropein）[11]；木脂素类：松脂醇（pinoresinol）[11]；黄酮类：木犀草素-7-O-葡萄糖苷（luteolin-7-O-glucoside）、柚皮素（naringenin）、芹黄素-7-葡萄糖苷（apigenin-7-glucoside）、木犀草素（luteolin）、2-苯基色原酮（2-phenylchromone）和穗花双黄酮（amentoflavone）[11]；醇类：羟基酪醇（hydroxytyrosol）和酪醇（tyrosol）[11]。

茎含三萜类：16α, 23α-环氧-2β, 3β, 7β, 20β, 26-五羟基-10α, 23α-葫芦-5, 24-（E）-二烯-11-酮［16α, 23α-epoxy-2β, 3β, 7β, 20β, 26-pentahydroxy-10α, 23α-cucurbit-5, 24-（E）-dien-11-one］、16α,

23α-环氧-2β,3β,7β,20β,26-五羟基-10α,23α-葫芦-5,24-（E）-二烯-11-酮-2-O-β-D-吡喃葡萄糖苷［16α,23α-epoxy-2β,3β,7β,20β,26-pentahydroxy-10α,23α-cucurbit-5,24-（E）-dien-11-one-2-O-β-D-glucopyranoside］、2β,16α,20,23,26-五羟基-10α-葫芦-5,24-（E）-二烯-3,11-二酮［2β,16α,20,23,26-pentahydroxy-10α-cucurbit-5,24-（E）-dien-3,11-dione］、葫芦素A-2-O-β-D-吡喃葡萄糖苷（cucurbitacin A-2-O-β-D-glucopyranoside）、25-去乙酰葫芦素A（25-deacetylcucurbitacin A）、23,24-二氢-25-去乙酰葫芦素A（23,24-dihydro-25-deacetylcucurbitacin A）、7β-羟基葫芦素B（7β-hydroxycucurbitacin B）、23,24-二氢-7β-羟基葫芦素B（23,24-dihydro-7β-hydroxycucurbitacin B）、六降葫芦素D-2-O-β-D-吡喃葡萄糖苷（hexanorcucurbitacin D-2-O-β-D-glucopyranoside）、海绿宁I、III（arvenin I, III）、葫芦素A、B、G、H、R（cucurbitacin A、B、G、H、R）、异葫芦素R（isocucurbitacin R）、六降葫芦素D（hexanorcucurbitacin D）、23,24-二氢葫芦素B（23,24-dihydrocucurbitacin B）、二氢异葫芦素B（dihydroisocucurbitacin B）和19-降羊毛脂-5,24-二烯-11-酮（19-norlanosta-5,24-dien-11-one）[12]。

果蒂含三萜类：葫芦素B、E（cucurbitacin B、E）和葫芦素B-2-O-β-D-吡喃葡萄糖苷（cucurbitacin B-2-O-β-D-glucopyranoside）[13]。

【药理作用】1.抗肿瘤 瓜蒂的水提取物、75%乙醇提取物及95%乙醇提取物可抑制人胃腺癌SGC-7901细胞、人肺癌NCI-H460细胞、人肝癌SMMC-7721细胞、人白血病K562细胞及小鼠成纤维L929细胞的增殖，细胞被阻滞在S期、G_2/M期，水提取物作用较强[1]。2.护肝 瓜蒂中分离得到的葫芦素B（cucurbitacin B）、葫芦素E（cucurbitacin E）和葫芦素B-2-O-β-D-吡喃葡萄糖苷（cucurbitacin B-2-O-β-D-glucopyranoside）可显著降低四氯化碳（CCl_4）所致的肝损伤大鼠谷丙转氨酶（ALT）含量，葫芦素B或E可改善肝细胞的疏松变性、坏死及空泡变性[2]。

【性味与归经】甜瓜子：甘，寒。甜瓜蒂：苦，寒；有小毒。

【功能与主治】甜瓜子：清肺润肠。用于肺热咳嗽，口渴，大便燥结。甜瓜蒂：催吐，退黄疸。用于食积不化，食物中毒，癫痫痰盛；外用于肝炎，肝硬化。

【用法与用量】甜瓜子：4.5～9g。甜瓜蒂：煎服0.6～1.5g；外用适量，研末吹鼻。

【药用标准】甜瓜子：药典1963、药典1977、药典2010、药典2015、部标维药1999、浙江炮规2005、新疆药品1980二册、新疆维药1993、山西药材1987、江苏药材1989、上海药材1994、山东药材2002、北京药材1998、湖北药材2009和辽宁药材2009；甜瓜蒂：药典1977、浙江炮规2015、上海药材1994、河南药材1993、山东药材2002、甘肃药材2009、山西药材1987、内蒙古药材1988、宁夏药材1993、北京药材1998和新疆药品1980二册。

【临床参考】1.慢性迁延型肝炎：甜瓜蒂水提取物制剂，每日3mg，联合服用乙酸钠（每次200mg）、复合维生素B（每次10mg，每日3次）、维生素C（每次200mg，每日3次）[1]。

2.顽固性黄疸：果梗研细末，经一侧鼻腔缓慢吸入，每周1～2次，同时给予基础保肝治疗（甘草酸二铵、硫普罗宁）[2]。

3.慢性气管炎：种子60g，研粉，每次6g，温开水送服，每日2次。

4.跌扑瘀血：种子9g，研粉，黄酒送服。（3方、4方引自《浙江药用植物志》）

【附注】甜瓜蒂始载于《神农本草经》，原名瓜蒂，列为上品。《名医别录》云："生嵩高平泽。七月七日采。"《本草图经》云："瓜蒂即甜瓜蒂也……今处处有之，亦园圃所莳。"《本草纲目》谓："甜瓜，北土、中州种莳甚多。二、三月下种，延蔓而生，叶大数寸，五、六月花开黄色，六、七月瓜熟。其类甚繁：有团有长，有尖有扁。大或径尺，小或一捻。其棱或有或无，其色或青或绿，或黄斑、糁斑，或白路、黄路。其瓤或白或红，其子或黄或赤，或白或黑。"上述甜瓜即为本种，甜瓜蒂即为本种的果柄。

本种的根、叶、花及茎民间也作药用。

药材甜瓜蒂有小毒，不宜大量服用，服用过量易出现头晕眼花，脘腹不适，呕吐，腹泻。体虚、失血及上部无实邪者禁服，心脏病患者忌服；出血病人及虚弱体质不可用。

【化学参考文献】

[1] Monties B, Bouillant M L, Chopin J. C-diholosylflavonesdans les feuilles du melon (*Cucumis melo*) [J]. Phytochemistry, 1976, 15 (6): 1053-1056.
[2] Denman L J, Morris G A. An experimental design approach to the chemical characterisation of pectin polysaccharides extracted from *Cucumis melo* Inodorus [J]. Carbohydr Polym, 2015, 117: 364-369.
[3] Yabumoto K, Yamaguchi M, Jennings W G. Production of volatile compounds by muskmelon, *Cucumis melo* [J]. Food Chem, 1978, 3 (1): 7-16.
[4] Mallek-Ayadi S, Bahloul N, Kechaou N. Chemical composition and bioactive compounds of *Cucumis melo* L. seeds: potential source for newtrends of plant oils [J]. Process Saf Environ Prot, 2018, 113: 68-77.
[5] Maran J P, Priya B. Supercritical fluid extraction of oil from muskmelon (*Cucumis melo*) seeds [J]. J Taiwan Inst Chem Eng, 2015, 47: 71-78.
[6] Itoh T, Shigemoto T, Shimizu N, et al. Triterpene alcohols in the seeds of two *Cucumis* species of Cucurbitaceae [J]. Phytochemistry, 1982, 21 (9): 2414-2415.
[7] Akihisa T, Kimura Y, Kasahara Y, et al. 7-Oxodihydrokarounidiol-3-benzoate and other triterpenes from the seeds of Cucurbitaceae [J]. Phytochemistry, 1997, 46 (7): 1261-1266.
[8] Garg V K, Nes W R. Occurrence of Δ^5-sterols in plants producing predominantly Δ^7-sterols: studies on the sterol compositions of six Cucurbitaceae seeds [J]. Phytochemistry, 1986, 25 (11): 2591-2597.
[9] Gumus S. Isolation and structure elucidation of sweet-melon seed oil [J]. Communications de la Faculte des Sciences de l'Universite d'Ankara, Serie B: Chimie, 1979, 25 (4): 29-36.
[10] Tandon S P, Hasan S Q. Study of *Cucumis melo* utilissimus seed oil [J]. Journal of the Indian Chemical Society, 1977, 54 (10): 1005-1006.
[11] Mallek-Ayadi S, Bahloul N, Kechaou N. Characterization, phenolic compounds and functional properties of *Cucumis melo* L. peels [J]. Food Chem, 2017, 221: 1691-1697.
[12] Chen C, Qiang S G, Lou L G, et al. Cucurbitane-type triterpenoids from the stems of *Cucumis melo* [J]. J Nat Prod, 2009, 72 (5): 824-829.
[13] 湖南医药工业研究所药理室肝炎组. 甜瓜蒂抗肝炎有效成分的药理研究 [J]. 中草药通讯, 1979, (3): 1-6.

【药理参考文献】

[1] 王露, 陶遵威. 甜瓜蒂3种提取物体外抗肿瘤活性的比较研究 [J]. 天津医药, 2017, 45 (4): 29-33.
[2] 湖南医药工业研究所药理室肝炎组. 甜瓜蒂抗肝炎有效成分的药理研究 [J]. 中草药通讯, 1979, (3): 1-6.

【临床参考文献】

[1] 向居正. 甜瓜蒂制剂治疗慢性、迁延型肝炎近期疗效好 [J]. 人民军医, 1978, (8): 35-36.
[2] 贾建伟, 杨积明, 袁桂玉, 等. 甜瓜蒂经鼻黏膜给药治疗顽固性黄疸 [J]. 天津医药, 2004, 32 (6): 345-346.

930. 黄瓜（图930）• *Cucumis sativus* Linn.

【别名】 胡瓜。

【形态】 一年生攀援草质藤本。全株被粗毛。卷须单一，不分歧。叶宽卵状心形，长、宽均7～20cm，先端急尖，基部常弯缺成半圆形，具3～5角或浅裂，裂片三角形，边缘具锯齿，两面被糙硬毛；叶柄粗壮，长8～20cm。雄花数朵簇生；花梗长0.5～2cm；萼筒狭钟形或近圆筒状，被长柔毛，裂片钻形；花冠黄色或淡黄色，直径约2cm，裂片长圆状披针形；雄蕊3枚，花丝近无，药隔伸出；雌花单生；花梗粗壮，长1～2cm，被柔毛；花萼和花冠与雄花同形；子房纺锤形，具刺状突起。果实长圆形或圆柱形，长10～30cm，表面粗糙，具刺瘤状突起。种子椭圆形或狭卵形，白色。花果期夏季。

【生境与分布】 华东各地普遍栽培，另全国各地普遍栽培。原产亚洲南部和非洲。

黄瓜与甜瓜的区别点：黄瓜叶宽卵状心形，裂片先端角状或短尖；果实长圆形或圆柱形，表皮粗糙，

一一九　葫芦科 Cucurbitaceae

图 930　黄瓜　　　　　摄影　赵维良等

具刺瘤状突起。甜瓜叶圆卵形或近肾形，裂片先端圆；果实圆形、卵圆形或长椭圆形，表皮平滑。

【药名与部位】 黄瓜子，种子。黄瓜皮，成熟果皮。黄瓜藤，带叶茎藤。

【采集加工】 黄瓜子：夏、秋二季取种子成熟的老黄瓜，剖开，取出种子，晒干。黄瓜皮：秋季摘下老黄瓜，趁鲜将皮刮下，洗净，晒干。黄瓜藤：夏季采收，晒干。

【药材性状】 黄瓜子：呈扁梭形或狭长卵形，长 8～12mm，宽 3～5mm。表面黄白色，平滑，略具光泽；顶端较狭平截，中央有尖凸，下端尖，有白色种脐。种皮革质，从上端破开后可见膜状胚乳，子叶 2 枚，白色。气微，味淡微甘。

黄瓜皮：呈卷筒状，长约 20cm，厚 1～2mm。外表面黄褐色，上有深色疣状突起及网状花纹，内表面暗黄色。质轻而韧。气清香，味淡。

黄瓜藤：常卷扎成束。茎呈长棱柱形，直径 5～8mm。表面灰黄色或灰绿黄色，有纵棱纹，被短刚毛。切面黄白色，中空。叶互生，多皱缩或破碎，完整叶展平后呈宽卵状心形，长与宽均 7～20cm，掌状 3～5 浅裂，裂片三角形；顶端尖锐，基部心形，边缘具锯齿，两面均被短刚毛。卷须通常脱落。体轻。气清香，味微苦。

【药材炮制】 黄瓜子：除去杂质，洗净，干燥。炒黄瓜子：取黄瓜子饮片，用文火炒至色变深，有爆裂声，并有香气逸出，取出，摊凉。

黄瓜皮：拣净杂质，洗净，切丝，晒干。

【化学成分】 叶含黄酮类：异牡荆素 -2″-O-［6‴-（E）- 对香豆酰基］葡萄糖苷 {isovitexin-2″-O-

[6‴-（E）-p-coumaroyl］glucoside}、异牡荆素 -2″-O-［6‴-（E）- 对香豆酰基］葡萄糖 -4′-O- 葡萄糖苷 {isovitexin-2″-O-［6‴-（E）-p-coumaroyl］glucoside-4′-O-glucoside}、异牡荆素 -2″-O-［6‴-（E）- 阿魏酰基］葡萄糖 -4′-O- 葡萄糖苷 {isovitexin-2″-O-［6‴-（E）-feruloyl］glucoside-4′-O-glucoside}、异金雀花素 -2″-O-［6‴-（E）- 对香豆酰］葡萄糖苷 {isoscoparin-2″-O-［6‴-（E）-p-coumaroyl］glucoside}、异金雀花素 -2″-O-［6‴-（E）- 阿魏酰基］葡萄糖苷 -4′-O- 葡萄糖苷 {isoscoparin-2″-O-［6‴-（E）-feruloyl］glucoside-4′-O-glucoside}、异牡荆素（isovitexin）、皂草黄苷（saponarin）、皂草黄苷 -4′-O- 葡萄糖苷（saponarin-4′-O-glucoside）、新西兰牡荆苷 -2（vicenin-2）、芹菜素 -7-O-（6″- 对香豆酰基葡萄糖苷）［apigenin-7-O-（6″-O-p-coumaroylglucoside）］、异牡荆素 -2″-O-［6‴-（E）- 阿魏酰基］葡萄糖苷 {isovitexin-2″-O-［6‴-（E）-feruloyl］glucoside}、异金雀花素 -2″-O-［6‴-（E）- 阿魏酰基］葡萄糖苷 {isoscoparin-2″-O-［6‴-（E）-feruloyl］glucoside}[1]、黄瓜灵素 A、B（cucumerin A、B）、牡荆素（vitexin）、荭草素（orientin）、异荭草素（isoorientin）[2]、异牡荆素 -2″-O- 吡喃葡萄糖苷（isovitexin-2″-O-glucopyranoside）、异牡荆素 -4′-O- 二吡喃葡萄糖苷（isovitexin-4′-O-diglucopyranoside）和日本獐牙菜素 -4′-O- 二吡喃葡萄糖苷（swertiajaponin-4′-O-diglucopyranoside）[3]；苯丙素类：对香豆酸（p-coumaric acid）和对香豆酸甲酯（methyl p-coumarate）[2]；烯烃类：叶黄素（lutein）[4]；单萜类：黄瓜大柱香波龙烷*Ⅰ、Ⅱ（cucumegastigmane Ⅰ、Ⅱ）和（+）- 去氢催吐萝芙木醇［（+）-dehydrovomifoliol］[4]；生物碱类：吲哚 -3- 乙醛（indole-3-aldehyde）和吲哚 -3- 甲酸（indole-3-carboxylic acid）[4]；核苷类：腺苷（adenosine）[4]；糖类：肌糖半乳糖苷（galactinol）[5]；甾体类：豆甾 -7- 烯 -3β- 醇（stigmast-7-en-3β-ol）和 α- 菠菜甾醇（α-spinasterol）[6]；氧杂环烷类：（+）-（1R, 2S, 5R, 6S）-2, 6- 二 -（4′- 羟基苯基）-3, 7- 二氧杂二环［3.3.0］辛烷 {（+）-（1R, 2S, 5R, 6S）-2, 6-di-（4′-hydroxyphenyl）-3, 7-dioxabicyclo［3.3.0］octane}[5]。

果皮含蛋白质类：质体蓝素（plastocyanin）、黄瓜蓝素*（cusacyanin）[7]和过氧物酶 A、B（peroxidase A、B）[8]；三萜类：葫芦素 B、C、D、I（cucurbitacin B、C、D、I）[9]。

果皮角质含脂肪酸类：8, 16- 二羟基十六酸（8, 16-dihydroxyhexadecanoic acid）[10]。

藤茎含三萜类：22- 亚甲基 -9, 19- 环羊毛脂 -3β- 醇（22-methylene-9, 19-cyclolanostan-3β-ol）[11]；脑苷类：大豆脑苷 I（soyacerebroside I）[11]；甾体类：α- 菠菜甾醇（α-spinasterol）、α- 菠菜甾醇 -3-O-β-D- 吡喃葡萄糖苷（α-spinasterol-3-O-β-D-glucopyranoside）、β- 谷甾醇（β-sitosterol）和豆甾 -7- 烯 -3-O-β-D- 吡喃葡萄糖苷（stigmast-7-en-3-O-β-D-glucopyranoside）[11]；生物碱类：（2S, 3S, 4R, 10E）-2-（2′, 3′- 二羟基二十四碳酰氨基）-10- 十八烯 -1, 3, 4- 三醇［（2S, 3S, 4R, 10E）-2-（2′, 3′-dihydroxy-tetracosanoylamino）-10-octadecene-1, 3, 4-triol］、（2S, 3S, 4R, 10E）-2-［（2′R）-2- 羟基二十四碳酰氨基］-10- 十八烯 -1, 3, 4- 三醇 {（2S, 3S, 4R, 10E）-2-［（2′R）-2-hydroxytetracosanoylamino］-10-octadecene-1, 3, 4-triol} 和（2S, 3S, 4R, 10E）-1-（β-D- 吡喃葡萄糖基）-2-［（2′R）-2- 羟基二十四碳酰氨基］-10- 十八烯 -1, 3, 4- 三醇 {（2S, 3S, 4R, 10E）-1-（β-D-glucopyranosyl）-2-［（2′R）-2-hydroxytetracosanoylamino］-10-octadecene-1, 3, 4-triol}[11]。

花含黄酮类：山奈酚 -3-O- 吡喃鼠李糖苷（kaempferol-3-O-rhamnopyranoside）、山奈酚 -3-O- 吡喃葡萄糖苷（kaempferol-3-O-glucopyranoside）、槲皮素 -3-O- 吡喃葡萄糖苷（quercetin-3-O-glucopyranoside）和异鼠李素 -3-O- 吡喃葡萄糖苷（isorhamnetin-3-O-glucopyranoside）[3]；甾体类：24ξ- 乙基 -5α- 胆甾 -7, 22- 二烯 -3β- 醇（24ξ-ethyl-5α-cholesta-7, 22-dien-3β-ol）、胆甾醇（cholesterol）、24ξ- 乙基 -5α- 胆甾 -7- 烯（24ξ-ethyl-5α-cholesta-7-ene）、24ξ- 甲基胆甾醇（24ξ-methylcholesterol）、24ξ- 乙基 -5α- 胆甾 -7, 25- 二烯（24ξ-ethyl-5α-cholesta-7, 25-diene）、24ξ- 甲基 -5α- 胆甾 -7- 烯（24ξ-methyl-5α-cholesta-7-ene）、24ξ- 乙基胆甾醇（24ξ-ethylcholesterol）、24- 乙基 -5α- 胆甾 -7, 24（28）（Z）- 二烯［24-ethyl-5α-cholesta-7, 24（28）（Z）-diene］和 24ξ- 乙基 -5α- 胆甾 -7, 22, 25- 三烯（24ξ-ethyl-5α-cholesta-7, 22, 25-triene）[12]。

种子含三萜类：泻根醇（bryonolol）、异栝楼二醇（isokarounidiol）、7- 氧代二氢栝楼二醇 -3- 苯甲酸酯（7-oxodihydrokarounidiol-3-benzoate）、栝楼二醇 -3- 苯甲酸酯（karounidiol-3-benzoate）、5- 去氢栝

楼二醇（5-dehydrokarounidiol）、7-氧代二氢栝楼二醇（7-oxodihydrokarounidiol）、栝楼二醇（karounidiol）和14(23Z)-环木菠萝-23-烯-3β,25-二醇[14(23Z)-cycloart-23-en-3β, 25-diol][13]；甾体类：24β-乙基-5α-胆甾-8,25(27)-二烯-3β-醇[24β-ethyl-5α-cholesta-8, 25(27)-dien-3β-ol]、24α-乙基-5α-胆甾-8,22-二烯-3β-醇（24α-ethyl-5α-cholesta-8, 22-dien-3β-ol）、24β-乙基-5α-胆甾-8,22-二烯-3β-醇（24β-ethyl-5α-cholesta-8, 22-dien-3β-ol）、24β-乙基-5α-胆甾-8,22,25(27)-三烯-3β-醇[24β-ethyl-5α-cholesta-8, 22, 25(27)-trien-3β-ol][14]、(22E, 24S)-5α-麦角甾-7,22-二烯-3β-醇[(22E, 24S)-5α-ergosta-7, 22-dien-3β-ol][15]、24β-乙基-25(27)-去氢鸡冠柱烯醇[24β-ethyl-25(27)-dehydrolophenol]和24β-乙基-31-降羊毛甾-8,25(27)-二烯-3β-醇[24β-ethyl-31-norlanosta-8, 25(27)-dien-3β-ol][16]；生物碱类：L-缬氨醇（L-valinol）、吡嗪重氮基氢氧化物（pyrazine diazohydroxide）和4-甲基-5-噻唑乙醇（4-methyl-5-thiazole ethanol）[17]；核苷类：胸腺嘧啶（thymine）[17]；脂肪酸类：丁酸（butanoic acid）、油酸（oleic acid）和亚油酸（linoleic acid）[17]；多烯类：全反式-角鲨烯（all trans-squalene）[17]；环醚酚类：β-生育酚（β-tocopherol）[17]；醛类：苯乙醛（phenyl acetaldehyde）[17]。

地上部分含甾体类：(24R)-14α-甲基-24-乙基-5α-胆甾-9(11)-烯-3β-醇[(24R)-14α-methyl-24-ethyl-5α-cholest-9(11)-en-3β-ol][18]。

【药理作用】1. 降血糖　果实乙醇提取物及种子氯化氢溶液和正丁醇提取物可显著降低链脲菌素所致的血糖模型大鼠的血糖[1, 2]。2. 降血脂　果实乙醇提取物可显著降低血清总胆固醇（TC）和甘油三酯（TG）含量，提高高密度脂蛋白（HDL）含量，降低低密度脂蛋白（LDL）含量[1]。3. 解酒　热黄瓜果汁可降低酒精中毒大鼠血液中的酒精含量，并可增加大鼠肝脏中的脱氢酶（ADH）和乙醛脱氢酶（ALDH）酶含量[3]。4. 促细胞增殖　种子正丁醇提取物在100mg/L浓度时可显著促进人牙髓干细胞增殖，显著增加碱性磷酸酶（ALP）含量，显著升高牙本质涎磷蛋白及Ⅰ型胶原蛋白的表达，在500mg/L浓度时可显著抑制人牙髓干细胞增殖[4]。5. 抗肿瘤　种子乙酸乙酯提取物可显著抑制人成骨肉瘤MG63细胞的增殖，显著促进骨形态发生蛋白-2的表达，升高碱性磷酸酶（ALP）含量[5]。

【性味与归经】黄瓜子：甘，平。归肝、肺经。黄瓜皮：甘，寒。黄瓜藤：苦，平。

【功能与主治】黄瓜子：舒筋接骨，祛风消疾。用于骨折筋伤，风湿痹痛，劳伤咳嗽。黄瓜皮：利尿，清热。用于水肿，小便不利。黄瓜藤：祛痰镇痉。用于癫痫。

【用法与用量】黄瓜子：15～25g。黄瓜皮：15～25g。黄瓜藤：15～50g。

【药用标准】黄瓜子：部标维药1999、湖南药材2009、黑龙江药材2001、辽宁药材2009和新疆维药1993；黄瓜皮：吉林药品1977；黄瓜藤：上海药材1994。

【临床参考】1. 高血压：复方黄瓜藤片（每片重0.35g，相当于黄瓜藤1.25g、海带根0.4g）口服，每日3次，每次4～6片[1]。

2. 花斑癣：果实200g，洗净切片装入容器，放硼砂100g入内，搅拌后放置3～4h，滤出液体涂擦患处，每日3～4次，7～10天1疗程[2]。

3. 燥咳：果实5个去籽，热水里烫3～4min，捞出后浸冷，猪肉150g剁碎，与麦门冬粉一齐放入大碗内，酌量放入面粉、盐、胡椒拌匀，填入空心黄瓜内，再用面粉调成厚糊封口，置锅内蒸20min，汤中加适量盐、酱油、胡椒调味，勾淀粉芡，淋于黄瓜上，每日1剂，连续食用3～5日[3]。

4. 刀伤：种子适量，洗净晾干，焙黄研末，用清水调成糊状，涂伤处，用纱布包扎[4]。

5. 烫伤：果实洗净捣烂取汁，用药棉蘸汁涂伤处，每日3次[4]。

6. 口腔溃疡：果实1个，在蒂下2cm处切断，取下长段，去籽、瓤，用芒硝填满，将切下的一段装上，密封，悬于阴凉通风处，待表面出现白霜，用毛笔将其扫入瓶内，加冰片适量，研末，涂溃疡处，每日3或4次[4]。

7. 小儿发热：茎藤及卷须15g，加金银花9g、青木香3g，水煎服。

8. 咽喉肿痛：果实1个，挖去内囊及种子，装入明矾适量，密封，挂在阴凉透风处，约10天后取皮外冒出之白霜吹入喉内。

9.癫痫：茎藤30g，加苍耳草、薏苡根各30g，水煎服。（7方至9方引自《浙江药用植物志》）

【附注】黄瓜始载于《本草拾遗》。《本草纲目》云："张骞使西域得种，故名胡瓜，按杜宝拾遗录云，隋大业肆年避讳，改胡瓜为黄瓜。""胡瓜处处有之。正二月下种，三月生苗引蔓，叶如冬瓜叶，亦有毛。四、五月开黄花，结瓜围二三寸，长者至尺许，青色，皮上有瘖瘰如疣子，至老则黄赤色。"《植物名实图考》云："有刺者曰刺瓜。"所说均系本种。

本种的根和叶民间也作药用。

药材黄瓜子和黄瓜皮中寒吐泻及病后体弱者禁服。

【化学参考文献】

[1] Abou-Zaid M M, Lombardo D A, Kite G C, et al. Acylated flavone C-glycosides from *Cucumis sativus* [J]. Phytochemistry, 2001, 58（1）: 167-172.

[2] McNally D J, Wurms K V, Labbe C, et al. Complex C-glycosyl flavonoid phytoalexins from *Cucumis sativus* [J]. J Nat Prod, 2003, 66（9）: 1280-1283.

[3] Krauze-Baranowska M, Cisowski W. Flavonoids from some species of the genus *Cucumis* [J]. Biochem Syst Ecol, 2001, 29（3）: 321-324.

[4] Kai H, Baba M, Okuyama T. Two new megastigmanes from the leaves of *Cucumis sativus* [J]. Chem Pharm Bull, 2007, 55（1）: 133-136.

[5] Pharr D M, Hendrix D L, Robbins N S, et al. Isolation of galactinol from leaves of *Cucumis sativus* [J]. Plant Sci, 1987, 50（1）: 21-26.

[6] Terauchi H, Takemura S, Kamiya Y, et al. Steroids from *Cucumis melo* var. *makuwa* and *Cucumis sativus* [J]. Chem Pharm Bull, 1970, 18（1）: 213-216.

[7] Markossian K A, Aikazyan V T, Nalbandyan R M. Two copper-containing proteins from cucumber（*Cucumis sativus*）[J]. Biochim Biophys Acta, 1974, 359（1）: 47-54.

[8] Battistuzzi G, D'Onofrio M, Loschi L, et al. Isolation and characterization of two peroxidases from *Cucumis sativus* [J]. Arch Biochem Biophys, 2001, 388（1）: 100-112.

[9] Sofany R H A. A study of cucurbitacins of *Cucumis sativus* L. growing in Egypt [J]. Bulletin of the Faculty of Pharmacy（Cairo University）, 2001, 39（3）: 127-129.

[10] Gerard H C, Pfeffer P E, Osman S F. 8, 16-Dihydroxyhexadecanoic acid, a major component from cucumber cutin [J]. Phytochemistry, 1994, 35（3）: 818-819.

[11] 唐静，邱明华，张宪民，等.黄瓜藤的化学成分研究[J].天然产物研究与开发，2009，21（1）: 66-69，83.

[12] Knights B A, Smith A R. Sterols of male and female flowers of *Cucumis sativus* [J]. Planta, 1977, 134（2）: 115-117.

[13] Akihisa T, Kimura Y, Kasahara Y, et al. 7-Oxodihydrokarounidiol-3-benzoate and other triterpenes from the seeds of Cucurbitaceae [J]. Phytochemistry, 1997, 46（7）: 1261-1266.

[14] Akihisa T, Thakur S, Rosenstein F U, et al. Sterols of Cucurbitaceae: the configurations at C-24 of 24-alkyl-Δ^5-, Δ^7-and Δ^8-sterols [J]. Lipids, 1986, 21（1）: 39-47.

[15] Matsumoto T, Shigemoto T, Itoh T. （22E, 24S）-5α-ergosta-7, 22-dien-3β-ol from the seeds of *Cucumis sativus* [J]. Phytochemistry, 1983, 22（5）: 1300-1301.

[16] Itoh T, Kikuchi Y, Shimizu N, et al. 24β-Ethyl-31-norlanosta-8, 25（27）-dien-3β-ol and 24β-ethyl-25（27）-dehydrolophenol in seeds of three Cucurbitaceae species [J]. Phytochemistry, 1981, 20（8）: 1929-1933.

[17] 贲昊玺，陆大东，卞宁生，等.黄瓜化学成分的提取与研究[J].天然产物研究与开发，2008，20（3）: 388-394.

[18] Akihisa T, Shimizu N, Tamura T, et al. （24R）-14α-methyl-24-ethyl-5α-cholest-9（11）-en-3β-ol: a new 14α-methylsterol from *Cucumis sativus* [J]. Lipids, 1986, 21（8）: 491-493.

【药理参考文献】

[1] Karthiyayini T, Kumar R, Kumar K L S, et al. Evaluation of antidiabetic and hypolipidemic effect of *Cucumis sativus* fruit in streptozotocin-induced-diabetic rats [J]. Biomedical & Pharmacology Journal, 2015, 2（2）: 351-355.

[2] Minaiyan M, Zolfaghari B, Kamal A. Effect of hydroalcoholic and buthanolic extract of *Cucumis sativus* seeds on blood glucose level of normal and streptozotocin-induced diabetic rats[J]. Iranian Journal of Basic Medical Sciences, 2011, 14(5): 436-442.

[3] Bajpai V K, Kim N H, Kim J E, et al. Protective effect of heat-treated cucumber (*Cucumis sativus* L.) juice on alcohol detoxification in experimental rats[J]. Pakistan Journal of Pharmaceutical Sciences, 2016, 29(3, Suppl): 1005-1009.

[4] 车静怡, 李艳萍, 潘爽, 等. 黄瓜籽正丁醇提取物对人牙髓干细胞增殖及成牙向分化的影响[J]. 口腔医学研究, 2018, 34(4): 380-383.

[5] 李娜, 潘志, 唐燕, 等. 黄瓜籽乙酸乙酯提取物对人成骨肉瘤细胞骨形态发生蛋白-2的影响[J]. 吉林中医药, 2013, 33(12): 1255-1257.

【临床参考文献】

[1] 吕国良, 范玉杰, 侯双锁, 等. 复方黄瓜藤片治疗高血压病的临床及实验研究[J]. 中西医结合杂志, 1991, 11(5): 274-276, 260-261.

[2] 郭浩. 黄瓜硼砂液可治汗斑[J]. 农村百事通, 2018, (4): 47.

[3] 朱本浩. 麦冬黄瓜填肉治燥咳[N]. 家庭医生报, 2018-03-12(007).

[4] 汤志鸿. 巧用黄瓜治诸病[N]. 中国中医药报, 2005-07-04(008).

5. 葫芦属 *Lagenaria* Ser.

攀援草质藤本。植株被黏毛。卷须2歧。叶柄长，顶端具2枚腺体。花单性，雌雄同株；花大，单生。雄花具长柄；花萼筒狭钟形或漏斗状，5裂；花冠白色，5裂；雄蕊3枚，花丝离生；花药长圆形，稍靠合，1枚1室，另2枚各2室，药室折曲，药隔不伸出；退化雌蕊腺体状；雌花梗短；花萼筒杯状，花萼和花冠与雄花同形；子房卵形、圆筒状或中部缢缩，花柱短，柱头3枚，各2浅裂；胚珠多数，水平着生。果实形状因品种而异，不开裂，幼时肉质，成熟后果皮木质，中空。种子多数，扁平，顶端平截。

6种，主要分布于非洲热带地区。中国引入栽培1种3变种，法定药用植物1种3变种。华东地区药用植物1种3变种。

分变种检索表

1. 果实梨形。
 2. 果实中部缢缩。
  3. 果实大，长30～45cm ···葫芦 *L. siceraria*
  3. 果实小，长通常不超过10cm ···小葫芦 *L. siceraria* var. *microcarpa*
 2. 果实中部不缢缩···瓠瓜 *L. siceraria* var. *depressa*
1. 果实长圆柱形，长60～80cm ···瓠子 *L. siceraria* var. *hispida*

931. 葫芦（图931）• *Lagenaria siceraria* (Molina) Standl. (*Lagenaria leucantha* Rusby)

【别名】瓠（山东）。

【形态】一年生攀援草质藤本。茎、枝具沟纹，被黏质长柔毛，后渐脱落近无毛。卷须2歧。叶卵状心形或肾状卵形，长、宽均10～35cm，不分裂或3～5浅裂，先端急尖，基部心形，弯缺张开，半圆形或近圆形，具掌状脉5～7条，两面被柔毛。雄花单生；花梗较叶柄长；花萼筒漏斗状，长约2cm，裂片小，披针形；花冠白色，裂片宽卵形或倒卵形，长3～4cm，宽2～3cm，边缘皱波状，具脉5条，

图 931　葫芦　　　　　　　　　　　　　　摄影　李华东等

雌花梗通常较叶柄短；子房中部缢缩，密被黏质长柔毛。果实大，通常长 30～45cm，中部缢缩，下部大于上部，成熟后果皮木质化。种子白色，扁倒卵形、三角形或近长方形，顶端平截或 2 齿裂，长约 2cm。花期 6～7 月，果期 7～8 月。

【生境与分布】华东各地有栽培，另全国各地均有栽培；世界热带及温带地区广泛栽培。

【药名与部位】葫芦（葫芦子），种子。葫芦壳，成熟果皮。

【采集加工】葫芦：立冬前后摘下果实，取出种子，晒干。葫芦壳：秋季采收成熟果实，干燥，敲碎，除去种子。

【药材性状】葫芦：扁长方形、卵圆形或近三角形，长 1.2～1.8cm，宽约 0.6cm，表面浅棕色或淡白色，较光滑，并有两面对称的 4 条深色花纹，花纹上密被淡黄色绒毛，一端平截或心形凹入，一端渐尖或钝尖。种皮质硬而脆，子叶 2 枚，乳白色，富含油性。气微，味微甜。

葫芦壳：为不规则的碎块，大小不一，厚 0.5～1.8cm。外表面黄棕色或灰黄色，较光滑；内表面黄白色或灰黄色，较粗糙，松软。体轻，质坚脆，易折断。断面黄白色或淡黄色，海绵状。气微，味淡。

【质量要求】葫芦壳：清洁，无藤无瓤，不虫蛀。

【药材炮制】葫芦：除去杂质。

葫芦壳：除去果梗、瓤及种子等杂质，洗净，切块，干燥。

【化学成分】茎含三萜类：泻根醇（bryonolol）、20- 表泻根醇酸（20-epibryonolic acid）、3β-O-（E）- 阿魏酰 -D：C- 弗瑞德齐墩果烷 -7, 9（11）- 二烯 -29- 醇［3β-O-（E）-feruloyl-D：C-friedooleana-7, 9（11）-dien-29-ol］、3β-O-（E）- 香豆酰 -D：C- 弗瑞德齐墩果烷 -7, 9（11）- 二烯 -29- 醇［3β-O-（E）-coumaroyl-D：C-friedooleana-7, 9（11）-dien-29-ol］、3β-O-（E）- 香豆酰 -D：C- 弗瑞德齐墩果烷 -7, 9（11）- 二烯 -29- 酸［3β-O-（E）-coumaroyl-D：C-friedooleana-7, 9（11）-dien-29-oic acid］、2β, 3β- 二羟基 -D：

C-弗瑞德齐墩果烷-8-烯-29-酸甲酯（2β，3β-dihydroxy-D：C-friedoolean-8-en-29-oic acid methyl ester）、3-表栝楼仁二醇（3-epikarounidiol）、3-氧化-D：C-弗瑞德齐墩果烷-7，9（11）-二烯-29-酸［3-oxo-D：C-friedoolena-7，9（11）-dien-29-oic acid］、泻根醇酸（bryonolic acid）和泻根酮酸（bryononic acid）[1]；糖类：1，3，5-三-O-乙酰基-2，4-二-O-甲基-D-木糖醇（1，3，5-tri-O-acetyl-2，4-di-O-methyl-D-xylitol）、1，2，5-三-O-乙酰基-3，4-二-O-甲基-D-木糖醇（1，2，5-tri-O-acetyl-3，4-di-O-methyl-D-xylitol）和1，4，5，6-四-O-乙酰基-2，3-二-O-甲基-D-半乳糖醇（1，4，5，6-tetra-O-acetyl-2，3-di-O-methyl-D-galactitol）[2]。

果实含酚酸类：原儿茶酸（protocatechuic acid）、没食子酸（gallic acid）[3]，4-O-葡萄糖基-3，4-二羟基苯乙醇（4-O-glucosyl-3，4-dihydroxybenzyl alcohol）、4-O-葡萄糖基-4-羟基苯甲酸（4-O-glucosyl-4-hydroxybenzoic acid）、4-O-葡萄糖基-4-羟基苯乙醇（4-O-glucosyl-4-hydroxybenzyl alcohol）和4-O-（6′-O-葡萄糖基-4″-羟基苯甲酰基）-4-羟基苯乙醇［4-O-（6′-O-glucosyl-4″-hydroxybenzoyl）-4-hydroxybenzyl alcohol］[4]；苯丙素类：（E）-4-羟甲基苯基-6-O-咖啡酰基-β-D-吡喃葡萄糖苷［（E）-4-hydroxymethyl phenyl-6-O-caffeoyl-β-D-glucopyranoside］、1-（2-羟基-4-羟甲基）-苯基-6-O-咖啡酰基-β-D-吡喃葡萄糖苷［1-（2-hydroxy-4-hydroxymethyl）-phenyl-6-O-caffeoyl-β-D-glucopyranoside］、咖啡酸（caffeic acid）、3，4-二甲氧基肉桂酸（3，4-dimethoxycinnamic acid）[3]，6-O-咖啡酰基-β-葡萄糖（6-O-caffeoyl-β-glucose）、6-O-咖啡酰基-β-葡萄糖（6-O-caffeoyl-β-glucose）、6-O-阿魏酰基-β-葡萄糖（6-O-feruloyl-β-glucose）、6-O-阿魏酰基-β-葡萄糖（6-O-feruloyl-β-glucose）、6-O-对-香豆酰基-β-葡萄糖（6-O-p-coumaroyl-β-glucose）、6-O-对-香豆酰基-β-葡萄糖（6-O-p-coumaroyl-β-glucose）、4-O-（6′-O-葡萄糖基咖啡酰基）-4-羟基苯乙醇［4-O-（6′-O-glucosylcaffeoyl）-4-hydroxybenzyl alcohol］、4-O-（6′-O-葡萄糖基咖啡酰基）-3，4-二羟基苯乙醇［4-O-（6′-O-glucosylcaffeoyl）-3，4-dihydroxybenzyl alcohol］、4-O-（6′-O-葡萄糖基-对香豆酰基）-4-羟基苯乙醇［4-O-（6′-O-glucosyl-p-coumaroyl）-4-hydroxybenzyl alcohol］、4-O-（6′-O-葡萄糖基咖啡酰基）-4-羟基苯甲酸［4-O-（6′-O-glucosylcaffeoyl）-4-hydroxybenzoic acid］、4-O-（6′-O-葡萄糖基阿魏酰基）-4-羟基苯乙醇［4-O-（6′-O-glucosylferuloyl）-4-hydroxybenzyl alcohol］、4-O-（6′-O-葡萄糖基咖啡酰基）-3，4-二羟基苯甲酸［4-O-（6′-O-glucosylcaffeoyl）-3，4-dihydroxybenzoic acid］、4-O-（6′-O-葡萄糖基阿魏酰基）-3，4-二羟基苯乙醇［4-O-（6′-O-glucosylferuloyl）-3，4-dihydroxybenzyl alcohol］、4-O-（6′-O-葡萄糖基咖啡酰葡萄糖基）-4-羟基苯乙醇［4-O-（6′-O-glucosylcaffeoylglucosyl）-4-hydroxybenzyl alcohol］、4-O-（6′-O-葡萄糖基咖啡酰基葡萄糖基咖啡酰基）-4-羟基苯乙醇［4-O-（6′-O-glucosylcaffeoyl glucosylcaffeoyl）-4-hydroxybenzyl alcohol］、4-O-（6′-O-葡萄糖基咖啡酰葡萄糖基-对-香豆酰基）-4-羟基苯乙醇［4-O-（6′-O-glucosyl caffeoylglucosyl-p-coumaroyl）-4-hydroxybenzyl alcohol］、4-O-（6′-O-葡萄糖基阿魏酰基葡萄糖基咖啡酰基）-4-羟基苯乙醇［4-O-（6′-O-glucosylferuloyl glucosylcaffeoyl）-4-hydroxybenzyl alcohol］和4-O-（6′-O-葡萄糖基咖啡酰基葡萄糖基阿魏酰基）-4-羟基苯乙醇［4-O-（6′-O-glucosylcaffeoyl glucosylferuloyl）-4-hydroxybenzyl alcohol］[4]；黄酮类：异牡荆苷（isovitexin）、异荭草苷（isoorientin）、皂草黄苷（saponarin）、皂草黄苷4′-O-葡萄糖苷（saponarin 4′-O-glucoside）、异槲皮苷（isoquercitrin）[5]和山柰酚（kaempferol）[6]；甾体类：岩藻甾醇（fucosterol）、总状铁力木醇（racemosol）、豆甾醇（stigmasterol）、豆甾-7，22-二烯-3β，4β-二醇（stigmasta-7，22-dien-3β，4β-diol）[7]、菜油甾醇（campesterol）[8]和β-谷甾醇（β-sitosterol）[9]；强心苷类：萝摩苷元-3-O-D-吡喃葡萄糖基-（1→6）（1→4）-D-吡喃加拿大麻糖苷［periplogenin-3-O-D-glucopyranosyl（1→6）（1→4）-D-cymaropyranoside］[10]；三萜类：齐墩果酸（oleanolic acid）[9]，22-去氧葫芦素D（22-deoxocucurbitacin D）和22-去氧异葫芦素D（22-deoxoisocucurbitacin D）[11]。

果皮含生物碱类：2，2′-双脒-双（3-乙基苯并噻唑啉-6-磺酸）［2，2′-azino-bis（3-ethyl benzothiazoline-6-sulphonic acid）］[12]。

种子含氨基酸类：胱氨酸（Cys）、蛋氨酸（Met）、天冬氨酸（Asp）、苏氨酸（Thr）、丝氨酸（Ser）

和谷氨酸（Glu）等[13]；有机磷酸类：植酸（phytic acid）[14]；蛋白质：葫芦宁*（lagenin）[15]；甾体类：3β-羟基-24-乙基胆甾-5-烯（3β-hydroxy-24-ethylcholest-5-ene）、5α,24ζ-豆甾-7,22-二烯-3β-醇（5α, 24ζ-stigmasta-7, 22-dien-3β-ol）、24ζ-甲基胆甾醇（24ζ-methylcholesterol）、5α-豆甾-7,24(28)-二烯-3-醇［5α-stigmasta-7, 24 (28) -dien-3-ol］、3β,5α,24ζ-豆甾-7,25-二烯-3-醇（3β, 5α, 24ζ-stigmasta-7, 25-dien-3-ol）、栗甾酮（castasterone）、24ζ-乙基-5α-胆甾-7-烯-3β-醇（24ζ-ethyl-5α-cholest-7-en-3β-ol）[16]、菠菜甾醇（spinasterol）和鸡肝海绵甾醇（chondrillasterol）[17]；元素：铁（Fe）、镁（Mg）、钾（K）、钠（Na）、锌（Zn）、钙（Ca）、磷（P）和氮（N）[18]。

全草含黄酮类：异牡荆素（isovitexin）、异荭草素（isoorientin）、肥皂草苷（saponarin）和芹菜苷元-7, 4′-二吡喃葡萄糖基-6-C-吡喃葡萄糖苷（apigenin-7, 4′-diglucopyranosyl-6-C-glucopyranoside）[19]。

【药理作用】1. 抗血栓　果实乙醇提取物可显著延长小鼠尾部出血时间以及血浆复钙时间，抑制腺苷二磷酸（ADP）诱导小鼠的肺血栓栓塞[1]。2. 抗氧化　果实乙醇提取物对1, 1-二苯基-2-三硝基苯肼（DPPH）自由基、2, 2′-联氮-二（3-乙基-苯并噻唑-6-磺酸）二铵盐（ABTS）自由基具有清除作用和对铁还原抗氧化作用，对β-胡萝卜素有漂白作用，是一种重要的天然自由基清除剂[2]。3. 降血压护心脏　果实粉末甲醇提取物对NG-硝基-L-精氨酸甲酯（L-NAME）诱导的高血压模型大鼠的收缩压和舒张压有显著的降低作用，可降低胆固醇含量，避免心肌炎症及坏死[3]。4. 降血脂　果实甲醇提取物中分离得到的植物甾醇对高脂饮食诱导的高血脂模型大鼠血清中胆固醇（TC）、甘油三酯（TG）、低密度脂蛋白（LDL）、极低密度脂蛋白（VLDL）的含量有显著降低作用，可显著升高血清中高密度脂蛋白（HDL）含量[4]。5. 增强免疫　果实水煎-醇沉提取物中分离的粗多糖有不同程度的促进小鼠脾淋巴细胞增殖的作用，可增强小鼠腹腔巨噬细胞的吞噬作用，增强小鼠红细胞免疫功能，显著提高小鼠血清中的白细胞介素-2（IL-2）含量[5]。6. 抗强迫症　果实甲醇提取物能明显减少瑞士白化小鼠的埋珠数量，并呈现剂量依赖性，提示其具有抗强迫症作用[6]。7. 抑制脂肪酶　果实甲醇粗提物、水提取物、氯仿、乙酸乙酯、乙醇、丙酮提取物对猪胰脂肪酶均有一定的抑制作用并呈现剂量依赖性，提示其可能减少脂类的消化摄入，进而控制肥胖[7]。

【性味与归经】葫芦：酸、涩，温。葫芦壳：甘，平。归肺、小肠经。

【功能与主治】葫芦：止泻，引吐。用于热痢，肺病，皮疹。葫芦壳：利水、消肿、散结。用于水肿，四肢面目浮肿，腹水肿胀，小便不利。

【用法与用量】葫芦：6～9g。葫芦壳：15～30g。

【药用标准】葫芦子：内蒙古蒙药1986；葫芦：部标藏药1995和青海藏药1992；葫芦壳：浙江药材2000和湖南药材2009。

【临床参考】乳房囊性增生：成熟果实250g（放置2～5年），加木瓜50g，洗净晒干后盐水煮并炒干研末，每次20g，每日1次，食前黄酒冲服；乳房肿块疼痛明显者，取葫芦粉末适量用膏药贴患处，24小时更换1次，忌食刺激性食物及浓茶，妊娠者禁用[1]。

【附注】葫芦原名苦瓠，始载于《神农本草经》，列为下品，"苦瓠，味苦寒，主大水面目四肢浮肿，下水，令人吐"。北宋《太平圣惠方》治龋齿疼痛用葫芦。《本草纲目》入菜部，云："正二月下种，生苗引蔓延缘。其叶似冬瓜叶而稍团，有柔毛，嫩时可食……五六月开白花，结实白色，大小长短，各有种色。"《广雅疏证》载："闻北方农人云，瓠之甘者，次年或变为苦；欲辨之者，于弱蔓初生时嚼食其茎叶以验之，苦即拔去，药用多用苦瓠，但亦有用甘瓠的。"即为本种。

本种为我国引进的物种，由于长期栽培形成了不同形态的类型，《中国植物志》中将其处理为不同的变种。这些变种实际上为栽培品种，故 Flora of China 中从植物学的角度将其处理为1种，这是可以接受的。但考虑不同类型在形态上有稳定的特征，在药用实践中也有一定的区别，本书仍按变种处理。

本种的果实脾胃虚寒者禁服。

【化学参考文献】

[1] Chen C R, Chen H W, Chang C I. D: C-friedooleanane-type triterpenoids from *Lagenaria siceraria* and their cytotoxic activity [J]. Chem Pharm Bull, 2008, 56 (3): 385-388.

[2] Ghosh K, Chandra K, Roy S K, et al. Structural studies of a methyl galacturonosyl-methoxyxylan isolated from the stem of *Lagenaria siceraria* (Lau) [J]. Carbohydr Res, 2008, 343 (2): 341-349.

[3] Mohan R, Birari R, Karmase A, et al. Antioxidant activity of a new phenolic glycoside from *Lagenaria siceraria* Stand. fruits [J]. Food Chem, 2012, 132 (1): 244-251.

[4] Jaiswal R, Kuhnert N. Identification and characterization of the phenolic glycosides of *Lagenaria siceraria* Stand. (Bottle Gourd) fruit by liquid chromatography-tandem mass spectrometry [J]. J Agric Food Chem, 2014, 62 (6): 1261-1271.

[5] Sulaiman S F, Ooi K L, Supriatno. Antioxidant and α-glucosidase inhibitory activities of cucurbit fruit vegetables and identification of active and major constituents from phenolic-rich extracts of *Lagenaria siceraria* and *Sechium edule* [J]. J Agric Food Chem, 2013, 61 (42): 10080-10090.

[6] Rajput M S, Mathur V, Agrawal P, et al. Fibrinolytic activity of kaempferol isolated from the fruitsof *Lagenaria siceraria* (Molina) Standley [J]. Nat Prod Lett, 2011, 25 (19): 1870-1875.

[7] Kalsait Ravi P, Khedekar Pramod B, Saoji Ashok N, et al. Isolation of phytosterols and antihyperlipidemic activity of *Lagenaria siceraria* [J]. Arch Pharm Res, 2011, 34 (10): 1599-1604.

[8] Shirwaikar A, Sreenivasan K K. Chemical investigation and antihepatotoxic activity of the fruits of *Lagenaria siceraria* [J]. Ind J Pharm Sci, 1996, 58 (5): 197-202.

[9] Gangwal A, Parmar S K, Sheth N R. Triterpenoid, flavonoids and sterols from *Lagenaria siceraria* fruits [J]. Pharmacia Lettre, 2010, 2 (1): 307-317.

[10] Panda S, Kar A. Periplogenin, isolated from *Lagenaria siceraria*, ameliorates L-T-4-induced hyperthyroidism and associated cardiovascular problems [J]. Horm Metab Res, 2011, 43 (3): 188-193.

[11] Enslin P R, Holzapfel C W, Norton K B, et al. Bitter principles of the Cucurbitaceae. XV. cucurbitacins from a hybrid of *Lagenaria siceraria* [J]. J Chem Soc, Section C: Organic, 1967, 10: 964-972.

[12] Ahmed D, Fatima M, Saeed S. Phenolic and flavonoid contents and anti-oxidative potential of epicarp and mesocarp of *Lagenaria siceraria* fruit: a comparative study [J]. Asian Pac J Trop Med, 2014, 7: S249-S255.

[13] Ogunbusola M E, Fagbemi T N, Osundahunsi O F. Amino acid composition of *Lagenaria siceraria* seed flour and protein fractions [J]. J Food Sci Tech, 2010, 47 (6): 656-661.

[14] Olaofe O, Adeyeye E I. Characteristics of Chinese bottle gourd (*Lagenaria siceraria*) seed flour [J]. Orient J Chem, 2009, 25 (4): 905-912.

[15] Wang H X, Ng T B. Lagenin, a novel ribosome-inactivating protein with ribonucleolytic activity from bottle gourd (*Lagenaria siceraria*) seeds [J]. Life Sci, 2000, 67 (21): 2631-2638.

[16] Takatsuto S, Makiuchi K. Identification of castasterone and sterols in the seeds of *Lagenaria siceraria* [J]. Nihon Yukagakkaishi, 2000, 49 (2): 169-171.

[17] Itoh T, Kikuchi Y, Tamura T, et al. Co-occurrence of chondrillasterol and spinasterol in two Cucurbitaceae seeds as shown by carbon-13 NMR [J]. Phytochemistry, 1981, 20 (4): 761-764.

[18] Olaofe O, Faleye F J, Adeniji A A, et al. Amino acid and mineral composition and proximate analysis of Chinese bottle, *Lagenaria siceraria* [J]. Electron J Environ Agric Food Chem, 2009, 8 (7): 534-543.

[19] Krauze-Baranowska M, Cisowski W. Isolation and identification of C-glycoside flavones from *Lagenaria siceraria* [J]. Acta Pol Pharm, 1995, 52 (2): 137-139.

【药理参考文献】

[1] Rajput M S, Balekar N, Jain D K. Inhibition of ADP-induced platelet aggregation and involvement of non-cellular blood chemical mediators are responsible for the antithrombotic potential of the fruits of *Lagenaria siceraria* [J]. Chin J Nat Med, 2014, 12 (8): 599-606.

[2] Mayakrishnan V, Veluswamy S, Sundaram K S, et al. Free radical scavenging potential of *Lagenaria siceraria* (Molina) Standl fruits extract [J]. Asian Pac J Trop Med, 2013, 6 (1): 20-26.

[3] Mali V R, Mohan V, Bodhankar S L. Antihypertensive and cardioprotective effects of the *Lagenaria siceraria* fruit in NG-nitro-L-arginine methyl ester (L-NAME) induced hypertensive rats [J]. Pharm Biol, 2012, 50 (11): 1428-1435.

[4] Kalsait R P, Khedekar P B, Saoji A N, et al. Isolation of phytosterols and antihyperlipidemic activity of *Lagenaria siceraria* [J]. Arch Pharm Res, 2011, 34 (10): 1599-1604.

[5] 阿力木江·阿不力孜. 葫芦粗多糖的提取及免疫活性初步研究 [D]. 乌鲁木齐: 新疆农业大学硕士学位论文, 2014.

[6] Prajapati R P, Kalaria M V, Karkare V P, et al. Effect of methanolic extract of *Lagenaria siceraria* (Molina) Standley fruits on marble-burying behavior in mice: Implications for obsessive-compulsive disorder [J]. Pharmacognosy Res, 2011, 3 (1): 62-66.

[7] Maqsood M, Ahmed D, Atique I, et al. Lipase inhibitory activity of *Lagenaria siceraria* fruit as a strategy to treat obesity [J]. Asian Pac J Trop Med, 2017, 10 (3): 285-290.

【临床参考文献】

[1] 朱华斌. 葫芦、木瓜在乳房囊性增生症中的临床作用 [J]. 安徽医科大学学报, 1998, 33 (2): 75.

932. 小葫芦（图932）• *Lagenaria siceraria* (Molina) Standl. var. *microcarpa* (Naud.) Hara.

图932 小葫芦　　　　　　　　　　摄影　张芬耀等

【别名】药葫（安徽）。

【形态】本变种与葫芦主要区别：果实形状与葫芦相似，唯长通常不足10cm；植株结果较多。

【生境与分布】华东各地有栽培，另全国各地均有栽培。

【药名与部位】抽葫芦，近成熟果实的果皮。

【采集加工】秋季采摘，除去果瓤及种子，晒干。

【药材性状】多为不规则块片，大小不一，厚3～6mm。外表面淡绿色或黄白色，有皱纹或光滑，内表面白色，质轻而脆，折断而不平坦。无臭，味淡。

【药材炮制】取原药材，洗净，除去果柄及种子，切中段，干燥。

【性味与归经】甘、淡、平。归肺、小肠经。

【功能与主治】利尿，消肿，通淋。用于水肿，腹胀、黄疸、淋病。

【用法与用量】15～30g。

【药用标准】北京药材1998。

【附注】本种以苦匏之名始载于《国语·鲁语》，云："夫苦匏不材于人，共济而已。"《嘉祐本草》云："瓠，固匏也……有甘苦二种：甘者大，苦者小。"《群芳谱》云："葫芦，匏也，一名藦姑，蔓生，茎长，须架起，则结实圆正。亦有就地生者，大小数种，有大如盆盎者，有小如拳者，有柄长数尺者，有中作亚腰者。茎有丝如筋，叶圆有小白毛，面青背白，开白花。"小者似为本种。

本种的果实虚寒体弱者禁服。

Flora of China已将本变种归并至葫芦 Lagenaria siceraria（Molina）Standl.。

据报道，新鲜小葫芦内含氰化物，在胃液作用下分解会释放氢氰酸而引起中毒[1]。

【附注参考文献】

[1] 李国祯，汤文章. 小葫芦中毒2例报告[J]. 临床医学杂志，1986，2（4）：201.

933. 瓠瓜（图933） · *Lagenaria siceraria*（Molina）Standl. var. *depressa*（Ser.）Hara [*Lagenaria leucantha* Rusby var. *depressa*（Ser.）Makino；*Lagenaria vulgaris* Ser. var. *depressa* Ser.]

【别名】匏瓜、葫芦、瓢葫芦、瓢瓜（江苏、安徽），大葫芦（江苏）。

【形态】本变种与葫芦主要区别：果实梨形，中部不缢缩，直径20～30cm。

【生境与分布】中国各地有栽培。

【药名与部位】葫芦子，种子。葫芦（葫芦壳、抽葫芦），果皮。

【采集加工】葫芦子：秋季果实成熟时采摘，剖取种子，晒干。葫芦：秋季采收成熟果实，干燥，敲碎，除去种子。

【药材性状】葫芦子：略呈三角状长卵形，扁平，长约2cm，宽约1cm，厚约4mm，顶端略尖，下端较宽，上下端两侧增厚呈角状突起。表面白色或灰绿色，扁面两侧各2条浅色纵向条纹，端角增厚部色亦浅。内有长卵形子叶2枚，气微，味淡，微甘。

葫芦：为不规则的碎块，大小不一，厚0.5～1.8cm。外表面黄棕色或灰黄色，较光滑；内表面黄白色或灰黄色，较粗糙，松软。体轻，质坚脆，易折断。断面黄白色或淡黄色，海绵状。气微，味淡。

【药材炮制】葫芦壳：除去果梗、瓤及种子等杂质，洗净，切块，干燥。

【化学成分】种子含肽类：瓠瓜胰蛋白酶抑制剂-I、II（LLDTI-I、II）[1]；氨基酸类：瓜氨酸（citrulline）[2]。

【性味与归经】葫芦子：二级湿寒（维医）。葫芦：甘、平。归肺、小肠经。

【功能与主治】葫芦子：清热，宽胸，化痰，消除烧痛，生湿利尿。用于胆液质性失眠、干热性体液消耗、干咳哮喘、体瘦、咽喉痒痛、尿道烧痛、胆液质性头痛、热性糖尿病及肝病。葫芦：利水、消肿、散结。用于水肿，四肢面目浮肿，腹水肿胀，小便不利。

图 933　瓠瓜　　　　　　　　　　　　　　摄影　李华东等

【用法与用量】葫芦子：5～10g。葫芦：15～30g。

【药用标准】葫芦子：新疆维药 1993；葫芦：药典 1977、浙江药材 2000、上海药材 1994、北京药材 1998、藏药 1979、山东药材 2002 和江苏药材 1989。

【临床参考】1. 黄疸、水肿、小便不利：果实 25～50g，水煎服，每日 2 次[1]。

2. 肾性肾炎、水肿：果实 50g，加冬瓜皮、西瓜皮各 30g，红枣 10g，水煎服，每日 1 剂，早晚分服[1]。

3. 齿龈肿痛：果仁 250g，加牛膝 125g，研末和匀，每次 15g，水煎服，并含漱每日 3～4 次[1]。

4. 胃脘胀闷、食欲不振、大便干结：嫩果实适量，切片煮汤口服[1]。

5. 高血压、尿路结石：果实 500g，连皮切块水煮汤，加糖调味服[1]。

【附注】 Flora of China 已将本变种归并至葫芦 Lagenaria siceraria（Molina）Standl.。

苦味的瓠瓜不能食用，毒性成分及中毒原理尚不明了[1]；苦味的原因尚不明了，可能系种的变异造成，民间有牛踩了瓜藤会造成葫芦或瓠瓜味变苦的传说。

【化学参考文献】

[1] Matsuo M, Hamato N, Takano R, et al. Trypsin inhibitors from bottle gourd (*Lagenaria leucantha* Rusby var. *depressa* Makino) seeds. purification and amino acid sequences [J]. Biochimica et Biophysica Acta, Protein Structure and Molecular Enzymology, 1992, 1120 (2): 187-192.

[2] Inukai F, Suyama Y, Sato I, et al. Amino acids in plants. I. isolation of citrulline from Cucurbitaceae [J]. Meiji Daigaku Nogakubu Kenkyu Hokoku, 1966, (20): 29-33.

【临床参考文献】

[1] 郭本功. 保健佳蔬——瓠瓜 [J]. 上海蔬菜, 2005, (2): 77.

【附注参考文献】

[1] 黄锡元. 苦瓠不能吃 [N]. 广东科技报, 2000-08-22 (002).

934. 瓠子（图 934） · *Lagenaria siceraria* (Molina) Standl. var. *hispida* (Thunb.) Hara

图 934　瓠子　　　　　　　　摄影　赵维良等

【别名】瓠芦，扁蒲（江苏苏州）。

【形态】本变种与葫芦主要区别：果实圆柱状，中部不缢缩；果实粗细均匀呈长圆柱形，直或稍弓弯，长 60～80cm，绿白色，果肉白色。

【生境与分布】华东各地有栽培，另全国各地均有栽培。

【药名与部位】蒲种壳，成熟果皮。

【采集加工】秋季果实成熟后采收，收集果皮，干燥。

【药材性状】呈圆柱形或略弯曲，长 40cm 或更长，破碎者呈不规则片状，直径约 8cm，厚 3～4mm。外表面黄棕色，光滑；内表面黄白色，粗糙而松软。体轻，质坚脆，易折断，断面不平整。气微，味淡。

【药材炮制】除去果梗、瓤及种子等杂质，洗净，切块，干燥。

【药理作用】1. 抗肿瘤　果肉和瓠乙醚提取物对白血病 CCRF-CEM 细胞和肺腺癌 A549 细胞的增殖有一定的抑制作用，对 CCRF-CEM 细胞的增殖抑制作用较 A549 细胞明显[1]。2. 抗菌　果实水提取物和甲醇提取物对大肠杆菌、啤酒酵母菌和黑曲霉菌的生长均有一定的抑制作用，其中甲醇提取物的抑制作用优于水提取物[2]。

【性味与归经】苦，寒。

【功能与主治】利水，消肿。用于腹水胀满，小便不利。

【用法与用量】9～12g。

【药用标准】浙江炮规 2015 和上海药材 1994。

【附注】瓠子始载于《新修本草》,云:"瓠味皆甜,时有苦者,而似越瓜,长者尺余,头尾相似。"《群芳谱》云:"瓠子,江南名扁蒲。就地蔓生,处处有之。苗、叶、花俱如葫芦,结子长一二尺,夏熟。亦有短者,粗如人肘,中有瓤,两头相似。味淡可煮食,不可生啖。"《植物名实图考》云:"瓠味皆甘,时有苦者,而似越瓜,头尾相似,与甜瓠瓠体性极相关。"并有附图。以上所载均与本种特征一致。

Flora of China 将本变种归并至冬瓜 Benincasa hispida (Thunb.) Cogn.,似不妥。

药材蒲种壳中焦寒者禁服。

【药理参考文献】

[1] 马淑梅, 王娟, 周雪, 等. 瓠子乙醚提取物的体外抗肿瘤作用 [J]. 世界临床药物, 2013, 34 (5): 289-291, 301.

[2] 范宏, 朱珠, 文连奎, 等. 甜葫芦提取物抑菌作用的初步研究 [J]. 食品研究与开发, 2014, 35 (3): 28-30, 50.

6. 冬瓜属 Benincasa Savi

一年生蔓生或攀援草质藤本。全株密被粗毛。卷须 2～3 歧。叶掌状 5～7 浅裂或中裂。花大,黄色,单性,雌雄同株,花单生叶腋。雄花花萼筒宽钟形,5 裂,裂片近叶状,边缘具锯齿,反折;花冠辐射状,5 深裂至基部,全缘;雄蕊 3 枚,分离,花丝粗短,花药 1 枚 1 室,另 2 枚各 2 室,药室多回折曲;退化子房腺体状;雌花花萼和花冠与雄花同形;退化雄蕊 3 枚;子房卵圆形,密被绒毛状硬毛,胚珠多数,水平着生。花柱粗短,柱头 3 枚,膨大,各 2 裂,水平着生。果实肥大,长圆柱状或近球形,被糙硬毛及白霜,不开裂。种子多数,卵形,扁平,边缘增厚。

1 种,世界热带、亚热带和温带地区广为栽培。中国各地多有栽培。法定药用植物 1 种。华东地区药用植物 1 种。

935. 冬瓜(图 935) • Benincasa hispida (Thunb.) Cogn.

【形态】一年生蔓生或攀援草质藤本。茎、枝密被硬毛,具棱沟 5 条。叶肾状圆形,长、宽均 10～30cm,5～7 浅裂或中裂,裂片宽三角形或卵状三角形,先端急尖,基部深心形,弯缺近圆形,边缘具小齿;叶柄粗壮,长 5～20cm。雄花梗长 5～15cm,密被短刚毛及长柔毛,基部常具苞片 1 枚,苞片卵形或宽长圆形,被短柔毛;花萼裂片披针形,边缘具锯齿,反折;花冠黄色,裂片宽倒卵形,长 3～6cm,两面疏生柔毛;花丝短,基部膨大,被毛;雌花梗长通常不超过 5cm,密被硬毛及柔毛;花萼和花冠与雄花同形。果实大型,绿色,常具硬毛及白霜。花果期秋、夏季。

【生境与分布】华东各地有栽培,另全国各地有栽培,云南(西双版纳)有野生;主要分布于亚洲热带和亚热带地区,澳大利亚(东部)及马达加斯加也有分布。

【药名与部位】苦冬瓜,果实。冬瓜子,种子。冬瓜皮,外层果皮。

【采集加工】苦冬瓜:秋、冬季采收,切片,低温干燥。冬瓜子:夏、秋二季果实成熟时采收,收集种子,洗净,干燥。冬瓜皮:夏、秋二季果实成熟时采收,削取外层果皮,洗净,干燥。

【药材性状】苦冬瓜:为不规则块片,常向内卷曲。外表面黄白色至灰黄色,被有白霜。果肉皱缩,黄白色,可见经脉样维管束。种子扁卵形,白色或黄白色。气微,味极苦。

冬瓜子:呈扁平卵圆形,长 1～1.4cm,宽 0.5～0.8cm。表面淡黄白色。种脐端较尖而微凹,种脐位于其凹陷处,另端钝圆,边缘光滑或两面近边缘处均有一环纹。子叶 2 枚,乳白色,有油性。体轻。气微,味微甘。

冬瓜皮:为不规则的碎片,常向内卷曲,大小不一。外表面灰绿色或黄白色,被有白霜。有的较光滑不被白霜;内表面较粗糙,有的可见筋脉状维管束。体轻,质脆。气微,味淡。

图 935　冬瓜　　　　　　　　摄影　赵维良等

【质量要求】冬瓜子：色黄白，无瘪粒，不霉蛀。冬瓜皮：色青白，不霉烂。

【药材炮制】冬瓜子：除去杂质及瘪粒，筛去灰屑；用时捣碎。炒冬瓜子：取冬瓜子饮片，炒至表面焦黄色，微具焦斑时，取出，摊凉。用时捣碎。

冬瓜皮：除去杂质，抢水洗净，稍晾，切块，干燥。

【化学成分】果实含挥发油类：乙酸乙酯（ethyl acetate）、乙偶姻（acetoin）、2- 己烯醛（2-hexenal）、正己醇（*n*-hexanol）、正庚醇（*n*-heptanol）、2- 辛酮（2-octanone）、辛醛（octanal）、2- 乙基 -1- 己醇（2-ethyl-1-hexanol）、壬醛（nonanal）、壬醇（nonanol）、α- 萜品醇（α-terpineol）、癸醛（decanal）和橙花叔醇（nerolidol）[1]；多糖类：半纤维素多糖（hemicellulosic polysaccharide）[2]；三萜类：多花白树烯醇（multiflorenol）、异多花白树烯醇乙酸酯（isomultiflorenyl acetate）、桤木烯醇（alnusenol）、5- 欧洲桤木烯 -3β- 醇乙酸酯（5-gluten-3β-ol acetate）[3]、羽扇豆醇（lupeol）、羽扇豆醇乙酸酯（lupeol acetate）[4]、3α, 29-*O*- 二 - 反式 - 桂皮酰基 -D：C- 无羁齐墩果 -7, 9-（11）- 二烯［3α, 29-*O*-di-*trans*-cinnamoyl-D：C-friedooleana-7, 9-（11）-diene］、齐墩果酸 -28-*O*-β-D- 吡喃木糖基 -［β-D- 吡喃木糖基 -（1→4）］-（1→3）-α-L- 吡喃鼠李糖基 -（1→2）-α-L- 吡喃阿拉伯糖苷 {oleanolic acid-28-*O*-β-D-xylopyranosyl-［β-D-xylopyranosyl-（1→4）］-（1→3）-α-L-rhamnopyranosyl-（1→2）-α-L-arabinopyranoside} 和齐墩果酸 -28-*O*-β-D- 吡喃葡萄糖基 -（1→3）-β-D- 吡喃木糖基 -［β-D- 吡喃木糖基 -（1→4）］-（1→3）-α-L- 吡喃鼠李糖基 -（1→2）-α-L- 吡喃阿拉伯糖苷 {oleanolic acid-28-*O*-β-D-glucopyranosyl-（1→3）-β-D-xylopyranosyl-［β-D-xylopyranosyl-（1→4）］-（1→3）-α-L-rhamnopyranosyl-（1→2）-α-L-arabinopyranoside}[5]；黄酮类：落新妇苷（astilbin）、柚皮苷元（naringenin）和儿茶素（catechin）[6]；甾体类：α- 菠菜甾醇（α-spinasterol）、麦角甾醇过氧化物（ergosterol peroxide）[3]、β- 谷甾醇乙酸酯（β-sitosterol acetate）、β- 谷甾醇（β-sitosterol）[4]、豆甾醇（stigmasterol）、豆甾醇 -3-*O*-β-D- 吡喃葡萄糖苷

（stigmasterol-3-O-β-D-glucopyranoside）、α-菠菜甾醇-3-O-β-D-吡喃葡萄糖苷（α-spinasterol-3-O-β-D-glucopyranoside）和胡萝卜苷（daucosterol）[5]；酚类：熊果苷（arbutin）[5]；生物碱类：烟酸（nicotinic acid）[5]；木脂素类：（+）-松脂酚[（+）-pinoresinol][5]；烷烃苷类：乙基-β-D-吡喃葡萄糖苷（ethyl-β-D-glucopyranoside）[5]；氨基酸类：精氨酸（Arg）、天冬氨酸（Asp）、谷氨酸（Glu）、天冬酰胺（Asp）、谷氨酰胺（Glu）、羟脯氨酸（Hyd）、脯氨酸（Pro）、异亮氨酸（Ile）、半胱氨酸（cysteine）、L-亮氨酸（L-leu）[7]和瓜氨酸（citrulline）[8]；糖类：葡萄糖（glucose）和鼠李糖（rhamnose）[7]；烷醇类：正三十醇（n-triacontanol）[7]；多元醇类：甘露醇（manicol）[7]；酯类：二-2-乙基己基邻苯二甲酸酯（di-2-ethylhexylphthalate）[9]。

果实蜡质含三萜类：异多花白树烯醇乙酸酯（isomultiflorenol acetate）[10]。

种子含肽类：冬瓜肽（hispidalin）[11]。

【药理作用】 1. 抗癫痫　种子的乙醇提取物可显著降低啤酒酵母所致癫痫模型大鼠的癫痫反应及发热现象[1]。2. 抗炎镇痛　种子的甲醇提取物可显著清除1,1-二苯基-2-三硝基苯肼（DPPH）自由基及羟自由基（·OH），可显著减轻角叉菜所致大鼠的足肿胀，提高热板法所致小鼠的痛阈值，且呈剂量依赖性[2]。3. 抗肿瘤　茎的二氯甲烷和甲醇提取物中分离得到的类黄酮可抑制结肠腺癌HT-29细胞、非小细胞肺癌NCI-H460细胞、乳腺癌MCF-7细胞、卵巢腺癌OVCAR-3细胞和肾癌RXF-393细胞的增殖[3]。4. 抗前列腺肥大　果实石油醚提取物及其种子油在体外可抑制5α-还原酶的活性，显著增加睾丸素所致的前列腺肥大模型大鼠前列腺/体重值[4]。5. 抗胃溃疡　果实榨汁可显著降低吲哚美辛所致胃溃疡模型大鼠的溃疡指数，显著降低红细胞及胃窦匀浆中的丙二醛（MDA）含量，同时降低超氧化物歧化酶（SOD）及维生素C的含量[5]；果实甲醇提取物的正丁醇和水部位可显著降低乙酰水杨酸所致小鼠实验性胃溃疡的发生率，可保护胃黏膜上皮细胞并抑制溃疡发生[6]。6. 抗强迫症　果实甲醇提取物可显著减弱小鼠的大理石埋藏行为而不影响其运动[7]。7. 抗菌　种子醇提取物及水提取物对金黄色葡萄球菌及大肠杆菌的生长具有明显的抑制作用，且醇提取物的抑制作用优于水提取物[8]。8. 抗组胺　果实己烷提取液中分离得到的三萜及甾醇类化合物可抑制大鼠腹腔肥大细胞抗原-抗体反应所致的组胺释放[9]。9. 抗氧化　冬瓜多糖可清除1,1-二苯基-2-三硝基苯肼（DPPH）自由基、羟自由基及超氧阴离子自由基（$O_2^-·$）[10]。10. 抗慢性肾功能衰竭　果皮炭可显著降低腺嘌呤诱导的慢性肾衰模型大鼠血清中的尿酸、肌酐及尿素氮含量[11]。11. 促皮肤愈合　果实匀浆可提高小鼠紫外线晒伤皮肤组织的内源性血管内皮生长因子（VEGF）及碱性成纤维细胞生长因子（FGF-2）的表达，增加晒伤组织中炎性细胞和血管数量[12]。

【性味与归经】 苦冬瓜：苦，凉。归心、肺、胃、肾、膀胱经。

冬瓜子：甘，凉。归肺、肝、小肠经。冬瓜皮：甘，凉。归脾、小肠经。

【功能与主治】 苦冬瓜：清热解毒，止咳化痰，除风止痒，利水消肿。用于风火气血失调所致的心悸，胸闷，头目胀痛，咳喘；咽喉肿痛，咳嗽痰多；六淋证出现的尿频、尿急、尿痛，水肿病；脘腹胀痛，纳呆食少，形瘦体弱，气短乏力；死胎不下；牛皮癣，风疹，麻疹，湿疹，癫疹，豆疹，麻风病；破伤风。冬瓜子：清热化痰，消痈利水。用于痰热咳嗽，肺痈，肠痈，淋病，水肿，脚气。冬瓜皮：利尿消肿。用于水肿胀满，小便不利，暑热口渴，小便短赤。

【用法与用量】 苦冬瓜：煎服5～10g；外用适量。冬瓜子：9～30g。冬瓜皮：9～30g。

【药用标准】 苦冬瓜：云南傣药2005三册；冬瓜子：药典1963、药典1977、浙江炮规2015、上海药材1994、湖南药材2009、北京药材1998、甘肃药材2009、贵州药材2003、河南药材1991、湖北药材2009、辽宁药材2009、山东药材2002、山西药材1987、四川药材2010、新疆药品1980二册和台湾2013；冬瓜皮：药典1963—2015、浙江炮规2005和新疆药品1980二册。

【临床参考】 1. 小儿咳嗽：种子25g，加芦根、薏苡仁、滑石各25g，杏仁、桔梗、炒麦芽、炒谷芽各15g，桃仁、苏叶各10g，黄连3g，炙麻黄1.5g[1]。

2. 膜性肾病：果实 500g，鲫鱼 250g 洗净去肠杂及鳃，葱白 3 段，生姜 5 片，加少许调料同煎汤 100ml，每日 2 次，饭后饮，联合口服血管紧张素转换酶抑制剂或血管紧张素 II 受体拮抗剂、降脂药、抗血小板聚集药、泼尼松和/或免疫抑制剂治疗[2]。

3. 美尼尔氏综合征：果皮 9g，加吴茱萸（炒）6g，党参、桂枝、白芍各 9g，大枣 4 枚、生姜 5 片、炙甘草 5g，水煎，每日 1 剂，分 2 次服，治疗期少饮水，低盐饮食，安静休息[3]。

4. 体虚浮肿：外果皮 30g，加赤豆 60g，红糖适量，煮烂食豆服汤。

5. 慢性肾炎（浮肿、蛋白尿）：果皮 30g，加生黄芪 30g，水煎服。

6. 肺脓疡：种子 30g，加芦根、薏苡仁各 30g，金银花 15g、桔梗 9g，水煎服。

7. 白带：种子 120g，炒研细粉，每次 15g，开水送服，每日 2 次。（4 方至 7 方引自《浙江药用植物志》）

【附注】本种始载于《神农本草经》，列为上品，原称白瓜子。《名医别录》云："白瓜子生嵩高平泽，冬瓜仁也，八月采之。"《开宝本草》云："冬瓜经霜后，皮上白如粉涂，其子亦白，故名白冬瓜。"《本草纲目》道："冬瓜三月生苗引蔓，大叶团而有尖，茎叶皆有刺毛。六七月开黄花。结果大者径尺余，长三四尺，嫩时绿色有毛，老则苍色有粉，其皮坚厚，其肉肥白，其瓤谓之瓜练，白虚如絮，可以浣练衣服。其子谓之瓜犀，在瓤中成列。"《植物名实图考》云："冬瓜本经上品，一名白瓜，削敷痈疽，分散热毒最良。子可食，皮治跌打伤损，叶治消渴敷疮。"即为本种。

本种的藤、叶及瓤民间也作药用。

药材苦冬瓜和冬瓜子孕妇忌服，脾胃虚寒者不宜多服，也不宜与蜂蜜同服。

【化学参考文献】

[1] Sharma J, Chatterjee S, Kumar V, et al. Analysis of free and glycosidically bound compounds of ash gourd (*Benincasa hispida*): identification of key odorants [J]. Food Chem, 2010, 122 (4): 1327-1332.

[2] Mazumder S, Lerouge P, Loutelier-Bourhis C, et al. Structural characterisation of hemicellulosic polysaccharides from *Benincasa hispida* using specific enzyme hydrolysis, ion exchange chromatography and MALDI-TOF mass spectroscopy [J]. Carbohydr Polym, 2005, 59 (2): 231-238.

[3] Yoshizumi S. Alnusenol and multiflorenol and other constituents from Chinese winter melon as histamine release inhibitors [P]. Japan Kokai Tokkyo Koho, 2000, JP 2000136130 A 20000516.

[4] Maiti S P, Roy R L, Bahattacharyya T K. Chemical examination of ripe fruit of *Benincasa hispida* (Thunb.) [J]. Journal of the Institution of Chemists (India), 1992, 64 (3): 123-124.

[5] Han X N, Liu C Y, Liu Y L, et al. New triterpenoids and other constituents from the fruits of *Benincasa hispida* (Thunb.) Cogn. [J]. J Agric Food Chem, 2013, 61 (51): 12692-12699.

[6] Du Q Z, Zhang Q, Ito Y. Isolation and identification of phenolic compounds in the fruit of *Benincasa hispida* by HSCCC [J]. J Liq Chromatogr Relat Technol, 2005, 28 (1): 137-144.

[7] Lakshmi V, Mitra C R. Constituents of *Benincasa hispida* [J]. Quarterly Journal of Crude Drug Research, 1976, 14 (4): 163-164.

[8] Inukai F, Suyama Y, Sato I, et al. Amino acids in plants. I. isolation of citrulline from Cucurbitaceae [J]. Meiji Daigaku Nogakubu Kenkyu Hokoku, 1966, (20): 29-33.

[9] 王家文, 杜琪珍, 夏会龙, 等. 冬瓜中 DEHP 气相色谱-质谱联用检测方法的建立 [J]. 食品科学, 2010, 31 (4): 183-186.

[10] Wollenweber E, Faure R, Gaydou E M. A rare triterpene as major constituent of the "wax" on fruits of *Benincasa hispida* [J]. Indian Drugs, 1991, 28 (10): 458-460.

[11] Sharma S, Verma H N, Sharma N K. Cationic bioactive peptide from the seeds of *Benincasa hispida* [J]. International Journal of Peptides, 2014, 2014: 156060/1-156060/12.

【药理参考文献】

[1] Qadrie Z L, Hawisa N T, Khan M W A, et al. Antinociceptive and anti-pyretic activity of *Benincasa hispida* (Thunb.) Cogn. in Wistar albino rats [J]. Pakistan Journal of Pharmaceutical Sciences, 2009, 22 (3): 287-290.

[2] Gill N S, Dhiman K, Bajwa J, et al. Evaluation of free radical scavenging, anti-inflammatory and analgesic potential of *Benincasa hispida* seed extract [J]. International Journal of Pharmacology, 2010, 6(5): 652-657.
[3] Pradhan D, Panda P K, Tripathy G, et al. Anticancer activity of biflavonoids from *Lonicera japonica* and *Benincasa hispida* on human cancer cell lines [J]. Journal of Pharmacy Research, 2009, 2(5): 983-985.
[4] Nandecha C, Nahata A, Dixit V K. Effect of *Benincasa hispida* fruits on testosterone-induced prostatic hypertrophy in albino rats [J]. Current Therapeutic Research, 2010, 71(5): 331-343.
[5] Shetty B V, Arjuman A, Jorapur A, et al. Effect of extract of *Benincasa hispida* on oxidative stress in rats with indomethacin induced gastric ulcers [J]. Indian Journal of Physiology & Pharmacology, 2008, 52(2): 178-182.
[6] 夏明, 阮叶萍. 冬瓜提取物抗小鼠胃溃疡活性研究 [J]. 食品科学, 2005, 26(4): 243-246.
[7] Girdhar S, Wanjari M M, Prajapati S K, et al. Evaluation of anti-compulsive effect of methanolic extract of *Benincasa hispida* Cogn. fruit in mice [J]. Acta Poloniae Pharmaceutica, 2010, 67(67): 417-421.
[8] 刘静, 唐旭利, 吕光宇, 等. 冬瓜子营养成分分析及抑菌活性研究 [J]. 中国海洋大学学报(自然科学版), 2013, 43(12): 62-65.
[9] 怡悦. 冬瓜抑制组胺释放的成分 [J]. 国外医学(中医中药分册), 1999, 21(5): 41-42.
[10] 杨孝延, 汪道兵, 孙玉军. 冬瓜多糖的超声波辅助提取及其抗氧化活性研究 [J]. 江汉大学学报(自然科学版), 2017, 45(6): 530-536.
[11] 王一硕, 张娟, 刘鸣昊, 等. 冬瓜皮炭对慢性肾功能衰竭大鼠的治疗作用观察 [J]. 中医学报, 2014, 29(9): 1317-1319.
[12] 周琪, 曹雪姣, 刘丽坤, 等. 冬瓜粗提物对小鼠紫外线晒伤皮肤的修复作用 [J]. 天然产物研究与开发, 2016, 28: 1475-1478, 1498.

【临床参考文献】
[1] 周敏. 苇茎汤临床应用 [J]. 内蒙古中医药, 2009, 28(23): 53, 56.
[2] 王云汉, 张宗礼. 鲫鱼冬瓜汤辅助治疗膜性肾病40例 [J]. 山东中医杂志, 2012, 31(11): 792-793.
[3] 杨恕. 吴萸桂枝冬瓜皮汤治疗美尼尔氏综合征 [J]. 湖南中医学院学报, 1983, (4): 44.

7. 南瓜属 *Cucurbita* Linn.

一年生蔓生或攀援草质藤本。茎、枝粗壮,被硬毛或柔毛。卷须2至多歧。叶全缘或分裂;具长柄。雌雄同株, 花大、黄色, 单生叶腋。雄花花萼筒钟状, 5浅裂, 裂片披针形或顶端扩大呈叶状;花冠合瓣, 钟状, 5裂至中部;雄蕊3枚, 花丝短, 离生, 花药靠合成头状, 1枚1室, 另2枚各2室, 药室条形, 折曲;无退化雌蕊;雌花具短柄;花萼和花冠与雄花同形;退化雄蕊3枚, 短三角形;子房长圆形、球形或卵圆形, 花柱短, 柱头3枚, 各2浅裂或2分枝, 胚珠多数, 水平着生。果实大型, 肉质, 不开裂。种子多粒, 扁平, 平滑。

约15种, 分布于热带及亚热带地区, 在温带地区有栽培。中国引种3种1变种, 法定药用植物3种1变种。华东地区法定药用植物3种。

分种检索表

1. 叶肾形或近圆形, 不分裂·····笋瓜 *C.maxima*
1. 叶非上述形状, 分裂。
   2. 叶宽卵形、卵圆形或近圆形, 边缘具5角或5浅裂;花萼裂片上部扩大成叶状;瓜蒂扩大成喇叭状·····南瓜 *C.moschata*
   2. 叶三角形或卵状三角形, 边缘不规则3~7分裂;花萼裂片上部不扩大;瓜蒂不扩大或稍扩大·····西葫芦 *C.pepo*

936. 笋瓜（图 936）• *Cucurbita maxima* Duchesne ex Lam.

图 936 笋瓜　　　　　　　　　摄影　徐克学等

【别名】北瓜、搅丝瓜（江苏），印度南瓜。

【形态】一年生蔓生或攀援藤本。茎粗壮，被白色刚毛。卷须粗壮，2 至多分歧，疏被短刚毛。叶柄粗壮，长 15～20cm，密被短刚毛；叶片肾形或近圆形，长、宽均 15～25cm，边缘具细锯齿或近全缘，先端钝圆，基部心形，两面被短刚毛，背面叶脉明显凸起；花单性同株。雄花梗长 10～20cm；萼筒钟形，裂片披针形，长 1.5～2cm，密被白色短刚毛；花冠黄色，筒状，5 中裂，裂片卵圆形，边缘皱褶，向外反折；雄蕊 3 枚，花丝短，花药靠合；雌花花萼和花冠与雄花同形。果柄短，圆柱状，无棱沟，瓜蒂不扩大或稍扩大；果实形状及颜色因品种而异。种子多数，椭圆形或长圆形，扁平，边缘钝或稍拱起。花期 5 月，果期 6 月。

【生境与分布】华东各地有栽培，另全国各地均有栽培；原产印度。

【药名与部位】北瓜，栽培品种鼎足瓜的成熟果实。

【采集加工】秋季果实成熟时采摘，趁鲜供配制制剂用。

【药材性状】果形奇异。上半部呈扁圆形，直径 10～25cm；外表橘红色，光滑；可见自顶端中央向四周辐射的细腻花纹，有时可见大小不一、分布不规则的瘤状斑痕；中央下陷处具残留短柄，无柄座；下半部小，略呈圆方形，显著突起成脐，并有十字形深沟，呈四足状，脐部灰白色。果肉黄色或深黄色，厚约 5mm；具液汁；种子多数，若南瓜子形。气微，味甘。

【化学成分】果实含内酯类：二氢猕猴桃内酯（dihydroactinidiolide）[1]；酚酸类：2,4-二叔丁基苯酚（2,4-di-*tert*-butylphenol）和 2,5-二叔丁基酚（2,5-di-*tert*-butylphenol）[1]；邻苯二甲酸二异丁酯（diisobutyl phthalate)、邻苯二甲酸丁辛酯（butyl octyl phthalate）和邻苯二甲酸二丁酯（dibutyl phthalate）[1]；脂肪酸类：肉豆蔻酸（myristic acid）、棕榈酸（palmitic acid）、亚麻酸（linolenic acid）、亚油酸（linoleic acid）、油酸（oleic acid）、反油酸（elaidic acid）、岩芹酸（petroselinic acid）、硬脂酸（stearic acid）、棕榈酸甲酯（methyl hexadecanoate）、棕榈酸乙酯（ethyl hexadecanoate）、2, 2, 2-三氯乙酸十六烷基酯（2, 2, 2-trichloro-acetic acid hexadecyl ester）和油酸甲酯（methyl oleate）[1]；烷烃类：正三十四烷（n-tetratriacontane）[1]；烷醇类：1-十一醇（1-undecanol）和1-二十七烷醇（1-heptacosanol）[1]；吗啉类：4-十八烷基吗啉（4-octadecyl-morpholine）[1]；烯烃类：三乙烯基环辛烯（3-ethenylcyclooctene）、2-十四烯（2-tetradecene）和1-十九烯（1-nonadecene）[1]；维生素类：维生素（vitamin E）[1]；色素类：南瓜黄质（cucurbitaxanthin）和南瓜烯（cucurbitene）[2]；醛类：（9Z）-9, 17-十八二烯醛[（9Z）-9, 17-octadecadienal][1]和反式-对香豆醛（trans-p-coumaryl aldehyde）[3]；苯衍生物：1, 4-二甲基-2, 5-二（1-甲基乙基）苯[1, 4-dimethyl-2, 5-bis（1-methylethyl）benzene][1]。

花含甾体类：24α-乙基-5α-胆甾-7, 22-二烯-3β-醇（24α-ethyl-5α-cholesta-7, 22-dien-3β-ol）和菠菜甾醇（spinasterol）[4]。

种子含三萜类：7α-羟基多花白树-8-烯-3α, 29-二醇-3-乙酸酯-29-苯甲酸酯（7α-hydroxymultiflor-8-en-3α, 29-diol-3-acetate-29-benzoate）、7α-甲氧基多花白树-8-烯-3α, 29-二醇-3, 29-二苯甲酸酯（7α-methoxymultiflor-8-en-3α, 29-diol-3, 29-dibenzoate）、7β-甲氧基多花白树-8-烯-3α, 29-二醇-3, 29-二苯甲酸酯（7β-methoxymultiflor-8-en-3α, 29-diol-3, 29-dibenzoate）、多花白树-7, 9（11）-二烯-3α, 29-二醇-3, 29-二苯甲酸酯[multiflora-7, 9（11）-dien-3α, 29-diol-3, 29-dibenzoate][5]、7α-甲氧基多花白树-8-烯-3α, 29-二醇-3-乙酸酯-29-苯甲酸酯（7α-methoxymultiflor-8-en-3α, 29-diol-3-acetate-29-benzoate）、7-酮基多花白树-8-烯-3α-29-二醇-3-乙酸酯-29-苯甲酸酯（7-oxomultiflor-8-en-3α,29-diol-3-acetate-29-benzoate）和多花白树-7, 9（11）-二烯-3α, 29-二醇-3-对羟基苯甲酸-29-苯甲酸酯[multiflora-7, 9（11）-dien-3α, 29-diol 3-p-hydroxybenzoate-29-benzoate]、多花白树-7, 9（11）-二烯-3α, 29-二醇-3-苯甲酸酯[multiflora-7, 9（11）-dien-3α, 29-diol-3-benzoate]、多花白树-5, 7, 9（11）-三烯-3, 29-二醇-3, 29-二苯甲酸酯[multiflora-5, 7, 9（11）-trien-3, 29-diol-3, 29-dibenzoate][6]，α-香树脂醇（α-amyrin）和β-香树脂醇（β-amyrin）[7]；甾体类：24α-烷基-Δ^7-甾醇（24α-alkyl-Δ^7-sterol）、24β-烷基-Δ^7-甾醇（24β-alkyl-Δ^7-sterol）[7]、24β-乙基-5α-胆甾-7, 22, 25（27）-三烯-3β-醇[24β-ethyl-5α-cholesta-7, 22, 25（27）-trien-3β-ol]、24β-乙基-5α-胆甾-7, 25（27）-二烯-3β-醇[24β-ethyl-5α-cholesta-7, 25（27）-dien-3β-ol]、24-二氢菠菜甾醇（24-dihydrospinasterol）、燕麦甾醇（avenasterol）、24ξ-甲基羊毛索甾醇（24ξ-methyllathosterol）、25（27）-去氢真菌甾醇[25（27）-dehydrofungisterol]、菠菜甾醇（spinasterol）[8]、赪桐甾醇（clerosterol）、异岩藻甾醇（isofucosterol）、25-去氢多孔甾醇（25-dehydroporiferasterol）、菜油甾醇（campesterol）、刺松藻甾醇（codisterol）、豆甾醇（stigmasterol）和β-谷甾醇（β-sitosterol）[9]；氨基酸类：赖氨酸（lysine）、组氨酸（histidine）、3-甲基组氨酸（3-methylhistidine）、鸟氨酸（ornithine）、精氨酸（arginine）和南瓜子氨酸（cucurbitin）等[10]；脂肪酸类：棕榈酸（palmitic acid）、硬脂酸（stearic acid）、油酸（oleic acid）和亚油酸（linoleic acid）[11]。

幼苗含三萜类：α-香树脂醇（α-amyrin）和β-香树脂醇（β-amyrin）[7]；甾体类：24α-烷基-Δ^7-甾醇（24α-alkyl-Δ^7-sterol）和24β-烷基-Δ^7-甾醇（24β-alkyl-Δ^7-sterol）[7]。

【药理作用】降血糖　果实的石油醚提取物能使糖尿病小鼠的肝糖原含量升高、减低总胆固醇（TC）、甘油三酯（TG）、丙二醛（MDA）含量，提高超氧化物歧化酶（SOD）及胰岛素含量[1]。

【性味与归经】甘，微苦，平。

【功能与主治】用于治支气管哮喘。单味应用或与其他药材配成膏滋服。

【用法与用量】鲜果1只（约重500g），去蒂，加入冰糖、蜂蜜各50g，炖熟，其可食部分分10次服用。

【药用标准】上海药材1994。

【化学参考文献】

［1］孙士咏．印度南瓜降血糖作用研究及脂溶性成分分析［D］．新乡：河南科技学院硕士学位论文，2016．

［2］Suginome H，Ueno K．Carotenoids of *Cucurbita*．I．pigments of the fruit of *Cucurbita maxima* Duch．［J］．Proceedings of the Imperial Academy（Tokyo），1931，7：251-253．

［3］Stange R R J，Sims J J，Midland S L，et al．Isolation of a phytoalexin，trans-p-coumaryl aldehyde，from *Cucurbita maxima*，Cucurbitaceae［J］．Phytochemistry，1999，52（1）：41-43．

［4］Villasenor I M，Lemon P，Palileo A，et al．Antigenotoxic spinasterol from *Cucurbita maxima* flowers［J］．Mutat Res，1996，360（2）：89．

［5］Kikuchi T，Ueda S，Kanazawa J，et al．Three new triterpene esters from pumpkin（*Cucurbita maxima*）seeds［J］．Molecules，2014，19（4）：4802-4813．

［6］Takashi K，Mika T，Mayumi S，et al．Three new multiflorane-type triterpenes from pumpkin（*Cucurbita maxima*）seeds［J］．Molecules，2013，18（5）：5568-5579．

［7］Cattel L，Balliano G，Caputo O．Sterols and triterpenes from *Cucurbita maxima*［J］．Planta Med，1979，37（3）：264-267．

［8］Garg V K，Nes W R．Studies on the C-24 configurations of Δ^7-sterols in the seeds of *Cucurbita maxima*［J］．Phytochemistry，1984，23（12）：2919-2923．

［9］Garg V K，Nes W R．Codisterol and other Δ^5-sterols in the seeds of *Cucurbita maxima*［J］．Phytochemistry，1984，23（12）：2925-2929．

［10］Bravo O R，Garcia M H，Gonzalez A E，et al．Phytochemical study of *Cucurbita maxima* seeds［J］．Anales de la Real Academia de Farmacia，1974，40（3-4）：463-473．

［11］Rahman M A，Quddus M A，Ahmed S．Survey of oil seeds．Part I．studies on the seeds and seed-oils from *Cucurbita maxima*［J］．Bangladesh J Sci Ind Res，1975，10（3-4）：225-232．

【药理参考文献】

［1］孙士咏．印度南瓜降血糖作用研究及脂溶性成分分析［D］．新乡：河南科技学院硕士学位论文，2016．

937. 南瓜（图937）• *Cucurbita moschata* Duchesne

【别名】番瓜（通称），金瓜、番南瓜（福建），统瓜（福建莆田），倭瓜、饭瓜（安徽），北瓜（江苏）。

【形态】一年生蔓生或攀援草质藤本。茎粗壮，具棱沟，密被白色短硬毛。卷须3～5歧，疏被短硬毛。叶柄粗壮，长8～20cm，被硬毛；叶片宽卵形、卵圆形或近圆形，长12～25cm，宽20～30cm，先端钝或三角形急尖，基部心形，弯缺开张，边缘具5角或5浅裂，密生细齿，两面被硬毛。雄花花萼筒钟形，裂片条形，长1～1.5cm，被柔毛，上部扩大呈叶状；花冠黄色，钟形，长约8cm，5中裂，裂片边缘反折，具皱褶，先端尖；雄蕊3枚，花药靠合；雌花花萼和花冠与雄花同形；花柱短，柱头3枚，各2裂。果柄粗而短，长5～8cm，具棱沟，瓜蒂扩大呈喇叭状；果形多变，因品种而异，通常长椭圆形、卵形、扁球形或狭颈状等。种子卵圆形、长卵形或长圆形，扁平，灰白色，边缘钝稍凸起。花期6～8月，果期9～10月。

【生境与分布】华东地区普遍栽培，另全国南北各地广泛栽培；原产墨西哥至中美洲，世界各地普遍栽培。

【药名与部位】南瓜（南瓜干），果肉。南瓜子，种子。南瓜蒂，瓜柄蒂。南瓜藤，带叶藤茎。

【采集加工】南瓜：夏、秋季采收，剖开，除去瓜瓤及种子，切薄片，干燥。南瓜子：夏、秋二季果实成熟时采收，收集种子，干燥。南瓜蒂：秋季果实成熟时采收，收集果柄蒂，干燥。南瓜藤：夏、秋二季采收，晒干。

图 937　南瓜　　　　摄影　赵维良等

【药材性状】南瓜：呈不规则薄片状，皱缩卷曲，长度不等，宽 2～3cm。外果皮灰棕色或棕褐色，果肉棕黄色或淡黄色，切面平滑，略呈粉性。体轻，质脆，易碎。气微，味微甘。

南瓜子：呈扁椭圆形，长 1～2cm，宽 0.6～1.2cm。表面黄白色。一端略尖，边缘稍有棱。种皮较厚，胚乳菲薄，绿色，子叶 2 枚，肥厚，富油性。质脆。气微，味微甘。

南瓜蒂：呈五至六角形的盘状。表面淡黄色，微具光泽，疏生刺状短毛。果柄柱形，略弯曲，长 2～3cm，直径 1～2cm，有隆起的棱脊 5～6 条。质硬而脆。切面黄白色。气微，味微苦。

南瓜藤：常缠结成团，全体被白色刚毛和茸毛。茎呈棱柱形，直径 3～6mm。表面灰绿色或黄绿色，有纵棱纹，节略膨大，切面中空。叶通常皱缩破碎，展平后呈宽卵形或卵圆形，5 浅裂，长 12～25cm，宽 20～30cm，边缘有较密的细齿。体轻。气清香，味微甜。

【质量要求】南瓜子：清洁色白，粒肥壮。南瓜蒂：色青白，无瓜梗。

【药材炮制】南瓜：除去杂质，稍润，切丝；或研成细粉。南瓜子：除去杂质，洗净，干燥；用时捣碎。南瓜蒂：除去残留皮、肉等杂质，切去部分长柄，洗净，干燥。

【化学成分】果实含甾体类：β-谷甾醇（β-sitosterol）[1]，豆甾醇（stigmasterol）和 β-谷甾醇 -3-O-β-D-葡萄糖苷（β-sitosterol-3-O-β-D-glucoside）[2]；脂肪酸类：硬脂酸（stearic acid）、顺式 -15- 十八烯酸（cis-15-octadecenoic acid）和顺式 -15- 十八烯酸甲酯（methyl cis-15-octadecenoate）[3]；三萜类：野鸦椿酸（euscaphic acid）和苦瓜皂苷 -cm（momordicoside-cm）[2]；糖类：蔗糖（sucrose）[1,3] 和南瓜多糖 AP1、WPP1、SWPP1、WPP2、SWPP2、UPP1、SUPP1、UPP2（pumpkin polysaccharide AP1、WPP1、SWPP1、WPP2、SWPP2、UPP1、SUPP1、UPP2）等 [4-6] 和南瓜果胶（cucurbita moschata pectin）[7]；倍半萜类：裂环愈创木烷二酮（chromolaevanedione）[2]；脑苷脂类：大豆脑苷 I（soya-cerebroside I）[2]；其他尚含：1-O-β-D-葡萄糖基 -2-O-（1′- 十三醛）-5- 二十二烯 [1-O-β-D-glucosyl-2-O-（1′-tridecanal）-5-docosene] [2]。

叶含甾体类：β-谷甾醇（β-sitosterol）和胡萝卜苷（daucosterol）[8]；萜类：（6S,9R）-长寿花糖苷[（6S,9R）-roseoside][8]；脂肪酸类：亚油酸乙酯（ethyl linoleate）、棕榈酸乙酯（ethyl palmitate）、α-亚麻酸甲酯（α-methyl linolenate）、α-亚麻酸（α-linolenic acid）、棕榈酸（palmitic acid）[8]和13-羟基-（9Z,11E,15E）-十八碳三烯酸[13-hydroxy-（9Z,11E,15E）-octadecatrienoic acid][9]；三萜类：β-香树脂醇（β-amyrin）[8]；脑苷脂类：大豆脑苷Ⅰ（soya-cerebroside Ⅰ）[8]；酚酸类：邻苯二甲酸二丁酯（dibutyl phthalate）[8]；其他尚含：4,4′-二苯甲烷二氨基甲酸甲酯（methyl 4,4′-diphenylmethane dicarbamate）[8]。

种子含甾体类：β-谷甾醇（β-sitosterol）、豆甾醇（stigmasterol）[10]，α-菠菜甾醇（α-spinasterol）、25-去氢粉苞苣甾醇（25-dehydrochondrillasterol）、24S-乙基-5α-胆甾-7,25-二烯-3β-醇（24S-ethyl-5α-cholesta-7,25-dien3β-ol）、Δ^7-豆甾烯醇（Δ^7-stigmastenol）和$\Delta^{7,24(28)}$-豆甾二烯醇（$\Delta^{7,24(28)}$-stigmastadienol）[11]；多烯类：角鲨烯（squalene）[10]；三萜类：蒲公英赛醇（taraxasterol）[10]；酚苷类：（2-羟基）苯甲醇,5-O-苯酰基-β-D-呋喃芹糖基-（1→2）-β-D-吡喃葡萄糖苷[（2-hydroxy）phenyl alcohol, 5-O-benzoyl-β-D-apiofuranosyl-（1→2）-β-D-glucopyranoside]和4-β-D-（吡喃葡萄糖基羟甲基）苯基,5-O-苯酰基-β-D-呋喃芹糖基-（1→2）-β-D-吡喃葡萄糖苷[4-β-D-（glucopyranosyl hydroxymethyl）phenyl, 5-O-benzoyl-β-D-apiofuranosyl（1→2）-β-D-glucopyranoside][12]和南瓜苷A、B、C、D、E（cucurbitoside A、B、C、D、E）[13]；挥发油类：2-呋喃甲醇（2-furanmethanol）、1-己醇（1-hexanol）、苯甲醇（benzyl alcohol）、苯乙醇（phenylethyl alcohol）、1-（1H-吡咯-2-基）乙酮[1-（1H-pyrrol-2-yl）-ethanone]、（E）-2-庚烯醛[（E）-2-heptenal]、1-甲基-2-甲酰基吡咯（1-methyl-2-carboxaldehyde pyrrole）、（E）-2-壬烯醛[（E）-2-nonenal]、（E,E）-2,4-癸二烯醛[（E,E）-2,4-decadienal]和5-甲基-2-戊基-2-己烯醛（5-methyl-2-phenyl-2-hexenal）等[10]；脂肪酸类：棕榈酸甲酯（methyl palmitate）、硬脂酸甲酯（methyl stearate）、油酸甲酯（methyl oleate）、亚油酸甲酯（methyl linoleate）、花生酸甲酯（methyl arachidate）、棕榈酸乙酯（ethyl palmtate）和亚油酸乙酯（ethyl linoleate）等[10]；生物碱类：甲基吡嗪（methyl pyrazine）、2-乙基-6-甲基吡嗪（2-ethyl-6-methyl pyrazine）、2-乙基-5-甲基吡嗪（2-ethyl-5-methyl pyrazine）、3-乙基-2,5-二甲基吡嗪（3-ethyl-2,5-dimethyl pyrazine）和2-乙基-3,5-二甲基吡嗪（2-ethyl-3,5-dimethyl pyrazine）[10]；烷烃类：十五烷（pentadecane）、十六烷（hexadecane）、十七烷（heptadecane）和2,6,10,14-四甲基十五烷（2,6,10,14-tadramethyl pentadecane）[10]；维生素类：维生素E（vitamin E）[10]；酚酸类：邻苯二甲酸二异辛酯（dioctyl phthalate）[10]；氨基酸类：南瓜子氨酸（cucurbitine）[14]。

【药理作用】1.降血糖　果实中提取的南瓜多糖（pimpkin polysaccharide）能降低四氢氧嘧啶糖尿病大鼠的空腹血糖值，可促进动物糖尿病大鼠胰岛素分泌，对大鼠的血氮值无影响[1]，并能降低胰高血糖素浓度[2]；成熟果实的油酯类成分大小剂量（300～150mg/kg）均可显著降低糖尿病大鼠的血糖值，提高胰岛素含量，改善耐糖量[3]。2.降血脂　果实中的多糖可显著降低正常及糖尿病小鼠血清甘油三酯（TG）、总胆固醇（TC）及低密度脂蛋白（LDL），升高高密度脂蛋白（HDL）及高密度脂蛋白/总胆固醇值[4]。3.抗肿瘤　果实中提取的南瓜多糖对小鼠S180肉瘤、艾氏腹水瘤（EAC）均有一定的抑制作用，并具提高免疫作用[5]，对治疗的荷瘤鼠体内超氧化物歧化酶（SOD）的含量有一定程度的升高作用，对丙二醛（MDA）含量有一定程度的降低作用，南瓜多糖具有较强的红细胞免疫吸附肿瘤细胞的能力，具有激活补体的作用，且不影响荷瘤小鼠外周血白细胞、淋巴细胞总数，并可抑制小鼠H22细胞的增殖[6]。4.抗前列腺增生　成熟种子的醇提石油醚萃取相经硅胶柱层析氯仿：甲醇（8：2、7：3）梯度洗脱物对前列腺增生有明显的抑制作用[7]。5.抗炎　茎卷须的乙醇提取液能使二甲苯所致小鼠耳壳炎性肿胀度降低，且抗炎强度在一定范围内与剂量成正比[8]。6.镇痛　茎卷须的乙醇提取液可使电刺激所致疼痛小鼠以及乙酸所致疼痛小鼠的痛阈值明显提高，其作用强度与给药剂量在一定范围内成正比[8]；成熟种子的油脂类成分能将弗氏完全佐剂诱导的关节炎大鼠的总蛋白（TP）、白蛋白（ALB）、球蛋白（GLO）调节至正常水平，使谷胱甘肽（GSH）含量降低，对足水肿有明显的抑制作用[9]。7.抗氧化　成熟种子油酯类成分中的南瓜籽甾醇能使SD大鼠肝中总抗氧能力（T-AOC）、超氧化物歧化酶含量提高，增强其血清和肝脏中谷胱甘肽过氧化酶（GSH-Px）活性并使丙二醛含量降低，使大鼠血清中的8-羟基脱氧鸟苷（8-OHdG）含量显著降低，且各作用强度均与给药剂量成正比[10]。

【性味与归经】 南瓜：甘，温。归脾经。南瓜子：甘，平。南瓜蒂：苦、涩，平。南瓜藤：甘、苦，微寒。

【功能与主治】 南瓜：补中益气。用于高血糖、高血脂等的辅助治疗。南瓜子：驱虫。用于绦虫、蛔虫、血吸虫病。南瓜蒂：和中，益气，安胎，散结，解毒，敛疮。用于胃气上逆，嗳气不舒，胎动不安，深部脓肿，乳癌，痈疮。南瓜藤：清热。用于肺结核低热。

【用法与用量】 南瓜：75～150g。南瓜子：9～15g。南瓜蒂：煎服9～15g；外用适量。南瓜藤：15～50g。

【药用标准】 南瓜：浙江药材2000、湖南药材2009、贵州药材2003、海南药材2011和广西药材1996；南瓜子：药典1963、部标维药1999、浙江炮规2015、山西药材1987、新疆维药1993、河南药材1993、上海药材1994、山东药材1995、山东药材2002、北京药材1998、贵州药材2003和甘肃药材2009；南瓜蒂：浙江炮规2015、上海药材1994和贵州药材2003；南瓜藤：上海药材1994。

【临床参考】 1. 急性期下肢丹毒：南瓜藤（炭）、芒硝、苦楝子（炭）、面粉、饴糖，制成复方南瓜藤软膏，外敷患处，面积在炎症区域范围边缘外0.5cm，厚度为1～2mm，每日换药1次，7日1疗程，同时口服五味消毒饮（金银花、野菊花、蒲公英、紫花地丁、天葵子）[1]。

2. 2型糖尿病：果实（去瓜蒂及种子），经冲洗、烘干、粉碎、过筛、消毒后制成粉，冲服，每次12g，每日2次，连服3个月[2]。

3. 静脉炎：新鲜嫩果实洗净，搅拌制成泥，均匀涂于发生静脉炎血管的皮肤表面，上面覆盖保鲜膜，每日2～3次，每次30～60min[3]。

4. 绦虫病：种子60～120g，去壳捣烂，加白糖或蜂蜜适量，早晨空腹冷开水冲服，儿童剂量减半。

5. 急性血吸虫病发热：种子微炒，榨去油，去壳，研粉，每日250g，分2次吞服。

6. 缺奶：种仁12g，捣烂或加白糖适量，早晚空腹开水送服各1次，可连服3～5天。

7. 肺结核低热：藤15～30g，水煎服。（4方至7方引自《浙江药用植物志》）

【附注】 南瓜始载于《滇南本草》，但无形态描述。《本草纲目》将南瓜列入菜部，云："南瓜种出南番，转入闽、浙，今燕京诸处亦有之矣。三月下种，宜沙沃地。四月生苗，引蔓甚繁，一蔓可延十余丈，节节有根，近地即着。其茎中空。其叶状如蜀葵而大如荷叶。八、九月开黄花，如西瓜花。结瓜正圆，大如西瓜，皮上有棱如甜瓜。一本可结数十颗，其色或绿或黄或红。经霜收置暖处，可留至春。其子如冬瓜子。其肉厚色黄，不可生食，惟去皮瓤瀹食，味如山药。"所述与本种一致。

本种的瓤、果实内种子所萌发的幼苗（盘肠草）、花、须、叶及根民间均作药用。

山西省药材标准1987年版收载南瓜的学名为 Cucurbita moschata Duch. var. *melonaeformis* Makino，此学名代表的植物当为南瓜的变种毛壳南瓜（倭瓜），《世界药用植物速查词典》有收载，产我国东北地区。

药材南瓜和南瓜蒂气滞湿阻者忌服。

【化学参考文献】

[1] 王岱杰，杜琪珍，王晓，等. 南瓜化学成分的研究[J]. 食品与药品，2010，12（1）：36-38.

[2] 张奇. 南瓜化学成分分离及其抗氧化活性筛选[D]. 杭州：浙江工商大学硕士学位论文，2006.

[3] 王岱杰. 南瓜中化学成分的提取分离与结构鉴定[D]. 杭州：浙江工商大学硕士学位论文，2007.

[4] 张静，柳红. 南瓜多糖的提取纯化、结构及其生物活性的研究[C]. 药用植物化学与中药有效成分分析研讨会. 2008.

[5] 柳红. 南瓜多糖的修饰、结构分析及抗氧化活性的研究[D]. 西安：陕西师范大学硕士学位论文，2008.

[6] 柳红，张静. 用气相色谱和红外光谱对羧甲基化南瓜多糖结构的研究[J]. 光谱实验室，2008，25（3）：313-318.

[7] Souza J R R, Maciel J S, Brito E S, et al. Pectin from *Cucurbita moschata* pumpkin mesocarp [J]. Macromolecules: An Indian Journal，2017，12（3）：110/1-110/12.

[8] 孙崇鲁，吴浩，俞松林.南瓜叶化学成分的研究[J].中成药，2017，39（4）：761-764.
[9] Bang M H, Han J T, Kim H Y, et al. 13-Hydroxy-9Z, 11E, 15E-octadecatrienoic acid from the leaves of *Cucurbita moschata*[J]. Arch Pharm Res, 2002, 25（4）：438-440.
[10] 贾春晓，毛多斌，孙晓丽，等.南瓜籽烘烤前后化学成分的分析[J].化学研究与应用，2007，19（12）：1388-1393.
[11] Rodriguez J B, Gros E G, Bertoni M H, et al. The sterols of *Cucurbita moschata*（"calabacita"）seed oil[J]. Lipids, 1996, 31（11）：1205-1208.
[12] Li F S, Dou D Q, Xu L, et al. New phenolic glycosides from the seeds of *Cucurbita moschata*[J]. J Asian Nat Prod Res, 2009, 11（7-8）：639-642.
[13] Koike K, Li W, Liu L J, et al. New phenolic glycosides from the seeds of *Cucurbita moschata*[J]. Chem Pharm Bull, 2005, 53（2）：225-228.
[14] Fang S T, Li L C, Niu C I, et al. Chemical studies on *Cucurbita moschata*. I. the isolation and tructural studies of cucurbitine, a new amino acid[J]. Scientia Sinica, 1961, 10：845-851.

【药理参考文献】
[1] 熊学敏，叶士玲，许春波，等.南瓜多糖对四氧嘧啶大鼠的降糖作用[J].江西中医学院学报，1998，10（4）：174-175.
[2] 朱小兰，黄金华.南瓜多糖对四氧嘧啶致糖尿病大鼠降糖作用研究[J].药物研究，2007，16（15）：19-20.
[3] 李全宏，田泽，蔡同一.南瓜提取物对糖尿病大鼠降糖效果研究[J].营养学报，2003，25（1）：34-36.
[4] 孔胜庆，王彦英，蒋滢.南瓜多糖的分离、纯化及其降血脂作用[J].中国生化药物杂志，2000，21（3）：130-132.
[5] 徐国华，韩志红，吴永方，等.南瓜多糖的肿瘤抑制作用及对红细胞免疫功能的影响[J].武汉市职工医学院学报，2000，12（4）：1-3.
[6] 王传栋，蓝天，郭效东，等.南瓜多糖抑瘤及增强红细胞免疫吸附作用研究[J].中国当代医药，2012，19（4）：17-18.
[7] 李千会，徐德平.南瓜籽抗前列腺增生化学成分研究[J].天然产物研究与开发，2018，30：978-982.
[8] 王鹏，王春玲，张占伟.南瓜多须镇痛抗炎药理作用[J].时珍国医国药，1999，10（8）：576.
[9] Atef T F, Amal A A F, Azza M A, et al. Effect of pumpkin-seed oil on the level of free radical scavengers induced during adjuvant-arthritis in rats[J]. Pharmacological Research, 1995, 31（1）：6234-6240.
[10] 张宇，孙波，赵晓等.南瓜籽甾醇对SD大鼠体内抗氧化作用的影响[J].中国油脂，2019，44（7）：73-79.

【临床参考文献】
[1] 李萍，李龙振，吴林辉，等.复方南瓜藤软膏治疗急性期下肢丹毒的临床观察[J].陕西中医，2015，36（2）：173-176.
[2] 卢运超，黄兆峰.南瓜粉冲剂的研制及临床应用[J].时珍国药研究，1997，8（3）：75-76.
[3] 徐淑华，杨静平.新鲜南瓜泥外敷治疗静脉炎临床效果观察[J].齐鲁护理杂志，2011，17（5）：123-124.

938. 西葫芦（图938）• *Cucurbita pepo* Linn.（*Cucurbita pepo* 'Dayangua'）

【形态】一年生蔓生或攀援草质藤本。茎粗壮，被短刚毛及半透明糙毛。卷须多分歧。叶柄长6～9cm，被短刚毛；叶片三角形或卵状三角形，长、宽均15～30cm，不规则3～7浅裂或中裂，裂片先端锐尖，边缘具不整齐锐锯齿，基部心形，两面被糙毛。雄花梗粗壮，长3～6cm，具棱沟，被黄褐色短刚毛；萼筒钟状，萼裂片条状披针形；花冠钟状，分裂至中部，先端急尖；雄蕊3枚，花药靠合；雌花花萼和花冠与雄花同形。果柄粗，具明显棱沟，瓜蒂稍扩大；果形及颜色因品种而异。种子多粒，卵形，边缘钝或拱起。

【生境与分布】华东各地普遍栽培，另全国各地均有栽培；原产欧洲，世界各地普遍栽培。

图938　西葫芦　　　　　　　　　　　　　　　摄影　李华东等

【药名与部位】南瓜子，种子。

【药材性状】呈扁平之圆卵形，长约20mm，宽约10mm，厚约2mm。外面润滑，现白色或淡黄色，往往附有菲薄透明之果肉残屑，近边缘约1mm之处，则有与边缘并行之浅沟，折断面平坦，糙皮之外呈革质性，现白色，内层为膜质性，往往现暗绿色，胚现颊白色，直立具有圆锥形之胚轴1个，子叶2枚，一面凹而一面平。捣碎时微有臭气，味温和，带油性。

【化学成分】果实含甾体类：胆固醇（cholesterol）和豆甾醇（stigmasterol）[1]；三萜类：13（18）-齐墩果烯-3-醇［13（18）-oleanen-3-ol］[1]；脂肪酸类：热原油酸酯（calotropoleanyl ester）、亚油酸（linoleic acid）和（9Z, 12Z）-9, 12-十八烷酸［（9Z, 12Z）-9, 12-octadecanoic acid］[1]。

种子含酚苷类：南瓜苷F、G、H、I、J、K、L、M（cucurbitoside F、G、H、I、J、K、L、M）[2]；甾体类：（24S）-豆甾-7,（22E）, 25-三烯-3-酮［（24S）-stigmasta-7,（22E）, 25-trien-3-one］[3]；二萜类：12α-（β-D-吡喃葡萄糖氧基）-7β-二羟基贝壳杉内酯素［12α-（β-D-glucopyranosyloxy）-7β-hydroxykaurenolide］和7β-（β-D-吡喃葡萄糖氧基）-12α-二羟基贝壳杉内酯素［7β-（β-D-glucopyranosyloxy）-12α-hydroxykaurenolide］[3]；三萜类：3α-对硝基苯甲酰多花白树-7：9（11）-二烯-29-苯甲酸酯［3α-p-nitrobenzoylmultiflora-7：9（11）-dien-29-benzoate］、3α-乙酰氧基多花白树-7：9（11）-二烯-29-苯甲酸酯［3α-acetoxymultiflora-7：9（11）-dien-29-benzoate］、3α-乙酰氧基多花白树-5（6）：7：9（11）-三烯-29-苯甲酸酯［3α-acetoxymultiflora-5（6）：7：9（11）-trien-29-benzoate］、3α-对苯甲酰基多花白树-7：9（11）-二烯-29-苯甲酸酯［3α-p-aminobenzoylmultiflora-7：9（11）-dien-29-benzoate］和5α, 8α-过氧多花白树-6：9（11）-二烯-3α, 29-二苯甲酸酯［5α, 8α-peroxymultiflora-6：9（11）-dien-3α, 29-dibenzoate］[4]。

雄花含三萜类：欧洲桤木醇（glutinol）和羽扇豆醇（lupeol）[5]；甾体类：豆甾-7-烯醇（stigmast-7-enol）、α-菠菜甾醇（α-spinasterol）、α-菠菜甾醇-β-D-葡萄糖苷（α-spinasteryl-β-D-glucoside）和豆甾-7-烯-β-D-葡萄糖苷（stigmast-7-en-β-D-glucoside）[5]；酚酸类：对羟基苯甲醛（p-hydroxybenzaldehyde）、茴芹醇（anisyl alcohol）、对羟苄基甲醚（p-hydroxybenzyl methyl ether）、根皮酸（phoretic acid）、对羟基苯甲醇（p-hydroxybenzyl alcohol）、藜芦醇（veratryl alcohol）、异香荚兰醇（isovanillyl alcohol）、苄基-β-D-葡萄糖苷（benzyl-β-D-glucoside）、4-甲氧基苄基-β-D-葡萄糖苷（4-methoxybenzyl-β-D-glucoside）和3,4-二甲氧基苄基-β-D-葡萄糖苷（3,4-dimethoxybenzyl-β-D-glucoside）[5]；核苷类：腺嘌呤（adenine）和腺苷（adenosine）[5]；苯丙素类：对香豆酸（p-coumaric acid）[5]；黄酮类：鼠李秦素-3-芸香糖苷（rhamnazin-3-rutinoside）、异鼠李秦素-3-芸香糖苷-4'-鼠李糖苷（isorhamnazin-3-rutinoside-4'-rhamnoside）和异鼠李素-3-芸香糖苷（isorhamnetin-3-rutinoside）[6]。

全草含黄酮类：异槲皮苷（isoquercitrin）、紫云英苷（astragalin）、鼠李柠檬素-3-O-葡萄糖苷（rhamnocitrin-3-O-glucoside）、异鼠李素-3-O-葡萄糖苷（isorhamnetin-3-O-glucoside）、芦丁（rutin）、烟花苷（nicotiflorin）和鼠李柠檬素-3-O-芸香糖苷（rhamnocitrin-3-O-rutinoside）[7]；生物碱类：水仙苷（narcissin）[7]。

【药理作用】1. 抗炎　果实醇水粗提取可显著抑制乙酸诱导小鼠腹腔毛细血管通透性增加，显著抑制角叉莱胶诱导大鼠的足跖肿胀，抑制大鼠棉球肉芽肿[1]，果实水煎醇提取物对二甲苯所致的小鼠耳部肿胀具有明显抑制作用，且对佐剂致大鼠原发性关节肿胀具有明显抑制作用[2]；成熟果实水提取物对大鼠由阿司匹林诱导十二指肠溃疡具有抑制作用[3]。2. 镇痛　水提醇沉粗提物可明显提高热板所致疼痛小鼠的痛阈值，明显减少由稀乙酸引起疼痛小鼠的扭体反应次数[2]。3. 催眠　提取物与戊巴比妥钠具有一定的协同作用，能增强阈下催眠剂量的戊巴比妥的作用[4]。4. 抗菌　水提醇沉提取液对金黄色葡萄球菌和沙门氏菌的生长具有一定的抑制作用，其最低抑菌浓度（MIC）均为50mg/ml[4]。5. 抗病毒　水提醇沉提取液对新城疫病毒（NDV）、质型多角体病毒（CPV）的繁殖均具有抑制作用[4]。

【药用标准】中华药典1930。

【临床参考】1. 肾炎：果实（以开花时的胎葫芦为佳）120～240g，重症加倍，儿童酌减，除去种子，切块水煎，口服；或果实切片晒干，研粉，每次3～6g，开水送服[1]。

2. 水肿：果实1个，装满赤小豆、红枣，蒸3次，作点心服用[1]。

【附注】西葫芦栽培变种较多，据报道，其栽培变种尚含三萜类、酚酸类、甾体类和蛋白质类等化学成分[1-4]。

【化学参考文献】

[1] Badr S E A, Mohamed S, Elkholy Y M, et al. Chemical composition and biological activity of ripe pumpkin fruits（*Cucurbita pepo* L.）cultivated in Egyptian habitats [J]. Nat Prod Res, 2011, 25（16）：1524-1539.

[2] Li W, Kazuo K, Masaru T, et al. Cucurbitosides F-M, acylated phenolic glycosides from the seeds of *Cucurbita pepo* [J]. J Nat Prod, 2005, 68：1754-1757.

[3] Kikuchi T, Ando H, Maekawa K I, et al. Two new ent-kaurane-type diterpene glycosides from zucchini（*Cucurbita pepo* L.）seeds [J]. Fitoterapia, 2015, 107：69-76.

[4] Reiko T, Takashi K, Saori N, et al. A novel 3a-p-nitrobenzoylmultiflora-7：9（11）-diene-29-benzoate and two new triterpenoids from the seeds of Zucchini（*Cucurbita pepo* L.）[J]. Molecules, 2013, 18（7）：7448-7459.

[5] Itokawa H, Oshida Y, Ikuta A, et al. Studies on the constituents of the male flowers of *Cucurbita pepo* L. [J]. Yakugaku Zasshi, 1982, 102（4）：318-321.

[6] Itokawa H, Oshida Y, Ikuta A, et al. Studies on the constituents of male flowers of *Cucurbita pepo* [J]. Tennen Yuki Kagobutsu Toronkai Koen Yoshishu, 1981, 24：175-182.

[7] Krauze-Baranowska M, Cisowski W. Flavonols from *Cucurbita pepo* L. herb [J]. Acta Pol Pharm, 1996, 53（1）：53-56.

【药理参考文献】

[1] 张艳萍,邓旭明,祝万菊,等.苦味西葫芦粗提物抗炎作用的实验研究[J].动物医学进展,2004,25(5):102-103.

[2] 丁艳丽.苦味西葫芦药理作用及化学成分研究[D].长春:中国人民解放军军需大学硕士学位论文,2006.

[3] Sentu S, Debjani G. Effect of ripe fruit pulp extract of *Cucurbita pepo* Lin. in aspirin induced gastric and duodenal ulcer in rats [J]. Indian Journal of Experimental Biology, 2008, 46 (3): 639-645.

[4] 王学林,刘军,陈志宝.苦味西葫芦药理作用初步研究[J].中兽医医药杂志,2001,3(3):6-9.

【临床参考文献】

[1] 王菲.西葫芦和番茄的药用[J].现代农业,1988,(5):44.

【附注参考文献】

[1] 何乐,王大成,吴立军,等.苦味西葫芦化学成分研究[J].中国现代中药,2007,9(7):10-12.

[2] 葛杉,王大成,向华,等.苦味西葫芦果实的三萜类化学成分[J].沈阳药科大学学报,2006,23(1):10-12,56.

[3] Webb G J A. Partial purification and properties of an alkaline α-galactosidase from mature leaves of *Cucurbita pepo* [J]. Plant Physiol, 1983, 71 (3): 662-668.

[4] Sucrow W, Reimerdes A. Δ^7-Sterols from Cucurbitaceae [J]. Zeitschrift fuer Naturforschung, Teil B: Anorganische Chemie, Organische Chemie, Biochemie, Biophysik, Biologie, 1968, 23 (1): 42-45.

8. 丝瓜属 *Luffa* Mill.

一年生攀援草质藤本。卷须2歧或多歧。单叶,通常5～7掌状分裂,具掌状脉。花单性,雌雄同株。雄花总状花序,具长花序梗,具苞片;花萼钟状或倒圆锥形,5裂;花冠辐状,5深裂至近基部,裂片倒卵形或倒心形,离生,开展;雄蕊3枚或5枚,离生,雄蕊3枚,花药1枚1室,另2枚各2室,雄蕊5枚,花药各1室,药室条形,多回曲折,药隔通常膨大;退化雌蕊缺或稀为腺体状;雌花单生,具短柄;花萼和花冠与雄花同形;退化雄蕊3枚,稀4～5枚;子房圆柱形、纺锤形或棍棒状,花柱3枚,膨大,各2裂,胚珠多数,水平着生。果实长圆形或圆柱形,幼嫩时肉质,成熟后干燥,内面具网状纤维,成熟时顶端盖裂。种子多数,长椭圆形,扁平。

约6种,分布于东半球热带和亚热带地区。中国引进栽培2种,法定药用植物2种。华东地区法定药用植物2种。

939. 丝瓜(图939)• *Luffa cylindrica* (Linn.) Roem.

【别名】菊(福建福州),菜瓜(福建),黄瓜楼(福建邵武),萧瓜(福建诏安)。

【形态】一年生攀援草质藤本。茎具棱沟,被柔毛。卷须2～4歧,被短柔毛。叶片三角形或近圆形,长、宽均10～20cm,掌状5～7裂,裂片三角形,中裂片较长,两侧裂片较短,顶端渐尖,基部深心形,边缘具锯齿,叶上面粗糙,有疣点,背面被短柔毛。雄花总状花序花多数;花梗长1～2cm;花萼筒宽钟状,外侧密被短柔毛,裂片卵状披针形或近三角形;花冠辐射状,黄色,直径5～9cm,裂片倒卵形或长圆形,长2～4cm,内侧基部密被长柔毛,外侧沿脉被短柔毛;雄蕊5枚,花丝基部有白色短柔毛;雌花单生;子房圆柱形。果实长圆柱形,长20～50cm,下垂,具深色纵条纹,幼嫩时肉质,成熟后干燥,内部充满网状纤维。顶端盖裂。种子卵形,黑色,边缘狭翼状。花果期6～11月。

【生境与分布】中国各地普遍栽培,云南(南部)有野生。世界热带和温带地区广泛栽培。

【药名与部位】丝瓜根,根及近根1m内的藤茎。丝瓜子,种子。丝瓜藤,带叶藤茎。丝瓜络,成熟果实的维管束。

【采集加工】丝瓜根:夏、秋二季采挖,除去杂质,洗净,干燥。丝瓜子:秋季果实成熟后,采收

图 939　丝瓜　　　　　　　　　　　　　摄影　赵维良

丝瓜络的同时收取种子，洗净，晒干。丝瓜藤：9～10月采收，晒干。丝瓜络：夏、秋二季果实成熟，果皮变黄，内部干枯时采收，除去外皮、果肉，洗净，晒干，除去种子。

【药材性状】丝瓜根：根茎粗短，有不规则瘤状隆起，下具根数条，上具长近1m的藤茎。根长圆柱形。长10～60cm，直径0.1～0.6cm，有的分枝具须状细根；表面灰黄色或棕黄色，有略扭曲而细微的纵皱纹及细根痕。质稍硬，断面淡棕黄色，木质部宽广，具多数不规则排列的小孔。藤茎长圆形，常弯曲，直径0.3～1.2cm，节明显或稍膨大，有的具分枝或卷须；表面暗灰色或灰绿色，具多条扭曲纵棱，被稀疏柔毛。体轻，质硬而脆，易折断，断面黄绿色，不平坦，皮菲薄，木质部极宽，具多数不规则排列的小孔及数条裂隙状放射纹，维管束常具10束，髓部较小。气微，味微苦。

丝瓜子：呈扁椭圆形，长约1.2cm，宽约8mm，厚约2mm。表面灰黑色至黑色，具微细的网状纹理，边缘呈狭翅状。顶端有种脐，近种脐两面均有呈"八"字形短线隆起。种皮坚硬；内种皮膜质，深绿色，子叶2，黄白色，富油性。气微，味微甘，后苦。

丝瓜藤：常缠绕结扎成束。茎呈棱柱形，直径0.8～1.5cm；表面浅灰黄色或黄褐色，粗糙，枝上被粗毛，节部略膨大，切面淡黄色或黄褐色。叶片多皱缩或破碎，完整叶展平后呈掌状，长、宽均10～20cm，通常掌状5～7～(8)裂，裂片顶端急尖或渐尖，边缘有锯齿，基部深心形，两面较粗糙；卷须通常脱落，完整者，2～4分叉。体轻。气清香，味微苦。

丝瓜络：为丝状维管束交织而成，多呈长棱形或长圆筒形，略弯曲，长30～70cm，直径7～10cm。表面黄白色。体轻，质韧，有弹性，不能折断。横切面可见子房3室，呈空洞状。气微，味淡。

【质量要求】丝瓜子：色黑，粒肥壮。丝瓜络：色白或黄白色，质坚硬或较坚硬。

【药材炮制】丝瓜根：除去杂质，洗净，切段，干燥。

丝瓜络：除去杂质，压扁，横切长1～5cm的块；或以棉线扎成定量小把。炒丝瓜络：取丝瓜络饮片，炒至表面微黄色、全体微具焦斑时，取出，摊凉。

【化学成分】 地上部分含三萜皂苷类：丝瓜皂苷A、B、C、D、E、F、G、H（lucyoside A、B、C、D、E、F、G、H）、人参皂苷Re、Rg_1（ginsenoside Re、Rg_1）[1]和丝瓜皂苷I（lucyoside I）[2]；苯丙素类：4-O-咖啡酰基葡萄糖（4-O-caffeoyl glucose）、1-O-咖啡酰-β-葡萄糖（1-O-caffeoyl-β-glucose）、6-O-咖啡酰基葡萄糖（6-O-caffeoyl glucose）、4-O-对香豆酰基葡萄糖（4-O-p-coumaroyl glucose）、1-O-对香豆酰基-β-葡萄糖（1-O-p-coumaroyl-β-glucose）、6-O-对香豆酰基葡萄糖（6-O-p-coumaroyl glucose）、4-O-阿魏酰基葡萄糖（4-O-feruloyl glucose）、1-O-阿魏酰-β-葡萄糖（1-O-feruloyl-β-glucose）、6-O-阿魏酰基葡萄糖（6-O-feruloyl glucose）、咖啡酸（caffeic acid）、对香豆酸（p-coumaric acid）和阿魏酸（ferulic acid）[3]。

根含三萜皂苷类：齐墩果酸（oleanolic acid）、21β-羟基齐墩果酸（21β-hydroxy-oleanolic acid）、3-O-β-D-吡喃葡萄糖基-21β-羟基常春藤皂苷元（3-O-β-D-glucopyranosy1-21β-hydroxy-hederagenin）和2α-羟基常春藤皂苷元-3-O-β-D-吡喃葡萄糖苷（2α-hydroxyhedrangenin-3-O-β-D-glucopyranoside）[4]。

茎叶含三萜皂苷类：齐墩果酸-3-葡萄糖基-2,8-二葡萄糖苷（oleanolic acid-3-glucose-2,8-diglucoside）、常春藤皂苷元（hederagenin）、齐墩果酸-3-葡萄糖苷（oleanolic acid-3-glucoside）和齐墩果酸（oleanolic acid）[5]；脂肪酸类：棕榈酸（palmitic acid）[5]。

叶含三萜皂苷类：21β-羟基齐墩果酸（21β-hydroxyoleanolic acid）、2α-羟基齐墩果酸-3-O-β-D-吡喃葡萄糖苷（2α-hydroxyoleanoic acid-3-O-β-D-glucopyranoside）、2α-羟基丝石竹皂苷元-3-O-β-D-吡喃葡萄糖苷（2α-hydroxygypsogenin-3-O-β-D-glucopyranoside）[6]、丝瓜皂苷K（lucyoside K）、2α,21β-二羟基齐墩果酸-3-O-β-D-吡喃葡萄糖苷（2α,21β-dihydroxyoleanoic acid-3-O-β-D-glucopyranoside）、21β-羟基常春藤皂苷元（21β-hydroxyhederagenin）、21β-二羟基齐墩果酸（21β-dihydroxyoleanolic acid）[7]、丝瓜苷皂P（lucyoside P）、常春藤皂苷元-3-O-β-D-吡喃葡萄糖苷（hedrangenin-3-O-β-D-glucopyranoside）[8]、人参皂苷Rg_1（ginsenoside Rg_1）、人参皂苷Re（ginsenoside Re）[9]、丝瓜素A（lucyin A）、丝瓜素N（lucyin N）、2α-羟基常春藤皂苷元-3-O-β-D-吡喃葡萄糖苷（2α-hydroxy hedrangenin-3-O-β-D-glucopyranoside）、丝瓜皂苷N（lucyoside N）[10]、丝瓜皂苷O（lucyoside O）[11]、丝瓜皂苷R（lucyoside R）[12]、丝瓜皂苷Q（lucyoside Q）[13]、剑刺仙人掌尼酸内酯（machaerinic acid lactone）和剑刺仙人掌尼酸内酯乙酸酯（machaerinic acid lactone acetate）[14]；黄酮类：芹菜素（apigenin）[14]；挥发油类：植醇（phytol）、二十烷（eicosane）、二十六烯（hexadecene）、植酮（phytone）、棕榈醛（palmitaldehyde）、二十七烷（heptacosane）、二十二烷（docosane）和β-紫罗酮（β-ionone）等[15]。

果实含三萜皂苷类：丝瓜皂苷A（lucyoside A）、丝瓜皂苷E、F（lucyoside E、F）、3-O-β-D-吡喃葡萄糖基常春藤皂苷元（3-O-β-D-glucopyranosyl hederagenin）、3-O-β-D-吡喃葡萄糖基齐墩果酸（3-O-β-D-glucopyranosyl oleanolic acid）、丝瓜皂苷J、K、L、M（lucyoside J、K、L、M）[2]，丝瓜皂苷C（lucyoside C）和丝瓜皂苷H（lucyoside H）[16]；甾体类：α-菠甾醇（α-spinasterol）、$\triangle^{7,22,25}$豆甾三烯醇（$\triangle^{7,22,25}$stignastatrienol）、α-菠甾醇-3-O-β-D-葡萄糖苷（α-spinasteryl-3-O-β-D-glucoside）、$\triangle^{7,22,25}$豆甾三烯醇葡萄糖苷（$\triangle^{7,22,25}$stignastatrienol glucoside）[16]和豆甾-5,9(11)二烯-3β-醇[stigmasta-5,9(11)dien-3β-ol][17]；脑苷脂类：丝瓜脑苷脂*（lucyobroside）[18]；黄酮类：香叶木素-7-O-β-D-葡萄糖苷酸甲酯（diosmetin-7-O-β-D-glucuronide methyl ester）[19]、柯伊利素-7-O-β-D-葡萄醛酸苷甲酯（chrysoeriol-7-O-β-D-glucuronide methyl ester）[20]、芹菜素-7-O-β-D-葡萄醛酸苷甲酯（apigenin-7-O-β-D-glucuronide methyl ester）[20,21]和木犀草素-7-O-β-D-葡萄糖醛酸苷甲酯（luteolin-7-O-β-D-glucuronide methyl ester）[21]；苯丙素类：1-O-阿魏酰基-β-D-葡萄糖（1-O-feruloyl-β-D-glucose）、1-O-对香豆酰基-β-D-葡萄糖（1-O-p-coumaroyl-β-D-glucose）、1-O-咖啡酰基-β-D-葡萄糖（1-O-caffeoyl-β-D-glucose）和对香豆酸（p-cumaric acid）[20,21]；酚酸类：1-O-(4-羟基苯甲酰基)葡萄糖[1-O-(4-hydroxybenzoyl)glucose][20,21]；糖类：(4-O-甲基-D-葡萄糖醛酸基)-D-木聚糖[(4-O-methyl-D-glucurono)-D-xylans][22]。

种子含三萜皂苷类：齐墩果酸（oleanolic acid）、合欢酸（echinocysticacid）[23]、丝瓜皂苷 N（lucyoside N）和丝瓜皂苷 P（lucyoside P）[24]；蛋白质类：丝瓜肽*（luffacylin）[25]、丝瓜因 P_1（luffin P_1）[26]、丝瓜因 S_1、S_2、S_3（luffin S_1、S_2、S_3）[27] 和丝瓜因 A、B（luffin A、B）[28]；氨基酸类：赖氨酸（Lys）、组氨酸（His）、苏氨酸（Thr）、苯丙氨酸（Phe）、酪氨酸（Tyr）、缬氨酸（Val）、蛋氨酸（Met）、胱氨酸（Cys）、亮氨酸（Leu）、异亮氨酸（Ile）、色氨酸（Try）、丝氨酸（Ser）、甘氨酸（Gly）、精氨酸（Arg）、谷氨酸（Glu）、天冬氨酸（Asp）、丙氨酸（Ala）、脯氨酸（Pro）和 γ-氨基丁酸（γ-aminobutyric acid）[29]；脂肪酸类：棕榈酸（palmitic acid）、硬脂酸酸（stearic acid）、油酸（acid oleic）、亚油酸（linoleic acid）和十八碳二烯酸（octadecadienoic acid）等[30]；色素类：γ-胡萝卜素（γ-carotene）和叶绿素 b（chlorophyll b）[30]。

雄花含三萜类：齐墩果酸（oleanolic acid）[31]；黄酮类：芹菜苷元（apigenin）[31]；甾体类：β-谷甾醇（β-sitosterol）[31]。

细胞悬液含三萜类：泻根醇酸（bryonolic acid）[32]。

【药理作用】1. 抗炎　种子中分离得到的化合物可显著减轻角叉菜所致大鼠的足肿胀[1]；根的乙酸乙酯部位和正丁醇纯化部位均能显著降低卡拉胶所致的炎症模型小鼠足趾组织中的一氧化氮（NO）含量和血清中的丙二醛（MDA）含量[2]；藤茎的醇提取物可显著减轻二甲苯所致小鼠的耳廓肿胀，显著抑制棉球肉芽肿实验中肉芽增殖[3]。2. 扩张支气管　种子中分离得到的成分可显著扩张豚鼠支气管[1]。3. 抗菌　种子中分离得到的成分可显著抑制金黄色葡萄球菌和白色念珠菌的生长[1]。4. 抗白内障　果实的提取物可显著降低过氧化氢诱导的体外培养 6～8 年山羊白内障晶状体中超氧化物歧化酶（SOD）、谷胱甘肽（GSH）及总蛋白（TP）含量，且呈剂量依赖性，减轻晶状体混浊[4]。5. 护肤　果实的 70% 乙醇提取物可显著降低脂多糖刺激的 RAW264.7 巨噬细胞和佛波醇刺激的 HMC-1 肥大细胞中前列腺素 E_2（PGE_2）和组胺的含量，显著降低粉尘螨所致的过敏性皮肤损伤小鼠血浆前列腺素 E_2 和组胺的含量，减轻小鼠表皮出血、肥大和角化过度以及背部皮肤和耳朵中肥大细胞的浸润[5]。6. 降血脂　丝瓜络生粉[6] 及果实丙酮提取得到的丝瓜多酚[7] 可显著减轻高脂饲料所致的高脂血症模型小鼠的体重，显著降低小鼠血清胆固醇（TC）及低密度脂蛋白（LDL）含量，显著升高血清超氧化物歧化酶含量。7. 抗过敏　藤提取物的氯仿部位和乙酸乙酯部位可显著抑制 2，4-二硝基氯苯所致迟发型变态反应和组胺致小鼠毛细血管通透性增高[3]。8. 抗衰老　丝瓜提取物可显著拮抗 D-半乳糖所致衰老模型小鼠的下述指数：在跳台实验能力测试中的错误次数增多，水迷宫测试中逃避潜伏期延长，平台象限游泳时间缩短，穿越平台次数减少，脑组织细胞数量、脑指数、胸腺指数和脾脏指数减少，白细胞介素-2（IL-2）、干扰素-γ（IFN-γ）水平和 T 淋巴细胞的增殖活性降低[8]。9. 抗氧化　果实的 70% 丙酮提取物中分离得到的化合物可清除 1,1-二苯基-2-三硝基苯肼（DPPH）自由基和羟自由基（·OH）[9]。10. 抗早孕　种子中提取分离得到的蛋白质对早孕小鼠的妊娠终止率达 100%[10]。

【性味与归经】丝瓜根：甘，平。丝瓜子：甘，平。丝瓜藤：苦、酸，微寒。丝瓜络：甘，平。归肺、胃、肝经。

【功能与主治】丝瓜根：舒筋，活血，消肿。主要用于治疗萎缩性鼻炎，慢性鼻窦炎及慢性支气管炎。丝瓜子：清热化痰。用于肺热咳嗽，痰多黄稠。丝瓜藤：通筋活络。治腰痛。丝瓜络：通络，活血，祛风。用于痹痛拘挛，胸胁胀痛，乳汁不通。

【用法与用量】丝瓜根：3～9g。丝瓜子：4.5～9g。丝瓜藤：15～24g。丝瓜络：4.5～9g。

【药用标准】丝瓜根：江西药材 1996；丝瓜子：上海药材 1994、山西药材 1987 和青海藏药 1992；丝瓜藤：上海药材 1994；丝瓜络：药典 1963—2015、浙江炮规 2015、贵州药材 1965 和新疆药品 1980 二册。

【临床参考】1. 冠心病：成熟果实的网状筋络，加生丹参，洗净、晒干，按 2∶1 研末装瓶，每次口服 3g，每日 3 次，2 个月 1 疗程[1]。

2. 荨麻疹：鲜叶，捣烂或用手揉搓至叶汁溢出，外擦风团；风团分布广泛者，则将鲜叶 300g 捣烂或揉搓过的丝瓜叶，浸泡于 1000ml 适宜温度的热水中，洗浴全身，每日 2 次，避受风寒[2]。

3. 慢性咽炎：经霜果实 100g，将皮、瓤、籽一同放入碗内，加水适量，上锅蒸 30min，早晚口服，联合含服四季润喉片及刮痧治疗[3]。

4. 乳腺炎：成熟果实的网状筋络 15g，加金银花 30g、连翘 10g、蒲公英 15g、野菊花 15g、牡丹皮 10g、柴胡 10g、枳壳 12g、甘草 10g，水煎，每日 1 剂，早晚分服[4]。

5. 尿道炎：成熟果实的网状筋络 15g，加车前子、萹蓄、栀子、黄连、甘草各 10g，苦参、土茯苓各 15g，大黄 6g，水煎，每日 1 剂，早晚分服[4]。

6. 肋间神经痛：成熟果实的网状筋络 12g，加香附、郁金各 9g，水煎服。

7. 风湿性关节炎：成熟果实的网状筋络 15g，加鸡血藤 15g、忍冬藤 24g、威灵仙 12g，水煎服。

8. 蛔虫病：种子 40～50 粒，剥壳取仁嚼烂，空腹时用温开水送服，或将其捣烂装入胶囊服，儿童每次 30 粒，每日 1 次，连服 2 日。

9. 慢性支气管炎：藤茎 90～150g，切碎，水煎，分 3 次服，10 天为 1 疗程。

10. 慢性鼻窦炎：藤茎切碎，微火焙至半焦，研粉吹鼻，每日 2～3 次，3～4 日为 1 疗程。

11. 水肿、腹水：成熟果实的网状筋络 60g，水煎服。

12. 热疖、火丹：鲜叶适量，捣汁外敷。（6 方至 12 方引自《浙江药用植物志》）

【附注】丝瓜始见于南宋的医方许叔微《证类普济本事方》，云："肠风下血，霜后干丝瓜烧存性为末……，一名蜜瓜，一名天罗，一名丝瓜。"南宋杨士瀛《仁斋直指方》载："老丝瓜治痘疮不快。"《滇南本草》云："丝瓜一名天吊瓜、一名纯阳瓜。"《本草纲目》："始入本草云，丝瓜，唐宋以前无闻，今南北皆有之，以为常蔬。二月下种，生苗引蔓，延树竹，或作棚架。其叶大于蜀葵而多丫尖，有细毛刺，取汁可染绿。其茎有棱。六七月开黄花，五出，微似胡瓜花，蕊瓣俱黄。其瓜大寸许，长一二尺，甚则三四尺，深绿色，有皱点，瓜头如鳖首。嫩时去皮，可烹可曝，点茶充蔬。老则大如杵，筋络缠纽如织成，经霜乃枯，惟可藉靴履，涤釜器，故村人呼为洗锅罗瓜。内有隔，子在隔中，状如栝楼子，黑色而扁。"即为本种。

Flora of China 已把本种的学名修订为 *Luffa aegyptiaca* Mill.

本种的种子孕妇忌服。

本种的皮、蒂、叶、茎中汁液（天罗水）及花民间也药用。

【化学参考文献】

[1] Takemoto T, Arihara S, Yoshikawa K, et al. Studies on the constituents of Cucurbitaceae Plants. Ⅵ. on the saponin constituents of *Luffa cylindrica* Roem. (1) [J]. Yakugaku Zasshi, 1984, 104 (3): 246-255.

[2] Takemoto T, Arihara S, Yoshikawa K, et al. Studies on the constituents of Cucurbitaceae Plants. ⅩⅢ. on the saponin constituents of *Luffa cylindrica* Roem. (2) [J]. Yakugaku Zasshi, 1985, 105 (9): 834-839.

[3] Umehara M, Yamamoto T, Ito R, et al. Effects of phenolic constituents of *Luffa cylindrica*, on UVB-damaged mouse skin and on dome formation by MDCK I cells [J]. J Funct Foods, 2018, 40: 477-483.

[4] 唐爱莲，刘笑甫，陈旭，等. 丝瓜根化学成分研究（Ⅰ）[J]. 中草药，2001，32（9）：773-775.

[5] 南京药物研究所气管炎药物研究组. 丝瓜藤（叶）的化学研究简报 [J]. 中草药，1980，11（2）：55, 64.

[6] 梁龙，鲁灵恩，蔡元聪. 丝瓜叶化学成分研究（Ⅰ）[J]. 华西药学杂志，1993，8（2）：63-66.

[7] 梁龙，鲁灵恩，蔡元聪. 丝瓜叶化学成分研究（Ⅱ）[J]. 中药材，1993，16（9）：29-32.

[8] 梁龙，鲁灵恩，蔡元聪. 丝瓜叶化学成分研究（Ⅲ）[J]. 华西药学杂志，1994，9（4）：209-211.

[9] 梁龙，鲁灵恩，蔡元聪，等. 丝瓜叶化学成分研究（Ⅳ）[J]. 四川中成药研究，1995，37-38：18-19.

[10] 梁龙，鲁灵恩，蔡元聪，等. 丝瓜叶化学成分研究 [J]. 药学学报，1993，28（11）：836-839.

[11] 梁龙，鲁灵恩，蔡元聪. 丝瓜叶中丝瓜皂甙 O 的化学结构研究 [J]. 药学学报，1994，29（10）：798-800.

[12] 梁龙，刘昌瑜，李光玉，等. 丝瓜叶中丝瓜皂甙 R 的化学结构 [J]. 药学学报，1997，3（10）：761-764.

［13］梁龙，刘昌瑜，李光玉，等.丝瓜叶化学成分的研究［J］.药学学报，1996，31（2）：122-125.
［14］Khan M S Y，Bhatia S，Javed K，et al. Chemical constituents of the leaves of *Luffa cylindrica* Linn.［J］. Ind J Pharm Sci，1992，54（2）：75-76.
［15］李培源，卢汝梅，霍丽妮，等.丝瓜叶挥发性成分研究［J］.亚太传统医药，2010，6（9）：15-16.
［16］熊淑玲，方乍浦，曾宪仪.丝瓜化学成分的分离与鉴定［J］.中国中药杂志，1994，19（4）：233-234.
［17］Sutradhar R K，Huq M E，Ahmad M U. Chemical constituents of the fruits of *Luffa cylindrica*（bitter variety）［J］. Journal of the Bangladesh Chemical Society，1994，7（1）：87-91.
［18］方乍浦，曾宪仪，熊淑玲.丝瓜中一个新脑苷脂类化合物［J］.天然产物研究与开发，1996，3：20-25.
［19］Du Q，Cui H. A new flavone glycoside from the fruits of *Luffa cylindrica*［J］. Fitoterapia，2007，78（7-8）：609-610.
［20］李磊.丝瓜中苷类化合物的分离及其生物活性研究［D］.杭州：浙江工商大学硕士学位论文，2006.
［21］Du Q Z，Xu Y J，Li L，et al. Antioxidant constituents in the fruits of *Luffa cylindrica*（L.）Roem［J］. J Agric Food Chem，2006，54（12）：4186-4190.
［22］Vignon M R，Gey C. Isolation，^{1}H and ^{13}C NMR studies of（4-*O*-methyl-D-glucurono）-D-xylans from luffa fruit fibres，jute bastfibres and mucilage of quince tree seeds［J］. Carbohydr Res，1998，307（1-2）：107-111.
［23］Khajuria A，Gupta A，Garai S，et al. Immunomodulatory effects of two sapogenins 1 and 2 isolated from *Luffa cylindrica* in Balb/C mice［J］. Bioorg Med Chem Lett，2007，17（6）：1608-1612.
［24］Yoshikawa K，Arihara S，Wang J D，et al. Structures of two new fibrinolytic saponins from the seed of *Luffa cylindrical* Roem.［J］. Chem Pharm Bull，1991，39（5）：1185-1188.
［25］Parkash A，Ng T B，Tso W W. Isolation and characterization of luffacylin，a ribosome inactivating peptide with anti-fungal activity from sponge gourd（*Luffa cylindrica*）seeds［J］. Peptides（New York），2002，23（6）：1019-1024.
［26］李丰，夏恒传，杨欣秀，等.丝瓜籽中一种具有翻译抑制活性和胰蛋白酶抑制剂活性的多肽——Luffin P1 的纯化和性质［J］.生物化学与生物物理学报，2003，35（9）：847-852.
［27］熊长云，张祖传.一组丝瓜籽小分子核糖体失活蛋白 Luffin S 的分离、纯化和性质［J］.生物化学与生物物理学报，1998，30（2）：142-146.
［28］高闻达，曹惠婷，季瑞华，等.丝瓜籽中蛋白质生物合成抑制蛋白的分离、纯化及性质研究［J］.生物化学与生物物理进展，1994，26（3）：289-495.
［29］Joshi S S，Shrivastava R K. Amino acid composition of *Luffa cylindrica* and *Luffa acutangula* seeds［J］. Journal of the Institution of Chemists（India），1978，50（2）：73-74.
［30］Umarov A U，Markman A L. The oil of *Luffa cylindrica* seeds［J］. Khimiya Prirodnykh Soedinenii，1968，4（3）：187.
［31］Khan M S Y，Javed K，Khan M H，et al. Chemical investigation on the male flowers of *Luffa cylindrica* Linn.［J］. Indian Drugs，1990，28（1）：35-36.
［32］Tanaka S，Uno C，Akimoto M，et al. Anti-allergic effect of bryonolic acid from *Luffa cylindrica* cell suspension cultures［J］. Planta Med，1991，57（6）：527-530.

【药理参考文献】

［1］Muthumani P，Meera R，Mary S，et al. Phytochemical screening and anti inflammatory，bronchodilator and antimicrobial activities of the seeds of *Luffa cylindrica*［J］. Research Journal of Pharmaceutical，Biological and Chemical Sciences，2010，1（4）：11-22.
［2］刘雯，张娣，李才堂，等.丝瓜根抗炎作用活性部位的初步筛选［J］.实用中西医结合临床，2013，13（8）：85-86.
［3］陈卫卫，何炜玲，李海涛，等.丝瓜藤提取物抗炎抗过敏有效部位的筛选研究［J］.辽宁中医杂志，2013，40（4）：758-761.
［4］Suchita D，Sudipta S，Gaurav K，et al. Effect of standardized fruit extract of *Luffa cylindrica* on oxidative stress markers in hydrogen peroxide induced cataract［J］. Indian Journal of Pharmacology，2015，47（6）：644-648.
［5］Ha H，Lim H S，Lee M Y，et al. *Luffa cylindrica* suppresses development of dermatophagoides farinae-induced atopic dermatitis-like skin lesions in Nc/Nga mice［J］. Pharmaceutical Biology，2015，53（4）：555.
［6］李小玲，李菁，朱伟杰，等.丝瓜络对高脂血症小鼠 *LDL-R* 基因表达的影响［J］.中国病理生理杂志，2009，25（6）：

1156-1159.

［7］潘永勤，李菁，朱伟杰，等．丝瓜降血脂及抗氧化作用的实验研究［J］．中国病理生理杂志，2008，24（5）：873-877.

［8］刘春杰，董立珉，康红钰．丝瓜提取物对衰老小鼠学习记忆能力、脑组织形态学及免疫功能的影响［J］．中药药理与临床，2016，32（1）：106-110.

［9］潘永勤，李菁，朱伟杰，等．丝瓜提取物抗氧化活性的研究［J］．中国病理生理杂志，2011，27（11）：2086-2089.

［10］张颂，张宗禹，苏庆东，等．丝瓜子蛋白的提取分离及其对小鼠的抗早孕作用［J］．中国药科大学学报，1990，21（2）：115-116.

【临床参考文献】

［1］李仙瑛．丝瓜络散治疗冠心病举隅［J］．江西中医药，1996，27（1）：10.

［2］卢训丛．丝瓜叶汁擦浴治疗瘾疹40例［J］．湖北中医学院学报，2002，4（4）：44.

［3］张淳珂，高铭锴，高海妮．四季润喉片经霜老丝瓜汤联合刮痧治疗慢性咽喉炎的临床疗效观察［J］．基层医学论坛，2015，19（16）：2298-2299.

［4］丁树栋．疗病验方丝瓜络［N］．中国中医药报，2013-05-20（005）.

940. 广东丝瓜（图940）• *Luffa acutangula*（Linn.）Roxb.

图940　广东丝瓜　　　摄影　陈征海等

【别名】棱角丝瓜（通称）。

【形态】一年生攀援草质藤本。茎粗壮，具棱沟，被短柔毛。卷须3歧，被短柔毛。叶片近圆形，长、宽均15～20cm，先端急尖或渐尖，通常5～7浅裂，中裂片宽三角形，两侧裂片较小，边缘疏生锯齿，基部深心形，上面粗糙，具疣点，两面沿脉有短柔毛；叶柄粗壮，长8～12cm，具纵棱，沿棱被柔毛。雄花总状花序具多朵花；花梗长1～4cm，被短柔毛；萼筒钟状，外侧被短柔毛，裂片披针形，稍向外反折，内侧密被柔毛；花冠辐射状，黄色，裂片倒心形，长1.4～2.5cm；雄蕊3枚，离生，花丝基部有髯毛；雌花单生，与雄花花序生于同一叶腋；花萼和花冠与雄花同形；子房棍棒状。果实棍棒状、圆锥形或纺锤形，下垂，具突起纵棱8～10条，无毛。种子卵形，黑色，具网状纹饰，无狭翼状边缘。花果期夏、秋季。

【生境与分布】华东各地有栽培，另中国南部地区多有栽培；原产热带地区。

广东丝瓜与丝瓜的区别点：广东丝瓜雄蕊3枚；果实棍棒状、圆柱形或纺锤形，具突起纵棱8～10条。丝瓜雄蕊5枚；果实长圆柱形，具数条纵纹。

【药名与部位】丝瓜籽，种子。丝瓜络，成熟果实的维管束。

【采集加工】丝瓜籽：果实老熟后采集种子，晒干。丝瓜络：夏、秋两季果实成熟至果皮干枯时采摘，除去外皮及果肉，洗净，干燥，除去种子。

【药材性状】丝瓜籽：扁平椭圆形，长约1.2cm，宽约7mm，厚约2mm。种皮灰黑色至黑色，边缘无翅，一端有种脊，上方有一对呈叉状的突起。种皮稍硬，剥开后可见有膜状灰绿色的内种皮包于子叶之外。子叶2枚，黄白色。气微，味微苦。

丝瓜络：多呈长圆柱形或棒槌形，长25～60cm，直径6～8cm。略弯曲，较细一端具坚韧的果柄，表面淡黄白色，全体系多层丝状维管束交织而成的网状物，体轻，质韧，有弹性，不能折断。横切面可见子房3室，形成3个大空洞，有的残留少数黑色种子。气微，味淡。

【药材炮制】丝瓜籽：除净杂质，晒干。

丝瓜络：原药材，除去杂质及残留种子，压扁，切成4cm小段。炒丝瓜络：取丝瓜络饮片，炒至深黄色。酒丝瓜络：取丝瓜络饮片，与酒拌匀，稍闷，炒至表面黄色时，取出，摊凉。丝瓜络炭：取丝瓜络饮片，置锅内，用武火加热，炒至表面焦黑色，内部焦褐色时，喷淋清水，取出，晾干。

【化学成分】全草含三萜皂苷类：广东丝瓜苷A、B、C、D、E、F、G（acutoside A、B、C、D、E、F、G）[1]。

地上部分含蒽醌类：1,8-二羟基-4-甲基蒽-9,10-二酮（1,8-dihydroxy-4-methylanthracene-9,10-dione）[2]。

果实含酚酸类：鞣花酸（ellagic acid）、水杨酸（salicylic acid）、没食子酸（gallic acid）、苯甲酸（benzoic acid）、龙胆酸（gentisic acid）、羟苯基乙酸（hydroxyphenyl acetic acid）、苯乙酸（phenylacetic acid）、二羟基苯乙酸（dihydroxyphenylacetic acid）、愈创木酚（guaiacol）和4-乙基愈创木酚（4-ethylguaiacol）[3]；苯丙素类：绿原酸（chlorogenic acid）、羟基咖啡酸（hydroxycaffeic acid）、二氢阿魏酸（dihydroferulic acid）、咖啡酸（caffeic acid）、香豆酸（coumaric acid）和芥子醛（sinapaldehyde）[3]；香豆素类：东莨菪内酯（scopoletin）、4-羟基香豆素（4-hydroxycoumarin）和蜂蜜曲菌素（mellein）[3]；黄酮类：乔松素（pinocembrin）、蓟黄素（cirsimaritin）、樱花素（sakuranetin）、栀子黄素B（gardenin B）、白杨素（chrysin）、野黄芩素（scutellarein）、3,5-去羟异鼠李素（geraldone）和四甲基野黄芩素（tetramethyl scutellarein）[3]。

种子含三萜皂苷类：广东丝瓜苷H、I（acutoside H、I）[4]；肽类：广东丝瓜肽*（luffangulin）[5]，广东丝瓜蛋白*1、1（LA-1、2）[6]和广东丝瓜林素（luffaculin）[7]；氨基酸类：赖氨酸（Lys）、组氨酸（His）、苏氨酸（Thr）、苯丙氨酸（Phe）、酪氨酸（Tyr）、缬氨酸（Val）、蛋氨酸（Met）、半胱氨酸（Cys）、亮氨酸（Leu）、异亮氨酸（Ile）、色氨酸（Try）、丝氨酸（Se）、甘氨酸（Gly）、精氨酸（Arg）、谷氨酸（Glu）、天冬氨酸（Asp）、丙氨酸（Ala）、脯氨酸（Pro）和γ-氨基丁酸（γ-aminobutyric acid）[8]。

叶含黄酮类：木犀草素-7-O-β-D-吡喃葡萄糖苷（luteolin-7-O-β-D-glucopyranoside）、芹菜苷元-7-O-β-D-吡喃葡萄糖苷（apigenin-7-O-β-D-glucopyranoside）、金圣草酚-7-O-β-D-吡喃葡萄糖苷（chrysoeriol-7-O-β-D-glucopyranoside）、木犀草素-7,4′-O-β-二吡喃葡萄糖苷（luteolin-7,4′-O-β-diglucoside）和芹菜苷元-7,4′-二-O-β-D-吡喃葡萄糖苷（apigenin-7,4′-di-O-β-D-glucopyranoside）[9]。

【药理作用】抗肿瘤　果实的甲醇提取物可显著抑制人肺癌 A549 细胞的增殖；甲醇提取物的三氯甲烷部位可显著抑制血管内皮生长因子、基质金属蛋白酶-2 和基质金属蛋白酶-1 的表达[1]。

【性味与归经】丝瓜籽：凉、糙，苦。丝瓜络：甘，凉。归肺、肝、胃经。

【功能与主治】丝瓜籽：引吐，解毒。用于中毒症，引吐培根、赤巴病（藏医）。丝瓜络：通经活络，解毒消肿。用于胸胁疼痛，风湿痹痛，经脉拘挛，乳汁不通，肺热咳嗽，痈肿疮毒，乳痈。

【用法与用量】丝瓜籽：3～10g。丝瓜络：5～15g。

【药用标准】丝瓜籽：青海藏药 1992；丝瓜络：湖南药材 2009 和广西药材 1990。

【附注】药材丝瓜籽孕妇忌服。

【化学参考文献】

[1] Nagao T，Tanaka R，Iwase Y，et al. Studies on the constituents of *Luffa acutangula* Roxb. I. structures of acutosides A-G, oleanane-type triterpene saponins isolated from the herb［J］. Chem Pharm Bull，1991，39（3）：599-606.

[2] Vanajothi R，Srinivasan P. Bioassay-guided isolation and identification of bioactive compound from aerial parts of *Luffa acutangula* against lung cancer cell line NCI-H460［J］. J Recept Res，2015，35（4）：1-8.

[3] Chanda J，Mukherjee P K，Biswas R，et al. UPLC-QTOF-MS analysis of a carbonic anhydrase-inhibiting extract and fractions of *Luffa acutangula*（L.）Roxb（ridge gourd）［J］. Phytochem Anal，2019，30（2）：148-155.

[4] Nagao T，Tanaka R，Okabe H. Studies on the constituents of *Luffa acutangula* Roxb. II. structures of acutosides H and I, oleanolic acid saponins isolated from the seed［J］. Chem Pharm Bull，1991，39（4）：889-893.

[5] Wang H，Ng T B. Luffangulin，a novel ribosome inactivating peptide from ridge gourd（*Luffa acutangula*）seeds［J］. Life Sci，2002，70（8）：899-906.

[6] Haldar U C，Saha S K，Beavis R C，et al. Trypsin inhibitors from ridged gourd（*Luffa acutangula* Linn.）seeds：purification，properties，and amino acid sequences［J］. J Protein Chem，1996，15（2）：177-184.

[7] 龙晶，侯晓敏，张高红，等．八棱丝瓜蛋白 1 的体外抗 HIV-1 活性［J］. 中国天然药物，2008，6（5）：372-376.

[8] Joshi S S，Shrivastava R K. Amino acid composition of *Luffa cylindrica* and *Luffa acutangula* seeds［J］. Journal of the Institution of Chemists（India），1978，50（2）：73-74.

[9] Schilling E E，Heiser C B. Flavonoids and the systematics of *Luffa*［J］. Biochem Syst Ecol，1981，9（4）：263-265.

【药理参考文献】

[1] Reddy B P，Goud R，Mohan S，et al. Antiproliferative and antiangiogenic effects of partially purified *Luffa acutangula* fruit extracts on human lung adenocarcinoma epithelial cell line（A-549）［J］. Current Trends in Biotechnology & Pharmacy，2009，3（4）：396-404.

9. 盒子草属 *Actinostemma* Griff.

攀援草质藤本。茎纤细；卷须 2 歧，稀单一。单叶，互生；叶片心状戟形、心形或卵状心形，不分裂或 3～5 裂，边缘具锯齿或微波状；具叶柄。花小；单性，雌雄同株，稀两性。雄花总状花序或圆锥花序，稀单生或双生；花萼辐射状，筒部杯状，5 裂；花冠辐射状，5 裂；雄蕊 5 枚，离生，花丝短，花药近卵形，基部着生，纵裂，无退化雌蕊，1 室；雌花单生、双生或雌雄同序；花萼和花冠与雄花同形，子房卵圆形，具疣状凸起，花柱短，柱头 3 枚。果实卵形、宽卵形或长圆状椭圆形，自中部环状盖裂。种子 2～4 粒，微扁，卵形，具不规则雕纹。

1 种。分布东亚（从日本至东喜马拉雅）。中国各地普遍有分布，法定药用植物 1 种。华东地区法定药用植物 1 种。

941. 盒子草（图 941） • *Actinostemma tenerum* Griff.

图 941　盒子草　　　　　　　　　　　　摄影　张芬耀

【别名】合子草（浙江），葫篓棵子（江苏盱眙），黄丝藤（江苏宝应）。

【形态】一年生攀援草质藤本。茎纤细，疏被长柔毛，后渐脱落无毛；卷须细长，2 歧。叶形变异较大，心状戟形、心状狭卵形或披针状三角形，长 3～12cm，宽 2～8cm，顶端钝或渐尖，基部弯缺半圆形、长圆形或深心形，不分裂或茎下部有时 3～5 裂，边缘波状或有稀疏小齿，两面疏生疣状凸起；叶柄长 2～6cm，被短柔毛。雄花总状或圆锥花序，花序轴纤细，被短柔毛；苞片小，条形；花萼裂片条状披针形，边缘有疏小齿；花冠裂片披针形，顶端尾状渐尖；雌花单生或双生，花梗长 4～8cm，具关节；花萼和花冠与雄花同形。果卵形、宽卵形或长圆状椭圆形，直径 1～2cm，疏生鳞片状凸起，自近中部环状盖裂，果盖锥形。种子微扁，卵形，长 1～1.2cm，具不规则雕纹。花期 7～9 月，果期 9～11 月。

【生境与分布】生于水边草丛中。分布于华东各地，另全国各地均有分布；朝鲜、日本。印度、中南半岛也有分布。

【药名与部位】盒子草，地上部分。

【采集加工】7～9 月采收，除去杂质，晒干。

【药材性状】常缠结成团。茎细长则略扭曲，表面淡黄绿色至淡黄棕色，具沟棱，节上有卷须，顶端两分叉。叶互生，具长柄；叶片多皱缩或破碎，完整叶片展平后呈心状戟形、心状狭卵形或披针状三角形，长 3～12cm，宽 2～8cm，先端渐尖或稍钝，基部心形，有时 3～5 浅裂，边缘有疏浅锯齿，脉上有短毛。果实宽卵形、长圆状椭圆形，黄绿色至浅棕黄色，成熟时自近中部盖裂，呈盒子状，内具对合种子 2 粒，种子卵形，稍扁，结合面灰色，背面灰黑色，有不规则雕纹，形如龟背，俗称"鸳鸯木鳖"。气微，味淡。

【化学成分】种子含挥发油及脂肪酸类：正癸烷（n-decane）、L-龙脑（L-borneol）、月桂酸（lauric acid）、肉豆蔻酸（myristic acid）、十五烷酸（pentadecanoic acid）、棕榈油酸（palmitoleic acid）、软脂酸（palmitic acid）、8,11-十八酸二烯酸（8,11-octadecadienoic acid）、反油酸（elaidic acid）、硬脂酸（stearic acid）及花生酸（arachidic acid）[1]；元素：铝（Al）、钡（Ba）、钙（Ca）、镉（Cd）、钴（Co）、铬（Cr）、铜（Cu）、铁（Fe）、钾（K）、锂（Li）、铜（Cu）、锰（Mn）、镁（Mg）、钠（Na）、磷（P）、硅（Si）、锶（Sr）、钛（Ti）、钒（V）、锌（Zn）和硒（Se）[1]。

【药理作用】抗菌　从全草提取的多糖对细菌（大肠杆菌、枯草杆菌）和真菌（黑曲霉、青霉、产黄青霉马青霉）的生长均有不同程度的抑制作用[1]。

【性味与归经】苦，寒。

【功能与主治】利尿消肿。用于肾炎水肿，腹水肿胀。

【用法与用量】15～30g。

【药用标准】上海药材1994。

【附注】以合子草之名始载于《本草拾遗》，云："蔓生岸旁，叶尖，花白，子中有两片如合子。"《本草纲目》附于草部蔓草类的榼藤子下。《本草纲目拾遗》藤部云："天毬草，好生水岸道旁，苗高三四尺……花小有绒，五月结实为毬，毬内生黑子二片，生时青，老则黑，每片浑如龟背，又名龟儿草。"又引《百草镜》云："叶尖长，有锯齿，生水涯，蔓生，秋时结实，状如荔枝，色青有刺，壳上中有断纹，两截相合，藏子二粒，色黑如木鳖而小。"上述描述，均与本种特征相符。

【化学参考文献】

[1]吴启南，王立新，王永珍.合子草种子无机元素及脂肪油GC-MS联用分析[J].天然产物研究与开发，2001，13（3）：33-35.

【药理参考文献】

[1]陈艳，林瑞新，杨淑莉，等.盒子草多糖抑菌活性研究[J].预防医学论坛，2009，15（12）：1240-1241.

10. 栝楼属 Trichosanthes Linn.

一年生或多年生草质藤本，稀为木质藤本。常具肥大块根。茎攀援或匍匐。卷须2～5歧，稀单一。单叶，稀指状复叶，具柄；叶形多变，全缘或3～7裂，边缘具锯齿。花单性，雌雄异株，稀同株。雄花总状花序，有时单花与之并生或单花；通常具苞片；萼筒筒状，5裂；花冠白色，辐射状，5深裂，裂片边缘细裂成流苏状；雄蕊3枚，花丝短，分离，花药靠合，1枚1室，另2枚各2室，药室对折，药隔不伸长；雌花单生，稀数朵成总状花序；花萼和花冠与雄花同形；子房下位，1室，花柱纤细，柱头3枚，全缘或各2裂，胚珠多数，水平或半下垂。果实肉质，球形、卵球形或纺锤形，不开裂。种子多数。

约50种，分布于东南亚，南经马来西亚至澳大利亚（北部），北经朝鲜和日本。中国约34种6变种，法定药用植物7种。华东地区法定药用植物2种。

942. 王瓜（图942）· *Trichosanthes cucumeroides* (Ser.) Maxim.

【别名】杜瓜（江苏常熟）。

【形态】多年生草质攀援藤本。块根纺锤形。茎被短柔毛。卷须2歧，被短柔毛。叶宽卵形或近圆形，长5～18cm，宽5～12cm，先端钝或短渐尖，基部深心形，通常3～5浅裂或深裂，有时不分裂，裂片三角形、卵形至倒卵状椭圆形，边缘具细齿或波状齿，叶上面被短绒毛及稀疏短刚毛，背面密被短绒毛，基出掌状脉5～7条；叶柄长3～10cm，密被短绒毛及刚毛。雄花总状花序长5～10cm，被绒毛；花梗长约0.5cm；花萼筒喇叭形，长6～7cm，裂片条状披针形；花冠白色，裂片长圆状卵形，边缘具长

图 942　王瓜　　　　　　　　　　　　　摄影　李华东

丝状流苏；退化雌蕊刚毛状；雌花单生；花梗长 0.5～1cm；花萼和花冠与雄花同形；子房长圆形，密被短柔毛。果实长圆形、卵圆形、卵状椭圆形或球形，直径 4～5.5cm，成熟时橙红色。种子多数，横长圆形，长 0.7～1.2cm，3 室，两侧室近圆形，中部有增厚环带，具瘤状凸起。花期 5～8 月，果期 8～10 月。

【生境与分布】生于海拔 150～1800m 的山谷、沟边、村旁、草丛或灌丛中。分布于山东、江苏、安徽、浙江、福建和江西，另辽宁、河北、山西、河南、湖南、湖北、广西、贵州、四川、陕西、甘肃均有分布；朝鲜、日本、越南、老挝也有分布。

【药名与部位】王瓜子，种子。

【采集加工】秋季果实成熟变红时采摘，取出种子，洗净，干燥。

【药材性状】呈长方形，长约 1.2cm，宽 0.8～1.4cm。表面灰棕色或灰褐色，或带有灰白色透明的薄膜，粗糙，有细密的颗粒状突起；中部有隆起的宽环带，俗称"玉带缠腰"；边缘突起成棱脊，两端各有一圆钝部分，顶端有凹孔，体轻。种皮坚硬，破开后有 3 室，两端室内无种仁，各有 1 孔，中间一室较大，内有种子 1 粒，呈扁平三角形或长方圆形，长 0.7～0.8cm，宽约 0.5cm，一端微尖，有褐色菲薄之内种皮包被。剥开种仁成 2 瓣，黄褐色或黄白色，油润，气香，味淡。

【质量要求】肉饱满，无白子及瓤衣。

【化学成分】根含三萜类：葫芦素 B、D、G（cucurbitacin B、D、G）、23, 24- 二羟基葫芦素 B、D（23, 24-dihydrocucurbitacin B、D）、阿呐宁*I、II（arnenin I、II）[1]，葫芦素 E（cucurbitacin E）[2]，（3β, 9β, 10α, 24R）-24, 25- 二羟基 -9- 甲基 -19- 降羊毛脂 -5- 烯 -3-O-α-L- 吡喃鼠李糖基 -（1→2）-O-β-D- 吡喃葡萄糖基 -（1→2）-β-D- 吡喃葡萄糖苷［（3β, 9β, 10α, 24R）-24, 25-dihydroxy-9-methyl-19-norlanost-5-en-3-O-α-L-rhamnopyranosyl-（1→2）-O-β-D-glucopyranosyl-（1→2）-β-D-glucopyranoside］、（3β,

9β, 10α, 24R)-25-（β-D- 吡喃葡萄糖氧基）-24- 羟基 -9- 甲基 -19- 降羊毛脂 -5- 烯 -3-O-α-L- 吡喃鼠李糖基 -（1→2）-O-β-D- 吡喃葡萄糖基 -（1→2）-β-D- 吡喃葡萄糖苷 [（3β, 9β, 10α, 24R)-25-（β-D-glucopyranosyloxy）-24-hydroxy-9-methyl-19-norlanost-5-en-3-O-α-L-rhamnopyranosyl-（1→2）-O-β-D-glucopyranosyl-（1→2）-β-D-glucopyranoside] 和（3β, 9β, 10α, 24R)-25-（6-O- 乙酰基 -β-D- 吡喃葡萄糖氧基）-3-［O-α-L- 吡喃鼠李糖基 -（1→2）-O-β-D- 吡喃葡萄糖基 -（1→2）-β-D- 吡喃葡萄糖氧基］-24- 羟基 -9- 甲基 -19- 降羊毛脂 -5- 烯 -11- 酮 {（3β, 9β, 10α, 24R)-25-（6-O-acetyl-β-D-glucopyranosyloxy）-3-［O-α-L-rhamnopyranosyl-（1→2）-O-β-D-glucopyranosyl-（1→2）-β-D-glucopyranosyloxy］-24-hydroxy-9-methyl-19-norlanost-5-en-11-one}[3]；甾体类：α- 菠菜甾醇（α-spinaterol）、α- 菠菜甾醇 -3β-O-β-D- 吡喃葡萄糖苷（α-spinasterol-3β-O-β-D-glucopyranoside）、豆甾 -7- 烯 -3β- 醇（stigmast-7-en-3β-ol）和豆甾 -7- 烯 -3β-O-β-D- 吡喃葡萄糖苷（stigmast-7-en-3β-ol-3-O-β-D-glucopyranoside）[3]；蛋白质：β- 天花粉蛋白（β-trichosanthin）[4]；脂肪酸类：棕榈酸甲酯（methyl hexadecanoate）[3]。

果实含三萜类：葫芦素 B、D、G、I、J（cucurbitacin B、D、G、I、J）、23, 24- 二羟基葫芦素 B、D（23, 24-dihydrocucurbitacin B、D）、3β-［(E)- 咖啡酰氧基］-D: C- 弗瑞德齐墩果烷 -7, 9（11）- 二烯 -29- 酸 {3β-［(E)-caffeoyloxy］-D: C-friedooleana-7, 9（11）-dien-29-oic acid}、胶苦瓜醇 *A（cucurbalsaminol A）和 3- 表 - 异葫芦苦素 D（3-epi-isocucurbitacin D）[5]；甾体类：豆甾 -7- 烯 -3β- 醇（stigmast-7-en-3β-ol）和 α- 菠菜甾醇（α-spinasterol）[6]。

种子含三萜类：7- 酮基二氢栝楼三醇（7-oxodihydrokarounitriol）、7, 11- 二酮基二氢栝楼二醇（7, 11-dioxodihydrokarounidiol）、7- 酮基二氢栝楼二醇（7-oxodihydrokarounidiol）[7]、栝楼二醇（karounidiol）、异栝楼二醇（isokarounidiol）、7- 酮基二氢栝楼二醇 -3- 苯甲酸酯（7-oxodihydrokarounidiol-3-benzoate）、栝楼二醇 -3- 苯甲酸酯（karounidiol-3-benzoate）、5- 去氢栝楼二醇（5-dehydrokarounidiol）、泻根醇（bryonolol）、3- 表泻根醇（3-epibryonolol）、白桦脂醇（betulin）、29- 羟基羽扇豆醇（29-hydroxylupeol）、古柯二醇（erythrodiol）和（23Z）- 环木菠萝 -23- 烯 -3β, 25- 二醇 [（23Z）-cycloart-23-en-3β, 25-diol][8]；甾体类：豆甾醇乙酸酯（stigmastanol acetate）[9]、豆甾醇（stigmastanol）、豆甾 -7- 烯 -3β- 醇（stigmast-7-en-3β-ol）、豆甾 -7, 22- 二烯 -3β- 醇（stigmasta-7, 22-dien-3β-ol）和豆甾 -3β, 6α- 二醇（stigmast-3β, 6α-diol）[10]；氨基酸类：丙氨酸（Ala）、精氨酸（Arg）、天冬氨酸（Asp）、半胱氨酸（Cys）、（Glu）、甘氨酸（Gly）、组氨酸（His）、异亮氨酸（Ile）、亮氨酸（Leu）、赖氨酸（Lys）、蛋氨酸（Met）、脯氨酸（Pro）、苯丙氨酸（Phe）、丝氨酸（Ser）、苏氨酸（Thr）、酪氨酸（Tyr）和缬氨酸（Val）[11]。

【药理作用】1. 抗肿瘤　新鲜根原汁及干粉中提取分离的葫芦素 B、E（cucurbitacin B、E）对鼻咽癌 CNE-2 细胞均有很强的体外杀伤作用，其中原汁的杀伤率达 100%[1]；果实乙醇提取物分离的葫芦素 D（cucurbitacin D）可体外抑制大鼠乳腺癌 Walker256 细胞的增殖，诱导细胞凋亡，可抑制大鼠乳腺癌 Walker256 细胞移植瘤的体内生长[2]。2. 免疫调节　根干粉中提取分离得到的葫芦素 B、E 能在体外可显著提高人淋巴细胞转化率，提高机体免疫力[1]。3. 抗氧化　果实和种子乙醇提取的三萜类成分对 1, 1- 二苯基 -2- 三硝基苯肼（DPPH）自由基、2, 2′- 联氮 - 二（3- 乙基 - 苯并噻唑 -6- 磺酸）二铵盐（ABTS）自由基具有清除作用和铁还原抗氧化作用（FRAP），其作用均强于茶多酚但弱于抗坏血酸，而清除羟自由基（·OH）的作用均低于茶多酚和抗坏血酸[3]。

【性味与归经】酸、苦，平。归肺、胃、大肠经。

【功能与主治】清热，凉血。用于肺痿吐血，黄疸，痢疾，肠风下血，筋骨挛痛。

【用法与用量】3～9g。

【药用标准】贵州药材 2003。

【临床参考】1. 咽喉肿痛、口腔糜烂：根 3～9g，水煎服；或根研粉，取少许吹患处，含片刻，吐出痰涎，每日 5～6 次。

2. 痈疮肿毒、指疔：根适量，酒磨汁，涂搽患处，干后再涂，不拘次数。

3. 各种疼痛（手术后疼痛、胃肠道疼痛）：根，嚼烂吞服，每次 0.3～0.6g。（1方至3方引自《浙江药用植物志》）

【附注】王瓜一名，始见于《神农本草经》，而《唐本草》、宋《图经本草》等书中对王瓜的形态描述均不似本种，而似赤䳉。但《本草衍义》中"王瓜其壳径寸，长二寸许，上微圆，下尖长，七八月熟，红赤色，壳中子如螳螂头者"应为本种。

本种的果实、种子及根，脾胃虚寒者及孕妇均慎服。

【化学参考文献】

[1] 李骏. 具有降脂活性的天然产物的发现及其作用机制研究 [D]. 上海：中国科学院上海药物研究所博士学位论文，2018.
[2] 梁荣能，吴伯良，莫志贤. 王瓜根有效活性成份对鼻咽癌细胞的杀伤作用 [J]. 中药药理与临床，1995，(4)：18-20.
[3] Kitajima J, Tanaka Y. Studies on the constituents of *Trichosanthes* root. II. constituents of roots of *Trichosanthes cucumeroides* Maxim. [J]. Yakugaku Zasshi, 1989, 109 (4)：256-264.
[4] Yeung H W, Li W W. β-trichosanthin：a new abortifacient protein from the Chinese drug, wangua, *Trichosanthes cucumeroides* [J]. Int J Pept Protein Res, 1987, 29：289-292.
[5] 郝新才. 三种药用植物的化学成分和生物活性研究 [D]. 武汉：华中科技大学博士学位论文，2014.
[6] Matsuno T, Nagata S. Sterols from fruits of *Trichosanthes cucumeroides* and *Trichosanthes japonica* [J]. Phytochemistry, 1971, 10 (8)：1949-1950.
[7] Chao Z, Shibusawa Y, Yanagida A, et al. Two new triterpenes from the seeds of *Trichosanthes cucumeroides* [J]. Nat Prod Res, 2005, 19 (3)：211-216.
[8] Akihisa T, Kimura Y, Kasahara Y, et al. 7-Oxodihydrokarounidiol-3-benzoate and other triterpenes from the seeds of Cucurbitaceae [J]. Phytochemistry, 1997, 46 (7)：1261-1266.
[9] Iida T, Tamura T, Matsumoto T. Stigmastanol in the seeds of *Trichosanthes cucumeroides* [J]. Phytochemistry, 1981, 20 (4)：857.
[10] Chao Z M, Shibusawa Y, Yanagida A, et al. Triterpenes and steroids from *Trichosanthes cucumeroides* (Ser.) Maxim [J]. Nat Med, 2002, 56 (4)：158.
[11] 巢志茂，刘静明，王伏华，等. 瓜蒌子的氨基酸分析 [J]. 天然产物研究与开发，1992，4 (4)：31-34.

【药理参考文献】

[1] 梁荣能，吴伯良，莫志贤. 王瓜根有效活性成份对鼻咽癌细胞的杀伤作用 [J]. 中药药理临床，1995，(4)：18-20.
[2] 史若诗，姚万军，郝新才，等. 王瓜葫芦素D的提取及其对大鼠乳腺癌细胞增殖、凋亡和体内成瘤作用的影响 [J]. 山东医药，2016，56 (31)：20-23.
[3] 潘乔丹，黄元河，董妹灵，等. 王瓜的微波-超声波联合提取工艺优选及抗氧化活性考察 [J]. 中国实验方剂学杂志，2013，19 (18)：30-32.

943. 栝楼（图943） · *Trichosanthes kirilowii* Maxim.

【别名】瓜蒌（通称），瓜楼（江苏），杜瓜（上海），药瓜（江苏启东）。

【形态】多年生草质攀援藤本。块根圆柱形，淡黄褐色。茎具纵棱沟，被短柔毛。卷须3～7歧。叶近圆形、心形或宽卵形，长、宽均5～20cm，先端钝圆，具小尖头，基部心形，掌状3～5浅裂、中裂或深裂，裂片菱状倒卵形、长圆形，裂片常再浅裂，边缘具疏齿或缺刻状，两面沿脉被长柔毛状硬毛，基出掌状脉5～7条；叶柄长3～10cm，被长柔毛。雄花单生或数朵成总状花序，花序梗长10～20cm，被柔毛；苞片倒卵形或宽卵形，长1.5～2cm，边缘具粗齿；萼筒筒状，长2～4cm，被柔毛，裂片披针形，全缘；花冠白色，裂片倒卵形，长2cm，边缘具长丝状流苏；雌花单生，花梗长达7.5cm，被柔毛；花萼和花冠与雄花同形；花柱长2cm。果柄长4～11cm；果实椭圆形或近球形，长7～11cm，

图 943　栝楼　　　　　　摄影　李华东

成熟时黄褐色或橙黄色。种子多数，1室，卵状椭圆形，扁平。花期5～8月，果期8～10月。

【生境与分布】生于海拔100～1800m的向阳山坡、疏林下、灌丛中、草丛或村旁。分布于山东、江苏、安徽、浙江、福建和江西，另辽宁、河北、山西、河南、湖北、湖南、广西、贵州、四川、陕西、甘肃均有分布；朝鲜、日本、越南和老挝也有分布。

栝楼与王瓜的区别点：栝楼卷须3～7歧；叶近圆形、心形或宽卵形，掌状3～5浅裂、中裂或深裂，背面沿脉被长柔毛状硬毛；种子卵状椭圆形，1室。王瓜卷须2歧；叶宽卵形或近圆形，3～5浅裂或深裂，背面密被短绒毛；种子横长圆形，3室。

【药名与部位】天花粉（栝楼根），根。瓜蒌（栝楼），成熟果实。瓜蒌子（栝楼子），种子。瓜蒌皮（栝楼皮），果皮。

【采集加工】天花粉：秋、冬二季采挖，洗净，除去外皮，切段或纵剖成瓣，干燥；或去皮后直接切厚片，干燥。瓜蒌：秋季果实成熟时采收，阴干。瓜蒌子：秋季果实成熟时采收，取出种子，洗净，干燥。瓜蒌皮：秋季果实成熟时采收，剖开，除去果瓤及种子，阴干。

【药材性状】天花粉：呈不规则圆柱形、纺锤形或瓣块状，长8～16cm，直径1.5～5.5cm。表面黄白色或淡棕黄色，有纵皱纹、细根痕及略凹陷的横长皮孔，有的有黄棕色外皮残留。质坚实，断面白色或淡黄色，富粉性，横切面可见黄色木质部，略呈放射状排列，纵切面可见黄色条纹状木质部。气微，味微苦。

瓜蒌：呈类球形或宽椭圆形，长7～15cm，直径6～10cm。表面橙红色或橙黄色，皱缩或较光滑，顶端有圆形的花柱残基，基部略尖，具残存的果梗。轻重不一。质脆，易破开，内表面黄白色，有红黄色丝络，果瓤橙黄色，黏稠，与多数种子黏结成团。具焦糖气，味微酸、甜。

瓜蒌子：呈扁平椭圆形，长 12～15mm，宽 6～10mm，厚约 3.5mm。表面浅棕色至棕褐色，平滑，沿边缘有 1 圈沟纹。顶端较尖，有种脐，基部钝圆或较狭。种皮坚硬；内种皮膜质，灰绿色，子叶 2 枚，黄白色，富油性。气微，味淡。

瓜蒌皮：常切成 2 至数瓣，边缘向内卷曲，长 6～12cm。外表面橙红色或橙黄色，皱缩，有的有残存果梗；内表面黄白色。质较脆，易折断。具焦糖气，味淡、微酸。

【质量要求】天花粉：色白、粉多，无老筋。瓜蒌子：无白子、杂质。瓜蒌皮：外皮橙黄色内白色，无霉烂黑皮。

【药材炮制】天花粉：除去杂质，洗净，润透，切厚片，干燥；产地已切片者，筛去灰屑。

瓜蒌：除去果梗等杂质及霉黑者，压扁，切丝或块；筛去灰屑。

瓜蒌子：除去杂质及瘪粒，洗净，干燥。用时捣碎。炒瓜蒌子：取瓜蒌子饮片，炒至表面色变深，微鼓起，略具焦斑时，取出，摊凉；用时捣碎。瓜蒌子霜：取瓜蒌子，去壳，研成糊状，用吸水纸包裹，压榨，间隔一日剥去纸，研散；如此反复多次，到油几尽，质地松散时，研成粉末。

瓜蒌皮：除去杂质，洗净，润透，切块或丝，干燥。

【化学成分】根含酰胺类：大豆脑苷 I（soya-cerebroside I）[1]；三萜类：雪胆素 A（hemsleein A）、葫芦素 B、R（cucurbitacin B、R）[1]，葫芦素 D（cucurbitacin D）[1,2]，二羟基葫芦素 D（dihydrocucurbitacin D）[2]，葫芦素 E（cucurbitacin E）、23,24-二羟基葫芦素 B（23,24-dihydrocucurbitacin B）、异葫芦素 D（isocucurbitacin D）、海绿脂苷 I（arvenin I）[3,4]，10α-葫芦萜-5,24-二烯-3β-醇（10α-cucurbita-5,24-dien-3β-ol）[4]，23,24-二氢葫芦素 D（23,24-dihydrocucurbitacin D）[5] 和泻根醇酸（bryonolic acid）[6]；降倍半萜类：布卢门醇 A、C（blumenol A、C）[3]；脂肪酸类：十六烷酸（hexadecanoic acid）、山嵛酸（behenic acid）、9(Z),12(Z)-十九碳二烯酸 [9(Z),12(Z)-nonadecadienoic acid]、(10E,13E)-10,13-十八碳-10,13-二烯酸 [(10E,13E)-octadeca-10,13-dienoic acid][1]，(10E,12E)-9-酮基-10,12-十八碳二烯酸 [(10E,12E)-9-oxo-10,12-octadecadienoic acid]、(9Z,11E)-13-氧代-9,11-十八碳二烯酸 [(9Z,11E)-13-oxo-9,11-octadecadienoic acid][3] 和琥珀酸（succinic acid）[6]；呋喃类：5-羟甲基糠酸（5-hydroxymethyl furoic acid）[6]；甾体类：(22E,24R)-24-乙基胆甾-22-烯-3-O-β-D-葡萄糖苷 [(22E,24R)-24-ethylcholesta-22-en-3-O-β-D-glucoside]、豆甾烷醇葡萄糖苷（stigmastanol glucoside）[1]，栝楼半缩酮*A、B（trichosanhemiketal A、B）、已降葫芦素 D（hexanorcucurbitacin D）、菠甾醇（spinasterol）[3] 和 α-菠菜甾醇-3-O-β-D-吡喃葡萄糖苷-6′-O-棕榈酸酯（α-spinasterol-3-O-β-D-glucopyranoside-6′-O-palmitate）[6]；木脂素类：喷瓜木脂酚（ligballinol）[1,3,4]，栝楼苯骈木脂素*（trichobenzolignan）、(-)-松脂素 [(-)-pinoresinol] 和尔雷酚 C（ehletianol C）[4]；黄酮类：木犀草素-7-O-β-D-吡喃葡萄糖苷（luteolin-7-O-β-D-glucopyranoside）和金圣草素-7-O-β-D-吡喃葡萄糖苷（chrysoeriol-7-O-β-D-glucopyranoside）[4]；生物碱类：2,3,4,9-四氢-1H-吡啶[3,4-b]吲哚-3-甲酸{2,3,4,9-tetrahydro-1H-pyrido[3,4-b]indole-3-carboxylic acid}、尿囊素（allantoin）、烟酸（nicotinic acid）[6] 和伴野豌豆碱（convicine）[7]；氨基酸类：苯丙氨酸（Phe）和酪氨酸（Tyr）[6]；核酸类：鸟嘌呤核苷（guanosine）、尿苷（uridine）、腺嘌呤（adenine）、胸腺嘧啶（thymine）、尿嘧啶（uracil）和黄嘌呤（xanthine）[6]；酚酸类：1-C-（对羟基苯基）-甘油 [1-C-(p-hydroxyphenyl)-glycerol]、对羟基苯甲酸（p-hydroxybenzoic acid）和对羟基苯甲醛（p-hydroxybenzaldehyde）[6]；多糖类：栝楼聚糖 A、B、C、D、E（trichosan A、B、C、D、E）[8]。

茎叶含单萜类：黑麦草内酯（loliolide）[9]；倍半萜类：脱落酸（abscisic acid）[9]；黄酮类：木犀草素-7-O-β-D-葡萄糖苷（luteolin-7-O-β-D-glucoside）、柯伊利素-7-O-β-D-葡萄糖苷（chrysoeriol-7-O-β-D-glucoside）、木犀草素（luteolin）、芹菜素-7-O-β-D-葡萄糖苷（apigenin-7-O-β-D-glucoside）、金圣草黄素（chrysoeriol）、香叶木素-7-O-β-D-葡萄糖苷（diosmetin-7-O-β-D-glucoside）、槲皮素-3-O-β-D-葡萄糖苷（quercetin-3-O-β-glucoside）[10]、柯伊利素-7-O-β-D-葡萄糖苷（chrysoeriol-7-O-β-D-glucoside）、芹菜素-7-O-β-D-吡喃葡萄糖苷（apigenin-7-O-β-D-glucopyranoside）、香叶木素-7-O-β-D-

吡喃葡萄糖苷（diosmetin-7-O-β-D-glucopyranoside）和木犀草素-7-O-β-D-葡萄糖苷（luteolin-7-O-β-D-glucoside）[11]；苯丙素类：反式肉桂酸（trans-cinnamic acid）、反式阿魏酸（trans-ferulic acid）和对羟基肉桂酸（p-hydroxycinnamic acid）[11]；生物碱类：4-［甲酰-5-（甲氧甲基）-1H-吡咯-1-酮］丁酸｛4-［formy-5-（methoxymethyl）-1H-pyrrol-1-one］butanoic acid｝、4-（2-甲酰-5-甲氧甲基吡咯-1-酮）丁酸［4-（2-formy-5-methoxymethylpyrrol-1-one）butyric acid］[9]和3-羟基乙酰基吲哚［3-（hydroxyacetyl）indole］[11]；酚酸类：香草酸（vanillic acid）、对羟基苯甲酸（p-hydroxybenzoic acid）和原儿茶酸（protocatechuate）[11]；酚醛类：对羟基苯甲醛（p-hydroxybenzaldehyde）[11]；醚类：对羟基苄基甲基醚（4-hydroxybenzyl methyl ether）[9]。

藤茎含黄酮类：槲皮素-3-O-α-核糖苷（quercetin-3-O-α-ribose）[12]；酚酸类：2-［4-（3-羟丙基）-2-甲氧基苯氧基］丙烷-1,3-二醇｛2-［4-（3-hydroxypropyl）-2-methoxyphenoxy］propane-1,3-diol｝、2-［4-（3-羟基-1-丙烯基）-2-甲氧基苯氧基］-1,3-丙二醇｛2-［4-（3-hydroxy-1-propenyl）-2-methoxyphenoxy］-1,3-propanediol｝、2-甲氧基-2-（4-羟苯基）乙醇［2-methoxy-2-（4-hydroxyphenyl）ethanol］、3-羟基-1-（4-羟苯基）-1-丙酮［3-hydroxy-1-（4-hydroxyphenyl）-1-propanone］、3-羟基-4-甲氧基苯甲酸（3-hydroxy-4-methoxybenzoic acid）、对羟基苯甲酸（p-hydroxybenzoic acid）和水杨酸（salicylic acid）[12]；生物碱类：4-［甲酰-5-（甲氧甲基）-1H-吡咯-1-基］丁酸｛4-［formyl-5-（methoxymethyl）-1H-pyrrol-l-yl］butanoic acid｝和4-［2-甲酰-5-（羟甲基）-吡咯-1-基］丁酸｛4-［2-formyl-5-（hydroxymethyl）pyrrol-l-yl］butanoic acid｝[12]；倍半萜类：4′-二氢菜豆酸（4′-dihydrophaseic acid）和（-）-二氢菜豆酸甲酯［（-）-methyl dihydrophaseate］[12]。

小枝含生物碱类：4-［甲酰基-5-（甲氧基甲基）-1H-吡咯-1-基］-丁酸｛4-［formyl-5-（methoxymethyl）-1H-pyrrol-1-yl］-butanoic acid｝和4-（2-甲酰基-5-羟甲基吡咯-1-基）-丁酸［4-（2-formyl-5-hydroxymethylpyrrol-1-yl）-butyric acid］[13]；酚酸类：对羟基苯甲酸（p-hydroxybenzoic acid）、3-羟基-1-（4-羟基苯基）-1-丙酮［3-hydroxy-1-（4-hydroxyphenyl）-1-propanone］、2-［4-（3-羟基丙基）-2-甲氧基苯氧基］-丙烷-1,3-二醇｛2-［4-（3-hydroxypropyl）-2-methoxyphenoxy］-propane-1,3-diol｝、4-（3-羟基-1-丙烯基）-2-甲氧基苯氧基］-1,3-丙二醇｛［4-（3-hydroxy-1-propenyl）-2-methoxyphenoxy］-1,3-propanediol｝、4-羟基-3-甲氧基苯甲酸（4-hydroxy-3-methyloxybenzoic acid）、水杨酸（salicylic acid）和2-甲氧基-2-（4′-羟基苯基）-乙醇［2-methoxy-2-（4′-hydroxyphenyl）-ethanol］[13]；倍半萜类：4′-二氢菜豆酸（4′-dihydrophaseic acid）和（-）-二氢菜豆酸甲酯［（-）-methyl dihydrophaseate］[13]；黄酮类：槲皮素-3-O-芸香糖苷（quercetin-3-O-rutinoside）[13]。

果实含甾体类：豆甾-7-烯-3β-醇（stigmast-7-en-3β-ol）、豆甾-7-烯-3-O-β-D-吡喃葡萄糖苷（stigmast-7-en-3-O-β-D-glucopyranoside）[14]，α-菠菜甾醇-3-O-β-D-吡喃葡萄糖苷（α-spinasterol-3-O-β-D-glucopyranoside）、α-菠菜甾醇（α-spinasterol）[15]，豆甾醇（stigmasterol）和豆甾醇-3-O-β-D-吡喃葡萄糖苷（stigmasterol-3-O-β-D-glucopyranoside）[16]；三萜类：栝楼仁二醇（karounidiol）[15]，顶盖丝瓜素A（opercurin A）[16]，海绿宁III（arvenin III）[16,17]和异海绿宁III（isoarvenin III）[17]；倍半萜类：黄瓜大柱香波龙烷I（cucumegastigmane I）、布卢竹柏醇A（blumenol A）和8,9-二氢-8,9-二羟基大柱香波龙三烯酮（8,9-dihydro-8,9-dihydroxy-megastigmatrienone）[16]；单萜类：黑麦草内酯（loliolide）[16]；糖类：半乳糖酸-γ-内酯（galactonic acid-γ-lactone）、半乳糖（galactose）[14]和葡萄糖（glucose）[15]；核苷类：尿嘧啶（uracil）[15]和腺苷（adenosine）[18,19]；烷烃类：正三十四烷（n-tetratriacontane）[15]；吡喃类：5-羟基麦芽酚（5-oxymaltol）和2-甲基-3,5-二羟基四氢吡喃-4-酮（2-methyl-3,5-dihydroxytetrahydropyrano-4-one）[15]；呋喃类：5,5′-双氧甲基呋喃醛（5,5′-dioxymethylfurfural）[18]，5-羟基-2-糠醛（5-hydroxymethyl-2-furfural）[19]，2,5-二羟甲基呋喃（2,5-dihydroxymethyl furan）[20]，1,3-O-［5-（羟甲基）-呋喃-2-基］次甲基-2-正丁基-α-呋喃果糖苷｛1,3-O-［5-（hydroxymethyl）-furan-2-yl］methenyl-2-n-butyl-α-fructofuranoside｝、3,4-二羟基-5-羟甲基-4-O-［5-（羟甲基）-呋喃-2-基］-

四氢呋喃-2-羧酸正丁酯 {n-butyl 3, 4-dihydroxyl-5-hydroxymethyl-4-O-[5-(hydroxymethyl)-furan-2-yl]-tetrahydrofuran-2-carboxylate}[21], 5-羟甲基糠醛（5-hydroxymethylfurfural）和5, 5′-氧联亚甲基二呋喃醛[5, 5′-oxybis (methylene) difurfural][22]；醇苷类：甲基-β-D-吡喃果糖苷（methyl-β-D-frucopyranoside）、乙基-β-D-吡喃果糖苷（ethyl-β-D-frucopyranoside）、正丁基-β-D-吡喃果糖苷（n-butyl-β-D-fructopyranoside）、乙基-β-D-呋喃葡萄糖苷（ethyl-β-D-glucofuranoside）、正丁基-α-D-呋喃果糖苷（n-butyl-α-D-fructofuranoside）和正丁基-β-D-呋喃果糖苷（n-butyl-β-D-fructofuranoside）[22]；生物碱类：1-去氧-1-[2′-氧化-1′-吡咯烷基]-2-正丁基-α-呋喃果糖苷 {1-deoxy-1-[2′-oxo-1′-pyrrolidinyl]-2-n-butyl-α-fructofuranoside}[17], 4-羟基烟酸（4-hydroxynicotinic acid）、N-苯基苯二甲酰亚胺（N-phenylbenzene phthalimide）[18], 5-乙氧甲基-1-羧丙基-1H-吡咯-2-甲醛（5-ethoxymethyl-1-carboxylpropyl-1H-pyrrole-2-carbaldehyde）[19]和（2, 2′-二噁唑定）-3, 3′-二乙醇[（2, 2′-bioxazolidine）-3, 3′-diethanol][20]；黄酮类：5, 6, 7, 8, 4′-五甲氧基黄酮（5, 6, 7, 8, 4′-pentamethoxyflavone）、5, 6, 7, 8, 3′, 4′-六甲氧基黄酮（5, 6, 7, 8, 3′, 4′-hexamethoxyflavone）[16], 香叶木素-7-O-β-D-葡萄糖苷（diosmetin-7-O-β-D-glucoside）[18], 金圣草酚（chrysoeriol）、4′-羟基高黄芩苷（4′-hydroxyscutellarin）[19]和金圣草酚-7-O-β-D-吡喃葡萄糖苷（chrysoeriol-7-O-β-D-glucopyranoside）[16,20]；脂肪酸类：棕榈酸（palmitic acid）[14], 正三十四烷酸（n-tetratriacontanoic acid）、富马酸（fumaric acid）、琥珀酸（succinic acid）[15]和2-羟基琥珀酸二丁酯（dibutyl 2-hydroxysuccinate）[20]；酚酸类：4-羟基-2-甲氧基苯甲酸（4-hydroxy-2-methoxybenzoic acid）[18]和香荚兰酸（vanillic acid）[19]；其他尚含：焦谷氨酸（pyroglutamic acid）和焦谷氨酸乙酯（ethyl pyroglutamate）[16]。

果皮含甾体类：β-谷甾醇（β-sitosterol）、α-菠菜甾醇（α-spinasterol）和豆甾醇（stigmasterol）[23,24]；挥发油类：2, 2-二甲基丙醇（2, 2-dimethylpropanol）、苯基丙酮（phenylacetone）、1-十一炔（1-undecyne）和邻苯二甲酸二正辛酯（di-n-octyl phthalate）等[23]；脂肪酸类：硬脂酸甲酯（methyl stearate）、软脂酸甲酯（methyl hexadecanoate）和棕榈酸（palmic acid）[23,24]；酚酸类：4-甲氧基-3-羟基-苯甲酸（4-methoxy-3-hydroxybenzoic acid）、香草酸-4-O-β-D-葡萄糖苷（vanillic acid-4-O-β-D-glucoside）和香草酸（vanillic acid）[25]；黄酮类：槲皮素-3-O-[α-L-鼠李糖基-(1→2)-β-D-吡喃葡萄糖基]-5-O-β-D-吡喃葡萄糖苷 {quercetin-3-O-[α-L-rhamnosyl-(1→2)-β-D-glucopyranosyl]-5-O-β-D-glucopyranoside}、槲皮素-3-O-β-芸香糖苷（quercetin-3-O-β-rutinoside）、芹菜素-7-O-β-D-吡喃葡萄糖苷（apigenin-7-O-β-D-glucopyranoside）、香叶木素-7-O-β-D-吡喃葡萄糖苷（diosmetin-7-O-β-D-glucopyranoside）、木犀草素（luteolin）、芹菜素（apigenin）、香叶木素（diosmetin）[23,24], 槲皮素-3-O-α-D-核糖苷（quercetin-3-O-α-D-nucleoside）、槲皮素-3-O-β-D-吡喃葡萄糖苷（quercetin-3-O-β-D-glucopyranoside）、柯伊利素-7-O-β-D-葡萄糖苷（chrysoeriol-7-O-β-D-glucoside）、木犀草素-7-O-β-D-葡萄糖苷（luteolin-7-O-β-D-glucoside）、槲皮素-3-O-芸香糖苷（quercetin-3-O-rutinoside）[25], 槲皮素-3-O-[α-L-鼠李糖基(1→2)-β-D-吡喃半乳糖苷]-5-O-β-D-吡喃葡萄糖苷 {quercetin-3-O-[α-L-rhamnosyl (1→2)-β-D-glucopyranoside]-5-O-β-D-glucopyranoside} 和香叶木素-6-β-D-吡喃葡萄糖苷（diosmetin-6-β-D-glucopyranoside）[26]；核苷类：胞嘧啶（cyinsine）、尿嘧啶（uracil）、次黄嘌呤（hypoxanthine）、鸟嘌呤（guanine）、黄嘌呤（hypoxanthine）、腺嘌呤（adenine）、鸟嘌呤核苷（guanosine）、6-异次黄嘌呤核苷（6-isoinosine）和腺嘌呤核糖核苷（adenosine）[27]。

种子含甾体类：豆甾-7-烯-3β-醇（stigmast-7-en-3β-ol）、豆甾-7, 22-二烯-3β-醇（stigmast-7, 22-dien-3β-ol）、豆甾-7, 22-二烯-3-O-β-D-葡萄糖苷（stigmasta-7, 22-dien-3-O-β-D-glucoside）[28],（3α, 5α, 22E）-24-乙基胆甾-7, 22, 25 (27)-三烯-3β-醇[（3α, 5α, 22E）-24-ethylcholesta-7, 22, 25 (27)-trien-3β-ol][29], 5α, 8α-表二氧麦角甾-6, 22E-二烯-3β-醇（5α, 8α-epidioxyergosta-6, 22E-dien-3β-ol）、5α, 8α-表二氧麦角甾-6,9 (11), 22E-三烯-3β-醇[5α, 8α-epidioxyergosta-6, 9 (11), 22E-trien-3β-ol][30], 多孔甾烷-3β, 6α-二醇（poriferastane-3β, 6α-diol）、豆甾-3β, 6α-二醇（stigmast-3β, 6α-diol）、豆甾-5-烯-3β, 4β-二醇（stigmast-5-en-3β, 4β-diol）、多孔甾-5, 25-二烯-3β, 4β-二醇（poriferasta-5, 25-dien-3β,

4β-diol）、多孔甾-5-烯-3β，4β-二醇（poriferast-5-en-3β，4β-diol）[31]，菜油甾醇（campesterol）、β-谷甾醇（β-sitosterol）、豆甾醇（stigmasterol）、Δ^7-菜油甾醇（Δ^7-campesterol）、Δ^7-豆甾醇（Δ^7-stigmasterol）、$\Delta^{7,22}$-豆甾二烯醇（$\Delta^{7,22}$-stigmastadienol）、24-乙基胆甾-5，25-二烯-3β-醇（24-ethylcholesta-5，25-dien-3β-ol）、24-乙基胆甾-7，24（25）-二烯-3β-醇 [24-ethylcholesta-7，24（25）-dien-3β-ol]、24-乙基胆甾-5，22-二烯-3β-醇（24-ethylcholesta-5，22-dien-3β-ol）和 24-乙基胆甾-7，22，25-三烯-3β-醇（24-ethylcholesta-7，22，25-trien-3β-ol）[32]；三萜类：10α-葫芦二烯醇（10α-cucurbitadienol）、栝楼仁二醇（karounidiol）、异栝楼仁二醇（isokarounidiol）、7-酮基二氢栝楼仁二醇（7-oxodihydrokarounidiol）[28]，3α，7β，29-三羟基多花白树-8-烯-3，29-二苯甲酸酯（3α，7β，29-trihydroxymultiflor-8-en-3，29-dibenzoate）、3α，29-二羟基-7-氧代多花白树-8-烯-3，29-二苯甲酸酯（3α，29-dihydroxy-7-oxomultiflor-8-en-3，29-diyldibenzoate）[29]，（20α）-5α，8α-表二氧多花白树-6，9（11）-二烯-3α，29-二醇-3，29-二苯甲酸酯 [（20α）-5α，8α-epidioxymultiflora-6，9（11）-dien-3α，29-diol-3，29-dibenzoate]、栝楼-3，29-二醇-3，29-二苯甲酸酯（karouni-3，29-diol-3，29-dibenzoate）、7-氧代多花白树-8-烯-3α，29-二醇-3，29-二苯甲酸酯（7-oxomultiflor-8-en-3α，29-diol-3，29-dibenzoate）[30]，6-羟基二氢栝楼仁二醇（6-hydroxydihydrokarounidiol）[33]，D：C-异齐墩果烷-7，9（11）-二烯-3β，29-二醇 [D：C-friedo-oleana-7，9（11）-dien-3β，29-diol]、7-氧化-D：C-无羁齐墩果烷-8-烯-3β-醇 [7-oxo-D：C-friedo-olean-8-en-3β-ol]、7-氧化-8β-D：C-无羁齐墩果烷-9（11）-烯-3α，29-二醇 [7-oxo-8β-D：C-friedo-olean-9（11）-en-3α，29-diol]、D：C-无羁齐墩果烷-8-烯-3α，29-二醇（D：C-friedo-olean-8-en-3α，29-diol）、D：C-无羁齐墩果烷-8-烯-3β，29-二醇（D：C-friedo-olean-8-en-3β，29-diol）[34]，环栝楼二醇（cyclokirilodiol）、异环栝楼二醇（isocyclokirilodiol）[35]，泻根醇（bryonolol）、7-氧代异多花白树烯醇（7-oxoisomultiflorenol）、3-表栝楼二醇（3-epikarounidiol）、3-表泻根醇（3-epibryonolol）[36]，7-酮基-10α-葫芦二烯醇（7-oxo-10α-cucurbitadienol）[37]，5-去氢栝楼二醇（5-dehydrokarounidiol）[38]，3β-羟基-D：C-无羁齐墩果-8-烯-29-酸（3β-hydroxy-D：C-friedoolean-8-en-29-oic acid）、泻根酮酸（bryononic acid）[39] 和葫芦素 B（cucurbitacin B）[40]；二萜类：豨莶精醇（darutigenol）[29]；降倍半萜类：布卢门醇 A（blumenol A）[40]；木脂素类：（-）-1-O-阿魏酰开环异落叶松脂素 [（-）-1-O-feruloylsecoisolariciresinol]，即哈奴脂素*（hanultarin）、（-）-裂环异落叶松树脂素 [（-）-secoisolariciresinol]、1，4-O-二阿魏酰裂环异落叶松脂素（1，4-O-diferuloyl secoisolariciresinol）、（-）-松脂酚 [（-）-pinoresinol] 和 4-酮基松脂酚（4-ketopinoresinol）[41]；黄酮类：4′，6-二羟基-4-甲氧基异橙酮（4′，6-dihydroxy-4-methoxyisoaurone）[40]，7-羟基色酮（7-hydroxychromone）、小麦黄素（tricin）和水韭素-5′-甲醚（isoetin-5′-methyl ether）[42]；酚类：5-羟基-7-（3-羟基-4-甲氧基苯基）-3-甲氧基-2，4，6-庚三烯酸-δ-内酯 [5-hydroxy-7-（3-hydroxy-4-methoxyphenyl）-3-methoxy-2，4，6-heptatrienoic acid-δ-lactone][40]，2-（4-羟基-3-甲氧基苯基）-3-（2-羟基-5-甲氧基苯基）-3-氧代-1-丙醇 [2-（4-hydroxy-3-methoxyphenyl）-3-（2-hydroxy-5-methoxyphenyl）-3-oxo-1-propanol][42]；蛋白质类：β-栝楼种蛋白*（β-kirilowin）[43] 和栝楼蛋白（trichosanthrip）[44]；脂肪酸类：栝楼酸（trichosanic acid）、亚油酸（linoleic acid）、油酸（oleic acid）、棕榈酸（palmitic acid）、硬脂酸（stearic acid）[45]，亚麻酸（linolenic acid）等[46] 和己二酸二乙酯（diethyl adipate）[47]；挥发油类：（3-甲基-2-环氧乙基）-甲醇 [（3-methyl-2-oxiranyl）-methanol]、异丙基甘油醚（isopropyl glycidyl ether）和苯甲醛（benzaldehyde）等[47]；氨基酸类：谷氨酸（Glu）、精氨酸（Arg）、天冬氨酸（Asp）、亮氨酸（Leu）、甘氨酸（Gly）、丝氨酸（Ser）、苯丙氨酸（Phe）、丙氨酸（Ala）、缬氨酸（Val）、异亮氨酸（Ile）、脯氨酸（Pro）、赖氨酸（Lys）、苏氨酸（Thr）、酪氨酸（Tyr）、组氨酸（His）、蛋氨酸（Met）和半胱氨酸（Cys）[48]。

瓜蒌霜（瓜蒌子去油制霜）含三萜类：7-氧代多花白树-8-烯-3α，29-二醇-3，29-二苯甲酸酯（7-oxomultiflor-8-en-3α，29-diol-3，29-dibenzoate）和栝楼-3，29-二醇-3，29-二苯甲酸酯（karouni-3，29-diol-3，29-dibenzoate）[49]；甾体类：5α，8α-表二氧麦角甾-（6，22E）-二烯-3β-醇 [5α，8α-epidioxyergosta-（6，22E）-dien-3β-ol]、5α，8α-表二氧麦角甾-[6，9（11），22E]-三烯-3β-醇 {5α，8α-epidioxyergosta-[6，

9（11），22E］-trien-3β-ol}、豆甾 -7, 22, 25- 三烯 -3- 醇（stigmasta-7, 22, 25-trien-3-ol）、豆甾 -7, 22- 二烯 -3- 醇（stigmasta-7, 22-dien-3-ol）、β- 谷甾醇（β-sitosterol）和胡萝卜苷（daucosterol）[49]；酚类：丹皮酚（paeonol）和对羟基苯甲醛（p-hydroxybenzaldehyde）[49]。

【药理作用】1. 抗心肌缺血 果皮水提取物可显著抑制对结扎冠状动脉所致冠心病急性心肌梗死模型大鼠的心电图 ST 段提高，减轻心肌缺血程度，降低心肌梗死率，显著降低血浆中肌酸激酶（CK）、肌酸激酶同工酶（CK-MB）、乳酸脱氢酶（LDH）、天冬氨酸氨基转移酶（AST）、羟基丁酸脱氢酶（α-HBDH）5 种心肌酶含量；增加心肌缺血大鼠超氧化物歧化酶（SOD）含量，并降低丙二醛（MDA）含量，减少心肌组织脂质过氧化[1]。2. 抗氧化 根甲醇提取物对 1, 1- 二苯基 -2- 三硝基苯肼（DPPH）自由基具有较强的清除作用，并显著提高 D- 半乳糖所致衰老模型小鼠血浆中超氧化物歧化酶含量，降低丙二醛含量[2]。3. 降血糖 种子的压榨油可显著增加四氧嘧啶所致糖尿病模型小鼠的体重和血清胰岛素含量，降低血糖及总胆固醇（TC）、甘油三酯（TG）、一氧化氮（NO）及一氧化氮合酶（NOS）含量，并对糖尿病小鼠模型糖耐量有一定的改善作用[3]。4. 抗菌 从果皮提取的总皂苷甲醇溶液对金黄色葡萄球菌的生长有一定的抑制作用，抑制作用具有浓度依赖性[4]。5. 抗血小板凝集 果实乙醇提取物中分离的 4- 羟基 -2- 甲氧基苯甲酸（4-hydroxy-2-methoxybenzoate）、香叶木素 -7-O-β-D- 葡萄糖苷（chrysoeriol-7-O-β-D-glucoside）、腺苷（adenosine）均能有效抑制腺苷二磷酸（ADP）诱导的血小板聚集，其中 4- 羟基 -2- 甲氧基苯甲酸的效果接近于阿司匹林，香叶木素 -7-O-β-D- 葡萄糖苷和腺苷的效果远好于阿司匹林[5]。6. 抗肿瘤 果皮乙醇提取物的石油醚相 5 种不同极性组分对结肠癌 HCT-116 细胞和乳腺癌 MCF-7 细胞的增殖均有不同程度的抑制作用，其中石油醚相经乙酸乙酯洗脱部分通过诱导细胞停滞在 DNA 合成期（S 期），显著增加细胞凋亡，对上述癌细胞的抑制作用最强，呈剂量依赖性[6]。7. 免疫调节 果实水提醇沉的高纯度多糖可显著增加环磷酰胺所致免疫抑制模型小鼠的胸腺、脾脏重量，增强巨噬细胞的吞噬能力和脾淋巴细胞的增殖能力，均呈剂量依赖性[7]。8. 镇咳祛痰 果实水提取物能抑制氨水所致小鼠的咳嗽作用，增加小鼠呼吸道酚红的排泄，且均显示一定的量效关系[8]。

【性味与归经】天花粉：甘、微苦，微寒。归肺、胃经。瓜蒌：甘、微苦，寒。归肺、胃、大肠经。瓜蒌子：甘、寒。归肺、胃、大肠经。瓜蒌皮：甘、寒。归肺、胃经。

【功能与主治】天花粉：清热生津，消肿排脓。用于热病烦渴，肺热燥咳，内热消渴，疮疡肿毒。瓜蒌：清热涤痰，宽胸散结，润燥滑肠。用于肺热咳嗽，痰浊黄稠，胸痹心痛，结胸痞满，乳痈，肺痈，肠痈肿痛，大便秘结。瓜蒌子：润肺化痰，滑肠通便。用于燥咳痰黏，肠燥便秘。瓜蒌皮：清化热痰，利气宽胸。用于痰热咳嗽，胸闷胁痛。

【用法与用量】天花粉：10～15g。瓜蒌：9～15g。瓜蒌子：9～15g。瓜蒌皮：6～9g。

【药用标准】天花粉：药典 1963—2015、浙江炮规 2005、贵州药材 1965、内蒙古蒙药 1986、新疆药品 1980 二册和台湾 2013；瓜蒌：药典 1963—2015、浙江炮规 2005 和新疆药品 1980 二册；瓜蒌子：药典 1963—2015、浙江炮规 2005、贵州药材 1965、新疆药品 1980 二册、香港药材五册和台湾 2013；瓜蒌皮：药典 1977—2015、浙江炮规 2015、贵州药材 1965 和新疆药品 1980 二册。

【临床参考】1. 冠心病：果壳 15g，加丹参 30g，川芎、郁金、薤白、枳实、当归尾、赤芍、甘草各 10g，茯苓 15g、红花 5g、水蛭 3g，水煎服，每日 1 剂，联合单硝酸异山梨酯片、阿司匹林肠溶片、美托洛尔片常规治疗，4 周 1 疗程[1]。

2. 恶性胸腔积液：果实 20g，加椒目 9g，黄芩、陈皮、半夏、杏仁、厚朴、炙甘草、知母、浙贝母、桑叶、紫苏叶各 10g，鱼腥草、桑白皮各 15g，茯苓 20g、炙麻黄 6g，水煎服[2]。

3. 中风后肢体痉挛：根 30g，加桂枝 9g、芍药 15g、甘草 6g、生姜 9g、大枣 12 枚，痰浊甚者加石菖蒲、远志、茯苓以化痰开窍；阴虚内热加白薇、青蒿、黄连、淡竹叶；抽动不安、心烦失眠者加栀子、夜交藤、炒枣仁、生龙骨、生牡蛎；阴虚多汗者加沙参、麦冬、五味子；气虚自汗者加黄芪、浮小麦；大便不通者加火麻仁、郁李仁。水煎服，每日 1 剂，早晚各 1 次，每次 200ml，4 周 1 疗程[3]。

4. 窦性心动过缓：果实 30g，加薤白 12g，半夏、制附子、巴戟天各 10g，枳实、桂枝、丹参各 30g，赤芍、桃仁、仙灵脾各 15g，甘草 6g，口干、舌质红、舌苔黄者加黄连 10g；大便干结者加大黄 10g；面色萎黄、头晕乏力者加黄芪 30g，党参 15g；小便不利、双下肢水肿者加泽兰 15g，益母草、茯苓各 30g；心悸不寐者加炒枣仁、茯苓各 30g；口燥咽干、舌红少苔者加沙参 30g，麦冬 15g。水煎服，每日 1 剂，分早晚两次服用，4 周 1 疗程[4]。

5. 糖尿病肾病：根 30g，加黄芪 50g，熟地黄、紫苏叶、金樱子、芡实、丹参、冬瓜皮各 30g，三七、蝉蜕、莲须各 10g，益智仁、山药、大腹皮各 15g，水煎服，每日 1 剂，早晚各 1 次，每次 150ml，4 周 1 疗程[5]。

6. 乳痈：果实 30g，加蒲公英 30g，水煎服。

7. 流行性腮腺炎：根 30g，加鲜活血丹 30g，加少量食盐捣烂外敷患处。（6 方、7 方引自《浙江药用植物志》）

【附注】栝楼始载于《神农本草经》，列为中品。《本草图经》云："栝楼，三、四月内生苗，引藤蔓，叶如甜瓜叶，作叉，有细毛。七月开花，似葫芦花，浅黄色。实在花下，大如拳，生青，至九月熟，赤黄色。其实有正圆者，……根亦名白药，皮黄肉白。"《本草纲目》云："栝楼，其根直下生，年久者长数尺，秋后掘者结实有粉，夏月掘者有筋无粉，不堪用。其实圆长，青时如瓜，黄时如熟柿，山家小儿亦食之。内有扁子，大如丝瓜子，壳色褐，仁色绿，多脂，作青色。"均指本种。

药材栝楼、栝楼皮及栝楼子，脾胃虚寒、便溏及寒痰者慎用；天花粉脾胃虚寒、便溏泄者及孕妇慎用；均不宜与川乌、制川乌、草乌、制草乌、附子同用。少数病人可出现过敏反应。

瓜蒌皮提取物制成的注射液可致眼结膜出血、胃部不适、全身出汗，头痛、咽喉痛、关节酸痛、颈项活动不利等，局部出现疼痛及红斑，少数发生皮疹，恶心呕吐，个别出现荨麻疹，血管神经性水肿、胸闷、气急、腹胀、肝脾肿大，甚至过敏性休克，心、肝、肾疾病伴功能不良、严重贫血及精神病患者慎用[1,2]。

同属植物中华栝楼 Trichosanthes rosthornii Harms 也为《中国药典》2015 年版一部收载的栝楼的基源之一。此外，薄叶栝楼（多裂栝楼）Trichosanthes wallichiana (Ser.) Wight 的种子和果皮在贵州分别作栝子和栝楼皮药用，日本栝楼 Trichosanthes kirilowii Maxim. var. japonica (Miq.) Kitamura 及多卷须栝楼 Trichosanthes rosthornii Harms var. multicirrata (C. Y. Cheng et Yueh) S. K. Chen 的根在贵州作天花粉药用，截叶栝楼 Trichosanthes truncata C. B. Clarke 的种子在广西作栝楼子药用。

【化学参考文献】

[1] 黄庆勇. 天花粉中总皂苷提取工艺及乙酸乙酯部位活性筛选研究 [D]. 福州：福建中医药大学硕士学位论文，2015.

[2] Takahashi N, Yoshida Y, Sugiura T, et al. Cucurbitacin D isolated from *Trichosanthes kirilowii* induces apoptosis in human hepatocellular carcinoma cells *in vitro* [J]. Int Immunopharmacol, 2009, 9 (4): 508-513.

[3] Tuan Ha M, Nam Phan T, Ah Kim J, et al. Trichosanhemiketal A and B: two 13, 14-seco-13, 14-epoxyporiferastanes from the root of *Trichosanthes kirilowii* Maxim. [J]. Bioorg Chem, 2019, 83: 105-110.

[4] Le T A, Hien T T T, Park S J, et al. Chemical constituents of *Trichosanthes kirilowii* and their cytotoxic activities [J]. Arch Pharm Res, 2015, 38 (8): 1443-1448.

[5] Oh H, Mun Y J, Im S J, et al. Cucurbitacins from *trichosanthes kirilowii* as the inhibitory components on tyrosinase activity and melanin synthesis of B16/F10 melanoma cells [J]. Planta Med, 2002, 68 (9): 832-833.

[6] Chai X, Li S S, Zhu L, et al. Chemical constituents of the roots of *Trichosanthes kirilowii* [J]. Chem Nat Compd, 2014, 50 (5): 965-967.

[7] Nguyen M C, Hoang T G, Ninh B. Isolation and structural conformation of convicine from the roots of *Trichosanthes kirilowii* Maxim. [J]. Tap Chi Duoc Hoc, 2008, 48 (1): 25-27.

[8] Hikino H, Yoshizawa M, Suzuki Y, et al. Isolation and hypoglycemic activity of trichosans A, B, C, D, and E: glycans of *Trichosanthes kirilowii* roots [J]. Planta Med, 1989, 55 (4): 349-350.

[9] 刘飞, 方磊, 李佳, 等. 栝楼雄株茎叶化学成分研究 [J]. 山东科学, 2016, 29 (4): 21-23.

[10] 刘飞, 李佳, 张永清. 栝楼雄株茎叶黄酮类化合物的分离及其清除 DPPH 能力研究 [J]. 中草药, 2016, 47 (23): 4141-4145.

[11] 刘飞. 栝楼雄株茎叶的化学成分研究 [D]. 济南：山东中医药大学硕士学位论文，2016.
[12] 潘少斌. 栝楼藤的化学成分研究 [D]. 济南：山东中医药大学硕士学位论文，2014.
[13] Duan W J，Pan S B，Yu Z Y，et al. Studies on chemical constituents of twigs of *Trichosanthes kirilowii* Maxim. [J]. Asian Journal of Chemistry，2015，27（8）：2756-2758.
[14] 巢志茂，何波. 栝楼果实的化学成分研究 [J]. 中国中药杂志，1999，24（10）：612-613.
[15] 时岩鹏，姚庆强，刘拥军，等. 栝楼化学成分的研究及其α-菠菜甾醇的含量测定（Ⅰ）[J]. 中草药，2002，33（1）：14-16.
[16] Xu Y，Chen G，Lu X，et al. Chemical constituents from *Trichosanthes kirilowii* Maxim. [J]. Biochem Syst Ecol，2012，43：114-116.
[17] Fan X M，Chen G，Sha Y，et al. Chemical constituents from the fruits of *Trichosanthes kirilowii* [J]. J Asian Nat Prod Res，2012，14（6）：528-532.
[18] 刘岱琳，曲戈霞，王乃利，等. 瓜蒌的抗血小板聚集活性成分研究 [J]. 中草药，2004，35（12）：1334-1336.
[19] 孙晓业，吴红华，付爱珍，等. 瓜蒌的化学成分研究 [J]. 药学学报，2012，47（7）：922-925.
[20] 范雪梅，陈刚，苏姗姗，等. 瓜蒌化学成分的分离与鉴定 [J]. 沈阳药科大学学报，2011，28（12）：947-948，954.
[21] Lian L，Fan X M，Chen G，et al. Two new compounds from the fruits of *Trichosanthes kirilowii* Maxim. [J]. J Asian Nat Prod Res，2012，14（1）：64-67.
[22] 范雪梅，陈刚，苏姗姗，等. 瓜蒌化学成分的分离与鉴定 [J]. 沈阳药科大学学报，2011，28（11）：871-874.
[23] 李爱峰. 栝楼（*Trichosanthes kirilowii* Maxim.）果皮化学成分研究 [D]. 济南：山东中医药大学博士学位论文，2014.
[24] 李爱峰，孙爱玲，柳仁民，等. 栝楼果皮化学成分研究 [J]. 中药材，2014，37（3）：428-431.
[25] 徐美霞. 瓜蒌皮化学成分分离与鉴定 [D]. 泰安：山东农业大学硕士学位论文，2013.
[26] Li A，Sun A，Liu R，et al. An efficient preparative procedure for main flavonoids from the peel of *Trichosanthes kirilowii* Maxim. using polyamide resin followed by semi-preparative high performance liquid chromatography [J]. J Chromatogr B，2014，965：150-157.
[27] 李爱峰，孙爱玲，柳仁民，等. 大孔吸附树脂结合半制备型高效液相色谱分离纯化栝楼果皮中的水溶性化学成分（英文）[J]. 天然产物研究与开发，2015，27（6）：995-1002.
[28] 巢志茂，何波，张颖，等. 栝楼种子中不皂化类脂的化学成分研究 [J]. 中国实验方剂学杂志，2001，35（11）：733-736.
[29] Wu Tao，Cheng X M，Bligh S W A，et al. Multiflorane triterpene esters from the seeds of *Trichosanthes kirilowii* [J]. Helv Chim Acta，2005，88（10）：2617-2623.
[30] Ma Y P，Li N，Gao J，et al. A new peroxy-multiflorane triterpene ester from the processed seeds of *Trichosanthes kirilowii* [J]. Helv Chim Acta，2011，94（10）：1881-1887.
[31] Kimura Y，Akihisa T，Yasukawa K，et al. Structures of five hydroxylated sterols from the seeds of *Trichosanthes kirilowii* Maxim. [J]. Chem Pharm Bull，1995，43（10）：1813-1817.
[32] Homberg E E，Seher A. Sterols in *Trichosanthes kirilowii* [J]. Phytochemistry，1977，16（2）：288-290.
[33] 唐春风. 瓜蒌子的化学成分和定性定量研究 [D]. 北京：中国协和医科大学硕士学位论文，2005.
[34] Akihisa T，Yasukawa K，Kimura Y，et al. Five D：C-friedo-oleanane triterpenes from the seeds of *Trichosanthes kirilowii* Maxim. and their anti-inflammatory effects [J]. Chem Pharm Bull，1994，42（5）：1101-1105.
[35] Kimura Y，Akihisa T，Yasukawa K，et al. Cyclokirilodiol and isocyclokirilodiol：two novel cycloartanes from the seeds of *Trichosanthes kirilowii* Maxim. [J]. Chem Pharm Bull，1997，45（2）：415-417.
[36] Akihisa T，Yasukawa K，Kimura Y，et al. Five D：C-Friedo-oleanane triterpenes from the seeds of *Trichosanthes kirilowii* Maxim. and their anti-inflammatory effects [J]. Chem Pharm Bull，1994，42（5）：1101-1105.
[37] Akihisa T，Yasukawa K，Kimura Y，et al. 7-Oxo-10α-cucurbitadienol from the seeds of *Trichosanthes kirilowii* and its anti-inflammatory effect [J]. Phytochemistry，1994，36（1）：153-157.
[38] Akihisa T，Kokke Wilhelmus C M C，Krause Jeanette A，et al. 5-Dehydrokarounidiol [D：C-friedo-oleana-5，7，9

(11)-triene-3α, 29-diol], a novel triterpene from Trichosanthes kirilowii Maxim. [J]. Chem Pharm Bull, 1992, 40 (12): 3280-3283.

[39] Akihisa T, Kokke Wilhelmus C M, Tamura T, et al. 7-Oxodihydrokarounidiol [7-oxo-D: C-friedoolean-8-ene-3α, 29-diol], a novel triterpene from Trichosanthes kirilowii [J]. Chem Pharm Bull, 1992, 40 (5): 1199-1202.

[40] Dat N T, Jin X J, Hong Y S, et al. An isoaurone and other constituents from Trichosanthes kirilowii seeds inhibit hypoxia-inducible factor-1 and nuclear factor-κB [J]. J Nat Prod, 2010, 73 (6): 1167-1169.

[41] Moon S S, Rahman A A, Kim J Y, et al. Hanultarin, a cytotoxic lignan as an inhibitor of actin cytoskeleton polymerization from the seeds of Trichosanthes kirilowii [J]. Bioorg Med Chem, 2008, 16 (15): 7264-7269.

[42] Rahman Md A A, Moon S S. Isoetin 5′-methyl ether, a cytotoxic flavone from Trichosanthes kirilowii [J]. Bull Korean Chem Soc, 2007, 28 (8): 1261-1264.

[43] Dong T X, Ng T B, Yeung H W, et al. Isolation and characterization of a novel ribosome-inactivating protein, β-kirilowin, from the seeds of Trichosanthes kirilowii [J]. Biochem Biophys Res Commun, 1994, 199 (1): 387-393.

[44] Shu S H, Xie G Z, Guo X L, et al. Purification and characterization of a novel ribosome-inactivating protein from seeds of Trichosanthes kirilowii Maxim. [J]. Protein Expression & Purification, 2009, 67 (2): 120-125.

[45] 曾益坤, 黄秀娟, 王兴国. 栝楼籽油理化性质及其脂肪酸组成分析 [J]. 中国油脂, 2007, 32 (10): 80-82.

[46] 彭书明, 梁山, 何健, 等. 瓜蒌籽中脂肪酸的气相色谱分析 [J]. 时珍国医国药, 2009, 20 (5): 1197-1198.

[47] 徐礼英, 张小平, 蒋继宏. 栝楼子挥发油的成分分析及其生物活性的初步研究 [J]. 中国实验方剂学杂志, 2009, 15 (8): 38-43.

[48] 巢志茂, 刘静明, 王伏华. 瓜蒌子的氨基酸分析 [J]. 天然产物研究与开发, 1992, 4 (4): 31-34.

[49] 马跃平, 高健, 傅克玲, 等. 瓜蒌霜化学成分的分离与鉴定 [J]. 沈阳药科大学学报, 2010, 27 (11): 876-879.

【药理参考文献】

[1] 孙娟, 赵启韬, 黄臻辉, 等. 瓜蒌皮对急性心肌缺血大鼠的保护作用 [J]. 中药药理与临床, 2013, 29 (3): 114-116.

[2] 李婉珍, 杨成, 朱龙宝, 等. 瓜蒌根抗氧化活性物质的提取及其活性评价 [J]. 安徽工程大学学报, 2016, 31 (5): 63-67.

[3] 金情政, 李钦, 赵吟, 等. 瓜蒌子油对糖尿病小鼠降血糖作用的研究 [J]. 药学实践杂志, 2015, 33 (4): 324-327.

[4] 李婉珍, 朱龙宝, 陶玉贵, 等. 瓜蒌皮总皂苷提取工艺优化及抑制金黄色葡萄球菌活性的研究 [J]. 安徽工程大学学报, 2016, 31 (1): 5-9.

[5] 刘岱琳, 曲戈霞, 王乃利, 等. 瓜蒌的抗血小板聚集活性成分研究 [J]. 中草药, 2004, 35 (12): 1334-1336.

[6] 程倩, 嵇乐乐, 韩雪娇, 等. 瓜蒌皮抗肿瘤活性成分的初步研究 [J]. 淮阴工学院学报, 2017, 26 (5): 36-40.

[7] 张岫秀, 蔡盈, 吴中梅, 等. 瓜蒌多糖的体内免疫活性研究 [J]. 食品研究与开发, 2015, 36 (24): 15-17.

[8] 阮耀, 岳兴如. 瓜蒌水煎剂的镇咳祛痰作用研究 [J]. 国医论坛, 2004, 19 (5): 48.

【临床参考文献】

[1] 孔建兄. 丹芍栝楼汤治疗冠心病胰岛素抵抗的临床研究 [J]. 山东中医杂志, 2009, 28 (7): 452-453.

[2] 宿英豪, 杨梅, 苏奎国, 等. 椒目栝楼汤化裁辨证治疗恶性胸腔积液2例临床研究 [J]. 中国中医基础医学杂志, 2014, 20 (3): 401.

[3] 陈瑛玲, 陈立典, 陶静. 栝楼桂枝汤治疗中风后肢体痉挛的临床研究 [J]. 中医临床研究, 2013, 5 (4): 7-9.

[4] 李廷荃, 王晞星. 栝楼薤白半夏汤治疗窦性心动过缓36例临床观察 [J]. 中西医结合心脑血管病杂志, 2003, 1 (9): 497.

[5] 卢建东, 贺良平, 卢春键, 等. 浅谈天花粉在糖尿病肾病中的临床应用 [J]. 内蒙古中医药, 2017, 36 (20): 52-53.

【附注参考文献】

[1] 陈玉萱. 天花粉临床应用 [J]. 福建医药杂志, 1999, 21 (1): 91-92.

[2] 贺春晖, 赵懿清, 周路遥, 等. 瓜蒌皮注射液致不良反应3例 [J]. 中国医院药学杂志, 2017, 37 (3): 316-317.

11. 西瓜属 *Citrullus* Schrad. ex Ecklon et Zeyher

一年生或多年生蔓生草本。茎、枝粗壮。卷须 2～3 歧,稀单一。叶 3～5 深裂,裂片一至二回羽状浅裂或深裂。花单性,雌雄同株;花单生,稀数朵簇生。雄花花萼筒宽钟形,5 裂;花冠辐状或宽钟状,5 深裂;雄蕊 3 枚,着生于花被筒基部,花丝短,离生,花药稍靠合,1 枚 1 室,另 2 枚各 2 室,药室条形,折曲,药隔不伸出;退化雌蕊腺体状;雌花:花萼和花冠与雄花同形;退化雄蕊 3 枚,刺毛状或舌状;子房卵圆形,胚珠多数,水平着生,花柱短,柱头 3 枚,肾形,各 2 浅裂。果实大型,平滑,肉质,不开裂。种子多数,扁平。

约 4 种,分布于地中海东部、非洲热带、亚洲西部。中国各地栽培 1 种,法定药用植物 2 种。华东地区法定药用植物 1 种。

944. 西瓜(图 944)• *Citrullus lanatus*(Thunb.)Matsum. et Nakai [*Citrullus lanata*(Thunb.)Mansf.; *Citrullus vulgaris* Schrad.]

图 944 西瓜　　摄影　张芬耀等

【别名】寒瓜。

【形态】一年生蔓生草质藤本。茎、枝密被长柔毛。卷须 2 歧。叶三角形、宽卵形或卵状长椭圆形,长 8～20cm,宽 5～15cm,一至二回羽状深裂,小裂片边缘波状或有疏齿,先端圆钝,基部心形或半圆形的弯缺;叶柄长 3～12cm,被长柔毛。雄花梗长 3～4cm,被长柔毛;萼筒宽钟形,密被长柔毛,裂片狭披针形;花冠黄色或淡黄色,直径 2.5～3cm,被长柔毛,裂片卵状长圆形,长 1～1.5cm;雌花花萼和花冠与雄花同形；子房密被长柔毛。果实大型，近球形或椭圆形，肉质，多汁，果皮表面光滑，色泽及纹饰因品种而异。种子卵形，平滑，色泽因品种而异。花果期夏季。

【生境与分布】华东各地普遍栽培，另全国各地均普遍栽培；世界热带至温带地区也有栽培，原产非洲。

【药名与部位】西瓜霜，成熟新鲜果实与皮硝经加工制成。西瓜子，种子。西瓜翠（西瓜皮），外果皮。

【采集加工】西瓜霜：夏季西瓜成熟时加工。西瓜子：夏秋果实成熟食瓜时收集种子，洗净，晒干。西瓜翠：夏、秋二季果实成熟时采收，收集果皮，削取外层绿色部分，洗净，干燥。

【药材性状】西瓜霜：为粒度均匀、白色的结晶性粉末。质疏松，易吸湿。气微，味咸。

西瓜子：呈扁平的广卵形或卵形，长7～15mm，宽5～10mm，厚2～3mm。表面黑色、棕红色，光滑，上端略尖，下端钝圆；种皮坚硬，白色。气微，味微甜而香。

西瓜翠：呈不规则的条状或片状，边缘常向内卷曲，有的皱缩，厚约1mm。外表面深绿色、灰黄色或黄棕色，有的有深绿色条纹。内表面黄白色至黄棕色，有网状筋脉（维管束）。质脆，易折断。无臭，味淡。

【药材炮制】西瓜霜：取体大而皮厚的西瓜，在瓜蒂处切下一块，挖去瓤，灌满皮硝，仍以切下的一块覆盖，用竹签钉固，放入大小适宜的网兜内，悬于阴凉通风处，待外壁析出白色粉末时，随时用软刷刷取，置石灰缸中干燥。研成最细粉。西瓜翠：除去杂质，洗净，切段，干燥。

【化学成分】籽芽含二萜类：植醇（phytol）[1]；烯烃类：叶黄素（lutein）[1]；甾体类：22-脱氢胆甾醇（22-dehydrocholesterol）[1]；脂肪酸类：亚麻酸（linolenic acid）[1]。

果实含氨基酸类：瓜氨酸（citrulline）[2]；酚酸类：原儿茶酸葡萄糖苷Ⅰ、Ⅱ（protocatechuic acid glucoside Ⅰ、Ⅱ）、水杨酸-O-己糖苷Ⅰ、Ⅱ（salicylic acid-O-hexoside Ⅰ、Ⅱ）、香草素己糖苷Ⅰ、Ⅱ、Ⅲ（vanillin hexoside Ⅰ、Ⅱ、Ⅲ）、香草酸己糖苷（vanillic acid hexoside）、3-O-咖啡酰莽草酸Ⅰ（3-O-caffeoylshikimic acid Ⅰ）、对香豆酸葡萄糖苷Ⅰ（p-coumaric acid glucoside Ⅰ）、阿魏酸己苷Ⅰ、Ⅱ、Ⅲ、Ⅳ（ferulic acid hexoside Ⅰ、Ⅱ、Ⅲ、Ⅳ）、3-O-阿魏酰蔗糖（3-O-feruloylsucrose）、对香豆酸葡萄糖苷Ⅱ（p-coumaric acid glucoside Ⅱ）、咖啡酰己糖Ⅰ（caffeoylhexose Ⅰ）、二咖啡酰莽草酸Ⅰ、Ⅱ、Ⅲ、Ⅳ（dicaffeoylshikimic acid Ⅰ、Ⅱ、Ⅲ、Ⅳ）、咖啡酰己糖Ⅱ（caffeoylhexose Ⅱ）、对香豆酸葡萄糖苷Ⅲ（p-coumaric acid glucoside Ⅲ）、芥子酸葡萄糖苷（sinapic acid glucoside）、O-反式阿魏酰阿拉伯呋喃糖基吡喃木糖Ⅰ（O-trans-feruloyl arabinofuranosyl xylopyranose Ⅰ）、O-咖啡酰莽草酸Ⅰ（O-caffeoylshikimic acid Ⅰ）和O-阿魏酰奎尼内酯（O-feruloylquinide）[2]；黄酮类：水杨苷-2-苯甲酸酯（salicin-2-benzoate）、山奈酚鼠李糖苷己糖苷Ⅰ（kaempferol rhamnoside hexoside Ⅰ）、光牡荆素-2-甲基醚（lucenin-2-methyl ether）、二氢山奈酚-7-葡萄糖苷Ⅰ（dihydrokaempferol 7-glucoside Ⅰ）、芦丁（rutin）、紫杉叶苷二己糖苷（taxifolin dihexoside）、异荭草素（isoorientin）和柚皮素-7-新橙皮苷（naringenin 7-neohesperidoside）[2]；香豆素类：香豆素（coumarin）、（+）-水合氧化前胡素Ⅰ[（+）-aviprin Ⅰ]、（+）-水合氧化前胡素Ⅱ[（+）-aviprin Ⅱ]和奥图索苷*（obtusoside）[2]；环烯醚萜类：筋骨草醇（ajugol）、胡黄连苷Ⅰ、Ⅱ（picroside Ⅰ、Ⅱ）和梓醇苷（catalposide）[2]；色素类：番茄烯（lycopene）和β-胡萝卜素（β-caroten）[3]；维生素类：α-生育酚（α-tocopherol）[4]；挥发油：乙醛（acetaldehyde）、乙酸甲酯（methyl acetate）、己醛（hexanal）、苯并噻唑（benzothiazole）、苯乙醇（benzyl alcohol）、丙基苯（propylbenzene）、月桂酸甲酯（methyl dodecanoate）、月桂酸乙酯（ethyl dodecanoate）、月桂酸（dodecanoic acid）、柠檬烯（limonene）、（E,Z）-2,6-壬二烯醛[（E,Z）-2,6-nonadienal]、十五碳酸（pentadecanoic acid）、2-十五烷酮（2-pentadecanone）、3-甲基-2-丁醇（3-methyl-2-butanol）、十六醛（hexadecanal）、（E）-6-壬烯醇[（E）-6-nonenol]、（Z）-2-壬烯醛[（Z）-2-nonenal]和（Z,Z）-2,6-壬二烯醛[（Z,Z）-2,6-nonadienal][5]。

种子含生物碱类：1-[2-（5-羟甲基-1H-吡咯-2-甲醛-1-基）乙基]-1H-吡唑{1-[2-（5-hydroxymethyl-1H-pyrrole-2-carbaldehyde-1-yl）ethyl]-1H-pyrazole}和1-（{[5-（α-D-半乳糖吡喃糖基）甲基]-1H-吡咯-2-甲醛-1-基}-乙基）1H-吡唑{1-（{[5-（α-D-galactopyranosyloxy）methyl]-1H-pyrrole-2-carbaldehyde-

1-yl}-ethyl)-1H-pyrazole}[3]；酚苷类：（4-羟基苯基）甲醇-4-［β-D-呋喃核糖基（1→2）-O-β-D-吡喃葡萄糖苷］{（4-hydroxyphenyl）methanol-4-［β-D-apiofuranosyl-（1→2）-O-β-D-glucopyranoside］}[6]。

果皮含多糖类：果胶（pectin）[7]；脂肪酸类：十六酸（hexadecanoic acid）和油酸（oleic acid）等[8]；生物碱类：2,4,6-环庚烯酮-2-胺（2,4,6-cycloheptenone-2-amine）和N-苯基乙酰胺（N-phenylacetamide）[8]；酚类：2,6-二叔丁基对甲酚（2,6-ditertbutyl-4-methylphenol）[8]；其他尚含：雪松醇（centdarol）和邻苯二甲酸二丁酯（dibutyl phthalate）等[8]。

藤茎含三萜类：熊果酸（ursolic acid）[9]；甾体类：豆甾醇（stigmasterol）、β-谷甾醇（β-sitosterol）和胡萝卜苷（daucosterol）[9]；甘油酯类：单肉豆蔻酸甘油酯（monomyristin）、单棕榈酸甘油酯（monopalmitin）、单二十二烷酸甘油酯（monobehenin）和单二十一烷酸甘油酯（monoheneicosanoin）[9]；脂肪酸类：棕榈酸（palmitic acid）和硬脂酸（stearic acid）[9]。

【药理作用】1. 抗溃疡　种子的甲醇提取物可减少乙酰水杨酸所致的溃疡模型大鼠的溃疡数并减轻溃疡程度[1]。2. 解毒　外果皮甲醇提取物可显著增加醋酸铅中毒大鼠精子数量和生殖激素水平，显著增加正常形态的精母细胞百分比和活精细胞百分比，降低死亡精母细胞百分比[2]。3. 抗菌　外果皮乙醇提取物及水提取物对大肠杆菌、真菌及白色念珠菌的生长有抑制作用[3]；藤提取物对金黄色葡萄球菌、大肠杆菌、铜绿假单胞菌、伤寒沙门氏菌、枯草芽孢杆菌和肺炎克雷伯氏菌的生长均有不同程度的抑制作用[4]。4. 护肝　叶的提取物可显著降低四氯化碳（CCl_4）所致的肝损伤模型大鼠血浆和肝匀浆中血清谷丙转氨酶（ALT）及天冬氨酸氨基转移酶（AST）含量，缓解静脉充血及肝细胞坏死[5]。5. 抗炎　藤茎石油醚提取物可抑制二甲苯所致小鼠的耳肿胀、小鼠腹腔毛细血管通透性、蛋清所致小鼠的足肿胀、棉球所致大鼠的肉芽肿及角叉菜胶所致大鼠的足肿胀，能降低棉球肉芽肿大鼠血清中的一氧化氮（NO）、一氧化氮合酶（NOS）、肿瘤坏死因子-α（TNF-α）和白细胞介素-1β（IL-1β）含量，能降低角叉菜胶足肿大鼠肿足炎性渗出物中的丙二醛（MDA）、前列腺素E_2（PGE_2）、5-羟色胺（5-HT）、组胺及蛋白质含量，抑制血清中一氧化氮的升高，提高超氧化物歧化酶（SOD）的含量[6]；藤茎石油醚提取物可显著减轻佐剂性关节炎小鼠的足肿胀度，降低关节评分指数，升高胸腺指数，降低脾脏指数，显著降低环氧合酶-1（COX-1）和环氧合酶-2（COX-2）的含量，各剂量组均能显著降低小鼠血清类风湿因子指数[7]。6. 降血糖　藤茎乙酸乙酯部位及石油醚部位提取物可显著降低四氧嘧啶所致糖尿病模型小鼠的血清总胆固醇（TC）、甘油三酯（TG）含量，改善血糖水平及糖耐量，显著升高胰岛素含量，显著降低一氧化氮和一氧化氮合酶含量[8]；藤茎乙酸乙酯提取物可显著降低链脲佐菌素所致糖尿病肾病模型大鼠的血糖、血胰岛素、24小时尿清蛋白排泄量、肾重指数及肾小管损伤指数，升高内生肌酐清除率[9]。

【性味与归经】西瓜霜：咸，寒。归肺、胃、大肠经。西瓜子：二级湿寒。西瓜翠：甘、淡，凉。

【功能与主治】西瓜霜：清热，消肿，利咽。用于咽喉肿痛，口舌糜烂，牙疳，乳蛾。西瓜子：柔润机体，清利胆液质的过盛，利尿排石。用于血中胆液质的旺盛，中暑，发热，形体消瘦，热性吐血，高血压，结核病。西瓜子捣碎取汁用于小便不利，尿路结石。西瓜翠：清暑解热，利尿。用于暑热烦渴，小便不利。

【用法与用量】西瓜霜：1～2g，冲服，多入成药散剂吹喉；外用适量。西瓜子：15～30g。西瓜翠：15～30g。

【药用标准】西瓜霜：药典2005—2015、浙江炮规2005、河南药材1993、山东药材2002和北京药材1998；西瓜子：部标维药1999和新疆维药1993；西瓜翠：药典1977、浙江炮规2015、上海药材1994、贵州药材2003、山东药材2002、山西药材1987、广东药材2004、甘肃药材2009、湖南药材2009和河南药材1993。

【临床参考】1. 急性咽炎：桂林西瓜霜（由西瓜霜、黄连、黄芩、黄柏、贝母、木汉果、广豆根、梅片等组成）喷患处，每日3次，1次3喷[1]。

2. 带状疱疹：桂林西瓜霜喷患处，每日3次；疱疹未破溃者，用适量香油将药粉调和成稀糊状涂敷[2]。

3. 口腔溃疡：桂林西瓜霜涂溃疡面及周边，用后禁饮、禁食45min以上[3]。

4.宫颈糜烂：消毒棉签蘸0.5%碘伏涂抹糜烂面及宫颈并按压1～2min，取出棉签后再喷洒桂林西瓜霜覆盖整个糜烂面，每周1、3、5用，3天为1疗程，连续2～3疗程[4]。

5.急慢性肾炎：黑色厚皮6kg左右的西瓜1只，在一端切去1块，挖1口，取出瓜囊，放入紫皮大蒜300g，冬瓜皮90g（如加白蔻仁、砂仁各150g，效果更佳），盖好，扎牢，外糊一层1.5～2cm厚细麻刀泥（胶泥、煤渣、切碎的麻纤维混合而成），放入自制窑内用木柴火烧4～7h，冷却后，去除麻刀泥壳，取黑炭研成粉，每次6～7g，温开水送服，早（空腹）晚各1次。

6.浮肿尿少：外果皮30g，加车前子12g、泽泻9g、金钱草18g，水煎服。（5方、6方引自《浙江药用植物志》）

【附注】本种元代《日用本草》始著录，"契丹破回纥，始得此种，以牛粪覆而种之。结实如斗大，而圆如匏，色如青玉，子如金色，或黑麻色，北地多有之"。《本草纲目》云"按胡峤在回纥得此种归，名曰西瓜。则西瓜自五代始入中国，今南北皆有，……二月下种，蔓生，七八月实熟，有围及径尺者，长至二尺者。其色或青或绿，其瓤或白或红，红者味尤胜。其子或黄或红或黑或白"。《松漠纪闻》云："西瓜形如扁蒲而圆，色极青翠，经岁则变黄，其味类甜瓜。味甘脆，中有汁尤冷。"即为本种。

药材西瓜霜和西瓜翠（西瓜皮）中寒湿盛者禁用。

本种的根、叶及种仁民间也药用。

【化学参考文献】

[1] Itoh T, Ono A, Kawaguchi K, et al. Phytol isolated from watermelon (*Citrullus lanatus*) sprouts induces cell death in human T-lymphoid cell line Jurkat cells via S-phase cell cycle arrest [J]. Food Chem Toxicol, 2018, 115: 425-435.

[2] Abu-Reidah I M, David Arráez-Román, Carretero A S, et al. Profiling of phenolic and other polar constituents from hydro-methanolic extract of watermelon (*Citrullus lanatus*) by means of accurate-mass spectrometry (HPLC-ESI-QTOF-MS) [J]. Food Res Int, 2013, 51 (1): 354-362.

[3] 李淑梅，杨帆，董彩霞，等.西瓜中番茄红素的提取工艺 [J].光谱实验室，2009，26（2）：239-241.

[4] Charoensiri R, Kongkachuichai R, Suknicom S, et al. Beta-carotene, lycopene, and alpha-tocopherol contents of selected Thai fruits [J]. Food Chem, 2009, 113 (1): 202-207.

[5] Pino J A, Marbot R, Aguero J. Volatile components of watermelon [*Citrullus lanatus* (Thunb.) Matsum. et Nakai] fruit [J]. Journal of Essential Oil Research, 2003, 15 (6): 379-380.

[6] Kikuchi T, Ikedaya A, Toda A, et al. Pyrazole alkaloids from watermelon (*Citrullus lanatus*) seeds [J]. Phytochem Lett, 2015, 12: 94-97.

[7] Maran J P, Sivakumar V, Thirugnanasambandham K, et al. Microwave assisted extraction of pectin from waste *Citrullus lanatus* fruit rinds [J]. Carbohydr Polym, 2014, 101 (2): 786-791.

[8] 乐长高，黄国林.GC-MS测定西瓜皮中的挥发性成分 [J].光谱实验室，1999，16（4）：439-441.

[9] 王硕，龚小妹，周丹丹，等.西瓜藤的化学成分研究（Ⅰ）[J].中国实验方剂学杂志，2013，19（6）：131-134.

【药理参考文献】

[1] Okunrobo O L, Uwaya O J, Imafidon E K, et al. Quantitative determination, metal analysis and antiulcer evaluation of methanol seeds extract of *Citrullus lanatus* Thunb (Cucurbitaceae) in rats [J]. Asian Pacific Journal of Tropical Disease, 2012, 2 (Suppl 2): S804-S808.

[2] Kolawole T A, Dapper D V, Ojeka S O. Ameliorative effects of the methanolic extract of the rind of *Citrullus lanatus* on lead acetate induced toxicity on semen parameters and reproductive hormones of male albino wistar rats [J]. European Journal of Medicinal Plants, 2014, 4 (9): 1125-1137.

[3] Cemaluk C A. Comparative investigation of the antibacterial and antifungal potentials of the extracts of watermelon (*Citrullus lanatus*) rind and seed [J]. European Journal of Medicinal Plants, 2015, 9: 1-7.

[4] 王硕，龚小妹，戴航，等.西瓜藤提取物的抑菌作用研究 [J].广西植物，2013，33（3）：428-431.

[5] Adebayo A H, Yakubu O F, Balogun T M. Protective properties of *Citrullus lanatus* on carbon tetrachloride induced liver damage in rats [J]. European Journal of Medicinal Plants, 2014, 4 (8): 979-989.

[6]王硕.西瓜藤石油醚提取物抗炎作用及其机制探讨[J].世界科学技术-中医药现代化,2014,16(9):2054-2059.
[7]龚小妹,王硕,陈硕,等.西瓜藤石油醚提取物对佐剂性关节炎小鼠的治疗作用及其机制[J].中国药学杂志,2017,52(19):29-33.
[8]龚小妹,王硕,周小雷,等.西瓜藤不同提取物对四氧嘧啶致糖尿病小鼠的降血糖作用[J].中国药学杂志,2014,49(14):1216-1221.
[9]柳俊辉,龚小妹,周小雷,等.西瓜藤乙酸乙酯提取物对糖尿病肾病大鼠肾小管的保护作用[J].中国药学杂志,2014,49(24):2173-2176.

【临床参考文献】
[1]黄开明,沈映冰.桂林西瓜霜治疗急性咽炎的临床研究[J].中华中医药杂志,2012,27(10):2583-2584.
[2]李义,于景波,李晓红.桂林西瓜霜喷剂外敷治疗带状疱疹[J].中医药学报,2002,30(2):34.
[3]黄东.桂林西瓜霜治疗口腔溃疡的临床观察[J].中外医疗,2009,28(2):88.
[4]李荣明.碘伏联合桂林西瓜霜喷剂治疗宫颈糜烂临床效果分析[J].华夏医学,2013,26(6):1099-1102.

12. 绞股蓝属 Gynostemma Blume

多年生草质藤本。茎及小枝纤细;卷须纤细,2歧,稀单一。叶互生,鸟足状复叶,具小叶3～9枚,小叶边缘具锯齿;具叶柄。花小,单性,雌雄异株;圆锥花序腋生或顶生;花梗具关节,基部具小苞片。雄花花萼筒短,5裂;花冠辐射状,5深裂;雄蕊5枚,着生于花被筒基部,花丝短,合生成柱状,花药2室,卵形,纵裂,无退化雌蕊;雌花花萼和花冠与雄花同形;具退化雄蕊;子房球形,2～3室,每室具2粒胚珠,花柱3枚,稀2枚,分离,柱头2裂或新月形。浆果,球形,不开裂,或蒴果,钟形,成熟时顶端3裂,顶端具鳞脐状突起或3个喙状物。种子2～3粒,宽卵形,扁平,无翅,具乳头状凸起或小突刺。

约12种,产热带亚洲至东亚,自喜马拉雅山脉至日本、马来亚半岛和巴布亚新几内亚。中国14种,法定药用植物2种。华东地区法定药用植物1种。

945. 绞股蓝(图945)• Gynostemma pentaphyllum (Thunb.) Makino

【别名】七叶胆(安徽)。

【形态】多年生草质藤本。茎纤细,被短柔毛或近无毛。卷须2歧或单一。鸟足状复叶,具小叶3～9枚,通常5～7枚;小叶卵状长圆形或披针形,中央小叶长3～12cm,宽1.5～4cm,侧生小叶较小,先端急尖或短渐尖,基部楔形,边缘具波状齿或圆齿状牙齿,两面疏被短硬毛;叶柄长3～7cm。雄花圆锥花序长10～30cm,腋生或顶生,被柔毛;花梗短,具钻形小苞片;花萼裂片三角形;花冠黄绿色或近白色,裂片狭卵状披针形,边缘具缘毛状小齿;雌花圆锥花序较雄花花序小;花萼和花冠与雄花同形;退化雄蕊5枚;花柱3枚,柱头各2裂。果实球形,成熟时黑色,不开裂,直径0.5～0.8cm。种子2粒,卵状心形,两面具乳突。花期3～11月,果期4～12月。

【生境与分布】生于海拔50～3500m的山路边、沟边或疏林下。分布于江苏、安徽、浙江、福建、江西和山东,另华中和西南各地及陕西、甘肃均有分布。

【药名与部位】绞股蓝,地上部分。

【采集加工】夏、秋二季采收,干燥。

【药材性状】常缠绕成团,茎纤细,淡棕色,具纵棱数条,有时带有卷须;叶多皱缩,灰绿色,展开后,掌状复叶多为5枚小叶,膜质,叶脉被疏柔毛,叶柄长2～6cm,侧生小叶卵状长圆形或长圆状披针形,中央1枚较大,长4～12cm,宽2～4cm,先端渐尖,基部楔形,叶缘具粗锯齿;有时可见果实,圆球形,直径约6mm,近顶端具一横环纹。气清香,味甘而微苦。

图 945　绞股蓝　　　　　　　　摄影　赵维良等

【药材炮制】除去杂质，洗净，切段，干燥。

【化学成分】全草含三萜皂苷类：2α-羟基-人参二醇（2α-hydroxy-panaxadiol）、2α,19-羟基-12-去氧人参二醇（2α,19-hydroxy-12-deoxopanaxadiol）[1]，长梗绞股蓝皂苷（gylongiposide）、3β-槐糖基-20-β-芸香糖基-原-2α-羟基人参二醇皂苷（3β-sophorosyl-20-β-rutinosyl-proto-2α-hydroxylpanaxadiolsaponoside）[2]，人参皂苷 Rd（ginsenoside Rd）、绞股蓝苷 LI、XLVI、LVI（gypenoside LI、XLVI、LVI）、2α,3β,12β,20(*S*)-四羟基-25-过氧氢-23-达玛烯-20-*O*-β-D-吡喃鼠李糖基-(1→6)-β-D-吡喃葡萄糖苷〔2α,3β,12β,20(*S*)-tetrahydroxy-25-hydroperoxy-dammar-23-en-20-*O*-β-D-glucopyranosyl-(1→6)-β-D-glucopyranoside〕[3]，20(*S*)-2α,3β,12β-四羟基达玛-3-*O*-β-D-吡喃葡萄糖苷〔20(*S*)-2α,3β,12β-tetrahydroxydammar-3-*O*-β-D-glucopyranoside)〕[4]，(20*S*,23*S*)-19-酮基-3β,20-二羟基达玛烷-24-烯-21-酸-21,23-内酯-3-*O*-〔α-L-吡喃鼠李糖基-(1→2)〕〔β-D-吡喃木糖基-(1→3)〕-α-L-吡喃阿拉伯糖苷{(20*S*,23*S*)-19-oxo-3β,20-dihydroxydammar-24-en-21-oic acid-21,23-lactone-3-*O*-〔α-L-rhamnopyranosyl-(1→2)〕〔β-D-xylopyranosyl-(1→3)〕-α-L-arabinopyranoside}、(20*R*,23*R*)-19-酮基-3β,20-二羟基达玛烷-24-烯-21-酸-21,23-内酯-3-*O*-〔α-L-吡喃鼠李糖基-(1→2)〕〔β-D-吡喃木糖基-(1→3)〕-α-L-吡喃阿拉伯糖苷{(20*R*,23*R*)-19-oxo-3β,20-dihydroxydammar-24-en-21-oic acid-21,23-lactone-3-*O*-〔α-L-rhamnopyranosyl-(1→2)〕〔β-D-xylopyranosyl-(1→3)〕-α-L-arabinopyranoside}[5]，(20*S*)-20-羟基-1,3-环氧达玛烷-5,24-二烯-21-*O*-β-D-吡喃葡萄糖苷〔(20*S*)-20-hydroxy-1,3-epoxy-dammar-5,24-dien-21-*O*-β-D-glucopyranoside〕、1,3-环氧-20,25-环达玛烷-5-烯-21-*O*-β-D-吡喃葡萄糖苷（1,3-epoxy-20,25-cyclodammar-5-en-21-*O*-β-D-glucopyranoside）、20(*S*)-21-羟基-1,3-环氧-21,24-环达玛烷-5-烯-25-*O*-β-D-吡喃葡萄糖苷〔20(*S*)-21-hydroxy-1,3-epoxy-21,24-cyclodammar-5-en-25-*O*-β-D-glucopyranoside]、20（S）-20, 21, 25-三羟基-1, 3-环氧达玛烷-5-烯［20（S）-20, 21, 25-trihydroxy-1, 3-epoxydammar-5-ene］、20（S）-20, 21, 23, 25-五羟基-1, 3-环氧-21, 24-环达玛烷-5-烯［20（S）-20, 21, 23, 25-pentahydroxy-1, 3-epoxy-21, 24-cyclodammar-5-ene］[6]，绞股蓝苷 L（gypenoside L）[7]，（1R^*, 3S^*, 20S^*）-20, 21, 25-三羟基-1, 3-环氧-达玛烷-5（10）-烯-21-O-β-D-吡喃葡萄糖苷［（1R^*, 3S^*, 20S^*）-20, 21, 25-trihydroxy-1, 3-epoxy-dammar-5（10）-en-21-O-β-D-glucopyranoside］、（1R, 3S, 20R, 21S, 23S, 24S）-20, 21, 23-三羟基-1, 3-环氧-21, 24-环达玛烷-5（10）, 25-二烯［（1R, 3S, 20R, 21S, 23S, 24S）-20, 21, 23-trihydroxy-1, 3-epoxy-21, 24-cyclodammar-5（10）, 25-diene］、（1R^*, 3S^*, 20S^*）-21-环氧-1, 3-环氧-20, 25-环氧-达玛烷-5（10）-烯［（1R^*, 3S^*, 20S^*）-21-hydroxy-1, 3-epoxy-20, 25-epoxy-dammar-5（10）-ene］、（1R, 3S, 20R, 21S, 23S, 24S）-20, 21, 23, 25-四羟基-1, 3-环氧-21, 24-环达玛烷-5（10）-烯［（1R, 3S, 20R, 21S, 23S, 24S）-20, 21, 23, 25-tetrahydroxy-1, 3-epoxy-21, 24-cyclodammar-5（10）-ene］、（1R^*, 3S^*, 20R^*, 21S^*, 23R^*, 24S^*）-20, 21, 23, 25-四羟基-1, 3-环氧-21, 24-环达玛烷-5-烯［（1R^*, 3S^*, 20R^*, 21S^*, 23R^*, 24S^*）-20, 21, 23, 25-tetrahydroxy-1, 3-epoxy-21, 24-cyclodammar-5-ene］、（1R^*, 3S^*, 20S^*）-1, 3-环氧-20, 25-环氧-达玛烷-5-烯-21-O-β-D-吡喃葡萄糖苷［（1R^*, 3S^*, 20S^*）-1, 3-epoxy-20, 25-epoxy-dammar-5-en-21-O-β-D-glucopyranoside］、（20R, 21S, 23S, 24S）-3β, 20, 21, 23-四羟基-21, 24-环达玛烷-25-烯-3-O-β-D-吡喃葡萄糖苷［（20R, 21S, 23S, 24S）-3β, 20, 21, 23-tetrahydroxy-21, 24-cyclodammar-25-en-3-O-β-D-glucopyranoside］、（20R, 21S, 23S, 24S）-3β, 20, 21, 23-四羟基-21, 24-环达玛烷-25（26）-烯［（20R, 21S, 23S, 24S）-3β, 20, 21-tetrahydroxy-21, 24-cyclodammar-25（26）-ene］、（20R^*, 21S^*, 23S^*, 24S^*）-3β, 20, 21, 23-四羟基-19-酮基-21, 24-环达玛烷-25-烯-3-O-[α-L-吡喃鼠李糖基-（1→2）]-[β-D-吡喃木糖基-（1→3）]-α-L-阿拉伯糖苷{（20R^*, 21S^*, 23S^*, 24S^*）-3β, 20, 21, 23-tetrahydroxy-19-oxo-21, 24-cyclodammar-25-en-3-O-[α-L-rhamnopyranosyl-(1→2)]-[β-D-xylopyranosyl-(1→3)]-α-L-arabinopyranoside}[8]，绞股蓝皂苷元 H、M、L（gypensapogenin H、M、L）[9]，五叶绞股蓝皂苷 TR_1（gynosaponin TR_1）[10]，绞股蓝苷 C、D、E（gypenoside C、D、E）[11]，绞股蓝苷 I、II、V、VI、VII、IX、X、XI、XIII、XIV（gypenoside I、II、V、VI、VII、IX、X、XI、XIII、XIV）、人参皂苷 Rb_1、Rb_3、F_2（ginsenoside Rb_1、Rb_3、F_2）[12]和绞股蓝苷 XV、XVI、XVII、XVIII、XIX、XX、XXI（gypenoside XV、XVI、XVII、XVIII、XIX、XX、XXI）[13]；甾体类：胡萝卜苷（daucosterol）、β-谷甾醇（β-sitosterol）和 α-菠菜甾醇-3-O-β-D-吡喃葡萄糖苷（α-spinasterol-3-O-β-D-glucopyranoside）[14]；酚酸类：邻二苯酚（catechol）和3, 4-二羟基苯甲酸（3, 4-dihydroxybenzoic acid）[14]；黄酮类：山柰酚-3-O-（2'-反式-香豆酰基-3'-O-β-D-吡喃葡萄糖基-3'-O-β-D-葡萄糖芸香苷）[kaempferol-3-O-（2'-trans-coumaroyl-3'-O-β-D-glucopyraosyl-3'-O-β-D-glucosylrutinoside）][3]，槲皮素（quercetin）、鼠李素（rhamnetin）、异鼠李素-3-O-β-D-芸香糖苷（isorhamnetin-3-O-β-D-rutinoside）、3'-O-甲基花旗松素（3'-O-methyltaxifolin）、3, 5, 3'-三羟基-4', 7-二甲氧基二氢黄酮（3, 5, 3'-trihydroxy-4', 7-dimethoxydihydro flavone）[14]和商陆苷（ombuoside）[15]；脂肪酸类：月桂酸（lauric acid）和丙二酸（malonic acid）[14]；糖类：鼠李糖（rhamnose）[14]，绞股蓝多糖 I（GPI）和绞股蓝多糖-S（GPP-S）[16,17]；挥发油类：苯甲醛（benzaldehyde）、3-辛醇（3-octanol）、4, 4-二甲基-1-戊烯（4, 4-dimethyl-1-pentene）、苯甲醇（benzyl alcohol）、芳樟醇（linlool）、1-壬醇（1-nonanol）、萘（naphthalene）、癸醛（decanal）、苯基乙醇（phenylethyl alcohol）、水杨酸甲酯（methyl salicylate）、2-十一酮（2-undecanone）和2-癸酮（2-decanone）[18]等；酚或烷烃苷类：3, 4-二羟苯基-O-β-D-吡喃葡萄糖苷（3, 4-dihydroxyphenyl-O-β-D-glucopyranoside）[3]，β-乙氧基芸香糖苷（β-ethoxyrutinoside）[14]和苯甲醇-β-D-吡喃葡萄糖苷（benzenyl methanol-β-D-glucopyranoside）[19]；单萜苷类：柑属苷 A、B（citroside A、B）[20]；降倍半萜类：绞股蓝属苷*A、B、C、D、E（gynostemoside A、B、C、D、E）、（3S, 4S, 5S, 6S, 9R）-3, 4-二羟基-5, 6-二氢-β-紫罗兰醇［（3S, 4S, 5S, 9R）-3, 4-dihydroxy-5, 6-dihydro-β-ionol］、（3S, 5R, 6R, 7E, 9S）-3, 5, 6, 9-四羟基-7-烯-大柱香波龙烷［（3S, 5R, 6R, 7E, 9S）-3, 5, 6, 9-tetrahydroxy-7-en-megastigmane］、（3S, 4S, 5R, 6R）-3, 4, 6-三羟基-5, 6-二氢-β-

紫罗兰醇[（3S, 4S, 5R, 6R）-3, 4, 6-trihydroxy-5, 6-dihydro-β-ionol]、（E）-4-（r-1′, t-2′, c-4′- 三羟基 -2′, 6′, 6′- 三甲基环己基）丁 -3- 烯 -2- 酮 [（E）-4-（r-1′, t-2′, c-4′-trihydroxy-2′, 6′, 6′-trimethylcyclohexyl）but-3-en-2-one] 和 4′- 二羟基红花菜豆酸（4′-dihydrophaseic acid）][20]；氨基酸类：丙氨酸（Ala）[21]，谷氨酸（Glu）、脯氨酸（Pro）、亮氨酸（Leu）、苏氨酸（Thr）、苯丙氨酸（Phe）、赖氨酸（Lys）、异亮氨酸（Ile）、精氨酸（Arg）、缬氨酸（Val）、天冬氨酸（Asp）、组氨酸（His）、甘氨酸（Gly）、丝氨酸（Ser）、半胱氨酸（Cys）、酪氨酸（Tyr）和蛋氨酸（Met）[22,23]；元素：钙（Ca）、铁（Fe）、锌（Zn）、锰（Mn）、铜（Cu）和钴（Go）[22]；维生素类：维生素 C（vitamin C）和维生素 B_2（vitamin B_2）[22]；多糖类：绞股蓝多糖 -S（GPP-S）[24]。

地上部分含三萜皂苷类：绞股蓝苷 I、II、VII、XLII、XLIII、XLIV、XLV、XLVI（gypenoside I、II、VII、XLII、XLIII、XLIV、XLV、XLVI）[25]，绞股蓝苷 III（gypenoside III）[26]，绞股蓝苷 IX、XIII、LXV、LXXIV、LXXV、LXXVI、LXXVIII（gypenoside IX、XIII、LXV、LXXIV、LXXV、LXXVI、LXXVIII）[27]，绞股蓝苷 XXII、XXIII、XXIV、XXX、XXXI、XXXII、XXXIII（gypenoside XXII、XXIII、XXIV、XXX、XXXI、XXXII、XXXIII）[28]，绞股蓝苷 XXV、XXVI、XXIX、XXXIV、XXXV（gypenoside XXV、XXVI、XXIX、XXXIV、XXXV）[29]，绞股蓝苷 XXVII、XXVIII、XXXVIII、XXXIX、XL、XLI、LV（gypenoside XXVII、XXVIII、XXXVIII、XXXIX、XL、XLI、LV）[30]，绞股蓝苷 XXXVI、XXXVII、LIII、LIV（gypenoside XXXVI、XXXVII、LIII、LIV）[31]，绞股蓝苷 L、XLVII、LI（gypenoside L、XLVII、LI）[32]，绞股蓝苷 LXVI、LXXII、LXXIII、LXXIX（gypenoside LXVI、LXXII、LXXIII、LXXIX）[33]，绞股蓝苷 LXI、LXII、LXIII、LXIV、LXVII（gypenoside LXI、LXII、LXIII、LXIV、LXVII）[34]，绞股蓝苷 LXVIII、LXX（gypenoside LXVIII、LXX）[35]，人参皂苷 Rb_1（ginsenoside Rb_1）、（3β, 12β, 20S）- 三羟基达玛 -24- 烯 -20-O-[α- 吡喃鼠李糖基 -（1→2）]-β- 吡喃葡萄糖苷 {（3β, 12β, 20S）-trihydroxydammar-24-en-20-O-[α-rhamnopyranosyl-（1→2）]-β- glucopyranoside}、（3β, 12β, 20S）- 三羟基达玛 -24- 烯 -20-O-[α- 吡喃鼠李糖基 -（1→2）][α- 吡喃鼠李糖基 -（1→3）]-β- 吡喃葡萄糖苷 {（3β, 12β, 20S）-trihydroxydammar-24-en-20-O-[α-rhamnopyranosyl-（1→2）][α-rhamnopyranosyl-（1→3）]-β-glucopyranoside}、（3β, 12β, 20S）- 三羟基达玛 -24- 烯 -3-O-β- 吡喃葡萄糖基 -20-O-[α- 吡喃鼠李糖基 -（1→2）]-β- 吡喃葡萄糖苷 {（3β, 12β, 20S）-trihydroxydammar-24-en-3-O-β-glucopyranosyl-20-O-[α-rhamnopyranosyl-（1→2）]-β-glucopyranoside}、（3β, 12β, 20S）- 三羟基达玛 -24- 烯 -3-O-β- 吡喃葡萄糖基 -20-O-[α- 吡喃鼠李糖基 -（1→2）][α- 吡喃鼠李糖基 -（1→3）]-β- 吡喃葡萄糖苷 {（3β, 12β, 20S）-trihydroxydammar-24-en-3-O-β-glucopyranosyl- 20-O-[α-rhamnopyranosyl-（1→2）][α-rhamnopyranosyl-（1→3）]-β-glucopyranoside}、（3β, 12β, 20S）- 三羟基达玛 -24- 烯 -3-O-{[β- 吡喃葡萄糖基 -（1→2）]-β- 吡喃葡萄糖基 }-20-O-[α- 吡喃鼠李糖基 -（1→2）]-β- 吡喃葡萄糖苷 {（3β, 12β, 20S）-trihydroxydammar-24-en-3-O-{[β-glucopyranosyl-（1→2）]-β-glucopyranosyl}-20-O-[α-rhamnopyranosyl-（1→2）]-β-glucopyranoside}、（3β, 12β, 20S）- 三羟基达玛 -24- 烯 -3-O-{[β- 吡喃葡萄糖基 -（1→2）]-β- 吡喃葡萄糖基 }-20-O-[α- 吡喃鼠李糖基 -（1→2）][α- 吡喃鼠李糖基 -（1→3）]-β- 吡喃葡萄糖苷 {（3β, 12β, 20S）-trihydroxydammar-24-en-3-O-{[β-glucopyranosyl-（1→2）]-β-glucopyranosyl}-20-O-[α-rhamnopyranosyl-（1→2）][α-rhamnopyranosyl-（1→3）]-β-glucopyranoside}、长梗绞股蓝苷 I（gylongiposide I）[36]，绞股蓝苷 LVI、LVII、LVIII、LIX、LX（gypenoside LVI、LVII、LVIII、LIX、LX）、人参皂苷 Rb_3（ginsenoside Rb_3）[37]，绞股蓝苷 CP1、CP2、CP3、CP4、CP5、CP6（gypenoside CP1、CP2、CP3、CP4、CP5、CP6）、2α, 3β, 12β, 20S- 四羟基达玛 -24- 烯 -3-O-β-D- 吡喃葡萄糖基 -20-O-[β-D-6-O- 乙酰吡喃葡萄糖基 -（1→2）-β-D- 吡喃葡萄糖苷]{2α, 3β, 12β, 20S-tetrahydroxydammar-24-en-3-O-β-D-glucopyranosyl-20-O-[β-D-6-O-acetylglucopyranosyl-（1→2）-β-D-glucopyranoside]}、绞股蓝苷 LXXVII、Rd（gypenoside LXXVII、Rd）、2α, 3β, 12β, 20S- 四羟基达玛 -24- 烯 -3-O-β-D- 吡喃葡萄糖基 -20-O-β-D- 吡喃葡萄糖苷（2α,

3β, 12β, 20S-tetrahydroxydammar-24-en-3-O-β-D-glucopyranosyl-20-O-β-D-glucopyranoside）、2α, 3β, 20S- 三羟基达玛 -24- 烯 -3-O-［β-D- 吡喃葡萄糖基 -（1→2）-β-D- 吡喃葡萄糖基］-20-O-［β-D- 吡喃木糖基 -（1→6）-β-D- 吡喃葡萄糖苷］{2α, 3β, 20S-trihydroxydammar-24-en-3-O-［β-D-glucopyranosyl-（1→2）-β-D-glucopyranosyl］-20-O-［β-D-xylopyranosyl-（1→6）-β-D-glucopyranoside］}[38]、3β, 20S, 29- 三羟基 -24- 达玛烯 -21- 羧酸 -3-O-{α-L- 吡喃鼠李糖基 -（1→2）]-[α-L- 吡喃鼠李糖基 -（1→3）]-β-D- 吡喃葡萄糖基}-21-O-[β-D- 吡喃葡萄糖基 -（1→2）]-[α-L- 吡喃鼠李糖基 -（1→6）]-β-D- 吡喃葡萄糖苷 {3β, 20S, 29-trihydroxydammar-24-en-21-carboxylic acid-3-O-{［α-L-rhamnopyranosyl-（1→2）]-[α-L-rhamnopyranosyl-（1→3）-β-D-glucopyranosyl}-21-O-[β-D-glucopyranosyl-（1→2）]-[α-L-rhamnopyranosyl-（1→6）-β-D-glucopyranoside}、3β, 20S, 29- 三羟基 -24- 达玛烯 -21- 羧酸 -3-O-{［α-L- 吡喃鼠李糖基 -（1→2）]-[α-L- 吡喃鼠李糖基 -（1→3）]-β-D- 吡喃葡萄糖基}-21-O-[β-D- 吡喃葡萄糖基（1→2）]-β-D- 吡喃葡萄糖苷 {3β, 20S, 29-trihydroxydammar-24-en-21-carboxylic acid-3-O-{［α-L-rhamnopyranosyl-（1→2）]-[α-L-rhamnopyranosyl-（1→3）]-β-D-glucopyranosyl}-21-O-[β-D-glucopyranosyl（1→2）]-β-D-glucopyranoside}、3β, 20S, 29- 三羟基 -24- 达玛烯 -21- 羧酸 -3-O-{［α-L- 吡喃鼠李糖基 -（1→2）]-[β-D- 吡喃木糖基 -（1→3）]-β-D- 吡喃葡萄糖基}-21-O-[β-D- 吡喃葡萄糖基 -（1→2）]-[α-L- 吡喃鼠李糖基 -（1→6）]-β-D- 吡喃葡萄糖苷 {3β, 20S, 29-trihydroxydammar-24-en-21-carboxylic acid-3-O-{［α-L-rhamnopyranosyl-（1→2）]-[β-D-xylopyranosyl-（1→3）]-β-D-glucopyranosyl}-21-O-[β-D-glucopyranosyl-（1→2）]-[α-L-rhamnopyranosyl-（1→6）]-β-D-glucopyranoside}、3β, 20S- 二羟基 -24- 达玛烯 -21- 羧酸 -3-O-{［α-L- 吡喃鼠李糖基 -（1→2）]-[α-L- 吡喃鼠李糖基 -（1→3）]-β-D- 吡喃葡萄糖基}-21-O-[β-D- 吡喃葡萄糖基 -（1→2）]-[α-L- 吡喃鼠李糖基 -（1→6）]-β-D- 吡喃葡萄糖苷 {3β, 20S-dihydroxydammar-24-en-21-carboxylic acid-3-O-{［α-L-rhamnopyranosyl-（1→2）]-[α-L-rhamnopyranosyl-（1→3）]-β-D-glucopyranosyl}-21-O-[β-D-glucopyranosyl-（1→2）]-[α-L-rhamnopyranosyl-（1→6）]-β-D-glucopyranoside}、3β, 20S- 二羟基 -24- 达玛烯 -21- 羧酸 -3-O-{［α-L- 吡喃鼠李糖基 -（1→2）]-[β-D- 吡喃葡萄糖基 -（1→3）]-β-D- 吡喃葡萄糖基}-21-O-[β-D- 吡喃葡萄糖基 -（1→2）]-[α-L- 吡喃鼠李糖基 -（1→6）]-β-D- 吡喃葡萄糖苷 {3β, 20S-dihydroxydammar-24-en-21-carboxylic acid-3-O-{［α-L-rhamnopyranosyl-（1→2）]-[β-D-glucopyranosyl-（1→3）]-β-D-glucopyranosyl}-21-O-[β-D-glucopyranosyl-（1→2）]-[α-L-rhamnopyranosyl-（1→6）]-β-D-glucopyranoside}、3β, 20S- 二羟基 -24- 达玛烯 -21- 羧酸 -3-O-{［α-L- 吡喃鼠李糖基 -（1→2）]-[β-D- 吡喃葡萄糖基 -（1→3）]-β-D- 吡喃葡萄糖基}-21-O-[β-D- 吡喃葡萄糖基 -（1→2）]-β-D- 吡喃葡萄糖苷 {3β, 20S-dihydroxydammar-24-en-21-carboxylic acid-3-O-{［α-L-rhamnopyranosyl-（1→2）]-[β-D-glucopyranosyl-（1→3）]-β-D-glucopyranosyl}-21-O-[β-D-glucopyranosyl-（1→2）]-β-D-glucopyranoside}、3β, 20S- 二羟基 -24- 达玛烯 -21- 羧酸 -3-O-{［α-L- 吡喃鼠李糖基 -（1→2）]-[β-D- 吡喃木糖基 -（1→3）]-β-D- 吡喃葡萄糖基}-21-O-[β-D- 吡喃葡萄糖基 -（1→2）]-[α-L- 吡喃鼠李糖基 -（1→6）]-β-D- 吡喃葡萄糖苷 {3β, 20S-dihydroxydammar-24-en-21-carboxylic acid-3-O-{［α-L-rhamnopyranosyl-（1→2）]-[β-D-xylopyranosyl-（1→3）]-β-D-glucopyranosyl}-21-O-[β-D-glucopyranosyl-（1→2）]-[α-L-rhamnopyranosyl-（1→6）]-β-D-glucopyranoside}[39]、3β, 20S, 21- 三羟基 -24- 达玛烯 -3-O-{［α-L- 吡喃鼠李糖基（1→2）][β-D- 吡喃木糖基 -（1→3）]-β-D-[6-O- 乙酰吡喃葡萄糖基]}-21-O-β-D- 吡喃葡萄糖苷 {3β, 20S, 21-trihydroxydammar-24-en-3-O-{［α-L-rhamnopyranosyl-（1→2）][β-D-xylopyranosyl-（1→3）]-β-D-[6-O-acetylglucopyranosyl]}-21-O-β-D-glucopyranoside}、3β, 20S, 21- 三羟基 -24- 达玛烯 -3-O-{［α-L- 吡喃鼠李糖基（1→2）][β-D- 吡喃葡萄糖基 -（1→3）]-β-D- 吡喃葡萄糖基}-21-O-β-D- 吡喃葡萄糖苷 {3β, 20S, 21-trihydroxydammar-24-en-3-O-{［α-L-rhamnopyranosyl-（1→2）][β-D-glucopyranosyl-（1→3）]-β-D-glucopyranosyl}-21-O-β-D-glucopyranoside}、3β, 20S, 21- 三羟基 -24- 达玛烯 -3-O-{［α-L- 吡喃鼠李糖基（1→2）][β-D- 吡喃木糖基 -（1→3）]-β-D- 吡喃鼠李糖基}-21-O-β-D-

吡喃葡萄糖苷 {3β, 20S, 21-trihydroxydammar-24-en-3-O-{[α-L-rhamnopyranosyl-（1→2）][β-D-xylopyranosyl-（1→3）]-β-D-glucopyranosyl}-21-O-β-D-glucopyranoside}、3β, 19, 20S, 21-四羟基-24-达玛烯-3-O-{[α-L-吡喃鼠李糖基-（1→2）][β-D-吡喃木糖基-（1→3）]-α-L-吡喃阿拉伯糖基}-21-O-β-D-吡喃葡萄糖苷 {3β, 19, 20S, 21-tetrahydroxydammar-24-en-3-O-{[α-L-rhamnopyranosyl-（1→2）][β-D-xylopyranosyl-（1→3）]-α-L-arabinopyranosyl}-21-O-β-D-glucopyranoside}、3β, 19, 20S, 21-四羟基-24-达玛烯-3-O-{[α-L-吡喃鼠李糖基-（1→2）][β-D-吡喃木糖基-（1→3）]-β-D-吡喃葡萄糖基}-21-O-β-D-吡喃葡萄糖苷 {3β, 19, 20S, 21-tetrahydroxydammar-24-en-3-O-{[α-L-rhamnopyranosyl-（1→2）][β-D-xylopyranosyl-（1→3）]-β-D-glucopyranosyl}-21-O-β-D-glucopyranoside}、19-酮基-3β, 20S, 21-三羟基-25-过氧氢达玛烷-23-烯 3-O-{[α-L-吡喃鼠李糖基-（1→2）][β-D-吡喃木糖基-（1→3）]-α-L-吡喃阿拉伯糖基}-21-O-β-D-吡喃葡萄糖苷 {19-oxo-3β, 20S, 21-trihydroxy-25-hydroperoxydammar-23-en-3-O-{[α-L-rhamnopyranosyl-（1→2）][β-D-xylopyranosyl-（1→3）]-α-L-arabinopyranosyl}-21-O-β-D-glucopyranoside}、3β, 12, 20S-三羟基-25-过氧氢达玛烷-23-烯-3-O-[β-D-吡喃葡萄糖基-（1→2）-β-D-吡喃葡萄糖基]-20-O-[β-D-吡喃木糖基-（1→6）-β-D-吡喃葡萄糖苷 {3β, 12, 20S-trihydroxy-25-hydroperoxydammar-23-en-3-O-[β-D-glucopyranosyl（1→2）-β-D-glucopyranosyl]-20-O-[β-D-xylopyranosyl-（1→6）]-β-D-glucopyranoside}、19-酮基-3β, 20S, 21, 24S-四羟基-25-达玛烯-3-O-{[α-L-吡喃鼠李糖基-（1→2）][β-D-吡喃木糖基-（1→3）]-α-L-吡喃阿拉伯糖基}-21-O-β-D-吡喃葡萄糖苷 {19-oxo-3β, 20S, 21, 24S-tetrahydroxydammar-25-en-3-O-{[α-L-rhamnopyranosyl-（1→2）][β-D-xylopyranosyl-（1→3）]-α-L-arabinopyranosyl}-21-O-β-D-glucopyranoside}、3β, 12β, 23S, 24R-四羟基-20S, 25-环氧达玛烷-3-O-[β-D-吡喃木糖基-（1→2）][β-D-吡喃木糖基-（1→6）]-β-D-吡喃葡萄糖苷 {3β, 12β, 23S, 24R-tetrahydroxy-20S, 25-epoxydammarane-3-O-[β-D-xylopyranosyl-（1→2）][β-D-xylopyranosyl-（1→6）]-β-D-glucopyranoside}、3β, 12β, 23S, 24R-四羟基-20S, 25-环氧达玛烷-3-O-[β-D-吡喃葡萄糖基-（1→2）][β-D-吡喃木糖基-（1→6）]-β-D-吡喃葡萄糖苷 {3β, 12β, 23S, 24R-tetrahydroxy-20S, 25-epoxydammarane-3-O-[β-D-glucopyranosyl-（1→2）][β-D-xylopyranosyl-（1→6）]-β-D-glucopyranoside}、3β, 12β, 23S, 24R-四羟基-20S, 25-环氧达玛烷-3-O-[β-D-吡喃葡萄糖基-（1→2）]-β-D-吡喃木糖苷 {3β, 12β, 23S, 24R-tetrahydroxy-20S, 25-epoxydammarane-3-O-[β-D-glucopyranosyl-（1→2）]-β-D-xylopyranoside}、3β, 12β, 23S, 24R-四羟基-20S, 25-环氧达玛烷-3-O-[β-D-吡喃木糖基-（1→2）]-β-D-吡喃葡萄糖苷 {3β, 12β, 23S, 24R-tetrahydroxy-20S, 25-epoxydammarane-3-O-[β-D-xylopyranosyl-（1→2）]-β-D-glucopyranoside}、23-O-乙酰基-3β, 12β, 23S, 24R-四羟基-20S, 25-环氧达玛烷-3-O-[β-D-吡喃木糖（1→2）]-β-D-吡喃木糖苷 {23-O-acetyl-3β, 12β, 23S, 24R-tetrahydroxy-20S, 25-epoxydammarane-3-O-[β-D-xylopyranosyl-（1→2）]-β-D-xylopyranoside}、23-O-乙酰基-3β, 12β, 23S, 24R-四羟基-20S, 25-环氧达玛烷-3-O-[β-D-吡喃木糖基-（1→2）]-β-D-吡喃葡萄糖苷 {23-O-acetyl-3β, 12β, 23S, 24R-tetrahydroxy-20S, 25-epoxydammarane-3-O-[β-D-xylopyranosyl-（1→2）]-β-D-glucopyranoside}、23-O-乙酰基-3β, 12β, 23S, 24R-四羟基-20S, 25-环氧达玛烷-3-O-[β-D-吡喃木糖基-（1→2）][β-D-吡喃木糖基-（1→6）]-β-D-吡喃葡萄糖苷 {23-O-acetyl-3β, 12β, 23S, 24R-tetrahydroxy-20S, 25-epoxydammarane-3-O-[β-D-xylopyranosyl-（1→2）][β-D-xylopyranosyl-（1→6）]-β-D-glucopyranoside}、绞股蓝苷 IV、VIII、LXXI、XLIX（gypenoside IV、VIII、LXXI、XLIX）[40]，绞股蓝苷 GC1、GC2、GC3、GC4、GC5、GC6、GC7（gypenoside GC1、GC2、GC3、GC4、GC5、GC6、GC7），绞股蓝苷 V、XIV、XLII、XLIII、XLIV、XLV、XLVI（gypenoside V、XIV、XLII、XLIII、XLIV、XLV、XLVI），绞股蓝糖苷 TN-1（gynosaponin TN-1）、绞股蓝糖苷 TN-2（gynosaponin TN-2）、武靴藤皂苷 VI（gymnemaside VI）[41]，12-酮基-2α, 3β, 20S-三羟基-24-达玛烯-3-O-[β-D-吡喃葡萄糖基-（1→2）-β-D-吡喃葡萄糖基]-20-O-[α-L-吡喃鼠李糖基-（1→6）-β-D-吡喃葡萄糖苷]{12-oxo-2α, 3β, 20S-trihydroxydammar-24-en-3-O-[β-D-glucopyranosyl-（1→2）-β-D-glucopyranosyl]-20-O-

[α-L-rhamnopyranosyl-（1→6）-β-D-glucopyranoside﹜﹜、12- 酮基 -2α, 3β, 20S- 三羟基 -24- 达玛烯 -3-O-﹝β-D- 吡喃葡萄糖基 -（1→2）-β-D- 吡喃葡萄糖基﹞-20-O-﹝β-D- 吡喃木糖基 -（1→6）-β-D- 吡喃葡萄糖苷﹜{12-oxo-2α, 3β, 20S-trihydroxydammar-24-en-3-O-﹝β-D-glucopyranosyl-（1→2）-β-D-glucopyranosyl﹞-20-O-﹝β-D-xylopyranosyl-（1→6）-β-D-glucopyranoside﹜、3β, 19, 20S- 三羟基 -24- 达玛烯 -3-O-﹝β-D- 吡喃葡萄糖基 -（1→2）-β-D- 吡喃葡萄糖基﹞-20-O-β-D- 吡喃葡萄糖苷 {3β, 19, 20S-trihydroxydammar-24-en-3-O-﹝β-D-glucopyranosyl-（1→2）-β-D-glucopyranosyl﹞-20-O-β-D-glucopyranoside﹜[42]，（20S）-3β, 20ξ, 21ξ- 三羟基 -19- 酮基 -21, 23- 环氧达玛烷 -24- 烯 -3-O-﹝α-L- 吡喃鼠李糖基 -（1→2）﹞﹝β-D- 吡喃木糖基 -（1→3）﹞-α-L- 吡喃阿拉伯糖苷﹛（20S）-3β, 20ξ, 21ξ-trihydroxy-19-oxo-21, 23-epoxydammar-24-en-3-O-﹝α-L-rhamnopyranosyl-（1→2）﹞﹝β-D-xylopyranosyl-（1→3）﹞-α-L-arabinopyranoside﹜、（20S）-3β, 20ξ, 21ξ- 三羟基 -21, 23- 环氧达玛烷 -24- 烯 -3-O-﹝α-L- 吡喃鼠李糖基 -（1→2）﹞﹝β-D- 吡喃木糖基 -（1→3）﹞-β-D- 吡喃阿拉伯糖苷﹛（20S）-3β, 20ξ, 21ξ-trihydroxy-21, 23-epoxydammar-24-en-3-O-﹝α-L-rhamnopyranosyl（1→2）﹞﹝β-D-xylopyranosyl-（1→3）﹞-β-D-glucopyranoside﹜、（20S）-3β, 20ξ, 21ξ- 三羟基 -21, 23- 环氧达玛烷 -24- 烯 -3-O-﹝α-L- 吡喃鼠李糖基 -（1→2）﹞﹝β-D- 吡喃木糖基 -（1→3）﹞-β-D-6-O- 乙酰吡喃葡萄糖苷﹛（20S）-3β, 20ξ, 21ξ-trihydroxy-21, 23-epoxydammar-24-en-3-O-﹝α-l-rhamnopyranosyl-（1→2）﹞﹝β-D-xylopyranosyl-（1→3）﹞-β-D-6-O-acetylglucopyranoside﹜、（20S）-21ξ-O- 乙基 -3β, 20ξ, 21- 三羟基 -19- 酮基 -21, 23- 环氧达玛烷 -24- 烯 -3-O-﹝α-L- 吡喃鼠李糖基 -（1→2）﹞﹝β-D- 吡喃木糖基 -（1→3）﹞-α-L- 吡喃阿拉伯糖苷﹛（20S）-21ξ-O-ethyl-3β, 20ξ, 21-trihydroxy-19-oxo-21, 23-epoxydammar-24-en-3-O-﹝α-L-rhamnopyranosyl-（1→2）﹞﹝β-D-xylopyranosyl-（1→3）﹞-α-L-arabinopyranoside﹜、（23S）-21ξ-O- 乙基 -3β, 20ξ, 21- 三羟基 -21, 23- 环氧达玛烷 -24- 烯 -3-O-﹝α-L- 吡喃鼠李糖基 -（1→2）﹞﹝β-D- 吡喃木糖基 -（1→3）﹞-β-D- 吡喃葡萄糖苷﹛（23S）-21ξ-O-ethyl-3β, 20ξ, 21-trihydroxy-21, 23-epoxydammar-24-en-3-O-﹝α-L-rhamnopyranosyl-（1→2）﹞﹝β-D-xylopyranosyl-（1→3）﹞-β-D-glucopyranoside﹜、（20R）-3β, 20, 21ξ, 23- 四羟基 -21, 24ξ- 环氧达玛烷 -25- 烯 -3-O-﹝α-L- 吡喃鼠李糖基 -（1→2）﹞﹝β-D- 吡喃木糖基 -（1→3）﹞-β-D-6-O- 乙酰吡喃葡萄糖苷﹛（20R）-3β, 20, 21ξ, 23ξ-tetrahydroxy-21, 24ξ-cyclodammar-25-en-3-O-﹝α-L-rhamnopyranosyl-（1→2）﹞﹝β-D-xylopyranosyl-（1→3）﹞-β-D-6-O-acetylglucopyranoside﹜、（20R）-3β, 20, 21ξ, 23ξ- 四羟基 -19- 酮基 -21, 24ξ- 环氧达玛烷 -25- 烯 -3-O-﹝α-L- 吡喃鼠李糖基 -（1→2）﹞﹝β-D- 吡喃木糖基 -（1→3）﹞-α-L- 吡喃阿拉伯糖苷﹛（20R）-3β, 20, 21ξ, 23ξ-tetrahydroxy-19-oxo-21, 24ξ-cyclodammar-25-en-3-O-﹝α-L-rhamnopyranosyl-（1→2）﹞﹝β-D-xylopyranosyl-（1→3）﹞-α-L-arabinopyranoside﹜、（20S）-3β, 20, 21ξ, 25- 四羟基 -21, 24ξ- 环氧达马烷 -3-O-﹛﹝α-L- 吡喃鼠李糖基 -（1→2）﹞﹝β-D- 吡喃木糖基 -（1→3）﹞-β-D-6-O- 乙酰吡喃葡萄糖苷﹛（20S）-3β, 20, 21ξ, 25-tetrahydroxy-21, 24ξ-cyclodammarane-3-O-﹛﹝α-L-rhamnopyranosyl-（1→2）﹞﹝β-D-xylopyranosyl-（1→3）﹞-β-D-6-O-acetylglucopyranoside﹜、（20S）-3β, 20, 21ξ, 25- 四羟基 -19- 酮基 -21, 24ξ- 环氧达马烷 -3-O-﹝α-L- 吡喃鼠李糖基 -（1→2）﹞﹝β-D- 吡喃木糖基 -（1→3）﹞-α-L- 吡喃阿拉伯糖苷﹛（20S）-3β, 20, 21ξ, 25-tetrahydroxy-19-oxo-21, 24ξ-cyclodammarane-3-O-﹝α-L-rhamnopyranosyl-（1→2）﹞﹝β-D-xylopyranosyl-（1→3）﹞-α-L-arabinopyranoside﹜[43]，19- 酮基 -3β, 20S, 21- 三羟基 -25- 过氧氢基 -23- 烯 -3-O-α-L- 吡喃鼠李糖基 -（1→2）-﹝β-D- 吡喃木糖基 -（1→3）﹞-α-L- 吡喃阿拉伯糖苷﹛19-oxo-3β, 20S, 21-trihydroxy-25-hydroperoxydammar-23-en-3-O-α-L-rhamnopyranosyl-（1→2）-﹝β-D-xylopyranosyl-（1→3）﹞-α-L-arabinopyranoside﹜、3β, 12β, 23S, 25- 四羟基 -20S, 24S- 环氧达马烷 -3-O-﹝β-D- 吡喃木糖基 -（1→2）﹞-β-D- 吡喃葡萄糖苷﹛3β, 12β, 23S, 25-tetrahydroxy-20S, 24S-epoxydammarane-3-O-﹝β-D-xylopyranosyl-（1→2）﹞-β-D-glucopyranoside﹜、3β, 20S, 21- 三羟基 -25- 甲氧基达马烷 -23- 烯 -3-O-α-L- 吡喃鼠李糖基 -（1→2）-﹝β-D- 吡喃木糖基 -（1→3）﹞-β-D- 吡喃葡萄糖基 -21-O-β-D- 吡喃木糖苷﹛3β, 20S, 21-trihydroxy-25-methoxydammar-23-en-3-O-α-L-rhamnopyranosyl-（1→2）-﹝β-D-xylopyranosyl-（1→3）﹞-β-D-glucopyranosyl-21-O-β-D-xylopyranoside}、绞股蓝苷 LXIX（gypenoside LXIX）、长梗绞股蓝皂苷 I（gylongiposide I）、绞股蓝苷 XLVIII（gypenoside XLVIII）[44]，2α, 3β, 12β, 20S, 24S- 五羟基达马烷 -25- 烯 -3-O-β-D- 吡喃葡萄糖基 -（1→2）-β-D- 吡喃葡萄糖基 -20-O-β-D- 吡喃葡萄糖苷［2α, 3β, 12β,（20S）, 24S-pentahydroxydammar-25-en-3-O-β-D-glucopyranosyl-（1→2）-β-D-glucopyranosyl-20-O-β-D-glucopyranoside］、2α, 3β, 12β,（20S）, 25- 五羟基达马烷 -23- 烯 -3-O-β-D- 吡喃葡萄糖基 -（1→2）-β-D- 吡喃葡萄糖基 -20-O-β-D- 吡喃葡萄糖苷［2α, 3β, 12β, 20S, 25-pentahydroxydammar-23-en-3-O-β-D-glucopyranosyl-（1→2）-β-D-glucopyranosyl-20-O-β-D-glucopyranoside］、2α, 3β, 12β,（20S）- 四羟基达马烷 -25- 烯 -24- 酮 -3-O-β-D- 吡喃葡萄糖基 -（1→2）-β-D- 吡喃葡萄糖基 -20-O-β-D- 吡喃木糖基 -（1→6）-β-D- 吡喃葡萄糖苷（2α, 3β, 12β, 20S- tetrahydroxydammar-25-en-24-one-3-O-β-D-glucopyranosyl-（1→2）-β-D-glucopyranosyl-20-O-β-D-xylopyranosyl-（1→6）-β-D-glucopyranoside）[45]、3-O-β-D- 吡喃葡萄糖基 -2α- 羟基 -24- 烯 - 达玛烷 -（20S）-O-β-D- 吡喃木糖基 -（1→6）-β-D- 吡喃葡萄糖苷［3-O-β-D-glucopyranosyl-2α-hydroxy-24-en-dammaran-（20S）-O-β-D-xylopyranosyl-（1→6）-β-D-glucopyranoside］、3-O-β-D- 吡喃葡萄糖基 -（1→6）-β-D- 吡喃葡萄糖基 -2α, 12β- 二 - 羟基 -24ξ- 过氧氢基 -25, 26- 烯 - 达玛烷 -（20S）-O-β-D- 吡喃木糖基 -（1→6）-β-D- 吡喃葡萄糖苷［3-O-β-D-glucopyranosy-（1→6）-β-D-glucopyranosyl-2α, 12β-di-hydroxy-24ξ-hydroperoxy-25, 26-en-dammarane-（20S）-O-β-D-xylopyranosyl-（1→6）-β-D-glucopyranoside］、3-O-β-D- 吡喃葡萄糖基 -（1→6）-β-D- 吡喃葡萄糖基 -12β- 羟基 -25- 过氧氢达玛烷 -23,（24E）- 烯 -（20S）-O-β-D- 吡喃木糖基 -（1→6）-β-D- 吡喃葡萄糖苷［3-O-β-D-glucopyranosy-（1→6）-β-D-glucopyranosyl-12β-hydroxy-25-hydroperoxy dammarane-23,（24E）-en-（20S）-O-β-D-xylopyranosyl-（1→6）-β-D-glucopyranoside］[46]、（23S, 21R）-O- 正丁基 -3β, 20ξ, 21- 三羟基 -21, 23- 环氧达马烷 -24- 烯 -3-O-［α-L- 吡喃鼠李糖基 -（1→2）］［β-D- 吡喃木糖基 -（1→3）］-β-D- 吡喃葡萄糖苷｛（23S, 21R）-O-n-butyl-3β, 20ξ, 21-trihydroxy-21, 23-epoxydammar-24-en-3-O-[α-L-rhamnopyranosyl-（1→2）][β-D-xylopyranosyl-（1→3）]-β-D-glucopyranoside｝、（23S, 21S）-O- 正丁基 -3β, 20ξ, 21- 三羟基 -21, 23- 环氧达马烷 -24- 烯 -3-O-［α-L- 吡喃鼠李糖基 -（1→2）］［β-D- 吡喃木糖基 -（1→3）］-β-D- 吡喃葡萄糖苷｛（23S, 21S）-O-n-butyl-3β, 20ξ, 21-trihydroxy-21, 23-epoxydammar-24-en-3-O-[α-L-rhamnopyranosyl-（1→2）][β-D-xylopyranosyl-（1→3）]-β-D-glucopyranoside｝、（23S, 21R）-O- 正丁基 -19- 氧代 -3β, 20ξ, 21- 三羟基 -21, 23- 环氧达马烷 -24- 烯 -3-O-［α-L- 吡喃鼠李糖基 -（1→2）］［β-D- 吡喃木糖基 -（1→3）］-α-L- 阿拉伯糖苷｛（23S, 21R）-O-n-butyl-19-oxo-3β, 20ξ, 21-trihydroxy-21, 23-epoxydammar-24-en-3-O-[α-L-rhamnopyranosyl-（1→2）][β-D-xylopyranosyl-（1→3）]-α-L-arabinopyranoside｝、（23S, 21S）-O- 正丁基 -19- 酮基 -3β, 20ξ, 21- 三羟基 -21, 23- 环氧达马烷 -24- 烯 -3-O-［α-L- 吡喃鼠李糖基 -（1→2）］［β-D- 吡喃木糖基 -（1→3）］-α-L- 阿拉伯糖苷｛（23S, 21S）-O-n-butyl-19-oxo-3β, 20ξ, 21-trihydroxy-21, 23-epoxydammar-24-en-3-O-[α-L-rhamnopyranosyl-（1→2）][β-D-xylopyranosyl-（1→3）]-α-L-arabinopyranoside｝[47]、（23S）-21β-O- 甲基 -3β, 20ξ- 二羟基 -12- 酮基 -21, 23- 环氧达玛烷 -24- 烯 -3-O-[α-L- 吡喃鼠李糖基-（1→2）]［β-D- 吡喃葡萄糖基 -（1→3）］-α-L- 阿拉伯糖苷｛（23S）-21β-O-methyl-3β, 20ξ-dihydroxy-12-oxo-21, 23-epoxydammar-24-en-3-O-［α-L-rhamnopyranosyl-（1→2）］［β-D-glucopyranosyl-（1→3）］-α-L-arabinopyranoside｝、23βH-3β, 20ξ- 二羟基 -19- 酮基 -21, 23- 环氧达玛烷 -24- 烯 -3-O-［α-L- 吡喃鼠李糖基 -（1→2）］［β-D- 吡喃木糖基 -（1→3）］-α-L- 阿拉伯糖苷｛23βH-3β, 20ξ-dihydroxy-19-oxo-21, 23-epoxydammar-24-en-3-O-［α-L-rhamnopyranosyl-（1→2）］［β-D-xylopyranosyl-（1→3）］-α-L-arabinopyranoside｝[48]、（20S, 23S）-3β, 20- 二羟基达玛烷 -24- 烯 -21- 酸 -21, 23- 内酯 -3-O-［β-D- 吡喃木糖基 -（1→3）］-β-D- 吡喃葡萄糖苷｛（20S, 23S）-3β, 20-dihydroxydammar-24-en-21-oic acid-21, 23-lactone-3-O-［β-D-xylopyranosyl-（1→3）]-β-D-glucopyranoside｝、（20R, 23R）-3β, 20- 二羟基达玛 -24- 烯 -21- 酸 -21, 23- 内酯 -3-O-［β-D- 吡喃木糖基 -（1→3）］-β-D- 吡喃葡萄糖苷｛（20R, 23R）-3β, 20-dihydroxydammar-24-en-21-oic acid 21, 23-lactone-3-O-［β-D-xylopyranosyl-（1→3）]-β-D-glucopyranoside｝[49]、3β, 19,（20S）-

三羟基达玛-24-烯-3-O-[β-D-吡喃葡萄糖基-(2→1)-β-D-吡喃葡萄糖基]-20-O-[α-L-吡喃鼠李糖基-(6→1)-β-D-吡喃葡萄糖苷]{3β,19,(20S)-trihydroxydammar-24-en-3-O-[β-D-glucopyranosyl-(2→1)-β-D-glucopyranosyl]-20-O-[α-L-rhamnopyranosyl-(6→1)-β-D-glucopyranoside]}、19-酮基-3β,(20S)-二羟基达玛-24-烯-3-O-[β-D-吡喃葡萄糖基-[(2→1)-β-D-吡喃葡萄糖基]-20-O-[α-L-吡喃鼠李糖基-[(6→1)-β-D-吡喃葡萄糖苷]{19-oxo-3β,(20S)-dihydroxydammar-24-en-3-O-[β-D-glucopyranosyl-[(2→1)-β-D-glucopyranosyl]-20-O-[α-L-rhamnopyranosyl-[(6→1)-β-D-glucopyranoside]}和19-酮基-3β,(20S)-二羟基达玛-24-烯-3-O-[α-L-吡喃阿拉伯糖基-(2→1)-β-D-吡喃葡萄糖基]-20-O-β-D-吡喃葡萄糖苷{19-oxo-3β,(20S)-dihydroxydammar-24-en-3-O-[α-L-arabinopyranosyl-(2→1)-β-D-glucopyranosyl]-20-O-β-D-glucopyranoside}[50];黄酮类:槲皮素-3-O-α-L-吡喃鼠李糖基-(1→2)-β-D-吡喃半乳糖苷[quercetin-3-O-α-L-rhamnopyranosyl-(1→2)-β-D-galactopyranoside]、槲皮素-3-新橘皮糖苷(quercetin-3-neohesperidoside)、山奈酚-3-O-α-L-吡喃鼠李糖基-(1→2)-β-D-吡喃半乳糖苷[kaempferol-3-O-α-L-rhamnopyranosyl-(1→2)-β-D-galactopyranoside]、山奈酚-3-O-α-L-吡喃鼠李糖基-(1→2)-β-D-吡喃葡萄糖苷[kaempferol-3-O-α-L-rhamnopyranosyl-(1→2)-β-D-glucopyranoside]、槲皮素-7-O-β-D-葡萄糖苷(quercetin-7-O-β-D-glucoside)、山奈酚-7-O-β-D-吡喃半乳糖苷(kaempferol-7-O-β-D-galactopyranoside)、异鼠李素-7-O-β-D-吡喃葡萄糖苷(isorhamnetin-7-O-β-D-glucopyranoside)[38],牡荆素(vitexin)[44]和山奈酚-3-O-芸香糖苷(kaempferol-3-O-rutinoside)[48];倍半萜类:(6R,7E,9R)-9-羟基-大柱香波龙-4,7-二烯-3-酮-9-O-β-D-吡喃葡萄糖苷[(6R,7E,9R)-9-hydroxy-megastigman-4,7-dien-3-one-9-O-β-D-glucopyranoside]和(E)-4-[3′-(β-D-吡喃葡萄糖氧基)亚丁基]-3,5,5-三甲基-2-环己烯-1-酮[(E)-4-[3′-(β-D-glucopyranosyloxy)butylidene]-3,5,5-trimethyl-2-cyclohexen-1-one][38];呋喃类:3,5-二羟基呋喃-2(5H)-酮[3,5-dihydroxyfuran-2(5H)-one][48];其他尚含:尿囊素(allantoin)[44]。

根含三萜皂苷类:(20S)原人参二醇-3-O-{[α-L-吡喃鼠李糖基-(1→2)][β-D-吡喃木糖基-(1→3)]-6-O-乙酰基-β-D-吡喃葡萄糖基}-20-O-β-D-吡喃葡萄糖苷{(20S)-protopanaxadiol-3-O-{[α-L-rhamnopyranosyl-(1→2)][β-D-xylopyranosyl-(1→3)]-6-O-acetyl-β-D-glucopyranosyl}-20-O-β-D-glucopyranoside}、3β,12β,(20S),21-四羟基达玛烷-24-烯-3-O-{[α-L-吡喃鼠李糖基-(1→2)][β-D-吡喃木糖基-(1→3)]-6-O-乙酰基-β-D-吡喃葡萄糖基}-21-O-β-D-吡喃葡萄糖苷{3β,12β,(20S),21-tetrahydroxydammar-24-en-3-O-{[α-L-rhamnopyranosyl-(1→2)][β-D-xylopyranosyl-(1→3)]-6-O-acetyl-β-D-glucopyranosyl}-21-O-β-D-glucopyranoside}、3β,(20S),21-三羟基达玛烷-24-烯-3-O-[α-L-吡喃鼠李糖基-(1→2)-β-D-吡喃葡萄糖基-(1→3)-β-D-吡喃葡萄糖苷{3β,(20S),21-trihydroxydammar-24-en-3-O-[α-L-rhamnopyranosyl-(1→2)-β-D-glucopyranosyl-(1→3)]β-D-glucopyranoside}、3β,(20S)-二羟基达玛烷-24-烯-21-羧酸-3-O-{[α-L-吡喃鼠李糖基-(1→2)][β-D-吡喃葡萄糖基-(1→3)]β-D-吡喃葡萄糖基-}-21-O-β-D-吡喃葡萄糖苷{3β,(20S)-dihydroxydammar-24-en-21-carboxylic acid-3-O-{[α-L-rhamnopyranosyl-(1→2)][β-D-glucopyranosyl-(1→3)]β-D-glucopyranosyl}-21-O-β-D-glucopyranoside}、3β,(20S),21-三羟基达玛烷-24-烯-3-O-{[α-L-吡喃鼠李糖基-(1→2)][β-D-吡喃木糖基-(1→3)]-β-D-吡喃葡萄糖基}-20-O-[β-D-吡喃木糖基-(1→6)]-β-D-吡喃葡萄糖苷{3β,(20S),21-trihydroxydammar-24-en-3-O-{[α-L-rhamnopyranosyl-(1→2)][β-D-xylopyranosyl-(1→3)]-β-D-glucopyranosyl}-20-O-[β-D-xylopyranosyl-(1→6)]-β-D-glucopyranoside}、3β,(20S)-二羟基达玛烷-24-烯-21-羧酸-3-O-[α-L-吡喃鼠李糖-(1→2)][β-D-吡喃葡萄糖基-(1→3)]β-D-吡喃葡萄糖苷{3β,(20S)-dihydroxydammar-24-en-21-carboxylic acid-3-O-[α-L-rhamnopyranosyl-(1→2)][β-D-glucopyranosyl-(1→3)]β-D-glucopyranoside}、(20S)-原人参二醇-3-O-{[α-L-吡喃鼠李糖基-(1→2)][β-D-吡喃葡萄糖基-(1→3)]-β-D-吡喃葡萄糖基-}-20-O-β-D-吡喃葡萄糖苷{(20S)-protopanaxadiol-3-O-{[α-L-rhamnopyranosyl-(1→2)][β-D-glucopyranosyl-(1→3)]-β-D-glucopyranosyl}-20-O-β-D-glucopyranoside}、3β,(20S),21,25-四羟基-23-

烯-3-O-{[α-L-吡喃鼠李糖基-(1→2)][β-D-吡喃葡萄糖基-(1→3)]-β-D-吡喃葡萄糖基}-21-O-β-D-吡喃葡萄糖苷 {3β,(20S),21,25-tetrahydroxydammar-23-en-3-O-{[α-L-rhamnopyranosyl-(1→2)][β-D-glucopyranosyl-(1→3)]-β-D-glucopyranosyl}-21-O-β-D-glucopyranoside}、3β,(20S),21-三羟基达玛烷-24-烯-3-O-{[α-L-吡喃鼠李糖基-(1→2)][β-D-吡喃葡萄糖基-(1→3)][β-D-吡喃木糖基-(1→6)]-β-D-吡喃葡萄糖基}-20-O-β-D-吡喃葡萄糖苷 {3β,(20S),21-trihydroxydammar-24-en-3-O-{[α-L-rhamnopyranosyl-(1→2)][β-D-glucopyranosyl-(1→3)][β-D-xylopyranosyl-(1→6)]-β-D-glucopyranosyl}-20-O-β-D-glucopyranoside}、3β,(20S)-二羟基达玛烷-24-烯-21-甲酸-3-O-{[α-L-吡喃鼠李糖基-(1→2)][β-D-吡喃木糖基-(1→3)][β-D-吡喃葡萄糖基-(1→6)]β-D-吡喃葡萄糖基}-21-O-β-D-吡喃葡萄糖苷 {3β,(20S)-dihydroxydammar-24-en-21-carboxylic acid-3-O-{[α-L-rhamnopyranosyl-(1→2)][β-D-xylopyranosyl-(1→3)][β-D-glucopyranosyl-(1→6)]β-D-glucopyranosyl}-21-O-β-D-glucopyranoside}、12-酮基-3β,(20S),21,25-四羟基达玛烷-23-烯-3-O-{[α-L-吡喃鼠李糖基-(1→2)][β-D-吡喃葡萄糖基-(1→6)-β-D-吡喃葡萄糖基-(1→3)]-α-L-吡喃阿拉伯糖基}-21-O-β-D-吡喃葡萄糖苷 {12-oxo-3β,(20S),21,25-tetrahydroxydammar-23-en-3-O-{[α-L-rhamnopyranosyl-(1→2)][β-D-glucopyranosyl-(1→6)-β-D-glucopyranosyl-(1→3)]-α-L-arabinopyranosyl}-21-O-β-D-glucopyranoside} 和 3β,(20S)-二羟基达玛烷-24-烯-21-羧酸-3-O-{[α-L-吡喃鼠李糖基-(1→2)][β-D-吡喃葡萄糖基-(1→6)-β-D-吡喃葡萄糖基-(1→3)]β-D-吡喃葡萄糖基}-21-O-β-D-吡喃葡萄糖苷 {3β,(20S)-dihydroxydammar-24-en-21-carboxylic acid-3-O-{[α-L-rhamnopyranosyl-(1→2)][β-D-glucopyranosyl-(1→6)-β-D-glucopyranosyl-(1→3)]β-D-glucopyranosyl}-21-O-β-D-glucopyranoside}[51]；木脂素类：喷瓜木脂醇（ligballinol）和喷瓜木脂酮（ligballinone）[52]；甾体类：4α,14α-二甲基-5α-麦角甾-7,9(11),24(28)-三烯-3β-醇 [4α,14α-dimethyl-5α-ergosta-7,9(11),24(28)-trien-3β-ol][53]。

茎叶含三萜皂苷类：3-O-β-D-吡喃葡萄糖基-2α,3β,12β,20(S)-3-羟基-达玛-24-烯-20-O-β-D-吡喃葡萄糖苷 [3-O-β-D-glucopyranosyl-2α,3β,12β,20(S)-3-hydroxyl-dammar-24-en-20-O-β-D-glucopyranoside]、绞股蓝苷 LXXVII、XLVI（gypenoside LXXVII、XLVI）、人参皂苷 Rd（ginsenoside Rd）[54] 和长梗绞股蓝皂苷 XLIII（gylongiposide XLIII）[55]。

叶含皂苷类：长梗绞股蓝皂苷 IV、LXIII、LVI、LXXII、LXXV、LXI、XXVII、LXXIX、LVII、IX、LV、XXX、XXXI、XXXII、XXXVIII、XXXIX、LXXIV、LX、LXVIII、LXXVIII、XIII、LXXV、XLI、LXXVI、XXVIII、Jh1（gylongiposide IV、LXIII、LVI、LXXII、LXXV、LXI、XXVII、LXXIX、LVII、IX、LV、XXX、XXXI、XXXII、XXXVIII、XXXIX、LXXIV、LX、LXVIII、LXXVIII、XIII、LXXV、XLI、LXXVI、XXVIII、Jh1）、人参皂苷 F_2（ginsenoside F_2）、人参皂苷 Rg_3（ginsenoside Rg_3）、2α,3β,12β,(20S)-四羟基达玛烷-24-烯-3-O-β-D-吡喃葡萄糖基-20-O-[β-D-6-O-二乙酰吡喃葡萄糖基-(1→2)-β-D-吡喃葡萄糖苷 {2α,3β,12β,(20S)-tetrahydroxydammar-24-en-3-O-β-D-glucopyranosyl-20-O-[β-D-6-O-acetylgluco-pyranosyl-(1→2)-β-D-glucopyranoside}、(20S)-2α,3β,12β,24S-五羟基达玛烷-25-烯-20-O-β-D-吡喃葡萄糖苷 [(20S)-2α,3β,12β,24S-pentahydroxydammar-25-en-20-O-β-D-glucopyranoside]、3β,12β,(20S),21-四羟基达玛烷-24-烯-3-O-{[α-L-吡喃鼠李糖基-(1→2)][β-D-吡喃木糖基-(1→3)]-6-O-乙酰基-β-D-吡喃葡萄糖基}-21-O-β-D-吡喃葡萄糖苷 {3β,12β,(20S),21-tetrahydroxydammar-24-en-3-O-{[α-L-rhamnopyranosyl-(1→2)][β-D-xylopyranosyl-(1→3)]-6-O-acetyl-β-D-glucopyranosyl}-21-O-β-D-glucopyranoside}、3β,12β,(23S),25-四羟基-20S,24S-环氧达玛烷-3-O-[β-D-吡喃木糖基-(1→2)-β-D-吡喃葡萄糖苷 {3β,12β,(23S),25-tetrahydroxy-20S,24S-epoxydammarane3-O-[β-D-xylopyranosyl-(1→2)]-β-D-glucopyranoside}、3β,12β,(23S,24R)-四羟基-(20S),25-环氧达玛烷-3-O-[β-D-吡喃木糖基(1→2)]-β-D-吡喃葡萄糖苷 {3β,12β,(23S,24R)-tetrahydroxy-(20S),25-epoxydammarane-3-O-[β-D-xylopyranosyl-

（1→2）]-β-D-glucopyranoside}、2α, 3β, 12β,（20S）- 四羟基达玛烷 -24- 烯 -3-O-β-D- 吡喃葡萄糖基 -20-O-[β-D-6-O- 乙酰吡喃葡萄糖基 -（1→2）-β-D- 吡喃葡萄糖苷］{2α, 3β, 12β,（20S）-tetrahydroxydammar-24-en-3-O-β-D-glucopyranosyl-20-O-［β-D-6-O-acetylglucopyranosyl-（1→2）-β-D-glucopyranoside］}[56]，绞股蓝梯隆皂苷*A、B、C、D、E（gynoside A、B、C、D、E）、绞股蓝糖苷 TN-1（gynosaponin TN-1）、人参皂苷 Rb₃、Rd（ginsenoside Rb₃、Rd）、绞股蓝皂苷 XLII、XLV 4-Ed、XLVI、LVI、LVII、LX、LXXVII（gypenoside XLII、XLV 4-Ed、XLVI、LVI、LVII、LX、LXXVII）[57]，2α, 3β, 12β- 三羟基达玛 -20（22），24- 二烯 -3-O-［β-D- 吡喃葡萄糖基（1→2）-β-D-6″-O- 乙酰吡喃葡萄糖苷］{2α, 3β, 12β-trihydroxydammar-20（22），24-dien-3-O-［β-D-glucopyranoxyl-（1→2）-β-D-6″-O-acetylglucopyranoside］}、2α, 3β, 12β- 三羟基达玛 -20（21），24- 二烯 -3-O-［β-D- 吡喃葡萄糖基（1→2）-β-D-6″-O- 乙酰吡喃葡萄糖苷］{2α, 3β, 12β-trihydroxydammar-20（21），24-dien-3-O-［β-D-glucopyranoxyl-（1→2）-β-D-6″-O-acetylglucopyranoside］}[58]、6″- 丙二酰基人参皂苷 Rb₁、Rd（6″-malonylginsenoside Rb₁、Rd）、6″- 丙二酰基绞股蓝皂苷 V（6″-malonylgypenoside V）[59]、2α, 3β, 12β,（20S）- 四羟基达玛 -24- 烯 -3-O-［β-D- 吡喃葡萄糖 -（1→4）-β-D- 吡喃葡萄糖基］-20-O-［β-D- 吡喃木糖基 -（1→6）-β-D- 吡喃葡萄糖苷］{2α, 3β, 12β,（20S）-tetrahydroxydammar-24-en-3-O-［β-D-glucopyranosyl-（1→4）-β-D-glucopyranosyl］-20-O-［β-D-xylopyranosyl-（1→6）-β-D-glucopyranoside］} 和 2α, 3β, 12β,（20S）- 四羟基达玛 -24- 烯 -3-O-β-D- 吡喃葡萄糖基 -20-O-［β-D-6-O- 乙酰基吡喃葡萄糖基 -（1→2）-β-D- 吡喃葡萄糖苷］{2α, 3β, 12β,（20S）-tetrahydroxydammar-24-en-3-O-β-D-glucopyranosyl-20-O-［β-D-6-O-acetylglucopyranosyl-（1→2）-β-D-glucopyranoside］}[60]；多糖类：绞股蓝多糖 -S（GPP-S）[61] 和绞股蓝多糖 TL（GPP-TL）[62]；甾体类：异岩藻甾醇（isofucosterol）和 β- 谷甾醇（β-sitosterol）[63]。

种子含三萜皂苷类：25-O- 乙酰基葫芦苦素 L-2-O-［α- 吡喃鼠李糖基 -（1→2）］[α-L- 吡喃阿拉伯糖基 -（1→3）]-β- 吡喃葡萄糖苷 {25-O-acetyl cucurbitacin L-2-O-［α-rhamnopyranosyl-（1→2）］[α-L-arabinopyranosyl-（1→3）]-β-glucopyranoside}[64]；脂肪酸类：α- 十八碳三烯酸（α-eleostearic acid）[65]。

【药理作用】1. 护心肌　从地上部分提取的总皂苷能显著提高实验性心肌缺血大鼠的血浆一氧化氮（NO）水平，减低内皮素（ET）含量，促进一氧化氮 / 内皮素值恢复平衡[1]；绞股蓝总苷（GPS）可明显降低心肌功能的内毒素引起的家兔血流动力学，具有保护作用[2]，能使结扎左冠状动脉前降支（LAD）制备急性心肌缺血的犬模型体内磷酸肌酸激酶（CK）、乳酸脱氢酶（LDH）含量降低，减低血清游离脂肪酸（FFA）、过氧化脂（LOP）含量；提高超氧化物歧化酶（SOD）、谷胱甘肽过氧化物酶（GSH-Px）的含量[3]。2. 护肝　从地上部分提取的总皂苷对由亚铁离子 - 半胱氨酸、维生素 C- 还原型辅酶 II（Vit C-NADPH）和四氯化碳诱发的大鼠肝脏脂质过氧化产生的丙二醛（MDA）、肝微粒体自发产生的丙二醛均具有抑制作用，且对正常肝微粒体、线粒体膜流动性无影响[4]。3. 降血脂　从地上部分提取的绞股蓝总皂苷可显著降低高血脂症大鼠血清低密度脂蛋白胆固醇（LDL-C）、总胆固醇（TC）、甘油三酯（TG）含量，提高高密度脂蛋白胆固醇（HDL-C）含量，使大鼠血清超氧化物歧化酶、谷胱甘肽过氧化物酶及过氧化氢酶（CAT）含量显著提高，脂质过氧化物含量显著降低[5]。4. 降血糖　地上部分水提醇沉物以及经过大孔树脂的 90% 乙醇部位均能使链脲佐菌素（STZ）所诱导的高血糖模型小鼠的血清中的血糖（GLU）、游离脂肪酸（NEFA）、总胆固醇、甘油三酯和丙二醛含量降低，并使小鼠的血清超氧化物歧化酶含量升高[6]。5. 降血压　从地上部分提取的总皂苷能使高糖高脂喂养诱导的高血压大鼠的血压降低，且低剂量即可实现，安全性高[7]。6. 抗衰老　地上部分提取液能使自然衰老的小鼠皮肤组织总抗氧化力（T-AOC）显著提高，使过氧化氢（H_2O_2）含量显著降低[8]。7. 改善记忆　经分离的地上部分提取物的 2.5% 溶液使电休克造成的模型 SD 大鼠 Y 型迷宫测试的记忆错误次数减少，正确率提高，测试总时间减短，主动回避次数增多[9]。8. 镇静催眠　从地上部分提取的总皂苷具有明显的镇静催眠作用，对戊巴比妥钠有协同作用，能显着延长阈上剂量戊巴比妥钠致小鼠睡眠时间，并使大鼠下丘脑内多巴胺（DA）、去甲肾上腺素（NE）含量显著降低，使白细胞介素-1β（IL-1β）含量显著提高[10]。9. 护肾　从地上部分提取的总皂苷能使单侧输尿管结扎（UUO）大鼠的血清尿素氮（BUN）和血肌酐（Scr）含量显著降低，并降低了血浆甘油三酯含量[11]。10. 抗菌　从地上部分提取的总皂苷对金黄色葡萄球菌、藤黄八叠球菌的生长具有明显的抑制作用，对短小芽孢杆菌、痢疾杆菌等在同样浓度下也有抑制作用[12]。11. 抗肿瘤　从地上部分提取的总皂苷能显著抑制小鼠S180肉瘤的生长，使肿瘤总面积（TTA）与肿瘤坏死面积（TNA）的比率显著增加，尤其是瘤内淋巴细胞、巨噬细胞浸润数量增加，荷瘤小鼠脾重增加、脾白髓数目增多、体积增大，对K562细胞株具有明显的生长抑制作用[13]。12. 抗氧化　从地上部分提取的总皂苷可使辐射致氧化损伤小鼠血清丙二醛含量显著降低，且作用与剂量成正比，同时使小鼠血清中的超氧化物歧化酶、过氧化氢酶、谷胱甘肽过氧化物酶含量增加，总抗氧化力（T-AOC）提高；显著提高Nrf2蛋白含量，并相应地提高其调控的下游血红素氧合酶-1（HO-1）、半胱氨酸连接酶催化亚基（GCLC）、谷氨酸半胱氨酸连接酶催化亚基（GCLM）的含量[14]。

【性味与归经】 苦，微甘，凉。归肺、脾、肾经。

【功能与主治】 清热解毒，止咳化痰，镇静，安眠，降血脂。用于慢性支气管炎，肝炎，胃、十二指肠溃疡，动脉硬化，白发，偏头痛，肿瘤。

【用法与用量】 煎服 3～9g；研末，3～6g，泡茶饮。

【药用标准】 浙江炮规2015、湖南药材2009、山东药材2012、江西药材1996、广西药材1996、贵州药材2003、福建药材2006、湖北药材2009、四川药材2010、广西瑶药2014一卷和香港药材五册。

【临床参考】 1. 糖尿病：地上部分10g，代茶饮，每日3次，联合饮食控制[1]。

2. 高血压：地上部分10g，代茶饮，每日数次，2周1疗程[2]。

3. 脂肪肝：地上部分30g，加黄芪、茵陈、郁金各30g，泽泻、姜黄各15g，水煎300ml，分2次口服，每日1剂，连服2月[3]。

4. 化疗后白细胞减少：地上部分30～40g，加鸡血藤、女贞子各30g，补骨脂15g，水煎，每日1剂，每日2次[4]。

5. 慢性气管炎：全草研粉，每次3～6g，吞服，每日3次。

6. 梦遗：根250g，水煎，黄酒、红糖适量，冲服。（5方、6方引自《浙江药用植物志》）

【附注】 绞股蓝始载于《救荒本草》，云："绞股蓝，生田野中，延蔓而生，叶似小蓝叶，短小较薄，边有锯齿，又似痢见草，叶亦软，淡绿，五叶攒生一处，开小花，黄色，亦有开白花者，结子如豌豆大，生则青色，熟则紫黑色，叶味甜。"据其所述的生长环境及形态特征，即本种。

【化学参考文献】

[1] 陈秀珍. 绞股蓝化学成分的研究[J]. 广西植物，1991，11（1）：71-76.

[2] 郑坚雄，胡文梅. 绞股蓝总皂苷中原2α-羟基人参二醇皂苷分离和鉴定[J]. 广东药科大学学报，2000，16（3）：203-204.

[3] 石嫚嫚. 绞股蓝中有效成分的分离纯化、鉴定及活性研究[D]. 广州：华南理工大学硕士学位论文，2017.

[4] Xing S F, Jang M, Wang Y R, et al. A New dammarane-type saponin from *Gynostemma pentaphyllum* induces apoptosis in A549 human lung carcinoma cells[J]. Bioorg Med Chem Lett，2016，26（7）：1754-1759.

[5] Shi L, Meng X J, Cao J Q, et al. A new triterpenoid saponin from *Gynostemma pentaphyllum*[J]. Nat Prod Res，2012，26（15）：1419-1422.

[6] Zhang X, Shi G, Sun Y, et al. Triterpenes derived from hydrolyzate of total *Gynostemma pentaphyllum* saponins with anti-hepatic fibrosis and protective activity against H_2O_2-induced injury[J]. Phytochemistry，2017，144：226-232.

[7] Zheng K, Liao C, Li Y, et al. Gypenoside L, isolated from *Gynostemma pentaphyllum*, induces cytoplasmic vacuolation deathin hepatocellular carcinoma cells through reactive-oxygen-species-mediated unfolded protein response[J]. J Agric Food Chem，2016，64（8）：1702-1711.

[8] Wang J, Ha T KQ, Shi Y P, et al. Hypoglycemic triterpenes from *Gynostemma pentaphyllum*[J]. Phytochemistry，

2018，155：171-181.

[9] Zhang X S, Cao J Q, Zhao C, et al. Novel dammarane-type triterpenes isolated from hydrolyzate of total *Gynostemma pentaphyllum* saponins [J]. Bioorg Med Chem Lett, 2015, 25（16）: 3095-3099.

[10] Huang T H, Razmovski-Naumovski V, Salam N K, et al.. A novel LXR-α activator identified from the natural product *Gynostemma pentaphyllum* [J]. Biochemical Pharmacology, 2005, 70（9）: 1298-1308.

[11] Shi G H, Wang X D, Zhang H, et al. New dammarane-type triterpene saponins from *Gynostemma pentaphyllum* and their anti-hepatic fibrosis activities *in vitro* [J]. Journal of Functional Foods, 2018, 45: 10-14.

[12] Takemoto T, Arihara S, Nakajima T, et al. Studies on the constituents of *Gynostemma pentaphyllum* Makino I. structures of gypenosides I-XIV [J]. Yakugaku Zasshi, 1983, 103（2）: 173-185.

[13] Takemoto T, Arihara S, Nakajima T, et al. Studies on the constituents of *Gynostemma pentaphyllum* Makino II. structures of gypenoside XV-XXI [J]. Yakugaku Zasshi, 1983, 103（10）: 1015-1023.

[14] 卢汝梅，潘立卫，韦建华，等. 绞股蓝化学成分的研究 [J]. 中草药，2014，45（19）: 2757-2761.

[15] Jiang W, Shan H, Song J, et al. Separation and purification of ombuoside from *Gynostemma pentaphyllum* by microwave-assisted extraction coupled with high-speed counter-current chromatography [J]. J Chromatogr Sci, 2017, 4: 69-74.

[16] 王峰. 绞股蓝多糖结构分析、抑菌性能及其应用研究 [D]. 南宁：广西大学硕士学位论文，2013.

[17] Niu Y G, Shang P P, Chen L, et al. Characterization of a novel alkali-soluble heteropolysaccharide from tetraploid *Gynostemma pentaphyllum* Makino and its potential anti-inflammatory and antioxidant properties [J]. J Agric Food Chem, 2014, 62: 3783-3790.

[18] 周宝珍. 不同叶片数绞股蓝中挥发性成分的 SPME-GC-MS 分析 [J]. 陕西农业科学，2015，61（9）: 23-28.

[19] 陈业高，张燕. 绞股蓝中苯甲醇葡萄糖苷的分离与鉴定 [J]. 云南师范大学学报（自然科学版），2001，21（2）: 58-59.

[20] Zhang Z, Zhang W, Ji Y P, Zhao Y, et al. Gynostemosides A-E, megastigmane glycosides from *Gynostemma pentaphyllum* [J]. Phytochemistry, 2010, 71（5-6）: 693-700.

[21] 陈正菊. 几种绞股蓝品种化学成分分析 [J]. 特产研究，1997（4）: 27-28.

[22] 沈一雨，余象煜. 绞股蓝提取液中化学成分的比较分析 [J]. 科技通报，1991（6）: 342-345.

[23] 郭巧生，林国庆，杨权海. 绞股蓝中氨基酸成分的分析 [J]. 南京农业大学学报，1989，12（3）: 89-90.

[24] Niu Y, Shang P P, Chen L, et al. Characterization of a novel alkali-soluble heteropolysaccharide from tetraploid *Gynostemma pentaphyllum* Makino and its potential anti-inflammatory and antioxidant properties [J]. J Agric Food Chem, 2014, 62（17）: 3783-3790.

[25] Takemoto T, Arihara S, Yoshikawa K, et al. Studies on the constituents of cucurbitaceae plants. XI. on the saponin constituents of *Gynostemma pentaphyllum* Makino（7）[J]. Yakugaku Zasshi, 1984, 104（10）: 1043-1049.

[26] Utama-ang N, Wood K, Watkins B A. Identification of major saponins from Jiaogulan extract（*Gynostemma pentaphyllum*）[J] Kasetsart Journal（Natural Science），2006, 40（suppl）: 59-66.

[27] Yoshikawa K, Arimitsu M, Kishi K, et al. Studies on the constituents of Cucurbitaceae plants. XVIII. on the saponin constituents of *Gynostemma pentaphyllum* Makino（13）[J]. Yakugaku Zasshi, 1987, 107（5）: 361-366.

[28] Takemoto T, Arihara S, Yoshikawa K, et al. Studies on the constituents of Cucurbitaceae plants. VIII. on the saponin constituents of *Gynostemma pentaphyllum* Makino（4）[J]. Yakugaku Zasshi, 1984, 104（4）: 332-339.

[29] Takemoto T, Arihara S, Yoshikawa K, et al. Studies on the constituents of Cucurbitaceae plants. IX. on the saponin constituents of *Gynostemma pentaphyllum* Makino（5）[J]. Yakugaku Zasshi, 1984, 104（7）: 724-730.

[30] Takemoto T, Arihara S, Yoshikawa K, et al. Studies on the constituents of Cucurbitaceae plants. VII. on the saponin constituents of *Gynostemma pentaphyllum* Makino（3）[J]. Yakugaku Zasshi, 1984, 104（4）: 325-331.

[31] Takemoto T, Arihara S, Yoshikawa K, et al. Studies on the constituents of Cucurbitaceae plants. X. on the saponin constituents of *Gynostemma pentaphyllum* Makino（6）[J]. Yakugaku Zasshi, 1984, 104（9）: 939-945.

[32] Takemoto T, Arihara S, Yoshikawa K, et al. Studies on the constituents of cucurbitaceae plants. XII. on the saponin constituents of *Gynostemma pentaphyllum* Makino（8）[J]. Yakugaku Zasshi, 1984, 104（11）: 1155-1162.

[33] Yoshikawa K, Mitake M, Takemoto T, et al. Studies on the constituents of Cucurbitaceae plants. XVII. on the saponin

constituents of *Gynostemma pentaphyllum* Makino（12）［J］. Yakugaku Zasshi, 1987, 107（5）: 355-360.

［34］Yoshikawa K, Takemoto T, Arihara S. Studies on the constituents of Cucurbitaceae plants. XV. on the saponin constituents of *Gynostemma pentaphyllum* Makino（10）［J］. Yakugaku Zasshi, 1986, 106（9）: 758-763.

［35］Yoshikawa K, e Takemoto T, Arihara S. Studies on the constituents of Cucurbitaceae plants. XVL. on the saponin constituents of *Gynostemma pentaphyllum* Makino（II）［J］. Yakugaku Zasshi, 1987, 107（4）: 262-267.

［36］Liu J Q, Wang C F, Chen J C, et al. Six new triterpenoid glycosides from *Gynostemma pentaphyllum*［J］. Helv Chim Acta, 2009, 92（12）: 2737-2745.

［37］Takemoto T, Arihara S, Yoshikawa K. Studies on the constituents of Cucurbitaceae plants. XIV. on the saponin constituents of *Gynostemma pentaphyllum* Makino（9）［J］. Yakugaku Zasshi, 1986, 106（8）: 664-670.

［38］Chen P Y, Chang C C, Huang H C, et al. New dammarane-type saponins from *Gynostemma pentaphyllum*［J］. Molecules 2019, 24: 1375/1-1375/13.

［39］Hu Y, Ip F C F, Fu G, et al. Dammarane saponins from *Gynostemma pentaphyllum*［J］. Phytochemistry, 2010, 71（10）: 1149-1157.

［40］Yin F, Hu L, Lou F, et al. Dammarane-type glycosides from *Gynostemma pentaphyllum*［J］. J Nat Prod, 2004, 67: 942-952.

［41］Kim J H, Han Y N. Dammarane-type saponins from *Gynostemma pentaphyllum*［J］. Phytochemistry, 2011, 72（11-12）: 1453-1459.

［42］Hu L, Chen Z, Xie Y. New triterpenoid saponins from *Gynostemma pentaphyllum*［J］. J Nat Prod, 1996, 59（12）: 1143-1145.

［43］Yin F, Zhang Y N, Yang Z Y, et al. Nine new dammarane saponins from *Gynostemma pentaphyllum*.［J］. Chem Biodivers, 2010, 3（7）: 771-782.

［44］Yin F, Hu L, Pan R. Novel dammarane-type glycosides from *Gynostemma pentaphyllum*［J］. Chem Pharm Bull, 2005, 52（12）: 1440-1444.

［45］Xing S F, Lin M, Wang Y R, et al. Novel dammarane-type saponins from *Gynostemma pentaphyllum* and their neuroprotective effect［J］. J Nat Prod, 2018, 15: 1-8.

［46］Liu X, Ye W, Mo Z, et al. Three dammarane-type saponins from *Gynostemma pentaphyllum*［J］. Planta Med, 2005, 71（9）: 880-884.

［47］Shi L, Cao J Q, Shi S M, et al. Triterpenoid saponins from *Gynostemma pentaphyllum*［J］. J Asian Nat Prod Res, 2011, 13（2）: 168-177.

［48］Yang F, Shi H, Zhang X, et al. Two new saponins from tetraploid jiaogulan（*Gynostemma pentaphyllum*）, and their anti-inflammatory and α-glucosidase inhibitory activities［J］. Food Chem, 2013, 141（4）: 3606-3613.

［49］Shi L, Lu F, Zhao H, et al. Two new triterpene saponins from *Gynostemma pentaphyllum*［J］. J Asian Nat Prod Res, 2012, 14（9）: 856-861.

［50］Hu L H, Chen Z L, Xie Y Y. Dammarane-type glycosides from *Gynostemma pentaphyllum*［J］. Phytochemistry, 1997, 44（4）: 667-670.

［51］Ma L, Xiang W J, Khang P, et al. New dammarane-type glycosides from the roots of *Gynostemma pentaphyllum*［J］. Planta Med, 2012, 78（6）: 597-605.

［52］Wang X W, Zhang H P, Chen F, et al. A new lignan from *Gynostemma pentaphyllum*［J］. Chin Chem Lett, 2009, 20（5）: 589-591.

［53］Akihisa T, Kokke W C M C, Yokota T, et al. 4α, 14α-Dimethyl-5α-ergosta-7, 9（11）, 24（28）-trien-3β-ol from *Phaseolus vulgaris* and *Gynostemma pentaphyllum*［J］. Phytochemistry, 1990, 29（5）: 1647-1651.

［54］刘欣, 叶文才, 萧文鸾, 等. 绞股蓝的化学成分研究［J］. 中国药科大学学报, 2003, 34（1）: 23-26.

［55］刘国樵, 胡文梅. 绞股蓝中2α-羟基人参二醇皂苷的分离和鉴定［J］. 中药材, 1996, 19（10）: 513-516.

［56］董利华, 匡艳辉, 范冬冬, 等. 不同加工方式绞股蓝皂苷类成分比较研究［J］. 中国中药杂志, 2018, 43（3）: 502-510.

［57］Liu X, Ye W C, Mo Z, et al. Five new ocotillone-type saponins from *Gynostemma pentaphyllum*［J］. J Nat Prod, 2004, 67（7）: 1147-1151.

[58] Piao X L, Xing S F, Lou C X, et al. Novel dammarane saponins from *Gynostemma pentaphyllum* and their cytotoxic activities against HepG2 cells [J]. Bio Med Chem Lett, 2014, 24 (20): 4831-4833.

[59] Kuwahara M, Kawanishi F, Komiya T, et al. Dammarane saponins of *Gynostemma pentaphyllum* Makino and isolation of malonylginsenosides-Rb1, -Rd, and malonylgypenoside V [J]. Chem Pharm Bull, 1989, 37 (1): 135-139.

[60] Tran M H, Thu C V, Cuong T D, et al. Dammarane-type glycosides from *Gynostemma pentaphyllum* and their effects on IL-4-induced eotaxin expression in human bronchial epithelial cells [J]. J Nat Prod, 2010, 73 (2): 192-196.

[61] 尚平平. 绞股蓝多糖的分离纯化、结构分析及生物活性研究 [D]. 上海: 上海交通大学硕士学位论文, 2014.

[62] Niu Y, Yan W, Lv J, et al. Characterization of a novel polysaccharide from tetraploid *Gynostemma pentaphyllum* Makino [J]. J Agric Food Chem, 2013, 61 (20): 4882-4889.

[63] Marino, A, Elberti M G, Cataldo A. Sterols from *Gynostemma pentaphyllum* [J]. Bollettino -Societa Italiana di Biologia Sperimentale, 1989, 65 (4): 317-319.

[64] 周文超. 绞股蓝种子中新皂苷的提取及其消炎活性研究 [J]. 云南化工, 2018, 45 (8): 34-37.

[65] Jiang D L, Ma C X, Xiao Y P. et al. α-eleostearic acid from *Gynostemma pentaphyllum* seed oils [J]. Chem Nat Compd, 2013, 49 (2): 329-331.

【药理参考文献】

[1] 郑奇斌, 陈金和, 吴基良. 绞股蓝总皂贰对大鼠心肌缺血再灌注损伤的影响 [J]. 咸宁医学院学报, 2002, 16, (2): 89-91.

[2] 唐朝克, 胡弼, 孙明, 等. 绞股蓝总皂苷对注射内毒素家兔血流动力学和继发 DIC 的影响 [J]. 中国药理学通报, 2000, 16 (5): 563-567.

[3] 刘爱英, 金辉, 岳海波, 等. 犬心机缺血后脂质过氧化损伤及绞股蓝总皂贰的干预效应 [J]. 中国老年学杂志, 2013, 8 (33): 3657-3659.

[4] 李林, 邢善田, 周金黄, 等. 绞股蓝总皂贰对离题大鼠肝脏脂过氧化及膜流动性损伤的保护作用 [J]. 中国药理学通报, 1999, 7 (5): 341-344.

[5] 周亮, 唐翔彬, 魏源, 等. 运动结合绞股蓝总皂贰对高血脂症大鼠血脂和脂质过氧化水平的影响 [J]. 北京体育大学学报, 2007, 30 (10): 1358-1360.

[6] 黄晓飞, 宋烨, 宋成武, 等. 绞股蓝不同组分的降血糖活性研究 [J]. 湖北中医杂志, 2013, 35 (6): 67-69.

[7] 梁小辉, 李伟健, 陈文朴, 等. 绞股蓝总皂苷对实验性高血压大鼠的降压作用的研究 [J]. 时珍国医国药, 2012, 23 (10): 2417-2419.

[8] 王大伟, 吴景东. 绞股蓝抗小鼠皮肤衰老的实验研究 [J]. 四川中医, 2008, 26 (10): 17-18.

[9] 郑新铃, 徐陶, 谢丽霞, 等. 绞股蓝对电休克大鼠记忆障碍的改善作业 [J]. 现代生物医药进展, 2007, 7 (12): 1808-1810.

[10] 江砚, 陈锡林. 绞股蓝总皂苷镇静催眠作用对大鼠脑神经递质的影响 [J]. 浙江中医杂志, 2016, 51 (6): 459-460.

[11] 张勇, 丁国华, 张建鄂, 等. 绞股蓝总皂苷治疗单侧输尿管结扎大鼠肾间质纤维化的实验研究 [J]. 中国中西医结合肾病杂志, 2005, 6 (7): 382-385.

[12] 曾晓黎. 绞股蓝的体外抗菌活性试验 [J]. 中成药, 1999, 21 (6): 308-310.

[13] 徐长福, 王冰, 任淑婷, 等. 绞股蓝总皂贰对小鼠 S180 肉瘤及 K562 细胞的抑制作用 [J]. 西安医科大学学报, 2002, 23 (3): 217-219.

[14] 南瑛, 赵美娜, 常晋瑞, 等. 绞股蓝总苷对辐射致小鼠氧化损伤的保护作用及机制研究 [J]. 中南药学, 2018, 16 (7): 935-938.

【临床参考文献】

[1] 王俊棠, 刘修芹, 李刚, 等. 绞股蓝治疗糖尿病和高血压病临床观察 [J]. 中西医结合实用临床急救, 1998, 5 (6): 18-19.

[2] 王俊棠, 李刚, 王永芳, 等. 绞股蓝治疗高血压病的临床观察 [J]. 山东医药工业, 1999, 18 (1): 53-54.

[3] 黄朝. 舒肝降脂煎治疗脂肪肝的临床观察 [J]. 上海中医药杂志, 2003, 37 (9): 10-11.

[4] 刘少翔, 张秀云, 陈志峰, 等. 绞股蓝治疗放、化疗引起白细胞减少的临床观察 [J]. 中国医药学报, 1992, 7 (2): 37-38.

13. 雪胆属 Hemsleya Cogn. ex F. B. Forbes et Hemsl.

多年生草质藤本，块根膨大。茎及枝纤细；卷须纤细，2歧。叶互生，鸟足状复叶，具小叶5～9枚，稀11枚；具叶柄；小叶边缘具疏锯齿。花小，单性，雌雄异株；二歧聚伞花序，腋生，花序梗纤细，常呈"之"字形曲折。雄花花萼轮状，5深裂，裂片平展或中部以上反折；花冠碗状、辐射状、盘状、陀螺状、灯笼状或伞状，5深裂，花瓣膜质或肉质，基部两侧常具一对不明显腺体；雄蕊5枚，花丝短，分离，花药1室，背着；雌花花萼和花冠与雄花同形，子房棒状圆柱形，花柱3枚，极短，柱头各2裂。果实倒锥形、圆柱形、棒状长椭圆形或球形，通常具9～10条凸起纵棱或下凹细纹，表面具瘤突或近平滑，顶端3瓣裂。种子多数，周围具膜质或薄木质翅或无翅。

约24种，分布于亚洲热带至温带地区，2种分布至印度（东部）和越南（北部）。中国均产，主要分布西南至中南部，法定药用植物8种。华东地区法定药用植物1种。

946. 马铜铃（图946）• Hemsleya graciliflora（Harms）Cogn.（Hemsleya chinensis Cogn. ex Forb. et Hemsl.）

图946 马铜铃　　　　摄影　李华东

【别名】中华雪胆，细花血胆（安徽），细花雪胆、小花雪胆。

【形态】多年生攀援草本。茎、枝均纤细，具纵向棱沟，被疏微毛和细刺毛，后脱落无毛；卷须2歧，被疏微柔毛。鸟足状复叶，通常具小叶7枚；叶柄长3～5cm；小叶长圆状披针形或倒卵状披针形，长

5～10cm，宽 2～3.5cm，先端钝或短渐尖，基部楔形，边缘具锯齿，叶背面沿中脉和侧脉被疏细刺毛，小叶柄长 0.4～0.7cm。二歧聚伞花序，长 5～20cm，密被柔毛；花梗短，丝状；雄花花萼小，裂片三角形，平展；花冠淡黄绿色，平展，裂片倒卵形；雌花花萼和花冠与雄花同形。果实圆筒状倒圆锥形，直径 1～1.2cm，长基部稍弯曲，长 2.5～3.5cm，果柄长约 0.6cm。种子倒卵形，具宽膜质翅。花期 6～9 月，果期 8～11 月。

【生境与分布】生于海拔 500～2400m 的山坡路边、林下或灌丛中。分布于安徽、浙江和江西，另湖北、四川、广东和广西均有分布；越南（北部）也有分布。

【药名与部位】雪胆，块根。

【采集加工】秋末叶黄时采挖，除去泥沙，干燥。

【药材性状】块根扁球形，肥大，直径 5～20～(55) cm。表面棕褐色或灰褐色，密被黄褐色疣状突起，有的有凹陷的茎基痕。质坚实，断面淡黄色或灰白色。气微，味极苦。

【药材炮制】除去杂质，洗净，润透，切厚片，干燥。

【化学成分】块根含三萜皂苷类：齐墩果酸 -28-O-β-D- 吡喃葡萄糖苷（oleanolic acid-28-O-β-D-glucopyranoside）、3-O-β-D- 吡喃葡萄糖醛酸基齐墩果酸 -28-O-α-L- 阿拉伯糖苷（3-O-β-D-glucuropyranosyl oleanolic acid-28-O-α-L-arabinopyranoside）、3-O-(6'- 丁酯)-β-D- 吡喃葡萄糖醛酸基齐墩果酸 -28-O-β-D- 吡喃葡萄糖苷［3-O-(6'-butylester)-β-D-glucuropyranosyl oleanolic acid-28-O-β-D-glucopyranoside］、3-O-β-D- 吡喃葡萄糖醛酸基齐墩果酸 -28-O-β-D- 吡喃葡萄糖苷（3-O-β-D-glucuropyranosyl oleanolic acid-28-O-β-D-glucopyranoside）、3-O-(6'- 甲酯)-β-D- 吡喃葡萄糖醛酸基齐墩果酸 -28-O-β-D- 吡喃葡萄糖苷［3-O-(6'-methylester)-β-D-glucuropyranosyl oleanolic acid-28-O-β-D-glucopyranoside］、3-O-β-D- 吡喃葡萄糖醛酸基齐墩果酸 -28-O-β-D- 吡喃甘露糖苷（3-O-β-D-glucuropyranosyl oleanolic acid-28-O-β-D-mannopyranoside）[1]、3-O-β-D- 吡喃葡萄糖醛酸基齐墩果酸（3-O-β-D-glucuropyranosyl oleanolic acid）、3-O-β-D- 吡喃葡萄糖基齐墩果酸 -28-O-β-D- 吡喃葡萄糖苷（3-O-β-D-glucopyranosyl oleanolic acid-28-O-β-D-glucopyranoside）、3-O-(6'- 甲酯)-β-D- 吡喃葡萄糖醛酸基齐墩果酸 -28-O-α-L- 阿拉伯糖苷［3-O-(6'-methylester)-β-D-glucuropyranosyl oleanolic acid-28-O-α-L-arabinopyranoside］、3-O-(6'- 甲酯)-β-D- 吡喃葡萄糖醛酸基齐墩果酸 -28-O-β-D- 吡喃甘露糖苷［3-O-(6'-methylester)-β-D-glucuropyranosyl oleanolic acid-28-O-β-D-mannupyranoside］、3-O-(6'- 乙酯)-β-D- 吡喃葡萄糖醛酸基齐墩果酸 -28-O-β-D- 吡喃葡萄糖苷［3-O-(6'-ethyl ester)-β-D-glucuropyranosyl oleanolic acid-28-O-β-D-glucopyranoside］、3-O-α-L- 吡喃阿拉伯糖基 -(1→3)-β-D- 吡喃葡萄糖醛酸基齐墩果酸 -28-O-β-D- 吡喃葡萄糖苷［3-O-α-L-arabinopyranosyl-(1→3)-β-D-glucuropyranosyl oleanolic acid-28-O-β-D-glucopyranoside］、3-O-β-D- 吡喃葡萄糖基齐墩果酸 -28-O-β-D- 吡喃葡萄糖基 -(1→6)-β-D- 吡喃葡萄糖苷［3-O-β-D-glucuropyranosyl oleanolic acid-28-O-β-D-glucopyranosyl-(1→6)-β-D-glucopyranoside］[2]，中华雪胆苷*A、B、C（xuedanglycoside A、B、C）、雪胆素 A-2-O-β-D- 吡喃葡萄糖苷（hemslecin A-2-O-β-D-glucopyranoside）、雪胆乙素苷（hemsamabilinin B）、雪胆皂苷 A（hemslonin A）、雪胆素甲（hemslecin A）、雪胆素乙（hemslecin B）[3]、葫芦素 F-25- 乙酸酯（cucurbitacin F-25-acetate）、雪胆甲素，即 23,24- 双氢葫芦苦素 F-25-O- 乙酸酯（23,24-dihydrocucurbitacin F-25-O-acetate）、雪胆乙素，即双氢葫芦苦素 F（dihydrocucurbitacin F）、葫芦素 F（cucurbitacin F）[4]、雪胆皂苷 Ma_4、Ma_5（hemsloside Ma_4、Ma_5）[5]、二氢葫芦素 F-25-O- 乙酸酯 -2-O-β- 葡萄糖苷（dihydrocucurbitacin F-25-O-acetate-2-O-β-glucoside）、β- 葡萄糖基齐墩果酸酯（β-glucosyl oleanolate）、竹节参皂苷 IVa、V（chikusetsusaponin IVa、V）、雪胆皂苷 Ma_1、Ma_3、H_1、G_1、G_2（hemsloside Ma_1、Ma_3、H_1、G_1、G_2）[1] 和葫芦素 Ia（cucurbitacin Ia）[6]；二萜苷类：13ε- 羟基半日花 -8(17),14- 二烯 -18- 酸 -18-O-α-L- 吡喃鼠李糖基 -(1→2)-O-β-D- 吡喃葡萄糖基 -(1→4)-O-α-L- 吡喃鼠李糖苷［13ε-hydroxylabda-8(17),14-dien-18-oic acid-18-O-α-L-rhamnopyranosyl-(1→2)-β-D-glucopyranosyl-(1→4)-O-α-L-rhamnopyranoside］[5]。

果实含三萜皂苷类：竹节参苷 IVa、V（chikusetsusaponin IVa、V）、雪胆皂苷 Ma_1、Ma_3（hemsloside Ma_1、Ma_3）、齐墩果酸-28-O-β-D-葡萄糖酯苷（oleanolic acid-28-O-β-D-glucosyl ester）、齐墩果酸（oleanolic acid）[7]，雪胆甲素，即 23,24-双氢葫芦苦素 F-25-O-乙酸酯（23,24-dihydrocucurbitacin F-25-O-acetate）、雪胆乙素，即双氢葫芦苦素 F（dihydrocucurbitacin F）和葫芦素 F-25-O-乙酸酯（cucurbitacin F-25-O-acetate）[8]；甾体类：β-谷甾醇（β-sitosterol）、胡萝卜苷（daucosterol）和 β-谷甾醇-3-O-（6′-O-棕榈酰基）-β-D-葡萄糖苷［sitosteryl-3-O-（6′-O-palmitoyl）-β-D-glucosisde］[8]；脂肪酸类：棕榈酸（palmitic acid）[8]；烷醇类：十八碳烷醇（octadecanol）和十六碳烷醇（hexadecanol）[8]。

【药理作用】 抗动脉粥样硬化　块根总皂苷可升高动脉粥样硬化模型兔血清高密度脂蛋白胆固醇（HDL-C）、载脂蛋白 AI（ApoAI）、超氧化物歧化酶（SOD）、谷胱甘肽过氧化物酶（GSH-Px）、一氧化氮（NO）、6 酮前列腺素 F1α（6-keto-PGF1α）的含量，降低甘油三酯（TG）、总胆固醇（TC）、低密度脂蛋白胆固醇（LDL-C）、载脂蛋白 B（ApoB）、内皮素（ET）、血栓素 B_2（TXB_2）、肿瘤坏死因子-α（TNF-α）、C 反应蛋白（CRP）、白细胞介素-6（IL-6）和白细胞介素-8（IL-8）的含量；块根总皂苷高、中剂量组能明显降低动脉粥样硬化模型兔的全血黏度（高切和低切）、红细胞聚集指数和主动脉脂质面积百分比，明显改善血管内膜管壁脂质沉积、管壁增厚及管腔狭窄程度[1]。

【性味与归经】 苦，寒。归胃、大肠经。

【功能与主治】 清热解毒，止泻止痢。用于肺热咳嗽，咽喉肿痛，湿热泻痢。

【用法与用量】 煎服 1～2g；研末服 0.6～0.9g。

【药用标准】 湖北药材 2009 和贵州药材 2003。

【附注】 药材雪胆脾胃虚寒的心脏病患者慎服。

同属植物曲莲 Hemsleya amabilis Diels、短柄雪胆 Hemsleya delavayi（Gagnep.）C. Jeffrey（Hemsleya brevipetiolata Hand.）、长果雪胆 Hemsleya dolichocarpa W. J. Chang、巨花雪胆 Hemsleya gigantha W. G. Chang、罗锅底 Hemsleya macrosperma C. Y. Wu ex C. Y. Wu et C. L. Chen、峨眉雪胆 Hemsleya omeiensis L. T. Shen et W. G. Chang 及蛇莲 Hemsleya sphaerocarpa Kuang et A. M. Lu 的块根在四川、贵州、云南和湖北等地作雪胆药用。

【化学参考文献】

[1] 徐金中，王贤亲，黄可新，等. 中华雪胆中的三萜皂苷类化学成分研究［J］. 中国药学杂志，2008，43（23）：1770-1773.

[2] 徐金中，董建勇，叶筱琴，等. 中华雪胆皂苷类化学成分研究［J］. 中国中药杂志，2009，34（3）：291-293.

[3] Li Z J，Chen J C，Sun Y，et al. Three new triterpene saponins from Hemsleya chinensis［J］. Helv Chim Acta，2009，29：1853-1859.

[4] 孟宪君，陈耀祖，聂瑞麟，等. 细花雪胆中的新成分——新葫芦素［J］. 药学学报，1985，20（6）：446-449.

[5] Song N L，Li Z J，Chen J C，et al. Two new penterpenoid saponins and a new diterpenoid glycoside from Hemsleya chinensis［J］. Phytochem Lett，2015，13：103-107.

[6] Kasai R，Tanaka T，Nie R L，et al. Saponins from Chinese medicinal plant，Hemsleya graciliflora（Cucurbitaceae）［J］ Chem Pharm Bull，1990，38（5）：1320-1322.

[7] 林晓琴. 小花雪胆皂甙类成分的研究［J］. 中草药，1997，28（3）：136-138.

[8] 林晓琴，施亚琴，杨培全，等. 小花雪胆化学成分的研究［J］. 中国中药杂志，1997，22（6）：357-358.

【药理参考文献】

[1] 杨雪，胡荣，黄文涛，等. 雪胆总皂苷抗家兔动脉粥样硬化作用的实验研究［J］. 中草药，2016，47（5）：788-793.

一二〇　桔梗科 Campanulaceae

一年生或多年生草本，具根茎或具茎基。稀为灌木、小乔木或草质藤本，常有乳汁。单叶互生，少对生或轮生，无托叶。花单生或成聚伞花序，有时演变为假总状、圆锥状花序，或缩成头状花序；花两性，辐射对称或两侧对称。花萼5裂，筒部与子房贴生，常宿存；花冠多钟状、少辐射状、管状或二唇状，裂片在蕾中常呈镊合状排列；雄蕊5枚，与花冠裂片互生，通常着生于花盘的边缘，稀着生在花冠管上，花丝基部常扩大成片状，无毛或边缘密生绒毛；花药内向，分离或合成管状，纵裂。雌蕊常由2～5枚心皮合生，子房下位或半下位，2～5室，常3室，各有多数倒生胚珠；花柱单一，圆柱状，柱头2～5裂，下方常有毛。果实常为蒴果，稀浆果。种子多数，有肉质胚乳，扁平，或三角状，有时具翅。

约86属，2300余种；世界广布，主产温带、亚热带；热带分布较少；中国16属，约160种，其中党参和沙参属主产我国，法定药用植物7属，23种2变种1亚种。华东地区法定药用植5属，8种。

桔梗科法定药用植物主要含皂苷类、生物碱类、聚炔类、黄酮类、倍半萜类、苯丙素类、木脂素类、香豆素类等成分。皂苷类多为三萜皂苷，包括齐墩果烷型、羽扇豆烷型等，如无羁萜（friedelin）、轮叶党参皂苷Ⅰ、Ⅱ、Ⅲ（codonolaside Ⅰ、Ⅱ、Ⅲ）、β-香树脂醇乙酸酯（β-amyrin acetate）、桔梗皂苷D（platycodin D）、桔梗酸A内酯（platycogenic acid A lactone）、羽扇豆烯酮（lupenone）等；生物碱多存在于半边莲属、党参属，包括哌啶类、吲哚类、吡啶类等构型，如党参碱（codonopsine）、去甲基哈尔明碱（norharman）、山梗菜碱（lobeline）、山梗菜酮碱（lobelanine）等；聚炔类如党参炔苷（lobetyolin）、心叶山梗菜炔苷C（cordifolioidyne C）等；黄酮类包括黄酮、黄酮醇、二氢黄酮、双黄酮等，如芹菜素-7-O-葡萄糖苷（apigenin-7-O-glucoside）、槲皮素-7-O-葡萄糖苷（quercetin-7-O-glucoside）、橙皮苷（hesperidin）、穗花杉双黄酮（amentoflavone）等；倍半萜类如党参倍半萜苷A、B、C（codonopsesquiloside A、B、C）等；苯丙素类如党参苷Ⅰ、Ⅱ、Ⅲ、Ⅳ（tangshenoside Ⅰ、Ⅱ、Ⅲ、Ⅳ）、松柏苷（coniferin）、蓝花参诺苷A、B、C（wahlenoside A、B、C）、白花前胡甲素（praeruptorin A）、咖啡酸-4-O-β-D-吡喃葡萄糖苷（caffeic acid-4-O-β-D-glucopyranoside）等；木脂素类如新木脂素-3'-O-β-D-吡喃葡萄糖苷（neolignan-3'-O-β-D-glucopyranoside）、丁香脂素（syringarsinol）等；香豆素类如异东莨菪内酯（isoscopoletin）、5,7-二甲氧基-8-羟基香豆素（5,7-dimethoxy-8-hydroxycoumarin）等。

半边莲属含生物碱类、聚炔类、黄酮类、香豆素类、皂苷类、木脂素类等成分。生物碱包括吡啶类、哌啶类等，如山梗菜碱（lobeline）、山梗菜酮碱（lobelanine）、去甲基半边莲碱（demethyllobechinenoid）、N-甲基-2,6-二(2-羟基丁基)-Δ^3-哌替啶 [N-methyl-2,6-bis(2-hydroxybutyl)-Δ^3-piperideine] 等；聚炔类如党参炔苷（lobetyolin）、党参炔醇（lobetyol）、山梗菜炔苷（lobetyolin）等；黄酮类包括黄酮、黄酮醇、二氢黄酮、双黄酮等，如香叶木苷（diosmin）、木犀草素-7-O-β-D-葡萄糖苷（luteolin-7-O-β-D-glucoside）、橙皮苷（hesperidin）、槲皮素-3-O-α-L-鼠李糖苷（quercetin-3-O-α-L-rhamnoside）、穗花杉双黄酮（amentoflavone）等；香豆素类如蒿属香豆素（scoparone）、5,7-二甲氧基香豆素（5,7-dimethoxy coumarin）等；皂苷类多为三萜皂苷，如泽泻醇F-24-乙酯（alisol F-24-acetate）、β-香树脂醇（β-amyrin）等；木脂素类如7,8-苏式-4,9,9'-三羟基-3,3'-二甲氧基-8.O.4'-新木脂素（7,8-threo-4,9,9'-trihydroxy-3,3'-dimethoxy-8.O.4'-neolignan）、7,8-赤式-4,9,9'-三羟基-3,3'-二甲氧基-8.O.4'-新木脂素（7,8-erythro-4,9,9'-trihydroxy-3,3'-dimethoxy-8.O.4'-neolignan）等。

沙参属含皂苷类、香豆素类等成分。皂苷类多为三萜皂苷，如乙酸羽扇豆醇酯（lupeol acetate）、无羁萜（friedelin）、环木菠萝烯醇乙酸酯（cycloartenol acetate）等；香豆素类如白花前胡甲素（praeruptorin A）等。

党参属含苯丙素类、聚炔类、生物碱类、皂苷类、香豆素类、倍半萜类、黄酮类等成分。苯丙素类如4-O-咖啡酰基奎宁酸（4-O-caffeoylquinic acid）、3-O-咖啡酰基奎宁酸丁酯（butyl 3-O-caffeoyl quinate）、党参苷Ⅰ、Ⅱ、Ⅲ、Ⅳ（tangshenoside Ⅰ、Ⅱ、Ⅲ、Ⅳ）、松柏苷（coniferin）、丁香苷（syringin）等；聚炔类如党参炔苷（lobetyolin）、心叶山梗菜炔苷C（cordifolioidyne C）等；生物碱类如党参吡咯烷鎓B（codonopyrrolidium B）、党参酚碱A、B、C（codonopsinol A、B、C）、党参碱（codonopsine）、去甲基哈尔明碱（norharman）等；皂苷类多为三萜皂苷，如无羁萜（friedelin）、轮叶党参皂苷Ⅰ、Ⅱ、Ⅲ（codonolaside Ⅰ、Ⅱ、Ⅲ）、β-香树脂醇乙酸酯（β-amyrin acetate）、党参皂苷D（codopiloic saponin D）、羊奶参苷B（lancemaside B）、羽扇豆醇（lupeol）等；香豆素类如白芷内酯（angelicin）、补骨脂内酯（psoralen）等；倍半萜类如白术内酯Ⅱ、Ⅲ（atractylenolide Ⅱ、Ⅲ）等；黄酮类包括黄酮、黄酮醇、二氢黄酮等，如芹菜素-7-O-葡萄糖苷（apigenin-7-O-glucoside）、鸢尾苷（tectoridin）、橙皮苷（hesperidin）等。

桔梗属含皂苷类、黄酮类、苯丙素类、聚炔类等成分。皂苷为三萜类，多为齐墩果烷型，如桔梗皂苷D（platycodin D）、2-O-甲基桔梗苷酸A甲酯（methyl 2-O-methyl platyconate A）、桔梗酸A内酯（platycogenic acid A lactone）等；黄酮类包括黄酮、黄酮醇、二氢黄酮醇等，如花旗松素（taxifolin）、木犀草素 7-O-葡萄糖苷（luteolin-7-O-glucoside）、槲皮素-7-O-葡萄糖苷（quercetin-7-O-glycoside）等；苯丙素类如绿原酸甲酯（methyl chlorogenate）、4-O-咖啡酰基奎宁酸（4-O-caffeoylquinic acid）等；聚炔类如党参炔苷（lobetyolin）、心叶党参炔苷C（cordifolioidyne C）等。

分属检索表

1. 花冠两侧对称，雄蕊合生···1. 半边莲属 *Lobelia*
1. 花冠辐射对称，雄蕊离生。
 2. 蒴果基部3孔裂···2. 沙参属 *Adenophora*
 2. 蒴果顶端瓣裂。
  3. 柱头裂片宽，卵形或长圆形；花萼裂片与花冠有时不着生在同一位置上，隔开一段距离；花多为单生；茎直立、蔓生或缠绕···3. 党参属 *Codonopsis*
  3. 柱头裂片窄，条形；花萼裂片与花冠着生在同一位置上；花通常集成聚伞花序或疏散的圆锥花序；茎直立或上升。
   4. 蒴果的瓣裂与宿存的花萼裂片对生；子房和蒴果5室；高大草本；叶轮生或对生，稀互生···4. 桔梗属 *Platycodon*
   4. 蒴果瓣裂与花萼裂片互生；子房和蒴果2~5室（国产种2~3室）；小草本；叶互生···5. 蓝花参属 *Wahlenbergia*

1. 半边莲属 *Lobelia* Linn.

多年生草本，矮小，在热带可呈亚灌木状，直立或匍匐伏。叶互生，边缘有细齿，稀无齿，排成两行或螺旋状排列。花腋生，有柄，单生或成总状花序或圆锥花序；花两性，稀单性；花萼5裂，果期宿存；花冠两侧对称，钟状，二唇形，5裂，上唇2裂较深，下唇3裂较浅，裂片偏向一侧；雄蕊5枚，花丝基部分离，花药彼此联合，围抱柱头，下方两花药的顶端有丛毛；子房下位或半下位，2室，中轴胎座，胚珠多数，柱头2裂，授粉面上生柔毛。蒴果成熟后顶端2瓣裂；种子细小，多数，扁椭圆形。

410余种，分布于热带和亚热带地区，特别是非洲和美洲，少数种分布至温带。中国23种，分布于长江以南各地，法定药用植物4种。华东地区法定药用植物1种。

947. 半边莲（图947）• *Lobelia chinensis* Lour.（*Lobelia radicans* Thunb.）

【别名】急解索，细米草，瓜仁草，半边菊（福建福州），蛇舌草（福建浦城、泉州），蛇共眠（安

图 947　半边莲　　　　　　　　　　　　　　　　　摄影　张芬耀等

徽）、华山梗菜（江苏）。

【形态】多年生矮小草本。茎细弱，匍匐，节上生根，分枝直立，高 6～15cm，无毛。叶互生，长圆状披针形或条形，长 10～20mm，宽 3～7mm，顶端急尖，基部圆或宽楔形，边缘有波状小齿或近无齿，无柄或近无柄。花单生分枝的上部叶腋，花梗超出叶外，长 1.2～2.5（3.5）cm，基部有长约 1mm 的小苞片 2 枚、1 枚或无；萼筒长管形，基部狭窄成柄，裂片披针形；花冠白色或红紫色，无毛或内部略带细短柔毛，5 裂，裂片近相等，偏向一侧，呈一个平面，2 侧裂片披针形，较长，中间 3 枚裂片椭圆状披针形，较短。花药合生，下面 2 枚花药顶端有毛。蒴果倒锥状。种子椭圆状，稍压扁，近肉色。花果期 4～10 月。

【生境与分布】生于路边、山坡、田边、河边潮湿处。分布于华东各地，另河南、湖北、湖南、广东、海南、广西、贵州、云南、四川均有分布；印度以东的亚洲各国也有分布。

【药名与部位】半边莲，全草。

【采集加工】夏、秋二季采收，除去泥沙，洗净，干燥。

【药材性状】常缠结成团。根茎极短，直径 1～2mm；表面淡棕黄色，平滑或有细纵纹。根细小，黄色，侧生纤细须根。茎细长，有分枝，灰绿色，节明显，有的可见附生的细根。叶互生，无柄，叶片多皱缩，绿褐色，展平后叶片呈狭披针形，长 10～23mm，宽 2～6mm，边缘具疏而浅的齿或全缘。花梗细长，花小，单生于叶腋，花冠基部筒状，上部 5 裂，偏向一边，浅紫红色，花冠筒内有白色茸毛。气微特异，味微甘而辛。

【药材炮制】除去杂质，抢水洗净，切段，干燥。

【化学成分】全草含黄酮类：5-羟基-4′-甲氧基黄酮-7-O-芸香糖苷（5-hydroxy-4′-methoxyflavone-7-O-rutinoside）[1]，香叶木素（diosmetin）[1-3]，金圣草黄素（chrysoeriol）、木犀草素-7-O-β-D-葡萄糖苷（luteolin-7-O-β-D-glucoside）、芹菜素-7-O-β-D-葡萄糖苷（apigenin-7-O-β-D-glucoside）、蒙花苷（linarin）、

香叶木苷（diosmin）[2,3]，芹菜素（apigenin）、木犀草素（luteolin）、橙皮苷（hesperidin）[2-4]，槲皮素（quercetin）、芦丁（rutin）、槲皮素-3-O-α-L-鼠李糖苷（quercetin-3-O-α-L-rhamnoside）、槲皮素-7-O-α-L-鼠李糖苷（quercetin-7-O-α-L-rhamnoside）、槲皮素-3-O-β-D-葡萄糖苷（quercetin-3-O-β-D-glucoside）、穗花杉双黄酮（amentoflavone）、柚皮素（naringenin）、橙皮素（hesperetin）和泽兰黄酮（eupafolin）[4]；香豆素类：5,7-二甲氧基香豆素（5,7-dimethoxycoumarin）、异东莨菪内酯（isoscopoletin）[1,4]，5,7-二甲氧基-8-羟基香豆素（5,7-dimethoxy-8-hydroxycoumarin）[2]和滨蒿内酯（scoparone）[4]；酚苷类：水杨苷（salicin）[5]；三萜类：β-香树脂醇（β-amyrin）、环桉烯醇（cycloeucalenol）、24-亚甲基环木波罗醇（24-methylenecycloartanol）[5]和泽泻醇F-24-乙酯（alisol F-24-acetate）[6]；二萜类：植物烯醛（phytenal）和植物醇（phytol）[5]；烷烃苷类：正丁基-β-D-吡喃果糖苷（n-butyl-β-D-fructopyranoside）[1,5]，正丁基-β-D-呋喃果糖苷（n-butyl-β-D-fructofuranoside）、正丁基-α-D-呋喃果糖苷（n-butyl-α-D-fructofuranoside）和正丁基-α-D-吡喃果糖苷（n-butyl-α-D-fructopyranoside）[5]；甾体类：β-谷甾醇（β-sitosterol）和胡萝卜苷（daucosterol）[2]；呋喃类：两面刺呋喃醛（cirsiumaldehyde），即5,5′-（氧联二亚甲基）-二-2-呋喃醛[5,5′-(oxydimethylene)-di-2-furaldehyde]和5-羟甲基-2-呋喃甲醛（5-hydroxymethyl-2-furancarboxaldehyde）[1]；其他尚含：5-羟甲基糠醛（5-hydroxymethylfuraldehyde）[5]；多炔类：山梗菜炔苷（lobetyolin）、山梗菜炔苷宁（lobetyolinin）[7]，山梗菜炔醇（lobetyol）和异山梗菜炔醇（isolobetyol）[8]；生物碱类：8,10-二乙基半边莲碱二酮（8,10-diethyllobelidione）、8,10-二乙基半边莲碱酮醇（8,10-diethyllobelionol）、8,10-二乙基半边莲碱二醇（8,10-diethyllobelidiol）、8,10-二乙基半边莲碱酮醇（8,10-dietheyllobelionol）、8-乙基-10-丙基半边莲碱酮醇（8-ethyl-10-propyllobelionol）、去甲基半边莲碱葡萄糖苷（demethyllobechinenoid glucoside）、8-丙基-10-乙基半边莲碱酮醇（8-propyl-10-ethyllobelionol）、8-乙基-10-丙基半边莲碱酮醇（8-ethyl-10-propyllobelionol）、半边莲碱葡萄糖苷（lobechinenoid glucoside）、去甲基半边莲碱（demethyllobechinenoid）[7]，半边莲啶A、B、C（lobechidine A、B、C）[7,8]，N-甲基-2,6-二(2-羟基丁基)-Δ^3-哌替啶[N-methyl-2,6-bis(2-hydroxybutyl)-Δ^3-piperideine]、N-甲基-2-(2-氧代丁基)-6-(2-羟基丁基)-Δ^3-哌替啶[N-methyl-2-(2-oxobutyl)-6-(2-hydroxybutyl)-Δ^3-piperideine]、N-甲基-2-(2-羟基丙基)-6-(2-羟基丁基)-Δ^3-哌替啶[N-methyl-2-(2-hydroxypropyl)-6-(2-hydroxybutyl)-Δ^3-piperideine]、雀舌木尼啶*（andrachcinidine）[8]，半边莲胺A、B（radicamine A、B）[9]，新山梗菜碱A、B（lobeline A、B）[10]和半边莲素*（lobechine）[11]；木脂素类：7,8-苏式-4,9,9′-三羟基-3,3′-二甲氧基-8.O.4′-新木脂素（7,8-threo-4,9,9′-trihydroxy-3,3′-dimethoxy-8.O.4′-neolignan）和7,8-赤式-4,9,9′-三羟基-3,3′-二甲氧基-8.O.4′-新木脂素（7,8-erythro-4,9,9′-trihydroxy-3,3′-dimethoxy-8.O.4′-neolignan）[8]；核苷类：腺苷（adenosine）[5]；二元酸酯类：4-乙基-2-羟基丁二酸酯（4-ethyl-2-hydroxysuccinate）[8]；多糖类：半边莲多糖-1（BP1）[12]。

地上部分含生物碱类：半边莲木脂素碱*A、B、C、D（lobechinenoid A、B、C、D）[13]。

【药理作用】1.抗病毒 从全草分离的化合物半边莲素*（lobechine）可显著抑制HSV-1的复制[1]。2.抗炎 从全草分离的滨蒿内酯（scoparone）可显着抑制超氧化物，半数抑制浓度（IC_{50}）为（6.14±1.97）μmol/L，半边莲素对弹性蛋白酶释放的抑制作用适中，半数抑制浓度为（25.01±6.95）μmol/L[1]。3.免疫调节 从全草分离的葡聚糖可促进小鼠RAW264.7巨噬细胞的增殖、吞噬作用，促进一氧化氮（NO）的产生和细胞因子的分泌，且呈剂量依赖性[2]。4.抗肿瘤 全草的水提取物可显著增加二甲肼所致的结肠癌模型大鼠结肠隐窝中凋亡细胞数，显著降低ACF值[3]；全草的水提取液可减少肝癌H22荷瘤小鼠瘤质量，P27表达增强，凋亡抑制基因（survivin）表达减弱[4]，对小鼠右腋下皮下肿瘤所致的实体瘤具有抑制作用，减弱C-erbB-2表达，增强P53表达[5]；全草的生物碱粗提物对骨髓瘤U266细胞有明显的抑制作用[6]，对白血病HL-60、Molt4、K562、HEL细胞具有抑制作用，且呈现浓度依赖性[7]；全草乙醇回流正丁醇萃取部位中分离的新山梗菜碱A、B（lobeline A、B）对HeLa细胞具有抑制作用[8]。5.抗高血压 从全草提取的生物碱可显著改善肺动脉高压（PAH）大鼠肺小动脉重构，降低血浆ET-1水平及肺组织ET_A的表达[9]，可显著降低野百合碱所致肺动脉高压模型大鼠RVH1和RVM1，以及肺小动脉管壁厚度，使管腔内径扩大[10]，显著降低两肾一夹2KIC肾性高血压大鼠血浆肾素活性，显著降低模型组中膜厚度、中膜厚度/血管内径、中膜面积和腹主动脉胶原含量[11]，显著降低内皮素1 mRNA表达，内皮素合成和血浆内皮素含量[12]。6.护血管内皮细胞 从全草提取的生物碱可显著降低人血管内皮ECV304细胞纤溶酶原激活物抑制物-1（PAI-1）的含量，显著升高细胞培养上清中组织纤溶酶原激活物（t-PA）含量，且呈剂量依赖性[13]。7.抗心肌缺血 全草提取物可显著降低缺血再灌注损伤诱导的离体心肌梗死面积，减轻大鼠心肌组织结构紊乱，心肌细胞片状坏死，抑制模型大鼠乳酸脱氢酶（LDH）、白细胞介素-6（IL-6）活性及丙二醛（MDA）含量的升高[14]。

【性味与归经】辛，平。归心、小肠、肺经。

【功能与主治】利尿消肿，清热解毒。用于大腹水肿，面足浮肿，痈肿疔疮，蛇虫咬伤；晚期血吸虫病腹水。

【用法与用量】9～15g。

【药用标准】药典1963—2015、浙江炮规2015和新疆药品1980二册。

【临床参考】1.急性上呼吸道感染：半边莲口服液（全草，加半枝莲、白花蛇舌草、栀子、生地黄、甘草制成）口服，1天3次，每次10ml[1]。

2.小儿夏季热：全草研末50g，代茶饮[2]。

3.小儿高热：鲜全草30～40g，洗净捣烂，用冷开水淘米的水200～300ml浸泡15～20min后频服[3]。

4.跌打瘀痛：鲜全草适量，捣烂外敷。

5.晚期血吸虫病腹水：全草30g，加当归、车前子、党参各12g，丹参9g，槟榔6g，水煎服。

6.肾炎：全草15～30g，水煎服。

7.乳腺炎、疮疖初起、漆疮发痒或流水不愈、稻田皮炎、毒虫咬伤：鲜全草适量，洗净，捣烂绞汁，涂患处；另取汁1小杯，开水冲服。（4方至7方引自《浙江药用植物志》）

【附注】半边莲始载于《滇南本草》，云："半边莲，生水边湿处，软枝绿叶，开水红小莲花半朵。"《本草纲目》云："半边莲，小草也，生阴湿塍堑边。就地细梗引蔓，节节而生细叶。秋开小花，淡紫红色，止有半边，如莲花状。"《植物名实图考》云："其花如马兰，只有半边。"上述描述并参考《本草纲目》及《植物名实图考》附图，即为本种。

药材半边莲虚证水肿者禁服。据《浙江药用植物志》载，若服用过量，可引起流涎、恶心、头痛、腹痛或腹泻、血压增高、脉搏先缓后急，严重者痉挛，瞳孔散大，最后可出现呼吸中枢麻痹。

【化学参考文献】

[1] 韩景兰，张凤岭，李志宏，等.半边莲化学成分的研究[J].中国中药杂志，2009，34（17）：2200-2202.

[2] 姜艳艳，石任兵，刘斌，等.半边莲药效物质基础研究[J].中国中药杂志，2009，34（3）：294-297.

[3] 姜艳艳，石任兵，刘斌，等.半边莲中黄酮类化学成分研究[J].北京中医药大学学报，2009，32（1）：59-61.

[4] 王培培，罗俊，杨鸣华，半边莲的化学成分研究[J].中草药，2013，44（7）：794-797.

[5] 邓可众，熊英，高文远，等.半边莲的化学成分研究[J].中草药，2009，40（8）：1198-1201.

[6] Wang X B, Kong L Y. Alisol F 24-acetate: (24R)-24-acetoxy-11β, 25-dihydroxy-16β, 23β-epoxyprotost-13 (17) -en-3-one [J]. Acta Crystallograph, Sect E: Struct Report Online, 2007, 63（10）: 4110.

[7] Wang H X, Li Y Y, Huang Y Q, et al. Chemical profiling of Lobelia chinensis with high-performance liquid chromatography/quadrupole time-of-flight mass spectrometry (HPLC/Q-TOF MS) reveals absence of lobeline in the herb [J]. Molecules, 2018, 23（12）: 3258/1-3258/13.

[8] Yang S, Shen T, Zhao L J, et al. Chemical constituents of Lobelia chinensis [J]. Fitoterapia, 2014, 93: 168-174.

[9] Shibano M, Tsukamoto D, Masuda A, et al. Two new pyrrolidine alkaloids, radicamines A and B, as inhibitors of α-glucosidase from Lobelia chinensis Lour. [J] Chem Pharm Bull, 2001, 49（10）: 1362-1365.

[10] 孙尧，张皓，孙佳明，等.半边莲生物碱类物质鉴定及对HeLa细胞抑制作用研究[J].吉林中医药，2018，38（9）：1078-1081.

[11] Kuo P C, Hwang T L, Lin Y T, et al. Chemical constituents from *Lobelia chinensis* and their anti-virus and anti-inflammatory bioactivities [J]. Archives of Pharmacal Research, 2011, 34 (5): 715-722.

[12] Li X J, Bao W R, Leung C H, et al. Chemical structure and immunomodulating activities of an α-glucan purified from *Lobelia chinensis* Lour. [J]. Molecules, 2016, 21 (6): 779/1-779/16.

[13] Yang S, Li C, Wang S Q, et al. Chiral separation of two diastereomeric pairs of enantiomers of novel alkaloid-lignan hybrids from *Lobelia chinensis* and determination of the tentative absolute configuration [J]. J Chromatogr A, 2013, 1311: 134-139.

【药理参考文献】

[1] Kuo P C, Hwang T L, Lin Y T, et al. Chemical constituents from *Lobelia chinensis* and their anti-virus and anti-inflammatory bioactivities [J]. Archives of Pharmacal Research, 2011, 34 (5): 715-722.

[2] Li X J, Bao W R, Leung C H, et al. Chemical structure and immunomodulating activities of an α-glucan purified from *Lobelia chinensis* Lour [J]. Molecules, 2016, 21 (6): 779-785.

[3] Han S R, Lv X Y, Wang Y M, et al. A study on the effect of aqueous extract of *Lobelia chinensis* on colon precancerous lesions in rats [J]. African Journal of Traditional, Complementary and Alternative Medicines, 2013, 10 (6): 422-425.

[4] 刘晓宇, 张红. 半边莲煎剂对肝癌 H22 荷瘤小鼠的抑瘤作用及对 P27 和 Survivin 表达的影响 [J]. 中国药物与临床, 2009, 9 (10): 944-946.

[5] 邵金华, 张红. 半边莲煎剂对小鼠 H22 肝癌荷瘤细胞系 C-erbB-2 和 P53 表达的影响 [J]. 中国临床药学杂志, 2010, 19 (6): 372-375.

[6] 何珊, 吴国欣. 半边莲生物碱粗提物对骨髓瘤细胞 U266 的影响 [J]. 海峡药学, 2012, 24 (9): 237-239.

[7] 何珊. 半边莲生物碱对白血病细胞抑制作用的初步研究 [D]. 福州: 福建师范大学硕士学位论文, 2013.

[8] 孙尧, 张皓, 孙佳明, 等. 半边莲生物碱类物质鉴定及对 HeLa 细胞抑制作用研究 [J]. 吉林中医药, 2018, 38 (9): 1078-1081.

[9] 刘慧敏, 刘邓, 李晓宇, 等. 半边莲生物碱对肺动脉高压大鼠 ET-1 信号通路的影响 [J]. 山东大学学报（医学版）, 2015, 53 (8): 1-4.

[10] 刘慧敏, 刘邓. 半边莲生物碱对肺动脉高压模型大鼠肺血管重构的影响 [J]. 山东中医杂志, 2014, 33 (9): 756-758.

[11] 张晓玲, 薛冰, 李莉, 等. 半边莲生物碱缓解肾性高血压大鼠的血管重塑 [J]. 中国病理生理杂志, 2008, 24 (6): 1074-1077.

[12] 张晓玲, 薛冰, 李莉, 等. 半边莲生物碱抑制肾性高血压大鼠内皮素 1 mRNA 和蛋白表达 [J]. 中国动脉硬化杂志, 2007, 15 (1): 11-14.

[13] 范秀珍, 王婧婧, 任冬梅, 等. 半边莲生物碱对内皮素诱导损伤的人血管内皮细胞纤溶系统的影响 [J]. 山东大学学报（医学版）, 2005, 43 (10): 898-901.

[14] 张凯. 半边莲提取物 LOB 抗心肌缺血再灌注作用及机制研究 [D]. 长沙: 中南大学博士学位论文, 2013.

【临床参考文献】

[1] 宋青坡, 熊秀峰, 黑卫可, 等. 半边莲口服液治疗急性上呼吸道感染 75 例 [J]. 中医研究, 2015, 28 (7): 22-24.

[2] 彭喧. 半边莲治小儿夏季热 1000 例经验 [J]. 江西中医药, 1995, 26 (1): 62.

[3] 杨昌英. 单味半边莲治疗小儿高热 [J]. 中国民族民间医药杂志, 1998, (4): 21-22.

2. 沙参属 *Adenophora* Fisch.

多年生草本。根圆柱形或圆锥形，有时分叉。茎直立，有毛或无毛。叶通常互生，稀轮生。聚伞花序成疏散的假总状或圆锥状；花蓝色、蓝紫色或白色，花萼钟状，与子房贴合，有毛或无毛，5 裂；花冠钟状、漏斗状或近筒状，5 浅裂，裂片顶端尖；雄蕊 5 枚，花丝基部膨大，有软毛，彼此几近相连，围于花盘外，花药细长，花盘近管状或圆锥形，围于花柱基部；花柱细长有短柔毛，柱头膨大，顶端 3 裂，裂片狭长而卷曲，子房下位，3 室，胚珠多数。蒴果在基部 3 孔裂。种子椭圆形，有 1 条窄棱或带翅的棱。

约 62 种，主要分布于亚洲东部，尤其是中国东部，其次为朝鲜半岛、日本、蒙古国及俄罗斯远东地区，欧洲仅 1 种；中国约 40 种，分布南北各地，法定药用植物 8 种 2 变种。华东地区法定药用植物 3 种。

分种检索表

1. 茎生叶和花序分枝互生；花柱与花冠等长或稍伸出。
   2. 下部茎生叶具柄；萼筒常球状··中华沙参 A. sinensis
   2. 茎生叶无柄或近无柄；萼筒倒卵形··沙参 A. stricta
1. 茎生叶和花序分枝轮生；花柱明显伸出花冠··轮叶沙参 A. tetraphylla

948. 中华沙参（图 948）• *Adenophora sinensis* A. DC.

图 948　中华沙参　　　　　　　　摄影　李华东等

【形态】多年生草本，茎单生或数支发自一条茎基上，不分枝，高可达 1m，无毛或疏生糙毛。基生叶卵圆形，基部圆钝，并向叶柄下延；茎生叶互生，下部的具长至 2.5cm 的叶柄，上部的无柄或具短柄，叶片长椭圆形至狭披针形，长 3～8cm，宽 0.5～2cm，边缘具细锯齿，两面无毛。花序常有纤细的分枝，组成窄圆锥花序。花梗纤细，长可达 3cm；花萼通常无毛，少数疏生粒状毛，常球状，稀球状倒卵形，裂片条状披针形，长 5～7mm，宽约 1mm；花冠钟状，紫色或紫蓝色，长 13～15mm；花盘短筒状，长 1～1.5mm；花柱超出花冠 2～4mm。蒴果椭圆状球形或圆球状，长 6～7mm。种子椭圆状，有一条狭翅状棱，长 1.8mm。

花果期 8～10 月。

【生境与分布】生于海拔 1200m 以下的河边草丛或灌丛中。分布于安徽南部、浙江西南部、江西东北部、福建西部，另广东北部及湖南南部也有分布。

【药名与部位】泡参（南沙参），根。

【采集加工】春、秋二季采挖，除去须根，洗后趁鲜刮去粗皮，洗净，干燥。

【性味与归经】甘，微寒。归肺、胃经。

【功能与主治】养阴益气，清肺化痰。用于肺热燥咳，阴虚劳嗽，干咳痰黏，气阴不足，烦热口干。

【用法与用量】9～15g。

【药用标准】贵州药材 2003。

【附注】药材泡参（南沙参）不宜与藜芦同用。

949. 沙参（图 949）• *Adenophora stricta* Miq.（*Adenophora axilliflora* Borb.）

图 949　沙参　　　　　　　　摄影　李华东等

【别名】杏叶沙参（江苏），鲜沙参（江苏镇江、南通）。

【形态】多年生草本。根圆锥形，长达 30cm。茎不分枝，高 50～90cm，常被长柔毛，稀无毛。茎生叶互生，无柄或近无柄，叶片卵形、狭卵形、菱状狭卵形、长圆状狭卵形至条状披针形，长 3～8cm，宽 1～4cm，顶端渐尖或急尖，基部宽楔形或楔形，边缘有不整齐的锯齿，表面无毛，背面沿脉疏生短毛。总状花序狭长，下部稍有分枝，有疏或稍密的短毛；花萼有短毛或无，萼筒倒卵状，裂片 5 枚，狭披针形，长 6～8mm，宽 1～1.5mm，5 浅裂；花冠紫蓝色，钟状，长 1.5～1.8cm，5 浅裂，雄蕊 5 枚。花丝基部宽，边缘有密柔毛；花盘宽圆筒状，花柱与花冠近等长。蒴果近球形，有毛。种子稍扁，有1条棱。花期9～10月，果期10～11月。

【生境与分布】生于山坡草丛中或岩石缝中。分布于安徽、浙江、江苏、江西及福建，另河南、陕西、湖南、湖北、四川、贵州、广西均有分布；日本也有分布。

【药名与部位】南沙参（空沙参、泡参），根。

【采集加工】春、秋二季采挖，除去须根，洗净，干燥。

【药材性状】呈圆锥形或圆柱形，略弯曲，长7～27cm，直径0.8～3cm。表面黄白色或淡棕黄色，凹陷处常有残留粗皮，上部多有深陷横纹，呈断续的环状，下部有纵纹和纵沟。顶端具1或2个根茎。体轻，质松泡，易折断，断面不平坦，黄白色，多裂隙。气微，味微甘。

【药材炮制】除去根茎，洗净，略润，切厚片，干燥。

【化学成分】根含三萜类：蒲公英萜酮（taraxerone）[1]；甾体类：β-谷甾醇（β-sitosterol）[1]和胡萝卜苷（daucosterol）[1]；脂肪酸类：二十八烷酸（octacosanoic acid）[1]；氨基酸类：天冬氨酸（Asp）、苏氨酸（Thr）、丝氨酸（Ser）、谷氨酸（Glu）、脯氨酸（Pro）、甘氨酸（Gly）、丙氨酸（Ala）、胱氨酸（Cys）、缬氨酸（Val）、异亮氨酸（Ile）、亮氨酸（Leu）、酪氨酸（Tyr）、苯丙氨酸（Phe）、赖氨酸（Lys）、组氨酸（His）、精氨酸（Arg）、γ-氨基丁酸（GABA）和天冬酰胺（Asp）[2]。

【药理作用】抗菌　根的水提醇沉上清液对金黄色葡萄球菌和绿脓杆菌的生长具有抑制作用[1]。

【性味与归经】甘，微寒。归肺、胃经。

【功能与主治】养阴清肺，化痰，益气。用于肺热燥咳，阴虚劳嗽，干咳痰黏，气阴不足，烦热口干。

【用法与用量】9～15g。

【药用标准】药典1963—2015、浙江炮规2005、新疆药品1980二册、贵州药材1965和台湾2013。

【临床参考】1.慢性支气管炎：根20g，加麦冬、白芍各20g，枸杞子、玉竹、生地各15g，川贝母、冬桑叶各10g，桔梗、杏仁、生甘草、炙麻黄各6g，气虚者加党参15g，大便不通者加肉苁蓉20g。每日1剂，水煎取汁200ml，早晚各服100ml，7天1疗程[1]。

2. 寻常型痤疮：根15g，加蒲公英、枇杷叶、生地黄各15g，玉竹、麦冬、天花粉、黄芩、知母各10g，生甘草5g，每日1剂，每次100ml，每日2次分服[2]。

3. 减轻吉非替尼不良反应：根30g，加北沙参、太子参、金银花、金荞麦、芦根、茅根各30g，麦冬、花粉、女贞子、枸杞子、蒲公英、地肤子各15g，桑叶、玉竹各12g，水煎服[3]。

4. 急性支气管炎：根15g，加枇杷叶（去毛）15g，水煎服。

5. 肺热咳嗽无痰：根9g，加桑叶、麦冬各12g，杏仁、贝母、枇杷叶各9g，水煎服。（4方、5方引自《浙江药用植物志》）

【附注】以杏叶沙参之名始载于明代《救荒本草》，云："一名白面根，生密县山野中。苗高一、二尺，茎色青白，叶似杏叶而小，边有叉牙又似山小菜，叶微尖而背白。梢间开五瓣白碗子花，根形如野胡萝卜，颇肥，皮色灰黪，中间白色，味甜，性寒。"即是本种。

药材南沙参风寒咳嗽者禁用，不宜与藜芦同用。

同属植物杏叶沙参 Adenophora petiolata Pax et Hoffm. subsp. *hunanensis*（Nannf.）D. Y. Hong et S. Ge、丝裂沙参 Adenophora capillaris Hemsl. 及无柄沙参 Adenophora stricta Miq. subsp. *sessilifolia* Hong 的根在贵州作南沙参药用；华东杏叶沙参 Adenophora hunanensis Nannf. subsp. *huadungensis* Hong 的根在浙江作南沙参药用。

文献报道南沙参含挥发油如2-正戊基呋喃（2-pentylfuran）、己酸（hexanoic acid）、正辛醛（n-octanal）、庚醇（heptanol）、壬烯醛（nonenal）、辛酸（octanoic acid）和硬脂酸甲酯（methyl stearate）等[1]，但文献未叙述该南沙参系何种。

【化学参考文献】

[1] 江佩芬，高增平. 南沙参化学成分的研究[J]. 中国中药杂志，1990，15（8）：486-487.

[2] 巢建国, 谈献和, 郭戎, 等. 南沙参化学成分初步研究 [J]. 南京中医药大学学报, 1998, 14 (5): 288.

【药理参考文献】

[1] 胡定慧, 丁建刚, 阮期平. 沙参体外抑菌活性的初步研究 [J]. 时珍国医国药, 2007, 18 (3): 594-595.

【临床参考文献】

[1] 万桂芹. 沙参麦冬汤加减治疗慢性支气管炎 56 例临床观察 [J]. 中国全科医学, 2010, 13 (16): 1813.
[2] 邓燕. 加味沙参麦冬汤治疗寻常型痤疮 50 例疗效观察 [J]. 新中医, 2007, 39 (1): 73-74, 8.
[3] 袁国荣, 潘智敏. 沙参麦门冬汤减轻易瑞沙不良反应的临床研究 [J]. 中华中医药学刊, 2011, 29 (4): 930-932.

【附注参考文献】

[1] 高茜, 向能军, 沈宏林, 等. ASE/SPME-GC-MS 分析南沙参的挥发性成分 [J]. 精细化工中间体, 2008, 38 (6): 66-69.

950. 轮叶沙参（图 950）· *Adenophora tetraphylla*（Thunb.）Fisch.（*Adenophora verticillata* Fisch.）

图 950　轮叶沙参　　摄影　李华东等

【别名】南沙参，四叶沙参（山东），沙参（安徽、山东）。

【形态】多年生草本。根圆锥形。茎高 60～90cm，无毛或近无毛，不分枝。茎生叶 4～6 枚轮生，无柄或有不明显的柄；叶片卵形、椭圆状卵形、狭倒卵形、狭披针形至条形，长 2～6cm，宽达 2.5cm，顶端短尖，基部狭窄，边缘具疏齿，两面有短硬毛或无毛。花序分枝长，几乎平展或弓曲向上，轮生，常组成大而疏散的圆锥花序，花梗极短，长 2～4mm；花裂片 5 枚，钻状，长 1～4mm；花冠淡蓝色、蓝色或蓝紫色，细小钟形，长 7～11mm，口部稍缢缩，无毛，5 浅裂；雄蕊 5 枚，常稍伸出，花丝变宽，边缘有密柔毛，花盘圆筒状，花柱伸出。蒴果倒卵状球形。花果期 7～10 月。

【生境与分布】生于山坡林边。分布于江苏、安徽、浙江、福建、江西，另东北、河北、山东、河南、山西、陕西、广东、香港、广西、云南东南部、贵州及四川均有分布；朝鲜半岛、日本、俄罗斯东西伯利亚及远东地区的南部、越南北部也有分布。

【药名与部位】南沙参（泡参、空沙参），根。

【采集加工】春、秋二季采挖，除去须根，洗净，干燥。

【药材性状】呈圆锥形或圆柱形，略弯曲，长 7～27cm，直径 0.8～3cm。表面黄白色或淡棕黄色，凹陷处常有残留粗皮，上部多有深陷横纹，呈断续的环状，下部有纵纹和纵沟。顶端具 1 或 2 个根茎。体轻，质松泡，易折断，断面不平坦，黄白色，多裂隙。气微，味微甘。

【药材炮制】除去根茎，洗净，略润，切厚片，干燥。

【化学成分】根含酚苷类：紫丁香酚苷（syringinoside）和沙参苷 I、II、III（shashenoside I、II、III）[1]；三萜类：24-亚甲基环木菠萝烷醇（24-methylene cycloartanol）[2]和羽扇豆烯酮（lupenone）[2]；甾体类：胡萝卜苷（daucosterol）[1]、β-谷甾醇（β-sitosterol）和甘蔗甾醇（ikshusterol）[2]；脂肪酸类：亚油酸（linoleic acid）和硬脂酸甲酯（methyl stearate）[1]；元素：钙（Ca）、钾（K）、镁（Mg）、硅（Si）、铁（Fe）和磷（P）等[3]；氨基酸类：天冬氨酸（Asp）、谷氨酸（Glu）、丝氨酸（Ser）、组氨酸（His）、甘氨酸（Gly）、苏氨酸（Thr）、精氨酸（Arg）、酪氨酸（Tyr）、丙氨酸（Ala）、γ-氨基丁酸（GABA）、色氨酸（Trp）、蛋氨酸（Met）、赖氨酸（Lys）、鸟氨酸（Crm）、缬氨酸（Val）、苯丙氨酸（Phe）、亮氨酸（Leu）和异亮氨酸（Ile）[4]。

【性味与归经】甘，微寒。归肺、胃经。

【功能与主治】养阴清肺，化痰，益气。用于肺热燥咳，阴虚劳嗽，干咳痰黏，气阴不足，烦热口干。

【用法与用量】9～15g。

【药用标准】药典 1963—2015、浙江炮规 2005、新疆药品 1980 二册、贵州药材 1965、云南药品 1996 和台湾 2013。

【附注】沙参始载于《神农本草经》，列为上品。《吴普本草》首载沙参之形态，云："三月生如葵，叶青，实白如芥，根大，白如芜菁。三月采。"《本草纲目》云："沙参处处山原有之。二月生苗，叶如初生小葵叶而团扁不光。八、九月抽茎，高一二尺。茎上之叶则尖长如枸杞叶而小，有细齿。秋月叶间开小紫花，长二三分，状如铃铎，五出，白蕊，亦有白花者。并结实，大如冬青实，中有细子。霜后苗枯。其根生沙地者长尺余，大一虎口，黄土地者则短而小。根、茎皆有白汁。八、九月采者，白而实；春月采者，微黄而虚。"上述特征与沙参属（*Adenophora* Fisch.）植物一致。再参考《本草图经》"淄州沙参"图，叶轮生，边缘有锯齿，形态也与本种一致。

药材南沙参风寒咳嗽者禁用，不宜与藜芦同用。

同属植物云南沙参 *Adenophora khasiana*（Hook. f. et Thoms.）Coll. et Hemsl. 及杏叶沙参 *Adenophora petiolata* Pax et Hoffm. subsp. *hunanensis*（Nannf.）D. Y. Hong et S. Ge 的根在云南作沙参（或云沙参）药用。

【化学参考文献】

［1］Kuang H X, Shao C J, Kasai R J, et al. Phenolic glycosides from roots of *Adenophora tetraphylla* collected in Heilongjiang, China［J］. Chem Pharm Bull，1991，39（9）：2440-2442.

［2］杨秀伟，白云鹏，郭彩玉，等.长白山产沙参属药用植物化学成分的研究［J］.中药材，1993，16（7）：31-32.

［3］黄勇其，陈龙珠.5 种黔产南沙参药材的微量元素含量测定［J］.微量元素与健康研究，2002，19（1）：34-35.

［4］黄勇其，陈龙珠.贵州五种南沙参药材中氨基酸含量的比较［J］.中国药业，2002，11（4）：62.

3. 党参属 *Codonopsis* Wall.

多年生缠绕或近直立的草本，有乳汁。根常肥大，呈纺锤状、圆锥状或圆柱状等，肉质或木质。叶互生或近对生或假轮生。花单生主茎与侧枝顶端，多与叶柄对生，较少生于叶腋。花萼5裂，常有10条明显的辐射脉；花冠钟状或辐射状，5裂，绿色、蓝紫色、黄色或灰白色；雄蕊5枚，分离，花丝基部常扩大，着生于花盘的边缘，花药长圆形；子房上位、半下位或下位，3室，花柱细圆柱形，柱头膨大，3瓣裂，裂片卵圆形或长圆形。果为蒴果，肉质或干燥，成熟后通常自顶端室背3瓣裂。种子多数，细小，椭圆形，稍扁，光滑。

40余种，分布于亚洲各地；中国约有39种，全国均产，主要分布于西南各地，法定药用植物8种。华东地区法定药用植物2种。

951. 党参（图951）• *Codonopsis pilosula*（Franch.）Nannf.

图951　党参　　　　　　　　　　　　　　摄影　李华东

【形态】多年生缠绕藤本。根纺锤状或纺锤状圆柱形，表面灰黄色，上部具多数瘤状茎痕及细密环纹，下部疏生横长皮孔。茎无毛，黄绿色而略带紫色，分枝多数。叶互生，卵形或狭卵形，长1.2～6.5cm，宽0.6～5cm；小枝顶端近于对生，有短柄，长圆状披针形至椭圆形，长3～10cm，宽1.5～4cm，通常全缘或稍有疏生的微波状齿，两面无毛，背面灰白色。花1～3朵生分枝顶端。花萼筒贴生于子房的基部，无毛，裂片卵状披针形，长2～2.5cm，宽5～10mm；花冠淡黄绿色，内面深紫色，有网状脉纹，长2～4cm，花盘肉质，无毛，黄绿色；子房半下位，柱头3裂。蒴果有宿存花萼，上部3瓣裂；种子有翅。花果期夏秋季。

【生境与分布】生于山地灌木丛中及林缘。华东地区引种栽培，另东北、内蒙古、河北、山西、河南、陕西、甘肃、四川西部均有分布；朝鲜、蒙古国和俄罗斯远东地区也有分布。

【药名与部位】党参，根。

【采集加工】秋季采挖，洗净，晒干。

【药材性状】呈长圆柱形，稍弯曲，长 10 ～ 35cm，直径 0.5 ～ 2.5cm。表面黄白色至灰黄色，根头部有多数疣状突起的茎痕及芽，每个茎痕的顶端呈凹下的圆点状；根头下有致密的环状横纹，向下常达全长的一半以上。全体有纵皱纹和散在的横长皮孔样突起，支根断落处常有黑褐色胶状物。质稍柔软或稍硬而略带韧性，断面稍平坦，裂隙较多，皮部灰白色至淡棕色，木质部淡黄色至黄色。有特殊香气，味微甜。

【质量要求】条长，芦头小，外皮细结，内色白，体糯不松泡，味甜。

【药材炮制】党参片：除去杂质，洗净，略润，切厚片或段，干燥。炒党参：取党参饮片，炒至表面深黄色，微具焦斑时，取出，摊凉。米党参：取米，洗净，置热锅中翻动，待其热气上冒，投入党参饮片，炒到米呈焦黄色时，取出，筛去米粒，摊凉。

【化学成分】根含木脂素类：（-）-（7R, 8S, 7′E）-3′, 4- 二羟基 -3- 甲氧基 -8, 4′- 氧化新木脂素 -7′- 烯 -7, 9, 9′- 三醇［（-）-（7R, 8S, 7′E）-3′, 4-dihydroxy-3-methoxy-8, 4′-oxyneoligna-7′-en-7, 9, 9′-triol］、去氢双松柏醇（dehydrodiconiferylalcohol）[1]、3′, 4′5, 9, 9′- 五羟基 -5-4, 7′- 环氧木脂素（3′, 4′5, 9, 9′-pentadroxy-5-4, 7′-epoxylignan）[2]、灌木柴胡脂素（salicifoliol）、青蒿木脂素 D（caruilignan D）、5- 甲氧基 -（+）- 异落叶松脂素［5-methoxy-（+）-isolariciresinol］[3]、紫丁香苷（syringin）、7R, 8S- 愈创木基丙三醇 -8-O-4- 松柏醇（7R, 8S-guaiacylglycerol-8-O-4-coniferyl alcohol）、7S, 8S- 愈创木基丙三醇 -8-O-4- 松柏醇（7S, 8S-guaiacylglycerol-8-O-4-coniferyl alcohol）[4] 和 3′, 4′, 5, 9, 9′- 五羟基 -5-4, 7′- 环氧木脂素（3′, 4′, 5, 9, 9′-pentahydroxy-5-4, 7′-epoxylignan）[5]；蒽醌类：大黄素（emodin）[2]；核苷类：尿嘧啶（uracil）[2] 和腺苷（adenosine）[6]；苯苷类：苯基 -β-D- 葡萄糖苷（pheny-β-D-glucoside）[6]；香豆素类：白芷内酯（angelicin）和补骨脂内酯（psoralen）[7]；甾体类：Δ^7- 豆甾烯醇 -β-D 葡萄糖苷（Δ^7-stigmastenol-β-D-glucoside）、δ- 菠甾醇 -β-D- 葡萄糖苷（δ-spinasterol-β-D-glucoside）、豆甾醇 -β-D 葡萄糖苷（stigmasterol-β-D-glucoside）、Δ^7- 豆甾烯酮（Δ^7-stigmastenone）、α- 菠甾酮（α-spinasterone）和豆甾酮（stigmasterone）[8]；环烯醚萜类：京尼平苷（geniposide）[2]；倍半萜类：白术内酯 II（atractylenolide II）[9]、白术内酯 III（atractylenolide III）[7] 和党参倍半萜苷*A、B、C（codonopsesquiloside A、B、C）[10]；挥发油类：5- 羟甲基糠醛（5-hydroxymethylfurfural）[1]、庚酸（enanthic acid）、辛酸（caprpylic acid）、α- 姜黄烯（α-curcumene）、α- 愈创烯（α-guaiene）、2- 莰醇（2-borneol）、2, 4- 壬二烯醛（2, 4-nonadienaldehyde）、己酸（hexanoic acid）、α- 蒎烯（α-pinene）、1, 5 - 二异丁基 - 3, 3 - 二甲基［3, 1, 0］环己二酮{1, 5-diisobutyl-3, 3-dimethyl［3, 1, 0］cyclohexadione}、叔丁基苯（tert-butylbenzene）[11]、2- 甲基戊烷（2-methyl pentance）、1, 2- 丙二醇（1, 2-propanediol）、己醛（hexanal）、1- 己醇（1-hexanol）、壬醛（nonanal）、萘（naphthalene）、苯乙腈（phenylacetonitrile）、十二醛（dodecanal）、1- 癸醇（1-decanol）、丁香醛（syringaldehyde）、（E）-2- 壬烯醛［（E）-2-nonenal］、（E, E）-2, 4- 庚二烯醛［（E, E）-2, 4-heptadienal］、5- 甲基己醛（5-methyl hexanal）、2- 甲基丁醛（2-methylbutanal）和正戊醛（n-pentanal）等[12, 13]；烷烃类：正十五烷（n-pentadecane）、正十七烷（n-heptadecane）、正十八烷（n-octadecane）、正十九烷（n-nonadecane）、正十二烷（n-dodecane）、正二十一烷（n-heneicosane）和正二十二烷（n-dodecane）[12]；酚酸类：香草酸（vanillic acid）[14]；苯丙素类：绿原酸（chlorogenic）[3]、松柏苷（coniferin）、（E）- 异松柏苷［（E）-isoconiferinoside］[6]、丁香醛（syringaldehyde）[9]、紫丁香苷（syringin）、党参苷 IV（tangshenoside IV）[14]、党参苷 I（tangshenoside I）、6′′′- 反式对香豆酰党参苷 I（6′′′-trans-p-coumaroyl tangshenoside I）、6′′′- 顺式对香豆酰党参苷 I（6′′′-cis-p-coumaroyl tangshenoside I）和党参苷 V（tangshenoside V）[15]；醇苷类：顺式 -3- 槐糖己烯醇苷（cis-3-sophorosehexenolside）、β-D- 果糖正丁醇苷（β-D-fructose n-butanolside）、反式 -2- 槐糖己烯醇苷（trans-2-sophorosehexenolside）、槐糖正己醇苷（sophorose butanolside）、β-D- 葡萄糖己烯醇苷（β-D-glucosylhexnolside）、β-D- 葡萄糖正己醇苷（β-D-glucose n-butanolside）[15] 和正丁醇 -β-D-

果糖苷（butyl-β-D-fructofurnanoside）[5]；糖类：D-果糖（D-fructose）、D-葡萄糖（D-glucose）、蔗糖（sucrose）[16]，党参多糖（CPP-1）[17]，党参多糖（CPP1b）[18]和党参多糖（CPPS3）[19]；芪类：4,4'-二羟基-3,3'-二甲氧基-反式-二苯乙烯（4,4'-dihydroxy-3,3'-dimethoxy-trans-stilbene）[1]；炔类：9-（四氢吡喃-2-基）-壬-反式，反式-2,8-二烯-4,6-二炔-1-醇、[9-(tetrahydropyran-2-yl)-nona-trans,trans-2,8-dien-4,6-diyn-1-ol][1]，反式，反式-十四碳-6,12-二烯-8,10-二炔-1,5,14-三醇（trans,trans-tetradeca-6,12-dien-8,10-diyne-1,5,14-triol）、党参炔苷（lobetyolin）[4,5]，(−)-(8R,9R,2E,6E,10E)-2,6,10-十四烷三烯-4-炔-8,14-二醇-9-β-D-吡喃葡萄糖苷[(−)-(8R,9R,2E,6E,10E)-tetradeca-2,6,10-trien-4-yne-8,14-diol-9-β-D-glucopyranoside][6]，(6R,7R)-反式，反式十四烷-4,12,-二烯-8,10,-二炔-1,6,7,三醇[(6R,7R)-trans,trans tetradeca-4,12,-dien-8,10-diyne-1,6,7,triol][14]，党参二炔苷*A、B、C、D、E、F、G（codonopilodiynoside A、B、C、D、E、F、G）[20]，党参烯炔苷*A、B（codonopiloenynenoside A、B）、党参炔苷宁（lobetyolinin）、党参炔苷（lobetyolin）、党参二炔苷*H、I、J、K、L、M（codonopilodiynoside H、I、J、K、L、M）[21]，(6R,7R,4E,8E,12E)-4,8,12-十四烷三烯-10-炔-1,6,7-醇[(6R,7R,4E,8E,12E)-tetradeca-4,8,12-trien-10-yne-1,6,7-triol]、(+)-(2R,7S)-1,7-二羟基-2,7-环十四烷-4,8,12-三烯-10-炔-6-酮[(+)-(2R,7S)-1,7-dihyrdroxy-2,7-cyclotetradeca-4,8,12-trien-10-yne-6-one]、(+)-(6R,7R,12E)-十四烷-12-烯-10-炔-1,6,7-醇[(+)-(6R,7R,12E)-tetradeca-12-en-10-yne-1,6,7-triol]、(+)-(2R,7S)-1,7-二羟基-2,7-环十四烷-4,8,12-三烯-10-炔-6-酮[(+)-(2R,7S)-1,7-dihyrdroxy-2,7-cyclotetradeca-4,8,12-trien-10-yn-6-one]、(2E,6E)-2,6-辛二烯-4-炔酸[(2E,6E)-octa-2,6-dien-4-ynoic acid]、(E)-6辛烯-4-炔酸[(E)-oct-6-en-4-ynoic acid][22]，党参聚炔*A、B、C（choushenpilosulyne A、B、C）[23]，党参炔醇（lobetyol）[24]，十四烷-(4E,12E)-二烯-8,10-二炔-1,6,7-三醇-6-O-β-D-葡萄糖苷[tetradeca-(4E,12E)-dien-8,10-diyne-1,6,7-triol-6-O-β-D-glucoside]和十四烷-(4E,12E)-二烯-8,10-二炔-1,6,7-三醇[tetradeca-(4E,12E)-dien-8,10-diyne-1,6,7-triol][25]；酚类：1-(4'-羟基-3'-甲氧基苯基)-2-[4''-(3-羟丙基)-2'',6''-二甲氧基苯氧基]丙烷-1,3-二醇{1-(4'-hydroxy-3'-methoxyphenyl)-2-[4''-(3-hydroxypropyl)-2'',6''-dimethoxyphenoxy]propane-1,3-diol}[3]；生物碱类：党参吡咯烷鎓B（codonopyrrolidium B）[4]，烟酸（nicotinic acid）、5-羟基-2-吡啶甲醇（5-hydroxy-2-pyridinemethanol）[9]，色氨酸（tryptophan）[5]，党参酚碱苷*A（codonopiloside A）、党参酚碱*A、B、C（codonopsinol A、B、C）[26]，党参酸（codopiloic acid）[27]，川芎哚（perlolyrine），即刺蒺藜碱（bulusterine）[28,29]和党参碱A（codotubulosine A）[30]；脂肪酸类：硬脂酸甲酯（methyl sterate）、辛酸甲酯（methyl caprylate）、十四酸甲酯（methyl tetradecanoate）、十五酸甲酯（methyl pentadecanoate）、十六酸甲酯（methyl hexadecanoate）、十二酸（dodecanoic acid）、十四酸（tetradecanoic acid）、十五酸（pentadecylic acid）、十六酸（palmitic acid）、十八酸（octadecanoic acid）、十八碳二烯酸（octadecadienoic acid）、十八碳二烯酸甲酯（methyl octadecadienoate）、棕榈酸乙酯（ethyl palmitate）[11]，(8E,10E)-12-羟基十二烷-8,10-二烯酸[(8E,10E)-12-hydroxydodeca-8,10-dienoic acid]、(10E)-12-羟基十二烷-10-烯酸[(10E)-12-hydroxydodeca-10-enoic acid]、棕榈酸-2'',3''-二羟基丙酯（hexadecenoic acid-2'',3''-dihydroxy propyl ester）和松油酸（pinellic acid）[22]；黄酮类：芹菜素（apigenin）[6]，党参黄酮*A、B（choushenflavonoid A、B）[31]和党参黄酮苷*A、B、C（choushenoside A、B、C）[32]；三萜类：蒲公英赛醇（taraxerol）、蒲公英赛醇乙酸酯（taraxeryl acetate）、木栓酮（friedelin）[33]，粘霉烯醇（glutinol）和14-α-蒲公英萜烷-3-酮（14-α-taraxeran-3-one）[34]；呋喃类：2-糠酸（2-furancarboxylic acid）和5-羟甲基-2-糠醛（5-hydroxymethyl-2-furaldehyde）[9]；二元羧酸类：琥珀酸（succinic acid）[7]；烷烃苷类：正己基-β-D-吡喃葡萄糖苷（n-hexyl-β-D-glucopyranoside）和乙基-α-D-呋喃果糖苷（ethyl-α-D-fructofuranoside）[9]；其他尚含：二-(2-乙基己基)邻苯二甲酸酯[bis-(2-ethylhexyl)phthalate][24]。

根和根茎含氨基酸类：天冬氨酸（Asp）、苏氨酸（Thr）、丝氨酸（Ser）、谷氨酸（Glu）、甘氨酸（Gly）、丙氨酸（Ala）、半胱氨酸（Cys）、缬氨酸（Val）、蛋氨酸（Met）、异亮氨酸（Ile）、亮氨酸（Leu）、酪氨酸（Tyr）、苯丙氨酸（Phe）、赖氨酸（Lys）、组氨酸（His）、精氨酸（Arg）和脯氨酸（Pro）[35]。

茎叶含甾体类：（22E）-5α,8α-表二氧麦角甾-6,22-二烯-3β-醇［（22E）-5α,8α-epidioxyergosta-6,22-dien-3β-ol］[36]；脂肪酸类：亚油酸（linoleic acid）、硬脂酸（stearic acid）、1-亚油酸甘油酯（1-linolenic acid glyceride）、3-α-亚麻酸甘油酯-1-O-[α-D-半乳糖基-（1→6）-O-β-D-半乳糖苷]｛3-α-linolenic acid glyceride-1-O-[α-D-galactosyl-（1→6）-O-β-D-galactoside]｝、3-α-亚麻酸甘油酯-1-O-β-D-半乳糖苷（3-α-linolenic acid glyceride-1-O-β-D-galactoside）和3-（7,10,13-十六碳三烯酸）甘油酯1-O-β-D-半乳糖苷[3-（7,10,13-hexadecatrienoic acid）glyceryl ester1-O-β-D-半乳糖苷][36]；氨基酸类：天冬氨酸（Asp）、赖氨酸（Lys）、蛋氨酸（Met）、色氨酸（Trp）、苯丙氨酸（Phe）、异亮氨酸（Ile）、苏氨酸（Thr）、亮氨酸（Leu）、缬氨酸（Val）、组氨酸（His）、丙氨酸（Ala）、精氨酸（Arg）、甘氨酸（Cly）、胱氨酸（Cyt）、酪氨酸（Tyr）、丝氨酸（Ser）、谷氨酸（Glu）和脯氨酸（Pro）[37]；元素：铁（Fe）、钠（Na）、钙（Ca）、镁（Mg）、镍（Ni）、钴（Co）、锌（Zn）、铜（Cu）、锰（Mn）、硒（Se）和钼（Mo）[37]等。

花粉含脂肪酸类：亚麻酸（linolenic acid）、琥珀酸（succinic acid）、二十八烷酸（octacosanoic acid）和十八碳二烯酸（octadecadienoic acid）等[38]；维生素类：抗坏血酸（ascorbic acid）[38]；黏多糖类：党参果胶多糖A、B、C、D、E（CPA、B、C、D、E）[39]。

【药理作用】1.改善血液 根中提取的多糖能使造血干细胞衰老小鼠造血干细胞G_1期阻滞明显增加，β-半乳糖苷酶染色阳性细胞率明显增加，p53、p21、Bax蛋白表达上调，Bcl-2蛋白表达下调[1]。2.抗氧化 热回流浸提方法得到的党参多糖（CPP）对1,1-二苯基-2-三硝基苯肼（DPPH）自由基、羟自由基（·OH）和超氧阴离子自由基（O_2^-·）具有非常明显的清除作用，体内实验显示，高剂量（400mg/kg）对D-半乳糖所致衰老小鼠具有明显的保护作用[2]。3.抗肿瘤 根中提取的总皂苷在100～2000mg/L浓度时可抑制SMMC-7721细胞的增殖，且与TSC给药浓度呈正相关，在200mg/L、400mg/L、800mg/L、1000mg/L浓度时的TSC能增强细胞中半胱氨酸蛋白酶3（caspase-3）、半胱氨酸蛋白酶8（caspase-8）、半胱氨酸蛋白酶9（caspase-9）活性和p38丝裂原活化蛋白激酶（MAPK）、p53蛋白表达[3]；根中提取的多糖主干上附着的糖侧链酪蛋白磷酸肽1（CPPW1）可显著抑制接种H22细胞小鼠体内肿瘤的生长，增强淋巴细胞增殖，增强巨噬细胞的吞噬能力和一氧化氮（NO）生成能力[4]。4.调节胃肠道 根甲醇和乙醇提取物能使急性胃黏膜损伤大鼠胃黏膜溃疡指数明显降低，溃疡抑制较高，并能提高超氧化物歧化酶（SOD）活性，降低血清中丙二醛（MDA）含量[5]；根中提取的多糖（200mg/kg、400mg/kg）对复方地芬诺酯引起的大鼠便秘有明显改善作用，使大鼠胃液分泌量降低，高剂量党参多糖（200mg/kg）明显促进胃蛋白酶排出量，高、中、低剂量均能明显增进大鼠进食量及体重，大鼠胃肠道病理切片观察证明党参多糖具有增加胃黏膜、胃壁厚度，促进十二指肠、空肠微肠毛生长的作用[6]；根中分离的菊糖型果聚糖（CP-A）对乙醇所致的急性胃溃疡模型大鼠3级胃黏膜损伤、高溃疡指数及胃黏膜出血损伤有显著改善作用，且改善了乙醇诱导的急性胃溃疡大鼠胃组织中超氧化物歧化酶（SOD）、谷胱甘肽过氧化物酶（GSH-Px）、丙二醛、髓过氧化物酶（MPO）的相关活性和含量[7]。5.促生长 根中提取的多糖能显著提高仔猪的平均体重、平均日增重（ADG）、平均日采食量（ADFI），血清γ-干扰素（IFN-γ）、白细胞介素-2（IL-2）和白细胞介素-6（IL-6）含量，以及十二指肠、空肠和回肠黏膜SIg A含量，改善仔猪的生长性能[8]。6.抗疲劳 根水提取物使小鼠负重游泳时间和耐缺氧时间显著延长[9]，并能抑制血清尿素氮的产生，提高小鼠肝糖原的含量[10]。7.抗菌 根氯仿甲醇提取物、80%乙醇提取物以及醇沉液提取物在体外对大肠杆菌、金黄色葡萄球菌、链球菌和沙门氏菌的生长均有一定的抑制作用[11]。8.护肺 根水提取物能改善油酸所致呼吸窘迫征大鼠通换气功能，减轻低氧血症，提高肺泡灌洗液和肺细胞内磷脂含量，恢复Ⅱ型肺泡细胞内板层小体结构[12]。9.降血脂 根中提取的总皂苷成分能降低高脂血症大鼠血清总胆固醇（TC）、甘油三酯（TG）、低密度脂蛋白胆固醇（LDL-C）含量，提高一氧化氮（NO）和高密度脂蛋白胆固醇（HDL-C）含量及高密度脂蛋白胆固醇/总胆固醇（TC）值[13]。10.免疫调节 根中提取的粗多糖能刺激小鼠脾脏B淋巴细胞增殖，并呈现一定的量效关系，当粗多糖质量浓度为400μg/ml时，可显著促进小鼠B淋巴细胞的增殖；并可显著增强小鼠巨噬细胞吞噬中性红细胞的能力[14]。11. 护肝肾　根水提取物使小鼠肝、肾超氧化物歧化酶含量增高，肝、肾丙二醛含量降低，肝、肾细胞超微结构的异常变化明显缓解，药效随剂量升高而增强[15]。

【性味与归经】甘，平。归脾，肺经。

【功能与主治】补中益气，健脾益肺。用于脾肺虚弱，气短心悸，食少便溏，虚喘咳嗽，内热消渴。

【用法与用量】9～30g。

【药用标准】药典1963—2015、浙江炮规2015、内蒙古蒙药1986、贵州药材1965、新疆药品1980二册、云南药品1974、青海药品1976、四川药材1987、香港药材二册和台湾2013。

【临床参考】1. 胃溃疡：根15g，加决明子15g、茯苓12g、白术、苍术、甘草、菊花、木贼草各10g，柴胡、陈皮、栀子、青皮、川芎、枳壳、黄芩、薄荷、桔梗各6g，寒邪客胃者加吴茱萸、小茴香各6g，高良姜10g；饮食停滞者加炒麦芽、炒谷芽各10g，神曲15g；肝气犯胃者加青皮、柴胡各10g，香附15g；胃气上逆者加法半夏、旋覆花、代赭石各10g；胃热积滞者加马齿苋、黄芩各10g，苦参15g；湿浊中阻者加藿香15g、佩兰8g、白豆蔻5g；胃阴亏虚者加石斛15g、北沙参10g。水煎服，每日1剂，每日2次[1]。

2. 降低肝癌介入治疗副作用：根20g，加白术、茯苓、陈皮、沙参、赤芍各15g、黄芪20g、元胡12g、甘草10g，水煎，于肝动脉化疗栓塞治疗后第1天开始服[2]。

3. 冠心病血瘀证：党参口服液（每支10ml，每毫升含党参生药1g）口服，每日3次，每次20ml[3]。

4. 提高晚期食管癌、胃癌化疗疗效：根30g，加黄芪50g、茯苓、枸杞、女贞子各20g，用蘑菇浸泡水（开水1000ml浸泡蘑菇250g 30min）煎服，每日1剂，联合化疗药物治疗[4]。

5. 慢性鼻窦炎：根20g，加黄芪、白术、茯苓、山药、白扁豆各15g，薏苡仁30g，当归、陈皮、升麻、桂枝、防风、苍耳子、白芷、辛夷（包煎）各10g，细辛9g，柴胡、生姜各6g，大枣6枚，每日1剂，分2次温服[5]。

6. 脱肛：根30g，加升麻9g、甘草6g，水煎服；另取芒硝30g、甘草9g，加水2500～3000ml，煎沸5min，待温，坐浴洗肛部，每晚1次。（《浙江药用植物志》）

【附注】党参始见于清代《本草从新》。《植物名实图考》云："党参山西多产，长根至二三尺，蔓生，叶不对，节大如手指，野生者，根有白汁，秋开花，如沙参花，色青白，土人种之为利气极浊。"根据其所绘所说，皆为本种。

药材党参不宜与藜芦同用；实证、热证禁服。

同属植物球花党参 *Codonopsis subglobosa* W. W. Sm.、川党参 *Codonopsis tangshen* Oliv. 及管花党参 *Codonopsis tubulosa* Kom. 的根在四川、贵州及云南等地也作党参药用。

【化学参考文献】

［1］冯亚静，王晓霞，庄鹏宇，等.党参的化学成分研究［J］.中国中药杂志，2017，42（1）：135-139.

［2］朱恩圆，贺庆，王峥涛，等.党参化学成分研究［J］.中国药科大学学报，2001，32（2）：94-95.

［3］苏锦松，秦付营，张艺，等.党参的化学成分研究［J］.中药材，2018，41（4）：863-867.

［4］张鑫，李建宽，赵玉静，等.党参化学成分及其体外抗氧化活性分析［J］.中国实验方剂学杂志，2018，24（24）：53-59.

［5］贺庆，朱恩圆，王峥涛，等.党参化学成分的研究［J］.中国药学杂志，2006，41（1）：10-12.

［6］王晓霞，庄鹏宇，陈金铭，等.党参化学成分的研究［J］.中草药，2017，48（9）：1719-1723.

［7］朱恩圆，贺庆，王峥涛，等.党参化学成分研究［J］.中国药科大学学报，2001，32（2）：94-95.

［8］王英贞.党参化学成分研究（Ⅳ）［J］.中草药，1986，17（5）：41.

［9］Wang Z T，Xu G J，Hattori M，et al. Constituents of the roots of *Codonopsis pilosula*［J］. Shoyakugaku Zasshi，1988，42（4）：339-342.

［10］Jiang Y，Liu Y，Guo Q，et al. Sesquiterpene glycosides from the roots of *Codonopsis pilosula*［J］. Acta Pharm Sin B，

2016, 6（1）：46-54.

[11] 廖杰, 卢涌泉. 党参化学成分研究Ⅴ. 挥发油的成分研究[J]. 中草药, 1987, 18（9）：2-4.

[12] 谭龙泉, 李瑜. 党参挥发油成分的研究[J]. 兰州大学学报, 1991, 27（1）：45-49.

[13] 郭琼琼, 李晶, 孙海峰, 等. 党参挥发性成分分析及其特殊香气研究[J]. 中药材, 2016, 39（9）：2005-2012.

[14] 任子瑜. 党参醇提取物化学成分的分离及质量控制研究[D]. 太原：山西大学硕士学位论文, 2010.

[15] 张靖, 徐筱杰, 徐文, 等. HPLC-LTQ-Orbitrap-MS^n 快速鉴别党参药材中化学成分[J]. 中国实验方剂学杂志, 2015, 21（9）：59-63.

[16] 张兆林, 兰中芬, 王凤连, 等. 党参多糖成分及其免疫药理作用研究[J]. 兰州医学院学报, 1988, （3）：14-15.

[17] 叶冠, 李晨, 黄成钢, 等. 党参果聚糖的化学结构[J]. 中国中药杂志, 2005, 30（17）：1338-1340.

[18] Yang C, Gou Y, Chen J, et al. Structural characterization and antitumor activity of a pectic polysaccharide from *Codonopsis pilosula*[J]. Carbohyd Polym, 2013, 98（1）：886-895.

[19] Zhang Y J, Zhang L X, Yang J F, et al. Structure analysis of water-soluble polysaccharide CPPS3 isolated from *Codonopsis pilosula*[J]. Fitoterapia, 2010, 81（3）：157-161.

[20] Jiang Y P, Liu Y F, Guo Q L, et al. C14-Polyacetylene glucosides from *Codonopsis pilosula*[J]. J Asian Nat Prod Res, 2015, 17（6）：601-614..

[21] Jiang Y P, Liu Y F, Guo Q L, et al. C14-polyacetylenol glycosides from the roots of *Codonopsis pilosula*[J]. J Asian Nat Prod Res, 2015, 17（12）：1166-1179.

[22] Jiang Y P, Liu Y F, Guo Q L, et al. Acetylenes and fatty acids from *Codonopsis pilosula*[J]. Acta Pharm Sin B, 2015, 5（3）：215-222.

[23] Hu X Y, Qin F Y, Lu X F, et al. Three new polyynes from *Codonopsis pilosula* and their activities on lipid metabolism[J]. Molecules, 2018, 23（4）：887.

[24] Trinh T T, Tran V S, Wessjohann L. Chemical constituents of the roots of *Codonopsis pilosula*[J]. Tap Chi Hoa Hoc, 2003, 41（4）：119-123.

[25] Noerr H, Wagner H. New constituents from *Codonopsis pilosula*[J]. Planta Med, 1994, 60（5）：494-495.

[26] Wakana D, Kawahara N, Goda Y. Two new pyrrolidine alkaloids, codonopsinol C and codonopiloside A, isolated from *Codonopsis pilosula*[J]. Chem Pharm Bull, 2013, 61（12）：1315-1317.

[27] 王惠康, 何侃, 毛泉明. 党参的化学成分研究Ⅱ、党参内酯及党参酸的分离和结构测定[J]. 中草药, 1991, 22（5）：195-197.

[28] Liu T, Liang W Z, Tu G S. Separation and determination of 8β-hydroxyasterolid and perlolyrine in *Codonopsis pilosula* by reversed-phase high-performance liquid chromatography[J]. J Chromatogr, 1989, 477（2）：458-462.

[29] Liu T, Liang W Z, Tu G S. Perlolyrine：a β-carboline alkaloid from *Codonopsis pilosula*[J]. Planta Med, 1988, 54（5）：472-473.

[30] Li C Y, Xu H X, Han Q B, et al. Quality assessment of *Radix Codonopsis* by quantitative nuclear magnetic resonance[J]. Chromatogr A, 2009, 1216（11）：2124-2129.

[31] Qin F Y, Cheng L Z, Yan Y M, et al. Two novel proline-containing catechin glucoside from water-soluble extract of *Codonopsis pilosula*[J]. Molecules, 2018, 23（1）：180.

[32] Qin F Y, Cheng L Z, Yan Y M, et al. Choushenosides A-C, three dimeric catechin glucosides from, *Codonopsis pilosula*, collected in Yunnan province, China[J]. Phytochemistry, 2018, 153：53-57.

[33] Wong M P, Chiang T C, Chang H M. Chemical studies on Dangshen, the root of *Codonopsis pilosula*[J]. Planta Med, 1983, 49：60.

[34] Trinh T T, Tran V S, Katrin F, et al. Triterpenes from the roots of *Codonopsis pilosula*[J]. Tap Chi Hoa Hoc, 2008, 46（4）：515-520.

[35] 秦蕾, 祝慧凤, 王涛, 等. 党参芦头与根化学成分比较分析[J]. 食品科学, 2015, 36（14）：135-139.

[36] 谢敏, 李秀壮, 刘景坤, 等. 党参地上部分降血脂活性成分的分离鉴定[J]. 西北植物学报, 2017, 37（10）：200-204.

[37] 何国耀, 夏安庆, 孟聚成, 等. 党参茎叶化学成分的分析[J]. 中兽医医药杂志, 1987, （2）：12-16.

[38] 丁小丽, 李雪娟. 党参蜂花粉脂肪酸的GC-MS分析[J]. 江西农业学报, 2007, 19（5）：123-124.

[39] Liu Z Z, Jin S. Structural studies of pectic polysaccharides from the pollen of *Codonopsis pilosula*（Franch.）Nannf.［J］. Chin Chem Lett, 1991, 2（1）: 15-16.

【药理参考文献】

[1] 李立波, 杨柏龄, 候茜, 等. 党参多糖对小鼠造血干细胞衰老相关蛋白 p53、p21、Bax 和 Bcl-2 的影响［J］. 解放军药学学报, 2017, 33,（2）: 120-124.

[2] 李启艳, 祝清芬, 刘春霖, 等. 党参多糖分离纯化及抗氧化活性研究［J］. 中草药, 2017, 48（5）: 907-912.

[3] 方志娥, 李艳艳, 杨雅淋, 等. 党参总皂苷对人肝癌 SMMC-7721 细胞的抑制作用及其机制［J］. 中国药房, 2015, 26（10）: 1356-1359.

[4] Xu C, Liu Y, Yuan G, et al. The contribution of side chains to antitumor activity of a poly saccharide from *Codonopsis pilosula*［J］. International Journal of Biological Macromolecules, 2012, 50（4）: 891-894.

[5] 王涛, 葛瑞, 杨飞, 等. 党参提取物对大鼠胃黏膜损伤的保护作用［J］. 中药药理与临床, 2015, 31（4）: 138-141.

[6] 马方励, 沈雪梅, 时军. 党参多糖对实验动物胃肠道功能的影响［J］. 安徽医药, 2014, 18（9）: 1626-1629.

[7] Li J, Wang T, Zhu Z, et al. Structure features and anti-gastric ulcer effects of inulin-type fructan CP-A from the roots of *Codonopsis pilosula*（Franch.）Nannf.［J］. Molecules, 2017, 22（12）: 2258-2268.

[8] 王希春, 朱电锋, 尹莉莉. 党参多糖对仔猪生长性能、血清细胞因子及肠黏膜分泌型免疫球蛋白 A 含量的影响［J］. 动物营养学报, 2017, 29（11）: 4069-4075.

[9] 韩玉娟, 常洪, 黄纪勇, 等. 党参对小鼠抗疲劳及耐缺氧作用的观察［J］. 江西畜牧兽医杂志, 2013, 1（12）: 18-22.

[10] 刘燎原, 曹秀兰, 彭来祥, 等. 党参发酵液对小鼠抗疲劳耐缺氧的实验研究［J］. 湖南中医药志, 2015, 31（3）: 148-149.

[11] 白子霞, 王宏军, 龙元桃. 党参提取物抗菌活性研究［J］. 辽宁中药杂志, 2015, 42（7）: 1290-1291.

[12] 白娟, 邱桐, 李萍, 等. 党参治疗呼吸窘迫综合征实验研究［J］. 甘肃中医学院学报, 1997, 14（3）: 22-23.

[13] 聂松柳, 徐先祥, 夏伦祝. 党参总皂苷对实验性高脂血症大鼠血脂和 NO 含量的影响［J］. 安徽中医学院学报, 2002, 21（4）: 40-41.

[14] 张雅君, 梁忠岩, 张丽霞. 党参粗多糖的组成及其免疫活性研究［J］. 西北农林大学学报, 2012, 40（7）: 199-208.

[15] 耿广琴, 杨雅丽, 王晶, 等. 党参水提取物对 D-半乳糖致衰老模型小鼠肝肾 SOD 活性、MDA 含量及超微结构的影响［J］. 中医研究, 2014, 27（7）: 70-74.

【临床参考文献】

[1] 王晓东. 应用加味四君子汤治疗胃溃疡的疗效观察［J］. 内蒙古中医药, 2017, 36（12）: 22-22.

[2] 王劭苗, 洪立立, 刘名龙, 等. 加味四君子汤在原发性肝癌介入治疗后应用的临床观察［J］. 天津药学, 2008, 20（1）: 34-35.

[3] 徐西, 王硕仁, 林谦. 党参口服液治疗 25 例冠心病血瘀证患者临床及实验研究［J］. 中国中西医结合杂志, 1995, 15（7）: 398-400

[4] 毓青, 杨震玲, 肖月升, 等. 黄芪党参蘑菇煎对晚期食管癌胃癌化疗的免疫调节作用临床研究［J］. 时珍国医国药, 2008, 19（6）: 1474-1475.

[5] 党民卿. 参苓白术散临床应用举隅［J］. 甘肃中医学院学报, 2014, 31（5）: 49-51.

952. 羊乳（图 952）• *Codonopsis lanceolata*（Sieb. et Zucc.）Trautv.

【别名】乳头薯（赣南），四叶参（安徽、福建），羊乳参（安徽），奶奶头（江苏南京），轮叶党参、山海螺。

【形态】多年生草本，植株全体光滑无毛，稀茎叶疏生柔毛，富含白色乳汁。茎基近于圆锥状或圆柱状，根常肥大呈纺锤状，长 10～20cm，表面灰黄色，近上部有稀疏环纹，而下部则疏生横长皮孔。茎缠绕，

图 952　羊乳　　　　　摄影　李华东等

长约 1m，常有多数短细分枝，黄绿色而微带紫色。主茎上的叶互生，披针形或菱状窄卵形，长 0.8～1.4cm；小枝顶端通常 2～4 叶簇生而近于对生或轮生状，叶片菱状卵形、狭卵形或椭圆形，长 3～10cm，先端尖或钝，基部渐窄，通常全缘或有疏波状锯齿，叶柄长 1～5mm。花单生或对生于小枝顶端；花梗长 1～9cm；花萼贴生至子房中部，萼筒半球状，裂片卵状三角形，长 1.3～3cm，全缘；花冠阔钟状，长 2～4cm，直径 2～3.5cm，浅裂，裂片三角状，反卷，长 0.5～1cm，黄绿色或乳白色内有紫色斑；花丝钻状，基部微扩大；子房下位。蒴果下部半球状，上部有喙，直径 2～2.5cm。种子多数，卵形，有翅。花果期 7～8 月。

【生境与分布】生于山地灌木林下沟边阴湿地区或阔叶林内。分布于山东、安徽南部、江苏南部、浙江、福建和江西，另黑龙江、吉林、辽宁、河北、陕西、河南、湖北、湖南、广东、广西东北部及贵州均有分布；俄罗斯远东地区、朝鲜半岛及日本也有分布。

羊乳与党参的区别点：羊乳的花萼贴生至子房中部。党参花萼筒贴生于子房的基部。

【药名与部位】羊乳（四叶参、奶参），根。

【采集加工】夏、秋二季采挖，洗净，干燥。

【药材性状】呈纺锤形、倒卵状纺锤形或类圆柱形，有的稍分枝，长 6～15cm，直径 2～6cm。表面灰棕色或灰黄色，皱缩不平，顶端具根茎（芦头），常见密集的芽痕和茎痕；芦下有多数环纹，密集而明显，向下渐疏浅，环纹间有细纵裂纹。质稍松，易折断，断面不平坦，多裂隙。切片大小不一，切面灰黄色或浅棕色，皮部与木质部无明显区分。气微，味甜、微苦。

【质量要求】粗壮有肉，味甜者为佳。

【药材炮制】除去杂质，洗净，润软，切厚片，干燥。

【化学成分】根含三萜皂苷类：轮叶党参苷Ⅲ（codonolaside Ⅲ）、鳢肠皂苷Ⅷ（eclalbasaponin Ⅷ）、刺囊酸（echinocystic acid）[1,2]、地榆糖苷（ziyu glycoside）、党参皂苷B、D（codopiloic saponin B、D）[3]、蒲公英萜酮（taraxerone）、环木菠萝醇（cycloartenol）、白檀酮（amyrone）、（+）-胖大海素A[（+）-sterculin A][4]、β-D-吡喃木糖基-（1→3）-β-D-吡喃葡萄糖醛酸基刺囊酸[β-D-xylopyranosyl-（1→3）-β-D-glucuronopyranosyl echinocystic acid][5]、羊奶参苷A、B、D（lancemaside A、B、D）[6-8]、3-O-[β-D-吡喃木糖基-（1→3）-β-D-吡喃葡萄糖醛酸基]-3β,16α-二羟基齐墩果-28-酸-28-O-[β-D-吡喃木糖基-（1→3）-α-L-吡喃鼠李糖基（1→2）-α-L-吡喃阿拉伯糖基]酯苷{3-O-[β-D-xylopyranosyl-（1→3）-β-D-glucuronopyranosyl]-3β,16α-dihydroxyolean-28-oic acid -28-O-[β-D-xylopyranosyl-（1→3）-α-L-rhamnopyranosyl（1→2）-α-L-arabinopyranosyl]ester}[9]、轮叶党参苷（codonolaside）、轮叶党参苷Ⅰ、Ⅱ（codonolaside Ⅰ、Ⅱ）、刺囊酸-3-O-β-D-葡萄糖醛酸（echinocystic acid -3-O-β-D-glucuronic acid）和3-O-[β-D-吡喃木糖基-（1→3）-β-D-吡喃葡萄糖醛酸基]-3β,16α-齐墩果-12-烯-28-酸-28-O-[β-D-吡喃木糖基-（1→4）-α-L-吡喃鼠李糖基-（1→2）][β-D-吡喃葡萄糖基-（1→4）]-α-L-吡喃阿拉伯糖基酯苷{3-O-[β-D-xylopyranosyl-（1→3）-β-D-glucuronopyranosyl]-3β,16α-dihydroxyolean-12-en-28-oic acid-28-O-[β-D-xylopyranosyl-（1→4）-α-L-rhamnpyranosyl-（1→2）][β-D-glucopyranosyl-（1→4）]-α-L-arabinopyranosyl ester}[10]、齐墩果酸（oleanolic acid）[11,12]、刺囊酸-3-O-β-D-吡喃葡萄糖醛酸甲酯苷（echinocystic acid-3-O-β-D-methyl pyranglycuronate）[12]、阔叶合欢萜酸（albigenic acid）[13,14]、羊乳皂苷A、B、C（codonoside A、B、C）[15]、羊奶参苷C、E、F、G（lancemaside C、E、F、G）[16]和蒲公英萜醇（taraxerol）[17]；苯乙醇苷类：淫羊藿苷D_1（icariside D_1）[6]；甾体类：7,25-二亚乙基三胺豆甾醇（7,25-diethylenetriamine stigmasterol）、Δ^7-菠菜甾醇（Δ^7-spinasterol）、α-波菜甾醇（α-spinasterol）[4]、豆甾-7-烯醇（Δ^7-stigmastenol）[11]、豆甾-7-烯醇-β-D-葡萄糖苷（Δ^7-stigmastenol-β-D-glucoside）、α-菠甾醇-β-D-葡萄糖苷（α-spinasterol-β-D-glucoside）和豆甾醇-β-D-葡萄糖苷（stigmasterol-β-D-glucoside）[17]；苯丙素类：甲基丁香苷（methyl syringin）[2]、7-O-乙基党参苷Ⅱ（7-O-ethyltangshenoside Ⅱ）、党参苷Ⅱ（tangshenoside Ⅱ）、紫丁香苷（syringin）、乙基紫丁香苷（ethyl syringin）、对羟基桂皮醛（p-hydroxycinnamaldehyde）、芥子醛葡萄糖苷（sinapaldehyde glucoside）[6]和党参苷Ⅰ、Ⅱ（tangshenoside Ⅰ、Ⅱ）[16]；木脂素类：7R,8R-苏式-4,7,9,9′-四羟基-3-甲氧基-8-O-4′-新木脂素-3′-O-β-D-吡喃葡萄糖苷（7R,8R-threo-4,7,9,9′-tetrahydroxy-3-methoxy-8-O-4′-neolignan-3′-O-β-D-glucopyranoside）[6]和丁香脂素（syringarsinol）[18]；黄酮类：鸢尾苷（tectoridin）[18]；酚酸类：香兰素（vanillin）和邻苯二甲酸-异丁基-2-（2-甲氧乙基）-己基酯[phthalic acid-isobutyl-2-（2-methoxyethyl）hexyl ester][4]；菲醌类：丹参酮ⅡA（tanshinone ⅡA）[4]；萜类：反式角鲨烯（trans-squalene）、西松烷（cembrane）、铁锈醇（ferruginol）[4]和罗汉松-6,8,11,13-四烯-12-醇-13-异丙基醋酸酯（podocarpa-6,8,11,13-tetraen-12-ol-13-isopropyl acetate）[6]；核苷类：腺苷（adenosine）[6]；氨基酸类：色氨酸（tryptophan）和苯丙氨酸（phenylalanine）[6]；生物碱类：2-乙酰基吡咯（2-acetylpyrrole）[4]、1,2,3,4-四氢-β-咔啉-3-羧酸（1,2,3,4-tetrahydro-β-carboline-3-carboxylic acid）、色氨酸-N-葡萄糖苷（tryptophan-N-glucoside）、菖蒲碱丙C-4′-O-β-D-吡喃葡萄糖苷（tatarine C-4′-O-β-D-glucopyranoside）[6]、N^9-甲酰哈尔满（N^9-formylharman）、1-甲氧甲酰基咔啉（1-carbomethoxy-carboline）、川芎哚（perlolyrine）和去甲基哈尔满（norharman）[19]；脂肪酸及酯类：4,8,12,16-四甲基十七烷-4-内酯（4,8,12,16-tetramethylheptadecan-4-olide）、肉豆蔻酸（myristic acid）、二十二酸乙酯（ethyl docosanoate）、亚油酸甲酯（methyl linoleate）、α-甘油基亚油酸酯（α-glyceryl linoleate）、L-（+）-抗坏血酸-2,6-二棕榈酸酯[L-（+）-ascorbic acid-2,6-dihexadecanoate]、8,11-十八碳二烯酸甲酯（methyl 8,11-octadecadienoate）、亚油酸乙酯（ethyl linoleate）[4]、马来酸（maleic acid）、二十六烷酰甲酯（methyl hexacosanoate）、正二十九烷（n-nonacosane）、二十一烷醇二十四碳酰酯（heneicosanol tetracosanoate）、四十四烷酸甲酯（methyl tetratetracontanoate）[7]、莽草酸（shikimic acid）和琥珀酸（succinic acid）[18]；挥发油类：（E,E）-3,7,11,15-四甲基十六烷-1,6,10,14-四烯-3-

醇［(E, E)-3, 7, 11, 15-tetramethylhexadeca-1, 6, 10, 14-tetraen-3-ol］、己酸（hexanoic acid）和 2, 3- 丁二醇（2, 3-butanediol）[4]；糖类：鼠李糖（rhamnose）、阿拉伯糖（arabinose）、葡萄糖（glucose）、半乳糖（galactose）和木糖（xylose）[20]；炔类：(4E, 3E)- 十五烷二烯 -8- 丙烯 -9, 11- 二炔基 -1, 7- 二醇 -7-O-β-D- 吡喃葡萄糖苷［(4E, 3E)-pentadecadiene-8-propylene-9, 11-diyne-1, 7-diol-7-O-β-D-glucopyranoside］[1]和党参炔苷（lobetyolin）[3]；烷烯类：十二烷 -2- 酮（dodecane-2-one）[3]，(Z, Z)-8, 10- 十六碳二烯 -1- 醇［(Z, Z)-8, 10-hexadecadien-1-ol］、正十七烷（n-heptadecane）和正十五烷（n-pentadecane）等[4]；己基糖苷类：(E)-2- 己烯基 -α-L- 吡喃阿拉伯糖基 -(1→6)-β-D- 吡喃葡萄糖苷［(E)-2-hexenyl-α-L-arabinopyranosyl-(1→6)-β-D-glucopyranoside］和(Z)-3- 己烯基 -α-L- 吡喃阿拉伯糖基 -(1→6)-β-D- 吡喃葡萄糖苷［(Z)-3-hexenyl-α-L-arabinopyranosyl-(1→6)-β-D-glucopyranoside］[6]；氨基酸类：天冬氨酸（Asp）、苏氨酸（Thr）、丝氨酸（Ser）、谷氨酸（Glu）、脯氨酸（Pra）、甘氨酸（Gly）、丙氨酸（Ala）、胱氨酸（Cyt）、缬氨酸（Val）、蛋氨酸（Met）、异亮氨酸（Ile）、亮氨酸（Leu）、酪氨酸（Tyr）、苯丙氨酸（Phe）、赖氨酸（Lys）、组氨酸（His）和精氨酸（Arg）[21]。

叶含黄酮类：木犀草素 -7-O-β-D- 吡喃葡萄糖苷（luteolin-7-O-β-D-glucopyranoside）、木犀草素 -5-O-β-D- 吡喃葡萄糖苷（luteolin-5-O-β-D-glucopyranoside）和木犀草素（luteolin）[22]。

【药理作用】1. 镇静　根提取物能增强小鼠戊巴比妥钠上剂量的睡眠时间及阈下剂量的睡眠率，对小鼠的自主活动有明显的抑制作用[1]。2. 抗惊厥　根提取物能不同程度地延长士的宁和咖啡因诱发的小鼠惊厥的死亡时间[1]。3. 镇痛　根提取物对热刺激及乙酸引起的疼痛具有显著的缓解作用[1]。4. 抗疲劳　根中分离的多糖成分[2]均可明显降低不同时间的小鼠累计耗氧量，延长小鼠缺氧存活时间，小鼠负重游泳存活时间及转棒耐力时间，且水提取物效果更为显著[3]。5. 抗氧化　根醇提取物和水提取物均能显著提高血清谷胱甘肽（GSH）、血清、肝匀浆和脑匀浆超氧化物歧化酶（SOD）、谷胱甘肽过氧化物酶（GSH-Px）含量，降低丙二醛（MDA）含量，且水提取物作用比醇提取物明显[4]。6. 免疫调节　根中分离的多糖成分能显著提高幼年小鼠胸腺指数和脾脏指数、巨噬细胞对鸡红细胞（CRBC）的吞噬率和吞噬指数，提高血清抗绵羊红细胞（SRBC）抗体水平，促进脾淋巴细胞在体外的增殖能力，呈剂量依赖性地拮抗环磷酰胺（CTX）对小鼠的免疫抑制作用[5]。7. 抗炎　根的乙醇提取物中的三萜皂苷对角叉菜胶致大鼠足肿胀炎症模型具有足肿胀抑制作用[6]。8. 调血脂　根水提取液使喂食高脂饲料的高血脂大鼠模型血清胆固醇（TC）、甘油三酯（TG）、低密度脂蛋白（LDL-C）及动脉硬化指数（AI）明显降低，明显升高高密度脂蛋白（HDL-C）的含量，降低动脉硬化指数[7]。9. 催乳　根水提取物能提高溴隐亭缺乳大鼠泌乳量及血清催乳素（PRL）含量，畅通泌乳通道[8]。10. 护肝　根水提醇沉物能明显抑制小鼠由乙醇引起的肝内谷胱甘肽含量降低，高剂量能明显减低长期灌胃乙醇引起的小鼠肝内丙二醛、甘油三酯含量的升高，并能抑制谷胱甘肽过氧化物酶的活性，具有较好的拮抗酒精性肝损伤的作用[9]。11. 抗肿瘤　根中分离的粗多糖能改善乌拉坦所致肺癌小鼠的生存质量，提高小鼠的胸腺指数和脾脏指数，增强肝脏中超氧化物歧化酶活性，显著延长小鼠存活时间[10]。12. 降血糖　根中分离的多糖成分能显著降低四氧嘧啶糖尿病小鼠空腹血糖，提高血清中的超氧化物歧化酶活性，降低丙二醛含量[11]。

【性味与归经】甘，平。

【功能与主治】润肺祛痰，解毒排脓，补中益气。用于肺脓疡，咳嗽，产后缺乳，病后体虚，毒蛇咬伤。

【用法与用量】9～15g。

【药用标准】药典 1977、浙江炮规 2015、上海药材 1994、湖北药材 2009、北京药材 1998 和广西药材 1990。

【临床参考】1. 乳汁不下：根 30g，加党参、黄芪、当归、熟地各 30g，黄精、白术各 15g，通草、天花粉、王不留行各 10g，水煎服，每日 1 剂，每日 2 次[1]。

2. 老年性肺炎：根 30g，加鱼腥草、黄芩各 30g，金银花 15～30g、浙贝母 12g、桔梗 6g、麻黄

15g、杏仁12g、甘草3g，热重者加三叶青、重楼各30g；大便干燥者加大黄12～15g；痰多而稠者加海浮石30g、蛤壳15g；咽痛咳声嘶哑者加玄参15g、马勃9g（包）。每日1剂，水煎2次，取汁350ml分3次温服，联合泰利必妥片每日3次，每次0.2g[2]。

3. 肺脓肿：鲜根90g，加冬瓜子60g、薏苡仁30g、桔梗、金银花各9g，水煎服。

4. 乳腺炎、痈肿疮疡：鲜根120g，水煎服，当天剂量可加倍；同时用龙胆草适量，加水捣烂外敷。（3方、4方引自《浙江药用植物志》）

【附注】羊乳始载于《名医别录》，云："三月采，立夏后母死。"《本草拾遗》云："羊乳根如荠苨而圆，大小如拳，上有角节，折之有白汁，苗作蔓，折之有白汁。"山海螺之名则见于《本草纲目拾遗》云："生山溪涧滨湿地上，叶五瓣，附茎而生。根如狼毒，皮有皱旋纹，与海螺相似而生于山，故名。虽生溪畔，性却喜燥，枝叶繁弱，可以入盆玩。"并引《百草镜》云："生土山，二月采，绝似狼毒，惟皮疙瘩，掐破有白浆为异。其叶四瓣，枝梗蔓延，秋后结子如算盘珠，旁有四叶承之。"又引汪连仕《采药书》云："苗蔓生，根如萝卜，味多臭，治杨梅恶疮神效。"《植物名实图考》云："奶树……土呼山海螺。"综合以上诸本草中的形态叙述及产地，均指本种。

药材羊乳不宜与藜芦同用。

【化学参考文献】

[1] 徐丽萍. 轮叶党参的化学成分及其药理作用的研究[D]. 沈阳：沈阳药科大学硕士学位论文，2008.

[2] 梁志敏. 轮叶党参根化学成分及其抗炎活性的研究[D]. 沈阳：沈阳药科大学硕士学位论文，2006.

[3] 李琚. 轮叶党参化学成分的提取分离与体外抗HepG-2细胞作用的研究[D]. 延吉：延边大学硕士学位论文，2012.

[4] 高艳霞，苏延友，贾凤娟，等. 超临界CO_2流体萃取及GC-MS联用技术优化提取和分析四叶参挥发油成分[J]. 中国新药杂志，2015，24（14）：1665-1669.

[5] Lee K W, Jung H J, Park H J, et al. Beta-D-xylopyranosyl-（1→3）-beta-D-glucuronopyranosyl echinocystic acid isolated from the roots of Codonopsis lanceolata induces caspase-dependent apoptosis in human acute promyelocytic leukemia HL-60 cells [J]. Biol Pharm Bull，2005，28（5）：854-859.

[6] Du Y E, Lee J S, Kim H M, et al. Chemical constituents of the roots of Codonopsis lanceolata [J]. Arch Pharm Res，2018，41（11）：1082-1091.

[7] Jung I H, Jang S E, Joh E H, et al. Lancemaside A isolated from Codonopsis lanceolata and its metabolite echinocystic acid ameliorate scopolamine-induced memory and learning deficits in mice [J]. Phytomedicine，2012，20（1）：84-88.

[8] Komoto N, Ichikawa M, Ohta S, et al. Murine metabolism and absorption of lancemaside A, an active compound in the roots of Codonopsis lanceolata [J]. J Nat Med，2010，64（3）：321-329.

[9] Lee K T, Choi J, Jung W T, et al. Structure of a new echinocystic acid bisdesmoside isolated from Codonopsis lanceolatar roots and the cytotoxic activity of prosapogenins [J]. J Agric Food Chem，2002，50（15）：4190-4193.

[10] Xu L P, Wang H, Yuan Z. Triterpenoid saponins with anti-inflammatory activity from Codonopsis lanceolata [J]. Planta Med，2008，74（11）：1412-1415.

[11] Yang H S, Choi S S, Han B H, et al. Sterols and triterpenoids from Codonopsis lanceolata [J]. Yakhak Hoechi，1975，19（3）：209-212.

[12] 梁志敏，林喆，原忠，等. 轮叶党参化学成分研究[J]. 中国中药杂志，2007，32（13）：1363-1364.

[13] Han B H, Kang S S, Woo W S. Triterpenoids from Codonopsis lanceolata [J]. Yakhak Hoechi，1976，20（3）：145-148.

[14] Han B H, Kang S S, Woo W S. Triterpenoids from Codonopsis lanceolata [J]. Soul Taehakkyo Saengyak Yonguso Opjukjip，1976，15：79-82.

[15] Alad'ina N G, Gorovoi P G, Elyakov G B. Codonoside B, the major triterpene glycoside of Codonopsis lanceolata [J]. Khim Prir Soedin，1988，（1）：137-138.

[16] Ushijima M, Komoto N, Sugizono Y, et al. Triterpene glycosides from the roots of Codonopsis lanceolata [J]. Chem Pharm Bull，2008，56（3）：308-314.

[17] 任启生，余雄英，宋新荣，等. 山海螺化学成分研究[J]. 中草药，2005，36（12）：1773-1775.

[18] 毛士龙，桑圣民，劳爱娜，等.山海螺的化学成分研究［J］.天然产物研究与开发，2000，12（1）：1-3.
[19] Chang Y K, Kim S Y, Han B H. Chemical studies on the alkaloidal constituents of *Codonopsis lanceolata*［J］. Yakhak Hoechi，1986，30（1）：1-7.
[20] 薛子成.泰山四叶参多糖分离纯化、理化特性及生物学活性研究［D］.泰安：泰山医学院硕士学位论文，2012.
[21] 徐勤，刘布鸣，邓立东，等.中药四叶参中的氨基酸分析［J］.广西科学，2008，15（2）：176-177，180.
[22] Whan W K, Park K Y, Chung S H, et al. Flavonoids from *Codonopsis lanceolata* leaves［J］. Saengyak Hakhoechi，1994，25（3）：204-208.

【药理参考文献】
[1] 徐惠波，孙晓波，周重楚.轮叶党参提取物对中枢神经系统的影响［J］.特产研究，1991，1（22）：49-51.
[2] 王德才，陈美华，辛晓明.泰山四叶参提取物对小鼠耐缺氧及抗疲劳能力的影响［J］.泰山医学院学报，2007，28（6）：401-403.
[3] 赵燕燕，苏美英，王莉，等.泰山四叶参精制多糖对小鼠耐缺氧及抗疲劳能力的影响［J］.中国医院药学杂志，2001，31（8）：679-680.
[4] 王德才，李同德，徐晓燕.泰山四叶参提取物对小鼠抗氧化能力的影响［J］.中国中医药信息杂志，2008，15（1）：37-38.
[5] 王德才，邱玉玉，张显忠，等.泰山四叶参多糖对幼年小鼠和免疫抑制小鼠的免疫调节作用［J］.时珍国医国药，2009，20（11）：2886-2888.
[6] 梁志敏.轮叶党参根化学成分及其抗炎活性的研究［D］.沈阳：沈阳药科大学硕士学位论文，2006，26-28.
[7] 催香淑.轮叶党参调血脂功能的研究［D］.延边：延边大学硕士学位论文，2002，8-12.
[8] 钱学艳，彭晓娉，周三，等.不同产地四叶参对产后缺乳大鼠的催乳作用研究［J］.食品与药品，2015，17（5）：309-313.
[9] 刘智.轮叶党参水提醇沉物对酒精性肝损伤的保护作用研究［D］.延边：延边大学硕士学位论文，2004，7-16.
[10] 张翠，贾法玲.泰山四叶参对小鼠肺癌的作用及其机制初探［J］.泰山医学院学报，2011，33（3）：98-101.
[11] 张峰，张继国，高永峰，等.四叶参多糖对糖尿病大鼠及抗脂质过氧化作用的影响［J］.泰山医学院学报，2010，31（12）：911-913.

【临床参考文献】
[1] 姚连生.增乳汤临床治验［J］.中医药信息，1996，（4）：33.
[2] 竹青，曹阳，王明如.羊乳复方合泰利必妥治疗老年性肺炎46例［J］.吉林中医药，2001，（2）：18.

4. 桔梗属 *Platycodon* A. DC.

多年生草本，有白色乳汁。根胡萝卜状，肉质。茎直立，常无毛，不分枝，极少上部分枝。叶对生、轮生或互生，卵形至卵状披针形，长4～7cm，宽1.5～3cm，顶端尖锐，基部楔形或圆钝，叶面绿色，叶背常有白粉，边缘有锐锯齿，无柄或近无柄。花单生或数朵集成假总状花序生于枝顶，有柄；花萼和子房贴生，5裂，萼齿三角形或三角状披针形，长0.5～4mm；花冠宽钟状，蓝紫色，直径3～5cm，裂片5，三角形，顶端尖锐；雄蕊5枚，花丝基部膨大成片状，且在膨大部分有毛，花药分离；无花盘；子房半下位，5室，胚珠多数；柱头5裂。蒴果圆卵形，长宽各约1.5cm，顶端（花萼裂片和花冠着生位置之上）室背5裂。种子多数，熟后黑色，一端斜截，一端急尖，侧面有一条棱。

本属仅1种，产亚洲东部，中国南北各地均有分布，法定药用植物1种。华东地区法定药用植物1种。

953. 桔梗（图953）• *Platycodon grandiflorus*（Jacq.）A. DC.［*Platycodon grandiflorum*（Jacq.）A. DC.］

【别名】铃铛花（通称），六角荷、僧冠帽（上海），苦桔梗、桔梗草（安徽），土人参（江苏吴江），

图 953　桔梗　　　　　　　摄影　李华东等

大药（江苏南京、盱眙），包袱花（江苏连云港）。

【形态】形态特征同属。花期 7～9 月，果期 8～11 月。

【生境与分布】生于海拔 2000m 以下的阳坡草地或灌丛中。分布于华东各地，中国南北各地均有分布；朝鲜半岛、日本、俄罗斯远东地区和东西伯利亚地区的南部也有分布。

【药名与部位】桔梗，根。

【采集加工】春、秋二季采挖，洗净，趁鲜刮去外皮或不去外皮，干燥。

【药材性状】呈圆柱形或略呈纺锤形，下部渐细，有的有分枝，略扭曲，长 7～20cm，直径 0.7～2cm。表面淡黄白色至黄色，不去外皮者表面黄棕色至灰棕色，具纵扭皱沟，并有横长的皮孔样斑痕及支根痕，上部有横纹。有的顶端有较短的根茎或不明显，其上有数个半月形茎痕。质脆，断面不平坦，形成层环棕色，皮部黄白色，有裂隙，木质部淡黄色。气微，味微甜后苦。

【药材炮制】桔梗：除去杂质，洗净，润软，切厚片或薄片，干燥。炒桔梗：取桔梗饮片，炒至表面微黄色，微具焦斑时，取出，摊凉。蜜桔梗：取桔梗饮片，与炼蜜拌匀，稍闷，炒至不粘手时，取出，摊凉。

【化学成分】根含三萜皂苷类：桔梗皂苷元（platycodigenin）[1]，桔梗糖苷 A（platycoside A）[2,3]，桔梗糖苷 B、C（platycoside B、C）[3]，桔梗糖苷 D、E（platycoside D、E）[4]，桔梗糖苷 F（platycoside F）[5]，桔梗糖苷 G_1、G_2、G_3（platycoside G_1、G_2、G_3）[6]，桔梗糖苷 H、I、J、K、L（platycoside H、I、J、K、L）[7]，桔梗糖苷 M-1、M-2、M-3（platycoside M-1、M-2、M-3）[8]，桔梗皂苷 C（platycodoside C）[9]，桔梗皂苷 A、C（platycodin A、C）[10]，桔梗皂苷 D、D_2、D_3（platycodin D、D_2、D_3）、远志皂苷 XI（polygalacin XI）、去芹糖基桔梗皂苷 D_3（deapioplatycodin D_3）[3]，去芹糖基桔梗皂苷 D（deapioplatycodin D）、2″-O-乙酰桔梗皂苷 -D（2″-O-acetylplatycodin-D）、3″-O-乙酰桔梗皂苷 -D

（3″-O-acetylplatycodin-D）、2″-O-乙酰桔梗皂苷-D_2（2″-O-acetylplatycodin-D_2）、3″-O-乙酰桔梗皂苷-D_2（3″-O-acetylplatycodin-D_2）、去芹糖基桔梗皂苷 D_2（deapioplatycodin D_2）、远志皂苷-D（polygalacin-D）、2″-O-乙酰远志皂苷-D（2″-O-acetylpolygalacin-D）、3″-O-乙酰远志皂苷-D（3″-O-acetylpolygalacin-D）、远志皂苷-D_2（polygalacin-D_2）、2″-O-乙酰远志皂苷-D_2（2″-O-acetylpolygalacin-D_2）、3″-O-乙酰远志皂苷-D_2（3″-O-acetylpolygalacin-D_2）、桔梗苷酸A内酯（platyconic acid A lactone）、桔梗苷酸A甲酯（methyl platyconate A）、2-O-甲基桔梗苷酸A甲酯（methyl 2-O-methylplatyconate A）[11]、桔梗苷酸A（platyconic acid A）[12]、桔梗苷酸B、C、D、E（platyconic acid B、C、D、E）[13]、桔梗皂苷 J、K、L（platycodin J、K、L）、桔梗皂苷A（platycosaponin A）[13]、去芹糖基桔梗糖苷E（deapioplatycoside E）[12,13]、16-酮基桔梗皂苷D（16-oxo-platycodin D）[13]、桔梗酸A、B、C（platycogenic acid A、B、C）[14]、3-O-β-D-吡喃葡萄糖基-2β, 3β, 16α, 23, 24-五羟基齐墩果-12-烯-28-羧酸（3-O-β-D-glucopyranosyl-2β, 3β, 16α, 23, 24-pentahydroxyolean-12-en-28-oic acid）、3-O-β-D-吡喃葡萄糖基远志酸（3-O-β-D-glucopyranosyl polygalacic acid）、3-O-β-D-吡喃葡萄糖基-（1→3）-β-D-吡喃葡萄糖基远志酸［3-O-β-D-glucopyranosyl-（1→3）-β-D-glucopyranosyl polygalacic acid］[2]、3-O-β-D-吡喃葡萄糖基桔梗皂苷元（3-O-β-D-glucopyranosyl platycodigenin）[15-17]、3-O-β-D-吡喃葡萄糖基桔梗皂苷元甲酯（3-O-β-D-glucopyranosyl platycodigenin methyl ester）、去芹糖基桔梗苷酸A内酯（deapioplatyconic acid A lactone）[17]、3-O-β-D-吡喃葡萄糖基-16-酮基桔梗皂苷元-28-O-β-D-呋喃芹糖基-（1→3）-β-D-吡喃木糖基-（1→4）-α-L-吡喃鼠李糖基-（1→2）-α-L-吡喃阿拉伯糖基酯苷［3-O-β-D-glucopyranosyl-16-oxo-platycodigenin-28-O-β-D-apiofuranosyl-（1→3）-β-D-xylopyranosyl-（1→4）-α-L-rhamnopyranosyl-（1→2）-α-L-arabinopyranosyl ester］[18]、原皂苷元I（prosapogenin I）[19]、远志酸（polygalacic acid）[20]、3-O-β-D-吡喃葡萄糖基-2β, 3β, 16α, 23, 24-五羟基齐墩果烷-28（13）-内酯［3-O-β-D-glucopyranosyl-2β, 3β, 16α, 23, 24-pentahydroxyoleanane-28（13）-lactone］、3-O-β-D-吡喃葡萄糖基-（1→3）-β-D-吡喃葡萄糖基-2β, 12α, 16α, 23α-四羟基齐墩果烷-28（13）-内酯［3-O-β-D-glucopyranosyl-（1→3）-β-D-glucopyranosyl-2β, 12α, 16α, 23α-tetrahydroxyoleanane-28（13）-lactone］[21]、齐墩果酸（oleanolic acid）、木栓醇（friedelinol）和白桦脂醇（betulin）[22]；黄酮类：略水苏素（negletein）[22]；色素类：桔梗色素（platyconin）[23]；甾体类：α-菠菜甾醇（α-spinasterol）和α-菠菜甾醇-3-O-β-D-吡喃葡萄糖苷（α-spinasterol-3-O-β-D-glucopyranoside）[2]、β-谷甾醇（β-sitosterol）、胡萝卜苷（daucosterol）和Δ^7-豆甾烯-3β-醇（stigmasta-7-dien-3β-ol）[22]；挥发油类：正壬醛（n-nonanal）和反式-2-已烯醇（trans-2-hexenol）等[24]；元素：钾（K）、镁（Mg）、钙（Ca）、锰（Mn）、铁（Fe）、铜（Cu）和锌（Zn）等[25]；脂肪酸类：正二十四烷酸（n-tetracosanoic acid）、正二十六烷酸（n-hexacosanoic acid）、正二十八烷酸（n-octacosanoic acid）和α-棕榈酸单甘油酯（α-monopalmitin）[2]。

茎含元素：钙（Ca）等[26]；单糖类：葡萄糖（glucose）等[26]；氨基酸类：谷氨酸（glutamic acid）和精氨酸（arginine）等[26]；脂肪酸类：油酸（oleic acid）和亚油酸（linoleic acid）等[26]。

叶含元素：钙（Ca）等[26]；单糖类：果糖（fructose）等[26]；氨基酸类：谷氨酸（glutamic acid）等[26]；脂肪酸类[26]：油酸（oleic acid）和亚油酸（linoleic acid）等[26]。

花含黄酮类：芹菜素（apigenin）、木犀草素（luteolin）、芹菜素-7-O-β-D-吡喃葡萄糖苷（apigenin-7-O-β-D-glucopyranoside）、芹菜素-7-O-（6″-O-乙酰基）-β-D-吡喃葡萄糖苷［apigenin-7-O-（6″-O-acetyl）-β-D-glucopyranoside］、木犀草素-7-O-（6″-O-乙酰基）-β-D-吡喃葡萄糖苷［luteolin-7-O-（6″-O-acetyl）-β-D-glucopyranoside］和异鼠李素-3-O-新橙皮糖苷（isorhamnetin-3-O-neohesperidoside）[27]；苯丙素类：绿原酸甲酯（methyl chlorogenate）、4-O-咖啡酰基奎宁酸（4-O-caffeoylquinic acid）、咖啡酸-4-O-β-D-吡喃葡萄糖苷（caffeic acid-4-O-β-D-glucopyranoside）[27]和飞燕草素-3-双咖啡酰基芸香糖基-5-葡萄糖苷（delphinidin-3-di-caffeoylrutinosyl-5-glucoside）[28]；多炔类：党参炔苷（lobetyolin）和心叶党参炔苷C（cordifolioidyne C）[27]；三萜类：己酸异多花独尾草烯醇酯（isomultiflorenyl acetate）[27]；甾

体类：胡萝卜苷（daucosterol）和 α-菠菜甾醇（α-spinaterol）[27]。

地上部分含黄酮类：芹菜素（apigenin）、芹菜素-7-O-β-D-葡萄糖苷（apigenin-7-O-β-D-glucoside）、木犀草素（luteolin）和木犀草素-7-O-β-D-葡萄糖苷［luteolin-7-O-β-D-glucoside］[29]；苯丙素类：咖啡酸（caffeic acid）、3,4-二甲氧基肉桂酸（3,4-dimethoxycinnamic acid）、绿原酸（chlorogenic acid）、阿魏酸（ferulic acid）、异阿魏酸（isoferulic acid）、间香豆酸（m-coumaric acid）和对香豆酸（p-coumaric acid）[29]；酚酸类：对羟基苯甲酸（p-hydroxybenzoic acid）、2-羟基-4-甲氧基苯甲酸（2-hydroxy-4-methoxybenzoic acid）、高香草酸（homovanillic acid）、α-雷琐酸（α-resorcylic acid）和 2,3-二羟基苯甲酸（2,3-dihydroxybenzoic acid）[29]。

【药理作用】1. 抗肿瘤　根的水提取物可抑制转化生长因子-$β_1$（TGF-$β_1$）诱导的人肺癌 A549 细胞上皮间质转化（EMT）异常，抑制 TGF-β1 介导的 E-钙黏蛋白下调和波形蛋白上调，并能保留上皮形态，抑制 TGF-β1 介导的 Snail（E-钙黏蛋白的阻遏蛋白及 EMT 的诱导蛋白）表达，抑制 TGF-β1 诱导的 Akt、ERK1/2 及糖原合成酶激酶-3β（GSK-3β）的磷酸化从而阻断 TGF-β1 诱导的 GSK-3β 磷酸化和 Snail 活化，减弱 TGF-β1 诱导的 Smad2/3 磷酸化和上调 Smad7 表达[1]；根中提取的桔梗皂苷可减少 12-O-十四烷酰基佛波醇-13-乙酸酯（PMA）增强的活化形基质金属蛋白酶-9（MMP-9）和基质金属蛋白酶-2（MMP-2）的量，且呈剂量依赖性，并进一步抑制 HT-1080 细胞的侵袭和迁移，通过抑制核因子-κB（NF-κB）活化抑制 PMA 增强的 MMP-9 蛋白 mRNA 和转录活性水平的表达，而不改变组织金属蛋白酶抑制剂-1（TIMP-1）水平，通过抑制模型 1-基质金属蛋白酶（MT1-MMP）水平降低 PMA 增强的 MMP-2 活性形式，但不改变 MMP-2 和 TIMP-2 水平[2]；根中提取的多糖可显著抑制宫颈癌（U14）模型小鼠实体瘤的生长，上调 p19AURF 和 Bax 蛋白表达量，显著下降突变型 p53 蛋白表达[3]。2. 抗气道炎症　根的甲醇提取物可抑制卵白蛋白诱导的气道炎症模型小鼠支气管肺泡灌洗液中的白细胞数、IgE、Th1/Th2 细胞因子和 MCP-1 趋化因子分泌，可抑制卵清蛋白所致的 MUC5AC、MMP-2/9 和 TIMP-1/-2 mRNA 的表达及 NF-κB 活化、白细胞募集和黏液分泌；根中分离得到的成分桔梗苷酸 A（platyconic acid A）可通过抑制丙二醇甲醚醋酸酯诱导 NF-κB 的活化从而抑制人肺癌 A549 细胞 MUC5AC mRNA 的表达[4]。3. 降脂护肝　根的甲醇提取物可抑制高脂饮食所致诱导的肝脏脂质过氧化水平、胶原沉积、促纤维化和促炎症细胞因子表达，通过抑制核因子-κB p65 核转位和 IκBα 降解来抑制高脂饮食诱导的 COX-2 表达，恢复高脂饮食减少的 Nrf2 介导的抗氧化酶表达，恢复高脂饮食减少的过氧化物酶体增殖物激活受体α（PPARα）调节的酰基辅酶 A 氧化酶和肉毒碱-棕榈酰辅酶 A 转移酶-1 表达[5]；根的水提取物可减弱高脂饮食喂养的大鼠肝脏和脂肪变性 HepG2 细胞中的脂肪积累及编码 SREBP-1c 和脂肪酸合成酶的脂肪生成基因的诱导[6]，并可抑制 3T3-L1 脂肪细胞和高脂肪饮食诱导的肥胖小鼠的脂质积累，通过下调脂肪形成转录因子抑制 3T3-L1 脂肪生成过程中的脂肪积累，显著降低小鼠最终体重、附睾脂肪组织质量和脂肪细胞大小，减轻血清总胆固醇（TC）、甘油三酯（TG）和低密度脂蛋白胆固醇（LDL-C）含量[7]；根中提取的桔梗皂苷可减少高脂饲料喂养的大鼠肝脏脂肪变性 HepG2 细胞中脂肪积累，减弱编码 SREBP-1c 和脂肪酸合成酶的脂肪生成基因的诱导，增加 AMPK 和乙酰辅酶 A 羧化酶的磷酸化，减轻肝脏损伤，特异性抑制剂实验表明，桔梗素 D 在 HepG2 细胞中通过 SIRT1/CaMKKβ 激活 AMP[6]，根中提取的桔梗皂苷还可显著抑制乙醇所致的急性肝损伤模型小鼠血清谷丙转氨酶（ALT）、肿瘤坏死因子-α（TNF-α）、肝脏脂质过氧化和肝脏甘油三酯含量的增加，防止乙醇诱导的脂肪变性和坏死，保持肝脏谷胱甘肽（GSH）含量，消除苯胺的 CYP2E1 诱导和 CYP2E1 依赖性羟基化[8]，同时可降低乙酰氨基酚诱导的急性肝毒性模型小鼠血清谷丙转氨酶、天冬氨酸氨基转移酶（AST）及丙二醛（MDA）含量，增加谷胱甘肽含量，逆转肝组织中 CYP2E1 和 4-HNE 的强表达，且呈剂量依赖性[9]；根的水提取物可显著降低胆管结扎所致的肝纤维化模型大鼠血清谷丙转氨酶、天冬氨酸氨基转移酶、总胆红素（TBIL）、血尿素氮（BUN）和一氧化氮（NO）含量，增加超氧化物歧化酶（SOD）的含量[10]；根的水提取物可降低异烟肼和利福平所致的肝损伤模型小鼠肝脏指数，降低小鼠血清谷丙转氨酶含量，降低小鼠肝匀浆中的丙二醛含量，增加肝匀浆中超氧化物歧化酶的含量，减轻肝组织变性坏死程度，缓解肝组织的病理改变[11]。4. 溶血　根中分离的桔梗皂苷 D、D_2（platycodin D、D_2）、桔梗糖苷 A（platycoside A）和远志皂苷 D_2（polygalacin D_2）可促进伴刀豆球蛋白 A（Con A）、脂多糖（LPS）和抗原诱导的脾细胞增殖，而且增强了 rL-H5 免疫的小鼠中的自然杀伤（NK）细胞活性，增加抗原特异性 IgG、IgG1、IgG2a 和 IgG2b 抗体滴度，在免疫小鼠中诱导 IgG 和 IgG1 抗体应答[12]。5. 抗动脉粥样硬化　根中分离的桔梗皂苷 D 可增加氧化低密度脂蛋白诱导的人体脐静脉内皮细胞（HUVECs）培养基中一氧化氮的含量，降低丙二醛含量，显著抑制氧化低密度脂蛋白诱导的单核细胞与内皮细胞黏附的增加以及降低细胞 VCAM-1 和 ICAM-1 mRNA 表达水平[13]。6. 抗抑郁　根、茎、叶和种子的 80% 乙醇提取物可显著增加脂多糖诱导的抑郁症模型小鼠的糖水偏好率，改善模型小鼠的体重下降，增加旷场实验中小鼠的水平运动得分，显著减少小树强迫游泳的不动时间，缩短悬尾实验中小鼠的不动时间[14]。7. 抗糖尿病　根的醇提取物可缓解链脲菌素所致糖尿病模型小鼠体重下降和多饮多食症状，显著抑制了血糖的急剧升高，显著降低糖尿病小鼠血清胆固醇、甘油三酯及低密度脂蛋白（LDL）含量并提高高密度脂蛋白（HDL）含量，同时对胰岛素的分泌也有一定的改善作用[15]；根水提醇沉上清部分可显著降低链脲佐菌素所致的糖尿病模型小鼠的餐后血糖水平，显著抑制葡萄糖苷酶活性，可显著降低链脲佐菌素所致的糖尿病模型小鼠血脂水平并可有效抑制肾脏并发症[16]，对高糖引起的血管内皮细胞损伤具有保护作用，且呈剂量依赖性，可有效对抗过氧化氢（H_2O_2）对血管内皮细胞的损伤[17]。8. 抗哮喘　根水提取物可显著延长支气管重构哮喘模型大鼠引喘时间，显著降低血清核转录因子（NF-κB）、基质金属蛋白酶 -9 和基质金属蛋白酶组织抑制剂 -1 浓度[18]。9. 增强免疫　根中提取的多糖可显著增加环磷酰胺所致的免疫抑制模型小鼠胸腺指数和脾脏指数，显著提高血清中白细胞介素 -2（IL-2）和肿瘤坏死因子 -α（TNF-α）含量，且呈剂量依赖性[19]。10. 抗炎　茎叶乙醇提取物的石油醚、氯仿、乙酸乙酯和正丁醇提取物可抑制二甲苯所致的小鼠耳肿胀、急性炎症所致的腹腔毛细血管通透性、鸡蛋清引起的大鼠足趾肿胀及鸡蛋清所致的大鼠足类炎性组织中的前列腺素 E_2（PGE_2）含量[20]。11. 镇咳祛痰　根的水提取液可显著延长氨水引咳法所致的咳嗽模型小鼠咳嗽潜伏期，显著减少咳嗽次数，显著增加气管酚红排泌量[21]。12. 抗氧化　根中提取的多糖对于 1, 1- 二苯基 -2- 三硝基苯肼（DPPH）自由基和羟自由基（·OH）具有较好的清除作用[22]。13. 抗疲劳　根的乙醇提取物可显著增加小鼠的爬杆时间、小鼠无负重游泳时间、小鼠肝糖原和肌糖原储备量[23]。14. 抗肺纤维化　根中分离的桔梗皂苷 D 可提高气管滴注盐酸博来霉素所致的肺纤维化模型大鼠生存率，显著降低大鼠血清中 I 型胶原、III 前胶原肽、透明质酸（HA）的含量，并能下调大鼠肺组织 TGF-β mRNA 的表达[24]。15. 抑制血管生成　根中提取的桔梗皂苷可抑制人脐静脉内皮细胞增殖和鸡胚绒毛尿囊膜血管生成[25]。

【性味与归经】苦、辛，平。归肺经。

【功能与主治】宣肺，利咽，祛痰，排脓。用于咳嗽痰多，胸闷不畅，咽痛，音哑，肺痈吐脓，疮疡脓成不溃。

【用法与用量】3～9g。

【药用标准】药典 1963—2015、部标 1963、浙江炮规 2015、贵州药材 1965、新疆药品 1980 二册、内蒙古蒙药 1986、香港药材二册和台湾 2013。

【临床参考】1. 慢性咽炎：复方桔梗散（根 20g，加薄荷、南沙参、麦冬、甘草各 20g，射干、薏苡仁各 10g，制成散剂，4g/ 袋）冲服，每日 2 次，每次 1 袋，2 周 1 疗程[1]。

2. 腰麻术后便秘：根 10g，加甘草 6g，浙贝母、紫菀各 10g，每日 1 剂，水煎 2 次，每次 30min，煎取药液 100ml，合并后早晚各服 100ml[2]。

3. 矽肺：根 10g，加水煎服，每日 3 次，联合矽肺宁 4 片、舒喘灵片 4.8mg、必嗽平片 16mg、蛇胆口服液 10ml、氨茶碱片 0.1g，均口服，每日 3 次[3]。

4. 放射性食管炎：根 20g，加甘草 6g、生地 30g、黄芪、天花粉各 20g、金银花、麦冬、玄参各 15g，炒白术 10g，每日 1 剂，水煎成 600ml 药液分装 3 袋，从放疗第 1 天开始持续至放疗结束，每次 1 袋，每日3次缓慢吞服上述药液10～15min,使药液充分与受损黏膜表层接触,直接作用于病灶[4]。

5. 睡眠呼吸暂停综合征:根30g,加甘草、穿山甲(研粉冲服)、杏仁、黄芪各10g,浮海石、生地、枳壳各30g,皂角刺5g,升麻、柴胡各9g,桃仁13g,偏于脾虚者加党参、土白术、茯苓各10g;痰浊偏盛者加礞石30g、天竺黄15g;瘀血偏重者加红花10g、当归30g、地龙12g。每日1剂,水煎2次兑匀,分3次温服[5]。

6. 肺痈咳逆、胸满吐脓:根9～15g,加鱼腥草、冬瓜仁、薏苡仁、金银花各9～15g,甘草6g,水煎服。

7. 扁桃体炎:根9g,加玄参、山豆根、麦冬各9g,水煎服。(6方、7方引自《浙江药用植物志》)

【附注】桔梗始载于《神农本草经》,列为下品。《名医别录》载:"生嵩高山谷及冤句。二、八月采根,暴乾。"《本草经集注》载:"桔梗,近道处处有,叶名隐忍,二、三月生,可煮食之。"《本草图经》载:"今在处有之,根如小指大,黄白色,春生苗,茎高尺余,叶似杏叶而长椭,四叶相对而生,嫩时亦可煮食之,夏开花紫碧色,颇似牵牛子花,秋后结子,八月采根,细锉曝干用。叶名隐忍。其根有心,无心者乃荠苨也。"《植物名实图考》载:"桔梗处处有之,三四叶攒生一处,花未开时如僧帽,开时有尖瓣,不钝,似牵牛花。"并有附图,所载与今所用桔梗特征相符。

药材桔梗阴虚久咳及咳血者禁服,胃溃疡者慎服;内服过量可引起恶心呕吐。

【化学参考文献】

[1] Akiyama T, Tanaka O, Shibata S. Chemical studies on oriental plant drugs XXXI. sapogenins of the roots of *Platycodon grandiflorum* 2. Structure of platycodigenin [J]. Chem Pharm Bull, 1972, 20(9): 1952-1956.

[2] Fu W W, Dou D Q, Shimizu N, et al. Studies on the chemical constituents from the roots of *Platycodon grandiflorum* [J]. J Nat Med, 2006, 60(1): 68-72.

[3] Nikaido T, Koike K, Mitsunaga K, et al. Triterpenoid saponins from root of *Platycodon grandiflorum* [J]. Nat Med, 1998, 52(1): 54-59.

[4] Nikaido T, Koike K, Mitsunaga K, et al. Two new triterpenoid saponins from *Platycodon grandiflorum* [J]. Chem Pharm Bull, 1999, 47(6): 903-904.

[5] Mitsunaga K, Koike K, Koshikawa M, et al. Triterpenoid saponin from *Platycodon grandiflorum* [J]. Nat Med, 2000, 54(3): 148-150.

[6] He Z D, Qiao C F, Han Q B, et al. New triterpenoid saponins from the roots of *Platycodon grandiflorum* [J]. Tetrahedron, 2005, 61(8): 2211-2215.

[7] Fu WW, Shimizu N, Dou D Q, et al. Five new triterpenoid saponins from the roots of *Platycodon grandiflorum* [J]. Chem Pharm Bull, 2006, 54(4): 557-560.

[8] Fu WW, Shimizu N, Takeda T, et al. New A-ring lactone triterpenoid saponins from the roots of *Platycodon grandiflorum* [J]. Chem Pharm Bull, 2006, 54(9): 1285-1287.

[9] Elyakov G B, Alad'ina N G. Chemical studies on platycodoside C, a new glycoside from *Platycodon grandiflorus* [J]. Tetrahedron Lett, 1972, (35): 3651-3652.

[10] Konishi T, Tada A, Shoji J, et al. The structures of platycodin A and C, monoacetylated saponins of the roots of *Platycodon grandiflorum* A. DC [J]. Chem Pharm Bull, 1978, 26(2): 668-670.

[11] Ishii H, Tori K, Tozyo T, et al. Saponins from roots of *Platycodon grandiflorum*. Part 2. isolation and structure of new triterpene glycosides [J]. Journal of the Chemical Society, Perkin Transactions 1: Organic and Bio-Organic Chemistry (1972—1999), 1984, (4): 661-668.

[12] Choi Y H, Yoo D S, Choi C W, et al. Platyconic acid A, a genuine triterpenoid saponin from the roots of *Platycodon grandiflorum* [J]. Molecules, 2008, 13(11): 2871-2879.

[13] Fukumura M, Iwasaki D, Hirai Y, et al. Eight new oleanane-type triterpenoid saponins from *Platycodon* Root [J]. Heterocycles, 2010, 81(12): 2793-2806.

[14] Kubota T, Kitatani H, Hinoh H. Structure of platycogenic acids A, B, and C, further triterpenoid constituents of *Platycodon grandiflorum* [J]. J Chem Soc, Sec D: Chem Comm, 1969, (22): 1313-1314.

[15] Akiyama T, Tanaka O, Shibata S. Chemical studies on oriental plant drugs. XXXI. sapogenins from the roots of *Platycodon*

grandiflorum. 3. structure of a prosapogenin, 3-*O*-β-glucosylplatycodigenin [J]. Chem Pharm Bull, 1972, 20（9）: 1957-1961.

［16］付文卫，窦德强，侯文彬，等．桔梗中三萜皂苷的分离与结构鉴定［J］．中国药物化学杂志，2005，15（5）：297-301.

［17］李凌军，刘振华，陈赟，等．桔梗的化学成分研究［J］．中国中药杂志，2006，31（18）：1506-1509.

［18］Li W，Xiang L，Zhang J，et al. A new triterpenoid saponin from the roots of *Platycodon grandiflorum* [J]. Chin Chem Lett, 2007, 18（3）: 306-308.

［19］Ishii H, Tori K, Tozyo T, et al. Saponins from roots of *Platycodon grandiflorum*. Part 1. structure of prosapogenins [J]. J Chem Soc, Perkin Transact 1: Org Bio-Org Chem（1972—1999），1981，（7）：1928-1933.

［20］Akiyama T, Tanaka O, Shibata S. Chemical studies on oriental plant drugs. XXX. sapogenins of the roots of *Platycodon grandiflorum*. 1. Isolation of the sapogenins and the stereochemistry of polygalacic acid [J]. Chem Pharm Bull, 1972, 20（9）: 1945-1951.

［21］Zhang L, Liu Z H, Tian J K. Cytotoxic triterpenoid saponins from the roots of *Platycodon grandiflorum* [J]. Molecules, 2007, 12（4）: 832-841.

［22］贾正，戚进，朱丹妮，等．桔梗乙酸乙酯部位的化学成分研究［J］．药学与临床研究，2009，17（3）：202-203.

［23］Goto T, Kondo T, Tamura H, et al. Structure of platyconin, a diacylated anthocyanin isolated from the Chinese bellflower *Platycodon grandiflorum* [J]. Tetrahedron Lett, 1983, 24（21）: 2181-2184.

［24］Chung J H, Sun S W, Kwon J S, et al. Volatile components of *Platycodon grandiflorus*（Jacquin）A. De Candolle [J]. Han'guk Nonghwa Hakhoechi, 1996, 39（6）: 517-520.

［25］薛国庆，韩玉琦，宋海，等．FAAS法测定不同消化方法栽培桔梗中12种金属元素含量的研究［J］．光谱学与光谱分析，2007，27（6）：1231-1234.

［26］Jeong C H, Shim K H. Chemical composition and antioxidative activities of *Platycodon grandiflorum* leaves and stems [J]. Han'guk Sikp'um Yongyang Kwahak Hoechi, 2006, 35（5）: 511-515.

［27］Jang D S, Lee Y M, Jeong I H, et al. Constituents of the flowers of *Platycodon grandiflorum* with inhibitory activity on advanced glycation end products and rat lens aldose reductase *in vitro* [J]. Arch Pharm Res, 2010, 33（6）: 875-880.

［28］Saito N, Osawa Y, Hayashi K. Anthocyanins. LXIII. platyconin, a new acylated anthocyanin in Chinese bell-flower, *Platycodon grandiflorum* [J]. Phytochemistry, 1971, 10（2）: 445-447.

［29］Mazol I, Glensk M, Cisowski W. Polyphenolic compounds from *Platycodon grandiflorum* A. DC [J]. Acta Poloniae Pharmaceutica, 2004, 61（3）: 203-208.

【药理参考文献】

［1］Choi J H, Hwang Y P, Kim H G, et al. Saponins from the roots of *Platycodon grandiflorum*, suppresses TGFβ1-induced epithelial-mesenchymal transition via repression of PI3K/Akt, ERK1/2 and Smad2/3 pathway in human lung Carcinoma A549 cells [J]. Nutrition and Cancer, 2014, 66（1）: 140-151.

［2］Lee K J, Hwang S J, Choi J H, et al. Saponins derived from the roots of *Platycodon grandiflorum* inhibit HT-1080 cell invasion and MMPs activities: regulation of NF-κB activation via ROS signal pathway [J]. Cancer Letters, 2008, 268（2）: 233-243.

［3］陆文总，杨亚丽，贾光锋，等．桔梗多糖对U-14宫颈癌抗肿瘤作用的研究［J］．西北药学杂志，2013，28（1），43-45.

［4］Choi J H, Jin S W, Kim H G, et al. Saponins, especially platyconic acid A, from *Platycodon grandiflorum* reduce airway inflammation in ovalbumin-induced mice and PMA-exposed A549 cells [J]. Journal of Agricultural and Food Chemistry, 2015, 63（5）: 1468-1476.

［5］Choi J H, Jin S W, Choi C Y, et al. Saponins from the roots of *Platycodon grandiflorum* ameliorate high fat diet-induced non-alcoholic steatohepatitis [J]. Biomedicine & Pharmacotherapy, 2017, 86: 205-212.

［6］Hwang Y P, Choi J H, Kim H G, et al. Saponins, especially platycodin D, from *Platycodon grandiflorum* modulate hepatic lipogenesis in high-fat diet-fed rats and high glucose-exposed HepG2 cells [J]. Toxicology and Applied Pharmacology, 2013, 267（2）: 174-183.

［7］Huang Y H, Jung D W, Lee O H, et al. Fermented *Platycodon grandiflorum* extract inhibits lipid accumulation in 3T3-L1 adipocytes and high-fat diet-induced obese mice［J］. Journal of Medicinal Food, 2016, 19（11）: 1004-1014.

［8］Khanal T, Choi J H, Hwang Y P, et al. Saponins isolated from the root of *Platycodon grandiflorum* protect against acute ethanol-induced hepatotoxicity in mice［J］. Food & Chemical Toxicology, 2009, 47（3）: 530-535.

［9］Zhang W Z, Hou J G, Yan X T, et al. *Platycodon grandiflorum* saponins ameliorate cisplatin-induced acute nephrotoxicity through the NF-κB-mediated inflammation and PI3K/Akt/Apoptosis signaling pathways［J］. Nutrients, 2018, 10（9）: 1328.

［10］Lim J H, Kim T W, Song I B, et al. Protective effect of the roots extract of *Platycodon grandiflorum* on bile duct ligation-induced hepatic fibrosis in rats［J］. Human & Experimental Toxicology, 2013, 32（11）: 1197-1205.

［11］张瑶纡, 吴志丽, 王焕, 等. 桔梗对异烟肼和利福平致小鼠肝损伤的保护作用［J］. 天津医科大学学报, 2010, 16（4）: 577-579.

［12］Sun H, Chen L, Wang J, et al. Structure–function relationship of the saponins from the roots of *Platycodon grandiflorum* for hemolytic and adjuvant activity［J］. International Immunopharmacology, 2011, 11: 2047-2056.

［13］Wu J, Yang G, Zhu W, et al. Anti-atherosclerotic activity of platycodin D derived from roots of *Platycodon grandiflorum* in human endothelial cells［J］. Biological and Pharmaceutical Bulletin, 2012, 35（8）: 1216-1221.

［14］王翠竹. 桔梗不同部位化学成分及抗抑郁作用的研究［D］. 长春: 吉林大学博士学位论文, 2018.

［15］郑杰, 籍保平, 何计国, 等. 桔梗醇提物对链尿菌素致糖尿病ICR小鼠血糖影响研究［J］. 食品科学, 2006, 27（7）: 236-239.

［16］陈美娟, 喻斌, 赵玉荣, 等. 桔梗对α-葡萄糖苷酶活性的抑制作用及对IGT小鼠糖耐量的影响［J］. 中药药理与临床, 2009, 25（6）: 60-62.

［17］陈美娟, 金嘉宁, 蒋层层, 等. 桔梗有效部位对糖尿病大鼠微血管病变干预作用研究［J］. 辽宁中医药大学学报, 2013, 15（2）: 23-25.

［18］王磊, 杜伟楠, 郭上婷, 等. 桔梗对哮喘大鼠支气管重构的影响［J］. 中国校医, 2018, 32（11）: 854-856.

［19］贾林, 陆金健, 周文雅, 等. 桔梗多糖对环磷酰胺诱导的免疫抑制小鼠的免疫调节［J］. 食品与机械, 2012, 28（3）: 112-114.

［20］欧丽兰. 桔梗茎叶不同部位提取物的抗炎活性研究［J］. 安徽农业科学, 2013, 41（25）: 10272-10274.

［21］梁仲远. 桔梗水提液的镇咳、祛痰作用研究［J］. 中国药房, 2011, 22（35）: 3291-3292.

［22］孙晓春, 张伟强, 唐平生, 等. 桔梗提取物的主要成分和抗氧化性的测定［J］. 中国农学通报, 2017（31）: 145-150.

［23］于婷, 李晓东, 金乾坤, 等. 桔梗提取物对小鼠的抗疲劳作用［J］. 食品工业科技, 2012, 33（24）: 394-402.

［24］刘琴, 蔡斌, 王伟, 等. 桔梗皂苷-D对大鼠肺纤维化的干预作用及部分机制研究［J］. 中华中医药学刊, 2012, 30（9）: 2057-2059.

［25］袁野, 于红艳, 孙婷婷, 等. 桔梗中皂苷类组分物质抑制血管生成作用实验研究［J］. 中成药, 2013, 35（5）: 1068-1070.

【临床参考文献】

［1］程友, 李泽卿, 梁卫, 等. 复方桔梗散治疗慢性咽炎的临床观察［J］. 中国中西医结合耳鼻咽喉科杂志, 2007, 15（3）: 200-202.

［2］李立华, 张勇, 石雷, 等. 加味桔梗汤治疗骨伤科腰麻术后便秘的临床疗效观察［J］. 北京中医药, 2016, 35（8）: 787-788.

［3］田立岩, 杨春霞, 段军. 中药桔梗治疗矽肺临床疗效观察［J］. 中国职业医学, 2007, 34（4）: 307.

［4］周映伽, 黄杰, 沈红梅. 中药加味桔梗汤防治放射性食管炎80例临床观察［J］. 昆明医科大学学报, 2013, 34（1）: 68-70, 88.

［5］关风岭, 关思友. 自拟桔梗愈鼾汤治疗睡眠呼吸暂停综合征20例临床研究［J］. 四川中医, 2005, 23（12）: 49-50.

5. 蓝花参属 *Wahlenbergia* Schrad. ex Roth

一年生或多年生草本, 稀亚灌木, 直立或匍匐。叶互生或对生。花有柄, 顶生或与叶对生, 集成疏散的圆锥花序；花萼 5 裂；花冠狭钟形，5 裂，有时近辐射状；雄蕊 5 枚，分离，花丝近基部扩大，花药长椭圆形，分离；子房下位，倒圆锥形，2～5 室，花柱细长，柱头 2～5 裂，裂片窄。蒴果在顶端萼片间室背开裂，成 2～5 瓣；种子多数，细小。

约 260 种，主产南半球，少数种类分布在热带地区和欧洲。中国 2 种，分布于华南、云南至陕西南部等地，法定药用植物 1 种。华东地区法定药用植物 1 种。

954. 蓝花参（图 954） · *Wahlenbergia marginata*（Thunb.）A.DC.

图 954　蓝花参　　　　　　　　　　　　　摄影　李华东等

【别名】兰花参（浙江、江苏），娃儿菜（江苏），金线吊葫芦、寒草（福建），拐棒参、毛鸡腿、牛奶草。

【形态】多年生草本，有白色乳汁。根细长，外面白色，长达 10cm。茎直立或匍匐状，高 10～40cm，多自基部分枝，无毛或下部疏生短毛。叶互生，无柄或具短柄，常在茎下部密集，下部叶匙形、倒披针形或椭圆形，上部叶条状披针形或椭圆状倒披针形，长 1～3cm，宽 2～4mm，顶端短尖，基部楔形至圆形，全缘或呈浅波状。花有长柄，成顶生的圆锥花序；花萼无毛，萼筒倒卵状圆锥形，裂片条状披针形，长 2～3mm，直立；花冠蓝色，漏斗状钟形，长 5～8mm，深 5 裂，裂片长椭圆形。蒴果倒圆锥形，有 10 条不明显的肋，长 6～8mm，基部窄狭成果柄。种子长圆状，光滑。花果期 2～6 月。

【生境与分布】生于低湿草地或山坡。分布于江苏南部、安徽、浙江、江西，另河南、陕西南部、湖北、湖南、广西、贵州、云南、四川、青海南部、台湾均有分布；亚洲热带和亚热带地区广布。

【药名与部位】蓝花参，全草。

【采集加工】夏、秋二季采收，除去杂质，晒干或鲜用。

【药材性状】长 10～30cm。根细长，稍扭曲，有的有分枝，长 4～8cm，直径 3～7mm；表面棕褐色或浅棕黄色，具细纵纹，断面黄白色。茎丛生，纤细。叶互生，无柄；叶片多皱缩，展平后呈条形或倒披针状匙形，长 1～3cm，宽 2～4mm；灰绿色或棕绿色。花单生于枝顶，浅蓝紫色。蒴果圆锥形，长约 5mm。种子多数，细小。气微，味微甜。嚼之有豆腥味。

【药材炮制】除去杂质，喷淋清水，稍润，切段，干燥。

【化学成分】全草含苯丙素类：蓝花参诺苷 D（wahlenoside D）、3,5- 二羟基苯乙醇 -3-O-β-D- 吡喃葡萄糖苷（3,5-dihydroxyphenethyl alcohol-3-O-β-D-glucopyranoside）[1,2]，蓝花参酚苷（wahlenbergioside）[3]，去甲基紫丁香苷（demethyl syringin）[1,2,4]，蓝花参诺苷 A 甲酯（wahlenoside A methyl ester）和蓝花参诺苷 A、B、C（wahlenoside A、B、C）[4]；黄酮类：芦丁（rutin）、异牡荆素（isovitexin）[1,2]，法罗宾*B（farobin B）、异牡荆素 -2″-O- 鼠李糖苷（isovitexin-2″-O-rhamnoside）和 3′- 甲氧基 -5,7- 二羟基黄酮 -6-C- 波伊文糖基 -4′-O- 吡喃葡萄糖苷（3′-methoxy-5,7-dihydroxy flavone-6-C-boivinopyranosyl-4′-O-glucopyranoside）[2]；炔类：山梗菜炔苷（lobetyolin）[3]；降倍半萜类：（+）-3- 酮基 -α- 紫罗兰 -O-β-D- 吡喃葡萄糖苷［（+）-3-oxo-α-ionyl-O-β-D-glucopyranoside］、（-）-3- 酮基 -α- 紫罗兰 -O-β-D- 吡喃葡萄糖苷［（-）-3-oxo-α-ionyl-O-β-D-glucopyranoside］、长寿花糖苷（roseoside）、6- 表 - 长寿花糖苷（6-epi-roseoside）、布卢门醇 C-O-β-D- 吡喃葡萄糖苷（blumenol C-O-β-D-glucopyranoside）和 3,5,5- 三甲基 -4-（2′-β-D- 吡喃葡萄糖氧基）- 乙基环己 -2- 烯 -1- 酮［3,5,5-trimethyl-4-（2′-β-D-glucopyranosyloxy）-ethyl cyclohexa-2-en-1-one］[4]。

根含三萜类：羽扇豆烯酮（lupenone）[5]；甾体类：β- 谷甾醇（β-sitosterol）和 β- 谷甾醇葡萄糖苷（β-sitosterol glucoside）[5]；糖类：蔗糖（sucrose）和葡萄糖（glucose）[5]；脂肪酸酯类：9,12- 十八碳二烯酸甲酯（methyl 9,12-octadecadienoate）[5]。

【药理作用】1. 护肝　全草 80% 甲醇冷浸提取物可降低急性肝损伤小鼠血清中谷丙转氨酶 / 谷草转氨酶（ALT/AST）含量，且对减轻肝脏病理损伤具有积极作用[1]。2. 止泻　全草提取物对硫酸钠致腹泻小鼠成群蜷缩、嗜睡、毛发竖立情况均有改善，显著延缓第一次排黑便时间，降低小鼠腹泻指数及小肠推进率，改善小肠病理状态，上调腹泻小鼠结肠水通道蛋白（AQP4）、NHE3 mRNA 表达，并能增强小鼠离体平滑肌的振幅和张力[2]。3. 止咳化痰　全草乙醇提取液的正丁醇萃取物可减少氨水引咳嗽小鼠、柠檬酸引起咳嗽豚鼠咳嗽次数并延长咳嗽潜伏期，还可增加酚红排泌法模型小鼠气管酚红排泌量，并对蛙上颚和食道纤毛运动具有促进作用，且高剂量效果最为显著[3]。4. 抗炎　全草水提醇沉液高剂量能明显对抗二甲苯和蛋清所致小鼠的耳廓和足肿胀度[4]。5. 止痛　全草水提醇沉液高剂量能明显延长热刺激致痛小鼠致痛潜伏期，减少小鼠乙酸致痛 10min 扭体次数[4]。

【性味与归经】甘、微苦，微温。归脾、心经。

【功能与主治】祛风解表，宣肺化痰。用于感冒，慢性气管炎，腹泻，痢疾，百日咳，劳倦乏力，颈淋巴结核，急性结膜炎。

【用法与用量】煎服 6～15g（鲜品 30～60g）；外用捣烂敷。

【药用标准】药典 1977、福建药材 2006、贵州药材 2003、云南药品 1996 和云南彝药Ⅲ 2005 六册。

【临床参考】1. 上呼吸道感染发热：全草，水煎浓缩（每毫升含原生药 0.5g）口服，成人每次服 15ml（儿童剂量减半），每日 3 次[1]。

2. 肺热咳嗽：鲜全草 50g，加沙参 15g、玉竹 15g、炖鸭 1 只，每日 2 次，连服 3 日[2]。

3. 虚火牙痛：鲜全草 50g，加鸡蛋 1 个、冰糖 15g，加水适量煎服，每日 2 次，连服 2 日[2]。

4. 疳积：鲜全草 30～50g（干品 10～15g），炖肉服，每日 1 剂，连服 5 日[2]。

5. 间日疟：全草 100g，水煎，于疟疾发作前 2～4h 各服 1 次，连服 3 日[2]。

6. 高血压：全草 100g，加钩藤 15g，水煎服，连服数日[2]。

7. 小儿感冒：鲜全草 20g，加忍冬叶 5g、黄胆草 5g、蝉蜕 3g，水煎服[2]。

【附注】蓝花参始载于《滇南本草》,但无形态描述,《滇南本草图谱》云:"兰花参当作蓝花参,兰、蓝音同致误,蓝花盖指其花色,参则指其功效耳。易门(县)土名蓝花草是证。"《滇南本草》整理本认为其所指即为本种。《植物名实图考》山草类收"细叶沙参",原本有图无文,考其图,亦与本种相似。

本种的根民间也作药用。

【化学参考文献】

[1] 周向文,祁燕,谭文红,等.蓝花参甲醇提取物保肝作用及化学成分[J].广西植物,2016,36(11):1376-1381.

[2] 周向文.蓝花参保肝作用及其化学成分的初步研究[D].昆明:云南中医学院硕士学位论文,2016.

[3] Ma W G, Tan R X, Fuzzati N, et al. A phenylpropanoid glucoside from *Wahlenbergia marginata* [J]. Phytochemistry, 1997, 45(2):4411-415.

[4] Tan R X, Ma W G, Wei H X, et al. Glycosides from *Wahlenbergia marginata* [J]. Phytochemistry, 1998, 48(7):1245-1250.

[5] 张宗平,贾忠建,朱子清. *Wahlenbergia marginata* 化学成分[J].兰州大学学报(自然科学版),1987,23(4):159-160.

【药理参考文献】

[1] 周向文.蓝花参保肝作用及其化学成分的初步研究[D].昆明:云南中医学院硕士学位论文,2016,36.

[2] 杨彬,谢鸿蒙,贾运涛,等.蓝花参对硫酸钠致小鼠腹泻的作用机制[J].中药材,2017,40(5):1190-1194.

[3] 曾茂贵,罗兰,邓元荣,等.民族药蓝花参的止咳化痰药效研究[J].海峡药学,2016,28(3):32-35.

[4] 叶华,曾茂贵,罗戬彬凯,等.止痛的药效学与急性毒性试验研究[J].福建中医药,2012,43(5):49-55.

【临床参考文献】

[1] 吕绍光,陈玲.蓝花参煎剂治疗发热30例[J].福建药学杂志,1994,6(1):58.

[2] 阮孝珠.畲族民间应用蓝花参验方举隅[J].中国民族民间医药杂志,1999,(2):122-123.

一二一　草海桐科 Goodeniaceae

草本、亚灌木、灌木或小乔木，无乳汁。叶互生且螺旋状排列或对生，叶腋常有毛簇。通常为聚伞花序，有时花单生或排成总状花序，均腋生，有对生的苞片和小苞片。花两性，一般两侧对称，5 数（心皮退化为 2 枚）。花萼筒部几乎全部贴生子房，裂片通常发育；花冠合瓣，由于背面开一条纵缝而两侧对称，裂片分离，两边有很薄的膜质宽翅；雄蕊 5 枚，通常与花冠分离，无毛，花药基部着生，内向，分离，稀侧向联合而成管，2 室，纵裂；无花盘；子房下位，2 室或不完全 2 室，或仅 1 室；花柱柱状，单一或在顶端 2～3 裂；柱头为一个杯状（有时 2 裂）的集药杯所围绕，杯沿常有缘毛；胚珠 1 粒至多数，中轴着生或基底着生。果为蒴果，有时为核果或坚果，有宿存花萼。种子 1 至多粒，具胚乳。

12 属，约 400 种，主产澳大利亚，分布于南太平洋近南极区、东南亚、巴布亚新几内亚和印度尼西亚阿鲁群岛。中国 2 属，3 种，法定药用植物 1 种。华东地区法定药用植物 1 属，1 种。

1. 离根香属 *Calogyne* R. Br.

一年生草本，直立或铺散。叶互生。花单生叶腋，无苞片和小苞片。花萼筒部与子房贴生，檐部 5 裂。花冠后方开裂过半，裂片向前方伸展，边缘具宽翅，后方 2 枚具不对称的翅；雄蕊 5 枚，离生；子房下位，不完全 2 室，有胚珠数粒。花柱从中部起有 2～3 个分枝；柱头基部的集粉杯浅 2 裂，口沿密生刷状毛，柱头片状，不裂。蒴果与隔膜平行开裂。种子扁平，边缘稍增厚。

约 180 种，产澳大利亚、东南亚、越南、柬埔寨、老挝。中国南方产 1 种，法定药用植物 1 种。华东地区法定药用植物 1 种。

海桐科和离根香属法定药用植物的化学成分鲜有文献报道。

955. 离根香（图 955） • *Calogyne pilosa* R. Br.

【别名】火花离根香（福建），肉桂香。

【形态】一年生草本，直立，茎单一而有分枝或多茎丛生，高 5～15cm，有时花后分枝倾卧。茎纤细，下部无毛，上部疏生硬毛。基生叶多枚，长椭圆形至条状长椭圆形，长 1.5～5cm，宽 3～6mm，仅一条主脉明显可见，边缘疏生三角状锯齿，仅边缘及背面主脉上疏生长硬毛，叶柄长 1.5cm，；下部茎生叶同型而较小，具较短的叶柄；上部茎生叶同型而更小，有时长不及 1cm，无叶柄。花单生于每个茎生叶的叶腋，有时侧生分枝短而多花，几成总状花序；花梗长 2～8mm，疏生长硬毛；花萼筒部长仅 2mm，密生长硬毛，裂片条状披针形，长约 4mm；花冠外面紫色，带亮棕色，内面黄色而有橙色斑点，长 8mm；雄蕊长 3mm，花药顶端有短尖。蒴果卵球状，直径 3mm，有种子 5 粒。种子卵状，长约 4mm，直径约 2mm。花果期 11 月至翌年 3 月。

【生境与分布】生于海拔 100m 以下的稻田及干旱的稀树草地中。分布于福建东南部，另广东、广西、海南均有分布；菲律宾、印度尼西亚、巴布亚新几内亚、澳大利亚北部也有分布。

【药名与部位】离根香，全草。

【采集加工】秋初采收，除去杂质，鲜用或晒干。

【药材性状】长可达 15cm，黄绿色或黄褐色，主根不明显，须根数条。茎细弱，疏被毛，长 3～12cm，叶互生，多皱缩，破碎，完整叶片平展后呈条状披针形或倒卵形，长 1.5～4cm，宽 3～8mm，先端渐狭，边缘具波状齿，侧脉不明显，两面疏被毛。花萼筒圆球形，先端 5 裂，被毛结果时宿存。蒴果 2 瓣裂。种子多数，细小而扁平。有特殊香气，味辛。

一二一 草海桐科 Goodeniaceae

图 955 离根香　　　　摄影 梁丹等

【药材炮制】除去杂质，切段，干燥。

【性味与归经】辛，温。归肝、脾经。

【功能与主治】驱风散寒，行气止痛，活血化瘀。用于胃痛，腹痛，腹泻，胸闷，风湿痛，跌打损伤，毒蛇咬伤。

【用法与用量】煎服 9～15g；或浸高粱酒 500ml，每日服 15～20ml；外用鲜品适量，捣烂敷伤口周围。

【药用标准】福建药材 2006。

【临床参考】1. 胃痛：全草 30g，加雄鸡 1 只，炖服。

2. 新旧伤痛：全草 15g，加蛇足石松、泽兰各 15g，浸酒 250ml，推擦患处。（1 方、2 方引自《福建药物志》）

【附注】本种的形态变化较大，据最近研究，本种被分成 2 个地理亚种，模式亚种分布于菲律宾至澳大利亚，中国亚种分布于福建、广东、广西、海南，越南也有分布。Flora of China 修订中国亚种的学名为 Goodenia pilosa R. Br subsp. chinensis（Ben-tham）D. G. Howarth et D. Y. Hong。

一二二　菊科 Asteraceae

草本、亚灌木或灌木，稀为乔木。偶有乳汁管或树脂道。叶常互生，稀对生或轮生，无托叶。花两性或单性，稀单性异株，整齐或左右对称，五基数，密集成头状花序或为短穗状花序，偶有简化为单花，具1层或多层总苞片；头状花序单生或数个至多数排成总状、聚伞状、伞房状或圆锥状；头状花序盘状或辐射状，有全部为同形的管状花或舌状花，或异形小花即外围为雌花，舌状，中央为两性的管状花；花序托平或凸起；萼片不发育，通常呈鳞片状、刚毛状或毛状的冠毛；花冠辐射对称、管状或左右对称、舌状、两唇形；雄蕊4～5枚，着生于花冠管上，花药内向，合生成筒状，基部钝或尖，多具尾状附属物；花柱上端2裂，子房下位，合生心皮2枚，1室，1个胚珠。果为不开裂的连萼瘦果；种子无胚乳。

1600～1700属，24 000～30 000种，全球广布。中国253属，约2350种，各地均产，法定药用植物85属，208种11变种。华东地区法定药用植物47属，78种2变种。

菊科法定药用植物主要含萜类、黄酮类、生物碱类、皂苷类、苯丙素类、香豆素类、木脂素类、蒽醌类等成分。萜类包括单萜、二萜、倍半萜等，如侧柏酮（thujone）、木香烯内酯（costunolide）、一枝黄花精酮（solidagenone）、斑鸠菊内酯（vernolide）、天名精内酯（carpesia lactone）、青蒿素（arteannuin）等，其中倍半萜内酯最具特征性；黄酮类构型多样，包括黄酮、黄酮醇、二氢黄酮、二氢黄酮醇、查耳酮、异黄酮、花色素等，如木犀草素-7-O-葡萄糖苷（luteolin-7-O-glucoside）、汉黄芩素（wogonin）、槲皮素-3-O-葡萄糖苷（quercetin-3-O-glycoside）、圣草酚（eriodictyol）、水飞蓟素（silybin）、紫铆查耳酮（butein）、二氢槲皮素（dihydroquercetin）、7-羟基-4′-甲氧基异黄酮（7-hydroxy-4′-methoxyisoflavone）、儿茶素（catechin）、棕矢车菊素（jaceosidin）等；生物碱类包括吡咯里西啶类、吲哚类、酰胺类、托品类、异喹啉类等，如千里光碱（senecionine）、菊三七酰胺（gynuramide）、对羟基苯甲酰胺（4-hydroxybenzamide）、北通水苏碱（betonicine）、蓝刺头碱（echinopsine）、新海胆灵A（neoechinulin A）、甜菜碱（betaine）、硫酸阿托品（atropine sulfate）、盐酸小檗碱（berberine hydrochloride）、去氢骆驼蓬碱（harmine）等；皂苷类包括三萜皂苷、甾体皂苷，如一枝黄花皂苷（virgaureasaponin）、旱莲苷A（ecliptasaponin A）、α-香树脂醇（α-amyrin）、30-羟基羽扇豆醇（30-hydroxylupeol）、3-表鲁斯可皂苷元（3-epi-ruscogenin）、3-表薯蓣皂苷元-3-β-D-吡喃葡萄糖苷（3-epi-diosgenin-3-β-D-glucopyranoside）等；苯丙素类如3, 4-二咖啡酰基奎宁酸（3, 4-dicaffeoylquinic acid）、3, 5-二咖啡酰基奎宁酸甲酯（methyl 3, 5-dicaffeoylquinate）等；香豆素类如蟛蜞菊内酯（wedelolactone）、补骨脂素（psoralen）等；木脂素类如丁香树脂素-4′-O-β-D-吡喃葡萄糖苷（syringaresinol-4′-O-β-D-glucopyranoside）、鹅掌楸树脂酚B（liriresinol B）、蒙古蒲公英素A（mongolicumin A）等；蒽醌类如芦荟大黄素（aloeemodin）、大黄素（emodin）、大黄酚（hrysophanol）等。

泽兰属含酚类、苯并呋喃类、倍半萜类、二萜类等成分。酚类多为以麝香草酚为母核的化合物，如麝香草酚（thymol）、7, 8, 9-三羟基麝香草酚（7, 8, 9-trihydroxythymol）、8, 10-二氢-7, 9-二羟基麝香草酚（8, 10-didehydro-7, 9-dihydroxythymol）、8, 9, 10-三羟基麝香草酚（8, 9, 10-trihydroxythymol）；苯并呋喃类如泽兰素（euparin）、（+）-华宁泽兰素A［（+）-eupachinin A］、3β, 6-二甲基-2, 3-二氢苯并呋喃-2α-醇（3β, 6-dimethyl-2, 3-dihydrobenzofuran-2α-ol）、3β, 6-二甲基-2, 3-二氢苯并呋喃-2β-醇（3β, 6-dimethyl-2, 3-dihydrobenzofuran-2β-ol）、3β, 6-二甲基-2, 3-二氢苯并呋喃-2α-乙酯（3β, 6-dimethyl-2, 3-dihydrobenzofuran-2α-yl acetate）等；倍半萜类如林泽兰内酯F、G、H、I、J、K（eupalinilide F、G、H、I、J、K）等；二萜类如泽兰二萜素A（eupaditerpenoid A）、华泽兰丝素A、B、C、D（eupachinsin A、B、C、D）、华泽兰丝素A-2-乙酸酯（eupachinisin A-2-acetate）等。

一枝黄花属含黄酮类、二萜类、皂苷类、苯甲酸类衍生物等成分。黄酮类包括黄酮醇、花色素等，如紫云英苷（astragalin）、山奈酚-3-芸香糖苷（kaempferol-3-rutinoside）、棕矢车菊素（jaceosidin）等；二萜类在一枝黄花属分布广泛，如一枝黄花精酮（solidagenone）、加拿大一枝黄花素 A*（solidagocanin A）等；皂苷类多为五环三萜，包括齐墩果烷型、熊果烷型等，如一枝黄花皂苷（virgaureasaponin）、β-香树脂醇乙酸酯（β-amyrin acetate）、熊果醇（uvaol）等；苯甲酸类衍生物如一枝黄花苷（leiocarposide）、异一枝黄花苷（isoleiocarposide）、羊角菜苷 A（piloside A）等。

马兰属含皂苷类、黄酮类、萜类、蒽醌类、酚酸类、生物碱类等成分。皂苷类多为三萜皂苷，包括齐墩果烷型、熊果烷型、羽扇豆烷型、达玛烷型等，如 α-香树脂醇（α-amyrin）、β-香树脂醇（β-amyrin）、羽扇豆醇乙酸酯（lupeol acetate）、羽扇豆酮（lupeone）、达玛二烯醇乙酸酯（dammaradienyl acetate）等；黄酮类包括黄酮、黄酮醇、异黄酮等，如芹菜素-7-O-（6″甲酯）-葡萄糖醛酸苷［apigenin-7-O-（6″-methyl ester）-glucuronide］、山奈酚-7-O-β-D-葡萄糖苷（kaempferol-7-O-β-D-glucoside）、水仙苷（narcissin）、7-羟基-4′-甲氧基异黄酮（7-hydroxy-4′-methoxyisoflavone）等；萜类包括倍半萜、二萜等，如马兰酮 A（kalimeristone A）、马利筋苷 E（ascleposide E）等；蒽醌类如大黄酚（chrysophanol）、大黄酸（rhein）等；酚酸类如丁香酸（syringic acid）、3,4-二羟基苯甲醛（3,4-dihydroxybenzaldehyde）等；生物碱类如新海胆灵 A（neoechinulin A）、1H-吲哚-3-甲醛（1H-indole-3-carboxaldehyde）等。

紫菀属含萜类、皂苷类、香豆素类、黄酮类、蒽醌类、酚酸类、苯丙素类等成分。萜类包括单萜、倍半萜、二萜等，如紫菀醇苷 A、B（shionoside A、B）、耳叶紫菀苷 C（auriculatoside C）、杠柳酸（glycoside）等；皂苷类多为三萜皂苷，包括四环三萜、五环三萜等，如紫菀皂苷 A、A$_2$、B、C$_2$、F、G、G$_2$、H（aster saponin A、A$_2$、B、C$_2$、F、G、G$_2$、H）、紫菀萜酮 A（astertarone A）、木栓酮（friedelin）、东风菜苷 Hd（scaberoside Hd）、云南紫菀苷 A、B（asteryunnanoside A、B）等；香豆素类如伞形花内酯（umbelliferone）、三叶木桔香豆精（marmine）等；黄酮类包括黄酮、黄酮醇等，如木犀草素-7-O-β-D-吡喃葡萄糖苷（luteolin-7-O-β-D-glucopyranoside）、3-甲氧基山奈酚（3-methoxykaempferol）等；蒽醌类如芦荟大黄素（aloeemodin）、大黄素（emodin）、大黄酚（hrysophanol）、大黄素甲醚（physcion）等；酚酸类如对羟基苯甲酸（p-hydroxybenzoic acid）等；苯丙素类如 3-O-阿魏酰基奎宁酸甲酯（methyl 3-O-feruloylquinate）等。

白酒草属含皂苷类、萜类、黄酮类、生物碱类等成分。皂苷类多为五环三萜，包括齐墩果烷型、熊果烷型等，如白酒草皂苷 A、B、C、D（conyzasaponin A、B、C、D）、α-香树脂醇（α-amyrin）等；萜类多为二萜，如白酒草内酯（conyzalactone）、熊胆草苷 A（blinoside A）等；黄酮类包括黄酮、黄酮醇等，如芹菜素（apigenin）、紫云英苷（astragalin）、槲皮素-3-O-β-D-吡喃半乳糖苷（quercetin-3-O-β-D-galactopyranoside）等；生物碱包括酰胺类、托品类、异喹啉类、吲哚类等，如对羟基苯甲酰胺（4-hydroxybenzamide）、甜菜碱（betaine）、硫酸阿托品（atropine sulfate）、盐酸小檗碱（berberine hydrochloride）、哈尔明碱（harmine）等。

苍耳属含萜类、木脂素类、生物碱类等成分。萜类多为倍半萜内酯，如苍耳亭（xanthatin）、异土木香内酯（isoalantolactone）、山稔甲素（tomentosin）等；木脂素类如 1,4-二咖啡酰奎宁酸（1,4-dicaffeoylquinic acid）、咖啡酸（caffeic acid）、蛇菰宁（balanophonin）、松脂醇（pinoresinol）、苍耳醇脂素 A、B、C、D、E（xanthiumnolic A、B、C、D、E）等；生物碱类如苍耳噻吩醇（sibiricumthionol）、苍耳硫氮二酮（xanthiazone）、5-羟基吡咯烷-2-酮（5-hydroxypyrrolidin-2-one）等。

鳢肠属含皂苷类、生物碱类、黄酮类、香豆素类、酚酸类等成分。皂苷类多为齐墩果烷型五环三萜，如墨旱莲皂苷 XIII、IX（eclbasaponin XIII、IX）、旱莲苷 A（ecliptasaponin A）、齐墩果酸（oleanolic acid）、墨旱莲苷 VI、VII、VIII（eclbasaponin VI、VII、VIII）、刺囊酸-3-O-葡萄糖苷（echinocystic acid-3-O-glucoside）等；生物碱多为异喹啉类，如文殊兰奎碱（crinumaquine）、2,3,9,12-四甲氧基原小檗碱（2,3,9,12-tetramethoxyprotoberberine）、25β-羟基藜芦嗪（25β-hydroxyverazine）等；黄酮类包括黄酮、黄酮醇、异黄酮等，如蒙花苷（linarin）、芹菜素-7-O-葡萄糖苷（apigenin-7-O-glucoside）、槲皮素（quercetin）、

3′- 羟基鹰嘴豆素 A（3′-hydroxybiochanin A）、红车轴草素 -7-O-β-D- 吡喃葡萄糖苷（pratensein-7-O-β-D-glucopyranoside）等；香豆素类如蟛蜞菊内酯（wedelolactone）、去甲蟛蜞菊内酯（demethylwedelolactoe）、异去甲基蟛蜞菊内酯葡萄糖苷（isodemethylwedelolactone glucoside）、补骨脂素（psoralen）等；酚酸类如龙胆酸（gentisic acid）、原儿茶酸乙酯（ethyl protocatechoate）等。

蟛蜞菊属含黄酮类、苯丙素类、萜类、皂苷类、香豆素类等成分。黄酮类包括黄酮、黄酮醇、查耳酮、花色素等，如木犀草素（luteolin）、紫云英苷（astragalin）、2′, 4′, 4- 三羟基 -4′, 3- 二甲氧基查耳酮（2′, 4′, 4-trihydroxy-4′, 3-dimethoxychalcone）、棕矢车菊素（jaceosidin）等；苯丙素类如 3, 4- 二咖啡酰奎宁酸（3, 4-dicaffeoylquinic acid）、3, 5- 二咖啡酰奎宁酸（3, 5-dicaffeoylquinic acid）、4, 5- 二咖啡酰奎宁酸（4, 5-dicaffeoylquinic acid）等；萜类包括倍半萜、二萜等，如四分菊素（tetrachyrin）、大花和尚菊酸（grandifloric acid）、苍术糖苷（atractyloside）等；皂苷类多为齐墩果烷型，如 β- 香树脂醇（β-amyrin）、β- 香树脂醇乙酸酯（β-amyrin acetate）等；香豆素类如蟛蜞菊内酯（wedelolactone）、异蟛蜞菊内酯（isowedelolactone）等。

鬼针草属含黄酮类、苯丙素类、聚炔类、香豆素类、木脂素类、生物碱类、皂苷类等成分。黄酮类包括黄酮、黄酮醇、二氢黄酮、二氢黄酮醇、查耳酮、花色素等，如木犀草素 -7-O-D- 葡萄糖苷（luteolin-7-O-D-glucoside）、槲皮素 -3-O- 葡萄糖苷（quercetin-3-O-glucoside）、柚皮素（naringenin）、紫铆查耳酮（butein）、二氢槲皮素（dihydroquercetin）、矢车菊苷（chrysanthemin）、鬼针草苷 A、B（bidenoside A、B）等；苯丙素类如 3, 4- 二咖啡酰奎宁酸（3, 4-dicaffeoylquinic acid）、3, 5- 二咖啡酰奎宁酸（3, 5-dicaffeoyl quinic acid）、4, 5- 二咖啡酰奎宁酸（4, 5-dicaffeoyl quinic acid）等；聚炔类如鬼针聚炔苷 B、C、D（bipinnatapolyacetyloside B、C、D）、1- 苯基 -1, 3, 5- 庚三炔（1-phenyl-1, 3, 5-heptatriyne）等；香豆素类如七叶内酯（esculetin）、7, 8- 二羟基香豆素（7, 8-dihydroxycoumarin）、瑞香素（daphnetin）等；木脂素类如（+）- 丁香脂素 -4-O-β-D- 吡喃葡萄糖苷［（+）-syringaresinol-4-O-β-D-glucopyranoside］、松脂素（pinoresinol）等；生物碱多为吲哚类，如 3- 羟基乙酰基吲哚（3-hydroxyacetyl indole）、吲哚 -3- 甲酸（indole-3-carboxylic acid）、1H- 吲哚 -3- 甲醛（1H-indole-3-carboxadehyde）等；皂苷类多为五环三萜，包括齐墩果烷型、羽扇豆烷型等，如 β- 香树脂醇（β-amyrin）、羽扇豆醇（lupeol）、羽扇豆醇乙酯（lupeol acetate）等。

菊属含黄酮类、苯丙素类、倍半萜类、皂苷类、挥发油类等成分。黄酮类包括黄酮、黄酮醇、二氢黄酮等，如香叶木素 -7-O- 葡萄糖甙（diosmetin-7-O-glucoside）、木犀草素 -7-O-D- 葡萄糖苷（luteolin-7-O-D-glucoside）、槲皮素 -3-O-β-D- 吡喃半乳糖苷（quercetin -3-O-β-D-galactopyranoside）、橙皮苷（hesperidin）、圣草酚 -7-O-β-D- 吡喃葡萄糖醛酸甲酯（eriodictyol-7-O-β-D-glucuronopyranonic acid methyl ester）等；苯丙素类如 3, 5- 二 -O- 咖啡酰奎宁酸（3, 5-di-O-caffeoylquinic acid）、绿原酸（chlorogenic acid）等；倍半萜类如华野菊苷 A(chrysinoneside A)、野菊花萜醇 A、B、C(kikkanol A、B、C)、清艾菊素 A、B(chrysartemin A、B)、日本刺参萜酮（oplopanone）、α- 香附酮（α-cyperone）等；皂苷类多为五环三萜，包括齐墩果烷型、熊果烷型、羽扇豆烷型等，如蒲公英赛醇（taraxasterol）、熊果 -12- 烯 -3β, 16β- 二醇（urs-12-en-3β, 16β-diol）、羽扇豆醇（lupeol）等；挥发油包含樟脑烯（camphorene）、氧化石竹烯（oxocaryophyllene）、乙酸菊烯酯（chrysanthenyl acetate）、桃金娘烯醇（myrtenom）等。

蒿属含倍半萜类、黄酮类、香豆素类、炔类等成分。倍半萜类是本属的特征成分，如青蒿素（artemisinin）、青蒿素甲（arteannuin A）、青蒿乙素（arteannuin B）、青蒿丙素（qinghaosu C）、青蒿庚素（arteannuin G）、青蒿甲素（qinghaosu Ⅰ）、氢化青蒿素（hydroarteannuin）、双氢青蒿素（deoxydihydroqinghaosu）、青蒿酸（artemisinic acid）、青蒿烯（artemisitene）等；黄酮类如蒿黄素（artemetin）、异槲皮苷（isoquercitrin）、茵陈蒿黄酮（arcapillin）等；香豆素类如 6, 7- 二羟基香豆素（6, 7-dihydroxylcoumarin）、茵陈蒿素 A、B、C、D（artemicapin A、B、C、D）、茵陈素（capillarin）、青蒿亭（lacinartin）、茵陈香豆酸乙（capillartemisin B）等；炔类如茵陈丁 A、B、C、D、E、F、G、H（capillaridin A、B、C、D、E、F、G、H）、茵陈二

炔（capillene）、毛蒿素（capillin）、O-甲氧基茵陈二炔（O-methoxycapillene）等。

菊三七属含黄酮类、生物碱类、酚酸类、皂苷类等成分。黄酮类多为黄酮醇，如紫云英苷（astragalin）、金丝桃苷（hyperoside）、山柰酚-3-O-D-芸香糖苷（kaempferol-3-O-D-rutinoside）等；生物碱类包括吡咯里西啶类、酰胺类、喹唑酮类等，如千里光碱（senecionine）、菊三七酰胺（gynuramide）、千里光菲灵碱（seneciphylline）、二甲基异咯嗪（lumichrome）等；酚酸类如4-羟基苯甲酸（4-hydroxybenzoic acid）、丁香酸（syringic acid）等；皂苷类包括三萜皂苷、甾体皂苷，如羽扇豆醇（lupeol）、木栓酮（friedelin）、α-香树脂醇（α-amyrin）、β-香树脂醇（β-amyrin）、3-表鲁斯可皂苷元（3-epi-ruscogenin）、3-表薯蓣皂苷元-3-β-D-吡喃葡萄糖苷（3-epi-diosgenin-3-β-D-glucopyranoside）等。

一点红属含生物碱类、黄酮类、香豆素类、酚酸类等成分。生物碱类包括吡咯里西啶类、吡啶类、吡咯烷类等，如克氏千里光碱（senkirkine）、阔叶千里光碱（platyphylline）、掌叶半夏碱戊（pedatisectine E）、8-（2″-吡咯烷酮-5″-基）-槲皮素［8-（2″-pyrrolidinone-5″-yl）-quercetin］等；黄酮类包括黄酮、黄酮醇，如小麦黄素-7-O-β-D-吡喃葡萄糖苷（tricin-7-O-β-D-glucopyranoside）、山柰酚-3-O-β-半乳糖苷（kaempferol-3-O-β-galactoside）、阿福豆苷（afzelin）等；香豆素类如七叶内酯（esculetin）、短叶苏木酚（brevifolin）等；酚酸类如对羟基苯甲酸（p-hydroxybenzoic acid）、4-羟基间苯二甲酸（4-hydroxyisophthalic acid）等。

千里光属含生物碱类、萜类、黄酮类、酚酸类等成分。生物碱多为吡咯里西啶类，如千里光碱（senecionine）、千里光菲灵碱（seneciphylline）、肾形千里光碱（senkrikine）等；萜类包括倍半萜、二萜等，如8,11-二噁茂-9α,10α-环氧-6-烯-8β-羟基艾里莫芬烷（8,11-dioxol-9α,10α-epoxy-6-en-8β-hydroxyeremophilane）、6-烯-9α,10α-环氧-11-羟基-8-氧代佛术烷（6-en-9α,10α-epoxy-11-hydroxy-8-oxoeremophilane）等；黄酮类包括黄酮醇、查耳酮等，如异鼠李素-3-O-β-D-吡喃葡萄糖苷（isorhamnetin-3-O-β-D-glucopyranoside）、奥卡宁-4-甲醚-3′-O-β-D-葡萄糖甙（okanin-4-methyl ether-3′-O-β-D-glucoside）等；酚酸类如对羟基苯甲酸（p-hydroxybenzoic acid）、2,5-二羟基苯甲酸（2,5-dihydroxybenzonic acid）等。

地胆草属含萜类、皂苷类、黄酮类、苯丙素类、倍半萜类等成分。萜类以倍半萜内酯广泛存在，如去氧地胆草素（deoxyelephantopin）、柔毛地胆宁（molephantinin）、地胆草素（elephantopin）等；皂苷类多为五环三萜皂苷，包括齐墩果烷型、熊果烷型、羽扇豆烷型等，如β-香树脂醇乙酸酯（β-amyrin acetate）、羽扇豆醇乙酸酯（lupeol acetate）、30-羟基羽扇豆醇（30-hydroxylupeol）、熊果-12-烯-3β-十七酸酯（ursa-12-en-3β-heptadecanoate）等；黄酮类如香叶木素（diosmetin）、木犀草素-7-O-葡萄糖苷（luteolin-7-O-glucoside）、刺槐素-7-O-D-吡喃葡萄糖苷（acacetin-7-O-D-glucopyranoside）等；苯丙素类如3,4-二咖啡酰基奎宁酸（3,4-dicaffeoyl quinic acid）、4,5-二咖啡酰基奎宁酸（4,5-dicaffeoyl quinic acid）等；倍半萜类如异去氧地胆草素（isodeoxyelephantopin）、地胆草种内酯（scabertopin）、地胆头素（elescaberin）、地胆草酯素A、B（elescabertopin A、B）、去酰蓟苦素（deacylcyanaropicrin）等。

蓝刺头属含黄酮类、皂苷类、生物碱类等成分。黄酮类包括黄酮、黄酮醇、异黄酮等，如芹菜素-7-O-β-D-吡喃葡萄糖苷（apigenin-7-O-β-D-glucopyranoside）、山柰素-3-O-α-L-鼠李糖苷（kaempferol-3-O-α-L-rhamnoside）、7-羟基异黄酮（7-hydroxyisoflavone）等；皂苷类多为五环三萜皂苷，如蒲公英赛醇（taraxerol）、羽扇豆醇乙酸酯（lupeol acetate）、熊果酸（ursolic acid）、地榆皂苷Ⅰ（sanguisorbin I）等；生物碱类多为喹啉类，如蓝刺头碱（echinopsine）、蓝刺头醚碱（echinorine）等。

苍术属含萜类、烯炔类、皂苷类、苯丙素类、黄酮类、香豆素类、木脂素类、生物碱类、挥发油类等成分。萜类多为倍半萜及其苷，如1-广藿香烯-4α,7α-二醇（1-patchoulene-4α,7α-diol）、苍术糖苷（atractyloside）、白术内酯Ⅲ（atractylenolid III）、金盏花苷C（officinoside C）、苍术内酯Ⅰ、Ⅱ、Ⅲ（atractylenolide I、II、III）等；烯炔类如苍术呋喃烃（atractylodin）、9-去甲基苍术呋喃醇（9-noratractylodinol）等；皂苷类为三萜类，多为齐墩果烷型，如蒲公英赛醇（taraxerol）、齐墩果酸（oleanolic acid）、3-乙酰基-β-香树脂醇（3-acetyl-β-amyrin）等；苯丙素类如5-O-阿魏酰奎宁酸（5-O-feruloylquinic acid）、（7E）-芥子酸酯-4-O-β-D-吡喃葡萄糖苷［（7E）-sinapate-4-O-β-D-glucopyranoside］等；黄酮类包括黄酮、异黄酮等，如汉黄芩苷甲酯（wogonosidemethyl ester）、芹菜素-6-C-β-D-吡喃葡萄糖苷（apigenin-6-C-β-D-glucopyranoside）、葛根素（puerarin）等；香豆素类如东莨菪内酯-7-O-β-D-吡喃葡萄糖苷（scopoletin-7-O-β-D-glucopyranoside）、蛇床子素（osthol）等；木脂素类如丁香树脂素-4′-O-β-D-吡喃葡萄糖苷（syringaresinol-4′-O-β-D-glucopyranoside）、开环异落叶松脂醇-4-O-β-D-吡喃葡萄糖苷（secoisolariciresinol-4-O-β-D-glucopyranoside）等；生物碱类如1″-羟基巴豆碱（1″-hydroxylcrotonine）、巴豆碱（crotonine）等；挥发油类如茅术醇（hinesol）、芹子烯（selinene）、莎草烯（cyperene）等。

蓟属含黄酮类、酚酸类、皂苷类、生物碱类等成分。黄酮类包括黄酮、黄酮醇等，如高车前素-7-新橙皮糖苷（hispidulin-7-neohesperidoside）、芹菜素-7-O-β-D-吡喃葡萄糖苷（apigenin-7-O-β-D-glucopyranoside）、槲皮素-3-O-β-D-吡喃葡萄糖苷（quercetin-3-O-β-D-glucopyranoside）、紫云英苷（astragalin）等；酚酸类如原儿茶酸（protocatechuic acid）、红景天苷（salidroside）等；皂苷类多为五环三萜，如β-乙酰香树脂醇（β-amyrin acetate）、熊果酸甲酯（methyl ursolate）、3β, 22α-二羟基-20-蒲公英萜烯-30-酸（3β, 22α-dihydroxy-20-taraxasten-30-oic acid）等；生物碱类包括酰胺类、哌啶类等，如乙酸橙酰胺（aurantiamide acetate）、马齿苋酰胺E（oleracein E）、西红柿碱-1（lycoperodine-1）等。

风毛菊属含黄酮类、萜类、皂苷类、木脂素类等成分。黄酮类包括黄酮、黄酮醇等，如芹菜素-7-O-β-D-吡喃葡萄糖苷（apigenin-7-O-β-D-glucopyranoside）、木犀草素-7-O-芸香糖苷（luteolin-7-O-rutinoside）、槲皮素-5-O-β-D-葡萄糖苷（quercetin-5-O-β-D-glucoside）等；萜类多为倍半萜，如珊塔玛内酯素（santamarin）、α-环广木香内酯（α-cyclocostunolide）、瑞诺木烯内酯（reynosin）、土木香内酯（alantolactone）、风毛菊内酯（saussurea lactone）等；皂苷类多为五环三萜，如α-香树脂醇（α-amyrin）、11α,12α-环氧蒲公英赛酮（11α,12α-epoxytaraxerone）、羽扇豆醇棕榈酸酯（lupeol palmitate）等；木脂素类如落叶松树脂醇（lariciresinol）、鹅掌楸树脂酚B（lirioresinol B）等。

麻花头属含黄酮类、苯丙素类、萜类、甾体类等成分。黄酮类包括黄酮、黄酮醇、异黄酮等，如木犀草素-4′-β-D-吡喃葡萄糖苷（luteolin-4′-β-D-glucopyranoside）、槲皮素-4′-β-D-吡喃葡萄糖苷（quercetin-4′-β-D-glucopyranoside）、5,6,7-三羟基-4′-甲氧基异黄酮（5,6,7-trihydroxy-4′-methoxyisoflavone）等；苯丙素类如蕴苞麻花头素A、B（strangusin A、B）等；萜类以倍半萜居多，如匍匐矢车菊素（centaurepensin）、土木香内酯（alantolactone）、假依瓦菊素（pseudoivalin）等；甾体类如20-羟基蜕皮甾酮-2-O-β-D-吡喃半乳糖苷（20-hydroxyecdysone-2-O-β-D-galactopyranoside）、水龙骨蜕皮甾酮C（podecdysone C）等。

艾纳香属含黄酮类、萜类、酚酸类等成分。黄酮类包括黄酮、黄酮醇、二氢黄酮等，如木犀草素-7-O-D-葡萄糖苷（luteolin-7-O-D-glucoside）、柽柳黄素（tamarixetin）、儿茶素（catechin）等；萜类包括单萜、倍半萜、二萜等，如菊油环酮（chrysanthenone）、旋覆澳泽兰素（austroinulin）等；酚酸类如原儿茶酸（protocatechuic acid）、没食子酸（gallic acid）等。

鼠麹草属含黄酮类、三萜类、挥发油类等成分。黄酮类如7,4′-二羟基-5-甲氧基二氢黄酮（7,4′-dihydroxy-5-methoxydihydroflavone）、芹菜素-7-O-β-D-吡喃葡萄糖苷（apigenin-7-O-β-D-glucopyranoside）、木犀草素-7-O-β-D-吡喃葡萄糖苷（luteolin-7-O-β-D-glucopyranoside）、槲皮素-7-O-β-D-吡喃葡萄糖苷（quercetin-7-O-β-D-glucopyranoside）、金丝桃苷（hyperin）、4,4′,6′-三羟基-2′-甲氧基查耳酮（4,4′,6′-trihydroxy-2′-methoxychalcone）、橘皮素（tangeretin）等；三萜类如蒲公英甾醇（taraxasterol）、α-香树脂醇（α-amyrin）、白桦脂酸（betulinic acid）、α-香树酯醇乙酸酯（α-amyrin acetate）、熊果酸（ursolic acid）、齐墩果酸（oleanolic acid）、2α,3α,19α-三羟基-28-去甲熊果-12-烯（2α,3α,19α-trihydroxy-28-norurs-12-ene）、款冬二醇-3-O-棕榈酸酯（faradiol-3-O-palmitate）等；挥发油类如石竹烯（caryophyllene）、β-金合欢烯（β-farnesene）、α-石竹烯（α-caryophyllene）、1-三十七烷醇（1-heptatriacotanol）、肉豆蔻醛（tetradecanal）等。

旋覆花属含萜类、皂苷类、黄酮类等成分。萜类多为倍半萜，如罗汉松酸 A、B（macrophyllic acid A、B）、9β-羟基银胶菊内酯（9β-hydroxyparthenolide）、异土木香脑（isohelenin）、脱氢木香内酯（dehydrocostus lactone）、线叶旋覆花倍半萜素 A、B、C、D（lineariifolianoid A、B、C、D）等；皂苷类多为五环三萜，包括齐墩果烷型、羽扇豆烷型等，如蒲公英萜醇乙酸酯（taraxasterol acetate）、β- 香树脂醇（β-amyrin）、羽扇豆醇（lupeol）等；黄酮类包括黄酮、黄酮醇等，如金圣草酚（chryseriol）、木犀草素 -7-O-D- 葡萄糖苷（luteolin-7-O-D-glucoside）、山柰酚 -3-O-β-D- 葡萄糖苷（kaempferol-3-O-β-D-glucoside）等。

天名精属含萜类、甾体类等成分。萜类多为倍半萜内酯，如天名精内酯醇（carabrol）、鹤虱内酯（carpesialactone）、特勒内酯（telekin）、大叶土木香内酯（granilin）等；甾体类如 β- 谷甾醇（β-sitosterol）、β- 胡萝卜苷（β-daucosterol）等。

兔儿风属含萜类、皂苷类、黄酮类、苯丙素类、香豆素类等成分。萜类多为倍半萜，如杏香兔耳风三聚酯 A、B（ainsliatriolide A、B）、去氢木香内酯（dehydrocostus lactone）、葡萄糖中美菊素 C（glucozaluzanin C）、墨西哥蒿内酯酮（estafiatone）等；皂苷类多为五环三萜皂苷，如蒲公英赛醇（taraxerol）、木栓酮（friedelin）、α- 香树脂醇（α-amyrin）、β- 香树脂醇（β-amyrin）等；黄酮类包括黄酮、黄酮醇、二氢黄酮、二氢黄酮醇等，如木犀草素 -7-O- 葡萄糖苷（luteolin-7-O-glucoside）、柽柳素 -5-O-β-D- 葡萄糖苷（tamarixetin-5-O-β-D-glucoside）等；苯丙素类如 3, 5- 二咖啡酰奎宁酸（3, 5-dicaffeoylquinic acid）、4, 5- 二咖啡酰奎宁酸（4, 5-dicaffeoylquinic acid）等；香豆素类如伞形花内酯（umbelliferone）、秦皮乙素（esculetin）等。

大丁草属含香豆素类、苯乙酮类、黄酮类、皂苷类等成分。香豆素类如 5- 甲基香豆素 -4- 纤维二糖苷（5-methyl coumarin-4-cellobioside）、大丁草酚（gerberinol）、8- 甲氧基补骨脂素（8-methoxypsoralen）、东莨菪素（scopoletin）等；苯乙酮类如毛大丁草酮（piloselloidone）、羟基异毛大丁草酮（hydroxyisopiloselloidone）等；黄酮类包括黄酮、黄酮醇等，如芹菜素 -7-O-β-D- 吡喃葡萄糖苷（apigenin-7-O-β-D-glucopyranoside）、槲皮素（quercetin）等；皂苷类多为五环三萜皂苷，如木栓酮（friedelin）、α- 香树脂醇（α-amyrin）、β- 香树脂醇（β-amyrin）、蒲公英赛醇乙酸酯（taraxeryl acetate）等。

蒲公英属含黄酮类、皂苷类、倍半萜类、酚酸类、香豆素类、木脂素类、生物碱类等成分。黄酮类包括黄酮、黄酮醇、二氢黄酮等，如芫花素 -4′-O-β-D- 芸香糖苷（genkwanin-4′-O-β-D-rutinoside）、木犀草素 -7-O- 芸香糖苷（luteolin-7-O-rutinoside）、艾黄素（artemetin）、异鼠李素 -3-O-β-D- 吡喃葡萄糖苷（isorhamnetin-3-O-β-D-glucopyranoside）、槲皮素 -3-O-β-D- 吡喃半乳糖苷（quercetin-3-O-β-D-galactopyranoside）、橙皮苷（hesperidin）等；皂苷类多为五环三萜，如羽扇豆醇乙酸酯（lupeol acetate）、伪蒲公英萜醇乙酸酯（ψ-taraxasteryl acetate）、3- 表科罗索酸（3-epicorosolic acid）、牛角瓜熊果烯醇 A（gigantursenol A）等；倍半萜类如加利福尼亚蒿内酯（artecalin）、香茶菜倍半萜素 A（isodonsesquitin A）等；酚酸类如没食子酸（gallic acid）、4- 羟基苯甲酸（4-hydroxybenzoic acid）等；香豆素类如七叶内酯（esculetin）、伞形花内酯（umbelliferone）、东莨菪素（scopoletin）等；木脂素类如蒙古蒲公英素 A（mongolicumin A）、红毛破布木脂素（rufescidride）等；生物碱多为吲哚类，如吲哚 -3- 甲酸（indole-3-carboxylic acid）、3- 羧基 -1, 2, 3, 4- 四氢 -β- 咔啉（3-carboxy-1, 2, 3, 4-tetrahydro-β-carboline）等。

莴苣属含黄酮类、苯丙素类、倍半萜类、皂苷类等成分。黄酮类包括黄酮、黄酮醇等，如木犀草素 -7-O-β-D- 吡喃葡萄糖苷（luteolin-7-O-β-D-glucopyranoside）、莴苣黄苷 A（lactucasativoside A）、槲皮素 -3-O-D- 吡喃葡萄糖苷（quercetin-3-O-D-glucopyranoside）等；苯丙素类如 3, 4- 二咖啡酰奎宁酸（3, 4-dicaffeoylquinic acid）、3, 5- 二咖啡酰奎宁酸（3, 5-dicaffeoylquinic acid）等；倍半萜类如 8- 去氧山莴苣素（8-deoxylactucin）、杰氏苦苣菜内酯（jacquilenin）、苦荬菜内酯 F（ixerin F）等；皂苷类多为五环三萜皂苷，如 α- 香树脂醇（α-amyrin）、β- 香树脂醇（β-amyrin）、羽扇豆醇（lupeol）等。

分属检索表

1. 植物体无乳汁；头状花序具同形或异形的小花（管状花亚科 Tubiflorae）。
    2. 花药基部钝或微尖；花柱分枝大多非钻形。
        3. 花柱分枝圆柱形，上端常具棒状或稍扁的附器；头状花序盘状，具同形的管状花；叶通常对生（泽兰族 Eupatorieae）。
            4. 花药顶端截形，无附属体；外层总苞片基部结合成环状……………1. 下田菊属 Adenostemma
            4. 花药顶端尖，具附属体；总苞片基部分离。
                5. 冠毛膜片状或鳞片状，下部宽，上部渐狭长………………………2. 藿香蓟属 Ageratum
                5. 冠毛刚毛状或鳞片状，多数，分离…………………………………3. 泽兰属 Eupatorium
        3. 花柱分枝上端非棒锤状，或稍扁而钝，具附器或无；头状花序辐射状，边缘常具舌状花，或花序盘状而无舌状花。
            6. 花柱分枝通常一面平一面凸形，上端具尖或三角形附器，有时上端钝；叶互生（紫菀族 Astereae）。
                7. 舌状花黄色；冠毛为多数长糙毛……………………………………4. 一枝黄花属 Solidago
                7. 舌状花白色、红色或紫色；冠毛各式或无冠毛。
                    8. 头状花序具显著展开的舌状雌花。
                        9. 冠毛短，糙毛状或膜片状………………………………………5. 马兰属 Kalimeris
                        9. 冠毛长，毛状，有或无外层的膜片。
                            10. 瘦果椭圆形，两端稍狭，除边棱外，两面各有 2 细棱；冠毛糙毛状……………………………………………………………………6. 东风菜属 Doellingeria
                            10. 瘦果长圆形或倒卵形，稍扁，边缘有棱，两面有棱或无棱，被疏毛；冠毛通常 2 层，外层短膜片………………………………………………7. 紫菀属 Aster
                    8. 头状花序有细管状的雌花，无明显的舌状花或仅外层有直立的短舌片；冠毛绵毛状………………………………………………………………………………8. 白酒草属 Conyza
            6. 花柱分枝顶端通常截形，无或有尖或三角形附器，有时分枝钻形。
                11. 冠毛无，或冠毛为短膜片状、刺状或冠状；叶对生或互生。
                    12. 总苞片草质，绿色，似叶；头状花序通常辐射状，极少盘状；花序托通常有托片；叶对生或互生（向日葵族 Heliantheae）。
                        13. 头状花序单性，具同形花，雌雄同株；雌头状花序总苞具多数钩刺………………………………………………………………………………9. 苍耳属 Xanthium
                        13. 头状花序杂性，且异形花，或有时雌花不存在而头状花序具同形花。
                            14. 瘦果圆柱形，或舌状花的瘦果具 3 棱，管状花的瘦果两侧压扁。
                                15. 总苞片 2 层，外层 5～6 层，匙形，有腺毛；舌状花黄色………………………………………………………………………………10. 豨莶属 Siegesbeckia
                                15. 总苞片 1 至数层，外层不为匙形，无腺毛。
                                    16. 托片平，狭长；舌片小，2 层………………………11. 鳢肠属 Eclipta
                                    16. 托片内凹或对褶，多少包裹小花。
                                        17. 头状花序小，具结实的舌状花；无冠毛或具短鳞片，宿存………………………………………………………………………12. 蟛蜞菊属 Wedelia
                                        17. 头状花序大，具不育或无性的舌状花；冠毛膜片状，具 2 芒，脱落………………………………………………………………13. 向日葵属 Helianthus

14. 瘦果背腹压扁。
　　18. 无冠毛；舌状花红色或紫色……………………………………14. 大丽花属 Dahlia
　　18. 冠毛芒状，具尖锐倒刺，宿存；舌状花黄色、白色或不存在………………
　　　　………………………………………………………………15. 鬼针草属 Bidens
　12. 总苞片全部或边缘干膜质；头状花序盘状或辐射状（蓍黄菊族 Anthemideae）。
　　19. 花序托具托片……………………………………………………16. 蓍属 Achillea
　　19. 花序托无托片，或仅有具条形边缘的小窝，或有时具不明显的托毛。
　　　20. 头状花序单生或排列呈伞房状或头状；瘦果多棱。
　　　　21. 一年生草本。
　　　　　22. 雌花多层；雌花具管状的花冠；瘦果四棱形…17. 石胡荽属 Centipeda
　　　　　22. 雌花 1 层；雌花假舌状；瘦果压扁，背部突起，腹面有 3～5 条细
　　　　　　　棱……………………………………………………18. 母菊属 Matricaria
　　　　21. 多年生草本或半灌木。
　　　　　23. 瘦果顶端无冠状冠毛………………………………19. 菊属 Dendranthema
　　　　　23. 瘦果顶端有冠状冠毛…………………………………20. 匹菊属 Pyrethrum
　　　20. 头状花序通常排列呈总状或圆锥状；瘦果具 2 棱…………21. 蒿属 Artemisia
　11. 冠毛通常毛状；头状花序辐射状或盘状；叶互生（千里光族 Senecioneae）。
　　24. 两性花不结实；花柱不分枝…………………………………22. 款冬属 Tussilago
　　24. 两性花结实；花柱分枝上端截形，或尖，或有附器。
　　　25. 花柱分枝顶端非截形或园钝，有钻形或短锥形的附器。
　　　　26. 花柱分枝有细长钻形的附器；总苞有小外苞片…………23. 菊三七属 Gynura
　　　　26. 花柱分枝有短锥形的附器；总苞无小外苞………………24. 一点红属 Emilia
　　　25. 花柱分枝顶端截形或园钝，具扁三角形的附器或无附器。
　　　　27. 基生叶和茎下部叶的叶柄非鞘状。
　　　　　28. 头状花序仅具同形的管状两性花，花冠白色或带红色………………
　　　　　　　…………………………………………………………25. 兔儿伞属 Syneilesis
　　　　　28. 头状花序具异形花，雌花舌状，两性花管状。
　　　　　　29. 叶常掌状或羽状分裂；总苞具小外苞片………26. 千里光属 Senecio
　　　　　　29. 叶不分裂；总苞无外苞片……………………27. 狗舌草属 Tephroseris
　　　　27. 基生叶和茎下部叶的叶柄基部鞘状抱茎；头状花序辐射状，具舌状的雌花；
　　　　　　花柱分枝顶端钝圆形……………………………………28. 大吴风草属 Farfugium
2. 花药基部锐尖、箭形或尾形，若钝则花柱分枝钻形；叶互生。
　30. 花柱分枝细长，圆柱形钻形，先端渐尖，无附器；头状花序盘状，具同形的管状花（斑鸠菊
　　族 Vernonieae）；头状花序密集成第二次的复头状花序…………29. 地胆草属 Elephantopus
　30. 花柱分枝非细长钻形；头状花序盘状，无舌状花，或辐射状而边缘具舌状花；头状花序密集
　　成球形复头状花序或不密集成头状花序。
　　31. 花柱分枝处下部有毛环，毛环以上分枝或不分枝；头状花序仅具同形的管状花，有时具不
　　　结实的舌状花（菜蓟族 Cynareae）。
　　　32. 头状花序各具 1 花，密集成球形复头状花序；叶和总苞片具刺…30. 蓝刺头属 Echinops
　　　32. 头状花序具多数花，不密集成复头状花序。
　　　　33. 瘦果具平整的基底着生面。
　　　　　34. 瘦果密被柔毛，顶端无边缘；头状花序为羽状分裂的苞叶所包围………………

....31. 苍术属 *Atractylodes*
34. 瘦果无毛，顶端具边缘；头状花序不为羽状分裂的苞叶所包围。
　　35. 总苞片具钩状的刺毛..32. 牛蒡属 *Arctium*
　　35. 总苞片无钩状的刺毛。
　　　　36. 总苞片先端或边缘具刺；叶具刺；瘦果5～10棱或压扁；冠毛多层。
　　　　　　37. 茎和枝具叶状翅；冠毛具糙毛................................33. 飞廉属 *Carduus*
　　　　　　37. 茎和枝无叶状翅；冠毛羽毛状。
　　　　　　　　38. 叶上面具白色斑纹；瘦果倒卵形或长圆形，扁压，具网眼........
　　　　　　　　　　..34. 水飞蓟属 *Silybum*
　　　　　　　　38. 叶上面无白色斑纹；瘦果倒卵形或长圆形，稍扁压或4棱形......
　　　　　　　　　　..35. 蓟属 *Cirsium*
　　　　36. 总苞片无刺；叶通常无刺或有短刺；瘦果具4棱；冠毛1层..............
　　　　　　..36. 风毛菊属 *Saussurea*
33. 瘦果具歪斜的基底着生面，或具侧面着生面。
　　39. 总苞通常不为苞叶所包围；花丝无毛；叶全缘或具锯齿；总苞片具小刺或无刺..37. 麻花头属 *Serratula*
　　39. 总苞有具刺的苞叶所围；花丝具毛；叶具刺；总苞片外层具刺齿............
　　　　..38. 红花属 *Carthamus*
31. 花柱分枝处下部无毛环，分枝上端截形，无附器，或有三角形附器；头状花序具异形花。
　　40. 头状花序的管状花冠浅裂，不作二唇形；冠毛毛状，有时无冠毛（旋覆花族 Inuleae）。
　　　　41. 头状花序盘状，具异形花，雌雄同株（同花序），或具同形花，雌雄异株（异花序）；雌花管状或细管状。
　　　　　　42. 植株通常有香气；总苞片叶质，坚硬，黄色或紫红色......39. 艾纳香属 *Blumea*
　　　　　　42. 植株无香气；总苞片干膜质或膜质，透明，黄色或褐色或无色........
　　　　　　　　..40. 鼠麴草属 *Gnaphalium*
　　　　41. 头状花序辐射状或盘状，具异形花，或仅具同形的两性花，雌雄同株（同花序）；雌花舌状或管状。
　　　　　　43. 头状花序辐射状，雌花舌状；瘦果近圆柱形，顶端具毛状冠毛，无喙........
　　　　　　　　..41. 旋覆花属 *Inula*
　　　　　　43. 头状花序盘状，雌花管状；瘦果细长，顶端无冠毛，具喙，具软骨质的环状物..42. 天名精属 *Carpesium*
　　40. 头状花序的管状花冠不规则深裂，或作二唇形；冠毛毛状，均具冠毛。
　　　　44. 叶不羽状分裂；两性花的花冠5深裂，裂片等长或不等长而呈不明显的二唇形；冠毛羽毛状..43. 兔儿风属 *Ainsliaea*
　　　　44. 叶羽状分裂；两性花的花冠显著二唇形，上唇1～2裂，下唇3～4裂；冠毛为刺毛状..44. 大丁草属 *Gerbera*
1. 植物体有乳汁；头状花序仅具同形的舌状花；叶基生或互生（舌状花亚科 Liguliflorae）。
　　45. 叶基生；头状花序单生于花葶上；瘦果具长喙，有瘤状或短刺状凸起...45. 蒲公英属 *Taraxacum*
　　45. 叶多为茎生；头状花序多数，生于具叶主茎或分枝的顶端；瘦果无喙或具喙，无瘤状或短刺状突起。
　　　　46. 头状花序具多数小花；冠毛具较粗的直毛和极细的柔毛；瘦果无喙......46. 苦苣菜属 *Sonchus*
　　　　46. 头状花序具少数小花；冠毛仅具较粗的直毛和糙毛；瘦果顶端急尖成细丝状的长喙..47. 莴苣属 *Lactuca*

1. 下田菊属 *Adenostemma* J. R. Forst. et G. Forst.

一年生草本。全株被腺毛或无毛。叶对生或上部的互生，全缘或具锯齿，常为基出三脉。头状花序排列成腋生或顶生的伞房花序或圆锥状伞房花序，花同型；总苞钟状或半球形；总苞片2层，近等长；花序托扁平，无托片；全为两性花，白色，管状，檐部钟状，顶端5齿裂；花药顶端截形；花柱分枝细长。瘦果倒卵状长椭圆形，具3～5肋，具腺点或乳突；冠毛3～5根，棒锤状。

约20种，主要分布于热带美洲。中国1种2变种，分布于西南至东部，法定药用植物1种。华东地区法定药用植物1种。

956. 下田菊（图956）· *Adenostemma lavenia* (Linn.) O. Kuntze (*Adenostemma viscosum* Forst.)

图 956 下田菊　　　　　摄影　张芬耀

【别名】水胡椒（江西），凤气草（江苏）。

【形态】一年生草本，高30～100cm。茎直立，单生，常自上部叉状分枝，被白色短柔毛或锈色柔毛。叶对生或上部的互生，中部茎叶较大，长椭圆状披针形，长4～12cm，宽2～5cm，顶端急尖或钝，基部常楔形下延，边缘具不规则的粗锯齿；叶柄长0.5～4cm；上部和下部的叶渐小，全部叶两面均被稀疏的短柔毛。头状花序小，在茎枝顶端排列成伞房或圆锥状伞房花序；总苞宽钟状，长4～5mm；总苞片2层，近等长，外层苞片大部分合生，被疏柔毛；花白色，管状，长约2.5mm，5齿裂。瘦果倒披针形；冠毛3～4根，长约1mm，顶端具棒状黏质的腺体。花果期7～10月。

【生境与分布】生于路旁、山坡林下、水沟边。分布于华东各地,另我国中南、西南部均有分布;印度、菲律宾、日本、朝鲜、澳大利亚也有分布。

【药名与部位】下田菊(水兰),地上部分。

【采集加工】秋季采收,除去杂质,晒干。

【药材性状】茎呈圆柱形或扁圆柱形,有的有分枝,长20～100cm,直径0.2～1cm,表面灰棕色至棕褐色,有纵纹,节明显,上部被有细毛,下部光滑无毛。质脆,易折断,断面不平坦,皮部灰绿色,髓部灰白色至灰棕色。叶互生,叶皱缩,完整叶片展平后呈椭圆状披针形,顶端急尖或钝,基部宽或狭楔形,叶柄有狭翼,边缘有浅齿。头状花序小,多生长在分枝顶端,被灰白色或锈色短柔毛。总苞半球形,长4～5mm,宽可达10mm。总苞片2层。瘦果倒披针形,长约4mm,宽约1mm。冠毛约4枚,长约1mm,棒状。气微,微苦。

【药材炮制】除去杂质,洗净,稍润,切段,干燥。

【化学成分】地上部分含挥发油类:α-荜澄茄油烯(α-cubebene)、石竹烯(caryophyllene)、γ-榄香烯(γ-elemen)、α-石竹烯(α-caryophyllene)、α-恰米烯(α-chamigrene)、双环[4,3,0]-7-亚甲基-2,4,4-三甲基-2-乙烯基壬烷{bicyclo[4,3,0]-7-methylene-2,4,4-trimethyl-2-vinyl nonane}、γ-萜品烯(γ-terpinen)、d-柠檬烯(d-limonene)、α-蒎烯(α-pinene)和2-蒈烯(2-carene)等[1]。

全草含二萜类:对映-11α-羟基-15α-乙酰氧基-16-贝壳杉烯-19-酸(ent-11α-hydroxy-15α-acetoxykaur-16-en-19-oic acid)、对映-11α,15α-二羟基贝壳杉-16-烯-19-酸(ent-11α,15α-dihydroxykaur-16-en-19-oic acid)、(16R)-对映-11α-羟基-15-氧化贝壳杉-19-酸[(16R)-ent-11α-hydroxy-15-oxokauran-19-oic acid]、对映-11α-羟基-15-氧化贝壳杉-16-烯-19-酸(ent-11α-hydrox-15-oxokaur-16-en-19-oic acid)[2]、下田菊酸A、B、C、D、E、F、G(adenostemmoic acid A、B、C、D、E、F、G)、圆锥花序甜叶菊苷Ⅱ、Ⅲ(paniculoside Ⅱ、Ⅲ)和下田菊苷A、B、C、D、E、F、G(adenostemmoside A、B、C、D、E、F、G)[3]。

【性味与归经】辛、微苦,凉。归肺、肝、胃经。

【功能与主治】清热利湿,解毒消肿。用于感冒高热,支气管炎,咽喉炎,扁桃体炎,黄疸型肝炎。外用治痈疖疮疡,蛇咬伤。

【用法与用量】煎服9～15g;外用适量,捣烂敷患处。

【药用标准】湖南药材2009。

【临床参考】1.尖吻蝮蛇咬伤辅助治疗:全草30～60g,加荔枝草30～60g,每日1～2剂,水煎服;同时上述两种鲜品捣烂外敷伤口周围,每日换药1～2次[1],另宜联合蝮蛇咬伤正规治疗。

2.感冒发热:鲜全草30～60g,捣烂取汁,加糖适量,温开水冲服。

3.急性黄疸型肝炎:鲜全草90～120g,水煎服,黄疸退尽、小便清利时加猪精肉30g,水煎,服汤食肉,忌酒、狗肉。

4.无名肿毒:鲜根,加鲜马兰根各适量,加食盐少许,捣烂外敷。(2方至4方引自《浙江药用植物志》)

【附注】本种的变种宽叶下田菊 Adenostemma lavenia (Linn.) O. Kuntze var. latifolium (D.Don) Hand.-Mazz. 及小花下田菊 Adenostemma lavenia (Linn.) O. Kuntze var. parviflorum (Blume) Hochreut. 的全草民间也作下田菊药用。

【化学参考文献】

[1] 杨永利,郭守军,马瑞君,等.下田菊挥发油化学成分的研究[J].热带亚热带植物学报,2007,15(4):355-358.

[2] Cheng P C, Hufford C D, Doorenbos N J. Isolation of 11-hydroxyated kauranic acids from Adenostemma lavenia [J]. J Nat Prod, 1979, 42 (2): 183-186.

[3] Shimizu S, Miyase T, Umehara K, et al. Kaurane-type diterpenes from Adenostemma lavenia O. Kuntze. [J]. Chem Pharma Bull, 1990, 38 (5): 1308-1312.

【临床参考文献】

[1] 廖振才，蔡锦芳，欧阳礼仁. 治疗尖吻蝮蛇咬伤经验介绍 [J]. 蛇志，1990，(4)：44.

2. 藿香蓟属 *Ageratum* Linn.

一年生或多年生草本或灌木。叶对生或上部叶互生。头状花序小，同型，有小花多数，在茎枝顶端排列成紧密的伞房状花序，少有排成疏散圆锥花序；总苞钟状；总苞片 2～3 层，条形，草质，不等长；花序托裸露，平或稍凸起；花全为两性，管状，檐部 5 裂；雄蕊 5，花药基部钝，具附属物；花柱分枝伸长。瘦果具 5 肋；冠毛膜片状或鳞片状，5～6 枚，急尖或长芒状渐尖，分离或合生成短冠状，或具 10～20 个不等长的狭鳞片。

约 40 种，主要分布于美洲热带和亚热带地区。中国引种栽培 2 种，法定药用植物 1 种。华东地区法定药用植物 1 种。

957. 藿香蓟（图 957） • *Ageratum conyzoides* Linn.

图 957 藿香蓟　　　　摄影　赵维良等

【别名】胜红蓟（通称）。

【形态】一年生草本，高 30～100cm。茎直立，具分枝，被多细胞长柔毛。叶对生，或有时上部的近互生，长卵形或三角状卵形或卵状心形，长 1～7cm，宽 1.5～3.5cm，或长宽等长，顶端钝圆或急尖，基部心形或平截，边缘具有规则的圆锯齿，两面均被节毛，下面及脉上的毛较密；基出三脉或不明显五出脉；叶柄长 0.7～3cm。头状花序在茎枝顶端排成伞房或复伞房花序；花序梗密被柔毛；总苞钟状，宽 5mm；总苞片 2 层，狭披针形，顶端长渐尖，全缘，外面被较长的腺质细柔毛；花冠蓝色或白色，长 1.5～2.5mm，檐部 5 裂。瘦果黑色，5 棱，被毛；冠毛膜片状，5 枚，边缘具细齿。花果期全年。

【生境与分布】生于山坡林下、林缘、田边、路旁及荒野中。分布于华东各地，另广东、广西、云南、四川、黑龙江、台湾等地均有分布；非洲、亚洲、欧洲也有广泛分布。

【药名与部位】胜红蓟，全草。

【采集加工】秋季采收，除去泥沙，晒干。

【药材性状】茎略呈方形，基部类圆形，直径 0.3～0.8cm。茎、叶被白色多节长柔毛。茎直立，多分枝，绿色、黄棕色或稍带紫色。叶对生，上部互生，叶片基部钝或宽楔形，长 0.5～10cm，宽 1～4cm，边缘有粗锯齿，叶脉明显。头状花序，直径 4～8mm，伞房状排列，总苞片 2～3 层；花冠白色、黄色或紫色，呈管状。瘦果为管状，具 5 棱，黑褐色，顶端有 5 枚芒状的鳞膜片。气特异，味淡。

【药材炮制】除去杂质，洗净，切段，干燥。

【化学成分】地上部分含挥发油类：早熟素 I（precocene I），即 7-甲氧基-2, 2-二甲基-2H-1-苯并吡喃（7-methoxy-2, 2-dimethyl-2H-1-benzopyran）、早熟素 II（precocene II），即 6, 7-二甲氧基-2, 2-二甲基-2H-1-苯并吡喃（6, 7-dimethoxy-2, 2-dimethyl-2H-1-benzopyran）、石竹烯（caryophyllene）、α-毕澄茄油烯（α-cubebene）、倍半水芹烯（sesquiphellandrene）[1]、甲氧基肉桂酸乙酯（ethyl methoxylcinnamate）、桉叶油素（eucalyptol）、α-蒎烯（α-pinene）、樟脑（camphor）、3-(1-甲醛基-3, 4-亚甲二氧基)苯甲酸甲酯 [3-(1-formyl-3, 4-methylenedioxy) benzoic acid methyl ester]、L-马鞭烯酮（L-verbenone）、β-石竹烯（β-caryophyllene）和 L-龙脑（L-borneol）[2]；黄酮类：5, 6, 7, 5′-四甲氧基-3′, 4′-亚甲二氧基黄酮（5, 6, 7, 5′-tetramethoxy-3′, 4′-methylenedioxyflavone）、5′-甲氧基蜜橘黄素（5′-methoxynobiletine）、5, 6, 7, 3′, 4′, 5′-六甲氧基黄酮（5, 6, 7, 3′, 4′, 5′-hexamethoxyflavone）和胜红蓟黄酮 C（agoconyflavone C）[3]；色原烯类：英西卡酚甲醚*（encecalol methyl ether）[3] 和 2, 2-二甲基色烯-7-O-β-吡喃葡萄糖苷（2, 2-dimethylchromene-7-O-β-glucopyranoside）[4]；苯并呋喃类：14-羟基-2H-β, 3-二氢泽兰素（14-hydroxy-2H-β, 3-dihydroeuparine）[4]。

叶含生物碱类：立可沙明（lycopsamine）、二氢立可沙明-N-氧化物（dihydrolycopsamine-N-oxide）、立可沙明-N-氧化物（lycopsamine-N-oxide）和立可沙明-N-氧化物异构体（lycopsamine-N-oxide isomer）[5]；黄酮类：芦丁（rutin）、胜红蓟黄酮 C（agoconyflavone C）、3′-羟基-5, 6, 7, 8, 4′, 5′-六甲氧基黄酮（3′-hydroxy-5, 6, 7, 8, 4′, 5′-hexamethoxyflavone）、7-羟基-5, 6, 8, 5′-四甲氧基-3′, 4′-亚甲二氧基黄酮（7-hydroxy-5, 6, 8, 5′-tetramethoxy-3′, 4′-methylenedioxyflavone）、橙黄酮（sinensetin）、5, 6, 7, 3′, 4′, 5′-六甲氧基黄酮（5, 6, 7, 3′, 4′, 5′-hexamethoxyflavone）、川陈皮素（nobiletin）、钓樟黄酮 B（linderoflavone B）、5′-甲氧基川陈皮素（5′-methoxynobiletin）、山柰酚-3-芸香糖苷（kaempferol-3-rutinoside）、破坏草素（eupalestin）[5]、槲皮素（quercetin）和山柰酚（kaempferol）[6]；香豆素类：香豆素（coumarin）[5]；酚类：3-(2-O-β-D-吡喃葡萄糖基-4-羟基苯基)丙酸 [3-(2-O-β-D-glucopyranosyl-4-hydroxyphenyl) propanoic acid][5]；苯丙素类：香豆酸（coumaric acid）、O-吡喃葡萄糖基香豆酸（O-glucopyranosyl coumaric acid）、二氢香豆酸-O-吡喃葡萄糖苷（dihydrocoumaric acid-O-glucopyranoside）、5-O-阿魏酰奎宁酸（5-O-feruloylquinic acid）、O-咖啡酰基-O-p-(E)-香豆酰基-β-D-吡喃葡萄糖苷 [O-caffeoyl-O-p-(E)-coumaroyl-β-D-glucopyranoside][5] 和咖啡酸（caffeic acid）[6]；环戊酮羧酸类：5′-β-D-吡喃葡萄糖氧化茉莉酸（5′-β-D-glucopyranosyl oxyjasmonic acid）[5]；烯酸类：富马酸（fumaric acid）[6]；甾体类：豆甾-7-烯-3-醇（stigmast-7-en-3-ol）[6]；挥发油类：早熟素 I、II（precocene I、II）、β-石竹烯（β-caryophyllene）、3, 3-二甲基-5-叔丁基茚酮（3, 3-dimethyl-5-tert-butylindone）和 γ-红没药烯（γ-bisabolene）等[7]；烯酮类：(Z)-正五十三碳-43-烯-22-酮 [(Z)-n-tripentacont-43-en-22-one][8]。

全草含黄酮类：(2S)-7, 3′, 4′-三甲氧基黄烷酮 [(2S)-7, 3′, 4′-trimethoxyflavanone]、(2S)-7-

甲氧基-3′,4′-亚甲基二氧基黄酮［(2S)-7-methoxy-3′,4′-methylenedioxyflavan］、5,6,7,8,5′-五甲氧基-3′,4′-亚甲二氧基黄酮（5,6,7,8,5′-pentamethoxy-3′,4′-methylenedioxyflavone）、5,2′-二羟基甲氧基黄酮-2′-O-β-D-吡喃葡萄糖苷（5,2′-dihydroxy-methoxyflavone-2′-O-β-D-glucopyranoside）、山奈酚-3-O-α-L-鼠李糖苷（kaempferol-3-O-α-L-rhamnopyranoside）[9]、3,5,7,4′-四羟基黄酮（3,5,7,4′-tetrahydroxyflavone）、5,6,7,3′,4′,5′-六甲氧基黄酮（5,6,7,3′,4′,5′-hexamethoxyflavone）、7,3′,5′-三-O-甲基小麦黄素（7,3′,5′-tri-O-methyltricetin）[10]、胜红蓟黄酮A、B、C（ageconyflavone A、B、C）、钓樟黄酮B（linderoflavone B）、破坏草素（eupalestin）、陈皮素（nobiletin）、5′-甲氧基陈皮素（5′-methoxynobiletin）、甜橙黄酮（sinensetin）、5,6,7,5′-四甲氧基-3′,4′-亚甲二氧基黄酮（5,6,7,5′-tetramethoxy-3′,4′-methylenedioxyflavone）、5,6,7,3′,4′,5′-六甲氧基黄酮（5,6,7,3′,4′,5′-hexamethoxyflavone）、5,6,7,8,3′-五甲氧基-4′-羟基黄酮（5,6,7,8,3′-pentamethoxy-4′-hydroxyflavone）和5,6,7,8,3′,5′-六甲氧基-4′-羟基黄酮（5,6,7,8,3′,5′-hexamethoxy-4′-hydroxyflavone）[11]；色原烯类：2,2-二甲基色烯-7-甲氧基-6-O-β-D-吡喃葡萄糖苷（2,2-dimethylchromene-7-methoxy-6-O-β-D-glucopyranoside）[10]；酰胺类：金色酰胺醇乙酸酯（aurantiamide acetate）[12]。

茎叶含甾体类：谷甾醇（sitosterol）和豆甾醇（stigmasterol）[13]；烯烃类：三十二烯（dotriacontene）[13]；色原烯类：7-甲氧基-2,2-二甲基色原烯（7-methoxy-2,2-dimethylchromen）[13]；黄酮类：藿香蓟酮*（conyzorigun）、5′-甲氧基川陈皮素（5′-methoxynobiletin）[13]、槲皮素（quercetin）、山奈酚-3-鼠李糖基葡萄糖苷（kaempferol-3-rhamnoglucoside）和山奈酚-3,7-二葡萄糖苷（kaempferol-3,7-diglucoside）[14]。

茎含黄酮类：5,7,2′,4′-四羟基-6,3′-二-(3,3-二甲基烯丙基)异黄酮-5-O-α-L-吡喃鼠李糖基-(1→4)-α-L-吡喃鼠李糖苷［5,7,2′,4′-tetrahydroxy-6,3′-di-(3,3-dimethylallyl) isoflavone-5-O-α-L-rhamnopyranosyl-(1→4)-α-L-rhamnopyranoside］[15]。

花含挥发油类：石竹烯（caryophyllene）、D-大根香叶烯（D-germacrene）、α-石竹烯（α-caryophyllene）、早熟素Ⅰ（precocene Ⅰ）、(+)-表双环倍半水芹烯［(+)-epi-bicyclosesquiphellandrene］和β-倍半水芹烯（β-sesquiphellandrene）等[16]。

【药理作用】1.抗炎镇痛　地上部分的乙醇提取物具有显著的抗炎作用，可显著抑制二甲苯诱导的小鼠耳肿胀和角叉菜胶所致的小鼠足肿胀，其中高、中、低剂量组（6.0g/kg、3.0g/kg、1.5g/kg）对耳廓肿胀和足肿胀的抑制率分别为29.24%、16.42%、11.21%和28.66%、18.79%、13.13%，并能降低小鼠炎足中炎性组织前列腺素E_2（PGE_2）、丙二醛（MDA）含量，提高超氧化物歧化酶（SOD）含量（$P<0.05$或$P<0.01$），并显著抑制大鼠的足肿胀（$P<0.05$或$P<0.01$），其中在3h时高、中、低剂量组（6.0g/kg、3.0g/kg、1.5g/kg）的足肿胀抑制率分别为43.69%、36.01%、23.29%，并能显著降低足肿胀大鼠血清肿瘤坏死因子（TNF-α）、白细胞介素-1β（IL-1β）和白细胞介素-6（IL-6）的含量（$P<0.05$或$P<0.01$）[1]；叶的水提醇沉物对棉球诱导的急性炎症大鼠和甲醛诱导的慢性关节炎大鼠均具有显著的抗炎作用[2]；全草的正丁醇和石油醚提取物对二甲苯诱导的小鼠耳肿胀有明显的抑制作用[3]；全草的95%乙醇提取物的正丁醇、乙酸乙酯和石油醚部位对小鼠的耳肿胀有明显的抑制作用（$P<0.01$或$P<0.05$），且水提部位能显著降低乙酸所致小鼠腹腔毛细血管通透性（$P<0.05$）[4]；叶的70%乙醇提取的水溶性成分可显著减轻角叉菜胶引起的大鼠关节功能障碍和水肿程度，并对组胺引起的表皮血管通透性增加有直接调节作用[5,6]。2.抗菌　从全草提取的石油醚部位和水部位对乙型链球菌有抗菌作用，但石油醚部位抗乙型链球菌的作用较水提取部位强，正丁醇、石油醚、乙酸乙酯和水提取部位对肺炎链球菌的生长均有较强的抑制作用，其中石油醚和水提部位的抑制作用相对较强[3]；叶的乙醇提取物对大肠杆菌和金黄色葡萄球菌的生长有较强的抑制作用[7]；全草的水提取物对肺炎克雷伯菌、链球菌、杆状细菌和产碱杆菌的生长均具有明显的抑制作用[8]。3.解热　从全草提取的挥发油对酵母所致的发热大鼠有显著的解热作用，3ml/kg的挥发油与100mg/kg的乙酰水杨酸赖氨酸的解热作用相当[9]。4.护胃　全草的乙醇提取物对布洛芬、冷束缚应激和乙醇所致的胃溃疡模型大鼠均具有显著的保护作用[10]。5.抗肿瘤　全草的乙醇、石

油醚、丁醇、水及乙酸乙酯提取物对人非小肺癌 A-549 细胞、人结肠癌 HT-29 细胞、人胃癌 SGC-7901 细胞、人胶质瘤细胞 U-251、人乳腺癌 MDA-MB0231 细胞、人前列腺 DU-145 细胞、人肝癌 BEL-7402 细胞以及小鼠白血病 P-388 细胞的生长均具有较强的抑制作用，其中乙酸乙酯部分对人非小肺癌 A-549 细胞和小鼠白血病 P-388 细胞具有较高的细胞毒作用，其半数抑制浓度（IC_{50}）分别为 0.68μg/ml 和 0.0003μg/ml[11]。

6. 抗氧化　全草乙酸乙酯部分分离的山柰酚（kaempferol）在（130.07±17.36）g/kg 剂量时可快速清除 1, 1-二苯基 -2- 三硝基苯肼（DPPH）自由基[11]。

【性味与归经】辛、苦，平。归心、肺经。

【功能与主治】清热解毒，利咽消肿。用于感冒发热，咽喉肿痛，白喉，痢疾，中耳炎，外伤出血，痈疽肿毒，湿疹，小腿溃疡等。

【用法与用量】煎服 15～30g，鲜品 30～60g；或鲜品捣汁；外用捣敷。

【药用标准】湖南药材 2009、福建药材 2006 和云南彝药Ⅲ 2005 六册。

【临床参考】1. 感冒发热：鲜叶和嫩茎 60g，水煎服。

2. 扁桃体炎、白喉：鲜叶 30～60g，捣烂取汁含服，每日 3 次。

3. 疮疖：全草 15～30g，水煎服；或鲜全草适量，捣烂外敷。

4. 湿疹、烫伤：鲜全草适量，水煎外洗。

5. 外伤出血：鲜全草适量，捣烂外敷。（1 方至 5 方引自《浙江药用植物志》）

【化学参考文献】

［1］郭占京. 桂产藿香蓟的挥发油化学成分分析［J］. 广西中医药，2009，32（3）：55-56.

［2］郭占京，黄宏妙，刘雄民，等. 超临界 CO_2 萃取藿香蓟精油的化学成分研究［J］. 中国实验方剂学杂志，2012，18（12）：120-123.

［3］Nour A M M，Khalid S A，Kaiser M，et al. The antiprotozoal activity of methylated flavonoids from *Ageratum conyzoides* L.［J］. J Ethnopharmacol，2010，129（1）：127-130.

［4］Ahmed A A，Ahmed M A，Abou E H M，et al. A new chromene glucoside from *Ageratum conyzoides*［J］. Planta Med，1999，65：171-172.

［5］Faqueti L G，Sandjo L P，Biavatti M W. Simultaneous identification and quantification of polymethoxyflavones，coumarin and phenolic acids in *Ageratum conyzoides* by UPLC-ESI-QTOF-MS and UPLC-DAD［J］. J Pharmaceut Biomed，2017，145：621-628.

［6］Nair A G R，Kotiyal J P，Subramanian S S. Chemical constituents of the leaves of *Agyratum conyzoides*［J］. Indian Journal of Pharmacy，1977，39（5）：108-109.

［7］Kong C，Hu F，Xu T，et al. Allelopathic potential and chemical constituents of volatile oil from *Ageratum conyzoides*［J］. J Chem Ecol，1999，25（10）：2347-2356.

［8］Sultana S，Ali M，Mir S R，et al. Isolation and characterization of chemical constituents from the leaves of *Ageratum conyzoides* L. and *Jasminum sambac*（L.）Sol. and fruits of *Pyrus communis* L.［J］. European Journal of Biomedical and Pharmaceutical Sciences，2019，6（5）：350-358.

［9］Munikishore R，Padmaja A，Gunasekar D，et al. Two new flavonoids from *Ageratum conyzoides*［J］. Indian J Chem，2013，52B：1479-1482.

［10］Adebayo A H，Jig C J，Zhang Y M，et al. A new chromene isolated from *Ageratum conyzoides*［J］. Nat Prod Comnun，2011，6（9）：1263-1265.

［11］Vyas A V，Mulchandani N B. Polyoxygenated flavones from *Ageratum conyzoides*［J］. Phytochemistry，1986，25（11）：2625-2627.

［12］Sur N，Poi R，Bhattacharyya A，et al. Isolation of aurantiamide acetate from *Ageratum conyzoids*［J］. Journal of the Indian Chemical Society，1997，74（3）：249.

［13］Adesogan E K，Okunade A L. A new flavone from *Ageratum conyzoides*［J］. Phytochemistry，1979，18（11）：1863-1864.

［14］Gill S，Mionskowski H，Janczewska D，et al. Flavonoid compounds in *Ageratum conyzoides* herb［J］. Acta Poloniae Pharmaceutica，1978，35（2）：241-243.

［15］Yadava R N，Kumar S. A novel isoflavone from the stems of *Ageratum conyzoides*［J］. Fitoterapia，1999，70（5）：475-477.

［16］张橡楠，张一冰，张勇，等. HS-SPME-GC-MS 分析藿香蓟花中的挥发性成分［J］. 中国实验方剂学杂志，2014，20（9）：99-101.

【药理参考文献】

［1］唐秀能，韦红棉，陆翠林，等. 桂产藿香蓟乙醇提取物抗炎作用及其机制研究［J］. 中国药师，2014（2）：185-188.

［2］Moura C A，Silva L F，Fraga C A，et al. Antiinflammatory and chronic toxicity study of the leaves of *Ageratum conyzoides* L. in rats［J］. Phytomedicine（Jena），2005，12（1-2）：138-142.

［3］廖华军，马赟，彭国平. 胜红蓟治疗慢性咽炎有效部位的筛选［J］. 中华中医药学刊，2010，28（1）：185-186.

［4］黄宏妙，郭占京，黄丽贞，等. 藿香蓟抗炎活性部位筛选［J］. 广东化工，2018，45（1）：20-21.

［5］徐诺. 藿香蓟的抗炎和镇痛作用［J］. 国外医学中医中药分册，1998，20（4）：53.

［6］Jos'e F G M，Cyntia F G V，Antonio G M A，et al. Analgesic and antiinflammatory activities of *Ageratum conyzoides* in rats［J］. Phytotherapy Research，1997，11：183-188.

［7］Adetutu A，Morgan W A，Corcoran O，et al. Antibacterial activity and *in vitro* cytotoxicity of extracts and fractions of *Parkia biglobosa*（Jacq.）Benth. stem bark and *Ageratum conyzoides* Linn. leaves［J］. Environmental Toxicology and Pharmacology，2012，34（2）：478-483.

［8］Samy R P，Ignacimuthu S，Raja D P. Preliminary screening of ethnomedicinal plants from India.［J］. Journal of Ethnopharmacology，1999，66（2）：235-240.

［9］徐诺. 藿香蓟中精油的抗炎、止痛和解热作用［J］. 国外医学. 中医中药分册，1998，20（1）：37.

［10］Shirwaikar A，Bhilegaonkar P M，Malini S，et al. The gastroprotective activity of the ethanol extract of *Ageratum conyzoides*［J］. Journal of Ethnopharmacology，2003，86（1）：117-121.

［11］Adebayo A，Tan N，Akindahunsi A，et al. Anticancer and antiradical scavenging activity of *Ageratum conyzoides* L.（Asteraceae）［J］. Pharmacognosy Magazine，2010，6（21）：62-66.

3. 泽兰属 *Eupatorium* Linn.

多年生草本、半灌木或灌木，被毛或无毛。叶对生，稀互生，全缘、具锯齿或分裂。头状花序在茎枝顶端排成复伞房花序或单生于长花序梗上；总苞半球形、钟形或圆筒形；总苞片多层或1～2层，覆瓦状排列，外层较短或全部苞片近等长；花托平、突起或圆锥状；花紫色、红色或白色，花冠管状，顶端5齿裂；花药基部钝，顶端有附片；花柱分枝丝状，突出花冠外，顶端钝或微钝。瘦果具5棱，顶端截平，有或无腺体，被毛或无毛；冠毛1层，刚毛状或鳞片状，多数，分离。

600余种，主要分布于中南美洲的温带和热带地区。中国14种2变种，广布于全国各地，法定药用植物3种1变种。华东地区法定药用植物3种1变种。

分种检索表

1. 叶片无腺点，3裂，裂片长圆状披针形，或不分裂；羽状脉··················佩兰 *E. fortunei*
1. 叶片两面或至少下面有腺点；羽状脉或三出脉。
  2. 内层总苞片先端钝或圆形，叶片具羽状脉，叶柄长1～2cm。
    3. 叶片不分裂或分裂··················白头婆 *E. japonicum*
    3. 叶3全裂，中裂片大··················三裂叶白头婆 *E. japonicum* var. *tripartitum*
  2. 内层总苞片先端急尖，叶片具三出脉，无柄或几无柄··················林泽兰 *E. lindleyanum*

958. 佩兰（图958）• *Eupatorium fortunei* Turcz.

图 958　佩兰　　　　　　　　　　　摄影　刘兴剑等

【别名】兰草，香草、女兰（江苏）。

【形态】多年生草本，高 40～100cm。茎直立，分枝少或仅在茎顶有伞房状花序分枝，全部茎枝被稀疏短柔毛。下部叶对生，上部叶互生，中部茎叶较大，三全裂或三深裂，中裂片较大，长椭圆形或长椭圆状披针形，长 5～10cm，宽 1.5～3cm，顶端渐尖，基部渐狭，边缘具规则的尖锐锯齿；总叶柄长 0.7～1cm；上部的茎叶常不分裂；或全部茎叶不裂，披针形或长椭圆状披针形或长椭圆形，长 6～12cm，宽 2.5～4.5cm；叶柄长 1～1.5cm；全部茎叶两面光滑，无毛，无腺点，羽状脉。头状花序多数在茎枝顶端排成复伞房花序；总苞钟状；总苞片 2～3 层，外层短，全部苞片外面无毛，无腺点，顶端钝；花白色或微红色，花冠长约 5mm，外面无腺点。瘦果长椭圆形，褐色，长 3～4mm，无毛，无腺点；冠毛白色。花果期 7～11 月。

【生境与分布】野生或栽培，野生者生于路边、灌丛及山沟路旁。分布于华东各地，另广东、广西、湖南、湖北、云南、贵州、四川、陕西等地均有分布；日本、朝鲜也有分布。

【药名与部位】佩兰，地上部分。

【采集加工】夏、秋二季分两次采收，低温干燥。

【药材性状】茎呈圆柱形，长 30～100cm，直径 0.2～0.5cm；表面黄棕色或黄绿色，有的带紫色，有明显的节和纵棱线；质脆，断面髓部白色或中空。叶对生，有柄，叶片多皱缩、破碎，绿褐色；完整叶片 3 裂或不分裂，分裂者中间裂片较大，展平后呈披针形或长圆状披针形，基部狭窄，边缘有锯齿；不分裂者展平后呈卵圆形、卵状披针形或椭圆形。气芳香，味微苦。

【药材炮制】除去枯叶及老茎,下半段洗净,上半段喷潮,切段,低温干燥。筛去灰屑。

【化学成分】地上部分含酚类:7,8,9-三羟基麝香草酚(7,8,9-trihydroxythymol)、8,10-二氢-7,9-二羟基麝香草酚(8,10-didehydro-7,9-dihydroxythymol)、8,9,10-三羟基麝香草酚(8,9,10-trihydroxythymol)、10-乙酰氧基-8,9-二羟基麝香草酚(10-acetoxy-8,9-dihydroxythymol)、4-(2-羟基乙基)苯甲醛[4-(2-hydroxyethyl)benzaldehyde][1]、9-当归酰氧基麝香草酚(9-angeloyloxythymol)、8-羟基-9-当归酰氧基麝香草酚(8-hydroxy-9-angeloyloxythymol)、9-乙酰氧基麝香草酚(9-acetoxythymol)、9-O-当归酰基-8,10-去氢麝香草酚(9-O-angeloyl-8,10-dehydrothymol)[2]、8,9-去氢麝香草酚-3-O-巴豆酸酯(8,9-dehydrothymol-3-O-tiglate)、9-乙酰氧基-8,10-去氢麝香草酚-3-O-巴豆酸酯(9-acetoxy-8,10-dehydrothymol-3-O-tiglate)、9-羟基-8,10-环氧麝香草酚-3-O-巴豆酸酯(9-hydroxy-8,10-epoxythymol-3-O-tiglate)、9-乙酰氧基麝香草酚-3-O-巴豆酸酯(9-acetoxythymol-3-O-tiglate)、9-乙酰氧基-8,10-环氧-6-羟基麝香草酚-3-O-当归酸酯(9-acetoxy-8,10-epoxy-6-hydroxythymol-3-O-angelate)、8-甲氧基-9-羟基麝香草酚(8-methoxy-9-hydroxythymol)、7-乙酰氧基-8-羟基-9-异丁酰氧基麝香草酚(7-acetoxy-8-hydroxy-9-isobutyryloxythymol)、8-甲氧基-9-羟基麝香草酚-3-O-巴豆酸酯(8-methoxy-9-hydroxythymol-3-O-tiglate)、3-O-异丁酰基-8-甲氧基-9-羟基麝香草酚(3-O-isobutyryl-8-methoxy-9-hydroxythymol)、8-甲氧基-9-O-当归酰基麝香草酚(8-methoxy-9-O-angeloylthymol)、3-O-(3-甲基-2-丁烯酰基)-8-甲氧基-9-羟基麝香草酚[3-O-(3-methyl-2-butenoyl)-8-methoxy-9-hydroxythymol]、8-甲氧基-9-O-(2-甲基丁酰氧基)麝香草酚[8-methoxy-9-O-(2-methylbutyryloxy)thymol]、8-甲氧基-9-异丁酰基麝香草酚(8-methoxy-9-O-isobutyrylthymol)、麝香草酚甲醚(thymol methyl ether)、8,10-二羟基-9-O-乙酰基-3-O-当归酰基麝香草酚(8,10-dihydroxy-9-O-acetyl-3-O-angeloylthymol)、8-羟基-9-O-当归酰基-10-O-乙酰基麝香草酚(8-hydroxy-9-O-angeloyl-10-O-acetylthymol)、2-(1′-羟基-2′-氧代丙基)-5-甲基苯酚[2-(1′-hydroxy-2′-oxopropyl)-5-methylphenol]、麝香草酚-3-O-巴豆酸酯(thymol-3-O-tiglate)、8,9-去氢麝香草酚-3-O-(2-甲基丙酸酯)[8,9-dehydrothymol-3-O-(2-methylpropionate)]、麝香草酚-3-O-(2-甲基丙酸酯)[thymol-3-O-(2-methylpropionate)]、9-羟基-8,10-去氢麝香草酚(9-hydroxy-8,10-dehydrothymol)、9-羟基麝香草酚(9-hydroxythymol)、8,9-二羟基麝香草酚(8,9-dihydroxythymol)、9-乙酰氧基-8,10-环氧麝香草酚-3-O-巴豆酸酯(9-acetoxy-8,10-epoxythymol-3-O-tiglate)和百里氢醌二甲醚(hydrothymoquinone dimethylether)[3];单萜类:5α-羟基-2-酮基-对-薄荷-6(1)-烯[5α-hydroxy-2-oxo-p-menth-6(1)-ene][2]和(3S,4S)-3-羟基-对-薄荷-1-烯-6-酮[(3S,4S)-3-hydroxy-p-menth-1-en-6-one][3];倍半萜类:氧化石竹烯(caryophyllene oxide)[3];苯丙素类:邻香豆酸(o-coumaric acid)[1];苯并呋喃类:佩兰苯并呋喃(eupatobenzofuran)[2];挥发油类:麝香草酚(thymol)、2H-1-苯并吡喃-2-酮(2H-1-benzopyran-2-one)、2,4,5,6,7,8-六氢基-1,4,9,9-四甲基-3H-3a,7-桥亚甲基甘菊环(2,4,5,6,7,8-hexahydro-1,4,9,9-tetramethyl-3H-3a,7-methano azulene)、氧化石竹烯(caryophyllene oxide)、1-甲基-4-(1-甲基乙基)-苯酚[1-methyl-4-(1-methylethyl)-phenol]和1,1a,4,5,6,7,7b,8-八氢-1,1,7,7a-四甲基-2H-环丙基[a]萘-2-酮{1,1a,4,5,6,7,7b,8-octahydro-1,1,7,7a-tetramethyl-2H-cyclopropa[a]naphthalen-2-one}[4]。

全草含酚类:9-羟基麝香草酚-3-O-当归酸酯(9-hydroxythymol 3-O-angelate)、丙酮基麝香草酚-8,9-二缩酮(acetone thymol-8,9-diyl ketal)、8-甲氧基-9-羟基麝香草酚-3-O-当归酸酯(8-methoxy-9-hydroxythymol-3-O-angelate)、麝香草酚(thymol)、7-羟基麝香草酚(7-hydroxythymol)、9-羟基麝香草酚(9-hydroxythymol)、8,9-二羟基麝香草酚(8,9-dihydroxythymol)[5]和7-羟基麝香草酚-3-O-β-D-吡喃葡萄糖苷(7-hydroxythymol-3-O-β-D-glucopyranoside)[6];单萜类:(1R,2S,3R,4R,6S)-对薄荷烷-1,2,3,6-四醇[(1R,2S,3R,4R,6S)-p-menthane-1,2,3,6-tetrol]、(1R,2R,3R,4S,6S)-对薄荷烷-1,2,3,6-四醇[(1R,2R,3R,4S,6S)-p-menthane-1,2,3,6-tetrol][5]、(3S,4S,6R)-对-薄荷-1-烯-3,6-二醇-6-O-β-D-吡喃葡萄糖苷[(3S,4S,6R)-p-menth-1-en-3,6-diol-6-O-β-D-glucopyranoside][6]、(1R,2S,

3R, 4R, 6S)-1, 2, 3, 6-四羟基对薄荷烷［(1R, 2S, 3R, 4R, 6S)-1, 2, 3, 6-tetrahydroxy-p-menthane］、(1S, 2S, 3S, 4R, 6R)-1, 2, 3, 6-四羟基对薄荷烷［(1S, 2S, 3S, 4R, 6R)-1, 2, 3, 6-tetrahydroxy-p-menthane］[7], (1S, 2S, 4R, 5S)-2, 5-二羟基-对-薄荷烷［(1S, 2S, 4R, 5S)-2, 5-dihydroxy-p-menthane］、(1R, 2S, 4S, 5R)-2, 5-二羟基-对-薄荷烷［(1R, 2S, 4S, 5R)-2, 5-dihydroxy-p-menthane］、(1S, 2R, 4S, 5S)-2, 5-二羟基-对-薄荷烷［(1S, 2R, 4S, 5S)-2, 5-dihydroxy-p-menthane］、麝香草酚-3-O-β-D-吡喃葡萄糖苷（thymol-3-O-β-D-glucopyranoside）和对-伞花烯-7-O-β-D-吡喃葡萄糖苷（p-cymen-7-O-β-D-glucopyranoside）[8]；倍半萜类：（1β, 6β）-5, 7-表桉叶-4（14）-烯-1, 6-二醇［(1β, 6β)-5, 7-epieudesm-4（14）-en-1, 6-diol］、(1β, 6α)-桉叶-4（14）-烯-1, 6-二醇［(1β, 6α)-eudesm-4（14）-en-1, 6-diol］、(1β, 5α)-桉叶-4（14）-烯-1, 5-二醇［(1β, 5α)-eudesm-4（14）-en-1, 5-diol］、(2β, 9α)-丁香烷-2β, 9α-二醇［(2β, 9α)-clovane-2β, 9α-diol］、(1β, 9β)-石竹烷-1, 9-二醇［(1β, 9β)-caryolane-1, 9-diol］[5], 6α-表桉叶-4（14）-烯-6-醇［6α-epieudesm-4（14）-en-6-ol］和(1β, 7α)-桉叶-4（14）-烯-1, 7-二醇［(1β, 7α)-eudesm-4（14）-en-1, 7-diol］[8]；三萜类：环奥丹尼烯棕榈酸酯（cycloaudenyl palmitate）、(3β, 20R)-20-羟基羊毛脂-25-烯-3-棕榈酸酯［(3β, 20R)-20-hydroxylanost-25-en-3-yl palmitate］、(3β, 24S)-环阿廷-25-烯-3, 24-二醇［(3β, 24S)-cycloart-25-en-3, 24-diol］[5], 3β-羟基-30-去甲-熊果-21-烯-20-酮（3β-hydroxy-30-nor-urs-21-en-20-one）[8], β-香树脂醇棕榈酸酯（β-amyrin palmitate）、β-香树脂醇乙酸酯（β-amyrin acetate）、蒲公英赛醇棕榈酸酯（taraxasteryl palmitate）、蒲公英赛醇乙酸酯（taraxasteryl acetate）和蒲公英赛醇（taraxasterol）[9]；苯并呋喃类：3β, 6-二甲基-2, 3-二氢苯并呋喃-2α-醇（3β, 6-dimethyl-2, 3-dihydrobenzofuran-2α-ol）、3β, 6-二甲基-2, 3-二氢苯并呋喃-2β-醇（3β, 6-dimethyl-2, 3-dihydrobenzofuran-2β-ol）、3β, 6-二甲基-2, 3-二氢苯并呋喃-2β-O-β-D-吡喃葡萄糖苷（3β, 6-dimethyl-2, 3-dihydrobenzofuran-2β-O-β-D-glucopyranoside）、3β, 6-二甲基-2, 3-二氢苯并呋喃-2α-乙酯（3β, 6-dimethyl-2, 3-dihydrobenzofuran-2α-yl acetate）和3β, 6-二甲基-2, 3-二氢苯并呋喃-2β-乙酸酯（3β, 6-dimethyl-2, 3-dihydrobenzofuran-2β-acetate）[10]；黄酮类：芦丁（rutin）[6]；芳香酸类：4-(1-羟基-1-甲基乙基)苯甲酸［4-(1-hydroxy-1-methylethyl) benzoic acid］[5], 草木犀酸葡萄糖苷（melilotic acid glucoside）和3-(2'-O-β-D-吡喃葡萄糖氧基)苯基丙酸甲酯［3-(2'-O-β-D-glucopyranosyloxy) phenylpropionic acid methyl ester］[6]；脂肪酸类：棕榈酸（palmitic acid）[9]；生物碱类：内消旋-三羟基哌啶（meso-trihydroxypiperidine）、3α, 4β, 5α-三羟基哌啶（3α, 4β, 5α-trihydroxypiperidine）、3β, 4β, 5α-三羟基哌啶（3β, 4β, 5α-trihydroxypiperidine）[11], 仰卧天芥菜碱（supinine）、凌德草碱（rinderine）和7-乙酰基凌德草碱（7-acetylrinderine）[12]；甾体类：豆甾醇（stigmasterol）和β-谷甾醇（β-sitosterol）[9]；烷醇类：7, 11, 15-三甲基-3-异亚丙基-十六烷-1, 2-二醇（7, 11, 15-trimethyl-3-methylidene-hexadecane-1, 2-diol）[5]和二十八烷醇（octacosanol）[9]；挥发油类：对伞花烃（p-cymene）、5-甲基-2-异丙基苯甲醚（5-methyl-2-isopropyl anisole）和醋酸橙花酯（neryl acetate）[13]；其他尚含：(3S, 5R, 8R)-3, 5-二羟基大柱烷-6, 7-二烯-9-酮［(3S, 5R, 8R)-3, 5-dihydroxymegastigma-6, 7-dien-9-one］[5]。

【药理作用】 1.抗炎 从地上部分提取的挥发油对巴豆油引起的小鼠耳廓炎症有明显的抑制作用，其作用随剂量的增加而增强，在等毒性剂量下，鲜佩兰提取的挥发油的抗炎作用比干佩兰提取的挥发油强[1]。2.抗菌 从全草提取的挥发油对大肠杆菌、枯草杆菌、四联球菌和金黄色葡萄球菌的生长均有较好的抑制作用[2, 3]；全草的二氧化碳（CO_2）挥发性萃取物对细菌、霉菌、酵母菌的生长繁殖均有一定的抑制作用，在碱性和酸性环境中尤为明显，作用机制可能由于其挥发油成分的分子结构与生物膜分子结构相似，容易进入菌体内而抑制微生物的生长，从而发挥抗菌作用[4]。3.祛痰 从全草提取的挥发油对伞花烃（p-cymene）所致模型具有明显的祛痰作用，其作用强度类似于氯化铵[5]。4.抗病毒 全草的水提取物可降低小鼠巨噬细胞中标记的病毒复制，提示其具有一定的抗病毒作用[6]。5.镇静催眠 从地上部分提取的挥发油在浓度为2g/L时可使小鼠的睡眠持续期延长（$P < 0.05$），自主活动量减少（$P < 0.05$），并同时能降低小鼠的体温（$P < 0.05$）[7]。

【性味与归经】辛，平。归脾、胃、肺经。

【功能与主治】芳香化湿，醒脾开胃，发表解暑。用于湿浊中阻，脘痞呕恶，口中甜腻，口臭，多涎，暑湿表症，头胀胸闷。

【用法与用量】3～9g。

【药用标准】药典 1963—2015、浙江炮规 2005、贵州药材 1965、新疆药品 1980 二册、香港药材五册和台湾 2013。

【临床参考】1.痰湿型 2 型糖尿病：地上部分 12g，加白术、苍术各 12g，茯苓 20g，陈皮、半夏各 9g，泽泻 12g，脾虚明显者加黄芪、山药；合并冠心病者加瓜蒌、枳实、石菖蒲、丹参；合并高血压者加天麻、牛膝；合并胆囊炎者加茵陈、鸡内金；合并白内障者加菊花、茺蔚子；合并视网膜出血者加三七粉、旱莲草；合并末梢神经炎者加僵蚕、木瓜、鸡血藤；口干口渴明显者加天花粉、玄参；多食易饥者加黄连、生地黄；尿频者加覆盆子、益智仁等。水煎 2 次，分 2 次饭前服[1]。

2. 轮状病毒性肠炎：地上部分 6g，加藿香、半夏、苍术、厚朴、车前子、生姜各 6g，白术、茯苓各 10g，薏苡仁 15g，广木香、炒川连、甘草各 3g，消化不良、不思饮食者酌加炒神曲、炒麦芽各 6g，砂仁 3g；伴发热、鼻阻流涕者加柴胡 10g、防风 6g。开水 300ml 浸泡 30min，煎煮 20min，取汁 100ml，二煎加水 150ml，煎煮 15min，取汁 100ml，两煎合并，浓缩至 100ml，分早、中、晚 3 次口服，小于 6 月者，每次 10ml，6 月至 1 岁者，每次 20ml，1～2 岁者，每次 30ml[2]。

3. 口臭：地上部分 9g，加胡黄连 9g、木香 3g，水煎，待凉后把另包冰片 0.1g 放入，含漱，每日 4～5 次，7～10 天为 1 疗程[3]。

4. 婴儿腹泻：佩兰白术散（地上部分 20g，加白术 25g、陈皮 15g、山药 50g、茯苓 15g、鸡内金 10g，以上药味经 170℃干热 2h 后研为 80 目细末备用），口服，每日 3 次，每次 0.5～1g（按日龄定），迁延型每次 1.5g，治疗过程中维持正常乳食[4]。

5. 防治流行性感冒：地上部分 15～30g，加一枝黄花 15g，水煎服。

6. 夏季伤暑：地上部分 9g，加鲜荷叶 15g、滑石 18g、甘草 3g，水煎服。

7. 咽喉炎、扁桃体炎：根 15g，水煎服；另取根加醋磨汁含漱。

8. 急性胃肠炎：地上部分 9g，加藿香、苍术、茯苓、三颗针各 9g，水煎服。

9. 胃痛：根 15g，水煎，加红糖、黄酒服。

10. 跌打损伤：根研粉，每次 6～9g，黄酒冲服，每日 2 次。

11. 角膜云翳：地上部分 60g，水煎服，忌刺激性食物。（5 方至 11 方引自《浙江药用植物志》）

12. 中暑头痛：地上部分 9g，加青蒿、菊花各 9g，绿豆衣 12g，水煎服。（《青岛中草药手册》）

【附注】本种以兰草之名始载于《神农本草经》，列为上品。《本草拾遗》云："兰草与泽兰二物同名。陶公竟不能知，苏亦强有分别。按兰草本功外主恶气，香泽可作膏涂发，生泽畔。叶光润，阴小紫。"《蜀本草》云："叶似泽兰，尖长有歧，花红白色而香，生下湿地。"《本草纲目》谓："兰草、泽兰一类二种也。俱生水旁下湿处。二月宿根生苗成丛，紫茎素枝，赤节绿叶，叶对节生，有细齿。但以茎圆节长，而叶光有歧者，为兰草；茎微方，节短而叶有毛者，为泽兰。"综上所述形态特征、生态环境及用途，并参考《本草纲目》及《植物名实图考》"兰草"之附图，即为本种。

药材佩兰阴虚血燥、气虚者慎服。

【化学参考文献】

[1] Pham T N, Pham H D, Dang D K, et al. Anticyanobacterial phenolic constituents from the aerial parts of *Eupatorium fortunei* Turcz.［J］. Nat Prod Res，2019，33（9）：1345-1348.

[2] Wang Y L, Li J M, Wang H, et al. Thymol derivatives from *Eupatorium fortunei* and their inhibitory activities on LPS-induced NO production［J］. Phytochem Lett，2014，7：190-193.

[3] Tori M, Ohara Y, Nakashima K, et al. Thymol derivatives from *Eupatorium fortunei*［J］. J Nat Prod，2001，64（8）：1048-1051.

[4] 朱凤妹, 杜彬, 辛广, 等. 佩兰挥发油化学成分的分析[J]. 食品科学, 2008, 29(7): 389-391.
[5] Jiang H X, Li Y, Pan J, et al. Terpenoids from *Eupatorium fortunei* Turcz.[J]. Helv Chim Acta, 2006, 89(3): 558-566.
[6] Uemura Y, Uemura Y, Sasaki Y, et al. Glycosidic constituents from *Eupatorium fortunei* Turcz.[J]. Nat Med, 2005, 59(5): 249.
[7] Jiang H X, Gao K. Highly oxygenated monoterpenes from *Eupatorium fortunei*[J]. Chin Chem Lett, 2005, 16(9): 1217-1219.
[8] Chen Y J, Jiang H X, Gao K. One novel nortriterpene and other constituents from *Eupatorium fortunei* Turcz.[J]. Biochem System Ecol, 2013, 47: 1-4.
[9] Lai C F, Chen C H. Studies on the constituents of *Eupatorium fortunei* Turcz.[J]. Taiwan Yaoxue Zazhi, 1978, 30(2): 103-113.
[10] Jiang H X, Liu Q, Gao K. Benzofuran derivatives from *Eupatorium fortunei*[J]. Nat Prod Res, 2008, 22(11): 937-941.
[11] Sekioka T, Shibano M, Kusano G. Three trihydroxypiperidines, glycosidase inhibitors, from *Eupatorium fortunei* Turcz.[J]. Nat Med, 1995, 49(3): 332-335.
[12] Liu K, Roeder E, Chen H L, et al. Pyrrolizidine alkaloids from *Eupatorium fortunei*[J]. Phytochemistry, 1992, 31(7): 2573-2574.
[13] 蔡定国, 王英贞, 卢涌泉. 佩兰祛痰有效成分的研究[J]. 中药通报, 1983: 8(6): 30-31.

【药理参考文献】
[1] 孙绍美, 宋玉梅. 佩兰挥发油药理作用的研究[J]. 西北药学杂志, 1995(1): 24-26.
[2] 刘杰, 金岩. 佩兰挥发油的提取与GC-MS分析及其抑菌活性研究[J]. 河北农业科学, 2011, 15(3): 150-154.
[3] 刘杰, 金岩. 佩兰中黄酮类化合物的提取及抑菌活性研究[J]. 上海化工, 2012(1): 15-17.
[4] 唐裕芳, 张妙玲, 刘忠义, 等. 佩兰超临界CO_2萃取物的抑菌活性研究[J]. 食品研究与开发, 2004(4): 104-105.
[5] 蔡定国, 王英贞, 卢涌泉. 佩兰祛痰有效成分的研究[J]. 中药通报, 1983, 8(6): 30-31.
[6] Choi J G, Lee H, Hwang Y H, et al. *Eupatorium fortunei* and its components increase antiviral immune responses against RNA viruses[J]. Frontiers in Pharmacology, 2017, 8: 511-512.
[7] 陆婷婷, 胡国胜, 马晓红, 等. 佩兰精油镇静催眠作用的研究[J]. 上海交通大学学报(农业科学版), 2018, 36(1): 30-35.

【临床参考文献】
[1] 封赛红. 佩兰二术汤治疗痰湿型2型糖尿病临床观察[J]. 上海中医药杂志, 2009, 43(2): 23-24.
[2] 陈辉. 佩兰饮治疗轮状病毒性肠炎74例[J]. 中国民族民间医药杂志, 2002, (55): 78-80.
[3] 吴文姿, 马永梅. 治疗口臭验方[J]. 中国民间疗法, 2012, 20(9): 80.
[4] 任一心, 孙瑾, 孙悦, 等. 中药佩兰白术散治疗婴儿腹泻237例[J]. 中医药学报, 1996, (3): 22.

959. 白头婆(图959) • *Eupatorium japonicum* Thunb.(*Eupatorium chinense* auct. non Linn.; *Eupatorium chinense* Linn. var. *simplicifolium* Kitam.)

【别名】泽兰(通称), 佩兰(江苏), 佩兰叶(江苏淮安), 药佩兰(江苏南通), 华泽兰、华佩兰、单叶泽兰。

【形态】多年生草本, 高1~2m。茎直立, 通常不分枝, 或仅上部有伞房花序分枝, 全部茎枝被短柔毛。叶对生, 中部茎叶椭圆形或卵状椭圆形或卵状披针形, 长5~18cm, 宽2~6.5cm, 顶端长渐尖, 基部楔形或钝, 边缘具粗或重粗锯齿, 全部茎叶两面被柔毛及黄色腺点, 羽状脉, 在背面凸起; 叶柄长约1cm。头状花序在茎、枝顶端排列成紧密的伞房花序, 少有大型的复伞房花序; 总苞钟状, 含5朵小花; 总苞片3层, 外层短, 全部苞片顶端钝或圆形; 花白色或淡紫色或粉红色, 花冠长5mm, 外面被黄色腺点。

图 959　白头婆　　　　张芬耀等

瘦果椭圆形，淡黑褐色，具黄色腺点，无毛；冠毛白色。花果期 5～11 月。

【生境与分布】生于山坡草地、山谷林缘、路旁、灌丛中。分布于华东各地，另广东、湖南、湖北、河南、云南、贵州、四川、山西、辽宁、吉林、黑龙江、陕西等地均有分布；日本、朝鲜也有分布。

【药名与部位】广东土牛膝，根。华佩兰（火升麻），全草。泽兰，地上部分。

【采集加工】广东土牛膝：秋季采挖，洗净，干燥。华佩兰：夏季采收，除去杂质，晒干。

【药材性状】广东土牛膝：根多数，着生于粗壮的根茎上；根呈细长圆柱形，有的稍弯曲，长 5～35cm，长可达 50cm。表面灰黄色至棕褐色，有细微纵皱及稍疏的须根痕。质硬而脆，易折断。断面纤维状，皮部棕灰色，易分离，中心木质部较大，黄白色。气香，味微辛、苦。

华佩兰：根多数，细长，着生于粗壮的根茎上。茎圆柱形，长可至 150cm，直径 3～8mm；表面淡棕色，具纵沟；上部草质，被细柔毛，下部木质化；质脆，折断面髓部白色或中空。叶对生，有柄，叶片多皱缩或脱落，完整者展平后呈卵状椭圆形，长 4～13cm，宽 2～6cm，顶端长渐尖，基部近圆形，边缘有粗锯齿；上表面黄绿色至黄棕色，下表面灰绿色，有细小腺点。头状花序在茎枝顶端排成紧密复伞房花序，每个头状花序有花 5～6 朵。瘦果圆柱形，顶端冠毛 1 列，刚毛状。气香特异，味微苦。

泽兰：茎为长圆柱形，长 33～150cm，直径 4mm 左右。有节，节上有分枝，节间有细顺纹，外表深紫色，质坚易折断，折断面不平坦，黄白色，中心有白色的瓤（髓）或中空。叶交互生于茎节上，有柄，叶片长椭圆形，先端渐尖，基部楔形，边缘有粗锯齿，灰绿色或灰黄色，叶背颜色较浅，两面叶脉上均有稀疏的毛茸，气香，味淡。

【质量要求】泽兰：身干，质嫩，叶多，色绿。无根头杂草，茎短。

【药材炮制】广东土牛膝：洗净，切段，干燥。

华佩兰：除去杂质，洗净，沥干，切段，干燥。

【化学成分】根含苯并呋喃类：泽兰素（euparin）[1]，（+）-华宁泽兰素*A［（+）-eupachinin A］、（-）-华宁泽兰素*A［（-）-eupachinin A］、（+）-华宁泽兰素*B［（+）-eupachinin B］、（-）-华宁泽兰素*B［（-）-eupachinin B］[2]，（+）-二聚华宁泽兰素*A、B、C、D、E［（+）-dieupachinin A、B、C、D、E］、（-）-二聚华宁泽兰素*A、B、C、D、E［（-）-dieupachinin A、B、C、D、E］、二聚华宁泽兰素*F（dieupachinin F）、三聚华宁泽兰素*A（trieupachinin A）、2-（1-甲基-1-羟乙基）-5-乙酰苯并呋喃［2-（1-methyl-1-hydroxyethyl）-5-acetylbenzofuran］、2-（1-甲基-1-羟乙基）-5-乙酰基-6-羟基苯并呋喃［2-（1-methyl-1-hydroxyethyl）-5-acetyl-6-hydroxybenzofuran］、2-（1-甲基-1,2-二羟乙基）-5-乙酰基-6-羟基苯并呋喃［2-（1-methyl-1,2-dihydroxyethyl）-5-acetyl-6-hydroxybenzofuran］、2-（1-甲基-1,2-二羟乙基）-5-乙酰苯并呋喃［2-（1-methyl-1,2-dihydroxyethyl）-5-acetylbenzofuran］、2,6-二乙酰基-5-羟基苯并呋喃［2,6-diacetyl-5-hydroxybenzofuran］、2-（1-羟甲基-1,2-二羟乙基）-6-乙酰基-5-羟基苯并呋喃［2-（1-hydroxymethyl-1,2-dihydroxyethyl）-6-acetyl-5-hydroxybenzofuran］[3]，（±）-泽兰宁素*A［（±）-eupatonin A］、（±）-泽兰宁素*B［（±）-eupatonin B］、泽兰宁素*C［eupatonin C］、（-）-12β-羟基椭圆三七酮［（-）-12β-hydroxygynunone］、（+）-12-羟基-13-去甲泽兰素［（+）-12-hydroxy-13-noreuparin］、2′,4′-二羟基-5′-（3-甲基-3-丁烯-1-基）苯乙酮［2′,4′-dihydroxy-5′-（3-methyl-3-buten-l-yl）acetophenone］、3α-巴豆酰氧基-2,3-二氢泽兰素（3α-tiglinoyloxy-2,3-dihydroeuparin）、12,13-二羟基泽兰素（12,13-dihydroxyeuparin）、2,5-二乙酰基-6-羟基苯并呋喃（2,5-diacetyl-6-hydroxybenzofuran）、罗斯考二苯并呋喃（ruscodibenzofuran）、裸菀酮*（gymnastone）、6-羟基-3β-甲氧基特雷马酮（6-hydroxy-3β-methoxytrematone）[4]，（2R,3S）-5-乙酰基-6-羟基-2-异丙烯基-3-乙氧基苯并二氢呋喃［（2R,3S）-5-acetyl-6-hydroxy-2-isopropenyl-3-ethoxy-benzodihydrofuran］和5-乙酰基-6-羟基-2-异丙烯基苯并呋喃（5-acetyl-6-hydroxy-2-isopropenylbenzofuran）；三萜类：达玛二烯醇乙酸酯（dammaradienyl acetate）[5]；甾体类：豆甾醇（stigmasterol）[5]；芳香酸酯类：邻苯二甲酸二丁酯（dibutyl phthalate）[5]；噻吩类：2-乙酰-5-（1-炔丙基）-噻吩-3-O-β-D-吡喃葡萄糖苷［2-acetyl-5-（prop-1-ynyl）-thiophen-3-O-β-D-glucopyranoside］[5]。

叶含倍半萜类：泽兰内酯宁素（euponin）[6]；香豆素类：香豆素（coumarin）[6]；醌类：麝香草氢醌（thymohydroquinone）[7]。

花序含黄酮类：苜蓿素（tricin）、槲皮素（quercetin）、山奈酚（kaempferol）、木犀草素（luteolin）、木犀草素-7-O-β-D-葡萄糖苷（luteolin-7-O-β-D-glucoside）、4-甲氧基苜蓿素（4-methoxytricin）、槲皮素-3-O-β-D-葡萄糖苷（quercetin-3-O-β-D-glucoside）、山奈酚-3-O-β-D-葡萄糖苷（kaempferol-3-O-β-D-glucoside）、山奈酚-3-O-芸香糖苷（kaempferol-3-O-rutinoside）和芦丁（rutin）[8]。

全草含倍半萜类：泽兰愈创木烷A、B（eupaguaiane A、B）[9]、华泽兰丝素*A、B、C、D（eupachinsin A、B、C、D）、华泽兰丝素*A-2-乙酸酯（eupachinisin A-2-acetate）、3-表-华泽兰丝素*B（3-epi-eupachinisin B）、15-羟基华泽兰丝素*B（15-hydroxyeupachinisin B）、4′-羟基华泽兰丝素*C-15-乙酸酯（4′-hydroxyeupachinisin C-15-acetate）、15-羟基泽兰丝素*D（15-hydroxyeupachinisin D）和3-表-泽兰丝素*D（3-epi-eupachinisin D）[10]；二萜类：泽兰二萜素A（eupaditerpenoid A）[9]；挥发油：β-石竹烯（β-caryophyllene）、α-水芹烯（α-phellandrene）、大根香叶烯D（germacrene D）、β-倍半水芹烯（β-sesquiphellandrene）、香豆素（coumarin）、α-葎草烯（α-humulene）、对伞花烃（p-cymene）、β-毕橙茄油烯（β-cubebene）和百里香甲醚（thymol methyl ether）[11]；内酯类：8β-（4′-羟基巴豆酰氧基）-5-去氧-8-去酰圆叶泽兰素［8β-（4′-hydroxy-tigloyloxy)-5-desoxy-8-desacyleuparotin］和林泽兰内酯G（eupalinilide G）[12]。

【药理作用】1. 清热解毒　地上部分的水提取液可抑制二甲苯所致小鼠耳廓肿胀，并随剂量的增加作用增强，可提高糖皮质激素诱导的免疫功能低下小鼠的免疫功能，且在1g/kg剂量时的作用最显著，在1.5g/kg时可对抗干酵母所致的大鼠发热症状[1]。2. 抗肿瘤　全草95%乙醇提取的乙酸乙酯部位分离的化合物8β-（4′-羟基巴豆酰氧基）-5-去氧-8-去酰圆叶泽兰素［8β-（4′-hydroxytigloyloxy）-5-desoxy-

8-desacyleuparotin]对人胃癌 HGC-27 细胞及小鼠黑色素瘤 B16 细胞的半数抑制浓度（IC_{50}）分别为 4.29μg/ml、5.53μg/ml[2]。3. 抗菌　根的乙醇提取物中分离的化合物达玛二烯醇乙酸酯（dammaradienyl acetate）、5-乙酰-6-羟基-2-异丙烯基苯并呋喃（5-acetyl-6-hydroxy-2-isopropenylbenzofuran）和罗斯考二苯并呋喃（ruscodibenzofuran）对肺炎克雷伯菌的生长有较强的抑制作用，最低抑菌浓度（MIC）分别为 0.98μg/ml、0.98μg/ml 和 0.49μg/ml，化合物 2, 5-二乙酰基-6-羟基苯并呋喃（2, 5-diacetyl-6-hydroxybenzofurane）对大肠杆菌显示有较强的抑制作用，其最低抑菌浓度≤ 3.91μg/ml[3]。

【性味与归经】广东土牛膝：味苦、甘，性寒。归肺、肝经。华佩兰：微苦、辛，凉。归肺、肝经。

【功能与主治】广东土牛膝：清热解毒，凉血利咽。用于白喉，咽喉肿痛，感冒高热，麻疹热毒，肺热咳嗽；外伤肿痛，毒蛇咬伤。华佩兰：清热解毒，祛风消肿，行瘀。用于感冒发热，咳嗽，咽痛，风湿痹痛，外伤肿痛。泽兰：破血行水。妇女经闭癥瘕，产后瘀血腹痛，痈毒，水肿，扑损瘀血。

【用法与用量】广东土牛膝：煎服 9～15g；外用适量。华佩兰：煎服 10～15g；外用适量。泽兰：7.5～15g。

【药用标准】广东土牛膝：海南药材 2011、广东药材 2004 和广西药材 1996；华佩兰：江西药材 2014 和云南彝药 2005 二册；泽兰：贵州药材 1965。

【附注】《植物名实图考》湿草类载有"白头婆"，云："生长沙山坡间，细茎直上，高二三尺，长叶对生，疏纹细齿，上下叶相距甚疏。梢头发葶，开小长白花，攒簇稠密，一望如雪，故有白头之名。"据以上描述及其附图，与本种相符。

药材华佩兰（火升麻）和泽兰阴虚血燥，气虚者慎服。

【化学参考文献】

[1] Nakaoki T, Morita N, Nishino S. Medicinal resources. XI. components of the root of *Eupatorium japonicum* [J]. Yakugaku Zasshi, 1958, 78：557-558.

[2] Wang W J, Wang L, Huang X J, et al. Two pairs of new benzofuran enantiomers with unusual skeletons from *Eupatorium chinese* [J]. Tetrahedron Lett, 2013, 54（26）：3321-3324.

[3] Wang W J, Wang L, Liu Z, et al. Antiviral benzofurans from *Eupatorium chinese* [J]. Phytochemistry, 2016, 122：238-245.

[4] Ke J H, Zhang L S, Chen S X, et al. Benzofurans from *Eupatorium chinese* enhance insulin-stimulated glucose uptake in C2C12 myotubes and suppress inflammatory response in RAW264. 7 macrophages [J]. Fitoterapia, 2019, 134：346-354.

[5] 刘梦元, 虞丽娟, 李燕, 等. 华泽兰根的化学成分及其体外抑菌活性研究 [J]. 天然产物研究与开发, 2015, 27（11）：1905-1909, 1949.

[6] Nakajima S, Kawazu K. Search for insect development inhibitors in plants. Part VII. coumarin and euponin, two inhibitors for insect development from leaves of *Eupatorium japonicum* [J]. Agric Biol Chem, 1980, 44（12）：2893-2899.

[7] Shimada H, Sawada T. Constituents of the leaves of *Eupatorium japonica* [J]. Yakugaku Zasshi, 1957, 77（11）：1246-1247.

[8] 程聪梅, 毛菊华, 余乐. 畲药大发散的黄酮类化学成分研究 [J]. 中国药房, 2015, 26（36）：5157-5159.

[9] Yu X Q, Zhang Q Q, Yan W H, et al. Three new terpenoids from the *Eupatorium chinese* [J]. Phytochem Lett, 2017, 20：224-227.

[10] Yu X Q, Zhang Q Q, Tian L, et al. Germacrane-type sesquiterpenoids with antiproliferative activities from *Eupatorium chinese* [J]. J Nat Prod, 2018, 81（1）：85-91.

[11] 杨再波, 钟才宁, 孙成斌, 等. 白头婆挥发油的固相微萃取分析 [J]. 中国药学杂志, 2008, 43（15）：1188-1190.

[12] 尉小琴, 刘呈雄, 邹坤, 等. 华泽兰化学成分及其抗肿瘤活性研究 [J]. 中药材, 2016, 39（8）：1782-1785.

【药理参考文献】

[1] 蒋毅萍, 徐江平, 黄芳. 华泽兰清热解毒作用研究 [J]. 医药导报, 2013（5）：589-592.

[2] 尉小琴, 刘呈雄, 邹坤, 等. 华泽兰化学成分及其抗肿瘤活性研究 [J]. 中药材, 2016, 39（8）：1782-1785.

[3] 刘梦元, 虞丽娟, 李燕慈, 等. 华泽兰根的化学成分及其体外抑菌活性研究 [J]. 天然产物研究与开发, 2015, 27（11）：1905-1909.

960. 三裂叶白头婆（图960）· *Eupatorium japonicum* Thunb. var. *tripartitum* Makino ［*Eupatorium fortunei* Turcz. var. *triparticum* (Makino) Nakai］

图 960　三裂叶白头婆　　　　摄影　李华东等

【别名】三裂叶泽兰，裂叶泽兰（浙江），白头婆三裂（福建）。

【形态】与白头婆的区别点：三裂叶白头婆叶三全裂，中裂片大，椭圆形或椭圆状披针形。白头婆叶常不分裂，椭圆形、卵状椭圆形或卵状披针形。

【生境与分布】生于山坡草地、山谷林缘、路旁、灌丛中。分布于浙江、安徽、江苏，另四川也有分布。

【药名与部位】佩兰梗，茎。

【药用标准】上海药材 1994 附录。

961. 林泽兰（图961）· *Eupatorium lindleyanum* DC. (*Eupatorium lindleyanum* DC. var. *trifofiolatum* Makino)

【别名】轮叶泽兰，白鼓钉（浙江、安徽），尖佩兰，野佩兰（江苏），佩兰（江苏溧阳），野马追（江苏淮阴）。

【形态】多年生草本，高 30～150cm。茎直立，常自基部分枝或不分枝而上部仅有伞房状花序分枝，全部茎枝均被柔毛。叶对生，或上部有时互生，叶片长椭圆状披针形或条状披针形，中部茎叶长 3～12cm，

一二二 菊科 Asteraceae

图 961　林泽兰　　　摄影　张芬耀等

宽 0.5～3cm，顶端急尖，基部楔形，边缘具疏锯齿，两面粗糙，被白色粗毛及腺点，叶脉基出三脉；无柄或几无柄。头状花序在茎枝端排列成紧密的伞房花序；总苞钟状，含 5 朵小花；总苞片 3 层，外层短，全部苞片顶端急尖；花白色、粉红色或淡紫色，花冠长 4.5mm，外面散生黄色腺点。瘦果椭圆形，黑褐色，有腺点；冠毛白色，与花冠等长或稍长。花果期 5～12 月。

【生境与分布】生于林下阴湿地、荒地、山坡及草坡中。分布于华东各地，另除新疆未见记录外，遍布全国各地。

【药名与部位】野马追，地上部分。

【采集加工】秋季花初开时采割，晒干。

【药材性状】茎呈圆柱形，长 30～90cm，直径 2～5mm；表面黄绿色或紫褐色，有纵棱，密被灰白色茸毛；质硬，易折断，断面纤维性，髓部白色。叶对生，无柄；叶片多皱缩，展平后叶片 3 全裂，似轮生，裂片条状披针形，中间裂片较长；先端钝圆，边缘具疏锯齿，上表面绿褐色，下表面黄绿色，两面被毛，有腺点。头状花序顶生。气微，叶味苦、涩。

【药材炮制】除去杂质，喷淋清水，稍润，切段，干燥。

【化学成分】花蕾含挥发油：麝香草酚（thymol）、石竹烯（caryophyllene）、2, 6, 11- 三甲基十二烷（2, 6, 11-trimethyldodecane）、α- 木萝烯（α-muurolene）、石竹烯氧化物（caryophyllene oxide）、

（+）-表-双环倍半芹子烯［（+）-epi-bicyclosesquphellandrene］、6, 10, 14-三甲基-2-十五烷酮（6, 10, 14-trimethyl-2-pentadecanone）、十五烷酸（pentadecylic acid）和十六烷酸（hexadecanoic acid）等[1]。

地上部分含倍半萜类：野马追内酯A、B、C、D、E（eupalinolide A、B、C、D、E）、3β-乙酰氧基-8β-（4'-羟基巴豆酰氧基）-14-羟基木香烯内酯［3β-acetoxy-8β-（4'-hydroxytigloyloxy）-14-hydroxycostunolide］[2]，野马追内酯G、H、I、J、K、O（eupalinolide G、H、I、J、K、O）[3]，野马追内酯L、M（eupalinolide L、M）、2α-羟基泽兰内酯（2α-hydroxyeupatolide）[4]和3β-羟基-8β-（4'-羟基巴豆酰氧基）-木香烯内酯［3β-hydroxy-8β-（4'-hydroxytigloyloxy）-costunolide］[5]；黄酮类：芦丁（rutin）[6]，棕矢车菊素（jaceosidin）、山柰酚（kaempferol）、槲皮素（quceritin）、黄芪苷（astragalin）、三叶豆苷（trifolin）和金丝桃苷（hypersoide）[7]；酚酸类：咖啡酸（caffeic acid）[6]；脂肪酸类：十六烷酸（n-hexadecane acid）[8]；三萜类：蒲公英赛醇棕榈酸酯（taraxasterol palmitate）[6]，β-蒲公英赛醇（β-taraxasterol）和蒲公英赛醇乙酸酯（taraxasterol acetate）[8]；核苷类：腺苷（adenosine）[6]；甾体类：β-谷甾醇（β-sitosterol）和胡萝卜苷（daucosterol）[8]；木脂素类：浙贝素（zhebeiresinol）、梣皮树脂醇（medioresinol）和柳叶柴胡酚（salicifoliol）[9]。

全草含倍半萜类：林泽兰内酯F、G、H、I、J（eupalinilide F、G、H、I、J）[10]，林泽兰内酯K（eupalinilide K）[9,10]林泽兰内酯L（eupalinilide L）[11]，林泽兰内酯M（eupalinilide M）[12]和林泽兰内酯宁素A、B、C、D（eupalinin A、B、C、D）[13]；黄酮类：山柰酚（kaempferol）、槲皮素（quceritin）、芦丁（rutin）、金丝桃苷（hyperoside）[14]，蒙花苷（linarin）和5, 8, 4'-三羟基-7, 3'-二甲氧基黄酮（5, 8, 4'-trihydroxy-7, 3'-dimethoxyflavone）[15]；酚酸类：香草酸（vanillic acid）[15]；三萜类：蒲公英赛醇乙酸酯（taraxasterol acetate）、齐墩果烷乙酸酯（oleanane acetate）[14]、麦珠子酸（alphitolic acid）、桦木酸（betulinic acid）、3β, 30-二羟基羽扇豆-20（29）-烯-28-羧酸［3β, 30-dihydroxylup-20（29）-en-28-oic acid］、悬铃木酸（platanic acid）、桉树酸*（eucalyptic acid）、桉树酸*B（eucalyptic acid B）、桉醇酸（eucalyptolic acid）和山楂酸（maslinic acid）[16]，苯并呋喃类：泽兰素（euparin）[14]；甾体类：β-谷甾醇（β-sitosterol）和胡萝卜苷（daucosterol）[15]；脂肪酸类：正三十二烷（n-dotriacontane）、正三十六烷（n-hexatriacontane）[14]和正二十八烷酸（n-octacosanoic acid）[15]。

【药理作用】 1. 抗肿瘤　地上部分分离得到的野马追内酯A、B、C、D、E（eupalinolide A、B、C、D、E）和3β-乙酰氧基-8β-（4'-羟基巴豆酰氧基）-14-羟基木香烯内酯［3β-acetoxy-8β-（4'-hydroxytigloyloxy）-14-hydroxycostunolide］对肺癌A549细胞，胃腺癌BGC-823细胞，肝癌SMMC-7721细胞和白血病HL-60细胞的生长均有很强的抑制作用[1]；全草中分离的林泽兰内酯K、L（eupalinilide K、L）对P-388和A549肿瘤细胞的生长有很强的抑制作用[2]。2. 抗炎　地上部分中分离的倍半萜组分可显著降低二甲苯导致的小鼠耳部水肿；地上部分中的野马追内酯A、B、C、H、K、L、M（eupalinolide A、B、C、H、K、L、M）、3β-乙酰氧基-8β-（4'-羟基巴豆酰氧基）-14-羟基木香烯内酯和2α-羟基泽兰内酯（2α-hydroxyeupatolide）在体外试验中均显示具有抗炎作用，降低了脂多糖（LPS）刺激的小鼠巨噬细胞RAW264.7中的肿瘤坏死因子-α（TNF-α）和白细胞介素-6（IL-6）含量[3]；地上部分中的浙贝素（zhebeiresinol）、梣皮树脂醇（medioresinol）和柳叶柴胡酚（salicifoliol）对脂多糖诱导的小鼠巨噬细胞RAW264.7释放的白细胞介素-6（IL-6）具有不同程度的抑制作用，呈现出一定剂量依赖性，并以梣皮树脂醇作用最强[4]。3. 抗氧化　地上部分的水提取物、水提取物残渣具有较强的抗氧化能力，乙醇提取物的正丁醇部分具有更强的抗氧化作用，其他组分的抗氧化作用相对较弱，其中的总酚含量与1, 1-二苯基-2-三硝基苯肼（DPPH）自由基、超氧阴离子自由基（$O_2^-\cdot$）的清除作用、清除率具有良好的相关性[5]；从全草提取的总黄酮对1, 1-二苯基-2-三硝基苯肼自由基有明显的清除作用且清除率与浓度之间有量效关系[6]。4. 抗菌止咳平喘　全草的醇和水提取物能明显镇咳、祛痰、平喘，还能抑制临床常见的病菌[7]；地上部分的水提取物对所有革兰氏阳性菌和阴性菌具有明显的量效关系和广谱抗菌作用[8]；野马追80%乙醇提取物石油醚萃取及有机溶剂萃取后水提取部位有止咳、平喘作用，地上部分80%乙醇提取物石油醚萃取、氯仿萃取及乙酸乙酯萃取部位有祛痰作用[9]；地上部分水提取物对经受体操纵钙通道（ROCC）内流的钙所致的收缩有抑制作用，提示野马追具有选择性钙通道阻滞作用，其平喘作用机制可能与钙拮抗作用有关[10]。5. 解热 全草醇提取物可显著降低大鼠体温的峰值，同时能有效抑制肝组织中髓过氧化酶的活性作用，降低血清中肿瘤坏死因子-α、白细胞介素-6含量[11]。6. 抗动脉粥样硬化 全草提取液具有抗动脉粥样硬化的作用，其作用机制主要是通过调节脂质代谢，减轻血管壁炎症反应，保护血管内皮细胞的综合作用[12]。7. 降脂 全草的总黄酮能明显降低高脂血症大鼠血清中总胆固醇（TC）、低密度脂蛋白（LDL）含量，升高高密度脂蛋白（HDL）含量，且存在着明显的剂量-效应关系，还能升高血清中的超氧化物歧化酶（SOD）含量、降低丙二醛（MDA）含量从而调节血管内皮功能，还能降低血液黏度，增强红细胞变形能力[13]。8. 护肺 地上部分的水提取液能降低大鼠急性肺损伤时肺组织肿瘤坏死因子-α（TNF-α）的表达，从而减轻肺组织的炎症反应，使得血氧饱和度和 PaO_2 均较模型组高，血清中丙二醛和超氧化物歧化酶得到明显改善，提示其保护急性肺损伤的作用可能通过抗炎作用而产生[14]；全草乙醇提取物对小鼠急性肺损伤具有保护作用，其作用机制可能与抑制炎症因子、降低 C3 的水平和抗氧化有关[15]；地上部分水提取液对急性肺损伤有防治作用，可能是通过降低急性肺损伤时肺血管通透性来实现的[16]。9. 扩血管 地上部分水提取物使 Phe、KCl 和 $CaCl_2$ 收缩大鼠血管环的量-效曲线均非平行右移，并抑制最大效应，对 Phe 诱发的血管平滑肌两种成分的收缩均呈显著的抑制作用[17]。

【性味与归经】苦，平。归肺经。

【功能与主治】化痰止咳平喘。用于痰多咳嗽气喘。

【用法与用量】30～60g。

【药用标准】药典1977、药典2010、药典2015、部标成方五册和江苏药材1989。

【临床参考】痰热郁肺型慢性支气管炎：地上部分，加黄芩、柴胡各适量，水煎服，每日2次[1]。

【化学参考文献】

[1] 陈健，姚成. 中药材中挥发油化学成分的气相色谱-质谱研究[J]. 分析科学学报，2006，22（4）：485-486.

[2] Yang N Y, Qian S H, Duan J A, et al. Cytotoxic sesquiterpene lactones from *Eupatorium lindleyanum*[J]. J Asian Nat Prod Res, 2007, 9 (4): 339-345.

[3] Yang B, Zhou D H, Zhao Y P, et al. Precise discovery of a STAT3 inhibitor from *Eupatorium lindleyanum* and evaluation of its activity of anti-triple-negative breast cancer[J]. Nat Prod Res, 2019, 33 (4): 477-485.

[4] Wang F, Zhong H H, Fang S, et al. Potential anti-inflammatory sesquiterpene lactones from *Eupatorium lindleyanum*[J]. Planta Med, 2018, 84 (2): 123-128.

[5] Yan G L, Ji L L, Luo Y M, et al. Preparative isolation and purification of three sesquiterpenoid lactones from *Eupatorium lindleyanum* DC. by high-speed counter-current chromatography[J]. Molecules, 2012, 17: 9002-9009.

[6] 杨念云，田丽娟，钱士辉，等. 野马追地上部分的化学成分研究（Ⅱ）[J]. 中国天然药物，2005，3（4）：224-227.

[7] 钱士辉，杨念云，段金廒，等. 野马追中黄酮类成分的研究[J]. 中国中药杂志，2004，29（1）：50-52.

[8] 杨念云，钱士辉，段金廒，等. 野马追地上部分的化学成分研究（1）[J]. 中国药科大学学报，2003，34（3）：220-221.

[9] 仲欢欢，方诗琦，陈亚军，等. 野马追化学成分及其抗炎活性[J]. 中成药，2017，39（2）：329-333.

[10] Wu S Q, Xu N Y, Sun Q, et al. Six new sesquiterpenes from *Eupatorium lindleyanum*[J]. Helv Chim Acta, 2012, 95 (9): 1637-1644.

[11] Huo J, Yang S P, Ding J, et al. Two new cytotoxic sesquiterpenoids from *Eupatorium lindleyanum* DC[J]. J Integr Plant Biol, 2006, 48 (4): 473-477.

[12] Ye G, Huang X Y, Li Z X, et al. A new cadinane type sesquiterpene from *Eupatorium lindleyanum* (Compositae)[J]. Biochem Syst Ecol, 2008, 36 (9): 741-744.

[13] Ito K, Sakakibara Y, Haruna M, et al. Four new germacranolides from *Eupatorium lindleyanum* DC[J]. Chem Lett, 1979, (12): 1469-1472.

［14］肖晶，王刚力，魏锋，等．野马追化学成分的研究［J］．中草药，2004，35（8）：855-856.
［15］褚纯隽，任慧玲，吴天威，等．野马追的化学成分及其解热作用研究［J］．天然产物研究与开发，2015，27（5）：816-821.
［16］汪玢，李伟超，陶锦松，等．菊科植物林泽兰三萜化学成分的分离提取与结构［J］．南昌大学学报（理科版），2013，37（3）：250-254，276.

【药理参考文献】

［1］Yang N Y，Qian S H，Duan J A，et al. Cytotoxic sesquiterpene lactones from *Eupatorium lindleyanum*［J］．Journal of Asian Natural Products Research，2007，9（4）：7.
［2］Huo J，Yang S P，Ding J，et al. Two new cytotoxic sesquiterpenoids from *Eupatorium lindleyanum* DC.［J］．Journal of Integrative Plant Biology，2006，48（4）：5.
［3］Wang F，Zhong H H，Fang S，et al. Potential anti-inflammatory sesquiterpene lactones from *Eupatorium lindleyanum*［J］．Planta Medica，2018，84（2）：123-128.
［4］仲欢欢，方诗琦，陈亚军，等．野马追化学成分及其抗炎活性［J］．中成药，2017，39（2）：329-333.
［5］Yan G，Ji L，Luo Y，et al. Antioxidant activities of extracts and fractions from *Eupatorium lindleyanum* DC［J］．Molecules，2011，16（12）：5998-6009.
［6］王乃馨，王卫东，郑义，等．野马追类黄酮清除DPPH自由基活性研究［J］．中国食品添加剂，2010，（6）：84-87.
［7］周远大，吴妍，朱深银，等．野马追抗菌、止咳、平喘作用［J］．中国药房，2001，12（12）：716-178.
［8］Ji L L，Luo Y M，Yan G L. Studies on the antimicrobial activities of extracts from *Eupatorium lindleyanum* DC against food spoilage and food-borne pathogens［J］．Food Control，2008，19（10）：995-1001.
［9］罗宇慧，彭蕴茹，叶其正，等．野马追有效部位止咳、化痰、平喘药效学筛选［J］．江苏中医药，2008，（8）：55-57.
［10］唐春萍，江涛，陈志燕．野马追对豚鼠离体气管平滑肌收缩功能的影响［J］．中药药理与临床，2002，18（6）：30-32.
［11］褚纯隽，任慧玲，吴天威，等．野马追的化学成分及其解热作用研究［J］．天然产物研究与开发，2015，27（5）：816-821.
［12］王柯静，程渝，周远大．野马追提取液对动脉粥样硬化家兔炎症反应的防治作用[J]．第三军医大学学报，2012，34(18)：1853-1856.
［13］王柯静，秦剑，陈万一，等．野马追改善高脂血症大鼠血液流变性及抗氧化作用研究［J］．中药药理与临床，2009（2）：80-82.
［14］江舟，杨辉，何海霞，等．野马追对大鼠急性肺损伤保护作用研究［J］．中国药房，2007，18（27）：2094-2096.
［15］褚纯隽，任慧玲，李显伦，等．野马追提取物对脂多糖诱导小鼠急性肺损伤的保护作用［J］．华西药学杂志，2015，30（6）：653-656.
［16］杨辉，周远大，何海霞．野马追对急性油酸性肺损伤大鼠肺血管通透性的影响［J］．中国药业，2010（9）：5-6.
［17］江涛，唐春萍，杨超燕．野马追对大鼠主动脉环收缩反应的影响［J］．中药药理与临床，2007，23（5）：124-125.

【临床参考文献】

［1］颜小明．加味野马追治疗慢性支气管炎痰热郁肺证临床观察［J］．黑龙江中医药，2013，42（6）：27-28.

4. 一枝黄花属 *Solidago* Linn.

多年生草本，通常基部木质化。叶互生，边缘齿裂或全缘。头状花序小，异型，辐射状，多数在茎上部排列成总状花序、圆锥花序或伞房花序或复头状花序；总苞狭钟状或椭圆状；总苞片多层，外层短于内层，覆瓦状；花序托小，平坦，常有小凹点，无托片；舌状花为1层雌花，黄色，或边缘雌花退化而头状花序同型；中央两性花，管状，檐部扩大或狭钟状，顶端5齿裂；花药基部钝；柱头2裂，顶端具披针形的附属物。瘦果近圆柱形，具8～12个纵肋；冠毛1～2层，多数，细毛状，白色。

约100种，主要分布于美洲，少数到欧亚大陆。中国6种，南北均产，法定药用植物1种。华东地区法定药用植物1种。

962. 一枝黄花（图962） • *Solidago decurrens* Lour.

图 962　一枝黄花　　　摄影　李华东等

【形态】多年生草本，高 20～100cm。茎直立或斜升，单生或少分枝。叶互生，中部茎叶椭圆形、长椭圆形、卵形或披针形，长 2～10cm，宽 1～3cm，顶端急尖或渐尖，基部楔形，边缘具锯齿或近全缘；向上叶渐小；下部叶与中部茎叶同形，有 2～10cm 长的翅柄；全部叶两面、沿脉及叶缘有短柔毛或下面无毛。头状花序较小，多数在茎上部排列成紧密或疏松的总状花序或伞房圆锥花序；总苞宽钟状；总苞片 4～6 层，披针形或狭披针形；外围舌状花 8 朵，黄色，雌性；中央花管状，两性。瘦果圆筒状，具棱，光滑或于顶端略有疏柔毛；冠毛粗糙，白色。花果期 4～11 月。

【生境与分布】生于林缘、山坡草地、路旁、灌丛中。分布于华东各地，另华中、华南和西南均有分布；日本、朝鲜也有分布。

【药名与部位】一枝黄花，全草。

【采集加工】秋季花果期采收，除去泥沙，洗净，干燥。

【药材性状】长 30～100cm。根茎短粗，簇生淡黄色细根。茎圆柱形，直径 0.2～0.5cm；表面黄绿色、灰棕色或暗紫红色，有棱线，上部被毛；质脆，易折断，断面纤维性，有髓。单叶互生，多皱缩、破碎、完整叶片展平后呈卵形或披针形，长 1～9cm，宽 0.5～2cm；先端稍尖或钝，全缘或有不规则的疏锯齿，基部下延成柄。头状花序直径约 0.7cm，排成总状，偶有黄色舌状花残留，多皱缩扭曲，苞片 3 层，卵状披针形。瘦果细小，冠毛黄白色。气微香，味微苦辛。

【药材炮制】除去杂质,抢水洗净,润软,切段,干燥。

【化学成分】叶含挥发油:β-榄香烯(β-elemene)、δ-榄香烯(δ-elemene)、β-石竹烯(β-caryophyllene)、δ-芹子烯(δ-selinene)、吉玛烯D(germacrene D)、α-葎草烯(α-humulene)和喇叭烯氧化物-(Ⅱ)[ledene oxide-(Ⅱ)]等[1]。

全草含苯甲酸衍生物:一枝黄花苷(leiocarposide)、异一枝黄花苷(isoleiocarposide)、2-{[(2-β-D-吡喃葡萄糖氧基-6-甲氧基苯甲酰基)氧基]甲基}苯基-β-D-吡喃葡萄糖苷{2-{[(2-β-D-glucopyranosyloxy-6-methoxybenzoyl)oxy]methyl}phenyl-β-D-glucopyranoside}、羊角菜苷A(piloside A)[2],2,6-二甲氧基苯甲酸苄酯(benzyl 2,6-dimethoxybenzoate)、邻甲氧基苯甲酸(o-methoxybenzoic acid),即邻茴香酸(o-anisic acid)[3],2,3,6-三甲氧基苯甲酸-(2-甲氧基苯基)甲酯[2,3,6-trimethoxybenzoic acid-(2-methoxyphenyl)methyl ester]、2,6-二甲氧基苯甲酸-(2-甲氧基苯基)甲醇酯[2,6-dimethoxybenzoic acid-(2-methoxyphenyl)methyl ester]、2-甲基-2-丁烯酸-3-[4-(乙酰氧基)-3-甲氧基苯基]-2-丙烯酯{2-methyl-2-butenoic acid-3-[4-(acetyloxy)-3-methoxyphenyl]-2-propenyl ester}和2-甲基-2-丁烯酸-3-[4-(乙酰氧基)-3,5-二甲氧基苯基]-2-丙烯酯{2-methyl-2-butenoic acid-3-[4-(acetyloxy)-3,5-dimethoxyphenyl]-2-propenyl ester}[4];辛酮糖酸衍生物:一枝黄花芳苷A、B、C、D、E(decurrenside A、B、C、D、E)[2];黄酮类:山奈酚(kaemferol)和槲皮素(quercetin)[3];芳香酸类:反式-桂皮酸(trans-cinnamic acid)和水杨酸(salicylic acid)[3];三萜类:古柯二醇(erythrodiol)、熊果醇(uvaol)和β-香树脂醇乙酯(β-amyrin acetate)[3];炔类:顺式,顺式-母菊甲酯(cis,cis-matricaria methyl ester)和2(E),8(Z)-母菊酯[2(E),8(Z)-matricaria ester][4];甾体类:α-菠菜甾醇(α-spinasterol)和β-谷甾醇(β-sitosterol)[3]。

【药理作用】1.利尿 全草具有较强的利尿作用,其总黄酮和总皂苷是一枝黄花发挥利尿作用的有效成分,且两类成分之间在利尿作用方面可能有协同作用,总黄酮可以明显提高家兔排尿量($P<0.05$),产生明显利尿作用,其水提取液、总黄酮、总皂苷均可使单位容积尿液中的尿Na^+、尿K^+排出量减少($P<0.05$),表现为排水大于排钠、排钾[1]。2.改善心血管 全草的水提取液能显著降低麻醉兔血压,抑制蟾蜍心肌收缩力,降低蟾蜍心率和心输出量[2];全草的总皂苷对蟾蜍心率和心肌收缩力都有抑制作用,总黄酮对心脏的抑制作用不明显,且有心肌收缩力增强的趋势[3]。3.护胃 全草的水提取物对消炎痛所致大鼠胃黏膜损伤有明显的保护作用[4];全草的水提醇沉液对幽门螺杆菌具有抑杀作用[5]。4.调节平滑肌 全草的水提剂能显著提高小鼠小肠炭末推进率($P<0.01$),显著增强大鼠回肠平滑肌收缩活动性($P<0.01$)[6]。5.抗菌 全草的水提取液漱口可有效预防心衰患者口腔霉菌感染[7];叶中的挥发油对金黄色葡萄球菌、白色念珠菌等的生长均有一定的抑制作用[8]。

【性味与归经】辛、苦,凉;归肺、肝经。

【功能与主治】清热解毒,消肿止痛。用于感冒发热,咽喉肿痛,痰热咳嗽,毒蛇咬伤,疮疡肿痛,湿疹。

【用法与用量】9~15g。

【药用标准】药典1977、药典2010、药典2015、浙江炮规2015、福建药材2006、上海药材1994、贵州药材1988、贵州药材2003、广西壮药2008和湖南药材2009。

【临床参考】1.小儿急性扁桃体炎:全草12~20g,加一点红15~30g,以上为5岁的用量;外感风寒者加白芷、荆芥;外感风热者加连翘、牛蒡子;高热烦渴者加石膏、银花;痰热者加射干、僵蚕;阴虚火旺者加元参;挟食积者加薄荷、神曲;化脓者加酢浆草、皂角刺。水煎服,每日1剂,分4或5次服[1]。

2.儿童重症大叶性肺炎:全草适量,加大青叶、鱼腥草、芦根各15g,桃仁10g,金荞麦、两面针各12g,甘草6g,热毒壅肺者加蒲公英、玄参、大黄、枳实、厚朴、浮海石、冬瓜仁等;痰热壅肺者加薏苡仁、冬瓜仁、葶苈子、桑白皮、瓜蒌仁、海蛤粉等;兼血瘀者加红花、丹参、瓜蒌、元胡等;兼湿热者加黄芩、车前子、薏苡仁、炒枳壳等；兼悬饮者加葶苈子、泽泻、茯苓、车前子等；兼痰湿者加陈皮、半夏、石菖蒲、薏苡仁等[2]。

3. 伤风感冒：全草30g，加白英30g，或加鸭跖草30g，水煎服；或全草9g，加一点红6g，水煎服。

4. 急性扁桃体炎：全草15g，加土牛膝、威灵仙各9g，水煎服；或单味水煎服。

5. 百日咳：全草30g，水煎服。

6. 急性肾炎：全草60～90g，加鲜大蓟根30g，水煎服；另取天名精适量加食盐少许，捣敷鸠尾、神阙2穴，连续1～2周。（3方至6方引自《浙江药用植物志》）

7. 肺热咳嗽、百日咳：全草15g，加肺经草15g、兔儿风15g、地龙6g，水煎服。（《四川中药志》）

8. 肺痈：根15g，加猪肺1具，水炖，服汤食肺，每日1剂。（《江西草药》）

9. 黄疸：全草45g，加水丁香15g，水煎服，每日1次。（《闽东本草》）

10. 痈疖疮毒：全草15g，加蒲公英、紫花地丁各15g，水煎服，另用鲜蚤休、鲜佛甲草各适量，共捣烂敷患处，干则更换。（《安徽中草药》）

【附注】一枝黄花始载于《植物名实图考》山草类，谓："一枝黄花，江西山坡极多。独茎直上，高尺许，间有歧出者。叶如柳叶而宽，秋开黄花，如单瓣寒菊而小。花枝俱发，茸密无隙，望之如穗。土人以洗肿毒。"所述特征及附图与本种相符。

药材一枝黄花孕妇慎服。

同属植物毛果一枝黄花 Solidago virgaurea Linn. 及钝苞一枝黄花 Solidago pacifica Juz. 的全草民间也作一枝黄花药用。

【化学参考文献】

[1] Zhu X W, Zhang X H, Chen J S, et al. Chemical composition of leaf essential oil from Solidago decurrens Lour. [J]. J Essent Oil Res, 2009, 21（4）：354-356.

[2] Shiraiwa K, Yuan S, Fujiyama A, et al. Benzyl benzoate glycoside and 3-deoxy-D-manno-2-octulosonic acid derivatives from Solidago decurrens [J]. J Nat Prod, 2012, 75（1）：88-92.

[3] 薛晓霞，仲浩，姚庆强，等. 一枝黄花化学成分的研究[J]. 中草药，2008，39（2）：182-184.

[4] Bohlmann F, Chen Z L, Schuster A. Aromatic esters from Solidago decurrens [J]. Phytochemistry, 1981, 20（11）：2601-2602.

【药理参考文献】

[1] 刘素鹏，裘名宜，白纪红，等. 一枝黄花及其总黄酮总皂苷利尿作用的实验研究[J]. 四川中医，2009（5）：22-24.

[2] 裘名宜，李晓岚，刘素鹏，等. 一枝黄花对心血管系统部分指标的影响[J]. 医学信息（上旬刊），2005，18（12）：1730-1731.

[3] 李晓岚，裘名宜，刘双喜. 一枝黄花总皂苷和总黄酮对蟾蜍心脏活动的影响[J]. 陕西中医，2009，30（11）：1558-1559.

[4] 裘名宜，李晓岚，刘素鹏，等. 一枝黄花对消炎痛所致大鼠胃溃疡的影响[J]. 时珍国医国药，2005，16（12）：1267-1267.

[5] 蒲海翔，何文. 一枝黄花抗消化性溃疡的药效学研究[J]. 宜春学院学报，2011，33（12）：93-94.

[6] 刘素鹏，裘名宜，吴正平，等. 一枝黄花对动物肠平滑肌运动的影响[J]. 时珍国医国药，2006，17（11）：2151-2152.

[7] 黄飞翔，叶盈，周一薇，等. 一枝黄花预防心衰患者的口腔霉菌感染[J]. 现代中西医结合杂志，2002，11（12）：1139-1139.

[8] 竺锡武，徐朋，曹跃芬，等. 2种一枝黄花叶的挥发油化学成分和抑菌活性[J]. 林业科学，2009，45（4）：167-170.

【临床参考文献】

[1] 赵伟强. 二一煎治疗小儿急性扁桃体炎[J]. 四川中医，1992，（2）：22.

[2] 郭彦荣，张岩，宋桂华. 清肺解毒汤加一枝黄花治疗儿童大叶性肺炎经验探析[J]. 中国中西医结合儿科学，2015，7（4）：401-402.

5. 马兰属 *Kalimeris* Cass.

多年生草本。茎直立。叶互生，全缘或有齿，或羽状分裂。头状花序单生或排成疏散的伞房状，异型，辐射状；总苞半球形；总苞片 2～3 层，覆瓦状排列，近等长或外层较短，草质或边缘膜质；花托凸起或圆锥形，蜂窝状；舌状花雌性，舌片白色或淡紫色，顶端有微齿或全缘，中央两性花，花冠管状，顶端分裂；花药基部钝，全缘；花柱分枝，附片三角形或披针形。瘦果扁，倒卵圆形，无毛或被疏毛；冠毛极短或膜片状。

约 20 种，分布于亚洲东部及南部。中国 8 种，广布于南北各地，法定药用植物 1 种。华东地区法定药用植物 1 种。

963. 马兰（图 963）• *Kalimeris indica*（Linn.）Sch.-Bip.

图 963 马兰   摄影 郭增喜等

【别名】马兰头（通称），鸡儿肠（山东），鱼鳅串、马兰根（江苏），马浪头（江苏淮安）。

【形态】多年生草本，高 30～50cm。茎直立，多少有分枝，上部具短柔毛。叶互生，薄质，基部叶在花期枯萎，茎部叶倒卵状矩圆形，长 1.5～7cm，宽 1～2.5cm，顶端尖或钝，基部渐狭，边缘有疏粗齿，或有时羽状浅裂，上部叶渐小，全缘，两面或上面具疏微毛或近无毛，边缘及下面沿脉具短粗毛；叶无柄或近无柄。头状花序单生于枝端排成疏伞房状；总苞半球形，直径 6～9mm，长 4～5mm；总苞片向内层渐长，外层倒披针形，内层倒被针状矩圆形，顶端钝或稍尖，被疏短毛，边缘膜质，具缘毛；舌状花 1 层，舌片淡紫色，中央两性花管状。瘦果倒卵状矩圆形，极扁，褐色，上部被腺点及短柔毛；

冠毛短，不等长，易脱落。花期 5 ～ 9 月，果期 8 ～ 10 月。

【生境与分布】生于林缘、草丛、山坡、路旁。分布于华东各地，另我国其他各地均有分布；亚洲南部及东部也有分布。

【药名与部位】马兰根，根茎。马兰草（鱼鳅串、鸡儿肠、路边菊），全草。

【采集加工】马兰根：秋、冬二季采挖，除去杂质，洗净，晒干或鲜用。马兰草：夏、秋二季采挖，除去杂质，晒干。

【药材性状】马兰根：呈细长圆柱形，新的根茎，多枝、疏生自上年的老根茎上，常弯曲交错，粗 1 ～ 2mm，淡黄褐色至土黄色，具横皱缩及细纵皱纹，节不呈明显环状，但从芽或芽痕的存在可见到；根纤细，疏而散生于节的周围，长可达 5cm 以上，直径在 1mm 以下。质韧，不易折断（但当年生根茎易折断），断面略呈纤维状，髓部白色。气微，味微涩。

马兰草：长 8 ～ 55cm，根茎圆柱形，多弯曲，着生多数浅棕黄色细根。茎类圆柱形，直径 1 ～ 3mm；表面灰绿色或紫褐色，略具纵纹，断面中部有髓。也互生，近无柄；叶片皱缩卷曲，多已破碎，完整者展平后呈卵状椭圆形，长 1 ～ 7cm，宽 0.5 ～ 2.5cm，边缘有疏粗齿或羽状浅裂，茎上部小叶常全缘，叶缘及叶面被疏毛。头状花序顶生。气微，味淡。

【药材炮制】马兰草：除去杂质，喷淋清水，稍润，切段，干燥。

【化学成分】全草含三萜类：达玛二烯醇乙酸酯（dammaradienyl acetate）[1,2]、木栓酮（friedelin）[1-4]、古柯二醇（erythrodiol）、羽扇豆醇乙酸酯（lupeol acetate）[2]、表木栓醇（epifriedelanol）[2,4]、木栓醇（friedelinol）[1,3]、3- 酮基 - 达玛 -20（21），24- 二烯［3-oxo-dammara-20（21），24-diene］、羽扇豆酮（lupeone）、α- 香树脂醇（α-amyrin）[4]、齐墩果酸（oleanolic acid）[5] 和马兰内酯*B（kalimerislactone B）[6]；二萜类：15- 酮基 -14，16H- 劲直假连酸（15-oxo-14，16H-strictic acid）[5]、马利筋苷 E（asleposide E）和海松 -15（16）-β- 烯 -8β，11α，20- 三醇 -7-O-β-D- 吡喃葡萄糖苷［pimar-15（16）-β-en-8β，11α，20-triol-7-O-β-D-glucopyranoside］[7]；倍半萜类：6- 羟基 - 桉烷 -4（14）- 烯［6-hydroxy-eudesm-4（14）-ene］[4] 和马兰酮*A（kalimeristone A）[6]；黄酮类：水仙苷（narcissin）[3]、7- 羟基 -4′- 甲氧基异黄酮（7-hydroxy-4′-methoxyisoflavone）、鼠李素（rhamnetin）[6]、汉黄芩素（wogonin）、千层纸素 A（oroxylin A）、7，4′- 二羟基异黄酮（7，4′-dihydroxyisoflavone）、芹菜素（apigenin）[8]、烟花苷（nicotiflorin）[3,9]、芦丁（rutin）、槲皮素（quercetin）、山奈酚（kaempferol）、山奈酚 -7-O-β-D- 吡喃葡萄糖苷（kaempferol-7-O-β-D-glucopyranoside）、异槲皮苷（isoquercitrin）和芹菜素 -7-O-（6″- 甲酯）- 葡萄糖醛酸苷［apigenin-7-O-（6″-methyl ester）-glucuronide］[9]；生物碱类：金色酰胺醇乙酸酯（aurantiamide acetate）[3]、新海胆灵 A（neoechinulin A）[5]、1H- 吲哚 -3- 甲醛（1H-indole-3-carboxaldehyde）和 1H- 吲哚 -3- 羧酸（1H-indole-3-carboxylic aid）[9]；甾体类：麦角甾醇（ergosterol）、β- 胡萝卜苷（β-daucosterol）[2]、豆甾醇（stigmasterol）、β- 谷甾醇（β-sitosterol）[2,4]、α- 菠菜甾醇（α-spinasterol）[2,4,5]、（22E，24R）-5α，8α- 过氧麦角甾 -6，22- 二烯 -3β- 醇［（22E，24R）-5α，8α-epidioxy-ergosta-6，22-dien3β-ol］和（3β，5α，22E，24S）- 菜油烷甾 -7，22- 二烯 -3-O-β-D- 吡喃葡萄糖苷［（3β，5α，22E，24S）-campesta-7，22-dien-3-O-β-D-glucopyranoside］[7]；内酯类：梣酮（fraxinellone）和牛防风素（sphondin）[2]；酚酸类：香草醛（vanillin）[4,6,9]、对羟基苯甲醛（p-hydroxybenzaldehyde）、丁香酸（syringic acid）、3，4- 二羟基苯甲醛（3，4-dihydroxybenzaldehyde）[6]、4- 羟基 -3-［1-（甲氧基羰基）乙烯氧基］苯甲酸 {4-hydroxy-3-［1-（methoxycarbonyl）vinyloxy］benzoic acid}、5-（1- 羧基乙烯氧基）-2- 羟基苯甲酸［5-（1-carboxylvinyloxy）-2-hydroxybenzoic acid］、去氢分支酸（dehydrochorismic acid）、香草酸（vanillic acid）、4- 羟基苯甲酸（4-hydroxybenzoic acid）和 3，4- 二羟基苯甲酸（3，4-dihydroxybenzoic acid）[9]；苯丙素类：松柏醇（coniferyl alcohol）、4- 烯丙基 -3，5- 二甲氧基苯酚（4-allyl-3，5-dimethoxyphenol）[5]、4′-O- 乙酰芥子基当归酸酯（4′-O-acetylsinapyl angelate）[7]、4- 烯丙基 -2，6- 二甲氧基苯基 -3- 甲基丁酯（4-allyl-2，6-dimethoxyphenyl-3-methylbutanoate）、4- 烯丙基 -2- 甲氧基苯基 -2- 甲基丁酯（4-allyl-2-methoxyphenyl-

2-methylbutanoate)、异丁香酚-2-甲基丁酸酯（isoeugenol-2-methylbutyrate）、3-O-咖啡酰奎宁酸甲酯（methyl 3-O-caffeoyl quinate）、阿魏酸（ferulic acid）、反式-阿魏酸二十二醇酯（trans-docosanyl ferulate）、对香豆酸（p-coumaric acid）、反式-阿魏酸甲酯（methyl trans-ferulate）、3-O-阿魏酰基奎宁酸甲酯（methyl 3-O-feruloylquinate）、荷花山桂花糖B（arillatose B）、1,3-二-O-咖啡酰奎宁酸（1,3-di-O-caffeoylquinic acid）、3,4-二-O-咖啡酰奎宁酸甲酯（methyl 3,4-di-O-caffeoylquinate）、3,5-二-O-咖啡酰奎宁酸（3,5-di-O-caffeoylquinic acid）和3,5-二-O-咖啡酰奎宁酸甲酯（methyl 3,5-di-O-caffeoylquinate）[9]；木脂素类：丁香脂素（syringaresinol）、落叶松脂素（lariciresinol）、松脂醇（pinoresinol）[5]、表松脂醇（epipinoresinol）和表丁香脂素（episyringaresinol）[6]；香豆素类：伞形花内酯（umbelliferone）[5]；脂肪酸类：十八烷酸（octadecanoic acid）[2]、正十六烷酸（n-hexadecanioc acid）[4]和琥珀酸（succinic acid）[10]；烷醇类：二十六烷醇（hexacosanol）[2]和（Z）-3,7,11-三甲基-1,6-十二烷二烯-3,10,11-三醇［（Z）-3,7,11-trimethyl-1,6-dodecadien-3,10,11-triol］[5]；脑苷类；（2S,3S,4R,8E）-2-［（2R'）-2'-羟基二十四碳酰胺］-8-十八烷烯-1,3,4-三醇｛（2S,3S,4R,8E）-2-［（2R'）-2'-hydroxytetracosanoylamino］-8-octadecene-1,3,4-triol｝[4]；苯乙酮类：3,4,5-三甲氧基苯乙酮（3,4,5-trimethoxyacetophenone）[5]和4-羟基苯乙酮（4-hydroxyacetophenone）[8]；甘油酯类：1-O-（9Z,12Z,15Z-十八碳三烯酰基）-2-O-十六碳酰甘油［1-O-（9Z,12Z,15Z-octadecatrienoyl）-2-O-hexadecanoyl glycerol］、1-O-（9Z,12Z,15Z-十八碳三烯酰基）-2-O-十六碳酰-3-O-α-（6-磺基吡喃异鼠李糖基）甘油［1-O-（9Z,12Z,15Z-octadecatrienoyl）-2-O-hexadecanoyl-3-O-α-（6-sulfoquinovopyranosyl）glycerol］和1-O-（9Z,12Z,15Z-十八碳三烯酰基）-2-O-十六碳酰-3-O-［α-D-吡喃半乳糖基（1→6）-O-β-D-吡喃半乳糖基］甘油｛1-O-（9Z,12Z,15Z-octadecatrienoyl）-2-O-hexadecanoyl-3-O-［α-D-galactopyranosyl（1→6）-O-β-D-galactopyranosyl］glycerol｝[11]；挥发油：γ-榄香烯（γ-elemene）、石竹烯（caryophyllene）、（−）-反式-乙酸松香芹酯［（−）-trans-pinocarveol acetate］和3,7-二甲基-1,3,7-辛三烯（3,7-dimethyl-1,3,7-octatriene）等[12]；元素：铅（Pb）、镉（Cd）、铬（Cr）、铜（Cu）、（Hg）、硒（Se）和砷（As）[13]；其他尚含：月桂酸（lauric acid）、脱镁叶绿酸甲酯（methyl phaeophorbide）[1]和邻苯二甲酸二丁酯（di-butylphthalate）[2,5]。

【药理作用】1.调节胃肠　全草的水提取液给药14天可加强胃肠排空速率，还能上调大鼠回肠和空肠葡萄糖转运体SGLT1 mRNA的表达，表明马兰可通过促进葡萄糖吸收发挥健脾作用[1]。2.抗氧化　全草的水提取物和乙醇提取物均具有还原能力、金属螯合能力及其清除1,1-二苯基-2-三硝基苯肼（DPPH）自由基、羟自由基（·OH）、超氧阴离子自由基（O_2^-·）和过氧化氢（H_2O_2）的作用[2]；全草中提取的黄酮类化合物在一定浓度范围内具有清除自由基和抗氧化能力[3]。3.抗菌　全草乙醇中分离得到的琥珀酸（succinic acid）和丁香酸（syringic acid）对枯草芽孢杆菌的生长有抑制作用[4]；全草水提取物能抑制黑曲霉和青霉的生长繁殖，具有抑制真菌生长的潜能[5]；从叶的内生真菌发酵液中提取的成分尾孢素酰胺（cercosporamide）对柿盘多毛孢、灰葡萄孢菌、氧孢镰刀菌、罗尔夫斯基菌核、指状青霉植物病原真菌有较强的抑制作用[6]。4.免疫调节　叶内生真菌发酵液中提取出一种代谢产物尾孢素酰胺，对HEK-BLUETM-HTLR4细胞、脾细胞和巨噬细胞具有潜在的免疫调节作用，能显著刺激TLR4活化、脾细胞增殖，促进细胞因子γ-干扰素（IFN-γ）和肿瘤坏死因子-α（TNF-α）的产生[6]。5.抗炎　全草提取叶对小鼠耳肿胀、大鼠足肿胀有明显抑制作用，对小鼠毛细血管通透性的增加有明显抑制作用，其抗炎作用可能与减少炎症细胞因子的生成有关[7]。6.镇痛　全草水提取液的干浸膏对小鼠热板及冰醋酸刺激致痛反应有明显抑制作用，对冰醋酸所致腹腔血管通透性增加有明显抑制作用[8]。7.兴奋子宫　全草的95%乙醇和50%乙醇提取物对大鼠和小鼠离体子宫平滑肌具有兴奋作用，其兴奋子宫平滑肌的作用强度较益母草稍强，并具有促凝血作用[9]。

【性味与归经】马兰根：辛，平。马兰草：苦、辛，平。

【功能与主治】马兰根：清热解毒，止血，利尿，消肿。用于鼻出血，牙龈出血，咯血，皮下出血，湿热黄疸，小便淋痛，咽喉肿痛。马兰草：理气，消食，清利湿热。用于胃脘胀痛，痢疾，水泻，尿路感染。

【用法与用量】马兰根：10～30g。马兰草：9～30g。

【药用标准】马兰根：上海药材 1994；马兰草：药典 1977、福建药材 2006、湖北药材 2009、四川药材 2010、湖南药材 2009、贵州药材 2003、广东药材 2011、云南彝药Ⅲ 2005 六册和广西壮药 2011 二卷。

【临床参考】1. 急性乳腺炎：全草 90g，加乌桕根 30g、草河车 10g，水煎服[1]。

2. 腮腺炎：根 60g，水煎，分 3 次服。

3. 咽喉肿痛：根 30g，加水芹菜根 30g，白糖少许，捣烂取汁服，连服 3～4 次。

4. 急性支气管炎：根 60～120g，加豆腐 1～2 块，放盐煮食。

5. 创伤出血：鲜全草适量，捣烂外敷。（2 方至 5 方引自《浙江药用植物志》）

【附注】马兰始载于《日华子本草》。《本草拾遗》云："马兰，生泽旁。如泽兰而气臭。北人见其花呼为紫菊，以其花似单瓣菊花而紫也。"《本草纲目》草部载："马兰，湖泽卑湿处甚多，二月生苗，赤茎白根，长叶有刻齿，状似泽兰，但不香尔。南人多采汋与晒干为蔬及馒馅。入夏高二三尺，开紫花，花罢有细子。"观其附图及《植物名实图考》对马兰的描述和附图，均与本种相符。

Flora of China 已将本种的学名改为 Aster indicus Linn.。

药材马兰根和马兰草孕妇慎服。

【化学参考文献】

[1] 林材，曹佩雪，梁光义. 马兰化学成分的研究[J]. 中国药学杂志，2006，41（4）：251-253.

[2] 徐菁，高鸿悦，马淑丽. 马兰化学成分及生物活性研究[J]. 中草药，2014，45（22）：3246-3250.

[3] Zhang H, Farooq U, Cheng L H, et al. Specific inhibitors of sporangium formation of Phytophthora capsici from Kalimeris indica[J]. Chem Nat Compd, 2018, 54（3）: 567-569.

[4] 钟文武，刘劲松，张聪，等. 马兰化学成分研究（Ⅱ）[J]. 广西植物，2012，32（2）：261-263.

[5] 王国凯，刘劲松，张聪佴. 马兰化学成分研究[J]. 中药材，2015，38（1）：81-84.

[6] Wang G K, Yu Y, Wang Z, et al. Two new terpenoids from Kalimeris indica[J]. Nat Prod Res, 2017, 31（20）: 2348-2353.

[7] 张玉梅，宋启示，冯峰，等. 马兰的化学成分研究[J]. 时珍国医国药，2014，25（7）：1551-1552.

[8] 季鹏，王国凯，刘劲松，等. 马兰中的五个酚性化合物[J]. 天然产物研究与开发，2014，26（2）：212-214.

[9] Lin C F, Shen C C, Chen C C, et al. Phenolic derivatives from Aster indicus[J]. Phytochemistry, 2007, 68（19）: 2450-2454.

[10] 许文清，龚小见，周欣，等. 马兰化学成分及生物活性研究[J]. 中国中药杂志，2010，35（23）：3172-3174.

[11] Fan G J, Kim S, Han B H, et al. Glyceroglycolipids, a novel class of platelet-activating factor antagonists from Kalimeris indica[J]. Phytochem Lett, 2008, 1（4）: 207-210.

[12] 马英姿，蒋道松. 马兰挥发性成分研究[J]. 经济林研究，2002，20（2）：69-70.

[13] 熊灿霞，田源红，马敬原，等. 马兰草中微量元素研究[J]. 微量元素与健康研究，2013，30（1），25-28.

【药理参考文献】

[1] 周航宇，王文麒，曹碧晏等. 马兰提取液对幼年大鼠胃肠功能的影响[J]. 中国药理学通报，2018，34（05）：739-740.

[2] 吕丽爽，谢天飞，樊玉洁. 马兰提取物抗氧化性研究[J]. 食品科学，2010，31（13）：122-126.

[3] 张灿，张海晖，武妍，等. 马兰黄酮类化合物的提取及其抗氧化活性[J]. 农业工程学报，2011，27（14）：307-311.

[4] 许文清，龚小见，周欣，等. 马兰化学成分及生物活性研究[J]. 中国中药杂志，2010，35（23）：3172-3174.

[5] 马佳凤，曾秀桃，朱晨，等. 微波辅助萃取马兰头抑制黑曲霉活性成分的工艺优化[J]. 食品研究与开发，2016，37（6）：77-80.

[6] Wang L, Shen J, Xu L, et al. A metabolite of endophytic fungus Cadophora orchidicola from Kalimeris indica serves as a potential fungicide and TLR4 agonist[J]. Journal of Applied Microbiology, 2019, DOI: 10.1111/jam.14239.

[7] 姚晓伟，陶小琴. 马兰提取物抗炎作用的实验研究[J]. 陕西中医，2010，31（11）：1559-1560.

[8] 姚晓伟，余甜女，郑小云，等. 马兰干浸膏镇痛抗炎作用的实验研究[J]. 海峡药学，2010，22（2）：34-35.

[9] 唐祖年，杨月，杨成芳. 马兰对动物离体子宫的兴奋作用及促凝血的实验研究[J]. 时珍国医国药，2010，21（9）：2294-2295.

【临床参考文献】

[1] 胡杰峰，胡智海，胡金蓉. 马兰汤治急性乳腺炎 31 例 [J]. 江西中医药，1995，25（5）：62.

6. 东风菜属 *Doellingeria* Nees

多年生草本。茎直立。叶互生，具锯齿，稀近全缘，具长柄。头状花序伞房状排列，有异型花，放射状；总苞半球形或宽钟状；总苞片 2～3 层，边缘常干膜质；花序托稍凸起，窝孔全缘或稍撕裂；缘花 1 层，雌性，舌片常白色，顶端有微齿；中央两性花多数，管状，黄色，有 5 裂片；花药基部钝；花柱分枝附片三角形或披针形。瘦果圆柱形，有 5 棱，无毛或有毛；冠毛 2 层，糙毛状。

约 7 种，分布于亚洲东部。中国 2 种，南北各地均产，法定药用植物 1 种。华东地区法定药用植物 1 种。

964. 东风菜（图 964） • *Doellingeria scaber* (Thunb.) Nees [*Doellingeria scabra* (Thunb.) Nees；*Aster scaber* Thunb.]

图 964　东风菜　　　　　摄影　李华东

【别名】山蛤芦。

【形态】多年生草本，高 20～100cm。茎直立，粗壮，有斜升的分枝。叶互生，心形，长 9～15cm，宽 6～15cm，顶端尖，基部急狭成长 10～15cm 被微毛的柄，边缘具小尖头的齿；中部以上的叶渐小，卵状三角形，基部圆形或截形，有具翅的短柄；全部叶两面被微糙毛。头状花序圆锥伞房状排列；总苞半球形，直径4～5mm；总苞片约3层，不等长，无毛，边缘宽膜质，顶端尖或钝；缘花雌性，1层，舌片白色；中央两性花管状，顶端5齿裂。瘦果倒卵形或椭圆形，具5棱，无毛；冠毛污黄白色，与花冠管等长。花果期6～11月。

【生境与分布】生于山谷坡地，草地和灌丛中。分布于华东各地，另我国的南部、东部、北部、东北部和中部各地均有分布；朝鲜、日本也有分布。

【药名与部位】东风菜，根茎及根。

【化学成分】地上部分含苯丙素类：3,5-二咖啡酰基黏-奎宁酸（3,5-dicaffeoyl muco-quinic acid）[1]，(-)-4,5-二咖啡酰基奎宁酸[(-)-4,5-dicaffeoyl quinic acid]、(-)-5-咖啡酰基奎宁酸[(-)-5-caffeoyl quinic acid]和(-)-3,5-二咖啡酰基奎宁酸[(-)-3,5-dicaffeoyl quinic acid][1-3]；单萜类：（3S）-3-O-（3′,4′-二当归酰基-β-D-吡喃葡萄糖氧基）-7-羟基-3,7-二甲基辛-1,5-二烯[（3S）-3-O-（3′,4′-diangeloyl-β-D-glucopyranosyloxy）-7-hydroperoxy-3,7-dimethylocta-1,5-diene]和（3S）-3-O-（3′,4′-二当归酰基-β-D-吡喃葡萄糖氧基）-6-氢过氧基-3,7-二甲基辛-1,7-二烯[（3S）-3-O-（3′,4′-diangeloyl-β-D-glucopyranosyloxy）-6-hydroperoxy-3,7-dimethylocta-1,7-diene][4]；倍半萜类：大牻牛儿-4(15),5,10(14)-三烯-1β-醇[germacra-4(15),5,10(14)-trien-1β-ol]、7-甲氧基-4(15)-奥范斯特烯-1β-醇[7-methoxy-4(15)-oppositen-1β-ol]和6α-甲氧基-4(15)-桉叶烷-1β-醇[6α-methoxy-4(15)-eudesmane-1β-ol][4]；甾体类：α-菠菜甾醇（α-spinasterol）和α-菠菜甾醇-3-O-β-D-吡喃葡萄糖苷（α-spinasterol-3-O-β-D-glucopyranoside）[4]。

根含三萜类：角鲨烯（squalene）、木栓酮（friedelin）、表-木栓醇（epi-friedelinol）[5]，3-酮基-16α-羟基齐墩果-12-烯-28-酸（3-oxo-16α-hydroxyolean-12-en-28-oic acid）[6]，东风菜苷 A_1、A_2、A_3、A_4（scaberoside A_1、A_2、A_3、A_4）[7]，东风菜苷 B_1、B_2、B_3、B_4、B_5、B_6（scaberoside B_1、B_2、B_3、B_4、B_5、B_6）[8]，东风菜苷 B_7、B_8、B_9（scaberoside B_7、B_8、B_9）[9]，东风菜菜苷 Ha、Hb_1、Hb_2、Hc_1（scaberoside Ha、Hb_1、Hb_2、Hc_1）[10]，东风菜苷 Hc_2、Hd、Hf、Hg、Hh、Hi（scaberoside Hc_2、Hd、Hf、Hg、Hh、Hi）[11]，臭瓜苷 A（foetidissimoside A）[7,10]和3-O-β-D-吡喃葡萄糖醛酸基亲墩果酸甲酯（3-O-β-D-glucuronopyranosyl oleanolic acid methyl ester）[12]；倍半萜类：1α-羟基-6β-O-β-D-葡萄糖基桉叶-3-烯（1α-hydroxy-6β-O-β-D-glucosyleudesm-3-ene）[12]，对映-4β-羟基-10α-甲氧基香橙烷（ent-4β-hydroxy-10α-methoxyaromadendrane）、4α,10β-香橙烷二醇（4α,10β-aromadendranediol）、（1R,3aS,4R,8aS）-1,2,3,3a,4,5,6,8a-八氢-4-甲氧基-1,4-二甲基-7-（1-甲基乙基）-1-甘菊环烃[（1R,3aS,4R,8aS）-1,2,3,3a,4,5,6,8a-octahydro-4-methoxy-1,4-dimethyl-7-（1-methylethyl）-1-azulenol]、（1aR,4S,4aS,7R,7aS,7bR）-十氢-4-甲氧基-1,1,4,7-四甲基-1H-环丙[e]甘菊环烃-7-醇{（1aR,4S,4aS,7R,7aS,7bR）-decahydro-4-methoxy-1,1,4,7-tetramethyl-1H-cycloprop[e]azulen-7-ol}、（1S,3aR,4R,8aS）-1,2,3,3a,4,5,6,8a-八氢-4-甲氧基-1,4-二甲基-7-（1-甲基乙基）-1-甘菊环烃[（1S,3aR,4R,8aS）-1,2,3,3a,4,5,6,8a-octahydro-4-methoxy-1,4-dimethyl-7-（1-methylethyl）-1-azulenol]和愈创木烷二醇（guaianediol）[13]；二萜类：岩大戟内酯 B（jolkinolide B）[14]；单萜类：反式-对薄荷烷-1α,2β,8-三醇-8-O-β-D-（3′,6′-二当归酰氧基）-吡喃葡萄糖苷[trans-p-menthane-1α,2β,8-triol-8-O-β-D-（3′,6′-diangeloyloxy）-glucopyranoside]和反式-对薄荷烷-1α,2β,8-三醇-8-O-β-D-（3′-当归酰氧基-6′-异丁氧基）-吡喃葡萄糖苷[trans-p-menthane-1α,2β,8-triol-8-O-β-D-（3′-angeloyloxy-6′-isobutyloxy）-glucopyranoside][15]；甾体类：α-菠菜甾醇（α-spinasterol）[5,16]、β-谷甾醇（β-sitosterol）、胡萝卜苷（daucosterol）、α-菠菜甾醇-3-O-β-D-葡萄糖苷（α-spinasterol-3-O-β-D-glucoside）和麦角甾-6,22-二烯-3β,5α,8α-三醇（ergost-6,22-dien-3β,5α,8α-triol）[16]；脑苷类：（2S,3S,4R,2′R,8Z,15′Z）-N-2′-羟基-15′-二十四酰基-1-O-β-D-吡喃葡萄糖基-4-羟基-8-神经鞘氨醇[（2S,3S,4R,2′R,8Z,15′Z）-N-2′-hydroxy-15′-tetracosenoyl-1-O-β-D-glucopyranosyl-4-hydroxy-8-sphingenine]、（2S,3S,4R,8Z）-N-十八碳酰基-1-O-β-D-吡喃葡萄糖基-4-羟基-8-神经鞘氨醇[（2S,3S,4R,8Z）-N-octadecanoyl-1-O-β-D-glucopyranosyl-4-hydroxy-8-sphingenine]

和（2S, 3S, 4R, 2′R, 8Z）-N-2′-羟基-十六碳酰基-1-O-β-D-吡喃葡萄糖基-4-羟基-8-神经鞘氨醇[（2S, 3S, 4R, 2′R, 8Z）-N-2′-hydroxy-hexadecanoyl-1-O-β-D-glucopyranosyl-4-hydroxy-8-sphingenine][12]；多糖类：东风菜多糖A、C、P（ASEP-A、C、P）[17]；苯丙素类：(-)-4,5-二咖啡酰奎尼酸[(-)-4,5-dicaffeoylquinic acid]和(-)-3,5-二咖啡酰黏奎尼酸[(-)-3,5-dicaffeoyl muco-quinic acid][18]。

【药理作用】1. 调节免疫 根中分离的东风菜皂苷 A_3、B_5（scaberoside A_3、B_5）可显著促进小鼠脾淋巴细胞产生白细胞介素-2（IL-2），在体外能明显增强刀豆蛋白A（Con A）对淋巴细胞的刺激作用，具有明显的提高细胞免疫和体液免疫的作用[1]；根的总皂苷及东风菜苷 A_3、B_5 可显著促进小鼠脾淋巴细胞产生白细胞介素-2，以总皂苷作用最佳，可明显增加脾空斑形成细胞的反应，对抗体形成细胞有刺激作用，对自然杀伤（NK）细胞的作用不明显[2]。2. 抗肿瘤 根中的总皂苷可明显抑制鼠肝癌细胞的生长，主要表现在使瘤体组织坏死加重，瘤周围淋巴细胞及巨噬细胞浸润增加，增生反应明显，以及有少量纤维包膜形成[3]。3. 神经保护 根甲醇提取物的正丁醇部分对红藻氨酸氧化引起的小鼠脑细胞损伤有保护作用，暗示了正丁醇部分提取物对脑缺血损伤的保护作用[4]；根中分离的四个奎尼酸衍生物对淀粉样蛋白Aβ诱导的PC12细胞毒性有显著的降低作用，其中(-)-4,5-二咖啡酰奎尼酸[(-)-4,5-dicaffeoylquinic acid]作用最强，通过磷酸化酪氨酸激酶A（TrkA）1/2和磷脂酰肌醇（PI3）激酶后对PC12细胞作用对比，表明四个化合物均能促进PC12细胞神经元突起生长，尤以(-)-3,5-二咖啡酸黏奎尼酸[(-)-3,5-dicaffeoyl muco-quinic acid]的作用最强[5]；奎尼酸衍生物对四氢维洛林（THP）导致的细胞毒有保护效应，其中以(-)-4,5-二咖啡酰奎尼酸的作用最强[6]。4. 抗氧化 根和根茎的乙酸乙酯部分具有很强的抗氧化作用[7]；全草的甲醇提取物具有很强的抗氧化作用[8]；全草的总黄酮能降低其肝组织中丙二醛（MDA）含量，提高谷胱甘肽过氧化物（GSH-Px）、过氧化氢酶（CAT）、超氧化物歧化酶（SOD）的含量，增强其抗氧化作用[9]。5. 抗病毒 东风菜中四种咖啡酰基奎尼酸衍生物对人体免疫缺陷病毒-1（HIV-1）整合酶有抑制作用，其中(-)-3,5-二咖啡酰黏奎尼酸显示了强抗病毒作用[10]。6. 降血糖降血脂 从地上部分提取的总黄酮能降低小鼠空腹血糖（Glu），改善糖耐量，并有效缓解其"三多一少"症状，其中200mg/kg剂量组降糖效果与阳性组对照作用相当，能有效调节其血清中总结胆固醇（TC）、甘油三酯（TG）、低密度脂蛋白胆固醇（LDL-C）、高密度脂蛋白胆固醇（HDL-C）含量，表现出良好的降血脂作用[9]。7. 抗蛇毒 全草水和乙醇提取物给小鼠灌胃后，静脉注射ET-1和蛇毒S6b，其死亡时间较对照组明显延长，表明对ET-1和蛇毒S6b有一定的拮抗作用[11]。

【药用标准】上海药材1994附录。

【临床参考】1. 蝰蛇咬伤：根30g，加小叶三点金草100g、通城虎15g、红背丝绸30g、石柑子30g，每日1剂，水煎分2次服，严重者同时口服梧州蛇药片（医院制剂）10片、蛇药酒（医院制剂）15ml，局部外敷生异叶天南星和生旱莲草，外搽蛇药酒，症状减轻后可用两面针、六棱菊、风沙藤、木人参、飞龙掌血、鸡骨香各100g，水煎外洗[1]。

2. 头眩：根3g，研末，开水调匀，加鸡蛋2个、盐少许，隔锅蒸熟口服，应控制药量，超过3g则产生吐泻；忌食酸冷、炒面、茶[2]。

3. 气管炎：根3g，加桔梗、重楼各10g，甘草8g，水煎饭后服，忌食酸冷、猪肉、茶；或根3g研末，开水送服，忌食酸冷、茶[2]。

4. 外伤止血：根适量，研末敷伤处，不换药[2]。

5. 肝癌、胃癌：东风菜克癌星煎剂（东风菜根，加徐长卿、川芎、黄芪、绞股蓝、半边莲、栀子、三七、白苞蒿、郁金、夏枯草），每日1剂，水煎，分3次服用，每次加四虫丸冲服[3]。

6. 中暑腹痛：根茎3g，研细粉，温开水吞服。

7. 咽喉肿痛：根茎30g，水煎服。

8. 急性肾炎：鲜根茎60g，捣烂，放酒杯内扣于脐上，用布包扎，每日换1次。

9. 肺病吐血：根茎9g，加万年青根、黄独各9g，水煎服。

10. 淋巴管炎：鲜根茎60g，加珍珠菜鲜根、鸭跖草各60g，土牛膝30g，水煎服。

11. 阴囊湿疹：鲜根茎60g，加麻雀3只，水煮，食肉喝汤。（6方至11方引自《浙江药用植物志》）

12. 腰痛：根15g，水煎服。（《湖南药物志》）

【附注】东风菜始载于宋《开宝本草》，谓："先春而生，故有东风之号。生岭南平泽。茎高三二尺，叶似杏叶而长，极厚软，上有细毛。"《本草纲目》收载于菜部，并引裴渊《广州记》云："东风菜，花、叶似落妊娠，茎紫。宜肥肉作羹食，香气似马兰，味如酪。"按此描述与本种相似，而《植物名实图考》蔬类之东风菜，谓与"菘菜相类"，细观其附图，并非本种。

Flora of China 已将本种的学名改为 Aster scaber Thunb.。

本种全草民间也作东风菜药用。

同属植物短冠东风菜 Doellingeria marchandii (Levl.) Ling 的根与根茎民间也作东风菜药用。

【化学参考文献】

[1] Kwon H C, Jung C M, Shin C G, et al. A new caffeoyl quinic acid from *Aster scaber* and its inhibitory activity against human immunodeficiency virus-1 (HIV-1) integrase [J]. Chem Pharm Bull, 2000, 48 (11): 1796-1798.

[2] Lee S E, Chung T Y. Identification of an antioxidative compound, 3, 5-dicaffeoylquinic acid from *Aster scaber* Thunb. [J]. Agric Chem Biotechnol, 2002, 45 (1): 18-22.

[3] Lee S E, Chung T Y, Seong N S, et al. In vitro antioxidant activity of 3, 5-dicaffeoylquinic acid isolated from *Aster scaber* Thunb. [J]. Agric Chem Biotechnol, 2004, 47 (1): 27-30.

[4] Jung C M, Kwon H C, Seo J J, et al. Two new monoterpene peroxide glycosides from *Aster scaber* [J]. Chem Pharm Bull, 2001, 49 (7): 912-914.

[5] Tada M, Takahashi T, Koyama H. Triterpenes and sterol from the roots of *Aster scaber* [J]. Phytochemistry, 1974, 13 (3): 670-671.

[6] Bai S P, Dong L, He Z A, et al. A new triterpenoid from *Doellingeria scaber* [J]. Chin Chem Lett, 2004, 15 (11): 1303-1305.

[7] Nagao T, Tanaka R, Shimokawa H, et al. Studies on the constituents of *Aster scaber* Thunb. II. structures of echinocystic acid glycosides isolated from the root [J]. Chemical & Pharmaceutical Bulletin, 1991, 39 (7): 1719-1725.

[8] Nagao T, Tanaka R, Okabe H. Studies on the constituents of *Aster scaber* Thunb. I. structures of scaberosides, oleanolic acid glycosides isolated from the root [J]. Chem Pharm Bull, 1991, 39 (7): 1699-1703.

[9] Nagao T, Okabe H. Studies on the constituents of *Aster scaber* Thunb. III. structures of scaberosides B7, B8 and B9, minor oleanolic acid glycosides isolated from the root [J]. Chemical & Pharmaceutical Bulletin, 1992, 40 (4): 886-888.

[10] Nagao T, Tanaka R, Iwase Y, et al. Studies on the constituents of *Aster scaber* Thunb. IV. structures of four new echinocystic acid glycosides isolated from the herb [J]. Chemical & Pharmaceutical Bulletin, 1993, 41 (4): 659-665.

[11] Nagao T, Iwase Y, Okabe H. Studies on the constituents of *Aster scaber* Thunb. V. structures of six new echinocystic acid glycosides isolated from the herb [J]. Chemical & Pharmaceutical Bulletin, 1993, 41 (9): 1562-1566.

[12] Kwon H C, Cho O R, Lee K C, et al. Cerebrosides and terpene glycosides from the root of *Aster scaber* [J]. Arch Pharm Res, 2003, 26 (2): 132-137.

[13] Bai S P, Ma X K, Lu G Z, et al. Two new sesquiterpenoids from *Doellingeria scaber* [J]. J Chem Res, 2007, (5): 310-312.

[14] Bai S P, Zhu Z F, Yang L. An ent-abietane diterpenoid from *Doellingeria scaber* [J]. Acta Crystallographica, Section E: Structure Reports Online, 2005, E61 (9): 2853-2855.

[15] Bai S P, Wang B Y, Jing Y. Two new monoterpene glycosides from *Doellingeria scaber* [J]. Chin Chem Lett, 2009, 20 (2): 184-186.

[16] 白素平, 范秉琳, 闫福林. 东风菜中甾体成分研究 [J]. 新乡医学院学报, 2005, 22 (3): 185-187.

[17] Song Y R, Sung S K, Shin E J, et al. The effect of pectinase-assisted extraction on the physicochemical and biological properties of polysaccharides from *Aster scaber* [J]. Int J Mol Sci, 2018, 19 (9): 3390-3405.

[18] Hur J Y, Soh Y, Kim B H, et al. Neuroprotective and neurotrophic effects of quinic acids from *Aster scaber* in PC12 cells. [J]. Biological & Pharmaceutical Bulletin, 2001, 24 (8): 921-924.

【药理参考文献】

[1] 匡海学，郭向红．东风菜根生物活性成分的研究［J］．中医药学报，1999（2）：54-55．

[2] 肖洪彬，张宁，李文，等．东风菜总皂甙及其单体皂甙生物活性的研究［J］．中医药学报，1997（6）：57-58．

[3] 张腾，匡海学．东风菜皂甙生物活性的研究Ⅲ［J］．中医药信息，1998（4）：53．

[4] Sok D E, Oh S H, Kim Y B, et al. Neuroprotective effect of rough aster butanol fraction against oxidative stress in the brain of mice challenged with kainic acid［J］. Journal of Agricultural and Food Chemistry，2003，51（16）：4570-4575．

[5] Hur J Y, Soh Y, Kim B H, et al. Neuroprotective and neurotrophic effects of quinic acids from *Aster scaber* in PC12 cells.［J］. Biological & Pharmaceutical Bulletin，2001，24（8）：921-924．

[6] Soh Y, Kim J A, Sohn N W, et al. Protective effects of quinic acid derivatives on tetrahydropapaveroline-induced cell death in C6 glioma cells［J］. Biological & Pharmaceutical Bulletin，2003，26（6）：803-807．

[7] Jeon S M, Lee J Y, Kim H W, et al. Antioxidant activity of extracts and fractions from *Aster scaber*［J］. Journal of the Korean Society of Food Science & Nutrition，2012，41（9）：1197-1204．

[8] Lee Y J, Kim D B, Lee J S, et al. Antioxidant activity and anti-adipogenic effects of wild herbs mainly cultivated in Korea［J］. Molecules，2013，18（10）：12937-12950．

[9] 张立秋，陈玲，崔艳艳，等．东风菜总黄酮对四氧嘧啶糖尿病小鼠的降血糖血脂及抗氧化作用［J］．现代食品科技，2018，34（9）：25-31，37．

[10] Kwon H C, Jung C M, Shin C G, et al. A new caffeoyl quinic acid from *Aster scaber* and its inhibitory activity against human immunodeficiency virus-1（HIV-1）integrase［J］. Chemical & Pharmaceutical Bulletin，2010，32（13）：1．

[11] 王峰，杨连春，刘敏，等．抗蛇毒中草药拮抗 ET-1 和 S6b 作用的初步研究［J］．中国中药杂志，1997，22（10）：620-622．

【临床参考文献】

[1] 谭爱群．中药治疗蝰蛇咬伤 5 例［J］．广西中医药，1988，11（5）：27．

[2] 韩道富．民间草药东风菜的应用经验［J］．中国民族民间医药杂志，2002，（6）：363．

[3] 鲍修惠．东风菜克癌星：疗效卓著　亟待开发——附三例报告［J］．中国中西医肿瘤杂志，2011，1（1）：83-84．

7. 紫菀属 *Aster* Linn.

草本，亚灌木或灌木。茎直立。叶互生，具齿或全缘。头状花序伞房状或圆锥状排列，有时总状，或单生，放射状，外围有 1～2 层雌花，中央为多数两性花；总苞具 2 至多层总苞片；花序托蜂窝状，平或稍凸起；雌花花冠舌状，白色、浅红色、紫色或蓝色，舌片顶端具齿；两性花花冠管状，黄色，或顶端紫褐色，顶端通常有 5 等形裂片；花药基部钝，通常全缘；花柱分枝附片披针形。瘦果长圆形或倒卵圆形，扁或两面稍凸，有 2 边肋，通常被毛或有腺；冠毛宿存，有多数近等长的细糙毛，或另有 1 外层极短的毛或膜片。

约 152 种，广布于亚洲、欧洲和北美洲。中国 123 种，各地都有分布，法定药用植物 8 种 4 变种。华东地区法定药用植物 2 种 1 变种。

分种检索表

1. 总苞倒圆锥形，总苞片多层；头状花序单生叶腋或排列呈圆锥状。
   2. 头状花序在枝端单生或排列呈圆锥状；总苞片质薄，外面密被短柔毛；中部叶片基部渐狭⋯⋯⋯⋯⋯⋯⋯⋯⋯⋯⋯⋯⋯⋯⋯⋯⋯⋯⋯⋯⋯⋯⋯⋯⋯⋯⋯⋯⋯⋯⋯⋯⋯⋯⋯⋯⋯⋯⋯白舌紫菀 *A. baccharoides*
   2. 头状花序单生叶腋；总苞片质厚，外面无毛；中部叶片中部以下柄状收缩，叶片基部深耳状抱茎⋯⋯⋯⋯⋯⋯⋯⋯⋯⋯⋯⋯⋯⋯⋯⋯⋯⋯⋯⋯⋯⋯⋯⋯⋯⋯⋯⋯⋯⋯⋯⋯仙白草 *A. turbinatus* var. *chekiangensis*
1. 总苞半球形，总苞片 3 层，头状花序排列呈伞房状⋯⋯⋯⋯⋯⋯⋯⋯⋯⋯⋯⋯⋯⋯⋯⋯⋯⋯⋯⋯紫菀 *A. tataricus*

965. 白舌紫菀（图965） · *Aster baccharoides*（Benth.）Steetz（*Diplopappus baccharoides* Benth.）

图965 白舌紫菀　　摄影　张芬耀等

【形态】多年生木质草本或亚灌木，有粗壮扭曲的根。茎直立，多分枝，老枝具棱，无毛，幼枝多少被卷曲的短毛。下部叶匙状长圆形，长达10cm，宽达1.8cm，上部有疏齿；中部叶长圆形或长圆状披针形，长2～8cm，宽0.5～2cm，顶端尖，基部渐狭，全缘或有具尖头的疏锯齿，无柄或近无柄；上部叶渐小，近全缘；全部叶上面被短糙毛，下面被短毛或有腺点，或沿脉有粗毛。头状花序在枝端排列成伞房状或单生；苞叶极小，渐转变为总苞片；总苞倒锥状，直径达7mm；总苞片4～7层，外层卵圆形，顶端尖，内层长圆状披针形，顶端钝；背面或上部被短毛，边缘干膜质，具缘毛；舌状花10余朵，舌片白色；管状花黄色，有微毛。瘦果狭长圆形，稍扁，密被短毛；冠毛白色，糙毛状。花果期6～12月。

【生境与分布】生于山坡路旁、灌丛。分布于浙江、江西和福建，另广东、湖南均有分布。

【药名与部位】白舌紫菀，全草。

【采集加工】夏、秋二季茎叶茂盛时采收，除去杂质，晒干。

【药材性状】根呈圆锥形，有多数须状根。茎呈圆柱形，长50～100cm，直径2～6mm；表面黄绿色、灰棕色或灰褐色，有时可见短毛；质脆，易折断，断面黄白色。叶片多皱缩，展开后呈长圆形或矩圆状披针形，长2～8cm，宽0.5～1.4cm；顶端尖，基部渐狭或急狭，全缘或具小尖头状疏锯齿；上表面暗绿色，有短毛，下表面灰绿色，有短毛或腺点，无叶柄或有短柄。头状花序顶生。瘦果。气微，味微苦。

【药材炮制】除去杂质，洗净，切段，干燥。

【化学成分】茎含三萜类：紫菀酮（shionone）、木栓酮（friedelin）和表木栓醇（epifriedelinol）[1]。叶含三萜类：β-香树脂醇（β-amyrin）和β-香树脂醇乙酯（β-amyrenyl acetate）[1]；甾体类：α-菠甾醇（α-spinasterol）[1]。

【性味与归经】微苦，凉。归肺、心经。

【功能与主治】祛风解表，清热解毒。用于外感风热，邪在卫分的发热，头痛，口渴，咳嗽，痰黄。

【用法与用量】6～9g。

【药用标准】江西药材 1996。

【化学参考文献】

[1] Hui W H, Lam W K, Tye S M. Triterpenoid and steroid constituents of *Aster baccharoides* [J]. Phytochemistry, 1971, 10 (4): 903-904.

966. 仙白草（图 966） • *Aster turbinatus* S. Moore var. *chekiangensis* C. Ling

图 966　仙白草　　　摄影　张芬耀

【别名】仙百草，百条根（浙江），转螺紫菀、单头紫菀（江苏）。

【形态】本变种与原变种陀螺紫菀 Aster turbinatus S. Moore 的区别在于茎下部的叶片中部以下作柄状收缩，基部深耳状抱茎，茎上部多分枝；头状花序直径较小，舌状花的舌片小而白色。

【生境与分布】生于山坡疏林下、灌丛或草丛中。分布于浙江。

【药名与部位】仙白草，根。

【药材炮制】除去杂质，洗净，润软，切厚片，干燥；已切厚片者，筛去灰屑。

【功能与主治】解毒消肿。

【药用标准】浙江炮规 2005。

【临床参考】毒蛇咬伤：根 30g，水煎服，以渣外敷患处，或全草 30g，加半边莲、半枝莲各 30g，水煎服，以渣外敷患处，并联合正规治疗。（《浙江药用植物志》）

【附注】《浙江省中药炮制规范》2005 年版中本变种的学名为 Aster tubinatus S. Moore var. *chekiangensis* C. Ling ex Ling。

967. 紫菀（图 967）· Aster tataricus Linn. f.

图 967 紫菀　　　　　　　　　　　　　　摄影　李华东等

【别名】青菀、紫蒨、关公须（江苏），青牛舌头花。

【形态】多年生草本，高 40～150cm。茎直立，粗壮，上部有分枝，有疏粗毛，基部有纤维状残叶和不定根。基生叶花期枯萎，长圆状或椭圆状匙形，长 20～50cm，宽 3～13cm，先端锐尖，基部渐狭，延长成有翅的长叶柄，边缘有锯齿，两面疏生短硬毛；下部叶及中部叶椭圆状匙形至披针形，长10～20cm，基部渐狭成短柄，边缘有锯齿或近全缘，侧脉6～10对；上部叶渐变小，披针形至条状披针形，无柄，全缘。头状花序，直径2.5～4.5cm，多数，排成伞房状；总苞半球形；总苞片3层，外层渐短，全部或上部草质，长圆状披针形，边缘宽膜质，紫红色；舌状花蓝紫色，管状花黄色；冠毛污白色或红褐色。瘦果倒卵状长圆形，有毛。花果期7～10月。

【生境与分布】生于阴湿山坡、山谷草丛。分布于山东，另东北、华北、西北部均有分布。

【药名与部位】紫菀，根及根茎。

【采集加工】春、秋二季采挖，除去泥沙，直接或编成辫状后干燥。

【药材性状】根茎呈不规则块状，大小不一，顶端有茎、叶的残基；质稍硬。根茎簇生多数细根，长3～15cm，直径1～3mm，多编成辫状；表面紫红色或灰红色，有纵皱纹；质较柔韧。气微香，味甜、微苦。

【药材炮制】紫菀：除去杂质，洗净，晾至半干，根茎切厚片；根切段，干燥。蜜紫菀：取紫菀饮片，与炼蜜拌匀，稍闷，炒至不黏手时，取出，摊凉。

【化学成分】根和根茎含环肽类：紫菀辛素A、B（tataricin A、B）[1]和紫菀氯环五肽A、B、C、D、E、F、G、H、K、L、M、N、O、P（astin A、B、C、D、E、F、G、H、K、L、M、N、O、P）[2]；三萜类：紫菀库萜酮*A、B、C、D（astataricusone A、B、C、D）、紫菀萜醇*A（astataricusol A）、表紫菀醇（epishionol）[3]，紫菀欣烷酮*A、B、C、D、E、F（astershionone A、B、C、D、E、F）[4]，蒲公英萜醇（taraxerol）[5]，紫菀酮（shionone）、木栓酮（friedelin）、表木栓醇（epifriedelanol）[5,6]，无羁萜-3-烯（friedel-3-ene）[6]，紫菀皂苷A、A_2、B、C_2、F、G、G_2、H（aster saponin A、A_2、B、C_2、F、G、G_2、H）、3-O-α-L-吡喃阿拉伯糖基-(1→6)-β-D-三羟基齐墩果-12-烯-28-羧酸[3-O-α-L-arabinopyranosyl-(1→6)-β-D-trihydroxyolean-12-en-28-oic acid][7]和β-香树脂醇（β-amyrin）[8]；蒽醌类：芦荟大黄素（aloeemodin）[9]，大黄素（emodin）[8,10]，大黄酚（hrysophanol）和大黄素甲醚（physcion）[9,10]；黄酮类：3-甲氧基山柰酚（3-methoxykaempferol）[8]，芹菜素（apigenin）、橙皮苷（hesperidin）、山柰酚-3-O-β-D-吡喃葡萄糖苷（kaempferol-3-O-β-D-glucopyranoside）、芹菜素-7-O-β-D-吡喃葡萄糖苷（apigenin-7-O-β-D-glucopyranoside）[9]，槲皮素（quercetin）和山柰酚（kaempferol）[8,10]；苯丙素类：对羟基肉桂酸十六烷酯（p-hydroxycinnamic acid hexadecyl ester）[5]，反式咖啡酸（E-caffeic acid）、阿魏酸二十六烷酯（ferulic acid hexacosyl ester）和3-O-阿魏酰基奎宁酸甲酯（methyl 3-O-feruloylquinate）[10]；酚酸类：苯甲酸（benzoic acid）和对羟基苯甲酸（p-hydroxybenzoic acid）[10]；炔类：毛叶酸（lachnophyllic acid）[5]；苯并呋喃类：11-羟基-10,11-二氢泽兰素（11-hydroxy-10,11-dihydroeuparin）[5]；生物碱类：橙黄胡椒酰胺乙酸酯（aurantiamide acetate）[6,11]；香豆素类：东莨菪素（scopoletin）[8]；甾体类：β-谷甾醇（β-sitosterol）[5]，豆甾醇（stigmasterol）[5,6]和胡萝卜苷（daucosterin）[12]；挥发油类：1-乙酰基-(E)-2-烯-4,6-癸二炔[1-acetyl-(E)-2-en-deca-4,6-diyne][13]等。

根含环肽类：紫菀寡环肽素（asterin）[14]，紫菀寡肽素A、B、C（astin A、B、C）[15]，紫菀寡肽素D、E（astin D、E）[16]，紫菀寡肽素F、G、H（astin F、G、H）[17]，紫菀寡肽素I（astin I）[18]，紫菀寡肽素J（astin J）[19]，紫菀寡肽宁素A、B、C（asternin A、B、C）[20]和紫菀寡肽宁素D、E、F（asternin D、E、F）[21]；三萜类：紫菀萜酮A（astertarone A）[22]，紫菀萜酮B（astertarone B）[23]，紫菀属皂苷A、B、C、D（astersaponin A、B、C、D）[24]，紫菀属皂苷E、F（astersaponin E、F）[25]和紫菀属皂苷G（astersaponin G）[26]；单萜类：紫菀醇苷A、B（shionoside A、B）[27]和紫菀醇苷C（shionoside C）[28]；木脂素：(+)-异落叶松脂素-9-O-β-D-吡喃葡萄糖苷[(+)-isolariciresinol-9-O-β-D-glucopyranoside][29]；苯丙素类：3-O-阿魏酰奎宁酸甲酯（methyl 3-O-feruloylquinate）[29]；炔醇类：毛叶醇（lachnophyllol）、(2E)-2-癸烯-4,6-二炔-(9Z,12Z)-十八烷二烯酸酯[(2E)-2-decene-4,6-diynyl-(9Z,12Z)-octadecadienoic acid ester][30]。

根茎含三萜类：紫菀酮（shionone）、木栓酮（friedelin）、表木栓醇（epifriedelanol）、紫菀皂苷A （aster saponin A）[31]，紫菀烷 -22- 甲氧基 -20（21）- 烯 -3- 酮［shion-22-methoxy-20（21）-en-3-one］、紫菀烷 -22（30）- 烯 -3, 21- 二酮［shion-22（30）-en-3, 21-dione］和紫菀烷 -22- 甲氧基 -20（21）- 烯 -3β- 醇［shion-22-methoxy-20（21）-en-3β-ol］[32]；黄酮类：山奈酚（kaempferol）和槲皮素（quercetin）[31]；酰胺类：橙黄胡椒酰胺（aurantiamide）[31]；环肽类：紫菀氯环五肽 C（astin C）[31]；甾体类：β- 谷甾醇（β-sitosterol）和胡萝卜苷（daucosterin）[31]。

花含三萜类：羽扇豆醇（lupeol）、α- 香树脂醇（α-amyrin）、24- 亚甲基环阿屯醇（24-methylenecycloartanol）、环阿屯醇（cycloartenol）、达玛二烯醇（dammaradienol）、甘遂 -7, 24- 二烯醇（tirucalla-7, 24-dienol）和蒲公英甾醇（taraxasterol）[33]。

地上部分含三萜类：臭瓜苷 A（foetidissimoside A）和紫菀皂苷 Ha、Hb、Hc、Hd（aster saponin Ha、Hb、Hc、Hd）[34]。

【药理作用】1. 抗氧化 根和根茎中的槲皮素（quercetin）和山奈酚（kaempferol）有显著的抗氧化作用，对脂质过氧化物和超氧化自由基的产生有明显的抑制作用，东莨菪素（scopoletin）和大黄素（emodin）对超氧化自由基的产生有非常显著的抑制作用，而二肽类成分橙黄胡椒酰胺乙酸酯（aurantiamide acetate）具有阻断超氧化基和羟基增加的作用[1]；根和根茎的乙酸乙酯提取物对油脂具有较好的抗氧化作用，在一定范围内，抗氧化作用随剂量的增加而增强，乙酸乙酯提取物与维生素 C（VC）在花生油中有很好的协同增效作用[2]；花和茎的提取物都具有较强的抗氧化作用，抗氧化作用随着提取物浓度的增大而增强，随着溶剂极性增大而增强[3]。2. 祛痰镇咳 根和根茎的水提取液、石油醚及醇提取液的乙酸乙酯提取物部分都有明显增加小鼠呼吸道酚红排泄，而醇提取液中正丁醇提取及剩余母液却无明显作用，提示其祛痰作用的有效部位为石油醚、乙酸乙酯部分，从以上两部位中分得的紫苑酮（shionone）和表木栓醇（epifriedelanol）成分也表现出明显的祛痰作用，同时紫苑酮和表木栓醇显著抑制小鼠的咳嗽反应[4]；根和根茎挥发油的主要成分 1- 乙酰基 -（E）-2- 烯 -4, 6- 癸二炔［1-acetyl-（E）-2-en-deca-4, 6-diyne］在大剂量（0.231μl/10g）时对小鼠能明显增加酚红排出量，具有祛痰作用[5]。3. 抗肿瘤 根的水提取物对荷瘤 S180 小鼠肿瘤增殖有较好的抑制作用[6]；根中分离的紫菀寡肽素 A、B、C（astin A、B、C）对 S180 小鼠肿瘤增殖具有抑制作用[7]；根的水提取物能明显诱导人胃癌 SGC-7901 细胞凋亡[8]。4. 抗病毒 根和根茎中分离的紫菀库萜酮*A、B、C、D（astataricusone A、B、C、D）、紫菀萜醇*A（astataricusol A）[9]和紫菀欣烷酮 C（astershionone C）具有抗乙型肝炎病毒（HBV）的作用[10]。5. 抗炎 根的 70% 乙醇提取物的 FR-50 组分，主要由 12 种咖啡酰奎宁酸、7 种紫苏皂苷和 13 种紫菀寡肽素（astin）和菀宁碱（asterinin）组成，可显著增强气管酚红分泌，减少小鼠咳嗽次数，抑制小鼠耳水肿[11]。6. 抗菌 根和根茎乙醇提取物对金黄色葡萄球菌、猪巴氏杆菌、大肠杆菌、链球菌和沙门氏杆菌的生长都有较强的抑制作用；从全草提取的总生物碱对金黄色葡萄球菌、猪巴氏杆菌、大肠杆菌、链球菌和沙门氏杆菌的生长有抑制作用[12]。

【性味与归经】辛、苦，温。归肺经。

【功能与主治】润肺下气，消炎止咳。用于痰多喘咳，新久咳嗽，劳嗽咳血。

【用法与用量】4.5～9g。

【药用标准】药典 1963—2015、浙江炮规 2005、新疆药品 1980 二册、香港药材五册和台湾 2013。

【临床参考】1. 气滞血瘀证：根 20g，加地骨皮、桑白皮、桔梗、柴胡、当归、赤芍、麦冬、车前子（包煎）各 15g，黄芪 30g，五味子 12g，杏仁 9g，白芷、桃仁、红花、川芎各 10g，党参、冬瓜皮各 20g，甘草 6g，水煎，每日 1 剂，分早晚两次服[1]。

2. 癃闭：根 15g，加麦冬 9g、五味子 10 粒、人参 3g，水煎服[2]。

3. 慢性咳嗽：根 15g，加炙麻黄、苦杏仁、炙甘草、半夏、干姜、炒苍术、黄芩、蝉蜕各 10g，旋覆花、蜜百部、白前、紫菀、枇杷叶各 15g，白芍 30g，水煎服[3]。

4. 支气管炎：根 9g，加百部、杏仁各 9g，五味子、甘草各 6g，水煎服。

5.肺结核咳嗽：根 9g，加贝母、知母、五味子各 9g，甘草、桔梗各 6g，水煎服。（4方、5方引自《浙江药用植物志》）

【附注】紫菀始载于《神农本草经》，列为中品。《本草经集注》云："紫菀，近道处处有，生布地，花亦紫，本有白毛，根甚柔细。"《本草图经》载："紫菀，三月内，布地生苗叶，其叶三四相连，五月六月内开黄紫白花，结黑子，本有白毛，根甚柔细，二月三月内取根，阴干用。"所附成州紫菀、解州紫菀、泗州紫菀图的植物形态皆不相同。可知古代所用紫菀，花已有黄、紫、白三种。《本草经集注》及《本草图经》的成州紫菀即开紫白色花，有基生叶者，与本种相近。其中解州紫菀开黄色花，花序作总状排列，当为橐吾属 Ligularia Cass. 植物。

药材紫菀有实热者慎用。

橐吾属植物蹄叶橐吾 Ligularia fischeri（Ledeb.）Turcz 的根及根茎在辽宁作蹄叶紫菀药用；鹿蹄橐吾 Ligularia hodgsonii Hook.、狭苞橐吾 Ligularia intermedia Nakai、宽戟橐吾 Ligularia latihastata（W. W. Sm.）Hand.-Mazz. 及川鄂橐吾 Ligularia wilsoniana（Hemsl.）Greenm. 的根及根茎在贵州作紫菀或川紫菀药用。

【化学参考文献】

［1］Xu H M，Yi H，Zhou W B，et al. Tataricins A and B，two novel cyclotetrapeptides from Aster tataricus，and their absolute configuration assignment［J］. Tetrahedron Lett，2013，54（11）：1380-1383.

［2］Xu H M，Zeng G Z，Zhou W B，et al. Astins K-P，six new chlorinated cyclopentapeptides from Aster tataricus［J］. Tetrahedron，2013，69（37）：7964-7969.

［3］Zhou W B，Zeng G Z，Xu H M，et al. Astataricusones A-D and astataricusol A，five new anti-HBV shionane-type triterpenes from Aster tataricus L. f.［J］. Molecules，2013，18（12）：14585-14596.

［4］Zhou W B，Zeng G Z，Xu H M，et al. Astershionone A-F，six new anti-HBV shionane-type triterpenes from Aster tataricus［J］. Fitoterapia，2014，93：98-104.

［5］金晶，张朝凤，张勉. 紫菀的化学成分研究［J］. 中国现代中药，2008，10（6）：20-22.

［6］卢艳花，王峥涛，叶文才，等. 紫菀化学成分的研究［J］. 中国药科大学学报，1998，29（2）：97-99.

［7］Su X D，Jang H J，Wang C Y，et al. Anti-inflammatory potential of saponins from Aster tataricus via NF-κB/MAPK activation［J］. J Nat Prod，2019，82（5）：1139-1148.

［8］卢艳花，王峥涛，徐珞珊，等. 紫菀中的多元酚类化合物［J］. 中草药，2002，33（1）：17-18.

［9］刘可越，张铁军，高文远，等. 紫菀中多酚类化合物的研究［J］. 中草药，2007，38（12）：1793-1795.

［10］王国艳，吴弢，林平川，等. 紫菀酚类化学成分的研究［J］. 中国中药杂志，2003，28（10）：946-948.

［11］Wang Z T，Lu Y H，Ye W C，et al. A dipeptide isolated from Aster tataricus L. f［J］. J Chin Pharm Sci，1999，8（3）：171-172.

［12］王国艳，吴弢，林平川，等. 紫菀三萜类化学成分的研究［J］. 中草药，2003，34（10）：875-876.

［13］杨滨，肖永庆，梁日欣，等. 紫菀挥发油中祛痰活性化学成分研究［J］. 中国中药杂志，2008，33（3）：281-283.

［14］Kosemura S，Ogawa T，Totsuka K. Isolation and structure of asterin，a new halogenated cyclic penta-peptide from Aster tataricus Azuo［J］. Tetrahedron Lett，1993，34（8）：1291-1294.

［15］Morits H，Nagashima S，Takeya K，et al. Cyclic peptides from higher plants. 4. structures and conformation of antitumor cyclic pentapeptides，astins A，B and C，from Aster tataricus［J］. Tetrahedron，1995，51（4）：1121-1132.

［16］Morits H，Nagashima S，Shirota O，et al. Two novel monochlorinated cyclic pentapeptides，astins D and E，from Aster tataricus［J］. Chem Lett，1993，（11）：1877-1880.

［17］Morits H，Nagashima S，Takeya K，et al. Cyclic peptides from higher plants. Part 8. three novel cyclic pentapeptides，astins F，G and H from Aster tataricus［J］. Hetercycles，1994，38（10）：2247-2252.

［18］Morits H，Nagashima S，Takeya K，et al. Cyclic peptides from higher plants. II. a novel cyclic pentapeptdie with a β-hydroxy-γ-chloroproline from Aster tataricus［J］. Chem Lett，1994，（11）：2009-2010.

［19］Morits H，Nagashima S，Takeya K，et al. Cyclic peptides from higher plants. XII. structure of a new peptide，astin J，from Aster tataricus［J］. Chem Pharm Bull，1995，43（2）：271-273.

[20] Cheng D L, Shao Y, Hartman R, et al. Olgopeptides from *Aster tataricus*[J]. Phytochemistry, 1994, 36(4): 945-948.

[21] Cheng D L, Shao Y, Hartmann R, et al. New pentapeptides from *Aster tataricus*[J]. Phytochemistry, 1996, 41(1): 225-227.

[22] Akihisa T, Kimura Y, Koike K, et al. Astertarone A: a triterpenoid ketone isolated from the roots of *Aster tataricus* L.[J]. Chem Pharm Bull, 1998, 46(11): 1824-1826.

[23] Akihisa T, Kimura Y, Tai T, et al. Astertarone B, a hydroxy-triterpenoid ketone from the roots of *Aster tataricus* L.[J]. Chem Pharm Bull, 1999, 47(8): 1161-1163.

[24] Nagao T, Hachiyama S, Okabe H, et al. Studies on the constituents of *Aster tataricus* L. f. II. structures of aster saponins isolated from the root[J]. Chem Pharm Bull, 1989, 37(8): 1977-1983.

[25] Nagao T, Okabe H, Yamauchi T. Studies on the constituents of *Aster tataricus* L. f. III. structures of aster saponins E and F isolated from the root[J]. Chem Pharm Bull, 1990, 38(3): 783-785.

[26] Cheng D L, Shao Y. Terpenoid glycosides from the roots of *Aster tataricus*[J]. Phytochemistry, 1994, 35(1): 173-176.

[27] Nagao T, Okabe H, Yamauchi T. Studies on the constituents of *Aster tataricus* L. f. I. structure of shionosides A and B, monoterpene glycosides isolated from the root[J]. Chem Pharm Bull, 1988, 36(2): 571-577.

[28] 程东亮, 等. 邵宇, 杨立, 紫菀中一个新单萜甙的结构[J]. 植物学报, 1993, 35(4): 311-313.

[29] 高金海, 王红武, 宋国强, 等. NMR 研究紫菀中两个酚性化合物的结构及立体化学[J]. 波谱学杂志, 1994, 11(4): 391-397.

[30] Tori M, Murata J, Nakashima K, et al. The structure of linoleic acid ester of trans-lachnophyllol isolated from *Aster tataricus*[J]. Spectroscopy, 2001, 15(2): 119-123.

[31] Chen L S, Zheng D S. Bioactive constituents from the rhizomes of *Aster tataricus* L. f. afford the treatment of asthma through activation of β2AR and inhibition of NF-κB[J]. Latin American Journal of Pharmacy, 2015, 34(2): 291-295.

[32] Zhou W B, Tao J Y, Xu H M, et al. Three new antiviral triterpenes from *Aster tataricus*[J]. Zeitschrift fuer Naturforschung, B: A Journal of Chemical Sciences, 2010, 65(11), 1393-1396.

[33] Kikuchi T, Akihisa T, Yasukawa K, et al. Triterpene alcohols from the flowers of Compositae and their anti-inflammatory effects[J]. Phytochemistry, 1996, 43(6): 1255-1260.

[34] Tanaka R, Nagao T, Okabe H, et al. Studies on the constituents of *Aster tataricus* L. f. IV. structures of *Aster* saponins isolated from the herb[J]. Chem Pharm Bull, 1990, 38(5): 1153-1157.

【药理参考文献】

[1] Ng T B, Liu F, Lu Y, et al. Antioxidant activity of compounds from the medicinal herb *Aster tataricus*[J]. Comparative Biochemistry and Physiology Part C Toxicology & Pharmacology, 2003, 136(2): 109-115.

[2] 陈睿, 廖艳芳, 霍丽妮. 紫菀提取物油脂抗氧化效果研究[J]. 化工技术与开发, 2012, 41(11): 4-6.

[3] 张应鹏, 张海雷, 杨云裳, 等. 紫菀提取物不同极性部位体外抗氧化活性研究[J]. 时珍国医国药, 2011, 22(11): 2799-2800.

[4] 卢艳花, 戴岳, 王峥涛, 等. 紫菀法痰镇咳作用及其有效部位和有效成分[J]. 中草药, 1999, 30(5): 360-362.

[5] 杨滨, 肖永庆, 梁日欣, 等. 紫菀挥发油中祛痰活性化学成分研究[J]. 中国中药杂志, 2008(3): 281-283.

[6] 贺志安, 马兴科, 白素平, 等. 紫菀水提取物体内抗肿瘤作用[J]. 新乡医学院学报, 2006, 23(4): 332-334.

[7] Morita H, Nagashima S, Takeya K, et al. Structures and conformation of antitumour cyclic pentapeptides, astins A, B and C, from *Aster tataricus*[J]. Tetrahedron, 1995, 51(4): 1121-1132.

[8] Zhang Y, Wang Q, Wang T, et al. Inhibition of human gastric carcinoma cell growth *in vitro* by a polysaccharide from *Aster tataricus*[J]. International Journal of Biological Macromolecules, 2012, 51(4): 509-513.

[9] Zhou W B, Zeng G Z, Xu H M, et al. Astataricusones A-D and astataricusol A, five new anti-HBV shionane-type triterpenes from *Aster tataricus* L. f[J]. Molecules, 2013, 18(12): 14585-14596.

[10] Zhou W B, Zeng G Z, Xu H M, et al. Astershionones A–F, six new anti-HBV shionane-type triterpenes from *Aster

tataricus［J］. Fitoterapia，2014，93（Complete）：98-104.

［11］Yu P，Cheng S，Xiang J，et al. Expectorant，antitussive，anti-inflammatory activities and compositional analysis of *Aster tataricus*［J］. Journal of Ethnopharmacology，2015，164：328-333.

［12］唐小武，刘湘新，唐宇龙，等. 紫菀有效成分分析及生物碱的提取与体外抑菌研究［J］. 中兽医医药杂志，2006，（1）：16-18.

【临床参考文献】

［1］高强，李晓. 紫菀汤辨治心系疾病举隅［J］. 中国民族民间医药，2016，25（23）：72，74.

［2］尹浩，骆建平，王鑫，等. 士材学派医家妙用紫菀治疗癃闭［J］. 江苏中医药，2017，49（8）：66-68.

［3］范艺龄，马冲，曹庆，等. 慢性咳嗽临证验案4则［J］. 江苏中医药，2018，50（10）：41-43.

8. 白酒草属 *Conyza* Less.

一年生、二年生或多年生草本。茎直立或斜升，不分枝或多分枝，被粗糙毛、柔毛或腺点。叶互生，全缘或具齿，或羽状分裂。头状花序异型，通常多数或极多数排成总状、伞房状或圆锥花序、稀单生；总苞半球形或钟状；总苞片2～4层，披针形或条形，边缘膜质，被柔毛或无毛；花托扁平或凸起，具小窝孔；缘花雌性，多数，花冠丝状，无舌或具短舌，中央两性花管状，顶端5齿裂；雄蕊5枚，花药基部钝；柱头2裂，丝状，附属物短。瘦果小，矩圆形或长圆形，极扁，被毛或有腺；冠毛污白色或变红色，细刚毛状或绵毛状。

80～100种，主要分布于热带和亚热带地区。中国约10种，分布于东部、南部和西南部，法定药用植物1种。华东地区法定药用植物1种。

968. 小蓬草（图968）· *Conyza canadensis*（Linn.）Cronq.（*Erigeron canadensis* Linn.）

【别名】小飞蓬（通称），加拿大蓬（浙江），加拿大飞蓬（山东、安徽），小蒸草、小白酒草（江苏）。

【形态】一年生草本，高30～100cm。茎直立，上部多分枝，被疏长硬毛。叶互生，基部叶与下部叶倒披针形或匙形，长5～10cm，宽4～9mm，顶端尖或渐尖，基部渐狭成柄，边缘具疏锯齿或全缘；中部和上部叶较小，条状披针形或条形，长1～6cm，宽1～4mm，顶端急尖或渐尖，基部楔形，全缘或具微齿；全部叶具缘毛，两面或仅上面被疏短毛。头状花序多数，排成圆锥花序状；总苞半球形，总苞片2～3层，条状披针形或条形，顶端渐尖，外层约短于内层之半，背面被疏毛，内层边缘干膜质；缘花雌性，多数；中央两性花管状，顶端4～5齿裂。瘦果矩圆形，压扁，被贴微毛；冠毛污白色，刚毛状。花期5～9月，果期9～10月。

【生境与分布】生于旷野、荒地田边、路旁。分布于华东各地，另我国其他各地均有分布。

【药名与部位】绒线草，地上部分。

【采集加工】夏、秋二季采收，晒干或鲜用。

【药材性状】茎圆柱形，长可达50～70cm，直径0.5～1.5cm，上部约1/3处具多分枝，黄绿色。叶互生，条状披针形，长4～7cm，宽约0.5cm，基部狭，无明显叶柄，边缘具锯齿。大部分已脱落。头状花序直径约0.5cm，黄白色，密集成圆锥状。舌状花直立，条形；两性花筒状，冠毛白色，刚毛状。质脆，断面黄白色，中心具海绵状白髓。气微，味淡。

【化学成分】全草含黄酮类：槲皮素（quercetin）、槲皮素-3-*O*-β-D-吡喃半乳糖苷（quercetin-3-*O*-β-D-galactopyranoside）、木犀草素（luteolin）、芹菜素（apigenin）、5, 7, 4′-三羟基-3-甲氧基黄酮（5, 7, 4′-trihydroxy-3-methoxylflavone）、槲皮素-3-*O*-α-吡喃鼠李糖苷（quercetin-3-*O*-α-rhamnopyranoside）、槲皮素-3-*O*-β-D-吡喃葡萄糖苷（quercetin-3-*O*-β-D-glucopyranoside）、芹菜素-7-*O*-β-D-吡喃葡萄糖

图968 小蓬草　　摄影　赵维良等

苷（apigenin-7-O-β-D-glucopyranoside）、木犀草素-7-O-β-D-吡喃葡萄糖醛酸苷甲酯（luteolin-7-O-β-D-glucuronide methyl ester）、4′-羟基黄芩素-7-O-β-D-吡喃葡萄糖苷（4′-hydroxybaicalein-7-O-β-D-glucopyranoside）、黄芩苷（baicalein）、芦丁（rutin）[1]，野黄芩苷（scutellarin）、异槲皮素苷（isoquercetin）、木犀草素-7-O-β-D-葡萄糖醛酸苷（luteolin-7-O-β-D-glucuronide）[2]，3′, 4′, 5, 7-四羟基二氢黄酮（3′, 4′, 5, 7-tetrohydroxydihydroflavone）[3]和小蓬草黄酮（conyzoflavone）[4]；生物碱类：对羟基苯甲酰胺（4-hydroxybenzamide）、氨基甲酸, N, N′-（4-甲基-1, 3-亚苯基）二-C, C′-二甲酯［carbamic acid, N, N′-(4-methyl-1, 3-phenylene) bis-C, C′-dimethyl ester］、硫酸阿托品（atropine sulfate）、甜菜碱（betaine）、3, 4-二羟基苯甲酰胺（3, 4-dihydroxy-benzamide）、4-羟基-3, 5-二甲氧基苯甲酰胺（4-hydroxy-3, 5-dimethoxybenzamide）、2-羟基-5-甲氧基苯甲酰胺（2-hydroxy-5-methoxybenzamide）、盐酸小檗碱（berberine hydrochloride）[5]和去氢骆驼蓬碱（harmine）[6]；三萜类：3β, 16β, 20β-三羟基蒲公英甾-3-O-棕榈酰酯（3β, 16β, 20β-trihydroxytaraxast-3-O-palmitoxyl ester）、木栓酮（friedelin）、木栓醇（friedelinol）[3]，α-香树脂醇（α-asamyrin）和齐墩果酸（oleanolic acid）[5]；单萜类：（+）-羟基二氢新香芹烯醇［(+)-hydroxydihydroneo-carvenol］[3]；炔类：8R, 9R-二羟基母菊炔甲酯（8R, 9R-dihydroxymatricarine methyl ester）、母菊炔甲酯

（matricarine methyl ester）和母菊炔内酯（matricarine lactone）[3]；甾体类：α-菠甾醇（α-spinasterol）[3]，β-谷甾醇（β-sitosterol）、胡萝卜苷（daucosterol）[5]，豆甾醇（stigmasterol）和β-谷甾醇-3-O-β-D-葡萄糖苷（β-sitosterol-3-O-β-D-glucoside）[6]；鞘脂类：N-（8E）-2,4-二羟基-1-羟基甲基-8-二十六碳烯-十五酰胺［N-（8E）-2,4-dihydroxy-1-hydroxymethyl-8-hexacosenyl pentadecanamide］、N-{（8E）-1-［（β-D-吡喃葡萄糖氧基）甲基］-2,4-二羟基-8-二十六碳烯基}-十五酰胺{N-{（8E）-1-［（β-D-glucopyranosyloxy）methyl］-2,4-dihydroxy-8-hexacosenyl}-pentadeca-namide}[6]，1,3,5-三羟基-2-十六烷基氨基-（6E,9E）-庚二烯［1,3,5-trihydroxy-2-hexadecanoylamino-（6E,9E）-heptacosdiene］、1,3,5-三羟基-2-十六烷基氨基-（6E,9E）-庚二烯-1-O-吡喃葡萄糖苷［1,3,5-trihydroxy-2-hexadecanoylamino-（6E,9E）-heptacosdiene-1-O-glucopyranoside］和1,3-二羟基-2-十六烷基氨基-（4E）-十七碳烯［1,3-dihydroxy-2-hexanoylamino-（4E）-heptadecene］[7]；内酯类：小蓬草萜内酯（conyzolide）[4]；脂肪酸类：3-异丙烯基-6-氧庚酸（3-isopropenyl-6-oxoheptanoic acid）、9-羟基-（10Z,12E）-十八烯酸［9-hydroxy-（10Z,12E）-octadecenoic acid］和9,12,13-三羟基-（10Z）-十八烯酸［9,12,13-trihydroxy-（10Z）-octadecenoic acid］[3]；咖啡酰类：相对-（1S,2R,3R,5S,7R）-甲基-7-咖啡酰氧基甲基-2-羟基-3-阿魏酰氧基-6,8-二氧杂二环［3.2.1］辛烷-5-羧酸酯{rel-（1S,2R,3R,5S,7R）-methyl 7-caffeoyloxymethyl-2-hydroxy-3-feruloyloxy-6,8-dioxabicyclo［3.2.1］octane-5-carboxylate}、相对-（1S,2R,3R,5S,7R）-甲基-7-阿魏酰氧基甲基-2-羟基-3-阿魏酰氧基-6,8-二氧杂二环［3.2.1］辛烷-5-羧酸酯{rel-（1S,2R,3R,5S,7R）-methyl-7-feruloyloxymethyl-2-hydroxy-3-feruloyloxy-6,8-dioxabicyclo［3.2.1］octane-5-carboxylate}和相对-（1R,2R,3R,5S,7R）-甲基-7-阿魏酰氧基甲基-2-阿魏酰氧基-3-羟基-6,8-二氧杂二环［3.2.1］辛烷-5-羧酸酯{rel-（1R,2R,3R,5S,7R）-methyl-7-feruloyloxymethyl-2-feruloyloxy-3-hydroxy-6,8-dioxabicyclo［3.2.1］octane-5-carboxylate}[8]。

地上部分含三萜类：白酒草皂苷元*A、B（conyzagenin A、B）、木栓酮（friedelin）、木栓醇（friedelinol）和16β,20β-二羟基蒲公英烷-3-O-棕榈酸酯（16β,20β-dihydroxytaraxastane-3-O-palmitate）[9]；炔类：8R,9R-二羟基母菊炔甲酯（8R,9R-dihydroxymatricarine methyl ester）、母菊炔甲酯（matricarine methyl ester）和母菊炔内酯（matricarine lactone）[9]；甾体类：β-谷甾醇（β-sitosterol）、豆甾醇（stigmasterol）和α-菠甾醇（α-spinasterol）[9]；挥发油类：香芹酮（carvone）、顺式-香芹醇（cis-carveol）和反式-香芹醇（trans-carveol）等[10]；倍半萜类：β-檀香烯（β-santalene）、β-雪松烯（β-himachalene）、花侧柏烯（cuparene）、α-姜黄烯（α-curcumene）和γ-毕橙茄烯（γ-cadinene）[11]。

根含炔类：（4Z,8Z）-母菊炔-γ-内酯［（4Z,8Z）-matricaria-γ-lactone］和（4E,8Z）-母菊炔-γ-内酯［（4E,8Z）-matricaria-γ-lactone］[12]；脂肪酸类：9,12,13-三羟基-（10E）-十八碳烯酸［9,12,13-trihydroxy-（10E）-octadecenoic acid］[12]；三萜类：表木栓醇（epifriedelanol）、木栓酮（friedelin）、蒲公英赛醇（taraxerol）、猴头杜鹃烯醇（simiarenol）[12]和3-β-高根二醇（3-β-erythrodiol）[13]；甾体类：菠甾醇（spinasterol）[12]；吡喃酮类：白酒草吡喃酮*A、B（conyzapyranone A、B）[12]。

【药理作用】1. 抗炎　地上部分的甲醇提取物可降低脂多糖（LPS）刺激的小鼠RAW264.7巨噬细胞前列腺素E_2（PGE_2）、一氧化氮（NO）、肿瘤坏死因子-α（TNF-α）、白细胞介素-1β（IL-1β）和白细胞介素-6（IL-6）含量，且具有剂量依赖性，减少细胞中环氧合酶-2（COX-2）、诱导一氧化氮、肿瘤坏死因子-α、白细胞介素-1β和白细胞介素-6的mRNA表达[1]。2. 抗菌　全草中分离得到的小蓬草萜内酯（conyzolide）和小蓬草黄酮（conyzoflavone）对大肠杆菌、铜绿假单胞菌、金黄色葡萄球菌、长须癣菌及白色念珠菌的生长有抑制作用[2]；花中提取的挥发油对大肠杆菌、金黄色葡萄球菌、巨大芽孢杆菌的生长具有较强的抑制作用[3]。3. 抗肿瘤　从地上部分提取的活性物质可抑制MCF-7细胞的生长，增强半胱氨酸天冬氨酸酶的表达，减弱MMP-9的表达[4]，可抑制荷瘤裸鼠人乳腺癌MCF-7细胞的生长，减轻肿瘤重量，抑制肿瘤组织中增殖细胞核抗原的表达，促进半胱氨酸天冬氨酸酶的表达[5]；地上部分的总黄酮可抑制前列腺癌PC-3M细胞的生长，使细胞变长和死亡，细胞质内颗粒增多，减弱MMP-9的表达[6]。

4. 抗氧化　全草的乙醇提取物对 1,1-二苯基-2-三硝基苯肼（DPPH）自由基具有清除作用[7]。

【性味与归经】苦，凉。

【功能与主治】清热解毒，散瘀消肿，祛风止痒。用于口腔破溃中耳炎，目赤，风火牙痛，风湿骨痛。

【用法与用量】15～30g。

【药用标准】上海药材 1994。

【临床参考】1. 化脓性感染：全草 5 份，加白及 1 份，研细过 100 目筛，用温开水调成膏状，或鲜品，与白及共捣烂，视红肿面积大小贴敷，外用油纸包扎，每日换药 1 次[1]。

2. 细菌性痢疾、肠炎：全草 30g，水煎 2 次，合并煎液，分 3 次服。

3. 牛皮癣：鲜叶适量，揉软擦患处，每日 1～2 次，对脓疱型、厚痂型宜先煎水洗，待好转或痂皮软化剥去，再用鲜叶揉擦，如见血露点，仍可继续揉擦，牛皮癣消失后，坚持揉擦一定时间，以巩固疗效。（2 方、3 方引自《浙江药用植物志》）

【附注】*Flora of China* 已将本种的学名改为 *Erigeron canadensis* Linn.。

【化学参考文献】

[1] 邵帅，严铭铭，毕胜男，等. 小飞蓬中黄酮类化学成分研究[J]. 中国中药杂志，2012，37（19）：2902-2905.

[2] 刘红丽，刘百联，王国才，等. 小飞蓬化学成分研究[J]. 中药材，2011，34（5）：718-720.

[3] Xie W, Gao X, Jia Z. A new C-10 acetylene and a new triterpenoid from *Conyza canadensis*[J]. Arch Pharm Res, 2007, 30（5）：547-551.

[4] Shakirullah M, Ahmad H, Shah M R, et al. Antimicrobial activities of conyzolide and conyzoflavone from *Conyza canadensis*[J]. J Enzyme Inhib Med Chem, 2011, 26（4）：468-471.

[5] 严铭铭，邵帅，叶豆丹，等. 小飞蓬化学成分的研究[J]. 中草药，2012，43（10）：1920-1922.

[6] Canadensis S F C. Sphingolipids from *Conyza canadensis*[J]. Phytochemistry, 2002, 61（8）：1005-1008.

[7] Mukhtar N, Iqbal K, Malik A. Novel sphingolipids from *Conyza canadensis*[J]. Chem Pharm Bull, 2002, 50（12）：1558-1560.

[8] Ding Y, Su Y, Guo H, et al. Phenylpropanoyl esters from horseweed (*Conyza canadensis*) and their inhibitory effects on Catecholamine secretion[J]. J Nat Prod, 2010, 73（2）：270-274.

[9] Banday J A, Farooq S, Qurishi M A, et al. Conyzagenin-A and B, two new epimeric lanostane triterpenoids from *Conyza canadensis*[J]. Nat Prod Res, 2013, 27（11）：975-981.

[10] 刘志明，王海英，刘姗姗. 小蓬草精油的分离组分比较分析[J]. 中国野生植物资源，2012，31（5）：29-32.

[11] Lenfeld J, Motl O, Trka A. Anti-inflammatory activity of extracts from *Conyza canadensis*[J]. Pharmazie, 1986, 41（4）：268-269.

[12] Boglárka C L, Zsuzsanna H, István Z, et al. Antiproliferative constituents of the roots of *Conyza canadensis*[J]. Planta Med, 2011, 77（11）：1183-1188.

[13] Liu K, Qin Y H, Yu J Y, et al. 3-β-Erythrodiol isolated from *Conyza canadensis* inhibits MKN-45 human gastric cancer cell proliferation by inducing apoptosis, cell cycle arrest, DNA fragmentation, ROS generation and reduces tumor weight and volume in mouse xenograft model[J]. Oncol Rep, 2016, 35（4）：2328-2338.

【药理参考文献】

[1] Song J L, Yi R K, Gao Y. Anti-inflammatory effect of methanolic extract of *Conyza canadensis* in lipopolysaccharide (LPS)-stimulated RAW264.7 murine macrophage cells[J]. Pakistan Journal of Pharmaceutical Sciences, 2016, 29（3）：935-940.

[2] Shakirullah M, Ahmad H, Shah M R, et al. Antimicrobial activities of conyzolide and conyzoflavone from *Conyza canadensis*[J]. J Enzyme Inhib Med Chem, 2011, 26（4）：468-471.

[3] 原玲芳，高健，程绍杰，等. 小蓬草花挥发油化学成分及抑菌作用研究[J]. 江苏农业科学，2010，（4）：295-296.

[4] 吴珊珊，郭珺，张丽红，等. 小飞蓬活性成分对乳腺癌 MCF-7 细胞的作用[J]. 中国实验诊断学，2011，15（7）：1066-1069.

[5] 陈琪，郭珺，宋佩烨，等. 小飞蓬活性成分对乳腺癌 MCF-7 荷瘤裸鼠的体内抑制作用[J]. 中国实验诊断学，

[6] 郭珺, 吴珊珊, 张丽红, 等. 小飞蓬总黄酮对前列腺癌 PC-3M 细胞生长侵袭的抑制作用 [J]. 中国实验诊断学, 2013, 17 (8): 1380-1383.

[7] 赵爽, 严铭铭, 赵大庆, 等. 小飞蓬总黄酮提取工艺优选及体外抗氧化活性研究 [J]. 中成药, 2011, 33 (2): 348-350.

【临床参考文献】

[1] 党学德, 张如一. 小飞蓬治疗化脓性感染 300 例临床观察 [J]. 陕西中医, 1988, (4): 154.

9. 苍耳属 Xanthium Linn.

一年生粗壮草本。茎直立，多分枝。叶互生，全缘或多少分裂，具叶柄。头状花序单性，雌雄同株，无或几无花序梗，单生于叶腋或密集成穗状或成束聚生于枝顶。雄头状花序着生于枝的上端，球形，有多数不结实的两性花；总苞宽半球形，总苞片1～2层，椭圆状披针形，草质，分离；花序托柱状，托片披针形，包围管状花；花冠管上部具5宽裂片；花药分离，花丝联合呈管状，包围花柱，花柱细小，不分裂。雌头状花序单生或密集在茎枝下部，卵圆形，各具2朵结实小花；总苞片2层，外层小，椭圆状披针形，分离，内层合生呈囊状，卵形，在果实成熟时变硬，先端有1～2个坚硬的喙，外面有钩状刺；2室，各具1朵小花，雌花无花冠，柱头2深裂，裂片条形，伸出总苞的喙外。瘦果2个，倒卵形，包藏在囊状总苞内，无冠毛。

约25种，主要分布于美洲北部和中部、欧洲、亚洲及非洲北部。中国3种，南北均产，法定药用植物2种。华东地区法定药用植物1种。

969. 苍耳（图969）• Xanthium sibiricum Patrin ex Widder（Xanthium strumarium Linn.）

【别名】苍耳草（江苏），苍耳子（山东、江苏），老苍子（江西），猪耳、罗春子、青棘子（江苏），抢子（安徽），耳萁。

【形态】一年生稍粗壮草本，高20～90cm。茎直立，少分枝或不分枝，上部有纵沟，被灰白色糙伏毛。上部叶三角状卵形或心形，长4～9cm，宽5～10cm，顶端尖或钝，基部稍呈心形或截形，与叶柄连接处呈楔形，边缘有粗齿，基生三出脉；叶柄长3～11cm。雄头状花序球形，有多数雄花，总苞片长圆状披针形；雌头状花序椭圆形，外层总苞片小，披针形，内层总苞片合生成囊状，宽卵形或椭圆形，瘦果成熟时总苞变硬，连同喙部长12～15mm，直径4～7mm，外面疏生具钩状刺，刺极细而直，基部被柔毛，常有腺点或全无毛。瘦果2个，倒卵形。花期7～8月，果期9～10月。

【生境与分布】生于宅旁村边空旷地及田旁路边。分布于华东各地，另华南、西南、华北、西北及东北各地均有分布。

【药名与部位】苍耳子，成熟带总苞的果实。苍耳草，地上部分。

【采集加工】苍耳子：秋季果实成熟时采收，除去梗、叶等杂质，干燥。苍耳草：夏、秋二季植株茂盛时采收，干燥。

【药材性状】苍耳子：呈纺锤形或卵圆形，长1～1.5cm，直径0.4～0.7cm。表面黄棕色或黄绿色，全体有钩刺，顶端有2枚较粗的刺，分离或相连，基部有果梗痕。质硬而韧，横切面中央有纵隔膜，2室，各有1枚瘦果。瘦果略呈纺锤形，一面较平坦，顶端具1突起的花柱基，果皮薄，灰黑色，具纵纹。种皮膜质，浅灰色，子叶2，有油性。气微，味微苦。

苍耳草：长达90cm。茎圆柱形，上部多分枝，被微柔毛。叶互生，有长柄；叶片常皱缩破碎，展开

图 969　苍耳　　　　　　　　　　　　　　　　摄影　赵维良等

后呈宽三角形，先端锐尖，基部心脏形，边缘有缺刻及不规则粗锯齿；上面深绿色，下面灰绿色，两面被贴生的糙伏毛。带总苞的果实单个或数个聚生于叶腋，全体呈长圆形，两头尖，形似枣核。表面黄绿色，有苞刺，刺顶端有倒钩。质坚体轻，破开后内有瘦果 1～2 枚。气微，味苦辛。

【药材炮制】苍耳子：除去杂质。炒苍耳子：取苍耳子饮片，炒至表面黄褐色，香气逸出时，取出，摊凉。去刺，筛净。

苍耳草：除去杂质，洗净，润软，切断，干燥。

【化学成分】根含萘类：5-羟基-3,6-二甲氧基-7-甲基-1,4-萘二酮（5-hydroxy-3,6-dimethoxy-7-methyl-1,4-naphthalenedione）[1]；香豆素类：东莨菪内酯（scopoletin）[1]；木脂素类：4-氧代松脂素（4-oxopinoresinol）[1]；二芳基庚烷类：7-（4-羟基-3-甲氧基苯基）-1 苯基庚-4-烯-3-酮［7-(4-hydroxy-3-methoxyphenyl)-1-phenylhept-4-en-3-one］[1]；三萜类：白桦脂酸（betulinic acid）、白桦脂醇（betulin）和高根二醇（erythrodiol）[1]；甾体类：β-谷甾醇（β-sitosterol）、β-豆甾醇（β-stigmasterol）、7-酮基谷甾醇（7-ketositosterol）、6β-羟基豆甾-4-烯-3-酮（6β-hydroxystigmast-4-en-3-one）、6β-羟基豆甾-4,22-二烯-3-酮（6β-hydroxystigmast-4,22-dien-3-one）、6β-羟基豆甾-4,22-二烯-3-酮（6β-hydroxystigmast-4,22-dien-3-one）、3-酮基-4,5-烯-谷甾酮（3-oxo-4,5-en-sitostenone）和 β-胡萝卜苷（β-daucosterol）[1]。

果实含倍半萜类：苍耳烯吡喃（xanthienopyran）[2]，苍耳皂素（xanthinosin）、苍耳亭（xanthatin）[2,3]、苍耳子萜内酯 A、B（sibirolide A、B）、去甲苍耳子内酯 A、B、C、D、E、F（norxanthantolide A、B、C、D、E、F）、2-去氧-6-表-柔毛银胶菊内酯（2-desoxy-6-epi-parthemollin）、11α,13-二氢-4H-长叶山金草内酯（11α,13-dihydro-4H-xanthalongin）、11α,13-二氢苍耳亭（11α,13-dihydroxanthatin）、羟基乌药烯内酯（hydroxylindestenolide）、2-去乙酰基-11β,13-二羟基黄质宁（2-deacetyl-11β,13-dihydroxyxanthinin）、

11β, 13- 二氢苍耳亭（11β, 13-dihydroxanthatin）、乌药萜内酯 C（linderanlide C）、红花菜豆酸（phaseic acid）、二氢红花菜豆酸（dihydrophaseic acid）[3] 和（2E, 4E, 1′S, 2′R, 4′S, 6′R）- 二氢红花菜豆酸 [（2E, 4E, 1′S, 2′R, 4′S, 6′R）-dihydrophaseic acid][4]；降倍半萜类：（3S, 5R, 6S, 7E）-5, 6- 环氧 -3- 羟基 -7- 大柱香波龙烯 -9- 酮 [（3S, 5R, 6S, 7E）-5, 6-epoxy-3-hydroxy-7-megastigmene-9-one][2]；单萜类：黑麦草内酯（loliolide）[2]，(+) - (5Z) -6- 甲基 -2- 乙烯基 -5- 庚烯 -1, 2, 7- 三醇 [(+) - (5Z) -6-methyl-2-ethenyl-5-hepten-1, 2, 7-triol] 和 (−) - (5Z) -6- 甲基 -2- 乙烯基 -5- 庚烯 -1, 2, 7- 三醇 [(−) - (5Z) -6-methyl-2-ethenyl-5-hepten-1, 2, 7-triol][4]；酚类：对羟基苯甲醛（p-hydroxybenzaldehyde）[2]，3, 4- 二羟基苯甲酸乙醚（3, 4-dihydroxybenzoic acid ethyl ester）[3] 和原儿茶酸（protocatechuic acid）[4]；苯丙素类：3- 羟基 -4- 甲氧基反式桂皮醛（3-methoxy-4-hydroxy-trans-cinnamaldehyde）[2]，咖啡酸乙酯（ethyl caffeate）[3,4]，咖啡酸（caffeic acid）[4,5]，阿魏酸（ferulic acid）、3- 甲氧基 -4- 羟基桂皮醛（3-methoxyl-4-hydroxycinnamaldehyde）和 5-O- 咖啡酰奎宁酸甲酯（5-O-caffeoylquinic acid methyl ester）[5]；黄酮类：槲皮素（quercetin）[2]；甾体类：7α- 羟基 -β- 谷甾醇（7α-hydroxy-β-sitosterol）、豆甾 -4- 烯 -3β, 6α- 二醇（stigmast-4-en-3β, 6α-diol）、6′- 棕榈酰基 -β- 胡萝卜苷（6′-palmitoxyl-β-daucosterin）[2]，β- 谷甾醇（β-sitosterol）和 β- 胡萝卜苷（daucosterol）[2,5]；生物碱类：苍耳噻吩醇（sibiricumthionol）、(+) - 苍耳烯吡喃 [(+)-xanthienopyran]、(−) - 苍耳烯吡喃 [(−)-xanthienopyran][4]，苍耳硫氮二酮（xanthiazone）、苍耳内酰硫氮二酮（xanthiazinone）、苍耳硫氮二酮 -O-β-D- 葡萄糖苷（xanthiazone-O-β-D-glucoside），即苍耳硫氮二酮苷*（xanthiside）和 5- 羟基吡咯烷 -2- 酮（5-hydroxypyrrolidin-2-one）[6]；木脂素类：蛇菰宁（balanophonin）、松脂醇（pinoresinol）[2]，(−) -7′- 去氢苍耳子花素 [(−) -7′-dehydrosismbrifolin]、(+) -7′- 去氢苍耳子花素 [(+) -7′-dehydrosismbrifolin]、二氢二松柏醇（dihydroconiferyl alcohol）、苏式 - 愈创木基丙三醇 -8′- 香荚兰酸醚（threo-guaiacylglycerol-8′-vanillic acid ether）[3]，(+) - 苍耳脂素 A [(+)-sibiricumin A]、(−) - 苍耳脂素 A [(−)-sibiricumin A][7] 和苍耳醇脂素 A、B、C、D、E（xanthiumnolic A、B、C、D、E）[8]；黄酮类：3β- 降蒎 -2- 酮 -3-O-β-D- 呋喃芹糖基 -(1→6)-β-D- 吡喃葡萄糖苷 [3β-norpinan-2-one-3-O-β-D-apiofuranosyl-(1→6)-β-D-glucopyranoside] 和 7-[(β-D- 呋喃芹糖基 -(1→6)-β-D- 吡喃葡萄糖基) 氧代甲基]-8, 8- 二甲基 -4, 8- 二氢苯并 [1, 4] 硫氮杂苯 -3, 5- 二酮 {7-[(β-D-apiofuranosyl-(1→6)-β-D-glucopyranosyl)oxymethy]-8, 8-dimethyl-4, 8-dihydrobenzo[1, 4]thiazine-3, 5-dione}[9]；烯醇苷类：(6Z) -3- 羟甲基 -7- 甲基辛 -1, 6- 二烯 -3- 醇 -8-O-β-D- 吡喃葡萄糖苷 [(6Z) -3-hydroxymethyl-7-methylocta-1, 6-dien-3-ol-8-O-β-D-glucopyranoside] 和 (6E) -3- 羟甲基 -7- 甲基辛 -1, 6- 二烯 -3- 醇 -8-O-β-D- 吡喃葡萄糖苷 [(6E) -3-hydroxymethyl-7-methylocta-1, 6-dien-3-ol-8-O-β-D-glucopyranoside][9]；核苷类：腺苷（adenosine）[9]；酚酮类：2, 3- 二羟基 -1- (4- 羟基 -3- 甲氧基苯基) - 丙烷 -1- 酮 [2, 3-dihydroxy-1-(4-hydroxy-3-methoxyphenyl)-propan-1-one][9]；二元羧酸类：丁二酸（succinic acid）[5]。

地上部分含倍半萜类：苍耳倍半内酯 A、B（sibiriolide A、B）[10]，辛辣苍耳内酯 A、D、E（pungiolide A、D、E）、8- 表 - 苍耳亭 -1α, 5α- 环氧化物（8-epi-xanthatin-1α, 5α-epoxide）、1β- 羟基 -5α- 氯 -8- 表 - 苍耳亭（1β-hydroxy-5α-chloro-8-epi-xanthatin）、8- 表 - 苍耳亭 -1β, 5β- 环氧化物（8-epi-xanthatin-1β, 5β-epoxide）、11α, 13- 二氢 -8- 表 - 苍耳亭（11α, 13-dihydro-8-epi-xanthatin）[11]，苍耳农（xanthnon）、苍耳皂素（xanthinosin）、旋复花索尼内酯（inusoniolide）、5- 奥乙酸（5-azuleneacetic acid）和 2- 羟基苍耳皂素（2-hydroxyxanthinosin）[12]；烯酸类：3- 环庚烯 -1- 乙酸（3-cycloheptene-1-acetic acid）[12]。

【药理作用】1. 镇痛　成熟带总苞的果实生品和炒品水提取物可抑制乙酸所致小鼠的疼痛反应，减少扭体次数，提高小鼠热刺激的痛阈值[1]。2. 抗炎　成熟带总苞的果实生品和炒品水提取物可抑制二甲苯所致小鼠的耳肿胀、角叉菜胶所致小鼠的足肿胀[1]；成熟带总苞的果实正丁醇部位可抑制二甲苯所致小鼠的耳肿胀，抑制小鼠腹腔毛细血管通透性[2]。3. 镇咳　成熟带总苞的果实水提取物和水煎醇可抑制浓氨水刺激所致小鼠的咳嗽，明显延长咳嗽潜伏期、明显减少咳嗽次数[3]。4. 抗菌　根、茎、叶和种子的水和酸水提取物对大肠杆菌、微球菌、金黄色葡萄球菌、酵母菌和放线菌的生长均有抑制作用；根、茎、叶和种子乙醇提取物对大肠杆菌、微球菌、金黄色葡萄球菌和酵母菌的生长均有抑制作用[4]；地上部分水提取物对铜绿假单胞菌、大肠杆菌、鸭沙门氏杆菌、金黄色葡萄球菌、表皮葡萄球菌的生长均有抑制作用[5]；成熟带总苞的果实生品和炒制品的脂肪油乳浊液、水提取液对金黄色葡萄球菌和肺炎双球菌的生长均有抑制作用[6]；叶挥发油对蜡样芽孢杆菌、酵母菌、金黄色葡萄球菌、沙门氏菌、大肠杆菌（DH5α）、绿脓杆菌、黄曲霉和黑曲霉的生长均有抑制作用[7,8]；成熟带总苞的果实中提取的黄酮对大肠杆菌和枯草芽孢杆菌的生长均有抑制作用[9]。5.抗氧化　叶挥发油对 1, 1- 二苯基 -2- 三硝基苯肼（DPPH）自由基、羟自由基（•OH）和超氧阴离子自由基（O_2^-•）均有清除作用[8]。6.抗病毒　成熟带总苞的果实的提取物可延缓人工感染鸭乙型肝炎病毒（DHBV）造成的肝细胞病理改变[10]；成熟带总苞的果实乙醇提取物可抑制疱疹病毒的生长[11]；成熟带总苞的果实醇提取物乙酸乙酯萃取物可抑制单纯疱疹病毒的活性[12]。7.抗肿瘤　成熟带总苞的果实醇提取物的乙酸乙酯萃取物可抑制乳腺癌细胞的增殖，降低存活率[12]；成熟带总苞的果实水提取物可抑制小鼠种植性 S180 肉瘤生长[13]。8.免疫调节　成熟带总苞的果实水提取物可增加 S180 荷瘤小鼠胸腺和脾脏的重量，增高小鼠碳粒廓清指数、血清半数溶血素含量[13]；成熟带总苞的果实乙醚提取物能降低小鼠吞噬炭粒能力，表现免疫抑制作用；成熟带总苞的果实乙醚和乙酸乙酯提取物能降低耳肿胀度，抑制小鼠迟发型超敏反应[14]。9.抗寄生虫　叶 50% 乙醇提取物对锥虫具有杀死作用，可显著延长锥虫感染小鼠的存活期[15]。

【性味与归经】苍耳子：辛、苦，温；有毒。归肺经。苍耳草：苦、辛，微寒；有小毒。

【功能与主治】苍耳子：散风除湿，通鼻窍。用于风寒头痛，鼻渊流涕，风疹瘙痒，湿痹拘挛。苍耳草：祛风除湿，止痒。用于筋骨酸痛，头痛，皮肤瘙痒；外用于疥癣，虫伤。

【用法与用量】苍耳子：3 ～ 9g。苍耳草：煎服 4.5 ～ 9g；外用适量。

【药用标准】苍耳子：药典 1963—2015、浙江炮规 2005、新疆药品 1980 二册、贵州药材 1965、香港药材五册和台湾 2013；苍耳草：浙江炮规 2015、上海药材 1994、贵州药品 1994、贵州药材 2003、广西药材 1990、广西壮药 2008、海南药材 2011、江苏药材 1989、江西药材 1996、甘肃药材 2009、四川药材 2010 和广东药材 2011。

【临床参考】1.慢性鼻窦炎：果实 10g，加细辛 3g，薄荷 6g，白芷 9g，辛夷 9g，川芎 12g，鼻涕量多者加苍术、白术各 12g；肺脾气虚者加桔梗 9g、茯苓、黄芪各 15g；脾胃湿热者加胆南星 9g、藿香 10g、蒲公英 30g；胆经郁热者加柴胡 9g、栀子、黄芩各 10g；肺经风热者加菊花、金银花各 12g。每日 1 剂，水煎，分 2 次服，治疗 3 个月[1]。

2.儿童慢性单纯性鼻炎：苍耳子散（果实 8g，加露蜂房 8g、白芷、辛夷、黄芩、防风各 6g，薄荷 4g 等），加水 500ml 浸泡，煎煮至 200ml，放凉，低温保存，使用前先加热熏鼻 30min，再放置室温后口服[2]。

3.功能性子宫出血：全草 30g，水煎服。

4.麻风病：全草制成浸膏丸（每丸相当于生药 30 ～ 60g）口服，每次 1 ～ 2 丸，每日 1 次，3 天后根据患者体质和病情，逐渐加量，最多每日可服 8 丸，分 2 次服。

5.顽固性湿疹：鲜全草 90g，加白矾 1.8g，水煎成 500ml，每次服 10ml，每日 3 次，同时用药液搽患处，每日 3 次。

6.顽固性牙痛（包括龋齿、急性牙周脓肿、牙周膜炎、牙髓炎）：果实 6g，焙黄去壳，取仁研成细粉，加鸡蛋 1 只和匀，不放油、盐，炒熟服，每日 1 次，连服 3 天。

7.风湿痹痛：全草 18 ～ 30g，水煎服；或果实 9g，加苍术、牛膝各 9g，水煎服。（3 方至 7 方引自《浙江药用植物志》）

【附注】本种以葈耳实之名始载于《神农本草经》。《名医别录》云："葈耳生安陆川谷及六安田野，实熟时采。"《本草经集注》云："此是常思菜，伧人皆食之，以叶覆麦作黄衣者。一名羊负来，昔中国无此，言从外国逐羊毛中来，方用亦甚稀。"《新修本草》云："苍耳，三月已后，七月已前刈，日干为散，夏水服，冬酒服，主大风癫痫。"《救荒本草》云："苍耳俗名道人头，又名喝起草，今处处有之。叶青白，类粘糊菜叶。茎叶梢间结实，比桑椹短小而多刺。采嫩苗叶煤熟，换水浸去苦味，淘净油盐调食。其子炒微黄，捣去皮，磨为面，作烧饼，蒸食亦可，或用子熬油点灯。玄扈先生曰：油可食。北人多用以煤寒具。"即本种。

本种全株有毒，尤以果实为剧，毒性鲜品较干品大，嫩苗较老株大。食后快则4～8h发病，通常在2天出现症状，轻者表现为全身无力，恶心呕吐，腹痛腹泻或便秘，继则头昏头痛，嗜睡或烦躁不安，两颊潮红而口鼻周围苍黄或出现轻度黄疸，严重时出现休克、尿闭、呼吸、循环或肾功能衰竭而死亡。解救方法：轻度中毒，应暂停饮食数小时至1天，在此期间，大量饮糖水，早期可用高锰酸钾液洗胃，便秘者给导泻，以大量2%氯化钠溶液高位灌肠；重症者应保护肝脏，防止出血，并进行其他一般支持疗法及对症治疗。（《浙江药用植物志》）

全草内服不宜过量，气虚血亏者慎服。

本种的花及根民间也作药用。

【化学参考文献】

[1] Chen W H，Liu W J，Wang Y，et al. A new naphthoquinone and other antibacterial constituents from the roots of *Xanthium sibiricum* [J]. Nat Prod Res，2015，29（8）：739-744.

[2] 陈洁，王瑞，师彦平. 苍耳子的化学成分研究 [J]. 中草药，2013，44（13）：1717-1720.

[3] Shi Y S，Liu Y B，Ma S G，et al. Bioactive sesquiterpenes and lignans from the fruits of *Xanthium sibiricum* [J]. J Nat Prod，2015，78（7）：1526-1535.

[4] Shi Y S，Li L，Liu Y B，et al. A new thiophene and two new monoterpenoids from *Xanthium sibiricum* [J]. J Asian Nat Prod Res，2015，17（11）：1039-1047.

[5] 代英辉，崔征，王东，等. 苍耳子的化学成分 [J]. 沈阳药科大学学报，2008，25（8）：630-632.

[6] Dai Y H，Cui Z，Li J L，et al. A new thiaziedione from the fruits of *Xanthium sibiricum* [J]. J Asian Nat Prod Res，2008，10（4）：303-305.

[7] Shi Y S，Liu Y B，Li Y，et al. Chiral resolution and absolute configuration of a pair of rare racemic spirodienone sesquineolignans from *Xanthium sibiricum* [J]. Org Lett，2014，16（20）：5406-5409.

[8] Jiang H，Yang L，Xing X D，et al. New phenylpropanoid derivatives from the fruits of *Xanthium sibiricum* and their anti-inflammatory activity [J]. Fitoterapia，2017，117：11-15.

[9] Jiang H，Yang L，Liu C，et al. Four new glycosides from the fruit of *Xanthium sibiricum* Patr. [J]. Molecules，2013，18（10）：12464-12473.

[10] Zhang X Q，Ye W C，Jiang R W，et al. Two new eremophilanolides from *Xanthium sibiricum* [J]. Nat Prod Res，2006，20（13）：1265-1270.

[11] Wang L，Wang J，Li F，et al. Cytotoxic sesquiterpene lactones from aerial parts of *Xanthium sibiricum* [J]. Planta Med，2013，79（8）：661-665.

[12] 胡冬燕，杨顺义，袁呈山，等. 苍耳化学成分的分离与鉴定 [J]. 中草药，2012，43（4）：640-644.

【药理参考文献】

[1] 李蒙，沈佳瑜，李昕弦，等. 苍耳子炮制前后的抗炎、镇痛作用比较 [J]. 中国医院药学杂志，2017，37（3）：232-234.

[2] 孙延萍，郑立运，李晓红. 苍耳子抗炎活性部位的筛选 [J]. 今日科苑，2009，（16）：281.

[3] 段小毛，李茯梅，卢新华，等. 苍耳子镇咳的药效学实验研究 [J]. 湘南学院学报（医学版），2006，8（3）：65-66.

[4] 肖家军，童贯和，谢振荣，等. 苍耳不同部位提取物抑菌活性比较 [J]. 食品工业科技，2011（9）：138-140.

[5] 蒋桂华，敬小莉，张俊，等. 苍耳草水及丙酮提取物的体外抗菌实验研究 [J]. 华西药学杂志，2011，26（4）：345-346.

[6] 赵传胜. 苍耳子及其炮制品抗菌作用实验研究 [J]. 时珍国医国药，2002，13（9）：522.

[7] 徐鹏翔，王乃馨，李超，等. 苍耳叶挥发油的GC/MS分析及抑菌性研究 [J]. 中国食品添加剂，2017，（10）：

49-53.
[8] 肖家军，王云，戴仕奎，等．苍耳叶挥发油的提取及抑菌和抗氧化性研究［J］．食品工业科技，2011，32（7）：115-118.
[9] 苏建桥，赵雅婵，常云玲，等．苍耳子中黄酮的提取工艺优化及抑菌活性研究［J］．饲料研究，2017，（3）：28-31.
[10] 刘颖，吴中明，兰萍．苍耳子提取物抗鸭乙型肝炎病毒作用的实验研究［J］．时珍国医国药，2009，20（7）：1776-1777.
[11] 姜克元，黎维勇，王岚．苍耳子提取液抗病毒作用的研究［J］．时珍国药研究，1997，8（3）：217.
[12] 刘从敏．苍耳子抑制乳腺癌细胞和 1 型单纯疱疹病毒活性成分的研究［D］．济南：山东大学硕士学位论文，2017.
[13] 潘菊花，王玉琳，谢明仁，等．苍耳子提取物对 S180 荷瘤小鼠肿瘤生长的抑制及免疫功能的影响［J］．中国临床研究，2013，26（4）：317-319.
[14] 熊颖，刘启德，宓穗卿．苍耳子系统溶剂法免疫抑制活性初步研究［J］．中药材，2005，28（10）：79-81.
[15] Talakal T S，Dwivedi S K，Sharma S R．*In vitro* and *in vivo* antitrypanosomal activity of *Xanthium strumarium* leaves［J］．Journal of Ethnopharmacology，1995，49（3）：141-145.

【临床参考文献】
[1] 马世明．苍耳子散加减治疗难治性慢性鼻窦炎 169 例疗效观察［J］．内蒙古医学杂志，2017，49（6）：690-691.
[2] 孙黎晓．苍耳子散加味治疗儿童慢性单纯性鼻炎疗效观察［J］．陕西中医，2017，38（7）：839-840.

10. 豨莶属 *Siegesbeckia* Linn.

一年生草本，被柔毛或多少具腺毛。茎直立，双叉状分枝。叶对生，边缘有锯齿。头状花序排成疏散的圆锥花序；花异型，多数，外围 1 层为雌花，花冠舌状；中央的有多数两性花；总苞宽钟形或半球形；总苞片 2 层，草质，被头状具柄腺毛，外层 5 片，匙形或条状匙形，内层倒卵形或长圆形，半包瘦果；花序托小，具半包瘦果的膜质托片；舌状花 1 层，雌性，结实，舌片黄色或白色，先端 2～3 齿裂，筒部短；两性花花冠管状，黄色，结实或内层不结实，冠檐 4～5 齿裂，花药基部全缘，花柱分枝短，扁平，先端近急尖。瘦果倒卵形，通常内弯，有 4～5 棱；无冠毛。

约 4 种，广布于热带、亚热带和温带地区。中国 3 种，广布于全国各地，法定药用植物 3 种。华东地区法定药用植物 2 种。

970. 毛梗豨莶（图 970）• *Siegesbeckia glabrescens* Makino

【别名】豨莶草、光豨莶、棉苍狼（江苏），少毛豨莶。

【形态】一年生草本，高 30～100cm，全株被平伏短柔毛。茎直立，较细弱，通常上部分枝。基生叶在花期枯萎；中部叶卵圆形或三角状卵圆形，长 2.5～11cm，宽 1.5～7cm，顶端渐尖，基部阔楔形或钝圆，有时下延成具翅的柄，长 0.5～6cm，边缘具规则的齿；上部叶渐小，卵状披针形，有短柄或无。头状花序多数，排成顶生疏散的圆锥花序，花序梗纤细，疏生平伏短柔毛；总苞钟状，总苞片 2 层，叶质，外面密被紫褐色头状具柄腺毛，外层 5 枚，条状匙形，长 6～9mm，内层倒卵状长圆形，长约 3mm；有托片；边缘雌花花冠舌状；中央两性花花冠管状。瘦果倒卵形，有 4 棱，无毛。花期 4～9 月，果期 6～11 月。

【生境与分布】生于山坡路旁、旷野荒草地及山地草灌丛中。分布于安徽、浙江、江苏、江西、上海和福建，另广东、云南、四川、湖南、湖北等地均有分布；朝鲜、日本也有分布。

【药名与部位】豨莶草，地上部分。

【采集加工】夏、秋二季采收，除去杂质，干燥。

【药材性状】茎略呈方柱形，多分枝，长 30～110cm，直径 0.3～1cm；表面灰绿色、黄棕色或紫棕色，

图 970　毛梗豨莶　　　　　摄影　张芬耀等

有纵沟和细纵纹，嫩枝和花梗疏生平伏短柔毛；节明显，略膨大；质脆，易折断，断面黄白色或带绿色，髓部宽广，类白色，中空。叶对生，叶片多皱缩、卷曲，展平后呈卵圆形，灰绿色，边缘有规则的齿，两面皆有白色柔毛，主脉3出。有的可见黄色头状花序，总苞片匙形，有紫褐色的腺毛。气微，味微苦。

【质量要求】叶丰满，梗短，无根。

【药材炮制】豨莶草：取原药，除去杂质及老茎，洗净，略润，切段，干燥。制豨莶草：取豨莶草饮片，与炼蜜拌匀，晾至半干，蒸1h，取出，干燥。酒豨莶草：取豨莶草饮片，与酒拌匀，稍闷，蒸至表面黑色时，取出，干燥。

【化学成分】全草含倍半萜类：2-甲基-2,3,3a,4,5,8,9,10,11,11a-十氢-6,10-二（羟基甲基）-3-亚甲基-2-氧化环癸［b］呋喃-4-基-2-丙烯酸酯｛2-methyl-2,3,3a,4,5,8,9,10,11,11a-decahydro-6,10-bis（hydroxymethyl）-3-methylene-2-oxocyclodeca［b］furan-4-yl-2-propenoic acid ester｝[1]，毛梗豨莶内酯*A、B（siegenolide A、B）、2,3,3a,4,5,8,9,10,11,11a-十氢-6,10-二（羟基甲基）-3-亚甲基-2-氧化环癸［b］呋喃-4-基-2-甲基-2-丁烯酸酯｛2,3,3a,4,5,8,9,10,11,11a-decahydro-6,10-bis（hydroxymethyl）-3-methylene-2-oxocyclodeca［b］furan-4-yl-2-methylbut-2-enoic acid ester｝和2,3,3a,4,5,8,9,10,11,11a-十氢-6,10-二（羟基甲基）-3-亚甲基-2-氧化环癸［b］呋喃-4-基-2-甲基丙烯酸酯｛2,3,3a,4,5,8,9,10,11,11a-decahydro-6,10-bis（hydroxymethyl）-3-methylene-2-oxocyclodeca［b］-furan-4-yl-2-methylacrylic acid ester｝[2]；二萜类：对映-3α,15,16-三羟基海松烷-3,15-双-（β-吡喃葡萄糖苷）［ent-3α,15,16-trihydroxypimarane-3,15-bis-（β-glucopyranoside）］、豨莶精醇（darutigenol）、豨莶苷（darutoside）[3]，豨莶新苷（neodarutoside）[3]，对映贝壳杉烷-16β,17-二羟基-19-羧酸（ent-kaurane-16β,17-dihydroxy-19-oic acid）、对映-2-酮基-15,16,19-三羟基海松烷-8（14）-烯［ent-2-oxo-15,16,

19-trihydroxypimar-8（14）-ene]和对映 -15- 酮基 -2β, 16, 19- 三羟基海松烷 -8（14）- 烯［ent-15-oxo-2β, 16, 19-trihydroxypimar-8（14）-ene][4]；三萜类：熊果酸（ursolic acid）和齐墩果酸（oleanolic acid）[4]；黄酮类：3, 7- 二甲基槲皮素（3, 7-dimethylquercetin）和 3- 甲氧基槲皮素（3-methoxyquercetin）[4]；甾体类：豆甾醇（stigmasterol）、β- 谷甾醇（β-sitosterol）、3β- 豆甾醇花生酸酯（stigmasteryl 3β-arachidate）、胡萝卜苷（daucosterol）和豆甾醇 -3-O- 吡喃葡萄糖苷（stigmasterol-3-O-glucopyranoside）[4]；生物碱类：3- 吲哚甲酸（indole-3-carboxylic acid）和（2S, 3S, 4R, 10E）-2-［（2R）-2- 羟基二十四烷酰胺基］-10- 十八烷 -1, 3, 4- 三醇 {（2S, 3S, 4R, 10E）-2-［（2R）-2-hydroxyl tetracosanoylamino］-10-octadecene-1, 3, 4-triol}[4]；酚醛类：丁香醛（syringaldehyde）、松柏醛（coniferyl aldehyde）和对羟基苯甲醛（4-hydroxybenzaldehyde）[4]；脂肪酸类：9, 12- 十八二烯酸正丁酯（n-butyl octadec-9, 12-dienoate）、9, 12- 十八二烯酸乙酯（ethyl octadeca-9, 12-dienoate）、2- 丁氧基亚油酸乙酯（2-butoxyethyl linoleate）、亚油酸（linoleic acid）、正二十六 -5, 8, 11- 三烯酸（n-hexacos-5, 8, 11-trienoic acid）、甘油基 -1- 十八烷 -9′, 12′, 15′- 三烯酰 -2- 十八烷 -9″, 12″- 二烯酰 -3- 十六酸酯（glyceryl-1-octadec-9′, 12′, 15′-trienoyl-2-octadec-9″, 12″-dienoyl-3-hexadecanoate）和正三十三烷 -20, 23- 二烯酸（n-tetratriacont-20, 23-dienoic acid）[4]；烷烃类：正十六烷（n-hexadecane）[4]。

地上部分含黄酮类：3, 4′-O- 二甲基槲皮素（3, 4′-O-dimethylquercetin）、3, 7-O- 二甲基槲皮素（3, 7-O- dimethylquercetin）、3-O- 甲基槲皮素（3-O-methylquercetin）、3, 7, 4′-O- 三甲基槲皮素（3, 7, 4′-O-trimethylquercetin）[5]、3, 4- 二甲氧基 -2′, 4′- 二羟基查耳酮（3, 4-dimethoxy-2′, 4′-dihydroxychalcone）、7-O-（β-D- 吡喃葡萄糖基）促乳激素［7-O-（β-D-glucopyranosyl）-galactin］、7, 3′, 4′- 三羟基黄酮（7, 3′, 4′-trihydroxyflavone）、5, 6, 7, 3′, 4′, 5′- 六甲氧基黄酮（5, 6, 7, 3′, 4′, 5′-hexamethoxyflavone）、8, 3′, 4′- 三羟基 -7- 甲氧基二氢黄酮（8, 3′, 4′-trihydroxy-7-methoxyflavanone）、5, 4′- 二羟基 -7, 3′- 二甲氧基二氢黄酮醇（5, 4′-dihydroxy-7, 3′-dimethoxyflavonol）、7, 4′- 二羟基 -3′- 甲氧基二氢黄酮（7, 4′-dihydroxy-3′-methoxyflavanone）、木犀草素（luteolin）和槲皮素（quercetin）[6]；二萜类：6- 乙酰基奇任醇（6-acetylkirenol）[7]、对映 -16βH, 17- 异丁酰氧贝壳杉烷 -19- 羧酸（ent-16βH, 17-isobutyryloxykauran-19-oic acid）、对映 -16βH, 17- 乙酰氧基 -18- 异丁酰氧化贝壳杉烷 -19- 羧酸（ent-16βH, 17-acetoxy-18-isobutyryloxykauran-19-oic acid）、对映 -16βH, 17- 羟基贝壳杉烷 -19- 羧酸（ent-16βH, 17-hydroxykauran-19-oic acid）[8]、奇任醇（kirenol）、豨莶精醇（darutigenol）、异亚丙基奇任醇（isopropylidenkirenol）、3α, 15, 16- 三羟基对映海松 -8（14）- 烯 -15, 16- 缩丙酮［3α, 15, 16-trihydroxy-ent-pimara-8（14）-en-15, 16-acetonide]、16α, 17- 二羟基对映贝壳杉烷 -19- 羧酸（16α, 17-dihydroxy-ent-kaura-19-oic acid）[9]、对映 -16, 17- 二羟基贝壳杉烷 -19- 羧酸（ent-16, 17-dihydroxykaurna-19-oic acid）、对映贝壳杉烷 -16, 17, 18- 三醇（ent-kauran-16, 17, 18-triol）和 18- 羟基贝壳杉烷 -16- 烯 -19- 羧酸（18-hydroxykauran-16-en-19-oic acid）[10]、大花酸（grandifloric acid）、16β, 17- 二羟基贝壳杉烷（16β, 17-dihydroxy-kaurane）[11]、腺梗豨莶苷（siegesbeckioside）和豨莶苷（darutoside）[12]；倍半萜类：2- 脱氧 -4- 表天人菊素（2-desoxy-4-epi-pulchellin）和山棣醇 I（aphanamol I）[9]；苯丙素类：阿魏酸（ferulic acid）[11]、反式对羟基肉桂酸［（E）-p-hydroxycinnmamic acid][9,13] 和咖啡酸乙酯（ethyl caffeate）[13]；酚醛类：香草醛（vanillin）[9]；甾体类：胡萝卜苷（daucosterol）[10]、β- 谷甾醇（β-sitosterol）和豆甾醇（stigmasterol）[13]；香豆素类：香豆素（coumarin）[13]；脂肪酸类：琥珀酸[11]、棕榈酸（palmitic acid）[13] 和 3-（十二烷酰氧基）-2-（异丁酰氧基）-4- 甲基戊酸［3-（dodecanoyloxy）-2-（isobutyryloxy）-4-methylpentanoic acid][14]；酯苷类：2- 甲氧基 -4-（2- 丙烯 -1- 基）戊基 -6- 乙酸酯 -β-D- 吡喃葡萄糖苷［2-methoxy-4-（2-propen-1-yl）penyl-6-acetate-β-D-glucopyranoside][13]；醇苷类：苄醇 -β-D- 吡喃葡萄糖苷（benzyl-β-D-glucopyranoside）[13]。

【药理作用】1. 抗肿瘤　地上部分乙醇提取物可抑制人卵巢癌 SKOV-3 细胞的增殖、黏附、转移和浸润，其机制系通过降低细胞周期蛋白 E 的表达并增强细胞周期蛋白依赖性激酶抑制剂 p27^{kip1} 的表达，最终使 P^{Rb} 的磷酸化得以抑制；试验同时表明其抗肿瘤活性还与抑制黏着斑激酶（FAK）、细胞外信号调节激酶（ERK）、Akt 和 $P70^{S6K}$ 依赖的信号通路，并下调酪氨酸激酶受体如表皮生长因子受体（EGFR）、血管内皮生长因子-2（VEGFR-2）、碱性成纤维细胞生长因子受体-1（FGFR-1）和细胞黏附分子 N-钙黏着蛋白有关[1]。2. 抗过敏　全草水提取物可显著抑制脂多糖（LPS）刺激的免疫球蛋白 E 的产生，而对脾细胞的增加无作用，可抑制脂多糖诱导的人 U266B1 细胞的免疫球蛋白产生[2]。3. 抗炎　地上部分分离得到的 3-O-甲基黄酮类（3-O-methyl flavones）化合物可显著抑制脂多糖诱导的 BV-2 细胞培养液中一氧化氮（NO）的释放，抑制一氧化氮合酶（NOS）mRNA 表达[3]。4. 抗糖尿病　地上部分的甲醇提取物可抑制蛋白酪氨酸磷酸酶 1B（PTP1B）的作用[4]。

【性味与归经】辛、苦，寒。归肝、肾经。

【功能与主治】祛风湿，利关节，解毒。用于风湿痹痛，筋骨无力，腰膝酸软，四肢麻木，半身不遂，风疹湿疮。

【用法与用量】9～12g。

【药用标准】药典 1977—2015、浙江炮规 2015、贵州药材 1965、新疆药品 1980 二册和台湾 2013。

【化学参考文献】

[1] Li H, Kim J Y, Hyeon J, et al. *In vitro* antiinflammatory activity of a new sesquiterpene lactone isolated from *Siegesbeckia glabrescens*[J]. Phytother Res, 2011, 25（9）：1323-1327.

[2] Qian W, Hua L, So L, et al. New cytotoxic sesquiterpenoids from *Siegesbeckia glabrescens*[J]. Molecules, 2015, 20（2）：2850-2856.

[3] 董祥英, 陈敏, 荆伟, 等. 毛梗豨莶抗生育活性成分的研究[J]. 药学学报, 1989, 24（11）：833-836.

[4] 余双英. 两种医院制剂质量标准及毛梗豨莶化学成分研究[D]. 郑州：河南大学硕士学位论文, 2016.

[5] Kim J Y, Lim H J, Ryu J H. *In vitro* anti-inflammatory activity of 3-*O*-methyl-flavones isolated from *Siegesbeckia glabrescens*[J]. Bioorg Med Chem Lett, 2010, 39（38）：1511-1514.

[6] 曾令峰, 徐骏伟, 徐丽, 等. 毛梗豨莶草黄酮类化学成分分离鉴定[J]. 中国实验方剂学杂志, 2017, 23（14）：82-85.

[7] Liu K, Röder E. Diterpenes from *Siegesbeckia glabrescens*[J]. Planta Med, 1991, 57（4）：395-396.

[8] Kim S, Na M, Oh H, et al. PTP1B inhibitory activity of kaurane diterpenes isolated from *Siegesbeckia glabrescens*[J]. J Enzyme Inhib Med Chem, 2006, 21（4）：379-383.

[9] 丁林芬, 王海垠, 王德升, 等. 毛梗豨莶化学成分的研究[J]. 中成药, 2019, 41（4）：840-843.

[10] 傅宏征, 蔡少青, 冯锐, 等. 毛梗豨莶化学成分的研究 II[J]. 中国药学杂志, 1998, 33（5）：276-280.

[11] 傅宏征, 楼之岑, 蔡少青, 等. 毛梗豨莶化学成分的研究 I[J]. 中国药学杂志, 1998, 33（3）：140-142.

[12] 马云保, 熊江, 许云龙. 毛梗希莶的化学成分[J]. 云南植物研究, 1998, 20（2）：233-238.

[13] 朱伶俐, 徐丽, 吴华强, 等. 毛梗豨莶草化学成分研究 II[J]. 中国实验方剂学杂志, 2018, 24（2）：57-61.

[14] Kim Y S, Kim H, Jung E, et al. A novel antibacterial compound from *Siegesbeckia glabrescens*[J]. Molecules, 2012, 17（11）：12469-12477.

【药理参考文献】

[1] Seo D W. The *in vitro* antitumor activity of *Siegesbeckia glabrescens* against ovarian cancer through suppression of receptor tyrosine kinase expression and the signaling pathways[J]. Oncology Reports, 2013, 30（1）：221-226.

[2] 赵宝娟摘. 毛梗豨莶水提取物体内外对免疫球蛋白 E 产生的抑制作用[J]. 国外医药·植物药分册, 2002, 17（5）：208.

[3] Kim J Y, Lim H J, Ryu J H. In vitro anti-inflammatory activity of 3-*O*-methyl-flavones isolated from *Siegesbeckia glabrescens*[J]. Bioorganic & Medicinal Chemistry Letters, 2010, 39（38）：1511-1514.

[4] Kim S, Na M, Oh H, et al. PTP1B inhibitory activity of kaurane diterpenes isolated from *Siegesbeckia glabrescens*[J]. Journal of Enzyme Inhibition & Medicinal Chemistry, 2006, 21（4）：379-383.

971. 豨莶（图971）• *Siegesbeckia orientalis* Linn.

图 971　豨莶　　　　　　　　　　　　　摄影　张芬耀

【别名】虾柑草，猪膏草、黏糊菜、粘强子（江苏），野芝麻（江苏江浦），大叶草（江苏镇江），老奶补口丁（江苏铜山）。

【形态】一年生草本，高 30～150cm，全株被灰白色短柔毛。茎直立，分枝斜升，上部分枝常呈复二叉状。基部叶在花期枯萎；中部叶纸质，三角状卵形或卵状披针形，长 4～18cm，宽 4～12cm，顶端渐尖，基部阔楔形，并下延成具翅的柄，边缘有不规则的浅裂或粗齿；上部叶渐小，卵状长圆形，边缘浅波状或全缘，近无柄。头状花序多数，排成二歧分枝式顶生具叶的伞房状；花序梗长 1.5～3cm，密被短柔毛；总苞阔钟形，总苞片 2 层，叶质，背面被紫褐色头状具柄的腺毛，外层 5～6 枚，条状匙形或匙形，长 8～11mm，开展，内层的卵状长圆形或卵圆形，长约 5mm，半包瘦果；有托片；雌花花冠舌状，黄色，两性花花冠管状。瘦果倒卵形，有 4～5 棱，无毛。花期 4～9 月，果期 6～11 月。

【生境与分布】生于山野空旷地、荒草地、林缘、路旁及田边的草丛中。分布于华东各地，另广东、广西、云南、贵州、四川、湖南、甘肃、陕西、台湾等地均有分布；东南亚、朝鲜、日本、俄罗斯的高加索、欧洲及北美也有分布。

豨莶与毛梗豨莶的区别点：豨莶叶片边缘有不规则的浅裂或粗齿，头状花序排列为二歧分枝式顶生具叶的伞房状。毛梗豨莶叶片边缘有规则的齿，头状花序排成顶生疏散的圆锥花序。

【药名与部位】豨莶草，地上部分。

【采集加工】夏、秋二季采收，除去杂质，干燥。

【药材性状】茎略呈方柱形，多分枝，长 30～110cm，直径 0.3～1cm；表面灰绿色、黄棕色或紫棕色，有纵沟和细纵纹，嫩枝及花梗密被短柔毛；节明显，略膨大；质脆，易折断，断面黄白色或带绿色，髓部宽广，类白色，中空。叶对生，叶片多皱缩、卷曲，展平后呈卵圆形，灰绿色，边缘有不规则的浅裂或粗齿，两面皆有白色柔毛，主脉3出。有的可见黄色头状花序，总苞片匙形，有紫褐色的腺毛。气微，味微苦。

【质量要求】叶丰满，梗短，无根。

【药材炮制】豨莶草：取原药，除去杂质及老茎，洗净，略润，切段，干燥。制豨莶草：取豨莶草饮片，与炼蜜拌匀，晾至半干，蒸1h，取出，干燥。酒豨莶草：取豨莶草饮片，与酒拌匀，稍闷，蒸至表面黑色时，取出，干燥。

【化学成分】全草含二萜类：16βH-对映贝壳杉烷-17,19-二羧酸（16βH-ent-kauran-17,19-dioic acid）、16β,17-二羟基对映贝壳杉烷-19-羧酸（16β,17-dihydroxy-ent-kauran-19-oic acid）、16β,17,18-三羟基对映贝壳杉烷-19-羧酸（16β,17,18-trihydroxy-ent-kauran-19-oic acid）、17,18-二羟基对映贝壳杉烷-19-羧酸（17,18-dihydroxy-ent-kauran-19-oic acid）、豨莶醚酸（siegesmethyletheric acid）、2-酮基-15,16,19-三羟基对映海松-8（14）-烯[2-oxo-15,16,19-trihydroxy-ent-pimar-8（14）-ene]和3,16-二羟基-15-酮-对映海松-8（14）-烯-3-O-β-D-吡喃葡萄糖苷[3,16-dihydroxyl-15-one-ent-pimar-8（14）-en-3-O-β-D-glucopyranoside][1]；黄酮类：槲皮苷（quercetin）[1]；三萜类：熊果酸（ursolic acid）[1]；甾体类：β-谷甾醇（β-sitosterol）和豆甾醇（stigmasterol）[1]；核苷类：尿嘧啶（uracil）[1]。

地上部分含二萜类：奇任醇（kirenol）[2]、β-D-吡喃葡萄糖基-对映-2-酮基-15,16-二羟基海松-8（14）-烯-19-羧酸[β-D-glucopyranosyl-ent-2-oxo-15,16-dihydroxy-pimar-8（14）-en-19-oic-acid]、[1（10）E,4Z]-8β-当归酰氧基-9α-甲氧基-6α,15-二羟基-14-氧代大牻牛儿-1（10），4，11（13）-三烯-12-羧酸-12,6-内酯{[1（10）E,4Z]-8β-angeloyloxy-9α-methoxy-6α,15-dihydroxy-14-oxogermacra-1（10），4，11（13）-trien-12-oic acid-12,6-lactone}、腺梗豨莶塔灵（pubetallin）、对映-2β,15,16,19-四羟基海松-8（14）-烯-19-O-β-D-吡喃葡萄糖苷[ent-2β,15,16,19-tetrahydroxy-pimar-8（14）-en-19-O-β-D-glucopyranoside]、对映-12α,15-环氧基-2β,15α,19-三羟基海松-8-烯（ent-12α,15-epoxy-2β,15α,19-trihydroxypimar-8-ene）、对映-2-酮基-15,16,19-四羟基海松-8（14）-烯-19-O-β-D-吡喃葡萄糖苷[ent-2-oxo-15,16,19-tetrahydroxypimar-8（14）-en-19-O-β-D-glucopyranoside][3]、对映-14β,16-环氧-8-海松烯-3β,15R-二醇（ent-14β,16-epoxy-8-pimarene-3β,15R-diol）、7β-羟基豨莶精醇（7β-hydroxydarutigenol）、9β-羟基豨莶精醇（9β-hydroxydarutigenol）、16-O-乙酰基豨莶精醇（16-O-acetyldarutigenol）、15,16-二-O-乙酰豨莶苷（15,16-di-O-acetyldarutoside）、16-O-乙酰豨莶苷（16-O-acetyldarutoside）、豨莶精醇（darutigenol）、豨莶苷（darutoside）[4]、对映-12R,16-环氧-2α,15R,19-三羟基海松-8-烯（ent-12R,16-epoxy-2α,15R,19-trihydroxypimar-8-ene）、对映-12R,16-环氧-2α,15R,19-三羟基海松-8（14）-烯[ent-12R,16-epoxy-2α,15R,19-trihydroxypimar-8（14）-ene]、对映-2R,15,16,19-四羟基海松-8（14）-烯[ent-2R,15,16,19-tetrahydroxypimar-8（14）-ene]、对映-15-酮基-2α,16,19-三羟基海松-8（14）-烯[ent-15-oxo-2α,16,19-trihydroxypimar-8（14）-ene]、对映-2-酮基-15,16-二羟基海松-8（14）-烯-16-O-α-吡喃葡萄糖苷[ent-2-oxo-15,16-dihydroxypimar-8（14）-en-16-O-α-glucopyranoside]、对映-2-酮基-15,16,19-三羟基海松-8（14）-烯[ent-2-oxo-15,16,19-trihydroxypimar-8（14）-ene]、对映-2-酮基-3α,15,16-三羟基海松-8（14）-烯-3-O-α吡喃葡萄糖苷[ent-2-oxo-3α,15,16-trihydroxypimar-8（14）-en-3-O-α-glucopyranoside]、对映-2α,15,16,19-四羟基海松-8（14）-烯-19-O-α-吡喃葡萄糖苷[ent-2α,15,16,19-tetrahydroxypimar-8（14）-en-19-O-α-glucopyranoside]、16-乙酰奇任醇（16-acetylkirenol）、异亚丙基奇任醇（isopropylidenkirenol）、腺梗豨莶苷A、B、C、D（pubeside A、B、C、D）[5]、9β-羟基-8β-异丁酰氧基木香烯内酯（9β-hydroxy-8β-isobutyryloxycostunolide）、9β-羟基-8β-甲基丙烯酰氧基木香烯内酯（9β-hydroxy-8β-methacryloyloxycostunolide）、14-羟基-8β-异丁酰氧基木香烯内酯（14-hydroxy-8β-isobutyryloxycostunolide）、8β-异丁酰氧基-14-醛基木香烯内酯（8β-isobutyryloxy-14-al-costunolide）、9β,14-二羟基-8β-异丁酰氧基木香烯内酯（9β,14-dihydroxy-8β-isobutyryloxycostunolide）、8β-异丁酰氧

基-1β, 10α-环氧木香烃内酯（8β-isobutyryloxy-1β, 10α-epoxycostunolide）、9β-羟基-8β-异丁酰氧基-1β, 10α-环氧木香烃内酯（9β-hydroxy-8β-isobutyryloxy-1β, 10α-epoxycostunolide）、8β, 9β-二羟基-1β, 10α-环氧-11β, 13-二氢木香烃内酯（8β, 9β-dihydroxy-1β, 10α-epoxy-11β, 13-dihydrocostunolide）、14-羟基-8β-异丁酰氧基-1β, 10α-环氧木香烃内酯（14-hydroxy-8β-isobutyryloxy-1β, 10α-epoxycostunolide）、15-羟基-9α-乙酰氧基-8β-异丁酰氧基-14-氧代买兰坡草内酯（15-hydroxy-9α-acetoxy-8β-isobutyryloxy-14-oxomelampolide）、9α, 15-二羟基-8β-异丁酰氧基-14-氧代买兰坡草内酯（9α, 15-dihydroxy-8β-isobutyryloxy-14-oxo melampolide）、15-羟基-8β-异丁酰氧基-14-氧代买兰坡草内酯（15-hydroxy-8β-isobutyryloxy-14-oxomelampolide）、19-乙酰氧基-12-酮基-10, 11-二氢香叶基橙花醇（19-acetoxy-12-oxo-10, 11-dihydrogeranylnerol）、19-乙酰氧基-15-过氧氢-12-酮基-13, 14E-去氢-10, 11, 14, 15-四氢香叶基橙花醇（19-acetoxy-15-hydroperoxy-12-oxo-13, 14E-dehydro-10, 11, 14, 15-tetrahydrogeranylnerol）、19-乙酰氧基-15-羟基-12-酮基-13, 14E-去氢-10, 11, 14, 15-四氢香叶基橙花醇（19-acetoxy-15-hydroxy-12-oxo-13, 14E-dehydro-10, 11, 14, 15-tetrahydrogeranylnerol）、2β, 15, 16-三羟基对映海松-8（14）-烯［2β, 15, 16-trihydroxy-ent-pimar-8（14）-ene］、15, 16-二羟基-2-氧代对映海松-8（14）-烯［15, 16-dihydroxy-2-oxo-ent-pimar-8（14）-ene］、15, 16, 18-三羟基-2-氧代对映海松-8（14）-烯［15, 16, 18-trihydroxy-2-oxo-ent-pimar-8（14）-ene］[6]，豨莶酯酸（siegesesteri acid）、豨莶醚酸（siegesetheric acid）、16β, 17-二羟基对映贝壳杉-19-酸，即腺梗豨莶萜醇酸（16β, 17-dihydroxy-ent-kauran-19-oic acid）[7]，豨莶酯萜苷A、B（hythiemoside A、B）和（15R）, 16, 19-三羟基对映海松烷-8（14）-烯-19-O-β-D-吡喃葡萄糖苷［（15R）, 16, 19-trihydroxy-ent-pimar-8（14）-en-19-O-β-D-glucopyranoside］[8]；倍半萜类：1α-乙酰氧基-2α, 3α-环氧异土木香内酯（1α-acetoxy-2α, 3α-epoxyisoalantolactone）[6]，8β-当归酰氧基-4β, 6, 15-三羟基-14-氧代愈创木-9, 11（13）-二烯-12-羧酸-12, 6-内酯［8β-angeloyloxy-4β, 6, 15-trihydroxy-14-oxoguaia-9, 11（13）-dien-12-oic acid-12, 6-lactone］、4β, 6, 15-三羟基-8β-异丁酰氧基-14-氧代愈创木-9, 11（13）-二烯-12-羧酸-12, 6-内酯［4β, 6, 15-trihydroxy-8β-isobutyryloxy-14-oxoguaia-9, 11（13）-dien-12-oic acid-12, 6-lactone］、11, 12, 13-三去甲愈创木-6-烯-4β, 10β-二醇［11, 12, 13-trinorguai-6-en-4β, 10β-diol］、［1（10）E, 4E, 8Z］-8-当归酰氧基-6, 15-二羟基-14-氧代大牻牛儿-1（10）, 4, 8, 11（13）-四烯-12-羧酸-12, 6-内酯｛［1（10）E, 4E, 8Z］-8-angeloyloxy-6, 15-dihydroxy-14-oxogermacra-1（10）, 4, 8, 11（13）-tetraen-12-oic acid 12, 6-lactone｝、［1（10）E, 4β］-8β-当归酰氧基-6, 14, 15-三羟基大牻牛儿-1（10）, 11（13）-二烯-12-羧酸-12, 6-内酯｛［1（10）E, 4β］-8β-angeloyloxy-6, 14, 15-trihydroxygermacra-1（10）, 11（13）-dien-12-oic acid-12, 6-lactone｝、［1（10）E, 4Z］-8β-当归酰氧基-9-乙氧基-6, 15-二羟基-14-氧代大牻牛儿-1（10）, 4, 11（13）-三烯-12-羧酸-12, 6-内酯｛［1（10）E, 4Z］-8β-angeloyloxy-9-ethoxy-6, 15-dihydroxy-14-oxogermacra-1（10）, 4, 11（13）-trien-12-oic acid-12, 6-lactone｝、［1（10）E, 4Z］-8β-当归酰氧基-9, 13-二乙氧基-6, 15-二羟基-14-氧代大牻牛儿-1（10）, 4-二烯-12-羧酸-12, 6-内酯｛［1（10）E, 4Z］-8β-angeloyloxy-9, 13-diethoxy-6, 15-dihydroxy-14-oxogermacra-1（10）, 4-dien-12-oic acid-12, 6-lactone｝、［1（10）E, 4Z］-8β-当归酰氧基-9-乙氧基-6, 15-二羟基-13-甲氧基-14-氧代大牻牛儿-1（10）, 4-二烯-12-羧酸-12, 6-内酯｛［1（10）E, 4Z］-8β-angeloyloxy-9-ethoxy-6, 15-dihydroxy-13-methoxy-14-oxogermacra-1（10）, 4-dien-12-oic acid-12, 6-lactone｝、（3aS, 4S, 5S, 6Z, 11aR）-5-乙酰氧基-2, 3, 3a, 4, 5, 8, 9, 11a-八氢-6, 10-二羟甲基-3-亚甲基-2-氧代环癸［b］呋喃-4-基-2-甲基丁烯-2-酸酯｛（3aS, 4S, 5S, 6Z, 11aR）-5-acetyloxy-2, 3, 3a, 4, 5, 8, 9, 11a-octahydro-6, 10-dihydroxymethyl-3-methylene-2-oxocyclodeca［b］furan-4-yl-2-methylbut-2-enoic acid ester｝、莱可菊内酯F（lecocarpinolide F）、（4β, 10E）-6α, 14, 15-三羟基-8β-异丁酰氧基大牻牛儿-10, 11（13）-二烯-12-羧酸-12, 6-内酯［（4β, 10E）-6α, 14, 15-trihydroxy-8β-isobutyryloxygermacra-10, 11（13）-dien-12-oic acid 12, 6-lactone］[9]，东方豨莶倍半萜素（orientin）[10]，东方豨莶倍半萜内酯（orientalide）[11]，5-去甲氧基-10-去羟甲基-5-乙酰氧基-10-甲基东方豨莶塔灵（5-demethoxy-10-dehydroxymethyl-5-acetyloxy-10-methyl pubetalin）[12]，东方

豨莶塔灵（pubetalin）[13]、（4β, 10E）-6α, 15-二羟基-8β-异丁酰氧基-14-氧代大牻牛儿-1（10）, 11（13）-二烯-12-酸-12, 6-内酯［（4β, 10E）-6α, 15-dihydroxy-8β-isobutyryloxy-14-oxogermacra-1（10）, 11（13）-dien-12-oic acid-12, 6-lactone］、（4β, 10E）-6α, 15-二羟基-8β-异丁烯氧基-14-氧代大牻牛儿-1（10）, 11（13）-二烯-12-酸-12, 6-内酯［（4β, 10E）-6α, 15-dihydroxy-8β-methacryloxy-14-oxogermacra-1（10）, 11（13）-dien-12-oic acid-12, 6-lactone］、（4β, 10E）-6α, 15-二羟基-8β-当归酰氧基-14-氧代大牻牛儿-1（10）, 11（13）-二烯-12-酸-12, 6-内酯［（4β, 10E）-6α, 15-dihydroxy-8β-angeloyloxy-14-oxogermacra-1（10）, 11（13）-dien-12-oic acid-12, 6-lactone］、（4β, 10E）-6α, 15-二羟基-8β-巴豆酰氧基-14-氧代大牻牛儿-1（10）, 11（13）-二烯-12-酸-12, 6-内酯［（4β, 10E）-6α, 15-dihydroxy-8β-tigloyloxy-14-oxogermacra-1（10）, 11（13）-dien-12-oic acid-12, 6-lactone］、（4β, 10E）-6α, 15-二羟基-8β-千里光酰氧基-14-氧代大牻牛儿-1（10）, 11（13）-二烯-12-酸-12, 6-内酯［（4β, 10E）-6α, 15-dihydroxy-8β-senecioyloxy-14-oxogermacra-1（10）, 11（13）-dien-12-oic acid-12, 6-lactone］、（4β, 10E）-6α, 14, 15-三羟基-8β-巴豆酰氧基大牻牛儿-1（10）, 11（13）-二烯-12-酸-12, 6-内酯［（4β, 10E）-6α, 14, 15-trihydroxy-8β-tigloyloxygermacra-1（10）, 11（13）-dien-12-oic acid-12, 6-lactone］、（4β, 10E）-6α, 14, 15-三羟基-8β-千里光酰氧基大牻牛儿-1（10）, 11（13）-二烯-12-酸-12, 6-内酯［（4β, 10E）-6α, 14, 15-trihydroxy-8β-senecioyloxygermacra-1（10）, 11（13）-dien-12-oic acid-12, 6-lactone］、［1（10）E, 4Z］-9α-乙氧基-6α, 15-二羟基-8β-巴豆酰氧基-14-氧代大牻牛儿-1（10）, 4, 11（13）-三烯-12-酸-12, 6-内酯｛［1（10）E, 4Z］-9α-ethoxy-6α, 15-dihydroxy-8β-tigloyloxy-14-oxogermacra-1（10）, 4, 11（13）-trien-12-oic acid-12, 6-lactone｝、［1（10）E, 4Z］-6α, 9α, 15-三羟基-8β-巴豆酰氧基-14-氧代大牻牛儿-1（10）, 4, 11（13）-三烯-12-酸-12, 6-内酯｛［1（10）E, 4Z］-6α, 9α, 15-trihydroxy-8β-tigloyloxy-14-oxogermacra-1（10）, 4, 11（13）-trien-12-oic acid-12, 6-lactone｝、［1（10）E, 4Z］-9α-乙酰氧基-6α, 14, 15-三羟基-8β-巴豆酰氧基大牻牛儿-1（10）, 4, 11（13）-三烯-12-酸-12, 6-内酯｛［1（10）E, 4Z］-9α-acetyloxy-6α, 14, 15-trihydroxy-8β-tigloyloxygermacra-1（10）, 4, 11（13）-trien-12-oic acid-12, 6-lactone｝、［1（10）E, 4Z］-6α, 8β, 15-三羟基-9α-异丁烯氧基-14-氧代大牻牛儿-1（10）, 4, 11（13）-三烯-12-酸-12, 6-内酯｛［1（10）E, 4Z］-6α, 8β, 15-trihydroxy-9α-methacryloxy-14-oxogermacra-1（10）, 4, 11（13）-trien-12-oic acid-12, 6-lactone｝、2-甲基-2, 3, 3a, 4, 5, 8, 9, 10, 11, 11a-十氢化-6, 10-二羟甲基-3-亚甲基-2-氧代环癸［b］呋喃-4-基-2-丙烯酸酯｛2-methyl-2, 3, 3a, 4, 5, 8, 9, 10, 11, 11a-decahydro-6, 10-dihydroxymethyl-3-methylene-2-oxocyclodeca［b］furan-4-yl-2-propenoic acid ester｝、9α-乙氧基-8β-（2-异丁酰氧基）-14-酮基刺苞菊内酯［9α-ethoxy-8β-（2-isobutyryloxy）-14-oxo-acanthospermolide］、［1（10）E, 4Z, 6α, 8β, 9α］-9-乙氧基-6, 15-二羟基-8-（2-异丁烯氧基）-14-酮基大牻牛儿-1（10）, 4, 11（13）-三烯-12, 6-内酯｛[1（10）E, 4Z, 6α, 8β, 9α］-9-ethoxy-6, 15-dihydroxy-8-（2-methacryloxy）-14-oxo-germacra-1（10）, 4, 11（13）-trien-12, 6-lactone｝、（3aS, 4S, 5S, 6E, 10Z, 11aR）-5-乙氧基-6-甲酰基-2, 3, 3a, 4, 5, 8, 9, 11a-八氢-10-羟甲基-3-亚甲基-2-氧代环癸［b］呋喃-4-yl-（2Z）-2-甲基丁-2-烯酸酯｛（3aS, 4S, 5S, 6E, 10Z, 11aR）-5-ethoxy-6-formyl-2, 3, 3a, 4, 5, 8, 9, 11a-octahydro-10-hydroxymethyl-3-methylene-2-oxocyclodeca［b］furan-4-yl-（2Z）-2-methylbut-2-enoic acid ester｝、［1（10）E, 4Z］-9α, 15-二羟基-8β-异丁酰氧基-14-酮基买兰坡草内酯｛［1（10）E, 4Z］-9α, 15-dihydroxy-8β-isobutyryloxy-14-oxo-melampolide｝、［1（10）E, 4Z, 6α, 8β, 9α］-6, 9, 15-三羟基-8-异丁烯氧基-14-氧代大牻牛儿-1（10）, 4, 11（13）-三烯-12, 6-内酯｛［1（10）E, 4Z, 6α, 8β, 9α］-6, 9, 15-trihydroxy-8-methacryloxy-14-oxogermacra-1（10）, 4, 11（13）-trien-12, 6-lactone｝、豨莶内酯A（sigesbeckialide A）、（3aS, 4S, 5S, 6Z, 10Z, 11aR）-5-乙酰氧基-2, 3, 3a, 4, 5, 8, 9, 11a-八氢-6, 10-二羟甲基-3-亚甲基-2-酮基环癸［b］呋喃-4-酯｛（3aS, 4S, 5S, 6Z, 10Z, 11aR）-5-acetyloxy-2, 3, 3a, 4, 5, 8, 9, 11a-octahydro-6, 10-dihydroxymethyl-3-methylene-2-oxo-cyclodeca［b］furan-4-yl ester｝、莱可菊内酯B（lecocarpinolide B）、9α-羟基-8β-甲基丙烯酰氧基-14-酮基刺苞菊内酯（9α-hydroxy-8β-methacryloyloxy-14-oxo-acanthospermolide）和3β-羟基

巴尔喀蒿烯内酯（3β-hydroxybalchanolide）[14]；黄酮类：金丝桃苷（hyperoside）、槲皮素（quercetin）、紫花牡荆素（vitexin）[15]，3,7-二甲基槲皮素（3,7-dimethylquercetin）[16]和芦丁（rutin）[17]；酚类：麝香草氢醌二甲醚（thymohydroquinone dimethyl ether）[13]和8,9,10-三羟基麝香草酚苷（8,9,10-trihydroxythymol）[15]；苯丙素类：咖啡酸（caffeic acid）[18]；脂肪酸类：花生酸甲酯（methyl arachidate）[7]；糖类：果糖（fructose）[15]；甾体类：β-谷甾醇（β-sitosterol）和胡萝卜苷（daucosterol）[7]；烷烃苷类：正丁基-α-D-呋喃果糖苷（n-butyl-α-D-fructofuranoside）[15]。

【药理作用】1. 抗氧化　地上部分乙醇提取物的乙酸乙酯萃取部位可显著清除2,2'-联氮-二（3-乙基-苯并噻唑-6-磺酸）（ABTS）自由基和1,1-二苯基-2-三硝基苯肼（DPPH）自由基[1]。2. 抗糖尿病　地上部分乙醇提取物的乙酸乙酯萃取部位可显著抑制胰脂肪酶的活性[1]。3. 降血压　地上部分乙醇提取物的乙酸乙酯萃取部位可显著抑制血管紧张素转换酶（ACE）活性[1]；地上部分水提取物可抑制去氧肾上腺素（PE）诱导大鼠离体胸主动脉环收缩，当用一氧化合酶（NOS）抑制剂Nω-硝基-L-精氨酸（L-NNA）预处理血管，在低浓度时其舒血管作用明显减弱[2]。4. 抗肿瘤　地上部分乙醇提取物可抑制转化生长因子-β₁（TGF-β₁）诱导的子宫内膜癌RL95-2和HEC-1A细胞的迁移和侵袭，逆转转化生长因子-β₁诱导的上皮-间质转化，抑制细胞外信号调节激酶1/2（ERK1/2）磷酸化，抑制抗氨基末端激酶1/2（JNK1/2）和Akt的表达，以及RL95-2细胞中基质金属蛋白酶-9（MMP-9）、基质金属蛋白酶-2（MMP-2）和尿纤溶酶原激活物（u-PA）的表达，且呈剂量依赖性[3]；地上部分乙醇提取物抑制子宫内膜TGF1-癌细胞诱导的移徙和入侵[4]。5. 抗炎　地上部分乙醇提取物可显著降低脂多糖（LPS）刺激的RAW264.7细胞中的一氧化氮（NO）、白细胞介素-6（IL-6）和肿瘤坏死因子-α（TNF-α）的含量，抑制角叉菜所致的小鼠足肿胀，降低血清白细胞介素-6含量，可通过阻断IκB-α的降解来抑制脂多糖诱导的核转录因子（NF-κB）活化，显著抑制细胞外信号调节激酶1/2、p38和JNK的磷酸化，且呈剂量依赖性[5]。6. 抗关节炎　地上部分醇提取物可抑制尿酸钠所致的急性痛风性关节炎模型小鼠的关节肿胀[6]；地上部分水提取物可显著减轻尿酸钠所致的急性痛风性关节炎模型大鼠膝关节滑膜组织中炎性细胞浸润，显著减轻滑膜细胞增生和成纤维细胞增生，显著降低JNK、p-JNK蛋白及c-jun和AP-1 mRNA的表达[7]。7. 抗脑缺血损伤　地上部分总黄酮可显著改善线栓法所致的局灶性脑缺血损伤模型大鼠神经功能缺陷，减轻脑水肿，减少脑梗死面积，降低脑组织丙二醛（MDA）含量，提高脑组织超氧化物歧化酶（SOD）及谷胱甘肽过氧化物酶（GSH-Px）的含量[8]。8. 心肌保护　地上部分醇提取物可降低腹主动脉结扎所致的压力超负荷型心肌重构模型大鼠收缩压、舒张压、左室收缩压和左室舒张末压，病理组织学改变明显减轻[9]。9. 镇静催眠　地上部分醇提取物可显著减少旷野场实验中小鼠自主活动次数，延长睡眠持续时间，且提高阈下剂量戊巴比妥钠小鼠的入睡时间[10]。10. 改善微循环　地上部分乙醇提取物可改善小鼠耳廓微循环[11]。11. 止痒　地上部分乙醇提取物可提高豚鼠组胺致痒阈[11]。12. 促皮肤愈合　地上部分甲醇提取物可显著促进乳鼠真皮成纤维细胞增殖，外涂对实验性切除伤模型大鼠皮肤损伤有加速修复作用[12]。13. 抗炎镇痛　地上部分的甲醇提取物可显著抑制二甲苯所致的炎症模型小鼠耳廓肿胀和足趾肿胀，能延长热痛试验中小鼠舔足的时间，能明显减少乙酸所致小鼠扭体的次数[13]。

【性味与归经】辛、苦，寒。归肝、肾经。

【功能与主治】祛风湿，利关节，解毒。用于风湿痹痛，筋骨无力，腰膝酸软，四肢麻木，半身不遂，风疹湿疮。

【用法与用量】9～12g。

【药用标准】药典1977—2015、浙江炮规2015、贵州药材1965、新疆药品1980二册和台湾2013。

【临床参考】1. 高血压：地上部分35g，加茺蔚子35g，山黄连、甘草、龙葵、透骨草各20g，水煎2～3次，混匀，1日内分2～3次服完[1]；或地上部分，加臭梧桐叶等量，研粉，水泛为丸，每次9g，开水送服。（《浙江药用植物志》）

2. 冠心病：地上部分50g，加全瓜蒌、薤白、山楂、党参各15g，桂枝9g，葛根20g，丹参18g，麦冬、炒枳壳各12g、香附10g、甘草5g，水煎分服[2]。

3. 急性痛风性关节炎：豨莶草止痛散（地上部分、鸡血藤、桂枝、三棱、大黄、骨碎补、生马钱子、乳香、没药、冰片，按3∶2∶1∶2∶2∶1∶0.1∶1∶1∶0.1研末），用酒调和成糊状，加热10min，待冷却后敷于疼痛关节，厚约5mm，大小超出肿胀关节边缘2cm，用胶布固定，每日1换，7天为1疗程[3]。

4. 椎体成形术后残留腰背痛：地上部分15g，加金狗脊、炒延胡索各15g，炒杜仲、炒白芍、怀牛膝、肉苁蓉各12g，仙灵脾、广地龙各10g，全当归6g，炙甘草3g，痛甚者加制川乌、细辛各3g；体虚眩晕者加生黄芪15g、明天麻8g；双下肢无力者加五加皮6g、千年健12g；骨质疏松明显者加怀山药15g、海螵蛸12g；腰背僵硬明显者加伸筋草12g、木瓜6g；有消化道溃疡病史者加川石斛12g、广木香6g；失眠者加夜交藤12g、炒枣仁9g。水煎服，每日1剂，早晚分服，7日为1疗程[4]。

5. 风湿痹痛：地上部分15～30g，加中华常春藤9g，黄酒少许，水煎服。

6. 急性黄疸型肝炎：地上部分30g，加栀子9g、车前草15g、广金钱草15g，水煎服。

7. 疟疾：地上部分15～30g，水煎，发作前2h服，连服3天。

8. 慢性肾炎：地上部分30g，加地耳草15g，水煎冲红糖服。（5方至8方引自《浙江药用植物志》）

【附注】豨莶始载于《新修本草》，谓："叶似酸浆而狭长，花黄白色。一名火蔹，田野皆识之。"又另出"猪膏莓"条云："叶似苍耳，茎圆有毛，生下湿地，所在皆有。"《本草图经》云："叶似苍耳，两枝相对，茎叶俱有毛，黄白色，五月、六月采苗，日干之。"《本草纲目》认为豨莶、猪膏莓为一物，将其并为一条，又云："猪膏草素茎有直棱，兼有斑点，叶似苍耳而微长，似地菘而稍薄，对节而生，茎叶皆有细毛。肥壤一株分枝数十。八九月开小花，深黄色，中有长子如同蒿子，外萼有细刺粘人。《救荒本草》言其嫩苗炸熟，浸去苦味，油盐调食，故俗谓之粘糊菜。"上述形态特征及参考《本草图经》《本草纲目》附图，应包含本种及同属近似种。

药材豨莶草无风湿者慎用；生用或大剂量应用，易致呕吐。

同属植物毛梗豨莶 Siegesbeckia glabrescens Makino 及腺梗豨莶 Siegesbeckia pubescens Makino 同为《中国药典》2015年版一部豨莶草药材的基原植物。

【化学参考文献】

［1］Yang Y, Chen H, Lei J, et al. Biological activity of extracts and active compounds isolated from Siegesbeckia orientalis L. [J]. Ind Crop Prod, 2016, 94: 288-293.

［2］Wang J P, Zhou Y M, Ye Y J, et al. Topical anti-inflammatory and analgesic activity of kirenol isolated from Siegesbeckia orientalis [J]. J Ethnopharmacol, 2011, 137 (3): 1089-1094.

［3］Wang L L, Hu L H. Chemical constituents of Siegesbeckia orientalis L. [J]. J Integr Plant Biol, 2006, 48 (8): 991-995.

［4］Wang F, Cheng X L, Li Y J, et al. ent-Pimarane diterpenoids from Siegesbeckia orientalis and structure revision of a related compound [J]. J Nat Prod, 200, 72 (11): 2005-2008.

［5］Xiang Y, Zhang H, Fan C Q, et al. Novel diterpenoids and diterpenoid glycosides from Siegesbeckia orientalis [J]. J Nat Prod, 2004, 67 (9): 1517-1521.

［6］Zdero C, Bohlmann F, King R M, et al. Sesquiterpene lactones and other constituents from Siegesbeckia orientalis and Guizotia scabra [J]. Phytochemistry, 1991, 30 (5): 1579-1584.

［7］果德安，张正高，叶国庆，等. 豨莶脂溶性成分的研究[J]. 药学学报，1997，32（4）：282-285.

［8］Giang P M, Son P T, Otsuka H. ent-Pimarane-type diterpenoids from Siegesbeckia orientalis L. [J]. Chem Pharm Bull, 2005, 53 (2): 232-234.

［9］Xiang Y, Fan C Q, Yue J M. Novel sesquiterpenoids from Siegesbeckia orientalis [J]. Helv Chim Acta, 2005, 88 (1): 160-170.

［10］Rybalko K S, Konovalova O A, Petrova E F. Orientin, a new sesquiterpene lactone from Siegesbeckia orientalis [J]. Khim Prir Soedin, 1976, (3): 394-395.

［11］Baruah R N, Sharma R P, Madhusudanan K P, et al. A new melampolide from Sigesbeckia orientalis [J]. Phytochemistry, 1979, 18 (6): 991-994.

[12] Barua R N, Sharma R P, Thyagarajan G, et al. New melampolides and darutigenol from *Sigesbeckia orientalis* [J]. Phytochemistry, 1980, 19 (2): 323-325.

[13] Nguyen H N. Cytotoxic principle of *Siegesbeckia orientalis* growing in Vietnam [J]. Tap Chi Hoa Hoc, 2000, 38 (4): 84-86.

[14] Liu N, Wu C, Yu J H, et al. Germacrane-type sesquiterpenoids with cytotoxic activity from *Sigesbeckia orientalis* [J]. Bioorganic Chemistry, 2019, 92: 103196.

[15] 王志. 干姜和中药豨莶草的化学成分研究 [D]. 合肥: 安徽大学硕士学位论文, 2012.

[16] Xiong J, Ma Y B, Xu Y L. The constituents of *Siegesbeckia orientalis* [J]. Nat Prod Sci, 1997, 3 (1): 14-18.

[17] Phan T S, Le K N, Phan M G, et al. Isolation and determination of rutin from *Siegesbeckia orientalis* L. of Vietnam [J]. Tap Chi Duoc Hoc, 2002, (7): 11-13.

[18] Le K N, Nguyen V D, Phan T S. Chemistry of *Siegesbeckia orientalis* L., Asteraceae [J]. Hoa Hoc Va Cong Nghiep Hoa Chat, 1999, (5): 30-32.

【药理参考文献】

[1] Huang W C, Ling X H, Chang C C, et al. Inhibitory effects of *Siegesbeckia orientalis* extracts on advanced glycation end product formation and key enzymes related to metabolic syndrome [J]. Molecules, 2017, 22 (10): 1785.

[2] 杨雅兰, 陆建林. 豨莶草提取物对血管内皮NO依赖作用的研究 [J]. 中国药房, 2010, 21 (27): 2508-2509.

[3] Nguyen T D, Thuong P T, Hwang I H, et al. Anti-hyperuricemic, anti-inflammatory and analgesic effects of *Siegesbeckia orientalis* L. resulting from the fraction with high phenolic content [J]. Bmc Complementary & Alternative Medicine, 2017, 17 (1): 191-199.

[4] Chang C C, Ling X H, Hsu H F, et al. *Siegesbeckia orientalis* extract inhibits TGF1-induced migration and invasion of endometrial cancer cells [J]. Molecules, 2016, 21: 1021-1033.

[5] Hong Y H, Weng L W, Chang C C, et al. Anti-inflammatory effects of *Siegesbeckia orientalis* ethanol extract *in vitro* and *in vivo* models [J]. Journal of Biomedicine and Biotechnology, 2014, 2014 (2): 329712/1-329712/10.

[6] 蒋芳萍, 白海波. 豨莶草的小鼠急性毒性及抗小鼠急性痛风性关节炎作用 [J]. 中国现代应用药学, 2013, 30 (12): 1289-1291.

[7] 郑春雨, 于雪峰, 陈水林, 等. 豨莶草水提取物对痛风性关节炎大鼠JNK信号通路影响 [J]. 中国组织工程研究, 2018, 22 (36): 82-86.

[8] 娄月芬, 李盈, 胡滨. 豨莶草总黄酮对大鼠脑缺血损伤的保护作用及其作用机制研究 [J]. 药学实践杂志, 2013, 31 (1): 42-44.

[9] 王维伟, 韩蕾, 周晓辉, 等. 豨莶草对压力超负荷型大鼠心肌重构的影响 [J]. 辽宁中医药大学学报, 2011, 13 (7): 102-105.

[10] 李清, 何明月, 董文燊, 等. 豨莶草提取物对小鼠的镇静催眠作用 [J]. 武警后勤学院学报, 2019, 28 (1): 6-9.

[11] 王鹏. 豨莶草乙醇提取物改善微循环及止痒的研究 [J]. 医药论坛杂志, 2003, 24 (12): 19.

[12] 罗琼, 汪建平, 阮金兰, 等. 豨莶草促进皮肤创伤愈合的实验研究 [J]. 医药导报, 2008, 27 (10): 1161-1163.

[13] 罗琼, 王建平, 阮金兰, 等. 豨莶草局部外用的抗炎镇痛作用研究 [J]. 湖北中医学院学报, 2008, 10 (3): 9-11.

【临床参考文献】

[1] 许凤珍. 茺蔚子、豨莶治疗高血压病255例 [J]. 中国社区医师, 2002, 18 (17): 41-42.

[2] 徐首航. 大剂量豨莶草为主治疗冠心病体会 [J]. 中国中医急症, 2009, 18 (6): 999-1000.

[3] 周卫惠. 豨莶草止痛散外敷治疗急性痛风性关节炎疗效观察 [J]. 辽宁中医药大学学报, 2009, 11 (9): 86-87.

[4] 孟春, 胡柏松, 倪晓亮. 豨莶狗脊延胡汤为主治疗椎体成形术后残留腰背痛 [J]. 中医正骨, 2010, 22 (4): 53-54.

11. 鳢肠属 *Eclipta* Linn.

一年生草本。茎直立或匍匐状，有分枝，被糙毛。叶对生，全缘或有齿。头状花序小，顶生或腋生；花异型，多数，具花序梗；总苞钟状，总苞片2层，草质，外层较宽，内层稍短；花序托凸起，托片膜质，披针形或条形；外围2层为雌花，结实，花冠舌状，白色，舌片短而狭，全缘或具2齿裂，中央的两性花多数，花冠管状，结实，先端4齿裂；花药基部钝，近全缘，花柱分枝扁平，具短的三角形附属物；雌花的瘦果狭，具3棱，两性花的瘦果较粗壮，压扁，先端截形，全缘，具1~3刚毛状细齿，两面有粗糙的瘤状突起；无冠毛。

约4种，主要分布于南美洲和大洋洲。中国1种，法定药用植物1种。华东地区法定药用植物1种。

972. 鳢肠（图972）• *Eclipta prostrata*（Linn.）Linn. [*Eclipta alba*（Linn.）Haask.；*Eclipta erecta* Hassk.]

图972 鳢肠　　　　　　摄影　赵维良等

【别名】墨旱莲（通称），旱莲草（山东），烂脚丫（安徽泗县），干莲草、墨汁草（福建），水旱莲（江苏盱眙），珠芽草（江苏仪征）。

【形态】一年生草本，高20~40cm。茎直立、斜升或平卧，多自基部分枝，被糙毛。叶长圆状披针形至条状披针形，长3~10cm，宽0.5~2.5cm，顶端尖或渐尖，基部狭楔形，全缘或具细齿，两面被糙伏毛。头状花序1~3个腋生或顶生，花序梗长2~5.5cm；总苞球状钟形，总苞片5~6枚，草质，排成2层，长圆形或长圆状披针形，外面被糙伏毛；托片条形；外围舌状花2层，舌片短，白色，先端2

齿裂或全缘；两性花多数，花冠管状，白色，先端4齿裂，花柱棍棒状；雌花的瘦果三棱形，两性花的瘦果扁四棱形，表面有小瘤状凸起；无冠毛。花期6～8月，果期9～11月。

【生境与分布】多生于路边、沟边及河边。分布于华东各地，另我国其他各地均有分布；世界热带及亚热带地区也有分布。

【药名与部位】墨旱莲（旱莲草），地上部分。

【采集加工】夏、秋二季花开时采割，晒干或鲜用。

【药材性状】全体被白色茸毛。茎呈圆柱形，有纵棱，直径2～5mm；表面绿褐色或墨绿色。叶对生，近无柄，叶片皱缩卷曲或破碎，完整者展平后呈圆状披针形至长披针形，全缘或具浅齿，墨绿色。头状花序直径2～6mm。瘦果椭圆形而扁，长2～3mm，棕色或浅褐色。气微，味微咸。

【质量要求】色绿，满叶，带实，无根。

【药材炮制】除去杂质，抢水洗净，切段，干燥。

【化学成分】全草含三萜类：墨旱莲皂苷 I（eclalbasaponin I）[1]，刺囊酸（echinocystic acid）、齐墩果酸（oleanolic acid）、旱莲苷 A、B（ecliptasaponin A、B）[2]，旱莲苷 C（ecliptasaponin C）[3]，刺囊酸 -3-O- 葡萄糖苷（echinocystic acid-3-O-glucoside）[4]，墨旱莲皂苷 XIII、IX（eclalbasaponin XIII、IX）、熊果酸（ursolic acid）和鳢肠素*（eclalbatin）[5]；香豆素类：蟛蜞菊内酯（wedelolactone）[1]，去甲蟛蜞菊内酯（demethylwedelolactoe）、异去甲基蟛蜞菊内酯（isodemethyl wedelolactone）[6]和异去甲基蟛蜞菊内酯葡萄糖苷（isodemethyl wedelolactone glucoside）[5]；黄酮类：木犀草素（luteolin）、木犀草素 -7-O- 葡萄糖苷（luteolin-7-O-glucoside）[1]，槲皮素（quercetin）[4]，蒙花苷（linarin）、木犀草苷（lunteoloside）、芹菜素 -7-O- 葡萄糖苷（apigenin-7-O-glucoside）、异鼠李素（isorhamnetin）、芹菜素（apigenin）、3'-O- 甲基香豌豆酚（3'-O-methylorobol）[5]，香豌豆酚（orobol）[7]，香叶木素（diosmetin）和 3'- 羟基鹰嘴豆素 A（3'-hydroxybiochanin A）[8]；甾体类：胡萝卜苷（daucosterol）、豆甾醇 -3-O- 葡萄糖苷（stigmasterol-3-O-glucoside）、β- 谷甾醇（β-sitosterol）[3]和豆甾醇（stigmasterol）[9]；噻吩类：2, 2': 5", 2"- 三噻吩 -5- 甲酸（2, 2': 5", 2"-terthiophene-5-carboxylic acid）[5]，α- 醛基三联噻吩（α-formylterthiophene）[6]，5- 羟甲基 -（2, 2': 5', 2"）- 三联噻吩巴豆酸酯［5-hydroxymethyl-（2, 2': 5', 2"）-terthienyl tiglate］、5- 羟基甲基 -（2, 2': 5', 2"）- 三联噻吩当归酸酯［5-hydroxymethyl-（2, 2': 5', 2"）-terthienyl agelate］、5- 羟甲基 -（2, 2': 5', 2"）- 三联噻吩乙酸酯［5-hydroxymethyl-（2, 2': 5', 2"）-terthienyl acetate］[7]，2, 2': 5', 2"- 三联噻吩（2, 2': 5', 2"-terthiophene）、α- 醛基 -2, 2': 5', 2"- 三联噻吩［α-formyl（2, 2': 5', 2"）-terthiophene］、5- 羟甲基 -（2, 2': 5', 2"）- 三联噻吩［5-hydroxymethyl-（2, 2': 5', 2"）-terthiophene］、（2, 2': 5', 2"）- 三联噻吩 -5- 甲酸［（2, 2': 5', 2"）-terthiophene-5-carboxylic acid］、5- 醛基 -5'-（3- 丁烯 -1- 炔基）-2, 2'- 二联噻吩［5-aldehydo-5'-（3-butene-1-ynyl）-2, 2'-bithiophene］和 5- 丁 -1'- 炔 -3'- 羟基 -4'- 氯 -（2- 戊 -1", 3"- 二炔）噻吩［5-but-1'-yn-3'-hydroxy-4'-chloro-（2-penta-1", 3"-diyn）thienyl］[10]，鳢肠噻吩醛（ecliptal）[11]和 α- 三聚噻吩（α-terthiophene）[12]；单萜类：吕宋果内酯（strychnolactone）[6]，二氢猕猴桃内酯（dihydroactinidiolide）和黑麦草内酯（loliolide）[10]；酚酸类：原儿茶酸（protocatechuic acid）[5]，龙胆酸（gentisic acid）[6]和原儿茶酸乙酯（ethyl protocatechoate）[10]；挥发油类：δ- 愈创木烯（δ-guainene）、新二氢香芹醇（neodihydrocarveol）、1, 5, 5, 8- 四甲基 -12- 氧杂二环［9, 1, 0］十二 -3, 7- 二烯 {1, 5, 5, 8-tetramethyl-12-oxabicyclo［9, 1, 0］dodeca-3, 7-diene}、6, 10, 14- 三甲基 -2- 十五烷酮（6, 10, 14-trimethyl-2-pentadecanone）、3, 7, 11, 15- 四甲基 -2- 十六烯 -1- 醇（3, 7, 11, 15-tetramethyl-2-hexadecen-l-ol）、正十六烷酸（n-hexadecanoic acid）、石竹烯氧化物（caryophylene oxide）和十七烷（heptadecane）等[13]；生物碱类：磺胺甲二唑（sulfamethizole）[5]；脂肪酸类：硬脂酸（stearic acid）[3]和三十二碳酸（tricarboxylic acid）[6]；醇类：正二十九醇（n-nonacosanol）[6]；酮类：6, 10, 14- 三甲基 -2- 十五酮（6, 10, 14-trimethyl-2-pentadecanone）[5]；烯烃类：1, 5, 5, 8- 四甲基 -12- 氧化双环［9, 1, 0］十五碳 -3, 7- 双烯 {1, 5, 5, 8-tetramethyl-12-oxobicyclo［9, 1, 0］pentaca-3, 7-diene}[5]。

地上部分含香豆素类：鳢肠菊内酯（wedelolactone）[9,14]，去甲鳢肠菊内酯（demethyl wedelolactone）[15]，异去甲基鳢肠菊内酯（isodemethyl wedelolactone）[16]，1, 3, 8, 9-四羟基香豆雌烷（1, 3, 8, 9-terahydroxycoumestan）[17]，补骨脂素（psoralen）和异补骨脂素（isopsoralen）[18]；甾体类：豆甾醇（stigmasterol）[14]，β-谷甾醇（β-sitosterol）[15]，豆甾醇-3-O-β-D-吡喃葡萄糖苷（stigmasterol-3-O-β-D-glucopyranoside）[19]，胡萝卜苷（daucosterol）[20]和3-O-（6-O-十六碳酰基-β-D-吡喃葡萄糖基）豆甾醇［3-O-（6-O-palmitoyl-β-D-glucopyranosyl）stigmasterol］[21]；三萜及皂苷类：3-O-β-D-吡喃葡萄糖基刺囊酸（3-O-β-D-glucopyranosyl echinocystic acid）、3-O-β-D-吡喃葡萄糖基刺囊酸-28-O-β-D-吡喃葡萄糖苷（3-O-β-D-glucopyranosyl echinocystic acid-28-O-β-D-glucopyranoside）、3-O-（2-O-硫酰基-β-D-吡喃葡萄糖基）刺囊酸［3-O-（2-O-sulfuryl-β-D-glucopyranosyl）echinocystic acid］[9]，旱莲苷C（ecliptasaponin C）[15]，β-香树脂醇（β-amyrin）、3-酮基-16α-羟基齐墩果-12-烯-28-酸（3-oxo-16α-hydroxyolean-12-en-28-oic acid）、3, 16, 21-三羟基齐墩果-12-烯-28-酸（3, 16, 21-trihydroxyolean-12-en-28-oic acid）[16]，墨旱莲苷Ⅸ、ⅩⅤ（eclalbasaponin Ⅸ、ⅩⅤ）、旱莲苷B（ecliptasaponin B）、3-O-（2-O-乙酰基-β-D-吡喃葡萄糖基）齐墩果酸-28-O-β-D-吡喃葡萄糖苷［3-O-（2-O-acetyl-β-D-glucopyranosyl）oleanolic acid-28-O-β-D-glucopyranoside］、3-O-（6-O-乙酰基-β-D-吡喃葡萄糖基）齐墩果酸-28-O-β-D-吡喃葡萄糖苷［3-O-（6-O-acetyl-β-D-glucopyranosyl）oleanolic acid-28-O-β-D-glucopyranoside］、3-O-β-D-吡喃葡萄糖基齐墩果酸-28-O-（6-O-乙酰基）-β-D-吡喃葡萄糖苷［3-O-β-D-glucopyranosyl oleanolic acid-28-O-（6-O-acetyl）-β-D-glucopyranoside］、旱莲苷D（ecliptasaponin D）、如色苷*H（lucynoside H）、3-O-（2-O-乙酰基-β-D-吡喃葡萄糖基）齐墩果酸［3-O-（2-O-acetyl-β-D-glucopyranosyl）oleanolic acid］、3-O-（6-O-乙酰基-β-D-吡喃葡萄糖基）齐墩果酸［3-O-（6-O-acetyl-β-D-glucopyranosyl）oleanolic acid］[17]，3-酮基-16α-羟基齐墩果-12-烯-28-酸（3-oxo-16α-hydroxyolean-12-en-28-oic acid）[18]，刺囊酸（echinocystic acid）、刺囊酸-3-O-β-D-吡喃葡萄糖醛酸-6′-O-甲酯苷［echinocystic acid-3-O-（6′-O-methyl）-β-D-glucuronopyranoside］[19]，旱莲苷Ⅰ、Ⅴ、Ⅳ、Ⅵ、M（ecliptasaponin Ⅰ、Ⅴ、Ⅳ、Ⅵ、M）、角鲨烯（squalene）[20]，3β, 16β, 29-三羟基齐墩果烷-12-烯-3-O-β-D-吡喃葡萄糖苷（3β, 16β, 29-trihydroxyoleanane-12-en-3-O-β-D-glucopyranoside）、旱莲苷A（eclalbasaponin A）、3-O-（6-O-乙酰基-β-D-吡喃葡萄糖基）齐墩果酸［3-O-（6-O-acetyl-β-D-glucopyranosyl）oleanolic acid］、3, 28-O-β-D-二吡喃葡萄糖基-3β, 16β-二羟基-12-烯-28-齐墩果酸（3, 28-di-O-β-D-glucopyranosyl-3β, 16β-dihydroxy-12-en-28-oleanlic acid）、3-O-（2-O-乙酰基-β-D-吡喃葡萄糖基）齐墩果酸-28-O-β-D-吡喃葡萄糖酯苷［3-O-（2-O-acetyl-β-D-glucopyranosyl）oleanolic acid-28-O-β-D-glucopyranosyl ester］、3-O-（6-O-乙酰基-β-D-吡喃葡萄糖）齐墩果酸-28-O-β-D-吡喃葡萄糖酯苷［3-O-（6-O-acetyl-β-D-glucopyranosyl）oleanolic acid-28-O-β-D-glucopyranosyl ester］、3-O-（β-D-吡喃葡萄糖基）齐墩果酸-28-O-6-O-乙酰基-β-D-吡喃葡萄糖酯苷［3-O-（β-D-glucopyranosyl）oleanolic acid-28-O-6-O-acetyl-β-D-glucopyranosyl ester］、3-O-［β-D-吡喃葡萄糖基-（1→2）-β-D-吡喃葡萄糖基］-18-烯-齐墩果酸-28-O-β-D-吡喃葡萄糖苷｛3-O-［β-D-glucopyranosyl-（1→2）-β-D-glucopyranosyl］-18-en-oleanlic acid-28-O-β-D-glucopyranoside｝、3-O-［β-D-吡喃葡萄糖基-（1→2）-β-D-吡喃葡萄糖基］齐墩果酸-28-O-β-D-吡喃葡萄糖苷｛3-O-［β-D-glucopyranosyl-（1→2）-β-D-glucopyranosyl］oleanolic acid-28-O-β-D-glucopyranoside｝、罗盘草苷C（silphioside C）[21]，墨旱莲皂苷Ⅰ、Ⅱ、Ⅲ、Ⅺ、Ⅻ（eclalbasaponin Ⅰ、Ⅱ、Ⅲ、Ⅺ、Ⅻ）[22]，墨旱莲皂苷Ⅴ（eclalbasaponin Ⅴ）[23]，齐墩果酸（oleanolic acid）、旱莲苷A（ecliptasaponin A）、β-白檀酮（β-amyrone）[24]，3β, 16β, 29-三羟基齐墩果烷-12-烯-3-O-β-D-吡喃葡萄糖苷（3β, 16β, 29-trihydroxyoleanane-12-en-3-O-β-D-glucopyranoside）、3, 28-二-O-β-D-吡喃葡萄糖基-3β, 16β-二羟基齐墩果烷-12-烯-28-齐墩果酸（3, 28-di-O-β-D-glucopyranosyl-3β, 16β-dihydroxyoleanane-12-en-28-oleanlic acid）、3-O-β-D-吡喃葡萄糖基-（1→2）-β-D-吡喃葡萄糖基齐墩果-18-烯-28-酸-O-β-D-吡喃葡萄糖苷［3-O-β-D-glucopyranosyl-（1→2）-β-D-glucopyranosyl oleanlic-18-en-28-oic acid-O-β-D-glucopyranoside］、墨旱莲苷Ⅵ、Ⅶ、Ⅷ

（eclalbasaponin Ⅵ、Ⅶ、Ⅷ）、罗盘草苷 B、E（silphioside B、E）、28-O-β-D- 吡喃葡萄糖基桦木酸 -3β-O-β-D- 吡喃葡萄糖苷（28-O-β-D-glucopyranosyl betulinic acid 3β-O-β-D-glucopyranoside）[25]，刺囊酸 -3-O-（6-O- 乙酰基）-β-D- 吡喃葡萄糖苷［echinocystic acid-3-O-（6-O-acetyl）-β-D-glucopyranoside］、墨旱莲苷 Ⅳ（eclalbasaponin Ⅳ）[26]，3-O-（2-O- 乙酰基 -β-D- 吡喃葡萄糖基）齐墩果酸 -28-O-β-D- 吡喃葡萄糖基酯［3-O-（2-O-acetyl-β-D-glucopyranosyl）oleanolic acid-28-O-β-D-glucopyranosyl ester］、3-O-（6-O- 乙酰基 -β-D- 吡喃葡萄糖基）齐墩果酸 -28-O-β-D- 吡喃葡萄糖基酯［3-O-（6-O-acetyl-β-D-glucopyranosyl）oleanolic acid-28-O-β-D-glucopyranosylester］和 3-O-（β-D- 吡喃葡萄糖基）齐墩果酸 -28-O-（6-O- 乙酰基 -β-D- 吡喃葡萄糖基）酯［3-O-（β-D-glucopyranosyl）oleanolic acid-28-O-（6-O-acetyl-β-D-glucopyranosyl）ester］[27]；黄酮类：芹菜素（apigenin）、木犀草素（luteolin）、木犀草苷（luteoloside）、蒙花苷（linarin）[15]、异槲皮苷（isoquercitrin）、木犀草素硫酸酯（luteolin sulfate）、香豌豆酚 -5-O-β-D 吡喃葡萄糖苷（orobol-5-O-β-D-glccopyranoside）、香豌豆酚（orobol）、野黄芩素（scutellarein）、3′- 甲氧基香豌豆酚 -7-O-β-D- 吡喃葡萄糖苷（3′-methoxylorobol-7-O-β-D-glccopyranoside）、刺槐素硫酸盐（acacetin sulfate）[17]，金合欢素 -7-O- 芦丁糖苷（acacetin-7-O-rutinoside）、金合欢素（acacetin）、黄芩新素 Ⅱ（skullcapflavone Ⅱ）、山柰酚（kaempferol）、山柰素（kaempferide）、4′, 7- 二羟基 -3′, 6′- 二甲氧基异黄酮 -7-O- 葡萄糖苷（4′, 7-dihydroxyl-3′, 6′-dimethoxyl isoflavone-7-O-glucoside）[18]、槲皮素（quercetin）[19]、3′, 4′- 二羟基 -5, 7- 二羟基异黄酮 -7-O- 吡喃葡萄糖苷（3′, 4′-dihydroxy-5, 7-dihydroxyisoflavone-7-O-glccopyranoside），即香豌豆苷（oroboside）、圣草酚（eriodictyol）、火棘山楂苷（pyracanthoside）[21]、红车轴草素（pratensein）、红车轴草素 -7-O-β-D- 吡喃葡萄糖苷（pratensein-7-O-β-D-glucopyranoside）[26]、香叶木素（diosmetin）、3′- 羟基鹰嘴豆芽素 A（3′-hydroxybiochanin A）和 3′-O- 甲基香豌豆酚（3′-O-methylorobol）[28]；噻吩类：2, 2′, 5″, 2″- 三噻吩 -5- 甲酸（2, 2′: 5″, 2″-terthiophene-5-carboxylic acid）[15]、α- 甲酰三联噻吩（α-formylterthienyl）[16]、5- 羟甲基 -(2, 2′: 5′, 2″)- 三噻吩基噻吩［5-hydroxymethyl-（2, 2′: 5′, 2″）-terthienyltiglate］[18]、2, 2′- 二联噻吩（2, 2′-bithiophene）、5-（丁烯 -3- 炔 -1- 基）-2, 2′- 联噻吩［5-（butene-3-yn-1-yl）-2, 2′-bithiophene］[20]、2-（戊 -1, 3- 二炔基）-5-（3, 4- 二羟基丁 -1- 炔基）噻吩［2-（penta-1, 3-diynyl）-5-（3, 4-dihydroxy-but-1-ynyl）-thiophene］、5-（3- 丁烯 -1- 炔基）-5′- 乙氧甲基 -2, 2′- 二联噻吩［5-（3-butene-1-ynyl）-5′-ethoxymethyl-2, 2′-bithiophene］、5-（3- 丁炔 -1, 2- 二醇）-5′- 羟甲基 -2, 2′- 二联噻吩［5-（but-3-yne-1, 2-diol）-5′-hydroxymethyl-2, 2′-bithiophene］、5′- 异戊酰氧甲基 -5-（4- 异戊酰氧丁 -1- 炔基）-2, 2′- 二联噻吩［5′-isovaleryloxymethyl-5-（4-isovaleryloxy-but-1-ynyl）-2, 2′-bithiophene］、5- 羟甲基 -5′-（3- 丁烯 -1- 炔基）-2, 2′- 二联噻吩［5-hydroxymethyl -5′-（3-butene-1-ynyl）-2, 2′-bithiophene］、5- 甲氧甲基 -2, 2′: 5′, 2″- 三联噻吩（5-methoxymethyl-2, 2′: 5′, 2″-terthiophene）、5- 乙氧甲基 -2, 2′: 5′, 2″- 三联噻吩（5-ethoxymethyl-2, 2′: 5′, 2″-terthiophene）[21]、5-（丁 -3- 炔 -1, 2- 二醇）-5′- 羟基甲基 -2, 2′- 二噻吩［5-（but-3-yne-1, 2-diol）-5′-hydroxymethyl-2, 2′-bithiophene］、2-（戊 -1, 3- 二炔基）-5-（3, 4- 二羟基 - 丁 -1- 炔基）- 噻吩［2-（penta-1, 3-diynyl）-5-（3, 4-dihydroxy-but-1-ynyl）-thiophene］、5′- 异戊酰氧甲基 -5-（4- 异戊酰基氧丁 -1- 炔基）-2, 2′- 二噻吩［5′-isovaleryloxymethyl-5-（4-isovaleryloxybut-1-ynyl）-2, 2′-bithiophene］、α- 三联噻吩甲醇（α-terthienylmethanol）、5- 甲氧基甲基 -2, 2′: 5′, 2″- 三噻吩（5-methoxymethyl-2, 2′: 5′, 2″-terthiophene）、5- 乙氧基甲基 -2, 2′: 5′, 2″- 三噻吩（5-ethoxymethyl-2, 2′: 5′, 2″-terthiophene）[25]、3′- 羟基 -2, 2′: 5′, 2″- 三噻吩 -3′-O-β-D- 吡喃葡萄糖苷（3′-hydroxy-2, 2′: 5′, 2″-terthiophene-3′-O-β-D-glucopyranoside）、α- 三联噻吩（α-terthienyl）、3′- 甲氧基 -2, 2′: 5′, 2″- 三噻吩（3′-methoxy-2, 2′: 5′, 2″-terthiophene）和 5-（3″, 4″- 二羟基 -1″- 丁炔基）-2, 2′- 二噻吩［5-（3″, 4″-dihydroxy-1″-butynyl）-2, 2′-bithiophene］[26]；聚炔糖苷类：（4E, 6E）- 十四碳 -4, 6- 二烯 -8, 10, 12- 三炔 -1, 3- 二羟基 -3-O-β-D- 吡喃葡萄糖苷［（4E, 6E）-tetradeca-4, 6-dien-8, 10, 12-triyne-1, 3-dihydroxy-3-O-β-D-glucopyranoside］、（E）- 十三碳 -1, 5- 二烯 -7, 9, 11- 三炔 -3, 4- 二羟基 -4-O-β-D- 吡喃葡萄糖苷［（E）-trideca-1, 5-dien-7, 9, 11-triyne-3, 4-diol-4-O-β-D-glucopyranoside）[21]、3-O-β-D- 吡喃葡萄糖氧基 -1-

羟基-（4E, 6E）-十四烯-8, 10, 12-三炔［3-O-β-D-glucopyranosyloxy-1-hydroxy-（4E, 6E）-tetradecene-8, 10, 12-triyne］和（5E）-十三碳-1, 5-二烯 7, 9, 11-三炔-3, 4-二醇-4-O-β-D-吡喃葡萄糖苷［（5E）-trideca-1, 5-dien-7, 9, 11-triyne-3, 4-diol-4-O-β-D-glucopyranoside］[25]；单萜类：（1S*, 2S*, 3S*, 4R*, 6R*）-1, 2, 3, 6-四羟基对薄荷烷［（1S*, 2S*, 3S*, 4R*, 6R*）-1, 2, 3, 6-tetrahydroxy-p-menthan］和（1S*, 2S*, 3R*, 4R*, 5R*）-1, 2, 3, 4-四羟基对薄荷烷［（1S*, 2S*, 3R*, 4R*, 5R*）-1, 2, 3, 4-tetrahydroxy-p-menthan］[20]，相对-（1S, 2S, 3S, 4R, 6R）-1, 6-环氧薄荷烷-2, 3-二醇-3-O-β-D-吡喃葡萄糖苷［rel-（1S, 2S, 3S, 4R, 6R）-1, 6-epoxy-menthane-2, 3-diol-3-O-β-D-glucopyranoside］、相对-（1S, 2S, 3S, 4R, 6R）-6′-O-咖啡酰基-1, 6-环氧薄荷烷-2, 3-二醇-3-O-β-D-吡喃葡萄糖苷［rel-（1S, 2S, 3S, 4R, 6R）-6′-O-caffeoyl-1, 6-epoxymenthane-2, 3-diol-3-O-β-D-glucopyranoside］、鬼针草薄荷醇苷 A、B（bidensmenthoside A、B）[21]，相对-（1S, 2S, 3S, 4R, 6R）-1, 6-环氧-薄荷烷-2, 3-二醇-3-O-β-D-吡喃葡萄糖苷［rel-（1S, 2S, 3S, 4R, 6R）-1, 6-epoxy-menthane-2, 3-diol-3-O-β-D-glucopyranoside］和相对-（1S, 2S, 3S, 4R, 6R）-3-O-（6-O-咖啡酰基-β-D-吡喃葡萄糖基）-1, 6-环氧薄荷烷-2, 3-二醇［rel-（1S, 2S, 3S, 4R, 6R）-3-O-（6-O-caffeoyl-β-D-glucopyranosyl）-1, 6-epoxymenthane-2, 3-diol］[25]；酚酸类：原儿茶酸（protocatechuic acid）、原儿茶酸乙酯（ethyl protocatechuate）、2, 6-二羟基-4-甲氧基苯甲酸乙酯（2, 6-dihydroxy-4-methoxybenzoic acid ethyl ester）[21]和干朽菌酸 C（merulinic acid C）[24]；苯丙素类：绿原酸（chlorogenic acid）、隐绿原酸（cryptochlorogenic acid）、二咖啡酰奎宁酸（dicaffeoyl quinic acid）[17]、咖啡酸（caffeic acid）、咖啡酸乙酯（ethyl caffeate）和阿魏酸乙酯（ethyl ferulate）[21]；脂肪酸酯类：（9Z, 12Z）-9, 12-二烯十八碳酸甲酯［methyl（9Z, 12Z）-octadeca-9, 12-dienoate］、（9Z, 12Z, 15Z）-9, 12, 15-三烯十八碳酸甲酯［methyl（9Z, 12Z, 15Z）-octadeca-9, 12, 15-trienoate］和波鲁酯*（berulide）[24]；木脂素类：墨旱莲木脂素 A（ecliptalignin A）[18]、松脂酚-4-O-β-D-吡喃葡萄糖苷（pinoresinol-4-O-β-D-glccopyranoside）、4, 4′-二甲氧基-3′-羟基-7, 9′: 7′, 9-二环氧木脂素-3-O-β-D-吡喃葡萄糖苷（4, 4′-dimethoxy-3′-hydroxy-7, 9′: 7′, 9-diepoxylignan-3-O-β-D-glucopyranoside）、丁香树脂酚-4-O-β-D-吡喃葡萄糖苷（syringaresinol-4-O-β-D-glucopyranoside）、绵头雪兔子苷 A（lanicepside A）和长花马先蒿苷（longifloroside）[21]；生物碱类：文殊兰奎碱（crinumaquine）、2, 3, 9, 12-四甲氧基原小檗碱（2, 3, 9, 12-tetramethoxyprotoberberine）[18]、（R）-2-羟基-N-［（2S, 3S, 4R, E）-1-O-β-D-吡喃葡萄糖基-1, 3, 4-三羟基十七碳-9-烯-2-基］十九碳酰胺｛（R）-2-hydroxy-N-［（2S, 3S, 4R, E）-1-O-β-D-glucopyranosyl-1, 3, 4-trihydroxy heptadec-9-en-2-yl］nonadecanamide｝、（R）-2-羟基-N-［（2S, 3S, 4R, 10E）-1, 3, 4-三羟基十八烯-10-en-2-基］二十四烷酰胺｛（R）-2-hydroxy-N-［（2S, 3S, 4R, 10E）-1, 3, 4-trihydroxyoctadec-10-en-2-yl］tetracosanamide｝和楤木脑苷酯*（aralia cerebroside）[21]；核苷类：β-腺苷（β-adenosine）[21]；挥发油类：十七烷（heptadecane）、6, 10, 14-三甲基-2-十五烷酮（6, 10, 14-trimethyl-2-pentadecanone）、正十六烷酸（n-hexadecanoic acid）、十五烷（pentadecane）和桉叶-4, 11-二烯（eudesma-4, 11-diene）等[29]；醛类：原儿茶醛（protocatechuic aldehyde）和阿魏醛（feruladehyde）[21]；酚苷类：它桥糖苷（tachioside）、益母草瑞苷 A（leonuriside A）和 α-生育酚（α-tocopherol）[21]；硫化物类：1-O-十六碳酰基 3-O-（6′-硫代-α-D-脱氧吡喃葡萄糖基）甘油［1-O-palmitoyl-3-O-（6′-sulfo-α-D-deoxypyranogyrane）glycerol］[17]和 1-O-棕榈油酰基-3-O-（6′-硫代-α-D-脱氧吡喃葡萄糖）甘油［1-O-palmitoleoyl-3-O-（6′-sulfo-α-D-deoxypyranogyrane）glycerol］[20]；醇苷类：（2E, 6E）-2, 6, 10-三甲基十二碳-2, 6, 11-三烯-1, 10-二醇-1-O-β-D-吡喃葡萄糖苷［（2E, 6E）-2, 6, 10-trimethyldodeca-2, 6, 11-trien-1, 10-diol-1-O-β-D-glucopyranoside］、刺柏香堇醇苷（junipeionoloside）和琉球虾脊兰苷（calaliukiuenoside）[21]；酰基糖酯类：1-O-十八酰基-2-O-（9Z, 12Z-十八碳二烯酰基）-3-O-［α-D-吡喃甘露糖基-（1→6）-O-β-D-吡喃甘露糖基］甘油｛1-O-octadecanoyl-2-O-（9Z, 12Z-octadecadienoyl）-3-O-［α-D-galactopyranosyl-（1→6）-O-β-D-galactopyranosyl］glycerol｝、1, 2-O-（二-9, 12, 15-十八碳三烯酰基）-3-O-［α-D-吡喃甘露糖基-（1→6）-O-β-D-吡喃甘露糖基］甘油｛1, 2-O-（bis-9, 12, 15-octadecatrienoyl）-3-O-［α-D-galactopyranosyl-（1→6）-O-β-D-galactopyranosyl］glycerol｝和二酰基

糖酯*（diacylglycolipid）[21]；烷烯烃苷类：（3S, 5R, 6S, 7E, 9R）-3-羟基-5,6-环氧-β-紫罗兰-3-O-β-D-吡喃葡萄糖苷［（3S, 5R, 6S, 7E, 9R）-3-hydroxy-5,6-epoxy-β-ionyl-3-O-β-D-glucopyranoside］、α-D-呋喃果糖甲苷（methyl-α-D-fructofuranoside）、α-D-呋喃果糖乙苷（ethyl-α-D-fructofuranoside）、β-D-吡喃葡萄甲苷（methyl-β-D-glucopyranoside）、獭子树苷*A（euodionoside A）[21]和（2E, 6E）-2,6,10-三甲基-2,6,11-十二碳三烯-1,10-二醇-1-O-β-D-吡喃葡萄糖苷［（2E, 6E）-2,6,10-trimethyl-2,6,11-dodecatriene-1,10-diol-1-O-β-D-glucopyranoside］[25]；烯烃类：α-石竹烯（α-caryophyllene）[20]。

茎含聚乙炔糖苷类：鳢肠炔苷*I（eprostrata I）、（5E）-十三碳-1,5-二烯-7,9,11-三炔-3,4-二醇-4-O-β-D-吡喃葡萄糖苷［（5E）-trideca-1,5-dien-7,9,11-triyne-3,4-diol-4-O-β-D-glucopyranoside］、3-O-β-D-吡喃葡萄糖基-1-羟基-（4E,6E）-十四碳烯-8,10,12-三炔［3-O-β-D-glucopyranosyl-1-hydroxy-（4E,6E）-tetradecene-8,10,12-triyne］、2-O-β-D-葡萄糖基十三碳-（3E,11E）-二烯-5,7,9-三炔-1,2,13-三醇［2-O-β-D-glucosyltrideca-（3E,11E）-dien-5,7,9-triyn-1,2,13-triol］、2-O-β-D-葡萄糖基十三碳-（3E,11E）-二烯-5,7,9-三炔-1,2-二醇［2-O-β-D-glucosyltrideca-（3E,11E）-dien-5,7,9-triyne-1,2-diol］和2-O-β-D-葡萄糖基十三碳-（3E,11E）-二烯-5,7,9-三炔-1,2-二醇［2-O-β-D-glucosyltrideca-（3E,11Z）-dien-5,7,9-triyne-1,2-diol］[30]；噻吩类：α-三联噻吩甲醇（α-terthienyl methanol）和α-醛基三联噻吩（α-formylterthienyl）[30]。

叶含三萜类：白毛丁菌素*C（dasyscyphin C）和匙羹藤醇*（gymnemagenol）[31]；挥发油类：三环烯（tricyclene）、α-侧柏烯（α-thujene）、月桂烯（myrcene）、α-水芹烯（α-phellandrene）、对聚伞花烃（p-cymene）、柠檬烯（limonene）、异佛尔酮（isophorone）、樟脑（camphor）、龙脑（borneol）、环小麦长蠕孢烯（cyclosativene）、小麦长蠕孢烯（sativene）、β-石竹烯（β-caryophyllene）、γ-喜马雪松烯（γ-himachalene）、α-葎草烯（α-humulene）、（E）-β-金合欢烯［（E）-β-farnesene］、大根香叶烯B（germacrene B）、大根香叶烯D（germacrene D）、α-芹子烯（α-selinene）、芹子-3,7（11）-二烯［selina-3,7（11）-diene］、氧化葎草烯II（humulene oxide II）和氧化石竹烯（caryophyllene oxide）[32]。

种子含脂肪酸类：12-羟基-顺式-9-十八碳烯酸（12-hydroxy-cis-9-octadecenoic acid）、棕榈酸（palmitic acid）和油酸（oleic acid）[33]。

【药理作用】 1. 护肝护肾　地上部分乙醇提取物可显著提高肝脏中11β-HSD I和肾脏中11β-HSD II的含量[1]。2. 抗炎　地上部分乙醇提取物可显著抑制脂多糖（LPS）诱导的RAW 264.7巨噬细胞中一氧化氮合酶（NOS）、肿瘤坏死因子-α（TNF-α）和白细胞介素-6（IL-6）的含量[2]。3. 降血脂　叶的水提取物可显著降低高脂饮食所致的高血脂模型大鼠血清总胆固醇（TC）、甘油三酯（TG）和总蛋白（TP）含量，提高高密度脂蛋白胆固醇（HDL-C）含量[3]。4. 抗骨质疏松　根和叶的乙醇提取物对UM R 106细胞的增殖具有促进作用；根、茎、叶乙醇提取物均对碱性磷酸酶活性有促进作用[4]。5. 抗细胞增殖　地上部分水提取物中分离得到的3-O-β-D-吡喃葡萄糖基刺囊酸（3-O-β-D-glucopyranosyl echinocystic acid）具有抑制C6细胞和PC12细胞增殖的作用[5]。

【性味与归经】 甘、酸，寒。归肾、肝经。

【功能与主治】 滋补肝肾，凉血止血。用于牙齿松动，须发早白，眩晕耳鸣，腰膝酸软，阴虚血热，吐血，衄血，尿血，血痢，崩漏下血，外伤出血。

【用法与用量】 煎服6～12g；外用鲜品适量。

【药用标准】 药典1963—2015、浙江炮规2015、福建药材1990、新疆药品1980二册、香港药材四册和台湾2013。

【临床参考】 1. 急性出血性坏死性肠炎：鲜叶适量，捣烂取汁，每日服3～4次，每次30～50ml[1]。

2. 各种出血：全草30g，加檵木花12g，水煎服。

3. 肝肾阴虚、头晕、目眩：二至丸（全草，加女贞子制成），每日2次，每次9g；或全草12g，加山药、熟地、菟丝子各12g，女贞子9g，水煎服，或研粉口服，每日3次，每次6g。

4. 外伤出血：鲜全草适量，捣烂外敷，或晒干研粉外敷。

5. 服血防片引起头晕、头痛：全草 30g，加白芷 9g、半边莲 15g，水煎服。（2方至5方引自《浙江药用植物志》）

【附注】本种始载于《千金月令》，原名金陵草。《新修本草》名鳢肠，云："生下湿地。苗似旋覆，一名莲子草，所在坑渠间有之。"《本草图经》云："今处处有之，南方尤多。此有二种，一种叶似柳而光泽，茎似马齿苋，高一二尺许，花细而白，其实若小莲房。……二种摘其苗皆有汁出，须臾而黑，故多作乌髭发药用之。"《本草纲目》载："鳢，乌鱼也，其肠亦乌。此草柔茎，断之有墨汁出，故名，俗呼墨菜是也。细实颇如莲房状，故得莲名。"上述本草所载生下湿地，茎断之有墨汁出，实如莲房状者，与本种特征一致。

药材墨旱莲（旱莲草）脾肾虚寒者慎服。

【化学参考文献】

[1] Liu Q M, Zhao H Y, Zhong X K, et al. Eclipta prostrata L. phytochemicals: isolation, structure elucidation, and their antitumor activity [J]. Food Chem Toxicol, 2012, 50（11）: 4016-4022.

[2] 张梅，陈雅妍. 旱莲草化学成分旱莲貳 A 和旱莲貳 B 的分离和鉴定 [J]. 药学学报，1996，31（3）: 196-199.

[3] 张梅，陈雅妍. 旱莲草化学成分的研究 [J]. 中国中药杂志，1996，21（8）: 480-481.

[4] 张梅，陈雅妍. 旱莲草中3个新的三萜皂貳化合物 [J]. 北京医科大学学报，1994，5: 330.

[5] 杨韵若，聂宝明，邓克敏，等. 鳢肠水溶性部位的化学和药理研究 [J]. 上海第二医科大学学报，2005，25（3）: 223-226.

[6] 夏爱军，李玲，董昕，等. UHPLC-Q-TOF/MS 技术应用于中药旱莲草化学成分研究 [J]. 解放军药学学报，2012，28（5）: 404-407.

[7] 张金生，郭倩明. 旱莲草化学成分的研究 [J]. 药学学报，2001，36（1）: 34-37.

[8] Tewtrakul S, Subhadhirasakul S, Tansakul P, et al. Antiinflammatory constituents from Eclipta prostrata using RAW264. 7 macrophage cells [J]. Phytother Res, 2011, 25（9）: 1313-1316.

[9] Lee M K, Ha N R, Yang H K, et al. Stimulatory constituents of Eclipta prostrata on mouse osteoblast differentiation [J]. Phytother Res, 2009, 23（1）: 129-131.

[10] 马迪，韩立峰，刘二伟，等. 墨旱莲化学成分的分离鉴定 [J]. 天津中医药大学学报，2015，34（3）: 169-172.

[11] Tewtrakul S, Subhadhirasakul S, Cheenpracha S, et al. HIV-1 protease and HIV-1 integrase inhibitory substances from Eclipta prostrata [J]. Phytother Res, 2007, 21（11）: 1092-1095.

[12] 韩英，夏超，陈小媛，等. 墨旱莲化学成分及药理活性的初步研究 [J]. 中国中药杂志，1998，23（11）: 680-682.

[13] 余建清，于怀东，邹国林. 墨旱莲挥发油化学成分的研究 [J]. 中国药学杂志，2005，40（12）: 895-896.

[14] 邹建平，中山充. 墨旱莲化学成分的研究 [J]. 中草药，1993，24（4）: 174-176.

[15] 吴疆，侯文彬，张铁军，等. 墨旱莲的化学成分研究 [J]. 中草药，2008，39（6）: 814-816.

[16] 原红霞，赵云丽，闫艳，等. 墨旱莲的化学成分 [J]. 中国实验方剂学杂志，2011，17（16）: 103-105.

[17] 邓云锋，钟询龙，张春梅. 墨旱莲化学成分的 UPLC/Q-TOF-MS 分析 [J]. 广东药科大学学报，2015，31（3）: 332-337.

[18] 李雯，庞旭，韩立峰，等. 中药墨旱莲化学成分研究 [J]. 中国中药杂志，2018，43（17）: 3498-3505.

[19] 赵越平，汤海峰，蒋永培，等. 墨旱莲化学成分的研究 [J]. 中国药学杂志，2002，37（1）: 17-19.

[20] 汪玲玉. 中药墨旱莲化学成分研究 [D]. 合肥: 安徽大学硕士学位论文，2013.

[21] 习峰敏. 墨旱莲化学成分及其降血糖活性研究 [D]. 上海: 第二军医大学硕士学位论文，2013.

[22] 赵越平，汤海峰，蒋永培，等. 中药墨旱莲中的三萜皂苷 [J]. 药学学报，2001，36（9）: 660-663.

[23] Lee M K, Ha N R, Yang H, et al. Antiproliferative activity of triterpenoids from Eclipta prostrata on hepatic stellate cells [J]. Phytomedicine, 2008, 15（9）: 775-780.

[24] Sun Z H, Zhang C F, Zhang M. A new benzoic acid derivative from Eclipta prostrata [J]. Chin J Nat Medicines, 2010, 8（4）: 244-246.

[25] Xi F M, Li C T, Han J, et al. Thiophenes, polyacetylenes and terpenes from the aerial parts of Eclipata prostrata [J]. Bioorg Med Chem, 2014, 22: 6515-6522.

［26］Kim H Y，Kim H M，Ryu B，et al. Constituents of the aerial parts of *Eclipta prostrata* and their cytotoxicity on human ovarian cancer cells *in vitro*［J］. Arch Pharm Res，2015，38（11）：1963-1969.

［27］Xi F M，Li C T，Mi J L，et al. Three new olean-type triterpenoid saponins from aerial parts of *Eclipta prostrata*（L.）［J］. Nat Prod Res，2014，28（1）：35-40.

［28］Lee M K，Ha N R，Yang H，et al. Stimulatory constituents of *Eclipta prostrata* on mouse osteoblast differentiation［J］. Phytother Res，2009，23：129-131.

［29］Lin X H，Wu Y B，Lin S，et al. Effects of volatile components and ethanolic extract from *Eclipta prostrata* on proliferation and differentiation of primary osteoblasts［J］. Molecules，2010，15（1）：241-250.

［30］Meng X，Li B B，Lin X，et al. New polyacetylenes glycoside from *Eclipta prostrate* with DGAT inhibitory activity［J］. J Asian Nat Prod Res，2019，21：501-506.

［31］Kannabiran K，Getti G，Khanna V G. Leishmanicidal activity of saponins isolated from the leaves of *Eclipta prostrata* and *Gymnema sylvestre*［J］. Indian J Pharmacol，2009，41（1）：32-35.

［32］Ogunbinu A O，Flamini G，Cioni P L，et al. Essential oil constituents of *Eclipta prostrata*（L.）L. and *Vernonia amygdalina* Delile［J］. Nat Prod Commun，2009，4（3）：421-424.

［33］Yadav A，Sherwani M R K. Eclipta prostrata seed oil（Compositae）：a newly discovered source of 12-hydroxy-*cis*-9-octadecenoic acid［J］. Oriental J Chem，1999，15（2）：327-330.

【药理参考文献】

［1］Xu C S，Wei B H，Fu X F，et al. Effect of *Eclipta prostrata* on 11beta-hydroxysteroid dehydrogenase in rat liver and kidney［J］. Evid Based Complement Alternat Med，2014，2014（1）：651053/1-651053/9.

［2］Ryu S，Shin J S，Jung J，et al. Echinocystic acid isolated from *Eclipta prostrata* suppresses lipopolysaccharide-induced iNOS，TNF-α，and IL-6 expressions via NF-κB inactivation in RAW 264.7 macrophages［J］. Planta Medica，2013，79(12)：1031-1037.

［3］Dhandapani R. Hypolipidemic activity of *Eclipta prostrata*（L.）L. leaf extract in atherogenic diet induced hyperlipidemic rats［J］. Indian Journal of Experimental Biology，2007，45（7）：617-619.

［4］黄运喜，易骏，吴建国，等. 鳢肠不同部位抗骨质疏松活性及化学成分比较研究［J］. 天然产物研究与开发，2014，26（8）：1229-1232.

［5］杨韵若，聂宝明，邓克敏，等. 鳢肠水溶性部位的化学和药理研究［J］. 上海第二医科大学学报，2005，25（3）：223-226.

【临床参考文献】

［1］相鲁闽，翁翠萍. 民间疗法八则［J］. 中国民间疗法，2002，10（1）：58-59.

12. 蟛蜞菊属 *Wedelia* Jacq.

一年生或多年生草本。茎直立或匍匐，或为攀援状，被短糙毛。叶对生，全缘，不分裂。头状花序单生或2～3个生于叶腋或枝顶；花异型，多数，外围1层雌花，黄色，中央的两性花，多数，黄色，均能结实；总苞钟形或半球形，总苞片2层，外层草质，内层狭窄而渐厚；花序托平或凸起，托片对折，包裹两性花；雌花花冠舌状，舌片长，先端2～3齿裂；两性花花冠管状，先端5齿裂，花药顶端卵形，钝或稍尖，基部有2钝小耳；花柱分枝，有多数乳头状突起，顶端有舌状附属物；雌花的瘦果3棱形，两性花的瘦果倒卵形，压扁，顶端圆，被柔毛；无冠毛或为具齿冠毛或为短鳞片，有时为少数糙毛。

约60种，分布于全世界热带和亚热带地区。中国5种，分布于东南部、南部和西南部，法定药用植物1种。华东地区法定药用植物1种。

973. 蟛蜞菊（图973）• *Wedelia chinensis*（Osbeck.）Merr.

【形态】多年生匍匐草本，有时上部近直立，长15～50cm。茎分枝，具沟纹，疏被短糙毛或下部无毛。

图 973　蟛蜞菊　　　　　摄影　张芬耀

叶椭圆形、圆形或倒披针形，长 2～7cm，宽 0.6～1.3cm，顶端短尖或钝，基部狭，全缘或有 1～3 对疏粗齿，两面疏生短糙毛；无叶柄。头状花序少数，单个顶生或腋生，直径 15～20mm，花序梗长 3～10cm，被短粗毛；总苞钟形，总苞片 2 层，外层椭圆形，外面疏被短糙毛，内层较小；托片条形，顶端渐尖，常有 3 浅裂，无毛；缘花雌花 1 层，花冠黄色；两性花花冠近钟形。雌花的瘦果具棱，边缘增厚，两性花的瘦果倒卵形，多疣状突起，顶端稍收缩成浑圆；无冠毛，但有具细齿的冠毛环。花果期 3～9 月。

【生境与分布】多生于路旁、田边、沟边或湿润草丛中。分布于浙江、江西和福建，另我国南部、东部及东北部均有分布；印度、中南半岛、印度尼西亚、菲律宾、日本也有分布。

【药名与部位】蟛蜞菊（卤地菊），全草。

【采集加工】夏、秋二季茎叶茂盛时采收，晒干。

【药材性状】茎呈圆柱形，弯曲，长可达 40cm，直径 1.5～2mm；表面灰绿色或淡紫色，有纵皱纹，节上有的有细根，嫩茎被短毛。叶对生，近无柄；叶片多皱缩，展平后呈椭圆形或长圆状披针形，长 3～7cm，宽 0.7～1.3cm；先端短尖或渐尖，边缘有粗锯齿或呈波状；上表面绿褐色，下表面灰绿色，两面均被白色短毛。头状花序通常单生于茎顶或叶腋，花序梗及苞片均被短毛，包片 2 层，长 6～8mm，宽 1.5～3mm，灰绿色。舌状花和管状花均为黄色。气微，味微涩。

【化学成分】全草含二萜类：对映 - 贝壳杉 -9（11），16- 烯 -19- 羧酸［ent-kaura-9（11），16-en-19-oic acid］、对映 - 贝壳杉 -16- 烯 -19- 羧酸（ent-kaura-16-en-19-oic acid）、15β, 16β- 环氧 -17- 羟基 - 对映 - 贝壳杉烷 -19- 羧酸（15β, 16β-epoxy-17-hydroxy-ent-kauran-19-oic acid）、16α, 17- 二羟基 - 对映 - 贝壳杉烷 -19- 羧酸（16α,

17-dihydroxy-*ent*-kauran-19-oic acid）、16α- 羟基 - 对映 - 贝壳杉烷 -19- 羧酸（16α-hydroxy-*ent*-kauran-19-oic acid）、15α- 羟基 - 对映 - 贝壳杉 -16- 烯 -19- 羧酸（15α-hydroxy-*ent*-kaura-16-en-19-oic acid）、3α- 当归酰氧基 -9β- 羟基 - 对映 - 贝壳杉 -16- 烯 -19- 羧酸（3α-angeloyloxy-9β-hydroxy-*ent*-kaura-16-en-19-oic acid）、3α- 肉桂酰氧基 -9β- 羟基 - 对映 - 贝壳杉 -16- 烯 -19- 羧酸（3α-cinnamoyloxy-9β-hydroxy-*ent*-kaura-16-en-19-oic acid）、3α- 肉桂酰氧基 -17- 羟基 - 对映 - 贝壳杉 -15- 烯 -19- 羧酸（3α-cinnamoyloxy-17-hydroxy-*ent*-kaura-15-en-19-oic acid）、12α- 甲氧基 - 对映 - 贝壳杉 -9（11），16- 烯 -19- 羧酸［12α-methoxy-*ent*-kaura-9（11），16-en-19-oic acid］、对映 -12- 氧代贝壳杉 -9（11），16- 烯 -19- 羧酸［*ent*-12-oxokaur-9（11），16-en-19-oic acid］、17- 羟基 - 对映 - 贝壳杉 -15- 烯 -19- 羧酸（17-hydroxy-*ent*-kaura-15-en-19-oic acid）[1,2]，3α- 当归酰氧基 -17- 羟基 - 对映 - 贝壳杉 -15- 烯 -19- 羧酸（3α-angeloyloxy-17-hydroxy-*ent*-kaur-15-en-19-oic acid）、3α- 巴豆酰氧基 -17- 羟基 - 对映 - 贝壳杉 -15- 烯 -19- 羧酸（3α-tigloyloxy-17-hydroxy-*ent*-kaur-15-en-19-oic acid）、17- 羟基 - 对映 - 贝壳杉 -15- 烯 -18- 羧酸（17-hydroxy-*ent*-kaur-15-en-18-oic acid）[3]、对映 - 贝壳杉烯酸（*ent*-kaurenoic acid）、大花蟛蜞菊烯酸（grandiflorenic acid）和 3α- 桂皮酰氧基 - 对映 - 贝壳 -16- 烯 -19- 羧酸（3α-cinnnamoyloxy-*ent*-kaur-16-en-19-oic acid）[4]、3α- 肉桂酰氧基 -15β，16β- 环氧 -17- 羟基 - 对映 - 贝壳杉 -19- 酸（3α-cinnamoyloxy-15β，16β-epoxy-17-hydroxy-ent-kauran-19-oic acid）和 3α- 巴豆酰氧基 -9β- 羟基 - 对映 - 贝壳杉 -16- 烯 -19- 酸（3α-tigeloyloxy-9β-hydroxy-ent-kaura-16-en-19-oic aicd）[5]；倍半萜类：匙叶桉油烯醇（spathulenol）[4] 和蟛蜞菊内酯（wedelolactone）[6]；苯丙素类：4，5- 二 -*O*- 咖啡酰奎尼酸丁酯（butyl 4，5-di-*O*-caffeoylquinate）、4，5- 二 -*O*- 咖啡酰奎尼酸甲酯（methyl 4，5-di-*O*-caffeoylquinate）、3，4- 二 -*O*- 咖啡酰奎尼酸甲酯（methyl 3，4-di-*O*-caffeoylquinate）、3，4- 二 -*O*- 咖啡酰奎尼酸丁酯（butyl 3，4-di-*O*-caffeoylquinate）、3-*O* 咖啡酰奎尼酸丁酯（butyl 3-*O*-caffeoylquinate）、咖啡酸甲酯（methyl caffeate）[5]、3，5- 二咖啡酰奎尼酸（3，5-dicaffeoyl quinic acid）、3，4- 二咖啡酰奎尼酸（3，4-dicaffeoyl quinic acid）、4，5- 二咖啡酰奎宁酸（4，5-dicaffeoyl quinic acid）和蟛蜞菊素*（wedelosin）[7]；黄酮类：山奈酚 -3-*O*-β-D- 吡喃葡萄糖苷（kaempferol-3-*O*-β-D-glucopyranoside）、7- 甲氧基 - 山奈酚 -3-*O*-β-D- 吡喃葡萄糖苷（7-methoxyl-kaempferol-3-*O*-β-D-glucopyranoside）、异槲皮素 -3-*O*-β-D- 葡萄糖苷（isoquercetin-3-*O*-β-D-glucoside）[5]、木犀草素（luteolin）、芹菜素（apigenin）[6]、黄芪苷（astragalin）、槲皮素 -3-*O*-β- 葡萄糖苷（quercetin-3-*O*-β-glucoside）、山奈酚 -3-*O*-β- 芹糖 -（1→2）-β- 葡萄糖苷［kaempferol-3-*O*-β-apiosyl-（1→2）-β-glucoside］[6]、木犀草素 -6-*C*-β-D- 洋地黄毒糖苷（luteolin-6-*C*-β-D-digitoxoside）和 7- 甲氧基 -2′- 羟基 -5，6- 亚甲二氧基异黄酮（7-methoxy-2′-hydroxy-5，6-methylenedioxyisoflavone）[8]；生物碱类：吲哚 -3- 甲醛（indole-3-carboxaldehyde）[6]；三萜类：β- 香树脂醇乙酸酯（β-amyrin acetate）[4]、表木栓醇（epifriedelanol）、β-D- 吡喃葡萄糖基 -3-*O*-［β-D- 吡喃木糖基 -（1→2）-β-D- 吡喃葡萄糖醛酸基］齐墩果酸酯 {β-D-glucopyranosyl-3-*O*-［β-D-xylopyranosyl-（1→2）-β-D-glucuronopyranosyl］oleanolate}[5]、齐墩果酸 -11，13（18）- 二烯 -3-*O*-β-D- 葡萄糖醛酸苷［oleanolic acid-11，13（18）-dien-3-*O*-β-D-glucuronopyranoside］、金盏花苷 E（calenduloside E）、竹节参苷Ⅳa（chikusetsusaponin Ⅳa）和齐墩果酸 -11，13（18）- 二烯 -3-*O*-β-D- 葡萄糖醛酸甲酯［oleanolic acid-11，13（18）-dien-3-*O*-β-D-glucuronopyranosylmethyl ester］[8]；蒽醌类：大黄酚 -8-*O*-β-D- 吡喃葡萄糖苷（chrysophenol-8-*O*-β-D-glucopyranoside）[8]；二苯乙烯类：土大黄苷（rhaponticin）[8]；甾体类：豆甾醇（stigmasterol）、豆甾醇 -3-*O*-β-D- 吡喃葡萄糖苷（stigmasterol-3-*O*-β-D-glucopyranoside）[5]、α- 菠甾醇（α-spinasterol）和 β- 谷甾醇（β-sitosterol）[8]；脂肪酸类：正三十二烷酸（*n*-lacceroic acid）、（9*E*，11*Z*，13*E*）- 三烯 -8，15- 二酮十八烷酸［（9*E*，11*Z*，13*E*）-trien-8，15-dione-octadecoic acid］[8]。

地上部分含三萜类：3β- 羟基 -30- 去甲齐墩果 -12，20（29）- 二烯 -28- 羧酸 3-（β-D- 吡喃葡萄糖醛酸 -6- 甲酯）［3β-hydroxy-30-noroleana-12，20（29）-dien-28-oic acid-3-（β-D-glucopyranosiduronic acid-6-methyl ester）］、齐墩果酸 -3β-（β-D- 吡喃葡萄糖醛酸 -6- 甲酯）［oleanolic acid-3β-（β-D-glucopyranosiduronicacid-6-methyl ester）］[9]、24- 亚甲基 -9，19- 环木菠萝烷醇（24-methylene-9，19-cycloartanol）、齐墩果酸（oleanolic acid）和齐墩果酸 -11, 13（18）- 二烯 -3-O-β-D- 葡萄糖醛酸甲酯［oleanolicacid-11, 13（18）-dien-3-O-β-D-glucuronopyranosyl methyl ester］[10]；甾体类：β- 谷甾醇（β-sitosterol）[10]；挥发油类：α- 蒎烯（α-pinene）、斯巴醇（spathulenol）、柠檬烯（limonene）[11]，(R)-1- 亚甲基 -3-（1- 甲基醚）- 环己烷［(R)-1-methylene-3-（1-methylether）-cyclohexane］、1- 甲基 -4-（1- 甲基乙基）-1, 4- 环己二烯［1-methyl-4-（1-methylethyl）-1, 4-cyclohexadiene］和（1S）-6, 6- 二甲基 -2- 亚甲基双环［3.1.1］庚烷{（1S）-6, 6-dimethyl-2-methylene bicyclo［3.1.1］heptane}等[12]。

茎叶含挥发油类：γ- 松油烯（γ-terpinene）、大根香叶烯 D（germacrene D）、柠檬烯（limonene）、α- 金合欢烯（α-farnesene）、γ- 榄香烯（γ-elemene）、3- 甲氧基 -1, 2- 丙二醇（3-methoxy-1, 2-propanediol）、α- 石竹烯（α-caryophyllene）和 α- 蒎烯（α-pinene）等[13]。

叶含香波龙大柱烷类：蟛蜞菊磺酸酯（wednenic）[14]；单萜或降单萜类：蟛蜞菊萜醇（wednenol）、长管假茉莉素 E（cleroindicin E）、连翘环己醇（rengyol）和梾木苷（cornoside）[14]；三萜类：坡模酮酸（pomonic acid）和坡模酸（pomolic acid）[14]；黄酮类：棕矢车菊素（jaceosidin）[14]；磺酸酯类：苄基 -β-D- 吡喃葡萄糖苷 -2- 磺酸酯（benzyl-β-D-glucopyranoside-2-sulfate）[14]。

花含挥发油类：（1S）-2, 6, 6- 三甲基二环［3, 1, 1］-2- 庚烯{（1S）-2, 6, 6-trimethyl dicyclic［3, 1, 1］-2-heptene}、2, 6, 6- 三甲基 - 二环［3, 1, 0］-2- 庚烯{2, 6, 6-trimethyl dicyclo［3, 1, 0］-2-heptene}、柠檬烯（limonene）、α- 金合欢烯（α-farnesene）、γ- 榄香烯（γ-elemene）、α- 石竹烯（α-caryophyllene）、1- 甲氧基 -2, 3- 丙二醇（1-methoxy-2, 3-propanediol）和 1- 甲基 -3- 异丙苯（1-methyl-3-isopropyl benzene）等[13]。

【药理作用】1. 抗氧化　叶的乙醇提取物可清除一氧化氮（NO）和超氧化物自由基[1]。2. 抗菌　叶的甲醇提取物可抑制蜡状芽孢杆菌的生长[2]。3. 护肝　全草所含的蟛蜞菊内酯（wedelolactone）可显著抑制对乙酰氨基酚所致的肝损伤模型小鼠谷丙转氨酶（ALT）、天冬氨酸氨基转移酶（AST）以及肝组织匀浆液中超氧化物歧化酶（SOD）和谷胱甘肽过氧化物酶（GSH-Px）含量，显著降低肝组织匀浆液中丙二醛（MDA）、谷胱甘肽（GHS）含量以及小鼠血清中肿瘤坏死因子 -α（TNF-α）、白细胞介素 -6（IL-6）含量[3]。4. 抗炎　全草的水提取物可提高热板法所致小鼠的痛阈值，减少乙酸所致的小鼠的扭体反应，减轻二甲苯所致的小鼠耳廓肿胀，降低小鼠腹腔毛细血管的通透性[4]。5. 促愈合　叶的水提取物可减少切除一部分背部面积皮肤的创伤模型大鼠的创伤面积，增加伤口紧张度[5]。6. 促黑色素生成　全草乙醇提取物能促进 B16 细胞的增殖，促进酪氨酸酶活性增加和黑色素生成增多，可剂量依赖性上调酪氨酸酶和小眼相关转录因子的 mRNA 表达[6]。7. 抗肿瘤　全草乙醇提取物可显著降低人鼻咽癌 CNE-1 细胞的存活率，将细胞周期阻滞在 G_2/M 期[7]。

【性味与归经】甘，平。

【功能与主治】清热解毒，泻火养阴。用于急性咽炎，扁桃体炎。

【用法与用量】15 ～ 45g。

【药用标准】药典 1977 和上海药材 1994。

【临床参考】病毒性结膜炎：全草 30g，水煎 2 次，早晚分服，同时鱼腥草眼药水滴眼[1]。

【附注】《中国植物志》电子版已将本种学名修订为 Verbesina calendulacea Linn.

药材蟛蜞菊（卤地菊）孕妇慎用。

【化学参考文献】

[1] 邱丘，吴霞，李国强，等 . 蟛蜞菊化学成分研究［J］. 中成药，2014，36（5）：1000-1004.

[2] Huang W H, Liang Y Y, Wang J J, et al. Anti-angiogenic activity and mechanism of kaurane diterpenoids from *Wedelia chinensis*［J］. Phytomedicine, 2016, 23: 283-292.

[3] Cai C C, Zhang Y, Yang D Q, et al. Two new kaurane-type diterpenoids from *Wedelia chinensis*（Osbeck.）Merr.［J］. Nat Prod Res, 2017, 31（21）：2531-2536.

[4] Huang Y, Pieters L, Cimanga K, et al. Terpenoids from *Wedelia chinensis*［J］. Pharm Pharmacol Lett, 1997, 7（4）：

175-177.

[5] Zhong Y L, Zhang Y B, Luo D, et al. Two new compounds from *Wedelia chinensis* and yheir anti-inflammatory activities [J]. Chemistry Select, 2018, 3（12）：3459-3462.

[6] Lin F M, Chen L R, Lin E H, et al. Compounds from *Wedelia chinensis* synergistically suppress androgen activity and growth in prostate cancer cells [J]. Carcinogenesis, 2007, 28（12）：2521-2529.

[7] Apers S, Huang Y, Van M S, et al. Characterisation of new oligoglycosidic compounds in two Chinese medicinal herbs [J]. Phytochem Anal, 2002, 13：202-206.

[8] 罗晓茹. 中药蟛蜞菊化学成分及抗病毒活性的研究 [D]. 上海：中国人民解放军军事医学科学院硕士学位论文，2005.

[9] Li X, Wang Y F, Shi Q W, et al. A new 30-noroleanane saponin from *Wedelia chinensis* [J]. Helv Chim Acta, 2012, 95（8）：1395-1400.

[10] 李兴. 蟛蜞菊化学成分及抗肿瘤活性研究 [D]. 郑州：河北医科大学硕士学位论文，2008.

[11] Garg S N, Gupta D, Jain S P. Volatile constituents of the aerial parts of *Wedelia chinensis* Merrill. from the North Indian Plains [J]. J Essent Oil Res, 2005, 17（4）：364-365.

[12] 林碧芬. 蟛蜞菊活性成分分离及抑菌作用研究 [D]. 福州：福建农林大学硕士学位论文，2010.

[13] 陈志红, 龚先玲, 蔡春, 等. 蟛蜞菊挥发油化学成分的初步研究 [J]. 天津药学，2005, 17（4）：1-2.

[14] Thao N P, Binh P T, Luyen N T, et al. α-amylase and α-glucosidase inhibitory activities of chemical constituents from *Wedelia chinensis*（Osbeck.）Merr. leaves [J]. Journal of Analytical Methods in Chemistry, 2018, 10：2794904/1-2794904/8.

【药理参考文献】

[1] Gurusamy K, Saranya P. *In vitro* antioxidant potential of ethanolic contents of *Eclipta alba* and *Wedelia chinensis* [J]. Journal of Pharmacy Research, 2010, 3（12）：825-827.

[2] Lim S H, Nithianantham K. Effects of methanol extract of *Wedelia chinensis* Osbeck（Asteraceae）leaves against pathogenic bacteria with emphasis on *Bacillus cereus* [J]. Indian Journal of Pharmaceutical Sciences, 2013, 75（5）：533-539.

[3] 孙小茗, 左晓彬, 王春宇, 等. 蟛蜞菊内酯对对乙酰氨基酚致小鼠急性肝损伤的保护作用 [J]. 中国比较医学杂志，2019, 11（5）：4822-4829.

[4] 邝丽霞, 方红, 周方, 等. 蟛蜞菊抗炎镇痛作用的实验研究 [J]. 中草药，1997, 28（7）：421-422.

[5] Hegde D A. 蟛蜞菊对大鼠创伤愈合作用的研究 [J]. 国外医学. 中医中药分册，1996, 18（1）：55.

[6] 梅寒芳, 林密, 朱家勇. 蟛蜞菊乙醇提取物促进黑色素生成及其机理的初步研究 [J]. 广东药学院学报，2012, 28（2）：188-191.

[7] 刘漫宇, 朱家勇, 金小宝. 蟛蜞菊提取物对鼻咽癌CNE-1细胞增殖和细胞周期的影响 [J]. 时珍国医国药，2012, 23（10）：2628-2631.

【临床参考文献】

[1] 曾建辛, 林国裕, 蔡小静, 等. 蟛蜞菊治疗病毒性结膜炎 [J]. 中国民间疗法，2012, 20（11）：61.

13. 向日葵属 *Helianthus* Linn.

一年生或多年生草本。植株通常高大，被短糙毛或白色硬毛。叶对生或上部或全部为互生，有叶柄，通常为离基三出脉。头状花序大或较大，单生或排成伞房状；花异型，多数，外围1层为无性的舌状花，中央的花为多数两性花，结实；总苞盘状或半球状，总苞片2至多层，叶质或膜质；花序托平或稍凸起，托片对折，包围两性花；舌状花舌片开展，黄色；管状花花冠管状，上部钟状，先端5裂，黄色、紫色或褐色。瘦果长圆形或倒卵圆形，稍扁或具4粗棱；冠毛膜片状，有2芒，有时还附有2～4较短的芒刺，早落。

约100种，主要分布于美洲北部，少数在南美洲秘鲁、智利等地。中国广泛栽培2种，法定药用植物1种。华东地区法定药用植物1种。

974. 向日葵（图974）• *Helianthus annuus* Linn.

图974　向日葵　　摄影　赵维良等

【别名】葵花（江苏、安徽），转莲、丈菊（江苏）。

【形态】一年生高大草本，高1～3m。茎粗壮，直立，被白色粗硬毛，不分枝或有时上部稍分枝。叶互生，心状卵圆形或卵圆形，顶端尖或渐尖，基部心形或截形，边缘有粗锯齿，两面被短糙毛，具基三出脉；叶柄长。头状花序大，直径10～30cm，单朵顶生或腋生；总苞片多层，叶质，卵形或卵状披针形，顶端尾状渐尖，被长硬毛或纤毛；花序托平或稍凸，托片膜质；舌状花黄色，多数，舌片长圆状卵形或长圆形，不结实；管状花多数，棕色或紫色，能结实，花冠管状，先端5裂。瘦果倒卵形，稍压扁，有细棱；冠毛膜片状，2枚，早落。花期5～8月，果期6～10月。

【生境与分布】华东各地均有栽培，我国其他各地也广泛栽培；原产于北美，现世界各地广为栽培。

【药名与部位】葵花梗心，茎髓。向日葵叶，叶。葵花盘，收取果实后的盘状花托。

【采集加工】葵花梗心：秋季果实成熟后，割取茎髓，晒干。向日葵叶：夏、秋二季采收，晒干。葵花盘：秋季果实成熟后，割取其花托，除去果实，晒干。

【药材性状】葵花梗心：呈圆柱形或类圆柱形。长短不等，直径 0.7～2.7cm，表面黄白色，具纤维状黄色纵棱，部分表面横裂成片状。断面白色，海绵状。质轻而软。无嗅，无味。

向日葵叶：多皱缩、破碎，有的向一侧卷曲。完整叶片展平后呈广卵圆形，长 10～30cm，宽 8～25cm，先端急尖或渐尖，上表面绿褐色，下表面暗绿色，均被粗毛，边缘具粗锯齿。基部截形或心形，有三脉，叶柄长 10～25cm。质脆，易碎。气微，味微苦、涩。

葵花盘：完整者呈四周隆起的圆盘状，直径 8～20cm，盘内具干膜质的托片或未成熟的瘦果。总苞具苞片多数，排成数层，苞片卵圆形或卵状披针形，棕褐色。无臭，无味。

【化学成分】根含二萜类：贝壳杉烯酸（kaurenoic acid）和粗糙裂片酸（trachylobanoic acid）[1]。

幼苗含倍半萜类：顺式,反式-黄氧素（cis,trans-xanthoxin）和反式,反式-黄氧素（trans,trans-xanthoxin）[2]；二萜类：贝壳杉烯酸（kaurenoic acid）和粗糙裂片酸（trachylobanoic acid）[1]；三萜类：齐墩果酸（oleanolic acid）、刺囊酸（echinocystic acid）[1]、齐墩果-12-烯-3β,28-二醇（olean-12-en-3β,28-diol）、熊果-12-烯-3β,16β-二醇（urs-12-en-3β,16β-diol）、熊果-12-烯-3β-醇（urs-12-en-3β-ol）、18α,19α-熊果-20-烯-3β,16β-二醇（18α,19α-urs-20-en-3β,16β-diol）、18α,19α-熊果-20（30）-烯-3β-醇［18α,19α-urs-20（30）-en-3β-ol］、羽扇豆烷-20（29）-烯-3β-醇［lup-20（29）-en-3β-ol］和羽扇豆-20（29）-烯-3β,16β-二醇［lup-20（29）-en-3β,16β-diol］[3]。

叶含倍半萜类：向日葵内酯 A（annuolide A）[4,5]、向日葵内酯 B、C、D、E（annuolide B、C、D、E）[4]、向日葵内酯 H（annuolide H）、向日葵萜内酯 F、H、I、J（helivypolide F、H、I、J）、8β-当归酰氧基枯马布内酯（8β-angeloyloxycumambranolide）、11βH-二氢卡米松醇（11βH-dihydrochamissonin）、向日葵桉烷内酯 A（helieudesmanolide A）、白色向日葵素 B（niveusin B）、1,2-脱水白色向日葵素 A（1,2-anhydroniveusin A）、15-羟基-3-去氢去氧灌木肿柄菊素（15-hydroxy-3-dehydrodeoxyfruticin）、1-甲氧基-4,5-二氢白色向日葵素 A（1-methoxy-4,5-dihydroniveusin A）、绢毛向日葵素 A（argophyllin A）[5]、向日葵内酯 F、G（annuolide F、G）、向日葵环氧内酯（annuithrin）、向日葵萜内酯 A、B（helivypolide A、B）[6]、向日葵萜内酯 D、E（helivypolide D、E）、向日葵酮 D（annuionone D）[7]、向日葵萜内酯 G（helivypolide G）[8]、向日葵螺酮 A、B、C（heliespirone A、B、C）[9]、绢毛向日葵素 A、B（argophyllin A、B）和 4,5-二氢白色向日葵素 A（4,5-dihydroniveusin A）[10]；二萜类：大花沼兰酸（grandifloric acid）、17-羟基对映-异贝壳杉-15（16）-烯-19-酸［17-hydroxy-ent-isokaur-15（16）-en-19-oic acid］和睫毛向日葵酸（ciliaric acid）[10]；黄酮类：异甘草素（isoliquiritigenin）、泽兰叶黄素（eupafolin）、木犀草素（luteolin）、石吊兰素（nevadensin）、棕矢车菊素（jaceosidin）、粗毛豚草素（hispidulin）、异甘草素-4′-甲酯（isoliquiritigenin-4′-methyl ester）和查耳酮（chalcone）[11]。

叶表面腺毛含倍半萜类：白色向日葵素 C（niveusin C）、绢毛向日葵素 B（argophyllin B）、1,2-无水白色向日葵素 A（1,2-anhydridoniveusin A）、15-羟基-3-去氢去氧灌木肿柄菊素（15-hydroxy-3-dehydrodesoxyfruticin）、1-甲氧基-4,5-二氢白色向阳日葵素 A（l-methoxy-4,5-dihydronireusin A）和 1,2-无水-4,5-二氢白色向日葵素 A（1,2-anhydro-4,5-dihydroniveusin A）[12]；黄酮类：7-羟基-6,8-二甲氧基-4′-甲氧基黄酮（7-hydroxy-6,8-dimethoxy-4′-methoxyflavone）[13]。

花及花序含倍半萜类：绢毛向日葵素 A、B（argophyllin A、B）、白色向日葵素 B、C（niveusin B、C）、3-O-甲基白色向日葵素 A（3-O-methylniveusin A）、4,5-二氢白色向日葵素 A（4,5-dihydroniveusin A）、1-酮基-1-O-甲基-4,5-二氢白色向日葵素 A（1-oxo-1-O-methyl-4,5-dihydroniveusin A）、1-O-甲基-4,5-二氢白色向日葵素 A（1-O-methyl-4,5-dihydroniveusin A）、15-羟基-3-去氢去氧灌木肿柄菊素（15-hydroxy-3-dehydrodesoxytifruticin）和 1,10-O-二甲基-3-去氢绢毛向日葵素 B 二醇（1,10-O-dimethyl-3-dehydroargophyllin B diol）[14]；二萜类：桉叶-1,3,11（13）-三烯-12-酸［eudesma-1,3,11（13）-trien-12-oic acid］、大花沼兰酸当归酰酯（grandifloric acid angelate）、15α-羟基粗裂豆-19-酸（15α-hydroxytrachyloban-19-oic acid）[14]、大花沼兰酸（grandifloric acid）[14,15],15β-羟基-对映-粗裂豆-19-酸（15β-hydroxy-enttrachyloban-19-oic acid)、17-羟基-16α-对映-贝壳杉烷-19-酸（17-hydroxy-16α-*ent*-kauran-19-oic acid）[15]，对映-贝壳杉烷-16α-醇（*ent*-kauran-16α-ol）、对映-阿替烷-16α-醇（*ent*-atisan-16α-ol）、对映-粗裂豆-19-酸（*ent*-trachyloban-19-oic acid）和对映-贝壳杉-16-烯-19-酸（*ent*-kaur-16-en-19-oic acid）[16]；黄酮类：石吊兰素（nevadensin）和5-羟基-4,6,4′-三甲氧基橙酮（5-hydroxy-4,6,4′-trimethoxyaurone）[14]；三萜类：向日葵皂苷1、2、3、A、B、C（helianthoside 1、2、3、A、B、C）和向日葵皂苷原皂苷元（helianthoside prosapogenin）[17]；生物碱类：胆碱（choline）和甜菜碱（betaine）[18]。

管状花含三萜类：α-香树脂醇（α-amyrin）、β-香树脂醇（β-amyrin）、羽扇豆醇（lupeol）、达玛烷二烯醇（dammaradienol）、向日葵醇（helianol）、ψ-蒲公英赛醇（ψ-taraxasterol）、汉地醇（handianol）和24-亚甲基环阿庭烯醇（24-methylenecycloartenol）[19]；挥发油类：龙脑（borneol）、樟脑（camphor）、蒿酮（artemisia ketone）、柠檬醛（citral）和异薄荷醇（isomenthol）等[20]。

舌状花含三萜类：向日葵三醇A_1、B_0、B_1、B_2（heliantriol A_1、B_0、B_1、B_2）[21]，向日葵三醇C、F（C、F）[22]，长刺皂苷元（longispinogenin）和马尼拉二醇（manilladiol）[21]。

盘状花托含二萜类：大花沼兰酸（grandifloric acid）、对映-粗裂豆酸（*ent*-trachylobanoic acid）、对映-贝壳杉烯酸（*ent*-kaurenoic acid）、[4α,15α(*Z*)]-15-[（2-甲基-1-酮基-2-丁烯基）氧基]-贝壳杉-16-烯-18-酸甲酯{[4α,15α(*Z*)]-15-[（2-methyl-1-oxo-2-butenyl）oxy]-kaur-16-en-18-oic acid methyl ester}[23]、贝壳杉醇（kauranol）、16-α-羟基贝壳杉烷酸（16-α-hydroxykauranoic acid）、睫毛向日葵酸（ciliaric acid）、16βH-贝壳杉烷-16-醇（16βH-kauran-16-ol）、(5β,8α,9β,10α,12α)-阿替烷-16-醇[(5β,8α,9β,10α,12α)-atisan-16-ol]、(4α,15α)-15,16-环氧贝壳杉-18-酸[(4α,15α)-15,16-epoxykauran-18-oic acid]、(4α,13α)-15,16-二羟基贝壳杉烷-18-酸[(4α,13α)-15,16-dihydroxykauran-18-oic acid]、(4α,13α)-15-羟基贝壳杉-15-烯-18-酸[(4α,13α)-15-hydroxykaur-15-en-18-oic acid]和(2α,13α)-贝壳杉烯-2,16-二醇[(2α,13α)-kaurane-2,16-diol][24]。

花粉含二萜类：大花沼兰酸（grandifloric acid）、对映-贝壳杉烷酸（*ent*-kaurenoic acid）、佛波醇肉豆蔻酰乙酯（phorbol myristate acetate）、当归酰基大花沼兰酸（angeloylgrandifloric acid）和对映-粗裂豆-19-羧酸（*ent*-trachyloban-19-oic acid）[25]；三萜类：向日葵醇辛酸酯（helianyl octanoate）、α-香树脂醇（α-amyrin）、甘遂-7,24-二烯-3β-醇（tirucalla-7,24-dien-3β-ol）、(24*R*)-24,25-二羟基向日葵醇辛酸酯[(24*R*)-24,25-dihydroxyhelianyl octanoate]、(24*S*)-24,25-二羟基向日葵醇辛酸酯[(24*S*)-24,25-dihydroxyhelianyl octanoate]、(24*S*)-4α,5α：24,25-二环氧向日葵醇酸酰酯[(24*S*)-4α,5α：24,25-diepoxyhelianyl octanoate]、4*R*,5*R*-环氧向日葵醇辛酸酯（4*R*,5*R*-epoxyhelianyl octanoate）、(24*R*)-4α,5α：24,25-二环氧向日葵醇辛酸酯[(24*R*)-4α,5α：24,25-diepoxyhelianyl octanoate]、(24*S*)-24,25-二羟基-4α,5α-环氧向日葵醇辛酸酯[(24*S*)-24,25-dihydroxy-4α,5α-epoxyhelianyl octanoate]、(24*R*)-24,25-二羟基向日葵醇[(24*R*)-24,25-dihydroxyhelianol]、(24*R*)-24,25-二羟基-4α,5α-环氧向日葵醇辛酸酯[(24*R*)-24,25-dihydroxy-4α,5α-epoxy-helianyl octanoate]、(24*S*)-24,25-二羟基向日葵醇[(24*S*)-24,25-dihydroxyhelianol]、(24*S*)-4α,5α：24,25-二环氧向日葵醇[(24*S*)-4α,5α：24,25-diepoxyhelianol]、(24*R*)-4α,5α：24,25-二环氧向日葵醇[(24*R*)-4α,5α：24,25-diepoxyhelianol]、4α,5α-环氧向日葵醇（4α,5α-epoxyhelianol）、(24*S*)-24,25-二羟基-4α,5α-环氧向日葵醇[(24*S*)-24,25-dihydroxy-4α,5α-epoxyhelianol]、(24*R*)-24,25-二羟基-4α,5α-环氧向日葵醇[(24*R*)-24,25-dihydroxy-4α,5α-epoxyhelianol]、(5*S*)-3α-乙酰基-2,3,5-三甲基-7α-羟基-5-(4,8,12-三甲基十三烷基)-1,3α,5,6,7,7α-六氢-4-氧杂茚-1-酮[(5*S*)-3α-acetyl-2,3,5-trimethyl-7α-hydroxy-5-(4,8,12-trimethyl tridecanyl)-1,3α,5,6,7,7α-hexahydro-4-oxainden-1-one]、3α-乙酰基-2,3,5-三甲基-7α-羟基-5-(4,8,12-三甲基十三烷基)-1,3α,5,6,7,7α-六氢-4-氧杂茚-1-酮[3α-acetyl-2,3,5-trimethyl-7α-hydroxy-5-(4,8,12-trimethyl tridecanyl)-1,3α,5,6,7,7α-hexahydro-4-oxainden-1-one][25]和向日葵醇（helianthol）[25,26]；脂肪酸类：18-(十六酰氧基)-十八烯酸甲酯[18-(hexadecanoyloxy)-octadecenoic acid methyl ester]、

18-（十八酰氧基）- 十八烯酸甲酯［18-（octadecanoyloxy）-octadecenoic acid methyl ester］、18-（十六酰氧基）- 十八烯酸乙酯［18-（hexadecanoyloxy）-octadecenoic acid ethyl ester］、18-（十八酰氧基）- 十八烯酸乙酯［18-（octadecanoyloxy）-octadecenoic acid ethyl ester］、14,16- 二氧代二十五酸（14,16-dioxopentacosanoic acid）[25] 和 α- 单棕榈酸甘油酯（α-monopalmitin）[26]；黄酮类：棉黄苷（quercimeritrin）[26]；酚酸类：阿魏酸（ferulic acid）、咖啡酸（caffeic acid）和对香豆酸（4-coumaric acid）[26]；甾体类：燕麦甾醇（avenasterol）[26]，栗甾酮（castasterone）、油菜甾醇内酯（brassinolide）和去甲栗甾酮（norcastasterone）[27]；烯酮类：（3E）- 二十三 -3- 烯 -5- 酮［（3E）-tricos-3-en-5-one］[25]；烷醇类：顺式 - 二十二烷 -4,6- 二醇（syn-docosane-4,6- diol）、顺式 - 二十一烷 -4,6- 二醇（syn-henicosane-4,6-diol）[25] 和顺式 - 十九烷 -4,6- 二醇（syn-nonadecane-4,6-diol）[25]。

种子含甾体类：（5α）- 豆甾 -7- 烯 -3β- 醇［（5α）-stigmast-7-en-3β-ol］、（5α）- 麦角甾 -7- 烯 -3β- 醇［（5α）-ergost-7-en-3β-ol］、（5α）- 豆甾 -7,9（11）,24（28）- 三烯 -3β- 醇［（5α）-stigmasta-7,9（11）,24（28）-trien-3β-ol］、（5α）- 豆甾 -7,24（28）- 二烯 -3β- 醇［（5α）-stigmasta-7,24（28）-dien-3β-ol］、（5α）- 豆甾 -7,24- 二烯 -3β- 醇［（5α）-stigmasta-7,24-dien-3β-ol］[28]，豆甾 -5,24（28）- 二烯 -3β- 醇［stigmasta-5,24（28）-dien-3β-ol］、β- 谷甾醇（β-sitosterol）、豆甾醇（stigmasterol）和油菜甾醇（campesterol）[29]；苯丙素类：阿魏酸（ferulic acid）、隐绿原酸（cryptochlorogenic acid）、新绿原酸（neochlorogenic acid）、5- 对香豆酰基奎宁酸（5-p-coumaroylquinic acid）、4,5- 二 -O- 绿原酸（4,5-di-O-chlorogenic acid）、3,4- 二 -O- 绿原酸（3,4-di-O-chlorogenic acid）、5- 阿魏酰基奎宁酸（5-feruloylquinic acid）[29]、咖啡酸（caffeic acid）、绿原酸（chlorogenic acid）[29,30]、3,4- 二 -O- 绿原酸（3,4-di-O-chlorogenic acid）和 3,5- 朝鲜蓟酸（3,5-dicaffeylquinic acid）[30]；三萜类：环阿庭烯醇（cycloartenol）[29]；单萜类：（−）- 桃金娘烯醇 -10-O-β-D- 吡喃葡萄糖苷［（−）-myrtenol-10-O-β-D-glucopyranoside］、（−）- 桃金娘烯醇 -10-O-β-D- 呋喃芹糖基 -（1→6）-β-D-glucopyranoside［（−）-myrtenol-10-O-β-D- 吡喃葡萄糖苷 -（1→6）-β-D-glucopyranoside］、（+）- 龙脑烯醇 -10-O-β-D- 吡喃葡萄糖苷［（+）-campholenol-10-O-β-D-glucopyranoside］、（+）- 龙脑烯醇 -10-O-β-D- 呋喃芹糖基 -（1→6）-β-D- 吡喃葡萄糖苷［（+）-campholenol-10-O-β-D-apiofuranosyl-（1→6）-β-D-glucopyranoside］和（−）- 桃金娘烯醇 -10-O-α-D- 呋喃芹糖基 -（1→6）-β-D- 吡喃葡萄糖苷［（−）-myrtenol-10-O-α-D-apiofuranosyl-（1→6）-β-D-glucopyranoside］[31]；糖类：蔗糖（sucrose）和棉子糖（melitose）[30]；二元羧酸类：琥珀酸（succinic acid）[31]；内酯类：1,4- 丁内酯（1,4-butanolide）[31]；环烷羧酸类：（−）- 奎尼酸［（-）-quinic acid］[32]；脂肪酸类：芥酸（erucic acid）、十六碳酸 -2,3- 二羟基丙基酯（hexadecanoic acid-2,3-dihydroxypropyl ester）、9- 十八碳烯酸 -2,3- 二羟基丙基酯（9-octadecenic acid-2,3-dihydroxypropylester）、9,12,13- 三羟基 -10,15- 十八碳二烯酸（9,12,13-trihydroxy-10,15-octadecadienoic acid）、9,12,13- 三羟基 -10,15- 十八碳二烯酸甲酯（9,12,13-trihydroxy-10,15-octadecadienoic acid methyl ester）、9,12,13- 三羟基 -10- 十八碳烯酸甲酯（9,12,13-trihydroxy-10-octadecaenoic acid methyl ester）和 9,12,13- 三羟基 -10- 十八碳烯酸（9,12,13-trihydroxy-10-octadecaenoic acid）[31]。

地上部分含二萜类：向日葵贝壳杉苷 A（helikauranoside A）、（−）- 贝壳杉 -16- 烯 -19- 酸［（−）-kaur-16-en-19-oic acid］、大花沼兰酸（grandifloric acid）、圆锥花序甜叶菊苷 IV（paniculoside IV）[33]、贝壳杉烯 -2β,16α- 二醇（kauran-2β,16α-diol）和（4α,15α）-15,16- 环氧 -17- 酮基 - 贝壳杉烷 -18- 酸［（4α,15α）-15,16-epoxy-17-oxo-kauran-18-oic acid］[34]。

【药理作用】1.抗哮喘　种子的水提取物可降低卵清蛋白所致的哮喘模型小鼠肺中 CD4[+] 细胞数、白细胞介素 -4（IL-4）/ 白细胞介素 -13（IL-13）表达和免疫球蛋白 E 的分泌[1]。2.抗氧化　种子可显著降低小鼠组织中过氧化脂质的量[2]。3.增强免疫　茎髓提取的多糖可显著促进小鼠脾细胞白细胞介素 -2（IL-2）的分泌，增加自然杀伤（NK）细胞活性，显著增加脾重[3]。4.抗菌　茎髓乙醇提取物的乙酸乙酯萃取部位对金黄色葡萄球菌和大肠杆菌的生长均有抑制作用[4]。5.抗肿瘤　茎髓水提取物对小鼠移植性肉瘤 S180 的生长有较明显的抑制作用，促使瘤细胞变性坏死[5]；高温修饰后的盘状花托所含果胶能够明显地抑制肿瘤生长、增强机体的免疫功能，而未经高温修饰的花托果胶无抑制肿瘤生长作用[6]。6.抗前列腺炎　花托水提取物可以减轻慢性非细菌性前列腺炎模型大鼠前列腺的炎症程度，减轻炎症过程中的氧化应激，减轻炎症疼痛，对前列腺组织有保护作用[7]。

【性味与归经】 向日葵叶：淡、苦，平。归肝、胃经。葵花盘：甘，温，无毒。

【功能与主治】 葵花梗心：治血淋，尿路结石，乳糜尿，小便不利。向日葵叶：平肝潜阳，消食健胃。用于高血压，头痛，眩晕，胃脘胀满，嗳腐吞酸，腹痛等。葵花盘：治头痛，目昏，牙痛，胃腹痛，妇女月经痛，疮肿。

【用法与用量】 葵花梗心：9～20g，或煅灰存性吞服，或捣烂开水冲服。外用捣敷。向日葵叶：15～30g。葵花盘：40～50g。

【药用标准】 葵花梗心：上海药材1994；向日葵叶：山东药材2012；葵花盘：上海药材1994。

【临床参考】 1.高血压：盘状花托250g，加玉米须15g，加水400ml，煎煮至250ml，每日煎煮2次，分2次服，连用20日[1]。

2.青霉素过敏性皮疹：盘状花托30g，水煎服，配合常规西药治疗[2]。

3.老年癃闭：茎髓40g，加瘦猪肉200g同煎，待肉熟后吃肉喝汤，分2次服完[3]。

4.前列腺炎：鲜根连其茎髓60g（或干品30g），水煎数沸（不久煎），每日作茶饮，30日为1疗程[4]。

5.慢性支气管炎：茎髓适量，捣烂，冲开水或水煎加白糖服[5]。

6.肾虚耳鸣：盘状花托30g，加何首乌、熟地各10g，水煎服，每日1剂，早晚分服[5]。

7.头痛或眩晕：盘状花托60g，加独活15g，鸡蛋2个，水煎，吃蛋喝汤[5]。

8.荨麻疹：盘状花托15g，加马齿苋、白鸡冠花各6g，紫苏叶5g，野鸦椿15g，水煎服，每日1剂[5]。

9.无名牙痛：盘状花托1个，加枸杞根适量，鸡蛋1个，水煎，喝汤吃蛋[5]。

10.痛经：盘状花托60g，加山楂30g、延胡索10g，水煎，加红糖30g调服，于经前1～2日开始服，每个月经周期服2剂，连服1～2个月经周期[5]。

11.妇女崩漏下血：盘状花托1个（去籽），用瓦焙成炭，研末过筛，每次3g，以黄酒送服，每日3次[5]。

12.大便燥结：盘状花托1个，加猪肚1具，切碎，加水以文火炖烂，加生姜、葱适量，食猪肚喝汤[5]。

13.胃出血：盘状花托1个，水煎凉服[5]。

14.肾炎水肿：花30g，加麦秆30g、赤小豆50g，水煎服[5]。

15.麻疹不透：种子30g，去壳取仁，捣烂，以开水冲服[5]。

16.闭经：茎髓10g，加猪蹄爪150g，加水炖服，喝汤吃猪蹄爪[5]。

17.胃脘痛、腹痛：根30g，加小茴香10g，芫荽（香菜）子9g，水煎，分早晚服[5]。

18.白带多：根12g，加荷叶10g，加水3碗煎至1碗，加红糖，每日2次，饭前空腹服[5]。

19.背疽：根烧存性，研末，以麻油调涂于患处，对脓头多的背疽效果更佳[5]。

20.脚转筋（肠肌痉挛）：鲜茎髓50g，加伸筋草50g，猪蹄爪2只，水煎，吃猪蹄爪喝汤[5]。

21.尿道炎、尿路结石：茎髓15g，加江南星蕨9g，水煎服；或盘状花托1个，水煎服。

22.急性乳腺炎：盘状花托晒干，炒炭存性，研细粉，每次9～15g，每日3次，加糖、白酒冲服。

23.关节炎：盘状花托适量，水煎浓缩至膏状，外敷。（21方至23方引自《浙江药用植物志》）

【附注】 《植物名实图考》丈菊条引《群芳谱》所载云："丈菊一名迎阳花，茎长丈余，干坚粗如竹，叶类麻，多直生，虽有傍枝，只生一花，大如盘盂，单瓣色黄，心皆作窠如蜂房状，至秋渐紫黑而坚。取其子种之，甚易生，花有毒能堕胎云，按此花向阳，俗间遂通呼向日葵，其子可炒食，微香，多食头晕。滇、黔与南瓜子、西瓜子同售于市。"按此描述并观其丈菊的附图，与本种相符。

【化学参考文献】

[1] Kasprzyk Z, Janiszewska W, Papaj M. Diterpenic acids of *Helianthus annuus* [J]. Bulletin de l'Academie Polonaise des Sciences, Serie des Sciences Biologiques, 1974, 22 (1): 1-4.

[2] Thompson A G, Bruinsma J. Xanthoxin: a growth inhibitor in light-grown sunflower seedlings, *Helianthus annuus* L. [J]. J Exp Bot, 1977, 28 (105): 804-810.

[3] Kaspryzyk Z, Janiszowska W. Triterpenic alcohols from the shoots of *Helianthus annuus* [J]. Phytochemistry, 1971, 10 (8): 1946-1947.

[4] Macias F A, Varela R M, Torres A, et al. Allelopathic studies on cultivar species. 3. potential allelopathic guaianolides from cultivar sunflower leaves, var. SH-222 [J]. Phytochemistry, 1993, 34 (3): 669-674.

[5] Macias F A, Fernandez A, Varela R M, et al. Sesquiterpene lactones as allelochemicals [J]. J Nat Prod, 2006, 69 (5): 795-800.

[6] Macias F A, Torres A, Molinillo J M G, et al. Potential allelopathic sesquiterpene lactones from sunflower leaves [J]. Phytochemistry, 1996, 43 (6): 1205-1215.

[7] Macias F A, Oliva R M, Varela R M, et al. Allelopathic studies in cultivar species. 14. allelochemicals from sunflower leaves cv. Peredovick [J]. Phytochemistry, 1999, 52 (4): 613-621.

[8] Macias F A, Lopez A, Varela R M, et al. Helivypolide G. A novel dimeric bioactive sesquiterpene lactone [J]. Tetrahedron Letters, 2004, 45 (35): 6567-6570.

[9] Macias F A, Galindo J L G, Varela R M, et al. Heliespirones B and C: two new plant heliespiranes with a novel spiro heterocyclic sesquiterpene skeleton [J]. Org Lett, 2006, 8 (20): 4513-4516.

[10] Melek F R, Gage D A, Gershenzon J, et al. Sesquiterpene lactone and diterpene constituents of *Helianthus annuus* [J]. Phytochemistry, 1985, 24 (7): 1537-1539.

[11] Rieseberg L H, Soltis D E, Arnold D. et al. Variation and localization of flavonoid aglycons in *Helianthus annuus* (Compositae) [J]. Am J Bot, 1987, 74 (2): 224-233.

[12] Spring O, Benz T, Ilg M. Sesquiterpene lactones of the capitate glandular trichomes of *Helianthus annuus* [J]. Phytochemistry, 1989, 28 (3): 745-749.

[13] Goepfert J, Conrad J, Spring O. 5-Deoxynevadensin, a novel flavone in sunflower and aspects of biosynthesis during trichome development [J]. Nat Prod Commun, 2006, 1 (11): 935-940.

[14] Alfatafta A A, Mullin C A. Epicuticular terpenoids and an aurone from flowers of *Helianthus annuus* [J]. Phytochemistry, 1992, 31 (12): 4109-4113.

[15] Morris B D, Charlet L D, Foster S P. Isolation of three diterpenoid acids from Sunflowers, as oviposition stimulants for the banded sunflower moth, *Cochylis hospes* [J]. J Chem Ecol, 2009, 35 (1): 50-57.

[16] Morris B D, Foster S P, Grugel S, et al. Isolation of the diterpenoids, ent-kauran-16α-ol and ent atisan-16α-ol, from sunflowers, as oviposition stimulants for the banded sunflower moth, *Cochylis hospes* [J]. J Chem Ecol, 2005, 31 (1): 89-102.

[17] Bader G, Zieschang M, Wagner K, et al. New triterpenoid saponins from *Helianthus annuus* [J]. Plant Med, 1991, 57 (5): 471-474.

[18] Buschmann E. The Basic constituents of *Helianthus annus* L. [J]. Archiv der Pharmazie, 1911, 249: 1-6.

[19] Akihisa T, Oinuma H, Yasukawa K, et al. Helianol [3, 4-*seco*-19 (10→9) abeo-8α, 9β, 10α-eupha-4, 24-dien-3-ol], a novel triterpene alcohol from the tabular flowers of *Helianthus annuus* L. [J]. Chem Pharm Bull, 1996, 44 (6): 1255-1257.

[20] Popescu H, Fagarasan E, Pop L. Physicochemical studies on a volatile oil isolated from sunflower (*Helianthus annuus* L.) [J]. Clujul Medical, 1979, 52 (2): 171-176.

[21] St. Pyrek J. Terpenes of Compositae plants. Part XI. Structures of heliantriols B_0, B_1, B_2 and A_1, new pentacyclic triterpenes from *helianthus annuus* L. and *Calendula officinalis* L. [J]. Pol J Chem, 1979, 53 (12): 2465-2490.

[22] Pyrek J S. Terpene of compositae plants. Part IX. structure of two new ψ-taraxene derivatives: heliantriols C and F. Mass spectrometry of 16-substituted ψ-taraxenes [J]. Pol J Chem, 1979, 53 (5): 1071-1084.

[23] Martin P F, Rodriguez B. Some diterpenic constituents of the sunflower (*Helianthus annuus* L.) [J]. Anales de Quimica, 1979, 75 (5): 428-430.

[24] 索茂荣, 田泽, 杨峻山, 等. 向日葵二萜化学成分及其细胞毒活性研究 [J]. 药学学报, 2007, 42 (2): 166-170.

[25] Ukiya M, Akihisa T, Tokuda H, et al. Isolation, structural elucidation, and inhibitory effects of terpenoid and lipid constituents from sunflower pollen on Epstein-Barr virus early antigen induced by tumor promoter, TPA [J]. J Agric Food Chem, 2003, 51(10): 2949-2957.

[26] Ohmoto T, Udagawa M, Yamaguchi K. Constituent of pollen. XII. constituents of pollen grains of *Helianthus annuus* L. [J]. Shoyakugaku Zasshi, 1986, 40(2): 172-176.

[27] Takatsuto S, Yokota T, Omote K, et al. Identification of brassinolide, castasterone and norcastasterone (brassinone) in sunflower (*Helianthus annuus* L.) pollen [J]. Agric Biol Chem, 1989, 53(8): 2177-2180.

[28] Homberg E E, Schiller H P K. New sterols in *Helianthus annuus* [J]. Phytochemistry, 1973, 12(7): 1767-1773.

[29] Weisz G M, Kammerer D R, Carle R. Identification and quantification of phenolic compounds from sunflower (*Helianthus annuus* L.) kernels and shells by HPLC-DAD/ESI-MS^n [J]. Food Chem, 2009, 115(2): 758-765.

[30] Mikolajczak K, Smith C R J, Wolff I A. Phenolic and sugar components of Armavireo variety sunflower (*Helianthus annuus*) seed meal [J]. J Agric Food Chem, 1970, 18(1): 27-32.

[31] Fei Y H, Zhao J P, Liu Y L, et al. New monoterpene glycosides from sunflower seeds and their protective effects against H_2O_2-induced myocardial cell injury [J]. Food Chem, 2015, 187: 385-390.

[32] Mourgue M, Lanet J, Blanc A, et al. On the presence of quinic and isochlorogenic acids in sunflower seeds (*Helianthus annuus* Lin.) [J]. Comptes Rendus des Seances de la Societe de Biologie et de Ses Filiales, 1975, 169(5): 1256-1259.

[33] Macias F A, Lopez A, Varela R M, et al. Helikauranoside A, a new bioactive diterpene [J]. J Chem Ecol, 2008, 34(1): 65-69.

[34] Suo M R, Yang J S, Lu Y, et al. Two new diterpenes from *Helianthus annuus* L. [J]. Chin Chem Lett, 2006, 17(1): 45-48.

【药理参考文献】

[1] Heo J C, Woo S U, Kweon M A, et al. Aqueous extract of the *Helianthus annuus* seed alleviates asthmatic symptoms *in vivo* [J]. International Journal of Molecular Medicine, 2008, 21(1): 57-61.

[2] 冯彪, 何满, 徐永红, 等. 向日葵籽对C57小鼠脏器中过氧化脂质及谷胱甘肽过氧化物酶的影响[J]. 中国老年学杂志, 1995, 15(1): 46.

[3] 张尚明, 户万秘, 王秋菊, 等. 向日葵茎芯多糖对小鼠免疫功能的增强作用[J]. 中国免疫学杂志, 1993, 9(6): 383-383.

[4] 陈小强, 张鹤, 杨逢建, 等. 向日葵茎髓提取物的抑菌活性及机制[J]. 精细化工, 2019, 36(4): 650-657.

[5] 李梅, 苏树芸, 刘增华, 等. 向日葵茎芯煎剂对小白鼠移植性肉瘤180作用的初步观察[J]. 解剖学杂志, 1982, 5(1-2): 5-6.

[6] 关媛. 高温修饰向日葵盘果胶的抗肿瘤及免疫活性研究[J]. 长春: 东北师范大学硕士学位论文, 2018.

[7] 李文玉, 张晨, 宋国宏, 等. 向日葵花托治疗慢性非细菌性前列腺炎的实验研究[J]. 新疆医学, 2010, 40: 14-17.

【临床参考文献】

[1] 孙杏云, 宁丽娜, 王本芝. 高血压病的民间疗法[J]. 中国民间疗法, 2015, 23(6): 96.

[2] 董雪玲. 向日葵花托治疗青霉素过敏性皮疹[J]. 海峡药学, 1995, 7(4): 71.

[3] 张佐良. 向日葵髓心治疗老年癃闭1例[J]. 中国乡村医药, 2009, 16(S1): 15.

[4] 刘金钟, 魏艳君. 向日葵根治疗前列腺炎98例[J]. 江苏中医药, 2008, 40(4): 51.

[5] 潘勇. 向日葵治病验方20则[J]. 农村新技术, 2010, (19): 46.

14. 大丽花属 *Dahlia* Cav.

多年生草本。茎直立,粗壮。叶对生或互生,叶片一至三回羽状分裂或有时为单叶。头状花序大,有长花序梗;花多数,异型,外围为无性或雌性花,中央的为多数两性花;总苞半球形,总苞片2层,外层草质,内层椭圆形,近膜质,几等长,基部稍合生;花序托平,托片宽大,膜质,半抱雌花;无性花或雌花均为舌状,舌片全缘或先端有3齿;两性花花冠管状,上部狭钟形,上端有5齿;花药基部钝;花柱分枝顶端有条形或长披针形的长附器,被硬毛。瘦果长圆形或披针形,背面压扁,顶端圆形,具不明显的2齿;无冠毛。

约 15 种，原产于南美、墨西哥和中美洲。中国各地常见栽培 1 种，法定药用植物 1 种。华东地区法定药用植物 1 种。

975. 大丽花（图 975） • Dahlia pinnata Cav. [Dahlia variabilis (Willd.) Desf.]

图 975 大丽花　　　　　　　摄影 郭增喜

【别名】天竺牡丹，大丽菊（山东、浙江），大理菊（上海）。

【形态】多年生草本，高 1～3m。块根棒状，巨大。茎直立，多分枝。叶一至三回羽状全裂，裂片卵形或长圆状卵形，下面灰绿色，两面无毛；上部叶有时不分裂。头状花序大，直径 6～12cm，具长花序梗，通常下垂；总苞片外层约 5 枚，叶质，卵状椭圆形，内层膜质，椭圆状披针形；外围 1 层舌状花，舌片白色、红色或紫色，通常卵形，先端有不明显 3 齿或全缘；中央的管状花黄色，或有时在栽培品种中可全变为假舌状花。瘦果长圆形，扁平，黑色，有 2 枚不明显的齿。花果期 6～12 月。

【生境与分布】原产于墨西哥，是世界各地最广泛栽培的观赏植物，华东及我国其他各地广泛栽培。

【药名与部位】大丽菊，块根。

【采集加工】夏、秋二季采挖，洗净，干燥。

【药材性状】呈纺锤形，略弯曲，皱缩，长 8～15cm，直径 1～5cm。表面灰棕色至棕黄色，顶端有茎残基。质硬脆，断面灰白色，略显纤维性，较粗者有空腔。气微、味淡，嚼之黏牙。

【化学成分】叶含黄酮类：紫铆酮-4′,4-O-di-[2-O-(β-吡喃葡萄糖基)-β-吡喃葡萄糖苷]｛butein-4′,4-O-di-[2-O-(β-glucopyranosyl)-β-glucopyranoside]｝、紫铆酮-4′-O-[2-O-(β-吡喃葡萄糖基)-β-吡喃葡萄糖苷]-4-O-β-吡喃葡萄糖苷｛butein-4′-O-[2-O-(β-glucopyranosyl)-β-glucopyranoside]-

4-O-β-glucopyranoside}、芦丁（rutin）、槲皮素-3-O-[（6-O-鼠李糖基）-半乳糖苷]{quercetin-3-O-[（6-O-rhamnosyl）-galactoside]}、山奈酚-3-O-[（6-O-鼠李糖基）-半乳糖苷]{kaempferol-3-O-[（6-O-rhamnosyl）-galactoside]}、山奈酚-3-O-[（6-O-鼠李糖基）-葡萄糖苷]{kaempferol-3-O-[（6-O-rhamnosyl）-glucoside]}和紫铆酮-4'-[6-O-（3-羟基-3-甲基戊二酸半酯）-β-吡喃葡萄糖苷]-4-O-β-吡喃葡萄糖苷{butein-4'-[6-O-（3-hydroxy-3-methylglutaryl）-β-glucopyranoside]-4-O-β-glucopyranoside}[1]；苯丙素类：3-O-[（反式）-咖啡酰基]-葡萄糖二酸{3-O-[（trans）-caffeoyl]-glucaric acid}、2-O-[（反式）-咖啡酰基]-葡萄糖二酸{2-O-[（trans）-caffeoyl]-glucaric acid}、新绿原酸（neochlorogenic acid）、隐绿原酸（cryptochlorogenic acid）、绿原酸（chlorogenic acid）和2-O-（反式-咖啡酰基）-甘油酸[2-O-（trans-caffeoyl）-glyceric acid][1]。

全草含炔类：1,3-二乙酰氧基-十四碳-4,6-二烯-8,10,12-三炔（1,3-diacetoxy-tetradeca-4,6-dien8,10,12-triyne）、1,11-十三碳二烯-3,5,7,9-四炔（1,11-tridecadien-3,5,7,9-tetrayne）、1-羟基-7-苯基庚-2-烯-4,6-二炔（1-hydroxy-7-phenylhept-2-en-4,6-diyne）、1-苯基庚-1,3-二炔-5-烯（1-phenylhepta-1,3-diyn-5-ene）、1,3-十三碳二烯-5,7,9,11-四炔（1,3-trideca-dien-5,7,9,11-tetrayne）、1,3,5,11-十三碳四烯-7,9-二炔（1,3,5,11-tridecatetraen-7,9-diyne）、1,3,11-十三碳三烯-5,7,9-三炔（1,3,11-tridecatrien-5,7,9-triyne）、1,5,11-十三碳三烯-7,9-二炔-3,4-二醇-二乙酯（1,5,11-tridecatriene-7,9-diyn-3,4-diol diacetate）、1,7,9-十七碳三烯-11,13,15-三炔（1,7,9-heptadecatriene-11,13,15-triyne）、4,6-十四碳二烯-8,10,12-三炔-1,3-二醇（4,6-tetradecadiene-8,10,12-triyn-1,3-diol）、4,6,12-十四碳三烯-8,10-二炔-1,3-二醇-二乙酰酯（4,6,12-tetradecatriene-8,10-diyn-1,3-diol diacetate）、4,6,12-十四碳三烯-8,10-二炔-1,3-二醇（4,6,12-tetradecatriene-8,10-diyn-1,3-diol）、7-苯基-2-庚烯-4,6-二炔醛（7-phenyl-2-hepten-4,6-diynal）、7-苯基庚-4,6-二炔-2-烯-1-乙酰酯（7-phenylhepta-4,6-diyn-2-en-1-yl acetate）、7-苯基庚-2,4,6-三炔-1-乙酰酯（7-phenylhepta-2,4,6-triyn-1-yl acetate）和苯基庚三炔（phenylheptatriyne）[2]。

【性味与归经】辛、甘，凉。归心、肺、胃经。
【功能与主治】疏风清热，活血消肿，解毒止痛。用于风疹，湿疹，疮疡肿毒，牙龈肿痛，跌打肿痛。
【用法与用量】煎服10～20g；外用适量。
【药用标准】云南彝药Ⅲ 2005六册。

【化学参考文献】
[1] Ohno S, Hori W, Hosokawa M, et al. Identification of flavonoids in leaves of a labile bicolor flowering Dahlia（Dahlia variabilis）'Yuino'[J]. Horticulture Journal, 2018, 87（1）: 140-148.
[2] Bendixen O, Lam J, Kaufmann F. Chemical constituents of the genus Dahlia. IV. polyacetylenes of Dahlia pinnata[J]. Phytochemistry, 1969, 8（6）: 1021-1024.

15. 鬼针草属 Bidens Linn.

一年生或多年生草本。茎直立或匍匐，常具纵条纹。叶对生或有时在茎上部的互生，稀三叶轮生，全缘或有齿牙、缺刻或一至三回三出或羽状分裂。头状花序单个顶生或排成伞房状圆锥花序；总苞钟状或近半球状，总苞片1～2层，基部常合生，外层草质，内层通常膜质；托片狭，近扁平，干膜质；花多数，异型，外围1层舌状花，或无舌状花而全为管状花，舌状花无性、雌性，常为白色或黄色，稀红色；管状花多数，两性，能结实，花冠黄色，管状，先端4～5裂；花药基部钝或近箭形，花柱分枝扁，具多数乳头状突起，有短的附属物。瘦果扁平或具4棱，倒卵状椭圆形、纺锤形或楔形，具2～4芒刺，其上有倒刺状刚毛。

230余种，广布于全世界热带及温带地区，以美洲的种类最多。中国9种，遍布于全国各地，多为荒野杂草，法定药用植物5种1变种。华东地区法定药用植物5种。

分种检索表

1. 瘦果条形，顶端渐狭，通常有芒刺 3～4 枚。
  2. 总苞片外层匙形，先端不增宽；叶片二至三回羽状分裂。
    3. 顶生裂片狭窄，先端渐尖，边缘具稀疏不规则的粗齿··················婆婆针 B. bipinnata
    3. 顶生裂片卵形，先端短渐尖，边缘具整齐的锯齿····················金盏银盘 B. biternata
  2. 总苞片外层匙形，先端增宽；叶片通常为三出全裂························鬼针草 B. pilosa
1. 瘦果楔形或倒卵状楔形，顶端截平，通常有芒刺 2 枚。
  4. 茎中部叶片为羽状深裂；中央盘花花冠 4 裂······························狼杷草 B. tripartita
  4. 茎中部叶片为羽状全裂，至少顶生裂片具明显的柄；中央盘花花冠 5 裂········大狼杷草 B. frondosa

976. 婆婆针（图 976） • *Bidens bipinnata* Linn.

图 976　婆婆针　　　　　摄影　李华东等

【别名】鬼针草（福建），鬼骨针（江苏连云港），鬼葛针、鬼葛草（江苏邳县），小鬼针（江苏盱眙），脱力草、止血草（江苏苏州）。

【形态】一年生草本，高 30～120cm。茎直立，下部稍呈四棱，无毛或上部疏被柔毛。叶对生，二回羽状分裂，第一次分裂深达中脉，裂片再次羽状分裂，小裂片三角状或菱状披针形，具 1～2 对缺刻或深裂，顶生裂片狭，顶端渐尖，边缘具不规则粗齿，两面均疏被柔毛；叶柄长 2～6cm。头状花序，花序梗长1～5cm；总苞杯状，基部被柔毛，外层总苞片草质，条形，内层总苞片膜质，椭圆形；托片狭披针形；外层舌状花1～3朵，不育，舌片黄色，椭圆形或倒卵状披针形，先端全缘或有3齿；中央的全为管状花，黄色。瘦果条形，稍扁，具3～4棱，有瘤状突起及小刚毛，顶端芒刺3～4条，稀2条，具倒刺毛。花期6～9月，果期8～11月。

【生境与分布】多生于路边荒地、山坡及田边。分布于华东各地，另华南、西南、华中、华北、东北及陕西、甘肃等地均有分布；美洲、亚洲、欧洲及非洲东部也有分布。

【药名与部位】婆婆针（鬼针草、金盏银盘），地上部分。鬼针草：全草。

【采集加工】婆婆针：夏、秋二季开花盛期，收割地上部分，除去杂质，鲜用或晒干。鬼针草：夏季花开时采收，晒干或鲜用。

【药材性状】婆婆针：茎略呈方形，幼茎有短柔毛。叶对生或互生，羽状分裂，小裂片三角状或菱状披针形，边缘具不规则细齿或钝齿，两面略有短毛，纸质而脆，多皱缩破碎。头状花序直径5～10cm，总花梗长2～10cm，总苞片条状椭圆形，先端尖或钝，被细短毛，舌状花黄色，通常有1～3朵不发育，筒状花黄色，发育，长约5mm。瘦果条形，具3～4棱，冠毛3～4枚。气微，味淡。

鬼针草：茎四棱形，有分枝，长30～80cm，直径0.2～0.6cm；表面黄绿色或棕黄色，具纵棱，节稍膨大，带紫色；质轻韧，易折断，断面黄白色，中央具髓。叶对生，暗绿色或黄绿色，多皱缩破碎，完整者展开后为二回羽状深裂，边缘有不规则疏齿，两面均被短柔毛。头状花序直径0.6～1cm，黄色。瘦果扁条形，具棱，长约0.15cm，顶端芒刺3～4枚或脱落。主根不明显，具须根。气微，味苦。

【药材炮制】婆婆针：除去杂质及残根，抢水洗净，稍晾，切段，干燥。

鬼针草：除去杂质，切段。

【化学成分】叶含挥发油类：大香叶烯（myrcene）、α-蒎烯（α-pinene）和β-石竹烯（β-caryophyllene）等[1]。

地上部分含脂肪酸类：9,12,13-三羟基-10,15-十八碳二烯酸（9,12,13-trihydroxy-10,15-octadecadienoic acid）和9,12,13-三羟基-10-十八碳烯酸（9,12,13-trihydroxy-10-octadecaenoic acid）[2]；酚酸类：水杨酸（salicylic acid）[2]和3,4-二羟基苯甲酸乙酯（ether 3,4-dihydroxybenzoate）[3]；酚苷类：丁香酚苷（syringin）[2]；环戊烯酮类：3-甲基-2-（2-戊烯基）-4-O-β-D-吡喃葡萄糖基-$\triangle^2$-环戊烯-1-酮［3-methyl-2-（2-pentenyl）-4-O-β-D-glucopyranosyl-$\triangle^2$-cyclopenten-1-one］[2]；香豆素类：七叶苷（esculin）[4]；黄酮类：槲皮素（quercetin）、金丝桃苷（hyperoside）、槲皮素-7-O-鼠李糖苷（quercetin-7-O-rhamnoside）、木犀草素（luteolin）、奥卡宁（okanin）、6,7,3′,4′-四羟基橙酮（6,7,3′,4′-tetrahydroxyaurone）[3]、6-O-β-D-吡喃葡萄糖基-6,7,3′,4′-四羟基橙酮（6-O-β-D-glucopyranosyl-6,7,3′,4′-tetrahydroxyaurone）、6-O-（6″-乙酰基-β-D-吡喃葡萄糖基）-6,7,3′,4′-四羟基橙酮［6-O-（6″-acetyl-β-D-glucopyranosyl）-6,7,3′,4′-tetrahydroxyaurone］、异奥卡宁-7-O-β-D-吡喃葡萄糖苷（iso-okanin-7-O-β-D-glucopyranoside）、槲皮素-3-O-β-D-吡喃葡萄糖苷（quercetin-3-O-β-D-glucopyranoside）、槲皮素3-O-α-L-鼠李糖苷（quercetin-3-O-α-L-rhamnoside）[4]，鬼针草苷*A、B（bidenoside A、B）[5]，鬼针草苷F、G（bidenoside F、G）、异奥卡宁-7-O-（4″,6″-二乙酰氧基）-β-D-吡喃葡萄糖苷［isookanin-7-O-（4″,6″-diacetyl）-β-D-glucopyranoside］[6]和（Z）-6-O-（4″,6″-二乙酰基-β-D-吡喃葡萄糖基）-6,7,3′,4′-四羟基橙酮［（Z）-6-O-（4″,6″-diacetyl-β-D-glucopyranosyl）-6,7,3′,4′-tetrahydroxyaurone］[7]；聚炔类：3-β-D-吡喃葡萄糖基-1-羟基-（6E）-十四烯-8,10,12-三炔［3β-D-glucopyranosyloxyl-1-hydroxy-（6E）-tetradecene-8,10,12-triyne］[7]和鬼针草苷C、D（bidenoside C、D）[8]；甾体类：谷甾醇-3β-O-β-D-吡喃葡萄糖苷（sitosterol-3β-O-β-D-glucopyranoside）[3]和豆甾醇-3β-O-β-D-吡喃葡萄糖苷（stigmasterol-3β-O-β-D-glucopyranoside）[7]；醇苷类：苄基-O-β-D-吡喃葡萄糖苷（benzyl-O-β-D-glucopyranoside）、苯乙基-O-β-D-吡喃葡萄糖苷（benzene ethyl-O-β-D-glucopyranoside）、（Z）-3-己烯基-O-β-D-吡喃葡萄糖苷［（Z）-3-hexenyl-O-β-D-glucopyranoside］[2]，正丁基-O-α-D-呋喃果糖苷（n-butyl-O-α-D-fructofuranoside）、正丁基-O-β-D-呋喃果糖苷（n-butyl-O-

β-D-fructofuranoside）、正丁基-O-β-D-吡喃果糖苷（n-butyl-O-β-D-fructopyranoside）、（E）-2-己烯基-O-β-D-吡喃葡萄糖苷［（E）-2-hexenyl-O-β-D-glucopyranoside］、正己烷基-O-β-D-吡喃葡萄糖苷（n-hexyl-O-β-D-glucopyranoside）和异戊基-O-β-D-吡喃葡萄糖苷（isopentyl-O-β-D-glucopyranoside）[4]；苯丙素类：4-O-（6″-O-对-香豆酰基-β-D-吡喃葡萄糖基）-对-香豆酸［4-O-（6″-O-p-coumaroyl-β-D-glucopyranosyl）-p-coumaric acid］、4-O-（2″-O-乙酰基-6″-O-对-香豆酰基-β-D-吡喃葡萄糖基）-对香豆酸［4-O-（2″-O-acetyl-6″-O-p-coumaroyl-β-D-glucopyranosyl）-p-coumaric acid］和4-O-（2″,4″-二乙酰基-6″-O-对香豆酰基-β-吡喃葡萄糖基）-对-香豆酸［4-O-（2″,4″-O-diacetyl-6″-O-p-coumaroyl-β-D-glucopyranosyl）-p-coumaric acid］[7]。

全草含黄酮类：芦丁（rutin）、柚皮素（naringenin）、芹菜素（apigenin）、槲皮素-5-O-β-D-吡喃葡萄糖苷（quercetin-5-O-β-D-glucopyranoside）、木犀草素-7-O-β-D-吡喃葡萄糖苷（luteolin-7-O-β-D-glucopyranoside）、山奈酚-7-O-β-D-吡喃葡萄糖苷（kaempferol-7-O-β-D-glucopyranoside）、山奈酚-3-O-β-D-芸香糖苷（kaempferol-3-O-β-D-rutinoside）、槲皮素-3-O-β-D-吡喃葡萄糖苷（quercetin-3-O-β-D-glucopyranoside）、槲皮素-7-O-β-D-吡喃葡萄糖苷（quercetin-7-O-β-D-glucopyranoside）、5,7-二羟基色原酮-7-O-β-D-葡萄糖苷（5,7-dihydroxychromone-7-O-β-D-glucoside）、奥卡宁-4′-O-β-D-（2″,4″,6″-三乙酰基）-吡喃葡萄糖苷［okanin-4′-O-β-D-（2″,4″,6″-triacetyl）-glucopyranoside］、奥卡宁-4′-O-β-D-（3″,4″-二乙酰基-6″-反式-对-香豆酰基）吡喃葡萄糖苷［okanin-4′-O-β-D-（3″,4″-diacetyl-6″-trans-p-coumaroyl）glucopyranoside］[9]、槲皮素-3-O-α-L-鼠李糖苷（quercetin-3-O-α-L-rhamnoside）、紫云英苷（astragalin）、海生菊苷（maritimetin）、5,3′-二羟基-3,6,4′-三甲氧基-7-O-β-D-吡喃葡萄糖基黄酮（5,3′-dihydroxy-3,6,4′-trimethoxyl-7-O-β-D-glucopyranosyl flavone）、7,8,3′,4′-四羟基二氢黄酮（7,8,3′,4′-tetraflavanone）、（2S）-异奥卡宁-7-O-β-D-吡喃葡萄糖苷［（2S）-isookanin-7-O-β-D-glucopyranoside］、（2R）-异奥卡宁-7-O-β-D-吡喃葡萄糖苷［（2R）-isookanin-7-O-β-D-glucopyranoside］、3′-甲氧基-（2R）-异奥卡宁-7-O-β-D-葡萄糖苷［3′-methoxy-（2R）-isookanin-7-O-β-D-glucopyranoside］、3′-甲氧基-（2S）-异奥卡宁-7-O-β-D-葡萄糖苷［3′-methoxy-（2S）-isookanin-7-O-β-D-glucopyranoside][10]、异槲皮苷（isoquercitrin）、槲皮素-7-O-β-D-葡萄糖苷（quercetin-7-O-β-D-glucoside）、异奥卡宁-7-O-β-D-葡萄糖苷（isookanin-7-O-β-D-glucoside）[11]、槲皮素（quercetin）[9,12]、3′,4′-二甲氧基槲皮素（3′,4′-dimethoxyquercetin）、3,6,8-三氯-5,7,3′,4′-四羟基黄酮（3,6,8-trichloro-5,7,3′,4′-tetrahydroxyflavone）、木犀草素（luteoline）、芦丁（rutin）、山奈酚（kaempferol）、5,3′-二羟基-3,4′-二甲氧基黄酮-7-O-β-D-吡喃葡萄糖苷（5,3′-dihydroxy-3,4′-dimethoxyflavone-7-O-β-D-glucopyranoside）、5,8,4′-三羟基黄酮-7-O-β-D-吡喃葡萄糖苷（5,8,4′-trihydroxyflavone-7-O-β-D-glucopyranoside）、矢车菊苷（chrysanthemin）、7,3′,4′-三羟基黄酮（7,3′,4′-trihydroxyflavone）、槲皮素-3,4′-二甲氧基-7-O-芦丁苷（quercetin-3,4′-dimethoxy-7-O-rutinoside）、奥卡宁-4-甲氧基-3′-O-β-D-吡喃葡萄糖苷（okanin-4-methoxy-3′-O-β-D-glucopyranoside）、异奥卡宁（isookanin）、奥卡宁（okanin）、奥卡宁-4′-O-β-D-（2″,4″,6″-三乙酰基）-吡喃葡萄糖苷［okanin-4′-O-β-D-（2″,4″,6″-triacetyl）-glucopyranoside］、奥卡宁-4′-O-[6″-（E）-对-桂皮酰基]-β-D-葡萄糖苷{okanin-4′-O-[6″-（E）-p-cinnamoyl]-β-D-glucoside}、异奥卡宁-7-O-β-D-葡萄糖苷（isookanin-7-O-β-D-glucoside）、槲皮素-7-O-鼠李糖苷（quercetin-7-O-rhamnoside）、8,3′,4′-三羟基黄酮-7-O-β-D-葡萄糖苷（8,3′,4′-trihydroxyflavone-7-O-β-D-glucoside）、6,7,3′,4′-四羟基橙酮（6,7,3′,4′-tetrahydroxyaurone）[12]、3,5-二羟基-3′,5′-二甲氧基黄酮-7-O-β-D-吡喃葡萄糖苷（3,5-dihydroxy-3′,5′-dimethoxyflavone-7-O-β-D-glucopyranoside）、7,8,3′,4′-四羟基二氢黄酮醇（7,8,3′,4′-tetrahydroxyflavanonol）[13]、5-羟基-6,7-二甲氧基黄酮（5-hydroxyl-6,7-dimethoxyflavone）、山奈酚-7-O-α-L-鼠李糖苷（kaempferol-7-O-α-L-rhamnoside）、槲皮素-7-O-葡萄糖苷（quercetion-7-O-glucoside）、槲皮素-3-O-α-L-鼠李糖苷（quercetion-3-O-α-L-rhamnoside）、5,7,3′,4′-四羟基-3-甲氧基黄酮（5,7,3′,4′-tetrahydroxy-3-methoxyflavone）[14]、山奈酚-3-O-α-L-鼠李糖苷（kaempferol-3-O-α-L-rhamnoside）、

（2S）-异奥卡宁-7-O-β-D-（2″,4″,6″-三乙酰基）-吡喃葡萄糖苷［（2S）-isookanin-7-O-β-D-（2″,4″,6″-triacetyl）-glucopyranoside］、（2R）-异奥卡宁-7-O-β-D-（2″,4″,6″-三乙酰基）-吡喃葡萄糖苷［（2R）-isookanin-7-O-β-D-（2″,4″,6″-triacetyl）-glucopyranoside］[15]、橙皮苷（hesperidin）[16],7,3′,4′-三羟基-6-O-（3″,6″-二乙酰氧基-β-D-吡喃葡萄糖基）-橙酮［6-O-（3″,6″-diacetyl-β-D-glucopyranosyl）-7,3′,4′-trihydroxyaurone］、7,3′,4′-三羟基-6-O-（6″-乙酰氧基-β-D-吡喃葡萄糖基）-橙酮［6-O-（6″-acetyl-β-D-glucopyranosyl）-7,3′,4′-trihydroxyaurone］、7,3′,4′-三羟基-6-O-（4″,6″-二乙酰氧基-β-D-吡喃葡萄糖基）-橙酮［6-O-（4″,6″-diacetyl-β-D-glucopyranosyl）-7,3′,4′-trihydroxyaurone］、金丝桃苷（hyperoside）[17]、木犀草素（luteolin）[18],3,5,7,4′-四羟基-8-异戊烯基黄酮-3-O-α-L-吡喃鼠李糖苷（3,5,7,4′-tetrahydroxyl-8-isopenteneflavonoid-3-O-α-L-rhamnopyranoside）[19],3,6,8-三氯-5,7,3′,4′-四羟基黄酮（3,6,8-trichloro-5,7,3′,4′-tetrahydroxyflavone）、8,3′,4′-三羟基黄酮-7-O-β-D-吡喃葡萄糖苷（8,3′,4′-trihydroxyflavone-7-O-β-D-glucopyranoside）[20]、（2R）-异奥卡宁-4′-甲氧基-7-O-β-D-吡喃葡萄糖苷［（2R）-isookanin-4′-methoxy-7-O-β-D-glucopyranoside］、（2S）-异奥卡宁-4′-甲氧基-7-O-β-D-吡喃葡萄糖苷［（2S）-isookanin-4′-methoxy-7-O-β-D-glucopyranoside］、（2R）-异奥卡宁-3′-甲氧基-7-O-β-D-吡喃葡萄糖苷［（2R）-isookanin-3′-methoxy-7-O-β-D-glucopyranoside］、（2S）-异奥卡宁-3′-甲氧基-7-O-β-D-吡喃葡萄糖苷［（2S）-isookanin-3′-methoxy-7-O-β-D-glucopyranoside］、（2R）-7,8,3′,4′-四羟基黄酮［（2R）-7,8,3′,4′-tetrahydroxyflavone］、（2S）-7,8,3′,4′-四羟基黄酮［（2S）-7,8,3′,4′-tetrahydroxyflavone］、8,3′-二羟基-3,7,4′-甲氧基-6-O-β-D-吡喃葡萄糖基黄酮（8,3′-dihydroxy-3,7,4′-trimethoxy-6-O-β-D-glucopyranosylflavone）、E-6-O-β-D-吡喃葡萄糖基-6,7,3′,4′-四羟基橙酮（E-6-O-β-D-glucopyranosyl-6,7,3′,4′-tetrahydroxyaurone）和7-O-β-D-吡喃葡萄糖基-6,7,3′,4′-四羟基橙酮（7-O-β-D-glucopyranosyl-6,7,3′,4′-tetrahydroxyaurone）[21]；鞘胺醇类：（2S,3S,4R,8E）-2-［（2′R,3′R）-二羟基二十三碳酰胺］-8-十八烷烯-1,3,4-三醇｛（2S,3S,4R,8E）-2-［（2′R,3′R）-dihydroxytriocosanoylamino］-8-octadecene-1,3,4-triol｝、（2S,3S,4R,8E）-2-［（2′R）-2′-羟基二十四碳酰胺］-10-十八烷烯-1,3,4-三醇｛（2S,3S,4R,8E）-2-［（2′R）-2′-hydroxytetracosanoylamino］-10-octadecene-1,3,4-triol｝、（2S,3S,4R,8E）-2-［（2′R）-2′-羟基二十三碳酰胺］-10-十八烷烯-1,3,4-三醇｛（2S,3S,4R,8E）-2-［（2′R）-2′-hydroxytriocosanoylamino］-10-octadecene-1,3,4-triol｝、1-O-β-D-吡喃葡萄糖基-（2S,3S,4R,8E）-2-［（2′R）-2′-羟基二十四碳酰胺］-8-十八烷烯-1,3,4-三醇｛1-O-β-D-glucopyranosyl-（2S,3S,4R,8E）-2-［（2′R）-2′-hydroxytetracosanoylamino］-8-octadecene-1,3,4-triol｝、1-O-β-D-吡喃葡萄糖基-（2S,3S,4R,8Z）-2-［（2′R）-2′-羟基二十四碳酰胺］-8-十八烷烯-1,3,4-三醇｛1-O-β-D-glucopyranosyl-（2S,3S,4R,8Z）-2-［（2′R）-2′-hydroxytetracosanoylamino］-8-octadecene-1,3,4-triol｝、1-O-β-D-吡喃葡萄糖基-（2S,3S,4R,8E）-2-［（2′R）-2′-羟基二十三碳酰胺］-8-十八烷烯-1,3,4-三醇｛1-O-β-D-glucopyranosyl-（2S,3S,4R,8E）-2-［（2′R）-2′-hydroxytriocosanoylamino］-8-octadecene-1,3,4-triol｝、1-O-β-D-吡喃葡萄糖基-（2S,3S,4R,8Z）-2-［（2′R）-2′-羟基二十三碳酰胺］-8-十八烷烯-1,3,4-三醇｛1-O-β-D-glucopyranosyl-（2S,3S,4R,8Z）-2-［（2′R）-2′-hydroxytriocosanoylamino］-8-octadecene-1,3,4-triol｝、1-O-β-D-吡喃葡萄糖基-（2S,3S,4R,8E）-2-［（2′R）-2′-羟基二十二碳酰胺］-8-十八烷烯-1,3,4-三醇｛1-O-β-D-glucopyranosyl-（2S,3S,4R,8E）-2-［（2′R）-2′-hydroxydocosanoylamino］-8-octadecene-1,3,4-triol｝和1-O-β-D-吡喃葡萄糖基-（2S,3S,4R,8Z）-2-［（2′R）-2′-羟基二十二碳酰胺］-8-十八烷烯-1,3,4-三醇｛1-O-β-D-glucopyranosyl-（2S,3S,4R,8Z）-2-［（2′R）-2′-hydroxydocosanoylamino］-8-octadecene-1,3,4-triol｝[21]；苯丙素类：（E）-4-O-（2″-O-二乙酰基-6″-对-O-二乙酰基-6-p-香豆酰基-β-D-吡喃葡萄糖基）-对香豆酸［（E）-4-O-（2″-O-diacetyl-6″-p-O-diacetyl-6-p-coumaroyl-β-D-glucopyranosyl）-p-coumaric acid］、4-O-（6″-O-对-沙门酰基-β-D-吡喃葡萄糖基）-对香豆酸［4-O-（6″-O-p-sementoncoacyl-β-D-glucopyranosyl）-p-coumaric acid］、枸橼苦素C（citrusin C）、4-烯丙基-2,6-二甲氧基苯基葡萄糖苷（4-allyl-2,6-dimethoxyphenylglucoside）[21]、咖啡酸（caffeic acid）[9],3-O-咖啡酸酰基-2-甲基-D-赤藓糖酸-1,4-内酯（3-O-caffeoyl-2-methyl-D-erythrono-1,4-lactone）、

丁香酚-O-β-D-呋喃芹糖-（1″-6′）-O-β-D-吡喃葡萄糖苷［eugenyl-O-β-D-apiofuranosyl-（1″-6′）-O-β-glucopyranoside］[10]，3,5-双咖啡酰奎宁酸甲酯（methyl 3,5-dicaffeoylquinate）、绿原酸（chlorogenic acid）、绿原酸甲酯（methyl chlorogenate）、4,5-双咖啡酰奎宁酸（4,5-dicaffeoyl quinic acid）、3,5-双咖啡酰奎宁酸（3,5-dicaffeoylquinic acid）、4-O-（2″,3″-二乙酰基-6″-O-对-香豆酰基-β-D-吡喃葡萄糖基）-对-香豆酸［4-O-（2″,3″-diacetyl-6″-O-p-coumaroyl-β-D-glucopyranosyl）-p-coumaric acid］、4-O-（6″-O-对-香豆酰基-β-D-吡喃葡萄糖基）-对-香豆酸［4-O-（6″-O-p-coumaroyl-β-D-glucopyranosyl）-p-coumaric acid］[12]，3,5-双咖啡酰奎宁酸甲酯（methyl 3,5-dicaffeoyl quinate）[13]，咖啡酸乙酯（ethyl caffeate）[16]和4-O-（2″,3″-O-二乙酰基-6″-O-对香豆酰基-β-D-吡喃葡萄糖基）-对-香豆酸［4-O-（2″,3″-O-diacetyl-6″-O-p-coumaroyl-β-D-glucopyranosyl）-p-coumaric acid］[20]；酚酸类：没食子酸（gallic acid）[9]和邻苯二甲酸-双（2′-乙基庚基）酯［bis-（2-ethylheptyl）phythalate］[15]；甾体类：β-谷甾醇（β-sitosterol）、胡萝卜苷（daucosterol）[9]，豆甾醇-3-O-β-D-吡喃葡萄糖苷（stigmasterol-3-O-β-D-glucopyranoside）和豆甾醇（stigmasterol）[12]；香豆素类：6,7-二羟基香豆素（6,7-dihydroxycoumarin），即七叶内酯（esculetin）[10]和7,8-二羟基香豆素（7,8-dihydroxycoumarin）[12]；木脂素类：（7S,8R）-蛇菰宁-4-O-β-D-吡喃葡萄糖苷［（7S,8R）-balanophonin-4-O-β-D-glucopyranoside］、（+）-丁香脂素-4-O-β-D-吡喃葡萄糖苷［（+）-syringaresinol-4-O-β-D-glucopyranoside］[10]，松脂素（pinoresinol）[15]和苏式-二羟基脱氢二松柏醇（threo-dihydroxydehydrodiconiferyl alcohol）[16]；多元醇类：D-甘露醇（D-mannitol）[11]；生物碱类：3-羟基乙酰基吲哚（3-hydroxyacetyl indole）[15]；烷烃类：正二十八烷（n-octacosane）[16]和正二十一烷（n-heneicosane）[21]；烷醇类：十六烷醇（hexadecanol）[21]；挥发油类：α-蒎烯（α-pinene）、α-人参烯（α-panasinsen）和特戊酸-6-柠檬酯（limonen-6-ol pivalate）等[22]；聚炔类：（3E,11E）-十三二烯-5,7,9-三炔-1,2,13-三醇［（3E,11E）-tetradecadiene-5,7,9-tetrayn-1,2,13-triol］、2-O-β-D-吡喃葡萄糖基-1,13-二羟基-3,（11E）-十三二烯-5,7,9-三炔［2-O-β-D-glucopyranosyl-1,13-dihydroxy-trideca-3,（11E）-dien-5,7,9-tetrayne］[15]，鬼针聚炔苷（bipinnatapolyacetyloside）、鬼针聚炔苷B（bipinnatapolyacetyloside B）[17]，5-（2-苯基乙炔基）-2-O-β-D-葡萄糖基-噻吩［5-（2-phenylethynyl）-2-O-β-D-glucosyl thiophene］、（6E,12E）-十四二烯-8,10-二炔-1,14-二羟基-3-O-β-D-葡萄糖苷［（6E,12E）-tridecadiene-8,10-diyn-1,14-diol-3-O-β-D-glucopyranoside］[19]，1,2,13-三羟基-（5E,11E）-十三二烯-7,9-二炔［1,2,13-triol-（5E,11E）-tridecadiene-7,9-diyne］、3-酮基-14-羟基-（6E,12E）-十四烯二烯-8,10-二炔-1-O-β-D-吡喃葡萄糖苷［3-oxo-14-hydroxyl-（6E,12E）-tetradecadiene-8,10-diyne-1-O-β-D-glucopyranoside］、1,2,13-三羟基-（3E,11E）-十三烷二烯-6,8,10-三炔［1,2,13-triol-（3E,11E）-tridecadiene-6,8,10-triyne］[23]，2-β-D-吡喃葡萄糖基-1,13-二羟基-（11E）-十三烯-3,5,7,9-四炔［2-β-D-glucopyranosyl-1,13-dihydroxy-（11E）-tridecaene-3,5,7,9-tetrayne］[24]和（5E）-十三碳-1,5-二烯-7,9,11-三炔-3,4-三醇-4-O-β-D-吡喃葡萄糖苷［（5E）-trideca-1,5-dien-7,9,11-triyne-3,4-diol-4-O-β-D-glucopyranoside］[21]；三萜类：木栓酮（friedelin）[21]；其他尚含：麦芽糖（maltose）[16]，尿嘧啶（uracil）、硬脂酸（stearic acid）和延胡索酸（fumaric acid）[21]。

【药理作用】1. 抗炎镇痛　全草乙醇提取物可显著抑制乙酸所致小鼠毛细血管通透性增加、蛋清所致大鼠的足肿胀、棉球所致大鼠肉芽组织的增生，对乙酸所致小鼠的扭体反应有一定的抑制作用[1]；茎叶的乙醇提取物对弗氏佐剂诱导的佐剂性关节炎模型大鼠的白细胞介素-6（IL-6）、白细胞介素-1β（IL-1β）和肿瘤坏死因子-α（TNF-α）的含量有降低作用，激活胱天蛋白酶-3（caspase-3）诱导滑膜细胞的凋亡，从而减轻关节炎症状[2]。2. 抗菌　全草醇提取物有较广的抗菌作用，对金黄色葡萄球菌、枯草芽孢杆菌、白色念球菌的生长有不同程度的抑制作用，对大肠杆菌的生长无抑制作用[3]；全草提取物制成的注射液对金黄色葡萄球菌、表皮葡萄球菌、肠球菌、变形杆菌、肺炎链球菌、肺炎克雷伯杆菌、A群链球菌和B群链球菌的生长均有较强的抑制作用，而对大肠杆菌、绿脓杆菌的生长抑制作用较差；提取物注射液具有小鼠体内抗表皮葡萄球菌、抗金黄色葡萄球菌感染的作用[4]。3. 抗病毒　全草提取物制成的注射液可抑制甲型和乙型流感病毒[4]。4. 解热　全草提取物制成的注射液对伤寒菌引起的家兔发热及2,4-二硝基苯酚引起大鼠发热均有明显的解热作用[4]。5. 降血脂抗血栓　全草与小花鬼针草（*Bidens parviflora* Willd.）全草按 7∶3 比例混合后制得的水浸膏,可明显降低胆固醇和 β-脂蛋白,并具有明显的抗动脉血栓形成作用[5]；全草水提取液可显著降低高血脂模型大鼠血清中的总胆固醇（TC）、甘油三酯（TG）和低密度脂蛋白（LDL）含量,显著降低血栓形成量[6]。6. 护肝　根、茎、叶水提取物对四氯化碳（CCl_4）所致的肝损伤模型小鼠可显著降低血清中谷丙转氨酶（ALT）和天冬氨酸氨基转移酶（AST）以及肝组织匀浆丙二醛（MDA）含量,提高谷胱甘肽过氧化物酶（GSH-Px）含量,对肝损伤有明显的保护作用[7]；全草中分离的总黄酮对猪血清所致大鼠的免疫性肝纤维化有明显的抑制作用[8]。7. 抗氧化　全草醇提取物的石油醚、正丁醇、乙酸乙酯萃取物对 1,1-二苯基 -2-三硝基苯肼（DPPH）自由基和羟自由基（·OH）均具有较强的清除作用,具有一定的总还原能力[3]。8. 降血糖　全草醇提取液可改善四氧嘧啶诱导的糖尿病模型小鼠的血糖、糖耐量,提高胸腺、脾脏指数[9]。9. 抗血小板聚集　全草与小花鬼针草全草按 7∶3 比例混合后制得的水浸膏可明显抑制促血小板聚集剂（ADP、胶原、蛇毒）所致大鼠血小板的聚集作用[10]。10. 降血压　全草提取物对一氧化氮合酶（NOS）抑制剂 L-NAME 诱导的高血压模型大鼠的收缩压、舒张压和平均动脉压均有不同程度的降低作用,呈剂量依赖性,其降压作用可能与增加一氧化氮（NO）的含量,减少内源性缩血管活性物质肾素血管紧张素Ⅱ（AngⅡ）和内皮素 1（ET-1）的释放有关[11]；鲜全草提取物可显著降低原发性高血压大鼠（SHR）的收缩压[12]。11. 抗肿瘤　全草乙醇提取物石油醚部位对人肝癌 HePG-2 细胞、肺癌 A549、鼻咽癌 CNE 细胞的增殖均有明显的抑制作用[13]；全草水提取液对腹水瘤 S180 荷瘤小鼠的瘤体生长有一定的抑制作用[14]；全草 90% 醇提取物可通过提高机体免疫力来抑制小鼠宫颈癌 U14 细胞移植荷瘤模型小鼠的肿瘤生长[15]。12. 抗胆碱　全草水提取液的正丁醇萃取部位和剩余的水部位对豚鼠离体回肠收缩张力有呈剂量依赖性的促进作用,而阿托品对这种促进作用具有明显的抑制作用,表明其具有拟胆碱作用[16]。13. 改善肾功能　全草水提取液可显著降低肾性贫血模型大鼠血中的肌酐（Crea）和尿素氮（BUN）含量,提高血中红细胞（RBC）、血红蛋白（Hb）和促红细胞生成素（EPO）含量,减少肾组织坏死,并减轻肾组织炎性浸润[17]。

毒性　ICR 小鼠灌胃给予鲜全草提取物的半数致死剂量（LD_{50}）为 609.3g/kg（按体表面积计算,相当于人临床剂量的 156 倍）[12]。

【性味与归经】婆婆针：苦,平。归肝、大肠经。鬼针草：苦,平。归脾、胃、肝经。

【功能与主治】婆婆针：健脾止泻,清热解毒。用于消化不良,腹痛泄泻,咽喉肿痛,痢疾,阑尾炎。鬼针草：清热解毒,祛风活血,散瘀消肿。用于治疗疟疾,腹泻,痢疾,胁痛,水肿,胃脘痛,噎膈,肠痈,咽喉肿痛,跌打损伤,蛇虫咬伤。

【用法与用量】婆婆针：9～30g。鬼针草：煎服 25～50g；外用适量,鲜品捣烂敷患处。

【药用标准】婆婆针：浙江炮规 2015、上海药材 1994、山东药材 2012、甘肃药材 2009 和贵州药材 1988；鬼针草：湖北药材 2009 和河南药材 1991。

【临床参考】1. 小儿腹泻：全草制成 40% 糖浆,口服；或鲜全草加水煎取药液 650ml 置于盆内,待药液不烫手时（约 42℃）,将婴儿双足置于药液内洗浴,早晚各 1 次,另取药液擦洗患儿脐部,并以干棉球蘸少许药液敷于脐孔处,以伤湿止痛膏固定,每日 1 换,3 日为 1 疗程[1]。

2. 烧伤：全草制成软膏（全草 60g,加黄连、黄柏、黄芩各 30g,地龙 20g,香油 500ml,蜂蜡 45g,制成软膏约 300g）外用,每日 2 次,1～3 周为 1 疗程[1]。

3. 急性胰腺炎：全草 60g（鲜品 120g）,加柴胡、枳壳、厚朴、川楝子各 12g,郁金 9g,木香 6g,大黄（后下）10g,黄疸者加茵陈、栀子、龙胆草；口渴甚者加知母、芦根；食积不化者加麦芽、谷芽、鸡内金；久痛不止者加赤芍、桃仁、红花；热象明显者加银花、蒲公英、紫花地丁；合并胆道感染者加使君子、槟榔、乌梅。加水浓煎至 100ml,重症每日 2 剂,分 4 次服,轻症每日 1 剂,分 2 次服,1 周为 1 疗程[2]。

4. 阑尾炎：鲜全草 60g,加白花蛇舌草 60g,一点红 30g,水煎服。

5. 小儿单纯性腹泻：全草 3～5 株,水煎浓汁,熏洗患儿两脚,每次 5min,连续熏洗 3～4 次。

6. 肝炎：鲜全草30g，加紫金牛、仙鹤草、六月雪各9～15g，水煎服。
7. 风湿性关节炎：全草，加海州常山等量，研粉，水泛为丸，每次9g，开水送服，每日2次。
8. 咽喉肿痛：鲜全草30g，水煎，频频含服。（4方至8方引自《浙江药用植物志》）
9. 痢疾：嫩芽30g，水煎汤，白痢配红糖，红痢配白糖，连服3次。（《闽东本草》）
10. 黄疸：全草15g，加柞木叶15g，青松针30g，水煎服。（《浙江民间草药》）

【附注】本种以鬼针草之名始载于《本草拾遗》，谓："生池畔，方茎，叶有桠，子作钗脚，着人衣如针。北人呼为鬼针，南人谓之鬼钗。"即为本种。

同属植物白花鬼针草 Bidens pilosa Linn. var. radiata Sch.-Bip. 的全草在广西及贵州也作鬼针草药用；小花鬼针草 Bidens parviflora Willd. 的全草在民间也作鬼针草药用。

【化学参考文献】

[1] 王大伟，吴艳蕊，赵宁，等.鬼针草叶片精油化学成分的GC-MS分析[J].化学与生物工程，2014，31（10）：71-73.
[2] 李帅，匡海学，冈田嘉仁，等.鬼针草化学成分的研究（Ⅰ）[J].中草药，2003，34（9）：782-785.
[3] 黄敏珠，陈海生，刘建国，等.中药鬼针草化学成分的研究[J].解放军药学学报，2006，27（8）：283-286.
[4] 李帅，匡海学，冈田嘉仁，等.鬼针草有效成分的研究（Ⅱ）[J].中草药，2004，35（9）：972-975.
[5] Li S，Kuang H X，Okada Y，et al.A new aurone glucoside and a new chalcone glucoside from Bidens bipinnata Linne[J].Heterocycles，2003，61：557-561.
[6] Li S，Kuang H X，Okada Y，et al.New flavanone and chalcone glucosides from Bidens bipinnata Linn.[J].J Asian Nat Prod Res，2005，7（1）：67-70.
[7] 王佳，杨辉，林中文，等.婆婆针的化学成分[J].云南植物研究，1997，19（3）：311-315.
[8] Li S，Kuang H X，Okada Y，et al.New acetylenic glucosides from Bidens bipinnata Linn.[J].Chem Pharma Bull，2004，52（4）：439-440.
[9] 曹园，瞿慧，姚毅，等.鬼针草化学成分研究[J].中草药，2013，44（24）：3435-3439.
[10] 王晓宇，陈冠儒，邓子云，等.鬼针草化学成分研究[J].中国中药杂志，2014，39（10）：1838-1844.
[11] 蒋海强，王建平，刘玉红，等.鬼针草化学成分的分离和鉴定[J].食品与药品，2008，10（9）：15-17.
[12] 杨小唯，陈海生，金永生，等.中药鬼针草的活性成分研究[C].中国成人医药教育论坛，2012.
[13] 杨小唯，黄敏珠，赵卫权，等.中药鬼针草化学成分的研究[J].解放军药学学报，2009，25（4）：283-286.
[14] 姜涛，秦路平，郑汉臣，等.鬼针草黄酮类化学成分及其抗脂质过氧化作用的研究[J].天然产物研究与开发，2006，18（5）：765-767.
[15] 邓子云，陈飞虎，李宁，等.鬼针草总黄酮部分化学成分研究[J].安徽医科大学学报，2015，50（10）：1456-1459.
[16] 韩续，陈飞虎，葛金芳，等.鬼针草乙醇提取物化学成分及其生物活性研究[J].安徽医科大学学报，2017，52（12）：1833-1844.
[17] 马明，王建平，徐凌川.婆婆针化学成分的研究[J].中草药，2005，36（1）：7-9.
[18] 韩续.鬼针草总黄酮部分化学成分及其生物活性初步研究[D].合肥：安徽医科大学硕士学位论文，2017.
[19] 邓子云.鬼针草总黄酮部分化学成分研究及其抗肝纤维化活性初步筛选[D].合肥：安徽医科大学硕士学位论文，2015.
[20] Yang X W，Huang M Z，Jin Y S，et al.Phenolics from Bidens bipinnata and their amylase inhibitory properties[J].Fitoterapia，2012，83（7）：1169-1175.
[21] Hu H M，Bai S M，Chen L J，et al.Chemical constituents from Bidens bipinnata Linn.[J].Biochem System Ecol，2018，79：44-49.
[22] 李勇，蒋海强，巩丽丽.基于顶空静态进样技术的中药鬼针草挥发性成分GC-MS分析[J].中国实验方剂学杂志，2011，17（20）：70-72.
[23] 王晓宇.鬼针草总黄酮第Ⅲ部分化学成分及其体外抗肝纤维化活性筛选研究[D].合肥：安徽医科大学硕士学位论文，2014.
[24] 马明.婆婆针有效部位化学成分的研究[D].济南：山东中医药大学硕士学位论文，2003.

【药理参考文献】

[1] 周现军.鬼针草抗炎镇痛作用的实验研究[J].四川中医，2008，26（10）：62-63.

[2] Shen A Z, Li X, Hu W, et al.Total flavonoids of *Bidens bipinnata* L. ameliorate experimental adjuvant-induced arthritis through induction of synovial apoptosis [J].BMC Complement Altern Med, 2015, 15: 437.
[3] 滕蓉.鬼针草提取物抑菌及抗氧化活性研究 [D].福州：福建农林大学硕士学位论文, 2013.
[4] 张瑞娇, 张元元, 崔皓月, 等.鬼针草提取物解热抗菌抗病毒作用的研究 [J].沈阳药科大学学报, 2017, 34（10）: 905-911.
[5] 李庆东.鬼针草抗实验性高血脂及血栓形成的作用 [J].中西医结合杂志, 1989, 9（1）: 33.
[6] 冯向东, 朱晓英, 高光伟.鬼针草煎剂对高脂大鼠的药理作用 [J].基层中药杂志, 2000, 14（5）: 3-4.
[7] 汤桂芳, 庞辉, 玉艳红.鬼针草提取物对小鼠实验性肝损伤的预防作用 [J].山西医科大学学报, 2006, 37（9）: 909-910.
[8] 吴繁荣, 陈飞虎, 胡伟, 等.鬼针草总黄酮抗大鼠免疫性肝纤维化作用及部分机制研究 [J].中国药理学通报, 2008, 24（6）: 753-756.
[9] 黄桂红, 邓航, 付翔, 等.鬼针草醇提物对糖尿病小鼠糖耐量及胸腺、脾脏指数的影响 [J].中国实验方剂学杂志, 2012, 18（8）: 183-186.
[10] 张建新, 吴树勋, 杨纯, 等.鬼针草提取物对血小板聚集功能的影响 [J].河北医药, 1989, 11（4）: 241-242.
[11] 阮氏香江, 陈宁, 黄婉苏, 等.鬼针草水提物的降血压作用及其作用机制研究 [J].广西医科大学学报, 2017, 34（2）: 177-180.
[12] 郑梅生, 朱琳, 郑云菊, 等.鲜鬼针草降压作用的实验研究 [J].广西医科大学学报, 2016, 8（24）: 16-19.
[13] 沈艺玮.鬼针草石油醚部位抗癌物质基础研究 [D].福州：福建医科大学硕士学位论文, 2017.
[14] 李巧兰, 杨素婷, 李志刚, 等.鬼针草煎液对S180荷瘤小鼠抑瘤率及IL-2、TNF-α影响的研究 [J].陕西中医学院学报, 2011, 34（3）: 39-40.
[15] 冯涛, 李青旺, 李健, 等.鬼针草90%醇提物对U14荷瘤小鼠的抑瘤效应 [J].安徽农业科学, 2007, 35（4）: 1037-1038.
[16] 张传伟.鬼针草水提液拟胆碱作用的实验研究 [D].南京：南京中医药大学硕士学位论文, 2010.
[17] 鬼针草治疗大鼠肾性贫血的实验研究 [J].中西医结合研究, 2009, 1（5）: 233-235.

【临床参考文献】
[1] 陈川.鬼针草的临床应用 [J].临床合理用药杂志, 2013, 6（6）: 28.
[2] 郑葆强.重用鬼针草治疗急性胰腺炎 [J].浙江中医杂志, 1997, 32（11）: 519.

977. 金盏银盘（图977） · *Bidens biternata*（Lour.）Merr. et Scherff

【别名】铁笀箒、千条针（江苏）。

【形态】一年生草本，高30～150cm。茎直立，稍呈四棱，无毛或被极稀疏卷曲短柔毛。叶为一回羽状复叶，顶生小叶卵形至长圆状卵形或卵状披针形，顶端短渐尖，基部楔形，边有锯齿，有时一侧深裂为1小裂片，两面均被柔毛；侧生小叶1～2对，卵形或卵状长圆形；下部1对约与顶生小叶同，三出复叶状分裂或仅一侧具1裂片；总叶柄长1.5～5cm。头状花序，花序梗长；总苞基部被短柔毛，外层总苞片草质，条形，内层总苞片长圆形或长圆状披针形，外面均被短柔毛；外缘舌状花3～5朵，淡黄色，不育，舌片长圆形，有时无舌状花，中央的全为管状花。瘦果条形，具4棱，多少被小刚毛，顶端芒刺3～4条，具倒刺毛。花期7～9月，果期8～11月。

【生境与分布】多生于路旁、村边及空旷荒地。分布于华东各地，另华南、西南、华中及河北、山西、辽宁等地均有分布；朝鲜、日本及东南亚、非洲、大洋洲也有分布。

【药名与部位】鬼针草（金盏银盘），地上部分或全草。

【采集加工】秋季花后采收，干燥。

【药材性状】全体暗绿色。茎方柱形或近圆柱形，长30～150cm，基部直径1～9cm，紫褐色，有纵向棱槽。叶对生；叶片二回三出羽状复叶，裂片两面被疏短毛，边缘具规则的粗齿。头状花序近圆柱形；

图 977　金盏银盘　　　　　　　　摄影　郭增喜等

总苞片1层，狭椭圆形；花黄色，舌状花1～3朵，不育，管状花多数，能育。瘦果狭圆柱形，冠毛3～4枚，针芒状，具多数倒生的小刺。气微，味微苦。

【药材炮制】除去杂质，洗净，切段，干燥。

【化学成分】全草含黄酮类：海生菊苷（maritimetin）、7,3′,4′-三羟基-6-（4″,6″-乙酰氧基-β-D-吡喃葡萄糖基）-橙酮［7,3′,4′-trihydroxyl-6-（4″,6″-acetoxyl-β-D-glucopyranosyl）-aurone］[1]，槲皮素（quercetin）、金丝桃苷（hyperoside）、槲皮苷（quercitrin）、异槲皮苷（isoquercitrin）、槲皮素-3-O-α-L-鼠李糖苷（quercetin-3-O-α-L-rhamnoside）和5,3′-二羟基-3,6,4′-三甲氧基黄酮-7-O-β-D-吡喃葡萄糖苷（5,3′-dihydroxy-3,6,4′-trimethoxyflavone-7-O-β-D-glucopyranoside）[1]。

地上部分含黄酮类：海生菊苷（maritimetin）、（Z）-6-O-（6″-丙酰基-β-D-吡喃葡萄糖基）-6,7,3′,4′-四羟基橙酮［（Z）-6-O-（6″-propionyl-β-D-glucopyranosyl）-6,7,3′,4′-tetrahydroxyauron］[2,3] 和槲皮素（quercetin）[2,3]；酚酸类：4-O-（2″-O-乙酰基-6″-O-对香豆酰基-β-D-吡喃葡萄糖基）-对香豆酸［4-O-（2″-O-acetyl-6″-O-p-coumaroyl-β-D-glucopyranosyl）-p-coumaric acid］[2,3]；脂肪酸类：三十烷酸（triacontanoic acid）[2]；甾体类：豆甾醇（stigmasterol）[2,3]。

【药理作用】1. 抗氧化　地上部分乙醇提取物的乙酸乙酯、正丁醇、水部位对羟自由基（·OH）均有一定的清除作用，其中乙酸乙酯部位的作用最强[1,2]，乙酸乙酯部位分离得的黄酮单体的抗氧化作用优于槲皮素[1]。2. 止泻　全草水提取物对蓖麻油所致腹泻模型大鼠具有明显的止泻作用，可减少肠蠕动，对前列腺素E_2（PGE_2）诱导的肠液分泌具有显著的抑制作用，并可显著抑制离体兔空肠的收缩[3]。3. 抑制α-葡萄糖苷酶　全草乙醇提取物的乙酸乙酯部位具有较强的α-葡萄糖苷酶抑制作用[4]。

【性味与归经】苦，平。归肝、大肠经。

【功能与主治】健脾止泻，清热解毒。用于消化不良，腹痛泄泻，咽喉肿痛，痢疾，阑尾炎。

【用法与用量】9～30g。

【药用标准】浙江炮规 2015、山东药材 2012、湖南药材 2009、河南药材 1991、广东药材 2004 和贵州药材 2003。

【临床参考】1.感冒：全草 300g，加山芝麻、葫芦茶、淡竹叶各 180g，地胆草、岗梅根各 380g，蔗糖、糊精适量，制备成颗粒，每包 10g，每次 2 包，每日 3 次，开水冲服[1]。

2.急性湿疹样皮炎：全草 50g，加野菊（全枝）、岗梅根各 50g，倒扣草、过天纲各 18g，蛤蜊王、蒲公英、银花叶、腊梅花各 15g，水煎服，配合飞蛇散（蛇总管、乌桕叶、芙蓉叶、蒲公英、银花叶、荆芥、黄柏、薄荷、枯矾各 9g，樟脑、冰片各 3g，研末搅匀，储罐备用）外用[2]。

【附注】本种原名铁笊帚，始载于《百草镜》，《本草纲目拾遗》云："铁笊帚，山间多有之，绿茎而方，上有紫线纹，叶似紫顶龙芽，微有白毛，七月开小黄花，结实似笊帚形，能刺人手。故又名千条针。"以上所述特征与本种相符。

【化学参考文献】
[1] 李斌, 刘昕, 熊杰, 等. 金盏银盘化学成分的分离 [J]. 江西中医药, 2016, 42 (4)：64-66.
[2] 李勇, 蒋海强, 张清华. 金盏银盘化学成分的分离与鉴定 [J]. 食品与药品, 2012, 14 (7)：270-273.
[3] 陈月红. 金盏银盘化学成分与抗氧化活性的研究 [D]. 济南：山东中医药大学硕士学位论文, 2008.

【药理参考文献】
[1] 陈月红. 金盏银盘化学成分与抗氧化活性的研究 [D]. 济南：山东中医药大学硕士研究生论文, 2008.
[2] 都波, 苏本正, 蒋海强. 金盏银盘黄酮类成分抗氧化研究 [J]. 药学研究, 2013, 32 (7)：384-386.
[3] Kinuthia D G, Muriithi A W, Mwangi P W. Freeze dried extracts of Bidens biternata (Lour.) Merr. and Sheriff. show significant antidiarrheal activity in vivo models of diarrhea [J]. J Ethnopharmacol, 2016, 193：416-422.
[4] 韦国兵, 熊巍. 金盏银盘提取物对 α-葡萄糖苷酶的抑制作用研究 [J]. 山东化工, 2012, 41 (9)：1-3.

【临床参考文献】
[1] 刘浩华, 袁学文, 冯汉江, 等. 感冒茶颗粒的研制及临床应用 [J]. 现代中西医结合杂志, 2008, 17 (27)：4250-4252.
[2] 高润发. 中草药"飞蛇散"治验 [J]. 新中医, 1974, (1)：41.

978. 鬼针草（图 978）· Bidens pilosa Linn.

【别名】三叶鬼针草、盲肠草（福建），引钱包、一包针（江苏、浙江），鬼骨针（江苏）。

【形态】一年生草本，高 30～100cm。茎直立，稍呈四棱形，无毛或上部被极稀疏柔毛。茎下部叶较小，3 裂或不分裂，开花前枯萎；中部叶为三出复叶，稀 5（～7）羽状复叶，顶生小叶较小，长圆形或卵状长圆形，顶端渐尖，基部渐狭或近圆形，边缘有锯齿，近无毛；侧生小叶较小，椭圆形或卵状椭圆形；上部叶更小，3 裂或不裂，条状披针形。头状花序直径 8～9mm，花序梗长 1～6cm；总苞基部被短柔毛，总苞片 7～8 枚，草质，条状匙形，边缘被疏短柔毛或近无毛；无舌状花，全为管状花，冠檐 5 齿裂。瘦果条形，略扁，具棱，上部具稀疏瘤状突起及刚毛，顶端芒刺 3～4 条，具倒刺毛。花果期 6～12 月。

【生境与分布】多生于村旁、路边及荒地。分布于华东各地，另华南、西南、华中等地均有分布；亚洲和美洲热带及亚热带也有分布。

【药名与部位】三叶鬼针草（金盏银盘），全草。鬼针草，地上部分。

【采集加工】三叶鬼针草：夏、秋二季间采收全草，除去泥土，晒干或鲜用。鬼针草：秋季花后采收，干燥。

【药材性状】三叶鬼针草：长 30～100cm。根呈倒圆锥形。茎略呈方形或近圆柱状，基部略带紫色，上部分枝，表面黄绿色或黄棕色，具细纵棱；幼枝被毛，老枝毛较少；质坚脆，易折断，断面黄白色，髓部白色或中空。叶纸质，多皱缩或已破碎、脱落，展开后完整叶 3 深裂，有的 5 深裂，呈绿褐色或暗

一二二 菊科 Asteraceae

图 978 鬼针草　　　　摄影　李华东

棕色，边缘锯齿状，叶片上下表面被毛，以下表面较少。在茎顶或叶腋处可见淡棕色头状花序或果实脱落后残存的盘状花托。瘦果扁平，条形，具4棱，稍有硬毛，冠毛芒状。气微，味微苦。

鬼针草：全体暗绿色。茎方柱形或近圆柱形，紫褐色，有纵向棱槽。叶对生；叶片多为一回羽状复叶，裂片两面被疏短毛，边缘具不规则锯齿。头状花序近圆柱形；总苞片1层，狭椭圆形；花黄色，舌状花1～3朵，不育，管状花多数，能育。瘦果狭圆柱形，冠毛3～4枚，针芒状，具多数倒生的小刺。气微，味微苦。

【药材炮制】三叶鬼针草：除去杂质，抢水洗净，稍润，切成1～2cm小段，干燥。

鬼针草：除去杂质，洗净，切段，干燥。

【化学成分】叶含黄酮类：奥卡宁-4′-O-β-D-（2″,4″,6″-三乙酰基）-葡萄糖苷［okanin-4′-O-β-D-（2″,4″,6″-triacetyl）-glucoside］、奥卡宁-4′-O-β-D-（6″-反式-对-香豆酰基）-葡萄糖苷［okanin-4′-O-β-D-（6″-trans-p-coumaroyl）-glucoside］、奥卡宁-4′-O-β-D-葡萄糖苷（okanin-4′-O-β-D-glucoside）、奥卡宁-3′-O-β-D-葡萄糖苷（okanin-3′-O-β-D-glucoside）[1]，奥卡宁-4′-O-β-D-（4″-乙酰基-6″-反式-对-香豆酰基）-葡萄糖苷［okanin-4′-O-β-D-（4″-acetyl-6″-trans-p-coumaroyl）-glucoside］、奥卡宁-4′-O-β-D-（2″,4″-二乙酰基-6″-反式-对香豆酰基）-葡萄糖苷［okanin-4′-O-β-D-（2″,4″-diacetyl-6″-

trans-p-coumaroyl)-glucoside]、奥卡宁-4′-*O*-β-D-（3″,4″-二乙酰基-6″-反式-对-香豆酰基)-葡萄糖苷[okanin-4′-*O*-β-D-（3″,4″-diacetyl-6″-*trans-p*-coumaroyl)-glucoside][2]、(*Z*)-6,7,3′,4′-四羟基橙酮[(*Z*)-6,7,3′,4′-tetrahydroxyaurone]、(*Z*)-7-*O*-β-D-吡喃葡萄糖基-6,7,3′,4′-四羟基橙酮[(*Z*)-7-*O*-β-D-glucopyranosyl-6,7,3′,4′-tetrahydroxyaurone]、(*Z*)-6-*O*-(6-*O*-对香豆酰基-β-D-吡喃葡萄糖基)-6,7,3′,4′-四羟基橙酮[(*Z*)-6-*O*-(6-*O*-*p*-coumaroyl-β-D-glucopyranosyl)-6,7,3′,4′-tetrahydroxyaurone]、(*Z*)-6-*O*-(6-*O*-乙酰基-β-D-吡喃葡萄糖基)-6,7,3′,4′-四羟基橙酮[(*Z*)-6-*O*-(6-*O*-acetyl-β-D-glucopyranosyl)-6,7,3′,4′-tetrahydroxyaurone]、(*Z*)-6-*O*-β-D-吡喃葡萄糖基-6,7,3′,4′-四羟基橙酮[(*Z*)-6-*O*-β-D-glucopyranosyl-6,7,3′,4′-tetrahydroxyaurone][3]和奥卡宁-4-甲基醚-3′-*O*-β-D-葡萄糖苷（okanin-4-methyl ether-3′-*O*-β-D-glucoside）[4]；聚炔类：1-苯基-1,3,5-庚三炔（1-phenyl-1,3,5-heptatriyne）[5]和2-*O*-β-D-葡萄糖基十三烷-（11*E*)-烯-3,5,7,9-四炔-1,2-二醇[2-*O*-β-D-glucosyltrideca-（11*E*)-en-3,5,7,9-tetrayn-1,2-diol][6]；倍半萜类：(*E*)-丁香烯[(*E*)-caryophyllene]、α-葎草烯（α-humulene）、大根香叶烯D(germacrene D)、双环大根香叶烯(bicyclogermacrene)和α-依兰油烯（α-muurolene）[7]；苯丙素类：4-*O*-（6-*O*-对香豆酰基-β-D-吡喃葡萄糖基)-对香豆酸[4-*O*-（6-*O*-*p*-coumaroyl-β-D-glucopyranosyl)-*p*-coumaric acid]和4-*O*-（2-*O*-乙酰基-6-*O*-对香豆酰基-β-D-吡喃葡萄糖基)-对香豆酸[4-*O*-（2-*O*-acetyl-6-*O*-*p*-coumaroyl-β-D-glucopyranosyl)-*p*-coumaric acid][3]、2-*O*-咖啡酰基-2-C-甲基-D-赤酮酸（2-*O*-caffeoyl-2-C-methyl-D-erythronic acid）、2-*O*-咖啡酰基-2-C-甲基-D-赤酮酸甲酯(2-*O*-caffeoyl-2-C-methyl-D-erythronic acid methyl ester）、3-*O*-咖啡酰基-2-C-甲基-D-赤酮酸-1,4-内酯（3-*O*-caffeoyl-2-C-methyl-D-erythrono-1,4-lactone）和3-*O*-咖啡酰基-2-C-甲基-D-赤酮酸甲酯（3-*O*-caffeoyl-2-C-methyl-D-erythronic acid methyl ester）[8]；烷二酮类：3-丙基-3-（2,4,5-三甲氧基）苄氧基-戊烷-2,4-二酮[3-propyl-3-（2,4,5-trimethoxy）benzyloxy-pentan-2,4-dione][9]；挥发油类：丁香烯氧化物（caryophyllene oxide）、β-丁香烯（β-caryophyllene）和葎草烯氧化物（humulene oxide）等[10]。

地上部分含倍半萜类：没药烯（bisabolene）和（3*S*,5*R*,6*S*,7*E*)-5,6-环氧-3-羟基-7-巨豆烯-9-酮[（3*S*,5*R*,6*S*,7*E*)-5,6-epoxy-3-hydroxy-7-megastigmene-9-one][11]；烯醇类：1-*O*-β-D-吡喃葡萄糖-（2*S*,3*R*,8*E*)-2-[（2′*R*)-2-羟基棕榈酰胺]-8-十八碳烯-1,3-二醇{1-*O*-β-D-glucopyranosyl-（2*S*,3*R*,8*E*)-2-[（2′*R*)-2-hydroxypalmitoylamino]-8-ctadecene-1,3-diol}[11]；香豆素类：7-甲氧基-6-羟基香豆素（7-methoxy-6-hydroxy-coumarin）[11]和瑞香素（daphnetin）[12]；甾体类：7α-羟基-β-谷甾醇（7α-hydroxy-β-sitosterol）、7-酮基-豆甾醇（7-oxo-stigmasterol）、豆甾-4-烯-3β,6α-二醇（stigmastan-4-en-3β,6α-dihydroxy）、3β-*O*-（6′-十六烷酰氧基-β-吡喃葡萄糖基)-豆甾-5-烯[3β-*O*-（6′-hexadecanoyl-β-glucopyranoside)-stigmastan-5-ene][11]和β-谷甾醇（β-sitosterol）[12]；脂肪酸类：1-棕榈酸甘油酯（1-hexadecanoic acid monoglyceride）[11]；苯丙素类：对-香豆酸（*p*-coumaric acid）和4-*O*-（6-*O*-对香豆酰基-β-D-吡喃葡萄糖基)-对香豆酸[4-*O*-（6-*O*-*p*-coumaroyl-β-D-glucopyranosyl)-*p*-coumaric acid][12]；黄酮类：海金鸡菊苷（maritimein）、(*Z*)-6-*O*-乙酰基-β-D-吡喃葡萄糖基-6,7,3′,4″-四羟基橙酮[(*Z*)-6-*O*-acetyl-β-D-glucopyranosyl-6,7,3′,4″-tetrahydroxyaurone]、异奥卡宁-（3′,7-二羟基-4′-甲氧基)-8-*O*-β-D-吡喃葡萄糖苷[*iso*-okanin-（3′,7-dihydroxyl-4′-methoxyl)-8-*O*-β-D-glucopyranoside]、（2*R*)-异奥卡宁-3,4′-二甲基醚-7-*O*-β-D-吡喃葡萄糖苷[（2*R*)-*iso*-okanin-3,4′-dimethyl-ether-7-*O*-β-D-glucopyranoside]、（2*S*)-异奥卡宁-3,4′-二甲基醚-7-*O*-β-D-吡喃葡萄糖苷[（2*S*)-*iso*-okanin-3,4′-dimethyl ether-7-*O*-β-D-glucopyranoside]、槲皮素-3,4′-二甲基醚-7-*O*-葡萄糖苷（quercetin-3,4′-dimethyl ether-7-*O*-glucoside）、槲皮素-3,3′-二甲氧基-7-*O*-鼠李糖吡喃葡萄糖酯（quercetin-3,3′-dimethoxy-7-*O*-rhamnoglucopyranose）、奥卡宁-4′-（6″-*O*-乙酰基)葡萄糖苷[okanin-4′-（6″-*O*-acetyl) glucoside]、奥卡宁-4-甲醚-3′-*O*-β-葡萄糖苷（okanin-4-methyl ether-3′-*O*-β-glucoside）[12]、奥卡宁-4-甲醚-3′,4′-二-*O*-β-（4″,6″,4‴,6‴-四乙酰基)-吡喃葡萄糖苷[okanin-4-methylether-3′,4′-di-*O*-β-（4″,6″,4‴,6‴-tetracetyl)-glucopyranoside]、槲皮万寿菊素-3,6,3′-三甲醚（quercetagetin-3,6,3′-trimethyl ether）、槲皮万寿菊素-3,6,3′-

三甲醚-7-O-β-葡萄糖苷（quercetagetin-3,6,3′-trimethyl ether-7-O-β-glucoside）、槲皮万寿菊素-3,7,3′-三甲醚-6-O-β-葡萄糖苷（quercetagetin-3,7,3′-trimethyl ether-6-O-β-glucoside）、小穗蒿苷*（axillaroside）、芦丁（rutin）、木犀草素（luteolin）、芹菜素（apigenin）、木犀草苷（luteoloside）[13]、紫铆因（butein）、硫磺菊素（sulfuretin）、α,3,2′,4′-四羟基查耳酮-2′-O-β-D-吡喃葡萄糖苷（α,3,2′,4′-tetrahydroxychalcone-2′-O-β-D-glucopyranoside）、6,7,3′,4′-四羟基橙酮（6,7,3′,4′-tetrahydroxyaurone）、（Z）-6-O-（6″-乙酰基-β-D-吡喃葡萄糖基）-6,7,3′,4′-四羟基橙酮[（Z）-6-O-（6″-acetyl-β-D-glucopyranosyl）-6,7,3′,4′-tetrahydroxyaurone]、（Z）-6-O-（4″,6″-二乙酰基-β-D-吡喃葡萄糖基）-6,7,3′,4′-四羟基橙酮[（Z）-6-O-（4″,6″-diacetyl-β-D-glucopyranosyl）-6,7,3′,4′-tetrahydroxyaurone]、（Z）-6-O-（3″,4″,6″-三乙酰基-β-D-吡喃葡萄糖基）-6,7,3′,4′-四羟基橙酮[（Z）-6-O-（3″,4″,6″-triacetyl-β-D-glucopyranosyl）-6,7,3′,4′-tetrahydroxyaurone]、槲皮素（quercetin）、异槲皮苷（isoquercetrin）、黄芪苷（astragalin）、槲皮素-3,4′-二甲氧基-7-O-芸香糖苷（quercetin-3,4′-dimethoxy-7-O-rutinoside）[14]和5-O-甲基霍斯伦树酮（5-O-methyl hoslundin）[15]；内酯类：黑麦草内酯（loliolide）和2β,3β-二羟基-2α-甲基-γ-内酯（2β,3β-dihydroxy-2α-methyl-γ-lactone）[11]；多炔类：3-β-吡喃葡萄糖氧基-1-羟基-（6E）-十四碳烯-7,9,11-三炔[3-β-glucopyranosyloxy-1-hydroxy-（6E）-tetradecene-7,9,11-triyne]、3-β-D-吡喃葡萄糖氧基-1-羟基-（6E）-十四碳烯-8,10,12-三炔[3-β-D-glucopyranosyloxy-1-hydroxy-（6E）-tetradecene-8,10,12-triyne][12],1-苯基-庚烷-1,3,5-三炔（1-phenyl-hepta-1,3,5-triyne）、7-苯基-庚烷-2,4,6-三炔-2-醇（7-phenyl-hepta-2,4,6-triyn-2-ol）、7-苯基-2-庚烯-4,6-二炔-1-醇（7-phenyl-2-heptene-4,6-diyn-1-ol）、7-苯基-庚烷-4,6-二炔-2-醇（7-phenyl-hepta-4,6-diyn-2-ol）、3-β-D-吡喃葡萄糖氧基-1-羟基-（6E）-十四碳烯-8,10,12-三炔[3-β-D-glucopyranosyloxy-1-hydroxy-（6E）-tetradecene-8,10,12-triyne]、7-苯基-庚烷-4,6-二炔-1,2-二醇（7-phenyl-hepta-4,6-diyn-1,2-diol）、5-（2-苯基乙炔）-2-噻吩甲醇[5-（2-phenylethynyl）-2-thiophene methanol]、5-（2-苯基乙炔）-2-β-葡萄糖甲基噻吩[5-（2-phenylethynyl）-2-β-glucosylmethyl thiophene]、（6E,12E）-3-氧化-十四碳-6,12-二烯-8,10-二炔-1-醇[（6E,12E）-3-oxo-tetradeca-6,12-dien-8,10-diyn-1-ol]、（5E）-1,5-十三碳二烯-7,9-二炔-3,4,12-三醇[（5E）-1,5-tridecadiene-7,9-diyn-3,4,12-triol][13],2-O-β-D-吡喃葡萄糖基-1-羟基十三烷-3,5,7,9,11-五炔（2-O-β-D-glucopyranosyloxy-1-hydroxytrideca-3,5,7,9,11-pentayne）[14]、（R）-1,2-二羟基十三碳-3,5,7,9,11-五炔[（R）-1,2-dihydroxytrideca-3,5,7,9,11-pentayne]和2-β-D-吡喃葡萄糖氧基-1-羟基十三碳-3,5,7,9,11-五炔（2-β-D-glucopyrasyloxy-1-hydroxytrideca-3,5,7,9,11-pentayne）[15]；醇苷类：苄基-β-D-吡喃葡萄糖苷（benzyl-β-D-glucopyranoside）[12]；脑苷脂类：1-O-β-D-吡喃葡萄糖基-（2S,3S,4R,8E）-2-[（2′R）-2-羟基棕榈酰胺]-8-十八烯-1,3,4-三醇{1-O-β-D-glucopyranosyl-（2S,3S,4R,8E）-2-[（2′R）-2-hydroxypalmitoylamino]-8-octadecene-1,3,4-triol}[11]；烯酸类：（E）-丁烯二酸[（E）-butenedioic acid][14]；酚酸类：丁香酸-4-O-α-L-鼠李糖苷（syringic acid-4-O-α-L-rhamnoside）、1,3,4-三羟基苯酚（1,3,4-trihydrophenol）[12]和香草酸（vanillic acid）[16]；生物碱类：咖啡因（caffeine）[16]。

茎含挥发油：六氢法呢基丙酮（hexahydrofarnesyl acetone）、δ-杜松子香油烯（δ-cadinene）和丁香烯氧化物（caryophyllene oxide）等[10]。

花含黄酮类：2′,3,3′,4,4′-五羟基查耳酮-4′-β-D-吡喃葡萄糖苷（2′,3,3′,4,4′-penta hydroxychalcone-4′-β-D-glucopyranoside）、2′,3,3′,4,4′-五羟基查耳酮-3′-β-D-吡喃葡萄糖苷（2′,3,3′,4,4′-pentahydroxychalcone-3′-β-D-glucopyranoside）、2′,3,3′,4,4′-五羟基查耳酮-4′-β-D-吡喃葡萄糖苷-6″-乙酯（2′,3,3′,4,4′-pentahydroxychalcone-4′-β-D-glucopyranoside-6″-acetate）、2′,3,3′,4,4′-五羟基查耳酮-4′-β-D-吡喃葡萄糖基-（1→6）-吡喃葡萄糖苷[2′,3,3′,4,4′-pentahydroxychalcone-4′-β-D-glucopyranosyl-（1→6）-glucopyranoside]和2′,3,3′,4,4′-五羟基查耳酮-3′,4′-β-D-二吡喃葡萄糖苷（2′,3,3′,4,4′-pentahydroxychalcone-3′,4′-β-D-biglucopyranoside）[17]。

根含黄酮类：槲皮素-3,3′-二甲氧基-7-O-α-L-吡喃鼠李糖基-（1→6）-β-D-吡喃葡萄糖苷

[quercetin-3,3′-dimethoxy-7-O-α-L-rhamnopyranosyl-（1→6）-β-D-glucopyranoside］[18]和槲皮素-3,3′-二甲氧基-7-O-β-D-吡喃葡萄糖苷（quercetin-3,3′-dimethoxy-7-O-β-D-glucopyranoside）[19]；聚乙炔类：1-苯基-1,3-二炔-5-烯-7-醇-乙酯（1-phenyl-1,3-diyn-5-en-7-ol acetate）[18]。

全草含黄酮类：5,7-二羟基色原酮（5,7-dihydroxychromone）、金丝桃苷（hyperin）[20]、7,8,3′,4′-四羟基黄酮（7,8,3′,4′-tetrahydroxyflavone）、槲皮素-3-O-β-D-吡喃半乳糖苷（quercetin-3-O-β-D-galactopyranoside）、7-O-β-D-吡喃葡萄糖基-6,7,3′,4′-四羟基橙酮（7-O-β-D-glucopyranosyl-6,7,3′,4′-tetrahydroxyaurone）、（E）-6-O-（6-O-对-香豆酰基-β-D-吡喃葡萄糖基）-6,7,3′,4′-四羟基橙酮［（E）-6-O-（6-O-p-coumaroyl-β-D-glucopyranosyl）-6,7,3′,4′-tetrahydroxyaurone］[21]和异半齿泽兰素（isoeupatorin）[22]；香豆素类：香豆素（coumarin）[20]和秦皮乙素（esculetin）[23]；三萜类：β-香树脂醇（β-amyrin）、羽扇豆醇（lupeol）、羽扇豆醇乙酯（lupeol acetate）[23]和角鲨烯（squalene）[24]；二萜类：反式-植物醇（trans-phytol）[24]；酚酸类：水杨酸（salicylic acid）和苯甲酸（benzoic acid）[20]；苯丙素类：（E）-4-O-（6″-对-香豆酰基-D-吡喃葡萄糖基）-对香豆酸［（E）-4-O-（6″-p-coumaroyl-D-glucopyranosyl）-p-coumaric acid］和（E）-4-O-（2″-O-二乙酰基-6″-对-O-二乙酰基-6-对-香豆酰基-对-D-吡喃葡萄糖基）-对香豆酸［（E）-4-O-（2″-O-diacetyl-6″-p-O-diacetyl-6-p-coumaroyl-p-D-glucopyranosyl）-p-coumaric acid］[21]；脂肪酸类：十六烷酸（palnitic acid）、十四烷酸（octacosane）[20]和庚酸（heptanoic acid）[24]；甾体类：豆甾醇（stigmasterol）、β-谷甾醇（β-sitosterol）、胡萝卜苷（daucosterol）[20]和豆甾醇-β-D-葡萄糖苷（stigmasterol-β-D-glucoside）[21]；多炔类：1-苯基-1,3,5-三庚炔（1-phenylhepta-1,3,5-triyne）[20]，红花炔二醇（safynol）、十七烷-（2E,8E,10E）,16-四烯-4,6-二炔［heptadeca-（2E,8E,10E）,16-tetraen-4,6-diyne］[22]、十三烷-2,12-二烯-4,6,8,10-四炔-1-醇（trideca-2,12-dien-4,6,8,10-tetrayn-1-ol）、十三烷五炔-1-烯（tridecapentyn-1-ene）、十三烷-3,11-二烯-5,7,9-三炔-1,2-二醇（trideca-3,11-dien-5,7,9-triyn-1,2-diol）、十三烷-5-烯-7,9,11-三炔-3-醇（trideca-5-en-7,9,11-triyn-3-ol）[23]、β-D-吡喃葡萄糖氧基-3-羟基-6-（E）-十四烯-8,10,12-三炔［β-D-glucopyranosyloxy-3-hydroxy-6-（E）-tetradecene-8,10,12-triyne］[25]和（Z）-1,11-十三烷二烯-3,5,7,9-四炔［（Z）-1,11-tridecadiene-3,5,7,9-etradyne］[26]；挥发油类：反式-石竹烯（trans-caryophyllene）和大根香叶烯D（germacrene D）等[26]；脑苷脂类：（2S,3S,4R,8E）-2-［（2′R）-2′-羟基-棕榈酰胺］-8-十八烯-1,3,4-三醇｛（2S,3S,4R,8E）-2-［（2′R）-2′-hydroxy-palmitoylamino］-8-octadecene-1,3,4-triol｝、（2S,3S,4R,8E）-2-［（2′R）-2′-羟基-十八酸酰胺］-8-十八烯-1,3,4-三醇｛（2S,3S,4R,8E）-2-［（2′R）-2′-hydroxy-octadecanoylamino］-8-octadecene-1,3,4-triol｝、（2S,3S,4R,9Z）-2-［（2R）-2-羟基十六酸酰胺］-9-二十二烯-1,3,4-三醇｛（2S,3S,4R,9Z）-2-［（2R）-2-hydroxyhexadecanosylamino］-9-docosene-1,3,4-triol｝，即紫云英脑苷*（astrocerebroside A）、楤木脑苷脂*（araliacerebroside）和（2S,3S,4R,9Z）-1-O-β-吡喃葡萄糖基-2-［（2′R）-2′-羟基棕榈酸酰胺］-8-二十二烯-1,3,4-三醇｛（2S,3S,4R,9Z）-1-O-β-glucopyranosyl-2-［（2′R）-2′-hydroxy-palmitoylamino］-8-docosene-1,3,4-triol｝[21]；烷烃类：二十八烷烃（octacosane）[20]；核苷类：胸腺嘧啶脱氧核苷（thymidine）[22]。

【药理作用】 1.抗菌　水提取液对金黄色葡萄球菌、表皮葡萄球菌、大肠杆菌、伤寒沙门菌的生长均有一定的抑制作用，其中对金黄色葡萄球菌、表皮葡萄球的抑制作用较强[1]。2.抗炎镇痛　叶甲醇提取物对酵母聚糖诱发小鼠的足趾肿胀有明显的抑制作用[2]；叶二氯甲烷∶甲醇（1∶1）提取物的乙酸乙酯部位对小鼠乙酸扭体、热板、辣椒素和福尔马林所致的疼痛均有明显的止痛作用，对角叉菜胶、右旋糖酐、组胺和血清素所致模型大鼠的炎症均有明显的抗炎作用[3]。3.解热　全草甲醇提取物对酵母诱导的发热模型兔有明显的解热作用[4]。4.抗氧化　叶乙酸乙酯提取物能明显抑制由N-硝基-L-精氨酸甲酯（L-NAME）所致大鼠体内的丙二醛（MDA）含量的升高、谷胱甘肽（GSH）及超氧化物歧化酶（SOD）含量下降、一氧化氮（NO）浓度下降，作用呈剂量依赖性[5]。5.降血压　叶乙酸乙酯提取物可预防由N-硝基-L-精氨酸甲酯（L-NAME）诱导的高血压，作用呈剂量依赖性[5]。6.降血糖　叶乙醇提取物对正常小鼠和由四氧嘧啶所致的轻度糖尿病模型小鼠均有明显的降血糖作用[6]。7.抗肿瘤　全草的石油醚：

乙醇：甲醇（1:1:1）提取物对宫颈癌 HeLa 细胞、人肺泡癌 A549 细胞的增殖有明显的抑制作用，能阻碍癌细胞从 G_0/G_1 期向 S 期转变[7]；全草甲醇提取物对宫颈癌 HeLa 细胞的增殖有明显的抑制作用[4]。8. 抗疟疾　全草乙醇提取物对感染了 NK-65 株伯氏鼠疟的小鼠可抑制疟原虫在其体内的生长，短期内降低感染小鼠的死亡率；乙醇提取物对体外培养的三种恶性疟原虫分离株均有一定抑制作用[8]。9. 护肝　叶水提取物可缓解大鼠胆总管结扎或切除所致的胆汁淤积，减少肝坏死和肝纤维化[9]；全草中分离的总黄酮对四氯化碳所致大鼠肝纤维化有明显的抑制作用[10]。10. 抗结石　全草水提取液能减少由高胆固醇饲料诱发的豚鼠胆结石形成，降低血清低密度脂蛋白（LDL）含量[11]。11. 免疫抑制　叶甲醇提取物能明显抑制植物血凝素（PHA）诱导的人淋巴细胞体外增殖，抑制刀豆蛋白 A（Con A）诱导的小鼠淋巴细胞的增殖[2]。12. 扩张血管　叶经甲醇 - 二甲氯仿提取后再经氢氧化钠（NaOH）和盐酸（HCl）中和的中性提取物能扩张由氯化钾（KCl）诱导的离体大鼠动脉收缩，呈剂量依赖性[12]。13. 抗病毒　全草水提取物对人基底癌 BCC-1/KMC 细胞感染的Ⅰ型和Ⅱ型单纯疱疹病毒有明显的抑制作用，呈剂量依赖性[13]。

【性味与归经】三叶鬼针草：苦，平。归肝、肺、大肠经。鬼针草：苦，平。归肝、大肠经。

【功能与主治】三叶鬼针草：清热解毒，散瘀消肿。用于阑尾炎，肾炎，胆囊炎，肠炎，细菌性痢疾，肝炎，腹膜炎，上呼吸道感染，扁桃体炎，喉炎，闭经，烫伤，毒蛇咬伤，跌打损伤，皮肤感染，小儿惊风、疳积等症。鬼针草：健脾止泻，清热解毒。用于消化不良，腹痛泄泻，咽喉肿痛，痢疾，阑尾炎。

【用法与用量】三叶鬼针草：煎服 9～30g，鲜品 60～90g；外用捣敷或煎水洗。鬼针草：9～30g。

【药用标准】三叶鬼针草：湖南药材 2009、湖北药材 2009、福建药材 2006、广西药材 1990、广东药材 2004、海南药材 2011、山东药材 2012 和河南药材 1991；鬼针草：浙江炮规 2015 和贵州药材 2003。

【临床参考】急性阑尾炎：鲜全草 60g，加金银花 30g，水煎去渣，调入蜂蜜 60g，每日 1 剂，分 2 次服[1]。

【附注】《植物名实图考》卷十四湿草类载有鬼针草，云："秋时茎端有针四出，刺人衣，今北地犹谓之鬼针。"其附图特征与本种相符。

药材三叶鬼针草（金盏银盘）和鬼针草妇女经期忌服。

【化学参考文献】

[1] Hoffmann B, Holzl J. New chalcones from *Bidens pilosa* [J]. Planta Med, 1988, 54（1）: 52-54.

[2] Hoffmann B. Further acylated chalcones from *Bidens pilosa* [J]. Planta Med, 1988, 54（5）: 450-451.

[3] Sashida Y, Ogawa K, Kitada M, et al. New aurone glucosides and new phenylpropanoid glucosides from *Bidens pilosa* [J]. Chem Pharm Bull, 1991, 39（3）: 709-711.

[4] Hoffmann B, Hoelzl J. A methylated chalcone glucoside from *Bidens pilosa* [J]. Phytochemistry, 1988, 27（11）: 3700-3701.

[5] Kumari P, Misra K, Sisodia B S, et al. A promising anticancer and antimalarial component from the leaves of *Bidens pilosa* [J]. Planta Med, 2009, 75（1）: 59-61.

[6] Pereira R L C, Ibrahim T, Lucchetti L, et al. Immunosuppressive and anti-inflammatory effects of methanolic extract and the polyacetylene isolated from *Bidens pilosa* L. [J]. Immunopharmacol, 1999, 43（1）: 31-37.

[7] Grombone-Guaratini M T, Silva-Brandao K L, Solferini V N, et al. Sesquiterpene and polyacetylene profile of the *Bidens pilosa* complex (Asteraceae: Heliantheae) from Southeast of Brazil [J]. Biochem Syst Ecol, 2005, 33（5）: 479-486.

[8] Ogawa K, Sashida Y. Caffeoyl derivatives of a sugar lactone and its hydroxy acid from the leaves of *Bidens pilosa* [J]. Phytochemistry, 1992, 31（10）: 3657-3658.

[9] Kumar J K, Sinha A K. A new disubstituted acetylacetone from the leaves of *Bidens pilosa* Linn. [J]. Nat Prod Res, 2003, 17（1）: 71-74.

[10] Ogunbinu A O, Flamini G, Cioni P L, et al. Constituents of *Cajanus cajan* (L.) Millsp., *Moringa oleifera* Lam., *Heliotropium indicum* L. and *Bidens pilosa* L. from Nigeria [J]. Nat Prod Commun, 2009, 4（4）: 573-578.

[11] 王瑞, 刘世武, 师彦平. 三叶鬼针草的化学成分研究 [J]. 实验室研究与探索, 2015, 34（10）: 32-35.

[12] 黎平. 黎族药用植物三叶鬼针草和闭花耳草的化学成分研究 [D]. 北京: 中央民族大学硕士学位论文, 2013.

[13] Wang R, Wu Q, Shi Y. Polyacetylenes and flavonoids from the aerial parts of *Bidens pilosa* [J]. Planta Med, 2010, 76（9）: 893-896.

[14] 赵爱华，赵勤实，彭丽艳，等．鬼针草中一个新的查耳酮甙[J]．云南植物研究，2004，26（1）：121-126．
[15] Tobinaga S，Sharma M K，Aalbersberg W G L，et al．Isolation and identification of a potent antimalarial and antibacterial polyacetylene from Bidens pilosa[J]．Planta Med，2009，75（6）：624-628．
[16] Sarker S D，Bartholomew B，Nash R J，et al．5-O-Methylhoslundin：an unusual flavonoid from Bidens pilosa（Asteraceae）[J]．Biochem Syst Ecol，2000，28（6）：591-593．
[17] Hoffmann B，Hoelzl J．Chalcone glucosides from Bidens pilosa[J]．Phytochemistry，1989，28（1）：247-249．
[18] Oliveira F Q，Andrade-Neto V，Krettli A U，et al．New evidences of antimalarial activity of Bidens pilosa roots extract correlated with polyacetylene and flavonoids[J] J Ethnopharmacol，2004，93（1）：39-42．
[19] Brandao M G L，Nery C G C，Mamao M A S，et al．Two methoxylated flavone glycosides from Bidens pilosa[J]．Phytochemistry，1998，48（2）：397-399．
[20] 林华，隆金桥，赵静峰，等．三叶鬼针草化学成分的研究[J]．云南民族大学学报（自然科学版），2012，21（4）：235-238．
[21] 陈礼姣．鬼针草化学成分研究[D]．北京：北京化工大学硕士学位论文，2016．
[22] 王硕丰，杨本明，李立标，等．三叶鬼针草活性成分研究[J]．中草药，2005，36（1）：20-21．
[23] Sarg T M，Ateya A M，Farrag N M，et al．Constituents and biological activity of Bidens pilosa L. grown in Egypt[J]．Acta Pharmaceutica Hungarica，1991，61（6）：317-323．
[24] Zulueta M C A，Tada M，Ragasa C Y．A diterpene from Bidens pilosa[J]．Phytochemistry，1995，38（6）：1449-1450．
[25] Alvarez L，Marquina S，Villarreal M L，et al．Bioactive polyacetylenes from Bidens pilosa[J]．Planta Med，1996，62（4）：355-357．
[26] 秦军，陈桐，陈树琳，等．三叶鬼针草挥发性成分的研究[J]．分析测试学报，2003，22（5）：85-87．

【药理参考文献】
[1] 万永红，周向宁．八种中草药抑菌试验报告[J]．生物医学杂志，1999，16（2）：31-32．
[2] Pereira R L，Ibrahim T，Lucchetti L，et al．Immunosuppressive and anti-inflammatory effects of methanolic extract and the polyacetylene isolated from Bidens pilosa L[J]．Immunopharmacology，1999，43：31-37．
[3] Fotso A F，Longo F，Djomeni P D，et al．Analgesic and antiinflammatory activities of the ethyl acetate fraction of Bidens pilosa（Asteraceae）[J]．Inflammopharmacology，2014，22（2）：105-114．
[4] Sundararajan P，Dey A，Smith A，et al．Studies of anticancer and antipyretic activity of Bidens pilosa whole plant[J]．Afr Health Sci，2006，6：27-30．
[5] Bilanda D C，Dzeufiet P D，Kouakep L，et al．Bidens pilosa ethylene acetate extract can protect against L-NAME-induced hypertension on rats[J]．BMC Complementary and Alternative Medicine，2017，17：479-485．
[6] Alarcon-Aguilar F J，Roman-Ramos R，Flores-Saenz J L，et al．Investigation on the hypoglycaemic effects of extracts of four Mexican medicinal plants in normal and alloxan-diabetic mice[J]．Phytother Res，2002，16：383-386．
[7] 付达华，刘志礼，刘军仕．鬼针草提取物对HeLa细胞及A549细胞增殖及细胞周期的影响[J]．江西医学院学报，2009，49（12）：50-53．
[8] Andrade-Neto V F，Brandãão M G L，Oliveira F Q，et al．Antimalarial activity of Bidens pilosa L.（Asteraceae）ethanol extracts from wild plants collected in various localities or plants cultivated in humus soil[J]．Phytotherapy Research，2004，18：634-639．
[9] Suzigan M I，Battochio A R，Coelho K R，et al．An acqueous extract of Bidens pilosa L. protects liver from cholestatic disease：experimental study in young rats[J]．Acta Cir Bras，2009，24（5）：347-352．
[10] 陈飞虎，袁丽萍，钟明媚，等．鬼针草总黄酮抗大鼠肝纤维化的实验研究[J]．中国临床药理学与治疗学，2006，11（12）：1369-1374．
[11] 陈玲，涂春香，施文荣．鬼针草对实验性豚鼠胆囊结石的影响[J]．福建中医药，2009，40（3）：40-41．
[12] Nguelefack T B，Dimo T，Mbuyo P N，et al．Relaxant effects of the neutral extract of the leaves of Bidens pilosa Linn. on isolated rat vascular smooth muscle[J]．Phytotherapy Research，2005，19：207-210．
[13] Chang L C，Chang J S，Chen C C，et al．Anti-herpes simplex virus activity of Bidens pilosa and Houttuynia cordata[J]．The American Journal of Chinese Medicine，2003，31（3）：355-362．

菊科 Asteraceae

【临床参考文献】

[1] 林英，蒙秀林．三叶鬼针草与金银花联用治疗急性阑尾炎 11 例 [J]．中国民间疗法，2006，14（2）：38.

979. 狼杷草（图 979）• *Bidens tripartita* Linn.

图 979 狼杷草　　　　　　摄影　李华东等

【别名】 鬼针、鬼刺（福建），乌阶、狼耶草、狼把草（江苏），鬼叉。

【形态】 一年生草本，高 30～150cm。茎圆柱形或稍具钝棱而呈四方形，无毛，有分枝。叶对生；下部叶较小，不分裂，花期枯萎；中部叶通常 3～5 羽状深裂，顶生裂片较大，长椭圆状披针形，长 5～11cm，宽 1.5～3.2cm，两面近无毛，侧生裂片 1～2 对，披针形，明显较小，叶柄长 8～25mm，具狭翅；上部叶较小，披针形，3 裂或不裂。头状花序单个顶生，直径 1～3cm，花序梗粗壮，疏被毛；总苞盘状，总苞片 2 层，外层 5～9 枚，叶质，条形或匙状倒披针形，内层膜质，长圆形；无舌状花，全为两性的管状花，黄色，先端 4 裂。瘦果扁，楔形或倒卵状楔形，边缘有倒刺毛，顶端常具 2 芒刺，稀 3～4 条，两侧有倒刺毛。花果期 8～10 月。

【生境与分布】 多生于荒野路旁及水边湿地。分布于华东各地，另西南、华中、华北、东北及陕西、甘肃、新疆等地均有分布；亚洲、欧洲、非洲、大洋洲也有分布。

【药名与部位】 狼把草，全草。

【采集加工】 夏、秋二季花期采挖，除去泥沙，洗净，干燥或鲜用。

【药材性状】 根呈圆柱形，灰黄色，多分枝，有须根。茎圆柱形或略呈方柱形，基部茎节常生须根，长 30～60cm，表面暗绿色或暗紫色，有纵纹。叶对生，多皱缩或破碎，完整叶片展平后呈椭圆形或长圆状披针形，长 6～12cm；上部叶常 3 裂，下部叶常 5 裂，绿色，边缘有锯齿，叶柄有狭翅。头状花序顶生或腋生，总苞片多数，外层叶状，有毛。管状花黄色。瘦果扁平，两侧边缘各有一列倒钩刺，冠毛芒状，多为 2 枚。气微，味苦。

【药材炮制】除去杂质，洗净，切段，干燥。

【化学成分】地上部分含黄酮类：紫铆因（butein）、3,2′,4′- 三羟基 -4- 甲氧基查耳酮（3,2′,4′-trihydroxy-4-methoxychalcone）、4′-O-β-D- 吡喃葡萄糖基 -2′,3- 二羟基 -4- 甲氧基查耳酮（4′-O-β-D-glucopyranosyl-2′,3-dihydroxy-4-methoxychalcone）、奥卡宁（okanin）、奥卡宁 -4′-O-β-D- 吡喃葡萄糖苷（okanin-4′-O-β-D-glucopyranoside）、木犀草素（luteolin）、奥卡宁 -4′-O-（6″-O- 乙酰基 -β-D- 吡喃葡萄糖苷）[okanin-4′-O-（6″-O-acetyl-β-D-glucopyranoside）]、鬼针草苷 G（bidenoside G）、香叶木素（diosmetin）、黄木犀草苷（luteoside）、腋生依瓦菊林素（axillarin）、槲皮万寿菊素 -3,6,3′- 三甲醚（quercetagetin-3,6,3″-trimethyl ether）、硫磺菊素（sulfuretin）和 6,7,3′,4′- 四羟基橙酮（6,7,3′,4′-tetrahydroxyaurone）[1]；多炔类：2-β-D-吡喃葡萄糖氧基 -1- 羟基十三 -3,5,7,9,11- 五炔（2-β-D-glycopyrasyloxy-1-hydroxytrideca-3,5,7,9,11-pentayne）和（3R,8E）-8- 癸烯 -4,6- 二炔 -3,10- 二羟基 -1-O-β-D- 吡喃葡萄糖苷[（3R,8E）-8-decene-4,6-diyne-3,10-dihydroxy-1-O-β-D-glucopyranoside][1]。

全草含黄酮类：（±）- 儿茶素[（±）-catechin]、木犀草素 -7-O- 葡萄糖苷（luteolin-7-O-glucoside）[2]、木犀草素（luteolin）、槲皮素（quercetin）、芹黄素（apigenin）[3]、二氢槲皮素（dihydroquercetin）、芦丁（lutin）、表儿茶素（epicatechin）、山奈酚（kaempferol）、橙皮苷（hesperidin）、金丝桃苷（hyperin）[4]，异奥卡宁 -7-O-β-D- 葡萄糖苷（isookanin-7-O-β-D-glucoside）[5]，异金鸡菊属素（isocoreopsin）[6]，紫铆素 -7-O-β-D- 吡喃葡萄糖苷（butin-7-O-β-D-glucopyranoside）、紫铆因 -7-O-β-D- 吡喃葡萄糖苷（buteine-7-O-β-D-glucopyranoside）、2,3′,4,4′- 四羟基查耳酮（2,3′,4,4′-tetrahydroxychalcone）和 3′,4′,6- 三羟基查耳酮（3′,4′,6-trihydroxychalcone）[7]；苯丙素类：绿原酸（chlorogenic acid）、咖啡酸（caffeic acid）、菊苣酸（chicoric acid）和迷迭香酸（rosmarinic acid）[2]；酚酸类：没食子酸（gallic acid）[4]；香豆素类：双香豆素（dicoumarin）、东莨菪内酯（scopoletin）[4]、6,7- 二羟基香豆素（6,7-dihydroxycoumarin）和伞形花内酯（umbelliferone）[8]；挥发油类：α- 蒎烯（α-pinene）、β- 没药烯（β-bisabolene）、对 - 聚伞花素（p-cymene）、己醛（hexanal）、芳樟醇（linalool）、9- 羟基 - 对 - 聚伞花素（9-hydroxy-p-cymene）、β- 罗勒烯（β-ocimene）、β- 榄香烯（β-elemene）、2- 正戊基呋喃（2-n-pentylfuran）、串叶松香草醇*-6-烯（silphiperfol-6-ene）、γ- 石竹烯（γ-caryophyllene）、α- 香柠檬烯（α-bergamotene）[9]，反式 -β- 罗勒烯（trans-β-ocimene）和异石竹烯（iso-aryophyllene）等[10]；维生素类：抗坏血酸（ascorbic acid）[2]。

【药理作用】1. 抗炎镇痛解热　地上部分水提取物可明显抑制角叉菜胶诱导大鼠的足肿胀，明显延长大鼠对热板的反应时间，对角叉菜胶引起的大鼠局部发热有解热作用，且均呈剂量依赖性[1]。2. 抗菌　花、全草的水提取物、甲醇/水提取物、丙酮/水提取物以及甲醇提取物的二乙醚、乙酸乙酯部位对革兰氏阳性菌（枯草芽孢杆菌、金黄色葡萄球菌、微球菌）的生长有抑制作用，而对革兰氏阴性菌（大肠杆菌、肺炎克雷伯菌、绿脓杆菌）无明显的抑制作用；挥发油对真菌（白色念珠菌、近平滑念珠菌）的繁殖有明显的抑制作用[2]。3. 抗氧化　花、全草水提取物、甲醇/水提取物、丙酮/水提取物以及分离得的三种黄酮类单体对 1, 1- 二苯基 -2- 三硝基苯肼（DPPH）自由基均有一定的清除作用，且花提取物的抗氧化作用是全草提取物的近 2 倍[3]。

【性味与归经】苦，平。

【功能与主治】清利湿热。用于咽喉肿痛，肠炎，痢疾，尿路感染；外用于疖肿，皮癣。

【用法与用量】煎服 9～15g；外用鲜品适量。

【药用标准】药典 1977、浙江炮规 2015 和辽宁药材 2009。

【临床参考】1. 痢疾：鲜全草 200g（或干品 100g），水煎浓缩成 150ml，每次 50ml，每日 3 次[1]。

2. 感冒、急性气管炎、百日咳：全草 15g，风寒感冒者加姜、葱，水煎服。

3. 急性肠炎、急性菌痢、泌尿系感染：全草 30g，水煎服。

4. 对口疮、手叉生疮、疮疖肿毒：鲜全草捣烂敷。（2 方至 4 方引自《湖南药物志》）

5. 白喉、咽喉炎、扁桃体炎：鲜全草 90～120g，加鲜橄榄 6 个，或鲜马兰根 15g，水煎服。（《福建中草药》）

6. 黄疸型肝炎、皮下出血：全草 30～60g，水煎服。（《新疆中草药》）

7. 肾结核尿血：全草 30g，加川牛膝 9g、三七茎叶 15g，水煎服。

8. 体虚乏力、盗汗：全草 30g，加仙鹤草 15g，麦冬、五味子各 6g，水煎服。（7 方、8 方引自《安徽中草药》）

9. 癣疮、湿疹：全草适量，研细粉，醋调搽患处；慢性湿疹，用麻油调搽或干搽患处。（《河南中草药手册》）

10. 闭经：根 15g，水煎服。（《南京地区常用中草药》）

11. 肺结核咯血、盗汗：全草 12g，加墨旱莲 12g、红枣 4 个，炖汤服。（《食物中药与便方》）

【附注】本种始载于《本草拾遗》，云："狼把草，生山道旁。"又云："郎耶草，生山泽间。三四尺，叶作雁齿，如鬼针苗。"《本草纲目》云："此即陈藏器本草郎耶草也。闽人呼爷为郎罢，则狼把当作郎罢乃通。"《植物名实图考》湿草类，有狼杷草附图。所述并观附图，其特征与本种相符合。

【化学参考文献】

[1] Lv J L, Zhang L B. Flavonoids and polyacetylenes from the aerial parts of *Bidens tripartita* [J]. Biochem Syst Ecol, 2013, 48: 42-44.

[2] Pozharitskaya O N, Shikov A N, Makarova M N, et al. Anti-inflammatory activity of a HPLC-fingerprinted aqueous infusion of aerial part of *Bidens tripartita* L. [J]. Phytomedicine, 2010, 17 (6): 463-468.

[3] 王天勇，南风仙. RP-HPLC 法同时测定狼把草中的木犀草素、槲皮素和芹黄素 [J]. 宁夏大学学报（自然科学版），1996, 17 (4): 16-19.

[4] Mikaelyan A S, Oganesyan E T, Stepanova E F, et al. Composition and biological properties of polyphenols from burmarigold (*Bidens tripartita* L.) hert [J]. Farmatsiya, 2008, (1): 33-36.

[5] Wolniak M, Tomczykowa M, Tomczyk M, et al. Antioxidant activity of extracts and flavonoids from *Bidens tripartita* [J]. Acta Poloniae Pharmaceutica, 2007, 64 (5): 441-447.

[6] Serbin A G, Borisov M I, Chernobayi V T, et al. Flavonoids of *Bidens tripartita* absolute configuration of isocoreopsin [J]. Farmatsevtichnii Zhurnal, 1975, 30 (2): 88-89.

[7] Serbin A G, Borisov M I, Chernobai V T. Flavonoids of *Bidens tripartita*. II [J]. Khimiya Prirodnykh Soedinenii, 1972, 8 (4): 440-443.

[8] Serbin A G, Zhukov G A, Borisov M I. Coumarins from *Bidens tripartita* [J]. Khimiya Prirodnykh Soedinenii, 1972, 8 (5): 668-669.

[9] Kaškonienė V, Kaškonas P, Maruška A, et al. Essential oils of *Bidens tripartita* L. collected during period of 3 years composition variation analysis [J]. Acta Physiol Plant, 2013, 35 (4): 1171-1178.

[10] Kaškonienė V, Kaškonas P, Maruška A, et al. Chemical composition and chemometric analysis of essential oils variation of *Bidens tripartita* L. during vegetation stages [J]. Acta Physiol Plant, 2011, 33 (6): 2377-2385.

【药理参考文献】

[1] Pozharitskaya O N, Shikov A N, Makarova M N, et al. Anti-inflammatory activity of a HPLC-fingerprinted aqueous infusion of aerial part of *Bidens tripartita* L. [J]. Phytomedicine, 2010, 17: 463-468.

[2] Tomczykowa M, Tomczyk M, Jakoniuk P, et al. Antimicrobial and antifungal activities of the extracts and essential oils of *Bidens tripartita* [J]. Folia Histochemica et Cytobiologica, 2008, 46 (3): 389-393.

[3] Wolniak M, Tomcaykowa M, Tomczyk M. Antioxidant activity of extracts and flavonoids from *Bidens tripartita* [J]. Acta Poloniae Pharmaceutica - Drug Research, 2007, 63 (5): 441-447.

【临床参考文献】

[1] 张守泰. 狼把草治疗痢疾 500 例 [J]. 山东中医杂志, 1989, 8 (2): 11-12.

980. 大狼杷草（图 980）• *Bidens frondosa* Linn.

图 980　大狼杷草　　　　摄影　李华东等

【别名】 外国脱力草（上海），狼把草、接力草、针线包。

【形态】 一年生草本，高 20～90cm。茎直立，分枝，常带紫色，被疏毛或无毛。叶对生；叶片一回羽状全裂，裂片 3～5 枚，披针形，长 3～10cm，宽 1～3cm，先端渐尖，基部楔形，边缘具粗锯齿，通常下面被稀疏短柔毛，顶生裂片具柄；具叶柄。头状花序直径 1.2～2.5cm，单生茎端或枝端；总苞钟状或半球形，外层苞片通常 8 枚，披针形或匙状倒披针形，叶状，具缘毛，内层长圆形，膜质；舌状花不发育，极不明显或无舌状花；盘花管状，顶端 5 裂，两性，结实。瘦果扁平，楔形，顶端截平，近无毛或具糙伏毛，顶端通常具倒刺毛的芒刺 2 条。花果期 8～10 月。

【生境与分布】 原产于北美。生于路边林下、池塘边草丛。分布于浙江、福建、江苏、江西、安徽、上海，另广东等地也有分布。

【药名与部位】 大狼把草，地上部分。

【采集加工】 秋季采收，干燥。

【药材性状】 茎圆柱形，暗绿色或暗紫色，有纵纹。叶对生；叶片为一回羽状复叶，小叶 3～5 枚，边缘有锯齿。头状花序球形或扁球形；总苞片 2 层，外层叶状，比管状花长，有毛；花黄色，多为管状，顶端 5 裂。瘦果扁平，两侧边缘无倒钩刺，冠毛刺芒状，多为 2 条。气微，味苦。

【药材炮制】除去杂质，洗净，切段，干燥。

【化学成分】全草含脂肪酸类：己酸植基酯（phytyl-1-hexanoate）、亚麻酸乙酯（ethyl linolenate）、三亚油精（trilinolein）和亚油酸（linoleic acid）[1]；生物碱类：5-十二烷基-2,2'-联噻吩（5-dodecyl-2,2'-bithiophene）[1]；倍半萜类：莪术酮（curzerenone）、艾菊萜（tanacetene）、大根香叶烯B（germacrenin B）和反式,反式-吉马酮（trans,trans-germacrone）[1]；二萜类：荚蒾宁F（vibsanin F）[1]；三萜类：角鲨烯（squalene）[1]；黄酮类：2'-羟基-4,4'-二甲氧基查耳酮（2'-hydroxy-4,4'-dimethoxychalcone）、2',4',3,4,α-五羟基查耳酮（2',4',3,4,α-pentahydroxychalcone）、紫铆查耳酮（butein）、木犀草素（luteolin）、山奈酚（kaempferol）、大风子素（hydnocarpin）、异奥卡宁（isookanin）、紫铆素（butin）和硫黄菊素（sulfuretin）[1]。

地上部分含黄酮类：硫黄菊素（sulfuretin）、(Z)-6,7,3',4'-四羟基橙酮[(Z)-6,7,3',4'-tetrahydroxyaurone]、(Z)-7-O-β-D-吡喃葡萄糖基-6,7,3',4'-四羟基橙酮[(Z)-7-O-β-D-glucopyranosyl-6,7,3',4'-tetrahydroxyaurone]、(Z)-6-O-(3",4",6"-三乙酰基-β-D-吡喃葡萄糖基)-6,7,3',4'-四羟基橙酮[(Z)-6-O-(3",4",6"-triacetoxy-β-D-glucopyranosyl)-6,7,3',4'-tetrahydroxyaurone]、(Z)-6-O-β-D-吡喃葡萄糖基-6,7,3',4'-四羟基橙酮[(Z)-6-O-β-D-glucopyranosyl-6,7,3',4'-tetrahydroxyaurone]、6,7,3',4'-四羟基橙酮（6,7,3',4'-tetrahydroxyaurone）、(Z)-6-O-(6-对-香豆酰基-β-D-吡喃葡萄糖基)-6,7,3',4'-四羟基橙酮[(Z)-6-O-(6-p-coumaroyl-β-D-glucopyranosyl)-6,7,3',4'-tetrahydroxyaurone][2]、奥卡宁-4-甲氧基-3'-O-β-葡萄糖苷（okanin-4-methoxy-3'-O-β-glucoside）、奥卡宁-5-O-β-D-葡萄糖苷（okanin-5-O-β-D-glucoside）、木犀草素-3-O-β-D-吡喃葡萄糖苷（luteolin-3-O-β-D-glucopyranoside）、紫云英苷（astragalin）、奥卡宁-4'-O-β-D-(4',6'-二乙酰基)-吡喃葡萄糖苷[okanin-4'-O-β-D-(4',6'-diacetyl)-glucopyranoside]、奥卡宁-7-O-β-D-葡萄糖苷（okanin-7-O-β-D-glucoside）、芹菜素-7-O-吡喃葡萄糖苷（apigenin-7-O-glucopyranoside）、异槲皮素（isoquercetin）、槲皮素-7-O-鼠李糖苷（quercetin-7-O-rhamnoside）、奥卡宁-4'-O-β-D-(6'-O-乙酰葡萄糖苷)[okanin-4'-O-β-D-(6'-O-acetyl-glucoside)]、山奈酚-3-O-β-D-吡喃葡萄糖苷（kaempferol-3-O-β-D-glucopyranoside）、木犀草素（luteolin）、(2R,3R)-二氢槲皮素[(2R,3R)-dihydroquercetin]、芹菜素（apigenin）、山奈酚（kaempferol）、芹菜素（apigenin）、8,3',4'-三羟基黄酮-7-O-β-D-吡喃葡萄糖苷（8,3',4'-trihydroxyflavone-7-O-β-D-glucopyranoside）、6-羟基木犀草素-7-O-葡萄糖苷（6-hydroxyluteolin-7-O-glucoside）、3"-(3-羟基-3-甲基戊二酰基)-6-羟基木犀草素-7-O-β-D-吡喃葡萄糖苷乙酯[3"-(3-hydroxy-3-methyl glutaroyl)-6-hydroxyluteolin-7-β-D-glucopyranoside ethyl ester]、木犀草素-7-O-(β-D-吡喃葡萄糖基)-2-吡喃葡萄糖苷[luteolin-7-O-(β-D-glucopyranosyl)-2-glucopyranoside]、硫黄菊素-6-O-β-D-葡萄糖苷（sulfuretin-6-O-β-D-glucoside）、海金鸡菊亭-6-O-β-D-葡萄糖苷（maritimetin-6-O-β-D-glucoside）[3]、6,7,4'-三羟基-3'-甲氧基橙酮（6,7,4'-trihydroxy-3'-methoxyaurone）[4]、木犀草素-7-O-β-D-吡喃葡萄糖苷（luteolin-7-O-β-D-glucopyranoside）、槲皮素-3-O-吡喃葡萄糖苷（quercetin-3-O-glucopyranoside）[3,5]、奥卡宁（okanin）、7,8,3',4'-四羟基二氢黄酮（7,8,3',4'-tertrahydroxyflavanone）、奥卡宁-4-O-β-D-吡喃葡萄糖苷（okanin-4-O-β-D-glucopyranoside）[5]、奥卡宁-4'-O-(6"-O-对香豆酰基-β-D-吡喃葡萄糖苷)[okanin-4'-O-(6"-O-p-coumaroyl-β-D-glucopyranoside)]、(-)-4'-甲氧基-7-O-(6"-乙酰基)-β-D-吡喃葡萄糖-8,3'-二羟基黄烷酮[(-)-4'-methoxy-7-O-(6"-acetyl)-β-D-glucopyranosyl-8,3'-dihydroxyflavanone]、8,3',4'-三羟基黄酮-7-O-(6"-O-对香豆酰基)-β-D-吡喃葡萄糖苷[8,3',4'-trihydroxyflavone-7-O-(6"-O-p-coumaroyl)-β-D-glucopyranoside]、(-)-4'-甲氧基-7-O-β-D-吡喃葡萄糖基-8,3'-二羟基黄烷酮[(-)-4'-methoxy-7-O-β-D-glucopyranosyl-8,3'-dihydroxyflavanone]、橙皮素-7-O-β-D-吡喃葡萄糖苷（hesperetin-7-O-β-D-glucopyranoside）和3'-羟基高山黄芩素-7-O-(6"-O-原儿茶酰基)-β-吡喃葡萄糖苷[3'-hydroxyscutellarein-7-O-(6"-O-protocatechuoyl)-β-glucopyranoside][3]；生物碱类：吲哚-3-羧酸（indole-3-carboxylic acid）、1H-吲哚-3-甲醛（1H-indole-3-carboxaldehyde）和烟酰胺（niacinamide）[3]；脂肪酸类：奎尼酸（quinic acid）、反油酸（elaidic acid）、α-亚油酸（α-linoleic acid）[2]、亚油酸乙酯（ethyl linoleate）、亚麻酸甲酯（methyl linolenate）[3]，二氢红花菜豆酸（dihydrophaseic acid）、棕榈烯酸甘油三酯（tripalmitolein）和甘油三亚麻酸酯（trilinolenin）[3]；苯丙素类：咖啡酸（caffeic acid）、绿原酸（chlorogenic acid）、3,4-二-*O*-咖啡酰奎宁酸（3,4-di-*O*-caffeoylquinic acid）、3,5-二-*O*-咖啡酰奎宁酸（3,5-di-*O*-caffeoylquinic acid）[2]、4,5-二-*O*-咖啡酰奎宁酸-1-甲醚（4,5-di-*O*-caffeoylquinic acid-1-methyl ether）、异阿魏酰乙酯（isoferuloyl ethyl ester）、2′-丁氧基乙基松柏苷（2′-butoxyethylconiferin）、丁基松柏苷（butylconiferin）、（1′*R*,2′*R*）-愈创木基丙三醇-3′-*O*-β-D-吡喃葡萄糖苷［（1′*R*,2′*R*）-guaiacyl glycerol-3′-*O*-β-D-glucopyranoside］、愈创木基丙三醇（guaiacylglycerol）、菠萝酰酯（ananasate）、雷公藤醇*B（wilfordiol B）、咖啡酰鹿梨苷（caffeoyl calleryanin）、2-甲氧基-4-（2-丙烯基）-苯基-β-D-吡喃葡萄糖苷［2-methoxy-4-（2-propenyl）-phenyl-β-D-glucopyranoside］、1-*O*-（*E*）-咖啡酰基-β-D-龙胆二糖［1-*O*-（*E*）-caffeoyl-β-D-gentiobiose］、苏式-5-羟基-3,7-二甲氧基苯基丙烷-8,9-二醇（*threo*-5-hydroxy-3,7-dimethoxyphenyl propane-8,9-diol）、3-（4-羟基-3-甲氧基-苯基）丙烷-1,2-二醇［3-（4-hydroxy-3-methoxy-phenyl）propane-1,2-diol］、3-（4-羟基-3-甲氧基苯基）-3-甲氧基丙烷-1,2-二醇［3-（4-hydroxy-3-methoxyphenyl）-3-methoxypropane-1,2-diol］和对-羟苯基-6-*O*-反式-咖啡酰-β-D-阿洛糖苷（*p*-hydroxyphenyl-6-*O*-*trans*-caffeoyl-β-D-alloside）[3]；酚酸类：6′-*O*-咖啡酰-对-羟基苯乙酮-4-*O*-β-D-吡喃葡萄糖苷（6′-*O*-caffeoyl-*p*-hydroxyacetophenone-4-*O*-β-D-glucopyranoside）、2-甲氧基-4-（2′-羟乙基）-苯酚-1-*O*-β-D-吡喃葡萄糖苷［2-methoxy-4-（2′-hydroxyethyl）-phenol-1-*O*-β-D-glucopyranoside］、香草醛（vanillin）和原儿茶酸（protocatechuic acid）[3]；呋喃类：白沼水苏呋喃*（hiziprafuran）、5-羟基-2-糠醛（5-hydroxy-2-furaldehyde）和4-羟基-2-糠醛（4-hydroxy-2-furaldehyde）[3]；苯乙醇苷类：车前酚苷（plantasioside）[3]；甾体类：β-谷甾醇（β-sitosterol）和豆甾醇（stigmasterol）[3]；炔类：（3*E*,5*E*,11*E*）-十三碳三烯-7,9-二炔基-1,2,13-三醇-2-*O*-β-D-吡喃葡萄糖苷［（3*E*,5*E*,11*E*）-tridecatriene-7,9-diyne-1,2,13-triol-2-*O*-β-D-glucopyranoside］[3]；挥发油类：7*R*,11*R*-植醇（7*R*,11*R*-phytol）和1-二十八烷醇（1-octacosanol）[3]；环醚酚类：α-生育酚（α-tocopherol）[3]；螺环类：α-生育螺环A（α-tocospiro A）[3]；其他尚含：1,3,5-三甲氧基苯（1,3,5-trimethoxybenzene）[3]。

叶含黄酮类：奥卡宁（okanin）、奥卡宁-4-*O*-（6″-*O*-乙酰基-2″-*O*-咖啡酰基-β-D-吡喃葡萄糖苷）［okanin-4-*O*-（6″-*O*-acetyl-2″-*O*-caffeoyl-β-D-glucopyranoside）］、奥卡宁-4-*O*-（2″-咖啡酰基-6″-对香豆酰基-β-D-吡喃葡萄糖苷）［okanin-4-*O*-（2″-caffeoyl-6″-*p*-coumaroyl-β-D-glucopyranoside）］、4-*O*-甲基奥卡宁-4′-*O*-（6″-对香豆酰基-β-D-吡喃葡萄糖苷）［4-*O*-methylokanin-4′-*O*-（6″-*O*-*p*-coumaroyl-β-D-glucopyranoside）］、4-*O*-甲基奥卡宁-4′-*O*-乙酰基-β-D-吡喃葡萄糖苷（4-*O*-methylokanin-4′-*O*-acetyl-β-D-glucopyranoside）、4-*O*-甲基奥卡宁-4′-*O*-（6′-乙酰基-2″-*O*-咖啡酰基-β-D-吡喃葡萄糖苷）［4-*O*-methylokanin-4′-*O*-（6′-*O*-acetyl-2″-*O*-caffeoyl-β-D-glucopyranoside）］、山柰酚-3-*O*-β-D-吡喃葡萄糖苷（kaempferol-3-*O*-β-D-glucopyranoside）、木犀草素（luteolin）、木犀草素-7-*O*-β-D-吡喃葡萄糖苷（luteolin-7-*O*-β-D-glucopyranoside）和芹菜素（apigenin）[6]；聚炔类：2,13-二羟基-11-十三碳烯-3,5,7,9-四炔-1-*O*-β-D-吡喃葡萄糖苷（2,13-dihydroxy-11-tridecen-3,5,7,9-tetraynyl-1-*O*-β-D-glucopyranoside）[7]。

花含黄酮类：奥卡宁（okanin）、海生菊苷（maritimein）、硫磺菊苷（sulfurein）、硫磺素（sulfuretin）、马里苷（marein）、紫铆因（butein）、木犀草素（luteolin）和翘蓝奥素*（choreopsin）[8]；苯丙素类：绿原酸（chlorogenic acid）[8]。

【药理作用】1. 止泻　全草水提醇沉液、醇提取液灌胃给药或腹部外涂均可较好的抑制小鼠肠推进率；醇提取液灌胃给药可延长正常小鼠排蓝便时间、减少排蓝便数量，并具有对抗生大黄的泻下作用[1]。2. 抗菌　从叶提取的挥发油和甲醇粗提物及其正己烷、氯仿、乙酸乙酯部位对金黄色葡萄球菌、李斯特菌、枯草杆菌、绿脓杆菌、沙门氏菌、大肠杆菌的生长均有较好的抑制作用[2]。3. 抗氧化　叶甲醇粗提物的乙酸乙酯部位对1，1-二苯基-2-三硝基苯肼（DPPH）自由基具有较强的清除作用[2]；地上部分乙醇提取物对1，1-二苯基-2-三硝基苯肼自由基具有较强的清除作用，与阳性对照品抗坏血酸作用相当[3]。4. 降血糖　地上部分乙醇提取物对链脲佐菌诱导的实验性糖尿病模型大鼠的血糖有明显的降低作用，并对α-

葡萄糖甘酶具有明显的抑制作用[3]。

【性味与归经】苦，平。

【功能与主治】清利湿热。用于咽喉肿痛，肠炎，痢疾，尿路感染；外用于疖肿，皮癣。

【用法与用量】9～15g。

【药用标准】浙江炮规2015和上海药材1994。

【化学参考文献】

[1] 乐佳美，吴志军，熊筱娟. 大狼把草的化学成分研究[J]. 中国药学杂志，2014，49（20）：1802-1806.

[2] 王翌臣，王焕军，张玲，等. 大狼把草的化学成分液质联用快速鉴定分析[J]. 中国实验方剂学杂志，2018，24（17）：80-87.

[3] Le J M, Lu W Q, Xiong X J, et al. Anti-inflammatory constituents from *Bidens frondosa* [J]. Molecules, 2015, 20: 18496-18510.

[4] Venkateswarlu S, Panchagnula G K, Subbaraju G V, et al. Synthesis and antioxidative activity of 3′,4′,6,7-tetrahydroxyaurone, a metabolite of *Bidens frondosa* [J]. Biosci Biotechnol Biochem, 2004, 68（10）: 2183-2185.

[5] Ahn D, Kim D K. Antioxidant components of the aerial parts of *Bidens frondosa* L. [J]. Saengyak Hakhoechi, 2016, 47（2）: 110-116.

[6] Karikome H, Ogawa K, Sashida Y. New acylated glucosides of chalcone from the leaves of *Bidens frondosa* [J]. Chem Pharm Bull, 1992, 40（3）: 689-691.

[7] Pagani F, Pagani F, Romussi G, et al. Structure of the polyyne glucoside of *Bidens frondosa* [J]. Chemische Berichte, 1972, 105（9）: 3126-3127.

[8] Romussi G, Pagani F. Constituents of *Bidens frondosa* [J]. Bollettino Chimico Farmaceutico, 1970, 109（8）: 467-475.

【药理参考文献】

[1] 赵健，王春根. 大狼把草止泻作用的实验研究[J]. 南京中医药大学学报，1999，15（5）：46-47.

[2] Rahman A, Bajpai V K, Dung N T, et al. Antibacterial and antioxidant activities of the essential oil and methanol extracts of *Bidens frondosa* Linn. [J]. International Journal of Food Science & Technology, 2011, 46（6）: 1238-1244.

[3] Icoz U G, Orhan N, Altun L, et al. *In vitro* and *in vivo* antioxidant and antidiabetic activity studies on standardized extracts of two *Bidens* species [J]. Journal of Food Biochemistry, 2017, 41: e12429.

16. 蓍属 *Achillea* Linn.

多年生草本。叶互生，常为一至三回羽状深裂，有时仅有锯齿，有腺点或无腺点，被柔毛或无毛。头状花序小，异型，具短梗，排列呈伞房状，稀单生；总苞卵圆形、长圆形或半球形，总苞片2～3层，覆瓦状排列，边缘干膜质，棕色或黄白色；花序托凸起或圆锥状，有干膜质托片；缘花常1层，白色、粉红色、红色或淡白色，雌性，结实；盘花管状，顶端5裂，两性，结实；花药基部钝；花柱分枝顶端截形，画笔状。瘦果小，压扁，长圆形，有明显边缘，无冠毛。

约200种，广布于北温带。中国10种，分布于西南部及北部，法定药用植物2种。华东地区法定药用植物1种。

981. 高山蓍（图981）• *Achillea alpina* Linn.

【别名】高山芪（通称），芪草、芪，蓍草、蓍（江苏），羽衣草，蚰蜓草，锯齿草。

【形态】多年生草木，高30～50cm。根茎短。茎直立，被疏或密的伏柔毛，中部以上叶腋常有不育枝，仅在花序或上半部有分枝。叶片条状披针形，长6～10cm，宽7～15mm，篦齿状羽状浅裂至深裂，基部裂片抱茎，裂片条形或条状披针形，先端急尖，边缘有不等大锯齿或浅裂，齿端和裂片先端有软骨质尖头，上面疏生长柔毛，下面毛较密，有腺点；下部叶在花期凋落，上部叶渐小；全部叶无柄。头状花序多数，

图 981　高山蓍　　摄影　张芬耀等

直径 7～9mm，排列呈伞房状；总苞近球形，总苞片 3 层，宽披针形至长圆形，边缘膜质，褐色；托片与内层总苞片相似；舌状花白色，6～8 朵，舌片近圆形，顶端 3 浅裂，雌性；盘花管状，白色，端顶 5 裂，两性，结实。瘦果宽倒披针形，扁，具边棱。花果期 6～10 月。

【生境与分布】华东各地常见栽培，分布于我国北部；日本、朝鲜、蒙古国、俄罗斯也有分布。

【药名与部位】蓍草（一枝蒿），地上部分。

【采集加工】夏、秋二季花开时采割，除去杂质，阴干。

【药材性状】茎呈圆柱形，直径 1～5mm。表面黄绿色或黄棕色，具纵棱，被白色柔毛；质脆，易折断，断面白色，中部有髓或中空。叶常卷缩，破碎，完整者展平后为长条状披针形，裂片条形，表面灰绿色至黄棕色，两面被柔毛。头状花序密集成复伞房状，黄棕色；总苞片卵形或长圆形，覆瓦状排列。气微香，味微苦。

【化学成分】地上部分含生物碱类：墙草碱（pellitorine）、8,9- 去氢墙草碱（8,9-dehydropellitorine）、橙黄胡椒酰胺（aurantiamide）、金色酰胺醇酯（asperglaucide）、（E,E）-2,4- 十一碳二烯 -8,10- 二炔酸异丁酰胺［（E,E）-2,4-undecadien-8,10-diynoic acid isobutylamide］、（E,E）-2,4- 十四碳二烯 -8,10- 二炔酸异丁酰胺［（E,E）-2,4-tetradecadien-8,10-diynoic acid isobutylamide］[1] 和地耳草酯*（saropeptate）[2]；倍半萜类：（3S,5S,8R）-3,5- 二羟基大柱香波龙 -6,7- 二烯 -9- 酮［（3S,5S,8R）-3,5-dihydroxymegastigma-6,7-dien-9-one］、陕西卫矛醇*A（schensianol A）、黄荆呋喃醇（negunfurol）[2] 和蓍素（achillin）[3]；木脂素类：新藤素*（sintenin）[1]，（+）- 丁香脂素［（+）-syringaresinol］、（±）- 落叶松树脂

醇[（±）-lariciresinol][2]和（-）-芝麻素[（-）-sesamin][4]；黄酮类：4′,5,7,8-四甲氧基黄酮（4′,5,7,8-tetramethoxyflavone）、猫眼草黄素（chrysoplenetin）、芒柄花素（formononetin）、半齿泽兰素（eupatorin）[1]、棕矢车菊定（jaceidin）、甲氧基万寿菊素（axillarin）、5,7,4-三羟基-3,6-二甲氧基黄酮（5,7,4-trihydroxy-3,6-dimethoxyflavonone）、5,4′-二羟基-3,6,7-三甲氧基黄酮（5,4′-dihydroxy-3,6,7-trimethoxyflavone），即垂叶布氏菊素（penduletin）、猫眼草酚D（chrysosplenol D）、异夏弗塔雪轮苷（isoshaftoside）、夏弗塔雪轮甙（shaftoside）、新夏弗塔雪轮苷（neoshaftoside）、异牡荆素（isovitexin）、槲皮素-3-O-巢菜糖苷（quercetin-3-O-vicianoside）[3]、蒿黄素（artemetin）[1,4]、泽兰黄素（eupatorin）、木犀草素-7-O-β-D-葡萄糖苷（luteolin-7-O-β-D-glucoside）、异荭草素（isoorientin）[4]、金圣草素-7-O-芸香糖苷（chrysoeriol-7-O-rutinoside）、金圣草素-7-O-β-D-葡萄糖苷（chrysoeriol-7-O-β-D-glucoside）、小麦黄素-7-O-β-D-葡萄糖苷（tricin-7-O-β-D-glucoside）、木犀草素-4′-O-β-D-葡萄糖苷（luteolin-4′-O-β-D-glucoside）、肥皂草素（saponaretin）、异槲皮苷（isoquercitrin）、芹菜素-7-O-β-D-葡萄糖苷（apigenin-7-O-β-D-glucoside）、异鼠李素-3-O-芸香糖苷（isorhamnetin-3-O-rutinoside）、刺槐素-7-O-芸香糖苷（acacetin-7-O-rutinoside）、芹菜素（apigenin）、异鼠李素（isorhamnetin）、芦丁（rutin）[5]和高山芪黄苷*（achillinoside）[6]；香豆素类：刺五加苷B₁（eleutheroside B₁）[4]；醌类：2,6-二甲氧基醌（2,6-dimethoxyquinone）[4]；苯丙素类：绿原酸（chlorogenic acid）、绿原酸甲酯（methyl chlorogenate）、5-O-香豆酰基奎尼酸（5-O-coumaroyl quinic acid）、5-O-香豆酰基奎尼酸甲酯（methyl 5-O-coumaroyl quinate）、3,5-二咖啡酰基-奎尼酸（3,5-dicaffeoyl quinic acid）和甲基-3,5-二咖啡酰基奎尼酸（methyl 3,5-dicaffeoyl quinic acid）[3]；脂肪酸类：棕榈酸（palmitic acid）和硬脂酸（stearic acid）[7]；多元酸类：琥珀酸（succinic acid）、延胡索酸（fumaric acid）和乌头酸（aconitic acid）[8]；呋喃酸类：α-糠酸（α-furoic acid）[8]；三萜类：表木栓醇（epifriedelinol）[2]、乙酸羽扇醇酯（lupeol acetate）和木栓酮（friedelin）[7]；甾体类：菠菜甾醇（spinaterol）、β-谷甾醇（β-sitosterol）、5,6-环氧-24（R）-甲基胆甾-7,22-二烯-3β-醇[5,6-epoxy-24（R）-methylcholesta-7,22-dien-3β-ol]、胡萝卜苷（daucosterol）[2]和豆甾醇（stigmasterol）[7]；酮类：1-[4-（β-D-吡喃葡萄糖氧基）-3,5-二甲氧基苯基]-丙酮{1-[4-（β-D-glucopyranosyloxy）-3,5-dimethoxyphenyl]-propanone}和4-（4′-O-β-D-吡喃葡萄糖基-3′,5′-二甲氧基苯基）-2-丁酮[4-（4′-O-β-D-glucopyranosyl-3′,5′-dimethoxyphenyl）-2-butanone][5]。

【药理作用】1.抗炎 地上部分提取制得的总酸流浸膏，可以抑制皮下注射蛋清所致的大鼠足蹠肿胀，抑制大鼠腋窝植入棉球所致的肉芽肿[1]；地上部分总酸提取物中分离得的琥珀酸（succinic acid）、延胡索酸（fumaric acid）、乌头酸（aconitic acid）和α-糠酸（α-furoic acid），均可抑制巴豆油所致的小鼠耳肿胀、抑制酵母性大鼠足肿胀，其中α-糠酸和延胡索酸的抑制效果最好，琥珀酸和乌头酸可抑制角叉菜胶所致大鼠足肿胀，乌头酸、琥珀酸和α-糠酸均能降低组胺所致大鼠毛细血管通透性增高[2]。2.镇痛 地上部分总酸提取液可抑制乙酸引起的小鼠扭体反应[1]。3.解热 地上部分总酸中分离得的琥珀酸、延胡索酸和乌头酸，对伤寒、副伤寒菌苗引起的兔发热有明显的解热作用[2]。4.镇静催眠 地上部分总酸提取物可以使小鼠活动减少，并具有协同戊巴比妥钠催眠作用[1]。

【性味与归经】苦、酸，平。归肺、脾、膀胱经。

【功能与主治】解毒利湿，活血止痛。用于乳蛾咽痛，泄泻痢疾，肠痈腹痛，热淋涩痛，湿热带下，蛇虫咬伤。

【用法与用量】15～45g，必要时日服二剂。

【药用标准】药典1977、药典2010、药典2015、贵州药材1988、内蒙古药材1988和新疆药品1980。

【附注】以著实之名始载于《神农本草经》。《名医别录》谓："生少室，八月九月采实，日干。"《新修本草》谓："此草所在有之。"《本草图经》谓："生少室山谷，今蔡州上蔡县白龟祠旁，其生如蒿作丛，高五六尺，一本一二十茎，至多者五十茎，生便条直，所以异于众蒿也。秋后有花，出于枝端，红紫色，形如菊。"即为本种。

中国药典 2010—2020 年版记载药材蓍草为菊科植物蓍 *Achillea alpina* Linn. 的干燥地上部分；另贵州药材标准 1988 年版收载的药材蓍草和内蒙古药材标准 1988 年版的药材一枝蒿，其基原植物均记载为菊科植物蓍 *Achillea alpina* Linn.。但《中国植物志》中蓍为另一种植物——蓍 *Achillea millefolium* Linn.，而 *Achillea alpina* Linn. 的中文名为高山蓍。关于蓍草的基原植物，究竟是蓍 *Achillea millefolium* Linn.，还是高山蓍 *Achillea alpina* Linn.，应作实际商品调查后确定。本书暂以拉丁学名为标准作高山蓍 *Achillea alpina* Linn. 处理。

药材蓍草孕妇慎服。

【化学参考文献】

[1] 陈筱清，王萌，张欣，等．蓍草化学成分研究［J］．中国中药杂志，2015，40（7）：1330-1333．
[2] 张锐泽，徐燕杰，熊娟，等．蓍草的化学成分研究［J］．中草药，2013，44（20）：2812-2815．
[3] Lee H J, Sim M O, Woo K W, et al. Antioxidant and Anti-melanogenic activities of compounds isolated from the aerial parts of *Achillea alpina* L.［J］. Chem Biodivers, 2019, 10. 1002/1-1002/12.
[4] Zhang Q, Lu Z, Ren T K, et al. Chemical composition of *Achillea alpine*［J］. Chem Nat Compd, 2014, 50（3）：534-536.
[5] Zhang Q, Zhou Q Q, Huo C H, et al. Phenolic components of the aerial parts of *Achillea alpine*［J］. Chem Nat Compd, 2019, 55（2）：337-339.
[6] Zhou F, Li S, Yang J, et al, *In vitro* cardiovascular protective activity of a new achillinoside from *Achillea alpine*［J］. Revista Brasileira de Farmacognosia, 2019, 29（4）：445-448.
[7] 梁睿姝，熊礼燕，李玲，等．气相色谱唱质谱联用法测定蓍草中的脂溶性成分［J］．药学实践杂志，2016，34（6）：526-529．
[8] 黄黎，任娜，叶文华．蓍草有机酸的药理作用［J］．中药通报，1985，10（11）：38-40．

【药理参考文献】

[1] 刘娴芳，吕小燕，任映．蓍草总酸药理作用的初步研究［J］．中药通报，1985，10（5）：44-45．
[2] 黄黎，任娜，叶文华．蓍草有机酸的药理作用［J］．中药通报，1985，10（11）：38-40．

17. 石胡荽属 *Centipeda* Lour.

一年生匍匐状小草本。茎匍匐，基部分枝，斜生，微被蛛丝状毛或近无毛。叶互生，边缘有钝齿、锯齿或全缘。头状花序小，单生、顶生或腋生，排成伞房状花序，花序梗有或无；花异型，盘状；总苞半球形，总苞片2层，长圆形或椭圆状披针形，近等长，边缘具狭的膜质，外层比内层大；花序托平或稍凸起，蜂窝状；外围有多层雌花，能结实，花冠细管状，顶端2～3齿裂；中央的两性花，花冠宽管状，冠檐4浅裂，花药短，基部钝，顶端无附片，花柱分枝短，顶端钝或截形。瘦果四棱形，棱上有毛；冠毛无。

约6种，分布于亚洲、大洋洲及南美洲。中国1种。主要分布于南方地区，法定药用植物1种。华东地区法定药用植物1种。

982. 石胡荽（图982） • *Centipeda minima*（Linn.）A. Br. et Aschers.

【别名】鹅不食草（通称），球子草（浙江），砂药草（江苏苏州），野芫荽（江苏泰州）。

【形态】一年生小草本，高5～20cm。茎匍匐，多分枝，微被蛛丝状毛或近无毛。叶互生，楔状倒披针形或楔形，长7～20mm，顶端钝，基部楔形，全缘或有少数锯齿，上面无毛，下面微被蛛丝状毛。头状花序小，直径约3mm，单生于叶腋，扁球形，无花序梗或有极短梗；总苞半球形，总苞片2层，椭圆状披针形，绿色，边缘膜质，外层较大；花序托平或稍凸起，无托片；外围雌花多层，花冠细管状，淡黄绿色，顶端具不明显的2～3微裂；两性花花冠管状，顶端4深裂，淡紫红色。瘦果椭圆形，有4棱，棱上被长毛；无冠毛。花果期6～11月。

一二二 菊科 Asteraceae

图 982　石胡荽　　　　　　　　　　　　　　　　　摄影　徐克学等

【生境与分布】多生于田边、路旁、荒野的湿润地。分布于华东各地，另华南、西南、华中、华北及东北地区均有分布；印度、马来西亚、大洋洲及朝鲜、日本也有分布。

【药名与部位】鹅不食草，全草。

【采集加工】初秋花开时采收，洗去泥沙，晒干。

【药材性状】缠结成团。须根纤细，淡黄色。茎细，多分枝；质脆，易折断，断面黄白色。叶小，近无柄；叶片多皱缩、破碎，完整者展平后呈楔形，表面灰绿色或棕褐色，边缘有3～5枚锯齿。头状花序黄色或黄褐色。气微香，久嗅有刺激感，味苦、微辛。

【质量要求】色绿无泥杂。

【药材炮制】除去杂质，抢水洗净，切段，干燥。

【化学成分】全草含黄酮类：（2R,3R）-(＋)-7,4′-O- 二甲基双氢山柰酚 [(2R,3R)-(＋)-7,4′-di-O-methyl dihydrokaempferol]、莺尾甲苷 A（iristectorin A）、5,8,4′- 三羟基 -7- 甲氧基异黄酮（5,8,4′-trihydroxy-7-methoxyisoflavone）、3- 甲氧基槲皮素（3-trimethoxyquercetin）、槲皮素（quercetin）、粗毛豚草素（hispidulin）[1]、猫眼草酚 D（chrysosplenol D）[2]，山柰酚 -3-O-α-L- 吡喃鼠李糖基 -(1→6)-β-D- 吡喃葡萄糖苷 [kaempferol-3-O-α-L-rhamnopyranosyl-(1→6)-β-D-glucopyranoside] [3]、芦丁（rutin）[4]、小麦黄素（tricin）[5]、木犀草素（luteolin）[5,6]、芹菜素（apigenin）[6] 和山柰酚 -7- 葡萄糖基鼠李糖苷（kaempferol-7-glucosylrhamnoside）[7]；单萜类：麝香草氢醌 -6-O-β-6′- 乙酰基 - 葡萄糖苷（thymohydroquinone-6-O-β-6′-acetyl-glucoside）[5,6]、麝香草氢醌 -3-O-β-6′- 乙酰基葡萄糖苷（thymohydroquinone-3-O-β-6′-acetyl-glucoside）、麝香草酚 -3-O-β- 葡萄糖

苷（thymol-3-O-β-glucoside）、（-）-顺式-菊醇-O-β-D-吡喃葡萄糖苷[（-）-cis-chrysanthenol-O-β-D-glucopyranoside]、扎塔里苷 A、B（zataroside A、B）[5],8,10-二羟基-9（2）-甲基丁氧基麝香草酚[8,10-dihydroxy-9（2）-methyl butyryloxythymol]、10-羟基-8,9-二氧异亚丙基麝香草酚（10-hydroxy-8,9-dioxyisopropylidene thymol）、8,9,10-三羟基麝香草酚（8,9,10-trihydroxythymol）、麝香草酚-β-吡喃葡萄糖苷（thymol-β-glucopyranoside）、9-羟基麝香草酚（9-hydroxythymol）、8,10-二羟基-9-异丁氧基麝香草酚（8,10-dihydroxy-9-isobutyryloxythymol）、8-羟基-9,10-二异丁氧基麝香草酚（8-hydroxy-9,10-diisobutyryloxythymol）[8]、石胡荽苷 A（minimaoside A）、6-羟基麝香草酚-3-O-β-D-吡喃葡萄糖苷（6-hydroxythymol-3-O-β-D-glucopyranoside）[9]，鹅不食草酚（centipedaphenol）[10],10-异丁酰氧基-8,9-环氧麝香草酚异丁酰酯（10-isobutyryloxy-8,9-epoxythymol isobutyrate）、9-异丁酰氧基-10-（2-甲基丁酰氧基）-8-羟基麝香草酚[9-isobutyryloxy-10-（2-methylbutyryloxy）-8-hydroxythymol][11]和 8,10-二羟基-9-异丁酰氧基麝香草酚（8,10-dihydroxy-9-isobutyryloxythymol）[12]；倍半萜类：青蒿酸（artemisic acid）、短叶老鹳草素（brevilin）[2],2-甲氧基四氢堆心菊灵（2-methoxytetrahydrohelenalin）[5],4,5β-二羟基-2β-（异丁酰氧基）-10βH-愈创木-11（13）-烯 12,8β-内酯[4,5β-dihydroxy-2β-（isobutyryloxy）-10βH-guai-11（13）-en-12,8β-olidel]、4-羟基-1βH-愈创木-9,11（13）-二烯 12,8α-内酯[4-hydroxy-1βH-guaia-9,11（13）-dien-12,8α-olide]、2β-异丁酰氧基堆心菊灵内酯（2β-isobutyryloxyflorilenalin）、天人菊灵-2α-O-巴豆酰酯（pulchellin-2α-O-tiglate）、堆心菊灵内酯-2α-O-巴豆酰酯（florilenalin-2α-O-tiglate）[9]、堆心菊灵内酯异丁酯（florilenalin isobutyrate）、堆心菊灵内酯异戊酸酯（florilenalin isovalerate）、堆心菊灵内酯当归酸酯（florilenalin angelate）、山金车内酯 C（arnicolide C）、短叶老鹳草素（brevifolin）[11]，石胡荽苷 B（minimaoside B）、6-O-当归酰多梗贝氏菊素（6-O-angeloylplenolin）[13]，鹅不食内酯*G、H（minimolide G、H）[14],11,13-二氢堆心菊灵（11,13-dihydrohelenalin）、2β-羟基-2,3-二氢-6-O-当归酰多梗白菜菊素（2β-hydroxyl-2,3-dihydrogen-6-O-angeloplenolin）[15]、土木香灵（helenalin）[11,15]、山金车内酯 D（arnicolide D）[16],6-O-异戊烯酰多梗白菜菊素（6-O-senecioylplenolin）[17],6-O-甲基丙烯酰基多梗白菜菊素（6-O-methyl acrylylplenolin）、6-O-异丁酰基多梗白菜菊素（6-O-isobutyroylplenolin）[18]、四甘菊环烃[6,5-b]呋喃-2-丁烯酸{azuleno[6,5-b] furan-2-butenoic acid}、氢土木香灵（tetrahydrohelenalin）、α-莎草酮（α-cyperone）、3,3a,4,4a,7a,8,9,9a-八氢-3,4a,8-三甲基-4-（2-甲基-1-氧代丙基）-甘菊环烃[6,5-b]呋喃-2,5-二酮{3,3a,4,4a,7a,8,9,9a-octahydro-3,4a,8-trimethyl-4-（2-methyl-1-oxopropyl）-azuleno[6,5-b] furan-2,5-dione}[19],4,5β-二羟基-2β-异丁酰氧基-10βH-愈创木-11（13）-烯-12,8β-内酯[4,5β-dihydroxy-2β-isobutyryloxy-10βH-guai-11（13）-en-12,8β-olide]和 4β-羟基愈创木-9,11（13）-二烯-12,8β-内酯[4β-hydroxyguaia-9,11（13）-dien-12,8β-olide][20],2α-羟基芳香小葵花素*C（2α-hydroxylemmonin C）[21]、山金车内酯 A、B、G（arnicolide A、B、G）、鹅不食内酯*A、C、D、E、F（minimolide A、C、D、E、F）、短叶老鹳草素 A（brevilin A）、小堆心菊素 C（microhelenin C）和 6-O-巴豆酰基堆心菊灵（6-O-tigloyhelenalin）[22]；二萜类：15-O-[α-L-鼠李糖基-（1→2）-β-D-葡萄糖基]山牵牛酸{15-O-[α-L-rhamnosyl-（1→2）-β-D-glucosyl] grandiflorolic acid}、3′-去磺酸基欧苍术二萜苷（3′-desulfateatractyloside）、2-O-β-D-吡喃葡萄糖基欧苍术二萜苷元（2-O-β-D-glucopyranosyl atracyligenin）和 3′,4′-二去磺酸基欧苍术二萜苷（3′,4′-didesulphatedatractyloside）[21]；甾体类：伪蒲公英甾醇乙酸酯（pseudotaraxasteryl acetate）、β-谷甾醇（β-sitosterol）、胡萝卜苷（daucosterol）[2]、蒲公英甾醇乙酰酯（taraxasteryl acetate）、菠菜甾醇（spinasterol）、（22E,20S,24R）-5α,8α-桥二氧-麦角甾烷-6,22-二烯-3β-醇[5α,8α-epidioxy-（22E,20S,24R）-ergosta-6,22-dien-3β-ol][10]、蒲公英甾醇（taraxasterol）[11,15]、豆甾醇-3-O-β-D-吡喃葡萄糖苷（stigmasterol-3-O-β-D-glucopyranoside）[15]和伪蒲公英甾醇（pseudotaraxasterol）[23]；三萜皂苷类：木栓酮（friedelin）[2]，羽扇豆醇（lupeol）[10]、羽扇豆醇乙酸酯（lupeyl acetate）[11]、蒲公英-20（30）-烯-3β,16β,21α-三醇[taraxast-20（30）-en-3β,16β,21α-triol]、蒲公英赛醇（taraxerol）、蒲公英赛醇乙酸酯（taraxasteryl acetate）[24],3α,21β,22α,28-四羟基齐墩果-12-烯（3α,21β,22α,28-tetrahydroxyolean-

12-ene)、山金车烯二醇(arnidiol)、蒲公英赛醇棕榈酸酯(taraxasteryl palmitate)[25],1β,2α,3β,19α-四羟基熊果-12-烯-28-酸酯-3-O-β-D-吡喃木糖苷(1β,2α,3β,19α-tetrahydroxyurs-12-en-28-oate-3-O-β-D-xylopyranoside)、1β,2β,3β,19α-四羟基熊果-12-烯-28-酸酯-3-O-β-D-吡喃木糖苷(1β,2β,3β,19α-tetrahydroxyurs-12-en-28-oate-3-O-β-D-xylopyranoside)[26],2α,3β,23,19α-四羟基熊果-12-烯-28-酸-28-O-β-D-吡喃木糖苷(2α,3β,23,19α-tetrahydroxyurs-12-en-28-oic acid-28-O-β-D-xylopyranoside)、3α,21β,22α,28-四羟基齐墩果烷-12-烯-28-O-β-D-吡喃木糖基酯苷(3α,21β,22α,28-tetrahydroxyolean-12-en-28-O-β-D-xylopyranoside)、3β,16α,21β,22α,28-五羟基齐墩果烷-12-烯-28-O-β-D-吡喃木糖基酯苷(3β,16α,21β,22α,28-pentahydroxyolean-12-en-28-O-β-D-xylopyranoside)[27],3β,16α,21β,22α,28-五羟基齐墩果烷-12-烯-28-O-β-D-吡喃木糖基酯苷(3α,16α,21β,22α,28-pentahydroxyolean-12-en-28-O-β-D-xylopyranoside)[28],1α,3β,19α,23-四羟基熊果-12-烯-28-酸-28-O-β-D-吡喃木糖基酯苷(1α,3β,19α,23-tetrahydroxyurs-12-en-28-oic acid-28-O-β-D-xylopyranoside)、1β,2α,3β,19α,23-五羟基熊果-12-烯-28-酸-28-O-β-D-吡喃木糖基酯苷(1β,2α,3β,19α,23-pentahydroxyurs-12-en-28-oic acid-28-O-β-D-xylopyranoside)、3α,21α,22α,28-四羟基齐墩果烷-12-烯-28-O-β-D-吡喃木糖基酯苷(3α,21α,22α,28-tetrahydroxyolean-12-en-28-O-β-D-xylopyranoside)和3α,16α,21α,22α,28-五羟基-齐墩果烷-12-烯-28-O-β-D-吡喃木糖基酯苷(3α,16α,21α,22α,28-pentahydroxy-olean-12-en-28-O-β-D-xylopyranoside)[29];醌类:百里氢醌-2-O-β-吡喃葡萄糖苷(thymoquinol-2-O-β-glucopyranoside)、百里氢醌-5-O-β-吡喃葡萄糖苷(thymoquinol-5-O-β-glucopyranoside)[30],麝香草氢醌-6-O-β-6′-乙酰基葡萄糖苷(thymohydroquinone-6-O-β-6′-acetylglucoside)[31]和2-异丙基-5-甲基-对氢醌-4-O-β-D-吡喃木糖苷(2-isopropyl-5-methyl-p-hydroquinone-4-O-β-D-xylopyranoside)[32];挥发油类:反式乙酸菊稀酯(trans-chrysanthenyl acetate)、10-乙酰氧基-8,9-环氧百里香酚异丁酸酯(10-acetoxy-8,9-epoxythymol isobutyrate)、百里酚,即麝香草酚(thymol)、3-异丙基-4-甲基-3-戊烯-1-炔(3-isopropyl-4-methyl-3-pentene-1-yne)、(-)-氧化石竹烯[(-)-caryophyllene oxide]、(1S)-6,6-二甲基二环[3.1.1]庚-2-烯-2-甲醇乙酸酯{(1S)-6,6-dimethyl bicycle[3.1.1]hept-2-en-2-methanol acetate}、β-蒎烯(β-pinene)、(S)-顺式-马鞭草烯醇[(S)-cis-verbenol]、长叶烯(longene)、丁香烯(syringene)、红没药醇(bisabolol)、(1S)-6,6-二甲基二环[3.1.1]庚-2-烯-2-基-甲醇乙酸酯{(1S)-6,6-dimethylbicyclo[3.1.1] hept-2-en-2-yl-methanol acetate}、1α,2,3,3α,4,5,6,7-八氢-1-环丙基萘(1α,2,3,α,4,5,6,7-octahydro-1-cyclopropyl naphthalene)、3-异丙基-4-甲基-3-戊烯-1-炔(3-isopropyl-4-methyl-3-penten-1-yne)、反式乙酸菊稀酯(trans-daisy acetate)和3-异丙基-4-甲基-3-戊烯-1-炔(3-isopropyl-4-methyl-3-penten-1-yne)等[33];香豆素类:3,4-二氢-6-甲基香豆素(3,4-dihydro-6-methyl coumarin)[33];脂肪酸类:棕榈酸(palmitic acid)[2]、十五烷酸(pentadecanoic acid)和十八烷酸(stearic acid)[3];核苷类:尿嘧啶(uracil)[3]、腺嘌呤(adenine)和尿苷(uridine)[4];木脂素类:表松脂酚(epipinoresinol)[1];酚酸类:3-O-咖啡酸-α-葡萄糖酯(3-O-caffeoyl-α-glueopyranose)、3-O-咖啡酸-β-葡萄糖酯(3-O-caffeoyl-β-glucopyranose)[1]、苯甲酸(benzoic acid)[2]、咖啡酸乙酯(ethyl caffeate)、3,5-二-O-咖啡酰基奎宁酸甲酯(methyl 3,5-di-O-caffeoylquinate)和3,5-二-O-咖啡酰奎尼酸(3,5-di-O-caffeoylquinic acid)[5];生物碱类:2-氨基-4-甲基戊酸(2-amino-4-methyl pentanoic acid)、2-氨基-3-苯基丙酸(2-amino-3-phenyl propionicacid)和4-氨基-4-羧基苯并二氢吡喃-2-酮(4-amino-4-carboxychroman-2-one)[5];芪类:3,3′,5,5′-四甲氧基-反式-二苯乙烯(3,3′,5,5′-tetramethoxy-trans-stilbene)[32];酰胺类:枸杞酰胺(lyciumamide),即橙黄胡椒酰胺乙酸酯(aurantiamide acetate)[19]。

【药理作用】1.抗过敏 全草中提取的挥发油对由豚草花粉过敏原诱发的过敏性鼻炎豚鼠的嗜酸性粒细胞和肥大细胞的产生有显著的抑制作用,并能减轻鼻黏膜组织的病理学变化[1]。2.抗炎 全草中提取的挥发油在 0.05ml/kg 和 0.01ml/kg 剂量条件下对小鼠急性炎症均有明显的抑制作用,对急性炎症早期毛细血管通透性亢进(抗渗出)的抑制作用较好,对炎症组织中的前列腺素 E_2(PGE$_2$)的释放也有较好的对抗作用,其抗炎作用可能与抑制外周酸性脂类介质炎症(如前列腺素 E_2)的生成与释放有关[2];全草中提取的挥发油对胸膜炎模型大鼠的白细胞数增高表现出明显的对抗作用，能明显减少胸膜炎大鼠渗出液中一氧化氮（NO）的产生和前列腺素 E_2 的生成，能明显对抗胸膜炎大鼠血清中 C 反应蛋白（CRP）和肿瘤坏死因子 $-\alpha$（TNF-α）的升高，表明其对角叉菜胶所致大鼠急性胸膜炎有明显的保护作用[3]。3. 平喘　全草中提取的挥发油可对抗氯乙酰胆碱和磷酸组胺引起的豚鼠喘息，明显延长豚鼠引喘潜伏期；鹅不食草挥发油可显著抑制磷酸组胺引起的豚鼠离体气管平滑肌的收缩[4]。4. 抗肿瘤　全草的醇提取物对人高分化鼻咽癌 CNE-1 细胞的增殖具有明显的抑制和凋亡诱导作用，其分子作用机制可能与 Bcl-2 蛋白表达下调、Bax 蛋白表达上调有关[5]；全草中提取的总黄酮对 S180 实体瘤有明显的抑制作用，抑瘤率达到 71.92%[6]。5. 护肝　全草的水提取液能明显降低四氯化碳（CCl_4）、对乙酰氨基酚（APAP）、D-氨基半乳糖+脂多糖（D-GalN+LPS）引起的肝损伤后小鼠血清中升高的谷丙转氨酶（ALT）含量[7]。

【性味与归经】 辛，温。归肺、肝经。

【功能与主治】 通鼻窍，止咳。用于风寒头痛，咳嗽痰多，鼻塞不通，鼻渊流涕。

【用法与用量】 煎服 6～9g；外用适量。

【药用标准】 药典 1963—2015、浙江炮规 2015、贵州药材 1965、新疆药品 1980 二册、福建药材 1990 和香港药材七册。

【临床参考】 1. 坏死感染性皮肤溃烂：全草 100g，加徐长卿、黄连、大黄各 100g，冰片 30g，除冰片外，其余药味烘干碾碎过 80 目筛，盛于玻璃容器中，加入 60% 高粱白酒 4kg，将冰片研细粉用 75% 乙醇 250ml 充分溶解兑入上述药粉中，混匀加盖封闭，1 日搅拌 1 次，7 天后用 2 层无菌白棉布过滤，药液装玻璃容器中盖封备用；使用时，破损处用上述药液消毒，清除周围坏死组织及创面分泌物，将已浸透药液的医用无菌纱布 4~5 层置于患处，用敷料包扎，1 日 1 次，若感染重、血象高者，加服仙方活命饮[1]。

2. 过敏性鼻炎：全草 10g，凡士林 90g，将全草研成细末与凡士林调匀制成软膏，涂在棉片上，填入双侧鼻腔，30min 后取出，每日 1 次，15 日为 1 疗程，必要时可继续巩固治疗 1 疗程[2]；或全草 100g，放入洁净磨口瓶，加入 75% 医用乙醇 300ml，浸泡 7~10 天，鼻炎发作时，用棉球蘸浸泡液塞入鼻孔 5~10min，两侧交替使用，连续使用 1 周[3]。

3. 慢性鼻炎：全草 12g，加细辛、白芷、辛夷花各 6g，麝香 0.2g，共研细末装瓶密封，应用时开盖，用鼻闻药，每日 3~5 次，每次 3~5min[4]。

4. 急性腰扭伤：鲜全草 15g，米酒 50ml（不饮酒者可酌减），将鲜全草加水约 400ml，煎至 200ml，兑入米酒 1 次内服，每日 1 次，若连服 3 次无效，改用它法[5]。

5. 贝尔氏面瘫：鲜全草 30~60g（干全草用水浸泡胀）捣烂（为 1 天药量），纱布包扎，患侧耳根及颊车穴皮肤薄涂凡士林，敷药 24h，药干后可取下加水再次捣敷，10 天 1 疗程，同时口服维生素 B_1、B_6 片，每日 3 次，每次 20mg，肌注维生素 B_{12} 针，每日 1 次，每次 250~500mg[6]。

6. 结石症：鲜全草 30~50g，洗净捣碎，用米泔水浸泡后取汁口服，每日 2 次；另乌梅 10~20g、鸡内金 30~50g、山楂 10g、金钱草 50g、茯苓 20g、甘草 10g，肾结石者加石韦 15g；胆结石者加菖蒲 10g；疼痛剧烈者加延胡索 10g、白芍 15g。水煎服，每日 2 次，每日 1 剂，30 天 1 疗程[7]。

7. 伤风头痛、鼻塞：全草（鲜或干均可）搓揉，嗅其气，即打喷嚏，每日 2 次。(《贵阳民间草药》)

8. 支气管哮喘：全草 9g，加瓜蒌子、莱菔子各 9g，水煎服。(《安徽中草药》)

9. 黄疸型肝炎：全草 9g，加茵陈 24g，水煎服。(《河北中草药》)

10. 阿米巴痢疾：全草 15g，加乌韭根 15g，血多者，加仙鹤草 15g。水煎服，每日 1 剂。(《江西草药》)

11. 小儿疳积：全草 3g，或研粉每用 1.5g，蒸瘦肉或猪肝服。(《广西本草选编》)

12. 鹅口疮：全草 3g，加冰片 1.5g，共研细末，每用少许撒患处。(《河南中草药手册》)

【附注】 鹅不食草始载于南唐《食性本草》。唐《四声本草》、清《植物名实图考》均称石胡荽。明《本草纲目》收载于草部，谓："石胡荽生石缝及阴湿处，小草也。高二三寸，冬月生苗，细茎小叶，形状宛如嫩胡荽，其气辛熏，不堪食，鹅亦不食之。夏开细花，黄色，结细子。极易繁衍，僻地则铺满也。"

但观其附图的叶形为心形，类似天胡荽，与本种石胡荽（鹅不食草）的叶形迥异，可见李时珍将天胡荽与石胡荽混称用之。《植物名实图考》卷十六石草类所载石胡荽附图则与本种相同。

药材鹅不食草血虚、孕妇、肺胃有热者忌用。

【化学参考文献】

[1] 曹俊岭，李国辉．鹅不食草化学成分研究［J］．中国中药杂志，2012，37（15）：1520-1522.

[2] 吴凌莉，刘扬，陈美红，等．鹅不食草的化学成分研究［J］．中南药学，2016，14（4）：351-354.

[3] 杨艳芳，张炳武，闫斌，等．鹅不食草正丁醇部位化学成分研究［J］．时珍国医国药，2013，24（10）：2358-2359.

[4] 张炳武．鹅不食草正丁醇部位化学成分及其质量分析研究［D］．武汉：湖北中医药大学硕士学位论文，2013.

[5] 蒲首丞．中药鹅不食草和天胡荽的化学成分及其抗肿瘤活性研究［D］．天津：天津大学博士学位论文，2009.

[6] Pu S C, Guo Y Q, Gao W Y, et al. New thymol derivate from Centipeda minima［J］. Chem Res Chin Univ, 2009, 25（1）: 125-126.

[7] Yu H W, Wright C W, Cai Y, et al. Antiprotozoal activities of Centipeda minima［J］. Phytother Res, 1994, 8（7）: 436-438.

[8] Liang H X, Bao F, Dong X P, et al. Antibacterial thymol derivatives isolated from Centipeda minima［J］. Molecules, 2007, 12（8）: 1606-1613.

[9] Ding L F, Liu Y, Liang H X, et al. Two new terpene glucosides and antitumor agents from Centipeda minima［J］. J Asian Nat Prod Res, 2009, 11（8）: 732-736.

[10] 朱艳平．鹅不食草化学成分及抗肿瘤活性研究［D］．武汉：湖北中医药大学硕士学位论文，2012.

[11] Bohlmann F, Chen Z L. New guaianolides from Centipeda minima［J］. Kexue Tongbao, 1984, 29（7）: 900-903.

[12] Liang H X, Bao F, Dong X P, et al. Antibacterial thymol derivatives isolated from Centipeda minima［J］. Molecules, 2007, 12（8）: 1606-1613.

[13] Liang H X, Bao F K, Dong X P, et al. Two new antibacterial sesquiterpenoids from Centipeda minima［J］. Chem Biodiver, 2010, 4（12）: 2810-2816.

[14] Wu P, Li X G, Liang N, , et al. Two new sesquiterpene lactones from the supercritical fluid extract of Centipeda minima［J］. J Asian Nat Prod Res, 2012, 14（6）: 515-520.

[15] 吴和珍，刘玉艳，杨艳芳，等．鹅不食草醋酸乙酯部位化学成分的研究［J］．时珍国医国药，2010，21（5）：1096-1098.

[16] 蒲首丞，郭远强，高文远．鹅不食草化学成分的研究［J］．中国中药杂志，2009，34（12）：1520-1522.

[17] Wu J B, Chun Y T, Ebizuka Y, et al. Biologically active constituents of Centipeda minima: isolation of a new plenolin ester and the antiallergy activity of sesquiterpene lactones［J］. Chem Pharm Bull, 1985, 33（9）: 4091-4094.

[18] Taylor R S L, Towers G H N. Antibacterial constituents of the Nepalese medicinal herb, Centipeda minima［J］. Phytochemistry, 1998, 47（4）: 631-634.

[19] Wu J B, Chun Y T, Ebizuka Y, et al. Biologically active constituents of Centipeda minima: sesquiterpenes of potential antiallergy activity［J］. Chem Pharm Bull, 1991, 39（12）: 3272-3275.

[20] Liang H X, Bao F, Dong X P, et al. Two new antibacterial sesquiterpenoids from Centipeda minima［J］. Chem Biodiv, 2007, 4（12）: 2810-2816.

[21] Nguyen N Y T, Nguyen T H, Dang P H, et al. Three terpenoid glycosides of Centipeda minima［J］. Phytochem Lett, 2017, 21: 21-24.

[22] Chan C O, Xie X J, Wan S W, et al. Qualitative and quantitative analysis of sesquiterpene lactones in Centipeda minima by UPLC-Orbitrap-MS & UPLC-QQQ-MS［J］. Journal of Pharmaceutical and Biomedical Analysis, 2019, 174: 360-366.

[23] 熊婕．鹅不食草抗肿瘤活性成分及其指纹图谱研究［D］．武汉：湖北中医学院硕士学位论文，2007.

[24] 梁恒兴，宝福凯，董晓萍，等．鹅不食草中具有抗菌活性的三萜类成分［J］．云南植物研究，2007，29（4）：479-482.

[25] Murakami T, Chen C M. Constituents of Centipeda minima［J］. Yakugaku Zasshi, 1970, 90（7）: 846-849.

[26] Rai N, Singh J. Two new triterpenoid glycosides from Centipeda minima［J］. Indian Journal of Chemistry, Section B: Organic Chemistry Including Medicinal Chemistry, 2001, 40B（4）: 320-323.

[27] Gupta D, Singh J. Triterpenoid saponins from Centipeda minima［J］. Phytochemistry, 1990, 29（6）: 1945-1950.

[28] Gupta D, Singh J. Phytochemical investigation of Centipeda minima［J］. Indian Journal of Chemistry, Section B:

Organic Chemistry Including Medicinal Chemistry, 1990, 29B（1）：34-39.

[29] Gupta D, Singh J. Triterpenoid saponins from *Centipeda minima* [J]. Phytochemistry, 1989, 28（4）：1197-1201.

[30] 蒲首丞, 郭远强, 高文远. 鹅不食草化学成分的研究 [J]. 中草药, 2009, 40（3）：363-365.

[31] Pu S C, Guo Y Q, Gao W Y, et al. New thymol derivate from *Centipeda minima* [J]. Chem Res Chin Univ, 2009, 25（1）：125-126.

[32] Sanghi R, Srivastava P, Singh J. Hydroquinone *O*-β-D-xylopyranoside from *Centipeda minima* [J]. Indian Journal of Chemistry, Section B：Organic Chemistry Including Medicinal Chemistry, 2001, 40B（9）：857-859.

[33] 吴林芬, 刘巍, 黄飞燕, 等. 鹅不食草挥发油的气相色谱-质谱联用分析 [J]. 云南化工, 2012, 39（2）：22-25.

【药理参考文献】

[1] 刘志刚, 余洪猛, 文三立, 等. 鹅不食草挥发油治疗过敏性鼻炎作用机理的研究 [J]. 中国中药杂志, 2005, 30（4）：53-55.

[2] 覃仁安, 陈敏, 师晶丽, 等. 鹅不食草挥发油抗炎作用的初步实验报告 [J]. 贵州医药, 2001, 25（10）：909-910.

[3] 覃仁安, 梅璇, 宛蕾, 等. 鹅不食草挥发油对角叉菜胶致大鼠急性胸膜炎的影响 [J]. 中国中药杂志, 2005, 30（15）：1192-1194.

[4] 陈强, 周春权, 朱贲峰, 等. 鹅不食草挥发油平喘作用的实验研究 [J]. 中国现代应用药学, 2010, 27（6）：473-476.

[5] 郭育卿, 王文强, 陈志安, 等. 鹅不食草提取物对人鼻咽癌细胞 CNE-1 增殖抑制和凋亡诱导作用 [J]. 生物加工过程, 2013, 11（3）：65-70.

[6] 刘力丰, 王尚. 鹅不食草总黄酮的提取及对 S180 实体瘤抑瘤作用的研究 [J]. 中国现代药物应用, 2010, 4（22）：5-6.

[7] 钱妍, 赵春景, 颜雨. 鹅不食草煎液对小鼠肝损伤的保护作用 [J]. 中国药业, 2004, 13（6）：25-26.

【临床参考文献】

[1] 林才生. 鹅不食草合剂治疗坏死感染性皮肤溃烂 76 例 [C]. 中华中医药学会外科分会. 2011 年中医外科学术年会论文集, 2011：3.

[2] 陈鹤凤. 鹅不食草软膏治疗慢性及过敏性鼻炎 105 例 [J]. 江苏中医, 1995, 16（3）：22

[3] 滕国洲. 鹅不食草治疗过敏性鼻炎 32 例 [J]. 人民军医, 2005, 48（10）：616

[4] 张茂兰, 周华. 鹅不食草散治疗慢性鼻炎 [J]. 中国民间疗法, 1999,（1）：45-46

[5] 谭成纪. 鹅不食草治疗急性腰扭伤 38 例 [J]. 中国民间疗法, 2000, 8（10）：31

[6] 刘月兆. 鹅不食草外敷治疗贝尔氏面瘫 50 例 [J]. 陕西中医, 1994, 15（3）：126-127.

[7] 连长相. 中药配合鹅不食草治疗结石症 60 例 [J]. 中国民间疗法, 2003, 11（11）：40-41

18. 母菊属 *Matricaria* Linn.

一年生草本，常有香味。叶一至二回羽状分裂。头状花序同型或异型，排列成疏松的伞房状花序或在侧枝上单生；花托无托片，圆锥状，中空；花假舌状，1 层，雌性，舌片白色；中央管状花黄色或淡绿色，4～5 裂；花柱分枝，顶端截形，画笔状；花药基部钝，顶端有三角形急尖的附片。瘦果小，圆筒状，顶端斜截形，基部收狭，背面凸起，无棱，腹面有 3～5 条细棱，褐色或淡褐色，光滑，无冠状冠毛或有极短的有锯齿的冠状冠毛。

40 种，分布于欧洲、亚洲（西部、北部和东部）、非洲南部以及北美洲。中国 2 种，分布于西北、华北和东北地区，法定药用植物 1 种。华东地区法定药用植物 1 种。

983. 母菊（图 983）• *Matricaria recutita* Linn.（*Matricaria chamomilla* Linn.）

【别名】洋甘菊。

【形态】一年生草本，高 30～40cm。全株无毛。茎有沟纹，上部多分枝。下部叶矩圆形或倒披针形，长 3～4cm，宽 1.5～2cm，二回羽状全裂，无柄，基部稍扩大，裂片条形，顶端具短尖头。上部叶卵形或长卵形。头状花序异型，直径 1～1.5cm，在茎枝顶端排成伞房状，花序梗长 3～6cm；总苞片 2 层，

图 983 母菊　　　　　　　摄影　汤睿

苍绿色，顶端钝，边缘白色宽膜质，全缘；花托长圆锥状，中空。花舌状，1层，舌片白色，反折，长约6mm，宽2.5～3mm；管状花多数，花冠黄色，长约1.5mm，中部以上扩大，冠檐5裂。瘦果小，长0.8～1mm，宽约0.3mm，淡绿褐色，侧扁，略弯，顶端斜截形，背面圆形凸起，腹面及两侧有5条白色细棱，无冠毛。花果期5～7月。

【生境与分布】生于河谷旷野、田边。浙江、江苏、上海等地有栽培或逸为野生，另我国新疆北部和西部有分布；欧洲、亚洲北部和西部也有分布。

【药名与部位】洋甘菊，全草。洋甘菊（母菊），头状花序。

【采集加工】洋甘菊：夏、秋季采收，晾干。洋甘菊（母菊）：春、夏舌状花冠平展时采收，阴干。

【药材性状】洋甘菊：根细直，直径约1mm。茎枝细弱，具纵棱，直径1～2mm；绿色至红褐色。总苞呈半圆形，2层，边缘宽膜质，长卵形，内外层均绿，外层苞片具绒毛。花托呈圆锥形，宽1.5～2mm。花异形，边花舌状，雌性，花瓣宽卵形，白色，宽约2mm，先端浅裂；中央花两性，管状，黄色，顶端4～5齿裂。气芳香，味苦。

洋甘菊（母菊）：呈球状或半球状，无毛茸，直径4～8mm，花序下部外侧为一层白色舌状花，扁平，花瓣状，略反卷或皱缩；中央为多数细小的管状花，聚集成球状，暗黄色。花序顶部凹陷，基部具2～3层总苞片，总苞片淡黄色，边缘略呈膜质，中肋深褐色。果实细小，无冠毛。气芳香，味淡，微辛。

【药材炮制】洋甘菊（母菊）：除去杂质，筛去灰屑。

【化学成分】全草含黄酮类：芹菜素（apigenin）、高良姜素（galangin）、木犀草素（luteolin）、山奈酚（kaempferol）、槲皮素（quercetin）、高车前素（hispidulin）、6-甲氧山奈酚（6-methoxykaempferol）、泽兰叶黄素（eupafolin）、5,7-二羟基-3,4'-二甲氧基黄酮（5,7-dihydroxy-3,4'-dimethoxyflavone），即岳桦素（ermanine）、3-甲基槲皮素（3-methylquercetin）、5,7,4'-三羟基-3,6-二甲氧基黄酮（5,7,4'-trihydroxy-3,6-dimethoxyflavone）、异山奈素-7-O-葡萄糖醛酸苷（isokaempferide-7-O-glucuronide），即长苞醛酸苷*（bracteoside）、3,5,6,4'-四羟基黄酮-7-O-β-D-吡喃葡萄糖苷（3,5,6,4'-tetrahydroxyflavone-7-O-β-D-glucopyranoside）[1,2]和芹菜素-7-葡萄糖苷（apigenin-7-glucoside）[3]；酚酸类：对羟基苯甲酸（4-hydroxybenzoic acid）[1,2]；香豆素类：东莨菪素（scopoletin）[1,2]和7-甲氧基香豆素（7-methoxycoumarin）[3]；甾体类：β-谷甾醇（β-sitosterol）、7,22-二烯-3,5,6-三羟基麦角甾醇（7,22-dien-3,5,6-trihydroxyergosterol）、豆甾-22-烯-3,6-二酮（stigmasta-22-en-3,6-dione）、5α-豆甾烷-3,6-二酮（5α-stigmasta-3,6-dione）、3β-羟基-6,22-二烯-5α,8β-环二氧麦角甾醇（3β-hydroxy-6,22-dien-5α,8β-epidioxyergostane）、6β-羟基豆甾-4,22-二烯-3-酮（6β-hydroxystigmasta-4,22-dien-3-one）、6β-羟基豆甾-4-烯-3-酮（6β-hydroxystigmasta-4-en-3-one）、3β-羟基-7α-羟乙基-24β-乙基胆甾-5-烯（3β-hydroxy-7α-ethoxy-24β-ethylcholest-5-ene）、（22E,24R）-3β-羟基麦角甾-5,8,22-三烯-7-酮[（22E,24R）-3β-ergosta-5,8,22-trien-7-one]、7α-羟基-β-豆甾醇（7α-hydroxy-β-stigmasterol）、7β-羟基-β-豆甾醇（7β-hydroxy-β-stigmasterol）、7α-羟基-β-谷甾醇（7α-hydroxy-β-sitosterol）和7β-羟基-β-谷甾醇（7β-hydroxy-β-sitosterol）[2]；酚类：5-十五烷基间苯二酚（5-pentadecylbenzene-1,3-diol）[1,2]；甘油酯类：单棕榈酸甘油酯（glyceroyl monopalmitate）[2]；炔类：茼蒿素（tonghaosu）[4]；苯丙素类：异绿原酸B、C（isochlorogenic acid B、C）[1,2]，二聚松柏醇异戊酸酯（dimericconiferyl isovalerate）和顺式/反式-葡萄糖甲氧基肉桂酸（cis/trans-glucomethoxycinnamic acid）[4]；挥发油类：异丁酸异丁酯（isobutyl isobutyrate）、α-蒎烯（α-pinene）、甲基丙烯酸异丁酯（isobutyl methacrylate）、莰烯（camphene）、2-甲基丁酸2-二甲基丙酯（2-dimethylpropyl 2-methylbutyrate）、2-甲基丙酸3-甲基丁酯（3-methylbutyl 2-methylpropionate）、2-甲基丁基异丁酸酯（2-methylbutyl isobutyrate）、硝基环戊烷（nitrocyclopentane）、环丙羧酸-3-甲基丁基酯（3-methylbutyl cyclopropanecarboxylate）、2-甲基环丙烷-2-羧酸乙酯（ethyl 2-methylcyclopropane-2-carboxylate）、1-丁酸3-甲基丁-2-烯基酯（3-methylbut-2-enyl 1-butyrate）、环丁羧酸环丁酯（cyclobutyl cyclobutanecarboxylate）、2-甲基丁酸3-甲基丁酯（3-methylbutyl 2-methylbutyrate）、2-甲基丁酸2-甲基丁酯（2-methylbutyl 2-methylbutyrate）、已酸丁酯（butyl acrylate）[5],α-红没药醇（α-bisabolol）、甜没药萜醇氧化物A-β-D-葡萄糖苷（bisabolol oxide A-β-D-glucoside、（E）-β-法尼烯[（E）-β-farnesene]、母菊兰烯（chamazulene）和烯炔双环醚（enyne dicycloether）[6]。

头状花序含黄酮类：芦丁（rutin）、槲皮万寿菊素（quercetagetin）、芹菜素-7-O-葡萄糖苷（apigenin-7-O-glycoside）、木犀草素葡萄糖苷（luteolin glycoside）、金丝桃苷（hyperoside）[7]和芹菜素（apigenin）[7,8]；苯丙素类：阿魏酸（ferulic acid）[7]；香豆素类：香豆素（coumarin）、异东莨菪内酯（isoscopoletin）、东莨菪内酯（scopoletin）、7-甲氧基香豆素（7-methoxycoumarin），即脱肠草素（herniarin）、伞形花内酯（umbelliferon）和七叶内酯（esculetin）[9]；挥发油类：α-蒎烯（α-pinene）、（Z）-2,3-二甲基丙烯酸[（Z）-2,3-dimethacrylic acid]、甲基丙烯酸缩水甘油酯（glycidyl methacrylate）、2-甲基丁基异丁酸酯（2-methylbutyl isobutyrate）、环丙甲酸-3-甲基丁基酯（cyclopropanecarboxylic acid-3-methylbutyl ester）、2-甲基环丙烷-2-羧酸乙酯（ethyl 2-methylcyclopropane-2-carboxylate）、正丁酸乙烯酯（vinyl butyrate）、环丁羧酸环丁酯（cyclobutyl cyclobutanecarboxylate）、硝基环戊烷（nitrocyclopentane）、四氢糠醇乙酸酯（tetrahydrofurfuryl acetate）、已酸丁酯（butyl acrylate）[2],2-羟基-2-甲基-丁-3-烯基-2-甲基-2-（Z）-丁烯酸酯[2-hydroxy-2-methyl-but-3-enyl-2-methyl-2-（Z）-butenoate]、2（10）-蒎烯-3-酮[2（10）-nonen-3-one]、3-甲基-2-丁烯酸-十五烷基酯（3-methyl-2-butenoic acid-pentadecyl ester）和1-甲基环丙烷-1-甲酸乙酯（ethyl 1-methylcyclopropane-1-carboxylate）等[5]。

【药理作用】1.抗炎　头状花序提取的挥发油对蛋清所致大鼠的足肿胀、棉球植入法所致大鼠的肉芽增生及二甲苯所致小鼠的耳肿胀均有不同程度的抑制作用[1]。2.降血脂 全草的醇提取物可降低大鼠血液总胆固醇(TC)、甘油三酯(TG)、低密度脂蛋白胆固醇(LDL-C)含量，对实验性高血脂大鼠有较好的降脂作用[2]。3.抗氧化 头状花序醇提取物的乙酸乙酯萃取部位具有较强的抗氧化能力，对1,1-二苯基-2-三硝基苯肼(DPPH)自由基、2,2'-联氮-二(3-乙基-苯并噻唑-6-磺酸)二铵盐(ABTS)自由基和超氧阴离子自由基($O_2^-·$)的半数抑制浓度(IC_{50})分别为25.6mg/ml、30.6mg/ml和83.3mg/ml，总抗氧化作用(以trolox计)为16.7mg/ml，其良好的抗氧化作用可能与富含的多酚和黄酮成分有关[3]。4.降血糖 头状花序的水提取物和醇提取物均能降低正常小鼠的空腹血糖，并能明显改善正常小鼠糖耐量[4]。

毒性 头状花序的水提取物对小鼠的最大给药量为2.14g/kg，相当于成人临床日用量的535倍；头状花序的醇提取物对小鼠的最大给药量为1.7g/kg，相当于成人临床日用量的425倍，表明洋甘菊毒性较低，在规定剂量下服用是安全的[5]。

【性味与归经】洋甘菊：一级干，二级热(维医)。洋甘菊(母菊)：甘、辛、微寒。

【功能与主治】洋甘菊：补益神经，止痛消肿，发汗通便，利尿通经。用于机体异常腐败体液(维医)，头痛久治不愈，大便秘结，汗出不畅，小便不利，月经不通。洋甘菊(母菊)：驱风解表，行气止痛，解痉。用于感冒，支气管哮喘，呼吸不畅，过敏性胃肠炎，肠胃胀气和痉挛。

【用法与用量】洋甘菊：2～10g。洋甘菊(母菊)：10～15g。

【药用标准】洋甘菊：部标维药1999和新疆维药1993；洋甘菊(母菊)：上海药材1994和黑龙江药材2001。

【临床参考】1.急性腹痛、月经失调和痛经：花序1饭匙，用开水冲泡1杯，口服，每日3次[1]。

2.化脓性伤口、痔疮、手足多汗：花序适量，水煎洗患处[1]。

3.风湿疼痛：花序适量，水煎服；或全草6～9g，水煎服或代茶饮[1]。

4.肺癌疼痛：全草制成糖浆剂，适量内服[1]。

5.支气管哮喘、过敏性肠炎、肠胃鼓胀或痉挛：花序1饭匙，用开水冲泡1杯，口服，每日3次；或全草6～9g，水煎服或代茶饮[1]。

6.感冒发热、咽喉肿痛及疮肿：花15g，加千里光15g，水煎服。

7.肺热咳嗽：花15g，加吉祥草、鱼腥草各30g，水煎服。

8.关节红肿疼痛：花15g，加银花藤、金刚藤各30g，水煎服。

9.疮肿：鲜全草适量，捣敷患处。(6方至9方引自《四川中药志》)

【附注】Flora of China 已将本种的学名修订为 Matricaria chamomilla Linn.。

【化学参考文献】

[1] Zhao Y F, Zhang D, Liang C X, et al. Chemical constituents from Matricaria chamomilla L. (Ⅰ) [J]. J Chin Pharm Sci, 2018, 27(5): 324-331.

[2] 赵一帆. 维药洋甘菊化学成分与质量标准研究 [D]. 北京：中国中医科学院硕士学位论文，2018.

[3] 韩松林. 新疆两种洋甘菊质量评价 [D]. 乌鲁木齐：新疆医科大学硕士学位论文，2013.

[4] Avonto C, Rua D, Lasonkar P B, et al. Identification of a compound isolated from German chamomile (Matricaria chamomilla) with dermal sensitization potential [J]. Toxicol Appl Pharmacol, 2017, 318: 16-22.

[5] 赵一帆，张东，杨立新，等. HS-SPME-GC-MS测定洋甘菊不同部位挥发性成分 [J]. 中国实验方剂学杂志，2018, 24(2): 69-73.

[6] Orav A, Kailas T, Ivask K. Volatile constituents of Matricaria recutita L. from Estonia [J]. Proceedings of the Estonian Academy of Sciences, Chemistry, 2001, 50(1): 39-45.

[7] Peneva P, Ivancheva S, Terzieva L. Essential oil and flavonoids in the racemes of camomile (Matricaria recutita) [J]. Rastenievudni Nauki, 1989, 26(6): 25-33.

[8] Viola H, Wasowski C, Levi de S M, et al. Apigenin, a component of Matricaria recutita flowers, is a central benzodiazepine receptors-ligand with anxiolytic effects [J]. Plant Med, 1995, 61(3): 213-216.

[9] Kotov A G, Khvorost P P, Komissarenko N F. Coumarins from *Matricaria recutita* [J]. Chemistry of Natural Compounds, 1991, 27（6）：753-753.

【药理参考文献】

[1] 袁艺，龙子江，杨俊杰，等. 洋甘菊挥发油抗炎作用的研究 [J]. 药物生物技术，2011，18（1）：52-55.

[2] 兰卫，王莹，郝宇薇，等. 德国洋甘菊对实验性高血脂症大鼠的降脂作用 [J]. 新疆医科大学学报，2018，41（2）：208-210+215.

[3] 楚秉泉，方若思，李玲，等. 洋甘菊各萃取相抗氧化活性及其有效成分分析 [J]. 食品工业科技，2019，40（8）：1-6.

[4] 兰卫，郭玉婷，陈阳，等. 维药洋甘菊对正常小鼠血糖及其糖耐量的影响 [J]. 云南中医学院学报，2016，39（1）：10-12.

[5] 王莹，郭玉婷，陈阳，等. 维药洋甘菊急性毒性实验研究 [J]. 吉林中医药，2016，36（10）：1036-1038.

【临床参考文献】

[1] 郑汉臣，张虹. 值得重视的归化药用和香料植物—母菊（洋甘菊）[J]. 中草药，1996，（9）：568-571.

19. 菊属 *Dendranthema*（DC.）Des Moul.

多年生草本或半灌木。叶互生，叶不分裂或一至二回掌状或羽状分裂。头状花序单个顶生或数朵排成伞房或复伞房花序；花异型，外围雌花1层（在栽培品种中可多层），中央的两性花；总苞浅碟状，稀为钟状，总苞片4～5层，边缘白色、褐色、黑褐色或棕黑色，膜质，或中、外层叶质而边缘羽状浅裂或半裂；花序托突起，半球形或圆锥形，无托毛；雌花花冠舌状，黄色、白色或红色，舌片长或短；两性花黄色，花冠管状，顶端5齿裂，花药基部钝，顶端附片披针状卵形或长圆形，花柱分枝条形，顶端截形。瘦果全部同型，近圆柱状，向下部收窄，具5～8条纵脉纹，无冠状冠毛。

30余种，主要分布于中国、日本、朝鲜及俄罗斯。中国17种，分布于全国各地，法定药用植物3种。华东地区法定药用植物3种。

分种检索表

1. 舌状花1层，黄色；头状花序较小；通常野生。
  2. 茎被较密柔毛；叶柄基部有具锯齿的假托叶；叶片一回羽状浅裂至深裂··············野菊 *D. indicum*
  2. 茎被稀疏柔毛至无毛；叶柄基部有分裂的假托叶或无；叶片二回羽状分裂······甘菊 *D. lavandulifolium*
1. 舌状花多层，稀1层；为栽培··菊花 *D. morifolium*

984. 野菊（图984）• *Dendranthema indicum*（Linn.）Des Moul.（*Chrysanthemum indicum* Linn.）

【别名】野菊花、疟疾草（江苏），野黄菊（江苏连云港、常熟），山菊花（福建），菊花脑（南京）。

【形态】多年生草本，高25～90cm。根茎粗壮，匍匐；须根纤维状，有特殊香气。茎直立或铺散，稍具棱，上部多分枝，被柔毛。基生叶和下部叶花期枯萎；中部叶卵形、长卵形或椭圆状卵形，长3～8cm，宽2～5cm，顶端渐尖，基部截形或稍心形或宽楔形而下延，叶柄基部有具锯齿的假托叶，羽状深裂、半裂、浅裂，或分裂不明显而边缘有浅锯齿，上面疏被柔毛及腺体，下面与上面同色或淡绿色，被柔毛。头状花序数个，生于枝顶，排成疏松的伞房状圆锥花序或伞房花序；总苞半球形，总苞片4～5层，白色或褐色，边缘膜质，外层卵形或卵状三角形，内层长圆形；舌状花1层，舌片黄色；中央的两性花多数，黄色。瘦果圆柱形，具5纵纹。花期7～12月。

【生境与分布】生于山坡草地、灌丛中、田边、路旁及沟谷岩隙间。分布于华东各地，另东北、华北、

图 984　野菊　　　　　摄影　赵维良

华南及西南均有分布；印度、朝鲜、日本及俄罗斯也有分布。

【药名与部位】野菊花，头状花序。野菊（野菊花），地上部分或全草。

【采集加工】野菊花：秋、冬二季花初开时采收，干燥或蒸后干燥。野菊：秋季开花时采割，晒干。

【药材性状】野菊花：呈类球形，直径 0.3～1cm，棕黄色。总苞由 4～5 层苞片组成，外层苞片卵形或条形，外表面中部灰绿色或浅棕色，通常被白毛，边缘膜质；内层苞片长椭圆形，膜质，外表面无毛。总苞基部有的残留总花梗。舌状花 1 轮，黄色至棕黄色，皱缩卷曲；管状花多数，深黄色。体轻。气芳香，味苦。

野菊：根茎粗壮，须根丛生。全体长 25～90cm，被白色柔毛。茎呈圆柱形，上部有分枝，浅棕色，具纵纹，粗 0.2～0.5cm；质脆，易折断，断面中部有白色的髓。单叶互生，叶柄长 1～2cm；叶片多皱缩，展开后呈卵形，羽裂，侧裂片 2 枚，顶裂片 1 枚，边缘具锯齿；叶片上表面柔毛短少，呈绿色，下表面密被柔毛，呈灰绿色；叶腋处有时可见 1 对 3 深裂的假托叶。顶端可见呈伞房状排列的头状花序，花苞直径 0.3～1.0cm。具特异香气，味微苦、辛。

【质量要求】野菊花：色黄不散瓣，无枝叶和碎屑。

【药材炮制】野菊花：除去总花梗等杂质。野菊：除去杂质，洗净，切段，干燥。

【化学成分】地上部分含倍半萜类：野菊内酯*A、B、C、D、E、F、G、H、I、J（chrysanthemulide A、B、C、D、E、F、G、H、I、J）[1]，除虫菊内酯 B、D、E、F、G、H、I（chrysanolide B、D、E、F、G、H、I）、8'-巴豆酰除虫菊内酯 D（8'-tigloylchrysanolide D）、8-当归酰基-8'-羟基除虫菊内酯 D（8-angeloyl-8'-hydroxychrysanolide D）、8,8'-巴豆酰除虫菊内酯 D（8,8'-ditigloylchrysanolide D）、8-巴

豆酰除虫菊内酯D、F（8-tigloylchrysanolide D、F）、8-当归酰除虫菊内酯H（8-angeloylchrysanolide H）、野菊花内酯（handelin）、巴豆酰豚草素B（tigloylcumambrin B）、奇蒿二聚体C（artanomalide C）[2]，当归酰豚草素B（angeloylcumambrin B）[2,3]，苏格兰蒿素A（arteglasin A）和当归酰亚菊素（angeloylajadin）[3]。

茎叶含挥发油类：桉树脑（cineole）、冰片（borneol）、2-（亚己-2,4-二炔基）-1,6-二氧螺[4,4]壬-3-烯{2-（hexa-2,4-diynylidene）-1,6-dioxas-piro[4,4] non-3-ene}、樟脑（camphor）和7,11-二甲基-3-亚甲基-1,6,10-十二碳三烯（7,11-dimethyl-3-methylene-1,6,10-dodecatriene）等[4]。

头状花序和叶含黄酮类：槲皮素（quercetin）、槲皮素-3-O-α-L-吡喃鼠李糖苷（quercetin-3-O-α-L-rhamnopyranoside）、槲皮素-3-O-α-L-吡喃鼠李糖基-（1→6）-O-β-D-吡喃葡萄糖苷[quercetin-3-O-α-L-rhamnopyranosyl-（1→6）-O-β-D-glucopyranoside]、槲皮素-O-β-D-吡喃葡萄糖苷（quercetin-O-β-D-glucopyranoside）和槲皮素-O-β-D-吡喃半乳糖苷（quercetin-O-β-D-galactopyranoside）[5]。

花含黄酮类：刺槐素-7-鼠李糖葡萄糖苷（acacetin-7-rhamnosidoglucoside）[6]，异鼠李素-3-O-β-D-葡萄糖苷（isorhamnetin-3-O-β-D-glucoside）、槲皮曼苷*（quercimetrin）[7]、木犀草苷（luteoloside）、苜蓿素（tricin）、芹黄素葡萄糖苷（apigetrin）、槲皮素（quercetin）[7,8]、木犀草素（luteolin）、圣草酚-7-O-β-D-吡喃葡萄糖醛酸甲酯（eriodictyol-7-O-β-D-glucuronopyranonic methyl ester）、槲皮黄酮苷*（quercimeritroside）、蒙花苷（linarin）、5,7,3′,5′-四羟基黄烷酮-7-O-β-D-吡喃葡萄糖苷（5,7,3′,5′-tetrahydroxyflavanone-7-O-β-D-glucopyranoside）[8]，芫花素（genkwanin）、芹菜素-7,4′-二甲醚（apigenin-7,4′-dimethyl ether）[9]、金合欢素（acacetin）、金合欢素-7-O-（6″-O-乙酰基）β-D-吡喃葡萄糖苷[acacetin-7-O-（6″-O-acetyl）-β-D-glucopyranoside]、芹菜素-7-O-β-D-吡喃葡萄糖苷（apigenin-7-O-β-D-glucopyranoside）[10]，香叶木素（chrysoeriol）、木犀草素-7-O-β-D-吡喃葡萄糖苷（luteolin-7-O-β-D-glucopyranoside）、金合欢素-7-O-β-D-芦丁糖苷（acacetin-7-O-β-D-rutinoside）、山柰酚（kaempferol）[11]，（2S）-圣草酚-7-O-β-D-吡喃葡萄糖醛酸苷[（2S）-eriodictyol-7-O-β-D-glucuronopyranoside]、（2S）-圣草酚-7-O-β-D-吡喃葡萄糖苷[（2S）-eriodictyol-7-O-β-D-glucopyranoside]、（2S）-橙皮素-7-O-β-D-吡喃葡萄糖醛酸苷[（2S）-hesperetin-7-O-β-D-glucuronopyranoside]、木犀草素-7-O-β-D-吡喃葡萄糖苷（luteolin-7-O-β-D-glucopyranoside）、木犀草素-7-O-β-D-吡喃葡萄糖醛酸苷（luteolin-7-O-β-D-glucuronopyranoside）、香叶木素-7-O-β-D-吡喃葡萄糖醛酸苷（diosmetin-7-O-β-D-glucuronide）、槲皮素-7-O-β-D-吡喃葡萄糖苷（quercetin-7-O-β-D-glucopyranoside）[12]和澳紫云英苷（astroside）[13]；倍半萜类：华野菊苷*A（chrysinoneside A）[13]，1β,3α,5β-三羟基-7-异丙烯基-吉马烯-4（15）,10（14）-二烯[1β,3α,5β-trihydroxyl-7-isopropenyl germacren-4（15）,10（14）-diene]、1β,3β,5α-三羟基-7-异丙烯基-吉马烯-4（15）,10（14）-二烯[1β,3β,5α-trihydroxyl-7-isopropenyl germacren-4（15）,10（14）-diene]、1β,3β,5β-三羟基-7-异丙烯基-吉马烯-4（15）,10（14）-二烯[1β,3β,5β-trihydroxyl-7-isopropenyl germacren-4（15）,10（14）-diene][14]、野菊花醇（chrysanthomol）[15]、野菊醛甲（sesquichrytenal A）、野菊醛乙（sesquichrythenal B）[16]、野菊倍半萜内酯A、B、C（indicumolide A、B、C）[17]、苏格兰蒿素A（arteglasin A）[18]、野菊花内酯（yejuhua lactone, i.e.handelin）[19]、野菊花酮（indicumenone）[20]、野菊花醇（chrysanthemol）、豚草素A（cumambrin A）[15,21]、菊花双烯醇（chrysantherol）[22]、野菊花萜醇A、B、C（kikkanol A、B、C）[23]、野菊花萜醇D、E、F（kikkanol D、E、F）、野菊花萜醇D单乙酰酯（kikkanol D monoacetate）、野菊花萜醇F单乙酰酯（kikkanol F monoacetate）[24]、丁香三环烷二醇（clovanediol）、石竹烷-1,9-二醇（caryolane-1,9-diol）、日本刺参萜酮（oplopanone）[23]、（3β,5α,6β,7β,14β）-桉叶烯-3,5,6,11-四醇[（3β,5α,6β,7β,14β）-eudesmen-3,5,6,11-tetrol][25]和野菊花三醇（chrysanthetriol）[26]；单萜类：（Z）-5′-羟基茉莉酮-5′-O-β-D-吡喃葡萄糖苷[（Z）-5′-hydroxyjasmone-5′-O-β-D-glucopyranoside][7]、（-）-反式-菊烯醇-6-O-β-D-吡喃葡萄糖苷[（-）-$trans$-chrysanthenol-6-O-β-D-glucopyranoside]和顺式-菊烯醇-6-O-β-D-吡喃葡萄糖苷[cis-chrysanthenol-6-O-β-D-glucopyranoside][13]；挥发油类：菊烯酮（chrysanthenone）、桃金娘烯醇（myrtenom）、乙酸菊烯酯（chrysanthenyl acetate）、红没药醇氧化

物（bisabololoxide）、矛瑞屯醇（moretenol）、蓍草灵（achillin）、二十三碳烷（tricosane）、二十四碳烷（tetracosane）、二十七碳烷（heptacosane）、二十一碳烷（heneicosane）、（E,Z）-1,3,12-十九三烯[（E,Z）-1,3,12-nonadecatriene][27]、（-）-姜黄烯[（-）-arcurcumene]、氧化石竹烯（caryophyllene oxide）、（-）-马鞭草烯醇[（-）-verbenol]、胡椒酮（piperitone）、（+）-巴伦西亚橘烯[（+）-valencene]、桉油烯醇（espatulenol）、α-胡椒烯-11-醇（α-copaen-11-ol）[28],1,8-桉树脑（1,8-cineole）、樟脑（camphor）、龙脑（borneol）、醋酸冰片酯（bornyl acetate）[29]、桉叶油素（cineole）、α-蒎烯（α-pinene）、莰烯（comphene）、β-水芹烯（β-phellandrene）、罗汉柏烯（thujopsene）[30],1,7,7-三甲基双环[2,2,1]庚-2-酮{1,7,7-trimethyl bicyclo[2,2,1]hept-2-one}、2,6,6-三甲基双环[2,2,1]庚-2-烯-4-醇-乙酸{2,6,6-trimethyl bicyclo[2,2,1]hept-2-en-4-ol-acetic acid}、5-（1,1-二甲基乙基）-1,3-环戊二烯[5-（1,1-dimethyl ethyl）-1,3-cyclodecadiene]、4-甲基-1-（1-甲基乙基）-双环[3,1,0]-己-3-酮{4-methyl-1-（1-methyl ethyl）bicyclo[3,1,0]-hexan-3-one}、6,6-二甲基-2-亚甲基双环[3,1,1]庚烷{6,6-dimethyl-2-methylene bicyclo[3,1,1]heptane}[31]、柠檬烯（limonene）、1-苯乙醇（1-phenylethanol）、2-甲基己酸（2-methyl hexanoic acid）、松油烯-4-醇（terpinene-4-ol）、α-松油醇（α-terpineol）、（E）-对薄荷-2-烯-1,8-二醇[（E）-p-mentha-2-en-1,8-diol]、（E）-乙酸菊花烯酯[（E）-chrysanthenyl acetate]、β-石竹烯（β-caryophyllene）、（E）-β-金合欢烯[（E）-β-farnesene]、10-表-γ-桉叶醇（10-epi-γ-eudesmol）、6,10,14-三甲基-2-十五烷酮（6,10,14-trimethyl-2-pentadecanone）、（Z）-9,17-十八二烯醛[（Z）-9,17-octadecadienal][32],1,7,7-三甲基双环[2,2,1]庚-2-酮{1,7,7-trimethyl bicyclo[2,2,1]heptan-2-one}、4,5-脱氢异长叶烯（4,5-dehydro-isolongifolene）[33]、樟烯（camphene）、桉油醇（eucalyptol）、α-红没药烯（α-bisabolene）[34]、乙酸香芹酯（caraway acetate）、侧柏烷（thujane）、异侧柏醇（isothujol）、异龙脑（isoborneol）、顺式马鞭烯醇（cis-verbenol）、β-倍半水芹烯（β-sesquiphellandrene）、α-香附酮（α-cyperone）和异蒿酮（artemisinone）等[35]；酚苷类：二氢紫丁香苷（dihydrosyringin）和紫丁香苷（syringin）[7]；醇苷类：苯甲基-β-D-吡喃葡萄糖苷（benzyl-β-D-glucopyranoside）和β-苯基乙氧基-β-D-吡喃葡萄糖苷（β-phenylethoxy-β-D-glucopyranoside）[7]；酚酸类：香草酸（vanillic acid）[10]；苯丙素类：绿原酸（chlorogenic acid）、绿原酸甲酯（methyl chlorogenate）、隐绿原酸甲酯（methyl cryptochlorogenate）、洋蓟酸（cynarin）、3,5-二-O-咖啡酰基奎宁甲酯（methyl 3,5-di-O-caffeoyl quinate）、3,4-二-O-咖啡酰奎宁酸甲酯（methyl 3,4-di-O-caffeoyl quinate）[7,8],3,5-二-O-咖啡酰奎宁酸甲酯（methyl 3,5-di-O-caffeoylquinate）、3,5-二咖啡酰奎宁酸（3,5-dicaffeoylquinic acid）、3,5-二顺式咖啡酰奎宁酸（3,5-cis-dicaffeoylquinic acid）、1,5-二咖啡酰奎宁酸（1,5-dicaffeoylquinic acid）和1,3-二咖啡酰奎宁酸（1,3-dicaffeoylquinic acid）[12]；炔类：野菊炔*A、B、C、D（chrysindin A、B、C、D）、（+）-（3S*,4S*,5R*）-（E）-4-羟基-3-异戊酰氧基-2-（亚己-2,4-二炔基）-1,6-二氧杂螺[4,5]癸烷{（+）-（3S*,4S*,5R*）-（E）-4-hydroxy-3-isovaleroyloxy-2-（hexa-2,4-diynyliden）-1,6-dioxaspiro[4,5]decane}、（-）-（3S*,4S*,5R*）-（E）-3,4-二乙酰氧基-2-（亚己-2,4-二炔基）-1,6-二氧杂螺[4,5]癸烷{（-）-（3S*,4S*,5R*）-（E）-3,4-diacetoxy-2-（hexa-2,4-diynyliden）-1,6-dioxaspiro[4,5]decane}、（+）-（3S*,4S*,5R*,8S*）-（E）-8-乙酰氧基-4-羟基-3-异戊酰氧基-2-（亚己-2,4-二炔基）-1,6-二氧杂螺[4,5]癸烷{（+）-（3S*,4S*,5R*,8S*）-（E）-8-acetoxy-4-hydroxy-3-isovaleroyloxy-2-（hexa-2,4-diynyliden）-1,6-dioxaspiro[4,5]decane}、Z-1,6-二氧杂螺[4,4]壬-3-烯{Z-1,6-dioxaspiro[4,4]non-3-ene}、E-1,6-二氧杂螺[4.4]壬-3-烯{E-1,6-dioxaspiro[4,4]non-3-ene}[36]、顺式螺内酯醇醚多炔（cis-spiro-ketalenolether polyyne）[23,36]、反式螺缩醛烯醇醚多炔（trans-spiroketalenolether polyyne）[23]和（1R,9S,10S）-10-羟基-8-（2′,4′-亚己二炔基）-9-异戊酰氧基-2,7-二氧杂螺[5,4]癸烷{（1R,9S,10S）-10-hydroxyl-8-（2′,4′-diynehexylidene）-9-isovaleryloxy-2,7-dioxaspiro[5,4]decane}[37]；糖类：蔗糖（sucrose）[10]和菊花多糖（Chrysanthemum indicum polysaccharides）[38]；甾体类：豆甾-4-烯-3-酮（stigmata-4-en-3-one）[9],β-谷甾醇（β-sitosterol）[12]、胡萝卜苷（daucosterol）[15]、氢化菜油甾醇（campestanol）、胆甾醇

（cholesterol）、豆甾醇（stigmasterol）和菜油甾醇（campesterol）[39]；脂肪酸类：甲基（1S,2R,3R,5S,7R）-7-（2′S-甲基丁酰氧甲基）-2,3-二羟基-6,8-二氧杂[3.2.1]辛烷-5-羧酸酯 {methyl（1S,2R,3R,5S,7R）-7-（2′S-methyl butanoyloxymethyl）-2,3-dihydroxy-6,8-dioxabicyclo [3.2.1] octane-5-carboxylate}[7]，棕榈酸金盏菊二醇酯（calenduladiol-3β-O-palmitate）、1-亚油酸甘油酸酯（1-linoleic acid glycerate）[9]，山萮酸甘油酯（glyceryl-1-monobehenate）、棕榈酸（palmitic acid）[15]、亚油酸乙酯（ethyl linoleate）、油酸乙酯（ethyl oleate）、十六烷酸（n-hexadecanoic acid）、十六烷酸乙酯（ethyl hexadecanoate）、[Z,Z]-9,12-十八碳二烯酸 {[Z,Z]-9,12-octadecadienoic acid}[27]、亚油酸（linoleic acid）和油酸（oleic acid）[32]；三萜类：马尼拉二醇（maniladiol）、山金车二醇（arnidiol）、α-香树脂醇（α-amyrin）、16β,22α-二羟基伪蒲公英甾醇-3β-O-棕榈酸酯（16β,22α-dihydroxypseudotaraxasterol-3β-O-palmitate）、12-烯-3β-羟基齐墩果-11-酮（12-en-3β-hydroxyolean-11-one）、熊果-12-烯-3β,16β-二羟基（urs-12-en-3β,16β-diol）和12-烯-3β-羟基熊果-11-酮（12-en-3β-hydroxyurs-11-one）[9]，β-香树脂醇（β-amyrin）、羽扇豆醇（lupeol）、ψ-蒲公英赛醇（ψ-taraxasterol）、蒲公英萜醇（taraxerol）、蒲公英赛醇（taraxasterol）和木栓酮（friedelin）[39]；蒽醌类：大黄酚（chrysophanol）[11]。

【药理作用】1.抗菌和病毒 花的水提取液对金黄色葡萄球菌、表皮葡萄球菌、类白喉杆菌和肺炎克雷伯杆菌等12种致病菌株的生长均有较好的抑制作用[1]；花中提取的挥发油对金黄色葡萄球菌的抑制作用较强，对白色葡萄球菌有效，但对肺炎双球菌、乙型链球菌、奇异变形杆菌的抑制作用均不佳[2]；花的水提取物在体内外对甲1型流感病毒（H1N1）均有较好的抑制作用[3]。2.抗炎 花的水提取物和花中提取的挥发油对二甲苯所致小鼠的耳廓肿胀均有明显的抑制作用，其挥发油作用较强；对蛋清所致大鼠的足跖肿胀均有较强的抑制作用，其水提取物作用较强[4]；花中提取的总黄酮对二甲苯所致小鼠的耳肿胀、角叉菜胶所致大鼠的足爪肿胀、棉球所致大鼠的肉芽肿均具有抑制作用，野菊花总黄酮浓度在0.05～50mg/L时能浓度依赖性地抑制大鼠腹腔巨噬细胞（PMΦ）中前列腺素E_2（PGE_2）和白三烯B4（LTB4）的产生[5]。3.抗氧化 头状花序中提取的总黄酮对羟自由基（·OH）、超氧阴离子自由基（O_2^-·）、2,2'-联氮-二（3-乙基-苯并噻唑-6-磺酸）二铵盐（ABTS）自由基均具有清除作用，其作用优于维生素C和柠檬酸等常用抗氧化剂[6]；头状花序中提取的挥发油对2,2'-联氮-二（3-乙基-苯并噻唑-6-磺酸）二铵盐自由基、1,1-二苯基-2-三硝基苯肼（DPPH）自由基和亚硝酸钠的清除作用均强于0.1g/L维生素C[7]。4.抗肿瘤 野菊花注射液在32μl/ml浓度下对人肿瘤PC3、HL60细胞的增殖有明显的抑制作用[8]；头状花序中提取的总黄酮对人骨肉瘤Saos-2细胞的增殖具有抑制及诱导凋亡的作用，其机制可能与下调凋亡相关基因Bcl-2/Bax值而激活胱天蛋白酶-3（caspase-3）相关[9]。5.免疫调节 头状花序中提取的总黄酮能提高佐剂性关节炎（AA）大鼠过低的脾淋巴细胞增殖反应和白细胞介素-2（IL-2）含量，对佐剂性关节炎大鼠腹腔巨噬细胞产生过高的白细胞介素-1（IL-1）含量具有抑制作用，表明对佐剂性关节炎大鼠免疫功能具有明显的调节作用[10]。6.改善心血管 花水提醇沉制成的注射液能增加开胸麻醉猫冠状静脉窦的流量，并能增加离体兔心冠脉流量，对心率有明显减慢作用，心肌收缩力轻度抑制，对血压无明显影响，使心肌耗氧量明显降低[11]。7.降血脂 花的提取物可显著降低高脂血症（HLP）大鼠血清中总胆固醇（TC）（$P<0.01$）、甘油三酯（TG）（$P<0.05$）含量，对高密度脂蛋白胆固醇（HDL-C）含量有升高趋势，但无统计学意义，并能显著降低高脂血症大鼠肝组织中丙二醛（MDA）含量（$P<0.01$），升高超氧化物歧化酶（SOD）含量（$P<0.05$），其机制可能与其降低血清总胆固醇（TC）、甘油三酯（TG）和抗脂质过氧化作用有关[12]。8.护肝 头状花序中提取的总黄酮对大鼠酒精性脂肪性肝炎具有较好的防治作用，其作用机制是降低血清天冬氨酸氨基转移酶（AST）、谷丙转氨酶（ALT）、总胆固醇、甘油三酯、乙醇脱氢酶（ADH）、肿瘤坏死因子-α（TNF-α）含量，降低肝脏中丙二醛含量，提高肝组织超氧化物歧化酶含量。另外，病理组织学显示其总黄酮能明显改善该大鼠的肝细胞脂肪变性[13]。9.降血压 花的醇提取物对麻醉猫、正常狗的血压均有一定的降低作用，且降压作用缓慢、持久[14]。

【性味与归经】野菊花：苦、辛，微寒。归肝、心经。野菊：苦、辛，微寒。归肝、心经。

【功能与主治】野菊花：清热解毒。用于疔疮痈肿，目赤肿痛，头痛眩晕。野菊：清热解毒，凉血散瘀。用于疔疮痈肿，目赤肿痛，头痛眩晕等。

【用法与用量】野菊花：煎服 9～15g；外用适量，煎汤外洗或制膏外涂。野菊：煎服 9～15g；外用煎汤洗或捣敷。

【药用标准】野菊花：药典1977—2015、浙江炮规2005、新疆药品1980二册和湖南药材1993；野菊：浙江药材2000和贵州药材1988。

【临床参考】1. 寻常疣（配合自体疣种植术）：花15g，加马齿苋30g，板蓝根、生薏苡仁、珍珠母、磁石各15g，莪术、香附各12g，木贼、红花各10g，蜂房5g，每日1剂，水煎分早晚2次服，自体疣种植术后当日始，连服7日[1]。

2. 鼻窦炎：花15～25g，加连翘10～15g，苍耳子、藿香、桔梗、川芎、辛夷花、白芷各9～12g，薄荷、生甘草、石菖蒲各6～10g，湿热偏盛、流涕黄浊如脓者加紫花地丁9～12g、黄连6～10g；寒湿偏盛、流涕清稀者加陈皮、半夏各9～12g，茯苓10～15g，细辛3～6g。每日1剂，水煎分早晚2次服，忌食烟酒腥辣物[2]。

3. 慢性溃疡性结肠炎：花30g，加孩儿茶10g，苦参、椿根皮、山楂各20g，石榴皮15g，便血重者，加炒地榆、白及各15g，水煎取150ml保留灌肠，每日1次，20日为1个疗程；黏液便甚者，加西药甲硝咪唑[3]。

4. 脂溢性皮炎：花15g，加生地、赤石脂各15g，牛蒡子、牡丹皮各10g，荆芥、防风各9g，生薏苡仁30g，白矾12g，甘草6g，热重、发热、口渴明显、皮疹鲜红、丘疹为主、便干溲黄少者加生槐米、金银花各15g，连翘10g；湿重，皮疹以疱疹或水疱为主、流脂水、糜烂明显、舌淡苔白厚腻者加苦参9g，茯苓12g，滑石20g；瘙痒明显者加蝉衣6g、僵蚕9g、白鲜皮15g；头面为著者加羌活6g，蔓荆子12g，薄荷6g；油腻性痂皮明显者加苍术12g、白术12g、山楂15g；大便干燥者加生大黄6g。水煎服，每日1剂[4]。

5. 痤疮：花30g，加白花蛇舌草、蒲公英、金银花、白鲜皮、薏苡仁各30g，车前子、连翘各15g，炒大黄、竹叶、灯心草各10g，皮肤油腻者加茵陈；经前乳房胀痛者加香附、柴胡；结节囊肿者加夏枯草、贝母、白芷、皂角刺。水煎服，每日1剂，分2次服，10日为1疗程。另芒硝加热水200～300ml洗敷脸部，以减少油脂附着面部堵塞毛孔[5]。

6. 预防流行性感冒：全草30g，加鱼腥草、忍冬藤各30g，加水500ml，煎煮至200ml，每日3次，每次20～40ml。

7. 感冒：花9～15g，加金银花、紫花地丁各9～15g，水煎服。

8. 高血压病：花9～15g，水煎代茶饮。

9. 疔疮肿毒：鲜全草适量，捣烂、蒸熟，外敷患处；另取花9g，水煎服。

10. 丹毒：野菊花15～30g，水煎服。（6方至10方引自《浙江药用植物志》）

11. 结膜炎：花15g，加谷精草15g，水煎服；或加冬桑叶9g、叶下珠18g，水煎分两半，一半熏眼（熏时以布遮住被熏眼的四周以防泄气），一半内服。（《福建药物志》）

【附注】《本草经集注》于"菊花"条云："菊有两种，一种茎紫，气香而味甘，叶可作羹食者，为真；一种青茎而大，作蒿艾气，味苦不堪食者，名苦薏，非真，其华正相似，惟以甘、苦别之尔。"《本草拾遗》谓："苦薏，花如菊，茎似马兰，生泽畔，似菊。菊甘而薏苦，语曰：苦如薏是也。"《日华子本草》载野菊名，谓："菊有两种，花大气香茎紫者为甘菊，花小气烈茎青小者名野菊。"明《本草纲目》谓："苦薏，处处原野极多，与菊无异，但叶薄小而多尖，花小而蕊多，如蜂窠状，气味苦辛惨烈。"根据以上"苦薏"及"野菊"的记载及其附图，与本种一致。

Flora of China 已将本种的学名修订为 *Chrysanthemum indicum*（Linn.）Des Moul.。

药材野菊花和野菊脾胃虚寒者慎服。

【化学参考文献】

[1] Xue G M, Li X Q, Chen C, et al. Highly oxidized guaianolide sesquiterpenoids with potential anti-inflammatory activity from *Chrysanthemum indicum* [J]. J Nat Prod, 2018, 81（2）: 378-386.

[2] Luo P, Cheng Y, Yin Z, et al. Monomeric and dimeric cytotoxic guaianolide-type sesquiterpenoids from the aerial parts of *Chrysanthemum indicum* [J]. J Nat Prod, 2019, 82: 349-357.

[3] Mladenova K, Tsankova E, Stoianova-ivanova B. sesquiterpene lactones from *Chrysanthemum indicum* [J]. Planta Med, 1985, （3）: 284-285.

[4] 刘晓丹, 刘存芳, 赖普辉, 等. 野菊花茎叶挥发油的化学成分及其对植物病原真菌抑制作用 [J]. 食品工业科技, 2013, 34（24）: 98-100.

[5] Refahy L A. Essential oil and flavonoids from *Chrysanthemum indicum* L. and its cytotoxic effect on *Artemia salina* [J]. Bulletin of the Faculty of Pharmacy（Cairo University）, 2007, 45（3）: 401-408.

[6] 陈政雄, 钱名堃, 曾广方. 中药黄酮类的研究Ⅷ. 野菊花成分的研究（第一报）[J]. 药学学报, 1962, 6: 370-374.

[7] Luyen B T, Tai B H, Thao N P, et al. Anti-inflammatory components of *Chrysanthemum indicum* flowers [J]. Bioorg Med Chem Lett, 2015, 25（2）: 266-269.

[8] Luyen B T, Tai B H, Thao N P, et al. The anti-osteoporosis and antioxidant activities of chemical constituents from *Chrysanthemum indicum* flowers [J]. Phytother Res, 2015, 29（4）: 540-548.

[9] 刘磊磊, 肖卓炳. 野菊花的化学成分研究 [J]. 中草药, 2018, 49（22）: 5254-5258.

[10] 高美华, 李华, 张莉, 等. 野菊花化学成分的研究 [J]. 中药材, 2008, 31（5）: 682-684.

[11] 周虹云, 吴长顺, 程存归. 野菊花化学成分研究 [J]. 中国现代应用药学, 2013, 30（1）: 31-35.

[12] 孙昱, 马晓斌, 刘建勋. 野菊花心血管活性部位化学成分的研究 [J]. 中国中药杂志, 2012, 37（1）: 61-65.

[13] Luyen B T, Tai B H, Thao N P, et al. The anti-osteoporosis and antioxidant activities of chemical constituents from *Chrysanthemum indicum* flowers [J]. Phytotherapy Research, 2015, 29（4）: 540-548.

[14] Wang J S, Zhou J, Kong L Y. Three new germacrane-type sesquiterpene stereoisomers from the flowers of *Chrysanthemum indicum* [J]. Fitoterapia, 2012, 83（8）: 1675-1679.

[15] 于德泉, 谢凤指. 野菊花化学成分的研究 [J]. 药学学报, 1987, 22（11）: 837-840.

[16] 龙康侯, 苏镜娱, 曾陇梅. 野菊花油化学成分的研究（Ⅲ）[J]. 中山大学学报（自然科学版）, 1965, 4: 485-494.

[17] Feng Z M, Song S, Xia P F, et al. Three New Sesquiterpenoids from *Chrysanthemum indicum* L. [J]. Helv Chim Acta, 2009, 92（9）: 1823-1828.

[18] Hausen B M, Schulz K H, Jarchow O, et al. First allergenic sesquiterpene lactone from *Chrysanthemum indicum*, Arteglasin-A [J]. Naturwissenschaften, 1975, 62（12）: 585-586.

[19] 陈泽乃, 徐佩娟. 野菊花内酯的结构鉴定 [J]. 药学学报, 1987, 22（1）: 67-69.

[20] Mladenova K, Tsankova E, Kostova I, et al. Indicumenone, a new bisabolane ketodiol from *Chrysanthemum indicum* [J]. Planta Med, 1987, 53（1）: 118-119.

[21] 于德泉, 谢凤指. 野菊花化学成分的研究 [J]. 药学学报, 1987, 22（11）: 837-840.

[22] Yu D Q, Xie F Z. A new sesquiterpene from *Chrysanthemum indicum* [J]. Chin Chem Lett, 1993, 4（10）: 893-894.

[23] Yoshikawa M, Morikawa T, Murakami T, et al. Medicinal flowers. I. aldose reductase inhibitors and three new eudesmane-type sesquiterpenes, kikkanols A, B, and C, from the flowers of *Chrysanthemum indicum* L. [J]. Chem Pharm Bull, 1999, 47（3）: 340-345.

[24] Yoshikawa M, Morikawa T, Toguchida I, et al. Medicinal flowers. II. inhibitors of nitric oxide production and absolute stereostructures of five new germacrane-type sesquiterpenes, kikkanols D, D monoacetate, E, F, and F monoacetate from the flowers of *Chrysanthemum indicum* L. [J]. Chem Pharm Bull, 2000, 48（5）: 651-656.

[25] Wang X L, Peng S L, Liang J, et al. （3β, 5α, 6β, 7β, 14β）-Eudesmen-3, 5, 6, 11-tetrol methanol solvate: a new sesquiterpenoid from *Chrysanthemum indicum* L. [J]. Acta Crystallographica, Section E: Structure Reports Online, 2006, E62（8）: 3570-3571.

[26] 于德泉, 谢凤指, 贺文义, 等. 用二维核磁共振技术研究野菊花三醇的结构 [J]. 药学学报, 1992, 27（3）: 191-196.

[27] 周欣, 莫彬彬, 赵超, 等. 野菊花二氧化碳超临界萃取物的化学成分研究 [J]. 中国药学杂志, 2002, 37（3）: 170-172.

[28] 钟灵允，曾佳恒，刘巧，等．野菊花挥发油组成分析及其抗菌活性研究［J］．成都大学学报（自然科学版），2018，37（4）：373-376．

[29] Zhu S，Yang Y，Yu H，et al．Chemical composition and antimicrobial activity of the essential oils of *Chrysanthemum indicum*［J］．J Ethnopharmacol，2005，96（1-2）：151-158．

[30] 侯冬岩，郭华，李铁纯，等．千山野菊花萜类化合物的分析［J］．沈阳师范大学学报（自然科学版），2003，21（4）：303-306．

[31] 回瑞华，侯冬岩，李铁纯，等．千山野菊花挥发性化学成分的提取与分析［J］．理化检验-化学分册，2006，42（8）：640-643．

[32] 夏新中，肖静，夏庭君．湖北五峰野菊花挥发性化学成分的 GC-MS 分析［J］．中国实验方剂学杂志，2013，19（21）：132-137．

[33] 回瑞华，侯冬岩，李铁纯，等．黄山野菊花挥发性化学成分的提取及分析［J］．食品科学，2004，25（6）：162-166．

[34] 陈月华，陈利军，史洪中，等．河南信阳野菊花挥发油化学成分 GC-MS 分析［J］．现代中药研究与实践，2008，22（6）：30-32．

[35] 文加旭，陈建宁，吴丽婷，等．重庆缙云山野菊花挥发油化学成分研究［J］．中药材，2012，35（1）：70-74．

[36] Liu L L，Wang R，Shi Y P，et al．Chrysindins A-D, polyacetylenes from the flowers of *Chrysanthemum indicum*［J］．Planta Med，2011，77（16）：1806-1810．

[37] Cheng W M，You T P，Li J．A new compound from the bud of *Chrysanthemum indicum* L.［J］．Chin Chem Lett，2005，16（10）：1341-1342．

[38] Du N，Tian W，Zheng D，et al．Extraction, purification and elicitor activities of polysaccharides from *Chrysanthemum indicum*［J］．Int J Biol Macromol，2016，82：347-354．

[39] Mladenova K，Mikhailova R，Tsutsulova A，et al．Triterpene alcohols and sterols in *Chrysanthemum indicum* absolute［J］．Doklady Bolgarskoi Akademii Nauk，1989，42（9）：39-41．

【药理参考文献】

[1] 曾帅，王子寿，任永申，等．野菊花水提取液体外抗菌作用实验研究［J］．中国中医急症，2008，17（7）：971，1032．

[2] 王小梅，李英霞，彭广芳．野菊花挥发油抑菌实验研究［J］．山东中医杂志，1996，15（9）：412．

[3] 史晨希，刘妮，张奉学，等．野菊花水提物体内外抗甲 1 型流感病毒（H1N1）作用研究［J］．中药材，2010，33（11）：1773-1776．

[4] 王志刚，任爱农，许立，等．野菊花抗炎和免疫作用的实验研究［J］．中国中医药科技，2000，7（2）：92-93．

[5] 张骏艳，张磊，金涌，等．野菊花总黄酮抗炎作用及部分机制［J］．安徽医科大学学报，2005，40（5）：405-408．

[6] 曹小燕，杨海涛．野菊花总黄酮清除自由基的活性［J］．江苏农业科学，2014，42（10）：307-309．

[7] 赵秀玲，文飞龙，李长龙．黄山野菊花挥发油体外抗氧化活性［J］．河北科技师范学院学报，2015，29（1）：57-60．

[8] 金沈锐，祝彼得，秦旭华．野菊花注射液对人肿瘤细胞 SMMC7721、PC3、HL60 增殖的影响［J］．中药药理与临床，2005，21（3）：39-40．

[9] 魏强强，殷嫦嫦，周湖燕，等．野菊花总黄酮对人骨肉瘤 Saos-2 细胞增殖和凋亡的影响［J］．中药材，2013，36（11）：1823-1827．

[10] 张骏艳，李俊，张磊，等．野菊花总黄酮体外对佐剂性关节炎大鼠的免疫调节作用［J］．安徽医科大学学报，2007，42（4）：409-411．

[11] 张宝恒，王彤，孟和平，等．野菊花注射液对心血管系统的作用［J］．中草药，1984，15（4）：14-16．

[12] 陈传千，屈跃丹，单广胜，等．野菊花提取物调节血脂作用的研究［J］．吉林医药学院学报，2010，31（6）：321-324．

[13] 王保伟，李俊，程文明，等．野菊花总黄酮对酒精性脂肪肝大鼠的防治作用［J］．安徽医科大学学报，2011，46（10）：1022-1025．

[14] 刘菊芳，朱巧贞，钱名堃，等．治疗高血压药物的研究 XIII．野菊花成分 HC-1 的实验治疗及毒性［J］．药学学报，1962，9（03）：151-154．

【临床参考文献】

[1] 李广洲，张晓静，户晓成．马蓝野菊汤配合自体疣种植治疗寻常疣 100 例分析［J］．中国误诊学杂志，2010，10（22）：5443．

[2] 王可本，慕礼珍. 野菊苍辛汤治鼻窦炎11例[J]. 新中医，1995，（3）：53.
[3] 吴炎坤，黄东国. 野菊苦参汤灌肠治疗慢性溃疡性结肠炎98例[J]. 福建中医药，1995，26（1）：25-26.
[4] 张君喜. 野菊牛子汤治疗脂溢性皮炎30例[J]. 陕西中医，1986，7（3）：128.
[5] 白小林. 野菊祛湿汤配合芒硝外洗治疗痤疮72例[J]. 陕西中医，2012，33（1）：53-54.

985. 甘菊（图985）• *Dendranthema lavandulifolium*（Fisch. ex Trautv.）Ling et Shin [*Chrysanthemum lavandulifolium*（Fisch. ex Trautv.）Makino]

图985 甘菊　　　　　摄影　郭增喜等

【别名】岩香菊（通称），野菊、北野菊（江苏），细裂野菊、野菊花（安徽）。

【形态】多年生草本，高30～120cm。茎直立，自中部以上多分枝，有稀疏的柔毛至无毛。基部和下部叶片花期凋落；中部茎生叶片宽卵形或椭圆状卵形，长2～6cm，宽1.5～4.5cm，二回羽状分裂，第一回为全裂或几全裂，侧裂片2～3对，第二回为深裂或浅裂；最上部的茎生叶片或接近花序下部的叶片羽裂、3裂或不裂；全部叶两面同色或几同色，被稀疏柔毛或上面几无毛；中部茎生叶柄长0.5～1cm，柄基部有分裂的假托叶或无。头状花序多数，直径1～2cm，在茎枝端排列呈疏散的复伞房状；总苞碟形，直径4～7mm，总苞片约5层，外层条形或条状长圆形，无毛或稀有柔毛，内层卵形、长椭圆状倒披针形，全部苞片先端圆形，边缘白色或浅褐色；舌状花黄色，舌片椭圆形，顶端全缘或2～3齿裂；中央的两性花多数，黄色。瘦果长1.2～1.5mm。花果期5～11月。

【生境与分布】生于山坡、路旁、荒地。分布于江苏、安徽、江西、山东、浙江，另湖北、四川、云南、河北、山西、陕西、甘肃、青海、新疆、辽宁、吉林均有分布；印度、日本、蒙古国、朝鲜也有分布。

【药名与部位】北野菊，地上部分。菊米，头状花序。

【采集加工】北野菊：秋季花期采割，晒干或鲜用。菊米：秋、冬二季花未开放时采收，微火炒后干燥或杀青干燥。

【药材性状】北野菊：茎呈圆柱形，有分枝，长 20～140cm，直径 0.1～0.5cm；表面黄绿色至淡棕色，具细纵棱，小枝被疏柔毛。叶片皱缩或破碎，完整者展平后呈卵形或椭圆状卵形，羽状深裂，长约 5cm，暗绿色或棕褐色；叶柄极细，长 1～1.5cm。头状花序排成伞房状，着生枝顶，花序小球形，直径 2～8mm，黄色。气清香，味微苦。

菊米：呈类球形，直径 0.3～1cm，棕黄色至灰绿色。总苞由 3～5 层苞片组成，总苞片外面中部微颗粒状；外层苞片卵形或条形，外表面中部灰绿色或淡棕色，被短柔毛，边缘膜质；内层苞片长椭圆形，膜质，外表面无毛。有的残留具毛总花梗。舌状花 1 轮，黄色至棕黄色，皱缩卷曲；管状花多数，深黄色。体轻。气芳香，味微苦而有清凉感。热水浸泡液味甘而不苦。

【药材炮制】北野菊：除去老梗及杂质，喷淋清水，稍润，切段，干燥。

菊米：除去总花梗等杂质。

【化学成分】全草含黄酮类：木犀草素（luteolin）、芹菜素（apigenin）、刺槐苷（acaciin）和 5-羟基-4′-甲氧基黄酮-7-O-α-L-吡喃鼠李糖基-（1→6）-[2-O-乙酰基-β-D-吡喃葡萄糖基-（1→2）]-β-D-吡喃葡萄糖苷 {5-hydroxy-4′-methoxyflavone-7-O-α-L-rhamnopyranosyl-（1→6）-[2-O-acetyl-β-D-glucopyranosyl-（1→2）]-β-D-glucopyranoside}[1]。

花含挥发油类：菊油环酮（chrysanthenone）、侧柏烯（thujene）、樟脑（camphor）、龙脑（borneol）、1,8-桉叶油素（1,8-cineole）、环葑烯（cyclofenchene）、α-蒎烯（α-pinene）、樟烯（camphene）、β-蒎烯（β-pinene）、月桂烯（myrcene）、α-水芹烯（α-phellandrene）、顺式-对孟-2-烯-1-醇（cis-para-menth-2-en-1-ol）、去氢樟脑（dehydrocamphor）、萜品烯-4-醇（terpinene-4-ol）、2,5-二甲基甲醛（2,5-dimethyl carbaldehyde）、α-萜品醇（α-terpilenol）、马鞭草酮（verbenone）、顺式胡椒醇（cis-piperonyl alcohol）、反式葛缕醇（trans-carveol）、顺式葛缕醇（cis-carveol）、葛缕酮（carvone）、胡椒酮（piperitone）、顺式乙酸-2-甲基-3-异丙烯基-环己酯（cis-acetic acid-2-methyl-3-isopropenyl-cyclohexyl ester）、α-乙酸萜品酯（α-terpinyl acetate）、苯乙酸丙酯（propyl phenylacetate）、乙酸葛缕酯（carvyl acetate）、异乙酸葛缕酯（isocarvyl acetate）、3-甲基丁酸苄酯（3-benzyl methyl butyrate）、β-榄香烯（β-elemene）、γ-丁香烯（γ-elemene）、γ-荜澄茄烯（γ-cadinene）、3-甲基-α-萘酚（3-methylnaphthalen-α-ol）、β-合金欢烯（β-farnesene）、α-蛇麻烯（hopsene）、β-荜澄茄烯（β-citronene）、α-愈创木烯（α-guaiacene）、1,3-环己二烯-5-(1,5-二甲基-4-己烯)-2-甲基 [1,3-cyclohexadiene-5-(1,5-dimethyl-4-hexene)-2-methyl]、α-香柠檬烯（α-bergenene）、戊酸龙脑酯（borneol pentanoate）、β-没药烯（β-myrrhene）、反式金合欢酯（trans-farnesyl ester）和青蒿素（artemisinin）等[2]。

【性味与归经】北野菊：微苦、辛，凉。菊米：苦、辛，微寒。归肝、心经。

【功能与主治】北野菊：清热解毒，凉肝明目。用于防治流行性感冒、感冒，头痛，目赤，肺炎；外治痈疖疔疮，宫颈糜烂。菊米：清热解毒。用于疔疮痈肿，目赤肿痛，头痛眩晕。

【用法与用量】北野菊：煎服 9～30g；外用适量，煎汤洗或用鲜品捣烂敷患处。菊米：煎服 9～15g；外用适量，煎汤外洗或制膏外涂。

【药用标准】北野菊：药典 1977；菊米：浙江炮规 2015。

【附注】甘菊始载于《菊谱》，云："始生于山野，今则人皆栽植之。其花细碎，品不甚高。蕊如蜂窠，中有细子，亦可撒种。"《植物名实图考》载："野山菊，南赣山中多有之。丛生，花叶抱茎如苦荬而歧，齿不尖，茎瘦无汁。梢端发杈，秋开花如寒菊。"似本种。

Flora of China 已将本种的学名修订为 *Chrysanthemum lavandulifolium*（Fisch. ex Trautv.）Ling et Shih。

药材北野菊或菊米脾胃虚寒者慎服。

【化学参考文献】

[1] 沈一行, 陈建民. 北野菊黄酮类成分研究[J]. 药学学报, 1997, 32（6）: 451-454.
[2] 关玲, 权丽辉, 沈一行, 等. 北野菊挥发油化学成分的研究[J]. 中国药学杂志, 1995, 30（5）: 301-301.

986. 菊花（图986）• *Dendranthema morifolium*（Ramat.）Tzvel. [*Chrysanthemum morifolium*（Ramat.）Tzvel.]

图986 菊花　　　　　　　　　　　　　　摄影　李华东等

【别名】秋菊（上海），菊，鞠。

【形态】多年生草本，高60～150cm。茎直立，基部木质化，上部多分枝，被灰色柔毛或绒毛。叶互生；叶片卵圆形至宽披针形，长5～15cm，宽2～8cm，先端急尖，基部楔形或圆形，边缘有粗大锯齿或深裂达叶片的1/3～1/2，裂片再分裂，裂齿宽钝或狭而急尖，下面有白色柔毛；有短叶柄。头状花序直径2.5～20cm，有梗，常数个聚生；外层总苞片条形，有宽而透明的膜质边缘；缘花舌状，其颜色及形态多变化；盘花管状，黄色，有的品种管状花特别显著。瘦果不发育。花期9～11月。

【生境与分布】原产于中国。华东各地及我国其他地区均有栽培。

【药名与部位】菊花，头状花序或花蕾。

【采集加工】9～11月花盛开时或花蕾形成时分批采收，阴干或焙干，或蒸后晒干。花蕾期采收者习称"胎菊"；按产地和加工方法不同，分为"亳菊""滁菊""贡菊""杭菊""怀菊"。

【药材性状】亳菊：呈倒圆锥形或圆筒形，有时稍压扁呈扇形，直径1.5～3cm，离散。总苞碟状；

总苞片 3～4 层，卵形或椭圆形，草质，黄绿色或褐绿色，外面被柔毛，边缘膜质。花托半球形，无托片或托毛。舌状花数层，雌性，位于外围，类白色，劲直，上举，纵向折缩，散生金黄色腺点；管状花多数，两性，位于中央，为舌状花所隐藏，黄色，顶端 5 齿裂。瘦果不发育，无冠毛。体轻，质柔润，干时松脆。气清香，味甘、微苦。

滁菊：呈不规则球形或扁球形，直径 1.5～2.5cm。舌状花类白色，不规则扭曲，内卷，边缘皱缩，有时可见淡褐色腺点；管状花大多隐藏。

贡菊：呈扁球形或不规则球形，直径 1.5～2.5cm。舌状花白色或类白色，斜升，上部反折，边缘稍内卷而皱缩，通常无腺点；管状花少，外露。

杭菊：呈碟形或扁球形，直径 2.5～4cm，常数个相连成片。舌状花类白色或黄色，平展或微折叠，彼此粘连，通常无腺点；管状花多数，外露。

怀菊：呈不规则球形或扁球形，直径 1.5～2.5cm。多数为舌状花，舌状花类白色或黄色，不规则扭曲，内卷，边缘皱缩，有时可见腺点；管状花大多隐藏。

胎菊：呈类球形，直径 0.6～1.2cm，总苞蝶状，总苞片 3～4 层，黄绿色或褐绿色，舌状花为总苞片所隐藏或部分外露，内卷，类白色、浅黄色或黄色；管状花为舌状花所隐藏，深黄色。气清香，味甘、微苦。

【质量要求】杭白菊：色白，朵大，肉厚，无霉花。亳菊：色白，无梗屑，无霉花。

【药材炮制】菊花：除去总花梗、叶等杂质，筛去灰屑。炒菊花：取菊花饮片，炒至表面黄白色、微具焦斑时，取出，摊凉。菊花炭：取菊花饮片，炒至浓烟上冒、表面焦黑色时，微喷水，灭尽火星，取出，晾干。胎菊：除去总花梗、叶等杂质，筛去灰屑。

【化学成分】叶含黄酮类：香叶木素 -7-O-β- 葡萄糖醛酸苷（diosmetin-7-O-β-glucuronide）、木犀草素 -7-O-β- 葡萄糖醛酸苷（luteolin-7-O-β-glucuronide）[1] 和 5,3′,4′- 三羟基二氢黄酮 -7-O- 葡萄糖醛酸苷（5,3′,4′-trihydroxyflavanone-7-O-glucuronide）[2]；酚酸类：绿原酸（chlorogenic acid）和 3,5-O- 二咖啡酰基奎宁酸（3,5-O-dicaffeoyl quinic acid）[2]；倍半萜类：清艾菊素 A、B（chrysartemin A、B）[3] 和氯菊素（chlorochrymorin）[4]；酰胺类：N- 异丁基 -(2E,4E,10E,12Z)- 十四碳四烯 -8- 炔胺 [N-isobutyl-(2E,4E,10E,12Z)-tetradecatetraen-8-ynamide]、N- 异丁基 -(2E,4E,12Z)- 十四碳三烯 -8,10- 炔胺 [N-isobutyl-(2E,4E,12Z)-tetradecatrien-8,10-diynamide] 和 N- 异丁基 -(2E,4E,12E)- 十四碳三烯 -8,10- 炔胺 [N-isobutyl-(2E,4E,12E)-tetradecatrien-8,10-diynamide] [5]。

花含挥发油类：杜松脑（juniper camphor）、蓝桉醇（globulol）、龙脑（borneol）、异松香芹醇（isopinocarveol）、乙酸异冰片酯（isobornyl acetate）、丁香烯（caryophyllene）、顺式桃金娘烷醇（cis-myrtanol）、1-(1,5- 二甲基 -4- 己烯基)-4- 甲基 - 苯 [1-(1,5-dimethyl-4-hexenyl)-4-methyl benzene]、雪松醇（cedrol）[6]、马鞭草烯醇乙酸酯（verbenol acetate）、3,4- 去氢紫罗烯（3,4-dehydroiripine）、菖蒲萜烯（calamus）、β- 水芹烯（β-phellandrene）、α- 红没药烯环氧化物（α-bisabolol epoxide）、澳白檀醇（lanceol）、斯耙土烯醇（stilbenol）、荜澄茄醇（cucurbitol）、杜香醇（ledol）、苍术醇（atractylol）[7]、β,β- 二甲基苯丙酸甲酯（methyl β,β-dimethyl phenyl propionate）、樟脑（camphor）、10- 乙酰甲基 -(+)-3- 蒈烯 [10-acetylmethyl-(+)-3-decene]、3,3,6- 三甲基 -1,5- 庚二烯 -4- 酮（3,3,6-trimethyl-1,5-heptadien-4-one）、异麝香草酚（iso-thymol）、2- 亚甲基 -6,8,8- 三甲基三环 [5.2.2.0(1,6)] - 十一烷 -3- 醇 {2-methylene-6,8,8-trimethyl tricyclo [5.2.2.0 (1,6)]-undecyl-3-ol}、大根香叶酮（geranyl ketone）、二雪松烯 -1- 氧化物（dicedarene-1-oxide）、2,4- 二甲基 -2,6- 辛二烯（2,4-dimethyl-2,6-octadiene）[8]、2,5- 二羟基莰烷（2,5-dihydroxycamphane）[9]、2,4(10)- 侧柏二烯 [2,4(10)-thujadiene]、β- 蒎烯（β-pinene）、γ- 萜品烯（γ-terpinene）、伞形花酮（umbellulone）、香芹酚（carvacrol）、(E)-2- 蒈烯 -4- 醇 [(E)-2-caren-4-ol]、侧柏醇（thujol）、左旋 -4- 萜品烯醇 [(-)-4-terpineol]、α- 松油醇（α-terpineol）、桉叶素（eucalyptol）、β- 倍半水芹烯（β-sesquiphellandrene）、石竹烯氧化物（caryophyllene oxide）、7(11)- 芹子烯 -4- 醇 [7(11)-selinen-4-ol]、6,10,14- 三甲基 -2- 十五烷酮

（6,10,14-trimethyl-2-pentadecanone）[10],1,6- 二甲基庚 -1,3,5- 三烯（1,6-dimethylhepta-1,3,5-triene）[6,11],6-庚烯 -3- 酮（6-hepten-3-one）、（＋）-2- 蒈烯［（＋）-2-carene］、顺式罗勒烯（cis-ocimene）、γ- 松油烯（γ-terpinene）、菊油环酮（chrysanthenone）、异环柠檬醛（isocyclocitral）、反式松香芹醇（trans-pinocarveol）、桧酮（sabinaketone）、3- 环己烯 -1- 醇（3-cyclohexen-1-ol）、菊油乙酸（chrysanthenyl acetate）、姜烯（zingiberene）、金合欢烯（farnesene）、β- 雪松烯（β-cedrene）、α- 胡椒烯醇（α-copaene-ll-ol）、桧脑（junipercamphor）、2- 十五烷酮（2-pentadecanone）[11]、马鞭草酮（verbenone）[12,13],1,3,3- 三甲基环己烷 -1- 烯 -4- 甲醛（1,3,3-trimethylcyclohex-1-en-4-carboxaldehyde）、马鞭草烯醇乙酯（verbenyl acetate）、龙脑乙酸酯（bornyl acetate）、左旋 - 斯巴醇［（－）-spathulenol］、葎草烷 -1,6- 二烯 -3- 醇（humulane-1,6-dien-3-ol）、甜没药醇氧化物 B（bisabolol oxide B）、二表雪松烯 -1- 氧化物（diepicedrene-1-oxide）和甜没药醇氧化物 A（bisabololoxide A）等[13]；甾体类：β- 谷甾醇（β-sitosterol）、胡萝卜苷（daucosterol）和豆甾醇（stigmasterol）[9]；三萜类：β- 香树脂醇（β-amyrin）和 16,28- 二羟基羽扇醇（16,28-dihydroxylupeol）[9]；倍半萜类：菊花愈创木内酯*A、B（chrysanthguaianolactone A、B）[14],菊花愈创木内酯*C、D、E、F（chrysanthguaianolactone C、D、E、F）[15],菊花萜二醇*A（chrysanthemdiol A）、（3α,6α,8α）-8- 巴豆酰基 -3,4- 环氧愈创木 -1（10）- 烯 -12,6- 交酯［（3α,6α,8α）-8-tigloyl-3,4-epoxyguai-1（10）-en-12,6-lactone］、凹陷蓍萜（apressin）、豚草素 A（cumambrin A）、阿它钠德雷格内酯（athanadregeolide）、（3β,6β）- 桉叶 -4（14）- 烯 -3,5,6,11- 四醇［（3β,6β）-eudesm-4（14）-en-3,5,6,11-tetrol］、（＋）- 桉叶 -4（14）- 烯 -11,13- 二 醇［（＋）-eudesm-4（14）-en-11,13-diol］、柳杉二醇（cryptomeridiol）[14],3α,4α,10β- 三羟基 -8α- 乙酰氧基愈创木 -1,11（13）- 二烯 -6α,12- 交酯［3α,4α,10β-trihydroxy-8α-acetoxyguai-1,11（13）-dien-6α,12-olide］、3α,4α,10β- 三羟基 -8α- 乙酰氧基 -11βH- 愈创木 -1- 烯 -12,6α- 交酯（3α,4α,10β-trihydroxy-8α-acetoxy-11βH-guai-1-en-12,6α-olide）、8α- 当归酰氧基 -3β,4β- 二羟基 -5αH,6βH,7αH,11αH- 愈创木 -1（10）- 烯 -12,6- 交酯［8α-angelyloxy-3β,4β-dihydroxy-5αH,6βH,7αH,11αH-guai-1（10）-en-12,6-olide］和 3β,4α- 二羟基 -8α- 当归酰氧基 -1（10）,11（13）- 二烯 -6α,12- 交酯［3β,4α-dihydroxy-8α-angelyloxy-1（10）,11（13）-dien-6α,12-olide］[15]；黄酮类：芹菜素（apigenin）、金合欢素（acacetin）、木犀草素（luteolin）、香叶木素（diosmetin）、槲皮素（quercetin）、菠叶素（spinacetin）、条叶蓟素（cirsiliol）、5,7,3′,4′- 四羟基黄烷酮（5,7,3′,4′-tetrahydroxyflavanone）、甲氧基寿菊素（axillarin）、蒿黄素（artemetin）、5,3′,4′- 三羟基 -3,6,7- 三甲氧基黄酮（5,3′,4′-trihydroxy-3,6,7-trimethoxyflavone）、5,7- 羟基 -3,6,3′,4′- 四甲氧基黄酮（5,7-dihydroxy-3,6,3′,4′-tetramethoxyflavone）、3′- 甲氧基槲皮素 -3-O- 葡萄糖苷（3′-methoxy-quercetin-3-O-glucoside）、5,7,3′,4′- 四羟基二氢黄酮 -7-O-β-D- 葡萄糖苷（5,7,3′,4′-tetrahydroxyflavanone-7-O-β-D-glucoside）[9],金合欢素 -7-O-β-D- 葡萄糖苷（acacetin-7-O-β-D-glucoside）、芹菜素 -7-O-β-D- 葡萄糖苷（apigenin-7-O-β-D-glucoside）、木犀草素 -7-O-β-D- 葡萄糖苷（luteolin-7-O-β-D-glucoside）[16]、蒙花苷（linarin）、金合欢素 7-O-（6″-O- 乙酰基）-β-D- 葡萄糖苷［acacetin7-O-（6″-O-acety1）-β-D-glucoside］、香叶木素 -7-O-β-D- 葡萄糖苷（diosmetin-7-O-β-D-glucoside）[17]、圣草酚（eriodictyol）、柚皮素（naringenin）、洋艾素（artemetin）、4′- 甲氧基苜蓿素（4′-methoxytricin）、5- 羟基 -6,7,3′,4′- 四甲氧基黄酮（5-hydroxy-6,7,3′,4′-tetramethoxyflavone）、5,7- 二羟基 -3′,4′- 二甲氧基黄酮（5,7-dihydroxy-3′,4′-dimethoxyflavone）、3′,5′- 二甲氧基 -4′,5,7- 三羟基黄酮（3′,5′-dimethoxy-4′,5,7-trihydroxyflavone）、5,6- 二羟基 -3,7,3′,4′- 四甲氧基黄酮（5,6-dihydroxy-3,7,3′,4′-tetramethoxyflavone）、木犀草素 -7-O-β-D- 葡萄糖醛酸苷甲酯（luteolin-7-O-β-D-glucuronide methyl ester）、二氢槲皮素 -7-O-β-D- 葡萄糖苷（dihydroquercetin-7-O-β-D-glucoside）、圣草酚 -7-O-β-D- 葡萄糖苷（eriodictyol-7-O-β-D-glucoside）、槲皮素 -3-O-β-D- 葡萄糖苷（quercetin-3-O-β-D-glucoside）、金合欢素 -7-O-β-6″-（E）- 丁烯酰基葡萄糖苷［acacetin-7-O-β-6″-（E）-crotonylglucopyranoside）[18],木犀草素 -7-O-6″- 丙二酰基葡萄糖苷（luteolin-7-O-6″-malonyl glucoside）[19],木犀草苷（luteoloside）、槲皮素 -7-O- 半乳糖苷（quercetin-7-O-galactoside）、异槲皮苷（isoquercitrin）、芹菜素 -7-O-6- 乙酰葡萄糖苷（apigenin-7-O-6-acetylglucoside）、木犀草素 -7-O- 芸香糖苷（luteolin-7-O-rutinoside）[20]、橙皮苷（hesperidin）、

刺槐素-7-O-β-D-吡喃葡萄糖苷（acacetin-7-O-β-D-glucopyranoside）、橙皮素 7-O-β-D-吡喃葡萄糖苷（hesperetin-7-O-β-D-glucopyranoside）、菊花黄苷（chrysanthemum）和刺槐素 7-O-β-D-（3″-乙酰基）吡喃葡萄糖苷［acacetin-O-β-D-(3″-acetyl)glucopyranoside］[21]；木脂素类：菊花脂苷*A、B(chrysanthelignanoside A、B)[22]；醇苷类：黄麻香堇苷 C（corchoionoside C）、（6S,9R）-长寿花糖苷［(6S,9R)-roseoside］、9-羟基大柱香波龙-4,7-二烯-3-酮-9-O-β-D-吡喃葡萄糖苷（9-hydroxy-megastigma-4,7-dien-3-one-9-O-β-D-glucopyranoside）、4-烯丙基-2,6-二甲氧基苯基葡萄糖苷（4-allyl-2,6-dimethoxyphenylglucoside）、苯甲醇-O-β-D-吡喃葡萄糖苷（benzyl alcohol-O-β-D-glucopyranoside）、4-甲氧基苄基-β-D-葡萄糖苷（4-methoxybenzyl-β-D-glucoside）、苯乙醇-β-巢菜糖苷（phenylethanol-β-carotin）和苯甲醇-β-巢菜糖苷（benzylethano-β-carotin）[23]；环烯醚萜类：京尼平苷（genipin）[23]；苯丙素类：咖啡酸苯甲酯（phenylmethyl caffeate）[9]、绿原酸（chlorogenic acid）、4,5-二-O-咖啡酰基奎宁酸（4,5-di-O-caffeoylquinic acid）、3,5-二-O-咖啡酰奎宁酸（3,5-di-O-caffeoylquinic acid）、3,4,5-三-O-咖啡酰奎宁酸（3,4,5-tri-O-caffeoylquinic acid）、1,5-二-O-咖啡酰奎宁酸（1,5-di-O-caffeoylquinic acid）、3,4-二-O-咖啡酰奎宁酸（3,4-di-O-caffeoylquinic acid）[19]、新绿原酸（neochlorogenic acid）、隐绿原酸（cryptochlorogenic acid）、异绿原酸 A、B、C（isochlorogenic acid A、B、C）[20],1,3-二-O-咖啡酰基表奎宁酸（1,3-O-dicaffeyl diepiquinic acid）[21],2,6-二甲氧基-4-羟甲基苯酚-1-O-（6-O-咖啡酰）-β-D-吡喃葡萄糖苷［2,6-dimethoxyl-4-hydroxymethyl phenol-1-O-(6-O-caffeoyl)-β-D-glucopyranoside］、乙二醇-1-O-（6-O-咖啡酰）-β-D-吡喃葡萄糖苷［ethylene glycol-1-O-(6-O-caffeoyl)-β-D-glucopyranoside］、(2S)-丙烷-1,2-二醇 1-O-（6-O-咖啡酰）-β-D-吡喃葡萄糖苷［(2S)-propane-1,2-diol-1-O-(6-O-caffeoyl)-β-D-glucopyranoside］、丁烷-2,3-二醇-2-O-(6-O-咖啡酰)-β-D 吡喃葡萄糖苷［butane-2,3-diol-2-O-(6-O-caffeoyl)-β-D-glucopyranoside］[22]、蜡菊花苷 E(everlastoside E)和二氢丁香苷（dihydrosyringin）[23]；香豆素类：茵芋苷（skimmin）[24]；生物碱类：1-核糖醇基-2,3-二酮-1,2,3,4-四氢-6,7-二甲基喹噁啉(1-ribityl-2,3-diketo-1,2,3,4-tetrahydro-6,7-dimethyl quinoxaline）、2-（呋喃-2′-基）-5-（2″R,3″S,4″-三羟基丁基）-1,4-二嗪［2-(furan-2′-yl)-5-(2″R,3″S,4″-trihydroxybutyl)-1,4-diazine］和吲哚-3-羧基-β-D-吡喃葡萄糖苷（indole-3-carboxyl-β-D-glucopyranoside）[24]；炔苷类：3-去氧小花鬼针草炔苷 B（3-deoxybidensyneoside B）[24]；核苷类：腺苷（adenosine）[24]；醛类：3,4-二羟基苯甲醛（3,4-dihydroxy-benzaldehyde）、2,4-二羟基苯甲醛（2,4-dihydroxy-benzaldehyde）和4-羟基苯丙醛（4-hydroxyphenyl propanal）[24]。

花蕾含挥发油类：蒎烯（pinene）、龙脑（borneol）、樟脑（camphor）、反式柠檬烯氧化物（trans-limonene oxide）、反式长叶松香芹醇（trans-longipinocarveol）、葎草-1,6-二烯醇（humulane-1,6-dienol）、（-）-斯巴醇［(-)-spathulenol］、α-红没药醇（α-bisabolol）、葎草-1,6-二烯醇（humulane-1,6-dienol）[6],2-甲基-1-戊烯（2-methyl-1-pentene）、乙酸龙脑酯（bornyl acetate）、β-榄香烯（β-elemene）、正葵酸（n-decanoic acid）、反式-β-合金欢烯（trans-β-farnesene）、姜黄烯（curcumene）、α-香柠檬烯（α-bergamotene）、β-没药烯（β-bisabolene）、β-杜松烯（β-cadinene）、石竹烯氧化物（caryophyllene oxide）、β-马榄烯（β-maaliene）、α-木香醇（α-costol）、十六烷酸（hexadecanoic acid）、二十三烷（tricosane）、二十五烷（pentacosane）、(Z,Z)-9,12-十八碳二烯酸［(Z,Z)-9,12-octadecadienoic acid］和香木兰烯（alloaromadendrene）等[25]。

【药理作用】1.抗菌　花序提取的挥发油对金黄色葡萄球菌、乙型链球菌、肺炎双球菌等均有一定的抑制作用[1]；头状花序中提取的挥发油对多种常见感染菌都具有明显的抗菌作用，其最低抑菌浓度（MIC）分别为金黄色葡萄球菌＜0.05ml/L，大肠杆菌、福氏痢疾杆菌、伤寒杆菌、乙型副伤寒杆菌、痢疾杆菌 0.5～0.01ml/L，绿脓假单胞菌 0.01～0.05ml/L[2]。2.抗炎　头状花序中提取的挥发油对二甲苯所致小鼠的耳壳肿胀、角叉菜胶所致大鼠的足肿胀有抑制作用，并能减少前列腺素 E_2（PGE_2）的含量[2]；头状花序的水提取物也具显著的抗炎作用，其作用受微量元素的影响，添加微量元素后，亳菊的抗炎作用明显提高，表明微量元素对菊花的抗炎作用影响很大[3]。3.抗氧化　头状花序中提取的黄酮类化合物对羟自由基（•OH）、超氧阴离子自由基（O_2^-•）具有清除作用，且发现菊花的抗氧化作用与黄酮类化合物含量呈正相关[4]；头状花序的水提取液能明显抑制D-半乳糖所致脂质过氧化，降低血中丙二醛（MDA）、单胺氧化酶（MAO）含量，提高血中超氧化物歧化酶（SOD）、谷胱甘肽过氧化物酶（GSH-Px）含量，增强机体对自由基的清除作用，延缓衰老进程，改善机体状况[5]。4.抗肿瘤　头状花序中提取的挥发油对人肝癌HepG2细胞的增殖均具有明显的抑制作用，且呈现剂量相关性，随着剂量的增加，细胞由早期凋亡向中晚期凋亡转变，杭白菊挥发油性成分还对S180荷瘤小鼠的肿瘤生长具有抑制作用，高剂量对肿瘤抑制率达到54.94%[6]；头状花序中提取的多糖对胰腺癌PANC-1细胞的增殖具有明显的抑制作用[7]。5.改善心血管　头状花序的水提取液可明显减轻缺血再灌注引起的离体灌流心脏左室发展压、最大收缩/舒张速率、冠脉流量和左室发展压与心率乘积的抑制作用，并明显减轻缺氧/复氧引起的抑制心室肌细胞收缩幅度、最大收缩/舒张速率和细胞钙瞬态的作用，其作用可能是通过抗自由基，从而减轻缺血再灌注和缺氧/复氧对心肌收缩功能的抑制[8]；头状花序的乙酸乙酯提取物具有显著的舒血管作用，其机制既与一氧化氮（NO）介导的途径有关，也与抑制电压依从性钙通道和受体操纵性钙通道以及激活腺苷三磷酸（ATP）敏感钾通道有关[9]；头状花序提取的总黄酮能显著减少大鼠心肌缺血再灌注损伤（MIRI）的心肌梗死范围，降低血清肌酸激酶（CK）、乳酸脱氢酶（LDH）含量，升高血清和心肌组织中超氧化物歧化酶含量，降低丙二醛含量和体外血栓长度，减轻血栓干、湿质量，改善全血黏度，从而对大鼠心肌缺血再灌注损伤起到保护作用[10]。6.抗衰老、抗疲劳　头状花序的水提取物能延长果蝇平均寿命，延长小鼠的游泳时间，并能降低果蝇脂褐素的含量[11]；头状花序的水提取液可提高实验小鼠抗疲劳的能力，可下降组织耗氧量，对非特异性因素的抵抗能力具有一定的提高，这主要可能与它消除超氧阴离子自由基、提高运动耐受性有关[12]。7.调节血脂　头状花序的水提取液对饲以高脂饲料的大鼠具有抑制总胆固醇（TC）和甘油三酯（TG）升高的作用[12]。

【性味与归经】甘、苦，微寒。归肺、肝经。

【功能与主治】散风清热，平肝明目。用于风热感冒，头痛眩晕，目赤肿痛，眼目昏花。

【用法与用量】5～9g。

【药用标准】药典1963—2015、浙江炮规2015、内蒙古蒙药1986、新疆药品1980二册和台湾2013。

【临床参考】1.血管性头痛：花15g，加川芎15g，丹参、珍珠母各30g，川牛膝、白芍各10g，甘草、全蝎各6g，细辛5g，痛及后颈者加葛根20g、羌活10g；痛及前额者加白芷10g；痛及巅顶者加蔓荆子30g；情志不畅者加柴胡、郁金、川楝子各10g；肝阳上亢者加天麻、钩藤各15g；肝肾不足者加巴戟天、菟丝子各10g。每日1剂，水煎2次，两煎混合，分早、中、晚3次服用，同时配合耳针治疗，15天为1疗程[1]。

2.新生儿红斑：花100g，加金银花200g，水2000ml煮沸后，再用文火煮10～15min，去渣留取药水，将患儿置装有药液的盆中（水温39～40℃），用消毒小毛巾将药液反复洗患儿全身皮肤5～10min后擦干[2]。

3.肺经风热型急性鼻窦炎：花20g，加荆芥穗、防风、苍耳子、酒黄芩、黄连、藿香、苍术各15g，葛根20g，细辛3g，白芷、川芎、薄荷、甘草各10g，煮开12～15min后取汁，药汁冷却过程中，可用药液蒸汽熏鼻；另饭后口服，每日3次，每次60ml（儿童酌减）[3]。

4.外感风热：花12g，加桑叶12g，连翘、薄荷各6g，水煎服。

5.肝肾不足、目糊眩晕：杞菊地黄丸（花，加枸杞子、熟地黄、山茱萸、山药、泽泻、茯苓、牡丹皮）每次9g，温开水送服，每日2次。

6.风热头痛：菊花茶调散（花，加僵蚕、川芎、荆芥、白芷、甘草、羌活、细辛、防风、薄荷）每次6g，茶水或开水送服。

7.高血压、冠心病：花15～30g，水煎服。（4方至7方引自《浙江药用植物志》）

8.头风、目眩：新长嫩头嫩叶，洗净，切细，入盐同米煮粥，口服。（《遵生八笺》菊苗粥）

【附注】 菊花始载于《神农本草经》，列入上品。《本草经集注》云："菊有两种，一种茎紫，气香而味甘，叶可作羹食者，为真。……又有白菊，茎叶都相似，唯花白，五月取。"《本草衍义》云："菊花，近世有二十余种，惟单叶花小而黄绿，叶色深小而薄，应候而开者是也。"《本草图经》云："今处处有之，以南阳菊潭者为佳。初春布地生细苗，夏茂，秋花，冬实。然菊之种类颇多，有紫茎而气香，叶厚至柔嫩可食者，其花微小，味甚甘，此为真，……，南阳菊亦有两种：白菊叶大似艾叶，茎青根细，花白蕊黄；其黄菊叶似茼蒿，花蕊都黄。然今服饵家多用白者。南京又有一种开小花，花瓣下如小珠子，谓之珠子菊，云入药亦佳。"《本草纲目》云："菊之品凡百种，宿根自生，茎叶花色品品不同……其茎有株、蔓、紫、赤、青、绿之殊，其叶有大、小、厚、薄、尖、秃之异，其花有千叶单叶、有心无心、有子无子、黄白红紫、间色深浅、大小之别，其味有甘、苦、辛之辨，又有夏菊、秋菊、冬菊之分。"即为本种无疑。

药材菊花气虚胃寒，食减泄泻者慎服。

【化学参考文献】

[1] Beninger C W, Hall J C. Allelopathic activity of luteolin 7-O-β-glucuronide isolated from *Chrysanthemum morifolium* L. [J]. Biochem System Ecol, 2005, 33 (2): 103-111.

[2] Beninger C W, Abou-Zaid M M, Kistner A E, et al. A flavanone and two phenolic acids from *Chrysanthemum morifolium* with phytotoxic and insect growth regulating activity [J]. J Chem Ecol, 2004, 30 (3): 589-606.

[3] Osawa T, Suzuki A, Tamura S. Isolation of chrysartemins A and B as rooting cofactors in *Chrysanthemum morifolium* [J]. Agric Biol Chem, 1971, 35 (12): 1966-1972.

[4] Osawa T, Suzuki A, Tamura S, et al. Structure of chlorochrymorin, a novel sesquiterpene lactone from *Chrysanthemum morifolium* [J]. Tetrahedron Lett, 1973, (51): 5135-5138.

[5] Tsao R, Attygalle A B, Schroeder F C, et al. Isobutylamides of unsaturated fatty acids from *Chrysanthemum morifolium* associated with host-plant resistance against the western flower thrips [J]. J Nat Prod, 2003, 66 (9): 1229-1231.

[6] 赵欧，刘真美. 菊花和菊花蕾挥发性成分的GC/MS分析 [J]. 广州化工, 2014, 42 (7): 90-92.

[7] 官艳丽，王燕军，石琳，等. 杭白菊和杭黄菊挥发油的GC-MS分析 [J]. 分析试验室, 2006, 26 (6): 77-80.

[8] 郭巧生，王亚君，杨秀伟，等. 杭菊花挥发性成分的表征分析 [J]. 中国中药杂志, 2008, 33 (6): 624-627.

[9] 胡俊. 滁菊的化学成分及其活性研究 [D]. 合肥：安徽大学硕士学位论文, 2015.

[10] 王亚君，郭巧生，杨秀伟，等. 小亳菊及其硫磺熏制品挥发油成分的GC-MS分析 [J]. 中国中药杂志, 2007, 32 (9): 808-813.

[11] 孙玲. 江苏产菊花挥发油成分的GC-MS分析 [J]. 中国实验方剂学杂志, 2013, 19 (19): 82-85.

[12] 孙玲，王琦，杨轲. 安徽亳菊挥发油成分GC-MS分析 [J]. 辽宁中医药大学学报, 2014, 16 (12): 42-44.

[13] 王亚君，郭巧生，杨秀伟，等. 安徽产菊花挥发性化学成分的表征分析 [J]. 中国中药杂志, 2008, 33 (19): 2207-2211.

[14] Bi Y F, Jia L, Shi S P, et al. New sesquiterpenes from the flowers of *Chrysanthemum indicum* L. [J]. Helv Chim Acta, 2010, 93 (10): 1953-1959.

[15] Chen W J, Zeng M N, Li M, et al. Four new sesquiterpenoids from *Dendranthema morifolium* (Ramat.) Kitam flowers [J]. Phytochem Lett, 2018, 23: 52-56.

[16] 刘金旗，沈其权，刘劲松，等. 贡菊化学成分的研究 [J]. 中国中药杂志, 2001, 26 (8): 41-42.

[17] 谢媛媛，袁丹，田慧芳，等. 怀菊花化学成分的研究 [J]. 中国药物化学杂志, 2009, 19 (4): 276-279.

[18] 冯卫生，陈文静，郑晓珂，等. 怀菊花中黄酮类化学成分研究 [J]. 中国药学杂志, 2017, 52 (17): 26-31.

[19] 查芳芳. 黄山贡菊有效成分分离及质量评价 [D]. 合肥：安徽农业大学硕士学位论文, 2011.

[20] 李瑞明，宋伟峰，陈杰，等. 高效液相色谱串联质谱法分析菊花水提取液的化学成分 [J]. 今日药学, 2012, 22 (9): 513-518.

[21] 王亚君. 药用菊花化学成分及质量分析 [D]. 南京：南京农业大学硕士学位论文, 2007.

[22] Yang P F, Yang Y N, Feng Z M, et al. Six new compounds from the flowers of *Chrysanthemum morifolium* and their biological activities [J]. Bioorg Chem, 2019, 82: 139-144.

[23] 冯卫生，陈文静，李孟，等. 怀菊花中糖苷类化学成分研究 [J]. 中药材, 2018, 41 (2): 338-341.

[24] 杨鹏飞，何春雨，黄申，等. 杭白菊化学成分的研究 [J]. 中成药, 2019, 41 (12): 2924-2928.

【药理参考文献】

[1] 李英霞, 王小梅, 彭广芳. 不同产地菊花挥发油的抑菌作用 [J]. 陕西中医学院学报, 1997, 20 (3): 44.

[2] 殷红, 黄越燕, 蒋小红, 等. 杭白菊挥发油的抗菌抗炎作用及对PGE-2的影响 [J]. 浙江预防医学, 2007, 19 (8): 8-9, 12.

[3] 高宏. 菊花中微量元素对其抗炎作用的影响 [J]. 中医药管理杂志, 2006, 14 (1): 24-25.

[4] 张尔贤, 方黎, 张捷, 等. 菊花提取物的抗氧化活性研究 [J]. 食品科学, 2000, 21 (7): 6-9.

[5] 林久茂, 庄秀华, 王瑞国. 菊花对D-半乳糖衰老抗氧化作用实验研究 [J]. 福建中医药, 2002, 33 (5): 44.

[6] 孙桂菊, 孙菲菲, 杨立刚, 等. 杭白菊挥发油抗肿瘤作用的研究 [C]. 中国营养学会. 中国营养学会第十次全国营养学术会议, 2008.

[7] 范灵婧, 倪鑫炎, 吴纯洁, 等. 菊花多糖的结构特征及其对NF-κB和肿瘤细胞的活性研究 [J]. 中草药, 2013, 44 (17): 2364-2371.

[8] 徐万红, 曹春梅, 夏强, 等. 杭白菊提取液对抗缺血再灌注引起的离体大鼠心肌收缩功能下降 [J]. 中国病理生理杂志, 2004, 20 (5): 121-125.

[9] 蒋惠娣, 王玲飞, 周新妹, 等. 杭白菊乙酸乙酯提取物的舒血管作用及相关机制 [J]. 中国病理生理杂志, 2005, 21 (2): 128-132.

[10] 俞浩, 肖新, 刘汉珍, 等. 滁菊总黄酮对大鼠心肌缺血再灌注损伤的影响 [J]. 食品科学, 2012, 33 (15): 283-286.

[11] 唐莉莉, 赵建新, 胡春, 等. 菊花提取物抗衰老作用的实验研究 [J]. 无锡轻工大学学报, 1996, 15 (2): 119-122.

[12] 胡春, 丁霄霖, 唐莉莉, 等. 菊花提取物对实验动物抗疲劳和降血脂作用的研究 [J]. 食品科学, 1996, 17 (10): 58-62.

【临床参考文献】

[1] 曾顺安, 邓巧玲, 罗继珍. 川芎菊花汤合耳针治疗血管性头痛76例 [J]. 中国中医药现代远程教育, 2014, 12 (1): 44.

[2] 何静梅, 黄丽芳. 金银花加菊花应用新生儿红斑护理体会 [J]. 吉林医学, 2014, 35 (36): 8210-8211.

[3] 陈扬, 孙海波, 郭少武. 菊花通圣汤治疗急性鼻窦炎 (肺经风热型) 随机对照临床研究 [J]. 实用中医内科杂志, 2012, 26 (4): 63-64.

20. 匹菊属 *Pyrethrum* Zinn.

多年生草本或半灌木。叶互生; 叶片羽状或二回羽状分裂, 被弯曲的单毛、叉状分枝的毛或无毛。头状花序单生于茎顶或排列呈伞房状; 总苞浅盘状, 总苞片3～5层, 草质, 边缘白色, 或褐色或黑褐色; 花序托半球形, 无托毛; 舌状花白色、红色或黄色, 1～2层, 舌片卵形、椭圆形或条形, 雌性; 盘花管状, 黄色, 顶端5齿裂, 两性, 结实; 花药基部钝; 花柱分枝条形, 顶端截形。瘦果圆柱状或三棱状圆柱形, 有5～10棱纹, 顶端有冠状冠毛。

约100种, 分布于欧亚温带。中国10余种, 分布于西南、西北、华北各地, 法定药用植物2种。华东地区法定药用植物1种。

987. 除虫菊 (图987) • *Pyrethrum cinerariifolium* Trev. [*Tanacetum cinarariifolium* (Trev.) Sch.-Bip.; *Chrysanthemum cinerariifolium* (Trev.) Vis.]

【别名】白花除虫菊 (通称)。

【形态】多年生草木, 高15～50cm。全体乳白色。茎直立, 单生或簇生, 不分枝或自基部分枝, 被贴伏的"丁"字形或顶端分叉的短柔毛。叶互生; 基生叶花期存在, 叶片卵形或椭圆形, 长1.5～4cm, 宽1～2cm, 一至二回羽状深裂, 末回羽片条形或长圆状卵形, 先端钝或短渐尖, 全缘或有齿, 有腺点; 中部茎生叶渐大, 与基生叶同形并等样分裂; 向上叶片渐小; 叶两面银灰色, 被毛; 全部叶有叶柄, 长可达20cm。头状花序直径约3cm, 单生于枝顶或排列呈疏松伞房状; 总苞直径1.2～1.5cm, 总苞片3～4

图 987 除虫菊　　　　摄影　徐克学

层，外层披针形，中内层椭圆形，膜质边缘及先端膜质附片由外层向内层渐次加宽；舌状花白色，1轮，舌片顶端圆钝或凹入，雌性，结实；盘花管状，多数，两性。瘦果狭倒圆形，有 4～5 纵棱，光滑或有腺点；冠毛长约 1mm，边缘浅齿裂。花果期 5～8 月。

【生境与分布】华东各地有栽培，我国其他地区均有引种栽培；原产于欧洲。

【药名与部位】除虫菊，头状花序。

【化学成分】全草含倍半萜类：北美鹅掌楸醇（tulirinol）和 β- 环除虫菊内酯（β-cyclopyrethrosin）[1]；黄酮类：3,5- 二羟基 -2-（4- 羟基 -3- 甲氧基苯基）-7,8- 二甲氧基 -4H-1- 苯并吡喃 -4- 酮 [3,5-dihydroxy-2-（4-hydroxy-3-methoxyphenyl）-7,8-dimethoxy-4H-1-benzopyran-4-one] [1]；木脂素类：芝麻素（sesamin）[1]；除虫菊酯类：除虫菊素 I、II（pyrethrin I、II）、瓜叶菊素 I、II（cinerin I、II）和茉酮菊素 I、II（jasmolin I、II）[2]。

【药理作用】抗滴虫　头状花序的醇提取物可明显杀灭阴道毛滴虫[1]。

【药用标准】贵州药材 2003 附录。

【附注】除虫菊常作蚊香原料，也制成粉剂或乳油剂。敏感者接触或吸入后，可出现皮疹、鼻炎、哮喘等。吸入较多或吞服，则可引起恶心、呕吐、胃肠绞痛、腹泻、头痛、耳鸣、恶梦、晕厥等；婴儿还可出现面色苍白、惊厥等症。

同属植物红花除虫菊 Pyrethrum coccineum（Willd.）Worosch. 的头状花序在民间也作除虫菊药用。

【化学参考文献】

[1] 郑喜，王芯，万春平，等. 白花除虫菊化学成分及其生物活性的研究 [J]. 广西植物，2016，36（6）：747-751.

[2] 方忠莹. 高速逆流法分离除虫菊中除虫菊酯类成分 [C]. 中国化学会第 21 届全国色谱学术报告会及仪器展览会会议

论文集，2017.

【药理参考文献】

[1] 李泽民，房文亮，王伯霞. 除虫菊对体外阴道毛滴虫的杀灭作用实验研究［J］. 山东中医杂志，2004，23（10）：621-622.

21. 蒿属 *Artemisia* Linn.

一年生、二年生或多年生草本，稀为半灌木或小灌木，具浓烈香气。茎直立或匍匐，单生，上部多分枝，有明显纵棱；茎、枝、叶及头状花序的总苞片常被蛛丝状绵毛或为柔毛、黏质柔毛、腺毛，稀无毛。叶互生，一至三回羽状全裂、羽状深裂或全缘，裂片有锯齿。头状花序小，排成总状、复总状、穗状、复穗状花序，再组成圆锥花序；总苞钟形、半球形、椭圆形或卵球形，总苞片3～4层，覆瓦状排列，边缘透明膜质，背部绿色，有毛；花序托平或凸起，半球形或圆锥形，有托毛或无；花异型，外围1层雌花，花冠管状，顶端斜平或具2～4小齿，花柱条状，2裂；中央的两性花，花冠管状，顶端5齿裂，结实或不育；花药基部钝圆，先端附片钻状；柱头头状或2裂，先端平截或画笔状。瘦果倒卵形或圆柱形及椭圆形，无毛，具2棱；无冠毛。

300余种，分布于北半球温带。中国186种，遍布于南北各地，法定药用植物19种。华东地区法定药用植物11种。

分种检索表

1. 头状花序仅舌状花结实，中央盘花不结实。
  2. 叶片楔形或匙形，无柄，先端有齿或掌状浅裂……………………………………………牡蒿 *A. japonica*
  2. 叶片一至三回羽状分裂，裂片细，宽约1mm。
    3. 茎或小枝黄色或褐黄色；茎生叶的裂片先端钝；头状花序的舌状花3～5朵，盘花5～7朵
      ……………………………………………………………………………………茵陈蒿 *A. capillaris*
    3. 茎或小枝红褐色或紫色；茎生叶的裂片先端急尖；头状花序的舌状花6～8朵，盘花4～5朵
      ……………………………………………………………………………………猪毛蒿 *A. scoparia*
1. 头状花序的舌状花及中央盘花均能结实。
  4. 一至二年生草本；叶片二至三回羽状分裂，裂片线条形。
    5. 叶片三回羽状分裂，中轴不呈栉齿状；头状花序球形………………………………黄花蒿 *A. annua*
    5. 叶片二回羽状分裂，中轴呈栉齿状；头状花序半球形………………………………青蒿 *A. carvifolia*
  4. 多年生草本或半灌木。
    6. 叶片不分裂，上面绿色，有柔毛，下面淡绿色至灰白色，有蛛丝状毛；总苞片边缘带白色
      ……………………………………………………………………………………………奇蒿 *A. anomala*
    6. 叶片羽状分裂，上面有毛或无毛，下面有灰白色绵毛或蛛丝状毛；总苞片边缘非白色。
      7. 叶羽轴具栉齿状小裂片………………………………………………………………白莲蒿 *A. sacrorum*
      7. 叶羽轴无栉齿状小裂片。
        8. 叶裂片边缘具尖锐锯齿……………………………………………………………蒌蒿 *A. selengensis*
        8. 叶裂片边缘的锯齿不尖锐或全缘。
          9. 叶片上面有白色小腺点………………………………………………………………艾 *A. argyi*
          9. 叶片上面无白色腺点。
            10. 头状花序的管状小花紫色……………………………………………………矮蒿 *A. lancea*
            10. 头状花序的管状小花黄色……………………………………………………五月艾 *A. indica*

988. 牡蒿（图988）*Artemisia japonica* Thunb.

图988 牡蒿　　　　　　　　　　　摄影 郭增喜等

【别名】蔚，齐头蒿（江苏），布菜（山东），青蒿、香青蒿（江苏、上海），油艾（福建），花艾草（福建、浙江），六月草（浙江），熊掌草（江苏）。

【形态】多年生草本，高30～130cm，植株有香气。茎直立，基部木质化，具纵棱，上半部有分枝，被微柔毛或近无毛。基生叶和下部叶倒卵形或宽匙形，长4～6cm，常不分裂或为羽状深裂或半裂，花期枯萎；中部叶纸质，匙形，长2.5～3.5cm，宽0.5～1cm，不分裂或3～5浅裂，两面无毛或初时微被短柔毛，后无毛；上部叶小。头状花序多数，排成复总状或穗形总状花序；总苞卵形，总苞片3～4层，外层略小，外、中层卵形或长卵形，背面无毛，中脉绿色，边缘膜质，内层长卵形或宽卵形，半膜质；缘花雌性，花冠狭圆锥状，黄色，结实；中央花两性，不育，花冠管状，上部紫褐色，下部黄色。雌花的瘦果长圆形，无毛。花果期7～11月。

【生境与分布】生于路边荒野、林缘、疏林下、山坡等地。分布于华东各地，另广布于我国其他各地；东南亚、南亚及日本、朝鲜也有分布。

【药名与部位】牡蒿（青蒿），地上部分。熊掌草，幼嫩地上部分。青蒿子，带花果序。铁蒿，全草。

【采集加工】牡蒿：夏、秋二季采收，干燥。熊掌草：三、四月采收，晒干。青蒿子：秋末花开放前采收，除去枝叶和杂质，晒干。铁蒿：夏、秋二季采收，除去杂质，干燥。

【药材性状】牡蒿：茎圆柱形，上部有多数分枝，表面黄棕色，有纵向棱线。质硬，折断面粗糙，中央有白色的髓。叶多皱缩，展开后茎中部以下的叶呈楔形，绿棕色或棕褐色，先端或上部齿裂或羽裂；上部叶为匙形，有微柔毛。头状花序灰黄色，外有苞片包被，内有两性花、雌花或果实数枚。气清香，味微甘苦。

熊掌草：茎圆柱形，直径1～2mm；长8～18cm；表面棕褐色或黄棕色，具柔毛；质坚硬而脆；断面纤维状，黄白色，中央中空或具白色疏松的髓。叶大多破碎不全，皱缩卷曲，叶片匙形，上宽下窄，顶端有浅齿，黄绿色或棕褐色，叶上表面具稀毛，下表面具绒毛，质脆易碎。气香，味微苦。

青蒿子：呈卵球形，长1～1.5mm，直径约1mm，苞片光滑，3～4层，最外层较小，卵圆形，背面中间为灰绿色，革质，边缘膜质。花序梗短小，常脱落。质脆，手捻易碎。瘦果有时可察见，细小椭圆形。气清香，味微甜。

铁蒿：长60～90cm。根长圆柱形，多弯曲，长8～15cm，直径1～6mm，有少数须根，表面灰黄色或黄棕色。茎圆柱形，直径1～3mm，表面黄棕色至棕褐色，具纵棱，质硬，断面黄绿色，纤维性，中央有白色疏松的髓或中空。叶互生，质脆易脱落，灰绿色至黄绿色，皱缩卷曲或多破碎，完整者展平后，茎中部以下的叶基部楔形，先端羽状3裂，中间裂片较宽，中部以上的叶条形，全缘。气香，味淡。

【药材炮制】牡蒿：除去杂质，下半段洗净，上半段喷潮，润软，切段，低温干燥，筛去灰屑。

熊掌草：除去杂质。

青蒿子：除去杂质，筛去灰屑。

铁蒿：除去杂质，洗净，润透，切段，干燥。

【化学成分】叶含倍半萜类：牡蒿萜二醇A、B、C（artemisidiolA、B、C）[1]；三萜类：（24R）-环木菠萝-25-烯-3β,24-二醇[（24R）-cycloart-25-en-3β,24-diol]、（24S）-环木菠萝-25-烯-3β,24-二醇[（24S）-cycloart-25-en-3β,24-diol]和（23Z）-环木菠萝-23-烯-3β,25-二醇[（23Z）-cycloart-23-en-3β,25-diol][1]；黄酮类：5,4'-二羟基-6,7,3',5'-四甲氧基黄酮（5,4'-dihydroxy-6,7,3',5'-tetramethoxyflavone）和泽兰黄素（eupatorin）[1]；甾体类：β-谷甾醇（β-sitosterol）[1]；脂肪酸类：二十三烷酸（tricosanoic acid）[1]；烷醇类：正三十五醇（1-pentatriacontanol）[1]。

全草含香豆素类：6,7-二甲氧基香豆素（6,7-dimethoxycoumarin）和7,8-二甲氧基香豆素（7,8-dimethoxycoumarin）[2]；黄酮类：3,5-二羟基-6,7,3',4'-四甲氧基黄酮（3,5-dihydroxy-6,7,3',4'-tetramethoxyflavone）和8,4'-二羟基-3,7,2'-三甲氧基黄酮（8,4'-dihydroxy-3,7,2'-trimethoxyflavone）[2]；色原酮类：茵陈色原酮（capillarisin）[2]；三萜类：β-香树脂醇（β-amyrin）[2]。

【药理作用】抗氧化　茎叶水提取物可降低免疫性肝损伤模型小鼠肝组织中丙二醛（MDA）含量，升高谷胱甘肽过氧化酶（GSH-Px）及超氧化物歧化酶（SOD）的含量[1]。

【性味与归经】牡蒿：苦、微甘，寒。熊掌草：苦，寒。青蒿子：甘，凉。铁蒿：苦，寒。归肺、胆、小肠经。

【功能与主治】牡蒿：解表，清热，杀虫。用于感冒身热，劳伤咳嗽，小儿疳热，疟疾，口疮，湿疹。熊掌草：清热解毒，退虚热。用于暑热，疟疾，低热不退，风疹疥癣。青蒿子：清热，明目，杀虫。用于劳热骨蒸，目赤，痢疾，恶疮，疥癣，风疹。铁蒿：清热解表，利湿退黄，缓急止痛。用于感冒发热，肺痨咳嗽，湿热黄疸，痧症腹痛，疟疾，疮疡疥癣。

【用法与用量】牡蒿：6～9g。熊掌草：煎服4.5～9g，或捣汁；外用煎水洗。青蒿子：煎服3～6g；或研末；外用适量，煎水洗。铁蒿：煎服10～15g；外用适量。

【药用标准】牡蒿：浙江炮规2015和上海药材1994；熊掌草：上海药材1994；青蒿子：江苏药材1989和上海药材1994；铁蒿：云南彝药Ⅲ 2005六册。

【临床参考】1. 传染性肝炎：根100g，加瘦肉100g，水煎服[1]。

2. 扁桃体炎：鲜全草30～60g，切碎，水煎服。

3. 肺结核潮热、低热不退：全草、枸杞根各15g，水煎服。

4. 疟疾：鲜全草30g，水煎服。

5. 功能性子宫出血：全草、侧柏叶各30g，鲜苎麻根90g，水煎服。

6. 疥疮、湿疹：鲜全草适量，煎水洗患处。（2方至6方引自《浙江药用植物志》）

【附注】牡蒿始载于《名医别录》，列为下品，谓："牡蒿生田野，五月、八月采。"《新修本草》云："齐头蒿也，所在有之。叶似防风，细薄而无光泽。"《救荒本草》谓："生水边下湿地中，苗高一尺余，茎圆，叶似鸡儿肠，叶头微齐短，又似马兰叶，亦更齐短，其叶拊茎上，梢间出穗如黄蒿穗。"《本草纲目》载："齐头蒿三四月生苗，其叶扁而本狭，末多有秃歧，嫩时可茹，鹿食九草，此其一也。秋开细黄花，结实大如车前实，而内子微细不可见，故人以为无子也。"根据上述形态描述，对照《救荒本草》及《本草纲目》附图，应为本种。

本种的根民间也作药用。

【化学参考文献】

[1] Giang P M, Binh N T, Matsunami K, et al. Three new eudesmanes from *Artemisia japonica* [J]. Nat Prod Res, 2014, 28（9）: 631-635.

[2] 顾玉诚，屠呦呦. 牡蒿化学成分的研究 [J]. 中草药, 1993, 24（3）: 122-124.

【药理参考文献】

[1] 张德华，程鹏飞，凌玲. 牡蒿提取物抗氧化作用和遗传毒性研究 [J]. 天然产物研究与开发, 2011, 23（1）: 39-42.

【临床参考文献】

[1] 张世友. 牡蒿根治疗传染性肝炎 [J]. 河南赤脚医生, 1977,（5）: 60.

989. 茵陈蒿（图989）• *Artemisia capillaris* Thunb. [*Artemisia sacchalinensis* Tiles. ex Bess.；*Oligosporus capillaris*（Thunb.）Poljak.]

图989 茵陈蒿　　　　摄影 丁炳扬等

【别名】茵陈、因尘、绵茵陈，茵蔯蒿、茵蔯、白茵蔯（福建），日本因尘（俗称），臭蒿、安吕草（江苏）。

【形态】多年生草本或半灌木状，高30～100cm，植株有强烈香气。茎黄棕色，基部常木质化，上部多分枝，嫩枝顶端有叶丛，密被褐色丝状毛，花茎初有毛，后近无毛。叶片一至三回羽状深裂，下部叶裂片较宽短，常被短丝状毛，有长柄；中部以上叶裂片细，小裂片狭条形或丝条形，近无毛；上部叶和苞叶羽状5或3全裂，基部裂片半抱茎。头状花序多数，有短花序梗及条形小苞叶，排成复总状花序；总苞卵球形或近球形，总苞片3～4层，外层草质，卵形或椭圆形，有绿色中脉，无毛，边缘膜质，中、内层近膜质或膜质；花序托小，凸起；缘花雌性，花冠狭管状，结实；中央花两性，3～7朵，不育，花冠管状；雌花的瘦果长圆形，无毛；无冠毛。花果期7～12月。

【生境与分布】生于山坡路旁草丛中、溪河边、空旷地及海滩边砂地。分布于华东各地，另广东、广西、四川、湖南、湖北、河南、河北、陕西、辽宁、台湾均有分布；菲律宾、越南、柬埔寨、日本、朝鲜及俄罗斯远东地区也有分布。

【药名与部位】茵陈，幼苗或地上部分。

【采集加工】春季幼苗高6～10cm时采收或秋季花蕾长成时采收，除去杂质及老茎，干燥。春季采收称"绵茵陈"，秋季采收称"花茵陈"。

【药材性状】绵茵陈：多卷曲成团状，灰白色或灰绿色，全体密被白色茸毛，绵软如绒。茎细小，长1.5～2.5cm，直径0.1～0.2cm，除去表面白色茸毛后可见明显纵纹；质脆，易折断。叶具柄，展平后叶片呈一至三回羽状分裂，叶片长1～3cm，宽约1cm；小裂片狭条形或稍呈倒披针形、条形，先端锐尖。气清香，味微苦。

花茵陈：茎呈圆柱形，多分枝，长30～100cm，直径2～8mm；表面淡紫色或紫色，有纵条纹，被短柔毛；体轻，质脆，断面类白色。叶密集，或多脱落；下部叶二至三回羽状深裂，裂片条形或细条形，两面密被白色柔毛；茎生叶一至二回羽状全裂，基部抱茎，裂片细丝状。头状花序卵形，多数集成圆锥状，长1.2～1.5mm，直径1～1.2mm，有短梗；总苞片3～4层，卵形，苞片3裂；外层雌花6～10朵，最多可达15枚，内层两性花2～10枚。瘦果长圆形，黄棕色。气芳香，味微苦。

【质量要求】无梗，质柔软。

【药材炮制】绵茵陈：除去老茎，筛去灰屑；花茵陈：除去残根等杂质，搓碎或切碎。

【化学成分】花含香豆素类：茵陈素（capillarin）[1]。

地上部分含苯丙素类：6′-O-咖啡酰基-对羟基苯乙酮-4-O-β-D-吡喃葡萄糖苷（6′-O-caffeoyl-p-hydroxyacetophenone-4-O-β-D-glucopyranoside）[2],咖啡酸（caffeic acid）、绿原酸（chlorogenic acid）[3,4]，阿魏酸（ferulic acid）、阿魏酸甲酯（methyl ferulate）、对羟基桂皮酸烷基酯（alkyl p-hydroxy-cinnamate）、3-羟基-4-甲氧基桂皮酸（3-hydroxy-4-methoxycinnamic acid）、对羟基桂皮酸甲酯（methyl p-hydroxycinnamate）、反式对羟基桂皮酸（trans-p-hydroxycinnamic acid）和奎宁酸-4-O-香豆酯（quinic acid-4-O-coumarate）[4]；酚酸类：对羟基苯甲酸甲酯（methyl paraben）、3,4-二甲氧基苯甲酸（3,4-dimethoxybenzoic acid）、香草醛（vanillin）、香草酸（vanillic acid）、树脂苯乙酮（resacetophenone）和2,6-二甲氧基苯醌（2,6-dimethoxy-benzoquinone）[4]；香豆素类：6,7-二羟基香豆素（6,7-dihydroxylcoumarin）[3]，茵陈蒿素A、B、C、D（artemicapin A、B、C、D）、茵陈素（capillarin）、滨蒿内酯（scoparone）、异羽状芸香素（isosabandin）、6-甲氧基-7,8-亚甲二氧基香豆素（6-methoxy-7,8-methylenedioxycoumarin）、异东莨菪内酯（isoscopoletin）、东莨菪内酯（scopoletin）、苏格兰蒿素（arscotin）、5,7,8三甲氧基香豆素（5,7,8-trimethoxycoumarin）、5-羟基-6,7-二甲氧基香豆素（5-hydroxy-6,7-dimethoxycoumarin）、细趾蟾内酯（leptodactylone）、东莨菪苷（scopolin）、异东莨菪苷（isoscopolin）、秦皮乙素（aesculetin）和白蜡树酚甲醚（fraxinol methyl ether）[4]；黄酮类：异槲皮苷（isoquercitrin）、异鼠李素-3-O-葡萄糖苷（isorhamnetin-3-O-glucoside）[3]，茵陈蒿黄酮（arcapillin）、光牡荆素（lucenin）、光果甘草苷（liquiritin）、

橙皮苷（hesperidin）、木犀草素-3',4',7-三甲基醚（luteolin-3',4',7-trimethyl ether）、槲皮素-3-刺槐双糖苷（quercetin-3-robinobioside）、异鼠李素-5-葡萄糖苷（isorhamnetin-5-glucoside）、槲皮素-5-葡萄糖苷（quercetin-5-glucoside）、异鼠李素-3-O-刺槐双糖苷（isorhamnetin-3-O-robinobioside）、槲皮素-3-O-β-D-半乳糖苷（quercetin-3-O-β-D-galactoside）、异鼠李素-3-O-β-D-半乳糖苷（isorhamnetin-3-O-β-D-galactoside）、熊竹素（kumatakenin）、槲皮素（quercetin）、异鼠李素（isorhamnetin）、牡荆素（vitexin）、新西兰牡荆苷-II（vicenin-II）、毡毛美洲茶素（velutin）、圣草酚（chrysoeriol）、滨蓟黄素（cirsimaritin）、中国蓟醇（cirsilineol）和蒿素A（artemisidin A）[4]；色原酮类：茵陈色原酮（capillarisin）、7-甲基茵陈色原酮（7-methylcapillarisin）、6-去甲氧基茵陈色原酮（6-demethoxycapillarisin）和6-去甲氧基-4'-甲基-陈色原酮（6-demethoxy-4'-methyl-capillarisin）[4]；木脂素类：和厚朴酚（honokiol）、（+）-芝麻素［（+）-sesamin］、9-β-吡喃木糖基-（+）-异落叶松脂素［9-β-xylopyranosyl-（+）-isolariciresinol］和河溪花椒脂素（pluviatide）[4]；三萜类：齐墩果酸（oleanolic acid）和熊果酸（ursolic acid）[3]；二萜类：植醛（phytal）[4]；叶绿素类：13^2-羟基（13^2-R）脱镁叶绿素b［13^2-hydroxy（13^2-R）pheophytin b］和13^2-羟基（13^2-S）脱镁叶绿素a［13^2-hydroxy（13^2-S）pheophytin a］[4]；炔类：茵陈丁A、B、C、D、E、F、G、H（capillaridin A、B、C、D、E、F、G、H）、茵陈二炔（capillene）、毛蒿素（capillin）和O-甲氧基茵陈二炔（O-methoxycapillene）[4,5]；生物碱类：6-氨基-9-［1-（3,4-二羟基苯基）乙基］-9H-嘌呤{6-amino-9-［1-（3,4-dihydroxyphenyl）ethyl］-9H-purine}[2]。

全草含苯丙素类：茵陈酚（capillarol）[6]、1-（4-羟基-3-甲氧基苯基）-丙烷-1-酮［1-（4-hydroxy-3-methoxyphenyl）-propan-1-one］、咖啡酸（caffeic acid）、对羟基-反式-桂皮酸乙酯（ethyl p-hydroxy-trans-cinnamate）和咖啡酸乙酯（ethyl caffeoate）[7]；黄酮类：异鼠李素-3-O-β-D-吡喃葡萄糖苷（isorhamnetin-3-O-β-D-glucopyranoside）、柚皮苷元-7-O-β-Dglucopyranoside（naringenin-7-O-β-Dglucopyranoside）、鼠李柠檬素（rhamnocitrin）[7]、泽兰利亭（eupatolitin）和茵陈蒿黄酮（arcapillin）[8]；炔类：8-（E）-十碳烯-4,6-二炔-1,10-二醇［8-（E）-decene-4,6-diyne-1,10-diol］、十碳-9-烯-4,6-二炔-1,8-二醇-1-O-β-D-吡喃葡萄糖苷（deca-9-en-4,6-diyne-1,8-diol-1-O-β-D-glucopyranoside）、美洲树参炔醇B（dendroarboreol B）、（3S）-16,17-二去氢镰叶芹醇［（3S）-16,17-didehydrofalcarinol］和（3S,8S）-16,17-去氢镰叶芹醇［（3S,8S）-16,17-dehydrofalcarindiol］[7]；二萜类：植醇（phytol）[7]；倍半萜类：薛荔苷A（pumilaside A）、7-桉叶-4（15）-烯-1β,6α-二醇［7-eudesm-4（15）-en-1β,6α-diol］和（6R,9R）-3-酮基-α-紫罗兰醇-9-O-β-D-吡喃葡萄糖苷［（6R,9R）-3-oxo-α-ionol-9-O-β-D-glucopyranoside］[7]；香豆素类：伞形花内酯（umbelliferone）、东莨菪内酯（scopoletin）、异东莨菪内酯（isoscopoletin）、滨蒿内酯（scoparone）和秦皮乙素（esculetin）[7]；木脂素类：（+）-表松脂醇［（+）-epipinoresinol］和（+）-杜仲树脂酚［（+）-medioresinol］[7]；酚类：水杨酸（salicylic acid）、4-羟基-3,5-二甲氧基苯甲醛（4-hydroxy-3,5-dimethoxybenzaldehyde）、3,4-二羟基苯甲醛（3,4-dihydroxybenzaldehyde）、4-羟基苯甲酸（4-hydroxybenzoic acid）、乙基-4-羟基苯甲酸（ethyl-4-hydroxybenzoic acid）、原儿茶酸（protocatechuic acid）和抱茎苦荬菜宁素B（sonchifolinin B）[7]；生物碱类：6-氨基-9-［1-（3,4-二羟基苯基）乙基］-9H-嘌呤{6-amino-9-［1-（3,4-dihydroxyphenyl）ethyl］-9H-purine}和4-甲氧基烟酸（4-methoxynicotinic acid）[7]；甾体类：豆甾-4-烯-3-酮（stigmast-4-en-3-one）[7]；色原酮类：茵陈色原酮（capillarisin）[9]；环己酮酸类：块茎酮酸（tuberonic acid）[7]。

芽含香豆素类：6,7-二甲氧基香豆素（6,7-dimethoxycoumarin）[10]。

【药理作用】1. 抗氧化　地上部分乙醇提取物的乙酸乙酯萃取部位可抑制高脂饮食所致的肥胖模型小鼠活性氧的积累，减少氧化应激底物的产生[1]。2. 抗脂肪细胞凋亡　地上部分的30%乙醇提取物可显著改善油酸和棕榈酸混合物诱导的HepG2细胞脂肪变性，调节caspase-3、caspase-9、Bax及Bcl-2至正常水平，抑制c-Jun NH2末端激酶（JNK）和PUMA的激活[2]。3. 抗肿瘤　叶的50%乙醇提取物可强烈抑制HCC细胞系（HepG2和HepG2）的生长和增殖，增加caspase-3及PARP的表达，减少XIAP表达，增加线粒体膜电位的细胞色素c释放[3]；干燥幼嫩茎叶水提取物可减少实验性食道肿瘤大鼠病变组织 p53 和 CDK2 的表达[4]。4. 降脂护肝　从地上部分提取的总多酚可显著降低高脂饮食所致的肥胖大鼠体重，显著降低血清总胆固醇（TC）、甘油三脂（TG）及低密度脂蛋白胆固醇（LDL-C）含量，减少肝脏脂质含量、血清谷丙转氨酶（ALT）及天冬氨酸氨基转移酶（AST）含量[5]；地上部分的提取物可显著降低高脂饮食所致的高脂血模型大鼠血清总胆固醇、甘油三脂及低密度脂蛋白胆固醇含量，升高血清中高密度脂蛋白胆固醇（HDL-C）含量，并减轻高脂血症大鼠肝脂肪病变，降低肝脏丙二醛（MDA）含量，提高超氧化物歧化酶（SOD）含量[6]，可显著降低高脂饲养大鼠血清胰岛素含量，使胰岛素敏感指数和胰岛素抵抗指数恢复正常，显著提高超氧化物歧化酶含量，降低丙二醛含量，降低总胆固醇、甘油三脂、游离脂肪酸和低密度脂蛋白（LDL）含量，升高高密度脂蛋白（HDL）含量，显著降低谷丙转氨酶及天冬氨酸氨基转移酶含量，改善肝脏脂肪病变[7]；从地上部分提取的总黄酮可显著降低由四氯化碳（CCl_4）诱导的肝损伤模型小鼠血清中的谷丙转氨酶、天冬氨酸氨基转移酶含量，有较好的保护肝脏的作用[8]。5. 抗胃黏膜损伤　叶的水提取物可降低盐酸/乙醇所致的大鼠胃黏膜损伤，且呈剂量依赖性，通过增加超氧化物歧化酶活性显着抑制脂质过氧化物的形成，减少核转录因子-κB（NF-κB）、白细胞介素-6（IL-6）和白细胞介素-1β（IL-1β）的含量[9]。6. 抗糖尿病肾病　地上部分的提取物可显著减轻链脲佐菌素所致的糖尿病模型大鼠肾小球系膜聚集，显著降低尿白蛋白排泄率，显著升高 miR-672-5p 相对表达量，显著降低 miR-21-5p 及 miR-1306-3p 表达量[10]；地上部分的水提取物可抑制四氧嘧啶所致的小鼠空腹血糖升高[11]。7. 舒张血管　芽的丙酮提取物可显著抑制去甲肾上腺素对兔胸主动脉螺旋条的收缩反应，有效成分为东喘宁，即 6,7-二甲氧基香豆素（6,7-dimethoxycoumarin），可抑制去甲肾上腺素、5-羟色胺及组氨酸对血管平滑肌的收缩作用[12]。

【性味与归经】 苦、辛，微寒。归脾、胃、肝、胆经。

【功能与主治】 清湿热，退黄疸。用于黄疸尿少，湿疮瘙痒；传染性黄疸型肝炎。

【用法与用量】 煎服 6～15g；外用适量，煎汤熏洗。

【药用标准】 药典1963—2015、浙江炮规2015、内蒙古蒙药1986、新疆药品1980二册、新疆维药1993、香港药材六册和台湾2013。

【临床参考】 1. 药物性肝损伤：地上部分20~30g，加黄芩、赤芍、栀子、泽泻、金钱草、白术、焦山楂各15g，柴胡、枳壳、郁金各12g，加生大黄（后下）3~6g、五味子10g、甘草6g、车前草20g、皮肤瘙痒者加地肤子、白鲜皮各15g；胁肋疼痛严重者加姜黄15g；肝脾肿大者加牡丹皮10g，赤芍、丹参各15g。水煎服，每日2次，每日1剂，4周为1疗程[1]。

2. 急性黄疸型肝炎：地上部分15g，加栀子、厚朴各10g，大黄6g，茯苓、车前子、丹参、赤芍各15g，甘草4g，伴胁痛较重者加柴胡8g，郁金10g；恶心欲吐、纳呆者加焦麦芽、焦山楂、焦神曲各15g，陈皮、竹茹各10g，生姜6g；脘腹痞满便溏者加白术12g，干姜5g；转氨酶明显升高者加垂盆草20g，五味子10g；大小便不利或出现腹水者加大腹皮15g，白茅根、车前草各20g；发热者加连翘、金银花，体质虚弱者加太子参。水煎2次，分2~3次服，每日1剂[2]。

3. 急慢性肝衰竭：地上部分30~60g，加炮附子（先煎）、干姜、炙甘草各10g，热象者加郁金、大黄、虎杖；脾虚者加黄芪、党参、山药；阴虚者加枸杞子、沙参；纳差者加鸡内金；瘀者加赤芍、鳖甲；湿盛者加茯苓、猪苓；腹胀者加炒莱菔子、枳实、厚朴。水煎300ml，分早晚2次饭后温服，每日1剂，同时采取西医综合治疗[3]。

4. 新生儿高胆红素血症：地上部分6g，加生大黄、生山栀、淡竹叶各6g，陈皮、生甘草各3g，水煎2次，分2次口服；同时结合光疗[4]。

5. 非酒精性脂肪肝：地上部分30g，加茯苓、泽泻各30g，炒白术15g，猪苓12g，肉桂5g，同时口服辛伐他汀片10mg，每日1次；并合理饮食，加强锻炼[5]。

6. 湿热型湿疹：地上部分15g，加黄芩、大黄、生甘草各9g，萆薢、生薏苡仁各15g，炒栀子10g、车前子12g、土茯苓30g，水煎服，每日1剂，每日2~3次[6]。

7. 胆囊、胆道感染、胆道泥砂状结石、胆道蛔虫症、急性胰腺炎：地上部分 30g，加生大黄（开水冲泡或后下、切勿久煎）、芒硝、厚朴、枳实各 30g，水煎服，每日 1 剂，一般不超过 3 剂，服药后，待峻泻开始即减去行气泻下药芒硝、生大黄，酌加清热利胆药；或地上部分 30g，加活血丹、过路黄各 30g，海金沙藤 60g、红枣 7 枚，水煎服。

8. 预防流行性感冒：地上部分 6~9g，水煎服。

9. 风疹、湿疹：地上部分 60~120g，水煎洗患处。（7 方至 9 方引自《浙江药用植物志》）

【附注】茵陈在《神农本草经》中被列为上品。《本草经集注》云："今处处有之，茵陈似蓬蒿而叶紧细，秋后茎枯，经冬不死，至春又生。"《本草纲目》云："今山茵陈二月生苗，其茎如艾，其叶如淡色青蒿而背白，叶歧紧细而扁整，九月开细花，黄色，结实大如艾子……。"即似本种及猪毛蒿（滨蒿）Artemisia scoparia Waldst. et Kit.。

目前茵陈蒿药材为其幼苗，而古代则用带花全草，其采收期均在花期。例如，《名医别录》载："五月及立秋采，阴干。"《本草纲目》载："五月、七月采茎叶，阴干。"研究表明茵陈蒿中利胆成分香豆素，在苗期含量极低，在花蕾待放时含量最高，因此当需发挥其利胆作用时，宜以带花全草入药。

药材茵陈脾虚血亏而致的虚黄、萎黄者不宜服用。

同属植物细裂叶莲蒿（万年蒿）Artemisia gmelinii Web. ex Stechm. 及冷蒿 Artemisia frigida Willd. 的幼苗民间也作茵陈蒿药用。

【化学参考文献】

[1] Yano K. Minor components from growing buds of Artemisia capillaris that act as insect antifeedants [J] J Agric Food Chem, 1987, 35（6）：889-891.

[2] Ma H Y, Sun Y, Zhou Y Z, et al. Two new constituents from Artemisia capillaris Thunb. [J]. Molecules, 2008, 13（2）：267-271.

[3] 王志伟, 谭晓杰, 马婷婷, 等. 茵陈化学成分的分离与鉴定 [J]. 沈阳药科大学学报, 2008, 25（10）：781-784.

[4] Wu T S, Tsang Z J, Wu P L, et al. New constituents and antiplatelet aggregation and anti-HIV principles of Artemisia capillaries [J]. Bioorg Med Chem, 2001, 9（1）：77-83.

[5] Wu T S, Tsang Z J, Wu P L, et al. Phenylalkynes from Artemisia capillaris Phytochemistry, 1998, 47（8）：1645-1648.

[6] Ueda J, Yokota T, Takahashi N, et al. A root growth-promoting factor, capillarol, from Artemisia capillaris Thunb. [J]. Agric Biol Chem, 1986, 50（12）：3083-3086.

[7] Zhao Y, Sun C L, Wang H, et al. Polyacetylenes and anti-hepatitis B virus active constituents from Artemisia capillaries [J]. Fitoterapia, 2014, 95：187-193.

[8] Kiso Y, Sasaki K, Oshima Y, et al. Liver-protective drugs. 5. validity of the oriental medicines. Part 42. structure of arcapillin, an antihepatotoxic principle of Artemisia capillaris herbs [J]. Heterocycles, 1982, 19（9）：1615-1617.

[9] Komiya T, Tsukui M, Oshio H. Capillarisin, a constituent from Artemisiae capillaris herba [J]. Chem Pharm Bull, 1975, 23（6）：1387-1388.

[10] Yamahara J. 茵陈蒿芽的提取物及活性成分的血管舒张作用 [J]. 国外医药·植物药分册, 1990, 5（3）：133-134.

【药理参考文献】

[1] Hong J H, Lee I S. Effects of Artemisia capillaris ethyl acetate fraction on oxidative stress and antioxidant enzyme in high-fat diet induced obese mice [J]. Chemico-Biological Interactions, 2009, 179：88-93.

[2] Jang E, Shin M H, Kim K S, et al. Anti-lipoapoptotic effect of Artemisia capillaris extract on free fatty acids-induced HepG2 cells [J]. BMC Complementary and Alternative Medicine, 2014, 14（1）：253-261.

[3] Kim J, Jung K H, Yan H H, et al. Artemisia capillaris leaves inhibit cell proliferation and induce apoptosis in hepatocellular carcinoma [J]. BMC Complementary and Alternative Medicine, 2018, 18（1）：147-156.

[4] 洪振丰, 高碧珍, 许碧玉, 等. 茵陈蒿对实验性食道肿瘤大鼠 P53 和 cdk2 表达的影响 [J]. 康复学报, 2016, 11（2）：36-37.

[5] Lim D W, Kim Y T, Jang Y J, et al. Anti-obesity effect of Artemisia capillaris extracts in high-fat diet-induced obese rats [J]. Molecules, 2013, 18（8）：9241-9252.

[6] 王琛，崔金环，魏蕾．茵陈提取物对 SD 大鼠高脂血症模型血脂水平和肝脂肪变的影响 [J]．中华中医药学刊，2010，28（8）：1738-1740．

[7] 王小英，潘竞锵，肖柳英，等．茵陈蒿提取物对高脂诱导大鼠增强胰岛素敏感性及抗脂肪肝作用的研究 [J]．中国药房，2007，18（21）：1603-1606．

[8] 牛筛龙，吴之琳，姚晶晶．茵陈总黄酮对四氯化碳所致大鼠慢性肝损伤的保护作用 [J]．武警医学，2015，26（2）：162-166．

[9] Yeo D, Hwang S J, Kim W J, et al. The aqueous extract from, *Artemisia capillaris*, inhibits acute gastric mucosal injury by inhibition of ROS and NF-κB [J]. Biomedicine & Pharmacotherapy, 2018, 99: 681-687.

[10] 孙成博，孙波，刘春禹，等．茵陈提取物对糖尿病大鼠肾组织中 miRNAs 表达谱的影响及其肾脏保护作用 [J]．吉林大学学报（医学版），2018，44（271）：39-44．

[11] 潘竞锵，刘广南，刘惠纯，等．茵陈蒿对小鼠血糖、血脂的影响 [J]．中药材，1998，21（8）：408-411．

[12] Yamahara J．茵陈蒿芽的提取物及活性成分的血管舒张作用 [J]．国外医药•植物药分册，1990，5（3）：133-134．

【临床参考文献】

[1] 李保义，吕晓峰，安春棉，等．茵陈蒿汤加味治疗药物性肝损伤 65 例 [J]．中国实验方剂学杂志，2013，19（20）：285-288．

[2] 邵靓杰．茵陈蒿汤治疗急性黄疸型肝炎 78 例 [J]．中国中医急症，2012，21（3）：489．

[3] 陈月桥，毛德文，唐农，等．茵陈四逆汤加减治疗慢加急性肝衰竭 [J]．中国实验方剂学杂志，2015，21（18）：163-166．

[4] 王晓鸣，陶钧，裴宇，等．茵陈退黄方治疗新生儿高胆红素血症的临床研究 [J]．中华中医药杂志，2014，29（2）：456-458．

[5] 刘慕．茵陈五苓散治疗非酒精性脂肪肝疗效观察 [J]．现代中西医结合杂志，2016，25（6）：636-638．

[6] 宁娟，计莉，曾令济．茵陈蒿汤加减治疗湿热型湿疹 56 例报告 [J]．基层医学论坛，2007，11（3）：223-223．

990. 猪毛蒿（图 990）• *Artemisia scoparia* Waldst. et Kit.

图 990　猪毛蒿　　　　摄影　李华东

【别名】滨蒿，土茵蒢、土茵陈（福建、江苏），石茵蒢、山茵蒢（福建），石茵陈、山茵陈、西茵陈、北茵陈、同蒿（中国植物志）。

【形态】多年生或一年生、二年生草本，高达80cm，有香味。茎直立，红褐色或紫色，上部有分枝，初被白色或灰黄色柔毛，后渐无毛。嫩枝上的叶密集簇生，密被白色丝状毛；花茎下部叶与不育茎的叶同形，叶二至三回羽状全裂，裂片条形先端钝，基部圆形，两面常密被绢毛或上面无毛，具长柄；中部叶片一至二回羽状全裂，裂片极细，无毛，柄短；上部叶片羽状分裂、3裂或不裂，无柄。头状花序多数，排成复总状花序；总苞卵形，总苞片2～4层，外层草质，卵形，背面绿色，无毛，边缘膜质，中、内层长卵形或椭圆形，半膜质；花序托小，凸起；缘花管状，雌性，结实；中央花管状，两性，不育。雌花的瘦果倒卵形或长圆形，褐色。花果期7～11月。

【生境与分布】生于山坡、旷野、路旁及林缘灌丛中。分布于华东各地，另全国其他各地均有分布；朝鲜、日本、伊朗、土耳其、阿富汗、巴基斯坦、印度、俄罗斯及欧洲东部和中部也有分布。

【药名与部位】茵陈，地上部分。

【采集加工】春季幼苗高6～10cm时采收或秋季花蕾长成至花初开时采收，除去杂质及老茎，干燥。春季采收称绵茵陈，秋季采收称花茵陈。

【药材性状】绵茵陈：多卷曲成团状，灰白色或灰绿色，全体密被白色茸毛，绵软如绒。茎细小，长6～10cm，直径1～2mm，除去表面白色茸毛后可见明显纵纹；质脆，易折断。叶具柄，展平后叶片呈一至三回羽状分裂，叶片长1～3cm，宽约1cm；小裂片条形或细条形，先端锐尖。气清香，味微苦。

花茵陈：茎呈圆柱形，多分枝，长30～100cm，直径2～8mm；表面淡紫色或紫色，有纵条纹，被短柔毛；体轻，质脆，断面类白色。叶密集，或多脱落；下部叶二至三回羽状深裂，裂片条形或细条形，两面密被白色柔毛；茎生叶一至二回羽状全裂，基部抱茎，裂片细丝状。头状花序卵形，多数集成圆锥状，长1.2～1.5mm，直径1～1.2mm，有短梗；总苞片3～4层，卵形，苞片3裂；外层雌花6～10朵，最多可达15朵，内层两性花2～10朵。瘦果长圆形，黄棕色。气芳香，味微苦。

【药材炮制】绵茵陈：除去老茎，筛去灰屑；花茵陈：除去残根等杂质，搓碎或切碎。

【化学成分】根含甾体类：13,14-裂环-胆甾-5-烯-3β,27-二醇-27-甲醇酯-3β-十六碳-11′,13′,15′-三烯-1′-酰酯（13,14-seco-cholest-5-en-3β,27-diol-27-methanoate-3β-hexadeca-11′,13′,15′-trien-1′-oate）和13,14-裂环-胆甾-7-烯-3,6α,27-三醇-3,27-二辛-5,7-二烯酰酯（13,14-seco-cholest-7-en-3,6α,27-triol 3,27-diocta-5,7-dienoate）[1]；三萜类：9β-羊毛脂-5-烯-3α,27-二醇-3α-棕榈油酰酯（9β-lanosta-5-en-3α,27-diol-3α-palmitoleate）[1]。

叶含单萜：对伞花烃（p-cymene）和β-月桂烯（β-myrcene）[2]。

花蕾含黄酮类：胡麻素（pedalitin）、5,7,2′,4′-四羟基-6,5′-二甲氧基黄酮（5,7,2′,4′-tetrahydroxy-6,5′-dimethoxyflavone）、泽兰叶黄素（eupafolin）、海棠苷（hyperin）[3]和华良姜素（kumatakenin）[4]；香豆素类：6,7-二甲氧基香豆素（6,7-dimethoxycoumarin）、茵陈香豆酸乙（capillartemisin B）和异东莨菪内酯-β-D-葡萄糖苷（isoscopoletin-β-D-glucoside）[4]；色原酮类：6-去甲基茵陈色原酮（6-demethylcapillarisin）[4]。

地上部分含黄酮类：木犀草素（luteolin）、棕矢车菊素（jaceosidin）、金圣草素-7-O-β-D-吡喃葡萄糖苷（chrysoeriol-7-O-β-D-glucopyranoside）、柯伊利素（chrysoeriol）、仙人掌苷（cacticin）、槲皮素-7-O-α-L-吡喃鼠李糖苷（quercetin-7-O-α-L-rhamnopyranoside）和异鼠李素-3-O-β-D-吡喃葡萄糖苷（isorhamnetin-3-O-β-D-glucopyranoside）[5]；色原酮类：茵陈色原酮（capillarisin）[6]和6-去甲氧基茵陈色原酮（6-demethoxycapillarisin）[7]；香豆素类：东莨菪内酯（scopoletin）、异萨班亭（isosabandin）、7-甲氧基香豆素（7-methoxycoumarin）、异东莨菪内酯-β-D-吡喃葡萄糖苷（scopoletin-β-D-glucopyranoside）、6,7-二甲基七叶树内酯（6,7-dimethylesculetin）[6]、8-甲氧基-6,7-亚甲二氧基香豆素（8-methoxy-6,7-methylenedioxycoumarin）和5,8-二甲氧基-6,7-亚甲二氧基香豆素（5,8-dimethoxy-6,7-methylenedioxycoumarin）[7]；苯丙素类：绿原酸正丁酯（butyl chlorogenate）[6]。

全草含苯丙素类：咖啡酸（caffeic acid）和绿原酸（chlorogenic acid）[8]；黄酮类：芦丁（rutin）[8]；香豆素类：滨蒿内酯（scoparone）[8]；其他尚含：滨蒿醛（scoparal）[9]。

【药理作用】1. 抗缺氧　地上部分提取物可清除密闭缺氧损伤模型小鼠体内和大鼠肾上腺嗜铬细胞瘤克隆化细胞株（PC12）细胞缺氧损伤模型大鼠体外的1,1-二苯基-2-三硝基苯肼（DPPH）自由基[1]。2. 护肝　地上部分30%的醇提取物高、中剂量组可显著降低由0.1%四氯化碳（CCl_4）诱导的肝损伤模型小鼠血清中的谷丙转氨酶（ALT）、天冬氨酸氨基转移酶（AST）含量，有较好的保护肝脏的作用[2]；全草的甲醇提取物预处理给药，可对抗对乙酰氨基酚所致小鼠、大鼠肝损伤，降低血清中的谷丙转氨酶、天冬氨酸氨基转移酶的含量[3]。3. 抗病毒　地上部分水提取的黄酮类成分对甲、乙型流感病毒所致细胞病变的半数抑制浓度（IC_{50}）分别为74.6μg/ml、98.5μg/ml，将其灌胃于流感病毒性肺炎模型小鼠，有明显的保护作用，小鼠死亡保护率分别为36.4%、54.5%，生命延长率分别为29.0%、38.2%[4]；从地上部分提取的黄酮成分能明显降低甲型流感病毒PR/8/H1N1感染小鼠的肺指数，明显降低肺匀浆中的白细胞介素-6（IL-6）含量，且在0.4g/kg剂量下可明显降低肺匀浆中白细胞介素-8（IL-8）的含量，提示其总黄酮对甲型流感病毒感染小鼠有明显的治疗作用，对甲型流感病毒所致细胞病变有明显的抑制作用[5]。4. 免疫调节　从地上部分提取的总黄酮通过测定绵阳红细胞免疫小鼠血清中的IgM抗体水平，发现总黄酮可促进刀豆蛋白A（ConA）诱导的脾淋巴细胞分泌白细胞介素-2（IL-2），并可提高血清中IgM、IgG和肿瘤坏死因子（TNF-α）的水平发挥免疫调节作用[6]。5. 抗炎、镇咳　从地上部分提取的总黄酮对小鼠耳廓炎性肿胀有明显的抑制作用，在0.2g/kg、0.4g/kg剂量下肿胀抑制率均为29.4%，对冰醋酸所致小鼠腹腔毛细血管炎性渗出也有一定的抑制作用，在0.4g/kg剂量下其抑制率为29.9%[7]，总黄酮对氨水所致小鼠咳嗽有一定的镇咳作用，在0.2g/kg、0.4g/kg剂量下的镇咳抑制率分别为22.2%、35.6%，对柠檬酸引起的豚鼠咳嗽也有较强的镇咳作用[7]。

【性味与归经】苦、辛，微寒。归脾、胃、肝、胆经。

【功能与主治】清湿热，退黄疸。用于黄疸尿少，湿疮瘙痒；传染性黄疸型肝炎。

【用法与用量】煎服6～15g；外用适量，煎汤熏洗。

【药用标准】药典1977—2015、浙江炮规2015、内蒙古蒙药1986、新疆药品1980二册、新疆维药1993、香港药材六册和台湾2013。

【化学参考文献】

[1] Sharma, S K, Ali M, Singh R. New 9β-lanostane-type triterpenic and 13, 14-seco-steroidal esters from the roots of *Artemisia scoparia* [J]. J Nat Prod, 1996, 59（2）：181-184.

[2] Singh H P, Kaur S, Mittal S, et al. Phytotoxicity of major constituents of the volatile oil from leaves of *Artemisia scoparia* Waldst. & Kit [J]. Zeitschrift fuer Naturforschung, C：Journal of Biosciences, 2008, 63（9/10）：663-666.

[3] 林生, 肖永庆, 张启伟, 等. 滨蒿化学成分的研究（Ⅱ）[J]. 中国中药杂志, 2004, 29（2）：152-154.

[4] 林生, 肖永庆, 张启伟, 等. 滨蒿化学成分的研究（Ⅲ）[J]. 中国中药杂志, 2004, 29（5）：429-431.

[5] 谢韬, 刘净, 梁敬钰, 等. 滨蒿炔类和黄酮类成分研究Ⅱ[J]. 中国天然药物, 2005, 32（2）：86-89.

[6] 谢韬, 梁敬钰, 刘净, 等. 滨蒿化学成分的研究[J]. 中国药科大学学报, 2004, 35（5）：401-403.

[7] 罗群会, 王乃利, 刘宏伟, 等. 滨蒿的化学成分[J]. 沈阳药科大学学报, 2006, 23（8）：492-494, 500.

[8] Han D D, Tian M L, Row K H. Isolation of four compounds from herba *Artemisiae scopariae* by preparative column HPLC [J]. J Liq Chromatogr Relat Technol, 2009, 32（16）：2407-2416.

[9] Ali M S, Jahangir M. Scoparal：a new aromatic constituent from *Artemisia scoparia* Waldst [J]. J Chem Soc Pak, 2008, 30（4）：609-611.

【药理参考文献】

[1] 罗群会. 滨蒿（*Artemisia scoparia*）抗缺氧活性成分的研究[D]. 沈阳：沈阳药科大学硕士学位论文, 2006.

[2] 仲雨, 秦明珠. 茵陈大孔树脂提取物对CCl_4所致肝损伤的影响[J]. 安徽医药, 2007, 11（1）：13-14.

[3] Gilani A U H, Janbaz K H. Protective effect of *Artemisia scoparia* extract against acetaminophen-induced hepatotoxicity [J].

General Pharmacology，1993，24（6）：1455-1458.
[4] 黄华，姚华，王玉梅，等．滨蒿总黄酮提取物的抗流感病毒作用[J]．中华中医药杂志，2012，27（5）：1452-1454.
[5] 姚华，刘燕，杨巧丽，等．滨蒿总黄酮体内外抗甲型流感病毒作用的研究[J]．西北药学杂志，2018，33（2）：193-196.
[6] 王玉梅，刘燕，王雪，等．滨蒿总黄酮对小鼠免疫功能的影响[J]．西北药学杂志，2011，26（3）：189-192.
[7] 史银基，司丽君，刘燕，等．滨蒿总黄酮抗炎、镇咳、解热作用的实验研究[J]．新疆医科大学学报，2015，38（5）：574-577.

991. 黄花蒿（图991）• *Artemisia annua* Linn.

图991　黄花蒿　　　摄影　张芬耀

【别名】青蒿、草蒿、黄香蒿、野苘蒿（江苏），黄蒿（安徽），秋蒿、野苦草（上海），鸡虱草（江西），臭蒿（江西宁岗）。

【形态】一年生草本，高40～120cm，具强烈香气。茎直立，稍具纵棱，中上部多分枝；茎、枝、叶及总苞片背面无毛或初时微被稀疏短柔毛，后无毛。基生叶和下部叶花期枯萎；中部叶卵形，长4～6cm，宽2～4.5cm，二至三回栉齿状羽状深裂，小裂片栉齿状三角形，稀为细短狭条形，下面黄绿色，稍具白色腺点，中脉在上面稍凸起，叶轴和羽轴两侧有狭翅；上部叶和苞叶一至二回栉齿状羽状深裂。头状花序多数，直径1.5～2.5mm，排成总状或复总状，再组成圆锥花序；总苞半球形，无毛，总苞片2～3层，外层狭小，中脉绿色，边缘膜质，中、内层较大，长圆形，边缘宽膜质；花序托凸起，半球形；缘花雌性，深黄色，花冠狭管状；中央花两性，多数，结实或中央的少数花不育，花冠管状。瘦果椭圆状卵形，略扁；无冠毛。花果期8～11月。

【生境与分布】生于山坡路旁及荒草地。分布于华东各地，另我国其他各地均有分布；欧洲、亚洲及北美洲也有分布。

【药名与部位】青蒿子，带总苞的果序。青蒿（黄花蒿），地上部分。青蒿梗，茎。

【采集加工】青蒿子：秋季果实成熟时采收，干燥。青蒿：花未盛开前采收，低温干燥。青蒿梗：秋季采收，切短段或厚片，干燥。

【药材性状】青蒿子：完整的果序呈球形，直径1.5～2mm，有短梗。总苞片2～3层，外层狭长圆形，绿色，内层椭圆形，边缘宽膜质。瘦果长圆形至椭圆形，长约0.7mm，褐色。气香，味苦。

青蒿：茎呈圆柱形，上部多分枝，长30～80cm，直径0.2～0.6cm，表面黄绿色或棕黄色，具纵棱线；质略硬，易折断，断面中部有髓。叶互生，暗绿色或棕绿色，卷缩易碎，完整者展平后为三回羽状深裂，裂片和小裂片栉齿状三角形，两面被短毛。头状花序球形，直径约2mm，多破碎；花全为管状花。气香特异，味微苦。

青蒿梗：为类圆形的厚片或段。表面黄绿色至棕黄色，有纵沟纹及棱条状突起；切面平坦，黄白色，髓类白色。质坚而脆。气微香，味淡。

【质量要求】青蒿：枝细，满穗，色黄，无根。青蒿梗：条匀无细枝，无根梢；片色白，均匀。

【药材炮制】青蒿子：除去杂质，筛去灰屑。

青蒿：除去杂质，砍去老茎，下半段洗净，上半段喷潮，润软，切段，低温干燥，筛去灰屑。

青蒿梗：除去须根等杂质，筛去灰屑。

【化学成分】全草及地上部分含挥发油类：蒿酮（artemisia ketone）、右旋樟脑（D-camphor）、1,8-桉叶素（1,8-cineole）、石竹烯（caryophyllene）、β-蒎烯（β-pinene）[1]、古芭烯（copaene）、（Z）-反式-α-香柠檬烯［（Z）-trans-α-bergmotene］、杜松烯（cadiene）、β-芹子烯（β-selinene）、α-芹子烯（α-selinene）、1,2,4α,5,6,8α-六氢-4,7-二甲基-1-(1-甲乙基)-萘［1,2,4α,5,6,8α-hexahydro-4,7-dimethyl-1-（1-methylethyl）-naphthalene］、石竹烯氧化物（caryophyllene oxide）、香橙烯（aromadendrene）、罗汉柏二烯（thujopsadiene）、α-愈创木烯（α-guaiene）、库贝醇（cubenol）、古芸烯（gurjunene）、β-雪松烯氧化物（β-himachalene oxide）、芹子-11-烯-4-α-醇（selin-11-en-4-α-ol）、绿花烯（viridiflorene）、2-苯甲基辛醛（2-benzyloctanal）、反式-α-香柠檬醇（trans-α-bergamotol）、匙叶桉油醇（spathulenol）、糠十七烷酮-9A（furopelargone-9A）、环氧雪松烯（oxidohimachalene）、桧樟脑（juniper camphor）、3-罗汉柏酮（3-thujopsanone）、檀香醇（santalol）、昌蒲烯酮（acorenone）、肉桂酸苄酯（bnzyl cinnamate）[2]、莰烯（camphene）、异蒿酮（iso-artemisia ketone）、β-丁香烯（β-caryophyllene）、左旋樟脑（L-camphor）、α-蒎烯（α-pinene）、月桂烯（myrcene）、柠檬烯（limonene）、γ-松油烯（γ-terpinene）、α-松油醇（α-terpineol）、反式-丁香烯（trans-caryophyllene）、反式-β-金合欢烯（trans-β-farnesene）、异戊酸龙脑酯（bornyl isovalerate）、γ-毕澄茄烯（γ-cadinene）、δ-毕澄茄烯（δ-cadinene）、α-榄香烯（α-elemene）、β-榄香烯（β-elemene）、γ-榄香烯（γ-elemene）、β-马啊里烯（β-maalinene）、γ-衣兰油烯（γ-muurolene）、顺式-香苇醇（cis-carveol）、胡椒烯（copaene）、乙酸龙脑酯（bornyl acetate）[3]、桉叶素（eucalyptol）、衣兰烯（ylangene）、大根香叶烯-D（germacrene-D）、榧叶醇（torreyol）、广藿香烷（patchulane）、棕榈酸（hexadecenoic acid）、顺式-α-甜没药烯（cis-α-bisabolene）、异长叶烯（isolongifolene）、异香橙烯环氧化物（isoaromadendrene epoxide）、绒白乳菇二醇（vellerdiol）、白千层醇（veridiflorol）、表蓝桉醇（epiglobulol）、4,4-二甲基-3-（3-甲基丁-2-亚烯基）辛烷-2,7-二酮［4,4-dimethyl-3-（3-methylbut-2-enylidene）octane-2,7-dione］、3,3,6-三甲基-1,5-庚二烯-4-醇（3,3,6-trimethyl-1,5-heptadien-4-ol）[4]，香桧烯（sabinene）、β-月桂烯（β-myrcene）、乙酸苯酯（phenylacetate）、罗勒醇（ocimenol）、4-（3-环己烯基-1）-3-丁烯酮［4-（3-cyclohexenyl-1）-3-butenone］、1-松油烯-4-醇（1-terpinene-4-ol）、长叶烯（longifolene）[5]，4-萜品醇（4-terpene alcohol）、薄荷酮（piperitone）、顺式香芹醇（cis-carveol）、（S）-2-甲基-5-（1-甲基乙烯基）-2-环己烯-1-酮［（S）-2-methyl-5-（1-methylethenyl）-2-cyclohexen-1-one］、反式-β-金合欢烯（trans-β-farnesene）、γ-芹子烯（γ-selinene）、杜松醇（cadinenol）[6]，1H-环丙烷萘（1H-cyclopropnaphthalene）、1,3-二氧杂环己烷-4,6-二酮（1,3-dioxane-4,6-dione）、二环［2.2.1］庚醛-2-酮{bicyclo［2.2.1］heptanal-2-one}、二环［2.2.1］庚醛-2-醇{bicyclo［2.2.1］heptanal-2-ol}、异石竹烯（isocaryophillene）、甘菊蓝（azulene）、丁子香烯氧化物（caryophylleneoxide）、环丁［1,2：3,4］二环辛烯-1,7（2H,6bH）-二酮{cyclobuta［1,2：3,4］dicyclooctene-1,7（2H,6bH）-dione}[7]，2,4-二叔丁基苯酚（2,4-di-tert-butylphenol）、古巴烯（cubanene）、α-雪松烯（α-cedarene）、苯乙烯（styrene）[8]，丁子香烯环氧化物（caryophyllene epoxide）和α-甜没药萜醇（α-bisabolol）[9]；三萜类：木栓酮（friedelin）和木栓酮-3β-醇（friedelan-3β-ol）等[10]；倍半萜类：青蒿丙素（qinghaosu C）[6]，双氢青蒿素（deoxydihydroqinghaosu）[7]，青蒿素（artemisinin）、青蒿酸（artemisinic acid）、青蒿乙素（arteannuin B）[10]，3α-羟基-1-脱氧青蒿素（3α-hydroxy-1-deoxyartemisinin）[11]，11R-（-）-双氢青蒿酸［11R-（-）-dihydroartemisinic acid］[12]，青蒿烯（artemisitene）[13]，青蒿萜苷*A、B、C、D、E（arteannoide A、B、C、D、E）[14]、青蒿内酯B（artemisilactone B）、青蒿素M（arteannuin M）、α-环氧二氢青蒿酸（α-epoxy-dihydroartemisinic acid）[15]，青蒿甲素（qinghaosu I）[16]，二氢表去氧青蒿素B（dihydro-epideoxyarteannuin B）、脱氧青蒿素（deoxyartemisinin）[10,17]，青蒿素甲（arteannuin A）、氢化青蒿素（hydroarteannuin）[18]，（1E,4α,4aα,8aα）-2-［3,4,4a,5,6,8a-六氢-4,7-二甲基-1（2H）-萘亚甲基］-丙醛{（1E,4α,4aα,8aα）-2-［3,4,4a,5,6,8a-hexahydro-4,7-dimethyl-1（2H）-naphthalenylidene］-propanal}、1,2,4a,5,6,7,8,8a-八氢-5-（1-羟基-1-甲基乙基）-3,8-二甲基-2-萘酰酯［1,2,4a,5,6,7,8,8a-octahydro-5-（1-hydroxy-1-methylethyl）-3,8-dimethyl-2-naphthalenyl ester］和八氢-1-甲基-6-亚甲基-4-（1-甲基乙烯基）-2（1H）-萘酮［octahydro-1-methyl-6-methylene-4-（1-methylethenyl）-2（1H）-naphthalenone］[19]；黄酮类：蒿黄素（artemetin）、栎草亭-6,7,3′,4′-四甲基醚（quercetagetin-6,7,3′,4′-tetramethyl ether）[10]，裂鼠尾草素（salvigenin）、5,4′-二羟基-3,3′,7-三甲氧基黄酮（5,4′-dihydroxy-3,3′,7-trimethoxyflavone）、芦丁（rutin）、5-羟基-3,7,3′,4′-四甲氧基黄酮（5-hydroxy-3,7,3′,4′-tetramethoxyflavone）、5-羟基-6,7,8,4′-四甲氧基黄酮（5-hydroxy-6,7,8,4′-tetramethoxyflavone）[15]，3,5-二羟基-6,7,3′,4′-四甲氧基黄酮醇（3,5-dihydroxy-6,7,3′,4′-tetramethoxyflavonol）[16]，猫眼草黄素（chrysosplenetin）、泽兰黄醇素（eupatin）[20]，槲皮素-3,7,3′,4′-四甲基醚（quercetagetin-3,7,3′,4′-tetramethyl ether）、猫眼草酚D（chrysosplenol D）[11]，高圣草酚（homoeriodictyol）、棕鳞矢车菊黄酮素（jaceidin）、5,4′-二羟基-3,6,7-三甲氧基黄酮（5,4′-dihydroxy-3,6,7-trimethoxyflavone）、即垂叶布氏菊素（penduletin）、甲氧基寿菊素（axillarin）、圣草酚（eriodictyol）[21]，紫花牡荆素（casticin）[22]，槲皮素-3-O-半乳糖苷（quercetin-3-O-galactoside）、黑荆素-3-O-己糖苷异构体（mearnsetin-3-O-hexoside isomer）、山奈酚-3-O-葡萄糖苷（kaempferol-3-O-glucoside）、槲皮素-3-O-葡萄糖苷（quercetin-3-O-glucoside）、异鼠李素-3-O-葡萄糖苷（isorhamnetin-3-O-glucoside）、香叶木素-7-O-葡萄糖苷（diosmetin-7-O-glucoside）、木犀草素-7-O-葡萄糖苷（luteolin-7-O-glucoside）、槲皮素（quercetin）、3-O-甲基槲皮素（3-O-methyl quercetagetin）、木犀草素（luteolin）、8-甲氧基山奈酚（8-methoxykaempferol）、3,5-二甲氧基槲皮素（3,5-dimethoxyquercetagetin）、山奈酚（kaempferol）、3,5-二羟基-6,7,4′-三甲氧基黄酮（3,5-dihydroxy-6,7,4′-trimethoxyflavone）[23]，艾黄素（artemisetin）、5-羟基-3,6,7,4′-四甲氧基黄酮（5-hydroxy-3,6,7,4′-tetramethoxyflavone）、5-羟基-3,6,7,3′,4′-五甲氧基黄酮（5-hydroxy-3,6,7,3′,4′-

pentamethoxyflavone)[24]和槲皮万寿菊素-6,7,4′-三甲基醚（quercetagetin-6,7,4′-trimethyl ether）[25]；甾体类：豆甾醇（stigmasterol）[10]，胡萝卜苷（daucostrol）、β-谷甾醇（β-sitosterol）[11]和3-O-β-D-吡喃葡萄糖苷谷甾醇（3-O-β-D-glucopyranoside sitosterol）[20]；香豆素类：东莨菪苷（scopolin）[11]，马栗树皮素（esculetin）[15]，东莨菪亭（scopoletin）[20]，黄花蒿苷A（artemisiannuside A）[21]，滨蒿内酯（scoparone）[22]和4-甲基马栗树皮素（4-methylesculetin）[26]；酚酸类：水杨酸（salicylic acid）[11]，香草酸（vanillic acid）、咖啡酸甲酯（methyl caffeate）、阿魏酸（ferulic acid）[21], 1,3-O-二咖啡酰奎宁酸（1,3-di-O-caffeoylquinic acid）、3,4-O-双咖啡酰奎宁酸甲酯（methyl 3,4-di-O-caffeoylquinicacid）、3,5-O-双咖啡酰基奎宁酸甲酯（methyl 3,5-di-O-caffeoylquinic acid）[22]，咖啡酸（caffeic acid）、二阿魏酰奎宁酸（diferuloyl quinic acid）、咖啡酰二阿魏酰奎宁酸（caffeoyl diferuloyl quinic acid）[23]，绿原酸（chlorogenic acid）、3,4-O-二咖啡酰奎宁酸（3,4-di-O-dicaffeoylquinic acid）、3,5-O-二咖啡酰奎宁酸（3,5-di-O-dicaffeoy lquinic acid）和4,5-O-二咖啡酰奎宁酸（4,5-di-O-dicaffeoyl quinic acid）[27]；苯乙酮类：4,6-二羟基-2-甲氧基苯乙酮（4,6-dihydroxy-2-methoxyacetophenone）、6-羟基-2,4-二甲氧基苯乙酮（6-hydroxy-2,4-dimethoxyacetophenone）[15], 2,4-二羟基-6-甲氧基苯乙酮-4-O-β-D-吡喃葡萄糖苷（2,4-dihydroxy-6-methoxyacetophenone-4-O-β-D-glucopyranoside）、2,4-二羟基-6-甲氧基苯乙酮（2,4-dihydroxy-6-methoxyacetophenone）[21]和4-O-β-D-吡喃葡萄糖基-2-甲氧基苯乙酮（4-O-β-D-glucopyranosyl-2-methoxyacetophenone）[22]；酚醛类：丁香醛（syringicaldehyde）[23]；烷烃类：十六烷（hexadecane）、1,2,6,11-三甲基十二烷（1,2,6,11-trimethyldodecane）、十四烷（tetradecane）、十二烷（dodecane）、2-乙基戊烷（2-ethylpentane）和2-甲基十三烷（2-methyltridecane）[8]；生物碱类：金色酰胺醇酯（aurantiamide acetate）[24]；其他尚含：3,6′-二阿魏酰基蔗糖（3,6′-O-diferuloylsucrose）和5′-β-D-吡喃葡萄糖氧基茉莉酸（5′-β-D-glucopyranosyloxy-jasmonic acid）[22]。

花蕾含挥发油类：桉树脑（cajuputole）、环异长叶烯（cyclo-isoborphyllene）、4-萜品醇（4-terpene alcohol）和环庚-1,3,5-三烯（cyclohept-1,3,5-triene）等[28]。

种子含萜类：1β-羟基-4（15）,5-桉叶二烯[1β-hydroxy-4（15）,5-eudesmadiene]、1β-羟基-4（15）,7-桉叶二烯[1β-hydroxy-4（15）,7-eudesmadiene]、4（15）-桉叶烯-1β,6α-二醇[4（15）-eudesmene-1β,6α-diol]、5α-过氧氢桉叶-4（15）,11-二烯[5α-hydroperoxy-eudesma-4（15）,11-diene]、5α-羟基桉叶-4（15）,11-二烯[5α-hydroxy-eudesma-4（15）,11-diene]、3α,15-二羟基柏木烷（3α,15-dihydroxy cedrane）、（+）-β-柏木烯[（+）-β-cedrene]、（-）-β-柏木烯[（-）-β-cedrene]、（-）-表柏木醇[（-）-epi-cedrol]、（+）-柏木醇[（+）-cedrol]、15-去甲-3-氧代柏木烷（15-nor-3-oxocedrane）、4-羟基-2-异丙烯基-5-亚甲基己烷-1-醇（4-hydroxy-2-isopropenyl-5-methylene-hexan-1-ol）、1,10-氧化-α-月桂烯氢氧化物（1,10-oxy-α-myrcene hydroxide）、1,10-亚氧基-β-月桂烯氢氧化物（1,10-oxy-β-myrcene hydroxide）、植物烯-1,2-二醇（phytene-1,2-diol）、15-去甲-10-羟基刺参-4-酸（15-nor-10-hydroxyoplopan-4-oic acid）、薰衣草醇（lavandulol）、青蒿乙素（arteannuin B）、青蒿庚素（arteannuinG）、二氢青蒿酸（dihydroartemisinic acid）、二氢青蒿乙素（dihyroarteannuin B）、青蒿素（artemisinin）、α-环氧二氢青蒿酸（α-epoxy-dihydroartemisinic acid）、1β-羟基-4（15）,5E,10（14）-泽兰内酯[1β-hydroxy-4（15）,5E,10（14）-germacratriene]、α-环氧青蒿酸（α-epoxy-arteannuic acid）、去甲黄花蒿酸甲酸酯（formyl norannuate）、4α,5α-环氧-6α-羟基紫穗槐烷-12-酸（4α,5α-epoxy-6α-hydroxyamorphan-12-oic acid）、4α,5α-环氧-6α-羟基紫穗槐烷-12-甲酯（methyl 4α,5α-epoxy-6α-hydroxyamorphan-12-oate）、4α,5α-环氧-6α-羟基紫穗槐烷-12-醇（4α,5α-epoxy-6α-hydroxyamorphan-12-ol）、4α,5α-环氧-6α-羟基紫穗槐烷-11-烯-12-乙酯（ethyl 4α,5α-epoxy-6α-hydroxy amorph-11-en-12-oate）、3α-羟基-4α,5α-环氧-7-氧代-8[7→6]-松香-紫穗槐烷{3α-hydroxy-4,5α-epoxy-7-oxo-8[7→6]-abeo-amorphane}、3α,7α-二羟基吗啡-4-烯-3-乙酸酯（3α,7α-dihydroxyamorph-4-en-3-acetate）、1-氧化-2β-[3-丁酮]-3α-甲基-6β-[2-丙醇甲酰酯]-环己烷{1-oxo-2β-[3-butanone]-3α-methyl-6β-[2-propanol formyl ester]-cyclohexane}、1-氧化-2β-[3-

丁酮]-3α-甲基-6β-[2-丙酸]-环己烷{1-oxo-2β-[3-butanone]-3α-methyl-6β-[2-propanoic acid]-cyclohexane}、1α-醛-2β-[3-丁酮]-3α-甲基-6β-[2-丙酸]-环己烷{1α-aldehyde-2β-[3-butanone]-3α-methyl-6β-[2-propanoic acid]-cyclohexane}、1α-醛-2β-[3-丁酮]-3α-甲基-6β-[2-丙烯酸]-环己烷{1α-aldehyde-2β-[3-butanone]-3α-methyl-6β-[2-propenoic acid]-cyclohexane}[29]和青蒿酸(artemisinic acid)[29,30];黄酮类：猫眼草酚(chrysosplenol D)和紫花牡荆(casticin)[29]。

叶含倍半萜类：青蒿素(artemisinin)、青蒿乙素(arteannuin B)、3α-羟基-1-去氧青蒿素(3α-hydroxy-1-deoxyartemisinin)、青蒿酸(artemisinic acid)[31]和3α,5β-二羟基-4α,11-环氧二去甲基杜松烷(3α,5β-dihydroxy-4α,11-epoxybis-norcadinane)[32];黄酮类：蒿黄素(artemetin)、槲皮万寿菊素-3,7,3′,4′-四甲醚(quercetagetin-3,7,3′,4′-tetramethyl ether)、金腰素(chrysosplenetin)和猫眼草酚D(chrysosplenol D)[31];香豆素类：东莨菪苷(scopoloside)[31]。

【药理作用】1. 解热　茎叶的水提取物对皮下注射10%干酵母混悬液(10ml/kg)引起发热的大鼠有明显的解热作用，并有明显的剂量关系，给药后1h体温开始下降，给药组大白鼠发热时程明显缩短[1]，但对正常大鼠的体温无明显影响；叶中分离得到的青蒿乙素、青蒿酸、东莨菪内酯对鲜酵母所致大鼠的体温升高具有明显的解热作用[2]。2. 抗疟　地上部分的醇提取物和提取的青蒿素可对抗小鼠感染鼠疟，抑制猴疟[3]。3. 抗炎　地上部分的水提取物对酵母性关节肿、蛋清性关节肿有明显的抑制作用，水提取物大剂量组(100g生药/kg)对二甲苯所致小鼠的耳廓炎症有显著的抑制作用[4]。4. 免疫调节　全草的石油醚、乙醚、乙酸乙酯、乙醇和水提取物在人体补体、T淋巴细胞增殖和酵母聚糖刺激中性粒细胞化学发光影响的免疫分析试验中，均呈现明显的抑制作用，并有剂量依赖[5]。5. 抗菌　地上部分的乙酸乙酯提取物对大肠杆菌和金黄色葡萄球菌的生长有较显著的抑制作用[6];从地上部分提取的挥发油对枯草芽孢杆菌、青霉菌和黑曲霉菌的生长均有一定的抑制作用[7]。6. 抗肿瘤　叶经与糯米等共同发酵制成的酵解液可抑制人乳腺癌MCF-7细胞的生长和细胞凋亡的形态学改变，其作用与药物浓度和作用时间相关[8];地上部分的水提取物对兔肺癌VX2细胞具有一定的抑制作用[9];从地上部分提取的挥发油有诱导人肝癌SMMC-7721细胞凋亡的作用[10];从地上部分提取的多糖可显著抑制小鼠移植瘤Eac、Heps和S180的生长，具有明显的抗肿瘤作用[11]。7. 抗氧化　地上部分醇提取物中得到的黄酮类化合物对过氧化自由基的活性有抑制作用，能抑制AAPH诱导荧光衰减速度，显示具有一定的抗氧化作用[12];叶的水提取液具有直接清除超氧阴离子自由基($O_2^-\cdot$)、过氧化氢(H_2O_2)、羟自由基(·OH)的作用，且抗氧化作用基本不受采摘期的影响[13]。8. 抗内毒素　地上部分的醇提取物可降低大鼠肝线粒体过氧化脂质(LPO)、溶酶体ACP、血浆内毒素、肿瘤坏死因子-α(TNF-α)、肝微粒体P450浓度，升高肝线粒体超氧化物歧化酶(SOD)含量，降低内毒素休克小鼠的死亡率，延长小鼠的平均生存时间，对肝、肺组织形态也有一定的保护作用，证实其具有抗内毒素作用[14]。

【性味与归经】青蒿子：苦，寒。青蒿：苦、辛，寒。归肝、胆经。青蒿梗：苦，寒。

【功能与主治】青蒿子：清虚热。用于骨蒸劳热。青蒿：清热解暑，除蒸，截疟。用于暑邪发热，阴虚发热，夜热早凉，骨蒸劳热，疟疾寒热，湿热黄疸。青蒿梗：清暑辟秽，除虚热。用于暑热痞闷，骨蒸劳热，盗汗。

【用法与用量】青蒿子：3～6g。青蒿：6～12g，入煎剂宜后下。青蒿梗：4.5～9g。

【药用标准】青蒿子：浙江炮规2015；青蒿：药典1963—2015、浙江炮规2015、内蒙古蒙药1986、新疆药品1980二册、香港药材四册和台湾2013。青蒿梗：浙江炮规2015。

【临床参考】1. 慢性前列腺炎：花粉1kg，每次20~30g，每日早晚2次空腹服，禁食辛辣食物[1]。

2. 皮肤瘙痒、荨麻疹、脂溢性皮炎：鲜地上部分1kg，切碎洗净，加水2000ml，煎至600ml左右，每100ml加冰片1g(先用乙醇溶化)，用棉球蘸药液涂擦患处，每日3~4次。

3. 丝虫病：地上部分60g，加黄荆叶60g、威灵仙15g，水煎分2次服。(2方、3方引自《浙江药用植物志》)

【附注】 本种始载于《本草纲目》，李时珍列为青蒿与黄花蒿两条，将"香蒿"和"臭蒿"分别置为二者的别名，载："香蒿、臭蒿，通可名草蒿。此蒿与青蒿相似，但此蒿色绿带淡黄，气臭，不可食，人家采以罨酱黄、酒曲者是也。"李时珍根据叶的颜色及气味将青蒿与黄花蒿列为两种。据近年研究表明本种含有抗疟成分青蒿素，而青蒿 Artemisia carvifolia Buch.-Ham. ex Roxb. 则不含。目前全国大部分地区作青蒿入药的为本种。提取抗疟成分青蒿素应使用低极性溶剂，治疗疟疾以鲜品榨汁效好。

药材茵陈脾胃虚寒者慎服。

【化学参考文献】

[1] 张书锋, 于新蕊, 秦葵, 等. 石家庄野生黄花蒿挥发油的化学成分分析 [J]. 湖南中医杂志, 2012, 28（3）: 131-132.
[2] 邱琴, 崔兆杰, 刘廷礼, 等. 青蒿挥发油化学成分的 GC/MS 研究 [J]. 中成药, 2001, 23（4）: 278-280.
[3] 钟裕容, 崔淑莲. 青蒿挥发油化学成分的研究 [J]. 中药通报, 1983, 8（6）: 31-32.
[4] 余正文, 王伯初, 杨占南, 等. 青蒿精油化学组成及其生态类型相关性研究 [J]. 药物分析杂志, 2011, 31（5）: 954-958.
[5] 刘文鼎, 顾静文, 陈京达, 等. 黄花蒿和青蒿精油的化学成分 [J]. 江西科学, 1996, 14（4）: 234-238.
[6] 彭洪, 郭振德, 张镜澄, 等. 黄花蒿挥发油的成分研究 [J]. 中药材, 1996, 19（9）: 458-459.
[7] 张凤杰, 陈功锡, 刘祝祥. 湘西产黄花蒿挥发性成分分析 [J]. 中药材, 2010, 33（11）: 1743-1748.
[8] 孔德鑫, 李雁群, 邹蓉, 等. 黄花蒿与其近缘种化学成分的 FTIR 和 GC-MS 鉴定与分析 [J]. 广西植物, 2017, 37（2）: 234-241.
[9] 佘金明, 董红霞, 梁逸曾, 等. 青蒿挥发油成分的 GC-MS 分析与化学计量学解析法 [J]. 中成药, 2011, 33（1）: 99-103.
[10] Zheng G Q. Cytotoxic terpenoids and flavonoids from Artemisia annua [J]. Planta Med, 1994, 60（1）: 54-57.
[11] 陈靖, 周玉波, 张欣, 等. 黄花蒿化学成分研究 [C]. 第九届全国中药和天然药物学术研讨会大会报告及论文集, 2007.
[12] 黄敬坚, 夏志强, 吴莲芬. 青蒿化学成分的研究 I: 11R-(-)-双氢青蒿酸的分离和结构鉴定 [J]. 化学学报, 1987, 45: 609-612.
[13] Acton N, Klayman D L. Artemisitene, a new sesquiterpene lactone endoperoxide from Artemisia annua [J]. Planta Med, 1985, 51（5）: 441-442.
[14] Qin D P, Pan D B, Xiao W, et al. Dimeric cadinane sesquiterpenoid derivatives from Artemisia annua [J]. Org Lett, 2018, 20: 453-456.
[15] Chu Y, Wang H, Chen J, et al. New sesquiterpene and polymethoxy-flavonoids from Artemisia annua L. [J]. Pharmacogn Mag, 2014, 10（39）: 213-216.
[16] 屠呦呦, 倪慕云, 钟裕容, 等. 中药青蒿化学成分的研究 I [J]. 药学学报, 1981, 16（5）: 366-370.
[17] Foglio M A, Dias P C, Antônio M A, et al. Antiulcerogenic activity of some sesquiterpene lactones isolated from Artemisia annua [J]. Planta Med, 2002, 68（6）: 515-518.
[18] 田樱, 魏振兴, 吴照华. 中药青蒿化学成分的研究 [J]. 中草药, 1982, 13（6）: 9-11.
[19] Ahmad A, Misra L N. Terpenoids from Artemisia annua and constituents of its essential oil [J]. Phytochemistry, 1994, 37（1）: 183-186.
[20] Chougouo R D K, Nguekeu Y M M, Dzoyem J P, et al. Anti-inflammatory and acetylcholinesterase activity of extract, fractions and five compounds isolated from the leaves and twigs of Artemisia annua growing in Cameroon [J]. Springer Plus, 2016, 5（1）: 1525-1531.
[21] 王倩, 侯国梅, 李丹毅, 等. 黄花蒿中 1 个新的香豆素苷类化合物 [J]. 中草药, 2018, 49（13）: 2953-2958.
[22] 赵祎武, 倪付勇, 宋亚玲, 等. 青蒿化学成分研究 [J]. 中国中药杂志, 2014, 39（24）: 4816-4821.
[23] Ko Y S, Lee W S, Panchanathan R, et al. Polyphenols from Artemisia annua L. inhibit adhesion and EMT of highly metastatic breast cancer cells MDA-MB-231 [J]. Phytother Res, 2016, 30（7）: 1180-1188.
[24] 屠呦呦, 尹建平, 吉力, 等. 中药青蒿化学成分的研究（Ⅲ）[J]. 中草药, 1985, 16（5）: 8-9.
[25] 刘鸿鸣, 李国林, 吴慧章. 中药青蒿化学成分的研究 [J]. 药学学报, 1981, 16（1）: 65-67.
[26] Zhu X X, Yang L, Li Y J, et al. Effects of sesquiterpene, flavonoid and coumarin types of compounds from Artemisia annua L. on production of mediators of angiogenesis [J]. Pharmacol Rep, 2013, 65（2）: 410-420.
[27] 张伟娜. 黄花蒿中绿原酸类物质分离纯化与转化研究 [D]. 南京: 南京师范大学硕士学位论文, 2014.

[28] 李玉红, 张知侠, 曹蕾. 黄花蒿精油的提取及 GC-MS 分析 [J]. 化学与生物工程, 2014, 31 (1): 71-73.
[29] Brown G D, Liang G Y, Sy L K. Terpenoids from the seeds of *Artemisia annua* [J]. Phytochemistry, 2003, 64 (1): 303-323.
[30] Wallaart T E, Uden W V, Lubberink H G M, et al. Isolation and identification of dihydroartemisinic acid from *Artemisia annua* and its possible role in the biosynthesis of artemisinin [J]. J Nat Prod, 1999, 62 (3): 430-433.
[31] 陈靖, 周玉波, 张欣, 等. 黄花蒿幼嫩叶的化学成分 [J]. 沈阳药科大学学报, 2008, 25 (11): 866-870.
[32] Tewari A, Bhakuni R S. Terpenoid and lipid constituents from *Artemisia annua* [J]. Indian Journal of Chemistry, Section B: Organic Chemistry Including Medicinal Chemistry, 2003, 42B (7): 1782-1785.

【药理参考文献】
[1] 黄修奇. 青蒿的解热作用研究 [J]. 安徽农业科学, 2010, 38 (9): 4581-4582.
[2] 李兰芳, 郭淑英, 张畅斌, 等. 青蒿有效部位及其成分的解热作用研究 [J]. 中国实验方剂学杂志, 2009, 15 (12): 65-67.
[3] 中医研究院中药研究所药理研究室. 青蒿的药理研究 [J]. 新医药学杂志, 1979, (1): 23-33.
[4] 黄黎, 刘菊福, 刘林祥, 等. 中药青蒿的解热抗炎作用研究 [J]. 中国中药杂志, 1993, 18 (1): 44-48, 63-64.
[5] 吉宏. 黄花蒿提取物对人体补体、中性粒细胞氧化和 T 淋巴细胞增殖的作用 [J]. 国外医学（中医中药分册）, 1997, 19 (1): 31.
[6] 高慧娟, 王晓琴, 王春晖, 等. 黄花蒿不同溶剂提取液的抑菌作用研究 [J]. 中国野生植物资源, 2008, 27 (3): 45-48.
[7] 熊运海, 冉烈, 王玫. 藿香与青蒿挥发油及其复合物抑菌活性及化学成分研究 [J]. 食品科学, 2010, 31 (7): 135-139.
[8] 张晨芳, 张宏斌, 寇晓梅, 等. 黄花蒿醇解液抑制 MCF-7 肿瘤细胞活性的体外研究 [J]. 陕西中医, 2010, 31 (6): 760-761.
[9] 张会军, 王莎莉. 青蒿水提物对兔 VX2 肺癌的体内效果 [J]. 第四军医大学学报, 2008, 29 (16): 1455-1457.
[10] 李燕, 李明远, 王林, 等. 青蒿油诱导肝癌细胞凋亡的实验研究 [J]. 四川大学学报（医学版）, 2004, 35 (3): 337-339.
[11] 薛明, 田丽娟. 青蒿多糖的抗肿瘤作用实验研究 [J]. 时珍国医国药, 2008, 19 (4): 937-938.
[12] 杨国恩, 宝丽, 张晓琦, 等. 黄花蒿中的黄酮化合物及其抗氧化活性研究 [J]. 中药材, 2009, 32 (11): 1683-1686.
[13] 罗佩卓, 李灵, 周丽霞, 等. 青蒿水提液抗氧化作用的实验研究 [J]. 广西中医药, 2007, 30 (6): 51-52.
[14] 谭余庆, 赵一, 林启云, 等. 青蒿提取物抗内毒素实验研究 [J]. 中国中药杂志, 1999, 24 (3): 38-43, 64.

【临床参考文献】
[1] 谢艳, 卢福生. 黄花蒿花粉的妙用 [J]. 中国蜂业, 2007, 58 (1): 35.

992. 青蒿（图 992）• *Artemisia carvifolia* Buch.-Ham. ex Roxb.（*Artemisia apiacea* Hance）

【别名】蒿，邪蒿（江苏、福建），草蒿、白染艮（福建），茵陈蒿、黑蒿（山东）。

【形态】一年生或二年生草本，高 30～120cm，全株有香气。茎直立，上部多分枝，无毛。基生叶和下部叶花期枯萎；中部叶长圆形或椭圆形，长 5～15cm，宽 2～5.5cm，二回羽状分裂，裂片长圆形，下面黄绿色，无腺点，中轴及羽轴两侧栉齿状，中脉不凸起，末回小裂片条形，基部裂片常抱茎；上部叶和苞片一至二回羽状分裂。头状花序多数，具短花梗，排成穗形总状花序，再组成圆锥花序；总苞球形或半球形，总苞片 3～4 层，外层稍短，长卵形，背面绿色，无毛，有细小白点，边缘宽膜质，中层稍大，边缘宽膜质，内层半膜质或膜质；花序托球形，无托毛；花管状，黄色，均结实，缘花雌性，较少，中央花两性，较多数。瘦果长圆形或椭圆形，无毛。花果期 6～10 月。

【生境与分布】生于路旁、林缘、沟谷边及溪河旁，也见于滨海地区。分布于华东各地，另我国东北、华北、华中及西南地区均有分布；越南、缅甸、印度、朝鲜、日本也有分布。

【药名与部位】青蒿，地上部分。青蒿子，花序。

图 992 青蒿　　　　　　　　　　　　摄影　黄健

【采集加工】青蒿：夏季花开前枝叶茂盛时采割，除去老茎，阴干。青蒿子：6～8 间花开放前期采摘，除去杂质，阴干。

【药材性状】青蒿：茎呈圆柱形，上部多分枝，长 30～80cm，直径 2～6mm；表面黄绿色或棕黄色，具纵棱线；质略硬，易折断，断面中部有髓。叶互生，暗绿色或棕绿色，卷缩易碎，完整者展平后为二回羽状深裂，裂片矩圆状条形，二次裂片条形，两面无毛。气香特异，味微苦。

青蒿子：头状花序呈半球形，直径 3～4mm（若绿豆般大），有短梗，总苞无毛，总苞片 3 层，外层较短，狭矩圆形，灰绿色，内层较宽大，顶端圆形，边缘宽膜质，花序托球形或半圆球形；花筒状，外层雌性，内层两性。瘦果矩圆形，长约 1mm，无毛。气微香，味稍苦、辛。

【药材炮制】青蒿：除去杂质，喷淋清水，稍润，切段，晒干。

【化学成分】叶含挥发油：α- 侧柏烯（α-thujene）、α- 蒎烯（α-pinene）、樟烯（camphene）、青蒿脑（artemiseole）、α- 水芹烯（α-phellandrene）、α- 萜品烯（α-terpinene）、柠檬烯（limonene）、1,8- 桉叶素（1,8-cineole）、顺式 -β-ocimene（cis-β-ocimene）、反式 -β- 罗勒烯（trans-β-ocimene）、黄花蒿酮（artemisia ketone）、γ- 萜品烯（γ-terpinene）、异松香烯（terpinolene）、反式 - 侧柏酮（trans-thujone）、菊油环酮（chrysanthenone）、樟脑（camphor）、反式 - 松香芹醇（trans-pinocarveol）、反式 - 马鞭烯醇（trans-verbenol）、龙脑（borneol）、萜品烯 -4- 醇（terpinen-4-ol）、桃金娘烯醛（myrtenal）、桃金娘醇（myrtenol）、反式 - 辣薄荷醇（trans-piperitol）、墨西哥棉铃象虫醇（grandisol）、香芹酮（carvone）、薄荷酮（piperitone）、龙脑乙酯（bornyl acetate）、丁香油酚（eugenol）、葎草烯（humulene）、瓦伦烯（valencene）、顺式 - 桉叶 -6,11- 二烯（cis-eudesma-6,11-diene）、双环大香叶烯（bicyclogermacrene）、δ- 杜松烯（δ-cadinene）、γ- 杜松烯（γ-cadinene）、雅榄蓝烯（eremophilene）、顺式 - 橙花叔醇（cis-nerolidol）、石竹烯氧化物（caryophyllene oxide）、绿花白千层醇（viridiflorol）、葎草烯环氧化物 II（humulene epoxide II）和菊薁（chamazulene）[1]。

花含香豆素类：瑞香素（daphnetin）、7-异戊烯氧基-8-甲氧基香豆素（7-isopentenyloxy-8-methoxycoumarin）和7-羟基-8-甲氧基香豆素（7-hydroxy-8-methoxycoumarin）[2]。

地上部分含香豆素类：7,8-二甲氧基香豆素（7,8-dimethoxycoumarin）、7,8-亚甲二氧基香豆素（7,8-methylenedioxycoumarin）、5,8-二羟基-7-甲氧基香豆素（5,8-dihydroxy-7-methoxycoumarin）、柔毛布枯素（puberulin）和异秦皮啶（isofraxidin）[3]。

全草含黄酮类：青蒿黄酮（apicin）[4]，异鼠李素-3-O-β-D-半乳糖苷（isorhamnetin-3-O-β-D-galactoside）、槲皮素-3-O-β-D-半乳糖苷（quercetin-3-O-β-D-galactoside）[5]、仙人掌苷（cacticin）和芹菜素（apigenin）[6]；香豆素类：青蒿香豆素C（artemicapin C）[6]，6-甲氧基-7,8-亚甲二氧基香豆素（6-methoxy-7,8-methylenedioxycoumarin）、5,6,7-三甲氧基香豆素（5,6,7-trimethoxycoumarin）[7]，5-羟基-6,8-亚甲二氧基香豆素（5-hydroxy-6,8-dimethoxycoumarin），即青蒿米宁（arteminin）、5,6-二甲氧基-7,8-亚甲二氧基香豆素（5,6-dimethoxy-7,8-methylenedioxycoumarin）、6,7-二甲氧基香豆素（6,7-dimethoxycoumarin）[8]，5,8-二甲氧基香豆素（5,8-dimethoxycoumarin）[9]，7-甲氧基香豆素（7-methoxycoumarin）、7-异戊烯氧基-8-甲氧基香豆素（7-isopentenyloxy-8-methoxycoumarin）、7,8-二甲氧基香豆素（7,8-dimethoxycoumarin）、7,8-亚甲二氧基香豆素（7,8-methylenedioxycoumarin）[10]，5,6-二甲氧基异香豆素（5,6-dimethoxyisocoumarin）、5,8-二甲氧基异香豆素（5,8-dimethoxyisocoumarin）和7,8-二甲氧基异香豆素（7,8-dimethoxyisocoumarin）[11]；三萜类：α-香树脂醇（α-amyrin）和β-香树脂醇（β-amyrin）[7]；甾体类：蒿甾醇（artemisterol）[7]。

茎和叶含香豆素类：青蒿亭（lacinartin）[12]。

【药理作用】1. 抗氧化　地上部分甲醇提取物的正丁醇萃取部位对1,1-二苯基-2-三硝基苯肼（DPPH）自由基具有显著的清除作用[1]。2. 护肝　地上部分甲醇提取物的正丁醇萃取部位可显著降低四氯化碳（CCl_4）诱导的肝损伤模型大鼠血清谷丙转氨酶（ALT）含量，显著增加超氧化物歧化酶（SOD）、过氧化氢酶（CAT）和谷胱甘肽过氧化物酶（GSH-Px）含量；正己烷、三氯甲烷和正丁醇部位可显著降低模型大鼠丙二醛（MDA）含量[1]。3. 抗炎　地上部分甲醇提取物可显著降低脂多糖（LPS）诱导的Raw264.7巨噬细胞一氧化氮（NO）的产生及一氧化氮合酶（NOS）、环氧合酶-2（COX-2）、肿瘤坏死因子-α（TNF-α）、白细胞介素-1β（IL-1β）和白细胞介素-6（IL-6）的含量，且呈剂量依赖性，减轻角叉菜所致大鼠的足肿胀和炎症细胞浸润[2]。

【性味与归经】青蒿：苦，寒。青蒿子：苦，寒。

【功能与主治】青蒿：解暑，清热。用于伤暑，疟疾，低热。青蒿子：清虚热。用于虚劳发热，低热不退。

【用法与用量】青蒿：4.5～9g。青蒿子：4.5～9g。

【药用标准】青蒿：药典1963、药典1977、新疆药品1980二册和台湾1985一册；青蒿子：上海药材1994。

【附注】青蒿之名始见载于《五十二病方》。从《本草图经》的两幅附图中可以看出，所列青蒿并非一物，而为两种。《梦溪笔谈》也云："青蒿一类，自有两种，有黄色者，有青色者，本草谓之青蒿，亦恐有别也。陕西绥、银之间有青蒿，在蒿丛之间时有一两株，迥然青色，土人谓之香蒿，茎叶与常蒿悉同，但常蒿色绿，而此蒿青翠，一如松桧之色，至深秋，余蒿并黄，此蒿独青，气稍芬芳。恐古人所用，以此为胜。"《本草纲目》中列青蒿与黄花蒿两条，将"香蒿"和"臭蒿"分别置为二者的异名，认为"香蒿臭蒿通可名草蒿。"《植物名实图考》则并收青蒿与黄花蒿两条，注明青蒿为《神农本草经》下品，黄花蒿为《本草纲目》始收入药。认为《植物名实图考》卷十一载青蒿（有瘿者）即为本种。

【化学参考文献】

[1] Yang Y, Wu J, Ma J, et al. Chemical composition and antimicrobial activity of the essential oil from *Artemisia carvifolia* leaves [J]. Chem Nat Compd, 2015, 51 (1): 161-163.

[2] Shimomura H, Sashida Y, Ohshima Y. The chemical components of *Artemisia apiacea* Hance. II. more coumarins from the

flower heads [J]. Chem Pharm Bull, 1980, 28 (1): 347-348.
[3] Acharyya P, Sarma A. Antimicrobial activity of compounds isolated from *Artemisia caruifolia* [J]. Asian J Biochem Pharm Res, 2014, 4 (4): 60-65.
[4] Lee S J, Kim H M, Lee S, et al. Apicin, a new flavonoid from *Artemisia apiacea* [J]. Bull Korean Chem Soc, 2006, 27 (8): 1225-1226.
[5] Kim K S, Lee S H, Kang K H, et al. Flavonol galactosides from *Artemisia apiacea* [J]. Nat Prod Sci, 2005, 11 (1): 10-12.
[6] Lee S H, Kim K S, Jang J M, et al. Phytochemical constituents from the herba of *Artemisia apiacea* [J]. Arch Pharm Res, 2002, 25 (3): 285-288.
[7] Lee S J, Kim H M, Lee J M, et al. Artemisterol, a new steryl ester from the whole plant of *Artemisia apiacea* [J]. J Asian Nat Prod Res, 2008, 10 (4): 281-283.
[8] Kim K S, Lee S H, Shin J S, et al. Arteminin, a new coumarin from *Artemisia apiacea* [J]. Fitoterapia, 2002, 73 (3): 266-268.
[9] Doepke W, Zaigan D, Phan T S, et al. Isolation of a new coumarin derivative from *Artemisia carvifolia* [J]. Zeitschrift fuer Chemie, 1990, 30 (10): 375-376.
[10] 吴崇明, 屠呦呦. 蒿属中药化学成分研究——Ⅱ. 邪蒿脂溶性成分的分离鉴定 [J]. 中草药, 1985, 16 (6): 242-243.
[11] Phan T S, Van N H, Nguyen T M, et al. Study of lactones in *Artemisia carvifolia* Wall [J]. Tap Chi Hoa Hoc, 1984, 22 (4): 7-9.
[12] Doepke W, Zeigan D, Phan T S, et al. Isolation of a new coumarin derivative from *Artemisia carvifolia* [J]. Pharmazie, 1990, 45 (9): 696-697.

【药理参考文献】
[1] Kim K S, Lee S, Lee Y S, et al. Anti-oxidant activities of the extracts from the herbs of *Artemisia apiacea* [J]. Journal of Ethnopharmacology, 2003, 85 (1): 69-72.
[2] Ryu J C, Park S M, Hwangbo M, et al. Methanol extract of *Artemisia apiacea* Hance attenuates the expression of inflammatory mediators via NF-κB inactivation [J]. Evidence-Based Complementray and Alternative Medicine, 2013, 2013 (3): 494681-494692.

993. 奇蒿（图993）• *Artemisia anomala* S. Moore

【别名】珍珠蒿，六月霜（浙江、江苏），南刘寄奴（江西、江苏），九里光（江苏），化食丹（上海、江苏），白花尾（江西），刘寄奴、苦婆菜（福建）。

【形态】多年生草本，高60～140cm。根茎粗壮。茎单生，具纵棱，上半部有分枝，初时被微柔毛，后近无毛。基生叶花期枯萎；中部叶厚纸质或纸质，卵形至卵状披针形，长9～12cm，宽2.5～4cm，顶端锐尖或长尖，基部圆或宽楔形，边缘具细锯齿；上部叶和苞叶小，无柄。头状花序多数，无花序梗，排成密穗状，再组成圆锥花序；总苞卵形或长卵形，总苞片3～4层，半膜质或膜质，背面淡黄色，无毛，外层较小，卵形，中、内层稍大，长卵形或椭圆形；缘花雌性，花冠狭管状，中央花两性，花冠管状，均结实。瘦果倒卵形或长圆状倒卵形，无毛。花果期6～11月。

【生境与分布】生于山坡林缘、路旁、空旷地、沟谷边、田边及溪河边。分布于浙江、安徽、江苏、江西、福建，另广东、广西、贵州、四川、湖南、湖北、河南、台湾均有分布；越南也有分布。

【药名与部位】刘寄奴，地上部分。

【采集加工】夏、秋二季花开时采收，干燥。

【药材性状】茎圆柱形，长60～90cm，直径2～5mm；表面棕黄色或棕褐色，具纵脊纹，常被稀疏白色柔毛；质硬而脆，易折断，断面黄白色，边缘有纤维，中央有白色疏松的髓。叶互生，叶片皱缩或脱落，易破碎，完整者展平后呈卵状披针形至披针形，长8～11cm，宽3～4cm；先端渐尖，基部渐

图 993　奇蒿　　　　　　　　摄影　张芬耀等

狭成短柄，边缘有锐锯齿；上表面暗绿色，具稀疏毛茸，下表面灰绿色，密被白毛。枝稍带花穗，枯黄色。气芳香，味淡。

【药材炮制】除去杂质，洗净，润软，切段，干燥。

【化学成分】地上部分含倍半萜类：奇蒿内酯二聚体*A、B、C、D、E、F（artanomadimer A、B、C、D、E、F）[1]，奇蒿萜内酯（artanoate）、桉叶萜内酯（eudesmanomolide）[2]，奇蒿愈创木内酯A、B（artemanomalide A、B）[3]，3β-乙氧基短舌匹菊内酯（3β-ethoxytanapartholide）、（4S^*,5S^*）-二氢-5-[（1R^*,2S^*）-2-羟基-2-甲基-5-酮基-3-环戊烯-1-基]-3-亚甲基-4-（3-氧代丁基）-2（3H）-呋喃酮｛（4S^*,5S^*）-dihydro-5-[（1R^*,2S^*）-2-hydroxy-2-methyl-5-oxo-3-cyclopenten-1-yl]-3-methylene-4-（3-oxobutyl）-2（3H）-furanone｝、囊吾香附酮醇（ligucyperonol）、长莎草醇C（cyperusol C）、巴尔喀蒿烯内酯（santamarin）、1α,2α,3α,4α,10α-五羟基愈创木-11（13）-烯-12,6α-交酯［1α,2α,3α,4α,10α-pentahydroxyguaia-11（13）-en-12,6α-olide］[4]，刘寄奴内酯（artanomaloide）、瑞诺木烯内酯（reynosin）和狭叶墨西哥蒿素（armexifolin）[5]；黄酮类：鼠尾草素（salvigenin）[5]；木脂素类：蛇菰宁（balanophonin）[4]；苯丙素类：methyl 3-（2′-羟基-4′-甲氧基苯基）丙酸甲酯［methyl 3-（2′-hydroxy-4′-methoxyphenyl）propanoate］[4]。

全草含倍半萜类：伪新乌药环氧内酯（pseudoneolinderane）[6]，奇蒿内酯（arteanomalactone）[7]，8α-乙酰氧基-1,10α-环氧-2-酮基-愈创木-3,11（13）-二烯-12,6α-交酯［8α-acetoxy-1,10α-epoxy-2-oxo-guaia-3,11（13）-dien-12,6α-olide］、13-乙酰氧基-1-酮基-4α-羟基-桉叶-2（11）-二烯-12,6α-交酯［13-acetoxy-1-oxo-4α-hydroxy-eudesman-2（11）-dien-12,6α-olide］、3β,13-二乙酰氧基-1β,4α-二羟基桉叶-7（11）-烯-12,6α-交酯［3β,13-diacetoxy-1β,4α-dihydroxyeudesm-7（11）-en-12,6α-olide］、桉叶非洲蒿白前内酯（eudesmaafraglaucolide）、5α-羟基去氢白叶蒿定（5α-hydroxydehydroleucodin）、珍珠蒿内酯*D（artanomalide D）、8-乙酰蒿内酯（8-acetylarteminolide）、珍珠蒿内酯*（artanomalide）[8]和（4aS,7S,7aR）-7-羟基-7-甲基-1,4a,5,6,7,7a-六氢环戊二烯[c]吡喃-4-羧酸甲酯｛（4aS,7S,7aR）-7-hydroxy-7-methyl-1,4a,5,6,7,7a-hexahydrocyclopenta[c]pyran-4-carboxylate｝[9]；三萜类：24,24-二甲基-9,19-环羊毛脂-25-烯-3-酮（24,24-dimethyl-9,19-cyclolanost-25-en-3-one），即青冈酮（cyclobalanone）、木栓

酮（friedelin）和高粱醇（sorghumol）[6]；香豆素类：东莨菪内酯（scopoletin）、脱肠草素（herniarin）和异秦皮啶（isofraxidin）[6]；黄酮类：金圣草酚（chrysoeriol）、木犀草素（luteolin）、芹菜素（apigenin）[9]，奇蒿黄酮（arteanoflavone）、异泽兰黄素（eupatilin）[7]和苷蓿素（tricin）[10]；苯丙素类：咖啡酸（caffeic acid）[6]，对羟基苯丙烯酸（p-coumaric acid）[9]，反式-邻羟基桂皮酸（trans-o-hydroxycinnamic acid）和反式-邻羟基对甲氧基桂皮酸（trans-o-hydroxy-p-methoxycinnamic acid）[10]；挥发油类：樟脑（camphor）、1,8-桉叶（油）素（1,8-cineole）、β-石竹烯氧化物（β-caryophyllene oxide）和冰片（borneol）[11]等；醚类：地黄素D（rehmaglutin D）[9]和环己六醇单甲醚（cyclohexanehexol monomethyl-ether）[10]；烯酸类：（E）-6-羟基-2,6-二甲基辛-2,7-二烯酸［（E）-6-hydroxy-2,6-dimethylocta-2,7-dienoic acid］[9]；脂肪酸类：软脂酸（palmitic acid）[10]。

【药理作用】1. 抗炎　全草水提取物的乙酸乙酯萃取部位可显著抑制脂多糖（LPS）/γ干扰素（IFN-γ）刺激的RAW264.7细胞中的一氧化氮（NO）的生成，且呈剂量依赖性，降低一氧化氮合酶（NOS）含量，抑制白细胞介素-1β（IL-1β）和白细胞介素-6（IL-6）的含量，降低p50/p65的DNA结合活性及ERK和JNK的含量[1]。2. 促创面愈合　全草80%的乙醇提取物可显著升高背部深度烧伤大鼠创面羟脯氨酸含量及S期细胞百分比，缩短创面愈合时间，促进创面愈合[2]。

【性味与归经】苦，温。归心、脾经。

【功能与主治】活血祛瘀，消胀止痛，解暑止泻。用于月经不畅，跌扑损伤，暑热泄泻，食积不消，腹痛胀满，月经不调。

【用法与用量】煎服4.5～9g；外用适量捣敷或研末撒。

【药用标准】浙江炮规2015、江苏药材1989、福建药材2006、江西药材1996、广西药材1990和台湾1985二册。

【临床参考】1. 婴幼儿腹泻：根15g（1周岁以下）或20g，满月乳兔1只，杀净去内脏同煮，取汤汁分服[1]。

2. 烫伤：全草，加大黄等分研末，香油调成糊状涂于患处，用双层纱布覆盖固定，每日换药2～3次[2]。

3. 乳痈：全草30～60g，加红花10～30g、赤芍30～40g、甘草10～30g，水煎2次混匀，用纱布浸药液热敷患处，每次30min，每日2次，每剂用2天[3]。

4. 淋巴管炎（流火）：全草30g，加黄柏、炒山栀、防风、薄荷、牡丹皮、赤芍、野菊花各10g、蒲公英30g、车前子（包）、苍术各20g、川牛膝15g，水煎服[4]。

5. 肩部损伤：全草25g，加赤芍40g、当归、生地、泽泻、泽兰、川芎各25g、苏木20g、土鳖虫12g、三七3g，置于坛中，用50%白酒3000ml浸泡2周后过滤取液，涂于患处并按摩，每日或隔日1次，每次20min，10次为1疗程[5]。

6. 慢性膀胱炎：全草10～15g，水煎代茶饮，每日1剂，7天为1疗程[6]。

【附注】本种以刘寄奴之名始载于《雷公炮炙论》，《新修本草》谓："茎似艾蒿，长三四尺，叶似兰草尖长，子似稗而细，一茎上有数穗，叶互生。"《蜀本草》谓："叶似菊，高四五尺，花白，实黄白作穗，蒿之类也。今出越州，夏收苗，日干之。"《本草图经》谓："生江南，今河中府、孟州、汉中亦有之。春生苗，茎似艾蒿，上有四棱，高三二尺以来。叶青似柳，四月开碎小黄白花，形如瓦松，七月结实似黍而细，一茎上有数穗互生。根淡紫色似蒿茇。六月、七月采苗，花、子通用也。"《救荒本草》云："野生姜，本草名刘寄奴。生江南，其越州、滁州皆有之。今中牟南沙岗间亦有之。茎似艾蒿，长二三尺余。叶似菊叶而瘦细，又似野艾、蒿叶，亦瘦细。开花白色，结实黄白色，作细筒子葫儿，盖蒿之类也。其子似稗而细。苗叶味苦，性温无毒。采嫩叶煠熟，水浸淘去苦味，油盐调食。"《本草纲目》云："刘寄奴，一茎直上。叶似苍术，尖长糙涩，面深背淡。九月茎端分开数枝，一枝攒簇十朵小花，白瓣黄蕊，如小菊花状。花罢有白絮，如苦荬花之絮。其子细长，亦如苦荬子。"根据以上所述，再对照《本草图经》所附"滁州刘寄奴"图，与本种基本一致。

本种有一传说，据《南史》载："宋高祖刘裕，小字寄奴，微时伐荻新洲，遇一大蛇，射之。明日又往，闻杵臼声，寻见童子数人，在林中捣药。问之，答曰：我主为刘寄奴所射，今合药为之敷治。刘裕叱之，童子皆散，乃收药而归，每遇金疮，敷之即愈。"

药材刘寄奴孕妇禁服；气血虚弱、脾虚泄泻者慎服。

藤黄科黄海棠（湖南连翘）*Hypericum ascyron* Linn. 及元宝草 *Hypericum sampsonii* Hance 在湖南、玄参科阴行草 *Siphonostegia chinensis* Benth. 在山东及河南、菊科白苞蒿 *Artemisia lactiflora* Wall. ex DC. 在广西，其地上部分均作刘寄奴药用。

【化学参考文献】

[1] Zan K, Chai X Y, Chen X Q, et al. Artanomadimer A-F: six new dimeric guaianolides from *Artemisia anomala* [J]. Tetrahedron, 2012, 68(25): 5060-5065.

[2] Zan K, Chen X Q, Chai X Y, et al. Two new cytotoxic eudesmane sesquiterpenoids from *Artemisia anomala* [J]. Phytochem Lett, 2012, 5(2): 313-315.

[3] Hu Z H, Zhang P, Huang D B, et al. New guaianolides from *Artemisia anomala* [J]. J Asian Nat Prod Res, 2012, 14(2): 111-114.

[4] Zan K, Chen X Q, Tu P F. A new 1, 10-secoguaianolide from the aerial parts of *Artemisia anomala* [J]. J Nat Med, 2012, 10(5): 358-362.

[5] Jakupovic J, Chen Z L, Bohlmann F. Artanomaloide, a dimeric guaianolide and phenylalanine derivatives from *Artemisia anomala* [J]. Phytochemistry, 1987, 26(10): 2777-2779.

[6] 田富饶, 张琳, 田景奎, 等. 南刘寄奴的化学成分研究[J]. 中国药物化学杂志, 2008, 18(5): 362-365.

[7] 肖永庆, 屠呦呦. 蒿属中药南刘寄奴脂溶性成分的分离鉴定[J]. 药学学报, 1984, 19(12): 909-913.

[8] Li L, Liu H C, Tang C P, et al. Cytotoxic sesquiterpene lactones from *Artemisia anomala* [J]. Phytochem Lett, 2017, 20: 177-180.

[9] 肖同书, 王琼, 蒋骊龙, 等. 刘寄奴化学成分研究[J]. 中草药, 2013, 44(5): 515-518.

[10] 肖永庆, 屠呦呦. 中药南刘寄奴化学成分研究[J]. 植物学报, 1986, 28(3): 307-310.

[11] Zhao J Y, Zheng X X, Newman R A, et al. Chemical composition and bioactivity of the essential oil of *Artemisia anomala* from China [J]. Journal of Essential Oil Research, 2013, 25(6): 520-525.

【药理参考文献】

[1] Tan X, Wang Y L, Yang X L, et al. Ethyl acetate Extract of *Artemisia anomala* S. Moore displays potent anti-inflammatory effect [J]. Evidence-Based Complementray and Alternative Medicine, 2014, 2014(2): 681352-681361.

[2] 谭蔚锋, 郭家红, 邢新, 等. 奇蒿80%乙醇提取物对大鼠深Ⅱ度烧伤创面愈合的影响[J]. 中华中医药学刊, 2004, 22(5): 840-842.

【临床参考文献】

[1] 修国珍, 何春招. 奇蒿乳兔汤治疗婴幼儿腹泻86例[J]. 福建中医药, 1997, 28(2): 7+10.

[2] 李霞, 谭敏英. 刘寄奴可治烫伤[J]. 中国民间疗法, 2001, 9(3): 62.

[3] 张娟莉. 刘寄奴汤外敷治疗乳痈[J]. 陕西中医学院学报, 1994, 17(3): 28.

[4] 郭佳堂, 殷学超. 刘寄奴临床运用举隅[J]. 中国中医药现代远程教育, 2008, 6(1): 62.

[5] 魏晓燕, 孟庆成. 穴位药酒按摩治疗肩部损伤[J]. 现代康复, 2001, 5(8): 134.

[6] 李国通. 刘寄奴代茶饮治疗慢性膀胱炎[J]. 山西中医, 1997, 13(2): 11-12.

994. 白莲蒿（图994）• *Artemisia sacrorum* Ledeb.（*Artemisia stechmanniana* Bess.）

【别名】万年蒿，白蒿。

【形态】多年生草本或亚灌木，高50～100cm。根茎粗壮。茎直立，分枝多而长，初时被微柔毛，后近无毛。基生叶花期枯萎；中部叶长卵形、三角状卵形或长圆状卵形，长2～10cm，宽2～8cm，二

图 994　白莲蒿　　　　　摄影　李华东等

至三回羽状分裂，小裂片条状披针形，中轴及羽轴两侧各有 4～7 栉齿；上部叶略小，羽状浅裂或齿状，近无柄。头状花序多数，排成穗形总状花序，再组成圆锥花序；总苞近球形，总苞片 3～4 层，外层披针形，背面初时密被灰白色短柔毛，后无毛，边缘膜质，有绿色中脉，中、内层椭圆形，近膜质或膜质，背面无毛；花序托圆锥状；花管状，黄色，均结实；缘花雌性，中央花两性。瘦果椭圆形，无毛。花果期 8～11 月。

【生境与分布】生于山坡路旁、灌丛或草丛中。广布于华东及全国其他各地。印度、阿富汗、巴基斯坦、尼泊尔、蒙古国及俄罗斯、日本、朝鲜也有分布。

【药名与部位】万年蒿，地上部分。

【采集加工】6～9 月割取地上部分，阴干。

【药材性状】茎呈圆柱形，长 30～80cm，表面褐色或棕褐色，有纵直的棱线和沟纹，茎尖部被有稀疏的绒毛。体轻质脆，易折断，断面黄色，中间有髓。叶片皱缩或卷曲，完整叶呈二回羽状分裂，表面黄绿色，背面灰绿色。花小色黄。气芳香，味苦辛。

【药材炮制】除去杂质，洗净，切段，干燥。

【化学成分】地上部分含苯丙素类：白莲蒿酸 A、B（sacric acid A、B）[1]，1,4- 二咖啡酰基奎宁酸（1,4-dicaffeoyl quinic acid）[2] 和邻羟基肉桂酰基 -β-D- 吡喃葡萄糖苷（o-hydroxycinnamoyl-β-D-glucopyranoside）[3]；二萜类：3α,16α- 二羟基贝壳杉烷 -19-O-β-D- 葡萄糖苷（3α,16α-dihydroxykaurane-19-O-β-D-glucoside）、3α,16α- 二羟基贝壳杉烷 -20-O-β-D- 葡萄糖苷（3α,16α-dihydroxykaurane-20-O-β-D-glucoside）[2]，苏基洛苷（sugeroside）[3]，对映 - 贝壳杉烷 -3β,16β,17- 三醇 -3α-O-β-D- 吡喃葡萄糖基 -17-O-β-D- 吡喃葡萄糖苷（ent-kaurane-3β,16β,17-triol-3α-O-β-D-glucopyranosyl-17-O-β-D-glucopyranoside）和对映 - 贝壳杉烷 -3β,16β,17- 三醇（ent-kaurane-3β,16β,17-triol）[4]；倍半萜类：3,6,9- 三甲基 -3a,7,9a,9b- 四氢 -3H,4H- 萘［1,2b］呋喃 -2,5- 二酮 {3,6,9-trimethyl-3a,7,9a,9b-tetrahydro-3H,4H-naphtho

[1,2b] furan-2,5-dione}、6-乙基-3-丙基-6,7-二氢-5H-噁庚-2-酮（6-ethyl-3-propyl-6,7-dihydro-5H-oxepin-2-one）[5]，万年蒿氯内酯（chlorosacroratin）、去乙酰母菊酮素（deacetoxymatricarin）和瑞德亭（ridentin）[6]；香豆素类：异秦皮啶（isofraxidin）、东莨菪内酯（scopoletin）[3]、异东莨菪内酯（isoscopoletin）、七叶树内酯（esculetin）、5-甲氧基-7,8-亚甲二氧基香豆素（5-methoxy-7,8-methylendioxycoumarin）、8-甲氧基-6,7-亚甲二氧基香豆素（8-methoxy-6,7-methylenedioxycoumarin）[7]和7-甲氧基-6-羟基香豆素（7-methoxy-6-hydroxycoumarin）[8]；黄酮类：5-羟基-7,4′-二甲氧基黄酮（5-hydroxy-7,4′-dimethoxyflavone）[8]、白莲蒿黄酮A、B（sacriflavone A、B）[9]、刺槐素（acacetin）[8,10]、槲皮素（quercetin）、芫花素（genkwanin）、木犀草素（luteolin）、山奈酚（kaempferol）、芹菜素（apigenin）、金圣草黄素（chrysoeriol）、槲皮苷（quercitrin）、粗毛豚草素（hispidulin）和棕矢车菊素（jaceosidin）[10]；甾体类：β-谷甾醇（β-sitosterol）[8]。

【药理作用】1.护肝　地上部分的超临界萃取物和水提取液高剂量组能够明显降低小鼠的天冬氨酸氨基转移酶（AST）和谷丙转氨酶（ALT）含量，具有较好的保护肝脏的作用[1]；地上部分50%乙醇提取物对乙酰氨基酚诱导的肝损伤小鼠有保护作用，可降低升高的天冬氨酸氨基转移酶、谷丙转氨酶和肿瘤坏死因子-α（TNF-α）的含量，抑制肝脏中谷胱甘肽（GSH）的耗竭，减少丙二醛（MDA）的积聚[2]；地上部分50%乙醇洗脱液上清液可降低四氯化碳（CCl_4）所致肝损伤小鼠血清中天冬氨酸氨基转移酶、谷丙转氨酶含量，增加肝组织超氧化物歧化酶（SOD）含量，减少丙二醛含量，洗脱液上清液和沉淀可降低APAP所致肝损伤小鼠血清中天冬氨酸氨基转移酶、谷丙转氨酶含量，增加肝组织超氧化物歧化酶含量，减少丙二醛含量[3]。2.抗氧化　地上部分甲醇提取的乙酸乙酯和正丁醇部分对1,1-二苯基-2-三硝基苯肼（DPPH）自由基具有较强的清除作用，其半数抑制浓度（IC_{50}）分别为8.2μg/4ml和26.6μg/4ml[4]。3.抗肿瘤　地上部分95%乙醇提取的二氯甲烷部分对肝癌HepG2、HT-29和MCF-7细胞具有显著的细胞毒作用，其半数有效浓度（EC_{50}）分别为122.35μg/ml、49.76μg/ml和28.51μg/ml[5]；地上部分95%乙醇和二氯甲烷洗脱液提取的黄酮类成分对人肝癌SK-HEP-1细胞和人宫颈癌HeLa细胞均有较强的细胞毒作用[6]。4.抗菌　地上部分的水提取液对金黄色葡萄球菌的生长具有很强的抑制作用[7]。

【性味与归经】苦，寒。
【功能与主治】清热利湿，退黄。用于急、慢性肝炎，肝硬化。
【用法与用量】10～30g。
【药用标准】吉林药品1977。

【化学参考文献】

[1] Wang Q H, Wu R J, Han N, et al. Two New Compounds from *Artemisia sacrorum* [J]. Natural Product Communications, 2016, 11（4）：489-90.

[2] 张德志. 万年蒿中两个新贝壳杉烷型二萜的分离与结构测定[J]. 天然产物研究与开发, 1998, 10（4）：34-37.

[3] 吴立军, 班向东, 王春晓, 等. 万年蒿化学成分的研究[J]. 沈阳药学院学报, 1994, 11（1）：54-56.

[4] Li X, Zhang D Z, Onda M, et al. *ent*-Kauranoid diterpenes from *Artemisia sacrorum* [J]. J Nat Prod, 1990, 53（3）：657-661.

[5] Hu Y R, Wang Q H, Han J J, et al. Two new terpenoids from *Artemisia sacrorum* Ledeb. [J]. Journal of Medicinal Plants Research, 2015, 9（38）：981-985.

[6] 张德志. 一个新倍半萜内酯的分离与结构研究[J]. 广东微量元素科学, 2006, 13（5）：59-63.

[7] 张德志, 李铣, 吴立军, 等. 万年蒿中香豆素类成分研究[J]. 中草药, 1989, 20（11）：487-489.

[8] 刘冲, 独孤佳秀, 金莉莉. 万年蒿石油醚提取物化学成分研究[J]. 延边大学医学学报, 2013, 36（1）：27-28.

[9] Wang Q H, Wu J S, Wu R J, et al. Two new flavonoids from *Artemisia sacrorum* Ledeb. and their antifungal activity [J]. Journal of Molecular Structure, 2015, 1088：34-37.

[10] Yuan H D, Lu X Y, Ma Q Q, et al. Flavonoids from *Artemisia sacrorum* Ledeb. and their cytotoxic activities against human cancer cell lines [J]. Experimental and Therapeutic Medicine, 2016, 12（3）：1873-1878.

【药理参考文献】

[1] 朴光春,权迎春.万年蒿提取物对小鼠肝损伤的保护作用[J].时珍国医国药,2007,18(7):1646-1647.

[2] Yuan H D, Jin G Z, Piao G C. Hepatoprotective effects of an active part from *Artemisia sacrorum* Ledeb. against acetaminophen-induced toxicity in mice [J]. Journal of Ethnopharmacology, 2010, 127: 528-533.

[3] 李红梅.万年蒿抗肝损伤活性部位研究[D].延边:延边大学硕士学位论文,2008.

[4] Kim S S. 万年蒿中绿原酸对DPPH自由基的清除作用[J].国外医学(中医中药分册),1997,19(6):34.

[5] Piao G C, Li Y X, Yuan H D, et al. Cytotoxic fraction from *Artemisia sacrorum* Ledeb. against three human cancer cell lines and separation and identification of its compounds [J]. Natural Product Letters, 2012, 26 (16): 1483-1491.

[6] Yuan H, Lu X, Ma Q, et al. Flavonoids from *Artemisia sacrorum* Ledeb. and their cytotoxic activities against human cancer cell lines [J]. Experimental and Therapeutic Medicine, 2016, 12: 1873-1878.

[7] 张德志.万年蒿中两个新贝壳杉烷型二萜的分离与结构测定[J].天然产物研究与开发,1998,10(4):34-37.

995. 蒌蒿(图995)• *Artemisia selengensis* Turcz. ex Bess.

图 995　蒌蒿　　摄影　徐克学等

【别名】蒌蒿,水艾、小蒿子、红陈艾(江苏),水蒿(安徽、江苏),蒿蒌、由胡、白蒿(中国植物志),蒌蒿子(江苏东海)。

【形态】多年生草木,高60～120cm。茎直立,无毛,常带紫色。下部叶在花期枯萎;中部叶密集,羽状深裂,长10～14cm,宽约为长的1/2,侧裂片1～2对,条状披针形或条形,先端渐尖,基部渐狭成楔形如柄，无假托叶，上面绿色，无毛，下面被灰白色薄绒毛，边缘具锐尖锯齿；上部叶 3 裂或不裂，或条形而全缘。头状花序直立或稍下倾，具短梗和条形苞叶，多数密集成狭长的圆锥状；总苞近钟状，总苞片 3～4 层，外层卵形，黄褐色，被短绵毛，内层边缘膜质；花管状，黄色，均结实；缘花雌性，中央花两性。瘦果卵形，略扁，微小，无毛。花果期 7～10 月。

【生境与分布】 生于河湖岸边与沼泽地带或山坡、路旁、荒地。分布于山东、浙江、安徽、江苏、上海、江西，另除华南及西藏、台湾外，我国其他地方均有分布；蒙古国、朝鲜、俄罗斯也有分布。

【药名与部位】 刘寄奴，地上部分。

【采集加工】 夏、秋二季枝叶茂盛时采割，晒干。

【药材性状】 长 1m 左右，多弯曲或折断，茎基部圆柱形，直径 3～4mm，无毛；上部枝有棱，微有白柔毛，表面紫褐色，有粗的纵纹，叶痕明显，黄褐色，稍突起。叶多皱缩，中下部叶 3～5 深裂，上部叶不分裂，叶面黄褐色，无毛，叶背密被白色绒毛，有细小点；叶脉在叶面稍突起。有的可见花序，头状花序集成狭长圆锥花丛；花序轴密被白色绒毛。气香，味苦。

【药材炮制】 刘寄奴：除去杂质，淋润，切断，干燥。酒刘寄奴：取刘寄奴，与酒拌匀，稍闷，炒干。

【化学成分】 叶含黄酮类：芦丁（rutin）、槲皮素（quercetin）、木犀草素（luteolin）、芹菜素（apigenin）、山柰酚（kaempferol）、阿亚黄素（ayanin）、雷杜辛黄酮醇（retusine）、金圣草素（chrysoeriol）、木犀草素-4′,7-二甲醚（luteolin-4′,7-dimethyl ether）、3′,4′,5,7-四羟基二氢黄酮（3′,4′,5,7-tetrahydroxyflavanone）、木犀草素-7-O-β-D-葡萄糖苷（luteolin-7-O-β-D-glucoside）、芹菜素-7-O-β-D-葡萄糖苷（apigenin-7-O-β-D-glucoside）[1]、槲皮素-3-O-β-D-木糖苷（quercetin-3-O-β-D-xyloside）、金圣草素-7-O-β-D-葡萄糖苷（chrysoeriol-7-O-β-D-glucoside）和木犀草素-4′-O-β-D-葡萄糖苷（luteolin-4′-O-β-D-glucoside）[2]；倍半萜类：11,13-二氢母菊酮素（11,13-dihydromatricarin）[2]和 7-(1,5-二甲基-4-己烯-1-基)-5-甲基-2,3-二氧杂双环[2.2.2]辛-5-烯{7-(1,5-dimethyl-4-hexen-1-yl)-5-methyl-2,3-dioxabicyclo[2.2.2]oct-5-ene}[3]；香豆素类：东莨菪内酯（scopoletin）和伞形花内酯（umbelliferone）[4]。

茎叶含黄酮类：芦丁（rutin）、木犀草素（luteolin）和山柰酚-3-O-葡萄糖醛酸苷（kaempferol-3-O-glucuronide）[5]。

地上部分含倍半萜类：1α,6α-二羟基桉叶-3,11(13)-二烯-12-羧酸甲酯[1α,6α-dihydroxyeudesma-3,11(13)-dien-12-carboxylic acid methyl ester]、道氏蒿素（douglanin）[6]、萎蒿内酯（artselenoid）、菱蒿素（artselenin）[7]、加拿蒿宁（canin）和刘寄奴内酯（artanomaloide）[8]；生物碱类：2′-氨基-1′-(1,3-苯二氧基-5-基-1′,3′-丙二醇[2′-amino-1′-(1,3-benzodioxol-5-yl-1′,3′-propanediol][8]；黄酮类：异泽兰黄素（eupatilin）、槲皮素-3-O-β-D-葡萄糖苷-7-O-α-L-鼠李糖苷（quercetin-3-O-β-D-glucoside-7-O-α-L-rhamnoside）和异槲皮苷（isoquercitrin）[8]；木脂素：松脂醇-4-O-β-D-葡萄糖苷（pinoresinol-4-O-β-D-glucoside）[8]；苯丙素类：1,3-二-O-咖啡酰奎宁酸（1,3-di-O-caffeoylquinic acid）[8]；香豆素类：东莨菪内酯（scopolin）和异秦皮啶-7-O-β-D-吡喃葡萄糖苷（isofraxidin-7-O-β-D-glucopyranoside）[8]。

全草含芪类：反式白藜芦醇（trans-resveratrol）[9]；苯丙素类：反式肉桂酸（trans-cinnamic acid）、咖啡酸（caffeic acid）和绿原酸（chlorogenic acid）[9]；黄酮类：木犀草素（luteolin）、异鼠李素（isorhamnetin）、槲皮素（quercetin）和 7-甲氧基-4′-羟基异黄酮（7-methoxy-4′-hydroxyisoflavone）[9]；香豆素类：7-甲氧基香豆素（7-methoxycoumarin）[9]；酚酸类：没食子酸（gallic acid）[9]；苯乙醇类：毛蕊花糖苷（acteoside）[9]。

【药理作用】 1.增强免疫　全草的乙醇提取物可显著延长小鼠耐缺氧时间和提高小鼠抗疲劳能力，增强小鼠抗缺氧、抗疲劳、耐高温、耐低温能力，增加小鼠免疫器官（脾和胸腺）重量及碳粒廓清速率，并显著增强小鼠耐高温和耐低温能力及网状内皮系统（RES）的吞噬功能，提示具有较好的补益和免疫促进作用[1]。2.抗菌　全草水提取物和榨取的汁液对痢疾杆菌、大肠杆菌和巨大芽孢杆菌均有较好的抑菌作用；醇提取物对痢疾杆菌、巨大芽孢杆菌、大肠杆菌、蜡状芽孢杆菌、金黄色葡萄球菌、面包酵母、黄曲霉、异常汉逊酵母、产朊酵母、裂殖酵母白地霉、橘青霉和镰刀霉的生长均具有较强的抑制作用[2]。

3. 抗氧化　地上部分的水提取物在铁离子还原/抗氧化（FRAP）、1，1-二苯基-2-三硝基苯肼（DPPH）、2，2'-联氮-二（3-乙基-苯并噻唑-6-磺酸）二铵（ABTS）实验中具有较强的抗氧化和自由基清除作用，且其水提取物给小鼠灌胃，可降低丙二醛（MDA）含量，增加超氧化物歧化酶（SOD）含量[3]。

【性味与归经】苦、辛，温。归心、肝经。

【功能与主治】破血行瘀，下气通络，止血。用于产后瘀血停积，小腹胀痛，跌打损伤，瘀血肿痛，因伤而致的大小便下血，吐血，崩漏等症。

【用法与用量】9～15g。

【药用标准】四川药材 2010。

【附注】蒌蒿始载于《食疗本草》。《救荒本草》云："田野中处处有之，苗高二尺余，茎干似艾，其叶细长锯齿，叶拎茎而生。"《本草纲目》云："蒌蒿生陂泽中，二月发苗，叶似嫩艾而歧细，面青背白，其茎或赤或白，其根白脆。采其根茎，生熟菹曝皆可食，盖嘉蔬也。"《植物名实图考》云："蔓蒿也，其叶似艾，白色，长数寸，高丈余，好生水边及泽中，正月根芽生旁茎正白，生食之，香而脆美，其叶又可蒸为茹。"又说："按蔓蒿，古今皆食之，水陆俱生、俗传能解河豚毒。"即为本种。

【化学参考文献】

[1] 张健，孔令义. 蒌蒿叶的黄酮类成分研究 [J]. 中草药，2008，39（1）：23-26.

[2] 张健，孔令义. 蒌蒿叶的化学成分研究 [J]. 中国药学杂志，2005，40（23）：1778-1780.

[3] Jang W Y, Lee K R. A new endoperoxide from *Artemisia selengensis* [J]. Saengyak Hakhoechi, 1993, 24（2）: 107-110.

[4] 张健，林玉英，，孔令义. 蒌蒿的化学成分研究 [J]. 中草药，2004，35（9）：979-980.

[5] Li X M, Lu Y L, Deng R H, et al. Chemical components from the haulm of *Artemisia selengensis* and the inhibitory effect on glycation of β-lactoglobulin [J]. Food & function, 2015, 6（6）: 1841-1846.

[6] Hu J F, Lu Y, Zhao B, et al. New eudesmenoic acid methyl ester from *Artemisia selengensis* [J]. Spectrosc Lett, 2001, 34（1）: 75-81.

[7] Hu J F, Feng X Z. New guaianolides from *Artemisia selengensis* [J]. J Asian Nat Prod Res, 1999, 1（3）: 169-176.

[8] Kim A R, Ko H J, Chowdhury M A, et al. Chemical constituents on the aerial parts of *Artemisia selengensis* and their IL-6 inhibitory activity [J]. Arch Pharm Res, 2015, 38（6）: 1059-1065.

[9] 段和祥，罗文艳，杨毅省，等. 蒌蒿醋酸乙酯部位化学成分研究 [J]. 中草药，2015，46（10）：1441-1444.

【药理参考文献】

[1] 沈夕坤，王玳珠，江国荣. 蒌蒿药理作用的初步研究 [J]. 药学进展，1999，23（1）：41-43.

[2] 郑功源，陈红兵. 藜蒿提取物抑菌作用的初步研究 [J]. 天然产物研究与开发，1999，11（3）：72-76.

[3] Shi F, Jia X B, Zhao C L, et al. Antioxidant activities of various extracts from *Artemisisa selengensis* Turcz（Luhao）[J]. Molecules, 2010, 15（7）: 4934-4946.

996. 艾（图 996）· *Artemisia argyi* Lévl. et Van.

【别名】艾蒿（通称），家艾（安徽），杜艾叶（江苏），白蒿、五月艾（福建），海艾、白艾、蕲艾、艾蓬（江苏、江西、上海）。

【形态】多年生草本或稍呈半灌木状，高达 1.5m，具浓烈的香气。根茎粗壮。茎直立，单生或有少数分枝，被灰白色蛛丝状柔毛。基生叶和下部叶花期枯萎；中部叶厚纸质，卵形角状卵形或椭圆形，长 5～9cm，宽 4～8cm，一（至二）回羽状深裂至半裂，裂片卵形、卵状披针形，上面被灰白色短柔毛，并有白色腺点与小凹点，下面密被灰白色蛛丝状密绒毛；上部叶与苞叶羽状半裂至 3 浅裂或不裂。头状花序多数，排成总状，再组成圆锥花序，无总花序梗；总苞卵形，总苞片 3～5 层，外层小，草质，边缘膜质，中层较长，长卵形，中、外层背面皆被蛛丝状绵毛，内层质薄，背面近无毛；花序托小；缘花雌性，花冠狭管状，紫色；中央花两性，花冠管状，外面有腺点。瘦果长卵形或长圆形。花果期 7～11 月。

一二二 菊科 Asteraceae

图 996 艾　　　　　摄影 李华东等

【生境与分布】生于山坡路旁、荒地、空旷地及溪河边。分布于华东及全国其他各地；蒙古国、朝鲜及俄罗斯远东地区也有分布。

【药名与部位】艾叶，叶。艾叶油，叶经蒸气蒸馏得到的挥发油。

【采集加工】艾叶：夏季花未开时采摘，干燥。

【药材性状】艾叶：多皱缩、破碎，有短柄。完整叶片展平后呈卵状椭圆形，羽状深裂，裂片椭圆状披针形，边缘有不规则的粗锯齿；上表面灰绿色或深黄绿色，有稀疏的柔毛和腺点；下表面密生灰白色绒毛。质柔软。气清香，味苦。

艾叶油：为淡黄绿色或淡黄色的澄清液体；具艾的特异香气，味苦、辛。

【质量要求】艾叶：叶大，色青白。

【药材炮制】艾叶：除去杂质及梗，筛去灰屑。炒艾叶：取艾叶饮片，炒至表面微具焦斑时，取出，摊凉。醋艾炭：取艾叶饮片，炒至表面焦黑色，喷醋，炒干。艾叶炭：取艾叶饮片，炒至浓烟上冒、表面焦黑色时，微喷水，灭尽火星，取出，晾干。

【化学成分】叶含倍半萜类：艾蒿内酯（moxartenolide）、艾蒿酮（moxartenone）、丁香三环烷二醇（clovanediol）、石竹烯氧化物（caryophyllene oxide）[1]，纤毛内酯（tanciloide）和 1β,2β- 环氧 -3β,4α,10α- 三羟基愈创木 -6α,12- 交酯（1β,2β-epoxy-3β,4α,10α-trihydroxyguaian-6α,12-olide）[2]；单萜类：2α,5α- 二羟基 -β- 蒎烯（2α,5α-dihydroxy-β-pinene）[2]；三萜类：环木菠萝烯醇乙酯（cycloartenyl acetate）、黏霉 -5- 烯 -3β- 乙酯（glut-5-en-3β-yl acetate）、环木菠萝 -23- 烯 -3β,25- 二醇（cycloart-23-en-3β,25-diol）、环木菠萝 -23- 烯 -3β,25- 二醇 -3- 乙酯（cycloart-23-en-3β,25-diol-3-acetate）、达玛 -20,24- 二烯 -3β- 乙酯（dammara-20,24-dien-3β-yl acetate）[1]，山茶皂苷元 A（camelliagenin A）和 3β- 乙酰氧基 -20- 酮基 -21- 去甲达玛烷 -23- 酸（3β-acetoxy-20-oxo-21-nordammaran-23-oic acid）[3]；二萜类：半日花 -13（E）-

烯-8α,15-二醇［labd-13（E）-en-8α,15-diol］[3]；苯丙素类：东莨菪内酯（scopoletin）和反式-邻羟基桂皮酸（trans-O-hydroxycinnamic acid）[1]；木脂素类：蛇菰脂醛素A（clemaphenol A）[3]；酰胺类：金色酰胺醇酯（aurantiamide acetate）[3]；脂肪酸类：日本酸（japonica acid）[3]；黄酮类：尼泊尔黄酮素（nepetin）[1]，紫花牡荆素（casticin）、6-甲氧基小麦黄素（6-methoxytricin）、6,4′-二甲氧基高山黄芩苷（6,4′-dimethoxyl-scutellarin）、圣草酚（eriodictyol）、棕矢车菊素-7-β-葡萄糖苷（jaceosidin-7-β-glucoside）[2]、异泽兰黄素（eupatilin）[2,4]，棕矢车菊素（jaceosidin）和蒙花苷（linarin）[4]；酚类：香简草苷C（shimobashiraside C）、5,7-二羟基色酮（5,7-dihydroxy-chromone）和水杨酸（salicylic acid）[2]。

地上部分含倍半萜类：11,13-二氢道氏艾素A（11,13-dihydroarteglasin A）[5]和艾属醇内酯（artemisolide）[6]；黄酮类：粗毛豚草素（hispidulin）、岩蔷薇状鼬瓣花素（ladanein）、5,6-二羟基-7,3′,4′-三甲氧基黄酮（5,6-dihydroxy-7,3′,4′-trimethoxyflavone）、5,6,4′-三羟基-7,3′-二甲氧基黄酮（5,6,4′-trihydroxy-7,3′-dimethoxyflavone）、5,7,3′-三羟基-6,4′,5′-三甲氧基黄酮（5,7,3′-trihydroxy-6,4′,5′-trimethoxyflavone）和5-羟基-3′,4′,6,7-四甲氧基黄酮（5-hydroxy-3′,4′,6,7-tetramethoxyflavone）[7]；三萜类：木栓酮（friedelin）、α-香树脂醇（α-amyrin）、β-香树脂醇（β-amyrin）和3β-甲氧基-9β,19-环羊毛脂-23（E）-烯-25,26-二醇［3β-methoxy-9β,19-cyclolanost-23（E）-en-25,26-diol］[8]。

全草含倍半萜类：卡宁（canin）、清艾菊素B（chrysartemin B）和异瑞德亭（isoridentin）[9]；挥发油类：桉油精（eucalyptol）、β-蒎烯（β-pinene）、β-石竹烯（β-caryophyllene）和（−）-樟脑［（−）-camphor］等[10]。

【药理作用】1.抗哮喘 地上部分的甲醇提取物可抑制卵清蛋白所致的过敏性哮喘模型小鼠炎症细胞计数及抗透明质酸酶反应，伴有炎症细胞积聚和黏液分泌过多[1]。2.抗痛经 叶醇提取物高剂量、先水提后醇提混合液的高、低剂量组可显著提高苯甲酸雌二醇及缩宫素所致的原发性痛经模型小鼠痛阈值，抑制扭体反应，且先水提后醇提混合液的作用优于水提取液，显著增加子宫组织内一氧化氮（NO）含量，降低Ca^{2+}含量[2]。3.抗炎 叶水提取物可显著降低二甲苯涂抹所致的小鼠耳廓肿胀，降低冰醋酸溶液腹腔注射所致的毛细血管通透性[3]；叶水提取物及其发酵物可显著增加接种白色念珠菌所致的白色念珠菌阴道炎模型小鼠白色念珠菌孢子及脱落细胞转阴率，降低阴道灌洗液菌落形成单位数量，减轻阴道组织损伤[4]。4.免疫调节 从叶提取的多糖能增强巨噬细胞吞噬墨汁以及生成一氧化氮的能力，且具有一定剂量-效应关系[5]，从叶提取的多糖能增加小鼠免疫器官重量，提高巨噬细胞吞噬功能，增加B细胞产生抗体能力及增强T淋巴细胞的增殖能力[6]。5.抗风湿性关节炎 叶超临界二氧化碳提取物可显著减轻完全弗氏佐剂所致的佐剂性关节炎模型大鼠关节病变及炎症反应及关节肿胀程度，显著下调模型大鼠血清中白细胞介素-1β（IL-1β）、白细胞介素-17（IL-17）及肿瘤坏死因子α（TNF-α）的含量，显著减少模型组大鼠滑膜增生及血管翳形成，减少炎细胞浸润[7]。6.抗菌 叶水提取物和醇提取物对大肠杆菌质控菌株ATCC25922的生长具有一定的抑制作用，醇提取物的抑菌作用明显优于水提取物[8]。7.促口腔溃疡愈合 从叶提取的挥发油及水提取液混合物可显著缩短氢氧化钠灼烧唇内侧所致的口腔溃疡模型大鼠口腔溃疡愈合时间，显著降低血清肿瘤坏死因子-α含量，显著提高溃疡局部病变组织增殖细胞核抗原（PCNA）表达水平，有效减轻局部炎症反应并促进组织修复[9]。8.抗病毒 叶乙酸乙酯提取物对乙型肝炎病毒具有抑制作用，且呈剂量依赖性[10]。9.镇咳祛痰 从叶提取的挥发油对组胺和乙酰胆碱引起的豚鼠哮喘具有保护作用，明显延长哮喘潜伏期，并呈剂量依赖保护致敏豚鼠抗原攻击引起的呼吸频率、潮气量和气道流速改变，松弛静息豚鼠离体气管平滑肌，呈剂量依赖抑制柠檬酸引起的豚鼠咳嗽反应和促进小鼠气道酚红排泄[11]。

毒性 从叶用水蒸气蒸馏法制备挥发油，以1.9g/kg、2.3g/kg、2.7g/kg的剂量给予小鼠灌胃，可显著升高血清谷草转氨酶水平，显著升高肝组织线粒体膜电位，降低ATPase活力，降低Ca^{2+}-ATPase活力，降低Ca^{2+}-Mg^{2+}-ATPase活力[12]，显著升高小鼠血清谷丙转氨酶及谷草转氨酶水平，肝脏组织具有变性、坏死等不同程度的损伤，显著升高肝组织产生超氧阴离子活力、丙二醛含量和氧化型谷胱甘肽含量，显著降低超氧化物歧化酶和还原型谷胱甘肽含量[13]。

【性味与归经】 艾叶：辛、苦，温；有小毒。归肝、脾、肾经。

【功能与主治】 艾叶：散寒止痛，温经止血。用于少腹冷痛，经寒不调，宫冷不孕，吐血，衄血，崩漏经多，妊娠下血；外用于皮肤瘙痒。艾叶油：平喘，镇咳，祛痰，消炎。用于慢性支气管炎，肺气肿，支气管哮喘。

【用法与用量】 艾叶：煎服 3～9g；外用适量，供灸治或熏洗用。

【药用标准】 艾叶：药典1963—2015、浙江炮规2015、新疆药品1980二册、香港药材五册和台湾2013；艾叶油：药典1977。

【临床参考】 1. 冲任虚损之妊娠四月阴道出血：叶（炒）9g，加当归、川断各12g，生地、桑寄生各15g，炙甘草、阿胶（烊化）、炒杜仲各9g，川芎3g，炒白芍18g，水煎服[1]。

2. 痛经、闭经：叶6g，加香附、丹参各9g，水煎服。

3. 胎动不安：叶60g，加紫苏9g，水煎服。

4. 关节痹痛或外伤：叶加酒浸泡5~6天，擦洗患处。

5. 荨麻疹、湿疹、疥癣：叶适量，水煎熏洗患处。

6. 慢性支气管炎：叶，用蒸馏法提取艾叶油，制成丸剂或气雾剂，艾叶油丸（每颗含艾叶油0.075mg），每次口服2粒，饭后服，每日3次；气雾剂（每瓶含艾叶油4.4ml），每日喷3次，每次喷3下。（2方至6方引自《浙江药用植物志》）

【附注】 本种以艾叶之名始载于《名医别录》，云："艾叶，生田野。三月三日采，暴干。作煎，勿令见风。"《本草图经》云："艾叶，旧不著所出州土，但云生田野，今处处有之。以复道者为佳，云此种灸百病尤胜，初春布地生苗，茎类蒿而叶背白，以苗短者为佳，三月三日、五月五日，采叶暴干，经陈久方可用。"《本草纲目》云：艾叶，本草不著土产，但云生田野。宋时以汤阴复道者为佳，四明者图形。近代惟汤阴者谓之北艾，四明者谓之海艾。自成化以来，则以蕲州者为胜，……，此草多生山原。二月宿根生苗成丛。其茎直生，白色，高四五尺。其叶四布，状如蒿，分为五尖，桠上复有小尖，面青背白，有茸而柔厚。七八月叶间出穗如车前穗，细花，结实累累盈枝，中有细子，霜后始枯。皆以五月五日连茎刈取，暴干收叶。"即为本种。

药材艾叶和艾叶油阴虚血热者慎服。

本种的果实（艾实）民间也药用。

同属植物野艾蒿 Artemisia lavandulaefolia DC. 的叶在民间也作艾叶药用。

叶有毒，大量口服后30min可出现中毒症状，主要表现为喉头干渴，胃肠不适，恶心呕吐，继而全身无力，头晕、耳鸣、四肢出现震颤、痉挛等；若间歇发作数次，则出现谵妄、惊厥甚至瘫痪现象；若延续数日，则有肝脏肿大，出现黄疸；孕妇常致出血或流产。痊愈后亦常有健忘、幻觉等后遗症。慢性中毒者有感觉过敏、共济失调、幻想、神经炎、癫痫样痉挛等症状。（《浙江药用植物志》）

【化学参考文献】

[1] Yoshikawa M, Shimada H, Matsuda H, et al. Bioactive constituents of Chinese natural medicines. I. new sesquiterpene ketones with vasorelaxant effect from Chinese Moxa, the processed leaves of *Artemisia argyi* Levl. et Vant.：moxartenone and moxartenolide [J]. Chem Pharm Bull, 1996, 44（9）：1656-1662.

[2] Zhang L B, Lv J L, Chen H L, et al Chemical constituents from *Artemisia argyi* and their chemotaxonomic significance [J]. Biochem Syst Ecol, 2013, 50：455-458.

[3] Wang S, Jiang Y, Zeng K W, et al. Anti-neuroinflammatory constituents from *Artemisia argyi* [J]. J Chin Pharm Sci, 2013, 22（4）：377-380.

[4] 吉双, 张予川, 刁云鹏, 等. 艾叶的化学成分 [J]. 沈阳药科大学学报, 2009, 26（8）：617-619.

[5] Yusupov M I, Zakirov S K, Sham'yanov I D, et al. 11, 13-Dihydroarteglasin A, a new guaianolide from *Artemisia argyi* [J]. Chem Nat Comp, 1990, 26（4）：473-474.

[6] Kim J H, Kim H K, Jeon S B, et al. New sesquiterpene-monoterpene lactone, artemisolide, isolated from *Artemisia argyi*[J]. Tetrahedron Lett, 2002, 43(35): 6205-6208.

[7] Seo J M, Kang H M, Son K H, et al. Antitumor activity of flavones isolated from *Artemisia argyi* [J]. Planta Med, 2003, 69(3): 218-222.

[8] Tan R X, Jia Z J. A new cycloartane triterpene from *Artemisia argyi* [J]. Chin Chem Lett, 1992, 3(2): 117-118.

[9] Yusupov M I, Kasymov S Z, Sidyakin G P, et al. *Artemisia argyi* lactones [J]. Him Prir Soedin, 1985, 3: 405-406.

[10] Zhang W J, You C X, Yang K et al. Bioactivity of essential oil of *Artemisia argyi* Levl. et Van. and its main compounds against *Lasioderma serricorne* [J]. Journal of Oleo Science, 2014, 63(8): 829-837.

【药理参考文献】

[1] Shin N R, Ryu H W, Ko J W, et al. *Artemisia argyi* attenuates airway inflammation in ovalbumin-induced asthmatic animals [J]. Journal of Ethnopharmacology, 2017, 209: 108-115.

[2] 张来宾，阎玺庆，段金廒，等．艾叶不同提取物对小鼠原发性痛经的影响［J］．中国实验方剂学杂志，2012，18（12）：205-208.

[3] 黎莉莉，臧林泉，张华仙，等．艾叶对小鼠的抗炎作用及其机制的研究［J］．中国临床药理学杂志，2019，35（12）：1251-1259.

[4] 白静，胡雷，张丽，等．艾叶水提物及其发酵物对小鼠白色念珠菌性阴道炎的治疗作用［J］．中国实验方剂学杂志，2014，20（16）：131-134.

[5] 余桂朋，尹美珍，黄志，等．艾叶多糖对小鼠腹腔巨噬细胞吞噬功能及NO生成的影响［J］．湖北理工学院学报，2012，28（5）：54-58.

[6] 罗旋，胡昌猛，沈远娟，等．艾叶多糖对小鼠免疫功能影响的研究［J］．大理大学学报，2016，1（2）：15-18.

[7] 万毅，余炜．艾叶二氧化碳超临界萃取物巴布剂对类风湿性关节炎大鼠的治疗作用［J］．浙江中医药大学学报，2013，37（7）：839-844.

[8] 李小妞，陈志坚，关强强，等．艾叶提取物对大肠杆菌抑菌活性的研究［J］．黑龙江畜牧兽医，2019，（6）：140-142，173.

[9] 阴晟，严钰璋，黄腾，等．艾叶提取物对大鼠口腔溃疡的治疗作用［J］．中南大学学报（医学版），2017，42（7）：824-830.

[10] 赵志鸿，侯迎迎，郑立运，等．艾叶乙酸乙酯提取物对HBV的抑制作用［J］．郑州大学学报（医学版），2013，48（6）：783-785.

[11] 谢强敏，卞如濂．艾叶油的呼吸系统药理研究Ⅰ．支气管扩张、镇咳和祛痰作用［J］．中国现代应用药学，1999，16（4）：16-19.

[12] 刘红杰，詹莎，李天昊，等．艾叶挥发油致急性肝损伤小鼠线粒体结构和功能的变化［J］．中国临床药理学杂志，2017，33（6）：530-534.

[13] 刘红杰，李天昊，詹莎，等．艾叶挥发油致小鼠急性肝毒性作用及其机制研究［J］．中国临床药理学与治疗学，2017，22（3）：248-252.

【临床参考文献】

[1] 李玉贤．胶艾汤临床应用体会［J］．新疆中医药，1996，（3）：56-57.

997. 矮蒿（图997）• *Artemisia lancea* Vaniot（*Artemisia lavandulaefolia* auct. non DC.）

【别名】野艾、野艾蒿（江苏），小蓬蒿（浙江），牛尾蒿、细叶艾（江苏）。

【形态】多年生草本，高80～150cm。根茎细或稍粗。茎多数，具细棱，中部以上多分枝，初时微被蛛丝状微柔毛，后无毛。基生叶和下部叶较大，花期枯萎；中部叶较小，长卵形或椭圆状卵形，长1.5～2.5cm，宽1～2cm，一（至二）回羽状全裂，稀深裂，每侧有2～3裂片，裂片披针形或条状披

图 997　矮蒿　　　　　　　　　　　　　　摄影　张芬耀等

针形，顶端锐尖，上面初时疏被短柔毛，后无毛，下面密被蛛丝状毛；上部叶和苞叶 3～5 全裂或不裂。头状花序多数，排成穗状或复穗状，再组成圆锥花序；总苞卵形或长卵形，总苞片 3 层，外层小，狭卵形，背面初时被短柔毛，后无毛，有绿色中脉，边缘狭膜质，中、内层背面无毛，边缘宽膜质或全为半膜质；花管状，紫色，均结实；缘花雌性，中央花两性。瘦果小，长圆形，无毛。花果期 8～11 月。

【生境与分布】生于山地林缘、疏林下、路边、田边、沟边及空旷地。分布于华东各地，另我国其他各地均有分布；印度、朝鲜、日本、俄罗斯东部也有分布。

【药名与部位】野艾叶（野艾），叶。艾绒，叶的加工品。

【采集加工】野艾叶：夏季开花前采摘，除去老梗及杂质，晒干。艾绒：夏季叶茂盛时采收，晒至半干，捣碎，再晒干，捣成绒。

【药材性状】野艾叶：叶卷曲皱缩，质脆易碎，柄长短不一。完整叶片展平后呈卵状椭圆形，一至二回羽状深裂至全裂；深裂者，边缘常有锯齿；全裂者，裂片条形至条状披针形，全缘，边缘常稍外卷；上表面墨绿色，有稀疏短微毛；下表面密生灰白色毛茸，中脉几近无毛而显露。质软。气微香，味苦。

艾绒：为灰绿色到黄绿色的绒状团。质柔软。气香，味苦。

【药材炮制】野艾叶：除去枝梗杂质，筛去灰屑。野艾叶炭：取野艾叶饮片，用武火炒至表面焦黑色，喷清水适量，烘干，取出，放凉。醋野艾叶：取野艾叶饮片，用文火炒至微焦，喷醋，随喷随炒至干，取出。野艾叶绒：取野艾叶捣成绒，除去叶脉、粗梗。

艾绒：除去杂质，筛去灰屑。

【化学成分】全草含挥发油：樟脑（camphor）和 1, 8- 桉叶素（1, 8-cineole）[1]。

【药理作用】1. 抗氧化　从叶提取的多糖成分对 1, 1- 二苯基 -2- 三硝基苯肼（DPPH）自由基有较强的清除作用[1]；从叶提取的挥发油在 0.1～4.0mg/ml 浓度对 1, 1- 二苯基 -2- 三硝基苯肼自由基、羟自由基（·OH）和 2, 2'- 联氮 - 二（3- 乙基 - 苯并噻唑 -6- 磺酸）二铵盐（ABTS）自由基均有较强的清除作用[2]。2.抗肿瘤 从叶提取的挥发油能诱导HeLa细胞中caspase-3表达量降低,同时聚腺苷二磷酸核糖聚合酶(PARP)发生剪切、失活,呈剂量依赖性,提示对HeLa细胞的增殖有明显的抑制作用[3];不同浓度的叶95%乙醇提取物(200μg/ml、400μg/ml、800μg/ml)分别处理肝癌HepG2细胞系24h、48h、72h,用RT-PCR法检测肝癌HepG2细胞中 Bax、Bcl-2 及 caspases-3 基因的表达情况,72h后提取物400μg/ml、800μg/ml处理的,Bax 表达水平明显低于未加提取物处理者,24h、48h、72h后提取物800μg/ml处理的,Bcl-2、caspases-3基因表达水平均明显低于未加提取物处理者,提示对肝癌HepG2细胞系的增殖有一定的抑制作用[4]。3.抗菌 叶的95%乙醇提取的乙酸乙酯部分和正丁醇部分对金黄色葡萄球菌的生长有显著的抑制作用,体内抑菌实验表明小鼠灌胃0.50g/kg剂量的野艾蒿提取物时,体内的抑菌作用最好[5]。

【性味与归经】野艾叶:苦、辛,温。艾绒:苦、微辛、温。

【功能与主治】野艾叶:温经止痛,止血安胎,散寒逐湿。用于少腹冷痛、痛经、崩漏、经寒不调,吐血、衄血、妊娠下血、胎动不安;灸治寒湿痹痛;外治皮肤瘙痒、疥癣。艾绒:理气血,逐寒湿。外用于敷灸。

【用法与用量】野艾叶:煎服3～9g;外用适量,供灸治或熏洗用。艾绒:外灸适量。

【药用标准】野艾叶:江苏药材1989、内蒙古药材1988和甘肃药材2009;艾绒:浙江炮规2015。

【化学参考文献】

[1] Zhu L, Dai J L, Yang L, et al. In vitro ovicidal and larvicidal activity of the essential oil of *Artemisia lancea* against *Haemonchus contortus*(Strongylida)[J]. Veterinary Parasitology, 2013, 195(1-2):112-117.

【药理参考文献】

[1] 熊子文. 野艾蒿的化学组成及抗氧化、抑菌活性研究[D]. 南昌:南昌大学硕士学位论文,2011.
[2] 毛跟年,刘艺秀,胡家欢. 野艾蒿挥发油的提取工艺及抗氧化活性研究[J]. 食品科技,2018,43(10):299-304.
[3] 张璐敏,吕学维,邵邻相,等. 野艾蒿挥发油诱导HeLa细胞凋亡与坏死[J]. 中药材,2013,36(12):1988-1992.
[4] 张启梅,卢东东. 野艾蒿提取物对肝癌细胞系HepG2增殖的影响[J]. 现代中西医结合杂志,2015,24(6):583-585.
[5] 毛跟年,胡家欢,刘艺秀. 野艾蒿提取物对金黄色葡萄球菌的抑制作用[J]. 现代食品科技,2018,34(11):95-100.

998. 五月艾(图998) • *Artemisia indica* Willd.

【别名】白艾(福建、浙江),五月蒿,印度蒿(浙江),艾,生艾、鸡脚艾(福建),野艾。

【形态】多年生草本或半灌木状,高40～150cm。茎直立,单生或少数,具纵棱,多分枝,初时微被短柔毛,后无毛。基生叶和下部叶花期枯萎;中部叶卵形或椭圆形,长3～8cm,宽2～7cm,一(至二)回羽状全裂或为大头羽状深裂,每侧3(～4)裂,裂片椭圆状披针形,上面初时被灰白色或淡灰黄色线毛,后无毛,下面密被灰白色蛛丝状绒毛;上部叶卵状披针形,羽状分裂。头状花序多数,排成穗形总状,再组成圆锥花序;总苞卵形,总苞片3～4层,外层略小,边缘膜质,背面初时微被绒毛,后无毛,中脉绿色,中、内层椭圆形或长卵形,边缘宽膜质或全为半膜质,背面近无毛;花序托小,凸起;花管状,黄色,均结实;缘花雌性,4～8朵,中央花两性,6～8朵。瘦果长圆形或倒卵形。花果期8～11月。

【生境与分布】生于山坡路旁、林缘及山地草灌丛中。分布于华东各地,另华南、西南、华中及山西、陕西、甘肃、内蒙古、辽宁等均有分布;亚洲中部地区也有分布。

【药名与部位】野艾叶,叶。艾绒,叶的加工品。五月艾,地上部分。

【采集加工】野艾叶:夏季开花前采摘,除去老梗及杂质,晒干。艾绒:夏季叶茂盛时采收,晒至半干,捣碎,再晒干,捣成绒。五月艾:夏、秋间枝叶茂盛时采收,割取地上部分,晒干或阴干。

【药材性状】野艾叶:完整叶片展平后呈椭圆形。一至二回或二至三回羽状深裂;终裂片常为一至二回或二至三回的小裂片呈叉状;裂片长椭圆形或披针形,全缘或具粗锯齿,边缘不反卷;上表面深黄绿色至墨绿色。

一二二　菊科 Asteraceae

图 998　五月艾　　　　摄影　郭增喜

艾绒：为灰绿色至黄绿色的绒状团。质柔软。气香，味苦。

五月艾：茎呈圆柱形，长 50～100cm，直径 0.2～0.7cm；表面灰绿色或棕褐色，具纵棱线，稀被灰白色茸毛或无毛。质略硬，易折断，断面中部有髓。叶互生，皱缩卷曲，完整者展开后呈卵状椭圆形，一至二回羽状分裂，裂片椭圆形、椭圆状披针形或条状披针形，边缘有不规则的粗锯齿；上表面灰绿色或深黄绿色，无腺点、无毛或有稀疏柔毛，下表面密生灰白色茸毛；叶柄基部有抱茎的假托叶。气清香，味苦。

【药材炮制】野艾叶：除去枝梗杂质，筛去灰屑。野艾叶炭：取野艾叶饮片，用武火炒至表面焦黑色，喷清水适量，烘干，取出，放凉。醋野艾叶：取野艾叶饮片，用文火炒至微焦，喷醋，随喷随炒至干，取出。野艾叶绒：取野艾叶捣成绒，除去叶脉、粗梗。

艾绒：除去杂质。筛去灰屑。

五月艾：除去残根及杂质，洗净，切段，晒干。

【化学成分】茎含黄酮类：稀见槐黄酮 A、B（exiguaflavanone A、B）和高丽槐素（maackiain）[1]；苯并呋喃类：2-（2,4-二羟基苯基）-5,6-亚甲基二氧基苯并呋喃［2-（2,4-dihydroxyphenyl）-5,6-methylenedioxybenzofuran］[1]。

地上部分含挥发油类：吉马烯 D（germacrene D）、β-石竹烯（β-caryophyllene）、石竹烯氧化物（caryophyllene oxide）[2]，青蒿酮（artemisia ketone）、大香叶烯 B（germacrene B）、龙脑（borneol）、顺式-菊油环酮乙酸酯（cis-chrysanthenyl acetate）、α-蒎烯（α-pinene）、β-蒎烯（β-pinene）、樟烯（camphene）、杜松烯（sabinene）、α-水芹烯（α-phellandrene）、柠檬烯（limonene）、1,8-桉叶素（1,8-cineole）、

（Z）-β-罗勒烯［（Z）-β-ocimene］、芳樟醇（linalool）、异松香烯（terpinolene）、α-侧柏酮（α-thujone）、β-侧柏酮（β-thujone）、菊油环酮（chrysanthenone）、桃金娘醇（myrtenol）、樟脑（camphor）、萜品烯-4-醇（terpinen-4-ol）、橙花醇（nerol）、香芹酮（carvone）、α-长叶松烯（α-longipinene）、α-可巴烯（α-copaene）、石竹烯（caryophyllene）、α-葎草烯（α-humulene）、β-雪松烯（β-himachalene）、α-姜黄烯（α-curcumene）、大牻牛儿烯 B（germacrene B）、石竹烯氧化物（caryophyllene oxide）和 β-桉叶醇（β-eudesmol）[3]；倍半萜类：卡鲁斯蒿内酯素（ludartin）；三萜类：羽扇醇（lupeol）[4]。

全草含三萜类：齐墩果酸（oleanolic acid）和熊果酸（ursolic acid）[5]；二萜类：鼠尾草苦内酯（carnosol）[5]。

【药理作用】1. 抗肿瘤　地上部分的乙酸乙酯提取物及分离得到的化合物可抑制乳腺癌 MCF-7 细胞、人口腔鳞状癌 BHY 细胞、人胰腺癌 Miapaca-2 细胞、人结肠癌 Colo-205 细胞、人肺癌 A549 细胞和小鼠胚胎成纤维 NIH-3T3 细胞的增殖，其中卡鲁斯蒿内酯素（ludartin）和羽扇醇（lupeol）可诱导 MCF-7 细胞 DNA 损伤和线粒体膜电位损失，其抑制作用最强[1]。2. 抗疟　叶的石油醚、正己烷、二氯甲烷、丙酮提取物和挥发油对血液阶段的多药耐药恶性疟原虫具有抑制作用，并可抑制 FAS-II 酶活性[2]。3. 抗糖尿病　地上部分 70% 甲醇提取物的乙酸乙酯、氯仿和正丁醇萃取部位可显著降低链脲佐菌素所致的糖尿病模型大鼠血糖[3]。4. 抗高血脂　地上部分 70% 甲醇提取物的乙酸乙酯、氯仿和正丁醇萃取部位可减少血清总胆固醇（TC）、甘油三酯（TG）、低密度脂蛋白（LDL）、血肌酐（Crea）、谷丙转氨酶（ALT）、天冬氨酸氨基转移酶（AST）和碱性磷酸酶（ALP）含量[3]。5. 调节中枢神经　全草甲醇提取物中分离得到的鼠尾草苦内酯（carnosol）、齐墩果酸（oleanolicacid）和熊果酸（ursolic acid）具正向调节 $\alpha_1\beta_2\gamma_2$L GABA-A 受体的作用，这种作用可被氟马西尼所拮抗；可显著降低高架十字迷宫实验中小鼠的焦虑程度，增加进入开臂的次数与时间，显著增加浅暗箱测试中小鼠在光室中的时间；可显著减少悬尾实验中小鼠的不动时间，显著降低强迫游泳实验中小鼠的不动时间；并可显著延迟戊四唑诱发的惊厥模型小鼠阵挛性-强直性癫痫发作并减少阵挛-强直性癫痫发作及抽搐的持续时间，降低小鼠死亡率，且呈剂量依赖性；因此，具有抗焦虑、抗抑郁和抗惊厥作用[4]。6. 镇痛　地上部分的醋炙品及酒炙品的乙醇提取物对冰醋酸所致的小鼠扭体反应有明显的抑制作用，提高热板致痛的痛阈，且醋炙品和酒炙品较生品作用强[5]。

【性味与归经】野艾叶：苦、辛，温。艾绒：苦、微辛，温。五月艾：辛、苦，温；有小毒。归脾、肝、肾经。

【功能与主治】野艾叶：温经止痛，止血安胎，散寒逐湿。用于少腹冷痛、痛经、崩漏、经寒不调，吐血、衄血、妊娠下血，胎动不安；灸治寒湿痹痛；外治皮肤瘙痒、疥癣。艾绒：理气血，逐寒湿。外用于敷灸。五月艾：温经止血，散寒止痛，外用祛湿止痒。用于吐血，衄血，崩漏，月经过多，胎漏下血，少腹冷痛，经寒不调，宫冷不孕；外治皮肤瘙痒。

【用法与用量】野艾叶：煎服 3～9g；外用适量，供灸治或熏洗用。艾绒：外灸适量。五月艾：煎服 5～10g。外用适量，煎汤洗。

【药用标准】野艾叶：江苏药材 1989；艾绒：浙江炮规 2015；五月艾：广东药材 2011。

【临床参考】脚癣：全草，加水煮沸，水提取物与冰醋酸按 6∶4 比例混合，局部适量外用[1]。

【化学参考文献】

[1] Chanphen R, Thebtaranonth Y, Wanauppathamkul S, et al. Antimalarial principles from Artemisia indica [J]. J Nat Prod, 1998, 61（9）: 1146-1147.

[2] Shah G C, Rawat T S. Chemical constituents of Artemisia indica Willd. Oil [J]. Indian Perfumer, 2008, 52（3）: 27-29.

[3] Rashid S, Rather M A, Shah W A, et al. Chemical composition, antimicrobial, cytotoxic and antioxidant activities of the essential oil of Artemisia indica Willd [J]. Food Chem, 2013, 138（1）: 693-700.

[4] Zeng Y T, Jiang J M, Lao H Y, et al. Antitumor and apoptotic activities of the chemical constituents from the ethyl acetate extract of Artemisia indica [J]. Molecular Medicine Reports, 2015, 11: 2234-2240.

[5] Khan I, Karim N, Ahmad W, et al. GABA-A receptor modula tion and anticonvulsant, anxiolytic and antidepressant

activities of constituents from Artemisia indica Linn. [J]. Evidence-based Complementary and Allternative Medicine, 2016, DOI: org/10. 1155/2016/1215393.

【药理参考文献】
[1] Zeng Y T, Jiang J M, Lao H Y, et al. Antitumor and apoptotic activities of the chemical constituents from the ethyl acetate extract of Artemisia indica [J]. Molecular Medicine Reports, 2015, 11: 2234-2240.
[2] Tasdemir D, Tierney M, Sen R, et al. Antiprotozoal effect of Artemisia indica extracts and essential oil [J]. Planta Medica, 2015, 81: 1029-1037.
[3] Ahmad W, Khan I, Khan M A, et al. Evaluation of antidiabetic and antihyperlipidemic activity of Artemisia indica Linn(aeriel parts) in streptozotocin induced diabetic rats [J]. Journal of Ethnopharmacology, 2014, 151 (1): 618-623.
[4] Khan I, Karim N, Ahmad W, et al. GABA-A receptor modulation and anticonvulsant, anxiolytic and antidepressant activities of constituents from Artemisia indica Linn. [J]. Evidence-based Complementary and Alternative Medicine, 2016, DOI: org/10. 1155/2016/1215393.
[5] 覃文慧, 黄克南, 黄慧学. 不同炮制法对广西五月艾总黄酮含量及镇痛作用的影响 [J]. 中国实验方剂学杂志, 2012, 18 (12): 51-53.

【临床参考文献】
[1] 赵宏. 将野艾与冰醋酸配制成治脚癣药 [J]. 国外医药（植物药分册）, 1992, 7 (5): 235.

22. 款冬属 Tussilago Linn.

多年生葶状草本。根茎横生。花茎于早春先叶抽出，直立，通常被白色蛛丝状绵毛。茎生叶互生，退化成苞片状；基生叶后出，叶片大，边缘具不规则波状牙齿，叶柄长，被白色绵毛。花葶数个，头状花序单生于茎端；总苞片1~2层，条形或条状披针形，近等长；花序托平，无托片；缘花假舌状，多层，舌片条形，雌性，结实；中央的小花两性，不发育，少数，花冠管状，5裂；花药基部截形或呈矩箭形；花柱不分枝，近头状。瘦果狭长圆形，共5~10条纵棱；冠毛雪白色，糙毛状。

仅1种，分布于北非、亚洲和欧洲。中国1种，南北均产，法定药用植物1种。华东地区法定药用植物1种。

999. 款冬（图999）· Tussilago farfara Linn.

【别名】款冬花、八角乌、九九花（江苏）。

【形态】多年生草本。根茎褐色，横生。花茎多数，高5~10cm，花后长达20~40cm，被绵毛。茎生叶片苞片状，无柄，通常淡紫褐色；茎生叶后出，叶片心形至宽心形，长3~12cm，宽4~14cm，先端急尖，基部心形，边缘齿端增厚，呈黑褐色，上面无毛，下面密被白色绵毛，具5~9条掌状脉；叶柄长5~10cm。头状花序单生，直径2~3cm；总苞片边缘宽膜质，外面疏被绒毛，缘花假舌状，黄色，多数，舌片狭长，雌性，结实；盘花管状，顶端5裂，裂片狭卵形，两性，不结实。舌状花的瘦果狭长圆形，具5~10棱；冠毛糙毛状，白色。花果期1~4月。

【生境与分布】华东各地多栽培，分布于我国西南部；印度、伊朗、俄罗斯及西欧和北非也有分布。

【药名与部位】款冬花，花蕾。

【采集加工】12月或地冻前当花尚未出土时采挖，除去总花梗及泥沙，阴干。

【药材性状】呈长圆棒状。单生或2~3个基部连生，长1~2.5cm，直径0.5~1cm。上端较粗，下端渐细或带有短梗，外面被有多数鱼鳞状苞片。苞片外表面紫红色或淡红色，内表面密被白色絮状茸毛。体轻，撕开后可见白色茸毛。气香，味微苦而辛。

【质量要求】朵大，色紫红鲜艳，梗短，不开放。

【药材炮制】款冬花：除去杂质及残梗。蜜款冬花：取款冬花饮片，与炼蜜拌匀，稍闷，炒至不粘

图 999 款冬　　　　　　摄影　李华东等

手时，取出，摊凉。

【化学成分】叶含黄酮类：山柰酚-3-O-［3,4-O-（异亚丙基）-α-L-吡喃阿拉伯糖苷］{kaempferol-3-O-[3,4-O-（isopropylidene）-α-L-arabinopyranoside]}、山柰酚（kaempferol）、槲皮素（quercetin）、山柰酚-3-O-α-L-吡喃阿拉伯糖苷（kaempferol-3-O-α-L-arabinopyranoside）、山柰酚-3-O-β-D-吡喃葡萄糖苷（kaempferol-3-O-β-D-glucopyranoside）、山柰酚-3-O-β-D-吡喃半乳糖苷（kaempferol-3-O-β-D-galactopyranoside）[1],3,5,7,4′-四羟基-3′-甲氧基黄酮-3-O-β-D-吡喃葡萄糖基-（1→3）-O-β-D-吡喃木糖基-7-O-α-L-吡喃鼠李糖苷［3,5,7,4′-tetrahydroxy-3′-methoxyflavone-3-O-β-D-glucopyranosyl-（1→3）-O-β-D-xylopyranosyl-7-O-α-L-rhamnopyranoside］、紫杉叶素（taxifolin）、槲皮苷（quercitrin）[2]、山柰酚-3-O-α-吡喃鼠李糖基-（1→6）-β-吡喃葡萄糖苷［kaempferol-3-O-α-rhamnopyranosyl-（1→6）-β-glucopyranoside］、槲皮素-3-O-β-吡喃阿拉伯糖苷（quercetin-3-O-β-arabinopyranoside）、槲皮素-3-O-β-吡喃葡萄糖苷（quercetin-3-O-β-glucopyranoside）和紫云英苷（astragaline）[3]；苯丙素类：咖啡酸（caffeic acid）、对羟基桂皮酸（p-hydroxycinnamic acid）、3,4-二-O-咖啡酰奎宁酸（3,4-di-O-caffeoylquinic acid）、3,4-二-O-咖啡酰奎宁酸甲酯（methyl 3,4-di-O-caffeoylquinate）、3,5-二-O-咖啡酰奎宁酸（3,5-di-O-caffeoylquinic acid）、3,5-二-O-咖啡酰奎宁酸甲酯（methyl 3,5-di-O-caffeoylquinate）、4,5-二-O-咖啡酰奎宁酸（4,5-di-O-caffeoylquinic acid）和4,5-二-O-咖啡酰奎宁酸甲酯（methyl 4,5-di-O-caffeoylquinate）[1]；其他尚含：己-3-烯-1-醇-1-O-β-D-吡喃葡萄糖苷（hex-3-en-1-ol-1-O-β-D-glucopyranoside）和苄基-β-D-吡喃葡萄糖苷（benzyl-β-D-glucopyranoside）[1]。

花蕾含倍半萜类：款冬花素B（tussfarfarin B）[4],7β-（3′-乙基巴豆酰氧基）-1α-（2′-甲基丁酰氧基）-3,14-去氢-Z-石生诺顿菊酮［7β-（3′-ethylcrotonoyloxy）-1α-（2′-methylbutyryloxy）-3,14-dehydro-Z-notonipetranone］[4-6]、款冬酮（tussilagone）[5,6]、款冬花素A（tussfarfarin B）、橐吾香附酮醇（ligucyperonol)、(−)-1,2-去氢-α-香附酮[(−)-1,2-dehydro-α-cyperone]、齿叶橐吾醇(ligudentatol)、匙叶桉油烯醇(spathulenol)、(1βH,5αH)-香橙烷-4α,10β-二醇[(1βH,5αH)-aromadendrane-4α,10β-diol][5],7,14-二去酰基石生诺顿尼烷酮(7,14-bisdesacylnotonipetrone)[6],款冬花素(farfaratin)[7],新款冬花内酯(neotussilagolactone)[8],异款冬素(isotussilagin)[9],14-乙酰氧基-7β-当归酰氧基-石生诺顿尼烷酮(14-acetoxy-7β-angeloyloxy-notonipetranone)、14-乙酰氧基-7β-千里光酰氧基-石生诺顿尼烷酮(14-acetoxy-7β-senecioyloxy-notonipetranon)、7β-(3-乙基-顺式-巴豆酰氧基)-14-羟基石生诺顿尼烷酮[7β-(3-ethyl-cis-crotonoyloxy)-14-hydroxynotonipetranone]、7β-(3-乙基-顺式-巴豆酰氧基)-14-羟基-1α-(2-甲基丁酰氧基)-石生诺顿尼烷酮[7β-(3-ethyl-cis-crotonoyloxy)-14-hydroxy-1α-(2-methylbutyryloxy)-notonipetranone]、7β-(3-乙基-顺式-巴豆酰氧基)-1α-(2-甲基丁酰氧基)-3,14-去氢-Z-石生诺顿尼烷酮[7β-(3-ethyl-cis-crotonoyloxy)-1α-(2-methylbutyryloxy)-3,14-dehydro-Z-notonipetranone]、款冬花内酯(tussilagolactone)[10]、(1R,3R,4R,5S,6S)-1-乙酰氧基-8-当归酰氧基-3,4-环氧-5-羟基没药烷-7(14),10-二烯-2-酮[(1R,3R,4R,5S,6S)-1-acetoxy-8-angeloyloxy-3,4-epoxy-5-hydroxybisabola-7(14),10-dien-2-one]、(3R,4R,6S)-3,4-环氧没药烷-7(14),10-二烯-2-酮[(3R,4R,6S)-3,4-epoxy-bisabola-7(14),10-dien-2-one]、(14R)-羟基-7β-异戊酰氧基日本刺参萜-8(10)-烯-2-酮[(14R)-hydroxy-7β-isovaleroyloxyoplopa-8(10)-en-2-one]、β-匙叶桉油烯醇(β-spathulenol)[11],7β-当归酰氧基日本刺参萜-3(14)Z,8(10)-二烯-2-酮[7β-angeloyloxyoplopa-3(14)Z,8(10)-dien-2-one]、7β-千里光酰氧基日本刺参萜-3(14)Z,8(10)-二烯-2-酮[7β-senecioyloxyoplopa-3(14)Z,8(10)-dien-2-one]、1α-当归酰氧基-7β-(4-甲基千里光酰氧基)-日本刺参萜-3(14)Z,8(10)-二烯-2-酮[1α-angeloyloxy-7β-(4-methyl senecioyloxy)-oplopa-3(14)Z,8(10)-dien-2-one]、7β-(4-甲基千里光酰氧基)-日本刺参萜-3(14)Z,8(10)-二烯-2-酮[7β-(4-methylsenecioyloxy)-oplopa-3(14)Z,8(10)-dien-2-one]、1α,7β-二(4-甲基千里光酰氧基)-日本刺参萜-3(14)Z,8(10)-二烯-2-酮[1α,7β-di(4-methyl senecioyloxy)-oplopa-3(14)Z,8(10)-dien-2-one][12],1α,5α-二乙酰氧基-8-当归酰氧基-3β,4β-环氧没药烷-7(14),10-二烯-2-酮[1α,5α-bisacetoxy-8-angeloyloxy-3β,4β-epoxy-bisabola-7(14),10-dien-2-one][13],7β-当归酰氧基-14-羟基款冬素酯(7β-angeloyloxy-14-hydroxy-notonipetranone)、1α-羟基-7β-(4-甲基千里光酰氧基)-日本刺参萜-3(14)Z,8(10)-二烯-2-酮[1α-hydroxy-7β-(4-methyl senecioyloxy)-oplopa-3(14)Z,8(10)-dien-2-one]和1α-(3″-乙基-顺式-巴豆酰氧基)-8-当归酰氧基-3β,4β-环氧没药-7(14),10-二烯[1α-(3″-ethyl-cis-crotonoyloxy)-8-angeloyloxy-3β,4β-epoxybisabola-7(14),10-diene][14];三萜类:24-亚甲基环木菠萝烷-3β,22-二醇(24-methylenecycloartane-3β,22-diol)、β-香树脂醇-正壬基醚(β-amyrin-n-nonyl ether)、异鲍尔烯醇(isobauerenol)、2α,3β-二羟基熊果-12-烯-28-酸(2α,3β-dihydroxylurs-12-en-28-oic acid)、2α-羟基熊果酸甲酯(methyl 2α-hydroxyursolate)、熊果酸(ursolic acid)[4]、鲍尔-7-烯-3β,16α-二醇(bauer-7-en-3β,16α-diol)[5]、巴尔三萜醇(bauerenol)、款冬二醇(faradiol)、山金车二醇(arnidol)[7]、鲍尔-7-烯-3β,16α-二醇(bauer-7-en-3β,16α-diol)[15]和黏果酸浆内酯B(ixocarpalactone B)[16];生物碱类:2-氨基乙基十四碳酸酯(2-aminoethyl tetradecanoate)[4],无梗五加碱(sessiline)[5],2-{[(2S)-2-羟基丙酰基]氨基}苯甲酰胺{2-{[(2S)-2-hydroxypropanoyl]amino}benzamide}[16]、苯甲酰胺(benzamide)、克氏千里光碱(senkirkine)和掌叶半夏碱戊(pedatisectine E)[17];酚类:(4S)-异核盘菌酮[(4S)-isosclerone][4]、石栗酸甲酯(methyl moluccanate)和2-(3′-O-β-D-吡喃葡萄糖基-4′-羟基苯基)乙醇[2-(3′-O-β-D-glucopyranosyl-4′-hydroxyphenyl)ethanol][16];色酮类:1-(4-羟基-2,2-二甲基-色烷-6-基)-乙酮[1-(4-hydroxy-2,2-dimethyl chroman-6-yl)-ethanone]、2,2-二甲基-6-乙酰基色酮(2,2-dimethyl-6-acetyl chromanone)和6-羟基-2,2-二甲基色烷-4-酮(6-hydroxy-2,2-dimethyl chroman-4-one)[5];呋喃类:2-甲酰基-5-羟甲基呋喃(2-formyl-5-hydroxymethyl furan)[5];黄酮类:槲皮素(quercetin)、山柰酚(kaempferol)、金丝桃苷(hyperin)、芦丁(rutin)、山柰酚-3-O-β-D-吡喃葡萄糖苷(kaempferol-3-O-β-D-glucopyranoside)[18]、槲皮素-3-O-吡喃阿拉伯糖苷(quercetin-3-O-β-D-arabinopyranoside)、

山柰酚-3-O-阿拉伯糖苷（kaempferol-3-O-arabinoside）、槲皮素-4'-O-葡萄糖苷（quercetin-4'-O-glucoside）、槲皮素-3-O-β-D-吡喃半乳糖苷（quercetin-3-O-β-D-galactopyranoside）[19]，山柰酚-3-O-芸香糖苷（kaempferol-3-O-rutinoside）[20]和槲皮素-3-O-β-D-吡喃葡萄糖苷（quercetin-3-O-β-D-glucopyranoside）[21]；苯丙素类：反式-阿魏酸（trans-ferulic acid）、异阿魏酸（isoferulic acid）、反式-咖啡酸（trans-caffeic acid）[6]，绿原酸（chlorogenic acid）[16]，3,4-O-二咖啡酰基奎宁酸甲酯（methyl 3,4-O-dicaffeoylquinate）、4,5-O-二咖啡酰基奎宁酸甲酯（methyl 4,5-O-dicaffeoylquinate）[16,19]，3,5-O-二咖啡酰基奎宁酸甲酯（methyl 3,5-O-dicaffeoylquinate）、3-O-咖啡酰基奎宁酸（3-O-caffeoylquinic acid）、3,5-O-二咖啡酰基奎宁酸（3,5-O-dicaffeoylquinic acid）、3-O-咖啡酰基奎宁酸甲酯（methyl 3-O-caffeoylquinate）[19]，1,2-O-二咖啡酰基环戊烷-3-醇（1,2-O-dicaffeoylcyclopentan-3-ol）[21]，对香豆酸（p-coumaric acid）[22]和1,2-二-（3',4'-二羟基桂皮酰）-环戊-3-醇（1,2-di-（3',4'-dihydroxycinnamoyl）-cyclopenta-3-ol）[23]；酚酸类：邻苯二甲酸二丁酯（dibutyl phthalate）、邻苯二甲酸-双-2-乙基己酯［bis（2-ethylhexyl）phthalate］、邻苯二甲酸（phthalic acid）、没食子酸（gallic acid）[6]和对羟基苯甲酸（p-hydroxybenzoic acid）[6,22]；吡喃酮：2,2-二甲基-6-乙酰基吡喃酮（2,2-dimethyl-6-acetylchromanone）[6]；核苷类：尿嘧啶（uridine）和腺嘌呤核苷（adenosine）[6]；甾体类：豆甾醇（stigmasterol）、7β-羟基谷甾醇（7β-hydroxysitosterol）、7α-羟基谷甾醇（7α-hydroxysitosterol）、β-谷甾醇（β-sitosterol）和胡萝卜苷（daucosterol）[6]；挥发油类：古巴烯（copaene）、（+）-表双环倍半水芹烯［（+）-epi-bicyclosesquiphellandrene］、γ-榄香烯（γ-elemene）和β-红没药烯（β-bisabolene）等[15]；烷苷类：正丁基-α-D-呋喃果糖（n-butyl-α-D-fructofuranoside）[5]；脂肪酸类：棕榈酸甘油酯（palmitin）、正二十七烷酸（n-heptacosanoic acid）和正十六烷酸（n-hexadecanoic acid）[6]；糖类：D-葡萄糖（D-glucose）和蔗糖（sucrose）[6]；烯酮类：6-羟基-2,6-二甲基庚-2-烯-4-酮（6-hydroxy-2,6-dimethylhept-2-en-4-one）[6]和日本柳杉己烯酮（cryptomerione）[11]；其他尚含：蒲公英黄色素（taraxatnin）[7]，羟基丙呋甲酮（hydroxytremetone）[11]和黑麦草内酯（loliolide）[22]。

全草含生物碱类：千里光宁（senecionine）、全缘千里光碱（integerrimine）、肾形千里光碱（senkirkine）、新肾形千里光碱（neosenkirkine）、千里光非宁（seneciphylline）[22]和款冬碱（tussilagine）[24,25]。

【药理作用】1. 镇咳　花蕾的水提取液可明显延长引起半数小鼠咳嗽所需的氨水雾化时间，增加小鼠气管段酚红排泌量，有明显的止咳化痰作用[1]；对豚鼠离体气管实验表明从花蕾提取的款冬酮（tussilagone）能松弛组胺和乙酰胆碱所致的豚鼠离体气管条痉挛，$0.1×10^{-4}$mol/L、$0.33×10^{-4}$mol/L、$1×10^{-4}$mol/L浓度的款冬酮其解痉率依次为34.4%，69.9%，130.1%，具有一定的解痉作用，这与款冬酮的镇咳平喘作用有关[2]。2. 抗炎　花蕾醇提取物可抑制二甲苯所致小鼠耳肿胀，明显减少角叉菜胶所致小鼠的足跖肿[3]；花蕾中分离提取的新倍半萜类化合物1α-(3″-乙基-顺-巴豆酰氧基)-8-当归酰氧基-3β，4β-环氧没药-7（14），10-二烯［1α-（3″-ethyl-cis-crotonoyloxy）-8-angeloyloxy-3β，4β-epoxybisabola-7（14），10-diene］、7β-当归酰氧基-14-羟基-款冬花素（7β-angeloyloxy-14-hydroxy-notonipetranone）和1α-羟基-7β-（4-甲基千里光酰氧基）-日本刺参萜-3（14）Z，8（10）-二烯-2-酮［1α-hydroxy-7β-（4-methylsenecioyloxy）-oplopa-3（14）Z，8（10）-dien-2-one］可抑制脂多糖（LPS）诱导的RAW 264.7细胞一氧化氮（NO）的释放，有较好的抗炎作用，其中以1α-羟基-7β-（4-甲基千里光酰氧基）-刺参-3（14）Z，8（10）-二烯-2-酮的作用最强[4]；从花蕾提取的款冬酮能通过对核转录因子-κB（NF-κB）通路的抑制而降低一氧化氮、前列腺素E_2（PGE_2）、肿瘤坏死因子-α（TNF-α）的含量，款冬酮降低一氧化氮的半数抑制浓度（IC_{50}）为8.7mmol/L，降低前列腺素E_2的浓度为15.12ng/ml，降低肿瘤坏死因子-α的浓度为1.73ng/ml，并能降低脂多糖刺激BV-2小神经胶质细胞引起的一氧化氮合酶（NOS）及环氧合酶-2（COX-2）含量，从而抑制炎症因子的释放[5,6]；款冬酮能诱导RAW264.7细胞中HO-1的表达，并能降低脂多糖刺激的RAW264.7细胞中一氧化氮、肿瘤坏死因子-α和前列腺素E_2的含量，以及一氧化氮合酶及环氧合酶-2的含量，且呈现时间和剂量依赖性[7]。3. 抗肿瘤　从花蕾提取的多糖能诱导人白血病K562细胞凋亡[8]，可剂量依赖性地抑制人非小肺癌A549细胞增殖及凋亡，同时上调p53基因表达、下调Bcl-2基因表达[9]；提取的多糖对小鼠肉瘤 S180、小鼠肝癌 H22 细胞的抑制率分别为 55.76%、45.61%，对网状 L615 白血病小鼠的生命延长率为 55.76%[10]；从花蕾 95% 乙醇的正丁醇部分提取分离的化合物 1, 2- 二 -（3′, 4′- 二羟基桂皮酰）- 环戊 -3- 醇 [1, 2-di-（3′, 4′-dihydroxycinnamoyl）-cyclopenta-3-ol]、山柰酚（kaempferol）和槲皮素（quercetin）对小鼠肺腺癌 LA795 细胞的增殖都具有一定的抑制作用，其中化合物 1, 2- 二 -（3′, 4′-二羟基桂皮酰）- 环戊 -3- 醇和槲皮素的抑制作用较明显，其半数抑制浓度（IC_{50}）分别为 125.2μg/ml 和 83.2μg/ml [11]。4. 抗结核　花蕾的正己烷提取物和乙酸乙酯提取物均具抗结核作用，其中正己烷提取物中分离的成分黑麦草内酯（loliolide）、乙酸乙酯提取物中分离的成分对香豆酸（p-coumaric acid）和对羟基苯甲酸（p-hydroxgbenzoic acid）作用最强[12]。5. 保护神经　花蕾提取物与"节点蛋白"PICK1 的结合位点位于 PDZ 结构域，能有效抑制 PDZ 结构域与 GluR2 的相互作用，在 GluR2 下调引起兴奋性毒性而产生的多种神经性疾病中，PICK1 的 PDZ 结构域是一个潜在的药物靶标[13]。6. 改善心血管　从花蕾提取的款冬酮静脉注射于麻醉犬能够产生即时与剂量依赖有关的升压效应，其升压效应与多巴胺相似[14]，静脉注射款冬酮 0.07～0.2mg/kg 剂量对琥珀酰胆碱阻断其呼吸兴奋的清醒狗和失血性休克狗的血流动力学的观察，发现均能显著提高清醒狗和失血性休克狗的外周阻力，其作用强于多巴胺，并在失血性休克条件下，款冬酮还可提高心肌收缩力，表明款冬酮属强烈收缩血管物质[15]；款冬酮对血小板活化因子引起的血小板聚集有抑制作用，对钙通道阻滞剂与受体结合有阻断作用[16]。7. 抗过敏　从花蕾提取的款冬酮能显著降低透明质酸酶含量的作用，低（$0.26×10^{-3}$mol/L）、中（$0.77×10^{-3}$mol/L）、高（$2.30×10^{-3}$mol/L）剂量的抑制率分别为 29.6%、45.3%、68.6%，并可显著抑制组胺所致豚鼠离体回肠的收缩作用，抑制肥大细胞脱颗粒作用、抑制对 2,4- 二硝基氯苯所致小鼠耳肿胀和组胺所致小鼠皮肤速发型过敏反应，低、高剂量组对小鼠耳肿胀和小鼠皮肤速发型过敏反应均有较好的抑制作用[17]。

【性味与归经】辛，微苦，温。归肺经。

【功能与主治】润肺下气，止咳化痰。用于新久咳嗽，喘咳痰多，劳嗽咳血。

【用法与用量】5～9g。

【药用标准】药典 1963—2015、浙江炮规 2005、青海药品 1976、新疆药品 1980 二册、内蒙古蒙药 1986、香港药材五册和台湾 2013。

【临床参考】1. 慢性阻塞性肺疾病急性加重期（痰热郁肺证）：花蕾 15g，加炙麻黄、浙贝母、桑白皮、紫菀、旋覆花、白术各 10g，生石膏 30g，前胡 12g，甘草 6g，水煎，每日 1 剂，早晚分服，联合常规西医治疗[1]。

2. 风寒外束、痰热内蕴之哮喘：花蕾 9g，加白果、麻黄、杏仁、桑白皮、半夏各 9g，紫苏子、黄芩各 6g，甘草 3g，水煎服[2]。

3. 毛细支气管炎：花蕾 3～8g，加紫菀、白芷各 3～8g，梨半只，冰糖 20g，水 50ml，蒸 20min，取汁分 3 次口服，5～10 天 1 疗程，并予抗感染、吸氧、口服 β2 受体激动剂等对症治疗[3]。

4. 寒喘：花蕾 9g，加杏仁、桑白皮各 9g，知母、贝母各 6g，水煎服。

5. 急、慢性支气管炎：花蕾 9g，加鱼腥草 90g，水煎服。（4 方、5 方引自《浙江药用植物志》）

【附注】款冬始载于《神农本草经》，列为中品。《本草经集注》云："款冬花，第一出河北，其形如宿莼，未舒者佳，其腹里有丝。次出高丽、百济，其花乃似大菊花。次亦出蜀北部宕昌，而并不如。其冬月在冰下生，十二月、正月旦取之。"《本草图经》云："款冬花今关中亦有之。根紫色，茎青紫，叶似萆薢，十二月开黄花，青紫萼，去土一二寸，初出如菊花，萼通直而肥实，无子，则陶隐居所谓出高丽、百济者，近此类也。"《本草衍义》云："款冬花，春时，人或采以代蔬，入药须微见花者良。如已芬芳，则都无力也。今人又多使如筋头者，恐未有花尔。"《救荒本草》云："茎青，微带紫色。叶似葵，叶甚大而丛生开黄花，根紫色。"从以上记载的特征看，即为本种。

药材款冬花阴虚者慎服。

【化学参考文献】

[1] Kuroda M, Ohshima T, Kan C, et al. Chemical constituents of the leaves of *Tussilago farfara* and their aldose reductase inhibitory activity [J]. Nat Prod Commun, 2016, 11（11）: 1661-1664.

[2] Yadava R N, Raj M. New allelochemical from *Tussilago farfara*（Linn.）[J]. Journal of the Institution of Chemists（India）, 2012, 84（6）: 167-175.

[3] Chanaj-Kaczmarek J, Wojcinska M, Matlawska I. Phenolics in the *Tussilago farfara* leaves [J]. Herba Polonica, 2013, 59（1）: 35-43.

[4] Yang A M, Shang Q, Yang L, et al. Chemical constituents of the flowerbuds of *Tussilago farfara* [J]. Chem Nat Compd, 2017, 53（3）: 584-585.

[5] Liu L L, Yang J L, Shi Y P. Sesquiterpenoids and other constituents from the flower buds of *Tussilago farfara* [J]. J Asian Nat Prod Res, 2011, 13（10）: 920-929.

[6] Liu Y F, Yang X W, Wu B. Chemical constituents of the flower buds of *Tussilago farfara* [J]. J Chin Pharm Sci, 2007, 16（4）: 288-293.

[7] 王长岱, 高柳久男, 米彩峰, 等. 款冬花化学成分的研究 [J]. 药学学报, 1989, 24（12）: 913.

[8] Shi W, Han, G Q. Chemical constituents of *Tussilago farfara* L [J]. J Chin Pharm Sci, 1996, 5（2）: 63-67.

[9] 应百平, 杨培明, 朱任宏, 等. 款冬花化学成份的研究 I. 款冬酮的结构 [J]. 化学学报, 1987, 45（5）: 450.

[10] Kikuchi M, Suzuki N. Studies on the constituents of *Tussilago farfara* L. II. structures of new sesquiterpenoids isolated from the flower buds [J]. Chem Pharm Bull, 1992, 40（10）: 2753-2755.

[11] Yaoita Y, Suzuki N, Kikuchi M. Studies on the constituents of the flower buds of *Tussilago farfara*. Part VI. structures of new sesquiterpenoids from *Farfarae flos* [J]. Chem Pharm Bull, 2001, 49（5）: 645-648.

[12] Yaoita Y, Kamazawa H, Kikuchi M. Studies on the constituents of the flower buds of *Tussilago farfara* Part V. structures of new oplopane-type sesquiterpenoids from the flower buds of *Tussilago farfara* L. [J]. Chem Pharm Bull, 1999, 47（5）: 705-707.

[13] Ryu J H, Jeong Y S, Sohn D H. A new bisabolene epoxide from *Tussilago farfara*, and inhibition of nitric oxide synthesis in LPS-activated macrophages [J]. J Nat Prod, 1999, 62（10）: 1437-1438.

[14] Li W, Huang X, Yang X W. New sesquiterpenoids from the dried flower buds of *Tussilago farfara* and their inhibition on NO production in LPS-induced RAW264.7 cells [J]. Fitoterapia, 2012, 83（2）: 318-322.

[15] Liu Y F, Yang X W, Wu B. GC-MS analysis of essential oil constituents from buds of *Tussilago farfara* L. [J]. J Chin Pharm Sci, 2006, 15（1）: 10-14.

[16] Yang A M, Zhao A H, Zheng Z S, et al. Chemical constituents of the flower buds of *Tussilago farfara* II [J]. Chem Nat Compd, 2018, 54（5）: 978-980.

[17] 吴笛, 张朝凤, 张勉, 等. 中药款冬花的化学成分研究 [J]. 中国药学杂志, 2008, 43（4）: 260-263.

[18] 刘玉峰, 杨秀伟, 武滨. 款冬花化学成分的研究 [J]. 中国中药杂志, 2007, 32（22）: 2378-2381.

[19] Kaloshina N A, Konopleva M M. Phytochemical study of coltsfoot grown in the Belorussian SSR [J]. Sbornik Nauchnykh Trudov Vitebskogo Gosudarstvennogo Meditsinskogo Instituta, 1971, 14: 319.

[20] 石巍, 高建军, 韩桂秋. 款冬花化学成分研究 [J]. 北京医科大学学报, 1996, 28（4）: 308.

[21] 刘可越, 刘海军, 张铁军, 等. 款冬花中的一酚性新化合物 [J]. 天然产物研究与开发, 2008, 20（3）: 397-398.

[22] Zhao J L, Evangelopoulos D. Bhakta S, et al. Antitubercular activity of *Arctium lappa* and *Tussilago farfara* extracts and constituents [J] Journal of Ethnopharmacology, 2014, 155（1）: 796-800.

[23] 刘可越, 刘海军, 吴家忠, 等. 款冬花中抑制肺癌细胞 LA795 增殖的活性成分研究 [J]. 复旦学报（自然科学版）, 2009, 48（1）: 125-129.

[24] Sener B, Ergun F. Pyrrolizidine alkaloids from *Tussilago farfara* L. [J]. Journal of Faculty of Pharmacy of Gazi University, 1993, 10（2）: 137-141.

[25] Roeder E, Wiedenfeld H, Jost E J. Tussilagine - a new pyrrolizidine alkaloid from *Tussilago farfara* [J]. Planta Med, 1981, 43（1）: 99-102.

【药理参考文献】

[1] 高慧琴, 马骏, 林湘, 等. 栽培品款冬花止咳化痰作用研究[J]. 甘肃中医学院学报, 2001, 18(4): 20-21.

[2] 吴笛, 张朝凤, 张勉, 等. 中药款冬花的化学成分研究[J]. 中国药学杂志, 2008, 43(4): 260-263.

[3] 朱自平, 张明发. 款冬花抗炎及其对消化系统作用的实验研究[J]. 中国中医药科技, 1998, 5(3): 160-162.

[4] Li W, Huang X, Yang X W. New sesquiterpenoids from the dried flower buds of *Tussilago farfara* and their inhibition on NO production in LPS-induced RAW264. 7 cells [J]. Fitoterapia, 2012, 83(2): 318-322.

[5] Lim H J, Dong G Z, Lee H J, et al. *In vitro* neuroprotective activity of sesquiterpenoids from the flower buds of *Tussilago farfara* [J]. J Enzyme Inhib Med Chem, 2014, 30(5): 1-5.

[6] Lim H J, Lee H S, Ryu J H. Suppression of inducible nitric oxide synthase and cyclooxygenase-2 expression by tussilagone from Farfarae Flos in BV-2 microglial cells [J]. Archives of Pharmacal Research, 2008, 31(5): 645-652.

[7] Hwangbo C, Lee H S, Park J, et al. The anti-inflammatory effect of tussilagone, from *Tussilago farfara*, is mediated by the induction of heme oxygenase-1 in murine macrophages [J]. International Immunopharmacology, 2009, 9(13): 1578-1584.

[8] 张秀昌, 刘华, 刘玉玉, 等. 款冬花粗多糖体外诱导人白血病K562细胞的凋亡[J]. 中国组织工程研究, 2007, 11(11): 2029-2031.

[9] 罗强, 李迎春, 任鸿, 等. 款冬花多糖对肺腺癌A549细胞生长及凋亡的影响[J]. 河北北方学院学报(自然科学版), 2013, 29(4): 63-66.

[10] 余涛, 宋道, 赵鹏, 等. 款冬花多糖对荷瘤小鼠的抑瘤率及对白血病小鼠生存期的影响[J]. 中南药学, 2014, 12(2): 125-128.

[11] 刘可越, 刘海军, 吴家忠, 等. 款冬花中抑制肺癌细胞LA795增殖的活性成分研究[J]. 复旦学报(自然科学版), 2009, 48(1): 125-129.

[12] Zhao J L, Evangelopoulos D, Bhakta S, et al. Antitubercular activity of *Arctium lappa* and *Tussilago farfara* extracts and constituents [J]. Journal of Ethnopharmacology, 2014, 155(1): 796-800.

[13] 冯延琼, 李爱平, 支海娟, 等. 款冬提取物对PICK1蛋白功能的影响[J]. 山西大学学报(自然科学版), 2013, 36(3): 455-459.

[14] Li Y P, Wang Y M. Evaluation of tussilagone: a cardiovascular-respiratory stimulant isolated from Chinese herbal medicine [J]. General Pharmacology: The Vascular System, 1988, 19(2): 261-263.

[15] 李一平, 王筠默. 款冬酮对清醒狗和失血性休克狗血流动力学的影响[J]. 药学学报, 1987, 22(7): 486-490.

[16] 韩桂秋, 杨燕军, 李长龄, 等. 款冬花抗血小板活化因子活性成分的研究[J]. 北京大学学报(医学版), 1987, 19(1): 33-35.

[17] 李艳芳, 陈雪园, 熊卫艳, 等. 款冬酮抗过敏作用研究[J]. 中国新药杂志, 2015(13): 1517-1522.

【临床参考文献】

[1] 钟云青. 款冬花散治疗慢性阻塞性肺疾病急性加重期(痰热郁肺证)临床观察[J]. 中国中医急症, 2017, 26(1): 149-151.

[2] 陈锐. 定喘汤临床新用[J]. 中国社区医师, 2012, 28(41): 14.

[3] 周燕辉. 紫苑、款冬花、白芷佐治毛细支气管炎患儿100例疗效观察[J]. 中外医疗, 2010, 29(3): 17-18.

23. 菊三七属 *Gynura* Cass.

多年生或一年生直立草本，稀攀援或匍匐。叶互生，全缘、有齿刻或羽状分裂。头状花序排成顶生或腋生的伞房花序或圆锥状聚伞花序，稀单生；总苞近钟形或圆筒状，基部有多数小苞片；总苞片1层，等长，边缘膜质；花托扁平，有小窝孔或短流苏状；小花两性，结实，管状，花冠上部稍扩大，檐部5齿裂；雄蕊5，花药基部全缘或近具小耳；花柱分枝细，条形，顶端具钻状附属物。瘦果圆柱形，具数条纵棱；冠毛细长而丰富，白色，绢毛状。

40余种，分布于非洲、亚洲及大洋洲。中国约10种，分布于西南至东南部，法定药用植物1种。华东地区法定药用植物1种。

1000. 菊三七（图 1000） · *Gynura japonica*（Thunb.）Juel ［*Gynura segetum*（Lour.）Merr.］

图 1000　菊三七　　　　摄影　李华东等

【别名】菊叶三七，三七草（安徽），紫三七、土三七、红三七（江苏），万肿消（江苏姜堰）。

【形态】多年生草本。根肉质肥大，须根纤细。茎直立，上部分枝，具纵条纹，被细柔毛。基生叶多数，全缘、具锯齿或作羽状分裂，花时凋落；中部叶互生，长椭圆形，长 10～30cm，宽 5～15cm，羽状深裂，裂片卵形至披针形，长 3～8cm，宽 1～2cm，顶端渐尖，边缘具不整齐的疏锯齿，两面疏被柔毛或近无毛；上部叶渐小，近无柄，通常具 2 枚假托叶。头状花序在茎枝顶端排成疏伞房状或圆锥状聚伞花序；总苞钟形，基部具条状小苞片；总苞片 1 层，条状披针形，顶端渐尖，边缘膜质，外疏被柔毛或近无毛；花冠金黄色，檐部 5 齿裂，裂片披针形；雄蕊内藏；花柱伸出。瘦果狭圆柱形，疏被毛；冠毛丰富，白色。花果期 8～10 月。

【生境与分布】生于路旁、草地、山沟及林下。分布于华东各地，另广东、湖北、云南、贵州、四川、陕西均有分布；日本、尼泊尔、泰国也有分布。

【药名与部位】血三七（菊三七），根茎。

【采集加工】夏、秋二季采挖，除去杂质，洗净，鲜用或干燥。

【药材性状】呈拳形团块状，长 3～6cm，直径约 3cm，表面灰棕色或棕黄色，鲜品常带淡紫红色，全体多具瘤状突起，突起物顶端常有茎基或芽痕，下面有细根或细根痕。质坚实，断面灰黄色，鲜品白色。无臭，味淡而后微苦。

【化学成分】根茎含倍半萜类：氧化石竹烯（caryophyllene oxide）[1]；三萜类：α-香树脂醇（α-amyrin）、β-香树脂醇（β-amyrin）、羽扇豆醇（lupeol）、木栓烷-3β-醇（friedelan-3β-ol）、24-亚甲基-9,19-环羊毛脂烷（24-methylene-9,19-cyclolanostane）、木栓烷-3-酮（friedelan-3-one）[2]，异乔木山小橘醇（isoarborinol）和乔木山小橘醇（arborinol）[3]；酚酸类：苯甲酸（benzoic acid）、香草醛（vanillin）[1]、4-羟基苯甲酸（4-hydroxybenzoic acid）、4-羟基苯甲醛（4-hydroxybenzaldehyde）、4-羟基苯甲酰甲酯（methyl 4-hydroxybenzoate）[2]、丁香酸（syringic acid）、香草酸（vanillic acid）和反式-对-羟基桂皮酸（trans-p-hydroxycinnamic acid）[3]；脑苷酯类：菊三七属胺Ⅰ、Ⅱ、Ⅲ、Ⅳ（gynuramide Ⅰ、Ⅱ、Ⅲ、Ⅳ）[2]和（2S,3S,4R,8E）-2-［（2R）-2-羟基棕榈酰氨基］-8-十八碳烯-1,3,4-三醇｛（2S,3S,4R,8E）-2-［（2R）-2-hydroxypalmitoylamino］-8-octadecene-1,3,4-triol｝[3]；色原酮类：2,2-二甲基-6-乙酰基色满酮（2,2-dimethyl-6-acetyl chromanone）、6-乙酰基-2-羟甲基-2-甲基色满-4-酮（6-acetyl-2-hydroxymethyl-2-methylchroman-4-one）和（-）-菊三七属酮［（-）-gynuraone］[1]；甾体类：（22E,24S）-7α-过氧氢豆甾-5,22-二烯-3β-醇［（22E,24S）-7α-hydroperoxystigmasta-5,22-dien-3β-ol］、（22E,24S）-豆甾-1,4,22-三烯-3-酮［（22E,24S）-stigmasta-1,4,22-trien-3-one］、（24R）-豆甾-1,4-二烯-3-酮［（24R）-stigmasta-1,4-dien-3-one］、β-谷甾酮（β-sitosterone）、β-谷甾醇（β-sitosterol）、豆甾醇（stigmasterol）、胡萝卜苷（daucosterol）、豆甾醇-β-D-吡喃葡萄糖苷（stigmasteryl-β-D-glucopyranoside）、（3β,7α）-7-过氧氢豆甾-5-烯-3-醇［（3β,7α）-7-hydroperoxystigmast-5-en-3-ol］[1]、豆甾-22-烯-3-酮（stigmast-22-en-3-one）[1,2]、7α-羟基豆甾醇（7α-hydroxystigmasterol）、7-酮基豆甾醇（7-oxostigmasterol）、7-酮基-β-谷甾醇（7-oxo-β-sitosterol）、豆甾-4,22-二烯-6β-醇-3-酮（stigmasta-4,22-dien-6β-ol-3-one）、麦角甾烷-3-酮（ergostan-3-one）、豆甾-4-烯-6β-醇-3-酮（stigmast-4-en-6β-ol-3-one）、过氧化麦角甾醇（peroxyergosterol）、胆甾烷-3-酮（cholestan-3-one）、7α-羟基-β-谷甾醇（7α-hydroxy-β-sitosterol）、7-酮基豆甾醇-3-O-β-D-吡喃葡萄糖苷（7-oxostigmasteryl-3-O-β-D-glucopyranoside）、7-酮基-谷甾醇-3-O-β-D-吡喃葡萄糖苷（7-oxositosteryl-3-O-β-D-glucopyranoside）和豆甾烷-3-酮（stigmastan-3-one）[2]；木脂素类：浙贝素（zhebeiresinol）[3]；生物碱类：二甲基异咯嗪（lumichrome）[3]；螺环类：α-生育螺环A、B（α-tocospiro A、B）和左旋-α-生育螺环酮［（-）-α-tocospirone］[2]；苯醌类：2,6-二甲氧基-1,4-苯醌（2,6-dimethoxy-1,4-benzoquinone）[2]；烷醇类：正二十四烷醇（n-tetracosanol）、正二十六烷醇（n-hexacosanol）、正二十八烷醇（n-octacosanol）、正三十烷醇（n-triacontanol）和正三十二烷醇（n-dotriacontanol）[2]；脂肪酸类：二十六酸（hexacosanic acid）、棕榈酸（palmitic acid）[1]、棕榈酸甲酯（methyl palmitate）、硬脂酸甲酯（methyl stearate）、α-单硬脂酰甘油酯（glycerol α-monostearate）、α-单棕榈酸甘油酯（glycerol α-monopalmitate）、亚麻仁油酸（linoleic acid）、2-油酰-1,3-二棕榈酸甘油酯（2-oleoyl-1,3-dipalmitin）、正十五烷酸单甘油酯（1-monopentadecanoin）和十七烷酸甘油酯（heptadecanoin）[2]；呋喃酮类：5-甲基-5-（4,8,12）-三甲基十三烷基-二氢-2（3H）-呋喃酮［5-methyl-5-（4,8,12-trimethyltridecyl）-dihydro-2（3H）-furanone］[2]。

根含甾体类：3-表新鲁斯皂苷元（3-epi-neoruscogenin）、3-表鲁斯可皂苷元（3-epi-ruscogenin）、3-表塞普屈姆苷元-3-β-D-吡喃葡萄糖苷（3-epi-sceptrumgenin-3-β-D-glucopyranoside）和3-表薯蓣皂苷元-3-β-D-吡喃葡萄糖苷（3-epi-diosgenin-3-β-D-glucopyranoside）[4]；生物碱类：千里光菲灵碱（seneciphylline）和千里光宁碱（senecionine）[5]；烯烃酸类：千里光菲林酸*（seneciphyllic acid）和千里光双酸（senecinic acid）[5]。

【药理作用】1.抗肿瘤 全草醇提取物的乙酸乙酯和正丁醇部位具有一定的杀伤肿瘤细胞的作用[1]。2.止血 块根中分离的菊三七碱有一定的止血作用，而且还有一定的持续性[2]；块根的水提取液与醇提取液的等量混合液、菊三七注射液均可使小鼠体内的凝血时间显著缩短[3]。3.抗氧化 叶的甲醇提取物具有清除1,1-二苯基-2-三硝基苯肼（DPPH）自由基的作用[4]。4.抗炎 叶的甲醇提取物对促炎细胞因子肿瘤坏死因子-α（TNF-α）和白细胞介素-1（IL-1）具有抑制作用[4]。5.抗血小板聚集 根茎中分离的氧化石竹烯（caryophyllene oxide）、2，2-二甲基-6-乙酰基-4-色满酮（2，2-dimethyl-6-acetyl-chroman-4-one）、香草醛（vanillin）、2，6-二甲氧基-1，4-苯醌（2，6-dimethoxy-1，4-benzoquinone）和苯甲酸（benzoic acid）具有显著的抗血小板聚集作用[5]。6. 麻醉　块根不同浓度的菊三七水提醇沉液分别具有明显的表面、浸润及传导麻醉作用，椎管注射可使脊髓出现先兴奋后抑制现象，有可逆性，其局部麻醉作用的强弱与浓度成正比，存在药物浓度-反应的依赖关系[6]。7. 阿托品样作用　块根中分离的菊三七碱水溶液能抑制小肠蠕动，有较强的阿托品样作用[2]。

毒性　从块根中分离的双稠吡咯啶生物碱能引起家兔和大白鼠肝细胞坏死，大剂量短期使用主要引起广泛急性肝坏死，小剂量长期使用还可引起肝小静脉和门静脉周围组织增生[7]。

【性味与归经】甘、微苦，温。归脾、肺、肾经。

【功能与主治】止血散瘀，消肿止痛。用于吐血，衄血，咯血，便血，崩漏，外伤出血，痛经，产后瘀滞腹痛，跌扑损伤，风湿痛，疮痈疔疖，虫蛇咬伤。

【用法与用量】煎服3～15g；或研末服1.5～3g；外用适量，鲜品捣烂敷，或研末敷。

【药用标准】贵州药材2003、云南彝药2005二册和辽宁药品1987。

【临床参考】1. 跌打损伤（胸部内伤咯血、血肿）：根9～15g，水煎，黄酒冲服，局部用鲜叶加食盐少许捣烂外敷，每日换药1次。

2. 外伤出血：全草研细粉，外敷伤口。

3. 乳痈肿毒：鲜全草捣烂取汁1盅，黄酒送服；另取鲜全草适量，捣烂外敷。

4. 毛囊炎、癣、蛇虫咬伤、无名肿毒：鲜叶适量，捣烂外敷患处。（1方至4方引自《浙江药用植物志》）

【附注】以土三七之名始载于《滇南本草》。《本草纲目》云："近传一种草，春生苗，夏高三四尺，叶似菊艾而劲厚有歧尖，茎有赤棱。夏秋开花，花蕊如金丝，盘钮可爱，而气不香。花干则吐絮，如苦荬絮……云是三七，而根大如牛蒡根，与南中来者不类，恐是刘寄奴之属，甚易繁衍。"《植物名实图考》谓："土三七亦有数种，治血衄、跌损有速效者，皆以三七名之。"似为本种。

药材血三七（菊三七）孕妇及儿童慎服。

本种的叶及全草民间也入药。

本种含吡咯里西啶类生物碱（pyrrolizidine alkaloids），具肝脏毒性；另有文献报道临床大剂量服用或小剂量长期服用易导致肝小静脉闭塞症[1]。

【化学参考文献】

[1] Lin W Y, Kuo Y H, Chang Y L, et al. Anti-platelet aggregation and chemical constituents from the rhizome of Gynura japonica [J]. Planta Med, 2003, 69 (8): 757-764.

[2] Lin W Y, Yen M H, Teng C M, et al. Cerebrosides from the rhizomes of Gynura japonica [J]. J Chin Chem Soc, 2004, 51 (6): 1429-1434.

[3] Zhu B R, Pu S B, Wang K D G, et al. Chemical constituents of the aerial part of Gynura segetum [J]. Biochem Syst Ecol, 2013, 46: 4-6.

[4] Takahira M, Kondo Y, Kusano G, et al. Four new 3α-hydroxy spirost-5-ene derivatives from Gynura japonica Makino Tetrahedron Lett, 1977, (41): 3647-3650.

[5] 刘芳, 郭志勇, 程凡, 等. 菊三七根部主要化学成分研究 [J]. 三峡大学学报（自然科学版）, 2013, 35 (3): 103-105.

【药理参考文献】

[1] 刘杭, 俞坚, 童芬美. 菊三七不同提取部位体外抗肿瘤实验研究 [J]. 医学研究杂志, 2006, 35 (5): 66-67.

[2] 张铭龙, 刘文彬, 李星元, 等. 菊三七生物碱的提取以及其类似物的药理活性比较 [J]. 吉林中医药, 1988, (4): 35-36.

[3] 朱军, 袁海龙, 韩玉梅, 等. 菊三七、参三七止血作用的对比研究 [C]. 中医药学术发展大会论文集. 2005.

[4] Seow L J, Beh H K, Umar M I, et al. Anti-inflammatory andantioxidant activities of the methanol extract of Gynura

segetum leaf [J]. International Immunopharmacology, 2014, 23（1）：186-191.

[5] Lin W Y, Kuo Y H, Chang Y L, et al. Anti-platelet aggregation and chemical constituents from the rhizome of *Gynura japonica* [J]. Planta Medica, 2003, 69（8）：757-764.

[6] 陈学韶，刘希智. 菊三七的药理研究 Ⅰ. 局部麻醉作用 [J]. 中草药，1987，18（6）：21-23，26.

[7] 刘宝庆，马晋渝，王旭东，等. 菊三七碱对动物肝脏毒性的实验研究 [J]. 中草药，1984，（1）：27-28.

【附注参考文献】

[1] 杨赛，郝勇. 菊三七致肝小静脉闭塞症 2 例诊治体会 [J]. 新中医，2011，43（6）：174-175.

24. 一点红属 *Emilia* Cass.

一年生或多年生草本。茎直立或斜升，常有白霜，被柔毛或无毛。基生叶具柄，全缘或具锯齿；茎生叶互生，基部多少抱茎。头状花序单生或排列成疏散伞房状，花序梗长；总苞圆筒状；总苞片1层，分离或基部稍联合，外面具脉；花序托扁平，无毛，具小窝孔；小花多数，全部管状，两性，能育；花冠红色或紫红色，檐部5齿裂；花药基部钝；花柱分枝，具短锥形附器。瘦果近圆柱形，具5纵棱，无毛或被毛；冠毛多数，细软，白色。

约30种，分布于东半球热带。中国5种，分布于西南部至东部，法定药用植物1种。华东地区法定药用植物1种。

1001. 一点红（图 1001）• *Emilia sonchifolia*（Linn.）DC.

图 1001 一点红   摄影 李华东

【别名】紫背草(安徽),羊蹄草(江苏)。

【形态】一年生草本。茎直立或斜升,基部具分枝,无毛或被柔毛。叶稍肉质,基部和下部的卵形、宽卵形或肾形,长5~10cm,宽2.5~6.5cm,顶端钝,基部下延成长柄,多少抱茎,琴状分裂或不分裂而边缘具钝齿,两面被柔毛或近无毛;上部叶较小,披针形,基部常抱茎,边缘具细齿或全缘;全部叶背面常带紫红色。头状花序组成疏散的伞房花序,花枝常二歧分枝;总苞圆柱状,基部稍膨大;总苞片绿色,条状披针形,先端渐尖,边缘膜质;头状花序具多数小花,小花全为管状,花冠红色或紫红色,与总苞片近等长,檐部5齿裂,裂片条状披针形。瘦果近圆柱形,长约3mm,具5条纵棱,棱上被短毛;冠毛白色,多数,柔软。花果期几乎全年。

【生境与分布】生于山坡草地、路旁、荒地及田间。分布于华东各地,另中南、东南各地均有分布;热带亚洲和热带非洲也有分布。

【药名与部位】一点红,全草。

【采集加工】夏秋二季采收,鲜用或晒干。

【药材性状】长10~50cm。根茎圆柱形,细长,浅棕黄色。茎多分支,细圆柱形,有纵纹,灰青色或黄褐色。叶纸质,多皱缩,灰青色,基部叶卵形,呈琴状分裂;上部叶较小,基部稍抱茎。头状花序干枯,花多脱落,仅存花托及总苞,苞片茶褐色。瘦果浅黄褐色,冠毛极多,白色。具干草气,味苦。

【药材炮制】除去杂质,切断。

【化学成分】地上部分含生物碱类:多榔菊碱(doronine)、肾形千里光碱(senkirkine)[1],一点红碱*(emiline)[2],8-(2″-吡咯烷酮-5″-基)-槲皮素[8-(2″-pyrrolidinone-5″-yl)-quercetin][3]和掌叶半夏碱戊(pedatisectine E)[4];黄酮类:鼠李素(rhamnetin)、异鼠李素(isorhamnetin)、槲皮素(quercetin)、木犀草素(luteolin)、小麦黄素-7-O-β-D-吡喃葡萄糖苷(tricin-7-O-β-D-glucopyranoside)、5,2′,6′-三羟基-7,8-二甲氧基黄酮-2′-O-β-D-吡喃葡萄糖苷(5,2′,6′-trihydroxy-7,8-dimethoxyflavone-2′-O-β-D-glucopyranoside)[3]、异鼠李素-3-O-α-L-吡喃鼠李糖苷(isorhamnetin-3-O-α-L-rhamnopyranoside)、阿福豆苷(afzelin)、槲皮素-7-O-α-L-吡喃鼠李糖苷(quercetin-7-O-α-L-rhamnopyranoside)、5,2′,6′-三羟基-7-甲氧基黄酮-2′-O-β-D-吡喃葡萄糖苷(5,2′,6′-trihydroxy-7-methoxyflavone-2′-O-β-D-glucopyranoside)、槲皮素-3-O-α-L-吡喃鼠李糖苷(quercetin-3-O-α-L-rhamnopyranoside)、香叶木苷(diosmin)、异鼠李素-3-O-芸香糖苷(isorhamnetin-3-O-rutinoside)、蒙花苷(linarin)、牡荆素(vitexin)、槲皮素-7-O-β-D-葡萄糖苷(quercetin-7-O-β-D-glucopyranoside)和芹菜素-6,8-二-C-β-D-葡萄糖苷(apigenin-6,8-di-C-β-D-glucoside),即新西兰牡荆苷-2(vicenin-2)[4];酚酸类:对羟基苯甲酸(p-hydroxybenzoic acid)、4-羟基间苯二甲酸(4-hydroxyisophthalic acid)[3],对羟基苯乙酸甲酯(methyl p-hydroxy-benzeneacetate)和3,4-二羟基苯乙酸(3,4-dihydroxy-benzeneacetic acid)[4];苯丙素类:咖啡酸(caffeic acid)[3],绿原酸(chlorogenic acid)和绿原酸甲酯(methyl chlorogenate)[4];香豆素类:七叶内酯(esculetin)[3]和短叶苏木酚(brevifolin)[4];二元羧酸类:丁二酸(succinic acid)和富马酸(fumaric acid)[3];环烷羧酸类:2-{4羟基-7-氧代双环[2.2.1]庚烷基}-乙酸{2-{4-hydroxy-7-oxabicyclo[2.2.1]heptanyl}-acetic acid}和2-(1,4-二羟基环己烷)-乙酸[2-(1,4-dihydroxy cyclohexanyl)-acetic acid][5];倍半萜类:异去甲蟛蜞菊内酯(isowedelolactone)[3];核苷类:尿嘧啶(uracil)[3]和尿苷(uridine)[4]。

全草含生物碱类:千里光碱(senecionine)、全缘千里光碱(integerrimine)、菊三七碱乙(seneciphylline)、倒千里光裂碱(retronecine)、奥氏千里光碱(otosenine)、肾形千里光碱(senkirkine)、奥索千里光裂碱(otonecine)、乙酰肾形千里光碱(acetylsenkirkine)、新肾形千里光碱(neosenkirkine)、蜂斗菜烯碱(petasitenine)、多榔菊碱(doronine)、新蜂斗菜烯碱(neopetasitenine)和去乙酰多榔菊碱(desacetyldoronine)[6];黄酮类:山奈酚-3-β-D-半乳糖苷(kaempferol-3-β-D-galactoside)、槲皮苷(quercitrin)、芦丁(rutin)和槲皮素(quercetin)[7];三萜类:熊果酸(ursolic acid)[7];烷醇类:正二十六醇(n-hexacosanol)[7];烷烃类:三十烷(triacontane)[7];甾体类:β-谷甾醇(β-sitosterol)和豆甾醇(stigmasterol)[8];脂肪酸类:

棕榈酸（palmitic acid）和三十烷酸（triacontanoic acid）[8]。

【药理作用】1. 抗炎　叶的水提取物和甲醇提取物能减轻大鼠足跖下注射白蛋白引起的足水肿，水提取物比甲醇提取物效果显著[1]。2. 抗肿瘤　全草的甲醇提取物能减轻实体和腹水肿瘤的发展，延长荷瘤小鼠的生命[2]。3. 抗氧化　全草的正己烷提取物具有明显的清除 1，1-二苯基-2-三硝基苯肼（DPPH）自由基、超氧化物歧化酶（SOD）自由基和过氧化氢（H_2O_2）的作用[3]；全草乙醇提取部位分离的黄酮具有清除 1，1-二苯基-2-三硝基苯肼（DPPH）自由基和羟自由基（•OH）的作用[4]；地上部分用水、乙醇、丙酮等溶剂提取，其中 65% 丙酮提取物黄酮含量最高，抗氧化作用也最强[5]。4. 抗菌　地上部分乙醇提取物对 G^- 和 G^+ 菌的生长有较强的抑制作用，而对霉菌的抑制作用不明显[6]，全草用乙醇提取的生物碱在 600～800mg/ml 时对金黄色葡萄球菌、大肠杆菌及枯草杆菌的抑制作用属中等程度，但抗菌作用随生物碱浓度的增大而增强[7]；从全草提取的黄酮类化合物对金黄色葡萄球菌有较强的抑制作用，但对大肠杆菌及枯草杆菌的抑制作用较弱[8]；全草的乙醚提取物和乙醇提取物对金黄色葡萄球菌和大肠杆菌均有抑制作用，但乙醚提取物比乙醇提取物的抑制作用更强[9]。5. 镇痛　地上部分的水-乙醇提取物在小鼠体内表现出明显的阿片介导的镇痛作用，且作用强于吗啡，可能是由于类黄酮和其他芳香族化合物的存在引起的[10]。6. 改善记忆　一点红水提取物和醇提取物能显著延长触电潜伏期和减少触电次数，对记忆获得性障碍有保护作用[11]。7. 免疫调节　全草水提取物和醇提取物对小鼠碳末吞噬功能有促进作用[11]。8. 镇静　全草水提取物小剂量组、醇提取物大小剂量组均能明显减少乙酸所致小鼠的活动[12]。9. 护肝　全草水提取物和醇提取物大剂量组可降低由四氯化碳（CCl_4）所致急性肝损伤小鼠的谷丙转氨酶（ALT）和天冬氨酸氨基转移酶（AST）含量[12]。

【性味与归经】辛、微苦，凉。归肝、胃、肺、大肠、膀胱经。

【功能与主治】清热解毒，消肿利尿。用于痢疾，腹泻，尿路感染，上呼吸道感染，便血，肠痈，目赤，喉蛾，疔疮肿毒。

【用法与用量】15～20g。外用适量，煎水洗，或鲜品捣烂敷。

【药用标准】湖南药材 2009、福建药材 2006、广东药材 2011、广西壮药 2008、贵州药品 1994、海南药材 2011 和贵州药材 2003。

【临床参考】1. 输液后静脉炎、紫癜、瘀斑：鲜全草，洗净，捣烂成糊状，每日下午洗澡后外敷患处，范围大于炎症面积 2cm，薄膜纸包扎胶布固定，每日 1 次，每次 6～8h[1, 2]。

2. 经口气管插管护理：全草 20~30g，放入容器加水 1000~1500ml，煮沸 3~5min，制得药液，用棉球蘸取对患者进行口腔护理[3]。

3. 蛇头疔：鲜全草适量，洗净捣烂，加适量盐卤（或食盐）浸湿搅拌，外敷患指，每日 1 次[4]。

4. 扁桃体炎、咽喉炎：鲜全草 30g，捣烂取汁口含片刻并咽下；另取鲜全草 30g，水煎服。

5. 淋巴结炎：鲜全草，加鲜蛇莓各适量，捣烂外敷患处。

6. 中耳炎：鲜全草洗净，捣烂取汁，滴耳，每日 2～3 次，每次 2～3 滴。

7. 菌痢、肠炎：全草 30g，加火炭母、铁苋菜各 30g，水煎分 2 次服，里急后重者去火炭母加凤尾草、马齿苋各 30g，水煎服。

8. 盆腔炎：全草 30g，加地耳草 15g，二面针 9g，莨芝 12g，水煎服。（4 方至 8 方引自《浙江药用植物志》）

【附注】《植物名实图考》卷九山草类记载："紫背草生南赣山坡。形全似蒲公英而紫茎，近根叶叉微稀，背俱紫，梢端秋深开紫花，似秃女头花不全放，老亦飞絮，功用同蒲公英。"按其描述及附图应为本种。

同属植物小一点红 Emilia prenanthoiodea DC. 的全草民间也作一点红药用。

【化学参考文献】

[1] Cheng D L, Roeder E. Pyrrolizidine alkaloids from Emilia sonchifolia [J]. Planta Med, 1986, （6）: 484-486.

[2] Shen S M, Shen L G, Zhang J, et al. Emiline, a new alkaloid from the aerial parts of Emilia sonchifolia [J]. Phytochem

Lett，2013，6（3）：467-470.
[3] 沈寿茂，沈连钢，雷崎方，等．一点红地上部分的化学成分研究［J］．中国中药杂志，2012，37（21）：3249-3251.
[4] 沈寿茂，张晶，李广志，等．一点红地上部分的化学成分研究（Ⅱ）［J］．中国药学杂志，2013，48（21）：1815-1819.
[5] Shen S M，Shen L G，Lei Q F，et al. A new cyclohexylacetic acid derivative from the aerial parts of *Emilia sonchifolia*［J］. Nat Prod Res，2013，27（15）：1330-1334.
[6] Hsieh C H，Chen H W，Lee C C，et al. Hepatotoxic pyrrolizidine alkaloids in *Emilia sonchifolia* from Taiwan［J］. Journal of Food Composition and Analysis，2015，42：1-7.
[7] Srinivasan K K，Subramanian S S. Chemical investigation of *Emilia sonchifolia*［J］. Fitoterapia，1980，51（5）：241-243.
[8] 高建军，程东亮，刘小萍．一点红化学成分的研究［J］．中国中药杂志，1993，18（2）：102-103.

【药理参考文献】
[1] Muko K N，Ohiri F C. A preliminary study on the anti-inflammatory properties of *Emilia sonchifolia* leaf extracts［J］. Fitoterapia，2000，71（1）：65-68.
[2] Shylesh B S，Padikkala J. *In vitro* cytotoxic and antitumor property of *Emilia sonchifolia*（L.）DC in mice［J］. Journal of Ethnopharmacology，2000，73（3）：495-500.
[3] Sophia D，Ragavendran P，Arulraj C，et al. *In vitro* antioxidant activity and HPTLC determination of *n*-hexane extract of *Emilia sonchifolia*（L.）DC［J］. Journal of Basic & Clinical Pharmacy，2011，2（4）：179-183.
[4] 韦媛媛，周吴萍，陈晓伟，等．一点红黄酮分离及抗氧化研究［J］．食品科学，2009，30（5）：75-77.
[5] 李萍，王荣华．一点红黄酮的提取及抗氧化性能的研究［J］．内蒙古农业大学学报（自然科学版），2007，28（4）：195-197.
[6] 卢海啸，廖莉莉．一点红提取物抑菌活性研究［J］．玉林师范学院学报，2007，28（5）：77-79.
[7] 周吴萍，韦媛媛，李军生，等．广西一点红总生物碱的提取和抗菌活性研究［J］．时珍国医国药，2008，19（8）：1835-1836.
[8] 陈光孝，陈燕婷，黄锐涛，等．一点红属植物有效成分提取及抗菌活性的研究［J］．中国医院用药评价与分析，2016，16（1）：19-20.
[9] 陈晓伟．一点红不同溶剂浸提物的抑菌作用［J］．安徽农业科学 2008，36（22）：9595-9596.
[10] Couto V M，Vilela F C，Dias D F，et al. Antinociceptive effect of extract of *Emilia sonchifolia* in mice［J］. Journal of Ethnopharmacology，2011，134（2）：348-353.
[11] 钟正贤，李开双，李翠红，等．一点红药理作用的实验研究［J］．中国中医药科技，2007，14（4）：267-268.
[12] 钟正贤，周桂芬，李燕婧．一点红提取物药理作用的实验研究［J］．云南中医中药杂志，2006，27（4）：36-37.

【临床参考文献】
[1] 陈航燕，卢海涛，余同珍．草药一点红治疗静脉炎197例临床观察［J］．广东药学院学报，2005，21（1）：111-112.
[2] 潘媚媚，余同珍，钟宁英．一点红治疗静脉输液后紫癜、瘀斑190例［J］．实用医学杂志，2006，22（24）：2921-2922.
[3] 陶胜茹，卢婉娴，周佩如．一点红用于经口气管插管患者口腔护理的效果观察［J］．护理学报，2007，14（11）：71-72.
[4] 章彩珍，章乐建，徐昌富，等．一点红加盐卤治疗天蛇毒［J］．浙江中医杂志，2011，46（11）：783.

25. 兔儿伞属 *Syneilesis* Maxim.

多年生草本。茎直立，基部通常木质化。基生叶通常1枚，花后脱落；茎生叶互生，叶片圆盾形，掌状分裂，裂片再作羽状深裂，边缘具不规则的齿，基部多少抱茎，但不呈鞘状。头状花序直立，多数，在茎端排列成伞房状或圆锥状；总苞圆筒状，基部具2~3个条形小苞片；总苞片1层，5枚；花序托平坦或稍凹；小花花冠淡白色至淡红色，管状花全部两性，能育，顶部5裂；花药基部短箭形；花柱分枝不等长，先端钝，被毛。瘦果具纵棱；冠毛多数，近等长。

约5种，分布于东亚。中国4种，分布于华东、华北、东北及西北，法定药用植物1种。华东地区法定药用植物1种。

1002. 兔儿伞（图1002） · *Syneilesis aconitifolia*（Bunge）Maxim.

图1002　兔儿伞　　　　　　　　　　　　　　摄影　刘军等

【别名】雷骨散（安徽），七里麻（江苏南京），观音伞（江苏溧阳），小鬼伞（江苏连云港）。

【形态】多年生草本，高30～90cm。根茎短，横生。茎单生，无毛，具纵肋，基生叶1枚，花期枯萎；茎生叶2枚，互生，叶片圆盾形，直径10～30cm，掌状深裂至全裂，裂片6～9枚，作二至三回叉状分裂或不裂，裂片边缘具不规则的锐齿，两面无毛；上部叶较小。头状花序多数，在茎端排成复伞房状；花序梗长0.5～2cm，具条状苞片；总苞圆筒形；总苞片1层，5枚，长圆形、长圆状披针形至椭圆形，边缘膜质，无毛；管状花淡红色，长约1cm，上部狭钟形，顶部5裂；花柱分枝2枚。瘦果圆柱形，有纵条纹；冠毛白色至淡红褐色。花果期6～10月。

【生境与分布】生于山坡路旁、灌木丛及林下。零星分布于华东各地，另华中、华北、东北、陕西均有分布；朝鲜、日本及俄罗斯也有分布。

【药名与部位】兔儿伞，根及根茎。

【药材性状】根茎扁圆柱形，多弯曲，长1～4cm，直径0.3～0.8cm。表面棕褐色，粗糙，具不规则的环节和纵皱纹，两侧向下生多条根。根类圆柱状，弯曲，长5～15cm，直径0.1～0.3cm。灰棕色或淡棕黄色，表面密被灰白色根毛，具纵皱纹。质脆，易折断，折断面略平坦，皮部白色，木质部棕黄色。气微特异，味辛凉。

【药材炮制】除去杂质，洗净，切片，干燥。

【化学成分】根含单萜类：D-α-松油醇-β-D-O-吡喃葡萄糖苷-3,4-二当归酰酯（D-α-terpineol-β-D-O-glucopyranoside-3,4-diangelicate）[1]；倍半萜类：3α-羟基-7β-佛术-9,11（E）-二烯-8-酮-12-O-β-D-吡喃葡萄糖基-（1→6）-O-β-D-吡喃葡萄糖苷［3α-hydroxy-7β-eremophila-9,11（E）-dien-8-one-12-O-β-D-glucopyranosyl-（1→6）-O-β-D-glucopyranoside］、3α-羟基-7β-佛术-9,11（E）-二烯-8-酮-3,12-二-O-β-D-吡喃葡萄糖苷［3α-hydroxy-7β-eremophila-9,11（E）-dien-8-one-3,12-di-O-β-D-glucopyranoside］、3α-羟基-7α-佛术-9,11（E）-二烯-8-酮-12-O-β-D-吡喃葡萄糖苷［3α-hydroxy-7α-eremophila-9,11（E）-dien-8-one-12-O-β-D-glucopyranoside］、3α-羟基-7β-佛术-9,11（E）-二烯-8-酮-12-O-β-D-吡喃葡萄糖苷［3α-hydroxy-7β-eremophila-9,11（E）-dien-8-one-12-O-β-D-glucopyranoside］、3β-羟基-7β-佛术-9,11-二烯-8-酮-12-O-β-D-吡喃葡萄糖苷［3β-hydroxy-7β-eremophil-9,11-dien-8-one-12-O-β-D-glucopyranoside］、（6α,8α）-6-羟基佛术-7（11）-烯-12,8-交酯［（6α,8α）-6-hydroxyeremophil-7（11）-en-12,8-olide］、（6β,8β）-二羟基佛术-7（11）-烯-12,8α-交酯［（6β,8β）-dihydroxyeremophil-7（11）-en-12,8α-olide］、6β-羟基佛术-7（11）-烯-12,8β-交酯［6β-hydroxyeremophil-7（11）-en-12,8β-olide］、3β-当归酰氧基佛术-7,11-二烯-14β,6α-交酯［3β-angeloyloxyeremophil-7,11-dien-14β,6α-olide］和类没药素甲A（istanbulin A）[2]；苯丙素类：咖啡酸（caffeic acid）和沙参苷Ⅰ（shashenoside Ⅰ）[2]；木脂素类：松脂素二葡萄糖苷（pinoresinol diglucoside）[2]；吡喃酮类：4-羟甲基-6-（8-甲基丙-7-烯基）-5,6-二氢-2H-吡喃-2-酮-11-O-β-D-吡喃葡萄糖苷［4-hydroxymethyl-6-（8-methylprop-7-enyl）-5,6-dihydro-2H-pyran-2-one-11-O-β-D-glucopyranoside］[2]；甾体类：谷甾醇（sitosterol）和胡萝卜苷（daucosterol）[2]。

地上部分含单萜类：沉香醇-β-D-O-葡萄糖苷-3,4-二当归酰酯（linalool-β-D-O-glucoside-3,4-diangelicate）和D-α-松油醇-β-D-O-吡喃葡萄糖苷-3,4-二当归酰酯（D-α-terpineol-β-D-O-glucopyranoside-3,4-diangelicate）[1]；倍半萜类：大根香叶烯D（germacrene D）和毛叶菊酯（lachnophyllum ester）[1]。

全草含黄酮类：槲皮素（quercetin）、槲皮苷（quercitrin）、异槲皮苷（isoquercitrin）和山奈苷（kaempferitrin）[3]；生物碱类：兔儿伞碱（syneilesine）和乙酰兔儿伞碱（acetylsyneilesine）[4]。

【药理作用】1.抗炎镇痛　全草的水提取液对乙酸所致的小鼠扭体反应有较好的抑制作用，可减少甲醛所致小鼠的舔咬足次数，抑制巴豆所致小鼠的耳肿胀，有较好的抗炎镇痛作用[1]；从全草提取的总黄酮成分在各剂量组均能显著降低小鼠毛细血管通透性，高剂量组对二甲苯所致小鼠耳肿胀有抑制作用，肿胀抑制率为51.55%，并可减轻小鼠肉芽肿，且各剂量组气囊渗出液中前列腺素E_2（PGE_2）和白细胞数含量低于对照组[2]。2.抗氧化　全草的乙醇、丙酮、乙酸乙酯和水提取物对羟自由基（•OH）、超氧阴离子自由基（O_2^-•）均有较强的清除作用，其中乙醇提取物清除作用最明显[3]。3.抗肿瘤　全草的醇提取物各剂量组都能显著延长S180腹水瘤小鼠的存活天数，对移植性S180肿瘤小鼠的肿瘤生长有明显的抑制作用[4]。

【性味与归经】苦、辛，温；有毒。

【功能与主治】祛风除湿，消肿止痛。用于风湿麻木，关节疼痛，痈疽疮肿，跌打损伤。

【用法与用量】煎服6～15g；外用适量。

【药用标准】广西药材1996。

【临床参考】1.颈淋巴结炎：根6～12g，水煎服。

2.颈淋巴结结核：根30g，加蛇莓30g，香茶菜根15g，水煎服；另以鲜八角莲根捣烂敷患处。

3.跌打损伤：鲜全草或根捣烂，加烧酒或75%乙醇适量，外敷伤处。

4.痈疽：鲜全草捣烂，鸡蛋清调敷患处。（1方至4方引自《浙江药用植物志》）

5.痔疮：全草适量，水煎熏洗患处；另用根茎磨汁或捣烂涂患处。（《福建药物志》）

6.中暑：根60g，水煎服。（《江西草药》）

【附注】兔儿伞始载《救荒本草》，云："兔儿伞，生荥阳塔儿山荒野中。其苗高二三尺许，每科初生一茎。茎端生叶，一层有七八叶，每叶分作四叉排生，如伞盖状，故以为名。后于叶间撺生茎叉，上开淡红白花。根似牛膝而疏短。"根据上述植物形态描述及其附图，应为本种。

药材兔儿伞孕妇禁服。

【化学参考文献】

[1] Bohlmann F, Grenz M. Naturally occurring terpene derivatives. Part 99. terpene glucosides from *Syneilesis aconitifolia* [J]. Phytochemistry, 1977, 16（7）: 1057-1059.

[2] Yang F, Qiao L, Huang D M, et al. Three new eremophilane glucosides from *Syneilesis aconitifolia* [J]. Phytochem Lett, 2016, 15: 21-25.

[3] Omae A, Miyauchi N, Okada Y, et al. Flavonoids from *Syneilesis aconitifolia* [J]. Nat Med, 1998, 52（5）: 459.

[4] Roeder E, Wiedenfeld H, Liu K, et al. Pyrrolizidine alkaloids from *Syneilesis aconitifolia* [J]. Planta Med, 1995, 61（1）: 97-98.

【药理参考文献】

[1] 潘国良, 张志梅. 兔儿伞镇痛抗炎作用的研究 [J]. 现代中西医结合杂志, 2002, 11（20）: 1985.

[2] 刘丽华, 陈文清, 李加林. 兔儿伞总黄酮抗炎作用研究 [J]. 中国实验方剂学杂志, 2013, 19（13）: 291-293.

[3] 李加林, 刘丽华, 吴素珍, 等. 兔儿伞不同溶剂提取物的体外抗氧化作用研究 [J]. 时珍国医国药, 2010, 21（1）: 145-146.

[4] 吴素珍, 李加林, 朱秀志, 等. 兔儿伞醇提物的抗肿瘤实验 [J]. 中国医院药学杂志, 2011, 31（2）: 102-104.

26. 千里光属 *Senecio* Linn.

草本、亚灌木或灌木。茎直立或攀援，被蛛丝状毛和绵毛至无毛。叶基生或茎上互生，全缘或具齿，常掌状或羽状分裂。头状花序辐射状，具两型花或仅有管状花，排列成伞房状、复伞房状或聚伞圆锥花序，稀单生于花葶顶端；总苞钟形、半球形、圆筒形、倒圆锥形或杯形，具外苞片；总苞片1层或近2层，等长，离生或近基部合生；花序托平或凸起，呈蜂窝状；舌状花1层，黄色，雌性，结实，舌片伸长，开展或外卷，顶端具3短齿；管状花两性，结实，花药基部钝或长尾状，两侧具增大基生细胞；花柱分枝截形或多少凸起，边缘具较钝的乳头状毛。瘦果圆柱形或倒卵状圆柱形，具纵棱；冠毛多数，白色。

约1200种，全世界广布。中国60余种，南北各地均产，法定药用植物5种1变种。华东地区法定药用植物1种。

1003. 千里光（图1003）• *Senecio scandens* Buch.-Ham. ex D. Don

【别名】千里明（安徽），黄花母（江西永新），千里及、九里光、九里明、一扫光（江苏），蔓黄菀。

【形态】多年生草本。茎通常曲折，攀援状倾斜，长0.6～2m，多分枝，具棱，初时密被柔毛，后变无毛。叶长三角形、卵状披针形至卵形，长2.5～7cm，宽1～4.5cm，顶端渐尖，基部戟形至楔形，边缘具不规则的钝齿、波状齿或近全缘，有时叶片下部具裂片，两面被短柔毛，叶柄短；上部叶渐小，条状披针形。头状花序多数，在茎枝顶端排列成复伞房状或圆锥状聚伞花序，花序梗反折而开展，被短柔毛，近无柄。花序梗长1～2cm，具条状苞片；总苞杯状，基部具几个条形小苞片；总苞片条状披针形，外面被短毛，边缘膜质；缘花舌状，黄色，少数，雌性，结实；中央管状花多数，黄色，顶端5裂，裂片开展，两性，结实。瘦果圆柱形，被短毛；冠毛丰富，白色。花果期8～12月。

【生境与分布】生于林中、林缘、灌丛、山坡、草地、路边及河滩。分布于华东各地，另中南、西南及陕西、甘肃均有分布；印度、尼泊尔、不丹、日本、菲律宾及中南半岛也有分布。

【药名与部位】千里光，地上部分。

【采集加工】夏、秋二季采收，除去杂质，阴干。

图 1003　千里光　　　　摄影　赵维良等

【药材性状】茎呈细圆柱形，稍弯曲，上部有分枝；表面灰绿色、黄棕色或紫褐色，具纵棱，密被灰白色柔毛。叶互生，多皱缩破碎，完整叶片展平后呈卵状披针形或长三角形，有时具1～6枚侧裂片，边缘有不规则锯齿，基部戟形或截形，两面有细柔毛。头状花序；总苞钟形；花黄色至棕色，冠毛白色。气微，味苦。

【质量要求】色绿，叶丰满，无根。

【药材炮制】除去杂质，抢水洗净，润软，切段，干燥。

【化学成分】地上部分含生物碱类：千里光碱（senecionine）、千里光碱-N-氧化物（senecionine-N-oxide）、千里光菲林碱（seneciphylline）、千里光菲林碱-N-氧化物（seneciphylline-N-oxide）、新阔叶碱（neoplatyphylline）和肾形千里光碱（senkrikine）[1]；环己烷、酮类：蓝花楹酮（jacaranone）、蓝花楹酮-7-O-2′-葡萄糖酯苷（jacaranone-7-O-2′-glucopyranosyl ester）、四氢蓝花楹酮（tetrahydrojacaranone）、2,3-二氢-3-羟基蓝花楹酮乙酯（2,3-dihydro-3-hydroxyjacaranone ethyl ester）、蓝花楹酮乙酯-4-O-葡萄糖苷（jacaranone ethyl ester-4-O-glucoside）、蓝花楹酮甲酯（jacaranone methyl ester）、蓝花楹酮乙酯（jacaranone ethyl ester）[2]，反式千里光内酯（trans-seneciolactone）[2,3]，乙基-2-（1-羟基-4-氧代环

己-2,5-二烯基）乙酸酯［ethyl-2-（1-hydroxy-4-oxocyclohexa-2,5-dienyl）acetate］、甲基-2-（1-羟基-4-氧代环己基）乙酸酯［methyl-2-（1-hydroxy-4-oxocyclohexyl）acetate］、乙基-2-（1-羟基-4-氧代环己基）乙酸酯［ethyl-2-（1-hydroxy-4-oxocyclohexyl）acetate］和甲基-2-（1,4-二羟基环己基）乙酸酯［methyl-2-（1,4-dihydroxycyclohexyl）acetate］[3]；内酯类：反式-麻叶千里光内酯A（trans-cannabifolactone A）[3]；苯并呋喃类：5-甲氧基苯并呋喃-2（3H）-酮［5-methoxybenzofuran-2（3H）-one］[3]；酚酸类：4-甲氧基苯乙酸（4-methoxyphenylacetic acid）和2,5-二羟基苯乙酸（2,5-dihydroxybenzeneacetic acid）[3]。

全草含倍半萜类：8,11-二氧-6-烯-9α,10α-环氧-8β-羟基佛术烷（8,11-dioxol-6-en-9α,10α-epoxy-8β-hydroxyeremophilane）、6-烯-9α,10α-环氧-11-羟基-8-氧代佛术烷（6-en-9α,10α-epoxy-11-hydroxy-8-oxoeremophilane）、7β,11-环氧-9α,10α-环氧-8-氧代佛术烷（7β,11-epoxy-9α,10α-epoxy-8-oxoeremophilane）和7（11）-烯-9α,10α-环氧-8-氧代佛术烷［7（11）-en-9α,10α-epoxy-8-oxoeremophilane］[4]；苯丙素类：阿魏酸（ferulic acid）[5]；黄酮类：木犀草素（luteolin）[5]；木脂素类：丁香脂素（syringarenol）[5]；酚酸类：香草醛（vanillin）[5]，香草酸（vanillic acid）[5,6]，水杨酸（salicylic acid）和对羟基苯乙酸（p-hydroxyphenylacetic acid）[6]；醌类：氢醌（hydroquinone）[6]；甾体类：β-谷甾醇（β-sitosterol）和胡萝卜苷（daucosterol）[5]；呋喃类：焦黏酸（pyromucic acid）[6]。

【药理作用】1.抗肿瘤　从全草提取的总黄酮对人肝癌SMMC-7721细胞、人胃癌SGC-7901细胞和人乳腺癌MCF-7细胞的生长均有明显的抑制作用[1]；从地上部分提取的不同纯度的千里光总碱可抑制体外培养的小鼠黑色素瘤细胞的增殖[2]。2.抗病毒　从地上部分提取的总黄酮在人宫颈癌HeLa细胞中对人呼吸道合胞病毒（RSV）表现出很强的体外抗病毒作用[1]；地上部分的水提取液对狂犬病病毒有一定的抑制作用[3]。3.抗菌　全草水提取液及其黄酮提取物对金黄色葡萄球菌、大肠杆菌、肠炎沙门氏菌、炭疽杆菌、溶血性链球菌的生长均具有明显的抑制作用[4]；地上部分水提取物对福氏痢疾杆菌、乙型副伤寒杆菌、绿脓杆菌等细菌的生长均具有明显的抑制作用[5]。4.护肝　地上部分水提取物能显著降低血清谷丙转氨酶（ALT）、天冬氨酸氨基转移酶（AST）的含量，抑制肝脏组织病理学改变，保护肝功能[6]。5.抗炎　从全草提取的总黄酮对多种炎症模型均有明显的对抗作用，并为千里光抗炎作用的主要有效部位之一，且此作用部分是与炎症因子前列腺素E_2（PGE_2）的产生和释放受抑制有关[7]。6.抗氧化　地上部分水提取液和乙醇提取液具有较强的清除超氧阴离子自由基（$O_2^-·$）和清除羟自由基（·OH）的作用，其中水提取液清除超氧阴离子自由基的作用较好，醇提取液清除羟自由基的作用较好，水提取液中总黄酮含量比醇提取液高[8]。

【性味与归经】苦，寒，归肺、肝经。

【功能与主治】清热解毒，明目。用于风火赤眼，疮疖肿毒，上呼吸道感染，痢疾肠炎，皮肤湿疹。

【用法与用量】煎服9～15g；外用适量，煎水熏洗。

【药用标准】药典1977、药典2010、药典2015、浙江炮规2015、贵州药材1988、福建药材2006、河南药材1991、四川药材1987增补、上海药材1994、贵州药材2003、广东药材2004、海南药材2011和湖南药材2009。

【临床参考】1.流行性腮腺炎：鲜地上部分20～30g，加鲜蒲公英20～30g捣汁内服，若捣汁困难，可加凉开水5～10ml，纱布包裹挤捏取药汁10～20ml，餐后1h服，每日3次，剩余药渣加10～20g仙人掌（去皮、刺），捣成糊状，敷于腮腺肿大处，每日换药1次，换药前清洗皮肤，并予抗病毒、补充维生素等常规治疗[1]。

2.新生儿脓疱疮：鲜地上部分500g（干品300g），洗净装入清洁布袋，加水3000～3500ml，煮沸15min后去渣，水温降至40℃时，将患儿全身仰卧浸于药液中，并托住其颈部使其能呼吸，用毛巾蘸药液淋于未浸着部位10min，每日1～2次，2～4天为1疗程[2]。

3.老年急性湿疹：地上部分100g，加1000ml水煎煮，取药汁待温度适宜外洗湿疹处，通风凉干，每日2次[3]。

4. 扭伤：鲜地上部分100g，加黄柏20g、鸡血藤30g，捣烂，放少量温水混匀，每剂分2份，用纱布包敷患处，每日1次，每次5h，有伤口者禁用[4]。

5. 急性结膜炎：地上部分20g，加野菊花20g、密蒙花10g，加水煎煮，每日1剂，饭后温服[4]。

6. 外阴瘙痒：鲜地上部分100g，加苦参15g、黄柏20g，奇痒难受者加蝉蜕10g；分泌物多者加薏苡仁50g；带下量多者加土茯苓30g。水煎，待水温适宜，外洗外阴，每日1剂，分2次用[4]。

7. 脚气：地上部分50g，加薏苡仁100g、白矾3g，脚气范围较广、伴脓疱者加黄柏30g、金银花30g；痒痛明显者加百部30g、川楝子20g。水煎，待水温适宜，泡脚，每日1剂，每次泡30min。脚气严重者配合外搽复方酮康唑乳膏或克霉唑乳膏类抗真菌药物[4]。

8. 钩端螺旋体病：地上部分30g，加野蚊子草、车前子、马兰根各9g，野薄荷6g，水煎服。

9. 皮肤瘙痒、过敏性皮炎：地上部分90g，水煎洗患处。（8方、9方引自《浙江药用植物志》）

【附注】以千里及之名始载于《本草拾遗》，云："千里及，藤生，道旁篱落间有之，叶细厚。宣湖间有之。"《本草图经》云："千里急，生天台山中。春生苗，秋有花。土人采花叶入眼药。又筠州有千里光，生浅山及路旁。叶似菊叶而长，背有毛，枝干圆而青。春生苗，秋有黄花，不结实。采茎叶入眼药，名黄花演，盖一物也。"《本草纲目拾遗》载："千里光为外科圣药，俗谚云：有人识得千里光，全家一世不生疮。"又引《百草镜》云："此草生山土，立夏后生苗，一茎直上，高数尺，叶类菊，不对生。"《植物名实图考长编》载："千里及江西、湖南随处有之，俗呼千里光，一名九里明，其叶前尖后方，作三角形而长，有微齿而密，初生叶背紫，老则退，叶中有紫纹一缕，茎长而弱，与羊桃相类。"即为本种。

有报道长期、超量使用，易造成肝损伤，而其所含的吡咯里西啶类生物碱（pyrrolizidine alkaloids）是导致肝毒性的主要成分[1]。

【化学参考文献】

[1] Song L L, Lin G, Fu, P P, et al. Identification of five hepatotoxic pyrrolizidine alkaloids in a commonly used traditional Chinese medicinal herb, herba *Senecionis scandentis*（Qianliguang）[J]. Rapid Commun Mass Spectrom, 2008, 22: 591-602.

[2] Tian X Y, Wang Y H, Yang Q Y. et al. Jacaranone analogs from *Senecio scandens* [J]. J Asian Nat Prod Res, 2009, 11（1）: 63-68.

[3] Shi J, Yang L, Wang C H, et al. A new lactone from *Senecio scandens* [J]. Biochem Syst Ecol, 2007, 35: 901-904.

[4] 杨华，王春明，贾忠建. 千里光中四个新倍半萜的结构[J]. 化学学报，2001，59（10）：1686-1690.

[5] 朱立刚，李志峰. 千里光的化学成分研究[J]. 黑龙江医药，2014，27（3）：543-544.

[6] 王雪芬，屠殿君. 九里明化学成分的研究[J]. 药学学报，1980，15（8）：503-504.

【药理参考文献】

[1] 何忠梅，白冰，王慧，等. 千里光总黄酮体外抗肿瘤和抗病毒活性研究[J]. 中成药，2010，32（12）：2045-2047.

[2] 成秉辰. 千里光总碱和千里光碱对体外培养的小鼠黑色素瘤细胞增殖的影响[J]. 实用肿瘤学杂志，2009，23（1）：54-55.

[3] 仇微红，张盼锋，李志华，等. 黄芪、千里光、蟾酥等6味中药体外抗伪狂犬病病毒作用的研究[J]. 黑龙江畜牧兽医，2009，（9）：100-102.

[4] 陈进军，王建华，耿果霞，等. 千里光的化学成分鉴定及体外抗菌试验[J]. 动物医学进展，1999，20（4）：35-37.

[5] 张文平，张文书，曾雪英. 千里光与甲氧苄氨嘧啶联用抗菌作用实验研究[J]. 时珍国医国药，2006，17（6）：944-945.

[6] 谭宗建，田汉文，彭志英. 千里光保肝作用的实验研究[J]. 四川生理科学杂志，2000，22（1）：20-23.

[7] 张文平，陈惠群，张文书，等. 千里光总黄酮的抗炎作用研究[J]. 时珍国医国药，2008，19（3）：605-607.

[8] 王如阳，刘满红，王泓，等. 千里光提取液的抗氧化活性研究与总黄酮含量测定[J]. 云南中医中药杂志，2009，30（5）：51-52.

【临床参考文献】

[1] 杨泽明. 千里光、蒲公英、仙人掌联合治疗流行性腮腺炎43例[J]. 中国民族民间医药，2009，18（22）：129-130.

[2] 何翠雯. 千里光煎水外洗治疗及预防新生儿脓疱疮[J]. 大家健康（学术版），2013，7（7）：56-57.

[3] 王燕，余茂强. 千里光外洗治疗老年急性湿疹29例观察[J]. 浙江中医杂志，2016，51（10）：750.
[4] 梅松政. 千里光治病方[N]. 中国中医药报，2013-07-08（005）.

【附注参考文献】
[1] 尹利顺，李晓宇，孙蓉. 千里光临床不良反应成因分析[J]. 中国药物警戒，2015，12（3）：160-163.

27. 狗舌草属 *Tephroseris*（Rchb.）Rchb.

多年生直立草本，具根茎。茎通常有蛛丝毛。叶基生或基生和茎生并存，或大部至全部茎生，叶不分裂，边缘具深波状的锯齿至全缘。头状花序在茎顶排成伞形花序，或再组成伞房状聚伞花序，稀单生；总苞半球形、钟形或圆柱状钟形，无外苞片；花托平；总苞片18～25枚，稀13枚，1层，边缘干膜质或膜质；小花异形，结实；缘花舌状，雌性，舌片顶端常具3齿；中央管状花多数，两性，花冠黄色、枯黄色或橘红色，有时染有紫色，上部漏斗状，稀钟形，冠檐5裂；花药条状长圆形或长圆形，基部钝至圆或具短耳；花柱分枝顶端凸或极少常截形。瘦果圆柱形，具棱，多少被柔毛；冠毛白色或带红色，细毛状。

约50种，主要分布于温带及欧亚的北极地区，少数分布于北美。中国14种，分布于中国北部、东北部至西南部，法定药用植物1种。华东地区法定药用植物1种。

1004. 狗舌草（图1004）• *Tephroseris kirilowii*（Turcz. ex DC.）Holub（*Senecio kirilowii* Turcz.）

图1004 狗舌草　　　　摄影 周欣欣

【形态】多年生草本，高20～65cm。须根多数，纤细。茎直立，密被白色蛛丝状毛至近无毛。基生叶莲座状，长圆形至倒卵状长圆形，长5～10cm，宽1.5～2.5cm，顶端钝，基部渐狭成翅状的柄，边缘具浅齿或近全缘，两面均被白色蛛丝状毛；茎生叶少数，倒披针形至倒披针状长圆形，长5～12cm，宽1～1.5cm，顶端钝，基部半抱茎而稍下延；上部叶渐小，披针形至条形，呈苞片状。头状花序5～11个在茎端排列成伞房状；花序梗被白色蛛丝状毛，基部具条状苞片；总苞筒状至钟状，无小苞片；总苞片1层，18～20枚，长圆状披针形或条形，外面被毛，边缘膜质；舌状花1轮，13～15朵，舌片黄色，长圆形，顶端具3齿；管状花多数，黄色，檐部裂片卵状披针形。瘦果圆柱形，具纵棱和短毛；冠毛白色。花果期2～8月。

【生境与分布】生于山坡路旁及草地、水沟边。分布于华东各地，另中国东北、北部及西南均有分布；俄罗斯、朝鲜、日本也有分布。

【药名与部位】狗舌草，地上部分。

【采集加工】夏、秋二季采割，除去杂质，晒干。

【药材性状】茎单一，长30～60cm，具多条纵棱，被有白色绒毛。基生叶长5～10cm，宽1.5～2.5cm，边缘具浅齿或全缘，两面具白色绒毛。头状花序5～11个在茎顶排成伞房状，总苞一层，披针形，基部及背部有白色毛，舌头花1轮，黄色，管状花多数，大部分散落粘在绒毛上。草质、脆，断面中空。气香，味苦。

【化学成分】全草含生物碱类：百蕊草宁碱（thesinine-4'-O-α-L-rhamnoside）[1]；酚酸类：对香豆酸-4-O-α-L-鼠李糖苷（p-coumaric acid-4-O-α-L-rhamnoside）[1]；单萜类：长寿花糖苷（roseoside）[1]；降倍半萜类：狗舌草萜酮苷A、B（tephroside A、B）[1]；三萜类：白桦脂酸（betulinic acid）[2]；黄酮类：异鼠李素（isorhamnetin）、芫花素（genkwanin）和刺槐素（acacetin）[3]。

【药理作用】抗肿瘤 全草70%乙醇提取物中分离得到的异鼠李素（isorhamnetin）、芫花素（genkwanin）、刺槐素（acacetin）可诱导人乳腺癌细胞G_2/M细胞周期停滞、凋亡和自噬[1]；全草甲醇提取物中的黄酮类化合物能抑制白血病L1210细胞生长，具有一定的细胞毒作用，且抑制作用与浓度呈正相关[2]；从地上部分提取的总黄酮对白血病L615细胞有抑制作用，对白血病有较为明显的抑制作用[3]；地上部分乙醇提取物对多发性骨髓瘤U266细胞有细胞凋亡的作用[4]；全草中分离得到的白桦脂酸（betulinic acid）对人肺癌VA-13细胞、人体肝癌HepG2细胞有一定的细胞毒作用[5]。

毒性 本种含有多种吡咯里西啶类生物碱，即双稠吡咯啶生物碱（pyrrolizidine alkaloids，PAs），能够经肝脏转化为S-吡咯代谢物，引起巨肝细胞，甚至肝细胞癌，从喂食地上部分的白仔猪的血液中测得S-吡咯代谢物[6]；从早花期和盛花期地上部分中提取的双稠吡咯啶生物碱，分别按100mg/kg给2组SD大白鼠腹腔注射，结果2个时期狗舌草中PAs对SD大白鼠均呈现很强的肝毒性和一定的肺毒性及中枢神经毒性，以盛花期狗舌草中PAs的毒性较弱，对心、肾也具有一定的毒性作用[7]；说明PAs与牧区发生的幼驹中毒病相关；从地上部分提取的总黄酮的LD_{50}值为（1392.52±94.62）mg/kg，属于中等毒性，而黄酮类化合物芦丁的LD_{50}为950mg/kg，槲皮素LD_{50}为1600mg/kg。可知本试验LD_{50}介于两者之间，表明狗舌草总黄酮的毒性很低，与牧区发生的幼驹的中毒病相关性不大[3]。

【性味与归经】苦，寒。

【功能与主治】清热、利水，杀虫。

【用法与用量】10～15g。

【药用标准】上海药材1994。

【临床参考】1.肺脓疡：全草15g，加金锦香15g，白酒250ml，加盖隔水炖服，每日1剂，连服15～20剂。

2. 疔肿：全草9～15g，水煎服。

3. 肾炎水肿：鲜根15~30g，或鲜草23株，捣烂，以酒杯覆敷脐部，每日4～6h。

4. 跌打损伤：鲜根，加蛇葡萄根内皮等量，捣烂，拌酒糟或黄酒，烘热敷伤处；或鲜根30g，切碎，

置碗中加黄酒密盖,蒸熟取汁,早、晚各服1次。(1方至4方引自《浙江药用植物志》)

【附注】狗舌草始载于唐《新修本草》,云:"丛生,叶似车前,而无文理,抽茎,花黄白,细,丛生渠埓湿地。"《开宝本草》亦载云:"……四月、五月采茎,暴干。"其后诸家本草如《履巉岩本草》及《本草纲目》等均予著录,皆为本种。

本种的鲜茎也作药用,用于治疗肾炎及尿路感染。本种有毒,切勿过量或长期服用。

【化学参考文献】

[1] Wang J H, Wang J H, He H P, et al. Norsesquiterpenoid glucosides and a rhamnoside of pyrrolizidine alkaloid from *Tephroseris kirilowii* [J]. J Asian Nat Prod Res, 2008, 10 (1): 25-31.

[2] 白丽明, 原伟伟, 于海霞, 等. 狗舌草化学成分及其细胞毒活性研究 [J]. 化工时刊, 2012, 26 (10): 28-30.

[3] Zhang H W, Hu J J, Fu R Q, et al. Flavonoids inhibit cell proliferation and induce apoptosis and autophagy through downregulation of PI3K γ mediated PI3K/AKT/mTOR/p70S6K/ULK signaling pathway in human breast cancer cells [J]. Scientific Reports, 2018, 8 (1): 11255/1-11255/13.

【药理参考文献】

[1] Zhang H W, Hu J J, Fu R Q, et al. Flavonoids inhibit cell proliferation and induce apoptosis and autophagy through downregulation of PI3K γ mediated PI3K/AKT/mTOR/p70S6K/ULK signaling pathway in human breast cancer cells [J]. Scientific Reports, 2018, 8 (1): 11255/1-11255/13.

[2] 司红丽, 王建娜, 王跃虎, 等. 狗舌草黄酮类化合物对3种肿瘤细胞的药物敏感试验 [J]. 药物生物技术, 2003, 10 (4): 229-231.

[3] 司红丽, 王建华, 王跃虎. 狗舌草总黄酮的提取及其毒性试验 [J]. 畜牧与兽医, 2003, 35 (7): 9-10.

[4] 马智刚, 张晓录, 范小莉, 等. 狗舌草提取物对多发性骨髓瘤U266细胞株细胞凋亡的研究 [J]. 中华中医药学刊, 2010, 28 (6): 1278-1280.

[5] 白丽明, 原伟伟, 于海霞, 等. 狗舌草化学成分及其细胞毒活性研究 [J]. 化工时刊, 2012, 26 (10): 28-30.

[6] 陈进军, 王建华. 狗舌草中毒猪血液中吡咯代谢物的测定 [J]. 畜牧兽医学报, 2002, 33 (1): 45-47.

[7] 陈进军, 王建华. 早花期和盛花期狗舌草中双稠吡咯啶生物碱对大白鼠的毒性试验 [J]. 中国兽医科技, 1998, 28 (10): 8-9.

28. 大吴风草属 *Farfugium* Lindl.

多年生草本。根茎长。叶基部丛生,具长柄、肾形、心形或扇形,幼时边缘向内卷叠,初有长毛,后渐脱落,上面无毛,下面稍有绒毛。茎生叶互生,苞片状。头状花序在茎端呈伞房状;总苞圆筒形,基部具小外苞片;总苞片1层,中部草质,边缘膜质;花序托具小凹点,凹点的边缘具牙齿状突起;缘花舌状,1层,雌性;中央花管状,两性,顶部5裂;花药基部2裂,裂片条状;花柱顶端具乳头状突起。瘦果圆柱形,两端稍稍收缩,密被短毛;冠毛糙毛状,丰富,宿存。

单种属,分布于中国和日本,法定药用植物1种。华东地区法定药用植物1种。

1005. 大吴风草(图1005) • *Farfugium japonicum* (Linn. f.) Kitam.

【别名】八角乌、活血莲(安徽),莲蓬草(江苏),钵金盂、铁冬苋、马蹄当归、一叶莲、大马蹄香(福建),橐吾(上海)。

【形态】多年生草本,花茎高30～75cm。根茎粗壮。花茎直立,初时密被灰褐色绵毛,后渐脱落。茎叶椭圆形或长椭圆状披针形,无柄,抱茎;基生叶莲座状,具长柄,柄长达38cm,叶片肾形、心形或扇形,长4～15cm,宽6～30cm,顶端钝,基部楔形,边缘全缘或具小尖齿至掌状浅裂,两面幼时被毛,后变无毛。头状花序在花茎顶端排列成疏伞房状,花序梗1.5～13cm,被绵毛;总苞圆筒形,具叶状小外苞片;总苞片12～14枚,2层,长椭圆形或长圆形,顶端尖,外面疏生短柔毛,内层边缘膜质;缘花舌状,黄色;

图 1005　大吴风草　　　　　　　　摄影　赵维良等

中央花管状，多数，黄色，顶部分裂。瘦果圆柱状，具纵纹和短毛；冠毛丰富，白色或棕褐色。花果期 8 月至翌年 3 月。

【生境与分布】生于山坡、林下及草丛，也见栽培。分布于浙江、福建等地，另广东、广西、湖南、湖北、台湾均有分布；日本也有分布。

【药名与部位】莲蓬草，根茎。

【化学成分】根茎含倍半萜类：艾里莫戊内酯 B_3（eremopetasitenin B_3）、艾里莫大吴风草素 A（eremofarfugin A）[1]，3β- 当归酰氧基 -8β- 羟基 -9β- 千里光酰氧基佛术烯内酯（3β-angeloyloxy-8β-hydroxy-9β-senecioyloxy-eremophilenolide）、α,α- 二（3β- 当归酰氧基呋喃佛术烷）[α,α-bis（3β-angeloyloxy-furanoeremophilane）][2]，3β- 当归酰氧基 -8- 表佛术烯内酯（3β-angeloyloxy-8-epi-eremophilenolide）和 3β- 当归酰氧基 -9- 烯 -8- 表佛术烯内酯（3β-angeloyloxy-9-en-8-epi-eremophilenolide）[3]；三萜类：α- 香树脂醇（α-amyrin）[2]；甾体类：豆甾醇（stigmasterol）、油菜甾醇（campesterol）和 β- 谷甾醇（β-sitosterol）[2]；脂肪酸类：棕榈酸（palmitic acid）、亚油酸（linoleic acid）和亚麻酸（linolenic acid）[2]。

根含生物碱类：肾形千里光碱（senkirkine）[4]。

叶含生物碱类：肾形千里光碱（senkirkine）[4]。

花含挥发油类：1- 十一烯（1-undecene）、α- 胡椒烯（α-copaene）、γ- 姜黄烯（γ-curcumene）、β- 石竹烯（β-caryophyllene）、大根香叶烯 D（germacrene D）、1- 壬烯（1-nonene）和 1- 癸烯（1-decene）等[5]。

全草含生物碱类：大吴风草碱（farfugine）[6] 和蜂斗菜烯碱（petasitenine）[7]；倍半萜类：大吴风草素 A、B（farfugin A、B）[8]。

【药理作用】1. 抗氧化　根茎中提取的多糖对超氧阴离子自由基（$O_2^-\cdot$）、羟自由基（·OH）和 1,1- 二苯基 -2- 三硝基苯肼（DPPH）自由基具有较强的清除作用，并在一定范围内呈良好的剂量效应关系[1]。2. 抗菌　从地上部分提取的总黄酮对枯草芽孢杆菌、沙门氏菌、金黄色葡萄球菌、大肠杆菌、青霉和黑曲霉的生长均具有较强的抑制作用,抑制率与总黄酮质量浓度呈正相关,总黄酮对细菌的抑制效果相对强于真菌[2]。3.抗炎　花挥发油灌胃可缓解脂多糖诱导的小鼠急性炎症反应,减少前列腺素 E_2（PGE_2）的释放,抑制巨噬细胞吞噬功能,稳定细胞膜[3]。4.细胞毒　花挥发油在体外对人类角质细胞有细胞毒作用[3]。5.杀螨除虫　叶的甲醇提取物中类似于拒食素的化学成分具有杀螨除虫的作用[4]。

【药用标准】部标成方十五册1998附录。

【临床参考】1.乳痈症：根30g或鲜品60g,加瓜蒌30g,鹿角粉、柴胡各6g,炮山甲、赤芍各10g,当归、蒲公英各15g,乳香、没药各5g;肝气郁结者加香附、枳壳各6g;血瘀者加桃仁、红花各6g,延胡索9g;肿块大者加三棱、莪术各9g,天冬10g;有乳汁者加麦芽30g;胃脘胀闷者加砂仁、川朴各6g,苍术9g。水煎（或加黄酒1盏）,分2次服,1周为1疗程[1]。

2.感冒、流行性感冒：全草15g,水煎服。

3.咽喉炎、扁桃体炎：根茎6~9g,水煎服。

4.跌打损伤：鲜根茎捣烂,外敷伤处;或鲜根茎6～9g,切片,捣烂,黄酒冲服,每日2次,重伤者连服8～9天。（2方至4方引自《浙江药用植物志》）

【化学参考文献】

[1] Tori M, Shiotani Y, Tanaka M. Eremofarfugin A and eremopetasitenin B3, two new eremophilanolides from *Farfugium japonicum* [J]. Tetrahedron Lett, 2000, 41（11）：1797-1799.

[2] Kurihara T, Suzuki S. Studies on the constituents of *Farfugium japonicum*（L.）Kitam. IV. on the components of the rhizome and the leaves [J]. Yakugaku Zasshi, 1981, 101（1）：35-39.

[3] Kurihara T, Suzuki S. Studies on the constituents of *Farfugium japonicum*（L.）Kitam. III. on the components of the rhizome [J] Yakugaku Zasshi, 1980, 100（6）：681-684.

[4] Furuya T, Murakami K, Hikichi M. Constituents of crude drugs. III. senkirkine, a pyrrolizidine alkaloid from *Farfugium japonicum* [J]. Phytochemistry, 1971, 10（12）：3306-3307.

[5] Kim J Y, Oh T H, Kim B J, et al. Chemical composition and anti-inflammatory effects of essential oil from *Farfugium japonicum* flower [J]. J Oleo Sci, 2008, 57（11）：623-628.

[6] Niwa H, Ishiwata H, Kuroda A, et al. Farfugine, a new pyrrolizidine alkaloid isolated from *Farfugium japonicum* Kitam [J]. Chem Lett, 1983, 5：789-790.

[7] Niwa H, Ishiwata H, Yamada K. Isolation of petasitenine, a carcinogenic pyrrolizidine alkaloid from *Farfugium japonicum* [J]. J Nat Prod, 1985, 48（6）：1003-1004.

[8] Nagano H, Moriyama Y, Tanahashi Y, et al. New benzofuranosesquiterpenes from *Farfugium japonicum*, farfugin A and farfugin B [J]. Bull Chem Soc Japan, 1974, 47（8）：1994-1998.

【药理参考文献】

[1] Fang X B, Chen X E, Yu H. Extraction and antioxidative activity of polysaccharide from *Farfugium japnicum* Kitam [C]. First International Conference on Cellular, Molecular Biology, Biophysics & Bioengineering, 2011, 142-147.

[2] 陈建中,葛水莲,昝立峰,等．响应面试验优化双水相萃取大吴风草总黄酮工艺及抑菌活性测定 [J]．食品科学,2015,36（24）：57-62.

[3] Kim J Y, Oh T H, Kim B J, et al. Chemical composition and anti-inflammatory effects of essential oil from *Farfugium japonium* flower [J]. Journal of Oleo Sience, 2008, 57（11）：623-628.

[4] Kim D I, Park J D, Kim S G, et al. Screening of some crude plant extracts for their acaricidal and insecticidal efficacies [J]. Journal of Asia-Pacific Entomology, 2005, 8（1）：93-100.

【临床参考文献】

[1] 王天高,邓铭官．祖传验方橐吾汤治疗乳痈症疗效探讨 [J]．海峡药学,1995,7（2）：52-53.

29. 地胆草属 *Elephantopus* Linn.

多年生坚硬草本,被毛。叶互生,全缘或具锯齿,或少有羽状浅裂;具柄或无。头状花序多数,密集成团球状复头状花序，复头状花序基部常被数个叶状苞片所包围；具花序梗；总苞圆柱形或长圆形；总苞片2层，覆瓦状，交互对生；苞片顶端急尖或具小刺尖；花托小，无毛；花全为两性，花冠管状，檐部漏斗状，上端5裂；雄蕊5，花药顶端短尖，基部短箭形，具钝耳；花柱分枝丝状。瘦果长圆形，顶端截平，具10条肋，被毛；冠毛具4～6条硬刚毛，基部宽扁。

30余种，分布于热带地区。中国2种，分布于中南和西南部，法定药用植物1种。华东地区法定药用植物1种。

1006. 地胆草（图1006）• *Elephantopus scaber* Linn.

图1006 地胆草　　　　　　　　　　　摄影　张芬耀

【别名】地胆头，苦地胆。

【形态】粗壮直立草本，高20～60cm。茎多少二歧分枝，密被白色粗硬毛。叶大部分基生，莲座状，匙形或倒披针状匙形，长5～15cm，宽2～4cm，顶端圆钝或具短尖，基部渐狭成宽短柄，边缘具波状浅锯齿；茎叶少数，渐小；全部叶上面疏被长糙毛，下面密被长硬毛及腺点。头状花序在茎枝顶端束生成团球状的复头状花序，基部具3枚叶状苞片，叶状苞片具明显凸起的脉，被长糙毛和腺点；总苞狭，绿色或上端紫红色，顶端渐尖，具刺尖，被毛和腺点；花4朵，管状，淡紫红色或淡红色，长7～9mm。瘦果长圆状条形，长约4mm，被短柔毛；冠毛污白色，具4～6条硬刚毛。花果期7～11月。

【生境与分布】生于山坡路旁或山谷林缘。分布于江西、浙江、福建等地，另广东、广西、湖南、云南、贵州、台湾等地均有分布；亚洲、美洲及非洲各热带地区广为分布。

【药名与部位】地胆草（地胆头，儿童草），全草。

【采集加工】夏、秋二季花期前采挖，洗净，晒干。

【药材性状】全长15～40cm。根茎长2～5cm，直径0.5～1cm；具环节，密被紧贴的灰白色茸毛，着生多数须根。叶多基生，皱缩，完整叶片展平后呈匙形或倒披针形，长6～17cm，宽1～4.5cm；黄绿色或暗绿色，多有腺点，先端钝或急尖，基部渐狭，边缘稍具钝齿；两面均被紧贴的灰白色粗毛，幼叶尤甚；叶柄短，稍呈鞘状，抱茎。茎圆柱形，常二歧分枝，密被紧贴的灰白色粗毛，茎生叶少而小。气微，味苦。

【药材炮制】除去杂质，洗净，切段，干燥。

【化学成分】全草含黄酮类：苜蓿素（tricin）、香叶木素（diosmetin）、木犀草素（luteolin）、木犀草素-7-O-β-D-葡萄糖苷（luteolin-7-O-β-D-glucoside）[1]、木犀草素-7-O-β-D-葡萄糖醛酸苷（luteolin-7-O-β-D-glucuronide）、木犀草素-7-O-β-D-吡喃葡萄糖醛酸苷甲酯（luteolin-7-O-β-D-glucuronide methyl ester）[2]，7-羟基-6-乙酰基-2-甲基色原酮（7-hydroxy-6-acetyl-2-methylchromone）[3]、刺槐素-7-O-D-吡喃葡萄糖苷（acacetin-7-O-D-glucopyranoside）、木犀草素-3′-O-葡萄糖苷（luteolin-3′-O-glucoside）、芹菜素-7-葡萄糖苷（apigenin-7-glucoside）和小麦黄素（tricin）[4]；二肽类：N-（N^1-苯甲酰-S-苯丙氨酸基）-S-苯丙氨酸［N-（N^1-benzoyl-S-phenylalanilyl）-S-phenylalaninol］，即金色酰胺醇（autantiamide）和N-（N^1-苯甲酰-S-苯丙氨酸基）-S-苯丙氨酸乙酸酯［N-（N^1-benzoyl-S-phenylalanilyl）-S-phenylalaninol acetate］，即金色酰胺醇酯（autantiamide acetate）[5]；三萜类：无羁萜酮（friedlin）、表无羁萜酮（epifriedlin）、羽扇豆醇（lupeol）、羽扇豆醇乙酸酯（lupeol acetate）、熊果酸（ursolic acid）、熊果-12-烯-3β-十七酸酯（ursa-12-en-3β-heptadecanoate）、30-羟基羽扇豆醇（30-hydroxylupeol）[6]，桦木酸（betulinic acid）[3,6]，表木栓醇（epifriedelanol）、木栓酮（friedelin）和羽扇豆醇-20（29）-烯-3β-二十烷酸酯［lupeol-20（29）-en-3β-eicosanoate］[7]；倍半萜类：异去氧地胆草素（isodeoxyelephantopin）、地胆草种内酯（scabertopin）、去氧地胆草内酯（deoxyelephantopin）、异地胆草种内酯（isoscabertopin）[7]、地胆头素（elescaberin）[8]、地胆草酯素*A、B（elescabertopin A、B）[9]，11,13-二氢脱氧地胆草内酯（11,13-dihydrodeoxyelephantopin）[10]，17,19-二氢脱氧地胆草内酯（17,19-dihydrodeoxyelephantopin）和异-17,19-二氢脱氧地胆草内酯（iso-17,19-dihydrodeoxyelephantopin）[11]；香豆素类：秦皮乙素（esculetin）[2]；苯丙素类：二氢芥子醇（dihydrosyringenin）、咖啡酸（caffic acid）、绿原酸甲酯（methyl chlorogenate）、3,5-O-二咖啡酰奎宁酸甲酯（methyl 3,5-O-dicaffeoyl quinate）、3,4-O-二咖啡酰奎宁酸甲酯（methyl 3,4-O-dicaffeoyl quinate）、4,5-O-二咖啡酰奎宁酸甲酯（methyl 4,5-O-dicaffeoyl quinte）[2]、对香豆酸（p-coumaric acid）[3]、咖啡酸乙酯（ethyl caffeate）和丁香脂素（syringaresinol）[4]；酚酸类：香草酸（vanillic acid）和丁香酸（syringic acid）[12]；醇及醇苷类：布卢门醇A（blumenol A）、（6R,9R）-3-酮基-α-紫罗兰醇-β-D-吡喃葡萄糖苷［（6R,9R）-3-oxo-α-ionol-β-D-glucopyranoside］、绵毛水苏香堇苷B（byzantionoside B）[2]和1,2-二-O-咖啡酰环戊二烯-3-醇（1,2-di-O-caffeoyl cyclopenta-3-ol）[4]；呋喃类：（E）-3-（3,4-二羟基苯亚甲基）-5-（3,4-二羟基苯基）-2（3H）-呋喃酮［（E）-3-（3,4-dihydroxybenzylidene）-5-（3,4-dihydroxyphenyl）-2（3H）-furanone］[2]，1-［（2R^*,3S^*）-3-乙氧基-2,3-二氢-6-羟基-2-（1-甲基乙基）-1-苯并呋喃-5-基］乙烯酮{1-［（2R^*,3S^*）-3-ethoxy-2,3-dihydro-6-hydroxy-2-（1-methylethenyl）-1-benzofuran-5-yl］ethanone}和德国甘菊苯并呋喃*（matriisobenzofuran）[3]；酚醛类：3,4-二羟基苯甲醛（3,4-dihydroxybenzaldehyde）[3]；甾体类：豆甾醇-3-O-β-D-葡萄糖苷（stigmasterol-3-O-β-D-glucoside）[3]、豆甾醇（stigmasterol）[10]、β-谷甾醇（β-stitosterol）、胡萝卜苷（daucosterol）[12]和28-去甲-22（R）-

醉茄-2,6,23-三烯内酯［28-nor-22（R）-witha-2,6,23-trienolide］[13]；醌类：2,5-二甲氧基-1,4-苯醌（2,5-dimethoxy-1,4-benzoquinone）[12]；脂肪酸类：棕榈酸（palmitic acid）、十七烷酸（heptadecanoic acid）[4]，（Z）-8,11,12-三羟基-9-十八碳烯酸［（Z）-8,11,12-trihydroxy-9-octadecenoic acid］[7]，正二十八烷酸（n-octacosanoic acid）[12]，亚油酸乙酯（ethyl linolenate）、棕榈酸甲酯（methyl palmitate）和9,12,15-十八碳三烯酸甲酯（methyl 9,12,15-octadecatrienoate）等[14]；环烯醚萜类：（+）-异地芰普内酯［（+）-isololiolide］[2]；无机盐类：氯化钾（KCl）[15]等。

根含倍半萜类：去酰蓟苦素（deacylcyanaropicrin）、葡萄糖中美菊素C（glucozaluzanin C）、还阳参苷E（crepiside E）[16]，异去氧地胆草内酯（isodeoxyelephantopin）、异地胆草种内酯（isoscabertopin）、地胆草种内酯（scabertopin）和去氧地胆草素（deoxyelephantopin）[17]；酚类：姜烯酚*（curcuphenol）、3-甲基-［4-（1,5-二甲基-4-己烯基）-3-羟基苯基］甲酯 {3-methyl-［4-（1,5-dimethyl-4-hexenyl）-3-hydroxyphenyl] methyl ester}[17]；苯丙素类：3,5-二-O-咖啡酰奎宁酸甲酯（methyl 3,5-di-O-caffeoyl quinate）、3,4-二-O-咖啡酰奎宁酸甲酯（methyl 3,4-di-O-caffeoylquinate）[17]，香豆酸（courmaric acid）和阿魏酸（ferulic acid）[18]；酚酸类：异香草酸（isovanillic acid）和对羟基苯甲酸（p-hydroxybenzoic acid）[18]；三萜类：羽扇豆醇（lupeol）、羽扇豆醇乙酸酯（lupeol acetate）和熊果-12-烯-3β-十七酸酯（urs-12-en-3β-heptadecanoate）[17]；生物碱类：糙叶败酱碱（patriscabratine）[17]和吲唑（indazole）[18]；甾体类：豆甾醇-3-O-β-D-吡喃葡萄糖苷（stigmasteryl-3-O-β-D-glucopyranoside）[12,18]，β-谷甾醇（β-sitosterol）[17]和豆甾醇（stigmasterol）[18]；蒽醌类：大黄素甲醚（physcion）[18]；苯丙素类：3-甲氧基-4-羟基肉桂醛（3-methoxy-4-hydroxyl cinnamic aldehyde）[18]。

叶含挥发油类：十六烷酸（hexadecanoic acid）、十八碳二烯酸（octadecadienoic acid）、正十四烷（n-tetradecane）、正十五烷（n-pentadecane）、正十六烷（n-hexadecane）、正十七烷（n-heptadecane）、正十八烷（n-octadecane）和四甲基十六碳烯醇（tetramethyl hexadecenol）等[19]。

【药理作用】1.抗炎镇痛　全草的醇水提取液对二甲苯所致小鼠耳廓急性炎症和角叉菜胶诱发的大鼠足肿胀均有较强的抑制作用[1]；全草水提取物中、高剂量均能抑制由角叉菜胶诱发的大鼠足趾肿胀，显著减少二甲苯所致小鼠腹部皮肤毛细血管通透性，提示其具有良好的抗炎作用，且高剂量水提取物能显著增加热板所致小鼠的痛阈值，减少乙酸所致小鼠扭体次数，显示出了较强的镇痛作用[2]。2.抗菌　全草95%乙醇的乙酸乙酯萃取部位对金黄色葡萄球菌、表皮葡萄球菌及绿脓杆菌抑菌圈大小分别为19.33mm、7.58mm和8.96mm；萃取的石油醚部位对金黄色葡萄球菌和表皮葡萄球菌的抑菌圈大小分别为10.71mm和8.56mm；正丁醇部位对金黄色葡萄球菌和表皮葡萄球菌的抑菌圈大小分别10.21mm和7.30mm[3]；全草的脂溶性成分对耐甲氧西林金黄色葡萄球菌（MRSA）和金黄色葡萄球菌的生长均有较强的抑制作用[4]；全草的甲醇提取物对金黄色葡萄球菌、大肠杆菌、枯草芽孢杆菌和铜绿假单胞菌的生长均显示出较强的抑制作用[5]。3.护肝　根的甲醇提取物在75mg/kg和150mg/kg剂量条件下能显著降低天冬氨酸氨基转移酶（AST）、谷丙转氨酶（ALT）、碱性磷酸酶（ALP）和γ-谷酰转肽酶（γ-GGT）含量，提高总蛋白（TP）和白蛋白（ALB）含量，降低硫代巴比妥酸（TBARS）、白细胞分化抗原（CD）、超氧化物歧化酶（SOD）和过氧化氢酶（CAT）含量，增加谷胱甘肽（GSH）含量，减少四氯化碳（CCl_4）诱导的组织病理学变化，提示其多种溶剂提取物均有不同程度的保护肝脏的作用[6]；叶的乙醇提取物在低浓度时能改善乙醇诱导的肝损伤大鼠的血浆生化指标如天冬氨酸氨基转移酶、谷丙转氨酶、碱性磷酸酶等，并减少肝脏的脂肪累积；提取物在高浓度时能逆转大鼠肝损伤，提示其可作为乙醇诱导的肝损伤保肝药物[7]；全草水提取物可减少脂多糖（LPS）诱导的小鼠小胶质瘤BV-2细胞中一氧化氮（NO）、白细胞介素-1（IL-1）、白细胞介素-6（IL-6）、活性氧（ROS）、前列腺素E_2（PGE_2）的含量，减少脂多糖诱导的大鼠天冬氨酸氨基转移酶及谷丙转氨酶含量，以量效关系方式减少氨基末端激酶（JNK）及p38MAPK的磷酸化，较轻抑制BV-2-细胞环氧合酶-2（COX-2）的表达，减少脂多糖诱导的p38MAPK和环氧合酶-2在肝脏中的表达[8]。4.抗肿瘤　从全草提取的活性成分可延迟乳头瘤的形成，减少乳头瘤的平均数量和乳头瘤鼠的平均体重，腹腔注射其提取物后对皮下注射20-甲基胆蒽（20-MCA）诱导的软组织瘤有明显的抑制影响，与对照组相比，提取的活性成分可抑制肉瘤的发病率、减少肿瘤直径，且腹腔注射后可显著抑制皮下移植道氏淋巴腹水癌 DLA 细胞和欧氏腹水癌 EAC 细胞实体瘤的生长，增加肿瘤鼠的存活时间[9]；从全草提取的倍半萜化合物去氧地胆草内酯（deoxyelephantopin）和异去氧地胆草内酯（isodeoxyelephantopin）在 1～100μmol/L 浓度内在体外对 SMMC-7721、HeLa 和 Caco-2 三种肿瘤细胞的增殖均有显著的抑制作用，且呈一定的量效关系，两者抑制 SMMC-7721 细胞增殖的半数抑制浓度（IC_{50}）分别为 29.27μmol/L 和 9.54μmol/L，抑制 HeLa 细胞增殖的半数抑制浓度分别为 22.19μmol/L 和 25.39μmol/L，抑制 Caco-2 细胞增殖的半数抑制浓度分别为 35.99μmol/L 和 25.76μmol/L[10]；从全草提取的倍半萜化合物去氧地胆草内酯（deoxyelephantopin）可抑制人鼻咽癌 CNE 细胞的增殖，将人鼻 CNE 癌细胞周期阻滞在 S 期和 G_2/M 期，其作用机制与调节细胞周期蛋白、线粒体功能紊乱有关，表现为失去线粒体膜电位、细胞色素转位和对 Bcl-2 家族蛋白的调节，其诱导的凋亡与苏氨酸激酶 Akt、细胞外信号激酶 ERK 和氨基末端激酶 JNK 途径有关，提示去氧地胆草内酯可开发成为治疗鼻咽癌的治疗药物[11]。
5. 镇咳平喘　叶的乙醇提取物可显著减少由组胺和乙酰胆碱所致的离体豚鼠支气管痉挛，能保护肥大细胞的去颗粒作用，减少组胺诱导的豚鼠离体气管条收缩，并呈剂量依赖性[12]。6. 抗病毒　根和叶的水提取物具有抗人类免疫缺陷病毒逆转录酶作用，抑制率为 96.9%，半数抑制浓度（IC_{50}）分别为 107.57μg/ml 和 69.9μg/ml，其中蛋白质的抗人类免疫缺陷病毒逆转录酶半数抑制浓度接近 4.29μg/ml，蛋白质分子量为 34.5kDa，等电点为 4.65，N 端氨基酸系列为丙氨酸 - 丙氨酸 - 丙氨酸 - 谷氨酸 - 脯氨酸 - 苯丙氨酸 - 苯丙氨酸 - 甘氨酸 - 天冬氨酸[13]。

【性味与归经】苦、辛，寒。归肺、肝、肾经。
【功能与主治】清热，凉血，解毒，利湿。用于风热感冒，百日咳，扁桃体炎，咽喉炎，眼结膜炎，黄疸，肾炎水肿，月经不调，白带，疮疖，湿疹，虫蛇咬伤。
【用法与用量】15～30g。
【药用标准】药典 1977、浙江炮规 2005、湖南药材 2009、广东药材 2011、广西壮药 2008、海南药材 2011 和云南彝药Ⅲ 2005 六册。
【临床参考】1. 乳蛾：鲜全草 150～250g，洗净捣烂取汁，加适量蜂蜜先含服，后慢慢咽下，每日 5～6 次[1]。

2. 水肿：鲜全草 100g（干全草 50g），连皮切碎，加生姜 50g、水 200ml，煎至 100ml 取出药液，再加水 100ml 煎至 50ml，将 2 次药液混合，加红糖 100g，文火煎至糖溶化即可，每日早晚空腹各服 1 次，2 日 1 剂[2]。

3. 各种炎症性疾病：全草 15~30g，或加叶下珠、地锦草、兔耳风各 15g，水煎服。

4. 肾炎水肿：全草 30g，水煎服；或鲜全草 60~120g，捣烂外敷脐部；或和鸡蛋煎成饼贴脐部。

5. 百日咳：全草 9g，加天胡荽、马蹄金各 9g，三叶青 3g，水煎服。（3 方至 5 方引自《浙江药用植物志》）

【附注】《滇南本草》称其为苦龙胆草。《本草纲目》云："天芥菜，生平野。小叶如芥状。"上述描述，应包含本种和同属植物白花地胆草 Elephantopus tomentosus Linn.。

本种的根民间也作苦地胆根药用。

白花地胆草的全草民间也作地胆草药用。

【化学参考文献】
[1] 郭峰，梁侨丽，闵知大. 地胆草中黄酮成分的研究[J]. 中草药，2002，33（4）：303-304.
[2] 付露，沙合尼西·赛力克江，洪吟秋，等. 地胆草抗氧化活性成分分离鉴定[J]. 中国实验方剂学杂志，2019，25（2）：156-162.
[3] 郭妍，陈晨，高纯，等. 地胆草的化学成分研究[J]. 天然产物研究与开发，2016，28（7）：1051-1054.
[4] Zuo A X, Wan C P, Zheng X, et al. Chemical constituents of *Elephantopus scaber*[J]. Chem Nat Compd, 2016, 52（3）：484-486.

［5］梁侨丽，闵知大，成亮．地胆草中的两个寡肽［J］．中国药科大学学报，2002，33（3）：178-180．
［6］梁侨丽，龚祝南，闵知大．地胆草三萜成分的研究［J］．中国药学杂志，2007，42（7）：494-496．
［7］沙合尼西·赛力克江，张涛，李凌宇，等．地胆草抗肿瘤活性成分研究［J］．国际药学研究杂志，2018，45（3）：61-67．
［8］Liang Q L，Min Z D，Tang Y P．A new elemanolide sesquiterpene lactone from *Elephantopus scaber*［J］．J Asian Nat Prod Res，2008，10（5）：403-407．
［9］Gao Y，Li M，Chen P，et al．A pair of new elemanolide sesquiterpene lactones from *Elephantopus scaber* L．［J］．Magn Reson Chem，2017，55（7）：677-681．
［10］Silva L B，Herath W H M W，Jennings R C，et al．A new sesquiterpene lactone from *Elephantopus scaber*［J］．Phytochemistry，1982，21（5）：1173-1175．
［11］Than N N，Fotso S，Sevvana M，et al．Sesquiterpene lactones from *Elephantopus scaber*［J］．Zeitschrift fuer Naturforschung B：Chem Sci，2005，60（2）：200-204．
［12］张海波，孔丽娟，梁侨丽，等．地胆草的化学成分［J］．中国实验方剂学杂志，2011，17（3）：101-103．
［13］Daisy P，Jasmine R，Ignacimuthu S，et al．A novel steroid from *Elephantopus scaber* L．an ethnomedicinal plant with antidiabetic activity［J］．Phytomedicine，2009，16（2-3）：252-257．
［14］王蓓，梅文莉，左文健，等．地胆草与白花地胆草脂溶性成分的GC-MS分析及抑菌活性研究［J］．天然产物研究与开发，2012，24（S1）：23-27．
［15］杨其蓥，郑企琨，黎新荣．广东地胆草化学成分研究［J］．广州医药，1983，3：31-33．
［16］Hisham A．Guaianolide glucosides from *Elephantopus scaber*［J］．Planta Med，1992，58（5）：474-475．
［17］Wu T，Cui H，Cheng B，et al．Chemical constituents from the roots of *Elephantopus scaber* L．［J］．Biochem Syst Ecol，2014，54：65-67．
［18］黄婷，吴霞，王英，等．地胆草化学成分的研究［J］．暨南大学学报（自然科学与医学版），2009，30（5）：553-555．
［19］Wang L，Jian S G，Peng N，et al．Chemotypical variability of leaf oils in *Elephantopus scaber* from 12 locations in China［J］．Chem Nat Compd，2005，41（5）：491-493．

【药理参考文献】

［1］何昌国，董玲婉，阮肖平，等．地胆草全草提取物抗菌抗炎作用的实验研究［J］．中国中医药科技，2008，15（3）：191-192．
［2］温先敏，杨缅南，胡田魁．地胆草水提物抗炎镇痛作用的动物实验研究［J］．云南中医中药杂志，2015，36（12）：71-72．
［3］董臣林．地胆草化学成分分离纯化及抑菌作用研究［D］．广州：广东药科大学硕士学位论文，2016．
［4］王蓓，梅文莉，左文健，等．地胆草与白花地胆草脂溶性成分的GC-MS分析及抑菌活性研究［J］．天然产物研究与开发，2012，24：23-27．
［5］Kumar S S，Perumal P，Suresh B．Antibacterial study on leaf extract of *Elephantopus scaber* Linn．［J］．Anc Sci Life，2004，23（3）：6-8．
［6］Sheeba K O，Wills P J，Latha B K，et al．Antioxidant and antihepatotoxic efficacy of methanolic extract of *Elephantopus scaber* Linn．in Wistar rats［J］．Asian Pacific Journal of Tropical Disease，2012，12：S904-S908．
［7］Ho W Y，Yeap S K，Ho C L，et al．Hepatoprotective activity of *Elephantopus scaber* on alcohol-induced liver damage in mice［J］．Evidence-Based Complementary and Alternative Medicine，2012，DOI：10.1155/2012/417953．
［8］Hung H F，Hou C W，Chen Y L，et al．*Elephantopus scaber* inhibits lipopolysaccharide-induced liver injury by suppression of signaling pathways in rats［J］．The American Journal of Chinese Medicine，2012，39（4）：705-717．
［9］Geetha B S，Nair M S，Latha P G，et al．Sesquiterpene lactones isolated from *Elephantopus scaber* L．inhibits human lymphocyte proliferation and the growth of tumour cell lines and induces apoptosis *in vitro*［J］．Journal of Biomedicine and Biotechnology，2012，2012（2）：1-8．
［10］梁侨丽，龚祝南，绪广林，等．地胆草倍半萜内酯化合物体外抗肿瘤作用的研究［J］．天然产物研究与开发，2008，20（3）：436-439．
［11］Su M，Chung H Y，Li Y．Deoxyelephantopin from *Elephantopus scaber* L．induces cell-cycle arrest and apoptosis in the

human nasopharyngeal cancer CNE cells [J]. Biochem Biophys Res Commun, 2011, 411: 342-347.
[12] Sagar R, Sahoo H B. Evaluation of antiasthmatic activity of ethanolic extract of *Elephantopus scaber* L. leaves [J]. Indian Journal of Pharmacology, 2012, 44 (3): 398-401.
[13] Wiwat C, Kwantrairat S. HIV-1 Reverse transcriptase inhibitors from Thai medicinal plants and *Elephantopus scaber* Linn. [J]. Mahidol University Journal of Pharmaceutical Sciences, 2014, 40 (3): 35-44.

【临床参考文献】
[1] 林春裳. 地胆草治疗乳蛾 30 例 [J]. 福建中医药, 1987, (5): 62.
[2] 张榕, 曾宗华. "地胆草"治疗浮肿 156 例介绍 [J]. 辽宁中医杂志, 1960, (10): 50-51.

30. 蓝刺头属 *Echinops* Linn.

多年生草本。茎直立, 上部通常分枝, 密被白色绵毛或腺毛。叶互生, 羽状分裂或全裂, 齿和裂片具刺, 表面绿色, 背面灰白色, 被绵毛。复头状花序球形, 生于枝端; 小头状花序仅含 1 花, 外围以许多苞片构成长圆形的总苞, 头状花序基部有多数或少数刚毛状的扁平基毛; 苞片 3～5 层, 膜质或革质, 外层短, 上部扩大, 中层龙骨状, 顶端钻状渐尖, 全部总苞片边缘有长或短的缘毛; 花冠管状, 檐部 5 裂, 条状; 花药基部附属物钻形、箭形; 花柱分枝短, 在分枝处以下有毛环。瘦果圆柱形, 具细纵棱, 被毛或无; 冠毛多数, 短冠片状或刚毛状。

120 余种, 主要分布于中亚、南欧、北非。中国 17 种, 主要分布于东北至西北, 法定药用植物 3 种。华东地区法定药用植物 1 种。

1007. 华东蓝刺头 (图 1007) • *Echinops grijsii* Hance

图 1007 华东蓝刺头　　　　摄影　李华东

【别名】格利氏蓝刺头（江苏），格利氏蓝刺头、东南蓝刺头、大蓟根、升麻根（江苏盱眙），老和尚头（江苏徐州、东海），地芦（江苏镇江）。

【形态】多年生草本，高 20～80cm。茎直立，基部常有棕褐色撕裂的叶柄，全株密被厚的蛛丝状绵毛。叶互生，长椭圆形或卵状披针形，长 5～20cm，宽 2～7cm，羽状深裂或浅裂，顶端钝，具短刺，边缘有缘毛状细刺，全部茎叶两面异色，上面绿色，无毛，下面白色或灰白色，被密厚的蛛丝状绵毛；无柄或近无柄。复头状花序球形，单生枝端或茎顶，直径 2～4cm；头状花序仅含 1 朵小花，基部有多数不等长的扁平基毛，基毛长约为总苞长度之半；苞片 3～5 层，外层苞片与基毛近等长，上部扩大，边缘具短缘毛，中、内层苞片顶端芒刺状或芒状齿裂；全部苞片 24～28 枚，干膜质；小花花冠管状，外面有腺点，5 深裂，长约 1cm。瘦果倒圆锥状，被毛；冠毛短冠片状。花果期 3～10 月。

【生境与分布】生于山坡草地。分布于安徽、江苏、浙江、山东和福建，另广西、河南、辽宁、台湾等地均有分布。

【药名与部位】禹州漏芦，根。

【采集加工】春、秋二季采挖，除去须根及泥沙，干燥。

【药材性状】呈类圆柱形，稍扭曲，长 10～25cm，直径 0.5～1.5cm。表面灰黄色或灰褐色，具纵皱纹，顶端有纤维状棕色硬毛。质硬，不易折断，断面皮部褐色，木质部呈黄黑相间的放射状纹理。气微，味微涩。

【药材炮制】除去杂质，洗净，润软，切厚片，干燥。

【化学成分】根含倍半萜类：华东蓝刺头萜二聚体*A（echingridimer A）、华东蓝刺头醇 A、B（echingriol A、B）、桉叶烷 K（eudesmane K）、甘松桉烯醇 A（nardoeudesmol A）和漏芦醇（rhaponticol）[1]；三萜皂苷类：熊果酸（ursolic acid）、蒲公英萜醇乙酸酯（taraxerol acetate）和地榆皂苷 I（sanguisorbin I）[2]；噻吩类：蓝刺头噻吩烯醇（echinothiophenegenol）、5-（戊-1,3-二炔）-2-（3,4-二羟基丁-1-炔基）-噻吩 [5-（penta-1,3-diynyl）-2-（3,4-dihydroxybut-1-ynyl）-thiophene]、5-（4-羟基丁-1-炔基）-2,2'-联噻吩 [5-（4-hydroxybut-1-ynyl）-2,2'-bithiophene]、2-（戊-1,3-二炔）-5-（4-羟基丁-1-炔基）-噻吩 [2-（penta-1,3-diynyl）-5-（4-hydroxybut-1-ynyl）-thiophene][3]、蓝刺头噻吩酮 A（grijisone A）、华东蓝刺头炔素 A（grijisyne A）[4],2-正丙-1-炔-5-（5,6-二羟基己-1,3-二炔基）-噻吩 [2-（n-pro-1-ynyl）-5-（5,6-dihydroxyhexa-1,3-diynyl）-thiophene]、2-（戊-1,3-二炔）-5-（3,4-二羟基丁-1-炔基）-噻吩 [2-（penta-1,3-diynyl）-5-（3,4-dihydroxybut-1-ynyl）-thiophene][5],5-（4-O-异戊酰基丁炔-1）-2,2'-联噻吩 [5-（4-O-isopentanoylbutyn-1-yl）-2,2'-bithiophene][6],5-羧基双噻吩（5-carboxylbithiophene）、5-氯-α-三噻吩（5-chloro-α-terthiophene）、5,5''-二氯-α-三噻吩（5,5''-dichloro-α-terthiophene）、蓝刺头炔噻吩 A（echinoynethiophene A）、5-乙酰基-α-三噻吩（5-acetyl-α-terthiophene）[7],5-（3-乙酰氧基-4-异戊酰氧基丁炔-1）-2,2'-联噻吩 [5-（3-acetoxy-4-isovaleroyloxybut-1-ynyl）-2,2'-bithiophene]、5-（3,4-二乙酰氧基丁炔-1）-2,2'-联噻吩 [5-（3,4-diacetoxybut-1-ynyl）-2,2'-bithiophene]、5-（3-羟基-4-乙酰氧基丁炔-1）-2,2'-联噻吩 [5-（3-hydroxy-4-acetoxybut-1-ynyl）-2,2'-bithiophene]、5-（3,4-二羟基丁炔-1）-2,2'-联噻吩 [5-（3,4-di-hydroxybut-1-ynyl）-2,2'-bithiophene]、2-（3,4-二乙酰氧基丁炔-1）-5-（1-丙炔基）噻吩 [2-（3,4-diacetoxybut-1-ynyl）-5-（prop-1-ynyl）thiophene]、2-（3,4-二羟基丁炔-1）-5-（1-丙炔基）噻吩 [2-（3,4-dihydroxybut-1-ynyl）-5-（prop-1-ynyl）thiophene][8],5-（3,4-二羟基丁烯-1-炔基）-2,2'-联噻吩 [5-（3,4-dihydroxybut-1-ynyl）-2,2'-bithiophene][3,9],5-（4-羟基-1-丁炔）-2,2'-联噻吩 [5-（4-hydroxy-1-butynyl）-2,2'-bithiophene]、卡多帕亭（cardopatine）、异卡多帕亭（isocardopatine）、5-（3-羟基-4-异戊酰氧基丁炔-1）-2,2'-联噻吩 [5-（3-hydroxy-4-isovaleroyloxybut-1-ynyl）-2,2'-bithiophene]、5-（4-异戊酰氧基丁炔-1）-2,2'-联噻吩 [5-（4-isovaleroyloxybut-1-ynyl）-2,2'-bithiophene]、5-（丁-3-烯-1-炔）-2,2'-联噻吩 [5-（but-3-en-1-ynyl）-2,2'-bithiophene]、5-乙酰基-2,2'-联噻吩（5-acetyl-2,2'-bithiophene）[8,9],5-（4-羟基-3-甲氧基-1-丁炔基）-2,2'-联噻吩 [5-（4-hydroxy-3-methoxy-1-butynyl）-

2,2'-bithiophene]、噻吩（thiophene）、2-（3,4-二羟基丁-1-炔基）-5-（戊-1,3-二炔基）-α-三联噻吩[2-（3,4-dihydroxybut-1-ynyl）-5-（penta-1,3-diynyl）α-terthienyl]、5-甲酰基-2,2'-联噻吩（5-formyl-2,2'-bithiophene）、2,2'-联噻吩-5-羧甲酯（methyl 2,2'-bithiophene-5-carboxylate）、2,2'-联噻吩-5-羧酸（2,2'-bithiophene-5-carboxylic acid）、5-（3-羟甲基-3-异戊酰氧基丙-1-炔基）-2,2'-联噻吩[5-（3-hydroxymethyl-3-isovaleroyloxyprop-1-ynyl）-2,2'-bithiophene]、5-（4-乙酰氧基-1-丁炔）-2,2'-联噻吩[5-（4-acetoxy-1-butynl）-2,2'-bithiophene]、2-（4-羟基丁-1-炔基）-5-（戊-1,3-二炔基）噻吩[2-（4-hydroxybut-1-ynyl）-5-（penta-1,3-diynyl）thiophene][9]，牛蒡子醇b（arctinol b）[3,10]，蓝刺头噻吩*A、B、C、D、E、F（echinothiophene A、B、C、D、E、F）、牛蒡酮-b（arctinone-b）、牛蒡醛（arctinal）、牛蒡醇（arctinol）、6-甲氧基牛蒡子醇-b（6-methoxy-arctinol-b）和2-丙基-1-炔基-5'-（2-羟基-3-氯化丙基）噻吩[2-prop-1-inyl-5'-（2-hydroxy-3-chloropropyl）dithiophene][10]，α-三联噻吩（α-terthiophene）[6,8,11]和5-（3-丁烯-1-炔基）-2,2'-联噻吩[5-（3-buten-1-ynyl）-2,2'-bithiophene][11,12]；黄酮类：木犀草素（luteolin）[5]；苯丙素类：丁香苷（syringin）和朝蓟素（cynarin）[5]；木脂素类：蓝刺头木脂素A（echinolignan A）[13]；脂肪酸类：三十烷酸（triacontanoic acid）[2]；酚酸类：绿原酸（chlorogenic acid）[5]；甾体类：筋骨草甾酮C（ajugasterone C）[5]，β-谷甾醇（β-sitosterol）和胡萝卜苷（daucosterol）[2]；挥发油类：1,8-桉叶油素（1,8-cineole）、顺式-β-罗勒烯（cis-β-ocimene）[11]和顺式-β-金合欢烯（cis-β-farnesene）[12]。

地上部分含噻吩类：卡多帕亭（cardopatine）、α-三联噻吩（α-terthiophene）和5-（3-丁烯-1-炔基）-2,2'-联噻吩[5-（3-buten-1-ynyl）-2,2'-bithiophene][14]；黄酮类：芦丁（rutin）、槲皮素（quercetin）、橙皮苷（hesperidin）和木犀草素-7-葡萄糖苷（luteolin-7-glucoside）[14]；三萜类：齐墩果-3-酮（olean-3-one）和蒲公英赛醇乙酰酯（ethyl taraxerolacetate）[14]；甾体类：β-谷甾醇（β-sitosterol）和胡萝卜苷（daucosterol）[14]；烷烃类：三十烷醇（triacontanol）和三十二烷（dotriacontane）[14]。

【性味与归经】苦，寒。归胃经。

【功能与主治】清热解毒，排脓止血，消痈下乳。用于诸疮痈肿，乳痈肿痛，乳汁不通，瘰疬疮毒。

【用法与用量】4.5～9g。

【药用标准】药典1995—2015和浙江炮规2005。

【附注】关于本种的学名，《中国植物志》和 Flora of China 均为 Echinops grijsii Hance，而中国药典为 Echinops grijisii Hance，中文中药文献基本采用后者，英文文献二者均见采用。据考证，前者应为规范用法。

药材禹州漏芦孕妇慎用。

【化学参考文献】

[1] Liu T T, Wu H B, Jiang H Y, et al. Echingridimer A, an oxaspiro dimeric sesquiterpenoid with a 6/6/5/6/6 fused ring system from Echinops grijsii and aphicidal activity evaluation [J]. J Org Chem, 2019, 84（17）: 10757-10763.

[2] 果德安，楼之岑，高从元，等. 华东蓝刺头化学成分研究（Ⅱ）[J]. 中草药, 1992, 23（10）: 512-514.

[3] Zhang P, Liang D, Jin W R, et al. Cytotoxic thiophenes from the root of Echinops grijsii Hance [J]. Zeitschrift fuer Naturforschung, C: Journal of Biosciences, 2009, 64（3/4）: 193-196.

[4] Zhang P, Jin W R, Shi Q, et al. Two novel thiophenes from Echinops grijissi Hance [J]. J Asian Nat Prod Res, 2008, 10（10）: 977-981.

[5] 梁东，李宁，肖皖，等. 华东蓝刺头根的化学成分 [J]. 沈阳药科大学学报, 2008, 25（8）: 620-622.

[6] 果德安，崔亚君，楼之岑，等. 华东蓝刺头化学成分的研究（Ⅰ）[J]. 中草药, 1992, 23（1）: 3-5.

[7] Liu Y, Ye M, Guo H Z, et al. New thiophenes from Echinops grijsii [J]. J Asian Nat Prod Res, 2002, 4（3）: 175-178.

[8] Lin Y L, Huang R L, Kuo Y H, et al. Thiophenes from Echinops grijsii Hance [J] Chin Pharm J, 1999, 51（3）: 201-211.

[9] Chang F P, Chen C C, Huang H C, et al. A new bithiophene from the root of Echinops grijsii [J]. Natural Product Communications, 2015, 10（12）, 2147-2149.

[10] Liu T T, Wu H B, Jiang H Y, et al. Thiophenes from Echinops grijsii as a preliminary approach to control disease complex of root-knot nematodes and soil-borne fungi: Isolation, activities, and structure-nonphototoxic activity

relationship analysis [J]. Journal of Agricultural and Food Chemistry, 2019, 67（22）：6160-6168.
[11] Zhao M P, Liu Q Z, Liu Z L, et al. Identification of larvicidal constituents of the essential oil of *Echinops grijsii* roots against the three species of mosquitoes [J]. Molecules, 2017, 22（2）205-215.
[12] 果德安，楼之岑，刘治安. 华东蓝刺头根挥发油成分的研究 [J]. 中国中药杂志，1994，19（2）：100-101.
[13] Koike K, Jia Z H, Guo H Z, et al. A new neolignan glycoside from the roots of *Echinops grijissii* [J]. Nat Med，2002，56（6）：255-257.
[14] 刘玥，叶冠，崔亚君，等. 华东蓝刺头地上部分化学成分研究 [J]. 中草药，2002，33（1）：18-20.

31. 苍术属 *Atractylodes* DC.

多年生草本。有地下根茎，结节状。茎直立，稍有分枝。叶互生，分裂或不分裂，边缘具针刺状缘毛或三角形刺齿；无柄或具柄。头状花序单生于茎枝顶端，不形成明显的花序式排列，被羽状分裂的苞叶包围；总苞钟状、宽钟状或筒状；总苞片多层，覆瓦状排列，全缘，通常有缘毛，顶端钝或圆形；花序托平，有稠密的托片；头状花序全部为管状花，两性花，有发育的雌蕊和雄蕊，或全部为雌花，雄蕊退化不发育，花黄色或紫红色，顶端5深裂；花丝无毛，分离，花药基部附属物箭形；花柱分枝短，三角形，外面被短柔毛。瘦果倒卵形或卵圆形，压扁，顶端截形，密被柔毛；冠毛1层，羽毛状，基部联合成环。

约7种，分布于亚洲东部地区。中国5种，南北各地均有分布，法定药用植物3种。华东地区法定药用植物2种。

1008. 苍术（图1008）· *Atractylodes lancea*（Thunb.）DC.[*Atractylodes chinensis*（DC.）Koidz.]

图 1008　苍术　　　　摄影　中药资源办等

【别名】京苍术、茅术、南苍术（江苏）、茅苍术、北苍术、术、赤术。

【形态】多年生草本，高 30～60cm。根茎平卧或斜升，结节状，表面粗糙，黑褐色，被鳞片，具多数须根，断面黄白色，散生棕红色油室。茎直立，圆形，有纵棱，无毛或稍有细毛，不分枝或上部稍有分枝。叶互生；基生叶片多为 3 裂，裂片先端尖，中裂片特大，卵形，侧裂片较小，基部楔形，常于开花前凋落；中部叶片椭圆形或椭圆状披针形，长 4.5～7cm，宽 1.5～2.5cm，先端急尖，基部圆形，全缘或羽状浅裂，边缘有细刺状锯齿，两面近无毛，侧脉明显，无柄；上部叶较小，披针形或狭长椭圆形，长 3.5～4.5cm，宽 0.5～1.5cm，无柄。头状花序顶生，长约 2cm，叶状苞片羽状深裂，与花序几等长；总苞钟形，总苞片 5～7 层，外层较短，卵形至卵状披针形，边缘略紫色，中层长卵形或卵状长椭圆形，内层条状长椭圆形或条形，全部苞片先端钝，边缘有稀疏蛛丝毛；花全为管状，白色或稍带紫红色。瘦果倒卵圆形，被密白色长柔毛；冠毛棕黄色，羽毛状，基部联合成环。花果期 6～10 月。

【生境与分布】常见栽培，或野生于山坡草地、林下、灌丛中。分布于华东各地，多栽培，另湖北、四川、河北、河南、陕西、内蒙古均有栽培。

【药名与部位】苍术，根茎。

【采集加工】春、秋二季采挖，除去泥沙及须根，干燥。

【药材性状】茅苍术：呈不规则连珠状或结节状圆柱形，略弯曲，偶有分枝，长 3～10cm，直径 1～2cm。表面灰棕色，有皱纹、横曲纹及残留须根，顶端具茎痕或残留茎基。质坚实，断面黄白色或灰白色，散有多数橙黄色或棕红色油室，暴露稍久，可析出白色细针状结晶。气香特异，味微甘、辛、苦。

北苍术：呈疙瘩块状或结节状圆柱形，长 4～9cm，直径 1～4cm。表面黑棕色，除去外皮者黄棕色。质较疏松，断面散有黄棕色油室。香气较淡，味辛、苦。

【质量要求】无须根，泥杂。

【药材炮制】苍术：除去杂质，洗净，润透，切厚片，干燥。麸苍术：取麸皮，置热锅中翻炒，待其冒烟后，投入苍术，炒至表面深黄色时，取出，筛去麸皮，摊凉。米泔制苍术：取苍术，除去杂质，米泔水浸，取出，润软，切厚片，干燥，再按前法炒至表面深黄色时，取出，筛去麸皮，摊凉。

【化学成分】根茎含倍半萜类：（4R,5S,7R）-茅术酮*-11-O-β-D-吡喃葡萄糖苷［（4R,5S,7R）-hinesolone-11-O-β-D-glucopyranoside］、（5R,7R,10S）-11-羟基桉叶-3-烯-2-酮-11-O-β-D-吡喃葡萄糖苷［（5R,7R,10S）-11-hydroxyeudesm-3-en-2-one-11-O-β-D-glucopyranoside］[1]，（5R,7R,10S）-异紫檀酮-11-O-β-D-呋喃芹糖基-（1→6）-β-D-吡喃葡萄糖苷［（5R,7R,10S）-isopterocarpolone-11-O-β-D-apiofuranosyl-（1→6）-β-D-glucopyranoside］、（5R,7R,10S）-6″-O-乙酰苍术苷I［（5R,7R,10S）-6″-O-acetylatractyloside I］、（5R,7R,10S）-6′-O-乙酰苍术苷I［（5R,7R,10S）-6′-O-acetylatractyloside I］、（5R,7R,10S）-3-羟基异紫檀酮-3-O-β-D-吡喃葡萄糖苷［（5R,7R,10S）-3-hydroxyisopterocarpolone-3-O-β-D-glucopyranoside］、（2S,7R,10S）-3-羟基假虎刺酮-11-O-β-D-吡喃葡萄糖苷［（2S,7R,10S）-3-hydroxylcarissone-11-O-β-D-glucopyranoside］、（2R,7R,10S）-3-羟基假虎刺酮-11-O-β-D-吡喃葡萄糖苷［（2R,7R,10S）-3-hydroxylcarissone-11-O-β-D-glucopyranoside］、（3S,4R,5R,7R）-3,11-二羟基-11,12-二氢圆柚酮-11-O-β-D-吡喃葡萄糖苷［（3S,4R,5R,7R）-3,11-dihydroxy-11,12-dihydronootkatone-11-O-β-D-glucopyranoside］、（3S,4R,5S,7R）-3,4,11-三羟基-11,12-二氢圆柚酮-11-O-β-D-吡喃葡萄糖苷［（3S,4R,5S,7R）-3,4,11-trihydroxy-11,12-dihydronootkatone-11-O-β-D-glucopyranoside］[2]，（7R）-3,4-去氢茅术酮*-11-O-β-D-吡喃葡萄糖苷［（7R）-3,4-dehydrohinesolone-11-O-β-D-glucopyranoside］、（7R）-3,4-去氢茅术酮-11-O-β-D-呋喃芹糖-（1→6）-β-D-吡喃葡萄糖苷［（7R）-3,4-dehydrohinesolone-11-O-β-D-apiofuranosyl-（1→6）-β-D-glucopyranoside］、（5R,7R）-14-羟基-3,4-去氢茅术酮-11-O-β-D-吡喃葡萄糖苷［（5R,7R）-14-hydroxy-3,4-dehydrohinesolone-11-O-β-D-glucopyranoside］、（5R,7R）-14-羟基-3,4-去氢茅术酮-11-O-β-D-呋喃芹糖基-（1→6）-β-D-吡喃葡萄糖苷［（5R,7R）-14-hydroxy-3,4-dehydrohinesolone-11-O-β-D-apiofuranosyl-（1→6）-β-D-glucopyranoside]、（5R,7R）-14-羟基-3,4-去氢茅术酮-14-O-β-D-吡喃木糖苷［（5R,7R）-14-hydroxy-3,4-dehydrohinesolone-14-O-β-D-xylopyranoside]、（4S,5S,7R）-15-羟基茅术酮-15-O-β-D-吡喃木糖苷［（4S,5S,7R）-15-hydroxyhinesolone-15-O-β-D-xylopyranoside]、（4R,5S,7R）-14-羟基茅术酮-14-O-β-D-吡喃木糖苷［（4R,5S,7R）-14-hydroxyhinesolone-14-O-β-D-xylopyranoside]、（3S,4S,5S,7R）-3-羟基茅术酮-11-O-β-D-吡喃葡萄糖苷［（3S,4S,5S,7R）-3-hydroxyhinesolone-11-O-β-D-glucopyranoside]、（3R,4S,7R,10R）-2-羟基茅术酮-11-O-β-D-吡喃葡萄糖苷［（3R,4S,7R,10R）-2-hydroxypancherione-11-O-β-D-glucopyranoside][3]，苍术酮（atractylone）、苍术内酯 I、II、III（atractylenolide I、II、III）[4],2-亚氧基-12-羟基茅术醇（2-oxo-12-hydroxyhinesol）、2-亚氧基-15-羟基茅术醇（2-oxo-15-hydroxyhinesol）、苍术醇甲（atractylol A）、14-羟基异紫檀酮（14-hydroxy-isopterocarpolone）、3α-羟基紫檀醇（3α-hydroxypterocarpol）、（11R）-2,11,12-三羟基-β-蛇床烯［（11R）-2,11,12-trihydroxy-β-selinene]、2-亚氧基茅术醇（2-oxo-hinesol）、紫檀醇（pterocarpol）、库得二醇*（kudtdiol）、2,11,13-三羟基-β-蛇床烯（2,11,13-trihydroxy-β-selinene）、茅术醇（hinesol）、β-桉叶醇（β-eudesmol）[5],4α,7α-环氧愈创木烷-10α,11-二醇（4α,7α-epoxyguaiane-10α,11-diol）、7α,10α-环氧愈创木烷-4α,11-二醇（7α,10α-epoxyguaiane-4α,11-diol）、10β,11β-环氧愈创木烷-1α,4α-二醇（10β,11β-epoxyguaiane-1α,4α-diol）、10β,11β-环氧愈创木烷-1α,4α,7α-三醇（10β,11β-epoxyguaiane-1α,4α,7α-triol）、1-广藿香烯-4α,7α-二醇（1-patchoulene-4α,7α-diol）、桉叶-4（15）-烯-7α,11-二醇［eudesm-4（15）-en-7α,11-diol]、桉叶-4（15）,7-二烯-9α,11-二醇［eudesm-4（15）,7-dien-9α,11-diol]、（5R,10S）-桉叶-4（15）,7-二烯-11-醇-9-酮［（5R,10S）-eudesm-4（15）,7-dien-11-ol-9-one][6]，白术内酯 IV（atractylenolide IV）[7]，苍术色烯（atractylochromene）、2-［（2E）-3,7-二甲基-2,6-辛二烯]-6-甲基-2,5-环己二烯-1,4-二酮｛2-［（2E）-3,7-dimethyl-2,6-octadienyl]-6-methyl-2,5-cyclohexadiene-1,4-dione｝[8],4（15）,11-桉叶二烯［4（15）,11-eudesmadiene][9]，苍术苷 A-14-O-β-D-呋喃果糖苷（atractyloside A-14-O-β-D-fructofuranoside）、（1S,4S,5S,7R,10S）-10,11,14-三羟基愈创-3-酮-11-O-β-D-吡喃葡萄糖苷［（1S,4S,5S,7R,10S）-10,11,14-trihydroxyguai-3-one-11-O-β-D-glucopyranoside]、（5R,7R,10S）-异紫檀酮-β-D-吡喃葡萄糖苷［（5R,7R,10S）-isopterocarpolone-β-D-glucopyranoside]、顺式苍术苷 I（cis-atractyloside I）、（2R,3R,5R,7R,10S）-苍术苷 G-2-O-β-D-吡喃葡萄糖苷［（2R,3R,5R,7R,10S）-atractyloside G-2-O-β-D-glucopyranoside][10] 和苍术苷 A、B、C、D、E、F、G、H、I（atractyloside A、B、C、D、E、F、G、H、I）[11]；烯炔类：（2E,8R）-癸烯-4,6-二炔-1,8-二醇-8-β-D-呋喃芹糖基-（1→6）-β-D-吡喃葡萄糖苷［（2E,8R）-decene-4,6-diyne-1,8-diol-8-β-D-apiofuranosyl-（1→6）-β-D-glucopyranoside]、（2E,8E,12R）-十四烷-2,8-二烯-4,6-二炔-1,12,14-三醇-1-O-β-D-吡喃葡萄糖苷［（2E,8E,12R）-tetradecane-2,8-dien-4,6-diyne-1,12,14-triol-1-O-β-D-glucopyranoside][2]，（2Z,8E）-癸-2,8-二烯-4,6-二炔-1,10-二醇-1-O-β-D-吡喃葡萄糖苷［（2Z,8E）-deca-2,8-dien-4,6-diyne-1,10-diol-1-O-β-D-glucopyranoside]、（2E,8Z）-癸-2,8-二烯-4,6-二炔-1,10-二醇-1-O-β-D-吡喃葡萄糖苷［（2E,8Z）-deca-2,8-dien-4,6-diyne-1,10-diol-1-O-β-D-glucopyranoside]、（2E,8E）-癸-2,8-二烯-4,6-二炔-1,10-二醇-1-O-β-D-呋喃芹糖基-（1→6）-β-D-吡喃葡萄糖苷［（2E,8E）-deca-2,8-dien-4,6-diyne-1,10-diol-1-O-β-D-apiofuranosyl-（1→6）-β-D-glucopyranoside]、（E）-癸-2-烯-4,6-二炔-1,10-二醇-1-O-β-D-吡喃葡萄糖苷［（E）-deca-2-en-4,6-diyne-1,10-diol-1-O-β-D-glucopyranoside]、（E）-癸-2-烯-4,6-二炔-1,10-二醇-1-O-β-D-呋喃芹糖基-（1→6）-β-D-吡喃葡萄糖苷［（E）-deca-2-en-4,6-diyne-1,10-diol-1-O-β-D-apiofuranosyl-（1→6）-β-D-glucopyranoside][3]，（6E,12E）-十四碳二烯-8,10-二炔-1,3-二醇［（6E,12E）-tetradecadiene-8,10-diyne-1,3-diol]、（6E,12E）-3-乙酰氧-6,12-十四碳二烯-8,10-二炔-1-醇［（6E,12E）-3-acetoxytetradeca-6,12-dien-8,10-diyne-1-ol]、（6E,12E）-1-乙酰氧-6,12-十四碳二烯-8,10-二炔-3-醇［（6E,12E）-1-acetoxytetradeca-6,12-dien-8,10-diyne-3-ol]、（6E,12E）-十四烷二烯-8,10-二炔-1,3-二醇二乙酸乙酯［（6E,12E）-tetradecadiene-8,10-diyne-1,3-diol diacetate]、（4E,6E,12E）-十四烷三烯-8,10-二炔-1-醇［（4E,6E,12E）-tetradecatriene-8,10-diyne-1-ol][4],1,3,11-十三烷三烯-7,9-二炔-5,6-二醇二

乙酯（1,3,11-tridecatriene-7,9-diyne-5,6-diol diacetate）[6]，（2E,8E）-2,8-十碳二烯-4,6-二炔-1,10-二醇-1-O-β-D-吡喃葡萄糖苷［（2E,8E）-2,8-decadiene-4,6-diyne-1,10-diol-1-O-β-D-glucopyranoside］[10]，苍术素醇-［1-（2-呋喃基）-（1E,7E）-壬二烯-3,5-二炔-9-醇］{atractylodinol-［1-（2-furyl）-（1E,7E）-nonadiene-3,5-diyne-9-ol］}、1-（2-呋喃基）-（1E,7E）-壬二烯-3,5-二炔-9-醇［1-（2-furyl）-（1E,7E）-nonadiene-3,5-diyne-9-ol］、1-（2-呋喃基）-（1E,7Z）-壬二烯-3,5-二炔-9-醇［1-（2-furyl）-（1E,7Z）-nonadiene-3,5-diyne-9-ol］、1-（2-呋喃基）-（1E,7E）-壬二烯-3,5-二炔-9-苯甲酸酯［1-（2-furyl）-（1E,7E）-nonadiene-3,5-diyne-9-benzoate］、1-（2-呋喃基）-（1E,7E）-壬二烯-3,5-二炔-9-基4-甲基苯甲酸酯［1-（2-furyl）-（1E,7E）-nonadiene-3,5-diyne-9-yl 4-methylbenzoate］、1-（2-呋喃基）-（1E,7E）-壬二烯-3,5-二炔-9-酸［1-（2-furyl）-（1E,7E）-nonadiene-3,5-diyne-9-acid］、双{5-［（1E,7E）-1,7-壬二烯-3,5-二炔-1-基］呋喃-2-基}甲烷{bis{5-［（1E,7E）-nona-1,7-dien-3,5-diyn-1-yl］furan-2-yl}methane}、双{5-［（1E,7E）-1,7-壬二烯-3,5-二炔-1］呋喃-2-基}异丙烷{bis5-［（1E,7E）-nona-1,7-dien-3,5-diyne-1-yl］furan-2-yl}isopropane}、9-去甲苍术素（9-noratractylodin）、苍术素（atractylodin）[12]、北苍术炔（atractyloyne）、（4E,6E,12E）-3-异戊酰氧基十四碳-4,6,12-三烯-8,10-二炔-1,14-二醇［（4E,6E,12E）-3-isovaleryloxy-tetradeca-4,6,12-trien-8,10-diyne-1,14-diol］、（4E,6E,12E）-十四碳-4,6,12-三烯-8,10-二炔-1,3,14-三醇［（4E,6E,12E）-tetradeca-4,6,12-trien-8,10-diyne-1,3,14-triol］[13]，1-（2-呋喃）-（7E）-壬烯-3,5-二炔-1,2-二乙酸酯［1-（2-furyl）-（7E）-nonene-3,5-diyne-1,2-diacetate］、（1,5E,11E）-十三烷三烯-7,9-二炔-3,4-二乙酸乙酯［（1,5E,11E）-tridecatriene-7,9-diyne-3,4-diacetate］、苏式-（1,5E,11E）-十三烷三烯-7,9-二炔-3,4-二乙酸乙酯［threo-（1,5E,11E）-tridecatriene-7,9-diyne-3,4-diacetate］、（3E,5E,11E）-十三烷三烯-7,9-二炔-1,2-二乙酸酯［（3E,5E,11E）-tridecatriene-7,9-diyne-1,2-diacetate］、（3Z,5E,11E）-十三烷三烯-7,9-二炔-1,2-二乙酸乙酯［（3Z,5E,11E）-tridecatriene-7,9-diyne-1,2-diacetate］、（3E,5Z,11E）-十三烷三烯-7,9-二炔-1,2-二乙酸乙酯［（3E,5E,11E）-tridecatriene-7,9-diyne-1,2-diacetate］[14]，（6E,12Z）-十四烷二烯-8,10-二炔-1,3-二醇［（6E,12Z）-tetradecadiene-8,10-diyne-1,3-diol］、（6Z,12Z）-十四烷二烯-8,10-二炔-1,3-二醇[（6Z,12Z）-tetradecadiene-8,10-diyne-1,3-diol][15]，苍术噻吩苷*A、B（atracthioenyneside A、B）[16]，（3Z,5E,11E）-十三烷三烯-7,9-二炔基-1-O-（E）阿魏酰酯［（3Z,5E,11E）-tridecatriene-7,9-diynyl-1-O-（E）-ferulate］、赤式-（1,3Z,11E）-十三烷三烯-7,9-二烯-5,6-二炔基二乙酯［erythro-（1,3Z,11E）-tridecatriene-7,9-dien-5,6-diynyl diacetate］、［（1Z）-苍术素［（1Z）-atractylodin］、（1Z）-苍术素醇［（1Z）-atractylodinol］、（1Z）-乙酰基苍术素醇［（1Z）-acetylatractylodinol］、（4E,6E,12E）-十四烷三烯-8,10-二烯-1,3-二炔基二乙酯［（4E,6E,12E）-tetradecatriene-8,10-dien-1,3-diynyl diacetate］[17]，赤式-（1,5E,11E）-十三烷三烯-7,9-二炔-3,4-二乙酯［erythro-（1,5E,11E）-tridecatriene-7,9-diyne-3,4-diacetate］、苍术色烯（atractylochromene）和2-（2E-3,7-二甲基-2,6-癸二炔基）-6-甲基-2,5-环己烷二烯-1,4-二酮［2-［（2E）-3,7-dimethyl-2,6-octadienyl］-6-methyl-2,5-cyclohexadiene-1,4-dione］[18]；三萜类：齐墩果酸（oleanolic acid）[4]、蒲公英萜醇乙酸酯（taraxasteryl acetate）、蒲公英赛醇乙酸酯（taraxasteryl acetate）[7]和3-乙酰基-β-香树脂醇（3-acetyl-β-amyrin）[9]；柠檬苦素类：柠檬苦素（limonin）[19]；单萜类：桉油精（eucalyptol）[7]，（1R,2R,4S）-2-羟基-1,8-桉叶素-β-D-吡喃葡萄糖苷［（1R,2R,4S）-2-hydroxy-1,8-cineole-β-D-glucopyranoside］、（1S,2R,4S）-2-羟基-1,8-桉叶素-β-D-吡喃葡萄糖苷［（1S,2S,4R）-2-hydroxy-1,8-cineole-β-D-glucopyranoside］、（4S）-对-薄荷烷-1-烯-7,8-二醇-8-O-β-D-吡喃葡萄糖苷［（4S）-p-menth-1-en-7,8-diol-8-O-β-D-glucopyranoside］和（1S,2R,4S）-对薄荷烷-1,2,8-三醇-8-O-β-D-吡喃葡萄糖苷［（1S,2R,4S）-p-menthane-1,2,8-triol-8-O-β-D-glucopyranoside］[10]；丁烯苷类：3-甲基-3-丁烯基-β-D-呋喃芹糖基-（1→6）-β-D-吡喃葡萄糖苷［3-methyl-3-butenyl-β-D-apiofuranosyl-（1→6）-β-D-glucopyranoside］和3-甲基-2-丁烯基-β-D-呋喃芹糖基-（1→6）-β-D-吡喃葡萄糖苷［3-methyl-2-butenyl-β-D-apiofuranosyl-（1→6）-β-D-glucopyranoside］[10]；醛类：5-羟甲基糠醛（5-hydroxymethyl furaldehyde）[4]和双（5-甲酰基糠基）醚［bis（5-formylfurfuryl）ether］[19]；

芳香苷类：4-羟基-3-甲氧基苯基-β-D-吡喃葡萄糖苷（4-hydroxy-3-methoxyphenyl-β-D-glucopyranoside）、4-羟基-3-甲氧基苯基-β-D-呋喃芹糖基-（1→6）-β-D-吡喃葡萄糖苷［4-hydroxy-3-methoxyphenyl-β-D-apiofuranosyl-（1→6）-β-D-glucopyranoside］、4-羟基-3-甲氧基苯基-β-D-吡喃木糖基-（1→6）-β-D-吡喃葡萄糖苷［4-hydroxy-3-methoxyphenyl-β-D-xylopyranosyl-（1→6）-β-D-glucopyranoside］、淫羊藿次苷 F_2（icariside F_2）、丁香苷（syringin）[10]、（E）-异松苷［（E）-isoconiferin］、苯甲醇-7-O-β-D呋喃芹糖基-（1→6）-β-D-吡喃葡萄糖苷［phenylmethanol-7-O-β-dapiofuranosyl-（1→6）-β-D-glucopyranoside］、苯甲醇-7-O-α-L-吡喃鼠李糖基-（1→6）-β-D-吡喃葡萄糖苷［phenylmethanol-7-O-α-L-rhamnopyranosyl-（1→6）-β-D-glucopyranoside］、苯乙醇-8-O-α-L-吡喃鼠李糖基-（1→6）-β-D-吡喃葡萄糖苷［phenylalcohol-8-O-α-L-rhamnopyranosyl-（1→6）-β-D-glucopyranoside］、（7S,8R）-长花马先蒿苷 B［（7S,8R）-longifloroside B］[16]、2-［（2'E）-3',7'二甲基-2',6'-辛二烯基］-4-甲氧基-6-甲基苯酚{2-［（2'E）-3',7'-dimethyl-2',6'-octadienyl］-4-methoxy-6-methylphenol}[17]和2-苯乙醇芸香糖苷（2-phenylethyl-β-rutinoside）[20]；酚酸类：（7E）-芥子酸酯-4-O-β-D-吡喃葡萄糖苷［（7E）-sinapate-4-O-β-D-glucopyranoside］、4-O-咖啡酰奎宁酸（4-O-caffeoylquinic acid）[2],1,3-二-O-咖啡酰奎宁酸（1,3-di-O-caffeoylquinic acid）、绿原酸（chlorogenic acid）、5-O-阿魏酰奎宁酸（5-O-feruloylquinic acid）[16],2-呋喃甲酸（2-furoic acid）[19]，原儿茶酸（protocatechuic acid）[20]、对羟基苯甲酸-4-O-β-D-吡喃葡萄糖基-（1→3）-α-L-吡喃鼠李糖苷［p-hydroxybenzoic acid-4-O-β-D-glucopyranosyl-（1→3）-α-L-rhamnopyranoside］、香草酸-4-O-β-D-吡喃葡萄糖基-（1→3）-α-L-吡喃鼠李糖苷［vanillic acid-4-O-β-D-glucopyranosyl-（1→3）-α-L-rhamnopyranoside］[21]、香草酸（vanillic acid）[22]和3,5-二甲氧基-4-羟基苯甲酸（3,5-dimethoxy-4-hydroxybenzoic acid）[23]；糖酯类：2,4,3',6'-四-（3-甲基丁酰基）蔗糖［2,4,3',6'-tetra-（3-methylbutanoyl）sucrose］、2,6,3',6'-四-（3-甲基丁酰基）蔗糖［2,6,3',6'-tetra-（3-methylbutanoyl）sucrose］、3',4',6'-三-（3-甲基丁酰基）-1'-（2-甲基丁酰基）蔗糖［3',4',6'-tris-（3-methylbutanoyl）-1'-（2-methylbutanoyl）sucrose］、2,6,3',4'-四-（3-甲基丁酰基）蔗糖［2,6,3',4'-tetra-（3-methylbutanoyl）sucrose］、1',3',4',6'-四-（3-甲基丁酰基）蔗糖［1',3',4',6'-tetra-（3-methylbutanoyl）sucrose］、2,3',6'-三-（3-甲基丁酰基）-1'-（2-甲基丁酰基）蔗糖［2,3',6'-tris-（3-methylbutanoyl）-1'-（2-methylbutanoyl）sucrose］、［2,4,3',4'-四-（3-甲基丁酰基）蔗糖［2,4,3',4'-tetra-（3-methylbutanoyl）sucrose］和2,1',3',6'-四-（3-甲基丁酰基）蔗糖［2,1',3',6'-tetra-（3-methylbutanoyl）sucrose］[24]；甾体类：豆甾醇（stigmasterol）、β-谷甾醇（β-sitosterol）、胡萝卜苷（daucosterol）[7]和豆甾醇-3-O-β-D-葡萄糖苷（stigmasterol-3-O-β-D-glucopyranoside）[25]；香豆素类：东莨菪内酯-7-O-β-D-吡喃葡萄糖苷（scopoletin-7-O-β-D-glucopyranoside）、东莨菪内酯-7-O-β-D-吡喃木糖基-（1→6）-β-D-吡喃葡萄糖苷［scopoletin-7-O-β-D-xylopyranosyl-（1→6）-β-D-glucopyranoside］、东莨菪内酯-7-O-α-L-吡喃鼠李糖基-（1→6）-β-D-吡喃葡萄糖苷［scopoletin-7-O-α-L-rhamnopyranosyl-（1→6）-β-D-glucopyranoside］、异东莨菪内酯-6-O-β-D-吡喃葡萄糖苷（isoscopoletin-6-O-β-D-glucopyranoside）、菊苣苷（cichoriin）[2]和蛇床子素（osthol）[8]；黄酮类：汉黄芩苷甲酯（wogonosidemethyl ester）[20]，葛根素（puerarin）、3'-甲氧基葛根素（3'-methoxypuerarin）[21]和汉黄芩素（wogonin）[23]；木脂素类：（7R,8S）-4,7,9,3',9'-五羟基-3-甲氧基-8-4'-氧代新木脂素-3'-O-β-D-吡喃葡萄糖苷［（7R,8S）-4,7,9,3',9'-pentahydroxy-3-methoxyl-8-4'-oxyneolignan-3'-O-β-D-glucopyranoside］、（7S,8R）-4,7,9,3',9'-五羟基-3-甲氧基-8-4'-氧代新木脂素-3'-O-β-D-吡喃葡萄糖苷［（7S,8R）-4,7,9,3',9'-pentahydroxy-3-methoxyl-8-4'-oxyneolignan-3'-O-β-D-glucopyranoside］、丁香树脂素-4'-O-β-D-吡喃葡萄糖苷（syringaresinol-4'-O-β-D-glucopyranoside）[1]，羟基丁香树脂素-9-O-β-D-吡喃葡萄糖苷（hydroxysyringaresinol-9-O-β-D-glucopyranoside）、（7R,7'R,8R,8'S,9R）-羟基丁香树脂醇-9-O-β-D-吡喃葡萄糖苷［（7R,7'R,8R,8'S,9R）-hydroxysyringaresinol-9-O-β-D-glucopyranoside］、开环异落叶松脂醇-4-O-β-D-吡喃葡萄糖苷（secoisolariciresinol-4-O-β-D-glucopyranoside）和3'-开环异落叶松脂素-9-O-β-D-吡喃葡萄糖苷（3'-secoisolariciresinol-9-O-β-D-glucopyranoside）[20]；生物碱类：（1S,3S）-1-甲基-1,2,3,4-

四羟基-β-咔啉-3-甲酸[（1S,3S）-1-methyl-1,2,3,4-tetrahydro-β-carboline-3-carboxylic acid][2]，1″-羟基巴豆碱（1″-hydroxylcrotonine）和巴豆碱（crotonine）[21]；核苷类：尿苷（uridine）和腺苷（adenosine）[10]；烷烃糖苷类：异丙基-β-D-呋喃芹糖基-（1→6）-β-D-吡喃葡萄糖苷［isopropyl-β-D-apiofuranosyl-（1→6）-β-D-glucopyranoside][10]；苯丙素类：反式-2-羟基异丙基-3-羟基-7-异戊烯基-2,3-二氢苯骈呋喃-5-甲酸（trans-2-hydroxyisoxypropyl-3-hydroxy-7-isopentene-2,3-dihydrobenzofuran-5-carboxylic acid）[25]；糖类：葡萄糖（glucose）、蔗糖（sucrose）[7]和苍术水提多糖1、2、3、4（APW1、2、3、4）[26]；酮类：2-[（2E）-3,7-二甲基-2,6-辛二烯基]-6-甲基-2,5-环己二烯-1,4-二酮{2-[（2E）-3,7-dimethyl-2,6-octadienyl]-6-methyl-2,5-cyclohexadiene-1,4-dione}[8]；挥发油类：邻苯二甲酸二异丁酯（diisobutyl phthalate）[27]，茅术醇（hinesol）、β-桉叶油醇（β-eudesmol）[28]、芹子烯（selinene）、十六烷酸甲酯（methyl hexadecanoate）、9,12-十八碳二烯酸甲酯（methyl 9,12-octadecedienoate）、9,12,15-十八碳三烯酸甲酯（methyl 9,12,15-octadecetrienoate）、9-十八碳烯酸甲酯（methyl 9-octadecenoate）、亚油酸乙酯（ethyl linoleate）、莎草烯（cyperene）、反式-石竹烯（trans-caryophyllene）、大根香叶烯B（germacrene B）和β-雪松烯（β-cedrene）等[29]。

【药理作用】1.促进胃排空 根茎的水提取物、甲醇提取物中分离的茅术醇（hinesol）和β-桉叶醇（β-eudesmol）均可显著改善L-NG-硝基精氨酸所致的大鼠胃排空延迟[1]。2.抗炎 根茎中提取的挥发油可明显减少二甲苯所致急性炎症小鼠炎性渗出，其作用强弱与时间有关[2]。3.健脾止泻 根茎炒焦前后水提取物正丁醇部位可显著降低大黄所致的脾虚泄泻模型大鼠胃残留率、腹泻指数和血清肿瘤坏死因子含量，显著提高小肠推进率、结肠黏膜水孔蛋白3、血清胃动素、胃泌素及白细胞介素10（IL-10）含量[3]；根茎水提取物可升高喂饲小承气汤煎剂加饥饱失常所致的脾虚模型大鼠肠道灌流液中IgA和血清中IgG水平，降低胃内残留率，升高小肠推进比，升高大鼠血浆中胃动素、P物质和生长抑素水平，升高十二指肠、空肠和回肠组织中Toll样受体4表达水平[4]。4.调节水盐代谢 根茎炒焦前后水提取物的正丁醇部位可显著降低猪油及蜂蜜所致的湿阻中焦模型大鼠血清醛固酮及肾小管水孔蛋白2水平[5]。5.抗菌 根茎中提取的挥发油对金黄色葡萄球菌、大肠杆菌、枯草芽孢杆菌、酵母、青霉、黑曲霉、黄曲霉的生长具有显著抑制作用且呈剂量依赖性[6]。6.降血糖 根茎中提取的挥发油在体外对α-葡萄糖苷酶具有一定的抑制作用[7]；根茎水提取物可显著降低链脲佐菌素所致的高血糖模型大鼠血糖及血清糖化白蛋白含量，显著升高胰岛素含量[8]；根茎中提取的粗多糖可显著降低四氧嘧啶诱导高血糖模型小鼠的血糖值，提高模型小鼠胰岛素含量[9]；根茎中提取的多糖可改善链脲佐菌素所致的2型糖尿病模型大鼠体质量下降，降低空腹血糖含量，提升胰岛素含量，降低丙二醛（MDA）含量，增加过氧化氢酶（CAT）和超氧化物歧化酶（SOD）含量[10]。7.抗流感病毒 根茎的超临界二氧化碳流体提取物及苍术酮（atractylone）对流感病毒甲型H3N2、H5N1和乙型流感病毒具有杀灭作用[11]。8.抗胃溃疡 根茎生品和麸炒品可降低外科手术胃黏膜局部注射乙酸法所致的胃溃疡模型大鼠血清及胃组织中白细胞介素-6（IL-6）、白细胞介素-8（IL-8）、肿瘤坏死因子-α（TNF-α）和前列腺素E_2（PGE_2）的含量及胃组织中白细胞介素-8和肿瘤坏死因子-α mRNA的表达及二者的蛋白质表达量，麸炒品作用更显著[12]；根茎水提取物可显著降低无水乙醇所致的胃溃疡模型大鼠胃蛋白酶活性，促进溃疡愈合[13]。9.护心肌细胞 根茎水提取物可降低过氧化氢（H_2O_2）刺激的大鼠H9c2心肌细胞乳酸盐脱氢酶释放量和丙二醛含量，升高超氧化物歧化酶含量，减少凋亡细胞数[14]。10.抗肿瘤 根茎水提取物可使胃癌BGC-823细胞周期阻滞于S期，SGC-7901细胞周期阻滞于G_0/G_1期，对胃癌BGC-823和SGC-7901细胞增殖均有明显的抑制作用，且呈浓度和时间依赖性[15]。11.抗氧化 根茎的乙醇提取物对1,1-二苯基-2-三硝基苯肼（DPPH）自由基具有明显的清除作用[16]。

【性味与归经】辛、苦，温。归脾、胃、肝经。

【功能与主治】燥湿健脾，祛风散寒，明目。用于脘腹胀满，泄泻，水肿，脚气痿躄，风湿痹痛，风寒感冒，夜盲。

【用法与用量】3～9g。

【药用标准】药典 1963—2015、浙江炮规 2015、新疆药品 1980 二册、香港药材四册和台湾 2013。

【临床参考】1. 暑湿感冒：根茎 6～12g，水煎服[1]。

2. 晚期肿瘤不全性肠梗阻：根茎 10g，加厚朴、陈皮、枳实、枳壳、麦冬、木香、枇杷叶、炒谷芽、炒麦芽、焦神曲、槟榔各 10g，生甘草、炮姜各 6g，地骷髅、生地、南沙参各 15g，茯苓皮 20g，生山楂 30g，浓煎至 200ml，每次口服 100ml，每日 2 次；联合芒硝 5g 打粉敷脐，每日换药 1 次；另西医对症治疗[2]。

【附注】《神农本草经》未区分苍术与白术，而统称为术，列为上品。《本草衍义》中正式出现苍术之名。云："苍术其长如大小指，肥实，皮色褐，气味辛烈。"《本草图经》云："术今处处有之，以嵩山、茅山者为佳。春生苗，青色无桠。茎作蒿杆状，青赤色，长三二尺以来，夏开花，紫碧色，亦似刺蓟花，或有黄白色者。入伏后结子，至秋而苗枯。根似姜而傍有细根，皮黑，心黄白色，中有膏液紫色。"《本草纲目》载："苍术，山蓟也。处处山中有之。苗高二三尺，其叶抱茎而生，梢间叶似棠梨叶，其脚下叶有三五叉，皆有锯齿小刺。根如老姜之状，苍黑色，肉白有油膏。"即为本种。

药材苍术阴虚内热、气虚多汗者禁服。

【化学参考文献】

[1] Long L P, Wang L S, Qi S Z, et al. New sesquiterpenoid glycoside from the rhizomes of *Atractylodes lancea* [J]. Nat Prod Res, 2019, DOI: 10. 1080/14786419. 2018. 1553170.

[2] Xu K, Feng Z M, Yang Y N, et al. Eight new eudesmane-and eremophilane-type sesquiterpenoids from *Atractylodes lancea*[J]. Fitoterapia, 2016, 114: 115-121.

[3] Xu K, Jiang J S, Feng Z M, et al. Bioactive sesquiterpenoid and polyacetylene glycosides from *Atractylodes lancea* [J]. J Nat Prod, 2016, 79 (6): 1567-1575.

[4] Meng H, Li G, Dai R, et al. Chemical constituents of *Atractylodes chinensis* (DC.) Koidz. [J]. Biochem Syst Ecol, 2010, 38 (6): 1220-1223.

[5] Kamauchi H, Kinoshita K, Takatori K, et al. New sesquiterpenoids isolated from *Atractylodes lancea* fermented by marine fungus [J]. Tetrahedron, 2015, 71 (13): 1909-1914.

[6] Wang H, Liu C, Liu Q, et al. Three types of sesquiterpenes from rhizomes of *Atractylodes lancea* [J]. Phytochemistry, 2008, 69 (10): 2088-2094.

[7] 汪六英，段金廒，钱士辉，等. 茅苍术化学成分的研究 [J]. 中草药，2007，38（4）：499-500.

[8] Resch M, Steigel A, Chen Z L, et al. 5-Lipoxygenase and cyclooxygenase-1 inhibitory active compounds from *Atractylodes lancea* [J]. J Nat Prod, 1998, 61: 347-350.

[9] Chau V M, Phan V K, Hoang T H, et al. Terpenoids and coumarin from *Atractylodes lancea* growing in Vietnam [J]. Tap Chi Hoa Hoc, 2004, 42 (4): 499-502.

[10] Kitajima J, Kamoshita A, Ishikawa T, et al. Glycosides of *Atractylodes lancea* [J]. Chem Pharm Bull, 2003, 51 (6): 673-678.

[11] Yahara S, Higashi T, Iwaki K, et al. Studies on the constituents of *Atractylodes lancea* [J]. Chem Pharm Bull, 1989, 37 (11): 2995-3000.

[12] Chen Y, Wu Y, Wang H, et al. A new 9-nor-atractylodin from *Atractylodes lancea* and the antibacterial activity of the atractylodin derivatives [J]. Fitoterapia, 2012, 83 (1): 199-203.

[13] Nakai Y, Sakakibara I, Hirakura K, et al. A new acetylenic compound from the rhizomes of *Atractylodes chinensis* and its absolute configuration [J]. Chem Pharm Bull, 2005, 53 (12): 1580-1581.

[14] Lehner M S, Steigel A, Bauer R. Diacetoxy-substituted polyacetylenes from *Atractylodes lancea* [J]. Phytochemistry, 1997, 46 (6): 1023-1028.

[15] Meng H, Li G Y, Dai R H, et al. Two new polyacetylenic compounds from *Atractylodes chinensis* (DC.) Koidz. [J]. J Asian Nat Prod Res, 2011, 13 (4): 346-349.

[16] Feng Z M, Xu K, Wang W, et al. Two new thiophene polyacetylene glycosides from *Atractylodes lancea* [J]. J Asian

Nat Prod Res，2018，20（6）：531-537.
[17] Resch M，Heilmann J，Steigel A，et al. Further phenols and polyacetylenes from the rhizomes of *Atractylodes lancea* and their anti-inflammatory activity [J]. Planta Med，2001，67（5）：437-442.
[18] Heilmann J，Resch M，Bauer R. Antioxidant activity of constituents from *Atractylodes lancea* [J]. Pharm Pharmacol Lett，1998，8（2）：69-71.
[19] 李霞，王金辉，孟大利，等. 麸炒北苍术的化学成分 [J]. 沈阳药科大学学报，2003，20（3）：173-175.
[20] 李霞，孟大利，李铣，等. 麸炒北苍术化学成分的研究 [J]. 中草药，2004，35（5）：500-501.
[21] Xu K，Yang Y N，Feng Z M，et al. Six new compounds from *Atractylodes lancea* and their hepatoprotective activities [J]. Bioorg Med Chem Lett，2016，26（21）：5187-5192.
[22] 梁大连，李霞，李铣. 中药苍术化学成分的研究 [J]. 药学研究，2002，21（5）：2-4.
[23] 李霞，王金辉，李铣，等. 北苍术化学成分的研究 I [J]. 沈阳药科大学学报，2002，19（3）：178-179.
[24] Tanaka K，Ina A. Structure elucidation of acylsucrose derivatives from *Atractylodes lanceae* Rhizome and *Atractylodes* Rhizome [J]. Nat Prod Commun，2009，4（8）：1095-1098.
[25] Duan J A，Wang L Y，Qian S H，et al. A new cytotoxic prenylated dihydrobenzofuran derivative and other chemical constituents from the rhizomes of *Atractylodes lancea* DC. [J]. Arch Pharm Res，2008，31（8）：965-969.
[26] 段国峰，欧阳臻，余伯阳，等. 茅苍术多糖的分离纯化及组成分析 [J]. 时珍国医国药，2007，18（4）：826-828.
[27] 许安安，李水清，涂济源，等. 苍术麸炒前后氯仿部位化学成分研究 [J]. 中药材，2015，38（1）：62-64.
[28] 吉力，敖平，潘炯光，等. 苍术挥发油的气相色谱-质谱联用分析 [J]. 中国中药杂志，2001，26（3）：182-185.
[29] 孟青，冯毅凡，郭晓玲，等. 苍术有效部位化学成分的研究 [J]. 中草药，2004，35（2）：140-141.

【药理参考文献】
[1] Nakai Y，Kido T，Hashimoto K，et al. Effect of the rhizomes of *Atractylodes lancea* and its constituents on the delay of gastric emptying [J]. Journal of Ethnopharmacology，2003，84（1）：51-55.
[2] 邓时贵，胡学军，李伟英.（茅）苍术挥发油主要化学成分的稳定性及其抗炎作用的初步比较 [J]. 辽宁中医杂志，2008，35（11）：1733-1734.
[3] 陈祥胜，陈海霞，孙雄杰，等. 苍术炒焦前后正丁醇部位对脾虚泄泻证大鼠的药效研究 [J]. 中国医院药学杂志，2018，38（3）：246-249.
[4] 刘芬，刘艳菊，田春漫. 苍术提取物对实验性脾虚证大鼠胃肠动力及免疫功能的影响 [J]. 吉林大学学报（医学版），2015，41（2）：255-259.
[5] 陈海霞. 苍术炒焦前后正丁醇部位对湿阻中焦证大鼠水盐代谢影响 [J]. 辽宁中医杂志，2018，45（11）：2390-2392.
[6] 唐裕芳，张妙玲，陶能国，等. 苍术挥发油的提取及其抑菌活性研究 [J]. 西北植物学报，2008，28（3）：588-594.
[7] 王金梅，康文艺. 苍术及其麸炒品挥发油化学成分及抑制 α-葡萄糖苷酶比较研究 [J]. 天然产物研究与开发，2012，24（6）：790-792.
[8] 高斌，白淑英，杜文斌，等. 苍术降血糖作用的实验研究 [J]. 中国中医药科技，1998，5（3）：162-162.
[9] 段国峰，欧阳臻，樊一桥，等. 茅苍术多糖防治小鼠高血糖的实验研究 [J]. 中华中医药学刊，2008，26（6）：1211-1212.
[10] 牛月华. 茅苍术多糖对Ⅱ型糖尿病大鼠的治疗作用及机制研究 [J]. 北华大学学报（自然科学版），2014，15（4）：476-479.
[11] 石书江，秦臻，孔松芝，等. 苍术抗流感病毒有效成分的筛选 [J]. 时珍国医国药，2012，23（3）：565-566.
[12] 于艳，贾天柱，才谦. 茅苍术及其麸炒品对胃溃疡大鼠抗炎作用的比较研究 [J]. 中国中药杂志，2016，41（4）：705-710.
[13] 钱丽华. 茅苍术水提物体外对大鼠实验性胃溃疡的影响 [J]. 抗感染药学，2016，13（2）：278-280.
[14] 刘菊燕，巢建国，谷巍，等. 茅苍术提取物含药血清对大鼠心肌细胞氧化损伤的保护作用[J]. 中成药，2015，37（7）：1585-1588.
[15] 王庆庆，欧阳臻，赵明，等. 茅苍术提取物对胃癌 BGC-823 和 SGC-7901 细胞增殖抑制作用研究 [J]. 中药新药与临床药理，2012，23（2）：154-156.
[16] 陈克克，强毅. 响应面法优化超声波辅助北苍术多酚提取工艺及其 DPPH 自由基清除能力研究[J]. 西北大学学报（自

然科学版），2018，48（1）：78-84.

【临床参考文献】
[1] 董艳，苟海平. 苍术治疗暑湿感冒[J]. 中国民间疗法，2016，24（8）：36.
[2] 张玉，潘宇，杨亚平，等. 平胃散及中药外敷治疗晚期肿瘤不全性肠梗阻的临床疗效[J]. 中国老年学杂志，2018，38（14）：3370-3372.

1009. 白术（图1009）• *Atractylodes macrocephala* Koidz.

图 1009　白术　　　　李华东等

【别名】山蓟、杨枹蓟、术、山芥、天蓟（江苏）。

【形态】多年生草本，高20～60cm。根茎结节状。茎直立，单生或具分枝。叶互生，革质，通常3～5羽状全裂，侧裂片1～2对，卵状披针形，基部不对称；顶裂片较大，倒长卵形、长椭圆形或椭圆形，长4～9cm，宽2～6cm；或大部分茎叶不裂，但总兼杂有3～5羽状全裂的叶；全部叶两面同色，无毛，边缘或裂片边缘有长或短针刺状缘毛或细刺齿；下部叶柄长3～6cm，向上渐短，基部较扁而抱茎。头状花序较大，顶生，长约3.5cm，基部苞片叶状，长3～5cm，针刺状羽状全裂；总苞宽钟状，直径3～4cm；总苞片9～10层，向内层渐长，卵形、披针形至条形，全部苞片顶端钝；小花长1.7cm，紫红色，多数；花冠管状，檐部5深裂。瘦果椭圆形，被白色柔毛；冠毛刚毛羽毛状，污白色，基部连合成环。花果期7～11月。

【生境与分布】生于山坡草地、林下或栽培。分布于华东各地，另湖南、湖北、四川、陕西、甘肃等地均有分布。

白术与苍术的区别点：白术叶片常3～5羽状全裂，头状花序较大，长约3.5cm。苍术中部叶片全缘或羽状浅裂，头状花序较小，长约2cm。

【药名与部位】白术,根茎。

【采集加工】冬季采挖,除去泥沙,烘干或晒干,除去须根。产于临安於潜地区者,称"於术",立冬前后采收,留茎秆3cm,除去须根,干燥,搓去糙皮。

【药材性状】为不规则的肥厚团块,长3～13cm,直径1.5～7cm。表面灰黄色或灰棕色,有瘤状突起及断续的纵皱和沟纹,并有须根痕,顶端有残留茎基和芽痕。质坚硬不易折断,断面不平坦,黄白色至淡棕色,有棕黄色的点状油室散在;烘干者断面角质样,色较深或有裂隙。气清香,味甘、微辛,嚼之略带黏性。

【质量要求】不油熟,不虫蛀,无须根。

【药材炮制】白术:除去杂质,洗净,润透,切厚片,干燥。麸炒白术:将蜜炙麸皮撒入热锅内,待冒烟时加入白术饮片,炒至黄棕色、逸出焦香气,取出,筛去蜜炙麸皮。土白术:取伏龙肝,置热锅中,翻动,待其滑利,投入白术饮片,炒至表面土黄色,折断面略显黄色时,取出,筛去伏龙肝,摊凉。於术:取原药,除去杂质,大小分档,洗净,润软,切厚片,干燥。麸炒於术:将蜜炙麸皮撒入热锅内,待冒烟时加入於术饮片,炒至表面黄棕色,切面棕黄色时,逸出焦香气,取出,筛去蜜炙麸皮。

【化学成分】根茎含倍半萜类:双白术内酯 II(biatractylenolide II)[1],13-羟基白术内酯 II(13-hydroxyl atractylenolide II)、4-酮基白术内酯 III(4-ketone-atractylenolide III)、桉叶-4(15)-烯-7β,11-二醇[eudesm-4(15)-en-7β,11-diol]、紫菀内酯(asterolide)、白术内酯 V(atractylenolide V)[2]、白术内酰胺(atractylenolactam)、8β-甲氧基白术内酯 I(8β-methoxyatractylenolide I)、白术内酯 I、II、III(atractylenolide I、II、III)、3β-乙酰氧基白术内酯 III(3β-acetoxy-atractylenolide III)、3β-乙酰氧基苍术酮(3β-acetoxyatractylone)[3],白术萜醇*A、B、C、D、E(atractylmacrol A、B、C、D、E)、桉叶烷-7(11)-烯-4-醇[eudesma-7(11)-en-4-ol]、桉叶烷-4(15),7(11)-二烯-8-酮[eudesma-4(15),7(11)-dien-8-one][4],白术醚*(atractylenother)、8-表白术内酯III(8-epiatractylenolide III)、4(R),15-环氧基-8β-羟基白术内酯 II[4(R),15-epoxy-8β-hydroxyatractylenolide II]、白术内酯 IV(atractylenolide IV)[5]、异白术内酯 I(isoatractylenolide I)、3β-乙酰氧基白术内酯 I(3β-acetoxyl atractylenolide I)、双表紫菀内酯(biepiasterolide)[6]、苍术酮(atractylone)[7]、白术内酯 VI、VII(atractylenolide VI、VII)、双白术内酯(biatractylolide)[8]、杜松脑(juniper camphor)[9]、白术内酯 A(beishulenolide A)、过氧白术内酯 III(peroxiatractylenolide III)[10],4R,15-环氧基白术内酯 II(4R,15-epoxyl atractylenolide II)和 8β,9α-二羟基白术内酯 II(8β,9α-dihydroxyl atractylenolide II)[11];烯炔类:12α-甲基丁酰基-14-乙酰基-2E,8Z,10E-白术三醇(12α-methylbutyryl-14-acetyl-2E,8Z,10E-atractylentriol)、12-α-甲基丁酰基-14-乙酰基-2E,8E,10E-白术三醇(12-α-methylbutyryl-14-acetyl-2E,8E,10E-atractylentriol)、14-α-甲基丁酰基-2E,8Z,10E-白术三醇(14-α-methylbutyryl-2E,8Z,10E-atractylentriol)、14-α-甲基丁酰基-2E,8E,10E-白术三醇(14-α-methyl butyryl-2E,8E,10E-atractylentriol)[12],(4E,6E,12E)-十四碳-4,6,12-三烯-8,10-二炔-13,14-二醇[(4E,6E,12E)-tetradeca-4,6,12-trien-8,10-diyn-13,14-diol]、(3S,4E,6E,12E)-1-乙酰氧基十四碳-4,6,12-三烯-8,10-二炔-3,14-二醇[(3S,4E,6E,12E)-1-acetoxytetradeca-4,6,12-trien-8,10-diyn-3,14-diol][6],14-乙酰氧基-12-千里酰氧基十四碳-2E,8E,10E-三烯-4,6-二炔-1-醇(14-acetoxy-12-senecioyloxytetradeca-2E,8E,10E-trien-4,6-diyne-1-ol)、14-乙酰氧基-12-α-甲基丁基-2E,8E,10E-三烯-4,6-二炔-1-醇(14-acetoxy-12-α-methylbutyl-2E,8E,10E-trien-4,6-diyn-1-ol)、14-乙酰氧基-12-β-甲基丁基-2E,8E,10E-三烯-4,6-二炔-1-醇(14-acetoxy-12-β-methylbutyl-2E,8E,10E-trien-4,6-diyn-1-ol)[13],14-乙酰氧基-12-α-甲基丁酰基-2E,8E,10E-三烯-4,6-二炔-1-醇(14-acetoxy-12-α-methylbutyl-2E,8E,10E-trien-4,6-diyn-1-ol)[14],14-乙酰氧基-12-千里酰氧基十四碳-2E,8Z,10E-三烯-4,6-二炔-1-醇(14-acetoxy-12-senecioyloxytetradeca-2E,8Z,10E-trien-4,6-diyn-1-ol)、14-乙酰氧基-12-α-甲基丁基十四碳-2E,8Z,10E-三烯-4,6-二炔-1-醇(14-acetoxy-12-α-methylbutyryltetradeca-2E,8Z,10E-trien-4,6-diyn-1-ol)、14-乙酰氧基-12-α-甲基丁基十四碳-2E,8E,10E-三烯-4,6-二炔-1-醇(14-acetoxy-12-α-methylbutyryltetradeca-

2E,8E,10E-trien-4,6-diyn-1-ol)、14-乙酰氧基-12-β-甲基丁基十四碳-2E,8E,10E-三烯-4,6-二炔-1-醇（14-acetoxy-12-β-methylbutyryltetradeca-2E,8E,10E-trien-4,6-diyn-1-ol）、14-α-甲基丁基十四碳-2E,8E,10E-三烯-4,6-二炔-1-醇（14-α-methylbutyryltetradeca-2E,8E,10E-trien-4,6-diyn-1-ol）、14-β-甲基丁基十四碳-2E,8E,10E-三烯-4,6-二炔-1-醇（14-β-methylbutyryltetradeca-2E,8E,10E-trien-4,6-diyn-1-ol）、12-千里酰氧基十四碳-2E,8E,10E-三烯-4,6-二炔-1-醇（12-senecioyloxytetradeca-2E,8E,10E-trien-4,6-diyn-1-ol）、白术炔素*A、B、C、D、E、F、G（atractylodemayne A、B、C、D、E、F、G）[15]和（4E,6E,12E)-十四碳-4,6,12-三烯-8,10-二炔-1,3,14-三醇[（4E,6E,12E)-tetradeca-4,6,12-trien-8,10-diyn-1,3,14-triol][16]；甾体类：β-谷甾醇（β-sitosterol）、β-谷甾醇-3-葡萄糖苷（β-sitosterol-3-glucoside）[3]，γ-菠甾醇（γ-spinasterol）[7]和γ-谷甾醇（γ-sitosterol）[9]；香豆素类：莨菪亭（scopoletin）[3]；三萜类：蒲公英赛醇乙酸酯（taraxasteryl acetate）和β-香树脂醇乙酸酯（β-amyrin acetate）[7,9]；核苷类：尿苷（uridine）[7]；苯丙素类：阿魏酸（ferulic acid）、2-羟基阿魏酸（2-hydroxyferulic acid）、Z-咖啡酸甲酯（methyl Z-caffeate）和Z-5-羟基阿魏酸（Z-5-hydroxyferulic acid）[2]；脂肪酸类：棕榈酸（palmitic acid）[9]；醛类：蓟醛（cirsiumaldehyde）和5-羟甲基-2-呋喃甲醛（5-hydroxymethyl-2-furancarboxaldehyde）[16]；挥发油类：2,3,4,5,7,7-六甲基-1,3,5-环庚三烯（2,3,4,5,7,7-hexamethyl-1,3,5-cycloheptantriene）、4-（2,6,6-三甲基-1-环己烯）-3-丁烯-1-酮[4-（2,6,6-trimethyl-1-cyclohexene)-3-butene-1-one]、5-吡啶基-3-氨基-3,5-氮杂环己二烯酮（5-pyridyl-3-amino-3,5-azacyclohexanedione）、6,6-二甲基-3-亚甲基双环[3.1.1]庚烷{6,6-dimethyl-3-methylene dicyclo-[3.1.1] heptane}、顺式-8-异丙基二环[4.3.0]菲-3-烯{cis-8-isopropyl dicyclo [4.3.0] phenanthrene-3-ene}、6,7-二甲基-1,2,3,5,8,8a-六氢萘（6,7-dimethyl-1,2,3,5,8,8a-hexahydronaphthalene）和2,7-二甲基-5-（1-甲基乙基）-1,8-壬二烯[2,7-dimethyl-5-（1-methylethyl）-1,8-nonadiene]等[17]，γ-榄香烯（γ-elemene）[18,19]和呋喃二烯（furanodiene）[19]；氨基酸类：谷氨酸（glutamic acid）[20]；多糖类：白术多糖-1、白术多糖-2（AM-1、AM-2）[21]，白术多糖-3（AM-3）[22]和白术根基多糖60、70、80、tp（RAMP60、RAMP70、RAMP80、RAMPtp）[23]。

地上部分含黄酮类：芹菜素（apigenin）、木犀草素（luteolin）、5,7,4'-三羟基-3',5'-二甲氧基黄酮（5,7,4'-trihydroxy-3',5'-dimethoxyflavone）[24]，7-甲氧基松属素-7-O-β-D-吡喃葡萄糖苷（7-methoxy-pinocembrin-7-O-β-D-glucopyranoside）、芹菜素-8-C-β-D-吡喃葡萄糖苷（apigenin-8-C-β-D-glucopyranoside）、4'-咖啡酰基-木犀草素-6-吡喃葡萄糖苷（4'-caffeoyl-luteolin-6-glucopyranoside）、木犀草素-6-C-β-D-吡喃葡萄糖苷（luteloin-6-C-β-D-glucopyranoside）和芹菜素-6-C-β-D-吡喃葡萄糖苷（apigenin-6-C-β-D-glucopyranoside）[25]；苯丙素类：3-（4-羟苯基）丙烯酸乙酯[ethyl 3-（4-hydroxyphenyl）acrylate]、3,4-二羟基肉桂酸乙酯（ethyl 3,4-dihydroxycinnamate）[24]，3-阿魏酰奎宁酸（3-feruloylquinic acid）、4,5-二氧咖啡酰奎宁酸（4,5-di-O-caffeoylquinic acid）、3,5-二氧咖啡酰奎宁酸（3,5-di-O-caffeoylquinic acid）[25]，阿魏酸（ferulic acid）[25,26]，咖啡酸（caffeic acid）、紫丁香苷（syringin）和对甲氧基肉桂酸（p-methoxycinnamic acid）[26]；香豆素类：7-羟基香豆素（7-hydroxycoumarin）[24]和东莨菪内酯（scopoletin）[26]；醌类：2,6-二甲氧基醌（2,6-dimethoxyquinone）[24]；酚及其苷类：2,6-二甲氧基苯酚（2,6-dimethoxyphenol）和白藓苷A（dictamnoside A）[26]；酚酸类：原儿茶酸（protocatechuic acid）[26]；酮类：3-羟基-1-（4-羟基-3-甲氧基苯）丙烷-1-酮[3-hydroxy-1-（4-hydroxy-3-methoxyphenyl）propan-1-one]和2-[（2E)-3,7-二甲基-2,6-辛二烯基]-6-甲基-2,5-环己二烯-1,4-二酮{2-[（2E)-3,7-dimethyl-2,6-octadienyl]-6-methyl-2,5-cyclohexadiene-1,4-dione}[26]；多元醇类：甘露醇（mannitol）[26]；三萜类：羽扇豆醇（lupeol）[24]；倍半萜类：白术内酯Ⅰ、Ⅱ、Ⅲ（atractylenolide Ⅰ、Ⅱ、Ⅲ）[26]。

枝条含倍半萜类：双苍术烯内酯（biatractylolide）[27]。

全草含倍半萜类：双苍术烯内酯（biatractylolide）、4,15-环氧羟基白术内酯（4,15-epoxyhydroxy-atractylenolide）和白术内酯（atractylenolide）[28]；糖类：白术多糖（AMP）[29]。

【药理作用】1.调节免疫 从根茎提取的硒（Se）及多糖可降低热应激所致的免疫低下模型鸡肿瘤

坏死因子 -α（TNF-α）、白细胞介素 -4（IL-4）、HSP27、HSP70 和丙二醛（MDA）的含量，升高脾脏中 γ 干扰素（IFN-γ）、白细胞介素 -2（IL-2）、谷胱甘肽过氧化物酶（GSH-Px）及超氧化物歧化酶（SOD）含量[1]；根茎中提取的蛋白质及多糖可提高胸膜肺炎放线杆菌所致的猪传染性胸膜肺炎小鼠存活率，增强 ApxIIA#3 抗原特异性淋巴细胞增殖，其中糖蛋白为免疫调节的有效成分[2]；根茎的水浸液可显著增加小鼠抗体产生能力、淋巴细胞转化率、巨噬细胞吞噬功能[3]；根茎水提取液可显著增强小鼠骨髓细胞增殖反应和白细胞介素 -1（IL-1）的产生[4]；从根茎提取的白术多糖可增强 Kupffer 细胞对中性红的吞噬作用，增加胞内酸性磷酸酶含量及一氧化氮（NO）和肿瘤坏死因子 -α 的产生[5]；白术多糖能刺激机体产生特异性 IgG 类抗体，也能在一定程度上激发非特异性 IgG 类抗体产生[6]。**2. 抗炎镇痛** 根茎的超临界二氧化碳提取物可抑制乙酸所致的小鼠毛细血管通透性提高，减轻角叉菜所致的小鼠足肿胀，抑制棉球肉芽肿[7]；根茎醇提取物可显著提高小鼠的热板痛阈值，减少腹腔注射乙酸引起的小鼠扭体反应次数，可显著抑制小鼠耳廓肿胀度，显著抑制大鼠足跖肿胀[8]；根茎醇提取物可抑制弗氏完全佐剂所致的佐剂性关节炎模型大鼠的原发性足跖肿胀度，对继发性的足跖肿胀也有一定程度的抑制作用，且呈剂量依赖性，能明显抑制模型大鼠血清和炎性组织中的肿瘤坏死因子 -α、白细胞介素 -1β（IL-1β）和前列腺素 E_2（PGE_2）的含量[9]；根茎的水提取物可降低脂多糖（LPS）诱导的小鼠肠上皮 IEC-6 细胞环氧合酶 -2 及肿瘤坏死因子 -αmRNA 含量，提高血红素加氧酶 -1（HO-1）含量，抑制硫酸葡聚糖钠（DSS）诱导的急性结肠炎模型小鼠细胞外信号调节激酶活性，抑制肿瘤坏死因子 -κB 及信号转导和转录激活因子 3（STAT3）的活性，抑制巨噬细胞和 T 淋巴细胞浸润[10]；从根茎提取的白术多糖可显著降低大脑中动脉线栓/再灌注模型大鼠的细胞间黏附分子 -1（ICAM-1）阳性血管数及髓过氧化物酶（MPO）活性[11]。**3. 抗肿瘤** 根茎的乙醇提取物中分离得到的白术内酯 I（atractylenolide I）可诱导人慢性成髓白血病 K562 细胞、急性髓细胞性白血病 U937 细胞及淋巴瘤 Jurkat T 细胞凋亡，上调 CD14 和 CD68 表面标志物，增加吞噬细胞凋亡能力从而诱导细胞分化，激活半胱氨酸天冬氨酸蛋白酶 -3（caspase-3）和半胱氨酸天冬氨酸蛋白酶 -9（caspase-9）[12]；根茎中提取分离得到的白术内酯 I 体外可显著降低人肺癌 A549 细胞、R 人肺癌 HCC827 细胞的存活率，升高半胱氨酸天冬氨酸蛋白酶 -3、半胱氨酸天冬氨酸蛋白酶 -9 和 Bax 蛋白含量，降低 Bcl-2 及 Bcl-xL 的表达，在移植瘤裸鼠中抑制肿瘤生长（A549），同时上调半胱氨酸天冬氨酸蛋白酶 -3、半胱氨酸天冬氨酸蛋白酶 -9 和 Bax 表达，并下调 Bcl-2 和 Bcl-xL 表达[13]；根茎水提取液可降低荷瘤小鼠肿瘤细胞活性，促进荷瘤鼠细胞产生白细胞介素 -2[14]。**4. 预防肥胖** 根茎提取物可在不改变食物摄入量的情况下降低高脂肪饮食所致的的肥胖模型小鼠体重、肝脏脂质水平和血清总胆固醇水平，提高空腹血糖、血清胰岛素水平，改善葡萄糖耐受不良，增加过氧化物酶体增殖物激活受体 γ 辅激活子 1α（PGC1α）的表达及骨骼肌组织中腺苷一磷酸蛋白激酶（AMPK）的磷酸化，此外还可增加小鼠棕色脂肪组织中棕色脂肪细胞的数量和 PGC1α 及解偶联蛋白 1（UCP1）的表达[15]。**5. 抗氧化** 根茎中提取的总酚及总黄酮可清除羟自由基（•OH）、超氧阴离子自由基（O_2^-•）、1,1-二苯基 -2-三硝基苯肼（DPPH）自由基、2,2'-联氮-二（3-乙基-苯并噻唑 -6-磺酸）二铵盐（ABTS）自由基及较强的亚铁离子和铜离子的还原作用[16]。**6. 调节肠平滑肌** 根茎水提取物可显著增强小肠平滑肌收缩幅度、收缩频率，显著延长小肠平滑肌在缺氧情况下的收缩时间[17]。**7. 健脾** 根茎水提取液可增加饮食不节结合劳倦过度法所致的脾虚模型大鼠尿量和尿中 D-木糖排出量，显著升高粪便含水量以及血清总蛋白（TP）、白蛋白（ALB）、高密度脂蛋白（HDL）含量，降低总胆固醇（TC）、低密度脂蛋白（LDL）和水通道蛋白 1 含量，显著减轻腹腔水负荷生理盐水所致的脾虚水湿内停模型大鼠体重，增加尿量[18]。**8. 损伤修复** 根茎中提取的多糖可显著提高过氧化氢（H_2O_2）所致的小肠上皮细胞损伤细胞活性[19]。**9. 保护神经** 从根茎提取的白术多糖可减轻局灶性脑缺血再灌注模型大鼠神经功能缺损，减少神经元损伤数量，显著提高水分、钠离子（Na^+）及钾离子（K^+）含量[20]，显著减少脑缺血区组织中水分及丙二醛（MDA）含量，显著提高超氧化物歧化酶活性[21]。**10. 抗溃疡** 从根茎提取的白术多糖显著降低递增负荷跑台运动所致的应激性溃疡模型大鼠胃溃疡指数，显著提高胃组织超氧化物歧化酶含量，显著降低丙二醛含量，增加 Bcl-2 蛋白表达，减少 Bax 蛋白表达[22]；

从根茎提取的白术多糖可增加细胞[Ca^{2+}]$_{cyt}$，促进细胞迁移，提高E-钙黏着蛋白表达，逆转多胺合成抑制剂α-二氟甲基鸟氨酸（DFMO）所致的[Ca^{2+}]$_{cyt}$降低、细胞迁移抑制和E-钙黏着蛋白表达减少[23]。
11. 抗衰老　从根茎提取的白术多糖可显著缩短D-半乳糖所致的衰老模型小鼠Morris水迷宫的逃逸潜伏期，缩短游泳路程，降低血清及脑组织中的丙二醛、脂褐素含量及单胺氧化酶的活性，升高血清中谷胱甘肽过氧化物酶、过氧化氢酶活性及总抗氧化能力，显著提高脑组织中的超氧化物歧化酶活性及总抗氧化能力[24]。12. 提高记忆　从根茎提取的白术多糖及白术水提取物可显著提高小鼠学习记忆力、分辨学习能力，显著提高小鼠脑及肝的超氧化物歧化酶活性，显著降低脑及肝的丙二醛含量，显著降低脑中脂褐素含量[25]；白术水提取物可显著缩短双侧颈总动脉永久阻断法所致的血管性痴呆模型大鼠逃避潜伏期，显著延长在原平台象限停留时间，显著增加皮层超氧化物歧化酶含量[26]。13. 护肝　从根茎提取的白术多糖肝可升高肝脏缺血再灌注损伤模型大鼠术后各时段一氧化氮（NO）含量，降低内皮素（EI）含量，扭转模型大鼠肝细胞肿胀、变性坏死、肝血窦变窄、淤血及炎性细胞浸润，模型大鼠肝细胞线粒体细胞核皱缩变形、染色质粗糙、核仁浓缩甚至裂解、部分膜破裂、线粒体嵴疏松溶解等症状明显好转[27]。14. 调节糖脂代谢　从根茎提取的挥发油可显著降低高脂、高糖、高盐饮食法所致的代谢综合征模型大鼠血清中空腹血糖（FBG）、空腹胰岛素、甘油三酯（TG）、总胆固醇（TC）和低密度脂蛋白胆固醇（LDL-C）含量，提高胰岛素敏感性和高密度脂蛋白胆固醇（HDL-C）含量[28]。15. 抗菌　从根茎提取的挥发油对鲍曼不动杆菌、金黄色葡萄球菌和草绿色链球菌的生长具有显著的抑制作用[29]。16. 降血脂　根茎水提取物及乙醇提取物可显著降低高脂饲料所致的高血脂模型大鼠体重、总胆固醇、甘油三酯含量及动脉硬化指数（AI），升高血清中高密度脂蛋白胆固醇（HDLC）含量，拮抗谷丙转氨酶（ALT）和天冬氨酸氨基转移酶含量的升高[30]。17. 止汗　根茎水提取液可显著降低静态及运动后小鼠汗粒数[31]。18. 改善便秘　根茎水提取液可显著降低大黄酸粉悬液灌胃法所致的慢传输型便秘模型大鼠胃残留率，增加黑色碳末推进率，可增加c-kit阳性细胞的面积[32]。

【性味与归经】苦、甘，温。归脾、胃经。

【功能与主治】健脾益气，燥湿利水，止汗，安胎。用于脾虚食少，腹胀泄泻，痰饮眩悸，水肿，自汗，胎动不安。

【用法与用量】6～12g。

【药用标准】药典1963—2015、浙江炮规2015、新疆药品1980二册、香港药材三册和台湾2013。

【临床参考】1. 气虚便秘：根茎40g，加生黄芪15g、太子参12g、炒枳壳10g、炙升麻6g，水煎服，若腹胀不舒，用热水袋温熨，或平卧以手按摩腹部，停服一切泻下通便药物，忌食生冷肥腻[1]。

2. 乳腺癌骨转移：根茎6g，加炮附子10g、生姜4.5g、大枣6枚，胃脘胀者加厚朴、陈皮、九香虫各9g；夜寐不安者加酸枣仁、磁石、珍珠母各12g；骨痛明显者加延胡索、五灵脂、僵蚕各9g；心烦易怒者加当归、知母、黄柏各12g。水煎，分2次服，每次200ml，每日1剂[2]。

3. 急性肾损伤：根茎15g，加白芍、生姜、茯苓各15g、大枣4枚、炙甘草10g，加水600ml，煎至120ml，分3次服，每日1剂，联合西药常规治疗[3]。

4. 慢性功能性腹泻：根茎15g，加生晒参、山药、莲子肉各30g，苍术、砂仁、干姜、藿香、车前子、广木香、陈皮炭各15g，炒扁豆、薏苡仁各25g，炙甘草6g，泻下滑脱不止者加诃子10g、乌梅6g；胸胁胀满、嗳气，每遇恼怒、情志不遂而腹泻者加柴胡12g、枳壳、防风各10g；五更泻症状明显者加补骨脂20g，肉豆蔻、吴茱萸各10g。水煎，早晚分服，每日1剂[4]。

5. 高血压：根茎15g，加半夏15g、天麻20g、陈皮10g，川牛膝、怀牛膝、炒白术、茯苓、葛根各30g，生甘草6g，生姜3片，大枣（切开）5枚，水煎服，每日1剂[5]。

6. 慢性肠炎：根茎9g，加山药、白扁豆各9g、生甘草6g，水煎服。

7. 胎动不安：根茎9g，加当归、黄芩、白芍各9g，水煎服。

8. 耳源性眩晕：根茎30g，加党参15g、茯苓12g、泽泻18g、牛膝9g，水煎服。

9. 白带：根茎18g，加淮山药18g、黄柏6g、泽泻12g，水煎服。（6方至9方引自《浙江药用植物志》）

【附注】《神农本草经》未区分苍术与白术，而统称为术，列为上品。《本草经集注》云："术乃有两种，白术叶大有毛而作桠，根甜而少膏，可作丸散用。"《本草图经》云："今白术生杭、越、舒、宣州高山岗上……凡古方云术者，乃白术也。"《本草纲目》云："白术，桴蓟也，吴越有之。人多取其根栽莳，一年即稠。嫩苗可茹，叶稍大而有毛。根如指大，状如鼓槌，亦有大如拳者。"明万历《杭州府志》载："白术以产于潜者佳，称于术。"《本草纲目拾遗》载："吾杭西北山近留下小和山一带地方，及南高峰翁家山等处皆产野术，气味香甜，生啖一二枚，终日不饥。生津溢齿，解渴醒脾，功力最捷。切开见朱砂点，肤理腻细，而白如雪色，名曰玉术，又呼雪术。亦不易得，入药功效与于术等。较他产野术尤力倍也。"可见浙江产于术，自明朝开始就有记载，认为于术与白术同为本种。

药材白术阴虚内热，津液亏耗者慎服。

【化学参考文献】

[1] Li Y Z, Dai M, Peng D Y. New bisesquiterpenoid lactone from the wild rhizome of *Atractylodes macrocephala* Koidz grown in Qimen [J]. Nat Prod Res, 2017, 31（20）: 2381-2386.

[2] Hoang L S, Tran M H, Lee J S, et al. Inflammatory inhibitory activity of sesquiterpenoids from *Atractylodes macrocephala* rhizomes [J]. Chem Pharm Bull, 2016, 64（5）: 507-511.

[3] Chen Z L, Cao W Y, Zhou G X, et al. A sesquiterpene lactam from *Artractylodes macrocephala* [J]. Phytochemistry, 1997, 45（4）: 765-767.

[4] Wang S Y, Ding L F, Su J, et al. Atractylmacrols A-E, sesquiterpenes from the rhizomes of *Atractylodes macrocephala* [J]. Phytochemistry Lett, 2018, 23: 127-131.

[5] Li Y, Yang X W. New eudesmane-type sesquiterpenoids from the processed rhizomes of *Atractylodes macrocephala* [J]. J Asian Nat Prod Res, 2014, 16（2）: 123-128.

[6] Zhang N, Liu C, Sun T M, et al. Two new compounds from *Atractylodes macrocephala* with neuroprotective activity [J]. J Asian Nat Prod Res, 2017, 19（1）: 35-41.

[7] 李伟，文红梅，崔小兵，等. 白术的化学成分研究 [J]. 中草药, 2007, 38（10）: 1460-1462.

[8] Ding H Y, Liu M Y, Chang W L, et al. New sesquiterpenoids from the rhizomes of *Atractylodes macrocephala* [J]. Chin Pharm J（Taipei, Taiwan）, 2005, 57（1）: 37-42.

[9] 黄宝山，孙建枢，陈仲良. 白术内酯Ⅳ的分离鉴定 [J]. 植物学报, 1992, 34（8）: 614-617.

[10] Zhang Q F, Luo S D, Wang H Y. Two new sesquiterpenes from *Atractylodes macrocephala* [J]. Chin Chem Lett, 1998, 9（12）: 1097-1100.

[11] 李滢，杨秀伟. 生白术化学成分研究 [J]. 中国现代中药, 2018, 20（4）: 382-386.

[12] 陈仲良. 中药白术的化学成分——Ⅱ. 白术三醇的α-甲基丁酰衍生物 [J]. 化学学报, 1989, 47（10）: 1022-1024.

[13] Dong H, He L, Huang M, et al. Anti-inflammatory components isolated from *Atractylodes macrocephala* Koidz [J]. Nat Prod Res, 2008, 22（16）: 1418-1427.

[14] 董海燕，董亚琳，贺浪冲，等. 白术抗炎活性成分的研究 [J]. 中国药学杂志, 2007, 42（14）: 1055-1058.

[15] Yao C M, Yang X W. Bioactivity-guided isolation of polyacetylenes with inhibitory activity against NO production in LPS-activated RAW264.7 macrophages from the rhizomes of *Atractylodes macrocephala* [J]. J Ethnopharmacol, 2014, 151（2）: 791-799.

[16] 刘超，窦德强. 于潜白术的化学成分研究 [J]. 中华中医药学刊, 2014, 32（7）: 1615-1617.

[17] 邱琴，崔兆杰，刘廷礼，等. 白术挥发油化学成分的GC-MS研究 [J]. 中草药, 2002, 33（11）: 980-981, 1001.

[18] 张强，李章万. 白术挥发油成分的分析 [J]. 华西药学杂志, 1997, 12（2）: 119-120.

[19] 吴素香，吕圭源，李万里，等. 白术超临界CO_2萃取工艺及萃取物的化学成分研究 [J]. 中成药, 2005, 27（8）: 885-887.

[20] 李昉，王志奇，袁瑾，等. 野生植物灰叶堇菜、白术中氨基酸含量分析 [J]. 氨基酸和生物资源, 2004, 26（2）: 77-78.

[21] 池玉梅，李伟，文红梅，等. 白术多糖的分离纯化和化学结构研究 [J]. 中药材, 2001, 24（9）: 647-648.

[22] 顾玉诚, 任丽娟, 张岚, 等. 中药白术免疫活性成分多糖的研究[J]. 中国药学杂志, 1993, 28（5）: 275-277.

[23] Xu W, Guan R, Shi F, et al. Structural analysis and immunomodulatory effect of polysaccharide from *Atractylodis macrocephalae* Koidz. on bovine lymphocytes[J]. Carbohydrate Polymers, 2017, 174: 1213-1223.

[24] Peng W, Han T, Wang Y, et al. Chemical constituents of the aerial part of *Atractylodes macrocephala*[J]. Chem Nat Compd, 2011, 46（6）: 959-960.

[25] Han J H, Kim J H, Kim S G, et al. Anti-oxidative compounds from the aerial parts of *Atractylodes macrocephala* Koidzumi[J]. Yakhak Hoechi, 2007, 51（2）: 88-95.

[26] 彭伟, 韩婷, 刘青春, 等. 白术地上部分化学成分研究[J]. 中国中药杂志, 2011, 36（5）: 578-581.

[27] Lin Y C, Jin T, Wu X Y, et al. A novel bisesquiterpenoid, biatractylolide, from the Chinese herbal plant *Atractylodes macrocephala*[J]. J Nat Prod, 1997, 60: 27-28.

[28] 林永成, 金涛, 袁至美, 等. 中药白术中一种新的双倍半萜内脂[J]. 中山大学学报（自然科学版）, 1996, 35（2）: 75-76.

[29] 梁中焕, 郭志欣, 张丽萍. 白术水溶性多糖的结构特征[J]. 分子科学学报, 2007, 23（3）: 185-188.

【药理参考文献】

[1] Xu D, Li W, Huang Y, et al. The effect of selenium and polysaccharide of *Atractylodes macrocephala* Koidz（PAMK）on immune response in chicken spleen under heat stress[J]. Biological Trace Element Research, 2014, 160（2）: 232-237.

[2] Kim K A, Son Y O, Kim S S, et al. Glycoproteins isolated from *Atractylodes macrocephala* Koidz improve protective immune response induction in a mouse model[J]. Food Science and Biotechnology, 2018, 27（6）: 1823–1831.

[3] 常云亭, 孙吉兰, 邱世翠, 等. 白术对小白鼠免疫功能的影响[J]. 滨州医学院学报, 2003, 26（5）: 350-351.

[4] 邱世翠, 李彩玉, 邸大琳, 等. 白术对小鼠骨髓细胞增殖和IL-1的影响[J]. 滨州医学院学报, 2001, 24（5）: 421-422.

[5] 焦艳, 唐娜, 王嫦鹤. 白术多糖对小鼠Kupffer细胞免疫功能的激活作用[J]. 西北药学杂志, 2013, 28（6）: 607-610.

[6] 孙文平, 李发胜, 陈晨, 等. 白术多糖对小鼠免疫功能调节的研究[J]. 中国微生态学杂志, 2011, 23（10）: 881-886.

[7] Li C Q, He L C, Dong H Y, et al. Screening for the anti-inflammatory activity of fractions and compounds from *Atractylodes macrocephala* Koidz[J]. Journal of Ethnopharmacology, 2007, 114（2）: 212-217.

[8] 赵桂芝, 浦锦宝, 周洁, 等. 白术醇提物的抗炎镇痛活性研究[J]. 中国现代应用药学, 2016, 33（12）: 19-24.

[9] 赵桂芝, 徐攀, 浦锦宝, 等. 白术醇提物对佐剂性关节炎大鼠足跖肿胀度和炎性细胞因子的影响[J]. 浙江中医药大学学报, 2017, 41（1）: 32-37.

[10] Han K H, Park J M, Jeong M. Heme oxygenase-1 induction and anti-inflammatory actions of *Atractylodes macrocephala* and *Taraxacum herba* extracts prevented colitis and was more effective than sulfasalazine in preventing relapse[J]. Gut & Liver, 2017, 11（5）: 655-666.

[11] 王光伟, 丰昀, 刘永乐, 等. 白术多糖对大鼠脑缺血再灌注期炎症反应的影响[J]. 食品科学, 2009, 30（9）: 216-218.

[12] Huang H L, Lin T W, Huang Y L, et al. Induction of apoptosis and differentiation by atractylenolide-1 isolated from *Atractylodes macrocephala* in human leukemia cells[J]. Bioorganic & Medicinal Chemistry Letters, 2016, 26（8）: 1905-1909.

[13] Liu H Y, Zhu Y J, Zhang T, et al. Anti-tumor effects of atractylenolide I isolated from *Atractylodes macrocephala* in human lung carcinoma cell lines[J]. Molecules, 2013, 18（11）: 13357-13368.

[14] 姚淑娟, 刘伯阳, 孙艳. 白术对荷瘤鼠NK和IL-2活性的影响[J]. 医学研究杂志, 2005, 34（12）: 52-52.

[15] Song M Y, Lim S K, Wang J H, et al. The root of *Atractylodes macrocephala* Koidzumi prevents obesity and glucose intolerance and increases energy metabolism in mice[J]. International Journal of Molecular Sciences, 2018, 19（1）: 278.

[16] Li X C, Lin J, Han W J, et al. Antioxidant ability and mechanism of rhizoma *Atractylodes macrocephala*[J]. Molecules, 2012, 17（11）: 13457-13472.

[17] 吴翰桂, 马勇军, 马国芳, 等. 白术对小鼠小肠平滑肌活动的影响[J]. 台州学院学报, 2004, 26（6）: 48-50.

[18] 白珺, 李斌, 冉小库, 等. 白术对脾虚动物利水作用研究[J]. 辽宁中医药大学学报, 2016, 18（9）: 28-32.

[19] 王一寓. 白术多糖对过氧化氢致IEC-6细胞损伤的保护作用研究[J]. 内蒙古中医药第2018, 37（9）: 98-99.

[20] 王光伟, 丰昀, 刘永乐, 等. 白术多糖对局灶性脑缺血再灌注大鼠的神经保护作用[J]. 食品科学, 2009, 30（15）:

[21] 王光伟，丰昀，刘永乐，等．白术多糖对局灶性脑缺血再灌注老年大鼠脑水肿的影响［J］．食品科学，2009，30（17）：302-304．
[22] 曹艳霞，白光斌．白术多糖对运动应激性溃疡大鼠抗氧化作用和胃黏膜 Bcl-2、Bax 表达影响的实验研究［J］．西北大学学报（自然科学版），2016，46（4）：553-557．
[23] 伍婷婷，李茹柳，曾丹，等．白术多糖调控钙离子以促进细胞迁移及 E-钙黏蛋白表达的研究［J］．中药新药与临床药理，2017，28（2）：6-11．
[24] 石娜，苏洁，杨正标，等．白术多糖对 D-半乳糖致衰老模型小鼠的抗氧化作用［J］．中国新药杂志，2014，23（5）：577-581．
[25] 徐丽珊，金晓玲，邵邻相．白术及白术多糖对小鼠学习记忆和抗氧化作用的影响［J］．科技通报，2003，19（6）：513-515．
[26] 嵇志红．白术水提物对血管性痴呆大鼠学习记忆及皮层 SOD、MDA 含量的影响［J］．大连大学学报，2017，38（6）：74-76．
[27] 张杰，刘歆农，张培建，等．白术多糖预处理对大鼠肝脏缺血再灌注损伤的实验研究［J］．中国现代普通外科进展，2013，16（6）：421-425．
[28] 苏祖清，曾科学，孙朝跃，等．白术挥发油对代谢综合征大鼠糖脂代谢的影响［J］．亚太传统医药，2018，14（10）：4-7．
[29] 张雪青，邵邻相，吴文才，等．白术挥发油抑菌及抗肿瘤作用研究［J］．浙江师范大学学报（自然科学版），2016，39（4）：436-442．
[30] 姜淋洁，付涛，卢锟刚，等．白术提取物对大鼠预防性调血脂及保肝作用的实验研究［J］．数理医药学杂志，2011，24（4）：398-401．
[31] 陈静，冉小库，孙云超，等．白术止汗作用药效物质研究［J］．辽宁中医药大学学报，2016，18（9）：22-24．
[32] 孟萍，尹建康，高晓静，等．白术对慢传输型便秘大鼠结肠组织 Cajal 间质细胞的影响［J］．中医研究，2012，25（9）：58-60．

【临床参考文献】

[1] 孟景春．白术为治气虚便秘专药［J］．江苏中医，1994，15（10）：20．
[2] 程旭锋，张新峰，刘琦，等．白术附子汤加味治疗乳腺癌骨转移临床研究［J］．中医学报，2012，27（3）：270-272．
[3] 谷翠芝，李清初，尹友生，等．桂枝去桂加茯苓白术汤治疗急性肾损伤的临床效果［J］．中国中西医结合肾病杂志，2015，16（2）：121-124+1．
[4] 徐志鹏．参苓白术散治疗慢性功能性腹泻 66 例观察［J］．实用中医药杂志，2012，28（12）：998-999．
[5] 熊兴江，王阶．论半夏白术天麻汤在高血压病中的运用［J］．中华中医药杂志，2012，27（11）：2862-2865．

32. 牛蒡属 *Arctium* Linn.

二年生或多年生草本。具粗壮的根。茎直立，粗壮，多分枝。叶互生，通常大型，不分裂，基部常心形；具长柄。头状花序同型，单生或簇生于枝端或呈伞房状；总苞近球形，无毛或有蛛丝状毛；总苞片多层，覆瓦状排列，条状钻形，披针形，顶端延长成针齿而钩状内弯；花序托平，密被刚毛；全部小花管状，两性，檐部 5 齿裂；花药基部附属物箭形；花柱分枝条形，外弯，基部有毛环。瘦果倒卵形或长椭圆形，压扁，顶端平截；冠毛多层，短刺状，有锯齿，基部分离，易脱落。

约 10 种，分布于亚洲和欧洲的温带地区。中国 2 种，南北各地均产，法定药用植物 1 种。华东地区法定药用植物 1 种。

1010. 牛蒡（图 1010） • *Arctium lappa* Linn.

【别名】恶实，万把钩（安徽、江苏），大力子（山东），牛蒡子、牛子（江苏徐州），弯把钩子（江苏徐州、盐城、泰州、南通）。

图 1010　牛蒡　　　　　　　　　　摄影　郭增喜等

【形态】二年生草本，高 1～2m。根粗大肉质，长达 15cm。茎直立，上部多分枝，常带紫色，被微毛。基生叶丛生，具长柄；中部叶互生，宽卵形或心形，长 40～50cm，宽 30～40cm，顶端钝圆，基部心形，边缘波状或具细锯齿；上部叶渐小，基部平截或浅心形，全部茎叶两面异色，上面绿色，下面灰白色，被白色绒毛。头状花序丛生或排列成伞房状；花序梗粗壮；总苞球形，直径 1.5～2cm；总苞片多层，近等长，披针形或披针状钻形，顶端钩齿状内弯；小花紫红色，管状，长约 2cm，顶端 5 齿裂。瘦果倒长卵形或偏斜倒长卵形，两侧压扁，灰黑色，表面具斑点；冠毛短刚毛状，多层，浅褐色，不等长，基部不联合，分散脱落。花果期 6～10 月。

【生境与分布】生于村庄路旁、山坡、林缘、林中、荒地、灌丛中。分布于华东各地，另中国南北各地均有分布；欧亚大陆广布。

【药名与部位】牛蒡根，根。牛蒡子（大力子），果实。

【采集加工】牛蒡根：10 月采挖 2 年以上的根，除去杂质，洗净，晒干。牛蒡子：秋季果实成熟时采收果序，晒干，打下果实，除去杂质，再干燥。

【药材性状】牛蒡根：呈圆锥形、圆柱形，长 5～12cm，直径 1～3.5cm。表面灰黄色、黄褐色，具纵向沟纹和横向突起的皮孔。质坚韧，肉质，断面黄白色。气微，味微甜。

牛蒡子：呈长倒卵形，略扁，微弯曲，长 5～7mm，宽 2～3mm。表面灰褐色，带紫黑色斑点，有数条纵棱，通常中间 1～2 条较明显。顶端钝圆，稍宽，顶面有圆环，中间具点状花柱残迹；基部略窄，着生面色较淡。果皮较硬，子叶 2 枚，淡黄白色，富油性。气微，味苦后微辛而稍麻舌。

【质量要求】牛蒡子：粒饱满，无泥屑。

【药材炮制】牛蒡根：除去杂质，洗净，润透，切厚片，干燥。

牛蒡子：除去杂质，洗净，干燥，用时捣碎。炒牛蒡子：取牛蒡子饮片，炒至表面微鼓起，有爆裂声，香气逸出时，取出，摊凉，用时捣碎。

【化学成分】叶含三萜类：3α-乙酰氧基-22（29）-何帕烯[3α-acetoxy-hop-22（29）-ene]和3α-羟基-5,15-羊毛脂二烯（3α-hydroxylanosta-5,15-diene）[1]，蒲公英赛醇（taraxasterol）、蒲公英赛醇乙酸酯（taraxasterol acetate）和蒲公英赛醇棕榈酸酯（taraxasterol palmitate）[2]；倍半萜类：牛蒡醇（arctiol）、蜂斗菜酮（fukinone）、脱氢蜂斗菜酮（dehydrofukinone）、蜂斗菜醇酮（petasitolone）、蜂斗菜螺内酯（fukinanolide）、β-桉叶醇（β-eudesmol）、佛术烯（eremophilene）[2]，刺蓟苦素（onopordopicrin）、去氢美力腾素*（dehydromelitensin）、去氢美力腾素-8-（4'-羟基甲基丙烯酸酯）[dehydromelitensin-8-（4'-hydroxymethacrylate）]、美力腾素（melitensin）和去氢催吐萝芙木醇（dehydrovomifoliol）[3]；单萜类：黑麦草内酯（loliolide）[3]；黄酮类：槲皮素-3-O-芸香糖苷（quecertin-3-O-rutinoside）、山柰酚-3-O-芸香糖苷（kaemferol-3-O-rutinoside）[4]，槲皮素（quercetin）、芹菜素（apigenin）、芦丁（rutin）和橙皮苷（hesperidin）[5]；酚苷类：熊果苷（arbutin）[5]；苯丙素类：1,3-O-二咖啡酰奎尼酸（1,3-O-dicaffeoylquinic acid）、新绿原酸（neo-chlorogenic acid）、绿原酸（chlorogenic acid）、隐绿原酸（crypto-chlorogenic acid）、3,4-O-二咖啡酰奎尼酸（3,4-O-dicaffeoylquinic acid）、3,5-O-二咖啡酰奎尼酸（3,5-O-dicaffeoylquinic acid）、4,5-O-二咖啡酰奎尼酸（4,5-O-dicaffeoylquinic acid）、反式咖啡酸（$trans$-caffeic acid）、顺式咖啡酸（cis-caffeic acid）和1,5-O-二咖啡酰奎尼酸（1,5-O-dicaffeoylquinic acid）[6]；糖类：D-半乳糖醛酸（galacturonic acid）、半乳糖（galactose）、阿拉伯糖（arabinose）、鼠李糖（rhamnose）、葡萄糖（glucose）和甘露糖（mannose）等组成的多糖（polysaccharide）[7]。

种子含木脂素类：二聚牛蒡子苷元（diarctigenin）、牛蒡子苷（arctiin）、牛蒡子苷元（arctigenin）[8]，新牛蒡素A（neoarctin A）、罗汉松脂酚（mairesinol）、牛蒡酚A、E、F、H（lappaol A、E、F、H）、牛蒡木脂素A、G、H（arctignan A、G、H）[9]，牛蒡酚C（lappaol C）、牛蒡木脂素E、F（arctignan E、F）[10]，牛蒡酚D（lappaol D）[11]，异牛蒡酚A（isolappaol A）[12]，牛蒡酚B（lappaol B）[13]、8-羟基松脂素（8-hydroxypinoresinol）、（+）-水曲柳树脂酚[（+）-fraxiresinol][14]、（+）-迪丁香脂素[（+）-diasyringaresinol]、塔尼果酚*（tanegool）、牛蒡木脂素D（arctignan D）[15]、新牛蒡素B（neoarctin B）[16]、松脂素（pinoresinol）[17]、络石苷元（trachelogenin）[18]、马台树脂醇（matairesinol）和异牛蒡酚C（isolappaol C）[19]；甾体类：β-谷甾醇（β-sitosterol）和胡萝卜苷（daucosterol）[10]；酚酸类：对羟基苯甲酸（p-hydroxybenzoic acid）[18]和邻苯二甲酸二异丁酯（diisobutyl phthalate）[20]；苯丙素类：咖啡酸（caffeic acid）、咖啡酸乙酯（ethyl caffeate）、反式对羟基肉桂酸（$trans$-p-hydroxycinnamic acid）[18]、绿原酸（chlorogenic acid）、3,4-二咖啡酰奎宁酸（3,4-dicaffeoylquinic acid）、3,5-二咖啡酰奎宁酸（3,5-dicaffeoylquinic acid）和4,5-二咖啡酰奎宁酸（4,5-dicaffeoylquinic acid）[19]；脂肪酸类：油酸（oleic acid）、棕榈油酸（palmitoleic acid）、十四烷酸（myristic acid）[18]，9,12,15-十八碳三烯酸（9,12,15-octadecatrie-noic acid）、亚油酸乙酯（ethyl linoleate）、二十六烷酸（hexacosanic acid）、十八烷酸甘油酯（stearoyl glycerol）[20]、亚油酸（linoleic acid）、豆蔻酸（myristic acid）、12-十八碳烯酸（12-octadecenoic acid）[21]和棕榈酸（palmitic acid）[22]；烯烃类：14-二十八烯烃（octacosolefin）[18]；挥发油类：丁酸（butanoic acid）、乙苯（ethyl benzene）、2-庚酮（2-heptanone）、2-甲基环己醇（2-methyl cyclohexanol）、4,5-二甲基-2-环己烯-1-酮（4,5-dimethyl-2-cyclohexene-1-one）、4-甲基环己醇（4-methyl cyclohexanol）、丙基环戊烷（propyl cyclopetane）、苯乙酮（acetophenone）、2-戊基呋喃（2-pentylfuran）和2-丁基苯酚（2-butylphenol）等[23]。

种子渗出物含木脂素类：牛蒡子苷元（arctigenin）和牛蒡苷元酸（arctigenic acid）[24]。

果实含木脂素类：（+）-7,8-二去氢牛蒡子苷元[（+）-7,8-didehydroarctigenin]、（-）-牛蒡子苷元[（-）-arctigenin]、（-）-罗汉松脂酚[（-）-matairesinol][25]，牛蒡倍半新木脂素*A（arctiisesquineolignan A）、牛蒡二内酯（arctiidilactone）、牛蒡阿朴木脂素A（arctiiapolignan A）、牛蒡子苷元-4-O-α-D-吡喃半乳糖基-（1→6）-O-β-D-吡喃葡萄糖苷[arctigenin-4-O-α-D-galactopyranosyl-

（1→6）-O-β-D-glucopyranoside]、牛蒡子苷元 -4-O-β-D- 呋喃芹糖基 -（1→6）-O-β-D- 吡喃葡萄糖苷 [arctigenin-4-O-β-D-apiofuranosyl-（1→6）-O-β-D-glucopyranoside]、5'- 丙烷二醇穗罗汉松树脂酚苷（5'-propanediolmataresinoside）、（7'R,8R,8'R）- 萝卜络石苷元 -4-O-β-D- 吡喃葡萄糖苷 [（7'R,8R,8'R）-rafanotrachelogenin-4-O-β-D-glucopyranoside]、（7'S,8R,8'R）- 萝卜络石苷元 -4-O-β-D- 吡喃葡萄糖苷 [（7'S,8R,8'R）-rafanotrachelogenin-4-O-β-D-glucopyranoside]、（7S,8S,8'R）-4,7- 二羟基 -3,3',4'- 三甲氧基 -9- 酮基双苄丁内酯基新木脂素 -4-O-β-D- 吡喃葡萄糖苷 [（7S,8S,8'R）-4,7-dihydroxy-3,3',4'-trimethoxyl-9-oxo-dibenzylbutyrolactoneolignan-4-O-β-D-glucopyranoside]、（7S,8S,8'R）-4,7- 二羟基 -3,3',4'- 三甲氧基 -9- 酮基双苄丁内酯基木脂素 [（7S,8S,8'R）-4,7-dihydroxy-3,3',4'-trimethoxyl-9-oxodibenzylbutyrolactonelignan]、（7R,8S,8'R）-4,7- 二羟基 -3,3',4'- 三甲氧基 -9- 酮基双苄丁内酯基木脂素 -4-O-β-D- 吡喃葡萄糖苷 [（7R,8S,8'R）-4,7-dihydroxy-3,3',4'-trimethoxyl-9-oxodibenzylbutyrolactonelignan-4-O-β-D-glucopyranoside]、（7R,8S,8'R）-4,7,4'- 三羟基 -3,3'- 二甲氧基 -9- 酮基双苄丁内酯基木脂素 -4-O-β-D- 吡喃葡萄糖苷 [（7R,8S,8'R）-4,7,4'-trihydroxy-3,3'-dimethoxyl-9-oxodibenzylbutyrolactonelignan-4-O-β-D-glucopyranoside]、罗汉松脂酚 -4,4'- 二 -O-β-D- 吡喃葡萄糖苷（mataresinol-4,4'-di-O-β-D-glucopyranoside）、安息香木脂素内酯 E、D（styraxlignolide E、D）、牛蒡子苷元 -4-O-β-D- 龙胆二糖苷（arctigenin-4-O-β-D-gentiobioside）[26]，牛蒡倍半新木脂素 *B（arctiisesquineolignan B）[27]，牛蒡子苷（arctiin）[27,28]、（7S,8R,7'S）- 二氢去氢二松柏醇 -7'- 羟基 -4-O-β-D- 吡喃葡萄糖苷 [（7S,8R,7'S）-dihydrodehydroconiferyl alcohol-7'-hydroxy-4-O-β-D-glucopyranoside]、（7R,8S,7'S）- 二氢去氢二松柏醇 -7'- 羟基 -4-O-β-D- 吡喃葡萄糖苷 [（7R,8S,7'S）-dihydrodehydrodiconiferyl alcohol-7'-hydroxy-4-O-β-D-glucopyranoside]、（8R,7'S）-4,9,7',9'- 四羟基 -3,3'- 二甲氧基 -7- 酮基 -8–4'- 氧代新木脂素 -4-O-β-D- 吡喃葡萄糖苷 [（8R,7'S）-4,9,7',9'-tetrahydroxy-3,3'-dimethoxyl-7-oxo-8–4'-oxyneolignan-4-O-β-D-glucopyranoside]、（8S,7'S）-4,9,7',9'- 四羟基 -3,3'- 二甲氧基 -7- 酮基 -8-4'- 氧代新木脂素 -4-O-β-D- 吡喃葡萄糖苷 [（8S,7'S）-4,9,7',9'-tetrahydroxy-3,3'-dimethoxyl-7-oxo-8-4'-oxyneolignan-4-O-β-D-glucopyranoside]、（8R,7'R,8'R）-4,4',7'- 三羟基 -3,3'- 二甲氧基 -9- 氧代双苄丁内酯木脂素 -4-O-β-D- 吡喃葡萄糖苷 [（8R,7'R,8'R）-4,4',7'-trihydroxy-3,3'-dimethoxyl-9-oxodibenzylbutyrolactonelignan-4-O-β-D-glucopyranoside]、（8R,7'S,8'R）-4,4',7'- 三羟基 -3,3'- 二甲氧基 -9- 氧代双苄丁内酯木脂素 -4-O-β-D- 吡喃葡萄糖苷 [（8R,7'S,8'R）-4,4',7'-trihydroxy-3,3'-dimethoxyl-9-oxodibenzylbutyrolactonelignan-4-O-β-D-glucopyranoside]、（7R,8S,7'S,8'R）-4,9,4',7'- 四羟基 -3,3'- 二甲氧基 -7,9'- 环氧木脂素 -4'-O-β-D- 吡喃葡萄糖苷 [（7R,8S,7'S,8'R）-4,9,4',7'-tetrahydroy-3,3'-dimethoxy-7,9'-epoxylignan-4'-O-β-D-glucopyranoside]、（7S,8R,7'R,8'S）-4,9,4',7'- 四羟基 -3,3'- 二甲氧基 -7,9'- 环氧木脂素 -4'-O-β-D- 吡喃葡萄糖苷 [（7S,8R,7'R,8'S）-4,9,4',7'-tetrahydroy-3,3'-dimethoxy-7,9'-epoxylignan-4'-O-β-D-glucopyranoside]、（7S,8R,7'S,8'S）-4,9,4',7'- 四羟基 -3,3'- 二甲氧基 -7,9'- 环氧木脂素 -4'-O-β-D- 吡喃葡萄糖苷 [（7S,8R,7'S,8'S）-4,9,4',7'-tetrahydroxy-3,3'-dimethoxy-7,9'-epoxylignan-4'-O-β-D-glucopyranoside]、（7R,8S,7'S,8'R）-4,9,4',7'- 四羟基 -3,3'- 二甲氧基 -7,9'- 环氧木脂素 -4-O-β-D- 吡喃葡萄糖苷 [（7R,8S,7'S,8'R）-4,9,4',7'-tetrahydroy-3,3'-dimethoxy-7,9'-epoxylignan-4-O-β-D-glucopyranoside]、（7S,8R,7'R,8'S）-4,9,4',7'- 四羟基 -3,3'- 二甲氧基 -7,9'- 环氧木脂素 -4-O-β-D- 吡喃葡萄糖苷 [（7S,8R,7'R,8'S）-4,9,4',7'-tetrahydroy-3,3'-dimethoxy-7,9'-epoxylignan-4-O-β-D-glucopyranoside]、（7S,8R,7'S,8'S）-4,9,4',7'- 四羟基 -3,3'- 二甲氧基 -7,9'- 环氧木脂素 -4-O-β-D- 吡喃葡萄糖苷 [（7S,8R,7'S,8'S）-4,9,4',7'-tetrahydroy-3,3'-dimethoxy-7,9'-epoxylignan-4-O-β-D-glucopyranoside]、（7R,8S）-7,9,9'- 三羟基 -3,3'- 二甲氧基 -8-O-4'- 新木脂素 -4-O-β-D- 吡喃葡萄糖苷 [（7R,8S）-7,9,9'-trihydroxy-3,3'-dimethoxy-8-O-4'-neolignan-4-O-β-D-glucopyranoside]、（7S,8R）-7,9,9'- 三羟基 -3,3'- 二甲氧基 -8-O-4'- 新木脂素 -4-O-β-D- 吡喃葡萄糖苷 [（7S,8R）-7,9,9'-trihydroxy-3,3'-dimethoxy-8-O-4'-neolignan-4-O-β-D-glucopyranoside]、（7R,8R）-7,9,9'- 三羟基 -3,3'- 二甲氧基 -8-O-4'- 新木脂素 -4-O-β-D- 吡喃葡萄糖苷 [（7R,8R）-7,9,9'-trihydroxy-3,3'-dimethoxy-8-O-4'-neolignan-4-O-β-D-glucopyranoside]、（7S,8S）-7,9,9'- 三羟基 -3,3'- 二甲氧基 -8-O-4'- 新木脂素 -4-O-β-D- 吡喃葡萄糖苷 [（7S,8S）-7,9,9'-

trihydroxy-3,3'-dimethoxy-8-O-4'-neolignan-4-O-β-D-glucopyranoside]、（7R,7'R,8S,8'S）-（+）-新橄榄树脂素-4-O-β-D-吡喃葡萄糖苷[（7R,7'R,8S,8'S）-（+）-neo-olivil-4-O-β-D-glucopyranoside][28]、牛蒡酚B、C、F（lappaol B、C、F）[29]、（7S,8R）-4,7,9,9'-四羟基-3,3'-二甲氧基-8-O-4'-新木脂素-9'-O-β-D-呋喃芹糖基-（1→6）-O-β-D-吡喃葡萄糖苷[（7S,8R）-4,7,9,9'-tetrahydroxy-3,3'-dimethoxy-8-O-4'-neolignan-9'-O-β-D-apiofuranosyl-（1→6）-O-β-D-glucopyranoside]、（8R）-4,9,9'-三羟基-3,3'-二甲氧基-7-酮基-8-O-4'-新木脂素-4-O-β-D-吡喃葡萄糖苷[（8R）-4,9,9'-trihydroxy-3,3'-dimethoxy-7-oxo-8-O-4'-neolignan-4-O-β-D-glucopyranoside]、（7R,8S）-二氢去氢二松柏醇-7'-酮基-4-O-β-D-吡喃葡萄糖苷[（7R,8S）-dihydrodehydroconiferyl alcohol-7'-oxo-4-O-β-D-glucopyranoside]、（7'S,8'R,8S）-4,4',9'-三羟基-3,3'-二甲氧基-7',9-环氧木脂素-7-酮基-4-O-β-D-吡喃葡萄糖苷[（7'S,8'R,8S）-4,4',9'-trihydroxy-3,3'-dimethoxy-7',9-epoxylignan-7-oxo-4-O-β-D-glucopyranoside][30]、牛蒡酚A（lappaol A）、异牛蒡酚A（isolappaol A）、牛蒡木脂素F、G、H（arctignan F、G、H）[31],2-[2-（3-甲氧基-4-羟基）苯基-3-羟甲基-7-甲氧基-2,3-双氢苯骈呋喃-5-基]甲基-3-（3-甲氧基-4-羟基）-苄基丁内酯{2-[2-（3-methoxy-4-hydroxy）phenyl-3-hydroxymethyl-7-methoxy-2,3-dihydrobenzofuran-5-yl]methyl-3-（3-methoxy-4-hydroxy）-benzyl butyrolactone}和2-（3-甲氧基-4-羟基）苄基-3-[2-（3-甲氧基-4-羟基）-苯基-3-羟甲基-7-甲氧基-2,3-双氢苯骈呋喃-5-基]甲基丁内酯{2-（3-methoxy-4-hydroxy）benzyl-3-[2-（3-methoxy-4-hydroxy）-phenyl-3-hydroxymethyl-7-methoxy-2,3-dihydrobenzofuran-5-yl]methyl butyrolactone}[32]；酚类：牛蒡酚苷A（arctiiphenolglycoside A）[27]；苯丙素类：3,5-二咖啡酰奎宁酸（3,5-dicaffeoylqunic acid）[29]。

根含木脂素类：牛蒡酚A、B（lappaol A、B）、甲基牛蒡酚A（methyllappaol A）[33]和牛蒡子苷（arctiin）[34]；黄酮类：山奈酚（kaempferol）[34],柚皮素-7-芸香糖苷（naringenin-7-rutinoside），即柚皮芸香苷（nairutin）、橙皮苷（hesperidin）、淫羊藿苷（icariin）、芒柄花苷（ononin）、异芒柄花苷（isoononin）、新甘草苷（neoliquiritin）、新异甘草苷（neoisoliquiritin）和甘草苷（liquiritin）[35]；苯丙素类：1,5-O-二咖啡酰基-3-O-（4-苹果酸甲酯）-奎宁酸[1,5-O-dicaffeoyl-3-O-（methyl 4-malate）-quinic acid]、3,5-O-二咖啡酰奎宁酸甲酯（methyl 3,5-O-dicaffeoyl-quinate）、3,4-O-二咖啡酰奎宁酸甲酯（methyl 3,4-O-dicaffeoyl quinate）、4,5-O-二咖啡酰奎宁酸甲酯（methyl 4,5-O-dicaffeoyl quinate）、（2E）-1,4-二甲基-2-[（4-羟苯基）甲基]-2-丁烯二酸{（2E）-1,4-dimethyl-2-[（4-hydroxyphenyl）methyl]-2-butenedioic acid}、绿原酸甲酯（methyl chlorogenate）、咖啡酸甲酯（mtheyl caffeate）、3,4,3',4'-四羟基-δ-秘鲁古柯尼酸酯（3,4,3',4'-tetrahydroxy-δ-truxinate）[36],1,5-O-二咖啡酰奎宁酸（1,5-O-dicaffeoylquinic acid）、1,5-O-二咖啡酰基-3-O-琥珀酰奎宁酸（1,5-O-dicaffeoyl-3-O-succinylquinic acid）、1,5-O-二咖啡酰基-4-O-琥珀酰奎宁酸（1,5-O-dicaffeoyl-4-O-succinylquinic acid）、1,5-O-二咖啡酰基-3,4-O-二琥珀酰奎宁酸（1,5-O-dicaffeoyl-3,4-O-disuccinylquinic acid）和1,3,5-三咖啡酰基-4-O-琥珀酰奎宁酸（1,3,5-O-tricaffeoyl-4-O-succinylquinic acid）[37]；硫炔类：牛蒡酮a、b（arctinone a、b）、牛蒡醇a、b（arctinol a、b）、牛蒡醛（arctinal）、牛蒡酸b、c（arctic acid b、c）、牛蒡酸b甲酯（methyl arctate-b）、牛蒡酮a乙酯（arctinone a acetate）[38]、牛蒡噻吩-a（lappaphen-a）、牛蒡噻吩-b（lappaphen-b）[39]和牛蒡酸（arctic acid）[40]；倍半萜类：洋蓟内酯（cynaropicrin）、去氢二氢木香内酯（dehydrodihydrocostus lactone）和愈创木内脂（guaianolide）[39]；多炔类：（S）-12,13-环氧-2,4,6,8,10-十三碳五炔[（S）-12,13-epoxy-2,4,6,8,10-tridecapentayne]、1-十三碳烯-3,5,7,9,11-五炔（1-tridecen-3,5,7,9,11-pentayne）[41]、（11E）-1,11-十三碳二烯-3,5,7,9-四炔[（11E）-1,11-tridecadien-3,5,7,9-tetrayne]、（3E,11E）-1,3,11-十三碳三烯-5,7,9-三炔[（3E,11E）-1,3,11-tridecatrien-5,7,9-triyne]、（8Z,15Z）-十七碳-1,8,15-三烯-11,13-二炔[（8Z,15Z）-heptadeca-1,8,15-trien-11,13-diyne]、（3E）-3-十三碳烯-5,7,9,11-四炔-1,2-环氧化物[（3E）-3-tridecen-5,7,9,11-tetrayn-1,2-epoxide]、（4E,6E,12E）-4,6,12-十四碳烯-8,10-二炔-1,3-二乙酸酯[（4E,6E,12E）-4,6,12-tetradecatrien-8,10-diyn-1,3-diyl diacetate]、（4E,6Z,12E）-4,6,12-十四碳烯-8,10-二炔-1,3-二乙酸酯[（4E,6Z,12E）-4,6,12-tetradecatrien-8,10-diyn-1,3-diyl diacetate]、（4E,6E）-4,6-

十四碳二烯-8,10,12-三炔-1,3-二乙酸酯[(4E,6E)-4,6-tetradecadien-8,10,12-triyn-1,3-diyl diacetate]和(4E,6Z)-4,6-十四碳二烯-8,12-二炔-1,3-二乙酸酯[(4E,6Z)-4,6-tetradecadien-8,12-diyn-1,3-diyl diacetate][42];氨基酸类：天冬氨酸（Asp）、苏氨酸（Thr）、丝氨酸（Ser）、谷氨酸（Glu）、甘氨酸（Gly）、丙氨酸（Ala）、胱氨酸（Cys）、亮氨酸（Leu）、蛋氨酸（Met）和异亮氨酸（Ile）等[43];生物碱类：羟基茄碱（solasonine）、螺旋甾碱*-3-O-α-L-吡喃鼠李糖-（1→4）-O-β-D-吡喃半乳糖[spirosl-3-O-α-L-rhamnopyrannosyl-（1→4）-O-β-D-galactopyranosyl][34],β-天冬酰胺（β-asparagine）[44]和γ-胍基丁酸（γ-guanidinobutyric acid）[45]等;核苷类：腺嘌呤核苷（adenosine）[34];元素：钾（K）、钠（Na）、钙（Ca）、镁（Mg）、铁（Fe）、锰（Mn）、锌（Zn）和铜（Cu）等[43];多糖类：菊糖（inulin）[46]、果糖寡糖（fructooligosaccharides）类[47]、木葡聚糖（xyloglucan）[48]、木聚糖（xylan）[49]、牛蒡多糖（burdock polysaccharide）[50]和牛蒡果胶-2（ALP-2）[51]。

【药理作用】1. 抗炎　种子中分离的牛蒡子苷元（arctigenin）可显著抑制脂多糖（LPS）刺激小鼠 RAW 264.7 巨噬细胞和人体 THP-1 细胞一氧化氮（NO）的产生和肿瘤坏死因子-α（TNF-α）及白细胞介素-6（IL-6）的分泌，且呈剂量依赖性，显著抑制一氧化氮合酶（iNOS）的活性[1];叶中提取的富集倍半萜内酯刺蓟苦素（onopordopicrin）的组分可显著降低 2,4,6 三硝基苯磺酸所致的结肠炎模型大鼠炎症反应及与黏液分泌增加相关的形态学改变，显著改善中性粒细胞浸润程度和细胞因子水平，上调环氧合酶-2（COX-2）的表达[2];果实生品及各炒制品水提取物均能不同程度抑制二甲苯所致小鼠耳廓肿胀及角叉菜胶所致大鼠足肿胀，其中炒制样品抗炎作用要强于生品[3]。2. 抗氧化　果实中分离的牛蒡苷元及牛蒡苷可提高人多巴胺能神经母瘤细胞的存活率[4]。3. 护血管　根水提取物可降低 N-硝基-L-精氨酸（L-NNA）所致的高血压模型大鼠尾动脉收缩压，显著改善血管内皮的损伤程度，抑制内膜内皮细胞脱落及血细胞黏附，抑制中膜平滑肌细胞及胶原细胞增殖，显著降低血清白细胞介素-6（IL-6）、C-反应蛋白及血管内皮细胞间黏附分子-1 的含量[5];果实醇提取物中分离得到的牛蒡子苷（arctiin）可显著抑制高糖诱导的人脐静脉血管内皮细胞损伤模型增殖、迁移及管腔形成，显著下调低氧诱导因子-1α、血管内皮生长因子 A 及 Akt 蛋白表达[6];果实水提取物可显著改善线栓法所致大脑中动脉栓塞模型大鼠神经功能学评分，显著减少脑梗死面积，显著降低血清过氧化脂质（LPO）、一氧化氮（NO）及丙二醛（MDA）含量[7]。4. 调节性障碍　根的水提取物可显著缩短摘除大鼠双侧睾丸去势大鼠的扑捉潜伏期和勃起潜伏期，增加其扑捉次数，显著缩短动脉结扎大鼠的扑捉潜伏期和勃起潜伏期，增加其扑捉次数，提高阴茎组织一氧化氮含量并显著增加阴茎血管内皮细胞数量[8]。5. 抗肿瘤　果实中分离的牛蒡苷子元可显著缩小脑内注射 C6 胶质瘤细胞建立的 C6 胶质瘤模型大鼠肿瘤体积，显著降低 PCNA 和 CD40 表达[9]。6. 抗胃溃疡　果实中分离的牛蒡苷元可显著降低无水乙醇所致的胃溃疡模型小鼠胃溃疡的溃疡指数，保护无水乙醇诱导的胃黏膜损伤，显著降低利血平型小鼠胃溃疡的溃疡指数，显著抑制束缚水浸应激性大鼠的溃疡形成，显著升高超氧化物歧化酶（SOD）和一氧化氮合酶（NOS）含量，促进乙酸型大鼠胃溃疡的愈合，并降低胃黏膜匀浆中的丙二醛含量[10]。7. 护肝　植株皮的醇提取物可显著升高四氯化碳（CCl_4）诱导的肝损伤模型小鼠血清中谷丙转氨酶（ALT）、天冬氨酸氨基转移酶（AST）、碱性磷酸酶（ALP）、乳酸盐脱氢酶（LDH）及总胆红素（TBIL）含量，显著降低肝脏中丙二醛含量，显著升高谷胱甘肽过氧化酶（GSH-Px）和超氧化物歧化酶含量，增强肝脏中超氧化物歧化酶 2 抗原表达，降低黄嘌呤氧化酶表达，减轻肝组织病变程度[11]。8. 护肾　果实提取物可显著抑制高糖刺激大鼠的系膜细胞增殖，降低转化生长因子-$β_1$ 的分泌，降低血管内皮生长因子和血小板衍生性生长因子 mRNA 的表达[12]。9. 抗阿尔茨海默病　果实提取物可延长 D-半乳糖-氯化铝复合阿尔茨海默病模型小鼠跳台实验潜伏期，缩短游出迷宫时间，减少水迷宫及跳台实验中错误的次数，显著降低脑组织中丙二醛、一氧化氮、一氧化氮合酶及[Ca^{2+}]含量，显著升高超氧化物歧化酶含量及总抗氧化（T-AOC）作用[13]。

【性味与归经】牛蒡根：苦、微甘，凉。归肺、心经。牛蒡子：辛、苦，寒。归肺、胃经。

【功能与主治】牛蒡根：散风热，消毒肿。主治风热感冒，头痛，咳嗽，热毒面肿，咽喉肿痛，齿龈肿痛，风湿痹痛，癥瘕积块，痈疔恶疮，痔疮脱肛。牛蒡子：疏散风热，宣肺透疹，解毒利咽。用于风热感冒，咳嗽痰多，麻疹，风疹，咽喉肿痛，痄腮丹毒，痈肿疮毒。

【用法与用量】 牛蒡根：煎服 6～15g；外用适量，水煎冲洗。牛蒡子：6～12g。

【药用标准】 牛蒡根：山东药材 2012、甘肃药材 2009 和云南彝药 2005 二册；牛蒡子：药典 1963—2015、浙江炮规 2005、藏药 1979、新疆药品 1980 二册、内蒙古蒙药 1986、贵州药材 1965、香港药材四册和台湾 2013。

【临床参考】 1. 亚急性甲状腺炎：果实 12g，加柴胡、黄芩、赤芍各 10g，板蓝根、蒲公英、天花粉各 15g，连翘、玄参、金荞麦、夏枯草各 12g，羌活 6g，高热退后减柴胡、黄芩、天花粉，遗留甲状腺结节疼痛时加陈皮、穿山甲、当归等，出现甲状腺功能减退症时加黄芪、茯苓、法半夏等，水煎服，每日 1 剂[1]。

2. 糖尿病肾病：果实 30g，加生黄芪、丹参、茯苓各 30g，苍术、白术、川芎、当归各 12g，山茱萸、黄精各 20g，党参、山药、葛根各 15g，制大黄 9g，红花 6g，水煎服，每日 1 剂，并黑料豆丸口服[2]。

3. 老年打鼾：果实 10g，加苎麻根 15g，甘草 6g，加水 200～250ml，文火煎至 60ml，每晚睡前 30min，口含 2～3min 后咽下 30ml，14 天 1 疗程[3]。

4. 扁平疣：果实 15g，加马齿苋、板蓝根、珍珠母、龙骨、牡蛎各 30g，紫草、赤芍、白芍、柴胡、当归、郁金、木贼各 10g，茯苓、夏枯草各 12g，鸡内金 15g，甘草 6g，水煎服，外用他扎罗汀乳膏[4]。

5. 肾性蛋白尿：果实 15～30g，加石韦、黄芪、益母草各 30g，白术、茯苓、丹参、泽泻、牛膝各 15g，甘草 10g，水煎服，每日 1 剂[5]。

6. 急喉痹：果实 10g，加射干、浙贝母、板蓝根、炙枇杷叶、芦根各 15g，马勃（包煎）、僵蚕、瓜蒌皮、天花粉、大青叶、赤芍各 10g，青黛（包煎，后下）、生甘草各 6g，玄参 20g，蒲公英 30g；发热者加炙麻黄 10g；咳嗽者加桑叶、菊花各 10g，炒黄芩 15g；便秘者加生大黄 10g（后下）；小便短赤、尿道灼痛者加芦根、白茅根各 15g。上述药味用冷水浸 30min，煎煮 25min，后下青黛，取汁 200ml，每剂药煎 3 次，分早、中、晚服，每日 1 剂，重症日服 1~2 剂[6]。

7. 2 型糖尿病辅助治疗：果实研末，每次 1.5g，每日 3 次，用黄芪、党参、麦冬、熟地、山萸肉、茯苓水煎取汁送服，1 个月为 1 疗程[7]。

8. 肾性蛋白尿：果实 15～30g，加石韦、黄芪、益母草各 30g，白术、茯苓、丹参、泽泻、牛膝各 15g，甘草 10g，水煎服，每日 1 剂，1 个月为 1 疗程[8]。

9. 麻疹不透：果实 6g，加葛根 6g，蝉蜕、薄荷、荆芥各 3g，水煎服。

10. 急性乳腺炎（早期、未化脓）：鲜叶 30g（或干叶 9g），水煎服，或水煎代茶。（9 方、10 方引自《浙江药用植物志》）

【附注】 以恶实之名始载于《名医别录》，列为中品，谓："生鲁山平泽。"《新修本草》云："其草叶大如芋，子壳似栗状，实细长如茺蔚子。"《本草图经》云："恶实即牛蒡子也。生鲁山平泽，今处处有之，叶如芋而长，实似葡萄核而褐色外壳如栗棣，小而多刺，鼠过之则缀惹不可脱，故谓之鼠粘子，亦如羊负来之比。根有极大者，作菜茹尤益人，秋后采子入药用。"《本草纲目》谓："牛蒡古人种子，以肥壤栽之……三月生苗，起茎高者三四尺。四月开花成丛，淡紫色。结实如枫梂而小，萼上细刺百十攒簇之，一梂有子数十颗。其根大者如臂，长者近尺，其色灰黪。七月采子，十月采根。"综上所述，并核对《本草图经》"蜀州恶实"图及《本草纲目》附图与本种一致。

药材牛蒡子脾虚便溏者禁服。

本种的茎叶民间也药用。

【化学参考文献】

[1] Jeelani S，Khuroo M A. Triterpenoids from *Arctium lappa*［J］. Nat Prod Res，2012，26（7）：654-658.

[2] Naya K，Tsuji K，Haku U. Constituents of *Arctium lappa*［J］. Chem Lett，1972，（3）：235-236.

[3] Machado F B，Yamamoto R E，Zanoli K，et al. Evaluation of the antiproliferative activity of the leaves from *Arctium lappa*

by a bioassay-guided fractionation [J]. Molecules, 2012, 17（2）: 1852-1859.
[4] 刘世名, 陈靠山, Schliemann W, 等. 聚酰胺柱层析反相高效液相色谱电喷雾离子质谱法分离鉴定牛蒡叶中两种黄酮苷 [J]. 分析化学, 2003, 31（8）: 1023-1023.
[5] Drozdova I L, Bubenchikova V N. Study of phenolic compounds in the burdock（Arctium lappa）leaves [J]. Farmatsiya, 2003, 3: 12-13.
[6] Juliane C, Luisa M S, Nessana D, et al. Identification of a dicaffeoylquinic acid isomer from Arctium lappa with a potent anti-ulcer activity [J]. Talanta, 2015, 135: 50-57.
[7] Carlotto J, De Souza L M, Baggio C H, et al. Polysaccharides from Arctium lappa L. chemical structure and biological activity [J]. Int J Biol Macromol, 2016, 91: 954-960.
[8] Han B H, Kang Y H, Yang H O, et al. A butyrolactone ligan dimer from Arctium lappa [J]. Phytochemistry, 1994, 37（4）: 1161-1163.
[9] Yong M, Kun G, Qiu M H. A new lignan from the seeds of Arctium lappa [J]. J Asian Nat Prod Res, 2007, 9（6）: 541-544.
[10] Ming D S, Guns E, Eberding A, et al. Isolation and characterization of compounds with anti-prostate cancer activity from Arctium lappa L. using bioactivity-guided fractionation [J]. Pharm Biol, 2004, 42（1）: 44-48.
[11] Park S Y, Hong S S, Han X H, et al. Lignans from Arctium lappa and their inhibition of LPS-induced nitric oxide production [J]. Chem Pharma Bull, 2007, 55（1）: 150-152.
[12] Su S, Wink M. Natural lignans from Arctium lappa as antiaging agents in Caenorhabditis elegans [J]. Phytochemistry, 2015, 117: 340-350.
[13] Ichihara A, Numata Y, Kanai S, et al. New sesquilignans from Arctium lappa L. The structure of lappaol C, D and E [J]. Agric Biol Chem, 1977, 41（9）: 1813-1814.
[14] 李卓恒, 于彩平, 管海燕, 等. 牛蒡子化学成分的分离与鉴定 [J]. 中国药房, 2012, 39: 3696-3699.
[15] 秦智彬, 丁林芬, 李兰, 等. 牛蒡子化学成分的研究 [J]. 天然产物研究与开发, 2015, 27: 2050-2055.
[16] 王海燕, 杨峻山. 牛蒡子化学成分的研究 [J]. 药学学报, 1993, 28（12）: 911-917.
[17] 闵勇, 古昆, 邱明华. 云南牛蒡子的化学成分研究 [J]. 红河学院学报, 2005, 3（3）: 8-12.
[18] 刘启迪, 任翼, 秦昆明, 等. 牛蒡子化学成分的研究 [J]. 首都食品与医药, 2015, 14: 90-91.
[19] Tezuka Y, Yamamoto K, Awale S, et al. Anti-austeric activity of phenolic constituents of seeds of Arctium lappa [J]. Nat Prod Commun, 2013, 8（4）: 463-466.
[20] 齐艳明, 柏玲, 张文治. 牛蒡子化学成分研究 [J]. 齐齐哈尔大学学报（自然科学版）, 2012, 28（2）: 19-21.
[21] Kravtsova S, Khasanov V. Lignans and fatty-acid composition of Arctium lappa seeds [J]. Chem Nat Compd, 2011, 47（5）: 800-801.
[22] 卢淑君, 杨燕云, 许亮, 等. 气相色谱法测定牛蒡子脂肪油中3种脂肪酸含量 [J]. 中国实验方剂学杂志, 2011, 17（20）: 56-60.
[23] 罗永明, 朱英, 李斌, 等. 牛蒡子挥发油成分的GC-MS分析 [J]. 中药材, 1997, 20（12）: 621-623.
[24] Higashinakasu K, Yamada K, Shigemori H, et al. Isolation and identification of potent stimulatory allelopathic substances exuded from germinating burdock（Arctium lappa）seeds [J]. Heterocycles, 2005, 65（6）: 1431-1437.
[25] Matsumoto T, Hosono-Nishiyama K, Yamada H. Antiproliferative and apoptotic effects of butyrolactone lignans from Arctium lappa on leukemic cells [J]. Planta Med, 2005, 72（3）: 276-278.
[26] Yang Y N, Huang X Y, Feng Z M, et al. New butyrolactone type lignans from Arctii Fructus and their anti-inflammatory activities [J]. J Agric Food Chem, 2015, 63（36）: 7958-7966.
[27] He J, Huang X Y, Yang Y N, et al. Two new compounds from the fruits of Arctium lappa [J]. J Asian Nat Prod Res, 2016, 18（5）: 423-428.
[28] Yang Y N, Huang X Y, Feng Z M, et al. Hepatoprotective activity of twelve novel 7'-hydroxy lignan glucosides from Arctii Fructus [J]. J Agric Food Chem, 2014, 62（37）: 9095-9102.
[29] 冉小库, 窦德强. 牛蒡子化学成分研究 [J]. 辽宁中医药大学学报, 2013, 15（7）: 71-72.
[30] Huang X Y, Feng Z M, Yang Y N, et al. Four new neolignan glucosides from the fruits of Arctium lappa [J]. J Asian Nat Prod Res, 2015, 17（5）: 504-511.

[31] Umehara K, Nakamura M, Miyase T, et al. Studies on differentiation inducers. VI. lignan derivatives from *Arctium Fructus*(2)[J]. Chem Pharm Bull, 1996, 44(12): 2300-2301.

[32] Yamanouchi S, Takido M, Sankawa U, et al. Constituents of the fruit of *Arctium lappa*[J]. Yakugaku Zasshi, 1976, 96(12): 1492-1493.

[33] Ichihara A. Lappaol A and B, novel lignans from *Aretium lappa* L.[J]. Tetrahedron Lett, 1976, 17(44): 3961-3964.

[34] 陈世雄, 包淑云, 邵太丽, 等. 牛蒡根化学成分研究[J]. 天然产物研究与开发, 2011, 23(6): 1055-1057.

[35] 蒋晓文, 白俊鹏, 田星, 等. 牛蒡根中黄酮苷类化学成分及其抗氧化活性构效关系的研究[J]. 中草药, 2016, 47(5): 726-731.

[36] 白俊鹏, 胡晓龙, 蒋晓文, 等. 牛蒡根中咖啡酸类化学成分及其神经保护活性研究[J]. 中草药, 2015, 46(2): 163-168.

[37] Maruta Y, Kawabata J, Niki R. Antioxidative caffeoylquinic acid derivatives in the roots of burdock(*Arctium lappa* L.)[J]. J Agric Food Chem, 1995, 43(10): 2592-2595.

[38] Washino T, Yoshikura M, Obata S. New sulfur-containing acetylenic compounds from *Arctium lappa*[J]. Agric Biol Chem, 1986, 50(2): 263-269.

[39] Washing T, Kobayashi H, Ikawa Y. Structures of lappaphen-a and lappaphen-b. new guaianolides linked with a sulfur-containing acetylenic compound, from *Arctium lappa* L.[J]. Agric Biol Chem, 1987, 51(6): 1475-1480.

[40] Obata S, Yoshikura M, Washino T. Components of the roots of *Arctium lappa*[J]. Nippon Nogei Kagaku Kaishi, 1970, 44(10): 437-446.

[41] Takasugi M, Kawashima S, Katsui N, et al. Two polyacetylenic phytoalexins from *Arctium lappa*[J]. Phytochemistry, 1987, 26(11): 2957-2958.

[42] Washino T, Yoshikura M, Obata S. Polyacetylenic compounds of *Arctium lappa* L.[J]. Nippon Nogei Kagaku Kaishi, 1986, 60(5): 377-383.

[43] 胡喜兰, 刘存瑞, 曾宪佳, 等. 新疆不同地区牛蒡根中氨基酸和八种元素的含量分析[J]. 广西中医药, 2002, 25(2): 55-56.

[44] Boev R S. Substance with cytostatic and apoptosis-inducing activities from burdock roots[J]. Khimiyav Interesakh Ustoichivogo Razvitiya, 2005, 13(1): 119-122.

[45] Yamada Y, Hagiwara K, Iguchi K, et al. γ-Guanidinobutyric acid from *Arctium lappa*[J]. Phytochemistry, 1975, 14(2): 582.

[46] 王利文, 潘家祯. 超高压超临界微射流技术在牛蒡菊糖提取中的应用[J]. 食品与生物技术学报, 2008, 27(6): 61-64.

[47] Ishiguro Y, Ueno K, Abe M, et al. Isolation and structural determination of reducing fructooligosaccharides newly produced in stored edible burdock[J]. J Appl Glycosci, 2009, 56(3): 159-164.

[48] Kato Y, Watanabe T. Isolation and characterization of a xyloglucan from Gobo(*Arctium lappa* L.)[J]. Biosci Biotechnol Biochem, 1993, 57(9): 1591-1592.

[49] Watanabe T, Kato Y, Kanari T, et al. Isolation and characterization of an acidic xylan from Gobo(*Arctium lappa* L.)[J]. Agric Biol Chem, 1991, 55(4): 1139-1141.

[50] 马利华, 秦卫东, 陈学红, 等. 膜技术分离纯化牛蒡多糖的研究[J]. 食品工业科技, 2009, 30(1): 231-234.

[51] Li K D, Zhu L L, Li H, et al. Structural characterization and rheological properties of a pectin with anti-constipation activity from the roots of *Arctium lappa* L.[J]. Carbohydrate Polymers, 2019, 215: 119-129.

【药理参考文献】

[1] Zhao F, Wang L, Liu K. *In vitro* anti-inflammatory effects of arctigenin, a lignan from *Arctium lappa* L. through inhibition on NOS pathway[J]. Journal of Ethnopharmacology, 2009, 122(3): 457-462.

[2] Ana B A A, Marina S H, Antonio R M, et al. Anti-inflammatory intestinal activity of *Arctium lappa* L.(Asteraceae)in TNBS colitis model[J]. Journal of Ethnopharmacology, 2013, 146(1): 300-310.

[3] 邵晶, 文喜艳, 王兰霞, 等. 牛蒡子不同炒制品中的成分与含量及其对动物的抗炎活性对比研究[J]. 中国临床药理学杂志, 2017, 33(15): 1464-1468.

[4] 王悦, 窦德强. 牛蒡苷元及牛蒡苷对 H_2O_2 诱导的 SH-SY5Y 细胞氧化损伤的保护作用 [J]. 神经药理学报, 2015, 5 (2): 1-4.
[5] 赵娜, 苏赢, 翟振丽, 等. 牛蒡根水提物对高血压大鼠血管内皮损伤的保护作用 [J]. 天津医药, 2015, 43 (1): 42-45.
[6] 付元元, 卢来春, 李园园, 等. 牛蒡子苷对高糖诱导人脐静脉血管内皮细胞损伤的保护作用 [J]. 华西药学杂志, 2016, 31 (5): 472-747.
[7] 隋欣, 邱智东, 李辉, 等. 牛蒡子萃取物对大鼠局灶性脑缺血损伤的保护作用 [J]. 中国老年学杂志, 2015, 35 (11): 2929-2930.
[8] 姚佳, 陈辈山, 喻丽珍, 等. 牛蒡根水提物对2种勃起功能障碍模型的治疗作用 [J]. 中国新药杂志, 2015, 24 (21): 2494-2498.
[9] 苏勤勇, 李晓梅, 姚景春, 等. 牛蒡子苷元对大鼠脑胶质瘤的作用及初步作用机制探讨 [J]. 中国药理学通报, 2015, 31 (6): 805-809.
[10] 李晓梅, 苏勤勇, 关永霞, 等. 牛蒡子苷元对实验性胃溃疡的保护作用及其机制探讨 [J]. 中药药理与临床, 2015, 31 (5): 47-50.
[11] 贺菊萍, 潘迎捷, 赵勇. 牛蒡提取物对四氯化碳诱导肝损伤小鼠的保护作用 [J]. 现代食品科技, 2014, 30 (11): 6-11.
[12] 赵辉. 牛蒡子对高糖刺激大鼠系膜细胞增殖作用的机制研究 [J]. 菏泽医学专科学校学报, 2016, 28 (3): 12-13.
[13] 肖五一, 王月, 邵天萌, 等. 牛蒡子提取物对阿尔兹海默病模型小鼠学习记忆障碍的改善作用 [J]. 中华临床医师杂志 (电子版), 2016, 10 (23): 3568-3571.

【临床参考文献】
[1] 夏仲元, 任卫华, 庞洁. 柴胡牛蒡汤加减治疗亚急性甲状腺炎的临床研究 [J]. 北京中医药大学学报, 2009, 32 (3): 208-211.
[2] 唐红. 陈以平运用牛蒡子治疗糖尿病肾病经验 [J]. 上海中医药杂志, 2013, 47 (7): 27-28.
[3] 丛爱滋. 牛蒡子方剂治疗老年打鼾 [J]. 四川中医, 2002, 20 (11): 37.
[4] 曹晓平, 石庆荣. 牛蒡子治疗扁平疣临床观察 [J]. 中国药物经济学, 2014, 9 (5): 70-71.
[5] 王克勤. 牛蒡子治疗肾性蛋白尿 [J]. 中医杂志, 1997, 38 (10): 581-582.
[6] 张宏, 叶建州. 射干牛蒡汤治疗急喉痹88例临床观察 [J]. 吉林中医药, 2010, 30 (11): 961-962.
[7] 吴涛. 牛蒡子治疗Ⅱ型糖尿病 [J]. 中医杂志, 1997, 38 (10): 581-581.
[8] 王克勤. 牛蒡子治疗肾性蛋白尿 [J]. 中医杂志, 1997, 38 (10): 581-582.

33. 飞廉属 Carduus Linn.

一年生或二年生草本。茎单生或有分枝。叶互生, 近无柄, 叶片基部通常下延至茎, 成叶状翅, 边缘有刺状锯齿或羽状分裂。头状花序单生茎端, 花同型同色; 总苞钟状或球状; 总苞片多层, 覆瓦状排列, 向内层渐长, 顶端无附片, 外层及中层顶端具刺, 内层膜质无刺; 花序托平或稍凸, 具刺毛; 花全为管状, 红色、紫色或白色, 顶部5深裂; 花丝分离, 花药基部箭形或耳状, 尾部长; 花柱分枝短, 常贴合。瘦果倒卵形、卵形或圆柱形, 光滑, 扁平, 具5~10棱; 冠毛多层, 糙毛状, 不分枝或短羽状分枝, 基部联合成环, 整体脱落。

约95种, 分布于欧洲、西亚及非洲热带地区。中国3种, 南北各地广布, 法定药用植物1种。华东地区法定药用植物1种。

1011. 丝毛飞廉（图1011） • Carduus crispus Linn.

【别名】 飞廉（江苏）, 飞廉蒿（千金翼方）, 大力王、方茎牛角刺（江苏）, 飞簾。

【形态】 二年生草本, 高30~150cm。茎直立, 具条棱, 有数行纵列的绿色具齿刺的翅。叶互生, 椭圆状披针形, 长5~15cm, 宽2~4cm, 羽状深裂, 裂片边缘具刺, 顶端刺尖, 基部下延, 表面绿色,

图 1011　丝毛飞廉　　摄影　郭增喜等

被微毛或无毛，背面初被蛛丝状毛，后渐无毛；基部叶具短叶柄，下部叶基部下延成翅柄；上部叶渐小，无柄。头状花序 1～3 个，顶生；花序梗短，具刺及蛛丝状毛；总苞钟状，总苞片多层，外层短而狭，针状，中层条状披针形，顶端尖，成刺状，向外反曲，内层条状披针形，膜质，稍带紫色；花管状，紫红色，两性，顶部 5 裂。瘦果长椭圆形，淡褐色，具纵纹；冠毛白色或灰白色，刺毛状，基部联合成环，整体脱落。花果期 4～10 月。

【生境与分布】生于山坡草地、田间、荒地、河旁及林下。分布于华东各地，另我国其他各地几乎均有分布；欧洲、北美及俄罗斯、伊朗、蒙古国、朝鲜也有分布。

【药名与部位】飞廉，地上部分。

【采集加工】花期采集，洗净泥土，晒干。

【药材性状】茎圆柱形，直径 0.2～1cm；表面灰褐色或灰黄色，具纵棱，附有黄绿色的叶状翅，翅具针刺。质脆，断面白色，髓部常呈空洞。叶皱缩破碎，完整者椭圆状披针形，羽状深裂，裂片边缘具有不规则的齿裂，并具有不等长的针刺；上面黄褐色，无毛，下面有丝状毛。头状花序 2～3 个着生于枝端；总苞钟形，黄褐色，直径约 2cm，苞片多层，外层较内层逐渐变短，条状披针形，先端长尖，或刺状，向外反卷。冠毛刺状，黄白色。气微，味苦。

【药材炮制】除去杂质。

【化学成分】全草含黄酮类：木犀草素 -7-O-α-L- 吡喃鼠李糖基 -（1→2）-β-D- 吡喃葡萄糖苷 [luteolin-7-O-α-L-rhamanopyranosyl-（1→2）-β-D-glucopyranoside]、木犀草素 -7-O-β-D- 吡喃葡萄糖苷（luteolin-7-O-β-D-glucopyranoside）[1]，水蔓菁苷（linariifolioside）、金圣草素 -7- 槐糖苷（chrysoeriol-7-

sophoroside）和金圣草素-7-O-（2″-O-β-D-吡喃葡萄糖基-6‴-O-乙酰基-β-D-吡喃葡萄糖苷）［chrysoeriol-7-O-（2″-O-β-D-glucopyranosyl-6‴-O-acetyl-β-D-glucopyranoside）］[2]；三萜类：β-香树脂醇棕榈酸酯（β-amyrin palmitate）和公英醇乙酸酯（taraxastery acetate）[1]；甾体类：β-谷甾醇（β-sitosterol）、豆甾醇（stigmasterol）和豆甾-7-烯-3β-醇（stigmast-7-en-3β-ol）[1]；生物碱类：丝毛飞廉碱A、B（carcrisine A、B）[3]和飞廉碱A、B、C、D、E（crispine A、B、C、D、E）[4]；脂肪酸类：三十碳酸（triacontanic acid）[1]。

地上部分含香豆素类：香豆素（coumarin）、伞花内酯（umbelliferone）、母菊内酯（gerniarin）、七叶树内酯（esculetin）、东莨菪内酯（scopoletin）和七叶树苷（esculin）[5]；黄酮类：木犀草苷（cinaroside）、芹菜素（apigenine）、木犀草素（luteolin）和紫云英苷（astragaline）[5]。

花序含黄酮类：木犀草素（luteolin）、芹菜素（apigenine）、异鼠李素-3-葡萄糖苷（isorhamnetin-3-glucoside）、山奈酚-3-鼠李糖基葡萄糖苷（kaempferol-3-rhamnoglucoside）、木犀草素-7-葡萄糖苷（luteolin-7-glucoside）、木犀草素-7-葡萄糖醛酸苷（luteolin-7-glucuronide）、芹菜素-7-葡萄糖苷（apigenin-7-glucoside）、山奈酚-3-芸香糖苷（kaempferol-3-rutinoside）和山奈酚-3-鼠李糖苷（kaempferol-3-rhamnoside）[6]；苯丙素类：咖啡酸（caffeic acid）、绿原酸（chlorogenic acid）和新绿原酸（neochlorogenic acid）[6]；酚酸类：对羟基苯甲酸（p-hydroxybenzoic acid）和原儿茶酸（protocatechuic acid）[6]。

【药理作用】 护肝　种子中提取的总黄酮可显著降低绵羊红细胞诱发的迟发型变态反应肝损伤[1]，显著降低四氯化碳所致的急性肝损伤[2]及卡介苗联合脂多糖所致的急性免疫性肝损伤模型小鼠的血清谷丙转氨酶（ALT）及天冬氨酸氨基转移酶（AST）含量，显著升高小鼠肝组织中超氧化物歧化酶（SOD）含量，降低丙二醛（MDA）含量[3]。

【性味与归经】 甘、涩，温。

【功能与主治】 催吐。用于消化不良，培根病，疮疖，痈疽等症。

【用法与用量】 6～9g。

【药用标准】 部标藏药1995和青海藏药1992。

【临床参考】 1. 乳糜尿（湿热内蕴型）：全草20g，加土茯苓、薏苡仁、车前子（包煎）各30g，炒苍术、白术、菖蒲各15g，黄柏、泽泻各10g，川萆薢20g，水煎服，每日1剂，每日3次，禁食荤腥油腻，注意休息[1]。

2. 头风眩晕：全草15g，水煎服。

3. 鼻衄、功能性子宫出血、尿血：全草9g，加茜草、地榆各9g，水煎服。

4. 风湿痹痛：全草12g，加木防己12g，水煎服。

5. 疗疮、无名肿毒：鲜根或全草适量，捣烂敷患处。

6. 痔疮肿痛：全草适量，煎水坐浴，熏洗患处。（2方至6方引自《浙江药用植物志》）

【附注】 飞廉始载于《神农本草经》，列为上品。《本草经集注》云："飞廉，处处有，极似苦芙，惟叶多刻缺，叶下附茎，轻有皮起似箭羽，其花紫色。"据此描述及《本草纲目》的附图，即为本种。

药材飞廉脾胃虚寒无瘀滞者忌服。

【化学参考文献】

[1] 张庆英，王学英，营海平，等. 飞廉化学成分研究[J]. 中国中药杂志，2001，26（12）：837-839.

[2] Xie W D, Li P L, Jia Z J. A new flavone glycoside and other constituents from *Carduus crispus*[J]. Pharmazie, 2005, 60（3）: 233-236.

[3] Xie W D, Jia Z J. Two new isoquinoline alkaloids from *Carduus crispus*[J]. Chin Chem Lett, 2004, 15（9）: 1057-1059.

[4] Zhang Q Y, Tu G Z, Zhao Y Y, et al. Novel bioactive isoquinoline alkaloids from *Carduus crispus*[J]. Tetrahedron, 2002, 58: 6795-6798.

[5] Terent'eva S V, Krasnov E A. Coumarins and flavonoids from above-ground part of *Carduus crispus* L. and *C. nutans* L.[J]. Rastitel'nye Resursy, 2003, 39（1）: 55-64.

[6] Kozyra M, Komsta L, Wojtanowski K. Analysis of phenolic compounds and antioxidant activity of methanolic extracts from inflorescences of *Carduus* sp. [J]. Phytochem Lett, 2019, 31: 256-262.

【药理参考文献】

[1] 蔡伟, 郭凤霞. 丝毛飞廉总黄酮肝损伤保护作用的研究 [J]. 中国药物警戒, 2012, 9 (9): 513-516.

[2] 路朋, 曾阳, 郭凤霞, 等. 丝毛飞廉总黄酮对 CCl_4 肝损伤的保护作用 [J]. 青海师范大学学报（自然科学版）, 2010, 26 (2): 42-45.

[3] 郭凤霞, 曾阳, 陈振宁, 等. 丝毛飞廉总黄酮对小鼠免疫性肝损伤的保护作用 [J]. 华西药学杂志, 2012, 27 (3): 292-294.

【临床参考文献】

[1] 封宽德. 自拟飞廉三妙汤治疗乳糜尿体会 [J]. 中国社区医师, 2005, 21 (19): 38.

34. 水飞蓟属 *Silybum* Adans.

一年生或二年生草本。茎直立，无毛或被蛛丝状毛。叶互生，有白色花斑，边缘波状或羽状浅裂，顶端具尖刺。头状花序大，单生枝顶，同型，常下垂；总苞球形或卵球形；总苞片多层，覆瓦状排列，向内层渐长，中外层苞片上部转变成叶质附片状，叶质附片边缘有针刺，内层苞片边缘无针刺，上部无叶质附属物；花序托平，肉质，密被刚毛；花全为管状，紫色、淡红色或少为白色，两性，顶部 5 裂，裂片短而细；花药基部箭形，花柱分枝大部分贴合，仅上部分离。瘦果倒卵形或长圆形，压扁，具网眼；冠毛羽毛状，多层，不等长，基部联合成环，易脱落。

2 种，分布于亚洲西部、欧洲南部、非洲北部。中国栽培 2 种，南北均有，法定药用植物 1 种。华东地区法定药用植物 1 种。

1012. 水飞蓟（图 1012）• *Silybum marianum*（Linn.）Gaertn.

【别名】 水飞雉（安徽），奶蓟、老鼠筋。

【形态】 二年生草本，高 1～2m。茎直立，有分枝，被白色蛛丝状毛。叶互生，基部叶呈莲座状，长圆状宽披针形或椭圆形，长 30～50cm，宽 10～30cm，顶端急尖，基部下延于叶柄，边缘羽状深裂，裂片顶端具尖刺；中部与上部茎叶渐小，长卵形或披针形，顶端尾状渐尖，基部心形，半抱茎，无柄；最上部茎叶更小，不分裂，披针形，基部心形抱茎；全部叶两面绿色，具大型白色花斑，背面疏被白色绒毛，边缘或裂片边缘及顶端有坚硬的黄色针刺。头状花序较大，单生于茎端；具花序梗；总苞近球形，直径 2～5cm；总苞片 6～8 层，中外层较内层短，中上部常扩大成边缘、顶端具坚硬针刺，呈圆形或三角形的叶质附属物，内层边缘无针刺，上部无叶质附属物；花全为管状，红紫色，少有白色，顶部 5 裂。瘦果长卵形，压扁，褐色，具条纹；冠毛白色，多数，羽毛状，基部联合成环，整体脱落。花果期 5～10 月。

【生境与分布】 原产于亚洲中部、欧洲、地中海、北非。华东有栽培，另我国南北各地公园、植物园都有栽培或逸生。

【药名与部位】 水飞蓟，成熟果实。

【采集加工】 秋季果实成熟时采收果序，晒干，打下果实，除去杂质，晒干。

【药材性状】 呈扁长倒卵形或椭圆形，长 5～7mm，宽 2～3mm。表面淡灰棕色至黑褐色，光滑，有细纵花纹。顶端钝圆，稍宽，有一圆环，中间具点状花柱残迹，基部略窄。质坚硬。破开后可见子叶 2 枚，浅黄白色，富油性。气微，味淡。

【药材炮制】 除去杂质，筛去灰屑，用时捣碎。

【化学成分】 花含木脂素类：原木质宁（protolignin）[1]。

图 1012　水飞蓟　　摄影　张芬耀等

果实含黄酮类：水飞蓟素（silymarin）、水飞蓟宾 A、B（silybin A、B）、异水飞蓟宾 A、B（isosilybin A、B）、水飞蓟亭 A、B（silychristin A、B）[2]，去氢水飞蓟宾（dehydrosilybin）[3]，水飞木质灵 A、B（silandrin A、B）、异水飞木质灵 A、B（isosilandrin A、B）、异水飞木质灵（isosilandrin）、5，7- 二羟基色原酮（5，7-dihydroxychromone）、顺式水飞木质灵（cis-ilandrin）[4]，花旗松素（taxifolin）[5]和异鼠李黄素（isorhamnetin）[6]；木脂素类：d- 松脂素（d-pinoresinol）[6]。

种子含黄酮类：水飞蓟宾（silybin）、去氢水飞蓟宾（dehydrosilybin）、异水飞蓟宾（isosilybin）和次水飞蓟素（silychristin）[7]；脂肪酸类：亚油酸（linoleic acid）和油酸（oleic acid）[8]；甘油酯类：三酰基甘油酯（triacylglycerol）[8]；酚类：生育酚（tocopherol）[8]。

地上部分含黄酮类：水飞蓟亭（silychristin）、水飞蓟宾 A、B（silybin A、B）、水飞蓟宁（silydianin）、异水飞蓟亭（isosilychristin）、异水飞蓟宾 A、B（isosilybin A、B）、花旗松素（taxifolin）[9]，水飞木质灵 A、B（silandrin A、B）、异水飞木质灵 A、B（isosilandrin A、B）、异水飞木质灵（isosilandrin）和顺式水飞木质灵（cis-ilandrin）[10]；醌类：异丹参酮 II（isotanshinone II）和丹参酮 A、B、C、I（tanshinone A、B、C、I）[11]；酚类：丹参素 A（salvianic acid A）和原儿茶醛 IV（rancinamycin IV）[11]。

全草含三萜类：水飞蓟三萜葡萄糖苷 A、B（marianoside A、B）、水飞蓟三萜素（marianine）[12]，水飞木宁 A、B（silymin A、B）[13]，齐墩果酸乙酰酯（oleanolic acid acetate）、3β，13- 二羟基 -$19\alpha H$-熊果烷 -28- 酸 -γ- 内酯（3β，13-dihydroxy-$19\alpha H$-ursan-28-oic acid-γ-lactone）、24- 亚甲基羊毛脂三烯醇（24-methylene agnosterol）、24- 亚甲基环阿尔廷醇（24-methylene cycloartanol）和 16α- 羟基 -24- 亚甲

基-3-O-5α-羊毛脂-7，9（11）-二烯-30-酸［16α-hydroxy-24-methylene-3-O-5α-lanosta-7，9（11）-dien-30-oic acid］[14]；黄酮类：5-羟基-7，8，2'，5'-四甲氧基黄酮（5-hydroxy-7，8，2'，5'-tetramethoxyflavone）、6，4'-二甲氧基-3，5，7-三羟基黄酮（6，4'-dimethoxy-3，5，7-trihydroxyflavone）、赤道李素（aequinoctin）和芹黄素葡萄糖苷（apigetrin）[14]；甾体类：β-扶桑甾（β-rosasterol）、β-谷甾醇-3-O-β-D-吡喃木糖苷（β-sitosterol 3-O-β-D-xylopyranoside）、β-豆甾醇（β-sitosterol）[14]和油菜甾醇（campesterol）[15]；酰胺类：灰绿曲霉酰胺（asperglaucide）[15]；鞘氨醇类：植物鞘氨醇（phytosphingosine）[15]。

【药理作用】1.降血压　果实中提取分离的黄酮类化合物对麻醉开胸猫具有直接扩张血管、降低收缩压和舒张压的作用[1]。2.护心肌　种子和果实中提取分离的黄酮类化合物可降低异丙肾上腺素损伤乳鼠心肌细胞受损伤的程度，并能增加超氧化物歧化酶（SOD）的含量，抑制细胞膜电位的降低，并能改善Bcl-2家族蛋白中Bax/Bcl-2的表达比率，上调Bax上游去乙酰化酶SIRT1蛋白的表达，改善线粒体的功能，保护心肌细胞[2]；果实和种子中提取的水飞蓟素可显著降低糖尿病大鼠的血糖和血清果糖含量，显著降低左心室舒张压期末压，显著升高左心室收缩压、左心室内压最大上升和下降速率，显著降低转化生长因子$β_1$、基质金属蛋白酶9和组织型金属蛋白酶抑制剂1的蛋白质表达及基质金属蛋白酶9/组织型金属蛋白酶抑制剂1的值[3]，可改善急性心肌梗死小鼠心室收缩功能和血流动力学指标，减少心肌梗死面积，减轻梗死区组织病理学改变，降低心肌细胞凋亡指数，增强Bcl-2蛋白表达并减弱Bax和Cleaved caspase-3蛋白表达[4]。3.护肝　果实水提取液能缓解扑热息痛所致肝损伤小鼠的肝脏肿大，减轻肝脏的损伤，降低血液中谷丙转氨酶（ALT）、天冬氨酸氨基转移酶（AST）含量，增加小鼠体内谷胱甘肽（GSH）含量，显著降低丙二醛（MDA）含量，通过病理组织切片可见其煎剂能改善扑热息痛所致的肝脂肪变性，大量减少炎性细胞，缓解肝细胞肿胀[5]；果实水提取液能降低鹅膏肽类毒素所致肝中毒大鼠血液中谷丙转氨酶、天冬氨酸氨基转移酶的含量[6]；种子中提取的寡肽可显著抑制小鼠肝细胞线粒体的肿胀，降低丙二醛的含量，可显著增加琥珀酸脱氢酶和腺苷三磷酸（ATP）酶含量，维持线粒体膜电位和膜流动性[7]；种子中提取的脂肪油降低脂肪肝小鼠血清中的总胆固醇（TC）、谷丙转氨酶、天冬氨酸氨基转移酶、丙二醛含量，降低肝脏中甘油三酯（TG）、总胆固醇、高密度脂蛋白胆固醇（HDL-C）、低密度脂蛋白胆固醇（LDL-C）含量，降低肝组织中的丙二醛含量，明显升高超氧化物歧化酶含量[8]；水飞蓟宾可降低乙醇诱导肝纤维化小鼠血清中透明质酸（HA）、层粘连蛋白（LN）、谷丙转氨酶（ALT）、羟脯氨酸（Hyp）含量，降低肝组织WNT蛋白的表达量[9]；果实和种子中提取的水飞蓟宾（silybin）可降低FFA诱导炎症因子的生成增加，降低肝细胞中脂质含量的积累，Western blot测定结果发现，水飞蓟宾可增加腺苷酸活化蛋白激酶（AMPK）的磷酸化，逆转对炎症因子的生成[10]；果实和种子中提取的水飞蓟素（silymarin）可抑制丙烯酰胺引起的细胞存活率降低和氧自由基含量的升高，减少丙烯酰胺对脂质、蛋白质和DNA的氧化损伤，并提高细胞内抗氧化物酶过氧化氢酶（CAT）、超氧化物歧化酶和谷胱甘肽过氧化物酶（GSH-Px）的含量，缓解丙烯酰胺对肝细胞造成的氧化损伤[11]；种子乙醇提取物和乙酸乙酯提取物可降低四氯化碳诱导肝损伤鼠的天冬氨酸氨基转移酶、谷丙转氨酶、丙二醛和碱性磷酸酶（ALP）含量，增加谷胱甘肽含量[12]；果实中提取的黄烷木脂素可抑制二磷酸腺苷（ADP）/三价铁（Fe^{3+}）和NADPH诱导大鼠的肝微粒体脂质过氧化[13]。4.抗肿瘤　果实和种子中提取的水飞蓟宾在体外通过调节Ca^{2+}/ROS/MAPK通路诱导胱天蛋白酶依赖性细胞死亡并抑制体内神经胶质瘤裸鼠皮下移植瘤的生长[14]；水飞蓟宾通过抑制细胞增殖、影响细胞周期进展及抑制PTEN/PI3K/Akt和ERK信号通路，抑制荷裸鼠人肝癌HuH7细胞皮下转移瘤的生长[15]；水飞蓟宾抑制前列腺腺癌（TRAMP）转基因模型小鼠前列腺癌细胞的增殖并诱导其发生凋亡，降低前列腺癌的微血管密度，下调血管内皮生长因子以及血管内皮生长因子受体-2的表达[16]；水飞蓟素可抑制骨髓来源的抑制性细胞（MDSC），促进CD8+T细胞浸润，抑制C57/BL6小鼠路易斯肺癌Lewis细胞转移瘤模型中肿瘤的生长[17]；水飞蓟宾下调对白细胞介素-6（IL-6）/信号转导及转录激活因子3信号通路抑制氧化偶氮甲烷/葡聚糖硫酸钠诱导的小鼠结肠炎症相关肠癌的发生[18]；水飞蓟素可明显抑制人胃癌SGC7901细胞的增殖，升高G_1期细胞百分率和细胞凋亡率，明显缩短细胞迁移距离，明显降低穿膜细胞数量[19]。5. 抗脑缺血　果实和种子中提取的水飞蓟素可显著降低全脑缺血大鼠脑组织中一氧化氮（NO）和一氧化氮合成酶（NOS）的含量，同时可明显缩小梗死面积[20]；果实和种子中提取的水飞蓟宾可显著降低脑梗死面积和含水量，明显减轻脑组织病理形态学变化及神经细胞凋亡，降低凋亡指数，升高脑组织中超氧化物歧化酶、过氧化氢酶含量，降低丙二醛含量，降低血清中磷酸肌酸激酶（CPK）、乳酸脱氢酶（LDH）含量，降低脑组织中核转录因子（NF-κB）的表达量；高剂量水分蓟宾预处理后可显著升高血清中总抗氧化能力（T-AOC）的水平[21]；脑缺血前给予水飞蓟宾可显著减少脑缺血沙土鼠脑皮层水肿，升高Na^+-K^+-ATP酶活力，减轻病理损害[22]。6. 抗痴呆　果实和种子中提取的水飞蓟宾对侧脑室注射$Aβ_1$-42所致痴呆小鼠的学习记忆障碍有明显的改善作用[23]。7. 护肾　种子的水提取液可提高急性鹅膏毒蕈中毒鼠存活率，改善急性鹅膏毒蕈中毒鼠尿颜色、尿量、尿红细胞、尿白细胞、尿蛋白、尿NAG酶、血浆尿素氮、血浆肌酐等指标，明显减轻肾脏组织结构损害[24]；果实和种子中提取的水飞蓟宾和水飞蓟素均可升高肾间质纤维化模型大鼠Sloan-Kettering（Ski）、E-钙黏着蛋白（E-cadherin）的表达，减少转化生长因子-$β_1$（TGF-$β_1$）、α-平滑肌肌动蛋白、Ⅲ型胶原（col-Ⅲ）蛋白的表达[25, 26]。8. 抗氧化　茎叶中提取的黄酮类化合物在Fe^{2+}半胱氨酸诱导的肝微粒体脂质过氧化模型中显示有较强的抗氧化作用[27]；种子中提取的黄酮对超氧阴离子自由基（O_2^-•）有较好的清除作用[28]。9. 促愈合　果实的醇提取物能显著缩短小鼠深Ⅱ度烫伤模型创面伤口愈合时间，提高创面愈合率，大剂量显著降低创面组织含水量，可减轻二甲苯所致小鼠的耳廓肿胀[29]。10. 降血脂　果实和种子中提取的水飞蓟素制成的补充剂可显著降低高脂饮食草鱼的腹膜内脂肪指数升高，降低脂肪生成（PPARγ，FAS）的基因表达[30]。11. 免疫调节　果实和种子中提取的水飞蓟素能使暴露于紫外线辐射的小鼠$CD8^+T$细胞分泌白细胞介素-2（IL-2）和IFNg的量增加，$CD4^+T$细胞分泌的Th2细胞因子减少，抑制紫外线辐射诱导的免疫抑制[31]。12. 抗动脉粥样硬化　种子中提取的水飞蓟油可抑制含高胆固醇饲料引起的兔主动脉粥样硬化斑块的形成[32]。13. 抗血小板凝集　果实和种子中提取的水飞蓟素和水飞蓟宾均可降低大鼠血小板的最大聚集率和血小板黏附率[33]。14. 护肺　果实和种子中提取的水飞蓟素可降低脂多糖所致肺损伤大鼠血清及肺组织中肿瘤坏死因子-α（TNF-α）、白细胞介素-1β（IL-1β）、单核细胞趋化蛋白-1（MCP-1）的含量及肺组织脂质过氧化产物含量[34]；水飞蓟素可抑制急性肺损伤小鼠肺组织中白细胞介素-1β、白细胞介素-6（IL-6）、趋化因子fractalkine的表达[35]。

【性味与归经】苦、凉。归肝、胆经。

【功能与主治】清热解毒，舒肝利胆。用于肝胆湿热，胁痛，黄疸。

【用法与用量】9～15g。

【药用标准】药典2005—2015、浙江炮规2005、北京药材1998和甘肃药材（试行）1992。

【临床参考】1. 高血脂：水飞蓟素片（每克含提取物水飞蓟宾38.5mg）口服，每次3片，每日3次，4周1疗程[1]。

2. 慢性酒精性肝病：水飞蓟素胶囊（水飞蓟提取物）口服，每次1粒（140mg），每日3次[2]。

3. 胆石症：水飞蓟素胶囊（水飞蓟提取物），术前3天及术后肠蠕动恢复后口服，每次1粒（140mg），每日2次[3]。

4. 冠心病合并高血脂：水飞蓟素胶囊（水飞蓟种子提取物，由水飞蓟宾、水飞蓟宁和水飞蓟丁3种同分异构体组成）口服，每日120mg，联合常规扩冠、抗凝、抗血小板聚集治疗，同时服用辛伐他丁片，每日10mg[4]。

5. 脂肪肝：水飞蓟素（水飞蓟提取物）口服，每次150mg，每日3次[5]。

6. 病毒性肝炎：种子，除尘去油，用等量蜂蜜制丸，口服，每次1丸（每丸15g），每日3次，4周1疗程[6]。

【化学参考文献】

[1] Bela D. Formation of flavanolignane in the white-flowered variety（Szibilla）of *Silybum marianum* in relation to fruit

development [J]. Acta Pharm Hungarica, 2007, 77（1）: 47-51.
[2] Smith W A, Lauren D R, Burgess E J, et al. A silychristin isomer and variation of flavonolignan levels in milk thistle（*Silybum marianum*）fruits [J]. Planta Med, 2005, 71（9）: 877-880.
[3] Stankovic S K, Stoiljkovic Z. Flavonoids from the fruit of *Silybum marianum* L. monitoring the content during vegetation period [J]. Arhiv za Farmaciju, 1993, 43（5-6）: 201-207.
[4] Nyiredy S, Szucs Z, Antus S, et al. New components from *Silybum marianum* L. fruits: a theory comes true [J]. Chromatographia, 2008, 68（Suppl）: S5-S11.
[5] Drouet S, Abbasi B H, Falguieres A, et al. Single laboratory validation of a quantitative core shell-based LC separation for the evaluation of silymarin variability and associated antioxidant activity of Pakistani ecotypes of milk thistle（*Silybum Marianum* L.）[J]. Molecules, 2018, 23（4）: 904/1-904/18.
[6] Trinh T D, Phan V K, Nguyen T D, et al. Pinoresinol and 3, 4', 5, 7-tetrahydroxy-3'-methoxyflavanone from the fruits of *Silybum marianum*（L.）Gaertn [J]. Tap Chi Hoa Hoc, 2007, 45（2）: 219-222.
[7] Gupta G K, Raj S, Rao P R. et al. Isolation of antihepatotoxic agents from seeds of *Silybum marianum* [J]. Res Ind, 1982, 27（1）: 37-42.
[8] El-Mallah M H, Safinaz, El-Shami M, et al. Detailed studies on some lipids of *Silybum marianum*（L.）seed oil [J]. Grasas y Aceites, 2003, 54（4）: 397-402.
[9] Graf T N, Wani M C, Agarwal R, et al. Gram-scale purification of flavonolignan diastereoisomers from *Silybum marianum*（milk thistle）extract in support of preclinical *in vivo* studies for prostate cancer chemoprevention [J]. Planta Med, 2007, 73（14）: 1495-1501.
[10] Nyiredy S, Samu Z, Szuecs Z, et al. New insight into the biosynthesis of flavanolignans in the white-flowered variant of *Silybum marianum* [J]. J Chromatogr Sci, 2008, 46（2）: 93-96.
[11] Zhao Y, Chen B, Yao S Z. Simultaneous determination of abietane-type diterpenes, flavonolignans, and phenolic compounds in compound preparations of *Silybum marianum* and *Salvia miltiorrhiza* by HPLC-DAD-ESI MS [J]. J Pharm Biomed Anal, 2005, 38（3）: 564-570.
[12] Ahmed E, Malik A, Ferheen S, et al. Chymotrypsin inhibitory triterpenoids from *Silybum marianum* [J]. Chem Pharm Bull, 2006, 54（1）: 103-106.
[13] Ahmed E, Noor A, Malik A, et al. Structural determination of silymins A and B, new pentacyclic triterpenes from *Silybum marianum*, by 1D and 2D NMR spectroscopy [J]. Magn Reson Chem, 2007, 45（1）: 79-81.
[14] Ahmed E, Malik A, Munawar M A, et al. Antifungal and antioxidant constituents from *Silybum marianum* [J]. J Chem Soc Pak, 2008, 30（6）: 942-949.
[15] Achari B, Chaudhuri C, Dutta P K, et al. *N*-Acylphytosphingosine and other constituents from *Silybum marianum* [J]. Ind J Chem, 1996, 35B（2）: 172-174.

【药理参考文献】
[1] 芮耀诚, 张艳丽, 袁继民, 等. 水飞蓟宾降压机理的研究 [J]. 第二军医大学学报, 1986, 7（3）: 180-183.
[2] 周蓓, 吴立军, 田代真一, 等. 水飞蓟宾对异丙肾上腺素引起的大鼠乳鼠心肌细胞损伤的保护作用及其机制 [J]. 药学学报, 2007, 42（3）: 263-268.
[3] 王蕾蕾, 王国贤. 水飞蓟素对糖尿病大鼠心肌损伤的保护作用 [J]. 中国动脉硬化杂志, 2010, 18（8）: 625-629.
[4] 陈佳, 曹智勇, 何永辉, 等. 水飞蓟素通过抑制心肌细胞凋亡减轻心肌梗死 [J]. 第二军医大学学报, 2015, 36（12）: 1309-1313.
[5] 鞠雷, 王晓丹, 刘占民. 水飞蓟煎剂对ICR小鼠扑热息痛肝损伤的保护作用 [J]. 黑龙江畜牧兽医, 2007（11）: 90-92.
[6] 张紫萍, 凌汉新, 刘青, 等. 水飞蓟煎剂治疗急性鹅膏肽类毒素致肝损伤的实验研究 [J]. 今日药学, 2014, 24（1）: 11-14.
[7] 朱淑云, 沙莎, 秦云云, 等. 水飞蓟寡肽对小鼠肝线粒体损伤的保护作用 [J]. 中国粮油学报, 2015, 30（1）: 97-101.
[8] 李爱云. 水飞蓟油对脂肪肝干预的初步研究 [J]. 中南药学, 2017, 15（2）: 53-55.
[9] 李伟甲. 水飞蓟宾对酒精诱导肝纤维化小鼠的保护作用 [J]. 黑龙江医药, 2018, 31（4）: 751-754.
[10] 罗颂, 张羽, 何彦瑶, 等. 水飞蓟宾通过调控AMPK活性抑制自由脂肪酸诱导的肝细胞炎症因子分泌 [J]. 西北

药学杂志, 2019, 34 (1): 76-79.

[11] 李亮, 赵筱铎, 刘巍, 等. 飞蓟素对丙烯酰胺诱导人肝癌细胞氧化损伤的保护作用 [J]. 食品科学, 2018, 39 (1): 238-242.

[12] Shaker E, Mahmoud H, Mnaa S. Silymarin, the antioxidant component and *Silybum marianum* extracts prevent liver damage [J]. Food & Chemical Toxicology, 2010, 48 (3): 803-806.

[13] Bosisio E. Effect of the flavanolignans of *Silybum marianum* L. on lipid peroxidation in rat liver microsomes and freshly isolated hepatocytes [J]. Pharmacological Research, 1992, 25 (2): 147-165.

[14] Kim K W, Choi C H, Kim T H, et al. Silibinin inhibits glioma cell proliferation via Ca^{2+}/ROS/MAPK-dependent mechanism *in vitro* and glioma tumor growth *in vivo* [J]. Neurochemical Research, 2009, 34 (8): 1479-1490.

[15] Cui W, Gu F, Hu K Q, et al. Effects and mechanisms of silibinin on human hepatocellular carcinoma xenografts in nude mice [J]. World Journal of Gastroenterology, 2009, 15 (16): 1943.

[16] Singh R P, Raina K, Sharma G, et al. Silibinin inhibits established prostate tumor growth, progression, invasion, and metastasis and suppresses tumor angiogenesis and epithelial-mesenchymal transition in transgenic adenocarcinoma of the mouse prostate model mice [J]. Clinical Cancer Research, 2008, 14 (23): 7773-7780.

[17] 吴天聪, 王夏, 朱锡旭. 水飞蓟素通过调控骨髓来源的抑制性细胞抗肺癌机制的实验研究 [J]. 现代肿瘤医学, 2018, 26 (6): 822-827.

[18] 郑荣娟, 曹海龙, 马嘉珩, 等. 水飞蓟宾抑制小鼠结肠炎相关肠癌发生机制研究 [J]. 中华肿瘤防治杂志, 2018, 25 (17): 23-27, 32.

[19] 袁虎勤, 李强. 水飞蓟素对人胃癌SGC 7901细胞增殖、迁移和侵袭的抑制作用及其机制 [J]. 吉林大学学报(医学版), 2018, 44 (5): 104-109.

[20] 冯泉, 马中富, 黄帆, 等. 水飞蓟素对脑缺血性损伤的影响 [J]. 热带医学杂志, 2004 (1): 42-44.

[21] 张秀侠. 水飞蓟宾对局灶性脑缺血再灌注损伤大鼠保护作用的研究 [J]. 安徽医药, 2016, 20 (3): 445-448.

[22] 管阳太, 郑惠民. 水飞蓟宾对沙土鼠脑缺血再灌流损伤的保护作用 [J]. 中华医学杂志, 1994, 74 (11): 695-696.

[23] 周恒伟, 邹丹, 白大峰, 等. 水飞蓟宾对侧脑室注射Aβ1-42致痴呆模型小鼠学习记忆障碍的改善作用 [J]. 中国医科大学学报, 2015, 43 (4): 341-343, 350.

[24] 凌汉新, 张紫平, 刘青, 等. 水飞蓟煎剂对急性毒蕈中毒鼠肾损害的保护作用 [J]. 中药材, 2011, 34 (9): 1413-1417.

[25] 刘畅, 朱春玲, 严瑞, 等. 水飞蓟宾对肾间质纤维化模型大鼠肾小管上皮-间充质转分化的影响 [J]. 贵州医科大学学报, 2018, 43 (4): 394-399, 405.

[26] 韩子明, 王成祥, 赵德安. 水飞蓟素对肾小管间质纤维化大鼠肾小管上皮-间质转分化的干预作用 [J]. 陕西医学杂志, 2009, 38 (3): 270-272.

[27] 陈效忠, 常鑫, 吕红梅, 等. 水飞蓟茎叶中具有抗氧化活性的黄酮类化学成分研究 [J]. 黑龙江医药科学, 2015, 38 (4): 35-36.

[28] 刘卉, 杨国伟. 水飞蓟种子中黄酮类化合物提取条件优化及抗氧化性测定 [J]. 甘肃农业大学学报, 2016, 51 (5): 148-153.

[29] 卫昊, 万朝阳, 王莹. 水飞蓟提取物对烫伤创面愈合作用的实验研究 [J]. 陕西中医, 2013, 34 (10): 1428-1429.

[30] Xiao P Z, Yang Z, Sun J, et al. Silymarin inhibits adipogenesis in the adipocytes in grass carp ctenopharyngodon idellus *in vitro* and *in vivo* [J]. Fish Physiology and Biochemistry, 2017, 43 (6): 1487-1500.

[31] Mudit V, Ram P, Tripti S, et al. Silymarin inhibits ultraviolet radiation-induced immune suppression through DNA repair-dependent activation of dendritic cells and stimulation of effector T cells [J]. Biochemical Pharmacology, 2013, 85 (8): 1066-1076.

[32] 陶立平, 张亚茹, 张宪有, 等. 水飞蓟油对兔实验性主动脉粥样硬化病变影响的观察 [J]. 黑龙江医药科学, 1995, 18 (5): 17-19.

[33] 麦凯, 黄德才, 仇士杰. 水飞蓟素、水飞蓟宾抑制大鼠血小板聚集和粘附功能 [J]. 第二军医大学学报, 1988, (3): 55.

[34] 王占海, 沈凌鸿, 陈向东, 等. 水飞蓟素对脂多糖性大鼠急性肺损伤的拮抗作用 [J]. 中国病理生理杂志, 2007, 23 (2): 280-283.

[35] 张晓鸣, 顾绍庆. 水飞蓟素对急性肺损伤小鼠肺组织 IL-1β、IL-6、趋化因子 fractalkine 表达的影响 [J]. 南京医科大学学报（自然科学版）, 2012, 32（8）: 1083-1086.

【临床参考文献】

[1] 张德忠, 金立冬. 水飞蓟素治疗高脂血症 [J]. 新药与临床, 1992, 11（6）: 372.

[2] 周永安, 刘建民, 师英霞. 水飞蓟素对慢性酒精性肝病的防治作用 [J]. 中国中医药现代远程教育, 2008, 6（2）: 167-169.

[3] 朱柳亮. 水飞蓟素胶囊对胆石症患者的疗效观察 [J]. 职业与健康, 2011, 27（13）: 1548-1550.

[4] 周乃菁, 蒲鹏, 江洪. 水飞蓟素胶囊对冠心病合并高脂血症患者疗效的临床研究 [J]. 职业与健康, 2011, 27（18）: 2157-2160.

[5] 杜学盘, 李鲜. 水飞蓟素治疗脂肪肝临床研究 [J]. 山东中医药大学学报, 2007, 31（2）: 135-136.

[6] 王德敏, 韩世涌. 水飞蓟丸治疗病毒性肝炎的临床分析 [J]. 黑龙江医药, 1979, （2）: 35-37.

35. 蓟属 *Cirsium* Mill.

一年生或多年生草本。茎直立，稀无茎或具短茎，分枝或不分枝。叶互生，羽状深裂、浅裂或不裂，边缘具长短不等长的针刺；具柄或无柄。头状花序同型，单生枝顶或在茎枝顶端排成伞房花序、总状花序、伞房圆锥花序等；总苞卵形、球形或宽钟形，无毛或被蛛丝状毛；总苞片多层，覆瓦状排列或镊合状排列，外层短，顶端具刺，内层顶端尖，无刺或稀具干膜质附片；花序托被托毛；花全为管状，红色、红紫色、稀白色，檐部5裂，两性或雌性；雄蕊5；花药基部附属物撕裂，花柱分枝基部有毛环。瘦果光滑、压扁、倒卵形或长椭圆形；冠毛多层，不等长，羽毛状，基部联合成环，整体脱落。

250～300种，广布于亚、欧、北非、北美和中美大陆。中国50余种，南北各地广布，法定药用植物4种。华东地区法定药用植物2种。

1013. 蓟（图1013） • *Cirsium japonicum* Fisch. ex DC.

【别名】大蓟（山东），将军草（江苏苏州），刺蓟菜（江苏），野刺菜（江苏溧阳），大齐牙（江苏连云港），大蓟草（江苏淮阴、江阴、苏州），须口菜（江苏盐城），吹牛皮草（江苏吴江），铁刺艾（江苏泰州）。

【形态】多年生草本，高30～100cm。茎直立，全体被稠密或稀疏的多细胞长节毛。基生叶较大，长椭圆形或长圆形，长8～22cm，宽2.5～10cm，顶端急尖，基部渐狭成短或长翼柄，柄翼边缘有针刺及刺齿，边缘羽状深裂，裂片边缘有稀疏大小不等小锯齿，齿顶具较长的针刺；自基部向上的叶渐小，与基生叶同形，但无柄，基部扩大半抱茎；全部茎叶两面同色。头状花序顶生，不呈明显的花序式排列；总苞钟状；总苞片6～7层，向内层渐长，外层顶端具针刺，内层顶端渐尖，呈软针刺状，全部苞片外面沿中肋有黏腺；花全为管状，紫红色，檐部不等5深裂。瘦果长椭圆形，压扁；冠毛浅褐色，多层，羽毛状，基部联合成环，整体脱落。花果期4～11月。

【生境与分布】生于山坡路旁、林缘、灌丛、草地、荒地、田间或溪边。分布于华东各地，另广东、广西、湖南、湖北、云南、贵州、四川、河北、陕西、台湾等地均有分布；日本、朝鲜也有分布。

【药名与部位】大蓟根，根。大蓟，地上部分。大蓟虫瘿，叶上的虫瘿。

【采集加工】大蓟根：秋季采挖，除去杂质，洗净，干燥或鲜用。大蓟：夏、秋二季花开时采收，干燥。大蓟虫瘿：秋季采摘，晒干。

【药材性状】大蓟根：呈长圆锥形，或微弯曲。表面灰褐色至暗褐色。切面皮部薄，棕褐色，木质部灰白色至灰黄色。气微特异，味甘、微苦、涩。

大蓟：茎呈圆柱形，基部直径可达1.2cm；表面绿褐色或棕褐色，有数条纵棱，被丝状毛；断面灰白

图 1013　蓟　　　　摄影　郭增喜等

色，髓部疏松或中空。叶皱缩，多破碎，完整叶片展平后呈长椭圆形或倒卵状椭圆形，羽状深裂，边缘具不等长的针刺；上表面灰绿色或黄棕色，下表面色较浅，两面均具灰白色丝状毛。头状花序顶生，球形或椭圆形，总苞黄褐色，羽状冠毛灰白色。气微，味淡。

大蓟虫瘿：呈类球形、类卵形或不甚规则的瘤状，直径 0.5～2cm。表面灰白色，凹凸不平，有堆积状颗粒样突起，常在凹陷处有一小洞，有少数可见其带刺的植物叶残存。质较轻脆，以手用力捏之即可破碎，破开后可见药材中间呈空洞状或有成虫残体，断面平坦，白色。无臭，味微甜，嚼之略黏。以火烧之则先起泡，烧后几无残留灰分。

【质量要求】大蓟根：色灰褐，无泥。大蓟：色绿有花，无泥杂。

【药材炮制】大蓟根：除去杂质，洗净，润软，切厚片或段，干燥。大蓟根炭：取大蓟根饮片，炒至浓烟上冒、表面焦黑色、内部棕褐色时，微喷水，灭尽火星，取出，晾干。

大蓟：除去杂质，抢水洗净，润软，切段，干燥。大蓟炭：取大蓟饮片，炒至浓烟上冒，表面焦黑色、内部棕褐色时，微喷水，灭尽火星，取出，晾干。

【化学成分】全草含黄酮类：蒙花苷（buddleoside）、柳穿鱼叶苷（pectolinarin）、粗毛豚草素（hispidulin）、芹菜素（apigenin）[1] 和 5,7- 二羟基 -6,4'- 二甲氧基黄酮（5,7-dihydroxy-6,4'-dimethoxyflavone）[2]；苯丙素类：咖啡酸（caffeic acid）和对 - 香豆酸（p-coumalic acid）[1]；木脂素类：（-）-2-（3'- 甲氧基 -4'- 羟基苯基）-3,4- 二羟基 -4-（3"- 甲氧基 -4"- 羟基苄基）-3- 四氢呋喃甲醇［（-）-2-（3'-methoxy-4'-hydroxy-phenyl）3,4-dihydroxy-4-（3"-methoxy-4"-hydroxybenzyl）-3-tetrahydrofuranmethanol］

和络石苷（tracheloside）[1]；三萜类：β-乙酰香树脂醇（β-amyrin acetate）和 ψ-乙酰蒲公英甾醇（ψ-taraxasterol acetate）[2]；甾体类：豆甾醇（stigmasterol）和 β-谷甾醇（β-sitosterol）[2]；烷醇类：三十二烷醇（dotriacontanol）[2]；元素：锌（Zn）、铜（Cu）、铁（Fe）、锰（Mn）、钙（Ca）、硅（Si）和磷（P）[3]。

根含炔醇类：蓟炔醇 A、B、C（ciryneol A、B、C）、顺式-8,9-环氧-1-十七烯-11,13-二炔-10-醇（cis-8,9-epoxy-heptadeca-1-en-11,13-diyn-10-ol）[4]、8,9,10-三乙酰氧基-1-十七烯-11,13-二炔（8,9,10-triacetoxyheptadeca-1-en-11,13-diyne）、蓟炔酮 F（ciryneone F）、线叶蓟酚 G（cireneol G）、蓟炔醇 H（ciryneol H）[5]、十三-1-烯-3,5,7,9,11-五炔（tridec-1-en-3,5,7,9,11-pentayne）、9,10-环氧基-16-十七烯-4,6-二炔-8-醇（9,10-epoxy-heptadec-16-en-4,6-diyn-8-ol）[6]、1-十七烯-11,13-二炔-8,9,10-三醇（1-heptadecene-11,13-diyn-8,9,10-triol）和蓟炔醇 D、E（ciryneol D、E）[7]；苯丙素类：对-香豆酸（p-coumalic acid）、丁香苷（syrigin）[5]，芥子醛-4-O-β-D-吡喃葡萄糖苷（sinapaldehyde-4-O-β-D-glucopyranoside）、阿魏醛-4-O-β-D-吡喃葡萄糖苷（ferulaldehyde-4-O-β-D-glucopyranoside）、绿原酸（chlorogenic acid）和 1,5-二-O-咖啡酰奎宁酸（1,5-di-O-caffeoylquinic acid）[8]；黄酮类：蒙花苷（buddleoside）[5,8]、5,7,4'-三羟基-6-甲氧基黄酮-7-O-α-L-吡喃鼠李糖基-（1→2）-β-D-吡喃葡萄糖苷［5,7,4'-trihydroxy-6-methoxyflavone-7-O-α-L-rhamnopyranosyl-（1→2）-β-D-glucopyranoside］[8]、柳穿鱼苷（pecaalinarin）、金合欢素（acacetin）、槲皮素（quercetin）、香叶木素（diosmetin）和田蓟苷（tilianin）[9]；酚苷类：它乔糖苷（tachioside）[8]；核苷类：尿苷（uridine）和胸腺嘧啶（thymine）[9]；甾醇类：β-谷甾醇（β-sitosterol）、胡萝卜苷（daucosterol）[5]和豆甾醇-3-O-β-D 吡喃葡萄糖苷（stigmasterol 3-O-β-D-glucopyranoside）[9]；挥发油类：二氢单紫杉烯（dihydroaplotaxene）、四氢单紫杉烯（tetrahydroaplotaxene）、云木香烯（aplotaxene）[10]、顺式-8,9-环氧-十七烷-10-醇（cis-8,9-epoxy-heptadecan-10-ol）[11]、香附烯（cyperene）、1-十五烯（1-pentadecene）、β-石竹烯（β-caryophyllene）、六氢单紫杉烯（hexahydroaplotaxene）、二氢葛缕醇（dihydrocarveol）、云木香烯（aplotaxene）、丁香烯氧化物（caryophyllene oxide）、右旋大根香叶烯-4-醇（germacrene D-4-ol）和桉油烯醇（spathulenol）[12]；脂肪酸类：十六烷酸（hexadecanoic acid）[12]。

根茎含挥发油类：丁香烯氧化物（caryophyllene oxide）、香根草油醇（khusinol）、α-雪松烯（α-himachalene）、云木香烯（aplotaxene）、丁香油酚（eugenol）和孔酚*（kongol）[13]；脂肪酸类：棕榈酸（palmitic acid）、豆蔻酸（myristic acid）、十五酸（pentadecanoic acid）、亚油酸（linoleic acid）和油酸（oleic acid）等[13]。

地上部分含苯丙素类：1-［3-（4-羟基苯氧基）-1-丙烯基］-3,5-二甲氧基苯-4-O-β-D-吡喃葡萄糖苷{1-［3-（4-hydroxyphenoxyl）-1-propenyl］-3,5-dimethoxyphene-4-O-β-D-glucopyranoside}、1-［3-（3,4,5-三甲氧基苯氧基）-1-丙烯基］-3-甲氧基苯-4-O-β-D-吡喃葡萄糖苷{1-［3-（3,4,5-trimethoxyphenoxyl）-1-propenyl］-3-methoxyphene-4-O-β-D-glucopyranoside}、1-［3-（3-甲氧基-4-羟基苯氧基）-1-丙烯基］-3-甲氧基苯基-4-O-β-D-吡喃葡萄糖苷{1-［3-（3-methoxy-4-hydroxyphenoxyl）-1-propenyl］-3-methoxyphene-4-O-β-D-glucopyranoside}、紫丁香苷（syringin）、松柏苷（coniferinoside）、芥子醇-1,3-二吡喃葡萄糖苷（sinapyl alcohol-1,3-diglucopyranoside）、紫丁香酚苷（syringinoside）、肉苁蓉苷 F、M（cistanoside F、M）、广防风苷 A（epimeridinoside A）和异肉苁蓉苷 C（isocistanoside C）[14]；苯乙醇苷类：3,4-二羟基苯乙基-8-O-β-D-葡萄糖苷（3,4-dihydroxyphenylethyl-8-O-β-D-glucoside）[14]；黄酮类：高车前素-7-新橙皮糖苷（hispidulin-7-neohesperidoside）、蒙花苷（linarin）、毛地黄黄酮（luteolin）、柳穿鱼苷（pectolinarin）[15]、5,7-二羟基-6,4'-二甲氧基黄酮（5,7-dihydroxy-6,4'-dimethoxyflavone）[16]和香叶木素（diosmetin）[17]；三萜类：β-乙酰香树脂醇（β-amyrin acetate）和 ψ-乙酰蒲公英甾醇（ψ-taraxasterol acetate）[16]；甾体类：豆甾醇（stigmasterol）和 β-谷甾醇（β-sitosterol）[16]；挥发油类：邻苯二甲酸双-2-乙基己酯［bis（2-ethylhexyl）-2-benzenedicarboxylate］、邻苯二甲酸二异辛酯（diisoctyl 1,2-benzenedicarboxylate）、邻苯二甲酸单-2-乙基己基酯（mono-2-ethylhexyl phthalate）[18]、α-香柠檬烯（α-bergapten）、α-榄香烯（α-elemene）、杜松烯（cadinene）、丁香烯氧化物（caryophyllene oxide）

和去氢白菖烯（calamenene）等[19]；烷醇类：三十二烷醇（dotriacontanol）[16]；元素：钠（Na）、镁（Mg）、钾（K）、钙（Ca）、锰（Mn）、铁（Fe）、铜（Cu）和锌（Zn）[20]。

叶含黄酮类：木犀草素（luteolin）、芹菜素（apigenin）和粗毛豚草素（hispidulin）[21]。

花含黄酮类：木犀草素（luteolin）和芹菜素（apigenin）[21]。

【药理作用】1.抗糖尿病　叶或根的粉末可显著降低链脲佐菌素（STZ）诱导的糖尿病大鼠血浆葡萄糖（GLU）含量[1]；根的甲醇提取物可显著抑制β-葡萄糖苷酶活性[2]。2.抗氧化　根的水提取物及甲醇提取物对羟自由基（·OH）及1,1-二苯基-2-三硝基苯肼（DPPH）自由基具有较强的清除作用和金属螯合作用，且呈剂量依赖性[2]。3.降血压　地上部分的醇提取物可显著降低两肾一夹高血压模型大鼠的血压，显著升高血清一氧化氮（NO）及一氧化氮合酶（NOS）含量，降低血浆中血管紧张素Ⅱ的含量[3]；地上部分醇提取物可降低 Wichterman 方法建立的败血症休克模型大鼠的心功能，降低平均颈动脉压、左心室收缩压、左心室升高最大变化速率和左心室降低最大变化速率，升高左心室舒张末压，调节血清中肿瘤坏死因子-α（TNF-α）、白细胞介素-1β（IL-1β）和白细胞介素-6（IL-6）的含量[4]；地上部分的水提取物可显著降低冷激诱导所致的高血压模型小鼠的血压至近正常值，恢复模型小鼠肾脏中肾小囊及肾脏和心脏组织细胞密度恢复至正常值，显著缩短凝血时间（PT）[5]；地上部分的水提取物对离体大鼠内皮完整的胸主动脉环均有浓度依赖性的舒张作用，对苯肾上腺素（PE）预收缩血管具有舒张作用，一氧化氮合酶抑制剂 L-NAME 和鸟苷酸环化酶抑制剂 MB 预处理后血管舒张作用均被阻断，但用环氧合酶抑制剂吲哚美辛，不能阻断大蓟引起的舒张血管的作用[6]。4.抗肿瘤　地上部分碳制品中分离的香叶木素（diosmetin）能显著抑制人乳腺癌 MCF-7 细胞的增殖并且诱导细胞凋亡，可上调 P-JNK，促进细胞凋亡[7]；地上部分总黄酮能极为显著地提高荷瘤小鼠细胞产生白细胞介素-1（IL-1）和白细胞介素-2（IL-2）的转录水平[8]；地上部分的总黄酮可诱导人肝癌 SMMC-7721 细胞和人子宫癌 HeLa 细胞的凋亡[9]。

【性味与归经】大蓟根：甘、苦，凉。归心、肝经。大蓟：甘、苦，凉。归心、肝经。大蓟虫瘿：平或热。

【功能与主治】大蓟根：凉血止血，祛瘀消肿。用于衄血、吐血、尿血、便血、崩漏下血、外伤出血、痈肿疮毒。大蓟：凉血止血，祛瘀消肿。用于衄血、吐血、尿血、便血、崩漏下血、外伤出血、痈肿疮毒。大蓟虫瘿：滑肠通便，补肾生精，润肺，补胃消食。用于大便秘结、肾虚、性欲减退、食欲不振、喉干咳嗽、清音、毛囊炎。

【用法与用量】大蓟根：煎服 9～15g；外用鲜品适量，捣敷患处。大蓟：煎服 9～15g；外用鲜品适量，捣烂敷患处。大蓟虫瘿：煎服或入丸、膏及散剂。用量 1 次 12.5g 或遵医嘱酌情增减。

【药用标准】大蓟根：浙江炮规 2015；大蓟：药典 1977—2015、浙江炮规 2005、新疆药品 1980 二册、香港药材七册和台湾 2013；大蓟虫瘿：新疆维药 1993。

【临床参考】1.肌肉硬结：地上部分研末，与淀粉按 1：1 比例拌匀，加温水调为糊状，摊在纱布上敷患处，6h 换药 1 次[1]。

2.关节扭伤：地上部分研末，与淀粉按 1：1 比例拌匀，加温水调为糊状，摊在纱布上敷患处，每日 1～2 次，伤后立即冷敷抬高患肢，24h 后运用本方[2]。

3.乳腺炎：根，洗净阴干，捣烂取汁，加 20% 凡士林搅拌，待 30min 后成膏状，发炎期涂在消毒纱布上敷患部，4～6h 换药 1 次；化脓期先行局部切口引流，再敷膏，4h 换药 1 次，3 天后 6h 换药 1 次[3]。

4.急性扁桃腺炎：鲜根 60g，加鲜土牛膝、鲜酢浆草各 60g，发热不退者加鲜白花蛇舌草、鲜白茅根各 30g；吞咽困难者加鲜白田乌草 30g；口渴多饮者加甘草、绿豆汤。水煎服，每日 1 剂，严重者每日 2 剂，小儿根据年龄酌情减量，治疗期用盐水含漱，每日数次[4]。

5.风热型荨麻疹：鲜根，洗净，刮去表皮并抽去木心，留中层肉质部分 100g（或干品 50g，小儿酌减），水煎服，忌食腥臭及刺激性食物[5]。

6.带下病：根 100g，加仙鹤草、红枣各 100g，平地木 30g，瘦猪肉 200g，用水 750ml 煎至 200ml，空腹食肉服汤，5 剂 1 疗程[6]。

7. 上消化道出血：根150g，研细粉，白糖30g，香料适量拌匀，吞服，每日3次，每次3g。

8. 吐血：地上部分9～15g，加侧柏叶、白茅根、仙鹤草各9～15g，水煎服。

9. 功能性子宫出血、月经过多：地上部分9g，加小蓟、茜草、炒蒲黄（包煎）各9g，女贞子、旱莲草各12g，水煎服。

10. 肝炎、胆囊炎：根15~30g，加红枣60g，水煎服。

11. 肾炎：根30g，加白茅根、益母草各30g，水煎服。

12. 烫伤：鲜根适量，捣烂绞汁，外敷患处。

13. 副鼻窦炎：鲜根90g，鸡蛋2～3只同煮，食蛋服汤（7方至13方引自《浙江药用植物志》）

【附注】大蓟始载于《名医别录》，与小蓟合条。《本草经集注》云："大蓟是虎蓟，小蓟是猫蓟，叶并多刺，相似，田野甚多。"《新修本草》云："大蓟生山谷，根疗痈肿。"《本草图经》云："小蓟根，《本经》不著所出州土，今处处有之，俗名青刺蓟。苗高尺余，叶多刺，心中出花，头如红蓝花而青紫色……大蓟根苗与此相似但肥大耳。"《本草衍义》载："大小蓟皆相似，花如髻。但大蓟高三四尺，叶皱，小蓟高一尺许，叶不皱，以此为异。"《救荒本草》载："大蓟，生山谷中，今郑州山野间亦有之。苗高三四尺。茎五棱。叶似大花苦苣菜叶。茎叶俱多刺，其叶多皱。叶中心开淡紫花。"《植物名实图考》云："大蓟，今江西、南赣产者根较肥，土医呼为土人参，或以欺人。"综上所述，植株高大，叶皱者为本种。

药材大蓟根虚寒出血、脾胃虚寒者禁服；大蓟虫瘿女子月经期忌用，男子天热时禁用。

【化学参考文献】

[1] 陆颖，段书涛，潘家祜，等．中药大蓟化学成分的研究［J］．天然产物研究与开发，2009，21（4）：563-565．

[2] 顾玉诚，屠呦呦．大蓟化学成分的研究［J］．中国中药杂志，1992，17（8）：489-490．

[3] 刘晶，王薇，吕秀莲．大蓟微量元素的含量测定［J］．中医药学报，1997，2：50．

[4] Takaishi Y，Okuyama T，Masuda A，et al. Acetylenes from *Cirsium japonicum*［J］．Phytochemistry，1990，29（12）：3849-3852．

[5] 植飞，孔令义，彭司勋．大蓟化学成分的研究［J］．药学学报，2003，38（6）：442-447．

[6] Kawazu K，Nishii Y，Nakajima S. Two nematicidal substances from roots of *Cirsium japonicum*［J］．J Agr Chem Soc Japan，1980，44（4）：903-906．

[7] Takaishi Y，Okuyama T，Nakano K，et al. Absolute configuration of a triolacetylene from *Cirsium japonicum*［J］．Phytochemistry，1991，30（7）：2321-2324．

[8] Miyaichi Y，Matsuura M，Tomimori T. Phenolic compound from the roots of *Cirsium japonicum* DC.［J］．Natural Medicines，1995，49（1）：92-94．

[9] 蒋秀蕾，范春林，叶文才．大蓟化学成分的研究［J］．中草药，2006，37（4）：510-512．

[10] Yano K. Hydrocarbons from *Cirsium japonicum*［J］．Phytochemistry，1977，16（2）：263-264．

[11] Katsumi Y. A new acetylenic alcohol from *Cirsium japonicum*［J］．Phytochemistry，1980，19（8）：1864-1866．

[12] Miyazawa M，Yamafuji C，Ishikawa Y. Volatile components of *Cirsium japonicum* DC.［J］．J Essential Oil Res，2005，17（1）：12-16．

[13] Miyazawa M，Yamafuji C，Kurose K，et al. Volatile components of the rhizomes of *Cirsium japonicum* DC.［J］．Flavour Frag J，2003，18（1）：15-17．

[14] Shang D L，Ma Q G，Wei R R. Cytotoxic phenylpropanoid glycosides from *Cirsium japonicum*［J］．J Asian Nat Prod Res，2016，18（12）：122-1130．

[15] Ganzera M，Pöcher A，Stuppner H. Differentiation of *Cirsium japonicum* and *C. setosum* by TLC and HPLC-MS［J］．Phytochem Anal，2010，16（3）：205-209．

[16] 顾玉诚，屠呦呦．大蓟化学成分的研究［J］．中国中药杂志，1992，17（8）：489-490．

[17] 姚亮亮，王晓珊，何军伟，等．大蓟炭中香叶木素诱导人乳腺癌MCF-7细胞凋亡及其机制研究［J］．天然产物研究与开发，2017，29：767-773．

[18] 罗浔，杨志荣．大蓟挥发油的GC-MS分析及其抑菌活性的研究［J］．四川大学学报（自然科学版），2009，46（5）：1531-1536．

[19] 符玲，王海波，王健，等．中药大蓟地上部位的 GC-MS 分析［J］．中国民族民间医药，2010，19（3）：11，20．
[20] 刘兆华，龚千锋，陈泣，等．微波消解结合 ICP-OES 法测定大蓟不同炮制品中的微量元素［J］．世界中西医结合杂志，2014，9（7）：717-719．
[21] Kim S J, Kim G H. Identification of flavones in different parts of *Cirsium japonicum*［J］．J Food Sci Nutr, 2003, 8（4）: 330-335．

【药理参考文献】
[1] Han H K, Je H S, Kim G H. Effects of *Cirsium japonicum* powder on plasma glucose and lipid level in streptozotocin induced diabetic rats［J］．Korean J Food Sci Technol, 2010, 42（3）: 343-349．
[2] Yin J, Heo S I, Wang M H. Antioxidant and antidiabetic activities of extracts from *Cirsium japonicum* roots［J］．Nutrition Research and Practice, 2008, 2（4）: 247-251．
[3] 梁颖，薛立华，闫琳，等．大蓟醇提物对肾性高血压大鼠血压的影响［J］．辽宁中医杂志，2011，38（9）：1895-1896．
[4] 梁颖，乔建荣，田珏．大蓟醇提物对败血症休克大鼠的影响及可能的机制［J］．2018，40（7）：587-589．
[5] 王振平，毕佳，陈忠科．大蓟水煎剂治疗小鼠高血压的研究［J］．山东大学学报（理学版），2011，46（7）：7-10．
[6] 朴香兰，陈华勇，金范．大蓟水提取物对正常大鼠离体胸主动脉环的舒张作用及其机制［J］．四川中医，2009，27（9）：21-23．
[7] 姚亮亮，王晓珊，何军伟，等．大蓟炭中香叶木素诱导人乳腺癌 MCF-7 细胞凋亡及其机制研究［J］．天然产物研究与开发，2017，29：767-773．
[8] 刘素君，周泽斌，胡霞，等．大蓟总黄酮对荷瘤小鼠白细胞介素 -1 和白细胞介素 -2 的影响［J］．时珍国医国药，2008，19（2）：335-337．
[9] 刘素君，郭红，潘明，等．大蓟总黄酮诱导肿瘤细胞凋亡作用的研究［J］．时珍国医国药，2010，21（2）：294-295．

【临床参考文献】
[1] 林冬梅．大蓟方治疗肌肉硬结［J］．护理研究（上旬版），2005，19（7）：1147．
[2] 于奥军，于美燕．大蓟方在治疗关节扭伤中的应用［J］．中国民间疗法，2010，18（9）：79．
[3] 祖荣生．大蓟膏治疗乳腺炎［J］．福建医药杂志，1979，（4）：17．
[4] 吴盛荣．大蓟解毒汤治疗急性扁桃腺炎［J］．时珍国药研究，1994，5（1）：47．
[5] 张桂宝．单味大蓟治疗荨麻疹［J］．基层医刊，1982，（5）：39．
[6] 汪张林，汪铭娟．仙鹤大蓟汤治妇女带下病的体会［J］．中国乡村医药，1998，5（1）：11．

1014. 刺儿菜（图 1014）• *Cirsium setosum*（Willd.）MB.［*Cephalanoplos setosum*（Willd.）Kitam.；*Cephalonoplos segetum*（Bunge）Kitamura；*Cirsium segetum* Bunge］

【别名】刻叶刺儿菜，小蓟、野红花（浙江），大刺儿菜（山东），大蓟。

【形态】多年生草本，高 30～100cm。茎直立，无毛或被蛛丝状毛。叶互生，基生叶和中部茎叶长椭圆形或长椭圆状披针形，长 4～10cm，宽 1～4cm，顶端钝尖，基部楔形或圆钝，全缘或齿裂，叶缘具针刺，两面近乎同色，无毛或被稀疏的蛛丝状毛；具短柄或无柄，上部叶渐小，无柄。头状花序单生茎顶，或在茎枝顶端排成伞房花序；雌雄异株，雄株头状花序较小，雌株较大；总苞卵形；总苞片约 6 层，向内层渐长，矩圆状披针形，顶端渐尖，膜质，具短针刺。花管状，紫红色或白色，雄花花冠长 17～20mm，雌花花冠长约 24mm。瘦果椭圆形，压扁；冠毛污白色，多层，羽毛状，整体脱落。花果期 4～9 月。

【生境与分布】生于水沟边、山坡、荒地、田间。分布于华东各地，另除广东、广西、云南、西藏外，几遍我国其他各地；日本、朝鲜、俄罗斯也有分布。

刺儿菜与蓟的区别点：刺儿菜叶片全缘或齿裂，两面无毛或被稀疏的蛛丝状毛；雌雄异株。蓟叶片边缘羽状深裂，被稠密或稀疏的多细胞长节毛；雌雄同株。

图 1014　刺儿菜　　　　　　　　　　　　　摄影　张芬耀等

【药名与部位】小蓟，地上部分。

【采集加工】夏、秋二季开花时采收，除去杂质，干燥或鲜用。

【药材性状】茎呈圆柱形，有的上部分枝，长 5～30cm，直径 0.2～0.5cm；表面灰绿色或带紫色，具纵棱及白色柔毛；质脆，易折断，断面中空。叶互生，无柄或有短柄；叶片皱缩或破碎，完整者展平后呈长椭圆形或长圆状披针形，长 3～12cm，宽 0.5～3cm；全缘或微齿裂至羽状深裂，齿尖具针刺；上表面绿褐色，下表面灰绿色，两面均具白色柔毛。头状花序单个或数个顶生；总苞钟状，苞片 5～8 层，黄绿色；花紫红色。气微，味微苦。

【药材炮制】小蓟：除去杂质，洗净，稍润，切段，干燥。小蓟炭：取小蓟饮片，炒至浓烟上冒，表面焦黑色，内部棕褐色时，微喷水，灭尽火星，取出，晾干。

【化学成分】全草含黄酮类：5,7- 二羟基黄酮（5,7-dihydroxyflavone）、7- 葡萄糖酸 -5,6- 二羟基黄酮（7-gluconic acid-5,6-dihydroxyflavone）、芦丁（rutin）[1]，刺槐素 -7- 鼠李糖苷（acacetin-7-rhamnoside）[2]，苜蓿素（tricin）、芹菜素（apigenin）、苜蓿素 -7-O-β-D- 葡萄糖（tricin-7-O-β-D-glucopyranoside）[3]，4',5,6- 三羟基 -7- 甲氧基黄酮（4',5,6-trihydroxy-7-methoxyflavone）、4',5- 二羟基 -7,8- 二甲氧基黄酮（4',5-dihydroxy-7,8-dimethoxyflavone）、珍珠梅种苷 -6-O-β- 吡喃葡萄糖苷（sorbifolin-6-O-β-glucopyranoside）、山奈酚（kaempferol）、山奈酚 -7-O-α-L- 鼠李糖苷（kaempferol-7-O-α-L-rhamnoside）、槲皮素 -3-O-β-D- 葡萄糖基 -7-O-α-L- 鼠李糖苷（quercetin-3-O-β-D-glucosyl-7-O-α-L-rhamnoside）、杨梅素（myricetin）、杨梅素 -3-O-β-D- 葡萄糖苷（myricetin-3-O-β-D-glucoside）、5,7- 二羟基 -3',4'- 二甲氧基黄酮（5,7-dihydroxy-3',4'-dimethoxyflavone）、3',4',5- 三羟基 -3,7- 二甲氧基黄酮（3',4',5-trihydroxy-3,7-dimethoxyflavone）、3',3,4',5- 四羟基 -7- 甲氧基黄酮（3',3,4',5-tetrahydroxy-7-methoxyflavone）、3'- 羟基 -4',5,7- 三甲氧基黄酮（3'-hydroxy-4',5,7-trimethoxyflavone）、7- 羟基 -3',4',5- 三甲氧基黄酮（7-hydroxy-3',4',5-trimethoxyflavone）、

4',5-二羟基-2',3',7,8-四甲氧基黄酮（4',5-dihydroxy-2',3',7,8-tetramethoxylflavone）和5-羟基-2',3',7,8-四甲氧基黄酮（5-hydroxy-2',3',7,8-tetramethoxylflavone）[4]；三萜类：熊果酸甲酯（methyl ursolate）和齐墩果酸（oleanolic acid）[1]；甾体类：胆甾醇（cholesterol）[1]和β-谷甾醇（β-sitosterol）[3]；苯丙素类：咖啡酸（caffeic acid）、香豆酸（courmaric acid）[3],1"-O-(7S)-7-(3-甲氧基-4-羟苯基)-7-甲氧基乙基-3"-α-L-吡喃鼠李糖基-4"-[(8E)-7-(3-甲氧基-4-羟苯基)-8-丙烯酸]-β-D-吡喃葡萄糖酯苷｛1"-O-(7S)-7-(3-methoxyl-4-hydroxyphenyl)-7-methoxyethyl-3"-α-L-rhamnopyranosyl-4"-[(8E)-7-(3-methoxyl-4-hydroxyphenyl)-8-propenoate]-β-D-glucopyranoside}、1"-O-(7S)-7-(3-甲氧基-4-羟苯基)-7-甲氧基乙基-3"-α-L-吡喃鼠李糖基-4"-[(8E)-7-(4-羟苯基)-8-丙烯酸]-β-D-吡喃葡萄糖酯苷]｛1"-O-(7S)-7-(3-methoxyl-4-hydroxylphenyl)-7-methoxyethyl-3"-α-L-rhamnopyranosyl-4"-[(8E)-7-(4-hydroxyphenyl)-8-propenoate]-β-D-glucopyranoside}、肉苁蓉苷D（cistanoside D）、毛蕊花糖苷（acteoside）、1"-O-7-(4-羟基苯基)-7-乙基-6"-[(8E)-7-(3,4-二羟基苯基)-8-丙烯酸]-β-D-葡萄糖酯苷｛1"-O-7-(4-hydroxyphenyl)-7-ethyl-6"-[(8E)-7-(3,4-dihydroxyphenyl)-8-propenoate]-β-D-glucopyranoside}、荷苞花苷B（calceolarioside B）和樟叶越桔苷C、D（dunalianoside C、D）[5]；二元羧酸类：丁二酸（succinic acid）[3]。

茎含三萜类：3β,22α-二羟基-20-蒲公英萜烯-30-酸（3β,22α-dihydroxy-20-taraxasten-30-oic acid）、3β-羟基-22-酮基-20-蒲公英萜烯-30-酸（3β-hydroxy-22-oxo-20-taraxasten-30-oic acid）、3-酮基-22α-羟基-20-蒲公英萜烯-30-酸（3-oxo-22α-hydroxy-20-taraxasten-30-oic acid）、3β,19β-二羟基-20-蒲公英萜烯-30-酸（3β,19β-dihydroxy-20-taraxasten-30-oic acid）[6],3β-羟基-30-过氧氢-20-蒲公英萜烯（3β-hydroxy-30-hydroperoxy-20-taraxastene）、3β-羟基-22α-甲氧基-20-蒲公英萜烯（3β-hydroxy-22α-methoxy-20-taraxastene）、30-去甲基-3β,22α-二羟基-20-蒲公英萜烯（30-nor-3β,22α-dihydroxy-20-taraxastene）、3β,22-二羟基-20-蒲公英萜烯（3β,22-dihydroxy-20-taraxastene）、20-蒲公英萜烯-3,22-二酮（20-taraxastene-3,22-dione）、3β-乙酰氧基-20-蒲公英萜烯-22-酮（3β-acetoxy-20-taraxasten-22-one）、3β-羟基-20-蒲公英萜烯-22-酮（3β-hydroxy-20-taraxasten-22-one）和30-去甲基-3β-羟基-20-蒲公英萜烯（30-nor-3β-hydroxy-20-taraxastene）[7]；螺环类：α-生育螺环A、B、C（α-tocospiro A、B、C）[8]。

地上部分含黄酮类：蒙花苷（linarin）、刺槐素（acacetin）、芹菜素-7-O-β-D-葡萄糖醛酸丁酯（apigenin-7-O-β-D-butylglucuronide）[9]、芹菜素-7-O-[6"-(E)-对-香豆酰基]-β-D-半乳糖苷｛apigenin-7-O-[6"-(E)-p-coumaroyl]-β-D-galactopyranoside}、槲皮素（quercetin）[10]、芦丁（rutin）[11]、芹菜素（apigenin）、木犀草素（luteolin）、异山奈素-7-O-β-D-吡喃葡萄糖苷（isokaempferide-7-O-β-D-glucopyranoside）、高车前苷（homoplantaginin）和岳桦素（ermanin）[12]；生物碱类：乙酸橙酰胺（aurantiamide acetate）[6]，西红柿碱*-1（lycoperodine-1）[10]和马齿苋酰胺E（oleracein E）[12]；苯丙素类：芥子醇-9-O-(E)-对-香豆酰基-4-O-β-D-吡喃葡萄糖苷[sinapyl alcohol 9-O-(E)-p-coumaroyl-4-O-β-D-glucopyanoside][10]，去酰基反式对香豆酸酯（decyl trans-p-coumarate）[12],1-(3',4'-二羟基肉桂酰)-环戊-2,3-二酚[1-(3'-4'-dihydroxycinnamoyl)-cyclopenta-2,3-diol]、5-O-咖啡酰基奎宁酸（5-O-caffeoylquinic acid）和绿原酸（chlorogenic acid）[11]；酚酸类：原儿茶酸（protocatechuic acid）[11]，原儿茶醛（protocatechuicaldehyde）[11,12]，对羟基苯甲酸（p-hydroxybenzoic acid）、香草酸（vanillic acid）、1,2-苯二酚（1,2-benzenediol）[12]和红景天苷（salidroside）[13]；单萜类：黑麦草内酯（loliolide）[9]和柑橘苷A（citroside A）[13]；降倍半萜类：(7E,9R)-9-羟基-5,7-大柱香波龙二烯-4-酮-9-O-α-L-吡喃阿拉伯糖基-(1→6)-β-D-吡喃葡萄糖苷[(7E,9R)-9-hydroxy-5,7-megastigmadien-4-one-9-O-α-L-arabinopyranosyl-(1→6)-β-D-glucopyanoside]和(6R,7E,9R)-9-羟基-4,7-大柱香波龙二烯-3-酮-9-O-α-L-吡喃阿拉伯糖基-(1→6)-β-D-吡喃葡萄糖苷[(6R,7E,9R)-9-hydroxy-4,7-megastigmadien-3-one-9-O-α-L-arabinopyranosyl-(1→6)-β-D-glucopyanoside][13]；木脂素类：乌若脂苷（urolignoside）和4,9,9'-三羟基-3,3'-二甲氧基-8-O-4'-新木脂素-7-O-β-D-吡喃葡萄糖苷（4,9,9'-trihydroxy-3,3'-dimethoxy-8-O-4'-neolignan-7-O-β-D-glucopyranoside）[13]；

核苷类：腺苷（adenosine）[13]；甾体类：β-胡萝卜苷（β-daucosterol）[9]，豆甾醇（stigmasterol）、β-谷甾醇（β-sitosterol）和γ-谷甾醇（γ-sitosterol）[14]；三萜类：α-香树脂醇（α-amyrin）和β-香树脂醇（β-amyrin）[14]；氨基酸类：天冬氨酸（Asp）、苏氨酸（Thr）、丝氨酸（Ser）、谷氨酸（Glu）、甘氨酸（Gly）、丙氨酸（Ala）、缬氨酸（Val）和蛋氨酸（Met）等[15]；维生素类：维生素E（vitamin E）和维生素K（vitamin K）[16]；元素：钾（K）、钠（Na）、钙（Ca）、镁（Mg）、铜（Cu）、锌（Zn）、铁（Fe）、锰（Mn）[15]和硒（Se）[16]。

【药理作用】1. 抗肿瘤　地上部分的水提取液可使人白血病K562细胞、肝癌HepG2细胞、宫颈癌HeLa细胞及胃癌BGC823细胞发生皱缩、变圆、脱壁、裂碎等变化，显著抑制细胞生长[1]。2. 降血压　地上部分的水提取物可显著降低健康家兔血压，减慢心率[2]；地上部分的醇提取物可增强两肾一夹高血压模型大鼠心功能，降低左心重与体重比值，降低血浆中血管紧张素Ⅱ（AngⅡ）的含量，升高血清中一氧化氮（NO）和一氧化氮合酶（NOS）的含量[3]。3. 抗菌　花、叶和茎的挥发油可显著抑制伤寒沙门氏菌、大肠杆菌、变形杆菌、假丝酵母、枯草杆菌、白色念珠菌、绿脓杆菌和金黄色葡萄球菌的生长[4]。4. 止血　地上部分醇提取物的正丁醇部位、总黄酮部位具有显著的凝血和止血作用，乙酸乙酯部位具有一定的止血作用，总黄酮部位可显著抑制实验性炎症[5]。5. 抗败血症　地上部分的醇提取物可显著增强Wichterman方法所致的败血症休克模型大鼠心功能，降低心脏和腹主动脉中叶素及血浆中中叶素的含量，增高血管紧张素Ⅱ的含量，降低血清中一氧化氮和一氧化氮合酶的含量，且呈剂量依赖性[6]。6. 抗糖尿病　从地上部分提取的总黄酮可显著降低四氧嘧啶所致高血糖模型小鼠的血糖，显著升高肝糖原含量，改善细胞萎缩、细胞核密集的情况[7]。

【性味与归经】甘、苦，凉。归心、肝经。

【功能与主治】凉血止血，祛瘀消肿。用于衄血、吐血、尿血、便血、崩漏下血、外伤出血、痈肿疮毒。

【用法与用量】煎服4.5～9g；外用鲜品适量，捣烂敷患处。

【药用标准】药典1963—2015、浙江炮规2005、新疆药品1980二册、香港药材六册和台湾2013。

【临床参考】1. 热淋：鲜地上部分80g，寒热、口苦、呕恶者合小柴胡汤（柴胡、黄芩、党参、半夏、生姜、大枣、甘草）；腹胀便秘甚者加枳实、大黄；高热者合五味消毒饮（金银花、野菊花、蒲公英、紫花地丁、天葵花子）。加水250ml，煎沸3min，取汁温服，每日3次，每日1剂[1]。

2. 肾性血尿：地上部分15g，加蒲黄（包煎）、当归、白茅根、旱莲草各15g，藕节、淡竹叶、栀子、茯苓各12g，炙甘草、黄连各6g，滑石（包煎）18g、生地20g、酸枣仁10g，水煎服，每日1剂，同时口服金水宝、芦丁、双嘧达莫[2]。

3. 疖疮：全草500g，加水1500ml，煎煮8~10min，滤取药液，药渣再加水约1000ml，煎煮5~8min，滤取药液，将两次药液混合，浓缩成膏状涂擦于消毒后的患处，纱布覆盖包扎，每日换药1次，5~8天1疗程[3]。

4. 顽固性失眠：花6g（鲜品10g），用开水30~50ml浸泡约10min，睡前饮水，若效果不显，干品加至10g（鲜品加至15g）持续用药1月，后每5天减干品1g（鲜品2g）[4]。

5. 过敏性紫癜：根20g，加蒲黄（包煎）、藕节、滑石、木通、生地炭、淡竹叶、当归各12g，栀子15g，甘草3g，血热者加银花炭、板蓝根、白茅根各20g；脾虚加黄芪、党参各15g，白术10g；肾虚者加川牛膝、肉苁蓉、山茱萸各12g。水煎，早晚分服，每日1剂，6天1疗程，服药期间停用一切可致敏的药物[5]。

6. 原发性高血压：鲜地上部分200g，水煎分上、下午服，同时口服氨氯地平片5mg[6]。

7. 小儿迁延性肾炎血尿：根12g，加生地黄、滑石（包煎）、猪苓、泽泻、焦栀子、阿胶（分2次烊化）各6g，连翘、生蒲黄（包煎）各8g，茯苓10g，复感外邪者去生地黄、阿胶，加紫花地丁12g，金银花10g、蝉蜕6g；气虚者加太子参6g、黄芪10g、淮山药12g；肝肾阴虚者加枸杞子、菊花各6g，豨莶草10g；血尿明显者加旱莲草15g、白茅根10g、琥珀2g（分2次冲服）。水煎，分2次服，每日1剂，以上为8岁儿童用量,可根据年龄酌情加减[7]。

8. 吐血、咯血、衄血:地上部分15g,加生地、藕节各15g,水煎服。(《浙江药用植物志》)

9. 传染性肝炎、肝肿大:鲜根60g,水煎服,10天为1疗程。(《常用中草药图谱》)

【附注】小蓟始载于《名医别录》,与大蓟合条。《本草图经》云:"小蓟根,《本经》不着所出州土,今处处有之,俗名青刺蓟。苗高尺余,叶多刺,心中出花,头如红蓝花而青紫色。北人呼为千针草。当二月苗初生二三寸时,并根作茹,食之甚美。"并附"冀州小蓟根"图。明《本草乘雅半偈》云:"与大蓟根苗相似,但不若大蓟之肥大耳。故称为小蓟。"《医学衷中参西录》云:"小蓟,山东俗名萋萋菜,萋字当为蓟字之转音,奉天俗名枪刀菜,因其多刺如枪刀也。"另《救荒本草》所绘花序形态与本种相似。

Flora of China 已将本种改定为丝路蓟 *Cirsium arvense*（Linn.）Scop. 的变种刺儿菜 *Cirsium arvense* var. *integrifolium* Wimmer et Grabowski。

药材小蓟虚寒出血、脾胃虚寒者禁服。

【化学参考文献】

[1] 周清,陈玲,刘志鹏,等. 小蓟的化学成分研究 [J]. 中药材,2007,30(1):45-47.

[2] 高桂枝,王圣巍,王俏. 刺儿菜中刺槐素-7-鼠李葡萄糖苷和芦丁的分离鉴定 [J]. 中草药,2002,33(8):694.

[3] 韩百翠. 小蓟化学成分的分离与鉴定 [J]. 沈阳药科大学学报,2008,25(10):793-795.

[4] 马勤阁,魏荣锐,柳文敏,等. 小蓟中黄酮类化学成分的研究 [J]. 中国中药杂志,2016,41(5):868-873.

[5] Ma Q G,Guo Y M,Luo B M,et al. Hepatoprotective phenylethanoid glycosides from *Cirsium setosum* [J]. Nat Prod Res,2016,30(16):1824-1829.

[6] Luan N,Wei W D,Wang A L,et al. Four new taraxastane-type triterpenoic acids from *Cirsium setosum* [J]. J Asian Nat Prod Res,2016,18(11):1015-1023.

[7] Li X T,Zhong X J,Wang X,et al. Bioassay-guided isolation of triterpenoids as α-glucosidase inhibitors from *Cirsium setosum* [J]. Molecules,2019,24(10):1844.

[8] Yuan Z Z,Duan H M,Xu Y Y,et al. α-Tocospiro C,a novel cytotoxic α-tocopheroid from *Cirsium setosum* [J]. Phytochem Lett,2014,8:116-120.

[9] 潘珂,尹永芹,孔令义. 小蓟化学成分的研究 [J]. 中国现代中药,2006,8(4):7-9.

[10] Ke R,Zhu E Y,Chou G X. A new phenylpropanoid glycoside from *Cirsium setosum* [J]. Acta Pharm Sin,2010,45(7):879-882.

[11] 许浚,张铁军,龚苏晓,等. 小蓟止血活性部位的化学成分研究 [J]. 中草药,2010,41(4):542-544.

[12] 杨泰然,徐广涛,徐晓雪,等. 小蓟化学成分的分离与鉴定 [J]. 沈阳药科大学学报,2015,32(6):419-423.

[13] Jiang H,Meng Y H,Yang L,et al. A new megastigmane glycoside from the aerial parts of *Cirsium setosum* [J]. Chin J Nat Med,2013,11(5):534-537.

[14] Nikolaeva I G,Tsybiktarova L P,Taraskin V V,et al. Lipid composition of *Cirsium setosum* [J]. Chem Nat Comp,2019,55(4):714-715.

[15] 潘浦群,张秋,王丽娟. 野生刺儿菜和刻叶刺儿菜中氨基酸与微量元素含量的比较分析 [J]. 安徽农业科学,2009,37(29):14109-14110.

[16] 李桂凤,董淑敏. 野生刺儿菜营养成分分析 [J]. 营养学报,1999,21(4):478-479.

【药理参考文献】

[1] 李煜,王振飞,贾瑞贞. 小蓟水提液对4种癌细胞生长抑制作用的研究 [J]. 中华中医药学刊,2008,26(2):274-275.

[2] 梁军,张志宁,叶莉. 小蓟水提取物对家兔心血管活动的影响 [J]. 山西中医,2011,27(6):50-51.

[3] 梁颖,黎济荣,闫琳,等. 小蓟醇提物对两肾一夹高血压大鼠的影响及其机制 [J]. 辽宁中医杂志,2011,38(10):2087-2088.

[4] 卫强,周莉莉. 小蓟中挥发油成分的分析及其抑菌与止血作用的研究 [J]. 华西药学杂志,2016,31(6):604-610.

[5] 杨星昊,崔敬浩,丁安伟. 小蓟提取物对凝血、出血及实验性炎症的影响 [J]. 四川中医,2006,24(1):17-19.

[6] 乔建荣,梁颖,杨晓玲,等. 小蓟醇提物对败血症休克大鼠血浆 Intermedin 的影响 [J]. 时珍国医国药,

2015, 26 (1): 62-64.

[7] 王倩. 小蓟总黄酮对大、小鼠糖尿病模型的影响 [D]. 郑州: 河南中医学院硕士学位论文, 2015.

【临床参考文献】

[1] 孙家元. 单味鲜小蓟治疗热淋 36 例疗效观察 [J]. 中国中医药信息杂志, 2010, 17 (8): 65.

[2] 郭伟, 李宁, 马居里. 加味小蓟饮子治疗肾性血尿的经验 [J]. 黑龙江中医药, 2010, 39 (4): 20-21.

[3] 刘银巧. 小蓟膏治疗疖疮 30 例 [J]. 医药导报, 2002, 21 (11): 715.

[4] 侯云芬, 付学娟, 王成菊. 小蓟花治疗顽固性失眠 [J]. 中国民间疗法, 1998, 6 (3): 55.

[5] 王东, 随振玉. 小蓟饮子加减治疗过敏性紫癜 38 例报告 [J]. 安徽中医临床杂志, 2000, 12 (3): 254.

[6] 张京. 小蓟治疗原发性高血压 3 例报告 [J]. 安徽医学, 2005, 26 (4): 339.

[7] 戴天铸, 戴素娟. 小蓟猪苓汤治疗小儿迁延性肾炎血尿 36 例 [J]. 中国民间疗法, 2000, 8 (8): 25-26.

36. 风毛菊属 *Saussurea* DC.

二年生或多年生草本。叶互生,全缘,具齿或羽状分裂。头状花序通常伞房状、总状或单生;总苞球状、钟状或筒状;总苞片多层,覆瓦状排列,紧贴,顶端急尖或渐尖,全缘或具细齿,有时具紫色膜质附片;全部小花两性,花冠管状,5 裂至中部,檐部膨大成钟状;雄蕊 5,花丝无毛,花药基部箭状,尾部撕裂;花柱分枝条形,顶端稍钝。瘦果椭圆形至棍棒形,顶端截平或具小冠,4 棱或多棱,光滑或有皱纹,棕色或黑色,常有紫色斑点;冠毛 1~2 层,外层短,内层羽毛状,基部联合成环。

约 400 种,主要分布于亚洲和欧洲。中国约 300 种,南北各地均产,法定药用植物 15 种。华东地区法定药用植物 1 种。

1015. 风毛菊 (图 1015) • *Saussurea japonica* (Thunb.) DC.

图 1015 风毛菊   摄影 李华东等

【别名】八楞木、八楞麻（江苏），凤毛菊花。

【形态】二年生草本，高25～150cm。茎直立，上部分枝，被短毛和腺点。基部叶长椭圆形，长20～30cm，宽7～10cm，羽状深裂，基部下延成柄翅或延至基部，具长柄；上部叶渐小，全缘或羽状浅裂，具短柄或几无柄，全部叶两面具腺点和短糙毛。头状花序多数，在茎枝顶端排成密伞房状；花序梗长2～20mm，基部有1钻形苞片；总苞圆筒状，长7～12mm，被细柔毛及腺点；总苞片6层，外层短小，卵形，顶端钝，中、内层条状披针形，顶端具扩大的圆形膜质附片，附片紫红色具齿；小花多数，花冠管状，紫红色，长10～14mm。瘦果长椭圆形，棕色，无毛；冠毛2层，淡棕色，外层短，刚毛状，内层长，羽毛状。花果期6～11月。

【生境与分布】生于山坡草地、沟边路旁。分布于华东各地，另华南、西北、东北等地区均有分布；朝鲜、日本也有分布。

【药名与部位】八楞木，全草。

【采集加工】夏、秋二季采收，洗去泥沙，晒干。

【药材性状】根呈纺锤形。茎呈类圆柱形，长约1m，直径0.5～0.8cm。外表面灰褐色或棕褐色，具数条纵棱，节明显，呈螺旋状排列，节间长2～6cm。质脆，易折断，断面髓部宽广，呈类白色或黄白色，中心有一小孔洞。叶多破碎，完整者展平后，基生叶和下部叶有柄，呈矩圆形或椭圆形，羽状分裂，裂片7～8对，上部叶较小，呈椭圆形或披针形，分裂或全缘。头状花序密集成伞房状，总苞筒状，多层，全为管状花。气微，味微苦。

【化学成分】地上部分含倍半萜类：风毛菊内酯（saussurea lactone）和风毛菊内酯-10-O-β-D-吡喃葡萄糖苷（saussurea lactone-10-O-β-D-glucopyranoside）[1]；三萜类：羽扇豆醇（lupeol）、羽扇豆醇乙酯（lupeol acetate）、β-香树酯醇棕榈酸酯（β-amyrenol palmitate）、α-香树脂醇棕榈酸酯（α-amyrenol palmitate）、羽扇豆醇棕榈酸酯（lupeol palmitate）[2]和$11\alpha,12\alpha$-环氧蒲公英赛酮（$11\alpha,12\alpha$-epoxytaraxerone）[3]；黄酮类：槲皮素-3-O-β-D-吡喃葡萄糖苷（quercetin-3-O-β-D-glucopyranoside）、槲皮素-3-O-（6"-O-巴豆酰）-β-D-吡喃葡萄糖苷［quercetin-3-O-（6"-O-crotonyl）-β-D-glucopyranoside］、山奈酚-3-O-（6"-O-巴豆酰）-β-D-吡喃葡萄糖苷［kaempferol-3-O-（6"-O-crotonyl）-β-D-glucopyranoside］和山奈酚-3-O-β-D-吡喃葡萄糖苷（kaempferol-3-O-β-D-glucopyranoside）[2]；木脂素类：风毛菊苷（saussurenoside）[3]、（+）-异落叶松脂素-4'-β-D-吡喃葡萄糖苷［（+）-isolariciresinol-4'-β-D-glucopyranoside］、（+）-落叶松脂素-4-β-D-吡喃葡萄糖苷［（+）-lariciresinol-4-β-D-glucopyranoside］和（+）-1-羟基松脂素-4"-β-D-吡喃葡萄糖苷［（+）-1-hydroxypinoresinol-4"-β-D-glucopyranoside］[4]；苯丙素类：丁香苷甲醚（syringin methyl ether）和丁香苷（syringin）[2]；脂肪酸类：棕榈酸（palmitic acid）、二十四烷酸（lignoceric acid）、二十六烷酸（hexacosoicacid）和二十五烷烯（pentacosane）[2]；挥发油类：β-檀香醇（β-santalol）、γ-广藿香烯（γ-patchoulene）、芳樟醇（linalool）、α-松油醇（α-terpineol）、β-瑟林烯（β-selinene）、δ-杜松烯（δ-cadinene）、γ-杜松烯（γ-cadinene）、δ-杜松醇（δ-cadinol）、β-金合欢醇（β-farnesol）、β-桉叶醇（eudesmol）、β-金合欢醛（β-farnesal）和二氢去氢广木香内酯（dihydrohydro-costuslactone）等[5]。

【药理作用】1.抗炎 全草提取物可降低乙酸所致小鼠腹腔毛细血管通透性增高及二甲苯引起的小鼠皮肤毛细血管通透性增高，可抑制二甲苯所致小鼠的耳肿胀和蛋清所致大鼠的足肿胀[1]。2.抗突变 全草提取物可抑制环磷酰胺诱发小鼠的骨髓细胞微核率、染色体畸变，提高姐妹染色单体交换率[2]。

【性味与归经】辛、苦，平。归肝经。

【功能与主治】祛风活络，散瘀止痛。用于风湿痹痛，跌打损伤。

【用法与用量】9～15g。

【药用标准】湖南药材2009和上海药材1994。

【临床参考】1.烦热、咳嗽：全草30g，加蓬蘽21～24g，桔梗6～9g，水煎服。(《浙江药用植物志》)

2.风湿关节痛：全草9～15g，水煎服。

3. 麻风：全草，加等量炒米柴、毛桐，水煎常洗。

4. 跌打损伤：全草 50g，泡酒服。（2方至4方引自《贵州草药》）

【附注】药材八楞木孕妇及血虚气弱者忌服。

【化学参考文献】

[1] 贾忠建，李瑜，石建功，等．一个新愈创木内酯及其苷的化学结构[J]．化学学报，1991，49（11）：1136-1141.

[2] 石建功，贾忠建，李瑜．风毛菊化学成分研究（Ⅰ）[J]．高等学校化学学报，1991，12（7）：906-909.

[3] Kuo Y H, Way S T, Wu C H. A new triterpene and a new lignan from *Saussurea japonica* [J]. J Nat Prod, 1996, 59（6）: 622-624.

[4] 师彦平，马骥．风毛菊中木脂素苷结构确定和碳化学位移的取代位移效应规律[J]．中草药，2002，33（9）：772-775.

[5] 陈能煜，翟建军，潘惠平，等．三种风毛菊属植物精油化学成分研究[J]．云南植物研究，1992，14（2）：203-210.

【药理参考文献】

[1] 王桂秋，聂晶，刁恩英．风毛菊抗炎作用的实验研究[J]．中国中医药科技，2000，7（1）：39-40.

[2] 聂晶，刁恩英．风毛菊提取物抗诱变效应的实验研究[J]．中国中医药科技，1999，6（3）：163-164.

37. 麻花头属 Serratula Linn.

多年生草本。茎直立，不分枝或上部分枝，具条纹，无毛或被毛。叶互生，边缘具锯齿或羽状分裂或全缘；具长柄或短柄。头状花序单生或排列成伞房状，同型，极少异型；总苞球形、卵形、钟形等；总苞片多层，覆瓦状排列，向内层渐长，外层的宽而短，急尖或有芒，内层的狭而长，直立，顶端渐尖，但不呈刺状，稀顶端钝或具附片；花托平，被托毛；花管状，两性，或外围的单性，紫色、紫红色或白色，顶部5裂；花药基部箭形；花柱分枝纤细，基部被毛。瘦果椭圆形、长椭圆形等，具纵棱或无，顶端截平，无毛；冠毛多层，污白色或黄褐色，刚毛状，不等长。

约70种，分布于亚洲、欧洲及北非。中国17种，南北各地广布，法定药用植物1种。华东地区法定药用植物1种。

1016. 华麻花头（图1016） • *Serratula chinensis* S.Moore ［*Rhaponticum chinense*（S. Moore）L. Martins et Hidalgo］

【别名】华漏芦，野麻菜、广东升麻（江苏），麻花头、鸭麻菜、升麻。

【形态】多年生草本，高30～130cm。茎直立，上部分枝，被稀疏蛛丝毛或脱毛至无毛。叶互生，基部茎叶宽卵形，具长柄；中部茎叶椭圆形、长椭圆形，长4～13（18）cm，宽1.5～8cm，顶端急尖或渐尖，基部楔形，边缘具锯齿；全部叶两面被多细胞短节毛及棕黄色的小腺点。头状花序少数，单生茎枝顶端，或排列成不明显的伞房状，花序梗稍膨大；总苞钟状；总苞片6～7层，外层卵形、短小，内层至最内层条状长椭圆形至条形，全部总苞片无毛，顶端圆形至钝，无针刺；花管状，紫红色，两性，结实。瘦果长椭圆形，深褐色；冠毛褐色，多层，不等长，分散脱落。花果期6～10月。

【生境与分布】生于山坡草地、林下、灌丛中或路边。分布于安徽、江苏、浙江、江西、福建，另广东、湖南、河南、陕西等地均有分布。

【药名与部位】广升麻（汝城升麻），块根。

【采集加工】秋季采挖，除去须根及泥沙，干燥。

【药材性状】呈长纺锤形，稍扭曲，两端稍尖、中部稍粗，长10～20cm，直径0.5～1cm，表面灰黄色、棕褐色或黑褐色，有粗纵皱纹和少数须根痕。质坚硬而脆，易折断。断面暗蓝色或灰黄色，略呈角质状。气特殊，味淡、微苦涩。

【药材炮制】除去杂质及芦茎，洗净，用水浸2～3h，闷软，切薄片，晒干。

图1016　华麻花头　　　摄影　张芬耀

【化学成分】根含甾体类：20-羟基蜕皮甾酮-2-O-β-D-吡喃半乳糖苷（20-hydroxyecdysone-2-O-β-D-galactopyranoside）、24-O-乙酰基表阿布藤甾酮（24-O-acetyl epi-abutasterone）、3-O-乙酰基-20-羟基蜕皮甾酮-2-O-β-D-吡喃半乳糖苷（3-O-acetyl-20-hydroxyecdysone-2-O-β-D-galactopyranoside）、3-O-乙酰基-20-羟基蜕皮甾酮-2-O-β-D-吡喃葡萄糖苷（3-O-acetyl-20-hydroxyecdysone-2-O-β-D-glucopyranoside）[1]，蜕皮甾酮（ecdysterone）[2]，水龙骨蜕皮甾酮C（podecdysone C），即20,26-二羟基蜕皮甾酮（20,26-dihydroxyecdysone）、20-羟基蜕皮甾酮（20-hydroxyecdysone）、黑毛桩菇甾酮C（atrotosterone C）、3-O-乙酰基-20-羟基蜕皮甾酮（3-O-acetyl-20-hydroxyecdysone）、20-羟基蜕皮甾酮-20,22-缩丁醛（20-hydroxyecdysone-20,22-butylidene acetal）[3]，拟红花甾酮（carthamosterone）、本州乌毛蕨甾酮（shidasterone），即22R,25-环氧-2β,3β,14,20-四羟基-（5β）-胆甾-7-烯-6-酮［22R,25-epoxy-2β,3β,14,20-tetrahydroxy-（5β）-cholest-7-en-6-one］[3,4]，20-羟基蜕皮甾酮（20-hydroxyecdysone）、水龙骨甾酮B（polypodine B）、20,22-单缩丙酮-20-羟基蜕皮甾酮（20-hydroxyecdysone-20,22-monoacetonide）、24-表阿布藤甾酮（24-epi-abutasterone）、水龙骨甾酮C（polypodine C）、伪泥胡菜甾酮（coronatasterone）、20-羟基蜕皮甾酮-2-O-β-D-葡萄糖苷（20-hydroxyecdysone-2-O-β-D-glucopyranoside）、20-羟基蜕皮甾酮-25-O-β-D-吡喃葡萄糖苷

（20-hydroxyecdysone-25-O-β-D-glucopyranoside）、水龙骨甾酮 B-20,22- 缩丙酮（polypodine B-20,22-acetonide）、2-O- 乙酰基 -20- 羟基蜕皮甾酮（2-O-acetyl-20-hydroxyecdysone）、3-O- 乙酰基 -20- 羟基蜕皮甾酮（3-O-acetyl-20-hydroxyecdysone）、20- 羟基蜕皮甾酮 -20,22- 缩丁醛（20-hyderoxyecdysone-20,22-butylidene acetal）、24- 亚甲基本州乌毛蕨甾酮（24-methylene shidasterone）和筋骨草甾酮 D（ajugasterone D）[4]；神经酰胺类：($2S,3S,4R,8E$)-2-[($2R$)-2-羟基棕榈酰胺]-8- 十八碳烯 -1,3,4- 三醇 {($2S,3S,4R,8E$)-2-[($2R$)-2-hydroxypalmitoylamino]-8-octadecene-1,3,4-triol}、($2S,3S,4R,8E$)-2-[($2R$)-2- 羟基二十二碳酰胺]-8- 十八碳烯 -1,3,4- 三醇 {($2S,3S,4R,8E$)-2-[($2R$)-2-hydroxydocosanoylamino]-8-octadecene-1,3,4-triol}、($2S,3S,4R,8E$)-2-[($2R$)-2-羟基二十三碳酰胺]-8-十八碳烯-1,3,4-三醇{($2S,3S,4R,8E$)-2-[($2R$)-2-hydroxytricosanoylamino]-8-octadecene-1,3,4-triol}、($2S,3S,4R,8E$)-2-[($2R$)-2- 羟 基二十四碳酰胺]-8- 十八碳烯 -1,3,4- 三醇 {($2S,3S,4R,8E$)-2-[($2R$)-2-hydroxytetracosanoylamino]-8-octadecene-1,3,4-triol}、($2S,3S,4R,8E$)-2-[($2R$)-2- 羟基二十五碳酰胺]-8- 十八碳烯 -1,3,4- 三醇 {($2S,3S,4R,8E$)-2-[($2R$)-2-hydroxypentacosanoylamino]-8-octadecene-1,3,4-triol}[5],1-O-β-D- 吡喃葡萄糖基 -($2S,3R,8E$)-2-[($2'R$)-2- 羟基棕榈酰胺]-8- 十八碳烯 -1,3- 二醇 {1-O-β-D-glucopyranosyl-($2S,3R,8E$)-2-[($2'R$)-2-hydroxylpalmitoylamino]-8-octadecene-1,3-diol}、1-O-β-D- 吡喃葡萄糖基 -($2S,3S,4R,8E$)-2-[($2'R$)-2- 羟基二十二碳酰胺]-8- 十八碳烯 -1,3,4- 三醇 {1-O-β-D-glucopyranosyl-($2S,3S,4R,8E$)-2-[($2'R$)-2-hydroxybehenoylamino]-8-octadecene-1,3,4-triol} 和楤木脑苷（aralia cerebroside），即 1-O-β-D-吡喃葡萄糖基-($2S,3S,4R,8E$)-2-[($2'R$)-2-羟基棕榈酰胺]-8- 十八碳烯 -1,3,4- 三醇 {1-O-β-D-glucopyranosyl-($2S,3S,4R,8E$)-2-[($2'R$)-2-hydroxypalmitoylamino]-8-octadecene-1,3,4-triol}[6]。

【药理作用】抗肿瘤　氯仿部分可诱导胃癌 SGC-7901 细胞凋亡，抑制胃癌 SGC-7901 细胞中蛋白激酶 -B（Akt）磷酸化和磷脂酰肌醇 3- 激酶（PI3K）的表达，从而促进肿瘤细胞凋亡并抑制细胞增殖[1]。

【性味与归经】甘、辛，微苦寒。归肺、胃经。

【功能与主治】升阳，散风，解毒，透疹。用于风热头痛，咽喉肿痛，斑疹不透，中气下陷，久泻脱肛，子宫下坠。

【用法与用量】2～5g。

【药用标准】部标中药材 1992、湖南药材 1993 和广东药材 2011。

【化学参考文献】

[1] Zhang Z Y, Yang W Q, Fan C L, et al. New ecdysteroid and ecdysteroid glycosides from the roots of *Serratula chinensis* [J]. J Asian Nat Prod Res, 2017, 19（3）：208-214.

[2] 陈建裕，魏阳生. 广东升麻中蜕皮甾酮的分离与鉴定 [J]. 中草药，1989, 20（7）：296.

[3] 凌铁军，马文哲，魏孝义. 华麻花头根中的蜕皮甾酮类成分 [J]. 热带亚热带植物学报，2003, 11（2）：143-147.

[4] 唐海姣，范春林，王贵阳，等. 广升麻的化学成分研究 [J]. 中草药，2014, 45（7）：906-912.

[5] 凌铁军，吴萍，刘梅芳，等. 华麻花头根中的神经酰胺成分 [J]. 热带亚热带植物学报，2005, 13（5）：403-407.

[6] Ling T J, Xia T, Wan X C, et al. Cerebrosides from the roots of *Serratula chinensis* [J]. Molecules, 2006, 11（9）：677-683.

【药理参考文献】

[1] Qiaoyan C, Jing L, Ling Z, et al. Chloroform fraction of *Serratulae chinensis* S. Moore suppresses proliferation and induces apoptosis via the phosphatidylinositide 3-kinase/Akt pathway in human gastric cancer cells [J]. Oncology Letters, 2018（15）：8871-8877.

38. 红花属 *Carthamus* Linn.

一年生草本。茎直立，无毛或被疏绵毛。叶互生，革质，羽状分裂或不裂，边缘具刺齿；近无柄，半抱茎或有时全抱茎。头状花序同型，单生于枝端或成伞房状；具花序梗；总苞卵形或球形；总苞片多层，被具刺的苞叶所包围，外层叶质，具刺齿，内层较薄，全缘或顶端边缘具短刺；花序托平，具刺毛；

全部小花两性，管状，颜色多种，花冠管细长，上部稍膨大，檐部5裂；花药基部箭形，尾部稍撕裂；花柱分枝短。瘦果卵形、宽楔形，具4棱或扁平，有光泽；无冠毛或冠毛鳞片状。

约20种，分布于中亚、西南亚及地中海地区。中国栽培2种，法定药用植物1种。华东地区法定药用植物1种。

1017. 红花（图1017）• Carthamus tinctorius Linn.

图1017 红花　　　　　　　摄影 中药资源办等

【别名】红蓝花（江苏、安徽），杜红花、淮红花（江苏），草红花（山东）。

【形态】一年生草本，高30～100cm。茎直立，上部有分枝，无毛。叶互生，革质，有光泽，叶片长椭圆形或卵状披针形，长4～15cm，宽1～6cm，顶端急尖，基部渐狭半抱茎，边缘羽状齿裂，齿顶具针刺，上部叶渐小，呈苞叶状围绕头状花序；无柄。头状花序在茎枝顶端排成伞房花序；总苞近球形，直径约2.5cm；总苞片4层，外层竖琴状，中下部有收缢，收缢以上叶质，边缘具针刺，收缢以下黄白色，中内层硬膜质，卵状椭圆形，顶端长尖，上部边缘稍有短刺；花管状，黄色、橘红色，全为两性，花冠长约3cm，檐部5深裂。瘦果倒卵形，基部稍偏斜，4棱；无冠毛或冠毛鳞片状。花果期5～8月。

【生境与分布】原产于中亚地区。华东各地常见栽培，另四川、山西、甘肃亦见有逸生。

【药名与部位】红花子（白平子），成熟果实。红花，管状花。

【采集加工】红花子：夏、秋果实成熟时采收，除去杂质，晒干。红花：夏季花由黄变红时采收，低温干燥。

【药材性状】红花子：呈倒卵形，略扁，长7～9mm，宽3.5～5.4mm。外表面白色，上端淡棕色，稍有光泽，具 4 条纵棱，前端截形，四角凸起，中央微凸，基部钝圆，果脐小圆点状。果皮坚硬，内含种子 1 枚。种子倒卵形，略扁，长 5～7mm，宽 2.8～3.9mm。表面淡棕色，顶端钝圆，下端尖，种皮薄。子叶 2 枚，肥厚，富油性。气微，微辛。

红花：为不带子房的管状花，长 1～2cm，红黄色或红色。花冠筒细长，先端 5 裂，裂片呈狭条形，长 5～8mm；雄蕊 5，花药聚合成筒状，黄白色；柱头长圆柱形，顶端微分叉。质柔软。气微香，味微苦。

【质量要求】红花子：粒肥壮、不霉蛀。红花：色金黄或红黄，无烘焦、霉烂、发黑花。

【药材炮制】红花：除去杂质，筛去灰屑。

【化学成分】根含三萜皂苷类：3β-O-［β-D-吡喃木糖基-（1→3）-O-β-D-吡喃半乳糖基-（1→4）-α-L-吡喃鼠李糖基］-羽扇豆-12-烯-28-酸-28-O-β-D-吡喃葡萄糖基酯苷 {3β-O-［β-D-xylopyranosyl-（1→3）-O-β-D-galactopyranosyl-（1→4）-α-L-rhamnopyranosyl］-lup-12-en-28-oic acid-28-O-β-D-glucopyranosyl ester}[1]。

叶含三萜皂苷类：3β-O-［β-D-吡喃半乳糖基-（1→3）-β-D-吡喃半乳糖基-（1→4）-α-L-吡喃鼠李糖基］-21β-羟基-16,23-二酮基-28-去甲基-17α,18β-齐墩果-12-烯 {3β-O-［β-D-galactopyranosyl-（1→3）-β-D-galactopyranosyl-（1→4）-α-L-rahamnopyranosyl］-21β-hydroxy-16,23-dioxo-28-nor-17α,18β-olean-12-ene}[2]；黄酮类：槲皮素（quercetin）、木犀草素（luteolin）、槲皮素-7-O-（6''-O-乙酰基）-β-D-吡喃葡萄糖苷［quercetin-7-O-（6''-O-acetyl）-β-D-glucopyranoside］、木犀草素-7-O-β-D-吡喃葡萄糖苷（luteolin-7-O-β-D-glucopyranoside）、木犀草素-7-O-（6''-O-乙酰基）-β-D-吡喃葡萄糖苷［luteolin-7-O-（6''-O-acetyl）-β-D-glucopyranoside］、槲皮素-7-O-β-D-吡喃葡萄糖苷［quercetin-7-O-β-D-glucopyranoside］、刺槐素-7-O-β-D-葡萄糖醛酸苷（acacetin-7-O-β-D-glucuronide）和芹菜素-6-C-β-D-吡喃葡萄糖基-8-C-β-D-吡喃葡萄糖苷（apigenin-6-C-β-D-glucopyranosyl-8-C-β-D-glucopyranoside）[3]；多糖类：红花多糖-1-IIa-2-1（CT-1-IIa-2-1）[4]。

花含黄酮类：红花醌苷 A、B（saffloquinoside A、B）[5]，红花醌苷 C（saffloquinoside C）[6]，红花醌苷 D（saffloquinoside D）、甲基红花明苷 C（methylsafflomin C）、甲基异红花明苷 C（methylisosafflomin C）[7]，羟基红花黄色素 C（hydroxysafflor yellow C）[7,8]，6-羟基山奈酚-3-O-β-D-葡萄糖苷-7-O-β-D-葡萄糖醛酸苷（6-hydroxykaempferol-3-O-β-D-glucoside-7-O-β-D-glucuronide）、槲皮素-3-O-β-D-葡萄糖苷-7-O-β-D-葡萄糖醛酸苷（quercetin-3-O-β-D-glucoside-7-O-β-D-glucuronide）、6-羟基山奈酚-3,6-二-O-β-D-葡萄糖苷-7-O-β-D-葡萄糖醛酸苷（6-hydroxykaempferol-3,6-di-O-β-D-glucoside-7-O-β-D-glucuronide）、山奈酚-7-O-β-D-葡萄糖苷（kaempferol-7-O-β-D-glucoside）、槲皮素（quercetin）[9]，红花杜鹃黄苷*（saffloroside）[10]，红花醌查苷 A、B*（carthorquinoside A、B）[11]，6-羟基山奈酚-3-O-β-芸香糖苷-6-O-β-D-葡萄糖苷（6-hydroxykaempferol-3-O-β-rutinoside-6-O-β-D-glucoside）[12]，异光黄素（isolumichrome）、（2S）-4',5,6,7-四羟基二氢黄酮-6-O-β-D-吡喃葡萄糖苷［（2S）-4',5,6,7-tetrahydroxyflavanone-6-O-β-D-glucopyranoside］、新红花苷（neocarthamin）、山奈酚-3-O-β-芸香糖苷（kaempferol-3-O-β-rutinoside）[13]，山奈酚-3-O-β-D-葡萄糖基-(1→2)-β-D-葡萄糖苷［kaempferol-3-O-β-D-glucosyl-(1→2)-β-D-glucoside］、5,7,4'-三羟基-6-甲氧基黄酮-3-O-β-D-芸香糖苷（5,7,4'-trihydroxy-6-methoxyflavone-3-O-β-D-rutinoside）、6-羟基芹菜素-6-O-β-D-葡萄糖苷-7-O-β-D-葡萄糖醛酸苷（6-hydroxyapigenin-6-O-β-D-glucoside-7-O-β-D-glucuronide）、槲皮素-3,7-二-O-β-D-葡萄糖苷（quercetin-3,7-di-O-β-D-glucoside）、6-甲氧基山奈酚（6-methoxykaempferol）[14]，红花明苷 A、B、C（safflomin A、B、C）、红花苷（carthamin）[15]，红花黄色素 A（safflor yellow A）[9,15]，红花黄色素 B（safflor yellow B）、山奈酚-3,7-二-O-葡萄糖苷（kaempferol-3,7-di-O-glucoside）、6-羟基山奈酚-3,6-二-O-β-D-葡萄糖苷-7-O-葡萄糖醛酸苷（6-hydroxykaempferol-3,6-di-O-β-D-glucoside-7-O-glucuronide）、槲皮素-3-O-鼠李糖苷-7-O-葡萄糖醛酸苷（luteolin-3-O-rhamnoside-7-O-glucuronide）[16]，脱水红花黄色素 B（anhydrosafflor yellow B）[7,12,16]，前红花苷（precarthamin）[7,16]，异红花明苷 C（isosafflomin C）[7,17]，羟基红花黄色素 A（hydroxysafflor yellow A）[12,18]，异红花苷（isocarthamin）、异红花素（isocarthamidin）[19]，2R-4',5-二羟基-6,7-二-O-β-D-吡喃葡萄糖基二氢黄酮（2R-4',5-dihydroxy-6,7-di-O-β-D-glucopyranosyl flavanone）[8,20]，2S-4',5-二羟基-6,7-二-O-β-D-吡喃葡萄糖基二氢黄酮（2S-4',5-dihydroxy-6,7-di-O-β-D-glucopyranosyl flavanone）、6-羟基山奈酚-3,6-二-O-β-D-葡萄糖苷（6-hydroxykaempferol-3,6-di-O-β-D-glucoside）[20]，芦丁（rutin）[21]，6-羟基山奈酚-3-O-β-D-葡萄糖苷（6-hydroxykaempferol-3-O-β-D-glucoside）[12,13,21]，槲皮素-3-O-β-D-芸香糖苷（quercetin-3-O-β-D-rutinoside）、山奈酚-3-O-β-D-葡萄糖苷（kaempferol-3-O-β-D-glucoside）[9,21]，槲皮素-3-O-β-D-葡萄糖苷（quercetin-3-O-β-D-glucoside）[21]，山奈酚-3-O-槐糖苷（kaempherol-3-O-sophoroside）、红花明（cartormin）[22]，6-羟基山奈酚-3,6,7-三-O-β-D-葡萄糖苷（6-hydroxykaempferol-3,6,7-tri-O-β-D-glucoside）[12,23]，山奈酚（kaempferol）、芹菜素（apigenin）[9,24]，6-羟基山奈酚-6,7-二-O-葡萄糖苷（6-hydroxykaempferol-6,7-di-O-β-D-glucoside）[25]，6-羟基山奈酚（6-hydroxykaempferol）[13,26]，异鼠李素（isorhamnetin）、刺槐素（acacetin）、木犀草素（luteolin）[27]，槲皮素-3-O-半乳糖苷（luteolin-3-O-galactoside）[28]，野黄芩素（scutellarein）[14,29]，圣草素（eriodictyol）、槲皮素-3,7-二-O-葡萄糖苷（luteolin-3,7-di-O-glucoside）和6-羟基山奈酚-7-O-葡萄糖苷（6-hydroxykaempferol-7-O-glucoside）[29]；炔类：反式-3-十三烯-5,7,9,11-四炔-1,2-二醇（trans-3-tridecene-5,7,9,11-tetrayne-1,2-diol）、反式-反式-3,11-十三碳二烯-5,7,9-三炔-1,2-二醇（trans-trans-3,11-tridecadiene-5,7,9-triyne-1,2-diol）[24]，红花苷A_1、A_2（carthamoside A_1、A_2）、婆婆针炔苷C（bidenoside C）[30]，1,3,11-十三碳三烯-5,7,9-三炔（1,3,11-tridecatriene-5,7,9-triyne）、1-十三烯-3,5,7,9,11-五炔（1-tridecene-3,5,7,9,11-pentayne）、1,3,5,11-十三碳四烯-7,9-二炔（1,3,5,11-tridecatetraene-7,9-diyne）、1,3-十三碳二烯-5,7,9,11-四炔（1,3-tridecadiene-5,7,9,11-tetrayne）、1,11-十三碳二烯-3,5,7,9-四炔（1,11-tridecadiene-3,5,7,9-tetrayne）[31]，(Z,Z,Z)-1,8,11,14-十七碳四烯[(Z,Z,Z)-1,8,11,14-heptadecatetraene][32]，(2E,8E)-12R-十四碳二烯-4,6-二炔-1,12,14-三醇[(2E,8E)-12R-tetradecadiene-4,6-diyn-1,12,14-triol]、(8Z)-十碳烯-4,6-二炔-1-O-β-D-吡喃葡萄糖苷[(8Z)-decaene-4,6-diyn-1-O-β-D-glucopyranoside]和(8E)-十碳烯-4,6-二炔-1-O-β-D-吡喃葡萄糖苷[(8E)-decaene-4,6-diyn-1-O-β-D-glucopyranoside][33]；酰胺类：N,N'-二香豆酰基腐胺（N,N'-dicoumaroyl putrescine）[33]，N^1,N^5,N^{10}-（Z）-三-对香豆酰亚精胺[N^1,N^5,N^{10}-(Z)-tri-p-coumaroylspermidine]、N^1反式-N^5-(Z)-N^{10}-(E)-三-对香豆酰亚精胺[N^1(E)-N^5-(Z)-N^{10}-(E)-tri-p-coumaroylspermidine]、N^1,N^5,N^{10}-(E)-三-对香豆酰亚精胺（N^1,N^5,N^{10}-(E)-tri-p-coumaroylspermidine）[34]，N^1,N^5-(Z)-N^{10}-(E)-三-对香豆酰亚精胺（N^1,N^5-(Z)-N^{10}-(E)-tri-p-coumaroylspermidine）、红花亚精胺A、B（safflospermidine A、B）[35]和N^1,N^5-(Z)-N^{10}-(E)-三对香豆酰基亚精胺[N^1,N^5-(Z)-N^{10}-(E)-tri-p-coumaroylspermidine][36]；香豆素类：秦皮乙素（esculetin）、东莨菪内酯（scopoletin）[14]、西瑞香素（daphnoretin）和伞花内酯（umbelliferon）[27]；苯丙素类：对羟基桂皮酸（p-hydroxycinnamic acid）[13]、丁香苷（syringin）[14,23]，1-十六酰丙烷-2,3-二醇（1-hexadecanoylpropan-2,3-diol）[14]，4-O-β-D-葡萄糖基-反式-对香豆酸（4-O-β-D-glucosyl-trans-p-coumaric acid）、4-O-β-D-葡萄糖基-顺式-对香豆酸（4-O-β-D-glucosyl-cis-p-coumaric acid）[20]，咖啡酸（caffeic acid）[21]，香豆酸（coumaric acid）[24]，阿魏酸（ferulic acid）、对羟基桂皮酸（p-hydroxycinnamic acid）[28]，3,4-二羟基桂皮酸（3,4-dihydroxycinnamic acid）[29]，甲基丁香苷（methylsyringin）、乙基丁香苷（ethylsyringin）、乙基-3-（4-O-β-D-吡喃葡萄糖基-3-甲氧基苯基）丙酸酯[ethyl-3-(4-O-β-D-glucopyranosyl-3-methoxyphenyl)propionate]、甲基-3-（4-O-β-D-吡喃葡萄糖基-3-甲氧基苯基）丙酸酯[methyl-3-(4-O-β-D-glucopyranosyl-3-methoxyphenyl)propionate][37]和红花苷B_4、B_5、B_6、B_7、B_8（carthamoside B_4、B_5、B_6、B_7、B_8）[38]；单萜类：长寿花糖苷（roseoside）[39]；倍半萜类：二氢红花菜豆酸甲酯-3-O-β-D-葡萄糖苷（methyl dihydrophaseate-3-O-β-D-glucoside）、二氢红花菜豆酸甲酯（methyl dihydrophaseate）[33]，4'-O-二氢红花菜豆酸-β-D-葡萄糖苷甲酯（4'-O-dihydrophaseic acid-β-D-glucopyranoside methylester）[39]和红花倍半萜素（cartorimine）[40]；三萜类：熊果酸（ursolic acid）和

柠黄醇（citrostadienol）[14]；酚酸类：（-）-4-羟基苯甲酸-4-O-［6'-O-（2"-甲基丁酰基）-β-D-吡喃葡萄糖苷］{（-）-4-hydroxybenzoic acid-4-O-［6'-O-（2"-methylbutyryl）-β-D-glucopyranoside］}[6]，对羟基苯甲酸（p-hydroxybenzoic acid）[13,33,39]，香草酸（vanillic acid）、没食子酸（gallic acid）、对苯二甲酸-单-［2-（4-羧基-苯氧基碳基）-乙烯基］酯｛terephthalic acid mono-［2-（4-carboxy-phenoxycarbonyl）-vinyl］ester｝、（E）-1-（4'-羟基苯基）-丁-1-烯-3-酮［（E）-1-（4'-hydroxyphenyl）-but-1-en-3-one］[14]，甲基-3-（4-O-β-D-吡喃葡萄糖基苯基）丙酸酯［methyl-3-（4-O-β-D-glucopyranosyl phenyl）propionate］[21]，异香草酸（isovanillic acid）、对羟基苯甲醛（4-hydroxybenzaldehyde）、4-（4'-羟基苯基）-丁-3-烯-2-酮［4-（4'-hydroxyphenyl）but-3-en-2-one］、对羟基苯乙酮（p-hydroxyacetophenone）[33]，2,3-二甲氧基-5-甲基苯基-1-O-β-D-吡喃葡萄糖苷（2,3-dimethoxy-5-methylphenyl-1-O-β-D-glucopyranoside）、2,6-二甲氧基-4-甲基苯基-1-O-β-D-吡喃葡萄糖苷（2,6-dimethoxy-4-methylphenyl-1-O-β-D-glucopyranoside）[37]，苄基-O-α-L-吡喃鼠李糖基-（1→6）-β-D-吡喃葡萄糖苷［benzyl-O-α-L-rhamnopyranosyl-（1→6）-β-D-glucopyranoside］、4-（甲氧基苄基）-O-β-D-吡喃葡萄糖苷［4-（methoxybenzyl）-O-β-D-glucopyranoside］、4'-（羟基苄基）-β-D-吡喃葡萄糖苷［4'-（hydroxyphenzyl）-β-D-glucopyranoside］[38]，4-O-β-D-吡喃葡萄糖氧基苯甲酸（4-O-β-D-glucopyranosyloxybenzoic acid）[39]和苄基-O-β-D-吡喃葡萄糖苷（benzyl-O-β-D-glucopyranoside）[41]；生物碱类：染匠红明（tinctormine）[7,29]，1,2,3,4-四氢-3-羧基哈尔满碱（1,2,3,4-tetrahydro-3-carboxyharmane）[28]和巴内加素（banegasine）[42]；核苷类：尿嘧啶（uracil）、腺嘌呤（adenine）[13,39]，胸腺嘧啶-2-脱氧核苷（thymine-2-desoxyriboside）[28]，胸腺嘧啶（thymine）、腺苷（adenosine）[39,42]，尿苷（uridine）[39]、次黄嘌呤核苷（inosine）、鸟嘌呤核苷（guanosine hydrate）、2'-脱氧胸苷（2'-deoxythymidine）、2'-O-甲基尿嘧啶核苷（2'-O-methyluridine）、2'-脱氧腺嘌呤核苷（2'-deoxyadenosine）和5'-脱氧-5'-甲基氨基-腺苷（5'-deoxy-5'-methylamino-adenosine）[42]；木脂素类：丁香脂素（syringaresinol）和鹅掌楸树脂醇A（lirioresinol A）[42]；脂肪酸及甘油酯类：正二十六烷酸（n-hexacosanoic acid）、4,4-二甲基庚二酸（4,4-di-methylheptanedioic acid）、正三十四烷-20,23-二烯酸（n-tetratriacont-20,23-dienoic acid）[14]，棕榈酸（palmitic acid）[26]，油酸（oleic acid）、亚油酸（linoleic acid）[43]，（2S）-1-O-三十七烷酰基甘油［（2S）-1-O-heptatriacontanoylglycerol］[14]，十六烷酸甘油酯（glycerol hexadecanoate）、异戊酸（isovaleric acid）[26]和棕榈甘油酯（dipalmitin）[43]；甾体类：β-谷甾醇（β-sitosterol）[13,42]，胡萝卜苷（daucosterol）[24]和豆甾醇（stigmasterol）[42]；烷醇类：（8R,10S）-三十五烷二醇［（8R,10S）-pentatriacontanediol］、（8R,10S）-三十一烷二醇［（8R,10S）-hentriacontanediol］、（8R,10S）-三十三烷二醇［（8R,10S）-tritriacontanediol］、（8R,10S）-二十九烷二醇［（8R,10S）-nonacosanediol］、（7R,9S）-三十六烷二醇［（7R,9S）-hexatriacontanediol］、（8R,10S）-二十七烷二醇［（8R,10S）-heptacosanediol］、（7R,9S）-三十四烷二醇［（7R,9S）-tetratriacontanediol］、（7R,9S）-三十烷二醇［（7R,9S）-triacontanediol］、（7R,9S）-三十二烷二醇［（7R,9S）-dotriacontanediol］、（7R,9S）-二十八烷二醇［（7R,9S）-octacosanediol］、（6R,8S）-三十六烷二醇［（6R,8S）-hexatriacontanediol］[44]，（6R,8S）-三十五烷二醇［（6R,8S）-pentatriacontanediol］、（6R,8S）-三十四烷二醇［（6R,8S）-tetratriacontanediol］、（6R,8S）-三十一烷二醇［（6R,8S）-hentriacontanediol］、（6R,8S）-三十二烷二醇［（6R,8S）-dotriacontanediol］、（6R,8S）-三十三烷二醇［（6R,8S）-tritriacontanediol］、（6R,8S）-二十八烷二醇［（6R,8S）-octacosanediol］、（6R,8S）-二十三烷二醇［（6R,8S）-triacontanediol］、（6R,8S）-二十九烷二醇［（6R,8S）-nonacosanediol］、（6R,8S）-二十三烷二醇［（6R,8S）-tricosanediol］、（6R,8S）-二十一烷二醇［（6R,8S）-heneicosanediol］、（6R,8S）-二十五烷二醇［（6R,8S）-pentacosanediol］和（6R,8S）-二十七烷二醇［（6R,8S）-heptacosanediol］[45]；糖类：乙基-α-D-呋喃来苏糖苷（ethyl-α-D-lyxofuranoside）[28]，鼠李糖（rhamnose）、葡萄糖（glucose）、木糖（xylose）、阿拉伯糖（arabinose）和甘露糖（mannose）[46]；氨基酸类：L-苯丙氨酸（L-Phe）[42]和赖氨酸（Lys）等[46]；多糖类：红花水溶性多糖（CTP）[47]；生物碱类：7,8-二甲基吡嗪-[2,3-g]喹唑啉-2,4-（1H,3H）-二酮｛7,8-dimethylpyrazino-[2,3-g]quinazolin-2,4-（1H,3H）-dione｝[39]；呋喃类：5-羟甲基糠醛（5-hydroxymethyl-2-furaldehyde）[41]。

种子含木脂素类：络石苷（tracheloside）[48,49]，牛蒡苷元（arctigenin）和穗罗汉松树脂酚（matairesinol）[49]；黄酮类：刺槐素-7-O-β-D-呋喃芹糖基-（1'''→6''）-O-β-D-吡喃葡萄糖苷［acacetin-7-O-β-D-apiofuranosyl-（1'''→6''）-O-β-D-glucopyranoside］、刺槐素-7-O-α-L-鼠李糖苷（acacetin-7-O-α-L-rhamnoside）、刺槐素（acacetin）和山奈酚-7-O-β-D-葡萄糖苷（kaempferol-7-O-β-D-glucoside）[50]；生物碱类：N-（对香豆酰基）色胺［N-（p-coumaroyl）tryptamine］、N-阿魏酰基色胺（N-feruloyltryptamine）[51]，（±）-红花亭A、B、C、D、E、F［（±）-carthatin A、B、C、D、E、F］，阿魏酰基5-羟色胺（feruloylserotonin）[52]和香矢车菊吲哚（moschamindole），即红花羟色胺（serotobenine）[51,52]；苯丙素类：芥子醇（sinapyl alcohol）和松柏醇（coniferyl alcohol）[52]；炔类：1,3,5-十三烷三烯-7,9,11-三炔（1,3,5-tridecatriene-7,9,11-triyne）、1,3-十三烷二烯-5,7,9,11-四炔（1,3-tridecadiene-5,7,9,11-tetrayne）、1,11-十三烷二烯-3,5,7,9-四炔（1,11-tridecadiene-3,5,7,9-tetrayne）、1-十三烯-3,5,7,9,11-五炔（1-tridecaene-3,5,7,9,11-pentayne）、1,3,5,11-十三烷四烯-7,9-二炔（1,3,5,11-tridecatetraene-7,9-diyne）和1,3,11-十三烷三烯-5,7,9-三炔（1,3,11-tridecatriene-5,7,9-triyne）[53]；脂肪酸类：棕榈酸（palmitic acid）、硬脂酸（stearic acid）、油酸（oleic acid）和亚油酸（linoleic acid）等[54]。

地上部分含炔类：4,6-癸二炔-1-醇-异戊酸酯（4,6-decadiyne-1-ol-isovalerate）、反式-2-顺式-8-癸二烯4,6-二炔-1-醇异-戊酸酯（trans-2-cis-8-decadiene-4,6-diyne-1-ol-isovalerate）和顺式-8-癸烯-4,6-二炔-1-醇-异戊酸酯（cis-8-decene-4,6-diyne-1-ol-isovalerate）[55]。

幼苗含木脂素类：络石苷（tracheloside）[56]；黄酮类：槲皮素-7-O-β-D-吡喃葡萄糖苷（quercetin-7-O-β-D-glucopyranoside）和木犀草素-7-O-β-D-吡喃葡萄糖苷（luteolin-7-O-β-D-glucopyranoside）[56]；酚类：红景天苷（salidroside）[56]。

种子油饼含生物碱类：N-［2-（5-羟基-1H-吲哚-3-基）乙基］-对香豆酸酰胺｛N-［2-（5-hydroxy-1H-indol-3-yl）ethyl］-p-coumaramide｝、N-｛2-｛5-羟基-1H-吲哚-3-基｝乙基｝阿魏酸酰胺｛N-［2-（5-hydroxy-1H-indol-3-yl）ethyl］ferulamide｝、N-｛2-｛3'-［2-（对香豆酸酰胺）乙基］-5,5'-二羟基-4,4'-二-1H-吲哚-3-基｝乙基｝阿魏酸酰胺｛N-｛2-｛3'-［2-（p-coumaramide）ethyl］-5,5'-dihydroxy-4,4'-bi-1H-indol-3-yl｝ethyl｝ferulamide｝、N,N'-［2,2'-（5,5'-二羟基-4,4'-双-1H-吲哚-3,3'-基）二乙基］-二-对香豆酸酰胺｛N,N'-［2,2'-（5,5'-dihydroxy-4,4'-bi-1H-indol-3,3'-yl）diethyl］-di-p-coumaramide｝、N-［2-（5-（β-D-葡萄糖氧基）-1H-吲哚-3-基）乙基］阿魏酸酰胺｛N-［2-（5-（β-D-glucosyloxy）-1H-indol-3-yl）ethyl］ferulamide｝、N-［2-（5-（β-D-葡萄糖氧基）-1H-吲哚-3-基）乙基］-对香豆酸酰胺｛N-［2-（5-（β-D-glucosyloxy）-1H-indol-3-yl）ethyl］-p-coumaramide｝、N,N'-［2,2'-（5,5'-二羟基-4,4'-二-1H-吲哚-3,3'-基）二乙基］-二阿魏酸酰胺｛N,N'-［2,2'-（5,5'-dihydroxy-4,4'-bi-1H-indol-3,3'-yl）diethyl］-diferulamide｝[57]，4-［N-（对-香豆酰基）-5-羟色胺-4''-基］-N-阿魏酰基-5-羟色胺｛4-［N-（p-coumaroyl）serotonin-4''-yl］-N-feruloylserotonin｝、4,4''-双（N-对-阿魏酰基）-5-羟色胺［4,4''-bis（N-P-feruloyl）serotonin］和4,4''-双（N-对香豆酰基）-5-羟色胺［4,4''-bis（N-p-coumaroyl）serotonin］[58]；木脂素类：罗汉松脂醇-4'-O-β-D-呋喃芹糖基-（1→2）-β-D-吡喃葡萄糖苷［matairesinol-4'-O-β-D-apiofuranosyl-（1→2）-β-D-glucopyranoside］和罗汉松脂醇（matairesinol）[59]；甾体类：（15α,20R）-二羟基孕甾-4-烯-3-酮-6'-O-乙酰基-20-β-纤维二糖苷［（15α,20R）-dihydroxypregn-4-en-3-one-6'-O-acetyl-20-β-cellobioside］和15α,20β-二羟基孕甾-4-烯-3-酮（15α,20β-dihydroxypregn-4-en-3-one）[59]。

【药理作用】1. 镇静　花中提取的红花黄色素类成分可提高戊巴比妥钠阈下催眠剂量小鼠的入睡率[1]。2. 抗惊厥　花中提取的红花黄色素类成分能减少尼可刹米引起的小鼠惊厥反应率和死亡率[1]。3. 镇痛　花中提取的红花黄色素类成分可减少冰醋酸所致小鼠的扭体反应，提高热板法痛刺激小鼠的痛阈值[1]。4. 抗炎　花中提取的红花黄色素类成分可抑制甲醛所致大鼠的耳肿胀、组胺所致大鼠毛细血管通透性升高、大鼠植入性棉球肉芽肿生成[1]；红花黄色素类成分可显著降低造神经根型腰椎病大鼠的肿瘤坏死因子-α（TNF-α）、白细胞介素-1β（IL-1β）、白细胞介素-6（IL-6）、环氧合酶-2（COX-2）含量；显著抑制

P-核转录因子（p-NF-κB）P65蛋白及核转录因子（NF-κB）P65 mRNA的表达[2]；红花黄色素类成分能显著降低佐剂型关节炎大鼠的足趾肿胀度，降低血清中白细胞介素-1β及肿瘤坏死因子-α的含量，还能降低滑膜组织中白细胞介素-1β及肿瘤坏死因子-α的含量[3]；花的水提取液能明显减轻二甲苯所致小鼠的耳廓肿胀和角叉菜胶所致大鼠的足肿胀[4]。**5. 免疫调节** 用花提取制成的注射液可显著降低佐剂性关节炎大鼠的巨噬细胞吞噬指数和吞噬百分率、$CD4^+T$细胞与$CD8^+T$细胞比值及血清白细胞介素-1（IL-1）的含量[5]；花中提取的多糖能促进小鼠淋巴细胞转化，增加脾细胞对羊红细胞空斑形成细胞数，对抗强的松龙的免疫抑制作用[6]；花的水提取液可提高小鼠的碳廓清指数、血清中抗鸡红细胞（CBRC）抗体（血清溶血素）含量及PHA刺激下的淋巴细胞转化率，增强小鼠的非特异性免疫功能、体液免疫及细胞免疫功能[7]。**6. 降血压** 花的提取物可降低自发性高血压大鼠的血压[8]；花中提取的红花黄色素类成分可降低自发性高血压大鼠的血压，降低血浆肾素活性（PRA）与血管紧张素Ⅱ（AⅡ）含量[9]；用花提取制成的注射液能显著降低家兔动脉血压，并具有量效依赖性[10]；花中提取的红花黄色素类成分能显著升高老年高血压患者舒张早期运动速度（Em）、舒张早期运动速度（Em）/舒张晚期运动速度（Am），显著降低舒张晚期运动速度（Am），显著改善老年高血压患者的左心室舒张功能[11]。**7. 抗痴呆** 花中提取的红花黄色素类成分可明显改善D-半乳糖/亚硝酸钠诱导的痴呆小鼠、血管性痴呆大鼠和东莨菪碱诱导的痴呆小鼠的学习、记忆能力，降低痴呆小鼠皮层及海马组织中丙二醛（MDA）含量，增加痴呆小鼠海马组织中超氧化物歧化酶（SOD）含量，增加皮层组织中谷胱甘肽过氧化物酶（GSH-Px）含量[12-14]。**8. 抗心肌缺血** 花提取制成的注射液可减少心外膜电图标测点ST段平均抬高程度，明显减少梗死边缘区S少段显著抬高的标测点数，明显减少心率及张力-时间指数，缓解实验性犬心肌梗死[15]；花中提取的红花黄色素类成分可明显降低大鼠心率，且显著改善盐酸异丙基肾上腺素（ISOP）所致的心电图缺血性改变，缓解大鼠低灌流离体心脏的心率及冠状动脉流量的下降[16]；红花黄色素类成分能缓解异丙肾上腺素（ISO）多次注射所致心肌缺血大鼠左心室舒张末期压的上升，可缓解心室内压最大变化率（+dp/dtmax及-dp/dtmax）、心室峰压、发展压、心肌收缩成分缩短速度、心室峰压和心率等指标下降趋势[17]，花提取制成的注射液组可显著降低血清乳酸脱氢酶（LDH）、肌酸激酶（CK）含量，显著减少Bcl-2蛋白阳性细胞数，减少心肌梗死面积，减轻心肌细胞损伤[18]；花的提取物（主含红花黄色素类成分）能抑制结扎犬左冠状动脉前降支所致心肌缺血，缩小缺血心肌梗死面积，减轻心肌损害，抑制急性心肌缺血犬血清游离脂肪酸（FFA）含量升高，降低血清过氧化脂质（LPO）含量，增加血清超氧化物歧化酶、谷胱甘肽过氧化物酶含量[19]。**9. 抗疲劳** 花中提取的红花黄色素类成分能延长小鼠持续游泳时间，增强耐疲劳作用[20]；花的水提取液可显著减少小鼠运动引起的血乳酸升高、消除运动引起的肌肉疲劳、增强耐力[21]。**10. 防治缺氧缺血** 红花黄色素类成分在常压和减压条件下可延长小鼠存活时间，提高小鼠耐缺氧能力，并可对抗异丙肾上腺素所致的缺氧作用，增加离体家兔心脏和心肌缺氧时的冠脉流量，改善心肌的缺氧缺血病理状态[20]；水提取液可增强小鼠心肌功能和氧利用率、减少耗氧量、增强在缺氧条件下的应激能力和非特异性抵抗力[21]。**11. 抗脑缺血** 花提取制成的注射液可降低家兔白介素-8（IL-8）含量，降低氧自由基含量，减少脑细胞损伤，减轻急性脑缺血-再灌注损伤[22]；注射液可提高机体一氧化氮（NO）含量、增强超氧化物歧化酶含量、降低丙二醛含量、减少内皮素（ET）含量及提高机体PGI_2水平、降低血栓烷A_2（TXA_2）含量，从而纠正循环血中及脑组织中血栓烷A_2与PGI_2的平衡失调[23]；花中提取的总黄酮可改善大脑中动脉栓塞所致脑缺血大鼠的行为障碍，减少脑缺血区面积，抑制大鼠体内血栓的形成和ADP诱导的大鼠血小板聚集[24]；花中提取的羟基红花黄色素A（hydroxysafflor yellow A）可改善大脑中动脉阻塞性脑缺血模型大鼠行为障碍，保护大鼠缺血脑细胞线粒体损伤[25, 26]。**12. 降血脂** 花中提取的红花黄色素类成分能降低冠心病心绞痛患者血脂、超敏C反应蛋白（hsCRP）、肿瘤坏死因子-α（TNF-α）、白细胞介素-6（IL-6）的含量[27]；红花黄色素类成分可降低2型糖尿病患者胆固醇、甘油三酯含量，升高高密度脂蛋白胆固醇（HDL-C）含量[28]；红花黄色素类成分可降低家兔血清总胆固醇含量，升高高密度脂蛋白胆固醇[29]含量；红花籽粕提取物可降低糖尿病大鼠胆固醇、甘油三酯和低密度脂蛋白胆固醇含量，升高高密度脂蛋白胆固醇含量[30]。**13. 抗动脉粥样硬化**　种子油可升高鹌鹑血清高密度脂蛋白，降低血清总胆固醇（TC）及总胆固醇／高密度脂蛋白值，预防实验性动脉粥样硬化[31]；花中提取的红花黄色素类成分可降低急性冠脉综合征患者超敏C反应蛋白和中性粒细胞分数，减少颈动脉IMT和斑块面积，降低总胆固醇、甘油三酯和低密度脂蛋白胆固醇含量，升高高密度脂蛋白胆固醇含量，改善颈动脉粥样硬化[32]；花提取制成的注射液可抑制糖尿病大鼠冠状动脉管壁变厚、管腔变窄，减少冠状动脉管壁胶原数量[33]。
14. 抗凝血抗血栓　花中提取的红花黄色素类成分可明显延长脑梗死患者活化部分凝血活酶时间（APTT）、纤维蛋白原凝固时间（FIBT），显著降低纤维蛋白原浓度（FIB）和由腺苷二磷酸（ADP）、胶原（CoII）、花生四烯酸（ACA）诱导的血小板最大聚集率（MAR）[34]；花中提取的总黄酮可明显延长小鼠凝血时间[35]；花提取制成的注射液可缩短体外血栓长度，降低体外血栓湿重和干重，降低血瘀大鼠红细胞比容、血液黏度，降低血小板聚集率，延长凝血时间[36]；红花黄色素类成分能明显延长小鼠凝血时间、大鼠凝血酶原时间，降低大鼠血纤维蛋白原含量，增加血凝块溶解率，延长大鼠颈动脉血栓形成的时间，缩短大鼠体外血栓长度，减轻血栓的湿重及干重[37]。**15. 促骨折愈合**　花提取制成的注射液可改善下肢骨折患者血清骨转换指标和血清骨代谢指标，促进术后骨折端愈合[38]。**16. 护肝**　红花黄色素类成分可降低四氯化碳诱导中毒性肝损伤大鼠血清和肝匀浆中透明质酸（HA）、层粘蛋白（LN）含量及肝组织内胶原含量和储脂细胞变化[39]；花提取制成的注射液可降低脂多糖/D-氨基半乳糖（LPS/D-GaIN）诱导的急性肝损伤大鼠血清谷丙转氨酶（ALT）、天冬氨酸氨基转移酶（AST）和一氧化氮（NO）及肝组织丙二醛含量，升高肝组织超氧化物歧化酶含量[40]；羟基红花黄色素A可明显减轻四氯化碳诱导的急性肝损伤小鼠肝组织的病理改变，降低血清谷丙转氨酶、天冬氨酸氨基转移酶含量，升高肝组织匀浆中谷胱甘肽（GSH）、超氧化物歧化酶含量，降低丙二醛、肿瘤坏死因子-α（TNF-α）含量，增加肝细胞色素P450 2E1（CYP2E1）蛋白表达量[41]；羟基红花黄色素A可降低高脂血症脂肪肝大鼠肝脏中血清谷丙转氨酶、天冬氨酸氨基转移酶含量，同时升高超氧化物歧化酶、过氧化氢酶（CAT）含量，改善肝脏异常形态变化[42]。**17. 护肾**　红花黄色素类成分可抑制肾小管间质纤维化大鼠TGF-$β_1$、TGF-$β_1$mRNA及c-fos表达，减轻肾小管间质纤维化，减缓慢性肾功能衰竭[43]，并抑制单侧输尿管结扎大鼠肾脏α-SMA动蛋白表达，减少Ⅲ型胶原的阳性面积及积分光密度[44]；注射液可改善肾缺血再灌注损伤大鼠肾功能，显著降低细胞凋亡率和兔抗大鼠caspase-3单克隆抗体表达[45]。**18. 抗肿瘤**　花的水提取液可减少接种H22肿瘤细胞的荷瘤小鼠各组织瘤重量，减少微血管密度，抑制肿瘤生长[46]；红花黄色素类成分能抑制小鼠胃转移瘤的形成与转移，并抑制肿瘤组织中CD44、EGFR的表达，同时能降低小鼠血清CD44、EGFR上调nm23的表达水平[47]；花中提取的羟基红花黄色素A可抑制人胃腺癌皮下移植瘤裸鼠血管内皮生长因子（VEGF）蛋白、含激酶插入区受体（KDR）和缺氧诱导因子（HIF-1α）蛋白表达，抑制内皮细胞活化阻碍肿瘤血管新生[48]；羟基红花黄色素A可抑制人肝癌HepG2细胞培养上清液诱导的人脐静脉内皮细胞（HUVEC）的增殖[49]；花中提取的多糖可抑制小鼠肉瘤S180、小鼠肺癌LA795细胞的生长，减小肿瘤体积，提高荷瘤小鼠脾CTL细胞、自然杀伤（NK）细胞的杀伤作用[50]；多糖尚可抑制荷S180小鼠肿瘤组织中血管内皮生长因子表达，降低微血管密度（MVD），抑制肿瘤组织血管生成，提高血清白细胞介素-12（IL-12）和肿瘤坏死因子-α含量，降低白细胞介素-10（IL-10）的含量，抑制荷瘤鼠肿瘤生长[51,52]；多糖可增加H22荷瘤小鼠脾脏和胸腺质量，下调荷瘤机体内内皮生长因子、Ki67表达水平，减少肿瘤细胞因子的分泌，增强机体抗肿瘤的作用[53]。**19. 兴奋子宫**　花的水提取液可加快小鼠离体子宫肌收缩频率，提高强度，明显增加子宫活动力[54]；可增强大鼠子宫肌电活动，兴奋子宫平滑肌细胞[55]。**20. 类性激素**　花的水提取液可抑制昆明种雌性乳鼠己烯雌酚促细胞增殖的作用，具有拟雌激素作用[56]。**21. 抗氧化**　种子油二甲亚砜溶液具有很强的清除1,1-二苯基-2-三硝基苯肼（DPPH）自由基、2,2'-联氮-二（3-乙基-苯并噻唑-6-磺酸）二铵盐（ABTS）自由基及还原Fe^{3+}的作用[57]；用花提取制成的注射液可不同程度地缓解或消除特发性水肿患者水肿症状，明显改善抗氧化作用的障碍，显著降低血清丙二醛含量，显著增加超氧化物歧化酶含量[58]；羟基红花黄色素A能降低过氧化氢所致氧化胁迫状态

L02人胎肝细胞中氧化型谷胱甘肽（GSSG）含量，使氧化型谷胱甘肽/还原型谷胱甘肽（GSH）的值下降，保护细胞免受氧化损伤[59]。22.抗衰老　种子油能显著降低D-半乳糖致衰老模型小鼠脑肝组织丙二醛含量和单胺氧化酶（MAO）含量，显著提高谷胱甘肽过氧化氢酶、超氧化物歧化酶-1（SOD-1）和超氧化物歧化酶-2（SOD-2）含量[60]；花的水提取物可显著降低衰老小鼠的胸腺系数和脑系数，还可不同程度的提高衰老小鼠体内超氧化物歧化酶、过氧化氢酶、谷胱甘肽过氧化物酶含量，抑制丙二醛含量的升高[61]；红花黄色素类成分能显著降低衰老模型小鼠脑细胞凋亡率，提高Bcl-2的表达[62]。23.抗早孕　花的水提取物能明显降低孕鼠子宫内膜血管内皮生长因子的表达水平，影响胚胎血管的形成[63]，可改变子宫内膜细胞形态学和促进蜕膜细胞凋亡，影响胚胎发育环境[64]。

毒性　花的水提取物对母体及其胚胎均有明显的毒性，可导致母体流产、体重降低、肾重指数升高、胚胎死亡率和宫内生长迟缓（IUGR）发生率上升，并与剂量密切相关[65]。

【性味与归经】红花子：辛，温。红花：辛，温。归心、肝经。

【功能与主治】红花子：活血，解痘毒。用于痘出不快，妇女血气瘀滞腹痛。红花：活血通经，散瘀止痛。用于经闭，痛经，恶露不行，癥瘕痞块，跌扑损伤，疮疡肿痛。

【用法与用量】红花子：4.5～9g。红花：3～9g。

【药用标准】红花子：部标维药1999、上海药材1994、北京药材1998、甘肃药材2009、江苏药材1989、新疆维药1993、吉林药品1977和山东药材2002；红花：药典1963—2015、浙江炮规2005、贵州药材1965、内蒙古蒙药1986、新疆维药1993、新疆药品1980二册、藏药1979、香港药材六册和台湾2013。

【临床参考】1.腰腿痛：花5g，加生姜3片、温水1500ml，浸泡双足30min，每日1～2次，7天1疗程[1]。

2.脊髓损伤压疮Ⅰ期：花100g，加75%医用乙醇500ml，密闭浸泡7天，将药液浸透无菌棉球，外敷创面[2]。

3.乳腺增生症：红花逍遥片（由红花、当归、白芍、白术、茯苓、柴胡、皂角刺、薄荷、甘草等组成）口服，每次4片，每日3次[3]。

4.慢性腰肌劳损：花30g，粉碎，与细砂500g混匀，用棉布包裹成30cm×30cm方正或圆柱状药熨包，隔水蒸煮加热，50～60℃时取出熨腰痛处，药包温度低于40°C时更换备用药熨包[4]。

5.老年冠心病：花9g，加当归、青皮、生地各12g，桃仁、香附、延胡索、赤芍、丹参各9g，瓜蒌、半夏、桂枝各6g，乳香5g，水煎取汁300ml，早晚各150ml温服，连续2周，联合西药常规治疗[5]。

6.产后瘀滞腹痛：花9g，加桃仁、山楂各9g，益母草15g，加红糖适量，水煎服。

7.冠心病心绞痛：花15g，加川芎、赤芍、降香各15g，丹参30g，水煎制成浸膏，每日分3次冲服，连服2～4周。

8.跌打损伤：花9g，加当归、桃仁、大黄各9g，水酒各半煎服。

9.鸡眼：花3g，加地骨皮6g，研细粉，加适量麻油和少许面粉调成糊状，割去患处老皮后包敷，2天换药1次。（6方至9方引自《浙江药用植物志》）

【附注】红花之名始见于《本草图经》，谓："今处处有之。人家场圃所种，冬而布子于熟地，至春生苗，夏乃有花。下作梂汇多刺，花蕊出梂上，圃人承露采之，采已复出，至尽而罢。梂中结实，白颗如小豆大。其花曝干以染真红及作胭脂。"《本草纲目》云："红花，二月、八月、十二月皆可以下种，雨后布子，如种麻法。初生嫩叶、苗亦可食。其叶如小蓟叶。至五月开花，如大蓟花而红色。"结合《本草图经》附图及《植物名实图考》卷十四所载红花图，可确定为本种。

药材红花子和红花孕妇及月经过多者慎服。

【化学参考文献】

[1] Yadava R N, Chakravarti N. Anti-inflammatory activity of a new triterpenoid saponin from *Carthamus tinctorius* Linn. [J].

[2] Yadava R N, Navneeta C. New triterpenoid saponin from *Carthamus tinctorius* Linn. [J]. Int J Chem Sci, 2007, 5 (2): 903-910.

[3] Lee J Y, Chang E J, Kim H J, et al. Antioxidative flavonoids from leaves of *Carthamus tinctorius* [J]. 2002, 25 (3): 313-319.

[4] Kwak J E, Kim K I, Jeon H, et al. Study of macrophage stimulating activity of the polysaccharide isolated from leaves of *Carthamus tinctorius* [J]. Han'guk Sikp'um Yongyang Kwahak Hoechi, 2002, 31 (3): 527-533.

[5] Jiang J S, He J, Feng Z M, et al. Two new quinochalcones from the florets of *Carthamus tinctorius* [J]. Org Lett, 2010, 12 (6): 1196-1199.

[6] Jiang J S, Chen Z, Yang Y N, et al. Two new glycosides from the florets of *Carthamus tinctorius* [J]. Journal of Asian Natural Products Research, 2013, 15 (5): 427-432.

[7] Si W, Yang W Z, Guo D A, et al. Selective ion monitoring of quinochalcone C-glycoside markers for the simultaneous identification of *Carthamus tinctorius* L. in eleven Chinese patent medicines by UHPLC/QTOF MS [J]. J Pharm Biomed Anal, 2016, 117: 510-521.

[8] Yue S J, Tang Y P, Xu C M, et al. Two new quinochalcone C-glycosides from the florets of *Carthamus tinctorius* [J]. Int J Mol Sci, 2014, 15 (9): 16760-167671.

[9] Xie X, Zhou J M, Sun L, et al. A new flavonol glycoside from the florets of *Carthamus tinctorius* L. [J]. Natural Product Research, 2016, 30 (2): 150-156.

[10] Kurkin V A. Saffloroside, a new flavonoid from flowers of *Carthamus tinctorius* L. [J]. Journal of Pharmacognosy and Phytochemistry, 2015, 4 (1): 29-31.

[11] Yue S J, Qu C, Zhang P X, et al. Carthorquinosides A and B, quinochalcone C-glycosides with diverse dimeric skeletons from *Carthamus tinctorius* [J]. J Nat Prod, 2016, 79 (10): 2644-2651.

[12] 乐世俊, 唐于平, 王林艳, 等. 红花中黄酮类化合物的分离与体外抗氧化研究 [J]. 中国中药杂志, 2014, 39 (17): 3295-3300.

[13] Olaleye O, 李珊珊, 刘海涛, 等. 红花的化学成分及DPPH自由基清除活性研究 [J]. 天然产物研究与开发, 2014, 26 (1): 60-63, 32.

[14] 瞿城, 乐世俊, 林航, 等. 红花化学成分研究 [J]. 中草药, 2015, 46 (13): 1872-1877.

[15] 马自超, 寺原典彦. 红花色素成分的研究 [J]. 中国食品添加剂, 2008, (2): 168-171.

[16] Kazuma K, Takahashi T, Sato K, et al. Quinochalcones and flavonoids from fresh florets in different cultivars of *Carthamus tinctorius* L. [J]. Biosci Biotechnol Biochem, 2000, 64 (8): 1588-1599.

[17] Yoon H R, Paik Y S. Isolation of two quinochalcones from *Carthamus tinctorius* [J]. J Appl Biol Chem, 2008, 51 (4): 169-171.

[18] Jiang T F, Lu Z H, Wang Y H. Separation and determination of chalcones from *Carthamus tinctorius* L. and its medicinal preparation by capillary zone electrophoresis [J]. J Sep Sci, 2005, 28 (11): 1244-1247.

[19] 李艳梅, 车庆明. 红花化学成分的研究 [J]. 药学学报, 1998, 33 (8): 626-628.

[20] Zhou Y Z, Chen H, Qiao L, et al. Two new compounds from *Carthamus tinctorius* [J]. J Asian Nat Prod Res, 2008, 10 (5): 429-433.

[21] Lim S Y, Hwang J Y, Yoon H R, et al. Antioxidative phenolics from the petals of *Carthamus tinctorius* [J]. J Appl Biol Chem, 2007, 50 (4): 304-307.

[22] Yoon H R, Han H G, Paik Y S. Flavonoid glycosides with antioxidant activity from the petals of *Carthamus tinctorius* [J]. J Appl Biol Chem, 2007, 50 (3): 175-178.

[23] Iizuka T, Nagai M, Moriyama H, et al. Antiplatelet aggregatory effects of the constituents isolated from the flower of *Carthamus tinctorius* [J]. Nat Med, 2005, 59 (5): 241-244.

[24] 刘玉明, 杨峻山, 刘庆华. 红花化学成分研究 [J]. 中药材, 2005, 28 (4): 288-289.

[25] 李锋, 何直昇, 叶阳. 中国化学 (英文版), 2002, 20 (7): 699-702.

[26] 张戈, 郭美丽, 张汉明, 等. 红花的化学成分研究 (I) [J]. 第二军医大学学报, 2002, 23 (1): 109-110.

[27] Suleimanov T A. Phenolic compounds from *Carthamus tinctorius*[J]. Chem Nat Compd, 2004, 40(1): 13-15.

[28] 尹宏斌, 何直升, 叶阳. 红花化学成分的研究[J]. 中草药, 2001, 32(9): 776-778.

[29] Hattori M, Huang X L, Che Q M, et al. 6-Hydroxykaempferol and its glycosides from *Carthamus tinctorius* petals[J]. Phytochemistry, 1992, 31(11): 4001-4004.

[30] Zhou Y Z, Ma H Y, Chen H, et al. New acetylenic glucosides from *Carthamus tinctorius*[J]. Chem Pharm Bull, 2006, 54(10): 1455-1456.

[31] Binder R G, Lundin R E, Kint S, et al. Polyacetylenes from *Carthamus tinctorius*[J]. Phytochemistry, 1978, 17(2): 315-317.

[32] Binder R G, Haddon W F, Lundin R E, et al. 1, 8, 11, 14-Heptadecatetraene from *Carthamus tinctorius*[J]. Phytochemistry, 1975, 14(9): 2085-2086.

[33] 赫军, 陈钟, 杨桠楠, 等. 红花水提取物的化学成分研究[J]. 中国药学杂志, 2014, 49(6): 455-458.

[34] 袁茂叶, 李石飞, 张立伟, 等. 红花中亚精胺衍生物分离纯化及其抑制[^{3}H]-5-HT再摄取的作用[J]. 山西医科大学学报, 2015, 46(5): 442-447.

[35] Jiang J S, Lu L, Yang Y J, et al. New spermidines from the florets of *Carthamus tinctorius*[J]. J Asian Nat Prod Res, 2008, 10(5): 447-451.

[36] Zhao G, Gai Y, Chu W J, et al. A novel compound N^1, N^5-(Z)-N^{10}-(E)-tri-p-coumaroylspermidine isolated from *Carthamus tinctorius* L. and acting by serotonin transporter inhibition[J]. Eur Neuropsychopharmacol, 2009, 19(10): 749-758.

[37] Zhou Y Z, Qiao L, Chen H, et al. New aromatic glucosides from *Carthamus tinctorius*[J]. J Asian Nat Prod Res, 2008, 10(9): 817-821.

[38] Zhou Y Z, Chen H, Qiao L, et al. Five new aromatic glycosides from *Carthamus tinctorius*[J]. Helv Chim Acta, 2008, 91(7): 1277-1285.

[39] 姜建双, 夏鹏飞, 冯子明, 等. 红花化学成分研究[J]. 中国中药杂志, 2008, 33(24): 2911-2913.

[40] Yin H B, He Z S, Ye Y. Cartorimine, a new cycloheptenone oxide derivative from *Carthamus tinctorius*[J]. J Nat Prod, 2000, 63(8): 1164-1165.

[41] 周玉枝, 陈欢, 乔莉, 等. 红花化学成分研究[J]. 中国药物化学杂志, 2007, 17(6): 380-382.

[42] 洪奎, 谢雪, 王雪晶, 等. 红花中含氮类化学成分研究[J]. 中草药, 2014, 45(21): 3071-3073.

[43] 徐绥绪, 苗林. 红花抗炎有效成分的研究(第2报)[J]. 中药通报, 1986, 11(2): 106-108.

[44] Akihisa T, Nozaki A, Inoue Y, et al. Alkane diols from flower petals of *Carthamus tinctorius*[J]. Phytochemistry, 1997, 45(4): 725-728.

[45] Akihisa T, Oinuma H, Tamura T, et al. Erythro-hentriacontane-6, 8-diol and 11 other alkane-6, 8-diols from *Carthamus tinctorius*[J]. Phytochemistry, 1994, 36(1): 105-108.

[46] Takahashi Y, Yukita M, Wada M, et al. Free amino acids and sugars in the flower of *Carthamus tinctorius* L.[J]. Acta Societatis Botanicorum Poloniae, 1987, 56(1): 107-117.

[47] 霍贤, 梁忠岩, 张雅君, 等. 红花水溶性多糖CTP的结构研究[J]. 高等学校化学学报, 2005, 26(9): 1656-1658.

[48] Yoo H H, Park J H, Kwon S W. An anti-estrogenic lignan glycoside, tracheloside, from seeds of *Carthamus tinctorius*[J]. Biosci Biotechnol Biochem, 2006, 70(11): 2783-2785.

[49] Kuehnl S, Schroecksnadel S, Temml V, et al. Lignans from *Carthamus tinctorius* suppress tryptophan breakdown via indoleamine 2, 3-dioxygenase[J]. Phytomedicine, 2013, 20(13): 1190-1195.

[50] Ahmed K M, Marzouk M S, El-Khrisy E A M, et al. A new flavone diglycoside from *Carthamus tinctorius* seeds[J]. Pharmazie, 2000, 55(8): 621-622.

[51] Sato H, Kawagishi H, Nishimura T, et al. Serotobenine, a novel phenolic amide from safflower seeds (*Carthamus tinctorius* L.)[J]. Agric Biol Chem, 1985, 49(10): 2969-2974.

[52] Peng X R, Wang X, Dong J R, et al. Rare hybrid dimers with anti-acetylcholinesterase activities from a safflower (*Carthamus tinctorius* L.) seed oil cake[J]. J Agric Food Chem, 2017, 65: 9453-9459.

[53] Ichihara K, Noda M. Polyacetylenes from immature seeds of safflower (*Carthamus tinctorius*)[J]. Agric Biol Chem,

1975，39（5）：1103-1108.

[54] 薛健，卢树杰，刘慧灵，等．精制红花种子油气相色谱的测定［J］．中国药学杂志，2005，40（1）：74.
[55] Bohlmann F, Zdero C. Polyacetylenic compounds. 182. further acetylenic compounds from *Carthamus tinctorius*［J］. Chemische Berichte, 1970, 103（9）: 2853-2855.
[56] Rashwan O. Phenolic constituents from safflower（*Carthamus tinctorius* L.）seedlings cultivated in Egypt［J］. Bulletin of the Faculty of Pharmacy（Cairo University）, 2002, 40（1）: 79-83.
[57] Zhang H L, Nagatsu A, Watanabe T, et al. Antioxidative compounds isolated from safflower（*Carthamus tinctorius* L.）oil cake［J］. Chem Pharm Bull, 1997, 45（12）: 1910-1914.
[58] Zhang H L, Nagatsu A, Sakakibara J. Novel antioxidants from safflower（*Carthamus tinctorius* L.）oil cake［J］. Chem Pharm Bull, 1996, 44（4）: 874-876.
[59] Nagatsu A, Zhang H L, Watanabe T, et al. New steroid and matairesinol glycosides from safflower（*Carthamus tinctorius* L.）oil cake［J］. Chem Pharm Bull, 1998, 46（6）: 1044-1047.

【药理参考文献】

[1] 黄正良，高其铭，崔祝梅．红花黄色素镇痛、抗炎症及镇静作用的研究［J］．甘肃中医药大学学报，1984，（1）：54-57.
[2] 周杰，徐露．红花黄色素对神经根型腰椎病大鼠抗炎作用及其机制研究［J］．中药药理与临床，2016，32（4）：41-44.
[3] 顾超兰，周杰．红花黄色素对佐剂型关节炎大鼠的抗炎作用研究［J］．中国现代应用药学，2017，34（4）：43-45.
[4] 黄昭华，曹壮．红花煎液抗炎作用的实验研究［J］．中国中医药现代远程教育，2012，10（24）：148-149.
[5] 商宇，王建杰，马淑霞，等．红花注射液对佐剂性关节炎大鼠的免疫调节作用［J］．黑龙江医药科学，2010，33（3）：21-22.
[6] 黄虹，俞曼雷，翟世康，等．红花多糖的免疫活性研究［J］．中草药，1984，15（5）：21-24.
[7] 张明霞，杲海霞，盛赞，等．红花对小鼠免疫功能的影响［J］．中国中医药科技，2001，8（1）：10.
[8] 杨蕾，张志云，李云鹏，等．红花提取物对自发性高血压大鼠血压影响的实验研究［J］．河北中医药学报，2004，19（3）：26-29.
[9] 刘发，杨新中，魏苑，等．红花黄素对高血压大鼠的降压作用及对肾素—血管紧张素的影响［J］．药学学报，1992，27（10）：785-787.
[10] 张团笑，敬华娥，买文丽，等．红花注射液降低家兔动脉血压的机制研究［J］．时珍国医国药，2010，21（1）：138-139.
[11] 王成军，毛拥军，蔡智荣，等．红花黄色素对老年高血压患者左心室舒张功能的影响［J］．现代中西医结合杂志，2010，19（11）：1308-1310.
[12] 徐慧，马勤，王志祥，等．红花黄色素对D-半乳糖/亚硝酸钠诱导痴呆小鼠学习记忆的影响［J］．中药药理与临床，2013，29（2）：59-61.
[13] 徐慧，马勤，王志祥，等．红花黄色素对血管性痴呆大鼠学习记忆的影响［J］．中国药学杂志，2014，49（12）：1032-1035.
[14] 胡艳丽，王鹏龙，张悦，等．红花黄色素对东莨菪碱诱导的痴呆小鼠学习记忆的影响［J］．中国老年学杂志，2012，32（19）：4197-4198.
[15] 王炳章，杨鸣岗，庞雷，等．红花液对实验性心肌梗塞犬不同梗塞区心肌缺血程度的影响［J］．药学学报，1979，14（8）：474-479.
[16] 朴永哲，金鸣，臧宝霞，等．红花黄色素缓解大鼠心肌缺血作用的研究［J］．心肺血管病杂志，2002，21（4）：225-228.
[17] 金鸣，朴永哲，吴伟，等．红花黄色素缓解心肌缺血大鼠心功能下降作用的研究［J］．北京中医药大学学报，2005，28（2）：43-46.
[18] 张磊，刘志强，徐祥文．红花对兔心肌缺血-再灌注损伤的保护作用［J］．济宁医学院学报，2018，41（4）：238-241.
[19] 李路江，吴子芳，吕文伟，等．红花提取物对犬急性心肌缺血的保护作用［J］．中草药，2007，38（9）：1381-1383.
[20] 黄正良，崔祝梅，任远，等．红花黄色素对动物耐缺氧缺血的影响［J］．甘肃中医药大学学报，1985，（2）：59-61.
[21] 鞠国泉．天然植物红花对小鼠抗疲劳和耐缺氧作用的实验研究［J］．食品研究与开发，2006，27（8）：92-94.
[22] 王万铁，陈志强，叶秀云，等．红花注射液对脑缺血-再灌注损伤家兔血清白介素-8的影响［C］．急诊医学学术研讨会暨中华急诊医学杂志组稿会．2005.
[23] 王万铁，王淑君，熊建华．红花注射液对实验性缺血—再灌注损伤脑的保护作用研究［J］．中医药学刊，2004，

22（10）：1839-1841.
- [24] 田京伟，蒋王林，王振华，等．红花总黄酮对大鼠局部脑缺血及血栓形成的影响［J］．中草药，2003，34（8）：741-743.
- [25] 朱海波，王振华，田京伟，等．羟基红花黄色素A对实验性脑缺血的保护作用［J］．药学学报，2005，40（12）：1144-1146.
- [26] 田京伟，傅风华，蒋王林，等．羟基红花黄色素A对脑缺血所致大鼠脑线粒体损伤的保护作用［J］．药学学报，2004，39（10）：774-777.
- [27] 林萍，任谦．红花黄色素对老年冠心病患者血脂和炎症因子影响的临床观察［J］．中国医院药学杂志，2009，29（8）：652-653.
- [28] 吴畏．红花黄色素治疗2型糖尿病患者血脂分析［J］．医学理论与实践，2010，23（4）：413-414.
- [29] 齐文萱，郑云霞，魏道武，等．红花黄色素对家兔血脂及肝功能的影响［J］．兰州大学学报（医学版），1987，（3）：57-60.
- [30] 田华，信学雷，麦提喀斯木·尼扎木丁，等．红花籽粕提取物对糖尿病大鼠的降脂作用［J］．解放军预防医学杂志，2016，34（3）：351-353.
- [31] 武继彪，任丽，张若英．红花籽油对鹌鹑实验性动脉粥样硬化的预防作用［J］．时珍国药研究，1996，7（1）：17-18.
- [32] 郝媛媛，于慧春．红花黄色素注射液对急性冠脉综合征患者动脉粥样硬化相关指标的影响［J］．实用心脑肺血管病杂志，2013，21（8）：42-44.
- [33] 李红，卢春风．红花注射液对实验性糖尿病大鼠冠状动脉粥样硬化影响的研究［J］．牡丹江医学院学报，2015，36（2）：5-7.
- [34] 林楚生，方懿珊，林昱，等．红花黄色素对脑梗死患者凝血机制的影响［J］．基层医学论坛，2010，16（14）：502-503.
- [35] 李萍，刘志峰，史文华，等．小鼠口服红花总黄酮延长凝血时间治疗窗的观察［J］．中药药理与临床，2003，19（5）：21-21.
- [36] 岳海涛，李金成，吕铭洋，等．红花注射液对大鼠血栓形成的影响及其作用机制［J］．中草药，2011，42（8）：1585-1587.
- [37] 张宏宇，陈沫，熊文激．红花黄色素抗血栓和降血脂作用的实验研究［J］．中国实验诊断学，2010，14（7）：1028-1031.
- [38] 王亚忠，文云．红花注射液对下肢骨折愈合及血黏度、凝血功能的影响［J］．海南医学院学报，2016，22（24）：3028-3031.
- [39] 白娟，王哲．红花黄色素对大鼠中毒性肝纤维化血清和肝组织HA和LN及胶原含量的影响［J］．中国病理生理杂志，2001，17（8）：812-813.
- [40] 蒋旭宏，黄小民．红花注射液对急性肝损伤大鼠抗氧化作用的实验研究［J］．中华中医药学刊，2010，28（4）：832-834.
- [41] 孙云帆，王皓晨，范伟强，等．羟基红花黄色素A对四氯化碳急性肝损伤的保护作用［J］．山东大学学报（医学版），2009，47（8）：67-71.
- [42] 柴文，付龙生，吕燕妮．羟基红花黄色素A对高脂血症脂肪肝大鼠肝脏功能的干预作用［J］．江西医药，2018，53（1）：18-21.
- [43] 赵玉庸．红花对肾小管间质纤维化大鼠TGF-β1、TGF-β1 mRNA及c-fos表达的影响［J］．中国药理学通报，2005，21（8）：1022-1023.
- [44] 许庆友，潘莉，王月华，等．红花对肾间质纤维化实验大鼠肾小管上皮细胞表型转化的抑制作用［J］．中国老年学杂志，2009，（11）：1344-1346.
- [45] 高飞，吴小候，罗春丽，等．红花注射液对大鼠肾缺血再灌注损伤的疗效及机制研究［J］．中国中药杂志，2006，31（21）：1814-1818.
- [46] 王文杰．红花水煎剂对肿瘤组织病理学改变及血管生成的影响［J］．山西中医，2007，23（6）：59-60.
- [47] 陈晨，张洲一，康宁．红花黄色素对胃癌小鼠CD44、EGFR、nm23表达的影响［J］．光明中医，2016，31（20）：2949-2951.
- [48] 奚胜艳，张前，刘朝阳，等．红花组分HSYA对人胃腺癌BGC-823移植瘤裸鼠VEGF蛋白、KDR与缺氧诱导因子表达的影响［J］．中华中医药杂志，2012，27（1）：82-87．
［49］王济，张前，顾立刚，等．羟基红花黄色素A对肿瘤上清诱导的人脐静脉内皮细胞周期及凋亡的影响［J］．北京中医药大学学报，2008，31（11）：741-744．
［50］石学魁，阮殿清，王亚贤，等．红花多糖抗肿瘤活性及对T739肺癌鼠CTL，NK细胞杀伤活性的影响［J］．中国中药杂志，2010，35（2）：215-218．
［51］梁颖，杨婧，李明琦，等．红花多糖对荷瘤小鼠肿瘤组织血管生成的抑制作用研究［J］．国际免疫学杂志，2014，37（5）：440-443．
［52］马新博，赵鸿鹰，李媛媛，等．红花多糖对荷S180肉瘤小鼠血清IL-10和IL-12及TNF-α的影响［J］．广东医学，2013，34（13）：1984-1986．
［53］何素芳，王志刚，任爱农，等．红花多糖对H22荷瘤小鼠的抑瘤作用及瘤细胞VEGF，Ki67表达的影响［J］．中国中药杂志，2009，34（6）：795-797．
［54］石米扬，昌兰芳，何功倍．红花、当归、益母草对子宫兴奋作用的机理研究［J］．中国中药杂志，1995，20（3）：173-175．
［55］杨东焱，马永明，田治锋，等．红花对大鼠子宫平滑肌电活动的影响［J］．甘肃中医学院学报，2000，17（1）：15-17．
［56］赵丕文，王大伟，牛建昭，等．红花等10种中药的植物雌激素活性研究［J］．中国中药杂志，2007，32（5）：436-439．
［57］吕培霖，李成义，彭文化，等．红花籽油抗氧化活性实验研究［J］．西北国防医学杂志，2017，38（7）：25-27．
［58］赵自刚，牛春雨，张静，等．红花注射液对特发性水肿患者抗氧化能力的影响［J］．中国组织工程研究，2004，8（3）：496-497．
［59］王晓娜，徐晓敏，邱理红，等．羟基红花黄色素A对过氧化氢致L02细胞谷胱甘肽氧化的影响［J］．食品科学，2013，34（23）：317-320．
［60］韩小苗，吴苏喜，吴美芳，等．红花籽油对D-半乳糖致衰老小鼠模型的抗衰老作用［J］．食品与机械，2016，32（10）：127-132．
［61］王岚，梁日欣，杨滨，等．黄芩及红花水提物对快速老化模型小鼠的抗衰老作用研究［J］．中国实验方剂学杂志，2010，16（13）：159-161．
［62］欧芹，魏晓东，张鹏霞，等．红花黄色素对衰老模型小鼠脑细胞凋亡的影响［J］．中国康复医学杂志，2006，21（6）：504-505．
［63］宋小青，安民，陈春晖，等．红花抗早孕作用及对早孕小鼠子宫内膜血管内皮生长因子表达的影响［J］．河北中医，2015，37（12）：1836-1838．
［64］宋小青，魏会平，李丹丹，等．中药红花抗小鼠早孕的实验研究［J］．中成药，2014，36（11）：2408-2410．
［65］林邦和，严冬，周立人，等．红花对大鼠妊娠和胚胎发育的毒性和影响［J］．安徽中医药大学学报，1998，17（4）：50-52．

【临床参考文献】
［1］王淑梅．红花、生姜泡脚治疗腰腿痛临床观察及护理［J］．大家健康（学术版），2014，8（14）：36．
［2］王月，张萍．红花外用治疗脊髓损伤压疮Ⅰ期的临床疗效观察［J］．内蒙古中医药，2016，35（5）：79-80．
［3］孟庆榆，刘淑杰，吴晓丽．红花逍遥片治疗乳腺增生症215例临床观察［J］．河北中医，2014，36（10）：1536-1537．
［4］董春玲，张雅丽，潘利智，等．红花药熨法改善护士慢性腰肌劳损的效果研究［J］．护理学报，2015，22（9）：66-68．
［5］王懿．加减桃仁红花加瓜蒌半夏桂枝煎治疗老年患者冠心病的临床疗效察［J］．中药药理与临床，2015，31（1）：316-317．

39. 艾纳香属 *Blumea* DC.

一年生或多年生草本，稀亚灌木状或草质藤本，常有香气。茎直立、斜升或攀援状，圆柱形，被毛。叶互生、无柄、具柄或沿茎下延成茎翅，叶片具齿刻或琴状、羽状分裂。头状花序少数至多数，腋生或顶生，排成各式的圆锥花序；头状花序具多数异型花，外围雌花多层，能结实，黄色或紫红色，中央两性花多数或较少，结实或极少不完全发育，黄色或紫红色；总苞半球形、圆柱形或钟形；总苞片多层，覆瓦状排列，绿色或紫红色，外层极短，通常被毛；花序托平坦，无毛或被毛；雌花花冠细管状，冠檐2～4齿裂；两性花花冠管状，冠檐5浅裂或少有6浅裂；花药顶端稍尖、钝或截平，基部截形，有长渐尖或芒状尾；花柱分枝狭窄，扁或近丝状。瘦果小，通常有棱；冠毛1层，羽毛状，白色、红色或黄色。

一二二　菊科 Asteraceae

约80种，分布于亚洲、非洲及大洋洲各热带、亚热带地区。中国约30种，分布于西南至东南部，法定药用植物4种。华东地区法定药用植物1种。

1018. 柔毛艾纳香（图1018）· *Blumea mollis*（D. Don）Merr. [*Blumea axillaris*（Lam.）DC.]

图1018　柔毛艾纳香　　　摄影　丁炳扬等

【形态】多年生草本，高15～90cm。主根粗壮，侧根纤细。茎直立，分枝或不分枝，具沟纹，被白色、开张长柔毛，杂有具柄腺毛。下部叶倒卵形，长3～9cm，宽2～4cm，顶端圆钝，基部渐尖，边缘有密细齿，两面被绢状长柔毛，中部叶与下部叶近同形，较小，上部叶渐小，近无柄。头状花序多数，直径3～5mm，通常3～5个簇生，密集成聚伞状再排成圆锥花序，总花序梗长达1cm，密被长柔毛；总苞圆柱形，总苞片约4层，草质，紫色至淡红色，外层线条形，中层与外层同形，边缘干膜质，背面均密被柔毛，内层狭；花托多少扁平，蜂窝状，无毛；花紫红色或花冠下半部淡白色，雌花多数，细管状，无毛，两性花约10朵，管状，具乳头状突起及短柔毛。瘦果稍有棱角，被短柔毛；冠毛白色，易脱落。花果期几乎全年。

【生境与分布】生于田野、路旁及空旷草地。分布于江西、福建和浙江，另广东、广西、云南、贵州、四川、湖南及台湾均有分布；亚洲南部、东南部及大洋洲北部也有分布。

【药名与部位】红头草，地上部分或全草。

【采集加工】花期采割，除去泥沙，阴干。

【药材性状】茎呈圆柱形，有的基部分枝，长20～60cm；表面绿褐色或带紫红色，密被淡黄色长柔毛和腺毛。基生叶常脱落，茎生叶互生，有短柄或近无柄；叶片皱缩，展平后呈椭圆形或矩状倒卵形，长2～6cm，宽1～3cm；先端稍尖或钝，基部楔形，两面密被长柔毛和腺毛，边缘有细锯齿。花棕紫色，头状花序近无梗，生于茎顶及上部叶腋，排列紧密呈近圆锥状，总苞半球形，苞片4～5层，条形，被毛，均为管状花。瘦果矩圆形，细小，冠毛白色。气香，味淡。

【药材炮制】除去杂质，喷淋清水，稍润，切段，阴干。

【化学成分】全草含烷烃类：正三十烷（n-triacontane）和正三十一烷（n-hentriacontane）[1]；挥发油类：2,3-二甲氧基-对-伞花烃（2,3-dimethoxy-p-cymene）、菊油环酮（chrysanthanone）、2,4,5-三甲氧基烯丙苯（2,4,5-trimethoxyallylbenzene）和5-异丙基-2-甲基环戊烯甲酸甲酯（methyl 5-isopropyl-2-methylcyclopentenecarboxylate）等[1]。

叶含挥发油：芳樟醇（linalool）、γ-榄香烯（γ-elemene）、可巴烯（copaene）、草蒿脑（estragole）、别罗勒稀（alloocimene）、γ-松油烯（γ-terpinene）、别香橙烯（allo-aromadendrene）、β-石竹稀（β-carphyllene）、对白千层烯（p-viridiflorene）、桧烯（sabinene）和γ-松油醇（γ-terpineol）等[2]。

【性味与归经】微苦，平。

【功能与主治】消炎，解毒。用于肺炎，腮腺炎，口腔炎，乳腺炎。

【用法与用量】9～15g。

【药用标准】药典1977和云南药品1996。

【附注】Flora of China 已将本种的学名修订为 *Blumea axillaris*（Lamarck）Candolle。

【化学参考文献】

[1] Geda A，Bokadia M M，Dhar K L. Essential oil of *Blumea mollis*［J］. Chem Nat Compd，1981，17（1）：43-45.

[2] Senthilkumar A，Kannathasan K，Venkatesalu V. Chemical constituents and larvicidal property of the essential oil of *Blumea mollis*（D. Don）Merr. against *Culex quinquefasciatus*［J］. Parasitol Res，2008，103（4）：959-962.

40. 鼠麴草属 *Gnaphalium* Linn.

一、二年生或多年生草本。茎直立或斜升，草质或基部稍带木质，被白色绵毛或绒毛。叶互生，全缘，无柄或有短柄。头状花序小，排成开展的圆锥状伞房花序，稀穗状、总状或球状，顶生或腋生；花异型，外围的雌花多数，中央的两性花少数，均能结实；总苞卵形或钟形，总苞片2～4层，金黄色、淡黄色或黄褐色，稀为红褐色，顶端膜质或几全为膜质，外面被绵毛；花序托扁平、凸起或凹入，无毛；花冠黄色或淡黄色；边缘雌花花冠丝状，冠檐3～4齿裂；两性花花冠管状，顶端5浅裂；花药5枚，顶端尖或略钝，基部箭头形，有尾；两性花花柱分枝，近圆柱形。瘦果无毛或稀具疏短毛或腺体；冠毛1层，分离或基部联合成环，易脱落，白色或污白色。

约200种，广布于全球。中国19种，分布于南北各地，法定药用植物3种。华东地区法定药用植物3种。

分种检索表

1. 头状花序生于茎、枝端，排列成伞房状；总苞片金黄色或柠檬黄色。
　　2. 二年生草本，基部常匍匐或倾斜分枝；叶片匙形或匙状倒披针形，上面被绵毛；冠毛基部联合成2束
　　　　……………………………………………………………………………………………… 鼠麴草 *G. affine*
　　2. 一年生草本，基部不分枝，上部斜直出分枝；叶片细条形，上面绿色，有稀疏短柔毛；冠毛基部分离
　　　　……………………………………………………………………………………… 秋鼠麴草 *G. hypoleucum*
1. 头状花序在枝端密集，呈头状；总苞片红褐色………………………………………… 细叶鼠麴草 *G. japonicum*

1019. 鼠麴草（图 1019）• *Gnaphalium affine* D. Don（*Gnaphalium muliceps* DC.）

图 1019　鼠麴草　　　　　　　　摄影　张芬耀等

【别名】鼠曲草、鼠麴草（通称）。

【形态】二年生草本，高 10～40cm。基部常匍匐或倾斜，通常自基部分枝，丛生状，全体密被白色绵毛。下部和中部叶匙状倒披针形或倒卵状匙形，长 2～7cm，宽 3～14mm，顶端圆形，有刺尖头，基部渐狭，稍下延，两面被白色绵毛，上面常较薄，叶脉 1 条，下面不明显；无叶柄。头状花序多数，直径 2～3mm，排成顶生伞房花序；总苞钟形，总苞片 2～3 层，金黄色或柠檬黄色，膜质，外层倒卵形或匙状倒卵形，顶端圆，背面基部被绵毛，内层长匙形，顶端钝，背面常无毛；花序托中央稍凹入，无毛；花黄色或淡黄色，雌花多数，花冠细管状，两性花较少，花冠管状，均无毛。瘦果倒卵形或倒卵状圆柱形，具乳头状突起；冠毛污白色，粗糙，易脱落，基部连成 2 束。花果期几乎全年。

【生境与分布】生于房前屋后、田边、荒田中、空旷地及路旁草丛中。分布于华东各地，另我国其他各地均有分布；菲律宾、印度尼西亚、中南半岛、印度、朝鲜、日本也有分布。

【药名与部位】鼠曲草（佛耳草），全草。

【采集加工】夏季花盛开时采收，干燥。

【药材性状】密被灰白色绵毛。根较细，灰棕色。茎常自基部分枝成丛，长 15～30cm，直径 1～2mm。基生叶已脱落；茎生叶互生，无柄，叶片皱缩，展平后呈条状匙形或倒披针形，长 2～6cm，宽 3～10mm，全缘，两面均密被灰白色绵毛。头状花序多数，金黄色或棕黄色。气微，味微甘。

【药材炮制】除去杂质，切段；筛去灰屑。

【化学成分】花含黄酮类：木犀草素-4'-β-D-葡萄糖苷（luteolin-4'-β-D-glucoside）、木犀草素（luteolin）、4,2',4'-三羟基-6'-甲氧基查耳酮-4'-β-D-葡萄糖苷（4,2',4'-trihydroxy-6'-methoxychalcone-4'-β-D-glucoside）、芹菜素-4'-β-D-葡萄糖苷（apigenin-4'-β-D-glucoside）、芹菜素（apigenin）、槲皮素-4'-β-D-葡萄糖苷（quercetin 4'-β-D-glucoside）、槲皮素（quercetin）、绣线菊苷（spiraeosid）和马醉木苷（asebotirn*），即去氢对马醉木素（dehydro-p-asebotin）[1,2]。

地上部分含黄酮类：槲皮素（quercetin）[3]。

全草含蒽醌类：大黄素甲醚（physcion）和大黄素（emodin）[4]；黄酮类：5-羟基-3,6,7,8,4'-五甲氧基黄酮（5-hydroxy-3,6,7,8,4'-pentamethoxyflavone）、5-羟基-3,6,7,8-四甲氧基黄酮（5-hydroxy-3,6,7,8-tetramethoxyflavone）、5,6-二羟基-3,7-二甲氧基黄酮（5,6-dihydroxy-3,7-dimethoxyflavone）、4,4',6'-三羟基-2'-甲氧基查耳酮（4,4',6'-trihydroxy-2'-methoxychalcone）、橘皮素（tangeretin）、5-去甲基化橘皮素（5-demethyltangeretin）、2'-羟基-4,4',6'-三甲氧基查耳酮（2'-hydroxy-4,4',6'-trimethoxychalcone）、2',4'-二羟基-4,6'-二甲氧基查耳酮（2',4'-dihydroxy-4,6'-dimethoxychalcone）、4,2',4',6'-四甲氧基查耳酮（4,2',4',6'-tetramethoxychalcone）、5-羟基酸橙素（5-hydroxyauranetin）、蜡菊素（helichrysetin）[5]、芦丁（rutin）、槲皮素-3-O-β-D-吡喃葡萄糖苷（quercetin-3-O-β-D-glucopyranoside）、异泽兰黄素（eupatilin）、5-羟基-6,7,3',4'-四甲氧基黄酮（5-hydroxy-6,7,3',4'-tetramethoxyflavone）、槲皮素（quercetin）、木犀草素（luteolin）、芹菜素（apigenin）[6]，二氢芹菜素（dihydroapigenin）、白杨素（chrysin）、汉黄芩素（wogonin）[7]、木犀草素-4'-O-β-D-葡萄糖苷（luteolin-4'-O-β-D-glucoside）、槲皮素-3-O-芸香糖基-7-O-葡萄糖苷（quercetin-3-O-rutinosyl-7-O-glucoside）、木犀草素-7-O-β-D-吡喃葡萄糖基-（1→6）-[（6'''-O-咖啡酸）-β-D-吡喃葡萄糖苷]{luteolin-7-O-β-D-glucopyranosyl-（1→6）-[（6'''-O-caffeic acid）-β-D-glucopyranoside]}[8]、鼠曲草酚苷*B（gnaphaffine B）、异鼠李素-7-O-β-D-吡喃葡萄糖苷（isorhamnetin-7-O-β-D-glucopyranoside）、野黄芩素-7-O-β-D-葡萄糖苷（scutellarein-7-O-β-D-glucoside）、芹菜素-7-O-β-D-吡喃葡萄糖苷（apigenin-7-O-β-D-glucopyranoside）[9]、鼠曲草黄素（gnaphalin）[10]、芹菜素-4'-O-β-D-[6''-(E)-咖啡酰基]-吡喃葡萄糖苷{apigenin-4'-O-β-D-[6''-(E)-caffeoyl]-glucopyranoside}、芹菜素-7-O-β-D-[6''-(E)-咖啡酰基]-吡喃葡萄糖苷{apigenin-7-O-β-D-[6''-(E)-caffeoyl]-glucopyranoside}、木犀草素-4'-O-β-D-[6''-(E)-咖啡酰基]-吡喃葡萄糖苷{luteolin-4'-O-β-D-[6''-(E)-caffeoyl]-glucopyranoside}和槲皮素-4'-O-β-D-[6''-(E)-咖啡酰基]-吡喃葡萄糖苷{quercetin-4'-O-β-D-[6''-(E)-caffeoyl]-glucopyranoside}[11]；甾体类：4-胆甾烯-3-酮（4-cholesten-3-one）、3β-羟基豆甾-5,22-二烯-7-酮（3β-hydroxystigmast-5,22-dien-7-one）、β-谷甾醇（β-sitosterol）[5]、豆甾醇（stigmasterol）[9]和胡萝卜苷（daucosterol）[12]；三萜类：蒲公英甾醇（taraxasterol）、α-香树脂醇（α-amyrin）、β-香树脂醇（β-amyrin）、白桦脂酸（betulinic acid）[5]，α-香树酯醇乙酸酯（α-amyrin acetate）、β-香树酯醇乙酸酯（β-amyrin acetate）、熊果酸（ursolic acid）、齐墩果酸（oleanolic acid）、19α-羟基熊果酸（19α-hydroxyursolic acid）、2α,3α,19α-三羟基-28-去甲熊果-12-烯（2α,3α,19α-trihydroxy-28-norurs-12-ene）[7]和款冬二醇-3-O-棕榈酸酯（faradiol-3-O-palmitate）[8]；倍半萜类：缬草烯-1(10)-烯-8,11-二醇[valene-1(10)-en-8,11-diol][8]；醇及其苷类：荜茇苷A（longumoside A）[8]，黄麻香堇醇C（corchoionol C）和正三十四烷醇（n-tetratriacontanol）[12]；生物碱类：糙叶败酱碱（patriscabratine）、金色酰胺醇酯（aurantiamide acetate）[7]、伞形香青酰胺（anabellamide）和大海米菊酰胺K（grossamiade K）[8]；酚苷类：3-甲氧基苯酚-1-O-α-L-吡喃鼠李糖基-（1→6）-O-β-D-吡喃葡萄糖苷[3-methoxyphenol-1-O-α-L-rhamnopyranosyl-（1→6）-O-β-D-glucopyranoside]、3',5-二羟基-2-（4-羟基苯甲基）-3-甲氧基联苄[3',5-dihydroxy-2-(4-hydroxybenzyl)-3-methoxybibenzyl][8]和鼠曲草酚苷*A（gnaphaffine A）[9]；苯丙素类：松柏醛（aldehyde）、毛蕊花苷（isoverbascoside）、4-O-D-吡喃葡萄糖对香豆酸甲酯苷（4-O-D-glucopyranosyl-p-coumaric acid methyl ester）[8]、咖啡酸（caffeic acid）和蜡菊花苷L（everlastoside L）[9]；香豆素类：东莨菪内酯（scopoletin）[10]；内酯类：4'-羟基脱氢醉椒素

（4′-hydroxydehydrokawain）[7]；酚醛类：异香草醛（isovanillin）[7]；神经酰胺类：肿柄菊酰胺B（tithoniamide B）[12]；芪类：2,3,5,4′-四羟基反式二苯乙烯-2-O-β-D-吡喃葡萄糖苷（2,3,5,4′-tetrahydroxy-trans-stilbene-2-O-β-D-glucopyranoside）[12]；挥发油类：石竹烯（caryophyllene）、α-石竹烯（α-caryophyllene）、α-芳樟醇（α-linalool）、1-辛烯-3-醇（1-octen-3-ol）、橙花叔醇（nerolidol）、氧化石竹烯（caryophyllene oxide）和十一酸（undecanoic acid）等[13]；脂肪酸及酯类：单棕榈酸甘油酯（glyceryl monopalmitate）、9,16-二羰基-10,12,14-三烯-十八碳酸（9,16-dioxo-10,12,14-octadecatrienoic acid）[12]、棕榈酸（hexadecanoic acid）、亚麻仁油酸（linoleic acid）和肉豆蔻酸（myristic acid）等[14]；元素：铁（Fe）、铜（Cu）、镁（Mg）、钙（Ca）、锰（Mn）和锌（Zn）[15]。

【药理作用】 1. 抗补体　全草的80%乙醇提取分离得到的芹菜素-4′-O-β-D-[6″-（E）-咖啡酰基]-吡喃葡萄糖苷{apigenin-4′-O-β-D-[6″-（E）-caffeoyl]-glucopyranoside}、芹菜素-7-O-β-D-[6″-（E）-咖啡酰基]-吡喃葡萄糖苷{apigenin-7-O-β-D-[6″-（E）-caffeoyl]-glucopyranoside}、木犀草素-4′-O-β-D-[6″-（E）-咖啡酰基]-吡喃葡萄糖苷{luteolin-4′-O-β-D-[6″-（E）-caffeoyl]-glucopyranoside}和槲皮素-4′-O-β-D-[6″-（E）-咖啡酰基]-吡喃葡萄糖苷{quercetin-4′-O-β-D-[6″-（E）-caffeoyl]-glucopyranoside}具有较强的抗补体作用，且呈剂量依赖性[1]。2. 抗炎　全株的80%乙醇提取物可显著改善角叉菜所致大鼠的炎症症状，显著减轻足肿胀，可显著降低脂多糖（LPS）诱导的NR8383细胞肿瘤坏死因子-α（TNF-α）、白细胞介素-1β（IL-1β）、环氧合酶-2（COX-2）、磷酸化p65及核因子κB抑制因子α的含量[2]；全株的甲醇提取物可降低脂多糖刺激的RAW264.7细胞中一氧化氮合酶（NOS）、环氧合酶-2及丝裂原活化蛋白激酶的表达[3]；全草的50%乙醇提取物可降低脂多糖加烟熏法所致慢性阻塞性肺疾病模型大鼠肺泡灌洗液中的白细胞、巨噬细胞和中性粒细胞百分比，肿瘤坏死因子-α及白细胞介素-8的含量，显著下调肺组织中肿瘤坏死因子-α及白细胞介素-8的mRNA的表达[4]。3. 抗黄嘌呤氧化酶　全草的乙醇提取物中分离得到的异泽兰黄素（eupatilin）、芹菜素（apigenin）、木犀草素（luteolin）及5-羟基-6，7，3′，4′-四甲氧基黄酮（5-hydroxy-6，7，3′，4′-tetramethoxyflavone）对黄嘌呤氧化酶具有抑制作用[5]。4. 抗氧化　全草75%乙醇提取物可清除2，2′-联氮-二（3-乙基-苯并噻唑-6-磺酸）二铵盐（ABTS）自由基[6]；全草60%乙醇提取物可清除超氧阴离子自由基（$O_2^-\cdot$）、1，1-二苯基-2-三硝基苯肼（DPPH）自由基及羟自由基（·OH），抑制Fe^{2+}诱发卵黄脂蛋白过氧化[7]；茎叶及花的无水乙醇提取物可清除1，1-二苯基-2-三硝基苯肼自由基并抗猪油氧化[8]。5. 降血压　叶的水提取物可降低正常大鼠血压[9]。6. 镇痛　从全草提取的总黄酮可显著延长热刺激引起小鼠的舔足时间，减少乙酸所致小鼠的扭体次数，降低乙酸所致小鼠血清中的肿瘤坏死因子-α、白细胞介素-6及一氧化氮的含量，也可抑制小鼠腹腔巨噬细胞肿瘤坏死因子-α、白细胞介素-6及一氧化氮合酶基因的表达[10]。7. 调节糖脂代谢　从全草提取的总黄酮可显著改善链脲佐菌素所致糖尿病模型小鼠的糖耐量，降低体内的糖化血清蛋白、总胆固醇、甘油三酯及低密度脂蛋白含量，升高糖尿病小鼠的肝糖原和高密度脂蛋白含量[11]。8. 镇咳祛痰平喘　从全草提取的总黄酮可延长氨水引咳法所致小鼠的咳嗽潜伏期并减少咳嗽次数，增加小鼠气道酚红排泄量，显著延长组织胺所致大鼠喘息的潜伏期[12]。

【性味与归经】 微甘，平。归肺经。

【功能与主治】 祛痰，止咳，平喘，祛风湿。用于咳嗽，痰喘，风湿痹痛。

【用法与用量】 9～15g。

【药用标准】 药典1977、浙江炮规2015、上海药材1994、江苏药材1989、贵州药材2003和山东药材2002。

【临床参考】 1. 婴幼儿支气管肺炎：鲜全草80g（或干品30g），水煎3次，分多次母子同服；同时鲜全草100g捣碎成泥（或干品30g研末），加冰片10g研碎，用浓茶冲白糖调成糊状，敷于神阙穴（肚脐），上盖消毒纱布，注意保持湿度，每日换药1次[1]。

2. 慢性气管炎：全草30～60g，加千里光30～60g、一点红30g、甘草3g、枇杷叶9g，水煎，浓缩成45ml，加食糖10%，每日3次，每次15ml[2]。

3. 咳嗽痰多：全草30g，水煎服。

4. 蚕豆病：全草60g，加车前草、凤尾草各30g，茵陈15g，加水1200ml，煎至800ml，加白糖适量当饮料服。（3方、4方引自《浙江药用植物志》）

【附注】本种以鼠耳之名首载于《名医别录》，云："生田中下地，厚华（叶）肥茎。"《本草拾遗》谓："鼠曲草，生平岗熟地，高尺余，叶有白毛，黄花。"明《品汇精要》谓："佛耳草，春生苗，高尺余，茎叶颇类旋覆而遍有白毛，折之有绵如艾，且柔韧，茎端分歧着小黄花，十数作朵，瓣极茸细。"《本草会编》谓："佛耳草，徽人谓之黄蒿。二三月苗长尺许，叶似马齿苋而细，有微白毛，花黄。土人采茎叶和米粉，捣作粑果食。"《本草纲目》载："原野间甚多。二月生苗，茎叶柔软。叶长寸许，白茸如鼠耳之毛。开小黄花成穗，结细子。楚人呼为米曲，北人呼为茸母。"《植物名实图考》云："雩娄农曰：鼠曲染糯作糍，色深绿，湘中春时粥于市，五溪峒中尤重之。清明时必采制，以祀其先，名之曰青粞，意以为亲没后，又复见春草青青矣。"根据以上所述形态、生长季节、用途及《植物名实图考》附图考之，均与本种基本相符。

同属植物多茎鼠曲草 Gnaphalium polycaulon Pers. 的全草民间也作鼠曲草药用。

【化学参考文献】

[1] Itakura Y, Imoto T, Kato A, et al. Flavonoids in the flowers of *Gnaphalium affine* D. Don [J]. Agric Biol Chem, 1975, 39（11）：2237-2238.

[2] Aritomi M, Kawasaki T. Dehydro-para-asebotin, a new chalcone glucoside in the flowers of *Gnaphalium affine* D. Don [J]. Chem Pharm Bull, 1974, 22（8）：1800-1805.

[3] Zeng W C. The antioxidant activity and active component of *Gnaphalium affine* extract [J]. Food Chem Toxicol, 2013, 58（7）：311-317.

[4] 席忠新, 王燕, 赵贵钧, 等. 鼠曲草石油醚部位的化学成分 [J]. 第二军医大学学报, 2011, 32（3）：311-313.

[5] Morimoto M, Kumeda S, Komai K. Insect antifeedant flavonoids from *Gnaphalium affine* D. Don [J]. J Agric Food Chem, 2000, 48（5）：1888-1891.

[6] 谢建祥, 王海东, 林伟青. 鼠曲草化学成分研究 [J]. 中成药, 2015, 37（3）：553-555.

[7] 白丽明, 高鸿悦, 马玉坤, 等. 鼠曲草化学成分及其抗氧化活性研究 [J]. 中草药, 2016, 47（4）：549-553.

[8] 李胜华. 鼠曲草的化学成分研究 [J]. 中草药, 2014, 45（10）：1373-1377.

[9] Junli L, Doudou H, Wansheng C, et al. Two new phenolic glycosides from *Gnaphalium affine* D. Don and their anti-complementary activity [J]. Molecules, 2013, 18（7）：7751-7760.

[10] Tachibana K, Okada Y, Okuyama T. Search for naturally occurring substances to prevent the complications of diabetes. III. studies on active substances from *Gnaphalium affine* D. Don [J]. Nat Med, 1995, 49（3）：266-268.

[11] Xi Z, Chen W, Wu Z, et al. Anti-complementary activity of flavonoids from *Gnaphalium affine* D. Don [J]. Food Chemistry, 2012, 130（1）：165-170.

[12] 黄豆豆, 李君丽, 姚风艳, 等. 鼠曲草乙酸乙酯部位化学成分Ⅱ [J]. 中国实验方剂学杂志, 2014, 20（7）：97-99.

[13] 黄爱芳, 林观样, 潘晓军, 等. 鼠曲草挥发油化学成分的GC-MS分析 [J]. 海峡药学, 2009, 21（7）：91-92.

[14] 潘明, 邓赟, 郭脉玺, 等. 鼠曲草挥发油的提取及GC-MS分析 [J]. 食品工业科技, 2009, 30（6）：243-245.

[15] 彭金年, 李银保, 彭湘君, 等. 微波消解-火焰原子吸收光谱法对鼠曲草中六种微量元素的测定 [J]. 广东微量元素科学, 2009, 16（6）：45-49.

【药理参考文献】

[1] Xi Z, Chen W, Wu Z, et al. Anti-complementary activity of flavonoids from *Gnaphalium affine* D. Don [J]. Food Chemistry, 2012, 130（1）：165-170.

[2] Huang D, Chen Y, Chen W, et al. Anti-inflammatory effects of the extract of *Gnaphalium affine* D. Don *in vivo* and *in vitro* [J]. Journal of Ethnopharmacology, 2015, 176（28）：356-364.

[3] Seong Y A, Hwang D, Kim G D. The anti-inflammatory effect of *Gnaphalium affine*, through inhibition of NF-κB and MAPK in lipopolysaccharide-stimulated RAW264.7 cells and analysis of its phytochemical components [J]. Cell Biochemistry & Biophysics, 2016, 74（3）：407-417.

[4] 叶向丽, 廖海伟, 李煌. 鼠曲草醇提物改善慢性阻塞性肺疾病模型大鼠气道炎症的实验研究 [J]. 中国民族民间医药, 2015, 24 (19): 5-7.
[5] Lin W Q, Xie J X, Wu X M, et al. Inhibition of xanthine oxidase activity by *Gnaphalium affine* extract [J]. Chinese Medical Sciences Journal, 2014, 29 (4): 225-230.
[6] 蒋燚, 郭霜, 张飞雪. 不同方法对中药鼠曲草粗提物体外抗氧化活性的研究 [J]. 黑龙江畜牧兽医, 2017, (8): 157-160.
[7] 石青浩, 李荣, 姜子涛. 食用鼠曲草黄酮的提取及体外抗氧化性研究 [J]. 食品与生物技术学报, 2013, 32 (3): 307-312.
[8] 张德胜, 康照金, 尤双梅, 等. 鼠曲草花中黄酮的提取及抗氧化活性研究 [J]. 现代农业科技, 2017, (24): 237-240.
[9] 刘国雄. 鼠曲草降压作用的初步研究 [J]. 大连医科大学学报, 1965, 5 (1): 51-52.
[10] 黄晓佳, 李永金, 李静, 等. 鼠曲草总黄酮抑制疼痛模型小鼠炎症因子产生而致镇痛作用 [J]. 食品科学, 2014, 35 (21): 240-243.
[11] 崔珏, 李超, 苏颖, 等. 鼠曲草总黄酮对糖尿病小鼠血脂代谢紊乱改善作用的研究 [J]. 食品工业科技, 2013, 34 (22): 324-327.
[12] 叶向丽, 李煌. 鼠曲草总黄酮治疗慢性支气管炎的实验研究 [J]. 海峡药学, 2016, 28 (1): 22-24.

【临床参考文献】
[1] 曾立崑. 大剂鼠曲草内服外敷治疗婴幼儿支气管肺炎 [J]. 浙江中医杂志, 1996, 31 (5): 230.
[2] 佚名. 复方鼠曲草合剂治疗慢性气管炎 [J]. 铁道医学, 1976, (1): 42.

1020. 秋鼠麴草（图1020）• *Gnaphalium hypoleucum* DC.

图 1020　秋鼠麴草　　摄影　徐克学等

【形态】一年生粗壮草本，高 30～70cm。全株被白色绒毛。茎直立，基部通常木质，上部分枝斜升，有沟纹，被白色绵毛，后渐脱落。下部叶条形，长 4～8cm，宽 3～7mm，顶端渐尖，基部略狭，稍抱茎，上面被腺毛，或有时沿中脉疏被蛛丝状毛，下面密被白色绵毛，叶脉 1 条，下面不明显，无叶柄；中部叶和上部叶较小。头状花序多数，直径约 4mm，在枝顶排成密集伞房花序；总苞球形，总苞片 4～5 层，金黄色或黄色，有光泽；外层倒卵形，背面被白色绵毛，内层条形，顶端尖，背面常无毛；雌花多数，花冠丝状，无毛；两性花较少，花冠管状，无毛。瘦果长圆形，顶端截平，无毛；冠毛绢毛状，污黄色，粗糙，基部分离。花果期 8～12 月。

【生境与分布】生于山坡路旁，田野空旷地及田边杂草丛中。分布于华东各地，另全国南北各地均有分布；菲律宾、印度尼西亚、中南半岛、印度、朝鲜、日本也有分布。

【药名与部位】鼠曲草，全草。

【采集加工】春、夏二季花开时采收，除去杂质，晒干。

【药材性状】全体密被灰白色绵毛。根较细，灰棕色。茎长 40～100cm，基部直径约 0.5cm，基部不分枝。基生叶已脱落；茎生叶互生，无柄，叶片皱缩，完整叶片展平后呈条形，全缘，两面均密被灰白色绵毛。头状花序多数，金黄色。气微，味微甘。

【化学成分】全草含黄酮类：芹菜素（apigenin）、木犀草素（luteolin）、槲皮素（quercetin）、7,4′-二羟基-5-甲氧基二氢黄酮（7,4′-dihydroxy-5-methoxydihydroflavone）、芹菜素-7-O-β-D-吡喃葡萄糖苷（apigenin-7-O-β-D-glucopyranoside）、木犀草素7-O-β-D-吡喃葡萄糖苷（luteolin-7-O-β-D-glucopyranoside）、槲皮素-7-O-β-D-吡喃葡萄糖苷（quercetin-7-O-β-D-glucopyranoside）、金丝桃苷（hyperin）、芦丁（rutin）、4′-羟基-5-甲氧基-7-O-β-D-吡喃葡萄糖基二氢黄酮（4′-hydroxy-5-methoxy-7-O-β-D-glucopyranosyl dihydroflavone）、鼠曲草黄素（gnaphalin）[1]和木犀草素-4′-O-葡萄糖苷（luteolin-4′-O-glucoside）[2]。

地上部分含黄酮类：5-羟基-3,6,7,8-四甲氧基黄酮（5-hydroxy-3,6,7,8-tetramethoxyflavone）、5-羟基-3,6,7,8,4′-五甲氧基黄酮（5-hydroxy-3,6,7,8,4′-pentamethoxyflavone）、5-羟基-3,6,7,8,3′,4′-六甲氧基黄酮（5-hydroxy-3,6,7,8,3′,4′-hexamethoxyflavone）、槲皮素-4′-O-β-D-葡萄糖苷（quercetin-4′-O-β-D-glucoside）、芹菜素（apigenin）、木犀草素（luteolin）和槲皮素（quercetin）[3]；甾醇类：β-谷甾醇（β-sitosterol）[3]；脂肪酸类：二十四烷酸（tetracosanoic acid）[3]。

【性味与归经】微甘，平。归肺、肝、肾经。

【功能与主治】清热解毒，止咳平喘，祛风除湿。用于感冒咳嗽，痰喘，目赤肿痛，风湿痹痛。

【用法与用量】9～30g。

【药用标准】贵州药材 2003。

【临床参考】1. 风寒咳嗽：鲜全草 24g，开水炖服。

2. 食积：叶、花，洗净，捣烂和米粉作团糕食。（1方、2方引自《闽东本草》）

3. 小儿急惊风：全草 9g，加钩藤 9g，水煎服。（《湖南药物志》）

4. 体虚痰多、吐血：全草 9g，加茜草 9g、野鸡泡 3g、线鸡尾 6g，水煎服。

5. 下肢慢性溃疡：鲜全草适量，红糖少许，捣烂外敷患处。（4方、5方引自《江西草药》）

【附注】本种以天水蚁草之名始载于《植物名实图考》卷十五湿草类，谓："荆、湘间呼鼠曲草为水蚁草，盖与《酉阳杂俎》以鼠曲为蚍蜉酒同义。此草叶有白毛，极似鼠曲，而茎硬如蒿，亦作蒿气，高二尺许。俚医以为补筋骨之药。"按其描述及其附图，应为本种。

【化学参考文献】

[1] Sun Y, Yang Y, Zhu P, et al. Flavonoids from *Gnaphalium hypoleucum* [J]. Chem Nat Compd, 2016, 52（3）: 494-496.

[2] Zhang H J, Hu Y J, Xu P, et al. Screening of potential xanthine oxidase inhibitors in *Gnaphalium hypoleucum* DC. by immobilized metal affinity chromatography and ultrafiltration-ultra performance liquid chromatography-mass spectrometry [J]. Molecules, 2016, 21（9）: 1242/1-1242/11.

[3] 孙群，陆叶，吴双庆，等.秋鼠曲草化学成分研究［J］.中药材，2012，35（4）：566-568.

1021. 细叶鼠麴草（图1021）• *Gnaphalium japonicum* Thunb.

图1021　细叶鼠麴草　　　　　　　　　　摄影　李华东等

【别名】白背鼠麴草、天青地白（浙江），白背鼠曲草（安徽），日本鼠麴草、天青地白草（江苏）。

【形态】多年生草本，高8～25cm。茎稍直立，不分枝或有时自基部有数条匍匐小枝，密被白色绵毛。基生叶密集成莲座状，花期宿存，条状剑形或条状倒披针形，长3～10cm，宽3～7mm，顶端具短尖头，基部渐狭，下延，边缘多少反卷，上面绿色或稍疏被绵毛，下面密被白色绵毛，叶脉1条，在下面明显突起；茎生叶少数，条状剑形或条状长圆形，长2～3cm，宽2～3mm，两面被毛与基生叶相同。头状花序少数，直径2～3mm，顶生，密集成球形，再排成复头状花序，其下部具3～6片呈星芒状排列的条形或披针形的叶；花黄色；总苞近钟形，总苞片3层，外层宽椭圆形，红褐色，干膜质，背面疏被毛，中层倒卵状长圆形，上部带红褐色，内层条形；雌花多数，花冠丝状，两性花少数，花冠管状。瘦果纺锤状圆柱形，密被棒状腺体；冠毛白色，粗糙。花果期2～8月。

【生境与分布】生于田边、沟旁、路边及空旷地。分布于安徽、浙江、江苏、江西、上海、福建，另长江以南其他各地均有分布；澳大利亚、新西兰、朝鲜及日本也有分布。

【药名与部位】天青地白（鼠曲草），全草。

【采集加工】春末夏初采挖全草，除去泥土，晒干。

【药材性状】多皱缩。根丛生，细长，外表面棕色。茎呈圆柱形，细长，密被白色绵毛，老茎较疏。基出叶莲座状，条状倒披针形，常向叶背反卷；茎生叶向上渐小，条形，稀疏互生，卷折，基部有极小的叶鞘，上表面暗绿色，疏被绵毛，下表面密被白色绒毛，头状花序，花淡红棕色。瘦果呈矩圆形，有细点，冠毛白色。气微，味淡。

【药材炮制】拣去杂质，抢水洗净，切段，晒干。

【化学成分】全草含挥发油类：石竹烯（caryophyllene）、γ-古芸烯（γ-gurjunene）、β-金合欢烯（β-farnesene）、α-石竹烯（α-caryophyllene）、1-三十七烷醇（1-heptatriacotanol）、肉豆蔻醛（tetradecanal）、十四酸甲酯（methyl tetradecanoate）、香橙烯（aromadendrene）和2-十五烷酮（2-pentadecanone）等[1]。

【性味与归经】淡，凉。归肝、肺、小肠经。

【功能与主治】清肺平肝，解毒消肿。用于咳嗽，百日咳，神经衰弱失眠，尿道炎，尿血，咽喉肿痛，小儿疳热，乳腺炎，痈疖，急性结膜炎，口腔炎，蛇伤。

【用法与用量】煎服 15～30g；外用适量捣烂敷患处。

【药用标准】福建药材 2006 和贵州药材 2003。

【临床参考】1. 乙型肝炎：全草20g，加黄芪、党参、垂盆草、蛇舌草、淫羊藿、巴戟天、活血丹、牛奶根各20g，茯苓、当归、白芍、枸杞子、黄精、丹参、赤芍、茵陈、板蓝根、猪苓各15g，白术10g，败酱草8g，水煎服，每2日1剂，1日3次，连服3个月[1]。

2. 角膜翳：天青地白滴眼液（全草醇提取液100ml，加硼酸1g、硼砂1g、氯化钠0.63g、尼泊金0.035g，搅均过滤分装于100ml瓶中，煮沸灭菌30min，即得）滴眼，每日4～8次[2]。

3. 感冒：全草9g，加野菊花9g、球子草4.5g，水煎服。

4. 口腔炎：全草15g，加六月霜根（去皮）15g、白茅根9g、金鸡脚6g，水煎，冲白糖服，或全草15～30g，水煎服。

5. 乳腺炎：鲜全草适量，加酒酿捣烂外敷。

6. 肾盂肾炎：全草30g，加灯心草15g、红枣10个，水煎服。

7. 白带：全草60g，加车前草、鸡儿肠各30g，谷精草15g，水煎服；或全草30g，水煎，冲白糖服。

8. 角膜白斑：全草3g，加水100ml浸泡后，隔水蒸沸30min，过滤，取滤液滴眼，新患眼每小时2次，每次3滴，陈旧性患眼每小时4次，每次3滴。（3方至8方引自《浙江药用植物志》）

【化学参考文献】

[1] 陈乐，刘敏，贺卫军，等．两种湘产鼠曲草挥发油成分的GC-MS分析[J]．亚太传统医药，2014，10（17）：29-31.

【临床参考文献】

[1] 吴钦顺．侗药"乙肝转阴汤"治疗乙型肝炎56例疗效观察[J]．中国民族民间医药杂志，2000，（3）：136-137.

[2] 冼奕然．天青地白治疗角膜翳72例临床观察[J]．广西中医药，1979，（3）：12-15.

41. 旋覆花属 *Inula* Linn.

多年生，稀为一年生或二年生草本，或为亚灌木。茎直立，常具腺点，被糙毛、柔毛或茸毛。叶互生或生于茎基部，全缘或有齿。头状花序单生或多数排成伞房状或圆锥状伞房花序；具异型花，稀为同型花，雌雄同株，外围有1至数层雌花或稀无雌花，中央具多数两性花；总苞半球形、倒卵圆形或宽钟形；总苞片多层，外层叶质、草质或干膜质，渐短或与内层等长，最外层有时较大，叶质，内层常狭窄，干膜质；花序托平或稍凸起，无托片；雌花花冠舌状，舌片长，冠檐具2～3齿；两性花花冠管状，上部狭漏斗状，冠檐5裂；花药顶端圆或稍尖，基部戟形，有细长的尾，花柱分枝稍扁。瘦果近圆柱形，常具4～5棱；冠毛1～2层，稀较多层，具稍不等长而微粗糙的细毛。

约100种，分布于欧洲、非洲及亚洲，其中以地中海地区种类最多。中国20余种。分布于南北各地，法定药用植物9种。华东地区法定药用植物2种。

1022. 土木香（图 1022）• *Inula helenium* Linn.

图 1022　土木香　　摄影　徐克学等

【别名】青木香（山东）。

【形态】多年生草本，高 60～150cm。根茎块状，有分枝。茎直立，粗壮，不分枝或上部有分枝，被开展的长毛。基部叶和下部叶在花期常存在，叶片宽椭圆状披针形，长 10～40cm，先端尖，基部楔形，下延，边缘具不规则的齿或重齿，上面有糙毛，下面被白色密茸毛，网脉明显。叶柄具翅，长达 20cm；中部叶片卵圆状披针形或长圆形，长 15～35cm，宽 5～18cm，基部心形，半抱茎；上部叶片较小，披针形。头状花序少数，直径 5～8cm，具梗，排列呈伞房状；总苞宽钟形，总苞片 5～6 层，外层的宽卵圆形，草质，先端钝，反折，被茸毛，内层的长圆形，先端稍扩大成卵圆状三角形，干膜质，外面有疏毛，具缘毛，较外层长达 3 倍，最内层的条形，先端稍扩大或狭尖；缘花舌状，黄色，顶端有 3～4 枚浅裂片，雌性，结实；中央花管状，顶端 5 裂，两性，结实。瘦果有棱和细沟，无毛；冠毛污白色，有极多数具细齿的毛。

花果期7～10月。

原产于欧洲。华东各地药圃常有栽培，另我国其他地方也有栽培。

【药名与部位】土木香（藏木香），根。

【采集加工】秋季采挖，除去泥沙，晒干。

【药材性状】呈圆锥形，略弯曲，长5～20cm。表面黄棕色或暗棕色，有纵皱纹及须根痕。根头粗大，顶端有凹陷的茎痕及叶鞘残基，周围有圆柱形支根。质坚硬，不易折断，断面略平坦，黄白色至浅灰黄色，有凹点状油室。气微香，味苦、辛。

【药材炮制】除去杂质，洗净，润透，切片，干燥。

【化学成分】根含倍半萜类：4α-羟基-1β-愈创木-11（13），10（14）-二烯-12,8α-内酯[4α-hydroxy-1β-guaia-11（13），10（14）-dien-12,8α-olide]、11-桉叶二烯-8,12-内酯（11-eudesmadien-8,12-olide）[1]，11β-羟基-13-氯化桉叶-5-烯-12,8-内酯（11β-hydroxy-13-chloroeudesm-5-en-12,8-olide）、特勒内酯（telekin）、环氧异土木香内酯（epoxyisoalantolactone）、5-表特勒内酯（5-epitelekin）、总状土木香内酯A（racemosalactone A）、大叶素内酯F（macrophyllilactone F）、5β-羟基吉玛-1（10），4（15），11（13）-三烯-12,8β-内酯[5β-hydroxygermacr-1（10），4（15），11（13）-trien-12,8β-olide][2]，异土木香脯氨酸（isoheleproline）、异土木香脑（isohelenin）、3-氧代白刚玉内酯（3-oxodiplophylline）[3]，土木香内酯（alantolactone）、异土木香内酯（isoalantolactone）、木香烯内酯（costunolide）、脱氢木香内酯（dehydrocostus lactone）、11β,13-二氢木香烯内酯（11β,13-dihydrocostunolide）、11β,13-二氢瑞诺木烯内酯（11β,13-dihydroreynosin）、11β,13-二氢珊塔玛内酯（11β,13-dihydrosantamarin）、11β,13-二氢-β-环广木香内酯（11β,13-dihydro-β-cyclocostunolide）、1β-羟基柯拉亭（1β-hydroxycolartin）、11β,13-二氢-α-环广木香内酯（11β,13-dihydro-α-cyclocostunolide）、11β,13-二氢木兰内酯（11β,13-dihydromagnolialide）、瑞诺木烯内酯（reynosin）、珊塔玛内酯（santamarine）[4]，大叶素内酯E（macrophyllilactone E）、3-羟基-11,13-二氢异土木香内酯（3-hydroxy-11,13-dihydroisoalantolactone）、11,13-二氢异土木香内酯（11,13-dihydroisoalantolactone）[5]，4-羟基-11β,13-二氢去氢木香烯内酯（4-hydroxyl-11β,13-dihydro-dehydrocostunloide）、15-羟基-11βH-桉烷-4-烯-8,12-内酯（15-hydroxy-11βH-eudesm-4-en-8β,12-olide）、2β,11α-二羟基桉烷-5-烯-8,12-内酯（2β,11α-dihydroxyeudesm-5-en-8β,12-olide）、3α-羟基-11βH-桉烷-5-烯-8,12-内酯（3α-hydroxy-11βH-eudesm-5-en-8β,12-olide）、11α,13-二氢-α-环木香烯内酯（11α,13-dihydro-α-cyclocostunolide）、11α,13-二氢-β-环木香烯内酯（11α,13-dihydro-β-cyclocostunilide）[6]，5α-环氧土木香内酯（5α-epoxyalantolactone）[7]，达吉内酯（dugesialactone）、别土木香内酯（alloalantolactone）、依嘎烷内酯（igalane）[8]，11α,13-二氢土木香内酯（11α,13-dihydroalantolactone）[9]，风毛菊内酯（saussurealactone）、香橙烯（aromadendrene）、β-榄香烯（β-elemene）[10]，11α,13-二氢土木香内酯（11α,13-dihydroalantolactone）、11α,13-二氢异土木香内酯（11α,13-dihydroisoalantolactone）、5α-环氧土木香内酯（5α-epoxyalantolactone）、1,3,11（13）-榄香三烯-8β,12-内酯[1,3,11（13）-elematrien-8β,12-olide]、4β,5α-环氧-1（10），11（13）-吉马二烯-8,12-内酯[4β,5α-epoxy-1（10），11（13）-germacradiene-8,12-olide][11]，4-酮基-11-桉烯-8,12-内酯（4-oxo-11-eudesmene-8,12-olide）、4-酮基-5（6），11-桉烷二烯-8,12-内酯[4-oxo-5（6），11-eudesmadiene-8,12-olide]和1（10）E-5-羟基吉玛-1（10），4（15），11-三烯-8β,12-内酯[1（10）E-5-hydroxygermacra-1（10），4（15），11-trien-8β,12-olide][12]；三萜类：12（13）-烯-白桦脂酸甲酯[methyl 12（13）-en-betulinate][1]和18αH-熊果-12-烯-3-O-吡喃葡萄糖苷（18αH-urs-12-en-3-O-β-D-glucopyranoside）[5]；苯丙素类：无水咖啡酸（caffeic acid anhydride）[5]和肉豆蔻醚（myristicin）[10]；甾体类：豆甾醇（stigmasterol）[1]和β-谷甾醇（β-sitosterol）[5]。

地上部分含倍半萜类：2α-羟基土木香内酯（2α-hydroxyalantolactone）、4α,5α-环氧-10α,14-H-黏性旋覆花内酯（4α,5α-epoxy-10α,14-H-inuviscolide）、11（13）-去氢提琴叶牵牛花内酯[11（13）-

dehydrocriolin]和天名精内酯酮（carabrone）[13]。

【药理作用】1. 抗肿瘤　根的丙酮甲醇提取物可诱导肿瘤 HT-29、MCF-7、Capan-2 和 G_1 细胞的凋亡[1]；根正己烷提取物可抑制人乳腺癌 MDA-MB-231 细胞中信号转导和转录激活因子 3（STAT3）活化[2]；根甲醇提取物可抑制人胃腺癌细胞、人子宫癌细胞和鼠黑素瘤细胞的增殖[3]；根中分离的土木香内酯可抑制大鼠 C6 细胞的增殖[4]；根乙酸乙酯提取物可抑制人胰腺癌 Capan-2 细胞的增殖[5]；根的提取物可抑制胰腺癌 Capan-2 和 Capan-1 细胞增殖，诱导 Capan-2 和 Capan-1 细胞凋亡，同时抑制 Capan-1 的迁移[6]。2. 抗菌　从根提取的挥发油可抑制金黄色葡萄球菌的生长[7]；根提取物可显著抑制金葡菌分选酶 A 活性，经提取物处理后可显著降低金黄色葡萄球菌与细胞外基质黏附及金黄色葡萄球菌生物被膜形成，并在金黄色葡萄球菌与宿主细胞共感染体系内加入其提取物后可显著降低细菌对宿主细胞的侵袭作用[8]；根乙醇提取物处理可显著降低金黄色葡萄球菌 α- 溶血素、肠毒素 A 和中毒休克综合征毒素 -1（TSST-1）的分泌[9]。3. 镇痛　根、茎、叶和种子醇提取物可抑制乙酸所致小鼠的抽搐反应，提高小鼠热板所致的痛阈值[10]。4. 抗氧化　地上部分水提取物在 200μg/ml 浓度时不引起人 U-87 MG 胶质瘤细胞氧化应激反应[11]。

【性味与归经】辛、苦，温。归肝、脾经。

【功能与主治】健脾和胃，行气止痛，安胎。用于胸胁、脘腹胀痛，呕吐泻痢，胸胁挫伤，岔气作痛，胎动不安。

【用法与用量】3～9g，多入丸散服。

【药用标准】药典 1985—2015、内蒙古蒙药 1986 和香港药材七册。

【临床参考】1. 真性红细胞增多症：乌兰十三味散（根，加珍珠干、栀子、橡子、苦参、诃子、川楝子、茜草、枇杷叶、紫草、紫草茸等）口服，每次 5g，每日 1～2 次，同时给予蒙医静脉放血疗法治疗（静脉放血前要分离精血与恶血，服用沙日汤，每次 5g，每日 2～3 次，连续煎服 3 天，再进行放血，通常放血量为每次 300～400ml，老年人或心脑血管病患者为 200～300ml，每周 2 次或隔日 1 次，直至红细胞压积值为 0.40～0.45）[1]。

2. 胃痛：根 5g，加延胡索 2.5g，研末，水冲服，每日 2 次。（《山西中草药》）

3. 肋间神经痛：根 15g，加郁金 15g，水煎服。

4. 细菌性痢疾：根 15g，加黄连 15g，水煎服。（3、4 方引自《河北中草药》）

5. 牙痛：根适量，捣烂或嚼烂，敷患处或入虫牙孔内。（《湖北中草药志》第二册）

【附注】土木香之名始载于《本草图经》。《蜀本草》尝言孟昶苑中曾种"木香"，云："花黄，苗高三四尺，叶长八九寸，皱软而有毛。"《本草图经》作者苏颂以为"恐亦是土木香种也。"《本草衍义》云："尝自岷州出塞，得生青木香，持归西洛，叶如牛蒡，但狭长，茎高三四尺，花黄，一如金钱，其根则青木香也。生嚼之极辛香，尤行气。"岷州今属甘肃，现时甘肃称青木香者，即为本种。

药材土木香（藏木香）血虚内热者慎服。

同属植物总状土木香 *Inula racemosa* Hook.f. 的根民间也作土木香药用。

【化学参考文献】

[1] Huo Y, Shi H M, Guo C, et al. Chemical constituents of the roots of *Inula helenium* [J]. Chem Nat Compd, 2012, 48(3): 522-524.

[2] Ding Y H, Pan W W, Xu J Q, et al. Sesquiterpenoids from the roots of *Inula helenium* inhibit acute myelogenous leukemia progenitor cells [J]. Bioorg Chem, 2019, 86: 363-367.

[3] Zaima K, Wakana D, Demizu Y, et al. Isoheleproline: a new amino acid-sesquiterpene adduct from *Inula helenium* [J]. J Nat Med, 2014, 68(2): 432-435.

[4] 许卉, 杨小玲, 刘生生, 等. 土木香的倍半萜类化学成分研究 [J]. 时珍国医国药, 2007, 18(11): 2738-2740.

[5] 赵永明, 张嫚丽, 霍长虹, 等. 土木香化学成分的研究 [J]. 天然产物研究与开发, 2009, 21(4): 616-618.

[6] Ma X C, Liu K X, Zhang B J, et al. Structural determination of three new eudesmanolides from *Inula helenium* [J]. Magn Reson Chem, 2008, 46(11): 1084-1088.

[7] Im S S Kim J R，Lim H A，et al. Induction of detoxifying enzyme by sesquiterpenes present in *Inula helenium*［J］. J Med Food，2007，10（3）：503-510.

[8] Hou Y，Shi H M，Li W W，et al. HPLC determination and NMR structural elucidation of sesquiterpene lactones in *Inula helenium*［J］. J Pharm Biomed Anal，2010，51：942-946.

[9] Konishi T，Shimada Y，Nagao T，et al. Antiproliferative sesquiterpene lactones from the roots of *Inula helenium*［J］. Biol Pharm Bull，2002，25（10）：1370-1372.

[10] 戴斌，丘翠嫦. 新疆木香化学成分的研究［J］. 中国民族民间医药杂志，1995，12：15-18.

[11] Konishi T，Shimada Y，Nagao T，et al. Antiproliferative sesquiterpene lactones from the roots of *Inula helenium*［J］. Biol Pharm Bull，2002，25（10）：1370-1372.

[12] Huo Y Shi H M，Wang M Y，et al. Complete assignments of ^{1}H and ^{13}C NMR spectral data for three sesquiterpenoids from *Inula helenium*［J］. Magn Reson Chem，2008，46（12）：1208-1211.

[13] Vajs V，Jeremic D，Milosavljevic S，et al. Sesquiterpene lactones from *Inula helenium*［J］. Phytochemistry，1989，28（6）：1763-1764.

【药理参考文献】

[1] Dorn，David C，Alexenizer M. Tumor cell specific toxicity of *Inula helenium* extracts.［J］. Phytotherapy Research，2010，20（11）：970-980.

[2] Chun J，Song K，Kim Y S. Sesquiterpene lactones-enriched fraction of *Inula helenium* L. induces apoptosis through inhibition of signal transducers and activators of transcription 3 signaling pathway in MDA-MB-231 breast cancer cells.［J］. Phytotherapy Research，2018，32：2501-2509.

[3] 李娆娆，赵宇新. 土木香根中抗增殖作用的倍半萜烯内酯［J］. 国际中医中药杂志，2004，26（1）：44-45.

[4] 王迅，王李桃，张波. 土木香内酯对C6脑胶质瘤细胞迁移侵袭及凋亡的影响［J］. 中国实验动物学报，2018，26（3）：317-322.

[5] 王霖玲，曾健梅，阎优优，等. 土木香乙酸乙酯提取物对人胰腺癌Capan-2细胞增殖的抑制作用及机制研究［J］. 中国药房，2017，28（31）：4384-4388.

[6] 曾健梅. 土木香提取物对胰腺癌细胞的抑制作用及机制研究［D］. 杭州：浙江中医药大学硕士学位论文，2017.

[7] Stojanović-Radić Z，Čomić L，Radulović N，et al. Antistaphylococcal activity of *Inula helenium* L. root essential oil：eudesmane sesquiterpene lactones induce cell membrane damage［J］. European Journal of Clinical Microbiology，2012，31（6）：1015-1025.

[8] 汤法银，李文华，邓旭明. 土木香提取物对金黄色葡萄球菌分选酶A抑制作用［J］. 吉林农业大学学报，2018，40（2）：219-222.

[9] 汤法银，刘桓妤，李文华，等. 土木香提取物抑制金黄色葡萄球菌毒力因子分泌作用的研究［J］. 中国兽医杂志，2018，54（2）：9-13.

[10] 王良信. 土木香乙醇提取物的镇痛作用［J］. 现代药物与临床，2004，19（6）：261.

[11] Koc K，Ozdemir O，Ozdemir A，et al. Antioxidant and anticancer activities of extract of *Inula helenium*（L.）in human U-87 MG glioblastoma cell line［J］. Journal of Cancer Research and Therapeutics，2018，14（3）：658-661.

【临床参考文献】

[1] 龚翠琴. 蒙西医结合治疗真性红细胞增多症37例［J］. 中国中医药科技，2013，20（5）：537.

1023. 线叶旋覆花（图1023）• *Inula lineariifolia* Turcz.（*Inula britanica* Linn. var. *lineariifolia* Regel.）

【别名】条叶旋覆花、驴耳朵（安徽），窄叶旋覆花（山东、江苏），百叶草（江苏泰州），金棵子（江苏徐州）。

【形态】多年生草本，高30～80cm，常具不定根。茎直立，单生或2～3根簇生，稍粗壮，有细沟纹，

图 1023 线叶旋覆花　　　　叶喜阳等

被短柔毛，上部常被长毛，杂有腺体，中部以上有多数分枝。叶条状披针形，有时为椭圆状披针形，质稍厚，长 5～15cm，宽 0.5～1.5cm，顶端渐尖，基部渐狭成长柄，边缘通常反卷，有不明显细锯齿，上面无毛，下面被蛛丝状短柔毛或长伏毛，杂有腺点；中部叶渐无柄，上部叶渐狭小。头状花序直径 1.5～2.5cm，单生或 3～5 个排成伞房状；总苞半球形，总苞片约 4 层，多少近等长，条状披针形，上部叶质，下部革质，内层较狭，除中脉外，干膜质；外缘舌状花较总苞长 2 倍，舌片黄色，长圆状条形；中央的两性花花冠管状。瘦果圆柱形，有细沟纹，被短粗毛；冠毛 1 层，白色。花期 7～9 月，果期 8～10 月。

【生境与分布】生于山坡路旁、空旷荒地及河岸边。分布于华东各地，另我国东部、中部、东北部及北部各地均有分布；蒙古国、朝鲜、日本及俄罗斯远东地区也有分布。

线叶旋覆花与土木香的区别点：线叶旋覆花叶片条状披针形，叶缘有不明显细锯齿，上面无毛。土木香叶片宽椭圆状披针形，叶缘具不规则的齿或重齿，上面有糙毛。

【药名与部位】金沸草（金佛草），地上部分。旋复花（旋覆花），头状花序。

【采集加工】金沸草：夏、秋二季花初开时采收，干燥或鲜用。旋复花：夏、秋二季花开时采收，剪下花序，除去杂质，晒干。

【药材性状】金沸草：茎呈圆柱形，上部分枝，长 30～70cm，直径 2～5mm；表面绿褐色或棕褐色，疏被短柔毛，有多数细纵纹；质脆，断面黄白色，髓部中空。叶互生，叶片条形或条状披针形，长 5～10cm，宽 0.5～1cm；先端尖，基部抱茎，全缘，边缘反卷，上表面近无毛，下表面被短柔毛。头状花序顶生，直径 0.5～1cm，冠毛白色，长约 2mm。气微，味微苦。

旋复花：呈半球形，直径 0.8～1.3cm。总苞由多数苞片组成，苞片线条形或披针形，黄绿色，总苞基部有时残留花梗。苞片及花梗表面被有柔毛和腺点。外围舌状花 1 轮，黄色；管状花的冠毛白色，有时呈微红色，20～30 枚，与管状花近等长。质柔软轻松，手捻易散碎。气微、味微苦咸。

【质量要求】金沸草：叶茂，无根，无泥杂。旋复花：色黄，无梗，不散瓣。

【药材炮制】金沸草：除去杂质，下半段洗净，上半段喷潮，切段，干燥；筛去灰屑。

旋复花：除去梗、叶及杂质，筛去灰屑。

【化学成分】地上部分含倍半萜类：线叶旋覆花倍半萜素 A、B、C、D（lineariifolianoid A、B、C、D）[1]，线叶旋覆花倍半萜素 E、F、G、H（lineariifolianoid E、F、G、H）[2]，线叶旋覆花倍半萜素 I、J、K、L（lineariifolianoid I、J、K、L）[3]，$2\alpha,4\alpha$-二羟基-1β-愈创-11（13），10（14）-二烯-12,8α-内酯 [$2\alpha,4\alpha$-dihydroxy-1β-guai-11（13），10（14）-dien-12,8α-olide]、$5\alpha,6\alpha$-环氧-$2\alpha,4\alpha$-二羟基-1β-愈创-11（13）-烯-12,8α-内酯 [$5\alpha,6\alpha$-epoxy-$2\alpha,4\alpha$-dihydroxy-1β-guai-11（13）-en-12,8α-olide]、6α-羟基旋覆花内酯 B（6α-hydroxyinuchinenolide B）、2α-乙酰氧基-4β-羟基-$1\alpha H,10\alpha H$-伪愈创-11（13）-烯-12,8β-内酯 [2α-acetoxy-4β-hydroxy-$1\alpha H,10\alpha H$-pseudoguai-11（13）-en-12,8β-olide]、6β-乙酰氧基向日葵肿柄菊内酯（6β-acetoxysundiversifolide）、去乙酰旋覆花内酯 B（deacetylinuchinenolide B）、旋覆花内酯 B（inuchinenolide B）、欧亚旋覆花素 G（britanlin G）、2α-乙酰氧基-$4\alpha,6\alpha$-二羟基-$1\beta,5\alpha H$-愈创-9（10），11（13）-二烯-12,8α-内酯 [2α-acetoxy-$4\alpha,6\alpha$-dihydroxy-$1\beta,5\alpha H$-guai-9（10），11（13）-dien-12,8α-olide]、毕氏堆心菊素（bigelovin）、去乙酰基柄花菊素（deacetylovatifolin）、3β-羟基-$11\alpha,13$-二氢土木香内酯（3β-hydroxy-$11\alpha,13$-dihydroalantolactone）[2]，线叶旋覆花萜酮（lineariifolianone）、$5\alpha,6\alpha$-环氧-2α-乙酰氧基-4α-羟基-$1\beta,7\alpha$-愈创-11（13）-烯-12,8α-内酯 [$5\alpha,6\alpha$-epoxy-2α-acetoxy-4α-hydroxy-$1\beta,7\alpha$-guaia-11（13）-en-12,8α-olide]、6β-羟基山稔甲素（6β-hydroxytomentosin）、8β-丙酰基旋覆花索尼内酯（8β-propionylinusoniolide）、2α-乙酰氧基-4α-羟基-1β-愈创-11（13），10（14）-二烯-12,8α-内酯 [2α-acetoxy-4α-hydroxy-1β-guai-11（13），10（14）-dien-12,8α-olide]、$2\alpha,6\alpha$-二乙酰氧基-4β-羟基-11（13）-伪愈创烯-12,8α-内酯 [$2\alpha,6\alpha$-diacetoxy-4β-hydroxy-11（13）-pseudoguaien-12,8α-olide]、欧亚旋覆花素 C（britanlin C）、4-表-异黏性旋覆花内酯（4-epi-isoinuviscolide）、天人菊内酯（gaillardin）、灰毛菊内酯（xerantholide）、旋覆花内酯 A（inuchinenolide A）、山稔甲素（tomentosin）、2-O-乙酰基-4-表天人菊素（2-O-acetyl-4-epipulchellin）和 2-去氧-4-表天人菊素（2-desoxy-4-epipulchellin）[4]；降倍半萜类：去氢催叶萝芙叶醇（dehydrovomifoliol）[5]；三萜类：蒲公英甾醇乙酸酯（taraxasteryl acetate）[5]；黄酮类：菠叶素（spinacetin）和粗毛豚草素（hispidulin）[5]；苯并呋喃类：泽兰黄醇素（eupatin）[5]；甾体类：α-菠菜甾醇（α-spinasterol）、β-谷甾醇（β-sitosterol）和胡萝卜苷（daucosterol）[5]；木脂素类：（+）-丁香脂素 [（+）-syringaresinol][5]；酚酸类：安息香醛，即苯甲醛（benzaldehyde）、香荚兰醛（vanillin）、4-羟基-3,5,-二甲氧基苯甲醛（4-hydroxy-3,5-dimethoxybenzaldehyde）和 4-羟基-2,6-二甲氧基苯甲醛（4-hydroxy-2,6-dimethoxybenzaldehyde）[5]。

【性味与归经】金沸草：苦、辛、咸，温。归肺、大肠经。旋复花：苦、辛、咸，微温。

【功能与主治】金沸草：降气，消痰，行水。用于风寒咳嗽，痰饮蓄积，痰壅气逆，胸隔痞满，喘咳痰多；外用于疔疮肿毒。旋复花：消痰行水，降气止呕。用于咳喘痰多，心下痞坚，呕逆噫气，大腹水肿。

【用法与用量】金沸草：包煎 4.5～9g；外用鲜品适量，捣汁涂患处。旋复花：包煎 3～10g。

【药用标准】金沸草：药典 1977—2015、浙江炮规 2005 和新疆药品 1980 二册；旋复花：药典 1963 和湖南药材 1993。

【附注】同属植物水朝阳旋覆花 *Inula helianthus-aquatica* C. Y. Wu ex Ling 的地上部分在贵州作金沸

草药用，头状花序在贵州、四川及云南等地作旋复花（旋覆花）药用；湖北旋覆花 Inula hupehensis（Ling）Ling 的地上部分在民间也作金沸草药用。

【化学参考文献】

[1] Qin J J, Huang Y, Wang D, et al. Lineariifolianoids A-D, rare unsymmetrical sesquiterpenoid dimers comprised of xanthane and guaiane framework units from Inula lineariifolia [J]. RSC Adv, 2012, 2（4）: 1307-1309.

[2] Qin J J, Jin H Z, Huang Y, et al. Selective cytotoxicity, inhibition of cell cycle progression, and induction of apoptosis in human breast cancer cells by sesquiterpenoids from Inula lineariifolia Turcz. [J]. Eur J Med Chem, 2013, 68: 473-481.

[3] Chen L P, Wu G Z, Dong H Y, et al. Lineariifolianoids I-L, four rare sesquiterpene lactone dimers inhibiting NO production from Inula lineariifolia [J]. RSC Adv, 2016, 6: 103296-103298.

[4] Nie L Y, Qin J J, Huang Y, et al. Sesquiterpenoids from Inula lineariifolia inhibit nitric oxide production [J]. J Nat Prod, 2010, 73（6）: 1117-1120.

[5] 聂利月，金慧子，严岚，等. 线叶旋覆花的化学成分研究 [J]. 天然产物研究与开发，2011，23（4）: 643-646.

42. 天名精属 Carpesium Linn.

多年生草本。茎直立，常有分枝。叶互生，全缘或有不规则牙齿。头状花序顶生或腋生，花序梗有或无，通常下垂；总苞盘状、钟状或半球状；总苞片3～4层，干膜质或外层的草质，呈叶状；花序托扁平，无托毛；花黄色，异型，外缘的雌性，1至多层，结实，花冠筒状，冠檐3～5齿裂；中央的两性，花冠筒状或上部扩大呈漏斗状，通常较小，冠檐5齿裂；花药基部箭形，具细长的尾；柱头2深裂，裂片条形，扁平，顶端钝。瘦果细长，有纵条纹，先端收缩成喙状，顶端具软骨质环状物；无冠毛。

约21种，主要分布于亚洲中部，以中国西南部最多，少数种类分布于欧亚大陆。中国17种，法定药用植物3种。华东地区法定药用植物3种。

分种检索表

1. 头状花序单生于叶腋或顶生，近无梗，穗状排列 ·· 天名精 C. abrotanoides
1. 头状花序单生于分枝的顶端，有梗。
   2. 叶柄有翅；头状花序直径10～20mm；总苞片外层与内层等长或稍长 ················ 烟管头草 C. cernuum
   2. 叶柄无翅，下部叶有长柄；头状花序直径6～8mm；总苞片外层短于内层 ········ 金挖耳 C. divaricatum

1024. 天名精（图1024）• Carpesium abrotanoides Linn.

【别名】鹤虱、天蔓青、地菘、烟管头草、癞团草（江苏），烟管头草（江苏吴江），蛤蟆皮（安徽金寨），癞团草（江苏苏州）。

【形态】多年生粗壮草本，高0.5～1m。茎多分枝，下部近木质，几无毛，上部密被短柔毛，有明显纵条纹。基生叶在开花前枯萎；下部叶广椭圆形至长椭圆形，长8～16cm，宽4～7cm，顶端钝或锐尖，基部楔形，边缘具钝齿，上面被短柔毛，后渐脱落，下面密被短柔毛，有细小腺点，叶柄长5～15mm，被毛；上部叶长椭圆形或椭圆状披针形，无柄或有短柄。头状花序多数，顶生或腋生，排成穗状花序，几无花序梗；顶生的头状花序具2～4枚苞叶，椭圆形或披针形，长6～15mm，腋生者无苞叶或有时具1～2枚小苞叶；总苞扁球形，直径6～8mm；总苞片3层，外层较短，卵圆形，膜质或先端草质，外面被短柔毛，内层长圆形；缘花雌性，狭筒形，黄色，结实；中央两性花筒状，顶端5齿裂，结实。瘦果长约3.5mm，顶端有短喙。花果期6～10月。

【生境与分布】生于村旁、路边、荒地、林缘及溪边。分布于华东各地，另华南、华中、西南及河北、

图 1024 天名精　　　　摄影　李华东等

陕西等地均有分布；越南、缅甸、朝鲜、日本、伊朗及俄罗斯高加索地区也有分布。

【药名与部位】鹤虱，成熟果实。天名精（杜牛膝），全草。天名精草，地上部分。

【采集加工】鹤虱：秋季果实成熟时采收，晒干，除去杂质。天名精：秋季花盛开时采收，干燥。天名精草：夏、秋二季采收，去根，晒干。

【药材性状】鹤虱：呈圆柱状，细小，长3～4mm，直径不及1mm。表面黄褐色或暗褐色，具多数纵棱。顶端收缩呈细喙状，先端扩展成灰白色圆环；基部稍尖，有着生痕迹。果皮薄，纤维性，种皮菲薄透明，子叶2枚，类白色，稍有油性。气特异，味微苦。

天名精：长约1m。根呈圆柱形，弯曲，直径0.4～0.6cm；表面淡黄色或灰绿色，有纵纹，有多数须根；质坚硬，难折断，断面不整齐，皮部极薄，木质部黄白色，可见放射状纹理。茎圆柱形，表面黄棕色或黄绿色，具数条微凸起的纵棱和灰白色毛茸，有的节部具紫斑；质坚韧，叶多皱缩，完整者展开呈宽椭圆形或矩圆形，上表面深绿色，下表面浅绿色，有柔毛及腺点。头状花序腋生，黄绿色。果条形，表面均具细条纹，两端膨大。气微，味淡。

天名精草：全体呈墨绿色，多皱缩，长30～70cm。茎上部有分枝，有短毛，下部无毛。叶片展平后，呈长椭圆形，长1～12cm，宽2～6cm，先端钝，全缘，上面深绿色，光滑，下面色浅，有细毛及腺点。头状花序多数，腋生；总苞球形，苞片3层，外层较短；花黄色，全为筒状花，外围为雌性花，中央为两性花。偶见有黑色细长瘦果，无冠毛，湿时略带黏性。气微，味微苦、辛。

【药材炮制】天名精：除去杂质，根部洗净，地上部分喷潮，润软，切段，干燥，筛去灰屑。

【化学成分】茎含挥发油类：反式-细辛醚（trans-asarone）、花侧柏烯（cuparene）、β-没药烯

（β-bisabolene）、二氢猕猴桃内酯（dihydroactinidiolide）、γ-壬酸内酯（γ-nonalactone）、α-松油醇（α-terpineol）和2-羟基-4-甲氧基苯乙酮（2-hydroxy-4-methoxyacetophenone）[1]。

花含倍半萜类：4α,5α-环氧-10α,14-二氢黏性旋覆花内酯（4α,5α-epoxy-10α,14-dihydroinuviscolide）[2]。

果实含倍半萜类：9β-羟基-1βH,11αH-愈创木-4,10（14）-二烯-12,8α-内酯［9β-hydroxy-1βH,11αH-guaia-4,10（14）-dien-12,8α-olide］、9β-羟基-1βH,11βH-愈创木-4,10（14）-二烯-12,8α-内酯［9β-hydroxy-1βH,11βH-guaia-4,10（14）-dien-12,8α-olide］、腋生豚草素（ivaxillin）、毛药草内酯*（eriolin）、大叶土木香内酯（granilin）和天名精内酯酮（carabrone）[3]；单萜类：2,5-二羟基-对-薄荷烷（2,5-dihydroxy-p-menthane）[3]。

地上部分含倍半萜类：天名精内酯A、B（carabrolactone A、B）[4]、4α,5α-环氧-10α,14-二氢粘性旋覆花内酯（4α,5α-epoxy-10α,14-dihydroinuviscolide）、天名精内酯（carpesiolin）、特勒内酯（telekin）、天名精内酯酮（carabrone）、11,13-二去氢依生依瓦菊素（11,13-didehydroivaxillin）、依瓦菊素（ivalin）、2,3-二氢郁金素（2,3-dihydroaromomaticin）[5]、天名精内酯醇（carabrol）[5,6]、11（13）-去氢依生依瓦菊素［11（13）-dehydroivaxillin］、依生依瓦菊素（ivaxillin）[6]和大叶土木香内酯（granilin）[7]。

全草含倍半萜类：天名精内酯酮（carabrone）、异依生依瓦菊素（isoivaxillin）、11（13）-二氢特勒内酯［11（13）-dihydrotelekin］、特勒内酯（telekin）[8]、二聚天名精内酯酮A、B（dicarabrone A、B）[9]、二聚天名精内酯醇（dicarabrol）、天名精内酯醇（carabrol）、11（13）-去氢依生依瓦菊素［11（13）-dehydroivaxillin］[10]、二聚天名精内酯醇A（dicarabrol A）、二聚天名精内酯酮C（dicarabrone C）、二聚天人菊素A（dipulchellin A）[11]、2-去氧-4-表-天人菊素（2-desoxy-4-epi-pulchellin）[10,12]、天名精愈创木内酯A、B、C、D、E（caroguaianolide A、B、C、D、E）、阿契哈内酯（akihalin）、4β-羟基-10β-氢过氧-5αH,7αH,8βH-愈创木-1,11（13）-二烯-8α,12-内酯［4β-hydroxy-10β-hydroperoxyl-5αH,7αH,8βH-guaia-1,11（13）-dien-8α,12-olide］、4α-羟基-9β,10β-环氧-1βH,5αH-愈创木-11（13）-烯-8α,12-内酯［4α-hydroxy-9β,10β-epoxy-1βH,5αH-guaia-11（13）-en-8α,12-olide］、天名精内酯B（carabrolactone B）、4α-羟基-1βH-愈创木-9,11（13）-二烯-12,8α-内酯［4α-hydroxy-1βH-guaia-9,11（13）-dien-12,8α-olide］、（3aR,4a-S,5S,7aS,8S,9aR）-5-羟基-4a,8-二甲基-3-亚甲基-十氢甘菊环烃［6,5-b］呋喃-2（3H）-酮｛（3aR,4a-S,5S,7aS,8S,9aR）-5-hydroxy-4a,8-dimethyl-3-methylen-decahydroazuleno［6,5-b］furan-2（3H）-one｝、8-表黏性旋覆花内酯（8-epi-inuviscolide）、黏性旋覆花内酯（inuviscolide）[12]、5α-羟基-4α,15-环氧-11αH-桉叶烷-12,8β-内酯（5α-hydroxy-4α,15-epoxy-11αH-eudesman-12,8β-olide）、天名精内酯醇-4-O-棕榈酸酯（carabrol-4-O-palmitate）、天名精内酯醇-4-O-亚油酸酯（carabrol-4-O-linoleate）、4（15）-β-环氧异特勒内酯［4（15）-β-epoxyisotelekin］、4β,10β-二羟基-5αH-1,11（13）-愈创木二烯-8α,12-内酯［4β,10β-dihydroxy-5αH-1,11（13）-guaidien-8α,12-olide］[13]、天名精佛术烷A、B（carperemophilane A、B）[14]、8-表-密花豚草素（8-epi-confertin）、1-表-黏性旋覆花内酯（1-epi-inuviscolide）、异特勒内酯（isotelekin）、催吐萝芙木醇（vomifoliol）[15]和大叶土木香内酯（granilin）[16]；生物碱类：天名精亚胺A、B、C（carpesiumaleimide A、B、C）[14]；苯并呋喃类：3-氘代甲基-5-甲基-2,3-二氢苯并呋喃（3-deuteriomethyl-5-methyl-2,3-dihydrobenzofuran）[15]。

【药理作用】1.抗炎　地上部分提取物可抑制由脂多糖（TLR4激动剂）、巨噬细胞活化脂肽2（TLR2和TLR6激动剂）和多核糖核苷酸多聚胞苷酸（TLR3激动剂）诱导的一氧化氮合酶（NOS）的表达[1]；地上部分乙醇提取物可抑制由脂多糖、多核糖核苷酸多聚胞苷酸和巨噬细胞活化脂肽2诱导的环氧合酶-2（COX-2）的表达[2]。2.抗糖尿病　地上部分80%甲醇提取物可抑制α-葡萄糖苷酶的活性[3]。3.抗氧化　地上部分80%甲醇提取物对1,1-二苯基-2-三硝基肼（DPPH）自由基、2,2'-联氮-二-(3-乙基苯并噻唑啉-6-磺酸)（ABTS）自由基、亚铁离子螯合物（FIC）均有清除作用，并对铁离子具有显著的还原作用[3]。4.抗肿瘤　从全草分离的成分大叶土木香内酯（granilin）和特勒内酯（telekin）对人胃癌HGC-27细胞和人乳腺癌MDA-MB-231细胞的增殖有较强的抑制作用，天名精内酯酮（carabrone）对人胃癌 HGC-27 细胞的增殖有较强的抑制作用[4]；全草乙醇提取物诱导醌还原酶活性，增加醌氧化还原酶 mRNA 和蛋白质的表达，并具有相对较高的化学预防指数[5]。

【性味与归经】鹤虱：苦、辛，平；有小毒。归脾、胃经。天名精：甘，寒。归肝、肺经。天名精草：辛、甘，寒。

【功能与主治】鹤虱：杀虫消积。用于蛔虫病、蛲虫病、绦虫病、虫积腹痛、小儿疳积。天名精：催吐豁痰，清热解毒。用于咳嗽痰喘、喉头炎、气管炎、胸膜炎、肺炎、湿疹瘙痒、毒蛇咬伤。天名精草：清热、止血、破血、消肿、杀虫。用于感冒、流感、喉痹、疟疾、急性肝炎、虫积、血瘕、衄血、疔肿疮毒、皮肤痒疹。

【用法与用量】鹤虱：3～9g。天名精：煎服 9～15g；外敷适量。天名精草：15～30g。

【药用标准】鹤虱：药典 1963—2015 和新疆药品 1980 二册；天名精：浙江炮规 2015、湖南药材 2009、江苏药材 1989、湖北药材 2009 和台湾 1985 一册；天名精草：上海药材 1994。

【临床参考】1. 流行性腮腺炎：鲜全草 90g，捣汁内服，每次 10ml，每日 2 次，连续治疗 3～7 日，同时取鲜品 30g 捣如泥状，外贴患处，用胶布固定，每日换药 1 次，无合并症者不需配合其他治疗[1]。

2. 扁平疣：鲜全草适量，洗净捣烂取汁涂擦患处，每日 3 次，5 天为 1 疗程，如 1 疗程疣未完全消失可连续治疗 2～3 疗程[2]。

3. 蛔虫、绦虫及蛲虫病：果实 6～9g，水煎空腹服，或炒熟研粉，每次 0.9～1.5g，吞服。

4. 神经性皮炎：鲜全草用 70% 乙醇浸 1 周，取乙醇涂擦患处。

5. 黄疸型肝炎：鲜全草 120g，加生姜 3g，水煎服。

6. 胃溃疡：全草 30g，泛酸者加煅瓦楞子 15g；作呕者加公丁香 3.5g；嗳气者加佛手 3g；胃下垂者加炙升麻、黄芪各 9g。水煎服，30 天为 1 疗程。

7. 脚底脓肿初起：鲜叶适量，捣烂包敷患处。（3 方至 7 方引自《浙江药用植物志》）

【附注】天名精始载于《神农本草经》，列为上品。《唐本草》载："天名精，鹿活草也，别录一名天蔓青，南人名为地菘，叶与蔓青、菘菜相类，故有此名，其味甘辛，故有姜称，状如蓝，而哈蟆好居其下，故名哈蟆蓝，香气似兰，故又名蟾蜍兰。"《本草纲目》载："天名精嫩苗绿色，似皱叶菘芥，微有狐气。淘净炸之，亦可食。长则起茎，开小黄花，如小野菊花。结实如同蒿，子亦相似，最粘人衣，狐气尤甚，炒熟则香，故诸家皆云辛而香……其根白色，如短牛膝。"考《植物名实图考》天名精附图及上述所述特征与本种相符。

药材天名精或天名精草脾胃虚寒者慎服。

【化学参考文献】

[1] Kameoka H，Sagara K，Miyazawa M. Components of essential oils of Kakushitsu（*Daucus carota* L. and *Carpesium abrotanoides* L.）[J]. Nippon Nogei Kagaku Kaishi，1989，63（2）：185-188.

[2] Ko Y E，Oh S R，Song H H，et al. The effect of 4α，5α-epoxy-10α，14-dihydro-inuviscolide, a novel immunosuppressant isolated from *Carpesium abrotanoides*, on the cytokine profile *in vitro* and *in vivo*[J]. Int Immunopharmacol，2015，25（1）：121-129.

[3] Wu H B，Wu H B，Wang W S，et al. Insecticidal activity of sesquiterpene lactones and monoterpenoid from the fruits of *Carpesium abrotanoides*[J]. Industrial Crops and Products，2016，92：77-83.

[4] Wang F，Yang K，Ren F C，et al. Sesquiterpene lactones from *Carpesium abrotanoides*[J]. Fitoterapia，2009，80：21-24.

[5] Lee J S，Min B S，Lee S M，et al. Cytotoxic sesquiterpene lactones from *Carpesium abrotanoides*[J]. Planta Med，2002，68（8）：745-747.

[6] Maruyama M，Karube A，Sato K. Sesquiterpene lactones from *Carpesium abrotanoides*[J]. Phytochemistry，1983，22（12）：2773-2774.

[7] Maruyama M，Shibata F. Stereochemistry of granilin isolated from *Carpesium abrotanoides*[J]. Phytochemistry，1975，14（10）：2247-2248.

[8] 董云发，丁云梅. 天名精倍半萜内酯化合物[J]. 植物学报，1988，30（1）：71-75.

[9] Wu J W, Tang C P, Chen L, et al. Dicarabrones A and B, a pair of new epimers dimerized from sesquiterpene lactones via a [3+2] cycloaddition from Carpesium abrotanoides [J]. Org Lett, 2015, 17（7）：1656-1659.

[10] Wang J F, He W J, Zhang X X, et al. Dicarabrol, a new dimeric sesquiterpene from Carpesium abrotanoides L. [J]. Bioorg Med Chem Lett, 2015, 25（19）：4082-4084.

[11] Wu J W, Tang C P, Ke C Q, et al. Dicarabrol A, dicarabrone C and dipulchellin A, unique sesquiterpene lactone dimers from Carpesium abrotanoides [J]. RSC Adv, 2017, 7（8）：4639-4644.

[12] Wang L, Qin W, Tian L, et al. Caroguaianolide A-E, five new cytotoxic sesquiterpene lactones from Carpesium abrotanoides L. [J]. Fitoterapia, 2018, 127：349-355.

[13] Hu Q L, Wu P Q, Liu Y H, et al. Three new sesquiterpene lactones from Carpesium abrotanoides [J]. Phytochem Lett, 2018, 27：154-159.

[14] Wang L, Jin G, Tian L et al. New eremophilane-type sesquiterpenes and maleimide-bearing compounds from Carpesium abrotanoides L. [J]. Fitoterapia, 2019, 138：104294.

[15] 刘平安，刘敏，潘微薇，等. 天名精化学成分研究[J]. 中药材，2014），37（12）：2213-2215.

[16] 汪蕾，田丽，程凡，等. 天名精萜类化学成分及其细胞毒活性研究[J]. 中草药，2018，49（3）：530-535.

【药理参考文献】

[1] Lee E K, Jeong D W, Lim S J, et al. Carpesium abrotanoides extract inhibits inducible nitric oxide synthase expression induced by toll-like receptor agonists [J]. Food Science and Biotechnology, 2014, 23（5）：1637-1641.

[2] Jeong D W, Lee E K, Lee C H, et al. Carpesium abrotanoides, extract inhibits cyclooxygenase-2 expression induced by toll-like receptor agonists [J]. Toxicology and Environmental Health Sciences, 2013, 5（2）：92-96.

[3] Mayur B, Sandesh S, Shruti S, et al. Antioxidant and α-glucosidase inhibitory properties of Carpesium abrotanoides L. [J]. Journal of Medicinal Plant Research, 2010, 4（15）：1547-1553.

[4] 汪蕾，田丽，程凡，等. 天名精萜类化学成分及其细胞毒活性研究[J]. 中草药，2018，49（3）：530-535.

[5] Lee S B, Kang K, Lee H J, et al. The chemopreventive effects of Carpesium abrotanoides are mediated by induction of phase II detoxification enzymes and apoptosis in human colorectal cancer cells [J]. Journal of Medicinal Food, 2010, 13（1）：39-46.

【临床参考文献】

[1] 程敏，王宏伟，王天龙，等. 天名精内服外敷治疗流行性腮腺炎15例[J]. 中国民间疗法，2014，22（10）：55.

[2] 郭芳，王宏伟，郭永杰. 天名精治疗扁平疣104例小结[J]. 甘肃中医，2001，14（1）：52-53.

1025. 烟管头草（图1025）• Carpesium cernuum Linn.

【别名】金挖耳（山东），挖耳草（江苏），杓儿菜。

【形态】多年生草本，高0.5～1m，茎多分枝，下部密被白色长柔毛及卷曲短柔毛，上部疏被柔毛，后渐脱落，有明显纵条纹。基生叶在开花前枯萎；下部叶长椭圆形或匙状长椭圆形，长6～12cm，宽4～6cm，顶端锐尖或钝，基部长渐狭而下延，边缘稍具锯齿，下面被白色长柔毛，两面均有腺点，叶柄长4～10cm，下部具狭翅；中部叶椭圆形至长圆形，与下部叶略同大；上部叶渐小。头状花序单个顶生，下垂，直径1～2cm；苞叶多枚，其中2～3枚较大，椭圆状披针形，长2～5cm，其余较小，条状披针形，稍长于总苞；总苞壳斗状，总苞片4层，外层叶状，草质，密被长柔毛，与内层等长或稍长，中层及内层干膜质；缘花黄色，雌性，狭筒状，结实；中央两性花，顶端5齿裂，筒状，结实。瘦果圆柱形，长4～4.5mm，上端顶部具黏汁。花果期6月至翌年3月。

【生境与分布】生于山坡路旁草丛中及阴湿地，也常见于田头、路边及空旷地。广布于华东各地，另我国其他各地均广泛分布；朝鲜、日本及欧洲也有分布。

【药名与部位】野烟叶，全草。

图 1025　烟管头草　　　　　　　　　　　　摄影　张芬耀

【采集加工】秋季结果前采挖，除去杂质，干燥。

【药材性状】地上部分长 50～100cm。茎圆柱形，有纵条纹，质硬，不易折断。茎下部叶长椭圆形，长 6～12cm，宽 4～6cm，多皱缩，易碎，绿色或绿褐色，两面均被白色或淡黄色柔毛和腺点，中、上部叶较小。头状花序单生于茎端或枝端，下垂；苞叶多枚，其中 2～3 枚较大，长 2～4cm；总苞直径 0.8～1.8cm，总苞片 4 层，外层苞片叶状，披针形，与内层苞片等长，草质或基部干膜质，先端常反卷；雌花狭筒状；两性花筒状。气微，味苦。

【化学成分】根含倍半萜类：土木香内酯（alantolactone）、异土木香内酯（isoalantolactone）、11,13- 二氢土木香内酯（11,13-dihydroalantolactone）、1- 去氧狭叶依瓦菊素（1-deoxyivangustin）和 13- 羟基 -4αH- 桉叶 -5,7（11）- 二烯 -12,8β- 交酯［13-hydroxy-4αH-eudesman-5,7（11）-dien-12,8β-olide］[1]；单萜类：10- 异丁酰氧基 -8,9- 环氧麝香草酚异丁酸酯（10-isobutyryloxy-8,9-epoxythymol isobutyrate）、8- 羟基 -9,10- 二异丁酰氧基麝香草酚（8-hydroxy-9,10-diisobutyryloxythymol）、2- 甲基丙酸 -2- 羟基 -2-（2- 甲氧基 -4- 甲基苯基）-1,3- 丙烷二酯［2-methyl propanoic acid-2-hydroxy-2-（2-methoxy-4-methylphenyl）-1,3-propanediyl ester］、2- 甲基丙酸 -2- 乙酰氧基 -2-（2,4- 二甲基苯基）-1,3- 丙烷二酯［2-methyl propanoic acid-2-acetyloxy-2-（2,4-dimethylphenyl）-1,3-propanediyl ester］和 2- 甲基丙酸 -3- 乙酰氧基 -2- 羟基 -2-（2- 甲氧基 -4- 甲基苯基）丙酯［2-methyl propanoic acid-3-acetyloxy-2-hydroxy-2-（2-methoxy-4-methylphenyl）propyl ester］[1]；甾体类：β- 谷甾醇（β-sitosterol）和 β- 谷甾醇 -β-D- 吡喃葡萄糖苷（β-sitosteryl-β-D-glucopyranoside）[1]。

地上部分含倍半萜类：2α- 羟基 - 桉叶 -4（15）,11（13）- 二烯 -12,8β- 内酯［2α-hydroxy-eudesman-4（15）,11（13）-dien-12,8β-olide］、2α- 羟基 - 桉叶 -4（15）- 烯 -12,8β- 交酯［2α-hydroxy-eudesman-4（15）-en-12,8β-olide］、特勒内酯（telekin）、11（13）- 二氢特勒内酯［11（13）-dihydrotelekin］、天名精内酯酮（carabrone）和天名精内酯醇（carabrol）[2]；降倍半萜类：（3R,9R）-3- 羟基 -7,8- 二氢 -β- 紫罗兰醇 -9-O-β-D- 呋喃

芹糖基-（1→6）-β-D-吡喃葡萄糖苷［（3R,9R）-3-hydroxy-7,8-dihydro-β-ionyl-9-O-β-D-apiofuranosyl-（1→6）-β-D-glucopyranoside］[3]；单萜类：泽兰三醇-9-O-β-D-呋喃芹糖基-（1→6）-β-D-吡喃葡萄糖苷［eupatriol-9-O-β-D-apiofuranosyl-（1→6）-β-D-glucopyranoside］和（+）-归叶棱子芹醇-2-O-β-D-呋喃芹糖基-（1→6）-β-D-吡喃葡萄糖苷［（+）-angelicoidenol-2-O-β-D-apiofuranosyl-（1→6）-β-D-glucopyranoside］[3]；酚类：云杉醇（piceol）、丹皮酚（paeonol）和黄木灵（xanthoxylin）[2]；木脂素类：烟管头草脂苷A、B（carpeside A、B）、枸橼苦素A（citrusin A）、（-）-丁香脂素-4,4'-二-O-β-D-葡萄糖苷［（-）-syringaresinol-4,4'-bis-O-β-D-glucopyranoside］和（7S,7'S,8S,8'S）-新橄榄树脂素-9'-O-β-D-葡萄糖苷［（7S,7'S,8S,8'S）-neoolivil-9'-O-β-D-glucoside］[3]；黄酮类：山奈酚-3-O-芸香糖苷（kaempferol-3-O-rutinoside）、异槲皮素（isoquercetin）、山奈酚-3-O-β-D-吡喃葡萄糖苷（kaempferol-3-O-β-D-glucopyranoside）和木犀草素-7-O-β-D-吡喃葡萄糖苷（luteolin-7-O-β-D-glucopyranoside）[3]；苯丙素类：丁香酚-O-β-D-呋喃芹糖基-（1→6）-β-D-吡喃葡萄糖苷［eugenyl-O-β-D-apiofuranosyl-（1→6）-β-D-glucopyranoside］[3]；甾体类：β-谷甾醇（β-sitosterol）和胡萝卜苷（daucosterol）[2]。

全草含倍半萜类：天名精内酯（carpesiolin）、11-表依生依瓦菊素（11-epiivaxillin）、11（13）-去氢依生依瓦菊素［11（13）-dehydroivaxillin］、依生依瓦菊素（ivaxillin）[4]、烟管头草内酯*A、B、C、D、E、F、G、H、I、J（cernuumolide A、B、C、D、E、F、G、H、I、J）、（2S,4S,5R,6S,8R,9R,2"S）-8-当归酰氧基-4,9-二羟基-2,9-环氧-5-（2-甲基丁酰氧基）大牻牛儿-6,12-交酯［（2S,4S,5R,6S,8R,9R,2"S）-8-angeloyloxy-4,9-dihydroxy-2,9-epoxy-5-（2-methylbutanoyloxy）germacran-6,12-olide］、（2S,4S,5R,6S,8R,9R,2"R）-8-当归酰氧基-4,9-二羟基-2,9-环氧-5-（2-甲基丁酰氧基）大牻牛儿-6,12-交酯［（2S,4S,5R,6S,8R,9R,2"R）-8-angeloyloxy-4,9-dihydroxy-2,9-epoxy-5-（2-methylbutanoyloxy）germacran-6,12-olide］、（2S,4S,5R,6S,8R,9R）-5,8-二当归酰氧基-4,9-二羟基-2,9-环氧大牻牛儿-6,12-交酯［（2S,4S,5R,6S,8R,9R）-5,8-diangeloyloxy-4,9-dihydroxy-2,9-epoxygermacran-6,12-olide］、（2S*,4S*,5R*,6S*,8R*,9R*）-8-当归酰氧基-4,9-二羟基-2,9-环氧-5-（2-甲基丙酰氧基）大牻牛儿-6,12-交酯［（2S*,4S*,5R*,6S*,8R*,9R*）-8-angeloyloxy-4,9-dihydroxy-2,9-epoxy-5-（2-methylpropanoyloxy）germacran-6,12-olide］、（2S*,4S*,5R*,6S*,8R*,9R*）-8-当归酰氧基-4,9-二羟基-2,9-环氧-5-（3-甲基丁酰氧基）大牻牛儿-6,12-交酯［（2S*,4S*,5R*,6S*,8R*,9R*）-8-angeloyloxy-4,9-dihydroxy-2,9-epoxy-5-（3-methylbutyryloxy）germacran-6,12-olide］、（2R,4S,5R,6S,8R,9S,2"S）-8-当归酰氧基-4,9-二羟基-2,9-环氧-5-（2-甲基丁酰氧基）大牻牛儿-6,12-交酯［（2R,4S,5R,6S,8R,9S,2"S）-8-angeloyloxy-4,9-dihydroxy-2,9-epoxy-5-（2-methylbutanoyloxy）germacran-6,12-olide］、（2R*,4S*,5R*,6S*,8R*,9S*）-8-当归酰氧基-4,9-二羟基-2,9-环氧-5-（2-甲基丙酰氧基）大牻牛儿-6,12-交酯［（2R*,4S*,5R*,6S*,8R*,9S*）-8-angeloyloxy-4,9-dihydroxy-2,9-epoxy-5-（2-methylpropanoyloxy）germacran-6,12-olide］、凸尖羊耳菊内酯*D（incaspitolide D）、（4R*,5R*,6S*,8R*,9R*）-5-当归酰氧基-4,8-二羟基-9-（2-甲基丙酰氧基）-3-氧代大牻牛儿-6,12-交酯［（4R*,5R*,6S*,8R*,9R*）-5-angeloyloxy-4,8-dihydroxy-9-（2-methylpropanoyloxy）-3-oxogermacran-6,12-olide］、（4R*,5R*,6S*,8R*,9R*）-4,8-二羟基-5-（2-甲基丙酰氧基）-9-（3-甲基丁酰氧基）-3-氧代大牻牛儿-6,12-交酯［（4R*,5R*,6S*,8R*,9R*）-4,8-dihydroxy-5-（2-methylpropanoyloxy）-9-（3-methylbutyryloxy）-3-oxogermacran-6,12-olide］[5]和烟管头草倍半萜内酯*A、B（carpescernolide A、B）[6]。

【药理作用】抗前列腺增生　全草乙醇提取物的乙酸乙酯萃取物可抑制前列腺增生细胞的增殖，诱导细胞凋亡[1]。

【性味与归经】苦、辛，凉。

【功能与主治】清热解毒，消肿止痛。用于感冒发热，咽喉肿痛，牙痛，疮疖肿毒。

【用法与用量】15～30g。

【药用标准】贵州药材2003。

【附注】以杓儿菜之名始载于《救荒本草》，云："杓儿菜，生密县山野中。苗高一二尺。叶类狗掉尾叶而窄，颇长，黑绿色，微有毛涩，又似耐惊菜叶而小，软薄，梢叶更小。开碎瓣淡黄白花。"根据图文考证，类似本种。

药材野烟叶脾胃虚寒者慎服。

本种的根民间也作药用。

【化学参考文献】

[1] Yang C, Zhu Q X, Zhang Q, et al. Eudesmanolides, aromatic derivatives, and other constituents from *Carpesium cernuum* [J]. Pharmazie, 2001, 56（10）: 825-827.

[2] 杨超, 王兴, 师彦平, 等. 烟管头草地上部分化学成分的研究 [J]. 兰州大学学报（自然科学版）, 2002, 38（4）: 61-67.

[3] Ma J P, Tan C H, Zhu D Y. Glycosidic constituents from *Carpesium cernuum* L. [J]. J Asian Nat Prod Res, 2008, 10（6）: 565-569.

[4] Chung I M, Moon H I. Antiplasmodial activities of sesquiterpene lactone from *Carpesium cernuum* [J]. J Enzyme Inhib Med Chem, 2009, 24（1）: 131-135.

[5] Liu Q X, Yang Y X, Zhang J P, et al. Isolation, structure elucidation, and absolute configuration of highly oxygenated germacranolides from *Carpesium cernuum* [J]. J Nat Prod, 2016, 79（10）: 2479-2486.

[6] Yan C, Zhang W Q, Sun M, et al. Carpescernolides A and B, rare oxygen bridge-containing sesquiterpene lactones from *Carpesium cernuum* [J]. Tetrahedron Lett, 2018, 59（46）: 4063-4066.

【药理参考文献】

[1] 王坤, 吴琼, 耿瑞, 等. 烟管头草粗提物体外抗前列腺增生活性及机制研究 [J]. 天然产物研究与开发, 2019, 31（3）: 77, 149-154.

1026. 金挖耳（图 1026）• *Carpesium divaricatum* Sieb. et Zucc.

图 1026　金挖耳　　　　摄影　张芬耀等

【别名】除州鹤蝨。

【形态】多年生草本，高 0.2～1.5m。茎直立，中部以上常分枝，被白色柔毛，后渐稀疏。基生叶在花期前枯萎；下部叶卵形或卵状长圆形，长 5～11cm，宽 3～7cm，顶端锐尖或钝，基部圆或稍心形，边缘有粗齿，上面被基部球状膨大的柔毛，老时毛脱落而残留膨大的基部，下面被白色短柔毛和疏长柔毛，叶柄较叶片短或近等长，下部无翅；中部叶长椭圆形，稍小；上部叶渐小，与中部叶几同形或长圆状披针形。头状花序单个顶生，直径 6～8mm；苞叶 3～5 枚，披针形至椭圆形，其中 2 枚较大，较总苞片长 2～5 倍，与总苞片有明显不同；总苞卵状球形，总苞片 4 层，外层短，向内层渐增长，干膜质或先端稍带草质，中层干膜质，内层条形；花全部筒状，缘花雌性，顶端 4～5 齿裂，结实，两性花顶端 5 齿裂，结实，被极稀疏柔毛。瘦果细长圆柱形，长 3～3.5mm，顶端具短喙。花果期多集中在 7～8 月，有时几乎全年。

【生境与分布】生于山地路旁灌草丛中或空旷荒地上。分布于华东各地，另华南、华中、西南及东北各地均有分布；朝鲜、日本也有分布。

【药名与部位】野烟叶，全草。

【采集加工】秋季结果前采挖，除去杂质，干燥。

【药材性状】地上部分长 30～60cm，茎圆柱形。茎下部叶卵形、卵状长圆形或阔卵形，长 4.5～9cm，宽 2.5～5.5cm，两面具短伏毛和腺点。苞叶 3～5 枚，其中 2 枚较大，总苞直径 0.6～1.2cm，由外向内逐层增长，干膜质。

【化学成分】地上部分含二萜类：$2E,10E$-1,12- 二羟基 -18- 乙酰氧基 -3,7,15- 三甲基十六烷 -2,10,14- 三烯（$2E,10E$-1,12-dihydroxy-18-acetoxy-3,7,15-trimethylhexadeca-2,10,14-triene）和（S）-12- 羟基香叶基香叶醇［（S）-12-hydroxygeranyl geraniol］[1]；倍半萜类：金挖草素 A、B、C、D（cardivin A、B、C、D）[2]，金挖草素 A、B、C（divaricin A、B、C）[3]，$2\alpha,5$- 环氧 -5,10- 二羟基 -6α- 当归酰氧基 -9β- 异丁酰氧基 - 吉马烷 -$8\alpha,12$- 交酯（$2\alpha,5$-epoxy-5,10-dihydroxy-6α-angeloyloxy-9β-isobutyryloxy-germacran-$8\alpha,12$-olide）[4] 和 $2\beta,5$- 环氧 -5,10- 二羟基 -6α- 当归酰氧基 -9β- 异丁酰氧基 - 吉马烷 -$8\alpha,12$- 交酯（$2\beta,5$-epoxy-5,10-dihydroxy-6α-angeloyloxy-9β-isobutyloxy-germacran-$8\alpha,12$-olide）[5]；单萜类：2- 甲氧基百里香酚异丁酯（2-methoxythymol isobutyrate）、2,5- 二甲氧基百里香酚（2,5-dimethoxythymol）、10-（2- 甲基丁氧基）-8,9- 环氧百里香酚异丁酯［10-（2-methyl butyloxy）-8,9-epoxy-thymolisobutyrate］和 10- 异丁氧基 -8,9- 环氧百里香酚丁酯（10-isobutyloxy-8,9-epoxy-thymolisobutyrate）[6]。

全草含倍半萜类：凸尖羊耳菊内酯*A、B_1、B_2（incaspitolide A、B_1、B_2）、叉开内酯 A、B、C、D（divarolide A、B、C、D）、（$4S,5R,6S,7S,8R,10R$）-8- 当归酰氧基 -4- 羟基 -5- 异丁酰氧基 -9- 酮基 - 大牻牛儿 -7,12- 交酯［（$4S,5R,6S,7S,8R,10R$）-8-angeloyloxy-4-hydroxy-5-isobutyryloxy-9-oxo-germacran-7,12-olide］[7]，5α- 羟基 -13- 甲氧基 -$7\alpha H,11\alpha H$- 桉叶 -4（15）- 烯 -$12,8\beta$- 内酯［5α-hydroxy-13-methoxy-$7\alpha H,11\alpha H$-eudesm-4（15）-en-$12,8\beta$-lactone］、1β- 羟基 -$7\alpha H,11\alpha H$- 桉叶 -4（15）- 烯 -$12,8\beta$- 内酯［1β-hydroxy-$7\alpha H,11\alpha H$-eudesm-4（15）-en-$12,8\beta$-lactone］、11,13- 二氢异土木香内酯（11,13-dihydroisoalantolactone）、特勒内酯（telekin）、$11\alpha,13$- 二氢特勒内酯（$11\alpha,13$-dihydrotelekin）、依瓦菊林（ivalin）、1- 氧代桉叶 -11（13）- 烯 -$12,8\alpha$- 内酯［1-oxoeudesm-11（13）-en-$12,8\alpha$-lactone］、$5\alpha,6\alpha$- 环氧桉叶 -$12,8\beta$- 内酯（$5\alpha,6\alpha$-epoxyeudesman-$12,8\beta$-lactone）、羽状堆心菊素（pinnatifidin）、$11\alpha,13$- 二氢羽状堆心菊素（$11\alpha,13$-dihydropinnatifidin）、4（15）- 桉叶烯 -$1\beta,6\alpha$- 二醇［4（15）-eudesmene-$1\beta,6\alpha$-diol］、$4\alpha,5\alpha$- 二羟基 - 愈创木 -11（13）- 烯 -$12,8\alpha$- 交内酯［$4\alpha,5\alpha$-dihydroxy-guaia-11（13）-en-$12,8\alpha$-lactone］、$11\alpha,13$- 二氢 -4H- 长叶山金草内酯（$11\alpha,13$-dihydro-4H-xanthalongin）、天名精酮（carabrone）、天名精醇（carabrol）、$11\alpha,13$- 二氢天名精醇（$11\alpha,13$-dihydrocarabrol）[8]，$4\beta,8\alpha$- 二羟基 -5β-2- 甲基丁酰氧基 -9β-3- 甲基丁酰氧基 -3- 酮基 - 大牻牛儿 -$7\beta,12\alpha$- 交酯（$4\beta,8\alpha$-dihydroxy-5β-2-methylbutyryloxy-9β-3-methylbutyryloxy-3-oxo-germacran-$7\beta,12\alpha$-olide）、金挖耳内酯 E、F、G（divarolide E、F、G）[9]，$4\beta,8\alpha$- 二羟基 -5β- 异丁酰氧基 -9β-3- 甲基丁酰氧基 -3- 酮基 - 大牻牛儿 -$6\alpha,12$- 交酯（$4\beta,8\alpha$-dihydroxy-5β-isobutyryloxy-9β-3-methylbutyryloxy-3-

oxo-germacran-6α,12-olide）[9,10]、（2R,5S）-金挖耳内酯 A［（2R,5S）-cardivarolide A］、（2R,5S）-金挖耳内酯 B［（2R,5S）-cardivarolide B］、（2R,5S）-金挖耳内酯 C［（2R,5S）-cardivarolide C］、（2R,5S）-顺式金挖耳内酯 C［（2R,5S）-cis-cardivarolide C］、（2R,5S）-金挖耳内酯 D［（2R,5S）-cardivarolide D］、泽兰羊耳菊内酯 A（ineupatolide A）、泽兰羊耳菊内酯（ineupatolide）、（2S,5R）-异金挖耳内酯 A［（2S,5R）-isocardivarolide A］、（2S,5R）-异金挖耳内酯 E［（2S,5R）-isocardivarolide E］、（2S,5R,2″R）-泽兰羊耳菊内酯［（2S,5R,2″R）-ineupatolide］、（2S,5R,2″S）-泽兰羊耳菊内酯［（2S,5R,2″S）-ineupatolide］、对映-金挖耳素 B（ent-divaricin B）、（2S,5R）-异金挖耳内酯 B［（2S,5R）-isocardivarolide B］、（2S,5R）-异金挖耳内酯 C［（2S,5R）-isocardivarolide C］、金挖耳内酯 F、G（cardivarolide F、G）、凸尖羊耳菊内酯*D（incaspitolide D）、4β,8α-二羟基-5β-当归酰氧基-9β-2-甲基丁酰氧基-3-酮基-大牻牛儿-6α,12-交酯（4β,8α-dihydroxy-5β-angeloyloxy-9β-2-methylbutyryloxy-3-oxo-germacran-6α,12-olide）、4β,8α-二羟基-5β-当归酰氧基-9β-异丁酰氧基-3-酮基-大牻牛儿-6α,12-交酯（4β,8α-dihydroxy-5β-angeloyloxy-9β-isobutyryloxy-3-oxo-germacran-6α,12-olide）[10]、烟管头草内酯*I（cernuumolide I）、8-异叉开内酯 C（8-isodivarolide C）和金挖耳内酯*H、I、J、K、L（cardivarolide H、I、J、K、L）[11]；苯并环己酮类：2-异戊烯基-6-乙酰基-8-甲氧基-1,3-苯并-4-酮（2-isopentenyl-6-acetyl-8-methoxy-1,3-benzodioxacyclohexane-4-one）[12]。

【药理作用】1. 抗炎　从全草分离的倍半萜烯内酯类成分可抑制核因子-κB 活化，减少一氧化氮（NO）、一氧化氮合酶（NOS）蛋白和 mRNA 的含量[1]。2. 抗疟疾　从全草分离的成分 2-异戊烯基-6-乙酰基-8-甲氧基-1,3-苯并二氧环己-4-酮（2-isopentenyl-6-acetyl-8-methoxy-1,3-benzodioxacyclohexane-4-one）对恶性疟原虫菌株 D10 的繁殖有抑制作用[2]。3. 抗肿瘤　从地上部分分离的成分金挖耳素 A、B、C、D（cardivin A、B、C、D）对非小细胞肺癌 A549 细胞、卵巢癌 SK-OV-3 细胞、皮肤癌 SK-MEL-2 细胞、中枢神经 XF-498 系统和结肠癌 HCT-15 细胞具有细胞毒作用[3,4]。

【性味与归经】苦、辛，凉。

【功能与主治】清热解毒，消肿止痛。用于感冒发热，咽喉肿痛，牙痛，疮疖肿毒。

【用法与用量】15～30g。

【药用标准】贵州药材 2003。

【临床参考】1. 感冒、腮腺炎、肠炎、痢疾、尿路感染：全草 6～15g，水煎服。

2. 咽喉肿痛：鲜全草适量，捣烂取汁，调蜂蜜服。（1方、2方引自《浙江药用植物志》）

【附注】金挖耳始见于《植物名实图考》卷十五湿草类，谓："金挖耳产湖南长沙山坡。高二尺余，独茎褐紫，参差生叶，叶如凤仙花叶，面青背白，微齿。秋开黄花，如寒菊下垂，旁茎弱欹，故有是名。"按其描述并观其附图，即为本种。

药材野烟叶气虚者忌服。

本种的根民间也作药用。

【化学参考文献】

［1］Zee O P, Kim D K, Choi S U, et al. A new cytotoxic acyclic diterpene from *Carpesium divaricatum*［J］. Archiv Pharm Res, 1999, 22（2）：225-227.

［2］Kim D K, Baek N I, Choi S U, et al. Four new cytotoxic germacranolides from *Carpesium divaricatum*［J］. J Nat Prod, 1997, 60（11）：1199-1202.

［3］Maruyama M. Sesquiterpene lactones from *Carpesium divaricatum*［J］. Phytochemistry, 1990, 29（2）：547-550.

［4］Kim D K, Lee K R, Zee O P. Sesquiterpene lactones from *Carpesium divaricatum*［J］. Phytochemistry, 1997, 46（7）：1245-1247.

［5］Ju K E, Jin H K, Kim Y K, et al. Suppression by a sesquiterpene lactone from *Carpesium divaricatum* of inducible nitric oxide synthase by inhibiting nuclear factor-κB activation［J］. Biochem Pharm, 2001, 61（7）：903-910.

［6］Zee O P, Kim D K, Lee K R. Thymol derivatives from *Carpesium divaricatum*［J］. Arch Pharm Res, 1998, 21（5）：618-620.

[7] Zhang T, Si J G, Zhang Q B, et al. New highly oxygenated germacranolides from *Carpesium divaricatum* and their cytotoxic activity [J]. Scientific Reports, 2016, 6: 27237.

[8] Xie W D, Wang X R, Ma L S, et al. Sesquiterpenoids from *Carpesium divaricatum* and their cytotoxic activity [J]. Fitoterapia, 2012, 83 (8): 1351-1355.

[9] Zhang T, Si J G, Zhang Q B, et al. Three new highly oxygenated germacranolides from *Carpesium divaricatum* and their cytotoxic activity [J]. Molecules, 2018, 23 (5): 1078/1-1078/9.

[10] Zhang T, Chen J H, Si J G, et al. Isolation, structure elucidation, and absolute configuration of germacrane isomers from *Carpesium divaricatum* [J]. Scientific Reports, 2018, 8 (1): 1-11.

[11] Zhang T, Zhang Q B, Fu Lu, et al. New antiproliferative germacranolides from *Carpesium divaricatum* [J]. RSC Advances, 2019, 9 (20): 11493-11502.

[12] Chung I M, Seo S H, Kang E Y, et al. Antiplasmodial activity of isolated compounds from *Carpesium divaricatum* [J]. Phytotherapy Research, 2010, 24 (3): 451-453.

【药理参考文献】

[1] Ju K E, Jin H K, Kim Y K, et al. Suppression by a sesquiterpene lactone from *Carpesium divaricatum* of inducible nitric oxide synthase by inhibiting nuclear factor-kB activation [J]. Biochemical Pharmacology, 2001, 61 (7): 903-910.

[2] Chung I M, Seo S H, Kang E Y, et al. Antiplasmodial activity of isolated compounds from *Carpesium divaricatum* [J]. Phytotherapy Research, 2010, 24 (3): 451-453.

[3] Kim D K, Baek N I, Choi S U, et al. Four new cytotoxic germacranolides from *Carpesium divaricatum* [J]. Journal of Natural Products, 1997, 60 (11): 1199-202.

[4] Zee O P, Kim D K, Choi S U, et al. A new cytotoxic acyclic diterpene from *Carpesium divaricatum* [J]. Archives of Pharmacal Research (Seoul), 1999, 22 (2): 225-227.

43. 兔儿风属 Ainsliaea DC.

多年生草本。茎直立，单生，稀有分枝。叶互生，通常基生或簇生茎上。头状花序狭筒状，单生或多数簇生，排列成长穗状、总状或狭圆锥状；总苞圆筒状，总苞片多层、覆瓦状排列，向内层渐长；花序托小，裸露；小花1～4，两性，结实；花冠管状，檐部5裂，不等长或呈二唇形；雄蕊5，花药顶端尖、基部有长尾；花柱分枝短，顶端钝或圆。瘦果圆柱状，基部渐狭，稍扁，具5～10棱或无棱，被疏柔毛或无毛；冠毛1层，羽毛状。

约70种，分布于东亚至东南亚。中国约45种，分布于长江流域以南各地，以西南为多，法定药用植物2种1变种。华东地区法定药用植物2种。

1027. 杏香兔儿风（图1027）• *Ainsliaea fragrans* Champ.

【别名】吐血草（江苏溧阳），急儿风（江苏苏州），白走马胎、金边兔耳草、金边兔耳。

【形态】多年生草本。具匍匐状短根茎。茎直立，不分枝，被棕色长毛。叶基生，5～10枚，卵形、卵状长圆形，长3～10cm，宽2～6cm，顶端圆钝或锐尖，基部心形，全缘，少有疏短刺状齿，上面无毛或被长柔毛，下面有时紫红色，被棕色长毛，边缘被一圈浓密的毛；叶柄与叶片近等长或更长，被棕色长毛。头状花序多数，排成总状，每个头状花序具3朵小花；总苞细筒状，长约15mm；总苞片多层，卵状椭圆形至长披针形，顶端尖锐；花冠管状，白色。瘦果倒披针形，栗褐色，扁平，具条棱；冠毛多层，羽毛状，棕黄色。花果期7～12月。

【生境与分布】生于山坡灌丛下，沟边草丛、田边路旁。分布于浙江、安徽、江苏、江西、福建，另广东、湖南、台湾等地均有分布。

【药名与部位】杏香兔耳风（兔耳风、马蹄香），全草。

图 1027　杏香兔儿风　　　　　　　　　　　摄影　李华东等

【采集加工】夏、秋二季采收，晒干。

【药材性状】多皱缩成团，根茎不规则圆柱形，较短，直径约 3mm，着生多数须根，黄棕色，全体被棕色长柔毛。叶基生，叶片卷缩，上表面灰绿色或褐绿色，下表面淡灰黄色或紫色，叶片与叶柄几等长。有时可见头状花序排列成总状。瘦果倒披针形，栗褐色，扁平，具条棱；冠毛羽毛状，棕黄色。气微香，味淡。

【药材炮制】除去杂质，抢水洗净，切段，干燥。

【化学成分】全草含倍半萜类：杏香兔耳风三聚酯 A、B（ainsliatriolide A、B）[1]，$11α,13$- 二氢中美菊素 C（$11α,13$-dihydrozaluzanin C）、中美菊素 C（zaluzanin C）、$4β,15$- 二氢中美菊素 C（$4β,15$-dihydrozaluzanin C）、$4β,15,11α,13$- 四氢中美菊素 C（$4β,15,11α,13$-tetrahydrozaluzanin C）[2]，$11α,13$- 二氢葡萄糖基中美菊素 C（$11α,13$-dihydroglucozaluzanin C）[3]，$8α$- 羟基 -$11α,13$- 二氢中美菊素 C（$8α$-hydroxy-$11α,13$-dihydrozaluzanin C）[2,3]，$3β$- 羟基 -$11β,13$- 二氢 -$8α$-O-$β$-D- 葡萄糖基中美菊素 C（$3β$-hydroxy-$11β,13$-dihydro-$8α$-O-$β$-D-glucozaluzanin C）、$3α$- 羟基 -$11β,13$- 二氢 -$8α$-O-$β$-D- 葡萄糖基中美菊素 C（$3α$-hydroxy-$11β,13$-dihydro-$8α$-O-$β$-D-glucozaluzanin C）、$2'$-O-E- 咖啡酰基 -$8α$- 羟基 -$11α,13$- 二氢 -$3β$-O-$β$-D- 葡萄糖基中美菊素 C（$2'$-O-E-caffeoyl-$8α$-hydroxy-$11α,13$-dihydro-$3β$-O-$β$-D-glucozaluzanin C）[4]，葡萄糖基中美菊素 C（glucozaluzanin C）和 $8α$- 羟基 -$11α,13$- 二氢葡萄糖基中美菊素 C（$8α$-hydroxy-$11α,13$-dihydroglucozaluzanin C）[3,4]；三萜类：木栓酮（friedelin）、表木栓酮（epifriedelinol）和羊齿烯醇（fernenol）[5]；黄酮类：木犀草素（luteolin）、柽柳素（tamarixetin）、木犀草素 -7-O-$β$-D- 葡萄糖苷（luteolin-7-O-$β$-D-glucoside）、柽柳素 -3-O-$β$-D- 葡萄糖苷（tamarixetin-3-O-$β$-D-glucoside）、柽柳素 -7-O-$β$-D- 葡萄糖苷（tamarixetin-7-O-$β$-D-glucoside）、芹菜素（apigenin）、柽柳素 -5-O-$β$-D- 葡萄糖苷（tamarixetin-5-O-$β$-D-glucoside）、槲皮素 -5-O-$β$-D- 葡萄糖苷（quercetin-5-O-$β$-D-glucoside）和山柰酚 -3-O-$β$-D- 葡萄糖苷（kaempferol-3-O-$β$-D-glucoside）[6]；苯丙素类：5- 反式 - 对羟基桂皮酰奎宁酸（5-p-$trans$-hydroxycinnamoyl quinic acid）、5- 反式 - 对香豆酰奎宁酸（5-p-$trans$-coumaroyl quinic acid）[6]，绿

原酸(chlorogenic acid)[7],3,5-二咖啡酰奎宁酸(3,5-dicaffeoyl quinic acid)和4,5-二咖啡酰奎宁酸(4,5-dicaffeoyl quinic acid)[8];香豆素类:杏香兔耳风素 A_1、A_2、B_1、B_2、C(ainsliatriolide A_1、A_2、B_1、B_2、C)、紫花前胡苷元(nodakenetin)、花椒毒素(xanthotoxin)、沟斜菊素(bothrioclinin)、紫花前胡苷(nodakenin)和大丁苷(gerberinside)[9];酚酸类:1,3,4-三羟基-5-[3-(3-羟基苯基)-1-酮基-2-丙烯氧基]-[1α,3α,4α,5β(E)]环己烷羧酸 {1,3,4-trihydroxy-5-[3-(3-hydroxyphenyl)-1-oxo-2-propenyl oxy]-[1α,3α,4α,5β(E)] cyclohexanecarboxylic acid}[6]、儿茶酚(catechol)、表儿茶醛(protocatechualdehyde)、表儿茶酸(protocatechuic acid)和对羟基苯甲醛(p-hydroxybenzaldehyde)[7];烷醇类:正二十六醇(n-hexacosanol)[5];脂肪酸类:正三十二烷酸(n-dotriacontanoic acid)[5]等。

【药理作用】1. 抗菌　全草的提取物对细菌(大肠杆菌、金黄色葡萄球菌、橘草杆菌、沙门菌)、霉菌(黑曲霉、橘青霉)、酵母菌(啤酒酵母)的生长均有抑制作用[1];全草的水、70%乙醇和95%乙醇提取物对金黄色葡萄球菌、大肠杆菌和白色念珠菌的生长均有抑制作用[2];全草的乙醇提取物、乙醇提取物的乙酸乙酯萃取物和正丁醇萃取物对金黄色葡萄球菌、绿脓杆菌、溶血性乙型链球菌的生长均有良好的抑制作用[3]。2. 抗炎　从全草提取的浸膏对苯酚所致的大鼠宫颈炎有较好的治疗作用,明显降低宫颈黏膜前列腺素 E_2(PGE_2)的含量,增加 CD4 淋巴细胞数,减少 CD8 淋巴细胞数,升高 CD4/CD8 的值[4,5];全草中分离的木犀草素(luteolin)、木犀草苷(luteoloside)和绿原酸(chlorogenic acid)等化合物可抑制细胞内前列腺素 E_2 的生成[6];从地上部分提取的倍半萜类化合物在体外可抑制环氧合酶-1、2(cyclooxygenases-1、2)[7];分离的化合物 3,5-二咖啡酰奎宁酸(3,5-dicaffeoylquinic acid)和 4,5-二咖啡酰奎宁酸(4,5-dicaffeoylquinic acid)可抑制脂多糖(LPS)刺激的 RAW264.7 巨噬细胞中一氧化氮(NO)的产生,抑制诱导型一氧化氮合酶(NOS)的表达,降低肿瘤坏死因子-α(TNF-α)和白细胞介素-6(IL-6)的含量[8]。3. 抗凝血　全草中提取的香豆素衍生物在体内、体外均有抗凝作用[9]。4. 抗病毒　全草水提取物对单纯疱疹病毒(HSV-1)、脊髓灰质炎病毒和麻疹病毒均有不同程度的抑制作用[10]。

【性味与归经】甘,寒。归肺经。

【功能与主治】清热利湿、解毒散结、止咳、止血。用于口腔炎,中耳炎,感冒,肺脓疡,肺结核咯血,黄疸,小儿疳积,消化不良,水肿,瘰疬,毒蛇咬伤,痈疖肿毒。

【用法与用量】煎服 9 ~ 15g;外用捣敷或捣烂塞鼻。

【药用标准】上海药材 1994、福建药材 2006、湖北药材 2009 和江西药材 1996。

【临床参考】1. 热疖:鲜全草,去除茎叶,根洗净后加少许食盐,捣烂敷肚脐处,以塑料薄膜覆盖,胶布固定,令卧床 1h 后去除[1]。

2. 慢性子宫内膜炎:复方杏香兔耳风颗粒(由杏香兔耳风、白术等组成)口服,每次 9g,每日 2 次,4 周为 1 疗程[2]。

3. 慢性宫颈炎:复方杏香兔耳风颗粒(由杏香兔耳风、白术等组成,0.47g/粒)口服,每次 6 粒,每日 2 次,联合保妇康栓阴道给药[3];或杏香兔耳风软胶囊(全草提取物)口服,每次 4 粒,每日 3 次,连续服用 30 日,配合微波治疗[4]。

4. 宫颈糜烂合并盆腔炎:杏香兔耳风片(全草提取物)口服,每次 4 片,每日 3 次,联合阴道注入重组人干扰素 α-2b 凝胶 1g,每日 1 次[5]。

5. 肺痈:鲜全草 90 ~ 120g,水煎,冲白糖,早晚饭后各服 1 次,忌食酸辣和酒。

6. 乳腺炎:鲜全草 30g,水煎冲黄酒服,渣捣烂外敷患处。

7. 急性骨髓炎:全草 60g,加朱砂根、雪见草各 30g,水煎服,渣外敷,慢性者加黄芪、筋骨草、蒲公英各 30g,同煎服。(5 方至 7 方引自《浙江药用植物志》)

【附注】以金边兔耳之名首载于《本草纲目拾遗》,云:"形如兔耳草,贴地生,叶上面淡绿,下面微白,有筋脉,绿边黄毛,茸茸作金色。初生时叶稍卷如兔耳形,沙土山上最多。"据上述生境及形态特征,即为本种。

【化学参考文献】

[1] Zhang R, Tang C, Liu H C, et al. Ainsliatriolides A and B, two guaianolide trimers from *Ainsliaea fragrans* and their cytotoxic activities [J]. J Org Chem, 2018, 83 (22): 14175-14180.

[2] Bohlmann F, Chen Z L. Naturally occurring terpene derivatives. Part 426. Guaianolides from *Ainsliaea fragrans* [J]. Phytochemistry, 1982, 21 (8): 2120-2122

[3] Li X S, Liu J Y, Cai J N, et al. Complete ^{1}H and ^{13}C data assignments of two new guaianolides isolated from *Ainsliaea fragrans* [J]. Magn Reson Chem, 2008, 46 (11): 1070-1073.

[4] Wang H, Wu T, Yan M, et al. Sesquiterpenes from *Ainsliaea fragrans* and their inhibitory activities against cyclooxygenases-1 and 2 [J]. Chem Pharm Bull, 2009, 57 (6): 597-599.

[5] 胡昌奇, 王朴, 姚辉农, 等. 杏香兔耳风的化学成分研究（I）[J]. 中草药, 1983, 14 (11): 486-488.

[6] 刘戈, 汪豪, 吴婷, 等. 菊科植物杏香兔耳风的化学成分 [J]. 中国天然药物, 2007, 5 (4): 266-268.

[7] 张锐, 曾宪仪, 张正行. 杏香兔耳风的化学成分研究（II）[J]. 中草药, 2006, 37 (3): 347-348.

[8] Wang Y F, Liu B. Preparative isolation and purification of dicaffeoylquinic acids from the *Ainsliaea fragrans* Champ by high-speed counter-current chromatography [J]. Phytochem Anal, 2007, 18 (5): 436-440.

[9] Lei L, Xue Y B, Liu Z, et al. Coumarin derivatives from *Ainsliaea fragrans* and their anticoagulant activity [J]. Scientific Reports, 2015, 5: 13544.

【药理参考文献】

[1] 李桂兰, 芮成. 3种杏香兔耳风提取物抑菌活性的研究 [J]. 中国医药指南, 2010, 8 (7): 45-47.

[2] 葛菲, 张晓伟, 裴各琴, 等. 兔耳风提取物的抑菌作用研究 [J]. 时珍国医国药, 2009, 20 (7): 1676-1677.

[3] 邱如意, 许军, 徐伟, 等. 杏香兔耳风体外抑菌作用研究 [J]. 中国药业, 2009, 18 (11): 13-14.

[4] 易剑峰, 熊印华, 贾红伟, 等. 中药杏香兔耳风对大鼠宫颈粘膜EGF表达的影响 [J]. 江西中医药大学学报, 2007, 19 (2): 72-73.

[5] 易剑峰. 杏香兔耳风对宫颈炎大鼠宫颈黏膜PGE2及外周血T淋巴细胞亚群表达的影响 [J]. 中华中医药杂志, 2007, 22 (11): 806-808.

[6] 谢斌, 吴蓓, 欧阳辉, 等. 杏香兔耳风中五种单体对NIH3T3细胞内PGE2生成的影响 [J]. 亚太传统医药, 2016, 12 (1): 9-11.

[7] Hao W, Wu T, Ming Y, et al. Sesquiterpenes from *Ainsliaea fragrans* and their inhibitory activities against cyclooxygenases-1 and 2 [J]. Cheminform, 2009, 57 (6): 597-599.

[8] Chen X, Miao J S, Wang H, et al. The anti-inflammatory activities of *Ainsliaea fragrans* Champ. extract and its components in lipopolysaccharide-stimulated RAW264.7 macrophages through inhibition of NF-κB pathway [J]. Journal of Ethnopharmacology, 2015, 170: 72-80.

[9] Lei L, Xue Y B, Liu Z, et al. Coumarin derivatives from *Ainsliaea fragrans* and their anticoagulant activity [J]. Scientific Reports, 2015, 5: 13544.

[10] 蔡宝昌, 潘扬, 吴皓, 等. 国外天然药物抗病毒研究简况 [J]. 国外医学. 中医中药分册, 1997, 19 (3): 48-49.

【临床参考文献】

[1] 陈苏明, 施国钧. 杏香兔耳风敷脐法治疗热疖21例 [J]. 四川中医, 1997, 15 (11): 48.

[2] 周嵘. 复方杏香兔耳风颗粒治疗慢性子宫内膜炎54例疗效观察 [J]. 中国中医药科技, 2000, 7 (6): 411.

[3] 吴海英, 卢丽华, 陈珅. 保妇康栓联合复方杏香兔耳风胶囊治疗慢性宫颈炎疗效观察 [J]. 中西医结合研究, 2011, 3 (5): 248+253.

[4] 陈立霞, 王艳, 李海荣, 等. 杏香兔耳风软胶囊联合微波治疗慢性宫颈炎110例 [J]. 中国药业, 2014, 23 (02): 79-80.

[5] 陈嫣, 王秀娣. 杏香兔耳风片治疗宫颈糜烂合并盆腔炎疗效观察 [J]. 中国现代应用药学, 2010, 27 (1): 66-68.

1028. 灯台兔儿风（图 1028） • *Ainsliaea macroclinidioides* Hayata

图 1028　灯台兔儿风　　　　　摄影　张芬耀

【别名】铁灯兔耳风，胡氏兔儿风（安徽）。

【形态】多年生草本。茎直立或平卧，密被棕色长柔毛或后脱落。叶在茎中部聚生呈莲座状或有时散生，叶片宽卵形、长卵状椭圆形，长 3～8cm，宽 1.5～4cm，顶端急尖或渐尖，基部圆形或浅心形，边缘具短尖头的小齿，上面近无毛，下面沿脉被长柔毛；叶柄长 2～7cm，被长柔毛或近无毛。头状花序有 3 朵小花，于茎的上部作总状式排列，无梗或具短梗；总苞细圆筒状，长约 1cm；总苞片多层，外层小，卵形，内层长圆状披针形或条形；瘦果圆柱形，具条棱，稍被毛；冠毛羽毛状，污白色。花果期 7～12 月。

【生境与分布】生于山坡林下、路旁。分布于江西、浙江、安徽、江西、福建，另广东、广西、湖南、湖北、台湾等地均有分布。

灯台兔儿风与杏香兔儿风的区别点：灯台兔儿风的叶聚生于茎中部，呈莲座状。杏香兔儿风的叶基生。

【药名与部位】杏香兔耳风，全草。

【采集加工】秋季采收，除去杂质，洗净，干燥。

【药材性状】根呈细圆锥形，长短不一，直径 1～2mm；表面淡黄色或黄棕色，具须根。茎呈类圆柱形，不分枝，长 10～45cm，直径 2～5mm；表面棕色或棕褐色，具纵皱纹，光滑无毛或具棕色长柔毛；质脆，易折断，断面白色或黄白色。叶 6～15 枚，聚生于茎中部呈莲座状或散生，叶片呈宽卵形、卵状矩圆形或矩圆状椭圆形，长 3～8cm，宽 2～5cm；表面黄绿色至棕褐色，顶端急尖，基部圆形或浅心形，上面近无毛，下面被疏长毛，边缘具芒状齿，叶柄与叶片近等长。有时可见花或果实，头状花序有 3 朵小花，单独或 2～4 个排列成总状；瘦果倒披针状长椭圆形，有纵条纹和细毛。气微，味微苦。

【药材炮制】除去杂质，洗净，切段，干燥。

【药理作用】抗菌　全草的水、70% 乙醇和 95% 乙醇提取物对金黄色葡萄球菌、大肠杆菌和白色念珠菌的生长均有抑制作用[1]。

【性味与归经】苦，寒。

【功能与主治】清热解毒，利湿，止血。用于白带，宫颈炎，肺痈，乳腺炎，毒蛇咬伤。

【用法与用量】煎服 15～30g；外用适量，捣敷患处。

【药用标准】江西药材 1996。

【附注】Flora of China 已将本种的中文名修订为阿里山兔儿风。

【药理参考文献】

[1] 葛菲, 张晓伟, 裴各琴, 等. 兔耳风提取物的抑菌作用研究 [J]. 时珍国医国药, 2009, 20（7）: 1676-1677.

44. 大丁草属 *Gerbera* Cass.

多年生草本。叶基生，莲座状，叶片提琴状羽状分裂。花茎直立，具苞片；头状花序单生于花葶之顶，具异型花和同型花，异型花春天开放，具舌状花和管状花，同型花秋天开放，仅具管状花；总苞宽钟状或筒状；总苞片数层，条形，覆瓦状排列，外层较内层短；花托平，无毛，具微凹点；春型舌状花 1 层，雌性，二唇形，上唇舌状，3 裂，下唇 2 裂，条状；管状花两性，二唇形，上唇 3～4 裂，下唇 2 裂；花药基部箭头状，尾长尖；花柱分枝短，背部被柔毛。瘦果圆柱状或纺锤形，扁平，具纵条纹，有细毛；冠毛多数，刺毛状，平滑或粗糙。

约 30 种，分布于亚洲和非洲南部。中国约 7 种，南北各地区均产，法定药用植物 3 种。华东地区法定药用植物 2 种。

1029. 大丁草（图 1029） • *Gerbera anandria*（Linn.）Sch.-Bip. [*Leibnitzia anandria*（Linn.）Nakai]

【形态】多年生草本。植株分春型和秋型，春型株较矮小，高 8～27cm，秋型株较大，高达 60cm。叶基生，莲座状，叶片宽卵形或长圆状倒披针形，春型叶较小，长 2～6cm，宽 1.5～2.5cm，秋型叶较大，长 6～17cm，宽 2.5～6.5cm，顶端钝，基部心形或渐狭，提琴状羽状分裂，边缘具圆波状齿和不规则小牙齿，表面绿色，背面密被白色绵毛；具叶柄，密被白色绵毛。花茎 1～3 枝，密被白色绵毛，具多个条状苞片；头状花序单生于顶部；总苞筒状钟形；总苞片 3 层，外层较短，条形，内层条状披针形；春型株舌状花紫色，长约 11mm，管状花长约 6.5mm，秋型株仅具管状花。瘦果纺锤形，被短毛，具纵棱；冠毛污白色，粗糙。花果期 3～11 月。

【生境与分布】生于山坡路旁、林边、草地。分布于华东各地，另我国其他各地均有分布；俄罗斯、日本、朝鲜也有分布。

【药名与部位】大丁草，全草。

图 1029　大丁草　　　　　　　　　摄影　李华东等

【采集加工】秋季采挖，晒干。

【药材性状】全体呈灰褐色，长 8～19cm；花茎直立，有白色蛛丝毛密生，上具条状苞片数枚；基部叶丛生，呈莲座状，椭圆状广卵形，长 2～5cm，宽 1.5～3cm，先端圆钝，基部心脏形，气微，味微苦。

【化学成分】地上部分含香豆素类：4-β-D- 吡喃葡萄糖氧基 -5- 甲基香豆素（4-β-D-glucopyranosyloxy-5-methylcoumarin）[1]；氰类：野黑樱苷（prunasin）[1]。

全草含香豆素类：8- 甲氧基没药芹二醇（8-methoxysmyrindiol）、花椒毒素（xanthotoxin）、大丁苷（gerberinside）[2],3,3'- 亚甲基二 -（4- 羟基 -5- 甲基香豆素[3,3'-methenebi-（4-hydroxy-5-methylcoumarin）]、4- 羟基 -5- 甲基香豆素（4-hydroxy-5-methylcoumarin）、5- 甲基香豆素 -4- 葡萄糖苷（5-methylcoumarin-4-glucoside）、5- 甲基香豆素 -4- 纤维二糖苷（5-methylcoumarin-4-cellobioside）、5- 甲基香豆素 -4- 龙胆二糖苷（5-methylcoumarin-4-gentiobioside）[3],3,8- 二羟基 -4- 甲氧基香豆素（3,8-dihydroxy-4-methoxycoumarin）和 5,8- 二羟基 -7-（4- 羟基 -5- 甲基 - 香豆素 -3）- 香豆素［5,8-dihydroxy-7-（4-hydroxy-5-methylcoumarin-3）-coumarin］[4]；黄酮类：槲皮素（quercetin）、芹菜素-7-O-β-D-吡喃葡萄糖苷（apigenin-7-O-β-D-glucopyranoside）[2]和木犀草素-7-葡萄糖苷（luteolin-7-glucoside）[3]；酚酸类：2-羟基-6-甲基苯甲酸（2-hydroxy-6-methylbenzoic acid）和7-羟基-1（3H）-异苯并呋喃酮［7-hydroxy-1（3H）-isobenzofuranone］[2]；三萜类：蒲公英赛醇（taraxerol）[3]；甾体类：β-谷甾醇（β-sitosterol）和豆甾醇（stigmasterol）[2]；脂肪酸类：十六烷酸甲酯（methyl hexadecanoate）[2]和琥珀酸（succinic acid）[3]；苯并吡喃类：3,8-二羟基-4-甲氧基-2-酮基-2H-1-苯并吡喃-5-甲酸（3,8-dihydroxy-4-methoxy-2-oxo-2H-1-benzopyran-5-carboxylic acid）[4]。

【功能与主治】祛风湿，解毒。治风湿麻木、咳喘、疔疮。
【用法与用量】内服煎汤或泡酒；外用捣敷。
【药用标准】贵州药品1994。
【临床参考】1. 疔疮肿毒、乳痈：鲜全草适量，捣烂敷患处。
2. 尿路感染：全草15g，水煎服。（1方、2方引自《浙江药用植物志》）
【附注】Flora of China 已将本种的学名修订为 Leibnitzia anandria（Linn.）Turcz.
【化学参考文献】

[1] Imamura K，Nagumo S，Inoue T，et al. A 4-hydroxycoumarin glucoside from *Leibnitzia anandria*（L.）Nakai [J]. Shoyakugaku Zasshi，1985，39（2）：173-176.
[2] He F，Wang M，Gao M H，et al. Chemical composition and biological activities of *Gerbera anandria* [J]. Molecules，2014，19（4）：4046-4057.
[3] 谷黎红，王素贤，李铣，等. 大丁草中抗菌活性成分的研究 [J]. 药学学报，1987，22（4）：272-277.
[4] 谷黎红，李铣，阎四清，等. 大丁草中抗菌活性成分的研究Ⅳ [J]. 药学学报，1989，24（10）：744-748.

1030. 毛大丁草（图1030）• *Gerbera piloselloides*（Linn.）Cass. ［*Piloselloides hirsuta*（Forsk.）C. Jeffrey］

【别名】兔耳一枝箭，一支香（江苏），毛花大丁草。
【形态】多年生草本，全体被绒毛。主根肥厚。叶簇生于茎的基部，长圆形或卵形或倒卵形，长3～13cm，宽1.5～5cm，顶端圆钝，基部楔形，全缘，幼时上面被毛，老时脱毛，下面密生灰白色绵毛；具短柄，密被绵毛。花葶长15～30cm，有时可达40cm，向顶端渐粗，在花下肥厚，密被金黄色绵毛；总苞钟状；总苞片2层，条状披针形，背面被黄色绵毛；舌状花白色，雌性，舌片条形；管状花两性。瘦果纺锤形，具细长的喙，成熟时约与果等长，被毛；冠毛橙红色。花果期3～5月及8～12月。
【生境与分布】生于山坡草地，林边。分布于华东各地，另西南、中南部均有分布；朝鲜、缅甸、越南、印度、印度尼西亚至日本也有分布。

毛大丁草与大丁草的区别点：毛大丁草叶簇生于茎的基部；舌状花白色。大丁草叶基生，莲座状；舌状花紫色。

【药名与部位】白眉草（兔耳风、毛大丁草），全草。
【采集加工】夏季采收，洗净，晒干或鲜用。
【药材性状】呈皱缩状，全长15～25cm，根茎粗短，密被灰白色绵毛。须根多数，长可达12cm，直径0.1～0.2cm；外表面灰褐色或灰棕色，质脆，断面黄白色，中央有一明显细小木心。叶基生，皱缩。完整叶片展平后呈椭圆形或倒卵形，全缘，长3～11cm，宽1.5～4cm，叶面褐黑色，背面密被灰白色茸毛。头状花序单生于花梗顶端，花梗褐色，长10～40cm，中空。气微，味涩。
【药材炮制】除去杂质，洗净，干燥。

图 1030 毛大丁草　　摄影　中药资源办

【化学成分】根和根茎含香豆素类：二聚博斯里克利宁素 I、II（dibothrioclinin I、II）[1]，伞形花内酯（umbelliferone）、印枳素（marmesin）、博斯里克利宁素（bothrioclinin）[2]，毛大丁草醛（piloselloidal）[3]，瑞香素-8-β-D-吡喃葡萄糖苷（daphnetin-8-β-D-glucopyranoside）和印度楝梓苷（marmesinin）[4]；酚类：羟基毛大丁草酮（hydroxypiloselloidone）、羟基异毛大丁草酮（hydroxyisopiloselloidone）、毛大丁草酮（piloselloidone）、去氧去氢环毛大丁草酮（deoxodehydro-cyclopiloselloidone）[3]，扣布拉苷（koaburaside）、熊果苷（arbutin）、紫丁香酸葡萄糖苷（glucosyringic acid）和 2,6-二甲氧基 -4-羟基苯酚 -1-O-β-D-吡喃葡萄糖苷（2,6-dimethoxy-4-hydroxyphenol-1-O-β-D-glucopyranoside）[4]；醌类：氢醌（hydroquinone）[2]；三萜类：异山柑子萜醇（isoarborinol）[2]；挥发油：粗糙鬼针草烯（berkheyaradulene）、α-愈创烯（α-guainene）、β-石竹烯（β-caryophyllene）和氧化石竹烯（caryophyllene oxide）等[5]；其他类：β-谷甾醇（β-sitosterol）和琥珀酸（succinic acid）[2]。

茎含挥发油：粗糙鬼针草烯（berkheyaradulene）、亚油酸（linoleic acid）、β-石竹烯（β-caryophyllene）和氧化石竹烯（caryophyllene oxide）等[5]。

叶含挥发油：粗糙鬼针草烯（berkheyaradulene）、亚油酸（linoleic acid）、β-石竹烯（β-caryophyllene）和氧化石竹烯（caryophyllene oxide）等[5]。

全草含香豆素类：8-甲氧基补骨脂素（8-methoxypsoralen）和 8-甲氧基没药芹二醇（8-methoxysmyrindiol）[6]。

【药理作用】1. 抑制子宫收缩　叶的醇提取物可使大鼠离体子宫收缩频率减慢、强度减小和活动力减弱[1]。2.镇咳祛痰平喘　叶的醇提取物及根的水提取物可明显抑制氨水所致小鼠的咳嗽反应，使咳嗽次数减少、咳嗽潜伏期延长，对小鼠气管痰液分泌具有明显的促进作用，使酚红排泌量增加[2-3]；根的水提取物可降低乙酰胆碱（ACh）、组胺（His）诱导的豚鼠离体气管平滑肌的收缩张力[3]；全草的水提取物可显著抑制组胺喷雾所致的豚鼠窒息[4]。

【性味与归经】 微苦、辛，平。归肝、肺经。

【功能与主治】 通经活络、宣肺和中、消肿解毒。用于伤风感冒，咳嗽痰多，扁桃体炎，水肿，胃及十二指肠溃疡，胃肠炎，肺结核咳血，肾结石，小儿疳积，产后瘀血痛，闭经，跌打损伤，疔疖痈肿，毒蛇咬伤。

【用法与用量】 煎服 6～15g，鲜品 30～60g；外用捣敷。

【药用标准】 福建药材 2006、贵州药材 2003、广东药材 2011、广西药材 1990、四川药材 2010、云南药品 1996 和云南彝药Ⅱ 2005 四册。

【临床参考】 1.慢性阻塞性肺病：吉贝咳喘汤（全草，加吉祥草、黄芩、浙贝母、蛤壳、麻黄、桑白皮、葶苈子、天竺黄、僵蚕、地龙），每剂煎 3 次，合并煎液，浓缩至 600ml，分装于 100ml 容器中，置冰箱冷藏，服用时用热水烫温，每次 1 瓶，每日 3 次[1]。

2.儿童厌食症：醒脾养儿颗粒（全草，加山栀茶、一点红、蜘蛛香）温开水冲服，1 岁以内每次 1 袋（2g），每日 2 次；1～2 岁每次 2 袋（4g），每日 2 次；3～6 岁，每次 2 袋（4g），每日 3 次；7～14 岁每次 3～4 袋（6～8g），每日 2 次，7 日为 1 个疗程，服用 2～4 个疗程[2]。

3.胃肠炎和痢疾：全草 9g，加金锦香 15g，水煎服，每日 1 剂，散剂减半冲服[3]。

4.急性口腔溃疡：鲜全草 50～75g（或干品 15～25g），加水 300ml，武火煎沸 3～5min，煎二次，二汁混合，分 2 次饭前服，小儿酌减至半量以下[4]。

5.感冒头痛、咳嗽：全草 15g，加瓜子金 15g，水煎服。（江西《中草药学》）

6.气滞胃脘疼痛：全草 15～30g，水煎或酒水炖服。（《福建中草药》）

7.百日咳：全草 9g，水煎去渣，用蜂蜜 15g 调服。

8.跌打损伤、腰痛：全草 21g，加百两金根 9g，酒水各半煎服。（7 方、8 方引自《江西草药》）

9.小儿肾炎：全草 15g，水煎服。

10.急性肾炎：鲜全草加食盐少许捣烂，敷肚脐上，2h 后除去，每日 1 次，连敷 3 天，第 1 天先行脐部隔姜艾灸，忌盐。

11.咽喉炎、扁桃体炎：全草 15g，加鲜百合、节节草、赤小豆各 15g，车前草 9g，水煎服；或全草适量，浸黄酒含漱。

12.气滞胃脘疼痛、产后腹痛：全草 15～30g，水煎或酒水各半煎服。

13.腰痛、跌打扭伤疼痛：全草 60g，水煎服；或鲜全草 21g，百两金 9g，酒水各半煎服。（9 方至 13 方引自《浙江药用植物志》）

【附注】 本种以小一支箭之名始载于明《滇南本草》，以根入药。《本草纲目拾遗》载："兔耳一支箭，生阴山脚下。立夏时发苗，叶布地生，类兔耳形，叶厚，边有黄毛软刺，茎背俱有黄毛，寒露时抽心，高五寸许，上有倒刺而软，即花也。每枝只一花，故名一枝箭。入药用绵裹煎，恐有毛戟射肺，令人咳。"《百草镜》云："兔耳一枝箭，叶如橄榄形，边有针刺，只七八叶贴地生，八月抽茎，高近尺许，花如柏穗而有萌刺，茎叶有毛，七月采。"《植物名实图考》载一枝香："生广信。铺地生叶，如桂叶而柔厚，面光绿，背淡有白毛，根须长三四寸，赭色。土人以治小儿食积。"据其描述及附图即为本种。

药材白眉草（兔耳风、毛大丁草）孕妇及脾胃虚寒者慎服。

本种的根民间也作药用。

【化学参考文献】

[1] Xiao Y，Ding Y，Li J B，et al. Two novel dicoumaro-p-menthanes from *Gerbera piloselloides*（L.）Cass［J］. Chem

Pharm Bull，2004，52（11）：1362-1364.

[2] 肖瑛，李建北，丁怡．毛大丁草根和根茎化学成分的研究[J]．中国中药杂志，2002，27（8）：594-596.

[3] Bohlmann F，Grenz M．Naturally occurring coumarin derivatives．XI．constituents of *Gerbera piloselloides* Cass．[J]．Chemische Berichte，1975，108（1）：26-30.

[4] 肖瑛，李建北，丁怡．毛大丁草化学成分的研究[J]．中草药，2003，34（2）：109-111.

[5] 唐小江，张援，黄华容，等．毛大丁草不同部位挥发油成分的比较[J]．中山大学学报（自然科学版），2003，42（2）：124-125.

[6] He F，Yang J F，Cheng X H，et al．8-methoxysmyrindiol from *Gerbera piloselloides*（L.）Cass．and its vasodilation effects on isolated rat mesenteric arteries [J]．Fitoterapia 2019，138：104299.

【药理参考文献】

[1] 柳斌，郭美仙，刘勇，等．毛大丁草叶醇提物对大鼠离体子宫的作用 [J]．大理大学学报，2013，12（6）：90-92.

[2] 陆翠芬，郭美仙，柳斌，等．毛大丁草叶对小鼠镇咳祛痰作用的研究 [J]．云南中医中药杂志，2012，33（10）：57-58.

[3] 郭美仙，胡亚婷，陆翠芬，等．毛大丁草根水煎剂对受试动物的镇咳、祛痰、平喘作用 [J]．大理大学学报，2013，12（6）：1-4.

[4] 张世武，刘国雄．毛大丁草"平喘"作用的实验观察 [J]．遵义医学院学报，1981，4（1）：7-8，6.

【临床参考文献】

[1] 韩云霞，葛正行，李德鑫，等．吉贝咳喘汤治疗慢性阻塞性肺病 [J]．中国实验方剂学杂志，2011，17（7）：227-229.

[2] 刘向萍，马玉宏，刘娟．醒脾养儿颗粒治疗儿童厌食症80例 [J]．陕西中医，2011，32（10）：1331-1332.

[3] 金锦香．毛大丁草治疗胃肠炎和痢疾134例疗效观察 [J]．中草药通讯，1973，（3）：34.

[4] 叶春芝，纪爱娇，季春捷．毛大丁草可治急性口腔溃疡 [J]．浙江中医杂志，1999，34（7）：293.

45. 蒲公英属 *Taraxacum* F. H. Wigg.

多年生草本，具白色乳汁。叶基生，平铺地面呈莲座状；叶片钥匙形、倒披针形或披针形，羽状深裂，浅裂或具波状齿，稀全缘，具叶柄或无。头状花序单个顶生，有总花序梗；头状花序全为舌状花，黄色，两性；总苞钟形，总苞片数层，先端通常外折，最内层的直立而狭，近相等；花序托平，有小窝孔，无托毛；舌片先端平截，有5微齿；花药合生成筒状，包围花柱，基部钝；花柱细长，柱头二裂，裂片条形。瘦果长圆形，稍扁，无毛，有4～5纵棱，顶端有细长的喙，喙的顶端有多数白色细软冠毛。

约2500种，大多数分布于北温带。中国100余种，广布于南北各地，法定药用植物4种。华东地区法定药用植物1种。

1031. 蒲公英（图1031）• *Taraxacum mongolicum* Hand.-Mazz.（*Taraxacum formosanum* Kitam.）

【别名】婆婆丁（山东），黄花地丁，古丁（江苏盱眙），黄花菜（江苏射阳、盐城），黄花郎（江苏扬州），浆浆草（江苏高邮），果果丁（江苏仪征），台湾蒲公英。

【形态】多年生草本。根圆柱形，黑褐色。叶基生，狭倒披针形或倒卵状披针形，长5～12cm，宽1～2.5cm，先端钝或急尖，基部渐狭，边缘具细齿、波状齿或羽状深裂，上面疏被蛛丝状柔毛，下面近无毛，中脉显著，侧脉纤细。花葶与叶片等长或稍长，上部紫红色，密被白色蛛丝状长柔毛；头状花序直径3～3.5cm；总苞钟形，总苞片2～3层，草质，外层卵状披针形，顶端有小角状突起，并有白色长毛，内层条状披针形；舌状花多数，鲜黄色。瘦果长圆形，稍扁，暗褐色，有纵棱与横瘤，中部以上的横瘤有刺状突起，喙细长；冠毛白色。花果期4～10月。

【生境与分布】生于路边、田野、山坡等地。分布于华东各地，另华中、西南、华北、西北、东北均有分布。

1031. 蒲公英

图 1031　蒲公英　　　　　　　　　　　摄影　张芬耀等

【药名与部位】蒲公英，全草。

【采集加工】春至秋季花初开时采挖，除去杂质，洗净，干燥或鲜用。

【药材性状】呈皱缩卷曲的团块。根呈圆锥状，多弯曲，长 3～7cm；表面棕褐色，抽皱；根头部有棕褐色或黄白色的茸毛，有的已脱落。叶基生，多皱缩破碎，完整叶片呈倒披针形，绿褐色或暗灰绿色，先端尖或钝，边缘浅裂或羽状分裂，基部渐狭，下延呈柄状，下表面主脉明显。花茎 1 至数支，每支顶生头状花序，总苞片多层，内面一层较长，花冠黄褐色或淡黄白色。有的可见多数具白色冠毛的长椭圆形瘦果。气微，味微苦。

【质量要求】色绿有黄花，无泥。

【药材炮制】除去杂质，抢水洗净，切段，干燥。

【化学成分】根含三萜类：3- 表科罗索酸（3-epicorosolic acid）、3- 表果渣酸（3-epipomolic acid）和 2β,3β,19α- 三羟基熊果 -12- 烯 -28- 酸（2β,3β,19α-trihydroxyurs-12-en-28-acid）[1]；酚酸类：3- 甲氧基 -4- 羟基苯甲醛（3-methoxy-4-hydroxybenzaldehyde）、对羟基苯乙酸（p-hydroxyphenylacetic acid）、对羟基苯乙酸甲酯（mthyl p-hydroxyphenylacetate）、对羟基苯乙酸乙酯（ethyl p-hydroxyphenylacetate）[2]，丁香醛（syringaldehyde）、丁香酸（syringic acid）、丁香酸甲酯（methylsyringate）、4- 羟基苯甲醛（4-hydroxybenzaldehyde）、4- 羟基苯甲酸（4-hydroxybenzoic acid）、对羟基苯甲酸甲酯（methylparaben）、4- 甲氧基苯甲酸（4-methoxybenzoic acid）、香草醛（vanillin）、香草酸（vanillic acid）和香草酸甲酯（methyl vanillate）[3]；苯丙素类：咖啡酸（caffeic acid）、咖啡酸乙酯（ethyl caffeate）、咖啡酸甲酯（methyl caffeate）[2]，阿魏酸甲酯（methyl ferulate）、4- 羟基 -3- 甲氧基 - 反式 - 桂皮醛（4-hydroxy-3-methoxy-trans-cinnamaldehyde）和（+）- 蒲公英酚素 B［(+)-taraxafolin B］[3]；木脂素类：（+）- 丁香树脂酚［(+)-syringaresinol］[2]；倍半萜类：11β,13- 二氢蒲公英萜酸（11β,13-dihydrotaraxinic acid）、加利福尼亚蒿内酯（artecalin）、11β,13- 二氢蒲公英萜酸 -β- 吡喃葡萄糖酯（11β,13-dihydrotaraxinic acid-β-glucopyranosyl ester)、蒲公英萜酸（taraxinic acid）、蒲公英萜酸-β-吡喃葡萄糖酯（taraxinic acid-β-glucopyranosyl ester）、苦苣菜苷A（sonchuside A）、阿萨宁*（arsanin）、去乙酰母菊内酯酮（desacetylmatricarin）[2]、蒲公英酮内酯（taraxafolide）和蒲公英萜酸-β-D-葡萄糖苷（taraxinic acid-β-D-glucoside）[3]；生物碱类：3-甲酰基吲哚（3-formyl indole）、吲哚-3-羧酸甲酯（methyl indole-3-carboxylate）和烟酰胺（nicotinamide）[3]；甾体类：β-谷甾醇（β-sitosterol）和豆甾醇（stigmasterol）[3]。

地上部分含黄酮类：水韭素-7-O-β-D-吡喃葡萄糖基-2'-O-α-L-吡喃阿拉伯糖苷（isoetin-7-O-β-D-glucopyranosyl-2'-O-α-L-arabinopyranoside）、水韭素-7-O-β-D-吡喃葡萄糖基-2'-O-α-D-吡喃葡萄糖苷（isoetin-7-O-β-D-glucopyranosyl-2'-O-α-D-glucopyranoside）[4]、水韭素-7-O-β-D-吡喃葡萄糖基-2'-O-α-D-吡喃木糖苷（isoetin-7-O-β-D-glucopyranosyl-2'-O-α-D-xyloypyranoside）[4,5]、艾黄素（artemetin）、3',4',7-三甲氧基槲皮素（3',4',7-trimethoxyquercetin）[6]、木犀草素-7-O-β-D-吡喃葡萄糖苷（luteolin-7-O-β-D-glucopyranoside）[5,7]、芹菜素（apigenin）、木犀草素（luteolin）、槲皮素（quercetin）、槲皮素-7-β-D-吡喃葡萄糖苷（quercetin-7-β-D-glucopyranoside）和槲皮素-3,7-O-β-D-二吡喃葡萄糖苷（quercetin-3,7-O-β-D-diglucopyranoside）[7]；生物碱类：蒲公英碱A、B（taraxacine A、B）、3-羧基-1,2,3,4-四氢-β-咔啉（3-carboxy-1,2,3,4-tetrahydro-β-carboline）、1,2,3,4-四氢-1,3,4-三酮基-β-咔啉（1,2,3,4-tetrahydro-1,3,4-trioxo-β-carboline）、吲哚-3-羧酸（indole-3-carboxylic acid）和吲哚-3-甲醛（indole-3-carboxaldehyde）[5]；脱镁叶绿素类：13^2-羟基-（13^2-R）-脱镁叶绿素-b [13^2-hydroxy-（13^2-R）-pheophytin-b] 和甲基脱镁叶绿素-b（methyl pheophorbide-b）[5]；降倍半萜类：（3R,6R,7E）-3-羟基-4,7-大柱香波龙-二烯-9-酮 [（3R,6R,7E）-3-hydroxy-4,7-megastigma-dien-9-one] [5]；环己烯醛类：2,6,6-三甲基-4-羟基-1-环己烯-1-甲醛（2,6,6-trimethyl-4-hydroxy-1-cyclohexene-1-carboxaldehyde）[5]；倍半萜类：兔儿风内酯苷*（ainslioside）、1β,3β-二羟基桉烷-11（13）-烯-6α,12-内酯 [1β,3β-dihydroxyeudesman-11（13）-en-6α,12-olide]、1β,3β-二羟基桉叶烷-6α,12-内酯（1β,3β-dihydroxyeudesman-6α,12-olide）、11β,13-二氢蒲公英萜酸（11β,13-dihydrotaraxinic acid）[7]和蒙古蒲公英素B（mongolicumin B）[8]；三萜类：β-香树脂醇乙酸酯（β-amyrin acetate）、ψ-蒲公英萜醇乙酸酯（ψ-taraxasteryl acetate）[5]、牛角瓜熊果烯醇*A（gigantursenol A）和蒲公英赛醇（taraxasterol）[7]；香豆素类：七叶树内酯（esculetin）[5]；木脂素类：蒙古蒲公英素A（mongolicumin A）[8]；苯丙素类：蒲公英酚素（taraxafolin）、咖啡酸（caffeic acid）、阿魏酸（ferulic acid）、对羟基肉桂酸（p-hydroxycinnamic acid）和二氢丁香苷（dihydrosyringin）[5]；酚酸类：苯甲酸（benzoic acid）、对羟基苯甲酸甲酯（methyl paraben）和对羟基苯乙酸甲酯（methyl p-hydroxy-phenyl acetate）[5]；甾体类：β-谷甾醇（β-sitosterol）、豆甾醇（stigmasterol）、β-谷甾醇-3-O-葡萄糖苷（β-sitosteryl-3-O-glucoside）和豆甾醇-3-O-葡萄糖苷（stigmasteryl-3-O-glucoside）[5,7]；鞘脂类：菊三七酰胺II（gynuramide II）和商陆脑苷（phytolacca cerebroside）[7]；氨基酸类：苯丙氨酸（phenylalanine）[5]；甘油衍生物类：1-亚油酰甘油（1-linoleylglycerol）、姜糖酯A（gingerglycolipid A）、姜糖酯B（gingerglycolipid B）、（2S）-3-亚麻酰基甘油-β-D-吡喃半乳糖苷 [（2S）-3-linolenoylglycerol-β-D-galactopyranoside]、（2S）-2-亚麻酰基甘油-β-D-吡喃半乳糖苷 [（2S）-2-linolenoylglycerol-β-D-galactopyranoside]、（2S）-23-二亚麻酰基甘油-6-O-（α-D-吡喃半乳糖基）-β-D-吡喃半乳糖苷 [（2S）-23-bis-linolenoyl glycerol-6-O-（α-D-galactopyranosyl）-β-D-galactopyranoside] [7]。

全草含黄酮类：木犀草素-7-O-葡萄糖苷（luteolin-7-O-glucoside）[9]、槲皮素-3-O-葡萄糖苷（quercetin-3-O-glucoside）、槲皮素-3-O-β-半乳糖苷（quercetin-3-O-β-galactoside）[10]、芦丁（rutin）、山奈酚-3-O-α-L-吡喃鼠李糖基-（1→6）-β-D-吡喃葡萄糖苷 [kaempferol-3-O-α-L-rhamnopyranosyl-（1→6）-β-D-glucopyranoside] [11]、木犀草素-7-O-β-D-葡萄糖苷（luteolin-7-O-β-D-glucoside）[12]、木犀草素（luteolin）、蒿黄素（artemetin）[12,13]、槲皮素（uercetin）[9,13]、槲皮素-3',4',7-三甲醚（quercetin-3',4',7-trimethyl ether）、木犀草素-7-O-β-D-吡喃半乳糖苷（luteolin-7-O-β-D-galactopyranoside）、芫花素（genkwanin）、水韭素（isoetin）、芫花素-4'-O-β-D-芸香糖苷（genkwanin-4'-O-β-D-rutinoside）、

橙皮苷（hesperidin）、槲皮素-7-O-β-D-吡喃葡萄糖基-（1→6）-β-D-吡喃葡萄糖苷［quercetin-7-O-β-D-glucopyranosyl-（1→6）-β-D-glucopyranoside］、槲皮素-3,7-O-β-D-二吡喃葡萄糖苷（quercetin-3,7-O-β-D-diglucopyranoside）、水韭素-7-O-β-D-吡喃葡萄糖基-2'-O-α-L-吡喃阿拉伯糖苷（isoetin-7-O-β-D-glucopyranosyl-2'-O-α-L-arabinopyranoside）、水韭素-7-O-β-D-吡喃葡萄糖基-2'-α-D-吡喃葡萄糖苷（isoetin-7-O-β-D-glucopyranosyl-2'-O-α-D-glucopyranoside）、水韭素-7-O-β-D-吡喃葡萄糖基-2'-O-β-D-吡喃木糖苷（isoetin-7-O-β-D-glucopyranosyl-2'-O-β-D-xyloypyranoside）[13]，橙皮素（hesperetin）[13,14]和3',5'7-三羟基-4'-甲氧基黄烷酮（3',5'7-trihydroxy-4'-methoxyflavanone）[14]；苯丙素类：反式对香豆醇（trans-p-coumaryl alcohol）、反式对香豆醛（trans-p-coumaryl aldehyde）[11]、咖啡酸（caffeic acid）、阿魏酸（ferulic acid）、绿原酸（chlorogenic acid）、3,5-O-双咖啡酰奎尼酸（3,5-di-O-caffeoylquinic acid）、3,4-O-双咖啡酰奎尼酸（3,4-di-O-caffeoylquinic acid）、4,5-O-双咖啡酰奎尼酸（4,5-di-O-caffeoylquinic acid）、对香豆酸（p-coumaric acid）[13]和咖啡酸乙酯（ethyl caffeate）[15]；酚酸类：原儿茶醛（protocatechuic aldehyde）、4-羟基-2,6-甲氧基苯酚-1-O-β-D-吡喃葡萄糖苷（4-hydroxy-2,6-dimethoxyphenol-1-O-β-D-glucopyranoside）、对羟基苯丙酸（p-hydroxyphenyl propionic acid）[11]、对羟基苯甲酸（p-hydroxybenzoic acid）、没食子酸（gallic acid）、丁香酸（syringic acid）、1-羟甲基-5-羟基苯-2-O-β-D-吡喃葡萄糖苷（1-hydroxymethyl-5-hydroxyphenyl-2-O-β-D-glucopyranoside）、没食子酸甲酯（gallicin）、3,4-二羟基苯甲酸（3,4-dihydroxybenzoic acid）、3,5-二羟基苯甲酸（3,5-dihydroxybenzoic acid）[13]、对羟基苯乙酸乙酯（ethyl 4-hydroxyphenyl acetate）[15]和4,5,6-三-O-对羟基苯基乙酰手性肌醇（4,5,6-tri-O-p-hydroxyphenylacetyl-chiro-inositol）[16]；香豆素类：七叶树内酯（esculetin）[13]；木脂素类：红毛破布木脂素（rufescidride）和蒙古蒲公英素A（mongolicumin A）[13]；倍半萜类：蒙古蒲公英素B（mongolicumin B）、香茶菜倍半萜素A（isodonsesquitin A）、蒲公英素（taraxacin）、倍半萜酮内酯（sesquiterpene ketolactone）[13]、布卢门醇A（blumenol A）[15]、荔枝草内酯A（plebeiolide A）、荔枝草呋喃（plebeiafuran）、9β-乙酰氧基-1β-氢过氧-3β,4β-二羟基大牦牛儿-5,10（14）-二烯［9β-acetoxy-1β-hydroperoxy-3β,4β-dihydroxygermacra-5,10（14）-diene］、4-O-乙酰基-3-O-（3'-乙酰氧基-2'-羟基-2'-甲基丁酰）-甜香阔苞菊萜烯酮［4-O-acetyl-3-O-（3'-acetoxy-2'-hydroxy-2'-methylbutyryl）-cuauhtemone］、鱼子兰内酯A、C（chlorantholide A、C）、野胡萝卜醇*（daucucarotol）、1α,6β-二羟基-顺式-桉叶油-3-烯-6-O-β-D-吡喃葡萄糖苷（1α,6β-dihydroxy-cis-eudesm-3-en-6-O-β-D-glucopyranoside）[16]、11β,13-二氢蒲公英萜酸（11β,13-dihydrotaraxinic acid）和蒲公英萜酸-β-D-吡喃葡萄糖酯苷（taraxinic acid-β-D-glucopyranosyl ester）[17]；三萜类：蒲公英萜醇乙酸酯（taraxasteryl acetate）、ψ-蒲公英萜醇乙酸酯（ψ-taraxasteryl acetate）和羽扇豆烯醇乙酸酯（lupenol acetate）[13]；甾体类：β-谷甾醇（β-sitosterol）[9]、豆甾醇（stigmasterol）[13]和胡萝卜苷（daucosterol）[18]；脂肪酸类：棕榈酸（hexadecanoic acid）[15]、亚麻酸（linolenic acid）、9,12-十八碳二烯酸乙酯（ethyl 9,12-octadecadienoate）[19]、油酸（oleic acid）、棕榈酸乙酯（ethyl palmitate）、二十二烷酸（docosanoic acid）和十九烷酸（nonadecanoic acid）[20]；挥发油类：4-羟基-4-甲基戊酮（4-hydroxy-4-methyl-2-pentanone）和苯甲酸（benzenecarboxylic acid）等[21]。

【药理作用】 1. 抗氧化　全草醇提取的总黄酮提取物对由芬顿法（Fenton）产生的羟自由基（·OH）有清除作用，呈剂量依赖性[1]；醇提的总黄酮提取物可清除超氧阴离子自由基（O_2^-·）、羟自由基，并可抑制由过氧化氢（H_2O_2）和紫外线诱导的红细胞溶血，呈剂量依赖性[2]。2. 抗衰老　全草水提取液可降低D-半乳糖（D-gal）所致衰老模型小鼠脑组织内的单胺氧化酶（MAO）含量，提高去甲肾上腺素（NE）、多巴胺（DA）和5-羟色胺（5-HT）含量，表明具有抗衰老作用[3]。3. 抗疲劳　全草水提取液可显著延长小鼠负重游泳时间，并提高肝脏中肝糖原和肌肉中肌糖原的含量，提示可提高机体对疲劳的耐受程度[4]。4. 降血脂　全草水提取液对高脂模型小鼠可显著降低血清中胆固醇（TC）、甘油三酯（TG），升高高密度脂蛋白（HDL）[4]。5. 保护胃黏膜　全草水提取液可抑制乙醇所致小鼠胃黏膜损伤，呈剂量依赖性[4]；全草水提醇沉液可抑制正常大鼠的胃酸分泌，呈剂量依赖性，并抑制由组胺、五肽胃泌素、氨甲酰胆碱诱导的胃酸分泌，其中对组胺的抑制效果最好[5]。6. 促胃肠动力　全草醇提取物的乙酸乙酯部位和正丁醇部位可促进小鼠胃肠运动，且正丁醇部位强于乙酸乙酯部位[6]；全草水提取液通过作用于 M 受体，增强家兔离体胃纵行肌、十二指肠平滑肌的收缩力[7]。7. 抑制心肌收缩　全草水提取液灌流离体蟾蜍心脏可抑制离体蟾蜍心脏的心肌收缩，随着浓度升高而抑制作用增强，起效时间更快[8]。8. 护肝　全草水提取液对四氯化碳（CCl_4）诱导的乳鼠肝细胞损伤有保护作用，增加受损肝细胞中琥珀酸脱氢酶活性和糖原含量，降低碱性磷酸酶（ALP）含量[9]。9. 抗菌　全草水提取液具有广谱抑菌作用，对葡萄球菌、肺炎链球菌、β- 溶血性链球菌、肠球菌、大肠杆菌、肺炎克雷伯菌、阴沟肠杆菌、枸橼酸杆菌、绿脓杆菌、流感嗜血杆菌、卡他布兰汉菌的生长均有抑制作用[10]。10. 免疫调节　全草水提取液可拮抗环磷酰胺所致小鼠 T 淋巴细胞活性降低、免疫器官（胸腺和脾脏）脏器系数下降、巨噬细胞吞噬功能的降低及迟发型变态反应不明显现象，提示对受损的小鼠免疫功能有修复作用[11]；全草水提取液分离的粗多糖可显著提高小鼠脾脏指数和胸腺指数，改善器官内部组织结构，有利于提高小鼠的免疫功能[12]。11. 抗突变　全草水提取液小鼠口服能拮抗环磷酰胺抑制骨髓淋巴细胞增殖、抑制环磷酰胺诱导的骨髓淋巴细胞染色体畸变率和微核率升高[13]。12. 抗肿瘤　全草水提醇沉物可抑制肝癌 HepG2 细胞和大肠癌 Lovo 细胞的增殖，抑制小鼠腹水瘤 S180 细胞荷瘤小鼠的肿瘤生长[14]。

【性味与归经】苦、甘，寒。归肝、胃经。

【功能与主治】清热解毒，消肿散结，利尿通淋。用于疔疮肿毒，乳痈，瘰疬，目赤，咽痛，肺痈，肠痈，湿热黄疸，热淋涩痛。

【用法与用量】煎服 9～15g；外用鲜品适量，捣敷或煎汤熏洗患处。

【药用标准】药典 1963—2015、浙江炮规 2015、贵州药材 1965、新疆药品 1980 二册、内蒙古蒙药 1986 和台湾 2013。

【临床参考】1. 复发性口腔溃疡：全草 90g，加水 500 m l，煮沸后转文火煎煮 15min，饮用前先用药汁漱口，每日早晚各 1 次，禁辛辣食物、忌烟酒[1]。

2. 消化性溃疡：全草 40g，加水 300ml，煎煮至 150ml，加白及粉 30g，调成糊状，空腹分 2 次服用，服用 8 周[2]。

3. 急性乳腺炎：鲜全草洗净捣烂如泥，敷于清洁后乳腺红肿处皮肤，厚度 2～3mm，外用保鲜膜覆盖，每日换药 1 次[3]。

4. 牙周炎：蒲公英水提液（全草 100g 蒸馏水煎煮，过滤，灭菌，冷藏备用），每间隔 2h 含漱 1 次，保持 5min，每日 6 次，每次 10～15ml，含漱后 30min 内不得进食和饮水[4]。

5. 慢性盆腔炎：全草 30g，加白头翁、红藤各 15g，加水煎煮至 100ml，月经净后 2 日开始保留灌肠，每日 1 次，10 日为 1 疗程[5]。

6. 亚急性湿疹：全草 20g，湿热型用温胆汤（枳实、竹茹、半夏、茯苓、陈皮、甘草）加减，脾虚型用茵陈二苓汤（茵陈、茯苓、猪苓、桂枝、滑石）加减，外用川百止痒洗剂 20ml，1∶10 稀释后外洗，每日 1 次，4 周为 1 疗程[6]。

7. 系统性红斑狼疮：全草 20g，加青蒿、茯苓、炒白芍、金樱子各 30g，炒白术 15g，生甘草 12g 等，水煎服，每日 1 剂，同时配合常规西药治疗[7]。

8. 上呼吸道感染、扁桃体炎：蒲公英片（全草水煎浓缩制成片剂，每片含生药 1.5g）口服，每次服 4～8 片，每 6～8h1 次。

9. 流行性腮腺炎：鲜全草洗净，捣烂敷患处。

10. 慢性胃炎：全草 15g，酒酿 1 食匙，水煎 2 次，混合煎液，分 3 次饭后服。（8 方至 10 方引自《浙江药用植物志》）

【附注】蒲公英以蒲公草之名始载于《新修本草》，云："叶似苦苣，花黄，断有白汁，人皆啖之。"《本草图经》云："蒲公草旧不著所出州土，今处处平泽田园中皆有之，春初生苗叶如苦苣，有细刺，中心抽一茎，茎端出一花，色黄如金钱，断其茎有白汁出，人亦啖之。俗称蒲公草。"《本草衍义》云："蒲公草今地丁也，四时常有花，花罢飞絮，絮中有子，落处即生，所以庭院间亦有者，盖因风而来也。"《本草纲目》云："地丁，江之南北颇多，他处亦有之，岭南绝无。小科布地，四散而生，茎、叶、花、絮并似苦苣，但小耳。嫩苗可食。"根据以上描述，结合《本草图经》及《植物名实图考》之附图形态，系包含本种及蒲公英属（*Taraxacum* F. H. Wigg.）近似种。

药材蒲公英非实热之证及阴疽者慎服。

同属植物华蒲公英 *Taraxacum borealisinense* Kitam. 的全草《中国药典》一部同时收载作蒲公英药用；异苞蒲公英 *Taraxacum heterolepis* Nakai et Koidz. ex Kitag. 的全草在新疆也作蒲公英药用。

【化学参考文献】

[1] 王一婷. 蒲公英根化学成分及其抗氧化活性研究[D]. 延吉：延边大学硕士学位论文，2018.

[2] 彭德乾，高娟，郭秀梅，等. 蒙古蒲公英根化学成分研究[J]. 中成药，2014，36（7）：1462-1466.

[3] Leu Y L，Wang Y L，Huang S C，et al. Chemical constituents from roots of *Taraxacum formosanum*[J]. Chem Pharm Bull，2005，53（7）：853-855.

[4] Shi S Y，Zhang Y P，Zhao Y，et al. Preparative isolation and purification of three flavonoid glycosides from *Taraxacum mongolicum* by high-speed counter-current chromatography[J]. Journal of Separation Science，2008，31（4）：683-688.

[5] Leu Y L，Shi L S，Damu A G. Chemical constituents of *Taraxacum formosanum*[J]. Chem Pharm Bull，2003，51（5）：599-601.

[6] Shi S Y，Zhou H H，Zhang Y P，et al. A high-speed counter-current chromatography-HPLC-DAD method for preparative isolation and purification of two polymethoxylated flavones from *Taraxacum mongolicum*[J]. J Chromatogr Sci，2009，47（5）：349-353.

[7] Li W，Lee C Y，Kim Y H，et al. Chemical constituents of the aerial part of *Taraxacum mongolicum* and their chemotaxonomic significance[J]. Natural Product Research，2017，31（19）：2303-2307.

[8] Shi S Y，Zhou Q，Peng H，et al. Four new constituents from *Taraxacum mongolicum*[J]. Chin Chem Lett，2007，18（11）：1367-1370.

[9] 凌云，鲍燕燕，朱莉莉，等. 蒲公英化学成分的研究[J]. 中国药学杂志，1997，32（10）：10-12.

[10] 凌云，鲍燕燕，郭秀芳，等. 蒲公英中两个黄酮甙的分离鉴定[J]. 中国中药杂志，1999，24（4）：225-226.

[11] 刘华清，王天麟. 蒲公英水溶性化学成分研究[J]. 中药材，2014，37（6）：989-991.

[12] 姚巍，林文艳，周长新，等. 蒙古蒲公英化学成分研究[J]. 中国中药杂志，2007，32（10）：926-929.

[13] 施树云，周长新，徐艳，等. 蒙古蒲公英的化学成分研究[J]. 中国中药杂志，2008，33（10）：1147-1157.

[14] Shi S Y，Zhang Y P，Huang K L，et al. Flavonoids from *Taraxacum mongolicum*[J]. Biochem System Ecol，2008，36（5-6）：437-440.

[15] 马晓玲，张雪琼，李心愿，等. 蒲公英乙酸乙酯部位化学成分研究[J]. 中国医院药学杂志，2017，37（21）：2139-2141.

[16] 姜醒，赵敏，高晓波，等. 蒲公英中桉叶烷型倍半萜类化学成分研究[J]. 中南药学，2016，14（12）：1293-1297.

[17] Liu J，Zhang N，Liu M. A new inositol triester from *Taraxacum mongolicum*[J]. Nat Prod Res，2014，28（7）：420-423.

[18] 林文艳. 蒲公英化学成分研究及板蓝根HPLC指纹图谱研究[D]. 杭州：浙江大学硕士学位论文，2005.

[19] 李薇，宋新波. 蒲公英弱极性部位的抗菌活性研究及成分分析[J]. 吉林中医药，2009，29（12）：1083-1084.

[20] 杨超，闫庆梓，唐洁，等. 蒲公英挥发油成分分析及其抗炎抗肿瘤活性研究[J]. 中华中医药杂志，2018，33（7）：3106-3111.

[21] 章雪，温元元，彭章晓，等. 蒲公英抗肿瘤活性部位的GC-MS分析研究[J]. 现代生物医学进展，2013，13（33）：6451-6455.

【药理参考文献】

[1] 陆海峰，罗建华，蒙春越，等. 蒲公英总黄酮提取及对羟自由基清除作用[J]. 广州化工，2009，37（3）：101-103.

[2] 陈景耀，吴国荣，王习达，等. 蒲公英黄酮类物质的抗氧化活性[J]. 南京师大学报，2005，28（1）：84-87.

[3] 隋洪玉，赵晓莲，齐淑芳，等. 蒲公英对衰老模型小鼠脑组织单胺氧化酶及单胺类神经递质含量的影响[J]. 中成药，2007，29（8）：1223-1224.

[4] 王月娇，沈明浩.蒲公英对小鼠抗疲劳和降血脂及胃粘膜损伤恢复作用的试验[J].毒理学杂志，2009，23（2）：143-145.
[5] 尤春来，韩兆丰，朱丹，等.蒲公英对大鼠胃酸分泌的抑制作用及其对胃酸刺激药的影响[J].中药药理与临床，1994，（2）：23-26.
[6] 吴艳玲，朴惠.蒲公英的促进胃肠动力活性有效部位及化学成分研究[J].延边大学医学学报，2005，28（1）：23-25.
[7] 李玲，谈斐.莱服子、蒲公英、白术对家兔离体胃、十二指肠肌的动力作用[J].中国中西医结合脾胃杂志，1998，6（2）：107-108.
[8] 刘晓翠，王小利，梁桂英.蒲公英水煎剂对蟾蜍离体心脏活动的影响[J].山地农业生物学报，2011，30（3）：271-274.
[9] 金政，金美善，李相伍，等.蒲公英对四氯化碳损伤原代培养大鼠肝细胞的保护作用[J].延边大学医学学报，2001，24（2）：94-97.
[10] 孙继梅，郑伟，周秀珍，等.蒲公英体外抑菌活性的研究[J].中国误诊学杂志，2009，9（11）：2542-2543.
[11] 俞红，李锦兰.蒲公英对小鼠免疫功能的影响[J].贵阳医学院学报，1997，22（2）：137-139.
[12] 陈福星，陈文英，郝艳霜.蒲公英多糖对小鼠免疫器官的影响[J].动物药学进展，2008，29（4）：10-12.
[13] 朱蔚云，庞竹林，梁敏仪，等.蒲公英对环磷酰胺致小鼠骨髓细胞突变作用的抑制研究[J].癌变.畸变.突变，2003，15（3）：164-167.
[14] 沈敬华，杨丽敏，张林娜，等.五种中药提取物抗肿瘤作用的研究[J].内蒙古医学院学报，2005，27（4）：300-302.

【临床参考文献】
[1] 宋玉芹.蒲公英单方治疗复发性口腔溃疡[J].中国民间疗法，2017，25（8）：5.
[2] 李丽.蒲公英的临床妙用[J].农村百事通，2016，（7）：63.
[3] 齐珺，贾琦，郭晓波，等.鲜蒲公英外敷在急性乳腺炎的临床应用[J].贵州医药，2014，38（4）：360-361.
[4] 杨凤梅.蒲公英辅助治疗牙周炎的疗效分析[J].全科口腔医学电子杂志，2016，3（2）：50，52.
[5] 彭华杰.蒲公英治疗慢性盆腔炎的临床观察[J].中国实用医药，2014，9（16）：231-232.
[6] 杨玉峰，王一鑫，黄晶，等.蒲公英在治疗亚急性湿疹中的临床应用[J].河北中医药学报，2013，28（4）：25-26.
[7] 黄继勇，范永升.范永升教授应用蒲公英治疗系统性红斑狼疮经验[J].中华中医药杂志，2013，28（7）：2037-2039.

46. 苦苣菜属 Sonchus Linn.

一年生、二年生或多年生草本，有白色乳汁。茎直立。叶基生或互生；基生叶基部通常呈耳状抱茎，全缘或羽状深裂，裂片常具刺状尖齿。头状花序排成疏散的伞房状圆锥花序或近伞形花序，稀单生；头状花序有多数舌状花，黄色；总苞圆筒状或钟状，总苞片多层，覆瓦状排列，外层比内层短，最内层边缘膜质；花序托平坦或有细凹点，无托毛；舌片先端平截，有5齿裂；雄蕊5枚，花药基部箭形，包于花柱之外；花柱细长，分枝纤细，柱头2深裂，条形。瘦果卵形或椭圆形，扁平，无喙，有纵棱，常有横皱纹；冠毛毛状，多层，外层细密，内层较粗，白色，易脱落，基部整体联合。

约50种，主要分布于北温带。中国约8种，南北均产，法定药用植物4种。华东地区法定药用植物3种。

分种检索表

1. 多年生草本，具匍匐根茎；叶不分裂，总苞片被腺毛……苣荬菜 S. arvensis
1. 一年生草本，无匍匐根茎；叶羽状深裂或浅裂，总苞片无腺毛。
  2. 茎枝光滑无毛；瘦果压扁，每面具5条纵棱……长裂苦苣菜 S. brachyotus
  2. 茎枝上部常具黑褐色腺毛；瘦果扁平，每面具3条纵棱……苦苣菜 S. oleraceus

1032. 苣荬菜（图 1032）• Sonchus arvensis Linn.(Sonchus wightianus DC.)

【别名】匍茎苦菜（浙江）。

【形态】多年生草本，高30～80cm。根茎匍匐。茎直立，圆柱形，有纵沟纹，不分枝，下部无毛，

图 1032　苣荬菜　　摄影　李华东等

上部初时多少被白色绵毛，后变无毛。叶互生，草质，长圆状倒披针形，长 10～20cm，宽 1.7～3cm，顶端钝圆或渐尖，基部渐狭，边缘有不规则波状或皮刺状尖齿；中部叶无柄，基部呈圆形耳状抱茎；上部叶小，条形，下面稍呈灰白色。头状花序排成伞房状，总花序梗密被蛛丝状毛或无毛；总苞钟状，总苞片 3～4 层，外层短小，卵圆形，内层狭长，披针形，被腺毛或基部被白色绒毛；舌状花黄色，长 1.5～2cm。瘦果长圆形，稍扁，有 3～4 条纵棱，微粗糙，淡褐色；冠毛白色，易脱落。花果期 5～10 月。

【生境与分布】生于田野、路边及山坡路旁草丛中。分布于华东各地，另华南、西南、华北、东北等地均有分布；分布几遍全球。

【药名与部位】苣荬菜（北败酱），全草。

【采集加工】春、夏二季花开前采挖，除去杂质，晒干或鲜用。

【药材性状】根茎呈长圆柱形，下部渐细，长 3～10cm，上部直径 0.2～0.5cm；表面淡黄棕色，有纵皱纹，上部有近环状突起的叶痕。基生叶卷缩或破碎，完整者展平后呈长圆状披针形，边缘有稀疏缺刻或羽状浅裂，裂片三角形，边缘有细尖齿，上表面灰绿色，下表面色较浅，基部渐窄成短柄，有的带幼茎，长 3～6cm；茎生叶互生，基部耳状，无柄，抱茎。质脆。气微，味微咸。

【化学成分】叶含黄酮类：槲皮黄苷（quercimeritrin）、异鼠李素-3-O-D-葡萄糖苷（isorhamnetin-3-O-D-glucoside）[1]，醉鱼草黄酮醇糖苷（buddleoflavonoloside）[2] 和异菜蓟苷（isocynaroside）[3]。

花含黄酮类：苦苣菜黄酮苷（sonchoside）[4]。

地上部分含三萜类：α-香树脂醇（α-amyrin）、β-香树脂醇（β-amyrin）、蒲公英赛醇（taraxasterol）、羽扇豆醇（lupeol）和 α-毒莴苣醇（α-lactucerol）[5]；糖酯类：姜糖酯 B（gingerglycolipid B）[6]。

全草含黄酮类：木犀草苷（luteoloside）、芹黄素（versulin）[7]，山奈酚（kaempferol）、金合欢

素（acacetin）、金圣草素（chrysoeriol）、异鼠李黄素（isorhamnetin）、木犀草素（luteolin）[8]，槲皮素-3-O-α-L-鼠李糖苷（quercetin-3-O-α-L-rhamnoside）、山奈酚-3,7-α-L-二鼠李糖苷（kaempferol-3, 7-α-L-dirhamnoside）[9]，木犀草素-7-O-β-D-吡喃葡萄糖苷（luteolin-7-O-β-D-glucopyranoside）和芹菜素-7-O-β-D-吡喃葡萄糖苷（apigenin-7-O-β-D-glucopyranoside）[10]；苯丙素类：1,3,4,5-四-（对羟基苯乙酰基）奎宁酸[1,3,4,5-tetra-(p-hydroxyphenylacetyl) quinic acid]、1,3,4-三-（对羟基苯乙酰基）奎宁酸[1,3,4-tri-(p-hydroxyphenylacetyl) quinic acid]和3,4,5-三-（对羟基苯乙酰基）奎宁酸甲酯[3,4,5-tri-(p-hydroxyphenylacetyl) quinic acid methyl ester][11]；倍半萜类：1β-羟基-15-O-（对羟基苯乙酰基）-5α,6βH-桉叶-3-烯-12,6α-交酯[1β-hydroxy-15-O-(p-hydroxyphenylacetyl)-5α,6βH-eudesma-3-en-12,6α-olide]、1β-O-β-D-吡喃葡萄糖基-（6'-O-对-甲氧基苯乙酰基）-15-O-（对羟基苯乙酰基）-5α,6βH-桉叶-3,11（13）-二烯-12,6α-交酯[1β-O-β-D-glucopyranosyl-(6'-O-p-methoxyphenylacetyl)-15-O-(p-hydroxyphenylacetyl)-5α,6βH-eudesma-3,11(13)-dien-12,6α-olide]、（1β,6α）-1,6,14-三羟基桉叶-3-烯-12-酸-γ-内酯[（1β,6α）-1,6,14-trihydroxyeudesm-3-en-12-oic acid-γ-lactone]、（1β,6α）-1,6-二羟基-14-O-[（4-羟基苯基）乙酰基]桉叶-3,11（13）-二烯-12-酸-γ-内酯[（1β,6α）-1,6-dihydroxy-14-O-[(4-hydroxyphenyl) acetyl] eudesma-3,11(13)-dien-12-oic acid-γ-lactone]、1β-O-β-D-吡喃葡萄糖基-（6'-O-对羟基苯乙酰基）-15-O-（对羟基苯乙酰基）-5α,6βH-桉叶-3,11（13）-二烯-12,6α-交酯[1β-O-β-D-glucopyranosyl-(6'-O-p-hydroxyphenylacetyl)-15-O-(p-hydroxyphenylacetyl)-5α,6βH-eudesma-3,11(13)-dien-12,6α-olide][11]，1β-硫酸酯-5α,6βH-桉叶烷-3-烯-12,6α-内酯（1β-sulfate-5α,6βH-eudesma-3-en-12,6α-olide）和1β-（对羟苯乙酰基）-15-O-β-D-吡喃葡萄糖基-5α,6βH-桉叶烷-3-烯-12,6α-内酯[1β-(p-hydroxyphenyl acetyl)-15-O-β-D-glucopyranosyl-5α,6βH-eudesma-3-en-12,6α-olide][12]。

【药理作用】 1.抗菌　从全草分离得到的1β-硫酸酯-5α,6βH-桉叶烷-3-烯-12,6α-内酯（1β-sulfate-5α,6βH-eudesma-3-en-12,6α-olide）和1β-（对羟苯乙酰基）-15-O-β-D-吡喃葡萄糖基-5α,6βH-桉叶烷-3-烯-12,6α-内酯[1β-(p-hydroxyphenyl acetyl)-15-O-β-D-glucopyranosyl-5α,6βH-eudesma-3-en-12,6α-olide]对口腔病原体变形链球菌具有一定的抑制作用[1]。2.镇咳祛痰　全草水提取物可降低氨水引咳法所致的咳嗽模型小鼠的咳嗽潜伏期及咳嗽次数，增加酚红排泌量[2]。3.抗炎　全草水提取物可降低二甲苯所致的小鼠耳肿胀，降低炎症组织中环加氧酶2（COX-2）、p38活化蛋白酶丝裂原（p38MAPK）、肿瘤坏死因子-α（TNF-α）和白细胞介素6（IL-6）含量[2]。

【性味与归经】 苦，寒。

【功能与主治】 清湿热，消肿排脓，化瘀解毒。用于阑尾炎，肠炎，痢疾，疮疖痈肿，产后瘀血腹痛，痔疮。

【用法与用量】 煎服9～15g；外用鲜品适量，捣烂敷患处，煎汤熏洗痔疮。

【药用标准】 药典1977、内蒙古药材1988、山西药材1987、甘肃药材（试行）1995和辽宁药材2009。

【临床参考】 1.重度黄疸型肝炎：春夏季节全草作蔬菜食用，秋冬季节与中药同煎，全草30g，加茵陈、板蓝根、丹参各30g，栀子、郁金、虎杖、赤芍、白芍、猪苓、牡丹皮各12g，大黄6g，甘草3g，急黄者加犀角6g；热重者加黄连12g；湿重者加泽泻、茯苓、白术各12g；胆道阻滞者加金钱草30g；阴黄者加附子10g、干姜10g；腹水者加鳖甲12g，大腹皮、冬瓜皮、玉米须各30g；胆结石者加海金沙、鸡内金各12g，同时西药常规治疗。水煎，早晚分服，每日1剂[1]。

2.乳糜尿：全草60g，加萹蓄、益母草、老鹳草各24g，荠菜30g，嫩青蒿9g，久病肾虚者加山药、萝藦各30g；血尿较重者加翻白草、仙桃草或铁苋菜各30g；血检有微丝蚴者荠菜加至60g，嫩青蒿加至15g。水煎，分2次服，每日1剂，服药期间，病人卧床休息，予以低脂肪、低蛋白饮食[2]。

3.海产品、野蘑菇中毒：取鲜全草一把，去根，洗净后生食[3]。

【附注】从本种叶分离的真菌含交链草素*A、B（alternethanoxin A、B）[1]和交链草素*C、D、E（alternethanoxin C、D、E）[2]。

【化学参考文献】

[1] Bondarenko V G, Glyzin V I, Shelyuto V L, et al. Flavonoids of *Sonchus arvensis* [J]. Khim Prir Soedin, 1976, (4): 542.

[2] Bondarenko V G, Shelyuto V L, Glyzin V I, et al. Flavonoids of *Sonchus arvensis* L. [J]. Fitokhim Izuch Flory BSSR Biofarm Issled Lek Prep, 1975, (4): 91-92.

[3] Bondarenko V G, Glyzin V I, Ban'kovskii A I, et al. Isocinaroside, a new flavonol glycoside from *Sonchus arvensis* [J]. Khim Prir Soedin, 1974, (5): 665.

[4] Bondarenko V G, Glyzin V I, Shelyuto V L, et al. Sonchoside as a new flavonoid glycoside from *Sonchus arvensis* [J]. Khim Prir Soedin, 1978, (3): 403.

[5] Hooper S N, Chandler R F, Lewis E, et al. Simultaneous determination of *Sonchus arvensis* L. triterpenes by gas chromatography-mass spectrometry [J]. Lipids, 1982, 17 (1): 60-63.

[6] Baruah P, Baruah N C, Sharma R P, et al. A monoacyl galactosylglycerol from *Sonchus arvensis* [J]. Phytochemistry, 1983, 22 (8): 1741-1744.

[7] 渠桂荣, 王素贤, 吴立军, 等. 裂叶苣荬菜的化学成分研究 [J]. 中国中药杂志, 1993, 18 (2): 101-102.

[8] 渠桂荣, 刘建, 李新新, 等. 裂叶苣荬菜黄酮成分的研究 [J]. 中草药, 1995, 26 (5): 233-235.

[9] 渠桂荣, 李新新, 刘建. 裂叶苣荬菜的黄酮甙成分研究 [J]. 中国中药杂志, 1996, 21 (5): 292-2394.

[10] 蒋雷, 姚庆强, 解砚英, 等. 苣荬菜化学成分的研究 [J]. 食品与药品, 2009, 11 (3): 27-29.

[11] Xu Y J, Sun S B, Sun L M, et al. Quinic acid esters and sesquiterpenes from *Sonchus arvensis* [J]. Food Chem, 2008, 111 (1): 92-97.

[12] Xia Z X, Qu W, Lu H, et al. Sesquiterpene lactones from *Sonchus arvensis* L. and their antibacterial activity against *Streptococcus mutans* ATCC 25175 [J]. Fitoterapia, 2010, 81 (5): 424-428.

【药理参考文献】

[1] Xia Z X, Qu W, Lu H, et al. Sesquiterpene lactones from *Sonchus arvensis* L. and their antibacterial activity against *Streptococcus mutans* ATCC 25175 [J]. Fitoterapia, 2010, 81 (5): 424-428.

[2] 王振苗, 董丽荣, 贾评, 等. 苦苣菜水提物对小鼠的镇咳、祛痰和抗炎作用观察 [J]. 世界中医药, 2018, 13 (10): 238-241, 246.

【临床参考文献】

[1] 徐凤敏, 温飞飞, 李军平, 等. 苣荬菜加综合疗法治疗重度黄疸型肝炎50例 [J]. 中西医结合肝病杂志, 2000, 10 (1): 39-40.

[2] 李良, 李传芹. 苣荬菜为主治疗乳糜尿72例 [J]. 广西中医药, 1991, 14 (3): 105.

[3] 周喜胜. 苣荬菜治疗食物中毒 [J]. 辽宁医学杂志, 1976, (3): 37.

【附注参考文献】

[1] Evidente A, Punzo B, Andolfi A, et al. Alternethanoxins A and B, polycyclic ethanones produced by *Alternaria sonchi*, potential mycoherbicides for *Sonchus arvensis* biocontrol [J]. J Agric Food Chem, 2009, 57 (15): 6656-6660.

[2] Berestetskiy A, Cimmino A, Sofronova J, et al. Alternethanoxins C-E, further polycyclic ethanones produced by *Alternaria sonchi*, a potential mycoherbicide for *Sonchus arvensis* biocontrol [J]. J Agric Food Chem, 2015, 63 (4): 1196-1199.

1033. 长裂苦苣菜（图 1033） • *Sonchus brachyotus* DC.

【别名】匍茎苦菜（江苏、安徽），苣荬菜，趣趣菜（江苏东海），牛浆（江苏连云港），须须菜（江苏射阳），野苦菜（江苏启东）。

一二二 菊科 Asteraceae

图 1033　长裂苦苣菜　　　　　　　摄影　中药资源办等

【形态】一年生草本，高 50～100cm。茎直立，有纵条纹，上部有伞房状花序分枝，分枝长短不一，全部茎枝光滑无毛。基生叶与下部茎叶卵形、长椭圆形或倒披针形，长 6～19cm，宽 1.5～11cm，羽状深裂、半裂或浅裂，极少不裂，向下渐狭，无柄或有长 1～2cm 的短翼柄，基部圆耳状扩大，半抱茎，侧裂片 3～5 对或奇数，对生或部分互生或偏斜互生；中上部茎叶与基生叶和下部茎叶同形并等样分裂，但较小；最上部茎叶条形或条状披针形，紧邻花序下部的叶常钻形；全部叶两面光滑无毛。头状花序少数，在茎枝顶端排成伞房状花序。总苞钟状，总苞片 4～5 层，全部总苞片顶端急尖，外面光滑无毛。花全为舌状，黄色。瘦果长椭圆状，褐色，稍压扁，每面有 5 条高起的纵棱，棱间有横皱纹。冠毛白色。花果期 6～9 月。

【生境与分布】生于山地草坡、河边或碱地。分布于山东、另黑龙江、吉林、内蒙古、河北、山西、陕西等地均有分布；日本、蒙古国、俄罗斯远东地区也有分布。

【药名与部位】苣荬菜（北败酱），全草。

【采集加工】春、夏二季开花前采挖，除去杂质，晒干或鲜用。

【药材性状】根呈细长圆柱形，下部渐细，长 3～10cm，上部直径 0.2～0.5cm。茎表面淡黄色，有纵皱纹，上部有近环状突起的叶痕。基生叶卷缩或破碎，完整者展平后呈长卵状披针形，边缘有稀疏缺刻，上表面灰绿色，下表面色较浅；茎生叶无柄，抱茎。质脆。气微，味微苦。

【药材炮制】除去杂质，喷淋清水湿润后，切断，干燥。

【化学成分】全草含黄酮类：木犀草素（luteolin）、芹菜素（apigenin）和木犀草素 -7-O-β-D- 葡萄糖苷（luteolin-7-O-β-D-glucoside）[1]；脂肪酸类：亚油酸（linoleic acid）[1]；甾体类：β- 谷甾醇（β-sitosterol）[1]。

地上部分含挥发油类：苯甲醇（benzylalcohol）、苯甲醛（benzaldehyde）、2,4- 己二烯醛（2,4-

hexadienedehyde)、苯酚（phenol）、十二烷（dodecane）、2-苯乙醇（2-phenylethanol）、3-苯丙烯醛（3-phebylacrolein）、十四烷（tetradecane）、4-甲基-2,6-二叔丁基苯酚（4-methyl-2,6-ditertbutylphenol）、十五烷（pentadecane）、酞酸丁酯（butyl phthalate）和（2,6,6-三甲基-2-羟基环己亚基乙酸）-γ-内酯［（2,6,6-trimethyl-2-hydroxycyclohexaenyl）-γ-lactone acetate］等[2]；脂肪酸类：软脂酸（palmitic acid）和十二碳酸（dodecanoic acid）[2]。

叶含元素：钙（Ca）、钾（K）、镁（Mg）、磷（P）、铁（Fe）、锶（Sr）、锌（Zn）、锰（Mn）、铜（Cu）和钡（Ba）[3]。

【药理作用】1.抗肿瘤　全草的水提取物可抑制肺癌 A549 细胞的增殖，显著提高细胞凋亡率，显著下降细胞的膜电位，显著升高细胞内活性氧含量[1]。2.改善胰岛素抵抗　全草乙醇提取物的石油醚、乙酸乙酯、正丁醇各萃取部位均可改善胰岛素诱导的胰岛素抵抗 HepG2/IR 细胞模型的葡萄糖消耗情况，尤以乙酸乙酯部位最佳[2]。

【性味与归经】苦，寒。归胃、大肠、肝经。

【功能与主治】清热解毒，消肿排脓，凉血止血。用于咽喉肿痛，疮疖肿毒，痔疮，热痢，肺痈，肠痈，吐血，衄血，咯血，尿血，便血，崩漏。

【用法与用量】煎服 9～15g；外用鲜品适量，捣烂敷患处或煎汤熏洗。

【药用标准】湖南药材 2009、北京药材 1998、黑龙江药材 2001、吉林药材 1977、甘肃药材（试行）1995、宁夏药材 1993 和台湾 1985 一册。

【临床参考】1.急性咽炎：鲜全草 30g，加灯芯草 3g，水煎服。（《山西中草药》）

2.乳腺炎、疮毒：鲜全草 30～60g，捣烂敷患处。（《云南中草药选》）

3.疮毒痈肿：全草 25g，加紫花地丁 25g，水煎服。

4.内痔脱出发炎：全草 60g，煎汤，熏洗患处，每日 1～2 次。（3 方、4 方引自《沙漠地区药用植物》）

5.腹泻、痢疾：全草 60g，加马齿苋 30g、金银花 15g、甘草 9g，水煎服。（《内蒙古中草药》）

【附注】部分患者服用本种全草可致过敏反应，表现为面部、四肢及躯干开始瘙痒，并渐起片状红色丘疹、痒痛难忍，需对症抗过敏治疗[1]。

【化学参考文献】

[1] 苗延青，陈刚，汤颖，等.甜苣的化学成分研究［J］.时珍国医国药，2010，21（9）：2254-2255.

[2] 李长国，渠桂荣，牛红英，等.苣荬菜花的挥发油成分分析［J］.河南师范大学学报（自然科学版），2005，33（2）：128-129，132.

[3] 陈煦，等.高妍，邓联东，等.微波消解 ICP-AES 法测定苣荬菜叶中常量及微量元素［J］.天津工业大学学报，2003，22（4）：53-55.

【药理参考文献】

[1] 贺燕云，刘小敏，张彩艳，等.长裂苦苣菜水提取物对肺癌细胞 A549 增殖和凋亡的影响［J］.天然产物研究与开发，2014，（9）：1380-1384.

[2] 杨艳华，林素静，刘西京，等.长裂苦苣菜萃取物对胰岛素抵抗 HepG2 细胞糖代谢的影响［J］.深圳职业技术学院学报，2016，（1）：45-49.

【附注参考文献】

[1] 崔正义，王培勤，张美蓉.北败酱过敏反应 1 例［J］.中国中药杂志，2000，25（5）：62.

1034. 苦苣菜（图 1034）• *Sonchus oleraceus* Linn.

【别名】苦荬菜（福建），幕头回、稀须菜、剪刀草（江苏），苦菜，苦苣，滇苦荬菜，滇苦英菜（《中

图 1034　苦苣菜　　　　　　　　　　　　　摄影　郭增喜等

国植物志》）。

【形态】一年生或二年生草本，高 50～100cm。根纺锤状。茎中空，不分枝或上部有分枝，具棱，上部常具黑褐色腺毛。叶互生，纸质，无毛；下部叶长椭圆状宽披针形，长 12～20cm，宽 3～9cm，羽状深裂或提琴状羽裂，顶生裂片大，三角形或宽心形，侧生裂片狭三角形或卵形，顶端渐尖，基部扩大抱茎，边缘具刺状尖齿；中部叶基部常为尖耳廓状抱茎，边缘具不整齐锯齿。头状花序直径约 2cm，排成顶生伞房状花序，总花序梗长，被腺毛；总苞钟形，总苞片 2～3 层，外层的披针形，内层的条形，无腺毛；花全为舌状，黄色。瘦果长椭圆状倒卵形，扁平，淡褐色，两面各具 3 条纵棱，棱间具横皱纹；冠毛白色。花果期 3～11 月。

【生境与分布】多生于田野、路旁及荒地草丛中。分布于华东各地，另全国其他各地均有分布；分布几遍全球。

【药名与部位】北败酱草，幼苗或全草。

【采集加工】春、夏二季花开前采挖，除去杂质，洗净泥土，晒干或鲜用。

【药材性状】根圆锥形。茎圆柱形，断面中空。叶多茎生，完整叶呈长圆形或圆状广披针形，长 9～20cm，宽 2.5～10cm，羽状分裂，顶裂片大，边缘有刺状尖齿，下部叶柄有翅，基部扩大抱茎，中上部叶无柄，叶基耳状。头状花序常见，花序梗和苞片外表面有褐色槌状腺毛。质脆气微，味微苦。

【药材炮制】除去杂质，抢水洗净，稍润，切段，晒干。

【化学成分】根含三萜类：羽扇豆醇（lupeol）和熊果酸（ursolic acid）[1]；倍半萜类：地芰普内酯（loliolide）[1]；甾体类：胡萝卜苷（daucosterol）[1]。

叶含挥发油：壬醛（nonanal）、癸烷（decane）、十六酸甲酯（methyl hexadecanoate）、植醇（phytol）

和二十五烷（pentacosane）等[2]。

全草含黄酮类：山奈酚（kaempferol）、槲皮素（quercetin）、异槲皮苷（isoquercitrin）、芹菜素（apigenin）、木犀草素（luteolin）、紫云黄芪苷（astragalin）、木犀草素-7-O-β-D-葡萄糖苷（luteolin-7-O-β-D-glucoside）、芹黄素葡糖苷（apigetrin）[3]，芹菜素-7-O-β-D-葡萄糖醛酸（apigenin-7-O-β-D-glucopyranuronide）、芹菜素-7-O-β-D-葡萄糖醛酸甲酯（apigenin-7-O-β-D-glucuronide methyl ester）、芹菜素-7-O-β-D-葡萄糖醛酸乙酯（apigenin-7-O-β-D-glucuronide ethyl ester）、芹菜素（apigenin）[4]和槲皮素-3-O-葡萄糖苷（quercetin-3-O-glucose）[5]；三萜类：α-香树脂醇（α-amyrin）、β-香树脂醇（β-amyrin）、齐墩果酸（oleanolic acid）、熊果酸（ursonic acid）、羽扇豆醇（lupeol）、桦木酸（betulinic acid）[6]、β-香树脂醇乙酸酯（β-amyrin acetate）、蒲公英萜醇乙酸酯（taraxerol acetate）、β-蒲公英萜醇（β-taraxerol）、古柯二醇（erythrodiol）和（+）-古柯二醇［（+）-erythrodiol］[7]；倍半萜类：山地芙薮酮（montanon）[7]；烷醇类：正二十六烷醇（n-hexacosanol）[4]；酚酸类：对-甲氧基苯乙酸［（p-methoxyphenyl）acetic acid］和对羟基苯乙酸［（p-hydroxyphenyl）acetic acid］[5]；糖类：葡萄糖（glucose）、木糖（xylose）、半乳糖（galactose）、阿拉伯糖（arabinose）、甘露糖（mannose）和葡萄糖醛酸（glucuronic acid）[8]。

【药理作用】1. 抗炎　全草水提取物可减轻二甲苯所致小鼠的耳廓肿胀及角叉菜所致的足肿胀，且呈剂量依赖性，降低血清及炎性组织液中环氧合酶-2（COX-2）、p38丝裂原活化蛋白激酶、肿瘤坏死因子-α（TNF-α）及白细胞介素-6（IL-6）含量[1]；全草水提取物可降低二甲苯所致小鼠的耳肿胀，降低炎症组织中环氧合酶-2（COX-2）、p38活化蛋白酶丝裂原（p38MARK）、肿瘤坏死因子-α（TNF-α）、白细胞介素-6的含量[2]。2. 抗胃溃疡　从全草提取的总黄酮可显著升高游泳方式建立的运动应激性胃溃疡模型大鼠胃黏膜超氧化物歧化酶（SOD）含量，显著降低胃黏膜和血清中丙二醛（MDA）含量[3]。3. 抗氧化　从全草提取的苦菜多酚可清除1,1-二苯基-2-三硝基苯肼（DPPH）自由基，抑制β-胡萝卜素漂白[4]；茎叶的水提醇沉物可降低心、脑、肝、肾组织中的丙二醛含量[5]。4. 降血糖　全草的醇提取物可显著降低四氧嘧啶所致的高血糖模型小鼠的血糖、胰岛素和甘油三酯含量，升高胰岛素敏感指数和肝脏组织中超氧化物歧化酶含量[6]；全草的水提取物可显著降低四氧嘧啶所致的糖尿病模型小鼠的血糖，增加体重，调节血脂[7]。5. 镇咳祛痰　全草的水提取物可降低氨水引咳法所致的咳嗽模型小鼠的咳嗽潜伏期及咳嗽次数，增加酚红排出量[2]；全草水提取物可延长氨水引咳法中小鼠的咳嗽潜伏期，减少咳嗽次数，增加气管酚红排泄法中小鼠呼吸道黏膜酚红的排出量[8]。6. 促进平滑肌收缩　全草的水浸液可促进小鼠小肠平滑肌收缩[9]。

【性味与归经】苦，微寒。归胃、大肠、肝经。

【功能与主治】清热解毒，消肿排脓，祛瘀止痛。用于疱毒痈肿，肺痈肠痈所致痢疾，肠炎，疮疖痈肿，痔疮，产后瘀血，腹痛。

【用法与用量】煎服9～15g；外用鲜品适量，捣烂敷患处或煎汤熏洗。

【药用标准】甘肃药材2009。

【临床参考】1. 乳腺炎：鲜全草适量，捣烂敷患处。

2. 痈疽脓肿：鲜全草9～15g，水煎服，或捣烂敷患处。（1方、2方引自《浙江药用植物志》）

【附注】本种以苦菜之名见于《神农本草经》。《名医别录》云："一名游冬，生益州川谷，山陵道旁，凌冬不死，三月三日采，阴干。"《桐君采药录》云："苦菜三月生，扶疏，六月花从叶出，茎直花黄，八月实黑，实落根复生，冬不枯。"《本草纲目》云："苦菜即苦荬也。家栽者呼为苦苣，实一物也。春初生苗，有赤茎、白茎二种，其茎中空而脆，折之有白汁出。胼叶似花萝卜菜叶，而色绿带碧，上叶抱茎，梢叶似鹤嘴，每叶分叉，撺挺如穿叶状。开黄花，如初绽野菊。一花结子一丛，如茼蒿子及鹤虱子，花罢则收敛，子上有白毛茸茸，随风飘扬，落处即生。"根据以上本草所述，当为包含本种的苦苣菜属（Sonchus Linn.）数种植物。

药材北败酱草脾胃虚寒者慎服。

同属植物全叶苦苣菜 Sonchus transcaspicus Nevski 的幼苗或全草在甘肃也作北败酱药用。

【化学参考文献】

[1] Elkhayat E S. Chemical and biological investigations of the roots of Sonchus oleraceus L. growing in Egypt [J]. Bull Pharm Sci, 2009, 32（1）：189-197.

[2] 周向军, 高义霞, 张继, 等. 苦苣菜叶挥发性成分分析 [J]. 资源开发与市场, 2009 25（11）：975-976.

[3] Yin J, Si C L, Wang M H. Antioxidant activity of flavonoids and their glucosides from Sonchus oleraceus L. [J]. J Appl Biol Chem, 2008, 51（2）：57-60.

[4] 徐燕, 梁敬钰. 苦苣菜的化学成分 [J]. 中国药科大学学报, 2005, 36（5）：411-413.

[5] 胡佩卓, 邹传宗, 祝英. 苦苣菜脂溶性化学成分 [J]. 西北植物学报, 2005, 25（6）：1234-1237.

[6] 白玉华, 于辉, 常乃丹, 等. 日本苦苣菜的化学成分 [J]. 中国药科大学学报, 2008, 39（3）：279-281.

[7] El-Seedi H R. Sesquiterpenes and triterpenes from Sonchus oleraceus（Asteraceae）[J]. ACGC Chem Res Commun, 2003, 16：14-18.

[8] El-Aassar M A, Abou El-Seoud K A, El-Shami I M. The separation and study of the biological activity of glycan of Sonchus oleraceus L. herb family Asteraceae [J]. Bulletin of Pharmaceutical Sciences, Assiut University, 2007, 30（1）：1-22.

【药理参考文献】

[1] 王振苗, 董丽荣, 贾评, 等. 苦苣菜水提物对机体炎性反应相关通路的调节作用及其机制研究 [J]. 世界中医药, 2018, 18（2）：441-444.

[2] 王振苗, 董丽荣, 贾评, 等. 苦苣菜水提物对小鼠的镇咳、祛痰和抗炎作用观察 [J]. 世界中医药, 2018, 13（10）：2604-2612.

[3] 李志坤, 初海平, 王福文. 大鼠运动应激性胃溃疡模型的建立以及苦苣总黄酮的预防作用 [J]. 胃肠病学, 2015, 20（1）：14-18.

[4] 郑翠萍, 田呈瑞, 马婷婷, 等. 苦菜多酚的提取及其抗氧化性研究 [J]. 食品与发酵工业, 2016, 42（3）：224-230.

[5] 卢新华, 谷彬, 刘思妤, 等. 苦菜体内外抗氧化作用的实验研究 [J]. 右江医学, 2007, 35（2）：120-122.

[6] 杨光, 李记争, 马琳, 等. 苦菜对糖尿病小鼠血糖血脂及抗氧化酶的影响 [J]. 中药材, 2010, 33（7）：1132-1135.

[7] 李记争, 杨光, 马琳, 等. 苦菜水提物对实验性糖尿病小鼠降血糖作用的研究 [J]. 时珍国医国药, 2011, 22（2）：419-421.

[8] 周延萌, 张小敏, 范文岩, 等. 苦菜水提物的镇咳祛痰及抗炎作用研究 [J]. 时珍国医国药, 2012, 23（4）：1027-1028.

[9] 刘晓玉, 冯佩, 李凤梅, 等. 苦苣菜浸液对小鼠胃肠平滑肌收缩活动的影响 [J]. 广东化工, 2018, 45（14）：37-38.

47. 莴苣属 Lactuca Linn.

一年生、二年生或多年生草本或亚灌木, 有白色乳汁。茎直立, 无毛。叶基生或互生, 通常基部耳形抱茎, 全缘或羽状分裂。头状花序在茎顶端排成伞房或圆锥花序, 总花序梗常有退化的苞叶; 头状花序全为舌状花, 两性, 黄色或淡紫红色, 舌片先端截形, 具5齿裂; 总苞圆筒形, 总苞片多层, 覆瓦状排列, 外层短, 向内层渐长; 花序托平坦, 无托毛; 花药基部箭形, 柱头2裂。瘦果纺锤形、倒卵形、椭圆形或长圆形, 扁平或稍扁平, 背腹面各具1～14条纵棱, 先端具长喙或短喙; 冠毛白色, 柔软, 基部合生成环, 宿存或脱落。

50～70种, 分布于欧洲、亚洲的温带和亚热带地区。中国约7种, 广布于全国各地, 法定药用植物1种1变种。华东地区法定药用植物1种。

1035. 莴苣（图 1035）• Lactuca sativa Linn.

【别名】 莴笋（通称）, 春菜（福建）, 千层剥、生菜、卷心莴苣、莴菜、白苣。

【形态】 一年生或二年生草本, 高约1m, 有白色乳汁。茎直立, 灰白色, 粗壮, 上部多分枝, 无毛。

图1035 莴苣　　摄影 赵维良等

基生叶丛生,长圆形、倒卵形或长舌形,长10～25cm,顶端圆钝或急尖,全缘或分裂,叶面平滑或有皱纹,无柄;中部叶长圆形或三角状卵形,长0.3～6cm,宽0.4～2.5cm,顶端急尖,基部心形,耳状抱茎。头状花序多数,直径4～8mm,排成伞房状圆锥花序;总花序梗有多数退化的小苞片;头状花序含舌状花16～25朵,黄色;总苞狭钟形,总苞片5层,外层三角形至披针形,较小,内层披针形,较长,花药基部箭形,花柱2裂。瘦果纺锤形或长圆状倒卵形,压扁,灰褐色,背腹面各有7～8条纵棱,顶端有长喙,喙约与果实等长或稍长;冠毛白色。花果期6～10月。

【生境与分布】原产于地中海地区。华东各地普遍栽培,另全国其他各地均普遍栽培;日本、朝鲜、俄罗斯也有分布。

【药名与部位】白巨胜(巨胜子、白巨胜子、莴苣子),成熟果实。

【采集加工】夏秋采收,除去杂质,晒干。

【药材性状】呈长卵形,略扁,长3～4mm,宽1～2mm。表面灰白色、黄白色或少有棕褐色,有光泽,两面具突起的弧形棱线7～8条。质坚,断面白色,富有油性,无臭,味淡。

【药材炮制】除去杂质。

【化学成分】根含倍半萜类:莴苣内酯苷A、C(lactuside A、C)和大托菊苷A(macrocliniside A)[1]。花含醛类:壬醛(nonanal)和苯乙醛(benzeneacetaldehyde)[2];蒽类:蒽(anthracene)[2];脂肪酸类:十四烷酸(dodecanoic acid)和正十六酸(n-hexadecanoic acid)[2];烷酮类:6,10,14-三甲基-2-十五烷

酮（6,10,14-trimethyl-2-pentadecanone）[2]。

茎叶乳汁含倍半萜类：山莴苣苦素-15-草酸酯（lactucopicrin-15-oxalate）、莴苣苦内酯-15-草酸酯（lactucin-15-oxalate）、8-脱氧莴苣苦内酯（8-deoxylactucin）、莴苣宁素A（lettucenin A）、15-脱氧莴苣苦内酯-8-硫酸酯（15-deoxylactucin-8-sulfate）、假还阳参苷B（crepidiaside B），即雅昆苦莴菜素葡萄糖苷（jacquinelin glucoside）和8-脱氧莴苣苦内酯-15-草酸酯（8-deoxylactucin-15-oxalate）[3]；三萜类：β-香树脂素（β-amyrin）[3]。

种子含苯丙素类：丁香酚（eugenol）、爱草脑（estragole）[4]和咖啡酸（caffeic acid）[4]；黄酮类：莴苣黄苷A（lactucasativoside A）、旋覆花黄素A（japonicin A）、异槲皮素（isoquercitrin）[5]、槲皮素（quercitrin）、木犀草素（luteolin）和5-羟基-3,6-二甲氧基黄酮-5-O-α-L-吡喃鼠李糖基-（1→3）-O-β-D-吡喃葡萄糖基-（1→3）-O-β-D-吡喃木糖苷[5-hydroxy-3,6-dimethoxyflavone-5-O-α-L-rhamnopyranosyl-（1→3）-O-β-D-glucopyranosyl-（1→3）-O-β-D-xylopyranoside][6]。

地上部分含三萜类：羽扇豆醇（lupeol）[7]；倍半萜类：山莴苣苦素（lactupicrin）、莴苣苦内酯（lactucin）、11β,13-二氢莴苣苦内酯（11β,13-dihydrolactucin）和3β,14-二氢-11β,13-二氢广木香内酯（3β,14-dihydroxy-11β,13-dihydrocostunolide）[7]；甾体类：胡萝卜苷（daucosterol）[7]。

【药理作用】1. 镇痛　种子中提取的挥发油和脂肪油可减少乙酸所致小鼠的扭体反应次数[1]。2. 镇静　种子中提取的挥发油和脂肪油可显著延长硫喷妥钠诱导小鼠的睡眠时间，拮抗戊四氮引起的小鼠惊厥[1]。

【性味与归经】微甘，温，归肝、肾经。

【功能与主治】通乳、利尿、活血、益肝肾。用于乳汁不通，小便不利，伤损作痛，肾亏遗精，筋骨痿软。

【用法与用量】煎服5～10g；外用适量。

【药用标准】部标中药材1992、内蒙古蒙药1986、内蒙古药材1988、山西药材1987、新疆维药1993和吉林药材1977。

【临床参考】1. 高血压：果实25g，粉碎，水煎后制成糖浆30ml，每次15ml，每日2次，7日为1疗程[1]。

2. 产后无乳：果实50g（包煎），小米一撮，加水2000ml，武火煎至水沸，再以文火煮至米熟，弃药渣，饮粥，每日2次，每次1500ml[2]；或鲜茎叶250g，洗净、去皮、切丝，以食盐、黄酒适量调拌，分顿佐餐食用[3]。

3. 郁证：鲜叶250g，洗净，置沸水中稍余即捞入盘中，将生松子仁30g捣烂，调入芝麻酱50g中，并与莴笋叶拌匀，加入少许酱油和味精，佐餐食用[4]。

【附注】莴苣《食疗本草》始有著录。《本草图经》云："叶如莴笋而皱，泽白洁嫩，断之有乳，老则起苔，花黄如初绽野菊成攒，旋开结子，花罢萼敛，子上有毛，随花飘落。"《本草纲目》云："莴苣正二月下种，最宜肥地。叶似白苣而尖，色稍青，折之有白汁粘手。四月抽苔，高三四尺，剥皮生食，味如胡瓜。糟食亦良。江东人盐晒压实，以备方物，谓之莴笋也。"所述与本种相似。

莴苣全国各地栽培，亦有野生。本种有许多栽培品种，但在分类学上一般作为变种或栽培变种处理，如莴笋 *Lactuca sativa* Linn.var. *angustata* Irish ex Bremer、卷心莴苣 *Lactuca sativa* Linn.var. *capitata* DC.、生菜 *Lactuca sativa* Linn.var. *ramosa* Hort.、戴安莴苣 *Lactuca sativa* 'Diana' 和贝尼莴苣 *Lactuca sativa* 'Benita' 等。

药材白巨胜脾胃虚弱者忌服。

本种的茎和叶民间也作药用。

【化学参考文献】

[1] Ishihara N，Miyase T，Ueno A. Sesquiterpene glycosides from *Lactuca sativa* L.［J］. Chem Pharm Bull，1987，35（9）：3905-3908.

[2] 郭华，侯冬岩，回瑞华，等．茎用莴苣花挥发性化学成分的气相色谱-质谱分析［J］．质谱学报，2006，27（2）：113-116．

[3] Sessa R A, Bennett M H, Lewis M J, et al. Metabolite profiling of sesquiterpene lactones from *Lactuca* species. major latex components are novel oxalate and sulfate conjugates of lactucin and its derivatives［J］. J Biol Chem, 2000, 275（35）: 26877-26884.

[4] 顾维彰，邓丽嘉．白苣子挥发油的化学成分及其利尿作用的初步研究［J］．中药通报，1987，12（11）：35-37，65．

[5] Xu F, Zou G A, Liu Y Q, et al. Chemical constituents from seeds of *Lactuca sativa*［J］. Chem Nat Compd, 2012, 48（4）: 574-576.

[6] Yadava R N, Raj M. Antiviral activity of a new constituent from *Lactuca sativa*（Linn.）［J］. Journal of the Institution of Chemists（India）, 2012, 84（3）: 65-72.

[7] Mahmoud Z F, Kassem F F, Abdel-Salam N A, et al. Sesquiterpene lactones from *Lactuca sativa*［J］. Phytochemistry, 1986, 25（3）: 747-748.

【药理参考文献】

[1] Said S A, Kashef H E, Mazar M E, et al. Phytochemical and pharmacological studies on *Lactuca sativa* seed oil［J］. Fitoterapia, 1996, 67（3）: 215-219.

【临床参考文献】

[1] 佚名．单方降血压［J］．社区医学杂志，2008，6（4）：14．

[2] 韩守峰，蔡莉莉．莴苣子粥治产后缺乳63例［J］．中国民间疗法，1997，（4）：12．

[3] 佚名．莴苣在食疗中的应用［J］．光明中医，2004，19（4）：27．

[4] 佚名．郁证食疗3法［J］．浙江中医杂志，2003，38（2）：47．

参考书籍

安徽省革命委员会卫生局《安徽中草药》编写组.1975.安徽中草药.合肥：安徽人民出版社

蔡光先，卜献春，陈立峰.2004.湖南药物志·第四卷.长沙：湖南科学技术出版社

蔡光先，贺又舜，杜方麓.2004.湖南药物志·第三卷.长沙：湖南科学技术出版社

蔡光先，潘远根，谢昭明.2004.湖南药物志·第一卷.长沙：湖南科学技术出版社

蔡光先，吴泽君，周德生.2004.湖南药物志·第五卷.长沙：湖南科学技术出版社

蔡光先，萧德华，刘春海.2004.湖南药物志·第六卷.长沙：湖南科学技术出版社

蔡光先，张炳填，潘清平.2004.湖南药物志·第二卷.长沙：湖南科学技术出版社

蔡光先，周慎，谭光波.2004.湖南药物志·第七卷.长沙：湖南科学技术出版社

长春中医学院革命委员会.1970.吉林中草药.长春：吉林人民出版社

陈邦杰，吴鹏程，裘佩熹，等.1965.黄山植物的研究.上海：上海科学技术

陈伟球.1999.中国植物志·第七十一卷（第二分册）.北京：科学出版社

陈艺林，石铸.1999.中国植物志·第七十八卷（第二分册）.北京：科学出版社

陈艺林.1999.中国植物志·第七十七卷（第一分册）.北京：科学出版社

程用谦.1996.中国植物志·第七十九卷.北京：科学出版社

方鼎.1985.壮族民间用药选编.南宁：广西民族出版社

方云亿.1989.浙江植物志·第五卷.杭州：浙江科学技术出版社

福建省医药研究所.1970.福建中草药.福州：福建医药研究所

福建中医研究所.1983.福建药物志·第二册.福州：福建科学技术出版社

福建中医研究所中药研究室.1960.福建民间草药.福州：福建人民出版社

广西僮族自治区卫生厅.1963.广西中药志.南宁：广西僮族自治区人民出版社

广西壮族自治区革命委员会卫生局.1974.广西本草选编.南宁：广西人民出版社

贵州省中医研究所.1965.贵州民间药物.贵阳：贵州人民出版社

贵州省中医研究所.1970.贵州草药.贵阳：贵州人民出版社

贵州省中医研究所.1965.贵州民间药物.贵阳：贵州人民出版社

国家中医药管理局《中华本草》编委会.2009.中华本草·5～11.上海：上海科学技术出版社

河北省革命委员会卫生局，河北省革命委员会商业局.1977.河北中草药.石家庄：河北人民出版社

河南省革命委员会文教卫生局中草药调查组.1970.河南中草药手册.郑州：河南省卫生局

洪德元.1983.中国植物志·第七十三卷（第二分册）.北京：科学出版社

侯学煜.1982.中国植被地理及优势植物化学成分.北京：科学出版社

胡嘉琪.2002.中国植物志·第七十卷.北京：科学出版社

湖北省革命委员会卫生局.1982.湖北中草药志.武汉：湖北人民出版社

吉林省中医中药研究所.1982.长白山植物药志.长春：吉林人民出版社

江纪武，靳朝东.2015.世界药用植物速查辞典.北京：中国医药科技出版社

江西省卫生局革命委员会.1970.江西草药.南昌：江西省新华书店出版社

江西省中医药研究所.1959.江西民间草药.南昌：江西人民出版社

金效华，杨永.2015.中国生物物种名录·第一卷植物种子植物（Ⅰ）.北京：科学出版社

匡可任，路安民.1978.中国植物志·第六十七卷（第一分册）.北京：科学出版社

黎跃成.2001.药材标准品种大全.成都：四川科学技术出版社

林镕，陈艺林.1985.中国植物志·第七十四卷.北京：科学出版社

林镕，林有润.1991.中国植物志·第七十六卷（第二分册）.北京：科学出版社

林镕，刘尚武.1989.中国植物志·第七十七卷（第二分册）.北京：科学出版社

林镕，石铸.1983.中国植物志·第七十六卷（第一分册）.北京：科学出版社

林镕，石铸.1987.中国植物志·第七十八卷（第一分册）.北京：科学出版社

林镕，石铸.1997.中国植物志·第八十卷（第一分册）.北京：科学出版社

林镕.1979.中国植物志·第七十五卷.北京：科学出版社

林瑞超.2011.中国药材标准名录.北京：科学出版社

林有润，葛学军.1999.中国植物志·第八十卷（第二分册）.北京：科学出版社

刘启新.2015.江苏植物志·第四卷.南京：江苏凤凰科学技术出版社

路安民，陈收坤.1986.中国植物志·第七十三卷（第一分册）.北京：科学出版社

罗献瑞.1999.中国植物志·第七十一卷（第一分册）.北京：科学出版社

内蒙古自治区革命委员会卫生局.1972.内蒙古中草药.呼和浩特：内蒙古人民出版社

裴鉴，单人骅.1959.江苏南部种子植物手册.北京：科学出版社

钱崇澍，陈焕镛.1963.中国植物志·第六十八卷.北京：科学出版社

全国医药卫生技术革命展览会.1958.验方.北京：人民卫生出版社

山西省革命委员会卫生局.1972.山西中草药.太原：山西人民出版社

《四川中药志》协作编写组.1979.四川中药志·第1卷.成都：四川人民出版社

《四川中药志》协作编写组.1982.四川中药志·第2卷.成都：四川人民出版社．

王国强.2014.全国中草药汇编（第3版）·卷一—卷三.北京：人民卫生出版社

王文采.1990.中国植物志·第六十九卷.北京：科学出版社

吴寿金，赵泰，秦永琪.2002.现代中草药成分化学.北京：中国医药科技出版社

吴征镒，孙航，周浙昆，等.2010.中国种子植物区系地理.北京：科学出版社

徐炳声.1988.中国植物志·第七十二卷.北京：科学出版社

云南省卫生局革命委员会.1971.云南中草药.昆明：云南人民出版社

张树仁，马其云，李奕，等.2006.中国植物志·中名和拉丁名总索引.北京：科学出版社

赵维良.2017.中国法定药用植物.北京：科学出版社

浙江药用植物志编写组.1980.浙江药用植物志·下册.杭州：浙江科学技术出版社

郑朝宗.1993.浙江植物志·第六卷.杭州：浙江科学技术出版社

中国科学院甘肃省冰川冻土沙漠研究所沙漠研究室.1973.中国沙漠地区药用植物.兰州：甘肃人民出版社

中国科学院江西分院.1960.江西植物志.南昌：江西人民出版社

钟补求，杨汉碧.1979.中国植物志·第六十七卷（第二分册）.北京：科学出版社

周荣汉.1993.中药资源学.北京：中国医药科技出版社

朱家楠.2001.拉汉英种子植物名称（第2版）.北京：科学出版社

Flora of China 编委会.1994-2011.Flora of China · Vol.17-Vol.21.科学出版社，密苏里植物园出版社

中文索引

A

矮蒿	3373
艾	3369

B

白花泡桐	2772
白花蛇舌草	2976
白莲蒿	3364
白马骨	2964
白舌紫菀	3240
白术	3419
白头婆	3219
白英	2695
败酱	3033
板蓝	2874
半边莲	3165

C

菜头肾	2872
苍耳	3251
苍术	3411
糙叶败酱	3043
长裂苦苣菜	3517
车前	2897
除虫菊	3339
穿心莲	2878
刺儿菜	3449

D

大车前	2904
大丁草	3503
大花水蓑衣	2869
大花栀子	2949
大狼杷草	3307
大丽花	3286
大吴风草	3400

淡红忍冬	3024
党参	3175
灯台兔儿风	3502
地胆草	3403
地黄	2820
颠茄	2742
吊石苣苔	2862
东风菜	3235
冬瓜	3105
独脚金	2818
短刺虎刺	2958

F

返顾马先蒿	2807
风毛菊	3454

G

甘菊	3331
高山蓍	3310
钩藤	2919
狗舌草	3398
枸杞	2728
菰腺忍冬	3026
广东丝瓜	3125
鬼针草	3297
栝楼	3132

H

盒子草	3128
黑草	2816
红大戟	2967
红花	3459
厚萼凌霄	2847
葫芦	3096
虎刺	2959
瓠瓜	3102
瓠子	3104

华东蓝刺头	3408	六叶葎	2990
华麻花头	3456	六月雪	2962
黄瓜	3091	龙葵	2709
黄花蒿	3352	蒌蒿	3367
灰毡毛忍冬	3027	轮叶沙参	3173
藿香蓟	3210		

J

M

鸡矢藤	2929	马㼎儿	3086
蓟	3444	马兰	3231
绞股蓝	3146	马铜铃	3161
接骨草	2998	曼陀罗	2763
接骨木	3001	蔓九节	2955
金毛耳草	2984	毛大丁草	3505
金挖耳	3495	毛地黄	2831
金银忍冬	3011	毛梗豨莶	3256
金盏银盘	3295	毛鸡矢藤	2936
九节	2953	毛曼陀罗	2749
九头狮子草	2889	毛泡桐	2775
桔梗	3186	毛蕊花	2781
菊花	3333	毛叶腹水草	2806
菊三七	3385	茅瓜	3083
苣荬菜	3514	母菊	3319
爵床	2892	牡蒿	3342
		木鳖子	3078
		墓头回	3039

K

N

苦瓜	3063	南方荚蒾	3007
苦苣菜	3519	南瓜	3112
苦蘵	2690	宁夏枸杞	2722
宽叶缬草	3052	牛蒡	3426
款冬	3378		

L

P

拉拉藤	2987	爬岩红	2804
辣椒	2735	攀倒甑	3046
蓝花参	3194	盘叶忍冬	3030
狼杷草	3304	佩兰	3215
离根香	3197	蓬子菜	2991
鳢肠	3267	蟛蜞菊	3274
列当	2858	婆婆针	3288
林泽兰	3223	蒲公英	3508
凌霄	2842		

Q

奇蒿	3361
千里光	3394
千年不烂心	2703
茄	2717
青蒿	3358
秋鼠麴草	3478

R

忍冬	3014
日本蛇根草	2971
日本续断	3057
柔毛艾纳香	3472

S

三裂叶白头婆	3223
伞房花耳草	2973
沙参	3171
沙氏鹿茸草	2813
石胡荽	3313
鼠麴草	3474
水飞蓟	3438
水苦荬	2793
水蔓菁	2795
水蓑衣	2870
水团花	2911
丝瓜	3119
丝毛飞廉	3435
酸浆	2687
笋瓜	3110

T

天名精	3488
天仙子	2745
甜瓜	3087
土木香	3482
兔儿伞	3392

W

王瓜	3129
蚊母草	2791
莴苣	3522
五月艾	3375

X

西瓜	3142
西葫芦	3116
豨莶	3260
细叶鼠麴草	3480
细叶水团花	2914
下田菊	3208
仙白草	3241
线叶旋覆花	3485
向日葵	3279
小果栀子	2950
小葫芦	3101
小蓬草	3247
杏香兔儿风	3498
玄参	2797

Y

烟管头草	3492
羊乳	3181
阳芋	2705
洋金花	2752
野甘草	2785
野菊	3323
一点红	3388
一枝黄花	3228
阴行草	2809
茵陈蒿	3344
玉叶金花	2925

Z

芝麻	2850
栀子	2938
中华沙参	3170
猪毛蒿	3349
猪殃殃	2988
梓	2836
紫菀	3242

拉丁文索引

A

Achillea alpina ……………………………… 3310
Actinostemma tenerum …………………… 3128
Adenophora axilliflora …………………… 3171
Adenophora sinensis ……………………… 3170
Adenophora stricta ………………………… 3171
Adenophora tetraphylla …………………… 3173
Adenophora verticillata …………………… 3173
Adenostemma lavenia ……………………… 3208
Adenostemma viscosum …………………… 3208
Adina pilulifera ……………………………… 2911
Adina rubella ………………………………… 2914
Ageratum conyzoides ……………………… 3210
Ainsliaea fragrans ………………………… 3498
Ainsliaea macroclinidioides ……………… 3502
Andrographis paniculata ………………… 2878
Anotis chrysotricha ………………………… 2984
Arctium lappa ……………………………… 3426
Artemisia annua …………………………… 3352
Artemisia anomala ………………………… 3361
Artemisia apiacea ………………………… 3358
Artemisia argyi ……………………………… 3369
Artemisia capillaris ………………………… 3344
Artemisia carvifolia ………………………… 3358
Artemisia indica …………………………… 3375
Artemisia japonica ………………………… 3342
Artemisia lancea …………………………… 3373
Artemisia lavandulaefolia ………………… 3373
Artemisia sacchalinensis ………………… 3344
Artemisia sacrorum ………………………… 3364
Artemisia scoparia ………………………… 3349
Artemisia selengensis ……………………… 3367
Artemisia stechmanniana ………………… 3364
Aster baccharoides ………………………… 3240
Aster scaber ………………………………… 3235
Aster tataricus ……………………………… 3242
Aster turbinatus var. *chekiangensis* …… 3241
Atractylodes chinensis …………………… 3411
Atractylodes lancea ………………………… 3411
Atractylodes macrocephala ……………… 3419
Atropa acuminata ………………………… 2742
Atropa belladonna ………………………… 2742

B

Baphicacanthus cusia ……………………… 2874
Benincasa hispida ………………………… 3105
Bidens bipinnata …………………………… 3288
Bidens biternata …………………………… 3295
Bidens frondosa …………………………… 3307
Bidens pilosa ………………………………… 3297
Bidens tripartita …………………………… 3304
Bignonia radicans ………………………… 2847
Blumea mollis ……………………………… 3472
Bryonia amplexicaulis …………………… 3083
Buchnera cruciata ………………………… 2816

C

Calogyne pilosa …………………………… 3197
Campsis chinensis ………………………… 2842
Campsis grandiflora ……………………… 2842
Campsis radicans ………………………… 2847
Capsicum annuum ………………………… 2735
Capsicum frutescens ……………………… 2735
Capsicum frutescens var. *longum* ……… 2735
Carduus crispus …………………………… 3435
Carpesium abrotanoides ………………… 3488
Carpesium cernuum ……………………… 3492
Carpesium divaricatum …………………… 3495
Carthamus tinctorius ……………………… 3459
Catalpa ovata ……………………………… 2836
Centipeda minima ………………………… 3313
Cephalanoplos setosum …………………… 3449

Cephalonoplos segetum	3449
Championella sarcorrhiza	2872
Chrysanthemum cinerariifolium	3339
Chrysanthemum indicum	3323
Chrysanthemum lavandulifolium	3331
Chrysanthemum morifolium	3333
Cirsium japonicum	3444
Cirsium segetum	3449
Cirsium setosum	3449
Citrullus lanata	3142
Citrullus lanatus	3142
Citrullus vulgaris	3142
Codonopsis lanceolata	3181
Codonopsis pilosula	3175
Conyza canadensis	3247
Cucumis melo	3087
Cucumis sativus	3091
Cucurbita maxima	3110
Cucurbita moschata	3112
Cucurbita pepo 'Dayangua'	3116

D

Dahlia pinnata	3286
Dahlia variabilis	3286
Damnacanthus giganteus	2958
Damnacanthus indicus	2959
Damnacanthus subspinosus	2958
Datura fastuosa	2752
Datura innoxia	2749
Datura metel	2752
Datura stramonium	2763
Datura tatula	2763
Dendranthema indicum	3323
Dendranthema lavandulifolium	3331
Dendranthema morifolium	3333
Digitalis purpurea	2831
Diplopappus baccharoides	3240
Dipsacus japonicus	3057
Doellingeria scaber	3235
Doellingeria scabra	3235

E

Echinops grijsii	3408
Eclipta alba	3267
Eclipta erecta	3267
Eclipta prostrata	3267
Elephantopus scaber	3403
Emilia sonchifolia	3388
Erigeron canadensis	3247
Eupatorium chinense	3219
Eupatorium chinense var. *simplicifolium*	3219
Eupatorium fortunei	3215
Eupatorium fortunei var. *triparticum*	3223
Eupatorium japonicum	3219
Eupatorium japonicum var. *tripartitum*	3223
Eupatorium lindleyanum	3223
Eupatorium lindleyanum var. *trifofiolatum*	3223

F

Farfugium japonicum	3400

G

Galium aparine	2987
Galium aparine var. *echinospermun*	2987
Galium aparine var. *tenerum*	2988
Galium asperuloides subsp. *hoffmeisteri*	2990
Galium asperuloides var. *hoffmeisteri*	2990
Galium verum	2991
Gardenia augusta	2938
Gardenia grandiflora	2949
Gardenia jasminoides	2938
Gardenia jasminoides f. *grandiflora*	2949
Gardenia jasminoides var. *grandiflora*	2949
Gardenia jasminoides var. *radicans*	2950
Gerbera anandria	3503
Gerbera piloselloides	3505
Gnaphalium affine	3474
Gnaphalium hypoleucum	3478
Gnaphalium japonicum	3480
Gnaphalium muliceps	3474
Gynostemma pentaphyllum	3146

Gynura japonica ⋯⋯⋯⋯⋯⋯⋯⋯⋯⋯⋯⋯⋯⋯⋯⋯	3385
Gynura segetum ⋯⋯⋯⋯⋯⋯⋯⋯⋯⋯⋯⋯⋯⋯⋯⋯	3385

H

Hedyotis chrysotricha ⋯⋯⋯⋯⋯⋯⋯⋯⋯⋯⋯⋯	2984
Hedyotis corymbosa ⋯⋯⋯⋯⋯⋯⋯⋯⋯⋯⋯⋯⋯⋯	2973
Hedyotis diffusa ⋯⋯⋯⋯⋯⋯⋯⋯⋯⋯⋯⋯⋯⋯⋯⋯	2976
Helianthus annuus ⋯⋯⋯⋯⋯⋯⋯⋯⋯⋯⋯⋯⋯⋯	3279
Hemsleya chinensis ⋯⋯⋯⋯⋯⋯⋯⋯⋯⋯⋯⋯⋯⋯	3161
Hemsleya graciliflora ⋯⋯⋯⋯⋯⋯⋯⋯⋯⋯⋯⋯⋯	3161
Hygrophila megalantha ⋯⋯⋯⋯⋯⋯⋯⋯⋯⋯⋯⋯	2869
Hygrophila salicifolia ⋯⋯⋯⋯⋯⋯⋯⋯⋯⋯⋯⋯⋯	2870
Hyoscyamus niger ⋯⋯⋯⋯⋯⋯⋯⋯⋯⋯⋯⋯⋯⋯⋯	2745

I

Inula britanica var. *lineariifolia* ⋯⋯⋯⋯⋯⋯⋯	3485
Inula helenium ⋯⋯⋯⋯⋯⋯⋯⋯⋯⋯⋯⋯⋯⋯⋯⋯	3482
Inula lineariifolia ⋯⋯⋯⋯⋯⋯⋯⋯⋯⋯⋯⋯⋯⋯⋯	3485

J

Justicia procumbens ⋯⋯⋯⋯⋯⋯⋯⋯⋯⋯⋯⋯⋯	2892

K

Kalimeris indica ⋯⋯⋯⋯⋯⋯⋯⋯⋯⋯⋯⋯⋯⋯⋯⋯	3231
Knoxia roxburghii ⋯⋯⋯⋯⋯⋯⋯⋯⋯⋯⋯⋯⋯⋯⋯	2967
Knoxia valerianoides ⋯⋯⋯⋯⋯⋯⋯⋯⋯⋯⋯⋯⋯	2967

L

Lactuca sativa ⋯⋯⋯⋯⋯⋯⋯⋯⋯⋯⋯⋯⋯⋯⋯⋯⋯	3522
Lagenaria leucantha ⋯⋯⋯⋯⋯⋯⋯⋯⋯⋯⋯⋯⋯⋯	3096
Lagenaria leucantha var. *depressa* ⋯⋯⋯⋯⋯⋯	3102
Lagenaria siceraria ⋯⋯⋯⋯⋯⋯⋯⋯⋯⋯⋯⋯⋯⋯⋯	3096
Lagenaria siceraria var. *depressa* ⋯⋯⋯⋯⋯⋯	3102
Lagenaria siceraria var. *hispida* ⋯⋯⋯⋯⋯⋯⋯	3104
Lagenaria siceraria var. *microcarpa* ⋯⋯⋯⋯⋯	3101
Lagenaria vulgaris var. *depressa* ⋯⋯⋯⋯⋯⋯⋯	3102
Leibnitzia anandria ⋯⋯⋯⋯⋯⋯⋯⋯⋯⋯⋯⋯⋯⋯⋯	3503
Lobelia chinensis ⋯⋯⋯⋯⋯⋯⋯⋯⋯⋯⋯⋯⋯⋯⋯⋯	3165
Lobelia radicans ⋯⋯⋯⋯⋯⋯⋯⋯⋯⋯⋯⋯⋯⋯⋯⋯	3165
Lonicera acuminata ⋯⋯⋯⋯⋯⋯⋯⋯⋯⋯⋯⋯⋯⋯	3024
Lonicera harmsii ⋯⋯⋯⋯⋯⋯⋯⋯⋯⋯⋯⋯⋯⋯⋯⋯	3030
Lonicera henryi ⋯⋯⋯⋯⋯⋯⋯⋯⋯⋯⋯⋯⋯⋯⋯⋯⋯	3024
Lonicera hypoglauca ⋯⋯⋯⋯⋯⋯⋯⋯⋯⋯⋯⋯⋯⋯	3026
Lonicera japonica ⋯⋯⋯⋯⋯⋯⋯⋯⋯⋯⋯⋯⋯⋯⋯	3014
Lonicera maackii ⋯⋯⋯⋯⋯⋯⋯⋯⋯⋯⋯⋯⋯⋯⋯⋯	3011
Lonicera macranthoides ⋯⋯⋯⋯⋯⋯⋯⋯⋯⋯⋯⋯	3027
Lonicera tragophylla ⋯⋯⋯⋯⋯⋯⋯⋯⋯⋯⋯⋯⋯⋯	3030
Luffa acutangula ⋯⋯⋯⋯⋯⋯⋯⋯⋯⋯⋯⋯⋯⋯⋯⋯	3125
Luffa cylindrica ⋯⋯⋯⋯⋯⋯⋯⋯⋯⋯⋯⋯⋯⋯⋯⋯⋯	3119
Lycium barbarum ⋯⋯⋯⋯⋯⋯⋯⋯⋯⋯⋯⋯⋯⋯⋯	2722
Lycium chinense ⋯⋯⋯⋯⋯⋯⋯⋯⋯⋯⋯⋯⋯⋯⋯⋯	2728
Lysionotus pauciflorus ⋯⋯⋯⋯⋯⋯⋯⋯⋯⋯⋯⋯⋯	2862

M

Matricaria chamomilla ⋯⋯⋯⋯⋯⋯⋯⋯⋯⋯⋯⋯⋯	3319
Matricaria recutita ⋯⋯⋯⋯⋯⋯⋯⋯⋯⋯⋯⋯⋯⋯⋯	3319
Melothria heterophylla ⋯⋯⋯⋯⋯⋯⋯⋯⋯⋯⋯⋯⋯	3083
Melothria indica ⋯⋯⋯⋯⋯⋯⋯⋯⋯⋯⋯⋯⋯⋯⋯⋯	3086
Momordica charantia ⋯⋯⋯⋯⋯⋯⋯⋯⋯⋯⋯⋯⋯	3063
Momordica cochinchinensis ⋯⋯⋯⋯⋯⋯⋯⋯⋯⋯	3078
Momordica macrophylla ⋯⋯⋯⋯⋯⋯⋯⋯⋯⋯⋯⋯	3078
Monochasma savatieri ⋯⋯⋯⋯⋯⋯⋯⋯⋯⋯⋯⋯⋯	2813
Mussaenda pubescens ⋯⋯⋯⋯⋯⋯⋯⋯⋯⋯⋯⋯⋯	2925

O

Oldenlandia chrysotricha ⋯⋯⋯⋯⋯⋯⋯⋯⋯⋯⋯	2984
Oldenlandia corymbosa ⋯⋯⋯⋯⋯⋯⋯⋯⋯⋯⋯⋯	2973
Oldenlandia diffusa ⋯⋯⋯⋯⋯⋯⋯⋯⋯⋯⋯⋯⋯⋯	2976
Oligosporus capillaris ⋯⋯⋯⋯⋯⋯⋯⋯⋯⋯⋯⋯⋯	3344
Ophiorrhiza japonica ⋯⋯⋯⋯⋯⋯⋯⋯⋯⋯⋯⋯⋯⋯	2971
Orobanche coerulescens ⋯⋯⋯⋯⋯⋯⋯⋯⋯⋯⋯⋯	2858

P

Paederia chinensis ⋯⋯⋯⋯⋯⋯⋯⋯⋯⋯⋯⋯⋯⋯⋯	2929
Paederia foetida ⋯⋯⋯⋯⋯⋯⋯⋯⋯⋯⋯⋯⋯⋯⋯⋯	2929
Paederia scandens ⋯⋯⋯⋯⋯⋯⋯⋯⋯⋯⋯⋯⋯⋯⋯	2929
Paederia scandens f. *mairei* ⋯⋯⋯⋯⋯⋯⋯⋯⋯	2929
Paederia scandens var. *mairei* ⋯⋯⋯⋯⋯⋯⋯⋯	2929
Paederia scandens var. *tomentosa* ⋯⋯⋯⋯⋯⋯	2936
Patrinia heterophylla ⋯⋯⋯⋯⋯⋯⋯⋯⋯⋯⋯⋯⋯⋯	3039
Patrinia rupestris subsp. *scabra* ⋯⋯⋯⋯⋯⋯⋯	3043
Patrinia scabiosaefolia ⋯⋯⋯⋯⋯⋯⋯⋯⋯⋯⋯⋯⋯	3033

Patrinia scabiosifolia	3033
Patrinia scabra	3043
Patrinia villosa	3046
Paulownia fortunei	2772
Paulownia tomentosa	2775
Pedicularis resupinata	2807
Peristrophe japonica	2889
Physalis alkekengi	2687
Physalis angulata	2690
Piloselloides hirsuta	3505
Plantago asiatica	2897
Plantago major	2904
Platycodon grandiflorum	3186
Platycodon grandiflorus	3186
Pseudolysimachion linariifolium subsp. *dilatatum*	2795
Psychotria rubra	2953
Psychotria serpens	2955
Pyrethrum cinerariifolium	3339

R

Rehmannia glutinosa	2820
Rhaponticum chinense	3456
Rostellularia procumbens	2892

S

Sambucus chinensis	2998
Sambucus racemosa	3001
Sambucus williamsii	3001
Saussurea japonica	3454
Scoparia dulcis	2785
Scrophularia ningpoensis	2797
Senecio kirilowii	3398
Senecio scandens	3394
Serissa foetida	2962
Serissa japonica	2962
Serissa serissoides	2964
Serratula chinensis	3456
Sesamum indicum	2850
Siegesbeckia glabrescens	3256
Siegesbeckia orientalis	3260
Silybum marianum	3438

Siphonostegia chinensis	2809
Solanum cathayanum	2703
Solanum lyratum	2695
Solanum melongena	2717
Solanum melongena var. *esculentum*	2717
Solanum nigrum	2709
Solanum tuberosum	2705
Solena amplexicaulis	3083
Solidago decurrens	3228
Sonchus arvensis	3514
Sonchus brachyotus	3517
Sonchus oleraceus	3519
Sonchus wightianus	3514
Striga asiatica	2818
Strobilanthes cusia	2874
Strobilanthes sarcorrhiza	2872
Syneilesis aconitifolia	3392

T

Tanacetum cinarariifolium	3339
Taraxacum formosanum	3508
Taraxacum mongolicum	3508
Tecoma grandiflora	2842
Tecoma radicans	2847
Tephroseris kirilowii	3398
Trichosanthes cucumeroides	3129
Trichosanthes kirilowii	3132
Tussilago farfara	3378

U

Uncaria rhynchophylla	2919

V

Valeriana officinalis var. *latifolia*	3052
Verbascum thapsus	2781
Veronica linariifolia subsp. *dilatata*	2795
Veronica peregrina	2791
Veronica undulata	2793
Veronicastrum axillare	2804
Veronicastrum villosulum	2806
Viburnum fordiae	3007

W

Wahlenbergia marginata 3194
Wedelia chinensis 3274

X

Xanthium sibiricum 3251

Xanthium strumarium 3251

Z

Zehneria indica 3086

(R-8760.01)

www.sciencep.com

ISBN 978-7-03-065703-9

科学出版社 中医药出版分社
联系电话:010-64019031　010-64037449
E-mail:med-prof@mail.sciencep.com

定 价:558.00元